HANDBUCH
DER
LEBENSMITTEL-
CHEMIE

BEGRÜNDET VON

A. BÖMER   A. JUCKENACK   J. TILLMANS

HERAUSGEGEBEN VON

A. JUCKENACK
BERLIN

E. BAMES
BERLIN

B. BLEYER
MÜNCHEN

J. GROSSFELD
BERLIN

VIERTER BAND

FETTE UND ÖLE

LIPOIDE · WACHSE · HARZE
ÄTHERISCHE ÖLE

BERLIN

VERLAG VON JULIUS SPRINGER

1939

FETTE UND ÖLE

LIPOIDE · WACHSE · HARZE
ÄTHERISCHE ÖLE

BEARBEITET VON

E. BAMES · A. BÖMER† · R. GRAU · C. GRIEBEL
J. GROSSFELD · W. HALDEN · H. HOLTHÖFER

SCHRIFTLEITUNG:
J. GROSSFELD

MIT 247 ABBILDUNGEN

BERLIN
VERLAG VON JULIUS SPRINGER
1939

ISBN-13: 978-3-642-88819-9   e-ISBN-13: 978-3-642-90674-9
DOI: 10.1007/978-3-642-90674-9

Inhaltsverzeichnis.

Inhaltsverzeichnis.

*

Erster Abschnitt:

Pflanzenfette und Pflanzenöle.

Zweiter Abschnitt:
Tierfette und Tieröle.

Dritter Abschnitt:
Künstlich veränderte Fette.

Abkürzung.

Für die folgenden Zeitschriften ist die Abkürzung **U.** gewählt:

Chem. Revue über die Harz- und Fettindustrie 1894—1915.
Chemische Umschau auf dem Gebiete der Fette, Öle, Wachse und Harze 1916—1932.
Fettchemische Umschau 1933—1936.
Fette und Seifen seit 1936.

Allgemeine Untersuchungs-
methoden für Speisefette[1].

Von

Professor **DR. A. BÖMER** †-Münster und Professor **DR. J. GROSSFELD**-Berlin.

Mit 72 Abbildungen.

Einleitung.

Die Untersuchung der Speisefette hat ebenso wie die Erkenntnis ihrer Natur und Zusammensetzung aus den Anfängen der Fettchemie heraus verschiedene Richtungen eingeschlagen, von denen sich folgende unterscheiden lassen:

1. Chemie der Kennzahlen. — 2. Erforschung der Fettsäuren. — 3. Erforschung der Glyceride.

Diese Entwicklungsrichtungen weisen zeitliche Überschneidungen auf und werden daher zweckmäßig nicht als „Perioden" (G. SCHUSTER[2]) bezeichnet. Insbesondere die Arbeitsmethoden und Ergebnisse aller drei Richtungen bilden heute noch die Grundlagen der wissenschaftlichen und praktischen Fettuntersuchung und werden aller Voraussicht nach auch in der Zukunft ihre Bedeutung behalten.

Nachdem SCHEELE im Jahre 1779 im Fett als Bestandteil das Glycerin festgestellt hatte, begann die Fettuntersuchung ihre erste Entwicklung durch die Entdeckung von CHEVREUL (1815), daß sich Fette mit verschiedenen Basen wie Kalium-, Natrium-, Strontium- und Bariumhydroxyd in Glycerin und „Seifen" zerlegen lassen. Bald folgte in dieser ersten Entwicklung die Auffindung der verschiedenen Fettsäuren, auch die Synthese der ersten Glyceride (Tributyrin von GÉLIS[3]), worauf WURTZ[4] die Dreiwertigkeit des Glycerins und damit die Existenz der Mono-, Di- und Triglyceride auffand.

Waren in dem ersten Ausbau der Fettchemie hauptsächlich die Arbeiten der genannten und anderer französischer Forscher richtunggebend, so setzte bei der Ausarbeitung der Kennzahlen in erster Linie die Leistung deutscher Fettchemiker ein. HEHNER[5] (1877), REICHERT[6] (1879), KOETTSTORFER[7], v. HÜBL[8] (1884) waren einige Bahnbrecher dieser Periode und Erfinder der von ihnen benannten, noch heute gebräuchlichen Kennzahlen. Besonders für die praktische Fettanalyse sind diese Kennzahlen unentbehrlich, wenn sie auch in mancherlei Hinsicht heute weiter ausgebaut, verfeinert und vereinfacht worden sind. In diese Zeit fällt auch die Entdeckung von BÖMER (1898), daß sich Pflanzenfette durch ihren Gehalt an Phytosterin, Tierfette durch ihren Gehalt an Cholesterin wesentlich voneinander unterscheiden.

---

[1] **Abkürzung:** Für die folgenden Zeitschriften ist die Abkürzung U. gewählt:
Chem. Revue über die Harz- und Fettindustrie 1894—1915. — Chemische Umschau auf dem Gebiete der Fette, Öle, Wachse und Harze 1916—1932. — Fettchemische Umschau 1933—1936. — Fette und Seifen seit 1936.
[2] G. SCHUSTER: Sur l'oxydation de quelques corps gras par le permanganate de potassium. Paris 1932.   [3] GÉLIS: Compt. rend. Paris 1843, **16**, 1262.
[4] WURTZ: Ann. Chim. Phys. 1855, **43** (3), 492.
[5] HEHNER: Zeitschr. analyt. Chem. 1877, **16**, 145.
[6] REICHERT: Zeitschr. analyt. Chem. 1879, **18**, 68.
[7] KOETTSTORFER: Zeitschr. analyt. Chem. 1879, **17**, 199.
[8] v. HÜBL: Dinglers Polytechn. Journ. 1884, **253**, 281.

Als Kennzeichen der weiteren Entwicklung führte sich die fraktionierte Destillation, vorzüglich in Form von Methyl- oder Äthylestern, ein. Schon von Rochleter[1] verwendet und von Berthelot[2] erklärt, wurde die Methode von Haller[3] zur Untersuchung der Fettsäuren vorgeschlagen und ist heute zum brauchbarsten Mittel zur Erforschung der Fettsäurenzusammensetzung eines Fettes geworden, wenn sie sich auch für die praktische Speisefettuntersuchung bisher weniger eingeführt hat.

Der vierte Abschnitt begann um 1895 mit der zufälligen Entdeckung der gemischten Glyceride, nachdem zuerst Bell[4] sowie Blyth und Robertson[5] die Möglichkeit ihres Vorkommens vorhergesagt hatten. 1896 wies Heise[6] Oleodistearin in Mkanifett nach, worauf dann in erster Linie durch die gründlichen Arbeiten von Bömer[7] und seiner Schule dieses Gebiet der Fettuntersuchung ausgebaut wurde. In neuerer Zeit ist durch die Permanganatoxydation der Doppelbindungen in den Glyceriden durch Hilditch die Glyceridanalyse der Fette um ein wertvolles Hilfsmittel zur Erforschung der Fettzusammensetzung bereichert worden.

Wegen der verwickelten Zusammensetzung unserer Speisefette und Speiseöle — es sind ja in der Hauptsache gemischte Glyceride verschiedenster Fettsäuren — ist ihre wirkliche quantitative Auftrennung in die einzelnen Bestandteile für die meisten Fälle der Praxis zu schwierig oder zu umständlich. Als Ersatz dafür treten dann zunächst die Fettkennzahlen ein.

Früher hat man die Kennzahlen auch nicht selten „Fettkonstanten" genannt, dabei aber nicht beachtet, daß es sich nur in seltenen Fällen um Konstanten, sondern meistens um in verhältnismäßig weiten Grenzen variierende Zahlen handelt.

Trotz dieser Schwankungen aber sind oder stellen die Kennzahlen wertvolle Hilfsmittel dar, um über die Zusammensetzung eines Fettgemisches, insbesondere seiner Fettsäuren ein soweit zutreffendes Bild zu erhalten, wie es die, in den meisten Fällen einfach gehaltene, Fragestellung erfordert. Da es auch bei gleicher oder ähnlicher Fragestellung in manchen Fällen eine große Zahl von Kennzahlen für Speisefette gibt, ist es notwendig, hieraus die wertvollsten Kennzahlen auszuwählen. Bei Beurteilung der dafür maßgebenden Kriterien zeigt eine einfache Überlegung, daß die Kennzahl zur Zusammensetzung des Fettes in einer klaren übersichtlichen Beziehung stehen muß[8]. Eine Kennzahl ist für die Ermittlung der Fettzusammensetzung um so wertvoller, eine je schärfere und einfachere, möglichst gradlinige mathematische Funktion der Fettzusammensetzung sie ist. Weiterhin wird eine Kennzahl für die Fettanalyse oft um so wertvoller sein, je spezifischer sie ist, also von je weniger Fettsäuren oder besonderen Fettbestandteilen sie abhängt. Im besten Falle kann eine Kennzahl nur den Ausdruck für einen Bestandteil, z. B. für eine Fettsäure sein; für ein zusammengesetztes Gemisch sind also zur gründlichen Beurteilung mindestens so viele Kennzahlen erforderlich, als das Gemisch Bestandteile enthält, wobei allerdings die gewichtsmäßig ermittelte Summe, die Einwaage, eine Kennzahl vertreten kann.

Fettkennzahlen lassen sich in der Regel zahlenmäßig scharf ermitteln. Diese zahlenmäßig bestimmten Ergebnisse dürfen aber nicht dazu verleiten, in den Kennzahlen etwas anderes als durch Zahlen ausgedrückte qualitative Eigenschaften eines Fettes zu erblicken. Es sind, wie man zu sagen pflegt, nur quantitative Reaktionen. Ganz besonders gilt dies von physikalischen Kennzahlen, die zwar auf einfachste Weise zu ermitteln, aber oft von einer unübersichtlichen

[1] Rochleter: Ann. Chem. 1846, **59**, 260.
[2] Berthelot: Ann. chim. Phys. 1854, **41** (3), 916.
[3] Haller: Compt. rend. Acad. Sciences 1906, **143**, 803; 1907, **144**, 462; 1908, **146**, 259. Bull. Soc. Chim. 1911, **9** (4), 608.
[4] J. Bell: Analyse und Verfälschung der Nahrungsmittel. Deutsch von Rasenack. Berlin 1885.   [5] Blyth u. Robertson: Chem.-Ztg. 1889, **13**, 128.
[6] Heise: Arb. kaiserl. Gesundh.-Amt 1896, **12**, 540; 1897, **13**, 302.
[7] A. Bömer: Z. 1907, **14**, 90; 1913, **25**, 321; **26**, 630; 1920, **40**, 97; 1924, **47**, 611.
[8] Vgl. J. Grossfeld: Chem.-Ztg. 1934, **58**, 989; Margarine-Ind. 1936, **29**, 171.

Zahl von Faktoren abhängig sind, so daß ihre Auswertung große Sorgfalt erfordert.

Für die Schreibweise der Kennzahlen schlagen H. P. KAUFMANN und H. FIEDLER[1] vor, diese grundsätzlich in einem Wort zu schreiben, wenn es sich um die Wiedergabe von irgendwelchen chemischen Vorgängen handelt, also Verseifungszahl, Jodzahl, Hydrierjodzahl usw., dagegen mit einem Bindestrich zu versehen, wenn der Name eines Autors oder sonst irgendeine indifferente Bezeichnung die Kennzahl charakterisiert, also POLENSKE-Zahl, REICHERT-MEISSL-Zahl, HEHNER-Zahl; auch bei der A-Zahl und der B-Zahl wäre demnach ein Bindestrich nötig.

Ähnlich soll bei Abkürzungen der Bindestrich wegfallen, wenn die Zahl einen chemischen Vorgang kennzeichnet, dagegen bleiben, wenn sich die Abkürzung auf den Autor bezieht.

So schlagen sie im einzelnen folgende Abkürzungen vor:

Spezifisches Gewicht . . . spez. Gew.		Rhodanzahl	RhZ
Molekulargewicht . . . . . Mol.Gew.		Hydrierjodzahl (= Hydrierzahl)	HJZ
Mittleres Molekulargewicht M.Mol.Gew.		Dienzahl	DZ
Schmelzpunkt . . . . . . Schmp.		Polybromidzahl (Hexabromidzahl)	BrxZ
Fließpunkt . . . . Fließp.		Hydroxylzahl	OHZ
Tropfpunkt . . . . Tropfp.		REICHERT-MEISSL-Zahl	R-M-Z
Siedepunkt . . . . Sdp.		POLENSKE-Zahl	Po-Z oder P.-Z.
Säurezahl . . . . SZ		HEHNER-Zahl	He-Z
Verseifungszahl . . . . . VZ		BUCHNER-Zahl	Bu-Z
Esterzahl . . . . EZ		A-Zahl	A-Z
Neutralisationszahl . . . . NZ		B-Zahl	B-Z
Jodzahl . . . . JZ		Unverseifbares	Unv.

Für die Beurteilung des analytischen Wertes der Kennzahlen der Fette ist zu berücksichtigen, daß zwischen ihnen bestimmte Beziehungen bestehen, die hier zunächst noch kurz erörtert werden müssen.

Die Beziehungen zwischen den Kennzahlen der Fette. J. LUND[2] hat durch umfangreiche Untersuchungen die Beziehungen zwischen den physikalischen und chemischen Fettkennzahlen ermittelt, die in analytischer Hinsicht insofern von großer Bedeutung sind, als sie zeigen, daß die verschiedenen Zahlen nicht unabhängig voneinander sind, sondern sich zum Teil aus einander berechnen lassen. Diese Erkenntnis ermöglicht einerseits, die im Versuch ermittelten Werte unter sich zu kontrollieren, andererseits zeigt sich, daß in der Frage des Nachweises von einem Fette in einem anderen eine Mehrzahl von Bestimmungen unter Umständen nicht mehr beweist als einzelne besonders kennzeichnende. LUNDS[2] Untersuchungen beziehen sich namentlich auf die Beziehungen zwischen Gewichtsverhältnis, Litergewicht, Lichtbrechung, Verseifungszahl, Neutralisationszahl der Fettsäuren und Jodzahl.

Man kann in der Reihe der gesättigten aliphatischen Fettsäuren das Litergewicht D_g der Glyceride bei 15° aus der Verseifungszahl (V) berechnen nach der Gleichung

$$D_g = 847{,}5 + 0{,}3\,V$$

und das Litergewicht D_f der Fettsäuren bei 15° aus der Neutralisationszahl (N) nach der Gleichung

$$D_f = 847{,}5 + 0{,}18\,N.$$

Für das Lichtbrechungsvermögen bzw. den Brechungswert (= Brechungsindex $\times$ 1000) in der Reihe der gesättigten aliphatischen Fettsäuren mit 12—22 Kohlenstoffatomen gelten für die Glyceride (R_g) und die Fettsäuren (R_f) bei 40° die Beziehungen

$$R_g = 1468{,}8 - 0{,}080\,V$$

und

$$R_f = 1468{,}8 - 0{,}125\,N.$$

Für die aliphatischen Glyceride und Fettsäuren bzw. die natürlichen, nur solche enthaltenden Fette ergeben sich unter Einbeziehung der Jodzahl der Glyceride (J_g) und Fettsäuren (J_f) folgende Beziehungen für Litergewicht (D) bei 15° und „Brechungswert" (R) bei 40°:

$$D_g = 847{,}5 + 0{,}3\,V \; + b J_g \quad \text{(mit } b \; = 0{,}14 \text{ bis } 0{,}16),$$
$$D_f = 847{,}5 + 0{,}18\,N + b_1 J_f \quad \text{(mit } b_1 = 0{,}135 \text{ bis } 0{,}155).$$
$$R_g = 1468{,}8 - 0{,}08\,V \; + c J_g \quad \text{(mit } c \; = 0{,}10 \text{ bis } 0{,}11),$$
$$R_f = 1468{,}8 - 0{,}125\,N + c_1 J_f \quad \text{(mit } c_1 = 0{,}095 \text{ bis } 0{,}105).$$

Man kann daher nach diesen Gleichungen aus dem Litergewicht und der Refraktion die Verseifungs- und Jodzahlen vieler Fette berechnen.

---

[1] H. P. KAUFMANN u. H. FIEDLER: U. 1937, **44**, 399. [2] J. LUND: Z. 1922, **44**, 113.

Für Fette mit Oxysäuren, polymerisierte Fette, Wachsarten usw. ergeben sich natürlich von obigen abweichende Werte für b und c, bezüglich derer auf die Originalmitteilung von Lund verwiesen sei.

G. F. Pickering und G. E. Cowlishaw[1] haben für die Berechnung der Lichtbrechung aus Dichte, Verseifungszahl, Säurezahl (S) und Jodzahl folgende Gleichung angegeben:

$$n_D^{40} = 1{,}4643 - 0{,}000066\,V - 0{,}0096\,\frac{S}{V} + 0{,}0001171\,J.$$

Für eine Verseifungszahl $= 191$ und die Säurezahl $= 0$ erhält man für Neutralfette die Beziehung:

$$n_D^{40} = 1{,}4510 + 0{,}0001171\,J.$$

Nach H. J. Backer[2] ist:

$$\frac{n_t^2 - 1}{n_t^2 + 2} \cdot \frac{100}{D_4^t} = 33{,}04 + 0{,}00075\,J - 0{,}01375\,V + 0{,}002\,(t - 15).$$

Für gehärtete Öle gilt nach J. J. Sudborough, H. E. Watson und D. Y. Athawale[3]:

$$n_D^{60} = 1{,}4468 + 1{,}03 \cdot 10^{-4}\,J + 7{,}3 \cdot 10^{-8}\,J^2.$$

Über Beziehungen zwischen Dichte und Jodzahl der fetten Öle, insbesondere der trocknenden Öle, vgl. auch K. Yokota und M. Tatimori[4].

Y. Maruta und K. Teruyama[5] fanden für den Jodzahlbereich um 85 für gehärtetes Sojabohnen- und Sardinenöl:

Gehärtetes Öl	Jodzahlen über 85	Jodzahlen unter 85
Sojabohnenöl . .	$n_D^{50} = 1{,}4484 + 0{,}000118\,J$	$n_D^{50} = 1{,}4494 + 0{,}000103\,J$
Sardinenöl . . .	$n_D^{50} = 1{,}4432 + 2{,}085 \cdot 10^{-4}\,J - 3{,}60 \cdot 10^{-7}\,J^2$	$n_D^{50} = 1{,}4500 + 0{,}0001002\,J$

Keine engen Beziehungen sind dagegen vorhanden zwischen den Verseifungs- und Jodzahlen einerseits und den Schmelzpunkten der Glyceride und Fettsäuren andererseits; die Schmelzpunkte sind daher zur Kennzeichnung namentlich der festen Fette von Bedeutung.

Da eine große Zahl von Verfahren zur Unterscheidung der verschiedensten Fette angewendet wird und sich daher vielfach wiederholt, so mögen diese allgemeinen Verfahren der Fettuntersuchung hier zunächst im Zusammenhange aufgeführt werden.

Für die im nachfolgenden beschriebenen Verfahren verwendet man das gereinigte, wasserfreie klare Fett oder Öl. Feste Fette werden vorher bei möglichst niedriger Temperatur geschmolzen und ebenso wie die Öle, sofern sie nicht vollkommen klar sind oder bei schwachem Erwärmen klar werden, in schwacher Wärme durch Filtrierpapier filtriert.

Da die festen Fette beim langsamen Erstarren aus dem geschmolzenen Zustande sich infolge Zuerst-Auskrystallisierens der schwerlöslichsten Glyceride vielfach entmischen, so empfiehlt es sich, für die einzelnen Bestimmungen die festen Fette stets wieder vorher bei möglichst niedriger Temperatur zu schmelzen und die einzelnen Proben den geschmolzenen Fetten zu entnehmen.

---

[1] G. F. Pickering u. G. E. Cowlishaw: Journ. Soc. chem. Ind. 1922, 41 T, 74; C. 1922, II, 1247. — Vgl. F. Fritz: Öle, Fette, Wachse, Seife, Kosmetik 1938, Nr. 5, S. 7.

[2] H. J. Backer: Chem. Weekbl. 1916, 13, 954; C. 1916, II, 703.

[3] J. J. Sudborough, H. E. Watson u. D. Y. Athawale: Journ. Soc. chem. Ind. 1923, 42, 103; C. 1923, II, 486.

[4] K. Yokota u. M. Tatimori: Journ. Soc. chem. Ind. Japan (Suppl.) 1937, 40 B, 426; C. 1938, I, 3986.

[5] Y. Maruta u. K. Teruyama: Journ. Soc. chem. Ind., Japan 1937, 40 B, 299; Z. 1938, 76, 277.

Die allgemeinen Methoden der Fettuntersuchung zerfallen in physikalische und chemische[1].

A. Physikalische Untersuchungsmethoden.

1. Dichte (Gewichtsverhältnis[2]).

Die Bestimmung der Dichte der Fette und Öle hat heute, da wir viel zweckmäßigere Methoden der Fettuntersuchung besitzen, nicht mehr die gleiche Bedeutung wie früher, wird aber, namentlich auch in der Technik, noch vielfach zur Kennzeichnung der Fette und Öle angewendet.

Über die allgemeinen Methoden zur Bestimmung der Dichte vgl. Bd. II, S. 1, über die Beziehungen der Dichte zu den sonstigen Fettkennzahlen S. 3.

a) Berechnungen und Umrechnungen.

Man berechnet die Dichte (D) bezogen auf Wasser von 4^0 als Einheit aus dem Gewicht des Fettes (G) und des gleichen Volumens Wasser (W) nach der Gleichung $D = \dfrac{G}{W} \cdot d$, wobei d die Dichte des Wassers bei der Versuchstemperatur ist.

Da die Ausdehnungskoeffizienten der Fette und Öle sehr groß sind, muß natürlich bei der Bestimmung der Dichte die Temperatur eine weitgehende Berücksichtigung erfahren.

Nach H. Schlüter [3] braucht bei der Bestimmung des Leergewichtes des Pyknometers der Luftinhalt nicht berücksichtigt zu werden, da der dadurch bedingte Fehler bei Fetten und Ölen höchstens eine Einheit der 4. Dezimale beträgt.

Man bestimmt die Dichte bzw. das Gewichtsverhältnis bei flüssigen Fetten heute in der Regel bei der Normaltemperatur, also bei 20^0, und die der festen Fette bei 100^0, jedenfalls aber bei einer über dem Schmelzpunkt liegenden Temperatur und bezieht die Werte entweder auf Wasser von 20^0 oder 4^0 bei Normaldruck (760 mm) oder auf den luftleeren Raum. Über die Einzelheiten dieser Umrechnung vgl. Bd. II, S. 1.

Die meisten bisherigen Literaturangaben beziehen sich noch auf das Gewichtsverhältnis bei 15^0, bezogen auf Wasser von 15^0, also auf D_{15}^{15}.

J. Lund [4], der sich eingehend mit der Bedeutung des Gewichtsverhältnisses der Fette beschäftigt hat, empfiehlt noch die Berechnung auf Wasser von 15^0 als Einheit, nicht nur für die flüssigen, sondern auch für die festen Fette, weil dadurch die Beziehungen zwischen den Gewichtsverhältnissen und den übrigen

---

[1] Soweit die Untersuchungsverfahren der auf Grund des § 12 des Reichsgesetzes, betr. den Verkehr mit Butter, Käse, Schmalz und deren Ersatzmittel, vom 15. Juni 1897 vom Bundesrate erlassenen „Anweisung zur chemischen Untersuchung von Fetten und Käsen" vom 1. April 1898 (Zentralbl. für das Deutsche Reich 1898, **26**, 201) und deren Ergänzungen entnommen sind, haben wir sie durch „Anführungszeichen" mit dem Zusatz „Margarinegesetz" und soweit sie der Anlage d) der Ausführungsbestimmungen D vom 22. Februar 1908 zum Reichsgesetz, betr. die Schlachtvieh- und Fleischbeschau, vom 3. Juni 1900 (Zentralbl. für das Deutsche Reich 1908, **36** (Nr. 10), 59—103; Z. 1908, 15, 547—575) und deren Ergänzungen entnommen sind, durch „Anführungszeichen" mit dem Zusatz „Fleischbeschaugesetz" kenntlich gemacht.

[2] Nach A. Thiel, R. Strohecker und H. Patsch (Taschenbuch für die Lebensmittelchemie, Berlin 1938) empfiehlt sich für die Angabe von Verhältniszahlen wie Gewicht des Fettes, Gewicht von Wasser bei gleicher Temperatur u. dgl. nicht die früher gebräuchliche Bezeichnung „Spezifisches Gewicht", sondern „Gewichtsverhältnis", während die „Dichte" die Masse der Raumeinheit eines Stoffes, also Gramm für 1 Milliliter ist. 1 ml entspricht hierbei 1,00003 ccm.

[3] H. Schlüter: Chem.-Ztg. 1930, **54**, 968. [4] J. Lund: Z. 1922, 44, 113.

Kennzahlen, insbesondere zur Verseifungs- und Jodzahl, am klarsten hervortreten und die festen Fette beim Erstarren eine verschiedene Kontraktion erfahren. Heute würde man in dem gleichen Gedankengange zweckmäßig auf 20^0 beziehen.

Im übrigen lassen sich alle bei anderen Temperaturen bestimmten und auf eine andere Einheit bezogenen Gewichtsverhältnisse in einfachster Weise auf den Wert D_{20}^{20} bei Normalluftdruck oder auf den luftleeren Raum sowie auf Wasser von 4^0 als Einheit umrechnen.

Bezeichnet man das Wassergewicht mit W, die Gewichte des Fettes bei den Temperaturen t und t_1 mit G und G_1, so sind die scheinbaren Gewichtsverhältnisse D_t und D_{t_1}

$$D_t = \frac{G}{W} \quad \text{und} \quad D_{t_1} = \frac{G_1}{W}.$$

Der Korrektionsfaktor für je 1^0 ist $\dfrac{D_t - D_{t_1}}{t_1 - t}$, und für das Gewichtsverhältnis bei 20^0 (D^{20}) berechnet sich nach der Gleichung

$$D^{20} = D_t + \text{Korr.} \; (t - 20).$$

Der Wert des Korrektionsfaktors schwankt bei Temperaturen zwischen $15-100^0$ für je 1^0 zwischen $0,00063-0,00070$ für die gewöhnlichen Fette und Öle, und er liegt bei den höheren Fettsäuren mit über 10 Kohlenstoffatomen etwa $0,00002-0,00003$ höher als bei den zugehörigen Glyceriden. Bei den Fettsäuren mit $4-10$ Kohlenstoffatomen beträgt er nach Scheij:

Zahl der Kohlenstoffatome	4	6	8	10
Korrektionsfaktor der Glyceride	0,00088	0,00078	0,00075	0,00072
„ „ Fettsäuren	0,00093	0,00082	0,00078	0,00075

Lund hat gezeigt, daß diese Korrektionsfaktoren auch für feste Fette gelten, die in flüssigen gelöst sind; man kann daher unbedenklich auch für sie die Gewichtsverhältnisse auf den Wert D_{20}^{20} berechnen.

Will man zur Ermittlung der Dichte das Gewichtsverhältnis auf Wasser von 4^0 und den luftleeren Raum reduzieren, so bedient man sich der Formel

$$D_4^{20} (0) = D_t (Q - \lambda) + \lambda,$$

worin bedeutet

D_t das Gewichtsverhältnis bei der Temperatur t,
Q die Dichte des Wassers bei der Temperatur t (bei $t = 20^0$ ist $Q = 0,99823$),
λ die Dichte der Luft, bezogen auf Wasser (der mittlere Wert $\lambda = 0,00120$ genügt fast immer),

oder für die Umrechnung D_{20}^{20} auf den luftleeren Raum der Formel

$$D_4^{20} (0) = D_{20}^{20} \cdot 0,99703 + 0,00120.$$

b) Ausführung der Bestimmung.

α) **Bei Ölen,** d. h. bei den bei Zimmertemperatur flüssigen Fetten bedient man sich entweder eines Pyknometers oder eines Aräometers.

Pyknometrische Bestimmung. Sie erfolgt bei 20^0 entweder mitelst eines Pyknometers von Erlenmeyerform mit eingeschliffenem, capillar durchbohrten Glasstopfen oder besser mittels eines Pyknometers von Flaschenform (vgl. Bd. II, S. 7 und Abb. 1), insbesondere eines solchen mit Thermometer (b) und seitlich angeschmolzener Capillare (a) oder mittels des Sprengel-Pyknometers (vgl. Bd. II, S. 8 und Abb. 4, S. 8).

Wenn die zur Verfügung stehende Ölmenge nicht groß genug ist, um ein Pyknometer zu füllen, so kann man in der Weise verfahren, daß man in das Pyknometer zunächst eine entsprechende genau bestimmte Menge Wasser und alsdann das Öl darauf gibt. Die Messung bezieht sich dann auf den vom Wasser nicht eingenommenen Raum.

Über die Ausführung der Bestimmung vgl. Bd. II, S. 9. Soll die Bestimmung bei höherer Temperatur erfolgen, so verwendet man ein Sprengel-Pyknometer.

Aräometrische Bestimmung. Diese erfordert verhältnismäßig viel Öl und ist namentlich bei tierischen und pflanzlichen Ölen wegen ihrer hohen Viscosität ungenau. Man wendet sie daher fast nur noch in technischen Betrieben, nicht in Untersuchungsämtern an. Über die Ausführung der Bestimmung vgl. Bd. II, S. 13.

β) **Bei festen Fetten** bestimmt man Gewichtsverhältnis oder Dichte entweder im festen Zustande bei 20° oder im geschmolzenen Zustande bei entsprechend höherer Temperatur, vielfach bei 100° mittels des SPRENGEL-Pyknometers.

1. Bestimmung im festen Zustande. Hierfür müssen die Fette zunächst geschmolzen, soweit sie nicht vollkommen klar schmelzen, filtriert und darauf entlüftet werden. Diese Entlüftung geschieht nach W. NORMANN[1] in der Weise, daß man eine entsprechende Menge Fett in einem Rundkölbchen oder in einem Reagensglase im siedenden Wasserbade unter dem Vakuum einer Wasserstrahlpumpe $^1/_2$—1 Stunde erhitzt.

a) Pyknometerverfahren. Man füllt das gewogene Pyknometer etwa zur Hälfte mit dem geschmolzenen Fett, läßt dieses erstarren und bestimmt seine Menge durch Wägung. Darauf füllt man das Pyknometer mit frisch ausgekochtem Wasser von 20°, temperiert das Pyknometer einige Zeit bei dieser Temperatur und wägt abermals. Nach Abzug des Gewichtes und Volumens des zugesetzten Wassers berechnet man in bekannter Weise die Dichte des festen Fettes.

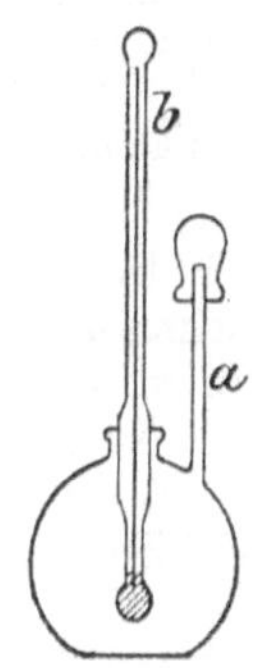

Abb. 1.
Pyknometer für Öle. (Aus GRÜN: Analyse der Fette und Wachse.)

Zur Berücksichtigung der langsam verlaufenden Stearinausscheidung bei Handelsölen, die mit einer merklichen Kontraktion des Öles verbunden ist, empfehlen E. R. BOLTON und K. A. WILLIAMS[2] das Öl nach Einfüllung in das Pyknometer 24 Stunden lang auf 5—8° unterhalb der Prüfungstemperatur zu halten, dann im Thermostaten auf letztere zu erwärmen und darauf zur Marke einzustellen.

b) Dilatometerverfahren. NORMANN hat das ursprünglich für die Bestimmung der Schmelzausdehnung der Fette ausgearbeitete Verfahren (S. 19) nachträglich auch für die Bestimmung der Dichte der Fette im festen Zustande bei Zimmertemperatur empfohlen[3].

Man bestimmt zunächst das Gewicht des Dilatometers (ohne Gummikappe und Spannfedern) und den Wasserinhalt bis zum Nullpunkt der Capillarskala. Diesen Wasserinhalt findet man in der Weise, daß man den Apparatkörper ohne Rücksicht auf den Stand des Wassers in der Capillare mit Wasser füllt, den Stopfen fest aufsetzt, wägt, nach Einstellung auf die Normaltemperatur, bei der die Bestimmung ausgeführt werden soll, den Stand des Wassers in der Capillare abliest und letzteren von dem festgestellten Wassergewicht abzieht. Dann füllt man je nach der zu erwartenden Zusammenziehung des Fettes beim Erkalten den Apparat zu einem oder zwei Dritteln mit frisch ausgekochtem Wasser, wägt, wärmt an, füllt das geschmolzene und entlüftete Fett in der Weise ein, daß das Wasser in der Capillare fast bis oben[4] steht, verschließt den Apparat, läßt auf Normaltemperatur abkühlen und wägt wieder unter Ablesen des Wasserstandes in der Capillare.

Berechnung. Die Gesamteinwaage abzüglich des Wassergewichtes ergibt das Gewicht des Fettes. Das Volumen des Fettes ergibt sich aus dem Gesamtvolumen (d. i. Inhalt bis

---

[1] W. NORMANN: Chem.-Ztg. 1931, **55**, 647; 1932, **56**, 297.

[2] E. R. BOLTON u. K. A. WILLIAMS: Analyst 1935, **60**, 158.

[3] Selbstverständlich kann das Dilatometerverfahren auch zur Bestimmung der Dichte von Ölen verwendet werden. Man verfährt in diesem Falle genau wie bei der Bestimmung des Wasserwertes des Dilatometers.

[4] Über die Erreichung dieser Einstellung siehe S. 19, Anm. 2.

zum Nullstrich + abgelesene Kubikmillimeter der Capillare abzüglich Volumen (= Gewicht) des Wassers. Ist a der Inhalt des Dilatometers bis zum Nullstrich der Capillare, b die eingewogene Wassermenge und c das Gewicht des darauf gefüllten Fettes, so ist das Volumen des Fettes $d = a - (b -$ Kubikmillimeter der Capillare über 0) und Gewichtsverhältnis $= \dfrac{c}{d}$.

c) **Volumenmessung.** In für praktische Zwecke meist ausreichender Genauigkeit erhält man nach M. Rakusin[1] die Dichte von festen Fetten, Wachsen, Paraffin usw., wenn man das Volumen dieser Stoffe in der Weise mißt, daß man in das genau kalibrierte Meßgefäß (Abb. 2) bis zu einem bestimmten Maßstrich 70—90%igen Alkohol einfüllt, wägt, dann 1—2 g des in bohnengroße Stücke geschnittenen Fettes vorsichtig mittels einer Messerspitze in den Alkohol gibt, wägt, und die Volumenzunahme an der Gefäßskala abliest. Aus dem Gewicht und Volumen des Fettes ergibt sich dessen Dichte.

In ähnlicher Weise kann man sich auch des Pyknometers von L. Ubbelohde[2] (Abb. 3) bedienen.

2. Bestimmung im flüssigen Zustande bei höherer Temperatur. Diese Bestimmung wird fast ausschließlich mit dem Sprengel-Pyknometer[3] ausgeführt, von dem es verschiedene Formen gibt. Nach A. Grün[4] ist die in Abb. 4 dargestellte wegen des leichteren Füllens und Entleerens die geeignetste. Zum

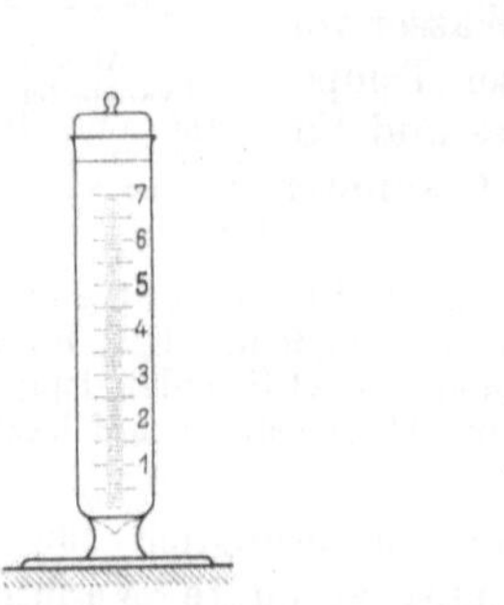

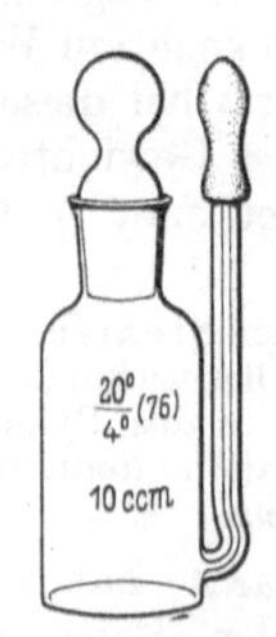

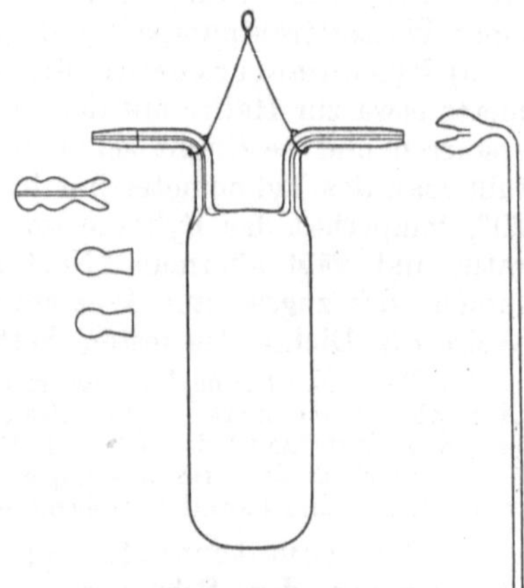

<table>
<tr><td>Abb. 2. Meßgefäß
nach Rakusin.</td><td>Abb. 3. Pyknometer
nach Ubbelohde.</td><td>Abb. 4. Sprengel-Pyknometer.
(Nach Grün.)</td></tr>
</table>

Füllen wird das weitere Rohrende (rechts) mit dem eingeschliffenen Heberröhrchen verbunden, dieses in das geschmolzene Fett, dessen Temperatur unter der Bestimmungstemperatur liegen muß, getaucht und das andere Rohrende mit Hilfe des aufgeschliffenen Ansatzstückes mit der Saugpumpe verbunden. Hierauf wird das Pyknometer soweit in ein Wasserbad von der Versuchstemperatur — die sorgfältig konstant gehalten werden muß — daß nur die Rohrenden herausragen, getaucht. Ist der Temperaturausgleich erfolgt, was man daran erkennt, daß kein Ölaustritt mehr aus den beiden Rohren erfolgt, so tupft man das weitere Rohrende an, bis die Flüssigkeit in dem engeren Rohre bis zur Marke steht, setzt dann die Stopfen auf, läßt erkalten, reinigt das Pyknometer außen und wägt. Zur Eichung des Pyknometers wird in gleicher Weise mit Wasser verfahren.

Soll die Bestimmung bei 100° erfolgen, so ist zu berücksichtigen, daß das Wasser je nach dem Barometerstand und der Höhenlage des jeweiligen Ortes einige Grade unter 100° sieden kann. Man verwendet daher besser ein Salzbad, dessen Temperatur genau

[1] M. Rakusin: Chem.-Ztg. 1905, **29**, 122.
[2] L. Ubbelohde: Handbuch der Chemie und Technologie der Öle und Fette, Bd. I, S. 316. Leipzig: S. Hirzel 1908.   [3] Sprengel: Poggendorfs Ann. 1873, **150**, 459.
[4] A. Grün: Analyse der Fette und Wachse, Bd. I, S. 93. Berlin: Julius Springer 1925. — Vgl. auch dieses Handbuch, Bd. II, S. 8.

auf 100⁰ gehalten wird. Bei der Umrechnung eines bei hoher Temperatur bestimmten Gewichtsverhältnisses auf 20 oder 4⁰ ist auch die Ausdehnung des Glases zu berücksichtigen.

Die Verwendung der WESTPHALschen Waage ist weniger zu empfehlen, da es schwierig ist, die Waage vor einseitiger Erwärmung zu schützen und die Fette, auch bei höherer Temperatur, eine verhältnismäßig hohe Viscosität besitzen.

Früher sind auch noch einige andere Verfahren zur Bestimmung des Gewichtsverhältnisses bei 100⁰ verwendet worden:

E. KÖNIGS[1] füllte ein weiteres Reagensrohr mit dem klaren Fett, hing das Rohr bis fast zur Mündung in ein Wasserbad, erhitzte dieses zum Sieden und bestimmte das Gewichtsverhältnis (D_{15}^{100}) mit Hilfe eines eigens konstruierten Aräometers, welches mit einer Skala von 0,845 bis 0,870 versehen war.

BELL[2] und WOLKENHAAR[3] bedienten sich für die Bestimmung der Dichte bei 100⁰ einer Abänderung der WESTPHALschen hydrostatischen Waage. Auf diese Verfahren sowie auf die von R. WOLLNY[4] zur Bestimmung der Dichte fester Fette bei 0—15⁰, von SKALWEIT[5] zur Bestimmung bei 50, 60, 70, 80, 90 und 100⁰ kann hier nur verwiesen werden.

α) **Wenn nur wenig Fett oder Öl zur Verfügung steht,** so bedient man sich zur Bestimmung der Dichte zweckmäßig des ursprünglich von HAGER[6] namentlich für Wachs vorgeschlagenen Verfahrens, das darauf beruht, daß man eine Alkoholwassermischung herstellt, in welcher der Fetttropfen gerade schwimmt, also weder Auftrieb zeigt, noch zu Boden sinkt, deren Dichte also der des zu untersuchenden Fettes gleich ist. Man stellt sich eine zur genauen Bestimmung der Dichte einer Flüssigkeit hinreichende Menge wäßrigen Alkohols mit etwa 0,91—0,92 Dichte her, gibt diese in einen Glaszylinder mit Glasstopfen und läßt darin einige Tropfen Öl oder geschmolzenes Fett eintropfen. Je nachdem die Tropfen — an denen sich natürlich keine Luftbläschen finden dürfen — untersinken oder auftreiben, gibt man so lange Alkohol oder Wasser hinzu, bis nach dem Mischen der Flüssigkeit durch mehrmaliges Umkehren des Zylinders die Tropfen vollkommen in der Schwebe[7] bleiben. Darauf bestimmt man die Dichte der Alkohol-Wassermischung mittels Pyknometers oder WESTPHALscher Waage. — Vgl. auch das DABVI, nach dem diese Methode empfohlen wird.

Vgl. auch M. A. RAKUSIN[8].

c) Bewertung.

Hinsichtlich der Bewertung der Dichte bzw. des Gewichtsverhältnisses als Kennzahl der Fette und Öle ist folgendes zu berücksichtigen:

α) Im allgemeinen liegt bei 15⁰ das Gewichtsverhältnis D_{15}^{15} der festen Fette zwischen 0,900—0,950, das der fetten Öle zwischen 0,910—0,930, das der Mineralöle zwischen 0,85—0,92 und das der Harzöle zwischen 0,96—1,00. Bei 20⁰/4⁰ ist die Dichte etwa 0,004 niedriger als bei 15⁰/15⁰.

β) Bei Glyceriden derselben Reihe ist es um so niedriger, je höher deren Molekulargewicht ist. LUND fand bzw. berechnete für die einfachen Triglyceride der Fettsäurenreihe $C_nH_{2n}O_2$ die folgenden Werte[9] für D_{15}^{15}:

Tricaprin (C_{10})	Trilaurin (C_{12})	Trimyristin (C_{14})	Tripalmitin (C_{16})	Tristearin (C_{18})	Triarachin (C_{20})
0,9386	0,9265	0,9174	0,9101	0,9042	0,8993

[1] E. KÖNIGS: Chem. Zentralbl. 1879, 127.   [2] BELL: Chem. Zentralbl. 1879, 127.
[3] WOLKENHAAR: Rep. analyt. Chem. 1885, **11**, 236. [4] R. WOLLNY: Milch-Ztg. 1888, **17**, 549.
[5] SKALWEIT: Rep. analyt. Chem. 1887, **13**, 6.   [6] HAGER: Pharm. Zentralh. 1879, **20**, 132.
[7] A. LISSNER (Chem.-Ztg. 1910, **34**, 657) empfiehlt, die Spindelung zweimal vorzunehmen, nämlich einmal, wenn das Kügelchen gerade aufzusteigen beginnt, und zweitens, wenn es gerade niederzusinken beginnt. Das Mittel beider Bestimmungen gibt die Dichte des Fettes usw.   [8] M. A. RAKUSIN: Petroleum 1932, **28**, Nr. 8; Z. 1937, **73**, 62.
[9] Die von J. LUND ermittelten Werte sind berechnet auf Grund der Ermittlung bei natürlichen Fetten mit ihrem allerdings nur geringen Gehalt an natürlichen, unverseifbaren Stoffen; bei den chemisch reinen Glyceriden und Fettsäuren werden die Dichten ein klein wenig niedriger sein.

und für deren Fettsäuren die Werte[1]:

Caprinsäure	Laurinsäure	Myristinsäure	Palmitinsäure	Stearinsäure	Arachinsäure
0,9061	0,8980	0,8917	0,8869	0,8830	0,8797

γ) Bei Glyceriden und Fettsäuren mit der gleichen Anzahl von Kohlenstoffatomen sind die Dichten um so höher, je geringer der Sättigungsgrad ist; J. Lund fand[1]:

Angabe	Tristearin	Triolein	Trilinolein	Trilinolenin
Triglycerid der Säure . .	$C_{18}H_{36}O_2$	$C_{18}H_{34}O_2$	$C_{18}H_{32}O_2$	$C_{18}H_{30}O_2$
D_{15}^{15}	0,9042	0,9162	0,9303	0,9454

Durch Hydrierung der Fette und Öle (Hartfette) wird daher die Dichte erniedrigt.

δ) Die Fettsäuren haben eine niedrigere Dichte als ihre Glyceride; infolgedessen wird auch die Dichte der natürlichen Fette durch einen Gehalt an freien Fettsäuren erniedrigt. Nach A. O. Ransone[2] betrug z. B. die Erniedrigung bei Olivenöl für je 5% freie Fettsäuren 0,00082, bei Menhadenölen 0,00054 bis 0,00084.

ε) Durch die Einwirkung von Licht und Luft auf die Fette (Oxydation) wird dagegen die Dichte — trotz der etwa dabei gleichzeitig eintretenden Bildung freier Fettsäuren — durch Entstehung von Oxydationsprodukten erhöht. Thomson und Ballantyne[3] fanden für $D_{15,5}^{15,5}$ die Werte:

Tabelle 1.

Öle	Ur-sprünglich	Nach Verlauf von					
		1 Monat	2 Monaten	3 Monaten	4 Monaten	5 Monaten	6 Monaten
Olivenöl	0,9168	0,9187	0,9193	0,9208	0,9215	0,9227	0,9246
Baumwollöl . .	0,9225	0,9237	0,9241	0,9261	0,9278	0,9304	0,9320
Erdnußöl . . .	0,9209	0,9213	0,9221	0,9233	0,9239	0,9256	0,9267
Rüböl	0,9168	0,9183	0,9172	0,9185	0,9184	0,9200	0,9207
Leinöl	0,9325	0,9331	0,9336	0,9353	0,9359	0,9372	0,9385
Ricinusöl . . .	0,9679	0,9681	0,9691	0,9700	0,9700	0,9685	0,9683

ζ) Die nachfolgende Tabelle zeigt als Beispiele die Gewichtsverhältnisse einiger weiteren natürlichen und gehärteten Fette und Öle und deren Fettsäuren nach den Untersuchungen von J. Lund u. a.

Tabelle 2.

Art der Fette	Fette		Fett-säuren	Art der Fette	Fette		Fett-säuren
	D_{15}^{15}	D_{15}^{100}	D_{15}^{15}		D_{15}^{15}	D_{15}^{100}	D_{15}^{15}
Tierische Fette				Pflanzliche Fette			
Butterfett	0,9217	0,865/ 0,868	0,8940	Cocosfett	0,9268	0,8736	0,8976
„ gehärtet	0,9169	—	—	„ gehärtet.	0,9257	—	0,8976
Rindstalg	0,9123	0,860	0,8903	Palmkernfett . . .	0,9245	0,8731	—
Schweinefett . . .	0,9142	0,861	0,8918	Kakaofett	0,9114	0,8570	0,8898
Pferdefett	—	0,861	—	Erdnußöl, gehärtet	—	—	0,8920
Waltran, gehärtet .	0,9079	0,872	0,8867	Leinöl, gehärtet . .	—	—	0,8908
				Rüböl, gehärtet . .	—	—	0,8840

[1] Die von J. Lund bestimmten Werte sind berechnet auf Grund der Ermittlung bei natürlichen Fetten mit ihrem allerdings nur geringen Gehalt an natürlichen, unverseifbaren Stoffen; bei den chemisch reinen Glyceriden und Fettsäuren werden die Dichten ein klein wenig niedriger sein.

[2] A. O. Ransone: Journ. Soc. chem. Ind. 1912, **31**, 672.

[3] Thomson u. Ballantyne: Journ. Soc. chem. Ind. 1891, **10**, 30.

2. Schmelzpunkt.

a) Begriffe.

Da die natürlichen Fette Gemische verschiedener Glyceride sind, so zeigen sie naturgemäß keinen derartig scharfen Schmelzpunkt, wie man ihn bei einheitlichen Stoffen (chemischen Individuen) und daher auch bei den reinen Glyceriden beobachtet. Die Fette zeigen vielmehr zunächst ein allmähliches Erweichen, und erst nach einer um oft mehrere Grade höheren Temperatur werden sie vollkommen klar; da der letztere Punkt im allgemeinen am genauesten feststellbar ist, so empfiehlt es sich, diesen als den Schmelzpunkt (Klarschmelzpunkt) zu bezeichnen.

Aber auch sonst ist der Schmelzpunkt in mancher Hinsicht von der Art der Ausführung der Bestimmung abhängig, und aus diesem Grunde bedarf es genau vereinbarter Vorschriften, wenn die Schmelzpunkte verschiedener Analytiker vergleichbar sein sollen.

Namentlich ist noch zu berücksichtigen, daß die aus Schmelzfluß erstarrten festen Fette ebenso wie die reinen Fettsäureglyceride in zwei Modifikationen[1] auftreten können, die sich durch ihren Schmelzpunkt unterscheiden. Beim schnellen Abkühlen der geschmolzenen Glyceride entsteht eine labile Modifikation, deren Schmelzpunkt weit tiefer liegt als der der stabilen Modifikation, in welche jene allmählich von selbst wieder übergeht.

Läßt man die Glyceride oberhalb des Umwandlungspunktes der labilen in die stabile Modifikation erstarren, also z. B. Tristearin (S. 16) oberhalb 55°, so bildet sich unmittelbar die stabile Modifikation; alsdann zeigt das Glycerid, auch wenn man es erst auf Zimmertemperatur sich abkühlen läßt, nur einen Schmelzpunkt, und zwar den der stabilen Modifikation, z. B. beim Tristearin 72°.

Infolge dieser Eigentümlichkeiten zeigen auch aus der Schmelze erstarrte natürliche Fette Unregelmäßigkeiten in den Schmelzpunkten, die unmittelbar nach dem Erstarren oft mehrere Grade tiefer liegen, als nach längerem Liegenlassen nach dem Erstarren.

Die aus den Fettsäureglyceriden und den natürlichen Fetten und Ölen abgeschiedenen·Fettsäuren zeigen diese Anomalien in den Schmelzpunkten nicht, und daher hat man vielfach nicht den Schmelzpunkt der Fette, sondern den ihrer Fettsäuren bestimmt. Die Fettsäuren können hierfür nach dem unten (S. 144) beschriebenen HEHNER-Verfahren dargestellt werden.

Dagegen haben E. JANTZEN und Mitarbeiter bei den unpaarigen gesättigten Fettsäuren aus der Paraffinoxydation Umwandlungspunkte beobachtet (vgl. S. 178 u. 632).

Außer der Temperatur des vollkommenen Klarwerdens (Klarschmelzpunkt) hat man, namentlich bei technischen Untersuchungen, die des beginnenden Schmelzens — Fließens — (Fließschmelzpunkt) im U-Rohr bestimmt und ferner bei der Untersuchung im beiderseits offenen Capillarrohr die Temperatur, bei der das Fettsäulchen infolge des Wasserdruckes des Wassers des Schmelzbades in die Höhe zu steigen beginnt (Steigschmelzpunkt). Der Fließschmelzpunkt hat nach H. FINCKE[2] großen Wert für die Kakaobutteruntersuchung, wobei seine Abweichung vom Klarschmelzpunkt 1,5° nicht übersteigen darf. Auch der Fließschmelzpunkt der Fettsäuren und seine Abweichung von dem des Fettes ist für Kakaofett charakteristisch. Vgl. S. 440.

Ferner bezeichnet L. UBBELOHDE[3] als Tropfpunkt den Wärmegrad, bei dem ein Tropfen unter seinem eigenen Gewicht von einer gleichmäßig erwärmten Masse des tropfenbildenden Stoffes abfällt, deren Menge oder Gewicht den Tropfen nicht beeinflußt. Der Tropfpunkt ist nach UBBELOHDE bei manchen Fetten und besonders bei Gemischen von Fetten und Ölen mit anderen Stoffgruppen für die Hauptbestandteile des Gemisches kennzeichnender als der Schmelzpunkt; er ist daher in manchen Fällen, namentlich für die Technik, wichtiger als der Schmelzpunkt.

---

[1] Vgl. A. BÖMER: Z. 1907, 14, 95.

[2] H. FINCKE: Die Kakaobutter und ihre Verfälschungen, S. 79. Vgl. Bull. off. Off. int. Fabricants Chocolat Cacao 1932, 23, 27; C. 1933, I, 1045.

[3] L. UBBELOHDE: Handbuch der Chemie und Technologie der Öle und Fette, Bd. I, S. 324. Leipzig: S. Hirzel 1908.

b) Ausführung der Bestimmung des Klarschmelzpunktes.

α) Vorbereitung des Fettes für die Bestimmung.

Soll der Schmelzpunkt eines Fettes in dem vorliegenden festen Zustande, z. B. der eines natürlichen Körperfettes bestimmt werden, so sticht man das stäbchenförmige, an beiden Enden offene Capillarröhrchen etwa 2—3 mm tief in das Fett hinein und führt mit dem so erhaltenen Fettsäulchen die Schmelzpunktbestimmung nach dem Verfahren 3 (S. 13) aus; hat man mit einer möglichen Ungleichmäßigkeit des Fettes zu rechnen, so wiederholt man die Bestimmung mehrmals mit Proben von verschiedenen Stellen des Fettes.

Da aber aus Schmelzfluß erstarrte Fette namentlich bei langsamem Erstarren in der ganzen Masse nicht immer einheitlich sind, so ist es im allgemeinen zweckmäßiger, eine größere Probe des Fettes zunächst zu schmelzen, die Untersuchungsprobe im geschmolzenen Zustande in das beiderseits offene oder das U-förmige Capillarröhrchen zu bringen und darin erstarren zu lassen. Um hierbei die oben erwähnten Unregelmäßigkeiten in den Schmelzpunkten aus Schmelzfluß erstarrter Fette möglichst zu vermeiden, läßt man das Röhrchen mit dem Fette zunächst 1—2 Tage bei Zimmertemperatur[1] stehen und führt erst dann die Schmelzpunktsbestimmung aus.

Die „Einheitlichen Untersuchungsmethoden" für die Fett- und Wachsindustrie[2] weisen darauf hin, daß erstrebenswert derjenige Zustand des Fettes ist, der den höchsten Schmelzpunkt zeigt, und bezeichnen als normal denjenigen Schmelzpunkt, den ein in flüssigem Zustande in die Glasröhrchen eingefülltes Fett nach 24stündigem Liegen in einem kühlen Raume (Höchsttemperatur 10⁰) oder auf Eis zeigt. Die Art dieser Vorbereitung ist im Untersuchungsberichte stets anzugeben.

Ferner soll man nach den „Einheitsmethoden" Fette, die den normalen Erstarrungszustand nicht sicher erreichen, wenn sie flüssig in Glasröhrchen gefüllt worden sind (z. B. Kakaobutter und Schokoladenfette), in einem Schälchen unter Kühlen und Rühren erstarren lassen. Das so erstarrte Fett soll 24 Stunden (bei Kakaobutter 48 Stunden) lang in einen kühlen Raum (kühler als 10⁰) oder auf Eis gelegt und durch Abstechen in die Glasröhrchen gefüllt werden.

Fettsäuren können stets flüssig in die Schmelzröhrchen gefüllt und nach $^{1}/_{4}$—$^{1}/_{2}$ Stunde Erstarrungszeit zur Schmelzpunktbestimmung verwendet werden.

Fette und Fettsäuren, die nicht wasserfrei sind und nicht klar schmelzen, müssen vor der Schmelzpunktbestimmung unter Zusatz von entwässertem Natriumsulfat oder geglühter Kieselgur bei möglichst niedriger Temperatur geschmolzen, durchgerührt und filtriert werden.

β) Ausführung der Bestimmung.

Hierzu können alle Apparate verwendet werden, die eine langsame und stetige Erwärmung gestatten, insbesondere die in Bd. II, S. 93f. beschriebenen Apparate. Die Erwärmung ist dabei so zu regeln, daß die Temperatursteigerung anfangs etwa 2⁰ und in der Nähe des Schmelzpunktes etwa 1⁰ in der Minute beträgt, so daß man Temperaturen bis auf 0,1⁰ unschwer abzulesen vermag.

Die Schmelzröhrchen werden mittels eines Gummiringes am Thermometer befestigt.

---

[1] Der Vorschlag, das Röhrchen auf Eis zu legen, erscheint nicht zweckmäßig, weil dadurch die Umwandlung der die Schmelzpunktsanomalien verursachenden labilen Glyceridmodifikation in die stabile verlangsamt wird. Liegt der Schmelzpunkt des Fettes unter der Zimmertemperatur, so muß das Fett natürlich auf Eis zum Erstarren gebracht werden.

[2] Vgl. Anm. 2, folgende Seite.

Für die Bestimmung des Schmelzpunktes von Glyceriden und Fetten am besten geeignet sind folgende Verfahren[1]:

1. Einheitsverfahren[2]. Man verwendet zwei ineinandergehängte Bechergläser von 100—400 ccm Fassung, die mit je einem Ringrührer versehen und mit luftfreiem Wasser gefüllt sind. Durch häufiges Rühren der Badflüssigkeit im inneren Glase und zeitweiser Bewegung der Flüssigkeit im äußeren Glase sorgt man dafür, daß die Temperatur im inneren Bade gleichmäßig steigt, anfangs etwa 2°, bei Annäherung an den zu bestimmenden Schmelzpunkt etwa 1° in der Minute.

Als Schmelzröhrchen verwendet man U-förmige Glasröhrchen von 1,4 bis 1,5 mm gleichmäßiger lichter Weite und 0,15—0,20 mm Wandstärke. Der eine Schenkel des Röhrchens soll etwa 6, der andere etwa 8 cm lang sein, der Abstand beider Schenkel etwa 0,5 cm.

Der längere Schenkel des U-Röhrchens wird so mit dem flüssigen oder erstarrten Fett beschickt, dass das Fettsäulchen etwa 1 cm lang ist und sich etwa 1 cm oberhalb der Biegung des Röhrchens befindet.

Die Röhrchen werden mittels eines Gummiringes so am Thermometer befestigt, daß das Fettsäulchen sich unmittelbar neben dem Quecksilberkörper des Thermometers befindet. Der Temperaturanstieg wird bei möglichst heller Beleuchtung gegen einen dunklen Hintergrund mit der Lupe beobachtet und der Schmelzpunkt mindestens auf 0,2° genau abgelesen. Als Thermometer eignen sich z. B. ANSCHÜTZ-Thermometer mit 0,2- oder möglichst 0,1°-Teilung.

Als Fließschmelzpunkt wird derjenige Wärmegrad angesehen, bei dem das Fettsäulchen sich in dem Glasröhrchen mit bloßem Auge deutlich sichtbar abwärts bewegt.

Als Klarschmelzpunkt gilt derjenige Wärmegrad, bei dem das Fett eine Trübung nicht mehr erkennen läßt.

Zur Bestimmung des Steigschmelzpunktes verwendet man möglichst dünnwandige, beiderseits offene Glasröhrchen von 5—8 cm Länge und 1,0—1,2 mm gleichmäßiger lichter Weite. Das eine Ende des Röhrchens wird mit einem Fettsäulchen von etwa 1 cm Länge beschickt. Die Röhrchen werden mittels eines Gummiringes so am Thermometer befestigt, daß das Fettsäulchen sich in der Höhe des Quecksilbers befindet. Das Thermometer mit dem Röhrchen soll so tief in das Bestimmungsbad eintauchen, daß das untere mit dem Fettsäulchen beschickte Ende des Röhrchens sich 4 cm unter der Wasseroberfläche befindet. Thermometer nach Art der ANSCHÜTZschen eignen sich für diese Bestimmung. Als Steigschmelzpunkt wird diejenige Temperatur angegeben, bei der das Fettsäulchen vom Wasser in die Höhe geschoben wird.

2. Verfahren von A. BÖMER[3]. Das Verfahren ist namentlich für die Untersuchung von Glyceriden und Sterinacetaten (S. 255) und zur Bestimmung der sog. Schmelzpunktdifferenz (S. 564) empfohlen worden; es gestattet die gleichzeitige Ausführung von mehreren Schmelzpunktbestimmungen.

Über die Ausführung der Bestimmung siehe Bd. II, S. 94, ferner Abb. 6, S. 14.

3. Verfahren von L. UBBELOHDE[4] (Abb. 5, S. 14). Das mit dem Fett beschickte Capillarröhrchen (a) von 3—4 cm Länge wird mittels Gummiringes (b) so

---

[1] Die von diesem Verfahren abweichende Vorschrift zur Bestimmung des Schmelzpunktes nach der amtlichen „Anweisung zur chemischen Untersuchung von Fetten und Käsen" vom 1. April 1898 (Zentralbl. für das Deutsche Reich 1898, **26**, 201; Z. 1898, **1**, 439) dürfte heute als überholt anzusehen sein. — Ebenso kann hier auf das abweichende Verfahren von E. POLENSKE (Arb. kaiserl. Gesundh.-Amt 1907, **26**, 444; Z. 1907, **14**, 758) nur verwiesen werden.

[2] Einheitliche Untersuchungsmethoden für die Fett- und Wachsindustrie, S. 70. Stuttgart: Wissenschaftl. Verlagsgesellschaft 1930. — Vgl. auch G. GREITEMANN: U. 1929, **36**, 181 und H. FINCKE: U. 1929, **36**, 219. [3] A. BÖMER: Z, 1909, **17**, 363.

[4] L. UBBELOHDE: Handbuch der Chemie und Technologie der Öle und Fette, Bd. 1. S. 321. 1908.

neben dem Thermometer befestigt, daß das Fettsäulchen sich in der Mitte des Quecksilbergefäßes befindet. Das Thermometer wird mit einem durchbohrten Kork, der noch eine zweite Durchbohrung für den Luftaustritt besitzt, in der Achse eines weiten Reagensglases befestigt. Das Reagensglas wird mittels einer Stativklammer in ein mit der Heizflüssigkeit (Wasser, Glycerin) gefülltes Becherglas eingehängt und dieses auf einem Asbestteller mit kleiner Flamme langsam erwärmt.

4. Verfahren von W. Mohr [1]. Bei natürlichen, namentlich bei weichen Fetten liefern die Capillarrohrverfahren ungenaue Werte, weil dabei Differenzen zwischen Thermometer und Substanz oder zwischen den einzelnen Teilen der Substanz bestehen können und, namentlich beim Butterfett, die letzten feinen Flocken sich nur langsam lösen und daher im Capillarrohr leicht übersehen werden können. Zur Vermeidung dieser Fehlerquellen verfährt W. Mohr wie folgt:

Man verwendet ein Reagensrohr von etwa 2 cm Weite und 20 cm Höhe mit etwa 15 ccm Fett, in dessen Mitte ein in 0,1° geteiltes genaues Thermometer

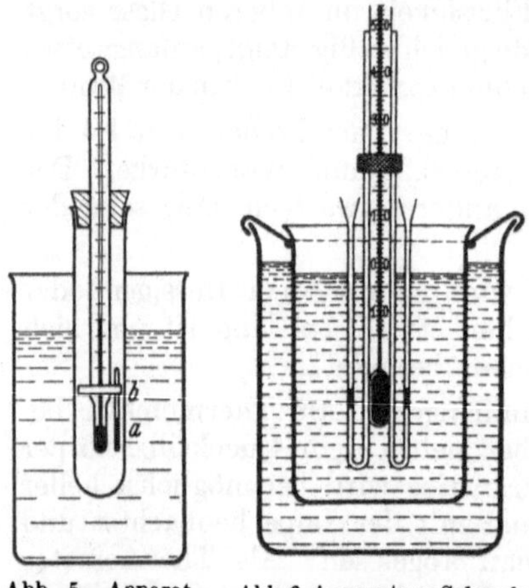

Abb. 5. Apparat zur Schmelzpunktbestimmung von L. Ubbelohde.

Abb. 6. Apparat zur Schmelzpunktbestimmung von A. Bömer.

hängt. Als Wärmebad verwendet man einen Thermostaten mit automatischem Rührer oder auch ein Becherglas mit Wasser, Glycerin, Schwefelsäure od. dgl. Von 30° an wird das Fett so langsam erhitzt, daß die Badflüssigkeit nie mehr als 0,3° höher ist als das Fett, das mit einem Glasrührer dauernd langsam umgerührt wird. Die beim Klarwerden des Fettes abgelesene Temperatur ist der Schmelzpunkt des Fettes. Die Fehlergrenze beträgt 0,3°.

Beim Vergleich mit dem Capillarrohrverfahren lagen die Schmelzpunkte bei 4 Butterfetten bei obigem Verfahren 0,8—1,4° höher, bei einem weiteren Butterfette 1,0° tiefer.

5. Über Bestimmung des Schmelzpunktes und der „Differenzzahl" nach Polenske vgl. S. 562.

γ) Korrektur des Schmelzpunktes.

In der Regel gibt man den nach den verschiedenen Verfahren beobachteten Schmelzpunkt unmittelbar an.

In den Fällen dagegen, wo sehr genaue Schmelzpunktbestimmungen, namentlich bei höherer Temperatur, wie z. B. bei der Sterinacetatprobe (S. 255) erforderlich sind, verwendet man entweder verkürzte Thermometer, bei denen der Quecksilberfaden sich bis zum Schmelzpunkte innerhalb oder nur wenig außerhalb der Heizflüssigkeit befindet, oder man muß für die Teile des Quecksilberfadens, die sich außerhalb der Heizflüssigkeit befinden, eine Korrektur anbringen.

Diese Korrektur berechnet man mit hinreichender Genauigkeit nach folgender Formel:

$$S = T + n\,(T - t) \cdot 0{,}000156,$$

worin bedeutet:

S den korrigierten Schmelzpunkt,
T den beobachteten Schmelzpunkt,

---

[1] W. Mohr: Milchw. Forsch. 1925, **2**, 24.

n die Länge des aus der Heizflüssigkeit hervorragenden Quecksilberfadens, ausgedrückt in Temperaturgraden,

t die mittlere Temperatur der die hervorragende Quecksilbersäule umgebenden Luft, gemessen mittels eines zweiten Thermometers, welches man bei der Schmelzpunktsbestimmung oder bei einer zweiten Erwärmung auf die in Frage kommenden Temperaturen neben der Mitte des hervorragenden Fadens anhängt.

δ) Mikroschmelzpunktbestimmung.

Die Mikroschmelzpunktbestimmung wird so ausgeführt, daß man in einem mit Heizung und Temperaturmessung versehenen Mikroskop den Schmelzvorgang verfolgt. Unter dem Mikroskop läßt sich das Schmelzen viel genauer verfolgen als im Capillarröhrchen; außerdem können viel kleinere Stoffmengen geprüft werden.

Nach L. KOFLER und E. SCHAPER[1], die das Mikroverfahren insbesondere zur Phytosterinacetatprobe (vgl. S. 259) heranziehen, eignet sich für den Versuch jeder Mikroschmelzpunktapparat, der die gleiche Genauigkeit wie die übliche Makroschmelzpunktbestimmung verbürgt, so der Apparat nach KOFLER und H. HILBCK[2] mit thermoelektrischer Temperaturablesung oder der von KOFLER[3] mit Thermometerablesung.

Letzterer Apparat[4], der auf jedes Mikroskop mit Metalltisch aufgesetzt werden kann, besteht im wesentlichen aus einer elektrisch heizbaren Metallplatte, die durch einen am Rand angebrachten Metallring und eine aufgelegte Glasscheibe von der äußeren Luft abgeschlossen ist. Eine kleine Öffnung in der Mitte der Heizplatte läßt das Licht durchtreten. Das Thermometer, das von außen her eingeführt wird, ist so geeicht, daß es den korrigierten Schmelzpunkt abzulesen gestattet.

Die für den Versuch benötigte Substanzmenge ist sehr gering; häufig genügt ein Millionstel Gramm oder noch weniger. Eine vorherige Trocknung der Substanz im Exsiccator ist in der Regel nicht notwendig.

Bei einem Gemisch von Cholesterin- und Phytosterinacetaten sieht man bei der Mikromethode keinen einheitlichen Schmelzpunkt. Maßgebend ist dann für die Beurteilung der höchstschmelzende Anteil.

ε) Bestimmung des sog. doppelten Schmelzpunktes der Glyceride[5].

Wie schon oben S. 11 hervorgehoben wurde, zeigen die aus Schmelzfluß erstarrten reinen Triglyceride unter Umständen einen sog. doppelten Schmelzpunkt, bedingt durch eine labile und stabile Modifikation der Glyceride, von denen die labile Form durch plötzliches starkes Abkühlen der geschmolzenen stabilen Form entsteht und durch vorsichtiges Erwärmen über ihren eigenen Schmelzpunkt (Umwandlungspunkt) oder durch längeres Liegen bei Zimmertemperatur wieder in diese übergeführt wird. Die aus Lösung krystallisierten Glyceride zeigen dagegen nur einen Schmelzpunkt, nämlich den der stabilen Modifikation.

Bei reinem Tristearin wurden z. B. von A. BÖMER folgende Schmelzpunkte beobachtet: Das aus Äther krystallisierte Tristearin zeigt bei der oben (S. 13) beschriebenen Art der Schmelzpunktbestimmung nur den Schmelzpunkt 72°. Wird nunmehr das Thermometer mit dem anhängenden Schmelzröhrchen aus dem Schwefelsäurebade herausgenommen und sofort kurze Zeit in Wasser von etwa 15° eingetaucht, so zieht sich das geschmolzene Tristearin stark zusammen und es zeigt im Schmelzröhrchen die in Abb. 7a im Längsschnitte vergrößert dargestellte Form. Das Fettsäulchen haftet meist nur mit den Rändern der beiden Enden[6], welche letzteren infolge der starken Zusammenziehung meist trichterförmige

---

[1] L. KOFLER u. E. SCHAPER: U. 1935, 42, 21.

[2] L. KOFLER u. H. HILBCK: Mikrochemie 1931, 9, 38.

[3] L. KOFLER: Mikrochemie 1934, 15, 242.

[4] Zu beziehen von Mechaniker SCHEUNACH am Physiologischen Universitätsinstitut in Innsbruck. [5] A. BÖMER: Z. 1907, 14, 95.

[6] Mitunter haftet das Fettsäulchen auch nur an dem einen Ende oder an irgendeiner anderen Stelle fest an den Glaswandungen des Röhrchens; in solchen Fällen fehlen natürlich die trichterförmigen Einstülpungen an dem anderen bzw. an beiden Enden des Fettsäulchens.

Einstülpungen zeigen, an den Glaswandungen; der ganze übrige Teil des Fettsäulchens hat sich infolge der starken Zusammenziehung von den Glaswandungen losgelöst. Man erkennt dies deutlich an den Reflexerscheinungen an der Innenwand des Glasröhrchens. Beim Erwärmen des Röhrchens kann man darauf beobachten, daß sich bei etwa 53° das Fettsäulchen kurz vor dem Umwandlungspunkte in die Breite ausdehnt und den ganzen Raum des Röhrchens ausfüllt, wobei dann gleichzeitig die Reflexerscheinungen an der Innenwandung des Glasröhrchens verschwinden (Form b).

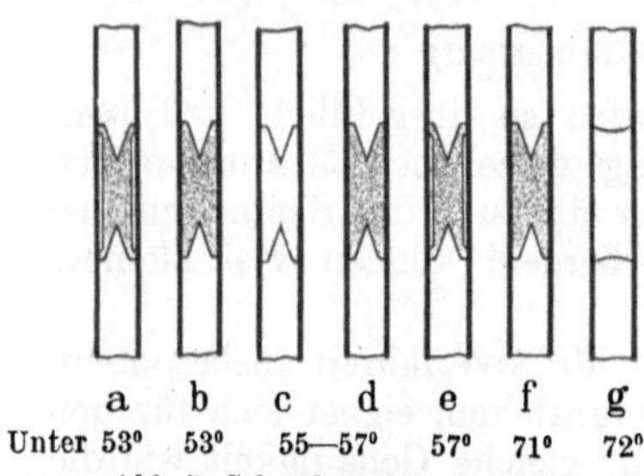

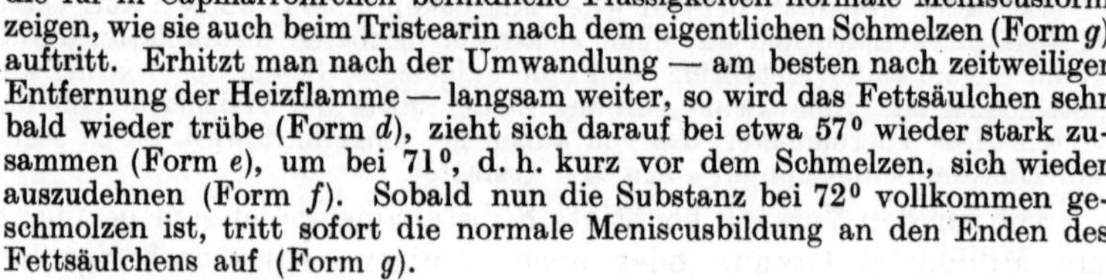

a   b   c   d   e   f   g
Unter 53°   53°   55—57°   57°   71°   72°

Abb. 7. Schmelzerscheinungen beim Tristearin nach Bömer.

Bei dem nun folgenden Umwandlungspunkte, d. h. also bei der Umwandlung der labilen in die stabile Form, welche bei 55° erfolgt, wird das Fettsäulchen, wenn man nicht zu langsam erhitzt, meist vollständig klar; erhitzt man aber sehr langsam, so tritt nur eine von außen allmählich fortschreitende, mehr oder minder deutliche Aufhellung des Fettsäulchens ein. Auffallend ist, daß selbst dann, wenn das Fettsäulchen bei dieser Umwandlung vollkommen klar wird und auch einige Sekunden vollkommen klar bleibt, dennoch die trichterförmigen Einstülpungen an den beiden Enden des Fettsäulchens bestehen bleiben (Form c); hieraus kann man den Schluß ziehen, daß die Substanz bei diesem Umwandlungspunkte nicht alle Eigenschaften eines geschmolzenen Körpers besitzt; denn ein solcher würde an den beiden Enden des Flüssigkeitssäulchens die für in Capillarröhrchen befindliche Flüssigkeiten normale Meniscusform zeigen, wie sie auch beim Tristearin nach dem eigentlichen Schmelzen (Form g) auftritt. Erhitzt man nach der Umwandlung — am besten nach zeitweiliger Entfernung der Heizflamme — langsam weiter, so wird das Fettsäulchen sehr bald wieder trübe (Form d), zieht sich darauf bei etwa 57° wieder stark zusammen (Form e), um bei 71°, d. h. kurz vor dem Schmelzen, sich wieder auszudehnen (Form f). Sobald nun die Substanz bei 72° vollkommen geschmolzen ist, tritt sofort die normale Meniscusbildung an den Enden des Fettsäulchens auf (Form g).

ζ) Technische Methoden zur Bestimmung des Schmelzpunktes.

Tropfpunkt nach L. Ubbelohde[1]. In der Zeichnung (Abb. 8) bedeutet b eine zylindrische Metallhülse, die fest mit dem Thermometer a und der Glashülse e verbunden ist. In diese Glashülse, die bei c eine kleine Öffnung hat, wird die Substanz unter Vermeidung von Luftblasen eingefüllt. Dabei streicht und drückt man weiche Massen hinein, feste, indem man sie in geschmolzenem Zustand in die auf eine Glasplatte gestellte Hülse pipettiert und die überschüssige Masse glatt abstreicht. Vor dem völligen Erstarren wird das mit der Metallhülse b fest verbundene Thermometer a so weit in die Masse gesteckt, als die drei Sperrstifte d gestatten. Dabei schiebt sich der untere federnde Teil über das Gefäß e und hält es fest und die Luft kann bei c umlaufen. Nun streicht man das unten austretende Fett glatt ab, befestigt den Apparat mittels eines Korkringes in einem etwa 4 cm weiten Reagensglas und erhitzt in einem mit Wasser oder Paraffinöl gefüllten Becherglas so, daß die Temperatur in der Minute um 1° steigt. Der Beginn des Fließens äußert sich, etwa 5° unterhalb des Tropfpunktes, dadurch, daß unten eine Kuppe auszutreten beginnt. Die Temperatur, bei welcher der erste Tropfen fällt, ist der Tropfpunkt. — Einen verbesserten Tropfpunktprüfer hat F. Dupré[2] angegeben.

Abb. 8. Tropfpunktapparat nach Ubbelohde.

Von weiteren technischen Methoden seien erwähnt: Das älteste, weil recht ungenau, heute nicht mehr verwendete Verfahren von A. Pohl[3], das von A. W. Knapp[4], ferner die von Sueur und Crossley[5], J. Jachzel[6], P. B. Dallimore[7], R. Meldrum[8],

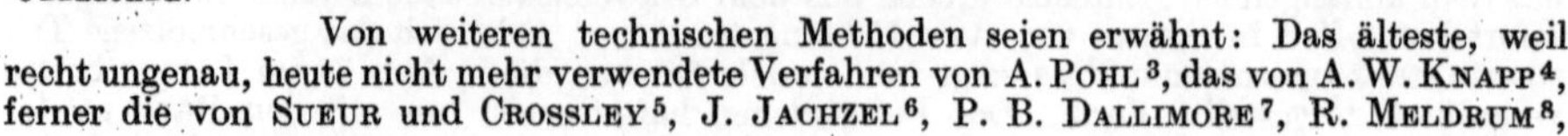

[1] L. Ubbelohde: Mitt. Mat.-Prüf. 1904, 203; Zeitschr. angew. Chem. 1905, 18, 1920. Bezugsquelle des Apparates: Bleckmann u. Burger, Berlin, Augustastr. 30.
[2] F. Dupré: Chem.-Ztg. 1918, 42, 398.
[3] Pohl: Ber. Wiener Akad. Wissensch. 1851, 6, 587.
[4] Knapp: Journ. Soc. chem. Ind. 1915, 34, 1121.
[5] Sueur u. Crossley: Journ. Soc. chem. Ind. 1898, 17, 988.
[6] J. Jachzel: U. 1902, 9, 150.   [7] P. B. Dallimore: Pharm. Journ. 1903 (4), 27, 802.
[8] R. Meldrum: Chem. News 1913, 108, 199.

E. Thorp[1], R. Prouzerge[2], L. Godoletz[3], M. Monhaupt[4], D. J. de Jong[5], J. Herold[6], H. Limbourg[7], L. v. Liebermann[8].

c) Höhe der Schmelzpunkte.

α) Schmelzpunkte einiger Fettsäuren und Glyceride. Die Schmelzpunkte der gesättigten Fettsäuren steigen mit der Zahl der Kohlenstoffatome, und zwar werden die Differenzen mit steigendem Molgewicht geringer. Bei den ungesättigten Fettsäuren der Ölsäurereihe scheinen die Schmelzpunkte sehr abhängig zu sein von der Stellung der Doppelbindung, denn es schmilzt von den Octodecansäuren $(C_{18}H_{34}O_2)$ die

Angabe	6,7-Säure	9,10-Säure	10,11-Säure	11,12-Säure
Säure	Petroselinsäure	Ölsäure	Isoölsäure	Vaccensäure
Schmelzpunkt . . .	31⁰	14,0⁰	44—45⁰	38—39⁰

Die Schmelzpunkte der einfachen Triglyceride von der Caprinsäure an sind höher als die ihrer Fettsäuren:

Angabe	Caprylsäure	Caprinsäure	Laurinsäure	Myristinsäure	Palmitinsäure	Stearinsäure
Fettsäure . .	16,0	31,5	43,6	53,8	62,6	70,0
Triglycerid .	8,3	31,1	46,4	56,5	65,5	72,2

Über die Schmelzpunkte von Stearinsäure und Palmitinsäure und von Glyceriden siehe Bd. I, S. 269 und 311, über die von Stearinsäure-Palmitinsäuregemische auch diesen Bd., S. 195. Für sonstige Fettsäurengemische hat W. Heintz[9] noch folgende Schmelzpunkte angegeben:

Tabelle 3.
Gemische von Myristinsäure mit Palmitin- und Stearinsäure.

Myristinsäure %	Mischung mit Palmitinsäure %	Schmelzpunkt ⁰	Mischung mit Stearinsäure %	Schmelzpunkt ⁰
100	0	53,8	0	53,8
90	10	51,8	10	51,7
80	20	49,5	20	47,8
70	30	46,2	30	48,2
60	40	47,0	40	50,4
50	50	47,8	50	54,5
40	60	51,5	60	59,8
30	70	54,9	70	62,8
20	80	58,0	80	65,0
10	90	60,1	90	67,1
0	100	62,0	100	69,2

[1] E. Thorp: Pharm. Journ. 1910 (4), **30**, 204.   [2] R. Prouzerge: Ann. Chim. analyt. appl. 1912, **17**, 56.   [3] L. Godoletz: Chem.-Ztg. 1916, **40**, 223.   [4] M. Monhaupt: Chem.-Ztg. 1916, **40**, 676.   [5] D. J. de Jong: Pharm. Weekbl. 1919, **56**, 925.
[6] J. Herold: Chem.-Ztg. 1911, **35**, 93.   [7] H. Limbourg: Bull. Soc. Chim. Belgique 1908, **22**, 117.   [8] L. v. Liebermann: Z. 1911, **22**, 294.
[9] W. Heintz: Ann. Chem. **92**, 295. Vgl. auch Journ. prakt. Chem. 1935, **66**, 1.

Tabelle 4.
Gemische von Laurinsäure mit Myristin-, Palmitin- und Stearinsäure.

Laurinsäure %	Mischung mit Myristinsäure %	Schmelzpunkt °	Mischung mit Palmitinsäure %	Schmelzpunkt °	Mischung mit Stearinsäure %	Schmelzpunkt °
100	0	43,6	0	43,6	0	43,6
90	10	41,3	10	41,5	10	41,5
80	20	38,5	20	37,1	20	38,5
70	30	35,1	30	38,3	30	43,4
60	40	36,7	40	40,1	40	50,8
50	50	37,4	50	47,0	50	55,8
40	60	43,0	60	51,2	60	59,0
30	70	46,7	70	54,5	70	62,0
20	80	49,6	80	57,4	80	64,7
10	90	51,8	90	59,8	90	67,0
0	100	53,8	100	62,0	100	69,2

Über Reinheitsprüfung von Laurinsäure-Myristinsäuregemisch durch dilatometrische Schmelzpunktbestimmung vgl. F. L. Lederer[1].

β) **Schmelzpunkte und Erstarrungspunkte von natürlichen Fetten und ihren Fettsäuren.** Als Beispiele mögen folgende angeführt werden:

Tabelle 5.

Art des Fettes	Fett		Fettsäuren	
	Schmelzpunkt	Erstarrungspunkt	Schmelzpunkt	Erstarrungspunkt
Butterfett	28—42	19—26	38—45	33—38
Rindstalg	42—50	27—38	41—47	39—47
Schweinefett	34—48	26—32	35—47	34—42
Gänsefett	25—40	18—34	34—41	31—40
Dorschleberöl. . . .	flüssig	0 bis — 10	21—26	13—24
Cocosfett.	20—28	14—23	24—27	16—23
Palmkernfett	23—28	20—24	21—29	20—26
Kakaofett	28—36	20—27	48—53	45—51
Olivenöl	flüssig	— 6 bis + 10	19—33	21—25
Erdnußöl	„	— 7 „ + 3	27—36	22—32
Rüböl	„	—10 „ 0	16—22	12—19
Sonnenblumenöl . .	„	— 16 „ — 18	21—24	17—20
Sojaöl	— 7 bis — 8	— 8 „ — 18	20—29	14—25
Baumwollöl	flüssig	— 6 „ — 1	34—46	28—40
Mohnöl	2	— 15 „ — 20	20—21	15—17
Leinöl	(— 16 bis — 20)	— 18 „ — 27	17—24	12—21

Wie aus dieser Zusammenstellung ersichtlich ist, liegen die Schmelz- und Erstarrungspunkte der Fettsäuren durchweg beträchtlich höher als die der zugehörigen Fette. Die ersteren werden daher, namentlich in der Technik, viel häufiger als kennzeichnende Merkmale der Fette und Öle bestimmt als die Schmelz- und Erstarrungspunkte der Fette selbst.

Von vollständig hydrierten Seetierölen war nach S. Ueno, G. Inagaki und H. Tsuchikawa[2] bei gehärteten Spermölen (vgl. S. 598) die Differenz zwischen Schmelz- und Erstarrungspunkt sehr gering, bei gehärteten Heringsölen lag sie zwischen 6—7°, bei Sardinenölen

für Titer	50—54°	53,5—54°
Differenz	3,0— 3,5°	2,3— 3,5°

---

[1] F. L. Lederer: U. 1931, **38**, 243; C. 1931, II, 2804.
[2] S. Ueno, G. Inagaki u. H. Tsuchikawa: Journ. Soc. chem. Ind. Japan, Suppl. 1931, **34** B, 445; Z. 1937, **73**, 209.

d) Schmelzausdehnung der Fette.

Die Ausdehnung, welche feste Fette beim Schmelzen erfahren, bezeichnet man als die Schmelzausdehnung der Fette; sie wird in der Margarineindustrie weniger gut als Dilatation bezeichnet und hat hier für die Beurteilung der Hartfette Bedeutung. Zu ihrer Bestimmung dient nach W. NORMANN[1] der von ihm konstruierte Dilatometer (Abb. 9). Je nach der erwarteten Ausdehnung des Fettes füllt man das gewogene Dilatometer zu einem oder zwei Dritteln mit frisch ausgekochtem, schwach gefärbtem Wasser, wägt, erwärmt, füllt in der Wärme mit geschmolzenem entlüftetem (s. S. 7) Fett auf, verschließt das Dilatometer und wägt nach dem Erkalten abermals. Beim Verschließen ist darauf zu achten, daß das Wasser in der Capillare nur so hoch stehen darf, daß bei einer oberhalb des Schmelzpunktes des Fettes liegenden Temperatur die Capillare nur bis in die Nähe des obersten Teilstriches gefüllt ist[2].

Zur Ausführung des Versuches bringt man nunmehr das Dilatometer in einen guten Wasserthermostaten von etwa 20⁰ und liest nach 15—20 Minuten die Temperatur und den Stand des Wassers in der Capillare ab. Darauf steigert man die Temperatur um einige Grade, liest nach 20 Minuten wiederum ab und wiederholt dies so oft, wie es notwendig erscheint, jedenfalls aber bis zur Erreichung einer Temperatur, die mindestens etwa 10⁰ über dem Schmelzpunkte des Fettes liegt.

Berechnung. Bekannt ist die Menge des im Dilatometer befindlichen Wassers und Fettes; bekannt oder leicht im Dilatometer feststellbar ist die Ausdehnung von 1 g Wasser je 1⁰, z. B. 0,355. Man liest die gesamte Ausdehnung des Dilatometerinhaltes an der Capillare ab, zieht von dieser die berechnete Ausdehnung des Wassers ab und findet so die Ausdehnung des Fettes. Die so festgestellten Ausdehnungen sind die scheinbaren Volumausdehnungen in Glas, welche der Einfachheit wegen nicht auf das ursprüngliche Volumen, sondern auf 100 g Fett ausgerechnet werden.

Die flüssigen Öle und Fettsäuren dehnen sich mit fortschreitender Temperatur gleichmäßig aus. Die Ausdehnungsgrößen sind selbst bei Ölen von wesentlich verschiedener Zusammensetzung (z. B. Erdnuß-, Lein- und Ricinusöl) nicht sehr voneinander verschieden und die der entsprechenden freien Fettsäuren scheinen mit den Ölen fast völlig zusammenzufallen. Auch die festen Fette zeigen im völlig geschmolzenen Zustande annähernd dieselben Ausdehnungsgrößen.

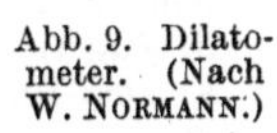

Abb. 9. Dilatometer. (Nach W. NORMANN.)

Bei einem völlig einheitlichen festen Fette (Glycerid) wäre zu erwarten, daß es sich gleichmäßig ausdehnt und daß daher die Kurve, bezogen auf Temperatur und Ausdehnungsgröße bis zum Beginn des Schmelzens keine Aufbiegung zeigt, beim Schmelzpunkt aber mit scharfem Knick senkrecht in die Höhe steigt und nach erfolgter Schmelzung wieder mit scharfem Knick in die Richtung der flüssigen Öle übergeht. Der Abstand der beiden Knickpunkte voneinander gibt dann die Schmelzausdehnung an.

---

[1] W. NORMANN: U. 1931, **38**, 17.

[2] Diese Einstellung ist leicht zu erreichen, wenn man einen kleinen käuflichen Gummisauger für Kindermilchflaschen oben auf die Capillare setzt und etwas Luft durch das Wasser und das Fett hindurch aus der Capillare herausdrückt. Beim Wiederloslassen des Saugers steigt dann die Wassersäule in der Capillare hoch. Nach wenigen Versuchen gelingt diese Art der Füllung sehr leicht. Die Gummikappe läßt man zur Vermeidung der Wasserverdunstung während der ganzen Versuchsdauer sitzen.

Liegen aber, wie bei natürlichen Fetten immer, Mischungen von Glyceriden vor, so geht neben dem Schmelzvorgang noch ein Lösungsvorgang des oder der höher schmelzenden Glyceride in dem schon geschmolzenen Glycerid her. Man wird daher keine scharfen Knickpunkte erwarten können. In Abb. 10 ist das Verhalten eines Glyceridgemisches aus etwa gleichen Teilen Laurodimyristin und Myristodilaurin aus Palmkernfett dargestellt; in diesem Falle ist der Abstand von a und b die Schmelzausdehnung; sie beträgt 8500 cmm für 100 g Fett.

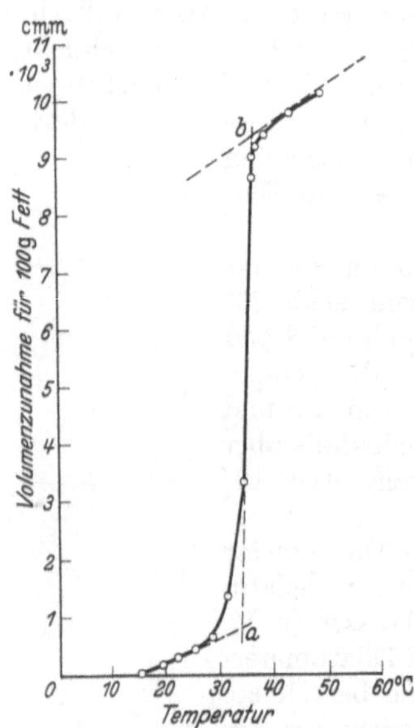

Abb. 10. Schmelzausdehnung eines Gemisches von etwa gleichen Teilchen Laurodimyristin und Myristodilaurin aus Palmkernfett.

Bei einem fast ganz aus Tristearin bestehenden Leinölhartfette beobachtete W. Normann eine unregelmäßige Schmelzkurve, indem sich das Fett zunächst normal ausdehnte, dann aber von etwa 39⁰ an sich wieder zusammenzog, so daß es bei 47⁰ einen kleineren Raum einnahm, als bei der Anfangstemperatur von 20⁰. Dann zeigte das Fett beim weiteren Erhitzen einen normalen Schmelzvorgang und bei 69⁰ einen scharfen Knick. Dieses auffallende Verhalten dürfte auf den doppelten Schmelzpunkt des Tristearins zurückzuführen sein, den A. Bömer zu 55 und 72⁰ fand; er beobachtete auch schon 1907 eine Zusammenziehung des Tristearins bei 57⁰ (S. 16).

e) Schmelzkurven.

Unter geeigneten Bedingungen und Anwendung einer besonderen Apparatur kann der Schmelzvorgang bei Zuführung gleicher Wärmemengen allgemein, wie auch besonders bei Fetten, in Form einer Temperaturcalorienkurve dargestellt werden (calorimetrische Analyse der Fette). Nach J. Straub und R. M. N. A. Malotaux[1] muß dabei für quantitative Ergebnisse folgenden Anforderungen genügt sein:

1. Die Temperatur muß im Schmelzgefäß überall die gleiche sein.
2. Die zu untersuchende Substanz muß beim Versuch gleichmäßig verteilt bleiben. Krystalle dürfen nicht zu Boden sinken. Verschiedene Phasen müssen immer miteinander im Gleichgewicht sein.
3. Zugeführte oder abgeführte Wärmemengen müssen genau bekannt sein.
4. Die Temperatur muß schnell und genau gemessen werden können.

Straub und Malotaux erreichen dies durch nebenstehend gezeichnetes Calorimeter. Die Substanz befindet sich in einem Schmelzgefäß, bestehend aus einer kleinen, mit feinster Metallgaze angefüllten Metalldose, in die die kleine Kugel eines Thermometers hineinragt. Die Dose hängt am Thermometer in einem mit Luft gefüllten Rundkolben, der wieder in ein Wasserbad mit Rührvorrichtung und Thermometer taucht.

Das Schmelzgefäß[2] ist von zylindrischer Form, von 2 cm Durchmesser, 2 cm hoch mit Deckel aus vergoldetem Feinsilber hergestellt, das mit feinster Kupfer- (besser Feinsilber-) Gaze gefüllt ist. Die Gaze ist nach Abb. 12 gefaltet. Das Quecksilbergefäß des Thermometers wird genau zentral darin gestellt. Der freie Raum unter dem Thermometergefäß wird mit einem Röllchen Kupfergaze gefüllt. Die Feinheit der Gaze und die vollkommen gleichmäßige, lückenlose Füllung des Silbergefäßes mit Gaze ist sehr wichtig.

Das in 1/5 Grade eingeteilte, — 30 bis + 80⁰ umfassende, Thermometer hat ein kleines Quecksilbergefäß, damit es Temperaturänderungen schnell annimmt und einen langen Unterteil, damit das Gefäß genügend tief in das Wasserbad eintauchen kann, um von allen Seiten gleichmäßig Wärme aufzunehmen oder abzugeben.

<hr>

[1] J. Straub u. R. M. N. A. Malotaux: Rec. Trav. chim. Pays-Bas 1933, 52, 275.
[2] Das Silbergefäß stellte die Firma G. Siebert in Hanau a. M. her. Dieselbe liefert auch ein sehr brauchbares Goldmantelnickelgewebe mit Maschenweite 1024 für 1 qcm aus 0,06-mm-Draht, das vor dem Umfalten zu glühen ist.

Ausführung der Bestimmung. Die Erhitzung oder Abkühlung über
30—60° dauert $1^1/_2$—3 Stunden, und Ablesungen des Innen- und Außenthermo-
meters werden jede Minute vorgenommen. Zur einfachen Umrechnung empfiehlt

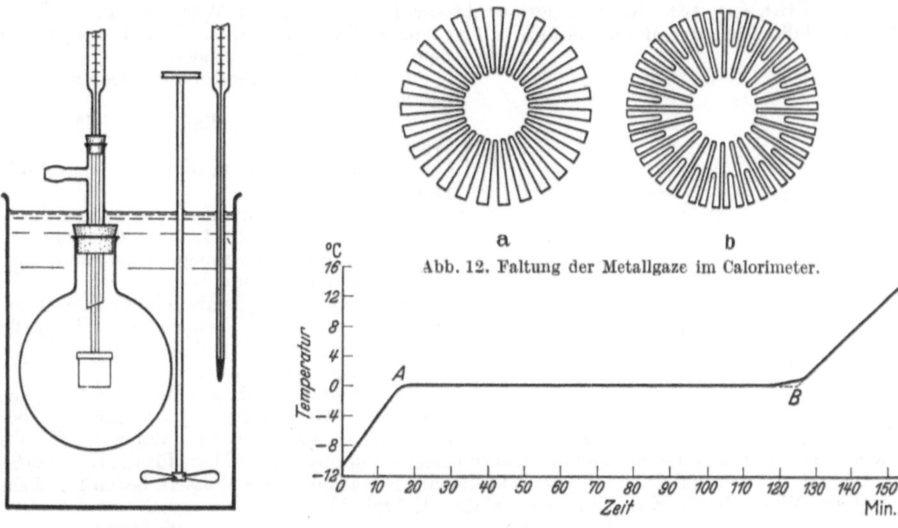

Abb. 12. Faltung der Metallgaze im Calorimeter.

Abb. 11. Anordnung des
Calorimeters.

Abb. 13. Schmelzlinie von 2,3 g Eis.

es sich, die Erwärmung konstant zu halten, was sich durch Konstanthaltung
des Temperaturunterschiedes zwischen beiden Thermometern erreichen läßt.
Gegebenenfalls kann das Wasserbad auch durch
Einwerfen kleiner Eisstückchen gekühlt werden.

Nach Beendigung des Versuches werden die
Ablesungen auf Millimeterpapier zu einem Diagramm vereinigt, in dem senkrecht die Temperatur, waagerecht die Zeit abgesetzt ist. Die Zeit-
ordinate ist dann gleichzeitig die Calorienordinate.

Bei dem verwendeten Apparat betrug für einen
Temperaturunterschied von 10,5° die Wärmemenge immer
2,1 Calorien in der Minute.

Für die Erwärmung des leeren (mit Gaze gefüllten) Silbergefäßes gilt, wenn
K die Wärmekapazität,
a die in der Minute übertragene Wärmemenge in Calorien,
m die Zeit in Minuten,
t_1 und t_2 Anfangs- und Endtemperatur sind:

$$a\,m = K\,(t_2 - t_1). \qquad (1)$$

Für den Temperaturanstieg in der Minute $\varDelta t$ folgt hieraus

$$\frac{a}{K} = \frac{t_2 - t_1}{m} = \varDelta t.$$

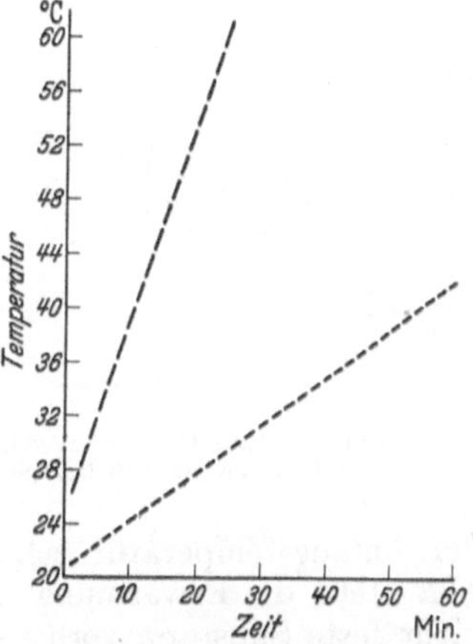

Abb. 14. Gerade Erwärmungslinien des
leeren und mit 4,4 g Wasser gefüllten
Apparates.

Für die Erwärmung des mit Substanz gefüllten Gefäßes gilt, wenn
p das Gewicht der Substanz in Gramm,
c die spezifische Wärme dieser Substanz (temperaturabhängig)
und wenn keine physikalischen Änderungen in der Substanz im Temperaturintervall eintreten,

$$a\,m = (K + pc)\,(t_2 - t_1). \qquad (2)$$

Für den Temperaturanstieg in der Minute $\varDelta t$ folgt

$$\frac{a}{K + pc} = \varDelta t.$$

Für das Schmelzen einer reinen Substanz bei konstanter Temperatur gilt, wenn Q die Schmelzwärme für 1 g Substanz, m die Zeitdauer des Schmelzens ist:

Gesamte beim Schmelzpunkt übertragene Wärmemenge:

$$a\,m = p\,Q. \tag{3}$$

Die Eichung des Apparates umfaßt die Bestimmung der Wärmekapazität K des Silbergefäßes und der in der Minute übertragenen Wärmemenge a. Hierzu werden mit dem Apparat aufgenommen:

1. Die Erwärmungslinie des leeren Silbergefäßes.

2. Die Erwärmungslinie des Gefäßes mit Wasserfüllung.

3. Die Erwärmungslinie (Schmelzlinie) von Eis.

4. Die Schmelzlinie von Benzophenon.

Die beiden letzteren Linien dienen zugleich zur Erprobung der Genauigkeit des Apparates. Man erhält so folgende Diagramme:

Aus dem Versuch mit reinem Wasser erhält man nach den Formeln (1) und (2) die Wärmekapazität K des Gefäßes und die Wärmeübertragung a in Calorien (vgl. Abb. 14).

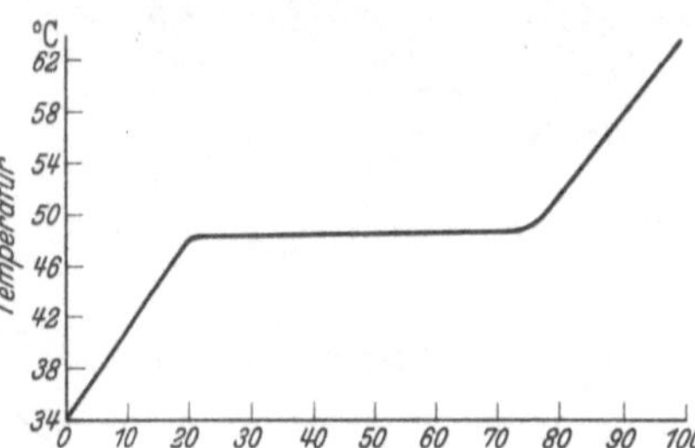

Abb. 15. Schmelzlinie von 5,0 g reinem Benzophenon.

Aus dem Versuch mit Eis kann man aus der Dauer des Schmelzens und aus der bekannten Schmelzwärme von Eis ebenfalls den Wert a der Wärmeübertragung in der Minute berechnen. Der erste gerade Teil der Kurve liefert einen ungefähren Wert für die Spezifische Wärme des Eises, der dritte gerade Teil, der die Erwärmung des Wassers bedeutet, einen weiteren Wert für die Kapazität des Gefäßes K (vgl. Abb. 13).

Der Versuch mit reinem Benzophenon (Abb. 15) ergibt aus dem Schmelztrajekt wieder a, aus der Erwärmung der festen Substanz K und aus der Erwärmung der Schmelze die gleiche Konstante K, wobei nach Landolts physikalisch-chemischen Tabellen für Benzophenon die folgenden Werte zugrunde gelegt werden: Schmelzwärme $Q = 23{,}5$, Spezifische Wärme, fest, $c = 0{,}3051$, Spezifische Wärme, flüssig, $C_L = 0{,}3825$.

Die Reproduzierbarkeit des Versuches in dem Apparate betrug etwa 5%.

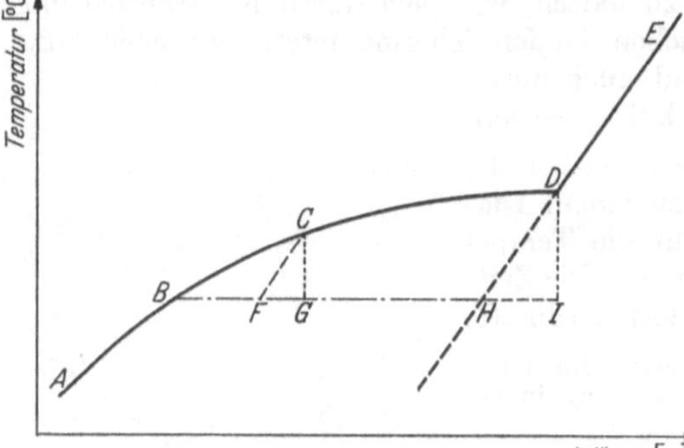

Abb. 16. Aufteilung der zugeführten Calorien in Lösungswärme und Erhitzungswärme.

Für Gemische, auf die es uns bei der Fettuntersuchung besonders ankommt, verläuft die Schmelzlinie verwickelter, wie Abb. 16 darstellt.

Bei dieser Kurve ist ein Beginn des Schmelzens nicht beobachtet, d. h. der Stoff war bei der Anfangstemperatur schon teilweise flüssig. Bei D ist alles geschmolzen. $D\,E$ stellt die Erwärmung der geschmolzenen Substanz dar. Bei B ist etwas mehr feste Substanz vorhanden als bei C. — Die Wärmemenge, die zugeführt werden muß, um von B nach C zu gelangen, wird dargestellt durch $B\,G$ und setzt sich zusammen aus Beträgen, die zum Erwärmungs- und zum Schmelzvorgange dienen. Diese Beträge können graphisch und rechnerisch getrennt werden.

Wenn man nun zur Vereinfachung den Unterschied der Spezifischen Wärmen der festen und flüssigen Substanz vernachlässigt, so scheidet die Temperaturabhängigkeit der Schmelzwärme aus, und es wird:

$$B\,G = (t_c - t_b)\,(K + p\,c) + (p_{s_c} - p_{s_b})\,Q, \tag{4}$$

worin t_c und t_b die Temperatur in C und B, p_{s_c} und p_{s_b} die Mengen an fester Substanz in C und B bedeuten.

In dieser Formel (4) ist $(K + pc)$ eine Konstante und aus dem Teil DE der Kurve zu entnehmen, wo die Formel (2) gilt, also

$$K + pc = \frac{a\,m}{t_2 - t_1} = \frac{HI}{DI}\,.$$

Ziehen wir jetzt CF parallel zu ED, so wird

$$K + pc = \frac{HI}{DI} = \frac{FG}{CG} = \frac{FG}{t_c - t_b}\,, \quad \text{also} \quad (t_c - t_b)\,(K + pc) = FG\,.$$

Dies bedeutet: In der Abb. 16 stellt FG den Teil der Wärmemenge BG vor, der bei der Änderung des Systems von B nach C zur reinen Erwärmung (von Substanz und Gefäß) gedient hat, $BG - FG$ dagegen die Wärmemenge, die verbraucht wurde, um den Teil der Substanz zu schmelzen, der in B noch fest war, in C nicht mehr. So stellt auch BH die Wärmemenge vor, die nötig ist, um alle feste Substanz zu schmelzen, die in B vorhanden ist.

Mit Hilfe dieser Anordnung lassen sich auch besondere Vorgänge beim Schmelzen veranschaulichen. So zeigt Abb. 17 das Schmelzen eines Palmitodistearinpräparates aus Schmalz, das metastabil krystallisiert war. Kurz nach Beginn des Schmelzens setzt es sich schnell und ganz in die stabile Form um, die dann regelmäßig zu schmelzen anfängt.

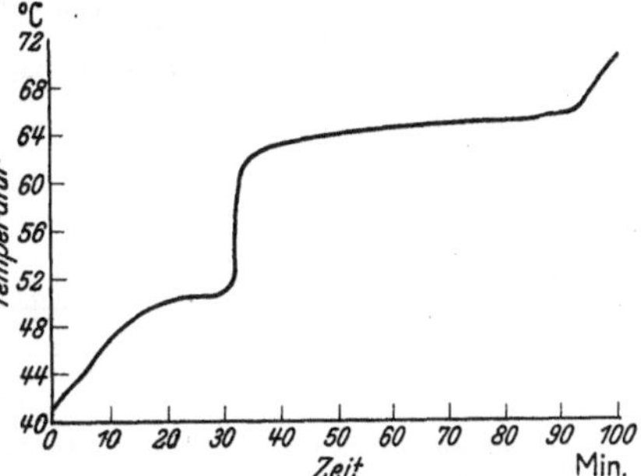

Abb. 17. Schmelzlinie eines Palmitodistearinpräparates. Umwandlung der metastabilen in die stabile Form.

Konsistenzlinien. Die zum Schmelzen nötigen Wärmemengen, umgerechnet auf 1 g Substanz, können in einer neuen Abbildung graphisch gegen die Temperatur aufgetragen werden, wobei man zweckmäßig den Nullpunkt der Calorien an die rechte Seite der Abszisse bringt. Die so erhaltene Abbildung gibt für 1 g Substanz an, welche Anzahl Calorien zum Schmelzen der bei jeder Temperatur noch anwesenden Menge fester Substanz nötig ist, allerdings nur in erster Annäherung, weil der Unterschied in den Spezifischen Wärmen der festen bzw. flüssigen Substanz vernachlässigt wurde.

Ist bei den vorstehend ermittelten Schmelzlinien nun noch die Schmelzwärme für 1 g Substanz bekannt, so kann der Prozentgehalt an fester Substanz bei jeder Temperatur auf einfache Weise aus den zum Schmelzen verbrauchten Calorien umgerechnet werden. Man erhält so die Konsistenzlinie, die den Prozentgehalt an fester Substanz bei jeder Temperatur angibt. Bei Fetten ist nach STRAUB und MALOTAUX[1] die Schmelzwärme für 1 g Substanz für die verschiedenen Glyceride meistens ungefähr gleich, nämlich 35—40 Calorien für 1 g. Man findet also annähernd die Prozente an fester Substanz, wenn man die angegebenen Calorien durch 0,37 teilt. Da hierdurch der Verlauf der Kurven aber nicht verändert wird, ziehen STRAUB und MALOTAUX die Angabe in Calorien als exakter vor.

Die Bedeutung dieser Konsistenzlinien für die Beurteilung des Schmelzvorganges von Handelsfetten zeigt z. B. die umstehende Abbildung für Cocosfett und Palmöl. Das bei 5^0 noch fast ganz feste Cocosfett ist bei 26^0 vollkommen geschmolzen während das bei 5^0 größtenteils schon flüssige Palmöl über 40^0 erhitzt werden muß, damit die letzten festen Anteile sich lösen. Ähnlich ist der Gegensatz zwischen Rindertalg und Kakaofett (vgl. S. 446).

Das Verfahren ist auf flüssige Öle praktisch nicht anwendbar, weil sich das Gleichgewicht fest-flüssig bei niedriger Temperatur zu langsam einstellt. Dagegen leistet es bei elaidinierten (vgl. S. 207) Ölen wieder vorzügliche Dienste, wie folgende Abbildung (Abb. 19) als Beispiel erkennen läßt.

<hr>

[1] J. STRAUB u. R. N. M. A. MALOTAUX: Rec. Trav. chim. Pays-Bas 1938, **57**, 789.

Die steile Rüböllinie mit ihren drei Knicken deutet auf ein Gemisch von drei verschiedenen festen Glyceriden hin, die nacheinander schmelzen, d. h. sich in der Schmelze lösen. Die anfangs sehr steile, später sehr flache Linie für elaidiniertes Rüböl bedeutet, daß alle festen Bestandteile sich in einem bestimmten kleinen Temperaturbereich gleichzeitig zu lösen anfangen. Der letzte

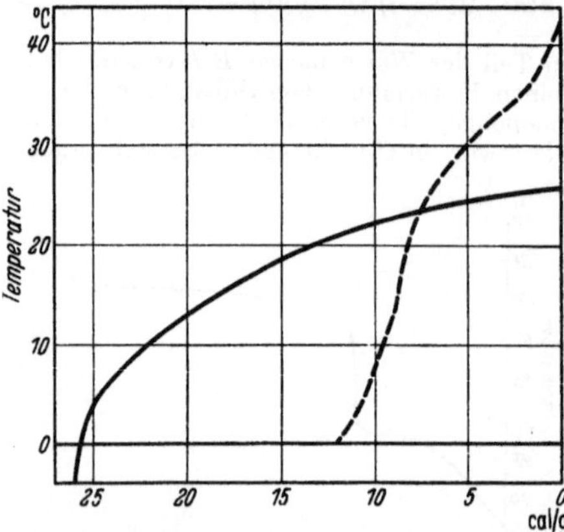

Abb. 18. Konsistenzlinien von Cocosöl (ausgezogen) und Palmöl (gestrichelt). Gleicher Gehalt an fester Substanz (rund 20%) bei 23,5°.

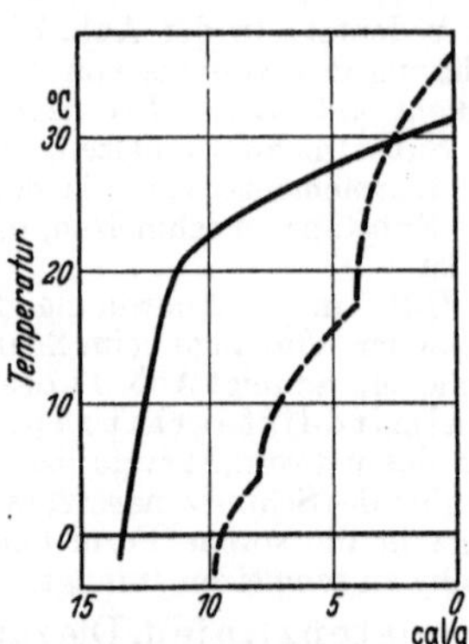

Abb. 19. Konsistenzlinien von elaidiniertem Ölivenöl (ausgezogen) und elaidiniertem Rüböl (gestrichelt).

Teil der Linie, die eine schwach geneigte Gerade bildet, ist typisch für die Anwesenheit von Mischkrystallen.

Über Anwendung der Konsistenzlinien bei der Beurteilung von Margarine vgl. S. 636, auf die Untersuchung des Härtungsverlaufs bei der Hydrierung, S. 625.

3. Erstarrungspunkt.

a) Begriffe.

Während bei reinen Fettsäuren und Glyceriden, wie überhaupt bei chemischen Verbindungen die Erstarrungspunkte mit den Schmelzpunkten übereinstimmen, weisen die natürlichen Fette als Gemische von Glyceriden in dieser Hinsicht Verschiedenheiten auf, indem die Erstarrungspunkte mehr oder weniger tiefer liegen als die Schmelzpunkte; das gleiche ist bei den Fettsäuren der natürlichen Fette der Fall. Die geschmolzenen Fette und ihre Fettsäuren erstarren nicht wie die reinen festen Glyceride auf einmal vollständig, sondern nacheinander, indem zunächst infolge Ausscheidung der schwerstlöslichen Bestandteile eine Trübung eintritt, die sich allmählich infolge Ausscheidung weiterer schwerlöslicher Bestandteile verstärkt, bis schließlich die ganze Masse erstarrt.

Wenn größere Mengen geschmolzener härterer Fette von außen langsam abgekühlt werden, so zeigt ein darin eingetauchtes Thermometer zunächst eine mehr oder weniger gleichmäßige Temperaturabnahme an; sobald jedoch in dem Fette die Krystallisation der schwerlöslichsten Glyceride beginnt, fängt das Thermometer infolge Freiwerdens der latenten Schmelzwärme, an langsamer zu fallen; dann bleibt es kürzere Zeit stehen, steigt wieder, erreicht einen höchsten Stand, um dann wieder gleichmäßig zu fallen. Den hierbei zu beobachtenden höchsten Anstieg der Temperatur bezeichnet man als „Erstarrungspunkt" oder „Übergangspunkt" des Fettes.

Bei weicheren Fetten zeigen sich anfangs die gleichen Erscheinungen, nur kommt es bei ihnen nach dem Stehenbleiben der Temperatur nicht zu einem erneuten Anstieg, sondern sie fällt nach dem Stillstand wieder gleichmäßig ab. Hierbei bezeichnet man den Grad, bei welchem der Stillstand der Temperatur eintritt, als den Erstarrungspunkt.

Als Erstarrungspunkt gilt also diejenige Temperatur, die beim Abkühlen des geschmolzenen Fettes infolge der freiwerdenden latenten Schmelzwärme als Höchstwert eines vorübergehenden Temperaturanstieges oder, falls ein solcher nicht stattfindet, diejenige Temperatur, bei der ein vorübergehender Stillstand des Abkühlungsverlaufes festgestellt wird.

Der Erstarrungspunkt ist weitgehend abhängig von der Art seiner Bestimmung.

Nach O. Rahn[1] besteht namentlich eine Abhängigkeit von der angewendeten Fettmenge und der Außentemperatur; mit letzterer steigt der Erstarrungspunkt. Er fand für 10 g desselben Butterfettes bei verschiedenen Außentemperaturen (t^0) folgende Erstarrungspunkte (E):

t^0	14,1	17,0—18,7	18,7—18,9	20,5—19,8
E	$19,7^0$	$20,45^0$	$21,8^0$	$23,6^0$

Die Temperaturkurven sind in Abb. 20 graphisch dargestellt. Bei Anwendung von 75 ccm Butterfett und Kühlwasser von $t^0 = +13$, fand Rahn den $E = 20,8^0$ und bei $t^0 = 20,5$ den $E = 24,1^0$. Der Temperaturanstieg betrug bei Anwendung von 75 g Butterfett $3,2^0$, dagegen bei 10 g Fett nur $0,9^0$.

Th. Meyer[2] fand nach dem Verfahren von W. Mohr[3] (S. 26) bei Anwendung von 35 ccm verschiedener Speisefette folgende mittleren Erstarrungspunkte und Temperaturanstiege (A):

Angabe	Art des Fettes							
	Palmkern-fett	Cocosfett	Erdnußöl gehärtet	Schweine-fett	Oleo-margarin	Butterfett	Walöl, gehärtet	Feintalg
t^0	15	15	15	15	15	15	25	30
$E.\text{-}P.$ (^{0}) . . .	23,8	21,9	24,0	29,2	19,9	19,7	33,4	38
A (^{0})	4,8	4,4	2,9	1,6	3,1	4,3	5,1	5,0

Der Erstarrungspunkt ist daher nur dann als Kennzahl der Fette verwendbar, wenn seine Bestimmung unter genau festgelegten Bedingungen erfolgt. So schlägt M. J. Gorjaew[4] für den Temperaturabfall von 40 auf 25^0 als Norm die Abkühlungszeit von 20 Minuten vor.

Nach M. Dittmer[5] ist die Bestimmung des Erstarrungspunktes der wasserunlöslichen Fettsäuren (Titertest) weit zuverlässiger als die des Erstarrungspunktes der Fette. Der Titertest ist weitgehend unabhängig von der Art der Ausführung der Bestimmung, weist nur Schwankungen von $0,3—0,5^0$ auf und kann in kurzer Zeit bestimmt werden. Allerdings kommt als Mehrarbeit die Darstellung der Fettsäuren hinzu.

J. Stezenko und J. Panteleew[6] weisen ferner darauf hin, daß der Erstarrungspunkt der Fette auch abhängig ist von ihrem Gehalt an freien Fettsäuren und mit deren Zunahme in der Regel steigt.

Trübungspunkt. Über diesen von E. Polenske namentlich für den Nachweis von Talg in Schweinefett in die Fettanalyse eingeführten Kennwert (s. S. 562).

Kältepunkt. Hierunter versteht man die Temperatur, bei der in den Ölen die ersten festen Ausscheidungen erfolgen (s. S. 28).

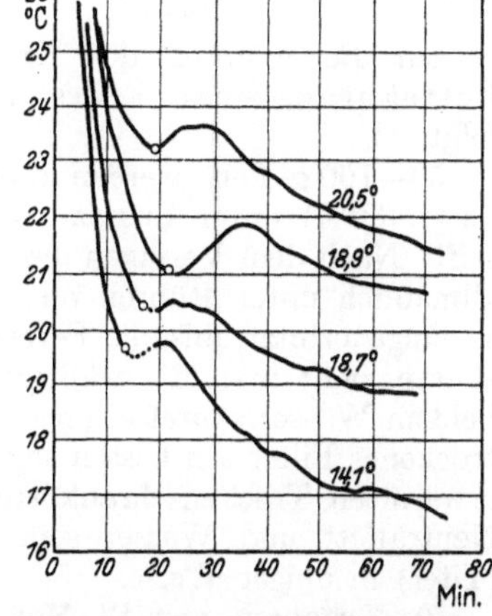

Abb. 20. Temperaturkurven bei Abkühlung in verschieden kalter Luft (nach Rahn). o Eintritt der Undurchsichtigkeit.

Stockpunkt. Der Stockpunkt, der für die Beurteilung von Mineralölen von großer Bedeutung ist, bezeichnet die Temperatur, bei der das Öl beim Abkühlen so fest wird, daß es nicht mehr fließt.

[1] O. Rahn: Milchw. Forsch. 1924, 1, 15. [2] Th. Meyer: Z. 1926, 52, 461. [3] W. Mohr: Milchw. Forsch. 1925, 2, 24. [4] M. S. Gorjaew: Milchw. Zentralbl. 1937, 66, 65. [5] M. Dittmer: U. 1927, 34, 258. [6] J. Stezenko u. J. Panteleew: Maslobogno shirowoje djelo 1929, Heft 10, S. 20; U. 1930, 37, 148.

Trübungs- und Erstarrungszeitzahlen. Unter Trübungszeitzahl versteht man nach W. Springer[1] die Zeit, angegeben in Sekunden, welche vergeht, bis ein auf 50° abgekühltes Fett bei weiterer Abkühlung eine Trübung von bestimmter Stärke zeigt.

Erstarrungszeitzahl ist die Zeit in Minuten, welche vergeht, bis das Fett erstarrt ist, d. h. den höchsten Temperaturanstieg erreicht hat. Über die Ausführung dieser Bestimmungen, welche hauptsächlich zum Nachweis von Kakaobutterverfälschungen dienen sollen, s. S. 446.

b) Ausführung der Bestimmung.

Es sei zunächst nochmals betont, daß die Höhe des Erstarrungspunktes weitgehend von der Art der Ausführung der Bestimmung abhängig ist. Das angewendete Bestimmungsverfahren ist daher stets im Untersuchungsberichte anzugeben.

Die geeignetsten Verfahren sind folgende:

α) **Einheitsverfahren**[2]. Das Fett wird durch ein doppeltes trockenes Filter heiß in einen sog. Shukoff-Kolben[3] (Dewar-Gefäß) mit Vakuummantel (Abb. 21)

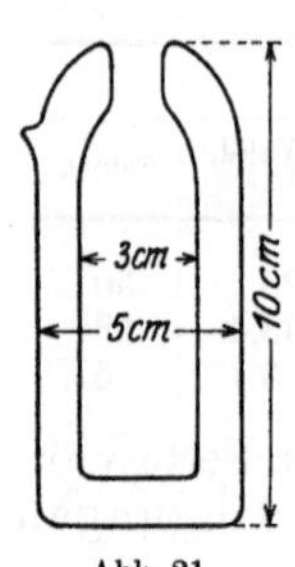

Abb. 21.
Shukoff-Kölbchen.

filtriert, bis dieses fast vollgefüllt ist. Mit einem festschließenden Kork wird ein Thermometer (zweckmäßig ein Anschütz-Thermometer mit einem Skalenbereich von 10—60°, in 0,2 oder 0,1° geteilt) so befestigt, daß der Quecksilberkörper in die Mitte des Gefäßes kommt. Man läßt das geschmolzene Fett auf etwa 5° über den erwarteten Erstarrungspunkt abkühlen und schüttelt es dann bis zur deutlichen Trübung, wobei man den Kork fest andrückt. Darauf stellt man den Kolben ruhig hin und beobachtet das meist sofortige Ansteigen der Temperatur. Der Höchstpunkt, bei dem die Temperatur gewöhnlich einige Minuten anhält, ist der Erstarrungspunkt.

Zur Bestimmung des Erstarrungspunktes der wasserunlöslichen Fettsäuren eines Fettes (Titer) scheidet man diese Fettsäuren, wie folgt, ab:

50—100 g Fett werden durch einstündiges Kochen mit 40—80 ccm Kalilauge (50%) unter Zusatz von 25 ccm Alkohol in einer Porzellanschale[4] verseift. Nach dem Verjagen des Alkohols wird die Seife in Wasser aufgenommen, allmählich unter Rühren mit verdünnter Salzsäure zersetzt und das Gemisch so lange erhitzt, bis die Fettsäuren klar oben schwimmen. Von diesen Fettsäuren zieht man die wäßrige Schicht mit einem Heber ab, wäscht sie mit heißem Wasser säurefrei (gegen Methylorange), filtriert sie durch ein doppeltes trockenes Filter am besten sogleich in den Shukoff-Kolben, den man in einen erwärmten Trockenschrank stellt. Von diesen Fettsäuren, die völlig frei von Neutralfett und Wasser sein müssen, bestimmt man den Erstarrungspunkt (Titer) in obiger Weise.

β) **Verfahren von W. Mohr**[5]. Bei diesem besonders für Butterfett und andere Speisefette ausgearbeiteten Verfahren werden 35 ccm Fett von 50° in

---

[1] W. Springer: U. 1929, **36**, 165; 1930, **37**, 97.

[2] Einheitliche Untersuchungsmethoden für die Fett- und Wachsindustrie. Stuttgart: Wissenschaftl. Verlagsges. 1930, S. 74.

[3] H. H. Shukoff: U. 1899, **6**, 11; Zeitschr. angew. Chem. 1899, 563. — Die Kolben werden in den Größen von 10—50 ccm hergestellt. Die Größe des Kolbens und die entsprechende Menge Fett sind ohne Einfluß auf das Ergebnis.

[4] Die Verseifung dürfte in einem Glaskolben am Rückflußkühler leichter verlaufen, weil so ein vorzeitiges Verdampfen des Alkohols verhindert wird.

[5] W. Mohr: Milchw. Forsch. 1925, **2**, 24. — Vgl. auch Th. Meyer: Z. 1926, **52**, 461.

einem 50-ccm-Becherglas von 6,5 cm Höhe und 4 cm Weite aus Jenaer Glas derart in ein Wasserbad von der konstanten Temperatur von 15° gehängt, daß die Fettoberfläche ungefähr 2—3 cm unter dem Wasserspiegel zu stehen kommt. Das Fett wird unter ständigem gleichmäßigem Rühren gekühlt und die Temperatur in bestimmten Zeitabständen abgelesen. Das Rühren wird so lange fortgesetzt, bis die Temperatur nach längerem Sinken infolge der frei-werdenden latenten Schmelzwärme um 0,2° wieder angestiegen ist. Die als-dann erreichte Höchsttemperatur ist der Erstarrungspunkt. Über die Einflüsse auf diese Bestimmung s. oben S. 25.

γ) **Zolltechnische Verfahren.** Für die zolltechnische Bestimmung des Erstarrungspunktes des Talges, der schmalzartigen Fette — ausgenommen Schweine- und Gänseschmalz —, des Stearins (harter Stearin- und Palmitin-säuregemische) und ähnlicher Kerzenstoffe dient in Deutschland das Ver-fahren von FINKENER[1]; dieser bedient sich des nebenstehenden Apparates (Abb. 22), dessen Einrichtung ohne weiteres ver-ständlich ist.

„Man bringt 150 g der Durchschnittsprobe des zu untersuchenden Fettes in einer unbedeckten Porzellanschale auf einem siedenden Wasser-bade zum Schmelzen, läßt sie nach dem Eintritt der Schmelzung min-destens 10 Minuten oder so lange auf dem siedenden Wasserbade stehen, bis das geschmolzene Fett eine vollständige klare Flüssigkeit darstellt, und füllt alsdann aus der außen abgetrockneten Schale Fett in das Kölbchen des Apparates (Abb. 22) bis zur Marke. Das Kölbchen stellt man, nachdem der Schliff, wenn nötig, abgeputzt und das Thermo-meter eingesetzt ist, sofort in den Kasten, klappt den Deckel desselben zu und fängt, wenn das Thermometer auf 50° gesunken ist, an, den Stand desselben mit Zwischenräumen von 2 Minuten abzulesen und aufzuschreiben.

Bei harten Fetten fängt das Thermometer nach einiger Zeit an, langsamer zu fallen, bleibt mehrere Minuten stehen, steigt wieder, erreicht einen höchsten Stand und sinkt abermals. Dieser höchste Stand ist der Erstarrungspunkt.

Bei weichen Fetten fängt das Thermometer nach einiger Zeit an, langsamer zu fallen, bleibt mehrere Minuten auf einem sich nicht än-dernden Stand stehen und sinkt dann, ohne den vorigen dauernden Stand wieder zu erreichen. Der beobachtete höchste, sich auf einige Zeit nicht ändernde Stand gibt den Erstarrungspunkt an.

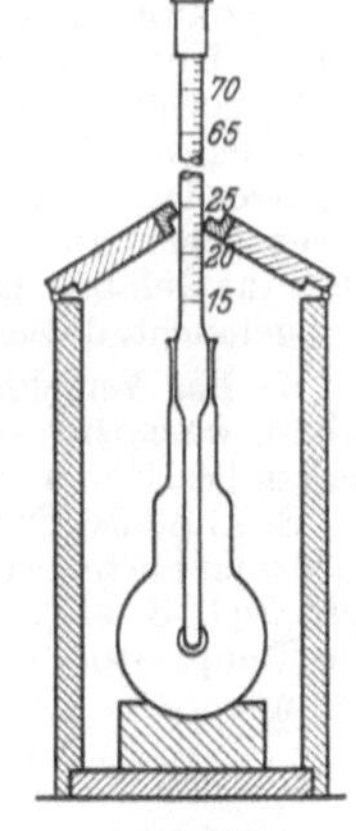

Abb. 22.
Vorrichtung zur Be-stimmung des Er-starrungspunktes von Talg nach FINKENER.

In zweifelhaften Fällen ist die Bestimmung des Erstarrungspunktes in der Weise zu wiederholen, daß das Fett direkt im Kolben, nachdem man das Thermometer heraus-genommen hat, durch Einstellen in das Heißwasserbad abermals geschmolzen und dem-nächst nochmals auf seinen Erstarrungspunkt geprüft wird.

Eine genaue Regelung der Temperatur des Zimmers, in welchem die Untersuchung vorgenommen wird, ist, wenn dieselbe von einer gewöhnlichen Zimmertemperatur nicht sehr stark abweicht, nicht erforderlich. Das Abkühlen des mit einer Temperatur von 100° in den Kolben gebrachten Fettes auf 50° dauert etwa ³/₄ Stunde".

In Frankreich, England und Amerika bestimmt man den Erstarrungspunkt der Fettsäuren („Titertest") nach dem Verfahren von DALICAN[2]. Nach diesem werden 100 g des Fettes verseift und die Fettsäuren durch Erwärmen mit verdünnter Schwefelsäure abgeschieden, mit Wasser wiederholt ausgekocht, nach dem Erstarren mit Filtrierpapier oberflächlich abgetrocknet, geschmolzen und durch ein trockenes Faltenfilter in eine Por-zellanschale filtriert. In dieser läßt man sie erstarren und darauf über Nacht im Exsiccator stehen. Die Fettsäuren werden dann im Luftbade vorsichtig geschmolzen und ein 16 cm langes und 3¹/₂ cm weites Reagensrohr etwa bis zu ²/₃ damit gefüllt. Das Rohr wird in dem Halse einer etwa 2 Liter fassenden Flasche befestigt und ein in ¹/₅ Grade geteiltes Thermo-meter so angebracht, daß der Quecksilberkörper sich ungefähr in der Mitte der geschmolzenen Fettmasse befindet. Sobald am Boden des Gefäßes das Fett zu erstarren beginnt, wird

[1] FINKENER: Zentralbl. für das Deutsche Reich 1896, 54; 1900, 610. — Chem.-Ztg. 1896, **20**, 131.
[2] DALICAN: Mitt. Techn. Gewerbe-Museums Wien 1894, 57. — Siehe auch A. GRÜN: Analyse der Fette und Wachse, Bd. 1, S. 113. Berlin: Julius Springer 1925.

mit dem Thermometer gleichmäßig nach rechts und links gerührt, wobei die Fettmasse durch ausgeschiedene Fettkrystalle undurchsichtig wird. Das Thermometer muß während dieser Zeit genau beobachtet und die Temperatur in kurzen Zeiträumen niedergeschrieben werden. Sie sinkt erst etwas, steigt dann ziemlich rasch bis zu einem Maximum, hält sich bei diesem einige Zeit konstant und fällt dann wieder. Das erwähnte Temperaturmaximum ist der Erstarrungspunkt.

In Österreich bestimmt man den Erstarrungspunkt nach einem (dem DALICANschen ähnlichen) Verfahren von WOLFBAUER[1] und in Rußland nach dem obigen Verfahren von A. A. SHUKOFF S. 21.

Die nach FINKENER ermittelten Erstarrungspunkte sind nach LEWKOWITSCH etwas höher als die nach DALICAN bestimmten, und die nach WOLFBAUER sich ergebenden liegen noch 0,2—0,3° höher als die nach FINKENER. Nach dem Verfahren von SHUKOFF erhält man ungefähr die gleichen Werte wie nach dem von WOLFBAUER. Nach H. P. KAUFMANN[2] zeigten nach DALICAN und SHUKOFF erhaltene Werte in verschiedenen Ländern völlige Übereinstimmung. Beide Methoden sind daher als Einheitsmethode geeignet.

A. Koss[3] empfiehlt das Verfahren von FINKENER als das genaueste, nicht aber, weil unzweckmäßig, eine Abänderung von J. LUND[4], bei der durch kräftiges Schütteln bei Beginn des Erstarrens zuverlässigere Ergebnisse erhalten werden sollen. Auch nach R. MELDRUM[5] ist das Rühren überflüssig. Statt des eckigen Holzfutterals nach FINKENER schlägt Koss ein rundes vor. L. UBBELOHDE[6] hält sowohl das Holzgehäuse als auch die große Substanzmenge für unnötig.

C. STIEPEL[7] hat einen Apparat beschrieben, um auch in unter Normaltemperatur erstarrenden Fetten den Erstarrungspunkt zu bestimmen. Dieser Apparat besteht im wesentlichen aus einem in sich geschlossenen kommunizierenden Rohr nach Art des DEWAR-Gefäßes, dessen Zwischenräume luftgefüllt sind. Der Apparat wird in ein Kühlbad getaucht, dessen Temperatur rund 4° tiefer liegt als der zu erwartende Erstarrungspunkt.

δ) Das Verfahren von E. POLENSKE[8] weicht von den unter α—γ beschriebenen Verfahren wesentlich dadurch ab, daß von POLENSKE der Trübungspunkt als Erstarrungspunkt bezeichnet wird. Über die Ausführung der Bestimmung vgl. S. 563.

S. A. ASHMORE[9] stellt die Trübungstemperatur von Kakaobutter, die er „Krystallisationstemperatur" nennt, in einem besonderen Apparat mit Hilfe des TYNDALL-Effektes fest (vgl. S. 447). Ähnlich nennt G. A. RICHARDSON[10] Übergangspunkt von Milchfett die Temperatur, bei der eine zweite Phase sich aus dem geschmolzenen Fett abzusondern beginnt.

c) Höhe der Erstarrungspunkte.

α) Die Erstarrungspunkte liegen bei reinen Fettsäuren und Glyceriden ungefähr in gleicher Höhe wie die Schmelzpunkte, bei Gemischen verschiedener reinen Fettsäuren dagegen ebenso wie deren Schmelzpunkte unterhalb der Erstarrungspunkte der Bestandteile der Mischungen (Bd. I, S. 269).

Über die Erstarrungspunkte von Fettsäurengemischen, insbesondere von

Laurinsäure + Myristinsäure

Laurinsäure + Palmitinsäure

Ölsäure + Palmitinsäure

vgl. auch G. W. JENNINGS[11].

Bei Gemischen reiner Glyceride dürften dagegen für die Erstarrungspunkte in ähnlicher Weise wie für die Schmelzpunkte keine oder nur unbedeutende Depressionen in Frage kommen, während andererseits die gemischten Glyceride gegenüber den entsprechenden einfachen Triglyceriden Depressionen zeigen (Bd. I, S. 312).

---

[1] Vgl. BENEDIKT-ULZER: Analyse der Fette und Wachsarten, 5. Aufl., S. 88. Berlin 1908.

[2] H. P. KAUFMANN: U. 1937, **44**, 480.

[3] A. Koss: Przemysl Chem. 1935, **19**, 75, 139; C. 1935, II, 3600; 1936, I, 1538.

[4] J. LUND: U. 1934, **41**, 86; Z. 1937, **73**, 460.

[5] R. MELDRUM: Chem. News 1908, **199**, 1913.

[6] L. UBBELOHDE: Handbuch der Chemie und Technologie der Öle und Fette, Bd. 1. Leipzig 1908.   [7] C. STIEPEL: U. 1932, **39**, 49.

[8] E. POLENSKE: Arb. kaiserl. Gesundh.-Amt 1907, **26**, 444; Z. 1907, **14**, 758.

[9] S. A. ASHMORE: Analyst. 1934, **59**, 515.

[10] G. A. RICHARDSON: Journ. Dair. Sci. 1936, **19**, 749.

[11] G. W. JENNINGS: Ind. engin. Chem., analyt. Edit. 1932, **4**, 262; C. 1933, I, 1367.

β) Einige Erstarrungspunkte von natürlichen Fetten und Ölen sind oben (S. 18) bei den Schmelzpunkten aufgeführt. Da aber die Höhe der Erstarrungspunkte bei Fetten und Ölen, wie schon oben (S. 25) hervorgehoben wurde, in weitgehendem Maße von der Art der Ausführung der Bestimmung abhängig ist und die betreffenden Bestimmungen jedenfalls nicht alle nach demselben Verfahren ausgeführt sind, so dürften die S. 18 angegebenen Werte wahrscheinlich nicht als genau vergleichbar anzusehen sein.

d) Erstarrungskurven.

Trägt man die in gewissen Zeitabständen (1 oder 2 Minuten) abgelesene Temperatur in Abhängigkeit von der Zeit graphisch auf, so erhält man Kurvenbilder, aus denen sich der Erstarrungspunkt mit großer Genauigkeit ablesen läßt. Ähnlich, aber wertvoller als diese Temperaturzeitkurven, sind die Temperaturcalorienkurven nach STRAUB und MALOTAUX (vgl. S. 20), die unter genauer Beobachtung der bei jeder Temperaturzunahme übertragenen Wärmemengen erhalten werden.

Erstarrungskurven von Fetten in Lösungsmitteln zeigen ebenfalls charakteristischen Verlauf und können bisweilen zur Erkennung von Verfälschungen dienen (GRIMME [1], MARANGE [2], E. PHILIPPOT [3]). Eine ausführliche Vorschrift geben B. LUSTIG, M. NABIH und K. WIRNITZER [4] an. Versuche dieser Art bedürfen, um vergleichbar zu sein, einer besonders strengen Einhaltung gleicher Arbeitsweise, bieten aber andererseits auch durch Variation der Art und Menge des Lösungsmittels viele Möglichkeiten zur Charakterisierung eines Fettes. Vgl. auch über Löslichkeit der Fette, S. 47.

4. Lichtbrechung (Refraktion).

a) Begriffe.

Alle für Licht durchlässigen Substanzen besitzen ein bestimmtes Lichtbrechungsvermögen; dieses ist daher für eine bestimmte Substanz bzw. für den Gehalt einer Lösung kennzeichnend.

Als Brechungsindex (Brechungskoeffizient, -Exponent oder -Quotient) n bezeichnet man das Verhältnis zwischen dem Sinus des Einfallswinkels des Lichtes (α) zu dem Sinus des Brechungswinkels (β), also

$$n = \frac{\sin \alpha}{\sin \beta}.$$

Der Brechungsindex wird für bestimmte Wellenlängen des Lichtes, namentlich für die gelbe D-Linie des Natriums berechnet; er ändert sich mit der Temperatur einer Substanz bzw. einer Lösung; man bezeichnet daher den Lichtbrechungsindex für eine bestimmte Temperatur (20°) der Substanz oder ihrer Lösung und eine bestimmte Spektrallinie (D) des verwendeten Lichtes, z. B. mit n_D^{20}.

In der Praxis gibt man die Brechung entweder in diesen Brechungsindices oder in willkürlichen Brechungszahlen oder -graden (Refraktometerzahlen oder -graden) an, die sich auf bestimmte Intervalle von Brechungsindices beziehen, z. B. ist beim Butterrefraktometer der Bereich zwischen den Brechungsindices 1,42 und 1,49, die im allgemeinen bei Fetten und Ölen allein in Frage kommen, in 100 Refraktometergrade eingeteilt.

Die Bestimmung der Lichtbrechung mittels des Butterrefraktometers hat wegen ihrer einfachen und schnellen Ausführbarkeit und der nur geringen Menge

---

[1] CL. GRIMME: Pharm. Zentralh. 1914, **55**, 285.
[2] MARANGE: Compt. rend. 1923, **177**, 191.
[3] E. PHILIPPOT: Journ. Pharm. Belg. 1930, **12**, 1113; C. 1931, I, 1381.
[4] B. LUSTIG, M. NABIH u. K. WIRNITZER: Biochem. Zeitschr. 1931, **240**, 268.

des dafür erforderlichen Fettes und Öles in der Fettanalyse vielfache Anwendung erfahren.

Allerdings sind die großen Erwartungen, die man ursprünglich an die refraktometrische Untersuchung der Fette für Zwecke der Lebensmittelkontrolle geknüpft hat, wegen der wechselnden Zusammensetzung der natürlichen Fette und der geschickten Verfälschungen unserer Zeit nicht ganz in Erfüllung gegangen. Denn man muß berücksichtigen, daß zwar eine von der normalen stark abweichende Brechung stets darauf hinweist, daß kein reines Fett oder Öl vorliegt, andererseits aber eine normale Brechung, wie folgendes Beispiel zeigt, kein Beweis für die Reinheit des betreffenden Fettes oder Öles ist: Reines Butterfett zeigt nach G. Baumert[1] im Zeiß-Butterrefraktometer bei 40° im allgemeinen die Refraktometerzahlen 40,5—44,4, Schweinefett die Zahlen 50,0—51,2, Cocosfett (Palmin) dagegen die Zahl 36,5. Würde man zu einem reinen Butterfette mit der Refraktometerzahl 42 gleiche Teile Schweinefett mit der Zahl 50,5 und Cocosfett mit der Zahl 36,5 hinzumischen, so würde auch eine derartige, nur $33^{1}/_{3}\%$ Butterfett enthaltende Mischung die für reines Butterfett durchaus normale Refraktometerzahl 43 zeigen.

Die Lichtbrechung ist ein typisches Beispiel einer Kennzahl, die von sehr vielen Faktoren abhängig und daher wenig spezifisch ist (vgl. S. 2).

Dispersion. Ein Maß für die Farbenzerstreuung einer lichtbrechenden Flüssigkeit liefert die mittlere Dispersion, die mit dem Abbe-Refraktometer in einfacher Weise ermittelt werden kann. Diese Kennzahl ist durch die Formel $\dfrac{n_D - 1}{n_F - n_C}$ gegeben.

Im allgemeinen folgen die Dispersionswerte den Refraktionswerten, so daß sie für die praktische Fettanalyse nicht von großer Bedeutung sind. Nur bei Fetten, die spezifische Fettsäuren in besonderer Anordnung der Substituenten enthalten, hat die Dispersion ein bevorzugtes Anwendungsgebiet.

So fanden P. J. Fryer und F. E. Weston[2] die Dispersion bei 40° für:

Trocknende und Seetieröle	Nichttrocknende Öle	Cocosfett	Leinöl	Tungöl
47,8—51,7	49,8—55,4	59,8	45,8	26,9

Ein Gehalt des Öles an freier Säure erhöhte die Dispersion, ebenso wirkte Oxydation; dagegen hatte Polymerisation eine Abnahme der Dispersion und Zunahme der Refraktion zur Folge, außer bei Tungöl, bei dem durch die Polymerisation beide, Dispersion und Refraktion, abnahmen. Vgl. auch K. Szalágyi[3], Brier[4] und Ware[5]. V. T. Athavale und S. K. K. Jatkar[6] empfehlen die Dispersion zum Nachweis von Butterfälschungen mit Pflanzenfetten, weil eine Nachahmung der Butterfettdispersion viel schwieriger ist, als eine Nachahmung seiner Lichtbrechung.

Interferometrie von Fetten. Wesentlich größere Meßgenauigkeiten als mit dem Refraktometer lassen sich mit dem Flüssigkeitsinterferometer von Haber-Löwe (vgl. Bd. II, S. 293) erreichen. H. P. Kaufmann[7] prüfte diese Methode zum Nachweis von Extraktionsfett in Kakaobutter (vgl. S. 446), erhielt aber auch bei verschiedenen Sorten reiner Kakaobutter beträchtliche Unterschiede. Die Untersuchung mit dem Interferometer scheint vorerst nur zur Prüfung sehr kleiner, mit dem Refraktometer schwer erkennbarer Unterschiede beim Vergleich von Fetten mit nahezu gleicher Zusammensetzung Wert zu haben.

b) Bestimmung der Lichtbrechung.

Über die zur Bestimmung der Lichtbrechung dienenden Apparate und deren Handhabung siehe Bd. II, S. 261f. Für die Fettanalyse kommen von

---

[1] G. Baumert: Z. 1905, 9, 134.   [2] P. J. Fryer u. F. E. Weston: Analyst 1918, 43, 311.
[3] K. Szalágyi: Biochem. Zeitschr. 1914, 66, 149; C. 1915, I, 170.
[4] J. C. Brier: Journ. Ind. engin. Chem. 1915, 7, 953; Analyst 41, 13; C. 1916, I, 180.
[5] E. E. Ware: Journ. Ind. engin. Chem. 1916, 8, 126; C. 1916, II, 202.
[6] V. T. Athavale u. S. K. K. Jatkar: Journ. Indian Inst. Science, Ser. A 1938, 21, 15; C. 1938, II, 2046.   [7] H. P. Kaufmann: U. 1931, 38, 265; Z. 1937, 73, 286.

diesen Apparaten vorwiegend in Betracht das ABBE-Refraktometer mit holzbaren Prismen (S. 278) für den Meßbereich von $n = 1,30$—1,70, das diese Brechungsindices unmittelbar angibt, und in Frankreich das Oleorefraktometer von JEAN und AMAGAT (S. 262), das ursprünglich für die Untersuchung von Olivenöl bestimmt war und die Meßbereiche von $n_D^{22} = 1,4625$—1,4875 und $n_D^{45} = 1,4494$—1,4740 umfaßt.

α) Ganz besonders aber hat das auf Anregung von R. WOLLNY (1891) entstandene Butterrefraktometer (S. 271) die Anwendung der Refraktometrie in der Fettanalyse gefördert. Es umfaßt den Meßbereich von $n_D = 1,4220$ bis 1,4895, der für Speisefette und Speiseöle ausreicht und in 100 „Refraktometerzahlen oder -grade" eingeteilt ist; diese Werte sind für die Praxis übersichtlicher als die Brechungsindices.

Zur Umrechnung der an der Okularskala abgelesenen Skalenteile des Butterrefraktometers (a) in die Brechungsindices dient die von H. D. RICHMOND[1] angegebene Formel:

$$287,2 - a = 839,4 \sqrt{1,5395 - n_D}.$$

Die Zahlen für n_D und umgekehrt können auch direkt der Tabelle III (Anhang) entnommen werden.

Der Genauigkeit der Ablesung entsprechend ($\pm$ 0,1 Skalenteil) beträgt der Fehler des Wertes n_D ungefähr $\pm$ 0,0001.

Ausführung der Bestimmung. Hierfür sind Ausführungsvorschriften durch die amtliche „Anweisung zur chemischen Untersuchung von Fetten und Käsen" vom 1. April 1898[2] zum Gesetz über den Verkehr mit Butter, Käse, Schmalz und deren Ersatzmitteln vom 15. Juni 1897 (S. 862) und ferner in den Ausführungsbestimmungen D, Anlage d, vom 30. Mai 1902[3], 22. Februar 1908[4] zum Schlachtvieh und Fleischbeschaugesetz vom 3. Juni 1900 (Bd. III, S. 992) gegeben.

Da die Einrichtung, Wirkungsweise und Aufstellung des Refraktometers und der Heizvorrichtung sowie die Beschickung der Prismen mit der Fettprobe bereits in Bd. II, S. 271 eingehend beschrieben sind, wird von der Wiedergabe der hierauf bezüglichen Vorschriften der amtlichen Anweisungen — zumal sie sich auch auf Refraktometer älterer Konstruktion beziehen — hier abgesehen.

Für die Ablesung der Refraktometerzahlen, die Reinigung des Refraktometers und die Prüfung der Refraktometerskale auf richtige Einstellung[5] vgl. ebenfalls die Ausführungsbestimmungen D, Anlage d, vom 22. Februar 1908.

Reduktion auf die Normaltemperaturen. Man reduziert die Refraktometerzahlen in der Regel auf die Normaltemperaturen 25⁰ für Öle und 40⁰ für feste Fette. Refraktometerzahlen, die bei hiervon abweichenden Temperaturen bestimmt sind, reduziert man des besseren Vergleiches wegen auf diese Normaltemperaturen. Nach der amtlichen Anweisung beträgt bei Meßtemperaturen über oder unter 40⁰ die Korrektur für je 1⁰ 0,55 Einheiten, die bei

<hr>

[1] H. D. RICHMOND: Analyst 1919, **44**, 167; C. 1919, IV, 503.
[2] Zentralbl. für das Deutsche Reich 1898, **26**, 201—216; Z. 1898, **1**, 439.
[3] Zentralbl. für das Deutsche Reich 1902, **30**, Beil. zu Nr. 22; Z. 1902, **5**, 873.
[4] Zentralbl. für das Deutsche Reich 1908, **36**, 51—103; Z. 1908, **15**, 547.
[5] Die Normalflüssigkeit zur Prüfung der Einstellung ist von der Firma Carl Zeiß in Jena zu beziehen; sie ist vor Licht geschützt und in gut verschlossenen Gefäßen aufzubewahren und darf nicht älter als 6 Monate sein. Sie ist nach Mitteilung der Firma Zeiß an FR. BOLM (Z. 1929, **27**, 91) ein Gemisch von einem hoch und einem niedrig brechenden Paraffinöl; es gelingt nicht, diese Mischung jahraus jahrein mit gleicher Lichtbrechung herzustellen. Aus diesem Grunde wird jeder Sendung von neuer Normalflüssigkeit seitens der liefernden Firma eine neu ausgearbeitete Tabelle beigegeben; die Tabelle der amtlichen Anweisung ist daher nicht für alle Normalflüssigkeiten maßgebend. BOLM hat ferner gezeigt, daß eine richtige Einstellung der Refraktometerskala auch mit den Sonderthermometern für Butter- und Schweinefett nach R. WOLLNY in einfacher Weise möglich ist.

Meßtemperaturen über 40⁰ zu dem abgelesenen Wert hinzuzuzählen, bei solchen unter 40⁰ dagegen abzuziehen sind.

Nach H. Beckurts und H. Seiler[1] betragen die Korrekturfaktoren für jeden Grad zwischen 25 und 30⁰ im Mittel bei Olivenöl 0,6, bei Mandelöl 0,52, bei Sesamöl 0,68, bei Baumwollsamenöl 0,56, bei Erdnußöl 0,64, bei Sonnenblumensamenöl 0,54 Refraktometergrade; nach M. Mansfeld[2] sind sie für 1⁰ bei Butterfett 0,53, Schweinefett 0,57, Rindstalg 0,55, Kakaofett 0,50, Olivenöl 0,75, Sesamöl 0,88, Baumwollsamenöl 0,58.

Sonderthermometer. Für die refraktometrische Untersuchung von Butter- und Schweinefett sind von R. Wollny und E. Baier für die Zwecke der Lebensmittelkontrolle Sonderthermometer konstruiert worden, deren Skala nicht Temperaturgrade angibt, sondern die höchsten Refraktometerzahlen, die Butter- und Schweinefett bei der im Refraktometer herrschenden Temperatur aufweisen dürfen. Bei Verwendung dieser Thermometer zieht man die daran abgelesenen Grade von der im Fernrohr abgelesenen Refraktometerzahl ab und gibt den Unterschied mit dem dazugehörigen Vorzeichen an. Würde z. B. im Fernrohr die Refraktometerzahl 44,5 und am Thermometer der Wert 46,7 abgelesen, so ist die Refraktometerdifferenz 44,5—46,7 ± 2,2. Der Nullwert dieser Differenz entspricht nach R. Wollny für Butterfett der Refraktometerzahl 44,2 und für Schweinefett der Zahl 50,7 bei 40⁰. Da die Refraktometerzahlen für Sommer- und Winterbutterfett normalerweise verschieden hoch sind, hat E. Baier[3] zwei Sonderthermometer angegeben; dem für Winterbutterfett (November bis Mai) liegt der Nullwert 43,0 und dem für Sommerbutterfett der Nullwert 45 zugrunde.

K. Farnsteiner[4] hat empfohlen, diese Sonderthermometer fallen zu lassen und stets die Normalthermometer zu verwenden, auf denen aber, ähnlich wie beim Milchrefraktometer (Bd. II, S. 274), neben der Temperatur auf der anderen Seite eine Korrektionsskala angebracht ist, mittels deren die beobachteten Refraktometerzahlen auf die Normaltemperaturen 25⁰ und 40⁰ reduziert werden können. Diesem Sonderthermometer, welcher von der Firma Carl Zeiß, Jena geliefert wird, liegt der Wert 0,55 für 1⁰ Temperaturdifferenz zugrunde. Beide Arten der Sonderthermometer müssen natürlich auch von Zeit zu Zeit durch Vergleich mit einem Normalthermometer auf die Richtigkeit ihrer Skalen geprüft werden.

β) Abbe-Refraktometer. Über seine Einrichtung, Wirkungsweise und Justierung sowie die Ausführung der Bestimmung siehe Bd. II, S. 278. Dieses Refraktometer hat, wie schon S. 31 hervorgehoben wurde, einen größeren Meßbereich und gibt die Brechungsindices $n_D = 1,30$—$1,70$ unmittelbar an, und zwar mit einer Genauigkeit von etwa 2 Einheiten der vierten Dezimale.

Gleichzeitig kann man aus der Ablesung an der Trommelteilung des Kompensators mit Hilfe einer besonderen Tabelle nach einer kurzen Rechnung die mittlere Dispersion $n_p - n_c$ entnehmen. Die Genauigkeit der Dispersionsmessung wird erhöht, wenn man das Mittel aus zwei um 180⁰ verschiedenen Ablesungen an der Trommel nimmt.

Temperaturkorrektur. Für das Abbe-Refraktometer beobachtete T. F. Harvey[5] bei verschiedenen Fetten und Ölen usw. folgende Korrekturen (ausgedrückt in Einheiten der vierten Dezimale des Brechungsindex) für jeden Grad:

Butterfett	3,6		Leinöl	3,8
Olivenöl	3,6		Ricinusöl	3,7
Rapsöl	3,7		Glycerin ($d = 1,26$)	2,4
Lebertran	3,8		Wasser	0,73

Wird der Brechungsexponent von Fetten bei 40⁰ für die D-Linie mit n_D^{40} bezeichnet, so gilt nach J. Lund[6] für jede andere Temperatur t die Gleichung

$$n_D^{40} = n_D^t - K\,(40 - t).$$

Der Korrekturfaktor K beträgt dann für Fette der C_{18}-Reihe 0,00036, für Fette der C_{12}—C_{14}-Reihe 0,00037.

[1] H. Beckurts u. H. Seiler: Zeitschr. angew. Chem. 1895, 612.
[2] M. Mansfeld: Forschungsber. über Lebensmittel 1894, 1, 68.
[3] E. Baier: Z. 1902, 5, 1145.   [4] K. Farnsteiner: Z. 1904, 8, 407.
[5] T. F. Harvey: Journ. Soc. chem. Ind. 1905, 24, 717; Z. 1906, 11, 623.
[6] J. Lund: Z. 1922, 44, 127.

c) Höhe der Lichtbrechungswerte.

Die Höhe der Lichtbrechungswerte wird außer von der Temperatur (s. vorstehend, unter b) hauptsächlich von folgenden Faktoren beeinflußt:

α) **Einflüsse der Glyceride und Fettsäuren.** A. Partheil und J. v. Velsen[1] haben Untersuchungen über das Brechungsvermögen der einzelnen (synthetisch dargestellten) Triglyceride angestellt und hierbei folgende Refraktometerzahlen gefunden:

Tabelle 6.

Beobachtungs-temperatur	Triacetin	Tributyrin	Trilaurin	Tripalmitin	Tristearin	Triolein
20	11,4	—	—	—	—	65,0
25	8,5	—	—	—	—	—
30	6,0	—	—	—	—	—
35	—	—	—	—	—	—
40	0,5	14,5	34,0	—	—	—
45	—	12,0	31,5	—	—	—
50	—	9,7	29,0	—	—	—
55	—	7,0	26,2	32,0	34,0	45,5
60	—	5,0	24,0	29,2	—	43,0
65	—	—	21,3	26,5	29,0	—
70	—	—	18,5	24,1	26,3	—
75	—	—	16,3	22,0	24,5	—
80	—	—	13,5	19,2	21,5	32,0
Temp.-Koeffizient für je 1 Grad	0,520	0,514	0,511	0,517	0,500	0,548

F. Guth[2] hat für Tributyrin, Tripalmitin, Tristearin, Triolein und die synthetisch dargestellten gemischten Glyceride Dipalmitostearin und Palmitodistearin folgende Refraktometerzahlen gefunden:

Angabe	Tributyrin	Tripalmitin	Dipalmitostearin α	Dipalmitostearin β	α-Palmitodistearin	Tristearin	Triolein
Refraktometerzahl	12	23	27	24	22,5	23—24	56,5
Temperatur in Grad	40	75	75	75	75	75	40

Ferner fand Guth für die Mono- und Diglyceride der Butter-, Palmitin-, Stearin- und Ölsäure folgende Refraktometerzahlen:

	Bei 40°		Bei 75°
α-Monobutyrin	26	α-Monostearin	28,8
α-Dibutyrin	14	α-Distearin	25,3
β-Dibutyrin	18		

	Bei 75°		Bei 40°
α-Monopalmitin	25,3	α-Monoolein	60,1
α-Dipalmitin	23,8	α-Diolein	58,8
β-Dipalmitin	21,8	β-Diolein	56,3

und für die freien Fettsäuren:

Angabe	Palmitinsäure	Stearinsäure	Ölsäure
Refraktometerzahlen	10,3 bei 75°	11,3 bei 75°	44,2 bei 40°

Wie hieraus hervorgeht, weisen die Glyceride wesentlich höhere Refraktometerzahlen auf als ihre Fettsäuren, und zwar die Diglyceride höhere als die

---

[1] A. Partheil u. J. v. Velsen: Arch. Pharm. 1900, **233**, 261.
[2] F. Guth: Zeitschr. Biol. 1903, **44**, 78.

Triglyceride und die Monoglyceride höhere als die Diglyceride, wie dies aus der nachfolgenden Zusammenstellung einiger Werte von Guth hervorgeht:

Fettsäure	α-Monoglycerid	α-Diglycerid	Triglycerid	Fettsäure
Palmitinsäure bei 75⁰	25,3	23,8	23,0	10,3
Stearinsäure bei 75⁰	28,8	25,3	23—24	11,3
Ölsäure bei 40⁰	60,1	58,8	56,5	44,2

Hiernach ist es einleuchtend, daß auch die natürlichen Fette höhere Refraktometerzahlen aufweisen müssen als die daraus hergestellten Fettsäuren, und daß die Refraktometerzahlen der letzteren auch niedriger sind als die der aus ihnen dargestellten flüssigen Fettsäuren.

J. Lund[1] beobachtete bei einigen Fetten und Ölen und den daraus dargestellten Fettsäuren folgende Brechungsindices bei 40⁰:

Tabelle 7.

Art der Fette	Fett	Fett-säuren	Differenz	Art der Fette	Fett	Fett-säuren	Differenz
Olivenöl	1,4620	1,4524	0,0096	Leinöl	1,4752	1,4654	0,0098
„ gehärtet.	1,4564	1,4468	0,0096	„ gehärtet . .	1,4598	1,4502	0,0096
Erdnußöl	1,4628	1,4533	0,0095	Cocosfett	1,4488	1,4357	0,0131
„ gehärtet	1,4591	1,4497	0,0094	Palmkernfett . . .	1,4515	1,4389	0,0126
Rüböl	1,4658	1,4572	0,0086	Kakaofett	1,4572	1,4474	0,0098
Sesamöl	1,4660	1,4565	0,0095	Rindstalg	1,4568	1,4471	0,0097
Mohnöl	1,4681	1,4585	0,0096	Dorschtran,gehärtet	1,4559	1,4471	0,0088

Dagegen sind bei frischen Ölen mit geringen Gehalten an freien Fettsäuren die Unterschiede in der Lichtbrechung der Rohöle und der raffinierten Öle nach Lund nur gering; er fand bzw. berechnete folgende Brechungsindices bei 40⁰:

Tabelle 8.

Art der Öle	Freie Fettsäuren %	Rohöl	Raffiniertes Öl	Differenz
Olivenöl	0,93	1,4620	1,4620	0
Rüböl	0,88	1,4659	1,4658	—0,0001
Erdnußöl	0,50	1,4627	1,4629	—0,0002
Sesamöl	1,87	1,4660	1,4660	0
Mohnöl	3,30	1,4678	1,4781	—0,0003
Leinöl	2,04	1,4735	1,4736	—0,0001

D. Setzetaki und E. Emmanouel[2] fanden bei griechischen Olivenölen für jeden Säuregrad ein Sinken der Refraktion bei 40⁰ um 0,3.

Nach A. Bömer[3] ist die Refraktometerzahl der Zinksalze der flüssigen Fettsäuren wesentlich höher als die der flüssigen Fettsäuren selbst; er fand z. B. bei 40⁰ folgende Werte:

Tabelle 9.

	Angabe	Baumwollsamenöl	Schweinefett	Olivenöl
Refraktometer-zahl	{ der Zinksalze	63,7	47,2	47,7
	{ der daraus hergestellten Fettsäuren	51,9	43,6	43,8
Jodzahl	{ der Zinksalze	127,0	96,0	88,1
	{ der daraus hergestellten Fettsäuren	141,8	101,9	97,4

[1] J. Lund: Z. 1922, 44, 113.
[2] D. Setzetaki u. E. Emmanouel: Praktika 1929, 4, 344; C. 1931, II, 343.
[3] A. Bömer: Z. 1898, 1, 532.

A. Schwicker und G. Schay[1] fanden auch bei bromierten Fetten eine Steigerung der Lichtbrechung.

β) Einfluß der Erhitzung. E. Spaeth[2] hat nachgewiesen, daß die Refraktometerzahl des Butterfettes beim kurzen Erhitzen auf 250^0 um 0,40—0,85 Einheiten steigt. F. Utz[3] hat diese Versuche bei mehreren Fetten und Ölen wiederholt, die er 1, 3 und 10 Stunden im Wassertrockenschranke und 2 Stunden bei 145^0 erhitzte. Die Ergebnisse dieser Versuche waren folgende:

Tabelle 10.
Einfluß der Erhitzung der Fette und Öle auf die Refraktometerzahlen.

Bezeichnung der Öle und Versuchstemperatur	Unerhitzte Öle und Fette		Erhitzt im Wassertrockenschrank						Erhitzt 2 Stunden bei 145^0 C	
			1 Stunde		3 Stunden		10 Stunden			
	n_D	Ska-lenteile	n_D	Ska-lenteile	n_D	Ska-lenteile	n_D	Ska-lenteile	n_D	Ska-lenteile
Baumwollsamenöl (20^0)	1,4780	79,4	1,4780	79,4	1,4799	82,7	1,4813	85,2	1,4825	87,3
Dorschleberöl (20^0) . .	1,4778	79,1	1,4776	78,7	1,4804	83,6	1,4805	83,8	1,4823	86,9
Olivenöl (20^0)	1,4688	64,5	1,4689	64,7	1,4696	65,7	1,4696	65,7	1,4698	66,1
Sesamöl (20^0)	1,4730	71,1	1,4730	71,1	1,4731	71,3	1,4732	71,4	1,4738	72,4
Butterfett { frisch (40^0)	1,4536	41,7	1,4535	41,5	1,4538	42,0	1,4539	42,1	1,4548	43,4
Butterfett { alt (40^0) .	1,4533	41,3	1,4534	41,4	1,4540	42,3	1,4549	43,6	1,4554	44,3
Kakaobutter (40^0) . .	1,4537	41,8	1,4535	41,5	1,4570	46,6	1,4574	47,2	1,4583	48,5
Cocosfett (40^0)	1,4497	36,3	1,4498	36,4	1,4493	35,7	1,4500	36,7	1,4505	37,4
Schweinefett (40^0) . .	1,4606	51,9	1,4606	51,9	1,4605	51,7	1,4617	53,6	1,4625	54,8
Rindstalg (40^0)	1,4551	43,9	1,4550	43,7	1,4570	46,6	1,4580	48,0	1,4586	48,9
Hammeltalg (40^0) . . .	1,4550	43,7	1,4550	43,7	1,4568	46,3	1,4582	48,3	1,4588	49,2

Hiernach ist die Erhöhung der Lichtbrechung durch Erhitzung bei einigen Fetten und Ölen recht beträchtlich.

γ) Einfluß der Ranzigkeit. Mit dem Alter bzw. der Oxydation oder dem Ranzigwerden erfährt die Lichtbrechung der Fette und Öle eine nicht unbeträchtliche Steigerung, obwohl die sich dabei stets in mehr oder minder großer Menge bildenden freien Fettsäuren niedrigere Refraktometerzahlen aufweisen als die ihnen entsprechenden Glyceride. Im Gegensatz hierzu werden die Jodzahlen der Fette und Öle durch dieselben Veränderungen wesentlich erniedrigt.

Beim Erhitzen ranziger Fette auf 250^0 werden Jodzahl und Säuregrade erniedrigt, während die Refraktometerzahlen noch eine weitere Steigerung erfahren.

Als Beispiele mögen die nachfolgenden Zahlen aus den Untersuchungen von E. Spaeth[4] dienen:

Tabelle 11.

Art der Fette	Jodzahl		Refraktometerzahlen bei 25^0		Säuregrade (ccm nKOH für 100 g Fett)	
	I	II	I	II	I	II
Schweinefette						
Frisch 1893	55,9	60,1	—	—	0,35	0,45
Ranzig 1894	47,8	51,0	59,4	60,2	6,0	8,4
Stark ranzig 1896	31,9	41,1	62,6	62,3	30,0	23,0
Butterfette						
Frisch 1895	—	—	51,5	—	—	—
Ranzig { nichterhitzt . .	19,4	20,8	52,85	47,85	40,2	12,8
1898 { erhitzt	18,4	19,9	53,65	48,25	25,8	7,6

[1] A. Schwicker u. G. Schay: Zeitschr. angew. Chem. 1926, **39**, 731.
[2] E. Spaeth: Z. 1898, 1, 380.   [3] F. Utz: U. 1903, **10**, 76.
[4] E. Spaeth: Zeitschr. analyt. Chem. 1896, **35**, 471; Z. 1898, 1, 377.

d) **Beziehungen zwischen Lichtbrechung und Jodzahl.** Da die gesättigten Fettsäuren kein Jod, die der Ölsäurereihe 2 Atome, die der Linolsäurereihe 4 Atome Jod usw. addieren und in ähnlichem Sinne auch die Lichtbrechung steigt, so ist zu erwarten, daß Refraktometerzahlen und Jodzahlen in den natürlichen Fetten und Ölen ungefähr parallel laufen werden, d. h. daß im allgemeinen die Fette und Öle mit der höchsten Jodzahl auch die höchste Refraktometerzahl zeigen; dies ist auch, von einzelnen Ausnahmen abgesehen, bei frischen Fetten und Ölen im allgemeinen der Fall.

M. Mansfeld[1] sowie H. Beckurts und H. Seiler[2] haben darauf zuerst hingewiesen; die von ihnen hierauf angegebenen Zahlen für die wichtigsten Fette und Öle seien hier als Beispiel mitgeteilt:

Tabelle 12.

Öle	Refraktometer-zahl bei 25°	Jodzahl	Feste Fette	Refraktometer-zahl bei 40°	Jodzahl
Olivenöl	62,0	83	Cocosfett	33,5	9
Mandelöl	64,8	98	Palmkernfett . . .	36,5	12,3
Erdnußöl	66,5	101	Butterfett	40,5	33
Baumwollsamenöl .	67,8	103	Talg	45,0	38
Sesamöl	69,0	106	Kakaofett	46,5	34
Mohnöl	72,0	133	Schweinefett . . .	50,0	53
Leinöl	87,5	158	Pferdefett	53,7	81

Daß dieser Parallelismus kein vollständiger ist, ist darauf zurückzuführen, daß die Refraktometerzahlen ebenso wie die Jodzahlen nicht nur von der Art der ungesättigten Fettsäuren, sondern auch von ihrer Menge abhängen und daß sich ferner auch Unterschiede daraus ergeben werden, in welcher Glyceridform die Fettsäuren in den Fetten und Ölen vorhanden sind. Vollkommener wird daher dieser Parallelismus bei den verschiedenen Fetten derselben Art und noch mehr bei den Fetten der verschiedenen Körperstellen desselben Tieres sein, bei denen die Art der Fettsäuren und die Glyceridformen, in denen sie vorhanden sind, mehr oder weniger dieselben sind.

Als Beispiel hierfür mögen die nachfolgenden von J. Schluckebier[3] für die Fette der verschiedenen Körperteile eines nur mit Milch und Kartoffeln gefütterten Schweines gefundenen Refraktometerzahlen (bei 40°) und Jodzahlen dienen:

Tabelle 13.

Angaben		Flomenfett	Bauchfett	Speckfett	Kopffett	Schinkenfett
Des Fettes	Schmelzpunkt	48,0°	43,0°	43,0°	41,0°	41,5°
	Refraktometerzahl . . .	46,9	48,2	48,3	48,9	49,0
	Jodzahl	51,7	58,7	60,1	62,5	62,5
Der flüssigen	Refraktometerzahl . . .	40,6	40,2	40,5	40,6	40,8
Fettsäuren	Jodzahl	97,7	96,6	97,0	96,7	96,6

Hier sind, wie aus der nahezu vollkommenen Gleichheit der Refraktometer- und Jodzahlen der flüssigen Fettsäuren hervorgeht, die letzteren gleich zusammengesetzt, und daher ist der Parallelismus zwischen der Refraktometer- und Jodzahl der Fette selbst, deren Höhe infolgedessen im wesentlichen nur durch das Verhältnis der gesättigten zu den ungesättigten Fettsäuren bedingt ist, ein vollkommener.

---

[1] M. Mansfeld: Forschungsber. über Lebensmittel 1894, **1**, 68.
[2] H. Beckurts u. H. Seiler: Arch. Pharm. 1895, **233**, 253; Zeitschr. angew. Chem. 1895, 612.
[3] J. Schluckebier: Einfluß des Futterfettes auf das Körperfett bei Schweinen. Dissertation Münster i. W. 1908.

Diosen Beziehungen zwischen Lichtbrechung und Jodzahl entspricht die Möglichkeit der Berechnung der Lichtbrechung aus der Jodzahl und umgekehrt unter geeigneten Umständen mit Hilfe mathematischer Näherungsformeln, vgl. oben, S. 4.

ε) **Lichtbrechung einiger natürlicher Fette und Öle.** Im nachfolgenden sind die Brechungsindices und Refraktometerzahlen einiger natürlichen Fette und Öle zusammengestellt.

Tabelle 14.

Fett	n_D^{25}	Refrakto-meterzahl	Fett	n_D^{40}	Refrakto-meterzahl
Olivenöl	1,4673—1,4687	62,0—62,8	Cocosfett . .	1,4477—1,4492	33,5—35,5
Erdnußöl	1,4697—1,4707	65,8—67,5	Kakaofett .	1,4566—1,4580	46,3—47,8
Sesamöl	1,4699—1,4717	66,2—69,0	Butterfett .	1,4520—1,4566	39,4—46,0
Baumwollsamenöl	1,4708—1,4719	67,6—69,4	Rindsfett. .	1,4551—1,4593	43,9—50,0
Mohnöl.	1,4736—1,4751	72,0—74,5	Hammelfett	1,4576—1,4585	47,5—48,7
Leinöl	1,4789—1,4826	81,0—87,5	Schweinefett	1,4583—1,4606	48,5—51,9
Walöl	1,4691—1,4723	65,0—70,0	Pferdefett .	1,4600—1,4717	51,0—69,0
Dorschleberöl . .	1,4754	75,0	Gänsefett. .	1,4593—1,4604	50,0—51,5

R. MARCILLE[1] fand bei 20° für einige Speiseöle:

Öle	n_D^{20}	Öle	n_D^{20}
Olivenöl, tunesisches . .	1,4689—1,4704	Maisöl (5).	1,4733—1,4744
Sesamöl	1,4732	Sonnenblumenöl (12). .	1,4736—1,4751
Erdnußöl (20 Proben) .	1,4700—1,4711	Sojaöl (15)	1,4747—1,4765
Baumwollsamenöl (5) .	1,4705—1,4715		

Feste Ausscheidungen bei 5—10° zeigten nach MARCILLE kleinere Lichtbrechung, die Öle selbst:

Angabe	Bei beträchtlichen Ausscheidungen		Bei geringen Ausscheidungen	
	flüssiger Teil	fester Teil	flüssiger Teil	fester Teil
n_D^{20}	1,4693	1,4687	1,4694	1,4686

5. Lichtdrehung (Polarisation).

Die Bestimmung der Lichtdrehung ist bei der Untersuchung der Fette und Öle im allgemeinen nur von geringerer Bedeutung, da die meisten von ihnen das polarisierte Licht nur schwach nach rechts oder links drehen, bedingt durch ihren Gehalt an Sterinen. Bei einigen, nicht zu Speisezwecken dienenden Fetten und Ölen (S. 506 f.) ist eine stärkere Lichtdrehung durch besondere Fettsäuren bedingt; das gleiche ist der Fall bei Harzen und Harzölen.

a) Bestimmung.

Über die Ausführung der Bestimmung siehe Bd. II, S. 356. Soweit die Öle hinreichend klar und hell sind, können sie im 100- oder 200-mm-Rohr direkt polarisiert werden. Trübe Öle müssen klar filtriert und zu dunkle Öle mit geringen Mengen gereinigter trockener Tierkohle entfärbt werden. Öle, welche hierbei nicht hinreichend klar und hell werden, sowie feste Fette werden mit Chloroform, Benzol, Trichloräthylen usw. in einem bestimmten Volumenverhältnis verdünnt bzw. darin gelöst, und diese Lösung wird polarisiert. Die

---

[1] R. MARCILLE: Ann. Falsif. 1931, **24**, 465.

für diese Verdünnungen gefundene Lichtdrehung wird auf das natürliche Fett oder Öl umgerechnet.

Die Lichtdrehung ist in weitgehendem Maße von der Art des Lösungsmittels abhängig. F. Straus, H. Heinze und L. Salzmann[1] fanden für Ricinolsäuremethylester folgende spezifischen Drehungen bei 20—22°:

Unverdünnt + 5,09°, in Chloroform + 3,43° und in Pyridin + 10,13°.

b) Ursachen der Lichtdrehung.

Ursachen der Lichtdrehung können Fettsäuren, Sterine oder sonstige Bestandteile des „Unverseifbaren" (S. 39) sein.

1. Fettsäuren. Zeigt ein Fett oder Öl stärkere Lichtdrehung, so kann diese durch natürliche optisch-aktive Glyceride bzw. Fettsäuren oder meist durch Zusätze von optisch-aktiven Fremdstoffen (Harzen, Harzölen) bedingt sein.

Natürliche optisch-aktive Fettsäuren, die eine starke Rechtsdrehung aufweisen, enthalten z. B. Ricinusöl, Crotonöl, Stillingiaöl und ferner die Gruppe der Chaulmugrafette (Chaulmugra-, Hydnocarpus- und Lukrabofett). Diese enthalten optisch-aktive Oxyfettsäuren (Ricinolsäure) und cyclische Fettsäuren (Chaulmugra- und Hydnocarpussäure, die folgende Spezifischen Drehungen aufweisen[2]:

Fettsäure	Schmelzpunkt Grad	$[\alpha]_D$ Kreisgrade
Ricinolsäure ($C_{18}H_{34}O_3$)	4—5	+ 6,67
Chaulmugrasäure ($C_{18}H_{32}O_2$)	68,5—69,5	+ 61,9
Hydnocarpussäure ($C_{16}H_{28}O_2$)	60	+ 68,1 bis 70

Theoretisch könnten auch die gemischten Glyceride nicht optisch aktiver Fettsäuren — mit Ausnahme der symmetrischen gemischten Glyceride mit zwei Fettsäuren — optisch aktiv sein, da sie ein asymmetrisches Kohlenstoffatom enthalten, doch wurden solche bisher in natürlichen Fetten und Ölen nicht gefunden.

E. Abderhalden und E. Eichwald[3] haben solche Glyceride synthetisch dargestellt, sie zeigten nur sehr schwache Linksdrehung.

B. Suzuki und Y. Inoue[4] haben gefunden, daß optische aktive Glyceride bei gewöhnlicher Aufbewahrung racemisiert werden. Da sie weiter bei Ricinus- und Erdnußöl sofort nach der Extraktion der Samen mit kaltem Äther doppelt so hohe Drehungswerte fanden, welche langsam auf die gewöhnlichen Werte herabgingen, schließen sie, daß die natürlichen unsymmetrisch gebauten Glyceride im lebenden Gewebe optisch aktiv sind.

Suzuki, Inoue und R. Hata[5] fanden weiter die spezifische Anfangsdrehung bei

Sojaöl	Camelliaöl	Leinöl	Rapsöl
+ 0,26°	+ 0,49°	+ 0,40°	— 0,35°

Die Rotationsabnahme verlief bei Sojaöl bis zu 0°, bei den anderen Ölen unregelmäßig unter teilweiser Änderung der Drehungsrichtung, so daß mehrere aktive Stoffe in den Ölen enthalten sein müssen, die mit verschiedener Geschwindigkeit racemisiert werden. Mit Ätherdampf bei niedriger Temperatur abgetötete Sojasaat lieferte ein völlig inaktives Öl. — Aus dem Fleisch lebender Karpfen und Aale mit kaltem Äther gewonnene Öle zeigten die spezifische Drehung 0,38 bzw. 0,15°, änderten diese dann dauernd nach beider Richtung hin, bis sie schließlich auf die Endwerte 0 bzw. 0,14° gelangten.

---

[1] F. Straus, H. Heinze u. L. Salzmann: Ber. Deutsch. Chem. Ges. 1933, **66**, 631.

[2] H. Thoms: Z. 1911, **22**, 226. — K. Lendrich u. E. Koch: Z. 1911, **22**, 441.

[3] E. Abderhalden u. E. Eichwald: Ber. Deutsch. Chem. Ges. 1915, **48**, 1847.

[4] B. Suzuki u. Y. Inoue: Proceed. Imp. Acad. Tokyo 1930, **6**, 71; C. 1930, II, 1063.

[5] B. Suzuki, Y. Inoue u. R. Hata: Proceed. Imp. Acad. Tokyo 1931, **7**, 222; C. 1932, I, 1312.

H. O. J. Fischer und E. Baer[1] stellten durch Synthese aus optisch aktivem d (+) Acetonglycerin optisch aktive Glyceride dar.

2. Sterine. Cholesterin und die Phytosterine natürlicher Fette und Öle zeigen starke **Linksdrehung**, so daß diese Fette bei dem geringen Gehalte an diesen Sterinen meist eine geringe Linksdrehung aufweisen.

$$[\alpha]_D$$

Cholesterin aus Gallensteinen $\cdot\left\{\begin{array}{l}- 31{,}12^0 \text{ in Ätherlösung}\\ - (36{,}61 + 0{,}249\,p)^2 \text{ in Chloroformlösung}\end{array}\right\}$ (O. Hesse[3])

Phytosterin aus Kalabarbohnen. . $- 34{,}2^0$ in Chloroformlösung (O. Hesse[4])

Lupinenkeimen. . $- 36{,}4^{0\,5}$ „ „ (E. Schulze und J. Barbieri[6])

Sitosterin aus Maisöl . . . . . $- 26{,}7^0$ „ Ätherlösung (Holde und Schäfer[7])

Stigmasterin aus Kalabarbohnen $\left\{\begin{array}{l}- 44{,}7^0 \text{ „ „ }\\ - 45{,}0^0 \text{ „ Chloroformlösung}\end{array}\right\}$ (A. Windaus und A. Hauth[8])

$$[\alpha]_D^{21}$$

Brassicasterin . . . . $- 23{,}14^0$ (H. Matthes und W. Heintz[9])

Das sog. **Isocholesterin** aus Wollfett zeigt Rechtsdrehung und zwar nach E. Schulze[10] in ätherischer Lösung $[\alpha]_D = + 60{,}0^{0}$[11] und in Chloroformlösung nach Moreschi $[\alpha]_D^{17} = + 59{,}1^0$.

3. Sonstige Stoffe des „Unverseifbaren". Außer Sterinen enthält das „Unverseifbare" mancher Fette und Öle noch andere lichtdrehende Stoffe. Der bekannteste dieser Stoffe ist das **Sesamin** (vgl. V. Villavecchia u. G. Fabris[12]) des Sesamöles, für das S. H. Bertram, J. P. K. van der Steur und H. J. Waterman[13] die Formel $C_{18}H_{16}O_5$, den Schmelzpunkt $122{,}5^0$ und $[\alpha]_D\ 160^0 = + 72{,}77^0$ und J. Böeseken und W. D. Cohen[14] die Formel $C_{20}H_{18}O_6$ und $[\alpha]_D = + 68{,}6^0$ — beide Drehungsangaben in Chloroformlösung — angeben. W. Adriani[15] fand ebenso wie G. Malagnini und G. Armanni[16] im Sesamöl neben Sesamin und dem optisch inaktiven Sesamol (vgl. S. 477) auch **Sesamolin** $(C_{20}H_{18}O_7)$ mit dem Schmelzpunkt $93{,}6^0$ und $[\alpha]_D = + 218{,}4^0$ in Chloroformlösung.

Auch in Bassia-Fetten, dem **Mowrahfett** (von B. latifolia) und dem **Sheafett** (von B. Parkii) fanden P. Berg und J. Angerhausen[17] im Unverseifbaren lichtdrehende Stoffe, die nach Abscheidung der Sterine und der alkoholunlöslichen Stoffe folgende Spezifischen Drehungen aufwiesen:

Bassia-Fette	Menge %	$[\alpha]_D$ Kreisgrade	Alkoholunlösliche Stoffe %
Mowrahfett (3 Proben)	1,30—1,73	+ 32,1—35,7	0,27
Sheafett (2 Proben)	3,87—4,80	+ 38,5—39,5	2,55

vgl. S. 451 und 453.

<hr>

[1] H. O. J. Fischer u. E. Baer: Naturwiss. **1937**. 588.

[2] O. Hesse: Ann. Chem. 1878, **192**, 175.   [3] $p = 2$—8 g in 100 ccm Lösung.

[4] O. Hesse: Ann. Chem. 1882, **211**, 283.   [5] 2,792 g in 50 ccm Chloroform gelöst.

[6] E. Schulze u. J. Barbieri: Journ. prakt. Chem. 1882, N. F. **25**, 159.

[7] Holde u. Schäfer: Vgl. L. Ubbelohde: Handbuch der Chemie und Technologie der Öle und Fette, Bd. 1, S. 108. 1908.

[8] A. Windaus u. A. Hauth: Ber. Deutsch. Chem. Ges. 1906, **39**, 4378. — Aug. Hauth: Zur Kenntnis der Phytosterine. Inaug.-Diss. Freiburg i. B. 1907.   [9] H. Matthes u. W. Heintz: Arch. Pharm. 1909, **247**, 161.   [10] E. Schulze: Ber. Deutsch. Chem. Ges. 1879, **12**, 249.   [11] 1,6—3,2 g in 100 ccm Äther gelöst.

[12] V. Villavecchia u. G. Fabris: Zeitschr. angew. Chem. 1893, 505.

[13] S. H. Bertram, J. P. K. van der Steur u. H. J. Waterman: Biochem. Zeitschr. 1928, **917**, 1.   [14] J. Böeseken u. W. D. Cohen: Biochem. Zeitschr. 1928, **201**, 454.

[15] W. Adriani: Z. 1928, **56**, 187.   [16] G. Malignini u. G. Armanni: Chem.-Ztg. 1907, **31**, 884.   [17] P. Berg u. J. Angerhausen: Z. 1914, **27**, 723; **28**, 73.

In anderen pflanzlichen Fetten und Ölen fanden Berg und Anger-Hausen[1] für das sterinfreie Unverseifbare folgende Spezifischen Drehungen:

Tabelle 15.

Fette	Menge %	$[\alpha]_D$ Kreisgrade	Fette	Menge %	$[\alpha]_D$ Kreisgrade
Sesamöl	0,880	+ 98,6	Sojaöl	0,288	+ 3,8
Erdnußöl.	0,127	+ 7,0	Rüböl I	0,255	— 8,4
Baumwollsamenöl I	0,274	+ 7,9	„ II	0,282	— 3,2
„ II	0,294	+ 9,8	Cocosfett	0,063	± 0
Olivenöl	0,549	+ 2,0	Palmkernfett . . .	0,264	+ 5,1
Leinöl I	0,458	+ 4,5	Kakaobutter . . .	0,151	+ 4,2
„ II	0,386	+ 2,3	Tierische Fette und Öle (16 Proben) .	0,026—2,118	± 0

Alkoholunlösliche Stoffe waren in diesen sämtlichen Fetten und Ölen nicht vorhanden.

c) Lichtdrehung einiger natürlicher Fette und Öle.

Die ältesten Untersuchungen über das optische Drehungsvermögen von Ölen rühren von Bishop[2], Peter[3], Crossley und Le Sueur[4] her. Später hat M. A. Rakusin[5] eine große Anzahl von Ölen und festen Fetten auf ihr Lichtdrehungsvermögen untersucht und seine Befunde zugleich mit den älteren übersichtlich zusammengestellt. Wir geben im nachfolgenden eine Übersicht dieser Zahlen von Rakusin im Auszuge wieder, wobei wir die Werte für die Polarisation der festen Fette in 25 oder 50%iger Benzollösung durch Multiplikation mit 4 oder 2 auf die Fette selbst umgerechnet haben. Hinzugefügt haben wir noch einige Werte für Sesamöl, die von Fr. Utz[6] sowie von H. Sprinkmeyer und H. Wagner[7] veröffentlicht sind, ferner solche von P. Berg und J. Anger-Hausen[8] über Mowrah- und Sheafett sowie von F. Power und Mitarbeitern[9] über Chaulmugra- und Hydnocarpusfett. Sämtliche Polarisationswerte bedeuten Kreisgrade[10] im 200-mm-Rohr.

Tabelle 16.
A. Tierische Fette, Öle und Wachse nach Rakusin.

Bezeichnung	Zahl der Proben	Polarisation Kreisgrade	Bezeichnung	Zahl der Proben	Polarisation Kreisgrade
Butterfett . . .	2	schwach links	Knochenöl. . . .	1	+ 0,17
Hammeltalg . .	1	0	Lebertran, weiß	4	— 0,07 bis 0,14
Rindstalg	1	0	„ gelb	2	— 0,97 „ 1,25
Schweinefett . .	1	0	Delphintran . .	1	+ 3,33
Pferdefett . . .	1	0	Walfischtran . .	1	+ 0,62
Gänsefett . . .	1	0	Robbentran . . .	2	+ Spur bis + 0,14
Hühnerfett . .	1	+ 0,07	Spermacetöl . .	1	+ 0,49
Hausentenfett .	1	— 0,07	Lanolin	1	+ 3,88

[1] P. Berg u. J. Angerhausen: Z. 1914, 28, 145.   [2] Bishop: Journ. Pharm. et Chim. 1887, 16, 300.   [3] Peter: Bull. Soc. Chim. 1887, 48, 483.

[4] Crossley u. Le Sueur: Journ. Soc. Chem. Ind. 1898, 17, 992.

[5] M. A. Rakusin: Chem.-Ztg. 1906, 30, 143, 1247.   [6] Fr. Utz: Pharm. Ztg. 1900, 45, 490.

[7] H. Sprinkmeyer u. H. Wagner: Z. 1905, 10, 347.

[8] P. Berg u. J. Angerhausen: Z. 1914, 27, 723; 28, 73.

[9] F. Power u. Gornall: Journ. Chem. Soc. London 1904, 85, 838. — F. Power u. Barrowcliff: Journ. Chem. Soc. London 1905, 91, 884. Beide Arbeiten nach K. Lendrich u. E. Koch: Z. 1911, 22, 441.

[10] Die Drehungswerte sind vielfach in Saccharimetergraden nach Ventzke angegeben. 1 Saccharimetergrad entspricht 0,3347 Kreisgraden.

B. Pflanzliche Fette und Öle.

Bezeichnung	Analytiker[1]	Zahl der Proben	Polarisation Kreisgrade	Bezeichnung	Analytiker[1]	Zahl der Proben	Polarisation Kreisgrade
Olivenöl	B	1	+ 0,21	Sareptasenföl .	R	1	− 0,17
(Baumöl) .	R	4	+ 0,07 bis 0,21	Weißsenföl . .	C L	1	− 0,15
Mandelöl . .	B	1	− 0,24	Leindotteröl .	R	1	− 0,03
	R	2	bis − 0,03	Leinöl . . .	R	1	+ 0,14
Erdnußöl . .	B	1	− 0,14		C L	1	+ 0,10
	C L	?	− 0,10 bis + 0,40		B	1	− 0,10
Sesamöl . .	B	6	+ 1,07 bis 3,12	Nigeröl. . .	C L	?	0 bis + 0,30
	R	3	+ 0,66 „ 0,83	Walnußöl .	B	1	− 0,10
	U	3	+ 0,80 „ 1,60		R	1	+ 0,05
	S W	3	+ 1,03 „ 1,42	Cocosfett. . .	R	1	+ 0,13
Baumwollsamenöl . . .	R	1	− 0,03	Palmkernfett .	R	1	+ 0,07
Hanföl. . . .	R	1	+ 0,14	Kakaofett . .	R	1	+ 0,07
Mohnöl . .	B	1	0	Mowrahfett. .	B A	2	+ 1,05 bis 1,12
	R	1	+ 0,03	Sheafett . . .	B A	3	+ 3,0 „ 3,2
	C L	?	0 bis + 0,06	Ricinusöl. .	W	?	bis + 3,00
Sonnenblumenöl . .	R	1	+ 0,03		—	—	+ 5,4 bis 9,7
				Crotonöl . . .	R	2	+ 14,5 und 16,4
Rapsöl. . .	B	2	− 0,55 bis 0,73	Chaulmugrafett.	P	—	+ 52,0
	R	3	− 0,03 „ 0,07	Hydnocarpusfett.	P	—	+ 57,7
	C L	?	− 0,08 „ 0,16				

Das stärkste optische Drehungsvermögen besitzen die Harzöle;
es beträgt im 200-mm-Rohr nach VALENTA + 60 bis 80 Kreisgrade.

6. Färbung, Fluorescenz, Luminescenz.

a) Färbung.

Die Glyceride sind farblos bzw. die festen Glyceride weiß und daher
auch ihre Mischungen, die natürlich vorkommenden Fette und Öle im allgemeinen farblos (weiß) oder nur schwach, meist gelblich oder grünlich gefärbt.

Ausnahmen machen das durch einen hohen Carotingehalt dunkelgelb bis dunkelrot
gefärbte Palmfett, ferner das durch einen mehr oder weniger hohen Gehalt an Gossypol
rotbraun bis braunschwarz gefärbte rohe Baumwollsamenöl und manche durch einen
mehr oder weniger hohen Gehalt an Chlorophyll grün gefärbten rohen Oliven- und Kürbiskernöle. Auch das Eieröl ist durch seinen hohen Gehalt an Lutein gelbrot gefärbt.

Die schwachen Färbungen der meisten Fette und Öle rühren von gefärbten
Nebenbestandteilen (Carotin, Chlorophyll, Xanthophyll, Lutein und anderen
Lipochromen) her, die zudem durch die Raffination noch mehr oder weniger
entfernt werden.

S. H. BERTRAM[2] stellte in folgenden roten Ölen und Fetten Carotin fest: Palmöl,
Leinöl, Sojabohnenöl, Rüböl, Senföl, Baumwollsamenöl, Rindsfett, Eieröl und Milchfett;
dagegen waren Erdnußöl, Sesamöl, Cocosöl, Palmkernöl und Schweinefett carotinfrei.

Starke Verfärbungen können durch Zersetzungsvorgänge, so bei Seetierölen (Tran) eintreten (vgl. S. 516).

Lebensmittelchemisch ist die Färbung der Fette und Öle im allgemeinen
von geringerer Bedeutung, dagegen legt die Fettindustrie, namentlich hinsichtlich der Beurteilung der Raffinationswirkung und der Verwendbarkeit der Fette und Öle für die Weiterbearbeitung größeren Wert auf die

---

[1] Es bedeutet: B = BISHOP, B A = BERG und ANGERHAUSEN, C L = CROSSLEY und
LE SUEUR, P = POWER und Mitarbeiter, R = RAKUSIN, S W = SPRINKMEYER und
WAGNER, U = UTZ, W = WALDEN (Ber. Deutsch. Chem. Ges. 1894, **27**, 3471).

[2] S. H. BERTRAM: Öle, Fette, Wachse, Seife, Kosmetik 1937, Nr. 8, 1.

Färbung; infolgedessen ist häufiger eine Bestimmung der Farbstärke (-tiefe), namentlich der Öle, erforderlich.

α) Bestimmung der Farbstärke (-tiefe). Nach den Deutschen Einheitsmethoden 1930[1] wird die Farbtiefe der Öle oder geschmolzenen Fette auf die „Jodfarbe" bezogen, das ist die Zahl, die angibt, wieviel Milligramm freies Jod in 100 ccm einer wäßrigen Jod-Jodkaliumlösung bei gleicher Farbtiefe enthalten sind, wenn bei einer Schichtdicke von 25 mm gemessen wird. Da diese „Farbmessung" stets im Durchblick erfolgen muß, sind feste Fette zu schmelzen und nicht klar schmelzende Fette ebenso wie trübe Öle zu filtrieren. Bei dem Befundbericht ist zu bemerken, ob filtriert werden mußte.

Die „Jodfarbe" wird mit einem Colorimeter oder mit Jodlösungen in Glasröhren festgestellt; mit beiden Verfahren wird die gleiche Genauigkeit erreicht.

1. Colorimetermessung[2]. Das zu untersuchende Öl wird in den Glastrog B von 25 mm Meßtiefe gefüllt, neben dem sich ein Keil A mit Jodlösung in einer Führungsschiene des Apparates auf und ab bewegen läßt. Mit der Keilführung verschiebt sich eine Skala, auf der bei Farbgleichheit der beiden Vergleichsfelder an einer Marke die Farbzahl abgelesen werden kann. Für den gesamten Bereich der Ölfarbmessung sind 3 Keile erforderlich, von denen Keil I 10 mg, Keil II 100 mg und Keil III 1000 mg Jod in 100 ccm enthält. Mit I werden die Farbzahlen 1,0—10,0, mit II die Zahlen 10—100 und mit III die Zahlen 100—10000 gemessen. Die an der Keilführung angebrachte Skala gilt für den Keil I. Die abgelesenen Zahlen sind bei Verwendung des Keiles II mit 10, die des Keiles III mit 100 zu multiplizieren.

2. Messung mit Jodlösungen in Glasrohren. Die Glasrohre sollen eine gleichmäßige lichte Weite von 25 mm haben. Das Glas muß praktisch farblos sein. Die Glasrohre werden zu etwa $^3/_4$ mit den entsprechenden Jodlösungen gefüllt, zugeschmolzen und mit der Jodfarbe bezeichnet. Die Höhe der Rohre nach dem Zuschmelzen soll möglichst 15 cm, die Höhe der Füllung 11—12 cm sein. Zur Messung wird das Öl in ein Glasrohr gleicher Weite gefüllt und durch Nebenhaltung der Jodlösungen gegen das Licht die Farbe bestimmt.

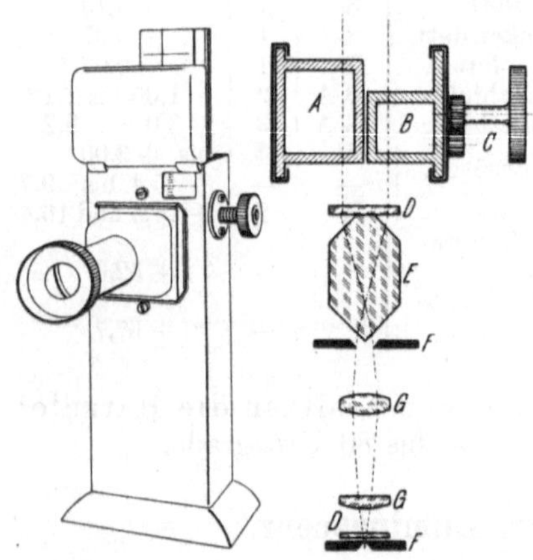

Abb. 23. Colorimeter nach Greitemann.
A Standardkeil, *B* Trog für die Untersuchungsprobe, *C* Triebwerk, *D* Staubschutzglas, *E* Hüfnerscher Würfel, *F* Blende, *G* Linse.

Bei hellen Ölen wird nicht gegen das Licht, sondern mit dem Licht gegen einen weißen Hintergrund verglichen.

Anmerkungen zu beiden Verfahren. Man mißt bei zerstreutem Tageslicht oder dem Licht einer Tageslichtlampe. Als solche genügt eine Tageslichtbirne, deren Licht durch eine Mattscheibe abgeblendet ist.

Jodlösungen. Man löst 2 Teile Kaliumjodid und 1 Teil Jod in wenig frisch destilliertem Wasser auf und füllt mit gleichem Wasser auf. Wird anderes Jod als „doppelt sublimiert, für analytische Zwecke" benutzt, so ist die Stärke der Lösungen durch Titration nachzuprüfen. Die Jodlösungen in den Glasröhren halten sich, wenn sie nicht ständig dem Lichte ausgesetzt werden, mindestens $^1/_2$ Jahr lang unverändert. Die Haltbarkeit der Lösungen in den Colorimeterkeilen hängt von der Verschlußdichte der Glasstöpsel ab. Die Jodlösungen sind von Zeit zu Zeit durch Vergleich mit frischen Lösungen nachzuprüfen.

Die folgende Tabelle gibt an, mit welcher Unterteilung die Jodfarbe sowohl mit dem Colorimeter als auch mit den Vergleichslösungen in Glasrohren sicher bestimmt werden

---

[1] Einheitliche Untersuchungsmethoden für die Fett- und Wachsindustrie, bearbeitet und herausgeg. von der Wissenschaftlichen Zentralstelle für Öl- und Fettforschung e. V., S. 63. Stuttgart: Wiss. Verlagsges. 1930.

[2] Über die Grundlagen der Colorimetrie und die gebräuchlichsten Colorimeter siehe Bd. II, S. 403f. Die verschiedenen dort beschriebenen Colorimeter werden jedoch meist nicht zur Farbmessung von Fetten und Ölen verwendet. Hierzu dient in Amerika, namentlich zur Farbmessung von Baumwollsamenölen, das Tintometer von Lovibond (Zeitschr. analyt. Chem. 1889, **28**, 686). Das obige in den deutschen Einheitsmethoden (1930) empfohlene Colorimeter ist auf Veranlassung der Wissenschaftlichen Zentralstelle für Öl- und Fettforschung nach Vorschlägen von G. Greitemann von der Firma Hellige & Co. in Freiburg (Breisgau) konstruiert und von dieser Firma zu beziehen.

kann, welche Lösungen für die Vergleichslösungen in Glasrohren vorrätig gehalten werden müssen, und welche Abrundungen bei den Keilen II und III vorzunehmen sind.

Tabelle 17. Stufenfolge der „Jodfarb“-Werte.

Keil I:	1,0	1,2	1,4	1,6	1,8	2,0	2,2	2,4	2,6	2,8	3,0	3,2	3,4	3,6
„ II:	10	12	14	16	18	20	22	24	26	28	30	32	34	36
„ III:	100	120	140	160	180	200		250			300		350	

Keil I:	3,8	4,0	4,2	4,5	4,6	4,8	5,0	5,5	6,0	7,0	8,0	9,0	10,0
„ II:	38	40			45		50	55	60	70	80		100
„ III:		400			450		500	550	600	700	800		1000

β) **Nachweis der Farbstoffart.** 1. Spektrographisch. Die färbenden Nebenbestandteile der verschiedenen pflanzlichen Öle und Fette zeigen zwar charakteristische Absorptionsspektren (Bd. II, S. 333, 343), praktisch hat aber nach R. Marcille[1] nur der spektroskopische Nachweis des Chlorophylls des Olivenöles eine gewisse Bedeutung, da er zum Nachweis geringwertiger verhältnismäßig chlorophyllreicher Olivenöle in anderen Ölen dienen kann. Das Olivenöl zeigt nach Marcille das stärkste Absorptionsband bei $\lambda = 665$, ein schwaches bei $\lambda = 535$ und ein sehr schwaches bei $\lambda = 605$ (vgl. auch S. 422).

Bei der immerhin nur geringen Menge des Chlorophylls und der anderen färbenden Stoffe ist es erforderlich, die Untersuchung in einer hinreichend dicken Schicht, z. B. in einem 200-mm-Polarisationsrohre und unter Verwendung von Gasglühlicht oder einer Metallfadenbirne als Lichtquelle vorzunehmen.

Die Absorptionsspektren von Schweine-, Rinder- und Pferdefett sowie von Fett aus Fleischwaren beschreibt G. Dorta[2]. Er verwendet die Absorptionskurven insbesondere zum Nachweis von Rinds- und Pferdefett in Schweinefett.

E. Lewkowitsch[3] berichtet über Absorptionsspektren von Tranen, Oliven-, Lein- und Teeröl im Ultraviolett.

L. Golodetz[4] hat ein Verfahren zum spektroskopischen Nachweis und zur Unterscheidung von Cholesterin und Isocholesterin bei der Liebermannschen Cholestolreaktion angegeben, auf das hier verwiesen sei.

2. Chromatographisch. Ein vorzügliches Mittel zum Nachweis der Färbung von Fetten ist die sog. chromatographische oder selektive Adsorptionsanalyse nach Tswett[5]. Besonders auf dem Gebiete der Carotinoide hat sich die Methode gut bewährt. H. Thaler[6] verwendet sie zum Nachweis der künstlichen Färbung von Butter. Die Versuchsanordnung war folgende:

In einen Vorstoß a (Abb. 24), der mittels eines Gummistopfens auf eine Saugflasche aufgesetzt ist, kommt ein Siebplättchen b aus Porzellan, das mit einem passend zugeschnittenen Stückchen Filtrierpapier c bedeckt wird. Das Rohr d zur Aufnahme des Adsorptionsmittels h wird mit Hilfe eines zweiten Gummistopfens e auf dem Vorstoß befestigt und soweit durch den Stopfen hindurchgeschoben, bis es mit seinem ebengeschliffenen Rand fest auf dem Filtrierpapier aufsteht. In das Rohr kommt ein Wattebausch f von etwa 0,5 cm Höhe, darauf ein weiteres Blättchen Filtrierpapier g. Zum Einbringen des letzteren sowie der Watte bedient man sich am besten eines Glasstabes, der an einem Ende zu einem flachen Knopf, der möglichst genau in das Rohr hineinpaßt, verbreitert ist. Die Filtrierpapierscheibchen stanzt man mittels eines scharfen Korkbohrers aus. Die Röhren hatten eine Länge von 300 mm und eine lichte Weite von 10 mm. Diese Maße erwiesen sich als ausreichend; größere Röhren haben den Nachteil des größeren Verbrauches von Adsorptionsmitteln. Für Beobachtungen im ultravioletten Licht wurden solche aus Uviolglas verwendet.

---

[1] R. Marcille: Ann. Falsif. 1910, **3**, 423; C. 1910, II, 1770. [2] G. Dorta: Z. 1839.
[3] E. Lewkowitsch: Journ. Soc. chem. Ind. 1927, **46** I, 195; C. 1927, II, 1218.
[4] L. Golodetz: U. 1909, **16**, 238.
[5] Tswett: Ber. Deutsch. Botan. Ges. 1906, **24**, 384. — Zusammenfassende Darstellung: Zechmeister u. v. Cholnoky: Die chromatographische Adsorptionsmethode. Wien 1937.
[6] H. Thaler: Z. 1938, **75**, 130. Vgl. U. 1937, **44**, 68.

Das Aluminiumoxyd wurde trocken unter kräftigem Saugen in das Rohr in einer Höhe von 12—15 cm eingefüllt. Diese Säule wurde dann zuerst mit Benzol durchtränkt. Der Clarit hingegen wurde mit einer kleinen Menge Benzol aufgeschlämmt und dann mittels eines Trichters in das Rohr gebracht, so daß eine Substanzschicht von etwa 3—4 cm Höhe entstand. Nach dem Absetzen wurde das überstehende Benzol durchgesaugt. In beiden Fällen wurde dann ein Blättchen Filtrierpapier (Abb. 24, *i*) mit Hilfe des erwähnten verbreiterten Glasstabes auf die Oberfläche des Adsorptionsmittels aufgesetzt, worauf das Rohr zum Versuch bereit ist. Zu beachten ist, daß sich unterhalb des letztgenannten Papierblättchens keine Luftblase fangen darf, da sonst an dieser Stelle die Fettlösung nicht in die adsorbierende Schicht eindringen kann. Das Scheibchen wird deshalb eingesetzt, während das Rohr noch zum Teil mit Benzol gefüllt ist. Oberhalb des Blättchens soll sich kein Adsorptionsmittel mehr im Rohr befinden, was durch Nachspülen mit Benzol leicht zu erreichen ist. Schließlich darf weder das Benzol noch die zu untersuchende Lösung vor Beendigung des Versuches ganz abgesaugt werden, sie soll vielmehr immer wenigstens 1 mm über dem obersten Filtrierpapier stehen.

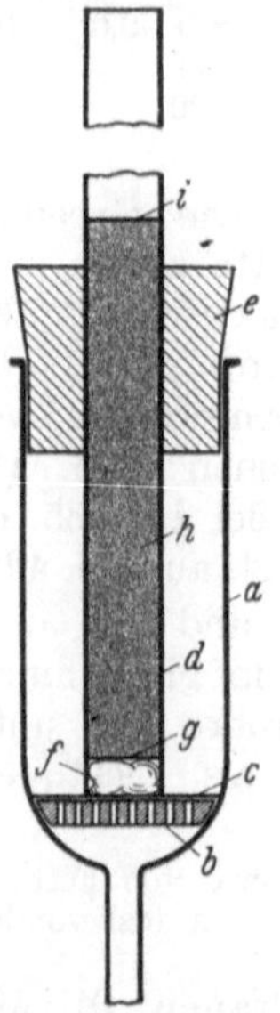

Zu den Versuchen wurden jeweils 20 g Butter in 50 ccm Benzol unter Erwärmen auf höchstens 35⁰ gelöst und durch ein Faltenfilter filtriert. Die erhaltene klare, stark orangegelb gefärbte Lösung wurde dann ohne weitere Trocknung oder sonstige Behandlung verwendet. Nach dem Durchlaufen der Lösung wurde das Adsorptionsrohr mit 20—30 ccm Benzol nachgewaschen.

Es erwies sich als zweckmäßig, die mit Aluminiumoxyd gefüllten Röhren in benzolfeuchtem Zustand zu untersuchen, während beim Clarit zart gefärbte Zonen nur dann ihre wirkliche Farbe erkennen ließen, wenn die Röhre durch Durchsaugen von Luft getrocknet worden war.

Sämtliche untersuchten **Farbstoffe** liefern so ein Chromatogramm, welches sich von demjenigen der ungefärbten Butter wesentlich unterscheidet. Selbst der Zusatz eines technischen Carotinpräparates läßt sich noch erkennen. Auszüge aus Pflanzen (Safran, Calendula, Curcuma, Alkanna) zeichnen sich durch vielfarbige Chromatogramme aus.

Abb. 24. Vorrichtung zur chromatographischen Adsorptionsanalyse nach THALER. *a* Vorstoß; *b* Porzellansiebplatte; *c* Filtrierpapier; *d* Röhre zur Aufnahme des Adsorptionsmittels; *e* Gummistopfen; *f* Wattebausch; *g* Filtrierpapier; *h* Adsorptionsmittel; *i* Filtrierpapier.

Basische **Teerfarbstoffe**, wie Dimethylgelb oder p-Aminoazobenzol werden vom Aluminiumoxyd meist entweder nicht oder nur schwach adsorbiert.

Von reiner **Butter** lieferten sämtliche Proben die gleichen Chromatogramme. Bei Verwendung von Aluminiumoxyd war die Oberfläche der Säule in einer Stärke von etwa 0,2 mm zart, aber deutlich grünlichgelb gefärbt (Chlorophyll oder um irgendwelche Abbauprodukte desselben). Hierauf folgte eine ungefähr 5 mm breite farblose Zone, an die sich ein 1—2 mm breiter hellgelber Ring anschloß, der nach unten 50 mm weit bräunlich auslief. Eine 3 mm breite rötlichbraune Zone wanderte regelmäßig ganz am Anfang eines jeden Versuches schnell durch die Säule. Das Filtrat war noch stark hellgelb gefärbt. Die Aluminiumoxyd-Chromatogramme unterschieden sich nur um ein geringes in der Breite des gelben Ringes und in der Stärke seiner Färbung. Beim Clarit war die Oberfläche in benzolfeuchtem Zustand in einer Dicke von 1—2 mm schwarzgrün gefärbt, woran sich ein 3 mm breiter rötlichgrauer Ring anschloß. Nach dem Trocknen war die oberste Schicht hellblau, die darunterliegende sehr zart rosa gefärbt.

Die Untersuchung der Chromatogramme von Butter und anderen Fetten im **ultravioletten Licht** (vgl. S. 46) scheint keine Vorteile für die Erkennung einer künstlichen Färbung zu bieten.

Künstliche Farbstoffe, welche zum Teil auch zum Färben von Öl dienen,
wurden in Benzol, welches 20% farbloses Cocosfett enthielt, gelöst, und zwar
in solcher Menge, daß die Farbe der Flüssigkeit etwa derjenigen der oben-
erwähnten Butterlösungen entsprach. Die Ergebnisse sind in der nachstehenden
Tabelle 18 zusammengestellt.

Tabelle 18. Verhalten von Butterfarbstoffen gegenüber Aluminiumoxyd und
Clarit.

Farbstoff	Verhalten gegen	
	Aluminiumoxyd	Clarit
Anatto	Oberfläche stark orangerot	Oberfläche trocken hellgrasgrün, Rest grau
Carotin techn.	Oberfläche hellgelb, darunter dünner orangegelber Ring	Oberfläche trocken dunkel moosgrün, anschließend breite graugrüne Zone
Karottenöl (techn. Präp.)	Oberfläche gelb, darunter hellgelber Ring, Rest rosa	Oberfläche naß schwarzgrün, trocken blaugrün
Safranextrakt (Benzol)	Oberfläche orangegelb, darunter hellgelber Ring	Oberfläche dunkel gelbgrün, anschließend hellblauer Ring
Calendulaextrakt (Benzol)	Oberfläche hellgelb, darunter ein gelber, ein rosa und mehrere himbeerrote Ringe	Oberfläche trocken schwarzgrün, anschließend schmaler hellblauer Ring
Curcumaextrakt (Benzol)	Oberfläche orangegelb, darunter ein orangegelber Ring	Oberfläche naß blutrot, trocken hellbraun
Alkannin	Oberfläche violett, darunter ein blaßgelber Ring	Oberfläche trocken hellila
Dimethylgelb	Keine Adsorption	Oberfläche trocken blutrot
p-Aminoazobenzol	Rasch wandernder gelber Ring	Oberfläche trocken blutrot
Martiusgelb	Oberfläche orangegelb	Keine Adsorption

Als Adsorptionsmittel dienten Aluminiumoxyd und Clarit[1], eine Moosburger
Tonerde (saueres Silicat). Das Aluminiumoxyd wurde durch Erhitzen von technischem
Aluminiumhydroxyd (Kahlbaum) in einer flachen Eisenschale bis zum Aufhören der
Wasserdampfentwicklung erhalten. Seine Adsorptionskraft ist merklich größer als die des
MERCKschen Oxydes, was allerdings auch eine Entfernung der gewünschten Substanz
von der Oberfläche des Aluminiumoxydes erschwert.

Als Lösungsmittel für die Butter wurde, statt Petroläther oder Benzin, wie sonst
üblich, Benzol verwendet, weil dadurch die natürlichen Farbstoffe der Butter am wenigsten
festgehalten werden und so eine sehr einfache Trennung von natürlichem und zugesetztem
Farbstoff möglich ist.

H. A. Boekenoogen[2] verwendet für den Nachweis natürlicher Farbstoffe in Pflanzenölen als Adsorptionsmittel Aluminiumoxyd[3], als Entwick-
lungs- und Lösungsmittel Petroläther oder Schwefelkohlenstoff und erhält
dann folgende Chromatogramme:

Rohöl	Chromatogramm	Durchlauf
Erdnußöl	Gelber Ring, der langsam nach unten wandert	Farblos
Sesamöl	Oben violettrotes Band; darunter braungelber Ring	Schwachgelb
Palmöl	Oberfläche grün, darunter braungelber Ring, weiter nach unten die ganze Säule rosarot	Gelb
Olivenöl	Oberfläche grün und braun; kein deutliches Chromatogramm	,,
Sonnenblumenöl	Oben grünes Band; darunter braungelber Ring	,,
Leinöl	Oberfläche grün; breite gelbe Zone, nach unten grünlich werdend; darunter schwach gefärbte Bänder	,,
Rüböl	Dem Chromatogramm des Leinöls ähnlich	,,

---

[1] Bezugsquelle: Bayer. Aktiengesellschaft für chemische Fabrikate, Heufeld, Oberbayern.
[2] H. A. BOEKENOOGEN: Rec. Trav. chim. Pays-Bas 1937, 56, 351.
[3] Aluminium oxydatum anhydricum puriss. Merck.

3. Farbreaktion auf Carotin nach S. H. Bertram[1]:

15 ccm Öl oder Fett werden in einem Reagensrohr mit 7,5 ccm Petroläther (Kochpunkt 40—60°) auf 2 ccm reinem Amylalkohol gemischt; dann wird 1 ccm Schwefelsäure von der Dichte 1,53 zugesetzt und während 2 Minuten kräftig geschüttelt. Nachdem man die Schichten hat absitzen lassen, trennt sich eine kleine Säureschicht am Boden des Reagensrohres ab, welche bei Anwesenheit von Carotin schön blau gefärbt ist und bleibt.

Der Petroläther hat den Zweck, als Lösungsmittel für das Fett oder Öl zu dienen und durch Erniedrigung der Dichte die Trennung der Schichten zu beschleunigen.

Der Amylalkohol verursacht nicht nur ebenfalls eine schnellere Emulsionstrennung, sondern bewirkt auch, daß die blaue Farbe nicht ausflockt und in Lösung bleibt.

Zumischung von Orlean zeigt ebenfalls eine blaue Farbe, die aber im Gegensatz zu der von Carotin nicht bestehen bleibt.

Über den Nachweis fremder gelber Farbstoffe in tierischen Fetten vergl. auch Bd. II, S. 1200.

b) Fluorescenz im Tageslicht.

Die natürlichen fetten Öle fluorescieren im allgemeinen bei Tageslicht nicht. Eine Ausnahme macht das Kürbiskernöl (vgl. S. 462), das nach H. Poda[2] bei kalter Pressung grün ist und schwach rote Fluorescenz zeigt; bei heißer Pressung dagegen ist das Öl im durchfallenden Licht braungrün und im auffallenden Licht tiefrot. Anscheinend handelt es sich dabei um ein Öl mit hohem Gehalt an Chlorophyll, dessen Lösungen die gleiche Fluorescenz zeigen.

Alle Mineral- und Harzöle fluorescieren bei Tageslicht stark und zeigen einen starken graugrünen und bläulichen Schimmer. Dieser wird gelegentlich durch Zusatz von Nitronaphthalin oder Anilinfarben beseitigt bzw. verdeckt (entscheinte Öle).

Man erkennt die Fluorescenz der Mineral- und Harzöle am besten an dem grünlichen oder bläulichen Schimmer eines auf schwarzes Glanzpapier gebrachten Öltropfens.

Nach P. W. Tompkins[3] beruht aber die Fluorescenz von Baumwoll- und Leinöl nicht notwendigerweise auf der Gegenwart von Mineral- oder Harzöl.

c) Fluorescenz im Ultraviolettlicht.

Über das Wesen der Fluorescenz (Luminescenz[4]) im Ultraviolettlicht (im Auslande meist als Woodlicht bezeichnet) und die zu ihrer Erkennung dienende Apparatur, siehe Bd. II, S. 439f. In Deutschland werden zur Untersuchung dieser Fluorescenz meist die Hanauer Analysen-Quarzlampe[5] und die Analysen-Ultralampe von Müller[6] verwendet. Erstere ist eine Quecksilberdampf-, letztere eine Bogenlampe mit eisen- und wolframhaltigen Kohlen. Über eine Vorrichtung zur Fluorescenzprüfung mittels Zeiß-Punktlichtlampen vgl. G. Kögel[7].

Fast alle Fette und Öle zeigen bei der Bestrahlung mit ultraviolettem Licht charakteristische Fluorescenz- bzw, Luminescenzerscheinungen. Man muß dabei nach J. F. Carrière[8] zwischen der Beobachtung der Oberfläche und der unteren Schichten unterscheiden: Je stärker ein Öl fluoresciert,

---

[1] S. H. Bertram: Öle, Fette, Wachse, Seife, Kosmetik 1937, Heft 8, S. 1.

[2] H. Poda: Z. 1898, 1, 625.

[3] P. W. Tompkins: Cotton Oil Press 5, Nr. 2, 123; C. 1923, IV, 738.

[4] Luminescenz ist jedes durch irgendwelche Einflüsse angeregte Leuchten, z. B. auch Phosphorescenz, Chemiluminescenz, Triboluminescenz. Fluorescenz ist ein durch fremde Lichtstrahlen angeregtes Leuchten. — Vgl. auch P. Lenard, F. Schmidt u. R. Tomaschek: Phosphorescenz und Fluorescenz. Tl. 2. Leipzig 1928.

[5] Hersteller: Hanauer Quarzlampen-Ges. m. b. H. in Hanau.

[6] Hersteller: Dr. F. W. Müller in Essen W 4. — Vgl. Chem.-Ztg. 1928, 51, 37.

[7] G. Kögel: Chem. Fabrik 1928, 55; C. 1928, I, 1979.

[8] J. F. Carrière: Chem. Weekbl. 1928, 25, 632; C. 1929, I, 321.

um so stärker wird das Ultraviolettlicht absorbiert, so daß die unteren Schichten nicht mehr leuchten.

FREHSE[1] war anscheinend der erste, der die Fluorescenz zur Untersuchung von Ölen anwendete, und zwar zur Unterscheidung von natürlichen und raffinierten Olivenölen, von denen die ersteren eine orangerote — nur ein Öl zeigte eine gelbe Fluorescenz mit einem Stich ins Grünliche — die letzteren eine grünblaue Fluorescenz zeigten. R. MARCILLE[2] beobachtete bei kalt gewonnenen pflanzlichen Ölen folgende Fluorescenzfarben:

Mandelöl	Sesamöl	Maisöl	Sojaöl	Sonnenblumenöl	Ricinusöl
schwach gelb	leicht gelb	gelbgrün	matt dunkelgrün	matt hellgelb	deutlich blau

Bei tierischen Fetten und festen pflanzlichen Fetten[3] wurden folgende Fluorescenzfarben erhalten:

Kuhbutterfett	Margarinefett	Schweinefett	Kakaobutter	Cocosfett	Palmkernfett
kanariengelb	schwach bläulich	weißlich bis grünlichgelb	gelblich	bläulich	bläulich

Die Stoffe oder Ursachen, auf welchen die verschiedenen Fluorescenzfarben im Ultraviolettlicht der Fette und Öle beruhen und durch welche sie bei der Raffination und Oxydation verändert werden, sind noch nicht hinreichend bekannt; sie werden zum Teil auf die Farbstoffe der Öle (Chlorophyll, Carotin usw.) zurückgeführt. Jedenfalls sind die subjektiven Einflüssen unterworfenen und schlecht reproduzierbaren Fluorescenzerscheinungen als analytische Nachweismethoden zur Zeit noch mit großer Vorsicht zu beurteilen, zumal auch über die zweckmäßigste Art der Ausführung der Untersuchung noch keine einheitliche Auffassung besteht. Am meisten sind die Fluorescenzerscheinungen bisher bei der Untersuchung von Olivenöl, Kakaobutter und Schweinefett herangezogen; über die dabei erhaltenen Befunde siehe diese Fette und Öle (S. 422, 444 und 558).

7. Löslichkeit.
(Kritische Lösungstemperatur.)
a) Löslichkeit.

Fast alle Fette und Öle lösen sich leicht in Äther, Petroläther, Benzin, Petroleum, Benzol, Schwefelkohlenstoff, Chloroform, Tetrachlorkohlenstoff, Trichloräthylen. Die Löslichkeit hierin ist um so größer, je höher der Gehalt der Fette an Glyceriden ungesättigter Fettsäuren und an solchen mit niedrigem Molekulargewicht ist.

Nach VIZERN und GUILLOT[4] kann als Universallösungsmittel für feste Fette nur Schwefelkohlenstoff angesehen werden, während Äther oder Petroläther nur unvollkommene Lösungsmittel darstellen. 20 g Talg, die in 200 ccm Äther oder Petroläther gelöst wurden, schieden nach sechsstündigem Stehen bei 15° feste Glyceride aus. Eine Lösung von Talg in der zehnfachen Menge Schwefelkohlenstoff blieb dagegen klar.

---

[1] FREHSE: Ann. Falsif. 1925, 18, 204; C. 1925, II, 992.
[2] R. MARCILLE: Ann. Falsif. 1928, 21, 189; C. 1928, II, 505.
[3] G. POPP: Z. 1926, 52, 165. — E. FEDER u. L. RATH: Z. 1927, 54, 321. — F. WEISS: Z. 1928, 56, 341. — M. HAITINGER, H. JÖRG u. V. REICH: Zeitschr. angew. Chem. 1928, 41, 815. — J. HÖKL: Z. 1932, 63, 444.
[4] VIZERN u. GUILLOT: Chim. et Ind. 37, Sonder-Nr. 3—580, 1932; Z. 1937, 73, 277.

Besonders die Glyceride der gesättigten höheren Fettsäuren sind in Äther verhältnismäßig schwer löslich. Nach A. Bömer[1] enthalten z. B. 100 ccm bei 15^0 gesättigter Glyceridlösungen von diesen Glyceriden nur:

Tristearin	α-Palmitodistearin	β-Palmitodistearin	Stearodipalmitin
0,0205 g	0,0662 g	0,2386 g	1,3847 g

Die Unterschiede in der Löslichkeit der Fette und Öle in Äther sind aber nicht so groß, daß man darauf ein analytisches Unterscheidungsmerkmal oder eine Trennung begründen kann.

In Alkohol dagegen sind die Fette und Öle bei 15^0 nur wenig — nicht über 2% — löslich; nur Ricinusöl macht eine Ausnahme davon, indem es in Alkohol sehr leicht löslich — in jedem Verhältnis mischbar — ist, während es sich andererseits in Petroläther nur sehr wenig löst.

Die Fettsäuren sind in den zuerst genannten Lösungsmitteln ebenso leicht und zum Teil noch leichter löslich als die Glyceride; sie besitzen aber auch eine wesentlich größere Löslichkeit in Alkohol; und zwar ist die Löslichkeit darin um so größer, je niedrigmolekularer sie sind. Ferner sind die ungesättigten Fettsäuren löslicher als die gesättigten von gleicher Kohlenstoffatomzahl.

Infolge dieser größeren Löslichkeit der Fettsäuren gegenüber den entsprechenden Glyceriden sind auch die natürlichen Fette und Öle in Alkohol um so löslicher, je höher ihr Gehalt an freien Fettsäuren ist; Fette und Öle mit mehr als 50% freien Fettsäuren sind sogar in Alkohol vollkommen löslich.

Nach Dubois und Padé[2] lösen 100 g Benzol bei 12^0 an

Hammeltalg	Rindstalg	Kälbertalg	Schweinefett	Butterfett	Margarinefett
14,70 g	15,89 g	26,08 g	27,30 g	69,61 g	12,83 g

100 g absoluter Alkohol lösen bei 10^0 an Fettsäuren aus vorstehenden Fetten:

5,02 g	6,05 g	13,78 g	11,23 g	24,81 g	4,94 g

Nach kryoskopischen Messungen von A. Boutaric und M. Roy[3] an Fettsäurelösungen (Essigsäure, Buttersäure, Capronsäure, Caprylsäure, Caprinsäure, Laurinsäure, Myristinsäure, Palmitinsäure) in Benzol und Nitrobenzol liegen die Fettsäuren darin im polymerisierten Zustande vor, und zwar nimmt die Polymerisation mit der Zahl der C-Atome ab.

Über die Bestimmung der Löslichkeit siehe auch Bd. II, S. 77.

b) Kritische Lösungstemperatur.

α) In Alkohol. Die Löslichkeit der Fette und Öle in Alkohol ist bei Zimmertemperatur nur gering; sie nimmt aber bei erhöhter Temperatur und erhöhtem Druck beträchtlich zu, so daß die Glyceride mit absolutem Alkohol bei bestimmten Temperaturen homogene Gemische bilden. Die Temperatur, bei welcher sich diese Gemische zu trennen beginnen, bezeichnet Crismer[4] als die kritische Lösungstemperatur; sie ist je nach der Zusammensetzung der Fette und Öle eine verschiedene und wurde von ihm zu einem analytischen Unterscheidungsmerkmal (Crismer-Zahl), verwendet.

[1] A. Bömer: Z. 1913, **26**, 565.
[2] J. Lewkowitsch: Chemische Technologie und Analyse der Öle, Fette und Wachse, Bd. 1, S. 239. Braunschweig: Friedr. Vieweg & Sohn. 1905.
[3] A. Boutaric und M. Roy: J. Pharmac. Chim. 1932 **15**, 161; C. 1932; II, 1041.
[4] Crismer: Bull. Assoc. Belge de Chim. 1895, **9**, 71, 143; 1896, **9**, 359; 1897, **10**, 312.

Ihre Bestimmung wird nach J. LEWKOWITSCH[1] in der Weise ausgeführt, daß einige Tropfen des Öles oder geschmolzenen Fettes in ein 9 cm langes und 5—6 mm weites Glasrohr mit etwa dem doppelten Volumen 90%igen Alkohols vermischt und darauf das Rohr zugeschmolzen wird. Das Rohr wird mit einem Platindraht an einem Thermometer befestigt, in einem Glycerin- oder Schwefelsäurebade erhitzt, bis der die beiden Schichten trennende Meniscus sich in eine Ebene verflacht. Man steigert die Temperatur darauf noch um etwa 10⁰. Alsdann entfernt man das Thermometer mit dem Röhrchen aus dem Bade und schüttelt rasch von oben nach unten, bis eine homogene Lösung entstanden ist. Darauf bringt man das Thermometer mit dem Röhrchen wieder in das Bad und beobachtet die Temperatur, bei welcher eine deutliche Trübung sichtbar wird.

Wenn diese kritische Lösungstemperatur den Siedepunkt des Alkohols (78⁰) nicht überschreitet, wie z. B. beim Butterfett unter Verwendung von absolutem Alkohol, so kann man statt des zugeschmolzenen auch ein offenes Rohr verwenden.

Die kritische Lösungstemperatur eines Gemisches ist nach CRISMER annähernd das arithmetische Mittel der kritischen Lösungstemperaturen ihrer Bestandteile.

CRISMER und HERLANT fanden bei Verwendung eines Alkohols von der Dichte 0,8195 bei 15,5⁰ die kritischen Lösungstemperaturen für Butterfett zu 98—102⁰, Margarine 122—126⁰, Cocosfett 71—75⁰, Baumwollöl 115—116⁰, Erdnußöl 115—116⁰, Kolzaöl 132—135⁰, Olivenöl 123⁰ usw.

Mit Rücksicht auf die Umständlichkeit der Bestimmung und die beträchtlichen Schwankungen der Ergebnisse bei verschiedenen Analytikern mag dieser Hinweis auf das Verfahren genügen.

β) In Essigsäure (VALENTA-Zahl). VALENTA[2] prüfte die Löslichkeit der Fette und Öle in Essigsäure in ähnlicher Weise wie CRISMER die Löslichkeit in Alkohol. Er verwendet 100%ige Essigsäure (Eisessig), mit der er das Fett oder Öl in einem Reagensrohr vermischt; falls keine Lösung eintritt, wird das Gemisch erwärmt.

Die Essigsäurelöslichkeit der Fette und Öle hängt ebenso wie die Alkohollöslichkeit sehr stark ab von der Konzentration der Essigsäure (vgl. THOMSON und BALLANTYNE[3]) und dem Gehalte der Fette und Öle an freien Fettsäuren.

Nach ihrem Verhalten beim Vermischen mit einem gleichen Volumen Essigsäure teilt VALENTA die Fette und Öle in folgende 3 Klassen ein:

Klasse I. Das Öl ist bei gewöhnlicher Temperatur (14—20⁰) vollständig löslich in Essigsäure: Ricinusöl.

Klasse II. Das Fett oder Öl ist vollständig oder beinahe vollständig löslich bei Temperaturen von 23⁰ bis zum Siedepunkt des Eisessigs: Baumwollsamenöl, Sesamöl, Erdnußöl, Olivenöl, Mandelöl, Palmöl, Palmkernfett, Cocosfett, Kakaofett, Rindstalg, Butterfett u. a.

Klasse III. Die Öle sind selbst bei der Siedetemperatur des Eisessigs nicht in diesem löslich: Öle der Rübölgruppe.

VALENTA unterscheidet die Fette und Öle der Klasse II nach ihrer kritischen Lösungstemperatur in Eisessig. Gleiche Teile Öl bzw. Fett und Eisessig werden unter häufigem Schütteln bis zur vollständigen Lösung erwärmt, darauf wird ein Thermometer in die Flüssigkeit eingesenkt und damit die Temperatur festgestellt, bei der Trübung eintritt.

---

[1] Vgl. J. LEWKOWITSCH: Chemische Technologie und Analyse der Öle, Fette und Wachse, Bd. 1, S. 231—234. Braunschweig: Friedr. Vieweg & Sohn 1905.

[2] VALENTA: Dinglers Polytechn. Journ. 1884, **252**, 296; **253**, 418. — J. LEWKOWITSCH: Chemische Technologie und Analyse der Öle, Fette und Wachse, Bd. 1, S. 234—237. Braunschweig: Friedr. Vieweg & Sohn 1905. — L. UBBELOHDE: Handbuch der Chemie und Technologie der Öle und Fette, Bd. 1, S. 350—352. Leipzig 1908.

[3] THOMSON u. BALLANTYNE: Journ. Soc. chem. Ind. 1891, **10**, 233.

Diese Trübungstemperatur ist nach Valenta z. B. bei Baumwollöl 110⁰, Sesamöl 107⁰, Erdnußöl 112⁰, Olivenöl 111⁰, Kakaofett 105⁰, Palmöl 23⁰, Palmkernfett 48⁰, Cocosfett 40⁰, Rindstalg 95⁰ usw.

Allen[1] fand von den Zahlen Valentas sehr stark abweichende Werte.

F. Jean[2] hat das Verfahren von Valenta in der Weise abgeändert, daß er bestimmt, wieviel Eisessig die Fette und Öle bei 50⁰ aufzulösen vermögen.

Ein Verfahren zur Bestimmung des Trübungspunktes der Fettsäuren in Essigsäure bei Gegenwart von Isoamylalkohol hat E. Zunini[3] angegeben. Es soll zur Butterfettprüfung auf Reinheit dienen.

γ) In Aceton. Von S. Fachini und G. Dorta[4] wurde eine neuartige, auf Feststellung des Dispersionspunktes bei 20⁰ von Fettsäurelösungen in Aceton bei steigendem Wassergehalt angegeben: Von den in gewöhnlicher Weise aus den Ölen und Fetten dargestellten Fettsäuren werden genau 5 g in einem 200-ccm-Erlenmeyerkolben in 50 ccm Aceton vom Siedepunkte 56⁰ gelöst. Die Lösung wird auf 20⁰ gehalten und dann aus einer Bürette tropfenweise Wasser von gleicher Temperatur zufließen gelassen und dabei nötigenfalls wieder auf 20⁰ gekühlt. Die Wassermenge, die nötig ist, um so die erste Opalescenz oder Trübung hervorzurufen, wird als Trübungspunkt bezeichnet. So wurden z. B. folgende Werte gefunden:

Fettsäuren aus	Olivenöl	Erdnußöl	Rüböl	Nierentalg
Trübungspunkt	17,6—18,9	0,5—0,6	15,8—16,0	10,2—10,5

Fettsäuren aus	Cocosfett	Butterfett	Kunstbutterfett
Trübungspunkt	24,1—25,9	19,4—19,9	22,7

Auch die Art und das Aussehen der Ausscheidungen zeigen für die einzelnen Fette charakteristische Verschiedenheiten. Bei Erdnußfett bestand der mit 2 ccm Wasser erhaltene nicht umkrystallisierte Niederschlag aus einer Mischung von Arachinsäure und Lignocerinsäure vom Schmelzpunkte 75,2⁰.

Hiernach eignet sich diese Prüfung vor allem zur Erkennung von Erdnußölfettsäuren.

δ) Vergleichende Versuche über die Löslichkeit (Trübungspunkt) verschiedener Fette in verschiedenen Lösungsmitteln bei verschiedenem Wassergehalt von K. Hashi[5] ergaben folgendes Bild:

Tabelle 19.

Art des Öles	Art des Lösungsmittels	Konzentration des Lösungsmittels %	Kritische Lösungstemperatur Grade	Kritische Ölkonzentration %
Camelliaöl	Äthylalkohol	99,75	71,0	40,8
		85,50	155,0	48,0
Rapsöl	Äthylalkohol	99,75	86,3	38,5
		95,50	113,0	40,3
		90,45	140,3	43,0
Camelliaöl	Isopropylalkohol	100	25,0	39,0
		95	48,0	42,0
		90	83,5	64,5
		87,5	über 111,5	über 80,0
		84,99	„ 139,0	„ 80,0
Rapsöl	Isopropylalkohol	100	41,3	38,0
		95	65,5	40,3
		90	100,3	58,3
		84,99	über 148	über 73,4

[1] Allen: Journ. Soc. chem. Ind. 1886, 5, 69, 282.

[2] F. Jean: Les Corps gras industriels 1898, 19, 4.

[3] E. Zunini: Ann. Chim. analyt. appl. 1933, 23, 557; Z. 1937, 73, 480.

[4] S. Fachini u. G. Dorta: Zeitschr. Deutsch. Öl-Fettind. 1925, 45, 498; L'industria degl. olii e dei grassi 1926, 5, Nr. 6.

[5] K. Hashi: Journ. Soc. chem. Ind. Japan (Suppl.) 34 B, 64, 66, 104, 105, 224, 356; C. 1931, I, 2409; II, 153, 2081, 2082; 1932, I, 1457.

Tabelle 19 (Fortsetzung).

Art des Öles	Art des Lösungsmittels	Konzentration des Lösungsmittels %	Kritische Lösungstemperatur Grade	Kritische Ölkonzentration %
Camelliaöl	n-Propylalkohol	100	7,8	41,0
		95	42,0	43,3
		89,99	78,0	64,0
		84,8	über 142,5	über 83,4
Rapsöl	n-Probylalkohol	100	29,3	40,8
		89,99	96,0	60,0
		84,80	145,5	über 70
Camelliaöl	Aceton	100	1,3	35,0
		96,73	96,3	65,0
		95,25	68,0	69,0
		92,49	102,0	76,5
		90,03	127,0	79,5

ε) **In sonstigen Lösungsmitteln.** In ähnlicher Weise wie gegen genannte Lösungsmittel wurde auch das Verhalten der Fette und Öle von SALZER[1] gegen Carbolsäure, von J. D. JANSEN und W. SCHUT[2], sowie von C. E. KLAMER[3] gegen Anilin geprüft.

Die Entmischungstemperatur eines Gemisches von 20% Öl und 80% Anilin lag nach JANSEN und SCHUT wie folgt: Rüböl 37,5°, Erdnuß- und Olivenöl 26°, Baumwollöl 19°, Sesamöl 18°, Sojaöl 10°, Leinöl — 6°. Vgl. auch E. PHILIPPOT[4].

E. LOUISE[5] löst 10 g Fett in 10 ccm Typpetroleum, setzt steigende Mengen Anilin zu und bestimmt dann die Entmischungstemperatur.

8. Sonstige Methoden.

a) Konsistenz und Zähigkeit (Viscosität[6]).

Die Konsistenz der Fette ist abhängig von der Zusammensetzung und der Beobachtungstemperatur. Oberhalb des Schmelzpunktes bilden alle Fette ziemlich zähe dicke Flüssigkeiten, die mit zunehmender Temperatur wieder dünnflüssiger werden, wenn sekundäre Einflüsse, wie Oxydation durch den Luftsauerstoff, ausgeschlossen sind. Nach dem Abkühlen z. B. auf 20°, nehmen verschiedene Fette eine verschiedene Konsistenz an, die man als zähflüssig (ölig), salbenartig, schmalzartig, wachs- und talgartig zu bezeichnen pflegt.

Für die Konsistenz bei gewöhnlicher Temperatur, z. B. bei 20°, ist die Zusammensetzung insofern von Einfluß, als ein hoher Gehalt an ungesättigten Fettsäuren eine weiche, an höheren gesättigten eine harte Konsistenz bedingt. Fette mit hohem Gehalt an niederen Fettsäuren, wie Cocosfett, zeichnen sich durch leichten Übergang der festen in die flüssige Form von verhältnismäßig geringerer Zähigkeit aus. Elaidinsäuren (Isoölsäuren) bewirken eine beträchtliche Zunahme der Härte des Fettes.

Ob die flüssigen Öle Kolloidnatur besitzen, ist eine umstrittene Frage. P. SLANSKY und L. KÖHLER[7] betrachten pflanzliche Öle, von denen sie eine Anzahl auf Verhalten gegen das HAGEN-POISEUILLEsche Gesetz geprüft haben, als recht verdünnte Kolloidsysteme mit nur schwach strukturviscosen Eigenschaften.

---

[1] SALZER: Arch. Pharm. 1889, **227**, 433.
[2] J. D. JANSEN u. W. SCHUT: Chem. Weekbl. 1926, **23**, 498; Z. 1929, 58, 541.
[3] C. E. KLAMER: Chem. Weekbl. 1927, **24**, 556; Z. 1930, **59**, 537.
[4] E. PHILIPPOT: Journ. Pharm. Belg. 1930, **12**, 1113; C. 1931, I, 1381.
[5] E. LOUISE: Ann. Falsif. 1911, 4, 302; C. 1911, II, 1272.
[6] Vgl. auch H. P. KAUFMANN: U. 1938, **45**, 255.
[7] P. SLANSKY u. L. KÖHLER: Kolloid-Zeitschr. 1928, **46**, 128.

4*

Bei Speiseölen ist die Viscosität, die mit zunehmendem Molekulargewicht der Fettsäuren steigt, mit zunehmender Jodzahl fällt, nicht von der gleichen Bedeutung wie in der Schmiertechnik. Die Viscosität liegt zudem bei den meisten Ölen ziemlich gleichmäßig zwischen etwa 47—50 cp für Leinöl und 90—92 cp für Rüböl. Nur Ricinusöl hat eine vielfach größere Zähigkeit als die Speiseöle.

Sehr stark wird die Zähigkeit der ungesättigten Öle durch Oxydation und Polymerisation erhöht.

R. Holdermann[1] fand eine auffällig niedrige Viscosität bei handelsüblichem amerikanischem Schweineschmalz im Vergleich mit reinem Nierenfett.

H. Schrader[2] empfiehlt die Bestimmung der Viscosität zur Wertbestimmung unter anderen von Leinöl, Lebertran, Ricinusöl und Mandelöl, im Zweifelsfalle unter Ergänzung durch Jodzahl und Verseifungszahl.

Die bei der Ausführung der Viscositätsmessung oft beobachtete Erscheinung, daß die Temperaturanzeige des im ausfließenden Öle befindlichen Thermometers gegen Ende des Versuches sinkt, beruht nach H. Schlüter[3] nicht auf einer wirklichen Temperaturabnahme des Öles, sondern darauf, daß der aus dem Öle hervorragende Thermometerteil sich abkühlt. Bei Verwendung eines Thermometers mit seitlich angebogenem Quecksilbergefäß[4], das möglichst nahe am Boden des Ölbehälters aber ohne die Wand zu berühren, angebracht wird, ist die Erscheinung nicht zu beobachten. Jedenfalls darf bei der Bestimmung der Viscosität im Engler-Apparat das scheinbare Absinken der Temperatur gegen Ende des Versuches nicht etwa durch stärkeres Heizen des Heizbades ausgeglichen werden.

Über Viscosimetrie der Fette vgl. auch H. Wolff und G. Zeidler[5].

Härte von Fetten. Erstarrte Fette zeigen eine gewisse Härte, die mit geeigneten Apparaturen meßbar ist. Am eingehendsten ist diese Eigenschaft bisher bei der Butter untersucht worden, weil die Unterscheidung von harter und weicher Butter für ihre praktische Bewertung Bedeutung hat. Butter unterliegt bei mäßigen Drucken plastischen Veränderungen, sie zeigt dann Elastizität, indem nach Aufhebung des Druckes die Formveränderung wieder zurückgeht. Erst bei vergrößertem Druck treten von einem bestimmten Druck an bleibende Formveränderungen auf, bis dann wieder von einem weiteren Druck an die Formveränderung dem Druck parallel gehen.

Folgende Versuche von C. I. Kruisheer und P. C. den Herder[6] veranschaulichen dieses Verhalten:

Nr.	Butterprobe I		Butterprobe II	
	Belastung auf 4 qcm Stempelfläche kg	Einsenkung nach 30 Sekunden mm	Belastung auf 4 qcm Stempelfläche kg	Einsenkung nach 30 Sekunden mm
1	0,7	0,0	1,3	0,0
2	0,9	0,1	1,6	0,1
3	1,1	0,4	2,2	0,4
4	1,4	1,6	2,5	0,9
5	1,6	6,7	2,7	1,6
6	1,8	12,0	3,5	8,3

Die Einsenkungskurve (Abb. 25) verläßt im Punkt A die Horizontale und geht bei B in eine nahezu gerade Linie über, deren Verlängerung nach unten die Druckachse bei D schneidet. Man nennt den Punkt A die unterste Flüssigkeitsgrenze (engl. lower yield value), D die oberste Flüssigkeitsgrenze (upper yield value oder auch schlechthin

[1] R. Holdermann: Süddeutsch. Apoth.-Ztg. 1931, 71, 253.   [2] H. Schrader: Pharm. Ztg. 1934, 79, 687.   [3] H. Schlüter: Chem.-Ztg. 1927, 51, 565.
[4] Hersteller: Dr. Heinr. Göckel G. m. b. H., Berlin NW 7, Luisenstr. 21.
[5] H. Wolff u. G. Zeidler: U. 1938, 45, 349.
[6] C. I. Kruisheer u. P. C. den Herder: Chem. Weekbl. 1938, 35, 719. — Vgl. auch J. G. Davis: Journ. Dairy Research 1936, 7, 245. — G. W. Scott Blair: Journ. Dairy Research 1938, 9, 208.

„yield value"). Der Anstieg der Geraden wird durch die Viscosität der Flüssigkeit bestimmt, nach dem Ausdruck

$$\mathrm{tg}\,\alpha = 1/\eta.$$

Neben der Viscosität ist noch die Federkraft, der Elastizitätsmodulus, der sich trotz seiner geringen Größe auch bei Butter messen läßt, wichtig.

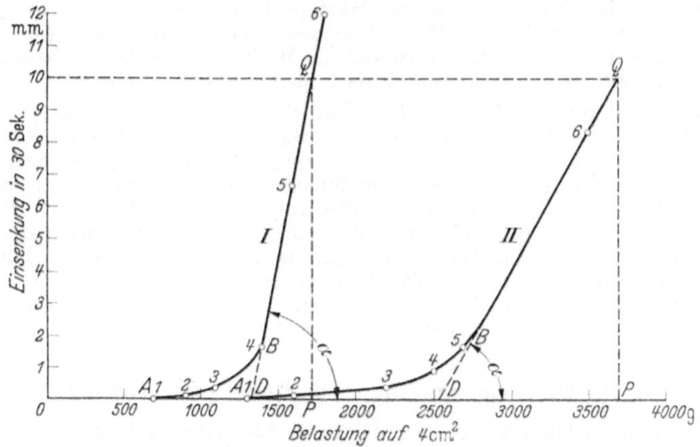

Abb. 25. Formveränderung von Butterproben bei Druckbelastung.

KRUISHEER und DEN HERDER fanden nun, daß die oberste Flüssigkeitsgrenze (yield value) bei verschiedenen Butterproben vollkommen ihrer Härte parallel geht, wie sie von praktischen Butterprüfern gefunden wird. Um aber die hierbei naturgemäß mitspielenden subjektiven Faktoren auf ein Mindestmaß zu bringen, geben sie einen einfachen Handapparat an, bei dem der Druck gemessen wird, der nötig ist, um einen Stempel von 4 qcm Querschnitt in 30 Sekunden 1 cm tief in die Butter einzutreiben.

Der Apparat[1] (vgl. Abb. 26) besteht aus einem umgekehrten Druckmesser, bei dem sich der gegen den Stempel (1) ausgeübte Druck in eine Spannung der beiden Federn (2 und 3) umsetzt, die dann auf einem Zifferblatt (4) mit Einteilung in $^1/_{10}$ kg angegeben wird. — Bei Gebrauch wird der Apparat beim Handgriff (5) festgehalten und mit dem Stempel vorsichtig auf die Butter gebracht. Bei einer normalen Butter sinkt der Stempel zunächst noch nicht ein. Man beginnt nun einen schwachen, am Zifferblatt sich anzeigenden Druck auszuüben und verstärkt diesen Druck allmählich, bis man in einem bestimmten Augenblick den Stempel langsam wegsinken sieht. Dabei sucht man zu erreichen, daß die Oberkante des Stempels, die eine Höhe von 10 mm hat, mit konstanter Geschwindigkeit in 25—35 Sekunden die Oberfläche der Butter erreicht. Der dazu erforderliche Druck wird abgelesen und gibt die Härte der Probe an.

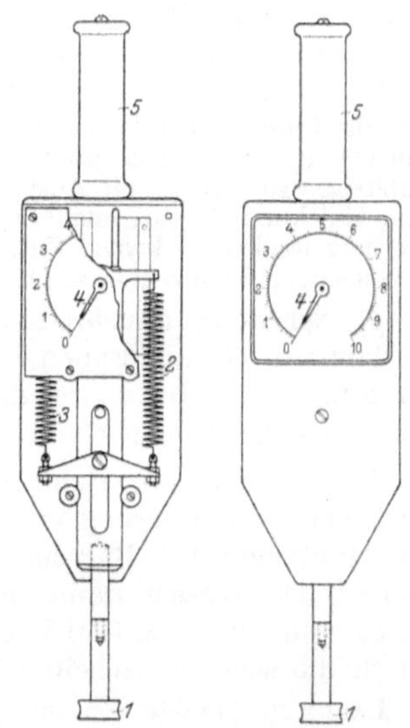

Abb. 26. Handapparat zur Messung der Konsistenz von Butter (nach KRUISHEER und DEN HERDER.)

Die so erhaltenen Druckwerte zeigten bei Reihenuntersuchungen gute Parallelität mit von praktischen Butterprüfern ermittelten Werten für die Butterhärte.

---

[1] Hersteller: Apparatefabrik van Doorn in Bilt (Holland).

Um schließlich den subjektiven Einfluß ganz auszuschalten, geben Kruisheer und den Herder aber außerdem noch einen auf der gleichen Grundlage beruhenden Butterfestigkeitsprüfer mit mechanischem Antrieb an.

Die gemessene Härte von Butter ist stark von der Beobachtungstemperatur abhängig und wird bei 25—30⁰ zu 0. Für 15⁰ betrug sie bei 12 Proben Winterbutter 3,13—8,55, bei 10 Proben Sommerbutter 2,59—4,23 kg.

Auf Margarine ist diese Methode zur Härteprüfung nicht unmittelbar anwendbar, da sie dabei Risse und bisweilen ein Hinaufkriechen zum Stempel zeigt. Das gleiche gilt für sehr kalte und sehr harte Butter. Inwieweit die Methode auf feste und halbfeste Fette anderer Art angewendet werden kann, bedarf noch weiterer Prüfungen.

Über weitere Verfahren zur Messung der Konsistenz und Schnittfestigkeit von Butter vgl. dieses Handbuch, Bd. III, S. 278, über Messung der Härte von Kakaobutter S. 441.

M. Aubert und A. Pignot[1] benutzen zur Messung der Konsistenz erstarrter Fette die Höhe des Druckes, um das Fett aus einer Röhre hinauszudrücken. Dabei hängt aber der zum Ausdrücken des Fettes erforderliche Druck außer von den Eigenschaften des Fettes auch vom Durchmesser und Länge der Röhre und Röhrenmaterial ab. Aubert und Pignot bestimmten diesen Druck in verschiedenen 5—10 mm weiten und 60—240 mm langen Stahlröhren und erhielten für jede Röhrengröße charakteristische Werte. Bei der Untersuchung von Schweineschmalz bei 0⁰ erhielten sie zwei verschiedene Drucke, die vermutlich von einer α- und einer β-Modifikation herrührten.

b) Oberflächenspannung. Spreitung (Ausbreitung[2]).

α) Die Oberflächenspannung von Ölen wurde von E. Canals und Ramahenira-Ranairo[3] nach der Tropfenzählmethode ermittelt und z. B. für Olivenöle bei 30⁰ gegen Luft zwischen 32,2—32,3 gegen Wasser bei 16⁰ zu 24,5—32,2 gefunden.

Die an der Tropfenzahl in Luft gemessenen Werte variierten in sehr engen Grenzen. Völlig verschiedene Öle zeigten zum Teil gleiche Werte, stärker variierten die gegen Wasser oder 0,0005 N.-Natronlauge gefundenen Zahlen. Bei Benutzung der drei Verfahren nebeneinander gelingt eine gute Identifizierung.

In enger Beziehung zur Oberflächenspannung steht das Aufsteigen von Ölen in Capillaren und ihr Eindringen in Papierporen unter Bildung des sog. Ölfleckes. Diese Erscheinung wurde von H. Marcelet[4] an zahlreichen Pflanzen- und Seetierölen geprüft. Hiernach ist das Aufsteigen sowohl wie die Ausbreitung in flach liegenden Blättern umgekehrt proportional dem Molekulargewicht, unabhängig von der Konstitution. Zwischen Viscosität und Ausbreitung fanden sie keinen Zusammenhang, wohl aber einen Einfluß der Luftoxydation. Verschiedene Pflanzenöle zeigten keine deutlichen Unterschiede.

β) Spreitung (Ausbreitung). Die eigenartige Wirkung von sehr geringen Fettspuren, ein auf reinem Wasser rotierendes Campherstückchen zum Halten zu bringen (Probe von Lightfood), beruht auf dem außerordentlich großen Ausbreitungsvermögen von Fetten und Fettsäuren auf einer Wasseroberfläche.

1. Grundlagen. Beim Aufbringen einer kleinen Menge Olivenöl auf Wasser tritt eine Verminderung von dessen Oberflächenspannung auf, sobald die Dicke des Häutchens $1,0 \cdot 10^{-7}$ cm beträgt. Schon Rayleigh (1899) vermutete, daß hierbei das Wasser dann mit einer monomolekularen Ölschicht bedeckt sei. Diese von Devaux (1913) und Marcelin (1914) bestätigte Erklärung wurde durch die schönen Arbeiten von J. Langmuir[5] besonders eingehend erläutert.

Langmuir brachte von einer Lösung von Palmitinsäure einen kleinen bekannten Teil auf eine Wasseroberfläche. Durch Anschieben des nach Verdampfen des Petroläthers

---

[1] M. Aubert u. A. Pignot: Ann. Office nat. Combustibles liquides 1937, 12, 1173; C. 1938, II, 1150.

[2] Das Wort „spreiten" (holländisch „spreiding", englisch „spread") dürfte die eigenartige Erscheinung besonders charakteristisch, besser als „ausbreiten" wiedergeben.

[3] E. Canals u. Ramahenira-Ranairo: Journ. Pharm. et Chim. 1932 (8), 16 (124), 431; 1933 (8), 17 (125), 505; 1933 (8), 18 (438); C. 1933, I, 1864; 1933, II, 1146; 1934, I, 789.

[4] H. Marcelet: Chim. et Ind. 1934, 31, Sonder-Nr. 4, 916.

[5] J. Langmuir: Journ. Amer. Chem. Soc. 1917, 39, 1848; C. 1918, I, 984.

entstandenen Häutchens in waagerechter Richtung über die Wasseroberfläche gegen ein
daraufliegendes Plättchen war ein gewisser Druck erforderlich, der sich messen ließ. Dabei
zeigte sich nun, daß bei allmählicher Erhöhung des Druckes bei einem bestimmten Druck
dann plötzlich aller Widerstand aus dem Häutchen verschwand. LANGMUIR erklärt diese
Erscheinung wie folgt: Zunächst liegen die Fettsäuremoleküle zerstreut über der Wasseroberfläche. Sobald ein Druck merkbar wird, liegen sie nebeneinander in monomolekularer
Schicht. Je nach Art des spreitenden Stoffes bietet diese Schicht einen bestimmten
Druckwiderstand, bis sich schließlich von einem bestimmten Druck an die Moleküle übereinanderschieben und Fettsäurenaggregate bilden.

Nach LANGMUIR-HARKINS sind die Fettsäurenmoleküle auf der Wasseroberfläche palisadenartig so orientiert, daß sie die COOH-Gruppe dem Wasser
zu, den Fettsäurerest vom Wasser wegrichten. Bei Glyceriden wird auch die
veresterte COOH-Gruppe sich dem Wasser zurichten, so daß dann hier drei
Fettsäureketten nebeneinander zu liegen kommen. Ein Glyceridmolekül nimmt
somit eine dreimal so große Oberfläche auf dem Wasser wie eine Fettsäure ein.

Die Ergebnisse LANGMUIRs werden von N. K. ADAM[1] bestätigt. ADAM
unterscheidet zwischen kondensierten Häutchen (condensed films), bei
denen die einzelnen Moleküle auf der ganzen Fläche miteinander in unmittelbarer Berührung stehen und gedehnten Häutchen (expansed films), bei

Tabelle 20.

Fettsäuren	Spreitung auf								
	destilliertem Wasser			0,001 N.-Salzsäure			0,1 N.-Salzsäure		
	Temperatur °C	Oberfläche für 1 Molekül Å²	Zusammendrückbarkeit Dyn	Temperatur °C	Oberfläche für 1 Molekül Å²	Zusammendrückbarkeit Dyn	Temperatur °C	Oberfläche für 1 Molekül Å²	Zusammendrückbarkeit Dyn
Palmitinsäure	1	15	>100	1	19	>100	2	etwa 18,5	zerbrechlich
	15	16	>100	15	20	>100	15	20	>100
	28	16	>100	30	22,5	57	24	21	>100
	41	20	>100	32	28,5	37	32	27	37
				36	37,5	20	38	42	23
				40	45	22			
Myristinsäure	4	16	>100	1	18	>100	14	20	zerbrechlich
	15	16	>100	15	19,5	>100	15	20	33
	26	18	>100	25	19	>100	27	25 und 30	24 und 14
	37	18	55	30	30	18	40	35	29
	40	22	33	35	37	19			
				39	32	18			
Laurinsäure	4	etwa 30	13	2	44	10	1	46	14
	7	„ 21	12	15	40	20	15	42,5	21
	14	„ 13	etwa 11	41	27	13	40	44,5	13
	17	„ 12	„ 9	45	20,5	13			
	25	„ 8	„ 7						
	>25	nicht meßbar							
Caprinsäure	2	10—16	9	8	32	9	1	23—28	10
	6	nicht meßbar		6	32	15	15	nicht meßbar	
	15	keine Spreitung		15	etwa 18	etwa 7	40	19,5	11
	>15	„	„	40	nicht meßbar				
Ölsäure	1	35,5	15	1	42,5	16	1	43,5	19
	15	37	29	15	45	23	15	45	24
	40	38,5	28	40	46	26	40	48,5	21

[1] N. K. ADAM: Proceed. Roy. Soc., London A 1921, 99, 336; 1922, 101, 452; 1923, 103,
676, 687. — N. K. ADAM u. J. W. W. DYER: Proceed. Roy. Soc., London A 1924, 106,
694. — N. K. ADAM u. G. JENOP: Proceed. Roy. Soc., London A 1926, 110, 423, 441;
1926, 112, 362, 376; C. 1920, III, 689; 1923, I, 270, 271; III, 1293, 1294; 1925, I, 931;
1926, I, 2548; II, 2399.

denen infolge der Wärmebewegung die seitlichen Anziehungskräfte der Moleküle überwunden sind. Bei den gedehnten Häutchen nimmt ein Molekül die doppelte Oberfläche ein. Die Temperatur, bei der die kondensierten Häutchen in die gedehnten übergehen, nennt er Dehnungstemperatur (Temperature of Expansion) des betreffenden Stoffes.

Außer von der Temperatur wird die Spreitung, wie besonders F. Grendel[1] untersucht hat, von der Wasserstoffionenkonzentration wäßrigen Lösung beeinflußt. So erhielt dieser bei Spreitung aus Petroläther Werte wie Tabelle 20 S. 55 zeigt.

Beim Abstieg zu den niederen Fettsäuren wird durch deren Löslichkeit in Wasser zunächst die Meßbarkeit beeinträchtigt und dann die Spreitung aufgehoben.

Auch das Lösungsmittel ist von Einfluß. So erhält man bei Spreitung aus Alkohol andere Werte als aus Petroläther, weil Alkohol die Löslichkeit der Fettsäuren begünstigt.

Für die Spreitung von Triglyceriden aus Petroläther hat Grendel folgende Werte gefunden:

Tabelle 21.

Triglycerid	Temperatur	Spreitung auf					
		destilliertem Wasser		0,001 N.-Salzsäure		0,1 N.-Salzsäure	
	°C	Oberfläche für 1 Molekül Å²	Dyn	Oberfläche für 1 Molekül Å²	Dyn	Oberfläche für 1 Molekül Å²	Dyn
Tripalmitin	1	54,5	>100	52	>100	56,5	>100
	15	51	>100	52,5	>100	60	>100
	40	64	51,	62	52	75	33
Trilaurin	2	55	>100	55	>100	62	>100
	15	87	24	90	30	102	36
	40	96	40	98	36	122	16
Tricaprin	2	97	30	122	15	125	24
	15	105	27	115	33	118	31
	40	108	29	128	16	130	25
Tricaprylin	2	115	30	—	—	152	20
	15	127 (bei 13°)	34	126	26	154	31
	40	129	24	145	16	200	24
Tricapronin	2	110	13	133	21	190	15
	15	168 (bei 20°)	19	165	20	172	23
	40	132	18	159 (bei 38°)	19	160	16
Tributyrin	1	nicht meßbar		nicht meßbar		65—68—120	—
	15	„	„	„	„	nicht meßbar	—
	40	„	„	„	„	„	„	—
Triolein	1	121	25	119	27	121	27
	15	132	29	130	31	132	31
	40	130	29	122	30	129	20

Bei Fetten versteht Grendel unter Spreitungszahl die Anzahl Quadratmeter, die 1 mg des spreitenden Stoffes sich ausbreitet.

Wie bei den Fettsäuren ist diese Zahl von der Flüssigkeit, auf der gespreitet wird, wie auch von der Temperatur abhängig, die also beide mit angegeben werden müssen. Als Lösungsmittel dient Petroläther.

<hr>

[1] F. Grendel: Over de spreiding van Vetzuren, Vetten en Eiwitten. Diss. Leiden 1927. —Vgl. E. Garter u. F. Grendel: Biochem. Zeitschr. 1928, **192**, 431; C. 1928, II, 277.

GRENDEL fand folgende Spreitungszahlen von Speisefetten:

2. Messung der Spreitung. Der Apparat besteht nach Angaben von GRENDEL, die sich auf die Arbeiten von LANGMUIR und ADAM stützen, aus einem länglichen, vernickelten 60 cm langen, 14 cm breiten und 1,8 cm tiefen Becken mit vollständig flach geschliffenen Rändern, das fest und verstellbar mit drei Stellschrauben auf einer Hartsteinplatte ruht. Rechts oberhalb des Beckens befindet sich eine Waage, die mit Hilfe des Stativ A mit dem Becken verbunden ist und durch eine Schraube B senkrecht auf und ab bewegt werden kann. Mit dieser Waage ist das flache Plättchen C verbunden, das mit derselben Schraube B waagerecht auf die Flüssigkeitsoberfläche gebracht werden kann.

Tabelle 22.

| Art des Fettes | Spreitungszahl für | | | | | |
| | destilliertes Wasser | | | 0,1 N.-Salzsäure | | |
	1°	15°	40°	1°	15°	40°
Mandelöl	0,82	0,81	0,85	0,82	0,89	0,89
Olivenöl	0,78	0,76	0,82	0,81	0,80	0,82
Sesamöl	0,76	0,80	0,83	0,80	0,80	0,86
Ernußöl	0,75	0,75	0,83	0,78	0,80	0,82
Leinöl	0,82	0,84	0,90	0,85	0,90	0,92
Lebertran . . .	0,81	0,82	0,84	0,81	0,84	0,84
Ricinusöl	1,79	1,79	1,84	1,83	1,88	1,90
Cocosfett	0,91	0,95	1,09	0,92	1,05	1,10
Kakaofett . . .	0,48	0,56	0,77	0,49	0,54	0,80
Schweineschmalz	0,60	0,61	0,81	0,57	0,61	0,80
Rinderfett . . .	0,52	0,54	0,79	0,54	0,55	0,81
Butterfett[1] . .	0,72 / 0,80	0,77 / 0,83	0,90	0,71 / 0,77	0,78	0,93

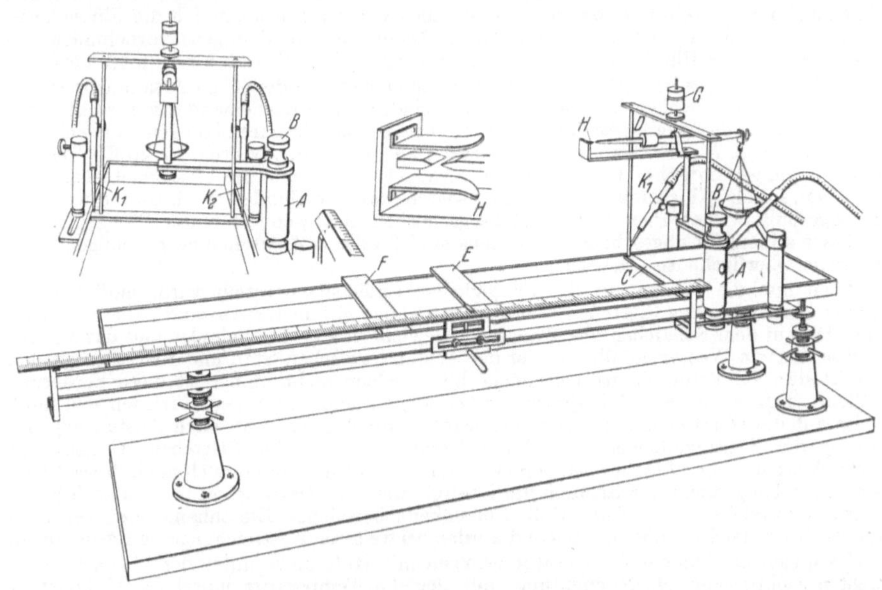

Abb. 27. Apparat zur Messung der Spreitung von GRENDEL.

Auf beiden Seiten läßt es dann mit den Rändern des Beckens 0,5 mm frei. Das Gegengewicht D der Waage muß so angebracht sein, daß diese im Gleichgewicht ist, wenn das Plättchen auf der Flüssigkeitsoberfläche ruht.

---

[1] Die doppelten Werte rühren daher, daß bei niederen Temperaturen die Druckoberflächenkurven noch aus zwei Geraden bestehen. Bei einem bestimmten Druck geht dabei das gedehnte Häutchen in ein weniger gedehntes über. Der Unterschied verschwindet bei Temperaturerhöhung.

Wird nun auf die Flüssigkeitsoberfläche vor der Waage eine Menge spreitender Stoff gebracht und durch Anschieben von Stab E die Oberfläche verkleinert, so wird in einem bestimmten Augenblick die Waage ausschlagen. Hierbei muß aber dafür gesorgt sein, daß kein spreitender Stoff durch die beiden Öffnungen längs des Plättchens C auf die reine Wasseroberfläche hinter der Waage entweichen kann. Hierzu dienen die beiden Capillaren K_1 und K_2, die so verstellbar angebracht sind, daß ein daraus unter 5—6 cm Wasser Überdruck austretender Luftstrom gerade an dieser Stelle die Flüssigkeitsoberfläche trifft.

Durch Hoch- und Niedrigstellung des Gewichtes G kann die Messung mehr oder weniger empfindlich gestaltet werden. Die bei H angebrachten Plättchen sorgen dafür, daß die Waage sich nicht unnötig weit aus dem Gleichgewicht verschieben kann, wodurch sonst die Öffnungen an den Seiten von C zu groß werden könnten.

Entlang dem Becken befindet sich eine Meßlatte, mit der die Glasstäbe E und F lose verbunden werden können. Diese Stäbe stehen etwa 3 cm an beiden Seiten aus dem Becken heraus, damit sie leicht mit den Fingern angefaßt werden können, ohne daß Gefahr für eine Verunreinigung der Flüssigkeitsoberfläche durch Fett von den Fingern besteht.

Ausführung der Messung. Vorher muß das Becken gründlich, vor allem auch an den Fugen, zunächst mit feiner Stahlbürste und Scheuerpapier, dann auf übliche Weise weiter gereinigt werden. Schließlich darf das innere Becken nicht mit den Fingern berührt werden.

Um gleich ein Überhebern von Flüssigkeit zu vermeiden, werden die Ränder des Beckens, wie auch die beiden Glasstäbe und das Plättchen C mit einer sehr verdünnten Lösung von fettfreiem Paraffin in fettfreiem Äther paraffiniert. Dann wird das Becken mit der Flüssigkeit gefüllt, auf der gespreitet werden soll. Trotz aller Vorsorgen erweist sich die Flüssigkeitsoberfläche nun doch noch als verunreinigt. Diese Verunreinigungen, vornehmlich aus losgegangenem Paraffin bestehend, werden mit Hilfe der Glasstäbe wie folgt entfernt:

Die beiden Glasstäbe, die zuerst mit einer Flüssigkeit von derselben Zusammensetzung, wie sie sich in dem Becken befindet, abgespült sind, werden nacheinander von rechts nach links über die Flüssigkeit gestrichen und treiben so die Verunreinigungen vor sich her. Der vordere Stab F wird dann von dem Becken abgeschoben, wodurch der größte Teil der Verunreinigungen mitgeht. Der übrige Teil wird sich wieder über die Flüssigkeitsoberfläche ausbreiten, soweit er hierin nicht durch den zweiten Stab E verhindert wird. Stab F wird nun rein abgespült, wieder über die Oberfläche gestrichen und, wenn er hinter E angekommen ist, dieser seinerseits abgeschoben. Meistens sind 2 oder 3 Abstreichungen genügend, um eine reine Oberfläche zu erhalten.

Wenn nun die Waage auf die Flüssigkeitsoberfläche eingestellt wird, muß bei Anschieben des Stabes das Plättchen C sich bis auf einige Millimeter Abstand nähern können, wenn sich auf dem Schälchen der Waage ein Gewicht von 50 mg befindet und das Becken mit destilliertem Wasser gefüllt ist. Ist der Abstand zwischen Stab und Plättchen größer, so weist dies auf verunreinigte Oberfläche hin. Jedoch nicht immer ist diese Forderung erfüllbar, z. B. nicht bei 0,1 N.-Salzsäure bei 40^0, wo man mit 8 mm zufrieden sein muß.

Ist auf die Oberfläche ein spreitender Stoff gebracht, so kann nach Ausführung der Messung die Flüssigkeitsoberfläche durch Heraufschrauben des Plättchens C ganz auf gleiche Weise wie oben beschrieben gereinigt werden; nur muß dann auch noch dieses Plättchen von anhängendem spreitendem Stoff befreit werden. Dazu bringt man es nach jedesmaligem Abstreichen kurze Zeit auf die Flüssigkeitsoberfläche. Die anhängenden Verunreinigungen breiten sich darüber hin aus und werden bei weiteren Abstreichungen mitgenommen.

Messungen bei höherer Temperatur erfolgen mit Hilfe einer unter dem Becken angebrachten elektrischen Heizvorrichtung, mit der die Temperatur innerhalb 1^0 konstant gehalten werden kann. Messungen über 45^0 sind wegen des Schmelzens des Paraffins schwierig ausführbar. Messungen bei 1^0 sind leicht durch Aufstellen des Beckens auf eine Eisstange, wo es durch sein Gewicht einschmilzt und so völlig fest zu liegen kommt, ausführbar. Durch Einlegen dieser Eisstange in ein Becken, das auf drei Stellschrauben ruht, kann auch hier wieder eine waagerechte Aufstellung des Apparates erhalten werden. Angegeben wird beim Versuch die Temperatur der Flüssigkeit im Becken, von der natürlich die Temperatur des Häutchens je nach Umgebungstemperatur mehr oder minder abweichen kann.

Da bei der Bestimmung Fett eine der am meisten zu fürchtenden Verunreinigung ist, wird alles zu verwendende Glasgerät vorher mindestens 24 Stunden in eine Kaliumdichromat-Schwefelsäuremischung gelegt, dann mit Leitungswasser, hierauf mit destilliertem Wasser gründlich sauber gespült und nötigenfalls in einem Trockenschrank getrocknet, wobei jede mögliche Verunreinigung sorgfältigst zu vermeiden ist. Keine Berührung mit den Fingern! Die Lösungsmittel wie Petroläther, Äther, Alkohol und Aceton werden durch Überdestillieren in einem ganz aus Glas bestehenden Destillierapparat gereinigt.

Bei den Messungen wird die Oberfläche, die der zu spreitende Stoff einnimmt, unter verschiedenem Druck durch Auflegen von je 50 zu 50 mg auf das Waageschälchen, bis Brechen des Häutchens eintritt, bestimmt. Die Abmessungen der Waage sind so gehalten, daß eine Belastung von 50 mg einer Kraft von 2,2 Dyn für 1 cm des Häutchens entspricht. Vor und nach jeder Messung werden Blindversuche ausgeführt, um zu prüfen, wie groß die Oberfläche der Verunreinigungen unter den gleichen Umständen ist. Diese Oberfläche der Verunreinigungen wird natürlich bei der Messung in Abzug gebracht.

Aus den gemessenen Oberflächen wird mit Hilfe der Avogadro-Konstante die Oberfläche, die ein Molekül unter verschiedenem Druck einnimmt, gefunden. Diese Werte werden in einer Druck-Oberflächenkurve vereinigt, wobei die Kraft in Dyn für 1 cm als Ordinate, die berechnete Oberfläche für 1 Molekül in 10^{-16} qcm ($= 1$ Å²) als Abszisse angegeben wird. In den meisten Fällen verläuft diese Kurve von einem bestimmten Druck ab geradlinig. Wo diese Gerade bei Verlängerung die Abszisse schneidet, findet man die Größe der Oberfläche, die ein Molekül beim Nulldruck einnimmt.

Aus dieser Geraden kann auch leicht die Zusammendrückbarkeit (Kompressibilität) des Häutchens berechnet werden. Ihre Angabe in Dyn entspricht der Kraft, die nötig ist, um die Oberfläche auf 1/2 zu verkleinern.

Grendel benutzte für weitere Versuche mit Vorteil auch ein kleineres ($30 \times 7 \times 0,5$ cm) Becken.

Um die Oberfläche zu finden, die 1 mg eines Stoffes beim Spreiten einnimmt, wird die Oberfläche, die 1 Molekül bedeckt, mit der Zahl[1] $6,07 \cdot 10^{20}$ malgenommen, worauf man die Oberfläche von 1 Millimol Stoff erhält. Diese Oberfläche, geteilt durch das Molekulargewicht, liefert die Spreitung für 1 mg.

Aus der gemessenen Oberfläche und der darauf verteilten Menge des gespreiteten Stoffes ist dann leicht die Oberfläche zu berechnen, die 1 Molekül bedeckt, wie folgendes Beispiel zeigt:

Berechnung. Nach Avogadro enthält 1 Liter Normallösung von Palmitinsäure $6,07 \cdot 10^{23}$ Moleküle. Haben nun z. B. Palmitinsäuremoleküle aus 0,01 ccm 0,01 N.-Lösung auf Wasser eine Oberfläche von 96 qcm eingenommen, so sind auf dieser Fläche

$$\frac{6,07 \cdot 10^{23}}{1000 \cdot 100 \cdot 100} = \frac{6,07 \cdot 10^{23}}{10^7} = 6,07 \cdot 10^{16}$$

Moleküle vorhanden. Also nimmt 1 Molekül Palmitinsäure die Fläche von

$$\frac{96}{6,07 \cdot 10^{16}} = 15,8 \cdot 10^{-16}\ \text{qcm} = 15,8\ \text{Å}^2$$

ein.

c) Dielektrizitätskonstante.

Nach T. G. Kowalew[2] vermag keine andere Fettkennzahl wie Dichte, Lichtbrechung, Gewichtszunahme usw. für sich allein die Identität und Frische von Ölen so genau festzustellen, wie die dielektrische Konstante. Er fand sie bei frischen Ölen wie folgt:

Leinöl	$K^{30} = 3,103$	Pfirsichöl	$K^{26} = 3,014$
Hanföl	$K^{27} = 3,185$	Mandelöl	$K^{26} = 3,056$
Sonnenblumenöl	$K^{32} = 3,099$	Olivenöl	$K^{22} = 3,029$
Sesamöl	$K^{30} = 3,076$	Ricinusöl	$K^{22} = 4,673$
Senföl	$K^{29} = 3,034$		

Über den Einfluß der Säurezahl und des Oxysäuregehaltes auf die Dielektrizitätskonstante vgl. Kowalew und W. W. Illarionow[3].

B. Chemische Untersuchungsmethoden.

I. Kennzahlen.

Je nach dem Hauptbestandteil des Fettes, auf den durch eine Kennzahl geprüft werden soll, sei es nun eine bestimmte Fettsäure oder eine Gruppe

---

[1] Avogadro-Konstante $6,07 \cdot 10^{23}$, geteilt durch $10^3 = 6,07 \cdot 10^{20}$.

[2] T. G. Kowalew: Ber. Zentral. Wiss. Forschungsinst. Nahrungs-, Genußmittelind. (russ.) 1931, Beitr. 3; C. 1932, VI, 1543.

[3] T. G. Kowalew u. W. W. Illarionow: Journ. prakt. Chem., N. F. 1932, 135, 327; C. 1933, I, 2758.

von Fettsäuren, lassen sich die chemischen Fettkennzahlen in verschiedene Klassen einteilen, so unterscheiden wir:

A. Kennzahlen auf Fettsäuren allgemein. — B. Kennzahlen auf niedere Fettsäuren. — C. Kennzahlen auf ungesättigte Fettsäuren. — D. Kennzahlen auf Oxyfettsäuren. — E. Sonstige Kennzahlen.

Die weitere Unterteilung erfolgt dann sinngemäß entsprechend dem Bestandteil, auf den besonders geprüft werden soll.

Die Maßzahlen, in denen man die Fettkennzahlen auszudrücken pflegt, sind vielfach willkürlich und nicht einheitlich gewählt. Der Grund dafür liegt in der geschichtlichen Entwicklung der Kennzahlenchemie. Um einen besseren Vergleich der Kennzahlen untereinander zu ermöglichen, sind verschiedentlich Vorschläge zur Vereinheitlichung der Angaben gemacht worden.

Von diesen verdient der Vorschlag von P. Bamberger[1] Beachtung, alle Zahlen in Millimol für 1 g Fett auszudrücken. Diese Zahl entspricht also bei der Verseifung oder Säuretitration den verbrauchten Kubikzentimetern Normallauge für 1 g Fett, bei der Jodzahl dem Verbrauch an 0,2 N.-Jodlösung (entsprechend der Bindung von 2 J durch Ölsäure). Hierbei ist allerdings nicht das Vorhandensein von Säuren mit mehreren Doppelbindungen berücksichtigt, die Bamberger besonders angibt.

W. Otten[2] empfiehlt ebenfalls alle Kennzahlen auf 1 g Fett zu beziehen und führt an Stelle der Verseifungszahl die Säureäquivalentzahl (vgl. S. 63) und die Säurekonstante (Verbrauch an Kubikzentimetern N.-Lauge) ein. Seine Ungesättigtheitskonstante (Ur) an Stelle der Jodzahl entspricht dem Verbrauch von 1 g Fett an n/1-Jodlösung, geteilt durch 2 (wegen der Anlagerung von je 2 Jod an eine Doppelbindung).

Abgesehen von im Wesen der Sache liegenden Schwierigkeiten, dürfte die an sich erstrebenswerte Vereinheitlichung der Kennzahlen zunächst noch daran scheitern, daß die bisherigen Maßangaben sich nahezu allgemein eingeführt und internationale Geltung haben. In besonderen Fällen bereitet zudem die Umrechnung in vergleichbare Zahlen keine besonderen Schwierigkeiten.

A. Kennzahlen auf Fettsäuren allgemein.

Hierhin gehört die Prüfung auf in einem Fett oder Öl vorhandene freie Säuren, nämlich die Säurezahl oder den Säuregrad, auf gesamte (freie + veresterte) Säuren, nämlich die Verseifungszahl, und auf veresterte Säuren, nämlich die Esterzahl.

Um die genannten Kennzahlen miteinander vergleichen zu können, empfiehlt sich, die Ergebnisse in gleichen Maßzahlen auszudrücken. Hierfür hat sich für Säurezahl, Verseifungszahl und Esterzahl die Angabe in Milligramm Kaliumhydroxyd für 1 g Fett (Einwaage) eingebürgert. Daneben sind aber auch noch weitere Bezugswerte gebräuchlich. Bei Anwendung gleicher Bezugswerte gilt die Beziehung:

$$\text{Verseifungszahl} = \text{Säurezahl} + \text{Esterzahl}.$$

1. Säurezahl.

a) Begriff.

Die Säurezahl gibt die Milligramm Kaliumhydroxyd an, die zur Neutralisation der in 1 g Fett usw. vorhandenen freien Fettsäuren erforderlich sind.

Unter Säuregraden nach Köttstorfer versteht man die Anzahl Kubikzentimeter N.-Alkalilauge, die zur Neutralisation der freien Fettsäuren in 100 g Substanz erforderlich sind und unter Säuregraden nach Burstyn dieselbe Größe für 100 ccm Substanz (Öl).

---

[1] P. Bamberger: Biochem. Zeitschr. 1927, 190, 247; Z. 1932, 63, 105.
[2] W. Otten: Fortschr. Chem. 1937, 6, 962; C. 1938, I, 468.

Vielfach wird der Säuregehalt auch in Prozenten Ölsäure (1 ccm N.-Lauge = 0,2823 g Ölsäure) oder — namentlich bei technischen Analysen — in Prozenten Schwefelsäureanhydrid (SO$_3$) ausgedrückt.

Zur Umrechnung von Säurezahlen, Säuregraden, Ölsäure und Schwefelsäureanhydrid auf einander können folgende Faktoren dienen:

Säurezahl (mg KOH auf 1 g Fett)	KÖTTSTORFERsche Säuregrade (ccm N.-Alkalilauge auf 100 g Fett)	Ölsäure %	Schwefelsäureanhydrid %
1	1,7806	0,5027	0,0713
0,5616	1	0,2823	0,0400
1,9894	3,5423	1	0,1418
14,0295	24,9804	7,0522	1

Die BURSTYNschen Säuregrade ergeben sich aus den KÖTTSTORFERschen durch Malnehmung mit der Dichte des Fettes.

b) Einflüsse.

Die Säurezahl der Fette und Öle ist abhängig von der Art ihrer Gewinnung und Aufbewahrung. Die sorgfältig gewonnenen frischen Fette und Öle enthalten meist nur sehr geringe Mengen von freien Fettsäuren. Die tierischen Fette enthalten infolge Hydrolyse um so mehr freie Fettsäuren, je später ihre Trennung vom Fettgewebe erfolgt ist. Von den pflanzlichen Ölen sind die der zweiten und dritten (insbesondere der warmen) Pressung meist säurereicher als die der ersten (kalten) Pressung.

Mit der Dauer der Aufbewahrung, insbesondere in mangelhaft gereinigtem Zustande, nimmt in der Regel der Säuregehalt infolge Hydrolyse durch Lipasewirkung beträchtlich zu. Ranzige Fette und Öle enthalten daher meistens auch viel freie Fettsäuren (S. 383 u. 296), darunter bei Vorliegen von Oxydationsranzigkeit auch niedere Fettsäuren als Zersetzungsprodukte.

Gelegentlich können Öle infolge mangelhafter Raffination auch freie Mineralsäuren oder Seifen enthalten.

Sorgfältig raffinierte Öle enthalten nach D. HOLDE[1] noch etwa 0,15% freie Säure (auf Ölsäure berechnet).

Nach J. MARCUSSON[2] kann man ein Fett oder Öl, das eine Säurezahl unter 0,14 aufweist, als „säurefrei" bezeichnen.

c) Bestimmung.

α) **Acidimetrische Bestimmung.** 5—10 g Fett oder Öl werden in 30—40 ccm einer neutralen Mischung gleicher Raumteile Alkohol und Äther gelöst und unter Verwendung von alkoholischer Phenolphthaleinlösung (1%) als Indicator mit wäßriger oder alkoholischer 0,1 N.-Alkalilauge bis zur schwachen Rotfärbung[3] titriert. Auch Alkohol-Benzol wird als Lösungsmittel benutzt.

Sollte während der Titration mit wäßriger Alkalilauge eine Trübung durch Abscheidung des Fettes bzw. der ätherischen Fettlösung erfolgen, so setzt man weitere Mengen des obigen Lösungsgemisches hinzu. Überhaupt ist nach A. KANITZ[4] besonders darauf zu achten, daß der Alkoholgehalt der Flüssigkeit zwecks Vermeidung einer Hydrolyse der Seifenlösung stets mindestens 40% beträgt. Dagegen genügt nach KANITZ von Amylalkohol schon

[1] D. HOLDE: Kohlenwasserstofföle und Fette, 7. Aufl., S. 693. Berlin: Julius Springer 1933.
[2] J. MARCUSSON: Vgl. L. UBBELOHDE: Handbuch der Chemie und Technologie der Öle und Fette, Bd. 1, S. 204. Leipzig: S. Hirzel 1908.
[3] Auf eine etwaige nachträgliche Entfärbung, die sowohl durch die Kohlensäure der Luft oder der verwendeten Reagenzien als auch durch Glyceridverseifung verursacht werden kann, ist keine Rücksicht zu nehmen.
[4] A. KANITZ: Ber. Deutsch. Chem. Ges. 1903, **36**, 400.

die geringe Menge, die in wäßrigem Alkohol (15%) löslich ist, um die Hydrolyse völlig aufzuheben.

Als sonstige Lösungsmittel für das Fett oder Öl sind auch Äther — in diesem Falle titriert man mit alkoholischer Kalilauge —, Methylalkohol, Amylalkohol oder ein Gemisch von 1 Teil Äthyl- und 2 Teilen Amylalkohol vorgeschlagen; stark säurehaltige Fette lösen sich auch vielfach vollständig in Alkohol. Die Verwendung von Isopropylalkohol ist nach H. A. Schuette und M. P. Smith[1] nicht zu empfehlen, weil bei höheren Säurezahlen eine teilweise Verseifung stattfindet. — Für dunkle Fette und Öle wird von de Negri und Fabris die Verwendung von Alkaliblau 6 B als Indicator empfohlen, das in saurer Lösung blau und in alkalischer rot gefärbt ist. Zweckmäßig verwendet man nach A. R. Matthis[2] eine 2,4%ige Lösung des Farbstoffes in 94%igem Alkohol, von der man 0,5 ccm zusetzt. H. Loebell[3] empfiehlt (bei Mineralölen geprüft) bei Verwendung einer alkoholischen Alkaliblaulösung (2%ig) das Fett in einem Gemisch von 1 Teil Alkohol (96%) und 2 Teilen Benzol zu lösen und mit alkoholischer 0,1 N.-Alkalilauge zu titrieren. Unter ausschließlicher Verwendung von Alkohol ohne Zusatz von Äther oder Benzol erhielten V. Vesely und L. K. Chudozilon[4] ebenso genaue Ergebnisse, wenn sie in der Wärme titrierten. F. Wittka[5] empfiehlt eine Mischung von Kerosin und Alkohol als Lösungsmittel.

Enthält ein Öl von der Reinigung her etwa noch freie Mineralsäuren, so lassen sich diese bestimmen, indem man es mit Wasser ausschüttelt und die wäßrige Schicht von dem Öl trennt und titriert. Die Gegenwart von Kali- und Natronseifen ist bei der Bestimmung der Säurezahl nach dem oben angegebenen Verfahren nicht störend, dagegen sind beim Vorhandensein von Ammoniak-, Kalk-, Tonerde-, Eisen-, Mangan- und Schwermetallseifen gewisse Abänderungen des Verfahrens erforderlich[6].

β) **Elektrometrische Bestimmung.** H. Seltz und L. Silverman[7] haben für die Bestimmung der Säurezahl die elektrometrische Titration in Amyl- oder Butylalkohollösung unter Verwendung einer Silber-Chlorsilberelektrode als Vergleichselektrode vorgeschlagen.

R. R. Ralston, C. H. Fellows und K. S. Wyatt[8] titrieren die Säure in Ölen potentiometrisch in Isoamylalkohol als Lösungsmittel, der zwecks besserer Leitfähigkeit mit Lithiumchlorid gesättigt wird; als Titrierflüssigkeit dient eine 0,025—0,05 N.-isoamylalkoholische, gegen Benzoesäure eingestellte Natronlauge. Der Apparat besteht aus dem Titrationsgefäß, in das die Bürette, ein Glasrohr zum Einleiten von Stickstoff zwecks Rührens und das Elektrodenpaar (Platin- und Kohlenstoffelektrode) tauchen.

A. C. Rolfe und G. P. Alcock[9] fanden in der potentiometrischen Titration des Säuregrades mit Hilfe der Glaselektrode ein brauchbares Verfahren zur Erhaltung genauer Werte. Viele Fehlerquellen des colorimetrischen Verfahrens, bedingt durch die Natur der zu prüfenden Öle, ihre Eigenfarbe und die Verschiedenheit der Empfindlichkeit des Auges für rote Farbtöne werden so ausgeschaltet. Das Verfahren ist vor allem für Schiedsuntersuchungen von Wert. Sein Nachteil ist, daß die Ausführung ziemlich lange Zeit in Anspruch nimmt und daher für Reihenuntersuchungen nicht geeignet ist.

γ) **Jodometrische Bestimmung** nach H. P. Kaufmann und F. Grandel[10]. Das Verfahren beruht auf der bekannten Reaktion der Abscheidung von Jod aus einem Gemisch von Kaliumjodid und -jodat durch Säuren; diese Reaktion verläuft bei den nur schwach dissoziierten Fettsäuren nur dann vollständig, wenn mit einem bekannten Überschuß von Natriumthiosulfat gearbeitet wird. Man verfährt daher wie folgt:

2—5 g Fett oder 0,2 g Fettsäuren versetzt man in einem 250 ccm-Rundkolben mit 50 ccm Isopropylalkohol und erwärmt gelinde, bis eine klare Lösung

[1] [2]H A. Schuette u. M. P. Smith: Ind. engin. Chem. 1926, 18, 1242; C. 1927, I, 2024.
[2] A. R. Matthis: Chim. et Ind. 1932, 27, 503; C. 1932, I, 3127.
[3] H. Loebell: Chem.-Ztg. 1911, 35, 276.
[4] V. Vesely u. L. K. Chudozilon: Chim. et Ind. 1931, 25, Sonder-Nr. 3—637; C. 1931, II, 207, 1783.   [5] F. Wittka: Allg. Öl- u. Fett-Ztg. 1934, 31, 197.
[6] L. Ubbelohde: Handbuch der Chemie und Technologie der Öle und Fette, Bd. 1, S.205. Leipzig: S. Hirzel 1908.
[7] H. Seltz u. L. Silverman: Ind. engin. Chem. Analyt. 1930, 1, U. 1930, 37, 125.
[8] R. R. Ralston, C. H. Fellows u. K. S. Wyatt: Ind. engin. Chem., Analyt. Edit. 1932, 4, 109; C. 1932, II, 1387.
[9] A. C. Rolfe u. G. P. Alcock: Journ. Soc. chem. Ind. 1937, 56 T, 294; Z. 1938, 75, 358.
[10] H. P. Kaufmann u. F. Grandel: Allg. Öl- u. Fett-Ztg. 1931, 28, 225, 248; C. 1931, II, 3413; U. 1931, 38, 313. Ferner F. Grandel: Diss. Jena 1931 und H. P. Kaufmann: Studien auf dem Fettgebiet, S. 203. Berlin 1935.

entstanden ist; darauf gibt man 25 ccm Kaliumjodid-Kaliumjodatlösung — gleiche Teile Kaliumjodidlösung (10%) und Kaliumjodatlösung 5% — und 25 ccm 0,1 N.-Natriumthiosulfatlösung hinzu, schüttelt gut um und stellt den Kolben $2^1/_2$ Stunden in ein Wasserbad von 55—60⁰ oder $1^1/_2$ Stunden in ein solches von 80⁰, so daß die Flüssigkeit in dem Kolben ganz im heißen Wasser steht; dabei gibt man gleichzeitig noch 0,3—0,5 g Kaliumjodid hinzu, damit eine Anlagerung von unterjodiger Säure an die Doppelbindungen der ungesättigten Fettsäuren verhindert wird. Das Reaktionsgemisch kühlt man auf Zimmertemperatur ab, gibt 25 ccm 0,1 N.-Jodlösung hinzu und titriert mit 0,1 N.-Natriumthiosulfatlösung zunächst auf hellgelb, darauf verdünnt man mit mindestens 100 ccm Wasser, gibt 5—10 ccm Stärkelösung hinzu und titriert auf Farblos.

Unter genau denselben Bedingungen stellt man einen Leerversuch an, da auch der Isopropylalkohol selbst etwas Jod abscheidet und die Reaktionstemperatur von Einfluß ist. Das Ergebnis dieses Leerversuches, das nie mehr als 0,4 ccm 0,1 N.-Thiosulfatlösung betrug, wird von dem Versuchswert in Abzug gebracht.

Berechnung. Da die Reaktion nach der Formel

$$6\,R \cdot COOH + KJO_3 + 5\,KJ = 6\,R \cdot COOK + 3\,J_2 + 3\,H_2O$$

verläuft, berechnet sich bei Anwendung von a g Fett und x ccm Verbrauch von 0,1 N.-Thiosulfatlösung die

$$\text{Säurezahl} = \frac{5{,}610 \cdot x}{a}.$$

KAUFMANN und GRANDEL haben versucht, das jodometrische Verfahren unter Verwendung verschiedener Lösungsmittel auch zur Bestimmung der niederen neben den höher molekularen gesättigten Fettsäuren anzuwenden, z. B. von Buttersäure neben Laurinsäure und höher molekularen Fettsäuren usw. Diese Verfahren bedürfen indessen noch der weiteren Nachprüfung.

Nach H. und H. SCHMALFUSS[1] zeichnet sich die jodometrische Säurezahl durch große Genauigkeit aus und ist der alkalimetrischen weit überlegen, wenn Azofarbstoffe („Butterfarbe") den Umschlag von Phenolphthalein (rot) oder Thymolphthalein (blau) unerkennbar machen.

2. Verseifungszahl.

a) Begriff.

Die Verseifungszahl (KÖTTSTORFER-Zahl) gibt die Milligramm Kaliumhydroxyd[2] an, die zur Verseifung von 1 g Fett erforderlich sind.

Die Höhe der Verseifungszahlen (S. 73) ist bei Fetten und Ölen, welche nur wenig unverseifbare Stoffe enthalten, abhängig von dem Molekulargewichte der in ihnen vorhandenen Fettsäuren.

Die Verseifungszahl hat daher eine große Bedeutung nicht nur für die praktische Fettuntersuchung, sondern auch für wissenschaftliche Arbeiten auf dem Fettgebiete zur Bestimmung des Molekulargewichtes; sie hat hier eine größere Bedeutung für die Charakterisierung von synthetisch dargestellten und von präparativ aus den Fetten abgeschiedenen Fettsäuren und Glyceriden als die Elementaranalyse, die bei den nicht stark voneinander abweichenden Molekulargewichten der höheren Fettsäuren meist keine großen Unterschiede aufweist.

Verseifungsäquivalent. Statt der Verseifungszahl ist auf Grund eines Vorschlages von ALLEN[1], besonders in England, der Begriff Verseifungs-

---

[1] H. u. H. SCHMALFUSS: U. 1938, **45**, 479.

[2] W. NORMANN (U. 1929, **36**, 197) empfiehlt für die Seifenindustrie aus praktischen Gründen die Umrechnung auf Natriumhydroxyd; hierzu kann man auch die gefundene Verseifungszahl mit dem Faktor $F = \dfrac{NaOH}{KOH} = 0{,}713$ multiplizieren.

[1] ALLEN: Commerc. Organ. Analysis, 2. Aufl., Bd. 2, S. 40.

64   A. Börmer † und J. Grossfeld: Allgemeine Untersuchungsmethoden für Speisefette.

äquivalent gebräuchlich. Das Verseifungsäquivalent bedeutet die Fettmenge in Grammen, die durch ein Grammolekül = 56,104 g Kaliumhydroxyd verseift wird.

Bei den Glyceriden bietet die Ausdrucksweise des Verseifungsäquivalentes keinen Vorteil vor der Verseifungszahl; bei den Fettsäuren stellt sie das Molekulargewicht der Fettsäuren dar.

Man kann Verseifungsäquivalent X und Verseifungszahl V auseinander berechnen nach den beiden Gleichungen:

$$X = \frac{56\,104}{V} \quad \text{und} \quad V = \frac{56\,104}{X}.$$

Allgemein ausgedrückt erhält man also bei dieser Umrechnung die gesuchte Kennzahl, indem man 56104 durch die gegebene Kennzahl dividiert. Zur direkten Ablesung des gesuchten Wertes dient die Tabelle 23.

Tabelle 23. Umrechnung von Verseifungszahl in Verseifungsäquivalent und umgekehrt (nach J. Grossfeld).

Gegebene Kennzahl	Gesuchte Kennzahl		Gegebene Kennzahl	Gesuchte Kennzahl		Gegebene Kennzahl	Gesuchte Kennzahl		Gegebene Kennzahl	Gesuchte Kennzahl	
170	330,0	1,9	211	265,9	1,2	252	222,6	0,8	293	191,5	0,6
171	328,1	1,9	212	264,7	1,3	253	221,8	0,9	294	190,9	0,7
172	326,2	1,8	213	263,4	1,2	254	220,9	0,9	295	190,2	0,6
173	324,4	1,9	214	262,2	1,3	255	220,0	0,8	296	189,6	0,7
174	322,5	1,9	215	260,9	1,2	256	219,2	0,9	297	188,9	0,6
175	320,6	1,8	216	259,7	1,2	257	218,3	0,8	298	188,3	0,7
176	318,8	1,8	217	258,5	1,1	258	217,5	0,9	299	187,6	0,6
177	317,0	1,7	218	257,4	1,2	259	216,6	0,8	300	187,0	0,6
178	315,3	1,8	219	256,2	1,2	260	215,8	0,8	301	186,4	0,6
179	313,5	1,8	220	255,0	1,1	261	215,0	0,8	302	185,8	0,7
180	311,7	1,7	221	253,9	1,1	262	214,2	0,9	303	185,1	0,6
181	310,0	1,7	222	252,8	1,2	263	213,3	0,8	304	184,5	0,6
182	308,3	1,7	223	251,6	1,1	264	212,5	0,8	305	183,9	0,6
183	306,6	1,7	224	250,5	1,1	265	211,7	0,8	306	183,3	0,6
184	304,9	1,7	225	249,4	1,1	266	210,9	0,8	307	182,7	0,5
185	303,2	1,6	226	248,3	1,1	267	210,1	0,7	308	182,2	0,6
186	301,6	1,6	227	247,2	1,1	268	209,4	0,8	309	181,6	0,6
187	300,0	1,5	228	246,1	1,1	269	208,6	0,8	310	181,0	0,6
188	298,5	1,6	229	245,0	1,1	270	207,8	0,8	311	180,4	0,6
189	296,9	1,6	230	243,9	1,1	271	207,0	0,7	312	179,8	0,5
190	295,3	1,5	231	242,9	1,0	272	206,3	0,8	313	179,3	0,6
191	293,8	1,5	232	241,8	1,1	273	205,5	0,7	314	178,7	0,6
192	292,3	1,6	233	240,8	1,0	274	204,8	0,8	315	178,1	0,6
193	290,7	1,5	234	239,7	1,1	275	204,0	0,7	316	177,5	0,5
194	289,2	1,5	235	238,7	1,0	276	203,3	0,7	317	177,0	0,6
195	287,7	1,4	236	237,7	1,0	277	202,6	0,8	318	176,4	0,5
196	286,3	1,5	237	236,7	1,0	278	201,8	0,7	319	175,9	0,6
197	284,8	1,4	238	235,8	0,9	279	201,1	0,7	320	175,3	0,5
198	283,4	1,5	239	234,8	1,0	280	200,4	0,7	321	174,8	0,6
199	281,9	1,4	240	233,8	1,0	281	199,7	0,7	322	174,2	0,5
200	280,5	1,4	241	232,8	1,0	282	199,0	0,7	323	173,7	0,6
201	279,1	1,3	242	231,9	0,9	283	198,3	0,7	324	173,1	0,5
202	277,8	1,4	243	230,9	1,0	284	197,6	0,7	325	172,6	0,5
203	276,4	1,3	244	230,0	0,9	285	196,9	0,7	326	172,1	0,5
204	275,1	1,4	245	229,0	1,0	286	196,2	0,7	327	171,6	0,6
205	273,7	1,3	246	228,1	0,9	287	195,5	0,6	328	171,0	0,5
206	272,4	1,3	247	227,2	0,9	288	194,9	0,7	329	170,5	0,5
207	271,1	1,3	248	226,2	1,0	289	194,2	0,7	330	170,0	
208	269,8	1,3	249	225,3	0,9	290	193,5	0,7			
209	268,5	1,3	250	224,4	0,9	291	192,8	0,7			
210	267,2	1,3	251	223,5	0,9	292	192,2	0,7			

b) Verseifungsvorgang.

Die Verseifungszahl wird mit alkoholischen Alkalilaugen bestimmt, wobei sich die in diesen größtenteils unlöslichen Fette und Öle alsbald lösen, ehe die Verseifung beendet ist. R. HENRIQUES[1] sowie neuerdings P. E. VERKADE und A. H. DE WILLIGEN[2] haben gefunden, daß sich bei der Verseifung mit alkoholischer Alkalilauge zunächst die Äthylester der Fettsäuren bilden — diese sind in der alkoholischen Alkalilauge löslich und das Reaktionsgemisch wird dann klar — die dann bei Alkaliüberschuß vollständig verseift werden. Vgl. auch V. VORTINI[3] sowie E. ANDERSON und H. L. BROWN[4].

R. HENRIQUES hat bei partieller kalter Verseifung (S. 71) von Tripalmitin und verschiedenen Pflanzenölen nachgewiesen, daß bereits bei Anwendung von 15% der zur Verseifung erforderlichen Alkalimenge unter Abspaltung des gesamten Glycerins die gesamten Fettsäuren in ihre Äthylester übergeführt werden. Beträgt dagegen die Alkalimenge nur 10% oder weniger, so bleibt ein Teil des Fettes oder Öles unverändert, bzw. es bilden sich dabei Mono- und Diglyceride. G. K. ROWL[5], P. E. VERKADE und A. H. DE WILLIGEN haben ferner nachgewiesen, daß sämtliche Triglyceride vom Tricaprylin bis Trilaurin — die höheren Triglyceride wurden nicht geprüft — sowie auch die natürlichen Fette und Öle bei $37,5^0$ mit alkoholischer 0,0385 N.-Kalilauge gleich schnell unter intermediärer Bildung der Äthylester (vgl. auch H. KURZ[6]) verseift werden.

Im Gegensatz hierzu zeigen nach Befunden von R. STROHECKER[7] Fette mit hohem Gehalt an niederen Fettsäuren (Buttersäure, Laurinsäure, Myristinsäure) erheblich höhere, mit ungesättigten Säuren höhere Verseifungsgeschwindigkeit als Fette mit mehr Palmitin- und Stearinsäure (Schweinefett). Die unter Benutzung der Leitfähigkeitsabfälle ausgeführten kinetischen Versuche von STROHECKER haben weiter ergeben, daß die Verseifung von Fetten in alkoholischen Lösungen anfangs weder uni- noch bimolekular, dann nach 90 Minuten bei 18^0 (10—20 Minuten bei 30^0) in Übereinstimmung mit früheren Befunden (WARDER[8], W. NERNST[9]) bimolekular verläuft. Da das·Molekulargewicht des verseiften Anteils im Laufe der Verseifung zunimmt, führt STROHECKER den Abfall der Konstanten auf die höhere Verseifungsgeschwindigkeit der niedrig molekularen Glyceride zurück.

J. W. MACBAIN und Mitarbeiter[10] haben die Verseifungsgeschwindigkeit mit wäßriger 0,1 N.-Natronlauge bei 90^0 mittels der Wasserstoffelektrode untersucht und dabei abweichende Verseifungsgeschwindigkeiten, die zu der Emulgierbarkeit und dem Sättigungsgrade der Glyceride in Beziehung standen, gefunden. Über fraktionierte Verseifung von Fetten zum Nachweis von Speisefettverfälschungen vgl. auch E. DE'CONNO und L. FINELLI[11].

Über den Unterschied zwischen dem Verlauf der Verseifung in Gegenwart von wäßrigem und von alkoholischem Alkali sowie über sonstige, die technische Fettspaltung betreffenden Vorgänge, ebenso über die Umwandlung der Fette in Fettsäureamide durch Erhitzen mit flüssigem Ammoniak unter Druck vgl. T. P. HILDITCH[12].

c) Bestimmung.

Zur Erlangung genauer Verseifungszahlen ist ein sehr sorgfältiges Arbeiten, vor allem ein genaues Abmessen der Kalilauge und Salzsäure sowie eine genaue Einstellung der letzteren erforderlich.

[1] R. HENRIQUES: Zeitschr. angew. Chem. 1898, 338, 697.

[2] P. E. VERKADE u. A. H. DE WILLIGEN: Rec. Trav. chim. Pays-Bas 1935, 54, 353; C. 1936, II, 201. — Vgl. ferner R. KREMANN: Monatsh. Chem. 1905, 26, 783; 1908, 29, 23; C. 1905, II, 887; 1908, I, 1157, betr. Umesterung von Triglyceriden zu Alkylestern durch Alkalihydroxyde.   [3] V. VORTINI: Chem.-Ztg. 1912, 36, 1117.

[4] E. ANDERSON u. H. L. BROWN: Journ. physik. Chem. 1916, 20, 195.

[5] G. K. ROWL: Journ. Soc. chem. Ind. 1933, 53 I, 49; Z. 1937, 74, 75.

[6] H. KURZ: U. 1937, 44, 144; C. 1937, II, 1101.   [7] R. STROHECKER: Z. 1935, 69, 521.

[8] WARDER: Ber. Deutsch. Chem. Ges. 1881, 14, 1364.

[9] W. NERNST: Theoretische Chemie. Stuttgart 1926.

[10] J. W. MACBAIN und Mitarbeiter: Journ. physical. Chem. 1927, 31, 131; C. 1925, I, 2143; Journ. Chem. Soc. London 1929, 21, 85; C. 1930, I, 1068.

[11] E. DE'CONNO u. L. FINELLI: Ann. Chim. analyt. appl. 1930, 20, 67; 1931, 21, 203; 1932, 22, 407, 417; C. 1930, I, 3373; 1931, II, 3284; 1932, II, 2894.

[12] T. P. HILDITCH: HEFTER-SCHÖNFELD, Bd. 1, S. 316, 325.

Über die Herstellung der alkoholischen Kalilauge sind zahlreiche Vorschriften bekanntgegeben, welche namentlich ihre meist bei längerer Aufbewahrung eintretende, durch Bildung von Aldehydharz bedingte Gelb- und schließliche Braunfärbung verhindern sollen.

Eine Vorschrift zur Herstellung einer haltbaren alkoholischen Kalilauge aus festem Kaliumhydroxyd hat A. Scholl[1] angegeben.

Einfacher ist die Bereitung der alkoholischen Kalilauge aus der käuflichen konzentrierten Kalilauge von der Dichte 1,500, die rund 47% Kaliumhydroxyd enthält. Von dieser füllt man unter stetem Umschütteln die berechnete Menge (80 ccm oder 120 g) mit reinem 96%igem Alkohol auf 2 Liter auf, bewahrt über Nacht im Eisschrank auf und filtriert durch ein Faltenfilter.

Zur Aufbewahrung und zum Abmessen der für die Verseifungszahl zu verwendenden Lauge empfiehlt Scholl den in Abb. 28 dargestellten Apparat[2], der zur Fernhaltung von Kohlensäure mit zwei Natronkalkrohren versehen ist. Als äußerer Verschluß der Ausflußöffnung wird nach jedesmaligem Gebrauch ein einseitig verschlossenes Stückchen Gummischlauch verwendet.

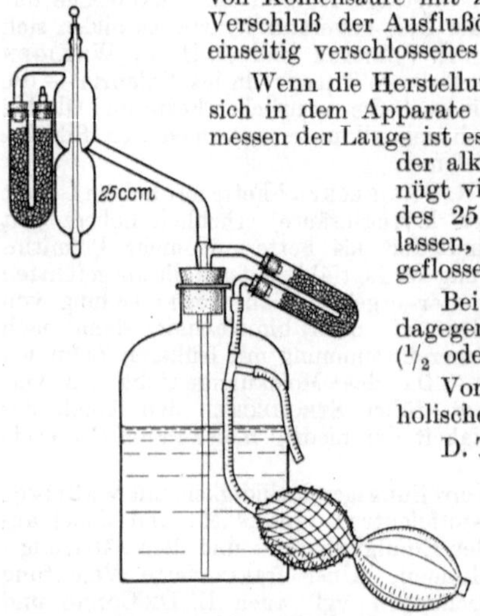

Wenn die Herstellung der Lauge wie vorstehend erfolgt ist, hält sie sich in dem Apparate monatelang ohne jede Veränderung. Beim Abmessen der Lauge ist es nicht erforderlich, das zeitraubende Nachfließen der alkoholischen Flüssigkeit genau abzuwarten, es genügt vielmehr, die Lauge bei vollständig freier Öffnung des 25 ccm fassenden Meßgefäßes eben ausfließen zu lassen, um hinreichende Übereinstimmung der ausgeflossenen Mengen zu erreichen.

Bei Verwendung einer Meßpipette empfiehlt es sich dagegen, die Lauge bei jedem Versuch gleich lange ($^1/_2$ oder 1 Minute) ausfließen zu lassen.

Von anderen Vorschlägen zur Herstellung der alkoholischen Kalilauge seien folgende erwähnt:

D. T. Englis und V. C. Mills[3] stellen eine 1 Jahr lang farblos bleibende alkoholische Kalilauge durch Zusatz von Sulfit her.

Kossel, Obermüller und Krüger[4] haben die Verseifung mit Natriumalkoholat vorgeschlagen.

Als Alkohol wird vorwiegend Äthylalkohol (95—96%) angewendet. Für die Verseifung schwer verseifbarerer Fette, Wachse usw. ist die Verwendung höherer Alkohole,

Abb. 28. Pipette mit Vorratsflasche für alkoholische Kalilauge. (Nach A. Scholl.)

nämlich von L. W. Winkler[5] Propylalkohol, von H. A. Schuette und M. P. Smith[6] Isopropylalkohol, A. M. Pardee und E. E. Reid[7] n-Butylalkohol, von P. Slack[8] sowie von St. Kettle[9] Benzylalkohol empfohlen worden. — Dagegen ist Methylalkohol nach F. Pollmann[10] zur Bestimmung der Verseifungszahl nicht geeignet, da die Fette selbst 2 Stunden nach dem Klarwerden der Flüssigkeit noch nicht verseift sind.

Für die Bestimmung der Verseifungszahl in gewöhnlichen Speisefetten (nicht in Wachsen) kommt man mit äthylalkoholischer Lauge aus. Selbst mit 90%igem Alkohol hergestellte alkoholische Kalilauge, wie sie bei der Bestimmung der Halbmikrobuttersäurezahl (S. 87) verwendet wird, eignet sich gut für Verseifungszahlbestimmung in Fetten und bietet den besonderen Vorteil, daß die Bildung flüchtiger Ester bei der Verseifung bedeutend verringert wird. Diese Lauge ist ungefähr 1/2 normal.

[1] A. Scholl: Z. 1908, 15, 343.

[2] Der Apparat wird von der Firma Franz Hugershoff in Leipzig geliefert.

[3] D. T. Englis u. V. C. Mills: Journ. Assoc. official. agricult. Chemists 12, 248; C. 1929, II, 1492.

[4] Kossel, Obermüller u. Krüger: Zeitschr. physiol. Chem. 1890, 14, 599; 1891, 15, 321; 1892, 16, 152.

[5] L. W. Winkler: Zeitschr. angew. Chem. 1911, 24, I, 636.

[6] H. A. Schuette u. M. P. Smith: Journ. Ind. engin. Chem. 1926, 18, 1242; Z. 1932, 63, 167.

[7] A. M. Pardee u. E. E. Reid: Journ. Ind. engin. Chem. 1920, 12, 129; C. 1920, IV, 29.

[8] P. Slack: Zeitschr. angew. Chem. 1916, 29, 463.

[9] St. Kettle: Chem. Analyst 1929, 18, Nr. 5, 7; C. 1930, II, 665.

[10] F. Pollmann: Seifensieder-Ztg. 1928, 55, 375; C. 1929, I, 128.5

Zur Titerstellung der 0,5 N.-Salzsäure bedient man sich in der Praxis meist der in der Acidimetrie üblichen Verfahren.

Für sehr genaue Bestimmungen der Verseifungszahl, wie sie bei wissenschaftlichen Untersuchungen, z. B. zur Kennzeichnung von Glyceriden erforderlich sind, geht man zweckmäßig von chemisch reinen organischen Säuren als Urstoffen aus, die man dann genau wie bei der Verseifungszahlbestimmung in Fetten behandelt.

F. TH. VAN VOORST[1] hat hierfür die Adipinsäure, die, durch Oxydation von Cyclohexanol bereitet, heute leicht zugänglich, durch Krystallisation aus Wasser bequem zu reinigen und an ihrem Schmelzpunkt (152,0°) leicht auf Reinheit zu prüfen ist, vorgeschlagen. J. GROSSFELD und A. MECHLINSKI[2] stellten aber fest, daß die Schwerlöslichkeit des Kaliumadipats in Alkohol hierbei störend wirkt. Das gleiche gilt in erhöhtem Maße von Oxalsäure. Die sonst sehr brauchbare Stearinsäure oder ihr Glycerid Tristearin zeigen den Nachteil der Gallertebildung beim Erkalten der Verseifungsflüssigkeit.

Dagegen bewährten sich Camphersäure und vor allem Benzoesäure, die durch Umkrystallisation aus Alkohol (10—20%) leicht rein zu erhalten ist. Entsprechend der theoretischen Verseifungs- bzw. Säurezahlen für:

Camphersäure 560,74   Benzoesäure 459,73

muß natürlich die Einwaage entsprechend kleiner gehalten werden als bei Fetten. — Bei Benzoesäure empfiehlt sich wegen der schlechten Löslichkeit des Kaliumsalzes in starkem Alkohol Zusatz von 1 ccm Wasser.

Führt man mit einer solchen Ursubstanz, z. B. mit Benzoesäure, eine Verseifungszahlbestimmung aus und findet einen vom theoretischen abweichenden Wert, so ist auch bei dem geprüften Fett wie in folgendem Beispiel umzurechnen:

Gefundene scheinbare Säurezahl (Verseifungszahl) der Benzoesäure . $= 458,20$
Theoretische Säurezahl (Verseifungszahl) der Benzoesäure . . . . . $= 459,73$

Umrechnungsfaktor . . . . $= \dfrac{459,73}{458,20} = 1,0033$

Gefundene scheinbare Verseifungszahl des Fettes . . . . $= 196,4$
Korrigierte Verseifungszahl . . . . $= 196,4 \cdot 1,0033 = 197,0$

Vgl. auch S. 69.

Diese Kontrolle hat noch den Vorteil, daß auch sonstige Fehler, z. B. durch unrichtige Kalibrierung der Meßgeräte ausgeglichen werden.

Als Indicator wird in der Praxis meist Phenolphthalein verwendet. Nach J. GROSSFELD[3] ist aber Alkaliblau 6 B von NICHOLSON[4] vorzuziehen, das beim Umschlagen nach der sauren Seite hin eine blaue Farbe zeigt und in alkalischer Lösung rot ist. Der Indicator ist wegen seiner Farbstärke auch in dunklen Fetten noch brauchbar. Da das Alkaliblau einen erheblichen Alkoholfehler besitzt, arbeitet man zweckmäßig in ungefähr gleicher Alkoholkonzentration und wählt die Indicatormenge nicht zu gering (0,3—0,5 ccm 2,5%ige Lösung); DE NEGRI und FABRIS haben diesen Indicator schon vor längerer Zeit für dunkle und ranzige Fette vorgeschlagen (vgl. bei Säurezahl S. 62). Auch Bromkresolblau wurde von KOLTHOFF empfohlen.

a) **Warme Verseifung.** Man bestimmt die Verseifungszahl in der Praxis meist nach dem unter 1. angegebenen Verfahren, während bei wissenschaftlichen Arbeiten, bei denen es auf größte Genauigkeit ankommt, das Verfahren 2. am geeignetsten ist, bei dem der mittlere Fehler unter $\pm$ 0,1 liegt.

---

[1] F. TH. VAN VOORST: Chem. Weekbl. 1928, **25**, 22.

[2] J. GROSSFELD u. A. MECHLINSKI: Z. 1931, **62**, 441. — Vgl. auch Apoth.-Ztg. 1931, **46**, 1578, 1594, 1609.

[3] J. GROSSFELD: Z. 1931, **62**, 441. — Vgl. auch J. GROSSFELD u. P. MECHLINSKI: Apoth.-Ztg. 1931, **46**, 1578, 1594, 1609.

[4] Alkaliblau 6 B von NICHOLSON ist das Natriumsalz der Triphenyl-p-rosanilinmonosulfosäure; es wird von der I. G. Farbenindustrie A.-G. Höchst, geliefert.

1. Verfahren von Köttstorfer[1]. Etwa 2 g[2] Fett werden in einem 100-ccm-Erlenmeyerkolben von Jenaer Glas genau gewogen und mit 25 ccm alkoholischer etwa 0,5 N.-Kalilauge versetzt. Nach Verbindung mit einem Rückflußkühler mittels Korkstopfens wird $^1/_4$ Stunde — bei schwer verseifbaren Fetten und Wachsen $^1/_2$ Stunde — auf dem Wasserbade oder Drahtnetze zum schwachen Sieden erhitzt, wobei man im Anfange der Erhitzung — bis zum Klarwerden[3] des Reaktionsgemisches — vorsichtig umschwenkt. Nach beendeter Verseifung versetzt man die heiße Lösung mit einigen Tropfen alkoholischer Phenolphthaleinlösung[4] und titriert den Alkaliüberschuß mit 0,5 N.-Salzsäure bis zum Verschwinden der Rotfärbung zurück. Mit jeder Versuchsreihe ist unter genau den gleichen Bedingungen ein Leerversuch anzustellen, um den Wirkungswert der alkoholischen Kalilauge gegenüber der Salzsäure festzustellen (vgl. S. 67). Aus dem Wirkungswerte der Kalilauge und der verbrauchten Salzsäure berechnet man die zur Verseifung von 1 g Fett erforderlichen Milligramme Kaliumhydroxyd.

Beispiel. Wurden f Gramm Fett angewendet und beim Leerversuch a und beim Versuch selbst b Kubikzentimeter 0,5 N.-Salzsäure verbraucht und entspricht 1 ccm Salzsäure t Milligramm Kaliumhydroxyd, so ist die

$$\text{Verseifungszahl} = \frac{t\,(a - b)}{f}.$$

Eine Halbmikroausführung der Verseifungszahlbestimmung hat H. Lührig[5] mit 0,15 bis 0,20 g Fett und unter Verwendung von $^1/_3$ N.-Lauge vorgeschlagen. Diese erfordert große Sorgfalt und kommt daher nur für seltenene Fälle, wenn nur sehr wenig Fett zur Verfügung steht, in Frage. E. Chargraff[6] ersetzt hierbei die alkoholische Kalilauge durch Natriumpropylat in n-Propylalkohol, wobei er die Natriumpropylatlösung durch Lösen von metallischem Natrium in dem Propylalkohol bereitet. Die Wasserfreiheit und der hohe Siedepunkt des Lösungsmittels führen zur restlosen Verseifung.

M. Furter[7] prüfte die Möglichkeit einer Mikroverseifungszahlbestimmung mit Einwaagen von weniger als 30 mg und kommt auf Grund theoretischer Erwägungen zu dem Ergebnis, daß dabei im allgemeinen mit ± 5% Fehler (bezogen auf das Äquivalentgewicht) zu rechnen ist.

In dunkelgefärbten Fetten, z. B. in Paprikaöl verwendet P. Vass[8] mit Erfolg die Leitfähigkeitstitration zur Bestimmung der Verseifungszahl. Dazu wird 1 g des nach den üblichen Methoden verseiften Öles in Gegenwart von 30—40 ccm neutralisiertem Alkohol im Apparat von Kolthoff zur Messung der elektrischen Leitfähigkeit mit 2 N.-Salzsäure titriert. Diese Alkoholmenge genügt, um die bei der Titration freiwerdenden Fettsäuren in Lösung zu halten. Kontrolltitrationen bei ungefärbten Ölen in Gegenwart von Phenolphthalein als Indicator gaben eine Abweichung von höchstens 0,3%.

W. Fahrion[9] sowie K. Täufel und M. Rusch[10] weisen darauf hin, daß zu lange Einwirkung von Alkalien, namentlich ungesättigte Fettsäuren zu Säuren mit niedrigerem Molekulargewicht zersetzt und infolgedessen zu hohe Verseifungszahlen herbeiführt. Täufel und Rusch zeigten, daß bei $^1/_2$—15 Stunden langer Erhitzung die Verseifungszahlen von Gerstenfett von 187,7 auf 197,5 und die Reichert-Meisslschen von 0,79 auf 3,03 stiegen.

[1] J. Köttstorfer: Zeitschr. analyt. Chem. 1879, **18**, 199.

[2] Bei Verwendung von 2,00—2,10 g Fett kann unter Vermeidung der Umrechnung die Verseifungszahl aus dem Titrationswerte in der Tabelle IV (Anhang) abgelesen werden.

[3] Das Klarwerden ist noch kein Beweis für die beendete Verseifung (S. 65). $^1/_4$stündiges Kochen bewirkt aber mit Sicherheit vollständige Verseifung.

[4] J. Grossfeld und F. Wissemann (Z. 1927, **53**, 247) empfehlen auch bei hellen Seifenlösungen die Verwendung von Alkaliblau 6 B-Lösung (S. 67), da die dabei auftretende Blaufärbung besser zu erkennen ist als das Verschwinden der Rotfärbung des Phenolphthaleins. Bei stark dunkelrotbraun gefärbten Seifenlösungen — bei ranzigen Fetten — titriert man dann bis zur eben eintretenden Grünfärbung und prüft, ob durch einen weiteren Tropfen Salzsäure keine Änderung des Farbtones eintritt.

[5] H. Lührig: Pharm. Zentralh. 1922, **63**, 218.

[6] E. Chargraff: Hoppe-Seylers Zeitschr. 1931, **199**, 221; Z. 1937, **73**, 63.

[7] M. Furter: Helv. chim. Acta 1938, **21**, 601; C. 1938, II, 2628.

[8] P. Vass: Mitt. landwirtsch. Versuchsstat. Ungarn 1937, **40**, 229; C. 1938, II, 3627.

[9] W. Fahrion: U. 1917, **28**, 57.   [10] K. Täufel u. M. Rusch: Z. 1929, **57**, 345.

Im übrigen ist zu der Bestimmung der Verseifungszahl noch folgendes zu erwähnen:

1. Für die Bestimmung der Verseifungszahl von sehr dunklen Fetten (Abfallfetten) hat Dubovitz[1] ein annäherndes indirektes Verfahren vorgeschlagen, auf das verwiesen sei.

2. Zur Verseifung der schwer verseifbaren Wachse empfiehlt G. Buchner[2] einstündiges Kochen auf dem Drahtnetze. Vgl. auch S. 72.

3. Bei Mischungen von Fetten und Ölen mit Mineralölen, Paraffin usw., welche letzteren in Alkohol sehr schwer löslich sind, ist es nach L. Ubbelohde[3] bei der Bestimmung der Verseifungszahl wesentlich, daß sich die Probe in der Lauge beim Kochen völlig auflöst. Zu dem Zwecke löst man 2—5 g der Probe — je nach dem Gehalt an Unverseifbarem — in 25 ccm thiophenfreiem Benzol auf und kocht $^1/_2$ Stunde mit 1/1 normaler Lauge. Die blinde Probe wird ebenfalls unter Zusatz von Benzol ausgeführt. P. Hübener[4] empfiehlt zu dem gleichen Zwecke einen Zusatz von 10 ccm Xylol.

2. Verfahren von J. Grossfeld[5]. Um möglichst genaue Verseifungszahlen (mittlerer Fehler unter $\pm$ 0,1) zu erhalten, muß man folgendes beachten:

Erforderlich ist genaue Abmessung bzw. Wägung der alkoholischen Kalilauge und besonders genaue Titration mit der verhältnismäßig starken Salzsäure — 0,1 ccm 0,5 N.-Salzsäure entspricht bei Einwaage von 2 g Fett bereits 1,4 Einheiten der Verseifungszahl —; die Verwendung einer wesentlich verdünnteren wäßrigen Salzsäure kommt wegen der damit eintretenden Hydrolyse der Seifen nicht in Frage. Bei der Titration empfiehlt sich die Verwendung einer auf p_H = 8,5 eingestellten Vergleichslösung, der man bei Eigenfärbung der Seifenlösung durch Zusatz von etwas Bismarckbraun oder Methylrot, das bei p_H = 8,5 gelb gefärbt ist, die gleiche Farbe gibt, wie sie die Seifenlösung besitzt. Die Salzsäure ist möglichst genau mit Benzoesäure einzustellen. Ferner muß der Alkaliüberschuß bei der Verseifung möglichst konstant und nicht zu groß sein; er muß am besten 3—4 ccm der 0,5 N.-Alkalilauge entsprechen. Um einen 4 ccm betragenden Überschuß zu erreichen, bedient man sich der Tabelle 24 auf S. 70, aus der man bei etwa halbnormaler Kalilauge und der Höhe der Vorlage die zu wählende Fetteinwaage entnimmt.

Ausführung der Bestimmung. Von dem zu prüfenden klar filtrierten Fett, dessen Verseifungszahl bis auf etwa $\pm$ 7 Einheiten bekannt oder in einem besonderen Vorversuch nach 1. angenähert ermittelt worden ist, wird in ein 100-ccm-Erlenmeyerkölbchen aus Jenaer Glas die der nachstehenden Tabelle entsprechende Menge bis auf etwa $\pm$ 50 mg auf der Waage eintropfen gelassen und nach dem Erkalten genau gewogen. Den Wirkungswert der verwendeten alkoholischen Kalilauge, die Vorlage v, erhält man durch direkte Titration von 25 ccm mit 0,5 N.-Salzsäure. — In einem weiteren Versuche wird die der nachstehenden Tabelle zu entnehmende Menge reinster Benzoesäure eingewogen.

In beide Kölbchen gibt man nun aus einer Pipette, deren Stiel bei der Marke im Lumen nicht weiter als 1 mm ist, unter genauer Abmessung und bei genau 1 Minute langem Auslaufenlassen 25 ccm der alkoholischen 0,5 N.-Kalilauge. Zur Kontrolle für genaueste Versuche empfiehlt es sich in beiden Kölbchen, die eingefüllte Menge der alkoholischen Kalilauge sofort durch Wägung zu kontrollieren. Bei Gewichtsunterschieden korrigiert man den einen der Vorlagewerte in Kubikzentimetern, um die gefundene Abweichung in Milligrammen $\times$ 0,00116[6]. Zu dem Inhalt des Kölbchens mit der Benzoesäure fügt man nun außerdem noch 1 ccm Wasser.

Alsdann bringt man jedes Kölbchen an einen Rückflußkühler und kocht durch Anheizen mit freier Flamme auf einem Drahtnetz 15 Minuten. Zu der

---

[1] H. Dubovitz: Chem.-Ztg. 1927, **51**, 984.   [2] G. Buchner: Chem.-Ztg. 1892, **16**, 1922.

[3] L. Ubbelohde: Handbuch der Chemie und Technologie der Öle und Fette, Bd. 1, S. 209. Leipzig 1908.   [4] P. Hübener: Apoth.-Ztg. 1912, **27**, 246.

[5] J. Grossfeld: Z. 1931, **62**, 447. — Vgl. auch J. Grossfeld u. P. Mechlinski: Apoth.-Ztg. 1931, **46**, 1578, 1594, 1609.

[6] Es seien 20,9588 und 20,9630 g gewogen für v = 25,647 ccm. Die Differenz der Wägungen beträgt 5,2 mg, entsprechend 5,2 · 0,00116 = 0,006 ccm. Die Vorlagen betragen also 24,640 (unverändert) und 24,640 + 0,006 = 24,646 ccm.

entstandenen Seifenlösung bzw. Benzoatlösung fügt man nun genau 20 ccm alkoholischer 1/12 N.-Salzsäure, wobei man die Pipette wieder 1 Minute auslaufen läßt. Diese alkoholische Salzsäure erhält man durch Verdünnen von 200 ccm wäßriger 0,5 N.-Salzsäure mit 1000 ccm etwa 90%igem neutralem Alkohol.

Tabelle 24.

Vor-lage	Ben-zoe-säure g	Größenordnung der zu erwartenden Verseifungszahl										
		170	180	190	200	210	220	230	240	250	260	270
		Abzuwägende Mengen Fett in Gramm										
23,0	1,16	3,13	2,97	2,81	2,67	2,54	2,42	2,32	2,22	2,13	2,05	1,97
1	1,17	3,15	2,98	2,82	2,68	2,55	2,43	2,33	2,23	2,14	2,06	1,98
2	1,17	3,16	3,00	2,84	2,70	2,57	2,45	2,34	2,24	2,15	2,07	1,99
3	1,18	3,18	3,01	2,85	2,71	2,58	2,46	2,36	2,26	2,16	2,08	2,00
4	1,18	3,20	3,03	2,87	2,73	2,59	2,47	2,37	2,27	2,17	2,09	2,01
5	1,19	3,21	3,04	2,88	2,74	2,60	2,48	2,38	2,28	2,19	2,11	2,02
6	1,20	3,23	3,06	2,89	2,75	2,62	2,50	2,39	3,29	2,20	2,12	2,03
7	1,20	3,25	3,07	2,91	2,77	2,63	2,51	2,40	2,31	2,21	2,13	2,04
8	1,21	3,27	3,09	2,92	2,78	2,64	2,52	2,42	2,32	2,22	2,14	2,05
9	1,21	3,28	3,10	2,94	2,80	2,66	2,54	2,43	2,33	2,23	2,15	2,06
24,0	1,22	3,30	3,12	2,95	2,81	2,67	2,55	2,44	2,34	2,24	2,16	2,07
1	1,23	3,32	3,13	2,96	2,82	2,68	2,56	2,45	2,35	2,25	2,17	2,08
2	1,23	3,33	3,15	2,98	2,84	2,70	2,58	2,46	2,36	2,26	2,18	2,09
3	1,24	3,35	3,16	2,99	2,85	2,71	2,59	2,47	2,37	2,28	2,19	2,10
4	1,24	3,37	3,18	3,01	2,87	2,72	2,60	2,49	2,39	2,29	2,20	2,11
5	1,25	3,38	3,19	3,02	2,88	2,73	2,61	2,50	2,40	2,30	2,22	2,13
6	1,26	3,40	3,21	3,04	2,89	2,75	2,63	2,51	2,41	2,31	2,23	2,14
7	1,26	3,42	3,22	3,05	2,91	2,76	2,64	2,53	2,42	2,32	2,24	2,15
8	1,27	3,44	3,24	3,07	2,92	2,78	2,65	2,54	2,43	2,34	2,25	2,16
9	1,27	3,45	3,25	3,08	2,94	2,80	2,67	2,55	2,44	2,35	2,26	2,17
25,0	1,28	3,47	3,27	3,10	2,95	2,81	2,68	2,56	2,45	2,36	2,27	2,18
1	1,29	3,49	3,29	3,11	2,96	2,82	2,69	2,57	2,47	2,37	2,28	2,19
2	1,29	3,50	3,30	3,13	2,98	2,84	2,71	2,58	2,48	2,38	2,29	2,20
3	1,30	3,52	3,32	3,14	2,99	2,85	2,72	2,60	2,50	2,39	2,30	2,21
4	1,31	3,53	3,33	3,16	3,01	2,86	2,73	2,61	2,51	2,40	2,31	2,22
5	1,31	3,55	3,35	3,17	3,02	2,87	2,74	2,62	2,52	2,42	2,32	2,24
6	1,32	3,57	3,37	3,19	3,03	2,89	2,76	2,63	2,53	2,43	2,33	2,25
7	1,32	3,58	3,38	3,20	3,05	2,90	2,77	2,65	2,54	2,44	2,34	2,26
8	1,33	3,60	3,40	3,22	3,06	2,91	2,78	2,66	2,55	2,45	2,35	2,27
9	1,34	3,62	3,41	3,23	3,08	2,93	2,80	2,67	2,56	2,46	2,36	2,28
26,0	1,34	3,63	3,43	3,25	3,09	2,94	2,81	2,68	2,57	2,47	2,37	2,29
1	1,35	3,65	3,45	3,26	3,10	2,95	2,82	2,69	2,58	2,48	2,38	2,30
2	1,36	3,66	3,46	3,28	3,12	2,97	2,84	2,71	2,60	2,49	2,39	2,31
3	1,36	3,68	3,48	3,29	3,13	2,98	2,85	2,72	2,61	2,50	2,40	2,32
4	1,37	3,69	3,49	3,31	3,15	2,99	2,86	2,73	2,62	2,51	2,41	2,33
5	1,37	3,71	3,50	3,32	3,16	3,00	2,87	2,74	2,63	2,53	2,42	2,34
6	1,38	3,73	3,52	3,34	3,17	3,02	2,88	2,76	2,64	2,54	2,44	2,35
7	1,38	3,74	3,53	3,35	3,19	3,03	2,90	2,77	2,65	2,55	2,45	2,36
8	1,39	3,75	3,55	3,37	3,20	3,04	2,91	2,78	2,66	2,56	2,46	2,37
9	1,39	3,77	3,56	3,38	3,22	3,06	2,93	2,80	2,67	2,57	2,47	2,38

Nun bringt man zunächst eine Vergleichslösung aus 15 ccm einer Pufferlösung von $p_H = 8,5$ (4,85 g Borsäure, 5,82 g Kaliumchlorid, 2,31 g wasserfreies Natriumcarbonat im Liter) und 43 ccm 90%igem Alkohol mit Methylrot oder Bismarckbraun auf etwa den gleichen Farbton wie die Seifenlösung, fügt zu dieser etwa 0,3 ccm Alkaliblau 6 B-Lösung, die man durch Erwärmen von 1 g des käuflichen Farbstoffes mit 100 ccm 90%igem Alkohol und Filtrieren erhält, ferner zur Seifenlösung ebenfalls 0,3 ccm (bei eintretender Entfärbung mehr), der Indicatorflüssigkeit und titriert mit wäßriger 0,05 N.-Salzsäure bis auf den gleichen Farbton der Vergleichslösung. Erforderlichenfalls, wenn ein zu starkes Verblassen des Indicators eintreten sollte, fügt man weitere Mengen davon hinzu. Das Titrationsergebnis, erhöht um den Wirkungswert der zugesetzten alkoholischen Salzsäure (etwa 33,33 ccm) wird durch Teilung durch 10 auf Kubikzentimeter 0,5 N.-Salzsäure umgerechnet[1].

Ist nun a dieser Titrationswert bei dem zu prüfenden Fett, b bei der Benzoesäure, ferner A die eingewogene Menge Fett, B die eingewogene Menge Benzoesäure und v die Vorlage, ausgedrückt als Kubikzentimeter 0,5 N.-Salzsäure, so ist die Verseifungszahl V:

$$V = \frac{v-a}{v-b} \cdot \frac{B}{A} \cdot K .$$

Hierbei entspricht K der Verseifungs- oder Säurezahl des verwendeten Urstoffes und beträgt bei absolut reiner Benzoesäure 459,7. Nicht ganz reine Präparate können ebenfalls benutzt werden, wenn ihre Säurezahl K durch Vergleich mit reinster Substanz besonders ermittelt wurde.

Beispiel. Von einem Fett wurden $A = 2,8855$ g, von der Benzoesäure $B = 1,2697$ g eingewogen. Die Titrationswerte betrugen

$$a = \frac{11,88 + 33,33}{10} = 4,521 \text{ ccm}; \qquad b = \frac{4,10 + 33,33}{10} = 3,743 \text{ ccm}.$$

Die Vorlage $v = 24,450$ ccm. Die Benzoesäure sei völlig rein gewesen, also $K = 459,7$. Dann berechnet sich die

$$\text{Verseifungszahl} = \frac{24,450 - 4,521}{24,450 - 3,743} \cdot \frac{1,2697}{2,8855} \cdot 459,7 = \frac{19,929}{20,707} \cdot \frac{1,2697}{2,8855} \cdot 459,7 = 194,72 .$$

β) **Kalte Verseifung nach R. Henriques**[2]. 3—4 g Fett werden in einem Kolben in 25 ccm Petroläther gelöst und mit 25 ccm alkoholischer N.-Natronlauge — durch Auflösen von Natriumhydroxyd in 96%igem Alkohol und Filtration erhalten — versetzt. Die alsbald beginnende Verseifung macht sich in vielen Fällen durch die rasch auftretende Ausscheidung von Natriumsalzen kenntlich; sie ist oft schon nach wenigen Stunden beendigt. Zur Sicherheit läßt man aber, zweckmäßig über Nacht — bei schwer verseifbaren Wollfetten und Wachsen 24 Stunden — bei Zimmertemperatur stehen. Die weitere Verarbeitung ist die gleiche wie beim Köttstorferschen Verfahren; man titriert den Alkaliüberschuß unter Verwendung von Phenolphthalein mit wäßriger 0,5 N.-Salzsäure zurück.

Nach Vollendung der kalten Verseifung hat sich bei vielen Fetten und Ölen ein Teil der gebildeten Natriumseifen ausgeschieden, so daß der Kolbeninhalt mehr oder weniger erstarrt ist; bei den Ölen ist die Masse aber nur so wenig konsistent, daß sie von der 0,5 N.-Salzsäure leicht angegriffen und verflüssigt wird. Bei den festen Fetten dagegen ist die Masse bisweilen so fest, daß die 0,5 N.-Salzsäure sie nur schwierig durchdringen kann. In derartigen Fällen erwärmt man den Kolben, nötigenfalls unter Hinzufügen von etwas Alkohol, leicht auf dem Wasserbade, womit die Schwierigkeit der Neutralisation behoben wird. Die Ausscheidung der Seifen wird sich fast ganz dadurch vermeiden lassen, daß man statt mit alkoholischer Natronlauge mit alkoholischer Kalilauge verseift, die man in der oben (S. 66) angegebenen Weise, mit mindestens 95%igem Alkohol, jedoch als Normallösung, herstellt. Enthält die Lauge zuviel Wasser, so mischen sich Lauge und Benzinlösung nicht vollkommen.

---

[1] Zum gleichen Ergebnis kommt man auch, wenn man 25 ccm der alkoholischen Kalilauge mit 20 ccm der alkoholischen Salzsäure vermischt, das Gemisch mit 0,5 N.-Salzsäure titriert und dann von diesem Ergebnis die Titrationswerte mal 0,1 abzieht, um $v — a$ bzw. $v — b$ zu erhalten.   [2] R. Henriques: Zeitschr. angew. Chem. 1895, 721.

Bei Wachsarten[1], die in Petroläther nur wenig löslich sind, löst man die Substanz in 25 ccm Petroleumbenzin (Siedepunkt 115—135⁰) in der Wärme auf, gibt alsdann sofort die alkoholische Natronlauge hinzu und läßt 24 Stunden bei Zimmertemperatur stehen. Bei Wollwachsen liefert die kalte, ebensowenig wie die warme, Verseifung infolge von Zersetzungen brauchbare Ergebnisse.

γ) Verseifung in Propylalkohollösung nach L. W. Winkler[2]. Die Verseifung in propylalkoholischer Lösung hat namentlich bei den schwer verseifbaren Wachsen den Vorteil, daß Propylalkohol ein besseres Lösungsmittel für Fette und Wachse ist als Äthylalkohol und daher bei dem höheren Siedepunkte des Propylalkohols (96⁰) die Verseifung schneller verläuft, so daß sie auch bei Wachsen in 10—20 Minuten beendet ist.

Darstellung der Lösung. Käuflicher Propylalkohol wird mit einigen Grammen Kaliumhydroxyd je Liter einige Tage stehen gelassen und dann abdestilliert. Darauf löst man je Liter 30 g zu einem groben Pulver zerriebenes Kaliumhydroxyd und filtriert nach 2—3 Tagen durch einen kleinen Wattebausch. Die so erhaltene Lösung ist annähernd halbnormal; sie bleibt auch bei längerem Stehen farblos.

Ausführung der Bestimmung. Etwa 2 g Substanz werden mit 25 ccm der Lauge in einem etwa 100 ccm fassenden Erlenmeyerkölbchen mit aufgesetztem Trichterchen auf dem Dampfbade 10—20 Minuten[3] verseift, wobei man anfangs bis zur Lösung der Substanz öfters umschwenkt und die Temperatur so regelt, daß der Inhalt des Kolbens gelinde siedet. Darauf gibt man in die heiße Flüssigkeit 10 mg festes Phenolphthalein und titriert den Alkaliüberschuß mit 0,5 N.-Salzsäure zurück.

P. de Ceuster und E. Verstraete[4] fanden die Verseifung von Wachsarten mit propyl-, butyl- oder amylalkoholischer Kalilauge schon in 5 Minuten vollständig. Aus Amylalkohol entstand dabei erst nach 15 Minuten Valeriansäure. Sie empfehlen im allgemeinen 5 g Wachs mit 25 ccm 0,5 N.-propylalkoholischer Kalilauge durch 10 Minuten langes Kochen zu verseifen. Bei dunklen Rohstoffen bieten Amyl- und Butylalkohol den Vorteil, daß sie die Farbstoffe gelöst zurückhalten und daß beim Titrieren in der entstehenden wäßrigen Schicht der Umschlag dann deutlicher zu erkennen ist.

J. M. F. Leaper[5] verwendet statt Äthylalkohol Diäthylglykoläthyläther, B. Grodman[6] schreibt eine zweistündige Kochung von 5 g Wachs mit 75 ccm Benzol und 25 ccm N.-alkoholischer Kalilauge am Rückfluß vor.

Über die Anwendung der Propylalkoholverseifung zur Halbmikroverseifungszahlbestimmung vgl. S. 68.

δ) Verseifungszahl der wasserlöslichen Fettsäuren. Will man die zur Verseifung der wasserlöslichen Fettsäuren allein erforderliche Menge Kaliumhydroxyd bestimmen, so verfährt man folgendermaßen:

5 g Fett werden in derselben Weise wie unter a_1 in einem Erlenmeyerkolben von etwa 200 ccm Inhalt mit 50 ccm alkoholischer 0,5 N.-Kalilauge verseift und der Überschuß an Kalilauge mit 0,5 N.-Salzsäure (a Kubikzentimeter) unter Verwendung von Phenolphthalein als Indicator genau neutralisiert. Darauf wird der Alkohol im siedenden Wasserbade, zuletzt unter Zusatz von etwas Wasser, möglichst vollständig verdunstet. Die neutrale Seifenlösung wird nunmehr mit ausgekochtem Wasser von etwa 50⁰ in einen 250-ccm-Meßzylinder oder besser in einen Meßkolben mit kalibriertem Hals übergeführt und bis auf etwa 200 ccm ergänzt; dann werden noch $(50—a)$ Kubikzentimeter 0,5 N.-Salzsäure zugesetzt, mit Wasser von 50⁰ auf etwa 254—255 ccm aufgefüllt. Man schüttelt den Inhalt des Meßzylinders einige Zeit kräftig durch, stellt ihn dann in Wasser von etwa 50⁰ ruhig hin, bis sich die ausgeschiedenen unlöslichen Fettsäuren als klare Schicht an der Oberfläche abgeschieden haben. Nachdem die wäßrige Flüssigkeit auf Zimmertemperatur (17,5⁰) abgekühlt ist, liest man ihr Volumen genau ab, filtriert durch ein trockenes Faltenfilter und bestimmt in einem aliquoten Teil (200 ccm) der wäßrigen Flüssigkeit durch Titration mit 0,5 N.-Lauge den Gehalt an wasserlöslichen

[1] R. Henriques: Zeitschr. angew. Chem. 1896, 221, 423; 1897, 366.

[2] L. W. Winkler: Zeitschr. angew. Chem. 1911, 24, I, 636. — Vgl. auch E. Schulek: Pharm. Zentralh. 1921, 62, 391.

[3] Bei Wollfett und ähnlichen schwer verseifbaren Stoffen empfiehlt es sich, 30 Minuten lang am Rückflußkühler zu kochen.

[4] P. de Ceuster u. E. Verstraete: Natuurwetensch. Tijdschr. 1933, 15, 62.

[5] J. M. F. Leaper: Dyer Calico Printer, Bleacher, Finisher Text. Rev. 1933, 70, 433; C. 1934, I, 149.   [6] B. Grodman: Chemist-Analyst 1936, 25, 81; C. 1937, I, 3569.

Fettsäuren. Sind hierbei b Kubikzentimeter Lauge verbraucht und betrug das Volumen, zu dem die wäßrige Flüssigkeit aufgefüllt wurde, 248 ccm, so waren zur Verseifung der wasserlöslichen Fettsäuren aus 1 g des Fettes erforderlich $= \dfrac{248}{200} \cdot \dfrac{b}{5} \cdot 28{,}05$ mg Kaliumhydroxyd (Verseifungszahl der wasserlöslichen Fettsäuren).

Die Höhe dieser Zahl ist natürlich in hohem Maße abhängig von der Art der wasserlöslichen Fettsäure und der zu deren Lösung angewendeten Wassermenge. Die Zahl hat daher analytisch keine große Bedeutung.

d) Die Höhe der Verseifungszahlen.

Sie ist abhängig von dem Molekulargewichte der darin enthaltenen Fettsäuren und dem Gehalte der Fette und Wachse an unverseifbaren Stoffen (Kohlenwasserstoffen, Alkoholen usw.).

α) **Verseifungszahlen der Glyceride.** Die vollkommene Verseifung verläuft nach folgenden Gleichungen (z. B. für die Stearinsäureglyceride und die Stearinsäure):

Monostearin . . . $\quad C_3H_5(OH)_2(C_{17}H_{35} \cdot COO) + KOH = C_{17}H_{35} \cdot COOK + C_3H_5(OH)_3.$

Distearin . . . . . $\quad C_3H_5(OH)(C_{17}H_{35} \cdot COO)_2 + 2\,KOH = 2\,C_{17}H_{35} \cdot COOK + C_3H_5(OH)_3.$

Tristearin. . . . . $\quad C_3H_5(C_{17}H_{35} \cdot COO)_3 + 3\,KOH = 3\,C_{17}H_{35} \cdot COOK + C_3H_5(OH)_3.$

Stearinsäure . . . $\quad C_{17}H_{35} \cdot COOH + KOH = C_{17}H_{35} \cdot COOK + H_2O.$

Triglyceride haben daher eine höhere Verseifungszahl als Diglyceride und diese eine höhere als Monoglyceride; die Verseifungs- (Säure-) Zahl der Fettsäuren ist höher als die ihrer Triglyceride; z. B.

Angabe	Monostearin	Distearin	Tristearin	Stearinsäure
Molekulargewicht	358,3	624,6	890,9	284,3
Verseifungszahl	156,7	179,8	189,1	197,4

Die Verseifungszahlen der Glyceride sind um so höher, je niedriger ihr Molekulargewicht ist; z. B. für einfache Triglyceride:

Tabelle 25.

Glycerid	Formel	Molekulargewicht	Verseifungszahl
Triacetin	$C_3H_5(O \cdot C_2H_3O)_3$	218,1	772,5
Tributyrin	$C_3H_5(O \cdot C_4H_7O)_3$	302,2	557,5
Tricapronin . . .	$C_3H_5(O \cdot C_6H_{11}O)_3$	386,3	436,1
Tricaprylin . . .	$C_3H_5(O \cdot C_8H_{15}O)_3$	470,4	358,2
Tricaprinin . . .	$C_3H_5(O \cdot C_{10}H_{19}O)_3$	554,5	303,8
Trilaurin	$C_3H_5(O \cdot C_{12}H_{23}O)_3$	638,6	263,8
Trimyristin . . .	$C_3H_5(O \cdot C_{14}H_{27}O)_3$	722,7	233,1
Tripalmitin . . .	$C_3H_5(O \cdot C_{16}H_{31}O)_3$	806,8	208,8
Tristearin	$C_3H_5(O \cdot C_{18}H_{35}O)_3$	890,9	189,1
Triarachin	$C_3H_5(O \cdot C_{20}H_{39}O)_3$	975,0	172,8
Tribehenin . . .	$C_3H_5(O \cdot C_{22}H_{43}O)_3$	1059,1	159,1
Trilignocerin . . .	$C_3H_5(O \cdot C_{24}H_{47}O)_3$	1143,2	147,4
Tricerotin	$C_3H_5(O \cdot C_{26}H_{51}O)_3$	1227,3	137,3
Trimelissin . . .	$C_3H_5(O \cdot C_{30}H_{59}O)_3$	1395,5	120,7
Triolein	$C_3H_5(O \cdot C_{18}H_{33}O)_3$	884,8	190,4
Trierucin	$C_3H_5(O \cdot C_{22}H_{41}O)_3$	1053,0	160,0
Trilinolein	$C_3H_5(O \cdot C_{18}H_{31}O)_3$	878,8	191,7
Trilinolenin . . .	$C_3H_5(O \cdot C_{18}H_{29}O)_3$	872,7	193,0

Die Molekulargewichte der gemischten Triglyceride lassen sich leicht aus denen der vorstehenden Triglyceride berechnen; z. B. ergibt sich das Molekulargewicht des Dipalmitostearins aus

$$\frac{2 \cdot \text{Tripalmitin-Molekulargewicht} + \text{Tristearin-Molekulargewicht}}{3} = \frac{2 \cdot 806,8 + 890,9}{3} = 834,8,$$

und hieraus berechnet sich die Verseifungszahl

$$= \frac{3 \cdot \text{Kaliumhydroxyd-Molekulargewicht} \cdot 1000}{\text{Dipalmitostearin-Molekulargewicht}} = \frac{168,3 \cdot 1000}{834,8} = 201,6.$$

β) **Verseifungszahlen von Estern hochmolekularer Alkohole und Säuren.** Einige in Wachsen vorkommende Ester dieser Art haben folgende Verseifungszahlen:

Tabelle 26.

Ester	Formel	Molekulargewicht	Verseifungszahl
Cetylpalmitat	$C_{16}H_{33}O \cdot C_{16}H_{31}O$	480,5	116,8
Octadecylpalmitat	$C_{18}H_{37}O \cdot C_{16}H_{31}O$	508,5	110,3
Cerylpalmitat	$C_{26}H_{53}O \cdot C_{16}H_{31}O$	620,7	90,4
Myricylpalmitat	$C_{30}H_{61}O \cdot C_{16}H_{31}O$	676,7	82,9
Cerylstearat	$C_{16}H_{33}O \cdot C_{18}H_{35}O$	508,5	110,3
Cerylcerotat	$C_{26}H_{53}O \cdot C_{26}H_{51}O$	760,8	73,8
Cholesterinpalmitat	$C_{26}H_{43}O \cdot C_{16}H_{31}O$	610,6	91,9
Cholesterinstearat	$C_{26}H_{43}O \cdot C_{18}H_{35}O$	638,5	87,9
Cholesterinoleat	$C_{26}H_{43}O \cdot C_{18}H_{33}O$	636,5	88,2

γ) **Verseifungszahlen der Fette und Öle.** Die Mehrzahl der Fette und Öle, welche vorwiegend aus Glyceriden der Palmitin-, Stearin-, Öl- und Linolsäure bestehen, hat im allgemeinen eine Verseifungszahl von 190 — 200. Die Verseifungszahl ist dagegen wesentlich höher bei Fetten, welche, wie Butterfett, Cocosfett und Palmkernfett, größere Mengen von Fettsäuren mit niedrigerem Molekulargewicht (Buttersäure, Capron-, Capryl-, Caprin-, Laurin- und Myristinsäure) enthalten; bei solchen Fetten steigt die Verseifungszahl auf 230—260.

Niedrigere Verseifungszahlen, nämlich solche von 170—180, weisen von den bekannteren Fetten und Ölen nur die Öle der Rübölgruppe auf, in denen neben Stearin- und Ölsäure größere Mengen der höher molekularen Erucasäure vorhanden sind, ferner das Ricinusöl wegen seines Gehaltes an Ricinolsäure. Da die Verseifungszahlen der Fettsäuren höher sind als die der zugehörigen Glyceride, zeigen Fette und Öle mit einem Gehalt an freien Fettsäuren (ranzige Fette) eine höhere Verseifungszahl als neutrale Fette. Bei stark ranzigen Fetten wird die Verseifungszahl weiter durch saure Oxydationsprodukte erhöht.

Die nachfolgende Übersicht bringt die gewöhnlich beobachteten Verseifungszahlen einer Anzahl natürlicher Fette, Öle und Wachse.

Tabelle 27. Verseifungszahlen natürlicher Fette, Öle und Wachse.

Tierische Fette und Öle		Pflanzenfette und -öle		Wachse	
Butterfett	220—235	Cocosfett	253—260	Wollschweißfett .	82—130
Rindstalg	192—200	Palmkernfett . .	242—250	Walrat	123—135
Oleomargarin . .	192—198	Kakaofett	193—195	Bienenwachs . .	88—107
Schweinefett . .	195—200	Olivenöl	190—192	Carnaubawachs .	79— 87
Gänsefett	192—198	Erdnußöl	188—194		
Fischöle, Körper-	183—197	Sesamöl.	189—193		
Dorschleberöl . .	179—197	Leinöl	190—195		
Bartenwalöle . .	189—201	Rüböl	170—180		
Robbenöl	189—196	Ricinusöl	176—183		

δ) **Einfluß sonstiger Bestandteile der Fette, Öle und Wachse auf die Verseifungszahl.** Die Höhe der Verseifungszahlen der natürlichen Fette, Öle und Wachse wird außer durch die Art der darin vorhandenen Glyceride auch durch sonstige Bestandteile bedingt.

Ein Gehalt an Kohlenwasserstoffen und höheren Alkoholen, deren Verseifungszahl = 0 ist, drückt natürlich die Verseifungszahlen herab. Ebenso

wird die Verseifungszahl erniedrigt durch einen höheren Gehalt an Sterinestern, die in geringer Menge in allen Tier- und Pflanzenfetten vorkommen,
und deren Verseifungszahlen unter 100 liegen. Ein Fett (Wachs), welches
größere Mengen von Sterinestern enthält, wie z. B. das Wollfett (Wollwachs)
mit einem beträchtlichen Gehalt an Cholesterin und Isocholesterin und deren
Estern, hat daher nur die niedrigen Verseifungszahlen von 82—130.

Lecithine, die sich in größeren Mengen in natürlichen Fetten (Eieröl) und
manchen Organextrakten (z. B. Leberöl) finden, scheinen bei der Verseifung mit
alkoholischer Kalilauge, z. B. bei Palmito-oleolecithin, nach der Formel zu
zerfallen:

$$C_3H_5 \begin{cases} O \cdot C_{16}H_{31}O \\ O \cdot C_{18}H_{35}O \\ O \cdot PO \cdot O \cdot C_2H_4 \cdot N(CH_3)_3OH \\ \qquad\;\; OH \end{cases} + 3\,KOH$$

Lecithin

$$= C_{16}H_{31}O_2K + C_{18}H_{33}O_2K + C_3H_5 \cdot PO \begin{cases} (OH)_2 \\ O \cdot C_2H_4 \cdot N(CH_3)_3OH \\ OK \end{cases}.$$

Kaliumpalmitat + Kaliumoleat + cholinglycerinphosphorsaures Kalium

Dieser Gleichung entsprechen 3 Molekel Kaliumhydroxyd und die Verseifungszahl 216,4, bezogen auf die obige Hydratformel des Lecithins; auf die Anhydroform (vgl. S. 714) bezogen, ergibt sich die Verseifungszahl zu 221,6.

Wahrscheinlich geht die Spaltung zunächst weiter, so daß auch noch die letztgenannte
Verbindung in Cholin und Kaliumglycerophosphat zerfällt, wobei dann aber beim Neutralisieren das Cholin als Base sich an der Absättigung der zweibasischen Glycerinphosphorsäure beteiligt.

Auf analoge Weise würde sich nach GROSSFELD[1] für Kephalin die Verseifungszahl zu 234,5 bzw. 240,6 (Anhydroform) berechnen.

Diese Ergebnisse decken sich gut mit praktischen Befunden. So hat Y. NUKADA[2]
in Petrolätherauszügen aus Hammel- und Pferdelebern Verseifungszahlen von 192—197
gefunden, die allerdings durch vorhandene Cholesterinmengen erniedrigt sind. Aber auch
reines, mit Aceton entöltes, Sojaphosphatid ergab Verseifungszahlen zwischen 210—220,
im Mittel 215[3], so daß der Verbrauch von 3 Mol Kaliumhydroxyd für 1 Mol Phosphatid
gesichert erscheint.

3. Esterzahl.

Unter der Esterzahl versteht man die Milligramme Kaliumhydroxyd, die
zur Verseifung der in 1 g Fett oder Wachs vorhandenen Ester erforderlich sind.

Die Esterzahl ergibt sich durch Subtraktion der Säurezahl von der Verseifungszahl. Sie hat bei der Analyse der Speisefette und -öle keine wesentliche
Bedeutung, spielt aber bei der Untersuchung des Bienenwachses (S. 764) eine
Rolle.

B. Kennzahlen auf niedere Fettsäuren.

Unter „niederen" Fettsäuren in Speisefetten faßt man Buttersäure,
Capronsäure, Caprylsäure und Caprinsäure zusammen. Ebenfalls gehört dazu
die in Delphinölen (S. 601) gefundene Isovaleriansäure. Von S. UCHIDA[4] sowie
S. KOMORI und S. UENO[5] ist in japanischen Akebisaatölen auch ein Fett mit
Essigsäure enthaltenden Glyceriden aufgefunden worden. Die niederen Fettsäuren
sind gleichzeitig die mit Wasserdampf am leichtesten flüchtigen Fettsäuren,

[1] J. GROSSFELD: Handbuch der Eierkunde, S. 126.
[2] Y. NUKADA: Biochem. Zeitschr. 1908, 14, 426.
[3] Y. NUKADA: Seifensieder-Ztg. 1937, 64, 802.
[4] S. KOMORI u. S. UENO: Bull. chem. Soc. Japan 1938, 13, 505; C. 1938, II, 3760. —
Eine Probe des Öles zeigte: Verseifungszahl 254,9, REICHERT-MEISSL-Zahl 49,3.
[5] S. UCHIDA: Journ. Soc. chem. Ind. 1916, 35, 1089; C 1917, I, 414.

was auf die Möglichkeit ihrer Abtrennung von den mittleren und höheren Fettsäuren hinweist. Alle niederen Fettsäuren sind gesättigter Natur.

Wasserlöslichkeit. Von den Säuren der Fettsäurenreihe sind Ameisen-, Essig-, Propion- und Buttersäure in jedem Verhältnis mit Wasser mischbar, dagegen lösen sich nach R. K. Dons[1] von der Capronsäure nur 0,909 g, von der Caprylsäure nur 0,079 g und von der Caprinsäure nur 0,003 g in 100 ccm Wasser von 15°. Die höheren Fettsäuren von der Laurinsäure ab sind in Wasser unlöslich. Es ist aber zu beachten, daß, wenn mehrere Fettsäuren in einer Lösung nebeneinander vorhanden sind, sie sich in ihrer Löslichkeit beträchtlich beeinflussen.

Wasserdampfdestillation. Die Anfangsglieder der Fettsäurereihe bis zur Caprinsäure sind mit Wasserdampf leicht flüchtig, und zwar nimmt, wie G. Wiegner und J. Magasanik[2] feststellten, bei diesen die relative Flüchtigkeit mit ihrer Wasserunlöslichkeit zu; sie fanden, daß beim Abdestillieren einer weniger als 2%igen Säurelösung auf die Hälfte übergingen von

Ameisensäure	Essigsäure	Buttersäure	Capronsäure	Caprylsäure	Caprinsäure
22,70%	36,59%	72,77%	88,12%	94,81%	97,73%

Dagegen wird die Flüchtigkeit von der Laurinsäure an immer geringer.

Die Magnesiumsalze der höheren gesättigten und ungesättigten Fettsäuren sind in Wasser unlöslich oder nur in Spuren löslich (Magnesiumlaurat).

Wie bei allen homologen Reihen verläuft auch bei der Reihe der gesättigten Fettsäuren der Übergang von der einen Stufe zur anderen graduell, was eine gewisse Unvollkommenheit dieser Einteilung mit sich bringt. Doch ist diese Unschärfe zahlenmäßig so klein, daß sie durch geeignete Korrektionswerte ausgeglichen werden kann. Dabei ist günstig, daß diese Korrektionswerte bei der in manchen Fetten als größter Bestandteil vorhandenen Laurinsäure kleiner als bei der weniger wichtigen Caprinsäure sind.

Über das Verhalten der in Kunstfetten aus Fettsäuren von der Paraffinoxydation vorkommenden Undecansäure (vgl. S. 632) liegen noch keine Beobachtungen vor.

Die Unterscheidung bzw. Trennung der niederen Fettsäuren von den höheren auf Grund der verschiedenen Flüchtigkeit mit Wasserdampf ist ebenso wie die durch die verschiedene Wasserlöslichkeit außerordentlich mangelhaft (vgl. S. H. Bertram, H. G. Bos und F. Verhagen[3]). Hieraus ergibt sich bereits der geringe Wert der bisher für diesen Zweck meist verwendeten Methoden, so auch der Bestimmung der Reichert-Meissl-Zahl, der Polenske-Zahl und ihrer verschiedenen Abänderungen. — Als bestes Trennungsmittel hat sich die Fällung mit Magnesiumsulfat erwiesen, die wohl zuerst von E. Jean[4], dann von E. Ewers[5] angewendet wurde. Doch bietet diese Magnesiumfällung wegen der voluminösen Beschaffenheit gewisse Schwierigkeiten, die Bertram, Bos und Verhagen[3] durch Fällung bei 80°, J. Grossfeld[6] durch Fällung in großer Verdünnung (vgl. S. 79) überwinden. —

[1] R.K.Dons: Z.1908,16,705.—Vgl. auch Orla-Jensen: Z.1905,10, 265 und S.H. Bertram: Z. 1928, 55, 179. Die Löslichkeitswerte von Orla-Jensen betragen für Capronsäure 0,872 und für Caprylsäure 0,079 g, während die Werte von Bertram etwas höher sind.

[2] G. Wiegner u. J. Magasanik: Mitt. Lebensmittelunters. Hygiene 1919, 10, 156; auch Chem.-Ztg. 1919, 43, 656. — Vgl. auch E. J. Witzemann: Journ. Amer. Chem. Soc. 1919, 41, 1946; C. 1920, I, 730.

[3] S. H. Bertram, H. G. Bos u. F. Verhagen: Zeitschr. Deutsch. Öl-Fettind. 1924, 44, 445—447, 459—461.

[4] E. Jean: Z. Ann. Chim. analyt. appl. 1908, 8, 441; Z. 1905, 9, 175. — Vgl. J. Bellier: Ann. Chim. analyt. appl. 1906, 11, 412; Z. 1907, 14, 713.

[5] E. Ewers: Z. 1910, 19, 529.

[6] J. Grossfeld: Ann. Chim. analyt. appl. 1903; Z. 1928, 55, 354; 8, 441—445; Z. 1905, 9, 175—176.

Die Flüchtigkeit der verschiedenen Fettsäuren mit Wasserdampf ermittelte S. H. BERTRAM[1] so, daß er ein Gemisch von Wasser mit Fettsäure derart destillierte, daß stets eine kleine Fettsäureschicht auf dem kochenden Wasser schwamm.

Die von ihm ermittelte Löslichkeit der Magnesiumsalze bezieht sich auf ähnliche Verhältnisse wie bei der Bestimmung der A-Zahl (S. 90). Die Löslichkeit in Wasser wurde gefunden, indem die Fettsäuren mit Wasser destilliert, das Destillat einige Stunden stehen gelassen, filtriert und nach Zusatz von Alkohol titriert wurde.

Das Ergebnis war folgendes:

Tabelle 28. Löslichkeit und Flüchtigkeit der niederen Fettsäuren.

Fettsäure	Löslichkeit in Wasser bei 15°		Flüchtigkeit mit Wasserdampf		Löslichkeit der Magnesiumsalze bei 15°	
	g in 100 ccm	ccm 0,1 N.-Säure [2]	g in 100 ccm Destillat	ccm 0,1 N.-Säure [2]	g in 100 ccm	ccm 0,1 N.-Säure [2]
Capronsäure	1,465	124,0	7,647	647,5	5,338	452,0
Caprylsäure	0,121	10,8	2,134	186,4	1,035	90,4
Nonylsäure	0,0876	5,5	0,9322	59,0	0,3500	23,1
Caprinsäure	0,0155	0,9	0,4873	28,3	0,1365	7,9
Laurinsäure	0,0006	0,03	0,0961	4,8	0,0058	0,3
Myristinsäure	0,0000	0,0	0,0384	1,7	0,0015	0,1
Palmitinsäure	0,0000	0,0	0,0077	0,3	0,0000	0,0
Stearinsäure	0,0000	0,0	0,0028	0,1	0,0000	0,0

Die Löslichkeit in Wasser ist also für die Caprylsäure bereits klein, für die Caprinsäure nur noch in Spuren vorhanden. Die Flüchtigkeit mit Wasserdampf dagegen ist für Laurinsäure noch deutlich und selbst bei Palmitinsäure noch meßbar. Dagegen ist die Löslichkeit des Magnesiumlaurates fast vernachlässigbar, die des Caprinates bereits merklich. Die Zweckmäßigkeit der Magnesiumscheidung tritt hierdurch klar zutage.

W. ARNOLD[2] hat die Flüchtigkeit der Fettsäuren unter ähnlichen Verhältnissen, wie sie bei der Bestimmung der REICHERT-MEISSL- und der POLENSKE-Zahl vorliegen, eingehend untersucht. Er benutzte den von E. POLENSKE vorgeschlagenen Apparat (Abb. 29, S. 82) und destillierte von 125 g Fettsäure + Wasser, 0,1—0,25 g Fettsäuren enthaltend, nach Zusatz von Bimssteinpulver 100 ccm ab und titrierte die flüchtigen wasserlöslichen und wasserunlöslichen Fettsäuren mit alkoholischer 0,1 bzw. 0,05 N.-Kalilauge. Die Ergebnisse waren folgende:

Tabelle 29. Flüchtigkeit der Fettsäuren mit Wasserdampf nach ARNOLD.

Fettsäure	Fettsäuren angewendet g	Flüchtige Fettsäuren gefunden			
		in ccm 0,1 N.-KOH		in g	
		lösliche	unlösliche	lösliche	unlösliche
Buttersäure . . . · . .	0,15	15,90	0	0,140	0
Capronsäure	0,15	12,65	0	0,147	0
Caprylsäure	0,15	5,20	4,98	0,075	0,072
Caprinsäure	0,15	0,20	8,17	0,003	0,140
Laurinsäure	0,15	0	5,84	0	0,117
Myristinsäure	0,15	0	1,66	0	0,038
Palmitinsäure	0,10	0	0,37	0	0,009
Stearinsäure	0,25	0	0,12	0	0,003

[1] S. H. BERTRAM: Bereiding en Onderzoek van Oliezuur, S. 17. Diss. Delft 1928; Chem. Weekbl. 1923, 20, 610; Z. 1928, 55, 180.

[2] W. ARNOLD: Z. 1921, 42, 345. — Vgl. auch K. LUFT: Diss. Würzburg 1918; ferner S. H. BERTRAM: Diss. Delft 1928; Z. 1928, 55, 179.

Die Flüchtigkeit der niederen Fettsäuren im Wasserdampfstrom wird durch gleichzeitige Gegenwart von nichtflüchtigen Fettsäuren[1] stark behindert, weil diese durch Ausschüttlungswirkung einen Teil der niederen Fettsäuren aufnehmen und so der Dampfwirkung entziehen (vgl. S. 76). So geht nach Orla-Jensen[2] von Caprylsäure nur etwa $^1/_4$ in das Destillat nach Reichert-Meissl über. Bei Buttersäure ist die Störung am geringsten, bei den folgenden Homologen größer und bei der Caprinsäure am größten.

Bei Gegenwart mittlerer Fettsäuren wie Laurinsäure, Myristinsäure, auch noch Palmitinsäure, bei der Destillation der Fettsäuren z. B. von Butterfett und Cocosfett geht ein Teil der ersteren in das Destillat, während die Hauptmenge zurückbleibt. Im Destillat tritt ebenfalls wieder ein Übergehen wasserlöslicher Fettsäuren in die unlösliche Phase ein, so daß das Endergebnis von einer Reihe schwer übersehbarer, verwickelter Vorgänge beeinflußt wird, die seine Schärfe und vor allem den zahlenmäßigen Zusammenhang der Kennzahl mit dem zu prüfenden Bestandteil, nämlich mit der niederen Fettsäure, trüben (vgl. S. 2).

Bei der Reichert-Meissl-Zahl, die sich ja in der Hauptsache auf den Buttersäuregehalt bezieht, halten sich die genannten Einflüsse in erträglichen Grenzen, sie erreichen aber bei der Polenske-Zahl eine solche Höhe, daß diese Kennzahl nur noch in geringer Annäherung als Kennzahl auf niedere Fettsäuren, sei es auch auf den „unlöslichen" Teil derselben, bezeichnet werden kann. Wenn wir trotzdem diese beiden Kennzahlen beschreiben, so geschieht es, weil sie allgemein bei den Fettuntersuchungen angewendet werden und auch heute noch viel in Gebrauch sind.

Bei den neueren Verfahren werden die höheren Fettsäuren vor der Destillation abgeschieden, sei es durch Ausfällung der Seifenlösung mit einem geeigneten Metallsalz, sei es durch einfaches Ansäuern mit Schwefelsäure unter geeigneten Bedingungen.

Auch zur Fraktionierung der niederen Fettsäuren selbst ist die Ausfällung der Seifenlösung mit Metallsalzen verwendet worden, und zwar mit Silbersalzen von A. Kirschner[3], E. Ewers[4], S. H. Blichfeld[5] und S. H. Bertram[6] und Mitarbeitern (A- und B-Zahl), mit Kupfersalzen von F. v. Morgenstern[7] (Kupferzahl) und J. Grossfeld[8] (Caprylsäurezahl).

Die Abtrennung der höheren Fettsäuren durch Ansäuern der wäßrigen Alkaliseifenlösung eignet sich, weil auch die Caprylsäure und Caprinsäure in Wasser sehr schwer löslich sind, nur zur Prüfung auf Buttersäure und Capronsäure. Sie wurde G. van B. Gilmour[9] zuerst vorgeschlagen, von J. Kuhlmann und J. Grossfeld[10] durch Anwendung einer Aussalzung mit festem Natriumsulfat und völlige Ausschaltung der Capryl- und Caprinsäure durch Zugabe von Cocosseife zum Haupt- und Blindversuch verbessert und schließlich von Grossfeld[11] durch Ersatz des festen Natriumsulfates durch Kaliumsulfatlösung in die praktisch leicht ausführbare Bestimmung der Buttersäurezahl umgewandelt.

Hiernach lassen sich die Kennzahlen auf niedere Fettsäuren weiter einteilen in:

a) Kennzahlen, die sich auf alle niederen Fettsäuren, Buttersäure, Capronsäure, Caprylsäure und Caprinsäure beziehen. Beispiel: Gesamtzahl der niederen Fettsäuren.

b) Kennzahlen, die sich auf bestimmte Fraktionen, die niedere oder höhere Fraktion, beziehen. Auf die niedere: Reichert-Meissl-, B-, Buttersäure-, Xylol-, Kupferzahl u. a.; auf die höhere: Polenske-, A-, Caprylsäurezahl u. a.

----

[1] Auch der eigenen Art, wenn größere Mengen bei der Destillation im Kolben zurückbleiben.   [2] Orla-Jensen: Z. 1905, 10, 265.   [3] A. Kirschner: Z. 1905, 9, 65.

[4] E. Ewers: Z. 1910, 19, 529.

[5] S. H. Blichfeld: Journ. Soc. chem. Ind. 1910, 29, 792; Z. 1912, 23, 361.

[6] S. H. Bertram, H. G. Bos u. F. Verhagen: Vgl. Anm. 1, S. 77.

[7] F. v. Morgenstern: Z. 1926, 52, 385.   [8] J. Grossfeld: Z. 1928, 55, 354.

[9] G. van B. Gilmour: Analyst 1925, 50. 276; Z. 1925, 50, 244.

[10] J. Kuhlmann u. J. Grossfeld: Z. 1926, 51, 31.

[11] J. Grossfeld: Z. 1927, 53, 381.

1. Gesamtzahl der niederen Fettsäuren.

Die Gesamtzahl der niederen Fettsäuren, abgekürzt Gesamtzahl, gibt an, wieviel Kubikzentimeter 0,1 N.-Alkalilauge zur Neutralisation der aus 5 g Fett nach Verseifung und Abscheidung der höheren Fettsäuren durch Magnesiumsulfat aus stark verdünnter Lösung abgetrennten, gesamten niederen Fettsäuren erforderlich sind.

Diese von J. GROSSFELD[1] in die Fettanalyse eingeführte Kennzahl wird zweckmäßig in etwa 0,5 g Fett unter Titration mit 0,01 N.-Natronlauge wie folgt ermittelt:

500—550 mg Fett werden in einem 100-ccm-Stehkölbchen mit 5 ccm alkoholischer Kalilauge[2] auf der Heizplatte zum leichten Sieden erhitzt. Nach Lösung des Fettes gibt man 1 ccm Glycerin von der Dichte 1,23[3] hinzu und kocht weiter, bis der Alkohol größtenteils verdampft ist. Diesen Zeitpunkt erkennt man an dem dann eintretenden stärkeren Schäumen. Zur Beseitigung der letzten Alkoholreste bringt man nun die Kölbchen in einen Wasserdampfheizschrank und beläßt sie dort in liegender Stellung etwa 1 Stunde. Dann löst man den noch warmen Seifenrückstand in 50 ccm Wasser, fügt aus einer Pipette unter Umschwenken 25 ccm Magnesiumsulfatlösung (15 g des Salzes im Liter) hinzu und läßt bis zum folgenden Tage[4] stehen. — Einen blinden Versuch setzt man in gleicher Weise mit 2—3 Tropfen Kakaofett an.

Nun filtriert man durch ein trockenes Faltenfilter von 15 cm Durchmesser in einen 100-ccm-Meßzylinder. Wenn weniger als 50 ccm Filtrat durchlaufen sollten, drückt man den Magnesiumniederschlag auf dem Filter mit dem runden Boden eines Reagensröhrchens zusammen, worauf dann weitere Filtratmengen erhalten werden.

Vom Filtrat gibt man mit einer Pipette 50 ccm in ein weiteres 100-ccm-Stehkölbchen (oder Erlenmeyerkölbchen), fügt eine Messerspitze voll (0,1 g) Bimssteingrieß und 1 ccm verdünnte Phosphorsäure (Dichte 1,154) hinzu und destilliert in der Vorrichtung für die Bestimmung der Halbmikrobuttersäurezahl (vgl. S. 88) in das Auffanggefäß mit Marke 40 ccm ab. Dann spült man mit 10 ccm einer Lösung von 0,1 g Phenolphthalein in 500 ccm etwa 90%igen Alkohols den Kühler nach und titriert anschließend mit 0,01 N.-Natronlauge. Diese Titration führt man wieder so aus, daß man in ein Becherglas umgießt, darin bis zur Rotfärbung titriert, dann das Gemisch zum Ausspülen des Meßzylinders benutzt, zurückgießt und nun zu Ende titriert.

Das Titrationsergebnis wird um das des blinden Versuchs, der in gleicher Weise mit den Reagenzien und 2—3 Tropfen geschmolzener Kakaobutter[5] ausgeführt wird, vermindert und dann je nach Einwaage mit folgendem Faktor mal genommen:

Tabelle 30. Faktoren zur Berechnung der Gesamtzahl.

Einwaage mg	Faktor	Einwaage mg	Faktor	Einwaage mg	Faktor	Einwaage mg	Faktor
500—501	1,52	512—515	1,48	527—529	1,44	542—545	1,40
502—505	1,51	516—518	1,47	530—533	1,43	546—550	1,39
506—508	1,50	519—522	1,46	534—537	1,42		
509—511	1,49	523—526	1,45	538—541	1,41		

[1] J. GROSSFELD: Z. 1932, 64, 433. — Vgl. auch Z. 1938, 76, 340.

[2] 40 ccm Kalilauge von der Dichte 1,5 werden mit 40 ccm Wasser vermischt und die Mischung dann mit 95—96%igem Alkohol auf 1 Liter aufgefüllt (vgl. S. 87, Anm. 3).

[3] Glycerin der Dichte 1,23 (D. A.-B. 6) enthält etwa 13%, entsprechend in 1 ccm 160 mg Wasser, eine Menge, die für das Ergebnis ohne Bedeutung ist.

[4] Bei Eilversuchen kann dieses Stehen über Nacht dadurch vermieden werden, daß man die Seifenlösung auf etwa 17—18° abkühlt, dann die Magnesiumsulfatlösung zugibt, umschüttelt und nach etwa 30 Minuten filtriert.

[5] Die aus dem Kakaofett entstehenden Magnesiumseifen erleichtern die Filtration des Magnesiumniederschlages. Auf das Ergebnis ist der Kakaofettzusatz ohne Einfluß.

Für eine Einwaage von 500 mg Fett kann die Gesamtzahl auch unmittelbar aus der Tabelle VI (Anhang) abgelesen werden, für höhere Einwaagen unter Benutzung der angefügten Korrekturtabelle.

Der Anteil der vorhandenen Fettsäuren, der in der Gesamtzahl zum Ausdruck kommt, ist (unter Einschluß der in nur ranzigen Fetten vorkommenden Nonylsäure) folgender:

Buttersäure	Capronsäure	Caprylsäure	Nonylsäure	Caprinsäure
96%	98%	93%	86%	52%

Die Gesamtzahl ist von den Versuchsbedingungen (Art und Größe der Destillationsvorrichtung, Schnelligkeit der Destillation, Einhaltung der Destillatmenge von genau 40 ccm) nur wenig abhängig.

Die Erhöhung der Gesamtzahl durch im Fett vorhandene Laurinsäure wurde an Mischungen mit Kakaofett wie folgt gefunden:

Gehalt an Laurinsäure . . . 1,2   2,2   4,8   9,6   26,0   30,1   48,0%
Erhöhung der Gesamtzahl. . 0,2   0,4   0,5   0,6   0,8   1,1   1,8

Die Gesamtzahl von Butterfett und Cocosfett beträgt:

  Butterfett (245 Proben Molkereibutter[1]) . . . Mittel 34,8 (25,2—42,8)
  Cocosspeisefett (7 Proben). . . . . „   38,0 (37,2—39,0)

Bei einer Probe Palmbutter (Palmkernfett) wurde eine Gesamtzahl von 29,8 beobachtet, bei Rindsfett, Schweinefett, Kakaobutter liegt sie um 0, steigt aber beim Ranzigwerden durch Bildung flüchtiger Säuren allmählich an. Das Gleiche gilt von den meisten Pflanzenölen. Nur bei Delphinölen sind im frischen Öl hohe Gesamtzahlen zu erwarten, wenn auch Untersuchungen darüber bisher nicht bekannt geworden sind, ebenso bei den japanischen Akebisaatölen.

Als weitere Kennzahl für die gesamten niederen Fettsäuren hat G. van B. Gilmour[2] Titration des Gesamtdestillates nach Reichert-Meissl (also Reichert-Meissl- + Polenske-Zahl) vorgeschlagen. Aus den S. 78 dargelegten Gründen ist dieses Verfahren aber als unzweckmäßig anzusehen.

Manche Kennzahlen auf die niedere und höhere Fraktion der niederen Fettsäuren werden zum Nachweis von Cocosfett in Butterfett gewöhnlich gemeinsam in einem Arbeitsgange ausgeführt, so die Reichert-Meissl- und Polenske-Zahl, die A- und B-Zahl u. a. Diese paarig zusammengehörigen Kennzahlen werden daher im folgenden gemeinsam behandelt.

2. Reichert-Meissl- und Polenske-Zahl.

a) Begriffe.

Die Reichert-Meissl-Zahl[3] gibt an, wieviel Kubikzentimeter 0,1 N.-Alkalilauge zur Neutralisation der aus 5 g Fett bei bestimmter Versuchsanordnung mit Wasserdampf flüchtigen wasserlöslichen Fettsäuren erforderlich sind.

Die Polenske-Zahl gibt an, wieviel Kubikzentimeter 0,1 N.-Alkalilauge zur Neutralisation der bei der gleichen Versuchsanordnung aus 5 g Fett mit Wasserdampf flüchtigen wasserunlöslichen Fettsäuren erforderlich sind.

---

[1] Vgl. J. Grossfeld, E. Schweizer u. H. Damm: Z. 1938, 76, 123. — Die Proben stammten aus verschiedenen Ländern und hatten dem milchwirtschaftlichen Weltkongreß in Berlin 1937 zur Prüfung vorgelegen.

[2] G. van B. Gilmour: Analyst 1925, 50, 276; Z. 1925, 50, 244.

[3] Die früher in der Literatur angegebene Reichert-Zahl bezieht sich auf 2,5 g Fett; durch Multiplikation mit 2,2 kann man aus ihr nach J. Lewkowitsch annähernd die Reichert-Meissl-Zahl berechnen.

Da zwischen den mit Wasserdampf flüchtigen und nichtflüchtigen sowie den wasserlöslichen und wasserunlöslichen Fettsäuren keine scharfen Grenzen bestehen und aus den S. 78 besprochenen Gründen, werden bei der Bestimmung der REICHERT-MEISSL- und der POLENSKE-Zahlen nur dann konstante und daher vergleichbare Werte erhalten, wenn die Bestimmungen unter genau festgelegten Verhältnissen erfolgen.

Die Höhe der REICHERT-MEISSL-Zahl ist vorwiegend bedingt durch den Gehalt der Fette an Butter- und Capronsäure sowie zum Teil auch an Caprylsäure, die POLENSKE-Zahl durch den Gehalt an Caprylsäure und Caprinsäure sowie der folgenden höheren Homologen. Beide Zahlen geben aber nicht den Gesamtgehalt der Fette an diesen Fettsäuren an, sondern, wie aus dem Vorstehenden hervorgeht, nur den Anteil, der unter den Destillationsbedingungen davon gewinnbar ist. Dieser beträgt nach ORLA-JENSEN[1] z. B. von

Buttersäure . . . . 85—88%
Caprylsäure . . . . 24—25%

A. JUCKENACK und R. PASTERNACK[2] haben bei einem Butterfett und einem Cocosfett nach der Bestimmung der REICHERT-MEISSL-Zahl zu dem Destillationsrückstande wieder 110 ccm Wasser hinzugegeben, abermals 110 ccm abdestilliert und diese Behandlung bei dem Butterfett im ganzen 5mal und bei dem Cocosfett 8mal ausgeführt. Die hierbei erhaltenen Ergebnisse waren folgende:

Tabelle 31.

Behandlung		Destillat Nr.							
		I	II	III	IV	V	VI	VII	VIII
Cocos-fett	REICHERT-MEISSL-Zahl . .	6,80	3,69	2,73	1,88	1,22	0,94	0,61	0,45
	% der flüchtigen Fettsäuren	37,12	20,14	14,90	10,26	6,66	5,13	3,33	2,46
Butter-fett	REICHERT-MEISSL-Zahl . .	27,51	2,10	0,61	0,45	0,36	—	—	—
	% der flüchtigen Fettsäuren	88,66	6,77	1,96	1,45	1,16	—	—	—

Durch die Destillation bei der Bestimmung der REICHERT-MEISSL-Zahl beim Butterfett wurden demnach rund 90% der Menge von wasserlöslichen flüchtigen Fettsäuren abdestilliert, die durch fünfmalige Destillation im ganzen übergetrieben wurden.

Das Ranzigwerden der Fette und Öle hat in der Regel eine mehr oder minder merkliche Erhöhung der REICHERT-MEISSL-Zahl zur Folge; ähnlich wirkt auch das Einblasen von Luft in fette Öle (sog. geblasene Öle).

b) Bestimmung.

α) **Nach POLENSKE.** Bei der Bestimmung der REICHERT-MEISSL-Zahl verwendete man früher[3] alkoholische Alkalilaugen zur Verseifung. Da diese Verfahren mit mancherlei Fehlerquellen behaftet sind, wird von ihrer Aufführung hier abgesehen und nur das Verseifungsverfahren mit Glycerin-Alkalilauge nach H. LEFFMANN und W. BEAM[4] berücksichtigt, das zuverlässigere Ergebnisse liefert und in der Ausführung einfacher ist; mit ihm läßt sich in einfacher Weise auch die Bestimmung der POLENSKE-Zahl verbinden.

Um übereinstimmende zuverlässige Werte zu erhalten, ist es geboten, nicht allein die nachfolgende Vorschrift zur Ausführung der Bestimmung genau zu

---

[1] ORLA-JENSEN: Z. 1905, **10**, 265. — Die von ORLA-JENSEN für Capronsäure (85 bis 100%) und Caprinsäure (36—40%) angegebenen Ausbeutezahlen sind wahrscheinlich viel zu hoch. — A. VIRTANEN (Zeitschr. analyt. Chem. 1928, **74**, 321; Z. 1932, **24**, 318) gibt an, daß an Buttersäure 89% in das Destillat gehen.

[2] A. JUCKENACK u. R. PASTERNACK: Z. 1904, **7**, 193.

[3] Vgl. R. WOLLNY: Zeitschr. analyt. Chem. 1889, **28**, 721. — R. SENDTNER: Arch. Hygiene 1888, **8**, 422. — Amtliche Anweisung vom 1. April 1898 zum Margarinegesetz vom 15. Juni 1897: Z. 1898, **1**, 439.

[4] H. LEFFMANN u. W. BEAM: Analyst 1891, **16**, 153. — Vgl. auch W. KARSCH: Chem.-Ztg. 1896, **20**, 607.

befolgen, sondern auch besonders darauf zu achten, daß die Größen- und Formverhältnisse des Destillationsapparates möglichst genau denen des Apparates in Abb. 29 entsprechen[1].

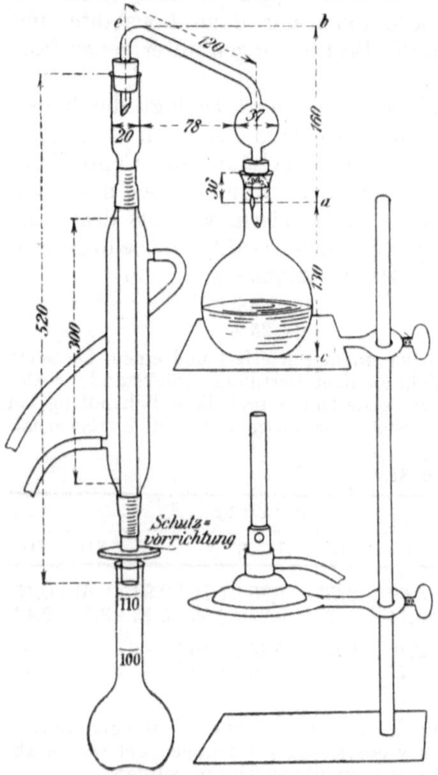

Abb. 29. Destillationsvorrichtung nach E. POLENSKE.

a) Man verfährt zweckmäßig in Anlehnung an das Verfahren von E. POLENSKE[2] unter Anwendung des von diesem angegebenen Destillationsapparates (Abb. 29), wie folgt:

Genau 5 g Fett werden in einem 300-ccm-Stehkolben von Jenaer Glas mit 2 ccm kohlensäurefreier 50%iger Kalilauge[3] (erhalten durch Auflösen von 100 g Kaliumhydroxyd in 100 ccm Wasser, Absitzenlassen und Abgießen der klaren Flüssigkeit) und 4 ccm Glycerin[4] unter ständigem Umschwenken über kleiner freier Flamme verseift, bis die Flüssigkeit nach anfänglichem Schäumen klar geworden ist. Nach Abkühlung auf etwa 80—90° setzt man 90 ccm gekochtes Wasser von etwa gleicher Temperatur hinzu. Die klare wäßrige Seifenlösung muß farblos oder darf nur schwach gelblich[5] gefärbt sein. Die Lösung wird darauf mit 50 ccm verdünnter Schwefelsäure (25 ccm konzentrierte Schwefelsäure im Liter enthaltend) und 0,6—0,7 g Bimssteinpulver[6] versetzt und nach sofortigem Verschluß des Kolbens der Destillation in ein 110-ccm-Kölbchen unter-

---

[1] Nach A. HESSE (Milchw. Zentralbl. 1905, **1**, 13) sind die Größe des Destillationskolbens, die Destillationsdauer und die Größe des zugesetzten Bimssteins von der größten, die übrigen Verhältnisse dagegen von geringer Bedeutung für das Ergebnis.

[2] E. POLENSKE: Arb. kaiserl. Gesundh.-Amt 1904, **20**, 545; Z. 1904, **7**, 273.

[3] M. SIEGFELD (Chem.-Ztg. 1908, **32**, 1128) und H. KREIS (Chem.-Ztg. 1911, **35**, 1053) haben vorgeschlagen, statt der von LEFFMANN und BEAM angewendeten Natronlauge Kalilauge zu verwenden, weil deren Seifen nicht so leicht erstarren wie die entsprechenden Natriumseifen.

[4] Von LEFFMANN und BEAM war die Verwendung von 20 ccm Glycerin vorgeschrieben. Nach H. KREIS (Z. 1908, **16**, 406 und Chem.-Ztg. 1911, **35**, 1053) kommt aber Glycerin im Handel vor, das in Wasser lösliche und unlösliche flüchtige Fettsäuren enthält; derartiges Glycerin gab z. B. beim Leerversuch bei Anwendung von 20 ccm Glycerin REICHERT-MEISSL-Zahlen von 1,5 und erhöhte POLENSKE-Zahlen (vgl. auch W. ARNOLD: Z. 1905, **10**, 207; 1907, **14**, 151). Aus diesem Grunde hat KREIS vorgeschlagen, statt 20 ccm Glycerin nur 4 ccm (Dichte 1,26) zu verwenden, wodurch gleichzeitig die Verseifung beschleunigt und verbilligt wird. M. SIEGFELD (Chem.-Ztg. 1911, **35**, 1292) sowie G. HEUSER und G. RANFT (Z. 1912, **23**, 16) bestätigen die Angaben von KREIS.

[5] Stark ranzige und talgige Fette, bei denen die Seifenlösung braun gefärbt ist, sind nach POLENSKE von der Prüfung auszuschließen.

[6] Durch die Verwendung von Bimssteinpulver wird ein gleichmäßigeres Sieden erreicht als durch die sonst gebräuchlichen Bimssteinstücke, mit welchen letzteren man nach A. HESSE (Milchw. Zentralbl. 1905, 1, 13) abweichende Ergebnisse erhält. M. FRITZSCHE (Z. 1908, **15**, 193) empfiehlt die Verwendung von 0,5 g Bimssteinpulver von 1 mm Korngröße, W. ARNOLD (Z. 1907, **14**, 147) 0,6—0,7 g „ziemlich feingepulverten Bimsstein".

worfen. Es ist zweckmäßig, die Flamme[1] schon vorher so zu regeln, daß 110 ccm Destillat in 19—21 Minuten übergehen. Die Kühlung ist während der Destillation so einzurichten, daß das Destillat keineswegs warm, aber auch nicht zu kalt, sondern mit der unter gewöhnlichen Verhältnissen sich ergebenden Temperatur von etwa 20—23° abtropft.

Reichert-Meißl-Zahl. Sobald die 110 ccm Destillat übergegangen sind, wird die Flamme entfernt und darauf die Vorlage sofort durch einen Meßzylinder von 25 ccm Inhalt ersetzt.

Ohne vorher das Destillat zu mischen, setzt man den Kolben 10 Minuten lang möglichst tief in Wasser von 15°. Unter Vermeidung starken Schüttelns wird der Kolbeninhalt dann durch 4—5maliges Umkehren des verschlossenen Kolbens gemischt und durch ein trockenes glattes Filter von 8 cm Durchmesser filtriert. 100 ccm des Filtrates werden darauf nach Zusatz von 3—4 Tropfen neutraler alkoholischer Phenolphthaleinlösung (1%ig) mit 0,1 N.-Alkalilauge titriert. In gleicher Weise wird ein Leerversuch (ohne Fett) ausgeführt.

Aus dem Verbrauch an 0,1 N.-Alkalilauge beim Hauptversuch (a) und beim Leerversuch (b) ergibt sich die Reichert-Meissl-Zahl $= 1{,}1 \cdot (a - b)$.

Polenske-Zahl. Nachdem das Filtrat für die Bestimmung der Reichert-Meissl-Zahl ganz abfiltriert ist, wird das Filter sofort dreimal mit je 15 ccm Wasser, wodurch es jedesmal bis zum Rande gefüllt wird, gewaschen. Dieses Waschwasser wird vorher zum dreimaligen Nachspülen des Kühlrohres, des Meßzylinders und des 110-ccm-Kolbens benutzt. Wenn das letzte Waschwasser, von dem die zuletzt abfiltrierten 10 ccm durch 1 Tropfen 0,1 N.-Alkalilauge neutralisiert werden müssen, abgetropft ist, wird nach Unterstellung eines 100 ccm-Erlenmeyerkölbchens unter das Filter dieselbe Behandlung in gleicher Weise dreimal mit je 15 ccm neutralem Alkohol (90%) wiederholt. Die in den vereinigten alkoholischen Filtraten gelösten wasserunlöslichen flüchtigen Fettsäuren werden alsdann unter Zusatz von drei Tropfen Phenolphthaleinlösung mit 0,1 N.-Alkalilauge bis zur deutlich eintretenden Rötung titriert.

Die so ermittelten Kubikzentimeter 0,1 N.-Alkalilauge sind die Polenske-Zahl.

β) **Gleichzeitige Bestimmung der Verseifungszahl,** der Reichert-Meissl- und der Polenske-Zahl. H. Bremer[2] hat seinerzeit vorgeschlagen, die Bestimmung der Reichert-Meissl-Zahl mit der Verseifungszahl nach Köttstorfer zu verbinden. W. Arnold[3] hat dieses Verfahren verbessert und es gleichzeitig auch zur Bestimmung der Polenske-Zahl angewendet.

γ) **Bestimmung der Reichert-Meissl-Zahl bei geringen Fettmengen.** Wie schon auf S. 81 hervorgehoben wurde, liefert die Bestimmung der Reichert-Meissl-Zahl nur dann brauchbare Ergebnisse, wenn die Bestimmung genau nach dem unter a angegebenen Verfahren gearbeitet, also auch von genau 5 g Fett ausgegangen wird.

Vielfach bestand aber das Bedürfnis, die Reichert-Meissl-Zahl auch in kleineren Fettmengen, wie sie z. B. bei der Extraktion von auf Butterfett zu untersuchenden Backwaren erhalten werden, zu bestimmen. Würde man bei solchen kleinen Fettmengen das Ergebnis auf 5 g Fett umrechnen, so fallen die Reichert-Meissl-Zahlen zu hoch aus.

---

[1] Die Art des Erhitzens ist nach A. Goske (Z. 1907, **13**, 491) sowie nach B. Kühn (Z. 1907, **14**, 741) von wesentlichem Einfluß auf das Untersuchungsergebnis. A. Goske empfiehlt, die Erhitzung nicht auf einem Drahtnetz, sondern über freier Flamme vorzunehmen. W. Arnold (Z. 1907, **14**, 147; 1912, **23**, 389) verwendet einen Asbestteller, aus dem eine Scheibe von 6,5 cm Durchmesser herausgeschnitten ist und erhitzt dann ebenfalls über freier Flamme. Nach Kühn erhält man bei Verwendung von weitmaschigem Eisendrahtnetz zu hohe Polenske-Zahlen; richtige Ergebnisse werden bei Verwendung von feinem Kupferdrahtnetz von 0,5 mm Maschenweite erhalten; die Destillation kann dann ohne Einfluß auf das Ergebnis auf 25 Minuten ausgedehnt werden. M. Fritzsche (Z. 1908, **15**, 231) hat diese Angabe von Kühn bestätigt.

[2] H. Bremer: Forschungsber. über Lebensmittel 1895, **2**, 424.

[3] W. Arnold: Z. 1905, **10**, 201; 1907, **14**, 148.

1. Nach J. Kuhlmann und J. Grossfeld [1] erhält man in solchen Fällen richtige Werte der Reichert-Meissl-Zahlen, wenn man die gefundenen Werte
bei Anwendung von . 0,5   1,0   2,0   2,5   3,0   4,0 g Fett
mit dem Faktor . . . 0,894   0,908   0,942   0,958   0,968   0,985 multipliziert.

2. Nach A. Millig [2] erhält man bei geringeren Fettmengen als 5 g (bis 0,5 g herab) richtige Reichert-Meissl-Zahlen, wenn man die an 5 g fehlende Fettmenge durch ein Pflanzenöl mit niedriger Reichert-Meissl-Zahl (Erdnuß-, Sesam-, Rüböl usw.) ersetzt und dann in üblicher Weise nach a verfährt. Bei Berechnung ist natürlich der Wert für das verwendete Öl zu berücksichtigen. Werden z. B. 1 g Butterfett (a) und 4 g Pflanzenöl ($5 - a$), letzteres mit der Reichert-Meissl-Zahl 0,9 (β), verwendet und ergibt der Hauptversuch den Wert 6,5 (α) — in beiden Fällen unter Abzug des Wertes des Leerversuches — so hat das Butterfett die

$$\text{Reichert-Meissl-Zahl} = \frac{5}{a}\left(\alpha - \frac{5 - a}{5} \cdot \beta\right) = \frac{5}{1}\,(6,5 - 0,72) = 28,9\,.$$

3. Nach H. Lührig [3] kann man die Bestimmung der Reichert-Meissl- und Polenske-Zahl mit 0,5 g Fett als Halbmikrobestimmung ausführen, wobei man 50-ccm-Kölbchen verwendet, die Zusätze auf $^1/_{10}$ der normalen reduziert und 12,5 ccm Destillat auffängt. Das Verfahren wird von W. Koenig und W. Wirth [4] günstig beurteilt und dahin vereinfacht, daß die Bestimmung nicht an 0,5 g, sondern an 0,6 ccm Fett ausgeführt wird. Auch H. Vasbinder [5] erhielt mit dem Halbmikroverfahren die gleichen Werte wie mit dem Makroverfahren und übertrug die Arbeitsweise auch auf das Kirschner-Verfahren.

c) Abänderungen der Reichert-Meissl-Zahl.

Der Umstand, daß die Reichert-Meissl-Zahl nicht nur durch Buttersäure und Capronsäure, sondern auch durch Caprylsäure beeinflußt wird und sich daher zur Unterscheidung von Butterfett und Cocosfett weniger eignet, hat zu mancherlei Abänderungsvorschlägen geführt. Von diesen sind zu erwähnen:

α) **Die Kirschner-Zahl.** Diese auf Versuche von Orla-Jensen [6] zurückgehende, von A. Kirschner [7] eingeführte „neue Butterzahl" ist zur Bestimmung von Butterfett in Margarine vielfach verwendet worden. Sie wird wie folgt ausgeführt:

Das nach Reichert-Meissl (S. 81) erhaltene Destillat wird filtriert. Vom Filtrat werden 100 ccm mit 0,1 N.-Barytlauge titriert. Das Ergebnis × 1,1 ist die Reichert-Meissl-Zahl. Zu dem neutralisierten Destillate werden dann 0,5 g Silbersulfat hinzugesetzt, und nach einstündigem Stehen unter zeitweiligem Umrühren wird die Flüssigkeit durch ein trockenes Filter filtriert, und 100 ccm des Filtrates werden abgemessen. Diese werden in ein Destillationskölbchen gebracht, etwas Bimsstein sowie 35 ccm Wasser und 10 ccm verdünnte Schwefelsäure hinzugegeben, worauf wiederum 110 ccm in der Stunde abdestilliert werden. Das Destillat wird durch ein kalkfreies, trockenes Filter filtriert, vom Filtrat werden 100 ccm abgemessen und wie oben titriert. Nach dem Umrechnen des erhaltenen Wertes auf 5 g Fett erhält man die neue Zahl, welche den Gehalt an den flüchtigen Säuren angibt, deren Silbersalze in neutralen Flüssigkeiten löslich sind. — Eine besondere Ausführungsart der Verfahren beschreiben F. F. Flanders und A. D. Truitt [8].

Die Berechnung des Butterfettgehaltes aus der Kirschner-Zahl ergibt nach E. Tchétchéroff und N. Charliers [9] fast genau die gleichen Werte wie aus der Buttersäurezahl; die Kirschner-Zahl wird aber von Cocosfett stärker beeinflußt als letztere. Kirschner hat sie besonders zur Milchfettbestimmung in Margarine empfohlen. Die Abtrennung der Buttersäure als lösliches Silbersalz benutzt auch Bertram bei der Bestimmung der B-Zahl (S. 91).

Weitere auf gleicher Grundlage beruhende Methoden sind die von H. P. Wijsman und J. J. Reijst [10], R. K. Dons [11], S. H. Blichfeld [12] und van der Laan [13].

---

[1] J. Kuhlmann u. J. Grossfeld: Z. 1925, 50, 328.   [2] A. Millig: Z. 1930, 60, 318.
[3] H. Lührig: Pharm. Zentralbl. 1922, 63, 218; 1927, 68, 46, 65.
[4] W. Koenig u. W. Wirth: Pharm. Zentralh. 1932, 73, 759.
[5] H. Vasbinder: Pharm. Weekbl. 1934, 71, 1193.
[6] Orla-Jensen: Z. 1905, 10, 265.   [7] A. Kirschner: Z. 1905, 9, 65.
[8] F. F. Flanders u. A. D. Truitt: Ind. engin. Chem. Analyt. Edit. 1934, 6, 286.
[9] E. Tchétchéroff u. N. Charliers: Auszug aus Compt. rend. Septième Congres chim. Ind. 1927.
[10] H. P. Wijsman u. J. J. Reijst: Z. 1906, 11, 267.   [11] R. K. Dons: Z. 1907, 14, 333.
[12] S. H. Blichfeld: Journ. Soc. chem. Ind. 1910, 29, 792; Z. 1912, 23, 361.
[13] van der Laan: Rec. Trav. chim. Pays-Bas 1922, 41, 724.

β) **Xylolzahl nach A. VAN RAALTE**[1]. Bei dieser Kennzahl werden 5 g Fett wie bei der REICHERT-MEISSL-Zahl destilliert und dann 100 ccm des filtrierten Destillates + 10 ccm Wasser mit 22 ccm Xylol 1 Minute lang geschüttelt und vom Filtrate 100 ccm mit $^1/_{20}$ N.-Natronlauge titriert. Das Ergebnis $\times$ 1,21 : 2 ist die Xylolzahl. Bei Butter wird das Destillat erst titriert (REICHERT-MEISSL-Zahl), dann die neutralisierte Mischung mit 0,1 N.-Schwefelsäure wieder zersetzt und darauf mit Xylol ausgeschüttelt. Die Berechnung bezieht sich stets auf 5 g Fett. — Die Xylolzahl beträgt bei Butterfett etwa 20. Bei Cocosfett wurden 1,22, bei Margarine 1,02 gefunden. VAN RAALTE berechnet weiter:

$$\text{Xylolprozentzahl} = 100 \cdot \frac{\text{Xylolzahl}}{\text{REICHERT-MEISSL-Zahl}}$$

und sieht Butter als verfälscht an, wenn die Xylolprozentzahl unter 66 gefunden wird.

Die Xylolzahl beruht auf ähnlicher Grundlage wie die Buttersäurezahl, nämlich Abtrennung der höheren Homologen der Buttersäure durch Ausschüttelung, bei jener durch Xylol, bei dieser durch die abgeschiedenen flüssigen Fettsäuren selbst.

A. P. SOBRINHO[2] fand die Brauchbarkeit der Xylolzahl und Xylolprozentzahl bestätigt und hebt ihre Einfachheit gegenüber der KIRSCHNER-Zahl hervor. — Nach J. GROSSFELD und F. BATTAY[3] zeigen Petroläther und Benzin (vgl. S. 153) noch günstigere Trennungswirkung als Xylol.

γ) Während die vorstehenden Kennzahlen durch die S. 78 dargelegten Schwierigkeiten bei der REICHERT-MEISSL-Destillation am wenigsten beeinflußt werden, weil sie sich in der Hauptsache auf Bestimmung der Buttersäure beziehen, stehen Kennzahlen, die die flüchtigen unslöslichen oder die bei der Destillation zurückbleibenden („nichtflüchtigen") Fettsäuren zur Grundlage haben, den nachstehend genannten an praktischem Wert nach. Hierhin gehört die Silberzahl des Unlöslichen von H. ATKINSON und H. AZADIAN[4] und die neue Kennzahl von V. VENKATACHALAM[5].

3. Buttersäurezahl.

a) Begriff.

Die **Buttersäurezahl** gibt an, wieviel Kubikzentimeter 0,1 N.-Alkalilauge zur Neutralisation der aus 5 g Fett erhaltenen, in mit Kaliumsulfat und Caprylsäure gesättigter, schwefelsaurer Lösung löslichen flüchtigen Fettsäuren erforderlich sind.

Die von J. KUHLMANN und J. GROSSFELD[6] in die Fettanalyse eingeführte von GROSSFELD[7] in die jetzige Form gebrachte Buttersäurezahl ist ein Ausdruck für den Gehalt eines Fettes an Buttersäure. Neben dieser wird auch ein etwaiger Gehalt an Capronsäure teilweise miterfaßt.

b) Ausführung der Bestimmung.

α) **Makroverfahren.** Genau 5 g Fett werden mit 2 ccm Kalilauge von der Dichte 1,5 und 10 ccm Glycerin (Dichte 1,26)[8] in einem 300-ccm-Stehkolben durch Umschwenken über freier Flamme verseift und die klare Seifenlösung nach kurzem Stehen, aber noch warm mit 150 ccm gesättigter wäßriger Kaliumsulfatlösung unter Umschütteln verdünnt. Zu der Lösung setzt man nach dem Erkalten auf 20°[9] unter Umschütteln nacheinander 5 ccm verdünnter Schwefelsäure

---

[1] A. VAN RAALTE: Chem. Weekbl. 1926, **23**, 222; 1927, **24**, 59.
[2] A. P. SOBRINHO: Traballo do Laboratorio de Analyses de Estado 1927, 3; C. 1928, I, 1919.   [3] J. GROSSFELD u. F. BATTAY: Z. 1931, **62**, 105.
[4] H. ATKINSON u. H. AZADIAN: Ann. Falsif. 1927, **20**, 593.   [5] V. VENKATACHALAM: Current Sci. 1937, 5, 477.   [6] J. KUHLMANN u. J. GROSSFELD: Z. 1926, **51**, 31.
[7] J. GROSSFELD: Z. 1926, **51**, 203; 1927, **53**, 381.
[8] Verwendung von wasserreicherem Glycerin, etwa von der Dichte 1,23, hat hier den Nachteil, daß wegen der größeren Menge des zu verdampfenden Wassers der Verseifungsvorgang verzögert wird. Die Buttersäurezahl selbst wird dadurch nicht wesentlich beeinflußt. Bei dem Halbmikroverfahren (S. 87), das unter Verseifung mit alkoholischer Lauge ausgeführt wird, kann Glycerin von der Dichte 1,23 verwendet werden.
[9] Zersetzung der Seifen bei höherer Temperatur als 20° bedingt eine Verminderung, bei niederer Temperatur eine Erhöhung der Buttersäurezahl. und zwar beträgt bei Butterfett für 17—31° die Änderung für je 1° etwa 0,1% des Wertes. Bei Cocosfett ist der Einfluß der Temperatur größer.

(1 + 3), 10 ccm Cocosseifenlösung und etwa 0,5 g gereinigte Kieselgur hinzu. Dann läßt man unter wiederholtem Umschütteln mindestens 10 Minuten stehen und filtriert darauf durch ein trockenes feinporiges Faltenfilter. Von dem erhaltenen Filtrat, das vollkommen klar sein muß, gibt man 125 ccm in einen 500-ccm-Stehkolben, verdünnt mit 50 ccm Wasser, destilliert nach Zusatz von Bimssteinpulver in etwa 20 Minuten 110 ccm ab und titriert, ohne zu filtrieren, direkt mit 0,1 N.-Alkalilauge gegen Phenolphthalein. Von dem Ergebnis zieht man den in einem, in gleicher Weise angestellten, Leerversuch (mit den Reagenzien) erhaltenen Wert ab; die Differenz, zur Umrechnung auf 5 g Fett mit 1,40 multipliziert, ergibt die Buttersäurezahl.

Zur Ablesung kann auch die Tabelle VI (Anhang) benutzt werden. Der dort für 500 mg Fett und $^1/_{100}$ N.-Lauge angegebene Wert entspricht dem für 5 g Fett in $^1/_{10}$ N.-Lauge.

Der Destillationsverlauf bei der Buttersäurezahlbestimmung wurde von Grossfeld und F. Battay[1] untersucht. Wie die folgende Tabelle und Abb. 30 zeigen, geht die Hauptmenge der Buttersäure in den ersten

Tabelle 32. Verlauf der Buttersäurezahl-destillation.

Destillat-menge ccm	Buttersäure in Prozent		Entsprechender Umrechnungs-faktor
	des Gesamt-wertes	des Wertes bei 110 ccm	
10	17,9	18,7	7,49
20	32,6	34,0	4,12
30	45,7	47,6	2,94
40	56,5	58,9	2,38
50	65,8	68,6	2,04
60	73,4	76,6	1,83
70	79,9	83,4	1,68
80	85,6	91,4	1,53
90	89,7	93,5	1,50
100	92,9	96,8	1,45
110	95,9	100	1,40
120	97,9	102,0	1,37
175	100	104,2	1,34

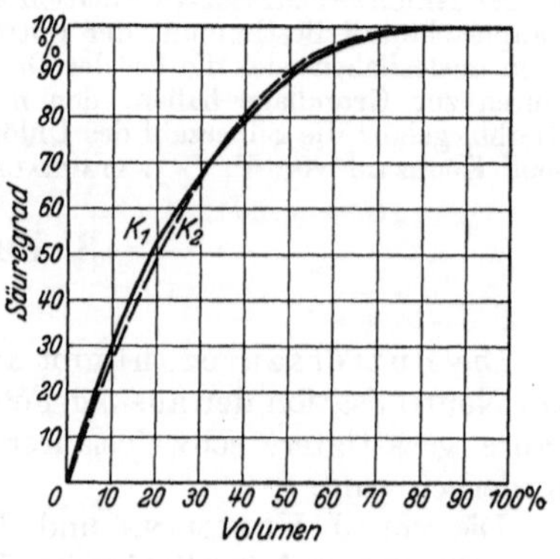

Abb. 30. Destillation von Buttersäure.

Fraktionen über. Der Verlauf ist so konstant, daß man auch andere Destillatmengen auffangen und verarbeiten kann. Man hat in diesem Falle dann nur den Umrechnungsfaktor für die Buttersäurezahl zu ändern, z. B. für 100 ccm Destillat in 1,45 statt 1,40.

In der vorstehenden Zeichnung entspricht die Kurve K_1 der mit Butterfett, K_2 der mit reiner Buttersäure unter gleichen Bedingungen erhaltenen.

Herstellung der Cocosseifenlösung. 500 g reines Cocosfett (Palmin), 500 ccm 96%iger Alkohol und 200 ccm der obigen Kalilauge (Dichte 1,5) werden in einem 2-Liter-Kolben von Jenaer Glas am Rückflußkühler vorsichtig so lange erhitzt, bis eine klare Seifenlösung entstanden ist und dann noch 10 Minuten lang im Sieden gehalten. Dann destilliert man den Alkohol ab, trocknet die Seife bei 110° im Trockenschrank bis zum Verschwinden des Alkoholgeruchs, löst sie in Wasser und füllt auf 5 Liter auf. — Auch durch einfaches Kochen von Cocosfett mit wäßriger Kalilauge erhaltene Seifenlösung ist verwendbar.

Statt der Cocosseifenlösung kann ferner eine entsprechende Lösung der Kaliumsalze der Fettsäuren in Wasser verwendet werden. Zur Herstellung dieser Lösung behandelt man z. B. Caprylsäure 10,0 Caprinsäure 5,0, Laurinsäure 60,0, Palmitinsäure 10,0, Ölsäure 7,5 mit 40 ccm Kalilauge von der Dichte 1,50 und Wasser und füllt die erhaltene Lösung auf 1 Liter auf.

Eine größere Menge gesättigte Kaliumsulfatlösung, z. B. 25 Liter derselben, bereitet man so, daß man in einen geeigneten Behälter (Glasballon) 10 Liter Wasser gibt, dann in einem Emailletopf 2,7 kg Kaliumsulfat in 14 Liter Wasser unter Erhitzen löst, zu dem Wasser gießt und erkalten läßt. — Die Kaliumsulfatlösung soll, um eine übermäßige

---

[1] J. Grossfeld und F. Battay: Z. 1931, 61, 150.

Abscheidung von Kaliumsulfat und damit eine Abnahme der Konzentration zu verhindern, nicht bei Unterzimmertemperatur aufbewahrt werden. Die Dichte soll 1,08 betragen. Eine geringe Konzentrationsabnahme, z. B. auf die Dichte 1,07, ist allerdings nur von geringem, für gewöhnlich vernachlässigbarem Einfluß.

Die Höhe der Buttersäurezahl beträgt bei Butterfett etwa 20, bei Cocosfett etwa 0,9, für sonstige feste Speisefette ohne niedere Fettsäuren 0. Bei pflanzlichen Ölen und bei Seetierölen wurden schwach negative Werte (—0,1 bis —0,8) gefunden. Bei butter- und cocosfetthaltigen Mischungen ist sie dem Gehalte an Butter- bzw. Cocosfett proportional. Die Buttersäurezahl steht bei Butterfett mit dem Buttersäuregehalt in enger Korrelation, für die GROSSFELD und BATTAY den Korrelationsfaktor

$$r = + 0,89 \pm 0,025$$

berechnet haben, entsprechend nebenstehender Abbildung. Hier nach kann in guter Annäherung der Buttersäuregehalt von Butterfett aus der Buttersäurezahl mit dem Faktor 0,186 berechnet werden[1].

Bei Anwendung einer geringeren Einwaage als 5 g wird die Buttersäurezahl bei Butter- und Cocosfett, ähnlich wie die REICHERT-MEISSL-Zahl, etwas erhöht, dagegen bei einer größeren Einwaage erniedrigt, und zwar bei Cocosfett wenig, bei Butterfett dagegen etwas beträchtlicher (vgl. S. 83).

Enthält ein Fett oder Öl von Natur größerere Mengen flüssiger oder infolge Anwendung einer höheren Temperatur bei dem Zusatz der Schwefelsäure ver-

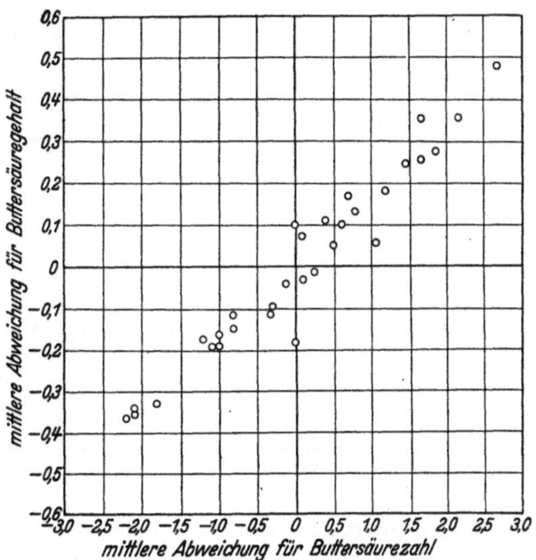

Abb. 31. Korrelation zwischen Buttersäurezahl und Buttersäuregehalt in Butterfett.

flüssigter fester Fettsäuren, so absorbieren diese größere Mengen von Buttersäure bzw. anderen löslichen Fettsäuren; infolgedessen können die erwähnten negativen Buttersäurezahlen zustande kommen. Dieser störende Einfluß der flüssigen höheren Fettsäuren kann auch durch deren Ausfällung als Magnesiumseifen ausgeschaltet werden.

β) **Halbmikroverfahren.** Für kleine Fettmengen hat J. GROSSFELD[2] folgendes Verfahren vorgeschlagen:

500—550 mg Fett werden in einem 50 ccm-Stehkölbchen mit 5 ccm einer alkoholischen Kalilauge[3] auf der Heizplatte zum leichten Sieden erhitzt. Nach Lösung des Fettes gibt man aus einer Stabpipette mit weiter Auslauföffnung 1 ccm Glycerin von der Dichte 1,23[4] hinzu und kocht weiter, bis der Alkohol größtenteils verdampft ist. Diesen Zeitpunkt ·erkennt man an dem dann eintretenden stärkeren Schäumen. Zur Beseitigung der letzten Alkoholreste bringt man nun die Kölbchen in einen Wasserdampfheizschrank und beläßt sie dort in liegender Stellung etwa 1 Stunde. Sofort nach dem Herausnehmen aus dem Schrank fügt man aus einer Pipette unter kräftigem Umschütteln 15 ccm gesättigte Kaliumsulfatlösung (Dichte 1,08) hinzu[5], läßt auf 20° erkalten und fügt

---

[1] Dieser Faktor schwankte bei 32 Butterfettproben zwischen 0,180—0,192.

[2] J. GROSSFELD u. F. WISSEMANN: Z. 1927, **54**, 352. — J. GROSSFELD: Z. 1932, **64**, 433; 1935, **70**, 459; 1938, **76**, 340.

[3] 40 ccm Kalilauge der Dichte 1,5 werden mit 40 ccm Wasser vermischt und das Gemisch mit 95—96%igem Alkohol auf 1 Liter aufgefüllt.   [4] Vgl. Anm. 8, S. 85.

[5] Bei Fetten mit höherem Stearinsäuregehalt (Rindstalg, Kakaofett usw.) entstehen hierbei Seifengallerten, deren weitere Verarbeitung aber keine Schwierigkeit bietet.

nacheinander unter jedesmaligem Umschütteln 0,5 ccm verdünnte Schwefelsäure (1 Vol. konzentrierte Schwefelsäure + 3 Vol. Wasser), 1 ccm Cocosseifenlösung und etwa 0,1 g gereinigte Kieselgur hinzu. Dann filtriert man durch ein Faltenfilter von 10 cm Durchmesser (z. B. Schleicher und Schüll Nr. 588) in das Röhrchen von Beckel, bis das Filtrat die Marke von 12,5 ccm erreicht hat. Hierbei kann man den Filtrationsrückstand auf dem Filter mit einem kleinen Reagensröhrchen etwas zusammendrücken. Das Filtrat gießt man in ein 100-ccm-Stehkölbchen und spült das Röhrchen mit 5 ccm Wasser aus, das man ebenfalls in das Stehkölbchen gibt. Nun gibt man Bimssteinpulver

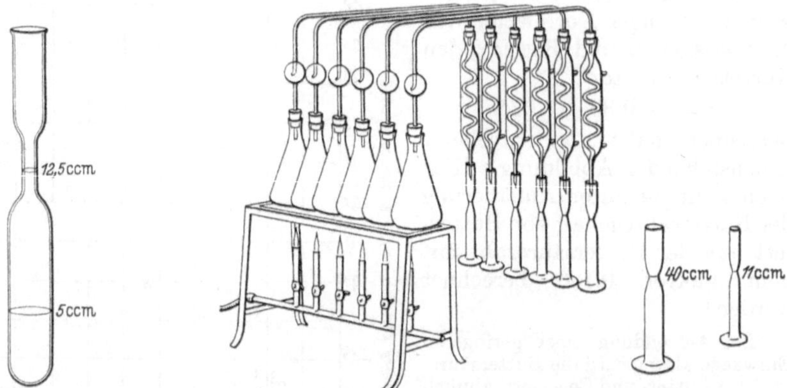

Abb. 32. Röhrchen nach Beckel für die Halbmikrobuttersäurezahl.   Abb. 33. Destilliervorrichtung für die Halbmikrobuttersäurezahl und die Gesamtzahl.

hinzu, destilliert 11 ccm in die Vorlage, gibt dazu 1—2 Tropfen 1 %iger Phenolphthaleinlösung und titriert nach Umgießen in ein Becherglas mit 0,01 N.-Natronlauge bis zur bleibenden schwachen Rotfärbung, spült die Vorlage mit der Titrationsflüssigkeit aus und titriert nochmals bis zur schwachen Rötung. Vom Titrationswert zieht man das Ergebnis eines an 500 mg Kakaofett[1] ermittelten Kontrollversuches ab und multipliziert die Differenz mit dem zu der Einwaage gehörigen Faktor, den man aus folgender Tabelle entnimmt.

Tabelle 33. Faktoren für Halbmikrobuttersäurezahl.

Einwaage mg	Faktor	Einwaage mg	Faktor	Einwaage mg	Faktor	Einwaage mg	Faktor
500—501	1,40	514—517	1,36	526—529	1,33	538—541	1,30
502—505	1,39	518—521	1,35	530—533	1,32	542—545	1,29
506—509	1,38	522—525	1,34	534—537	1,31	546—550	1,28
510—513	1,37						

Für eine Einwaage von 500 mg kann die Buttersäurezahl aus der Tabelle VI (Anhang) abgelesen werden, auch für höhere Einwaagen unter Benutzung der dort zugefügten Korrekturtafel.

γ) **Bestimmung in sehr kleinen Fettmengen.** Die Buttersäurezahl kann auch unter Anwendung der im übrigen gleichen Arbeitsweise in noch kleineren Fettmengen ermittelt werden. Doch ist dann, weil das Titrationsergebnis der der Fetteinwaage nicht genau proportional geht, sondern höher ist, das Titrations-

---

[1] Bei Verwendung der Reagenzien allein, ohne Kakaofett, muß das Ergebnis des Blindversuches erfahrungsgemäß um 0,3 ccm vermindert werden.

ergebnis mit einem entsprechenden Faktor zu multiplizieren. GROSSFELD[1] ermittelte diesen Korrekturfaktor für verschiedene Fetteinwaagen wie folgt:

Einwaage 0   100   200   300   400   500   600 mg
Faktor 71,4   79,9   87,0   92,7   97,0   100,0   101,5%

Für Einwaagen von 500—550 mg wie in der obigen Vorschrift (S. 87) steigt der Faktor von 100,0 auf nur 100,9, also um einen vernachlässigbaren Betrag. Bei kleinen Einwaagen ist die Abweichung aber beträchtlich. Man benutzt dann zur Umrechnung des Titrationswertes auf die Buttersäurezahl zweckmäßig folgende Endfaktoren, die den vorgenannten Korrekturfaktor bereits einschließen.

Tabelle 34. Endfaktoren zur Berechnung der Buttersäurezahl.

Einwaage mg	Endfaktor		Einwaage mg	Endfaktor		Einwaage mg	Endfaktor	
0	—		200	3,05	0,13	400	1,70	0,04
10	50,1	24,5	210	2,92	0,11	410	1,66	0,03
20	25,6	8,3	220	2,81	0,11	420	1,63	0,03
30	17,3	4,2	230	2,70	0,09	430	1,60	0,03
40	13,1	2,5	240	2,61	0,09	440	1,57	0,03
50	10,6	1,7	250	2,52	0,08	450	1,54	0,03
60	8,93	1,18	260	2,44	0,08	460	1,51	0,03
70	7,75	0,89	270	2,36	0,07	470	1,48	0,03
80	6,86	0,71	280	2,29	0,07	480	1,45	0,03
90	6,15	0,55	290	2,22	0,06	490	1,42	0,02
100	5,60	0,46	300	2,16	0,06	500	1,40	0,03
110	5,14	0,39	310	2,10	0,05	510	1,37	0,02
120	4,75	0,32	320	2,05	0,05	520	1,35	0,02
130	4,43	0,28	330	2,00	0,05	530	1,33	0,02
140	4,15	0,25	340	1,95	0,05	540	1,31	0,03
150	3,90	0,21	350	1,90	0,04	550	1,28	0,02
160	3,69	0,19	360	1,86	0,04	560	1,26	0,02
170	3,50	0,17	370	1,82	0,05	570	1,24	0,02
180	3,33	0,15	380	1,77	0,04	580	1,22	0,02
190	3,18	0,13	390	1,73	0,03	590	1,20	0,02

Da auch die Titrationsfehler mit dem gleichen Endfaktor multipliziert werden, läßt diese Tabelle gleichfalls erkennen, daß sehr kleine Einwaagen entsprechend weniger genaue Ergebnisse liefern müssen. Bei 220 mg Einwaage beträgt die Versuchsgenauigkeit etwa $^1/_2$, bei 100 mg $^1/_4$, bei 50 mg $^1/_8$, bei 25 mg $^1/_{16}$ des mit 500 mg ausgeführten Versuches. Erst unterhalb 40 mg jedoch erreicht die Versuchsfehlerstreuung die Größenordnung der biologischen Streuung.

δ) **Abänderung der Halbmikrobuttersäurezahl.** F. TH. VAN VOORST[2] hat eine große Anzahl von Butterfetten nach folgendem Verfahren geprüft:

500 mg Fett werden in einem 50-ccm-Kölbchen mit 0,2 ccm Kalilauge (Dichte 1,5) und 1 ccm Glycerin unter Zugabe von 2 Körnchen Bimsstein auf einem Kupferdrahtnetz vorsichtig verseift. Die Seife wird baldmöglichst in 25 ccm gesättigter Kaliumsulfatlösung gelöst und bleibt zunächst bei Zimmertemperatur (15—20°) zum Abkühlen stehen. Dann wird mit 0,5 ccm Schwefelsäure (1 + 3), 1 ccm Cocosseifenlösung und etwas Kieselgur versetzt und filtriert. 20 ccm Filtrat + 5 ccm Wasser und Bimssteinpulver werden aus einem 50-ccm-Kölbchen destilliert, 16 ccm Destillat aufgefangen und mit 0,01 N.-Natronlauge titriert. Das Ergebnis, nach Abzug des Leerversuches, mal 1,375 (rund 1,4) liefert die Buttersäurezahl.

Über eine weitere auf verschiedener Löslichkeit der Fettsäuren in Kaliumsulfatlösung beruhende Butterzahl vgl. R. LUCENTINI und E. DRAGO[3].

Über eine vereinfachte Vorprüfung auf Butterfettgehalt vgl. S. 537.

[1] J. GROSSFELD: Z. 1935, 70, 459.
[2] F. TH. VAN VOORST: Chem. Weekbl. 1936, 33, 42; 742, 1937, 34, 804; Z. 1938, 76, 277.
[3] R. LUCENTINI u. E. DRAGO: Ann. Chim. analyt. appl. 1935, 25, 388; C. 1936, I, 2855.

Über Mikrobuttersäurebestimmung von kleinsten Mengen Buttersäure vgl. L. Klinč[1]. Bei Anwendung dieses Verfahrens auf Fette geht man von der wie üblich bereiteten Seifenlösung aus.

4. Restzahl.

Diese von J. Grossfeld[2] eingeführte Kennzahl ist die Differenz aus Gesamtzahl der niederen Fettsäuren (vgl. S. 79) und der Buttersäurezahl (vgl. S. 85).

$$\text{Restzahl} = \text{Gesamtzahl} - \text{Buttersäurezahl}.$$

Diese Restzahl geht ebenso wie Gesamtzahl und Buttersäurezahl dem Gehalte des Fettes an den sie bedingenden Fettsäuren, besonders an Caprylsäure + Caprinsäure, proportional und eignet sich daher in Verbindung mit der Buttersäurezahl namentlich zur Prüfung auf Cocosfett neben Butterfett.

Die Restzahl wurde für Cocosfett im Mittel zu 37,1, von Grossfeld, E. Schweizer und H. Damm[3] für Butterfett aus 245 Molkereibutterproben zu 14,8 (10,1—20,5) gefunden. (Vgl. S. 532.)

Aus der Buttersäurezahl B und der Restzahl R erhält man (in %)[4]:

$$\text{Butterfett} = 5{,}09\ B - 0{,}12\ R,$$
$$\text{Cocosfett} = 2{,}76\ R - 2{,}07\ B.$$

Nach diesen beiden Gleichungen werden die Tabellen VIII A und VIII B (Anhang) berechnet.

5. A- und B-Zahl.

a) Begriffe.

S. H. Bertram, H. G. Bos und F. Verhagen[5] haben im Anschluß an die Methoden zur Bestimmung der Magnesiumzahl von E. Ewers (S. 76) und der Silberzahl von A. Kirschner (S. 84) ein Verfahren beschrieben, welches gestattet, die wasserlösliche Magnesiumsalze und wasserunlösliche Silbersalze bildenden Capron-, Capryl- und Caprinsäure[6] (A-Zahl) und die wasserlösliche Magnesium- und Silbersalze bildende Buttersäure (B-Zahl) und damit einerseits Cocos- und Palmkernfett und ähnlich wie diese zusammengesetzte Fette sowie andererseits das Butterfett zu erfassen.

I. Die A-Zahl ist
a) für Cocosfett[7] hoch (27,4—28,1),
b) für Butterfett bedeutend niedriger (5,7—7,0),
c) für alle keine niederen Fettsäuren enthaltenden Fette — Restfett — nahezu 0 (0,3 bis 0,7).

II. Die B-Zahl ist
a) für Butterfett hoch (26,7—43,1),
b) für Cocosfett[7] bedeutend niedriger (2,4—2,8),
c) für alle keine niederen Fettsäuren enthaltenden Fette — Restfett — nahezu 0 (0,4—1,2).

III. Die A- und B-Zahlen sind so genau bestimmbar, daß ihre Werte für 1% Cocosfett und 0,3% Butterfett nicht innerhalb der Fehlergrenzen liegen.

---

[1] L. Klinč: Z. 1935, **69**, 363. Vgl. auch Mikrochem. 1937, **23**, 60; Z. 1938, **76**, 285.

[2] J. Grossfeld: Z. 1932, **64**, 446.

[3] J. Grossfeld, E. Schweizer u. H. Damm: Z. 1938, **76**, 123.

[4] Vgl. J. Grossfeld: Z. 1938, **76**, 340.

[5] S. H. Bertram, H. G. Bos u. F. Verhagen: Chem. Weekbl. 1923, **20**, 610; C. 1924, II, 562. — Vgl. auch Zeitschr. Deutsch. Öl-Fettind. 1924, **44**, 445, 459. Ferner J. Kuhlmann u. J. Grossfeld: Z. 1925, **50**, 329; sowie M. Klostermann u. H. Quast: Z. 1927, **54**, 297.

[6] Von der Caprinsäure wird nur ein kleiner Teil, wesentlich weniger als durch die Gesamtzahl der niederen Fettsäuren (S. 79) und durch die Caprylsäurezahl (S. 157) erfaßt.

[7] Enthält die Mischung statt Cocosfett Palmkernfett, so ist zur Ermittlung des Gehaltes an diesem der für Cocosfett ermittelte Wert mit 1,7 zu multiplizieren.

IV. Die A- und B-Zahlen sind nur wenig von der Apparatur sowie von persönlichen und sonstigen Einflüssen der Bestimmungsweise abhängig.

V. Die Abhängigkeit der A- und B-Zahlen vom Gehalt an Cocos- und Butterfett ist nahezu linear[1], so daß die graphische Ablesung von Analysenergebnissen ohne Schwierigkeit möglich ist.

Die Ausführung erfordert aber bedeutend größere Fettmengen und ist umständlicher als die Ermittlung des Butter- und Cocosfettgehaltes aus Buttersäurezahl und Gesamtzahl bzw. Restzahl.

b) Bestimmung der A- und B-Zahl[2].

20,0 g Fett werden in einem tarierten Jenaer Stehkolben von etwa 700 ccm Inhalt mit 30 ccm Glycerin[3] und 8 ccm Kalilauge von der Dichte 1,5 unter Umschwenken über kleiner Flamme verseift, bis die Flüssigkeit vollkommen klar geworden ist. Darauf läßt man einige Minuten abkühlen und verdünnt sodann mit warmem Wasser, bis der Inhalt des Kolbens 409 g beträgt. Alsdann erhitzt man auf $80°$[4] und läßt unter kräftigem Umschütteln 103 ccm Magnesiumsulfatlösung (150 g Magnesiumsulfat [$MgSO_4 \cdot 7H_2O$] in 1 Liter enthaltend) von $80°$ hinzufließen und hält das Gemisch unter weiterem Umschütteln nach Aufsetzen einer Glasbirne 10 Minuten auf $80°$. Darauf kühlt man unter kräftigem Schütteln unter dem Strahle der Wasserleitung auf $20°$ ab, läßt 5 Minuten bei $20°$ stehen und filtriert durch ein trockenes Faltenfilter.

In genau der gleichen Weise wird ein Leerversuch (ohne Fett) ausgeführt.

A-Zahl. 200 ccm des Filtrates[5] werden in einem mit 20 g Natriumnitrat[6] beschickten 250-ccm-Meßkolben mit etwa 0,5 N.-Schwefelsäure gegen Phenolphthalein bis zum Verschwinden der Rosafarbe neutralisiert. Nun werden, nachdem sich das Salz gelöst hat, langsam 25 ccm 0,2 N.-Silbernitratlösung unter Schütteln hinzufließen gelassen, dann wird mit Wasser bis zur Marke aufgefüllt, verschlossen und 5 Minuten kräftig durchgeschüttelt, 5 Minuten im Wasserbade von $20°$ stehen gelassen und anschließend filtriert.

Zu 200 ccm Filtrat gibt man 6 ccm kaltgesättigte Eisenalaunlösung und 4 ccm verdünnte Schwefelsäure (etwa 40%ig) und titriert den Silberüberschuß mit 0,1 N.-Ammoniumrhodanidlösung zurück. Die Differenz gegenüber den beim Leerversuch verbrauchten Kubikzentimetern 0,1 N.-Rhodanammoniumlösung ergibt die Kubikzentimeter 0,1 N.-Silbernitratlösung, die durch die Fällung verbraucht sind; das ist die „A-Zahl."

B-Zahl. 200 ccm des Filtrates von der Magnesiumseifenfällung werden in einem 300-ccm-Erlenmeyerkolben mit etwa 0,5 N.-Schwefelsäure gegen Phenolphthalein bis zum Verschwinden der Rosafarbe neutralisiert, durch Zusatz von Wasser auf 250 ccm gebracht und auf $20°$ gehalten; dann werden 2 g Silbersulfat[7]

---

[1] Die Abhängigkeit der A- und B-Zahlen ist nicht vollständig linear; daher sind in der graphischen Tafel (S. 647) die Verbindungslinien zwischen 100% Restfett und 100% Butterfett und noch mehr die zwischen 100% Butterfett und 100% Cocosfett etwas nach außen hin ausgebuchtet.

[2] Nach dem auf Grund einer Privatmitteilung von BERTRAM an GROSSFELD vom 1. Juli 1925 und eigenen Versuchen von J. KUHLMANN und J. GROSSFELD (**Z.** 1925, **50,** 329) verbesserten Verfahren. Über die Erklärung der Mengenverhältnisse der Reagenzien vgl. auch **Z.** 1936, **72,** 90.

[3] Das Glycerin (D. 1.26) und alle bei der Bestimmung verwendeten Reagenzien müssen chlorfrei sein.

[4] Bei dieser Temperatur ergeben sich stets gut filtrierbare Niederschläge; bei höherer Temperatur geben Fette mit höherem Gehalt an flüssigen Fettsäuren sich zusammenballende Niederschläge, die leicht einschließend wirken.

[5] In einzelnen Fällen, besonders bei harten Fetten, erhält man nicht immer 400 ccm Filtrat. Man bestimmt dann in 200 ccm die B-Zahl und im Reste die A-Zahl, die man darauf auf 200 ccm Filtrat umrechnet.

[6] Der Zusatz von Natriumnitrat hat den Zweck, den Niederschlag schnell absetzen zu lassen.

[7] Es bleibt immer etwas Silbersulfat ungelöst; die Lösung ist daher stets gesättigt. Eine solche Lösung besitzt ein sehr geringes Lösungsvermögen für die Silbersalze der höheren Fettsäuren, während alles Silberbutyrat in Lösung bleibt.

in kleinen Anteilen unter Umschütteln hinzugesetzt. Der mit einem Korken verschlossene Kolben wird 5 Minuten kräftig geschüttelt und 5 Minuten im Wasserbade von 20° stehen gelassen; darauf wird durch ein trockenes Faltenfilter filtriert.

In einem 500-ccm-Rundkolben werden zu 200 ccm Filtrat einige Körnchen Bimsstein und 50 ccm verdünnte Schwefelsäure (13 ccm konzentrierte Schwefelsäure in 500 ccm) zugesetzt und im Polenske-Apparat (S. 82) genau 200 ccm abdestilliert. Diese titriert man mit 0,1 N.-Natronlauge gegen Phenolphthalein und zieht das Ergebnis des Leerversuches ab; die Differenz ist die „B-Zahl".

Höhe der A- und B-Zahlen. Für verschiedene Fette und Öle wurden folgende A- und B-Zahlen gefunden:

Tabelle 35.

Art der Fette	A-Zahl	B-Zahl
Butterfette (6 Proben) { Schwankungen	5,66—6,98	29,67—43,13
Mittel	6,5	34,8
Cocosfette (5 Proben) { Schwankungen	27,42—28,07	2,45—2,75
Mittel	27,6	2,6
Cocosfett, gehärtet	30,97	2,7
Cocos-Oleomargarin (2 Proben)	31,61; 32,74	3,8; 3,5
Cocosstearin (2 Proben)	22,93; 22,85	1,95; 2,1
Palmkernfett (3 Proben) { Schwankungen	16,53—16,76	1,8—1,92
Mittel	16,6	1,84
Hammelfett	0,70	0,60
Mowrahfett	0,67	1,16
Sesamöl	0,48	0,60
Leinöl	0,40	0,49
Waltran	0,45	0,49
42% Premier jus, 35% Cottonöl, 23% Sojaöl	0,53	0,45
77% Premier jus, 23% Cottonöl	0,34	0,44

Die A- und B-Zahlen wurden vorwiegend zur Bestimmung von Butterfett und Cocosfett bzw. Palmkernfett in ihren Gemischen und in anderen Fetten (Margarine) verwendet; siehe darüber S. 646.

S. Schmidt-Nielsen und A. Astad[1] fanden an insgesamt 67 Proben norwegischer Butter für das Fett im Mittel:

Tabelle 36.

Kennzahlen	Sommerbutter	Winterbutter
A-Zahl	6,1 (3,8— 8,7)	7,7 (6,1— 9,8)
B-Zahl	31,7 (28,8—33,7)	32,9 (29,8—36,6)

Sie fanden einen linearen Zusammenhang zwischen A-Zahl und Verseifungszahl. Drückt man beide in Kubikzentimetern Normallauge für 100 g Fett aus, so gilt die Gleichung:

$$A\text{-}Z + 0,22\ VZ = 80,9$$

Eine vereinfachte Vorschrift für die Bestimmung der A- und B-Zahl haben M. Klostermann und H. Quast[2] angegeben. Sie gehen dabei von nur 5 g Fett aus und nehmen die Bestimmung der beiden Kennzahlen mit derselben Lösung hintereinander vor. Dies wird dadurch möglich, daß sie die flüchtigen Säuren mit einer mittelschwachen Säure, die Nitrate noch nicht zersetzt, nämlich mit Oxalsäure freimachen. Der Zusatz von Natriumnitrat zur besseren Abscheidung der Silberseifen wird unterlassen. Auf die weiteren Einzelheiten sei verwiesen.

<hr>

[1] S. Schmidt-Nielsen u. A. Astad: Det Kgl. Norske Videnskabers Selskabs Skriftw. 1936, Nr. 7; **Z.** 1937, **74**, 232.   [2] M. Klostermann u. H. Quast: **Z.** 1927, **54**, 297.

B. PLATON[1] hat, um den Nachteil der A- und B-Zahlen nicht ganz zum Butter- bzw. Cocosfettgehalt der Fettprobe in geradlinigem Verhältnis zu stehen, auszugleichen, eine neue Vorschrift für abgeänderte Kennzahlen angegeben, die er α- und β-Zahlen nennt. Auf die Einzelheiten sei hier ebenfalls verwiesen.

6. Kupferzahl.

Ein Verfahren zur Unterscheidung der niederen Fettsäuren und damit von Butterfett und Cocosfett auf Grund der Kupfersalze hat bereits im Jahre 1890 J. BELLIER[2] angegeben. F. v. MORGENSTERN[3] fällt einfach die höheren Fettsäuren mit Kupfersulfat aus, destilliert die flüchtigen Säuren aus dem angesäuerten Filtrat ab und titriert das Destillat mit Natronlauge. Den Einfluß der Caprylsäure schaltet er dabei wie bei der Buttersäurezahl (S. 85) durch Zusatz von Cocosseife zum Haupt- und Leerversuch aus. — Bemerkenswert ist, daß die so erhaltene „Kupferzahl" praktisch der Buttersäurezahl entspricht, wenn man sie beide auf die gleiche Einwaage von 5 g Fett bezieht. Die Kupferzahl selbst bezieht sich auf nur $5 \cdot \dfrac{100}{172} = 2,9$ g Fett.

Ausführung der Bestimmung. 5,0 g Fett werden mit 2 ccm Kalilauge (Dichte 1,5) und 10 ccm Glycerin in üblicher Weise wie bei der Buttersäurezahl (S. 85) verseift und die Seifenlösung nach dem Abkühlen mit 100 ccm Wasser verdünnt. Nach weiterem Abkühlen auf 20° werden 10 ccm Cocosseifenlösung und 60 ccm Kupfersulfatlösung (50 g krystallisiertes Kupfersulfat in 600 ccm) zugefügt, gut umgeschüttelt und nach 2—3 Stunden durch ein glattes Filter filtriert. Um genügende Filtratmengen zu erhalten, wird der Niederschlag auf dem Filter mit einem Glasstabe etwas umgerührt. 100 ccm Filtrat gibt man in einen Destillationskolben, fügt 50 ccm verdünnte Schwefelsäure (12,5 ccm konzentrierte Schwefelsäure in 1 Liter) zu und destilliert im REICHERT-MEISSL-Apparat (S. 82) nach Zusatz von etwas Bimsstein 110 ccm ab. Das Destillat wird ohne zu filtrieren mit 0,1 N.-Lauge titriert. Der Titrationswert ist die Kupferzahl.

Reines Butterfett wies die Kupferzahl von 11,6 auf.

7. Sonstige Kennzahlen auf niedere Fettsäuren.

a) Als Abänderung der REICHERT-MEISSL- und POLENSKE-Zahl schlagen M. KLOSTERMANN und H. QUAST[4] vor, ähnlich wie bei der A- und B-Zahl die Laurinsäure vor der Destillation durch Magnesiumsulfat abzuscheiden und aus dem Destillat die schwerer löslichen Teile der Fettsäuren auszusalzen.

b) C. H. MANLEY[5] ermittelt die Fettsäuren im Filtrate von den unlöslichen Fettsäuren direkt ohne Destillation, und zwar durch Stufentitration. Hierzu neutralisiert er das Filtrat gegen Methylorange, setzt Phenolphthalein zu und titriert dann die hierbei noch nicht neutralisierte wasserlösliche Fettsäure bis zur schwachen Rotfärbung. — In dieser Form ist aber die Titration weit weniger scharf als die REICHERT-MEISSL-Zahl und versagt bei Gegenwart von viel Salzen, wie bei der Buttersäurezahlbestimmung.

C. Kennzahlen auf ungesättigte Fettsäuren und Doppelbindungen.

Zur Prüfung auf Doppelbindungen in den Speisefetten, die in der Hauptsache durch die ungesättigten Fettsäuren und zu einem sehr kleinen Teil durch die unverseifbaren Bestandteile geliefert werden, dienen in erster Linie Halogenanlagerungsmethoden. Bei den entsprechenden Kennzahlen unterscheidet man solche, die eine möglichst vollständige Erfassung der Doppelbindungen erstreben (vgl. S. 94), die sog. Jodzahlen, von solchen, die durch selektive partielle Halogenanlagerung einen tieferen Einblick in die Art der Doppelbindungen bezwecken, wie die von H. P. KAUFMANN eingeführte Rhodanzahl und schließlich Kennzahlen, die durch Anlagerung anderer Stoffe als Halogen einen Ausdruck für die ungesättigten Bindungen geben.

---

[1] B. PLATON: Kung Landtbruks-Akad. Handl. Tidskr. 1937, 77, 695.
[2] J. BELLIER: Ann. Chim. analyt. appl. 1906, 11, 42; Z. 1907, 14, 713.
[3] F. v. MORGENSTERN: Z. 1926, 52, 385.
[4] M. KLOSTERMANN u. H. QUAST: Z. 1927, 54, 297.
[5] C. H. MANLEY: Analyst 1927, 52, 67.

1. Jodzahl.

a) Begriffe.

α) Halogenaddition an Fettsäuren. Die Jodzahl gibt an, wieviel Halogen, ausgedrückt in Prozenten Jod, ein Fett oder eine Fettsäure zu addieren vermag.

Je nach der Zahl der vorhandenen Doppelbindungen addieren die ungesättigten Fettsäuren 2, 4, 6 oder mehr Atome Halogen, während die gesättigten Fettsäuren kein Halogen addieren; dabei entstehen die entsprechenden Fettsäurehalogenide[1]; z. B.:

Reihe der	Stearinsäure $(C_nH_{2n}O_2)$	Ölsäure $(C_nH_{2n-2}O_2)$	Linolsäure $(C_nH_{2n-4}O_2)$	Linolensäure $(C_nH_{2n-6}O_2)$
Addition von Halogen	0	2	4	6 Atome
Entstehende Verbindungen, z. B.	$C_nH_{2n}O_2$	$C_nH_{2n-2}J_2O_2$	$C_nH_{2n-4}J_4O_2$	$C_nH_{2n-6}J_6O_2$
Jodzahl der C_{18}-Säuren	0	89,96	181,22	273,80

Die Schnelligkeit der Halogenaddition hängt unter anderem von der Konstitution der ungesättigten Fettsäuren ab.

G. Ponzio und C. Gastaldi[2] fanden, daß z. B. bei der Ölsäure sich die Jodzahl um so mehr dem theoretischen Werte (89,96) nähert, je weiter die Doppelbindung von der Carboxylgruppe entfernt ist. Während bei der gewöhnlichen 9,10-Ölsäure $CH_3 \cdot (CH_2)_7 \cdot CH:CH \cdot (CH_2)_7 \cdot COOH$ sofort der richtige Wert gefunden wird, beträgt die Jodzahl bei der 2.3-Ölsäure $CH_3 \cdot (CH_2)_{14} \cdot CH:CH \cdot COOH$ bei der Bestimmung nach Wijs nur 18,0; sie stieg aber nach 70stündiger Einwirkung auf 86,8.

Fettsäuren mit konjugierten Doppelbindungen zeigen nach J. Böeseken und E. Th. Gelber[3] gegenüber Jodchlorid ein anderes Verhalten als solche mit nichtkonjugierten Doppelbindungen. Während bei der natürlich, z. B. im Mohnöl, vorkommenden 9, 10—12, 13-Linolsäure die Halogenaddition in gleicher Weise wie bei Säuren mit nur einer Doppelbindung sehr schnell und ohne Jodabscheidung erfolgt und schon nach einer halben Stunde beendet ist, findet bei einer 9,10—11,12-Linolsäure, also einer Säure mit zwei konjugierten Doppelbindungen, die Absättigung der einen (9,10-)Doppelbindung unter Jodabscheidung[4] (Dunkelfärbung der Lösung) sehr schnell statt, während die Absättigung der zweiten (11,12-)Doppelbindung sehr langsam durch Chlorjod erfolgt und in 18 Stunden noch nicht ganz erreicht war.

Ähnlich liegen die Verhältnisse bei der Elaeostearinsäure des Holzöles, die 3 konjugierte Doppelbindungen (9,10—11,12—13,14) besitzt. Bei ihr werden die beiden äußeren Doppelbindungen unter Jodabscheidung[4] sehr schnell abgesättigt, während die innere Doppelbindung sehr langsam durch Jodchlorid abgesättigt wird, so daß erst nach 6 Tagen die theoretische Jodzahl (270) gefunden wurde.

Fettsäuren mit dreifacher Bindung, wie Stearol- und Behenolsäure addieren nur 1 Molekül Halogen[5], z. B. bei Stearolsäure:

$$CH_3(CH_2)_7C:C(CH_2)_7 \cdot COOH + JCl \rightarrow CH_3(CH_2)_7 \cdot JC:CCl(CH_2)_7 \cdot COOH.$$

β) Die Sterine als Alkohole mit einer Doppelbindung addieren ebenfalls Halogen.

Z. B. beim Cholesterin und bei den viel Sterine enthaltenden Wollfettprodukten zeigen sich aber Unregelmäßigkeiten in der Halogenaddition, indem nach J. Marcusson[6] z. B. beim Cholesterin statt der theoretischen Jodzahl 65,70 nach dem Wijs-Verfahren der Wert 135, nach dem v. Hübl-Waller-Verfahren der Wert 49,4 gefunden wurde. Bei längerer Einwirkung von Hübl-Lösung wurden bei Cholesterin nach 3 Wochen die Jodzahl 80 und bei einem Phytosterin nach 22 Stunden der Wert 76 gefunden. Andererseits

---

[1] Vgl. auch Bd. I, S. 274.

[2] G. Ponzio u. C. Gastaldi: Gazz. chim. Ital. 1912, **42**, II, 92; Z. 1913, **25**, 562. — Vgl. auch H. Ingle: Journ. Soc. chem. Ind. 1902, **21**, 587; 1904, **23**, 422; C. 1902, I, 1401; 1904, II, 504.

[3] J. Böeseken u. E. Th. Gelber: Rec. Trav. chim. Pays-Bas 1927, **46**, 158; 1929, **48**, 377; C. 1927, I, 2453; 1929, II, 2451. — J. Böeseken: Rec. Trav. chim. Pays-Bas 1928, **46**, 703; C. 1928, I, 181.

[4] Die Jodabscheidung, die sich durch eine Dunkelfärbung der Lösung zu erkennen gibt, ist ein Beweis dafür, daß in diesen Fällen die Absättigung der Doppelbindung ganz oder zum größten Teil durch das Chlor des Jodchlorids erfolgt ist.

[5] A. Grün: Analyse der Fette und Wachse, S. 177. Berlin: Julius Springer 1925.

[6] J. Marcusson: Mitt. Materialprüfungsamt 1907, **25**, 128; U. 1922, **29**, 185.

fand J. Lewkowitsch[1] beim Cholesterin nach v. Hübls Verfahren die nahezu richtigen Werte 67,3—68,1.

H. Dam[2] hat eine Prüfung der verschiedenen Verfahren bei Cholesterin vorgenommen und kommt zu dem Ergebnis, daß das Verfahren von Rosenmund und Kuhnhenn (S. 104) die besten Werte liefert, die mit 67—69 nur wenige Einheiten über den theoretischen Werten liegen. — D. Holde und Mitarbeiter[3] untersuchten die Verhältnisse bei verschiedener Einwirkungsdauer und fanden beträchtliche Unterschiede bei Cholesterin und Phytosterin.

γ) **Substitution.** Vielfach findet, namentlich bedingt durch die Art der Halogenlösung und die Ausführung der Bestimmung, neben der Halogenaddition auch eine Substitution von Wasserstoffatomen durch Halogenatome statt; diese Substitution wird vorwiegend befördert durch die Aktivität der Halogenlösung — Chlor wirkt stärker substituierend als Jod — ihre Konzentration und die Dauer der Einwirkung, ferner durch die Art des Lösungsmittels, Temperatur und Lichteinwirkung[4].

Bei der Bestimmung der Jodzahl ist daher diese Substitution möglichst auszuschalten, was nach J. van Loon[5] am vollkommensten bei der Bestimmung der Jodzahl mit Jodmonochlorid nach J. J. A. Wijs (S. 102) der Fall ist.

van Loon bezeichnet eine Jodzahl, die nur durch Addition bedingt ist, als wahre Jodzahl[6] und definiert diese dahin, daß sie die Gewichtsprozente an Halogen, berechnet als Jod, angibt, „die, angelagert an eine ungesättigte Verbindung, diese in die damit übereinstimmende gesättigte Halogenverbindung übergeführt hat."

Als „scheinbare Jodzahl" bezeichnet er die Halogenaddition, die unter derartigen Versuchsbedingungen stattfindet, daß die wahre Jodzahl nicht erreicht wird, und endlich als partielle Jodzahl eine solche, die, abhängig vom Charakter des Stoffes und von der Halogenlösung oder den Versuchsbedingungen, nicht die wahre Jodzahl erreicht, sondern einen Wert, der zu dieser in einem stöchiometrischen Verhältnis steht, also z. B. von zwei in einer Verbindung vorkommenden Doppelbindungen nur die eine absättigt; die partielle Jodzahl kann also ein Sonderfall der scheinbaren Jodzahl sein. Über selektive Jodzahlen s. Rhodanzahl, S. 113 und Partielle Jodzahl, S. 112.

B. M. Margosches und Mitarbeiter[7] bezeichnen die bei zweistündiger Einwirkung von wäßrig alkoholischer Jodlösung auf alkoholische Fettlösungen erhaltene Jodzahl als hydrolytische Jodzahl, die bei 24stündiger Einwirkung erhaltene, vorwiegend durch Substitution bedingte höhere Jodzahl als Überjodzahl oder Perjodzahl und die Differenz beider als Differenzjodzahl.

W. Vaubel[8] unterscheidet primäre, sekundäre und tertiäre Bromjodzahlen, von denen die primäre die Halogenmenge angibt, die bei der Titration einer Fettlösung mit der Halogenlösung direkt aufgenommen wird, während die sekundäre Zahl, die bei zweistündiger und die tertiäre, die bei darauffolgender zweitägiger Einwirkung eines Halogenüberschusses aufgenommene Halogenmenge darstellt. Das Verfahren ist bisher anscheinend nicht nachgeprüft worden.

δ) **Innere Jodzahl.** Unter dieser Zahl versteht man die Jodzahl der flüssigen Fettsäuren eines Fettes, bezogen auf diese Fettsäuren, die nach einem auf der S. 200 beschriebenen Verfahren abgeschieden sind. Dabei ist aber zu berücksichtigen, daß diese Abscheidung keine exakte ist, die flüssigen

---

[1] J. Lewkowitsch: Ber. Deutsch. Chem. Ges. 1892, **25**, 66.

[2] H. Dam: Biochem. Zeitschr. 1924, **152**, 101.

[3] D. Holde u. Mitarbeiter: U. 1922, **29**, 185.

[4] H. P. Kaufmann (Studien auf dem Fettgebiet, S. 22; Berlin: Verlag Chemie 1935) fand bei der Einwirkung von Brom in Tetrachlorkohlenstoff auf Leinöl bei 48stündiger Einwirkung im Dunkeln die Jodzahl 182 und im Tageslicht infolge Substitution die Jodzahl 252.   [5] J. van Loon: U. 1930, **37**, 85, 135, 257; auch Diss. Delft 1928.

[6] Im Gegensatz zu dieser wahren Jodzahl bezeichnen H. Schweitzer u. E. Lungwitz (Journ. chem. Ind. 1895, **14**, 130; Zeitschr. angew. Chem. 1895, 245) die durch Addition und Substitution erhaltene Zahl als „genaue Jodzahl" und M. Settimi (Industria olii e grassi 1930, **10**, 1; U. 1930, **37**, 167) als „exakte Jodzahl".

[7] B. M. Margosches u. Mitarbeiter: Ber. Deutsch. Chem. Ges. 1925, **58**, 794; 1926, **59**, 375.   [8] W. Vaubel: Z. 1927, **53**, 151; 54, 275. — Zeitschr. angew. Chem. 1927, **40**, 1143.

Fettsäuren vielmehr immer etwas feste Fettsäuren und gegebenenfalls auch flüssige gesättigte Fettsäuren enthalten können. Das verwendete Abscheidungsverfahren ist daher stets mit anzugeben.

Immerhin ist die Innere Jodzahl kennzeichnender für die Natur der ungesättigten Fettsäuren eines Fettes als dessen allgemeine Jodzahl, weil die gesättigten Fettsäuren, welche die Beurteilung der Art der ungesättigten Fettsäuren stören, mehr oder weniger vollständig entfernt sind. — Durch die Einführung der Rhodanzahl nach Kaufmann (S. 113) hat die Innere Jodzahl heute keine Bedeutung mehr.

ε) **Jodzahl der festen Fettsäuren.** E. Twitchell[1] hat die Jodzahl der mit der Bleisalzmethode abgeschiedenen festen Fettsäuren zur Erkennung gehärteter Öle herangezogen. Diese Jodzahl wird aber stark und unregelmäßig durch die wechselnden Menge der zugemischten gesättigten Fettsäuren erniedrigt (vgl. S. 200).

b) Halogenwirkung auf ungesättigte Fettsäuren.

Halogene lagern sich im allgemeinen sehr leicht an ungesättigte aliphatische Verbindungen, insbesondere auch an ungesättigte Fettsäuren, an, wobei sich an jede Doppelbindung ein Molekül Halogen anlagert. Die Energie, mit der diese Anlagerung erfolgt, nimmt von Chlor zum Brom zum Jod ab. Beim Chlor und Brom findet dabei gleichzeitig eine mehr oder weniger starke Substitution statt. Am geeignetsten, um nur die Halogenaddition zu bestimmen, sind Chlorjod und Bromjod sowie die unterhalogenigen Säuren.

Über ·die Anlagerung von freiem Jod an ungesättigte Bindungen vgl. S. 116.

α) A. v. Hübl[2], der die Jodzahl in die Fettanalyse einführte, stellte bereits fest, daß alkoholische Jodlösung kaum bzw. nur sehr langsam auf die Fette einwirkt, daß dagegen bei Gegenwart von Quecksilberchlorid eine Einwirkung stattfindet; er schlug daher die Anwendung von alkoholischer Jod-Quecksilberchloridlösung zur Bestimmung der Jodzahl vor.

Bei dieser Lösung bildet sich nach J. Ephraim[3] Jodmonochlorid entweder nach der Gleichung:

$$HgCl_2 + 2\,J_2 = HgJ_2 + 2\,JCl, \qquad\qquad (I)$$

oder die Reaktion verläuft in 2 Phasen nach den Gleichungen:

$$HgCl_2 + J_2 = HgClJ + JCl, \qquad\qquad HgClJ + J_2 = HgJ_2 + JCl.$$

Weiter wirkt aber nach J. J. A. Wijs[4] zunächst das Wasser des Alkohols auf das Jodmonochlorid ein nach der Gleichung:

$$JCl + H_2O \rightleftharpoons HCl + HJO. \qquad\qquad (II)$$

Diese Reaktion ist eine Gleichgewichtsreaktion, bei der die weitere Umsetzung des Wassers durch die gebildete freie Salzsäure verhindert wird. Das entstandene JO′-Jon ist aber sehr unbeständig, denn es setzt sich alsbald um nach der Gleichung

$$5\,HJO = HJO_3 + 2\,H_2O + 4\,J. \qquad\qquad (III)$$

Wenn in der Lösung keine anderen als die vorstehenden Reaktionen I, II und III einträten, so würden bei der Titerstellung infolge des Kaliumjodidzusatzes folgende Reaktionen vor sich gehen:

$$JCl + KJ = KCl + J_2,$$
$$HCl + HJO + KJ = KCl + H_2O + J_2,$$
$$5\,HCl + HJO_3 + 5\,KJ = 5\,KCl + 3\,H_2O + 3\,J_2,$$

und man müßte daher bei der Titerstellung die ganze ursprüngliche Jodmenge wiederfinden. Dies ist aber nicht der Fall, sondern je älter die Lösung wird, desto mehr sinkt der Titer, und gleichzeitig bildet sich hierbei freie Säure. H. Schweitzer und E. Lungwitz[5] sowie Waller[6] haben gezeigt, daß diese Säuremenge den verschwundenen Äquivalenten Jod entspricht, welchen Befund J. J. A. Wijs[4] bestätigen konnte. Dieser erklärt die

---

[1] E. Twitchell: Journ. Ind. engin. Chem. 1921, **13**, 806.
[2] A. v. Hübl: Dinglers Polytechn. Journ. 1884, **253**, 281.
[3] J. Ephraim: Zeitschr. angew. Chem. 1895, 254.
[4] J. J. A. Wijs: Zeitschr. angew. Chem. 1898, 291.
[5] H. Schweitzer u. E. Lungwitz: Journ. chem. Ind. 1895, **14**, 130.
[6] Waller: Chem.-Ztg. 1895, **19**, 1831.

Abnahme des Titers der Jodlösung durch eine oxydierende Einwirkung der Unterjodigen Säure — die Jodsäure wirkt ähnlich — auf den Alkohol, indem sich nach der Gleichung:

$$2\,HJO + C_2H_5 \cdot OH = J_2 + 2\,H_2O + CH_3 \cdot CHO$$

hierbei Jod und Aldehyd bilden. Dadurch wird das Gleichgewicht in der Lösung gestört; es bildet sich, sobald etwas Unterjodige Säure verschwunden ist, nach der Gleichung neue, und zwar so viel, daß immer das Produkt der Konzentration der Unterjodigen Säure und der der Salzsäure zu dem Produkte der Konzentration des Jodmonochlorids und des Wassers in gleichem Verhältnis bleibt. Die Lösung wird daher relativ immer haltbarer, je älter sie wird; doch endet diese Titerverminderung nicht eher, bis alles freie Jod verschwunden ist.

Die v. HÜBL-Jodlösung ist daher um so haltbarer, je konzentrierter der verwendete Alkohol ist, und ihre Haltbarkeit wird außerordentlich gesteigert durch den von WALLER vorgeschlagenen Zusatz von konzentrierter Salzsäure, die nach WIJS nicht, wie WALLER annimmt, nur das Wasser bindet, sondern infolge ihrer großen Konzentration zunächst die Umsetzung im Sinne der Gleichung (II) so gut wie ganz aufhebt und ferner die Dissoziation des Quecksilberchlorids sehr bedeutend herabsetzt, die des Quecksilberjodids aber nicht beeinflußt, infolgedessen das Gleichgewicht der Gleichung (I) in der Richtung der Jodmonochloridbildung verschiebt.

β) Was nun den Vorgang bei der Addition des Jodes usw. durch die Fette betrifft, so kommen nach WIJS hierfür nur drei Stoffe in Betracht, nämlich freies Jod, Jodmonochlorid und Unterjodige Säure. Zuerst hat man das freie Jod als den wirksamen Körper angesprochen, dann sahen J. EPHRAIM[1] und WIJS[2] wie auch schon v. HÜBL ihn im Jodmonochlorid und später ist WIJS[3] zu der Überzeugung gekommen, daß er in der Unterjodigen Säure zu suchen ist. Die Gründe, welche WIJS zu dieser letzteren Annahme veranlaßt haben, hier näher anzugeben, würde zu weit führen. WIJS denkt sich den Verlauf der Addition z. B. durch Ölsäure, wie folgt:

$$C_{17}H_{33} \cdot COOH + HJO = C_{17}H_{33} \cdot J(OH) \cdot COOH$$
$$C_{17}H_{33} \cdot J(OH)COOH + HCl = C_{17}H_{33} \cdot JCl \cdot COOH + H_2O.$$

Praktisch läuft daher die spätere Annahme von WIJS auf genau die gleiche Endverbindung hinaus wie die erste Annahme, daß Jodmonochlorid addiert werde. Da die Lösungen der Unterjodigen Säure sehr wenig haltbar sind, indem sie sich im Sinne der Gleichung (III) zersetzt, so hat WIJS[4] zur Jodzahlbestimmung die Verwendung einer Lösung von Jodmonochlorid in Eisessig vorgschlagen[5], in der im Sinne der Gleichung (II) sich Unterjodige Säure bildet.

Später hat J. HANUŠ[6] die Verwendung einer Lösung von Jodmonobromid in Eisessig für den gleichen Zweck vorgeschlagen. Das Verfahren von WIJS hat, wie die Nachprüfungen von verschiedenen Seiten ergeben haben, vor dem von v. HÜBL den Vorzug, daß die WIJS-Lösung in ihrer Wirksamkeit viel beständiger und die Addition schneller beendigt ist. Das WIJS-Verfahren liefert im allgemeinen ungefähr dieselben (einige Einheiten höhere) Jodzahlen wie das v. HÜBL-Verfahren, nur bei den Ölen mit hoher Jodzahl (Mohnöl Leinöl usw.) sind die WIJS-Jodzahlen wesentlich (nach M. KITT[7] und MARCUSSON[8] beim Leinöl 17,7—18,0 Einheiten) höher als die v. HÜBLschen, doch ist WIJS[9] der Ansicht, daß seine Zahlen die richtigeren sind, weil bei dem

---

[1] J. EPHRAIM: Zeitschr. angew. Chem. 1895, 254.

[2] WIJS: Zeitschr. analyt. Chem. 1898, **37**, 277.

[3] WIJS: Zeitschr. angew. Chem. 1898, 294.

[4] WIJS: Ber. Deutsch. Chem. Ges. 1898, **31**, 750.

[5] D. HOLDE und A. GORGAS (Ber. Deutsch. Chem. Ges. 1925, **58**, 1071) wiesen nach, daß dabei tatsächlich Jodmonobromid angelagert wird, daß also z. B. aus Ölsäure Jodbromstearinsäure ($C_{18}H_{34}O_2BrJ$) entstand.

[6] W. HANUŠ: Z. 1901, 4, 913.   [7] M. KITT: Chem.-Ztg. 1901, **25**, 540.

[8] MARCUSSON: vgl. L. UBBELOHDE: Handbuch der Chemie und Technologie der Öle und Fette, Bd. 1, S. 215. 1908.

[9] WIJS: U. 1899, **6**, 5; ferner Z. 1902, **5**, 497, 1150, 1193.

v. Hübl-Verfahren infolge der langen Einwirkungsdauer eine richtige Titerstellung nicht möglich sei[1].

Das Hanuš-Verfahren liefert ungefähr die gleichen Jodzahlen wie das von v. Hübl.

γ) Neuere Verfahren verwenden auch das Brom zur Bestimmung der Jodzahl, wobei dessen substituierende Wirkung (vgl. A. Sprinkmeyer und A. Diedrichs[2] sowie S. J. Schodzew[3]) durch die Art der Bromverbindung und die Auswahl des Lösungsmittels ausgeschaltet wird; so verwenden als Bromverbindung und Lösungsmittel:

K. W. Rosenmund und W. Kuhnhenn[4] Pyridinsulfat-dibromid ($C_6H_5N \cdot H_2SO_4 \cdot Br_2$) in Eisessig,

H. P. Kaufmann und E. Hansen-Schmidt[5] Brom in mit Natriumbromid gesättigtem Methylalkohol,

L. W. Winkler[6] 0,1 N.-Bromessigsäure oder Kaliumbromatbromidlösung mit Salzsäure in Tetrachlorkohlenstoff.

Das Verfahren von Rosenmund und Kuhnhenn sowie die von Winkler und Kaufmann liefern ungefähr die gleichen Jodzahlen.

δ) Abweichend von den unter α—γ genannten Methoden verwenden B. M. Margosches und Mitarbeiter[7] Jod in alkoholischer Lösung unter nachfolgender starker Verdünnung mit Wasser, wobei Unterjodige Säure an die Doppelbindung angelagert wird[8] entsprechend der Gleichung:

$$\begin{matrix} \text{RHC} \\ \| \\ \text{R'HC} \end{matrix} + J_2 + \text{HOH} \rightarrow \begin{matrix} \text{RHCOH} \\ | \\ \text{R'HCJ} \end{matrix} + \text{HJ}.$$

Bei dieser Reaktion wird also die Hälfte des verbrauchten Jods als Jodwasserstoffsäure abgeschieden, wie durch deren Bestimmung nach dem jodometrischen Verfahren (S. 62) nachgewiesen werden kann.

Diese Reaktion verläuft nur bei den braunen Jodlösungen (in Wasser, Alkohol, Essigsäure) sehr schnell und vollständig, während die Jodaddition und Säurebildung bei den violetten Jodlösungen (in Benzol, Chloroform, Tetrachlorkohlenstoff, Schwefelkohlenstoff usw.), in denen nur Jod aufgenommen wird, nur schwach sind und nicht zu Ende gehen (vgl. S. 116).

ε) Für die Erkennung des substituierten Halogens neben dem addierten bedienen sich P. C. McIlhiney[9] sowie W. Meigen und A. Winogradow[10] der Bestimmung der bei der Substitution, entsprechend der Gleichung

$$\text{RH} + Br_2 = \text{RBr} + \text{HBr},$$

---

[1] Die von S. Schmidt-Nielsen und A. W. Owe (besondere Schrift im Verlage von Jacob Dybwald-Kristiania 1923; Z. 1924, 47, 362) sowie von Weiser und Donath (Z. 1914, 28, 65) und W. Arnold (Z. 1916, 31, 382) gegen das Wijs-Verfahren geäußerten Bedenken sind von J. J. A. Wijs (Z. 1928, 56, 488) und J. van Loon (U. 1930, 37, 135) als unzutreffend widerlegt worden.

[2] A. Sprinkmeyer u. A. Diedrichs: Z. 1912, 23, 679.

[3] S. J. Schodzew: Chem. Journ. Ser. B 1934, 7, 605; C. 1935, I, 2568.

[4] K. W. Rosenmund u. W. Kuhnhenn: Z. 1923, 46, 154.

[5] H. P. Kaufmann u. E. Hansen-Schmidt: Arch. Pharm. 1925, 263, 32.

[6] L. W. Winkler: Z. 1916, 32, 358; 1922, 43, 201; Pharm. Zentralh. 1924, 65, 385; 1925, 66, 17; Arch. Pharm. 1927, 265, 554; 1928, 266, 189.

[7] B. M. Margosches, W. Hinner u. a.: U. 1924, 31, 41; 1925, 32, 221; Zeitschr. angew. Chem. 1924, 37, 334; Ber. Deutsch. Chem. Ges. 1924, 57, 996; 1925, 58, 794; 1926, 59, 375; 1927, 60, 990; Journ. prakt. Chem. 1928, 118, 225; U. 1928, 35, 152.

[8] D. Holde und A. Gorgas (Ber. Deutsch. Chem. Ges. 1925, 58, 1071) wiesen nach, daß tatsächlich Unterjodige Säure angelagert wird, so daß z. B. bei Ölsäure Jodoxystearinsäure ($C_{18}H_{35}O_3J$) entstand.

[9] P. C. McIlhiney: Journ. Amer. Chem. Soc. 1894, 16, 275; 1899, 21, 1087; 1902, 24, 1109; C. 1894, I, 1101; 1900, I, 177; 1903, I, 204.

[10] W. Meigen u. A. Winogradow: Zeitschr. angew. Chem. 1914, 27, 241.

entstehenden, der substituierten Menge Halogen äquivalenten Menge von freier Halogenwasserstoffsäure, die sie nach der Bestimmung der Jodzahl jodometrisch (S. 110) ermitteln. Bei diesem Verfahren müssen natürlich die Halogenlösung, das Lösungsmittel usw. vollkommen neutral sein.

D. HOLDE, W. BLEIBERG und M. A. AZIZ[1] haben dagegen ein Verfahren beschrieben, bei dem dies nicht erforderlich ist, weil nicht die bei der Substitution entstehende freie Säure, sondern die gesamte, nicht vom Fett gebundene Halogenmenge mittels Silbernitratlösung bestimmt wird.

φ) Unregelmäßigkeiten bei der Bestimmung der Jodzahl. Bei der Beurteilung von Jodzahlen ist außer dem Einflusse der Substitution (S. 95 und vorstehend unter α) noch folgendes zu berücksichtigen:

1. Auch das Unverseifbare der Fette und Öle ist unter Umständen von Einfluß auf die Jodzahl, da seine Verbindungen vielfach Halogenaddition und -substitution zeigen. Bei den meisten Fetten und Ölen ist jedoch die Menge des Unverseifbaren so klein, daß sein Einfluß auf die Jodzahl nur gering ist. Enthalten jedoch die Fette und Öle größere Mengen davon, wie z. B. gewisse Haifischleberöle, die 30—85% Squalen (vgl. S. 596) von der hohen Jodzahl 371,1 enthalten, so spielt dieses natürlich bei der Beurteilung der Jodzahl eine große Rolle.

Da bei dem Verfahren von MARGOSCHES die Jodaddition in der Hauptsache erst nach dem Verdünnen mit Wasser eintritt, bei dieser Verdünnung aber Bestandteile des Unverseifbaren schon bei geringem Wassergehalt unlöslich abgeschieden werden, fallen bei Fetten mit größeren Gehalten an Unverseifbarem die Jodzahlen dann merklich niedriger aus als nach anderen Verfahren.

2. Bei älteren Ölen, welche Polymerisation aufweisen, ist die Halogenaddition mehr oder weniger erniedrigt; diese Polymerisation wird aber durch längere Einwirkung der Halogenlösung rückgängig, so daß die Öle dann bei längerer Einwirkung wieder normale Jodzahlen zeigen.

3. Die Jodzahlen können auch durch Wiederabspaltung von bereits addiertem Halogen — von J. BÖESEKEN und E. TH. GELBER[2] als „Zurücklaufen" bezeichnet — beeinflußt werden; diese Wiederabspaltung kann namentlich durch die bei der Jodzahlbestimmung erfolgenden Zusätze von Wasser, Kaliumjodid und Thiosulfatlösung eintreten.

4. Auch freies Glycerin kann durch Halogene oxydiert werden und damit die Jodzahl erhöhen.

5. Endlich ist noch zu beachten, daß durch Erhöhung der Reaktionstemperatur sowohl die Addition als auch besonders die Substitution der Halogene gefördert wird.

c) Bestimmung der Jodzahl.

Für die Bestimmung der Jodzahl ist eine große Anzahl von Ausführungsverfahren beschrieben. Die Grundlage ist fast bei allen Verfahren die gleiche: Man läßt auf das Fett einen Überschuß der Halogenlösung einwirken und titriert das nicht addierte Halogen mit Thiosulfatlösung (bei den Brommethoden auch mit Natriumarsenitlösung) zurück. Verschieden ist bei allen diesen Verfahren im wesentlichen die Art und Zusammensetzung der Halogenlösung, der Halogenüberschuß und die Dauer der Einwirkung der Halogenlösung auf das Fett.

Die Verfahren sind von vielen Seiten nachgeprüft worden; die Ergebnisse dieser Nachprüfung widersprechen sich aber vielfach. Immerhin dürften aber über die Beurteilung der verschiedenen Verfahren bei der Jodzahlbestimmung von Fetten heute folgende Gesichtspunkte zutreffend sein:

Das v. HÜBL-Verfahren ist in dem Titer der Halogenlösung unbeständig, in der Ausführung langwierig und namentlich bei hohen Jodzahlen in den Ergebnissen unsicher; es sollte daher heute nicht mehr angewendet werden[3];

<hr>

[1] D. HOLDE, W. BLEIBERG u. M. A. AZIZ: Farben-Ztg. 1928, **33**, 3141; C. 1928, II, 2607.

[2] J. BÖESEKEN u. E. TH. GELBER: Rec. Trav. chim. Pays-Bas 1927, **46**, 158; C. 1927, I, 2453.

[3] Das v. HÜBL-Verfahren ist für die zolltechnische Untersuchung des Talges, der schmalzartigen Fette, des Stearins und ähnlicher Kerzenstoffe noch heute in Deutschland vorgeschrieben.

trotzdem findet es auch heute noch gelegentlich als Vergleichsverfahren bei
der Prüfung neuer Verfahren Anwendung. Die Verfahren von Wijs und Hanus
stellen gegenüber dem v. Hübl-Verfahren einen großen Fortschritt dar, denn
einmal sind ihre Halogenlösungen einfach darzustellen und im Titer sehr beständig, die Bestimmung ist schnell ausführbar und die Ergebnisse sind, namentlich beim Verfahren von Wijs, wenig durch Substitution beeinflußt.

Ein besonderer Vorzug des Verfahrens von Wijs ist nach J. Böeseken und E. Th. Gelber[1], daß es an der eintretenden Dunkelfärbung (Auftreten von freiem Jod) das Vorliegen
konjugierter Doppelbindungen anzeigt (vgl. oben S. 94). Durch die Einführung der Dienzahl (S. 124) in die Fettanalyse besitzen wir aber heute ein weit zuverlässigeres und
genaueres Mittel zur Erkennung konjugierter Doppelbindungen.

Die Bromverfahren von Winkler und Kaufmann sind einfach und wenig
kostspielig in der Ausführung[2]; ihre Ergebnisse sind ebenso wie bei den Verfahren von Rosenmund und Kuhnhenn und von Margosches von ähnlicher
Höhe wie die nach Wijs und Hanuš. Die letztgenannten sechs Verfahren können
daher für praktische Zwecke im großen und ganzen als gleichwertig
angesehen werden, zumal wenn man dabei bedenkt, wie starke Schwankungen
die Jodzahlen bei natürlichen Fetten und Ölen derselben Art aufweisen.

Die Deutsche Wissenschaftliche Zentralstelle für Öl- und Fettforschung hat
die „Jodbrommethode (nach Hanuš)" und die „Bromometrische Methode (nach
Kaufmann)" als Einheitsmethoden vorgeschlagen.

Im übrigen ist zu berücksichtigen, daß die Ergebnisse aller Verfahren mehr
oder weniger beeinflußt werden durch den Halogenüberschuß, die Einwirkungsdauer der Halogenlösung und die Belichtung, Faktoren, welche namentlich die
Substitution betreffen.

Daher sind bei allen Verfahren die Untersuchungsvorschriften genau einzuhalten, und da man sich in der Fachwelt immer noch nicht über
die beste Methode der Jodzahlbestimmung geeinigt hat, empfiehlt es sich, bei
Mitteilungen von Untersuchungsergebnissen das angewendete Verfahren
anzugeben.

α) **Verfahren von A. v. Hübl**[3]. Nach der amtlichen Anweisung vom 22. Februar 1908 zum „Fleischbeschaugesetz" verfährt man, wie folgt:

Erforderliche Lösungen. 1. Jodlösung. „Es werden einerseits 25 g Jod, andererseits
30 g Quecksilberchlorid in je 500 ccm fuselfreiem Alkohol von 95 Vol.-% gelöst, letztere
Lösung, wenn nötig, filtriert und beide Lösungen getrennt aufbewahrt. Die Mischung beider
Lösungen erfolgt zu gleichen Teilen und soll mindestens 48 Stunden vor dem Gebrauche
stattfinden[4].

2. Natriumthiosulfatlösung. Sie enthält im Liter etwa 25 g des Salzes. Die be-
quemste Methode zur Titerstellung ist die Volhardsche: 3,8666 g wiederholt umkrystalli-
siertes Kaliumbichromat löst man zum Liter auf. Man gibt 15 ccm einer 10%igen Jodkaliumlösung in ein dünnwandiges Kölbchen[5] mit eingeriebenem Glasstopfen von etwa
250 ccm Inhalt, säuert die Lösung mit 5 ccm konzentrierter Salzsäure an und verdünnt sie
mit 100 ccm Wasser. Unter tüchtigem Umschütteln bringt man hierauf 20 ccm der Kaliumbichromatlösung zu. Jeder Kubikzentimeter derselben macht genau 0,01 g Jod frei. Man
läßt nun unter Umschütteln von der Natriumthiosulfatlösung zufließen, wodurch die anfangs
stark braune Lösung immer heller wird, setzt, wenn sie noch weingelb ist, etwas Stärkelösung

---

[1] J. Böeseken u. E. Th. Gelber: Rec. Trav. chim. Pays-Bas 1927, **46**, 158.

[2] Nach E. Rupp und W. Brachmann (Zeitschr. analyt. Chem. 1926, **68**, 155) sowie
J. van Loon (U. 1930, **37**, 135) treten die beiden Verfahren gelegentlich Bromverluste
durch Verdampfung des Broms ein.

[3] A. v. Hübl: Dinglers Polytechn. Journ. 1884, **253**, 281.

[4] Nach Waller (Chem.-Ztg. 1895, **19**, 1786, 1831) ist die v. Hüblsche Jodlösung
in ihrem Wirkungswert viel beständiger, wenn man sie mit Chlorwasserstoffgas sättigt oder
die Quecksilberchloridlösung nach Zusatz von 50 ccm konzentrierter Salzsäure (Dichte)
auf 500 ccm mit Alkohol auffüllt (vgl. S. 197).

[5] Nach R. Sendtners Angaben von Joh. Greiner in München zu beziehen. Sie
ermöglichen infolge ihres geringen Gewichtes (40—50 g) und infolge des geringen Umfanges
das genaue Abwägen auf jeder analytischen Waage.

hinzu und läßt unter jeweiligem kräftigem Schütteln noch so viel Natriumthiosulfatlösung vorsichtig zufließen, bis der letzte Tropfen die Blaufärbung der Jodstärke eben zum Verschwinden bringt. Die Kaliumbichromatlösung läßt sich lange unverändert aufbewahren und ist stets zur Kontrolle des Titers der Natriumthiosulfatlösung vorrätig, welcher besonders im Sommer öfters neu festzustellen ist.

Berechnung. Da 20 ccm der Kaliumbichromatlösung 0,2 g Jod freimachen, wird die gleiche Menge Jod von der verbrauchten Anzahl Kubikzentimeter Natriumthiosulfatlösung gebunden. Daraus berechnet man, wieviel Jod 1 ccm Natriumthiosulfatlösung entspricht. Die erhaltene Zahl, den Koeffizienten für Jod, bringt man bei allen folgenden Versuchen in Rechnung.

3. Chloroform; am besten eigens gereinigt.

4. 10%ige Jodkaliumlösung.

5. Stärkelösung. Man erhitzt eine Messerspitze voll „löslicher Stärke[1]" in etwas destilliertem Wasser; einige Tropfen der unfiltrierten Lösung genügen für jeden Versuch[2]".

Ausführung der Bestimmung. „Man bringt bei Schmalz 0,6—0,7 g, bei den übrigen Fetten[3] 0,8—1 g geschmolzenes Fett in ein Kölbchen der unter Anm. 5 (S. 100) beschriebenen Art, löst das Fett in 15 ccm Chloroform und läßt 30 ccm Jodlösung (Nr. 1) zufließen, wobei man die Pipette bei jedem Versuch in genau gleicher Weise entleert. Sollte die Flüssigkeit nach dem Umschwenken nicht völlig klar sein, so wird noch etwas Chloroform hinzugefügt. Tritt binnen kurzer Zeit fast vollständige Entfärbung der Flüssigkeit ein, so muß man noch Jodlösung zugeben. Die Jodmenge muß so groß sein, daß noch nach 2 Stunden die Flüssigkeit stark braun gefärbt erscheint. Nach dieser Zeit ist die Reaktion beendet. Die Versuche sind bei Temperaturen von 15—18° anzustellen, die Einwirkung direkten Sonnenlichtes ist zu vermeiden.

Man versetzt dann die Mischung mit 15 ccm Jodkaliumlösung (Nr. 4), schwenkt um und fügt 100 ccm Wasser hinzu. Scheidet sich hierbei ein roter Niederschlag aus, so war die zugesetzte Menge Jodkalium ungenügend, doch kann man diesen Fehler durch nachträglichen Zusatz von Jodkalium verbessern. Man läßt nun unter oftmaligem Schütteln so lange Natriumthiosulfatlösung zufließen, bis die wäßrige Flüssigkeit und die Chloroformschicht nur mehr schwach gefärbt sind. Jetzt wird etwas Stärkelösung zugegeben und zu Ende titriert. Mit jeder Versuchsreihe ist ein sog. blinder Versuch, d. h. ein solcher ohne Anwendung eines Fettes zur Prüfung der Reinheit der Reagenzien (namentlich auch des Chloroforms) und zur Feststellung des Titers der Jodlösung zu verbinden.

Bei der Berechnung der Jodzahl ist der für den blinden Versuch nötige Verbrauch in Abzug zu bringen. Man berechnet aus den Versuchsergebnissen, wieviel Gramm Jod von 100 g Fett aufgenommen worden sind, und erhält so die HÜBLsche Jodzahl des Fettes.

Da sich bei der Bestimmung der Jodzahl die geringsten Versuchsfehler in besonders hohem Maße multiplizieren, so ist peinlich genaues Arbeiten erforderlich. Zum Abmessen der Lösungen sind genau eingeteilte Pipetten und Büretten, und zwar für jede Lösung stets das gleiche Meßinstrument zu verwenden."

Bei der Untersuchung von Ölen treten folgende Abänderungen ein:

„Von nicht trocknenden Ölen verwendet man 0,3—0,4 g und bemißt die Zeitdauer der Einwirkung auf 2 Stunden. Von trocknenden Ölen verwendet man 0,15—0,18 g und läßt die Jodlösung 18 Stunden darauf einwirken.

---

[1] Nach ZULKOWSKY (Zeitschr. analyt. Chem. 1882, **21**, 578) werden 60 g zerriebene Stärke in 1 kg Glycerin eingerührt und unter fortwährendem Umrühren allmählich bis auf 190° erhitzt und einige Zeit erhalten; Kartoffelstärke wird durch $^1/_2$stündiges, Weizen- und Reisstärke werden erst nach längerer Zeit durch Erhitzen auf 180—190° vollständig umgewandelt und sehr leicht löslich in Wasser.

[2] An Stelle von Stärke verwendet J. F. REITH (Pharm. Weekbl. 1929, **66**, 1097; Z. 1933, **66**, 381) α-Naphthoflavon als Indicator bei Jodtitrationen.

[3] Gemeint sind hier die übrigen tierischen Fette. Bei Pflanzenfetten mit niedriger Jodzahl (Cocosfett, Pflanzentalge usw.) verwendet man die gleiche Menge wie bei tierischen Fetten.

In letzterem Falle ist sowohl zu Beginn als auch am Ende der Versuchsreihe ein blinder Versuch auszuführen und für die Berechnung des Wirkungswertes der Jodlösung das Mittel dieser beiden Versuche zugrunde zu legen." (Margarine-gesetz.)

Beispiel. Angewendet 0,6050 g Schweinefett, 30 ccm Jodlösung, die bei dem blinden Versuche 45,5 ccm Thiosulfatlösung entsprochen haben mögen; zurücktitriert 18,7 ccm Thiosulfatlösung, also verbraucht 26,8 ccm Thiosulfatlösung, von der jeder Kubikzentimeter 0,0125 g Jod entsprechen möge. Dann sind für die 0,6050 g Schweinefett $26,8 \cdot 0,0125 = 0,3350$ g Jod verbraucht und somit berechnet sich für das Schweinefett die

$$\text{Jodzahl } \frac{0,3350 \cdot 100}{0,6050} = 55,4 \, .$$

Nach A. Kljutschewitsch und A. Wischnewskaja[1] kann die Jodzahlbestimmung nach v. Hübl wesentlich beschleunigt werden, wenn sie bei 60° durchgeführt wird. Bei der Jodzahlbestimmung von Ölsäure nach der beschleunigten Methode muß aber vorher die Luft aus dem Gefäß durch CO_2 verdrängt werden.

Über mikrochemische Bestimmung der Jodzahl unter Verwendung von 30 bis 50 mg Öl bzw. Fett nach v. Hübl vgl. W. Babkin[2].

β) **Verfahren von J. J. A. Wijs**[3]. Es beruht auf der Anwendung einer Lösung von Jodmonochlorid in Eisessig.

Erforderliche Lösungen. 1. Jodmonochloridlösung. Man bereitet sie nach folgendem Verfahren[4]: Man löst etwa 9 g Jodtrichlorid in 1 Liter höchst konzentriertem Eisessig (mindestens 99%[5]). Von 5 ccm dieser Lösung bestimmt man nach Zugabe von Kalium-jodid und Wasser den Halogengehalt durch Titration mit Natriumthiosulfatlösung. Dann fügt man zur Lösung 10 g gepulvertes Jod hinzu und schüttelt. Wenn fast alles Jod gelöst ist, bestimmt man von neuem in 5 ccm die Halogenkonzentration. Sie soll anderthalbmal so groß sein wie die der ersten Bestimmung. Es ist besser, ein klein wenig darüber hinaus zu gehen, damit man sicher ist, daß kein Jodtrichlorid im Überschuß vorhanden ist[6]. Man filtriert die Lösung und kann sie so verwenden oder mit Eisessig auf genau 0,2 N. bringen. Die Lösung bleibt, in gut schließenden Stöpselflaschen im Dunkeln aufbewahrt, mehrere Jahre haltbar.

2. Tetrachlorkohlenstoff[5].

3. Kaliumjodid-, Thiosulfat- und Stärkelösung von gleicher Art und Be-schaffenheit wie beim v. Hübl-Verfahren (vgl. S. 100).

Ausführung der Bestimmung. Diese erfolgt mit den vorstehend an-gegebenen Lösungen in derselben Weise wie beim v. Hübl-Verfahren (an-zuwendende Substanzmengen: 0,5—1 g bei festen Fetten, 0,3—0,4 g bei nicht-trocknenden und 0,15—0,18 g bei trocknenden Ölen), nur mit folgenden Ab-weichungen:

a) Es genügen 10 ccm 10%iger Jodkaliumlösung;

b) der Jodüberschuß soll etwa 70% betragen, d. h. von 100 Teilen zu-gesetzten Halogens sollen nur etwa 30% zur Addition verbraucht werden;

c) die Einwirkungsdauer soll je nach der zu erwartenden Jodzahl $^1/_2$—$1^1/_2$ Stunden betragen[7].

A. Kljutschewitsch u. A. Wischnewskaja: Oel-Fett-Ind. 1934, **10**, Nr. 11, 50; Z. 1937, **74**, 503.   [2] W. Babkin: Oel-Fett-Ind. 1933, **9**, Nr. 5, 32; C. 1934, II, 2370.
[3] J. J. A. Wijs: Ber. Deutsch. Chem. Ges. 1898, **31**, 750; U. 1899, **6**, 5; Z. 1902, **5**, 497, 1150, 1193.   [4] J. J. A. Wijs: **Z.** 1928, **56**, 488.
[5] Eisessig und Tetrachlorkohlenstoff müssen vollkommen frei von oxydierbaren Ver-unreinigungen sein, was man kontrolliert, indem man 1 oder 2 ccm mit etwas konzentrierter Schwefelsäure und ein wenig gesättigter Bichromatlösung schüttelt; es darf sich auch nach einiger Zeit keinerlei Grünfärbung zeigen.
[6] Die Lösung darf keinen Überschuß von Chlor — eher einen solchen von Jod — ent-halten, weil die Lösung sonst substituierend wirkt. L. J. P. Keffler und A. M. Maiden (Journ. Soc. chem. Ind. 1933, **52**, T. 242; Z. 1937, **74**, 65) empfehlen Zusatz von etwa 2% mehr von der berechneten Jodmenge.
[7] J. van Loon (U. 1930, **37**, 135) beobachtete bei einem Leinöl nach $2^1/_2$stündiger und siebentägiger Einwirkungsdauer einer Jodmonochloridlösung mit einem geringen Jodüberschuß keinen Unterschied in der Jodzahl.

Das WIJS-Verfahren wird von P. GILLOT[1], R. DELABY und R. CHARONNAT[2], REIBNITZ[3] sowie von J. VAN LOON[4], L. J. P. KEFFLER und A. M. MAIDEN[5] u. a. als brauchbar empfohlen. Einwände gegen das Verfahren (vgl. auch S. JUSCHKEWITSCH[6] und N. N. GODBOLE[7]), sind von J. J. A. WIJS und J. VAN LOON widerlegt (S. 95).

γ) **Verfahren von J. HANUŠ**[8]. J. HANUŠ hat an Stelle der Jodmonochloridlösung die Anwendung einer **Jodmonobromidlösung** in Eisessig[9] empfohlen, die vor der ersteren den Vorzug hat, daß sie leichter hergestellt werden kann und daß eine Einwirkungsdauer von 15 Minuten auch bei trocknenden Ölen hinreichend ist.

Erforderliche Lösungen. Die **Darstellung des Jodmonobromids** geschieht:

1. nach J. HANUŠ in folgender Weise: Zu 20 g Jod in einem Becherglase läßt man aus einem Scheidetrichter unter Rühren und Kühlen auf 5—8° allmählich 13 g Brom zufließen. Durch jeden Tropfen Brom bildet sich eine feste Substanz, so daß man tüchtig rühren muß, damit nicht die ganze Masse plötzlich fest wird und dadurch ein Teil des Jodes der Reaktion entzogen wird. Nach Beendigung der Reaktion, welche etwa 10 Minuten verlangt, wird das Reaktionsprodukt, welches eine Zeitlang noch rote Dämpfe entwickelt, die man ebenso wie das überschüssige Brom durch einen starken Kohlensäurestrom vertreiben kann, in ein Glasgefäß mit eingeschliffenem Glasstopfen eingefüllt. Das so dargestellte Jodmonobromid, dessen Ausbeute 30 g beträgt, ist eine graue, krystallinische, metallisch glänzende Substanz, die nach HANUŠ in gut verschlossenen Gefäßen vollkommen haltbar ist und sich leicht in Äthylalkohol und Eisessig löst.

Die zu verwendende Jodmonobromidlösung stellt man durch Auflösen von 10 g Jodmonobromid in 500 ccm Eisessig in einer Reibschale her[10]. Auch durch Schütteln im Meßkolben ist eine Lösung unschwer zu erreichen.

Zur Feststellung des Titers setzt man zu 20 ccm dieser Lösung 15 ccm Kaliumjodidlösung (10%) hinzu und titriert das Gemisch der beiden Flüssigkeiten mit Thiosulfatlösung. Die 20 ccm Jodmonobromidlösung entsprechen etwa 500 mg Jod.

2. Nach E. RUPP[10] kann man eine gleichwertige Jodmonobromidlösung einfach in der Weise herstellen, daß man annähernd äquimolare Mengen von Jod und Brom unmittelbar in Eisessig löst: 13 g feinzerriebenes Jod übergießt man im Meßkolben mit etwas Eisessig, wägt 8 g Brom hinzu, ergänzt mit Eisessig zu 1 Liter und schüttelt bis zur Lösung des Jods.

Ausführung der Bestimmung. 0,6—0,7 g bei festen Fetten, 0,2—0,25 g bei Ölen von einer Jodzahl unter 120 oder 0,1—0,15 g bei Ölen mit höherer Jodzahl werden in ein Fläschchen mit eingeschliffenem Glasstopfen von 250 ccm Inhalt gegeben und in 10 ccm Chloroform gelöst. Hierzu fügt man 25 ccm der obigen Jodmonobromidlösung, verschließt das Fläschchen und läßt es $^{1}/_{4}$ Stunde unter zeitweiligem Durchschütteln stehen. Darauf fügt man 15 ccm Kaliumjodidlösung (10%) hinzu und titriert mit Thiosulfatlösung den Jodüberschuß zurück. Da der Umschlag der gelbgefärbten Flüssigkeit in die farblose ein sehr scharfer ist, erübrigt sich oft die Anwendung von Stärkelösung als Indicator.

Das Verfahren zeigt nach J. VAN LOON[11] nicht unerhebliche Substitution. Im übrigen ist es vielfach nachgeprüft und für brauchbar befunden[12]. Nach M. YASUDA[13] ist es für Cholesterin ungeeignet.

[1] P. GILLOT: Ann. Falsif. 1925, 18, 335; Z. 1931, 61, 127.

[2] R. DELABY u. R. CHARONNAT: Bull. Sciences pharmacol. 1928, 35, 692; C. 1929, I, 1762.

[3] REIBNITZ: Farben-Ztg. 1929, 1782; U. 1929, 36, 398.

[4] J. VAN LOON: U. 1930, 37, 135.

[5] L. J. P. KEFFLER u. A. M. MAIDEN: Journ. Soc. chem. Ind. 1933, 52, T. 242; Z. 1937, 74, 65.

[6] S. JUSCHKEWITSCH: Arb. allruss.-zentr. wiss. Fett-Forsch.-Inst. 1934, Nr. 2, 9; C. 1935, I, 3218.   [7] N. N. GODBOLE: U. 1936, 43, 155.   [8] J. HANUŠ: Z. 1901, 4, 913.

[9] J. EPHRAIM (Zeitschr. angew. Chem. 1895, 254) hat bereits eine Lösung von Jodmonobromid in Äthylalkohol empfohlen, die jedoch an Haltbarkeit der Lösung in Eisessig wesentlich nachsteht.   [10] E. RUPP: Apoth.-Ztg. 1919, 34, 269; Z. 1921, 42, 263.

[11] J. VAN LOON: U. 1930, 37, 135.

[12] TH. SUNDBERG u. M. LUNDBORG: Z. 1920, 39, 87. — D. HOLDE u. Mitarbeiter: U. 1922, 29, 185. — H. J. BLANKSTON jr. u. F. C. VILBRANDT: Ind. engin. Chem. 1925, 16, 707; C. 1925, I, 180. — K. H. BAUER u. P. MANICKE: Pharm. Zentralh. 1927, 68, 241. — S. JUSCHKEWITSCH: U. 1929, 36, 385; 1930, 37, 87.

[13] M. YASUDA: Journ. biol. Chem. 1931, 94, 401; C. 1932, I, 2744.

Eine Mikromethode mit Jodmonobromid in Tetrachlorkohlenstoff unter besonderer Versuchsanstellung für Einwaage von 0,75—25 mg hat J. C. Ralls[1] angegeben.

d) Verfahren von K. W. Rosenmund und W. Kuhnhenn[2]. Es beruht auf der sehr milde wirkenden Bromierung[3] mit Pyridinsulfatdibromid ($C_6H_5N \cdot H_2SO_4 \cdot Br_2$) in Eisessig. Diese Lösung zeigt gleiche Titerbeständigkeit wie die Hanuš-Jodmonobromidlösung. Die Ergebnisse sind unabhängig vom Bromüberschuß; es genügt ein solcher von 20% vom Gesamthalogen[4].

Erforderliche Lösungen. 1. Pyridinsulfatdibromidlösung. 8 g Pyridin und 10 g konzentrierte Schwefelsäure werden zunächst gesondert unter Kühlung in je 20 ccm Eisessig gelöst und diese Lösungen vorsichtig zusammengeschüttet. Zu dem Gemisch fügt man 8 g Brom in 20 ccm Eisessig und ergänzt das Volumen mit Eisessig auf 1 Liter. Die Lösung ist nahe 0,1 N.

Die Rücktitration des Bromüberschusses erfolgt entweder mit Kaliumjodid und Thiosulfatlösung oder mit 0,1 N.-Natriumarsenitlösung.

2. Titerstellung mit Natriumarsenitlösung. 20 ccm der 0,1 N.-Natriumarsenitlösung läßt man aus einer Bürette in einen Kolben einfließen, dann wird mit ungefähr 10 ccm verdünnter Salzsäure oder Schwefelsäure angesäuert und mit 20—30 ccm Wasser verdünnt. Man kann jetzt 5 ccm Chloroform zusetzen, doch kann dies auch unterbleiben, wenn man die Gewähr hat, mit einem einwandfreien Chloroform bei den Jodzahlbestimmungen zu arbeiten. Der Inhalt des Kolbens wird nun mit einigen Tropfen einer alkoholfreien wäßrigen Lösung von Methylorange deutlich rosa gefärbt und unter gutem Umschwenken des Kolbens über einer weißen Unterlage mit der einzustellenden Pyridinsulfatdibromidlösung, welche man ebenfalls in eine Bürette gefüllt hat, vorsichtig bis zur Farblosigkeit versetzt. Es empfiehlt sich, den Titer der Pyridinsulfatdibromidlösung täglich einmal zu prüfen.

Ausführung der Bestimmung. 1. Mit Pyridinsulfatdibromid, Kaliumjodid und Natriumthiosulfat. 0,1—0,2 g Öl, bei festen Fetten 0,6—0,8 g, werden in einem Jodzahlkölbchen (S. 100, Anm. 5) mit eingeschliffenem Stopfen abgewogen und in 10 ccm Chloroform gelöst. Dann fügt man 12 bis 15 ccm 0,2 N.-Pyridinsulfatdibromidlösung oder 20—25 ccm 0,1 N.-Pyridinsulfatdibromidlösung hinzu. Sollte die Lösung nach dem Umschwenken nicht klar sein, so wird etwas Eisessig hinzugegeben. Nach 5 Minuten ist die Reaktion beendet. Man versetzt mit 6,5 ccm Kaliumjodidlösung (10%), schwenkt gut durch und titriert unter dauerndem Schwenken mit Thiosulfatlösung auf schwaches Gelb. Nach Zugabe von 2 ccm Stärkelösung (1%) und 30—50 ccm Wasser wird auf Farblos titriert. Gegen Schluß der Titration ist der Kolben öfters zu schließen und gut zu schütteln, um das in der Fettemulsion verteilte Jod umzusetzen.

2. Mit Pyridinsulfatdibromid und Natriumarsenitlösung. Zur Bestimmung der Jodzahl wägt man 0,1—0,3 des geschmolzenen Fettes oder des Öles in einen trockenen Jodzahlkolben mit eingeschliffenem Glasstopfen ein, löst es in 10 ccm Chloroform und gibt aus einer Bürette 20—25 ccm der 0,1 N.-Pyridinsulfatdibromidlösung hinzu. Sollte sich die Mischung nach dem Umschwenken trüben, so versetzt man sie noch mit etwas chemisch reinem Eisessig. Nach Verlauf von 5 Minuten ist die Reaktion beendet. Unter vorsichtigem Öffnen des Kolbens verdünnt man seinen Inhalt mit 50—60 ccm Wasser, schüttelt durch und läßt zu dem Bromüberschuß aus einer Bürette etwas mehr 0,1 N.-Natriumarsenitlösung hinzufließen, als zum Verschwinden der Bromfärbung nötig ist. Man versetzt nun die Mischung mit 2—3 Tropfen einer wäßrigen Methylorangelösung. Verschwindet die Rosafärbung, so muß noch etwas 0,1 N.-Arsenitlösung hinzugegeben und wiederum mit Methyl-

---

[1] J. C. Ralls: Journ. Amer. Chem. Soc. 1934, **56**, 121; C. 1934, II, 479.
[2] K. W. Rosenmund u. W. Kuhnhenn: Z. 1923, **46**, 154.
[3] K. W. Rosenmund u. W. Kuhnhenn: Ber. Deutsch. Chem. Ges. 1923, **26**, 1262.
[4] Bei der Bestimmung der Jodzahl von Cholesterin ist ein Überschuß über 30% Halogen zu vermeiden.

orange gefärbt werden. Die rosa gefärbte Mischung wird nunmehr unter ruhigem Umschwenken des Kolbens mit der eingestellten 0,1 N.-Pyridinsulfatdibromidlösung vorsichtig bis auf Farblosigkeit titriert.

L. W. WINKLER[1] hält den Zusatz von Pyridin und Schwefelsäure für nachteilig, was K. W. ROSENMUND und W. KUHNHENN[2] sowie S. JUSCHKEWITSCH[3] bestreiten. B. BIENERT[4] und W. MÜLLER[5] weisen auf die Unbeständigkeit des Titers der Pyridinsulfatdibromidlösung hin, der sich schon innerhalb eines Tages ändert. H. HAWLEY[6] erhielt mit verschiedenen Ölen im Doppelversuch übereinstimmende, in weitem Maße von Zeit und Konzentration unabhängige Jodzahlen, aber niedriger als nach v. HÜBL, WIJS und MARGOSCHES.

ε) **Verfahren von L. W. WINKLER.** Zur Bestimmung der Jodzahl (Jodbromzahl) mittels Brom hat WINKLER zwei Verfahren beschrieben, von denen das ältere das Brom aus einer Bromat-Bromidlösung entwickelt, während das zweite (Schnell-) Verfahren eine Lösung von Brom in Essigsäure verwendet.

1. **Kaliumbromatverfahren**[7]. Für dieses Verfahren, das sich durch niedrige Kosten in der Ausführung und Beständigkeit der Titerflüssigkeit auszeichnet und gute Ergebnisse liefert, ist in der amtlichen Anweisung für die chemische Untersuchung von ausländischen Fetten (Ausführungsbestimmungen D zum Fleischbeschaugesetz vom 3. Juni 1900) folgende im Reichsgesundheitsamt ausgearbeitete **Vorschrift**[8] für die preußischen Untersuchungsämter gegeben:

Erforderliche Lösungen und Reagenzien. 1. 0,1 N.-Kaliumbromatlösung (2,7837 g in 1 Liter).

2. Etwa 0,5 N.-Natriumarsenitlösung: 5,0 g Arsenige Säure und 2,5 g Natriumhydroxyd werden unter Erwärmen in etwa 50 ccm Wasser gelöst; sodann wird die Lösung durch Watte filtriert, die Watte mit Wasser nachgewaschen und die Lösung unter Verwendung des Spülwassers auf 200 ccm verdünnt[9].

3. Grobgepulvertes Kaliumbromid.

4. Reiner Tetrachlorkohlenstoff.

5. Indigocarminlösung (0,2 g in 100 ccm Wasser, gegebenenfalls unter Zusatz von etwas Alkali).

Ausführung der Bestimmung. Man bringt von Fetten oder Ölen mit vermutlichen Jodzahlen von 200—150: 0,15—0,2 g, von 150—100: 0,2—0,3 g, von 100—50: 0,3—0,6 g, von 50—20: 0,6—1,0 g, mit kleineren Jodzahlen: 1—2 g in eine Flasche von etwa 200 ccm Inhalt mit eingeschliffenem, gut schließenden Glasstopfen, der durch Bestreichen mit reiner konzentrierter Phosphorsäure abgedichtet wird, und löst das Fett oder Öl in 10 ccm Tetrachlorkohlenstoff, nötigenfalls unter vorsichtigem Erwärmen auf. Dann läßt man bei Zimmertemperatur aus einer genauen Pipette 50 ccm der 0,1 N.-Kaliumbromatlösung zufließen und fügt 1 g grobgepulvertes Kaliumbromid und 10 ccm einer

---

[1] L. W. WINKLER: Pharm. Zentralh. 1925, **66**, 17.

[2] K. W. ROSENMUND u. W. KUHNHENN: Pharm. Zentralh. 1925, **66**, 81.

[3] S. JUSCHKEWITSCH: U. 1930, **37**, 87. [4] B. BIENERT: U. 1925, **32**, 250.

[5] W. MÜLLER: Schweizer. Mitt. Lebensm.-Unters. 1925, **16**, 35.

[6] H. HAWLEY: Analyst 1933, **58**, 601.

[7] L. W. WINKLER: Ungarische Pharmacopöe III, S. XI. 1909; Z. 1916, **32**, 358; 1922, **43**, 201; Pharm. Zentralh. 1924, **65**, 385; 1925, **66**, 17; Arch. Pharm. 1927, **265**, 554; 1928, **266**, 189.

[8] Pr. Ministerialbl. f. Landwirtschaft 1924, **20**, 286; Gesetze u. Verordnungen über Lebensmittel 1924, **16**, 64.

[9] Da der Titer der sauren Arsenitlösung beständiger ist als der der alkalischen Lösung (W. MANCHOT u. F. OBERHAUSER: Pharm. Zentralh. 1925, **66**, 688) hat L. W. WINKLER (Pharm. Zentralh. 1925, **66**, 81) vorgeschlagen, 4,95 g Arsentrioxyd nach Zusatz von 2,5 g Natriumhydroxyd unter gelindem Erwärmen in 50 ccm Wasser zu lösen, die erkaltete Lösung nach Verdünnung auf 150 ccm mit 2,5 ccm konzentrierter Schwefelsäure anzusäuern, nach dem Stehen über Nacht das etwa abgeschiedene Arsentrisulfid durch einen kleinen Wattebausch abzufiltrieren und das Filtrat auf 200 ccm zu verdünnen.

10%igen Salzsäure[1] hinzu, schließt schnell und fest den Stöpsel, schüttelt kräftig durch, wobei das Kaliumbromid vollständig in Lösung gehen muß, und läßt das Gemisch 2 Stunden im Dunkeln stehen; in der ersten Stunde ist unter tunlichster Vermeidung der Lichteinwirkung mehrmals umzuschütteln. Nach dieser Zeit ist die Reaktion im allgemeinen beendet, bei trocknenden Planzenölen oder bei Seetierölen ist eine 20stündige Einwirkungsdauer erforderlich. Man fügt dann unter vorsichtigem Lüften des Glasstopfens genau 10,0 ccm der etwa 0,5 N.-Natriumarsenitlösung hinzu, schüttelt um, bis Entfärbung eintritt, setzt 20 ccm Salzsäure vom Spezifischen Gewicht 1,19 hinzu[1] und titriert unter Umschwenken mit 0,1 N.- Kaliumbromatlösung bis zum Auftreten einer eben sichtbaren, schwach blaßgelben Färbung[2]. Die Titration muß bei auffallendem guten Tageslicht vor einem unmittelbar hinter den Glaskolben oder die Flasche gehaltenen weißen Papierblatt ausgeführt werden.

Wird die Titration bei ungünstigem Tageslicht oder bei Lampenlicht ausgeführt, so setzt man der entfärbten sauren Lösung zwei Tropfen der Indigocarminlösung hinzu und titriert unter lebhaftem Umschwenken mit 0,1 N.-Kaliumbromatlösung bis zur Entfärbung unter Verwendung einer weißen Unterlage. Sofern die Lösung während der Titration allmählich blasser wird, so setzt man noch 1 Tropfen des Indicators hinzu; ferner ist zu beachten, daß das Reaktionsgemisch gegen Ende der Titration vor jedem weiteren tropfenweisen Zusatz der Bromatlösung einige Male umzuschütteln ist.

Zur Prüfung der Reinheit der Reagenzien und zur Feststellung des Gehaltes der Arsenitlösung ist ein blinder Versuch, d. h. ein solcher ohne Fett auszuführen, indem man 10 ccm Tetrachlorkohlenstoff, 25 ccm 0,1 N.-Kaliumbromatlösung, 25 ccm Wasser, 1 g grobgepulvertes Kaliumbromid und 10 ccm 10%ige Salzsäure in der oben angegebenen Weise und unter den gleichen Zeitverhältnissen im Dunkeln aufeinander einwirken läßt, dann gibt man aus einer genauen Pipette 10,0 ccm Arsenitlösung und 20 ccm Salzsäure von der Dichte 1,19 hinzu und titriert mit der 0,1 N.-Kaliumbromatlösung.

Die Berechnung der Jodzahl (Jodbromzahl) erfolgt nach dem Ausdruck:

$$\frac{(a-b)\cdot 1{,}27}{f};$$

hierin bedeuten:

a die bei der Bestimmung der Jodzahl im Fett oder Öl verbrauchte (von vornherein [50 ccm] + bei der Titration zugesetzte) Anzahl Kubikzentimeter der 0,1 N.-Kaliumbromatlösung,

b die beim blinden Versuch verbrauchte (von vornherein [25 ccm] + bei der Titration zugesetzte) Anzahl Kubikzentimeter der 0,1 N.-Kaliumbromatlösung,

f die angewandte Fett- oder Ölmenge in Gramm.

Die so gefundene Zahl gibt an, wieviel Gramm Jod der von 100 g Fett oder Öl gebundenen Brommenge äquivalent sind, d. h. die Jodzahl des Fettes oder Öles.

Es ist darauf zu achten, daß die durch das Fett gebundene und die nicht-gebundene Brommenge annähernd gleich groß sind, d. h. $(a-b)$ soll annähernd 25 betragen; andernfalls ist zum mindesten bei höheren Jodbromzahlen die Bestimmung unter Verwendung entsprechend größerer oder kleinerer Fett- oder Ölmengen zu wiederholen.

---

[1] Statt der 10 ccm 10%iger Salzsäure und der 20 ccm Salzsäure (Spezifisches Gewicht 1,19) kann man nach L. W. Winkler (Pharm. Zentralh. 1925, **66**, 17) auch 2—3 ccm und 20 ccm etwa 50%iger Schwefelsäure verwenden, muß dann aber 2—3 g Natriumchlorid in der Flüssigkeit lösen.

[2] Man kann die Titration nach Zusatz von 1—2 Tropfen Kaliumjodid (1%) natürlich auch jodometrisch zu Ende führen.

Da bei diesen Bestimmungen die geringsten Versuchsfehler auf das Ergebnis von merklichem Einfluß sind, so ist peinlich genaues Arbeiten und die Anstellung von Doppelversuchen erforderlich.

A. Hansen[1] hat das Verfahren von L. W. Winkler systematisch nachgeprüft und eine im einzelnen etwas abweichende Ausführungsform vorgeschlagen. — Vgl. auch E. Rupp und W. Brachmann[2] über Bromverluste infolge des hohen Bromdampfdruckes des Bromierungsgemisches. C. H. Liberalli[3] empfiehlt das Verfahren von Winkler.

2. Bromessigsäure- (Schnell-) Verfahren. Nach diesem von L. W. Winkler[4] vorgeschlagenen „für alltägliche Untersuchungen vollauf genügenden bromometrischen Schnellverfahren" — die Bestimmung dauert etwa 10 Minuten — wird die Jodbromzahl des in Tetrachlorkohlenstoff gelösten Fettes unmittelbar titrimetrisch mit Bromessigsäure bestimmt, wobei die beständig werdende gelbliche Färbung der Untersuchungslösung den Endpunkt der Bromaddition anzeigt.

Herstellung der Bromessigsäure. Die zu verwendende Essigsäure wird zunächst durch einfaches Überdampfen gereinigt, indem von 1200 ccm die ersten 20 ccm abgesondert und 100 ccm im Destillationsgefäß zurückgelassen werden. In 1000 ccm der so gereinigten annähernd 96,5%igen Essigsäure werden 3 g Brom gelöst und am folgenden Tage wird zum zweiten Male destilliert, wobei möglichst wenig Flüssigkeit in dem Destillationskolben zurückgelassen wird. Die so erhaltene Bromessigsäure wird, nötigenfalls unter Zusatz von Brom, mit Natriumarsenitlösung (wie S. 105) oder mittels eines Öles (Ricinusöl) von bekannter Jodbromzahl so eingestellt, daß sie etwas stärker als 0,1 N. ist. Der Titer soll etwa wöchentlich einmal festgestellt werden.

Ausführung der Bestimmung. Man wägt von dem zu untersuchenden Fett in einem 50-ccm-Erlenmeyerkölbchen soviel ab, daß bei der Titration 5 bis 10 ccm Bromessigsäure verbraucht werden, nämlich bei einer etwa zu erwartenden

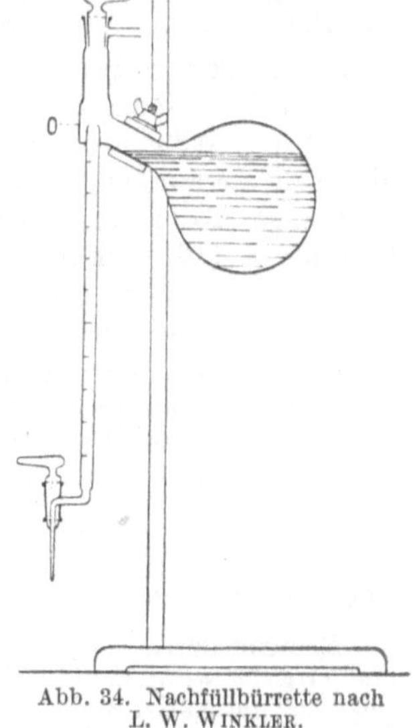

Abb. 34. Nachfüllbürrette nach L. W. Winkler.

| Jodbromzahl . . . . | 200 | 100 | 50 | 30 | 10 |
| Fettmenge etwa . . | 0,05 | 0,10 | 0,20 | 0,30 | 1,00 g |

Das Fett wird in etwa 2—3 ccm reinem Tetrachlorkohlenstoff, nötigenfalls unter gelindem Erwärmen, gelöst. Nach Zusatz von 0,5 g feinpulverigen Mercurochlorid als Katalysator und 0,1 g krystallisiertem Natriumacetat ($NaC_2H_3O_2$, $3\,H_2O$) als Puffer zu der Fettlösung läßt man aus der Nachfüllbürette (Abb. 34) die Bromessigsäure hinzufließen, bis sich die Gelbfärbung etwa $^1/_4$ Minute hält. Dann erwärmt man das Kölbchen über freier Flamme bis zum Aufkochen der Flüssigkeit, wobei sich die trübe Flüssigkeit klärt; sollte keine Klärung eintreten, so setzt man 2—3 Tropfen Wasser hinzu. Ist dabei die Flüssigkeit wieder entfärbt, so fügt man zur warmen Flüssigkeit tropfenweise Bromessigsäure hinzu, bis die citronengelbe Färbung in 2—3 Minuten nicht mehr verblaßt. — Bei sehr dunkelgefärbten Fetten zeigen sich natürlich Schwierigkeiten.

3. Gewichtsanalytisches Verfahren. L. W. Winkler[5] hat für dieses Verfahren auch eine gewichtsanalytische Ausführung vorgeschlagen. In einer gewogenen flachen Glasschale werden 0,15—0,20 g Fett mit 5 ccm Bromlösung (2 ccm Brom in 10 ccm

[1] A. Hansen: Dansk Tidsskr. Farmaci 1928, 2, 89; C. 1928, II, 200.
[2] E. Rupp u. W. Brachmann: Zeitschr. analyt. Chem. 1926, 68, 155.
[3] C. H. Liberalli: Rev. Soc. brasil. Chim. 1933, 4, 250; C. 1934, II, 1702.
[4] L. W. Winkler: Z. 1925, 49, 277; Pharm. Zentralh. 1925, 66, 17, 581. Ferner Zeitschr. analyt. Chem. 1933, 93, 172.
[5] L. W. Winkler: Pharm. Zentralh. 1925, 66, 241. Das gewichtsanalytische Verfahren empfiehlt Winkler besonders bei Wachs, Walrat, Japentalg, Lanolin und Vaselin.

Eisessig gelöst und mit Tetrachlorkohlenstoff auf 100 ccm verdünnt) versetzt und darin das Fett unter Umschwenken gelöst. Darauf verdampft man die Lösung auf einem heißen Trockenschranke, setzt nochmals 5 ccm Bromlösung hinzu und verfährt in gleicher Weise. Alsdann trocknet man 10—20 Minuten im Trockenschranke und wägt nach dem Erkalten. Die gefundenen Werte stimmen gut mit den nach dem vorstehenden Verfahren erhaltenen überein. Vgl. auch S. 111.

ζ) **Verfahren von H. P. Kaufmann**[1]. Hierbei wird eine Lösung von Brom in mit Natriumbromid gesättigtem Methylalkohol verwendet, deren Titer bei Anwendung reiner und wasserfreier Reagenzien sehr beständig ist. Die Bromaddition ist auch bei Fetten mit hoher Jodzahl in längstens 2 Stunden beendet, ohne daß auch bei Tageslicht Substitution eintritt.

Herstellung der methylalkoholischen Bromlösung. In 100 Teilen reinem[2] Methylalkohol werden 12—15 Teile bei 130° getrocknetes Natriumbromid gelöst. Zu 1 Liter abdekantierter Lösung läßt man aus einer kleinen Bürette mit Glasstopfen 5,2 ccm Brom („zur Analyse“) hinzufließen. Die Lösung ist hellgelb[3]. Der Titer ist nach Kaufmann und S. F. Juschkewitsch und N. M. Ssokolow[4] sehr beständig.

Ausführung der Bestimmung. Man bringt von Fetten und Ölen mit einer vermutlichen Jodzahl über 120 0,12—0,10 g, von 61—120 etwa 2 g, von 21 bis 60 0,5—0,3 g und von Jodzahlen bis zu 20 1,0—0,5 g, in Miniaturbechergläschen abgewogen, mit diesen in die Jodzahlkolben, löst in 10 ccm Chloroform und läßt 25 ccm Bromlösung hinzufließen, wobei ein Teil des Natriumbromids ausfällt. Man läßt 30 Minuten, bei Fetten mit hoher Jodzahl 2 Stunden lang stehen, setzt 15 ccm Kaliumjodidlösung (10%) hinzu und titriert mit 0,1 N.-Thiosulfatlösung zurück.

Soll die Jodzahlbestimmung bei Fetten mit hoher Jodzahl beschleunigt werden, so werden die Jodzahlkolben in Wasser von 40—50° gesetzt. Dann kann schon nach 30 Minuten Einwirkung zurücktitriert werden.

In gleicher Weise wird ein Leerversuch ausgeführt.

Berechnung. Betrug die Einwaage e Gramm und der Verbrauch an 0,1 N.-Thiosulfatlösung für den Leerversuch a Kubikzentimeter und für den Hauptversuch b Kubikzentimeter, so ist die Jodzahl $\dfrac{1,27 \cdot (a - b)}{e}$.

Während durch dieses Verfahren die Absättigung aller Doppelbindungen beabsichtigt und erreicht wird, konnte H. P. Kaufmann[5] bei der Elaeostearinsäure durch Verringerung der Aktivität des Halogens auch eine selektive Absättigung eines bestimmten Teiles der Doppelbindungen erreichen. Durch eine Lösung von Brom in Tetrachlorkohlenstoff werden im ultravioletten Licht alle 3, dagegen bei Lichtabschluß nur 2 Doppelbindungen abgesättigt, während durch die durch Jodzusatz in ihrer Wirksamkeit weiter geschwächte obige methylalkoholische Brom-Natriumbromidlösung, ähnlich wie bei der Rhodanzahl (S. 113) nur eine Doppelbindung durch Brom abgesättigt wird.

Eine Mikro- und Halbmikro (Meso-)Ausführung des Verfahrens haben H. P. Kaufmann und L. Hartweg[6] ausgearbeitet. Dieses bietet unter anderem den Vorteil einer Abkürzung der Einwirkungszeit, die bei Fetten mit der Jodzahl bis 110 hier nur 1 Minute, bei höheren Jodzahlen 10—15 Minuten beträgt. Die Halbmikromethode wird wie folgt ausgeführt:

In Wägegläschen werden 0,010—0,015 g Fett eingewogen und mit 2 ccm Chloroform in dem Jodzahlkolben gelöst. Darauf läßt man aus einer Derona-Bürette 5 ccm 0,1 N.-Bromlösung zufließen, wobei genau auf das Nachlaufen

---

[1] H. P. Kaufmann: Z. 1926, 51, 3; Studien auf dem Fettgebiet, S. 23. Berlin: Verlag Chemie 1935.

[2] Markenware. Bei Verwendung von technischem Methylalkohol muß dieser vorher über gebranntem Kalk destilliert werden.

[3] Geht der Titer bei Verwendung von nicht völlig reinen Reagenzien zurück, so kann jederzeit wieder Brom hinzugefügt werden.

[4] S. F. Juschkewitsch u. N. M. Ssokolow: Russische Zeitschr. 1931; vgl. C. 1932, II, 1545.   [5] H. P. Kaufmann: Ber. Deutsch. Chem. Ges. 1929, 62, 392.

[6] H. P. Kaufmann u. L. Hartweg: Ber. Deutsch. Chem. Ges. 1937, 70, 2554.

der Flüssigkeit zu achten ist. Ein Tropfen verursacht bereits erhebliche Fehler. Am besten gibt man 4,8 ccm auf einmal und die restlichen 0,2 ccm tropfenweise zu. Nun läßt man die Bromaddition vor sich gehen. Nach deren Beendigung fügt man in einem Guß 3 ccm 10%ige Kaliumjodidlösung hinzu und titriert das ausgeschiedene Jod mit 0,05 N.-Natriumthiosulfatlösung zurück. Daneben wird der Blindversuch unter Beobachtung der erwähnten Vorsichtsmaßregeln angestellt. — Bei Fehlen einer Mikrowaage löst man z. B. etwa 0,25 g Fett in 50 ccm Chloroform und pipettiert 2 ccm zum Versuch heraus.

Für sehr kleine Fettmengen (0,2—2,0 mg) hat W. Trappe[1] Methoden angegeben.

η) **Schnellverfahren von B. M. Margosches[2].** Über die Grundlagen des Verfahrens, S. 98. Es ist sehr einfach, schnell und mit geringen Kosten ausführbar und arbeitet ausschließlich mit Jod als Halogen.

Herstellung der alkoholischen Jodlösung. Die etwa 0,2 N.-Jodlösung enthält 2,54 g Jod in 100 ccm 96%igem Alkohol. Soll auch die bei der Jodaddition gebildete freie Jodwasserstoffsäure bestimmt werden, so muß die Jodlösung vollkommen neutral sein.

Ausführung der Bestimmung[3]. Bei trocknenden Ölen werden 0,10 bis 0,11 g und bei festen Fetten 0,20—0,40 g in eine etwa 500 ccm fassende Schüttelflasche eingewogen und in 10 ccm absolutem Alkohol[3] bei Zimmertemperatur (oder in etwa 15 ccm 96%igem Alkohol bei etwa 50°) unter Umschwenken aufgelöst. Eine nach dem Erkalten auftretende milchige Trübung schadet nicht, wohl aber natürlich ein Zurückbleiben sichtbarer Fetttröpfchen.

Zur Fettlösung läßt man aus einer Pipette 20 ccm Jodlösung zufließen und mischt durch kurzes Schütteln. (Bei festen Fetten läßt man, um Ausscheidungen des Fettes zu vermeiden, nur bis 25° abkühlen.) Hierauf gibt man sofort 200 ccm Wasser hinzu, läßt kurze Zeit (3—5 Minuten, nicht länger[4]) einwirken und titriert dann den Jodüberschuß mit 0,1 N.-Thiosulfatlösung zurück. Im Anschlusse hieran kann man mit Kaliumjodatlösung nach S. 110 die Menge der gleichzeitig gebildeten Jodwasserstoffsäure bestimmen, deren Menge 50% des Jodverbrauches beträgt. Die Jodzahl entspricht demnach der Hälfte des gesamten Jodverbrauches.

Gleichzeitig ist unter den gleichen Verhältnissen ein Leerversuch anzustellen.

Berechnung. Betrug die Einwaage e Gramm und der Verbrauch an 0,1 N.-Thiosulfat für den Leerversuch a Kubikzentimeter und für den Hauptversuch b Kubikzentimeter, so ist die Jodzahl $= \dfrac{1,27\,(a-b)}{e}$.

Halbmikroausführung. Margosches und E. Neufeld[5] haben auch eine Halbmikroausführung angegeben, bei der 0,050—0,075 g Öl oder 0,1—0,2 g festes Fett, ferner 5 ccm Alkohol von 99,8% oder bei leichter löslichen

---

[1] W. Trappe: Biochem. Zeitschr. 1938, **296**, 180; C. 1938, II, 2203.

[2] B. M. Margosches, W. Hinner u. L. Friedmann: Zeitschr. angew. Chem. 1924, **37**, 334, 982. — Vgl. auch B. Margosches u. Mitarbeiter: Zeitschr. angew. Chem. 1924, **37**, 202; 1927, **40**, 778; ferner U. 1924, **31**, 41; Zeitschr. Deutsch. Öl-Fett-Ind. 1924, **44**, 97, 205; Z. 1925, **49**, 135.

[3] Nach B. M. Margosches, B. Kratowetz u. F. Schnabel (U. 1928, **35**, 300) können statt des Alkohols auch 2 ccm Aceton (Siedepunkt 56,1°) angewendet werden. Die Anwendung bietet aber keine Vorteile. — Ferner haben G. Brachmann u. A. Morosov (Oel-Fett-Ind. 1926, Nr. 2/3, 73; C. 1927, I, 2616) die Anwendung von Äthylalkohol mit 1—2% Amylalkohol vorgeschlagen. — R. Klatt (U. 1932, **39**, 225; C. 1933, I, 1866) erhielt bei 0,09 bis 0,11 g Einwaage, 25 ccm alkoholischer Jodlösung und 200 ccm Wasser, stets stabile Verteilung des Fettes, wenn er eventuell das Fett in 10 ccm Ätheraceton oder in einer Mischung von 2 ccm Amylalkohol + 8 ccm absolutem Alkohol löste.

[4] J. Grossfeld und J. Peter (Z. 1924, **68**, 347) haben gefunden, daß die bei längerer Einwirkung erhaltenen höheren scheinbaren Jodzahlen auf Jodverflüchtigung (Violettfärbung der Luft über der Flüssigkeit) zurückzuführen sind.

[5] B. M. Margosches u. E. Neufeld: Chem.-Ztg. 1926, **50**, 210.

Fetten von 96% als Lösungsmittel auf dem Wasserbade bei 50°, ferner 10 ccm Jodlösung und darauf 100 ccm Wasser angewendet werden und wobei der Jodüberschuß mit 0,05 N.-Thiosulfatlösung zurücktitriert wird.

Mikroausführung. W. Ruziczka[1] hat die Methode von Margosches zu einem Mikroverfahren erweitert, das bei einer einheitlichen Einwaage von 5—10 mg Fett noch zuverlässige Werte ergibt. Die Einwaage erfolgt mittels Glascapillaren unter genauer Einhaltung ausführlich beschriebener Vorsichtsmaßregeln. Bei Anwendung von 1 ccm Lösungsmittel, 2 ccm 0,2 N.-alkoholischer Jodlösung und 20 ccm Wasser ist die Arbeitsweise analog dem Makroverfahren. Zur Jodtitration wird 0,05 N.-Natriumthiosulfatlösung verwendet. Dient Aceton als Lösungsmittel, z. B. bei Ölen, so läßt man die Lösung vor der Jodzahlbestimmung etwa 15 Minuten stehen. Das Verfahren ist vor allem für physiologische Untersuchungen von Wert.

Nach L. Juschkewitz[2] muß der Jodüberschuß bei Ölen mit Jodzahlen über 150 mindestens 65% der angewandten Jodmenge betragen.

B. M. Margosches, L. Friedmann und E. Neufeld[3] haben auch Versuche mit Jod-Eisessiglösung angestellt, die aber keine Vorteile gegenüber der alkoholischen Jodlösung bieten.

Das Verfahren von Margosches wurde von K. Budanowa[4], H. Heidenreich[5], H. Mohler und H. Benz[6] sowie N. N. Godbole[7] nachgeprüft und günstig beurteilt. W. J. Jessafowa[8] fand bei Ölen, die Oxysäuren enthalten (Ricinusöl), durch Nebenreaktionen zu hohe Jodzahlen.

ϑ) Verfahren von P. C. McIlhiney[9] zur Bestimmung des addierten und substituierten (bzw. wieder abgespaltenen) Halogens nebeneinander; über die Grundlage dieses Verfahrens s. S. 98. — Alle verwendeten Lösungen bzw. Reagenzien müssen vollkommen neutral sein.

Ausführung. Zu 0,25—1 g Fett, in einem Jodzahlkolben mit eingeschliffenem Rohrstopfen[10] in 10 ccm Tetrachlorkohlenstoff gelöst, setzt man 20 ccm $^1/_3$ N.-Brom-Tetrachlorkohlenstofflösung und läßt 18 Stunden[11] im Dunkeln stehen. Durch Einstellen des Kolbens in eine Kältemischung erzeugt man Unterdruck, taucht das Rohr des Kolbens in destilliertes Wasser und saugt durch Öffnen des Hahnes etwa 25 ccm Wasser ein. Nach dem Schließen des Hahnes schüttelt man um, setzt 20—30 ccm jodatfreie Kaliumjodidlösung und 75 ccm Wasser hinzu und titriert wie gewöhnlich mit 0,1 N.-Natriumthiosulfatlösung. Aus dem Jodverbrauch ergibt sich unter Zugrundelegung eines in gleicher Weise durchgeführten Leerversuches die „scheinbare" Jodzahl des Fettes.

Zu der austitrierten Lösung des Versuches und ebenso des Leerversuches gibt man 5 ccm Kaliumjodatlösung (2%), welche mit dem in der Lösung befindlichen Bromwasserstoff und Kaliumjodid wie folgt reagiert:

$$KJO_3 + 5\,KJ + 6\,HBr = 3\,J_2 + 6\,KBr + 3\,H_2O\,.$$

Das hierbei frei gewordene Jod wird wiederum mit 0,1 N.-Natriumthiosulfatlösung titriert. Da jedes Molekül Bromwasserstoff einem zur Substitution verbrauchten Molekül Brom entspricht, während es nur ein Atom frei macht, so

[1] W. Ruziczka: Mikrochemie 1935, 17 (N. F. 11), 215; Z. 1938, 76, 277.
[2] S. Juschkewitz: Oel-Fett-Ind. 1928, Nr. 9, 22; Nr. 10, 31; C. 1929, I, 2490.
[3] B. M. Margosches, L. Friedmann u. E. Neufeld: U. 1925, 32, 221.
[4] K. Budanowa: Oel-Fett-Ind. 1932, Nr. 1, 62; C. 1932, II, 1545.
[5] F. Heidenreich: Tidsskr. Kjemi Bergves. 1933, 13, 60; C. 1933, II, 298.
[6] H. Mohler u. H. Benz: Mitt. Lebensmittelunters. Hygiene 1933, 24, 277.
[7] N. N. Godbole: U. 1936, 43, 155.
[8] W. J. Jessafowa: Journ. angew. Chem. 1930, 3, 1207; Z. 1937, 73, 277.
[9] P. C. McIlhiney: Journ. Amer. Chem. Soc. 1894, 16, 275; 1899, 21, 1087; 1902, 24, 1109; C. 1894, I, 1101; 1900, I, 177; 1903, I, 204. — Vgl. D. Holde: Kohlenwasserstofföle und Fette, 7. Aufl., S. 772. Berlin: Julius Springer 1933.
[10] D. Holde hat um Brom- und Bromwasserstoffverlusten vorzubeugen, die Verwendung eines Jodzahlkolbens vorgeschlagen, der statt durch einen eingeschliffenen Stopfen durch ein eingeschliffenes zweimal rechtwinklig gebogenes Glasrohr mit Glashahn verschlossen ist.
[11] Wenn der Bromüberschuß 100% der theoretischen Menge beträgt, so ist die Reaktion bei Glyceriden mit geringer Substitution in 1—2 Minuten beendet; dagegen dauert sie bei Harz- und Mineralölen mit starker Substitution länger.

sind die bei der letzten Titration verbrauchten Kubikzentimeter Thiosulfatlösung zur Berechnung des auf Substitution entfallenden Bromverbrauchs zu verdoppeln. Beträgt also der Thiosulfatverbrauch für Leer- bzw. Hauptversuch vor dem Jodzusatz a bzw. b Kubikzentimeter und nach dem Jodzusatz c bzw. d Kubikzentimeter, so beträgt die wahre (nur auf Addition beruhende)

$$\text{Jodzahl} = \frac{1{,}27\,(a - b) - 2\,(d - c)}{\text{Einwaage}}.$$

In analoger Weise verfahren W. MEIGEN und A. WINOGRADOW[1] unter Verwendung einer 0,2 N.-Lösung von Jodmonochlorid und Tetrachlorkohlenstoff, welche wegen der geringen Flüchtigkeit des Jodmonochlorids die Benutzung eines Jodzahlkolbens mit eingeschliffenem Rohrstopfen (Anm. 10, S. 110) entbehrlich macht.

Über das Verfahren von D. HOLDE, W. BLEYBERG und M. A. AZIZ s. S. 99.

ι) **Sonstige Verfahren.** Zur Bestimmung der Jodzahl sind noch folgende Verfahren vorgeschlagen worden:

1. **Wägung der Halogenaufnahme.** P. BECKER[2] hat ein Verfahren vorgeschlagen, bei dem das Fett oder Öl in dünner Schicht auf Glasscheiben ausgestrichen und darauf in einer beiderseits geschlossenen Röhre der Einwirkung von Bromdampf ausgesetzt wird. Nach einer Einwirkungszeit von 30 Minuten wird der Bromüberschuß entfernt und die Gewichtszunahme des Fettes oder Öles bestimmt und daraus die Jodzahl berechnet, die meist mit der Jodzahl nach WIJS gute Übereinstimmung zeigt. E. ROSSMANN[3] berichtet über Erfahrungen mit der Methode bei trocknenden Ölen und Harzen. L. W. WINKLER[4] hat auch für sein Bromessigsäureverfahren eine gewichtsanalytische Ausführung vorgeschlagen (vgl. S. 107).

2. J. FIALKOW[5] hat im Anschluß an die Schnellmethode von B. M. MARGOSCHES (S. 98) Versuche mit einer Lösung von Jod in Kaliumjodidlösung ohne Alkohol angestellt, bei denen die Fette mit Gummi arabicum emulgiert wurden.

3. Y. VOLMAR und B. SAMDAHL[6] haben ein Verfahren zur Bestimmung der Bromzahl beschrieben, bei dem das Fettsäuregemisch in Äther bei -10^0 tropfenweise mit Brom bis zur bleibenden Färbung versetzt wird.

4. K. DREWSKI[7] führt die Jodzahlbestimmung potentiometrisch aus und erhält so die gleichen Ergebnisse wie nach den Titrationsverfahren.

5. **Calorimetrisches Verfahren.** O. HEHNER und C. A. MITCHELL[8] haben zuerst vorgeschlagen, die Temperaturerhöhung zu messen, die beim Vermischen einer Lösung von 1 g Öl in 10 ccm Chloroform oder von 1 g Fettsäure in 10 ccm Eisessig mit 1 ccm Brom eintritt. Diese „Bromthermalzahl" entspricht, mit 5,5[9] multipliziert, bei festen Fett und nicht trocknenden Ölen der Jodzahl nach v. HÜBL; bei trockenenden Ölen ist sie bis 20 Einheiten höher. A. HEIDUSCHKA und E. RHEINBERGER[10] verwenden eine Lösung von 1 g Öl in 20 ccm Chloroform und finden so auch bei trocknenden Ölen brauchbare Werte. Das Verfahren soll zuverlässiger sein als die Schwefelsäurethermozahl (S. 127) und vorteilhaft zur raschen Erkennung des Sättigungsgrades eines Öles dienen können. C. STIEPEL[11] mißt die Temperaturerhöhung, welche die Lösung eines Fettes in Tetrachlorkohlenstoff beim Zufügen einer Lösung von Brom in Tetrachlorkohlenstoff zeigt. Vgl. auch F. HEIDENREICH[12] und S. JUSCHKEWITSCH[13].

---

[1] W. MEIGEN u. A. WINOGRADOW: Zeitschr. angew. Chem. 1914, **27**, 241.

[2] P. BECKER: Zeitschr. angew. Chem. 1923, **36**, 539. — Vgl. ferner TH. SABALITSCHKA u. K. R. DIETRICH: Pharm. Ztg. 1924, **69**, 425, 742; Z. 1924, **48**, 323, 461. — H. OESTERMANN: Pharm. Ztg. 1924, **69**, 663; Z. 1924, **48**, 324. — H. TOMS: Analyst 1928, **53**, 69; C. 1928, I, 1820. — J. W. CROXFORD: Analyst 1929, **54**, 445; Z. 1933, **65**, 131.

[3] E. ROSSMANN: Angew. Chem. 1937, 187; Z. 1937, **74**, 332.

[4] L. W. WINKLER: Pharm. Zentralh. 1925, **66**, 241.

[5] J. FIALKOW: Zeitschr. analyt. Chem. 1927, **70**, 227.

[6] Y. VOLMAR u. B. SAMDAHL: Journ. Pharm. Chim. 1928, 81, 7, 106; C. 1928, I, 1920.

[7] K. DREWSKI: Przemysl Chemiczny 1935, **19**, 63; C. 1935, II, 2900.

[8] O. HEHNER u. C. A. MITCHELL: Analyst 1895, **20**, 148; Chem.-Ztg. 1895, **19**, 1186.

[9] Von J. H. B. JENKINS (Journ. Soc. chem. Ind. 1897, **16**, 197; C. 1897, I, 1180) ist der Faktor 5,7, und L. ARCHBUTT (Journ. Soc. chem. Ind. 1897, **16**, 309; C. 1897, II, 227) fand, daß der Faktor zwischen 5,7 (Talg) und 6,2 (Leinöl) schwankt.

[10] A. HEIDUSCHKA u. E. RHEINBERGER: Pharm. Zentralh. 1909, **50**, 213, 544; 1912, **53**, 303. [11] C. STIEPEL: Allg. Öl- u. Fett-Ztg. 1931, **28**, 229; C. 1931, II, 3172.

[12] F. HEIDENREICH: Tidskr. Kjerni Bergves. 1933, **13**, 69; C. 1933, II, 298.

[13] S. JUSCHKEWITSCH: Arb. allruss.-zentr. wiss. Fett-Forsch.-Inst. 1934, Nr. 2, 9; C. 1935, I, 3218.

d) Höhe der Jodzahlen.

α) Die Höhe der Jodzahl der Fette und Öle ist abhängig:

1. Von dem prozentualen Gehalt der Fette und Öle an Glyceriden der ungesättigten Fettsäuren und

2. von der Natur dieser ungesättigten Fettsäuren, die durch die Bestimmung der sog. inneren Jodzahl (vgl. unten S. 95) oder besser unter Heranziehung der Rhodanzahl (S. 113) erkannt wird.

Die in den Fetten und Ölen vorwiegend vorkommenden ungesättigten Fettsäuren und ihre einfachen Triglyceride addieren theoretisch folgende Jodmengen:

Tabelle 37.

	Molekular-gewicht	Theoretische Jodzahl		Molekular-gewicht	Theoretische Jodzahl
Ölsäure	282,27	89,96	Triolein	884,8	86,10
Linolsäure . . .	280,26	181,22	Trilinolein . . .	878,8	173,38
Linolensäure . .	278,24	273,80	Trilinolenin . .	872,7	261,88
Erucasäure. . .	338,34	75,05	Trierucin . . .	1053,0	72,35

Die Jodzahlen der Fettsäuren sind daher merklich höher als die der zugehörigen Glyceride; sie stehen aber in einem bestimmten Verhältnis zueinander.

Man kann daher bei den Glyceriden sowie bei den natürlichen Fetten und Ölen, sofern sie keine wasserlöslichen Fettsäuren enthalten, die Jodzahl der Fettsäuren (J_1) aus der Jodzahl der Glyceride und Fette (J_2) berechnen. Enthält z. B. ein Fett 94,5% Fettsäuren, so ist $J_f = \dfrac{100}{94,5} J_g$. In Fällen, wo für die Jodzahl der Fettsäuren niedrigere Werte gefunden werden, ist dies meist auf eine Oxydation der Fettsäuren bei ihrer Darstellung zurückzuführen.

Die meisten Sterine addieren leicht 2 Atome Jod bzw. 1 Molekül Jodchlorid; Cholesterin zeigt daher bei der Annahme der Formel $C_{27}H_{46}O$ (Mol.-Gewicht $= 386,37$) die theoretische Jodzahl 65,70.

3. Von der Art der Gewinnung und Aufbewahrung sowie dem Alter der Fette und Öle, indem erhöhte Temperatur bei der Pressung und längere Aufbewahrung der Öle bei Luftzutritt (Ranzigwerden) infolge eintretender Oxydation und Polymerisation ein Sinken der Jodzahl zur Folge haben.

β) Die Jodzahlen der natürlichen Fette und Öle sind zwar im allgemeinen für die betreffenden Arten kennzeichnend, doch weisen sie bei derselben Art beträchtliche Schwankungen auf, die durch mancherlei Umstände bedingt sind.

Bei tierischen Fetten sind diese Schwankungen namentlich abhängig von der Fütterung; wird das Körper- und Milchfett im wesentlichen aus den Kohlenhydraten des Futters gebildet, wie es bei den pflanzenfressenden Tieren meist der Fall ist, so ist die Jodzahl verhältnismäßig konstant, werden aber fettreiche Futtermittel in größeren Mengen verabreicht, so gehen die Fettsäuren der Futtermittel mehr oder weniger in das Körperfett des Tieres über und können daher dessen Jodzahl mitunter stark beeinflussen. Ferner weist auch das Fett von den verschiedenen Körperteilen (Kopffett, Unterhautfett, Darmfett usw.) gewisse Verschiedenheiten auf.

Die auffallenden Schwankungen der Jodzahlen von Seetierölen sind nach J. Lund[1] durch äußere Faktoren bedingt. Eine starke und rasche Fettbildung durch reichliche Nahrungszufuhr bewirkt hohe Jodzahl. Die Jodzahlen von Herings-, Robben- und Walölen werden durch die Tierart und durch Futterverhältnisse beeinflußt.

Bei den pflanzlichen Fetten und Ölen sind es die Standorts- und Wachstumsverhältnisse und namentlich die Art der Gewinnung (Extraktion oder Pressung bei verschiedenen Temperaturen), welche die Jodzahl wesentlich beeinflussen können.

---

[1] J. Lund: U. 1935, **42**, 49; C. 1935, I, 3867.

In der nachfolgenden Übersicht sind die Jodzahlen einiger natürlicher Fette, Öle und Wachse zusammengestellt:

Tabelle 38.

Fett	Jodzahl		Öl	Jodzahl	
	des Fettes	der flüssigen Fettsäuren		des Fettes	der flüssigen Fettsäuren
Tierische Fette und Öle:			**Pflanzliche Fette und Öle:**		
Butterfett	26— 38	—	Olivenöl	75— 95	93—104
Rindsfett.	32— 48	89— 92	Mandelöl	93—105	102
Hammelfett. . . .	30— 46	92,7	Erdnußöl.	83—105	105—129
Oleomargarin . . .	44— 55	89— 93	Rüböl	92—106	121—126
Schweinefett . . .	46— 77	89—116	Sesamöl	103—115	126—140
Pferdefett	71— 90	124—125	Baumwollsamenöl .	101—117	134—152
Gänsefett.	59— 81	91,6	Baumstearin . . .	89—104	
Eieröl	64— 82	—	Sojaöl	103—138	—
Dorschleberöl . . .	123—181	167,6	Sonnenblumenöl. .	118—144	—
Walfischöl	106—140	144,7	Mohnöl.	131—158	150
Robbenöl.	122—197	—	Hanföl	140—166	—
Pflanzliche Fette und Öle:			Leinöl	176—205	190—210
Cocosfett	7—10	—	Holzöl	150—166	—
Palmkernfett . . .	10—18	—	**Wachse und Harze:**		
Babassufett . . .	13—17	—	Wollfett	11— 29	—
Palmfett	34—59	94,6	Bienenwachs . . .	4— 14	—
Kakaofett	32—42	—	Carnaubawachs . .	10— 14	—
Sheafett	52—67	—	Fichtenharz	122—137	—

Über die Gruppierung der Öle nach der Jodzahl des Unverseifbaren, vgl. S. 423.

2. Rhodanzahl.
(Rhodanometrische Jodzahl.)

a) Begriff. Die Rhodanzahl (rhodanometrische Jodzahl) gibt an, wieviel Rhodan (SCN), ausgedrückt in Prozenten der äquivalenten Menge Jod, ein Fett oder eine Fettsäure zu addieren vermag.

b) Rhodaneinwirkung auf ungesättigte Fettsäuren. Nach H. P. KAUFMANN[1], der die Rhodanzahl in die Fettanalyse einführte, lagert sich das Pseudohalogen Rhodan in ähnlicher Weise wie die Halogene an ungesättigte Fettsäuren — unter Bildung wohldefinierter Derivate[2] — an. Das Rhodan steht in seiner Aktivität zwischen Brom und Jod; es scheidet daher aus Jodiden Jod ab und wird selbst aus seinen Salzen durch Brom abgeschieden.

Da das Rhodan gegenüber Chlor, Chlorjod, Brom und Bromjod eine genau definierte geringere Aktivität besitzt, sättigt es nicht sämtliche Doppelbindungen der ungesättigten Fette und Fettsäuren ab, sondern nur ganz bestimmte, nämlich folgende:

Tabelle 39.

Fettsäure	Zahl der Doppelbindungen	Es sättigen ab	
		Halogene	Rhodan
Ölsäure, Elaidinsäure, Erucasäure . .	1	1	1
Linolsäure.	2	2	1
Linolensäure.	3	3	2
Elaeostearinsäure	3	3	1

Stearol- und Behenolsäure mit dreifachen Bindungen reagieren nicht mit Rhodan[3].

---

[1] H. P. KAUFMANN: Studien auf dem Fettgebiet. Berlin: Verlag Chemie 1935. Daselbst auch Angabe der gesamten Literatur über die Rhodanzahl.
[2] Siehe W. KIMURA: U. 1930, **37**, 72. — Ferner H. P. KAUFMANN: U. 1930, **37**, 113. — D. HOLDE: U. 1930, **37**, 173. [3] A. STEGER u. H. VAN LAARHOVEN: U. 1931, **38**, 23.

Über die Verwendung dieses verschiedenen Verhaltens der Fettsäuren gegen Halogen und Rhodan zur Bestimmung der Fettsäuren s. S. 198.

P. J. Gay[1] fand bei rohem und raffiniertem Leinöl, daß der Wert der Rhodanzahl während 48 Stunden dauernd anstieg, dann einige Stunden konstant blieb und darauf wieder abnahm, so daß dadurch die Berechnung des Linolensäuregehaltes unsicher wurde.

c) Ausführung der Bestimmung[2]. Infolge der großen Empfindlichkeit des Rhodans gegen Wasser und Verunreinigung der Lösungsmittel (Gefahr der Hydrolyse oder Polymerisation des Rhodans) müssen die Reagenzien von größter Reinheit sein.

Herstellung der Rhodanlösung. Als Lösungsmittel dient wasserfreier Eis essig, der bei darin schwerlöslichen Fetten (Hartfetten, Kakaofett u. dgl.) mit 30% über Phosphorpentoxyd destilliertem Tetrachlorkohlenstoff versetzt wird.

Zur völligen Entwässerung des Eisessigs kann Essigsäureanhydrid[3] (α) oder Phosphorpentoxyd (β) verwendet werden.

α) Eisessig (99—100%) wird mit 10% frisch destilliertem Essigsäureanhydrid versetzt. Die Lösung wird in 200-ccm-Flaschen mit gut eingeschliffenen Glasstopfen gefüllt und zu je 200 ccm gibt man 6 g Bleirhodanid[4] und läßt die Flaschen mindestens 8 Tage bei Lichtabschluß stehen. Wenn Rhodanlösung benötigt wird, läßt man aus einer kleinen Bürette mit eingeschliffenem Stopfen 0,6 ccm Brom in jede Flasche fließen, schüttelt bis zur Entfärbung und filtriert nach dem Absetzen durch einen bei 100° getrockneten Trichter mit Doppelfilter. Die erhaltene Rhodanlösung soll wasserhell sein.

β) Eisessig (99—100%) wird unter Zusatz von 10% Phosphorpentoxyd destilliert und die Fraktion mit dem Siedepunkt 118—120° aufgefangen. Um 500 ccm Rhodanlösung zu gewinnen, versetzt man 250 ccm des destillierten Eisessigs in einer gut schließenden Schliffflasche mit 15 g Bleirhodanid[4], das mindestens 8 Tage lang im braunen Exsiccator (bei Lichtabschluß) über Phosphorpentoxyd gestanden hat. Dazu werden 4 g (= 1,3 ccm) Brom („zur Analyse"), in 250 ccm des wasserfreien Eisessigs gelöst, allmählich zugegeben. Bei gutem Schütteln entfärbt sich die Lösung. Man läßt absetzen und filtriert wie unter α.

Titerstellung der Rhodanlösung. 20 ccm Rhodanlösung, die zweck- mäßig aus einer möglichst in 0,05 ccm geteilten Bürette entnommen werden, läßt man in einen sorgfältig getrockneten Jodzahlkolben fließen, dazu aus einem weiten Meßzylinder in schnellem Guß etwa 20 ccm wäßrige Kalium- jodidlösung (10%), schwenkt gut um, verdünnt mit etwa gleicher Menge Wasser und titriert das ausgeschiedene Jod mit 0,1 N.-Natriumthiosulfatlösung.

Zwei in der beschriebenen Weise mit je 20 ccm Rhodanlösung beschickte Jodzahl- kolben bleiben zum Leerversuch während der Rhodanzahlbestimmung stehen. Der Titer soll nach 24 Stunden unverändert sein.

Ausführung der Bestimmung. Man wägt in einem Miniaturbechergläschen bei Fetten mit hoher Jodzahl etwa 0,1—0,12 g, bei Fetten mit mittlerer Jodzahl 0,2—0,3 g und bei Fetten kleinster Jodzahl 0,5—1,0 g ab. Die Bechergläschen werden in die Jodzahlkolben gebracht, in die man dann aus einer Bürette je

---

[1] P. J. Gay: Journ. Soc. chem. Ind. 1932, **51**, T. 126; Z. 1937, **73**, 483.

[2] Nach H. P. Kaufmann: Studien auf dem Fettgebiet, S. 73. Berlin: Verlag Chemie 1935. — Auch Einheitliche Untersuchungsmethoden für die Fett- und Wachsindustrie, S. 94. Stuttgart: Wissenschaftl. Verlagsgesellschaft 1930.

[3] Dieses Verfahren rührt von A. Gerber (Seifensieder-Ztg. 1928, **55**, 27; C. 1928, I, 1821) her. — Eine Destillation ist dabei nicht erforderlich. — Vgl. auch W. Kimura: Journ. Soc. chem. Ind. Japan 1929, Suppl.-Bd., 138; U. 1929, **36**, 254.

[4] Die Qualität des Bleirhodanids ist für die Haltbarkeit der Lösung von größter Be- deutung. Basisches Bleirhodanid stört sehr. Steht kein einwandfreies Präparat zur Ver- fügung, so fällt man Lösungen von chemisch reinem Bleiacetat mit Ammoniumrhodanid in der Kälte, saugt ab und wäscht mit schwach essigsaurem Wasser gut nach. Der Rück- stand wird nach scharfem Abpressen in Essigsäureanhydrid entwässert, nach einigen Tagen abgesaugt und im braunen Exsiccator über Phosphorpentoxyd aufbewahrt.

20 ccm Rhodanlösung fließen läßt[1]. Bei Fetten mit hoher Jodzahl (Leinöl, Seetierölen usw.) sind 40 ccm Rhodanlösung erforderlich (oder aber 20 ccm 1/7,5 N.-Rhodanlösung zu benutzen). Die Lösungen, die nach und nach gelbe Rhodanierungsprodukte der Fette abscheiden, bleiben 24 Stunden im Dunklen stehen. Dann gießt man unter kräftigem Schütteln in einem Guß Kaliumjodidlösung (10%ig), deren Menge ungefähr gleich der angewendeten Rhodanlösung sein soll, hinzu, verdünnt mit der gleichen Menge Wasser und titriert das ausgeschiedene Jod mit 0,1 N.-Natriumthiosulfatlösung.

Berechnung. Ist e Gramm die Einwaage und sind a die für den Leerversuch und b die für den Hauptversuch verbrauchten Kubikzentimeter 0,1 N.-Thiosulfatlösung, so ist die auf Jod bezogene Rhodanzahl (rhodanometrische Jodzahl) $= \dfrac{1{,}269\,(a - b)}{e}$.

d) Eine **Halbmikroausführung** der Rhodanzahlbestimmung beschreiben H. P. KAUFMANN und L. HARTWEG[2] wie folgt:

α) **Reagenzien.** $^1/_{10}$ N.-Rhodanlösung; eine Mischung von 600 ccm Eisessig (reinst) + 300 ccm Tetrachlorkohlenstoff (über Phosphorpentoxyd destilliert) + 100 ccm Essigsäureanhydrid (pro analysi) (vgl. oben, S. 114); 10%ige Kaliumjodidlösung.

β) **Geräte.** Feinbürette (Derona); 150-ccm-Jodzahlkolben; 10,0-ccm- und 5,0-ccm-Pipette; Miniaturbechergläschen; 50,0-ccm-Meßkolben.

Ausführung der Bestimmung. Zur Analyse wägt man etwa 0,01—0,03 g Fett in einem Miniaturbecherglas ab und bringt es in den Jodzahlkolben. Bei Reihenversuchen kann man in einem 50,0-ccm-Meßkolben eine entsprechend konzentrierte Lösung mit der vorrätig gehaltenen Mischung (Eisessig-Tetrachlorkohlenstoff-Essigsäureanhydrid) herstellen und daraus je 5,0 ccm herauspipettieren. Benutzt man die Mikrowaage, so wägt man die Substanz in einem Miniaturbecherglas ab, legt dieses in einen Trichter und spült die Einwaage mit dem Lösungsmittel quantitativ in den Kolben. Mit einer Pipette gibt man dann 10 ccm $^1/_{10}$ N.-Rhodanlösung (bei Leinöl und Fetten mit hohem Linolensäuregehalt 20 ccm) hinzu und läßt 4 (bzw. 12 Stunden) im Dunkeln stehen. Dann gießt man unter kräftigem Schütteln in einem Guß 10 ccm (20 ccm) 20%ige Kaliumjodidlösung dazu und titriert mit 0,05 N.-Natriumthiosulfat mit der Feinbürette. Zwei mit je 10,0 bzw. 20,0 ccm Rhodanlösung beschickte Jodzahlkolben bleiben zum Blindversuch während der Bestimmung stehen. Pipettiert man an Stelle von Einzeleinwaagen aus einer Lösung aliquote Mengen heraus, so sind den Blindversuchen 5,0 ccm des Lösungsmittelgemisches zuzusetzen.

Berechnung. Diese erfolgt analog wie oben.

e) Höhe der Rhodanzahlen. Da die Rhodanzahl eine partielle Jodzahl ist, sind die theoretischen Rhodanzahlen der Ölsäure die gleichen und die der Linol- und Linolensäure entsprechend der S. 113 angegebenen Zahl der abgesättigten Doppelbindungen niedriger als die Jodzahlen, nämlich

	Ölsäure	Linolsäure	Linolensäure
Jodzahl	89,96	181,22	273,80
Rhodanzahl.	89,96	90,61	182,53

Die nachfolgende Übersicht[3] enthält die Jod- und Rhodanzahlen einiger natürlichen Fette und Öle.

---

[1] J. W. WILEY u. A. H. GILL (Ind. engin. Chem., Analyt. Edit. 1934, **6**, 298) empfehlen zur Erzielung größerer Genauigkeit Einwaage der doppelten Menge (0,4 g) Fett und Anwendung von 50 ccm Rhodanlösung.　　[2] H. P. KAUFMANN u. L. HARTWEG: U. 1938, **45**, 346.
[3] H. P. KAUFMANN: Studien auf dem Fettgebiet, S. 150—157. Berlin: Verlag Chemie 1935.

Tabelle 40.

Fett	Jodzahl	Rhodanzahl	Öl	Jodzahl	Rhodanzahl
Tierische Fette und Öle:			**Pflanzliche Fette und Öle:**		
Butterfett. . . .	25,6	21,7	Olivenöl.	80,8— 86,5	71,6— 79,4
Rindsfett	42,2	39,4	Mandelöl	96,4—100,0	77,6— 85,2
Hammelfett . . .	42,8	38,5	Maisöl	111,7	77,2
Schweinefett. . .	46—66	44,2	Erdnußöl	87,1— 92,4	70,0— 78,5
Eieröl.	81,4	37,0	Rüböl	98,3—105,9	77,4— 81,9
Dorschlebertran .	149—167	96,5—104	Sesamöl.	107,1—112,2	75,0— 77,0
Waltran.	117	82,5	Baumwollsamenöl	104,1—104,6	61,3— 65,2
			Sojaöl	129,0—137,1	75 — 77
Pflanzliche Fette und Öle:			Sonnenblumenöl .	115 —132	74,1— 82,9
Cocosfett	9,4—10,7	5,7— 8,3	Mohnöl	133 —135	78,4— 78,7
Palmkernfett . .	16,8—18,9	13,0—15,2	Hanföl	167,0	102,0
Babassufett . . .	18,8	15,1	Leinöl	172 —182,4	109 —118,5
Palmfett	55,6	46,1	Holzöl	155,9—159,0	81,5— 85,2
Kakaofett. . . .	34,9—37,6	32,8—34,9	Ricinusöl	82,6— 85,2	81,6— 88,0
Sheafett	52,5	48,1			

3. Partielle Jodzahl nach H. P. Kaufmann[1].

Bei vielen Fetten, wie bei Cocos-, Palmkern-, Babassu-, Milch-, Schweine-fett, Erdnuß-, Mais-, Sesam-, Rüb-, Holz-, Lein-, Perillaöl und Lebertran erhält man eine mit der Rhodanzahl innerhalb ± 2 übereinstimmende Kennzahl durch Einwirkung von Jodmonobromid in mit Natriumbromid gesättigtem Methylalkohol.

Zur Herstellung der Lösung kann man nach Kaufmann wie folgt vorgehen: In das mit bei 130⁰ getrocknetem, staubfein zerriebenem Natriumbromid gesättigte Methanol gibt man aus einer Feinbürette die 0,1 Normalität entsprechende Menge Brom (für 1 Liter 2,55 ccm), außerdem die 0,1 Normalität entsprechende Menge Jod (für 1 Liter 12,7 g), schüttelt gut durch und füllt in trockene Gefäße.

Die Ausführung der Bestimmung erfolgt in ähnlicher Versuchsanordnung wie bei der Jodzahlbestimmung:

Menge des Fettes: 0,08—0,1 g bei hohen   Jodzahlen (über 130)
                0,1 —0,12 g „ mittleren   „   („ 70)
                0,2 —0,3 g „ kleinen   „   („ 25)
                0,5 —1 g „ kleinsten „ (unter 25)

Das abgewogene Fett wird in einem Jodzahlkolben (zweckmäßiger, da stabiler, sind Pulverflaschen mit gut eingeschliffenem Stopfen) in 15 ccm eines Gemisches gleicher Volumenteile Chloroform und Tetrachlorkohlenstoff (beides Kahlbaum-Präparate; der Tetrachlorkohlenstoff wird über Phosphorpent-oxyd destilliert) gelöst. Dazu gibt man 20 ccm der beschriebenen $^1/_5$ N.-BrJ-Lösung und läßt 2—3 Stunden im Dunkeln bei Zimmertemperatur stehen. Nach dieser Zeit werden 10 ccm einer 5%igen wäßrigen Kaliumjodidlösung hinzugefügt. Das ausgeschiedene und bereits vorhandene Jod wird in üblicher Weise mit Natriumthiosulfat bestimmt.

Gegenüber der Rhodanzahl hat diese Prüfung den Vorteil der Beständigkeit der Jodmonobromidlösung sowie der schnellen Ausführbarkeit.

4. Jodgleichgewichtskonstante.
(Jodadditionskonstante.)

a) Begriffe. Diese von J. P. K. van der Steur[2] in die Fettuntersuchung ein-geführte Fettkennzahl hat sich von außerordentlicher Bedeutung zur Ermittlung

[1] H. P. Kaufmann: Zeitschr. angew. Chem. 1930, 42, 1154.
[2] J. P. K. van der Steur: Joodevenwichtsconstanten van Vetten en Vetzuren. Be-sondere Schrift ohne Verlagsangabe. Vgl. Z. 1931, 61, 446.

des Ortes der Doppelbindung und der Unterscheidung der Elaidinsäuren von ihren Isomeren erwiesen.

Läßt man Jodlösung in Tetrachlorkohlenstoff vorzugsweise bei 0^0 im Dunkeln[1] auf eine ungesättigte Fettsäure, z. B. auf Ölsäure einwirken, so stellt sich nach einiger Zeit folgendes Reaktionsgleichgewicht ein:

$$-\underset{\text{H}\ \ \text{H}}{\text{C}{=}\text{C}}-\ +\ \text{J}_2 \rightleftarrows -\underset{\text{HJ HJ}}{\text{C}{-}\text{C}}-,$$

wobei vorausgesetzt wird, daß sich das Jod als J_2 in Lösung befindet.

Die Jodgleichgewichtskonstante (Jodadditionskonstante) K ist nun die diesem Reaktionsgleichgewicht nach dem Massenwirkungsgesetz entsprechende Gleichgewichtskonstante:

$$K = \frac{[\text{Jodadditionsverbindung}]}{[\text{J}_2] \cdot [\text{Doppelbindung}]}.$$

Um einen Zahlenwert zu erhalten, werden alle Konzentrationen in Grammmolekülen Jod im Liter ausgedrückt. Da sich das Gleichgewicht sehr langsam einstellt, hält man die Einwirkungsdauer auf 3 Tage.

Daß die Jodaufnahme anfangs schnell, dann immer langsamer verläuft und nach etwa 3 Tagen beendet ist, zeigte folgender Versuch mit Ölsäure:

Einwirkungs-dauer (Min.)	0	5	15	30	45	80	107	135	165	255	345
Verbrauchte 0,1 N.-Thiosulfatlösung (ccm)	13,80	13,32	12,61	11,80	11,28	10,33	9,97	9,61	9,32	8,75	8,57

Einwirkungsdauer (Stunden)	24	48	72
Verbrauchte 0,1 N.-Thiosulfatlösung (ccm)	8,36	8,34	8,37

Ähnlich verlief auch die Geschwindigkeit der Jodaufnahme bei einem Erdnußöl.

Bei natürlichen Fetten, auch bei Fettsäuren mit mehreren Doppelbindungen, zeigen die Werte für K bei steigenden Einwaagen eine Zunahme, einen Gang. Diese Erscheinung erklärt sich dadurch, daß in so verwickelten Gemischen mehrere Reaktionen, verbunden mit Konzentrationsverschiebungen, nebeneinander verlaufen. Um eine bestimmte Kennzahl zu erhalten, ist es dann also nötig, von gleichen Einwaagen an Fett bzw. Fettsäure oder besser von gleichen „Jodzahleinheiten" auszugehen. Van der Steur schlägt hierfür die etwa 300 mg Ölsäure entsprechenden 270 Jodzahleinheiten vor, also die Anzahl Milligramme, die man erhält, wenn man 270 durch die Jodzahl des zu prüfenden Stoffes teilt und dann das Ergebnis mit 100 multipliziert.

b) Bestimmung der Jodgleichgewichtskonstante. In eine weithalsige, gut schließende, 500-ccm-Flasche mit Glasstopfen werden auf einem Objektträger die gewünschten Mengen Fett oder Fettsäure eingewogen und dazu 20 ccm 0,1 N.-Jodlösung in Tetrachlorkohlenstoff zugefügt. Nachdem die Fettsäure oder das Fett völlig in Lösung gegangen ist, wird die Flasche in ein Gefäß mit schmelzendem Eis gestellt und darin im Dunkeln aufbewahrt. Nach 3 Tagen bestimmt man die Menge des nicht addierten Jods, indem man zu der Reaktionsmischung Kaliumjodidlösung zufügt, mit Wasser verdünnt und dann mit 0,1 N.-Thiosulfatlösung titriert. Alle diese Behandlungen müssen bei künstlichem Licht ausgeführt werden.

In der Regel wird auch die Menge der bei der Einwirkung entstandenen Säure bestimmt, indem man Kaliumjodatlösung zugibt und nochmals titriert. Hierdurch erhält man ein Maß für etwa erfolgte Nebenreaktionen (vgl. S. 118).

---

[1] Licht bewirkt, daß weniger Jod angelagert bzw. schon angelagertes Jod wieder abgespalten wird.

Bei Bestimmung der Jodadditionskonstante bei anderer Temperatur, z. B. bei 20^0, erfolgt die Einwirkung in einem Thermostaten. Diese Ausführung kommt in Frage für Fettsäuren, die sich bei 0^0 schlecht lösen.

Die Berechnung der Konstante K aus den Titrationswerten zeigt folgendes Beispiel:

Es seien 300 mg Erdnußöl mit der Jodzahl 89,3 eingewogen und dann mit 20 ccm 0,1 N.-Jodlösung in Tetrachlorkohlenstoff vermischt worden. Dieses Gemisch werde 3 Tage bei 0^0 gehalten und dann das unverbrauchte Jod mit 8,08 ccm 0,1 N.-Thiosulfatlösung zurücktitriert.

Wir berechnen:

$$[J_2]_{Ende} = \frac{8,08}{2 \cdot 10 \cdot 1000} \cdot \frac{1000}{20,33} = 0,0199.$$

Durch die Zufügung von 300 mg ($= 0,33$ ccm) Öl zu 20 ccm Jodlösung ist das Volumen der Mischung auf 20,33 ccm gestiegen. Wir müssen daher die Anzahl Grammoleküle in diesem Volumen mit $\frac{1000}{20,33}$ malnehmen, um die Zahl der Grammoleküle im Liter zu finden.

Die Anfangs-Jodkonzentration im Gemisch, bevor eine Reaktion stattgefunden hat, berechnet sich in analoger Weise zu

$$[J_2]_{Anfang} = \frac{20,0}{2 \cdot 10 \cdot 1000} \cdot \frac{1000}{20,33} = 0,0492.$$

Darauf berechnen wir auf gleiche Weise die Konzentration der Doppelbindung aus Einwaage (300), Jodzahl (89,3) und Atomgewicht des Jods (126,9), bevor eine Reaktion stattgefunden hat:

$$[Doppelbindung]_{Anfang} = \frac{300 \cdot 89,3}{126,9 \cdot 100} \cdot \frac{1}{2 \cdot 1000} \cdot \frac{1000}{20,33} = 0,0519.$$

Aus diesen drei Zahlen können wir dann zur Berechnung der Gleichgewichtskonstante die weiteren Angaben ableiten:

$$[Jodadditionsverbindung] = [J_2]_{Anfang} - [J_2]_{Ende} = 0,0492 - 0,0199 = 0,0293,$$
$$[Doppelbindung]_{Ende} = [Doppelbindung]_{Anfang} - [Jodadditionsverbindung] =$$
$$= 0,0519 - 0,0293 = 0,0226.$$

So finden wir schließlich:

$$K = \frac{0,0293}{0,0199 \cdot 0,0226} = 65,1.$$

Die Reinigung der Reagenzien für den Versuch nahm van der Steur wie folgt vor: Das verwendete Jod wurde zweimal, mit Kaliumjodid vermischt, sublimiert und dann über starker Schwefelsäure getrocknet. Der Tetrachlorkohlenstoff wurde einen Tag lang mit Brom gekocht, dann mit verdünnter Lauge und Wasser gewaschen, über Calciumchlorid getrocknet und über Phosphorpentoxyd destilliert. Dabei wurde nur die Fraktion zwischen 76,5—77,5^0 aufgefangen. — Von großem Einfluß auf das Ergebnis waren Spuren von Verunreinigungen (Schwefelkohlenstoff, Wasser) nicht.

Nebenreaktionen. Verschiedentlich tritt im Laufe der Einstellung des Gleichgewichtes im Reaktionsgefäß ein schwarzer oft ölartiger Niederschlag, verbunden mit Entstehung von Jodwasserstoff auf. Die Erscheinung ist besonders ausgeprägt bei Oxysäuren und stärker ungesättigten Säuren. Die Ursache dieses Vorganges erscheint nicht ganz aufgeklärt. Da aber eine Substitution von Jod wahrscheinlich nicht in Frage kommt, kann die entstandene Menge Jodwasserstoff bei der Berechnung unberücksichtigt bleiben. Die Richtung dieser Nebenreaktion ist stark abhängig von dem über dem Reaktionsgemisch liegenden Gas. Unter Einfluß von Tageslicht wird beim Titrieren des Jodüberschusses mit Thiosulfat und Stärke in Gegenwart von Kaliumjodid wieder Jod aus der Additionsverbindung abgespalten. Aus diesem Grunde darf die Titration nur bei künstlichem Licht ausgeführt werden.

c) Jodgleichgewichtskonstante von Fettsäuren und Fetten. Bei reinen Fettsäuren mit einer Doppelbindung wurde die Jodadditionskonstante wie folgt gefunden:

Tabelle 41.

Fettsäure	Ge-fundene Jodzahl	Zahl der Ver-suche	Für die Bestimmung der Gleichgewichtskonstante		Jod-gleichgewichts-konstante
			Einwaagen mg	Einwir-kungsdauer Tage	K
A. Versuche bei 0⁰:					
9—10 Ölsäure	89,5	4	102,4—400,0	3	94 — 96
9—10 Elaidinsäure	86,3	4	101,1—406,0	3	4,9— 5,3
9—10 Elaidinsäure	86,6	4	102,2—405,0	18	5,1— 5,4
Petroselinsäure	90,45	2	299,2—400,6	3	60 — 62
Petroselaidinsäure	91,0	2	300,5—401,2	3	3,0— 3,1
2—3 Ölsäure	89,9	1	497,5	4	0,11
Vaccensäure (11—12 Elaidinsäure)	81,0	2	200,4—300,0	3	6,7
Palmitölsäure	99,5	3	202,0—402,8	3	82 — 84
Palmitelaidinsäure	92,3	2	204,9—326,3	3	5,5
Erucasäure.	74,3	3	204,2—402,2	3	107 —108
B. Versuche bei 19,5⁰:					
9—10 Ölsäure	86,6	2	200,0—300,0	3	26,0— 26,6
9—10 Elaidinsäure	88,1	2	300,0—400,0	3	2,0
Petroselinsäure.	90,45	3	199,4—399,1	3	18,1— 18,4
Petroselaidinsäure	91,0	3	204,0—400,0	3	1,2— 1,3
Erucasäure.	74,3	2	306,7—404,0	3	29,4— 29,6
Erucasäure.	68,5	2	401,0—499,4	3	29,1
Brassidinsäure	67,7	3	300,0—502,6	3	1,8— 1,9

Aus diesen Versuchen ergeben sich folgende Mittelwerte für die Jodgleichgewichtskonstante:

Tabelle 42.

Tempe-ratur ⁰	9—10 Ölsäure	9—10 Elaidin-säure	Petro-selin-säure	Petro-selaidin-säure	2—3 Ölsäure	Vaccen-säure	Palmit-ölsäure	Palmit-elaidin-säure	Eruca-säure	Brassidin-säure
0	95	5,1	61	3,0	0,11	6,7	83	5,5	107	—
19,5	26,3	2,0	18,3	1,2	—	—	—	—	39,4	1,8

Bei Verwendung von Benzol statt Tetrachlorkohlenstoff wurde K bei 19,5⁰ gefunden für Ölsäure 9,3; Elaidinsäure 0,57.

Den Zusammenhang zwischen Temperatur und Gleichgewichtskonstante zeigt an Ölsäure das Diagramm 35, die Abhängigkeit der Konstante vom Orte der Doppelbindung das Diagramm 36, S. 120. Je näher die Doppelbindung bei der Carboxylgruppe liegt, um so kleiner ist K.

Die Gleichgewichtskonstante kann zur Berechnung des Gehalts einer Ölsäure-Elaidinsäuremischung an beiden Bestandteilen dienen. Doch ist dann notwendig, von einer gleichen Einwaage auszugehen (vgl. S. 117 f.). VAN DER STEUR erhielt für eine Einwaage von etwa 267 Jodzahleinheiten (300 mg Fettsäure) umstehende Kurve (vgl. Abb. 37, S. 120).

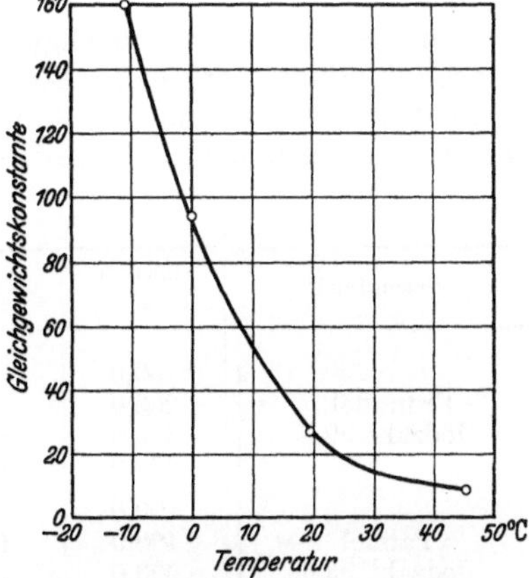

Abb. 35. Abhängigkeit der Gleichgewichtskonstante der Ölsäure von der Temperatur.

Bei Fettsäuren mit **mehreren** Doppelbindungen ist, wie oben schon erwähnt, die Gleichgewichtskonstante von der Einwaage abhängig, weil die verschieden schnelle Jodanlagerung an die beiden Doppelbindungen ebenso wie in Mischungen verschiedener einfach ungesättigter Fettsäuren einen Gang der Konstante hervorruft, wie folgender Versuch mit Linolsäure zeigt:

$$\begin{array}{lcccc} \text{Einwaage} & 60{,}6 & 121{,}4 & 180{,}1 & 239{,}8 \text{ mg} \\ K & 29 & 33 & 37 & 43 \end{array}$$

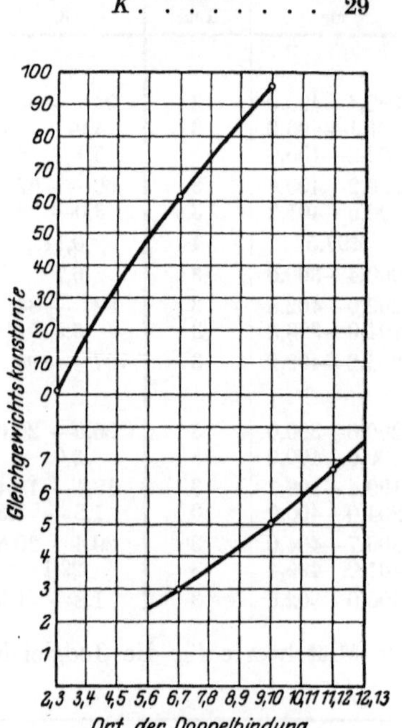

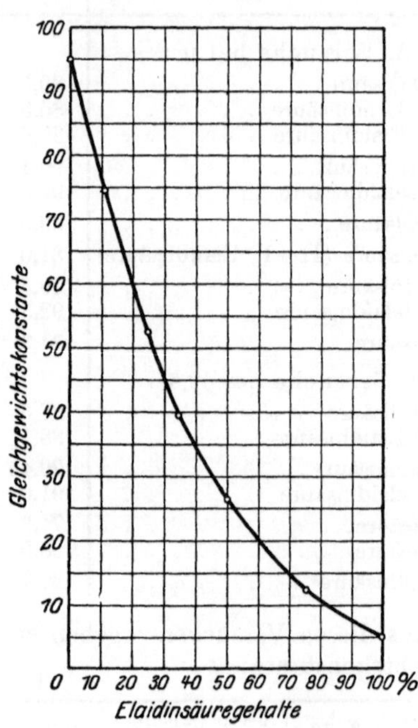

Abb. 36. Abhängigkeit der Gleichgewichtskonstante vom Ort der Doppelbindung. Obere Kurve: Ölsäure; untere Kurve: Elaidinsäure.

Abb. 37. Gleichgewichtskonstanten von Ölsäure-Elaidinsäuregemischen für etwa 267 Jodzahleinheiten.

Bei elaidinierter Linolsäure (vgl. S. 356) nahm die Gleichgewichtskonstante mit zunehmender Einwaage (107,4—422,5 mg) merkwürdigerweise nicht zu, sondern von 6,2 auf 5,5 ab.

Für die Prüfung ist gleichgültig, ob die Fettsäuren in freier Form oder in Glyceridbindung vorliegen. Bei natürlichen Ölen, soweit dieselben mehrfach ungesättigte Fettsäuren enthalten, beobachtet man aber wieder, wie zu erwarten, die Abhängigkeit der Gleichgewichtskonstante von der Einwaage:

Tabelle 43.

Gegenstand	Einwaage mg	K	Gegenstand	Einwaage mg	K
Erdnußöl Jodzahl 89,3	100,0	54	Erdnußfettsäuren Jodzahl 93,4	100,0	57
	200,0	56		200,0	58
	300,0	65		300,0	64
	400,0	69		400,0	70
Palmöl Jodzahl 53,6	200,0	58	Palmölfettsäuren Jodzahl 56,1	200,0	59
	400,0	63		400,0	62
	600,0	67		600,6	66
	800,0	71		800,0	71
Sojaöl Jodzahl 126,5	75,0	35	Sojaölfettsäuren Jodzahl 133,1	75,0	36
	150,0	39		150,0	39
	225,0	45		225,0	46
	300,0	51		300,0	52

Da sich in Fettsäuren mit mehreren Doppelbindungen, z. B. in Linolsäure, jede Doppelbindung so verhält, wie sich aus ihrer Stellung berechnen läßt, ist hierdurch eine Grundlage zur Prüfung der Konstitution verschiedener isomerer Linolsäuren gegeben.

Keine Gleichgewichtskonstanten lassen sich mit Oxysäuren, wie z. B. Ricinolsäure und Ricinolaidinsäure, erhalten.

Eine dreifache Bindung, wie in Stearolsäure, reagiert mit Jod ebenso wie zwei Doppelbindungen von gleicher Aktivität. Die Konstante zeigt hier einen Gang, der aber mit zunehmender Einwaage nicht zu, sondern abnimmt.

5. Hydrierzahl und Hydrierjodzahl.

a) Begriffe. Die katalytische Hydrierung ungesättigter Verbindungen ist schon von E. ERDMANN und F. BEDFORD[1] zu einer quantitativen analytischen Methode (Bestimmung der „Wasserstoffzahl[2]“) ausgebildet worden, aber erst A. GRÜN und W. HALDEN[3] haben die Hydrierung zur Bestimmung einer Kennzahl ausgearbeitet, die sie als „Hydrierzahl“ bezeichneten. Die theoretische Hydrierzahl einer olefinischen Verbindung berechnet sich aus dem Molekulargewicht (M), der Zahl der Doppelbindungen (n) und dem Molekulargewicht des Wasserstoffs ($2{,}016$[4]) nach der Formel

$$\text{Hydrierzahl} = \frac{2{,}016 \cdot n \cdot 100}{M}.$$

Die Hydrierzahl gibt somit das Hundertfache der Gewichtsprozente Wasserstoff an, die von einer ungesättigten Verbindung bei ihrer quantitativen Hydrierung aufgenommen werden.

Die Hydrierzahl ist also ein Maß für den Gehalt einer Substanz an doppelten oder dreifachen Bindungen; sie dient in der Fettanalyse zur Bestimmung derjenigen ungesättigten Fettsäuren, die infolge sterischer oder anderer Hinderungen Halogene nicht quantitativ anlagern und bei denen daher die Jodzahlbestimmung versagt (S. 94). Durch Multiplikation der Hydrierzahl mit 1,269 erhält man die entsprechende wahre Jodzahl (vgl. S. 95).

Diese auf Jod umgerechnete Hydrierzahl wurde von H. J. WATERMAN, W. J. C. DE KOK und C. VAN VLODROP[5] Hydrierjodzahl genannt. Auch H. P. KAUFMANN und J. BALTES[6] übernehmen diese Kennzahl an Stelle der Hydrierzahl.

Die Hydrierjodzahl (HJZ) gibt also an, wieviel Teile Wasserstoff, berechnet auf die äquivalente Menge Jod, von 100 Teilen eines Fettes gebunden werden.

b) Ausführung der Bestimmung. Die Grundlage der Bestimmung der Hydrierzahl besteht darin, daß man die Substanz und den Katalysator, getrennt in einen mit Wasserstoff gefüllten Hydrierapparat füllt, und so lange hydriert, bis keine Abnahme des Wasserstoffvolumens mehr erfolgt. Die Differenz der Wasserstoffvolumen vor und nach der Hydrierung ergibt die Hydrierzahl bzw. Hydrierjodzahl.

[1] E. ERDMANN u. F. BEDFORD: Ber. Deutsch. Chem. Ges. 1909, **42**, 1324. — Auch F. BEDFORD: Diss. Halle 1906. — Vgl. ferner H. J. WATERMAN, S. H. BERTRAM u. H. A. VAN WESTEN: Journ. Soc. chem. Ind. 1929, 48, T 50; C. 1929, I, 208.

[2] ERDMANN und BEDFORD haben die „Wasserstoffzahl“ bereits auf Prozente Jod umgerechnet, also in Wirklichkeit „Hydrierjodzahlen“ erhalten.

[3] A. GRÜN u. W. HALDEN: Zeitschr. Deutsch. Öl-Fettind. 1924, **44**, 2. — A. GRÜN: Analyse der Fette und Wachse, S. 188. Berlin: Julius Springer 1925.

[4] Für die Berechnung der Hydrierzahl von Stoffen mit dreifacher Bindung ist statt 2,016 das doppelte Molekulargewicht 4,032 einzusetzen.

[5] H. J. WATERMAN, W. J. C. DE KOK u. C. VAN VLODROP: Chim. et Ind. 1934, **31**, 899 (Sonder-Nr.); C. 1934, II, 535.

[6] H. P. KAUFMANN u. J. BALTES: Ber. Deutsch. Chem. Ges. 1937, **70**, 2537.

Für die Bestimmung der Hydrierzahl haben A. Grün und W. Halden [1] einen Apparat mit ausführlicher Arbeitsvorschrift angegeben. H. P. Kaufmann und J. Baltes [2] haben das Verfahren in Anlehnung an bekannte Verfahren und Mikrovorrichtungen [3] vereinfacht und eine für Reihenversuche geeignete Apparatur zusammengestellt, wobei sie als Katalysatoren Trägerkatalysatoren des Handels verwenden.

Die Arbeitsvorschrift von Kaufmann und Baltes ist folgende:

α) Die Methode beruht auf der volumetrischen Messung des bei der Hydrierung verbrauchten Wasserstoffs.

β) Die Apparatur (Abb. 98) besteht aus dem Hydriergefäß (H), der Wasserstoffbürette (W) und dem Niveaugefäß (N). Das Hydriergefäß hat die Ausmaße $50 \times 25 \times 15$ mm und trägt, an einer oberen Querkante angeschmolzen, einen Ansatz, der in einen Normalaußenschliff (S) endigt und mit einem seitlichen Ansatz zur Aufnahme des Röhrchens mit der zu hydrierenden Substanz versehen ist. Auf dem Schliff sitzt die Schliffhaube, die mit Hilfe zweier Capillaren, welche in einem bestimmten Winkel zueinander gebogen sind, über einen Dreiwegehahn (Dw) mit der Außenluft, der Vakuumpumpe und der Wasserstoffbürette verbunden werden kann. Letztere hat einen Inhalt von 10 ccm. Sie besteht aus dem unteren, kugelförmigen Teil von 5 ccm Fassungsvermögen und der eigentlichen Meßbürette, die ebenfalls 5 ccm faßt und in $^1/_{50}$ ccm geteilt ist. Mit Hilfe eines Capillarschlauches verbindet man die Bürette mit dem Niveaugefäß, das mit einem aufgelegten Rand versehen ist. Das Aggregat wird mit Hilfe zweier Haken auf einem Schüttelbrett befestigt. Auf der Vorderseite des letzteren sind zur Erleichterung der Ablesung ein Spiegel und eine Klemmschraube (Q) angebracht, auf der Rückseite sitzt am oberen Teil eine Halteklemme für das Niveaugefäß, unten ein Bajonettstück, das auf das Gegenstück an der Exzenterstange der Schütteleinrichtung paßt. Die Schüttelvorrichtung ist der bei Warburg-Apparaturen üblichen nachgebildet, trägt aber noch einen nach vorn versetzten Bügel mit Halteklemmen, die zum Einhängen der Niveaugefäße dienen. An dem Abstellbrett ist ein bis zur Höhe des Dreiwegehahnes reichender Halter angebracht, in dem der Druckschlauch für die Wasserstoffzuführung befestigt ist [4].

Vor der ersten Verwendung der Hydrierapparatur muß ihr Gesamtinhalt bestimmt werden. Zu diesem Zweck schneidet man die Verbindungscapillare in dem der Schliffhaube benachbarten Knick durch und füllt das Hydriergefäß mit aufgesetzter Schliffhaube und den übrigen Teil der Apparatur bis zur 10-ccm-Marke mit Quecksilber. Aus der Menge des Quecksilbers und dem bekannten Fassungsvermögen der Bürette läßt sich der Gesamtinhalt des Aggregates leicht ermitteln. Nun reinigt man die Apparatur mit Chromschwefelsäure und setzt die Schliffhaube im richtigen Winkel wieder an. Als Sperrflüssigkeit dient bei der Messung Quecksilber.

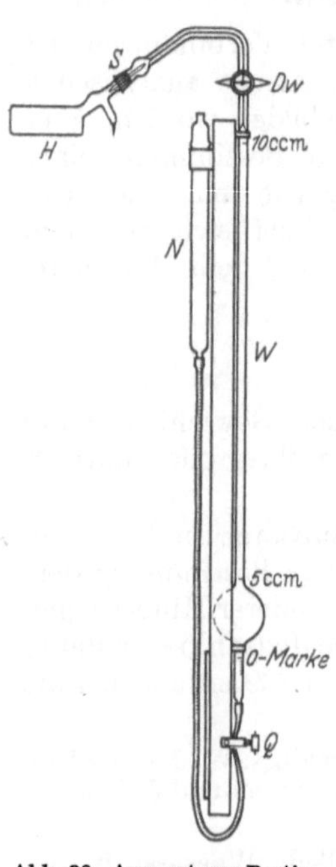

Abb. 38. Apparat zur Bestimmung der Hydrierjodzahl nach Kaufmann und Baltes.

γ) Die Reagenzien. Der Wasserstoff kann aus einer Stahlflasche (elektrolytisch hergestellter Wasserstoff) oder aus einem Kippschen Apparat entnommen werden, der mit reinen Reagenzien beschickt und völlig luftfrei gemacht ist. Er wird durch eine Spiralwaschflasche mit alkalischer Plumbitlösung (3—4 g Bleichlorid „zur Analyse" in 100 ccm 20%iger Kalilauge), ein Rohr mit Calciumchlorid und ein weiteres mit Watte geleitet. Daran schließt sich ein T-Stück, dessen eine Ableitung mit einer Ölpumpe oder gutwirkenden Wasserstrahlpumpe verbunden ist und ein Zweiwegehahn.

Als Lösungsmittel hat sich Eisessig (Schering-Kahlbaum „zur Analyse") gut bewährt, obowohl er Fette verhältnismäßig schwer löst.

[1] A. Grün u. W. Halden: Zeitschr. Deutsch. Öl-Fettind. 1924, 44, 2. — A. Grün: Analyse der Fette und Wachse, S. 188. Berlin 1925.   [2] Siehe Anm. 6, S. 121.
[3] Vgl. J. Pregl: Die quantitative Mikroanalyse, 4. Aufl. Berlin 1935.
[4] Der beschriebene Apparat wird von der Firma H. Bellmann, Münster i. W., Frauenstraße 37, hergestellt.

Als Katalysatoren wurden ausschließlich die Trägerkatalysatoren der Membran-filter-G. m. b. H. Göttingen benutzt, und zwar Platin auf Kieselgel. Hervorragend geeignet sind für diesen Zweck besonders die Katalysatoren Nr. 13, 13b und 17.

δ) Ausführung der Bestimmung. Auf den Boden des Hydriergefäßes bringt man mit Hilfe eines Einfülltrichters 10—20 mg eines der obengenannten Katalysatoren und läßt aus einer Meßpipette mit lang ausgezogener Spitze genau 2 ccm Eisessig zulaufen, ohne daß die Wandungen des Ansatzstückes benetzt werden. In kleine, einseitig zugeschmolzene Glasröhrchen von 8 mm Länge und 2,5 mm Weite wägt man nun das Fett ein, wobei je nach dem vermuteten Sättigungsgrade folgende Mengen zu wählen sind:

25—20 mg bei Stoffen mit einer HJZ von 250—300
30—25 mg „ „ „ „ „ „ 200—250
40—30 mg „ „ „ „ „ „ 150—200
30—20 mg „ „ „ „ „ „ 100—150
40—30 mg „ „ „ „ „ unter 100.

Das Röhrchen mit der Substanz läßt man nun in den seitlichen Ansatz gleiten. Damit dies und auch das spätere Herausfallenlassen bei der Hydrierung reibungslos vonstatten geht, muß darauf geachtet werden, daß die Übergänge in diesem Teil des Gefäßes richtig geblasen sind. Sodann fettet man den unteren Teil des Schliffes mit Apiezonfett, Sorte N [1] ein, setzt das Gefäß in die Schliff-haube, ohne daß die Substanz in das Lösungsmittel fällt, und befestigt es mit zwei Gummibändchen. Der Dreiwegehahn wird ebenfalls mit Apiezonfett ein-gefettet, ohne daß dieses in die Bohrungen dringt. Nun füllt man die Bürette und die Verbindungscapillare bis in die durchgehende Bohrung des Hahnes mit Quecksilber, worauf man durch Drehung des Hahnes die Verbindung der Außen-luft mit dem Hydriergefäß herstellt. Die Bürette ist jetzt abgeschlossen. Das Niveaugefäß wird in die rückseitige Klammer gehängt. Auf den Ansatz des Hahnes schiebt man den Druckschlauch der Wasserstoffzuleitung und füllt nun das Hydriergefäß durch abwechselndes Evakuieren auf etwa 20 mm Hg und Einströmenlassen von Wasserstoff mit letzterem, durch Drehen des Zweiwege-hahnes leicht zu bewerkstelligen. Hin und wieder schüttelt man dabei kräftig mit der Hand, um alle gelöste und adsorbierte Luft zu entfernen. Nach 6- bis 7maliger Wiederholung der beiden Operationen ist das Gefäß praktisch luftfrei. Durch Drehen des Dreiwegehahnes und langsames Senken des Niveaugefäßes füllt man nun die Bürette mit Wasserstoff, bei einer voraussichtlichen Hydrier-jodzahl über 150 bis etwa 1 cm unter die 0-Marke, unter 150 1 cm unter die 5-ccm-Marke, wobei für einen Überdruck von etwa 20 mm Hg gesorgt wird. Dann stellt man die Verbindung zwischen Hydriergefäß und Bürette her, quetscht den Capillarschlauch mittels der Klemmschraube ab und entfernt den Druckschlauch. Die Apparatur ist jetzt gegen die Außenluft abgeschlossen. Man bringt sie auf die Schüttelvorrichtung, hängt das Niveaugefäß in eine Halteklammer des Bügels und sättigt durch Schütteln bei 20—30 mm Über-druck das Lösungsmittel und den Katalysator mit Wasserstoff. Dazu braucht man bei den Trägerkatalysatoren meist $^1/_2$ Stunde. Nun stellt man den Meniscus der Sperrflüssigkeit genau auf die 0- bzw. 5-ccm-Marke ein, quetscht den Schlauch wieder ab und stellt Zimmertemperatur und Barometerstand fest. Mit Hilfe des Dreiwegehahns führt man den Druckausgleich mit der Außenluft herbei und dreht das Hydriergefäß um 180°, wobei das Röhrchen mit dem Fett in das Lösungsmittel fällt. Darauf bringt man das Gefäß in die Ausgangslage zurück. Eine im Wägeröhrchen etwa vorhandene Gasblase wird durch leichtes Klopfen entfernt. Bei einem Überdruck von etwa 30 mm wird durch Ein-schalten des Motors kräftig geschüttelt (ungefähr eine Hin- und Her-Bewegung

---

[1] Zu beziehen durch E. Leybolds Nachf., Köln.

in der Sekunde), bis kein Wasserstoff mehr aufgenommen wird. Die verbrauchte Menge Wasserstoff läßt sich im Verlauf der nun einsetzenden Hydrierung leicht ablesen. Schroffe Temperaturwechsel sind während dieser Zeit zu vermeiden. Nach Beendigung des Versuches werden Temperatur und Barometerstand wieder ermittelt.

ε) Berechnung. Die unter diesen Versuchsbedingungen verbrauchte Menge Wasserstoff wird auf Normalbedingungen reduziert und auf die äquivalente Menge Jod bezogen.

Abkürzungen:

V_A = Volumen des Wasserstoffs zu Beginn der Hydrierung,

V_E = Volumen des Wasserstoffs zu Ende der Hydrierung,

V_{Ao} = V_A reduziert auf 0^0, 760 mm

V_{Eo} = V_E reduziert auf 0^0, 760 mm,

B_A = Barometerstand $\}$ zu Beginn der
t_A = Temperatur $\}$ Hydrierung,
B_E = Barometerstand $\}$ zu Ende der
t_E = Temperatur $\}$ Hydrierung.
e = Einwaage.

Rechnung:

$$V_{Ao} = \frac{V_A \cdot B_A}{(1 + 0{,}00366 \cdot t_A) \cdot 760}, \qquad V_{Eo} = \frac{V_E \cdot B_E}{(1 + 0{,}00366 \cdot t_E) \cdot 760},$$

$$HJZ = \frac{0{,}01132 \cdot (V_{Ao} - V_{Eo})}{e}.$$

V_A wird aus dem Gesamtvolumen der Apparatur und der Lösungsmittelmenge ermittelt. V_E ergibt sich aus der Differenz zwischen V_A und den abgelesenen Kubikzentimetern Wasserstoff. Das Volumen des Wägeröhrchens kann vernachlässigt werden. Bei gleichbleibenden Außenbedingungen kann natürlich die abgelesene Menge Wasserstoff direkt auf Normalbedingungen reduziert und bei der Berechnung der Hydrierjodzahl an Stelle von $V_{Ao} - V_{Eo}$ eingesetzt werden.

Nach dieser Vorschrift wurden z. B. folgende Hydrierjodzahlen gefunden:

Tabelle 44.

Gegenstand	Wahre Jodzahl	Hydrierjodzahl	Gegenstand	Wahre Jodzahl	Hydrierjodzahl
Linolensäure . .	273,7	268,3; 268,9	Leinöl	Jodzahl nach	160,2; 161,0
Linolsäure . . .	181,2	180,2; 181,8		Kaufmann	
Elaidinsäure . .	89,9	88,1; 87,9		159,6	

6. Dienzahl.

a) Begriffe. Zur quantitativen Messung konjugierter Doppelbindungen haben H. P. Kaufmann und J. Baltes[1] als neue Fettkonstante die Dienzahl[2] vorgeschlagen.

Die Dienzahl der Fette gibt an, wieviel Teile Maleinsäureanhydrid, berechnet auf die äquivalente Menge Jod von 100 Teilen Fett gebunden werden. Die Dienzahl ist von großer Bedeutung zur Erforschung technisch verwendeter Öle, insbesondere von Holzöl. Bei Speiseölen spielen konjugierte Doppelbindungen keine wesentliche Rolle.

Nach den Entdeckungen von O. Diels und K. Alder[3] addieren „Diene", d. h. Stoffe mit konjugierten Doppelbindungen α, β- ungesättigte Carbonylverbindungen wie Maleinsäure, Maleinsäureanhydrid, Citracon- und Itaconsäureanhydrid, Ester der Acetylencarbonsäure u. a. Derivate der Dien-Kohlenwasserstoffe, so auch Fettsäuren mit konjugierten Doppelbindungen, addieren die ungesättigte Carbonylverbindung in 1,4-Stellung, wobei die Doppelbindung der Carbonylverbindung aufgerichtet wird und zwischen den C-Atomen 2 und 3 eine neue Doppelbindung entsteht, während die übrigen mehrfachen Doppelbindungen verschwinden.

---

[1] H. P. Kaufmann u. J. Baltes: U. 1936, **43**, 93.

[2] Der Vorschlag von B. A. Ellis und R. A. Jones (Analyst 1936, **61**, 812; C. 1937, I, 2050), die Kennzahl Maleinsäureanhydridzahl zu nennen, ist nach Kaufmann (Ber. Deutsch. Chem. Ges. 1937, **7**, 900; Z. 1938, **75**, 224) abzulehnen, weil auch andere Addenden als Reagens verwendet werden können.

[3] O. Diels u. K. Alder: Liebigs Ann. 1928, **460**, 98.

So verläuft die Reaktion bei der $\triangle$ 9,10—11,12-Octadecadiencarbonsäure, die man nach J. BÖESEKEN[1] durch Vakuumdestillation von Ricinelaidin- oder Ricinolsäure leicht erhalten kann, nach dem Schema:

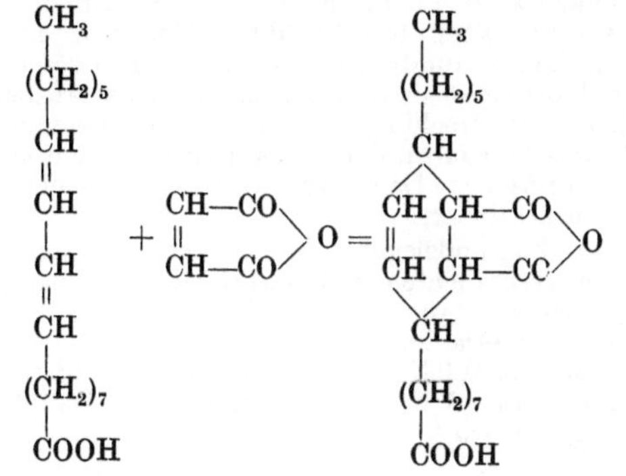

$$
\begin{array}{c}
CH_3 \\
| \\
(CH_2)_5 \\
| \\
CH \\
\| \\
CH \\
| \\
CH \\
\| \\
CH \\
| \\
(CH_2)_7 \\
| \\
COOH
\end{array}
\quad + \quad
\begin{array}{c}
CH\!-\!CO \\
\| \qquad\quad \rangle O \\
CH\!-\!CO
\end{array}
\quad = \quad
\begin{array}{c}
CH_3 \\
| \\
(CH_2)_5 \\
| \\
CH \\
/\ \\
CH\ \ CH\!-\!CO \\
\| \qquad\qquad \rangle O \\
CH\ \ CH\!-\!CO \\
\backslash/ \\
CH \\
| \\
(CH_2)_7 \\
| \\
COOH
\end{array}
$$

Aus Fettsäuren mit drei konjugierten Doppelbindungen können verschiedene Produkte entstehen. So fanden R. S. MORELL und H. SAMUELS[2], daß α- und β-Elaeostearinsäure (vgl. Bd. I, S. 280) folgende Produkte liefern:

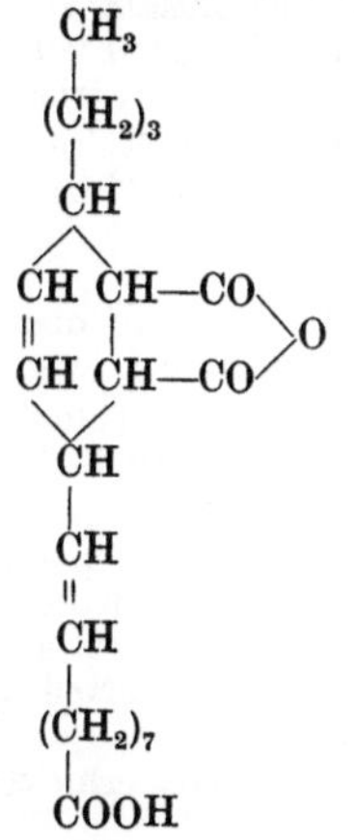

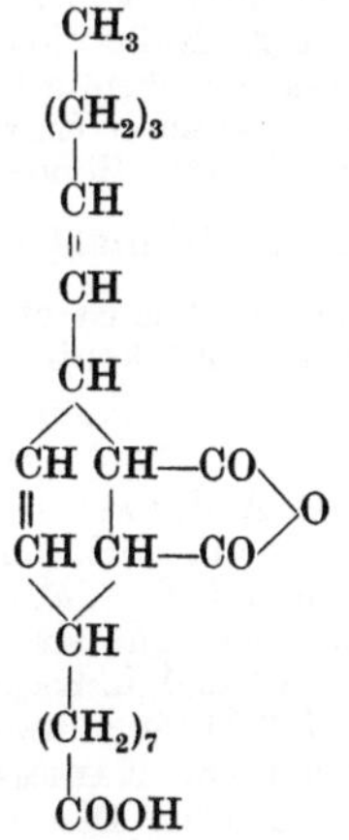

$$
\begin{array}{c}
CH_3 \\
| \\
(CH_2)_3 \\
| \\
CH \\
/\ \\
CH\ \ CH\!-\!CO \\
\| \qquad\qquad \rangle O \\
CH\ \ CH\!-\!CO \\
\backslash/ \\
CH \\
| \\
CH \\
\| \\
CH \\
| \\
(CH_2)_7 \\
| \\
COOH
\end{array}
\qquad\qquad
\begin{array}{c}
CH_3 \\
| \\
(CH_2)_3 \\
| \\
CH \\
\| \\
CH \\
| \\
CH \\
/\ \\
CH\ \ CH\!-\!CO \\
\| \qquad\qquad \rangle O \\
CH\ \ CH\!-\!CO \\
\backslash/ \\
CH \\
| \\
(CH_2)_7 \\
| \\
COOH
\end{array}
$$

Aus α-Elaeostearinsäure   Aus β-Elaeostearinsäure

Zur Prüfung des Verlaufes der Reaktion werden die zu analysierenden Stoffe in einem geeigneten Lösungsmittel (Aceton, Benzol, Toluol, Xylol u. a.) mit Maleinsäureanhydrid im Überschuß behandelt, das Additionsprodukt abgetrennt und das nicht verbrauchte Maleinsäureanhydrid acidimetrisch oder jodometrisch gemessen.

Da bei der Addition von einem Molekül Maleinsäureanhydrid eine Doppelbindung verschwindet, ist also ein Molekül desselben einem Molekül Jod äquivalent. Aus diesem Grunde berechnen KAUFMANN und BALTES die Dienzahl analog der Jodzahl auf die äquivalente Menge Jod um, die von 100 Teilen des Fettes gebunden wird.

Die Kennzahl ist charakteristisch für das Vorhandensein von konjugierten Doppelbindungen und zu ihrer quantitativen Bestimmung geeignet.

b) Ausführung der Bestimmung. Reagenzien: Maleinsäureanhydrid, zweimal in Vakuum destilliert. Aceton pro analysi. 1%ige Lösung von Phenolphthalein in Aceton.

Reagenslösung. 10 g Maleinsäureanhydrid werden in 1 Liter reinstem Aceton gelöst. Zur Titerstellung werden 10 ccm davon mit 100 ccm kohlensäurefreiem Wasser versetzt und nach Zusatz von 4—5 Tropfen der Indicatorlösung mit 0,1 N.-Natronlauge bis zum Farbumschlag titriert.

Bestimmung. In einem einseitig zugeschmolzenen Röhrchen aus Jenaer Glas von etwa 12 mm Länge und 6,5 mm äußerem Durchmesser werden 0,10—0,15 g Fettsäure bzw. Fett — bei Stoffen mit voraussichtlich niedriger Dienzahl eine entsprechend größere Menge —

---

[1] J. BÖESEKEN: Koninkl. Akad. Wetensch. Amsterdam, Proceedings 1929, **32**, 377; C. 1929, II, 716. — Vgl. BÖESEKEN u. R. HÖVERS: Rec. Trav. chim. Pays-Bas 1930, **49**, 1165.
[2] R. S. MORELL u. H. SAMUELS: Journ. Amer. chem. Soc. London 1932, 2251.

eingewogen. Darauf bringt man sie in Ampullen aus Jenaer Glas, die einen Inhalt von 20 ccm haben. Die Länge des Ampullenhalses beträgt etwa 10 cm, sein innerer Durchmesser 8 mm. In die Ampullen gibt man nun aus einer Vollpipette je 10 ccm Maleinsäureanhydridlösung und schmilzt zu. Die Gefäße werden dann in einem mit Paraffinöl gefüllten Thermostaten 20 Stunden auf 100° erwärmt. Nach dem Abkühlen öffnet man und spült den Inhalt der Ampulle mit 80—100 ccm kohlensäurefreiem Wasser in einen 250-ccm-Erlenmeyerkolben. Die Fette scheiden sich dabei meist als Emulsionen aus, deren Ausflockung man durch Zusatz von zwei Spatelspitzen Natriumchlorid (pro analysi) beschleunigt. Nach 6—8stündigem Stehen filtriert man ab, wäscht Kolben und Filter sorgfältig nach und gibt zu dem Filtrat 4—5 Tropfen der Indicatorlösung. Dann wird das unverbrauchte Maleinsäureanhydrid mit 0,1 N.-Natronlauge zurücktitriert.

Berechnung. Unter Zugrundelegung des Titers der Maleinsäureanhydridlösung stellt man die Anzahl der verbrauchten Kubikzentimeter Lösung fest und errechnet die Dienzahl, indem man diesen Verbrauch auf Jod bezieht.

Gegeben: $e =$ Einwaage in Gramm.

$a =$ Verbrauch an 0,1 N.-Natronlauge für die Blindprobe.

$b =$ Verbrauch an 0,1 N.-Natronlauge für den Hauptversuch.

Berechnet D.Z. $= 1,269 \cdot \dfrac{a - b}{e}$.

Nach einer weiteren Vorschrift führen Kaufmann, Baltes und H. Büter[1] die Titration jodometrisch wie folgt aus:

Der Inhalt der 20 Stunden erhitzten Ampulle wird mit 20 ccm Benzol und 20—30 ccm Wasser in eine Stöpselflasche von 250 ccm gespült. Nach Zusatz von je 15 ccm 4%iger Kaliumjodat- und 24%iger Kaliumjodid-Lösung, sowie anschließend von 25 ccm $^1/_{10}$ N.-Thiosulfat läßt man 2 Stunden stehen, gibt 25 ccm $^1/_{10}$ N.-Jod zu und titriert den Jodüberschuß zurück. Bezeichnet $e =$ Gramm Einwaage, $a =$ Kubikzentimeter $^1/_{10}$ N.-$Na_2S_2O_3$ für den in gleicher Weise ausgeführten Blindversuch, $b =$ Kubikzentimeter $^1/_{10}$ N.-$Na_2S_2O_3$ für den Hauptversuch, so ist die Dienzahl (DZ) $= 1,269 \cdot \left(\dfrac{a - b}{e} \right)$.

Die Art des Lösungsmittels ist ohne großen Einfluß. So ergab oben (S. 125) genannte Octadecadiencarbonsäure mit konjugierten Doppelbindungen bei je 4 Versuchen mit

Lösungsmittel	Aceton	Benzol	Toluol	Xylol
Dienzahl	88,9—91,2	91,0—91,2	89,0—90,2	89,6—90,7

B. A. Ellis und R. A. Jones[2] haben den Versuch mit größeren Mengen Maleinsäureanhydrid durch Erhitzen am Rückflußkühler vorgenommen, wodurch aber nach Kaufmann sowie K. A. Pelikan und J. D. v. Mikusch[3] die Genauigkeit beeinträchtigt wird. Dagegen läßt sich die Dienzahl sehr gut als Halbmikromethode mit etwa 10—20 mg Öl ausführen (H. P. Kaufmann und L. Hartweg[4]). Ein besonderer Vorteil dabei ist, daß dann die Erhitzungszeit auf 2 Stunden verkürzt werden kann.

c) Dienzahlen von Ölen. Kaufmann, Baltes und Büter erhielten mit natürlichen Ölen und Fettsäuren folgende Dienzahlen:

Holzöl	66,5—69,8	Leinöle	7,4— 8,2
-Fettsäuren	70,0—70,4	-Fettsäuren	0,3— 1,4
α-Elaeostearinsäure	90,0—90,5	Sojaöl	8,2—10,3
	(Theorie 91,3)	-Fettsäuren	0,6— 1,2
Triolein (Merck)	0	Rüböl	6,5—12,1
Kakaobutter	0	-Fettsäuren	0,9— 1,1
Palmkernöl	0		
Olivenöl	0		

Die Zahlen bei den Ölen des rechten Teiles der Tabelle können nach Kaufmann nicht durch konjugiert ungesättigte Fettsäuren bedingt sein. Vielmehr scheint es, daß die unverseiften Fette noch bisher unbekannte Stoffe labiler ungesättigter Natur enthalten. Ähnlich wurden auch bei folgenden Ölen scheinbare Dienzahlen gefunden:

Mohnöl	13,0—13,3	Pfirsichkernöl	5,9—6,3
Mandelöl	8,0— 8,4	Cottonöl (roh)	4,7—5,0

Nach W. G. Bickford, F. G. Dollear und K. S. Markley[5] erhöhen Hydroxylgruppen die Dienzahl. Dieser Fehler kann durch vorherige Acetylierung vermieden werden, aber nicht ganz bei Soja-, Lein- und Perillaöl.

[1] H. P. Kaufmann, J. Baltes u. H. Büter: Ber. Dtsch. Chem. Ges. 1937, 70, 903; Z. 1938, 75, 224.   [2] B. A. Ellis u. R. A. Jones: Analyst 1936, 61, 812.
[3] K. A. Pelikan u. J. D. v. Mikusch: Oil and Soap 1937, 14, 209.
[4] H. P. Kaufmann u. L. Hartweg: Ber. Deutsch. Chem. Ges. 1937, 70, 2554.
[5] W. G. Bickford, F. G. Dollear u. K. S. Markley: Oil and Soap 1938, 15, 256.

7. Thermozahl.
(Maumené-Probe.)

Die Thermozahl, welche durch Maumené[1] (Maumené-Probe) in die Fettanalyse eingeführt wurde, gibt die Temperaturerhöhung an, die eintritt, wenn man ein Fett unter ganz bestimmten Bedingungen mit konzentrierter Schwefelsäure vermischt.

Diese Temperaturerhöhung ist um so größer, je stärker ungesättigt das Fett oder Öl ist; es bilden sich dabei unter mehr oder weniger starker Entwicklung von Schwefeldioxyd unter anderem Sulfo- und Oxysäuren.

Die Thermozahlen laufen den Jodzahlen mehr oder weniger parallel, so daß man unter Anwendung bestimmter, für die einzelnen Fette und Öle verschiedener Faktoren, die ungefähren Jodzahlen berechnen kann.

Die Thermozahl ist zwar heute bei der Fettanalyse fast ganz durch die Jodzahl verdrängt; es möge aber in nachfolgendem von den zahlreichen vorgeschlagenen Ausführungsarten[2] diejenige von M. Tortelli[3] beschrieben werden.

Über die Bestimmung der auf ähnlichen Reaktionen beruhenden Bromthermalzahl s. S. 111.

M. Tortelli verfährt zur Bestimmung der Thermozahl, die er namentlich zur Prüfung von Olivenöl anwendet, wie folgt:

Das verwendete Thermoleometer (Abb. 39) besteht aus dem Vakuumgefäß (a) und dem Thermometer (b) mit Flügeln, das gleichzeitig zum Umrühren verwendet wird.

Man bringt in das Vakuumgefäß 20 ccm des zu untersuchenden Öles und notiert nach dem Umrühren mit dem Thermometer die Anfangstemperatur des Versuches. Das Öl und die Schwefelsäure müssen die gleiche (Zimmer-)Temperatur besitzen. Darauf läßt man unter ständigem vorsichtigem Umrühren 5 ccm konzentrierte Schwefelsäure (Spezifisches Gewicht 1,8413 bei 15°) zu dem Öl hinzutropfen. Hat das Thermometer seine höchste, etwa 2 Minuten stehenbleibende Temperatur erreicht, so ist die Differenz zwischen dieser und der Anfangstemperatur die Thermozahl des untersuchten Öles. Liegt die Höchsttemperatur des Öl-Schwefelsäuregemisches über 90°, so ist die Bestimmung der Thermozahl des Öles nach Zusatz einer entsprechenden Menge Olivenöl — nicht Mineralöl oder Paraffinöl — von bekannter Thermozahl zu wiederholen, worauf, da die Thermo-zahlen der gemischten Öle additive Größen sind, die Thermozahl des fraglichen Öles nach der Mischungsregel berechnet wird.

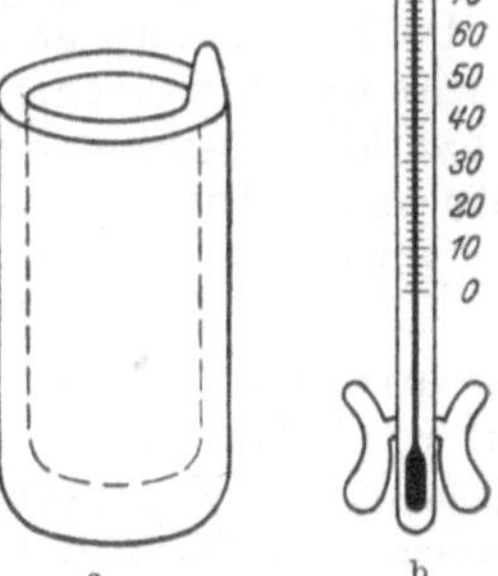

Abb. 39. Thermoleometer nach Tortelli.

Bei festen Fetten, die bei Zimmertemperatur nicht mit der konzentrierten Schwefelsäure gemischt werden können, läßt sich die Thermozahl im erwärmten flüssigen Zustande mittels Schwefelsäure von der Zimmertemperatur bestimmen, wenn man die Spezifische Wärme der Fette für die Berechnung heranzieht[4].

Im allgemeinen besitzt jedes Fett und Öl seine eigene Thermozahl, z. B. nach M. Tortelli:

Tabelle 45.

Olivenöl	44	Maisöl	82	Cocosfett	21,8—24,1
Mandelöl	50,7	Mohnöl	88,4	Palmkernfett	22,9—23,5
Erdnußöl	60	Hanföl	89	Palmfett	31,4—38,2
Rüböl	61,5	Leinöl	124,4	Butterfett	30,1—32,1
Sesamöl	71	Ricinusöl	74	Rindsfett	31,3—41,9
Baumwollöl	78	Waltran	75,6	Schweinefett	39,2—40,8
Baumwollstearin	31,8	Lebertran	102	Pferdefett	53,3—54,6

[1] Maumené: Compt. rend. Paris 1882, 35, 572.
[2] Vgl. F. Jean: Journ. Pharm. Chim. 1889 (5), 20, 337. — Thomson, Ballanthyne u. Jenkins: Journ. Soc. chem. Ind. 1891, 10, 234; 1897, 16, 194. — H. D. Richmond: Analyst 1895, 20, 58; Zeitschr. angew. Chem. 1895, 300. — C. A. Mitchell: Analyst 1901, 26, 169; Z. 1902, 5, 215.
[3] M. Tortelli: Chem.-Ztg. 1905, 29, 530; 1909, 33, 125, 134, 171, 184.
[4] Siehe darüber M. Tortelli: Chem.-Ztg. 1909, 33, 171.

Zur Ableitung der Jodzahlen aus den Thermozahlen müssen diese mit einem für jedes Fett und Öl kennzeichnenden, bei dem gleichen Fett und Öl nur wenig schwankenden Faktor multipliziert werden, z. B. nach Tortelli:

Tabelle 46.

Olivenöl . . . 1,82—1,85	Maisöl 1,50	Palmkernfett 0,67
Mandelöl 1,87	Mohnöl 1,53	Cocosfett . . . 0,33—0,34
Erdnußöl . . . 1,60—1,66	Leinöl 1,40	Butterfett. . . 1,03—1,06
Rüböl 1,68	Ricinusöl 1,15	Rindsfett . . . 1,04—1,33
Sesamöl 1,53	Waltran 1,71	Schweinefett . 1,48—1,53
Baumwollöl 1,40	Kakaofett. 1,30	Pferdefett 1,52
Sonnenblumenöl . . . 1,52	Palmfett . . . 1,62—1,67	Oleomargarin . 1,32—1,37

D. Kennzahlen auf Oxyfettsäuren.

1. Acetyl- und Hydroxylzahl.

a) Begriffe.

Die durch Benedikt und Ulzer[1] in die Fettanalyse eingeführte Bestimmung der Acetylzahl soll ein Maß für die in einer Fettsäure oder in einem Fette im freien Zustande vorhandenen Hydroxylgruppen bilden. Sie wird daher durch die in Form von Oxyfettsäuren, Fettalkoholen oder Mono- und Diglyceriden vorliegenden Hydroxylgruppen bedingt.

Die Bestimmung gründet sich nach J. Lewkowitsch[2] darauf, daß Glyceride, welche hydroxylierte Fettsäuren enthalten, beim Erhitzen mit Essigsäureanhydrid für jede vorhandene alkoholische Hydroxylgruppe eine Acetylgruppe aufnehmen. Diese Umsetzung verläuft z. B. beim Ricinolein nach der Gleichung:

$$C_3H_5[O \cdot C_{18}H_{32}O(OH)]_3 + 3\,(C_2H_3O)_2O = C_3H_5[O \cdot C_{18}H_{32}O \cdot (O \cdot C_2H_3O)]_3 + 3\,C_2H_4O_2.$$

Triricinolein   Essigsäureanhydrid   Triacetylricinolein   Essigsäure

Aus dem so gebildeten Acetylricinolein wird die Acetylgruppe durch Erhitzen mit Kalilauge wieder abgespalten.

Mono- und Diglyceride werden durch Essigsäureanhydrid in die entsprechenden Di- und Monoacetylglyceride übergeführt:

$$C_3H_5[COOR \cdot (OH)_2] + 2\,(C_2H_3O)_2O = C_3H_5[COOR \cdot (OC_2H_3O)_2] + 2\,C_2H_4O_2.$$

Monoglycerid   Essigsäureanhydrid   Diacetylglycerid   Essigsäure

$$C_3H_5[(COOR)_2 \cdot OH] + (C_2H_3O)_2O = C_3H_5[(COOR)_2 \cdot (OC_2H_3O)] + C_2H_4O_2.$$

Diglycerid   Essigsäureanhydrid   Monoacetylglycerid   Essigsäure

Freie Alkohole, z. B. Glycerin, Cholesterin, Cetylalkohol usw., werden durch Essigsäureanhydrid in die betreffenden Essigsäureester übergeführt, z. B.

$$C_3H_5(OH)_3 + 3\,(C_2H_3O)_2O = C_3H_5(O \cdot C_2H_3O)_3 + 3\,C_2H_4O_2.$$

Glycerin   Essigsäureanhydrid   Triacetin   Essigsäure

Die freien Alkohole zeigen daher ebenfalls eine „Acetylzahl".

Das Verfahren von Benedikt-Ulzer ist sehr umständlich und liefert nur bei der Untersuchung hydroxylierter Fettsäuren (Ricinolsäure) zuverlässige Ergebnisse, in anderen Fällen dagegen infolge von Estolid- und Anhydridbildung[3] der Fettsäuren nicht. Lewkowitsch[4] hat daher in Abänderung dieses Verfahrens zwei neue Verfahren beschrieben, welche obige Mängel zwar beseitigen, aber bei Gegenwart von niederen Fettsäuren und lactonisierten

---

[1] R. Benedikt u. F. Ulzer: Monatsh. Chem. 1887, 8, 40. Vgl. Benedikt-Ulzer: Analyse der Fette und Wachsarten, 5. Aufl., S. 143—145. Berlin: Julius Springer 1908.

[2] J. Lewkowitsch: Chemische Technologie und Analyse der Öle, Fette und Wachse, Bd. 1, S. 292. Braunschweig: Friedr. Vieweg & Sohn 1905.

[3] Da die Anhydride der Fettsäuren (Lactone) nach C. A. Browne (Journ. Ind. Engin. 1915, 7, 30; Z. 1920, 40, 85) schwer acetylierbar sind, fällt bei ihrer Gegenwart die Acetylzahl der Fettsäuren zu niedrig aus; da sie andererseits aber leicht verseifbar sind, fällt die Acetylverseifungszahl und -esterzahl dann zu hoch aus. Browne hat für diese Fälle Korrekturen berechnet, auf die verwiesen sei.

[4] J. Lewkowitsch: Journ. Soc. chem. Ind. 1890, 9, 846; 1897, 16, 503.

Oxysäuren auch nicht fehlerfrei arbeiten sowie Schwierigkeiten bei der Entfernung des Essigsäureanhydridüberschusses bieten. Diese Mängel und Schwierigkeiten werden bei der Vorschrift der Wissenschaftlichen Zentralstelle für Öl- und Fettforschung[1] durch Lösen des Acetylierungsproduktes in Benzin und Auswaschen des überschüssigen Essigsäureanhydrids mit Wasser (D. Holde und W. Bleyberg[2]) verringert. Weitere Fortschritte nach dieser Richtung hin bedeuten die unten beschriebenen Methoden.

W. Normann[3] hat 1912 vorgeschlagen, die für die Fette selbst bestimmte Zahl als Hydroxylzahl zu bezeichnen im Gegensatz zur Acetylzahl, welche sich auf die acetylierten Fettsäuren bezieht. Hieraus ergeben sich folgende Definitionen:

Die Acetylzahl der Fettsäuren oder der Fette gibt an, wieviel Milligramm Kaliumhydroxyd zur Neutralisation der in 1 g acetyliertem Fett oder acetylierten Fettsäuren gebundenen Essigsäure erforderlich sind.

Die Hydroxylzahl der Fettsäuren oder der Fette gibt an, wieviel Milligramm Kaliumhydroxyd erforderlich sind, um die Essigsäure zu neutralisieren, die aus der 1 g Substanz erhaltenen Menge Acetylprodukt erhalten wird.

Durch Umrechnung erhält man aus der Acetylzahl a

$$\text{die Hydroxylzahl} = \frac{a}{1 - 0{,}00075\,a}.$$

H. P. Kaufmann[4] empfiehlt allgemeine Einführung der Hydroxylzahl und Streichung der Acetylzahl aus der Literatur.

Die Genauigkeit der Hydroxyl- bzw. Acetylzahlbestimmung hängt im wesentlichen ab:

1. Von der restlosen Acetylierung unter Vermeidung von Anhydrid- und Estolidbildung.

2. Von der Bestimmung der gebundenen Essigsäure unter vorheriger völliger Beseitigung des überschüssigen Essigsäureanhydrids.

K. Täufel, H. Thaler und M. de Mingo[5] betonen auf Grund eingehender Untersuchungen als wichtige Fehlerquelle Anwesenheit von freien Fettsäuren, die sich bei der Acetylierung mit dem Essigsäureanhydrid in wechselnder Menge zu gemischtsäurigen Anhydriden umsetzen. Diese Fehlerquelle ist wichtiger als die Bildung von inneren Estern der Polyoxyfettsäuren.

b) Bestimmung der Acetylzahl.

Zur Bestimmung der Acetylzahl hat die Deutsche Gesellschaft für Fettforschung nach H. Fiedler[6] folgende Vorschläge gemacht:

Allgemeines. Nach Acetylieren der Probe (Öl, Fett, Wachs) mit Essigsäureanhydrid unter Rückflußkühlung wird die Acetylzahl nach einem der folgenden Verfahren bestimmt: α) Methode der doppelten Verseifung, β) Filtrationsmethode.

Acetylierung. 10 ccm der Probe werden mit 20 ccm Essigsäureanhydrid (zur Analyse) in einem 200-ccm-Rundkolben mit eingeschliffenem Steigrohr 2 Stunden auf einer Asbestplatte mit einer Öffnung von 4 cm Durchmesser über freier Flamme kräftig gekocht. Dann wird abgekühlt und der Kolbeninhalt in ein 1-Liter-Becherglas gebracht, das mit 600 ccm kochendem destilliertem Wasser gefüllt ist, und weitere 30 Minuten auf einer Heizplatte oder einem Sandbad gekocht, wobei man zur Vermeidung des Stoßens 0,2 g pulverisierten Bimsstein zugibt. Nach Abheben der wäßrigen Säureschicht wird das acetylierte Öl zweimal wie oben mit 600 ccm destilliertem Wasser ausgekocht. Das letzte Waschwasser, das gegen Lackmus nicht mehr sauer reagieren darf, wird mittels Scheidetrichter abgetrennt[7]. Sollte jedoch dieses Waschwasser noch sauer sein, so muß das Öl mit gesättigter Salzlösung gewaschen werden, bis das Waschwasser neutral reagiert. Das acetylierte Öl wird dann

---

[1] Einheitliche Untersuchungsmethoden der Fett- und Wachsindustrie. Stuttgart: Wissenschaftl. Verlagsgesellschaft 1930.

[2] D. Holde u. W. Bleyberg: Ber. Deutsch. Chem. Ges. 1927, **60**, 2499.

[3] W. Normann: U. 1912, **19**, 205. — Vgl. auch E. B. Elsbach: U. 1923, **30**, 288. W. Meigen u. O. Ramge: U. 1924, **31**, 3. [4] H. P. Kaufmann: U. 1937, **44**, 150.

[5] K. Täufel, H. Thaler u. M. de Mingo: U. 1934, **41**, 156; 1935, **42**, 141.

[6] H. Fiedler: U. 1937, **44**, 471.

[7] Statt ein zweites und drittes Mal mit Wasser auszukochen, genügt es, nach Zersetzung des überschüssigen Anhydrids durch einmaliges Auskochen das acetylierte Öl in der Weise zu reinigen, daß man im Scheidetrichter dreimal oder öfter mit je 50 ccm gesättigter Salzlösung gründlich ausschüttelt, bis das Waschwasser nicht mehr sauer reagiert.

abgetrennt, durch Schütteln mit etwa 1 g wasserfreiem Natriumsulfat getrocknet und durch ein trockenes, glattes Filter filtriert. Das klare acetylierte Öl kann nunmehr nach α oder β weiterbehandelt werden.

α) Bestimmung der Acetylzahl nach der Methode der doppelten Verseifung. Je 2,5 g (genau gewogen) der Probe werden mit 50 ccm $^1/_2$ N.-alkoholischer Kalilauge verseift und die Verseifungszahl

a) des ursprünglichen Fettes,
b) des acetylierten Fettes

nach der üblichen Methode bestimmt. Die Berechnung der Verseifungszahl erfolgt in gewöhnlicher Weise (zur Verseifung von 1 g Probe verbrauchte Milligramm Kaliumhydroxyd).

Die Acetylzahl (A) wird nach folgender Formel [1] berechnet:

$$A = \frac{S_1 - S}{1 - 0,00075\, S}.$$

S ist die Verseifungszahl des nicht acetylierten Öles, S_1 ist die Verseifungszahl des acetylierten Öles.

β) Bestimmung der Acetylzahl nach der Filtrationsmethode. 2,5 g des acetylierten Öles werden in einen 250-ccm-Kolben genau eingewogen und (genau gemessen) mit 50 ccm $^1/_2$ N.-alkoholischer Kalilauge 1 Stunde lang am Rückflußkühler unter gelegentlichem Schütteln verseift. Dann wird der Kühler entfernt und die Seifenlösung auf dem Wasserbad zur Entfernung des Alkohols zur Trockne eingedampft. Die Seife wird in 100 ccm heißem Wasser gelöst und mit 50 ccm $^1/_2$ N.-Schwefelsäure versetzt, die den zur Verseifung angewandten 50 ccm $^1/_2$ N.-alkoholischer Kalilauge genau äquivalent sind. Um die Abscheidung der freien Fettsäuren zu erleichtern, wird eine kleine, aber genau gemessene Menge von ungefähr 1,0 ccm $^1/_2$ N.-Schwefelsäure im Überschuß zugegeben; doch muß hierfür bei der Titration am Ende der Bestimmung eine entsprechende Korrektur angebracht werden.

Der Inhalt des Kolbens wird auf ein feuchtes Filter gebracht, und die zurückbleibenden Fettsäuren werden auf dem Filter mit heißem Wasser ausgewaschen, bis das Waschwasser gegen Lackmus neutral reagiert. Man vereinigt das Filtrat und die Waschwässer, die die aus dem acetylierten Fett in Freiheit gesetzte Essigsäure enthalten, und titriert mit $^1/_{10}$ N.-Kalilauge und Phenolphthalein als Indicator. Vom gefundenen Titrationswert ist jedoch der dem zusätzlichen 1,0 ccm $^1/_2$ N.-Schwefelsäure entsprechende Betrag abzuziehen. Nach dieser Korrektur berechnet sich die Acetylzahl nach der Formel:

$$A = \frac{\text{ccm } ^1/_{10}\text{N.-KOH} \cdot 5,61}{e}. \qquad e = \text{Einwaage des acetylierten Öles}$$

c) Bestimmung der Hydroxylzahl.

Die ursprüngliche Vorschrift von W. Normann [2] ist verschiedentlich, so von Normann und E. Schildknecht [3] in Anlehnung an das Verfahren von A. Verley und F. Bölsing [4] neuerdings wieder durch H. P. Kaufmann und S. Funke [5] verbessert worden. Bei diesen neueren Verfahren wird die Acetylierung durch Acetylchlorid und Pyridin vorgenommen.

Kaufmann und Funke empfehlen folgende Arbeitsvorschrift:

Die zu untersuchende Substanz wird in einen 100-ccm-Rundkolben eingewogen. Die Einwaage ist so zu wählen, daß ein mindestens 100%iger Überschuß von Acetylchlorid vorhanden ist. Die Probe wird in 5 ccm trockenem Pyridin gelöst und mittels „Derona-Bürette" mit 5 ccm 1,0—1,5 molarer Acetylchloridlösung in Toluol versetzt, wobei die Spitze der Bürette gerade in die Lösung eintaucht. Man hat darauf zu achten, daß von dem Addukt aus Pyridin und Acetylchlorid nichts an der Bürette hängen bleibt. Darauf

---

[1] Diese Formel wurde von T. T. Cocking 1913 aufgestellt und später unabhängig von André und v. Cook 1921/22 veröffentlicht. Seitdem wird in der amerikanischen und ausländischen Literatur häufig von der „Acetylzahl nach André-Cook" gesprochen. Die Acetylzahl, wie sie oben definiert und bestimmt wurde, muß von der Acetylzahl nach André 1925 unterschieden werden, die die von 1 g des ursprünglichen Öles oder Fettes gebundene Anzahl Milligramm Essigsäure angibt.   [2] W. Normann: U. 1912, **19**, 205.

[3] W. Normann u. E. Schildknecht: U. 1933, **40**, 194.

[4] A. Verley u. F. Bölsing: Ber. Deutsch. Chem. Ges. 1901, **34**, 3354.

[5] H. P. Kaufmann u. S. Funke: Ber. Deutsch. Chem. Ges. 1937, **70**, 2549; Z. 1938, **76**, 275.

wird der Kolben mit einem gut schließenden Gummistopfen verschlossen und 5 Minuten im Wasserbade unter ständigem Schütteln auf 65—70⁰ erhitzt. Man kühlt dann unter der Wasserleitung ab, gibt 10 ccm Wasser hinzu, schüttelt kräftig durch und erhitzt noch 5 Minuten auf dem Drahtnetz mit aufgesetztem Steigrohr zum Sieden. Nach dem Abkühlen wird das Steigrohr mit Wasser gut durchspült und die Mischung nach Zusatz von Phenolphthalein mit $^1/_2$ N.-alkoholischer Kalilauge titriert. Die Säurezahl des Öles ist gesondert zu bestimmen. Ein Blindversuch ohne Öl ist in der gleichen Weise durchzuführen. Die Berechnung geschieht nach der Formel:

$$\text{OH-Zahl} = \frac{(\text{Blindversuch} - \text{Hauptversuch}) \cdot 28{,}055}{\text{Einwaage}} + \text{Säurezahl}.$$

Die neue Methode hat den Vorzug schneller Durchführbarkeit. Sie dauert bei säurefreiem Untersuchungsmaterial 10 Minuten, bei Gegenwart größerer Säuremengen 15 bis 20 Minuten. Die Ergebnisse sind besser als bei der Filtrations- und Destillationsmethode und der doppelten Verseifung (vgl. S. 130). Hydroxylzahlen von Oxysäuren lassen sich bestimmen, wenn die zu untersuchenden Stoffe frei von Estoliden sind.

Neuerdings hat der deutsche Vorschlag[1] für die Internationale Kommission zum Studium der Fettstoffe folgende Gestalt angenommen:

In einem Stehkolben von 150 ccm Inhalt, 55 mm Halslänge und 20 mm Halsweite wird eine Probe der Substanz genau abgewogen und mit genau abgemessenen 5 ccm des Acetylierungsgemisches versetzt. In den Kolbenhals wird ein kleiner Trichter gesetzt, der die Funktion eines Rückflußkühlers versieht. (An Stelle des Stehkolbens kann man auch einen 100-ccm-Erlenmeyerkolben mit eingeschliffenem Steigrohr verwenden.) Der Kolben wird in ein Glycerinbad von 100⁰ gestellt, so daß er 1 cm tief eintaucht. Zur Abschirmung des Kolbenhalses gegen die aus dem Glycerinbad aufsteigende Wärme wird der Kolbenhals mit einer durchbohrten Pappscheibe versehen, die am Halsansatz auf der Rundung des Kolbens ruht. Der Kolben wird 1 Stunde im Glycerinbad belassen. Nach dem Herausnehmen läßt man abkühlen und gibt höchstens 1 ccm destilliertes Wasser hinzu. (Bei Verwendung eines Kolbens mit Steigrohr wird dieses zweckmäßig durch das Steigrohr gegeben.) Unter Selbsterwärmung setzt die Zersetzung des Essigsäureanhydrids ein. Um sie mit Sicherheit zu Ende zu führen und andere etwa vorhandene Anhydride ebenfalls zu zerstören, stellt man den Kolben nochmals für etwa 10 Minuten in das Glycerinbad. Nach der Zersetzung der Anhydride läßt man wiederum abkühlen und spült die am Trichter und am Kolbenhals (bzw. im Steigrohr) kondensierte Flüssigkeit mit 5 ccm neutralisierten Alkohol in den Kolben hinab. Der Kolbeninhalt wird dann mit $^1/_2$ N.-alkohol. Kalilauge in Gegenwart von Phenolphthalein (bei dunklen Analysenprodukten ist Alkaliblau 6 B zu verwenden) als Indicator titriert. Ein Blindversuch mit derselben Menge Acetylierungsgemisch wird gleichzeitig durchgeführt. Die Differenz beider Titrationen ist das Maß für die zur Acetylierung der eingewogenen Probe verbrauchte Menge. Berechnung:

$$\text{OHZ} = \frac{28{,}055 \cdot (a - b)}{e} + \text{SZ}.$$

Größe der Einwaage. Die Größe der Einwaage ist je nach der zur Verwendung gelangenden Menge Acetylierungsgemisch und der Hydroxylzahl der Substanz zu wählen. Um genaue und wiederholbare Ergebnisse zu erhalten, wird die Einwaage und die Menge des Acetylierungsgemisches so bemessen, daß auf 1 Mol Hydroxyl mindestens 4 Mol Essigsäureanhydrid zur Einwirkung kommen. Nach den Erfahrungen ist unter diesen Verhältnissen die Acetylierung bei der vorgeschriebenen Temperatur im Laufe einer Stunde bei der überwiegenden

---

[1] Vgl. U. 1938, **45**, 233.

Mehrheit der Stoffe vollendet. Bei der Titration des Hauptversuches werden mindestens $^7/_8$ der beim Blindversuch verbrauchten Laugenmenge benötigt. Nachfolgend sind die für die üblichen Mengen Acetylierungsgemisch zulässigen Einwaagen für Substanzen von verschiedener Hydroxylzahl angegeben:

Tabelle 47.

Zu erwartende Hydroxylzahl	Acetylierungsgemisch in ccm	Einwaage in g
10—100	5	2,000
100—150	5	1,500
150—200	5	1,000
200—250	5	0,750
250—300	5	0,600
	oder 10	1,200
300—350	10	1,000
bis 700	15	0,750
„ 950	15	0,500
„ 1500	15	0,300
„ 2000	15	0,200

Herstellung des Acetylierungsgemisches. Zur Herstellung des Acetylierungsgemisches sind nur absolut reine und trockene Reagenzien zu verwenden. Da bei der Bestimmung der Hydroxylzahl im allgemeinen 5 ccm des Acetylierungsgemisches verwendet werden und da es erwünscht ist, bei dem Blindversuch mit 50 ccm $^1/_2$ N.-Lauge auszukommen, wird das Acetylierungsgemisch so hergestellt, daß es in bezug auf Essigsäure etwa 5fach normal ist (2,45 molar in bezug auf Essigsäureanhydrid). Zweckmäßigerweise werden 25 g Essigsäureanhydrid in einem 100-ccm-Meßkolben unter Auffüllen bis zur Marke in Pyridin gelöst. Das Acetylierungsgemisch ist unter allen Vorsichtsmaßregeln aufzubewahren, es ist vor Zutritt von Feuchtigkeit, Kohlensäure und sauren Dämpfen zu schützen. Die am Licht auftretende Verfärbung ist bisher nicht als schädlich empfunden worden. Sie kann durch Aufbewahrung in braungefärbten Flaschen vermieden werden.

Anmerkung. Wird nach dem Zusatz von Wasser zu dem Acetylierungsprodukt (1 ccm höchstens) das Auftreten einer Trübung beobachtet, so kann diese durch nachträglichen Zusatz von Pyridin beseitigt werden.

Weitere Vorschläge und Angaben zur Bestimmung der Acetyl- und Hydroxylzahl:

Acetylzahl. E. André[1], D. Holde[2], R. Biazzo[3] (Verwendung von Chloracetylchlorid und Titration mit Silberlösung), F. Croner[4] (Empfehlung langhalsiger Kolben zur Destillation der Essigsäure), T. Somiya[5] (Titration des Essigsäureanhydrids mit Anilinlösung), R. Delaby und Y. Breugnot[6], M. Th. Francois[7].

Hydroxylzahl. E. B. Elsbach[8] (Wägung, ohne Titration), W. Meigen und O. Ramge[9], O. Fürth, H. Kaunitz und M. Stein[10] (Mikroacetylbestimmung), W. L. Roberts und H. A. Schuette[11].

Sonstige Verfahren. Schnellbestimmung der Hydroxylgruppe in primärem und sekundärem Alkohol nach D. M. Smith und W. M. D. Bryant[12] mit Acetylchlorid in Toluol in Gegenwart von Pyridin (vgl. Kaufmann und Funke, S. 130). C. Steiner[13]: Ermittlung der beim Sulfonieren von Ölen neugebildeten Hydroxylgruppen.

d) Bestimmung der „Lactonzahl" nach C. Stiepel[14].

Da die Hydroxyfettsäuren beim Erhitzen (z. B. auf 250°) unter Abspaltung von Wasser zu Bildung von Lactonen neigen, die aus der Differenz von Verseifungs- und Säurezahl leicht zu ermitteln sind (S. 227), empfiehlt C. Stiepel an Stelle der Acetylzahl die Lactonzahl zu bestimmen und diese zur Grundlage

[1] E. André: Compt. rend. Acad. Sci. 1921, 172, 984; C. 1921, IV, 454. Vgl. Journ. An. official agricult. Chemists 1927, 10, 35; C. 1927, II, 1377.

[2] D. Holde: Kohlenwasserstoffe, Öle und Fette, S. 782. Berlin 1933.

[3] R. Biazzo: Atti I Congr. naz. Chim. pur. ed appl. 1923, 448; C. 1924, I, 2030.

[4] F. Croner: Zeitschr. angew. Chem. 1927, 40, 1013.

[5] T. Somiya: Journ. Soc. Chem. Ind. Japan 1929, 32, 91; 1930 (Suppl.), 33, 140; U. 1930, 37, 214.

[6] R. Delaby u. Y. Breugnot: Bull. Sci. pharmacol. 1932, 39 (34), 354; C. 1932, II, 2759.

[7] M. Th. Francois: Ann. Falsif. 1934, 27, 334; Z. 1938, 76, 276.

[8] E. B. Elsbach: U. 1923, 30, 235, 288.   [9] W. Meigen u. O. Ramge: U. 1924, 31, 3.

[10] O. Fürth, H. Kaunitz u. M. Stein: Boichem. Zeitschr. 1934, 268, 189; Z. 1937, 73, 460.

[11] W. L. Roberts u. H. A. Schuette: Ind. engin. Chem. Analyt. Edit. 1932, 4, 257; C. 1933, I, 1367.

[12] D. M. Smith u. W. M. D. Bryant: Journ. Amer. Chem. Soc. 1935, 57, 61; C. 1935, II, 2709.   [13] C. Steiner: Chem.-Ztg. 1935, 59, 795; Z. 1937, 74, 503.

[14] C. Stiepel: Seifensieder-Ztg. 1926, 53, 617; C. 1927, I, 822.

der Bestimmung der Hydroxyfettsäuren zu verwenden. Die Hälfte der Lactonzahl gibt annähernd den Gehalt an lactonbildenden Hydroxyfettsäuren an.

e) Höhe der Acetyl- und Hydroxylzahlen.

α) **Theoretische Acetylzahlen.** A. Grün[1] gibt unter anderem folgende theoretischen Acetylzahlen an:

Tabelle 48.
Alkohole.

Cetylalkohol $(C_{16}H_{33} \cdot OH)$	197,33
Octodecylalkohol $(C_{18}H_{37} \cdot OH)$	179,62
Arachylalkohol $(C_{20}H_{41} \cdot OH)$	164,83
Carnaubylalkohol $(C_{24}H_{49} \cdot OH)$	141,52
Cerylalkohol $(C_{26}H_{53} \cdot OH)$	132,17
Myricylalkohol $(C_{30}H_{61} \cdot OH)$	116,75
Sterine $(C_{27}H_{45} \cdot OH)$	130,96
Glycerin $(C_3H_5 \cdot (OH)_3)$	772,0[2]

(Aus der Acetylzahl kann daher die Menge des Glycerins berechnet werden (S. 233.)

Säuren.

Ricinolsäure $(C_{17}H_{32}(OH) \cdot COOH)$		164,88
Mono-oxystearinsäuren $(C_{17}H_{34}(OH) \cdot (COOH)$		163,91
Di-	„ $(C_{17}H_{33}(OH)_2 \cdot COOH)$	280,31
Tri-	„ $(C_{17}H_{32}(OH)_3 \cdot COOH)$	367,24
Tetra-	„ $(C_{17}H_{31}(OH)_4 \cdot COOH)$	434,64
Hexa-	„ $(C_{17}H_{29}(OH)_6 \cdot COOH$	532,33

Monoglyceride.

Mono-laurin	$(C_3H_5(OH)_2 \cdot OCO \cdot C_{11}H_{23})$	313,22
„ -myristin	$(C_3H_5(OH)_2 \cdot OCO \cdot C_{13}H_{27})$	290,49
„ -palmitin	$(C_3H_5(OH)_2 \cdot OCO \cdot C_{15}H_{31})$	270,84
„ -stearin	$(C_3H_5(OH)_2 \cdot OCO \cdot C_{17}H_{35})$	253,67
„ -olein	$(C_3H_5(OH)_2 \cdot OCO \cdot C_{17}H_{33})$	254,84
„ -erucin	$(C_3H_5(OH)_2 \cdot OCO \cdot C_{21}H_{41})$	226,06
„ -linolein	$(C_3H_5(OH)_2 \cdot OCO \cdot C_{17}H_{31})$	256,01
„ -linolenin	$(C_3H_5(OH)_2 \cdot OCO \cdot C_{17}H_{29})$	257,19
„ -ricinolein	$(C_3H_5(OH)_2 \cdot OCO \cdot C_{17}H_{32} \cdot OH)$	337,74

Diglyceride.

Di-laurin	$(C_3H_5(OH)(O \cdot CO \cdot O \cdot C_{11}H_{23})_2)$	113,57
„ -myristin	$(C_3H_5(OH)(O \cdot CO \cdot O \cdot C_{13}H_{27})_2)$	101,18
„ -palmitin	$(C_3H_5(OH)(O \cdot CO \cdot O \cdot C_{15}H_{31})_2$	91,89
„ -stearin	$(C_3H_5(OH)(O \cdot CO \cdot O \cdot C_{17}H_{35})_2$	84,16
„ -olein	$(C_3H_5(OH)(OCO \cdot C_{17}H_{33})_2)$	84,68
„ -erucin	$(C_3H_5(OH)(OCO \cdot C_{21}H_{41})_2)$	72,42
„ -linolein	$(C_3H_5(OH)(OCO \cdot C_{17}H_{31})_2)$	85,19
„ -linolenin	$(C_3H_5(OH)(OCO \cdot C_{17}H_{29})_2)$	85,72
„ -ricinolein	$(C_3H_5(OH)(OCO \cdot C_{16}H_{32} \cdot OH)_2)$	216,17

Triglycerid.

Triricinolein	$(C_3H_5(OCO \cdot C_{17}H_{32} \cdot OH)_3)$	158,95

β) Bei den **natürlichen Fetten und Wachsen** ist die Höhe der Acetylzahlen in erster Linie bedingt durch den Gehalt an Oxyfettsäuren und Sterinen; sie kann aber auch bedingt sein durch die Bildung von Mono- und Diglyceriden, welche bei der spontan eingetretenen Hydrolyse (z. B. beim Ranzigwerden) der Fette entstehen sollen.

In letzteren Fällen ist daher die Acetylzahl ebenso wie die Säurezahl (S. 60) eine variable Größe, während sie bei Fetten mit einem natürlichen Gehalt an Oxyfettsäuren (z. B. Ricinusöl) eine charakteristische Kennzahl darstellt.

---

[1] A. Grün: Analyse der Fette und Wachse, Bd. 1, S. 161. Berlin: Julius Springer 1925.
[2] Nach J. Lewkowitsch.

Natürliche Fette, Öle und Wachse zeigen z. B. nach J. Marcusson[1], J. Lewkowitsch[2], D. Holde[3] und W. Normann[4] folgende Acetyl- bzw. Hydroxylzahlen[5]:

Tabelle 49.

Fett oder Öl	Acetylzahl	Hydroxylzahl	Öl oder Wachs	Acetylzahl	Hydroxylzahl
Butterfett	2— 9	—	Baumwollsamenöl	8— 31	—
Rindstalg	2— 9	—	Maisöl	7— 11	—
Schweinefett. . .	2—10	—	Mohnöl	—	9,9
Kakaofett. . . .	2.8	—	Leinöl	4— 8,5	—
Cocosfett	1—12	—	Rüböl	5— 15	5,2
Palmkernfett . .	2— 9	—	Ricinusöl	146—156	161,8—164,2
Palmfett	18	—	„ gehärtet		
Olivenöl.	5—11	7,4	(80,8⁰)		99,7
Mandelöl	—	8,1	Waltran.		22
Erdnußöl	3— 9	—	„ gehärtet		
Sesamöl.	10—11,5	—	(35,8)⁰	—	9,9
Sonnenblumenöl .	—	11,2	Walratöl	4,5—6,4	—
Sojaöl	12—20	—	Wollwachs . . .	23,3	—
			Bienenwachs. . .	15,2	—

Nach dem Verfahren von Verley und Bölsing fand W. Normann[6] die Hydroxylzahl von Ricinusöl zu 159,2—160,6 von Ricinolsäure zu 161,3—164,9.

2. Carbonylzahl.

a) Begriffe.

Durch Auffindung der Licansäure im Oiticicaöl (vgl. S. 358), die von W. B. Brown und E. H. Farmer[7] als 4-Keto-elaeostearinsäure erkannt worden ist, hat die Bestimmung der Ketogruppe —CO— für die Fettuntersuchung Bedeutung erhalten. Diese Bedeutung ist in neuerer Zeit dadurch gestiegen, daß bei der Paraffinoxydation (vgl. S. 631) Fettsäuren erhalten werden, die erhebliche Mengen (mehrere Prozente) Carbonylfettsäuren (Oxofettsäuren) enthalten können. Weiter kann die Carbonylzahl zur Erforschung der Fettverderbnis wertvolle Dienste leisten.

Die Carbonylzahl (COZ) drückt nach H. P. Kaufmann, S. Funke und Fu Ying Liu[8] aus, wieviel Milligramm Carbonyl CO in 1 g Fett oder Fettsäuren enthalten sind.

R. C. Stillman und M. R. Reed[9], H. Schultes[10] u. a. nennen Carbonylzahl die Anzahl Milligramm Kaliumhydroxyd, die der von 1 g Substanz gebundenen Menge Hydroxylamin äquivalent ist. Da das Äquivalentgewicht von Kaliumhydroxyd (56,104) praktisch doppelt so groß ist wie das der CO-Gruppe (28,00), erhält man auf diese Weise rund doppelt so hohe Carbonylzahlen als wie bei Berechnung als CO.

---

[1] Vgl. L. Ubbelohde: Handbuch der Chemie und Technologie der Öle und Fette, Bd. 1, S. 358. Leipzig 1908.

[2] J. Lewkowitsch: Chemische Technologie und Analyse der Öle, Fette und Wachse, 7. Aufl. Braunschweig: Friedr. Vieweg & Sohn 1905.

[3] D. Holde: Kohlenwasserstofföle und Fette. Berlin: Julius Springer 1933.

[4] W. Normann: U. 1912, 19, 205; 1933, 40, 194.

[5] Bei der Beurteilung dieser Zahlen ist zu berücksichtigen, daß sie teilweise bei mehr oder weniger ranzigen Fetten gewonnen und die Bestimmungen nach verschiedenen Methoden ausgeführt worden sind.   [6] W. Normann: U. 1937, 44, 150.

[7] W. B. Brown u. E. H. Farmer: Biochem. Journ. 1935, 29, 631. — Vgl. H. P. Kaufmann u. J. Baltes: Ber. Deutsch. Chem. Ges. 1936, 69, 2679.

[8] H. P. Kaufmann, S. Funke u. Fu Ying Liu: U. 1938, 45, 616.

[9] R. C. Stillman u. M. R. Reed: Parfumery essential Oil Rec. 1932, 23, 218.

[10] H. Schultes: Angew. Chem. 1934, 47, 258.

b) Ausführung der Bestimmung.

Die Bestimmung der Carbonylzahl kann nach KAUFMANN mittels Phenylhydrazin aber besser und einfacher mit Hydroxylaminchlorhydrat vorgenommen werden. Bei der damit eintretenden Oximbildung wird eine entsprechende Menge Salzsäure frei, die dann mit Kalilauge titriert wird.

α) W. LEITHE [1] verwendet bei der Untersuchung von Paraffinoxydationsprodukten das Verfahren von STILLMAN und REED, jedoch unter Anwendung von Methylorange statt des temperaturempfindlichen Bromphenolblau als Indicator, in stärker konzentrierter Lösung und nötigenfalls unter Anwendung von Wärme, nach folgender Arbeitsweise:

Hydroxylaminlösung. 40 g Hydroxylaminchlorhydrat werden in 80 ccm Wasser gelöst und mit 800 ccm 95%igem Äthylalkohol verdünnt. Man fügt 600 ccm $^1/_2$ N.-alkoholische Kalilauge zu und filtriert vom Niederschlag ab. — Die Lösung ist mehrere Wochen haltbar, der Titer nimmt allmählich ab.

Ausführung der Bestimmung. 1. Von farblosen oder nur mäßig gelb gefärbten Proben werden je nach der zu erwartenden Carbonylzahl 0,5—2,0 g mit 20 ccm Hydroxylaminlösung in einem Erlenmeyerkölbchen 2—3 Minuten zum gelinden Sieden erhitzt, mit möglichst wenig Methylorangelösung versetzt und sofort heiß mit $^1/_2$ N.-wäßriger Salzsäure titriert, bis die anfangs grünlichgelbe Farbe eben nach Rötlichgelb umschlägt, was nach einiger Übung bis auf ± 0,1 ccm zu

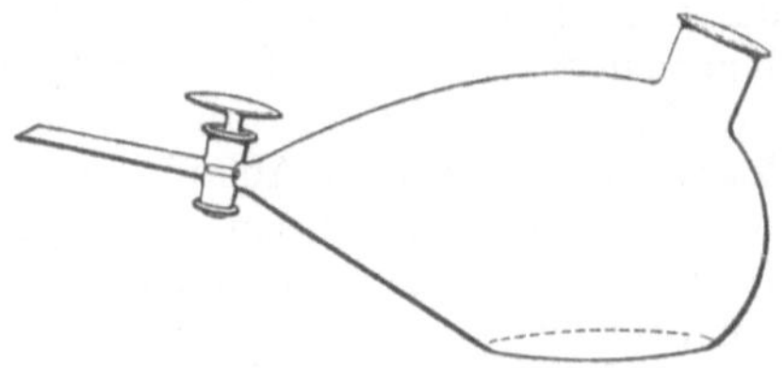

Abb 40. Kochscheidetrichter nach LEITHE.

erkennen ist. Der Blindwert wird mit 20 ccm Hydroxylaminlösung auf gleiche Weise festgestellt.

$$\text{Carbonylzahl}\,[2] = 14\,\frac{\text{Blindwert} - \text{Probe}}{\text{Einwaage}}\,.$$

2. Bei Proben mit störender Eigenfarbe werden nach dem Kochen mit der Hydroxylaminlösung 10 ccm $^1/_2$ N.-Salzsäure zugesetzt; hierauf wird in einen kleinen Scheidetrichter umgegossen, mit etwa 10 ccm Wasser nachgespült, mit 10 ccm reinstem Äther die dunkel gefärbte Fettsäure aufgenommen, das praktisch farblose Sauerwasser in ein Titrierkölbchen abgelassen, die Ätherlösung nochmals mit 10 ccm Wasser nachgewaschen und ebenfalls ins Titrierkölbchen gebracht. Man versetzt mit Methylorange, fügt $^1/_2$ N.-Kalilauge bis zur deutlich grüngelben Färbung zu und titriert bis zur beginnenden Rötlichgelbfärbung.

Das Umgießen in den Scheidetrichter läßt sich vermeiden, wenn man zum Kochen der Probe mit der Hydroxylaminlösung einen Kochscheidetrichter nach LEITHE [3] verwendet, in dem sowohl gekocht als auch ausgeschüttelt werden kann (vgl. Abb. 40).

Die vorstehende Arbeitsweise setzt voraus, daß die Probe an sich, in 80%igem Alkohol gelöst, gegen Methylorange neutral reagiert. Bei Fettsäuren trifft dies noch zu. Reagiert die Probe alkalisch (Seifen!), so wird entweder die Alkalität in einer besonderen Einwaage bestimmt, oder man neutralisiert die eingewogene Probe nach dem Lösen in etwa 10 ccm neutralem Alkohol nach Zusatz von Methylorange zunächst mit $^1/_2$ N.-Salzsäure und setzt dann erst die Hydroxylaminlösung zu. — Stoffe, die Hydroxylamin katalytisch zersetzen (Fetthärtungskatalysatoren) sind vor der Bestimmung zu entfernen.

β) KAUFMANN, FUNKE und LIU erhielten bei Anwendung von Bromphenolblau nach SCHULTES statt Methylorange zufriedenstellende Ergebnisse, wenn

---

[1] W. LEITHE: U. 1938, 45, 615.
[2] Bei Berechnung auf Kaliumhydroxyd ist statt der Zahl 14 die Zahl 28,1 einzusetzen.
[3] W. LEITHE: Z. 1934, 67, 441.

sie die Oximbildung nach W. M. D. Bryant und D. M. Smith[1] durch Zugabe von Pyridin begünstigten und bei schwerlöslichen Fetten und Fettsäuren statt Äthyl-Amylalkohol als Lösungsmittel benutzten. Die Arbeitsweise war folgende:

Reagenzien. 1. Hydroxylaminchlorhydratlösung. Man löst 35 g reinstes Hydroxylaminchlorhydrat in 160 ccm Wasser und füllt mit 96%igem Alkohol auf 1 Liter auf.

2. Pyridin- und Indicatorlösung. 20 g reinstes Pyridin und 0,25 ccm 4%iger alkoholischer Bromphenolblaulösung werden mit 96%igem Alkohol auf 1 Liter verdünnt. Falls der zu untersuchende Stoff in kaltem Alkohol schwer löslich ist, verwendet man an seiner Stelle Amylalkohol.

3. Die Natriumhydroxydlösung ist eine $^1/_2$ N.-Lösung in 90%igem Methylalkohol[2].

Das angewendete Hydroxylaminchlorhydrat soll keine freie Säure enthalten. Man prüft es, indem man 10 g in 50 ccm destilliertem Wasser löst und mit $^1/_2$ N.-Natronlauge gegen Bromphenolblau als Indicator bis zum neutralen Endpunkt (grün) titriert; dabei sollen nicht mehr als 8 ccm Lauge verbraucht werden.

Ausführung der Bestimmung. Man gibt 30 ccm der Hydroxylaminlösung mit Hilfe einer Bürette in einen 250-ccm-Erlenmeyerkolben und fügt aus einem Meßkolben 100 ccm der Pyridin-Bromphenolblaulösung hinzu. Die Mischung soll jetzt grünblau gefärbt sein. Nun wird die Probe abgewogen und hinzugegeben. Ihre Menge ist so zu bemessen, daß sich nach beendeter Reaktion ein 100%iger Überschuß von Hydroxylamin ergibt. Man verbindet den Erlenmeyerkolben mit einem Rückflußkühler und erhitzt auf dem Wasserbade. Die zum Ablauf der Reaktion erforderliche Zeit ist bei den einzelnen Stoffen verschieden und muß bei Beginn einer Versuchsreihe erst bestimmt werden[3]. Die erhitzte Probe läßt man von selbst auf Zimmertemperatur abkühlen und wartet bis zur Titration $1^1/_2$ Stunden, da die Indicatorprobe sich reversibel beim Erhitzen und Abkühlen ändert[4]. Das gebildete Pyridinchlorhydrat wird jetzt mit der methylalkoholischen Lauge titriert, bis die Indicatorfarbe gleich der des Blindversuches ist. Der Kolben soll nur langsam geschüttelt werden, da sonst Salze ausfallen, die den Endpunkt der Titration teilweise unklar machen.

Zur Berechnung dient die Formel:

$$\text{CO-Zahl} = 14 \, \frac{\text{ccm}\,^1/_2\,\text{N.-NaOH}}{\text{Einwaage}} \, .$$

Es ist erforderlich, das volumetrische Verhältnis der Hydroxylamin- und Pyridinlösung konstant zu halten, wenn eine empfindliche grünblaue Farbe beim Blindversuch entstehen soll. Da die alkalische Pufferwirkung des Pyridins bei Anwesenheit von Wasser im Reaktionsgemisch zunimmt, wodurch die Indicatorfarbe beeinflußt wird, soll der Wassergehalt nicht mehr als 1 g betragen; ist er höher (bis zu 5 g), so muß die gleiche Menge Wasser der Blindprobe zugesetzt werden.

Im Gegensatz zu Methylorange reagieren Fettsäuren gegen Bromphenolblau nicht neutral. Daher muß hier in einem Blindversuch ihre Acidität gegen Bromphenolblau bestimmt werden. Dazu löst man 3—5 g der Fettsäuren in 100 ccm alkoholischer Pyridin-Bromphenolblaulösung, gibt 30 ccm 0,5 N.-Salzsäure zu und titriert mit 0,5 N.-Natronlauge zurück, bis die Farbe des Indicators der Farbe beim Blindversuch der Carbonylbestimmung entspricht. In gleicher Weise führt man einen Blindversuch aus. Den hierbei gefundenen Verbrauch kann man auf Carbonylzahlen umrechnen und den erhaltenen Wert von der bei der eigentlichen Bestimmung gefundenen Carbonylzahl abziehen.

---

[1] W. M. D. Bryant u. D. M. Smith: Journ. Amer. Chem. Soc. 1935, **57**, 57.

[2] Die Verwendung von Methylalkohol wurde hier der von Äthylalkohol vorgezogen, weil sich die Lösung bei längerem Stehen nicht so leicht verfärbte (vgl. hierzu S. 60).

[3] Bei Benzophenon ist dreistündiges Erhitzen in einer Druckflasche erforderlich, während bei Benzaldehyd bereits halbstündiges Stehen bei Zimmertemperatur genügt. Bei Licansäure empfiehlt sich zweistündiges Kochen am Rückfluß.

[4] Zum besseren Farbvergleich empfiehlt sich bei jeder Bestimmungsreihe ein Blindversuch, der ebenso lange erhitzt werden muß wie der Hauptversuch.

c) Höhe der Carbonylzahlen.

Nach dem vorstehenden Verfahren ermittelten KAUFMANN, FUNKE und LIU folgende Carbonylzahlen:

Tabelle 50.

Nr.	Carbonylverbindung	Carbonylzahl	
		gefunden	berechnet
1	10-Ketostearinsäure	93,3	94,0
2	9-Oxy-10-ketostearinsäure, 2 Versuche	88,1—89,8	89,2
3	Licansäure, 2 Versuche	95,7—96,4	95,2
4	Oiticicaöl, 6 Versuche	66,1—66,9	—
5	Synthetische Fettsäuren, 4 Proben	14,9—33,1	—

Zur Berechnung von Licansäure (Li) in Mischungen mit Elaeostearinsäure (E) lassen sich beide nach folgenden Formeln berechnen:

$$Li = 1{,}051 \cdot Carbonylzahl,$$
$$E = 1{,}095 \cdot Dienzahl - Carbonylzahl.$$

Über die Bestimmung beider Fettsäuren neben anderen ungesättigten Fettsäuren vgl. S. 198.

E. Sonstige Kennzahlen.

Im vorhergehenden sind die Kennzahlen behandelt, die für die Untersuchung einer größeren Anzahl von Fetten und Ölen Verwendung finden, während einige Kennzahlen, die nur bei einzelnen Fetten und Ölen in Anwendung kommen, bei diesen Platz gefunden haben. Andere Kennzahlen, die eine Bestimmung einzelner Fettsäuren oder Fettsäuregruppen zum Ziele haben, sind im folgenden Abschnitt beschrieben.

Von einigen weiteren Kennzahlen, die erst in neuerer Zeit beschrieben sind und noch keine eingehendere Nachprüfung erfahren haben, sind noch folgende kurz erwähnt:

a) Quecksilberadditionszahl. S. H. BERTRAM[1] versteht darunter die Milligramm Mercuriacetat, die 1 g Fettsäure addiert. 0,1—0,5 g Fettsäuren und 1,6 g Mercuriacetat werden in 20 ccm Essigsäure unter mäßigem Erwärmen gelöst, mit 25 ccm Tetrachlorkohlenstoff versetzt, kräftig geschüttelt, mit Wasser auf 100 ccm aufgefüllt und die Menge des im Tetrachlorkohlenstoff gelösten Quecksilbers nach dem Ansäuern mit Salpetersäure und Eisenalaunlösung titrimetrisch mit 0,1 N.-Ammoniumrhodanidlösung bestimmt. Die Quecksilberzahl steht, abgesehen von trocknenden und alten Ölen, in enger Beziehung zur Jodzahl.

b) Chloraminzahl. B. M. MARGOSCHES und M. FRISCHER[2] haben das Chloramin-Heyden (p-Toluol-sulfochloramid-Natrium) als Ersatz für Jod bei der Jodzahlbestimmung in Frage gezogen.

c) Schwefeldioxydzahl. A. MARZARON[3] hat vorgeschlagen, statt der beim Vermischen der Öle mit konzentrierter Schwefelsäure eintretenden Temperaturerhöhung (Thermozahl S. 127) die dabei entwickelte Menge Schwefeldioxyd zu bestimmen, die für jedes Öl gut reproduzierbar ist. Er bezeichnet als Schwefeldioxydzahl die Kubikzentimeter 0,1 N.-Jodlösung, welche durch das gebildete Schwefeldioxyd reduziert werden. Man bestimmt die Menge des gebildeten Schwefeldioxyds, indem man durch das mit Benzol verdünnte Gemisch — 20 ccm Öl + 10 ccm Benzol + 5 ccm konzentrierte Schwefelsäure (1,841) — Luft oder besser ein innertes Gas hindurchleitet und das Schwefeldioxyd in 0,1 N.-Jod-Kaliumjodidlösung auffängt und das nicht reduzierte Jod mit 0,1 N.-Thiosulfatlösung zurücktitriert. Auf diese Weise fand A. MARZARON:.

Tabelle 51.

Kennzahl	Olivenöl	Erdnußöl	Sesamöl	Leinöl	Ricinusöl
Thermozahl	43,8	54,0	72,0	124,0	77,0
Schwefeldioxydzahl (18°) . .	3,6	12,2	49,8	164,7	8,3

[1] S. H. BERTRAM: Diss. Delft 1928; Z. 1928, **55**, 179.
[2] B. M. MARGOSCHES u. M. FRISCHER: Chem.-Ztg. 1927, **51**, 519.
[3] A. MARZARON: Olii a Grassi 1933, **9**; U. 1933, **40**, 88; 1934, **14**, 122; C. 1934, II, 3455.

d) **Brombindungszahl.** Die von K. MEINEL[1] in die Fettanalyse eingeführte Brombindungszahl (Brb.-Z.) ist kein Maß für die Zahl der Doppelbindungen, also kein Ersatz für die Jodzahl, sondern soll zur Erkennung der Konjugation von Äthylenbindungen dienen. Die Brombindungszahl berechnet sich nach der Formel:

$$\text{Brb.-Z.} = 100 \frac{\text{Addiertes Br (argentometrische Titration)}}{\text{Umgesetztes Br (jodometrische Titration)}}.$$

Man bestimmt 1. den Oxydationswert der Lösung durch Zugabe von Kaliumjodid und jodometrische Titration, 2. das gesamte vorhandene Brom durch Reduktion mit Hydroxylaminsulfat zu Bromwasserstoff und argentometrische Titration, 3. den Bromgehalt des Reaktionsgemisches. So werden 5 g abgewogenes Öl in Tetrachlorkohlenstoff gelöst, mit 20 ccm 5%iger alkoholischer Bromlösung (die 5% $CaBr_2$ enthält) versetzt. Nach Zusatz von 20 ccm Wasser wird der gebildete Bromwasserstoff titriert.

Die Brombindungszahl einiger Öle wurde von MEINEL wie folgt gefunden: Elaeostearinsäure 10,5, Linolensäure 85,4, Holzöl 38—57, Leinöl 85,5, Oiticicafett 32,6, Leinölstandöl 70—73, Holzölstandöl 64.

e) **Thioglykolsäure-Jodzahl.** Thioglykolsäure vom Siedepunkt 105—107° wird nach G. AXBERG und B. HOLMBERG[2] von ungesättigten Fettsäurebindungen leicht addiert, ohne daß Substitution oder Oxydation eintreten kann.

Ausführung. In 100-ccm-Erlenmeyerkolben werden Fett und Thioglykolsäure eingewogen und unter öfterem Umschwenken einige Stunden stehengelassen. Hiernach wird das Reaktionsgemisch in 10 ccm Eisessig gelöst, bis zur Gelbfärbung 0,1 etwa N.-Jodlösung hinzugegeben und das Jod mit 0,1 N.-Natriumthiosulfatlösung zurücktitriert. Aus dem Thioglykolsäureverbrauch werden die Thioglykolsäure-Jodzahlen berechnet, welche der von 100 g Fett aufgenommenen Menge Thioglykolsäure entsprechen, wobei 1 Molekül Thioglykolsäure 2 Atomen Jod entspricht.

Zu achten ist auf Eignung der Thioglykolsäurepräparate des Handels, die oft nicht gleichmäßig zusammengesetzt sind; so lieferte ein Präparat von Kahlbaum zu hohe Werte.

f) **Seifenzahl.** Unter Seifenzahl bei Ölen versteht M. TOBIA[3] die Anzahl Kubikzentimeter einer 5%igen Seifenlösung, die zu 50 ccm einer 2°/₀₀igen Bariumchloridlösung gegeben werden muß, um 1 ccm Seifenschaum zu erhalten, der mindestens 5 Minuten haltbar bleibt.

Diese Seifenzahl soll der Refraktometerzahl, außer bei Ricinusöl, Cocosöl und Butter, parallel gehen.

g) **Sauerstoffzahl (Oxydationszahl).** Mit dieser Kennzahl von A. S. GINSBERG und G. K. FOMINA[4] wird die Oxydierbarkeit eines Öles durch Kaliumpermanganat gemäß folgender Vorschrift geprüft:

0,05—0,1 g Öl werden in 5 ccm Aceton gelöst und mit 20 ccm 1,5%iger Kaliumpermanganatlösung in Aceton durchgeschüttelt. Nach 2 Stunden werden 50 ccm Wasser und titriertes MOHRsches Salz in verdünnter Schwefelsäure im Überschuß zugesetzt und dieser Überschuß mit wäßriger Kaliumpermanganatlösung titriert. — Die gefundenen Zahlen sind von ähnlicher Größenordnung wie die Jodzahlen.

II. Bestimmung einzelner Fettbestandteile.

A. Fettsäuren.

1. Freie Fettsäuren und Neutralfett.

a) Im allgemeinen pflegt man bei der Analyse der Fette und Öle den Gehalt an freien Fettsäuren aus der Säurezahl zu berechnen, und zwar in der Regel auf Ölsäure (Molekulargewicht 282,3), wie dies bei der Bestimmung der Säurezahl (S. 61) angegeben ist. 1 ccm N.-Alkalilauge entspricht also 0,2823 g Ölsäure. Diese Berechnung liefert natürlich nur dann annähernd genaue Ergebnisse, wenn die freien Säuren ein ähnliches Molekulargewicht wie Ölsäure besitzen, wenn also das betreffende Fett oder Öl von Natur aus oder durch Zersetzungs-

---

[1] K. MEINEL: Lieb. Ann. 1934, **510**, 129; U. 1936, **43**, 250; C. 1935 I, 688, 1937 I, 2496. Vgl. Z. 1938, **76**, 277.

[2] G. AXBERG u. B. HOLMBERG: Ber. Deutsch. Chem. Ges. 1933, **66**, 1193; Z. 1937, **73**, 225.

[3] M. TOBIA: Olii Minerali, Olii Grassi, Colori, Vernici 1931, 11, 23; Z. 1937, **73**, 93.

[4] A. S. GINSBERG u. G. K. FOMINA: Chem. Journ. Ser. B, Journ. angew. Chem. 1932, **5**, 221; C. 1933, I, 1539.

vorgänge keine niederen Fettsäuren, etwa mit niedrigerem Molekulargewicht als dem der Ölsäure enthält. Ist dieses der Fall, so kann man den Gehalt an freien Fettsäuren nur dann berechnen, wenn man das mittlere Molekulargewicht der freien Fettsäuren kennt bzw. besonders bestimmt hat.

b) Genauere Ergebnisse liefert die gewichtsanalytische Bestimmung wie folgt: Etwa 5—10 g Fett werden in der oben S. 61 bei der Bestimmung der Säurezahl angegebenen Weise in 30—40 ccm einer Mischung gleicher Teile Äther und Alkohol gelöst und unter Verwendung von einigen Tropfen einer 1%igen Phenolphthaleinlösung mit $^1/_{10}$ N.-Kalilauge bis zur schwachen Rotfärbung titriert. Darauf verdunstet man den Äther, gibt die Lösung in einen Scheidetrichter, setzt, wenn notwendig, noch etwas Alkohol hinzu, fügt zu dem Inhalte des Scheidetrichters das gleiche Volumen Wasser und schüttelt dieses Gemisch etwa dreimal mit niedrig siedendem Petroläther aus. Jede der Petrolätherlösungen, welche das Neutralfett (einschließlich der sog. unverseifbaren Stoffe wie Sterine, Kohlenwasserstoffe usw.) enthalten, wird einige Male mit geringen Mengen Wasser gewaschen und die Lösungen werden darauf nacheinander durch ein trockenes Filter in ein gewogenes Kölbchen filtriert. Nach dem Abdestillieren des Petroläthers wird der Rückstand, das Neutralfett, getrocknet und gewogen. Den Gehalt an freien Fettsäuren berechnet man aus der Differenz, oder, wenn er nur gering ist, durch Ansäuren der in den Scheidetrichter zurückgegebenen Seifenlösung mit verdünnter Schwefelsäure und Ausschütteln der ausgeschiedenen Fettsäuren mit Petroläther in der vorstehend beschriebenen Weise. Diese direkte Bestimmung der freien Fettsäuren liefert jedoch nur dann brauchbare Ergebnisse, wenn keine wesentlichen Mengen leichtflüchtiger Fettsäuren vorhanden sind; ist dies aber der Fall, wie z. B. in oxydationsranzigen Fetten oder in Butterfett, so liefert die indirekte Bestimmung zuverlässigere Ergebnisse.

2. Gesamt-Fettsäuren, ihre Neutralisationszahl und ihr Molekulargewicht.

a) Berechnung aus der Verseifungszahl.

Diese Werte kann man bei Glyceriden aus der Verseifungszahl (vgl. S. 73) berechnen; man verfährt hierbei, wie folgt[1]:

α) Die Ausbeute eines Fettes an Gesamt-Fettsäuren ist durch den Verseifungsvorgang selbst gegeben:

$$\left.\begin{array}{l} R-COO-H|CH \\ R-COO-H|C \\ R-COO-H|CH \end{array}\right| = 3\,(R-COOH) + |C_3H_2|.$$

Sobald also drei Moleküle $= 3 \cdot 56{,}104$ g Kaliumhydroxyd bei einer Fettverseifung verbraucht sind, bedeutet dies für die angewendete Fettmenge einen Gewichtsverlust von $38{,}02$ g $(= C_3H_2)$. Es entsprechen also $3 \cdot 56{,}104$ g Kaliumhydroxyd einem Gewichtsverlust von $38{,}02$ g, oder 1 g Kaliumhydroxyd bewirkt einen solchen von $\frac{38{,}02}{168{,}31} = 0{,}2259$ g. Da man aber die Verseifungszahl (V) in Milligrammen Kaliumhydroxyd, bezogen auf 1 g Fett, ausdrückt, entspricht deren Einheit bei der Verseifung von Neutralfetten einem Gewichtsverlust von $0{,}0002259$ g. Der beim Verseifungsvorgang durch Abspaltung des Glycerinrestes (C_3H_2) entstehende Gewichtsverlust beträgt somit für 1 g Fett $0{,}0002259 \times V$ Gramm, und hieraus berechnet sich der prozentuale Gehalt des Fettes an Gesamt-Fettsäuren (F) nach der Gleichung:

$$F = 100\,(1 - 0{,}0002259 \cdot V) = 100 - 0{,}02259 \cdot V.$$

β) Da die Säuremenge in 1 g Fett ebensoviel Kaliumhydroxyd zur Verseifung erfordert wie das ursprüngliche Fett selbst, so ergibt sich die Verseifungs- bzw. Neutralisationszahl der Gesamt-Fettsäuren (N) nach der Gleichung:

$$N = \frac{V}{1 - 0{,}0002259 \cdot V}\,,$$

---

[1] Vgl. W. Arnold: **Z.** 1905, **10**, 201, 353.

140   A. Bömer † und J. Grossfeld: Allgemeine Untersuchungsmethoden für Speisefette.

und demnach das Molekulargewicht der Gesamt-Fettsäuren (M[1]) aus der Gleichung:

$$M = \frac{56\,104}{N} = \frac{56\,104}{1 - 0{,}0002259 \cdot V} = \frac{56\,104\,(1 - 0{,}0002259 \cdot V)}{V} = \frac{56\,104 - 12{,}675 \cdot V}{V},$$

oder in anderer Form:

$$M = \frac{56\,104}{V} - 12{,}7.$$

Diese für die Auswertung der Verseifungszahl der Glyceride wichtige Gleichung zeigt, daß einer höheren Verseifungszahl ein niedrigeres Molekulargewicht entspricht und umgekehrt.

Zum Ablesen des mittleren Molekulargewichtes (M) der Fettsäuren aus der Verseifungszahl (V) der Triglyceride dient folgende Tabelle (J. Grossfeld [1]):

Tabelle 52. Berechnung des mittleren Molekulargewichtes der Fettsäuren aus der Verseifungszahl der Triglyceride.

V	M		V	M		V	M		V	M		V	M	
170	317,1	1,8	190	282,6	1,5	210	254,5	1,2	230	231,3	1,0	250	211,7	0,8
171	315,3	1,8	191	281,1	1,5	211	253,3	1,3	231	230,3	1,1	251	210,9	0,9
172	313,5	1,8	192	279,6	1,5	212	252,0	1,2	232	229,2	1,0	252	210,0	0,8
173	311,7	1,9	193	278,1	1,5	213	250,8	1,3	233	228,2	1,1	253	209,2	0,9
174	309,8	1,8	194	276,6	1,5	214	249,5	1,2	234	227,1	1,0	254	208,3	0,9
175	308,0	1,9	195	275,1	1,4	215	248,3	1,2	235	226,1	1,0	255	207,4	0,8
176	306,1	1,8	196	273,7	1,5	216	247,1	1,2	236	225,1	1,0	256	206,6	0,9
177	304,3	1,7	197	272,2	1,4	217	245,9	1,1	237	224,1	1,0	257	205,7	0,8
178	302,6	1,8	198	270,8	1,5	218	244,8	1,2	238	223,1	1,0	258	204,9	0,9
179	300,8	1,8	199	269,3	1,4	219	243,6	1,2	239	222,1	1,0	259	204,0	0,8
180	299,0	1,7	200	267,9	1,4	220	242,4	1,1	240	221,1	1,0	260	203,2	0,8
181	297,3	1,7	201	266,5	1,4	221	241,3	1,2	241	220,1	0,9	261	202,4	0,8
182	295,6	1,7	202	265,1	1,3	222	240,1	1,1	242	219,2	1,0	262	201,6	0,9
183	293,9	1,7	203	263,8	1,4	223	239,0	1,2	243	218,2	0,9	263	200,7	0,8
184	292,2	1,6	204	262,4	1,4	224	237,8	1,1	244	217,3	1,0	264	199,9	0,8
185	290,6	1,6	205	261,0	1,3	225	236,7	1,1	245	216,3	0,9	265	199,1	0,8
186	289,0	1,6	206	259,7	1,3	226	235,6	1,1	246	215,4	0,9	266	198,3	0,8
187	287,4	1,6	207	258,4	1,3	227	234,5	1,0	247	214,5	0,9	267	197,5	0,8
188	285,8	1,6	208	257,1	1,3	228	233,5	1,1	248	213,6	0,9	268	196,7	0,8
189	284,2	1,6	209	255,8	1,3	229	232,4	1,1	249	212,7	1,0	269	195,9	0,8

Bei dieser Berechnung ist ein Gehalt des Fettes an Unverseifbarem vernachlässigt, also gleich 0 gesetzt worden. Im Falle erhebliche Mengen unverseifbare Bestandteile vorhanden sind, müssen diese besonders ermittelt, zu dem Glycerinrest hinzugezählt und in Rechnung gesetzt werden. Außerdem gilt die Berechnung nicht für Wachse und Fette, die Fettalkoholester enthalten (vgl. S. 269).

Über die Berechnung des mittleren Molekulargewichtes der Fettsäuren aus ihrer Neutralisationszahl vgl. S. 64.

b) Direkte Bestimmung der Gesamt-Fettsäuren [2].

α) Verfahren mit Hilfe der Kaliumsalze nach P. Simmich [3]. 5 g Fett werden in dem Erlenmeyerkolben (Abb. 41) mit 5 ccm 50%iger Kalilauge und 25 ccm Alkohol verseift, die Seifenlösung — ohne den Alkohol zu verjagen [4] — mit 100 ccm

---

[1] J. Grossfeld: Z. 1928, 55, 537.

[2] Bei Lactone enthaltenden Fetten ist nach C. A. Browne (Journ. Ind. engin. Chem. 1915, 7, 30; Z. 1920, 40, 85) eine Korrektur erforderlich.   [3] P. Simmich: Z. 1911, 21, 38.

[4] Der Alkoholgehalt der wäßrigen Flüssigkeit darf bei der Ausschüttlung nicht wesentlich über 10% und das Volumen der Äther-Petrolätherlösung nicht wesentlich unter 150 ccm betragen.

Wasser verdünnt[1] und nach dem Erkalten die Fettsäuren mit 10 ccm Schwefel-säure (1 + 3 Vol.) abgeschieden. Darauf setzt man den Aufsatz[2] auf das Kölbchen und läßt destilliertes Wasser zulaufen, bis die Gesamtflüssigkeit zwischen die Marken 1—4 zu stehen kommt, gibt dann noch 70—80 ccm Äther hinzu und schüttelt nach dem Verschließen des Apparates gut durch, indem man mit der linken Hand unter den Boden des Kölbchens und mit der rechten über den Stopfen faßt und beide Hände mit leichtem Druck gegeneinander preßt. Um den zu Anfang entstehenden Überdruck auszugleichen, stellt man den Apparat, ohne die rechte Hand loszulassen, auf den Tisch, faßt ihn mit der linken fest an der Stelle, wo der Aufsatz in das Kölbchen eingeschliffen ist, und öffnet nun durch vorsichtiges Drehen des Stopfens. Nunmehr füllt man mit Petrol-äther bis etwa zur Marke 150 auf und schüttelt wieder unter Anwendung der-selben Vorsichtsmaßregeln wie oben gut durch. Nachdem man den Überdruck

nochmals durch Drehen des Stopfens ausgeglichen hat, stellt man beiseite und läßt die Flüssigkeiten sich trennen. Nach Verlauf einer Stunde wird das Volumen der Äther-Petrolätherlösung festgestellt. Durch Drehung des Stopfens öffnet man dann den Apparat und läßt durch den seitlichen Hahn-ansatz so viel von der Lösung in das gewogene Destillierkölbchen[3] (Abb. 41) einfließen, daß der Flüssigkeitsspiegel in den unmittelbar über dem Ausfluß befindlichen graduierten Teil des Auf-satzes sinkt, und liest das Volumen der abge-lassenen Fettsäurelösung ab.

Die in dem Kölbchen (Abb. 41) befindliche Fettsäurenlösung[4] neutralisiert man mit alko-holischer 0,5 N.-Kalilauge unter Zusatz eines Tropfens einer 1%igen Phenolphthaleinlösung; und zwar läßt man die Kalilauge am besten aus einer Bürette zulaufen, deren Spitze so lang aus-gezogen ist, daß man sie bis unter die Einschnü-rung des Kolbenhalses einführen kann. Nun setzt

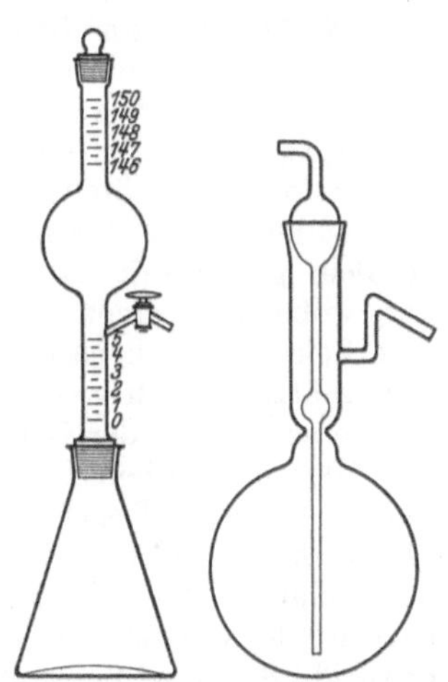

Abb. 41. Apparate zur Bestimmung der Gesamt-Fettsäuren nach P. SIMMICH.

man das Einleitungsrohr ein, stellt das Kölbchen in ein kaltes Wasserbad, ver-bindet es mit einem Kühler und erwärmt das Bad mit einer so großen Flamme, daß das Wasser in etwa 20—30 Minuten zum Sieden kommt. Unter Durchleiten eines trockenen Kohlensäure- oder Wasserstoffstromes wird die Äther-Petroläther-Alkoholmischung abdestilliert. Wenn nur noch wenige Tropfen überdestillieren, wechselt man die Vorlage, stellt die Gaszuleitung durch eine unmittelbar vor dem Kölbchen angebrachte Klemmschraube ab und verbindet mit der Saug-pumpe. Man evakuiert nun langsam und läßt, wenn der Druck bis auf etwa 100 mm heruntergegangen ist, noch 30 Minuten im siedenden Wasserbade. Nachdem das Kölbchen herausgenommen und erkaltet ist, entfernt man den

---

[1] Bei Gegenwart von erheblichen Mengen unverseifbarer Stoffe müssen diese hier durch Ausschütteln mit Äther entfernt und der Rückstand dann weiter verarbeitet werden.

[2] An Stelle des Apparates in Abb. 41 kann auch die HUGGENBERGsche Seifenbürette oder eine andere ähnliche Vorrichtung verwendet werden.

[3] Das etwa 225 ccm fassende Rundkölbchen mit konisch eingeschliffenem Gaszuleitungs-rohr ist unmittelbar über der Kugel durch eine Einschnürung verengt und das Gasein-leitungsrohr kurz über dieser Einschnürung zu einer Kugel ausgeblasen, weil das fettsaure Alkali, wenn es nur noch wenig Feuchtigkeit enthält, sehr zum Umherspritzen neigt und man auf diese Weise verhindert, daß Spritzer in den Hals des Kölbchens gelangen.

[4] Bei Gegenwart von Büttersäure fallen auch hier die Ergebnisse noch zu niedrig aus, weil ein Teil dieser Säure in der wäßrigen Flüssigkeit gelöst bleibt.

Gasentwicklungsapparat, läßt durch vorsichtiges Öffnen der Klemmschraube und allmähliches Schließen der Saugpumpe den Apparat sich mit getrockneter Luft füllen und wägt, sobald der in einen Exsiccator gestellte Kolben die Temperatur des Wägezimmers angenommen hat.

Aus dem Gewicht des fettsauren Kaliums (f) erhält man die Fettsäuren (x) nach der Formel: $x = f - 0{,}01907\,v$, wobei v die Anzahl der zur Neutralisierung der Fettsäuren verbrauchten Kubikzentimeter 0,5 N.-Kalilauge ist; man rechnet dann auf die Gesamtlösung und auf die angewendete Menge Substanz um.

Beispiel. Angewandt 5,1242 g Fett. Die Äther-Petrolätherlösung betrug 153,5 ccm; hiervon wurden 137,7 ccm abgelassen und mit 31,04 ccm 0,5 N.-Kalilauge neutralisiert. Gewogen wurden 5,1380 g fettsaures Kalium.

$$x = 5{,}1380 - 0{,}01907 \cdot 31{,}04 = 4{,}5460.$$

$$\text{In 100 g Fett} = \frac{4{,}5460 \cdot 153{,}5 \cdot 100}{137{,}7 \cdot 5{,}1242} = 95{,}83 \text{ g Fettsäuren[1].}$$

β) **Verfahren von Braun mit Calciumchlorid.** Wenn die Fette keine niederen Fettsäuren enthalten, kann man die Gesamt-Fettsäuren nach dem Verfahren von K. Braun[2] in folgender Weise bestimmen:

1—1,5 g des filtrierten Fettes werden mit alkoholischer Kalilauge verseift, der Alkohol zum größten Teil verdunstet und der Rückstand mit 50 ccm Wasser aufgenommen. Die Lösung wird unter Verwendung eines Tropfens Phenolphthalein genau mit Salzsäure neutralisiert und mit Chlorcalciumlösung versetzt, wobei man einen zu großen Überschuß vermeiden muß. Man erwärmt kurze Zeit bis auf höchstens 50⁰, wonach völlige Klärung eintritt, bringt den Niederschlag auf ein gewogenes Filter und wäscht ihn mit kaltem Wasser bis zum Verschwinden der Chlorreaktion aus. Filter mit Niederschlag werden bei einer 100⁰ nicht überschreitenden Temperatur getrocknet, gewogen und dann in einem tarierten Tiegel verascht. Die Asche versetzt man mit einigen Tropfen Salpetersäure, glüht nochmals bis zur Gewichtsbeständigkeit und wägt den aus Calciumoxyd (CaO) bestehenden Tiegelinhalt. Zieht man diesen von dem Gewichte der Kalkseife (S) ab, so erhält man die vorhandene Menge Fettsäurenanhydrid (A). Die dieser entsprechende Fettsäurenmenge (F) berechnet man unter der Berücksichtigung, daß hierbei für jedes Molekül Calciumoxyd ein Molekül Wasser hinzutreten muß, nach der Gleichung

$$F = S\left(1 - \frac{18}{56}\right) \cdot \text{CaO} \quad \text{oder} \quad F = A + \frac{18}{56} \cdot \text{CaO}.$$

Eine Fehlerquelle dieses Braunschen Verfahrens liegt nach L. Ubbelohde darin, daß die Kalksalze der wasserlöslichen Fettsäuren teilweise beträchtlich löslich sind; denn es lösen sich bei 15—20⁰

die Kalksalze der	Buttersäure	Capronsäure	Caprylsäure
in	3,5	4,4	mehr als 160 Teilen Wasser

Das Verfahren ist daher zur Untersuchung von Butterfett und anderen Fetten mit niedrig molekularen Fettsäuren nicht verwendbar. In solchen Fällen verwendet man das unter γ) oder δ) beschriebene.

γ) **Maßanalytische Verfahren mit Hilfe der Silbersalze** von K. Braun[3], das nach ihm auch bei Gegenwart niederer Fettsäuren anwendbar ist, es beruht auf der Abscheidung der Fettsäuren mit Hilfe der Silbersalze und der Titration des nicht verbrauchten Silbers mit Rhodanammoniumlösung.

Man verfährt wie folgt: 0,5 g Fett werden mit etwa 0,5 g Kaliumhydroxyd und 30 ccm Alkohol verseift, der Alkohol verdunstet und der Rückstand mit etwa 20 ccm Wasser

---

[1] Die gewogenen Fettsäuren schließen auch das Unverseifbare (Sterine usw.) ein, das gegebenenfalls nach S. 239 besonders zu bestimmen und in Abzug zu bringen ist.

[2] K. Braun: Seifenfabrikant 1906, **26**, 127. — Vgl. L. Ubbelohde: Handbuch der Chemie und Technologie der Öle und Fette, Bd. 1, S. 223. Leipzig 1908.

[3] K. Braun: Seifenfabrikant **29**, Nr. 46; U. 1909, **16**, 304.

aufgenommen und nach Zusatz von 1 Tropfen Methylorange mit verdünnter Schwefelsäure neutralisiert. Die neutrale bzw. schwachsaure Seifenlösung spült man in einen 200-ccm-Kolben, setzt eine genau gemessene Menge $^1/_{10}$ N.-Silbernitratlösung im Überschuß zu und schüttelt um. Den Silberüberschuß erkennt man daran, daß sich beim Umschütteln kein Seifenschaum mehr bildet. Nachdem man zur vollständigen Ausfällung der Fettsäuren 10 g (wasserfreies) Natriumsulfat zugesetzt hat, füllt man zur Marke auf, schüttelt um und filtriert durch ein trockenes Filter. Zu 100 ccm Filtrat setzt man etwa 5 ccm kalt gesättigte, mit Salpetersäure ausgekochte Eisenalaunlösung und titriert mit $^1/_{10}$ N.-Rhodanammonium-lösung den Silberüberschuß zurück. Die Differenz zwischen der angewendeten Silberlösung und der verbrauchten Rhodanammoniumlösung berechnet man unter Berücksichtigung der Verdünnung auf Prozente Glycerinrest (C_3H_2). 1 ccm $^1/_{10}$ N.-Silberlösung entspricht 1,266 mg C_3H_2. Die Differenz des so gefundenen Wertes mit 100 ergibt den Gehalt an Fettsäuren.

Auch dieses Verfahren ist nicht ganz einwandfrei, wenn im Fett Fettsäuren mit löslichen Silbersalzen wie im Butterfett enthalten sind.

δ) **Verfahren von** Grossfeld. Eine direkte Bestimmungsmethode der Gesamt-Fettsäuren hat J. Grossfeld [1] angegeben.

Die zuerst angegebene Vorschrift erfordert zur Ausführung unbedingt reines, säurefreies Trichloräthylen. Da aber Trichloräthylen beim Aufbewahren in Gegenwart auch nur geringer Spuren Wasser zur Abspaltung von Salzsäure neigt, empfiehlt sich als Lösungsmittel besser Benzin zu verwenden. Bei Gegenwart von in Benzin unlöslichen Oxysäuren ist Benzol vorzuziehen.

Arbeitsvorschrift. 1. 10 g Fett werden in einem Stehkolben nach Zusatz von 10 ccm Glycerin und 4 ccm Kalilauge von der Dichte 1,5 durch Umschwenken auf einem Drahtnetz am Rückflußkühler über freier Flamme 15 Minuten lang verseift. Alsdann läßt man erkalten und setzt 10 ccm 25%ige Salzsäure sowie genau 100 ccm Benzin (Siedepunkt 60—70°) bzw. 100 ccm Benzol hinzu, verbindet mittels durchbohrten Bunastopfens [2] dicht mit einem Rückflußkühler (Kugelschlangenkühler) und hält leicht im Sieden, bis die Seife völlig zerlegt ist. In vielen Fällen gelingt diese Zerlegung der Seife auch bereits durch einfaches Schütteln in der Kälte. Das in der Seife enthaltene Kalium scheidet sich bei dieser Behandlung teilweise aus.

Nach völligem Erkalten des Kolbens auf die Temperatur des verwendeten Benzins oder Benzols und nach Klärung der Fettlösung — am besten, indem man den Kolben verschlossen einige Stunden stehen läßt — entnimmt man durch Druckpipettierurg (vgl. S. 241) 25 ccm der Fettsäurenlösung, die man in ein gewogenes, mit einigen Bimssteinkörnchen beschicktes 100-ccm-Erlenmeyer-kölbchen gibt und darauf abdestilliert. Den Rückstand trocknet man im liegenden Kölbchen 1 Stunde bei 105° und wägt. Aus dem Wägerückstand erhält man nach der Tabelle II (Anhang) unter Einsetzung der Dichte 0,90 den Gehalt des Fettes an Fettsäuren (einschließlich des Unverseifbaren, das erforder-lichenfalls nach S. 239f. gesondert zu ermitteln und abzuziehen ist).

2. Enthält das zu prüfende Fett flüchtige Fettsäuren (Cocosfett, Palm-kernfett, Butterfett), so entnimmt man der nach 1. erhaltenen Fettlösung weitere 25 ccm, gibt diese in ein weiteres Erlenmeyerkölbchen und destilliert von der Lösung etwa 5 ccm [3] ab. Darauf fügt man 20 ccm neutralen Alkohol sowie einen Tropfen 1%ige Phenolphthaleinlösung hinzu und titriert mit 0,2 N.-alkoholischer Kalilauge bis zur schwachen Rotfärbung, wartet 1 Minute und liest den Laugenverbrauch p in Kubikzentimetern ab. In der gleichen Weise löst man den nach 1 erhaltenen Abdampfrückstand in 20 ccm neutralem Alkohol und titriert mit der gleichen Bürette und der gleichen Lauge, wobei man den Wert q erhält.

---

[1] J. Grossfeld: **Z.** 1924, **48**, 411.

[2] Oder Kautschukstopfens. — Beim Arbeiten mit Benzol sind Glasschliffverbindungen vorzuziehen.

[3] Bei Butterfett empfiehlt es sich, wegen der erheblichen Flüchtigkeit der Buttersäure (vgl. S. 186) nur eben aufzukochen und dann mit 25 ccm Alkohol zu versetzen.

Die Differenz p—q entspricht der Menge der bei der Trocknung verflüchtigten Fettsäure von a. Man berechnet sie auf die in dem betreffenden Fett enthaltene niedrigst molekulare Fettsäure, also bei Butterfett auf Buttersäure, bei Cocosfett auf Caprylsäure[1] um. Dabei entspricht 1 ccm 0,2 N.-Lauge bei Buttersäure = 0,0176 g, Caprylsäure = 0,0288 g. Man addiert diese verflüchtigte Menge Fettsäure zu dem nach 1. erhaltenen Abdampfrückstand und findet nun nach Tabelle II (Anhang) den wirklichen Gehalt des Fettes an Fettsäuren + Unverseifbares.

3. Die Neutralisationszahl (N) der Gesamt-Fettsäuren[2] findet man unter Einsetzung der Gesamtmenge (A) der in 25 ccm Lösung enthaltenen Fettsäuren nach 2. und des gesamten Titrationswertes (p) sowie von $^1/_5$ Mol KOH ($= 11{,}22$) nach der Gleichung

$$N = 11{,}22 \, \frac{p}{A} \, .$$

Daraus ergibt sich das mittlere Molekulargewicht:

$$M = \frac{56\,104}{N} = \frac{56\,104 \cdot A}{11{,}22 \cdot p} = 5000 \, \frac{A}{p} \, .$$

Anmerkung. Das vorstehende Verfahren eignet sich auch zur Prüfung reiner Fettsäuren (ohne Unverseifbares), wenn man statt vom Fett selbst von einer durch Ausschütteln mit Äther zuvor vom Unverseifbaren befreiten Seifenlösung ausgeht und diese sinngemäß wie vorstehend behandelt.

ε) Wachsverfahren. Handelt es sich nur um die Bestimmung der Menge der Fettsäuren und sind niedere Fettsäuren als Laurinsäure nicht zugegen, so kann man die Fettsäuren aus der Seifenlösung auch durch Mineralsäure freimachen und dann nach C. A. Rojahn und J. Haugg[3] mit einer eingewogenen Menge Wachs oder Paraffin oder einem Gemisch beider zusammenschmelzen, den abgeschiedenen Kuchen mit Wasser abspülen, mit Filtrierpapier abtrocknen und wägen. Die Gewichtszunahme entspricht der Menge der Fettsäuren. — Genauer ist es in ähnlicher Arbeitsweise die abgeschiedenen Fettsäuren abzufiltrieren und dann wie S. 145 zur Wägung zu bringen.

Über Abscheidung der Fettsäuren unter Luftabschluß vgl. S. 335.

<h2 align="center">3. Wasserunlösliche Fettsäuren (Hehner-Zahl),
ihre Neutralisationszahl und ihr Molekulargewicht.</h2>

a) Die Hehner-Zahl gibt die Ausbeute an in Wasser unlöslichen Fettsäuren einschließlich des „Unverseifbaren" aus 100 Teilen Fett an.

Wenngleich dieser Zahl eine praktische Bedeutung zum Nachweise von Verfälschungen heute nicht mehr zukommt, so ist doch, abgesehen von der quantitativen Bestimmung, die Art der Ausführung dieses Verfahrens für manche Fettuntersuchungen (Bestimmung des Schmelz- und Erstarrungspunktes, des Molekulargewichtes, der Jodzahl usw. der Fettsäuren) vielfach empfehlenswert.

Aus diesem Grunde soll das Verfahren hier nach der amtlichen Anweisung zum „Margarinegesetz" beschrieben werden:

„3—4 g Fett werden in einer Porzellanschale von etwa 10 cm Durchmesser mit 1—2 g Ätznatron und 50 ccm Alkohol versetzt und unter öfterem Umrühren auf dem Wasserbade erwärmt, bis das Fett vollständig verseift ist. Die Seifenlösung wird bis zur Sirupdicke verdampft, der Rückstand in 100—150 ccm Wasser gelöst[4] und mit Salzsäure oder Schwefelsäure angesäuert. Man erhitzt[4], bis sich die Fettsäuren als klares Öl an der Oberfläche gesammelt haben, und filtriert durch ein vorher bei 100° getrocknetes und gewogenes Filter aus sehr dichtem Papiere. Um ein trübes Durchlaufen der Flüssigkeit zu vermeiden, füllt

---

[1] Die in Cocosfett enthaltene Capronsäure liegt in so kleiner Menge vor, daß der verflüchtigte Anteil vorwiegend aus Caprylsäure bestehen dürfte.

[2] Unter Vernachlässigung des Unverseifbaren dessen Menge gegebenenfalls gesondert zu ermitteln und von A abzuziehen ist.

[3] C. A. Rojahn u. J. Haugg: Apoth.-Ztg. 1933, 48, 1117; C. 1933, II, 3021.

[4] Bei Gegenwart von Cocosfett wird, um eine Verflüchtigung von Fettsäuren hierbei zu verhüten, die Seifenlösung zweckmäßig vorher in ein Kölbchen übergeführt und das Erhitzen der abgeschiedenen Säuren am Rückflußkühler vorgenommen.

man das Filter zunächst zur Hälfte mit heißem Wasser an und gießt erst dann die Flüssigkeit mit den Fettsäuren darauf. Man wäscht mit siedendem Wasser bis zu 2 Liter Waschwasser aus, wobei man stets dafür sorgt, daß das Wasser nicht vollständig abläuft.

Nachdem die Fettsäuren erstarrt sind, werden sie samt dem Filter in ein Wägegläschen gebracht und bei 100° bis zum beständigen Gewichte getrocknet oder in Äther gelöst, in einem tarierten Kölbchen nach dem Abdestillieren des Äthers getrocknet und gewogen. Aus dem Ergebnisse berechnet man, wieviel Gewichtsteile unlösliche Fettsäuren in 100 Gewichtsteilen Fett enthalten sind, und erhält so die HEHNERsche Zahl."

Nach eigenen Erfahrungen ist es meist vorteilhaft, die Fettsäuren nicht im flüssigen, sondern nach Erstarren im festen Zustande nötigenfalls nach Erstarrenlassen im Kühlschrank abzufiltrieren und dann mit kaltem Wasser säurefrei zu waschen. Nach Ablaufen des Waschwassers trocknet man dann das Filter mit dem Trichter und bringt die Fettsäuren in einem Extraktionsapparat mit Äther in Lösung und wägt den Verdampfungsrückstand des Äthers.

Zur Verseifung kann man natürlich auch Kaliumhydroxyd statt des Natriumhydroxyds verwenden. Wenn weitere Untersuchungen mit den Fettsäuren angestellt werden sollen, so wendet man entsprechend größere Substanzmengen an; ferner ist es, um eine Veränderung der Fettsäuren zu verhüten, unter Umständen, z. B. für Jodzahlbestimmungen, erforderlich, die ausgewaschenen Fettsäuren in Äther zu lösen, den Äther im Kohlensäurestrome auf dem Wasserbade zu verdunsten und den Rückstand auch im Kohlensäurestrome bis zur Gewichtsbeständigkeit zu trocknen.

b) Zur Bestimmung der sog. Neutralisationszahl der Fettsäuren, worunter die Milligramm Kaliumhydroxyd verstanden werden, die zur Neutralisation von 1 g der Fettsäuren erforderlich sind, löst man 3—5 g Fettsäuren in 50—100 ccm neutralisiertem Alkohol und titriert unter Verwendung von Phenolphthalein als Indicator mit 0,1 N.-Alkalilauge.

Empfehlenswerter ist es jedoch, die Neutralisationszahl nach Art der Verseifungszahl durch Anwendung eines Überschusses von Alkalilauge zu bestimmen, da hierdurch die durch Anhydridbildung oder Esterbildung und Hydrolyse verursachten Fehler beseitigt bzw. vermindert werden.

Die Neutralisationszahlen der Fettsäuren müssen, sofern wasserlösliche Fettsäuren in nennenswerter Menge nicht vorhanden sind, theoretisch etwas höher liegen, als die Verseifungszahlen der Fette selbst.

c) Aus den Neutralisationszahlen (N) kann man das mittlere Molekulargewicht (M) der Fettsäuren unter Berücksichtigung des Molekulargewichtes des Kaliumhydroxyds (56,104) und der Fettmengen, auf welche sich die Neutralisationszahl bezieht (1 g = 1000 mg), berechnen nach der Formel:

$$M : 56{,}104 = 1000 : N \quad \text{oder} \quad M = \frac{56\,104}{N}.$$

Die dieser Formel entsprechenden Werte können aus der Tabelle S. 64 abgelesen werden.

4. Gesamte niedere Fettsäuren, ihre Neutralisationszahl und ihr Molekulargewicht.

a) Grundlagen.

Die niederen Fettsäuren, Buttersäure, Capronsäure, Caprylsäure und Caprinsäure sind bei Abwesenheit nichtflüchtiger Fettsäuren sämtlich mit Wasserdampf leicht flüchtig, und zwar in kleinen Mengen merkwürdigerweise um so leichter flüchtig, je höher ihr Molekulargewicht ist. Der Grund dieser Erscheinung ist die mit steigendem Molekulargewicht abnehmende Hydrophilie dieser Säuren. Bei den mittleren Fettsäuren nimmt die Flüchtigkeit mit Wasserdampf wieder ab, ist aber nach W. ARNOLD[1] bei der Palmitinsäure, nach A. HESSE[2] sogar bei der Stearinsäure noch eben nachweisbar.

---

[1] W. ARNOLD: Z. 1907, **14**, 147.　　[2] A. HESSE: Milchw. Zentralbl. 1905, **1**, 16.

Wesentlich abweichend erfolgt die Destillation mit Wasserdampf, wenn gleichzeitig erhebliche Mengen nichtflüchtiger Fettsäuren vorhanden sind, wie es bei der Destillation nach Reichert-Meissl und Polenske der Fall ist (vgl. S. 78). Die nichtflüchtigen Säuren bilden hierbei eine wasserunlösliche Phase im Destillationskolben, die die niederen Fettsäuren um so mehr der Destillation entzieht, je weniger hydrophil dieselben sind. Die Störung nimmt also von der Buttersäure zur Caprinsäure stark zu und erklärt die außerordentlich schlechte Destillationsausbeute bei Caprin-, Capryl- und Capronsäure.

Man kann somit bei dieser Art der Destillation nicht mehr von einer „Bestimmung der flüchtigen Fettsäuren" sprechen, zumal auch der Destillationsvorgang selbst außerordentlich verwickelt und unübersehbar verläuft.

Aus dem gleichen Grunde ist es nicht zulässig, die bei dieser Destillation erhaltenen, durch Filtration zerlegten Fettsäuren als „wasserlösliche bzw. wasserunlösliche flüchtige Fettsäuren eines Fettes" anzusehen. Denn sowohl das Filtrat enthält noch in Wasser schwerlösliche als auch der Rückstand noch in Wasser lösliche niedere Fettsäuren.

Die Ausbeute an Fettsäuren im Destillat bei Destillation in Gegenwart unlöslicher Fettsäuren muß am größten sein, wenn der unlösliche Teil aus der gleichen Fettsäure besteht. Durch eine derartige Destillation von Fettsäuren mit Wasser, in der Weise, daß auf dem kochenden Wasser stets eine Fettsäureschicht vorhanden war, erhielt S. H. Bertram[1] für 100 ccm Destillat folgende Ausbeuten an Fettsäure:

Tabelle 53. Destillation von Fettsäuren mit Wasserdampf.

Glied	Fettsäure	Ausbeute g	Glied	Fettsäure	Ausbeute g
C_6	Capronsäure	7,647	C_{11}	Undecylsäure	0,1711
C_7	Heptylsäure	(3,55[2])	C_{12}	Laurinsäure.	0,0961
C_8	Caprylsäure	2,134	C_{14}	Myristinsäure	0,0384
C_9	Nonylsäure	0,9322	C_{16}	Palmitinsäure	0,0077
C_{10}	Caprinsäure	0,4873	C_{18}	Stearinsäure	0,0028

Die Wasserlöslichkeit, die bei Buttersäure noch unbegrenzt ist, hört praktisch mit der Laurinsäure auf, die sich nur noch in Spuren löst. Auch hierüber hat Bertram Versuche angestellt, indem er die Fettsäuren mit Wasser destillierte, das Destillat nach einigen Stunden filtrierte und nun nach Zusatz von Alkohol zur Verhinderung einer Hydrolyse titrierte. Hiernach lösten sich in 100 ccm

Tabelle 54.

Capronsäure	Heptylsäure	Caprylsäure	Nonylsäure	Caprinsäure	Undecylsäure	Laurinsäure
1,465 g	0,570 g	0,121 g	0,0876 g	0,0155 g	0,0052 g	0,0006 g

Bezüglich älterer Angaben hierüber von Orla-Jensen vgl. S. 78.

Die wasserlöslichen flüchtigen Fettsäuren des Butterfettes bestehen vorwiegend aus Buttersäure und Capronsäure, die des Cocosfettes vorwiegend aus Caprylsäure. Die unpaarigen Heptylsäure, Nonylsäure und Undecylsäure kommen in natürlichen unverdorbenen Speisefetten nicht vor[3], ebenso nicht

---

[1] S. H. Bertram: Bereiding en Onderzoek van Oliezuur. Rotterdam 1928; Z. 1928, 55, 180.   [2] Durch Berechnung gefunden.
[3] Über das Vorkommen unpaariger Fettsäuren in durch Paraffinoxydation erhaltenen Kunstfettsäuren vgl. S. 632.

niedrigere Fettsäuren als Buttersäure[1]. Über den Gehalt von Delphinölen an Isovaleriansäure vgl. S. 600.

Die bisherige Unterscheidung in flüchtige wasserlösliche Fettsäuren, flüchtige wasserunlösliche Fettsäuren, nichtflüchtige Fettsäuren hat, von der Unbrauchbarkeit dieser Einteilung abgesehen, zu verschiedenen Untersuchungsmethoden Veranlassung gegeben, die auch auf unsere heutigen verbesserten Verfahren anwendbar sind. Dahin gehört die Bestimmung des mittleren Molekulargewichtes der niederen Fettsäuren nach A. JUCKENACK und R. PASTERNACK[2].

b) Ausführung der Bestimmung.

α) **Ermittlung der Gesamtmenge.** Die Gesamtmenge der niederen Fettsäuren kann auf präparativem Wege durch Destillation der Säuren oder ihrer Methyl- oder Äthylester erhalten werden (vgl. S. 177). Dieser für die mittleren und höheren Fettsäuren vorzugsweise eingeschlagene Weg ist aber noch so umständlich und erfordert so große Fettmengen, daß er sich für laufende Untersuchungen in der Lebensmittelkontrolle im allgemeinen wenig eignet, zumal für die niederen Fettsäuren einfachere Methoden zur Verfügung stehen.

Ein derartiges Mittel stellt die Berechnung aus Gesamtzahl der niederen Fettsäuren (S. 79), Buttersäurezahl (S. 85) und Restzahl (S. 90) dar.

Die Gesamtzahl der niederen Fettsäuren liefert an mittleren Ausbeuten (vgl. S. 80) für Buttersäure 96, Capronsäure 98, Caprylsäure 93, Caprinsäure 52%; außerdem ist dieselbe noch durch kleine Mengen Laurinsäure erhöht. Um die Gesamtmenge der niederen Fettsäuren zu erhalten, müssen wir somit die Gesamtzahl zunächst um den Wert der Laurinsäure verringern und den Rest dann mit einem geeigneten Faktor multiplizieren.

Der Gehalt von Speisefetten an niederen Fettsäuren ist in der Regel durch Butterfett und Cocosfett bedingt. Da wir diese Gehalte nach S. 90 aus Buttersäurezahl und Restzahl leicht berechnen können, besitzen wir damit Anhaltspunkte zur einfachen Berechnung der Gesamtmenge der niederen Fettsäuren.

Für eine genauere Bestimmung muß, etwa nach S. 151 die Menge der einzelnen niederen Fettsäuren im Gesamtzahldestillat ermittelt und dann entsprechend den Ausbeuteangaben auf die vorhandene Menge im Fett umgerechnet werden.

Der Laurinsäureanteil im Gesamtzahldestillat ist nach Versuchen mit Kakaofett vgl. S. 80 sehr klein, etwa folgenden Werten entsprechend:

Laurinsäure (L) 0 10 20 30 40 50%
Erhöhung der Gesamtzahl (Laurinsäurekorrektur) 0,0 0,4 0,7 1,1 1,4 1,8 ccm

Der Laurinsäuregehalt (L) läßt sich aus Restzahl R und Buttersäurezahl B nach folgender Gleichung ungefähr — für den vorliegenden Zweck hinreichend genau[3] — abschätzen

$$L = 1{,}4\,R - 0{,}8\,B$$

Die Ableitung dieser Gleichung ist folgende: In der Annahme, daß der Laurinsäuregehalt durch Gehalt an Cocosfett y und Butterfett x bedingt sei, und daß Cocosfett rund 50%, Butterfett rund 5% Laurinsäure enthalte, berechnet sich

$$L = 0{,}05\,x + 0{,}50\,y, \text{ nun ist nach S. 90}$$
$$x = 5{,}09\,B - 0{,}12\,R,$$
$$y = 2{,}76\,R - 2{,}07\,B,$$
$$L = 0{,}05\,(5{,}09\,B - 0{,}12\,R) + 0{,}50\,(2{,}76\,R - 2{,}07\,B)$$
$$\quad = 1{,}37\,R - 0{,}78\,B, \text{ abgerundet:}$$
$$L = 1{,}4\,R - 0{,}8\,B.$$

---

[1] Außer bei dem japanischen Akebisaatöl, das Essigsäure enthält.

[2] A. JUCKENACK u. R. PASTERNACK: Z. 1904, 7, 193. — Vgl. auch R. HENRIQUES: U. 1898, 5, 169; Z. 1899, 2, 385. — K. FARNSTEINER: U. 1898, 5, 195; Z. 1899, 2, 386. — A. JUCKENACK: U. 1899, 6, 112; Z. 1900, 3, 112.

[3] Außer wenn das Fett Palmkernfett statt Cocosfett enthält. In diesem Falle empfiehlt sich die Ermittlung aus der Laurinsäurezahl, S. 161.

148   A. Bömer † und J. Grossfeld: Allgemeine Untersuchungsmethoden für Speisefette.

Aus dem so erhaltenen Laurinsäuregehalt finden wir oben auf S. 147 die Laurinsäurekorrektur und ziehen diese von der Gesamtzahl ab. Der Rest ist die korrigierte Gesamtzahl.

Durch Vergleich eingehender Untersuchungen von Cocosfett durch E. F. Armstrong, J. Allan und Ch. W. Moore[1] sowie von E. R. Taylor und H. T. Clarke[2] von Butterfett durch Ch. Crowther und A. Hynd[3] wurden weiter durch Vergleich der Fettzusammensetzung mit der Höhe der Gesamtzahl Faktoren für die Umrechnung dieser Kennzahl in die Gesamtmenge der niederen Fettsäuren abgeleitet.

Wie im Original näher dargelegt ist, richtet sich dieser Faktor wegen der Verschiedenheit der niederen Fettsäuren in Butterfett und Cocosfett nach dem jeweiligen Anteil der beiden Fette, der sich aber wieder mit hinreichender Genauigkeit aus den Kennzahlen Buttersäurezahl und Gesamtzahl ergibt.

Als Maß dafür empfiehlt sich der Quotient

$$Q = 100 \cdot \frac{\text{Buttersäurezahl}}{\text{Gesamtzahl}} \, .$$

Dieser Quotient beträgt[4] im Mittel bei

<table>
<tr><td align="center">Butterfett</td><td align="center">Cocosfett</td></tr>
<tr><td align="center">$100 \cdot \dfrac{20}{35} = 57,1 \, ,$</td><td align="center">$100 \cdot \dfrac{0,9}{38} = 2,4 \, .$</td></tr>
</table>

Als Endergebnis der Untersuchungen wurde ermittelt, daß man die um die kleinen Laurinsäuremengen korrigierte Gesamtzahl mit einem gewissen Faktor multiplizieren muß, um — ausgedrückt in Kubikzentimeter 0,1 N.-Säure für 5 g Fett — alle niederen Fettsäuren zu erfassen. Dieser Faktor beträgt bei
Butterfett 1,09   Cocosfett 1,25

Zur Umrechnung der so erhaltenen Äquivalentwerte auf den Prozentgehalt des Fettes an den niederen Säuren dienen ebenfalls wieder von der Art der Fettsäuren (Molekulargewicht) abhängige Faktoren, nämlich bei
Butterfett 0,213   Cocosfett 0,323

Durch Malnehmen dieser Zahlen erhält man die Endfaktoren für die Berechnung der niederen Fettsäuren aus der korrigierten Gesamtzahl, nämlich

<table>
<tr><td align="center">Butterfett</td><td align="center">Cocosfett</td></tr>
<tr><td align="center">Endfaktor: 1,09 · 0,213 = 0,232</td><td align="center">1,25 · 0,314 = 0,392.</td></tr>
</table>

Die Zwischenwerte liefert die Mischungsregel; folgender Tabelle können die Endwerte direkt entnommen werden.

Tabelle 55.

Berechnung der niederen Fettsäuren aus Gesamtzahl und Buttersäurezahl.

$100 \cdot \dfrac{B}{G}$	Faktor zur Umrechnung der korrigierten Gesamtzahl in ccm 0,1 N. für 5 g Fett	Faktor zur Umrechnung des Titrationswertes auf niedere Fettsäuren in %	$100 \cdot \dfrac{B}{G}$	Faktor zur Umrechnung der korrigierten Gesamtzahl in ccm 0,1 N. für 5 g Fett	Faktor zur Umrechnung des Titrationswertes auf niedere Fettsäuren in %
2,4	1,25	0,392	35,0	1,15	0,297
5,0	1,24	0,384 14	40,0	1,14	0,282 15
10,0	1,23	0,370 15	45,0	1,12	0,268 14
15,0	1,21	0,355 14	50,0	1,11	0,253 15
20,0	1,20	0,341 15	55,0	1,09	0,238 15
25,0	1,18	0,326 15	57,1	1,09	0,232 16
30,0	1,17	0,311 14			

[1] E. F. Armstrong, J. Allan u. Ch. W. Moore: Journ. Soc. chem. Ind. 1925, 44, 63; C. 1925, II, 106.

[2] E. R. Taylor u. H. T. Clarke: Journ. Amer. Chem. Soc. 1927, 49, 2829; Z. 1929, 58, 540. Vgl. S. 428.

[3] Ch. Crowther u. A. Hynd: Biochem. Journ. 1917, 11, 139; Z. 1922, 44, 253. Vgl. S. 525.

[4] J. Grossfeld: Z. 1932, 64, 453, aber unter Einsetzung der neueren mittleren Ergebnisse für Butterfett ($C = 35 : R = 15$), nach Z. 1938, 76, 340.

Berechnungsbeispiel. Ein Fett habe ergeben

Gesamtzahl der niederen Fettsäuren 29,7
Buttersäurezahl 10,4
Restzahl 19,3

Hieraus berechnet: Ungefährer Laurinsäuregehalt $1,4 \cdot 19,3 - 0,8 \cdot 10,4 = 18,7$, rund 19%.

Laurinsäurekorrektur für 19% nach S. 147 0,7; also korrigierte Gesamtzahl $29,7 - 0,7 = 29,0$

$$100 \frac{B}{G} = \frac{100 \cdot \text{Buttersäurezahl}}{\text{Gesamtzahl}} = \frac{100 \cdot 10,4}{29,7} = 35,0 .$$

Gesamtmenge der Fettsäuren nach

$29,0 \cdot 1,15 \ = 33,35$ ccm 0,1 N. für 5 g Fett,
$29,0 \cdot 0,297 = 8,6\%$.

β) Bestimmung des mittleren Molekulargewichtes. Diese Bestimmung, die z. B. mit dem Gesamtzahldestillat[1] ausgeführt werden kann, beruht darauf, daß eine Fettsäure zur Bildung des neutralen Kaliumsalzes prozentual um so mehr Kalium verbraucht, je niedriger ihr Molekulargewicht ist[2].

Bei dieser Neutralisation, die nach der Gleichung verläuft

$$R \cdot COOH + KOH = R \cdot COOK + H_2O,$$

tritt also ein Wasserstoffatom aus dem Fettsäuremolekül aus und dafür ein Kaliumatom ein. Nennen wir nun die Menge KOH in Prozent, die zur Bildung der Kaliumsalze benötigt wird, k, so verhält sich:

$$\frac{1 \text{ Mol KOH}}{1 \text{ Mol Fettsäure} + 1 \text{ K} - 1 \text{ H}} = \frac{k}{100} .$$

Nennen wir das gesuchte Molekulargewicht der Fettsäure M und setzen die bekannten Atomgewichte für K und H und das Molekulargewicht für KOH ein, so erhalten wir:

$$\frac{56,104}{M + 39,10 - 1,01} = \frac{k}{100} , \quad \text{nach Ausrechnung}$$

$$M = \frac{5610,4}{k} - 38,09 .$$

Ebenso wie für $k = \%$ KOH bezogen auf das Kaliumsalz, können wir auch für andere Bezugswerte, z. B. für K, $KClO_4$, K_2SO_4, alle in Prozent des Kaliumsalzes, auf analoge Weise die Gleichungen aufstellen:

Die Werte von k und k_1 lassen sich am einfachsten aus dem Verbrauch an Kalilauge bei der Neutralisation und Wägung des getrockneten Kaliumsalzes ermitteln. Genauer ist es noch in dem getrockneten Kaliumsalz nach S. 172 das Kalium als $KClO_4$ zu bestimmen, als $KClO_4$ zu berechnen und dann die Gleichung 3 anzuwenden, wie es besonders bei der Molekulargewichtsbestimmung bei höheren Fettsäuren notwendig ist.

Tabelle 56.

Gleichung	Bezugswert (in % des K-Salzes)
1. $M = \dfrac{5610,4}{k} - 38,09$	KOH
2. $M = \dfrac{3909,6}{k_1} - 38,09$	K
3. $M = \dfrac{13855,3}{k_2} - 38,09$	$KClO_4$
4. $M = \dfrac{8712,5}{k_3} - 38,09$	K_2SO_4

Bei niederen Fettsäuren, auch wenn nur kleine Mengen zur Verfügung stehen, empfiehlt W. ARNOLD[3] ebenfalls den erstgenannten Weg.

---

[1] Hierzu verseift man 5 g Fett wie bei der Buttersäurezahlbestimmung nach der Makroausführung S. 85 und arbeitet dann mit der zehnfachen Reagenzienmenge sinngemäß wie nach S. 79 weiter.

[2] Zu der Ableitung vgl. die analoge Methode von J. GROSSFELD: Z. 1929, **58**, 220. — Vgl. auch W. ARNOLD: Z. 1912, **23**, 129; 1921, **42**, 353.

[3] W. ARNOLD: Z. 1912, **23**, 129; 1921, **42**, 353.

Wichtig bei derartigen Molekulargewichtsbestimmungen ist es, fremde Säuren, insbesondere auch den Kohlensäuregehalt aus der Luft auszuschließen, indem man aus dem zu verwendenden Wasser und nötigenfalls auch aus den Reagenzien die Kohlensäure vorher durch Auskochen austreibt.

Auch ist Verwendung reinster Reagenzien, insbesondere von reinster Kalilauge unumgänglich. Als Indicator eignet sich Phenolphthalein, dessen zugesetzte Menge aber ermittelt und schließlich vom Gewicht der Kaliumsalze abgezogen werden muß.

Das Nachspülen des Kühlers muß hier mit völlig säurefreiem reinem Alkohol ohne Phenolphthaleinzusatz erfolgen.

Ausführung der Bestimmung. Das bei der Gesamtzahlbestimmung erhaltene Destillat wird nach Zugabe von 30 ccm reinem Alkohol unter Zusatz von 0,1 ccm 1%iger Phenolphthaleinlösung mit 0,01 N.-carbonatfreier Kalilauge bis zur eben erkennbaren Rosafärbung neutralisiert. Diese Lösung wird dann in eine flache Platinschale (Weinschale) gegossen, zweimal mit kleinen Mengen Alkohol quantitativ nachgespült und nun, ohne daß der Alkohol ins Sieden kommt, zur Trockene verdampft. Für diesen Zweck kann man ein siedendes Wasserbad mit einem Uhrglas abdecken und die Schale auf das Uhrglas stellen bis der Alkohol größtenteils verdampft ist. Arnold empfiehlt hierfür ein Abdunsten auf einem warmen Trockenschrank. Die letzten Wassermengen lassen sich auf dem Wasserbad vertreiben. Darauf wird die Platinschale in einem Trockenschrank bei 105° bis zur Gewichtskonstanz (etwa 2—3 Stunden) getrocknet und nach dem Erkalten im Exsiccator gewogen. Vom Gewicht wird die Menge des zugesetzten Phenolphthaleins, die gegebenenfalls in einer besonderen Probe ermittelt wird, abgezogen. Noch sicherer ist es, einen Blindversuch mit den Reagenzien auszuführen und die Ergebnisse von den im Hauptversuch erhalten abzuziehen.

Zur Kontrolle kann im Abdampfrückstand der Kaliumgehalt, berechnet als $KClO_4$ nach S. 172 ermittelt werden.

Beispiel. Zur Neutralisation eines Destillates seien 24,6 ccm 0,01 N.-Kalilauge verbraucht worden und der Abdampfrückstand betrage 0,0467 mg. Der in 0,1 ccm Phenolphthaleinlösung enthaltene Abdampfrückstand habe 0,9 mg Phenolphthalein ergeben. Dann ist:

Menge der fettsauren Kaliumsalze = 0,0467—0,0009 = 0,0458 g.

Hierin ist soviel Kalium enthalten, wie 24,6 ccm 0,01 N.-Kalilauge entspricht, also

$$24{,}6 \cdot 0{,}561 = 13{,}80 \text{ mg KOH}, \quad \text{oder} \quad \frac{13{,}80}{45{,}8} \cdot 100 = 30{,}13\%$$

also ist $k = 30{,}13$.

$$M = \frac{5610{,}4}{30{,}13} - 38{,}09 = 186{,}2 - 38{,}1 = 148{,}1, \text{ abgerundet } 148.$$

Genauere Ergebnisse lassen sich auch erhalten, wenn man das Gesamtzahldestillat in einer größeren Substanzmenge unter entsprechender Vervielfachung der Reagenzienmenge herstellt und verarbeitet, wodurch dann etwaige Wägungsfehler verringert werden.

Aus dem mittleren Molekulargewicht kann man in einfacher Weise die Neutralisationszahl der Fettsäuren berechnen nach der Gleichung (vgl. S. 64):

$$N = \frac{56\,104}{M}.$$

Juckenack und Pasternack haben im Reichert-Meissl-Destillat das mittlere Molekulargewicht der wasserlöslichen Fettsäuren von 3 Butterproben zu 95,1—98,3, von 3 Proben Cocosfett zu 132,8—145,1 gefunden. Da uns heute einfachere Methoden zur Unterscheidung dieser beiden Fettarten zur Verfügung stehen, ist hierfür die vorstehende Methode im allgemeinen nicht mehr in Gebrauch und kommt nur noch für besondere Untersuchungen in Frage.

Die früher für den Ruckstand der REICHERT-MEISSL-Destillation vorgeschlagene Bestimmung des mittleren Molekulargewichtes der „nichtflüchtigen Fettsäuren" entspricht nicht dieser Bezeichnung, weil dieser Rückstand bei Butter und Cocosfett noch große Mengen flüchtiger Fettsäuren enthält. Zweckmäßiger ist es dafür, die auf Grund der Verseifungszahl des Fettes berechnete Laurinsäurezahl (S. 161) zu verwenden.

5. Einzelne niedere Fettsäuren.

Weil die niederen Fettsäuren Buttersäure, Capronsäure, Caprylsäure und Caprinsäure sich in ihren analytischen Eigenschaften nicht scharf unterscheiden, ist es nicht möglich, sie einzeln, etwa durch Ausfällung als Metallsalz, abzutrennen. Bei jeder Trennungsbehandlung erhält man Gemische von wenigstens zwei der genannten Säuren. Daraus ergibt sich dann die Aufgabe aus den Eigenschaften (Kennzahlen) eines solchen Gemisches, den Gehalt an seinen Bestandteilen zu finden. Am einfachsten ist diese Aufgabe bei Buttersäure und Capronsäure auf Grund der Buttersäurezahl zu lösen, weil die Buttersäurezahl ausschließlich von Buttersäure und Capronsäure getragen ist. Für die Caprylsäure und Caprinsäure zusammen bilden die A-Zahl nach BERTRAM, Bos und VERHAGEN (vgl. S. 90) und die (S. 157) besprochene Caprylsäurezahl nach GROSSFELD einen Maßstab, erlauben aber nicht ihre Einzelbestimmung. Diese kann indirekt aus dem gefundenen Gehalte an Buttersäure und Capronsäure und aus dem mittleren Molekulargewichte der gesamten niederen Fettsäuren abgeleitet werden. Für besonders genaue Untersuchungen, wenn hinreichende Fettmengen zur Verfügung stehen, liefert die Zerlegung der Fettsäuren oder Fettsäureester durch Vakuumdestillation in Anteile mit höchstens je 2 Säuren in je einer Fraktion die sichersten Ergebnisse (vgl. S. 177).

An dieser Stelle sollen nur die erstgenannten einfacheren, mit geringen Fettmengen ausführbaren Methoden besprochen werden.

a) Buttersäure und Capronsäure nach J. GROSSFELD und F. BATTAY[1].

a) Grundlagen. Da die Ausbeute an Buttersäure und Capronsäure bei der Buttersäurezahlbestimmung durch Versuch ermittelt werden kann und — wenigstens für eine gleiche Fettart — hinreichend konstant gefunden wird, kann man bei nicht zersetzten Fetten aus der Buttersäurezahl den Gehalt an Buttersäure und Capronsäure berechnen, wenn noch eine weitere Kenngröße eingeführt wird. Als solche haben GROSSFELD und BATTAY das Teilungsverhältnis zwischen gleichen Teilen Wasser und Petroläther vorgeschlagen; dieses variiert allerdings mit der Konzentration, was bei dem Versuch zu berücksichtigen ist.

Nennen wir A_1 bzw. A_2 den Buttersäure- bzw. Capronsäuregehalt des Fettes, R_1 und R_2 die durch besonderen Versuch zu ermittelnden Ausbeutefaktoren daran, so lautet die erste Gleichung

$$B = R_1 A_1 + R_2 A_2, \tag{1}$$

die noch die beiden Unbekannten A_1 und A_2 enthält. Für den prozentualen Anteil der Capronsäure darin läßt sich ferner folgende Funktion aufstellen, in der Buttersäure und Capronsäure als Äquivalente ausgedrückt sind.

Wir bezeichnen hierfür mit C den prozentualen Anteil der Capronsäure im Destillat:

$$C = 100 \frac{R_2 A_2}{R_1 A_1 + R_2 A_2}. \tag{2}$$

Ist nun die durch besondere Versuche zu ermittelnde Titrationsabnahme einer wässerigen Fettsäurelösung durch Ausschütteln mit dem gleichen Volumen

---

[1] J. GROSSFELD u. F. BATTAY: Z. 1931, **62**, 99.

Petroläther für reine Capronsäure K_c, für reine Buttersäure K_b, die im Buttersäurezahldestillat erhaltene in Prozent des Gesamttitrationswertes A, so ist nach der Mischungsregel

$$C = \frac{100}{K_c - K_b} (A - K_b).\tag{3}$$

Nun sind aber die Werte für K_c und K_b nicht konstant, sondern von der Konzentration abhängig. Die folgende Tabelle enthält die für den Titrationswert T von 50 ccm Säurelösung mit 0,02 N.-Natronlauge geltenden Zahlenwerte für $\dfrac{100}{K_c - K_b}$ und für K_b, die durch Versuch gefunden wurden:

Tabelle 57. Berechnung des Titrationswertes der Capronsäure.

T 0,02 N. ccm	$\dfrac{100}{K_c - K_b}$	K_b	T 0,02 N. ccm	$\dfrac{100}{K_c - K_b}$	K_b	T 0,02 N ccm	$\dfrac{100}{K_c - K_b}$	K_b
0,0	—	—	17,0	1,63	5,4	34,0	1,47	6,7
1,0	2,6	4,0	18,0	1,61	5,5	35,0	1,47	6,7
2,0	2,3	4,2	19,0	1,60	5,6	36,0	1,46	6,8
3,0	2,1	4,3	20,0	1,59	5,7	37,0	1,45	6,9
4,0	2,0	4,4	21,0	1,57	5,8	38,0	1,45	7,0
5,0	2,0	4,5	22,0	1,56	5,9	39,0	1,44	7,0
6,0	1,9	4,5	23,0	1,55	6,0	40,0	1,43	7,1
7,0	1,9	4,6	24,0	1,54	6,0	41,0	1,43	7,1
8,0	1,8	4,7	25,0	1,53	6,1	42,0	1,42	7,2
9,0	1,8	4,8	26,0	1,52	6,2	43,0	1,42	7,2
10,0	1,77	4,9	27,0	1,52	6,2	44,0	1,41	7,3
11,0	1,74	4,9	28,0	1,51	6,3	45,0	1,41	7,3
12,0	1,72	5,0	29,0	1,50	6,4	46,0	1,41	7,4
13,0	1,70	5,1	30,0	1,50	6,4	47,0	1,41	7,4
14,0	1,68	5,2	31,0	1,49	6,5	48,0	1,40	7,5
15,0	1,66	5,3	32,0	1,48	6,6	49,0	1,40	7,5
16,0	1,64	5,4	33,0	1,48	6,6	50,0	1,40	7,6

Beispiel. Eine verdünnte Lösung von Buttersäure und Capronsäure zeige vor der Ausschüttelung mit dem gleichen Volumen Petroläther einen Laugeverbrauch von 38,4 ccm, nach der Ausschüttelung von 34,1 ccm 0,02 N. Dann beträgt also die Titrationsabnahme:

$$A = \frac{38,4 - 34,1}{38,4} \cdot 100 = 11,3\% \, .$$

Nach vorstehender Tabelle entspricht für $T = 38,0$ ccm:

$$\frac{100}{K_c - K_b} = 1,45 \, . \qquad K_b = 7,0.$$

Wir finden:

$C = 1,45 \cdot (11,3 - 7,0) = 1,45 \cdot 4,3 = 6,2\%$ des Titrationswertes an Capronsäure, bzw. $100 - 6,2 = 93,8\%$ an Buttersäure. Der Titrationswert beträgt 38,4 ccm, davon entfallen also auf

Capronsäure: $\dfrac{38,4 \cdot 6,2}{100} = 2,4$ ccm,   Buttersäure: $\dfrac{38,4 \cdot 93,8}{100} = 36,0$ ccm 0,02 N.

Aus C ist $R_2 A_2$ nach Gleichung (2) leicht zu berechnen. Durch Umstellung dieser Gleichung erhalten wir nämlich:

$$R_2 A_2 = \frac{C (R_1 A_1 + R_2 A_2)}{100}\tag{2a}$$

oder, da die Buttersäurezahl

$$B = R_1 A_1 + R_2 A_2\tag{1}$$

ist:

$$R_2 A_2 = \frac{C \cdot B}{100}.\tag{4}$$

Kennen wir $R_2 A_2$, so ist nach Gleichung (1) auch $R_1 A_1$ bekannt, denn

$$R_1 A_1 = B - R_2 A_2 \tag{1a}$$

Aus Gleichung (4) folgt

$$A_2 = \frac{1}{R_2} \cdot \frac{C \cdot B}{100} \tag{4a}$$

oder, wenn wir $\dfrac{1}{R} = F \left(\dfrac{1}{R_1} = F_1; \; \dfrac{1}{R_2} = F_2 \right)$ setzen

$$A_2 = F_2 \frac{C \cdot B}{100} . \tag{5}$$

A_2 ist aber die im Fett vorhandene Menge Capronsäure in Kubikzentimetern 0,1 N.-Säure, die wir dann in bekannter Weise auf Prozent des Fettes umrechnen müssen. Wie die Berechnung im einzelnen erfolgt, zeigen folgende Ausführungen:

Zur Berechnung der Faktoren, mit denen man den Titrationswert von 50 ccm Destillat mit dem Capronsäure- bzw. Buttersäureanteil malnehmen muß, um den Capronsäure- bzw. Buttersäuregehalt in Prozenten zu erhalten, sind zu berücksichtigen:

1. Der Buttersäurezahl-Faktor 1,40.

2. Die Teilung des Destillates, Faktor $\dfrac{110}{50}$.

3. Die Verdünnung der Titrationsflüssigkeit von 0,1 N. auf 0,02 N, also auf das Fünffache, Faktor 0,2.

4. Die Fettmenge 5 g statt 100 g, Faktor 20.

5. Das Molekulargewicht bzw. Äquivalentgewicht der Capronsäure oder Buttersäure von 116,1 oder 88,1 entsprechend für 1 ccm 0,1 N.-Lösung 0,01161 bzw. 0,00881 g.

6. Die durch die Destillationsausbeute bedingten Umrechnungsfaktoren, die man durch besonderen Versuch[1] mit einer bestimmten Fettart findet. Im Mittel wurden diese wie folgt festgestellt:

Tabelle 58.

Fettart	Ausbeute an Buttersäure (R_1)	Umrechnungsfaktor $\left(F_1 = \frac{1}{R_1}\right)$	Ausbeute an Capronsäure (R_2)	Umrechnungsfaktor $\left(F_2 = \frac{1}{R_2}\right)$
Butterfett	84,0	1,19	30,3	3,37
Kakaofett	85,0	1,17	36,1	2,77
Schweinefett . . .	—	—	26,4	3,79
Cocosfett	—	—	26,2	3,83

7. Beziehung des Capronsäure- bzw. Buttersäureanteils auf die Einheit statt auf Prozente, Faktor 0,01.

Man erhält somit zunächst für alle Fälle:

$$1,40 \cdot \frac{110}{50} \cdot 0,2 \cdot 20 = 12,32 \text{ als Zwischenfaktor, dann für}$$

Capronsäure: $12,32 \cdot 0,01161 = 0,1431$,
Buttersäure: $12,32 \cdot 0,00881 = 0,1085$.

Hieraus ergeben sich die endgültigen Faktoren, für den Titrationswert von 50 ccm Destillat in Kubikzentimetern 0,02 N.-Lauge, die wir P_1 und P_2 nennen wollen:

Für Capronsäure in

Butterfett	Cocosfett	Kakaofett	Schweinefett
$\dfrac{0,1431 \cdot 3,37}{100}$	$\dfrac{0,1431 \cdot 3,83}{100}$	$\dfrac{0,1431 \cdot 2,77}{100}$	$\dfrac{0,1431 \cdot 3,79}{100}$
$P_2 = 0,00482$	$= 0,00548$	$= 0,00396$	$= 0,00542$

Für Buttersäure in

Butterfett	Kakaofett
$\dfrac{0,1085 \cdot 1,19}{100}$	$\dfrac{0,1085 \cdot 1,17}{100}$
$P_1 = 0,00129$	$= 0,00127$

---

[1] Über die Ausführung dieses Versuches vgl. Original.

Nennen wir somit den Titrationswert von 50 ccm Buttersäurezahl-Destillat in Kubikzentimetern 0,02 N.-Lauge T, die vorstehend abgeleiteten Koeffizienten P_2 bzw. P_1 und den Capronsäureanteil des Destillates nach S. 151 wieder C, so ist bezogen auf das Fett:

$$\text{Capronsäure} = C \cdot P_2 \cdot T\% \tag{6}$$
$$\text{Buttersäure} = (100\text{-}C) \cdot P_1 \cdot T\% \tag{7}$$

β) **Ausführung der Bestimmung.** 5,00 g des zu prüfenden Fettes werden mit 2 ccm Kalilauge (Dichte 1,5) und 10 ccm reinem, von flüchtigen Säuren freiem Glycerin in einem 300 ccm-Stehkolben (RMZ-Kolben) verseift und wie bei der Bestimmung der Buttersäurezahl (S. 85) weiter behandelt. Es ist besonders darauf zu achten, daß die Zerlegung der Seifenlösung erfolgt, nachdem diese die Temperatur von genau 20° angenommen hat.

Von den bei der Destillation sich ergebenden 110 ccm Destillat werden

a) 50 ccm mit 0,02 N.-Natronlauge gegen Phenolphthalein bis zur bleibenden Rotfärbung titriert. Das Ergebnis, vermindert um den Betrag des Leerversuches, wird als T bezeichnet.

b) 50 ccm mit 50 ccm neutralem Petroläther vom Siedepunkt 40—60° in einem 200 ccm-Erlenmeyerkolben zweckmäßig in einer Schüttelmaschine 1 Minute oder länger kräftig geschüttelt, in einen Scheidetrichter übergeführt, wobei man gut austropfen läßt, und dann nach Stehen bis zur Schichtentrennung, von der Petrolätherphase geschieden. Die wäßrige Phase wird in einem weiteren Erlenmeyerkolben aufgefangen und in gleicher Weise wie bei a mit der gleichen Bürette und der gleichen Lauge titriert.

Vom erhaltenen Titrationswerte der wäßrigen Phase wird das Ergebnis des Leerversuches abgezogen.

Das so schließlich erhaltene Titrationsergebnis nennen wir T_1.

Die Differenz der beiden Versuche, ausgedrückt in Prozenten des Versuches a (von T), liefert die Titrationsabnahme A nach der Formel:

$$A = 100 \frac{T - T_1}{T}\% \,. \tag{8}$$

Man findet nun den Prozentanteil C von T an Capronsäure wie oben gezeigt wurde.

Ausrechnungsbeispiel. In einem Fett aus Milchschokolade seien beim Arbeiten nach vorstehender Vorschrift in je 50 ccm Buttersäurezahldestillat vor und nach Ausschüttelung mit Petroläther titriert worden:

$$\begin{array}{lll}
\text{Vor Ausschüttelung } (T) & 11,42 \text{ ccm} & 0,02 \text{ N.-Säure} \\
\text{Nach Ausschüttelung } (T_1) & 9,91 \quad,, & 0,02 \qquad,, \\
\hline
\text{Demnach Titrationsabnahme:} & 1,51 \text{ ccm} & 0,02 \quad \text{Säure} \\
\text{Also: } A = 13,2\%.
\end{array}$$

Nach Tabelle S. 152 ist für $T = 11$

$$K_b = 4,9, \qquad \frac{100}{K_c - K_b} = 1,74 \,.$$

Durch Einsetzen in (3) wird

$$C = 1,74 \,(13,2 - 4,9) = 1,74 \cdot 8,3 = 14,4 \,.$$

Daraus folgt:

$$100 - C = 100 - 14,4 = 85,6 \,.$$

Damit finden wir gemäß den Gleichungen

$$\text{Buttersäure} = P_1 \,(100 - C) \cdot T\% \tag{7}$$
$$\text{Capronsäure} = P_2 \cdot C \cdot T\%, \tag{6}$$

wenn wir für Kakaofett nach S. 153 einsetzen:

$$P_1 = 0,00127 \quad P_2 = 0,00396$$

die Endwerte:

$$\text{Buttersäure} = 0,00127 \cdot 85,6 \cdot 11,42 = 1,24\%,$$
$$\text{Capronsäure} = 0,00396 \cdot 14,4 \cdot 11,42 = 0,65\%.$$

Die Buttersäurezahl ist

$$B = 0{,}616 \cdot T = 0{,}616 \cdot 11{,}42 = 7{,}0.$$

Für den am häufigsten vorkommenden Fall der Buttersäure- und Capronsäurebestimmung in Butterfett wird durch die Tabelle VII (Anhang) diese Ausrechnung bedeutend vereinfacht. Für die Benutzung dieser Tabelle genügt es nämlich, den Titrationswert T und die Titrationsabnahme in Prozent (A) zu bestimmen, worauf der Gehalt des Fettes an Buttersäure und Capronsäure in Prozenten unmittelbar abgelesen werden kann. Die Tabelle enthält die den ganz- und halbzahligen Titrationswerten und Abnahmen entsprechenden Buttersäure- und Capronsäuregehalte sofort untereinander. Entsprechend den Genauigkeitsgrenzen des vorliegenden Buttersäurezahlverfahrens dürfte es im allgemeinen ausreichen, gefundene Werte für T und A auf die in der Tabelle angegebenen abzurunden. Will man dies nicht, so lassen sich die Zwischenwerte durch Interpolation in bekannter Weise finden.

Ausrechnungsbeispiel. Es sei durch Titration von 50 ccm des Buttersäurezahldestillates vor und nach Ausschüttelung mit Petroläther gefunden:

$$\text{Vor der Ausschüttelung } (T) = 33{,}87 \text{ ccm } 0{,}02 \text{ N.-Säure}$$
$$\text{Nach der Ausschüttelung } (T_1) = \underline{28{,}27 \quad ,, \quad 0{,}02 \quad\quad ,,}$$
$$\text{Titrationsabnahme} = \quad 5{,}60 \text{ ccm } 0{,}02 \text{ N.-Säure}$$
$$\text{desgl. in \% } (A) = 16{,}5\%.$$

Nach der Tabelle für $T = 34{,}0$, $A = 16{,}5$ ist:

$$\text{Buttersäure} = 3{,}75, \text{ abgerundet } 3{,}8\%$$
$$\text{Capronsäure} = 2{,}36, \quad\quad ,, \quad\quad 2{,}4\%.$$

Für die genauere Ausrechnung bei Anwendung der Interpolation finden wir

$$\text{Buttersäure} = 3{,}73\%$$
$$\text{Capronsäure} = 2{,}35\%.$$

Ferner berechnet sich

$$\text{Buttersäurezahl} = 0{,}616 \cdot T = 20{,}9.$$

Die vorstehende Berechnung ist nicht mehr anwendbar bei Fetten, die infolge von starker oxydativer Zersetzung niedriger Fettsäuren als Buttersäure enthalten. In solchen Fällen kann, soweit dies überhaupt möglich ist, nur durch fraktionierte Destillation eine Trennung der einzelnen Fettsäuren erreicht werden.

Über die Schwankungen des Gehaltes an Buttersäure und Capronsäure in Butterfetten vgl. auch S. 525.

Über Bestimmung von Buttersäure und Capronsäure nebeneinander durch Halbdestillation vgl. A. J. VIRTANEN[1].

Über das Verhalten sonstiger niederer Fettsäuren beim Ausschütteln mit Petroläther vgl. J. GROSSFELD und A. MIERMEISTER[2], mit Isopropyläther, Äthyläther und Isoamyläther: C. H. WERKMAN[3].

b) Capryl- und Caprinsäure.

Nach der Bestimmung der Buttersäure und Capronsäure nach a) kann unter Zugrundelegung der Gesamtmenge der niederen Fettsäuren (S. 147) die Summe Caprylsäure und Caprinsäure leicht als Differenz gefunden werden. Dagegen bereitet die Bestimmung von Caprylsäure und Caprinsäure, jede einzeln für sich, Schwierigkeiten.

Da ferner durch Zersetzung (Oxydation) veränderte Fette auch noch weitere niedere Säuren (unter $C_4H_8O_2$, ferner unpaarige Säuren wie $C_5H_{10}O_2$, $C_7H_{14}O_2$, $C_9H_{18}O_2$) enthalten können, gilt das Nachstehende nur für unzersetzte natürliche Speisefette.

---

[1] A. J. VIRTANEN: Zeitschr. analyt. Chem. 1928, **74**, 321; Z. 1932, **64**, 318.

[2] J. GROSSFELD u. A. MIERMEISTER: Zeitschr. analyt. Chem. 1931, **85**, 321; 1932, **87**, 241; Z. 1932, **63**, 391 (vgl. auch S. 342).

[3] C. H. WERKMAN: Ind. engin. Chem., Analyt. Edit. 1930, **2**, 302; Iowa State College Journ. Science 1932, **4**, 459; **5**, 1, 121.

α) **Capryl- und Caprinsäure.** Nach S. 151 finden wir den Gehalt eines Speisefettes an Buttersäure und Capronsäure in Prozenten des Fettes, während S. 147 die Gesamtmenge der niederen Fettsäuren liefert, ziehen wir hiervon Buttersäure und Capronsäure ab, so entspricht die Differenz der Capryl- und Caprinsäure.

β) **Ermittlung von Capryl- und Caprinsäure einzeln.** Wenn in einer Mischung von 5 Fettsäuren (z. B. Buttersäure, Capronsäure, Caprylsäure, Caprinsäure und Laurinsäure) die Menge von 3 dieser Säuren (z. B. Buttersäure, Capronsäure, Laurinsäure) bekannt ist, lassen sich die Mengen der beiden übrigen dadurch ermitteln, daß man eine geeignete Kennzahl für das ganze Gemisch ermittelt, die von jeder der einzelnen Komponenten in bestimmter, aber verschiedener Weise beeinflußt wird.

Hierzu wäre die Neutralisationszahl der Fettsäuren geeignet. Da es sich aber um kleine Mengen handelt, wählen wir zweckmäßig ein geeignetes Metallsalz, vorteilhaft wegen des hohen Molekulargewichtes des daraus leicht quantitativ zu erhaltenden Perchlorates (Grossfeld[1]), das Kaliumsalz, etwa nach folgendem Gedankengange:

Nennen wir in einem beliebigen Gemisch der reinen Kaliumsalze der Fettsäuren z. B. aus dem Gesamtzahldestillat die vorhandene Menge des Kaliumsalzes der Buttersäure B_u, der Capronsäure C_0, der Caprylsäure C_y, der Caprinsäure C_i und der Laurinsäure L_a, so ist die Gesamtmenge der Kaliumsalze der Fettsäuren in Prozent gleich 100:

$$B_u + C_0 + C_y + C_i + L_a = 100 \tag{1}$$

Nun entspricht aber auch der $KClO_4$-Wert k (= % $KClO_4$ aus den Kaliumsalzen der Fettsäuren), den wir nach S. 172 ermitteln können, der Summe der k-Werte der einzelnen Fettsäuren, die wir mit k_b, k_0, k_y, k_i und k_l bezeichnen wollen, mal Menge der Kaliumsalze der betreffenden Fettsäuren, geteilt durch 100, also

$$\frac{B_u\,k_b + C_0\,k_0 + C_y\,k_y + C_i\,k_i + L_a\,k_l}{100} = k . \tag{2}$$

Wir können nun aus den Molekulargewichten der Fettsäuren berechnen[2]:

Tabelle 59.

Angabe	Fettsäure				
	Buttersäure	Capronsäure	Caprylsäure	Caprinsäure	Laurinsäure
Molekulargewicht . .	88,06	116,10	144,13	172,16	120,19
k-Wert	109,8	89,86	76,04	65,90	58,15

Durch Einsetzen dieser Werte erhalten wir:

$$1{,}0983\,B_u + 0{,}8986\,C_0 + 0{,}7604\,C_y + 0{,}6590\,C_i + 0{,}5815\,L_a = k . \tag{3}$$

Wir setzen nun durch Umstellung der Gleichung (1)

$$C_y = 100 - B_u - C_0 - C_i - L_a. \tag{1a}$$

Substituieren wir diesen Ausdruck für C_y in Gleichung (3), so wird nach weiterer Umrechnung schließlich die Gleichung erhalten:

$$C_i = 749{,}9 - 9{,}862\,k + 3{,}332\,B_u + 1{,}363\,C_0 - 1{,}764\,L . \tag{4}$$

Nun ist aber bei Umrechnung auf freie Säure:

$$C_i = \frac{210{,}26}{172{,}16} = 1{,}2213 \cdot \text{Caprinsäure} \qquad C_0 = \frac{154{,}20}{116{,}10} = 1{,}3281 \cdot \text{Capronsäure}$$

$$B_u = \frac{126{,}16}{88{,}06} = 1{,}4327 \cdot \text{Buttersäure} \qquad L = \frac{238{,}29}{200{,}19} = 1{,}1903 \cdot \text{Laurinsäure} .$$

Indem wir auch diese Ausdrücke einsetzen, erhalten wir schließlich die Endformel

Caprinsäure = 614,0—8,075 k + 3,91 Buttersäure + 1,48 Capronsäure—1,72 Laurinsäure. (5)

In dieser Gleichung ist k, der $KClO_4$-Wert der Kaliumsalze des Gesamtzahldestillates, durch Versuch zu ermitteln. Dieser Ausdruck ist das wichtigste Glied der Gleichung (5), und daher muß k besonders genau ermittelt werden. Hierzu ist es insbesondere notwendig, wie S. 150 beschrieben, jede Störung durch Kohlensäure in den

---

[1] J. Grossfeld: Z. 1932, **64**, 455.
[2] Vgl. J. Grossfeld u. F. Battay: Z. 1931, **61**, 133; J. Grossfeld: Z. 1932, **64**, 455.

Reagenzien auszuschließen. Sodann empfiehlt es sich, von einer hinreichend großen Menge Fett, nicht von nur 500 mg Fett auszugehen, um Wägefehler auszuschließen. Die $KClO_4$-Bestimmung in den nach S. 150 durch Abdampfen erhaltenen Kaliumsalzen erfolgt zweckmäßig analog wie S. 172 beschrieben.

Buttersäure und Capronsäure werden nach S. 154 in Prozenten des Fettes ermittelt und dann unter Berücksichtigung der Ausbeutefaktoren von S. 80 (96% für Buttersäure, 98% für Capronsäure) sowie des Umstandes, daß der zu destillierende Teil des Gesamtzahlfiltrates $\frac{1}{1,52}$ (vgl. S. 79) ausmacht, auf das Gesamtzahldestillat umgerechnet. Die Laurinsäure im Gesamtzahldestillat ergibt sich nach S. 80.

Durch Malnehmen des so nach Gleichung (5) erhaltenen Ergebnisses mit der Ausbeute an Kaliumsalzen aus der zugehörigen Fettmenge findet man dann den Caprinsäuregehalt des Fettes selbst, wobei wieder zu beachten ist, daß nach S. 80 nur ein bestimmter Anteil vorhandener Caprinsäure in das Gesamtzahldestillat geht.

Ist nun so der Caprinsäuregehalt des Gesamtzahldestillates bekannt, so findet man die Caprylsäure darin am einfachsten, indem man die auf das Destillat bezogenen Äquivalentwerte für Buttersäure, Capronsäure, Caprinsäure und Laurinsäure von dem Gesamttitrationswert abzieht, um als Rest den Äquivalentwert von Caprylsäure zu erhalten, der sich dann leicht auf die Menge an Caprylsäure selbst umrechnen läßt, indem je 1 ccm 0,01 N. = 1,44 mg Caprylsäure entspricht.

Die vorstehende Arbeitsweise ist nach den schon S. 155 dargelegten Gründen für ranzige Fette nicht geeignet.

γ) **Caprylsäurezahl.** Diese Kennzahl wurde von J. GROSSFELD[1] zum Nachweis von Cocosfett, ferner zur Prüfung auf Zersetzungsprodukte in verdorbenen und wieder aufgearbeiteten Fetten vorgeschlagen.

Die Caprylsäurezahl gibt an, wieviel unter vorliegenden Bedingungen durch Magnesiumsulfat in starker Verdünnung nicht, wohl aber durch Kupfersulfatlösung fällbare Fettsäuren, ausgedrückt in Kubikzentimetern $^1/_{100}$ N.-Säure in 500 mg Fett enthalten sind.

Die Caprylsäurezahl bezieht sich in dem Filtrat der Magnesiumfällung auf die Fettsäuren Caprinsäure, Nonylsäure und Caprylsäure, ferner wahrscheinlich auf Azelainsäure und Oxysäuren. Aus diesem Grunde empfiehlt sie sich besonders zur Prüfung auf Fettzersetzungsprodukte (vgl. S. 313). Zum Nachweis von Cocosfett eignet sich besser die Gesamtzahl der niederen Fettsäuren (S. 79) bzw. die Restzahl (S. 90) in Verbindung mit der Buttersäurezahl (vgl. S. 85). Da die Caprylsäurezahl bei Cocosfett bedeutend niedriger als die Gesamtzahl gefunden wird, ist zu folgern, daß die Caprylsäurezahl von der Caprylsäure selbst nur einen Teil erfaßt, mehr von der nächsthöheren Caprinsäure.

Die Caprylsäurezahl hat sich auch für die Branntweinuntersuchung als wertvoll erwiesen (vgl. dieses Handbuch Bd. VII, S. 672).

Ausführung der Bestimmung. 0,500—0,550 g des zu prüfenden Fettes werden in einem Kölbchen von etwa 100 ccm Inhalt abgewogen und nach Zusatz von 0,2 ccm 50%iger Kalilauge und 1,0 ccm Glycerin (Dichte 1,23) durch Umschwenken über einem Pilzbrenner verseift[2]. Um ein Anbrennen der Seife zu vermeiden, empfiehlt es sich, den Boden des Kölbchens etwa 3—5 cm oberhalb des Flämmchens zu halten. Die entstandene Seife löst man nach kurzem Stehen auf dem siedenden Wasserbade in 50 ccm Wasser. Zu der Seifenlösung fügt man nach dem Erkalten auf Zimmertemperatur unter kräftigem Umschwenken 25 ccm einer Lösung von 15 g krystallisiertem Magnesiumsulfat im Liter[3], verschließt mit einem Stopfen, schüttelt kräftig und filtriert am folgenden Tage durch ein glattes Papierfilter von etwa 15 cm Durchmesser in einen trockenen Meßzylinder als Vorlage. Falls hierbei durch freiwilliges Abtropfen weniger als 50 ccm Filtrat erhalten werden, zerdrückt man den Niederschlag auf dem Filter vorsichtig mittels des runden Bodens eines Reagensglases, bis

---

[1] J. GROSSFELD: Z. 1928, 55, 354.

[2] Bei Verseifung mit alkoholischer Kalilauge erhielt W. PRAGER (Privatmitteilung) bei Palmkernfett zu niedrige Ergebnisse, ohne daß der Grund dafür gefunden wurde.

[3] Die gleiche Magnesiumsulfatlösung, wie sie bei der Bestimmung der Gesamtzahl der niederen Fettsäuren (S. 79) verwendet wird.

die Filtratmenge 50 ccm überschreitet. — Vom Filtrate gibt man 50 ccm in ein Becherglas von 100 ccm Inhalt und fügt unter Umschwenken 10 ccm einer gepufferten Kupferlösung[1] hinzu. Entsteht durch den Zusatz dieser Kupferlösung kein Niederschlag, so ist die Caprylsäurezahl des betreffenden Fettes als 0 anzusehen. Entsteht dagegen eine Fällung oder Trübung, so läßt man unter öfterem Umschwenken stehen, bis der Niederschlag ausflockt, was gewöhnlich innerhalb einer Stunde eintritt[2]. Alsdann filtriert man durch einen mit Asbest und eisenfreier Kieselgur beschickten und bei 100° getrockneten sowie gewogenen Gooch-Tiegel und wäscht zunächst mit einer gesättigten Kupfercaprylatlösung[3], schließlich mit 1—2 ccm Wasser nach.

Der Gooch-Tiegel mit dem Niederschlage wird alsdann 1 Stunde bei 100° getrocknet und nach dem Erkalten gewogen. Aus dem Gewicht des Niederschlages in Milligrammen ergibt sich die Caprylsäurezahl je nach der verwendeten Fetteinwaage durch Malnehmung mit folgenden Faktoren:

Tabelle 60. Faktoren zur Berechnung der Caprylsäurezahl aus dem Gewicht des Niederschlages.

Fetteinwaage mg	Faktor		Fetteinwaage mg	Faktor		Fetteinwaage mg	Faktor		Fetteinwaage mg	Faktor	
500	0,869	17	530	0,820	15	550	0,790	14	570	0,762	13
510	0,852	16	540	0,805	15	560	0,776	14	580	0,749	
520	0,836	16									

Werden bei der vorstehenden Bestimmung weniger als etwa 2,0 mg[4] Kupfercaprylat gewogen, so empfiehlt es sich, die Bestimmung maßanalytisch zu kontrollieren. Zu diesem Zwecke löst man den Niederschlag im Tiegel in etwa 20%iger Essigsäure[5] und bringt die Lösung mitsamt Filter in ein Becherglas. Dazu setzt man 5 ccm einer 30%igen Kaliumjodidlösung zu und titriert nach etwa 5—10 Minuten das ausgeschiedene Jod mit 0,0025 N.-Natriumthiosulfatlösung, die man durch Verdünnen von 25 ccm 0,1 N.-Thiosulfatlösung mit destilliertem Wasser auf 1 Liter erhält. Bei der Titration ist gegen Schluß Stärkelösung als Indicator zuzusetzen und so lange zu titrieren, bis die Flüssigkeit über Blau und Braun farblos geworden ist. Aus der verbrauchten Menge Thiosulfatlösung in Kubikzentimetern, vermindert um das Ergebnis eines Leerversuches[6] mit gleicher Menge Kaliumjodid, erhält man je nach verwendeter Fettmenge die entsprechende Caprylsäurezahl mit folgenden Faktoren:

---

[1] Im Liter 50,0 g krystallisiertes Natriumacetat, 3,12 g krystallisiertes Kupfersulfat und 5,0 ccm 20%ige Essigsäure.

[2] Ein längeres (mehrtägiges) Stehenlassen ist zu vermeiden.

[3] Die Kupfercaprylatlösung erhält man, indem man etwa 0,2 g Kupfercaprylat mit 25 ccm Alkohol am Rückflußkühler kocht, das Gemisch heiß in 2 Liter destilliertes Wasser gießt und nach einigem Stehen vom Ungelösten abfiltriert. Kupfercaprylat kann man durch Verseifen einer größeren Menge Cocosfett, Ausfällen der Seifenlösung mit Magnesiumsulfatlösung bei 80°, Filtrieren und Ausfällen des mit Essigsäure schwach angesäuerten Filtrates mit Kupfersulfatlösung bereiten.

[4] Bei höheren Werten liefert die Titration unter Umständen zu niedrige Ergebnisse. Bei zu erwartenden niedrigen Werten (geringen Niederschlägen) kann auch direkt, ohne zu trocknen und zu wägen, zur maßanalytischen Behandlung übergegangen werden.

[5] Man setzt dieser vorteilhaft auf 100 ccm etwa 5—10 ccm gesättigte Natriumphosphatlösung zu, wodurch eine Störung durch Eisenreste im Filter beseitigt wird.

[6] Das Kaliumjodid des Handels enthält bisweilen Spuren von Jodat, die so berücksichtigt werden.

Tabelle 61.
Faktoren zur Berechnung der Caprylsäurezahl aus dem Titrationswerte.

Fetteinwaage mg	Faktor	Fetteinwaage mg	Faktor	Fetteinwaage mg	Faktor	Fetteinwaage mg	Faktor
500—503	0,76	518—524	0,73	540—547	0,70	564—572	0,67
504—510	0,75	525—531	0,72	548—555	0,69	573—579	0,66
511—517	0,74	532—539	0,71	556—563	0,68		

Bei niedrigeren Caprylsäurezahlen erhält man auch auf gewichtsanalytischem Wege genauere Ergebnisse, wenn man von größeren Fettmengen ausgeht und die Reagensmengen der Einwaage entsprechend vervielfacht.

Bei einigen Speisefetten wurden folgende Caprylsäurezahlen gefunden:

Bei Mischungen aus Kakaofett und Butterfett mit Cocosfett geht die Caprylsäurezahl dem Cocosfettgehalte ungefähr parallel. Doch' waren im Falle von Cocosfett die gefundenen Ergebnisse um einige Zehntel höher, im Falle von Butterfett etwas niedriger als die berechneten.

Bei stark zersetzten Fetten erhält man mit der Caprylsäurezahl bisweilen außerordentlich hohe Werte, die bei Fetten, welche in frischem Zustande die Caprylsäurezahl 0 aufweisen, diejenigen von Cocosfett weit übertreffen.

Tabelle 62.

Art des Fettes	Zahl der Proben	Mittel	Schwankungen
Cocosfett . . .	9	19,0	17,4—21,8
Palmkernfett .	5	9,9	7,9—11,6
Babassufett . .	1	17,4	—
Butterfett . .	12	4,8	4,1— 5,9
Schweinefett .	4	0,1	0 — 0,3
Rindsfett . . .	1	0,7	—
Kakaofett . .	5	0,0	0,0— 0,0

Es dürfte möglich sein, die im Kupferniederschlag von der Caprylsäurezahl enthaltenen Säuren nach Ansäuern mit Phosphorsäure in einen flüchtigen und nicht flüchtigen Anteil zu zerlegen und dadurch einen weiteren Einblick in ihre Natur zu erhalten. Für Versuche dieser Art empfiehlt es sich, die Herstellung des Kupferniederschlages mit der 10fachen Fett- und Reagensmenge vorzunehmen.

δ) **Sonstige Untersuchungen.** Vergleicht man die Höhe der Gesamtzahl der niederen Fettsäuren von Cocosfett und Butterfett mit der durch Malnehmung mit 0,78 [1] auf den gleichen Maßstab (Kubikzentimeter 0,1 N. für 5 g bzw. 0,01 N., für 0,5 g Fett) umgerechneten Summe von A- und B-Zahl, so erhält man folgendes Bild:

Tabelle 63.

Kennzahl	Cocosfett		Butterfett	
	direkt	umgerechnet	direkt	umgerechnet
A-Zahl (BERTRAM [2])	27,7	21,6	6,7	5,2
B-Zahl (BERTRAM [2])	2,7	2,1	33,4	26,1
A-Zahl + B-Zahl	30,4	23,7	40,1	31,3
Gesamtzahl (GROSSFELD [3]) .		38,0		34,8

Die Gesamtzahl ist also bei beiden Fetten gegenüber der Summe von A-Zahl und B-Zahl erhöht. Bei dieser Erhöhung kann es sich nur um den höchstmolekularen Anteil der Fettsäuren im Gesamtzahlfiltrat, also, von den kleinen Mengen Laurinsäure (vgl. S. 80) abgesehen, im wesentlichen um Caprinsäure handeln, deren Magnesiumsalz unter den Bedingungen der A- und B-Zahlbestimmung stärker ausgefällt wird als bei der Gesamtzahlbestimmung. Diese Differenz muß also mit dem Gehalte eines Fettes an Caprinsäure in Beziehung stehen, sie muß von diesem Gehalt abhängig sein.

---

[1] Die A- und B-Zahlen beziehen sich auf 6,4 statt 5,0 g Fett, also Umrechnungsfaktor $= \frac{5,0}{6,4} = 0,78$.   [2] S. H. BERTRAM, H. G. BOS u. F. VERHAGEN: Chem. Weekbl. 1923, **20**, 610.

[3] J. GROSSFELD, E. SCHWEIZER u. H. DAMM: Z. 1938, **76**, 123.

Die Differenz ist indes so groß, daß sie durch den Caprinsäureanteil der Gesamtzahl allein nicht gedeckt werden kann. Durch die Magnesiumfällung unter den Bedingungen der A- und B-Zahlbestimmung wird daher auch noch ein Teil der vorhandenen Caprylsäure mitgefällt.

6. Mittlere Fettsäuren.

Die mittleren Fettsäuren Laurinsäure $C_{12}H_{24}O_2$ und daneben in meist geringerer Menge Myristinsäure $C_{14}H_{28}O_2$ bilden bei einigen von Palmensamen stammenden wichtigen Speisefetten, so bei Cocosfett, Palmkernfett und Babassufett mehr als die Hälfte des Fettsäurenanteiles, bei Butterfett dagegen nur wenige Prozente, während sie bei anderen Speisefetten teils nur in geringer Menge vorhanden sind, teils auch völlig fehlen, wie im Kakaofett. Künstlich durch Paraffinoxydation erhaltene Fettsäuren enthalten Laurinsäure, aber nur einen Bruchteil der Menge bei Cocosfett. Vgl. S. 428.

Bei dem auffällig großen Gehalt des Cocosfettes und der Palmkernfette an Laurinsäure ist der Laurinsäurenachweis also ein brauchbares Mittel zur Prüfung auf diese Fette.

a) Nachweis der Laurinsäure. Gegenüber den höheren und niederen paarzahligen Homologen ist die Laurinsäure durch ein charakteristisches Verhalten ihres Magnesiumsalzes ausgezeichnet. Bei geeigneter Versuchsanstellung ist dieses in Wasser in der Wärme zu einer filtrierbaren klaren Lösung löslich, die beim Stehen allmählich weiße Flocken von Magnesiumlaurat ausscheidet (J. Grossfeld). Myristinsäure zeigt dieses Verhalten nicht, Caprinsäure erst in viel konzentrierterer Lösung. Bei Cocosfett läßt sich die Trübung nach folgender Arbeitsvorschrift nach Grossfeld und A. Miermeister[1] noch mit 0,3 mg hervorrufen; dagegen blieb sie mit Caprinsäure aus, wenn ihre Menge weniger als 4, mit Nonylsäure, wenn sie weniger als 30 mg betrug.

Über das Verhalten der Undecansäure und Tridecansäure bei dieser Probe liegen noch keine Beobachtungen vor.

Ausführung der Prüfung. α) 1—100 mg des zu prüfenden Fettes[2] verseift man in einem Reagensglase mit 2,5 ccm alkoholischer 0,5 N.-Kalilauge und verdampft dann den Alkohol nach Entfernung des Steigrohres. Den Rückstand löst man in 2 ccm Wasser, vermischt mit 2 ccm Glycerinlösung (300 g/Liter), stellt 5 Minuten in ein siedendes Wasserbad, fällt mit 2,0 ccm Magnesiumsulfatlösung (150 g des krystallisierten Salzes im Liter) und filtriert heiß durch ein dichtes Filter unter Zurückgießen der ersten Filtratanteile. Das Filtrat, das anfangs völlig klar sein muß, trübt sich bei Gegenwart von 10% oder mehr Laurinsäure (20% Cocosfett) sofort oder nach einiger Zeit durch einen weißen flockigen Niederschlag, der besonders nach einigen Stunden oder am folgenden Tage dem Auge erkennbar wird.

β) Bei negativem oder zweifelhaftem Ausfall der Probe nach α verseift man in einem Kölbchen 1,0 g des zu prüfenden Fettes mit 0,4 ccm wäßriger 50%iger Kalilauge und 2 ccm Glycerin auf freier Flamme, verdünnt die Seifenlösung mit 200 ccm Wasser unter Überführen in einen 500 ccm-Rundkolben, fügt 50 ccm einer Lösung von 300 g Glycerin im Liter hinzu, erhitzt zum Sieden und fällt siedendheiß mit 10 ccm der Magnesiumsulfatlösung aus, erhitzt noch etwa 10 Sekunden weiter und filtriert die nunmehr ausgeflockte Mischung durch ein Faltenfilter aus Kieselgur-Filtrierpapier. Das klare Filtrat läßt man erkalten, was durch Einstellen in kaltes Wasser beschleunigt werden kann. Sind mehr als 2,5% Laurinsäure (5% Cocosfett) vorhanden, so tritt sofort oder nach einiger

---

[1] J. Grossfeld u. A. Miermeister: Z. 1928, **56**, 423. Vgl. auch Z. 1928, **56**, 167.
[2] Bei reinem Cocosfett gibt bereits 1 mg eine deutliche Reaktion. Bei kleinen Kernfettgehalten und Fettmischungen von ganz unbekannter Zusammensetzung, empfiehlt es sich, von etwa 50—100 mg auszugehen.

Zeit, spätestens bis zum folgenden Tage, die **flockige** Ausscheidung ein, die nicht mit einer nichtausflockenden, weißen Opalescenz, von höheren Fettsäuren herrührend, zu verwechseln ist.

γ) Zur weiteren Bestätigung, und wenn das Ergebnis nach B noch negativ war, führt man das Filtrat in einen Schütteltrichter über, säuert mit 5 ccm verdünnter Salzsäure an und schüttelt mit 60 ccm Äther aus. Die Ätherlösung läßt man verdunsten, wägt den Rückstand, löst die zurückbleibenden Fettsäuren (höchstens 30 mg)[1] in 2,5 ccm alkoholischer 0,5 N.-Kalilauge, führt die Lösung in ein Reagensglas über, verdampft den Alkohol im siedenden Wasserbade, löst den Rückstand in 3 ccm Wasser und verfährt dann wie bei α) weiter. Bei Gegenwart von 0,5% Laurinsäure (1% Cocosfett) erhält man so noch die flockige Ausscheidung.

b) Laurinsäurezahl. Zur quantitativen Laurinsäurebestimmung ist die vorstehend beschriebene Reaktion mit Magnesiumsulfat nicht geeignet. Da aber die bedeutenden Mengen Laurinsäure im Cocosfett in der Hauptsache dessen hohe Verseifungszahl gegenüber Speisefetten bedingen, ist es möglich, aus der Höhe der Verseifungszahl auf die Größenordnung des Laurinsäuregehaltes zu schließen, wenn außerdem noch die niederen Fettsäuren berücksichtigt werden.

Zur angenäherten Feststellung dieses Laurinsäuregehaltes hat J. GROSSFELD[2] — in der Hauptsache aus empirischen Feststellungen — die **Laurinsäurezahl** entwickelt. Diese Zahl gibt die aus der Verseifungszahl und aus Kennzahlen für die niederen Fettsäuren zu berechnende Menge Laurinsäure in Kubikzentimetern 0,1 N.-Säure für 5 g Fett an.

Diese Laurinsäurezahl besitzt die Eigenart, daß sie entsprechend dem etwa gleichhohen Laurinsäuregehalt bei Cocosfett und Palmkernfett von etwa gleicher Größenordnung ist, so daß sie einen Ausdruck für die Summe dieser beiden Fette darstellt.

Bei einer Probe Babassufett wurde sie etwas niedriger, aber auch noch von gleicher Größenordnung gefunden. Die Höhe dieser Laurinsäurezahl betrug im Mittel für:

Tabelle 64. Laurinsäurezahl von Palm- und Butterfetten.

Cocosfett (13 Proben)	Palmkernfett (9 Proben)	Babassufett (1 Probe)	Butterfett (10 Proben)
126 (111—140)	**123** (115—135)	105	**11** 5—18

Die Zahl ist also für Cocos- und Palmkernfett rund 11mal höher als für Butterfett.

Zur Berechnung der Laurinsäurezahl aus Verseifungszahl V, Caprylsäurezahl C und Buttersäurezahl B wird die Formel benutzt:

$$L = 3,3\,(V - B - 1,2\,C - V_k), \qquad (1)$$

in der V_k, der von niederen und mittleren Fettsäureglyceriden frei gedachte Glyceridrest, im allgemeinen zu 197, eingesetzt wird.

Bei butterfettfreien Fetten kann $B = 0$ gesetzt werden und damit

$$L = 3,3\,(V - 1,2\,C - V_k). \qquad (2)$$

Bei Ersetzung der Caprylsäurezahl durch die bequemer zu ermittelnde Restzahl R hat GROSSFELD[3] später folgende Formel zur Berechnung der Laurinsäurezahl aufgestellt:

$$L = 3,3\,(V - 0,7\,B - 0,6\,R - V_k).$$

---

[1] Mit höchstens 4 mg Caprinsäure. [2] J. GROSSFELD: Z. 1928, **55**, 529.
[3] J. GROSSFELD: Z. 1932, **64**, 458.

Bei Einsetzung der neuen Mittelwerte für die Buttersäurezahl von Butterfett (S. 532) ergibt eine Neuberechnung

$$L = 3,3\ (V - 0,8\ B - 0,6\ R - V_k) \tag{3}$$

Der Gehalt an **Cocosfett** und **Palmkernfett** aus der Laurinsäurezahl berechnet sich nach der Gleichung

$$\text{Cocosfett und Palmkernfett} = 0,79\ (L - 0,6\ B) \tag{4}$$

Handelt es sich um den Nachweis von Cocosfett allein, so ist es vorteilhaft, die Laurinsäurezahl mit der Restzahl zu multiplizieren, wodurch man im Mittel erhält für

$$\text{Butterfett:}\ R \cdot L = 15 \cdot 11 = 165,\ \text{dagegen für}$$
$$\text{Cocosfett:}\ R \cdot L = 37 \cdot 126 = 4662.$$

Die Höhe der Quotienten

$$Q = \frac{R \cdot L\ (\text{Cocosfett})}{R \cdot L\ (\text{Butterfett})} = \frac{4662}{165} = 28$$

zeigt die hervorragende Eignung für Nachweis und Bestimmung von Cocosfett an.

c) Sonstige Kennzahlen. Die früher übliche Bestimmung des mittleren Molekulargewichtes der „nichtflüchtigen Fettsäuren" ist durch die Mängel der Reichert-Meissl-Destillation (vgl. S. 78) in ihrem Werte vermindert. Zweckmäßiger wäre es stattdessen, das mittlere Molekulargewicht der mit Magnesiumsulfat gefällten Fettsäuren zu bestimmen; doch bereitet die Auswaschung des Niederschlages beträchtliche Schwierigkeiten. Zudem gelten nach Grossfeld[1] folgende Regeln:

Durch Verminderung der Verseifungszahl um die Buttersäurezahl erhält man bei Butterfett angenähert die Verseifungszahl der Glyceride, deren Fettsäuren durch Magnesiumsulfat gefällt werden. Durch Verminderung der Verseifungszahl um das 1,5fache der Buttersäurezahl nähert man sich der Verseifungszahl des von den niederen Glyceriden einschließlich der Myristinsäureglyceride frei gedachten Fettrestes.

Weitere Versuche, den Nachweis von Cocosfett auf den Gehalt an mittleren Fettsäuren auszubauen, wurden von G. van Beneden[2] unternommen, auf die hier verwiesen sei; vgl. auch L. Hoton[3].

Da durch Fütterung Laurinsäure und Myristinsäure in das Körper- und Milchfett des Tieres übergehen können, während dies bei den niederen Fettsäuren anscheinend nicht der Fall ist, besitzen bei Tierfetten die auf den niederen Fettsäuren beruhenden Kennzahlen an sich größere Beweiskraft für einen Zusatz von Cocos- und Palmkernfett als die der mittleren Fettsäuren.

7. Höhere gesättigte Fettsäuren.
a) Begriff.

Der Begriff der höheren gesättigten Fettsäuren wurde von S. H. Bertram[4] geprägt, zunächst zur Prüfung von Präparaten ungesättigter Fettsäuren, z. B. von Ölsäure auf Gehalt an gesättigten Fettsäuren als verunreinigende Beimischung, dann aber auch zur Prüfung von Fetten allgemein.

Unter höheren gesättigten Fettsäuren sind im Gegensatz zu den niederen Fettsäuren (S. 75) zweckmäßig alle gesättigten Fettsäuren mit einem Molekulargewicht über 200 zu verstehen, also neben Palmitinsäure und Stearinsäure auch Laurinsäure, Myristinsäure, Arachinsäure, Behensäure und Lignocerinsäure.

Bertram hat unter den höheren gesättigten Fettsäuren in erster Linie die Palmitinsäure und ihre höheren Homologen verstanden, weil Laurinsäure und Myristinsäure durch seine Arbeitsvorschrift nicht quantitativ erfaßt werden. Er hat daher Fette, die

---

[1] J. Grossfeld: Z. 1928, 55, 529.
[2] G. van Beneden: Journ. Pharm. Belg. 1934, 16, 43.   [3] L. Hoton: Lait. 1937, 17, 19.
[4] S. H. Bertram: Bereiding en Onderzoek van Oliezuur. Diss. Delft 1928; Z. 1928, 55, 179.

Laurinsäure enthalten, also Cocos- und Butterfett, von der Anwendung seiner Methode ausgeschlossen [1].

Die Bestimmungsmethode von BERTRAM, die sich durch eine außergewöhnliche Schärfe und Exaktheit auszeichnet, beruht darauf, daß in den Kaliseifen der zu prüfenden Fettsäuren in wäßriger Lösung die ungesättigten Säuren durch Oxydation mit Kaliumpermanganat in leichter abtrennbare Verbindungen umgesetzt und aus dem entstehenden Gemisch die gesättigten Fettsäuren dann zunächst mit Petroläther ausgeschüttelt werden. Hierbei bleiben die meisten Abbauprodukte der ungesättigten Säuren und des Glycerins, wie Oxalsäure, Malonsäure, Korksäure, Azelainsäure, Sebacinsäure, Dioxystearinsäure, Sativinsäure und Linusinsäure restlos zurück. Mitgelöst wird aber die z. B. durch Oxydation der Ölsäure entstehende Nonylsäure, die BERTRAM dann durch besondere Behandlung über das Magnesiumsalz entfernt.

Die Methode ist so genau, daß BERTRAM Zusätze von Palmitinsäure, Stearinsäure, Arachinsäure und Lignocerinsäure mit einem mittleren Fehler von nur rund 0,2% wiederfinden konnte. Keine Schwierigkeiten entstanden bei den in natürlichen Fetten vorkommenden oder durch Isomerisation daraus erhaltenen ungesättigten Fettsäuren, Ölsäure, Elaidinsäure, Linolsäure, Linolensäure, Ricinolsäure, Ricinelaidinsäure, Erucasäure, Brassidinsäure, Elaeostearinsäure und Vaccensäure sowie bei Stearolsäure.

Eine Ausnahme bildet, worauf zuerst J. VAN LOON [2] hingewiesen hat, Petersiliensamenöl bzw. die darin enthaltene Petroselinsäure, die bei der Oxydation mit Kaliumpermanganat Laurinsäure liefert, ferner nach BERTRAM die $\triangle$ 2 : 3-Ölsäure, die durch die Permanganatbehandlung in Palmitinsäure übergeht.

Das Bedürfnis nach einer Methode zur Bestimmung der höheren gesättigten Fettsäuren auch in den verbreiteten laurinsäurehaltigen Fetten führte uns [3] zu Versuchen, den Ursachen der Verluste an Laurinsäure nachzugehen und einen Weg zu finden, auf dem diese Verluste vermieden oder ausgeglichen werden könnten. Hierbei ergab sich, daß auch die gesättigten Säuren von der Permanganateinwirkung angegriffen werden, und zwar sehr beträchtlich die Laurinsäure, weit geringer die Myristinsäure, wenig Palmitinsäure und fast gar nicht die Stearinsäure. Bei 40° waren die Verluste an Laurinsäure mehrfach höher als bei Zimmertemperatur. Ein weiterer beträchtlicher Verlust an Laurinsäure entsteht bei der doppelten Krystallisation der Magnesiumsalze, die für eine restlose Entfernung der Nonylsäure erforderlich ist. In praktischer Hinsicht ist bei dem Verfahren von BERTRAM das durch die große Fetteinwaage bedingte Arbeiten mit großen Flüssigkeitsmengen lästig und unnötig. Diese und andere Überlegungen führten zu einer neuen Arbeitsvorschrift, bei der folgende Abänderungen eingeführt wurden.

a) Die Höhe der Einwaage wurde auf etwa 500 mg herabgesetzt.

b) Die Ausschüttelung des Reaktionsgemisches mit Petroläther wurde durch Filtration der Fettsäuren nach Abscheidung in Gegenwart von verdünntem Alkohol mit anschließender Extraktion des Filters mit Petroläther ersetzt [4].

c) An die Stelle der Abtrennung der Nonylsäure durch doppelte Magnesiumfällung wurde eine quantitative Bestimmung dieser Säure gesetzt und eine einfache Methode hierfür ausgearbeitet, darauf beruhend, daß Nonylsäure bei der Magnesiumfällung wie bei der Gesamtzahl (S. 79) zu 86,2% in das Filtrat geht und hieraus quantitativ durch Destillation nach Ansäuern abgetrennt

---

[1] Vgl. auch J. VAN LOON: Chem. Weekbl. 1927, **24**, 319 und BERTRAM: Chem. Weekbl. 1927, **24**, 319.　　[2] J. VAN LOON: Chem. Weekbl. 1927, **24**, 319.

[3] J. GROSSFELD: Allg. Öl- u. Fett-Ztg. 1932, **29**, 25, 92, 161, 220.

[4] Die gleiche Vereinfachung wendeten PRITZKER und JUNGKUNZ später auf die Makroausführung des Verfahrens nach BERTRAM an. Vgl. S. 64.

wird. Die so gefundene Nonylsäure wird dann von den gewogenen höheren gesättigten Fettsäuren abgezogen.

Zwar erwies sich auch bei dieser Vorschrift eine quantitative Trennung der Laurinsäure von Ölsäure als nicht möglich. Doch gelang es, die Arbeitsbedingungen so festzulegen, daß die geringe Gewichtserhöhung durch Reste von in Petroläther übergehenden Oxydationsprodukten bzw. durch unoxydiert bleibende Reste der Ölsäure praktisch der Gewichtsabnahme durch Oxydation der Laurinsäure, bei Berücksichtigung des Einflusses der Caprinsäure in diesen Fetten, entsprach. Bei Einhaltung einer Einwirkungsdauer der Permanganatlösung von 30 Minuten und der Temperatur von 20⁰ wurden so die vorhandenen höheren gesättigten Fettsäuren mit ziemlicher Genauigkeit wiedergefunden.

Eine weitere Abänderung wurde von T. P. Hilditch und J. Priestman[1] vorgeschlagen, die bei dem Verfahren von Bertram für Myristinsäure einen Verlust von 1,8%, für Laurinsäure von 13,9% fanden. Außerdem fanden sie, daß die nach Bertram abgeschiedenen Fettsäuren noch Jodzahlen aufwiesen. Sie änderten die Arbeitsweise deshalb insofern ab, als sie nicht mehr unter 25⁰, sondern bei 35—50⁰ oxydierten und dabei das Unverseifbare nicht vorher abtrennten. Hilditch und Priestman oxydieren mit Kaliumpermanganat in Aceton und unterwerfen das Oxydationsprodukt anschließend der Magnesiumbehandlung nach Bertram.

Nach P. J. Gay[2] kann die Oxydationsmethode von Bertram in der Ausführungsform von Hilditch und Priestman dadurch fehlerhaft werden, daß sich durch unvollständige Oxydation eine höher schmelzende und in Petroläther fast unlösliche Oxysäure bildet. Gay empfiehlt daher bei Leinöl die Oxydation bei 50—60⁰ auszuführen und nach Stehen über Nacht mit weiteren 10 g Kaliumpermanganat bei 70—80⁰ zu wiederholen. K. A. Pelikan und J. D. von Mikusch[3] haben aber gefunden, daß die Verfahren von Bertram und Hilditch gleichmäßige und etwa gleich hohe Ergebnisse liefern, während bei der Oxydation bei 50—80⁰ nach Gay bedeutende (um 8%) Verluste an gesättigten Fettsäuren auftreten. — Bei Gehalten an Unverseifbarem unter 2% ist dessen Entfernung nach Pelikan und von Mikusch nicht erforderlich, und die aus dem Fett erhaltene Seife kann nach Entfernung des Alkohols durch wiederholtes Abdampfen mit Wasser unmittelbar der Permanganatoxydation unterworfen werden.

A. Steger und J. van Loon[4] stellte an reinem polymerisierten und mit aktivem Nickel vorbehandelten Olivenöl fest, daß bei der Polymerisation ein Teil der ungesättigten Säuren getarnt („kamufliert") wird, d. h. in eine Form übergeht, die zwar noch eine gewisse Jodzahl besitzt, aber nach Bertram nicht mehr oxydiert wird. So fanden sie für:

Olivenöl . . . . unbehandelt   polymerisiert   mit aktivem Nickel
                                                                    vorbehandelt
Jodzahl der gesättigten Fettsäuren
   (24 Stunden nach Wijs)   1,4   3,8   2,5

Noch größer ist die Störung durch solche „kamuflierte" Säuren bei der Trennung nach Twitchell (vgl. S. 201).

b) Ausführung der Bestimmung.

α) **Arbeitsweise von Bertram**[5]. 5 g Fett oder Öl werden mit 75 ccm $^1/_2$ N.-alkoholischer Kalilauge in üblicher Weise verseift, wobei die Verseifungszahl bestimmt werden kann. Wenn dieselbe nicht bestimmt zu werden braucht, wird die Seifenlösung mit 75 ccm destilliertem Wasser in einen Scheidetrichter übergeführt und zur Entfernung des Unverseifbaren zwei- bis dreimal mit Petroläther (Siedepunkt 40—60⁰) ausgeschüttelt. Die vereinigten Petrolätherauszüge werden dann mit 50%igem Alkohol, dem etwas Alkali zugefügt wird, geschüttelt, und dann zur Entfernung mitgerissener Seifenreste wiederholt mit je 25 ccm 50%igem Alkohol gewaschen, bis diesem zugesetztes Phenolphthalein nicht mehr gerötet wird, wenn die alkoholische Waschflüssigkeit mit Wasser verdünnt wird. Das Unverseifbare kann nach dem Abdestillieren des Petroläthers ermittelt werden.

[1] T. P. Hilditch u. J. Priestman: Analyst 1931, 56, 354. — Vgl. auch Hilditch u. E. E. Jones: Analyst 1929, 54, 75; C. 1930, II, 2971.

[2] P. J. Gay: Journ. Soc. chem. Ind. 1932, 51, T. 126; Z. 1937, 73, 483.

[3] K. A. Pelikan u. J. D. von Mikusch: Oil and Soap 1938, 15, 149.

[4] A. Steger u. J. van Loon: Rec. Trav. chim. Pays-Bas 1931, 50, 591; Z. 1937, 74, 502.

[5] In der Ausführungsform von J. Pritzker und R. Jungkunz (Pharm. Acta Helvet. 1932, 7, 48.

Ist die Seifenlösung zwecks Bestimmung der Verseifungszahl titriert worden, so werden zur übergespülten Seifenlösung außer den 75 ccm Wasser noch 20 ccm $^1/_2$ N.-alkoholische Kalilauge zugefügt.

Die vom Unverseifbaren befreite wäßrig-alkoholische Seifenlösung wird sodann bis zur völligen Vertreibung des Alkohols auf dem Wasserbade eingedampft. Der Rückstand wird weiter unter Zugabe von 5 ccm 50%iger Kalilauge in 200 ccm Wasser gelöst und in einen 2-Liter-Kolben gebracht, abgekühlt und unter ständiger Kühlung, wobei die Temperatur von 25° nicht überschritten werden darf, vorsichtig eine Lösung von 35 g Kaliumpermanganat in 750 ccm Wasser zugegeben. Nach tüchtigem Umschütteln läßt man 12 Stunden stehen; dann entfärbt man das Reaktionsgemisch mit verdünnter Schwefelsäure und konzentrierter Kaliummetabisulfitlösung[1]. Dabei erwärmt man, aber ohne zu kochen, bis alles Mangandioxyd in Lösung gegangen ist und sich die Fettsäuren klar abgeschieden haben. Dann wird abgekühlt bis die Fettsäuren erstarrt sind, durch eine Filtrierpapierscheibe auf der Nutsche abfiltriert[2], das Filter bis zum Verschwinden der sauren Reaktion ausgewaschen und letzteres samt Fettsäuren auf einem Uhrglas getrocknet. Nach dem Erkalten wird das Filter mit den Fettsäuren quantitativ in einen mit Sand beschickten Porzellanmörser gebracht, tüchtig mit dem Pistill zerrieben und dann in eine Extraktionshülse (Schleicher & Schüll) eingefüllt und mit Petroläther 2—3 Stunden extrahiert.

Der nach dem Abdestillieren des Petroläthers verbleibende Rückstand wird in 200 ccm Wasser und etwas Ammoniak unter Erwärmen in Lösung gebracht, 30 ccm Ammonchloridlösung (10%) zugefügt, heiß mit einem Überschuß von 15%iger Magnesiumsulfatlösung gefällt, kurz aufgekocht und nach Abkühlung mittels der Nutsche filtriert und ausgewaschen. Filter samt Niederschlag werden sodann in den Kolben zurückgebracht, mit verdünnter Schwefelsäure zersetzt und nochmals Ammoniak und Chlorammonium zugegeben und ein zweites Mal mit Magnesiumsulfat gefällt. Die bei dieser zweiten Fällung erhaltenen fettsauren Magnesiumsalze ergeben nach Aufspaltung mit verdünnter Schwefelsäure im Petrolätherauszug die reinen, gesättigten festen Fettsäuren, die gewogen werden.

Der so ermittelte Gehalt an festen Fettsäuren in drei Ziegentalgen stimmte mit den Befunden anderer Forscher für Rinds- und Hammeltalg gut überein.

β) **Arbeitsweise von Grossfeld.** Etwa 0,5 g[3] der zu prüfenden, auf bekannte Weise[4] vom Unverseifbaren befreiten Fettsäuren werden auf ± 1 mg genau gewogen und dann in 50 ccm Wasser unter Zusatz von 1 ccm etwa 47%iger Kalilauge unter Erwärmen gelöst und abkühlen gelassen. Die Seifenlösung bringt man auf die Temperatur von genau 20°, stellt in Wasser von 20°, fügt 75 ccm Kaliumpermanganatlösung (50 g im Liter) ebenfalls von 20° zu, schüttelt um und läßt in dem Wasserbad von 20° bei laurinsäurehaltigen Fettsäuren 30 Minuten, sonst 60 Minuten, stehen, wobei man wieder öfters umschüttelt.

Alsdann wird die Einwirkung des Permanganates durch Zusatz von 20 ccm Natriumbisulfitlösung (D. 1,35) und Umschütteln unterbrochen. Man macht

---

[1] In der Originalvorschrift wird Natriumsulfit angewendet, vorzuziehen ist das viel beständigere Kaliummetabisulfit.

[2] Nach der Originalvorschrift wird ausgeschüttelt, das Abfiltrieren und Extrahieren hat sich nach verschiedenen Vorversuchen als großer Vorteil erwiesen. Vgl. S. 171 und 203.

[3] Im Falle die höheren gesättigten Fettsäuren weiter untersucht werden sollen, verwendet man unter entsprechender Erhöhung der Reagenzienmengen eine mehrfache Menge hiervon und bestimmt nachher den Nonylsäuregehalt in einem 0,5 g Fettsäuren entsprechenden Anteil der ersteren, wodurch dann der Rest für weitere Prüfungen frei wird.

[4] Z. B. wie oben unter α.

darauf mit 5 ccm 33%iger Natronlauge alkalisch, fügt 50 ccm 95%igen Alkohol hinzu, mischt wieder und säuert mit 10 ccm verdünnter Schwefelsäure (1 Vol. Säure + 3 Vol. Wasser) an und erwärmt, wodurch sich die Fettsäuren abscheiden und der Manganniederschlag in Lösung geht. Erforderlichenfalls können zur Beschleunigung dieses Vorganges noch 1—2 weitere Kubikzentimeter verdünnte Schwefelsäure hinzugegeben werden. Man erwärmt, bis die abgeschiedenen Fettsäuren geschmolzen sind, und läßt bis zum folgenden Tage stehen.

Man filtriert nun die inzwischen erstarrten — nötigenfalls durch leichtes Kühlen zum Erstarren[1] gebrachten — Fettsäuren auf einem glatt anliegenden Rundfilter von 7 cm Durchmesser ab und wäscht mit kaltem Wasser aus, bis das Filtrat Kongopapier nicht mehr bläut. Nach Ablaufen des Wassers stellt man den Kolben mit Trichter und Filter kurz in den Dampftrockenschrank, wobei die Fettsäuren zusammenschmelzen und mechanisch eingeschmolzenes Wasser abgeben. Man nimmt alsdann Trichter und Filter ab, läßt diese bis zum folgenden Tage an der Luft trocknen und verdampft das Wasser aus dem Kolben im Dampftrockenschrank.

Nun extrahiert man die Fettsäuren im Extraktionsapparat[2] 1 Stunde mit leichtsiedendem (Siedepunkt 30—50°) Petroläther in einen gewogenen 200-ccm-Erlenmeyerkolben. Den Auszug[3] destilliert man ab, trocknet die Fettsäuren 1 Stunde im Dampftrockenschrank bei waagerechter Lage des Kolbens, läßt erkalten und wägt den Rückstand, der die höheren gesättigten Fettsäuren, einen Rest an Nonylsäure und kleine Mengen Oxystearinsäure bzw. nicht oxydierter Ölsäure enthält.

Zur Bestimmung des Nonylsäuregehaltes

gibt man dann zu den gewogenen Fettsäuren[4] 0,2 ccm der 47%igen Kalilauge, 1 ccm Glycerin, 50 ccm Wasser und erwärmt, bis sich die Fettsäuren gelöst haben. Die Lösung läßt man auf etwa 20° erkalten, fällt mit 25 ccm einer Lösung von 15 g Magnesiumsulfat im Liter unter kräftigem Umschütteln. Das Fällungsgemisch bleibt über Nacht stehen und wird dann durch ein trockenes Faltenfilter in einen Meßzylinder filtriert, wobei nötigenfalls durch Anpressen des Niederschlages mit dem Boden eines Reagensrohrs dafür gesorgt wird, daß genügend klares Filtrat erhalten wird. Hiervon bringt man 50 ccm in ein 100-ccm-Stehkölbchen, fügt 1 ccm verdünnte Phosphorsäure (D. 1,154) und eine Messerspitze voll Bimsstein hinzu und destilliert unter Verwendung eines Destillationsaufsatzes mit Kugel etwa 25 ccm ab, worauf man den Kühler mit 20 ccm neutralisiertem Alkohol nachspült. — Ein blinder Versuch wird mit den gleichen Reagenzien in gleicher Weise ausgeführt.

Das Destillat wird mit 0,01 N.-Natronlauge gegen Phenolphthalein bis zur Rotfärbung titriert und das Ergebnis des blinden Versuches abgezogen. Je 1 ccm des Restes entspricht 2,79 mg Nonylsäure in den angewendeten Fettsäuren. Diese Menge wird von dem Gewichte des Wägungsrückstandes abgezogen. Den Rest berechnet man auf Prozente der eingewogenen Fettsäuren um.

---

[1] Die festen Fettsäuren lassen sich besser filtrieren als die flüssigen. — Wenn sich beim Abkühlen Krystalle von Natriumsulfat ausscheiden sollten, so ist das ohne Bedeutung, da sie beim Auswaschen des Filters später wieder in Lösung gehen.

[2] Vgl. Z. 1929, 58, 227 (vgl. S. 170, Abb. 44).

[3] Ein beim Erkalten sich bildender Niederschlag muß abfiltriert werden.

[4] Falls auch der nichtoxydierte Ölsäurerest durch Jodzahlbestimmung ermittelt werden soll, verwendet man für die Nonylsäurebestimmung nur etwa die Hälfte des Rückstandes und rechnet später auf die Gesamtmenge um.

c) Berechnung der höheren gesättigten Anteile aus der Rhodanzahl nach H. P. Kaufmann [1].

Bei Fetten, die nur unwesentliche Mengen Unverseifbares[2], an ungesättigten Fettsäuren nur Öl- und Linolsäure enthalten, lassen sich die gesättigten Anteile (G) aus der Rhodanzahl $(Rh\,Z)$ (S. 113) berechnen, und zwar nach den Gleichungen:

$$G = 100 - 1{,}158 \cdot Rh\,Z \quad \text{(für Glyceride)}$$
$$G = 100 - 1{,}104 \cdot Rh\,Z \quad \text{(für Fettsäuren)}.$$

Zur schnellen Ablesung dient die Abb. 42.

Enthalten diese Fette nun keine niederen Fettsäuren, so stimmt die Größe G mit den höheren gesättigten Anteilen bzw. Fettsäuren überein. Vgl. weiter S. 198.

d) Gehalte natürlicher Öle und Fette an höheren gesättigten Fettsäuren.

Bertram erhielt für verschiedene Öle und Fette[3]:

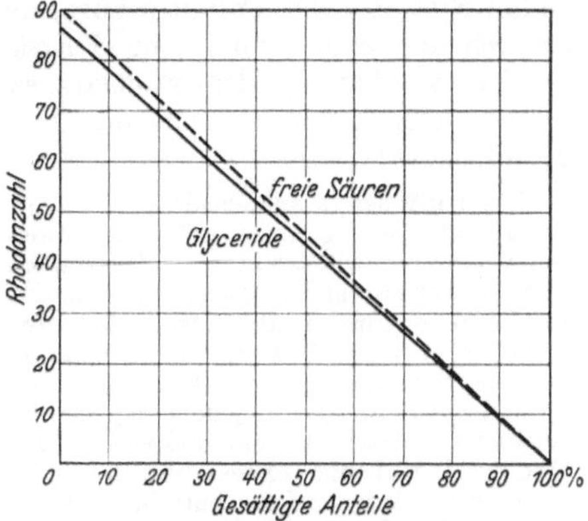

Abb. 42. Berechnung der gesättigten Anteile von Speisefetten aus der Rhodanzahl nach Kaufmann.

Tabelle 65.

Öl oder Fett	Höhere, gesättigte Fettsäuren %	Öl oder Fett	Höhere gesättigte Fettsäuren %
Ricinusöl	1,4	Calumbangöl	17,8
Chinesisches Holzöl	4,7	Erdnußöl	19,6—20,4
Rapsöl	8,7	Baumwollöl	25,5
Mandelöl	10,4	Schweineschmalz	42,8
Leinöl (2 Proben)	11,1—11,4	Oleomargarin	46,7
Sojaöl (2 Proben)	14,8—15,0	Palmöl	47,5
Sesamöl	16,1	Premier jus	54,4
Olivenöl	16,8	Kakaobutter	57,9

In einer Probe Aprikosenkernöl stellte Grossfeld den im Vergleich zu Mandelöl sehr niedrigen Gehalt von 6,0% höheren gesättigten Fettsäuren fest.

8. Einzelne höhere gesättigte Fettsäuren.

Einfachere Bestimmungsverfahren für die niederen gesättigten Fettsäuren wurden bereits S. 151 behandelt. Für eingehendere Untersuchungen besonders der mittleren und höheren Fettsäuren stehen folgende Methoden zur Verfügung[4]:

a) Fraktionierte Fällung nach W. Heintz [5].

Das Verfahren beruht darauf, daß bei fraktionierter Fällung einer alkoholischen Lösung eines Gemisches gesättigter Fettsäuren mit Magnesiumacetat zunächst die höchstmolekularen Fettsäuren als Magnesiumsalze ausfallen.

---

[1] H. P. Kaufmann: Zeitschr. angew. Chem. 1928, 41, 1046; Einheitliche Untersuchungsmethoden für die Fett- und Wachsindustrie. Stuttgart 1930.

[2] Cholesterin reagiert nicht mit Rhodan, es wird also als gesättigter Anteil mit erfaßt.

[3] Von uns nach ansteigendem Gehalte an höheren gesättigten Fettsäuren geordnet.

[4] Vgl. L. Ubbelohde: Handbuch der Chemie und Technologie der Öle und Fette, Bd. 1, S. 240. Leipzig 1908.   [5] W. Heintz: Journ. prakt. Chem. 1855, 66, 1.

Durch Abscheidung der Fettsäuren aus den bei den einzelnen Fraktionen gewonnenen Salzen erhält man dann Fettsäuren von allmählich abfallenden Molekulargewichten. Die Anwendung dieses Verfahrens empfiehlt sich besonders dann, wenn Fettsäurengemische vorliegen, die sich durch Umkrystallisieren nicht mehr trennen lassen, wie z. B. das bekannte Gemisch von ungefähr gleichen Teilen Stearin- und Palmitinsäure, das konstant bei 55,5—56,6° schmilzt und vielfach für eine einheitliche Fettsäure (Margarinsäure, Daturinsäure usw.) gehalten worden ist. Heintz gelang es mittels seines Verfahrens, dieses Gemisch als ein solches von Stearin- und Palmitinsäure zu erkennen. Das Verfahren ist folgendes:

Um zunächst zu entscheiden, ob eine einheitliche Säure oder ein Gemisch vorliegt, löst man 1 g der zu prüfenden festen Säuren nach Bestimmung des Schmelzpunktes und Molekulargewichtes in so viel heißem Alkohol, daß beim Erkalten auf Zimmertemperatur keine Ausscheidung eintritt und versetzt dann noch heiß mit einer zur vollständigen Fällung der Säure unzureichenden Menge Magnesiumacetat in Alkohol oder Bariumacetat in möglichst wenig Wasser. Schmilzt die Säure über 53°, so ist das Magnesiumsalz, andernfalls das Bariumsalz zu wählen. Von diesem nimmt man etwa $^2/_7$ des Gewichtes der angewendeten Säuren, von jenem dagegen nur etwa $^1/_4$—$^1/_5$. Beim Erkalten der Mischung scheidet sich nach einigem Stehen das Barium- oder Magnesiumsalz aus. Man saugt den Niederschlag ab und zersetzt ihn durch Erwärmen mit Petroläther und verdünnter Salzsäure unter häufigem Umschütteln. Die beiden Flüssigkeiten trennt man im Scheidetrichter und schüttelt die Petrolätherschicht nochmals mit heißer Salzsäure aus. Dann wäscht man die Petrolätherlösung, bis sie frei von Salzsäure ist, dampft den Petroläther ab und bestimmt Schmelzpunkt und Molekulargewicht der so gewonnenen Säure. Das Filtrat des Magnesiumniederschlages wird mit einem Stückchen Kaliumhydroxyd eingedampft, mit Wasser aufgenommen und mit verdünnter Salzsäure zersetzt. Die abgeschiedene Säure wird wie oben auf Schmelzpunkt und Molekulargewicht geprüft. Stimmen die mit den beiden Säureanteile und der ursprünglichen Säure erhaltenen Werte untereinander überein, so liegt eine reine Säure vor. Andernfalls hat man eine Mischung vor sich.

Um in einer Mischung die einzelnen Säuren zu kennzeichnen, löst man 1—2 g Säure wie oben in Alkohol auf und fällt heiß mit einer alkoholischen Lösung von $^1/_{30}$—$^1/_{40}$ des Gewichtes der angewendeten Säure an Magnesiumacetat. Nach dem Abtrennen des Niederschlages wird im Filtrate die gebildete freie Essigsäure durch etwas Ammoniak abgestumpft, dann wird nach und nach mit der gleichen Menge Magnesiumacetat weiter gefällt. Beim Krystallisieren darf die Temperatur nicht zu niedrig sein, da sonst Fettsäure sich mit dem Magnesiumsalz ausscheidet. Fällt das Magnesiumsalz nicht oder in ungenügender Menge aus, so wird die Lösung der Säuren etwas konzentriert. Ist keine Fällung mehr zu erzielen, so scheidet man aus der Lösung, wie oben beschrieben, die darin noch enthaltene Säure ab.

Aus den einzelnen Magnesiumsalzfällungen, deren man 7—8 erhalten wird, werden die Säuren abgeschieden und auf ihren Schmelzpunkt geprüft. Gleichartig schmelzende Fraktionen werden vereinigt und zur Molekulargewichtsbestimmung benutzt. Aus Schmelzpunkt und Molekulargewicht wird man in vielen Fällen schon Schlüsse auf die Zusammensetzung des Säuregemisches ziehen können. Reine Säuren kann man oft am besten erhalten, wenn man die Endglieder der Fällung mehrfach aus Alkohol umkrystallisiert.

Ein Beispiel für den Verlauf einer solchen Fraktionierung gibt die von Holde[1] ausgeführte Zerlegung einer Mischung äquimolekularer Mengen Palmitin- und Stearinsäure. Angewendet wurden hierbei 1,6 g Substanz vom Schmelzpunkt 55,5—56,5°. Die Untersuchungsergebnisse waren folgende:

Fällung Nr.	1	2	3	4	5	6	7	8
Gewicht der Fällung:	0,1605	0,1738	0,1600	0,1388	0,1850	0,2010	0,1978	0,0254
Schmelzpunkt °C:	61,5—64,3	61,8—64,5	58,5—61,0	56,2—56,5	55,5—56,5	—	57,5—59,5	57,8—62
Molekulargewicht:	280,4		274,6		271,5		265,5	—

[1] Holde: Mitt. kgl. Materialprüfungsamt 1901, 19, 116.

Die Fällungen Nr. 1 und 2 ergaben bei einmaligem Umkrystallisieren aus Alkohol eine Säure vom Schmelzpunkt 66,5—67,5°, bei nochmaligem Umkrystallisieren wurde reine Stearinsäure in schönen silberglänzenden Blättchen erhalten.

Die fraktionierte Fällung ermöglicht nicht die quantitative Zerlegung eines Fettsäuregemenges. Hat man jedoch nachgewiesen, daß zwei bestimmte Säuren vorliegen, so kann man aus dem Molekulargewicht des Gemenges den Prozentgehalt an den einzelnen Säuren berechnen.

Die Fraktionierung kann aber zu völlig falschen Schlüssen führen, wenn mehr als zwei Säuren vorliegen. Alsdann können gerade die ersten Fraktionen bei gewissen Mischungsverhältnissen niedriger schmelzen als die späteren Fraktionen, weil durch Zutritt einer Säure c zu einem Gemisch zweier niedriger als c schmelzenden Säuren a und b der Mischschmelzpunkt des Systems $a + b$ erniedrigt wird; beim fraktionierten Fällen können die Mischungen der drei Säuren so fest zusammenhaften, daß leicht Säuren von scheinbar konstant bleibendem Mischschmelzpunkt und annähernd gleichem Molekulargewicht in mehreren Fraktionen nacheinander ausfallen können. Dieser Umstand ist mehrfach nicht genügend beachtet worden.

b) Fraktionierte Fällung mit Bleiacetat.

α) **Grundlagen.** Die Auftrennung der Fettsäuren durch fraktionierte Fällung der Salze ist nicht auf Magnesium- und Bariumacetat beschränkt, sondern läßt sich auch mit anderen Metallsalzen vornehmen. Bei den höheren Fettsäuren führt nach J. GROSSFELD[1] eine Fraktionierung mit Bleiacetat nach H. KREIS und E. ROTH[2] besonders bei den höheren gesättigten Fettsäuren Lignocerinsäure, Arachinsäure und Stearinsäure zu einer Zerlegung in Fraktionen, von denen die schwerstlösliche nur die beiden höchstmolekularen Fettsäuren des betreffenden Fettes enthält. Durch Bestimmung des mittleren Molekulargewichtes mittels des $KClO_4$-Wertes der Kaliumsalze gelingt es dann, den Gehalt an der schwerstlöslichen Fettsäure zu berechnen. Da in vielen Fetten Stearinsäure die höchstmolekulare Fettsäure ist, ist damit ein brauchbarer Weg zur Stearinsäurebestimmung gegeben. Nur in Fetten wie Erdnußöl, gehärtetem Erdnußöl, gehärtetem Walöl, bei denen noch höher molekulare Fettsäuren in wesentlicher Menge vorhanden sind, bezieht sich die Bestimmung auf diese noch höheren Fettsäuren.

Die Methode, die von GROSSFELD besonders zur Prüfung von Kakaofett auf Zusatz von gehärtetem Erdnußöl ausgearbeitet wurde, erfordert eine besonders genaue Bestimmung des $KClO_4$-Wertes; die Fraktionierung läßt sich aber durch Zugabe der Fettsäure, in deren Gebiet die Trennung fallen soll, bedeutend erleichtern.

In Erdnußöl ist nach Untersuchungen von A. HEIDUSCHKA und S. FELSER[3] sowie von G. S. JAMIESON, W. F. BAUGHMAN und D. H. BRAUNS[4] das Verhältnis von Lignocerinsäure: Arachinsäure ziemlich konstant, im Mittel etwa 44,1 : 55,8. Zum Nachweis von Erdnußöl und Erdnußhartfett wird daher von GROSSFELD von einer Bestimmung der Lignocerin- und Arachinsäure einzeln abgesehen und die Menge der Mischung beider neben Stearinsäure erstrebt. Die Arbeitsweise ist aber in ihren Grundzügen die gleiche, wie wenn es sich um die Bestimmung der höchstmolekularen Fettsäure allein handelt. Nur die Berechnung ist dann eine andere. — Das Vorkommen sehr kleiner Mengen weiterer noch höher molekularer Fettsäuren im Erdnußöl (vgl. S. 489) kann in diesem Zusammenhange unbeachtet bleiben, weil deren Einfluß in die Fehlergrenze der Methode fällt.

---

[1] J. GROSSFELD: Z. 1929, 58, 209.
[2] H. KREIS u. E. ROTH: Z. 1913, 25, 81. — Vgl. S. 196.
[3] A. HEIDUSCHKA u. S. FELSER: Z. 1919, 38, 241.
[4] G. S. JAMIESON, W. F. BAUGHMAN u. D. H. BRAUNS: Journ. Amer. Chem. Soc. 1921, 43, 1372.

β) **Ausführung der Bestimmung. 1. Abtrennung der hochmolekularen Fettsäuren aus Erdnußfett.** a) 10 g des zu prüfenden klar filtrierten Fettes werden in einem Erlenmeyerkolben von 300 ccm Inhalt mit 100 ccm 95 Vol.-%-igem Alkohol und 4 ccm 47%iger Kalilauge unter Zusatz einiger Bimsstein-körnchen am Rückflußkühler bis zur Entstehung einer klaren Lösung erwärmt

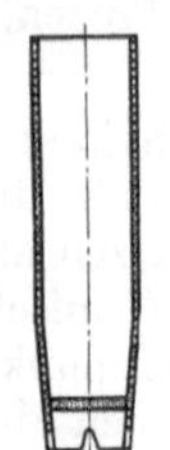

Abb. 43.
Glasfiltertiegel
2a G3.

und dann noch 5 Minuten im Sieden gehalten. Enthält die zu prüfende Fettmenge weniger als etwa 1—1,5 g Stearinsäure und höhere Fettsäuren, so löst man bei Prüfung auf Lignocerin- und Arachinsäure in der Seifenlösung noch so viel Stearinsäure, daß die vorhandene Menge daran etwa 1,5 g beträgt.

Zu der noch heißen Seifenlösung fügt man weitere 150 ccm 95%igen Alkohol und 4 ccm 96%ige Essigsäure [1] und 30 ccm einer Lösung von Bleiacetat in Alkohol (15 g des krystallisierten Salzes unter Zusatz von etwas Essigsäure in 95%igem Alkohol gelöst und mit diesem auf 1 Liter aufgefüllt). Das Gemisch läßt man nach Umschütteln ruhig stehen, worauf sich der Bleiniederschlag aus-scheidet.

b) Nach etwa 1½ Stunden, wenn die Temperatur des Gemisches auf unter 25° gesunken ist, saugt man durch einen Glasfiltertiegel von Schott & Gen. in Jena (2 G 3) [2] ab. Das sich abkühlende, anfangs klare Filtrat läßt bei Hart-fetten gewöhnlich weitere Mengen Fettsäuren ausfallen, die jedoch erheblichere Mengen am Lignocerinsäure und Arachinsäure nicht mehr enthalten. Den

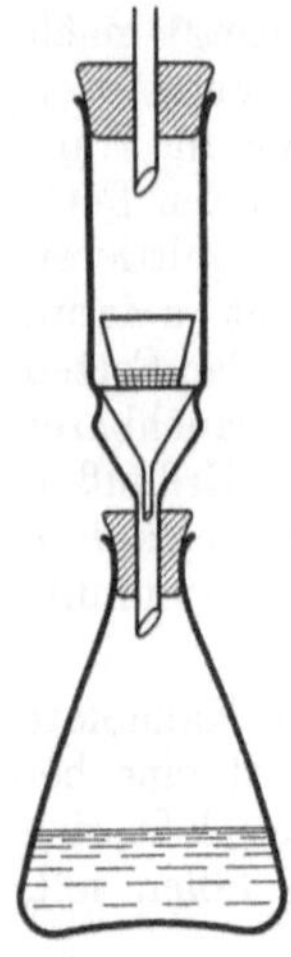

Abb. 44. Extrak-
tionsapparat für
Glastiegel nach
Grossfeld.

Rückstand auf dem Filter wäscht man mit 95%igem Alkohol aus und saugt schließlich scharf ab. Darauf bringt man den Tiegel mit Inhalt umgekehrt, den Tiegelboden nach oben [3], in einen Extraktionsapparat von der nebenstehend abgebildeten Form, beschickt den Erlenmeyerkolben mit 150—200 ccm Alkohol, feuchtet die untere, jetzt nach oben gekehrte Seite des Filters mit 1—2 ccm Essigsäure an und extrahiert, wobei der Niederschlag herunterfällt und in Lösung geht. Gegebenen-falls zurückbleibende Reste spritzt man mit Spiritus ab und löst durch kurzes Aufkochen. — Für größere Niederschlags-mengen werden besondere Tiegel von Schott & Gen. (2a G 3) verwendet (vgl. Abb. 43).

Die Lösung läßt man nun abermals erkalten, wieder etwa 1½ Stunden auskrystallisieren, bis die Temperatur wieder unter 25° gesunken ist und saugt abermals ab. — Die gleiche Be-handlung wiederholt man nochmals.

Beträgt die Menge des Niederschlages jetzt noch mehr als etwa ¼ des Tiegelinhaltes, so wiederholt man die Krystalli-sation so oft, bis die Raummenge des Niederschlages nicht mehr als ¼ des Tiegelinhaltes beträgt.

c) Den zuletzt sich ergebenden Niederschlag, den man im Tiegel scharf absaugt, extrahiert man nun unter Anfeuchten mit etwa 2—3 ccm Essigsäure mit 50 ccm Alkohol in gleicher Weise wie vor-hin, destilliert die entstehende Lösung bis auf etwa 20 ccm ab, was durch Ein-setzen eines weithalsigen Gefäßes in dem Extraktionsapparate selbst geschehen kann, verdünnt vorsichtig mit etwa 100 ccm heißem Wasser, säuert mit 5 ccm

---

[1] Hiervon werden etwa 3 ccm zur Bildung von Kaliumacetat verbraucht, so daß noch 1 ccm im Überschuß ist.

[2] Empfehlenswert ist es, so viele dieser Tiegel nebeneinander zu verwenden, als man Proben in einer Versuchsreihe untersucht.

[3] Also anders als in der Zeichnung angedeutet ist und unter Weglassung des Trich-terchens.

verdünnter Salpetersäure (Dichte 1,20) an, erwärmt bis zum Sieden, läßt wieder etwas erkalten und füllt den Kolben vorsichtig bis zum Halse mit heißem Wasser an. Dann läßt man in heißem Wasser oder im Dampfheizschrank einige Stunden stehen, wobei die Hauptmenge der Fettsäuren als klare Schicht an der Oberfläche sich abscheidet. Man läßt dann den Kolben durch Einstellen des unteren Teiles in kaltes Wasser erkalten, worauf schließlich die Fettsäuren erstarren.

Hierauf beschickt man einen größeren Trichter mit gut anliegendem Filter von 9 cm Durchmesser, filtriert durch dieses zuerst eine Aufschwemmung von einer Messerspitze voll Kieselgur auf 250 ccm Wasser und dann die unter den Fettsäuren stehende saure wäßrige Flüssigkeit. Wenn das Filter gut anliegt, kann man hierbei den Trichter bis an seinen oberen Rand mit Flüssigkeit beschicken, ohne daß Verluste an Fettsäuren zu befürchten sind. Kolben und Filter wäscht man einmal mit kaltem Wasser aus. Schließlich bringt man auf das Filter gelangte größere Stückchen der Fettsäuren in den Kolben zurück, setzt den Trichter auf den Kolben, wäscht das Filter mit etwa 25 ccm Alkohol aus, fügt zum Filtrate 1 ccm 50%ige Kalilauge, bringt das Filter auf einen kleinen Trichter, diesen in den Extraktionsapparat, schließt den Kolben an und kocht $^1/_2$ Stunde, wodurch gleichzeitig Verseifung der Fettsäuren und Extraktion des Filters erfolgen.

d) Diese so entstandene Seifenlösung verdünnt man wieder mit 100 ccm heißem Wasser, zerlegt mit 2 ccm 25%iger Salzsäure, erwärmt wieder zum Sieden und füllt abermals vorsichtig (Siedeverzug!) mit heißem Wasser bis zum Kolbenhalse an, erwärmt wieder bis zur klaren Abscheidung der Fettsäuren bei 100°, läßt wieder erkalten, filtriert, wäscht mit kaltem Wasser völlig säurefrei und bringt die Fettsäuren, soweit möglich in den Kolben zurück, den man möglichst austropfen läßt.

2. Darstellung der neutralen Kaliumsalze. a) Die nach 1 d erhaltenen Fettsäuren[1] löst man durch Erwärmen mit 20 ccm säurefreiem (nach Zusatz von alkoholischer Kalilauge im Überschuß destilliertem) 95%igem Alkohol, filtriert in der Wärme durch das bei 1 d verwendete, inzwischen getrocknete und angewärmte Filter in einen reinen 200-ccm-Erlenmeyerkolben und wäscht mit etwa 15—20 ccm des gleichen neutralen Alkohols heiß nach. Zu dem Filtrat fügt man einen kleinen Tropfen 1%ige Phenolphthaleinlösung, erhitzt bis fast zum Sieden und titriert die klare Lösung mit alkoholischer etwa 0,5 N.-Kalilauge bis zur schwachen Rosafärbung. Diese beseitigt man wieder durch tropfenweisen Zusatz einer Lösung von 500 mg Stearinsäure in 100 ccm Alkohol.

b) Zu der so neutralisierten, noch warmen Flüssigkeit gibt man darauf 50 ccm neutralen — über Natrium oder nach Zusatz von alkoholischer Kalilauge destillierten — Äther und beobachtet die Beschaffenheit des beim Erkalten sich bildenden Niederschlages. Ist dieser feinkrystallinisch, so sind keine oder nur geringe Mengen höher molekularer Fettsäuren als Stearinsäure vorhanden. Ist dieser Niederschlag mehr flockig, so sind möglicherweise kleine Mengen der höheren Fettsäuren vorhanden, größere Mengen, wenn der Niederschlag gallertartig gequollen ist.

Nach etwa 2 Stunden setzt man weitere 100—150 ccm Äther hinzu und läßt einige Stunden oder bis zum folgenden Tage stehen, filtriert dann zunächst ohne zu saugen wieder durch den gewogenen Glastiegel, wäscht mit Äther nach, saugt schließlich scharf ab, trocknet an der Luft[2] bei höchstens 60°, bis Äther

---

[1] Außerdem wird bei jeder Versuchsreihe zur Ermittlung des Korrekturfaktors nach 4 (S. 173) noch 1 g reine Stearinsäure in einem besonderen Versuche ebenso behandelt. Noch besser ist es, den Korrekturfaktor an reinem Kakaofett, das man ebenso wie die verdächtigen Proben behandelt, zu ermitteln.

[2] Bei zu starkem Erhitzen schmilzt der noch alkoholhaltige feuchte Rückstand und läuft leicht durch das Filter.

und Alkohol nur noch in geringen Mengen vorhanden sind, dann bei 100 oder 105° bis zur Gewichtsbeständigkeit, wobei man den Tiegel zur Vorsicht in ein gewogenes Glasschälchen stellt und wägt die erhaltenen neutralen Kaliumsalze.

3. Bestimmung des Kaliumgehaltes der fettsauren Kaliumsalze. Die Hauptmenge der erhaltenen getrockneten Kaliumsalze wägt man in einem passenden Erlenmeyerkölbchen so genau wie möglich ab, fügt die in der folgenden Reagenzientabelle die dem nächst höheren Gliede entsprechende Menge Alkohol und Essigsäure hinzu und erwärmt vorsichtig, bis sich das fettsaure Kaliumsalz gelöst hat. Zu der Lösung fügt man nun sofort die zugehörige, in der Tabelle angegebene Menge Chloroform und dann unter leichtem Umschwenken tropfenweise soviel wäßrige etwa 20%ige Überchlorsäurelösung, als der Angabe in der Tabelle entspricht. Man läßt dann erkalten und verschließt das Kölbchen mit einem reinen Korkstopfen.

Am folgenden Tage saugt man das Gemisch durch einen mit Asbest und etwas Kieselguraufschwemmung beschickten, bei etwa 120—150° getrockneten und so genau wie möglich gewogenen Gooch-Tiegel oder einen Porzellanfiltertiegel und wäscht, sobald alle Flüssigkeit abfiltriert ist, mit einer mit Kaliumperchlorat gesättigten Mischung[1] etwa gleicher Teile Alkohol und Äther[2] nach. Darauf trocknet man den Tiegel im Dampftrockenschrank, wobei gewöhnlich schon nach einer Stunde Gewichtsbeständigkeit eingetreten ist, und wägt nach dem Erkalten wieder möglichst genau.

Zu der erhaltenen Menge Kaliumperchlorat zählt man die bei der Fällung in Lösung gebliebene, gemäß der Löslichkeitskorrektur der vorstehenden Reagenzientabelle. Die Summe × 100, geteilt durch die angewendete Menge der fettsauren Kaliumsalze, ergibt deren unkorrigierten Kaliumperchloratwert in Prozenten.

Tabelle 66. Reagenzienmengen und Löslichkeitskorrektur bei der Kaliumbestimmung.

Angewendete Menge fettsaures Kalium g	Alkohol ccm	Essigsäure ccm	Chloroform ccm	Überchlorsäure (20%ige) ccm	Löslichkeitskorrektur g
0,10	2	0,04	1	0,2	0,0005
0,20	4	0,08	2	0,5	0,0010
0,30	6	0,12	4	0,7	0,0015
0,40	8	0,16	5	0,9	0,0020
0,50	10	0,20	6	1,1	0,0025
0,60	12	0,24	7	1,3	0,0030
0,70	14	0,28	8	1,5	0,0035
0,80	16	0,32	10	1,8	0,0040
0,90	18	0,36	11	2,0	0,0045
1,00	20	0,40	12	2,2	0,0050
1,10	22	0,44	13	2,4	0,0055
1,20	24	0,48	14	2,6	0,0060
1,30	26	0,52	16	2,8	0,0065
1,40	28	0,56	17	3,1	0,0070
1,50	30	0,60	18	3,3	0,0075
1,60	32	0,64	19	3,5	0,0080
1,70	34	0,68	20	3,7	0,0085
1,80	36	0,72	22	4,0	0,0090
1,90	38	0,76	23	4,2	0,0095
2,00	40	0,80	24	4,4	0,0099
2,10	42	0,84	25	4,6	0,0104
2,20	44	0,88	26	4,8	0,0109
2,30	46	0,92	28	5,1	0,0114
2,40	48	0,96	29	5,3	0,0119

---

[1] Zur Sättigung mit Kaliumperchlorat löst man in etwa 1 Liter des Gemisches 5 ccm alkoholische etwa 0,5 N.-Kalilauge, fügt nach dem Umschwenken 1,5 ccm 20%ige Überchlorsäurelösung hinzu, schwenkt wieder um, läßt bis zum folgenden Tage oder länger stehen und filtriert durch ein Faltenfilter. — Die Flüssigkeit enthält dann einen kleinen Überschuß an Überchlorsäure.

[2] Es kann auch ein mehr Äther enthaltendes Gemisch verwendet werden. Sehr geeignet sind auch die aus den Filtraten durch Destillation wiedergewonnenen Alkohol-Äthergemische nach Sättigung mit Kaliumperchlorat nach Anm. 1. — Gegebenenfalls mit auskrystallisierte Fettsäuren in Mischung mit dem Kaliumperchlorat sind beim Auswaschen restlos zu entfernen. Zur Kontrolle kann man den getrockneten Tiegel nach der ersten Wägung nochmals auswaschen, trocknen und auf weitere Gewichtsabnahme prüfen.

1. **Berechnung des Gehaltes an Lignocerinsäure.** Der nach 3. gefundene Kaliumperchloratwert kann noch durch Verunreinigungen in der verwendeten alkoholischen Kalilauge beeinflußt sein. Eine solche Abweichung

Tabelle 67. Faktoren zur Berechnung des korrigierten Kaliumperchloratwertes.

KClO$_4$-Wert, gefunden bei reiner Stearinsäure	0,00	0,01	0,02	0,03	0,04	0,05	0,06	0,07	0,08	0,09
42,5	1,0113	1,0111	1,0108	1,0106	1,0103	1,0101	1,0099	1,0096	1,0094	1,0091
42,6	1,0089	1,0088	1,0085	1,0083	1,0080	1,0078	1,0076	1,0073	1,0071	1,0068
42,7	1,0066	1,0064	1,0061	1,0059	1,0056	1,0054	1,0052	1,0049	1,0047	1,0044
42,8	1,0042	1,0041	1,0038	1,0036	1,0033	1,0031	1,0029	1,0026	1,0024	1,0021
42,9	1,0019	1,0017	1,0014	1,0012	1,0010	1,0007	1,0005	1,0002	1,0000	0,9998
43,0	0,9996	0,9993	0,9991	0,9988	0,9986	0,9984	0,0982	0,9979	0,9977	0,9975
43,1	0,9972	0,9970	0,9968	0,9965	0,9963	0,9961	0,9959	0,9956	0,9954	0,9952
43,2	0,9949	0,9947	0,9945	0,9942	0,9940	0,9938	0,9936	0,9933	0,9931	0,9929
43,3	0,9926	0,9924	0,9922	0,9919	0,9917	0,9915	0,9913	0,9910	0,9908	0,9906
43,4	0,9903	0,9902	0,9900	0,9898	0,9895	0,0992	0,9890	0,9887	0,9885	0,9883
43,5	0,9881	0,9879	0,9876	0,9874	0,9872	0,9869	0,9867	0,9865	0,9862	0,9860
43,6	0,9858	0,9856	0,9853	0,9850	0,9849	0,9846	0,9844	0,9842	0,9840	0,9838
43,7	0,9835	0,9833	0,9831	0,9828	0,9826	0,9824	0,9822	0,9820	0,9817	0,9815
43,8	0,9813	0,9811	0,9808	0,9806	0,9804	0,9802	0,9799	0,9797	0,9795	0,9793
43,9	0,9791	0,9788	0,9786	0,9784	0,9782	0,9780	0,9778	0,9775	0,9773	0,9770
44,0	0,9768	0,9766	0,9765	0,9762	0,9759	0,9757	0,9755	0,9752	0,9750	0,9748
44,1	0 9745	0,9743	0,9741	0,9739	0,9737	0,93+	0,9732	0,9730	0,9728	0,9726
44,2	0,9724	0,9721	0,9719	0,9717	0,9715	0,9713	0,9710	0,9708	0,9706	0,9704
44,3	0,9702	0,9699	0,9697	0,9695	0,9693	0,9691	0,9688	0,9686	0,9684	0,9682
44,4	0,9680	0,9678	0,9776	0,9673	0,9671	0,9669	0,9666	0,9664	0,9662	0,9660

erkennt man aus dem mit reiner Stearinsäure gefundenen Kaliumperchloratwert. Beträgt dieser 42,98%, so ist der nach 3. erhaltene Kaliumperchloratwert ohne weiteres brauchbar. Weicht er hiervon ab, so ist noch mit dem entsprechenden aus vorstehender Tabelle entnommenen Faktor malzunehmen.

Für den mit diesem Faktor erhaltenen Kaliumperchloratwert entnimmt man dann aus den folgenden Tabellen das mittlere Molekulargewicht der Fettsäuren und den Lignocerinsäurewert.

Der Tabelle 57 liegen die Gleichungen

$$L = 16{,}63\,(39{,}54 - k) \quad \text{oder}$$
$$L = 6{,}81\,(42{,}98 - k)$$

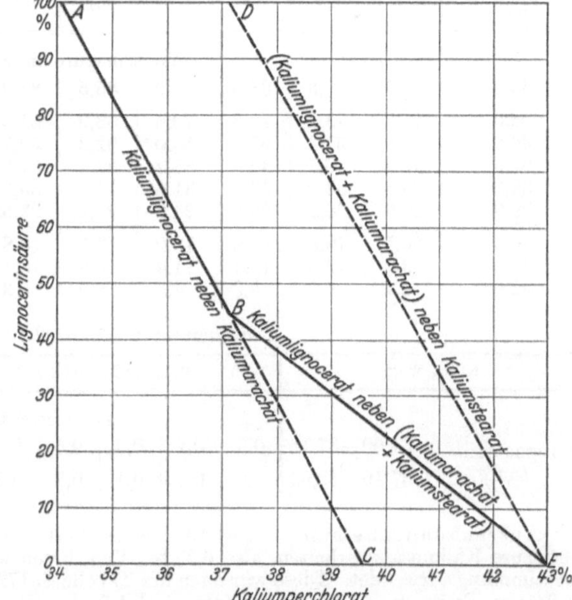

Abb. 45. Kaliumperchloratwerte von Kaliumlignoceratgemischen aus Erdnußöl und Erdnußhartfett.

zugrunde, je nachdem ob im Arachinsäure- ($k < 37{,}16$) oder im Stearinsäuregebiet ($k > 37{,}16$) fraktioniert wurde (vgl. Abb. 45).

Tabelle 68. **Berechnung des mittleren Molekulargewichtes der Fettsäuren aus dem Kaliumperchloratwerte der reinen Kaliumsalze.**

$KClO_4$-Wert in Prozenten	0,0	0,1	0,2	0,3	0,4	0,5	0,6	0,7	0,8	0,9
	Mittleres Molekulargewicht der Fettsäuren:									
34,0	369,3	368,2	367,1	365,9	364,8	363,6	362,4	361,3	360,1	359,0
35,0	357,8	356,7	355,6	354,5	353,5	352,3	351,2	350,1	349,0	347,9
36,0	346,8	345,8	344,7	343,6	342,6	341,6	340,6	339,5	338,5	337,4
37,0	336,4	335,4	334,4	333,4	332,4	331,4	330,5	329,5	328,5	327,5
38,0	326,5	325,6	324,6	323,7	322,8	321,9	320,9	320,0	319,1	318,1
39,0	317,2	316,3	315,4	314,5	313,6	312,8	311,9	311,0	310,1	309,2
40,0	308,3	307,4	306,6	305,8	304,9	304,1	303,3	302,4	301,6	300,7
41,0	299,9	299,1	298,3	297,5	296,7	295,9	295,0	294,2	293,4	292,6
42,0	291,8	291,0	290,3	289,5	288,7	288,0	287,2	286,4	285,6	284,9
43,0	284,1	283,3	282,6	281,9	281,2	280,5	279,7	279,0	278,3	277,5
44,0	276,8	276,1	275,4	274,7	274,0	273,3	272,6	271,9	271,2	270,5
45,0	269,8	269,2	268,5	267,8	267,1	266,5	265,8	265,1	264,5	263,8
46,0	263,1	262,5	261,8	261,2	260,6	259,9	259,3	258,6	258,0	257,4
47,0	256,7	256,1	255,5	254,9	254,3	253,7	253,0	252,4	251,8	251,2
48,0	250,6	250,0	249,4	248,8	248,3	247,7	247,1	246,5	246,0	245,4
49,0	244,8	244,2	243,7	243,1	242,5	241,9	241,3	240,8	240,2	239,6
50,0	239,0	238,5	237,9	237,4	236,9	236,3	235,8	235,2	234,7	234,1
51,0	233,6	233,1	232,6	232,0	231,5	231,0	230,5	230,0	229,4	228,9
52,0	228,4	227,9	227,4	226,9	226,4	225,9	225,4	224,9	224,4	223,9
53,0	223,4	222,9	222,4	221,9	221,4	220,9	220,5	220,0	219,5	219,0

Tabelle 69. **Berechnung des Lignocerinsäuregehaltes reiner Kalium-Lignocerat-Arachat-Stearatgemische aus dem Kaliumperchloratwert.**

$KClO_4$-Wert in Prozenten	0,0	0,1	0,2	0,3	0,4	0,5	0,6	0,7	0,8	0,9
	Lignocerinsäure in Prozenten:									
34,0	90,7	90,6	88,9	87,2	85,5	83,9	82,3	80,6	78,9	77,3
35,0	75,6	73,9	72,3	70,6	68,9	67,3	65,6	64,0	62,3	60,7
36,0	59,0	57,3	55,7	54,0	52,3	50,7	49,0	47,3	45,6	43,9
37,0	42,2	40,7	39,0	38,4	37,7	37,0	36,3	35,7	35,0	34,3
38,0	33,6	33,0	32,3	31,6	31,0	30,3	29,6	28,9	28,3	27,6
39,0	26,9	26,2	25,6	24,9	24,2	23,5	22,8	22,1	21,5	20,8
40,0	20,1	19,5	18,8	18,2	17,5	16,8	16,1	15,4	14,8	14,1
41,0	13,4	12,8	12,1	11,4	10,8	10,1	9,4	8,7	8,0	7,4
42,0	6,7	6,0	5,3	4,6	4,0	3,3	2,6	1,9	1,3	0,5

Zwischenwerte (abzuziehen):

$KClO_4$-Wert	0,00	0,01	0,02	0,03	0,04	0,05	0,06	0,07	0,08	0,09
	Lignocerinsäure in Prozenten									
Lignocerin- säure 34,09—37,16	0,0	0,2	0,3	0,5	0,7	0,8	1,0	1,2	1,3	1,5
37,16—42,98	0,0	0,1	0,1	0,2	0,3	0,3	0,4	0,5	0,5	0,6

Ausrechnungsbeispiel. Aus 10 g eines Fettes aus Schokolade wurden 0,637 g fettsaure Kaliumsalze erhalten, also 6,37%. Von diesen wurden 0,5482 g für die Kaliumbestimmung verwendet. Diese war nach der Tabelle S. 172 (für 0,60 g) mit 12 ccm Alkohol, 0,24 ccm Essigsäure, 7 ccm Chloroform und 1,3 ccm Überchlorsäure auszuführen.

Erhalten wurden unter Zurechnung der Löslichkeitskorrektur von 0,0030 g 0,2309 g = 42,12% $KClO_4$.

Andererseits wurden mit dem Kaliumsalz aus reiner Stearinsäure für 0,4783 g dieses Salzes 0,2064 = 43,15% $KClO_4$ erhalten, wobei gleichfalls die zugehörige Löslichkeitskorrektur eingerechnet worden ist.

Mithin beträgt nach Tabelle S. 173 der Korrekturfaktor für 43,15% 0,9961, und wir erhalten als wahren Kaliumperchloratwert

$$42,12 \cdot 0,9961 = 41,95\%.$$

Diesem Kaliumperchloratwert entsprechen nach Tabelle S. 174

$$\text{Mittleres Molekulargewicht} \ldots \ldots 292,2$$
$$\text{Lignocerinsäure} \ldots \ldots \ldots \ldots 7,1\%$$

in den abgeschiedenen Kaliumsalzen der Fettsäuren. Diese betragen 6,37% des Gesamtfettes, mithin dessen

$$\text{Lignocerinsäuregehalt} = \frac{7,1 \cdot 6,37}{100} = 0,45\%.$$

Über die Anwendung der Methode zum Nachweise höherer gesättigter Fettsäuren (bei Annahme von Behensäure [1]) im Tranhartfett vgl. Original. Die Berechnungsgleichung lautet hier für den $KClO_4$-Wert k der Kaliumsalze

$$B = 14,09 \ (42,98 - k) \ \%,$$

wenn Behensäure neben Stearinsäure abgeschieden ist. In der nachstehenden Zeichnung entspricht dieser Gleichung die Linie AC. Sie ist steiler als die (Kaliumlignocerat- und Kaliumarachat-) Linie bei Erdnußöl AE oder die Lignocerat-Stearatlinie AD, aber weniger steil als die Linie für Kaliumarachat neben Stearat AB. Versuchsfehler bei der Bestimmung von k bedingen hier also größere Abweichungen als bei der Lignocerinsäurebestimmung. In zwei Proben gehärteten Tranen wurde hiernach ein Wert von 4,46 bzw. 4,65% Behensäure erhalten.

5. Bestimmung der Stearinsäure.

Wenn Stearinsäure die in einem Fette vorkommende höchstmolekulare Fettsäure ist, kann sie nach

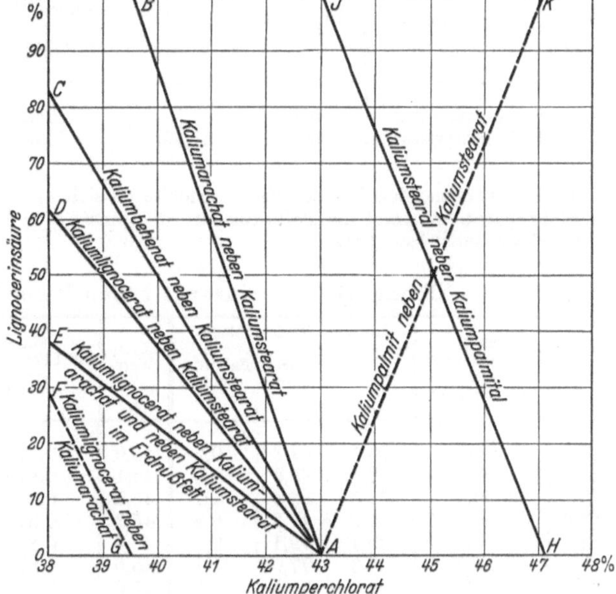

Abb. 46. Kaliumperchloratwerte der Gemische von Stearat mit Palmitat sowie mit Arachat, Behenat, Lignocerat und Arachat + Lignocerat.

vorstehender Methode bestimmt werden. Natürlich wird man in diesem Falle die Fraktionierung im Palmitinsäuregebiet vornehmen und dieses notwendigenfalls durch Zusatz reiner Palmitinsäure erweitern müssen.

Da der Kaliumperchloratwert für reines Kaliumpalmitat 47,07, für Kaliumstearat 42,98, der Faktor zur Berechnung der Stearinsäure aus dem Kaliumsalze 0,882 beträgt, berechnet sich der Stearinsäuregehalt S aus dem Kaliumperchloratwerte zu:

$$\left.\begin{aligned} S &= 0,882 \frac{100}{47,07 - 42,98} \ (47,07 - k) \\ &= 21,56 \ (47,07 - k)\%. \end{aligned}\right\} \tag{11}$$

In der Abb. 46 verläuft die entsprechende Linie HJ daher noch steiler als die Linie AC für Kaliumbehenat neben Kaliumstearat. Das Verfahren bietet aber hier den Vorteil, daß die neutralen Kaliumsalze schön krystallinisch erhalten werden.

---

[1] Gehärtete Seetieröle können nach neueren Untersuchungen auch andere höhermolekulare gsättigte Fettsäuren, entstanden aus den ungesättigten Fettsäuren von gleicher Zahl der Kohlenstoffatome, enthalten.

Die folgende Tabelle ermöglicht die Ablesung des Stearinsäuregehaltes.

Man kann natürlich auch den **Palmitatgehalt** der Mischung der Kaliumsalze aus der Differenz von 100% ableiten. Dies entspricht in der Tabelle 71 die fünfte Spalte und in der Abb. 175 die Linie AK.

Versuche zur Prüfung, ob auch die niederen Fettsäuren sich aus Alkohol in Form des Kaliumsalzes durch Äther zur Abscheidung bringen lassen, wurden an käuflichen Fettsäurepräparaten vorgenommen. Es zeigte sich, daß Nonylsäure, Caprinsäure und Laurinsäure keine Abscheidung mehr lieferten. Von Kaliummyristat wurden ziemlich große Krystalle, aber in schlechter Ausbeute erhalten, in besserer Ausbeute von Kaliumpalmitat. Die Untersuchung der beiden Fällungen ergab:

Tabelle 70.

Nr.	Gegenstand	Untersuchung der abgeschiedenen Kaliumsalze			Berechnete Werte	
		angewendete Menge g	KClO₄-Wert (korr.) %	mittleres Molekulargewicht der Fettsäuren %	KClO₄-Wert %	Molekulargewicht %
1	Kaliumpalmitat	1,0262	46,55	259,6	47,07	256,3
2	Kaliummyristat	0,6071	51,89	228,9	52,03	228,2

Bei der verwendeten Myristinsäure handelte es sich also anscheinend um ein ziemlich reines Präparat, während die Palmitinsäure in Spuren eine höhere Fettsäure, vermutlich Stearinsäure, enthalten hat.

Tabelle 71. Stearinsäure neben Palmitinsäure.

KClO₄-Wert %	Faktor zur Berechnung der Gesamtsäuren	In % des Niederschlages			KClO₄-Wert %	Faktor zur Berechnung der Gesamtsäuren	In % des Niederschlages		
		K-Stearat %	Stearinsäure %	Palmitinsäure %			K-Stearat %	Stearinsäure %	Palmitinsäure %
43,0	0,882	99,5	87,8	0,4	45,0	0,876	50,6	44,6	43,0
43,1	0,882	97,1	85,6	2,6	45,1	0,876	48,2	42,5	45,1
43,2	0,882	94,6	83,4	4,7	45,2	0,876	45,7	40,3	47,3
43,3	0,881	92,2	81,3	6,8	45,3	0,876	43,2	38,2	49,4
43,4	0,881	89,7	79,1	9,0	45,4	0,875	40,8	36,0	51,5
43,5	0,880	87,3	77,0	11,1	45,5	0,875	38,4	33,9	53,7
43,6	0,880	84,8	74,8	13,2	45,6	0,875	35,9	31,7	55,8
43,7	0,880	82,4	72,7	15,3	45,7	0,874	33,5	29,5	57,9
43,8	0,880	80,0	70,5	17,5	45,8	0,874	31,1	27,4	60,0
43,9	0,879	77,5	68,3	19,6	45,9	0,874	28,6	25,2	62,2
44,0	0,879	75,1	66,2	21,7	46,0	0,873	26,2	23,1	64,3
44,1	0,879	72,6	64,0	23,9	46,1	0,873	23,7	20,9	66,4
44,2	0,878	70,2	61,9	26,0	46,2	0,873	21,3	18,8	68,6
44,3	0,878	67,7	59,7	28,1	46,3	0,873	18,8	16,6	70,7
44,4	0,878	65,3	57,6	30,2	46,4	0,872	16,4	14,4	72,8
44,5	0,878	62,8	55,4	32,4	46,5	0,872	13,9	12,3	75,0
44,6	0,877	60,4	53,3	34,5	46,6	0,872	11,5	10,1	77,1
44,7	0,877	57,9	51,1	36,6	46,7	0,872	9,0	8,0	79,2
44,8	0,877	55,5	48,9	38,8	46,8	0,871	6,0	5,8	81,3
44,9	0,877	53,1	46,8	40,9	46,9	0,871	4,2	3,7	83,5
					47,0	0,871	1,7	1,5	85,6
					47,1	0,871	0,0	0,0	87,1

Statt dieser Kaliumperchloratwerte hat G. Lode[1] versucht, auf einfachere Weise die Fettsäuren in **Schwermetallsalze** überzuführen, um darauf aus dem Metallgehalt das Molekulargewicht abzuleiten. Bei dieser Prüfung wurden in erster Linie Zink, Uran und Kupfer als brauchbar befunden.

---

[1] G. Lode: Oesterr. Chemiker-Ztg 1938, **41**, 95.

Die Darstellung der fettsauren Salze geschah durch Fällung der in Alkohol gelösten Fettsäuren (meist 0,2—0,5 g) mit Metallacetatlösung in der Wärme, worauf dann durch Verdünnen mit Wasser die Fällung vervollständigt wurde. Die Salze wurden abgesaugt, mit etwas Alkohol befeuchtet und dann mit heißem Wasser bis zum Verschwinden der Nachweisbarkeit des Fällungsmittels gewaschen, schließlich zwischen Filtrierpapier getrocknet und im Exsiccator aufbewahrt. Darauf wurden sie nach bekannten Methoden analysiert. Hierbei wurde bestimmt:

Metall	Zink	Uran	Kupfer
Bestimmungsform . . .	ZnO	U_3O_8	CuO

Bei 10 Versuchen an einem Stearinsäurepräparat, das das Molekulargewicht 283,3 hatte, mit Zink wurden so die Molekulargewichte von 280,5—289,1 im Mittel 284,3 erhalten.

c) Fraktionierte Destillation der Fettsäuren und ihrer Ester im Vakuum.

α) **Grundlagen.** Dieses Trennungsverfahren für Fettsäurengemische wird entweder mit den Fettsäuren selbst oder, wie zuerst A. HALLER[1] vorgeschlagen hat, mit ihren Methyl- oder Äthylestern ausgeführt. Es erfordert zur Ausführung größere Fettmengen, bietet dann aber den Vorteil, daß das Fettsäurengemisch in eine beliebig große Zahl von Fraktionen mit verschiedenem Siedepunkt zerlegt werden kann. Aus diesem Grunde hat sich das Verfahren als ausgezeichnetes Mittel zur Erforschung der Fettsäurenzusammensetzung von Naturfetten eingeführt.

In der ursprünglichen Ausführung noch ziemlich mangelhaft, wurde das Verfahren in der Folgezeit durch verschiedene Forscher verbessert. So führten A. GRÜN und J. JANKO[2] die Bromestermethode ein. Bei dieser wird das Gemisch der Ester mit Brom behandelt, wodurch die ungesättigten Säuren durch die Bromaufnahme ihren Siedepunkt so erhöhen, daß die gesättigten Säuren leicht und praktisch vollständig durch Destillation abgetrennt werden können. Anschließend lassen sich die ungesättigten Säuren durch Entbromung mit Zink dann wieder regenerieren (vgl. S. 224). E. F. ARMSTRONG, J. ALLAN und C. W. MOORE[3] führen die Zerlegung der zu veresternden und zu destillierenden Fettsäuren über die Bleisalze (vgl. S. 200) aus. T. P. HILDITCH[4] und Mitarbeiter wendeten das Verfahren mit Erfolg auf die Erforschung der Fettsäurenzusammensetzung in zahlreichen natürlichen Tier- und Pflanzenfetten an. Nachdem die Wirksamkeit der Fraktionierung durch Anwendung von Vakuumkolonnen außerordentlich gesteigert worden ist (vgl. H. E. LONGENECKER[5], ferner E. JANTZEN[6]), kann die fraktionierte Vakuumdestillation heute als zuverlässigstes und genauestes Verfahren zur Trennung von Fettsäuren mit verschiedenem Siedepunkt angesehen werden.

Ihrer Natur nach eignet sich die Vakuumdestillation der Fettsäuren in erster Linie für Fettsäurengemische mit stark verschiedenem Siedepunkt, der wieder in naher Beziehung zum Molekulargewicht steht, also vor allem zur Trennung von Gemischen gesättigter Säuren wie sie z. B. im Cocosfett vorliegen. Bei ungesättigten Säuren mit gleich langer Kohlenstoffkette wie bei Öl-, Linol- und Linolensäure sind die Unterschiede in den Siedepunkten zu klein, um eine Trennung zu ermöglichen. Dagegen ist das Verfahren zur Trennung von ungesättigten Säuren mit verschiedenem Molekulargewicht geeignet, sofern nicht bei solchen Säuren während der Destillation bzw. beim Erhitzen

---

[1] A. HALLER: Compt. rend. Paris **143**, 657, 803 sowie 1907, **144**, 462. — V. J. MEYER (Chem.-Ztg. 1907, **31**, 793) hat das Verfahren bei Baumwollsamenöl angewendet.

[2] A. GRÜN u. J. JANKO: Zeitschr. Deutsch. Öl-Fettind. **41**, 1921, 553, 572.

[3] E. F. ARMSTRONG, J. ALLAN u. C. W. MOORE: Journ. Soc. chem. Ind. 1925, **44**, 63.

[4] T. P. HILDITCH: Vgl. HEFTER-SCHÖNFELD: Chemie und Technologie der Fette, Bd. I.

[5] H. E. LONGENECKER: Journ. Soc. chem. Ind. 1937, **56**, 199.

[6] E. JANTZEN, W. RHEINHEIMER u. W. ASCHE: U. 1938, **45**, 388, 613.

Zersetzung oder Polymerisierung eintritt, wie bei manchen ungesättigten Säuren aus Seetierölen.

Wegen der großen Mengen Fett, die nach diesem Verfahren verarbeitet werden können, eignet es sich auch vorzüglich zur präparativen Darstellung der Fettsäuren (vgl. S. 334).

Die Schmelz- und Siedepunkte der wichtigsten Fettsäuren und ihre Methyl- und Äthylester zeigt folgende Tabelle.

Die Siedepunkte der wichtigsten Fettsäuren und ihrer Methyl- und Äthylester sind nach einer Zusammenstellung und teilweise nach Feststellungen

Tabelle 72.
Schmelz- und Siedepunkte von Fettsäuren, ihren Äthyl- und Methylestern.

Fettsäure	Formel	Säure Schmelzpunkt Grade	Säure Siedepunkt Grade/mm	Methylester Schmelzpunkt Grade	Methylester Siedepunkt Grade/mm	Äthylester Schmelzpunkt Grade	Äthylester Siedepunkt Grade/mm
I. Gesättigte Säuren CnH_2nO_2:							
Ameisensäure	CH_2O_2	+ 8,3	101/760	—	33/760	—	54/760
Essigsäure	$C_2H_4O_2$	+ 16,6	118/760	—	58/760	—	77/760
Propionsäure	$C_3H_6O_2$	— 22	141/760	—	80/760	—	99/760
n-Buttersäure	$C_4H_8O_2$	— 8	163/749 75/25	—	102/760 45/40	—	120/760 —
i-Buttersäure	$C_4H_8O_2$	—	156/760	—	93/760	—	110/760
n-Valeriansäure	$C_5H_{10}O_2$	— 58,5	185/760 88/15	—	127/760	—	145/737 —
i-Valeriansäure	$C_6H_{12}O_2$	— 51	174/724	—	117/760	—	134/760
n-Capronsäure	$C_6H_{12}O_2$	— 1,5	205/746 114/25	—	150/760 71/40	—	167/738 —
n-Caprylsäure	$C_8H_{16}O_2$	+ 16,5	237/762 139/25	— 37	194/760 98/25	— 47	206/760 —
Nonylsäure	$C_9H_{18}O_2$	12,5 (1,5)[1]					
n-Caprinsäure	$C_{10}H_{20}O_2$	31,3	269/753 146/10	— 12,5	224/760 116/15	—	245/758 —
Undecansäure	$C_{11}H_{22}O_2$	28,5 (12,0)[1]					
n-Laurinsäure	$C_{12}H_{24}O_2$	43,9—44,0	176/15 146/2 102/0	+4,8—4,9	136/10	— 10	269/760 79/0
Tridecansäure	$C_{13}H_{26}O_2$	41,8 (27,5)[1]		5,5			
n-Myristinsäure	$C_{14}H_{28}O_2$	54,5	197/15 163/2	18,5—18,7	295/751 168/15	+ 11	295/760 102/0
Pentadecansäure	$C_{15}H_{30}O_2$	53,2 (39,0)[1]	122/1		146/5		
n-Palmitinsäure	$C_{16}H_{32}O_2$	63,0	215/15 139/1	30,1	418/747 196/15 130/1	24	185/10 143/3 122/0
Heptadecansäure	$C_{17}H_{34}O_2$	61,0 (47,0)[1]					
n-Stearinsäure	$C_{18}H_{36}O_2$	69,3	232/15 160/1 155/0 —	39,0	243/747 215/15 172/2 154/1	34	201/10 152/0,2 139/0 —
n-Arachinsäure	$C_{20}H_{40}O_2$	74,8—75,1	205/1 — —	45,1	284/100 216/10 180/1	50	297/100 177/0,3 —
n-Behensäure	$C_{22}H_{44}O_2$	79,9	306/60 265/15	53,0	225/5	50	231/5 185/0,2
n-Lignocerinsäure	$C_{24}H_{48}O_2$	82,2	—	58,2	—	58	199/0,3
n-Cerotinsäure	$C_{26}H_{52}O_2$	89	—	62	—	60	—
Melissinsäure	$C_{30}H_{60}O_2$	90—91	—	74,5	—	73	—

[1] Umwandlungspunkt.

II. Ungesättigte Säuren $CnH_{2n-2}O_2$:

Fettsäure	Formel	Säure Schmelzpunkt Grade	Säure Siedepunkt Grade/mm	Methylester Schmelzpunkt Grade	Methylester Siedepunkt Grade/mm	Br-Säure Grade	OH-Säuren Grade
$\Delta^{9:10}$-Decensäure	$C_{10}H_{18}O_2$	unter 0	142/4	—	116/12	—	—
Dodecensäure	$C_{12}H_{22}O_2$	flüssig	—	—	90/1	—	—
$\Delta^{5:6}$-Tetradecensäure	$C_{14}H_{26}O_2$	,,	—	—	111/1	—	—
$\Delta^{9:10}$-Tetradecensäure	$C_{14}H_{26}O_2$	,,	—	—	109/1	—	—
$\Delta^{9:10}$-Hexadecensäure	$C_{18}H_{30}O_2$	— 1	—	—	135/1	—	$87^0, 125^0$
$\Delta^{9:10}$-Octa- (cis-)	$C_{18}H_{34}O_2$	+ 16	165/1	—	152/1	—	$95^0, 132^0$
decensäure (trans-)	$C_{18}H_{34}O_2$	44	—	—	150/1	—	$95^0, 132^0$
$\Delta^{6:7}$-Octa- (cis-)	$C_{18}H_{34}O_2$	30	—	—	150/1	—	$115^0, 122^0$
decensäure (trans-)	$C_{18}H_{34}O_2$	53	—	—	—	—	$115^0, 122^0$
$\Delta^{12:13}$-Octadecensäure (cis-)	$C_{18}H_{34}O_2$	39	—	—	—	—	$129,5^0$
Eicosensäure	$C_{20}H_{38}O_2$	25	—	—	160/1	—	—
$\Delta^{13:14}$-Docosensäure (Erucasäure) (cis-)	$C_{22}H_{42}O_2$	33,5	255/10	—	240/10 170/1	43^0	$100^0, 130^0$
$\Delta^{13:14}$-Docosensäure (trans-)	$C_{22}H_{42}O_2$	60	—	—	—	54^0	$100^0, 130^0$

III. Cyclische ungesättigte Säuren:

Fettsäure	Formel	Säure Schmelzpunkt Grade	Säure Siedepunkt Grade/mm	Methylester Schmelzpunkt Grade	Methylester Siedepunkt Grade/mm	Br-Säure Grade	OH-Säuren Grade
Hydnocarpussäure	$C_{16}H_{28}O_2$	60	—	8	203/20	—	—
Chaulmugrasäure	$C_{18}H_{32}O_2$	68	248/20	22	227/20	—	—

IV. Oxysäuren:

Fettsäure	Formel	Säure Schmelzpunkt Grade	Säure Siedepunkt Grade/mm	Methylester Schmelzpunkt Grade	Methylester Siedepunkt Grade/mm	Br-Säure Grade	OH-Säuren Grade
Ricinolsäure	$C_{18}H_{34}O_3$	5	—	—	—	flüssig	$111^0, 142^0$
Ricinelaidinsäure	$C_{18}H_{34}O_3$	53	—	—	—	—	$111^0, 142^0$

V. Säuren mit mehr als 2 Äthylenbindungen.

Fettsäure	Formel	Säure Schmelzpunkt Grade	Säure Siedepunkt Grade/mm	Methylester Schmelzpunkt Grade	Methylester Siedepunkt Grade/mm	Br-Säure Grade	OH-Säuren Grade
$\Delta^{9:10, 12:13}$-Octadecadiensäure (Linolsäure)	$C_{18}H_{32}O_2$	— 24	228/14	—	259/12 155/1	flüssig 114^0	159^0 173^0
$\Delta^{9:10, 11:12, 13:14}$-Octadecatriensäure (Linolensäure)	$C_{18}H_{30}O_2$	48—49 (α-) 71 (β-)	232/17 235/12	—	207/14 —	115^0	—
Arachidonsäure	$C_{20}H_{32}O_2$ oder $C_{20}H_{30}O_2$	flüssig ,,	—	—	165/1 —	Zersetzt sich über 200^0	—
Clupanodonsäure	$C_{22}H_{34}O_2$ oder $C_{22}H_{36}O_2$	— 40 — 40	236/0 —	—	222/5 175/1		

von A. Grün[1] unter Benutzung von Angaben von T. P. Hilditch[2] sowie von
E. Jantzen, W. Rheinheimer und W. Asche[3] folgende:

Nach den letztgenannten Untersuchern zeigen die ungradzahligen Fettsäuren zum Unterschied von den gradzahligen etwa 10^0 unterhalb ihres Schmelzpunktes einen Umwandlungspunkt der Krystalle, der ihre sichere Unterscheidung von den gradzahligen Fettsäuren ermöglicht (vgl. S. 632).

Die Darstellung der Ester, von denen man wegen des niedrigeren Siedepunktes vorzugsweise die Methylester (Methanolyse) verwendet, verläuft nach der Gleichung:

$$C_3H_5(COOR)_3 + 3\ CH_3OH = 3\ CH_3COOR + C_3H_5(OH)_3.$$

---

[1] A. Grün: Analyse der Fette und Wachse, Bd. I, S. 233, 234. — Vgl. auch F. Krafft u. Weilandt: Ber. Deutsch. Chem. Ges. 1896, **29**, 1324. — J. Lewkowitsch: Analyse der Fette und Wachse, 5. engl. Ausg. 1913, 1, 149.

[2] P. Hilditch: Hefter-Schönfeld, Bd. I, S. 25 u. 28.

[3] E. Jantzen, W. Rheinheimer u. W. Asche: U. 1938, **45**, 388, 613.

Als Katalysator zur Beschleunigung dieser Umesterung hat Haller Natriummethylat verwendet, das aber gleichzeitig zu einer Verseifung der Fette führt. Heute wird meist Chlorwasserstoff oder Schwefelsäure verwendet. Versuche von M. Goswami und S. Ramanujam[1], die Umesterung für die einzelnen Fettsäuren durch Wahl eines geeigneten Katalysators selektiv zu gestalten, waren ohne Erfolg. Doch fanden sie, daß auch Phosphoroxychlorid ein brauchbarer Katalysator für die Methanolyse ist. H. Kurz[2] stellte ebenfalls fest, daß die Umesterungsgeschwindigkeit verschiedener Säuren entgegen Angaben von Haller praktisch die gleiche ist. Y. Toyama, T. Tsuchiya und T. Ishikawa[3] beobachteten auch bei Veresterung mit zwei verschiedenen Alkoholen (Äthyl- und Methylalkohol) keine selektive Bevorzugung des einen.

β) **Ausführung des Verfahrens.** 1. Vorbereitung des Fettes. Das zu prüfende Fett wird, sofern seine Jodzahl 20 übersteigt, zunächst in die „festen“ und „flüssigen“ Fettsäuren zerlegt. T. P. Hilditch[4] empfiehlt hierfür folgende Ausführung des Verfahrens von Twitchell (vgl. S. 201).

200 g Fettsäuren werden in 1000 ccm 95%igem Alkohol gelöst und siedend heiß mit einer ebenfalls siedend heißen Lösung von 150 g Bleiacetat in 1 Liter von mit 1% Eisessig[5] versetztem 95%igem Alkohol gegossen, gemischt und über Nacht stehen gelassen. Die beim Stehen über Nacht bei 15° ausgeschiedenen Bleisalze werden aus dem ursprünglich verwendeten gleichen Volumen Alkohol umkrystallisiert. Aus den so erhaltenen Bleisalzen scheidet man die festen, aus den Mutterlaugen die flüssigen Fettsäuren in bekannter Weise durch Ansäuern ab.

2. Veresterung (Umesterung). Das Fett oder die nach 1. erhaltenen Fettsäuren werden nach A. Grün[6] mit dem doppelten Gewicht absoluten Methylalkohols (bzw. Äthylalkohols zur Darstellung der Äthylester), dem man 2% seines Gewichtes an konzentrierter Schwefelsäure zugesetzt hat, unter Rückfluß auf dem Wasser- oder Sandbad unter Durchrühren mit einem kräftigen Kohlendioxydstrom bis zur Auflösung erhitzt und dann ohne Rühren 8—12 Stunden lang weiter gekocht. Bei sehr hoch schmelzenden Fetten wird von Anfang an ein Lösungsmittel wie Benzol zugesetzt. Nach dem Erkalten neutralisiert man die Schwefelsäure mit alkoholischer Lauge, destilliert den unverbrauchten Alkohol und etwa zugesetztes Lösungsmittel ab, wäscht die Esterschicht mit verdünnter Kaliumcarbonatlösung aus und trocknet.

Freie Fettsäuren verestert Grün mit etwas mehr (bis zu 3%) Schwefelsäure oder Chlorwasserstoff oder unter Zusatz von 0,5—1% β-Naphthalinsulfosäure. Mit viel mehr Alkohol dauert die Veresterung nur einige Minuten.

3. Vakuumdestillation. Bei der Destillation bedient man sich einer Brühlschen Vakuumvorlage. In den meisten Fällen genügt es, mit einem Vakuum bis zu 15 mm Druck zu arbeiten, das mit einer guten Wasserstrahlpumpe erzielt werden kann, doch ist das Arbeiten im absoluten Vakuum, wie es von F. Krafft[7] zuerst für diese Zwecke angewendet worden ist, und das er mit Hilfe der Baboschen Quecksilberluftpumpe erzeugte, vorzuziehen. L. Ubbelohde[8] hat für diesen Zweck einen Vakuumdestillationsapparat empfohlen, der aus einer automatischen abgekürzten Quecksilberluftpumpe in Verbindung mit einem abgekürzten Kompressionsdruckmesser sowie aus einer durch Quecksilberverschlüsse gedichteten Vakuumdestillationsvorlage besteht.

---

[1] M. Goswami u. S. Ramanujam: Journ. Soc. chem. Ind. 1931, 8, 134.

[2] H. Kurz: U. 1937, 44, 144.

[3] Y. Toyama, T. Tsuchiya u. T. Ishikawa: Journ. Soc. chem. Ind. (Suppl.) 1934, 34 B., 192; C. 1935, I, 3068.   [4] T. P. Hilditch: Hefter-Schönfeld, Bd. I, S. 64.

[5] In Gegenwart von Eisessig läßt sich Ölsäure weit besser aus den festen Fettsäuren entfernen, allerdings geht dann auch etwas mehr Myristin- und Palmitinsäure in die flüssigen Säuren (Banks). Vgl. auch Grossfeld u. Simmer, S. 202.

[6] A. Grün: In Lunge-Berl: Chem.-techn. Untersuchungsmethoden, 7. Aufl., Berlin 1923, Bd. III, S. 532. Vgl. auch Hilditch: Hefter-Schönfeld, Bd. 1, S. 65.

[7] F. Krafft: Ber. Deutsch. Chem. Ges. 1896, 29, 1316.

[8] L. Ubbelohde: Zeitschr. angew. Chem. 1906, 757.

Eine weitere Apparatur beschreiben A. HEIDUSCHKA und E. RHEINBERGER[1]. GRÜN[2] empfiehlt nachstehende einfache Apparatur zur Esterdestillation.

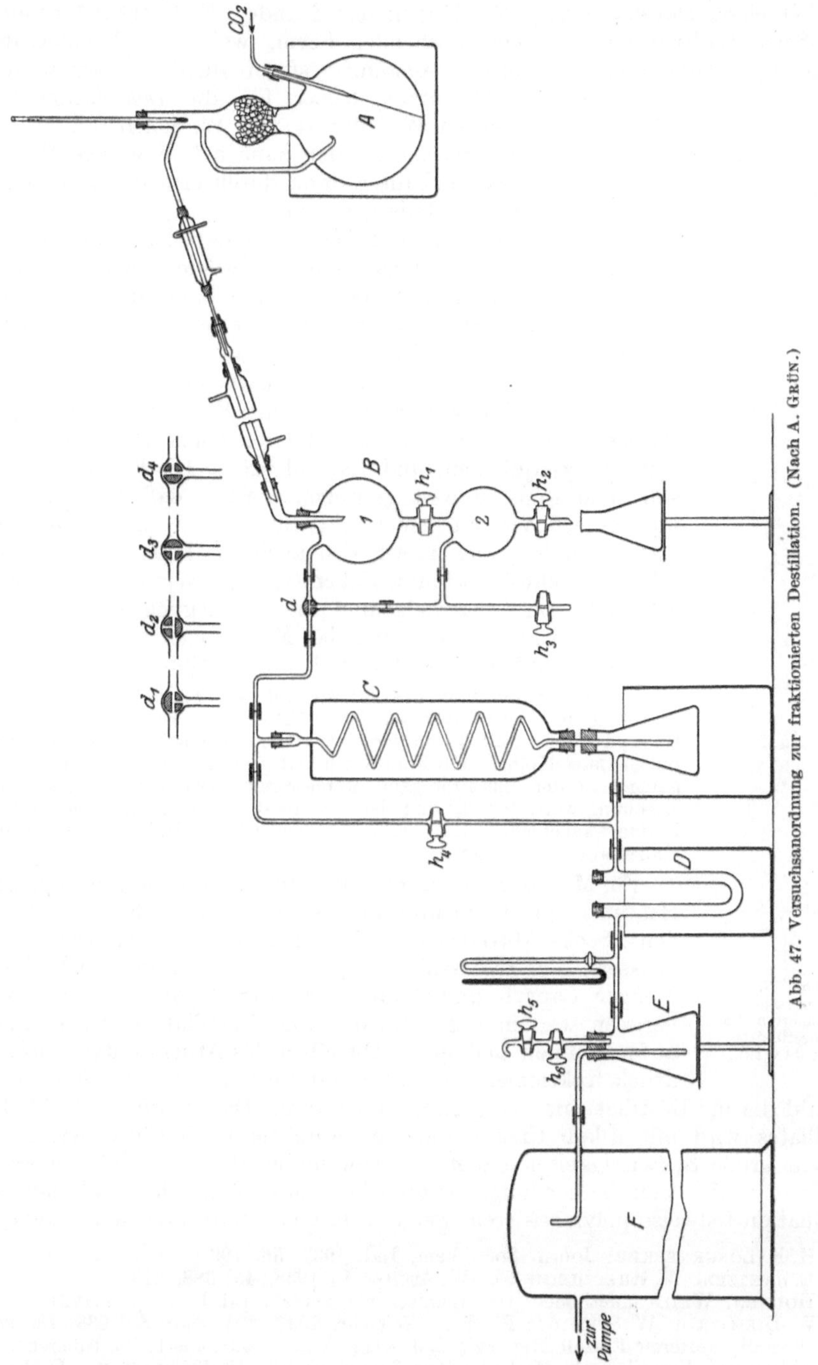

Abb. 47. Versuchsanordnung zur fraktionierten Destillation. (Nach A. GRÜN.)

[1] A. HEIDUSCHKA u. E. RHEINBERGER: Journ. prakt. Chem. 1914 (2), **90**, 354.
[2] A. GRÜN: Analyse der Fette und Wachse, Bd. I, S. 229.

Eine Fraktionierkolonne aus Pyrexglas von 90 ccm Höhe, 17 mm lichte Weite, die zu $^2/_3$ ihrer Länge mit Füllkörpern gefüllt ist, beschreibt H. G. Longenecker[1]. Sie wird mittels elektrischer Heizspirale regulierbar geheizt und hat einen Durchsatz von 20—25 g in der Stunde. E. Jantzen[2] benutzt eine Spiralrohrsäule von nebenstehender Form, wobei als Kondensator die in der Abbildung angegebene Ausführungsform dient.   Über weitere Apparate vgl. Houben[3], ferner für die Destillation von Phosphatidfettsäuren W. Diemair und W. Schmidt[4].

Verwickelte Gemische werden zunächst in wenige Hauptfraktionen zerlegt und diese dann durch erneute Destillation in ihre Einzelbestandteile getrennt.

Auch bei Gemischen mit relativ hohem Gehalt an Palmitin-, Öl- und Linolsäure pflegt man eine größere erste Fraktion bei der Destillation aufzufangen und dann durch erneute Destillation in weitere Fraktionen zu zerlegen. In dem Rückstand von der ersten Destillation findet man auch das Unverseifbare, das man nach S. 239 abscheidet.

Auf diese Weise zerlegt man die Ester der festen und flüssigen Säuren, wobei man die einzelnen Fraktionen auf Verseifungsäquivalent und Jodzahl prüft. Die Fraktionierung soll mindestens so weit getrieben werden, daß jede Fraktion im wesentlichen nur einen gesättigten Ester neben Ölsäureester enthält. Doch lassen sich auch aus Estergemischen oft schon brauchbare Schlüsse ziehen (vgl. S. 187). Mit der Spiralrohrsäule von Jantzen gelingt sogar Zerlegung in Fraktionen mit nur einem Ester, auch bei Mischungen von Fettsäuren mit paar- und unpaarzahligen Kohlenstoffatomen.

Das Diagramm von Jantzen in Abb. 49 (S. 183) zeigt die Auftrennung der Methylester von 600 g Fettsäuren, wie sie durch Paraffinoxydation erhalten wurden. Das Estergemisch wurde zunächst im Claison-Kolben in 8 Fraktionen zerlegt und dann in zwei Arbeitsgängen in der Spiralrohrsäule aufgetrennt. Der Kurvenverlauf der Brechungswerte bei 35° und der Siedepunkte bei 13,5 mm Druck läßt in den waagerechten Kurvenstücken deutlich die Haltepunkte für die Einzelsäuren erkennen.

Für Milchfette mit Gehalten an niederen Säuren empfiehlt Hilditch, die Fettsäuren aus 500 g Fett zunächst 4—5 Stunden zwecks Abtreibens der Buttersäure und Capronsäure mit Wasserdampf zu destillieren, wobei dann allerdings auch kleine Mengen Capryl- und Caprinsäure sowie Spuren Ölsäure mitgerissen werden (vgl. S. 78). Das Destillat wird in Äther aufgenommen und nach Abtreiben des Äthers unter Normaldruck fraktioniert. Im Rückstand erhält man aus Säure und Jodzahl die ins Destillat mit übergegangene Ölsäure. Die wäßrige Schicht des Destillates wird mit Alkali titriert und die Säure als Buttersäure berechnet.

Sehr große Schwierigkeiten bietet die Anwendung der Esterfraktionierung auf Seetieröle, weil die hochungesättigten Fettsäurenester schon während der Destillation teilweise polymerisieren, was sich in einer Jodzahlabnahme äußert.

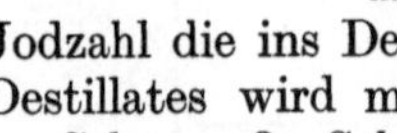

Abb. 48.
Spiralrohrsäule zur fraktionierten Vakuumdestillation[5].
(Nach Jantzen.)

[1] H. E. Longenecker: Journ. Soc. chem. Ind. 1937, 56, 199.
[2] E. Jantzen, W. Rheinheimer u. W. Asche: U. 1938, 45, 388, 613.
[3] Houben: Weils „Methoden der organischen Chemie", Bd. I. Leipzig 1921.
[4] W. Diemair u. W. Schmidt: Biochem. Zeitschr. 1937, 294, 348; Z. 1938, 76, 278.
[5] Über die weiteren Einzelheiten vgl. E. Jantzen: Das fraktionierte Destillieren und das fraktionierte Verteilen als Methoden zur Trennung von Stoffgemischen. Dechema Monographie Nr. 48, S. 55f. Verlag Chemie 1932.

Aber gerade zur Analyse dieser Öle mit ihrem Gehalt an ungesättigten Fettsäuren von verschiedenem Molekulargewicht ist die Esterfraktionierung von großem Wert. Über die Arbeitsweise vgl. K. D. GUHA, T. P. HILDITCH und J. A. LOVERN[1]. E. H. FARMER und F. E. VAN DEN HEUVEL[2] empfehlen zur Trennung von hochungesättigten Säuren der Fischöle die Molekulardestillation in einem von WATERMAN angegebenen Apparat, worauf hier verwiesen sei. Dabei

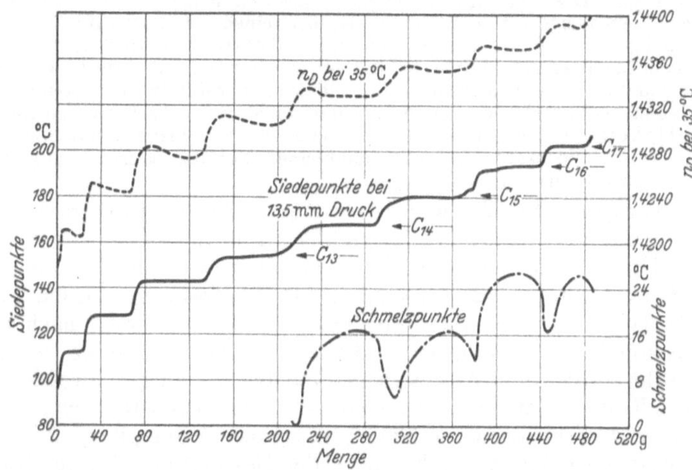

Abb. 49. Destillation der Methylester von einem Gemisch synthetischer Fettsäuren. (Nach JANTZEN.)

bildet das Verhältnis Brechungsindex/Wasserstoffwert einen zuverlässigen Beurteilungsmaßstab zur Unterscheidung zwischen hitzeveränderten Derivaten und Originalsäuren.

d) Destillation der Fettsäuren mit Wasserdampf.

R. K. DONS[3] hat zuerst die Unterscheidung der Fettsäuren durch Destillation mit Wasserdampf vorgeschlagen. Eingehender hat W. ARNOLD[4] die Flüchtigkeit der Fettsäuren der Essigsäurereihe bis zur Stearinsäure — nicht aber das Verhältnis von Gemischen der Fettsäuren analytisch geprüft.

Es ist anzunehmen, daß die Verhältnisse bei Gemischen von mehr als 2 Fettsäuren sehr verwickelt sein werden, andernfalls gestattet das Verfahren bei Gemischen von nur 2 Fettsäuren mit außerordentlich geringen Fettsäuremengen zu arbeiten. Man wird es daher in solchen Fällen anwenden, wo es sich um die Frage handelt, ob eine Probe von festen Fettsäuren, von der nur so geringe Mengen für die Untersuchung zur Verfügung stehen, daß z. B. das Verfahren von W. HEINTZ (vgl. S. 167) nicht anwendbar ist, einheitlich ist oder ein Gemisch von Fettsäuren darstellt.

In theoretischer Hinsicht ist nach ARNOLD folgendes zu beachten: Die Fettsäuren der Essigsäurereihe weisen mit steigendem Molekulargewicht abnehmende Flüchtigkeit mit Wasserdämpfen auf. Die „Flüchtigkeit" (F) ist das Verhältnis der Destillatsäure (d) zu den angewendeten Säuren (s), also $F = \dfrac{d}{s}$, und 100 F ist die prozentuale Menge der überdestillierten Säuren. Die Flüchtigkeit ist abhängig von der Menge (s) der der Destillation unterworfenen Säure. Bei derselben Säuremenge ist die Flüchtigkeit bei den verschiedenen Säuren eine konstante. Obwohl die Flüchtigkeit mit steigendem Molekulargewicht der

<hr>

[1] K. D. GUHA, T. P. HILDITCH u. J. A. LOVERN: Biochem. Journ. 1930, 24, 271; ferner HEFTER-SCHÖNFELD Bd. 1, S. 66.
[2] E. H. FARMER u. F. E. VAN DEN HEUVEL: Journ. Soc. chem. Ind. 1938, 57, 24; Z. 1938, 76, 277.   [3] Z. 1908, 16, 705; 1921, 42, 363.   [4] Z. 1921, 42, 345.

Fettsäuren abnimmt, so nähert sich doch, wenn s sehr klein ist, bei den leichtflüchtigen Säuren (Buttersäure bis Laurinsäure) F dem Grenzwerte 1; er wurde bei $s = 0,1$ g zu 0,930—0,946 gefunden. Da die Flüchtigkeit analytisch nur verwendbar ist, wenn nur ein mäßiger Anteil von s mit den Wasserdämpfen überdestilliert, muß daher bei den leichtflüchtigen Säuren s genügend groß und bei den schwerflüchtigen Säuren hinreichend klein sein. Flüchtigkeitsangaben ohne Angaben von s sind daher unbestimmt und analytisch nicht verwendbar. Allgemein ausgedrückt muß bei vergleichenden Flüchtigkeitsbestimmungen s so gewählt werden, daß F bei den betreffenden Säuren wesentlich kleiner bleibt als 1.

Bei wiederholten Destillationen derselben Fettsäurenmenge nähert sich die Summe der Werte von d dem Werte von s. Während also bei reinen Fettsäuren die Destillation mit Wasserdampf lediglich eine mechanische Trennung der Fettsäuren bewirkt, ist bei Fettsäurengemischen mit der Destillation eine Entmischung von s verbunden, indem die leichter flüchtigen Fettsäuren in d und die schwerflüchtigen im Destillationsrückstande (r) angereichert werden.

Mit dem vorstehenden Flüchtigkeitsbegriff darf nicht verwechselt werden die Bezeichnung „Flüchtigkeitsfaktor oder -grad"[1], die zum Ausdruck bringen, daß höhere Säuren, z. B. Palmitin- oder Stearinsäure, fast ganz unabhängig von der Säuremenge s immer dieselben Mengen von d-Säuren liefern.

Für die analytische Verwendung der Flüchtigkeit mit Wasserdämpfen empfiehlt W. Arnold[2] folgende Ausführung:

Für die Destillation wird der Polenske-Apparat zur Bestimmung der flüchtigen Säuren (vgl. S. 82) verwendet. Die Fettsäuren wurden mit alkoholischer Kalilauge schwach alkalisch gemacht, die Seife wird nach der Verjagung des Alkohols in Wasser gelöst und in den 300 ccm fassenden Destillationskolben gebracht. Nach dem Ansäuern mit möglichst wenig Schwefelsäure wird der Inhalt des Kolbens auf genau 125 g gebracht, von denen 100 ccm abdestilliert werden, wobei zur Vermeidung von Siedeverzug eine Messerspitze voll Bimssteinpulver zugesetzt wird; bei Wiederholungen der Destillation wird der Rückstand im Kolben wieder auf 125 g ergänzt und dann in gleicher Weise verfahren. Das Destillat wird unmittelbar in ein 100-ccm-Kölbchen mit aufgesetztem Trichter mit Filter geleitet und das Kühlrohr zweimal mit je 15 ccm Wasser nachgespült und das Waschwasser fortgegossen. Zur Bestimmung der flüchtigen unlöslichen Fettsäuren läßt man zweimal je 15 ccm genau neutralisierten Alkohol durch das Kühlrohr auf das Filter fließen und löst damit die Fettsäuren, die mit 0,20 N.-Kalilauge in 70% alkoholischer Lösung unter Verwendung von Rosolsäure als Indicator titriert werden. Die dabei verbrauchten Kubikzentimeter 0,20 N.-Kalilauge werden als „Flüchtigkeitsfaktor" bezeichnet.

W. Arnold[2] fand für die Fettsäuren der Essigsäurereihe bei Anwendung von 0,02 0,05 und 0,10 g folgende Flüchtigkeitsfaktoren (auf Kubikzentimeter 0,20 N.-Kalilauge umgerechnet):

Tabelle 73.

Säure	Formel	Wasserlösliche Fettsäuren			Wasserunlösliche Fettsäuren		
		0,02 g	0,05 g	0,10 g	0,0 g	0,05 g	0,10 g
Buttersäure	$C_4H_8O_2$	4,06	10,64	21,16	0	0	0
Capronsäure	$C_6H_{12}O_2$	3,32	8,42	16,90	0	0	0
Caprylsäure	$C_8H_{16}O_2$	2,92	7,02	8,46	0	Spur	5,32
Caprinsäure	$C_{10}H_{20}O_2$	0,28	0,40	0,40	2,05	5,30	10,75
Laurinsäure	$C_{12}H_{24}O_2$	0	0	0	1,75	4,62	9,46
Myristinsäure	$C_{14}H_{28}O_2$	0	0	0	1,46	3,02	3,06
Palmitinsäure	$C_{16}H_{32}O_2$	0	0	0	0,74	0,78	0,74
Stearinsäure	$C_{18}H_{36}O_2$	0	0	0	0,20	0,24	—
Arachinsäure (nach K. Luft)	$C_{20}H_{40}O_2$	0	0	0	0,04		

[1] Der Flüchtigkeitsfaktor der molekularen Mischung von 47,5% Palmitinsäure (Faktor 0,6) und 52,5% Stearinsäure (Faktor 0,2) berechnet sich zu $\dfrac{47,5 \cdot 0,6 + 52,5 \cdot 0,2}{100} = 0,39$.

[2] Vgl. W. Arnold: In Z. 1921, **42**, 345 u. A. Heiduschka u. S. Felser: Z. 1919, **38**, 255; auch A. Heiduschka u. K. Luft: In Arch. Pharm. 1919, **257**, 64.

Beispiel. A. Heiduschka und S. Felser[1] prüften, ob eine bei 55,2° schmelzende Fettsäure aus Erdnußöl, aus Heptadecansäure (Daturinsäure) oder aus dem bekannten eutektischen Gemisch von Palmitinsäure und Stearinsäure bestehe. Sie destillierten 0,05 g der fraglichen Säure in der obigen Weise wiederholt mit Wasserdampf. Für diese Säure fanden sie im Vergleich mit reiner Stearinsäure und Palmitinsäure und einem molekularen Gemisch aus beiden[2] folgende Flüchtigkeitsfaktoren in Kubikzentimetern $^1/_{20}$ N.-Kalilauge ausgedrückt:

Tabelle 74.

Art der Fettsäure	Destillation Nr.										Zusammen	
	1	2	3	4	5	6	7	8	9	10	Ge-funden	Theo-rie
0,02 g Stearinsäure . .	0,20	0,21	0,20	0,20	0,15	0,10	0,20				1,26	1,40
0,02 g Palmitinsäure .	0,62	0,58	0,20	0,13							1,53	1,56
0,05 g Palmitinsäure .	0,68	0,63	0,61	0,58	0,57	0,48	0,21	0,10				
0,05 g Gemisch von Palmitin- u. Stearinsäure[1]	0,48	0,47	0,33	0,28	0,22	0,22	0,21	0,21	0,18	0,12	3,86	3,90
0,05 g Erdnußöl-Fettsäuren	0,43	0,35	0,32	0,28	0,22	0,20	0,19	0,17	0,14	0,13	Nr. 11—21 0,75	—

Demnach lag bei der Erdnußölfettsäure der Flüchtigkeitsfaktor bei der ersten Destillation mit 0,43 zwischen dem der Palmitinsäure (0,6) und der Stearinsäure (0,2). Die Faktoren der folgenden Destillationen waren jedoch nicht konstant und daraus war der Schluß zu ziehen, daß die Säure nicht einheitlich, sondern ein Gemisch war. Um die Natur der Bestandteile festzustellen, wurden die Fraktionen Nr. 1—6 und 7—21 je vereinigt und abermals mit Wasserdampf destilliert. Hierbei wurden folgende Flüchtigkeitsfaktoren ermittelt:

Tabelle 75.

Fraktionen	Neue Destillationen Nr.								
	1	2	3	4	5	6	7	8—11	12—15
Nr. 1—6 (ccm $^1/_{20}$ N.-KOH	0,62	0,48	0,29	0,19	0,10	0,09	0,04	—	—
Nr. 7—21 (ccm $^1/_{20}$ N.-KOH	0,25	0,20	0,17	0,16	0,11	0,10	0,08	0,24	0,08

Hiernach entsprach der Flüchtigkeitsfaktor der 1. Destillation der Fraktionen Nr. 1—6 dem der Palmitinsäure und der der 1. Destillation der Fraktionen Nr. 7—21 dem der Stearinsäure. Demnach war die Säure des Erdnußöles vom Schmelzpunkt 55,2° nicht Heptadecansäure (Daturinsäure) sondern ein Gemisch von Palmitin- und Stearinsäure.

R. K. Dons[3] hat auf Grund der verschiedenen Flüchtigkeit der Fettsäuren bei der Wasserdampfdestillation in Butterfetten die Capryl-, Caprin-, Laurin- und Myristinsäure nebeneinander bestimmt; das Verfahren ist aber so umständlich, daß seine praktische Anwendung große Schwierigkeiten bietet.

e) Destillation mit organischen Destillationsmitteln.

Je mehr beim Aufsteigen in der Fettsäurereihe der Anteil der hydrophilen COOH-Gruppe auf Kosten des hydrophoben Kohlenwasserstoffrestes zurücktritt, um so hydrophober wird auch die betreffende Fettsäure.

Drückt man die Fettsäuren durch die allgemeine Formel

$$R \cdot COOH$$

aus, wobei R den Gruppen H, CH_3, C_2H_5, C_3H_7 .... entspricht, und berechnet dann den Gewichtsanteil an R und COOH, so erhält man folgendes Bild:

---

[1] Vgl. W. Arnold: In Z. 1921, 42, 345 u. A. Heiduschka u. S. Felser: Z. 1919, 38, 255; auch A. Heiduschka u. K. Luft: In Arch. Pharm. 1919, 257, 64.

[2] Der Flüchtigkeitsfaktor der molekularen Mischung von 47,5% Palmitinsäure (Faktor 0,6) und 52,5% Stearinsäure (Faktor 0,2) berechnet sich zu $\dfrac{47,5 \cdot 0,6 + 52,5 \cdot 0,2}{100} = 0,39$.

[3] R. K. Dons: Z. 1908, 16, 705.

$$R \cdot COOH$$

Fettsäure . . . =	Ameisensäure	Essigsäure	Propionsäure	Buttersäure
Formel . . . . =	$H \cdot COOH$	$CH_3 \cdot COOH$	$C_2H_5 \cdot COOH$	$C_3H_7 \cdot COOH$
$\dfrac{COOH}{R \cdot COOH} \cdot 100 =$	97,8	75,0	60,8	51,1

Fettsäure . . . =	Valeriansäure	Capronsäure	Caprylsäure	Nonylsäure
Formel . . . . =	$C_4H_9 \cdot COOH$	$C_5H_{11} \cdot COOH$	$C_7H_{15} \cdot COOH$	$C_8H_{17} \cdot COOH$
$\dfrac{COOH}{R \cdot COOH} \cdot 100 =$	44,1	38,8	31,3	28,5

Werden nun diese Säuren in Gegenwart eines wasserunlöslichen Destillationsmittels destilliert, so geht um so mehr von der Fettsäure in die wasserunlösliche Phase über und wird damit der Wasserdampfeinwirkung entzogen, je mehr der Anteil an R im Gesamtmolekül zu- und je mehr der Anteil an COOH abnimmt.

Da nun weiter mit zunehmendem R auch der Siedepunkt ansteigt, muß die Destillationsausbeute an einer Fettsäure immer kleiner werden, je weiter man in der Reihe emporsteigt.

Sehr deutlich kommt diese vereinigte Wirkung von Löslichkeitsabhängigkeit durch die R- bzw. COOH-Gruppe und Siedepunktserhöhung zum Ausdruck, wenn man die wasserunlösliche Phase vermehrt und die wäßrige Phase verkleinert. So destillierte R. Payfer[1] 10 ccm einer Fettsäurelösung bzw. 10 ccm Wasser unter Zusatz der Fettsäure, wenn dieselbe unlöslich war, mit 100 ccm Toluol bis zu einer Destillatmenge von 100 ccm und verglich dann die angewendete und destillierte Menge Fettsäure, mit folgendem Ergebnis:

Tabelle 76. Destillation von Fettsäuren mit Toluol.

Fettsäure	Formel	Molekulargewicht (abgerundet)	0,1 N.-Fettsäure in 10 ccm Lösung		Ausbeute
			angewendet ccm	im Destillat ccm	%
Ameisensäure . . .	CH_2O_2	46	47,8	47,1	98,5
Essigsäure	$C_2H_4O_2$	60	49,0	48,5	98,7
Propionsäure	$C_3H_6O_2$	74	52,2	51,1	98,2
Buttersäure	$C_4H_8O_2$	88	54,4	37,3	73,8
Valeriansäure . . .	$C_5H_{10}O_2$	102	46,0	12,8	28,0
Capronsäure	$C_6H_{12}O_2$	116	40,2	5,7	14,2
Caprylsäure	$C_8H_{16}O_2$	144	40,5	1,2	3,0
Nonylsäure	$C_9H_{18}O_2$	158	40,0	1,0	2,5

Während also Ameisensäure, Essigsäure und Propionsäure noch praktisch vollständig mit dem Wasser überdestillieren, beträgt der im Rückstande verbleibende Teil bei Buttersäure bereits über ein Viertel, bei Capronsäure 86%, bei Caprylsäure 97%.

Durch eine derartige einfache Destillation lassen sich somit besonders die mittleren Fettsäuren voneinander unterscheiden und voraussichtlich zerlegen, zumal wenn man noch statt wie in dem vorstehenden Versuch im einfachen Destillationsapparat die Destillation in einer stärker wirkenden Fraktionierkolonne vornimmt.

Ähnlich wie Toluol wirkt auch Benzin von gleichem Siedepunkt (100—110°), analog wirken auch andere Destillationsmittel wie Xylol und Chlorkohlenwasserstoffe. Durch geeignete Wahl des Destillationsmittels, je nach dessen Siedepunkt kann man so auf einfache Weise Fraktionierwirkungen von Fettsäurengemischen erzielen.

---

[1] R. Payfer: Privatmitteilung. Vgl. J. Grossfeld und R. Payfer: Z. 1939.

f) Berechnung der Palmitinsäure und anderer Fettsäuren aus der Verseifungszahl nach J. GROSSFELD [1].

Bei manchen Fettgemischen sind es eine oder zwei Fettsäuren, die einer einfachen Bestimmung besondere Schwierigkeiten entgegensetzen. Hierhin gehören die gesättigten Fettsäuren, wie Palmitinsäure bei den meisten, Myristin- und Laurinsäure bei Cocos-, Palmkern- und Butterfett, von den ungesättigten Fettsäuren die Erucasäure u. a.

Wenn es sich nur um eine, nicht oder schwierig bestimmbare, Fettsäure handelt, können wir die Menge der übrigen Fettsäuren bzw. Fettbestandteile für sich ermitteln, sie addieren und die Summe von 100% abziehen, worauf als Rest unsere gesuchte Fettsäure zurückbleibt. Dieser Weg ist aber bei Vorliegen von zwei nicht oder schwierig bestimmbaren Fettsäuren nicht gangbar. Man kann auch hier aber zu verhältnismäßig zuverlässigen Ergebnissen gelangen, wenn man außerdem noch den Einfluß des Molekulargewichtes der einzelnen Fettsäuren auf das mittlere Molekulargewicht der Gesamtfettsäuren, ausgedrückt in der Verseifungszahl des Fettes, in Betracht zieht.

Wenn es sich dabei um mehrere Fettsäuren handelt, erscheint die Berechnung zunächst sehr verwickelt. Sie läßt sich aber durch geeignete mathematische Behandlung in eine übersichtliche Berechnungsgleichung bringen, so für Palmitinsäure, wie folgt:

Denken wir uns ein Fett aus Glyceriden der Fettsäuren Palmitinsäure P, Stearinsäure S und weiteren Fettsäuren F_1, F_2, F_3 usw., alles in Prozentwerten bestehend, so muß, wenn die entsprechenden Neutralisationszahlen dieser Fettsäuren N_p, N_s, N_1, N_2, N_3 usw. betragen und sämtliche vorhandenen freien und gebundenen Fettsäuren eingesetzt sind, die Verseifungszahl V des Fettes gleich der Neutralisationszahl der Summe der vorhandenen Fettsäuren sein, also:

$$V = 0{,}01 \,(PN_p + SN_s + F_1 N_1 + F_2 N_2 + F_3 N_3 \ldots). \tag{1}$$

Setzen wir nun die gesuchte Palmitinsäure P als Unbekannte und rechnen aus, so erhalten wir zunächst:

$$P = \frac{V - 0{,}01\,SN_s - 0{,}01\,(F_1 N_1 + F_2 N_2 + F_3 N_3 \ldots)}{0{,}01\,N_p}. \tag{2}$$

Nun ist die Neutralisationszahl bei

Palmitinsäure	Stearinsäure
$N_p = 219{,}0$	$N_s = 197{,}4$
$0{,}01\,N_p = 2{,}190$	$0{,}01\,N_s = 1{,}974$.

Wir erhalten durch Einsetzen in (2) und Umrechnen:

$$P = 0{,}4566\,V - 0{,}9014\,S - 0{,}004566\,(F_1 N_1 + F_2 N_2 + F_3 N_3 \ldots). \tag{3}$$

Wenn wir nun den Stearinsäuregehalt rechnerisch eliminieren wollen, können wir die Summe (Stearinsäure + Palmitinsäure) als Differenz der übrigen Bestandteile des Fettes, also der übrigen Fettsäuren, des Glycerinrestes C_3H_2 (R) und des Unverseifbaren (U) von 100 angeben:

$$S + P = 100 - R - U - (F_1 + F_2 + F_3 \ldots) \tag{4}$$

oder:

$$S = 100 - P - R - U - (F_1 + F_2 + F_3 \ldots). \tag{5}$$

Setzen wir diesen Ausdruck für S (5) in Gleichung (3) ein, so erhalten wir durch Umrechnung schließlich:

$$\left.\begin{aligned} P = 4{,}631\,V - 9{,}142\,[100 - R - U - (F_1 + F_2 + F_3 \ldots)] - \\ - 0{,}04631\,(F_1 N_1 + F_2 N_2 + F_3 N_3 \ldots). \end{aligned}\right\} \tag{6}$$

Nun läßt sich weiter die Größe R, der Glycerinrest C_3H_2, aus der Menge der vorliegenden als Glyceride gebundenen Fettsäuren, also aus der Esterzahl E des Fettes berechnen. Drücken wir die Esterzahl nicht als KOH, sondern in Form des Glycerinrestes C_3H_2 aus, so finden wir für die Einheit an Esterzahl auf Prozente berechnet

$$R = 0{,}02259\,E. \tag{7}$$

---

[1] J. GROSSFELD: Z. 1930, 60, 64.

Die Esterzahl erhält man durch Abzug der Säurezahl SZ von der Verseifungszahl, also
$$E = V - SZ \tag{8}$$
in (7) eingesetzt:
$$R = 0{,}02259 \, (V - SZ).$$
Diesen Ausdruck können wir wieder in (6) einsetzen und erhalten schließlich:
$$\left. \begin{aligned} P = 4{,}837 \, V - 0{,}206 \, SZ + 9{,}142 \, U + 9{,}142 \, (F_1 + F_2 + F_3 \cdots) \\ - 0{,}04631 \, (F_1 N_1 + F_2 N_2 + F_3 N_3 \cdots) - 914{,}2. \end{aligned} \right\} \tag{9}$$

Nach Auflösung der Klammern und Ordnung zusammengehöriger Glieder nimmt diese Gleichung (9) folgende Gestalt an:
$$\left. \begin{aligned} P = 4{,}837 \, V - 0{,}206 \, SZ + 9{,}142 \, U - 914{,}2 \\ + F_1 \, (9{,}142 - 0{,}04631 \, N_1) \\ + F_2 \, (9{,}142 - 0{,}04631 \, N_2) \\ + F_3 \, (9{,}142 - 0{,}04631 \, N_3). \end{aligned} \right\} \tag{10}$$

In dieser Gleichung wollen wir nun der besseren Übersicht halber die Ausdrücke in den Klammern $(9{,}142 - 0{,}04631 \, N_1)$, $(9{,}142 - 0{,}04631 \, N_2)$, $(9{,}142 - 0{,}04631 \, N_3)$ ... mit den Buchstaben q_1, q_2, q_3 ... bezeichnen.

Wir erhalten dann die Form:
$$P = 4{,}837 \, V - 0{,}206 \, SZ + 9{,}142 \, U - 914{,}2 + q_1 F_1 + q_2 F_2 + q_3 F_3 \cdots \tag{11}$$

Zur Berechnung des Produktes $4{,}837 \, V$ von Formel (11), das bei allen Berechnungen wiederkehrt, kann folgende Hilfstabelle benutzt werden.

Tabelle 77. Zahlenwerte von $4{,}837 \cdot V$.

V	0,0	0,1	0,2	0,3	0,4	0,5	0,6	0,7	0,8	0,9
185	894,9	895,3	895,8	896,3	896,8	897,3	897,8	898,2	898,7	899,2
186	899,7	900,2	900,6	901,1	901,6	902,1	902,6	903,1	903,6	904,0
187	904,5	905,0	905,5	906,0	906,5	906,9	907,4	907,9	908,4	908,9
188	909,4	909,9	910,3	910,8	911,3	911,8	912,3	912,8	913,2	913,7
189	914,2	914,7	915,2	915,6	916,1	916,6	917,1	917,5	918,1	918,5
190	919,0	919,5	920,0	920,5	920,9	921,4	921,9	922,4	922,9	923,4
191	923,9	924,4	924,8	925,3	925,8	926,3	926,8	927,3	927,7	928,2
192	928,7	929,2	929,7	930,2	930,6	931,1	931,6	932,1	932,6	933,1
193	933,6	934,0	934,5	935,0	935,5	936,0	936,5	936,9	937,4	937,9
194	938,4	938,9	939,3	939,8	940,3	940,8	941,3	941,8	942,2	942,7
195	943,2	943,7	944,2	944,7	945,2	945,6	946,1	946,6	947,1	947,6
196	948,1	948,6	949,0	949,5	950,0	950,5	951,0	951,5	951,9	952,4
197	952,9	953,4	953,9	954,4	954,8	955,3	955,8	956,3	956,8	957,3
198	957,8	958,2	958,7	959,2	959,7	960,2	960,6	961,1	961,6	962,1
199	962,6	963,0	963,5	964,0	964,5	965,0	965,5	965,9	966,4	966,9

Die q-Werte sind ihrem Wesen nach Zahlen, die sich leicht aus den entsprechenden Neutralisationszahlen der Fettsäuren
$$q = 9{,}142 - 0{,}04631 \, N$$
berechnen lassen.

Für die Stearinsäure finden wir
$$q = 9{,}142 - 0{,}04631 \cdot 197{,}4 = 9{,}142 - 9{,}142 = 0.$$

Hierauf beruht, daß der Stearinsäuregehalt für die Rechnung nicht benötigt wird. Ist bei den übrigen Fettsäuren die Neutralisationszahl größer als die der Stearinsäure, so wird der Ausdruck $0{,}04631 \, N$ größer als $9{,}142$, und der q-Wert negativ; ist die Neutralisationszahl kleiner als die der Stearinsäure, so werden die Werte für $0{,}04631 \, N$ kleiner als $9{,}142$, also die q-Werte positiv. Ihrem absoluten Betrage nach sind sie um so größer, je mehr die Neutralisationszahl von der der Stearinsäure verschieden ist. Im einzelnen berechnen sich z. B. folgende Zahlen:

Tabelle 78.

Fettsäure	Formel	Molekular-gewicht	Neutralisations-zahl N	q-Wert $(9{,}142-0{,}0463\,N)$
Buttersäure	$C_4H_8O_2$	88,1	636,8	$-$ 20,348
Capronsäure.	$C_6H_{12}O_2$	116,1	483,2	$-$ 13,235
Caprylsäure	$C_8H_{16}O_2$	144,1	389,3	$-$ 8,886
Caprinsäure	$C_{10}H_{20}O_2$	172,2	325,8	$-$ 5,946
Laurinsäure	$C_{12}H_{24}O_2$	200,2	280,2	$-$ 3,834
Myristinsäure	$C_{14}H_{28}O_2$	228,2	245,8	$-$ 2,241
Arachinsäure	$C_{20}H_{40}O_2$	312,2	179,6	$+$ 0,826
Behensäure	$C_{22}H_{44}O_2$	340,2	165,9	$+$ 1,459
Lignocerinsäure	$C_{24}H_{48}O_2$	368,4	152,3	$+$ 2,089
Ölsäure (Elaidinsäure)	$C_{18}H_{34}O_2$	282,3	198,7	$-$ 0,060
Linolsäure	$C_{18}H_{32}O_2$	280,3	200,1	$-$ 0,125
Linolensäure (Elaostearinsäure)	$C_{18}H_{30}O_2$	278,2	201,7	$-$ 0,199
Ricinolsäure (Oxyölsäure) . .	$C_{18}H_{34}O_3$	298,3	188,1	$+$ 0,431
Erucasäure	$C_{22}H_{42}O_2$	338,3	165,8	$+$ 1,464

Es ist für die Berechnung der Palmitinsäure nicht erforderlich, daß jede einzelne Fettsäure genau bestimmt wird, sondern es können auch Fettsäuregruppen zusammengefaßt werden, wobei dann ihr mittleres Molekulargewicht bzw. ihre mittlere Neutralisationszahl in die Berechnung von q eingesetzt wird.

Wichtig ist aber, daß sämtliche Fettsäuren oder Fettsäuregruppen außer Stearinsäure und Palmitinsäure erfaßt werden, ferner, daß die Neutralisationszahlen jener Fettsäuren oder Fettsäuregruppen genau bekannt sind. Die Genauigkeit muß um so größer sein, je größer in Gleichung (11) der Zahlenfaktor der Einzelglieder, also bei Säuren der q-Wert ist. Außerdem führt ein Fehler in der Bestimmung der Verseifungszahl oder des Unverseifbaren zu entsprechenden Abweichungen im Palmitinsäurewert.

Man kann die erforderliche Genauigkeit auch zahlenmäßig zum Ausdruck bringen: Wenn die Genauigkeit, mit der Palmitinsäure bestimmt werden soll, $\pm$ 0,5% betrage, dann dürfen in Gleichung (11) höchstens abweichen:

Tabelle 79.

Benennung	Höchst-zulässige Abweichung	Benennung	Höchst-zulässige Abweichung
Verseifungszahl	0,10	Gehalt an Lignocerinsäure .	0,24%
Säurezahl	2,43	,, ,, Arachinsäure . .	0,60%
Gehalt an Unverseifbarem .	0,05%	,, ,, Linolensäure . .	2,51%
,, ,, Buttersäure . . .	0,02%	,, ,, Linolsäure	4,00%
,, ,, Caprylsäure . . .	0,05%	,, ,, Ölsäure	8,33%
,, ,, Laurinsäure . . .	0,13%	,, ,, Erucasäure . . .	0,34%
,, ,, Myristinsäure . .	0,22%		

Für Fettsäurengemische, bei denen die Verseifungszahl gleich der Neutralisationszahl ist, geht die Gleichung (11) in die Form über:

$$P = 4{,}631\,V - 914{,}2 + q_1 F_1 + q_2 F_2 + q_3 F_3 \cdot \cdot \cdot \tag{12}$$

für alle Gemische nur aus Stearinsäure und Palmitinsäure allein, wie sie als höhere gesättigte Fettsäuren (vgl. S. 162) aus einigen Fetten und Ölen erhalten werden in

$$P = 4{,}631\,V - 914{,}2. \tag{12a}$$

Dieser Gleichung entspricht die folgende Tabelle:

Tabelle 80. Ablesung des Palmitinsäuregehaltes
von Palmitinsäure-Stearinsäuregemischen aus der Neutralisationszahl.

Neutrali-sationszahl	0,0	0,1	0,2	0,3	0,4	0,5	0,6	0,7	0,8	0,9
	Palmitinsäure in Prozenten									
197	—	—	—	—	0,1	0,6	1,0	1,5	1,9	2,4
198	2,9	3,4	3,8	4,3	4,7	5,2	5,7	6,1	6,6	7,0
199	7,6	8,1	8,5	9,0	9,4	9,9	10,4	10,8	11,3	11,7
200	12,2	12,7	13,1	13,6	14,0	14,5	15,0	15,4	15,9	16,3
201	16,8	17,3	17,7	18,2	18,6	19,1	19,6	20,0	20,5	20,9
202	21,4	21,9	22,3	22,8	23,2	23,7	24,2	24,6	25,1	25,5
203	26,1	26,6	27,0	27,5	27,9	28,4	28,9	29,3	29,8	30,2
204	30,7	31,2	31,6	32,1	32,5	33,0	33,5	33,9	34,4	34,8
205	35,4	35,9	36,3	36,8	37,2	37,7	38,2	38,6	39,1	39,5
206	40,0	40,5	40,9	41,4	41,8	42,3	42,8	43,2	43,7	44,1
207	44,6	45,1	45,5	46,0	46,4	46,9	47,4	47,8	48,3	48,7
208	49,3	49,8	50,2	50,7	51,1	51,6	52,1	52,6	53,0	53,4
209	53,9	54,4	54,8	55,3	55,7	56,2	56,7	57,1	57,6	58,0
210	58,6	59,1	59,5	60,0	60,4	60,9	61,4	61,8	62,3	62,7
211	63,2	63,7	64,1	64,6	65,0	65,5	66,0	66,4	66,9	67,3
212	67,8	68,3	68,7	69,2	69,6	70,1	70,6	71,0	71,5	71,9
213	72,4	72,9	73,3	73,8	74,2	74,7	75,2	75,5	76,1	76,5
214	77,1	77,6	78,0	78,5	78,9	79,4	79,9	80,3	80,8	81,2
215	81,7	82,2	82,6	83,1	83,5	84,0	84,5	84,9	85,4	85,8
216	86,3	86,8	87,2	87,7	88,1	88,6	89,1	89,5	90,0	90,4
217	90,9	91,4	91,8	92,3	92,7	93,2	93,7	94,1	94,6	95,0
218	95,6	96,1	96,5	97,0	97,4	97,9	98,4	98,8	99,3	99,7

Die Tabelle ist auch dann noch verwendbar, wenn das zu prüfende Gemisch außer Stearinsäure und Palmitinsäure noch andere Fettsäuren in bekannter Menge enthalten sollte, wenn dann nach S. 188 $q_1 F_1$, $q_2 F_2$, $q_3 F_3 \ldots$ in Form der additiven Ergänzungen zu den Tabellenwerten berücksichtigt werden.

Wenn es möglich ist, den Palmitinsäuregehalt eines Fettes direkt zu ermitteln, so muß derselbe mit dem nach Gleichung (11) berechneten innerhalb der Fehlergrenze übereinstimmen. Ist dies nicht der Fall, so kann das unter Umständen eine Andeutung für Vorliegen von Fettsäuren unbekannter (bzw. nicht berücksichtigter) Natur sein. So würde z. B. ein Vorliegen von Palmitölsäure in einer Erhöhung des nach (11) berechneten Palmitinsäurewertes zum Ausdruck kommen.

Wenn eine Fettsäure in einem Fett nur in kleiner Menge vorhanden ist und eine andere schwer bestimmbare Fettsäure, wie die Erucasäure, mit von der Stearinsäure erheblich abweichender Neutralisationszahl überwiegt, so kann es zweckmäßiger erscheinen, die vorhandene Menge Palmitinsäure durch Versuch zu bestimmen und dann rechnerisch die Menge der vorhandenen Erucasäure festzustellen. Auch hierfür läßt sich eine Formel angeben, wie in der Originalarbeit dargelegt ist.

Für Cocos- und andere Palmkernfette mit Laurin- und Myristinsäuregehalt bilden diese beiden Säuren die am schwersten bestimmbaren Bestandteile. Hierfür wurde die Endgleichung erhalten:

$$L = 3{,}067\ V - 0{,}161\ SZ + 7{,}143\ U - 714{,}3 + p_1 F_1 + p_2 F_2 + p_3 F_3 \ldots$$

Die Werte für p berechnen sich wieder aus den Neutralisationszahlen:

$$p = 7{,}143 - 0{,}02906\ N, \text{ so für:}$$

Die Methode eignet sich besonders zur Kontrolle von auf andere Weise, z. B. durch Esterdestillation erhaltenen Fettanalysen auf Grund der Verseifungszahl. Die wie im Vorstehenden berechnete Menge einer Fettsäure muß dann mit der durch Versuch gefundenen Menge übereinstimmen.

Tabelle 81.

Fettsäure	Formel	Molekulargewicht	Neutralisationszahl N	p-Wert
Buttersäure .	$C_4H_8O_2$	88,1	636,8	− 11,362
Capronsäure .	$C_6H_{12}O_2$	116,1	483,2	− 6,899
Caprylsäure .	$C_8H_{16}O_2$	144,1	389,3	− 4,170
Caprinsäure .	$C_{10}H_{20}O_2$	172,2	325,8	− 2,326
Palmitinsäure.	$C_{16}H_{32}O_2$	256,3	219,0	+ 0,778
Stearinsäure .	$C_{18}H_{36}O_2$	284,4	197,4	+ 1,405
Ölsäure . . .	$C_{18}H_{34}O_2$	282,3	198,7	+ 1,368
Linolsäure . .	$C_{18}H_{32}O_2$	280,3	200,1	+ 1,327

g) Bestimmung der Stearinsäure nach O. Hehner und C. A. Mitchell [1].

Das Verfahren beruht auf der Schwerlöslichkeit der Stearinsäure in Alkohol bei 0° und der größeren Löslichkeit der anderen gesättigten Fettsäuren mit niedrigerem Molekulargewicht und der ungesättigten Fettsäuren in diesem Alkohol.

Nach Hehner und Mitchell lösen sich in 100 ccm Alkohol [2] vom Spezifischen Gewicht 0,8183 (= 94,4 Vol.-%) bei 0° nur 0,15 g Stearinsäure, dagegen etwa 1,3 g Palmitinsäure. H. Kreis und A. Hafner [3] haben das Verfahren nachgeprüft; nach ihnen ist die Löslichkeit im Mittel mehrerer Bestimmungen folgende:

Es lösen bei 0°

Tabelle 82.

Angabe		Stearinsäure g	Palmitinsäure g
100 ccm Alkohol von	95,0 Vol.-%	0,1249	0,5642
	94,4 Vol.-%	0,12025	0,5155
	91,0 Vol.-%	0,0681	0,3290

Sie fanden also die Löslichkeit der Palmitinsäure wesentlich geringer als Hehner und Mitchell und schließen daraus, daß man auf 100 ccm Alkohol von mindestens 94 Vol.-% nicht mehr als 0,5 g Fettsäuren anwenden darf.

Nach A. Heiduschka und A. Burger [4] lösen 100 ccm 96%iger Alkohol bei 0° 0,5642 g Palmitinsäure (vgl. auch S. 192).

Noch schwerer löslich als Stearinsäure sind Arachinsäure, Lignocerinsäure und andere höhere Glieder der Reihe der gesättigten Fettsäuren, die sich bei der vorstehenden Prüfung, also der Stearinsäure, beimischen.

Durch Gegenwart größerer Mengen ungesättigter Fettsäuren wird die Löslichkeit der Stearinsäure in Alkohol beträchtlich erhöht. Zur Stearinsäurebestimmung in Fetten und Ölen empfiehlt sich daher zunächst die Abscheidung der gesättigten höheren Fettsäuren nach S. 162 und darin erst die Stearinsäurebestimmung.

α) **Älteres Verfahren. Ausführung der Bestimmung.** Von festen Fettsäuren [5] wägt man 0,4—0,5 g in einen gewogenen Kolben von 150 ccm Inhalt ab und fügt 100 ccm mit Stearinsäure bei 0° gesättigten Alkohol [6] hinzu;

---

[1] O. Hehner u. C. A. Mitchell: Analyst 1896, **21**, 316; auch Journ. Amer. Chem. Soc. 1897, **19**, 32; Zeitschr. analyt. Chem. 1900, **39**, 176.

[2] Der von Hehner und Mitchell verwendete „methylated alkohol" ist ein mit 10% rohem Holzgeist denaturierter Äthylalkohol.

[3] H. Kreis u. A. Hafner: Z. 1903, **6**, 22.

[4] A. Heiduschka u. A. Burger: Zeitschr. öffentl. Chem. 1913, **19**, 87. — Die Angabe 0,4418 g für Myristinsäure scheint ein Druckfehler zu sein.

[5] Von flüssigen Fettsäuren wägt man 0,5—1 g ein. Besser ist aber, wie oben gezeigt, diese flüssigen Fettsäuren vorher zu beseitigen.

[6] Den bei 0° mit Stearinsäure gesättigten Alkohol stellt man nach Hehner und Mitchell in der Weise her, daß man etwa 3 g Stearinsäure in 1 Liter warmem Alkohol löst, die Lösung in der bei der Bestimmung der Stearinsäure beschriebenen Eiskiste abkühlt und dann mit Hilfe der ebendort beschriebenen Vorrichtung filtriert. — Nach Kreis und Hafner soll der Alkohol mindestens 94 vol.-%ig sein, im übrigen ist die Stärke gleichgültig, wenn nur der Alkohol bei 0° mit Stearinsäure gesättigt ist.

der Kolben wird gelinde erwärmt, bis die Fettsäuren gelöst sind und über Nacht bei einer Temperatur von 0⁰ gehalten.

Hehner und Mitchell benutzten hierzu eine Eiskiste, bestehend aus einer Metallkiste, an deren Innenseite geeignete Träger mit Klammern zum Festhalten der in das Eiswasser eintauchenden Kolben angebracht waren. Diese Metallkiste war in eine hölzeren Kiste eingepaßt und der Raum zwischen Metall und Holz mit Wolle und Sägespänen ausgefüllt. Ebenso wurde ein Kissen von Wolle und Flanell zwischen die Deckel der beiden Kisten gelegt.

Am anderen Morgen wird der Kolben, ohne daß man ihn aus dem Eiswasser herauszieht, gelinde geschüttelt, um die Krystallisation zu fördern, und darauf noch wenigstens eine halbe Stunde der Ruhe überlassen. Die alkoholische Lösung wird dann nach H. Serger[1] und A. Heiduschka und S. Felser[2] mit einer Witt-Saugplatte in einem mit Eis gekühlten Büchner-Trichter abgesogen, den man oben auch noch durch eine aufgesetzte Glasschale (mit flachem Boden) mit Eiswasser kühlen kann. Man wäscht dreimal mit je 10 ccm der auf 0⁰ angekühlten gesättigten Stearinsäurelösung aus.

Die erhaltene Stearinsäure bringt man schließlich mit einer warmen Mischung von Äther-Alkohol in Lösung, verdampft diese in einem gewogenen Kolben und wägt den Rückstand nach Trocknen bei 100⁰ bis zur Gewichtsbeständigkeit[3]. Zur Kontrolle bestimmt man den Schmelzpunkt der gewogenen Stearinsäure, der nicht unter 68,5⁰ liegen soll.

Wie Kreis und Hafner fanden, zeigen die alkoholischen Stearinsäurelösungen leicht Übersättigungserscheinungen, weshalb unter gewissen Bedingungen, namentlich bei Gegenwart von weniger als 0,1 g Stearinsäure[4] auf 100 ccm Alkohol genaue Ergebnisse nicht zu erwarten sind. Bei Gegenwart von 0,1—0,5 g Stearinsäure in Gemischen mit Palmitinsäure und Ölsäure wurden 97,1—105,9% der angewendeten Stearinsäuremenge wiedergefunden; bei geringeren Stearinsäuremengen sind die Ergebnisse meist unbrauchbar, so z. B. wurde bei Anwendung von 0,0618 g Stearinsäure neben 0,5887 g Palmitinsäure und von 0,0551 g Stearinsäure neben 0,4500 g Ölsäure überhaupt keine Stearinsäure gefunden.

Hehner und Mitchell fanden nach ihrem Verfahren in den Fettsäuren aus Rinderstearin 50—51%, Oleomargarin 21,3—23,6%, Margarine 11,7—24,8%, Schweinefett 9 bis 15%, Cottonstearin 3,3%, Erdnußöl 7%, dagegen in den Fettsäuren aus Butterfett 0—0,5% und in denen aus Pferdefett, Maisöl, Mandelöl und Olivenöl keine Stearinsäure.

Anwendung der Verfahren auf andere Fettsäuren. Hehner und Mitchell haben bereits darauf hingewiesen, daß sich ihr Verfahren auch zur Bestimmung anderer gesättigter Fettsäuren neben löslicheren gesättigten sowie ungesättigten Fettsäuren anwenden läßt. A. Heiduschka und A. Burger[5] verwendeten es mit Erfolg auch zur Bestimmung von Palmitinsäure neben Myristin-, Laurin-, Öl-, Capron- und Caprylsäure sowie von Myristinsäure neben Laurin-, Öl-, Capron- und Caprylsäure, Heiduschka und S. Felser[6] auch zur Bestimmung von Arachinsäure neben Stearin- und Palmitinsäure. Dabei ist natürlich bei 0⁰ mit Palmitin- bzw. Myristin- bzw. Arachinsäure gesättigter Alkohol zu verwenden.

ϼ) **Neues Verfahren.** Neuerdings haben A. Heiduschka und W. Böhme[7] die Zuverlässigkeit des Verfahrens von Hehner und Mitchell bedeutend erhöht. Sie erreichen dies einerseits durch Konstanthaltung der Anfangskonzentration der Lösungen, gegebenenfalls durch Zusatz bekannter Mengen reiner

---

[1] H. Serger: Zeitschr. öffentl. Chem. 1913, **19**, 131.

[2] A. Heiduschka u. S. Felser: Z. 1919, **38**, 241.

[3] Als Korrektur für den an den Gefäßwänden und an der auskrystallisierten Stearinsäure haftengebliebenen Waschflüssigkeit ziehen Hehner und Mitchell von der gewogenen Stearinsäure noch 5 mg ab.

[4] Man impft daher in solchen Fällen zweckmäßig, die kalte Säurelösung mit geringen Mengen von Stearinsäurekrystallen.

[5] A. Heiduschka u. A. Burger: Zeitschr. öffentl. Chem. 1913, **19**, 87.

[6] A. Heiduschka u. S. Felser: Z. 1919, **38**, 241.

[7] A. Heiduschka u. W. Böhme: Z. 1938, **76**, 33.

Stearinsäure, dann durch genau festgelegte Versuchsbedingungen unter Anwendung eines Thermostaten. Die dann noch verbleibenden, durch Krystallisationseinflüsse bedingten Abweichungen schalten sie durch Benutzung einer Korrektionstabelle aus. Heiduschka und Böhme gelangten so zu folgender Arbeitsweise:

Der Thermostat besteht aus 1. einer 30 cm hohen Glaswanne mit einer Grundfläche von 30 × 50 cm, die bei normalen Temperaturen mit etwa 3%iger Kochsalzlösung gefüllt war;

2. einem großflächigen Rührer, der in langsamer Drehung, von einem Elektromotor angetrieben, die Badflüssigkeit dauernd umwälzt;

3. einem einstellbaren Kontaktthermometer;

4. einem Schaltrelais;

5a. einem elektrischen Heizwiderstand (Tauchsieder), zur Konstanthaltung normaler und wärmerer Temperaturgrade oder

5b. einem schnellaufenden Elektromotor mit Kreiselpumpe und einem Eisbehälter zur Konstanthaltung der niederen Temperaturen.

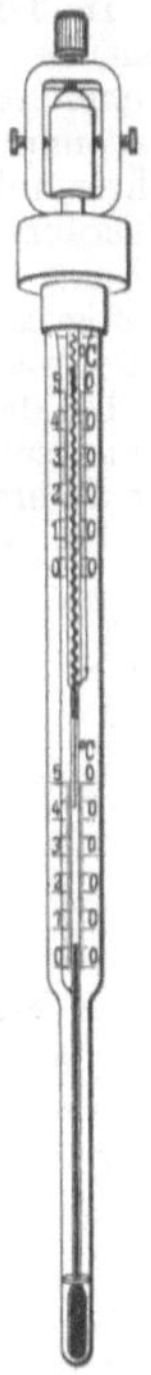

Das von einer Thüringer Glasfirma[1] gelieferte, einstellbare Kontaktthermometer (Abb. 50) besteht aus einem normalen Quecksilberthermometer mit einer Temperaturskala von — 20 bis + 100⁰, dessen Glascapillare nach oben um etwa Skalenlänge verlängert ist. Im oberen Teil der Glascapillare befindet sich ein feiner Draht, der mit Hilfe eines drehbaren Magneten von außen nach oben oder unten verschoben werden kann. Auf dem Thermometer befinden sich zwei Anschlußklemmen, von denen die eine mit dem Quecksilber, die andere über einen im Innern der Capillare befindlichen Schleifkontakt mit dem verschiebbaren Draht stromleitend verbunden ist. Dort, wo sich das untere Ende des verschiebbaren Drahtes im unteren, temperaturanzeigenden Teil des Thermometers befindet, tritt auch bei Berührung mit dem Quecksilberfaden die Kontaktwirkung ein.

Das Kontaktthermometer wurde in den Thermostaten eingehängt, und seine Anschlußklemmen mit dem Steuerstromkreis des Schaltrelais verbunden. Der durch das Thermometer fließende Strom betrug bei 220 Volt Gleichstrom 0,02 Ampère.

Die Konstanthaltung wärmerer Temperaturen gestaltet sich einfach, da Wärme leicht mit Hilfe eines elektrischen, in das Bad hängenden Heizwiderstandes zugeführt werden kann. Ist die eingestellte Temperatur erreicht, so schaltet das Kontaktthermometer über ein Schaltrelais die elektrische Heizung aus. Infolge der durch die umgebende Raumluft bzw. durch zugeführtes Leitungswasser bewirkten Wärmeableitung sinkt die Temperatur, die Verbindung in dem Kontaktthermometer wird unterbrochen und die Heizung über das Relais wieder eingeschaltet.

Bei Temperaturen von + 12⁰ abwärts bewährte sich die in der nachstehenden Abb. 51 gezeigte Anordnung vorzüglich.

Neben der Glaswanne ist ein 20 × 20 cm breiter und 70 cm hoher, isolierter Blechbehälter aufgestellt, der mit Eisstückchen beschickt war. Mit Hilfe einer, von einem schnelllaufenden Elektromotor angetriebenen Wasserpumpe kann die Salzlösung vom Bad aus emporgedrückt und über das im Eisbehälter befindliche Eis geführt werden.

Die Pumpe wurde von einem kleinen, schnelllaufenden Elektromotor angetrieben und leistete bei 40 cm Druckhöhe ungefähr 4 Liter in der Minute.

Die Glaswanne ist mit einer etwa 3%igen Salzlösung gefüllt. Steigt infolge der Erwärmung durch die umgebende Raumluft die Temperatur des Bades über die eingestellte hinaus an, so schaltet das Kontaktthermometer über das Schaltrelais die Kreiselpumpe ein, die Salzlösung wird über das Eis geführt und fließt abgekühlt in die Glaswanne zurück. Die Temperatur des Bades sinkt und, sobald sich die Kontakte im Thermometer lösen, wird die Kreiselpumpe wieder ausgeschaltet. Durch diese Anordnung gelingt es, jede beliebige niedere Temperatur bis zu etwa — 10⁰ hinab lange Zeit ohne besondere Wartung auf mindestens $^1/_{10}{}^0$ konstant zu halten. Der Eisverbrauch ist gering, da das Eis in einem besonderen

Abb. 50. Kontaktthermometer.

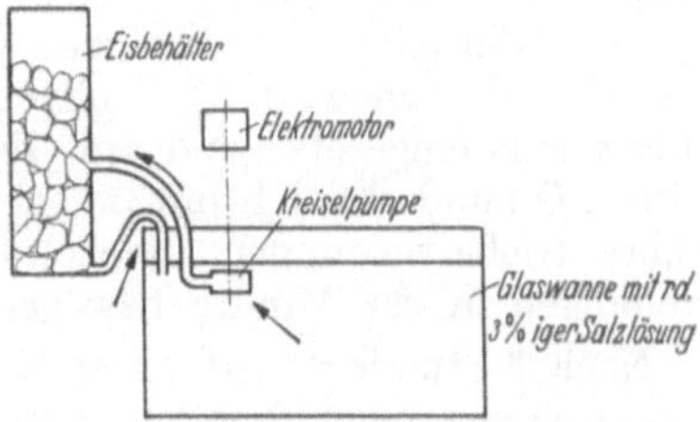

Abb. 51. Thermostat. (Nach Heiduschka und Böhme.)

---

[1] Zu beziehen von der Fa. Hermann Juchheim, Ilmenau/Thür.

Behälter gespeichert wird und nur so lange, als unbedingt notwendig ist, mit der Badflüssigkeit in Berührung kommt. Eine Eisfüllung reicht ungefähr 12 Stunden, so daß Versuche über Nacht ohne besondere Wartung ausgeführt werden können.

In den Thermostat können jeweils 4, die Untersuchungslösung enthaltende 200 ccm fassende Erlenmeyerkolben eingehängt werden. Auf die Kolben werden mittels Korkstopfen 10 cm lange Glasrohre aufgesetzt, an denen sie bequem in Stativklammern eingespannt werden können. Über dem Thermostat befinden sich 4 Antriebe für die Glasrührer, mit denen die in den Kolben befindlichen Lösungen dauernd gerührt werden. Die Glasrührer bestehen aus 3 mm starken und 25 cm langen Glasstäben, deren unteres Ende auf eine Länge von 2,5 cm rechtwinklig umgebogen, schaufelartig flachgedrückt und löffelförmig nach innen im Sinne der Drehrichtung gekrümmt ist. Die Glasrührer bewegen sich mit etwa 150 Umdrehungen in der Minute. Form und Geschwindigkeit des Glasrührers ist bei den alkoholischen Fettsäurelösungen nicht ohne Einfluß auf Krystallisation und Lösungsgleichgewicht. Mit dem oberen Teil werden die Glasrührer in die hohlen Achsen der Rührantriebe geschoben und mittels Gummischlauch mit diesen verbunden.

Abb. 52. Filtriervorrichtung für Stearinsäure. (Nach Heiduschka und Böhme.)

Die Filtration der Stearinsäure. Zur Filtration wird ein Büchner-Trichter aus Jenaer Glas verwendet, dessen Filterplatte einen Durchmesser von 50 cm hat und Filtrierpapier Nr. 604 (Schleicher & Schüll). Auf die Papierfilterscheibe wird außerdem noch ein 48 mm weiter und 50 mm hoher Glaszylinder aufgesetzt, der unten plan geschliffen ist und durch drei mit Haken versehene Spiralfedern gegen die Filterplatte gedrückt wird. Auf diese Weise wird vermieden, daß der Niederschlag mit den Wänden des Trichters in Berührung kommt (Abb. 52).

Die Extraktionsapparatur. Die Extraktionsapparatur[1] besteht aus einem 200-ccm-Erlenmeyerkolben mit aufgesetzter Glastulpe, die oben durch einen breiten Korkstopfen verschlossen und mit einem Kugelkühler verbunden ist. In die etwa 60 mm weite und 90 mm hohe Glastulpe wird der Glaszylinder mit Papierfilter und Filterkuchen des Büchner-Trichters gebracht. Der Erlenmeyerkolben wird mit 30 ccm Äther gefüllt und zum Sieden erhitzt. Der Ätherdampf löst quantitativ die auf dem Filter und auf dem Zylinder befindliche Stearinsäure. — Für den gleichen Zweck lassen sich auch andere Extraktionsapparate sinngemäß verwenden.

Ausführung der Bestimmung. Zur Herstellung der auf Vorrat zu haltenden alkoholischen Stearinsäurelösung werden in einem 1000-ccm-Meßkolben 4,500 g reine Stearinsäure durch gelindes Erwärmen in 99%igem Äthylalkohol gelöst und bei 20° auf 1 Liter aufgefüllt.

Von den zu untersuchenden Fettsäuregemischen werden 0,500 g in je einen 200-ccm-Erlenmeyerkolben von bekanntem Gewicht eingewogen, sodann 100 ccm der vorrätigen Stearinsäurelösung bei 20° zugegeben, der Glasrührer eingesteckt und der Glasrohrhalter aufgesteckt. Zum Lösen des Gemisches genügt kurzes Erwärmen durch schräges Einstellen des Kolbens in eine etwa 2 cm hohe Schicht siedenden Wassers. Hierauf wird der Kolben mit der Lösung in den auf 0° eingestellten Thermostat eingesetzt und am Glasrohrhalter eingespannt und der Glasrührer mittels Gummischlauch mit einem der über dem Bad befindlichen senkrechten Rührantriebe verbunden, die sich mit einer Geschwindigkeit von etwa 150 Umdrehungen in der Minute bewegen sollen.

Nach 6 Stunden wird jeder Kolben aus dem Thermostat herausgenommen und rasch mit einem Tuch von der außen anhängenden Badflüssigkeit getrocknet, der noch im Kolben befindliche Glasrührer entfernt und die Lösung mit der auskrystallisierten Stearinsäure in die Filterapparatur entleert. Beim Filtrieren ist nur ein schwacher Unterdruck in der Saugflasche nötig. Der Hahn der vorgeschalteten Woulff-Flasche bleibt geöffnet. Reste der auskrystallisierten Stearinsäure an Glasrührer und im Kolben stören nicht, da sie bei der nachfolgenden Extraktion nicht verlorengehen. Zum Schluß wird der Filter-

---

[1] Vgl. die Abbildung im Original.

kuchen scharf trocken gesaugt, der leere Erlenmeyerkolben mit 30 ccm Äther beschickt und die Glastulpe zum Extrahieren aufgesteckt. In die Glastulpe kommen der Glaszylinder und das Papierrundfilter mit Filterkuchen, die vom Jenaer Büchner-Trichter vorsichtig abgehoben werden, sowie der Glasrührer. Dabei ist es für die Extraktion des Papierfilters vorteilhaft, wenn man dieses halb zusammenfaltet und mit der Bruchfalte schräg gegen den senkrecht stehenden Glasstab-Rührer lehnt. Die Glastulpe wird nun mit einem breiten Korkstopfen verschlossen und mit dem Rückflußkühler verbunden, wobei der obere Teil des Glasrührers im Kühlerrohr Platz findet. Der Äther im Kolben wird zu schwachem Sieden erwärmt, so daß der Inhalt der Glastulpe durch den zurückfließenden Äther gründlich extrahiert wird. Der im Rückflußkühler verdichtete Äther läuft zum großen Teil am Glasrührer hinab und bespült dabei intensiv das angelehnte Papierrundfilter. Nach 5 Minuten befindet sich alle Stearinsäure quantitativ im Erlenmeyerkolben. Der Äther wird abgedampft, der Kolben im Trockenschrank 1 Stunde lang bei 100—105° getrocknet und nach dem Erkalten gewogen.

Aus dem so gefundenen Gehalt der Einwaage an Stearinsäure findet man ihren wirklichen Gehalt nach folgender Korrektionstabelle:

Tabelle 83. Korrektionstabelle für Stearinsäurebestimmungen mit 100 ccm 99%igem Alkohol, der 0,450 g reine Stearinsäure enthält und 0,500 g Gemischeinwaage bei 6 Stunden Abkühlung.

Gefundener Gehalt %	Wahrer Gehalt %	Gefundener Gehalt %	Wahrer Gehalt %	Gefundener Gehalt %	Wahrer Gehalt %	Gefundener Gehalt %	Wahrer Gehalt %
98,0	100,0	74,0	73,0	65,0	61,4	56,0	50,2
97,0	98,5	73,0	71,6	64,0	60,3	55,0	49,6
96,0	97,0	72,0	70,3	63,0	58,7	54,0	48,9
95,0	95,0	71,0	68,9	62,0	56,9	53,0	48,3
von 95,0 bis 77,0		70,0	67,5	61,0	55,0	52,0	47,6
keine Abweichung		69,0	66,0	60,0	53,0	51,0	46,9
77,0	77,0	68,0	64,6	59,0	52,3	50,0	46,2
76,0	75,5	67,0	63,6	58,0	51,6	49,0	45,5
75,0	74,2	66,0	62,5	57,0	51,0	48,0	45,0

Der Versuchsfehler bei dieser Methode liegt bei einer Gemischeinwaage von 0,500 g unter 0,2%.

γ) **Berechnung der Stearinsäure aus dem Schmelzpunkt.** Ein einfaches Mittel, um in Gemischen von Palmitinsäure und Stearinsäure den Gehalt an beiden zu erkennen, bietet die Bestimmung des Schmelzpunktes. D. Holde und W. Bleyberg[1] haben dafür nebenstehende Kurve angegeben. (Vgl. auch dieses Handbuch, Bd. I, S. 269 und diesen Band, S. 17.)

Vorbedingung für diese Art der Prüfung ist natürlich, daß nur Stearinsäure und Palmitinsäure vorhanden sind. Geringe Mengen anderer Fettsäuren können das Ergebnis stark beeinflussen.

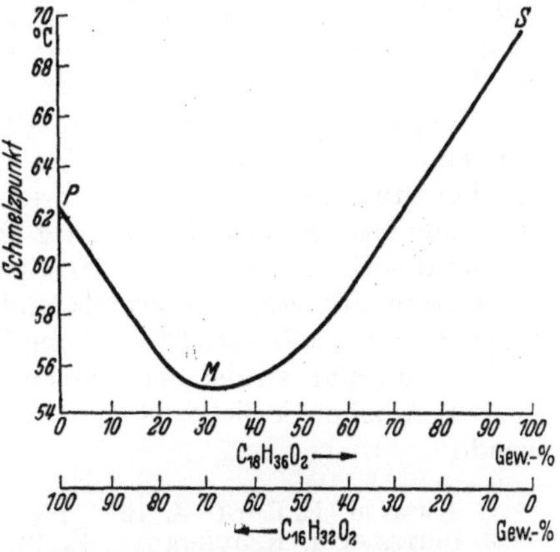

Abb. 53. Schmelzpunkte von Palmitinsäure-Stearinsäuregemischen. (Nach Holde-Bleyberg.)

____

[1] D. Holde u. W. Bleyberg: Zeitschr. angew. Chem. 1930, **43**, 897.

h) Nachweis und Bestimmung der Arachinsäure und Lignocerinsäure.

Die Bestimmung der Arachinsäure und Lignocerinsäure wurde bereits in den vorigen Abschnitten (S. 170 und 191) teilweise behandelt. Da sie zur Prüfung auf Erdnußöl und Erdnußhartfett praktisch wichtig ist, seien hier nochmals die wichtigsten Methoden zusammengestellt.

α) **Nachweis nach H. Kreis und E. Roth**[1]. Das Verfahren beruht auf einer partiellen Fällung der Bleiseifen. Man verfährt wie folgt: 20 g Fett werden mit 40 ccm alkoholischer[2] 20%iger Kalilauge verseift; man gibt 60 ccm Alkohol hinzu, säuert mit 50%iger Essigsäure, von der etwa 15 ccm erforderlich sind, an und fügt 1,5 g in 50—100 ccm Alkohol gelöstes Bleiacetat hinzu. Nach dem Stehen über Nacht werden die ausgeschiedenen Bleisalze abfiltriert und durch Kochen mit 5% Salzsäure zersetzt, bis die obenauf schwimmenden Fettsäuren ganz klar geworden sind. Man läßt sie erstarren und preßt sie dann zwischen Filtrierpapier ab. Die Menge der so gewonnenen Fettsäuren beträgt in allen Fällen etwa 2 g; sie werden in 50 ccm 90%igem Alkohol durch gelindes Erwärmen gelöst und die Lösung 30 Minuten in Wasser von 15⁰ gestellt. Die ausgeschiedenen Krystalle werden abgesaugt und noch einmal aus 25 ccm und dann aus 12,5 ccm Alkohol umkrystallisiert. Bei Gegenwart von Arachinsäure (z. B. 5% Erdnußöl) liegt der Schmelzpunkt der 3. Krystallisation über 70⁰.

J. Pritzker und R. Jungkunz[3] bezeichnen das Verfahren als elegant und bequem.

β) **Bestimmung der Arachinsäure und Lignocerinsäure.** Zur Bestimmung dieser Säuren kann man sich folgender Verfahren bedienen:

a) **Verfahren von O. Hehner und C. A. Mitchell** (vgl. S. 191).

b) **Verfahren von A. Renard**[4]. Man stellt nach dem Bleisalzverfahren aus 20 g Fett oder Öl die festen Fettsäuren dar und löst diese auf dem Wasserbade in 100 ccm 90%igen Alkohol bei etwa 60⁰. Bei langsamen Abkühlen auf Zimmertemperatur sich abscheidende Fettsäurenkrystalle bestehen bei Gegenwart von Lignocerinsäure aus feinen Nadeln und bei Gegenwart von Arachinsäure aus feinen Krystallblättchen. Nach dreistündigem Stehen bei 15—20⁰ werden die ausgeschiedenen Krystalle mittels Witt-Saugplatte abfiltriert, wobei man zweckmäßig die durchfiltrierte Flüssigkeit dazu verwendet, um die Krystalle vollständig auf das Filter zu bringen. Die Krystalle wäscht man dreimal mit je 10 ccm 90%igem und dann noch mehrmals mit 70%igem Alkohol aus. Man löst sie darauf mit absolutem Alkohol oder Äther vom Filter und bringt sie in einen gewogenen Erlenmeyerkolben, destilliert das Lösungsmittel ab, trocknet bei 100⁰ und wägt. Der Schmelzpunkt des so erhaltenen Säurengemisches liegt bei Gegenwart von Arachin- und Lignocerinsäure bei etwa 72—75⁰; liegt er wesentlich tiefer, oder waren die Krystalle nicht nadelförmig oder feinblättrig krystallisiert, so krystallisiert man die Fettsäuren nochmals aus 50 ccm 90%igem Alkohol um; wägt die dann erhaltenen getrockneten Fettsäuren abermals und bestimmt ihren Schmelzpunkt. Dieser beträgt dann etwa 74—75,5⁰. Bei der Berechnung des Arachin- und Lignoceringehaltes muß man zu der gefundenen Fettsäuremenge die in dem verwendeten 90%igen Alkohol lösliche Menge[5] dieser Säuren hinzuaddieren: diese sind folgende:

---

[1] H. Kreis u. E. Roth: Z. 1913, **25**, 81.   [2] 70% Alkohol enthaltend.
[3] J. Pritzker u. R. Jungkunz: Z. 1921, **42**, 232.
[4] A. Renard: Zeitschr. analyt. Chem. 1873, **12**, 231. — Vgl. ferner Tortelli und Ruggeri: Chem.-Ztg. 1898, **22**, 600. — H. Kreis: Chem.-Ztg. 1895, **19**, 451.
[5] Die Verluste durch das Auswaschen mit 70%igem Alkohol können unberücksichtigt bleiben.

Aus dem Gehalte an so
gefundener Säure erhält man
durch Malnehmen mit 20 die
ungefähre Menge des in dem
untersuchten Öl oder Fette
vorhandenen Erdnußöles; dieses enthält etwa 4,5—5% Arachinsäure (+ Lignocerinsäure).

Tabelle 84.

Menge des Fettsäure- gemisches von 74—75,5°	100 ccm 90%iger Alkohol lösen bei		
	15°	17,5°	20°
a) bis 0,11 g	0,033 g	0,040 g	0,045 g
b) 0,17—0,47 g . . .	0,050 g	0,060 g	0,070 g
c) 0,50—2,70 g . . .	0,070 g	0,080 g	0,090 g

Über die Abscheidung reiner Lignocerinsäure aus diesem Gemisch vgl. S. 347.

c) Abscheidung als Bleisalze nach S. 169.

d) Abscheidung als Kaliumsalze nach dem maßanalytischen
Verfahren von A. Heiduschka und S. Felser[1].

Bereits Jean[2] hat ein auf der Schwerlöslichkeit des Kaliumsalzes der Arachinsäure (und Lignocerinsäure) in Alkohol beruhendes gewichtsanalytisches Verfahren zur Bestimmung dieser Säuren angewendet, das aber nach Heiduschka
und Felser nur mangelhafte Ergebnisse liefert; sie selbst haben sich der Schwerlöslichkeit der Kalisalze zur maßanalytischen Bestimmung der Arachinsäure
(und Lignocerinsäure) in Erdnußöl in folgender Weise bedient:

10 g Öl werden mit 20 ccm Meissl-Kalilauge[3] verseift, die Seifenlösung
in einem Scheidetrichter mit Salzsäure zersetzt und die Fettsäuren mit Äther
aufgenommen, durch Waschen mit Wasser von Seifenlösung befreit und der
Äther in einem Erlenmeyerkolben abdestilliert. Darauf werden die Fettsäuren in 100 ccm 96%igem Alkohol gelöst und mit alkoholischer $^1/_{10}$ N.-Kalilauge
titriert. Man gibt so lange Lauge hinzu, bis ein herausgenommener Tropfen
der Säurelösung in 1—2 ccm der Indicatorflüssigkeit[4] eine Trübung durch Ausfallen von arachinsaurem (lignocerinsaurem) Kalium hervorruft. Nach jedes-
maliger Zugabe von Kalilauge zur Säurelösung läßt man von letzterer einige
Tropfen in einer Capillare hochsteigen und bläst sie in die Indicatorflüssigkeit
in einem 8—10 mm weiten Glasröhrchen aus. Der Wirkungswert der alkoholischen Kalilauge wird durch Einstellung gegen eine alkoholische Lösung von
reiner Arachinsäure bzw. von einem z. B. aus Erdnußöl dargestellten Gemisch
von Arachin- und Lignocerinsäure ermittelt (vgl. auch P. Bohrisch[5]).

9. Gesättigte und ungesättigte Fettsäuren.

Die scharfe analytische Trennung der ungesättigten Fettsäuren von den
gesättigten bereitet große Schwierigkeiten. Wenn auch eine Anzahl der höheren
ungesättigten Fettsäuren im Gegensatz zu den gesättigten von flüssiger Natur
ist und in geeigneten Lösungsmitteln leichtlösliche zur Trennung geeignete
Metallsalze bildet (vgl. den folgenden Abschnitt), so gibt es doch wieder andere
natürlich vorkommende ungesättigte Fettsäuren wie Erucasäure, Vaccensäure
und durch technische Behandlung der Fette entstehende, wie Elaidinsäure und
sog. Isoölsäuren, die sich auf Grund der Löslichkeit der Metallsalze bisher nicht
hinreichend von den gesättigten höheren Fettsäuren trennen lassen.

Lediglich für die niederen gesättigten Fettsäuren besteht die Möglichkeit, sie von den
ungesättigten Fettsäuren zu trennen, weil erstere mit Wasserdampf flüchtig, letztere nicht-
flüchtig sind und weil beide Gruppen sich auf Grund der Löslichkeit der Magnesiumsalze
in Wasser trennen lassen (vgl. S. 338). Diese Unterschiede stehen im Zusammenhang mit

---

[1] A. Heiduschka u. S. Felser: Z. 1919, **38**, 249.
[2] F. Jean: Les corps gras ind. 1898. **24**, 353.
[3] 200 g Kaliumhydroxyd + 1 Liter 70%iger Alkohol.
[4] Als Indicatorlösung dient ein bei Zimmertemperatur mit Arachinsäure und arachinsaurem Kalium gesättigter 96%iger Alkohol.
[5] P. Bohrisch: Pharm. Zentralh. 1910, **51**, 396.

dem verschieden hohen Molekulargewicht dieser Säuren und gelten nicht mehr für die in Speisefetten in Spuren vorkommenden niederen ungesättigten Säuren (vgl. S. 349).

Die Ermittlung der ungesättigten Fettsäuren beruht auf folgenden Grundlagen:

a) Feststellung der Wasserstoffanlagerungsfähigkeit durch Hydrierung (vgl. S. 121).

b) Verhalten gegen Mercuriacetat nach S. H. Bertram[1]. Die Reaktion mit Quecksilbersalzen verläuft in alkoholischer Lösung nach der Gleichung:

$$-CH\!=\!CH\!- + HgX_2 = -CH\!-\!CH\!-\,,$$
$$\overset{|}{HgX}\ \overset{|}{X}$$

worauf in alkoholischer Lösung die Reaktion folgt:

$$-CH\!-\!CH\!- + C_2H_5OH = -CH\!-\!CH + XH$$
$$\overset{|}{HgX}\ \overset{|}{X}\qquad\qquad\overset{|}{HgX}\ \overset{|}{O}$$
$$\overset{|}{C_2H_5}$$

Die entstehende Quecksilberverbindung ist in Alkohol und anderen Lösungsmitteln leicht löslich, während die gesättigten höheren Fettsäuren nicht verändert werden und daher unlöslich zurückbleiben. Zur Rückgewinnung der ungesättigten Säuren wird dann die Quecksilberverbindung durch Salzsäure zersetzt, das entstehende Gemisch von Fettsäuren und Fettsäureestern verseift, die Seifenlösung angesäuert und die Fettsäuren mit Petroläther aufgenommen (vgl. S. 351).

Analog wie in alkoholischer Lösung erfolgt auch die Quecksilberanlagerung in essigsaurer Lösung, die gewisse praktische Vorteile bietet (vgl. W. W. Myddleton, R. G. Berchem und A. W. Barrett[2]).

Über die Quecksilberadditionszahl von Fettsäuren (vgl. S. 137). — Der Wert der Quecksilberadditionszahl gegenüber den Jodzahlen, dadurch bedingt, daß keine Substitution auftreten kann, wird leider durch die Möglichkeit von Oxydationsvorgängen als Nebenreaktion stark vermindert.

c) Unterscheidung der ungesättigten Fettsäuren auf Grund der Jodzahl und Rhodanzahl nach H. P. Kaufmann[3]. Die Arbeitsweise von Kaufmann geht von der Überlegung aus, daß die meisten Speisefette neben gesättigten Anteilen (G) an ungesättigten Fettsäuren nur Ölsäure ($Ö$) oder ihre Isomeren, Linolsäure (L) und in einigen Fällen Linolensäure (Le) enthalten. Da bei diesen Fettsäuren die Rhodanzahl RhZ (vgl. S. 113) immer eine Doppelbindung weniger absättigt als die Jodzahl JZ (vgl. S. 94), läßt sich die prozentuale Zusammensetzung von Fetten oder den daraus gewonnenen Gesamtfettsäuren berechnen.

A. Steger u. J. van Loon[4] empfehlen die Fettsäuren vorher durch Vakuumdestillation zu reinigen.

Bei Fetten, die neben den gesättigten Bestandteilen nur einfach ungesättigte C_{18}-Säuren und Linolsäure enthalten, wird der Prozentgehalt der einzelnen Anteile nach folgenden Gleichungen berechnet:

$$\text{Glyceride}\begin{cases} G\ = 100 - 1{,}158\ RhZ \\ Ö^5 = 1{,}162\ (2\ RhZ - JZ) \\ L^6 = 1{,}154\ (JZ - RhZ). \end{cases}$$

---

[1] S. H. Bertram: Bereitung und Untersuchung von Ölsäure. Diss. Delft 1928; **Z.** 1928, **55**, 179.

[2] W. W. Myddleton, R. G. Berchem u. A. W. Barrett: Journ. Amer. Chem. Soc. 1927, **49**, 2264; C. 1927, II, 2277.

[3] H. P. Kaufmann u. M. Keller: Zeitschr. angew. Chem. 1929, **42**, 20, 73. — Vgl. Kaufmann u. H. P. Juschkewitsch: Zeitschr. angew. Chem. 1930, **43**. Einheitliche Untersuchungsmethoden für die Fett- und Wachsindustrie. Stuttgart 1930.

[4] A. Steger u. J. van Loon: **Z.** 1928, **56**, 365.

[5] Hier Glyceride von Linolsäure.   [6] Hier Glyceride von Ölsäure.

Enthalten die zu untersuchenden Fette mehr als 1% Unverseifbares, so ist dieses vorher abzuscheiden und aus der entstehenden Seifenlösung sind die Fettsäuren darzustellen und zu prüfen.

$$\text{Fettsäuren} \begin{cases} G = 100 - 1{,}108\,RhZ \\ \ddot{O} = 1{,}113\,(2\,RhZ - JZ) \\ L = 1{,}104\,(JZ - RhZ). \end{cases}$$

Bei Fetten, die außerdem noch Linolensäure (Le[1]) enthalten, werden die gesättigten Anteile (G) nach S. 164 für sich ermittelt. Dann berechnen sich die übrigen nach folgenden Gleichungen:

$$\text{Glyceride} \begin{cases} \ddot{O}{}^2 = (100 - G) - 1{,}154\,(JZ - RhZ) \\ L^3 = (100 - G) - 1{,}154\,(2\,RhZ - JZ) \\ Le^4 = -(100 - G) + 1{,}154\,RhZ. \end{cases}$$

Wenn größere Mengen Unverseifbares vorliegen, werden auch hier die Fettsäuren dargestellt, worauf dann folgende Gleichungen für die Fettsäuren gelten:

$$\text{Fettsäuren} \begin{cases} \ddot{O} = (100 - G) - 1{,}104\,(JZ - RhZ) \\ L = (100 - G) - 1{,}104\,(2\,RhZ - JZ) \\ Le = -(100 - G) + 1{,}104\,RhZ. \end{cases}$$

H. P. KAUFMANN und J. BALTES[5] haben unter weiterer Heranziehung von

Hydrierjodzahl	Teiljodzahl[6]	Dienzahl[7]	Carbonylzahl[8]
HJZ	TJZ	DZ	COZ

für folgende Fettbestandteile weitere Gleichungen berechnet[9]: Elaeostearinsäure E, Licansäure Li, Linolensäure Le, Linolsäure L, Ölsäure $\ddot{O}$, Gesättigte Säuren G, Unverseifbares Uv, Glycerinrest Gl.

α) **Fette, die Linolsäure, Ölsäure und gesättigte Säuren enthalten.**

$$L = 1{,}104\,(HJZ - RhZ)$$
$$\ddot{O} = 1{,}113\,(2\,RhZ - HJZ)$$
$$G = 100 - Uv - Gl - L - \ddot{O}.$$

β) **Fette, die Linolensäure, Linolsäure, Ölsäure und gesättigte Säuren enthalten.**

$$\begin{aligned} Le &= -(100 - Uv - Gl - G) + 1{,}104\,RhZ \\ L &= (100 - Uv - Gl - G) - 1{,}104\,(2\,RhZ - JZ) \\ \ddot{O} &= (100 - Uv - Gl - G) - 1{,}104\,(JZ - RhZ) \\ L &= (100 - Uv - Gl - G) - 1{,}104\,(2\,RhZ - HJZ) \\ \ddot{O} &= (100 - Uv - Gl - G) - 1{,}104\,(HJZ - RhZ). \end{aligned}$$

γ) **Fette, die Eläostearinsäure, Linolsäure, Ölsäure und gesättigte Säuren enthalten.**

$$E = 1{,}095 \cdot DZ$$
$$L = 1{,}104\,(TJZ - RhZ - DZ) \qquad L = 1{,}104\,(HJZ - RhZ - 2\,DZ)$$
$$\ddot{O} = 1{,}113\,(2\,RhZ - TJZ) \qquad \ddot{O} = 1{,}113\,(2\,RhZ + DZ - HJZ)$$
$$G = 100 - Uv - Gl - E - L - \ddot{O} \qquad G = 100 - Uv - Gl - E - L - \ddot{O}.$$

δ) **Fette, die Licansäure, Linolsäure, Ölsäure und gesättigte Säuren enthalten.**

$$Li = 1{,}151 \cdot DZ \qquad \ddot{O} = 1{,}113\,(2\,RhZ + DZ - HJZ)$$
$$L = 1{,}104\,(HJZ - RhZ - 2\,DZ) \qquad G = 100 - Uv - Gl - Li - L - \ddot{O}.$$

ε) **Fette, die Eläostearinsäure, Linolensäure, Linolsäure, Ölsäure und gesättigte Säuren enthalten.**

$$E = 1{,}095 \cdot DZ$$
$$\begin{aligned} Le &= -(100 - E - Uv - Gl - G) + 1{,}104\,(RhZ - DZ) \\ L &= (100 - E - Uv - Gl - G) - 1{,}104\,(2\,RhZ - TJZ) \\ \ddot{O} &= (100 - E - Uv - Gl - G) - 1{,}104\,(TJZ - RhZ - DZ) \\ L &= (100 - E - Uv - Gl - G) - 1{,}104\,(2\,RhZ + DZ - HJZ) \\ \ddot{O} &= (100 - E - Uv - Gl - G) - 1{,}104\,(HJZ - RhZ - 2\,DZ). \end{aligned}$$

---

[1] Bisher nur an den Linolensäuren des Leinöls geprüft.

[2] Glyceride von Ölsäure. [3] Glyceride von Linolsäure. [4] Glyceride von Linolensäure.

[5] H. P. KAUFMANN u. J. BALTES: Ber. Deutsch. Chem. Ges. 1937, **70**, 2545 u. U. 1938, **45**, 616.

[6] Teilweise Absättigung vorhandener Doppelbindungen mit Hilfe von Brom in Tetrachlorkohlenstoff im Dunkeln. — Vgl. H. P. KAUFMANN: Studien auf dem Fettgebiet, S. 35. Berlin 1935. [7] Vgl. S. 124. [8] Vgl. S. 184.

[9] Hier werden also die Säuren selbst und nicht (wie oben teilweise) die Säuren als Glycerid gedacht berechnet.

η) **Fette, die Licansäure, Linolensäure, Linolsäure, Ölsäure und gesättigte Säuren enthalten.**

$$Li = 1{,}151 \cdot DZ$$
$$Le = - (100 - Li - Uv - Gl - G) + 1{,}104 \ (RhZ - DZ)$$
$$L = (100 - Li - Uv - Gl - G) - 1{,}104 \ (2 \ RhZ + DZ - HJZ)$$
$$Ö = (100 - Li - Uv - Gl - G) - 1{,}104 \ (HJZ - RhZ - 2 \ DZ).$$

ζ) **Fette, die Licansäure, Eläostearinsäure, Linolensäure, Linolsäure, Ölsäure und gesättigte Säuren enthalten.**

$$Li = 1{,}051 \ COZ \qquad \text{(vgl. S. 137)}$$
$$E = 1{,}095 \cdot DZ - COZ \qquad \text{(vgl. S. 137)}$$
$$Le = 1{,}104 \ (RhZ - DZ) - (100 - Li - E - Uv - Gl - G)$$
$$L = (100 - Li - E - Uv - Gl - G) - 1{,}104 \ (2 \ RhZ + DZ - HJZ)$$
$$Ö = (100 - Li - E - Uv - Gl - G) - 1{,}104 \ (HJZ - RhZ - 2 \ DZ).$$

Im Falle außer ungesättigten Fettsäuren der C_{18}-Gruppe noch solche anderer Gruppen wie Hexadecensäure, Erucasäure u. a. vorliegen, sind obige Gleichungen nicht ohne weiteres anwendbar. Der Fall dürfte besonders bei gehärteten Fischfetten zu berücksichtigen sein. Über das Verhalten natürlicher Fischöle bei der Rhodanzahlbestimmung ist bisher nur wenig bekannt.

10. Feste und flüssige Fettsäuren.

Die Erfahrung, daß Fettsäuren im allgemeinen in organischen Lösungsmitteln um so schwerer lösliche Metallsalze, insbesondere Bleisalze bilden, je höher ihr Schmelzpunkt ist, hat zu einer Unterscheidung in bei Zimmertemperatur feste und flüssige Fettsäuren geführt. Wenn wir unter Zimmertemperatur 20^0 verstehen, würden von den gesättigten Fettsäuren alle niederen Homologen bis zur Caprylsäure einschließlich, von den ungesättigten Säuren Ölsäure, Linolsäure, Linolensäure, auch Ricinolsäure und alle stärker ungesättigten Säuren zu den flüssigen Fettsäuren, dagegen alle gesättigten Fettsäuren von der Caprinsäure ab, von den ungesättigten Elaidinsäure, Vaccensäure, Erucasäure, Brassidinsäure, Elaeostearinsäure, Hydnocarpus- und Chaulmugrasäure zu den festen Fettsäuren zu rechnen sein.

Hierbei darf aber nicht außer acht gelassen werden, daß unsere analytischen Methoden zur Trennung der festen und flüssigen Fettsäuren mit erheblichen Mängeln behaftet sind, aus welchem Grunde es zwar gelingt, weit auseinander liegende Glieder mit einiger Sicherheit zu trennen, nicht aber Fettsäuren mit näher beieinander liegendem Schmelzpunkt. Dies beruht zum großen Teil darauf, daß die Löslichkeitsunterschiede der Fettsäuresalze, z. B. des fettsauren Bleis gegen Lösungsmittel wie Äther, Benzol, Alkohol bedeutend verringert werden, wenn das betreffende Lösungsmittel größere Mengen der Bleisalze der flüssigen Fettsäuren enthält. Die Folge ist dann, daß die Abscheidung der festen Fettsäuren unvollständig bleibt. Nach der anderen Seite hin neigen die festen Fettsäuren dazu, hartnäckig flüssige Fettsäuren zurückzuhalten, so daß zu einer praktisch hinreichenden Scheidung mindestens 2 Krystallisationen erforderlich sind.

a) Trennung mittels der Bleisalze.

Zu diesem Zweck sind zuerst von Varrentrap und später von Muter und de Koningh[1], Lane[2] u. a. Verfahren vorgeschlagen worden, bei denen Äther als Lösungsmittel verwendet wird. Alle diese Verfahren stehen an Zuverlässigkeit und Schärfe den unten genannten mit Alkohol als Lösungsmittel weit zurück.

α) A. Heiduschka und S. Felser[3] haben insbesondere für Erdnußöl, ein maßanalytisches Verfahren zur Bestimmung der festen Fettsäuren in ätherischer Lösung, beruhend auf Titration mit alkoholischer Bleiacetatlösung und Bestimmung des Endpunktes der Fällung mit Ammoniumsulfit angegeben, das durch große Einfachheit und Schnelligkeit gekennzeichnet ist. Man verfährt dabei wie folgt:

[1] Muter u. de Koningh: Analyst 1889, 14, 61.
[2] Lane: Journ. Amer. Chem. Soc. 1893, 15, 110.
[3] A. Heiduschka u. S. Felser: Z. 1919, 38, 241.

10 g Fettsäuren werden in 200 ccm Äther gelöst und mit einer Lösung von 25 g Blei-acetat $(Pb(C_2H_3O_2)_2 + 3 H_2O)$ in 1 Liter 96%igem Alkohol titriert. Der Endpunkt der Titration ist erreicht, wenn ein in die Lösung eingetauchter Filtrierpapierstreifen — man taucht ihn soweit ein, daß die Flüssigkeit durch die Capillarwirkung etwa 2 cm darin hoch-steigt — durch einen Tropfen Ammoniumsulfidlösung eine allgemeine Braunfärbung zeigt; solange noch nicht alle festen Fettsäuren gefällt sind, färbt sich nur der eingetauchte Teil infolge des haften gebliebenen Niederschlages. Da 379,3 Teile Bleiacetat, 512,6 Teile Pal-mitin- 568,6 Teile Stearin-, 624,6 Teile Arachinsäure, 680,8 Teile Behensäure und 736,8 Teile Lignocerinsäure äquivalent sind, entspricht 1 ccm der Bleiacetatlösung 0,0338 g Palmitin-, 0,0375 g Stearin-, 0,0412 g Arachin, 0,0449 g Behen- und 0,0486 g Lignocerinsäure.

Wenn die Art der festen Fettsäuren oder ihr Mischungsverhältnis nicht bekannt ist, bedient man sich entweder eines mittleren Faktors, z. B. 0,0356 g für ein Gemisch aus gleichen Teilen Palmitin- und Stearinsäure, oder man bestimmt das Molekulargewicht der bei der Titration ausgeschiedenen Fettsäuren und setzt dieses in Rechnung.

β) K. FARNSTEINER [1] erreichte durch Verwendung von Benzol statt Äther als Lösungs-mittel eine krystallinische Abscheidung, indem er die gesamten Bleisalze durch Erwärmen löste und dann auf 8—12° erkalten ließ, wobei sich die Bleisalze der festen Fettsäuren abschieden. Aber auch dieses Verfahren ist heute nicht mehr in Anwendung, weil die Ausbeute an festen Fettsäuren dabei mangelhaft ist.

γ) Ein bedeutender Fortschritt war der Vorschlag von E. TWITCHELL [2], die Bleisalze der Fettsäuren aus Alkohol zu krystallisieren. Die Versuchsanordnung ist folgende:

Man löst soviel Fettsäuren wie etwa 1,5 g festen Fettsäuren entsprechen (bei Ölen 10 g, bei festen Fetten 2—3 g) in 50 ccm 95%igem Alkohol und ver-setzt die zum Sieden erhitzte Lösung mit der siedenden Lösung von 1,5 g Blei-acetat in 50 ccm Alkohol. Nach Stehenlassen über Nacht filtriert man die aus-geschiedenen Bleisalze ab und prüft das Filtrat durch Zusatz von 5 Tropfen Schwefelsäure auf Bleiüberschuß [3]. Der abfiltrierte Niederschlag wird mit Alkohol ausgewaschen, aus 100 ccm 95%igem Alkohol unter Zusatz von 0,5 ccm Essigsäure umkrystallisiert, dabei wieder über Nacht stehen gelassen, abermals abfiltriert und ausgewaschen. Dann wird mit Äther zurück gespült und nach Zersetzung mit verdünnter Salpetersäure die ätherische Lösung mit Wasser mineralsäurefrei gewaschen, abgedampft, der Rückstand getrocknet und gewogen.

Zur Gewinnung der flüssigen Fettsäuren wird das alkoholische Filtrat unter vermindertem Druck im Stickstoffstrom eingeengt, dann werden die Fettsäuren mittels verdünnter Salpetersäure in Freiheit gesetzt, mit einem Gemisch von Äther und Petroläther aufgenommen und die Lösung im Scheide-trichter durch mehrmaliges Ausschütteln mit Wasser von der Salpetersäure und vom Bleinitrat befreit. Aus der mit Natriumsulfat getrockneten Fettsäure-lösung destilliert man wieder das Fettlösungsmittel unter vermindertem Druck im Stickstoffstrom ab und reinigt oder zerlegt das Gemisch der flüssigen Fett-säuren am besten durch Vakuumdestillation.

B. LUSTIG und G. BOTSTIBER [4] geben eine Vorschrift an, bei der die Bleifällung direkt in der mit Essigsäure neutralisierten Seifenlösung des Fettes ausgeführt und so die vorherige Darstellung der Fettsäuren umgangen wird.

Das Verfahren von TWITCHELL ermöglicht aber auch noch keine restlose Abscheidung der festen Fettsäuren.

So erhielten A. STEGER und H. W. SCHEFFERS [5] bei Anwendung von reinen Säuren neben ungesättigten Säuren zurück:

Stearinsäure	Palmitinsäure	Elaidinsäure
97,77—97,95%	95,5—95,8%	97,1—97,4%

[1] K. FARNSTEINER: Z. 1898, 1, 390.
[2] E. TWITCHELL: Journ. Ind. engin. Chem. 1921, 13, 806; Zeitschr. Deutsch. Öl-Fettind. 1921, 41, 810.   [3] Nötigenfalls wird die Fällung mit weniger Fettsäureneinwaage wiederholt.
[4] B. LUSTIG u. G. BOTSTIBER: Biochem. Zeitschr. 1929, 204, 46, 81.
[5] A. STEGER u. H. W. SCHEFFERS: Rec. Trav. chim. Pays-Bas 1927, 46, 402.

Stearinsäure ließ sich besser abtrennen als Palmitinsäure und letztere wieder vollständiger als ein Gemisch aus gleichen Teilen Stearin- und Palmitinsäure. Um die Ausbeute bei der Twitchell-Methode zu erhöhen, krystallisieren L. V. Cocks, B. C. Christian und G. Harding[1] nur einmal aus Alkohol und waschen dann an Stelle der zweiten Krystallisation den Bleiniederschlag mit Petroläther aus. Auf diese Weise erhielten sie besonders bei gehärteten Fetten bedeutend höhere Ausbeuten an festen Fettsäuren; doch ist anzunehmen, daß auch die Entfernung der Ölsäure dann weniger vollständig ist.

J. Grossfeld[2] erhielt ebenfalls nach den Arbeitsbedingungen von Twitchell bei den festen ungesättigten Fettsäuren aus gehärteten Fetten mangelhafte Ausbeuten.

δ) Die Ergebnisse ließen sich aber durch Krystallisation der Bleisalze bei Gegenwart einer bestimmten, ziemlich hohen Wasserkonzentration sowie eines erhöhten Bleiüberschusses verbessern, und zwar unter Erhöhung der Ausbeute an festen Fettsäuren, ohne daß Ölsäure in wesentlichen Mengen mitgefällt wurde, wenn eine genügende Essigsäurekonzentration vorhanden ist. Die Ergebnisse sind dabei von äußeren Bedingungen wie Temperaturschwankungen, Gegenwart von Kaliumacetat und Größe des Bleiüberschusses nur wenig abhängig. Ein praktischer Vorteil ist, wie bei dem Vorschlage von Lustig und Botstiber, daß direkt vom Fett ausgegangen und eine vorherige Darstellung der Fettsäuren vermieden wird.

Bestimmung der festen Fettsäuren nach J. Grossfeld und A. Simmer[3].

2,5 g des zu prüfenden Fettes[4] werden in einem Erlenmeyerkolben von 200 ccm Inhalt mit 1,0 ccm 50%iger Kalilauge und 25 ccm 95%igem Alkohol durch 10 Minuten langes Kochen am Rückflußkühler verseift. Die Seifenlösung versetzt man mit 100 ccm einer Bleiacetatlösung von bestimmter Zusammensetzung[5] und 5 ccm 96%iger Essigsäure, erwärmt am Rückflußkühler bis zum Sieden, und bis sich der entstandene Niederschlag völlig gelöst hat, und fügt unter Umschütteln 20 ccm zum Sieden erhitztes Wasser hinzu. Die so entstehende Lösung scheidet beim Erkalten, während dessen man öfters umschüttelt, einen weißen Niederschlag aus. Man bringt die Krystallisation durch Stehenlassen in der Kälte bis zum folgenden Tage zu Ende, wobei die Temperatur gegen Ende 22—23° (letzte Stunde) betragen soll.

Den entstandenen Niederschlag saugt man durch einen Glasfiltertiegel (Schott & Gen. 2 G 3) und wäscht mit etwa 50 ccm 70 vol.-%igem Alkohol aus. Nach scharfem Absaugen am Schluß wird der Tiegel mit dem Boden nach oben unter Fortlassung des Trichterchens in den Extraktionsapparat (vgl. S. 170) gegeben, auf den Filterboden 3 ccm 96%ige Essigsäure gefügt und nach Beschickung des Kolbens mit 100 ccm der Bleiacetatlösung extrahiert, bis der Niederschlag gelöst ist. Es empfiehlt sich, so kräftig zu kochen, daß ein Teil der Flüssigkeit aus dem Kolben in den Extraktionsraum spritzt und so eine leichtere Lösung des Niederschlages bewirkt. Zu der heißen Lösung setzt man 15 ccm heißes Wasser und schüttelt kräftig um. Hierbei tritt bei manchen Fetten sofort ein bleibender Niederschlag auf, den man durch kurzes Erhitzen wieder in Lösung bringt. Man läßt dann wieder bis zum folgenden Tage auskrystallisieren, wobei sich abermals die nunmehr reinen Bleisalze der festen Fettsäuren abscheiden.

Diese werden durch den Glasfiltertiegel abgesogen, mit etwa 50 ccm 70%igem Alkohol ausgewaschen, scharf abgesogen und im Extraktionsapparat abermals, aber jetzt mit 5 ccm 96%iger Essigsäure und 25 ccm 90%igem Alkohol[6] in Lösung gebracht. Die Lösung wird noch warm mit 5 ccm verdünnter Salpetersäure (Dichte 1,2) vermischt und vorsichtig mit heißem Wasser bis an den Kolbenhals verdünnt, wobei sich die Fettsäuren abscheiden und an der Oberfläche ansammeln. Das Gemisch wird im Wärmeschrank bei etwa 98° so lange erwärmt, bis die Hauptmenge der Fettsäuren zu einer klaren Schicht zusammengeflossen ist. Dann stellt man den Kolben in kaltes Wasser, wodurch die Fettsäuren erstarren.

Das so entstandene Gemisch wird durch ein Papierfilter von 9 cm Durchmesser filtriert. Man bringt dabei die Hauptmenge der Fettsäuren auf das Filter und wäscht

---

[1] L. V. Cocks, B. C. Christian u. G. Harding: Analyst 1931, **56**, 368.

[2] J. Grossfeld: U. 1930, **37**, 3, 23; vgl. Z. 1930, **59**, 237.

[3] J. Grossfeld und A. Simmer: Z. 1930, **59**, 239.

[4] Bei Ölen zweckmäßig nur 1,0 g, gegebenenfalls unter Zusatz von 1,0 g Palmitinsäure. Vgl. auch S. 241.

[5] 50 g krystallisiertes Bleiacetat und 5 ccm 96%ige Essigsäure mit 80 vol.-%igem Alkohol auf 1000 ccm gelöst.

[6] In der ursprünglichen Vorschrift hieß es 10 ccm 95%iger Alkohol. — Obige Menge und Konzentration hat sich als zweckmäßiger erwiesen.

mit kaltem Wasser solange nach, bis das Filtrat Kongopapier nicht mehr bläut, und läßt abtropfen. Darauf nimmt man Trichter mit Filter von der Filtrationsvorrichtung und läßt in einem Reagensglasgestell Filter und Trichter bis zum folgenden Tage an der Luft trocknen. Den Kolben trocknet man im Wasserdampftrockenschrank, bis keine Wassertröpfchen mehr bemerkbar sind, spült schließlich mit möglichst wenig Äther die am Halse haftenden Fettsäurereste in den unteren Teil des Kolbens und verdampft den Äther.

Am folgenden Tage nach Entfernung des Wassers bringt man mit einer Pinzette die Hauptmenge der auf dem Filter befindlichen Fettsäuren in den Kolben zurück, setzt den Trichter mit Filter wieder darauf, bringt diese in den Wasserdampftrockenschrank und erwärmt darin, bis die Fettsäuren geschmolzen sind. Dann wäscht man Trichter und Filter dreimal mit je 5 ccm Chloroform aus, wobei man das Filtrat zum Lösen der Fettsäuren im Kolben verwendet. Einen Leerversuch setzt man in gleicher Weise an.

In die Kolben gibt man immer mit gleicher Pipette[1] in gleicher Weise[2] 25 ccm Jodlösung nach HANUŠ (20 g Jodmonochlorid in Eisessig zu 1000 ccm gelöst), läßt 15 Minuten stehen, fügt dann 15 ccm 10%ige Kaliumjodidlösung hinzu und titriert den Jodüberschuß gegen Schluß unter Zusatz von Stärkelösung mit 0,1 N.-Thiosulfatlösung zurück. Das Titrationsergebnis zieht man von dem des Leerversuches ab und erhält so den Jodverbrauch der Fettsäuren in Kubikzentimetern 0,1 N.-Thiosulfatlösung. Alsdann entspricht 1 ccm 0,1 N.-Thiosulfatlösung

$$\frac{282,3}{2 \cdot 10} = 14,1 \text{ mg Isoölsäure,}$$

$$\frac{0,0141 \cdot 100}{2,5} = 0,565\% \text{ Isoölsäure, bezogen auf das zu prüfende Fett,}$$

$$\frac{0,127 \cdot 100}{10 \cdot 2,5} = 0,508 \text{ Jodzahl der festen Fettsäuren, bezogen auf das zu prüfende Fett.}$$

Von einzelnen Fettsäuren wurde die Löslichkeit nach dem vorstehenden Verfahren ungefähr wie folgt gefunden:

Tabelle 85.

Fettsäure	Löslichkeitsverlust bei 2,5 g Fett %	Fettsäure	Löslichkeitsverlust bei 2,5 g Fett %
Ölsäure	fast 100	Elaidinsäure	1,7
Laurinsäure	21,6	Palmitinsäure	1,1
Myristinsäure	3,5	Stearinsäure	0,0
Erucasäure	2,4		

Es ist damit zu rechnen, daß diese Löslichkeitswerte durch Gegenwart anderer Fettsäuren erhöht werden.

So fand GROSSFELD[3] bei dem Verfahren an Unterschieden gegenüber dem Permanganatverfahren (S. 165) bei

Tabelle 86.

Cocosfett	Palmkernfett	Butterfett	Rindsfett	Hammelfett	Schweinefett	Kakaofett
26,1%	30,4%	13,7%	7,4%	7,5%	4,4%	1,7%

GROSSFELD schließt aus den größeren Verlusten bei Rindsfett und Hammelfett auf einen Gehalt an Myristinsäure, die tatsächlich darin durch Esterdestillation nachgewiesen wurde (vgl. S. 544), während bei Cocos- und Palmkernfett, in geringem Maße auch bei Butterfett, der Verlust hauptsächlich auf dem Laurinsäuregehalt beruht. Bei Kakaofett, das an festen Fettsäuren nur Stearinsäure und Palmitinsäure enthält, ist der Verlust jedenfalls auffällig klein. Von M. STEINAU[4] mit Rindsfett, Schweinefett und gehärtetem Erdnußöl nach dem Verfahren von GROSSFELD erhaltene größere Verluste an festen Fettsäuren sind vielleicht

---

[1] Durch Pipetten mit weitem Auslauf, noch besser durch Eintauchpipetten wird das Abpipettieren sehr erleichtert.
[2] Bei reinen gehärteten Fetten empfiehlt es sich, 50 ccm Jodlösung bzw. 30 ccm Kaliumjodidlösung zu verwenden.   [3] J. GROSSFELD: Z. 1933, 65, 305.
[4] M. STEINAU: Diss. Münster i. W. 1934.

durch abweichende Versuchsausführung zu erklären. J. Pritzker und R. Jungkunz[1] haben bei 3 Ziegenfetten Verluste von 19,8—23,0% beobachtet, die sich ebenfalls nur durch niedere Fettsäuren als Palmitinsäure erklären lassen. Vgl. auch Ch. Lutenberg und T. Dudkina[2].

ε) **Halbmikromethode.** Vor allem zur laufenden Prüfung auf gehärtete Fette durch Bestimmung der festen ungesättigten Fettsäuren erwies sich die vorstehende Vorschrift aber noch als zu zeitraubend und zu umständlich. Eine wesentliche Abkürzung ermöglichte der Befund von J. Grossfeld und J. Peter[3], daß man in dem aus alkoholischer Lösung erhaltenen Bleiniederschlag ohne Isolierung der Fettsäuren nach Lösen in Alkohol-Essigsäure direkt die Jodzahl nach Margosches (S. 109) bestimmen kann, ferner daß sich die Krystallisationsdauer der Fettsäuren auf 2 Stunden verkürzen läßt. Grossfeld und Peter empfehlen daher folgende Schnellmethode, insbesondere zum Nachweis gehärteter Öle in Speisefetten:

500—550 mg Fett werden in einem Erlenmeyerkölbchen von 50 ccm Inhalt mit 5 ccm der bei der Buttersäurezahlbestimmung (vgl. S. 87) zu verwendenden alkoholischen Kalilauge durch 10 Minuten langes Kochen am Rückflußkühler verseift. Die Seifenlösung wird mit 20 ccm einer alkoholischen Bleiacetatlösung von bestimmter Zusammensetzung[4], 1 ccm 96%iger Essigsäure und 3 ccm Wasser versetzt und der entstandene Niederschlag durch Erhitzen am Rückflußkühler gelöst. Nun läßt man 2 Stunden (oder länger) verkorkt bei Zimmertemperatur (etwa 20°) stehen. Der Niederschlag wird darauf durch einen kleinen Glasfiltertiegel (Schott u. Gen. 10 G/3) abgesogen und mit ungefähr 10—15 ccm[5] 70 vol.-%igem Alkohol unter Nachspülen des Erlenmeyerkölbchens ausgewaschen und schließlich scharf abgesogen.

Nun beschickt man das zugehörige Erlenmeyerkölbchen mit 20 ccm der Bleiacetatlösung, setzt die Extraktionsröhre auf, schiebt den Tiegel mit dem Boden nach oben in die Extraktionsröhre, bringt auf den Filterboden 1,0 ccm 96%iger Essigsäure[6] und extrahiert, bis der Niederschlag gelöst ist. Es empfiehlt sich, so kräftig zu kochen, daß ein Teil der Flüssigkeit aus dem Kölbchen in den Extraktionsraum spritzt und so eine leichtere Lösung des Niederschlages bewirkt. Die heiße Lösung wird mit 2 ccm Wasser versetzt und kräftig umgeschüttelt. Ein dabei etwa entstehender Niederschlag wird durch kurzes Erhitzen am Rückflußkühler gelöst und das Erlenmeyerkölbchen wieder 2 Stunden oder länger verkorkt bei Zimmertemperatur stehengelassen. Die abermals abgeschiedenen Bleisalze der festen Fettsäuren werden nun wieder durch den Glasfiltertiegel abgesogen, mit etwa 10—15 ccm 70 vol.-%igem Alkohol unter Nachspülen des Kölbchens ausgewaschen und schließlich scharf abgesogen.

Darauf wird der Tiegel mit Niederschlag im Extraktionsapparat wieder, aber nun mit 20 ccm einer Mischung gleicher Volumen von 95%igem Alkohol[7] und 96%iger Essigsäure gelöst. Hierauf wird die noch heiße Lösung der Bleisalze unter Nachspülen mit 10 ccm der Alkohol-Essigsäuremischung in einen 400 ccm fassenden Erlenmeyerkolben übergeführt. Darin wird nach dem

---

[1] J. Pritzker u. R. Jungkunz: Z. 1932, **63**, 612.

[2] Ch. Lutenberg u. T. Dudkina: U. 1335, **42**, 91; Z. 1937, **74**, 331.

[3] J. Grossfeld u. J. Peter: Z. 1934, **68**, 345. — Vgl. J. Grossfeld: Z. 1938, **76**, 342.

[4] Vgl. Anm. 5, S. 202.

[5] Das isoölsaure Blei ist in dem 70%igen Alkohol ohne Gegenwart von Essigsäure praktisch unlöslich.

[6] In der ursprünglichen Vorschrift sind 0,6 ccm Essigsäure vorgeschrieben. Durch Erhöhung der Menge Essigsäure wird die Empfindlichkeit des Nachweises nur wenig beeinflußt, die Vermeidung fehlerhaft erhöhter Werte aber sicherer ausgeschlossen.

[7] Auch 90%iger Alkohol ist brauchbar.

Erkalten die Lösung der Bleisalze mit genau abgemessenen 20 ccm einer alkoholischen, ungefähr 0,2 N.-Jodlösung (25,4 g Jod auf 1000 ccm, in 96%igem Alkohol gelöst) versetzt und durch Umschütteln vermischt. Hierauf werden 200 ccm Wasser zugesetzt und der Kolbeninhalt mehrmals umgeschüttelt. Nach einigen Minuten wird die Titration des Jodüberschusses mit einer 0,1 N.-Thiosulfatlösung[1] ausgeführt, wobei zum Schluß 2%ige Stärkelösung zugesetzt und vorsichtig bis zum Verschwinden der Blaufärbung titriert wird. Der Titrationsendpunkt wird besonders scharf erkannt, wenn man die Titrationsmischung kurze Zeit stehen läßt, wobei die unlöslichen Teile aufrahmen und darunter deutlich die Farbe der Flüssigkeit erkennen lassen. Die Titration soll innerhalb 2 Stunden nach Zusatz des Wassers ausgeführt sein. Als Leerversuch zur Messung des gesamten Jodverbrauchs verwendet man 30 ccm der Alkohol-Essigsäuremischung und verfährt genau in derselben Weise. Das Titrationsergebnis zieht man von dem des Leerversuches ab und erhält so den Jodverbrauch der festen Fettsäuren in Kubikzentimetern 0,1 N.-Thiosulfatlösung (Titrationswert). Je 1 ccm 0,1 N.-Thiosulfatlösung entspricht 14,1 mg Isoölsäure, die man dann auf Prozente der Einwaage umrechnet.

Für Einwaagen zwischen 500 und 550 mg verwendet man für diese Umrechnung in Prozente aus dem Titrationswert folgende Faktoren:

Tabelle 87.

Einwaage mg	Faktor	Einwaage mg	Faktor	Einwaage mg	Faktor	Einwaage mg	Faktor
500—501	2,82	513—514	2,75	526—527	2,68	539	2,62
502—503	2,81	515—516	2,74	528—529	2,67	540—541	2,61
504—505	2,80	517—518	2,73	530—531	2,66	542—543	2,60
506	2,79	519—520	2,72	532—533	2,65	544—546	2,59
507—508	2,78	521	2,71	534—535	2,64	547—548	2,58
509—510	2,77	522—523	2,70	536—538	2,63	549	2,57
511—512	2,76	524—525	2,69				

Statt dieser Berechnung kann die Tabelle VI (Anhang) benutzt werden.

Bei Speisefetten erhielten GROSSFELD und PETER nach diesem Verfahren die nachstehenden Isoölsäuregehalte:

Bei dieser Vorschrift werden die festen Fettsäuren als solche nicht isoliert. Wenn dies für eine weitere Prüfung gewünscht wird, empfiehlt es sich, die S. 202 angegebene Vorschrift anzuwenden. Über Zerlegung großer Fettsäurenmengen mit Bleiacetat vgl. S. 180.

Tabelle 88.

Fett	Zahl der Proben	Einmalige Krystallisation		Zweimalige Krystallisation	
		Mittel	Schwankungen	Mittel	Schwankungen
Hartfette . .	2	31,8	24,8—38,8	28,0	20,5—35,4
Margarinefett .	9	13,1	9,3—17,0	7,3	4,1—9,9
Butterfett . .	11	1,6	0,7—2,1	0,9	0,6—1,4
Schweinefett .	6	1,9	1,5—2,0	0,3	0,1—0,4
Rindsfett . .	5	2,2	1,6—2,5	1,1	0,5—1,5
Hammelfett .	3	2,9	2,8—3,2	1,5	1,3—1,6
Kakaofett . .	1	1,3	—	0,3	—

Bei der Prüfung von Tierfetten auf Hartfettzusatz durch Isoölsäurenachweis ist zu beachten, daß nach Fütterung von Isoölsäure das Körperfett diese Säure enthalten kann. Vgl. A. D. BARBOUR[2].

---

[1] Man löst 25 g krystallisiertes reinstes Natriumthiosulfat in Wasser zu 1 Liter.
[2] A. D. BARBOUR: J. biol. Chem. 1933, 101, 63; Z. 1938, 76, 267.

b) Trennung mittels der Thalliumsalze.

Die zuerst von W. Meigen und A. Neuberger[1] angegebene Vorschrift haben D. Holde, M. Selim und W. Bleyberg[2] verbessert und folgende Vorschrift angegeben, die den Vorteil hat, daß nur eine einmalige Fällung ausgeführt wird. Das Verfahren ist allerdings vorerst nur an Ölsäure, Stearinsäure und Palmitinsäure erprobt.

1 g des Fettsäurengemisches wird in etwa 50 ccm 96 vol.-%igem Alkohol gelöst, mit alkoholischer (96%) Kalilauge (etwa $^1/_2$—$^1/_{10}$ N.) neutralisiert, die Lösung mit 96%igem Alkohol auf etwa 125 ccm aufgefüllt und bei Zimmertemperatur mit 65 ccm Wasser und 35 ccm 4%iger wäßriger Thalliumsulfatlösung versetzt. Nach Absitzen des Niederschlages von Thalliumsalzen fester Fettsäuren bei 15⁰ wird bei der gleichen Temperatur durch ein Faltenfilter[3] filtriert. Der Niederschlag wird mit möglichst wenig 50%igem Alkohol, der einige Tropfen Thalliumsulfatlösung enthält, ausgewaschen. Aus dem Niederschlag und aus dem Filtrat (nach Abdestillation des Alkohols) werden die Fettsäuren durch Ansäuern mit verdünnter Schwefelsäure in Freiheit gesetzt, ausgeäthert, die ätherischen Lösungen mit Natriumsulfat getrocknet und filtriert. Nach Verdampfen des Äthers werden die Rückstände gewogen. Auf erschöpfendes Auswaschen des Natriumsulfats mit heißem trockenem Äther ist besonders zu achten.

Vergleichende Untersuchungen von K. Amberger und E. Wheeler-Hill[4] haben gezeigt, daß das Thalliumverfahren ebenso wie das Verfahren von Twitchell (S. 201) fast quantitative, jedenfalls viel bessere Ergebnisse als das Bleisalz-Ätherverfahren liefert.

c) Sonstige Methoden.

Zur Trennung der festen und flüssigen Fettsäuren sind ferner vorgeschlagen von David[5] die Ammoniumsalze in ammoniakalischer Lösung, von Bull und Fjellanger[6] die Ammoniumsalze in Acetonlösung, von P. Falciola[7] in alkoholischem Ammoniak, von S. Fachini und G. Dorta[8] die Kaliumsalze in Acetonlösung. R. Jungkunz[9] hat das Davidsche Verfahren nachgeprüft, aber nicht als quantitativ befunden.

11. Einzelne ungesättigte Fettsäuren.

a) Ölsäure und Linolsäure.

Von den ungesättigten Fettsäuren ist die Ermittlung der Ölsäure und Linolsäure aus der Jodzahl und Rhodanzahl bereits S. 198 besprochen worden. Diese Methode kann, wie A. Steger und J. van Loon[10] gezeigt haben, auch dann einen Einblick in die Fettzusammensetzung gewähren, wenn andere Methoden, z. B. die Bestimmung der höheren gesättigten Fettsäuren nach Bertram (S. 162), nicht anwendbar sind, wie beim Petersiliensamenöl. Steger und van Loon stellten daraus die Fettsäuren dar und reinigten sie durch Destillation im Vakuum. Aus der Jodzahl nach Wijs (S. 102) und der Rhodanzahl ließ sich der Linolsäuregehalt der Gesamtfettsäuren nach der Gleichung

$$L = 1{,}111\ (JZ - RhZ)$$

berechnen (vgl. S. 198); ebenso die Menge der gesättigten Fettsäuren (vgl. S. 167) nach der Formel

Gesättigte Fettsäuren = 100 — 1,104 RhZ)

Umgekehrt kann nach S. H. Bertram[11] der ungefähre Ölsäuregehalt bei (nichttrocknenden) Ölen aus dem Unverseifbaren, den Gesamtfettsäuren (A) und dem Gehalt an gesättigten Fettsäuren (G) aus Jodzahl (J) und Verseifungszahl (V) berechnet werden:

$$\text{Ölsäure} = 1{,}986\ (A - G) - 1{,}096\ J.$$

---

[1] W. Meigen u. A. Neuberger: U. 1922, **29**, 337.

[2] D. Holde, M. Selim u. W. Bleyberg: Zeitschr. angew. Chem. 1924, **37**, 885.

[3] Filtration an der Saugpumpe ist nicht zu empfehlen, da durch Verdunstung des Alkohols die Temperatur und die Alkoholkonzentration erniedrigt werden, so daß die Versuchsbedingungen nicht genau einzuhalten sind.

[4] K. Amberger u. E. Wheeler-Hill: Z. 1927, **54**, 434.

[5] David: Compt. rend. Paris 1910, **151**, 756.

[6] Bull u. Fjellanger: Apoth.-Ztg. 1916, **31**, 55.

[7] P. Falciola: Gazz. chim. Ital. 1910, **40**, 217.

[8] S. Fachini u. G. Dorta: Chem.-Ztg. 1914, **38**, 18. — Vgl. de Waele: Analyst 1915 I, 509.   [9] R. Jungkunz: U. 1932, **39**, 171; Z. 1937, **73**, 225.

[10] A. Steger u. J. van Loon: Z. 1928, **56**, 365.

[11] S. H. Bertram: Bereiding en Onderzoek van Oliezuur. Diss. Delft 1928.

α) **Der direkte Nachweis der Ölsäure** erfolgt meistens durch Isomerisierung in Elaidinsäure. So geht die Ölsäure durch gewisse Behandlungen in Elaidinsäure über, die durch ihren Schmelzpunkt (44,5°) gekennzeichnet ist, während Linol- und Linolensäure keine bei gewöhnlicher Temperatur feste Verbindung liefern.

Die gleiche Erscheinung tritt mit Ölsäure in Glyceridbindung ein. So war schon R. BOYLE[1] (1661) das Festwerden von Oliven- und Mandelöl bei Einwirkung von rauchender Salpetersäure bekannt.

So sicher es feststeht, daß es sich bei der Elaidinierung um eine sterische Umlagerung handelt, so ist doch umstritten, ob die Cis-Form der Ölsäure oder der Elaidinsäure zukommt.

$$H_3C \cdot (CH_2)_7 \cdot CH \qquad\qquad H_3C \cdot (CH_2)_7 \cdot CH$$
$$\| \quad \rightleftarrows \qquad\qquad \|$$
$$HOOC \cdot (CH_2)_7 \cdot CH \qquad\qquad HC \cdot (CH_2)_7 \cdot COOH$$
$$\text{Cis-Form} \qquad\qquad\qquad\qquad \text{Trans-Form}$$

Während A. GRÜN[2] und S. H. BERTRAM[3] die Ansicht vertreten, daß die Cis-Form der Elaidinsäure, die Transform der Ölsäure zukomme, scheint insbesondere auf Grund von Konstitutionsforschungen von Y. INOUE und B. SUZUKI[4] in Übereinstimmung mit der älteren Annahme die Ölsäure die Cis-Form zu sein. Vgl. auch J. BÖESEKEN und A. H. BELINFANTE[5] u. a.

Bewirkt wird diese Umwandlung gewöhnlich mit salpetriger Säure. Doch sind auch andere Einwirkungen dafür geeignet. BERTRAM[6] hat ein einfaches Erhitzen mit 0,03—0,10% Selen auf 150—220° vorgeschlagen. Darüber, wie diese sterische Umlagerung im einzelnen vor sich geht, ist noch wenig bekannt (vgl. auch BERTRAM[7]).

A. HEIDUSCHKA und S. FELSER[8] verfahren wie folgt: Die flüssigen Fettsäuren werden in einer Schale mit verdünnter Schwefelsäure versetzt und eine konzentrierte Natriumnitritlösung hinzugefügt, hierauf wird soweit erwärmt, bis eine kräftige Gasentwicklung eintritt. Nun wird die Schale bedeckt, einige Stunden beiseite gestellt, wobei die gebildete Elaidinsäure sich ausscheidet und bei höherem Gehalte daran das Öl zu einer festen Masse erstarrt. Nach mehrmaligem Waschen mit Wasser wird die Masse auf Ton abgestrichen und nach dem Aufsaugen der flüssigen Anteile durch den Ton wird die Krystallmasse aus wenig Eisessig umkrystallisiert und abermals auf Ton getrocknet. Von den so gewonnenen Krystallen bestimmt man den Schmelzpunkt; reine Elaidinsäure schmilzt bei 44,5°.

Andere Elaidinierungsverfahren arbeiten unter Durchleiten von gasförmigen Stickoxyden durch das Öl. So bewirkt K. FARNSTEINER[9] die Umwandlung mit einem Gemisch von Stickoxyd und Sauerstoff, TOMOW[10] indem er die zu elaidinierenden Fettsäuren in etwa der gleichen Raummenge trockenem Aceton aufnimmt und dann in diese Lösung unter Eiskühlung bei 0° nitrose Gase (aus Kartoffelmehl und Salpetersäure von der Dichte 1,4) leitet, bis die Lösung sich hellgrün zu färben beginnt. Die Lösung wird dann nach zeitweiligem Umschütteln in eine Schale mit Eiswasser gestellt und bis zum folgenden Tage sich selbst überlassen. Dann wird mit viel Wasser verdünnt und mit Petroläther ausgeschüttelt. Nach dem Auswaschen, Behandeln mit etwas Kohle und Filtrieren wird der Petroläther abdestilliert und die zurückbleibende Säure aus Aceton wiederholt krystallisiert.

---

[1] R. BOYLE: Historia fluiditatis et firmitatis. Amstellod. 1661. Sect. XLVII, 117. H. KOPP: Geschichte der Chemie, Bd. IV, S. 389. 1847.

[2] A. GRÜN: Analyse der Fette und Wachse, Bd. I, S. 18.

[3] S. H. BERTRAM: Bereiding en Onderzoek van Oliezuur. Diss. Delft 1928.

[4] Y. INOUE u. B. SUZUKI: Proceed. Imp. Acad., Tokyo 1931, 7, 261.

[5] J. BÖESEKEN u. A. H. BELINFANTE: Rec. Trav. chim. Pays-Bas 1928, **45**, 914.

[6] S. H. BERTRAM: Chem. Weekbl. 1936, **33**, 637.

[7] S. H. BERTRAM: Chem.-Weekbl. 1936, **33**, 3.

[8] A. HEIDUSCHKA u. S. FELSER: Z. 1919, **38**, 241. — Vgl. auch CH. LUTENBERG: U. 1935, **42**, 89.   [9] K. FARNSTEINER: Z. 1899, **2**, 1.

[10] TOMOW: Diss. München 1914. — Nach S. H. BERTRAM: Bereiding en Onderzoek van Oliezuur. Diss. Delft 1928.

H. Kreis und O. Wolff[1] empfehlen folgenden einfach ausführbaren Versuch: In einem Reagensglase werden 10 ccm 25%ige Salpetersäure und 1 g Kupferdraht mit 10 ccm Öl überschichtet und mindestens 12 Stunden stehengelassen. Reines Olivenöl liefert dabei eine feste, gelblichweiße Masse.

Ein vorzügliches Mittel zur Abtrennung der Elaidinsäure von der Ölsäure aus dem Elaidinierungsgemisch bildet, wie schon von Farnsteiner hervorgehoben, die Trennung über die Bleisalze nach S. 200.

H. N. Griffiths und T. P. Hilditch[2] haben gefunden, daß reine Ölsäure mit Quecksilber und Salpetersäure (Poutets Reagens) zu 66% in Elaidinsäure isomerisiert werden kann. Da aber Oxydationsprodukte auch schon in geringen Mengen stören, ist es nötig, das zu prüfende Säuregemisch im Vakuum zu destillieren und dann die Isomerisierung unverzüglich vorzunehmen. Nach Griffith und Hilditch ermöglicht dieses Verfahren eine sehr genaue Bestimmung der Ölsäure, die an Zuverlässigkeit, wenn auch bei weitem nicht an Einfachheit, der Rhodanmethode nach Kaufmann (S. 198) ebenbürtig ist. Umgekehrt geht bei der gleichen Behandlung Elaidinsäure in ein Gemisch von 1 Teil Ölsäure mit 2 Teilen Elaidinsäure über. Es handelt sich also um eine Gleichgewichtsreaktion. Petroselinsäure und Erucasäure lieferten 60% der höher schmelzenden Modifikation. Methyloleat ergab 66% Elaidinsäuremethylester.

Da bei der Elaidinierung mit Quecksilber-Salpetersäure aber harzartige Produkte entstehen, die bei Anwendung der Bleisalztrennung nach Cocks, Christian und Harding (vgl. S. 202) schwerlöslich bleiben, müssen diese durch besondere Behandlung mit Petroläther abgeschieden werden.

Arbeitsvorschrift: Das möglichst frische und von Oxydationsprodukten freie Öl wird in der üblichen Weise verseift. Das Fettsäurengemisch wird aus der Seifenlösung unter geringstem Luftzutritt dargestellt und schnell bei einem Druck von 1 mm oder weniger so vollständig wie möglich destilliert. Von den destillierten Fettsäuren werden 10—20 g mit 0,2—0,4 g Quecksilber und 0,5 bis 1,0 ccm Salpetersäure von der Dichte 1,4 in einem geschlossenen Gefäß, das in Wasser taucht, bei Zimmertemperatur 1 Stunde geschüttelt und dann über Nacht beiseite gestellt. Das Reaktionsprodukt wird mit Äther ausgezogen, die ätherische Lösung mit verdünnter Salpetersäure, um Quecksilberverbindungen zu entfernen und dann mit Wasser zur Entfernung der Mineralsäure gewaschen. Nach Entfernung des Äthers und der Feuchtigkeit wird das Produkt mit 100 ccm Petroläther gekocht und die klare Lösung von den harzigen Beimischungen, die an den Gefäßwandungen haften, abgegossen. Das Gefäß wird 2- oder 3mal mit je etwa 20 ccm Petroläther ausgespült und die Waschflüssigkeit zur Hauptlösung gegeben. Das Lösungsmittel wird dann entfernt und die erhaltenen Fettsäuren werden nach dem Bleisalzverfahren auf ungesättigte feste Fettsäuren (vgl. S. 200) geprüft. Nach Umrechnung auf Elaidinsäure und Malnehmung mit 100/66 findet man den Gehalt an Ölsäure (Höchstwert) im ursprünglichen Säuregemisch. — Im Vergleich mit der Berechnung aus der Rhodanzahl wurden so gefunden für Gehalt der gemischten Säuren an Ölsäure:

Tabelle 89.

Berechnung aus	Leinöl %	Hanföl %	Kautschuk-samenöl %	Walnußöl %	Sojaöl %	Wallflower-öl %
Rhodanzahl	9,6	6,7	23,6	19,1	26,1	8,1
Elaidinierung	9,6	5,6	23,6	19,2	26,5	8,3

[1] H. Kreis u. O. Wolff: Mitt. Lebensmittelunters. Hygiene 1927, 18, 246.
[2] H. N. Griffiths u. T. P. Hilditch: Journ. Soc. chem. Ind. 1934, 53, 75; C. 1934, II, 3211. — Vgl. Journ. Chem. Soc. London 1932, 2315; Z. 1937, 74, 323.

S. H. Bertram[1] erhielt ein Gleichgewicht von 67% Elaidinsäure und 33% Ölsäure, unabhängig von Temperatur, Lösungsmittel, Menge und Art des Katalysators.

Sollen kleine Mengen Elaidinsäure von den gesättigten Säuren geschieden werden, so kommt nach den Arbeiten Bertrams in erster Linie das Quecksilberacetatverfahren (S. 198) in Frage.

Farnsteiner[2] verbindet den Nachweis der Elaidinsäure mit seinem Verfahren zur Abscheidung der Ölsäure als in Benzol-Alkohol (95 + 5) unlösliches Bariumsalz. Das Verfahren erwies sich jedoch in verschiedenen Fällen (Butterfett, Baumwollsamen und Sesamöl) als unzuverlässig.

β) K. Täufel und Cl. Bauschinger[3] benutzten zur Isolierung der Ölsäure aus Rüböl das Zinksalz nach den Vorschriften von A. Grabner[4]:

100 g Rüböl wurden mit 400 ccm 10%iger alkoholischer Kalilauge verseift, die Fettsäuren aus den Kaliseifen mit verdünnter Schwefelsäure in Freiheit gesetzt und mit Wasser gewaschen. Nach Zusatz einer Lösung von 20 g Zinkacetat in 250 ccm Alkohol zu der alkoholischen Lösung dieser Fettsäuren trat bei Zimmertemperatur eine Fällung ein, die nach 24stündigem Stehen abfiltriert und mit Alkohol gewaschen wurde. Aus den oberflächlich mit Filtrierpapier getrockneten Zinkseifen ließen sich durch zweimalige Ausziehung mit je 500 ccm Äther während je 24 Stunden bei Zimmertemperatur Auszüge gewinnen, die, vereinigt und auf ein kleines Volumen eingedampft, bei der Fällung mit Alkohol einen Niederschlag ergaben. Letzterer wurde von neuem mit Äther unter Zusatz einer kleinen Menge Alkohol (um bei der Filtration ein klares Filtrat zu erhalten) kalt ausgezogen. Aus dem Verdunstungsrückstand dieses zweiten Ätherauszuges wurde nach zweimaliger Umkrystallisation aus Alkohol durch Erhitzen mit Weinsäure die Fettsäure in Freiheit gesetzt und auf ihr Molekulargewicht (282,0 berechnet 282,3) und ihre Jodzahl (85,9 berechnet 89,9) geprüft.

Über Hexadecensäure (Palmitölsäure) vgl. S. 349.

b) Erucasäure.

Die Erucasäure $C_{22}H_{42}O_2$ ist gekennzeichnet durch hohes Molekulargewicht 338,3 und hohen Schmelzpunkt 33—34°; sie geht durch Salpetrige Säure in die isomere Brassidinsäure (Schmelzpunkt 65°) über (vgl. S. 354). Die Erucasäure findet sich in größeren Mengen, namentlich in den Cruciferenölen; ihr Nachweis dient daher zum Nachweis dieser Öle (Rüböl) in anderen Ölen (Olivenöl, Leinöl usw.).

Zum Nachweis und zur Abscheidung der Erucasäure benutzt man in erster Linie die Schwerlöslichkeit ihrer Bleisalze, die aber erheblich leichter löslich sind als die Bleisalze der höheren gesättigten Fettsäuren. Sind diese in größerer Menge vorhanden, so findet man also die Erucasäure beim Fraktionieren in der schwer trennbaren Mittelfraktion. Auch durch Elaidinierung wird der Nachweis der Erucasäure nicht erleichtert, weil die dabei aus Ölsäure entstehende Elaidinsäure die Trennung weiter erschweren würde. Alle diese Umstände ermöglichen bisher nur eine Prüfung auf Erucasäure, wenn sie in beträchtlichen Mengen vorhanden ist. Auf der Grundlage der Bleisalztrennung arbeiten die Verfahren von M. Tortelli und V. Fortini[5], von H. Kreis und E. Roth[6] sowie von J. Grossfeld[7].

Das hohe Molekulargewicht der Erucasäure deutet auf eine Schwerlöslichkeit und damit eine Krystallisationsmöglichkeit aus Alkohol hin, die von D. Holde und J. Marcusson[8] zum Nachweis der Erucasäure verwendet wird. Der Nachweis sehr kleiner Mengen Erucasäure ist erst in neuester Zeit durch

[1] S. H. Bertram: Chem. Weekbl. 1936, **33**, 3 (vgl. oben S. 208).
[2] K. Farnsteiner: Z. 1899, **2**, 1; 1903, **6**, 161.
[3] K. Täufel u. Cl. Bauschinger: Z. 1928, **56**, 263.
[4] A. Grabner: Monatsh. Chem. 1921, **42**, 287.
[5] M. Tortelli u. V. Fortini: Ann. Falsif. 1911, **4**, 139; Z. 1911, **22**, 139.
[6] H. Kreis u. E. Roth: Z. 1913, **26**, 38.   [7] J. Gorssfeld: Z. 1937, **73**, 409.
[8] D. Holde u. J. Marcusson: Zeitschr. angew. Chem. 1910, **23**, 1260.

Überführung in Dioxybehensäure nach Kaufmann und Fiedler (S. 213) möglich geworden.

α) **Nachweis mit Hilfe der Bleisalze** von M. Tortelli und V. Fortini[1]. Bei der Trennung der festen und flüssigen Fettsäuren mit Hilfe der Löslichkeitsunterschiede der Bleisalze findet sich die Erucasäure zusammen mit den gesättigten Fettsäuren in den unlöslichen Bleisalzen.

Die aus 20 g Öl abgeschiedenen Bleiseifen werden mit 80 ccm Äther 20 bis 30 Minuten am Rückflußkühler erwärmt und dann, den Kolben verschlossen, 1 Stunde bei 15° im Wasserbade stehengelassen.

Darauf filtriert man die Ätherlösung durch ein Filter in einen Scheidetrichter, wobei möglichst wenig von den unlöslichen Bleisalzen auf das Filter gebracht wird, und stellt das Filter bedeckt beiseite. Der Rückstand im Kolben wird von neuem mit 40 ccm Äther 20 Minuten lang am Rückflußkühler erwärmt und genau in derselben Weise wie früher verfahren. Man bringt die ungelösten Bleisalze auf das Filter und wäscht Kolben und Niederschlag mit 40 ccm Äther aus. Die ungelösten Bleisalze werden nun nach Durchstoßung des Filters mit 100 ccm Äther in einen zweiten Scheidetrichter gespült. Zu beiden Scheidetrichtern gibt man 150 ccm 20%ige Salzsäure, schüttelt stark durch, läßt die wäßrigen Flüssigkeiten ablaufen, wiederholt diese Behandlung noch ein- oder zweimal mit 100 ccm Salzsäure und wäscht dann die Ätherlösung noch zweimal mit 100—150 ccm Wasser. Die Ätherlösungen werden filtriert und in Glasschalen bei niedriger Temperatur verdunstet.

Von den festen Fettsäuren bestimmt man den Schmelzpunkt und die Jodzahl[2].

Bei Abwesenheit von Erucasäure zeigen die festen Fettsäuren meist einen Schmelzpunkt von 55—60° und eine Jodzahl bis 20, während bei Gegenwart von viel Erucasäure (Rüböl) der Schmelzpunkt 41—42° und die Jodzahl 62 gefunden wurde.

Bei höherer Temperatur als angegeben und bei langer Behandlung mit größeren Äthermengen kann das Bleisalz der Erucasäure vollständig in die Ätherlösung übergehen.

β) **Fraktionierte Fällung der Bleisalze nach H. Kreis und E. Roth[3].** Das Verfahren ist dadurch gekennzeichnet, daß die Fettsäuren nur teilweise in die Bleisalze übergeführt und daß diese dann aus Alkohol krystallisiert werden: 20 g Öl werden durch Kochen mit 10 ccm 40%iger Natronlauge und 50 ccm Alkohol verseift, die Seifenlösung zur Trockne verdampft und der Rückstand mit Wasser und einem Überschuß an Salzsäure erwärmt, bis die Fettsäuren klar obenauf schwimmen. Diese werden in 100 ccm 95%igem Alkohol gelöst, die Lösung zum Sieden erhitzt und mit einer siedenden Lösung von 1,5 g Bleiacetat in 50 ccm Alkohol versetzt, worauf man längere Zeit — am besten über Nacht — bei einer Temperatur von nicht unter 15° stehen läßt. Die ausgeschiedenen Bleiseifen werden mittels Witt-Platte scharf abgesaugt und mindestens dreimal mit Alkohol gewaschen. Hierauf werden die Bleisalze solange mit 5%iger Salzsäure gekocht, bis die Fettsäuren klar obenauf schwimmen; man läßt dann erstarren und bestimmt den Schmelzpunkt. Dieser lag bei Olivenöl und anderen Ölen bei 50,5 und 58,4°, dagegen beim Rüböl bei 29—30°. Liegt der Schmelzpunkt nicht wesentlich unter 50°, so kann man die Reaktion noch dadurch verschärfen, daß man die wie vorstehend gewonnenen festen Fettsäuren nochmals, aber mit nur 1,0 g Bleiacetat fraktioniert fällt, nunmehr aber die in Lösung gebliebenen Fettsäuren abscheidet und auf ihren

---

[1] M. Tortelli u. V. Fortini: Vgl. Anm. 5, S. 209.

[2] Von den flüssigen Fettsäuren stellen Tortelli und Fortini die Natriumseifen dar und bestimmen deren kritische Lösungstemperatur, die bei Rüböl wesentlich höher (50 bis 45°) liegt als bei Olivenöl und anderen Ölen (Olivenöl usw.). Bezüglich dieses Verfahrens sei auf Z. 1911, **22**, 139 verwiesen.   [3] H. Kreis u. E. Roth: Z. 1913, **26**, 38.

Schmelzpunkt prüft. Die auf diese Weise aus Olivenöl gewonnenen Fettsäuren schmelzen bei etwa 47[0], dagegen die aus Rüböl gewonnenen bei 24—25[0].

γ) **Prüfung auf Erucasäure durch Jodzahlbestimmung in den festen Fettsäuren.** Bei Anwendung des Verfahrens von Twitchell auf 35 Proben Rüböl fanden S. C. L. Gerritzen und M. Kauffman[1] die Jodzahl der festen Fettsäuren zu 65,8—72,4; nach Gerritzen und Kauffman deuten erhebliche Erhöhungen dieser Jodzahl der festen Fettsäuren über 6 (außer bei Haselnußöl[2]) auf Rübölzusatz. Da aber die Ausbeute an festen Fettsäuren bei 14 Proben nur 26,8 bis 32,0% betrug, während Rüböl, wie wir aus anderen Untersuchungen[3] wissen, etwa 50% Erucasäure enthält, sind die Verluste an Erucasäure beim Twitchell-Verfahren so große, daß schon bei Erucasäuregehalten von etwa 20%, entsprechend 40% Rüböl, der Nachweis unsicher wird.

Die Vorschrift von J. Grossfeld und A. Simmer[4] liefert ein wesentlich besseres Ergebnis. Diese erhielten aus einem Rüböl in Form der ungesättigten festen Fettsäuren eine Erucasäureausbeute von 43,1% und konnten zeigen, daß dabei rund 198 mg Erucasäure von einer Einwaage von 2,5 g, also rund 8% des Öles in Lösung geblieben waren. Nach dieser Vorschrift würden also rund 16% Rüböl noch dem Nachweise entgehen können. Durch Krystallisation in Gegenwart von Palmitinsäure, wobei eine Adsorption von Erucasäure eintritt, wurde deren Nachweis soweit verfeinert, daß sich noch Rübölmengen unter 10% zu erkennen gaben.

Weitere Versuche von Grossfeld[5] führten schließlich zu folgender dem Nachweis von Isoölsäure nach S. 204 ähnlichen Arbeitsvorschrift, die nur 500 mg Öl erfordert:

Arbeitsvorschrift zum Nachweise von Erucasäure. Etwa 500 mg Speiseöl und 0,6 ccm geschmolzene Laurinsäure werden in einem 100-ccm-Erlenmeyerkolben mit 10 ccm alkoholischer Kalilauge von bestimmter Zusammensetzung[6] am Rückflußkühler 10 Minuten im leichten Sieden gehalten, wobei Bimssteingrieß zur Erleichterung des Siedens zugesetzt wird. Zu der entstandenen Seifenlösung gibt man nach Erkalten 50 ccm Bleiacetatlösung[7], 2,5 ccm 95%ige Essigsäure und 10 ccm Wasser. Nun erhitzt man am Rückflußkühler, bis sich der Bleiniederschlag gelöst hat, läßt auf Zimmertemperatur erkalten, schüttelt um und läßt nach Verschluß der Kölbchen durch einen Kork unter öfterem Umschütteln mehrere (2—3) Tage bei 20[0] (19—21[0]), zweckmäßig in einem Brutschrank stehen. Dann filtriert man durch einen Glasfiltertiegel (Schott u. Gen. 10 G/3) und wäscht mit etwa 10—15 ccm 70 vol.-%igem Alkohol aus, wobei man schließlich scharf absaugt.

Nun bringt man den Tiegel mit dem Boden nach oben in eine passende Extraktionsröhre (von etwa 35 mm lichter Weite) mit stetigem Durchlauf[8] und zieht den Niederschlag mit 20 ccm einer Mischung gleicher Raumteile von 96%igem Alkohol und 96%iger Essigsäure[9] unter Kochen aus. Die noch warme Lösung der Bleisalze gießt man unter Nachspülen mit 10 ccm der Alkohol-Essigsäuremischung in einen 400 ccm fassenden Erlenmeyerkolben und bestimmt

---

[1] S. C. L. Gerritzen u. M. Kauffman: Chem. Weekbl. 1932, **29**, 136.

[2] Dieses enthält so große Mengen Ölsäure (vgl. S. 470), daß bei dem Twitchell-Verfahren ein Teil davon als Bleisalz mitgefällt wird und die Jodzahl erhöht.

[3] Vgl. weiter unten und S. 496. [4] J. Grossfeld u. A. Simmer: Z. 1930, **59**, 252.

[5] J. Grossfeld: Chem.-Ztg. 1935, **59**, 935; Pharm. Ztg. 1936, **81**, 397; Z. 1937, **73**, 409.

[6] 40 ccm Kalilauge der Dichte 1,5 + 40 ccm Wasser, mit 96%igem Alkohol auf 1 Liter aufgefüllt. Die Zusammensetzung ist die gleiche wie die der bei der Bestimmung der Halbmikrobuttersäurezahl oder bei der Prüfung auf Isoölsäure verwendeten Kalilauge.

[7] 50 g krystallisiertes Bleiacetat + 5 ccm 96%ige Essigsäure mit 80 vol.-%igem Alkohol auf 1 Liter gelöst. — Die Zusammensetzung ist die gleiche wie bei der zur Prüfung auf Isoölsäure verwendeten Bleiacetatlösung (vgl. S. 202, Anm. 5).

[8] Wie bei der Prüfung auf Isoölsäure. Vgl. S. 170 u. 202. [9] Vgl. S. 204.

ähnlich wie bei der Prüfung auf Isoölsäure (S. 204) den Jodverbrauch. Zu diesem Zweck gibt man genau 20 ccm alkoholische etwa 0,2 N.-Jodlösung[1] hinzu, mischt und verdünnt unter Umschütteln mit 200 ccm Wasser. Dann titriert man nach einigen Minuten mit 0,1 N.-Thiosulfatlösung unter Zusatz von Stärkelösung den Jodüberschuß zurück. Die Titration soll innerhalb 2 Stunden nach Zusatz des Wassers ausgeführt sein. Zur Messung des gesamten Jodverbrauchs verwendet man 30 ccm der obigen Alkohol-Essigsäuremischung, der man wieder 20 ccm der Jodlösung zusetzt. Von diesem Ergebnis zieht man das der ersten Titration ab und erhält so den Jodverbrauch der festen Fettsäuren in Kubikzentimetern 0,1 N.-Thiosulfatlösung.

Der Laurinsäurezusatz bezweckt bei diesem Versuch nicht allein die Krystallisation zu begünstigen, sondern vor allem auch kleine Unterschiede bei verschiedenen Pflanzenölen, bedingt durch Variationen im Gehalt an einzelnen gesättigten oder ungesättigten Fettsäuren, auszugleichen, also eine größere Gleichmäßigkeit hervorzurufen.

Den erhaltenen Titrationswert nennt Grossfeld Erucasäurezahl.

Die Erucasäurezahl gibt also an, wieviel Kubikzentimeter 0,1 N.-Jodlösung von dem nach beschriebenen Verfahren aus 500 mg Öl durch einmalige mehrtägige Krystallisation bei Gegenwart von etwa 500 mg (= 0,6 ccm) Laurinsäure in essigsaurer wäßrig-alkoholischer Lösung erhaltenen Bleiniederschlag gebunden werden. Sie hat den Charakter einer Kennzahl und gibt nicht etwa die vorhandene Menge Erucasäure an, sondern wird einerseits noch durch vorhandene Ölsäure, andererseits durch Löslichkeitsverluste an Bleierucat sowie durch Adsorptionsvorgänge beeinflußt.

Um aber aus dieser Erucasäurezahl x annähernde Schlüsse auf den vorhandenen Erucasäuregehalt y in Milligramm ziehen zu können, hat Grossfeld auf empirischem Wege die Funktion

$$y = 52{,}1\,x - 0{,}9\,x^2 - 217{,}2$$

berechnet und gefunden, daß damit der Erucasäuregehalt bis auf im Mittel ± 11 mg bzw. ± 2,2% wiedergefunden wird. Da für $y = 0$ x zu 4,52 wird, lassen sich also Erucasäuregehalte unter 4,5 + 2,2 = 6,7% nach der Methode nicht mehr erkennen. Zur einfachen Ablesung dient folgende Tabelle:

Tabelle 90. Berechnung der Erucasäure aus dem Titrationswert.
(Erucasäure in Milligrammen.)

Titrations-wert	0,0	0,1	0,2	0,3	0,4	0,5	0,6	0,7	0,8	0,9
4,0	—	—	—	—	—	—	3	8	12	16
5,0	21	25	29	33	38	42	46	50	54	59
6,0	63	67	71	75	79	83	87	91	95	99
7,0	103	107	111	115	119	123	127	131	135	139
8,0	142	146	149	153	157	160	164	168	172	175
9,0	179	182	186	189	193	196	200	203	207	210
10,0	214	217	220	224	227	230	234	237	240	244
11,0	247	250	253	256	259	262	266	269	272	275
12,0	278	281	284	287	290	293	297	300	303	306
13,0	308	311	314	316	319	322	325	327	330	333
14,0	336	338	341	344	346	349	351	354	357	359
15,0	362	364	367	369	371	374	376	379	381	383

Der Erucasäuregehalt der als Speiseöle gebräuchlichen Cruciferensamenöle beträgt rund 50%. So fanden F. P. Hilditch, T. Riley und N. L. Vidyarthi[2] an Erucasäure in den Gesamtfettsäuren:

---

[1] Vgl. S. 205, oben.
[2] F. P. Hilditch, T. Riley u. N. L. Vidyarthi: Journ. Soc. chem. Ind. 1927, **46**, 457; C. 1928, I, 707.

Tabelle 91.

Englisches Rübsamenöl von Brassica campestris	Donau-Rapssamenöl	Öl aus englischem weißen Senfsamen	Öl aus englischem schwarzen Senfsamen
50,0%	47,0%	50,0%	52,5%

Nach einer früheren Vorschrift von GROSSFELD[1] fand S. NEOGI[2] in verschiedenen Ölen, indem er die Bleisalze bei genau 20⁰ im Thermostat krystallisieren ließ und das Titrationsergebnis auf Erucasäure umrechnete, für verschiedene Öle:

Tabelle 92.

Öl aus	Erucasäure	Öl aus	Erucasäure
Erdnuß	1,3—1,7	Brassica juncea	43,8—46,9
Leinsamen	1,6—1,8	Brassica napus var. dichotoma	45,7—47,2
Sesam	1,8—2,1	Brassica campestris var. Sarson	43,8—48,8
Nigersamen	2,2—2,4	Gemischte Proben.	42,8—49,7
Baumwollsamen	1,4—1,7		
Ricinus	0,2—0,3		

Bei Berücksichtigung des Löslichkeitsverlustes würden auch diese Brassicaarten rund 50% Erucasäure ergeben haben.

Die in dem linken Teil der vorstehenden Tabelle enthaltenen Zahlen sind natürlich nicht durch wirkliche Erucasäure bedingt, sondern durch Reste anderer Säuren, insbesondere von Ölsäure vorgetäuscht.

δ) **Verfahren von D. HOLDE und J. MARCUSSON**[3]. 20—25 g Fettsäuren werden in 40—50 ccm 96%igem Alkohol gelöst und in einem weiten Reagensglase mit Hilfe einer Eis-Kochsalzmischung auf —20⁰ unter Rühren mit einem Glasstabe abgekühlt. Der entstehende Niederschlag von vorwiegend gesättigten Fettsäuren wird im Kältetrichter bei —20⁰ abgesaugt und mit gekühltem Alkohol etwas nachgewaschen. Das Filtrat wird eingedampft, der Rückstand mit dem vierfachen Raumteil 75 vol.-%igem Alkohol[4] aufgenommen und wiederum auf —20⁰ abgekühlt. Die nunmehr bei Gegenwart von Erucasäure (Cruciferenölen) im Verlaufe von etwa 1 Stunde langsam entstehende, durch Rühren beförderte krystallinische Ausscheidung wird abgesaugt und mit gekühltem 75 vol.-%igem Alkohol ausgewaschen; sie ist rein weiß und besteht zum größten Teile aus Erucasäure. Man löst sie in warmem Benzol oder Äther vom Filter, dampft die Lösung ein und bestimmt in dem Rückstande das Molekulargewicht mittels des Titrationsverfahrens. Bei Gegenwart von Erucasäure liegt das Molekulargewicht über dem der Ölsäure (282,3) und steigt bei reiner Erucasäure bis auf 338,3. Ferner ermittelt man den Schmelzpunkt, der bei Gegenwart von Erucasäure bei etwas unter 30—34⁰ liegt und die Jodzahl, die bei reiner Erucasäure 75,1 beträgt. Bei beträchtlichem Gehalte der Ausgangsfettsäuren an Erucasäure fällt auch ein Teil der Erucasäure mit den gesättigten Fettsäuren aus; bei hohem Gehalt an gesättigten Fettsäuren empfiehlt es sich, die erste Lösung in 96%igem Alkohol zunächst auf 0⁰ abzukühlen und so die Hauptmenge der festen Fettsäuren durch Filtration zu entfernen und dann erst wie oben auf —20⁰ abzukühlen. Nach diesem Verfahren wiesen HOLDE und MARCUSSON z. B. 20% Rüböl in Leinöl nach.

ε) **Einen Nachweis sehr kleiner Mengen Erucasäure** bis herab zu etwa 1%, entsprechend 2% Rüböl, ermöglicht die Beobachtung von H. P. KAUFMANN

---

[1] J. GROSSFELD: Chem.-Ztg. 1936, **59**, 935. [2] S. NEOGI: Analyst 1936, **61**, 597.
[3] D. HOLDE u. J. MARCUSSON: Zeitschr. angew. Chem. 1910, **23**, 1260.
[4] Man kann natürlich auch das Eindampfen des Alkohols vermeiden und durch entsprechenden Wasserzusatz die erforderliche Alkoholkonzentration herbeiführen.

und H. Fiedler[1], daß bei der Oxydation mit Kaliumpermanganat (vgl. folgenden Abschnitt, S. 215!) leicht Dioxybehensäure gebildet wird und daß diese gegen Weiteroxydation viel beständiger ist als die aus Ölsäure zunächst entstehende Dioxystearinsäure, die dabei weiter in Nonylsäure und Azelainsäure zerfällt.

Dioxybehensäure wird an ihrem Schmelzpunkt und an ihrer Säurezahl erkannt. Ersterer weicht allerdings bei der freien Säure und bei einigen ihrer Salze nur wenig von dem der Dioxystearinsäure ab, weshalb die Prüfung durch Bestimmung der Säurezahl zu ergänzen ist. Kaufmann und Fiedler fanden folgende Werte:

Tabelle 93.

Angabe	Dioxystearinsäure		Dioxybehensäure	
	berechnet	gefunden	berechnet	gefunden
Schmp.	136,5°	135°	132—133°	131,5°
SZ	177,4	176,8	151,5	151,4
Mol. Gew.[2]	316,3	317,3	370,3	370,6
OHZ	354,9	360,6	303,1	311,9

Säuren	Schmelzpunkte der Salze von			
	Blei	Magnesium	Kupfer	Barium
Dioxybehensäure . .	178,5°	142,8°	169,5°	130—131°
Dioxystearinsäure . .	185—186°	130,5°	166,5°	129—130°

Ausführung der Prüfung. 1—2 g des zu untersuchenden Fettes werden in einem 100-ccm-Rundkolben mit 20 ccm $^1/_2$ N.-alkoholischer Kalilauge am Rückflußkühler 20 Minuten verseift. Die abgekühlte Seifenlösung wird in eine geräumige Porzellanschale übergeführt, der Alkohol auf dem Wasserbad verjagt, der Rückstand mit etwa 1000 ccm destilliertem Wasser in einen 2-Liter-Kolben überführt und mit 5 ccm 50%iger wäßriger Kalilauge versetzt. Zu der auf 15—20° abgekühlten, klaren, völlig flüssigen Seifenlösung wird dann so lange 5%ige wäßrige Kaliumpermanganatlösung gegeben, bis die Lösung nach mehrmaligem Umschütteln rotviolett bleibt. Darauf läßt man die Lösung etwa 5 Minuten unter mehrmaligem Umschütteln des Kolbens stehen, säuert das Gemisch mit verdünnter Schwefelsäure an und entfärbt schließlich durch Zusatz einer konzentrierten Natriumbisulfitlösung. Nach kurzem Stehenlassen wird der bei Anwesenheit von Dioxybehensäure auftretende, stark flockige Niederschlag von der Lösung durch Filtration abgetrennt — wozu man zweckmäßigerweise ein möglichst großes Filter (15 cm Durchmesser) verwendet —, mehrmals mit Wasser gewaschen, und zwar so lange, bis das Waschwasser keinen Abdampfrückstand mehr hinterläßt und schließlich mit 100 ccm heißem, 96%igem Alkohol aufgenommen. Der Alkohol wird dann bis auf etwa 30 ccm abdestilliert und der Rückstand zum Auskrystallisieren der Dioxybehensäure in Eis gestellt. Der erhaltene Niederschlag wird mit eisgekühltem, 96%igem Alkohol in einen Glassintertiegel (1 G 3), in dem sich ein kleiner Glasstab zum Rühren befindet, übergeführt, einmal unter Umrühren mit eisgekühltem, 96%igem Alkohol und 3mal zur Entfernung der ebenfalls abgeschiedenen und im Rückstand enthaltenen gesättigten Fettsäuren mit Petroläther gewaschen und schließlich im Trockenschrank bei 70—80° 1 Stunde getrocknet. Von dem bei Anwesenheit von Erucasäure erhaltenen Rückstand (Dioxybehensäure), den man nötigenfalls nochmals aus Alkohol umkrystallisiert, bestimmt man zur

---

[1] H. P. Kaufmann u. H. Fiedler: U. 1938, 45, 465.   [2] Aus der SZ berechnet.

Kontrolle den Schmelzpunkt und die Säurezahl, letztere zweckmäßig unter Verwendung von 0,1 N.-alkoholischer Kalilauge.

Es ist notwendig, die Seifenlösung möglichst restlos vom Alkohol zu befreien, da die Anwesenheit von Alkohol leicht zur Bildung von Emulsionen führt, die ihrerseits die Abscheidung der Dioxybehensäure stark erschweren. Weiterhin muß beachtet werden, daß die Seifen restlos gelöst sind und die Lösung gut flüssig ist, andernfalls die Oxydation in der angegebenen Zeit nicht vollständig ist, bzw. die Oxydation der Ölsäure bei gleichzeitiger Anwesenheit derselben zum Teil bei der Dioxystearinsäure stehenbleiben würde.

c) Nachweis der ungesättigten Fettsäuren durch Trennung ihrer Oxydationsprodukte.

α) **Oxydation mit Kaliumpermanganat nach** Hazura [1]. Die ungesättigten Fettsäuren addieren bei der Oxydation mit Kaliumpermanganat in alkoholischer Lösung ebenso viele Hydroxylgruppen, als ungesättigte Valenzen im Molekül vorhanden sind, und liefern als Oxydationsprodukte gesättigte hydroxylierte Säuren mit der gleichen Anzahl von Kohlenstoffatomen.

Aus Ölsäure $(C_{18}H_{34}O_2)$	entsteht	Dioxystearinsäure $(C_{18}H_{34}(OH)_2O_2)$,
„ Linolsäure $(C_{18}H_{32}O_2)$	„	Sativinsäure $(C_{18}H_{32}(OH)_4O_2)$,
„ Linolensäure $(C_{18}H_{30}O_2)$	„	Linusinsäure $(C_{18}H_{30}(OH)_6O_2)$,
„ Isolinolensäure $(C_{18}H_{30}O_2)$	„	Isolinusinsäure $(C_{18}H_{30}(OH)_6O_2)$,
„ Erucasäure $(C_{22}H_{42}O_2)$	„	Dioxybehensäure $(C_{22}H_{42}(OH)_2O_2)$.

Die gebildeten Oxydationsprodukte — Hydroxysäuren — werden auf Grund ihrer verschiedenen Löslichkeit in Wasser und Äther getrennt und ihr Schmelzpunkt bestimmt.

Die Ausführung der Oxydation geschieht in folgender Weise: 30 g flüssige Fettsäuren werden mit 35 ccm Kalilauge — enthaltend 13,5 g Kaliumhydroxyd — neutralisiert. Die Seife löst man in 2 Liter Wasser und läßt zu der Seifenlösung unter ständigem Umrühren in einem dünnen Strahle 2 Liter 1,5%ige Kaliumpermanganatlösung [2] hinzufließen. Nach etwa 10 Minuten langem Stehen leitet man in die Flüssigkeit einen Gasstrom von schwefliger Säure oder setzt soviel wäßrige Schweflige Säure hinzu, bis die Flüssigkeit sauer geworden ist und das abgeschiedene Mangandioxyd sich völlig gelöst hat. Dabei scheiden sich die schwer löslichen Oxydationsprodukte (A) (Dioxystearinsäure und Sativinsäure) aus, während die Linusinsäuren in Lösung bleiben (B).

1. Die ausgeschiedenen Oxysäuren werden mittels einer Witt-Saugplatte abfiltriert, zunächst durch Durchsaugen von Luft und dann bei 100° getrocknet und zur Entfernung von Nichtoxysäuren mit Petroläther ausgezogen. Der Rückstand wird im Soxhlet-Extraktionsapparat mit Äther extrahiert, wobei Dioxystearinsäure in Lösung geht, während Sativinsäure darin unlöslich ist. Die auf Dioxystearinsäure zu prüfende Säure wird durch mehrmaliges Umkrystallisieren aus 96%igem Alkohol gereinigt und auf Krystallform, Schmelzpunkt, Verseifungs- und Acetylzahl untersucht. Die auf Sativinsäure zu prüfenden, ätherunlöslichen Fettsäuren werden wiederholt mit 1 Liter Wasser ausgekocht und siedend heiß filtriert, bis sie ganz gelöst sind bzw. beim Abkühlen des Filtrates keine Trübung mehr eintritt. Die Ausscheidungen der Filtrate werden nach dem Absitzen mittels einer Witt-Saugplatte abfiltriert und ebenfalls auf Krystallform, Schmelzpunkt, Verseifungs- und Acetylzahl untersucht.

---

[1] Hazura: Monatsh. Chem. 1887, 147, 156, 260; 1888, 180, 198, 469, 941, 947; 1889, 190. — L. Ubbelohde: Handbuch der Chemie und Technologie der Öle und Fette, Bd. 1, S. 245. Leipzig 1908. — Vgl. auch A. Heiduschka u. S. Felser: Z. 1919, 38, 241.

[2] Bei Seetierölsäuren kühlt man auf 0° ab und verwendet 0,5%ige Kaliumpermanganatlösung in dreifacher Menge.

2. Zur Gewinnung der wasserlöslichen Oxydationsprodukte (Linusinsäuren usw.) wird die Lösung B mit Kalilauge neutralisiert, auf etwa 300 ccm eingedampft und mit Schwefelsäure angesäuert. Der sich ausscheidende Niederschlag wird zur Entfernung von Azelainsäure und anderen sekundären Oxydationsprodukten (Buttersäure, Aldehyde usw.) lufttrocken mit Äther ausgezogen. Löst sich der Niederschlag völlig in Äther, so sind Linusinsäuren nicht vorhanden; andernfalls krystallisiert man den Rückstand aus absolutem Alkohol um, prüft ihn mikroskopisch auf die Gegenwart von Isolinusinsäure neben Linusinsäure und trennt, wenn erstere vorhanden ist, beide durch Krystallisation aus wenig Wasser, wobei Isolinusinsäure vorwiegend in der Mutterlauge verbleibt. Die als Linusinsäure und Isolinusinsäure angesprochenen Säuren werden ebenfalls auf Schmelzpunkt, Verseifungs- und Acetylzahl untersucht.

Für die Beurteilung der Reinheit der Oxysäuren können folgende Werte als Anhalt dienen:

Tabelle 94.

Bezeichnung	Formel	Krystallform	Schmelzpunkt	Molekulargewicht	Säurezahl	Acetylzahl
Dioxystearinsäure .	$C_{18}H_{34}(OH)_2O_2$	Rhombische Täfelchen	132,0—136,5 (bzw. 95⁰ des Isomeren)	316,3	177,4	304,7
Sativinsäure . . .	$C_{18}H_{32}(OH)_4O_2$	Nadeln	173—174	348,3	161,1	496,2
Linusinsäure . . .	$C_{18}H_{30}(OH)_6O_2$	Rhombische Tafeln	203—205	380,3	147,5	627,7
Isolinusinsäure. . .	$C_{18}H_{30}(OH)_6O_2$	Nadeln	173—175	380,3	147,5	627,7
[Azelainsäure . . .	$C_9H_{16}O_4$	Blättchen oder flache Nadeln	106,2	188,1	596,5	—]

Über die Löslichkeit der Oxysäure finden sich bei Lewkowitsch folgende Angaben:

Tabelle 95.

Löslichkeit[1] der	Wasser		Alkohol		Äther	Bariumsalze in Wasser	
	kalt	warm	kalt	warm		kalt	warm
Dioxystearinsäure	unlöslich	unlöslich	schwer löslich	löslich	schwer löslich	unlöslich	unlöslich
Sativinsäure . . .	,,	schwer löslich	desgl.	,,	unlöslich	,,	,,
Linusinsäure . . .	schwer löslich	löslich	,,	schwer löslich	,,	schwer löslich	leicht löslich
Isolinusinsäure . .	desgl.	leicht löslich	löslich	löslich	,,	desgl.	desgl.
[Azelainsäure . .	0⁰ : 0,10 20⁰ : 0,24	50⁰ : 0,82 65⁰ : 2,22	leicht löslich	leicht löslich	11⁰ : 1,88 15⁰ : 2,68	—	—]

Bei längerer oder stärkerer Einwirkung von Kaliumpermanganat werden die hydroxylierten Säuren unter Zerbrechung der Kohlenstoffkette weiter oxydiert. Diese Weiteroxydation verläuft aber bei den einzelnen Säuren mit ungleicher Geschwindigkeit und ist z. B. bei Dioxybehensäure viel langsamer als bei den anderen vorgenannten Oxysäuren. Dadurch ist es möglich, durch selektive Oxydation erucasäurehaltiger Öle reine Dioxybehensäure zu erhalten, während gleichzeitig zunächst entstehende Dioxystearinsäure weiter abgebaut

---

[1] Soweit sich in der Löslichkeitsübersicht zahlenmäßige Angaben finden, beziehen sie sich auf 100 ccm des Lösungsmittels.

wird. Durch diesen Befund von H. P. Kaufmann und H. Fiedler (vgl. S. 213) ist der Nachweis sehr kleiner Gehalte Erucasäure in Speiseölen möglich geworden.

β) **Oxydation von Fetten mit Ozon.** Die Einwirkung von Ozon auf ungesättigte Fettsäuren hat eine gewisse Ähnlichkeit mit der Oxydation durch Luftsauerstoff. Nach C. Harries und C. Thieme[1] verläuft z. B. die Ozonisierung der Ölsäure nach folgendem Schema:

$$CH_3 \cdot (CH_2)_7 \cdot CH:CH \cdot (CH_2)_7 \cdot COOH + O_3 \rightarrow CH_3 \cdot (CH_2)_7 \cdot \overset{O_3}{\overbrace{CH\!-\!CH}} \cdot (CH_2)_7 \cdot COOH$$
Ölsäure   Ozon   Ölsäureozonid

$$CH_3 \cdot (CH_2)_7 \cdot \overset{O_3}{\overbrace{CH\!-\!CH}} \cdot (CH_2)_7 \cdot COOH + H_2O$$
Ölsäureozonid

$$\rightarrow CH_3 \cdot (CH_2)_7 \cdot CHO + CHO \cdot (CH_2)_7 \cdot COOH + H_2O_2$$
n-Nonylaldehyd   Halbaldehyd der Azelainsäure

$$CH_3 \cdot (CH_2)_7 \cdot \overset{O_3}{\overbrace{CH\!-\!CH}} \cdot (CH_2)_7 \cdot COOH \nearrow \quad CH_3 \cdot (CH_2)_7 \cdot COOH + CHO \cdot (CH_2)_7 \cdot COOH$$
Ölsäureozonid
n-Nonylsäure   Halbaldehyd der Azelainsäure
oder

$$\searrow \quad CH_3 \cdot (CH_2)_7 \cdot CHO + COOH \cdot (CH_2)_7 \cdot COOH$$
n-Nonylaldehyd   Azelainsäure

$$CHO \cdot (CH_2)_7 \cdot HO + O \rightarrow COOH \cdot (CH_2)_7 \cdot COOH$$
Halbaldehyd der Azelainsäure   Azelainsäure

$$CH_3 \cdot (CH_2)_7 \cdot CHO + O \rightarrow CH_3 \cdot (CH_2)_7 \cdot COOH$$
n-Nonylaldehyd   n-Nonylsäure

E. Erdmann, F. Bedford und F. Raspe[2] haben aus Linolensäure die Ozonide dargestellt. Sie lösten die Linolensäure oder ihren Methylester in der zehnfachen Menge Hexahydrotoluol oder in Chloroform, leiteten bei —20⁰ Ozon bis zur Sättigung ein und erhielten Linolensäure-ozonid-peroxyd als gummiartigen Stoff.

Zur Zerlegung wurden die Ozonide mit der 20—25fachen Menge Wasser im siedenden Wasserbade erhitzt, wodurch bei 60—70⁰ lebhafte Zersetzung unter starker Schaumbildung eintrat, die man durch Einleiten von Wasserstoff bekämpfte. Über die weitere Aufarbeitung des Reaktionsproduktes vgl. Original.

γ) **Oxydation mit anderen Oxydationsmitteln.** J. Böeseken und A. H. Belinfante[3], ferner W. C. Smit[4] führten Oxydationsversuche an Ölsäure und Elaidinsäure mit Peressigsäure aus, S. Nametkin und L. Abakumowskaja[5] an Erdölprodukten mit Benzoepersäure. Nach Smit wirken aber Peressigsäure und Perbenzoesäure verschieden: Mit Peressigsäure lassen sich die Doppelbindungen, sofern sie nicht konjugiert sind, ziemlich genau in Übereinstimmung mit den Jodzahlen nach Wijs titrieren, nicht mit Perbenzoesäure.

Nach Böeseken verursacht Perbenzoesäure aus der Äthylengruppe Bildung eines Oxydoderivates

$$-\overset{}{CH}\!-\!\overset{}{CH}-$$
$$\searrow_O\nearrow$$

während Peressigsäure folgende Umsetzung herbeiführt:
$$-CH:CH- + CH_3CO_2OH \rightarrow -CH(OH)-CH(OCOCH_3)-$$

T. P. Hilditch und C. H. Lea[6] erhielten bei Oxydation mit Wasserstoffsuperoxyd in Eisessig aus Ölsäure- und Elaidinsäuremethylester weder bei gewöhnlicher Temperatur noch bei 95⁰ Oxydoverbindungen, dagegen abhängig von der Oxydationstemperatur drei Oxydationstypen:

1. Dioxystearinsäureester, bis zu 50% bei Raumtemperatur, größere Mengen bei höherer Temperatur.

2. Acetylierte Dioxystearinsäureester, bis zu 50% bei Raumtemperatur, größere Mengen bei höheren Temperaturen.

[1] C. Harries u. C. Thieme: Ber. Deutsch. Chem. Ges. 1905, **38**, 1630; 1906, **39**, 3728, Liebigs Ann. 1905, **343**, 354. — Vgl. E. Molinari: Annuario Soc. Chim. Milano 1903, **9**, 506; Ber. Deutsch. Chem. Ges. 1906, **39**, 2735; 1908, **41**, 2789, 2794.

[2] E. Erdmann, F. Bedford u. F. Raspe: Ber. Deutsch. Chem. Ges. 1909, **42**, 1334.

[3] J. Böeseken u. A. H. Belinfante: Rec. Trav. chim. Pays-Bas 1926, **45**, 914.

[4] W. C. Smit: Rec. Trav. chim. Pays-Bas 1930, **49**, 539, 675, 686, 696.

[5] S. Nametkin u. L. Abakumowskaja: Journ. prakt. Chem. 1927, **115**, 56.

[6] T. P. Hilditch und C. H. Lea: Journ. Chem. Soc. London 1928, 1576; C. 1928, II, 1549.

3. Ein öliges Produkt mit den Eigenschaften eines ungesättigten fetten Öles oder Esters bei Luftoxydation. Dieses Produkt macht aus saurer Jodkaliumlösung Jod frei und zersetzt sich beim Erhitzen auf 100° unter Bildung flüchtiger Säuren, wobei seine Jodzahl wieder ansteigt. Es scheint sich dabei um ein Peroxyd von der Formel

$$-CH-CH-$$
$$\diagdown O_2 \diagup$$

zu handeln.

Bei dieser Oxydation des Methyloleates mit Wasserstoffsuperoxyd in Eisessig entstehen schließlich nur Derivate der Dioxystearinsäure vom Schmelzpunkt 95°, während Methylelaidat allein die isomere Säure vom Schmelzpunkt 132° liefert.

K. Täufel [1] hat Versuche mit vierwertigen Bleisalzen der Essig- und Benzoesäure angestellt.

d) Nachweis und Bestimmung ungesättigter Säuren durch Bromierung.

Bei der Einwirkung von Brom auf ungesättigte Säuren wird das Brom unter Bildung von Bromderivaten addiert.

Aus Ölsäure entsteht Dibromstearinsäure ($C_{18}H_{34}Br_2O_2$).

Aus Linolsäure entsteht Tetrabromstearinsäure ($C_{18}H_{32}Br_4O_2$).

Aus Linolensäure entsteht Hexabromstearinsäure ($C_{18}H_{30}Br_6O_2$) usw.

Diese Bromderivate zeichnen sich durch geringere Löslichkeit in Lösungsmitteln und in Form der Ester durch höheren Siedepunkt aus als die ungesättigten Säuren und lassen sich daher leichter von diesen trennen.

Tabelle 96. Bromderivate von

Säure	Bromderivat	Schmelzpunkt Celsiusgrade	Bromgehalt %
Palmitölsäure	Dibrompalmitinsäure	29	38,66
Ölsäure	9 : 10-Dibromstearinsäure	flüssig	36,18
Elaidinsäure	Elaidinsäuredibromid	27	36,18
Erucasäure	13, 14-Dibrombehensäure	46—47	32,26
Brassidinsäure	Brassidinsäuredibromid	54	32,26
α-Linolsäure	9, 10, 12, 13-Tetrabromstearinsäure	114	53,33
β-Linolsäure	Tetrabromstearinsäure	57—58	53,33
α-Linolensäure	9, 10, 12, 13, 15, 16-Hexabromstearinsäure	179	63,32
γ-Linolensäure	γ-Linolensäurehexabromid	195—196	63,32
„Clupanodonsäure" . . .	Octo- und Deca-clupanodonsäure	bei 200° Schwärzung	etwa 70
Ricinolsäure	Ricinolsäuredibromid	flüssig	34,91

α) **Trennung auf Grund der Löslichkeit der Bromderivate. 1. Übersicht.** Über die Eigenschaften der Bromderivate von ungesättigten Fettsäuren, insbesondere ihre Löslichkeit, macht A. Grün [2], größtenteils nach Angaben von J. Lewkowitsch [3] vorstehende Übersicht an.

Mit zunehmendem Bromgehalt nimmt also im allgemeinen die Löslichkeit ab, der Schmelzpunkt zu.

Bei diesem Bromierungsvorgang ist zu beachten, daß Linolensäure nicht quantitativ in ein festes Hexabromid übergeführt wird, und daß gleichzeitig je nach Art der Behandlung ölige Isomere entstehen. Hierdurch erklärt sich in der Hauptsache der verschiedene Ausfall der Prüfung nach verschiedenen Arbeitsmethoden.

---

[1] K. Täufel: Angew. Chem. 1932, 45, 8.
[2] A. Grün: Analyse der Fette und Wachse, Bd. 1, S. 239.
[3] J. Lewkowitsch: Chem. Technol. 6. Ed., I, 580.

Auf die Unterschiede in der Löslichkeit dieser Bromverbindungen gründete HAZURA[1] sein Verfahren zum Nachweis und zur angenäherten Bestimmung der ungesättigten Fettsäuren, das dann von O. HEHNER und C. H. MITCHELL[2], K. FARNSTEINER[3] u. a. auf die Öle selbst angewendet und als Hexabromid- probe namentlich zur Unterscheidung des Leinöles und der Fisch- und Leberöle von den nicht trocknenden Pflanzenölen angewendet worden ist.

Von weiteren Bearbeitern seien genannt: ERDMANN und BEDFORD[4], H. WOLFF[5], STEELE und WASHBURN[6], BAILEY und BALDSIEFEN[7], EIBNER[8] und seine Schüler, besonders MUGGEN- THALER. R. MARCILLE[9] stellte fest, daß bei Ölverschnitten die Hexabromidzahl nicht dem Gehalte an Fischöl oder Leinöl proportional sondern kleiner als berechnet gefunden wird.

M. C. TUYN[10] erhielt die besten Ergebnisse, wenn Oxydation der Fettsäuren vermieden wurde, was er durch Abscheidung der Fettsäuren aus der Seife und Ausschütteln mit Äther unter Kohlendioxyd, sowie durch Trocknung unter Wasserstoffgas erreichte. Eine besondere Vorschrift hat J. F. CARRIÈRE[11] unter genauer Festlegung der Brommenge angegeben. S. A. IMPERIAL und A. P. WEST[12] bromieren 500 g Fettsäuren bei —10° nach EIBNER und MUGGENTHALER in 3 Stunden mit der besonderen Beachtung, daß die Reaktions- temperatur nicht über —5° stieg. F. FRITZ[13] bromiert in Thermosflaschen das in Äther gelöste Öl und kühlt durch Hineinwerfen kleiner Stückchen von festem Kohlendioxyd. Er erhielt so für Leinöl Hexabromidzahlen von 50,5 und 57,8. Vgl. weiter K. AMBERGER und E. WHEELER-HILL[14], VARMA, GODBOLE und GARDE[15], ROSSMANN[16], M. M. VIZERN und GUILLOT[17], E. LIEBERICH[18].

2. Da bei der Bromierung auch andere, schwer kontrollierbare Vorgänge auf- treten, fordert H. P. KAUFMANN[19] Einigung auf ein konventionelles Verfahren

ungesättigten Fettsäuren.

Löslichkeit in						
Alkohol	Äther	Chloroform	Petroläther	Benzol	Eisessig	Tetrachlor-kohlenstoff
			leicht löslich			
			sehr leicht löslich			
			sehr leicht löslich			
			leicht löslich			
			leicht löslich			
leicht löslich			schwer löslich	leicht löslich		
—		löslich		—	—	—
sehr schwer löslich	kalt sehr schwer löslich	löslich	fast unlöslich	löslich	sehr schwer löslich	warm löslich
—		löslich		—	—	—
sehr schwer löslich in der Wärme						
löslich			schwer löslich	—	—	—

[1] HAZURA: Vgl. Anm. 1, S. 215.   [2] O. HEHNER u. C. H. MITCHELL: Analyst 1898, 23, 313.
[3] K. FARNSTEINER: Z. 1899, 2, 1.
[4] ERDMANN u. BEDFORD: Zeitschr. physiol. Chem. 1910, 69, 77.
[5] H. WOLFF: Farben-Ztg. 1920, 25, 1213.
[6] STEELE u. WASHBURN: Journ. Ind. engin. Chem. 1920, 12, 56.
[7] BAILEY u. BALDSIEFEN: Journ. Ind. engin. Chem. 1929, 12, 1189.
[8] EIBNER: Farben-Ztg. 1912, 18, 131, 175, 235, 256, 411, 466, 523, 582, 641.
[9] R. MARCILLE: Ann. Falsif. 1933, 26, 393.   [10] M. C. TUYN: Verfkroniek 1934, 7, 237.
[11] J. F. CARRIÈRE: Chem. Weekbl. 1926, 23, 274; 1930, 26, 575; U. 1927, 34, 113.
[12] S. A. IMPERIAL u. A. P. WEST: Philippine Journ. Science 1926, 31, 441; Z. 1927, 54, 410.
[13] F. FRITZ: Chem.-Ztg. 1930, 54, 383; 1933, 57, 596; U. 1937, 44, 15.
[14] K. AMBERGER, E. WHEELER-HILL: Z. 1927, 54, 420.
[15] VARMA, GODBOLE u. GARDE: Allg. Öl- u. Fett-Ztg. 1935, 32, 456.
[16] ROSSMANN: U. 1936, 43, 224.
[17] M. M. VIZERN u. GUILLOT: Ann. Falsif. 1937, 13, 329.
[18] E. LIEBERICH: Kritische Betrachtungen über die Hexabromidzahl. Diss. München 1937.
[19] H. P. KAUFMANN: U. 1937, 44, 15; Z. 1937, 73, 377. Vgl. U. 1937, 44, 113; Z. 1398, 75, 225.

und schlägt dafür in Anlehnung an die Deutsche Einheitsmethode, die im wesentlichen der Methode von Eibner und Muggenthaler entspricht, folgende Arbeitsvorschrift vor:

Bestimmung der Hexabromide und Polybromide. 10 g Fett werden mit 50 ccm 2 N.-alkoholischer Kalilauge in üblicher Weise verseift und danach der größte Teil des Alkohols abgedampft. Der Rückstand wird in 100 ccm Wasser gelöst, mit 50 ccm Wasser in einen Scheidetrichter gespült, die Fettsäuren werden durch Zusatz von Schwefelsäure oder Salzsäure abgeschieden und zweimal mit je 100 ccm Äther ausgezogen. Die Ätherlösung wird mit 10%iger Kochsalzlösung neutral gewaschen, im Erlenmeyerkolben $^1/_2$ Stunde lang mit Natriumsulfat getrocknet und auf dem Wasserbade von Äther befreit. Der Rückstand wird im Stickstoff- oder Kohlendioxydstrom getrocknet. 1—3 g der Fettsäuren werden in einem 50-ccm-Zentrifugenrohr abgewogen, in 25 ccm Äther gelöst und 10 Minuten lang auf —10⁰ gekühlt. Darauf wird die Lösung unter ständiger Kühlung und Schütteln aus einer Mikrobürette tropfenweise mit Brom versetzt bis zur bleibenden Rotfärbung (etwa 0,4 bis 1,2 ccm). Das 2 Stunden lang auf —5⁰ abgekühlte und verschlossene Rohr wird 4 Minuten lang zentrifugiert, die klare Flüssigkeit abgegossen, mit 20 ccm mit Hexabromid gesättigtem Äther von —10⁰ versetzt und nach Suspendierung des Niederschlages wieder zentrifugiert. Nach wiederholtem Auswaschen mit Äther von —10⁰ ist der Niederschlag rein weiß. Er wird bei 90⁰ $^1/_2$ Stunde lang getrocknet und gewogen.

Besteht der Niederschlag nur aus Hexabromiden, so ist sein Schmelzpunkt 176—180⁰. Er löst sich dann beim Kochen in der 50fachen Menge Benzol völlig auf. Ein Rückstand weist auf höhere Bromide (Seetierölfettsäuren) hin. Als Reinheitskontrolle dient weiter die Bestimmung des Bromgehaltes.

Die Hexabromidzahl gibt an, welche Menge Hexabromstearinsäure unter den vorstehenden Bedingungen aus 100 g Fettsäure erhalten wird.

Durch Malnehmung der Hexabromstearinsäure mit 0,36 erhält man die vorhandene Linolensäure.

Die internationale Kommission zum Studium der Fettstoffe empfiehlt nach gleicher Quelle folgende Vorschrift:

Die Hexabromidzahl ist das Gewicht der in Äther von 0⁰ unlöslichen, bromierten Fettsäuren, bezogen auf 100 g Fettsäuren des Versuchsfettes.

5 g Öl werden mit 25 ccm genau N.-alkoholischer Kalilauge am Rückflußkühler $^1/_2$ Stunde lang verseift. Nach Hinzufügen von 50 ccm kochendem Wasser wird der größte Teil des Alkohols durch Kochen verjagt, der Rückstand bei zweimaligem Nachspülen des Kolbens mit kochendem Wasser in einen Scheidetrichter übergeführt, mit Salzsäure bis zur sauren Reaktion gegen Methylorange versetzt und nach dem Abkühlen mit 40 ccm Äther, der bei 0⁰ mit Hexabromid gesättigt ist, vorsichtig durchgeschüttelt. Die Ätherschicht wird zweimal mit je 50 ccm Wasser gewaschen und in 50-ccm-Meßkolben übergeführt und mit wasserfreiem Natriumsulfat getrocknet. Kann die Weiteruntersuchung nicht sofort durchgeführt werden, so ist der Meßkolben mit Kohlensäure zu füllen und zu verschließen. 10 ccm der Ätherlösung werden in einem auf 0⁰ vorgekühlten und gewogenen Zentrifugenrohr mit 1 ccm Eisessig versetzt und 10 Minuten bei 0⁰ stehengelassen. Danach wird eine aus 4 ccm Brom und 196 ccm Äther unter Kühlung hergestellte Bromlösung in halben Kubikzentimetern unter Schütteln und Kühlen bis zur bleibenden Rotfärbung zugegeben. Das Zentrifugenrohr wird verkorkt 3 Stunden lang bei 0⁰ stehengelassen, darauf 4 Minuten lang zentrifugiert, die klare Flüssigkeit wird abgegossen, der Rückstand mit 20 ccm Äther von 0⁰ ausgewaschen, wobei der Rückstand mittels eines Rührers, der nachher mit 5 ccm Äther abgespült wird, umgerührt. Dann

wird wieder 2 Minuten lang zentrifugiert und schließlich dreimal mit je 20—25 ccm Äther ausgewaschen. Der Niederschlag wird bei 85—90° getrocknet und gewogen. Die Menge entspricht den Hexabromiden aus 5 g Fett.

Bestrebungen zur Auffindung einer internationalen Einheitsmethode führten neuerdings nach H. P. Kaufmann[1] zu folgenden Verbesserungen:

1. Die Zugabe des Broms erfolgt zweckmäßig in Form einer gekühlten Lösung in Äther. Sie kann ziemlich schnell, in mehreren Portionen erfolgen, wobei auch das Reaktionsgefäß im Eiswasserbrei steht. Die Temperaturerhöhung darf aber wenige Grade nicht übersteigen.

2. Die Reagenzien, Brom und Äther müssen völlig rein sein. Die Haltbarkeit der Äther-Bromlösung und das Analysenergebnis sind davon abhängig.

3. Die Fällung bei Gegenwart einer bekannten Menge Hexabromstearinsäure hat den Vorteil der Impfwirkung. Der Waschäther wird zweckmäßig mit Hexabromid gesättigt.

4. Die Filtrationsmethode ist der Zentrifugiermethode vorzuziehen. Der Blindversuch ist beizubehalten.

5. Definition der Polybromidzahl: „Die Polybromidzahl ist das Gewicht der unter Benützung der vorgeschriebenen Methode aus 100 g des untersuchten Fettes erhaltenen Polybromide."

Es bleibt zu beachten, daß die Fällung der Polybromide auf einem Isomerisierungsvorgang beruht, der die vorhandene Linolensäure nur zu einem Teil (etwa $^{1}/_{2}$) erfaßt wird. Auch die Streuungen sind bei Leinölen nach Klima usw. beträchtlich.

Eine Schnellmikrobromidprobe, besonders zum Nachweise von Leinöl, z. B. in Senfsamenöl, beschreibt S. Neogi (vgl. S. 499).

3. Bestimmung von Öl-, Linol- und Linolensäure als Bromide. 1—2 g der flüssigen Fettsäuren werden in 20 ccm Petroläther (Siedepunkt 35 bis 68°[2]) gelöst und die Lösung bei Zimmertemperatur unter ständigem Umschwenken so lange mit frisch bereiteter 5%iger Lösung von Brom in Petroläther versetzt, bis die Bromfärbung nicht mehr verschwindet. Darauf wird die Flüssigkeit unter öfterem Umschwenken einige Stunden auf Eis gekühlt. **Findet hierbei keine Ausscheidung von Bromiden statt**, so bestehen die flüssigen Fettsäuren nur aus Ölsäure — die als Dibromstearinsäure in Petroläther löslich ist — oder aus einem Gemisch von Ölsäure mit geringen Mengen (bis etwa 5%) Linolsäure.

Zur Prüfung der Ölsäure bzw. Dibromstearinsäure wird der Petroläther aus der Lösung abdestilliert, der Rückstand mit verdünnter Kalilauge neutralisiert, die Seifenlösung mit Schwefelsäure angesäuert, mit Äther geschüttelt und die ätherische Lösung bis zum Verschwinden der sauren Reaktion mit Wasser gewaschen. Die ätherische Lösung wird filtriert und der Äther daraus abdestilliert. In der so gewonnenen Dibromstearinsäure bestimmt man den Bromgehalt als Bromsilber. Reine Dibromstearinsäure enthält 36,18% Brom. Ist der gefundene Gehalt daran niedriger, so kann dies von einem Gehalt der untersuchten flüssigen Fettsäuren an gesättigten Fettsäuren herrühren, deren Menge — sofern an ungesättigten Fettsäuren nur Ölsäure vorhanden ist — sich aus dem gefundenen Bromgehalt berechnen läßt. Ist der Bromgehalt dagegen höher als 36,18% und sind keine gesättigten Fettsäuren vorhanden, so kann man daraus nach der Mischungsregel den etwaigen Gehalt an Tetrabromstearinsäure berechnen.

Hat sich bei der Bromierung ein Niederschlag gebildet, so wird er mittels Witt-Saugplatte abfiltriert und mit wenig gekühltem Petroläther gewaschen. Ist der Niederschlag gelb gefärbt, so krystallisiert man ihn nochmals in der gleichen Weise aus Petroläther um und gibt die neue Mutterlauge zu der zuerst gewonnenen. Die ausgeschiedenen Bromide bringt man nach dem Trocknen im Wasserdampftrockenschranke zur Wägung und bestimmt ihren Schmelzpunkt. Beträgt dieser etwa 113—114°, so liegt reine Tetrabromstearinsäure vor, was man außerdem noch durch eine Bestimmung des Bromgehaltes kontrollieren kann; dieser beträgt bei reiner Tetrabromstearinsäure 53,33%. Stimmen Schmelzpunkt und Bromgehalt mit denen der Tetrabromstearinsäure überein, so enthalten die flüssigen Fettsäuren Linolsäure, aber keine Linolensäure.

---

[1] H. P. Kaufmann: U. 1938, **45**, 313. Vgl. U. 1938, **45**, 232.

[2] Nach Farnsteiner halten 100 ccm reiner Petroläther bei 12° nur 14—21 mg Tetrabromstearinsäure in Lösung; dagegen können sich bei Gegenwart von Dibromstearinsäure 4—5% Linolsäure dem Nachweis entziehen.

Liegen dagegen Schmelzpunkt und Bromgehalt höher, so löst man den Rest der getrockneten Bromide in der Wärme in Äther und läßt bei Zimmertemperatur unter häufigem Umschwenken stehen. Findet hierbei eine Ausscheidung statt, so filtriert man sie mittels Witt-Saugplatte ab, trocknet sie im Wasserdampftrockenschranke, wägt und bestimmt den Schmelzpunkt. Liegt dieser bei 177—180° und beträgt der Bromgehalt 63,32%, so liegt reine Hexabromstearinsäure vor und die flüssigen Fettsäuren enthielten Linolensäure.

Liegen flüssige Fettsäuren aus Fischölen (Tranen) zur Untersuchung vor, so kann die Abscheidung neben Hexabromstearinsäure Beimischungen von Octobromiden enthalten, die durch einen höheren Bromgehalt und dadurch gekennzeichnet sind, daß sie sich bei 200° unter Schwärzung zersetzen.

Statt des vorstehenden Analysenganges kann man nach dem Vorschlage von J. Lewkowitsch auch in der Weise verfahren, daß man zuerst die in Äther schwerlöslichen Hexabromide abscheidet und bestimmt, dann aus dem Filtrat den Äther abdestilliert und nun die im Petroläther unlöslichen Tetrabromide abscheidet und bestimmt.

Nach diesem Verfahren wurden nach Untersuchungen von Hehner und Mitchell [1], J. Lewkowitsch, J. Walker und G. Warburton [2], K. Farnsteiner [3], H. Sprinckmeyer und A. Diedrichs [4], A. Heiduschka und S. Felser [5], F. Fritz [6] u. a. in verschiedenen Fetten und Ölen bzw. deren Fettsäuren folgende Gehalte an ungesättigten Fettsäuren gefunden:

Tabelle 97.

Fett	Gesättigte (feste) Fettsäuren %	Flüssige Fettsäure %	Ölsäure %	Linolsäure %	Linolensäure %
Schweinefett	42,2—53,7	41,3	39,2	Spur	0
Pferdefett	—	80,9	—	9,9	—[8]
Kakaofett	59,7	—	31,2	—	—
Olivenöl	10,0	—	70,9	Spur	0
Rüböl	—	—	—	—	—
Erdnußöl	12,7[7]		79,9[8]	7,4[9]	0
Sesamöl	12,1—14,1	86,7	—	12,6—16,4[9]	—
Baumwollsamöl	22,7	—	—	18,5[7]	—

An Hexabromidausbeuten wurden gefunden für

Tabelle 98.

Rüböl	Sesamöl	Sojabohnenöl	Walnußöl	Hanföl	Leinöl	Holzöl
0,2—2,5%	0,1—0,2%	2,7—4,6%	2,2%	8,8%	23,1—57,8%	0—0,4%

In einigen Fischölen wurden folgende Hexa- bzw. Octobromidausbeuten erhalten:

Tabelle 99.

Gegenstand	Lebertran %	Robbentran %	Walfischtran %
Fette	30,6—42,9	27,5—27,9	20,1—25,0
Fettsäuren	18,0—39,1	19,8—19,9	22,6—27,8

[1] Hehner u. Mitchell: Analyst 1898, 23, 310.
[2] J. Lewkowitsch, J. Walker u. G. Warburton: Analyst 1902, 27, 337.
[3] K. Farnsteiner: Z. 1899, 2, 1.
[4] H. Sprinckmeyer u. A. Diedrichs: Z. 1912, 23, 679.
[5] A. Heiduschka u. S. Felser: Z. 1919, 38, 314.
[6] F. Fritz: Vgl. S. 219.   [7] Vgl. S. 488.   [8] Vgl. S. 576.
[9] In Prozent der Gesamt-Fettsäuren.

Eine Mikromethode zur Bestimmung vierfach ungesättigter Fettsäuren besonders in Anwendung auf Organteile hat H. Tangl[1] angegeben.

β) **Bromestermethode von A. Grün** [2]. Bei dieser Methode werden die zu prüfenden Fettsäuren nach S. 180 in ihre Methyl- oder Äthylester umgewandelt, diese mit Brom behandelt und das Estergemisch dann fraktioniert.

Die Siedepunkte der Ester gesättigter Fettsäuren liegen weit unter den Siedepunkten der Bromadditionsprodukte der Ölsäure, Linolsäure und Linolensäure und lassen sich daher leicht abtrennen.

Nur die Bromadditionsverbindungen der Ester ungesättigter Fettsäuren mit niedrigen Molekulargewichten zeigen Siedepunkte, die in der Nähe der Siedepunkte der Ester der hochmolekularen gesättigten Säuren liegen. Derartige niedrig molekulare ungesättigte Fettsäuren kommen aber in Speisefetten meist nur in verhältnismäßig geringen Mengen vor, vgl. S. 349.

Aus den bromierten Fettsäuren im Destillationsrückstand erhält man die ungesättigten Fettsäuren durch Behandlung mit Zinn oder Zink und alkoholischer Salzsäure (Entbromung) zurück.

Das Bromverfahren eignet sich in erster Linie für Fette mit nur geringem Gehalt an ungesättigten Fettsäuren. Liegen diese im Überschuß vor, so geht die Fraktionierung weniger glatt vonstatten. Die Methode hat sich namentlich zur Isolierung von nur in geringen Mengen vorhandenen Säuren bewährt.

Das Verfahren ist mit befriedigendem Ergebnis anwendbar bei Gemischen von Stearinsäure und Ölsäure. — Grün und Janko fanden bei solchen Estergemischen 3 : 1, 1 : 1 und 1 : 3 Destillate mit den Jodzahlen 2,8, 3,4 und 4,9 und Destillationsrückstände mit 2,7, 2,6 und 3,8% Stearinsäure — nicht dagegen bei Linol- und Linolensäure enthaltenden Fettsäuregemischen, weil bei diesen während der Destillation eine teilweise Zersetzung der entsprechenden Tetra- und Hexabromsäureester eintritt. Möglicherweise lassen sich aber diese Zersetzungen unter geringerem Druck als 1—2 mm vermeiden oder auch dadurch, daß man die stärker ungesättigten Fettsäuren durch Abscheidung als unlösliche Bromide oder mittels der Bleisalze vorher entfernt (vgl. S. 200 und 218).

Ausführung des Verfahrens. Bromierung der Ester. 15—20 g der nach S. 180 dargestellten Ester werden in der fünffachen Menge Chloroform (oder Tetrachlorkohlenstoff oder Petroläther) gelöst, durch Einstellen des Kolbens in Eiswasser gekühlt und bei 0^0 tropfenweise mit der aus der Jodzahl berechneten Menge ($0,63 \cdot$ Jodzahl) Brom bromiert. Der Endpunkt wird an dem Farbumschlag nach Hellbraun, bei dunklen Estern mit Jodkaliumstärkepapier erkannt. Man läßt noch $^1/_2$ Stunde in der Kälte stehen, destilliert das Lösungsmittel im Kohlensäurestrom auf dem Wasserbade ab, wäscht den Rückstand erst mit Bicarbonatlösung, dann mit Wasser und trocknet ihn im Kohlensäuretrockenschrank oder im Vakuumexsiccator über warmem Öl.

Bromreiche Additionsprodukte erleiden bei höherer Temperatur teilweise Zersetzung. Man entfernt sie zweckmäßig vorher durch Bromierung in Petroläther, wobei sie sich dann abscheiden (vgl. S. 218).

Zur Destillation dient ein Fraktionierkölbchen von höchstens 4—5 cm Durchmesser und 10—12 cm Halslänge mit 1,5 cm über der Kugel angesetztem Ableitungsrohr mit Thermometer und Capillare, als Vorlage ein Destillierkölbchen mit hoch angesetztem Ableitungsrohr. Zwischenschalten eines Kühlers ist überflüssig. Das Vakuum soll 2—3 (höchstens 4—5) mm Hg betragen. Man vertreibt die Luft aus dem Apparat mittels Kohlendioxyd, evakuiert, heizt das Ölbad an und leitet während der Destillation eine dem niedrigen Druck entsprechende, geringe Menge Kohlendioxyd ein. Bei 2 mm Druck siedet Stearinsäureäthylester schon bei 172^0, während die Zersetzung des Dibrom-

---

[1] H. Tangl: Biochem. Zeitschr. 1930, **226**, 180; C. 1930, II, 3061.

[2] A. Grün: Zeitschr. Deutsch. Öl-Fettind. 1921, **41**, 553, 572. Ferner Analyse der Fette und Wachse, Bd. I, S. 223. — Grün und Wirth: Ber. Deutsch. Chem. Ges. 1922, **55**, 217. — Fricke: Zeitschr. Deutsch. Öl-Fettind. 1922, **42**, 297. — Tsujiomoto: U. 1923, **30**, 33. — Toyama: 1924, **31**, 244.

stearinsäureesters erst bei etwa 190⁰ 'beginnt. Bei 20 g Einwaage dauert die ganze Destillation etwa $^1/_2$ Stunde. Beim Endpunkt sinkt die Temperatur im Dampfraum.

Die Destillate sind bei richtiger Versuchsausführung farblos und enthalten nur sehr wenig freie Säuren. Destillat und Rückstand werden gewogen. Stimmt die Summe der Gewichte mit der Einwaage, so ist die Destillation ohne Bromwasserstoffabspaltung verlaufen.

Erst bei etwa 190⁰ (in der Flüssigkeit) beginnt die Zersetzung unter Abspaltung von Bromwasserstoff. Es bilden sich Monobromölsäureester, vielleicht auch Stearolsäureester und andere Zersetzungsprodukte. Das Dibromid des Erucasäureesters beginnt unter 2 mm erst bei 230⁰ unter Zersetzung zu sieden.

Für die Entbromung hat sich Behandlung mit alkoholischer Salzsäure und Zink bewährt. Wichtig dabei ist, daß der zu entbromende Destillationsrückstand vorher mit Bicarbonatlösung, dann mit Wasser gewaschen und sorgfältig getrocknet wird [1].

Man erhitzt 10 g bromierten Ester mit 15 ccm Alkohol und 10 g schaumigem Zink[1] zum Sieden, läßt 15 ccm fünffach normale alkoholische Salzsäure langsam so zutropfen, daß das Zufließen etwa 20 Minuten dauert, erhitzt dann noch weitere 20 Minuten, im ganzen höchstens 1 Stunde lang. Hierauf gießt man das Reaktionsgemisch in Wasser, das den Alkohol, den Chlorwasserstoff und die entstandenen Salze löst und nimmt das entbromte Produkt mit Äther auf. Die ätherische Lösung wird eingeengt, der Rückstand getrocknet und gewogen.

Bei richtiger Versuchsausführung enthält der Rückstand höchstens Spuren von Brom (Prüfung mit Kupferoxyd nach S. 319). Im anderen Falle muß die Entbromung wiederholt werden.

In gleicher Weise prüft man das Destillat auf einen etwaigen Bromgehalt, entbromt und bestimmt die Jodzahl, die unter 4 liegt, wenn die untersuchte Substanz nicht mehr als zur Hälfte aus ungesättigten Säuren bestand.

Die Methode hat sich auch zur präparativen Aufarbeitung von ungesättigten Fettsäuren bewährt (vgl. S. 355, 357 u. 358).

e) Bestimmung stark ungesättigter Fettsäuren mittels der acetonlöslichen Lithiumsalze.

M. Tsujimoto[2] bestimmt in den Fettsäuren der Fischöle, die stark ungesättigten Säuren auf Grund der Löslichkeit ihrer Lithiumsalze in 96 vol.-%igem Aceton; er verfährt dabei in folgender Weise:

5 g Fettsäuren werden in 20 ccm wasserfreiem Aceton mit gemessenen Mengen wäßriger 4 N.-Lithiumhydroxydlösung (a Kubikzentimeter) unter Anwendung von Phenolphthalein als Indicator neutralisiert, mit $6 - a$ Kubikzentimeter Wasser und 75 ccm Aceton versetzt und verschlossen 2 Stunden in Eis gekühlt. Der Niederschlag wird im Eistrichter durch ein trockenes Filter abfiltriert und vom Filtrat werden bei Zimmertemperatur 50 ccm abpipettiert und durch Destillation vom Aceton befreit. Der Rückstand wird bei Gegenwart von Äther mit Salzsäure zersetzt, die Ätherlösung getrocknet und verdampft. Da erfahrungsgemäß das Volumen des angewendeten Gemisches von 95 ccm Aceton + 6 ccm Wasser bei Zimmertemperatur 100 ccm beträgt, erhält man durch Verdopplung des gefundenen Verdampfungsrückstandes den Gehalt der angewendeten 5 g Fettsäuren an stark ungesättigten Fettsäuren.

---

[1] Für die glatte Entbromung ist wesentlich, daß das Zink keine Verunreinigungen enthält und eine große Oberfläche besitzt; besonders bewährt hat sich sog. schaumiges Zink.

[2] M. Tsujimoto: Journ. Chem. Ind. Tokyo 1920, **23**, 272. — Nach D. Holde: Kohlenwasserstofföle und -Fette, 6. Aufl., S. 531. Berlin 1924.

Nach diesem Verfahren untersucht, ergaben verschiedene Fischöle 15,0 bis 40,7% stark ungesättigte Fettsäuren mit Jodzahlen von 303—369 und Säurezahlen von 168—180.

Kennzeichnung ungesättigter Säuren als Phenylamide. W. KIMURA und M. NIHAYASHI[1] stellten die p-Phenylamide der Öl- und Elaidinsäure und ihre Dibromide dar. Dieselben krystallisieren in mikroskopischen Platten oder Nadeln (farblos), sind schwer in kaltem, leichter in heißem Alkohol, Aceton, Tetrachlorkohlenstoff, am leichtesten in Benzol löslich. Die Schmelzpunkte liegen um 34—61° höher als die der entsprechenden p-Phenylphenacylester. Vgl. auch W. KIMURA[2] über weitere Phenacylester von Fettsäuren.

12. Bestimmung der Oxyfettsäuren[3].

In natürlichen frischen Fetten und Ölen kommen Oxyfettsäuren nur vereinzelt vor, so im Ricinusöl; das Ricinusöl besteht im wesentlichen aus Glyceriden einer solchen Säure, der Ricinolsäure = Oxyölsäure ($C_{17}H_{32}(OH)COOH$) und das gehärtete Ricinusöl aus den entsprechenden Mengen Oxystearinsäure ($C_{17}H_{34}(OH)COOH$). Dagegen sind Oxyfettsäuren noch nicht hinreichend bekannter Konstitution in mehr oder minder großen Mengen in durch Luft oder Sauerstoff natürlich (ranzige Fette und Öle, ältere trocknende Öle) oder künstlich (Firnisse, geblasene Öle) oxydierten Fetten und Ölen vorhanden. Ferner entstehen auch Oxyfettsäuren bei der Oxydation von ungesättigten Fettsäuren mit Kaliumpermanganat in alkalischer Lösung (vgl. oben S. 215). Die Bestimmung der Oxyfettsäuren ist daher von Bedeutung für die Erkennung des Oxydationsgrades von Firnissen, geblasenen Ölen und auch von ranzigen Fetten. Analytisch gekennzeichnet sind die Oxyfettsäuren durch ihre Schwerlöslichkeit in Petroläther[4] und hierauf beruht das zu ihrer Bestimmung zuerst angewendete

a) Verfahren von W. FAHRION[5]. 2—3 g des oxydierten Öles werden in einer Porzellanschale auf dem Wasserbade mit alkoholischer Alkalilauge verseift, der Alkohol verdunstet, die Seife mit etwa 100 ccm Wasser in einen Scheidetrichter übergeführt, mit Salzsäure zersetzt, nach dem Erkalten mit 250 ccm unter 80° siedendem Petroläther tüchtig durchgeschüttelt und bis zur vollständigen Abscheidung des Petroläthers ruhig stehengelassen. Die saure wäßrige Flüssigkeit wird abgelassen und der Petroläther, der die nicht oxydierten Fettsäuren und das Unverseifbare gelöst enthält — während die Oxyfettsäuren als zähe, klebrige Massen an den Wandungen haften, manchmal aber auch als flockige oder pulverige Massen vorhanden sind — wird, nötigenfalls durch ein Filter, abgegossen, und die Oxyfettsäuren im Scheidetrichter werden mit Petroläther gewaschen. Ist die Menge der Oxyfettsäuren groß, so empfiehlt es sich, sie zur leichteren Reinigung nochmals in verdünnter wäßriger Alkalilauge zu lösen, mit Salzsäure die Seifenlösung zu zersetzen und das ganze in der gleichen Weise mit Petroläther zu behandeln.

Die so gereinigten Oxyfettsäuren werden in heißem Alkohol gelöst, die Lösung in einer tarierten Schale verdunstet, und der Rückstand bis zum konstanten Gewicht getrocknet und gewogen.

b) Verfahren von WOOG[6]. Auf Grund einer von WOOG ausgearbeiteten Methode wird von der Deutschen Gesellschaft für Fettforschung folgende vorläufige Einheitsmethode vorgeschlagen:

5 g Öl werden mit 50 ccm $^1/_1$ N.-alkoholischer KOH am Rückfluß verseift. Nach dem Abtrennen des Unverseifbaren mit Äther wird die alkoholische Seifenlösung einschließlich der zum Waschen des Unverseifbaren verwendeten alkoholischen Waschwässer von Äther und Alkohol befreit und mit möglichst wenig Wasser in einen 500-ccm-Scheidetrichter

[1] W. KIMURA u. M. NIKAYASHI: Ber. Deutsch. Chem. Ges. 1935, 68, 2028; Z. 1937, 74, 331.

[2] W. KIMURA: Journ. Soc. chem. Ind. Japan (Suppl.) 1934, 37 B, 154, 474, 476; C. 1934, II, 2207; 1935, I, 1044.

[3] J. LEWKOWITSCH unterscheidet zwischen hydroxylierten Fettsäuren (z. B. Ricinolsäure) und „oxydierten" Fettsäuren; mit letzterem Namen bezeichnet er diejenigen Fettsäuren, die sich in durch oxydierende Agenzien (z. B. beim Blasen mit Luft oder mit Sauerstoff) veränderten Fetten und Ölen finden und deren Konstitution noch nicht vollständig aufgeklärt ist. Da beide Arten von Fettsäuren sich ähnlich verhalten, sind sie hier als „Oxyfettsäuren" zusammen behandelt.

[4] Die Oxysäuren des Ricinusöls sind in Petroläther teilweise löslich.

[5] W. FAHRION: Zeitschr. angew. Chem. 1898, 781.   [6] WOOG: U. 1938, 45, 235.

übergeführt. Darauf werden 51 ccm $^1/_1$ N.-HCl zugesetzt. Wird beim Schütteln der Lösung Schäumen beobachtet, wird nochmals etwas $^1/_1$ N.-HCl zugesetzt.

Zur Abtrennung der Säuren werden 100 ccm Petroläther (35—50°) in den Scheidetrichter gegeben und der Scheidetrichter 1 Minute kräftig geschüttelt. Man läßt bis zur vollständigen Klärung, gegebenenfalls über Nacht, stehen.

Die Petrolätherlösung wird durch ein Filter von etwa 90 mm Durchmesser gegeben. Die Oxysäuren haften den Trichterwänden im allgemeinen in Form einer rotbraunen Masse an; sind sie in größerer Menge vorhanden, wird der Petroläther, um eine Verstopfung des Hahnes zu vermeiden, von oben her aus dem Scheidetrichter gegossen. Der Scheidetrichter wird dann zweimal mit je 25 ccm Petroläther ausgespült, desgleichen werden das Ablaufrohr, der Stopfen und das Filter mit möglichst wenig Petroläther gewaschen. Auch von außen ist die obere Öffnung des Scheidetrichters und weiter der das Filter haltende Trichter mit Petroläther abzuspülen.

Die in dem Scheidetrichter verbliebenen Oxysäuren werden mit einer gerade ausreichenden Menge möglichst heißen Alkohols aufgenommen, wozu im allgemeinen zur ersten Lösung 50 ccm und zum Auswaschen 25 ccm genügen. Die warmen Lösungen werden unmittelbar hintereinander auf das Filter gegeben. Stopfen und Ablaufrohr des Scheidetrichters sowie das Filter werden nacheinander mit möglichst wenig warmem Alkohol gewaschen. Die alkoholischen Lösungen werden in einem etwa 400 ccm fassenden Becherglas gesammelt.

Die vereinigten alkoholischen Lösungen werden zunächst in dem Becherglas zu einem kleinen Volumen vorsichtig eingedampft, worauf man die konzentrierte Lösung in einen gewogenen Porzellantiegel überführt. Es empfiehlt sich, zum Überführen der letzten Reste aus dem Becherglas und zum Ausspülen statt Alkohol Äther zu verwenden, wodurch das Abdampfen der letzten Reste an Lösungsmitteln im Tiegel erleichtert wird. Letzteren bringt man in den Trockenschrank bei 100° und trocknet bis zur Gewichtskonstanz, wozu im allgemeinen $^1/_2$ Stunde ausreicht.

Bei größeren Mengen von Oxysäuren besteht die Gefahr, daß diese beim Ansäuern der ursprünglichen Seifenlösung normale Fettsäuren einschließen. Liegt dieser Verdacht vor, so müssen die gewonnenen Oxysäuren nochmals verseift werden, wobei man die Seifenlösung wie vorher behandelt.

Das Emporkriechen des Alkohols im Tiegel kann man entweder durch Erwärmung von oben her vermeiden oder durch Aufsetzen eines kleinen umgekehrten Trichters unmittelbar über den Flüssigkeitsspiegel, durch den die alkoholischen Dämpfe abgesaugt werden. Das Emporkriechen im Tiegel wird weiterhin vermieden, wenn die alkoholische Lösung im Becherglas nahezu völlig abgedampft und das Überführen der Oxysäuren in den Tiegel mit Äther vorgenommen wird.

Ist das Sauerwasser durch feine suspendierte Oxysäuren getrübt, so filtriert man es zusammen mit der Petrolätherlösung durch einen Filtertiegel (1 G 4) oder durch eine Glasfilternutsche. Ist auf der Filterplatte ein Rückstand zu erkennen, so wird mit wenig Petroläther gewaschen und darauf der Rückstand mit warmem Alkohol gelöst. Die Lösung gibt man zu den übrigen oxysäurehaltigen alkoholischen Lösungen.

Die auf diese Weise gewonnenen Oxyfettsäuren sind braun bis dunkelbraun, zähe oder harzartige, selten pulverige Körper nicht genügend bekannter Konstitutionen, die fast stets auch gewisse Mengen innerer Anhydride enthalten.

Fahrion fand für an der Luft freiwillig oxydiertes (1 und 2) und J. Lewkowitsch für ein geblasenes (3) Baumwollsaatöl, ferner Leeds[1] für ein bei erhöhter Temperatur oxydiertes Leinöl (4) folgende Werte:

Tabelle 100.

Nr.	Art des Öles	Spezifisches Gewicht	Schmelzpunkt der Fettsäuren °C	Säurezahl mg KOH	Verseifungszahl mg KOH	HEHNER-Zahl %	Oxyfettsäuren %	Jodzahl	Acetylzahl (wahre) mg KOH
1	Baumwollsaatöl frisch	—	35—36	2,2	190,4	94,2	0,3	108,8	—
2	Baumwollsaatöl freiwillig oxydiert	—	45—46	13,3	223,1	85,3	20,7	55,4	—
3	Baumwollsaatöl geblasen	0,9785	—	9,4	224,6	82,6	29,4	65,7	64,3
4	Leinöl mit Sauerstoff oxydiert . .	1,05	27	36,8	223,5	—	44,2	53,5	—

[1] Vgl. J. Lewkowitsch: Chemische Technologie und Analyse der Öle, Fette und Wachse, Bd. 2, S. 590. Braunschweig 1905.

Die Fettsäuren der oxydierten Öle zeigen eine beträchtliche Erhöhung der Verseifungszahlen gegenüber den Säurezahlen (beide in Milligramm Kaliumhydroxyd für 1 g Fettsäuren ausgedrückt) und der Acetylzahlen LEWKOWITSCH fand für

Tabelle 101.

Art des Öles	Gesamtfettsäuren			Oxydierte Fettsäuren			Von den oxydierten Säuren befreite Fettsäuren		
	Säure-zahl	Ver-seifungs-zahl	Acetyl-zahl (wahre)	Säure-zahl	Ver-seifungs-zahl	Acetyl-zahl (wahre)	Säure-zahl	Ver-seifungs-zahl	Acetyl-zahl (wahre)
Geblasenes Rüböl.	171,9	190,0	55,5	173,3	211,3	105,7	166,6	176,8	37,5
Baumwollsaatöl .	194,8	210,5	55,7	174,7	220,7	118,3	188,0	196,2	22,7
Maisöl.	192,8	209,9	59,5	171,9	215,7	126,7	172,4	177,7	36,7

Nach den Zahlen für die von oxydierten Fettsäuren befreiten Fettsäuren, bestehen demnach auch hier bei letzteren noch Unterschiede zwischen Säure- und Verseifungszahlen, und sie weisen auch noch beträchtliche Acetylzahlen auf. Hieraus geht hervor, daß die Trennung der oxydierten von den nicht-oxydierten Fettsäuren mittels Petroläther anscheinend keine vollständige gewesen ist.

c) **Berechnung der Oxyfettsäuren aus der Hydroxylzahl.** Wenn die Art der Oxyfettsäuren in einem Fett einheitlich und bekannt ist, wie z. B. beim Ricinusöl, so kann man ihre Menge aus der Acetylzahl oder besser aus der Hydroxylzahl (vgl. S. 130) berechnen. Auf diese Weise erhält man indes nur dann brauchbare Ergebnisse, wenn die vorhandene Menge der Oxyfettsäuren eine beträchtliche ist. Andererseits liefert diese Berechnung dann richtigere Ergebnisse als die Petroläthermethode, weil die Oxysäuren des Ricinusöles in Petroläther teilweise löslich sind.

Ist die Hydroxylzahl eines Fettes OHZ und das Molekulargewicht der Oxy-fettsäure M, so ist der Gehalt daran

$$X = \frac{OHZ \cdot M}{561,1}\ \% \ .$$

Die Berechnung aus der Acetylzahl ist viel verwickelter.

d) Zur Trennung der Oxyfettsäuren von anderen ungesättigten Fettsäuren empfiehlt FAHRION[1] auch die Unlöslichkeit der Bleisalze und der Bromadditionsprodukte in Petroläther.

13. Bestimmung der Fettsäurenanhydride (Lactone) und Estersäuren.

a) Fettsäureanhydride (Lactone).

Bei reinen Fettsäuren müssen die Bestimmungen der Säurezahl (vgl. S. 60) und der Verseifungszahl (vgl. S. 63) vollkommen übereinstimmende Ergebnisse liefern. Enthalten die Fettsäuren dagegen innere Anhydride (Lactone) der Fettsäuren, so werden diese bei der Bestimmung der Säurezahl nicht hydro-lysiert, wohl aber beim Erhitzen mit einem Überschuß an alkoholischer Kali-lauge, d. h. bei der Bestimmung der Verseifungszahl; bei solchen Fetten ist daher die Verseifungszahl höher als die Säurezahl und dementsprechend ist das aus der Säurezahl berechnete mittlere Molekulargewicht der Fettsäuren höher als das aus der Verseifungszahl berechnete.

Nach M. TORTELLI und A. PERGAMI[2] beteiligen sich außer der Stearinsäure alle Fettsäuren, besonders aber die Ölsäure und die übrigen ungesättigten Fettsäuren an dieser Lactonbildung, die namentlich bei älteren (ranzigen) Fetten

---

[1] FAHRION: U. 1916, **60**, 23, 71.   [2] M. TORTELLI u. A. PERGAMI: U. 1902, **9**, 182.

und Ölen auftritt. Sie untersuchten eine Reihe von Fetten und Ölen auf ihren Lactongehalt und fanden zwischen den aus den Säure- und Verseifungszahlen berechneten mittleren Molekulargewichten der Fettsäuren Differenzen von 0,1 bis 31,7 Einheiten, und zwar sind im allgemeinen die Differenzen und dementsprechend die Lactongehalte um so größer, je älter (ranziger) die Fette und Öle sind. Nach J. Lewkowitsch erleiden besonders die hydroxylierten Fettsäuren leicht Wasserverlust unter Bildung innerer Anhydride, z. B. das Ricinusöl unter Bildung von Polyricinolsäuren; infolgedessen zeigen sich bei ihm große Differenzen zwischen Säure- und Verseifungszahl. Ein anderes Beispiel ist das Stearolacton[1], das innere Anhydrid der γ-(Hydro)oxystearinsäure

$$(CH_2)_{14} \cdot CHOH \cdot CH_2 \cdot CH_2 \cdot COOH - H_2O \rightarrow (CH_2)_{14} \cdot CH \cdot CH_2 \cdot CH_2 \cdot CO; \text{ es bildet}$$

sich bei der Einwirkung von konzentrierter Schwefelsäure auf Ölsäure und auch beim Erhitzen von Ölsäure mit 10% Zinkchlorid auf 185°. Siedende Alkalilaugen bilden mit Stearolacton Salze der γ-(Hydro)-oxystearinsäure, durch Mineralsäurenzusatz scheidet sich wieder Stearolacton, nicht aber die freie Säure, ab.

Die Fettsäureanhydride (Lactone) können titrimetrisch oder gewichtsanalytisch bestimmt werden[1]:

α) **Titrimetrisches Verfahren,** durch Bestimmung der Säurezahl und der Verseifungszahl. Bei der Säurezahlbestimmung werden 5 g Fettsäuren in neutralisiertem Alkohol gelöst und mit wäßriger N.-Alkalilauge in der Kälte titriert, wobei darauf zu achten ist, daß die Lösung nach der Titration noch mindestens 50% Alkohol enthält, weil andernfalls Hydrolyse der Seifen zu befürchten ist. In einer zweiten Probe von 1,5—2,5 g wird die Verseifungszahl nach S. 65 bestimmt. Die Differenz zwischen Verseifungs- und Säurezahl ist ein Maß der vorhandenen Lactone. Ist die chemische Zusammensetzung der in Frage kommenden Lactone bekannt, so kann man ihre Menge berechnen:

Beispiel. Die Differenz zwischen Verseifungszahl (194,3) und Säurezahl (153,9) ist 40,4. Liegt Stearolacton vor, dessen Verseifungszahl 198,9 ist, so berechnet sich der Stearolactongehalt (x) nach der Proportion

$$198,9 : 100 = 40,4 : x; \quad x = 20,5\%.$$

Da aber die Zusammensetzung des vorhandenen Anhydrids (Lactons) in der Regel nicht bekannt ist, so bestimmt man den Gehalt daran am besten durch

β) **Gewichtsanalytisches Verfahren.** 5—10 g Fettsäuren werden in neutralisiertem Alkohol gelöst und mit wäßriger Alkalilauge wie unter α neutralisiert. Die Seifenlösung wird dann mit Äther oder Petroläther wie bei der Bestimmung des Unverseifbaren (S. 239) ausgeschüttelt; die ätherische Lösung wird abfiltriert, der Äther verdampft und der Rückstand gewogen. Er muß aschefrei und seine Säurezahl muß gleich Null sein. Um das Anhydrid näher zu kennzeichnen, kann man von ihm noch Schmelzpunkt, Verseifungszahl und Jodzahl bestimmen.

b) Estersäuren (Estolide).

Höhere Oxysäuren zeigen die Eigentümlichkeit, daß sie bei Wasserentziehung meistens nicht in Lactone übergehen, sondern Estersäuren bilden. So entstehen aus 2 Molekülen Oxysäuren unter Abspaltung von 1 H_2O einfache Estersäuren (Disäuren) von der Formel

$$C_nH_m \begin{cases} OH \\ \\ CO-O-C_nH_m-COOH. \end{cases}$$

---

[1] Vgl. J. Lewkowitsch: Chemische Technologie und Analyse der Öle, Fette und Wachse, Bd. 1, S. 136, 369. Braunschweig 1905.

Aus mehr Molekülen Oxysäure bilden sich innere Ester von der allgemeinen Formel

$$\mathrm{C_nH_m} \overset{\displaystyle OH}{\underset{\displaystyle [CO-O-C_nH_m]_x-COOH.}{}}$$

Diese Estersäuren werden von J. BOUGAULT und L. BOURDIER[1] Estolide genannt. Die Estolide sind schwer verseifbar und werden erst nach mehrstündigem Kochen mit alkoholischer Kalilauge bei Gegenwart von Benzol gespalten.

Zum Nachweis der Estolide bestimmt man zunächst die Hydroxyl- und Neutralisationszahl der Probe. Dann verseift man gründlich, am besten mit Alkohol-Benzol, scheidet unter Vermeidung einer Anhydrierung die Gesamtfettsäuren ab und bestimmt wieder die Hydroxylzahl und die Neutralisationszahl. Bei Vorliegen reiner Estolide ist die zweite Hydroxylzahl mindestens doppelt so hoch wie die erste, ebenso verhält sich die Neutralisationszahl. Die Differenz gibt ein Maß für die Menge der Estolide.

Estolide bilden sich auch durch Erhitzen von Oxyfettsäuren wie Oxystearinsäure und Dioxystearinsäure (GRÜN und WETTERKAMP[2]).

Zur schnellen und sicheren Charakterisierung der Estolide empfiehlt WITTKA[3] die Molekulargewichtsbestimmung nach K. RAST[4], beruhend auf Ermittlung der Gefrierpunktserniedrigung (vgl. Bd. II, S. 113) in Campher.

B. Alkohole und Kohlenwasserstoffe.

1. Glycerin.

a) Nachweis.

Da sich die Fette und Öle von den Wachsen dadurch unterscheiden, daß die ersteren im wesentlichen nur aus Glyceriden der Fettsäuren bestehen, während die letzteren keine Glyceride, sondern nur Ester höherer Alkohole, wie Cetylalkohol, Cerylalkohol, Myricylalkohol usw., enthalten, so kann die Prüfung auf Glycerin zur Unterscheidung der Fette und Öle von den Wachsen sowie zum Nachweise der ersteren in den letzteren dienen.

α) **Nachweis des Acroleins.** Die zuverlässigste Reaktion des Glycerins ist die beim raschen Erhitzen eintretende Bildung von Acrolein, das durch einen höchst durchdringenden unangenehmen Geruch und durch seinen Reiz auf die Schleimhäute gekennzeichnet ist. Der Nachweis gelingt am leichtesten, wenn man das Glycerin bzw. die Glyceride mit wasserentziehenden Mitteln, so mit Kaliumbisulfat oder krystallisierter Phosphorsäure erhitzt.

Die Acroleinbildung verläuft dabei nach folgender Gleichung:

$$C_3H_5(OH)_3 = CH_2\!=\!CH\!-\!COH + 2\,H_2O.$$
$$\text{Acrolein}$$

Der Nachweis des Acroleins, das in größeren Mengen leicht an seinem eigenartigen Geruch erkannt werden kann, in geringen Mengen aber durch diesen unter Umständen nicht erkannt wird, geschieht nach L. GRÜNHUT[5] in folgender Weise:

---

[1] J. BOUGAULT u. L. BOURDIER: Compt. rend. Paris 1908, **147**, 1311; 1910, **150**, 874; C. 1909, I, 450; 1910, I, 1980; Journ. Pharm. et Chim. 1909 (6), **30**, 10; C. 1909, II, 718.

[2] GRÜN u. WETTERKAMP: Zeitschr. Farbenind. 1909, 8, 279.

[3] WITTKA: Zeitschr. Deutsch. Öl-Fettind. 1924, **44**, 375.

[4] K. RAST: Ber. Deutsch. Chem. Ges. 1922, **55**, 1051; C. 1922, II, 1069.

[5] L. GRÜNHUT: Zeitschr. analyt. Chem. 1899, **38**, 37.

Die Substanz wird in einem Fraktionierkölbchen mit etwa dem doppelten Gewichte feingepulverten Kaliumdisulfats mit Hilfe eines Glasstabes innig gemischt und auf dem Sandbade erwärmt, bis sein Inhalt lebhaft aufschäumt. Die entweichenden Dämpfe werden in einem durch Kältemischung gekühlten Reagensglase zu einigen Tropfen kondensiert. War Glycerin vorhanden, so muß dieses Kondensat deutlich nach Acrolein riechen.

Man kann diesen Nachweis noch verschärfen, indem man den Inhalt des Reagensglases mit einigen Tropfen einer ammoniakalischen Silberlösung (3 g Silbernitrat in 30 g Ammoniak vom Spezifischen Gewicht 0,923) versetzt, der man zuvor eine Lösung von 3 g Kaliumhydroxyd in 30 g Wasser zugefügt hat. Bei Gegenwart von Acrolein entsteht bereits in der Kälte in Silberspiegel.

K. Täufel und H. Thaler[1] führen das Acrolein durch Oxydation in Epihydrinaldehyd über, den sie dann mit Phloroglucin (vgl. S. 303) nachweisen.

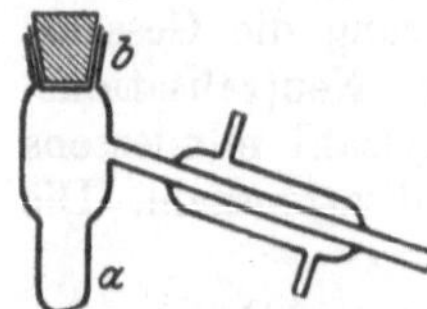
Abb. 54. Vorrichtung zur Prüfung auf Glycerin nach Täufel u. Thaler.

Arbeitsvorschrift. Man bringt die auf Glycerin zu prüfende Substanz, die frei von Zucker sein muß[2], in einer Vorrichtung gemäß nebenstehender Abbildung nötigenfalls zur Trockne und versetzt mit einer Wenigkeit Bimssteinpulver sowie mit etwa 15 Tropfen krystallisierter Phosphorsäure. Nunmehr erhitzt man unter Fächeln mit kleiner Flamme[3]; das im Kühler verdichtete Destillat wird in einem kleinen Reagensglas (100 mm lang, 13 mm Durchmesser) aufgefangen. Beim Erhitzen tritt am Anfang meist Schäumen auf; es wird so lange destilliert, bis das Sieden fast aufgehört hat (Dauer etwa 5 Minuten).

Das aus einigen Tropfen bestehende Destillat wird mit 1 Tropfen einer 3%igen Lösung von Wasserstoffperoxyd und anschließend sofort mit 1 ccm konzentrierter Salzsäure versetzt. Man kühlt unter fließendem Wasser ab und schüttelt 1 Minute lang kräftig durch. Hierauf gibt man zur Zerstörung des überschüssigen Wasserstoffperoxyds 1 Tropfen einer 10%igen Kaliumjodidlösung zu und nimmt das ausgeschiedene Jod sofort durch Zugabe einer gerade ausreichenden Menge einer 10%igen Lösung von Natriumthiosulfat weg.

Die derart vorbereitete Lösung wird mit 0,5 ccm einer 0,15%igen ätherischen Lösung von Phloroglucin versetzt und umgeschüttelt. Bei Gegenwart von Epihydrinaldehyd tritt je nach dessen Menge eine rote bis violettrote Färbung auf. Man dehnt die Beobachtungszeit bis auf 30 Minuten aus.

Mitunter verfärbt sich das Reaktionsgemisch gelblich, wodurch die Feststellung der roten Farbe sehr erschwert ist. Durch Verdünnen mit wenig Wasser, wobei gleichzeitig das gelegentlich ausgefallene Natriumchlorid in Lösung geht, pflegt die gelbe Farbe zu verschwinden, und das reine Rot tritt hervor.

Größere Mengen von Glyceriden kann man durch direkte Prüfung auf Acrolein erkennen. Bei vermuteter Gegenwart von nur geringen Mengen von Glyceriden empfiehlt es sich, die Probe zu verseifen, die Fettsäuren abzuscheiden, das Filtrat von diesen zu neutralisieren, in dem Destillationskölbchen einzudampfen und dann wie vorstehend zu prüfen.

Auf Bildung von Acrolein beruht wahrscheinlich auch die von I. M. Kolthoff[4] auf Grund von Beobachtungen von Ch. H. La Wall[5] vorgeschlagene Prüfung mit Permanganat und Fuchsinschwefliger Säure. La Wall hatte beobachtet, daß Glycerin die Prüfung auf Methylalkohol stört, worauf Kolthoff umgekehrt diese Probe zum Nachweis des Glycerins verwendet.

Ausführung der Probe. 5 ccm der nötigenfalls durch Kochen von Methylalkohol befreiten Lösung werden mit 2 ccm 4 N.-Phosphorsäure und 2 ccm 3%iger Kaliumpermanganatlösung vermischt. Nach 10 Minuten fügt man 1 ccm 10%ige Oxalsäurelösung zu, schüttelt um, läßt stehen, bis die Mischung hellbraun geworden ist, versetzt mit 1 ccm verdünnter Schwefelsäure und 5 ccm Schiff-Reagens. Eine rotviolette Färbung nach 10 Minuten langem Stehen deutet

[1] K. Täufel u. H. Thaler: Zeitschr. analyt. Chem. 1933, 95, 235.
[2] Vorhandener Zucker wird vorher nach Inversion und Behandeln mit Kalk und Alkohol (vgl. Bd. VII, S. 307) beseitigt.
[3] Der bei b aufgesetzte Gummistopfen ist zum Schutz mit Stanniol umkleidet.
[4] J. M. Kolthoff: Pharm. Weekbl. 1924, 61, 1497; Z. 1926, 51, 77.
[5] Ch. H. La Wall: Amer. Journ. Pharmac. 1924, 96, 226.

auf Glycerin. Eine 0,04%ige Lösung gab noch eine deutliche positive Reaktion.
Glyceride werden verseift, angesäuert und das Filtrat auf Glycerin geprüft.
Über die colorimetrische Auswertung der Probe vgl. S. 237.

β) **Glycerinnachweis nach G. Denigès**[1]. 0,08—0,1 g Glycerin (nicht mehr!)
werden in einem Reagensrohr (15—20 cm lang, 18—20 mm weit) mit 10 ccm
einer frisch bereiteten Lösung von 0,3 ccm Brom in 100 ccm Wasser 20 Minuten
in siedendem Wasserbade erhitzt; dann wird der Bromüberschuß durch Kochen
beseitigt und die Flüssigkeit (D) erkalten gelassen. Dadurch ist das Glycerin
in Dioxyaceton ($CH_2OH—CO—CH_2OH$) übergeführt, das man mit Hilfe seiner
Farbenreaktionen mit Codein, Resorcin oder Salicylsäure[2] nachweist:

Reaktion mit Codein. In ein Reagensglas mit 0,1 ccm 5%iger alkoholischer
Codeinlösung gibt man 0,2 ccm der Lösung D, 0,2 ccm Wasser und 2 ccm konzentrierte Schwefelsäure (Dichte 1,84) und erhitzt 2 Minuten in siedendem
Wasserbade. Bei Gegenwart von Dioxyaceton (bzw. Glycerin) tritt eine grünlichblaue Färbung ein.

Reaktion mit Salicylsäure. 0,4 ccm der Lösung D werden mit 0,1 ccm
5%iger alkoholischer Salicylsäurelösung, 0,1 ccm 4%iger Kaliumbromidlösung
und 2 ccm konzentrierter Schwefelsäure (Dichte 1,84) erhitzt. Bei Gegenwart
von Dioxyaceton (bzw. Glycerin) entsteht eine violettrote Färbung, die unter
gleichzeitiger Anstellung eines blinden Versuchs noch den Nachweis von 1 mg
Dioxyaceton in 1 Liter gestattet. — Ähnliche Reaktionen geben auch Guajacol,
Gallussäure, β-Naphthol, Resorcin und Thymol. Vgl. auch A. Ch. Chapman[3].

E. Eegriwe[4] empfiehlt Prüfung nach Oxydation durch Brom mit m - Oxy-
benzoesäure, wodurch grüne Fluorescenz entsteht.

γ) F. Schütz[5]empfiehlt zum Nachweis von Glycerin eine 0,1%ige Lösung
von Anthron in konzentrierter Schwefelsäure, die mit Glycerin (oder Acrolein,
Glyceriden, Epichlorhydrin u. a.) bei 175⁰ Benzanthren liefert, dessen rotgelbe
Farbe und Fluorescenz noch in starker Verdünnung erkennbar sind. Die
Empfindlichkeit der Reaktion beträgt 2 γ, die Grenzkonzentration 1 : 500000.
Die Reaktion eignet sich auch zur colorimetrischen Messung.

Anthron wird aus Anthrachinon durch Reduktion mit Zink und Salzsäure dargestellt.

δ) **Erhitzen mit Oxalsäure.** Beim Erhitzen von Glycerin mit krystallisierter Oxalsäure
auf 100—110⁰ wird Kohlensäure abgegeben, die O. Frehden und Ch.-H. Huang[6] durch
Phenolphthalein-Sodareagens nachweisen. — Das bei dieser Umsetzung als Zwischenprodukt auftretende Monoformin kann als das stark violett gefärbte Eisensalz seiner
Hydroxamsäure nachgewiesen werden.

ε) **α-Naphthylisocyanatprobe nach A. C. Chapman**[7]. 0,5 ccm des in einem kleinen Apparat
nach Brühl bei 120—130⁰ und 5 mm Druck destillierten Glycerins erwärmt man vorsichtig mit der fünffachen Gewichtsmenge α-Naphthylisocyanat im trockenen Rohre, bis eine
heftige Reaktion eintritt. Die erkaltete feste Masse schmilzt bei 278—280⁰ (nach G. V. Jadhav[8] bei 294—296⁰). V. T. Bickel und H. E. French[9] haben gezeigt, daß das von Chapman
isolierte Produkt Di-α-naphthylharnstoff mit dem Schmelzpunkt 296⁰ ist, während das
krystallisierte Urethan, nach einer anderen Vorschrift dargestellt, bei 191—192⁰ schmilzt.
Vgl. auch J. C. Forbes und H. B. Haag[10].

---

[1] G. Denigès: Compt. rend. Paris 1909, **148**, 172, 282, 570; C. 1909, I, 946, 1042,
1269; Bull. Soc. chim. France 1909 (4), **5**, 19; C. 1909, I, 791.
[2] Die chromophore Gruppe der Reaktionen ist der Komplex COH · COH, der entweder
mit Wasserstoff oder einem Kohlenwasserstoffrest oder mit einer Alkoholgruppe (Glycerin)
verbunden ist. [3] A. Ch. Chapman: Analyst 1926, **51**, 382.
[4] E. Eegriwe: Z. anal Chem. 1935, **100**, 31; C. 1935, I, 3017.
[5] F. Schütz: Papierfabrikant 1938, **36**; Fabr. wiss. Teil 55; C. 1938, I, 2924.
[6] O. Frehden u. Ch.-H. Huang: Mikrochim. Acta 1937, **2**, 20; Z. 1938, **75**, 360.
[7] A. C. Chapman: Analyst 1926, **51**, 382; C. 1926, II, 2505.
[8] G. V. Jadhav: Journ. Indian Chem. Soc. 1933, **10**, 391; C. 1933, II, 3414.
[9] V. T. Bickel u. H. E. French: Journ. Amer. Chem. Soc. 1926, **48**, 747.
[10] J. C. Forbes u. H. B. Haag: Ind. engin. Chem. 1938, **30**, 717.

b) Bestimmung des Glycerins.

Zur Bestimmung des Glycerins ist eine Reihe von Verfahren vorgeschlagen, die außer für Gärungserzeugnisse vorwiegend für die Untersuchung von Seifenunterlaugen und technische Glycerine bestimmt sind, sich aber auch für die Untersuchung von Fetten auf ihren Glyceringehalt eignen. Die Mehrzahl der Methoden ist indirekt; dagegen wird nach dem Verfahren von Shukoff und Schestakoff das Glycerin als solches zur Wägung gebracht.

Die zuverlässigsten Methoden sind folgende:

α) Berechnung des Glyceringehaltes aus der Verseifungszahl.

Da die Verseifung der Triglyceride in Fetten und Ölen nach der Gleichung

$$C_3H_5(OR)_3 + 3\,KOH = C_3H_5(OH)_3 + 3\,R \cdot OK$$

erfolgt, so entsprechen $3 \cdot 56{,}104 = 168{,}31$ g Kaliumhydroxyd 92,06 g Glycerin oder 1 g Kaliumhydroxyd 0,5470 g Glycerin.

Man kann daher bei reinen Triglyceriden deren Glyceringehalt oder, richtiger gesagt, die Menge Glycerin, welche sie bei der Verseifung liefern, aus der Verseifungszahl berechnen. Ist V die Verseifungszahl, so berechnet sich die prozentuale Glycerinausbeute (G) nach der Gleichung:

$$G = 100 \cdot 0{,}000547 \cdot V = 0{,}0547 \cdot V.$$

Liegen Gemische von Glyceriden mit mehr oder minder freien Fettsäuren vor, wie dies bei den meisten natürlichen Fetten und Ölen der Fall ist, so dient zu vorstehender Berechnung statt der Verseifungszahl die Esterzahl (vgl. früher, S. 75). Dagegen ist die Berechnung der Glycerinausbeute nicht anwendbar, wenn Gemische von Triglyceriden mit Mono- und Diglyceriden oder mit Wachsen vorliegen.

Aus der Verseifungszahl der einfachen Triglyceride berechnen[1] sich z. B. folgende prozentualen Glycerinausbeuten:

Triacetin	42,20	Trilaurin	14,42	Triolein	10,41
Tributyrin	30,46	Trimyristin	12,74	Trilinolein	10,48
Tricapronin	23,96	Tripalmitin	11,42	Trilinolenin	10,55
Tricaprylin	19,58	Tristearin	10,34	Trierucin	8,74
Tricaprinin	16,67	Triarachin	9,45	Triricinolein	9,87

Gemischte Triglyceride.

Caprylolauromyristin	15,07	Stearodipalmitin	11,03
Caprylomyristoolein	13,10	Palmitodistearin	10,67
Myristodilaurin	13,76	Oleopalmitostearin	10,69
Laurodimyristin	13,06	Oleodipalmitin	11,06
Myristopalmitoolein	11,40	Oleodistearin	10,40

Mono- und Diglyceride.

Monobutyrin	56,80	Dipalmitin	16,20	Tristearin	10,34
Dibutyrin	39,66	Tripalmitin	11,42	Monoolein	25,85
Tributyrin	30,46	Monostearin	25,70	Diolein	14,84
Monopalmitin	27,88	Distearin	14,74	Triolein	10,41

Zur unmittelbaren Ablesung des Glyceringehaltes von Triglyceriden aus den Verseifungszahlen wurde von uns die Tabelle V (Anhang) berechnet. In der Tabelle ist gleichfalls die entsprechende Menge Glycerinrest (C_3H_2) enthalten, den man sich aus dem Glycerinmolekül nach Abspaltung von 3 Wasser entstanden denkt. Zieht man diesen von 100 ab, so erhält man den Gehalt der Triglyceride an Fettsäuren.

---

[1] J. Lewkowitsch: Chemische Technologie und Analyse der Öle, Fette und Wachse. Bd. 1, S. 307. Braunschweig 1905.

β) Acetinverfahren von R. BENEDIKT und CANTOR[1].

Das Verfahren beruht auf der Überführung des Glycerins in Triacetin durch Kochen mit Essigsäureanhydrid und der Bestimmung des gebildeten Triacetins durch Verseifen mit Alkalilauge (vgl. Acetylzahlbestimmung S. 128). Die Umsetzungen verlaufen hierbei wie folgt:

$$2 C_3H_5(OH)_3 + 3 (CH_3 \cdot CO)_2O = 2 C_3H_5(O \cdot CH_3 \cdot CO)_3 + 3 H_2O.$$
$$2 C_3H_5(O \cdot CH_3 \cdot CO)_3 + 6 NaOH = 2 C_3H_5(OH)_3 + 6 CH_3 \cdot COONa.$$

J. LEWKOWITSCH[2] schlägt folgende Arbeitsweise vor:

20 g Fett werden in üblicher Weise mit alkoholischer Kalilauge verseift, der Alkohol auf dem Wasserbade völlig verdunstet und die Seife mit verdünnter Schwefelsäure zersetzt. Die abgeschiedenen Fettsäuren werden abfiltriert, das Filtrat mit einem Überschuss von Bariumcarbonat neutralisiert und auf dem Wasserbade eingedunstet, bis das Wasser fast ganz verjagt ist. Der Rückstand wird mehrmals mit Ätheralkohol (1 + 3) ausgezogen, das Lösungsmittel verdunstet und der Rückstand im Exsiccator getrocknet und gewogen (Rohglycerin).

Im Rohglycerin wird nun die Bestimmung des Reinglycerins nach der Vorschrift des „Internationalen Komitees[3] wie folgt ausgeführt:

Reagenzien: 1. Reinstes Essigsäureanhydrid. Es darf höchstens Spuren von freier Essigsäure enthalten (Prüfung durch Verseifung und Anilidbildung), darf sich beim einstündigen Kochen mit Natriumacetat nur wenig verfärben, soll beim Blindversuch nicht mehr als 0,1 ccm Natronlauge verbrauchen und sich nur schwach färben.

2. Reines Natriumacetat. Das käufliche Salz wird in einer Platin-, Quarz- oder Nickelschale unter Vermeidung einer Verkohlung geschmolzen, schnell gepulvert und in verschlossener Flasche im Exsiccator aufbewahrt.

3. Carbonatfreie, ungefähr halbnormale Natronlauge zur Neutralisierung.

4. Carbonatfreie Normallauge zur Verseifung.

5. Normalsäure.

6. $^1/_2$%ige neutrale alkoholische Phenolphthaleinlösung.

Blindversuch. Man kocht die gleichen Mengen Acetanhydrid und Natriumacetat wie bei der Analyse, neutralisiert hierauf ebenso vorsichtig wie bei dieser, setzt etwa 5 ccm Normallauge (4) zu (welche Menge ungefähr dem Alkaliüberschuß beim Hauptversuch entspricht) und titriert nach $^1/_4$stündigem Kochen mit der Normalsäure zurück.

Ausführung der Bestimmung. 1,25—1,50 g Rohglycerin (das nicht mehr als 50% Wasser enthalten darf) werden möglichst rasch und genau in einem etwa 120 ccm fassenden Rundkolben abgewogen. Man setzt 3 g Natriumacetat, dann 7,5 ccm Essigsäureanhydrid zu und verbindet das Kölbchen mit dem Rückflußkühler. Kühler und Kölbchen sollen durch Glasschliffe verbunden sein.

Man erhitzt 1 Stunde lang zum gelinden Sieden, wobei die Salze nicht an der Kolbenwand eintrocknen dürfen. Nach dem Abkühlen läßt man durch den Kühler 50 ccm ausgekochtes Wasser von etwa 80° vorsichtig zufließen und bringt den Kolbeninhalt unter einigem Drehen des Gefäßes und Erwärmen — aber nicht über 80° — zur Auflösung. Nach dem Erkalten wird die Innenwand des Kühlrohrs mit Wasser in den Kolben abgespült, dann erst der Kolben abgenommen und sein Schliff ebenfalls in den Kolben abgespült. Nunmehr filtriert man durch ein mit Säure extrahiertes Filter in einen weithalsigen Literkolben aus Jenaer Glas, wäscht mit ausgekochtem kaltem Wasser gründlich nach, versetzt mit 2 ccm Phenolphthaleinlösung (6) und neutralisiert mit der Lauge (3) oder (4) bis zur schwach rötlich-gelblichen Färbung. Der Laugenzusatz muß

[1] R. BENEDIKT u. CANTOR: Zeitschr. angew. Chem. 1888, 460.

[2] J. LEWKOWITSCH: Chem.-Ztg. 1889, 13, 93, 191, 659; Chemische Technologie und Analyse der Öle, Fette und Wachse, Bd. 1, S. 312. Braunschweig 1905; 5. englische Auflage, Bd. 1, S. 448. London 1913. [3] Vgl. GRÜN: Analyse der Fette und Wachse, Bd. 1, S. 529.

selbstverständlich sehr vorsichtig, zuletzt Tropfen für Tropfen vorgenommen werden. Hierauf läßt man 50 ccm (oder einen noch größeren genau gemessenen Überschuß) Normallauge (4) einlaufen, setzt ein Kühlrohr auf und hält die Lösung 15 Minuten in schwachem Sieden, läßt dann möglichst schnell abkühlen und titriert mit Normalsäure (5) bis zum Farbumschlag nach rötlich-gelblich. Von den verbrauchten Kubikzentimetern Normallauge ist der Verbrauch für den blinden Versuch abzuziehen und die Korrektur für die Volumenänderung der Lösungen mit der Temperatur anzubringen (Ausdehnungskoeffizient der Normallösungen für 1 ccm und $1^0 = 0,00033$).

$$\text{Berechnung. 1 ccm Normallauge} = \frac{0,09206}{3} = 0,03069 \text{ g Glycerin.}$$

Beispiel. a Gramm Substanz verbrauchten b Kubikzentimeter Normallauge (korrig.).

$$\text{Glyceringehalt} = \frac{3,069 \cdot b}{a} \text{ \% des Rohglycerins.}$$

Statt wie vorstehend kann die Acetylierung auch nach S. 129 vorgenommen werden. Sehr geeignet ist nach W. E. Shaefer[1] das Pyridinverfahren von Verley und Bölsing (vgl. S. 130).

V. Öhman und G. Laurent[2] erhalten damit ebenso wie Shaefer auch in wasserreichen Proben von Glycerin noch gute Werte: Etwa 0,1 g Substanz wird in ein 25-ccm-Kölbchen eingewogen, dazu werden 5 ccm Reagens (12% Acetanhydrid in trockenem Pyridin) zugegeben und wieder gewogen. Dann setzt man einen 30 cm langen Kühler auf und erhitzt wenigstens 60 Minuten (Glykol 10 Minuten) im siedenden Wasserbad. Nach dem Erkalten wird mit Wasser verdünnt, ausgegossen, zweimal mit je 10 ccm Wasser, einmal mit 10 ccm Alkohol nachgespült, mit 0,2 N.-Natronlauge und Kresolphthalein titriert. Daneben wird eine Blindanalyse mit 5 ccm Reagens ausgeführt.

Dann findet man das Glycerin nach der Formel

$$\text{Glycerin} = [(b \cdot g_2/g_3) - a] \cdot (n \cdot c/g_1)\%,$$

worin bedeuten:

a = verbrauchte Kubikzentimeter Natronlauge für die Probe;
b = verbrauchte Kubikzentimeter Natronlauge für die Blindanalyse;
g_1 = Substanzmenge in Grammen;
g_2 = Reagensmenge für die Probe in Grammen;
g_3 = Reagensmenge für die Blindanalyse in Grammen;
n = Normalität der Natronlauge;
c = 3,069 für Glycerin (= 3,102 für Glykol).

Analog wie Glycerin verhält sich Glykol $CH_2OH \cdot CH_2OH$. Auch Trimethylenglykol wird mitbestimmt. Andererseits liefert das Acetinverfahren immer etwas zu niedrige Ergebnisse. So fand Shaefer bei seinen Versuchen eine Ausbeute von 97,9%.

γ) Isopropyljodidverfahren von S. Zeisel und R. Fanto[3].

Das Verfahren beruht auf der Überführung des Glycerins in Isopropyljodid mittels Jodwasserstoffsäure und der Umsetzung des Isopropyljodids mit Silberlösung in Jodsilber nach folgenden Gleichungen:

$$C_3H_5(OH)_3 + 5\,HJ = C_3H_7J + 3\,H_2O + 2\,J_2$$
$$C_3H_7J + AgNO_3 = C_3H_7NO_3 + AgJ.$$

Das Verfahren wurde von R. Fanto[4] für die Glycerinbestimmung in Fetten eingeführt.

Über die Ausführung der Bestimmung vgl. Bd. VII, S. 308.

[1] W. E. Shaefer: Ind. engin. Chem. 1937, 3, 449.
[2] V. Öhman u. G. Laurent: Svensk Kem. Tidskr. 1938, 50, 35; C. 1938, I, 3806.
[3] S. Zeisel u. R. Fanto: Zeitschr. Landw. Versuchw. in Österreich 1901, 4, 977; 1902, 5, 729.   [4] R. Fanto: Zeitschr. angew. Chem. 1904, 17, 420.

Nach F. Schulze[1] ist das Verfahren von Zeisel und Fanto als das zuverlässigste anzusehen und für wissenschaftliche Untersuchungen zu empfehlen.

R. Willstätter und A. Madinaveitia[2] haben in ähnlicher Weise, wie es Zeisel und Fanto vergeblich versucht hatten, die Darstellung der wäßrigen Glycerinlösung umgangen und die Verseifung und Behandlung mit Jodwasserstoffsäure unmittelbar am Fette vorgenommen. Sie erhielten mit den theoretischen Werten recht befriedigend übereinstimmende — etwas niedrigere — Ergebnisse, als sie kleinere Substanzmengen (0,15—0,35 g Fett) und eine Jodwasserstoffsäure von der Dichte 1,8 anwendeten und 2—3 Stunden mäßig erhitzten: Etwa 2 g Glycerid werden im Zersetzungsgefäße abgewogen und mit 10 ccm Jodwasserstoffsäure (Dichte 1,8) versetzt. Dann wird auf 100—115⁰ Badtemperatur erhitzt, bis die Reaktion eintritt, was an starker Jodausscheidung und Fällung in der vorgelegten Silberlösung kenntlich wird. Darauf wird die Temperatur so lange (20—40 Minuten) konstant gehalten, bis die Silberlösung sich wieder geklärt hat und die Zersetzung so gut wie beendet ist, dann erst wird die Badtemperatur auf 130—140⁰ gesteigert und das Erhitzen noch mindestens 1 Stunde lang fortgesetzt[3].

W. Normann und E. Hugel[4] wenden bei hochgehärteten Fetten, die mit Jodwasserstoff schwerer zersetzbar sind als die natürlichen Fette eine Jodwasserstoffsäure von der Dichte 1,96 an und setzen zur leichteren Durchmischung gepulverten Bimsstein hinzu.

F. v. Bruchhausen[5] empfiehlt eine Mikroausführung der Glycerinbestimmung in Anlehnung an ein Verfahren von F. Vieböck und C. Brecher[6] zur Mikromethoxylbestimmung. Dabei wird das durch Kochen mit Jodwasserstoffsäure aus Glycerin gebildete Isopropyljodid in natriumacetathaltigem Eisessig geleitet, dem einige Tropfen Brom zugefügt sind. Durch das Brom wird das Jod des Alkyljodids in Jodsäure übergeführt, die nach Beseitigung des Bromüberschusses durch Ameisensäure jodometrisch gemessen werden kann:

$$C_3H_7J + Br_2 \rightarrow C_3H_7Br + HBr$$
$$JBr + 2 Br_2 + 3 H_2O \rightarrow HJO_3 + 5 HBr$$
$$HJO_3 + 5 HJ \rightarrow 6 J + H_2O.$$

Je 6 Jod entspricht 1 Molekül Glycerin. — G. Blix[7] erhielt nach dieser Methode in Phosphatiden und Glyceriden zuverlässige Ergebnisse.

Ausführung des Verfahrens. Im Mikromethoxylapparat nach Pregl werden in das Zersetzungskölbchen 1,5 ccm Jodwasserstoffsäure von der Dichte 1,7 und 0,2 g Jod sowie unter Kühlung 0,1 g roter Phosphor in kleinen Anteilen zugegeben[8], dann 0,3—0,5 g der etwa 1%igen Glycerinlösung eingewogen und das Ganze unter Durchleiten von wenig Kohlendioxyd (2 Blasen in der Sekunde) etwa 1½ Stunden lang in schwachem Sieden gehalten. Das Isopropyljodid wird in 4 ccm 20%ige Natriumacetatlösung in Eisessig geleitet, der 3 Tropfen Brom zugesetzt sind. Dann wird der Inhalt der Vorlage in einen Sendtner-Kolben gegeben, der 0,3 g Natriumacetat in etwas Wasser vollständig (!) gelöst enthält und der Bromüberschuß durch einige Tropfen Ameisensäure entfernt. Nachdem man sich von der vollständigen Zerstörung des Broms, auch in der Dampfphase überzeugt hat, gibt man 0,3 g Kaliumjodid und 1 ccm 25%ige Schwefelsäure hinzu und titriert das ausgeschiedene Jod mit $^1/_{30}$ N.-Natriumthiosulfatlösung gegen Stärkelösung als Indicator. 1 ccm davon entspricht 0,51 mg Glycerin. — Die Reinheit der Reagenzien prüft man am besten durch einen Leerversuch.

Die Ausbeute nach diesem Verfahren wurde zu 96,5—97,5% der Einwaage gefunden.

[1] F. Schulze: Chem.-Ztg. 1905, **29**, 976.
[2] R. Willstätter u. A. Madinaveitia: Ber. Deutsch. Chem. Ges. 1912, **45**, 2825.
[3] Beim Tristearin war dies erforderlich, nicht beim Triolein.
[4] W. Normann u. E. Hugel: U. 1916, **23**, 45.
[5] F. v. Bruchhausen: Z. 1934, **68**, 32.
[6] F. Vieböck u. C. Brecher: Ber. Deutsch. Chem. Ges. 1930, **63**, 3207.
[7] G. Blix: Mikrochim. Acta 1937, 1, 75; C. 1938, II, 622.
[8] Oder es wird direkt Jodwasserstoffsäure der Dichte 1,9 verwendet.

δ) Oxydationsverfahren von R. Benedikt und Zsigmondy [1].

Glycerin wird durch Kaliumdichromat [2] und Kaliumpermanganat in saurer Lösung zu Kohlensäure und Wasser, dagegen durch letzteres in stark alkalischer Lösung — in der Kälte [3] zu Oxalsäure [4], Kohlensäure und Wasser oxydiert nach der Gleichung:

$$C_3H_5(OH)_3 + 3\,O_2 = C_2H_2O_4 + CO_2 + H_2O.$$

Das Verfahren ist bei stark oxydierten Ölen (Leinöl) nicht anwendbar. Man verfährt wie folgt:

2—3 g Fett werden mit Kaliumhydroxyd und reinem Methylalkohol [5] verseift, der Methylalkohol verdunstet, die Seife in heißem Wasser gelöst und mit Salzsäure zersetzt. Nachdem sich die Fettsäuren — bei Ölen setzt man etwas Paraffin zu — als klare Schicht abgeschieden haben, läßt man erkalten, filtriert die wäßrige Flüssigkeit unter mehrmaligem Nachwaschen mit Wasser in einen geräumigen Kolben, neutralisiert (Indicator Methylorange) mit Kalilauge, gibt 10 g Kaliumhydroxyd und dann so lange 5%ige Lösung oder festes Kaliumpermanganat hinzu, bis die Flüssigkeit nicht mehr grün ist, sondern blau oder schwärzlich wird. Nach $\frac{1}{2}$stündigem Stehen setzt man zwecks Zerstörung der überschüssigen Übermangansäure Schweflige Säure — die Lösung muß alkalisch bleiben — oder Wasserstoffperoxyd in nur gerade hinreichender Menge hinzu, bis die Flüssigkeit farblos geworden ist. Darauf füllt man zu 1 Liter auf, filtriert durch ein trockenes Faltenfilter, scheidet in 500 ccm nach dem Ansäuern die Oxalsäure als Calciumsalz ab und bestimmt darin die Oxalsäure titrimetrisch mit $\frac{1}{10}$ N.-Kaliumpermanganatlösung oder nach dem Glühen des Niederschlages das Calciumoxyd durch Zusatz eines gemessenen Überschusses von 0,5 N.-Salzsäure und Rücktitration mit 0,5 N.-Alkalilauge (Indicator Methylorange). 1 ccm 0,1 N.-Kaliumpermanganatlösung entspricht 0,0045 g Oxalsäure oder 0,0046 g Glycerin; 112,2 Teilen Kaliumhydroxyd entsprechen 92 Teile Glycerin.

M. H. Pramme [6] verseift die Fette mit Schwefelsäure, kocht die wäßrige glycerinhaltige Lösung mit Kaliumdichromat in 50%iger Schwefelsäure 10 Minuten und wägt das dabei entstehende Kohlendioxyd. Th. v. Fellenberg [7] oxydiert im Mikroversuch mit Kaliumdichromatlösung unter Ausnutzung der bei Zugabe von Schwefelsäure entstehenden Reaktionswärme und Messung des Chromatüberschusses mit Thiosulfat. 1 ccm 0,1 N.-Kaliumdichromatlösung entspricht dabei 0,66 mg Glycerin. R. Fonteyne und P. de Smet [8] versuchen aus der colorimetrischen Messung des Kaliumdichromat-Schwefelsäuregemisches nach der Oxydation den Glyceringehalt abzuleiten.

Eine acidimetrische Bestimmungsmethode des Glycerins durch quantitative Oxydation mit Überjodsäure in der Kälte hat L. Malaprade [9] aufgebaut. Die Reaktion verläuft nach der Gleichung

$$C_3H_5O_3 + 2\,HJO_4 = 2\,CH_2O + HCOOH + 2\,HJO_3 + H_2O.$$

---

[1] R. Benedikt u. Zsigmondy: Chem.-Ztg. 1885, **9**, 975. — Vgl. auch W. Herbig: Inaug.-Diss. Leipzig 1890 und U. 1903, **10**, 7. — Ferner Mangold: Zeitschr. angew. Chem. 1891, 400.

[2] Ein Glycerinbestimmungsverfahren mit Kaliumbichromat in saurer Lösung ist von Legler (Jahresber. chem. Zentralstelle Dresden 1880, 75) und Hehner (Journ. Soc. chem. Ind. 1889, **8**, 4) vorgeschlagen worden.

[3] Bei der Oxydation in der Wärme werden nach Herbig (U. 1903, **10**, 8) auch lösliche Fettsäuren zu Oxalsäure oxydiert.

[4] Die qualitative Reaktion ist von Wanklye und Fox (Chem.-Ztg. 1885, **9**, 66) zuerst beschrieben worden.

[5] Äthylalkohol und Äther (zur Lösung der Fettsäuren) dürfen nicht verwendet werden, weil auch aus ihnen bei der Oxydation Oxalsäure gebildet werden kann.

[6] M. H. Pramme: Ind. engin. Chem. Analyt. Edit. 1931, **3**, 232; Z. 1937, **73**, 277.

[7] Th. v. Fellenberg: Mitt. Lebensmittelunters. Hygiene 1931, **22**, 231; Z. 1935, **69**, 391.

[8] R. Fonteyne u. P. de Smet: Mikrochem., N. F. 1933, **13**, 289; Z. 1937, **74**, 336.

[9] L. Malaprade: Bull. Soc. chim. France 1927, (4) **43**, 683; 1937, (5), 4, 906; Z. 1938, **75**, 228.

Sehr schwache Basen und Säuren dürfen dabei nicht vorhanden sein. P. FLEURY und
M. FATOME[1] haben die Reaktion weiter untersucht und eine Fehlergrenze von etwa 1%
gefunden. Das Verfahren liefert auch in Gegenwart von Zuckerarten (höchstens 20 Teile
Saccharose oder 10 Teile Glucose auf 1 Teil Glycerin) noch brauchbare Ergebnisse. Die
Titration kann ferner mit Arsenit nach der Reaktionsfolge

$$H_3AsO_3 + HJO_4 = H_3AsO_4 + HJO_3$$
$$H_3AsO_3 + J_2 + H_2O = H_3AsO_4 + 2\,HJ$$

vorgenommen werden. Vgl. auch H. J. VAN GIFFEN[2].

Die Oxydierbarkeit von Glycerin zu Dioxyaceton mit Bromwasser verwendet
O. JUHLIN[3] zur Glycerinbestimmung in verdünnter oder konzentrierter Lösung nach
folgender Vorschrift:

Zu 0,02—0,04 g Glycerin, nötigenfalls mit 0,1 N.-Kalilauge gegen Methylorange neutralisiert, gibt man in einem Jodzahlkolben 10 ccm 0,1%iges Bromwasser, benetzt den Stöpsel
mit Kaliumjodidlösung und läßt 15 Minuten stehen. Dann gibt man 10 ccm 10%ige Kaliumjodidlösung und 50—100 ccm Wasser zu und titriert mit Thiosulfat. Ist dessen Verbrauch
bei der Blindprobe a, beim Hauptversuch b Kubikzentimeter, N die Normalität der
Thiosulfatlösung und e die Einwaage in Gramm, so berechnet sich der Glyceringehalt:

$$\text{Glycerin} = 9206 \frac{(a-b) \cdot N}{2\,e}\,\%.$$

Die Oxydation verläuft nach der Gleichung:

$$CH_2OH \cdot CHOH \cdot CH_2OH + Br_2 = CH_2OH \cdot CO \cdot CH_2OH + 2\,HBr.$$

ε) Verfahren von A. A. SHUKOFF und P. J. SCHESTAKOFF[4].

Das Verfahren beruht auf der Löslichkeit des Glycerins in wasserfreiem Aceton.

Etwa 8—10 g[5] Fett werden nach S. 361 verarbeitet. Das erhaltene Glycerin
wird 4—5 Stunden bei 75—80° bis zum annähernd beständigen Gewicht getrocknet und dann gewogen, wobei man das Kölbchen mit einem dazugehörigen
eingeschliffenen Glasstöpsel verschließt.

ζ) Sonstige Verfahren.

1. Natriumglyceratmethode von H. BULL[6]. Bei diesem Verfahren wird das Fett mit
Natriumalkoholat in Mononatriumglycerat[7] übergeführt und dieses titrimetrisch gemessen:

$$C_3H_5(OCOR)_3 + C_2H_5ONa + C_2H_5OH = C_3H_5(OH)_2ONa + 3\,RCOOC_2H_5,$$
$$C_2H_5(OH)_2ONa + HCl = C_3H_5(OH)_3 + NaCl.$$

BULL[8] hat die ursprüngliche Vorschrift neuerdings verbessert und sehr genaue Ergebnisse
damit erhalten.

2. Die S. 230 beschriebene **Farbreaktion mit Kaliumpermanganat und fuchsinschwefliger
Säure** eignet sich nach eigenen Versuchen[9] auch zur colorimetrischen Abschätzung des
vorhandenen Glycerins z. B. in Seifen:

Ausführung. 10 g geschnitzelte Seife werden in einem 100 ccm fassenden Becherglas
mit 25 ccm Phorphorsäure (D. 1,15 rund 25%ig) versetzt und auf dem Wasserbad erwärmt,
wobei sich die Fettsäuren abscheiden. Die noch warme Lösung wird mit 25 ccm heißem
Wasser verdünnt, und das Gemisch verdeckt solange erwärmt, bis sich die Fettsäuren zu
einer klaren Schicht an der Oberfläche ansammeln. Alsdann läßt man die Fettsäuren
durch Abkühlen erstarren und filtriert. Vom Filtrat werden 5 ccm (= 1 g Seife) nach dem
Verfahren von KOLTHOFF S. 230 oxydiert und mit SCHIFF-Reagens versetzt. Je 5 ccm der
Vergleichslösungen mit bekannten Glyceringehalten werden zu gleicher Zeit angesetzt und
auf gleiche Weise behandelt. Nach 20 Minuten vergleicht man die entstandenen Färbungen
und erhält dadurch den Glyceringehalt in 1 g der zu untersuchenden Seife. Für genauere
Bestimmungen wird der Versuch wiederholt, indem man die Vergleichsskala verengert und
die Glycerinlösung durch Verdünnen auf einen Gehalt zwischen 5—25 mg in 5 ccm bringt.

[1] P. FLEURY u. M. FATOME: Journ. Pharm. Chim. 1935 (8), **21**, 127, 247; C. 1935, I, 3696.
[2] H. J. VAN GIFFEN: Pharm. Weekbl. 1938, **75**, 995.
[3] O. JUHLIN: Zeitschr. analyt. Chem. 1938, **113**, 339.
[4] A. A. SHUKOFF u. P. J. SCHESTAKOFF: Zeitschr. angew. Chem. 1905, 294.
[5] Bzw. so viel Fett, daß die zu untersuchende Flüssigkeit nicht über 1 g Glycerin enthält.
[6] H. BULL: Chem.-Ztg. 1900, **24**, 845; 1916, **40**, 690.
[7] Statt Natriumglycerat kann auch eine Komplexverbindung aus Glycerin und Natrium-
äthylat von der Formel $[C_3H_5(OH)_3 + C_2H_5ONa]$ vorliegen.
[8] H. BULL: Tidskr. Kerni Bergvaesen 1932, **12**, 78; C. 1932, II, 2124.
[9] J. GROSSFELD: Originalmitteilung.

Tabelle 102. Vergleichslösungen.

Gehalt	Beziehung	Auftretende Färbung
2 g in 100 ccm	5 ccm = 0,1 g	stark rotviolett
1 g in 100 ccm	5 ccm = 0,05 g	rotviolett
0,5 g in 100 ccm	5 ccm = 25 mg	schwach rotviolett ⎱ größtes Intervall
0,1 g in 100 ccm	5 ccm = 5 mg	schwach violett ⎰
0,05 g in 100 ccm	5 ccm = 2,5 mg	schwach blau (kaum erkennbar)

Die Farbtönungen hielten sich 24 Stunden lang unverändert.

Über die Bestimmung der Glycerins in Fetten vgl. auch A. F. Nelson, P. de Courcy, H. Matthews und C. J. Robertson[1], die sich besonders mit der Art der Verseifung befassen.

2. Unverseifbares.

Unter „Unverseifbarem" oder „Unverseifbarer Substanz" der Fette und Öle versteht man diejenigen Bestandteile, welche weder in Wasser löslich sind, noch durch Verseifen mit Alkalien in wasserlösliche Verbindungen übergeführt werden, noch bei 100⁰ flüchtig sind.

Die Internationale Kommission zum Studium der Fettstoffe hat nach H. P. Kaufmann[2] folgende Definition des Unverseifbaren angenommen:

„Das Unverseifbare umfaßt die natürlichen unverseifbaren Stoffe (Sterine, Kohlenwasserstoffe, Fettalkohole usw.) sowie die bei 100⁰ nicht flüchtigen, unverseifbaren organischen Stoffe (Mineralöle usw.)."

Seine Menge ist bei den natürlichen Fetten und Ölen (Glyceriden) nur gering (0,2—2%) und besteht bei denen des Tierreiches, außer bei gewissen Seetierölen, die durch hohe Gehalte an Kohlenwasserstoffen (Squalen u. a.) sowie an Fettalkoholen ausgezeichnet sind, vorwiegend aus dem aromatischen Alkohol Cholesterin, während bei denen des Pflanzenreiches neben den Sterinen (Phytosterinen) auch noch andere Verbindungen (Kohlenwasserstoffe, Farbstoffe, harzartige Stoffe usw.) vorkommen.

Bei den Wachsen des Tier- und Pflanzenreiches dagegen ist die Menge des Unverseifbaren wesentlich höher und besteht neben den Fettalkoholen (Cetyl-, Ceryl-, Myricylalkohol usw.) teilweise auch aus Sterinen und Kohlenwasserstoffen (Heptacosan, Hentriacontan usw.).

Die Abtrennung des Unverseifbaren ist in der Grundlage sehr einfach: Man verseift die Fette und Öle, entzieht der Seifenlösung mittels Äther oder Petroläther die darin löslichen Stoffe und wägt sie; in der Ausführung bietet diese Bestimmung jedoch mancherlei Schwierigkeiten, einerseits weil sich dabei vielfach schwer trennbare Emulsionen bilden und dann das organische Lösungsmittel Seifen aufnimmt, andererseits weil alkoholhaltige Seifenlösung gegenüber Bestandteilen des Unverseifbaren, insbesondere auch gegenüber den Sterinen ein beträchtliches Lösungsvermögen besitzt, wodurch die quantitative Ausziehung erschwert wird.

a) Nachweis größerer Mengen.

Zum qualitativen Nachweis größerer Mengen unverseifbarer Stoffe kocht man etwa 0,5 g der Substanz wie bei der Bestimmung der Verseifungszahl (S. 68) 2—3 Minuten mit etwa 10 ccm $^1/_2$ N.-alkoholischer Kalilauge und verdünnt mit dem 5—10fachen Volumen Wasser; bei reinen Fetten und Ölen erhält man hierbei eine klare Lösung, während bei der Anwesenheit größerer Mengen fremder unverseifbarer Stoffe und bei Wachsen eine mehr oder minder

---

[1] A. F. Nelson, P. de Courcy, H. Matthews u. C. J. Robertson: Oil and Soap 1938, **15**, 10; C. 1938, II, 1512.   [2] H. P. Kaufmann: U. 1937, **44**, 471.

starke milchige Trübung entsteht. Bei hohem Gehalt der Substanz an unverseifbaren Stoffen schwimmen bereits nach dem Kochen mit der alkoholischen Kalilauge unverseifte Öltröpfchen auf der Flüssigkeit. Die natürlichen unverseifbaren Stoffe reiner Tier- und Pflanzenfette und -Öle bleiben auch nach dem Verdünnen mit Wasser in der Seifenlösung gelöst. Von fremden unverseifbaren Stoffen lassen sich auf diese Weise nach D. Holde etwa 1% Paraffin, Ceresin und hochsiedende Mineralöle nachweisen, während die Grenze der Nachweisbarkeit bei petroleumartigen Mineralölen bei 10%, bei Braunkohlenteerölen bei 3% und bei Harzölen bei etwa 12% liegt. Geringere Mengen dieser Stoffe erkennt man daher erst durch die nachstehende quantitative Bestimmung.

b) Bestimmung des Unverseifbaren.

Die Bestimmung des Unverseifbaren wird entweder durch Ausschüttelung der Seifenlösung mit Lösungsmitteln oder (vorzugsweise bei Wachsen) durch Ausziehung der trockenen Seifen mit Lösungsmitteln vorgenommen.

Als Lösungsmittel wird vorzugsweise Petroläther (Benzin) verwendet, weil darin die Seifen praktisch unlöslich sind, während sich in Äther, namentlich in wasser- und alkoholhaltigem Äther nicht unwesentliche Mengen Seife lösen. Andererseits sind aber die aromatischen Fettalkohole Cholesterin und die Phytosterine in Petroläther bedeutend schwerer löslich als in Äther. Bei wäßrigen Ausschüttelungen ist für die letztgenannten Alkohole der Teilungskoeffizient zwischen der wäßrig-alkoholischen, seifenhaltigen Schicht und der Petrolätherschicht vor allem für Petroläther ungünstig[1,2]. So haben schon J. Lewkowitsch sowie Shukoff und Schestakoff[3] darauf hingewiesen, daß man beim Ausschütteln der Seife mit Petroläther in Gegenwart von Alkohol, z. B. bei Walfischtran und Knochenfett nicht alle unverseiften Stoffe erhält. Nach M. Auerbach[4] gibt die Methode von Spitz und Hönig (s. unten) bei Tranen, Wollfett und Wollfettolein zu niedrige Werte. Nach V. Vesely und L. K. Chudozilov[5] ist dies dann der Fall, wenn das Unverseifbare reich an höheren aliphatischen Alkoholen und Sterinen ist. Dagegen erhält man mit Kohlenwasserstoffen gute Ergebnisse. Wenn es sich daher um die Bestimmung der aromatischen Fettalkohole in den natürlichen Fetten, namentlich zwecks näherer Untersuchung dieser Alkohole handelt, so verwendet man zur Ausziehung dieser Alkohole aus den Seifen bzw. deren Lösungen am besten Äther; hierüber vgl. den nachfolgenden Abschnitt 2, S. 241. Handelt es sich dagegen um die quantitative Bestimmung fremder unverseifbarere Stoffe, wie Paraffin, Mineralöl, Harzöl usw., so verwendet man besser Petroläther zur Ausziehung.

Durch Behandlung einer bestimmten Menge Fett, einerseits mit einer kleinen, andererseits mit einer großen Menge Petroläther ist es möglich, aus der Verschiedenheit beider Ergebnisse die Gesamtmenge des Unverseifbaren sowie seine Bestandteile zu ermitteln (vgl. S. 243).

Über vergleichende Untersuchungen nach verschiedenen Methoden vgl. H. P. Kaufmann[6] und H. Fiedler[7].

Enthält das Unverseifbare flüchtige Stoffe, so bedarf die Trocknung und Wägung einer besonderen Behandlung. Nach einem Vorschlage der deutschen Delegation in der Internationalen Kommission zum Studium der Fettstoffe[8] verfährt man dann wie folgt:

Man verjagt das Lösungsmittel und trocknet bei 100° im Trockenschrank (Extraktionskolben in liegendem Zustand). Das Gewicht wird durch Wägung von Viertelstunde zu Viertelstunde bestimmt, bis sich der Prozentgehalt des Unverseifbaren bei $\frac{1}{4}$stündigem Trocknen um höchstens 0,1 ändert. Wenn sich nach dreimaligem Wiederholen der $\frac{1}{4}$stündigen Trocknung der Prozentgehalt um mehr als 0,1 ändert, liegt die Vermutung nahe, daß nicht zu dem natürlichen Unverseifbaren gehörende Fremdstoffe vorliegen.

---

[1] Auch mit Äther treten hierbei noch leicht Verluste ein.
[2] H. P. Kaufmann: U. 1936, **43**, 218.
[3] Shukoff u. Schestakoff: Chem.-Ztg. 1898, **22**, Rep. 145.
[4] M. Auerbach: Allg. Öl- u. Fett-Ztg. 1929, **26**, 176; C. 1929, II, 108.
[5] V. Vesely u. L. K. Chudozilov: Chins et Ind. 1933, **29**, Sonder-Nr. 6, 1048; Z. 1937, **73**, 461.   [6] H. P. Kaufmann: U. 1936, **43**, 218.
[7] H. Fiedler: U. 1937, **44**, 471.   [8] Vgl. H. P. Kaufmann: U. 1937, **44**, 480.

α) Ausschüttelung der Seifenlösung mit Petroläther oder Benzin.

1. Bestimmung durch erschöpfende Ausschüttelung. Von zahlreichen hierfür vorgeschlagenen Verfahren hat sich besonders das von M. Hönig und G. Spitz[1] eingeführt, das wie folgt ausgeführt wird:

Etwa 10 g Fett werden mit 25 ccm alkoholischer Kalilauge (100 g Kaliumhydroxyd in 70 ccm Wasser gelöst und mit Alkohol auf 1 Liter aufgefüllt) und mit 25 ccm Alkohol in einem Erlenmeyerkölbchen mit aufgesetztem Kühler auf dem Wasserbade verseift, mit 50 ccm Wasser versetzt und bis zur klaren Lösung der Seife erwärmt. Nach dem Erkalten der Seifenlösung führt man diese in einen Scheidetrichter über, wäscht das Kölbchen mit etwa 10 bis 20 ccm 50%igem Alkohol, darauf mit 50 ccm unter 80⁰ siedendem Petroläther nach und führt beide Flüssigkeiten ebenfalls in den Scheidetrichter über, dessen Inhalt man darauf einige Zeit kräftig schüttelt.

Nachdem sich die beiden Flüssigkeitsschichten vollständig getrennt haben, läßt man die Seifenlösung in das Verseifungskölbchen zurückfließen, wäscht die Petrolätherlösung 2—3mal mit je 10—15 ccm 50%igem Alkohol aus und gibt die Waschwässer zu der alkoholischen Seifenlösung, die man darauf noch zweimal in derselben Weise mit Petroläther auszieht. Die Petrolätherlösungen werden alsdann nacheinander durch ein kleines trockenes Filter in ein tariertes Erlenmeyerkölbchen filtriert und das Filter noch mit einigen Kubikzentimetern Petroläther nachgewaschen. Nach dem Abdestillieren des Petroläthers und Trocknen des Rückstandes im Wasserdampftrockenschrank bringt man das Unverseifbare zur Wägung.

Tritt nach dem Umschütteln nicht alsbald eine Trennung der Schichten ein oder bilden sich Emulsionen, so kann man die Abscheidung der ätherischen Schicht meist dadurch fördern, daß man noch etwas Alkohol zusetzt und den Scheidetrichter leicht umschwenkt. In manchen Fällen kann man die Trennung der Schichten auch durch Zusatz geringer Mengen Kalilauge wesentlich fördern.

Eine abgeänderte Ausführungsform dieses Verfahrens wurde von der deutschen, eine andere von der französischen Kommission als Einheitsverfahren vorgeschlagen (vgl. H. P. Kaufmann[2]).

Nach dem deutschen Vorschlage verfährt man wie folgt: 5 g Fett werden mit 25 ccm alkoholischer 2 N.-Kalilauge (Alkohol 95%ig) 30 Minuten am Rückflußkühler oder am Steigrohr zum Sieden erhitzt. Nun gibt man 25 ccm Wasser hinzu, schüttelt um und kocht, falls dabei Ausscheidungen auftreten, nochmals auf. Die erkaltete Lösung wird in einen Scheidetrichter gegossen, der Rest aus dem Kolben mit 2mal 10 ccm 50%igem Alkohol übergespült und die Seifenlösung mit 50 ccm Petroläther (Siedepunkt 40—60⁰) durchgeschüttelt. Bei Verwendung eines „Spezialpräparates Petroläther für die Fettbestimmung" (in Deutschland von der Fa. Schering-Kahlbaum geliefert) erübrigt sich ein vorheriges Destildes Petroläthers. Das Schütteln hat, um einen innigen Kontakt der Flüssigkeiten herbeizuführen, kräftig zu erfolgen. Sobald sich die beiden Schichten vollständig getrennt haben, zieht man die Seifenlösung in einen zweiten Scheidetrichter ab, schüttelt wiederum mit 50 ccm Petroläther aus, dekantiert die erhaltene Petrolätherlösung in den ersten Scheidetrichter und nimmt eine dritte Extraktion der Seifenlösung mit wiederum 50 ccm Petroläther vor.

Ausnahmsweise auftretende Emulsionen werden durch Zusatz kleiner Mengen Alkohol oder konzentrierter Kalilauge beseitigt.

Die in dem ersten Scheidetrichter vereinigten 3 Petrolätherextrakte wäscht man zur Entfernung mitgerissener Seifenreste 3mal mit je 25 ccm 50%igem

[1] M. Hönig u. G. Spitz: Zeitschr. angew. Chem. 1891, 565; Zeitschr. analyt. Chem. 1892, **31**, 477.   [2] H. P. Kaufmann: U. 1936, **43**, 218.

Alkohol und wiederholt das Auswaschen, falls die alkoholische Waschflüssigkeit nach Verdünnung mit der dreifachen Menge Wasser nach Zusatz von Phenolphthalein noch gerötet wird.

Die Petrolätherlösung führt man in einen Fettkolben über, destilliert das Lösungsmittel ab und trocknet bei 100°, bis sich das Gewicht bei $^{1}/_{4}$stündigem Trocknen nur mehr um höchstens 0,1% ändert.

Enthält das zu untersuchende Material leichter flüchtige unverseifbare Bestandteile, so destilliert man den Petroläther bis auf einige Kubikzentimeter ab und gießt letzteren in eine gewogene Krystallisierschale. Mit kleinen Mengen Petroläther werden Reste in die Krystallisierschale übergespült. Nun läßt man den Petroläther an freier Luft verdampfen, bringt die Krystallisierschale 15 Minuten auf ein kochendes Wasserbad, läßt im Exsiccator erkalten und wägt.

2. Bestimmung mit konstanter Menge Petroläther. Ähnlich wie bei der Fettbestimmung (vgl. Bd. II, S. 826), kann man auch das Unverseifbare mit konstantgehaltener Menge Lösungsmittel ermitteln. Das Verfahren bietet den Vorteil, daß eine mehrmalige Ausziehung der Seifenlösung und ihre quantitative Trennung von der Petrolätherschicht vermieden wird. Durch Abpipettieren eines Teiles und einfache Ermittlung des Verdampfungsrückstandes ist es möglich, das in Petroläther gelöste Unverseifbare zu finden. Allerdings ist hierbei zu beachten, daß nach Feststellungen von J. GROSS-FELD[1] eine wäßrig-alkoholische Seifenlösung beträchtliche Mengen Benzin aufnimmt und das Volumen der Benzinlösung beim Ausschütteln vermindert. Ebenso tritt beim Mischen von alkoholischer kalilaugehaltiger Seifenlösung mit Benzin bei genügender Seifenkonzentration klare Lösung ein. Setzt man nun Wasser in bestimmter Menge zu, so bilden sich zwei Schichten, von denen die Seifenschicht nach Stehen über Nacht alles Alkali, alle Seife, alles Wasser, einen Teil des Benzins, die Benzinschicht, die Hauptmenge des Benzins und das in Benzin lösliche Unverseifbare[2] enthält (vgl. auch R. H. KERR und D. G. SORBER)[3]. Bei bestimmter Versuchsanordnung lassen sich diese Volumänderungen der Benzinschicht berechnen. GROSSFELD gelangte auf diese Weise zunächst zur Prüfung auf Mineralöle in Speisefetten zu folgender

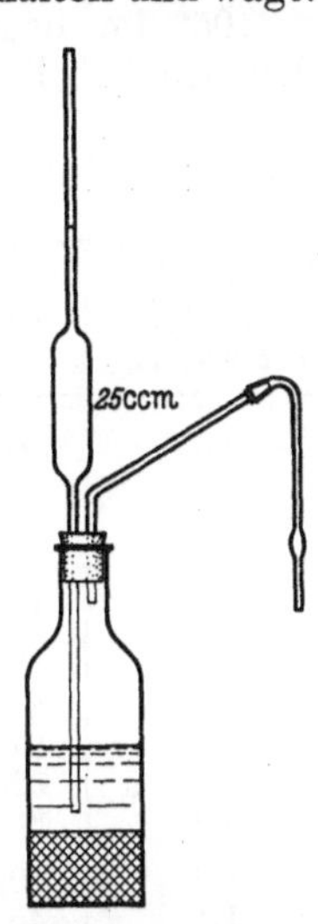

Abb. 55. Vorrichtung zur Druckpipettierung. (Nach GROSSFELD.)

a) Methode zur Bestimmung von (in Petroläther löslichen) Kohlenwasserstoffen:

5 g des Speisefettes oder Speiseöles[4] werden in einer 100-ccm-Flasche aus Jenaer Glas von nebenstehender Form mit 3 ccm 47%iger Kalilauge (D. 1,5) und 20 ccm 95%igem Alkohol 15 Minuten[5] am Rückflußkühler verseift. Reine

---

[1] J. GROSSFELD: Z. 1936, **72**, 422.

[2] Die Scheidung ist also eine ähnliche wie bei der Trennung von Carotinoiden nach der „Entmischungsprobe". Vgl. S. 737. — Der dort verwendete Methylalkohol ist aber zur Verseifung von Fetten weniger geeignet. Vgl. S. 66.

[3] R. H. KERR u. D. G. SORBER: Journ. Assoc. official. agricult. Chemists 1925, **8**, 90; C. 1925, II, 1905.

[4] Zur Verminderung von Wägefehlern kann auch von größeren Fettmengen ausgegangen werden. In diesem Falle sind dann aber auch die Mengen der Reagenzien sowie der abzupipettierenden Fettlösung und die Maße der Schüttelflasche proportional zur Vergrößerung der Einwaage zu erhöhen.

[5] Die Verseifung war nach 10 Minuten bereits vollendet. Längere Verseifungsdauer bis zu 60 Minuten änderte das Ergebnis nicht mehr. Kakaofett wurde selbst mit nur 2 ccm 47%iger Kalilauge schon in 3 Minuten völlig verseift. Eine derartig lange Verseifungsdauer, wie sie vielfach zur Bestimmung des Unverseifbaren vorgeschrieben wird, ist also zum mindesten für die meisten Speisefette überflüssig.

Speisefette bilden hierbei eine klare Seifenlösung, während etwa vorhandene größere Mengen Paraffinöl als Trübung zurückbleiben. Nach Erkalten auf etwa 30⁰[1] (Handwärme!) gibt man zu der Seifenlösung genau 50 ccm Benzin mit dem Siedepunkt von etwa 60—70⁰ (Schering-Kahlbaum 0568), verschließt mit einem Korken oder Bunastopfen[2] und schwenkt einige Male zur Mischung um. Auch bei Gegenwart von Paraffinöl entsteht hierbei eine klare Lösung[3]. Nun versetzt man unter Abnehmen des Stopfens mit 20 ccm Wasser, verschließt wieder und schwenkt etwa 20—30mal um, wodurch Schichtentrennung eintritt. Ein starkes Schütteln ist unnötig. Man läßt zur Klärung der Fettlösung ruhig, vorteilhaft über Nacht, stehen und entnimmt dann durch Druckpipettierung mit der in Abb. 55 beschriebenen Vorrichtung, 25 ccm Fettlösung, destilliert ab und wägt den Rückstand nach einstündiger Trocknung bei 105⁰ im liegenden Kölbchen. Der Abdampfrückstand liefert nach der folgenden Tabelle unmittelbar den Paraffingehalt des Speisefettes in Prozenten.

Tabelle 103. Berechnung des Paraffingehaltes aus dem Abdampfrückstand.
(Paraffindichte = 0,88.)

Abdampf-rückstand von 25 ccm Benzinlösung	0,00	0,01	0,02	0,03	0,04	0,05	0,06	0,07	0,08	0,09
0,0	0,0	0,4	0,7	1,1	1,4	1,8	2,1	2,5	2,9	3,2
0,1	3,6	3,9	4,3	4,7	5,0	5,4	5,8	6,2	6,5	6,9
0,2	7,3	7,7	8,0	8,4	8,8	9,2	9,6	10,0	10,3	10,7
0,3	11,1	11,5	11,9	12,3	12,7	13,1	13,5	13,9	14,3	14,7
0,4	15,1	15,5	15,9	16,3	16,7	17,1	17,5	17,9	18,3	18,7
0,5	19,1	19,6	20,0	20,4	20,8	21,2	21,7	22,1	22,5	22,9
0,6	23,3	23,8	24,2	24,6	25,0	25,5	25,9	26,3	26,7	27,2
0,7	27,6	28,0	28,5	28,9	29,3	29,8	30,2	30,6	31,1	31,5
0,8	32,0	32,4	32,8	33,3	33,7	34,2	34,6	35,1	35,5	36,0
0,9	36,4	36,8	37,3	37,8	38,2	38,6	39,1	39,6	40,0	40,4
1,0	40,9	41,4	41,8	42,3	42,7	43,2	43,6	44,1	44,5	45,0
1,1	45,5	45,9	46,4	46,8	47,3	47,8	48,2	48,7	49,1	49,6
1,2	50,1	50,5	51,0	51,4	51,9	52,3	52,8	53,2	53,7	54,1
1,3	54,6	55,1	55,5	56,0	56,4	56,9	57,4	57,8	58,3	58,7
1,4	59,2	59,7	60,1	60,6	61,1	61,5	62,0	62,5	62,9	63,4
1,5	63,9	64,4	64,8	65,3	65,8	66,2	66,7	67,2	67,7	68,1
1,6	68,6	69,1	69,6	70,0	70,5	71,0	71,5	72,0	72,4	72,9
1,7	73,4	73,9	74,4	74,9	75,3	75,8	76,3	76,8	77,3	77,8
1,8	78,3	78,8	79,2	79,7	80,2	80,7	81,2	81,7	82,2	82,7
1,9	83,2	83,7	84,2	84,7	85,2	85,7	86,2	86,7	87,2	87,7
2,0	88,2	88,7	89,2	89,7	90,2	90,7	91,2	91,7	92,2	92,7
2,1	·93,2	93,8	94,3	94,8	95,3	95,8	96,3	96,8	97,3	97,8
2,2	98,4	98,9	99,4	99,9						

Bei nur kleinen Mengen Abdampfrückstand wie sie bei normalen Speisefetten erhalten werden, empfiehlt sich zur Umrechnung auf Prozente des Fettes bei 5,00 g Einwaage die Anwendung folgender Faktoren[4]:

[1] Bei festen Fetten (z. B. Kakaofett) erstarrt die Seifenlösung bei stärkerem Abkühlen. Man fügt dann genau wie beschrieben die 50 ccm Benzin zu und bringt die Seife durch kurzes Erwärmen am Rückflußkühler in Lösung.

[2] Flaschen von gleicher Form mit eingeschliffenem Glasstopfen sind noch zweckmäßiger.

[3] Nur bei sehr hohen Paraffinölgehalten entstehen zwei Schichten, was für das Ergebnis ohne Bedeutung ist.

[4] Berechnet auf Grund der Annahme, daß das Unverseifbare aus Sterinen besteht, die zu ¼ in die Petrolätherphase gehen. Hierbei entspricht die Wirkung von 1 Teil Abdampfrückstand also der von 4 Teilen Paraffin. Die Abweichung gegenüber dem S. 245 ermittelten Wert von 26% statt 25% fällt in die Fehlergrenze. Bei Vorliegen von Kohlenwasserstoffen ist jedoch die Tabelle 103 zu benutzen.

Tabelle 104.

Abdampfrückstand g	Faktor	Abdampfrückstand g	Faktor	Abdampfrückstand g	Faktor
0,020 und weniger	35,0	0,070	35,3	0,120	35,6
0,030	35,1	0,080	35,4	0,130	35,6
0,040	35,2	0,090	35,4	0,140	35,7
0,050	35,2	0,100	35,5	0,150	35,8
0,060	35,3	0,110	35,6	0,160	35,8

Die Zahlen dieser Tabelle 103 sind durch Versuche mit Schweinefett-Paraffin-ölmischungen unter Anwendung der Ausgleichsrechnung ermittelt. Über die Einzelheiten dieser Versuche und Berechnungen vgl. Original. Die Genauigkeit der Paraffinbestimmung beträgt im Mittel ± 0,3% der Fetteinwaage. Bei kleinen Paraffinmengen ist sie bedeutend größer. Die Methode eignet sich besonders zur Prüfung auf Paraffinölzusätze, wobei die geringe Löslichkeit von Sterinen in Petroläther oder Benzin von Vorteil ist.

Über Bestimmung von Squalen durch Ermittlung des Jodverbrauches in dem nach vorstehendem Verfahren erhaltenen Abdampfrückstand vgl. bei Olivenöl, S. 424.

Nach Versuchen von J. GROSSFELD und K. HÖLL[1] mit Mischungen von kleinen Mengen Cholesterin in Schweinefett, weiter von GROSSFELD[2] mit Butterfett, gehärtetem Walöl, Leinöl, Erdnußöl, Olivenöl und Kakaobutter wurden bei dieser Arbeitsweise vom zugesetzten Cholesterin und Phytosterin im Mittel 26% wiedergefunden, während die Ausbeute bei Paraffinöl 100% betrug. Bei Cocosfett war die Ausbeute an Sterinen größer nämlich 44%. Diese Ausbeuteherabsetzung bei Cholesterin ist durch deren beträchtliche Löslichkeit in der Seifenschicht bedingt. Führt man den Versuch ohne Fett, also ohne Bildung von Seife aus, so findet man eingewogene Mengen Cholesterin nahezu quantitativ wieder.

b) Bestimmung des gesamten Unverseifbaren und seiner Bestandteile. Um den Anteil an Sterinen zu finden, führen GROSSFELD und HÖLL mit dem zu prüfenden Fett einen weiteren Versuch aus, bei dem das Verhältnis von Petroläthermenge zur Fett- bzw. Seifenmenge bedeutend größer gewählt wird. Dabei wird, um die Petroläthermenge noch in handlichen Grenzen zu halten, die Fetteinwaage nur so groß, aber so gewählt, daß die Wägung der erhaltenen Fraktion des Unverseifbaren auf einer empfindlichen Waage noch mit genügender Sicherheit möglich ist. Außerdem wurde vorsichtshalber zur sicheren Entfernung aller Seifenreste[3] die Petrolätherlösung bei diesem Versuch noch mit $^1/_{100}$ N.-Natronlauge ausgeschüttelt.

Arbeitsvorschrift. 2,5 g Fett[4] werden mit 1 ccm Kalilauge (Dichte 1,50) und 20 ccm 95%igem Alkohol (sowie etwas Bimssteingrieß) in einem hohen Stehkolben[5] von 300 ccm Inhalt verseift. Hierzu wird die Flüssigkeit von Beginn des Siedens an 5 Minuten lang erhitzt. Nach dem Erkalten der Seifenlösung werden 200 ccm völlig rückstandfreier Petroläther vom Siedepunkt 60—70° in den Kolben gegeben und durch Umrühren gemischt. Mit 12,5 ccm Wasser wird dann die Seife ausgeschüttelt. Es tritt anfänglich eine Trübung auf, gleich darauf aber wird die Mischung klar, und die Schichten trennen sich. Das Umschütteln im Kolben erfordert zuerst einige Übung, läßt sich aber bald ohne

---

[1] J. GROSSFELD u. K. HÖLL: Z. 1938. [2] J. GROSSFELD: Z. 1938, 76, 513.
[3] Die Menge derselben wurde bei Kakaofett zu etwa 2—3 mg ermittelt.
[4] Vgl. Anm. 4, S. 241.
[5] Praktisch vorteilhafter sind Flaschen von der S. 241 abgebildeten Form mit Glasschliff aus Jenaer Geräteglas, die etwa 300 ccm Inhalt fassen.

Herausspritzen bewerkstelligen. Nach kurzem Stehen werden mit Hilfe der früher beschriebenen Druckpipettierung (s. S. 241) von der Petrolätherschicht 150 ccm wiederum in einen Stehkolben von 300 ccm Inhalt abpipettiert. Nach dem Schütteln mit 20 ccm $^1/_{100}$ N.-Kalilauge wird über Nacht stehen gelassen. Von der Petrolätherschicht werden wie oben nochmals 100 ccm abpipettiert und in einem gewogenen Kolben bei 105° getrocknet. Nach dem Erkalten wird gewogen.

Auch bei dieser Arbeitsweise wird ein gewisser, wenn auch kleinerer Teil der Petrolätherschicht von der Seifenschicht gelöst. Dies hat zur Folge, daß von zugesetztem Paraffinöl statt 100% 109% wieder gefunden werden. Um dies auszugleichen, wird daher der Wägungsrückstand nicht mit 2, sondern mit nur 1,835 multipliziert. Da sich der so erhaltene Wert auf 2,5 g Fett bezieht, muß zur Berechnung auf 100 g Fett dann noch mit 40, also insgesamt mit 73,4 mal genommen werden.

Hierbei ist die Volumenzunahme der Petrolätherlösung durch das Volumen des darin gelösten Unverseifbaren vernachlässigt. Da die Petrolätherlösung etwa 183 ccm, das Volumen des Unverseifbaren von 2,5 g Fett dagegen normalerweise unter 0,3 ccm beträgt, wird dadurch kein meßbarer Fehler verursacht. — Ferner gilt vorstehende Berechnung streng genommen nur für den Einfluß von Seifenmengen aus etwa 2,5 g Fett. Besteht also eine Fettprobe aus bedeutend größeren Mengen von Unverseifbarem neben entsprechend weniger eigentlichem, verseifbarem Fett, so bedarf das Ausbeuteergebnis einer entsprechenden, noch zu erforschenden Umrechnung. Das beschriebene Verfahren gilt also zunächst nur für Fette mit kleinen Mengen von Unverseifbarem, etwa (bis höchstens 10%).

Nach dieser zweiten Methode betrug nun die Ausbeute an Cholesterin für die genannten Fette außer Cocosfett rund 74%, während die an Paraffin wieder 100% ist. In Cocosfett wurden 82% der Sterine wiedergefunden.

Aus den beiden Ergebnissen von a) und b) können nun sowohl der Anteil an Kohlenwasserstoffen und Sterinen als auch der Gehalt an Gesamt-Unverseifbarem berechnet werden.

Hierzu leiten wir zunächst einige **allgemeine Berechnungsformeln** ab. Wir nennen zu dem Zweck:

m = prozentuale Ausbeute an Sterin bei Versuch a) mit 5 g Fett und 50 ccm Petroläther.
n = prozentuale Ausbeute an Sterin bei Versuch b) mit 2,5 g Fett und 200 ccm Petroläther.

Beide Größen sind gegebenenfalls durch besonderen Versuch mit dem zu prüfenden Fett bzw. mit der Fettart zu ermitteln.

p = nach Versuch a) erhaltene Fraktion des Unverseifbaren in Prozenten des Fettes,
q = nach Versuch b) erhaltene Fraktion des Unverseifbaren in Prozenten des Fettes,
x = Gehalt des Fettes in Prozenten an Kohlenwasserstoffen,
y = Gehalt des Fettes in Prozenten an Sterinen.

Diesen Verhältnissen entsprechen die beiden Gleichungen

$$x + \frac{m}{100}\, y = p, \qquad\qquad x + \frac{n}{100}\, y = q.$$

Durch Auflösung dieser beiden Gleichungen erhalten wir:

Kohlenwasserstoffe: $\qquad x = p - \dfrac{m}{n-m}\,(q-p),$ $\qquad\qquad$ (1)

Sterine: $\qquad\qquad y = 100\,\dfrac{q-p}{n-m},$ $\qquad\qquad$ (2)

Unverseifbares: $\qquad x + y = \dfrac{q\,(100-m) - p\,(100-n)}{n-m}.$ $\qquad\qquad$ (3)

Wenn nur ein Fett keine Kohlenwasserstoffe enthält, nimmt Gleichung (1) folgende Form an:

$$x = p - \frac{m}{n-m}\,(q-p) = 0,$$

$$p = \frac{m}{n-m}\,(q-p),$$

$$p = \frac{m}{n}\,q.$$

Wird also p gleich oder kleiner als $\frac{m}{n}\,q$ gefunden, so sind Kohlenwasserstoffe nicht nachweisbar. Um dies direkt an den gewogenen Mengen zu erkennen, führen wir, da p und q nach S. 243 und 244 durch Malnehmung der gewogenen Mengen mit dem Faktor 35,0 bzw. 73,4 entstanden sind, die gewogenen Mengen selbst als

$$p_1 = \frac{35,0}{p}, \qquad q_1 = \frac{q}{73,4}$$

ein. Dann wird:

$$35,0\,p_1 = \frac{m}{n} \cdot 73,4\,q_1,$$

$$p_1 = 2,10 \cdot \frac{m}{n}\,q_1. \tag{4}$$

Nur dann also, wenn die Auswaage beim Versuch mit 5 g Fett und 50 ccm Petroläther größer ist als das $2,10 \cdot \frac{m}{n}$fache der Auswaage mit 2,5 g Fett und 200 ccm Petroläther sind Kohlenwasserstoffe nachgewiesen, im anderen Falle nicht. Diese Feststellung benutzen wir zur Vereinfachung der Berechnung.

Da sich Cholesterin und Phytosterin bei dem Versuch nahezu gleich verhalten und auch die bisher geprüften Speisefette außer Cocosfett keine bedeutenden Unterschiede zeigen, setzt GROSSFELD für m und n die gefundenen (vgl. oben!) Mittelwerte ein und erhält dann folgende Gleichungen:

I. Speisefette allgemein.

$$m = 26 \qquad\qquad n = 74$$

Kohlenwasserstoffe: $\quad x = p - 0,54\,(q - p) = 1,54\,p - 0,54\,q$ (1a)
Sterine: $\qquad\qquad\qquad y = 2,08\,(q - p)$ (2a)
Unverseifbares: $\quad x + y = 1,54\,q - 0,54\,p.$ (3a)

II. Cocosfett (und ähnliche Fette).

$$m = 44 \qquad\qquad n = 82$$

Kohlenwasserstoffe: $\quad x = p - 1,16\,(q - p) = 2,16\,p - 1,16\,q$ (1b)
Sterine: $\qquad\qquad\qquad y = 2,63\,(q - p)$ (2b)
Unverseifbares: $\quad x + y = 1,47\,q - 0,47\,p.$ (3b)

Wenn bei Speisefetten allgemein

$$p \gtrless 0,35\,q \qquad \text{bzw.} \qquad p_1 \gtrless 0,74\,q_1$$

oder bei Cocosfett

$$p \gtrless 0,54\,q \qquad \text{bzw.} \qquad q_1 \gtrless 1,13\,q_1$$

wird, sind Kohlenwasserstoffe nicht nachgewiesen[1]. Sind aber keine Kohlenwasserstoffe vorhanden, so kann der Gehalt an Sterinen bzw. an Unverseifbarem direkt aus q mit dem Faktor 100/74 bei Fetten allgemein und 100/82 bei Cocosfett gefunden werden. Für eine Berechnung direkt aus dem Wägungsrückstand von q_1 in Milligrammen beträgt dann das Unverseifbare bei Fetten allgemein in Prozenten $0,10\,q_1$ und bei Cocosfett $0,09\,q_1$.

Über die Anwendung des Verfahrens zum Nachweis von Extraktionskakaofett vgl. S. 444, zur Erkennung von Olivenöl S. 424.

Vorläufige Versuche mit Cetylalkohol ergaben bedeutend höhere Ausbeuten als bei Sterinen. Für cetylalkoholhaltige Öle (Pottwalöl) ist das Verfahren in der vorstehenden Form also nicht anwendbar. Die hierfür einzusetzenden Zahlenwerte und Gleichungen bedürfen noch der Feststellung.

β) Ausschüttelung der Seifenlösung mit Äther.

1. Einheitsverfahren. Hierfür hat das „Zentralbüro der Internationalen Kommission" folgende Vorschrift vorgeschlagen[2]:

---

[1] Es empfiehlt sich hierbei für q_1 eine Wägefehlergrenze von etwa 1 mg einzusetzen, d. h. das Wägungsergebnis von q_1 sicherheitshalber um 1 mg zu vermindern.

[2] Vgl. H. P. KAUFMANN: U. 1936, **43**, 218. — Dort auch Beschreibung des Vorschlages der deutschen und englischen Kommission.

Man wägt 10 g Öl oder Fett in einen Erlenmeyerkolben von 250 ccm, fügt 25 ccm alkoholische Lauge zu (3—4 g Ätzkali in so wenig wie möglich Wasser, dazu 25 ccm Alkohol), verbindet mit einem Rückflußkühler oder einem einfachen Glasrohr von ungefähr 1 m Länge, und erwärmt, indem man ein leichtes Sieden während einer halben Stunde unterhält.

Nun bringt man die Lösung in einen Scheidetrichter, spült den Kolben mit der nötigen Menge destillierten Wassers aus, um im ganzen 100 ccm Flüssigkeit zu erhalten, fügt 75 ccm Äthyläther hinzu und schüttelt eine Minute kräftig. Hierauf läßt man stehen, und wenn die beiden Schichten vollkommen klar sind, läßt man die untere Seifenlösung in einen anderen Scheidetrichter fließen. Nach Zugabe von 50 ccm Äthyläther schüttelt man von neuem eine Minute lang wie oben, und wiederholt die Operation ein drittes Mal.

Die Ätherextrakte werden gesammelt und gewaschen, die Wandungen des Scheidetrichters mit destilliertem Wasser ausgespült ohne zu schütteln, indem man jedesmal eine bestimmte Zeit absitzen läßt, bis das Waschwasser durch Phenolphthalein nicht mehr rosa wird. Hierauf fügt man destilliertes Wasser zu und schüttelt kräftig, um jede Spur von Seife zu entfernen.

Man filtriert die ätherische Lösung in einen gewogenen Kolben, vertreibt das Lösungsmittel, trocknet bei 105° C, läßt erkalten und wägt. Das gefundene Unverseifbare ist auf 100 g Substanz zu beziehen.

Es kann sein, daß man die in Petroläther lösliche Fraktion zu isolieren hat. In diesem Fall fügt man zum Unverseifbaren 50 ccm bei 40—60° siedenden Petroläther (Bromzahl ⟨ 1), erwärmt auf dem Sandbad bis zum Sieden, verschließt den Kolben mit einem Kork und läßt 3 Stunden an einem kühlen Ort stehen.

Wenn sich ein Niederschlag gebildet hat, filtriert man die Lösung in einen anderen gewogenen Kolben, vertreibt das Lösungsmittel, läßt erkalten und wägt.

Die deutsche Kommission schlug eine Fassung vor, bei der nur 5 g Fett verarbeitet werden.

Für die Darstellung von größeren Mengen von Unverseifbarem nach dem Ätherverfahren aus an Unverseifbarem armen Fetten namentlich für die Darstellung der Sterine eignet sich am besten die Vorschrift von A. Bömer, die auch für Walöl besonders empfohlen wird[1]. Die Ausführung beschreibt der folgende Abschnitt.

2. Abscheidung des Unverseifbaren, insbesondere der Sterine durch Ausschütteln der Seifenlösung mit Äther nach A. Bömer[2]. 100 g Fett werden in einem Erlenmeyerkolben von 1—1½ Liter Inhalt mit aufgesetztem Kühler auf dem Wasserbade oder Drahtnetz (mit Asbesteinlage) mit 200 ccm alkoholischer Kalilauge[3] verseift, wobei man anfangs häufig und kräftig umschüttelt bis der Kolbeninhalt beim Schütteln klar geworden ist und dann noch etwa ½ Stunde unter zeitweiligem Umschütteln die Seife weiter erwärmt. Darauf gibt man die noch warme Seifenlösung in einen Schütteltrichter von etwa 2 Liter Inhalt, in den man vorher 300 ccm Wasser gegeben hat und spült die im Kolben verbliebenen Seifenreste mit weiteren 300 ccm Wasser in den Schütteltrichter.

Nachdem die Seifenlösung sich hinreichend abgekühlt hat, setzt man 800 ccm Äther[4] hinzu und schüttelt den Inhalt etwa ½—1 Minute kräftig durch. In einigen Minuten setzt sich die Ätherlösung vollständig klar ab. Man trennt sie in üblicher Weise von der Seifenlösung, filtriert sie, um etwa vorhandene geringe Mengen der Seifenlösung zu entfernen, in einen geräumigen Erlenmeyerkolben

---

[1] Vgl. U. 1937, **44**, 198.   [2] A. Bömer: Z. 1898, **1**, 21.

[3] 200 g Kaliumhydroxyd (rein, paraffinfrei) + 1 Liter Alkohol von 70 Vol.-%. — Da sich die alkoholische Kalilauge bei längerem Stehen unter Braunfärbung verändert, kann man natürlich auch eine wäßrige Kalilauge (200 g Kaliumhydroxyd, rein, paraffinfrei, mit Wasser zu 300 ccm gelöst) vorrätig halten und statt der 200 ccm alkoholischer Kalilauge 60 ccm der wäßrigen Lauge und 140 ccm 95 Vol.-%igen Alkohol zur Verseifung verwenden. Oder man verseift 100 g Fett mit 40 ccm Kalilauge von der Dichte 1,5 + 160 ccm 96%igem Alkohol + 40 ccm Wasser.

[4] Wegen der zur Ausschüttelung erforderlichen großen Äthermengen ist zur Entziehung der Sterine eine Reihe von anderen Vorschlägen (Perforation mit Äther usw.) gemacht worden, die ebenfalls Verwendung finden können, von denen aber keiner, was Schnelligkeit der Ausführung betrifft, das obige Verfahren erreicht. Vgl. z. B. J. E. Knapp: Ind. engin. Chem., Analyt. 1937, **9**, 315; Z. 1938, **75**, 526.

und destilliert den Äther nach Zusatz von 1—2 Bimssteinstückchen ab. Die Seifenlösung schüttelt man noch 2- oder 3mal in derselben Weise mit 400 ccm Äther aus, gibt die Ätherlösung jedesmal zu dem Destillationsrückstande der vorhergehenden Ausschüttelungen und destilliert die Auszüge in derselben Weise ab. Nach dem Abdestillieren des Äthers[1] bleiben in dem Kolben in der Regel geringe Mengen Alkohol zurück. Man entfernt diese durch Eintauchen des Kolbens in das kochende Wasserbad unter Einblasen von Luft und verseift den vorwiegend aus Sterinen und aus durch den Äther gelöster Seife bestehenden Rückstand zur Entfernung noch etwa vorhandener geringer Mengen unverseiften Fettes nochmals mit 10 ccm obiger Kalilauge etwa 5—10 Minuten im Wasserbade am Rückflußkühler. Den Inhalt des Kolbens führt man alsdann sofort in einen kleinen Scheidetrichter über, spült mit 20—30 ccm Wasser nach und schüttelt nach dem Erkalten mit 100 ccm Äther aus. Nachdem sich in einigen Minuten die Ätherlösung klar abgesetzt hat[2], läßt man die untenstehende wäßrig alkoholische Schicht abfließen und wäscht die vereinigten Ätherlösungen dreimal mit je 10 ccm Wasser. Nach dem Ablaufen des letzten Waschwassers filtriert man die Ätherlösung zur Entfernung etwa vorhandener Wassertröpfchen in einen Erlenmeyerkolben und destilliert den Äther ab.

Die vorstehenden Mengenverhältnisse müssen genau innegehalten werden, weil andernfalls die Ausschüttelungen unter Umständen Schwierigkeiten bieten.

Will man nur 50 g oder weniger Fett einwägen, so können die anzuwendenden Mengen Kalilauge, Wasser und Äther bei der ersten Verseifung entsprechend erniedrigt werden.

γ) Ausziehen der eingetrockneten Seifen mit Lösungsmitteln.

Nach ALLEN und THOMSON verfährt man in folgender Weise: 10 g Öl werden in einer Porzellanschale von 13 cm Durchmesser mit 50 ccm 8%iger alkoholischer Natronlauge auf dem Wasserbade unter fortwährendem Umrühren verseift, bis die Seifenlösung zu schäumen beginnt; darauf wird die Seife durch Zusatz von 15 ccm Alkohol in Lösung gebracht und die Lösung zur Überführung des Natriumhydroxyds in Carbonat mit 5 g Natriumbicarbonat verrührt. Man setzt alsdann etwa 50 g geglühten Sand hinzu und trocknet unter häufigem Umrühren der Masse mit einem Glasstabe zuletzt im Wasserdampftrockenschrank vollkommen. Den Inhalt der Schale bringt man quantitativ in die Hülse eines SOXHLET-Extraktionsapparates und zieht die unverseifbaren Stoffe vollkommen mit einem unter 80° siedenden Petroläther aus. Der Petroläther wird abdestilliert und der Rückstand gewogen.

Bei dem folgenden Verfahren von DONATH[3], das sich besonders zur Verarbeitung von großen Mengen Seife auf einmal eignet, dient zur Lösung des Unverseifbaren Aceton.

Man verseift das Fett mit alkoholischer Kalilauge wie oben, neutralisiert nach Zusatz von Phenolphthalein mit Essigsäure und fällt bei etwa 60—70° mit verdünnter Calciumchloridlösung im Überschusse unter Umrühren. Das entstehende Gemisch wird darauf mit der fünffachen Raummenge Wasser verdünnt und erkalten gelassen. Die ausgefällte Kalkseife, die das Unverseifbare einschließt, wird alsdann abgesaugt, gewaschen, getrocknet und, mit der gleichen Menge Sand vermischt, in einem Perkolator oder im SOXHLET-Extraktionsapparat mit Aceton ausgezogen. Die Acetonlösung hinterläßt nach dem Abdampfen das Unverseifbare als Rückstand.

---

[1] Um den Äther wieder zu weiteren Ausschüttelungen verwenden zu können, muß man ihn durch mehrmaliges Ausschütteln mit Wasser von seinem Alkoholgehalte möglichst befreien.

[2] Sollte sich die Flüssigkeit in 3 statt in 2 Schichten teilen, so setzt man noch 10—20 ccm Wasser hinzu und schüttelt nochmals um.

[3] DONATH: Dinglers Polytechn. Journ. **208**, 305. — Vgl. LUNGE-BERL: Chemisch-technische Untersuchungsmethoden, Bd. 3, S. 385. — MARCUSSON: Untersuchung der Öle und Fette, S. 70. 1921.

E. Feder und L. Rath[1] erhielten nach diesem Verfahren aus 1 kg Schmalz, das mit White Grease verfälscht war, 3,70 g Unverseifbares, während die Abscheidung des Unverseifbaren nach Bömer 0,352% ergeben hatte.

Bei der Anwendung des vorstehenden Verfahrens, wie bei der Bestimmung des Unverseifbaren überhaupt, ist darauf zu achten, daß der Alkaliüberschuß und die Verseifungsdauer so gewählt werden, daß eine restlose Verseifung eintritt, was in Zweifelsfällen durch eine Bestimmung der Verseifungszahl des erhaltenen Unverseifbaren (Mikroverfahren) nachgeprüft werden kann. — Das Acetonverfahren ist für solche Fette nicht anwendbar, deren Fettsäuren in Aceton lösliche Kalksalze bilden (stark ungesättigte Öle).

δ) Sonstige Vorschläge zur Bestimmung des Unverseifbaren.

Eine besondere Ausführungsform der Ausschüttelung mit Äther geben E. R. Bolton und R. A. Williams[2] an, ebenso L. Smith[3] unter Kontrolle des Endproduktes durch Titration mit $^{1}/_{40}$ N.-Natronlauge. F. M. Biffen[4] verdampft die Seifenlösung zur Trockne, löst den Rückstand in Wasser und schüttelt dann zur Vermeidung von Emulsionsbildung nach Abfließenlassen von Alkohol an den Wänden mit Äther aus. E. Sericano[5] verwendet einen Gottlieb-Roese-Apparat zur Ausschüttelung des Unverseifbaren. G. Gorbach und A. Sablatnög[6] beschreiben eine Mikromethode, beruhend auf Extraktion der Bariumseifen mit Petroläther.

In sinngemäßer Anwendung lassen sich die Methoden zur Bestimmung des Unverseifbaren auch zur Bestimmung des unverseiften Fettes in Seifen verwenden, wenn die Verseifung vorher weggelassen wird. Das Unverseifte enthält dann das unverseifte Fett und das Unverseifbare, das für sich ermittelt und abgezogen wird.

Über Bestimmung des verseifbaren Gesamtfettes vgl. auch G. Knigge[7].

c) Der Gehalt der natürlichen Fette, Öle und Wachse

an Unverseifbarem ist in gewissem Grade von ihrer technischen Darstellung abhängig und schwankt daher bei verschiedenen Proben derselben Fett- und Wachsarten. In der nachfolgenden Übersicht ist der prozentuale Gehalt einiger wichtiger Fette, Öle und Wachse nach J. Lewkowitsch u. a. zusammengestellt.

Tabelle 105.

Butterfett	0,4—0,7	Olivenöl	0,5—1,4	Dorschleberöl	0,5—1,5
Schweinefett	0,1—0,3	Erdnußöl	0,4—0,9	Robbenöl	0,4—1,4
Rindstalg	0,1—0,3	Rüböl	0,5—1,2	Walöl	0,5—2,7
Knochenfett	0,5—1,8	Sesamöl	0,9—1,3	Wollschweißfett	38—44
Eieröl	um 5	Baumwollöl	0,7—1,6	Bienenwachs	50—54
Mowrahfett	1,8—2,3	Maisöl	1,3—2,9	Carnaubawachs	55,0
Sheafett	3,5—6,9	Mohnöl	0,4—0,6	Walrat	51,5
Palmkernfett	0,2	Leinöl	0,6—2,3	Mineralöle	100,0

Über weitere Angaben vgl. Tabelle I (Anhang) und bei den einzelnen Fetten.

Wahrscheinlich ist ein erheblicher Teil der Literaturangaben für das Unverseifbare von Fetten und Ölen infolge der Unvollkommenheit der älteren Bestimmungsmethoden zu niedrig.

d) Einzelne Bestandteile des Unverseifbaren.
α) Cholesterin und Phytosterin.

Alle tierischen und pflanzlichen Fette und Öle enthalten in ihrem sog. Unverseifbaren (vgl. S. 238) Sterine, und zwar die tierischen Chole-

---

[1] E. Feder u. L. Rath: Z. 1927, 54, 327.
[2] E. R. Bolton u. R. A. Williams: Analyst 1932, 57, 25.
[3] L. Smith: Analyst 1928, 53, 632; Z. 1932, 64, 315.
[4] F. M. Biffen: Chemisch-Analyst 1931, 20, Nr. 4,8; C. 1932, I, 600.
[5] E. Sericano: Olii mineral Olii Grassi, Colori Vernici 1933, 13, 73; Z. 1937, 74, 333.
[6] G. Gorbach u. A. Sablatnög: Mikrochem., N. F. VIII, 1934, 14, 256; Z. 1937, 74, 505.
[7] G. Knigge: Allg. Öl- u. Fett-Ztg. 1929, 26, 160; C. 1929, I, 2715.

sterine[1], die pflanzlichen Phytosterine. Das Cholesterin ist nach A. WINDAUS[2], der dessen Chemie eingehend erforscht hat, ein einwertiger ungesättigter, sekundärer Alkohol, dessen Hydroxylgruppe in einem hydrierten Ring zwischen zwei CH_2-Gruppen liegt, also ein komplexes Terpen. Über die nähere Konstitution der Sterine vgl. S. 339.

Cholesterin krystallisiert aus Alkohol in Tafeln von im allgemeinen rhombischem Umriß, die wahrscheinlich dem triklinen System angehören (vgl. S. 254), bei 148,4—150,8° (korrig.) schmelzen und in ätherischer Lösung die Spezifische Drehung $[\alpha]_D = -31,59°$ besitzen. Die Jodzahl ist 65,7. Als Alkohol bildet es mit Säuren Ester, von denen namentlich der Ester der Essigsäure analytisch von Bedeutung ist (vgl. S. 255).

Zur Erkennung von Cholesterin (auch Isocholesterin) und Phytosterin können neben der Reaktion mit Digitonin (S. 252) die beiden folgenden, sehr empfindlichen Farbreaktionen dienen:

α) **Reaktion nach HAGER-SALKOWSKI**[3]: Man löst einige Zentigramme der Substanz in Chloroform, fügt ein etwa gleiches Volumen konzentrierter Schwefelsäure hinzu und schüttelt durch. Bei Gegenwart der genannten aromatischen Alkohole färbt sich die Chloroformschicht schnell blutrot, dann kirschrot bis purpurn, und diese Farbe hält sich tagelang unverändert. Die unter dem Chloroform stehende Schwefelsäure zeigt eine starke grüne Fluorescenz.

β) **Cholestolreaktion nach C. LIEBERMANN und H. BURCHARD**[4]: Wird Cholesterin usw. in Chloroform gelöst und in so viel Essigsäureanhydrid eingetragen, wie in der Kälte gelöst bleiben kann, dann unter Abkühlen tropfenweise konzentrierte Schwefelsäure zugesetzt, so färbt sich die Flüssigkeit rosarot, dann aber, und zwar besonders auf Zusatz einer neuen kleinen Menge Schwefelsäure blau. — Harz und Harzöl geben eine ähnliche Reaktion, nur geht bei diesen die Farbe nicht in Blau über.

Die vorstehende Reaktion nach LIEBERMANN-BURCHARD hat insbesondere für die colorimetrische Bestimmung des Cholesterins und der übrigen Sterine (vgl. auch S. 264) in der Art und den Mengenverhältnissen der Reagenzien verschiedentliche Abänderungen erfahren. Vgl. auch S. 785. Neuerdings empfehlen W. W. OPPEL und A. A. GRIGORJEWA[5] folgende Ausführungsform: 5 ccm Sterinlösung in Chloroform werden im 25-ccm-Meßkolben mit einem Gemisch aus 2 ccm Essigsäureanhydrid und 6 Tropfen konzentrierter Schwefelsäure versetzt und nach 30 Minuten (für Cholesterin, für Hefesterine nach 5 Minuten) mit Chloroform aufgefüllt und colorimetriert[6].

Nach den gleichen Bearbeitern ist als Lösungsmittel Chloroform dem Benzol überlegen, weil mit ersterem die Grünfärbung länger erhalten bleibt. Die Farbstärken von Ergosterin : Cholesterin : Zymosterin verhalten sich wie 100 : 73 : 70. Die bei Bestrahlung mit Ultraviolettlicht eintretende Zunahme der Farbstärke ermöglicht nach OPPEL und GRIGORJEWA eine Verfolgung des Verlaufes der photochemischen Umwandlung des Ergosterins.

---

[1] Neben dem Cholesterin findet sich im Wollfett das sog. Isocholesterin, das sich vom ersteren durch seine Krystallform (aus ätherischer Lösung feine Nadeln), seinen Schmelzpunkt (137—138°) und sein optisches Verhalten ($[\alpha]_D + 60°$) wesentlich unterscheidet. Nach WINDAUS und R. TSCHESCHE (Zeitschr. physiol. Chem. 1930, **190**, 51) unterscheidet sich Isocholesterin von den typischen Sterinen durch seine Unfähigkeit Digitonide zu bilden. Es ist aber nicht einheitlich, sondern läßt sich in Agnosterin mit schwerer und Lanosterin mit leichter löslichem Acetat zerlegen. Ersteres entspricht in seiner Zusammensetzung der Formel $C_{30}H_{48}O$, letzteres $C_{30}H_{50}O$. — Vgl. auch R. E. MARKER, E. L. WITTLE und L. W. MIXON (Journ. Amer. Chem. Soc. 1937, **59**, 1368; C. 1938, I, 1486) und S. 741.

[2] A. WINDAUS: Arch. Pharm. 1908, **246**, 117; Ber. Deutsch. Chem. Ges. 1908, **41**, 2558.

[3] HAGER-SALKOWSKI: Zeitschr. analyt. Chem. 1887, **26**, 569.

[4] C. LIEBERMANN: Ber. Deutsch. Chem. Ges. 1885, **18**, 1804. — BURCHARD: Diss. Rostock 1889.   [5] W. W. OPPEL u. A. A. GRIGORJEWA: Biochimija 1938, **3**, 175; C. 1938, II, 4105.

[6] Wegen der veränderten Versuchsbedingungen sind die S. 264 angegebenen Zahlen und Kurven hier nicht ohne weiteres anwendbar.

R. Latarjet und A. Husson[1] haben gefunden, daß zur Erzielung optimaler Farbstärke bei der Reaktion 2 ccm Eisessig und 5 Tropfen reine Schwefelsäure erforderlich sind, und daß der Farbton erst 30 Minuten nach Beginn der Reaktion beständig wird und dann noch 15 Minuten unverändert bleibt.

Nach E. Montignie[2] kann die Farbreaktion nach Liebermann anstatt mit Schwefelsäure auch mit Selensäure durchgeführt werden. Mit Metacholesterin und Stigmasterin verläuft die Reaktion anfangs nur langsam. Bei der Reaktion nach Salkowsky kann ebenfalls Selensäure an Stelle von Schwefelsäure verwendet werden. Cholesterinkrystalle nehmen bei Zusatz von konzentrierter Schwfelsäure rote Farbe, von Selensäure zunächst graue, dann grünlichschwarze Farbe an. Mit Tellursäure verlaufen diese Reaktionen sämtlich negativ. Längere Einwirkung von 50%iger Schwefelsäure auf Cholesterin führte zu einem Gemisch von Cholesterylenen. Ein Gemisch von krystalliner Tellursäure und Cholesterin ergab nach $^1/_2$stündigem Erhitzen bei 170—180° weiße Krystalle vom Schmelzpunkt 188 bis 193°, die wahrscheinlich mit β-Cholesterylen oder Cholesteryloxyd identisch sind.

Weitere Farbreaktionen auf Sterine sind folgende:

γ) Reaktion nach Tschugaeff[3]. Cholesterin wird in Eisessig gelöst und mit Acetylchlorid im Überschuß versetzt. Dann liefert Zufügung einiger Stückchen Zinkchlorid und 5 Minuten langes Erwärmen Rotfärbung mit eosinartiger Fluorescenz.

δ) Reaktion nach Hirschsohn[4]. Verflüssigte Trichloressigsäure färbt Cholesterin nach 1 Stunde hellviolett, nach 12 Stunden stark rotviolett. Erhitzen sowie Chlorwasserstoff beschleunigen die Reaktion.

ε) Reaktion nach Lifschütz[5]. Kocht man eine Lösung von Cholesterin in Eisessig mit etwas Benzoylperoxyd kurz auf und fügt nach Erkalten einige Tropfen konzentrierte Schwefelsäure zu, so wird die Lösung nach kurzer Zeit violettrot, dann blau und allmählich grün, mit einem Überschuß an Benzoylperoxyd sofort grün.

ζ) Reaktion nach Rosenheim[6]. Beim Erwärmen einer Lösung von Cholesterin in Chloroform mit Dimethylsulfat tritt himbeerrote Färbung auf, mit Oxycholesterin Purpurfärbung. Nach Zusatz von Eisenchlorid wird die Cholesterinlösung purpurfarbig, die Oxycholesterinlösung smaragdgrün.

η) Mit konzentrierter Schwefelsäure und einer Spur Jod zeigen Cholesterinkrystalle nacheinander folgende Farbskala: Violett → Blau → Grün → Rot. Diese Probe eignet sich auch zur mikroskopischen Prüfung. Vgl. S. 741.

Die Sterine des Pflanzenreiches, die Phytosterine sind nicht einheitlicher Natur. Das eigentliche Phytosterin (Sitosterin) aus Weizenkeimen, Mais, Leinöl, Baumwollsamenöl, Sesamöl, Rüböl, Olivenöl, Kakaofett, besitzt die gleiche Zusammensetzung wie das Cholesterin, krystallisiert aus Alkohol in Nadeln des monoklinen Systems, die bei 137—138° schmelzen und in ätherischer Lösung die Spezifische Drehung $[\alpha]_D = -34°$ aufweisen (vgl. S. 364). Auch die Farbenreaktionen sind denen des Cholesterins (S. 249) gleich, nur nimmt die Chloroformschicht bei der Salkowskischen Reaktion eine mehr blaurote bis violette Färbung an. Über die Löslichkeit vgl. S. 245.

Vom Sitosterin unterscheidet man mehrere Isomere, die man durch sehr oft wiederholte Krystallisation der Acetate trennt:

Neben dem eigentlichen Phytosterin (Sitosterin[7]) weisen A. Windaus und A. Hauth[8] in dem Calabarbohnenöl und Rüböl einen diesem isomorphen Alkohol, Stigmasterin

Tabelle 106.

Isomeres	Krystallform	Schmelzpunkt Celsiusgrade	$[\alpha]_D$ Kreisgrade	Des Acetates	
				Schmelzpunkt Celsiusgrade	$[\alpha]_D$
α-Sitosterin	Unregelmäßige Platten	135—136	— 13,45	127—128	—17,18
β-Sitosterin	Farblose Blättchen	139—140	— 36,11	127—128	—39
γ-Sitosterin	Blättchen aus Alkohol	142—144	—42,4 bis —44,8	143—144	—46,09

[1] R. Latarjet u. A. Husson: Compt. rend. Soc. Biol. Paris 1937, **125**, 683; Z. 1938, **76**, 387.   [2] E. Montignie: Bull. Soc. chim. France 1933, IV, **53**, 1394; Z. 1937, **74**, 405.
[3] Tschugaeff: Zeitschr. angew. Chem. 1900, **13**, 618.
[4] Hirschsohn: Pharm. Zentralh. 1902, **43**, 357.
[5] Lifschütz: Ber. Deutsch. Chem. Ges. 1908, **41**, 252.
[6] M. C. Rosenheim: Biochem. Journ. 1916, **10**, 176.
[7] Vgl. Burian: Monatsh. Chem. 1897, **18**, 561.
[8] A. Windaus u. A. Hauth: Ber. Deutsch. Chem. Ges. 1906, **39**, 4378.

($C_{30}H_{48}O$ oder $C_{30}H_{50}O$) nach, der bei 170° schmilzt und dieselben Farbenreaktionen wie das Phytosterin gibt. Während aber der Essigsäureester des letzteren nur 2 Atome Brom addiert und in Eisessig-Alkohol, Aceton und Äther leicht löslich ist, addiert der Ester des Stigmasterins (Schmelzpunkt 142°) 4 Atome Brom und ist in den genannten Lösungsmitteln schwer löslich. Stigmasterin hat eine starke Spezifische Linksdrehung: $[\alpha]_{18}^{D}$ = — 45,01°. Brassicasterin ($C_{29}H_{48}O$) aus Rüböl[1] (Schmelzpunkt 148°; $[\alpha]_D$ = — 64° 25′ (Chloroform-, — 63° 31′ in Ätherlösung; Brassicasterinacetat: Schmelzpunkt 157—158°). Ein in Büscheln krystallisierendes Phytosterin aus Kakaokeimen, von K. H. Bauer und L. Seber[2] isoliert und α-Theosterin benannt, war ein einwertiger Alkohol von der Zusammensetzung $C_{30}H_{50}O$, der aus Alkohol in glänzenden Blättchen krystallisierte und bei 113—115° schmolz.

A. Ichiba[3] hat aus dem rohen Steringemisch des Weizenkeimöls, das den Schmelzpunkt 136—137°, $[\alpha]_D$ — 31,96° aufwies, durch Verseifung und 20faches Umlösen aus Alkohol einen rechtsdrehenden Anteil ($[\alpha]_D$ + 8,93°) erhalten, hieraus nach Zerstörung ungesättigter Beimengungen Dihydrosterin (Schmelzpunkt 142—143°; $[\alpha]_D$ + 24,04°). Die Mutterlauge ergab γ-Sitosterinacetat $C_{31}H_{52}O_2$ (Schmelzpunkt 143—143,5°; $[\alpha]_D$ — 45,82 bis — 47,7°), hieraus γ-Sitosterin $C_{29}H_{50}O$ (Schmelzpunkt 147—148°; $[\alpha]_D$ — 42,8 bis — 43,13°) und das Benzoat (Schmelzpunkt 152; $[\alpha]_D$ — 19,63°). Die sog. α- und β-Sitosterine von Anderson[4] wurden nicht völlig rein gewonnen. Aufgefunden wurden ferner Ergosterin (?) oder ein verwandter Stoff, ein Kohlenwasserstoff (Schmelzpunkt 66°) und eine δ-Sterin genannte Substanz (Schmelzpunkt 146—147°; $[\alpha]_D$ — 23,9°). Vgl. auch S. 464 und 751.

1. Grundlagen der analytischen Verwendung der Sterine zur Unterscheidung von Tier- und Pflanzenfetten.

E. Salkowski[5] hat zuerst die Verschiedenheit der in Tier- und Pflanzenfetten vorkommenden Sterine zum Nachweise letzteren in ersterem, insbesondere von Baumwollsamenöl, Rüböl und Leinöl in Lebertran verwendet. Im Butterfett sollte nach seinen Untersuchungen neben Cholesterin auch Phytosterin vorkommen und ferner nahm er an, daß das Phytosterin nur in Samenöl, dagegen nicht in aus Fruchtfleisch gewonnenen Ölen (Palmbutter, Olivenöl) vorkomme.

A. Bömer[6] hat dann später diese bis dahin wenig beachteten Untersuchungen wieder aufgenommen und in allen untersuchten tierischen Fetten und Ölen (Schweinefett, Rindsfett, Butterfett, Lebertran, Eieröl) Cholesterin vom Schmelzpunkt 148,4—150,8° (korrig.), dagegen in allen pflanzlichen Fetten und Ölen (Olivenöl, Palmbutter, Palmkernfett, Baumwollsamen-, Erdnuß-, Sesam-, Rüb-, Raps-, Hanf-, Mohn-, Lein-, Ricinusöl) Phytosterine vom Schmelzpunkt 138,0—143,8° (korrig.) gefunden und hierauf seine beiden Verfahren zur Unterscheidung von Tier- und Pflanzenfetten und zum Nachweis von Pflanzenfetten[7] in Tierfetten, die Phytosterinprobe (S. 253) und die Phytosterinacetatprobe (S. 255) gegründet.

Von diesen beiden Verfahren ist die letztere Probe weit empfindlicher und für den mit krystallographischen Untersuchungen weniger Vertrauten auch im allgemeinen leichter ausführbar als die Phytosterinprobe, dagegen führt die letztere, wenn es sich nur um den Nachweis handelt, ob Pflanzenfette oder größere Beimengungen von Pflanzenfetten zu Tierfetten vorliegen, weit schneller und mit geringeren Stoffmengen zum Ziele.

2. Abscheidung der Sterine.

Zur Prüfung der Fette mittels der Phytosterin- und Phytosterinacetatprobe ist zunächst die Abscheidung der Sterine erforderlich. Diese wird nach der ursprünglichen Arbeitsweise von Bömer durch Ausschütteln der Seifen-

---

[1] Vgl. A. Windaus u. Welsch: Ber. Deutsch. Chem. Ges. 1909, 42, 612. — Die obige Formel wurde neuerdings von E. Fernholz und H. E. Stavely (Journ. Amer. Chem. Soc. 1939, 61, 142) gegenüber der älteren ($C_{28}H_{46}O$) als wahrscheinlich festgestellt.

[2] K. H. Bauer u. L. Seber: Ber. Deutsch. Chem. Ges. 1938, 71, 2223; C. 1938, II, 3873.

[3] A. Ichiba: Sci. Pap. Inst. physic. chem. Res. 1935, 28, 112; Z. 1938, 76, 61.

[4] Anderson: Vgl. Bd. I, S. 291.

[5] E. Salkowski: Zeitschr. analyt. Chem. 1887, 26, 557.   [6] A. Bömer: Z. 1898, 1, 81.

[7] Nach P. Berg u. J. Angerhausen (Z. 1914, 27, 723; 28, 73) enthalten Mowrahfett und Sheabutter so wenig Phytosterine, daß der Nachweis dieses Pflanzenfettes in tierischen Fetten nicht möglich ist.

lösung mit Äther nach dem S. 246 unter 2 beschriebenen Verfahren vorgenommen, das sich dem Verfahren zur Bestimmung des „Unverseifbaren" (vgl. ebendort) anschließt. Diese Ausschüttelung muß aber häufiger wiederholt werden und erfordert infolgedessen viel Äther und viel Zeit. Auch ist es schwer, der Seifenlösung so alles Sterin zu entziehen. Daher war die Anwendung der Beobachtung von A. Windaus[1], daß die Sterine mit dem Glucosid Digitonin schwer- bzw. unlösliche Verbindungen bilden, für die Abscheidung der Sterine durch J. Marcusson und H. Schilling[2] und M. Klostermann[3] von der größten Bedeutung, und man wird sich daher dieser einfacheren Abscheidung (vgl. unter 3 S. 253) wenn Digitonin zur Verfügung steht, stets bedienen, weil die dabei gewonnene Menge der Sterine eine größere und auch ihre Reinheit eine bessere ist als nach dem Ausschüttelungsverfahren. Bei dieser Ausführung stören auch etwaige kleine Paraffingehalte des Fettes (vgl. S. 256) nicht, die sonst die Reindarstellung der Sterine und die Sterinacetatprobe erschweren oder verhindern. Während aber J. Marcusson und H. Schilling die Abscheidung der Sterine aus den unverseiften Fetten und Ölen vorgeschlagen hatten, hat M. Klostermann darauf hingewiesen, daß auf diese Weise, namentlich bei Pflanzenfetten und -ölen, nur die freien, nicht aber die in Esterform vorhandenen Sterine gewonnen werden und daher zur Gewinnung der gesamten Sterine die vorherige Verseifung erforderlich ist. Das Verfahren der Sterinabscheidung mit Digitonin ist von den verschiedensten Seiten[4] nachgeprüft und seine Anwendung teils mit teils ohne Verseifung empfohlen worden.

Das krystallisierte Digitonin (Digitoninum insolubile Kiliani) aus den Samen von Digitalis purpurea L. dargestellt, von der Formel $C_{55}H_{94}O_{28}$ setzt sich in alkoholischer Lösung mit einer alkoholischen Cholesterinlösung zu einer in Alkohol unlöslichen Molekularverbindung um:

$$C_{55}H_{94}O_{28} + C_{27}H_{46}O = C_{55}H_{94}O_{28} \cdot C_{27}H_{46}O$$

Digitonin   Cholesterin   Digitonincholesterid

Aus der Verbindung läßt sich durch andauernde Extraktion mit Äther das Cholesterin nicht entziehen, wohl aber durch längeres Erwärmen mit Xylol oder Pyridin, die das Digitonin nicht lösen; ebenso verhält sich die entsprechende Verbindung mit Phytosterinen. Dagegen findet zwischen den Sterinacetaten und Digitonin keine Umsetzung statt.

R. Schoenheimer und H. Dam[5] lösen das Digitonid in Pyridin, fällen durch Zusatz von Äther das Digitonin aus und gewinnen das in Lösung bleibende Sterin nach Abdampfen des Pyridins im Vakuum oder nach Ausfällen mit Wasser wieder. I. Lifschütz[6] empfiehlt zur Aufschließung des Cholesterindigitonids Kochung mit Alkohol in Gegenwart von schwach alkalischen Salzen. Kocht man das Cholesterindigitonid mit einer alkoholischen Natriumacetatlösung, so fängt nach wenigen Minuten das Gemisch an, sich aufzuhellen, so daß die beiden Komponenten Cholesterin und Digitonin nebeneinander als solche im heißen Gemisch gelöst enthalten sind. Beim Erkalten scheiden sie sich wieder als die ursprüngliche Doppelverbindung aus. Sorgt man jedoch dafür, daß eine der Komponenten mit einem mit Alkohol mischbaren Lösungsmittel, in dem sie unlöslich ist, aus dem heißen Gemisch niedergeschlagen wird, während die andere darin gelöst bleibt, so gelingt die Trennung der beiden Komponenten vollständig. Am geeignetsten erweist sich hierfür Äthyläther. Verdünnt man daher das heiße Gemisch mit der für diesen Zweck genügenden Menge Äther, so fällt das Digitonin mitsamt dem Acetat aus, während das Cholesterin im Ätheralkohol in Lösung verbleibt. Aus dem Niederschlag kann das Digitonin wiedergewonnen werden.

---

[1] A. Windaus: Ber. Deutsch. Chem. Ges. 1908, **41**, 2558; 1909, **42**, 238; Zeitschr. physiol. Chem. 1910, **65**, 110.   [2] J. Marcusson u. H. Schilling: Chem.-Ztg. 1913, **37**,1001.

[3] M. Klostermann: Z. 1913, **26**, 433. — E. Abderhaldens Handbuch der biologischen Arbeitsmethoden, 1913, **7**, 198f., vgl. ferner M. Klostermann u. H. Opitz: Z. 1914, **27**, 713; **28**, 138.

[4] Vgl. A. Olig (Z. 1914, **28**, 129); H. Sprinkmeyer und A. Diedrichs (Z. 1914, **28**, 236); B. Kühn u. J. Wewerinke (Z. 1914, **28**, 369); M. Fritzsche (Z. 1915, **29**, 150); B. Kühn, F. Bengen u. J. Wewerinke (Z. 1915, **29**, 321); H. Wagner (Z. 1915, 30, 265); O. Pfeffer (Z. 1916, **31**, 38); J. Prescher (Z. 1917, **33**, 77, 481); J. Berg u. J. Angerhausen (Chem.-Ztg. 1914, **38**, 978).

[5] R. Schoenheimer u. H. Dam: Zeitschr. physiol. Chem. 1933, **215**, 59; , 1933, I, 2957.

[6] I. Lifschütz: Biochem. Zeitschr. 1935, **282**, 441; Z. 1937, **74**, 505.

Digitoninsterid ist leicht löslich in Pyridin; 100 ccm Methylalkohol lösen bei 18⁰ etwa 0,47 g, 100 ccm 95%iger Alkohol bei 18⁰ nur 0,014 g, bei 78⁰ etwa 0,16 g, 100 ccm kochender 50%iger Alkohol lösen 0,03 g. In kaltem Wasser, Aceton, Äther, Essigäther und Benzol ist Digitoninsterid so gut wie unlöslich. Nach J. H. MUELLER[1] lösen 100 ccm Äther bei Zimmertemperatur 0,7 mg und 100 ccm siedendes Wasser 0,6 mg Digitonincholesterid. Beim Erhitzen über 240⁰ zersetzt es sich allmählich, ohne vorher zu schmelzen. Es gibt die typische LIEBERMANN-Cholestolreaktion.

3. *Abscheidung der Sterine mit Digitonin in der Ausführung von* B. KÜHN, F. BENGEN *und* J. WEWERINKE[2].

50 g Fett oder Öl werden in einem mit Uhrglas bedeckten Erlenmeyer-kolben oder Becherglas von etwa 500 ccm Inhalt mit 100 ccm Kalilauge[3] auf dem kochenden Wasserbad unter öfterem Umschwenken oder Umrühren $^{1}/_{4}$—$^{1}/_{2}$ Stunde verseift. Die klare Seifenlösung wird mit etwa 150 ccm heißem Wasser verdünnt, mit 50 ccm 25%iger Salzsäure zersetzt und weiter erhitzt, bis sich die Fettsäuren als klares Öl an der Oberfläche gesammelt haben. Die Fettsäuren filtriert man durch ein hinreichend großes, zunächst mit heißem Wasser gefülltes Filter — zweckmäßig ist ein Heißwassertrichter — von der wäßrigen Flüssigkeit ab. Nachdem die wäßrige Flüssigkeit abgetropft ist, durch-stößt man das Filter mit einem dünnen Glasstab und filtriert die Fettsäuren durch ein neues trockenes Filter in ein Becherglas von etwa 200 ccm ab. Man erwärmt sie auf etwa 70⁰, gibt 25 ccm Digitoninlösung (1 g Digitonin Merck in 100 ccm 96 vol.-%igem Alkohol gelöst) in dünnem Strahle hinzu und hält das Reaktionsgemisch unter wiederholtem Umrühren auf einem geschlossenen Wasserbade auf etwa 70⁰. Hierbei scheidet sich sofort oder nach einiger Zeit Digitoninsterid krystallinisch aus. Nach etwa 1 Stunde gibt man zu dem noch heißen Gemisch etwa 20 ccm Chloroform, filtriert das Digitoninsterid sofort durch eine zweckmäßig vorgewärmte — Nutsche oder WITT-Saugplatte mit dicht angelegtem Filter ab und wäscht zur Entfernung etwa ausgeschiedener Fettsäuren dreimal mit warmem Chloroform und ebensooft mit Äther nach. Um etwa noch vorhandene Fettsäurenreste vollständig zu entfernen, wird der Inhalt des Filters ungefähr 10 Minuten bei etwa 100⁰ getrocknet, in einem kleinen Schälchen nochmals mit Äther behandelt, abfiltriert und abermals bei 100⁰ getrocknet.

4. *Unterscheidung von Cholesterin und Phytosterinen.*
(Phytosterin- und Phytosterinacetatprobe.)

Zur Unterscheidung von Tier- und Pflanzenfetten bzw. zum Nachweise von Pflanzenfetten in Tierfetten auf Grund ihrer Sterine hat A. BÖMER eingehende Untersuchungen zunächst[4] über die Krystallformen und später[5] über die Essig-säureester der Sterine angestellt. Auf diesen Untersuchungen beruhen die in erster Linie zum Nachweise von Pflanzenfetten in Tierfetten bestimmten Methoden, die er als Phytosterinprobe[4] und Phytosterinacetatprobe[5] bezeichnete.

Von A. WINDAUS ist auch ein Verfahren zum Nachweis von Cholesterin neben Phyto-sterin beschrieben worden; vgl. S. 260.

a) **Phytosterinprobe nach A. BÖMER.** Sie beruht auf der Unterscheidung des Cholesterins und der Phytosterine bzw. ihrer Gemische durch

---

[1] J. H. MUELLER: Journ. Biol. Chem. 1917, 30, 39; C. 1918, I, 266.

[2] B. KÜHN, F. BENGEN u. J. WEWERINKE: Z. 1915, 29, 321. — Das Verfahren ist auch mit einigen unwesentlichen Abänderungen von H. WAGNER (Z. 1915, 30, 265), O. PFEFFER (Z. 1916, 31, 38), J. PRESCHER (Z. 1917, 33, 77, 481) empfohlen und im wesentlichen in die amtlichen Anweisungen zur Ausführung des Reichsgesetzes betreffs die Schlachtvieh- und Fleischbeschau vom 3. Juni 1900 übernommen worden.

[3] 200 g Kaliumhydroxyd in 70 vol.-%igem Alkohol gelöst und zu 1 Liter aufgefüllt. Vgl. Anm. 3, S. 246.   [4] A. BÖMER: Z. 1898, 1, 21, 532.   [5] A. BÖMER: Z. 1901, 4, 1070.

die Krystallform im mikroskopischen Bilde. Man löst die nach S. 246 erhaltenen Sterine je nach ihrer Menge in 5—20 ccm absolutem Alkohol, gibt die Lösung in ein entsprechend kleines Krystallisationsschälchen und läßt unter anfänglichem Bedecken mit einem Uhrglas die Lösung erkalten und verdunsten. Nach einiger Zeit — je nach der Menge des verwendeten Alkohols, unter Umständen auch erst nach 2—3 Stunden — beginnt die Krystallisation.

Diese weist meistens schon nach ihrem makroskopischen Bilde bei Cholesterin und Phytosterinen große Verschiedenheiten auf. Beim Cholesterin aus Tierfetten beginnt die Krystallisation mit der Bildung einer dünnen glänzenden Krystalldecke auf der Oberfläche der Flüssigkeit; bei stärkeren Konzentrationen durchsetzen große dünne, kaum sichtbare Tafeln die ganze Flüssigkeit. Die Krystalle zeigen, aus der Flüssigkeit gebracht und von der Mutterlauge getrennt, einen starken Seidenglanz. Bei den Phytosterinen zeigt sich während der Krystallisation ein anderes Bild. Aus verdünnten Lösungen scheiden sich, meistens vom Rande beginnend, bis zu 1 cm lange, verhältnismäßig dicke Nadeln aus. Aus konzentrierten und verhältnismäßig stark durch sonstige unverseifbare Stoffe verunreinigten Lösungen scheiden sich gleichmäßig in der ganzen Flüssigkeit sehr feine Nädelchen ab.

Zur mikroskopischen Untersuchung der Krystalle entnimmt man am besten mittels eines kleinen Platinspatels einige Krystalle aus der Lösung[1]

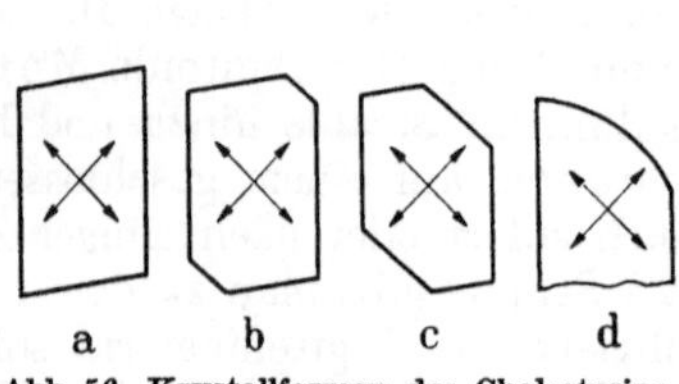

Abb. 56. Krystallformen des Cholesterins.
(Nach Bömer.)

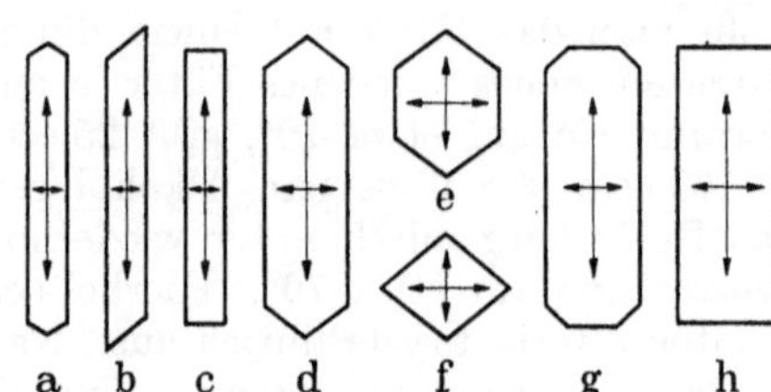

Abb. 57. Krystallformen der Phytosterine.
(Nach Bömer.)

und bringt sie gleichzeitig mit etwas Mutterlauge auf ein Objektglas, bedeckt mit einem Deckgläschen und untersucht die Krystalle im gewöhnlichen, aber stark kondensierten Tageslichte und wenn möglich auch im polarisierten Lichte· Unter Umständen empfiehlt es sich, die ersten Krystallisationen wieder in Alkohol zu lösen und sie nochmals umzukrystallisieren.

Die Unterschiede in den Krystallformen sind folgende:

1. Cholesterinkrystalle. Diese stellen dünne Tafeln mit meist rhombischem Umriß (Abb. 56a) dar, die wahrscheinlich dem triklinen Krystallsystem angehören und bei denen die sog. Auslöschungsrichtungen — bei der also die Krystalle unter dem Polarisationsmikroskope bei gekreuzten Nikols dunkel erscheinen —, wie in den Abbildungen durch die Pfeile angedeutet ist, fast diagonal verlaufen. Neben diesen rhombischen Tafeln treten auch häufig die Formen Abb. 56b, c und, allerdings seltener, auch die Form d auf.

2. Phytosterinkrystalle. Diese bestehen meist aus dünnen verhältnismäßig breiten Nadeln mit zweiseitiger Zuspitzung (Abb. 57a); manchmal fehlt aber auch die Zuspitzung (Abb. 57c) und vereinzelt sind die Krystalle an den Enden auch abgeschrägt, indem die eine der beiden zuspitzenden Flächen fehlt (Abb. 57b). Je öfter die Phytosterinkrystalle umkrystallisiert und je reiner sie somit werden, desto größer werden sie meist und desto mannigfaltiger wird

---

[1] Von anderer Seite ist empfohlen worden, einige Tropfen der alkoholischen Lösung auf dem Objektglase direkt verdunsten zu lassen und diese mikroskopisch zu untersuchen. Unter den meisten Verhältnissen ist aber eine Untersuchung größerer Krystalle zweckmäßiger und es empfiehlt sich nicht, sich an gewisse oberflächliche Erscheinungen der Krystalle zu halten, sondern die Natur der Krystalle (Winkel, Auslöschungsvorrichtung usw.) genau zu prüfen.

Digitoninsterid ist leicht löslich in Pyridin; 100 ccm Methylalkohol lösen bei 18⁰ etwa 0,47 g, 100 ccm 95%iger Alkohol bei 18⁰ nur 0,014 g, bei 78⁰ etwa 0,16 g, 100 ccm kochender 50%iger Alkohol lösen 0,03 g. In kaltem Wasser, Aceton, Äther, Essigäther und Benzol ist Digitoninsterid so gut wie unlöslich. Nach J. H. MUELLER[1] lösen 100 ccm Äther bei Zimmertemperatur 0,7 mg und 100 ccm siedendes Wasser 0,6 mg Digitonincholesterid. Beim Erhitzen über 240⁰ zersetzt es sich allmählich, ohne vorher zu schmelzen. Es gibt die typische LIEBERMANN-Cholestolreaktion.

3. Abscheidung der Sterine mit Digitonin in der Ausführung von B. KÜHN, F. BENGEN und J. WEWERINKE[2].

50 g Fett oder Öl werden in einem mit Uhrglas bedeckten Erlenmeyerkolben oder Becherglas von etwa 500 ccm Inhalt mit 100 ccm Kalilauge[3] auf dem kochenden Wasserbad unter öfterem Umschwenken oder Umrühren $^1/_4$—$^1/_2$ Stunde verseift. Die klare Seifenlösung wird mit etwa 150 ccm heißem Wasser verdünnt, mit 50 ccm 25%iger Salzsäure zersetzt und weiter erhitzt, bis sich die Fettsäuren als klares Öl an der Oberfläche gesammelt haben. Die Fettsäuren filtriert man durch ein hinreichend großes, zunächst mit heißem Wasser gefülltes Filter — zweckmäßig ist ein Heißwassertrichter — von der wäßrigen Flüssigkeit ab. Nachdem die wäßrige Flüssigkeit abgetropft ist, durchstößt man das Filter mit einem dünnen Glasstab und filtriert die Fettsäuren durch ein neues trockenes Filter in ein Becherglas von etwa 200 ccm ab. Man erwärmt sie auf etwa 70⁰, gibt 25 ccm Digitoninlösung (1 g Digitonin Merck in 100 ccm 96 vol.-%igem Alkohol gelöst) in dünnem Strahle hinzu und hält das Reaktionsgemisch unter wiederholtem Umrühren auf einem geschlossenen Wasserbade auf etwa 70⁰. Hierbei scheidet sich sofort oder nach einiger Zeit Digitoninsterid krystallinisch aus. Nach etwa 1 Stunde gibt man zu dem noch heißen Gemisch etwa 20 ccm Chloroform, filtriert das Digitoninsterid sofort durch eine zweckmäßig vorgewärmte — Nutsche oder WITT-Saugplatte mit dicht angelegtem Filter ab und wäscht zur Entfernung etwa ausgeschiedener Fettsäuren dreimal mit warmem Chloroform und ebensooft mit Äther nach. Um etwa noch vorhandene Fettsäurenreste vollständig zu entfernen, wird der Inhalt des Filters ungefähr 10 Minuten bei etwa 100⁰ getrocknet, in einem kleinen Schälchen nochmals mit Äther behandelt, abfiltriert und abermals bei 100⁰ getrocknet.

4. Unterscheidung von Cholesterin und Phytosterinen.
(Phytosterin- und Phytosterinacetatprobe.)

Zur Unterscheidung von Tier- und Pflanzenfetten bzw. zum Nachweise von Pflanzenfetten in Tierfetten auf Grund ihrer Sterine hat A. BÖMER eingehende Untersuchungen zunächst[4] über die Krystallformen und später[5] über die Essigsäureester der Sterine angestellt. Auf diesen Untersuchungen beruhen die in erster Linie zum Nachweise von Pflanzenfetten in Tierfetten bestimmten Methoden, die er als Phytosterinprobe[4] und Phytosterinacetatprobe[5] bezeichnete.

Von A. WINDAUS ist auch ein Verfahren zum Nachweis von Cholesterin neben Phytosterin beschrieben worden; vgl. S. 260.

a) Phytosterinprobe nach A. BÖMER. Sie beruht auf der Unterscheidung des Cholesterins und der Phytosterine bzw. ihrer Gemische durch

---

[1] J. H. MUELLER: Journ. Biol. Chem. 1917, **30**, 39; C. 1918, I, 266.

[2] B. KÜHN, F. BENGEN u. J. WEWERINKE: Z. 1915, **29**, 321. — Das Verfahren ist auch mit einigen unwesentlichen Abänderungen von H. WAGNER (Z. 1915, **30**, 265), O. PFEFFER (Z. 1916, **31**, 38), J. PRESCHER (Z. 1917, **33**, 77, 481) empfohlen und im wesentlichen in die amtlichen Anweisungen zur Ausführung des Reichsgesetzes betreffs die Schlachtvieh- und Fleischbeschau vom 3. Juni 1900 übernommen worden.

[3] 200 g Kaliumhydroxyd in 70 vol.-%igem Alkohol gelöst und zu 1 Liter aufgefüllt. Vgl. Anm. 3, S. 246. [4] A. BÖMER: Z. 1898, **1**, 21, 532. [5] A. BÖMER: Z. 1901, **4**, 1070.

Nach Bömer verbindet man zweckmäßig die Phytosterinacetatprobe mit der Phytosterinprobe und verfährt nach dem unter α) beschriebenen Verfahren, während nach den amtlichen Anweisungen zu den Ausführungsbestimmungen D zum Fleischbeschaugesetz das schneller ausführbare Verfahren auf Grund der Abscheidung der Sterine mit Digitonin vorgeschrieben ist (vgl. S. 258 unter β).

1. Verbindung von Phytosterin- und Phytosterinacetatprobe.

Die aus 100 g Fett nach S. 246 gewonnenen Sterine (1)[1] löst man in möglichst wenig absolutem Alkohol, führt sie unter Nachspülung mit geringen Mengen Alkohol in ein kleines Glasschälchen mit flachem Boden über und läßt krystallisieren. Die sich zuerst ausscheidenden Krystalle prüft man mittels der Phytosterinprobe (S. 253) mikroskopisch auf ihre Krystallform, ob Cholesterin-, Phytosterin- oder Mischkrystalle vorliegen (2). Nachdem dies geschehen ist, verdunstet man den Alkohol wieder vollständig auf dem Wasserbad, setzt darauf 2—3 ccm Essigsäureanhydrid (3) hinzu, erhitzt unter Bedeckung des Schälchens mit einem Uhrglas auf dem Drahtnetze etwa $^1/_4$ Stunde zum Sieden und verdunstet nach Entfernung des Uhrglases den Überschuß des Essigsäureanhydrids auf dem Wasserbade.

Darauf löst man die Sterinacetate in dem Schälchen unter Bedeckung mit einem Uhrglase mit der nötigen Menge (4) absoluten Alkohols und überläßt die klare Lösung, bis zum Erkalten auf Zimmertemperatur, mit einem Uhrglase bedeckt, der Krystallisation.

Nachdem die Hälfte bis $^2/_3$ der Flüssigkeit verdunstet und der größte Teil des Esters auskrystallisiert ist, filtriert man die Krystalle durch ein kleines Filter ab und bringt den in der Schale noch befindlichen Rest mit Hilfe eines kleinen Spatels und durch zweimaliges Aufgießen von 2—3 ccm 95%igen Alkohols gleichfalls auf das Filter. Den Inhalt des Filters (8) bringt man wieder in das Krystallisationsschälchen zurück, löst ihn je nach seiner Menge in 2—10 ccm absolutem Alkohol und läßt wiederum krystallisieren (5). Nachdem der größte Teil des Esters auskrystallisiert ist, filtriert man abermals ab (6) und krystallisiert weiter in derselben Weise so lange um, wie die Menge des Esters ausreicht (7). Von der dritten Krystallisation an bestimmt man den Schmelzpunkt (8) des Esters und wiederholt diese Bestimmung bei jeder folgenden Krystallisation (9).

Ist bei den in dieser Weise ausgeführten Schmelzpunktbestimmungen bei der letzten Krystallisation der Ester bei 116° (korrigierter Schmelzpunkt) noch nicht vollständig geschmolzen, so ist ein Zusatz von Pflanzenfett anzunehmen, schmilzt der Ester aber erst bei 117° (korrigierter Schmelzpunkt) oder noch höher, so kann ein Gehalt an Pflanzenfett mit Bestimmtheit als erwiesen angesehen werden (10).

Erläuterungen zu vorstehendem Verfahren. a) Falls das Fett nur geringe Mengen (0,004% sollen schon genügen) Paraffin beigemischt enthält, ist die Phytosterinacetatprobe nach diesem Verfahren nicht ohne weiteres ausführbar, weil das Paraffin in Alkohol unlöslich ist und daher auch beim Umkrystallisieren der Sterinacetate mit diesen vereinigt bleibt und deren Schmelzpunkt erniedrigt. E. Polenske[2] hat ein in solche nFällen zur Beseitigung des Paraffins geeignetes Verfahren beschrieben, dessen Anwendung bei der Nahrungsmittelkontrolle seit Einführung der Sterinabscheidung mit Digitonin praktisch nicht mehr in Frage kommen dürfte und auf das daher hier nur verwiesen sei.

b) Es empfiehlt sich die „Phytosterinprobe", d. h. die Bestimmung der Krystallform der Alkohole vor der Veresterung, mit der Phytosterinacetatprobe zu verbinden, um auch gleichzeitig ein Urteil darüber zu gewinnen, ob größere oder geringere Mengen von Pflanzenfett vorhanden sind. Selbstverständlich ist es nicht notwendig, die Gesamtmenge der Sterine zur Phytosterinprobe in Alkohol zu lösen und krystallisieren zu lassen; man kann auch sofort einen Teil der ätherischen Lösung oder einen Teil der festen Sterine abtrennen. Immerhin dürfte sich aber das oben vorgeschlagene Verfahren als am

---

[1] Die eingeklammerten Zahlen beziehen sich auf die nachstehenden Erläuterungen.
[2] E. Polenske: Arb. Kaiserl. Gesundh.-Amt 1905, **22**, 576.

besten erweisen, da einerseits die Krystalle größer und daher für die mikroskopische Beobachtung geeigneter ausfallen werden und andererseits auch auf diese Weise der Substanzverlust am geringsten sein wird.

c) Bömer verwendete stets „Acidum aceticum purissimum anhydricum" von E. Merck in Darmstadt. Die angegebene Menge von 2—3 ccm genügt, wenn es sich um Tierfette oder Gemische dieser mit wenigen Prozenten Pflanzenfett handelt, für die bei diesen vorkommenden geringen Cholesterinmengen. Enthält das Fett größere Mengen von Pflanzenfetten oder ist es ein reines Pflanzenfett, und ist die Menge des Rohcholesterins bzw. -phytosterins infolgedessen größer, so empfiehlt es sich, entsprechend mehr Essigsäureanhydrid zu verwenden.

d) Die erforderliche Menge richtet sich ganz nach der Menge des vorhandenen Rohcholesterins bzw. des Esters. Im allgemeinen dürften wegen der Schwerlöslichkeit des Esters (100 ccm absoluter Alkohol vermögen bei 17,5° nur 0,60 g Cholesterinester und 0,47 g Phytosterinester in Lösung zu halten!) bei reinen tierischen Fetten und solchen mit nur wenig Pflanzenfett, aus denen man etwa 0,1—0,3 g Rohcholesterin erhält, 10—25 ccm absoluter Alkohol erforderlich sein. Bringt man beim Erhitzen mit diesen Alkoholmengen den Ester nicht in Lösung, so nimmt man eben mehr Alkohol.

Es empfiehlt sich, die erste Krystallisation, bei der es vorwiegend darauf ankommt, die Ester von den nicht krystallisierenden Verunreinigungen zu trennen, recht langsam etwa in 1—2 Stunden erfolgen zu lassen. Erfolgt die Krystallisation sofort nach dem Erkalten, so kann man nach Zusatz von etwas Alkohol die Krystalle nochmals durch Erwärmen in Lösung bringen.

e) Bei dieser und den weiteren Krystallisationen kann man die Menge des zur Lösung der Krystalle dienenden Alkohols ohne Nachteil so knapp bemessen, daß die größte Menge der Krystalle schon nach $^1/_4$—$^1/_2$ Stunde auskrystallisiert ist; nur empfiehlt es sich auch hier, bis zum Erkalten der Lösung auf Zimmertemperatur das Schälchen mit einem Uhrglase bedeckt zu halten, damit die Erkaltung und Verdunstung im Anfange nicht zu schnell erfolgt.

f) Man muß natürlich beim Abfiltrieren der weiteren Krystallisationen immer möglichst kleine Filterchen nehmen, oder aber man kann — was meist noch zweckmäßiger erscheint — etwa von der dritten Krystallisation an den feuchten Krystallbrei mit der Mutterlauge, anstatt ihn durch ein in einem Trichter befindliches Filter zu filtrieren, mittels eines kleinen Spatels auf die Mitte eines Stückchens möglichst glatten Filtrierpapieres auf einen Tonteller bringen und die Mutterlauge von diesem einsaugen lassen. Nachdem dies geschehen ist, deckt man die Krystalle behufs vollständiger Befreiung von der noch anhaftenden Mutterlauge mit einigen Tropfen 95%igen Alkohols.

g) Dies hat man naturgemäß zum Teil selbst in der Hand. Läßt man bei den einzelnen Krystallisationen sehr viel auskrystallisieren, so reicht natürlich die Substanz zu öfteren Krystallisationen nicht aus; läßt man dagegen nur wenig auskrystallisieren, so erreicht man dadurch eine verhältnismäßig stärkere Anreicherung der Krystalle mit etwa vorhandenem Phytosterinester.

h) Es empfiehlt sich, die Schmelzpunktbestimmungen mit einem verkürzten Normalthermometer für die Temperaturen 100—150° nach Graebe-Anschütz auszuführen und es bis mindestens zu dem Teilstriche 116° bzw. dem zu erwartenden Schmelzpunkt in die Heizflüssigkeit eintauchen zu lassen. In diesem Falle ist eine Korrektur des Schmelzpunktes nicht erforderlich. Benutzt man dagegen ein längeres Thermometer, so genügt es, den Schmelzpunkt für den aus der Heizflüssigkeit hervorragenden Quecksilberfaden nach der S. 14 angegebenen Gleichung zu korrigieren.

i) Es erscheint im Interesse der Substanzersparung nicht erforderlich, bei jeder Krystallisation Doppelbestimmungen des Schmelzpunktes auszuführen, da sich die Schmelzpunkte einer jeden Krystallisation jedesmal durch die Schmelzpunkte der folgenden Krystallisationen, die gleich oder höher sein müssen, kontrollieren lassen.

k) Die Schmelzpunktangaben 116° (korrigiert) bzw. 117° (korrigiert) beziehen sich auf die vollständige Schmelzung der Ester, während der Beginn des Schmelzens (das Durchsichtigwerden) durchweg etwa 0,5° tiefer liegt. Wenn Bömer bei reinen Essigsäure-Cholesterinestern den Punkt des vollständigen Schmelzens auch nicht über 114,6° (korrigiert) gefunden hat, so hält er es doch für angebracht, erst von 116° an einen Zusatz von Pflanzenfett anzunehmen, weil die Bestimmung der Schmelzpunkte je nach der Ausführung bei verschiedenen Beobachtern bei einer und derselben Substanz manchmal nicht unerhebliche Abweichungen aufweist, und aus demselben Grunde die Grenze, von der an mit Bestimmtheit auf einen Zusatz von Pflanzenfett zu schließen ist, auf 117° (korrigiert) festzusetzen. Trotz dieser verhältnismäßig hohen Grenzzahl 117° bleibt die Nachweisbarkeit von Pflanzen- in Tierfetten in den meisten Fällen — eine Ausnahme macht unter anderen das Cocosfett, das nur einen sehr geringen Steringehalt besitzt — so scharf, daß noch ein Zusatz von 1—2% Pflanzenfett in Tierfetten nachweisbar ist. A. Bömer[1] fand z. B. für

---

[1] A. Bömer: Z. 1901, **4**, 1070.

reines und mit 1 und 2% Baumwollsamenöl und Erdnußöl versetztes Schweinefett folgende Werte:

Tabelle 107.

Korrigierter Schmelzpunkt der Sterinacetate	Reines Schweinefett	Dasselbe Fett mit Zusatz von			
		Baumwollsamenöl		Erdnußöl	
		1%	2%	1%	2%
Dritte Krystallisation...	114,3	117,3	122,0	118,7	121,0
Vierte Krystallisation...	114,3	117,3	123,8	120,5	122,0
Fünfte Krystallisation..	114,6	118,4	124,4	121,0	123,5

Ein eigenartiges Verhalten wurde von J. Allan und Ch. W. Moore[1] beim Phytosterin aus Sonnenblumenöl gefunden. Eine Mischung aus annähernd gleichen Teilen von Cholesterinacetat und Acetylderivat des Phytosterins aus Sonnenblumenöl schmolz höher als das unvermischte Sonnenblumensterin-Acetat. L. Kofler und E. Schaper[2] fanden diese Beobachtung in folgenden Versuchen bestätigt:

Tabelle 108.

Sonnenblumensterin-Acetat	Cholesterinacetat	Mikro-Schmelzpunkt
%	%	%
100	0	119,5
10	90	118,5
20	80	120,5—121
30	70	122,5
50	50	124
65	35	122—122,5
80	20	118,5
90	10	118
0	100	114

Die höchsten Schmelzpunkte erhält man also bei Krystallisaten aus ungefähr gleichen Teilen Cholesterin- und Sonnenblumensterin-Acetat. Der Schmelzpunkt liegt 4,5⁰ höher als der des reinen Sonnenblumensterin-Acetates.

Diese Beobachtung deutet auf Vorkommen einer Molekülverbindung der beiden Acetate hin. Nach Allan und Moore enthält Sonnenblumenöl auch ein Phytosterin mit dem niedrigen Schmelzpunkt des Acetates von 115,5⁰.

2. Phytosterinacetatprobe bei der Abscheidung der Sterine als Digitoninsteride. Die nach dem unter 3 (S. 25) beschriebenen Verfahren abgeschiedenen Digitoninsteride werden mit 3—5 ccm Essigsäureanhydrid in einem Reagensglase mit aufgesetztem Kühlrohr 5—10 Minuten zum Sieden erhitzt, die klare oder nur schwach getrübte Lösung mit dem vierfachen Volumen 50 vol.-%igen Alkohols versetzt und darauf in kaltem Wasser abgekühlt. Nach etwa 15 Minuten wird das ausgeschiedene Sterinacetat abfiltriert, mit 50 vol.-%igem Alkohol gewaschen, mit geringen Mengen Äther vom Filter gelöst und die Lösung in einem kleinen Glasschälchen zur Trockne verdampft.

Das so gewonnene Sterinacetat wird in der oben S. 256 unter α zweiter Absatz angegebenen Weise weiter untersucht.

Über die Brauchbarkeit der Phytosterinacetatprobe unter Abscheidung mit Digitonin vgl. auch A. More[3] und H. Hawley[4], der das Verfahren als Schnellmethode zur Prüfung von Butterfett mit auf der Grenze liegenden Reichert-Meissl-Zahlen empfiehlt.

Hawley verfährt dabei wie folgt: 25 g Butterfett werden mit 10 ccm Chloroform und 15 ccm 1%iger Lösung von Digitonin in 96%igem Alkohol 10 Minuten lang im Wasserbad von 65—70⁰ mit der Hand geschüttelt, dann durch ein Jenaerfilter (11 a G 4) filtriert. Das Filter befindet sich in einer mit Wasser von 60—70⁰ gefüllten Glasglocke (vgl. Abb. 60). Das Digitonid wird 6—7mal mit Chloroform gewaschen, wobei der Niederschlag nicht trocken werden darf. Schließlich wird trocken gesogen, das Filter 30 Minuten im Vakuum getrocknet, worauf die Hauptmenge des Digitonids leicht mit dem Spatel als papierähnliche Masse abgehoben und mit 5 ccm Essigsäureanhydrid bis zur Lösung (etwa

[1] J. Allan u. Ch. W. Moore: Journ. Soc. chem. Ind. 1927, 46, T. 433; C. 1928, I, 435.
[2] L. Kofler u. E. Schaper: U. 1935, 42, 21.
[3] A. More: Analyst 1929, 54, 735.   [4] H. Hawley: Analyst 1933, 58, 529.

5 Minuten) gekocht wird. Man spült mit 20 ccm 50%igem Alkohol aus und läßt im Becherglas krystallisieren. Die Krystalle werden durch ein Filter 3 G 3 filtriert, mit 50%igem Alkohol gewaschen, schließlich in Äther gelöst und die Lösung in einem 10-ccm-Wägegläschen mit Glasstopfen verdampft. Den Rückstand krystallisiert man aus 5 ccm 90%igem Alkohol, filtriert durch ein Mikrofilter 12 G 3, wäscht viermal mit je 1 ccm kaltem 90%igen Alkohol, trocknet über Nacht und bestimmt den Schmelzpunkt, der bei reiner Butter zu 114,0—115,2°, bei Fremdfettzusatz zu 117° oder darüber gefunden wird.

3. Mikrophytosterinacetatprobe nach L. Kofler und E. Schaper[1]. Diese Probe erfordert zur Ausführung nur 0,25—1 g Fett und läßt sich in 3 Stunden durchführen, erfordert aber einen Mikroschmelzpunktapparat.

Ausführung. 0,25—1 g Fett oder Öl werden mit 5 ccm alkoholischer Kalilauge (20%ige Lösung von Kaliumhydroxyd in 70 Vol.-%igem Alkohol) in einem Kölbchen mit Steigrohr $^1/_2$ Stunde lang auf einem siedenden Wasserbade verseift. Die Seifenlösung wird mit 6 ccm heißem Wasser und dann langsam unter Umschwenken mit 2,5 ccm 25%iger Salzsäure versetzt. Die abgeschiedenen Fettsäuren werden nun in folgender Weise abfiltriert: In einem vorgewärmten Trichter oder einem Heißwassertrichter füllt man ein Filter bis zur halben Höhe mit heißem Wasser und gießt dann rasch die angesäuerte Verseifungsflüssigkeit auf. Nach dem Abfließen der wäßrigen Schicht durchstößt man das Filter mit einem feinen Glasstab und läßt die Fettsäuren in ein trockenes Filter auf einem vorgewärmten Trichter laufen, der sich über einem kleinen vorgewärmten Becherglas befindet. Die so filtrierten Fettsäuren erwärmt man auf dem Wasserbade auf 60—70° und versetzt langsam unter Umschwenken mit 2 ccm 1%iger alkoholischer Digitoninlösung. Hierbei scheidet sich sofort oder nach einiger Zeit ein Niederschlag von Digitoninsterid ab. Das Reaktionsprodukt wird $^1/_2$ Stunde bei 60—70° erhalten, dann mit 2 ccm warmem Chloroform

Abb. 60.
Filtriervorrichtung
für Sterindigitonid.
(Nach Hawley.)

versetzt, sofort durch ein vorgewärmtes Filter filtriert und mehrmals mit warmem Chloroform und hernach mit Äther gewaschen. Das Filter mit dem Niederschlag wird im Trockenschrank 10 Minuten bei 80—90° getrocknet, zur Entfernung der letzten Fettsäurereste nochmals mit Äther gewaschen und wieder getrocknet. Der Digitonidniederschlag ist nun von papierartiger Konsistenz, läßt sich leicht vom Filter abheben, in feine Streifen schneiden und quantitativ in ein einseitig zugeschmolzenes Glasröhrchen von etwa 3 mm lichter Weite und 10 cm Länge übertragen.

Zu dem Digitonid im Röhrchen gibt man 5 Tropfen Essigsäureanhydrid, schmilzt das Röhrchen zu und erhitzt 10 Minuten lang auf ungefähr 137°. Dies kann in einem Paraffinbad oder zweckmäßiger in einem Metallblock geschehen, der eine oder mehrere Bohrungen für die Acetylierungsröhrchen und eine Bohrung mit einem Thermometer besitzt. Nach dem Acetylieren wird das Röhrchen geöffnet, noch heiß mit 25 Tropfen 50%igem Alkohol versetzt und nach dem Umschütteln $^1/_4$ Stunde in kaltes Wasser eingestellt. Das ausgeschiedene Sterinacetat wird mit 50%igem Alkohol durch Zentrifugieren im Röhrchen gewaschen und aus 50%igem Alkohol umkrystallisiert. Dazu hält man das Röhrchen vorsichtig bis zum Lösen des Acetats ins kochende Wasserbad und stellt es dann in ein Becherglas mit heißem Wasser. Beim langsamen

---

[1] L. Kofler u. E. Schaper: U. 1935, 42, 21.

Abkühlen fallen schöne Krystalle aus, die durch Zentrifugieren und Abhebern von der Hauptmenge der Mutterlauge getrennt werden. Ein zwei- oder höchstens dreimaliges Umkrystallisieren genügt, damit ein gleich hoher oder höherer Schmelzpunkt als bei der Makromethode durch viermaliges Umkrystallisieren erhalten wird. Eine kleine Menge dieser Sterinacetatkrystalle bringt man auf einen Objektträger, läßt sie hier trocknen, bedeckt mit einem Becherglas und unterwirft sie der Mikroschmelzpunktbestimmung.

Für die Schmelzpunktbestimmung der Sterinacetate kann jeder Mikroschmelzpunktapparat verwendet werden, der die gleiche Genauigkeit wie das übliche Makroverfahren verbürgt, wie der Apparat von L. Kofler und H. Hilbck[1] mit thermoelektrischer Temperaturmessung oder der Apparat von Kofler[2] mit Thermometerablesung.

Nach diesem Verfahren wurden folgende Mikroschmelzpunkte des Sterinacetates gefunden:

Tabelle 109.

Dorschlebertran	113°	Sesamöl	127°
Butter	114°	Erdnußöl	128°
Schweinefett	114,5°	Rüböl	128°
Sonnenblumenöl[3]	119,5°	Ricinusöl	128°
Mandelöl	123—125°	Cocosfett (Palmin)	128,5°
Olivenöl	125°	Sojaöl	129°
Baumwollöl	125,5°	Leinöl	131°

c) Nachweis und Bestimmung von Cholesterin neben Phytosterinen nach A. Windaus. Während der Nachweis von Phytosterin neben Cholesterin nach den S. 253 beschriebenen Verfahren von A. Bömer keinerlei Schwierigkeiten bietet und recht scharf ist, läßt sich der Nachweis von Cholesterin neben Phytosterin nicht so leicht führen. Das von A. Windaus[4] dafür vorgeschlagene Verfahren beruht auf der Schwerlöslichkeit von Cholesterindibromid in einem Gemisch von Äther und Eisessig. Ein Gemisch von 50 ccm Äther und 50 ccm Eisessig löst bei 20° nur etwa 0,6 g und ein Gemisch von 40 ccm Äther und 60 ccm Eisessig nur etwa 0,25 g Cholesterindibromid und durch einen Zusatz von geringen Mengen Wasser wird die Löslichkeit noch stark herabgedrückt. Cholesterindibromid (Schmelzpunkt 123°) läßt sich fast quantitativ gewinnen, wenn man Cholesterin in möglichst wenig Äther unter Erwärmen auflöst und mit einer Lösung von Brom in Eisessig versetzt. Phytosterin vom Schmelzpunkt 136,5—137,5° liefert unter den gleichen Bedingungen keine Ausscheidung von Phytosterindibromid; letzteres fällt erst auf Zusatz von viel Wasser in öliger Form aus und zeigt nur geringes Krystallisationsvermögen. Durch Reduktionsmittel (Zinkstaub oder Natriumamalgam) kann man aus den Dibromiden ihre Sterine leicht zurückgewinnen. Auf 1 g Bromid verwendet man dabei 20 ccm Eisessig und 1 g Zinkstaub und erhitzt 2 Stunden am Rückflußkühler. Zum Nachweis von z. B. 0,4 g Cholesterin neben 4 g Phytosterin verfuhr Windaus wie folgt: Das Gemisch beider Sterine wurde in 44 ccm Äther gelöst und mit 44 ccm Bromessigsäuremischung (5 g Brom in 100 ccm Eisessig) versetzt. Es trat kein Niederschlag auf, dagegen erfolgte auf Zusatz von 11 ccm 50%iger Essigsäure ein Niederschlag von 0,14 g, der mit 22 ccm Eisessig und 11 ccm 50%ige Essigsäure gewaschen wurde und aus fast reinem Cholesterindibromid bestand.

Auf Zusatz der Waschflüssigkeit zur Hauptlösung fielen weiter 0,24 g Niederschlag aus, die aber nicht ganz rein waren. Aus der Lösung ließen sich leicht etwa 3 g Phytosterin-

---

[1] L. Kofler u. H. Hilbck: Mikrochemie 1931, **9**, 38.
[2] L. Kofler: Mikrochemie 1934, **15**, 242 (vgl. S. 15).
[3] Vgl. S. 258.   [4] A. Windaus: Chem.-Ztg. 1906, **30**, 1011.

acetat ausscheiden[1]. Nach J. Lewkowitsch[2] ist dieses Verfahren bei den geringen bei
der Untersuchung von Fetten zur Verfügung stehenden Sterinmengen nur brauchbar,
wenn die Mischung wenigstens 20% tierische Fette enthält. Ist die Menge der letzteren
geringer und das Unverseifbare sehr unrein, so empfiehlt er, die Sterine durch Digitoninabscheidung von den Verunreinigungen zu trennen und sie durch Behandlung mit Petroläther
zunächst an Cholesterin anzureichern, das darin weniger löslich ist als Phytosterin[3], und
dann die Dibromidtrennung vorzunehmen.

5. Bestimmung der freien und gebundenen Sterine in Fetten und Ölen.

M. Klostermann[4] hat zuerst darauf aufmerksam gemacht, daß die Sterine
in den Fetten und Ölen teils im freien, teils in gebundenem Zustande, als Fettsäureester vorkommen. Klostermann und H. Opitz[5] bestimmen die beiden
Formen in der Weise, daß sie die Sterine vor und nach der Verseifung mit
Digitonin abscheiden.

a) Bestimmung der freien Sterine. 20 g[6] Fett oder Öl werden in einem
500 ccm fassenden Erlenmeyerkolben in 200 ccm einer Mischung von gleichen
Teilen Äther und Petroläther gelöst und die Lösung mit 10 ccm 1%iger absolut-
alkoholischer Digitoninlösung[6] versetzt. Zu der anfangs schwach schleierig-
trüben, dann sich nicht absetzende Flocken ausscheidenden Flüssigkeit setzt
man wenige Tropfen Wasser hinzu und schüttelt kräftig um. Dadurch wird
der Niederschlag krystallinisch und bei weiterem vorsichtigen Zusatz von 2 bis
3 ccm Wasser erreicht man schließlich einen Punkt, bei dem der Niederschlag
sich rasch absetzt und die überstehende Flüssigkeit völlig blank wird. Mitunter
wird das Absetzen auch durch schwaches Erwärmen auf dem Wasserbade beschleunigt.

Hat sich der Steridniederschlag gut abgesetzt, so dekantiert[6] man die Flüssigkeit durch ein kleines Wattefilter und schüttelt den zurückbleibenden Niederschlag mit 50 ccm Äther-Petroläther, läßt absitzen, dekantiert von neuem und
wiederholt dies etwa 4—5mal, nötigenfalls unter Zusatz von wenig Wasser,
wenn sich der Niederschlag nicht gut absetzt. Nachdem so der Niederschlag
ziemlich fettfrei geworden ist, dampft man den Inhalt des Kolbens auf dem
Wasserbade — zum Schluß zwecks Entfernung des Wassers unter Lufteinblasen —
zur Trockne. Zur Entfernung des dem Digitonid noch beigemischten überschüssigen freien Digitonins löst man das Sterid in heißem Alkohol, wobei
man zunächst durch Aufgießen von 50 ccm heißem absolutem Alkohol das
Wattefilter von etwaigem Sterid befreit, das Filtrat zum Niederschlage in den

---

[1] Nach D. Holde (Zeitschr. angew. Chem. 1906, **19**, 1604) und P. Werner (Inaug.-
Diss. Berlin 1911) (Z. 1911, **21**, 691) liefert das Verfahren nur bei Gegenwart größerer
Cholesterinmengen (z. B. bei Gegenwart von größeren Mengen cholesterinreicher Trane)
brauchbare Ergebnisse. Nach Werner ist auch die von Holde und K. Schäfer vorgeschlagene Unterscheidung mittels der Krystallform der Cholesteryl- und Phytosteryläther
praktisch nicht brauchbar. Klamroth (Inaug.-Diss. München 1911; Lewkowitsch a. a. O.
S. 596) verwendet die Bromthermalzahl zur Bestimmung von Cholesterin, Phytosterin
und Stigmasterin in Mischungen.

[2] J. Lewkowitsch: Jahrb. Chem. 1906, **16**, 406. — Vgl. J. Lewkowitsch: Chemische
Technologie der Öle, Fette und Wachse, 5. engl. Aufl., Bd. 1, S. 596. 1913.

[3] Nach A. Bömer (Z. 1898, **1**, 37) lösen 100 ccm Petroläther (Siedep. 35—55°, D. 0,7522)
bei 19° 0,832 g, bei 23° 1,038 g Cholesterin, dagegen bei 21° 2,792 g Phytosterin.

[4] M. Klostermann: Z. 1913, **26**, 433.

[5] M. Klostermann u. H. Opitz: Z. 1914, **27**, 713.

[6] Bei sterinreichen Pflanzenfetten verwendet man zweckmäßig nur 10 g Ausgangsprobe,
wobei dann natürlich die Lösungsmengen usw. entsprechend verkleinert werden. — Bevor
man die Äther-Petrolätherlösung abdekantiert, prüft man, ob genügend Digitonin zugesetzt
bzw. alles Sterin abgeschieden ist. Zu diesem Zwecke setzt man zu einer Probe der Äther-
Petrolätherlösung in einem Reagensrohre einige Tropfen Digitoninlösung hinzu, worauf
meistens sofort eine Trübung entsteht. Um zu prüfen, ob diese aus freiem Digitonin oder
Sterid besteht, schüttelt man mit wenig Wasser. Freies Digitonin löst sich dabei auf, während
Sterid ungelöst bleibt.

Kolben fließen läßt, 5—10 Minuten am Rückflußkühler erhitzt, wenn noch nicht alles gelöst ist, weitere gemessene Mengen absoluten Alkohols hinzugibt und kocht, bis alles gelöst ist. Dann gibt man zu der kochenden Lösung durch das Kühlrohr soviel Wasser hinzu, daß ein 90%iger Alkohol entsteht und unterbricht das Erhitzen. Nachdem sich nach 2 Stunden das Sterid in schönen Krystallen abgesetzt hat, verdünnt man zur sicheren Abscheidung der gesamten Steride den Alkohol auf 75—80 Vol.-% und läßt nochmals 1 Stunde stehen. Das abgeschiedene Sterid filtriert man durch einen Gooch-Tiegel[1], wäscht mit 90%igem Alkohol (um alles Digitonin zu entfernen) und dann mit Äther nach, trocknet bei 110° und wägt.

Durch Multiplikation des Sterids mit $\dfrac{386{,}36}{1589{,}06} = 0{,}2431$ erhält man die vorhandene Menge des Sterins (Cholesterin oder Phytosterin).

b) Bestimmung der gesamten Sterine. 20 g[2] Fett oder Öl werden mit 40 ccm alkoholischer Kalilauge (200 g Kaliumhydroxyd in 200 ccm Wasser gelöst und mit 95%igem Alkohol auf 1 Liter aufgefüllt), $^1/_2$ Stunde am Rückflußkühler gekocht; denn Fettsäuresterinester sind schwer verseifbar. Die Seife wird mit Wasser quantitativ in einen Scheidetrichter übergeführt, die Fettsäuren mit Salzsäure abgeschieden, mit 200 ccm — bei harten Fetten mit etwas mehr — Äther-Petroläther ausgeschüttelt, die Fettsäurenlösung mehrmals mit Wasser gewaschen und mit geglühtem Natriumsulfat entwässert.

Darauf wird die Fettsäurenlösung quantitativ in einen 500-ccm-Erlenmeyerkolben übergeführt und dann weiter wie unter a) verfahren.

c) Die gebundenen Sterine ergeben sich durch Subtraktion der nach a, S. 261 bestimmbaren freien von den nach b bestimmten gesamten Sterinen.

Über Methoden zur Bestimmung von gesättigten Sterinen neben ungesättigten, besonders Dihydrocholesterin und Koprosterin neben Cholesterin vgl. H. Dam[3].

6. Mikromethoden zur Bestimmung von Cholesterin.

Sehr kleine Mengen von Cholesterin, wenn es nicht auf die Bestimmung des Gesamtunverseifbaren ankommt, lassen sich, namentlich in Eigelb in sehr eleganter Weise nach dem Verfahren von A. von Szent-Györgyi[4] in der Ausführungsform von J. Tillmans, H. Riffart und A. Kühn[5] bestimmen, wobei insbesondere der Verbrauch an Digitonin sehr klein bleibt. Es beruht auf Oxydation des Digitonids mittels Chromsäure und Schwefelsäure.

Eine Vereinfachung und Verbesserung dieser Methode sowie eine colorimetrische Ausführungsweise beschreiben Riffart und H. Keller[6] wie folgt:

Das zu prüfende Eigelb wird mit Seesand auf dem Wasserbade getrocknet, dann im Soxhlet-Apparat mit Äther 6 Stunden ausgezogen und der Ätherrückstand bei 100° getrocknet und gewogen. Fette und Öle verwendet man ohne diese Vorbehandlung. Von diesem Rückstand oder vom Fett wird je eine bestimmte Menge teils in Aceton, teils in Essigester gelöst, auf ein bestimmtes Volumen aufgefüllt und auf titrimetrischem und colorimetrischem Wege das Cholesterin bestimmt.

---

[1] Der Gooch-Tiegel wird in folgender Weise vorbereitet: Auf den Siebboden legt man ein gut passendes Filterscheibchen, saugt es mit Wasser an, legt darüber einen etwa 1 cm dicken, vorher mit Alkohol und Äther entfetteten Wattebausch, feuchtet ihn mit Wasser an und drückt ihn während des Saugens fest an die Unterlage an. Dann wird das Wasser mit Alkohol und Äther verdrängt und der Tiegel in einem Wägegläschen bei 110° bis zur Gewichtskonstanz getrocknet und nach dem Erkalten gewogen.

[2] Vgl. Anm. 6, S. 261.   [3] H. Dam: Biochem. Zeitschr. 1934, **268**, 297; C. 1934, II, 100.

[4] A. v. Szent-Györgyi: Biochem. Zeitschr. 1923, **136**, 107.

[5] J. Tillmans, H. Riffart u. A. Kühn: Z. 1930, **60**, 365.

[6] Riffart u. H. Keller: Z. 1934, **68**, 114.

I. Titrimetrische Cholesterinbestimmung.

Lösungen und Chemikalien. 1. 0,5%ige Lösung von Digitonin Merck in 80%igem Alkohol.

2. Chromschwefelsäure, die durch Lösung von 10 g Kaliumbichromat in 1 Liter konzentrierter Schwefelsäure hergestellt und vom unlöslichen Rest durch Dekantieren getrennt wird.

3. 0,1 N.-Natriumthiosulfatlösung, 10%ige Jodkaliumlösung und 1%ige Stärkelösung.

4. Äther, Aceton, Chloroform, absoluter Alkohol und doppelt destilliertes Wasser, sämtlich vollkommen rein und filtriert.

Die Filtration des Digitonidniederschlages wird in einem Filterröhrchen mit Glasfilter vorgenommen, dessen Boden noch mit einer dünnen Asbestschicht bedeckt wird. Das Röhrchen ist luftdicht von einem Dampfmantel umgeben, durch den aus einem Kolben Wasserdampf geleitet werden kann. Die zur Oxydation benötigten Jodzahlkolben sowie das Filtrat werden vorher sorgfältig mit Chromschwefelsäure gereinigt.

Ausführung der Bestimmung. 2 ccm der Lösung des Cholesterins in Aceton, die höchstens 2 mg Cholesterin enthält[1], werden in einem 100-ccm-Becherglas mit 4 ccm der Digitoninlösung versetzt und auf dem Wasserbad zur Trockne eingedampft, wobei das Cholesterin als Digitonid gefällt wird.

Nach dem Durchblasen von Luft wird der Rückstand mit 100 ccm Wasser aufgenommen, vorsichtig zum Sieden erhitzt und einige Minuten bei dieser Temperatur gehalten, um das überschüssige Digitonin in dem heißen Wasser vollkommen zu lösen. Hierbei rufen vorhandene Kolloide ein schwer filtrierbares Sol hervor, ein Zustand, der aber durch Zusatz von 20 ccm Aceton sofort aufgehoben wird. Der Niederschlag wird nun quantitativ durch fünfmalige Behandlung mit je 1,5 ccm folgender Flüssigkeiten ausgewaschen: Zweimal mit Äther, zweimal mit Chloroform und wieder dreimal mit Äther, wobei durch langsames Absaugen auch die an den

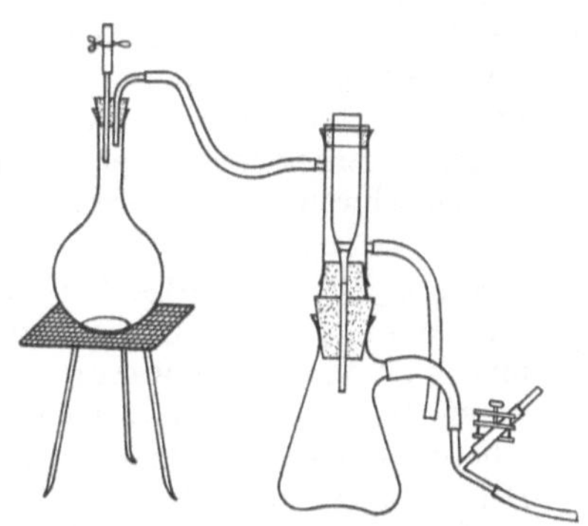

Abb. 61. Vorrichtung zur Cholesterinbestimmung. (Nach TILLMANS, RIFFART und KÜHN.)

Wänden haftenden Niederschlagsteilchen auf das Filter hinabgespült werden.

Nach diesen Waschungen wird das Filter von dem Filtrationskolben auf den Oxydationskolben gesetzt und durch den Dampfmantel Wasserdampf geleitet. Nach einigen Minuten gibt man im ganzen 20 ccm absoluten Alkohol in kleinen Anteilen in das erwärmte Filterröhrchen, wodurch der Niederschlag gelöst wird und in den Kolben gelangt. Ein zu starkes Sieden wird dabei durch schnelleres Saugen vermieden. Durch Einstellen des Kolbens in ein siedendes Wasserbad verjagt man darauf den Alkohol, wobei man zweckmäßig die letzten Anteile durch Einleiten von Kohlendioxyd entfernt.

Den Rückstand versetzt man mit 10—20 ccm Chromschwefelsäure und beendet die Oxydation durch einstündiges Erhitzen im siedenden Wasserbade. Nach dem Abkühlen werden für je 10 ccm der angewendeten Chromschwefelsäure 100 ccm doppeltdestilliertes Wasser und nach dem nochmaligen Erkalten 5 ccm 10%ige Jodkaliumlösung zugefügt. Das ausgeschiedene Jod wird mit 0,1 N.-Thiosulfatlösung titriert, wobei man erst gegen Ende der Titration 2 ccm der 1%igen Stärkelösung als Indicator zusetzt. Im blinden Versuch stellt man den Jodverbrauch von 10 ccm der angewendeten Chromschwefelsäure fest. Die Differenz der beiden Werte liefert mit dem Faktor 0,115[2] die Cholesterinmenge in Milligrammen.

---

[1] Also etwa bis zu 125 mg frischem Eidotter entsprechend, bei Fetten entsprechend mehr.

[2] 1 mg Cholesterin entsprach im Mittel 8,68 ccm 0,1 N.-Thiosulfatlösung, mithin 1 ccm derselben = 0,115 mg Cholesterin.

In vereinfachter Ausführungsform des vorstehenden Verfahrens nimmt H. Kluge[1] die Ausfällung des Cholesterins in einem mit Chromschwefelsäure vorher gesäuberten Zentrifugengläschen von etwa 5 ccm Inhalt vor, das in der Höhe von 1,5 ccm an der Wandung eine Marke aufweist:

Die zu bestimmende Cholesterinmenge, die nicht mehr als 2 mg betragen soll, wird in 2 ccm Aceton gelöst im Zentrifugengläschen mit 1 ccm 2%iger Lösung von Digitonin Merck in 80%igem Alkohol versetzt und $^1/_4$ Stunde vorsichtig auf dem Wasserbade erwärmt. Hierauf wird die Flüssigkeit mit dem Wasserstrahlgebläse bis zur Marke (1,5 ccm) abgeblasen. Das Röhrchen bleibt dann noch $^1/_4$ Stunde stehen, worauf der Niederschlag in einer Zentrifuge mit folgenden Flüssigkeiten von je 1,5 ccm nachgewaschen wird: siebenmal mit Äther, einmal mit Aceton, einmal mit kaltem Wasser, achtmal mit warmem Wasser.

Darauf gibt man das Gläschen in einen trockenen Jodzahlkolben und fügt 10 bzw. 20 ccm Chromschwefelsäure hinzu und läßt 1 Stunde stehen. Der Kolben wird nun $^1/_4$ Stunde lang auf offenem, siedendem Wasserbad erhitzt. Nach Abkühlen auf Zimmertemperatur (1 Stunde oder länger) fügt man für je 10 ccm Chromschwefelsäure 100 ccm Wasser hinzu. Nach Zusatz von 10 ccm 5%iger Kaliumjodidlösung wird dann mit 0,1 N.-Natriumthiosulfat wie oben titriert. Als Indicator verwendet man auf je 10 ccm Chromschwefelsäure 10 Tropfen Stärkelösung. Der gesamte Jodverbrauch wird wie oben mit 10 ccm der Chromschwefelsäure, verdünnt mit 100 ccm Wasser, ermittelt.

II. Colorimetrische Cholesterinbestimmung.

Die colorimetrische Cholesterinbestimmung fußt auf der Reaktion von Liebermann und Burchhard (vgl. S. 249), die von A. Heiduschka und E. Scheller[2] bereits im Jahre 1909 zur Bestimmung von Cholesterin in Lebensmitteln verwendet worden ist. Riffart und Keller verfahren wie folgt:

Der zu untersuchende Auszug mit bis zu 4 mg Cholesterin wird durch gelindes Erwärmen in 10 ccm Essigester gelöst und nach dem Filtrieren durch Nachwaschen damit auf 20 ccm gebracht.

Nun mischt man in einem mit Glasstopfen versehenen Reagensglase 9 ccm Essigester mit 4 ccm Essigsäureanhydrid, gibt 0,8 ccm konzentrierte Schwefelsäure zu und kühlt nach dem Umschütteln 10 Minuten durch Einstellen in Wasser von 20°. Gleichzeitig werden in einem zweiten Glase 13 ccm Essigester mit 0,8 ccm konzentrierter Schwefelsäure gemischt und ebenfalls gekühlt. In beide Gläser gibt man darauf je 1 ccm der Cholesterinlösung, schüttelt gut durch und kühlt wieder 5 Minuten bei 20°. Die beiden Lösungen werden nun in die Glasküvetten eingefüllt und in den Strahlengang des Stufenphotometers eingeschaltet. Als Farbfilter wird S 61 verwendet.

Da der Höchstwert der Farbstärke erst nach verschiedenen Zeitspannen (15—60 Minuten) eintritt, ist der Höhepunkt durch wiederholte Messung in Abständen von etwa 10 Minuten zu bestimmen. Der Extinktionskoeffizient nach Lambert-Beers Gesetz, bezogen auf Schichtdicke von 10 mm beträgt 0,151. Zur Ablesung des Cholesteringehaltes in 100 ccm einer Essigesterlösung aus den Ablesewerten sowie aus den Extinktionskoeffizienten dienen nebenstehende Eichkurven.

Zur Cholesterinbestimmung in Blut und Geweben ist eine Reihe von Vorschlägen gemacht worden. Die meisten derselben bedienen sich der colorimetrischen Methoden. A. Mirsky und M. Bruger[3] fanden nach Liebermann-Burchard gut übereinstimmende Werte, wenn sie die cholesterinhaltige Chloroformlösung nach dem Zusatz

---

[1] H. Kluge: Z. 1935, **69**, 11.

[2] A. Heiduschka u. E. Scheller: Zeitschr. öffentl. Chem. 1910, **16**, 22. — E. Scheller: Diss. München 1909.

[3] A. Mirsky u. M. Bruger: Journ. Lab. clin. Med. 1932, **18**, 304; Z. 1938, **75**, 226.

von Schwefelsäure und Essigsäureanhydrid 5 Minuten im Dunkeln stehen ließen, dann 10 Minuten im Kühlschrank aufbewahrten. A. S. Ruiz und J. Torres [1] prüften verschiedene colorimetrische Cholesterinbestimmungsverfahren an Lösungen mit bekanntem Cholesteringehalt und erhielten nach V. C. Myers und E. L. Wardell [2] die besten Ergebnisse, dagegen nach einer Vorschrift von W. Autenrieth und A. Funk [3] sowie nach W. R. Bloor [4] nur 81 bzw. 86% der theoretischen Mengen. Die Grundlagen dieser Methoden sind folgende: Myers und Wardell ziehen die mit Gips eingetrocknete Substanz mit Chloroform aus, versetzen 5 ccm des Auszuges mit 2 ccm Essigsäureanhydrid und 0,1 ccm konzentrierter Schwefelsäure und vergleichen nach 10 Minuten langem Stehen im Dunkeln mit einer einge stellten Lösung von Naphtholgrün B. P. G. Schube [5] hat dieses Verfahren dahin abgeändert, daß zum Farbvergleich nicht die Grünfärbung verwendet wird, die bald nach Zugabe der Schwefelsäure und des Essigsäureanhydrids zur Chloroformlösung des Cholesterins auftritt, sondern die Gelbfärbung, in die das Grün nach einiger Zeit umschlägt. Um vergleichbare Gelbfärbungen zu erhalten, beläßt er die Lösungen 12—24 Stunden im Dunkeln bei 20°.

Bloor zieht z. B. Blutplasma mit Alkohol und Äther aus, nimmt den beim Verdampfen verbleibenden Rückstand in Chloroform auf und vergleicht die mit Essigsäureanhydrid

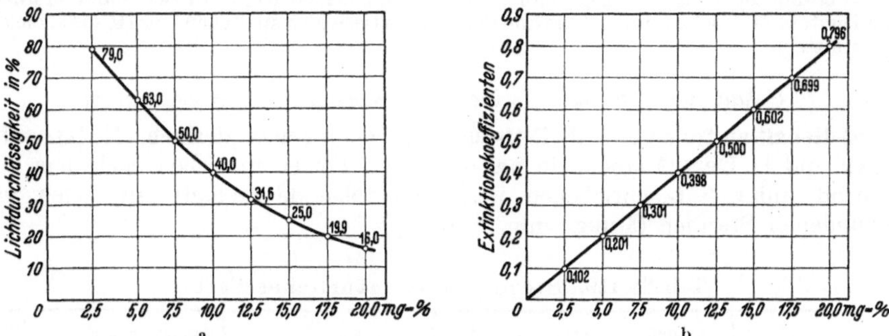

Abb. 62 a und b. a Eichkurve der direkten Ablesewerte; b Eichkurve der Extinktionskoeffizienten für den Cholesteringehalt in 100 ccm einer Essigätherlösung. Filter: S 61 — Schichtdicke: 20 ccm.
(Nach Riffart und Keller.)

und Schwefelsäure eintretende Färbung mit einer mit reinem Cholesterin erhaltenen Vergleichslösung. Bloor und Knudson wenden dieses Verfahren einerseits auf das mit Digitonin abgeschiedene freie Cholesterin, andererseits auf die Cholesterinester an.

Nach einem gewichtsanalytischen Verfahren läßt J. Onizawa [6] das feinzerkleinerte Gewebe nach Zusatz des doppelten Volumens 2%iger Natronlauge mehrere Stunden stehen und erhitzt die gequollene Masse $^1/_2$—1 Stunde im Wasserbad, bis alles gelöst ist. Nach Abkühlung wird im Scheidetrichter unter Wasserzusatz und Zugabe von Aceton sowie reichlich Äther unter Schütteln ausgezogen. Die Auszüge werden gewaschen, verdampft, der Rückstand nochmals mit Aceton und Äther behandelt und das Cholesterin schließlich, gegebenenfalls nach Verseifung der Ester, mit Digitonin bestimmt. Einfacher erscheint eine Methode von B. Ewert [7], bei der die Organteile mit Sand verrieben und im Soxhlet-Apparat mit Alkohol und dann mit Äther ausgezogen werden. Der Extrakt wird im Vakuum eingedampft, und der Rückstand in Chloroform gelöst. Nach dem Filtrieren wird eingeengt und nach dem Eindampfen von neuem mit Alkohol aufgenommen und wieder filtriert. Das Filtrat hiervon wird mit 1%iger Digitoninlösung (in 80%igem Alkohol) versetzt und der Niederschlag abfiltriert. Der Niederschlag wird nach längerem Stehen abgesaugt und ausgewaschen. Das eingedampfte Filtrat wird in Äther gelöst, die ätherische Lösung mit Natriumalkoholat verseift. Nach Neutralisation mit alkoholischer Salzsäure wird nochmalige Fällung des gebunden gewesenen Cholesterins vorgenommen.

A. Heiduschka und H. Sommer [8] weisen darauf hin, daß auf Grund der Liebermann-Reaktion neben den freien Sterinen auch deren Ester, nach der Digitoninmethode aber nur die freien Sterine bestimmt werden.

[1] A. S. Ruiz u. J. Torres: Anales Soc. Española Fisica Quim. 1933, **31**, 370; Z. 1937, **74**, 333.
[2] V. C. Myers u. E. L. Wardell: Journ. biol. Chem. 1918, **36**, 147; C. 1919, II, 399.
[3] W. Autenrieth u. A. Funk: Münch. med. Wochenschr. 1913, 227.
[4] W. R. Bloor: Journ. biol. Chem. 1916, **24**, 227; C. 1916, II, 773.
[5] P. G. Schube: Journ. Lab. clin. Med. 1932/33, 18, 306; Z. 1938, **75**, 226.
[6] J. Onizawa: Journ. Biochem. 1928, **10**, 45; C. 1929, I, 1485.
[7] B. Ewert: Biochem. Zeitschr. 1935, **263**, 149; Z. 1938, **75**, 226.
[8] A. Heiduschka u. H. Sommer: Z. 1935, **69**, 75.

R. M. Smith und A. A. Marble[1] führten durch passende Kombination der Methoden von Bloor und A. Knudson[2] sowie von R. Schoenheimer und W. M. Sperry[3] die colorimetrische Cholesterinbestimmung in Blutplasma durch. Dieses wurde mit Alkohol-äther (3 : 1) ausgezogen und in einem Teil davon nach Bloor das Gesamtcholesterin ermittelt. In einem anderen Teil wurde das freie Cholesterin als Digitonid vom Cholesterinester getrennt. Der Cholesterinester wurde verseift und danach colorimetrisch bestimmt. Das Cholesterindigitonid wurde mit heißem Eisessig gespalten, das Cholesterin durch Aufnahme in Petroläther getrennt und dann wie vorhin bestimmt. A. L. Bernoulli[4] benutzt die in einer Lösung von Cholesterin in Eisessig mit Äthylchlorid und Zinkchlorid noch bei Ver-dünnung 1 : 80000 eintretende eosinrote Färbung. Ergosterin und Phytosterin liefern die gleiche Färbung. Zum Colorimetrieren eignet sich noch besser das sehr beständige Gold-braun, das beim Erwärmen der eosinfarbenen Lösung auftritt und auch mit Fettsäure-cholesterinestern erhalten werden kann. Verwendung von Benzoylchlorid an Stelle von Acetylchlorid erhöht die Empfindlichkeit um das Vierfache.

Eine **titrimetrische Methode** zur Cholesterinbestimmung in mikroskopischem Maß-stabe von F. Rappaport und R. Klapholz[5] beruht darauf, das Cholesterin mit einer genau bekannten Menge von Digitonin zu fällen, den Niederschlag zu filtrieren und im Filtrat den Digitoninüberschuß durch Titration der hydrolytisch abgespaltenen vier Hexosemoleküle zu ermitteln.

7. Gehalt der Fette an Sterinen und sonstigen „Unverseifbarem".

a) Gehalt an freien und als Fettsäureester gebundenen Sterinen. M. Kloster-mann und H. Opitz[6] fanden in natürlichen Fetten und Ölen nach dem vor-stehend unter 5 beschriebenen Verfahren folgende Gehalte an freien und gebundenen Sterinen (Milligramm in 100 g):

Tabelle 110. Steringehalt natürlicher Fette.

Tierische Fette und Öle	Gesamt-sterine mg	Freie Sterine mg	Ge-bundene Sterine mg	Pflanzliche Fette und Öle	Gesamt-sterine mg	Freie Sterine mg	Ge-bundene Sterine mg
Menschenfett .	175	158	17	Cocosfett (Palmin)	79,8	62,5	17,3
Butterfett . .	75	75	0	Olivenöl	133,7	92,4	41,3
Schweinefett .	74,5—126	73,5—126	0—1	Rüböl	345,0	48,6	296,4
Rindstalg . .	75	72	3	Erdnußöl	247,9	192,1	55,8
Hammeltalg .	29	29	0	Sesamöl	549,4	333,1	216,3
Oleomargarine.	108	98	10	Baumwollsamenöl	311,2	204,2	107,0
Gänsefett . .	41	39	2	Mohnöl	247,9	226,1	21,8
Lebertran. . .	516	272	244	Leinöl	416,0	197,0	219,0

Hiernach findet sich in den Fetten der Landtiere das Cholesterin fast ganz in freiem Zustande, während in dem untersuchten Lebertran nur etwa die Hälfte in freiem Zustande vorlag. In den Pflanzenfetten und -ölen überwiegt teils das freie, teils das gebundene Sterin.

b) Verhalten der Sterine beim Hydrieren der Fette und Öle. Da die Sterine ungesättigte Alkohole sind, die 2 Atome Halogen addieren (Jodzahl 65,7), so liegt die Möglichkeit vor, daß sie beim Hydrieren der Fette und Öle ebenfalls hydriert werden. Diese Hydrierung erfolgt aber bei den Sterinen schwieriger als bei den Fettsäuren und beginnt nach Adamla[7] erst bei Temperaturen über 170°. Infolgedessen sind die Sterine in nach Wilbuschewitsch bei 150—160°

---

[1] R. M. Smith u. A. Marble: Journ. Biol. Chem. 1937, 117, 673; C. 1938, I, 3244.
[2] W. R. Bloor u. A. Knudson: Journ. Biol. Chem. 1916, 27, 107; 1917, 29, 437; C. 1917, I, 974; II, 754. — Bloor: Journ. Biol. Chem. 1928, 77, 53.
[3] R. Schoenheimer u. W. M. Sperry: Journ. Biol. Chem. 1934, 106, 745.
[4] A. L. Bernoulli: Helvet. chim. Acta 1932, 15, 274; Z. 1937, 73, 460.
[5] F. Rappaport u. R. Klapholz: Biochem. Zeitschr. 1933, 258, 467; Z. 1936, 72, 101.
[6] M. Klostermann u. H. Opitz: Z. 1914, 27, 713; 28, 138.
[7] Adamla: Beiträge zur Kenntnis des Cholesterins, S. 112. Diss. Freiburg 1911.

gehärteten Fetten und Ölen, wie A. Bömer[1] fand, wenig verändert, während
J. Marcusson und G. Myerheim[2] bei Ölen, die nach dem bei höherer Temperatur arbeitenden Verfahren von W. Normann hydriert waren, eine Veränderung
der Sterine nachwiesen, die um so größer war, je stärker die Fette gehärtet
waren, wie die nachstehenden Zahlen für verschieden stark gehärteten Tran
zeigen:

Tabelle 111.

Angabe	Waltran (Ausgangsöl)	Hydrierte Waltrane			
		Talgol	Talgol extra	Candelite	Candelite extra
Erstarrungspunkt	flüssig	31^0	38^0	42^0	45^0
Jodzahl.	114	67	36	20	13
Gesamt-Unverseifbares . .	0,9%	0,9%	0,9%	0,8%	0,7%
Steringehalt	0,13%	0,10%	0,07%	0,05%	0,02%
$(\alpha)_D$ der Sterine	-24^0	-34^0		—	—

Die Sterine nehmen demnach mit dem Grade der Hydrierung (nach dem
Normann-Verfahren) ab und werden dabei zu einem kleineren oder größeren
Teile in Dihydrosterine umgewandelt.

Beim Hydrieren von Cholesterin nach Adamla bei 250^0 erhielten Marcusson und Meyerheim eine harzartige Masse, aus der keine krystallinischen
Hydrierungsprodukte abscheidbar waren, während bei der Hydrierung unter
gleichen Bedingungen aus Phytosterin ein gelbbraunes krystallinisches Produkt
($[\alpha]_D = + 24,6^0$) erhalten wurde, aus dessen durch Digitonin nicht fällbaren
Anteile (92%) beträchtliche Mengen eines bei $102—103^0$ schmelzenden Körpers
($[\alpha]_D = + 48^0$) gewonnen wurden, der offenbar der dem Phytosterin zugrunde
liegende gesättigte Kohlenwasserstoff war.

Entsprechend diesem Verhalten der reinen Sterine beim Hydrieren bei
höherer Temperatur konnten Marcusson und Meyerheim neben Cholesterin
aus dem sterinfreien Unverseifbaren von gehärtetem Tran einen bei $59,4—59,8^0$
schmelzenden gesättigten aliphatischen Alkohol (Octodecylalkohol) abscheiden.
Bei nach Normann gehärtetem Leinöl dagegen konnte durch Umkrystallisieren und Digitonidfällung überhaupt kein Sterin abgeschieden werden, vielmehr wurde durch Zerlegung der Digitonidfällung ein bei $102—105^0$ schmelzender
Kohlenwasserstoff erhalten. — Bei nach Wilbuschewitsch gehärtetem Baumwollsamenöl wurden Sterine von normalen Eigenschaften ($[\alpha]_D = -22^0$) gewonnen, dagegen aus dem nach dem Normann-Verfahren gewonnenen niedrig
schmelzende Massen von $[\alpha]_D = -16^0$.

Die bei der Hydrierung entstehenden Umwandlungsprodukte können auch den Nachweis von Zusätzen gehärteter Fette zu Butterfett nach Bömer (S. 255) stören. So fanden
R. B. K. N. Bagchi und N. S. Mazumdar[3] braune Tropfen einer harzigen Substanz beim
Eindunsten der alkoholischen Lösung, teilweise Überdeckung der Cholesterinkrystalle mit
amorpher Substanz und Bildung einer zähen braunen Masse nach Acetylierung. Der Schmelzpunkt betrug auch nach fünfmaliger Krystallisation nur $110—114^0$. — Bei Abscheidung
der Sterine mit Digitonin (nach S. 253) dürften diese Störungen verringert sein.

c) **Sonstige Bestandteile des Unverseifbaren der natürlichen Fette und Öle.** Bei den
natürlichen Fetten und Ölen fanden Marcusson und Meyerheim[4] im Unverseifbaren
neben den durch Digitonin abscheidbaren Sterinen, die eine spezifische Drehung von -20
bis -32^0 aufwiesen, dickölige bis salbenartige Körper, die im wesentlichen aus rechtsdrehenden (bei Rindstalg linksdrehenden) Alkoholen unbekannter Zusammensetzung und
daneben aus geringen Mengen von Kohlenwasserstoffen bestanden.] Die Jodzahl des

[1] A. Bömer: Z. 1912, 24, 104. — Vgl. auch H. Thoms u. Fr. Müller: Arch. Hygiene
1915, 84, 54.   [2] J. Marcusson u. G. Myerheim: Zeitschr. angew. Chem. 1913, 27, 201.
[3] R. B. K. N. Bagchi u. N. S. Mazumdar: Indian. J. med. Res. 1936, 24, 233; Z. 1938,
76, 278.   [4] Marcusson u. Meyerheim: Zeitschr. angew. Chem. 1913, 27, 201.

sterinfreien Unverseifbaren betrug 56—78. Zum Teil dürfte es sich um durch Digitonin nicht fällbare „Sterine" oder Zersetzungsprodukte von Sterinen handeln.

Bei Sesamöl beträgt infolge dessen Gehaltes an Sesamin die spezifische Drehung des Unverseifbaren $+ 42^0$ und die des sterinfreien Unverseifbaren $+ 102^0$.

Zur Trennung von Sesamin und Phytosterin zieht man nach A. Bömer[1] das nach S. 246 gewonnene, aus Alkohol krystallisierte „Unverseifbare" mit geringen Mengen Äther aus, in dem das Sesamin schwer löslich ist; 100 ccm Äther lösen bei 20^0 nur 0,070 g. Sesamin unterscheidet sich vom Phytosterin deutlich durch seine Krystallform; es krystallisiert in rundlichen sandartigen Krystallen mit unregelmäßig erscheinender Begrenzung, die sich von den Krystallen der Phytosterine (Abb. 57, S. 254) leicht unterscheiden lassen; auch dann, wenn erstere, wie häufig, durch Aneinanderreihung zu nadelartigen Gebilden verwachsen sind. — In einem Gemisch von Phytosterin- und Sesaminkrystallen kann man unter dem Mikroskop die Sesaminkrystalle leicht erkennen, wenn man das trockene Krystallpulver mit einigen Tropfen eines Gemisches von gleichen Teilen konzentrierter Schwefelsäure und Essigsäureanhydrid versetzt. Die Sesaminkrystalle färben sich dabei anfangs schwach braungrün, dann blaugrün und schließlich dunkelkirschrot bis rotblau, wobei sie sich allmählich ganz auflösen. Die Phytosterinkrystalle bleiben bei dieser Behandlung unverändert. In ähnlicher Weise lassen sich Sesamin und Phytosterin auch dadurch leicht unterscheiden, daß eine Lösung von Sesamin in Chloroform (z. B. 5 mg in 5 ccm) auf Zusatz eines Tropfens konzentrierter Schwefelsäure beim Schütteln nach 1 Minute die Schwefelsäure kirschrot bis blau färbt, während die Schwefelsäure bei Phytosterin unter den gleichen Verhältnissen farblos bleibt oder nur eine schwache Gelbfärbung annimmt. Die Chloroformlösung bleibt in beiden Fällen farblos.

Nach P. Berg und J. Angerhausen[2] enthalten die von Bassia-Arten stammenden Fette Mowrahfett und Sheafett größere Mengen Unverseifbares mit nur wenig Sterinen und größeren Mengen eines in Alkohol unlöslichen nicht krystallinischen, optisch inaktiven Körpers; nach der Entfernung dieses Körpers und der Sterine wies das übrige Unverseifbare die hohe spezifische Drehung von $+ 32$ bis 36^0 bzw. $+ 38,5$ bis $39,5^0$ auf. Diese Eigenschaft des Unverseifbaren kann zur Unterscheidung dieser Bassiafette von anderen Fetten dienen. Vgl. S. 451 u. 453.

Berg und Angerhausen untersuchten außerdem eine Reihe von Tier- und Pflanzenfetten auf ihren Gehalt an Sterinen und sonstigem Unverseifbaren und erhielten z. B. folgende Werte:

Tabelle 112.

Fette	Gesamt-Unverseifbares			Sterinfreies Unverseifbares	
	Menge %	$[\alpha]_D$ Kreisgrade	Sterine %	Menge %	$[\alpha]_D$ Kreisgrade
Tierische Fette und Öle:					
Butterfett	0,31	— 27,1	0,24	0,08	0
Schweinefett.	0,09	— 19,5	0,05	0,03	0
Talg	0,21	— 19,1	0,14	0,04	0
Pferdefett	0,21	— 16,1	0,08	0,13	0
Dorschlebertran	0,63	— 26,3	0,42	0,14	0
Walfischtran.	2,23	— 1,6	0,085	2,12	0
Pflanzliche Fette:					
Cocosfett	0,15	— 7,0	0,08	0,06	0
Palmkernfett	0,41	— 4,5	0,12	0,26	+ 5,1
Kakaofett	0,33	— 13,6	0,17	0,15	+ 4,2
Erdnußöl	0,32	— 15,1	0,19	0,13	+ 7,0
Sesamöl	1,44	+ 59,1	0,52	0,88	+ 98,6
Baumwollsamenöl	0,50	— 10,8	0,26	0,28	+ 8,9
Olivenöl.	0,82	+ 1,9	0,21	0,55	+ 2,9
Rüböl	0,77	— 22,9	0,44	0,27	— 5,8
Leinöl	0,87	0	0,41	0,42	+ 3,4
Mowrahfett	2,20	— 27,1	0,04	1,73	+ 35,5
Sheafett	6,86	+ 21,8	0,09	3,87	+ 38,7
Gehärtete Fette und Öle:					
Baumwollsamenöl	0,53	— 10,2	0,23	0,24	+ 6,7
Gehärtete Trane { Talgol extra	0,86	0	0,06	0,78	+ 1,7
{ Candelite . .	0,79	+ 0,9	0,05	0,70	+ 2,8
Linolith	0,66	+ 3,4	0,22	0,39	+ 7,1

[1] A. Bömer: Z. 1899, 2, 705.   [2] P. Berg u. J. Angerhausen: Z. 1914, 27, 723; 28, 73, 145.

β) Aliphatische Fett- und Wachsalkohole.

Normale Speisefette enthalten keine wesentlichen Mengen Fett- oder Wachsalkohole. Dagegen sind die eigentlichen Wachse reich daran, ferner enthalten aber auch gewisse als Speiseöle ungeeignete Seetieröle, namentlich die vom Pottwal (vgl. S. 598) und Dögling (vgl. S. 598) beträchtliche Mengen. Durch Beimischungen dieser Öle, auch nach Hydrierung, zu Speiseölen oder Speisefetten können Wachsalkohole in diese hineingelangen. Durch Hochdruckhydrierung von Fetten lassen sich bedeutende Mengen Fettalkohol erzeugen. Neuerdings werden Fettalkohole als „Trennwachs" für Backformen empfohlen [1].

1. Vorproben. Der Nachweis von aliphatischen Fett- und Wachsalkoholen stützt sich zunächst auf Bestimmung des Unverseifbaren. Überschreitet dieses die normalen Grenzen eines Fettes und wird bei der Prüfung auf Kohlenwasserstoffe nach S. 241 ein wesentlich niedrigerer Wert als bei der Bestimmung des Gesamtunverseifbaren mit Äther nach S. 240 oder mit einer mehrfachen Menge Petroläther nach S. 243 gefunden, so ist die Gegenwart von höheren Alkoholen wahrscheinlich. Zu ihrer endgültigen Ermittelung stellt man dann eine größere Menge des Unverseifbaren, z. B. nach S. 246 dar und bestimmt darin die Acetyl- oder Hydroxylzahl nach S. 129 bzw. S. 130. Auf Grund derselben läßt sich allerdings nicht entscheiden, ob nur aliphatische Alkohole, nur Sterine oder Gemische beider vorliegen. Bei dem Verfahren von GROSSFELD und HÖLL (S. 243) unterschied sich ein Trennwachs für Kuchenbleche und Backwaren dadurch, daß es sich noch weniger in der Petrolätherschicht löst als Sterine. So wurde für die dort genannten Zahlen $m = 13$, $n = 33$ gefunden. Dagegen ging Cetylalkohol in größerem Anteil als Cholesterin in die Petrolätherschicht.

2. Essigsäureanhydridprobe. Die Substanz wird mit dem gleichen Volumen Essigsäureanhydrid 2 Stunden lang am Rückflußkühler gekocht. Tritt völlige Auflösung ein und erfolgt auch nach dem Abkühlen keine Ausscheidung, so ist Vorliegen von niederen Wachsalkoholen (Cetylalkohol u. a.) oder ungesättigter Alkohole wahrscheinlich. Ein Inlösunggehen des Unverseifbaren in der Hitze und Ausscheidung höher schmelzender Verbindungen, unter Umständen Erstarren zu einem Krystallbrei, beim Erkalten deutet auf Sterine (Cholesterin, Isocholesterin, Phytosterin) oder hochschmelzende aliphatische Alkohole (z. B. Myricylalkohol) hin. Ungelöstbleiben eines Teiles der Unverseifbaren beweist die Gegenwart größerer Mengen von Kohlenwasserstoffen. Erstarrt die auf der Flüssigkeit schwimmende Schicht beim Erkalten, so liegen Paraffin oder Ceresin vor. Die Lösung wird dann mit Wasser ausgefällt, die Fällung ausgewaschen und mit heißem Alkohol behandelt. Dabei lösen sich Sterinacetate nur sehr schwer und krystallisieren beim Erkalten der Lösung aus. Das Filtrat davon scheidet etwa vorhandene Wachsalkohole bei Zusatz von Wasser ab. Hat man keine ölige Schicht auf dem Essigsäureanhydrid bemerkt, so wird die gesamte Lösung, oder bei Gegenwart von Kohlenwasserstoffen, die untere Schicht in siedendes Wasser einlaufen gelassen. Die hierdurch ausgeschiedenen Acetate der Sterine und der aliphatischen Alkohole werden auf dem Filter mit Wasser ausgewaschen, bis die Waschwässer nicht mehr sauer sind.

Bestimmt man die Verseifungszahl der auf dem Filter verbliebenen Acetate in der oben S. 63 beschriebenen Weise und vergleicht die so erhaltenen Zahlen mit den in der nachstehenden Tabelle angeführten, so kann man weitere Schlüsse in bezug auf die Natur der ursprünglichen Alkohole ziehen. Wenn ein Gemisch von aliphatischen Alkoholen mit Sterinen vermutet wird, so kann als Fingerzeig dienen, daß die Acetate der Sterine größere Mengen 95%igen Alkohols

---

[1] Vgl. J. GROSSFELD: **Z.** 1938, **76**, 528.

zur vollständigen Auflösung erfordern als aliphatische Alkohole, welche sich sehr leicht in solchem Alkohol lösen. Wenn die Menge der erhaltenen Acetate groß genug ist, so kann man das Gemisch durch fraktionierte Krystallisation aus Alkohol in seine einzelnen Bestandteile zerlegen und die Verseifungszahl und Jodzahl jeder einzelnen Fraktion bestimmen. Eine vollständige Trennung kann jedoch nach J. Lewkowitsch auf diese Weise nicht bewirkt werden.

Tabelle 113.

Bezeichnung	Schmelz-punkt °C	Jodzahl	Der Acetate		Gewichts-zunahme beim Kochen mit Essigsäure-anhydrid %
			Versei-fungszahl	Schmelz-punkt °C	
Paraffin, Ceresin	38—82	0,4—0,5	0	—	0
Cetylalkohol ($C_{16}H_{34}O$) . .	49,5	0	197,5	22—23	17,2
Cerylalkohol ($C_{26}H_{52}O$) . .	79	0	128,1	65	10,6
Myricylalkohol ($C_{30}H_{62}O$) .	88	0	116,7	70	9,6
Cholesterin ($C_{27}H_{46}O$) . . .	148,5	68,3	135,5	114	11,3
Isocholesterin ($C_{27}H_{46}O$) . .	137—138	68,3	135,5	unter 100	11,3
Phytosterine ($C_{27}H_{46}O$)[1] . .	137—138	68,3	135,5	125,6—137	11,3
Wollwachsalkohole	—	36	160,9	—	—
Bienenwachsalkohole . . .	75—76	—	99—103	—	6,5—7,7
Carnaubawachsalkohole . .	85	—	123	—	10,2

Walrat-, Delphin- und Meerschweinöl enthält neben Cetylalkohol (n-Hexadecanol) auch n-Tetradecanol $C_{14}H_{30}O$ vom Schmelzpunkt 39° und n-Octadecanol $C_{18}H_{38}O$ vom Schmelzpunkt 58°, außerdem die ungesättigten Alkohole Oleylalkohol $C_{18}H_{36}O$ und n-Eicosanol $C_{20}H_{40}O$.

3. Schwefelsäureprobe. Zur Trennung des Gemisches aus hydroaromatischen und Wachsalkoholen ist auch Behandlung mit konzentrierter Schwefelsäure vorgeschlagen worden, wobei erstere in Kohlenwasserstoffe, letztere in Schwefelsäureester übergehen, die dann als Natriumsalze abgetrennt und durch Kochen mit Salzsäure in die ursprünglichen Alkohole zurückverwandelt werden (Cochenhausen)[2]. — Das Verfahren versagt aber unter anderem bei Wollfett.

4. Amylalkohol-Salzsäureprobe von Leys. Diese besonders für technische Zwecke empfohlene Probe wird S. 760 beschrieben.

5. Alkalischmelze nach Hell-Buisine (Vgl. S. 761).

6. Destillationsmethode von A. Grün und Wittka[3]. Das Gemisch von Alkoholen und Kohlenwasserstoffen wird mit dem Anhydrid oder Chlorid einer höheren Fettsäure, z. B. mit Stearinsäurechlorid im Überschuß behandelt, wobei die Alkohole quantitativ verestert werden. Dann destilliert man die Kohlenwasserstoffe mit der überschüssigen Säure im Hochvakuum ab, verseift den Rückstand und trennt die Alkohole von den fettsauren Salzen. Das Verfahren hat sich namentlich bei der Untersuchung von Pottwalöl, auch nach Hydrierung, bewährt.

7. Überführung in Phthalsäureester. G. Weidemann[4] führte Selachyl- und Batylalkohol aus dem Unverseifbaren des Leberöles vom Grönlandhai (Somniosus microcephalus) in Phthalsäureester über, deren Salze sich gut reinigen lassen. Es isolierte so aus Dorschleberöl neben einem Kohlenwasserstoff 4 Alkohole, darunter 3 zweiwertige.

Über die Kennzahlen der höheren Alkohole (vgl. S. 361f.).

---

[1] Über die Werte für Sitosterin, Stigmasterin und Brassicasterin vgl. S. 250.
[2] Cochenhausen: Journ. Soc. chem. Ind. 1897, **16**, 447.
[3] A. Grün u. Wittka: In A. Grün: Analyse der Fette und Wachse, Bd. I, S. 269.
[4] G. Weidemann: Biochem. Journ. 1932, **26**, 264; Z. 1937, **73**, 485.

γ) Kohlenwasserstoffe[1].

Normale Speisefette, namentlich alle Fette von Landtieren und Pflanzenöle enthalten nur einige Hundertstel- bis höchstens Zehntelprozente Kohlenwasserstoffe. Von den Pflanzenölen enthält Olivenöl kleine, aber unter 1% bleibende Mengen des Kohlenwasserstoffs Squalen (vgl. S. 420). Größere Mengen natürliche Kohlenwasserstoffe enthalten bestimmte Seetieröle, Hefefett und Pilzfette. In technischen Fettsäuren können durch Zersetzung bei der Destillation oder bei Hochdruckhydrierung Kohlenwasserstoffe neben Fettalkoholen entstehen. Die häufigste Ursache eines Gehaltes von Fetten an Kohlenwasserstoffen ist Zusatz von bzw. Verfälschung oder Verunreinigung mit Paraffin, Ceresin, flüssigen Mineralölen, Harzölen, Teerölen, mitunter auch hydroaromatischen oder aromatischen Kohlenwasserstoffen. Aus paraffinierten Behältern können von Fetten nachweisbare Mengen Paraffin gelöst werden.

1. Zur allgemeinen Vorprüfung auf Kohlenwasserstoffe eignet sich neben der Prüfung auf **Verseifbarkeit** (S. 238) die Behandlung mit **Essigsäureanhydrid** nach S. 269.

Wenn sich dabei die Substanz nicht völlig löst, sondern als ölige Schicht auf dem Essigsäureanhydrid schwimmt, liegen Kohlenwasserstoffe vor, erstarren diese in der Kälte, so handelt es sich um **Paraffin** oder **Ceresin**.

2. Annähernde Trennung. Auf dieses verschiedene Verhalten zu Essigsäureanhydrid stützt sich ein Verfahren von J. LEWKOWITSCH[2] zur **annähernden Trennung der Kohlenwasserstoffe von den Alkoholen:**

Die heiße acetylierte Masse wird in einen kleinen dünnwandigen Scheidetrichter übergeführt, indem man eine möglichst geringe Menge von Essigsäureanhydrid zum Auswaschen des Kolbens anwendet. Der Scheidetrichter wird vorsichtig erwärmt, so daß alle Alkohole in Lösung bleiben und zwei deutlich getrennte Schichten erhalten werden. Wendet man zuviel Essigsäureanhydrid an, so gehen Kohlenwasserstoffe in Lösung. Die klare untere Schicht wird abgezogen und gegebenenfalls auf Alkohole untersucht (S. 269). Die obere Schicht wird mit geringen Mengen von Essigsäureanhydrid in der Wärme gewaschen. Man läßt nun die Kohlenwasserstoffe abkühlen, wäscht sie mit heißem Wasser auf einem Filter und wägt. Die fernere Untersuchung umfaßt die Bestimmung des Schmelzpunktes und gegebenenfalls der Jodzahl. Über die weitere Prüfung der Lösung s. S. 269.

Hat die Prüfung nach den vorstehenden Methoden in einem Speisefett Vorliegen von Kohlenwasserstoffen, dagegen nicht von Fettalkoholen außer den natürlichen Gehalten an Sterinen ergeben, so empfiehlt sich ihre genaue Bestimmung mit Petroläther nach S. 241. Für die Prüfung auf kleinere Mengen ergänzt man diese Prüfung durch Behandlung mit größeren Mengen Petroläther nach S. 243. Der bei diesen Proben erhaltene Wägungsrückstand kann zur weiteren Untersuchung auf Konsistenz, Jodzahl usw. verwendet werden.

Enthält ein Fett neben Kohlenwasserstoffen höhere Fettalkohole, so mischt sich bei der vorstehenden Behandlung ein Teil derselben den Kohlenwasserstoffen bei.

3. Kohlenwasserstoffe von Seetierölen. Manche Seetieröle, namentlich Leberöle und andere Organfette von gewissen Haifischen (vgl. S. 595) enthalten flüssige Kohlenwasserstoffe, insbesondere das sechsfach ungesättigte **Squalen,** $C_{30}H_{50}$, (TSUJIMOTO)[3] neben geringeren Mengen anderer Kohlenwasserstoffe,

---

[1] Über die Bestimmung der flüchtigen Kohlenwasserstoffe vgl. auch S. 276.

[2] J. LEWKOWITSCH: Chemische Technologie und Analyse der Öle, Fette und Wachse, Bd. 1, S. 410. Braunschweig 1905.

[3] M. TSUJIMOTO: Journ. Ind. engin. Chem. 1916, 8, 889; 1920, 12, 63.

ungesättigter (Zamen[1], Gadusen[2]) und gesättigter (Pristan = Iso-octadecan)[3]
Natur. Squalen wurde ferner in beträchtlichen Mengen im Hefefett (vgl. S. 502)
sowie in kleinen Mengen im Olivenöl (vgl. S. 424) aufgefunden.

Ferner enthalten manche Pflanzenfette wie Sheafett (vgl. S. 450) u. a.
Kohlenwasserstoffe.

Squalen ist gekennzeichnet durch seine geringe Dichte ($D^{15} = 0{,}8587$ bis
$0{,}8591$), niedrigen Erstarrungspunkt (— 75°) und die hohe Jodzahl von 371,1.
Es neigt zur Autoxydation. Besonders charakteristisch ist aber die Bildung
von Hexahydrohalogeniden (vgl. S. 366). Das Hexahydrochlorid sintert bei
112° und schmilzt bei 125° unter Abspaltung von Chlorwasserstoff. Der Chlor-
gehalt beträgt für $C_{30}H_{50} \cdot 6\,HCl = 33{,}81\%$. Vgl. auch Bd. I, S. 321, über die
Strukturformel des Squalens diesen Band, S. 712.

Zur Bestimmung des Squalens in kleinen Mengen empfiehlt sich seine Abtrennung mit der Kohlenwasserstofffraktion nach S. 241 und Bestimmung der
Jodzahl darin z. B. nach Margosches. Je 1 ccm 0,1 N.-angelagertes Jod entspricht dabei 3,42 mg Squalen (J. Grossfeld und H. Timm[4]). Bei größeren
Squalengehalten kann dasselbe auch im Vakuum unter 10 mm Druck abdestilliert
und dann gewogen werden.

Über Gehalte verschiedener Haifischleberöle an Squalen vgl. S. 596.

4. Feste Kohlenwasserstoffe. Enthält ein Fett feste oder halbfeste Kohlenwasserstoffe wie Paraffin, Ceresin oder Vaselin, aber keine Wachsalkohole und
nur kleine Mengen Sterine (unter 1%), so werden die festen oder halbfesten
Kohlenwasserstoffe am besten nach S. 241 ermittelt. Im anderen Falle verfährt
man wie bei flüssigen Kohlenwasserstoffen nach S. 273.

Zur Bestimmung kleiner Mengen Paraffin oder Ceresin in Fetten z. B. in
Schweinefett, wie sie als Hindernis der Phytosterinacetatprobe nach Bömer
(S. 256) beobachtet worden sind, hat E. Polenske[5] eine Vorschrift angegeben.
Bei der heute gebräuchlichen Abscheidung der Sterine mit Digitonin ist dieser
Zusatz von festen Kohlenwasserstoffen wirkungslos geworden. Soll aber doch
auf kleine Paraffingehalte geprüft werden, so empfiehlt sich statt des Verfahrens
von Polenske die Prüfung nach S. 241 u. 243.

F. Bengen[6] hat darauf aufmerksam gemacht, daß das Stangenätzkali des Handels bisweilen mit einer dünnen Schicht von Paraffin überzogen wird, um es vor Verwitterung zu
schützen. Vielleicht sind hierdurch die obigen Beobachtungen verursacht worden. Bei der
Abscheidung der Sterine nach dem Digitoninverfahren stören diese Paraffinzusätze nicht.

Zur Unterscheidung von Paraffin und Ceresin löst Polenske 0,2 g
des abgeschiedenen Kohlenwasserstoffes in 10 ccm heißem Dichlorhydrin,
erwärmt stark und läßt mit eingetauchtem Thermometer erkalten. Ceresin
gibt dann bei 112—115°, Paraffin bei 88—92° eine Trübung.

Zur weiteren Unterscheidung des Ceresins von Paraffin dient sein höherer
Schmelzpunkt (61—84° gegen 38—56°), seine größere Dichte (0,910—0,943 gegen
0,867—0,915 bei 15°), die amorphe Struktur und geringere Löslichkeit.

Von F. Graefe[7] wurde folgendes von J. Marcusson und Schlüter[8] abgeänderte
Methode zum Nachweis von Ceresin neben Paraffin empfohlen: 3 g Unverseifbares werden
unter Erwärmen in 30 ccm Schwefelkohlenstoff gelöst, die Lösung auf 25° abgekühlt und
mit 300 ccm einer Mischung von gleichen Teilen Äther und 95%igem Alkohol versetzt.

[1] M. Tsujimoto: Bull. chem. Soc. Japan 1935, 10, 149; Z. 1937, 74, 424.
[2] Z. Nakamiya: Scient. Papers Inst. physic. chem. Res. 1935, 27, Nr. 580/583; Z. 1938,
26, 62. — Gadusen wurde aus Fischleberölen sowie Reiskeim- und Sojaöl erhalten.
[3] M. Tsujimoto: Journ. Ind. engin. Chem. 1916, 8, 889; 1917, 9, 1098.
[4] J. Grossfeld u. H. Timm: Z. 1939, 77, 249.
[5] E. Polenske: Arb. kaiserl. Gesundh.-Amt 1905, 22, 576; Z. 1910, 19, 271.
[6] F. Bengen: Z. 1909, 19, 269.   [7] E. Graefe: Chem.-Ztg. 1903, 27, 248.
[8] J. Marcusson u. H. Schlüter: Chem.-Ztg. 1907, 31, 348.

Reines, nicht über 54° schmelzendes Paraffin ergibt keine Fällung. Fällt ein Niederschlag, so wird er schnell abgenutscht, mit 25 ccm Alkoholäther gewaschen und an der Luft getrocknet. Dann bringt man die Hauptmenge mit dem Spatel in ein gewogenes Schälchen, spült den Rest mit heißem Benzol dazu, verdampft das Lösungsmittel und wägt den Rückstand. Da bei dieser Fällung im Mittel etwa 60% des Ceresins ausfallen, entsprechen a Gramm Niederschlag 1,67 a Gramm Ceresin oder bei einer Einwaage von 3 g: $\dfrac{100}{3}$ 1,67 a = 55,3 a%. Die Genauigkeit der Bestimmung beträgt etwa $\pm$ 10%.

Über weitere Unterscheidungsmittel vgl. auch S. 765 u. 766.

5. Fremde flüssige Kohlenwasserstoffe. Fremde flüssige Kohlenwasserstoffe können flüchtiger oder nichtflüchtiger Natur sein. Erstere werden im folgenden (S. 276), behandelt. Letztere können aus Mineralölen, Harzölen oder Teerölen bestehen.

a) **Mineralöle** sind die bei 250—300° und darüber siedenden Anteile des Rohpetroleums und der Schieferöle. Sie zeigen die Dichte 0,855—0,930 und drehen die Ebene des polarisierten Lichtes nicht oder nur sehr wenig ($[\alpha]_D$ bis $+3,1°$). An weiteren Kennzahlen wurden gefunden: Brechungsindex bei 18° 1,490—1,507, Jodzahl 6—12. Charakteristisch ist ferner ihre Indifferenz gegen Schwefelsäure, Salpetersäure und Kalilauge.

Viele Mineralöle zeigen lebhafte Fluorescenz. Auf Grund dieser Fluorescenz zeigen Mineralöldestillate oder Fette, die einige Prozent Vaselinöl oder andere fluorescierende Produkte enthalten, in einem Gefäß, dessen Boden mit einer Schicht Knochenkohle bedeckt ist im auffallenden Lichte Blaufärbung. — Durch Entscheinen ist es aber möglich, Mineralöle von ihrer Fluorescenz mehr oder weniger zu befreien.

Ein weiteres auffälliges Kennzeichen von manchen Mineralölen ist der durch Gehalt an **Naphthensäuren** bedingte äußerst **widerliche Geruch.** Diese Naphthensäuren lassen sich mit Wasserdampf abtreiben und unterscheiden sich von den Fettsäuren durch ihre wesentlich höhere Dichte (0,96—1,00). Auch ihre Lichtbrechung ist höher.

Zur Trennung der Naphthensäuren von den Fettsäuren hat B. Tütünnikoff[1] eine Vorschrift angegeben, die allerdings größere Substanzmengen erfordert: Etwa 5 g der vom Unverseifbaren befreiten (bzw. durch Dampfdestillation abgetrennten) Fettsäuren werden mit 6 ccm Lauge in 350 ccm Wasser und 350 ccm Permanganatlösung oxydiert; dann säuert man mit viel verdünnter Schwefelsäure an, zieht die ausgeschiedenen Säuren mit Äther aus, führt sie nach dem Vertreiben des Lösungsmittels in die Kalisalze und dann durch Fällung mit Kupfersulfat in die Kupfersalze über. Diese werden nach K. Charitschkoff[2] mit Benzin erschöpfend ausgeschüttelt, die Auszüge gesammelt, abdestilliert, der Rückstand mit Salzsäure zerlegt und die ausgeschiedene Säure gewogen. Die Genauigkeit der Bestimmung soll etwa 1% betragen.

In manchen Fällen wird auch die Jodzahl der flüchtigen Fettsäuren, die bei Naphthensäuren zwischen 21—52 (nach Wijs) gefunden wurde, zu ihrem Nachweis dienen können. Ihre Säurezahl (Verseifungszahl) wurde zwischen 87—158 ermittelt.

Durch Desodorieren können die Naphthensäuren aus Mineralölen entfernt und so völlig geruch- und geschmacklose Mineralöle oder Paraffinöle erhalten werden. Besonders gereinigte sog. **Weißöle** sind verschiedentlich als Fälschungsmittel von Speiseölen beobachtet worden.

Zur Bestimmung von nichtflüchtigem Mineralöl in Fetten und Ölen eignet sich besonders die S. 241 beschriebene Methode, die auch für Fischöle und Trane, außer für solche die größere Mengen Fettalkohole enthalten, brauchbar ist.

Eine andere Methode wird von S. Condelli[3] vorgeschlagen: Ein weites Reagensglas mit flachem Boden von 20 cm Länge, oben verengt und mit 0,1-ccm-

---

[1] B. Tütünnikoff: Seifensieder-Ztg. 1923, **50**, 591; 1924, **51**, 198.
[2] K. Charitschkoff: Seifensieder-Ztg. 1907, **34**, 509.
[3] S. Condelli: Staz. sperim. agrar. ital. 1917, **50**, 73; C. 1918, II, 867.

Teilung versehen, wird mit 3 ccm Öl beschickt. Dann setzt man allmählich 15 ccm Schwefelsäure von 66° Bé zu, erwärmt 45 Minuten im siedenden Wasserbad und gibt darauf vorsichtig Wasser zu, bis das Mineralöl in den kalibrierten Teil des Gefäßes steigt. Zur Ermöglichung einer quantitativen Bestimmung ist an das Gefäß oben ein Röhrchen rechtwinklig angeschmolzen, durch das man das Mineralöl durch Neigen des Glases ausgießen kann. Man spült mit Äther nach, vertreibt das Lösungsmittel und wägt den Rückstand.

Ähnliche Eigenschaften, nämlich eine geringe Löslichkeit in Alkohol und eine geringe Dichte von 0,900—0,909 und relativ niedrige Lichtbrechung von 1,497—1,501 besitzen auch die bei der Destillation von Fettsäuren entstehenden Kohlenwasserstoffe (vgl. S. 275), wie sie in Destillat-Elainen mitunter bis zu 10%, in Wollfett-Elainen bis zu 50% enthalten sind. Zum Unterschiede von Mineralölen besitzen diese relativ zähen Kohlenwasserstoffe aber die hohen Jodzahlen von 60—80 und zeigen deutliche Rechtsdrehung von + 3,6 bis + 10°, bei Wollfett-Elainen sogar von + 18 bis + 28° (J. Marcusson[1]). Die Kohlenwasserstoffe der Wollfett-Elaine geben scharf die Farbreaktionen von Hager-Salkowski und Liebermann (vgl. S. 249), sie unterscheiden sich von Harzölen aber durch die genannten Kennzahlen.

b) Harzöle, durch Destillation des Kolophoniums gewonnen, haben eine Dichte von 0,96—0,99 und sind besonders gekennzeichnet durch ihre starke Rechtsdrehung, die im 100-mm-Rohr + 30 bis + 40° beträgt. Außerdem zeigen sie den hohen Brechungsindex zwischen 1,535—1,549 bei 18° und Jodzahlen zwischen 40—50. Auch ihr Geruch ist kennzeichnend.

Zur Erkennung von Harzöl[2] dient die Reaktion von Liebermann-Storch-Morawski, die hier in folgender Weise ausgeführt wird[3] (vgl. S. 785): Je 1—2 ccm Öl und Essigsäureanhydrid werden unter leichtem Erwärmen kräftig durchgeschüttelt; nach dem Absitzen zieht man das Essigsäureanhydrid mittels einer fein ausgezogenen Pipette ab und versetzt es nach vollständigem Erkalten in einem Reagensglase mit einigen Tropfen Schwefelsäure vom spezifischen Gewicht 1,53[4]. Bei Gegenwart von Harzöl tritt Rotviolettfärbung ein, die jedoch nur kurze Zeit beständig ist. Diese Reaktion geben die natürlichen Harze der Mineralöle nicht — mit diesen entsteht eine gelblichbraune bis tief schmutzigbraune Färbung[5], — dagegen treten ähnliche Färbungen (rosenrot bis blau) bei Gegenwart von viel Sterinen auf (vgl. S. 277).

F. Michel[6] hat folgende empfindlichere und verläßlichere Abänderung der vorstehenden Reaktion angegeben: Man löst das zu prüfende Material in 3 ccm Chloroform und fügt 5 ccm Schwefelsäure von der Dichte 1,56—1,58 hinzu, schüttelt einige Sekunden kräftig und läßt zur Trennung der Schichten (Chloroform oben!) stehen. Nach erfolgter Trennung fügt man vorsichtig Essigsäureanhydrid tropfenweise zum Reaktionsgemisch, wobei sich durch geringste Spuren Harzsäure oder Kolophonium das Chloroform beim Umschütteln schön violett färbt. Durch sofortiges kräftiges Schütteln geht der Farbstoff unter Purpur- bis Carminrotfärbung in die Schwefelsäure über. Nach abermaliger Trennung der Schichten kann man durch erneuten Zusatz von Essigsäureanhydrid die Reaktion wieder hervorrufen und so fortfahren, bis die Chloroformschicht erschöpft ist und eine weitere Zunahme der Färbung der Schwefel-

---

[1] J. Marcusson: U. 1915, **12**, 2.

[2] Über den Nachweis von Harz, das ebenfalls die Reaktion gibt, vgl. S. 277.

[3] Vgl. J. Lewkowitsch: Chemische Technologie und Analyse der Öle, Fette und Wachse, Bd. 1, S. 417 u. 418. Braunschweig 1905.

[4] Diese Schwefelsäure (mit 62,5% H_2SO_4) wird erhalten durch Vermischen von 34,7 ccm konzentrierter Schwefelsäure mit 35,7 ccm Wasser.

[5] Vgl. D. Holde: Kohlenwasserstofföle und Fette, 6. Aufl., S. 239. Berlin 1924.

[6] F. Michel: Chem.-Ztg. 1930, **54**, 182; Z. 1935, **69**, 640.

säure nicht mehr beobachtet wird. — Bei Gegenwart von viel Harzsäuren
empfiehlt sich Anwendung einer größeren Menge der Schwefelsäure, um den
Einfluß der Verdünnung durch Essigsäure auf sie auszuschalten. — Das Spektrum
des Farbstoffes in der Schwefelsäure zeigt zwei Absorptionsstreifen mit Inten-
sitätsmaximum bei λ 480 bzw. 511.

Über weitere Abänderungen vgl. S. 785.

Auch durch Destillation von Wollfettsäuren gebildete Kohlenwasserstoffe
geben eine positive Reaktion, unterscheiden sich aber von Harzölen durch ihre
Kennzahlen.

Die Bestimmung von Harzöl neben Mineralöl beruht auf der Verschiedenheit der Löslichkeit in Eisessig, Alkohol und Aceton. Nach E. VALENTA[1]
löst Eisessig bei 15° 2,6—6,5%, Mineralöl dagegen fast 17% Harzöl. Eine
Mischung von 10 Raumteilen Alkohol ($D^{15,5} = 0,818$) und 1 Raumteil Chloroform löst bei 15° etwa 6% Harzöl, dagegen kein Mineralöl (WIEDERHOLD[2]).
In Aceton löst sich Harzöl in jedem Verhältnis, Mineralöle erst in dem mehrfachen ihres Volumens. Im doppelten Volumen absoluten Alkohols lösen sich
50—100% Harzöl und nur 2—25% (sehr leichte Öle bis 35%) Mineralschmieröle.

Zum sicheren Nachweis von schwerem Mineralöl, auch von kleinen Mengen in Harzöl, hat D. HOLDE[3] folgende Probe angegeben: 10 ccm Öl werden im Meßzylinder mit 90 ccm
96 gewichtsprozentigem Alkohol bei Zimmerwärme durchgeschüttelt. Löst sich fast alles
auf, so wird die alkoholische Lösung allmählich mit so viel Wasser versetzt, bis eine starke,
milchige Trübung auftritt. Beim längeren Stehen wird etwas Öl, aber nicht mehr als 1 ccm
abgeschieden; man dekantiert die überstehende Lösung ab, wäscht das Öl mit einigen
Kubikzentimetern 96%igen Alkohols, nimmt es unter Schütteln in 20 ccm 96%igen Alkohols
auf und setzt wiederum Wasser zu, bis eine Trübung und nach längerem Stehen eine Abscheidung von Öl, diesmal aber höchstens 0,1 ccm erfolgt. Die Abscheidung wird abgespült,
mit heißem absolutem Alkohol gewaschen, der Alkohol verdampft und von den verbleibenden
Öltröpfchen der Brechungskoeffizient bestimmt. Liegt dieser unter 1,5330 (bei 18°), so
enthielt die Probe Mineralöl. — Wenn bei der ersten Ausschüttelung eine beträchtliche
Ölmenge ungelöst bleibt, so ist wahrscheinlich eine größere Menge Mineralöl zugegen. Man
bestimmt nach Absitzenlassen des Ungelösten und Dekantieren der Lösung den Brechungs-
koeffizienten, der bei Gegenwart von Mineralöl unter 1,5330 liegt. In Zweifelsfällen behandelt
man das Ungelöstgebliebene wieder mit Alkohol wie oben angegeben.

Zur quantitativen Bestimmung von Harzöl neben Mineralöl hat STORCH[4]
folgende Methode angegeben: 10—15 g Unverseifbares werden mit der fünffachen Menge 96%-
igen Alkohols (a) schwach erwärmt und geschüttelt. Dann wird auf Zimmertemperatur abkühlen gelassen. Man dekantiert die alkoholische Lösung vom Ungelösten, spült dieses mit
einigen Kubikzentimetern 90%igen Alkohols ab, dunstet die Lösung mitsamt dem Waschalkohol auf dem schwach siedenden Wasserbad ein, bis der verbleibende Rückstand blasenfrei
geworden ist, läßt erkalten und wägt. Dieser Rückstand (A), bestehend aus dem Harzöl
mit einer Beimengung von Mineralöl, wird nun wiederum, dieses Mal mit der zehnfachen
Gewichtsmenge Alkohol (b) wie oben behandelt. Man erhält so einen Rückstand (B) mit
nur noch wenig Mineralöl.

Die Menge des letzteren läßt sich nun wie folgt berechnen: Bei der Behandlung der
Einwaage mit a Gramm Alkohol wurden A Gramm gelöst, bei der Behandlung der insolierten
Menge A mit b Gramm Alkohol wurden B Gramm gelöst. Die Gewichtsdifferenz ($A-B$)
ist die Menge des von Alkohol bzw. von der alkoholischen Harzlösung gelösten Mineralöles.
Daraus kann man die Löslichkeit des Mineralöles im Alkohol berechnen: ($a-b$) Gramm
Alkohol lösen ($A-B$) Gramm Mineralöl. Die Menge des bei der zweiten Ausschüttelung von
den b Gramm Alkohol gelösten Mineralöles (m) ergibt sich folglich aus der Proportion:

$$m : b = (A-B) : (a-b)$$

$$m = \frac{(A-B)\, b}{(a-b)}.$$

Diese Menge ist von der des zweiten Rückstandes abzuziehen. Somit ist die in der Einwaage enthaltene Harzölmenge ($B-m$).

[1] E. VALENTA: Dinglers polytechn. Journ. **258**, 39.
[2] WIEDERHOLD: Journ. prakt. Chem. 1893 (2), **47**, 394.
[3] D. HOLDE: Untersuchung der Kohlenwasserstofföle und Fette. Berlin 1918.
[4] STORCH: Ber. österr. Ges. Förd. chem. Ind. 1887, 93.

c) Teeröle, wie sie durch Fraktionierung aus Steinkohlenteer bei 240—350⁰ erhalten werden, geben sich in der Regel an ihrem charakteristischen Geruch zu erkennen, größere Mengen auch an der hohen Dichte über 1,0. In Alkohol sind sie leicht löslich. Mit konzentrierter Schwefelsäure liefern sie beim Erwärmen im Wasserbad wasserlösliche Sulfosäuren, mit konzentrierter Salpetersäure ($D = 1,45$) unter starker, oft explosionsartiger, Erwärmung Nitroprodukte.

Zu ihrer quantitativen Bestimmung dient Dimethylsulfat, das Teeröle in jedem Verhältnis löst, Mineralöle mit Ausnahme der ganz leichten in der Kälte nicht, Harzöle nur sehr wenig (E. Valenta[1]). Man schüttelt die Probe in einem Meßzylinder 1 Minute lang bei 20⁰ mit dem 1,5fachen Volumen Dimethylsulfat, läßt absitzen und liest das Volumen der unteren Dimethylsulfatschicht ab. Der Volumenzunahme entsprechen die Volumprozente Teeröl mit einer Genauigkeit von etwa 1—2% des Wertes. Von leichten Mineralölen sind aber selbst 20% Benzin durch Dimethylsulfat nicht mehr nachweisbar[2]. In solchen Fällen schüttelt man eine gewogene Menge der Substanz mit Dimethylsulfat, trennt die Dimethylsulfatschicht ab, kocht sie mit Lauge, neutralisiert das überschüssige Alkali, äthert die Lösung aus, verdampft den Äther und wägt den Rückstand. Dabei können sich unter Umständen allerdings auch leichtsiedende Teerbestandteile verflüchtigen.

Braunkohlenteeröle zeigen ähnlichen, kreosotartigen Geruch, aber etwas geringere Dichte (0,89—0,97). Im doppelten Volumen von absolutem Alkohol lösen sich 20—60%. Mit Salpetersäure der Dichte 1,45 reagieren sie schwächer als Steinkohlenteeröle, von denen sie sich ferner durch Jodzahlen zwischen 40—80 unterscheiden.

Meistens enthalten Braunkohlenteeröle noch Phenole, die nach E. Graefe[3] durch Kupplung zu Azofarbstoffen nachgewiesen werden: 5 ccm Öl werden mit 5 ccm Normalkalilauge 5 Minuten lang gekocht. Die wäßrige Schicht wird abfiltriert und nach dem Erkalten mit einigen Tropfen einer frisch bereiteten Lösung von Benzoldiazoniumchlorid (aus eisgekühlter salzsaurer Lösung von Anilinchlorhydrat und Kaliumnitrit) versetzt. Bei Gegenwert von Phenol entsteht Rotfärbung.

δ) Bestimmung von leichten Kohlenwasserstoffen (Petroleum, Schwerbenzin, Benzin) in Fetten.

Geringe Mengen von Benzin usw. finden sich mitunter in extrahierten Fetten infolge nicht vollständiger Abtreibung des Extraktionsmittels. Sie werden wegen ihrer Flüchtigkeit bei Wasserbadtemperatur nach den unter γ beschriebenen Verfahren nicht gefunden; sie geben sich aber in größeren Mengen durch den Geruch zu erkennen, jedoch bei 1% und darunter nicht mehr (vgl. S. 400).

Nach W. Normann und Hugel[4] verfährt man zu ihrer Bestimmung wie folgt: 200—300 ccm (genau gemessen) Öl werden in einen Fraktionierkolben mit Dampfeinleitungsrohr, noch bequemer in einen Bodenrohrkolben von 1 Liter Inhalt gegeben, mit einem Destillieraufsatz und mit einem absteigenden langen Kühler verbunden und ein Strom trockenen nicht überhitzten Dampfes hindurchgeleitet. Das Destillat wird zu einem Maßzylinder von 100 ccm Inhalt aufgefangen. Die vorhandenen Kohlenwasserstoffe scheiden sich auf dem Kondenswasser ab; ihr Volumen wird abgelesen. Die Dauer der Destillation beträgt je nach der Natur des Kohlenwasserstoffes $^1/_4$—$1^1/_2$ Stunden. Nach einiger Zeit wechselt man die Vorlage und prüft, ob die Destillation beendet ist. Die Ablesung gibt Volumenprozente an; sollen die Werte auf Gewichtsprozente berechnet werden, so hat man die Dichte des Öles und Destillates. bzw. nur des letzteren, zu bestimmen, wenn man das zu untersuchende Öl

---

[1] E. Valenta: Chem.-Ztg. 1906, **30**, 266.   [2] Vgl. Graefe: U. 1907, **14**, 112.
[3] E. Graefe: Chem.-Ztg. 1906, **30**, 298.
[4] W. Normann u. Hugel: U. 1919, **26**, 19. — Nach der üblichen qualitativen Probe durch Verseifung und Wasserzusatz bleiben bis 10% Petroleum unerkannt.

abgewogen hat. Nach diesem Verfahren läßt sich der Gehalt an leichten Kohlenwasserstoffen bis auf 0,5% bestimmen.

Nach J. MARCUSSON[1] muß man — namentlich bei ranzigen Fetten — das Destillat auf Verseifbarkeit prüfen, um festzustellen, ob es etwa flüssige Fettsäuren enthält. In diesem Falle muß man das Destillat nach Zusatz von Natronlauge erneut destillieren, wobei man, um das Schäumen zu verhindern, die Fettsäuren durch Zusatz von Calciumchlorid unlöslich abscheidet.

3. Nachweis und Bestimmung von Harz.

Von den natürlich vorkommenden Harzen (Fichtenharz, Dammarharz Kopal) spielt im allgemeinen nur das erste eine wesentliche Rolle. Das „Harz" oder Kolophonium des Handels ist der Rückstand, der bei der Destillation von Fichtenharz zurückbleibt, nachdem daraus Terpentinöl und Wasser abdestilliert sind (vgl. S. 774).

Es stellt je nach der Art der Darstellung hellgelbe bis dunkelbraune durchscheinende, spröde, glasglänzende Stücke mit muscheligem Bruch dar. Das Kolophonium hat bei 150 eine Dichte von 1,07—1,09, erweicht bei 70° etwa und schmilzt bei 120—130°. Beim Erwärmen verbreitet es den bekannten Harzgeruch, beim Erhitzen an der Luft verbrennt es in stark rußender Flamme, während bei der Trockendestillation Harzspiritus und Harzöl (vgl. S. 775) entstehen. Kolophonium ist in Wasser unlöslich, dagegen in Methyl-, Äthyl- und Amylalkohol, in Aceton, Äther, Benzol, Chloroform, Tetrachlorkohlenstoff, Schwefelkohlenstoff und Terpentinöl löslich; zum größten Teil löst es sich auch in Petroläther. Über verschiedene Sorten vgl. S. 774.

Das Kolophonium besteht in der Hauptsache aus freien Säuren, neben denen sich etwa 5—15% durch Zersetzung aus den Säuren des Fichtenharzes gebildete Kohlenwasserstoffe finden, die bei der Verseifung als rotbraune ölige Stoffe (Unverseifbares) zurückbleiben.

Alkoholische Harzlösungen reagieren sauer und können mit Phenolphthalein als Indicator mit Alkalilauge genau neutralisiert werden.

Die Hauptmenge der freien Säuren besteht aus Säuren, die sich leicht oxydieren und über deren Zusammensetzung viel gestritten ist. Nach FAHRION[2] und P. LEVY[3] hat die vorwiegend vorhandene Abietinsäure (Sylvinsäure) des Harzes die Formel $C_{20}H_{30}O_2$; sie schmilzt bei 182°, ist leicht löslich in Äther und Benzol, weniger in Alkohol und Aceton, schwer löslich in Petroläther.

Die Abietinsäure ist eine schwache Monocarbonsäure; ihre Salze werden durch Kohlensäure zersetzt. Beim Erhitzen von Harz mit verdünnten Alkalien bilden sich harzsaure Salze (Harzseifen, Resinate), die sich den Fettseifen ähnlich verhalten. Die verschiedenen Kolophoniumarten weisen folgende analytischen Kennzahlen auf:

Tabelle 114.

Säurezahl	Verseifungszahl	Esterzahl	Jodzahl
139—170	167—194	8—36	110—124

a) Nachweis von Harz. Zum qualitativen Nachweise von Harz dient die Reaktion nach LIEBERMANN-STORCH-MORAWSKI (vgl. S. 785), die aber auch mit Sterinen und Harzöl eintritt. Liegt die Möglichkeit des Vorhandenseins größerer Mengen von Sterinen (Cholesterin) vor — die in den meisten natürlichen Fetten und Ölen vorkommenden geringen Sterinmengen geben die Reaktion nicht — so müssen diese durch Verseifen und Ausschütteln der Seifenlösung mit Äther nach S. 240 entfernt und die aus der sterinfreien Seifenlösung abgeschiedenen Säuren zur Anstellung der Reaktion verwendet werden.

---

[1] J. MARCUSSON: Mitt. Materialprüf.-Amt Berlin 1919, **37**, 109.
[2] FAHRION: Zeitschr. angew. Chem. 1901, 1121, 1197; 1904, 239.
[3] P. LEVY: Zeitschr. angew. Chem. 1905, 1739.

Zum Nachweis von Harz in Fetten und Ölen zieht man 5—10 g in der Wärme mit 70%igem Alkohol aus, wodurch neben freien Fettsäuren hauptsächlich das Harz ausgezogen wird. Ist solches vorhanden, so ist nach dem Verdunsten des Alkohols der Rückstand nicht ölig, sondern harzartig. Man stellt dann mit diesem Rückstande die Liebermann-Storch-Reaktion an.

Über den Nachweis von Kolophonium in Harzen vgl. S. 794.

b) Bestimmung der Abietinsäure bzw. des Harzes. Hierzu am besten geeignet ist das Verfahren von Twitchell[1]; es beruht darauf, daß die aliphatischen Fettsäuren in alkoholischer Lösung durch Chlorwasserstoffgas in Äthylester umgewandelt werden, während die Abietinsäure des Harzes bei dieser Behandlung nicht verestert wird. Man verfährt nach Holde und Marcusson[2] wie folgt: die aus 5 g Substanz in der üblichen Weise abgeschiedenen Fettsäuren werden in einem Kolben gewogen und in 50 ccm absoluten Alkohols gelöst. Der Kolben wird in kaltes Wasser gestellt und zur Veresterung[3] durch die Flüssigkeit 1—1$^{1}/_{2}$ Stunden ein mäßig starker Strom trockenen Chlorwasserstoff bei etwa 10° hindurchgeleitet. Man läßt den Kolben dann noch $^{1}/_{2}$—1 Stunde bei Zimmertemperatur stehen, währenddessen die Äthylester der Fettsäuren und die unveränderten Harzsäuren als ölige Schicht sich an der Oberfläche sammeln. Darauf fügt man das fünffache Volumen Wasser hinzu und kocht etwa $^{1}/_{4}$ Stunde zur Entfernung des Alkohols.

Die Harzsäuren werden nun am besten, da die gewichtsanalytische Methode infolge von Verflüchtigung unverseifbarer Harzbestandteile zu niedrige Ergebnisse liefert (vgl. H. P. Kaufmann[4]), maßanalytisch bestimmt, indem man nach der Veresterung der Fettsäuren den Inhalt des Kolbens in einem Scheidetrichter zunächst mit 100 ccm und dann zweimal mit je 50 ccm Äther ausschüttelt, die vereinigten ätherischen Ausschüttelungen zur Entfernung der Salzsäure bis zum Verschwinden der sauren Reaktion gegen Lackmus mit Wasser wäscht, darauf 50 ccm neutralisierten Alkohol zusetzt und unter Verwendung von Phenolphthalein als Indicator mit $^{1}/_{10}$ N.-Alkalilauge die Harzsäuren titriert. Die Fettsäureester werden hierbei nicht verseift. Unter der Annahme des mittleren Molekulargewichtes der Harzsäuren von 346 errechnet man durch Multiplikation der verbrauchten Kubikzentimeter $^{1}/_{10}$ N.-Lauge mit 0,0346 den Gehalt an Harzsäuren.

Zur Beseitigung der Fehlerquellen des Twitchell-Verfahrens, die auf der nicht ganz vollkommenen Veresterung der Fettsäuren und auf Nichtberücksichtigung der zwischen 5—15% ausmachenden unverseifbaren Stoffe des Harzes beruhen, verfahren Holde und Marcusson in folgender Weise: Zur Entfernung unveresterter Fettsäuren werden 0,4—0,6 g[5] der nach dem vorstehenden Verfahren gewonnenen, aber nicht auf 110—115° erhitzten Harzsäuren in einem 100-ccm-Meßzylinder mit Glasstopfen in 20 ccm 95%igem Alkohol gelöst, mit 1 Tropfen Phenolphthaleinlösung — bei sehr dunklen Lösungen mit 2—3 Tropfen Alkaliblau 6 b — und unter lebhafter Bewegung mit soviel Tropfen wäßriger Natronlauge (1 Teil Natriumhydroxyd und 2 Teile Wasser) versetzt, daß die Flüssigkeit eben alkalisch reagiert. Den lose verschlossenen Zylinder erwärmt man kurze Zeit im Wasserbade. Nach dem Abkühlen füllt man mit Äther auf 100 ccm auf, schüttelt durch

---

[1] Twitchell: Journ. Soc. chem. Ind. 1891, 10, 804.

[2] Holde u. Marcusson: Mitt. Kgl. techn. Versuchsanst. 1902, 20, 40. — J. Marcusson: In Übbelohdes Handbuch der Chemie und Technologie der Öle und Fette, Bd. 1, S. 302. 1908.

[3] Nach R. E. Divine (Chem. Engin. 1905; C. 1905, I, 1574) geht die Veresterung schneller vonstatten, wenn man 3 g Fettsäuren in 25 ccm absolutem Alkohol löst, die Lösung in kaltes Wasser setzt und 25 ccm mit trockenem Chlorwasserstoff gesättigten absoluten Alkohol hinzugibt. Nach 20 Minuten wird die Flüssigkeit mit 10 g trockenem geschmolzenem Zinkchlorid gut vermischt. Nach weiteren 20 Minuten gießt man die Flüssigkeit in 200 ccm Wasser, spült mit etwas schwachem Alkohol nach, fügt Zink hinzu und kocht den Alkohol auf dem Drahtnetze weg.   [4] H. P. Kaufmann: U. 1938, 45, 315.

[5] Liegen nur geringe Mengen von Harzsäuren vor, so werden die Mengenverhältnisse der Alkoholäthermischung entsprechend geändert.

und gibt 1 g gepulvertes und getrocknetes Silbernitrat hinzu und schüttelt 15—20 Minuten behufs Überführung der Säuren in die Silbersalze. Hat sich der aus fettsaurem Silbersalz bestehende Niederschlag — nötigenfalls nach dem Stehen über Nacht — gut abgesetzt, so zieht man mit einer Pipette 70 ccm der Flüssigkeit in einem zweiten 100-ccm-Meßzylinder ab, nötigenfalls unter Zuhilfenahme eines Faltenfilters. Diesen, das harzsaure Silber enthaltenden Anteil schüttelt man mit verdünnter Salzsäure (1 Teil konzentrierte Salzsäure + 2 Teile Wasser) gut durch, hebt die Ätherschicht ab und schüttelt die wäßrige Flüssigkeit noch einmal mit 20 ccm Äther aus. Die vereinigten ätherischen Auszüge werden mit Wasser mineralsäurefrei gewaschen, vom Wasser getrennt und durch Destillation bis auf etwa 10 ccm vom Äther befreit. Der Rückstand wird in ein tariertes Schälchen gespült und nach dem Abdunsten des Äthers kurze Zeit bis zur Klarflüssigkeit auf 110—115° erhitzt. Der Rückstand ergibt mit $\frac{100}{70} = 1{,}43$ multipliziert, den Harzsäuregehalt der für die Silberfällung verwendeten Säuremenge, aus der man den Harzsäuregehalt des Ausgangsstoffes berechnet.

D. McNicoll[1] erreicht durch Anwendung von β-Naphthalinsulfosäure schnellere Veresterung und schlägt folgende Methode vor, die gleiche Ergebnisse wie die maßanalytische Methode von Twitchell liefert.

Ausführung. Etwa 2 g des Harz-Fettsäurengemisches werden in 20 ccm einer 4%igen Lösung von β-Naphthalinsulfosäure in trocknem Methylalkohol gelöst und 30 Minuten am Rückflußkühler erhitzt. Ein blinder Versuch mit 20 ccm der Säurelösung wird nebenher angesetzt. Nach dem Erhitzen und Abkühlen werden beide Lösungen mit halbnormaler methylalkoholischer Kalilauge titriert. Für Gemische unbekannter Art wird nach Lewkowitsch für die Harzsäuren das Molekulargewicht 346 angenommen.

Den Gehalt des Harzes an unverseifbaren Stoffen kann man, sofern der gefundene Harzsäurengehalt nur bis 20% beträgt, durch eine Korrektur von im Mittel 8% auf die gefundene Harzmenge bezogen, in Rechnung stellen und erhält so durch Multiplikation der gefundenen Harzsäuren mit $\frac{100}{92} = 1{,}09$ den Harzgehalt des Ausgangsstoffes.

Bei Gegenwart von mehr als 20% Harzsäuren bestimmt man die unverseifbaren Stoffe direkt, indem man die nach der Abtrennung der Harzsäuren durch wäßrige Kalilauge erhaltene ätherische Fettsäureneesterlösung (S. 794) nach der Entfernung des Äthers mit 25 ccm alkoholischer N.-Kalilauge verseift und aus der Seifenlösung nach dem Verfahren von Hönig und Spitz (S. 240) die unverseifbaren Stoffe auszieht. Da sie beim Erwärmen etwas flüchtig sind, vermeide man beim Trocknen Erwärmung über 50°.

C. Nachweis und Bestimmung von Mono- und Diglyceriden.

Wenngleich das Vorkommen von Mono- und Diglyceriden in natürlichen Fetten und Ölen bisher nicht erwiesen ist[2], so ist doch ihr Vorkommen in teilweise verseiften Fetten, wie sie z. B. bei der stufenweise verlaufenden Autoklavenverseifung und den Verseifungen mit konzentrierter Schwefelsäure entstehen, festgestellt. Ferner kann es bei der Synthese von Glyceriden erforderlich sein, den Gehalt von Reaktionsprodukten an Mono- und Diglyceriden zu bestimmen.

J. Lewkowitsch[3] verfährt beim Nachweis von Mono- und Diglyceriden in Fetten und Ölen in folgender Weise:

---

[1] D. McNicoll: Journ. Soc. chem. Ind. 1921, 40 T., 124; C. 1921, IV, 1111. — Vgl. H. P. Kaufmann: U. 1938, 45, 315.

[2] C. L. Reimer u. W. Will (Ber. Deutsch. Chem. Ges. 1886, 19, 3320) haben zwar in älterem Rüböl Dierucin nachgewiesen, doch sind ähnliche Beobachtungen über das Vorkommen von Diglyceriden von anderer Seite bisher weder beim Rüböl noch bei anderen Fetten und Ölen gemacht worden. In frischem Rüböl kommt nach C. Amberger (Z. 1920, 40, 192) jedenfalls Dierucin nicht vor; falls daher der Befund von Reimer und Will zutrifft, dürfte es aus Oleodierucin durch partielle Hydrolyse unter Abspaltung der Ölsäure entstanden sein. Auch J. Marcusson (Ber. Deutsch. Chem. Ges. 1906, 39, 3466) konnte in ranzigem Hammeltalg und ranzigem Olivenöl Diglyceride nicht sicher nachweisen.

[3] J. Lewkowitsch: Chemische Technik und Analyse der Öle, Fette und Wachse, Bd. 1, S. 315. Braunschweig 1905.

Eine genau gewogene Menge des Fettes oder Öles wird mit Essigsäureanhydrid gekocht und das Reaktionsprodukt mit heißem Wasser essigsäurefrei gewaschen. Sind beträchtliche Mengen von Mono- oder Diglyceriden vorhanden, so gibt sich dies durch eine Gewichtszunahme, bedingt durch die Aufnahme von Acetyl-gruppen, gegenüber dem Ausgangsfett zu erkennen, was durch die folgenden Gleichungen veranschaulicht wird:

$$\text{Diglyceride: } C_3H_5 \overset{\diagup OH}{\underset{\diagdown OR}{\rule{0pt}{1.2em}\!-\!OR}} + (C_2H_3O)_2O = C_3H_5 \overset{\diagup O \cdot C_2H_3O}{\underset{\diagdown OR}{\rule{0pt}{1.2em}\!-\!OR}} + C_2H_4O_2$$

$$\text{Monoglyceride: } C_3H_5 \overset{\diagup OH}{\underset{\diagdown OR}{\rule{0pt}{1.2em}\!-\!OH}} + 2\,(C_2H_3O)_2O = C_3H_5 \overset{\diagup O \cdot C_2H_3O}{\underset{\diagdown OR}{\rule{0pt}{1.2em}\!-\!O \cdot C_2H_3O}} + 2\,C_2H_4O_2.$$

Enthält das zu untersuchende Fett oder Glyceridgemisch freie Fettsäuren, so müssen diese durch Neutralisation und Auswaschen der ätherischen Glycerid-lösung entfernt werden, ehe die nachfolgenden Bestimmungen vorgenommen werden.

a) Falls reine Mono- oder Diglyceride vorliegen, kann man aus dieser Gewichtszunahme (i) deren Molekulargewicht (M) berechnen. Da bei einem Diglycerid statt eines Hydroxylwasserstoffes eine Gruppe C_2H_3O (also $C_2H_3O-H=C_2H_2O = 42$) und bei einem Monoglycerid statt zweier Hydroxyl-wasserstoffe zwei solche Gruppen aufgenommen werden, so ist bei Anwendung von a Gramm Substanz bei Diglyceriden:

$$a : a + i = M : M + 42 \quad \text{oder} \quad M = \frac{42\,a}{i},$$

bei Monoglyceriden:

$$a : a + i = M : M + 84 \quad \text{oder} \quad M = \frac{84\,a}{i}.$$

b) Liegt andererseits in einem Fett oder Glyceridgemisch ein Mono- oder Diglycerid von bekanntem Molekulargewicht (M) vor, so kann man bei Anwendung von a Gramm Substanz den Prozentgehalt (x) an diesen Glyceriden berechnen [1] nach den Gleichungen:

bei Diglyceriden:

$$a : \frac{M\,i}{42} = 100 : \text{x} \quad \text{oder} \quad \text{x} = \frac{100\,M\,i}{42\,a},$$

bei Monoglyceriden:

$$a : \frac{M\,i}{84} = 100 : \text{x} \quad \text{oder} \quad \text{x} = \frac{100\,M\,i}{84\,a}.$$

c) Falls Glyceride hydroxylierter Fettsäuren (z. B. Ricinolsäure) vorliegen, die ebenfalls Acetylgruppen aufnehmen, muß man außerdem noch die unlöslichen Fettsäuren darstellen und deren Acetylgehalt bestimmen (vgl. S. 128), der dann bei der Berechnung des Gehaltes an Mono- und Diglyceriden zu berücksichtigen ist.

d) Mono- und Diglyceride zeigen niedrigere Gehalte an Fett-säuren (Hehner-Zahlen) (S. 144) und niedrigere Verseifungszahlen (S. 63) als die entsprechenden Triglyceride; werden die Mono- und Diglyceride außerdem noch acetyliert, so fallen die Hehner-Zahlen noch weiter und steigen die Verseifungszahlen. Zur Veranschaulichung dieser Verhältnisse sind als Beispiel in der nachfolgenden Tabelle die entsprechenden Werte für Stearinsäure zusammengestellt.

---

[1] J. Lewkowitsch gibt auch ein Verfahren zur volumetrischen Bestimmung des Ge-haltes an Mono- und Diglyceriden an, auf das hier verwiesen sei.

Tabelle 115. Glyceride der Stearinsäure.

Angabe	Monoglycerid $C_3H_5(OH)_2 \cdot OC_{18}H_{35}O$	Diglycerid $C_3H_5(OH) \cdot O \cdot C_{18}H_{35}O)_2$	Triglycerid $C_3H_5(O \cdot C_{18}H_{35}O)_3$
Molekulargewicht . . .	358,3	624,6	890,9
Verseifungszahl . . .	156,6	179,7	189,1
Gehalt an Stearinsäure	79,3%	91,0%	95,7%

Angabe	Acetylierte Glyceride $C_3H_5(OC_2H_3O)_2 \cdot OC_{18}H_{35}O$	Acetylierte Glyceride $C_3H_5(O \cdot C_2H_3O) \cdot (O \cdot C_{18}H_{35}O)_2$	
Molekulargewicht . . .	442,4	666,6	—
Verseifungszahl . . .	380,4	252,5	—
Gehalt an Stearinsäure	64,3%	85,3%	—

III. Farbreaktionen.

Verschiedene Fette und Öle liefern mit bestimmten Säuren, Oxydations-, Reduktionsmitteln und anderen Reagenzien Farbreaktionen. Soweit diese Reaktionen auf allgemeinen Reduktions- oder Oxydationsvorgängen beruhen, sind sie von vornherein von sehr zweifelhaftem Werte, da solche Reaktionen schon durch geringe Beimengungen von zufälligen Verunreinigungen ausgelöst werden können. Die meisten dieser Farbenreaktionen sind daher im Laufe der Zeit als unzuverlässig erkannt worden; nur einige wenige, die auf Vorkommen bestimmter kennzeichnender Bestandteile in ganz bestimmten Ölen beruhen, sind zuverlässiger und werden auch heute noch zum Nachweise dieser Öle benutzt.

Diese Reaktionen sind bei den einzelnen Fetten und Ölen, für die sie charakteristisch sind, beschrieben. Hierher gehören z. B.:

1. Die BELLIER-Reaktion zum Nachweise von pflanzlichen Samenölen (vgl. S. 427).

2. Die Salpetersäurereaktion (vgl. S. 423 u. 461).

3. Die Reaktionen zum Nachweise von Sesamöl nach BAUDOUIN (S. 477), SOLTSIEN (S. 478), BÖMER (S. 268) und KREIS (S. 478).

4. Die Reaktionen zum Nachweise von Baumwollöl (Malvaccenölen) nach HALPHEN (S. 458), BECCHI (S. 460) und MILLIAU (S. 461).

5. Die Reaktion zum Nachweise von Seetierölen (Tranen) nach TORTELLI und JAFFE (S. 581).

IV. Biologischer Nachweis von Fetten und Ölen.

Die Anwendung des serologischen Verfahrens von UHLENHUT mittels der Präcipitinreaktion, welches sich zur Unterscheidung von Proteinen so ausgezeichnet bewährt hat, ist auch zum Nachweise des Ursprunges von Fetten verursacht worden; für die Praxis der Fettuntersuchung hat es indes keine große Bedeutung; eine solche ist auch in Zukunft, namentlich bei tierischen Fetten, aus dem Grunde nicht zu erwarten, weil die gereinigten ausgeschmolzenen Fette zu wenig Eiweiß in unveränderter Form enthalten.

1. Nachweis von tierischen Fetten. WITTELS und WELWART [1] haben das Verfahren zum Nachweise von Pferdefett [2] angewendet und verfuhren dabei wie folgt:

---

[1] WITTELS u. WELWART: Seifensieder-Ztg. 1910, **37**, 1014; C. 1910, II, 1249.

[2] Das untersuchte Fett — es sollte angeblich Rinds- und Schweinefett sein — entstammte einer Abdeckerei und war dementsprechend offenbar ein sehr mangelhaft gereinigtes „Rohfett", denn nur so läßt sich der hohe Eiweißgehalt von 0,3% in der 200-ccm-Kochsalzlösung nach dem Ausziehen von 100 g Fett erklären.

50 g zerkleinertes Fett wurden in einem sterilen Erlenmeyerkolben 2 Stunden lang in einer Kältemischung mit 200 ccm 0,85 %iger (physiologischer) Kochsalzlösung durch wiederholtes Schütteln ausgelaugt. Mit der abgegossenen Kochsalzlösung wurden weitere 50 g Fett in derselben Weise ausgelaugt, wodurch der Eiweißgehalt der Lösung auf etwa 0,3 % [1] angereichert wurde. Die durch zweimaliges Filtrieren durch ausgeglühte Kieselgur geklärte Eiweißlösung wurde mit dem Serum von Kaninchen, die mit Pferdeblutserum vorbehandelt waren, unterschichtet. Nach wenigen Minuten entstand an der Berührungsstelle des Serums und der Eiweißlösung die spezifische Trübung in Form eines deutlich sichtbaren Ringes, an dessen Stelle allmählich eine gleichmäßige Trübung der ganzen Flüssigkeit eintrat; damit war der Nachweis von Pferdeeiweiß und damit von Pferdefett in der Fettprobe erbracht.

2. Nachweis von pflanzlichen Fetten. Nachdem man erkannt hat, daß die Präcipitinreaktion auch die Differenzierung pflanzlicher Proteine gestattet, haben M. Popoff und St. Konsuloff [2] versucht, präzipitierende Sera für pflanzliche Öle zu gewinnen, und zwar für Erdnuß und Sesamöl, zu dem Zwecke, um Zusätze von diesen Ölen zu Olivenöl zu erkennen.

Die zur Injektion dienenden Flüssigkeiten stellten sie auf folgende Weise her: Je 5 g Erdnuß- und Sesamsamen wurden unter 65° mit Alkohol und Äther ausgezogen, getrocknet, in einem Mörser zerrieben und mit 25 ccm physiologischer Kochsalzlösung extrahiert. Nach zweistündigem Stehen wurde die obenstehende Flüssigkeit je nach Bedarf einige Male filtriert und zur Injektion [3] verwendet. In Abständen von 5—10 Tagen wurden je 5—10 ccm (im ganzen 55—85 ccm) frisches Extrakt intraperitoneal injiziert und die betreffenden Kaninchen 6 Tage nach der letzten Injektion entblutet. Zur serologischen Prüfung wurde zu 1 ccm Öl 0,1 ccm präzipitierendes Serum hinzugesetzt und die Reaktion nach 12 Stunden beobachtet; in derselben Weise wurden auch Samenextrakte in verschiedenen Verdünnungen geprüft. Die Reaktion wurde als positiv angesprochen, wenn sich ein deutlicher voluminöser Niederschlag gebildet hatte.

Bei den Samenextrakten zeigten noch Verdünnungen bis 1 : 1000 schwach positive bis starke Reaktionen; Mischungen von Olivenöl mit 10 % Erdnuß- oder Sesamöl zeigten mittelstarke bis starke Reaktionen, solche mit 30 % mittelstarke bis sehr starke Reaktionen, während die reinen Olivenöle nicht reagierten. Versuche, die Reaktionen durch Messung des Volumens des gebildeten Präcipitates quantitativ auszunutzen, lieferten keine befriedigenden Ergebnisse.

Die Reaktion ist natürlich nur anwendbar zwischen Ölen, deren Stammpflanzen in keiner verwandtschaftlichen Beziehung zueinander stehen.

C. Veränderungen der Fette.

Gegenüber äußeren Einwirkungen wie Licht, Luft, Wasserdampf und Erhitzen, weiter aber auch gegenüber Angriffen von Kleinwesen, wie Bakterien und Pilzen, sind Fette trotz ihrer Unlöslichkeit in Wasser sehr empfindlich, im allgemeinen um so empfindlicher, je höher ihr Gehalt an ungesättigten Fettsäuren (Ölsäure, Linolsäure, Linolensäure usw.) ist und je ungesättigter die betreffenden Fettsäuren sind. Daneben scheinen von den gesättigten Fettsäuren die mittleren (Laurinsäure und Myristinsäure) besonders leicht durch Oxydation angreifbar zu sein. Aber nicht nur gegen natürliche Einflüsse sind die Fette empfindlich; man benutzt auch ihre Reaktionsfähigkeit, um sie zu verbessern und zu veredeln, so die ungesättigten Glyceride durch chemische Einwirkungen, wie beim Hydrierungsvorgang, oder für mancherlei technische Zwecke durch Oxydieren und Polymerisieren.

---

[1] Vgl. Anm. 2, S. 281.   [2] M. Popoff u. St. Konsuloff: Z. 1916, **32**, 123.

[3] Die Verwendung von Ölemulsionen bzw. deren eiweißhaltigen Bodensätzen mit der zehnfachen Menge physiologischer Kochsalzlösung zur Injektion hat sich nicht bewährt.

I. Natürliche Veränderungen durch Licht, Luft und Wasser[1]. Autoxydationsvorgänge.

1. Wesen und Arten.

Schon A. Scherer[2] war im Jahre 1759 bekannt, daß das Ranzigwerden[1] der Fette hauptsächlich durch Sauerstoffeinwirkung bedingt ist, während in der Folgezeit die Ursache der Ranzigkeit vorwiegend in einer Hydrolyse der Glyceride gesucht wurde. Erst die neuere Zeit hat, eingeleitet durch die Arbeiten von L. Auer[3], J. A. Emery und R. R. Henley[4], R. Kerr[5] u. a. über die Natur des chemischen Fettverderbens als Oxydationsvorgang größere Klarheit gebracht, wenn auch die Einzelheiten dieses ungemein verwickelten Geschehens noch nicht vollständig bekannt sind.

Durch Untersuchungen von de Saussure[6], A. Gröger[7], A. Scala[8], F. Canzoneri und G. Bianchini[9], B. H. Nicolet und L. M. Liddle[10], Th. Bösenberg[11], K. Täufel und J. Müller[12], W. C. Powick[13] u. a. ist klargestellt, daß beim autoxydativen Verderben der Fette folgende zahlreichen Zerfallsprodukte entstehen, die wahrscheinlich noch um weitere, bisher noch nicht isolierte, zu ergänzen sind:

Flüchtige und indifferente Stoffe. Kohlenmonoxyd, Kohlendioxyd, Wasser.

Aldehyde. Formaldehyd, Caprylaldehyd, Heptylaldehyd, Nonylaldehyd, Epihydrinaldehyd, Azelainaldehyd.

Ketone. Methylamyl- bis Methylundecylketone.

Säuren. Ameisensäure, Essigsäure, Propionsäure, Buttersäure, Valeriansäure, Capronsäure, Heptylsäure, Caprylsäure, Nonylsäure, Caprinsäure, Azelainsäure, Dioxydiazelainsäure, Korksäure, Sebacinsäure, Oxystearinsäure, Dioxystearinsäure, Ketostearinsäure.

Produkte mit Peroxydcharakter.

Cholesterin wird nach Bösenberg beim Ranzigwerden des Fettes nicht zerstört und nicht verändert.

Die Zersetzung der Fette verläuft bei gewöhnlicher Temperatur im allgemeinen schneller als bei Gefriertemperaturen. Dabei wird nach F. Kirmeier[14] die Haltbarkeit von Fetten wie Schweinefett, Butterfett, Talg, Olivenöl, Kakaobutter durch Senkung der Aufbewahrungstemperatur beträchtlich erhöht, wie z. B. der Säuregrad von Schweinefettgewebe nach neunmonatiger Lagerung zeigte:

Lagertemperatur in Celsiusgraden	— 8,5	— 15	— 21
Säuregrad des Fettes	4,5	2,8	2,4

Ähnliches gilt auch für Butter. Fette lassen sich besser lagern als Fettgewebe, Fette von erster Gütestufe besser als Fette von zweiter oder dritter Qualität.

---

[1] Vgl. auch Bd. I, S. 322.

[2] A. N. Scherer: Versuch einer populären Chemie. Mühlhausen 1895.

[3] L. Auer: Kolloidchem. Beitr. 1927, 24, 310.

[4] J. A. Emery u. R. R. Henley: Ind. engin. Chem. 1922, 14, 937.

[5] R. Kerr: Cotton Oil Press 1924, 5, 45.

[6] de Saussure: Ann. Chim. et Phys. 1845, 13, 351; 1857, 49, 230.

[7] A. Gröger: Zeitschr. angew. Chem. 1889, 2, 62.

[8] A. Scala: Staz. sperim. agrar. Ital. 1897, 30, 613; Gazz. chim. Ital. 1908, 38, 307.

[9] F. Canzoneri u. G. Bianchini: Annali Chim. appl. 1914, 1, 24.

[10] B. H. Nicolet u. L. M. Liddle: Ind. engin. Chem. 1916, 8, 416.

[11] Th. Bösenberg: Diss. Münster (Westf.) 1926.

[12] K. Täufel u. J. Müller: Biochem. Zeitschr. 1930, 219, 341. — K. Täufel u. P. Sadler: Z. 1934, 67, 268.

[13] W. C. Powick: Journ. agricult. Res. 1923, 26, 323. — Vgl. J. Pritzke u. R. Jungkunz: Z. 1927, 54, 242. [14] F. Kirmeier: U. 1938, 45, 477.

a) Peroxydbildung und Folgereaktionen.

Die Reihe der verschiedenen niederen Säuren dürfte ihren Entstehungsweg über die Aldehyde nehmen. Vorheriges Auftreten von Peroxyden kennzeichnet den Reaktionsverlauf als Autoxydationsvorgang, wobei die Abbauprodukte sich überwiegend von den Fettsäuren ableiten. Aus Glycerin entsteht nach H. Schmalfuss, H. Werner und A. Gehrke[1] durch Lichteinfluß flüchtige Säure.

Als Träger des typischen ranzigen Geschmackes von verdorbenem Fett nehmen Scale, Powick, Pritzker und Jungkunz sowie Täufel in erster Linie den Heptylaldehyd an. Aber auch die anderen Aldehyde, insbesondere der Nonylaldehyd dürften am Aldehydwerden der Fette (Schmalfuss[1]) beteiligt sein; dazu kommt der charakteristische Geruch und Geschmack der flüchtigen Fettsäuren von der Buttersäure bis zur Nonylsäure. Gemische von Fetten mit (höheren) freien Fettsäuren zeigen keinen abweichenden Geschmack (C. R. Barnicoat[2]) mehr. Nach diesem sollen es in erster Linie Oxydationsprodukte der Ölsäure, nicht der Linolsäure sein, die den ranzigen Geschmack hervorrufen. Vgl. auch D. Holde, W. Bleyberg und G. Brilles[3].

Der Reaktionsmechanismus der Autoxydation ist sehr verwickelt und besonders auf seinen weiteren Stufen bisher nicht aufgeklärt. Man denkt sich den Verlauf etwa wie folgt (K. Täufel[4]):

Nach C. Engler und J. Weissberg[5] wird zunächst, vermutlich in mehreren Stufen, an die Doppelbindung Sauerstoff unter Bildung eines Peroxyds angelagert:

$$-C{=}C- + O_2 \rightarrow -\underset{\underset{\textstyle O}{|}}{C}{-}\underset{\underset{\textstyle O}{|}}{C}-$$

Diese Sauerstoffanlagerung, verbunden mit einem Rückgang der Jodzahl verläuft bei Lichtausschluß außerordentlich langsam und wird durch Licht je nach dessen Stärke vielfach beschleunigt. M. Horio[6] hat die Geschwindigkeit der Sauerstoffanlagerung etwa der Quadratwurzel der Lichtstärke proportional gefunden. Direktes Sonnenlicht im Sommer steigert die Geschwindigkeit auf das 10000fache und mehr. Folgende Abbildung von C. H. Lea[7] über die Sauerstoffanlagerung an Rindernierenfett gibt hiervon ein anschauliches Bild. Sehr wirksam ist das ultraviolette Licht, vom sichtbaren Teil des Spektrums das gelborange (6000—6500 Å), auffallend wenig wirksam das grüne. Grünes Licht von 4900—5800 Å bewirkte nach Versuchen von R. M. Coe und J. A. le Clerc[8] kein Ranzigwerden.

W. L. Davies[9] prüfte die Wirkung des Sonnenlichtes durch transparente Packmaterialien (Cellophan, Pergamentpapier) an Butterfett und Fett von Zwiebackmehl. Er erhielt mit Licht, das durch tiefblaue, tiefgrüne, tiefbraune und tiefrote Cellophane gegangen war, selbst bei 40stündiger Belichtung kein merkliches Ansteigen des Peroxydsauerstoffs im Fett. Hellgrüne

---

[1] H. Schmalfuss, H. Werner u. A. Gehrke: Margarine-Ind. 1932, **25**, 1, 215, 242, 265; 1933, **26**, 3, 87, 101; 1934, **27**, 79, 93, 167.

[2] C. R. Barnicoat: Journ. Soc. chem. Ind. 1931, **50** T, 361.

[3] D. Holde, W. Bleyberg u. G. Brilles: Allg. Öl- u. Fett-Ztg. 1931, **28**, 1, 25; Z. 1937, **73**, 64.   [4] K. Täufel: Zeitschr. angew. Chem. 1936, **49**, 49.

[5] C. Engler u. J. Weissberg: Kritische Studien über die Vorgänge der Autoxydation. Braunschweig: F. Vieweg & Sohn 1904.

[6] M. Horio: Mem. Coll. Engin. Kyoto Univ. 1934, 8, 8. — Vgl. auch Coe u. Le Cleve: Cereal Chem. 1932, **9**, 519. — S. R. Holm u. R. E. Greenbank: Ind. engin. Chem. 1933, **25**, 167. — K. Täufel u. A. Seuss: U. 1934, **41**, 107, 131.

[7] C. H. Lea: Journ. Soc. chem. Ind. 1933, **52** T, 146; Proc. roy. Soc. London B 1931, **10**, 175.   [8] M. R. Coe u. J. A. Le Clerc: Ind. Chem. 1934, **26**, 244; Z. 1938, **75**, 267.

[9] W. L. Davies: Journ. Soc. chem. Ind. 1934, **53** T, 117; Z. 1938, **75**, 269.

und heliotropfarbige Cellophane ließen nur geringe Autoxydation zu, während bei hellblauen, rosafarbigen, gelben und orangefarbigen Cellophanen praktisch kein Schutz erhalten wurde. Von entscheidendem Einfluß war also die Farbtiefe. Dünnes vegetabilisches Pergament ließ keine wirksamen Strahlen durch, wohl aber sog. Fettpapier. Vgl. auch V. C. STEBNITZ und H. H. SOMMER[1].

Durch Wärme wird die Reaktion beschleunigt, aber auch verwickelter, weil die gebildeten sehr reaktionsfähigen Peroxyde dann Sekundärvorgänge einleiten, die die Autoxydation überlagern. Bei entsprechender Lenkung der Autoxydation verläuft die Sauerstoffaufnahme als S-Kurve. Im Anfange, während der sog. „Induktionsperiode", macht sie nur geringe Fortschritte und steigt dann um später wieder abzunehmen. Die Induktionsperiode ist für

die Frischhaltung von Fetten von großer Bedeutung und hängt vom Sättigungsgrad der Glyceride sowie von der Gegenwart katalytisch wirkender Stoffe ab. Ein Fett, das längere Zeit mit Sauerstoff (Luft in angebrochener Flasche) im Dunkeln in Berührung gestanden hat, nimmt am Licht rascher Sauerstoff auf als unter Stickstoff aufbewahrtes. Bei starker Lichteinwirkung, z. B. im Sonnenlicht, wird die Induktionsperiode nach LEA fast unmeßbar kurz.

Wie andere Autoxydationen, sieht man auch die der Fette als Kettenreaktion an, etwa nach folgendem Schema:

Die Fettsäuremolekel F werden durch die eingestrahlte Lichtenergie $h\nu$ aktiviert und dadurch (F') der Oxydation zugänglich, wobei ein angeregtes Peroxyd $F'O_2$ entsteht, das unter Weitergabe seiner Aktivierungsenergie an eine gewöhnliche Fettmolekel zum normalen Peroxyd wird. Die Kette läuft dann, soweit die Reaktionsenergie nicht in Nebenreaktionen abgefangen wird, unbegrenzt weiter:

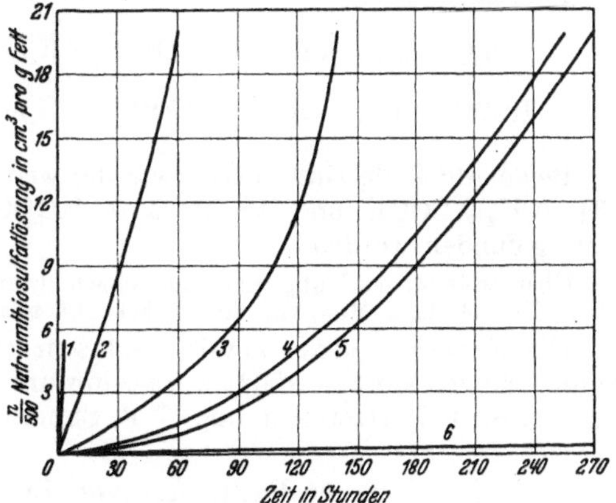

Abb. 63. Der autokatalytische Verlauf der Sauerstoffaufnahme bei Rindernierenfett, gemessen an der Menge des aktiven Sauerstoffes. Kurve 1: Direktes Sonnenlicht, Anfang März, Temperatur 20—23°. Kurve 2: Diffuses Tageslicht. Nordseite, Anfang März, mittlere Temperatur 15°. Kurve 3: Dunkelraum, 100-Watt-Lampe, Entfernung 0,30 m, Temperatur 22—25°. Kurve 4: Dunkelraum, 100-Watt-Lampe. Entfernung 1,20 m, Temperatur 20—23°. Kurve 5: Dunkelraum, 100-Watt Lampe, Entfernung 1,80 m, Temperatur 20—23°. Kurve 6: Dunkelraum. (Nach LEA.)

$$1.\ F + h\nu \rightarrow F',$$
$$2.\ F' + O_2 \rightarrow F'O_2,$$
$$3.\ F'O_2 + F \rightarrow FO_2 + F'.$$

Diese Nachwirkung ist in großem Ausmaß vorhanden. Bei fortdauernder Belichtung werden immer neue Ketten in Gang gesetzt und dadurch die Geschwindigkeit der Reaktion außerordentlich beschleunigt. Antioxydantien (vgl. S. 291) fangen die Aktivierungsenergie des Lichtes ab und bringen die Reaktionskette damit zum Stehen. Umgekehrt denkt man sich die Rolle der Prooxygene so, daß sie vielleicht selbst der Lichtaktivierung unterliegen und die Anregungsenergie auf Fettmolekel übertragen.

Die photochemische Reaktionsgeschwindigkeit der Peroxydbildung ist nach M. HORIO und S. YAMASHITA[2] unabhängig von der Belichtungszeit (1—8 Stunden), proportional der Konzentration der Fettsäure (C), unabhängig

[1] V. STEBNITZ u. H. H. SOMMER: Journ. Dairy Sci. 1937, 20, 181; Z. 1938, 76, 406.
[2] M. HORIO u. S. YAMASHITA: Journ. Soc. chem. Ind. Japan (Suppl.) 1934, 37 B, 292; C. 1935, I, 2748. — Vgl. HORIO u. Y. KASAWAKA: Journ. Soc. chem. Ind. Japan (Suppl.) 1934, 37 B, 415; C. 1935, I, 2748.

von der Sauerstoffmenge (0,7—7,5 Liter in der Stunde), proportional der Quadratwurzel der Lichtintensität (I) und unabhängig von der Temperatur, gemäß der Gleichung:

$$\frac{dx}{dt} = K\,(C + 0{,}8)\,\sqrt{\overline{I}}\;.$$

Auch der Kettenmechanismus kann durch eine Gleichung dargestellt werden.

Der weiteren Umwandlung der Peroxyde liegen vielleicht folgende Reaktionen zugrunde.

$$\begin{array}{ccc} -\!\text{C}\!-\!\text{C}\!- + \text{H}_2\text{O} \rightarrow & -\!\text{C}\!-\!\text{C}\!- + \text{H}_2\text{O} \rightarrow & -\!\text{C}\!-\!\text{C}\!- + \text{H}_2\text{O}_2\,. \\[2pt] \;\;|\;\;\;| & \;\;|\;\;\;| & \;\;|\;\;\;| \\[2pt] \;\;\text{O}\!-\!\text{O} & \;\;\text{OH O}\!-\!\text{OH} & \;\;\text{OH OH} \end{array}$$

Bei der Oxydation der Ölsäure rechnet man mit folgender Umsetzung:

$$\begin{array}{l} \text{H}_3\text{C}\!-\!(\text{CH}_2)_7\!-\!\text{CH} \quad \text{O} \qquad \text{H}_3\text{C}\!-\!(\text{CH}_2)_7\!-\!\text{CH}\!-\!\text{O} \nearrow \begin{array}{l}\text{CH}_3\!-\!(\text{CH}_2)_7\!-\!\text{CHO}\\ \text{Nonylaldehyd}\end{array} \\[4pt] \qquad\qquad\qquad \| \;+\; \| \;\rightarrow \\[4pt] \text{HOOC}\!-\!(\text{CH}_2)_7\!-\!\text{CH} \quad \text{O} \qquad \text{HOOC}\!-\!(\text{CH}_2)_7\!-\!\text{CH}\!-\!\text{O} \searrow \begin{array}{l}\text{HOOC}\!-\!\text{ClH}_2)_7\!-\!\text{CHO}\\ \text{Azelainaldehyd}\end{array} \end{array}$$

Beide Aldehyde sind ebenso wie die weiteren Oxydationsstufen Nonylsäure $\text{CH}_3 \cdot (\text{CH}_2)_7 \cdot \text{COOH}$ und Azelainsäure $\text{HOOC} \cdot (\text{CH}_2)_7 \cdot \text{COOH}$ im autoxydierten Fett gefunden worden.

Über weitere, vorläufig nur theoretisch begründete Vorgänge, vgl. H. Wieland[1], G. W. Ellis[2], R. S. Morrell und S. Marks[3] u. a.

Die Fettsäurenperoxyde sind sehr reaktionsfähige Stoffe und werden beim Erhitzen auf 90—100° im Vakuum unter starker Gasentwicklung zersetzt. Vgl. z. B. T. P. Hilditch und J. J. Sleightholme[4].

b) Entstehung von Epihydrinaldehyd.

Über die Entstehung des der Kreisschen Reaktion zugrunde liegenden Epiphydrinaldehyds im Verlaufe der Autoxydation der Fette hat W. C. Powick[5] eine etwas gezwungene Erklärung angegeben, die nach J. Pritzker und R. Jungkunz[6] z. B. für Linolsäure vielleicht der folgenden einfachen Reaktion nach A. Tschirch und A. Barben[7] zu weichen hat:

$$\begin{array}{ccc} \text{CH}_3 \cdot (\text{CH}_2)_4 \cdot \text{CH} & = \text{CH} \cdot \text{CH}_2 \cdot \text{CH} & = \text{CH} \cdot (\text{CH}_2)_7 \cdot \text{COOH} \\[2pt] \downarrow & \downarrow & \downarrow \\[2pt] \text{CH}_3 \cdot (\text{CH}_2)_4 \cdot \text{COH} & \text{CH}_3 \cdot \text{CH}_2 \cdot \text{COH} & \text{CH}_3 \cdot (\text{CH}_2)_7 \cdot \text{COOH} \\[2pt] & \text{Propylaldehyd} & \end{array}$$

$$\text{CH}_3 \cdot \text{CH}_2 \cdot \text{COH} + \text{O}_2 \rightarrow \underset{\diagdown\text{O}\diagup}{\text{CH}_2\!-\!-\!\text{CH} \cdot \text{COH}} + \text{H}_2\text{O}\;.$$

Propylaldehyd   Epihydrinaldehyd

Nun kommt Epiphydrinaldehyd in ranzigen Fetten in freier Form nicht vor, sondern gebunden, wahrscheinlich in Form von Epiphydrinaldehydacetal.

Nach Schmalfuss[8] und Mitarbeitern ist die Entstehung von Aldehyden, auch von Epiphydrinaldehyd nicht auf ungesättigte Säuren beschränkt. Bei Belichtung mit Quecksilberlicht in $1^1/_2$ Stunden wurden auch reine Laurinsäuremethylester und Laurinsäure selbst gegen Fuchsinschweflige Säure aldehydig; der Ester gab dann — allerdings erst nach

<hr>

[1] H. Wieland: Über den Verlauf der Oxydationsvorgänge. Stuttgart: Ferdinand Enke 1933. — Vgl. auch Wieland u. H. Lövenskiold: Ann. Chem. 1925, 445, 181.

[2] G. W. Ellis: Journ. Soc. chem. Ind. 1926, 45 T, 193.

[3] R. S. Morrell u. S. Marks: Journ. Oil a. Colour chem. Ass. 1929, 12, 182.

[4] T. P. Hilditch u. J. J. Sleightholme: Journ. Soc. chem. Ind. 1932, 51 T, 39; C. 1932, I, 3513.   [5] W. C. Powick: Journ. agricult. Res. 1923, 26, 323.

[6] J. Pritzker u. R. Jungkunz: Z. 1927, 54, 242.

[7] A. Tschirch u. A. Barben: Schweiz. Apoth.-Ztg. 1924, 62, 281.

[8] H. Schmalfuss, H. Werner u. A. Gehrke: Margarine-Ind. 1934, 27, 79; 1935, 28, 43.

langer Bestrahlung (12$^1/_2$ Stunden) — eine positive KREIS-Reaktion. Eine Glycerinprobe nahm bei dieser Behandlung starken Formaldehydgeruch an.

K. TÄUFEL und F. K. RUSSOW[1] haben Epihydrinaldehyd-Glycolacetal $C_2H_5O_3$ als farblose, leichtbewegliche Flüssigkeit, im Geruch an verdorbenes Mehl erinnernd, synthetisch erhalten und daraus Epihydrinaldehyd als leichtflüchtige zersetzliche Verbindung mit einem Siedepunkt weit unter 0° abgeschieden.

c) Ketonranzigkeit.

Eine häufig vorkommende, von der Aldehydranzigkeit wesentlich verschiedene Form des Fettverderbens ist die Ketonranzigkeit, bei der nicht Aldehyde, sondern Ketone die Träger des ranzigen Geruches und Geschmackes sind. Wegen des eigenartigen Geruches des dabei entstehenden Ketons, namentlich des Methylnonylketons trägt diese Art des Fettverderbens auch den Namen „Parfümranzigkeit".

Ketonigkeit tritt durch Einwirkung einer Reihe von Kleinwesen namentlich von Schimmelpilzen auf das Fett ein (vgl. S. 298). Nach Versuchen von H. SCHMALFUSS, H. WERNER und A. GEHRKE[2] sowie K. TÄUFEL, H. THALER und M. MARTINEZ[3] erfolgt indes ein Ketonigwerden auch ohne Kleinwesen und wird durch Licht, weniger durch Wärme beschleunigt. SCHMALFUSS und A. TREU[4] haben 1927 aus rohem Sojaöl Methylnonylketon gewonnen. Das Geschehen betrifft alle gesättigten und ungesättigten Fettsäuren von der Propionsäure an aufwärts, auch Cholesterin, Seifen und selbst Bienenwachs, Paraffin und Glycerin unter dem Einfluß des Lichtes. Fette mit hohem Laurinsäuregehalt, wie Cocosfett, verfallen der Ketonbildung besonders leicht. Nach Versuchen von TÄUFEL, THALER und M. LÖWENECK[5] an Penicillium glaucum und Aspergillus niger fällt das Bildungsvermögen für Methylketon nach der sauren Seite hin etwa mit der Wachstumsgrenze von Penicillium glaucum zusammen, während sie bei Aspergillus niger nicht erreicht wird. Nach der alkalischen Seite hin geht das Bildungsvermögen über die Wachstumsgrenze beider Pilze hinaus. Von C_{16} an wird kein Methylketon mehr gebildet, jedoch ist Wachstum auf fettsäurehaltigen Nährböden feststellbar. Beide Schimmelpilze sind imstande, aus Undecen (1)säure(11) Methylketon zu bilden. Die Vertreter der Ölsäurereihe scheinen sich ähnlich zu verhalten wie die gesättigten Fettsäuren und den biologischen Ketonabbau bilden zu können. Luftsauerstoff ist für die Umwandlung nicht unbedingt nötig, wirkt aber fördernd. Am Beispiel des Laurinsäuremethylesters fand SCHMALFUSS, daß nur die Wellenlängen des Lichtes unterhalb 930 mμ Laurinsäuremethylester wesentlich ketonig werden ließen, Sojaöl dagegen Wellenlängen unter 410 mμ, nicht Röntgenlicht oder elektromagnetische Kurzwellen. Sichtbares Licht zwischen 450—650 mμ machte Sojaöl weder ketonig noch aldehydig. Auch Wärme läßt nach SCHMALFUSS[6] Fett zunehmend ketonig werden. So wurde keimfreies Cocosfett in Gegenwart von Wasser in $2^1/_2$ Monaten bei 36° ketonig, bei 14° noch nicht. Laurinsäure bei 120° in 2 Stunden.

Das chemische Ketonigwerden ist mit dem Auftreten niederer Fettsäuren verbunden.

d) Aufnahme von Sauerstoff.

Ein mit der Oxydationsranzigkeit vergleichbarer Vorgang ist das Vermögen vieler Pflanzenöle, Sauerstoff aus der Luft aufzunehmen und dabei zu einer

[1] K. TÄUFEL u. F. K. RUSSOW: Z. 1933, **65**, 540.

[2] H. SCHMALFUSS, H. WERNER u. A. GEHRKE: Margarine-Ind. 1932, **25**, 1, 215, 242, 265; 1933, **26**, 3, 87, 101; 1934, **27**, 93, 167; U. 1933, **40**, 102; 1936, **43**, 211, 243.

[3] K. TÄUFEL, H. THALER u. M. MARTINEZ: Margarine-Ind. 1933, **26**, 37.

[4] H. SCHMALFUSS u. A. TREU: Biochem. Zeitschr. 1927, **189**, 49.

[5] K. TÄUFEL, H. THALER u. M. LÖWENECK: U. 1936, **43**, 1; Z. 1938, **76**, 267.

[6] H. SCHMALFUSS: Deutsch. Molkerei-Ztg. 1935, Folge 9 vom 28. Februar bis September.

mehr oder weniger festen Schicht, je nach Art des Öles, einzutrocknen. Dieser Vorgang der Öltrocknung ist zwar für Speiseöle nur insofern von Interesse, als mit der beginnenden Öltrocknung ein Verderben des Speiseöles verbunden ist. Die Öltrocknung bildet aber für die Technik, insbesondere für die Mal- und Anstrichtechnik eine der wichtigsten Grundlagen und ist daher der Gegenstand vieler Forschungen gewesen. Weiter spielt sie eine Rolle für die Beurteilung der Feuergefährlichkeit von Ölen, wenn diese in feinverteiltem Zustande auf organischen Farbstoffen (Wolle, Baumwolle) ausgebreitet sind.

Der der Öltrocknung zugrunde liegende Vorgang ist ebenfalls ein außerordentlich verwickelter. Rein äußerlich gibt sich nach Eibner das Antrocknen eines Ölfilmes an den Stufen des Klebens, des Klebfreiwerdens, des Scheintrocknens, des Unschmelzbar- und Irreversibelwerdens zu erkennen. Unter Gewichtszunahme entstehen in Wasser, Alkohol und größtenteils auch in Äther unlösliche Körper (Oxyne, Linoxyne), daneben flüchtige Stoffe wie Fettsäuren, Aldehyde, Kohlendioxyd und Wasser. Während die Sauerstoffaufnahme eine Gewichtsvermehrung zur Folge hat, tritt durch die Abgabe der flüchtigen Stoffe wieder eine geringere Gewichtsabnahme ein.

Chemisch liegt dem Trocknungsvorgange neben der Sauerstoffanlagerung, wobei Peroxyd auftritt (C. Engler[1], W. Fahrion[2]) eine Polymerisation zugrunde. Die entstehenden Produkte gehen immer mehr aus dem Sol- in den Gelzustand über und wandeln den Ölfilm zunächst in ein elastisches, dann langsam immer mehr erhärtendes Gebilde um (vgl. auch R. S. Morrell[3]).

Das Trocknungsvermögen der Öle steht zwar mit der Jodzahl, also der Zahl der Doppelbindungen, in Beziehung, geht ihr jedoch durchaus nicht parallel. Von größtem Einfluß auf die Geschwindigkeit des Vorganges ist vielmehr die Lage der Doppelbindungen. Bei isolierter Anordnung finden wir auch bei stark ungesättigten Glyceriden wie bei den Seetierölen eine sehr geringe Trockenfähigkeit; bei konjugierter Anordnung, wie beim Holzöl mit seinen drei konjugierten Doppelbindungen, verläuft dagegen die Trocknung weitaus am schnellsten. Leinöl und Mohnöl stehen zwischen diesen beiden Extremen und unterscheiden sich nur graduell.

Um auch Seetieröle, z. B. Heringsöl, für Anstrichzwecke zu verwerten, muß daher seine Trocknungsfähigkeit durch Verschiebung der Doppelbindungen verbessert werden. Nach Th. Hanchen[4] erreicht man dies durch Chlorierung und Abchlorierung.

Der Trocknungsvorgang wird durch Wärme, Licht und bestimmte Katalysatoren stark beschleunigt. Von letzteren werden namentlich Kobalt-, Mangan- und Bleisalze als Trockenstoffe oder Sikkative zur Beschleunigung der Öltrocknung praktisch viel verwendet. Umgekehrt läßt sich der Trocknungsvorgang durch Antioxygene (vgl. S. 291) stark verzögern.

An monomolekularen Schichten (vgl. S. 54) untersuchten G. Gee und K. Rideal[5] den Mechanismus der positiven und negativen Katalyse durch Kobalt bzw. Chinol bei trocknenden Ölen. Von den Filmen von Äthylmyristat, Methyllinoleat, Äthyllinoleat und Methylelaeostearat unterlag nur der letzte in beträchtlichem Maße der Autoxydation, wenn er auf 0,01 N.-Schwefelsäure ausgespritzt wurde. Wurden Filme von Malonsäureanhydrid-Elaeostearin mit einem der genannten Ester verdünnt, so blieb hierdurch die Oxydationsfähigkeit unverändert, während die Polymerisation mit steigender Ungesättigtheit der Ester verzögert wurde.

e) Fischigwerden (Vertranen).

Das Fischigwerden oder Vertranen von Speisefetten, wie Butter und Margarine, aber auch von anderen Stoffen wie Milch, Eidotter u. a., eine nicht selten auftretende Erscheinung, ist weder durch Fetthydrolyse noch durch Fettoxydation verursacht, sondern durch eine Spaltung der Begleitstoffe des Fettes, des Lecithins unter Bildung von Trimethylamin (Sommer und Smit 1923[6]).

---

[1] C. Engler u. J. Weissberg: Kritische Studien über die Vorgänge der Autoxydation. Braunschweig 1904.   [2] W. Fahrion: Chem.-Ztg. 1904, 28, 1196.
[3] R. S. Morrell: Chem. a. Ind. 1937, 56, 795; Z. 1938, 76, 490.
[4] Th. Hanchen: Tekn. Ukebl. 1937, 283; Z. 1938, 75, 525.
[5] G. Gee u. E. K. Rideal: Journ. chem. Soc. (Lond.) 1937, 772; Z. 1938, 76, 375.
[6] Sommer u. Smit: Nach L. Erlandsen: Margarine-Ind. 1937, 30, 100; Z. 1938, 75, 274.

Doch zeigen neuere Versuche von W. L. DAVIES und E. GILL [1], daß Trimethylamin nicht selbst den Trangeruch bedingt, sondern ihn nur vermittelt. Nach DAVIES und GILL neigt Trimethylamin zu Oxydation:

$$\text{Trimethylamin} + \text{Sauerstoff} \rightleftharpoons \text{Trimethylaminoxyd}.$$

Dieses Trimethylaminoxyd geht dann in organische Bindung von noch unbekannter Natur über, wobei der fischige Geruch auftritt. Die Natur der Fischigkeit variiert nach DAVIES und GILL stark nach Art des Lebensmittels und scheint von der Art der ungesättigten Säuren im Fett abzuhängen. Der Trangeruch läßt sich auch beim Leinöl unter gewissen Bedingungen künstlich hervorrufen. Immer liegt beim Auftreten von Fischigkeit tertiärer Stickstoff wie Trimethylamin, Trimethylaminoxyd, Cholin oder Cholinoxyd vor, das sich durch Autoxydation leicht aus Cholin bildet. Fischmuskeln enthalten von Natur Trimethylaminoxyd, das auch nach Fütterung mit Betain (Rüben!), Cholin und Methyldimethylaminacetat durch die Milchdrüse der Kuh abgeschieden wird. Lecithin in Butter kann einfache tertiäre Base liefern und damit Fischigkeit bedingen. Gewisse Fette reduzieren bei Erhitzen auf 100^0 Trimethylaminoxyd wieder zu Trimethylamin, wobei dann der Fischgeruch entsteht. Wenn Fischmuskel autolysiert oder getrockneter Fisch sich autoxydiert, nimmt der Trangeruch zu und gleichzeitig der Gehalt an gebundenem Stickstoff im ausgezogenen und gewaschenen Öl. Dabei liefert die Stärke der Braunfärbung einen guten Indicator für den Grad der Fischigkeit.

Das Sauerstoffatom im Trimethylaminoxyd ist labil und kann bei Gegenwart von Peroxyden als Sauerstoffüberträger auf das Fett wirken. Unter gewissen Bedingungen kann Trimethylaminoxyd (oder Trimethylamin + Wasserstoffperoxyd zu Dimethylamin und Formaldehyd zerfallen;

$$\text{N(CH}_3)_3\text{O} \rightleftharpoons \text{NH(CH}_3)_2 + \text{CH}_2\text{O}.$$

Deswegen findet man in nahezu allen Auszügen oder Dampfdestillaten aus fischigen Fetten Spuren von Formaldehyd.

Daß die Fischigkeit durch Einwirkung von Trimethylaminoxyd auf ungesättigte Fettsäuren eintritt, läßt sich leicht an Versuchen erweisen. Weder Cholesterin noch das Unverseifbare von pflanzlichen und tierischen Fetten noch Glycerin ergeben bei 107^0 mit Trimethylaminoxyd Fischigkeit, deutlich die Fettsäurenfraktion von Leinöl, wobei Stickstoff in organische Bindung eintritt. Anders verhält sich z. B. Maleinsäure, die in Glycerin bei $120—130^0$ Trimethylaminoxyd zwar reduziert, aber keinen Fischgeruch hervorruft.

Die Vertranung wird durch Spuren von Kupfer und Eisen stark beschleunigt. Nach W. RITTER und M. CHRISTEN [2] genügen 0,2 mg Kupfer und 1,5 mg Eisen in 1 kg Butter, um Fischigkeit hervorzurufen. Auch Kochsalz und Milchsäure wirken ungünstig. Butterfreie Margarine wird selten fischig. Gehemmt wird das Fischigwerden nach RITTER und CHRISTEN durch Hydrochinon, Metol und Wasserstoffperoxyd, nicht durch Vitamin C, Maleinsäure und Aldehyde.

Das Fischigwerden ist ein rein chemischer Vorgang, der aber durch Bakterientätigkeit unter Umständen gehemmt werden kann.

f) Einfluß des Erhitzens auf trocknende Öle.

Die bei fetten Ölen beim Erhitzen vor sich gehenden Veränderungen bilden die Grundlagen der Standölbereitung aus Leinöl und spielen eine Rolle beim Holzöl, um ihm gewisse anstrichtechnisch wichtige Eigenschaften zu verleihen.

---

[1] W. L. DAVIES u. E. GILL: Journ. Soc. chem. Ind. 1936, 55 T, 141.
[2] W. RITTER: Schweiz. Milch-Ztg. 1934, Nr. 101/105; C. 1935, I, 2461. — W. RITTER u. M. CHRISTEN: Schweiz. Milch-Ztg. 1936, Nr. 5, 9, Nr. 7, 13; Nr. 12/13, 16; C. 1935, I, 30, 64, 2461.

Standöle aus Leinöl werden durch Erhitzen unter Luftabschluß auf 250—300⁰ hergestellt. Sie dienen zur Erzeugung von Druckerschwärze, Steindruckfarben, plastischen Massen und zu Anstrichzwecken.

Das dem verdickten Leinöl entsprechende polymerisierte Holzöl erhält man durch vorsichtiges Erhitzen des Rohöls auf 210—220⁰ als dicke, sehr zähe Masse. Eine stärkere Erhitzung führt plötzlich zu einer Gelatinierung. Dabei entsteht eine amorphe, gallertig schnittfeste Masse, die bei 200⁰ noch nicht schmilzt und in Fettlösungsmitteln nur teilweise löslich ist.

Außer Leinöl und Holzöl werden technisch noch einige weiteren Öle durch Hitzepolymerisation verdickt, so z. B. Perillaöl, Ricinusöl, Rüböl und Trane.

Ebenfalls durch Erhitzen polymerisierte Öle sind gewisse Emulgierungsmittel, so das bei der Margarineherstellung verwendete Emulsionsöl (vgl. S. 637).

Bei der Standölbereitung aus Leinöl beobachtet man eine Zunahme der Dichte, Abnahme der Jodzahl und Zunahme der Oxysäuren, während sich die Verseifungszahl nur wenig ändert. F. H. Leeds[1] hat folgende Kennzahlen ermittelt:

Tabelle 116.

Art des Öles	Gewichtsverlust bei der Behandlung %	D^{15}_{15}	Jodzahl	Verseifungszahl	Oxysäuren %	Hexabromide
Rohöl	—	0,9321	169	194,8	0,3	24,2
Dünn	3	0,9661	100	196,9	2,5	2,0
Mitteldick	6	0,9721	91	197,5	4,2	0
Dick	12	0,9741	86	190,9	6,5	0

Im wesentlichen handelt es sich bei diesen Vorgängen um eine Polymerisation, wobei in der Hauptsache die stark ungesättigten Bindungen zusammentreten.

Beim Dickkochen des Holzöles sinkt die Jodzahl weniger schnell als beim Leinöl. Der Brechungsindex, der bei Leinölstandöl bis über 1,491 steigt, ändert sich bei Holzöl nur wenig oder nimmt selbst ab. Bemerkenswert ist die starke Sauerstoffaufnahmefähigkeit der verdickten Holzöle, die fast ebenso stark ist wie bei den Rohölen.

Über weitere Einzelheiten bei der Polymerisation fetter Öle vgl. Hefter-Schönfeld, Bd. I, S. 367; Bd. II, S. 215 und 250; ferner A. Steger und J. van Loon[2].

Bei der Lebensmittelzubereitung durch Braten in linol- und linolensäurehaltigen Ölen ist mit analogen Vorgängen wie bei der Dickkochung von Leinöl zu rechnen, so bei der Bereitung von Bratfischen (Friedfischen) oder bei der Herstellung von Kartoffelscheiben oder Backwaren (Pfannkuchen) in Öl, wenn es auch hierbei natürlich nicht zu so durchgreifenden Umsetzungen kommt wie bei der Dickkochung. Insbesondere bei trocknenden Speiseölen wie Mohnöl, Sonnenblumenöl, Sojaöl, Baumwollsamenöl u. a. sind derartige Umsetzungen, die das Öl schließlich für wiederholte Verwendungen wegen der eintretenden Geschmacksverschlechterung unbrauchbar werden lassen, zu erwarten. So fanden F. R. Porter, H. Michaelis und F. G. Shay[3] bei Bratversuchen mit Fett eine merkliche Zunahme der Viscosität und bei höheren Temperaturen eine Art „Gummibildung" infolge von Polymerisation. Ist daneben noch Wasser vorhanden, so kommt es auch zu einer Fettspaltung unter Bildung von Säure, die dann katalytisch weitere Säurebildung und Entstehung von Acrolein aus freigewordenem Glycerin veranlaßt.

C. W. Lantz und G. T. Carlin[4] untersuchten das Verhalten verschiedener Fette in einer Pfannkuchenbackmaschine bei 149—206⁰. In den ersten

[1] F. H. Leeds: Journ. Soc. chem. Ind. 1894, **13**, 203.
[2] A. Steger u. J. van Loon: Rec. Trav. chim. Pays-Bas 1932, **51**, 648, 996; Z. 1938, **75**, 524.
[3] F. R. Porter, H. Michaelis u. F. G. Shay: Ind. engin. Chem. 1932, **24**, 811; Z. 1937, **74**, 324.   [4] C. W. Lantz u. G. T. Carlin: Oil and Soap 1938, **15**, 38; C. 1938, II, 204.

45 Stunden zeigten sämtliche Fette eine starke Farbzunahme, nicht sehr weitgehend ausgebleichte weniger als hochgebleichte. Die Zunahme der freien Fettsäuren in den ersten 50 Stunden war bei gehärteten Fetten größer als bei nichtgehärteten. Der Säuregehalt stieg bis auf 0,70—1,35%. Winterbaumwollsamenöl zeigte die geringste Aciditätszunahme.

Bei Überhitzung der Speiseöle treten noch durchgreifendere Zersetzungen unter Entstehung von Acrolein ein, dessen Geruch das „Anbrennen" von zubereiteten fetthaltigen Speisen anzeigt.

Über den Mechanismus der pyrogenen Zersetzung von Baumwollsamenöl vgl. auch T.-SH. Lo und L.-SH. Ts'ai[1].

Bei der Herstellung von fetthaltigem Kuchengebäck wird durch den Backvorgang das Fett kaum verändert. J. Grossfeld und H. Damm[2] fanden in dem aus Buttergebäck ausgezogenen Fett die der zugesetzten Butterfettmenge entsprechende Buttersäurezahl und Gesamtzahl wieder.

Auch eine Bildung von Isoölsäure trat durch das Backen nicht ein.

g) Aufnahme fremdartiger Geschmackstoffe.

Eine besondere Art der Verdorbenheit bildet das Übergehen fremdartiger Geschmackstoffe in Speisefett.

So wird nach W. J. Wiley[3] der Holzgeschmack in Butter bei Verpackung in Butterfässer aus dem Holz von Pinus radita (insignis) und von der Faßtanne (A. cunninghamii) durch Spuren eines flüchtigen Öles verursacht, wenn dies nicht durch besondere Überzüge (wasserfestes Cellophan, Casein-Formalinanstrich) verhindert wird.

Außerdem können abweichend riechende oder schmeckende Fremdstoffe wie Petroleum, Teer (Carbolineum), ätherische Öle u. a. durch Berührung oder über die umgebende Luft auf Speisefett übergehen und es zum Verderben bringen. Wegen der Mannigfaltigkeit der so in Frage kommenden Verunreinigungen bedürfen derartige veränderte Fette einer von Fall zu Fall verschiedenen Untersuchung und Beurteilung. Meistens wird es sich um Erkennung des Fremdstoffes am Geruch und wenn möglich um seine Abscheidung und seinen Nachweis durch spezifische Reaktionen handeln.

2. Katalytische Einflüsse.

Das Verhalten von Fetten und Ölen beim Autoxydationsvorgange, namentlich die sog. Induktionsperiode von verschiedener Dauer, deutet darauf hin, daß die Fette und Öle von Natur aus antioxygen wirkende Katalysatoren enthalten müssen. Da die Fette und Öle in ihren natürlichen Ablagerungsstätten in der lebenden tierischen oder pflanzlichen Zelle trotz Belichtung nicht der Autoxydation anheimfallen, sondern erst nach ihrer Abtrennung davon, liegt der Schluß nahe, daß hier natürliche Antioxydantien (Antioxygene, Inhibitoren, Inhibitole, Paralysatoren) im Spiele sein müssen, wenn man nicht die weniger wahrscheinliche Annahme machen will, daß die jeweils entstehenden Oxydationsprodukte sofort weggeführt werden.

H. Schmalfuss, H. Werner u. A. Gehrke[4] prüften ganz frisch gewonnene Fette von Tieren (Pferd, Rind, Karpfen) und Pflanzensamen (Hanf, Cocos, Lein). Sie fanden bei keiner Pflanze und bei keinem Tier im Fett auch nur Spuren von Aldehyd. Ketonigsein wurde nur beim Öl aus Leinsamen, sowie aus Leber und Rogen des Karpfens gefunden. In 100 g Öl von Leinsamen, deren Keimfähigkeit 98—99% betrug, wurden so 0,2 mg flüchtige Ketone gefunden.

Andererseits ist bekannt, daß die Fettoxydation durch andere Stoffe, so z. B. durch Metallspuren (Kupfer, Eisen) beschleunigt wird. Derartige Stoffe

---

[1] T.-SH. Lo u. L.-SH. Ts'ai: Journ. Chin. chem. Soc. 1937, 5, 44.
[2] J. Grossfeld u. H. Damm: Z. 1938, 75, 138.
[3] W. J. Wiley: Commonwealth Australia J. Council sci. ind. Res. 1933, 5, 5, 15.
[4] H. Schmalfuss, H. Werner u. A. Gehrke: Hippokrates 1936, 1183, vgl. U. 1936, 43, 243.

sind daher als Beschleuniger oder Prooxydantien (Prooxygene) zu bezeichnen.

Da die Frischerhaltung der Fette zu Speisezwecken von großer wirtschaftlicher Bedeutung ist, hat es nicht an Versuchen gefehlt, die Natur der natürlichen Antioxydantien aufzuklären und künstliche antioxygen wirkende Stoffe ausfindig zu machen.

a) Natürliche Antioxydantien.

T. P. Hilditch und J. J. Sleightholme[1] schlossen aus der kurzen Induktionsperiode bei Behandlung von synthetischen Glyceriden mit Sauerstoff bei 100° gegenüber natürlichen Ölen (Olivenöl, Leinöl, Holzöl, Dorschleberöl) auf natürliche Antioxydantien von wechselnder Menge und verschiedener Natur und vermuteten diese in Protein oder Proteinabbauprodukten. Durch Auskochen von Oliven- oder Leinöl mit Wasser setzten A. Banks und Hilditch[2] die Induktionsperiode, also die Widerstandsfähigkeit gegen Sauerstoff herab. Der erhaltene Auszug, eine feste harzähnliche Masse, schien dabei aber verändert zu sein, da sein Zusatz zum Öl die ursprüngliche Widerstandsfähigkeit nicht wieder herstellte. Aus durch Extraktion entfetteten Sojakuchen zogen T. G. Green und Hilditch[3] mit verdünnten Lösungen organischer Säuren (2%ige Essigsäure in Wasser oder Aceton) nach Erhitzen mit Methylalkohol etwa 10% Extrakt aus, von dem der in kaltem Aceton lösliche Anteil, entsprechend etwa 2% des Ausgangsstoffes, bestehend aus einem zähflüssigen Gummi ausgesprochen oxydationsverhindernde Eigenschaften besaß und, zu 0,2% frisch destillierten ungesättigten Fettsäureestern zugesetzt, eine bemerkenswerte Verzögerung der Oxydation hervorrief. Die physikalischen und chemischen Eigenschaften dieser Stoffe stimmten mit denen von Inhibitoren überein, die H. S. Olcott und H. A. Matill[4] aus den unverseifbaren Bestandteilen von Pflanzen und Pflanzenölen erhalten hatten. Aus Weizenkeimöl und Baumwollsamenöl wurden sie wie Vitamin E abgeschieden und konnten von diesem nicht getrennt werden. Konzentrate krystallisierten nicht. Ihre Aktivität wurde durch Reagenzien zerstört, welche die OH-Gruppe angreifen oder Lückenbindungen ausfüllen. Die Ester der Inhibitoren wurden durch Spaltung, die Halogenadditionsprodukte durch Enthalogenierung wieder aktiv. Gegen Hydrierung waren sie widerstandsfähig. Die Konzentrate zeigten bei 2940 Å ein Band, dessen Stärke der Aktivität ungefähr proportional war. Die Inhibitole schützen raffinierte Öle (außer denen, aus welchen sie erzeugt wurden) und äußerten beste Wirkung gegen Schweineschmalz. Nach weiteren Versuchen von Olcott und O. H. Emerson[5] zeigen die drei (α-, β-, γ-) Tocopherole und ihre Allophanate, Stoffe mit starker Vitamin E-Wirkung, in Schweineschmalz eine starke Wirkung als Antioxydantien, wenn sie letzterem zu etwa 0,01% beigemengt sind. Sie finden sich im Unverseifbaren von Weizenkeimöl und Baumwollsaatöl. Eine strenge Parallelität zwischen Vitamin E-Wirkung und antioxydativer Wirksamkeit besteht aber nicht. Die „Inhibitole" aus Salat und Tomaten, die ebenfalls starke Antioxydantien sind, sind vermutlich keine Tocopherole.

Sehr stark antioxydierend wirken Hafermehl und Auszüge daraus (F. N. Peters und S. Musher[6]), die als Avenol[7] oder Avenex im Handel sind. Schon eine Bestäubung von Einwickelpapier für Butter oder von fetthaltigen

---

[1] T. P. Hildilch u. J. J. Sleightholme: Journ. Soc. chem. Ind. 1932, **51** T., 39; C. 1932, I, 3513.

[2] A. Banks u. T. P. Hilditch: Journ. Soc. chem. Ind. 1932, **51**, 411; C. 1933, I, 2885.

[3] T. G. Green u. T. P. Hilditch: Journ. Soc. chem. Ind. 1937, **56** T., 23; Z. 1937, **74**, 239.

[4] H. S. Olcott u. H. A. Matill: Journ. Amer. Chem. Soc. 1936, **58**, 1627; C. 1937, I, 752.

[5] H. S. Olcott u. O. H. Emerson: Journ. Amer. Chem. Soc. 1937, **59**, 1008; Z. 1938, **75**, 268.   [6] F. N. Peters u. S. Musher: Ind. engin. Chem. 1937, **29**, 146.

[7] Hexanauszug aus Hafermehl.

Lebensmitteln mit Hafermehl erhöht die Haltbarkeit (R. C. Conn und R. E. Asnis[1]), wie auch C. D. Dahle und D. V. Josephson[2] sowie V. L. Koenig[3] bestätigen. Ob es sich bei Hafermehl um die gleichen Inhibitoren handelt wie bei Keimölen, ist noch nicht bekannt.

Olcott und Mattill[4] teilen die Antioxydantien in 3 Gruppen:

1. Saure Antioxydantien.
2. Inhibitole und Hydrochinone.
3. Andere Phenole.

Nach C. H. Lea[5] werden destillierte Fettsäuren nur durch Stoffe dieser Gruppe 2 und 3, nicht aber durch 1 geschützt. Stoffe der Gruppe 1 verlängern aber in Verbindung mit denen der Gruppe 2 und 3 die Induktionsperiode der tierischen Fette.

Von sonstigen Befunden ist der von H. O. Triebold und C. H. Bailey[6] bemerkenswert, daß absolut trockene Luft das Ranzigwerden von Backfett und Keks durch Oxydation begünstigt. Carotin wirkt nach Versuchen von M. Nakamura[7] in 0,01 und 0,1% bei Leinöl als schwaches Prooxygen, bei Maisöl und Tsubakiöl antioxygen, bei 0,001% wieder prooxygen. V. C. Stebnitz und H. H. Sommer[8] fanden bei Butterfett keinen Zusammenhang zwischen Carotingehalt und Haltbarkeit. H. C. Cohen[9] zählt für Leinöl auch Phosphatide, Chlorophyll und Xanthophyll zu den Antioxydantien. Nach M. Wittka[10] schützen Lecithine Fette gegen die schädliche Wirkung von Metallspuren. Nach Olcott und Mattill[11] soll die Schutzwirkung von Phosphatiden auf ihrem Gehalt an Colaminlecithin beruhen.

Th. Merl und H. Beitter[12] haben festgestellt, daß Malzkaffee aus normal gemälzter Gerste in seiner Haltbarkeit Erzeugnissen aus nur geweichter bzw. unzulänglich gemälzter Frucht überlegen ist, und als Ursache einen Gehalt an Maltol (2-Methyl-3-oxypyron) angegeben, dem oxydationshemmende Wirkungen zukommen.

Da durch die Raffination der Speisefette die Antioxydantien mehr oder weniger beseitigt werden, sinkt damit die Haltbarkeit des Fettes oder Öles. Die Neigung von gehärteten Ölen, besonders von Fischölen, schnell oxydationsranzig zu werden (R. Strohecker, R. Vaubel und A. Tenner[13] ist durch Entfernung der Antioxydantien durch den Härtungsvorgang zu erklären, daneben bei Fischölen auch durch den Gehalt an mittleren Fettsäuren, ähnlich wie bei Cocosfett (vgl. S. 287). Besonders stark ist diese Haltbarkeitsabnahme naturgemäß bei Luftbleichung. So sind die meisten luftgebleichten Palmöle nach J. E. Better[14] stark peroxydhaltig.

b) Künstliche Antioxydantien.

Künstliche Mittel zur Verzögerung der Autoxydation gehören den verschiedensten Stoffklassen an. Alle aber zeichnen sich, soweit man bisher übersehen kann, durch eine ausgeprägte Reduktionswirkung aus. R. G. Greenbank und G. E. Holm[15] geben zur Erklärung des Mechanismus der antioxydativen Wirkung verschiedener Stoffe (B) in Ölen und Fetten folgenden Reaktionsverlauf an:

$$A + O_2 \rightarrow A(O_2);\ A(O_2) + B \rightarrow AO + BO \qquad \text{oder} \qquad A + O_2 \rightarrow A(O_2);\ B + O_2 \rightarrow B(O_2)$$
$$AO + BO \rightarrow A + B + O_2 \qquad\qquad\qquad\qquad A(O_2) + B(O_2) \rightarrow A + B + 2\,O_2.$$

[1] R. C. Conn u. R. E. Asnis: Ind. engin. Chem. 1937, **29**, 951.

[2] C. D. Dahle u. D. V. Josephson: Nat. Butter Cheese Journ. 1937, **28**, Nr. 14, 6; Nr. 18, 18.   [3] V. L. Koenig: Nat. Butter Cheese 1937, **28**, Nr. 15, 26.

[4] H. S. Olcott u. H. A. Mattill: Journ. Amer. Chem. Soc. 1936, **58**, 2204; C. 1937, I, 248.   [5] C. H. Lea: Chem. Age 1938, **38**, 263; C. 1938, II, 2526.

[6] H. O. Triebold u. C. H. Bailey: Cereal Chem. 1932, **9**, 91; C. 1932, I, 3356.

[7] M. Nakamura: Journ. Soc. chem. Ind. Japan (Suppl.) 1937, **40** B., 203.

[8] V. C. Stebnitz u. H. H. Sommer: Journ. Dairy Sci. 1937, **20**, 265; Z. 1938, **75**, 273.

[9] H. C. Cohen: Verfkroniek 1937, **10**, 3.   [10] F. Wittka: Chem.-Ztg. 1937, **61**, 386.

[11] H. S. Olcott u. A. H. Mattill: Oil and Soap 1936, **13**, 98; C. 1936, II, 557.

[12] H. Beitter: Zur Kenntnis und Beurteilung der Rösterzeugnisse aus Cerealien mit verschieden hohem Mälzungsgrad unter besonderer Berücksichtigung des Malzkaffees. Diss. München, Univ. 1931.

[13] R. Strohecker, R. Vaubel u. A. Tenner: U. 1937, **44**, 246.

[14] J. E. Better: Allg. Öl- u. Fett-Ztg. 1932, **29**, 330; C. 1932, II, 1094.

[15] G. R. Greenbank u. G. E. Holm: Ind. engin. Chem. 1934, **26**, 243; Z. 1938, **75**, 268.

Eigenartig ist, daß von Phenolen nur die Ortho- und Paratypen wirksam sind, die sich auch als photographische Entwickler eignen, während die Metaverbindungen hierfür ungeeignet sind. Phenole sind es auch wahrscheinlich, die bei geräucherten Fettwaren das Ranzigwerden des Fettes aufhalten. Nach E. Takahashi und Y. Masuda[1] zeigten Öle an geräucherten Fischen stark antioxygene Eigenschaften. Aber auch ungesättigte mehrbasische aliphatische Säuren wie Maleinsäure sind Antioxydationsmittel.

Starke Antioxydationskatalysatoren sind Hydrochinon, Metol (= Monomethyl-p-amido-m-kresolsulfat), asymmetrisches Diphenylhydrazin (B. Y. Rigakusi[2]), β-Naphthol (C. Stiepel[3]), α-Naphthol und Aldol-α-Naphthylamin, das als „Antioxydans Mb" von der I.G. Farbenindustrie in den Handel gebracht wird. β-Naphthol ist wirksamer als α-Naphthol (C. H. Lea[4], F. Baldracco[5]). α-Naphthylamin vermindert nach Rigakusi die Anfangs-oxydationsgeschwindigkeit erheblich, verlängert aber nicht die Inkubationszeit. A. M. Wagner und J. C. Brier[6] fanden bei vergleichenden Versuchen für Hydrochinon = 100 die Wirkung von Pyrogallol = 70, α-Naphthol = 40, von Resorcin = 4.

Y. Tanaka und M. Nakamura[7] prüften Anilin, o-, m- und p-Toluidin, Xylidin (1, 3, 4), o-, m- und p-Nitranilin, Dinitroanilin (2, 4, 1), o-, m- und p-Chloranilin und Dichloranilin (2, 5, 1) in ihrer Wirkung auf Leinöl, die teils anti-, teils prooxydativ war. Über das Verhalten einer großen Zahl weiterer Stoffe bei der Autoxydation der ungesättigten Fettsäuren vgl. W. Franke[8], ferner M. Nakamura[9].

Für Speisefette kommt der Zusatz der meisten dieser künstlichen Antioxydantien nicht in Frage, solange ihre gesundheitliche Unbedenklichkeit nicht erwiesen ist.

c) Prooxydantien, Oxydationsbeschleuniger

sind natürlich in Speisefetten unerwünscht. Man sucht sie daher aus den Fetten fernzuhalten.

Als solche Prooxydantien kommen zunächst Oxydationsmittel in Frage, die schon dadurch schädlich wirken, daß sie den Schutz der natürlichen Inhibitoren aufheben, dann aber auch das Fett selbst angreifen. Aus diesem Grunde sind daher auch alle auf Oxydationswirkung beruhenden Bleichverfahren für Speisefette bedenklich.

Nicht allein fremde Oxydationsmittel, sondern auch peroxydhaltige Fette selbst fördern, einem frischen Fett zugesetzt, die Talgigkeit ebenso wie z. B. Benzoylperoxyd. Nach W. Ritter und T. Nussbaumer[10] genügen bereits kleine Mengen talgiges Fett um in Mischung mit gutem Fett dieses zum Verderben zu bringen. Erhitzt gewesenes Fett ist viel empfindlicher als nicht erhitztes.

In der Praxis von noch größerer Bedeutung sind Stoffe, die katalytisch den Sauerstoff der Luft auf das Fett übertragen, so viele Metallsalze und unter diesen an erster Stelle Kupfersalze. Selbst sehr kleine Mengen Kupfer, wie sie durch Berührung des Fettes mit kupfernen Gefäßwandungen aufgenommen werden, wirken verderblich.

Ritter und Nussbaumer[11] prüften den Einfluß des Kupfers auf die Peroxydzahl von Butterfett. Nach ihren Versuchen erhöhen steigende Kupfermengen im Dunkeln bei Zimmertemperatur zunächst die Peroxydzahl. Bei

[1] E. Takahashi u. Y. Masuda: Bull. Agric. chem. Soc. Japan 1938, 14, 21; C. 1938, I, 3987.   [2] B. Y. Rigakusi: Bull. Matières grasses 1931, 15, 65; Z. 1937, 73, 280.

[3] C. Stiepel: U. 1932, 39, 85; C. 1932, II, 2389.

[4] C. H. Lea: Chem. Age 1938, 38, 263; C. 1938, II, 2526.

[5] F. Baldracco: Boll. uff. R. Staz. sperim. Ind. Pelli Materie concinauti 1933, 11, 569; C. 1934, I, 1731.

[6] A. M. Wagner u. J. C. Brier: Ind. engin. Chem. 1931, 23, 662; C. 1931, II, 2531.

[7] Y. Tanaka u. M. Nakamura: Journ. Soc. chem. Ind. Japan (Suppl.) 1931, 34 B, 405; C. 1932, I, 1458.   [8] W. Franke: Ann. Chem. 1932, 498, 129; C. 1932, II, 3546.

[9] M. Nakamura: Journ. Soc. chem. Ind. Japan (Suppl.) 1937, 40 B, 203, 206, 225; C. 1938, I, 1690, 1992.   [10] W. Ritter u. T. Nussbaumer: Schweiz. Milch-Ztg. 1938, 64, 525.

[11] W. Ritter u. T. Nussbaumer: Schweiz. Milch-Ztg. 1938, 64, 215.

Belichtung fällt aber dann die Peroxydzahl des kupferreicheren Fettes viel schneller als die des kupferärmeren. RITTER und NUSSBAUMER schließen daher auf mindestens zwei Wirkungen des Kupfers, nämlich auf eine Beschleunigung der Bildung von Peroxyden, aber auch auf eine Beschleunigung ihrer Zerstörung, d. h. also auf eine Förderung der weiteren Fettoxydation.

Eine Verwertung findet diese katalytische Beschleunigung der Fettoxydation durch Metallverbindungen für technische Zwecke bei den trocknenden Ölen, nämlich bei der Herstellung von Siccativen (vgl. S. 288).

II. Veränderungen durch Lebewesen und Enzyme.

Veränderungen der Fette durch Lebewesen sind an einen Nährboden gebunden, auf dem die Lebewesen gedeihen können, der also Wasser, Stickstoffverbindungen, Kohlenhydrate und andere geeignete Nährstoffe enthält. Da diese Bedingungen außer in fettärmeren Lebensmitteln und Rohstoffen (Milch, Käse, Ölsaaten, tierisches Fettgewebe) besonders in Butter, dann aber auch in der Margarine vorliegen, sind diese beiden Fettzubereitungen in besonders hohem Maße durch ein Verderben durch Lebewesen bedroht.

Nach Untersuchungen von L. B. JENSEN und D. P. GRETTIE [1] ist das Wachstum von Kleinwesen aber auch noch bei sehr niedrigen Wassergehalten möglich. So fanden sie in einem normalen Schweinefett mit 0,3 % Wasser lipophile Bacillen, lipasebildende chromogene Mikrokokken und Aspergillus niger. Erst bei einem praktisch kaum vorkommenden Wassergehalt unter 0,01 % blieb jede Entwicklung aus.

Auch höhere, kleine und größere, Tiere sowie der Mensch vermögen Fette zum Zwecke der Verdauung umzuwandeln und abzubauen. Wenn auch über den Verlauf dieses Fettabbaues bei der Verdauung nur erst wenig bekannt ist, so geht man doch wahrscheinlich nicht fehl in der Annahme, daß dieser Abbau über ähnliche Wege und Stufen verlaufen wird wie bei der Einwirkung von Kleinwesen.

Bei den durch Lipasewirkung eintretenden Vorgängen der Verseifung der Fette bei der Verdauung und des Sauerwerdens sowie Seifigwerdens bei der Fettzersetzung ist die Gleichartigkeit offenbar. Aber auch für die Fettoxydation bestehen Analogien (K. TÄUFEL [2]). Im Organismus werden, soweit bisher bekannt, die Fette oxydativ hauptsächlich auf zwei Wegen umgesetzt, nämlich nach der von F. KNOOP [3] aufgefundenen und später von G. EMBDEN sichergestellten β-Oxydation oder nach der von P. E. VERKADE und J. VAN DER LEE [4] entdeckten sog. ω-Oxydation [5]. Während bei der β-Oxydation das β-Kohlenstoffatom unter Bildung einer $CO \cdot CH_2 COOH$-Gruppe oxydiert wird, vollzieht sich die ω-Oxydation an der endständigen Methylgruppe, so daß eine zweibasische Säure entsteht, die sich darauf durch β-Oxydation weiter oxydieren kann. Als stark „diacidogen" in diesem Sinne wurden Caprin- und Undecylsäure, weniger Laurin- und Caprylsäure erkannt. Diese β-Oxydation zeigt nun große Ähnlichkeit mit dem Ketonabbau, wie folgende Gleichungen andeuten:

$$R \cdot CH_2 \cdot CH_2 \cdot COOH \dashrightarrow R \cdot CO \cdot CH_2 \cdot COOH$$
1. Stufe der β-Oxydation und des Keton-Abbaus

$$R \cdot CO \cdot CH_2 \cdot COOH \begin{array}{c} \xrightarrow{\beta\text{-Oxydation}} R \cdot COOH + CH_3 \cdot COOH \\ \xrightarrow{\text{Keton-Abbau}} R \cdot CO \cdot CH_3 + CO_2. \end{array}$$

---

[1] L. B. JENSEN u. D. P. GRETTIE: Food Res. 1937, **2**, 97.

[2] K. TÄUFEL: U. 1935, **42**, 164.   [3] F. KNOOP: Oxydationen im Tierkörper. Stuttgart 1931.

[4] P. E. VERKADE u. J. VAN DER LEE: Zeitschr. physiol. Chem. 1933, **215**, 225; 1934, **225**, 231; **227**, 213; **230**, 207; 1935, **234**, 21; Biochem. Journ. 1934, **28**, 31; Angew. Chem. 1934, **47**, 737; Rec. Trav. chim. Pays-Bas 1935, **54** (4), 893; Chem. Weekbl. 1936, **33**, 163.

[5] Nach B. FLASCHENTRÄGER u. K. BERNHARD (Rec. Trav. chim. Pays-Bas 1936, **55**, 278) ist die ω-Oxydation nur ein Sonderfall der allgemeinen Oxydation einer endständigen Methylgruppe; sie tritt immer ein, wenn die normalerweise erfolgende β-Oxydation infolge Sperrung der Carboxydgruppe nicht möglich ist.

Bei der β-Oxydation bricht also die entstandene β-Ketonsäure unter Abspaltung von Essigsäure auseinander, während es beim Keton-Abbau nur zur Decarboxylierung kommt. Über gleichzeitige doppelseitige β-Oxydation (β, β-Oxydation) vgl. C. Artom[1].

Nach Versuchen von S. A. Kanunnikowa[2] führte Zersetzung von Sonnenblumenöl durch Mikroben unter Normalbleiben der Jodzahl stets zur Bildung freier Fettsäuren und Erhöhung der Verseifungszahl. Bei der Spaltung von Schmelzbutter nahm die Acidität wenig zu, Jodzahl und Verseifungszahl nahmen meist ab und die Reaktion wurde alkalisch.

Wie alle biologischen Stoffumwandlungen von dem Vorhandensein und der Wirkung von Enzymen getragen sind, so liegen auch der biologischen Fettumwandlung Enzyme zugrunde. Da die Zahl der Lebewesen, die den Fettabbau bedingen, außerordentlich groß ist, Art und Wirkung der von ihnen erzeugten Enzyme aber sehr verschieden sind und oft Kleinwesen verschiedenster Art nebeneinander wirken, so ist leicht einzusehen, daß der biologische Fettabbau ein sehr verwickelter Vorgang sein muß.

a) Zersetzung durch Hydrolyse.

Die Fähigkeit, Fette und Öle zu verseifen, besitzen nach L. M. Horowitz-Wlassowa und M. J. Livschitz[3] zahlreiche Pilze wie Penicillium, Aspergillus, Sterigmatocystis u. a., zahlreiche Bakterienarten wie B. pyocyaneus, B. fluorescens liquefaciens, B. prodigiosus, B. cloacae, B. galleriae, B. viscosus sacchari, B. butyri II, M. cremoides, M. lipolyticus, Sarcina lutea, in schwächerem Maße die Subtilisgruppe. Wie jede Lipolyse ist diese Fettspaltung durch starke Zunahme der Säurezahl des Fettes gekennzeichnet. Im Gegensatz zu einer rein enzymatischen Spaltung wird hier das freiwerdende Glycerin rasch von den Kleinwesen verbraucht, so daß man es in den Kulturen nicht mehr nachweisen kann.

Neben dieser Lipolyse läuft eine Oxydation der Fette durch gewisse Mikroben, vor allem durch Schimmelpilze, bisweilen auch ohne Aufspaltung des Fettmoleküls; hierbei findet man dann Peroxyde, Oxysäuren, Aldehyde, Bildung wasserlöslicher Säuren, Ketone, Abnahme der Jodzahl, Zunahme der Lichtbrechung, alles Erscheinungen, wie sie auch bei der chemischen Fettoxydation gefunden werden.

Fette werden aber nicht nur durch niedere Pilze, sondern auch durch Zellen der höheren Pflanzen und der Tiere hydrolytisch gespalten. Insbesondere viele Pflanzensamen enthalten neben den Fetten Lipasen; selbst die Milch enthält Lipasen, die durch Hydrolyse des Fettes darin einen ranzigen Geschmack hervorrufen.

Da die freien höheren Fettsäuren geschmacklos sind, muß der bei der Fetthydrolyse auftretende „Seifengeschmack" durch Entstehung anderer Stoffe verursacht sein. Vielleicht handelt es sich dabei um eine Veränderung der frei gewordenen Fettsäuren. Bei Bakterienbefall ist auch stets mit Mischinfektionen zu rechnen, so daß oxydativ wirkende Kleinwesen ebenfalls zur Ausbildung des abweichenden Geschmackes beitragen (vgl. C. R. Barnicoat[4], C. H. Lea[5], L. B. Jensen und D. P. Grettie[6] u. a.).

Nach Untersuchungen von K. Richter und H. Damm[7] wird der sog. seifige Geschmack der Margarine ausschließlich durch Einwirkung von Kleinwesen hervorgerufen. So erhielten sie bei Cocosfett:

---

[1] C. Artom: Hoppe-Seylers Zeitschr. 1937, **245**, 276.

[2] S. A. Kanunnikowa: Arch. Sciences biol., Moskau (russ.) 1936, **43**, Nr. 2/3, 117; C. 1938, II, 446.

[3] L. M. Horowitz-Wlassowa u. M. J. Livschitz: Zentralbl. Bakteriol. Ab. II. 1935, **92**, 424. — Vgl. Horowitz-Wlassowa, E. E. Katschanowa u. A. D. Tkatschew: Z. 1935, **69**, 409.   [4] C. R. Barnicoat: Journ. Soc. chem. Ind. 1931, **50** T., 361; C. 1932, I, 2783.

[5] C. H. Lea: Journ. Soc. chem. Ind. 1931, **50** T., 215; C. 1931, II, 278.

[6] L. B. Jensen u. D. P. Grettie: Food. Res. 1937, **2**, 97; Z. 1938, **76**, 181.

[7] K. Richter u. H. Damm: Milchw. Literaturber. 1933, Nr. 76, S. 11. — Vgl. auch Richter u. v. Linienfeld-Toal: Marg.-Ind. 1932, Nr. 23.

Tabelle 117. Geschmacksbeeinflussung durch Kleinwesen.

Art der Kleinwesen	Zahl der geprüften Stämme	Zahl der Stämme mit				
		Seifigkeit	Parfüm-ranzigkeit	Ranzigkeit	alt, talgig	ab-weichendem Geschmack
Kahmhefen	50	29	1	1	—	12
Torulahefen	8	1	—	—	—	1
Sonstige Hefen . . .	13	—	1	—	—	9
Monilia	5	1	—	1	—	1
Oidium	21	6	2	—	1	5
Schimmel	20	—	12	—	—	3
Sporenbildner	35	—	2	5	—	17
Nichtsporenbildner . .	17	1	3	1	5	5

Durch Isolierung der abgespaltenen Fettsäuren und ihre Überführung in die entsprechenden Methylester ließ sich der Beweis erbringen, daß der seifige Geschmack auf das Auftreten von niederen Fettsäuren (Caprylsäure, Caprinsäure) zurückzuführen ist. Der seifige Geschmack tritt daher auch besonders ausgeprägt bei Cocos- und Palmkernfett auf.

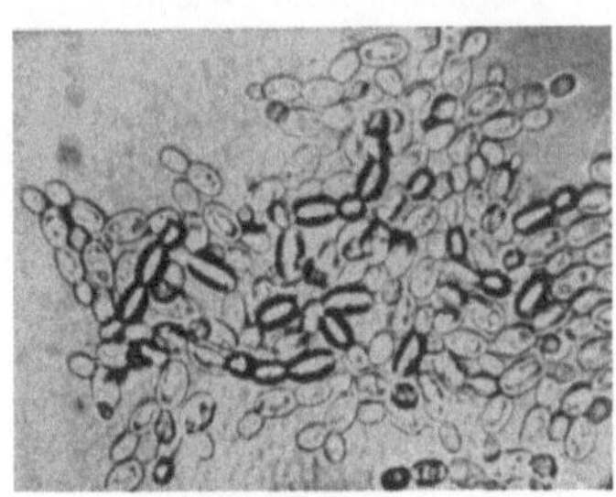

Abb. 64. Kahmhefe (Sproßverband). (Vergr. 440mal).

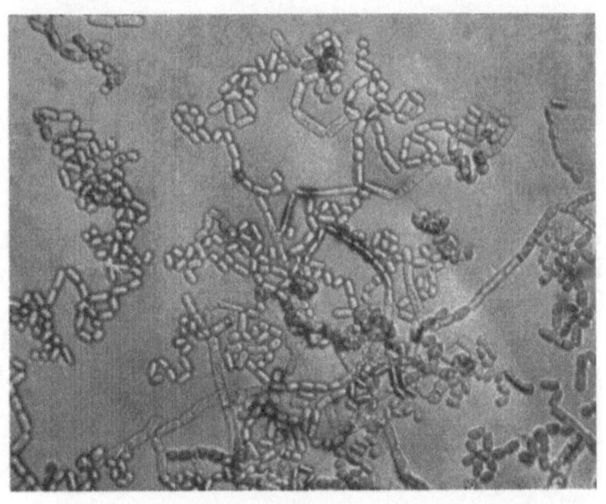

Abb. 65. Oospora lactis (Milchschimmel).

Die vor- und nachstehenden Abbildungen zeigen einige der für Butter und Margarine gefährlichsten Pilze nach RICHTER, DAMM und v. LILIENFELD[1].

Abb. 64 zeigt die weitverbreitete Kahmhefe, die in Margarine den gefürchteten „seifigen" Geschmack erzeugt. Die Kahmhefen sind sehr luftliebend und gedeihen daher besonders gut in Butter und Margarine wegen ihres verhältnismäßig hohen Luftgehaltes.

Abb. 65 gibt den Milchschimmel, Oospora lactis, wieder, einen stark säureverzehrenden Organismus, der sich beim Ansatz von Magermilch gut entwickelt und dann einen käsigen Geschmack hervorruft. Gewisse Rassen davon beteiligen sich auch am Fettabbau.

Abb. 66 stellt den Pinselschimmel, Penicillium, dar, einen der allerhäufigsten Schimmelpilze unserer Breitengrade, der alle Arten von Lebensmitteln unter Geruchsbildung stark verändert und in Margarine in relativ kurzer Zeit Parfümranzigkeit hervorruft.

Abb. 67 zeigt den Erreger der „Schwarzfleckigkeit" von Butter und Margarine, Cladosporium. Besonders in fettverarbeitenden Betrieben ist dieser Schimmel wegen seines starken Fettspaltungsvermögens ein großer Schädling.

Abb. 68 ist ein Bild des außerordentlich schnell mit flaumigem Mycel wachsenden Pilzes, Monilia sitophila, deren Sporen leicht zerstäubbar sind und dann schnellen Befall von Butter und Margarine mit lachsrosa gefärbtem Schimmel hervorrufen. Der Schimmel macht Butter und Margarine in einigen Tagen zunächst schwach, dann stark ranzig.

---

[1] K. RICHTER, H. DAMM und v. LILIENFELD: Bakteriologische Untersuchungen in der Margarinefabrik. Heft V der Interessengemeinschaft der freien deutschen Öl- und Margarineindustrie (Margoel) Hamburg, Harburg-Wilhelmsburg 1.

Über die Zerlegung von Phosphatiden durch Enzyme vgl. S. 729 (Beitrag von Halden).

b) Oxydationsranzigkeit durch Kleinwesen.

Die Fähigkeit, Methylketone durch Fettsäurenabbau zu bilden, besitzen nach Untersuchungen von M. Stärkle[1], W. N. Stokoe[2], A. Aklin[3], K. Richter und H. Damm[4], G. Pigulewski und M. Charik[5], L. B. Jensen und D. P. Grettie[6] (vgl. auch K. Täufel,

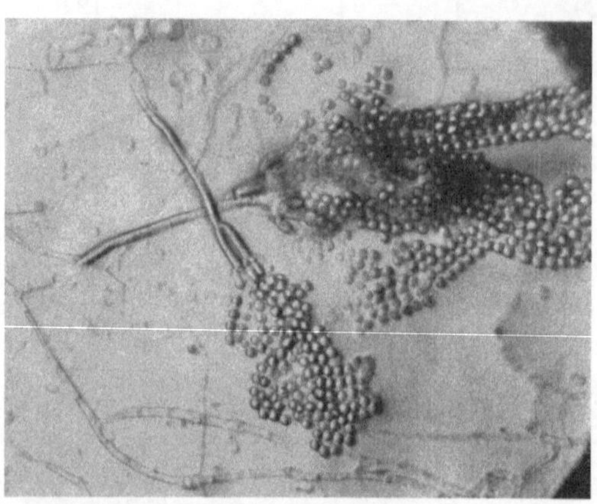

Abb. 66. Penicillium.

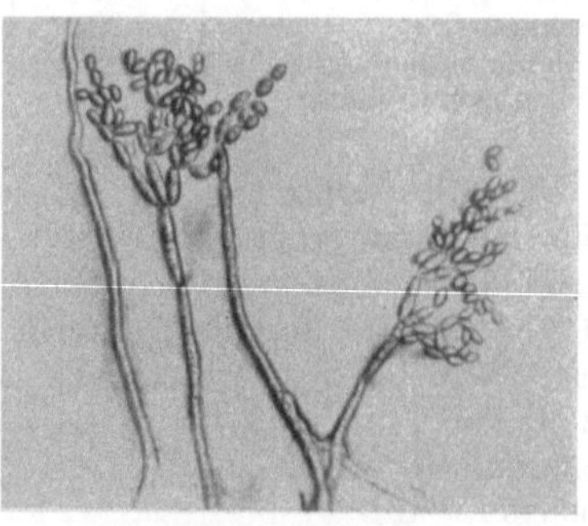

Abb. 67. Cladosporium.

H. Thaler und M. Martinez[7]) eine ganze Reihe von Schimmelpilzen, wie Penicilliumarten, Aspergillus niger, Dematium-, Sachsia-, Cephalothecium- und Citromycesarten. Besonders ausgeprägt ist die Fähigkeit, Methylektone zu bilden, bei Penicillium Roqueforti und wird hier technisch zur Aromaerzeugung im Blauschimmelkäse ausgewertet (vgl. Bd. III, S. 323).

Auch ein gegorener (saurer, käsiger, hefiger) Geschmack ist nach A. E. Sandelin[8] bei Butter meistens von Ketonbildung begleitet, und B. fluorescens bildete Methylketone in Rahm. Jensen und Grettie fanden, daß Streptococcus viridans in Schweinefett nach Lufteinwirkung Ketone erzeugte.

Über den Mechanismus der Ketonbildung beim Fettverderben vgl. S. 295.

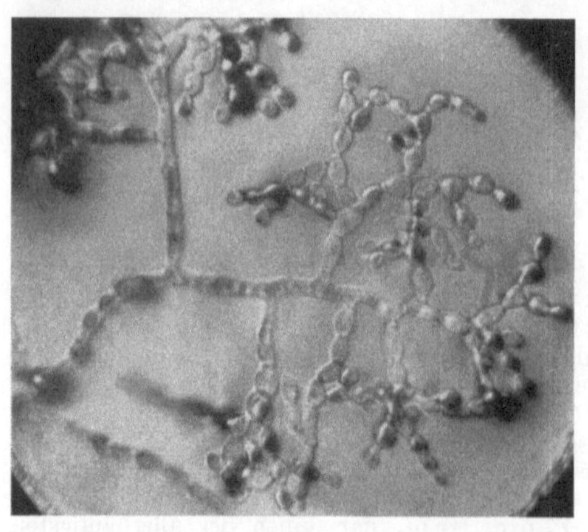

Abb. 68. Monilia sitophila (Vergr. 350mal).

[1] M. Stärkle: Biochem. Zeitschr. 1934, **151**, 370.

[2] W. N. Stokoe: Biochem. Journ. 1928, **22**, 80.

[3] A. Aklin: Biochem. Zeitschr. 1929, **204**, 253. — A. Aklin u. H. Schneider: Biochem. Zeitschr. 1928, **202**, 246.

[4] K. Richter u. H. Damm: Die makrobiologische Fettzersetzung. Milchwirtschaftlicher Literaturbericht 1933, Nr. 76.

[5] G. Pigulewski u. M. Charik: Biochem. Zeitschr. 1928, **200**, 201.

[6] L. B. Jensen u. D. P. Grettie: Food. Res. 1937, **2**, 97; Z. 1938, **76**, 181.

[7] K. Täufel, H. Thaler u. M. Martinez: Margarine-Ind. 1933, Nr. 4.

[8] A. E. Sandelin: Karjantnote 1933, **16**, 90; C. 1933, II, 2605.

c) Farbstoffbildung.

Von einer Anzahl Schimmelpilze, Hefen und Bakterien werden Farbstoffe erzeugt, die dann zu charakteristischen Verfärbungen der zersetzten Fette führen. Einige dieser Verfärbungen durch Schimmelpilze wurden S. 297 erwähnt. L. B. Jensen, D. P. Grettie und W. L. Lewis[1] beobachteten Auftreten eines Oxydoreduktionsindicators durch Bakterien aus einem Schinken; der Farbstoff war kanariengelb und in Fett leicht löslich. Bei beginnender Peroxydbildung wurde er grünlich, dann blau und purpurfarbig.

Dieselben Forscher fanden folgendes:

Bacterium luteum bildet ein orangegelbes fettlösliches Pigment, das von Säuren zerstört wird.

Bacillus flavus und aurantiacus bilden orangegelbe Pigmente, von denen letzteres Nitrate zu Nitriten reduziert.

Sarcina lutea liefert ein fettlösliches gelbes Pigment, das mit Schwefelsäure nach Grün umschlägt, dann mit Natronlauge wieder gelb wird.

Das rote fettlösliche Pigment von Micrococcus rosea wird durch Schwefelsäure blaugrün, durch Natronlauge wieder rot.

Bacillus prodigiosus entwickelt sich nicht auf reinen Fetten.

Rosafärbungen von Fetten durch Bakterien sind meist sehr hitzeempfindlich; oft handelt es sich dabei um Carotinoide. Außer Bakterien kann Rosafärbung von Fetten durch verschiedene Hefen, Torula, Mikrokokken und Schimmelpilze hervorgerufen sein.

Saccharomyces pulcherrimus erzeugt ein farbloses Chromogen, das durch Eisensalze tiefrot wird.

d) Einfluß des Salzens.

Die Widerstandsfähigkeit der Fettzersetzer gegen Kochsalz ist je nach Art des Organismus sehr verschieden. So ist nach S. A. Kanunnikowa[2] für die Entwicklung von Bact. prodigiosum ein Medium mit 1% Natriumchlorid am günstigsten. Bei Oidium lactis und Bact. fluorescens wirkt diese Konzentration bereits hemmend auf ihr Vermögen Butterfett anzugreifen. Weitere Erhöhung der Kochsalzkonzentration unterdrückt die Butterzersetzung. Die Bildung von Lipase und Protease wird durch Kochsalz unterdrückt. Über den Einfluß des Salzens auf die Haltbarkeit der Margarine vgl. auch S. 640.

III. Erkennung und Nachweis des Fettverderbens.

Ein völliges Fettverderben ist durch die Sinnenprüfung leicht und einwandfrei zu erkennen, so daß hierfür chemische Prüfungen, z. B. durch Änderung der Kennzahlen nur von geringem Wert sind. Zudem stehen die üblichen Kennzahlen (Säure-, Hydroxyl-, Jodzahl, Prüfung auf niedere Fettsäuren usw.) der Sinnenprüfung an Empfindlichkeit weit nach. Auch sind die Kennzahlen für diesen Zweck zu wenig spezifisch. So zeigt eine erhöhte Säurezahl an sich keine Verdorbenheit an, da z. B. C. H. Lea[3] bei einem Rindsfett mit 11% freier Säure erst nach 42 Tagen bei 0° den Geruch nach leichter Verdorbenheit fand und C. R. Barnicoat[4] bei Zugaben von 10—15% Fettsäuren zu einem gleichartigen Neutralfett keine Verschlechterung des Geschmackes wahrnahm.

Dagegen sind Kennzahlen nützlich, wenn es sich um die Erforschung der Zersetzungsvorgänge handelt, um rasch ein Bild über die bei der Zersetzung entstandenen Stoffklassen zu erhalten und um so die Art einer erfolgten Fettverdorbenheit zu beurteilen.

Von größtem praktischem Wert in der Speisefettverarbeitung, namentlich zur Beurteilung der Eignung von Rohfetten für die Margarineindustrie, ist die Erkenntnis der beginnenden mit den einfachen Sinnen noch nicht wahrnehmbaren Verderbens und noch wichtiger der Vorstufe dazu, der Neigung

---

[1] L. B. Jensen, D. P. Grettie u. W. L. Lewis: Food Res. 1937, **2**, 97; C. 1938, I, 1688.
[2] S. A. Kanunnikowa: Arch. Sci. biol. (russ.) 1936, **43**, Nr. 2/3, 117; C. 1938, II, 446.
[3] C. H. Lea: Journ. Soc. chem. Ind. 1931, **50** T, 215.
[4] C. R. Barnicoat: Journ. Soc. chem. Ind. 1931, **50** T, 361; Z. 1937, **73**, 278.

der Fette zur Autoxydation. Hierfür werden in der Hauptsache folgende Prüfungen benutzt:

1. Prüfung auf Peroxyde.

Diese erfolgt, wie zuerst von A. HEFTER vorgeschlagen, durch Messung der Jodabscheidung unter Ausschaltung störender Jodaddition durch ungesättigte Fettsäuren sowie des Luftsauerstoffes.

a) Als gut brauchbar gilt die Arbeitsweise von C. H. LEA[1]: In einem dickwandigen Reagensrohr von 15 mm Durchmesser gibt man zu 1 g Fett 1—2 g gepulvertes Kaliumjodid, dann unter Abspülen der Wandung 20 ccm eines Gemisches aus Eisessig + Chloroform (2 + 1). Nun wird ein Gummistopfen mit kurzem Glasrohr zum Entweichen der Gase aufgesetzt und 2 Minuten lang Stickstoff zur Verdrängung der Luft eingeleitet. Für Ausschluß des Lichtes wird Sorge getragen. Nun erhitzt man unter Verschluß der Bohrung, aus der das Einleitungsrohr entfernt ist, mit dem Finger das Reagensglas in geneigter Stellung unter leichtem Sieden vorsichtig über einer kleinen Flamme. Nach beginnendem Sieden taucht man das Glas in ein kochendes Wasserbad, in dem die Chloroformdämpfe den Stickstoff und etwaige Reste Luft verdrängen. Sobald schwere Dämpfe aus der Öffnung entweichen und die siedende Flüssigkeit hochgestiegen ist, verschließt man die Bohrung des Stopfens mit einem passenden Glasstab, schüttelt kräftig um und kühlt unter der Wasserleitung ab. Nun gießt man das Reaktionsgemisch sofort in 150 ccm 1%iger Kaliumjodidlösung spült zweimal damit nach und titriert das abgeschiedene Jod mit $^1/_{300}$—$^1/_{500}$ N.-Thiosulfatlösung, zweckmäßig bei künstlichem Licht. Durch einen Blindversuch kontrolliert man die Jodabscheidung durch die Reagenzien und zieht diesen Betrag ab.

Diese Methode ist außerordentlich empfindlich und gestattet noch den Nachweis von $1{,}6 \cdot 10^{-6}$ g aktivem Sauerstoff.

Eine einfachere Ausführungsform ist folgende: Man löst in einem Reagensglas 1 g Fett in 20 ccm des obengenannten Eisessig-Chloroformgemisches (2 + 1), gibt 1—2 g Kaliumjodid zu, erhitzt einige Sekunden lang zum Sieden, kühlt unter der Wasserleitung ab, gießt das Reaktionsgemisch in eine verdünnte Kaliumjodidlösung und titriert das ausgeschiedene Jod bei zerstreutem Tageslicht mit $^1/_{500}$ N.-Thiosulfatlösung. Auch hierbei ist ein Blindversuch auszuführen und das Ergebnis abzuziehen.

Das Endergebnis drückt man in Kubikzentimeter 1/500 N.-Natriumthiosulfatlösung für 1 g Fett aus oder berechnet auf Sauerstoff, wobei 1 ccm 1/500 N.-Thiosulfatlösung 0,016 mg Sauerstoff entspricht.

Um bei Eigenfärbung der Fette den Umschlag gut erkennen zu können, beobachtet man besonders die wäßrige Schicht. Bei stark ranzigen Fetten empfiehlt sich Verwendung stärkerer Thiosulfatlösung.

Bei stark ungesättigten Ölen treten bei der Probe leicht Störungen auf. Diese lassen sich nach J. GANGL und W. RUMPEL[2] nach der Jodo-Cyanmethode von R. LANG[3] restlos vermeiden:

b) GANGL und RUMPEL nennen Verdorbenheitszahl die Milligramm Jodkalium, die durch 10 g Fett zersetzt werden. Diese Zahl liegt für frische genußtaugliche Fette unter 5. Überschreitung der Zahl 15 zeigt sicher Verdorbenheit an. — Zur Bestimmung werden 10 g (bei stark verdorbenen Fetten 5 g) Fett im Jodzahlkolben mit 5 ccm einer Lösung von 4,4 g Jodkalium in

[1] C. H. LEA: Proc. roy. Soc. London B 1931, **108**, 175; Z. 1937, **73**, 278.
[2] J. GANGL u. W. RUMPEL: Z. 1934, **68**, 533.
[3] R. LANG: Zeitschr. anorg. allg. Chem. 1922, **122**, 332; 1925, **142**, 229, 279; 1925, **144**, 75.

1 Liter Propylalkohol, der frei von jodverbrauchenden Stoffen sein muß[1] und 2 Tropfen Eisessig 10 Minuten (bei weniger stark verdorbenen Fetten 5 Minuten) unter Umschütteln bei 50° gehalten. Man fügt nun 20 ccm verdünnte Salzsäure (1:1) zu, schüttelt und gießt unter Nachwaschen mit Salzsäure von gleicher Konzentration durch ein feuchtes Filter. Zum Filtrat gibt man 10 ccm 10%ige Kaliumcyanidlösung und 3 ccm Stärkelösung. Dann wird mit 0,01 N.-Jodatlösung bis zur scharf einsetzenden Entfärbung titriert. 1 ccm 0,01 N.-Jodatlösung entspricht 1,66 mg Kaliumjodid.

Wenn bei der Titerstellung für 5 ccm der propylalkoholischen Kaliumjodidlösung a Kubikzentimeter der Jodatlösung verbraucht wurden und bei Gegenwart von 10 g Fett b Kubikzentimeter bis zur Entfärbung zugefügt werden mußten, so ist die Verdorbenheitszahl

$$x = 1{,}66\,(a-b).$$

Eine weitere Vorschrift hat L. Szahlender[2] angegeben.

c) R. Strohecker, R. Vaubel und A. Tenner[3] bestimmen den Peroxydsauerstoff in Fetten stufenphotometrisch an Hand der Gelbfärbung von Titansulfat nach folgender Vorschrift: In ein Zentrifugenglas von 50—60 ccm Fassungsvermögen werden 30 g Öl eingewogen und 15 ccm Titanreagens[4] zugegeben. Nach Verschließen mit Gummistöpsel wird 20 Minuten lang kräftig durchgeschüttelt und nach Anwärmen 10 Minuten im Wasserbad bei 60° erhitzt, darauf nochmals 5 Minuten bis zum Erkalten stark geschüttelt. Bis zum Trennen der Emulsion wird das Zentrifugenglas wieder in das Wasser gestellt und dann zur völligen Trennung zentrifugiert. Bei Anwesenheit von Peroxyd ist die wäßrige Schicht entsprechend der Menge des Peroxyds mehr oder weniger gelb gefärbt. Der Inhalt des Zentrifugenglases wird nun vorsichtig in einen Scheidetrichter gegeben, aus dem nach dem Absitzen die wäßrige Schicht abgelassen und der Rest durch ein Kieselgurfilter in eine Küvette filtriert wird, die zur Ablesung im Stufenphotometer benutzt wird.

d) Über Versuche, die Ranzigkeit mit Redoxindicatoren nachzuweisen, wird von P. Bruère und A. Fourmont[5] berichtet. Diese verwendeten Farbstoffe der Skala von Clark, die bei bestimmten Wasserstoffdruck in die Leukoverbindung übergehen, wie z. B. Janusgrün. Diese Leukoderivate färben sich umgekehrt um so leichter wieder, je weiter die Ranzigkeit vorgeschritten ist. Nach einer Stichprobe mit einem mittleren Farbstoff wiederholt man den Versuch mit einem mehr bzw. weniger empfindlichen, bis die Grenze gefunden ist. O. Freden[6] weist die Peroxyde mit 2,7-Diaminofluoren nach, wobei er die Oxydationswirkung durch Zusatz von Hämin fördert. Vorschrift: Man bringt einen Tropfen des Reagens (100 mg 2,7-Diaminofluoren + 5 mg Hämin in 5 ccm Eisessig) auf ein Tüpfelpapier und dazu etwas Fett oder besser dessen Lösung in peroxydfreien Äther oder Petroläther. Bei Gegenwart von Peroxyd tritt dann Blaufärbung ein.

Von sonstigen Vorschlägen zur Prüfung auf Peroxyde seien folgende genannt:

J. Vintilescu und A. Popescu[7]: Anwendung der Peroxydasenreaktion.

A. Tschirch und A. Barben[8]: Reaktion mit Titansulfat.

A. Taffel und C. Revis[9]: Besondere Ausführungsform der Jodabscheidung.

R. Kempf[10]: Bleichung von Bleisulfid.

---

[1] Der Kaliumjodidverbrauch der Lösung wird wie folgt bestimmt: 5 ccm der Lösung werden mit 20 ccm Salzsäure (1:1) verdünnt und mit 10 ccm 10%iger Kaliumcyanid- und etwa 3 ccm Stärkelösung versetzt. Unter Umschütteln läßt man nun so lange 0,01 N.-Jodatlösung zufließen, bis eben Entfärbung eingetreten ist.

[2] L. Szahlender: Gyógyszerésztudományi Társaság Ertesitöje 1932, 8, 58; Z. 1937, 73, 90. [3] R. Strohecker, R. Vaubel u. A. Tenner: U. 1937, 44, 246; Z. 1938, 76, 388.

[4] 1 g Titansulfat in 100 g 20%iger Schwefelsäure heiß gelöst und mit destilliertem Wasser auf 1000 g verdünnt.

[5] P. Bruère u. A. Fourmont: Ann. Falsif. 1932, 25, 91, 132.

[6] O. Freden: Mikr. Ac. 1937, 2, 214.

[7] J. Vintelescu u. A. Popescu: Bull. Chim. 1915, 4, 151. — Vgl. J. Prenker: Z. 1918, 36, 162. [8] A. Tschirch u. A. Barben: Schweiz. Apoth.-Ztg. 1924, 62, 281.

[9] A. Taffel u. C. Revis: Journ. Soc. chem. Ind. 1931, 50 T, 87.

[10] R. Kempf: Zeitschr. analyt. Chem. 1932, 89, 88.

e) Vorstehende Prüfungen geben den Peroxydgehalt eines Speisefettes zur Zeit der Prüfung an. Wichtiger für die Beurteilung der Haltbarkeit ist die Geschwindigkeit der Peroxydzunahme. W. Ritter und T. Nussbaumer[1] ermitteln hierzu die Zeit, die verstreicht, bis die Peroxydzahl (= ccm $^1/_{200}$ N.-Thiosulfat auf 2 g Fett) eine gewisse Höhe, nämlich 5—10, erreicht. Sie fanden, daß dann z. B. Butterfett ausbleicht, die Schutzstoffe zerstört sind und die weitere Peroxydbildung beschleunigt wird. Die Peroxydbildung verlief bei 50° rund 3—4mal so schnell wie bei 37° und etwa 12mal schneller als bei Zimmertemperatur.

2. Prüfung auf Aldehyde allgemein.

Hierfür hat Th. v. Fellenberg[2] die Aldehydreaktion mit Fuchsinschwefliger Säure vorgeschlagen. Seine Arbeitsvorschrift wurde von J. Pritzker und R. Jungkunz[3] sowie von H. Schmalfuss, H. Werner und A. Gehrke[4] nachgeprüft und in einigen nebensächlichen Punkten abgeändert. Zweckmäßig führt man die Prüfung wie folgt aus:

Reagens. 5 g Fuchsin löst man in der Wärme in ungefähr 800 ccm Wasser, kühlt ab, fügt eine Lösung von 5,4 g Kaliumbisulfit ($K_2S_2O_5$) in 20 ccm Wasser hinzu, dann 100 ccm Normalsalzsäure und füllt zum Liter auf. Nach zweistündigem Stehen nimmt man den noch vorhandenen rötlichen Farbton durch Schütteln mit etwas Tierkohle und Filtrieren weg. — Die Lösung hält sich vor Licht geschützt eine Woche lang oder länger. Zur Kontrolle schüttelt man 1 ccm der Lösung mit 1 ccm einer 0,005%igen Lösung von Heptylaldehyd in Petroläther oder Tetrachlorkohlenstoff 2 Minuten lang bei 20—25°, worauf an der Grenzfläche der beiden Schichten Rötung eintritt, die mit dem verwendeten Petroläther oder Tetrachlorkohlenstoff ausbleibt. Eine beim Stehen rot gewordene Lösung ist nicht mehr zu verwenden.

Prüfung des Fettes. Man löst 1 ccm Öl oder geschmolzenes Fett in 1 ccm Petroläther (oder Tetrachlorkohlenstoff) und kühlt nötigenfalls auf 20° ab. Die Fettlösung schüttelt man 2 Minuten lang mit 2 ccm fuchsinschwefliger Säure und läßt 10 Minuten stehen. Ist keine Färbung entstanden, so ist das Fett nicht aldehydig. Im anderen Falle färbt sich die Mischung rot bis blau.

v. Fellenberg vergleicht die entstehende Färbung mit der von im gleichen Versuch angesetzten Acetaldehyd, muß dann aber wegen des etwas abweichenden Farbtones Farbfilter von 2—5%igen Kupfersulfatlösungen verwenden, die man hinter das Reagensglas mit der Vergleichslösung stellt. Besser gelingt der Vergleich, wenn man statt Acetaldehyd solche Aldehyde verwendet, die auch im ranzigen Fett enthalten sind, wie Heptyl- oder Nonylaldehyd (A. Scala[5], W. C. Powick[6]), insbesondere Heptylaldehyd. Der Grenzgehalt daran liegt bei 1 : 100000, die Erfassungsgrenze bei 0,01 mg. — Für die Herstellung einer Vergleichsfarblösung empfiehlt sich eine Lösung von 100 mg Krystallviolett in 100 ccm Wasser, die man dann stufenweise bis zur Farbe der Reaktionsflüssigkeit verdünnt.

C. H. Lea[7] verwendet bei der Prüfung auf Aldehyde Chloroform als Lösungsmittel. Derselbe[8] gibt auch ein Verfahren zur Messung der Aldehydmenge nach dem Bisulfitverfahren an.

Da die Aldehydranzigkeit sich bei der Sinnenprüfung unschwer zu erkennen gibt, dienen die vorgenannten Proben im wesentlichen zur Bestätigung des Sinnenbefundes. Auch ist hierbei zu berücksichtigen, daß die Aldehyde beim Fortschreiten der Autoxydation teilweise in Säuren übergehen und dann für die Reaktion ausfallen, die also bei zunehmender Ranzigkeit abgeschwächt sein kann.

[1] W. Ritter u. T. Nussbaumer: Schweiz. Milch-Ztg. 1938, **64**, 465, 525.
[2] Th. v. Fellenberg: Mitt. Lebensmittelunters. Hygiene 1934, **15**, 198.
[3] J. Pritzker u. R. Jungkunz: Z. 1926, **52**, 199.
[4] H. Schmalfuss, H. Werner u. A. Gehrke: Margarine-Ind. 1935, **28**, 43; 1936, **29**, 4.
[5] A. Scala: Staz. sperim. agrar. Ital. 1897, **30**, 613.
[6] W. C. Powick: Journ. agricult. Res. 1923, **26**, 323.
[7] C. H. Lea: Proc. Roy. Soc. London B 1931, **108**, 175; Z. 1937, **73**, 278.
[8] C. H. Lea: Ind. engin. Chem., Analyt. Edit. 1934, **6**, 241.

3. Prüfung auf Epihydrinaldehyd (Kreis-Reaktion).

a) Die zuerst von H. Kreis[1] angegebene Reaktion ist dadurch ausgezeichnet, daß sie nur auf Epihydrinaldehyd anspricht, nicht auf andere Fettzersetzungsprodukte. Da mit zunehmender Ranzigkeit die Stärke der Kreis-Reaktion zunächst ansteigt, dann aber stark abnimmt, eignet sich diese Prüfung als Maß für die Verdorbenheit nur bei frischen und schwach ranzigen Fetten.

Die ursprüngliche Ausführungsform ist folgende:

In einem Reagensglase werden 2 ccm Salzsäure von der Dichte 1,19 mit 2 ccm Öl oder geschmolzenem Fett[2] 1 Minute lang kräftig geschüttelt, hierauf mit 2 ccm einer 0,1%igen ätherischen Lösung von Phloroglucin versetzt. Je nach dem Zustand des Fettes erhält man mehr oder weniger rote bis violette Färbungen.

Kreis hat als Reagenzien statt Phloroglucin auch Resorcin und Naphthoresorcin vorgeschlagen, die sich aber in Versuchen von K. Täufel und F. K. Russow[3] als viel weniger empfindlich erwiesen haben. F. Wiedmann[4] hat folgende Ausführungsform vorgeschlagen, die stärkere Färbungen liefern soll und neuerdings von A. Wlassow[5] empfohlen wird:

Zu 5 ccm einer etwa 0,1%igen Lösung von Phloroglucin in Aceton gibt man 5 ccm geschmolzenes Fett und an Stelle der Salzsäure 2—3 Tropfen konzentrierte Schwefelsäure und schüttelt durch.

b) Nach Täufel und P. Sadler[6] bestehen weiter bei der Ausführung nach a) eine Reihe von Störungsmöglichkeiten, so durch Allylalkohol, Allylamin, Diallylharnstoff, Eugenol, Linalool, Safrol, Geraniol, Zimtaldehyd, Vanillin, die mit Phloroglucinsalzsäure ebenfalls Rotfärbung liefern, durch nach Rot umschlagende Farbstoffe, z. B. bei Margarine, durch Peroxyde und sonstige Aldehyde, die das Phloroglucin verbrauchen, sowie durch die Eigenfarbe des Fettes.

Um diese Störungen auszuschalten, trennen Täufel und Sadler zunächst den durch Einwirkung der Salzsäure auf das Fett frei werdenden Epihydrinaldehyd von dem Reaktionsgemisch und bringen ihn dann mit Phloroglucinsalzsäure zur Reaktion. So entstanden folgende verbesserte Ausführungsformen der Kreis-Reaktion:

α) Wattebauschverfahren[7]. Das Öl oder sehr vorsichtig geschmolzenes Fett wird in einem kurzen Reagensglas mit den gleichen Raummengen eisgekühlter konzentrierter Salzsäure versetzt. Gleichzeitig bereitet man einen Bausch aus reiner weißer Watte vor, den man an der in das Reagensglas einzuführenden Stelle mit etwa 1 ccm einer alkoholischen 0,1%igen Lösung von Phloroglucin und anschließend sofort mit 10 Tropfen einer mindestens 20%igen Salzsäure tränkt. Diesen Wattebausch schiebt man nun, ohne daß die Phloroglucinlösung in das Fettgemisch fließen darf, so tief in das im oberen Teil nicht mit Fett benetzte Reagensglas, daß er sich ganz innerhalb desselben befindet. Nun schüttelt man 1—2 Minuten lang kräftig um, wobei der Wattebausch nicht mit dem Reaktionsgemisch bespritzt werden darf. Bei Gegenwart von Epihydrinaldehyd im Fett tritt an der unteren Seite des Wattebausches eine stärkere oder schwächere Rotfärbung auf. Unter Umständen ist es notwendig, auf etwa 40° zu erwärmen. — Eine etwaige Rotfärbung an der Oberseite des Wattebausches ist zu vernachlässigen.

β) Tiegelverfahren. Man gibt das zu prüfende Fett in einen Porzellantiegel von hohem Format, setzt die gleiche Menge konzentrierter Salzsäure zu,

---

[1] H. Kreis: Chem.-Ztg. 1899, 23, 802; 1902, 26, 897; 1904, 28, 956.
[2] Oder mit einer Lösung des Fettes in Äther oder Benzol.
[3] K. Täufel u. F. K. Russow: Z. 1933, 65, 540.   [4] F. Wiedmann: Z. 1904, 8, 136.
[5] A. Wlassow: Kriegs-Sanitätswesen (russ.) 1938, Nr. 1, 71; C. 1938, II, 1879.
[6] K. Täufel u. P. Sadler: Z. 1934, 67, 268.
[7] Vgl. K. Täufel, P. Sadler u. F. K. Russow: Zeitschr. angew. Chem. 1931, 44, 873.

vermischt durch Rühren und bedeckt den Tiegel mit einer Scheibe Filtrierpapier[1], die man in der Mitte mit 1 ccm einer alkoholischen 0,1%igen Lösung von Phloroglucin und einigen Tropfen einer mindestens 20%igen Salzsäure tränkt. Bei Vorhandensein von Epihydrinaldehyd tritt sofort eine deutliche Rotfärbung auf. Bleibt die Färbung aus, so erwärmt man den Tiegel vorsichtig auf einem auf 40° erwärmten Wasserbad, um etwaige geringe Spuren Epihydrinaldehyd aus dem Fett auszutreiben.

γ) **Quantitative Bestimmung des Epihydrinaldehyds.** Hierzu hat K. Täufel[2] das folgende Übertreibverfahren entwickelt. Man gibt 2—3 ccm des in Eiswasser gekühlten Öles in das Zersetzungsrohr a, welches zur dauernden Kühlung (besonders bei sehr schwach oxydierten Ölen) in ein Gefäß mit Eiswasser eintaucht. Dann setzt man die gleiche Menge eisgekühlter konzentrierter Salzsäure hinzu und verschließt das Rohr mit einem in seiner Bohrung ein Gaseinleitungsrohr tragenden

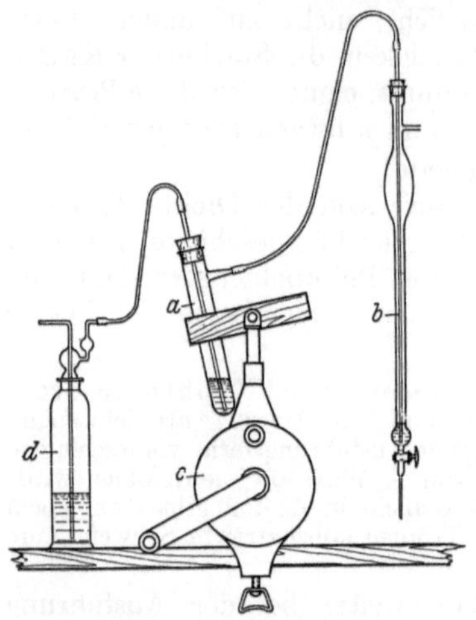

Abb. 69. Vorrichtung zur Bestimmung des Epihydrinaldehyds. (Nach Täufel und Sadler.)

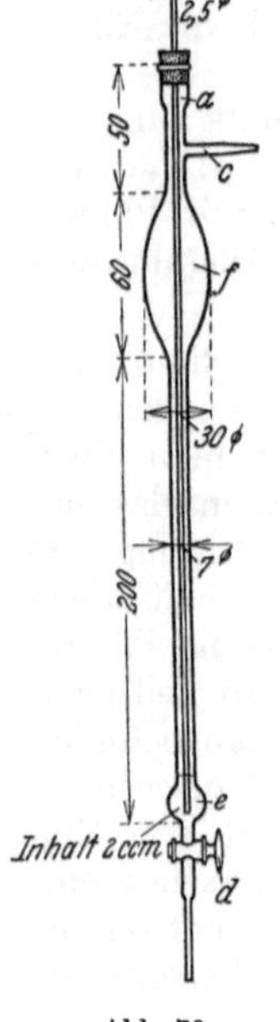

Abb. 70. Absorptionsrohr für Epihydrinaldehyd. (Nach Täufel und Sadler.)

Gummistopfen. Man verbindet auf der einen Seite mittels eines Gummischlauches[3] mit der Waschflasche d (eventuell Gasreinigung) und auf der anderen Seite mit dem Absorptionsrohr b, das in Abb. 70 gesondert dargestellt ist[4]. Dieses Absorptionsrohr beschickt man bis zur angebrachten Marke mit einem eisgekühlten gleichteiligen Gemisch aus einer alkoholischen 0,1%igen Lösung von Phloroglucin und konzentrierter Salzsäure; die Mischung ist jeweils frisch herzustellen. Nun saugt man, am einfachsten mittels der Wasserstrahlpumpe unter Zwischenschaltung eines Sicherheitsgefäßes einen raschen Luftstrom durch die Apparatur in der Weise, daß die Absorptionsflüssigkeit im Absorptionsrohr b bis in die obere birnförmige Erweiterung emporsteigt; ein Überspritzen ist zu vermeiden.

Das Übertreiben des Epihydrinaldehyds wird wesentlich beschleunigt, wenn man das Zersetzungsrohr a mit einer Handschüttelmaschine[5] nach Sadler, wie in der Abb. 69 gezeigt, häufig schüttelt. Innerhalb einer halben Stunde ist der Versuch meistens beendet; man kann sich davon überzeugen, indem man das Reaktionsgemisch im Zersetzungsrohr a in normaler

---

[1] Vgl. auch den Nachweis mit Reagenspapier nach K. Täufel und F. K. Russow (**Z.** 1933, **65**, 550).

[2] K. Täufel: **U.** 1932, **39**, 147. — K. Täufel u. P. Sadler: **Z.** 1934, **67**, 268.

[3] Erforderlich ist Verwendung von ungefärbtem, englumigem Schlauch (Transparentschlauch) um ein Herauslösen von Farbstoff aus rotem Schlauch und Überführen in das Absorptionsrohr durch mitgerissene starke Salzsäure zu verhüten.

[4] Nach K. Täufel u. P. Sadler: Zeitschr. analyt. Chem. 1932, **90**, 20. — Das Rohr ist auch sonst verwendbar und wird bis herab zu 0,5 ccm Fassungsraum hergestellt.

[5] Zu beziehen von F. und M. Lautenschläger, München, Lindwurmstr. 29. — Vgl. W. Riedel: Chem. Fabrik 1932, **5**, 477.

Weise nach KREIS prüft. Verluste an Epihydrinaldehyd sind bei ausreichender Kühlung nicht zu befürchten.

Nach Beendigung des Versuches läßt man die rotgefärbte[1] Absorptionsflüssigkeit durch den Hahn des Rohres b ab, wäscht nach und kann durch Colorimetrieren den Gehalt an Epihydrinaldehyd angenähert feststellen. Hierzu dient folgende Farbskala von K. TÄUFEL und F. K. RUSSOW[2].

Als Stammlösung wird für die niederen Konzentrationen (bis zu 2,5 mg Epihydrinaldehyd in 100 ccm) eine 0,04%ige Lösung von Methylrot D.A.B. 6 in verdünnter Schwefelsäure verwendet, für höhere Konzentrationen frisch hergestellte Kaliumpermanganatlösungen nach folgender Tabelle:

Da die Färbung beim Stehen langsam abblaßt, ist der Farbvergleich sofort nach Beendigung des Übertreibens vorzunehmen.

Sollen feste Fette auf Epihydrinaldehyd geprüft werden, so müssen diese vorsichtig geschmolzen und der Versuch bei entsprechend erhöhter Temperatur ausgeführt werden. Dadurch ist mit einer, wenn auch geringen Zersetzung des Epihydrinaldehyds zu rechnen.

c) Eine andere verbesserte Ausführungsform der Verdorbenheitsreaktion nach KREIS erhielten W. P. WALTERS, M. M. MUERS und E. B. ANDERSON[3] durch Ersatz der Salzsäure durch eine Lösung von Trichloressigsäure in Amylacetat, so daß die Farbreaktion sich in einer Phase vollzieht. Gleichzeitig wird die Probe dadurch viel empfindlicher zum Nachweise beginnender Fettzersetzung.

Tabelle 118.

| Typ | Vergleichslösung | | Ungefährer Gehalt an Epihydrinaldehyd in 100 ccm |
	0,04%ige Methylrotlösung ccm	0,01 N.·H_2SO_4 ccm	mg
1	0,5 + 49,5		0,04
2	1,0 + 49,0		0,08
3	2,0 + 48,0		0,15
4	4,0 + 46,0		0,4
5	8,0 + 42,0		1,0
6	16,0 + 34,0		2,5
7	0,005 N.-$KMnO_4$		5
8	0,01 N.-$KMnO_4$		10
9	0,02 N.-$KMnO_4$		20
10	0,04 N.-$KMnO_4$		40

Ausführung. In ein Reagensglas gibt man 3 ccm geschmolzenes Fett oder Öl, 1 ccm einer 0,5%igen Phloroglucinlösung in Amylacetat und rührt energisch 1 Minute. Darauf fügt man 2 ccm Trichloressigsäurelösung (durch Lösen von 10 g Trichloressigsäure in 3,8 ccm Amylalkohol) hinzu und erwärmt in einem Wasserbad von 45° 15 Minuten unter Rühren oder Luftdurchleiten. Dann wird der Inhalt sofort mit 10 ccm (oder mehr) einer eiskalten Lösung verdünnt, die durch Verdünnung von 1 Volumen obiger Trichloressigsäurelösung mit 2 Volumen Amylacetat erhalten wird. Nun wird im ZEISS-Photometer oder im LOVIBOND-Tintometer gegen einen Blindversuch[4] colorimetriert, bei dem statt der Phloroglucinlösung Amylacetat verwendet wird. Die Vergleichslösung gibt man in die Kompensationszelle des Photometers.

Bei nur qualitativen Prüfungen braucht die Wasserbadtemperatur nicht genau eingehalten zu werden und der Blindversuch kann dann unterbleiben. Die Probe eignet sich in erster Linie für schwache Ranzigkeitsgrade. Von hoch oxydierten Ölen kann man stärker verdünnte Trichloressigsäure oder weniger Öl verwenden, darf dann aber die Ergebnisse nur unter sich, nicht mit den wie oben erhaltenen, vergleichen.

---

[1] Bei stark oxydierten Fetten kann ein Niederschlag von Phloroglucid ausfallen; in diesem Falle ist der Versuch mit weniger Fett zu wiederholen.

[2] K. TÄUFEL u. F. K. RUSSOW: Z. 1933, **65**, 540.

[3] W. P. WALTERS, M. M. MUERS u. E. B. ANDERSON: Journ. Soc. chem. Ind. 1938, **57**, 53.

[4] Außer bei stark gefärbten Fetten ist das Ergebnis des Blindversuches meist vernachlässigbar klein.

Reines, frisch im Vakuum destilliertes Methyloleat sowie Rindernierenfett aus frisch getötetem Rind, in sauerstoffreier Atmosphäre aufbewahrt, lieferten nach diesem Verfahren negativen Ausfall, schwach positiven dagegen schon nach einigen Stunden an der Luft.

d) **Sonstige Vorschriften.** J. M. Aas[1] mißt die Färbung der unteren Schicht bei der ursprünglichen Ausführungsform der Kreis-Reaktion im Colorimeter und drückt die Farbstärke in Lovibond-Einheiten aus: 1 Volumen Öl + 1 Volumen konzentrierte Salzsäure werden $^1/_2$ Minute geschüttelt, dann 1 Volumen 0,5%ige Lösung von Phloroglucin in 96%igem Alkohol zugefügt und abermals $^1/_2$ Minute geschüttelt. Schließlich wird mit 3 Volumen Äther durchgeschüttelt (Vorsicht, Überdruck!). Nach 4 Minuten langem Stehen wird dann die untere Schicht in 20 mm Schichtdicke mit der roten Glasscheibe des Colorimeters von Rosenheim-Schuster gemessen. Die Lovibond-Einheiten werden als „Kreis-Zahlen" bezeichnet. Bei stärkeren Färbungen empfiehlt sich Verdünnung mit Wasser. Erst bei 6 Einheiten war ranziger Geschmack wahrzunehmen. L. H. Lampitt und N. D. Sylvester[2] geben eine Vorschrift zur Messung des Ausfalles der Kreis-Reaktion mit dem Zeiss-Photometer an.

4. Prüfung auf Ketone mit Salicylaldehyd.

Da die bei der Ketonranzigkeit entstehenden **Methylketone** durch einen durchdringenden aromatischen Geruch ausgezeichnet sind, der bei dieser Art des Fettverderbens zur Bezeichnung „Parfümranzigkeit" geführt hat, erfolgt die einfachste Prüfung darauf durch den Geruchsinn. Nach H. Schmalfuss, H. Werner und A. Gehrke[3] vermag auch ein ungeübter Prüfer hierbei etwa 60 γ, ein jahrelang geschulter aber bereits 4 γ Methylnonylketon in 1 g Fett zu erkennen.

Nicht minder empfindlich und kennzeichnend ist aber auch der chemische Ketonnachweis in Fetten, für den zuerst K. Täufel und H. Thaler[4] eine brauchbare Methode angegeben haben. Sie stützen sich dabei auf die Befunde von R. Fabinyi[5] sowie von H. Dekker und Th. v. Fellenberg[6], daß Ketone mit **Salicylaldehyd** rotgefärbte Kondensationsprodukte liefern. Sie trennen dabei die Ketone vorher von den die Reaktion störenden Begleitstoffen durch eine Wasserdampfdestillation und reichern sie gleichzeitig dabei an. Die Arbeitsweise ist folgende:

Zur Destillation des Fettes dient ein Fraktionierkolben von 200 ccm Inhalt, der oben mit einem eingeschliffenen Stopfen versehen ist und am Ansatzrohr einen kurzen Liebig-Kühler trägt. Der Kolben wird mit 180 ccm destilliertem Wasser gefüllt und mit einigen Siedesteinen beschickt. In ein als Vorlage dienendes großes Reagensglas werden dann 25—30 ccm abdestilliert. Hierzu setzt man 0,4 ccm reinsten Salicylaldehyd, der durch kräftiges Schütteln in der Flüssigkeit emulgiert wird. Nach dem Absitzen des Aldehyds wird das überstehende Wasser vorsichtig bis auf etwa 4 ccm abgegossen, der Aldehyd aufs neue im Rest verschüttelt und in die Emulsion 2 ccm reine konzentrierte Schwefelsäure gegeben. Diese darf nicht an der Wand des Reagensglases entlang fließen, sondern muß in einem Strahle die Mitte der Flüssigkeit treffen. Durch kräftiges Schütteln wird die Schwefelsäure vollkommen vermischt. Nach kurzer Zeit hat sich der Salicylaldehyd oben abgeschieden, während die untere Schicht noch milchig getrübt erscheint. Bei diesem Blindversuch darf höchstens eine schwache Rosafärbung auftreten; für gewöhnlich ist die Farbe schwach gelb. Nun werden 10 g des zu untersuchenden Fettes mittels eines langen Trichters in den Kolben

[1] J. M. Aas: U. 1934, **41**, 113.

[2] L. H. Lampitt u. N. D. Sylvester: Biochem. Journ. 1936, **30**, 2237.

[3] H. Schmalfuss, H. Werner u. A. Gehrke: Margarine-Ind. 1933, **26**, 277.

[4] K. Täufel u. H. Thaler: Chem.-Ztg. 1932, **56**, 265; Hoppe-Seylers Zeitschr. physiol. Chem. 1932, **212**, 256.   [5] R. Fabinyi: Chem. Zentralbl. 1900, II, 301.

[6] H. Dekker u. Th. v. Fellenberg: Ann. Chem. 1909, **364**, 22.

gegeben, in dem sich noch etwa 150 ccm Wasser befinden. Es wird genau so verfahren wie beim eben beschriebenen Leerversuch. Man destilliert etwa 25—30 ccm ab, gibt 0,4 ccm Salicylaldehyd zu, schüttelt, läßt absitzen, gießt das Wasser bis auf 4 ccm ab, schüttelt wieder und setzt schließlich 2 ccm konzentrierte Schwefelsäure zu. Enthält das zu untersuchende Fett auch nur Spuren von Ketonen, so ist die abgeschiedene Aldehydschicht sehr deutlich rosa bis tief rot gefärbt, im Gegensatz zu der gelben Farbe des Leerversuchs. Es zeigte sich, daß die Färbung nach einiger Zeit in der Wärme noch zuzunehmen pflegt. Aus diesem Grunde ist es zweckmäßig, besonders bei sehr schwacher Reaktion, den Leer- und Hauptversuch 15 Minuten lang in ein siedendes Wasserbad zu stellen, wobei der Farbunterschied noch deutlicher hervortritt.

Diese Reaktion mit Salicylaldehyd zeigt folgende Vorzüge:

Mit zunehmender Kettenlänge der aliphatischen Ketone tritt eine Farbvertiefung von Orange (bei Aceton) bis zu einem satten Himbeerrot (bei Methylnonylketon) ein. Dies ist im vorliegenden Falle, wo es sich gerade um den Nachweis von Methylketonen mit 9, 11 und 13 Kohlenstoffatomen handelt, von besonderem Nutzen.

Aldehyde (Form-, Acet-, Butyr-, Epihydrin-, Heptyl-, Crotonaldehyd) reagieren unter den gewählten Versuchsbedingungen nicht unter Farbgebung, ebenso nicht die bisher geprüften rein aromatischen Ketone.

Die Rotfärbung ist spezifisch für die Atomanordnung $—CH_2 \cdot CO \cdot CH_2—$. Nur durch Acetylmethylcarbinol kann nach J. PRITZKER und R. JUNGKUNZ[1] bisweilen Ketonigkeit vorgetäuscht werden. Sie schlagen in solchen Fällen vor, es durch Eisenchlorid vorher in Diacetyl umzuwandeln.

Die Empfindlichkeitsgrenze für den Nachweis liegt bei etwa $5\,\gamma$ Keton in 5 g Fett (1:1000000).

H. SCHMALFUSS[2] hat den Ketonnachweis wie folgt vereinfacht:

Ein 100-ccm-Rundkolben mit kurzem, weitem Hals wird durch eine Spritzflasche mit einem senkrecht absteigenden LIEBIG-Kühler von 30 cm Länge verbunden. Nach Ausdämpfen und Prüfen bringt man in den Rundkolben 25 g des zu untersuchenden Fettes, 25 g gesättigte Kochsalzlösung sowie einige Siedesteinchen und erhitzt zum Sieden. Die ersten 4 ccm des übergehenden Destillates werden einzeln in Reagensgläsern aufgefangen und je mit 2 ccm reinem Salicylaldehyd sowie 3 ccm rauchender Salzsäure versetzt, geschüttelt und über freier Flamme bis zum beginnenden Sieden erhitzt. Nach 1 Minute setzt man dann 0,5 ccm Chloroform zu und schüttelt vorsichtig um. Bei Anwesenheit von Keton ist die Chloroformschicht nach dem Absetzen schön rot gefärbt. Ist viel Keton vorhanden, so tritt die rote Färbung sofort, bei kleineren Mengen dagegen erst nach 3 Minuten auf.

Eine weitere Arbeitsweise von SCHMALFUSS, WERNER und GEHRKE[3] verfeinert den Ketonnachweis noch um das Zehnfache mit einer Erfassungsgrenze von etwa $2\,\gamma$ Keton:

Zum Anreichern des Ketons dient ein Erlenmeyerkölbchen von 10 ccm Inhalt, dessen Hals mittels eines grauen Kautschukstopfens mit dem kurzen Schenkel eines Winkelrohrs von 0,6 cm lichter Weite verbunden ist. Der geneigte Schenkel ist 12 cm lang und dient als Kühler. Er ist an seinem Ende zu einer Träufelspitze ausgezogen. Das Gerät wird mit Wasser ausgedämpft, bis kein Keton mehr nachweisbar ist; dann bringt man in das Kölbchen 1 g des zu

---

[1] J. PRITZKER u. R. JUNGKUNZ: Chem.-Ztg. 1933, **57**, 895.
[2] H. SCHMALFUSS: Margarine-Ind. 1932, **25**, 215.
[3] H. SCHMALFUSS, H. WERNER u. A. GEHRKE: Margarine-Ind. 1932, **25**, 265.

prüfenden Stoffes, 1—2 ccm gesättigte Kochsalzlösung[1], einige Siedesteinchen und erhitzt auf einem Asbestdrahtnetz über kleiner Flamme zum Sieden. Die ersten 5 Tropfen (je etwa 0,05 ccm) des verflüssigten Dampfes werden einzeln in 5 gut gereinigten Prüfröhrchen aufgefangen. Diese Röhrchen[2] sind etwa 3 cm lang und haben einen äußeren Durchmesser von 0,60, einen inneren von 0,55 cm. Zweckmäßig hängt man die Röhrchen gemeinsam in passende Stanzlöcher eines feinmaschigen Drahtnetzes. Die Löcher sind so weit, daß die freien Drahtenden die Prüfröhrchen federnd festhalten. Zu jeder Probe fügt man aus einem Haarrohr ein Tröpfchen (etwa 0,01 ccm) reinen Salicylaldehyd sowie 3 Tropfen (etwa 0,15 ccm) konzentrierte Salzsäure, mischt durch vorsichtiges Klopfen von der Seite her und hängt die Röhrchen 3 Minuten lang in ein siedendes Wasserbad. Dann fügt man aus einem Haarrohr 2 Tröpfchen (etwa 0,02 ccm) Chloroform hinzu und mischt wiederum. War das Fett ketonig, so ist der chloroformige Tropfen jetzt schön rot, sonst farblos[3], selten andersfarben. Farblos muß er auch beim Gegenversuch ohne Salicylaldehyd sein. War das Fett nur schwach ketonig, so wartet man zweckmäßig nach dem Zusatz des Chloroforms etwa 2 Minuten. In dieser Zeit pflegt sich die Rotfärbung noch etwas zu vertiefen. So läßt sich Methylnonylketon noch bei einem Gehalt 1:500000 in 1 g Fett (Cocosfett) erkennen.

E. Glimm und A. Semma[4] haben die Frage geprüft, welche o-Oxybenzaldehyde mit Ketonen farbige Komplexverbindungen bilden und an zahlreichen Versuchen festgestellt, daß dies nur für die in der o-Stellung substituierten Salicylaldehyde

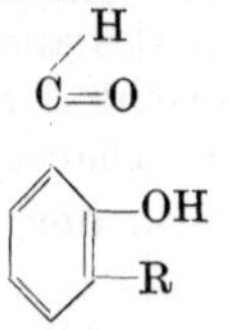

$$\begin{matrix} & {}_{\diagup}\text{H} \\ \text{C}{=}\text{O} \\ \\ \text{Ring}{-}\text{OH} \\ {-}\text{R} \end{matrix}$$

zutrifft, wobei der Substituent eine CH_3- oder CH_3O-Gruppe sein muß. Diese Verbindungen geben in Gegenwart von konzentrierter Salzsäure mit ketonhaltigen Stoffen eine hellrosa bis rote Farbreaktion. Bei der Prüfung dieser Verbindungen mit ketonhaltigen Stoffen war die Farbintensität etwas schwächer als mit Salicylaldehyd. Trotzdem konnte man noch 10 γ Keton in 1 g Fett bzw. Ketonlösung nachweisen und daraus schließen, daß sie für den Nachweis der Fettranzigkeit der Fette geeignet sind.

Verbindungen von einer anderen Anordnung gaben entweder keine Farbreaktion mit ketonhaltigen Fetten oder reagierten schon mit ketonfreien Fetten unter Bildung farbiger Verbindungen.

5. Nachweis der Ketone und Aldehyde mit Dinitrobenzol nach J. Antener[5].

Ketone und Aldehyde geben mit m-Dinitrobenzol schön rote bis violette Farbtöne, rein violette, wenn ein Überschuß eines Ketons oder Aldehyds vorliegt.

Mit Aceton, Methyl-, Äthyl- und Methylnonylketon ist die Farbe in den ersten Minuten rotviolett, schlägt dann nach Rot und nach 10 Minuten in Braun um. Diacetyl liefert eine rote, nach 5 Minuten in Braun übergehende Farbe, Acetylmethylcarbinol reagiert wie ein einfaches Keton. Von einfachen Aldehyden reagiert Formaldehyd erst beim Erhitzen, Acetaldehyd, Nonaldehyd und Benzaldehyd liefern violette, Salicylaldehyd gelbe, Acrolein violettrote Farbtöne.

---

[1] Bei Gegenwart von Acetylmethylcarbinol z. B. in Butter wird die Kochsalzlösung durch starke Eisenchloridlösung (D.A.B. VI) ersetzt. — Vgl. Schmalfuss, Werner u. Gehrke: Margarine-Ind. 1933, **26**, 277.   [2] Zu beziehen von C. Stelling in Hamburg.
[3] Die Gegenproben halten sich, vor Licht geschützt, mehrere Minuten bis 1 Stunde farblos.   [4] E. Glimm u. A. Semma: U. 1938, **45**, 500.
[5] J. Antener: Mitt. Lebensmittelunters. Hygiene 1937, **28**, 305.

Die Reaktion ist also an sich weit weniger spezifisch als die von Täufel und Thaler. Doch kann etwa vorhandenes **Diacetyl** und **Acetylmethylcarbinol** als in Äther unlösliches Xylolchinon abgeschieden werden. Hierzu behandelt man das Fett zunächst zwecks Oxydation zu Diacetyl mit Eisenchlorid und kondensiert das Diacetyl dann nach J. Pien, J. Baisse und R. Martin [1] mit Natronlauge zu Xylolchinon:

$$CH_3 \cdot CO \cdot CO \cdot CH_3 \xrightarrow{\;NaOH\;} \text{Xylolchinon} + H_2O.$$

Zu 10 g Fett gibt man in einen Destillationskolben nach Täufel und Thaler (S. 306) 10 ccm 50%ige Eisenchloridlösung 120 ccm Wasser und einige Siedesteinchen und destilliert 30 ccm ab. Diese werden im Scheidetrichter mit 0,25 bis 0,30 g Natriumhydroxyd geschüttelt, worauf eine Braunfärbung Diacetyl anzeigt. Nun wird mit 10 ccm Äther ausgeschüttelt [2] und die abgetrennte Ätherschicht mit 2 ccm 2%iger alkoholischer m-Dinitrobenzollösung und 1 ccm 10%iger Natronlauge versetzt, worauf man bei Gegenwart von Ketonen oder Aldehyden violette bis rote Farbtöne erhält.

6. Verdorbenheitsreaktion mit Diphenylcarbazid nach J. Stamm [3].

Als Reagens bei dieser Probe dient **Diphenylcarbazid**, ein leicht oxydierbarer, in das rote Diphenylcarbazon übergehender Stoff:

$$\text{Diphenylcarbazid} \longrightarrow \text{Diphenylcarbazon}$$

Diphenylcarbazid · · · · · · · · · Diphenylcarbazon

Als **Träger der Reaktion** hat Stamm die im zersetzten Fett vorhandenen freien Fettsäuren, Aldehyde und Ketone angenommen, während St. Korpáczy [4] hierfür auf vorhandene Oxysäuren schließt.

E. Glimm, L. Kludzinski und H. Fleischhauar [5] haben an eingehenden Versuchen gefunden, daß weder Glyceride noch gesättigte und ungesättigte Fettsäuren noch Oxysäuren noch Ketone und Diketone noch Aldehyde noch Spuren von Metallionen in Gegenwart von Wasserstoffsuperoxyd in reinem Zustand im neutralen Lösungsmittel eine Färbung geben. Dagegen liefern sie in gealtertem Zustand eine rote bis rotviolette Färbung. Reines Keton liefert in Gegenwart von Fettsäuren nur eine schwache Färbung. Wahrscheinlich ist nach Glimm die Färbung des Diphenylcarbazids nur durch katalytisch aktivierten Sauerstoff hervorgerufen, wobei als Katalysatoren Spuren von Metallionen, ungesättigte Säuren und Aldehyde wirken, indem sie den Sauerstoff lose binden und dann an das Diphenylcarbazid abgeben. In stark sauren Fetten erfolgt die Färbung schneller als in schwach sauren. Hiernach ist das Reagens zum Nachweis der Fettverdorbenheit nur bedingt verwendbar, nämlich als Anzeiger

---

[1] J. Pien, J. Baine u. R. Martin: Lait 1936, **16**, 119, 243.
[2] Bei Abwesenheit von Diacetyl wird das Destillat unmittelbar mit Äther ausgeschüttelt.
[3] J. Stamm: Pharmacia 1926, Nr 5; Z. 1931, **62**, 413.
[4] St. Korpáczy: Z. 1934, **67**, 75.
[5] E. Glimm, L. Kludzinski u. H. Fleischhauer: U. 1938, **45**, 496.

von aktivem oder molekular gebundenem Sauerstoff, nicht für quantitative Ermittlungen. Besonders eignet sich die Probe zur Prüfung der Lösungsmittel auf Reinheit.

Für die Ausführung der Probe erhitzt Stamm 10 Tropfen Öl im Reagensglas mit 5 Tropfen einer Suspension von 0,1 g symm. Diphenylcarbazid (Kahlbaum) in 10 g Vaselinöl 3 Minuten im kochenden Wasserbad, kühlt unter der Wasserleitung und beobachtet die Stärke der entstandenen Rotfärbung. Ähnlich verfahren auch F. Kestner[1] und A. v. Bock[2]. Letzterer fand an Leinöl, daß diese Reaktion im Gegensatz zu der von Kreis (S. 303) mit fortschreitender Fettzersetzung immer mehr an Stärke zunimmt.

Korpáczy schlug als Reagens eine durch Erhitzen und Filtrieren nach Erkalten bereitete Lösung von 0,5 g Diphenylcarbazid in 100 ccm Acetylentetrachlorid vor. Hiervon wurde dann 1 ccm mit 1 ccm Fett im kochenden Wasserbade erhitzt, wobei nach etwa 30 Minuten die höchste Farbstärke auftrat. Da aber bereits nach 3 Minuten die Färbung deutlich wahrnehmbar ist, empfiehlt er, genau 3 Minuten zu erhitzen und dann schnell abzukühlen.

Die Farbstärke ermittelt Korpáczy mit den Farbstoffen Bordeaux S[3] oder Tartrazin[6] und bezeichnet als Tiefe oder Grad der Reaktion die Anzahl Milligramme von Bordeaux S, gelöst in 100 ccm Wasser, welche die gleiche Färbung wie die Reaktion bewirken. Das so erhaltene Ergebnis wird dann wie folgt ausgewertet:

Tabelle 119.

Grad	Auswertung des Befundes
0,5	Höchstwahrscheinlich frisch und unverdorben.
1—2	Nicht mehr frisch, Lagerfähigkeit begrenzt, rascher Verbrauch ratsam.
2—4	Beginnende Ranzigkeit, als Ware 2. Güte noch zu dulden, wenn andere Verdorbenheitsanzeichen fehlen.
5 und mehr	Verdorben und ungenießbar.

Ein Vorzug dieser letztgenannten Ausführungsform der Stamm-Reaktion gegenüber der von Kreis oder v. Fellenberg besteht in der Beobachtung im homogenen Mittel.

7. Ranzigkeitsnachweis durch Messung der Oxydierbarkeit des Wasserdampfdestillates.

Den ersten Vorschlag von J. Mayrhofer[4], aus dem Permanganatverbrauch der mit Wasserdampf flüchtigen Stoffe in alkalischer Lösung auf die Frische eines Fettes zu schließen, änderte G. Issoglio[5] durch Oxydation in saurer Lösung ab. Er nennt den unter bestimmten Bedingungen erhaltenen Verbrauch am Permanganat, berechnet als Milligramm Sauerstoff auf 100 g Fett, die Oxydationszahl, und ermittelt sie wie folgt:

20—25 g Fett werden in einem 800-ccm-Kolben mit 100 ccm Wasser übergossen und dann mit Wasserdampf destilliert, wobei in 10 Minuten 100 ccm Destillat übergehen sollen. Nach guter Mischung desselben werden 10 ccm davon mit 50 ccm Wasser, 20 ccm 20%iger Schwefelsäure und genau 50 ccm $^1/_{100}$ N.-Kaliumpermanganatlösung in einem Kolben mit aufgeschliffenem Kühler 5 Minuten zum Sieden erhitzt. Nach dem Abkühlen gibt man 50 ccm $^1/_{100}$ N.-

---

[1] F. Kestner: Über die Beurteilung des Frischezustandes des Olivenöles. Diss. Dorpat 1927.

[2] A. v. Bock: Untersuchungen über den Ranziditätsprozeß beim Leinöl. Farmaceutiskt Notisblad 1927. Sonderabdruck.

[3] Geliefert von der Firma Gustav Urbach und Dr. Sittig, Farbenfabrik in Berlin NW 6.   [4] J. Mayrhofer: Z. 1889, 1, 552.

[5] G. Issoglio: Giorn. Farmac. Chim. 1916, 65, 241, 281, 321; 1917, 66, 245, 273; Rev. Centro Estudiantes Farmac Bioquim. 1932, 22, 77; C. 1933, I, 2013.

Oxalsäurelösung zu und titriert den Überschuß davon mit $^1/_{100}$ N.-Kaliumpermanganatlösung zurück. Gleichzeitig wird ein Blindversuch ausgeführt.

Abänderungen des Verfahrens wurden von R. KERR[1] (wäßriger Auszug aus dem Fett statt des Destillates) und von D. P. GRETTIE und R. C. NEWTON[2] (Luftdurchsaugung statt Destillation) angegeben.

Die Oxydationszahl nach ISSOGLIO liegt bei frischen Fetten etwa zwischen 3—10 und steigt bei ranzigen Fetten auf ein Vielfaches davon. Versuche von L. H. LAMPITT und N. D. SYLVESTER[3] mit bestrahlten Fetten zeigten, daß durch die Behandlung nach ISSOGLIO etwa 16% des Peroxydwertes, 55% der Stärke der KREIS-Reaktion und 55% des Aldehydwertes abnehmen, unabhängig vom Oxydationsgrad der Fette. Die ISSOGLIO-Zahl war dem Rückgange der Aldehydzahl, weiter der Aldehydzahl im ursprünglichen Fett proportional. Sie ist auch der Peroxydzahl ungefähr proportional. S. KALOGEREAS und ST. KOTSONIS[4] benutzen die ISSOGLIO-Probe zur Unterscheidung gereinigter und natürlicher Olivenöle.

Da aber auch zufällig vorhandene, nicht durch Ranzigkeit bedingte Fettbegleitstoffe die Permanganatoxydation beeinflussen können, ist die ISSOGLIO-Zahl als **unspezifisch** mit Vorsicht auszuwerten.

8. Nachweis der Säurespaltung (Hydrolyse).

a) Chemische Prüfung. Der chemische Nachweis von lipolytischer Zersetzung in einem Fette beruht auf Bestimmung des Säuregrades (S. 60). Als Grenze dafür gilt bei Butter und Margarine etwa der Säuregrad 8. Eine Beanstandung ist jedoch nur dann gerechtfertigt, wenn auch der Sinnenbefund (Geschmacks- und Geruchsprobe) Verdorbenheit durch erhebliche Abweichungen anzeigt. — Zu beachten ist, daß auch bei der reinen Oxydationsranzigkeit (S. 283f) freie Säuren auftreten, hier allerdings weniger durch Hydrolyse als durch Aufspaltung der ungesättigten Fettsäuremoleküle. In diesem Falle entspricht die Berechnung der freien Säure auf Ölsäure nicht dem wirklichen Gehalt an freien Säuren, sondern einem höheren Wert.

Ein ausgezeichnetes Mittel, kleine Mengen an freien Säuren und damit die Zersetzung eines Speisefettes zu erkennen, bietet nach A. FAURE und PALLU[5] die Capillaranalyse in der Messung des Tropfenvolumens einer Lösung des Fettes in Benzin gegen ein Natriumcarbonatlösung (vgl. auch Bd. II, S. 717).

b) Bakteriologische Prüfung. Als einfache Prüfungen zum Nachweis der lipolytischen Wirkung der Bakterien empfehlen L. M. HOROWITZ-WLASSOWA und M. J. LIVSCHITZ[6] die Kaliprobe und die Nilblauprobe. Die Kaliprobe beruht darauf, daß bei Zusatz einer 15%igen Kalilauge zu Sojabohnenölagarnährboden eine um so klarerer Fleck entsteht, je weiter das Öl gespalten ist. Nur mit Erucasäure und Oxystearinsäure entstanden weißliche opake Flecke. Für Schimmelpilze ist die Kaliprobe wegen ihres filzigen Wachstums allerdings weniger geeignet. — Die Nilblauprobe beruht auf der Eigenschaft des Nilblaus Neutralfette rot, freie Fettsäuren dagegen blau zu färben. Wird ein Tropfen dieser Lösung auf mit den Kulturen beimpfte Ölagarplatten geträufelt, so nehmen diese bei Vorhandensein einer lipolytischen Wirkung den blauen Farbton an.

---

[1] R. KERR: Ind. engin. Chem. 1918, **10**, 471.

[2] D. P. GRETTIE u. R. C. NEWTON: Oil Fat Ind. 1931, **8**, 291; Z. 1937, **73**, 91.

[3] L. H. LAMPITT u. N. D. SYLVESTER: Biochem. Journ. 1936, **30**, 2237.

[4] S. KALOGEREAS u. ST. KOTSONIS: Praktika 1933, **8**, 169; C. 1934, II, 1224.

[5] A. FAURE u. PALLU: Ann. Falsif. 1938, **31**, 13.

[6] L. M. HOROWITZ-WLASSOWA u. M. J. LIVSCHITZ: Zentralbl. Bakteriol. 1935, II, **92**, 424; Z. 1938, **75**, 269.

Als Medium für den Nachweis von Lipase bildenden Kleinwesen verwenden L. B. Jensen und D. P. Grettie[1] 100 ccm Nähragar + 0,5 g Dinatriumphosphat, $p_H = 7{,}4$, eine Ölemulsion aus 100 ccm raffiniertem Cocos- oder Palmkernfett, 2 g Traganthgummi zu 200 ccm heißem Wasser, durch Schütteln auf eine Teilchengröße von 10 μ gebracht und 15 Minuten bei 15 Pfund (lbs) Druck autoklaviert. Für den Versuch gibt man zu 5,5 ccm geschmolzenem Nähragar 75 ccm der Ölemulsion und 75 ccm 1%ige Nilblausulfatlösung und kühlt auf 42° ab.

Die Bebrütung erfolgt bei 20° und 37°. Die lipasebildenden Kolonien sind zu Anfang tiefblau, einige kupferrot gefärbt. Die für 1 g Fett gebildeten Kolonien werden ausgezählt. Dann wird die Zahl der die oxydative Ranzigkeit und Lipasewirkung begünstigenden Bakterien unter Anwendung des gleichen Mediums aber ohne Zusatz von Nilblau bestimmt.

Zur Bestimmung der Oxydase gießt man über die Agarplatten eine 0,5%ige wäßrige Lösung von Dimethyl-p-phenylendiaminhydrochlorid und beobachtet die Kolonien, welche

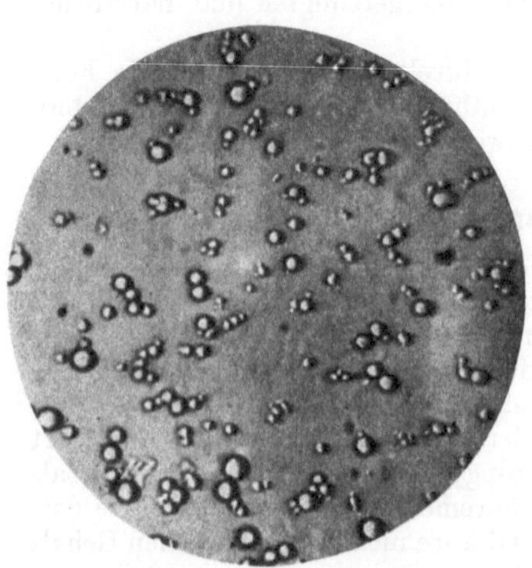

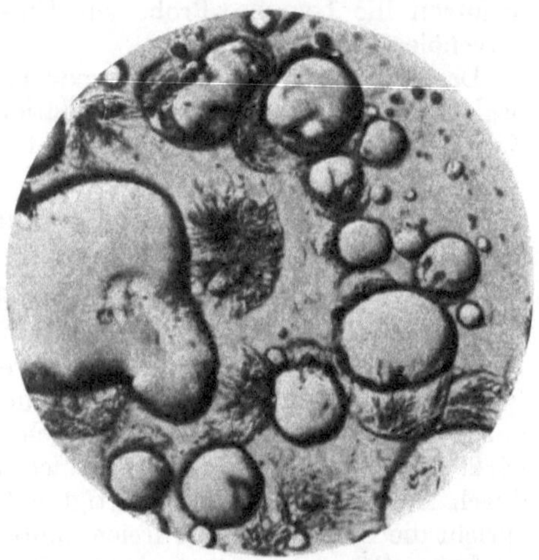

Abb. 71. Normales Butterfett. (Nach Richter und Damm.)

Abb. 72. Butterfettzersetzung durch Sporenbildner (Vollmilch-Federstrich). (Nach Richter und Damm.)

eine rosarote Färbung annehmen. Empfindlicher ist eine 0,4%ige Lösung von Tetramethyl-p-phenylendiaminhydrochlorid, welches die Oxydasekolonien purpurrot färbt.

Zum Nachweis von Mikroben, die außer Lipase noch Oxydase-Peroxydase-Peroxydbildung zeigen, eignet sich das Eijkman-Medium, nämlich Agar über einer Schicht von Rindertalg. Man zählt dabei die fettspaltenden Kolonien, übergießt mit der Farbstofflösung und zählt die gefärbten Kolonien.

K. Richter und H. Damm[2] empfehlen die Vollmilch-Federstrichmethode von W. Henneberg[3] zum Nachweis der Fettspaltung. Man prüft hiernach, indem man die Mikroben nach Art des hängenden Tropfens (Federstrichmethode) in eine Mischung von Vollmilch und Wasser (1:2) einimpft. Die gut verschlossenen Objektträger bleiben in schräger Lage im Brutschrank bei Optimaltemperatur stehen. Bei der folgenden mikroskopischen Prüfung ist im unteren Teil eines Tröpfchens eine gute Beurteilung des Mikrobenwachstums möglich. Im oberen Teil befinden sich infolge der Schrägstellung des Objektträgers die Fettkügelchen aufgerahmt und sind so leicht zu erkennen. Durch

---

[1] L. B. Jensen u. D. P. Grettie: Food Res. 1937, 2, 97; C. 1938, I, 1688.
[2] K. Richter u. H. Damm: Milchw. Literaturber. 1933, Nr. 76. Sonderabdruck von Vf.
[3] W. Henneberg: Molkerei-Ztg. Hildesheim 1928, Nr. 131.

verschiedene Mikroben entstehen verschiedenartige Bilder, die auch zur Identifizierung gewisser Mikroben geeignet sind. Abb. 71 und 72 zeigen so normales und durch Fettspalter zersetztes Butterfett. Häufig treten auch durch Zersetzung des Butterfettes Krystalle auf, die aus Fettsäuren bestehen und so die Säurespaltung anzeigen.

9. Nachweis weiterer Fettspaltprodukte.

Um die bei der Fettoxydation entstehenden niederen und mittleren Fettsäuren zu isolieren, empfiehlt es sich, in ähnlicher Versuchsanordnung wie bei der Bestimmung der Gesamtzahl (S. 79) die höheren Fettsäuren zunächst durch Magnesiumsulfat aus der wäßrigen Seifenlösung zu entfernen. Im Filtrat sind dann die niederen Fettsäuren enthalten und können nach Ansäuern mit Phosphorsäure, soweit sie flüchtig sind, durch einfache Destillation abgetrennt werden. Soweit es sich um nichtflüchtige Säuren (Dicarbonsäuren wie Azelainsäure, Oxysäuren u. a.) handelt, bleiben sie im Destillationskolben zurück. Eine andere Art der Isolierung besteht darin, daß man das Filtrat vom Magnesiumniederschlag wie bei der Bestimmung der Caprylsäurezahl (S. 157) mit Kupfersalz ausfällt, wodurch die mittleren Monocarbonsäuren, wie Nonylsäure aber auch Dicarbonsäuren und Oxysäuren niedergeschlagen werden. Ein Vorliegen derartiger Spaltlinge in einem Fett kommt in einer Erhöhung der Caprylsäurezahl zum Ausdruck. So fand J. GROSSFELD[1] in ranzigen Fetten stark erhöhte Caprylsäurezahlen, z. B. in einem Cottonöl 28,9. Daneben finden sich dann auch stets niedere wasserlösliche Fettsäuren. — Diese Art der Prüfung ist naturgemäß auf Fette beschränkt, die von Natur aus keine niederen Fettsäuren als Laurinsäure enthalten, also für Cocos- und Palmkernfett, wie auch Butterfett und Mischungen mit diesen Fetten nicht geeignet.

10. Bestimmung der Sauerstoffaufnahme.

Die Bestimmung der Sauerstoffaufnahme durch Feststellung der Gewichtszunahme ist unsicher, weil nach Erreichung ihres Höchstwertes wieder eine Gewichtsabnahme eintritt. Da die Sauerstoffaufnahme bzw. Gewichtszunahme der Halogenaufnahmefähigkeit ungefähr parallel läuft, wird in der Regel die Bestimmung der Jodzahl der Bestimmung der Sauerstoffaufnahme vorgezogen.

Zur Bestimmung der Sauerstoffaufnahme bzw. Trocknungsfähigkeit dienen folgende Verfahren:

a) **Verfahren von A. LIVACHE[2].** 1 g feinverteiltes (sog. molekulares) Bleipulver[3] wird auf einem ziemlich großen, dünnen Uhrglase möglichst gleichmäßig ausgebreitet und gewogen. Darauf läßt man aus einer Pipette 0,6—0,7 g Öl so auf das Blei tropfen, daß jeder Tropfen für sich bleibt und nicht in einen anderen Tropfen überfließt, man läßt bei Zimmertemperatur in einem möglichst hellen Raum stehen und bestimmt den Höchstwert der Gewichtszunahme. Bei den trocknenden Ölen ist dieser meist nach 18 Stunden, manchmal aber auch erst nach 3 Tagen erreicht, während bei nichttrocknenden Ölen die Gewichtszunahme erst nach 4—5 Tagen beginnt. Wie die Öle selbst verhalten sich auch ihre Fettsäuren.

LIVACHE fand nach 2 Tagen bei Leinöl 14,3%, Mohnöl 6,8%, Baumwollsamenöl 5,9%, dagegen bei Rüböl, Sesamöl, Erdnußöl, Olivenöl keine Gewichtszunahme.

[1] J. GROSSFELD: Z. 1928, **55**, 376.
[2] A. LIVACHE: Compt. rend. Paris 1886, **102**, 1167; siehe auch HOFMEISTER in Zeitschr. analyt. Chem. 1884, **23**, 262, 434.
[3] Das molekulare Bleipulver wird hergestellt durch Ausfällen eines Bleisalzes durch Zink, schnell aufeinanderfolgendes Auswaschen des Niederschlages mit Wasser, Alkohol und Äther und schließliches Trocknen im Vakuum.

b) Verfahren von M. Weger[1] und W. Lippert[2]. Das Öl wird auf einer gewogenen, dünnen, reinen Glastafel in möglichst dünner (0,5—1 mg je Quadratzentimeter) Schicht gleichmäßig ausgebreitet, bei Zimmertemperatur in einem möglichst hellen Raum aufbewahrt und von Zeit zu Zeit die Gewichtszunahme festgestellt. Bei trocknenden Ölen ist nach etwa 24 Stunden der Höchstwert der Gewichtszunahme[3] erreicht. Die Gewichtszunahmen sind nach diesem Verfahren größere als nach dem von Livache. Weger fand nach seinem Verfahren als höchste Gewichtszunahmen für Leinöl nach 3—8 Tagen 15,1 bis 19,9%, Mohnöl nach 6½ Tagen 13,4%, Hanföl nach 4½ Tagen 13,6%, Rüböl nach 7 Tagen 7,6%, Olivenöl nach 20 Tagen 5,2%, Palmkernöl nach 13 Tagen 0,8%.

c) Da die nach a) und b) erhaltenen Werte für die Gewichtszunahme keine absoluten, sondern in weitgehendem Maße von den Versuchsumständen abhängig sind, so erreicht man für die Beurteilung des Trocknungsvermögens der Öle im allgemeinen das gleiche, wenn man die Öle in möglichst dünner Schicht auf eine Glasplatte ausstreicht und von Zeit zu Zeit mit dem Finger die Veränderung des Zustandes des Ölausstriches prüft und feststellt, ob und nach welcher Zeit er zu einer festen, trockenen Haut geworden ist oder sich noch klebrig anfühlt.

IV. Veränderungen durch chemische Einwirkungen.

Unter diesen Behandlungen ist für Speisefette nur die Erhöhung des Schmelzpunktes durch Anlagerung von Wasserstoff und durch sterische Umlagerung z. B. der Ölsäureglyceride, in Elaidinsäureglyceride, von praktischer Bedeutung; beides geschieht bei der sog. Fetthärtung oder Hydrierung, die S. 607 ausführlich behandelt ist.

Sonstige chemische Einwirkungen. Längeres Kochen von Fett mit starker Salzsäure kann nach K. Scheringa[4] zum Abbruch von Fettsäuren führen. So wurde aus 5 g Handelsstearin nach Kochen mit 40 ccm Alkohol und 10 ccm konzentrierter Salzsäure, eine Stunde lang, dann Eindampfen mit Natronlauge eine Reichert-Wollny-Zahl von 4,1, Polenske-Zahl 5,2 erhalten, ohne diese Behandlung nur 1,6 bzw. 1,1. Reine Stearinsäure wurde in 3 Stunden mit Salzsäure teilweise zu Paraffin abgebrochen. Ähnliche Vorgänge können bei zu langem Kochen mit starker Salzsäure bei dem Fettbestimmungsverfahren von Schmidt-Bondzynski u. a. eintreten.

D. Bestimmung nichtfetter Bestandteile.

In diesem Abschnitt ist die Bestimmung von Stoffen beschrieben, die teils, wie z. B. die Phosphatide, regelmäßige Begleiter der Glyceride sind und ihnen in ihrer Zusammensetzung nahestehen, teils, wie Schwefel, Stickstoffverbindungen, Halogene und Metalle, Wasser, sich nur gelegentlich in den Fetten finden.

1. Phosphor und Phosphatide.

Die natürlichen Fette und Öle, insbesondere die der Leguminosen und Gramineen sowie die Ätherextrakte der meisten tierischen und pflanzlichen Organe enthalten geringe (vereinzelt auch größere) Mengen Fettsäuren enthaltender organischer Phosphorverbindungen, die man als Phosphatide bezeichnet. Besonders reich daran sind Auszüge aus Eidotter und eidotterhaltigen Lebensmitteln. Die Eidotterphosphatide bestehen zum größeren Teil aus Cholinlecithinen, während bei pflanzlichen Phosphatiden nach F. E. Nottbohm und F. Mayer[5] die nicht cholinhaltigen Phosphatide überwiegen.

---

[1] M. Weger: U. 1897, **4**, 316; 1898, **5**, 213; Zeitschr. angew. Chem. 1898, **11**, 490; 1899, **12**, 297.

[2] W. Lippert: Zeitschr. angew. Chem. 1898, **11**, 412; 1899, **12**, 511; 1900, **13**, 133; 1903, **16**, 365; 1905, 18, 94.

[3] Die Bestimmung liefert nur dann brauchbare Ergebnisse, wenn sehr genaue Wägungen (bis Zehntelmilligramme) möglich sind.

[4] K. Scheringa: Chem. Weekbl. 1932, **29**, 386; C. 1932, II, 2386.

[5] F. E. Nottbohm u. F. Mayer: Z. 1933, **66**, 21, 585.

Ihrer Struktur nach sind die Lecithine Glyceride, die 2 Moleküle höherer Fettsäuren und 1 Molekül an Cholin gebundener Phosphorsäure enthalten. Beim sog. Colaminlecithin tritt an die Stelle des Cholins Colamin oder Aminoäthylalkohol. Bei der Verseifung zerfallen die Lecithine in Fettsäuren, Glycerinphosphorsäure und Cholin bzw. Colamin.

Über weitere Phosphatide und ihren Eigenschaften vgl. HALDEN, S. 712.

Zur Bestimmung des Phosphors in den Phosphatiden sowie in phosphatidhaltigen Fetten hat sich die Veraschung mit Magnesiumacetatlösung in einer geräumigen Platinschale ohne weitere Zusätze nach Bd. II, S. 1220 als einfaches und zuverlässiges Verfahren erwiesen. Die erhaltene Asche nimmt man dann in Salpetersäure auf und fällt die Phosphorsäure nach dem Molybdatverfahren von R. WOY nach Bd. II, S. 1259.

Im Gegensatz zu Schwefel (S. 317) ist Phosphatidphosphor beim Veraschen in Gegenwart von genügend Magnesiumacetat nicht flüchtig und wird quantitativ erfaßt.

H. JÄCKLE[1] hat mit Rücksicht auf die nur geringen Mengen von Phosphatiden in den natürlichen Fetten und Ölen folgende Arbeitsweise vorgeschlagen:

150—200 g Fett werden in einer Platinschale mit 1,0—1,5 g einer 40%igen Kalkmilch durch Unterstellen einer kleinen Flamme unter fortwährendem Umrühren erwärmt, bis das Wasser verdunstet ist. Diese Entfernung des Wassers verläuft bei einiger Vorsicht vollständig gefahrlos und ist selbst bei ängstlichem Vermeiden des Schäumens in ungefähr 20 Minuten beendet. Sobald das Wasser verdunstet ist und das Fett ruhig fließt, wird die Schale unter unausgesetztem Rühren stärker erhitzt. Die gebildete Kalkseife verteilt sich in kleine Flocken und löst sich allmählich vollständig auf. Sobald dies geschehen ist, wird in das heiße Fett ein Docht eingestellt, der durch Zusammenrollen eines möglichst aschenfreien Filters für quantitative Analysen zu einer Düte hergestellt ist. Es empfiehlt sich, diesen Kegel von der Spitze an bis zur halben Höhe aufzuschneiden, damit er nicht durch die im Innern des Dochtes sich bildenden Verbrennungsgase umgeworfen wird. Auch ist es nötig, diesen Docht wenige Augenblicke über der Flamme zu trocknen, um dem stürmischen Entweichen des Wassers aus dem Papier beim Einsetzen des Dochtes in das heiße Fett vorzubeugen. Der Docht wird an der Spitze angezündet, ehe die Kalkseife durch die allmähliche Abkühlung wieder in gallertartiger Form sich aus dem Fett abscheidet. Wenn ein Überhitzen des Fettes vermieden wurde, verbrennt es in dem Papierdocht bis auf einen sehr kleinen Rest, ohne daß die Flamme vorher einmal erlischt. Am besten verbrennen die ölsäurearmen Fette, am schwierigsten die trocknenden Öle, bei denen ein zu starkes Erhitzen besonders nachteilig für die Brennbarkeit ist. Die Verbrennung von 200 g Fett in dieser Art und Weise erfordert durchschnittlich 12 Stunden.

Der nach dem Erlöschen des Dochtes in der Schale verbleibende Rückstand läßt sich mühelos verbrennen. Die Asche wird mit verdünnter heißer Salpetersäure gelöst und im Filtrat die Phosphorsäure nach dem Molybdänverfahren bestimmt, wobei man mit Rücksicht auf die meist kleinen Phosphorsäuremengen die Molybdänflüssigkeit nicht erwärmt, sondern 3 Tage lang bei Zimmertemperatur stehen läßt und ebenso auch die Fällung des Ammoniummagnesiumphosphats erst nach 2 Tagen abfiltriert.

JÄCKLE fand nach diesem Verfahren an Lecithin (11,31 · P_2O_5, berechnet als Dioleolecithin) in:

Tabelle 120. Lecithingehalte von Fetten nach JÄCKLE.

Menschenfett	0,073—0,088%	Cocosfett	0,010%
Butterfett	0—0,014%	Olivenöl	0—0,003%
Rindstalg	0,033—0,073%	Mandelöl	0,029%
Hammeltalg	0,012%	Rüböl	0,112%
Schweinefett (deutsches)	0,022—0,051%	Erdnußöl	Spur
„ (amerikanisches)	0,006%	Sesamöl	0,005%
Hasenfett	0,028%	Baumwollsamenöl	0,0025—0,006%
Gänsefett	Spuren	Mohnöl	Spur
Lebertran	0—0,005%	Leinöl	0,332%
Kakaofett	0,189%		

<hr>

[1] H. JÄCKLE: Z. 1902, 5, 1062.

W. Humnicki[1] fand in gewissen Ölen wesentlich höhere Lecithingehalte, nämlich in
Pflaumenkernöl . . 6,60%   Schweinsleberöl . 12,94%   Tran des ⎰ dunkel . 6,36%
Roggenkeimöl . . . 4,05%   Kalbsleberöl . . . 15,99%   Handels ⎱ hell . . . 4,31%

Das Verhältnis von N : P war bei diesen Ölen viel höher als selbst Triaminophosphatiden
entspricht. Es dürfte sich aber um fremdartige Beimischungen handeln.

W. Mohr und J. Moos[2] führten die Verrbennung des Fettes mit Sauerstoff in der calori-
metrischen Bombe aus. Sie fanden in Butterfett nur Spuren von Phosphatid.

T. H. Simpson[3] bedient sich zum Veraschen einer größeren Menge Öl einer Vorrichtung,
bestehend aus einem Trichter mit langem gebogenem Stiel. Das Öl wird in den Trichter
gegeben, aus dem es in dem Maße wie das Öl verascht wird, in den Tiegel abfließt. Mit Hilfe
dieser Vorrichtung lassen sich 100 g Öl in 10—15 Minuten ohne Überwachung veraschen. —
Zur Bestimmung des Phosphatidphosphors ist aber erforderlich, ähnlich wie nach Jäckle
(S. 315) das Öl mit Kalk- oder Magnesiumseife zu mischen, um einer Verflüchtigung von
Phosphor aus der Asche vorzubeugen.

Sehr erleichtert wird die Phosphorbestimmung in größeren Fettmengen
durch Entfernung der Fettsäuren nach dem Verseifen, indem man die erhaltene
Seifenlösung mit Säure zersetzt, die Fettsäuren abtrennt und dann die erhaltene
wäßrige Phase weiter verarbeitet. G. Wolff und H. Guellerin[4] geben dafür
folgende Vorschrift an: 50 g Fett werden mit 150 ccm 10%iger alkoholischer
Kalilauge verseift, der Alkohol wird verdampft, die Seife in 300 ccm Wasser
aufgenommen, mit 30 ccm Salpetersäure (D. 1,33) zersetzt, aufgekocht, die Fettsäuren abgetrennt und noch zweimal mit je 100 ccm 10%iger Salpetersäure
gewaschen. Die Sauerwässer werden auf 150 ccm eingedampft, filtriert, mit
2—3 ccm 10%iger Ferrinitratlösung versetzt, aufgekocht und ein Überschuß
von Ammoniak zugegeben. Der Niederschlag wird abfiltriert, in Salpetersäure
gelöst, die Lösung zur Trockne verdampft, der Rückstand in Wasser und
Schwefelsalpetersäure gelöst, aufgekocht und die Phosphorsäure nach einer
besonderen Ausführungsform des Molybdatverfahrens ermittelt.

Endlich haben W. Fresenius und L. Grünhut[5] quantitative Bestimmungen von
Lecithin bei künstlichen Auflösungen von Lecithin in Ölen durch mehrmalige Ausschüttelung der Öle unter Anwendung des „Verteilungssatzes" ausgeführt, auf die hier
nur verwiesen werden kann.

Über Bestimmung des Cholins vgl. S. 719.

2. Schwefel.

Schwefel findet sich in geringen Mengen in den rohen — nicht in den kalt
gepreßten und in den raffinierten — Ölen der Cruciferen, ferner auch in geringen
Mengen in mit Schwefelkohlenstoff extrahierten Ölen aller Art. Größere Mengen
bis zu 0,57% Schwefel finden sich in den unverseifbaren Stoffen des Baumwollsamenöles. Schwefelsäure kann bei der Raffination von Ölen in geringen Mengen
darin zurückbleiben; größere Mengen (4,5%) Schwefelsäure enthalten die sog.
Türkischrotöle in der Form von Ricinolschwefelsäure ($C_{18}H_{33}O_2 \cdot OSO_3H$).

a) Nachweis. α) Ein blankes Silberstück färbt sich beim Eintauchen in
erhitztes schwefelhaltiges Öl braun bis schwarz. R. Marcille[6] führt diese
Münzprobe wie folgt aus:

Man bringt in ein 60-ccm-Erlenmeyerkölbchen 40 g Öl und eine Lamelle
Feinsilber 0,6 × 12 cm und hält im Heizschrank bei 115—120° 24 oder 48 Stunden
lang. Bräunung oder Schwärzung des Silbers zeigt Schwefel an[7].

---

[1] W. Humnicki: Roczniki Chemji 1931, 11, 678; Z. 1937, 73, 90.
[2] W. Mohr u. J. Moos: Milchw. Forsch. 1932, 13, 385.
[3] T. H. Simpson: Chemist-Analyst 1938, 27, 44; C. 1938, II, 1512.
[4] G. Wolff u. H. Guellerin: Congr. Chim. ind. Paris 1937, 17, II, 919; C. 1938, II, 2366.
[5] W. Fresenius u. L. Grünhut: Zeitschr. analyt. Chem. 1911, 50, 90.
[6] R. Marcille: Ann. Falsif. 1930, 23, 527.
[7] Nach Reinigung durch einfaches Erhitzen ist der Streifen erneut wieder verwendbar.

β) Man verseift etwa 5 g Öl mit alkoholischer Kalilauge, wobei etwa vorhandener Schwefel in Kaliumsulfid übergeht, und prüft mit alkalischer Bleilösung.

γ) Die empfindlichste qualitative Probe ist nach J. Marcusson[1] folgende: Man erhitzt 1—2 g Fett mit einem erbsengroßen Stückchen Kalium oder Natrium in einem Röhrchen aus schwer schmelzbaren Glase bis zur vollkommenen Verbrennung der Substanz. Das schließlich bis zur Rotglut erhitzte Röhrchen taucht man noch heiß in ein kleines Becherglas mit 5—10 ccm Wasser, wobei das Röhrchen zerspringt und etwaiges noch unverbrauchtes Natrium sich entzündet. Die von den Glassplittern abfiltrierte Flüssigkeit teilt man in zwei Teile und prüft den einen mit einigen Tropfen einer frisch bereiteten verdünnten Lösung von Nitroprussidnatrium — bei Gegenwart von Schwefel tritt Violettfärbung ein — während man zum anderen Teile einige Tropfen Bleiacetatlösung zusetzt und mit Essigsäure ansäuert. Je nach der Menge des vorhandenen Schwefels bildet sich eine dunkle Trübung oder ein Niederschlag von Schwefelblei. Über Nachweise von Schwefelsäure vgl. auch Bd. II, S. 567.

b) Bestimmung. Weil beim Veraschen von organischen Stoffen, auch bei Gegenwart überschüssiger Basen beträchtliche Mengen Schwefel verlorengehen können (J. Grossfeld und G. Walter[2]), ohne daß der Grund dafür hinreichend klargestellt ist, eignen sich für die Schwefelbestimmung in Fetten und fetthaltigen Zubereitungen nur einige besondere Verfahren, bei denen die Mineralisierung in Gegenwart eines Oxydationsmittels und von Alkali in gehörigem Überschuß ausgeführt wird. Verschiedene dieser Methoden sind in Bd. II, S. 585, 599 und 1251 beschrieben. Bewährt hat sich für etwas größere Schwefelmengen (über 0,5%) das Verfahren von J. Liebig, abgeändert in einer Arbeitsvorschrift von Grossfeld und Walter:

In einem geräumigen Silbertiegel von mindestens 6 cm Höhe und 6 cm oberem Durchmesser werden 16 g Kaliumhydroxyd mit 4 g Kaliumnitrat und 2 ccm Wasser über einem kleingestellten Spiritusbrenner gerade geschmolzen. Der Silbertiegel befindet sich zweckmäßig in einem kreisförmigen Ausschnitt einer Scheibe Asbestpappe, die ihrerseits wieder mittels Draht auf einem Eisenring so befestigt ist, daß beim Umrühren des Tiegelinhaltes keine Gefahr des Umfallens eintritt. Nach Erkalten der Schmelze gibt man darauf in geeigneter Weise etwa 0,5 g Fett und erwärmt vorsichtig wieder zum Schmelzen. Sobald dies eingetreten ist, entfernt man die Flamme und rührt die Substanz mit einem 2 mm dicken, an einem Holzgriff befestigten Silberdraht in die Schmelze ein. Dann wird mit kleiner Flamme vorsichtig weiter erhitzt, bis schließlich eine klare helle Schmelze entstanden ist. Dieser Aufschluß vollzieht sich besonders bei fettreichen Stoffen anfangs unter beträchtlichem Schäumen, das aber bei genügend kleingestellter Flamme nicht zu einem Überschäumen führt und bei fortschreitender Reaktion immer mehr abnimmt; nur gegen Ende der Oxydation tritt noch ein kurzes kräftigeres Schäumen auf, worauf der Tiegelinhalt zu einer klaren Schmelze zusammenfällt. Die Schmelze wird nach Erkalten in heißem Wasser gelöst und die Lösung in ein Becherglas gespült. Man säuert allmählich unter Bedecken mit einem Uhrglase mit etwa 40 ccm 25%iger Salzsäure an, kocht die entweichende Salpetrige Säure aus und neutralisiert dann gegen Phenolphthalein.

Hierauf fügt man wieder etwa 1 ccm Salzsäure hinzu, worauf die Lösung gegen Kongopapier sauer reagieren muß (Tüpfelprobe), mischt gut durch, erhitzt

---

[1] Vgl. L. Ubbelohde: Handbuch der Chemie und Technologie der Öle und Fette, Bd. 1, S. 196. Leipzig 1908.
[2] J. Grossfeld u. G. Walter: Z. 1934, **67**, 510.

vorsichtig unter Hinzustellen eines Siedestäbchens zum Sieden[1] und fällt siedend-heiß, anfangs tropfenweise, die Schwefelsäure mit 20 ccm 10%iger Bariumchloridlösung aus. Man läßt einige Stunden stehen und filtriert durch einen gewogenen Gooch-Tiegel mit Asbest-Kieselgurfilter oder durch einen feinporigen Porzellanfiltertiegel und wägt nach dem Trocknen bei 130° oder nach schwachem Glühen. Das Gewicht des Niederschlages, mal 0,1374, liefert den Gehalt der eingewogenen Substanz an Schwefel (S).

In einem blinden Versuch prüft man auf Schwefelgehalt der Reagentien und zieht das Ergebnis von dem des Hauptversuches ab.

Zur Bestimmung sehr kleiner Mengen Schwefel, wie sie in natürlichen Ölen vorkommen, empfiehlt sich folgende Ausführungsform des Verfahrens von Liebig:

5—10 g Fett werden in einer geräumigen Silberschale mit 10—20 ccm alkoholischer 20%iger Kalilauge verseift; die Seifenlösung wird zur Sirupdicke eingedampft, nach dem Erkalten mit einigen Stückchen Kaliumhydroxyd und $^1/_4$ ihres Gewichtes an Kaliumnitrat sowie einigen Tropfen Wasser versetzt. Darauf erhitzt man unter Umrühren mit einem Silberspatel allmählich stärker, bis die Seife vollkommen verbrannt und der Rückstand rein weiß geworden ist. Diesen nimmt man mit Wasser auf, bringt die Lösung in ein Becherglas und bestimmt nach dem vorsichtigen Ansäuern mit Salzsäure die gebildete Schwefelsäure als Bariumsulfat.

Die beiden vorstehenden Verfahren sind nicht anwendbar zur Bestimmung etwa vorhandener leicht flüchtiger Schwefelverbindungen; sollen solche bestimmt werden, so kann man sich des Verfahrens von Allen[2] und Engler[3] bedienen, das auf der Verbrennung des mit Alkohol vermischten Öles in einer kleinen Lampe und der Absorption und Oxydation der dabei gebildeten Schwefligen Säure beruht, oder des Verfahrens von Hempel und Graefe[4], bei dem das Öl in einer Sauerstoffatmosphäre verbrannt und die gebildete Schweflige Säure durch Natriumsuperoxyd oxydiert wird.

3. Stickstoff.

Die reinen Fette und Öle enthalten keine oder nur sehr geringe Mengen von Stickstoff, vorwiegend in der Form von Phosphatiden (vgl. S. 314), dagegen können in den rohen Ölen (z. B. in Leinöl) etwas größere Mengen in dem eiweißhaltigen „Schleim" vorkommen, der sich zum Teil in den Fetten kolloid löst. Butter und Margarine enthalten in ihren ätherunlöslichen Bestandteilen, dem „Nichtfett" 0,1—0,2% Stickstoff in Form von Casein.

a) Der qualitative Nachweis von Stickstoff in Fetten und Ölen geschieht wie in anderen organischen Stoffen nach dem Verfahren von Lassaigne durch Überführung des Stickstoffs mittels metallischen Kaliums in Kaliumcyanid (vgl. Bd. II, S. 566).

b) Zur quantitativen Bestimmung verbrennt man 3—5 g Fett in bekannter Weise nach Kjedahl mit konzentrierter Schwefelsäure und bestimmt die gebildete Ammoniakmenge. Vgl. Bd. II, S. 575.

c) Bestimmung des Cholins. Diese kann durch Fällung des Cholins durch Jod als Perjodid (Enneajodid) nach V. Stanek[5], z. B. in der Ausführungsform nach W. Roman[6], bzw. F. E. Nottbohm und F. Mayer[7] oder einfacher

---

[1] Wegen der hohen Salzkonzentration neigt die Flüssigkeit zum Siedeverzug.
[2] Allen: Analyst 1888, 13, 43.   [3] Engler: Chem.-Ztg. 1896, 20, 197.
[4] Hempel u. Graefe: Zeitschr. angew. Chem. 1904, 17, 616.
[5] V. Stanek: Zeitschr. physiol. Chem. 1904, 44, 83; 1905, 46, 280; 1906, 48, 343; 1908, 54, 354.   [6] W. Roman: Biochem. Zeitschr. 1930, 219, 218.
[7] F. E. Nottbohm u. F. Mayer: Chem.-Ztg. 1932, 56, 881; Z. 1933, 65, 55.

nach F. J. R. Beattie[1] als Cholin-Reineckat colorimetrisch oder gewichtsanalytisch erfolgen. Vgl. S. 719.

4. Halogene.

Die reinen Fette und Öle enthalten keine Halogene. Dagegen enthalten
gesalzene Butter und Margarine Zusätze von Natriumchlorid (bis etwa 2%).
Um derartig äußerlich beigemischtes Salz zu bestimmen, schüttelt man das
Fett mehrmals mit warmem Wasser, dem man einige Tropfen Salpetersäure
zusetzt und bestimmt in dem wäßrigen Auszuge die Chloride in bekannter
Weise mit Silbernitratlösung.

Fette können jedoch bisweilen auch Halogene, die von der Bleichung mit
Chlor herrühren oder zu medizinischen Zwecken hinzugesetzt sind (z. B. Jodi-
pin und Bromipin) enthalten; die Halogene liegen in solchen Fällen in Form
von Additions- und Substitutionsverbindungen vor und lassen sich durch Ausschüttelung mit Wasser nicht aus den Fetten ausziehen. Das gleiche ist bei
mit Halogenkohlenwasserstoffen (Trichloräthylen) extrahierten Fetten
der Fall, wenn Reste dieser Extraktionsmittel im Fett zurückgeblieben sind,
oder die Extraktionsmittel schwerflüchtige halogenhaltige Verunreinigungen
enthalten haben.

a) Der Nachweis der Halogene in derartigen Verbindungen erfolgt am einfachsten durch die Beilstein-Probe: Man vermischt eine kleine Probe des
Fettes mit vorher durch Ausglühen vollständig von Halogenverbindungen
befreitem Kupferoxydpulver und bringt dieses Gemisch in der Öse eines ausgeglühten Platindrahtes oder auf einem abgeplatteten dickeren Platindraht in
den äußeren Teil einer Bunsenflamme. Zuerst verbrennt der Kohlenstoff
des Fettes mit leuchtender Flamme, worauf dann je nach der Menge des vorhandenen Halogens kurze Zeit oder etwas länger eine grüne oder blaugrüne
Färbung der Flamme durch das verdampfende Halogen entsteht (vgl. Bd. II,
S. 567 und 568).

b) Bestimmung der Halogene. α) Allgemeine Bestimmung. Sie erfolgt
am besten nach dem Verfahren von Liebig (vgl. Bd. II, S. 583).

Bei größerem Halogengehalt (z. B. in Jodfetten) kann die Halogenbestimmung
auch nach Carius von 0,2—0,3 g Substanz erfolgen (vgl. Bd. II, S. 582); die Bestimmung
ist aber sehr umständlich. — Bei sehr geringen Halogengehalten liefert das Verfahren
von R. Benedikt und Zikes[2], das auf der Verbrennung des Fettes mit chlorfreiem Calciumoxyd in einem Verbrennungsrohr beruht und die Anwendung von 20—25 g Fett gestattet,
gute Ergebnisse; es ist sehr genau, aber auch sehr langwierig.

β) Nachweis von Trichloräthylen. Zur Prüfung auf Reste dieses Extraktionsmittels
schüttelt M. Testoni[3] 2 ccm Öl oder geschmolzenes Fett mit einigen Tropfen alkoholischer
2%iger α-Naphthollösung und 2 ccm konzentrierter Schwefelsäure kräftig durch. Dann
fügt er 1—2 ccm Wasser zu, schüttelt abermals kräftig durch und läßt absitzen. Bei Anwesenheit von Trichloräthylen ist die untere Schicht ziegelrot bis rot, bei Abwesenheit
schwach gelblichbraun bis farblos.

Zur Abscheidung von Trichloräthylenresten, destilliert man eine größere Menge
des Öles im Dampfstrom, etwa nach S. 339, ab und trennt im Destillat sich abscheidendes
Trichloräthylen im Scheidetrichter ab.

Zur Unterscheidung des Trichloräthylens von anderen Chlorkohlenwasserstoffen
benutzen H. Schmalfuss und H. Werner[4] die Beobachtung von K. A. Hofmann und

---

[1] F. J. R. Beattie: Biochem. Journ. 1936, **30**, 1554. — Vgl. auch J. B. Wilson u. G. L.
Keenan: Journ. Assoc. official agricult. Chemists 1938, **21**, 474. — Ferner F. H. Shaw:
Biochem. Journ. 1938, **32**, 1002; C. 1939, I, 199.
[2] Benedikt u. Zikes: Chem.-Ztg. 1894, **18**, 640.
[3] M. Testoni: Ann. Chim. analyt. appl. 1937, **27**, 497; C. 1938, I, 4734.
[4] H. Schmalfuss u. H. Werner: Zeitschr. analyt. Chem. 1934, **97**, 314.

H. Kirmreuther[1], daß sich manche Halogenäthylene, darunter auch Dichloräthylen und Trichloräthylen mit alkalischer Mercuricyanidlösung zu gut krystallisierenden Verbindungen umsetzen. Aus Trichloräthylen entsteht hierbei Mercuritrichloräthylenid $Hg(CCl:CCl_2)_2$, das sich in Form weißer Plättchen vom Schmelzpunkt 83° rein gewinnen läßt. Dichloräthylen liefert unter den gleichen Bedingungen Mercurichloracetylid $Hg(C:CCl)_2$, weiße Tafeln, die bei 195° verpuffen. — Dieses Verfahren eignet sich nach Schmalfuss und Werner auch zur Bestimmung des Trichloräthylens und zum Nachweis des Dichloräthylens neben anderen Kohlenwasserstoffen, nach folgenden Vorschriften:

Arbeitsvorschrift. Für den Nachweis dient eine Lösung von 50 g Mercuricyanid und 23 g Kaliumhydroxyd in 200 g Wasser. 4 ccm dieser Lösung schüttelt man in einem Glasstöpselfläschchen von 10 ccm Inhalt mit 4 ccm[2] des zu prüfenden Chlorkohlenwasserstoffgemisches 18—24 Stunden lang bei Zimmerwärme auf einer gut wirkenden Schüttelmaschine. Enthält das Gemisch Dichloräthylen, so scheidet sich Mercurichloracetylid in weißen Tafeln ab. Neben Tetrachlorkohlenstoff lassen sich so noch 2 Raumhundertteile Dichloräthylen sicher erkennen.

Zur Prüfung auf Trichloräthylen gibt man aus einem kleinen Scheidetrichter die (untere) Chlorkohlenwasserstoffschicht durch ein Papierfilter und dampft sie im Glasschälchen auf einem siedenden Wasserbad (unter dem Abzug!) ein. War Trichloräthylen zugegen, so hinterbleibt als Rückstand ein Öl, das beim Abkühlen zu weißen, plättchenförmigen Krystallen erstarrt. Die Krystalle schmelzen, aus Chloroform umkrystallisiert, bei 83°. Neben Tetrachlorkohlenstoff lassen sich so noch 0,2 Raumhundertteile Trichloräthylen erkennen.

Dichloräthylen hinterläßt entsprechend beim Eindunsten der Lösung einen Rückstand vom Zersetzungspunkt 195°. Mercuritrichloräthylenid (aus Trichloräthylen) ist in Chloroform leicht löslich, Mercurichloracetylid schwer löslich. So lassen sich beide Stoffe leicht trennen.

Über die Auswertung der Reaktion zur quantitativen Bestimmung des Trichloräthylens vgl. im Original.

Über weitere Farbnachweise für Trichloräthylen, Tetrachlorkohlenstoff u. a. vgl. auch H. H. Weber[3].

γ) Zur Bestimmung von Jod verwendet H. A. A. Aitken[4] folgende Abänderung des Verfahrens von v. Fellenberg (vgl. Bd. II, S. 1242). Er verseift in einer Nickelschale 25 g Fett (Butterfett) mit 20 ccm 50%iger Kalilauge und 80 ccm Alkohol und verascht nach dem Eindampfen zur Trockne bei verhältnismäßig niedriger Temperatur (unterhalb Rotglut) auf offener Flamme. Nach Ausziehung des Schmelzrückstandes mit Wasser und Eindampfen des Extraktes zur Trockne wird das zurückbleibende Salz mit Alkohol ausgezogen, der Alkohol abgedampft und dieses Verfahren mehrfach wiederholt. Der schließlich zurückbleibende geringe Salzrückstand wird in wenig Wasser aufgenommen, mit Schwefelsäure angesäuert und das Jodid mit Bromwasser zu Jodat oxydiert. Nach dem Eindampfen zur Vertreibung des Broms wird mit Kaliumjodid versetzt und das freigemachte Jod mit $^1/_{100}$N.-Thiosulfatlösung gegen Stärke als Indicator titriert.

Mit dem Verfahren ließen sich noch 0,4 γ Jod mit nur 2—5% Abweichung bei Doppelanalysen bestimmen. Zu Butter zugesetztes Jod wurde zu 97% wiedergefunden.

5. Metalle.

Nach W. Glikin[5] scheinen alle pflanzlichen und tierischen Fette geringe Mengen Eisen in organischer Bindung zu enthalten; namentlich das Knochenmarkfett der Tiere ist reich an solchen Eisenverbindungen, deren Menge bei jugendlichen Tieren am größten ist und mit dem Alter abnimmt. Er fand z. B. im Knochenmarkfett (berechnet als Eisenoxyd) beim neugeborenen Ferkel 1,15%, beim 6 Wochen alten 0,30, beim 8 Wochen alten 0,15% und im alten Schwein im Mittel 0,03% Eisenoxyd. Nach den Beobachtungen von Glikin geht in den Knochenmarkfetten der Eisengehalt mit dem Gehalt an Phosphatiden (Lecithin) parallel. Fette und Öle vermögen ferner geringe Mengen von Alkali-,

[1] K. A. Hofmann u. H. Kirmreuther: Ber. Deutsch. Chem. Ges. 1908, 41, 314; 1909, 42, 4233.   [2] Bzw. eine wie vorstehend abgeschiedenene kleinere Menge.
[3] H. H. Weber: Chem.-Ztg. 1933, 57, 836.
[4] H. A. A. Aitken: Journ. Amer. Chem. Soc. 1932, 54, 3268; C. 1932, II, 2388.
[5] W. Glikin: Ber. Deutsch. Chem. Ges. 1908, 41, 910.

Erdalkali- und Metallseifen[1] zu lösen. Ranzige (saure) Fette und Öle lösen unter Umständen Blei, Kupfer, Zink und Eisen aus metallenen Aufbewahrungsgefäßen auf; Kupfer wurde auch gelegentlich den Ölen (Olivenöl) zugesetzt, um ihnen eine grüne Farbe zu geben; Nickel findet sich vielfach noch in geringen Spuren in gehärteten Ölen, zu deren Härtung es als Katalysator benutzt wurde. Zum Nachweis dieser Metalle verascht man eine entsprechende Menge Fett in einem Porzellantiegel oder -Glühschälchen und weist in dem etwaigen Rückstande die Metalle nach den Regeln der qualitativen Analyse nach. Statt zu veraschen, kann man auch eine größere Menge Fett mit verdünnter Salpetersäure unter häufigerem Umschütteln auf dem Wasserbade digerieren und die saure Flüssigkeit nach der Trennung von Fett auf Metalle prüfen. Im einzelnen ist über den Nachweis und die Bestimmung der Metalle folgendes zu bemerken:

a) Kupfer. Zum Nachweis und zur Bestimmung des Kupfers werden 10—20 g Fett in einer Platinschale verascht, der Rückstand wird mit einigen Tropfen Salpetersäure gelöst und mit Ammoniak alkalisch gemacht. Bei Gegenwart auch nur geringer Mengen Kupfer tritt Blaufärbung ein. Ist auf diese Weise Kupfer nachgewiesen, so bestimmt man es in üblicher Weise durch Fällung mit Schwefelwasserstoff (vgl. Bd. II, S. 1417).

b) Blei. Die durch Digerieren einer entsprechenden Fettmenge mit verdünnter Salpetersäure erhaltene salpetersaure Lösung wird mit einigen Tropfen verdünnter Schwefelsäure in einer Glasschale auf dem Wasserbade verdunstet und der Rückstand mit 1—2 ccm Wasser aufgenommen und mit dem doppelten Volumen Alkohol versetzt. Eine weiße Trübung zeigt — bei Abwesenheit von Erdalkalien — die Gegenwart von Blei an, das in der üblichen Weise quantitativ bestimmt werden kann.

VIZERN und GUILLOT[2] schlagen als Vorprüfung auf Blei ein Auskochen des in Petroläther gelösten Fettes mit 50%igem mit Essigsäure angesäuertem Alkohol vor, worauf dann der Auszug mit Schwefelwasserstoffwasser geprüft wird. Bei diesem Verfahren stören aber vorhandene andere Metalle (Kupfer, Nickel).

c) Nickel. Die Prüfung auf Nickel ist verschiedentlich zur Erkennung gehärteter Fette vorgeschlagen worden. Sie ist jedoch für diesen Zweck ungeeignet, weil die Fette nach der Hydrierung meist durch Ausziehen mit organischen Säuren entnickelt werden (vgl. S. 618) und weil anderseits Fette und Öle von Natur aus Nickel enthalten oder aus nickelhaltigen Aufbewahrungsgefäßen Nickel aufnehmen können. So fanden H. P. KAUFMANN und M. KELLER[3] in gehärteten Ölen des Handels nur 0,01—0,001 mg Nickel im Kilogramm Fett, dagegen in anderen Lebensmitteln um ein Vielfaches höhere Gehalte.

Die Prüfung auf Nickel hat aber bei gehärteten Ölen Bedeutung für die Feststellung, ob die Öle sachgemäß entnickelt worden sind.

Zur Abscheidung des Nickels aus den Fetten empfiehlt sich nicht etwa Veraschung, weil diese zu umständlich und mit Nickelverlusten verbunden ist. Wie zuerst G. RIESS[4] angegeben hat, zieht man das zu prüfende Fett mit verdünnter Salzsäure aus und prüft den Auszug nach O. BRUNCK[5] mit Dimethylglyoximlösung. A. TORRICELLI[6] weist besonders darauf hin,

---

[1] Größere Mengen von Metallseifen sind normale Bestandteile von unter Verwendung von Sikkativen hergestellten Firnissen.

[2] VIZERN u. GUILLOT: Ann. Chim. analyt. appl. 1937, **19**, 258; C. 1938, I, 2094.

[3] H. P. KAUFMANN u. M. KELLER: U. 1930, **37**, 142.

[4] G. RIESS: Arb. Reichsgesundh.-Amt 1919, **51**, 521.

[5] O. BRUNCK: Zeitschr. angew. Chem. 1907, **20**, 834; 1914, **27**, 315.

[6] A. TORRICELLI: Mitt. Lebensmittelunters. Hygiene 1937, **28**, 36; Z. 1937, **74**, 523.

daß eine Behandlung der zu prüfenden Fette mit Tierkohle zu vermeiden ist, weil diese vorhandene Spuren von Nickel adsorbiert. Er fand in Erdnußöl nur 0,01 mg Nickel im Kilogramm, in gehärteten Ölen 50—100mal mehr und empfiehlt die höchstzulässige Grenze auf 1 mg Nickel für 1 kg Fett festzusetzen.

Seine **Arbeitsvorschrift** zur Prüfung auf Nickel ist folgende: 25 g geschmolzenes Fett werden $^1/_2$ Stunde auf dem Wasserbad unter wiederholtem Umschütteln mit der gleichen Menge 25%iger Salzsäure ausgezogen. Nach dem Erkalten wird durch ein angefeuchtetes Filter in einen 100-ccm-Meßkolben filtriert, der unter Nachwaschen des Filters mit Wasser bis zur Marke aufgefüllt wird. 12 ccm dieser Lösung (= 3 g Fett) werden auf dem Wasserbad zur Trockne verdampft, der Rückstand wird in 6 ccm Wasser gelöst. 5 ccm dieser Lösung werden in einer Meßpipette mit einem Gesamtdurchmesser von ungefähr 7 mm aufgesogen. Die Pipette hat am oberen Ende einen Glashahn oder einen Gummischlauch mit Quetschhahn, der nach Aufsaugen der Flüssigkeit geschlossen wird. Die Pipette wird senkrecht auf ein möglichst glattes Filterscheibchen von 20 mm Durchmesser in einem Porzellanschälchen, das auf einem geheizten Wasserbad steht, gestellt und von einer Klammer gehalten. Das Filterscheibchen wird von der Lösung getränkt, die verdunstet, während weitere Lösung zuläuft. Wenn 2 ccm Flüssigkeit (= 1 g Fett) verdunstet sind, unterbricht man den Vorgang durch einfaches Anheben der Pipette. Man läßt das Papier trocknen, erkalten und gibt genau in die Mitte 1 Tropfen einer 1%igen alkoholischen Lösung von Dimethylglyoxim und nach dem Trocknen 1 Tropfen Ammoniak. Tritt keine oder nur eine zweifelhafte Färbung auf, so ist Nickel, wenn überhaupt, nur in Mengen unter 0,2 mg/kg vorhanden. Bei positivem Ausfall der Reaktion wiederholt man diese mit Mengen, die $^1/_2$, $^1/_4$, $^1/_8$ g Fett entsprechen. Bei deutlich positivem Ausfall mit $^1/_8$ g Fett enthält dieses mehr Nickel als 1 mg/kg. In diesem Fall ist die folgende colorimetrische Bestimmung anzuwenden: Von dem ursprünglichen, salzsauren Auszug des Fettes dampft man in Porzellanschälchen von 5—6 cm Durchmesser soviel Kubikzentimeter, wie 1, 5 und 10 g Fett entsprechen, auf dem Wasserbad zur Trockne. Die Rückstände werden in möglichst wenig Wasser gelöst, wobei die Wände der Schale abgespült werden. Die Lösung wird vorsichtig wieder auf ein geringstes Volumen, etwa einen großen Tropfen, eingeengt, das von dem mit Reagens getränkten Filterscheibchen vollständig aufgesogen werden kann. Mit einer Beinpinzette wird das Papier horizontal auf den Tropfen gelegt, der gleichmäßig aufgenommen werden muß. Alsdann bringt man auf die Mitte des Papiers einen Tropfen Ammoniak, worauf sich das Filterscheibchen gleichmäßig rosa bis rot färbt. Man vergleicht mit Färbungen, die man in gleicher Weise mit 0,001 bzw. 0,0025, 0,005, 0,0075 und 0,01 mg Nickel erhalten hat. — Genauigkeit der Methode: Bei einem Gehalt von 0,5—2 mg/kg etwa 0,1 mg Nickel je Kilogramm Fett.

Die **Reagensfilterpapiere** werden folgendermaßen hergestellt. Filterscheiben aus möglichst dichtem, glattem Filtrierpapier von etwa 20 mm Durchmesser werden 5 Minuten in eine 1%ige alkoholische Lösung von Dimethylglyoxim getaucht, nach dem Abtropfen in horizontaler Lage getrocknet, dann einige Sekunden in Wasser getaucht und wieder auf Filtrierpapier getrocknet.

Eine besondere Behandlung ist notwendig, wenn der Rückstand des salzsauren Auszuges gelb gefärbt ist, da die Vergleichbarkeit der späteren Rotfärbung dadurch wesentlich beeinträchtigt wird. Diese Gelbfärbung ist meist durch Spuren von Eisen, herrührend von den Apparaten der Fetthärtung, bedingt. Zur Entfernung des Eisens bedient sich Torricelli des Pyridins, das nach M. P. Spacu[1] aus einer heißen Eisen-3-Salzlösung das Eisen als $Fe(OH)_3$ ausfällt, während zweiwertiges Nickel als $[Ni(C_6H_5N_4)Cl_2]$ in Lösung bleibt. Das

---

[1] M. P. Spacu: Bull. Soc. Chim. France 1936, 6, 1061.

Eisen wird abfiltriert, das Filtrat eingedampft, verascht, der Rückstand mit Salzsäure aufgenommen und die Lösung dann weiter wie oben behandelt.

Zur Erleichterung und Erhöhung der Genauigkeit der colorimetrischen Methode beschreibt FORRICELLI ein einfaches Gerät, das die Verdunstung einer genau bestimmten Flüssigkeitsmenge unter Einhaltung eines bestimmten Durchmessers der Verdunstungsoberfläche auf der Porzellanschale gestattet.

Über den Nickelgehalt gehärteter Öle vgl. auch P. O. SÜSSMANN[1].

A. MARTINI[2] empfiehlt den Nachweis von Nickelspuren als Caesiumselenit $Cs_2[Ni(SeO_3)_2]$ unter dem Mikroskop. Man gibt auf einen Objektträger zu einem Tropfen der zu prüfenden ungefähr neutralen Nickellösung einen Tropfen gesättigte Natriumselenitlösung und zu dem weißen Niederschlag von Nickelselenit mit einer Goldfeder eine geringe Menge Caesiumchloridlösung. Beim Umrühren löst sich der amorphe Niederschlag auf und dann erscheinen grünlichweiße Streifen von Mikrokrystallen in verschiedenen Übergangsformen und schließlich als Octaeder und andere Krystallkombinationen des ersten Systems.

d) Zink. Es kann sowohl in der Asche — bei nicht zu heftigem Glühen findet keine Reduktion des Zinkoxydes statt — als auch in der Ausschüttelung mit verdünnter Salpeter- oder Salzsäure bestimmt werden. Die saure Lösung wird eingedampft, der Rückstand mit Wasser aufgenommen und in die filtrierte, mit etwas Essigsäure und Ammonacetat versetzte Lösung bei 70° Schwefelwasserstoff eingeleitet. Das abfiltrierte Zinksulfid wird in verdünnter Salzsäure gelöst und der Zink mit Natriumcarbonat in der üblichen Weise gefällt und als Zinkoxyd gewogen (vgl. Bd. II, S. 1418).

e) Eisen. Zum schnellen Nachweis von Eisen schüttelt man nach EMDE[3] das Öl oder geschmolzene Fett in einem hohen Schüttelzylinder mit schwefelsäurehaltigem Wasser, dem einige Tropfen Ferrocyankaliumlösung zugesetzt sind; dann wird Äther zugesetzt und abermals geschüttelt. Bei Gegenwart von Eisen bildet sich nach der Trennung der Schichten an deren Berührungsstelle eine mehr oder weniger starke Schicht von Berlinerblau. W. GLIKIN[4] hat nachgewiesen, daß sich das in allen Fetten organisch gebundene Eisen (vgl. oben S. 320) durch Schütteln der Fette mit Säuren nicht ausziehen läßt. Zur quantitativen Bestimmung des Eisens wird eine entsprechende Menge des Fettes verascht, die Asche mit Salzsäure aufgenommen oder, wenn sich dabei nicht alles löst, mit Kaliumhydrosulfat geschmolzen und in der Lösung das Eisen gewichtsanalytisch als Eisenoxyd oder bei geringeren Mengen colorimetrisch mit Rhodanammonium bestimmt (vgl. Bd. II, S. 1226). GLIKIN zerstört zur quantitativen Eisenbestimmung die Fette nach dem Verfahren von NEUMANN durch Erhitzen mit einem Gemisch gleicher Teile konzentrierter Schwefel- und Salpetersäure (vgl. Bd. II, S. 1221).

f) Aluminium. Zur quantitativen Bestimmung wird eine entsprechende Menge des Fettes verascht, der Rückstand mit Kaliumhydrosulfat aufgeschlossen, in Wasser unter Zusatz von etwas Schwefelsäure gelöst und die Lösung mit Ammoniak gefällt. Das Aluminium kann auch durch Ausschütteln des Fettes mit verdünnter Salpeter- oder Salzsäure gelöst werden. Die Lösung wird dann eingedampft, mit wenig verdünnter Salzsäure gelöst und das Aluminium mit Ammoniak gefällt. Ist neben dem Aluminium auch Eisen vorhanden, so geschieht die Trennung in der üblichen Weise; bei geringem Eisengehalt wird dieser am besten colorimetrisch mit Rhodanammonium bestimmt.

---

[1] P. O. SÜSSMANN: Arch. Hygiene 1915, **84**, 121.
[2] A. MARTINI: Mikrochemie 1930, **8**, 41; C. 1930, I, 1506.
[3] EMDE: Zeitschr. angew. Chem. 1888, 362.
[4] W. GLIKIN: Ber. Deutsch. Chem. Ges. 1908, **41**, 910.

g) Arsen. Das Vorkommen von Arsen in gehärteten Ölen infolge von Verwendung von unreinem arsenwasserstoffhaltigem Wasserstoff ist unwahrscheinlich, weil Arsenwasserstoff ein starkes Katalysatorgift ist. G. Riess[1] konnte ebensowenig wie P. O. Süssmann[2] in gehärteten Ölen wesentliche Mengen Arsen nachweisen.

Eine andere Möglichkeit, daß Arsen in Speisefette gelangen könnte, besteht in der Verwendung arsenhaltiger Säuren, insbesondere Schwefelsäure, bei der Entschleimung (vgl. S. 403). Doch wurde auch eine Verunreinigung der Fette mit Arsen auf diesem Wege bisher nicht beobachtet.

6. Wasser.

Öle, welche bei Zimmertemperatur klar sind, enthalten keine nennenswerten Mengen Wasser, dagegen können warme Fette und Öle sowie Fettsäuren etwas Wasser klar lösen.

a) Nachweis kleiner Mengen. E. Polenske[3] stellte darüber Versuche mit Schweinefett an und fand, daß dieses bei erhöhten Temperaturen steigende Mengen Wasser klar zu lösen vermag, derart, daß umgekehrt aus einer bei einem bestimmten Temperaturgrade eintretenden Trübung unmittelbar auf den Wassergehalt der Schweinefette geschlossen werden kann; Abkühlen auf 90,8°, ein solches mit 0,30% beim Abkühlen auf 75,2° und endlich ein solches mit 0,20% beim Abkühlen auf 53° (vgl. S. 555). Diese Erscheinung ist aber nicht auf andere Fette übertragbar. K. Fischer und W. Schellens[4] fanden für Rinds- und Hammeltalg andere Trübungspunkte, wie die folgende Zusammenstellung zeigt:

Wassergehalt		0,2%	0,3%	0,4%
	Schweinefett	53,0°	75,2°	90,8°
Trübungspunkt bei	Rindstalg	41°	76°	94°
	Hammeltalg	55°	70°	90°

Fettsäuren lösen nach Fendler und Frank[5] bei 100° 1,1% Wasser; P. Simmich[6] fand bei Fettsäuren verschiedener Art, daß sich darin bei 100° 1,07—1,48% Wasser lösten.

b) Nachweis größerer Mengen aus dem Trockenverlust. Diese Methode eignet sich in erster Linie bei größerem Wassergehalt wie bei Butter und Margarine. Über die Art der Ausführung vgl. Bd. III, S. 296 und diesen Band S. 556 sowie S. 643.

c) Direkte Wasserbestimmung. Diese Methode liefert gerade bei Fetten, auch wenn sie noch andere flüchtige Stoffe oder größere Mengen Seifen enthalten, schließlich bei nur geringen Wassergehalten die genauesten Ergebnisse, weil die Prüfung eine große Einwaage zuläßt. Über die Ausführung der Bestimmung vgl. Bd. II, S. 553.

7. Sonstige nichtfettartige Fremdstoffe.

Rohfette und -Öle enthalten häufig neben Wasser sonstige nichtfettartige Fremdstoffe, die entweder aus Resten des tierischen oder pflanzlichen Gewebes bestehen, aus dem sie gewonnen worden sind oder nachträglich hineingelangt

---

[1] G. Riess: Arb. Reichsgesundh.-Amt 1919, **51**, 521.

[2] P. O. Süssmann: Arch. Hygiene 1915, **84**, 121.

[3] E. Polenske: Arb. kaiserl. Gesundh.-Amt 1907, **25**, 505. Das Verfahren ist für die Bestimmung des Wassergehaltes von Schweinefett bei amtlichen Untersuchungen auf Grund des Fleischbeschaugesetzes in Preußen behördlich vorgeschrieben.

[4] K. Fischer u. W. Schellens: Z. 1908, **16**, 161.

[5] Fendler u. Frank: Zeitschr. angew. Chem. 1909, **22**, 258.

[6] P. Simmich: Z. 1911, **21**, 38.

sein können; sie sind teils organischer teils anorganischer Natur. Ihre Bestimmung geschieht wie folgt:

a) Allgemeine Methode. 10—20 g des durch Trocknen vom Wasser befreiten Fettes werden in einer hinreichenden Menge nicht über 60° siedenden Petroläthers gelöst und nach dem Absetzen des Unlöslichen wird entweder durch ein tariertes Papierfilter oder besser durch einen GOOCH-Tiegel mit Asbestfilter filtriert und der Rückstand durch Auswaschen mit Petroläther vom Fett befreit. Der Rückstand wird bei 100—105° bis zum konstanten Gewicht getrocknet und gewogen. Je nach der Zusammensetzung der in Petroläther unlöslichen Stoffe, die man gegebenenfalls durch eine qualitative Prüfung einer in gleicher Weise gewonnenen zweiten Probe ermittelt, bestimmt man entweder durch Veraschen die Menge der mineralischen Bestandteile oder durch Ausziehen mit Wasser die Menge der wasserlöslichen Stoffe, indem man nach dem Ausziehen mit Wasser den Rückstand abermals trocknet und wägt oder den wäßrigen Auszug in einer Platinschale eindampft, den Rückstand trocknet und wägt, verascht und nochmals wägt.

Etwa vorhandene Eiweiß- und Stärkemengen können im Unlöslichen in üblicher Weise durch Stickstoffbestimmung (vgl. Bd. II, S. 575) bzw. Überführung in Glucose (vgl. Bd. II, S. 923) bestimmt werden.

b) Zur Bestimmung des Schleimes, der neben Eiweißstoffen in rohen oder schlecht raffinierten frischen Ölen gelöst oder fein suspendiert ist, erhitzt man nach J. MARCUSSON[1] 50—100 g Öl in einem Becherglase auf 250°. Schleim- und Eiweißstoffe scheiden sich dabei in flockiger Form aus — das Öl „bricht" — und können durch Behandeln mit Petroläther nach dem unter a) beschriebenen Verfahren quantitativ bestimmt werden. Abgelagerte Öle enthalten meist keine Schleimstoffe. Nach L. JOLSSON und W. IWANOWA[2] ist das Maximum der Satzbildung nach 1—4 Tagen erreicht.

c) Zur Bestimmung freier Schwefelsäure und anderer Mineralsäuren, die bei der Raffination nicht vollkommen entfernt sind, schüttelt man das Öl mit dem halben Volumen warmen Wassers und ermittelt in einem aliquoten Teile der filtrierten wäßrigen Flüssigkeit den Säuregehalt durch Titration mit Natronlauge unter Verwendung von Methylorange als Indicator. Enthält ein Öl freie wasserlösliche Fettsäuren, so gehen natürlich auch diese mit in die wäßrige Flüssigkeit über, ohne indes den Indicatorumschlag zu beeinflussen; man wird daher zweckmäßig auf Mineralsäuren durch Zusatz von Chlorbarium prüfen. Gegebenenfalls muß in dem wäßrigen Auszuge der Gehalt an Mineralsäuren durch Fällungsanalyse und ferner der Gehalt an Basen quantitativ bestimmt werden.

d) Bestimmung des Seifengehaltes. Enthält ein Fett Seifen, so gehen bei dem unter a) beschriebenen Verfahren die Alkaliseifen und ferner die Erdalkali- und Metallseifen der höheren gesättigten Fettsäuren mit in die in Petroläther unlöslichen Stoffe über. Beim Erwärmen dieses Unlöslichen mit Salzsäure und Petroläther gehen die Fettsäuren der Seifen nunmehr in den Petroläther über und können durch Abdunsten desselben quantitativ bestimmt werden. — Die in die Petrolätherlösung übergehenden Seifen der ungesättigten Fettsäuren bestimmt man durch Schütteln der Petrolätherlösung mit Salzsäure — wodurch die Seifen zersetzt werden —, Entfernen der Salzsäure und ihrer Salze durch Schütteln mit Wasser und Titration der aus der Seife abgeschiedenen freien, nunmehr in der Petrolätherlösung vorhandenen Fettsäuren nach dem unter (S. 138) beschriebenen Verfahren (vgl. auch S. 557).

---

[1] Vgl. L. UBBELOHDES Handbuch der Chemie und Technologie der Öle und Fette 1908, 1, 193. [2] L. JOLSSON u. W. IWANOWA: Öl-Fett-Ind. 1932, Nr. 3, 31; C. 1933, I, 528.

Enthält ein Fett neben äther- bzw. petrolätherlöslichen Seifen auch noch freie Fettsäuren, so schüttelt man etwa 5 g Substanz mit 50 ccm Äther und einem Überschuß an Salzsäure zwecks Zersetzung der Seifen, befreit die Ätherlösung durch mehrmaliges Ausschütteln mit Wasser von den freien Fettsäuren und titriert nunmehr die ursprünglich vorhandenen freien Fettsäuren zusammen mit den aus der Seife abgeschiedenen nach dem S. 138 beschriebenen Verfahren. Zieht man von dem so gefundenen Wert den Wert für den ursprünglichen Gehalt an freien Fettsäuren ab, den man in einer zweiten Probe ohne Behandlung mit Salzsäure in derselben Weise bestimmt, so ergibt die Differenz den Wert für die in Form von Seife vorhandenen Fettsäuren. Kennt man deren mittleres Molekulargewicht, so kann man den Prozentgehalt an Seife berechnen.

Man kann die als Seife gebundenen Fettsäuren auch dadurch bestimmen, daß man das Fett mit 50%igem Alkohol durchrührt, im Scheidetrichter das Fett mit Petroläther ausschüttelt, dann die alkoholische Phase abtrennt und nun nach Ansäuern mit Salzsäure die Seifenfettsäuren ihrerseits daraus mit Äther oder Petroläther ausschüttelt, diese Lösung verdampft und den Rückstand wägt. Diese Methode bietet die Möglichkeit, die Fettsäuren selbst weiter zu untersuchen.

e) Über den Nachweis von Aromastoffen insbesondere von Diacetyl vgl. Bd. III, S. 303 und diesen Band, S. 650.

Präparative Darstellung der Fette und Fettbestandteile.

Von

Professor **Dr. A. Bömer** †-Münster i. W.

und

Professor **Dr. J. Grossfeld**-Berlin.

Mit 7 Abbildungen.

I. Darstellung größerer Fettmengen zur Untersuchung.

Soll aus einem Lebensmittel, insbesondere aus tierischen oder pflanzlichen fettführenden Organen oder aus einer fetthaltigen Zubereitung eine größere Menge Fett im Laboratorium dargestellt werden, so bedient man sich verschiedener, der Natur des Untersuchungsgegenstandes angepaßter Verfahren. Wenn es sich nur um einzelne Prüfungen handelt, genügt oft die Fettextraktion wie sie bei der Fettbestimmung in Bd. II, S. 825 beschrieben ist. Für die Darstellung größerer Fettmengen kommen die in folgendem Abschnitt beschriebenen Methoden in Frage.

1. Darstellung tierischer Fette.

Die für die Gewinnung tierischer Fette in Betracht kommenden Rohstoffe gehen infolge ihres hohen Wasser- und Eiweißgehaltes sehr schnell in Fäulnis über; sie müssen daher möglichst schnell verarbeitet werden, wenn die darin enthaltenen Fette und Öle im unveränderten Zustande zur Darstellung und Untersuchung kommen sollen. Kann die Verarbeitung nicht sofort vorgenommen werden, so empfiehlt es sich, die Rohstoffe entweder in einem Kühlraum oder in einem Eisschrank aufzubewahren; für einige Stunden ist auch die Aufbewahrung in kaltem reinem Wasser zulässig.

a) Darstellung von Fett aus dem Fettgewebe durch Ausschmelzen.

Das Körperfett der Tiere ist hauptsächlich in den Fettzellen des Bindegewebes abgelagert; zur Gewinnung des Fettes müssen die feinen Membranen dieser Zellen zerstört werden. Dieses geschieht im Laboratorium am besten durch Zerschneiden oder Zerhacken des Fettgewebes mit dem Messer auf einem Holzbrett oder mittels Durchdrehens durch eine Fleischmühle (Fleischwolf). Das auf diese Weise zerkleinerte Fettgewebe erhitzt man in einer Porzellanschale auf dem Wasserbade oder besser in einem in das Wasserbad eingetauchten Becherglase und gießt das ausgeschmolzene Fett von Zeit zu Zeit durch einen Faltenfilter, das sich in einem Heißwassertrichter befindet. Steht ein hinreichend geräumiger Wasserdampftrockenschrank zur Verfügung, so nimmt man zweckmäßig in diesem das Ausschmelzen in einem Becherglase und Filtrieren vor, wobei man schließlich das vom größten Teile des Fettes befreite Fettgewebe in eine Porzellanschale gibt und durch Auspressen mittels einer kleineren Porzellanschale weitere Fettmengen gewinnt. Will man auch den dann noch in den Gewebeteilen (Grieben) zurückbleibenden Fettrest gewinnen, so muß man diesen mit einem Fettlösungsmittel (Petroläther, Benzin, Chloroform, Tetrachlorkohlenstoff usw.) in der Wärme behandeln. Im allgemeinen wird man jedoch hiervon absehen und sich mit dem durch Ausschmelzen und Abpressen gewonnenen Fett begnügen.

E. Dieterich[1] hat nachgewiesen, daß die hohen Gehalte mancher Handelsfette an freien Fettsäuren in der Regel nicht durch eine Veränderung der Fette nach dem Ausschmelzen bedingt sind, sondern meist auf Veränderungen der Fette vor dem Ausschmelzen des Gewebes verursacht werden (vgl. auch S. 509). Will man daher die unveränderten natürlichen Fette aus dem Fettgewebe gewinnen, so muß man es sobald wie möglich ausschmelzen.

In gleicher Weise wie aus dem tierischen Fettgewebe kann man auch aus dem Fleisch fettreicher Fische, aus fetten Wurst- und Käsearten sowie aus Butter das Fett durch Ausschmelzen im Wasserbade oder Wasserdampftrockenschranke in für die Untersuchung hinreichender Menge gewinnen.

b) Darstellung des Fettes aus sonstigen tierischen Organen.

Will man bei physiologischen Studien das Fett tierischer Organe (Leber, Herz, Nieren, Muskeln) zur näheren Untersuchung darstellen, so muß man sich der Extraktionsmethoden bedienen, wie sie S. 330 f. zur Bestimmung des Gesamtfettes beschrieben sind.

Eine andere Methode der Fettabscheidung aus tierischen Organen besteht darin, daß man eine größere Menge des zerkleinerten Organes in einem Becherglas von entsprechender Größe mit dem doppelten Volumen konzentrierter Salzsäure etwa 10—15 Minuten in leichtem Sieden hält, dann auf Zimmertemperatur erkalten läßt und über Nacht in einen Kühlschrank stellt. Das dann an der Oberfläche in Form eines festen Kuchens abgeschiedene Fett wird abgehoben, mit kaltem Wasser abgewaschen, aus Wasser nochmals umgeschmolzen und schließlich wie bei a) durch ein trockenes Papierfilter filtriert. — Bei dieser Methode wird das Fett selbst von der Säure kaum angegriffen, dagegen werden neben dem Fett vorhandene Phosphatide zerlegt und ihre Fettsäuren dem Fett beigemischt.

Bei Gegenwart größerer Mengen von Kohlenhydraten, wie z. B. bei Milch und Rahm empfiehlt sich ein Aufschluß mit verdünnterer Salzsäure, die ebenfalls aus den Phosphatiden die Fettsäuren abspaltet, z. B. nach folgender Vorschrift:

Die zu prüfende Menge zerkleinerte Substanz wird in einem großen Kochkolben mit etwa der halben Menge 25%iger Salzsäure und der vierfachen Menge Wasser gemischt, zum Sieden erhitzt und etwa 10 Minuten im Sieden gehalten, bis das unlöslich bleibende Protein koaguliert ist und das anfängliche Schäumen nachgelassen hat. Nun neutralisiert man vorsichtig mit Natronlauge gegen Kongorot bis zur Übergangsfarbe Violett, keinesfalls bis Rot. Dann gibt man 5 ccm Kaliumferrocyanidlösung (150 g im Liter) zu, schüttelt kräftig um, setzt 5 ccm Zinkacetatlösung (250 g im Liter) zu und filtriert durch ein großes Rundfilter, dessen Spitze mit etwa 10 g grießfeinem Bimssteinpulver[2] beschickt ist und wäscht mit Wasser nach. Nach Abtropfen des Wassers trocknet man Filter und Rückstand im Trockenschrank oder besser im Vakuum, bringt sie dann in einen Extraktionsapparat und zieht das Fett mit leichtsiedendem Petroläther aus.

---

[1] E. Dieterich: U. 1899, 6, 168.
[2] Um Schwierigkeiten beim Trocknen im Trichter durch Zusammenbacken zu vermeiden; trocknet man das Filter nach Ausbreitung auf einer Platte, so ist dieser Bimssteinzusatz unnötig.

Für die Fettgewinnung aus Käse empfiehlt sich im übrigen nach A. Schloemer[1] folgendes Vorgehen: Hartkäse werden getrocknet und dann mit Äther
ausgezogen, halbfeste Käse nach Verreiben mit Sand und Trocknen, Weichkäse
ebenso, aber unter Zugabe von Natriumsulfat. Für Quargkäse empfiehlt sich
auch ein Auflösen in Natriumcitratlösung (150 g/l) bei 60—63°, Stehenlassen
und Abhebern der sich oben ansammelnden Schicht, die man dann trocknet
und auszieht. Das Abheben der Fettschicht wird durch Erstarrenlassen im
Eisschrank erleichtert. Von sehr fettreichen Edelpilzkäsen wie Roquefort
genügt Bestreichen der inneren Wand eines Becherglases und
Erhitzen im Trockenschrank, um das Fett ablaufen zu lassen.

Bei Trockenmilchpulver und Zubereitungen daraus, wie
Milchschokolade, nach dem Sprühverfahren ist zu beachten,
daß das Fett erst nach Anfeuchten und Wiedertrocknen in
guter Ausbeute erhalten wird.

Aus Vollmilch oder ähnlichen Emulsionen wird eine größere
Menge Fett auch durch Abrahmung, Verbutterung des Rahmes
und Abschmelzen der erhaltenen Butter erhalten.

Zur Gewinnung des Rahms verwendet Schloemer[1] ein besonderes, in Abb. 1 wiedergegebenes Schleuderrohr, das, mit
Milch gefüllt, in einer gewöhnlichen Gerberzentrifuge bei rund
1200 Umdrehungen etwa $^1/_2$—$^3/_4$ Stunden abgeschleudert wird,
wobei der Gummistopfen zum Rande der Zentrifuge hin zu liegen
kommt.

Das Schleuderrohr besteht aus einem Ansatzstück, dem
Milchbehälter, einem Zwischenstück und dem Rahmbehälter,
die durch Glasschliff miteinander verbunden sind. Zur vollständigen Füllung unter Vermeidung von Luftblasen, die im
Rahmbehälter unnötig Raum wegnehmen würden, füllt man
zunächst den Rahmbehälter mit aufgesetztem Zwischenstück,
dann setzt man das mit dem Gummistopfen verschlossene und
gefüllte Ansatzstück unter Neigung des Rahmbehälters auf, so
daß noch ein Tropfen Milch ausfließt. Die Füllung des Ansatzstückes erfolgt am besten in der Weise, daß man das mit dem Finger verschlossene Stück füllt, den Gummistopfen lose aufsetzt, das Ganze umkehrt
und ihn dann soweit hineindreht, bis die Luft verdrängt ist.

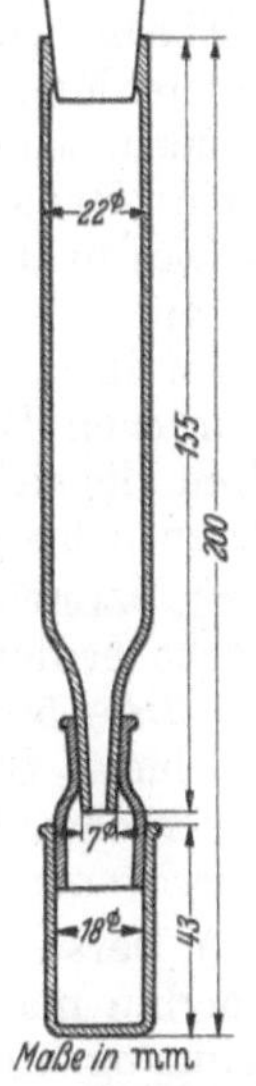

Abb. 1. Schleuder-
rohr zur Rahm-
abscheidung
nach Schloemer.

Nach dem Schleudern ist der Rahmbehälter je nach dem Fettgehalt der Milch
mehr oder weniger mit Rahm gefüllt. Man nimmt dann das Ansatzstück ab,
entleert die darin enthaltene Magermilch und kann das Ansatzstück erneut
füllen, wieder schleudern und so fortfahren, bis der Rahmbehälter völlig mit
Rahm gefüllt ist.

Zur Fettgewinnung aus dem Rahm empfiehlt sich auch ein Trocknen
mit Sand bei 105° und Ausziehen des Rückstandes mit Äther.

Das Verfahren eignet sich besonders auch zur Prüfung von Frauenmilch
auf Zusätze von Fremdmilch, insbesondere von Kuhmilch, durch Ermittelung
der Buttersäurezahl. (Vgl. S. 535.)

2. Darstellung pflanzlicher Fette.

Bei der Gewinnung von Fetten und Ölen aus Samen und Ölfrüchten gelten
die auch der Ölgewinnung im großen zugrunde liegenden Erfahrungen (vgl.
S. 393). Die Ölsamen enthalten oft Lipasen, die Veränderungen in den Ölen
darin hervorrufen können. Die Ölfrüchte neigen zu raschem Verderben durch

---

[1] A. Schloemer: Privatmitteilung. Vgl. Z. 1939, 78.

Fäulnis oder Schimmel. Bei beiden empfiehlt sich daher die Gewinnung von
Öl daraus möglichst bald nach der Reife vorzunehmen.

Alle Ölsamen müssen vor der Ölgewinnung sorgfältig von fremden Samen
befreit werden, namentlich von solchen, welche reich an Öl sind. Ebenso entfernt man dicke und harte Schalen zweckmäßig vor der Ölgewinnung von den
Samen, weil sie die Ölausbeute verringern und auch die Zusammensetzung
des Öles beeinflussen können.

a) Darstellung der Fette und Öle aus Samen.

Ebenso wie in der Technik (vgl. S. 389) kann man sich auch zur Gewinnung
kleinerer Mengen Samenöle und Samenfette der Pressung und der Extraktion
bedienen, wobei zu beachten ist, daß die kalte Pressung das reinste Öl, die
warme Pressung zwar eine höhere Ausbeute infolge der geringeren Zähigkeit
des Öles in der Hitze und der Koagulation der Eiweißstoffe im Samen liefert,
aber auch die Aufnahme von störenden Farb- und Geschmacksstoffen begünstigt.
In den durch Extraktion erhaltenen Ölen sind außer den in Lösung gegangenen
natürlichen Begleitstoffen der Öle oft noch Reste der Extraktionsmittel enthalten, die sich mit den Hilfsmitteln des Laboratoriums nur schwer vollständig
entfernen lassen.

α) **Darstellung durch Pressung.** Zur Darstellung von Ölen für analytische
Zwecke bedient man sich geeigneter kleiner Schraubenpressen, in denen man
etwa 250—500 g in entsprechende Haar-, Woll- oder Baumwollbeutel gefüllte
zerkleinerte Samen auspreßt. Das so gewonnene Rohöl wird im Wasserdampftrockenschranke durch ein trockenes Papierfaltenfilter filtriert und so von den
mitgerissenen Teilen des Samens und den Schleimstoffen befreit.

β) **Darstellung durch Extraktion.** Da die Pressung der Öle im Laboratorium
immerhin manche Schwierigkeiten bereitet und Extraktionsapparate stets zur
Verfügung stehen, so wird man die Samenöle für analytische Zwecke wohl
meist durch Extraktion darstellen, vor allem dann, wenn die Menge der Samen,
die zur Verfügung steht, nur gering ist. Die Wahl der Extraktionsmittel
ist nicht ohne Einfluß auf die Beschaffenheit der erhaltenen Öle. Über die
Eigenschaften der einzelnen Extraktionsmittel vgl. S. 396. Für die Fettextraktion im Laboratorium empfiehlt sich am meisten niedrig siedender
Petroläther, weil das damit erhaltene Fett im Vergleich zu den anderen
Extraktionsmitteln am reinsten ist und Reste von Petroläther sich verhältnismäßig leicht aus dem Fett entfernen lassen. Zu dem Zwecke werden die Ölsamen
zunächst nur grob zerkleinert und in einem Erlenmeyerkolben durch zweimaliges Digerieren mit der nötigen Menge Petroläther von der Hauptmenge
des Öles befreit. Nunmehr werden die Samen fein zermahlen und in einem
kontinuierlich wirkenden Extraktionsapparat mit Petroläther vollkommen ausgezogen. Aus den vereinigten Petrolätherauszügen wird das Lösungsmittel abdestilliert und der Rückstand, wenn nötig, im Wasserdampftrockenschrank
durch ein Faltenfilter filtriert.

Zur Extraktion größerer Mengen Ölsamen und sonstigen fetthaltigen
Stoffen benutzt A. Grün[1] den in Abb. 2 beschriebenen, nach Soxhlet
arbeitenden Apparat. Derselbe besteht aus dem Oberteil eines Kipp-Appa-
rates, von dem das Rohr bis auf 5 cm Länge abgeschnitten ist. Man gipst
ein 3 mm weites Heberrohr und ein 8 mm weites Dampfleitungsrohr ein, legt
auf den Gipspropfen eine Schicht Glasscherben, auf diese eine Lage Watte
und verbindet mittels Korken mit einem Rückflußkühler und einem Rundkolben von $^3/_4$—1 Liter Inhalt.

---

[1] A. Grün: Analyse der Fette und Wachse, Bd. I, S. 74.

Zur Extraktion von etwa 100 g pulverförmiger Substanz eignen sich auch entsprechend große einfache Extraktionsröhrchen mit Durchlauf (vgl. Abb. 3), wobei man zur Aufnahme des Extraktionsgutes ein Faltenfilter von 32 cm Durchmesser verwendet. Die Extraktion verläuft so noch rascher als in Apparaten nach SOXHLET.

γ) Bei einem **Verfahren mit Trichloräthylen** von J. GROSSFELD[1] wird das Lösungsmittel im Wasserdampfstrom aus dem ausgezogenen Öl entfernt. Das Verfahren ist in sinngemäßer Abänderung auch auf andere Fettlösungsmittel anwendbar, soweit deren Siedepunkt unter 100° liegt. Die Ausführung ist folgende:

Die Substanz wird in ähnlicher Weise wie bei der quantitativen Fettbestimmung (vgl. Bd. II, S. 829) mit soviel Trichloräthylen ausgezogen, daß eine klar abtrennbare Fettlösung entsteht. Diese wird so vollständig wie möglich abgetrennt, filtriert und in einen entsprechend großen Kolben übergeführt. Hierauf fügt man etwa die gleiche Volummenge Wasser hinzu und destilliert nach Zusatz von Bimssteinpulver. Während der Destillation geht zunächst in der Hauptsache das Trichloräthylen über, wodurch die Fettlösung im Kolben immer konzentrierter wird. Schließlich wird die Konzentration der Fettlösung so erheblich, daß das Lösungsmittel nicht mehr hinreicht, um die Fettlösung unter Wasser zu halten; das Fett steigt allmählich hoch und schwimmt an der Oberfläche. Bei weiterem Kochen

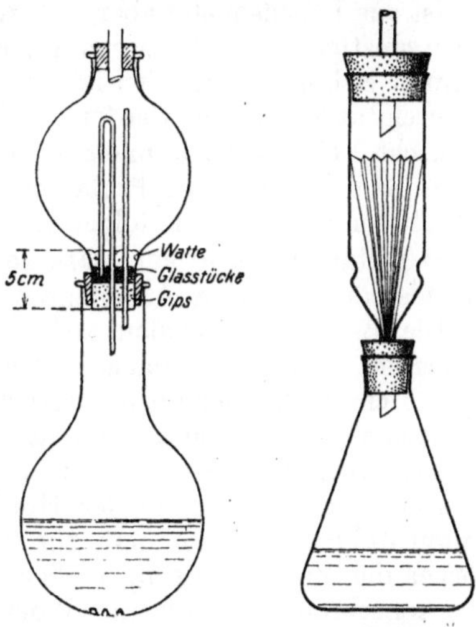

Abb. 2. **Extraktion von Ölsamen nach GRÜN.**

Abb. 3. **Extraktionsapparat mit stetigem Durchlauf nach GROSSFELD.**

dringen die Wasserdämpfe stetig durch die Fettschicht und nehmen auch die letzten Spuren des Trichloräthylens bereits nach wenigen Minuten mit sich fort. Man gießt jetzt das Gemisch von Wasser und Fett in ein Becherglas und läßt erkalten; ist das gewonnene reine Fett fest, so kann man es nach dem Erstarren abnehmen und nach dem Schmelzen und Filtrieren durch ein trockenes Filter zur Untersuchung verwenden; ist es flüssig, so gießt man es entweder durch ein trockenes Filter vorsichtig ab, oder trennt es bei kleineren Mengen nach dem Auflösen in Äther oder besser Petroläther von der wäßrigen Flüssigkeit. Manche bei Zimmertemperatur flüssigen Fette lassen sich auch durch Einstellen des Becherglases in einen Kühlschrank zum Erstarren bringen und dann abheben. — Die Beseitigung des Lösungsmittels geht im Wasserdampfstrome unter Ausschluß der Luft und bei genau 100° vor sich, wodurch eine Veränderung des Fettes infolge von Oxydation ausgeschlossen wird.

δ) Darstellung von Fetten und Ölen aus Früchten und sonstigen Pflanzenstoffen.

Aus wasserreichen Früchten (Oliven) und sonstigen Pflanzenstoffen zieht man die Fette und Öle für analytische Zwecke am besten aus der möglichst zerkleinerten Substanz nach dem vorstehend unter β oder γ beschriebenen Verfahren mit Trichloräthylen oder Tetrachlorkohlenstoff aus, weil bei diesem Verfahren eine vorherige Entfernung des Wassers durch Trocknen, das leicht zu Veränderungen der Fette und Öle führt, nicht erforderlich ist. Liegen

[1] J. GROSSFELD: **Z.** 1922, **44**, 193.

dagegen pulverförmige trockene Stoffe vor, so kann aus ihnen das Fett öder Öl durch Ausziehen mit Petroläther nach dem S. 330 unter β beschriebenen Verfahren gewonnen werden.

3. Fettabscheidung aus Zubereitungen von Lebensmitteln.

Handelt es sich um fett- oder ölreiche Zubereitungen, so ist im allgemeinen eine direkte Ausziehung des Fettes in einem geeigneten größeren Extraktionsapparate zu empfehlen.

Ist das Lebensmittel aber fettarm und enthält es zudem verkleisterte Stärke oder sonstige Kolloide, so empfiehlt sich ein vorheriger Aufschluß mit verdünnter Salzsäure. Hierbei ist zu beachten, daß etwa vorhandene Phosphatide dadurch aufgespalten werden und ihr Fettsäurenbestandteil sich dem Fett zumischt. Hierdurch können dessen Kennzahlen beeinflußt werden.

Je nachdem nun die Probe größere Mengen Stärke neben Zucker und Fett enthält, empfehlen sich folgende Verfahren:

a) Fettabscheidung aus stärkereichen Stoffen (Backwaren). J. Grossfeld [1] hat hierfür folgenden Arbeitsgang angegeben:

Die Backwaren werden auf Holzhorden, deren Boden aus Drahtnetz gebildet ist, nötigenfalls nach grobem Zerkleinern, z. B. durch Zerschneiden in etwa 1 cm dicke Scheiben, getrocknet. Das Drahtnetz wird mit einer Lage Pergamentpapier bedeckt und darauf das zu trocknende Gebäck gelegt.

Die Trocknung erfolgt in einem großen Wasserdampftrockenschrank, wobei man eine größere Anzahl der Horden übereinanderstellen kann. Während der kalten Jahreszeit kann man zur Trocknung die Trockenhorden auf die Heizkörper der Zimmerheizung stellen und einige Tage darauf stehenlassen. Im Trockenschrank verläuft die Trocknung meist in einigen Stunden.

Das getrocknete Material wird nun im Mörser oder in einer Reibemühle zerkleinert und durch ein 2-mm-Sieb gesiebt. Hierbei bleiben Fruchtbestandteile, Fruchtgelee, Marmelade und Ähnliches als zähe Reste zurück und werden beseitigt. Das so erhaltene lufttrockene Pulver füllt man in Gläser mit Schraubdeckelverschluß (sog. Honiggläser).

Die Proben können nun, nachdem durch das Austrocknen ein Schimmelbefall ausgeschlossen ist, soweit angesammelt werden, bis eine Reihenuntersuchung ausgeführt wird.

Zum Aufschluß gibt man 100 g der zerkleinerten Substanz in einen 1-LiterStehkolben aus Jenaer Glas, fügt etwa 500 ccm Wasser und 50 ccm 25%iger Salzsäure hinzu, schüttelt um und erhitzt unter Schütteln vorsichtig zu Sieden. Hierbei setzt oft starkes Schäumen ein, das man durch Kleinstellen der Flamme und Schütteln bekämpft. Das Schäumen läßt dann bald nach, worauf man noch etwa 10—15 Minuten weiter kocht.

Nach dem Erkalten fügt man so viel wäßrige Kongorotlösung hinzu, daß die Flüssigkeit stark blau gefärbt wird und stumpft das Übermaß an Salzsäure mit verdünnter (etwa 10—15%iger) Natronlauge bis zur violetten Zwischenfarbe ab. Die Flüssigkeit muß deutlich sauer bleiben; im Falle eines Alkaliüberschusses ist wieder mit Phosphorsäure anzusäuern. Zur Erleichterung der Filtration kann nun noch eine Klärung nach Carrez (vgl. Bd. II, S. 881) mit je 5 ccm Kaliumferrocyanid und Zinkacetat eingefügt werden (vgl. unter b). Nun wird filtriert, und zwar auf folgende Weise:

In einen Glastrichter von 12—15 cm Durchmesser legt man ein Rundfilter von 24 cm Durchmesser gut an und beschickt den Boden des Filters mit etwa 10—20 g Bimssteingrieß. Darauf filtriert man das Aufschlußgemisch ab und

---

[1] J. Grossfeld: Z. 1937, 74, 284.

wäscht einige Male mit Wasser nach. Nach Abtropfen des Waschwassers bringt man Trichter mit Filter und Stehkolben in einen Heizschrank und trocknet bei etwa 120°, bis in der Masse keine weichen wasserhaltigen Teilchen mehr erkennbar sind, was in der Regel etwa 7—8 Stunden beansprucht. Nach dem Trocknen gibt man den Rückstand in einen Mörser, verreibt mit Bimsstein, bringt schließlich das Ganze auf ein Faltenfilter und zieht dieses wie oben in der Extraktionsröhre mit Äther aus. Die Ätherlösung wird wieder abdestilliert und das hinterbleibende Fett nach Trocknung im Dampftrockenschrank bis zum Verschwinden des Äthergeruchs gewogen.

Das Verfahren ermöglicht ebenso wie das folgende eine quantitative Gewinnung des vorhandenen Fettes.

Weitere Methoden zur Fettabscheidung aus Backwaren mit stärkerer Salzsäure wurden von M. Vuk und A. Gömöry[1] sowie von W. Stoldt[2] angegeben.

b) Fettabscheidung aus zuckerreichen Stoffen (Milch- und Rahmzuckerwaren). Hierfür wurde von J. Kuhlmann und J. Grossfeld[3] Abscheidung des Fettes zusammen mit den Eiweißstoffen durch Kupfersulfat in Verbindung mit Natronlauge verwendet. Andere Verfahren, so das von Weibull[4] koagulieren das Eiweiß durch Kochen mit Salzsäure. Eine leicht ausführbare Methode zur Fettabscheidung, z. B. aus Rahmbonbons, ist folgende[5]. Sie hat gegenüber der vorgenannten den Vorzug, daß der Aufschluß in nur schwach saurer Lösung erfolgt und das Fett keine Kupferverbindungen aufnehmen kann.

Ausführung. 100 g Rahmbonbons werden in einem 1-Liter-Stehkolben aus Jenaer Glas auf dem Wasserbad mit etwa 500 ccm Wasser behandelt, bis am Boden keine zusammenhängenden Bonbonteilchen mehr sichtbar sind. Nun fügt man zu der Mischung 5 ccm 25%ige Salzsäure, erhitzt und hält etwa 15 Minuten im leichten Sieden. Darauf läßt man erkalten, setzt nach Carrez 5 ccm Kaliumferrocyanidlösung (150 g/l) zu, schüttelt kräftig um und gibt dann 5 ccm Zinkacetatlösung (300 g/l) zu. Nun wird in gleicher Weise wie bei a) filtriert und weiter behandelt.

Die erhaltene Menge Fett dient dann insbesondere zur Prüfung auf Butterfett nach S. 537.

Eine ähnliche Methode, bei der die Eiweißstoffe durch Ansäuern mit Essigsäure gefällt werden, hat M. Fouassier[6] angegeben. Auch hierbei dürfte sich die Behandlung der Mischung nach Carrez empfehlen, um das Abfiltrieren und Auswaschen der Fällung zu erleichtern.

4. Aufbewahrung der Fette und Öle für die Analyse.

Fette und Öle, namentlich solche, welche größere Mengen ungesättigter Fettsäuren enthalten, werden durch Licht und Luft sehr bald verändert. Infolgedessen müssen Proben, welche nicht alsbald untersucht werden können, in trockenen, luftdicht verschlossenen Gefäßen im Dunkeln aufbewahrt werden.

Ferner empfiehlt es sich, Fette und Öle, namentlich pflanzliche, welche noch fettspaltende Fermente enthalten können, vor der Aufbewahrung kurz in dem Aufbewahrungsgefäße im Wasserdampftrockenschranke zu erwärmen, damit die Fermente zerstört werden, und sie dann im Aufbewahrungsgefäße erstarren zu lassen, damit die Luft aus der Fettmasse entfernt wird und diese selbst eine glatte Oberfläche erhält.

Enthalten Fette und Öle, welche längere Zeit aufbewahrt werden sollen, Wasser und Verunreinigungen („Nichtfett"), so müssen sie vor der Aufbewahrung

[1] M. Vuk u. A. Gömöry: Z. 1938, 75, 430.   [2] W. Stoldt: Z. 1938, 76, 228.
[3] J. Kuhlmann u. J. Grossfeld: Z. 1925, 50, 348; vgl. Grossfeld: Anleitung zur Untersuchung der Lebensmittel, S. 257.   [4] Weibull: Vgl. F. E. Nottbohm: Z. 1933, 66, 254.
[5] J. Grossfeld: Privatmitteilung.
[6] M. Fouassier: Ann. Falsif. 1938, 31, 94; C. 1938, II, 1696.

von diesen Stoffen befreit werden. Dies geschieht am besten durch Filtration durch ein trockenes Faltenfilter im Heißwassertrichter oder im Wasserdampftrockenschranke. Beim langsamen Erkalten entmischen sich manche Fette infolge Auskrystallisierens fester Glyceride, und manche Öle scheiden auch bei der Aufbewahrung bei niedriger Temperatur feste Glyceride aus (vgl. S. 457). Sollen Teile solcher Fette und Öle untersucht werden, so ist der ganze Fettvorrat zunächst im Wasserdampftrockenschranke zu schmelzen, und dann erst ist nach gehöriger Vermischung eine Teilprobe für die Untersuchung zu entnehmen.

II. Fettsäuren.

A. Allgemeine Darstellungsmethoden.

Zur präparativen Darstellung der einzelnen Fettsäuren verwendet man naturgemäß Fette, welche einerseits die darzustellenden Fettsäuren in möglichst großer Menge enthalten und anderseits möglichst frei von solchen Fettsäuren sind, welche sich den darzustellenden ähnlich verhalten.

Da die Fettsäuren aus tierischen oder pflanzlichen Fetten stets ein Gemisch mehrerer, oft sehr vieler Fettsäuren sind, wird man versuchen, dieses Gemisch in bestimmte Fettsäurengruppen, so in die niederen und höheren, in die gesättigten und ungesättigten zu zerlegen.

Je nach dem Gehalte des Ausgangsstoffes an den darzustellenden Fettsäuren verwendet man 100—1000 g Substanz.

1. Nichtflüchtige Fettsäuren.

Bei Fetten, die keine wasserlöslichen Fettsäuren enthalten, kann die Darstellung der gesamten Fettsäuren nach folgendem Verfahren vorgenommen werden:

100 g Fett werden in einem 1-Liter-Stehkolben aus Jenaer Glas mit 40 ccm Kalilauge von der Dichte 1,5 und 200 ccm 95%igem Alkohol am Rückfluß bis zur Lösung des Fettes und dann noch 5—10 Minuten weiter gekocht. Dann gießt man die Lösung in eine Porzellan- oder Glasschale und verdampft den Alkohol auf einem Wasserbade, wobei man zuletzt durch häufiges Umrühren und nötigenfalls durch Zugabe von weiteren Mengen Wasser die letzten Reste des Alkohols entfernt. Die Verdunstung des Alkohols kann als beendet angesehen werden, wenn durch den Geruch in der warmen Seifenlösung kein Alkohol mehr wahrgenommen werden kann. Darauf gibt man etwa 300—400 ccm warmes Wasser hinzu, säuert die Lösung mit verdünnter Salz- oder Schwefelsäure an und erwärmt weiter, bis die Fettsäuren sich als klare Ölschicht an der Oberfläche abgeschieden haben, und auch die wäßrige Flüssigkeit klar geworden ist. Darauf entfernt man die Schale vom Wasserbade. Je nach dem Verhältnis von festen und flüssigen Fettsäuren wird die Ölschicht beim Erkalten, sei es auch durch Einstellen der Schale in einen Kühlschrank über Nacht, fest, oder sie bleibt mehr oder weniger flüssig. Ist sie hinreichend fest geworden, so durchstößt man sie mit einem Glasstabe an zwei gegenüberliegenden Stellen des Randes, läßt die wäßrige Säurelösung abfließen, setzt etwa 200 ccm warmes Wasser hinzu, erwärmt etwa 5 Minuten unter ständigem Umrühren auf dem Wasserbade, läßt wieder erkalten, gießt in der oben geschilderten Weise die wäßrige Flüssigkeit ab und wiederholt diese Behandlung noch 1—3mal, bis die wäßrige Flüssigkeit gegen Kongopapier nicht mehr sauer reagiert. Bei Fetten und Ölen, welche wasserlösliche Fettsäuren enthalten, tritt der Neutralpunkt gegen Lackmuspapier erst nach öfterer Auswaschung ein; es genügt dann lediglich die Entfernung der Salz- bzw. Schwefelsäure durch 2—3maliges Auswaschen.

Erstarrt die Fettsäureschicht nicht zu einem festen Kuchen, sondern bleibt sie flüssig oder weich, so zieht man entweder die wäßrige Unterlauge mittels eines Hebers sorgfältig ab und verfährt ebenso bei den nachfolgenden Auswaschungen, oder man gibt die Fettsäuren mit der wäßrigen Flüssigkeit in einen Scheidetrichter, spült die Fettsäurenreste aus der Schale oder dem Zersetzungskolben mit etwa dem dreifachen Fettsäurenvolumen Äther oder Petroläther in den Scheidetrichter und trennt so die wäßrige Flüssigkeit und das Waschwasser in der üblichen Weise von der Fettsäurenlösung, worauf man aus dieser das Lösungsmittel abdestilliert.

Abscheidung der Fettsäuren unter Luftabschluß. Um bei der Darstellung von ungesättigten Fettsäuren den oxydierenden Einfluß der Luft völlig auszuschließen, wird von A. GRÜN und H. SCHÖNFELD[1] nebenstehende einfache Versuchsanordnung angegeben[1]. Das Arbeitsverfahren[2] ist folgendes:

In den Rundkolben A, je nach zu verarbeitender Fettmenge von 1 bis 3 Liter Inhalt, gibt man z. B. 250 g Öl und 150—250 ccm Alkohol und leitet durch das Heberrohr h Wasserstoff oder Stickstoff, der vorher in a durch Wasser und in b durch Quecksilber gereinigt wurde. Nach $^1/_4$stündigem Durchleiten läßt man durch den Kühler 100 ccm Kalilauge von der Dichte 1,5 einfließen und erhitzt unter ständigem Einleiten von Wasserstoff oder Stickstoff im Dampfbad (oder Wasserbad).

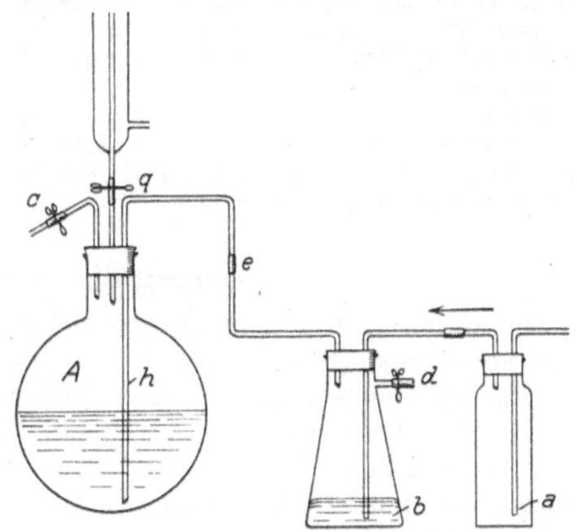

Abb. 4. Abscheidung der Fettsäuren unter Luftabschluß nach GRÜN und SCHÖNFELD.

Nach 20 Minuten wird der Dampf abgestellt und der Kolben durch Berieseln mit Wasser gekühlt. Sobald die Reaktion erlahmt, wird wieder erhitzt, bis eine klare Lösung eingetreten ist. Dann hält man noch 30 Minuten im Sieden. Hierauf wird die Rückflußkühlung durch Schließen des Quetschhahnes q abgestellt, Quetschhahn c geöffnet und der Alkohol durch einen absteigenden Kühler abdestilliert. Nachdem die Seifenlösung einigermaßen abgekühlt ist, läßt man unter Öffnung von q durch den Kühler einen kleinen Überschuß 10%iger Schwefelsäure[3] einfließen und leitet dann, um den Kolbeninhalt gründlich durchzumischen, gleichzeitig mit dem von von a kommenden Wasserstoff auch Wasserdampf durch d ein[4]. Sobald sich die Fettsäuren als klares Öl über der wäßrigen Schicht sammeln, stellt man den Dampfstrom bei d ab, löst die Verbindung des Heberrohres mit b bei e und drückt die wäßrige Schicht mittels eines schwachen bei c eintretenden Dampfstromes durch das Heberrohr aus dem Kolben. Darauf stellt man wieder die ursprünglichen Verbindungen her, stellt den Wasserstoffstrom wieder an und läßt durch den Kühler luftfreies heißes Wasser einfließen und verrührt es mit den Fettsäuren durch einen kräftigen Dampfstrom. Dann läßt man wieder absitzen, hebert

---

[1] A. GRÜN u. H. SCHÖNFELD: Zeitschr. angew. Chem. 1916, **29**, I, 38. — A. GRÜN: Analyse der Fette und Wachse, Bd. I, S. 85. [2] Mit unwesentlichen Abänderungen.

[3] 100 ccm der Kalilauge von der Dichte 1,500 mit 43% KOH entsprechen zur Neutralisation 56,4 g H_2SO_4, also rund 570 g oder 535 ccm 10%iger Schwefelsäure.

[4] Um zu verhindern, daß der Wasserstoffstrom durch den höheren Druck des Wasserdampfes abgestellt wird, leitet man ersteren unter geringem Überdruck ein, was eben durch Beschicken der Saugflasche b mit Quecksilber bewerkstelligt wird.

das Wasser wie oben ab und wiederholt das Auswaschen, bis das letzte Wasser neutral reagiert. Die Fettsäuren werden durch Erhitzen im Wasserstoffstrom, der auch das Verdampfen des Wassers befördert, getrocknet.

Anmerkung. Bei dem Verfahren gehen etwaige wasserlösliche ·und flüchtige Fettsäuren teilweise in die Waschwässer und Kondensate des Dampfstromes über. Auf derartige Fettsäuren prüft man am besten in einer besonderen Fettprobe nach S. 147 f.

Weiter bleiben etwaige unverseifbare Bestandteile den Fettsäuren beigemischt und sind darin durch besonderen Versuch zu ermitteln. Bei Fetten, die weniger als 1% Unverseifbares enthalten, kann dessen Einfluß aber meistens vernachlässigt werden.

Aus den gewonnenen Fettsäuren kann man lediglich durch Umkrystallisieren aus einem Lösungsmittel die gesuchten festen Fettsäuren nur in wenigen Fällen, nämlich nur dann, wenn sie am schwerlöslichsten und in größerer Menge vorhanden sind, rein gewinnen. Finden sich dagegen neben den gesuchten festen Fettsäuren noch größere Mengen anderer fester, gesättigter Fettsäuren, so bilden diese Fettsäuren eutektische Gemische, deren Bestandteile sich durch Umkrystallisieren nicht trennen lassen. Derartige Gemische haben durch ihre Schmelzpunktskonstanz häufig zur irrigen Annahme des Vorliegens der reinen Fettsäuren Anlaß gegeben.

Als Krystallisationsmittel für Fettsäuren verwendet R. S. Jamellier[1] 90%igen, G. Wolff[2] 80%igen Alkohol. Doch eignet sich die Abscheidung aus Alkohol in erster Linie für die höhermolekularen gesättigten Fettsäuren, weniger für die mittleren, die in Alkohol beträchtlich löslich sind.

2. Zerlegung der Fettsäuren.

Zur weiteren Auftrennung empfiehlt sich die Zerlegung der gesamten, nach vorstehendem Verfahren erhaltenen Fettsäuren in feste und flüssige Fettsäuren nach dem Bleisalzverfahren, wobei die Methode von Twitchell (vgl. S. 201) besondere Vorteile bietet. Bei dieser Trennung bleiben jedoch noch beträchtliche Mengen vorhandener niederer und mittlerer gesättigten Säuren mit den ungesättigten gelöst.

Die beiden Gruppen werden dann weiter nach folgenden Methoden aufgetrennt:

a) Gesättigte Fettsäuren.

α) **Fraktionierte Fällung mit Metallsalzen,** vorzugsweise mit Magnesium- oder Bariumacetat nach W. Heintz (S. 167), ferner mit Blei- und Kaliumsalzen.

Bei diesem Verfahren wird es vielfach nicht erforderlich sein, die Fettsäuren durch Zerlegung in eine größere Zahl von Einzelfraktionen aufzuteilen, sondern wenn neben der darzustellenden Fettsäure die Gegenwart von nur geringeren Mengen von höher molekularen und niedriger molekularen Fettsäuren anzunehmen ist, so wählt man die zuzusetzende Menge von Magnesium- bzw. Bariumacetat derartig, daß bei der ersten Fällung etwa ein Viertel — die höher molekularen Fettsäuren enthaltend — und bei der darauffolgenden Fällung die Hälfte der Gesamt-Fettsäuren als Salz ausgeschieden wird, während man von der Fällung des Restes der Fettsäuren, unter denen sich die niedriger molekularen befinden, überhaupt absehen kann. Die aus der zweiten Fraktion wieder abgeschiedenen Fettsäuren kann man dann durch Umkrystallisieren aus Alkohol von den etwa noch vorhandenen geringen Verunreinigungen trennen. Vgl. auch E. Rosenbaum[3].

β) **Fraktionierte Destillation** der Fettsäuren selbst oder ihrer Methyl- oder Äthylester im Vakuum. Diese Behandlung ist das sicherste Mittel, Fettsäuregemische zu zerlegen (D. Holde und W. Bleyberg[4]) (vgl. S. 177). Bei niedrigem Gehalt an ungesättigten Fettsäuren bietet die Anwendung dieser Methode auf die Fette selbst, ohne vorherige Darstellung der Fettsäuren, Vorteile. Man estert dann das Fett direkt nach S. 180 um.

γ) **Abscheidung mittels anderer Verbindungen.**

---

[1] R. S. Jamellier: Chemist-Analyst 1931, 20, Nr. 5, 4; C. 1931, II, 2947.
[2] G. Wolff: Chim. et Ind. 1934, 31, Sonder-Nr. 4, 885; Z. 1937, 73, 286.
[3] E. Rosenbaum: Diss. Münster 1922.
[4] D. Holde u. W. Bleyberg: Zeitschr. angew. Chem. 1930, 43, 897.

b) Ungesättigte Fettsäuren.

α) Zerlegung als Bromadditionsverbindungen nach S. 218.

β) Fraktionierte Destillation der Methyl- oder Äthylester wie bei a, β.

γ) Abscheidung mittels besonderer Salze.

Prüfung der dargestellten Fettsäuren auf Reinheit. Hierzu eignen sich von den üblichen Fettuntersuchungsmethoden am besten die Bestimmungen des Schmelzpunktes, der Säurezahl[1] und der Jodzahl. Diese Werte sind mehr oder weniger voneinander unabhängig, und wenn die Ergebnisse dieser Bestimmungen bei den dargestellten Fettsäuren sämtlich mit den theoretischen Werten übereinstimmen, so wird man im allgemeinen die Reinheit der dargestellten Fettsäuren annehmen können. Dabei ist aber wohl zu beachten, daß die Bestimmung der Säurezahl nur dann genaue Werte liefert, wenn hinreichende Substanzmengen — mindestens 2 g — angewendet werden, und daß infolge der geringen Unterschiede in den an sich hohen Molekulargewichten benachbarter Fettsäuren schon bei nur geringen Abweichungen der Säurezahlen von den theoretischen Werten beträchtliche Gehalte der dargestellten Fettsäuren an den benachbarten Fettsäuren vorliegen können, wenn die Säurezahl nur verhältnismäßig wenig von den theoretischen Werten abweicht.

Findet man z. B. für eine dargestellte Stearinsäure statt der theoretischen Säurezahl 197,3 den Wert 198,3, so können einer solchen Stearinsäure noch 4,6% Palmitinsäure beigemischt sein. Ähnlich liegen die Verhältnisse auch bei der Jodzahlbestimmung, die infolge der geringen anzuwendenden Substanzmengen meist noch weniger genaue Werte liefert als die Bestimmung der Säurezahl.

Die folgende Tabelle enthält analytische Kennzahlen der wichtigeren Fettsäuren als Anhalt für die Beurteilung ihrer Reinheit.

Schmelzpunkte und Siedepunkte der Fettsäuren und ihrer Methyl- und Äthylester wurden bereits S. 177 angegeben.

Tabelle 1. Analytische Kennzahlen der wichtigsten natürlich vorkommenden Fettsäuren.

Name der Säure	Formel	Molekulargewicht	Dichte oder Gewichtsverhältnis (Temperatur, Celsiusgrade)	Brechungsindex n_D (Celsiusgrade)	Neutralisationszahl	Jodzahl
A. Gesättigte Fettsäuren.						
Buttersäure	$C_4H_8O_2$	88,1	0,9587 (20/4)	1,39906 (20°)	636,8	0
Isovaleriansäure . . .	$C_5H_{10}O_2$	102,1	0,9289 (20/4)	1,40178 (22,4°)	549,6	0
Capronsäure	$C_6H_{12}O_2$	116,1	0,9240 (20/4)	1,41635 (20°)	483,2	0
Caprylsäure	$C_8H_{16}O_2$	144,1	0,9100 (20/4)	1,42850 (20°)	389,3	0
Caprinsäure	$C_{10}H_{20}O_2$	172,2	0,8858 (40/4)	1,42855 (40°)	325,8	0
Laurinsäure	$C_{12}H_{24}O_2$	200,2	0,8830 (20/4) 0,8642 (60/4)	1,42655 (60°)	280,2	0
Myristinsäure	$C_{14}H_{28}O_2$	228,2	0,8584 (60/4)	1,43075 (60°)	245,8	0
Palmitinsäure . . .	$C_{16}H_{32}O_2$	256,3	0,8527 (62/4) 0,8465 (75,8/4)	1,42693 (80°)	219,0	0
Stearinsäure	$C_{18}H_{36}O_2$	284,3	0,9408 (20/4) 0,8454 (69,2/4) 0,8386 (80/4)	1,43003 (80°)	197,4	0
Arachinsäure	$C_{20}H_{40}O_2$	312,3	—	—	179,6	0
Behensäure	$C_{22}H_{44}O_2$	340,4	—	—	164,8	0
Lignocerinsäure . . .	$C_{24}H_{48}O_2$	368,4	—	—	152,3	0
Cerotinsäure	$C_{26}H_{52}O_2$	396,4	0,8359 (79/4)	—	141,5	0
Melissinsäure	$C_{30}H_{60}O_2$	452,5	—	—	124,0	0

[1] Um bei den höher molekularen Fettsäuren durch Hydrolyse bedingte Fehler auszuschließen, bestimmt man bei ihnen die Säurezahl am besten nach Art der Verseifungszahlen.

Tabelle 1. (Fortsetzung.)

Name der Säure	Formel	Mole-kular-gewicht	Dichte oder Gewichtsverhältnis (Temperatur, Celsiusgrade)	Brechungsindex n_D (Celsiusgrade)	Neutrali-sations-zahl	Jod-zahl
B. Ungesättigte Fettsäuren.						
I. Säuren mit einer Äthylenbindung $C_nH_{2n-2}O_2$:						
Decensäure	$C_{10}H_{18}O_2$	170,1	—	—	329,8	149,2
Dodecensäure	$C_{12}H_{22}O_2$	198,2	—	—	283,1	128,1
Tetradecensäure. . .	$C_{14}H_{26}O_2$	226,2	—	—	248,0	112,2
Palmitölsäure	$C_{16}H_{30}O_2$	254,2	—	—	220,7	99,8
Ölsäure.	$C_{18}H_{34}O_2$	282,3	0,8998 (12/4)	1,46155 (20º) 1,4546 (40º)	198,7	89,9
			0,8540 (78,4/4)	1,4509 (50º) 1,4407 (77º)		
Elaidinsäure	$C_{18}H_{34}O_2$	282,3	0,8505 (79,4/4)	1,43583 (79,4º)	198,7	89,9
Erucasäure . . . . ◆	$C_{22}H_{42}O_2$	338,3	0,8602 (55,4/4)	1,44704 (55,4)	165,8	75,0
Brassidinsäure . . .	$C_{22}H_{42}O_2$	338,3	0,8585 (57,1)	1,44685 (57,1)	165,8	75,0
Selacholeinsäure . .	$C_{24}H_{46}O_2$	366,4	—	—	153,1	69,3
II. Säuren mit zwei Äthylenbindungen $C_nH_{2n-4}O_2$:						
Linolsäure	$C_{18}H_{32}O_2$	280,3	0,9026 (18/4)	1,4711	200,1	181,2
III. Säuren mit drei Äthylenbindungen $C_nH_{2n-6}O_2$:						
Linolensäure	$C_{18}H_{30}O_2$	278,2	0,9288 (15/15)	—	201,6	273,8
Elaeostearinsäure . .	$C_{18}H_{30}O_2$	278,2	—	—	201,6	273,8
IV. Hochungesättigte Säuren:						
Clupanodonsäure . .	$C_{22}H_{34}O_2$	330,3	0,9385 (15/4)	1,5020 (20º)	169,9	384,3
C. Ungesättigte Oxysäuren.						
Ricinolsäure	$C_{18}H_{34}O_3$	298,3	0,9460 (12/12)	—	188,1	85,1
D. Cyclische ungesättigte Säuren.						
Hydnocarpussäure. .	$C_{16}H_{28}O_2$	252,2	—	—	222,4	100,7
Chaulmugrasäure . .	$C_{18}H_{32}O_2$	280,3	—	—	200,1	90,6
Gorlinsäure	$C_{18}H_{30}O_2$	278,2	—	—	201,6	169,6

B. Gesättigte Fettsäuren der Essigsäurereihe $C_nH_{2n}O_2$.
I. Niedere Fettsäuren.

Von diesen kann man die Buttersäure, Capronsäure, Caprylsäure nahezu vollständig, die Caprinsäure zu etwa 50% von den höheren Fettsäuren trennen, wenn man die Seifenlösung unter den Bedingungen der Gesamtzahlbestimmung (S. 79) mit Magnesiumsulfatlösung ausfällt. Die genannten Fettsäuren befinden sich dann als Magnesiumsalze im Filtrat, aus dem sie nach Ansäuern mit Salzsäure durch geeignete Behandlung abgetrennt werden können. Da das Filtrat sehr verdünnt ist, empfiehlt sich Anreicherung der Fettsäuren daraus durch Ausziehung (Perforation oder Ausschüttelung) mit Äther, Wasserdampf-destillation oder auch — insbesondere bei Caprinsäure — Ausfällung als Kupfer oder Silbersalz.

Ein einfaches Mittel, die Buttersäure aus einem Fettsäurengemisch anzureichern, ist die Destillation mit Toluol oder Benzin (Siedepunkt 100 bis 110º) bei Gegenwart von Wasser nach S. 185.

Folgendes ältere Verfahren liefert für Buttersäure noch brauchbare Ergebnisse. Die Abtrennung ihrer höheren Homologen wird aber aus den S. 78 dargelegten Gründen von der Capronsäure bis zur Caprinsäure immer schwieriger, weil die zurückbleibenden „nichtflüchtigen" Fettsäuren hartnäckig die letzten Anteile der flüchtigen Säuren zurückhalten.

Zwecks Darstellung der wasserlöslichen Fettsäuren werden die Ausgangsfette in der S. 334 angegebenen Weise verseift; die vom Alkohol befreite Seifenlösung wird in einen geräumigen, 1—1,5 Liter fassenden Rundkolben übergeführt, mit verdünnter Schwefelsäure angesäuert, und nach Zugabe einer hinreichenden Menge (etwa 1 g) groben Bimssteinpulvers wird durch die gleichzeitig erhitzte Flüssigkeit ein kräftiger Wasserdampfstrom hindurchgeleitet und die Destillation so lange fortgesetzt, bis das Destillat nicht mehr deutlich nach Fettsäuren (Caprylsäure) riecht. Von den überdestillierten Fettsäuren sind die Buttersäure und Capronsäure vollständig in dem Destillatwasser gelöst, während die Caprylsäure teils ebenfalls gelöst ist, zum größten Teil aber als Öltropfen auf dem Wasser schwimmt. Nach Beendigung der Destillation trennt man diese Öltropfen (Caprylsäure neben geringen Mengen höher molekularer Fettsäuren) durch Filtration von der wäßrigen Fettsäurelösung, dampft letztere nach der Neutralisation mit wäßriger Alkalilauge und Zusatz eines geringen Alkaliüberschusses auf ein geringes Volumen, etwa 100 ccm, ein und destilliert die Lösung nach dem Ansäuern in gleicher Weise im Wasserdampfstrome, bis die Hauptmenge der flüchtigen Fettsäuren überdestilliert ist.

Die so dargestellten flüchtigen Fettsäuren unterwirft man der fraktionierten Destillation oder trennt sie mit Hilfe der Bariumsalze nach S. 168.

1. Buttersäure ($C_4H_8O_2 = CH_3 \cdot CH_2 \cdot CH_2 \cdot COOH$ [1]). Die Buttersäure ist ein charakteristischer Bestandteil des Milchfettes der Wiederkäuer, wo sie von den höheren Homologen Capronsäure, Caprylsäure, Caprinsäure und Laurinsäure begleitet ist, die in dem Körperfett des betreffenden Milchtieres fehlen. Diese Fettsäuren werden in der Milchdrüse, in die Glyceride der sich absondernden Milchfetttröpfchen eingebaut und setzen so den Schmelzpunkt des Milchfettes gegenüber dem Körperfett beträchtlich herab. Kuhmilchfett enthält im Mittel 3,7% Buttersäure, die darin von Chevreul 1823 entdeckt wurde.

Zur Darstellung größerer Mengen Buttersäure geht man nur selten von Butterfett aus, weil sie sich darin gemischt mit mehreren anderen flüchtigen Fettsäuren findet, und weil sie durch Vergärung von Kohlehydraten (Stärke, Glucose, Saccharose) durch die Buttersäurebakterien (Bacillus subtilis, Bac. butylicus usw.) weit ergiebiger dargestellt und leichter gereinigt werden kann. Man verfährt z. B. nach Fitz [2] wie folgt:

100 g Kartoffelstärke werden mit 2 Liter Wasser von 40⁰, in denen man 0,1 g Kaliumphosphat, 0,02 g Magnesiumsulfat, 1 g Chlorammonium gelöst hat, übergossen und dazu 50 g Calciumcarbonat gegeben. Dazu gibt man etwas Heuaufguß oder besser eine Reinkultur eines Buttersäurebacteriums. Nach zehntägigem Stehen bei 40⁰ wird das gebildete Calciumbutyrat mit Salzsäure zersetzt, worauf die Buttersäure zusammen mit den gleichzeitig entstandenen anderen flüchtigen Fettsäuren abdestilliert und durch Fraktionierung gereinigt wird. Zweckmäßig führt man die auf diese Weise oberflächlich gereinigte Buttersäure in den Methyl- oder Äthylester über, reinigt diese abermals durch fraktionierte Destillation, verseift den gereinigten Ester und destilliert die Buttersäure ab.

Von ihren höheren Homologen unterscheidet sich die Buttersäure vor allem durch ihre hydrophilen Eigenschaften. Oberhalb 3,8⁰ ist sie in jedem Verhältnis mit Wasser mischbar. Beim Schütteln einer wäßrigen Buttersäurelösung mit dem gleichen Volumen Petroläther geht nur ein kleiner Teil in die Petrolätherschicht, die Hauptmenge bleibt in der wäßrigen Schicht (J. Grossfeld und F. Battay [3], Grossfeld und A. Miermeister [4]), während von Capronsäure

---

[1] Essigsäure wurde in japanischen Akebisaatölen aufgefunden.
[2] Fitz: Ber. Deutsch. Chem. Ges. 1878, **11**, 52; 1884, **17**, 1195.
[3] J. Grossfeld u. F. Battay: Z. 1931, **62**, 99.
[4] J. Grossfeld u. A. Miermeister: Zeitschr. analyt. Chem. 1931, **85**, 312; 1932, **87**, 241; Z. 1932, **63**, 391.

Tabelle 2. Löslichkeit von Salzen
(A = Alkohol, Ae = Äther, W = Wasser, l.l. = leicht löslich,

Säure	Kaliumsalz	Natriumsalz	Lithiumsalz	Bariumsalz
Buttersäure $C_4H_8O_2$	W: l.l.	W: l.l.	—	$+ 4 H_2O$ W 0—40°: 37,5 g W 40—82°: 35,9 g A. abs.: 126 mg
Capronsäure $C_6H_{12}O_2$	W: l.l.	W: l.l.	—	$+ 2 H_2O$ W 10,5°: 11,1 g A: w.l.
Caprylsäure $C_8H_{16}O_2$	W: l.l.	W: l.l.	—	W 20°: 619,2 mg
Caprinsäure $C_{10}H_{20}O_2$	W: l.l.	W: l.l.	W 15°: 0,458 g[1]	W 100°: s.schw.l. A: schw.l. A 78°: l.
Laurinsäure $C_{12}H_{24}O_2$	W: l.l. A: l.l.	W: l.l. A: l.l.	W 15°: 27,9 mg[1] W 18°: 158 mg W 25°: 176 mg A (0,797) 18°: 418 mg 25°: 442,4 mg	W 15°: 5,4 mg W 100°: 9,8 mg A 15°: 18,7 mg A 78°: 100,9 mg
Myristinsäure $C_{14}H_{28}O_2$	W: l.l.	W: l.l. A (46,2 Gew.-%) 15°: 8,9 g[2]	W 18°: 23,5 mg W 25°: 23,4 mg A (0,797) 18°: 184,1 mg 25°: 207,0 mg	W: ⎫ A: ⎬ s.w.l.
Palmitinsäure $C_{16}H_{32}O_2$	W: l.l. A (95°) 22°: 1,136 g vgl. auch S. 175	W: l.l. A (46,2 Gew.-%) 15°: 1,2 g[2]	W ⎧ 15°: 6,6 mg[1] ⎨ 18°: 11,4 mg ⎩ 25°: 17,4 mg A (0,797) 18°: 79,8 mg 25°: 95,2 mg	A (abs.) 20°: 3,5 mg 78°: 12,8 mg
Stearinsäure $C_{18}H_{36}O_2$	W: l.l. A (heiß): 1,515 g vgl. auch S. 175	W: l.l. A (46,2 Gew.-%) 15°: 0,3 g[2]	15°: 5,0 mg[1] W ⎧ 18°: 9,8 mg ⎨ 25°: 10,0 mg A (0,797) 18°: 40,0 mg 25°: 53,0 mg	A 100°: fast unl.
Ölsäure $C_{18}H_{34}O_2$	W: 25 g A (0,821) 10°: 47 g Ae (siedend) 3,4 g	W 12°: 10 g A (46,2 Gew.-%) 15°: > 54 g[2] Ae (siedend) 1 g	W 18°: 67,4 mg W 25°: 132,0 mg A (0,797) 18°: 908,4 mg 25°: 1015,0 mg Ae u. Benzol: 0	W: 0 A 78°: s.schw.l.
Linolsäure (Leinölsäure) $C_{18}H_{32}O_2$	W: l.l.	W: l.l.	—	A u. Ae: l. Benzol: l.
Linolensäure $C_{18}H_{30}O_2$	W: l.l.	W: l.l.	—	—
Erucasäure $C_{22}H_{42}O_2$	—	Schmp. 230—235° A (46,2 Gew.-%) 15°: 2,4 g[2]	—	A: w.l.

---

[1] Bestimmungen von S. H. Bertram: Diss. Delft 1928; Z. 1928, 55, 179. Die Wasser- bzw. Lithiumsalzlösung. Vgl. S. 77.

der wichtigsten Fettsäuren.

s = sehr, schw.l. = schwer löslich, w.l. = wenig löslich.)

Calciumsalz	Magnesiumsalz	Bleisalz	Sonstige Salze
$+ H_2O$ W { 14°: 28,3 g 20°: 17,6 g 100°: 15,8 g A: l.	W: l.l.	W: schw.l.	Zinksalz: $+ H_2O$ W 16°: 10,7 g Silbersalz: W 20°: 0,485 g W 81°: 1,144 g
$+ 2 H_2O$ W 21—22°: 22,7 g	W 15°: 5,338[1]	—	W heiß: schw.l. Zinksalz: $+ H_2O$ W 34,5°: 1,03 g
$+ H_2O$ W 20°: $< 0,6$ g A heiß: l.	W 15°: 1,035 g[1]	W 100°: unl. Schmp.: 83,5—84,5°	Zinksalz: Schmp. 135—136° W: s.schw.l.
—	W 15°: 0,1365[1]	—	Silbersalz: W 100°: w.l.
$+ H_2O$ Schmp. 182—183°	$+ 3 H_2O$ Schmp. 75° W 15° { 5,8 mg[1] 23,0 mg W 100°: 41,1 mg A 15°: 1,525 g A 78°: 12,6 g vgl. auch S. 76 u. 80	Schmp.: 101° W 15°: 0 W 100°: 1,1 mg A 15°: 4,7 mg A 78°: 235 mg	—
In Aceton unlöslich	$+ 3 H_2O$ W 15°: 1,5 mg[1] vgl. S. 76	—	—
A (abs.) 20°: 10,3 mg	W 15°: unl.[1] A (abs.) 20°: 14,6 mg 78°: 19,7 mg vgl. auch S. 76	Schmp. 182° A 19°: 2,7 mg A 21°: 3,3 mg Ae: 18,4 mg	—
A: fast unl.	W 15° u. A kalt: unl. vgl. auch S. 76	Schmp. 115—116° Ae: 14,8 mg Benzol 8°: unl. Benzol heiß: l.	Zinksalz: Xylol siedend: 2 g
A u. Ae: l.		Schmp. 80° Ae, A, Benzol: l.	Silbersalz Ae: fast unl.
A u. Ae: l. Benzol: l.	—	Ae, A u. Benzol: l.	Zinksalz W: 0 Ae: l.
—	—	Ae, A u. Benzol: l.	
—	—	A, Ae, Aceton Benzol kalt: schw.l. A 78°: w.l. Ae (heiß): l.l. Benzol (heiß): l.l.	—

löslichkeit bezieht sich auf eine verdünnte Lösung von Kaliumsulfat und Magnesiumsulfat
[2] Nach A. SPIECKERMANN: **Z.** 1914, **27**, 112.

umgekehrt der größere Anteil in die Petrolätherschicht geht (vgl. Tabelle 3). Ähnlich verhält sich die Buttersäure gegen eine Ausschüttelung mit Benzol und Xylol. Mit Wasserdämpfen ist sie leicht flüchtig. Gegenwart von Fett oder nichtflüchtigen Fettsäuren wirkt auf die Wasserdampfdestillation der Buttersäure weit weniger störend als bei den höheren Homologen. Von Salzen wie Natriumsulfat und Kaliumsulfat wird sie viel weniger als die höheren Homologen ausgesalzen.

Die molekulare Verbrennungswärme der Buttersäure beträgt 517,8 Cal. Ihre Dissoziationskonstante ist bei 25^0 $1,53 \cdot 10^{-5}$ (Jones[1]).

Die Metallsalze der Buttersäure sind in Wasser sämtlich löslich, so nicht nur das Calcium-, Barium- und Magnesiumsalz, sondern auch das Kupfer- und Silbersalz. Vgl. Bd. I, S. 270 und 638.

2. Isovaleriansäure. $C_5H_{10}O_2 = (CH_3)_2 \cdot CH \cdot CH_2 \cdot COOH$. Diese Säure wurde 1823 von Chevreul als „Phocensäure" aus dem Tran von Delphinus globiceps isoliert. Sie ist die einzige in unverdorbenen Naturfetten vorkommende Fettsäure mit einer ungeraden Anzahl von Kohlenstoffatomen und einer verzweigten Kette. Außer in Ölen von Delphiniden (Delphin, Meerschwein), wo sie sich vor allem im Kopföl findet (vgl. S. 600), kommt sie in anderen Fetten und Ölen nicht vor. Dagegen wurde sie in einigen Pflanzenwurzeln, namentlich in der Baldrianwurzel und verestert in einigen ätherischen Ölen gefunden. Daß die flüchtige Säure der Delphintrane tatsächlich Isovaleriansäure ist, wurde durch Untersuchungen von A. Klein und M. Stigol[2] sowie A. H. Gill und C. M. Tucker[3] erwiesen.

Tabelle 3. Prozentuale Säureabnahmen beim Ausschütteln mit dem gleichen Volumen Petroläther.

Normalität der Ausgangslösung	Buttersäure	Isovaleriansäure	Capronsäure	Caprylsäure
1,000	54,9	84,5	96,6	99,6
0,900	53,1	83,8	96,4	99,6
0,800	50,9	82,9	96,2	99,6
0,700	48,5	81,8	95,9	99,5
0,600	45,7	80,5	95,6	99,5
0,500	42,5	78,9	95,2	99,5
0,400	38,6	76,6	94,6	99,4
0,300	33,8	73,6	93,8	99,3
0,200	27,6	68,8	92,5	99,1
0,100	18,8	59,1	89,6	98,8
0,090	17,6	57,4	89,1	98,7
0,080	16,4	55,6	88,5	98,7
0,070	15,1	53,5	87,7	98,6
0,060	13,8	51,0	86,8	98,4
0,050	12,3	47,9	85,7	98,3
0,040	10,6	44,1	84,1	98,1
0,030	8,8	39,2	81,9	97,8
0,020	6,7	32,3	78,4	97,3
0,010	4,2	21,6	70,8	96,2
0,009	3,7	20,3	69,8	95,9
0,008	3,9	18,7	68,1	95,7
0,007	4,2	17,0	66,6	95,3
0,006	4,6	15,2	64,3	95,1
0,005	5,2	13,3	62,1	95,0
0,004	5,7	11,1	58,5	93,9
0,003	6,6	8,8	54,8	92,9
0,002	8,2	6,2	47,6	91,3
0,001	10,3	3,2	40,0	88,6

Die eigentümlich, nach Baldrian und faulem Käse, riechende Säure löst sich nur in 23,6 Teilen Wasser von 20^0 und wird daraus durch Salze teilweise ausgeschieden. Sie ist also bedeutend weniger hydrophil als Buttersäure. Vgl. Bd. I, S. 640.

3. Capronsäure. $C_6H_{12}O_2 = CH_3 \cdot (CH_2)_4 \cdot COOH$. Sie ist ein steter Begleiter der Buttersäure sowohl bei der Buttersäuregärung als auch in den Milchfetten der Wiederkäuer. Butterfett aus Kuhmilch enthält nach Grossfeld und Battay[4] im Mittel 1,7% Capronsäure. In Cocosfett finden sich nach E. R. Taylor und H. T. Clarke[5] 0,5, nach Grossfeld und Battay 0,6% Capronsäure als niedrigst molekulare Säure. Man gewinnt sie aus den Produkten der Buttersäuregärung durch fraktionierte Destillation, indem man die über 180^0 siedenden Anteile zur Entfernung der Buttersäure wiederholt mit der sechsfachen Menge Wasser wäscht und nochmals fraktioniert. Zur weiteren Reinigung

[1] Jones: Nach Kolthoff: Farbindicatoren, 3. Aufl. Berlin 1926.
[2] A. Klein u. M. Stigol: Pharm. Zentralh. 1930, **71**, 497.
[3] A. H. Gill u. C. M. Tucker: Journ. Oil Fat Ind. 1930, **7**, 101.
[4] J. Grossfeld u. F. Battay: Z. 1931, **62**, 99. Vgl. S. 525.
[5] E. R. Taylor u. H. T. Clarke: Journ. Amer. Chem. Soc. 1927, **49**, 2829.

bildet man mit Methyl- oder Äthylalkohol den Methyl- bzw. Äthylester, fraktioniert ihn abermals, verseift ihn mit Alkalilauge und destilliert nochmals.

In der Wasserlöslichkeit stehen die Säure und ihre Salze zwischen Buttersäure und Caprylsäure. Beim Schütteln ihrer wäßrigen Lösung mit Petroläther geht im Gegensatz zur Buttersäure (vgl. S. 339) der größere Teil der Capronsäure in diesen über. Hierauf beruht ihre Bestimmung nach S. 151. Vgl. auch Bd. I, S. 271 und 641.

4. Caprylsäure. $C_8H_{16}O_2 = CH_3 \cdot (CH_2)_6 \cdot COOH$. Sie findet sich in größerer Menge neben Caprinsäure als charakteristischer Bestandteil im Cocosfett, in Palmkernfetten in geringerer und in sehr kleiner Menge in Kuhmilchfett. Man gewinnt sie aus Cocosfett, indem man dieses mit Natronlauge oder Kalilauge verseift und die klare Seifenlösung nach Ansäuern mit verdünnter Schwefelsäure mit Wasserdampf destilliert. Die zuerst übergehenden flüssigen, auf der wäßrigen Schicht als Öl schwimmenden Fettsäuren werden durch Filtration oder mittels Scheidetrichters von der wäßrigen Flüssigkeit getrennt. Eine einfachere Darstellungsweise besteht darin, daß man wie bei der Bestimmung der A- und B-Zahl (S. 90) die höheren Fettsäuren heiß mit Magnesiumsulfat ausfällt, dann das Filtrat ansäuert und die sich an der Oberfläche ansammelnden niederen Fettsäuren abtrennt. In beiden Fällen wird die so erhaltene rohe Caprylsäure nach dem Trocknen mit Chlorcalcium fraktioniert destilliert. Der bei 220—240⁰ siedende Anteil wird in das Bariumsalz übergeführt, dieses durch Umkrystallisieren gereinigt und daraus die durch Salzsäure abgeschiedene Caprylsäure destilliert. — Sehr geeignet zur Darstellung der Caprylsäure, besonders in größeren Mengen, ist die fraktionierte Destillation der Methyl- und Äthylester nach S. 177, die man aus Cocosfett direkt durch Umesterung nach S. 180 erhält.

Molekulare Verbrennungswärme der Caprylsäure 1139 Cal. Vgl. auch Bd. I, S. 271 und 641.

5. Caprinsäure. $C_{10}H_{20}O_2 = CH_3 \cdot (CH_2)_8 \cdot COOH$. Sie kommt in etwa gleicher Menge im Cocosfett vor wie Caprylsäure, ähnlich in anderen Palmkernfetten und im Milchfett der Säugetiere. Pottwalkopftran enthielt nach T. P. HILDITCH und J. A. LOVEN[1] 3,5% Caprinsäure. Zur Darstellung der Säure eignen sich aber besser Fette mit noch höherem Gehalt, nämlich nach C. R. NOLLER, I. J. MILLNER und J. J. GORDON[2] das Samenfett des californischen Loorbeerbaums, Umbellularia californica, mit 37 oder nach H. A. SCHUETTE und C. M. LUNDE[3] das Ulmensamenöl mit 50% Caprinsäure. Über ihr Vorkommen im Fuselöl vgl. Bd. I, S. 641.

Das im Wollfett aufgefundene Kaliumsalz der Caprinsäure soll nach A. und P. BUISINE[4] durch Bakterientätigkeit entstehen; in einer 8 Tage vergorenen Flüssigkeit wurde durch Ansäuern eine Fällung erhalten, die 5% Caprinsäure enthielt. C. S. MARVEL und F. D. HAGER[5] empfehlen die höher siedenden Anteile des Fuselöles der Rohrzuckermelassegärung (sog. Baueröl) zur Gewinnung von Caprinsäure; doch scheinen obengenannte Fette mindestens ebenso geeignet zu sein.

Zur Darstellung der Caprinsäure empfiehlt sich Umwandlung der Fette in die Methyl- oder Äthylester, deren fraktionierte Destillation und Verseifung der Fraktionen.

Zur Trennung von Caprylsäure und Caprinsäure hat J. GSELL[6] ein besonderes Verfahren angegegeben, das aber nach D. R. KOOLHAAS[7] nicht ganz zuverlässig ist.

Über die Eigenschaften der Caprinsäure vgl. Bd. I, S. 271. Molekulare Verbrennungswärme 1458,3 Cal.

---

[1] T. P. HILDITCH u. J. A. LOVEN: Journ. Soc. chem. Ind. 1928, **47** T, 105.

[2] C. R. NOLLER, I. J. MILLNER u. J. J. GORDON: Journ. Amer. Chem. Soc. 1933, **55**, 1227; C. 1933, II, 953.   [3] H. A. SCHUETTE u. C. M. LUNDE: Oil and Soap 1936, **13**, 12.

[4] A. u. P. BUISINE: Compt. rend. Acad. Sci. 1887, **105**, 614; C. 1888, I, 1487.

[5] C. S. MARVEL u. F. D. HAGER: Journ. Amer. Chem. Soc. 1924, **46**, 726.

[6] J. GSELL: Chem.-Ztg. 1907, **31**, 100.

[7] D. R. KOOLHAAS: Rec. Trav. chim. Pays-Bas 1932, **51**, 460.

6. Niedere Fettsäuren mit einer unpaarigen Zahl der Kohlenstoffatome kommen in natürlichen unverdorbenen Fetten nicht vor. Sie sind aber ein Bestandteil der durch Paraffinoxydation dargestellten Fettsäuren, aus denen insbesondere Nonylsäure, $C_9H_{18}O_2$, Undecansäure, $C_{11}H_{22}O_2$, durch fraktionierte Destillation der Methylester nach S. 180 dargestellt werden können. Nonylsäure (Pelargonsäure) entsteht ferner bei der Oxydation von Kaliumoleat mit Kaliumpermanganat neben anderen Oxydationsprodukten, von denen sie auf Grund ihrer Schwerlöslichkeit in Wasser, Flüchtigkeit mit Wasserdampf und fraktionierte Destillation geschieden werden kann. Über das Vorkommen von Nonylsäure in den Produkten oxydationsranziger Fette vgl. S. 283.

II. Höhere Fettsäuren.

1. Laurinsäure. $C_{12}H_{24}O_2 = CH_3 \cdot (CH_2)_2 \cdot COOH$. Die Laurinsäure wurde 1842 von T. Marsson[1] im Fett der Lorbeerkerne aufgefunden, in dem sie, wie auch im Fruchtfett des Loorbeers zu etwa 40% enthalten ist. In etwa gleicher Menge findet sie sich im Cocosfett, Palmkernfett, Babussafett und anderen Palmkernfetten. Im Samenfett des californischen Lorbeerbaumes, Umbellularia californica, stellten C. R. Noller und I. J. Miller[2] 62% Laurinsäure fest. In den Fettsäuren des Kernfettes von Actinodaphne Hookeri Meissn. fanden S. V. Puntambekar und S. Krishna[3] 96% Laurinsäure neben 4% Ölsäure; dieses Fett besteht also zum weitaus größten Teil aus Trilaurin. Kuhmilchfett enthält nur etwa 5% Laurinsäure, Pottwalkopftran 16%. In tierischen Körperfetten scheint Laurinsäure nicht in wesentlichen Mengen vorzukommen.

Laurinsäure ist in Wasser völlig unlöslich. Ihr Magnesiumsalz ist in Wasser in der Kälte ebenfalls praktisch unlöslich und scheidet sich aus der heißen Lösung in Flocken aus, was zum Nachweis der Laurinsäure dienen kann. Der kolloide, seifenartige Charakter der Lösungen der Alkalisalze tritt bei Laurinsäure deutlich in Erscheinung, wenn auch diese Lösungen sich in ihren kolloiden Eigenschaften (Aussalzbarkeit) noch deutlich von denen der höheren Fettsäuren unterscheiden. Über die Löslichkeit verschiedener Salze der Laurinsäure und ihrer höheren Homologen in Methyl- und Äthylalkohol vgl. auch Bd. I, S. 272.

Zur Darstellung der Laurinsäure führt man ein laurinsäurereiches Fett in die Methyl- oder Äthylester über (vgl. S. 180), unterwirft diese einer fraktionierten Destillation (ebendort), zerlegt die erhaltene, der Laurinsäure entsprechende Esterfraktion durch Verseifung und scheidet die Laurinsäure aus der Seifenlösung durch Ansäuern ab. Zur weiteren Reinigung kann die Laurinsäure aus 75%igem Alkohol umkrystallisiert werden.

Über die Eigenschaften der Laurinsäure vgl. Bd. I, S. 271. Das Bleisalz $Pb(C_{12}H_{33}O_2)_2$ ist in Äther praktisch unlöslich. Dagegen lösen 100 Teile absoluter Alkohol bei 15° 0,047, beim Siedepunkt 2,35 Teile. Die Löslichkeit scheint aber bei Gegenwart anderer Fettsäuren beträchtlich größer zu sein, weil die Laurinsäure sich aus Fettsäurenmischungen als Bleisalz nur ganz unvollständig abscheiden läßt (vgl. S. 203).

Zur Darstellung reinster Laurinsäure destilliert R. Kaufel[4] die zunächst gewonnene möglichst weit vorgereinigte Säure im Hochvakuum bei 115°. Das Destillat wird dann aus 75%igem Alkohol unterhalb 50° bis zum konstanten Erstarrungspunkt von 44,04°, der mit dem Schmelzpunkt zusammenfällt, umkrystallisiert.

2. Myristinsäure. $C_{14}H_{28}O_2 = CH_3 \cdot (CH_2)_{12} \cdot COOH$. Myristinsäure wurde von L. Playfair[5] in der Muskatbutter (Myristica moschata) aufgefunden, die 75% und mehr davon enthält. Das Samenfett von Virola venezuelensis

---

[1] T. Marsson: Ann. Chem. 1842, **41**, 329.

[2] C. R. Noller u. J. J. Gordon: Journ. Amer. Chem. Soc. 1933, **55**, 1227; C. 1933, II, 953.

[3] S. V. Puntambekar u. S. Krishna: Journ. Ind. chem. Soc. 1933, **10**, 395; C. 1934, I, 1579.

[4] R. Kaufel: Beiträge zur Kenntnis der Fettsäuren und ihrer Seifen. Würzburg: Konrad Triltsch 1936.   [5] L. Playfair: Ann. Chem. 1841, **37**, 152.

besteht nach H. Thoms und Mannich[1] aus fast reinem Myristin. In Cocosfett und anderen Palmfetten bestehen gewöhnlich etwa 20% der Fettsäuren aus Myristinsäure, die weiter auch in den meisten tierischen Fetten, so in Rindsfett, Schweinefett, Kuhbutterfett (8—10%) vorkommt. Die Fettsäuren des Pottwalkopföles enthalten 14% Myristinsäure.

Die Gewinnung der Säure geschieht analog der Laurinsäure, durch fraktionierte Destillation der Ester.

Über die Eigenschaften der Myristinsäure vgl. Bd. I, S. 272.

Das unpaarige Zwischenglied zwischen der Myristinsäure und Laurinsäure, die Tridecansäure $C_{13}H_{26}O_2$ sowie das Zwischenglied zwischen Myristinsäure und Palmitinsäure, die Pentadecansäure $C_{15}H_{30}O_2$ finden sich in den durch Oxydation des Paraffins erhaltenen Fettsäuren und werden daraus durch fraktionierte Destillation der Methylester dargestellt. Vgl. S. 632.

3. Palmitinsäure, $C_{16}H_{32}O_2 = CH_3 \cdot (CH_2)_{14} \cdot COOH$, ist in fast allen pflanzlichen oder tierischen Fetten enthalten. Wahrscheinlich schon Chevreul bekannt wurde sie 1840 von E. Fremy[2] aus Palmöl gewonnen und hiernach benannt. Größere Mengen Palmitinsäure enthalten außer Palmöl (35—40% der Fettsäuren) und Stillingiatalg (60—70%), ferner der Japantalg, das Samenfett der Sumachbäume (Rhus succedanea, acuminata, vernicifera, sylvestris), der frei von Stearinsäure und Arachinsäure ist und neben der Palmitinsäure nur geringe Mengen von Japansäure ($C_{22}H_{42}O_4$) und wasserlösliche Fettsäuren enthält. Ferner eignet sich zur Darstellung der Palmitinsäure das Fett der Beeren der Myrica-Arten (M. cerifera u. a.), das sog. Myrtenwachs, welches hauptsächlich aus Palmitinsäureglycerid besteht und daneben nur wenig Laurinsäure und keine Stearinsäure enthält. Ebenso kann man Palmitinsäure darstellen, aus dem im wesentlichen aus Palmitinsäurecetylester bestehenden Walrat, dem festen Anteile des Walratöles (Spermacetöl), das aus dem Speck und den Kopfhöhlen des Pottwales (Physeter macrocephalus) gewonnen wird. Zur Darstellung aus gereinigtem Walrat nach W. Heintz[3] verseift man diesen mit alkoholischer Kalilauge, stellt durch Zusatz von Bariumchlorid aus der mit Essigsäure neutralisierten Seife das Bariumsalz der Fettsäuren dar, preßt die Salze warm aus, zieht sie zur Entfernung des Cetylalkohols mit Alkohol aus und zersetzt darauf das Bariumpalmitat durch Kochen mit verdünnter Salzsäure.

Zur Entfernung geringer Mengen anderer Fettsäuren aus der nach einem dieser Verfahren gewonnenen Palmitinsäure verfährt man nach dem oben (S. 167) beschriebenen Verfahren von W. Heintz.

K. Scheringa[4] hält eine Trennung von Palmitinsäure und Stearinsäure auf Grund der verschiedenen Löslichkeit des Kaliumpalmitats und -stearats in 94 gew.-%igem Alkohol für aussichtsreicher.

Das sicherste Trennungsmittel ist aber auch für Palmitinsäure wieder die Esterdestillation, am zuverlässigsten, wenn Palmitinsäure dabei die niedrigst molekulare Fettsäure ist (D. Holde und W. Bleyberg[5]). Dies ist in den gesättigten höheren Fettsäuren des Kakaofettes der Fall, die nur aus Palmitinsäure (24% der Gesamt-Fettsäuren) und Stearinsäure (35%) bestehen. Stellt man diese nach Bertram (vgl. S. 164) dar, so lassen sich beide leicht durch Esterdestillation rein gewinnen.

Nach R. Kaufel[6] müssen bei reinster Palmitinsäure Schmelzpunkt und Erstarrungspunkt zusammenfallen. Kaufel destillierte käufliche „reinste" Palmitinsäure im Vakuum des Kathodenlichtes zweimal bei etwa 140° und

[1] H. Thomas u. Mannich: Ber. Deutsch. pharm. Ges. 1901, 11, 264.
[2] E. Fremy: Ann. Chem. 1840, 36, 44.
[3] W. Heintz: Ann. Physik. 92, 431.   [4] K. Scheringa: Chem. Weekbl. 1932, 29, 605.
[5] D. Holde u. W. Bleyberg: Zeitschr. angew. Chem. 1930, 43, 897.
[6] R. Kaufel: Beiträge zur Kenntnis der Fettsäuren und ihrer Seifen. Würzburg: Konrad Triltsch 1936.

krystallisierte das Destillat aus 75%igem Alkohol unterhalb 50⁰ viele (13) Male um, bis dann schließlich Schmelz- und Erstarrungspunkt 62,26⁰ betrugen.

Über die Eigenschaft der Palmitinsäure vgl. Bd. I, S. 272, über die elektrochemischen Eigenschaften von Palmitinsäuresolen vgl. S. Mukherjee[1].

Über das unpaarige in den bei der Paraffinoxydation entstehenden Fettsäuren vorkommende Zwischenglied zwischen Palmitin- und Stearinsäure, die Heptadecansäure $C_{17}H_{34}O_2$, und ihre Darstellung vgl. S. 182. Diese Säure wurde von Chevreul als „Margarinsäure" irrtümlich als Bestandteil des Rindstalges angenommen (vgl. S. 633). Sie kommt in natürlichen Fetten nicht vor.

4. Stearinsäure, $C_{18}H_{36}O_2 = CH_3 \cdot (CH_2)_{16} \cdot COOH$, schon Chevreul bekannt, kommt im Körperfett von Haustieren (10—30%) im Kuhmilchfett (5—15%) und in kleinen Mengen in sehr vielen tierischen Fetten vor, in Pflanzenfetten in größeren Mengen nur in einigen tropischen Fetten (Familien der Guttiferae, Sapotaceae, Dipterocarpaceae und Sterculiaceae), so in Kakaobutter, Borneotalg und Sheafett, aus denen sie dargestellt werden kann. Seetieröle enthalten nur Spuren von Stearinsäure. Im ganzen ist die Stearinsäure weit weniger verbreitet als die Palmitinsäure.

Seitdem es jedoch möglich ist, durch Hydrierung sehr stearinsäurereiche Fette herzustellen, verwendet man zur Darstellung der Säure am zweckmäßigsten möglichst palmitinsäurearme, an Fettsäuren mit 18 Kohlenstoffatomen reiche Öle (z. B. Leinöl, die man zunächst so weit wie möglich hydriert. Auf diese Weise kann man Fette mit über 90% Stearinsäure gewinnen, aus denen diese in der oben (S. 334) beschriebenen Weise dargestellt wird. Die Reinigung erfolgt dann am besten durch Umkrystallisieren aus Alkohol. Eine sehr reine Stearinsäure kann man auch aus den hydrierten Fetten in der Weise darstellen, daß man diese so lange aus Benzol umkrystallisiert, bis der Schmelzpunkt auf 72,5⁰ (korrigiert) gestiegen ist, das so gewonnene reine Tristearin verseift und aus der Seife wie oben die Stearinsäure abscheidet.

Über die Eigenschaften der Stearinsäure vgl. Bd. I, S. 272.

5. Arachinsäure, $C_{20}H_{40}O_2 = CH_3 \cdot (CH_2)_{18} \cdot COOH$, findet sich neben Palmitin-, Stearin-, Lignocerin-, Öl und Linolsäure in Mengen von 2—5% im Erdnußöl. Größere Mengen enthalten einige Öle von Sapindaceensamen. So haben T. P. Hilditch und W. J. Stainsby[2] aus Rambutantalg (von Nephelium lappaceum) 34,7, S. M. Patel[3] aus dem Fett von Makassar- oder Kusumkernen (Schleichera trijuga) 31,1% Arachinsäure gewonnen.

Zur Darstellung der Säure, z. B. aus Erdnußöl, trennt man zunächst die festen Fettsäuren mit Hilfe der Bleiseifenmethode (vgl. S. 200) von den flüssigen Fettsäuren und trennt erstere durch fraktionierte Fällung nach W. Heintz (vgl. S. 167). H. Kreis und E. Roth (vgl. S. 196) scheiden die Arachinsäure (zusammen mit Lignocerinsäure) durch partielle Fällung mit alkoholischer Bleiacetatlösung ab; A. Heiduschka und S. Felser (vgl. S. 197) gewinnen sie aus Erdnußöl mit Hilfe der in Alkohol schwerlöslichen Kaliumsalze oder nach dem Verfahren von Hehner und Mitchell (vgl. S. 191). Schweizer[4] empfiehlt die Reinigung der rohen Arachinsäure mit Hilfe des Äthylesters. Das Esterverfahren ist namentlich zur Aufarbeitung der arachinsäurereichen Fette und zur Darstellung größerer Mengen der Säure zu empfehlen.

Über die Eigenschaften der Arachinsäure vgl. Bd. I, S. 272.

6. Behensäure, $C_{22}H_{44}O_2 = CH_3 \cdot (CH_2)_{20} \cdot COOH$, kommt als Glycerid im Behenöl (aus den Samen von Moringa oleifera) vor, aus dem sie von A. Voelcker zuerst dargestellt wurde. Man stellt sie zweckmäßig durch Hydrierung der aus Rüböl abgeschiedenen Erucasäure (vgl. S. 354) her. Auch die in vielen Seetierölen in großen Mengen vorkommenden ungesättigten C_{22}-Säuren liefern bei völligem Durchhydrieren Behensäure, allerdings in Mischung mit ihren homologen Säuren.

Über die Eigenschaften der Behensäure vgl. Bd. I, S. 273.

---

[1] S. Mukherjee: Journ. Ind. chem. Soc. 1937, **14**, 17; Z. 1938, **75**, 50.
[2] T. P. Hilditch u. W. J. Stainsby: Journ. Soc. chem. Ind. 1934, **53** T, 197.
[3] S. M. Patel: Diss. Bombay 1930. — Nach Hilditch.
[4] Schweizer: Arch. Pharm. 1884, **222**, 759.

7. Lignocerinsäure, $C_{24}H_{48}O_2 = CH_3 \cdot (CH_2)_{22} \cdot COOH$, findet sich, wie zuerst KREILING[1] erkannt hat, in Mengen von etwa 2% im Erdnußöl (vgl. oben, unter 5.), in größeren Mengen im Buchenholzteerparaffin[2]. Dieses wird wiederholt längere Zeit mit 90%igem Alkohol ausgekocht, den man jedesmal vom erstarrten Paraffinkuchen abgießt. Die sich beim Erkalten aus dem Alkohol ausscheidende Säure krystallisiert man zunächst aus Alkohol[3] und darauf zur Entfernung eines beigemischten höheren Alkohols aus Ligroin um. Die so gewonnene Säure führt man in den Methylester über und reinigt diesen durch Destillation im Vakuum.

A. HEIDUSCHKA und C. PYRIKI[4] haben gefunden, daß Lignocerinsäure in Aceton merklich schwerer löslich ist als Arachinsäure, und wenden für die Darstellung der Lignocerinsäure aus Erdnußöl folgendes, durch Einfachheit und Schnelligkeit ausgezeichnete Verfahren an:

500 g Erdnußöl wurden mit 90 g Natriumhydroxyd und 510 g Wasser unter beständigem Umrühren verseift und der Seifenkuchen durch verdünnte siedende Salzsäure zerlegt, bis die aufschwimmende Fettsäureschicht vollkommen klar war. Das nach dem Erkalten erstarrte Fettsäurengemisch wurde nach gründlichem Auswaschen mit heißem Wasser zunächst wie bei der früheren Methode in heißem 90%igem Alkohol gelöst. Die beim Erkalten ausgeschiedenen flockigen Krystalle wurden nochmals aus größeren Mengen Alkohol umkrystallisiert. Das erhaltene Produkt mit dem Schmelzpunkt 72° wurde in heißem Aceton gelöst und die Lösung bei Zimmertemperatur erkalten gelassen. Die abgeschiedene Säure wurde abgesaugt und auf Tontellern getrocknet. Der Schmelzpunkt stieg dadurch auf 76° und nach nochmaligem Umkrystallisieren auf 77,5°, dann aber zunächst nicht mehr. Das Molekulargewicht betrug 367,0, übereinstimmend mit dem von reiner Lignocerinsäure. — Eine erneute Nachprüfung des vorstehenden Verfahrens durch HEIDUSCHKA und D. TOTEFF[5] führte durch Verwendung von reinerem Aceton nach der gleichen Arbeitsweise zu einer Lignocerinsäure vom Schmelzpunkt 81°, wie ihn KREILING gefunden hatte.

Die größten Mengen (25,5%) Lignocerinsäure sollen nach S. M. MUDBIDRI, P. R. AYYAR und H. E. WATSON[6] im Öl der Samen des Rotholzbaumes (Adenanthera pavonina L.) vorhanden sein und sich daraus leicht darstellen lassen.

Über die Eigenschaften der Lignocerinsäure vgl. Bd. I, S. 273; über ihre Struktur F. A. TAYLOR und P. A. LEVENE[7].

8. Cerotinsäure, $C_{26}H_{52}O_2 = CH_3 \cdot (CH_2)_{24} \cdot COOH$, kommt im freien Zustande im Bienen- und Carnaubawachs sowie als Cerylester im Insektenwachs (chinesischem Wachs), Opiumwachs und Wollwachs vor. Zur Darstellung der Cerotinsäure kocht man nach MARIE[8] 1 kg Bienenwachs dreimal anhaltend (das letzte Mal 12 Stunden lang) mit je 5 Liter Alkohol

---

[1] KREILING: Ber. Deutsch. Chem. Ges. 1888, **21**. 880.

[2] Nach BRIGL und FUCHS (Zeitschr. physiol. Chem. 1922, **119**, 280) ist die Lignocerinsäure des Buchenholzteeres nicht einheitlich sondern besteht aus zwei isomeren Säuren $C_{24}H_{48}O_2$, von denen die normale Säure bei 80° schmilzt, während die Konstitution der anderen bei 74° schmelzenden Säure nicht aufgeklärt ist. Nach einer Röntgenstrahlenanalyse von FRANCIS, PIPER und MALKIN (Proc. Roy. Soc. London A 1930, **182**, 214) scheint aber die Lignocerinsäure auch Buchenholzteer doch reine N-Tetrakosansäure zu sein. — Die Lignocerinsäure des Erdnußöles ist nach P. A. LEVENE und C. J. WEST (Journ. biol. Chem. 1914, **18**, 477; C. 1914, II, 1160) keine normale Tetrakosansäure.

[3] Bei der Krystallisation höherer Fettsäuren aus Alkohol entstehen kleine Mengen mit auskrystallisierender Ester, die den Schmelzpunkt herabdrücken. Auch aus diesem Grunde empfiehlt es sich, zum mindesten für die Endkrystallisation Alkohol als Krystallisationsmittel zu vermeiden.

[4] A. HEIDUSCHKA u. C. PYRIKI: Pharm. Zentralh. 1925, **66**, 1.

[5] A. HEIDUSCHKA u. D. TOTEFF: Pharm. Zentralh. 1938, **79**, 782.

[6] S. M. MUDBIDRI, P. R. AYYAR u. H. E. WATSON: Journ. Indian. Inst. Science 1929 (A), **11**, 172; C. 1929, I, 1358.

[7] F. A. TAYLOR u. P. A. LEVENE: Journ. biol. Chem. 1924, **61**, 157.

[8] MARIE: Ann. Chim. et Phys. 7 (7). 160. — Vgl. BEILSTEINS Handbuch der organischen Chemie, 4. Aufl., Bd. 2, S. 394.

aus, destilliert den Alkohol ab und preßt den abgekühlten Rückstand ab. Er wird dann wiederholt mit heißem Wasser gewaschen, entwässert und mit 10% Tierkohle erwärmt. Je 40 g des Rückstandes werden mit 20 g Kaliumhydroxyd und 100 g Kalikalk 10—12 Stunden auf 200° erhitzt. Man verteilt nun die Masse in heißem Wasser und neutralisiert mit Salzsäure (1 Teil Salzsäure + 2 Teile Wasser), zuletzt in der Kälte. Die gefällten Calciumsalze werden nach dem Waschen mit einem Gemisch aus 1 Teil Benzol und 1 Teil Alkohol extrahiert und dann durch heiße Salzsäure zerlegt. Die gewaschenen und gepulverten freien Säuren erwärmt man zunächst mit 30 Teilen Methylalkohol auf 70° und filtriert bei dieser Temperatur, wobei die Melissinsäure ungelöst bleibt. Die aus dem Filtrate auskrystallisierende Cerotinsäure behandelt man in der gleichen Weise noch zweimal (zuletzt mit nur 10 Teilen) Methylalkohol, um alle Melissinsäure abzuscheiden.

In kleinen Mengen scheint Cerotinsäure nach D. Holde und N. N. Godbole[1] auch in Erdnußöl vorzukommen.

Die Fettsäure $C_{30}H_{60}O_2 = CH_3 \cdot (CH_2)_{28} \cdot COOH$ führt den Namen Melissinsäure, kommt im Bienenwachs vor und wird ähnlich wie die Cerotinsäure daraus dargestellt. Holde und W. Bleyberg[2] gewannen aus Montanwachs durch Destillation im Hochvakuum auch die Säure $C_{28}H_{56}O_2$ und schließen allgemein auf das Vorkommen nur normaler Säuren mit geraden C-Atomzahlen.

Tabelle 4.

Säure	Schmelz-punkt	Dichte bei 100°	Brechungs-index bei 100°
$C_{20}H_{40}O_2$	76,1—76,3	0,8240	1,4250
$C_{22}H_{44}O_2$	80,3—80,7	0,8221	1,4270
$C_{24}H_{48}O_2$	84,5—84,9	0,8207	1,4287
$C_{26}H_{52}O_2$	87,7—87,9	0,8198	1,4301
$C_{28}H_{56}O_2$	90,3—90,5	0,8191	1,4313
$C_{30}H_{60}O_2$	91,9—92,1	—	1,4323

Bleyberg und H. Ulrich[3] stellten eine große Zahl höher molekularer Säuren mittels des Malonesterverfahrens synthetisch dar und fanden dafür folgende Schmelzpunkte, Dichten und Brechungswerte.

C. Ungesättigte Fettsäuren der Ölsäurereihe ($C_nH_{2n-2}O_2$).

Zur Darstellung von ungesättigten Säuren aus Ölen und Fetten verseift man diese zweckmäßig unter Luftabschluß wie oben (S. 335) und entfernt den Alkohol, möglichst durch Verdampfung im Vakuum. Zur Zersetzung der Seife mit Säuren führt man die wäßrige Seifenlösung in einen Scheidetrichter über, zersetzt sie darin mit Salz oder Schwefelsäure und schüttelt die Fettsäuren mit Äther oder besser mit niedrig siedendem Petroläther aus, wäscht die ätherische Fettsäurelösung wiederholt mit ausgekochtem und wieder erkaltetem Wasser aus, bis alle Salz- bzw. Schwefelsäure und deren Salze entfernt sind. Dann destilliert man das Lösungsmittel ab. Vgl. auch S. 331.

Aus dem so gewonnenen Rückstand gewinnt man die einzelnen ungesättigten Fettsäuren nach den unten näher beschriebenen Verfahren, wobei man, um eine Oxydation der ungesättigten Fettsäuren[4] zu vermeiden, die freien Fettsäuren in einer Wasserstoff- oder Kohlensäureatmosphäre trocknet und im Dunkeln[5] aufbewahrt.

Noch sicherer ist es, die Fettsäuren in einem evakuierten und dann zugeschmolzenen Glasrohr dunkel aufzubewahren.

Analytisch sind die Glieder der Ölsäurereihe dadurch gekennzeichnet, daß sie zwei Atome Halogen zu addieren vermögen; die Bestimmung der Jodzahl ist daher neben der Verseifungszahl und dem Schmelzpunkt eines der besten Mittel zur Erkennung der Reinheit der dargestellten Fettsäuren.

Von den Fettsäuren der Ölsäurereihe sind die niederen paarzahligen Glieder C_6—C_{14} in sehr kleinen Mengen in verschiedenen Speisefetten aufgefunden

---

[1] D. Holde u. N. N. Godbole: Ber. Deutsch. Chem. Ges. 1926, **59**, 36.
[2] D. Holde u. W. Bleyberg: Zeitschr. angew. Chem. 1930, **43**, 897.
[3] W. Bleyberg u. H. Ulrich: Ber. Deutsch. Chem. Ges. 1931, **64**, 2504; C. 1932, I, 44.
[4] Die Angabe von J. Lewkowitsch (Chemische Technologie und Analyse der Öle, Fette und Wachse, Bd. 1, S. 112. Braunschweig 1905), daß die Ölsäure an der Luft nicht oxydiert wird, stimmt mit anderen Beobachtungen nicht überein und dürfte irrig sein.
[5] Vgl. S. 284.

worden. C_{14} ist vor allem in Fisch- und Seetierölen sehr verbreitet. Hexadecensäure $C_{16}H_{30}O_2$ kommt in vielen Fischölen, aber auch in anderen Fetten vor. Von der Ölsäure $C_{18}H_{34}O_2$ sind verschiedene Isomere bekannt. Die Erucasäure $C_{22}H_{42}O_2$ findet sich als Hauptfettsäure in Cruciferenölen, eine Isomere davon wie auch die Selacholeinsäure $C_{24}H_{46}O_2$ in Elasmobranchierölen (vgl. S. 584).

1. Niedere ungesättigte Säuren.

Von diesen wurde die Decensäure $C_{10}H_{18}O_2 = CH_2{:}CH \cdot (CH_2)_7 \cdot COOH$ im Butterfett in sehr kleinen Mengen aufgefunden (I. SMEDLEY [1], A. GRÜN und T. WIRTH [2], A. GRÜN und H. WINKLER [3], A. W. BOSWORTH und J. B. BROWN [4]), S. KOMORI und S. UENO [5] beobachteten sie neben Dodecensäure $C_{12}H_{22}O_2$ („Linderasäure"), die nach Y. TOYAMA [6] eine $\Delta^{4:5}$-Säure ist, und Tetradecensäure $C_{14}H_{26}O_2$ („Tsuzusäure") als „Obtusilsäure" im Nußöl von Lindera obtusiloba, M. TSUJIMOTO [7] fand größere Mengen Dodecensäure im Samenöl von Lindera hpyoglauca, derselbe [8] rund 14% Tetradecensäure $(CH_3 \cdot (CH_2)_7 \cdot CH{:}CH \cdot (CH_2)_3 \cdot COOH$ im Spermwalkopföl; die isomere Myristoleinsäure oder $\Delta^{9:10}$-Tetradecensäure, $CH_3 \cdot (CH_2)_3 \cdot CH{:}CH \cdot (CH_2)_8 \cdot COOH$ ist nach E. F. ARMSTRONG und T. P. HILDITCH [9] Bestandteil zahlreicher Fisch- und Walöle (etwa 1%), nach GRÜN und WINKLER [3] sowie nach BOSWORTH u. BROWN [4], aber auch von Butterfett (bis zu 0,87%). Ihre Menge ist meist noch kleiner als die der Hexadecensäure, so nach HILDITCH und H. JASPERSON [10] in den Gesamtfettsäuren von Sojaöl um 0,64, Baumwollöl 0,50, Palmöl 0.

Diese niederen Fettsäuren werden daran erkannt, daß die entsprechenden niederen Fraktionen der Esterdestillate (vgl. S. 177 f.) erhöhte Jodzahlen aufweisen.

Bezüglich der Isolierung sei auf die genannten Originalarbeiten verwiesen, ebenso bezüglich der Eigenschaften der genannten Säuren, die bei gewöhnlicher Temperatur flüssig sind.

2. Hexadecensäure (Hypogäasäure, Physetölsäure, Zoomarinsäure).

$C_{16}H_{30}O_2 = CH_3 \cdot (CH_2)_5 \cdot CH{:}CH \cdot (CH_2)_7 \cdot COOH$, also $\Delta^{9:10}$-Hexadecensäure, ist ein wesentlicher Bestandteil fast aller Seetierfette. Zuerst erhielt sie P. G. HOFSTEDTER [11] aus Spermwalkopföl. Dann fand man sie in Seehundsöl (E. LJUBARSKY [12]), Dorschleberöl (H. BULL [13]), vielen anderen Seetierölen, Rattenfett (A. BANKS, T. P. HILDITCH und E. C. JONES [14]) und Hühnerfett (HILDITCH, JONES und A. J. RHEAD [15]). Sie scheint viel verbreiteter zu sein, als früher angenommen wurde. HILDITCH [16] gibt nebenstehende Übersicht über die bisherigen Feststellungen.

Tabelle 5. Vorkommen von Hexadecensäure in natürlichen Glyceriden.

Herkunft des Fettes	Hexadecensäure %	Herkunft des Fettes	Hexadecensäure %
Wasserpflanzenfett	25—30	Schwein, Depotfett	9
Süßwasserfische .	18—25	„ Leberfett	2,5—3,0
Seefische	10—15	Sojabohnenöl . .	2
Frösche	15	Palmöl	1
Eidechsen . . .	10—12	Olivenöl	1
Hausgeflügel . .	7	Erdnußöl	1
Ratten	7—8	Baumwollsaatöl .	1
Rind, Leberfett .	12	Teesamenöl . . .	0,8
„ Depotfett .	2,5—3,0		
„ Milchfett .	3—4		

[1] I. SMEDLEY: Biochem. Journ. 1912, **6**, 451.
[2] A. GRÜN u. T. WIRTH: Ber. Deutsch. Chem. Ges. 1922, **55**, 2206.
[3] A. GRÜN u. H. WINKLER: Zeitschr. angew. Chem. 1924, **37**, 228.
[4] A. W. BOSWORTH u. J. B. BROWN: Journ. biol. Chem. 1933, **103**, 115.
[5] S. KOMORI u. S. UENO: Bull. chem. Soc. Japan 1937, **12**, 433; C. 1938, I, 2855.
[6] E. F. ARMSTRONG u. T. P. HILDITCH: Journ. Soc. chem. Ind. 1925, 44 T, 180.
[7] M. TSUJIMOTO: U. 1927, **34**, 91.   [8] M. TSUJIMOTO: U. 1925, **32**, 202.
[9] Y. TOYAMA: Journ. Soc. chem. Ind. Japan, Suppl. 1937, **40** B, 285; C. 1938, I, 2647.
[10] T. P. HILDITCH u. H. JASPERSON: Journ. Soc. chem. Ind. 1938, 57, 84; C. 1938, II, 3030.
[11] P. G. HOFSTEDTER: Ann. Chem. 1854, **91**, 177.
[12] E. LJUBARSKY: Journ. prakt. Chem. 1898 (2), **57**, 19.
[13] H. BULL: Ber. Deutsch. Chem. Ges. 1906, **39**, 3574.
[14] A. BANKS, T. P. HILDITCH u. E. C. JONES: Biochem. Journ. 1933, **27**, 1375.
[15] HILDITCH, JONES u. A. J. RHEAD: Biochem. Journ. 1934, **28**, 786.
[16] T. P. HILDITCH: Rec. Trav. chim. Pays-Bas 1938, **57**, 503.

Neuere Untersuchungen von Hilditch und Jasperson [1] ergaben für die Fettsäuren von Sojaöl 1,6—1,8, Baumwollöl 0,5, Palmöl 2,2%.

Getrennt wird die Palmitölsäure von der sie begleitenden Ölsäure am besten durch fraktionierte Destillation der Methylester (vgl. S. 177) und Aufarbeitung des niedrigst siedenden Anteiles, ähnlich wie bei der Darstellung der Ölsäure nach S. 351.

S. H. Bertram [2]: stellte Palmitölsäure her durch langsame Destillation von Walölfettsäuren bei 0,2 bis 1,3 mm Druck unter Verwendung eines Vigreux-Aufsatzes und unter Zufügung von so viel Glaswolle, daß diese die siedende Flüssigkeit teilweise überragte (West), sowie unter Verwendung von Sojaöl als Badflüssigkeit her. Die erhaltenen 255 g der Fraktion 253—256° mit der Jodzahl 48,2 wurden nun zweimal nach dem Mercuriacetatverfahren gereinigt und aus Aceton umkrystallisiert. — Durch Elaidinierung ging die Säure in Palmitelaidinsäure über, die bei 22° schmolz.

3. Ölsäuren $C_{18}H_{34}O_2$.

Von ungesättigten Fettsäuren der Zusammensetzung $C_{18}H_{34}O_2$ kommen in natürlichen Fetten vor:

a) Eigentliche Ölsäure, $\Delta^{9:10}$-Octadecensäure $= CH_3 \cdot (CH_2)_7 \cdot CH:CH \cdot (CH_2)_7 \cdot COOH$,

b) Petroselinsäure, $\Delta^{6:7}$-Octadecensäure $= CH_3 \cdot (CH_2)_{10} \cdot CH:CH \cdot (CH_2)_4 \cdot COOH$,

c) $\Delta^{12:13}$-Octadecensäure $= CH_3 \cdot (CH_2)_4 \cdot CH:CH \cdot (CH_2)_{10} \cdot COOH$,

d) Vaccensäure, $\Delta^{11:12}$-Octadecensäure $= CH_3 \cdot (CH_2)_5 \cdot CH:CH \cdot (CH_2)_2 \cdot COOH$.

Außerdem entstehen durch sterische Umlagerung der eigentlichen Ölsäure:

e) Elaidinsäure, $\Delta^{9:10}$-Octadecensäure und durch gleichzeitige Verschiebung der Doppelbindungen beim Hydrierungsvorgang (vgl. S. 608) neben Elaidinsäure weitere

f) Isoölsäuren.

Zur Darstellung dieser Säuren dienen folgende Verfahren:

a) Gewöhnliche Ölsäure $= \Delta^{9:10}$-Octadecensäure.

Die Ölsäure kommt in allen Speisefetten in wechselnder Menge vor und wurde darin 1815 von Chevreul erkannt und beschrieben. Technisch gewinnt man Ölsäure (Olein), indem man das Fettsäurengemisch von Hammel- oder Rindstalg abpreßt. Der flüssige Anteil wird dann zwecks Reinigung ein- oder mehrmals destilliert. Diese technische Ölsäure enthält meist noch bedeutende Mengen Palmitinsäure, Linolsäure und andere Fettsäuren.

Die Bereitung der reinen Ölsäure aus Speisefetten beruht auf der Abtrennung einerseits der gesättigten Fettsäuren, anderseits der höher ungesättigten Linol- und Linolensäure.

Als Ausgangsmaterial eignet sich nach S. H. Bertram [2] am besten ein Pflanzenöl mit von Natur aus hohem Ölsäuregehalt wie Olivenöl, Mandelöl oder Erdnußöl. Auch Bucheckern-, Haselnuß- und Teesamenöl sind sehr ölsäurereich (vgl. S. 472 u. 473).

Der schwierigste Teil dabei ist die Abtrennung der gesättigten Fettsäuren. Nach dem Bleisalzverfahren von Twitchell (vgl. S. 201) können zwar die Stearinsäure und ihre höheren Homologen praktisch völlig entfernt werden, nicht aber die Palmitinsäure und ihre niederen Homologen. Da diese einen niedrigeren Siedepunkt besitzen als Ölsäure, lassen sie sich von letzterer durch fraktionierte Destillation trennen. Immerhin stößt aber dieses Verfahren auf Schwierigkeiten. So fand Bertram in Ölsäurepräparaten des Handels, die durch Destillation gereinigt zu werden pflegen, noch 3,6—13,8% gesättigte Fett-

<hr>

[1] T. P. Hilditch u. H. Jasperson: vgl. Anm. 10, S. 349.

[2] S. H. Bertram: Bereiding en Onderzoek van Oliezuur. Diss. Delft 1928; Z. 1928, 55, 179.

säuren. Auf einfachere Weise erreicht BERTRAM die Abtrennung hiervon nach seinem Mercuriacetatverfahren (vgl. S. 351), das sich auch für die Abtrennung der übrigen ungesättigten Säuren bewährt hat (vgl. S. 198). Ferner enthalten Ölsäurepräparate des Handels öfters erhebliche Mengen unverseifbarer Stoffe, die vermutlich bei der Vakuumdestillation unter Verwendung einer Öl-Luftpumpe hineingelangen. So stellte J. GROSSFELD [1] nach dem S. 241f beschriebenen Verfahren in fünf „reinsten" Ölsäurepräparaten des Handels 0,61 bis 2,72% unverseifbares Mineralöl fest.

Für die Abtrennung der stärker ungesättigten Säuren eignet sich entweder Krystallisation der Säuren aus Aceton bei —10 bis —15⁰ nach BERTRAM oder Krystallisation der Lithiumsalze nach J. H. SKELLON [2].

Die für die folgenden Verfahren zu verwendende rohe Ölsäure gewinnt man aus dem Öl durch Verseifung und Zersetzung der Seife, oder man geht von der Ölsäure des Handels (z. B. von Merck, redestilliert) aus.

a) **Verfahren von BERTRAM.** 100 g rohe Ölsäure werden zu einem erwärmten Gemisch von 175 g Mercuriacetat, 140 ccm Methylalkohol und 45 ccm Eisessig gegeben, das Gemisch wird 1—2 Minuten auf dem Wasserbade erwärmt, dann erkalten und mindestens 24 Stunden stehengelassen und darauf scharf abgesaugt. Das Filtrat wird durch Zusatz von 50 ccm Salzsäure (1,19) zersetzt und nach dem Abkühlen mit Petroläther (Siedepunkt 40—60⁰) ausgeschüttelt. Die Petroläther-lösung wird mit Wasser gewaschen und filtriert. Das nach dem Abdestillieren des Petroläthers zurückbleibende Gemisch von Fettsäuren und Methylestern wird verseift und die Seifenlösung zur Entfernung des Unverseifbaren wiederholt mit Äther oder Petroläther ausgeschüttelt. Darauf wird die Seifenlösung mit verdünnter Schwefelsäure zersetzt und die Ölsäure mit Petroläther aus-geschüttelt, nach dem Abdestillieren des Petroläthers gewaschen und getrocknet. Die so gewonnene Ölsäure enthält nur 0,4—0,5% gesättigte Fettsäuren. — Zur Entfernung der stärker ungesättigten Fettsäuren wird die Ölsäure in Anteilen von etwa je 30 g in einem weiten Reagensglase mit dem gleichen bis doppelten Volumen durch Destillation über Kaliumpermanganat gereinigten, mit wasserfreiem Natriumsulfat getrockneten Acetons gemischt und das Reagens-glas in ein mit Alkohol und etwas fester Kohlensäure gekühltes DEWARsches Glas gestellt, worauf durch langsames Zufügen von fester Kohlensäure auf —10 bis —15⁰ abgekühlt wird. Nach beendeter Krystallisation wird durch einen doppelwandigen, zuvor durch Aceton-Kohlensäureschnee gekühlten BÜCHNER-Trichter filtriert. Nach raschem scharfem Absaugen — wobei der Trichter zur Abhaltung von kondensiertem Wasserdampf aus der Luft mit einer Glasplatte abgedeckt wird — wird der Rückstand mit dem Fuß eines vorgekühlten Meß-glases angedrückt und mit Aceton von —20 bis —30⁰ abgedeckt. Die Ölsäure-krystalle werden noch einige Male auf gleiche Weise umkrystallisiert. Die so erhaltene Ölsäure zeigte den Schmelz- und Erstarrungspunkt von 13,2⁰.

Ebenfalls durch Krystallisation aus Aceton scheidet J. B. BROWN und G. Y. SHINOWARA [3] auch die gesättigten Säuren ab und stellen so nach folgendem vereinfachten Verfahren reine Ölsäure dar:

225 g Olivenölfettsäuren werden in 3450 ccm Aceton gelöst, über Nacht bei —20⁰ gehalten und abgesaugt. Das Filtrat wird unter ständigem Rühren auf —60⁰ gekühlt und wiederum abgesaugt. Der Niederschlag wird geschmolzen, in 2000 ccm Aceton gelöst, nochmals bei —60⁰ ausgefroren und die Krystalli-sation noch zweimal wiederholt. Danach wird der Niederschlag bei 15 mm aus Glas destilliert; die Ausbeute betrug 90 g rein weiße, geruchlose Ölsäure.

---

[1] J. GROSSFELD: Privatmitteilung 1938.

[2] J. H. SKELLON: Journ. Soc. chem. Ind. 1931, **50** T, 131; U. 1931, **38**, 221.

[3] J. B. BROWN u. G. Y. SHINOWARA: Journ. Amer. Chem. Soc. 1937, **59**, 6; Z. 1938, **76**, 387.

β) **Verfahren von Skellon**[1]. Je 100 g rohe Ölsäure werden in der vierfachen Menge absolutem Alkohol gelöst und zum Sieden erhitzt. Zu dieser Lösung gibt man mittels Tropftrichter bis zur Neutralisation gegen Phenolphthalein eine heiße Lösung von 20 g Lithiumhydroxyd in Wasser. Nach Abkühlung unter fließendem Wasser wird das Oleat abgesaugt, mit Alkohol ausgewaschen, getrocknet und einmal aus der vierfachen Menge absolutem Alkohol umkrystallisiert. Danach wird das Oleat durch kräftiges Schütteln mit 10%iger Salzsäure zerlegt und nach völliger Abkühlung die ausgeschiedene Ölsäure mit Äther ausgezogen. Nach 40stündigem Trocknen des Äthers mit frisch geglühtem Natriumsulfat wird abfiltriert, der Äther durch Abdunsten entfernt und die zurückbleibende Ölsäure in ihren Methylester übergeführt. Nach der Hochvakuumdestillation des Methylesters wird die Hauptfraktion (115—117°) zur Weiterverarbeitung mit einem geringen Überschuß von 10%iger Natronlauge 1 Stunde lang am Rückflußkühler zur Überführung in das Natriumoleat gekocht und dieses dann durch 10%ige Salzsäure zerlegt. Nach der nun folgenden Hochvakuumdestillation der Ölsäure betrug die Ausbeute 30—35%. Farblose Nädelchen mit Schmelzpunkt 13—14°, Erstarrungspunkt 12,28°. — Es empfiehlt sich, die ganze Behandlung im verdunkelten Zimmer auszuführen. Vgl. auch A. Lapworth, L. K. Pearson und E. N. Mottram[2], K. Täufel und A. Seuss[3].

Über die Eigenschaften der Ölsäure vgl. Bd. I, S. 277.

b) Petroselinsäure, $\Delta^{6:7}$-Octadecensäure.

wurde von E. Vongerichten und A. Köhler[4] im Petersiliensamenöl gefunden, das um 76% davon enthält (T. P. Hilditch und E. E. Jones[5]); sie ist ein Hauptbestandteil der Samenfette der Umbelliferae und Araliaceae. Die bei 31° schmelzende Säure bildet ein schwerlösliches Bleisalz. J. van Loon[6] stellt daher die Petroselinsäure aus Petersiliensamenöl durch Trennung der festen und flüssigen Fettsäuren nach der Bleisalz-Alkoholmethode (vgl. S. 201) und Reinigung der festen Fettsäuren, die im wesentlichen aus Petroselinsäure bestehen, durch Umkrystallisieren der Lithiumsalze aus 50%igem Alkohol dar. Bertram erhielt sie aus dem gleichen Öl durch Behandlung der Fettsäuren mit Mercuriacetat und reinigte sie wie oben (S. 351) durch Krystallisation aus Aceton.

c) $\Delta^{12:13}$-Octadecensäure.

wurde von P. Hartley[7] angeblich in Leberfetten gefunden. Sie ist bei Zimmertemperatur fest und geht durch Oxydation in Capronsäure und Decamethylensäure über, was zu ihrem Nachweis dient. K. Turner[8] fand das Vorkommen der Fettsäure aber in Schafsleber, H. J. Channon[9] in Schweineleber nicht bestätigt.

d) Vaccensäure, $\Delta^{11:12}$-Octadecensäure.

ist die einzige natürliche, nämlich im Rinds- und Hammelfett vorkommende, von Bertram entdeckte Elaidinsäure. Die Vaccensäure bildet ein in Alkohol schwerlösliches Bleisalz und bewirkt, daß die nach Twitchell aus den genannten

---

[1] Nach R. Kaufel: Beiträge zur Kenntnis der Fettsäuren und ihrer Seifen. Würzburg 1936.

[2] A. Lapworth, L. K. Pearson u. E. N. Mottram: Biochem. Journ. 1925, **19**, 7; C. 1925, I, 2067.   [3] K. Täufel u. A. Seuss: U. 1934, **41**, 107.

[4] E. Vongerichten u. A. Köhler: Ber. Deutsch. Chem. Ges. 1909, **42**, 1638.

[5] T. P. Hilditch u. E. E. Jones: Journ. Soc. chem. Ind. 1927, **46** T, 174; C. 1927, II, 238.

[6] J. van Loon: Rec. Trav. chim. Pays-Bas 1927, **46**, 492; C. 1927, II, 1355.

[7] P. Hartley: Journ. Physiol. 1909, **38**, 367.

[8] K. Turner: Biochem. Journ. 1930, **24**, 1327; C. 1931, I, 3367.

[9] H. J. Channon, E. Irving u. J. A. B. Smith: Biochem. Journ. 1934, **28**, 840, 1807; C. 1935, II, 2227, 2228.

Fetten dargestellten festen Fettsäuren eine Jodzahl bis zu etwa 6 aufweisen. Da dies auch bei Fettsäuren aus Kuhbutter der Fall ist, scheint auch Butterfett diese Vaccensäure zu enthalten. BERTRAM[1] stellte die Vaccensäure aus Premier jus und Oleomargarin (vgl. S. 545) wie folgt dar:

1060 g Fettsäuren aus Premier jus wurden in 3 Liter warmem mit 5% Methylalkohol denaturiertem 95%igem Alkohol gelöst und zu der warmen Lösung eine kochende Lösung von 370 g Bleiacetat in 2 Liter Alkohol gefügt, worauf 48 Stunden zur Krystallisation beiseite gesetzt wurde. Nach scharfem Absaugen der abgeschiedenen Bleiseifen und Abdecken mit etwa 500 ccm Alkohol wurden die festen Bleiseifen mit 4 Liter Alkohol aufgekocht und wieder eine Nacht über krystallisieren gelassen, wiederum scharf abgesaugt und mit 500 ccm Alkohol gedeckt. Die so erhaltenen Säuren, 531 g, hatten eine Jodzahl von 13,45. Sie wurden nun zu einer warmen Lösung von 500 g Mercuriacetat in 375 g Essigsäure und 1500 ccm Methylalkohol gefügt. Nach 24 Stunden wurde stark abgesaugt, scharf, aber ohne zu waschen, mit einem Maßglase angepreßt. Das Filtrat wurde unter Eiskühlung mit 350 ccm Salzsäure (D. 1,19) zersetzt, die abgeschiedene Fettsäure (mit Methylestern) in Petroläther aufgenommen, gewaschen, abdestilliert, verseift, das Unverseifbare mit Äther entfernt und schließlich nach Ansäuern eine Menge von 60 g roher Fettsäure erhalten. Diese wurde nochmals in gleicher Weise mit 110 g Mercuriacetat, 30 ccm Essigsäure und 120 ccm Methylalkohol behandelt. Die so gereinigten Säuren, 40 g, wurden dann dreimal bei 0 bis —10° aus etwa der gleichen Raummenge Aceton umkrystallisiert. Ausbeute 10,5 g farbloser Krystalle, vom Schmelzpunkt 36—39°. — Vermutlich enthielt das Präparat aber noch kleine Mengen $\Delta^{9:10}$-Ölsäure.

e) Elaidinsäure.

Zur Darstellung geht man zweckmäßig von reiner Ölsäure aus, die man durch Behandlung mit Salpetriger Säure elaidiniert (vgl. S. 207), worauf man die Elaidinsäure von der nicht umgewandelten Ölsäure durch Krystallisation trennt. BERTRAM verfährt wie folgt:

Die Ölsäure wird in ungefähr der gleichen Menge trockenem Aceton gelöst, in die Lösung wird bei 0° nach TOMOW[2] ein Gemisch von Stickstoffdioxyd und Stickoxyd (aus Kartoffelstärke und Salpetersäure von der Dichte 1,4 bereitet) geleitet, bis die Lösung beginnt hellgrün zu werden, dann mit Wasser verdünnt und mit Petroläther ausgeschüttelt. Die Lösung wird mit etwas Norit behandelt, verdampft und die Elaidinsäure wiederholt aus Aceton (bei 0° und darunter) umkrystallisiert. Das zuerst erhaltene Produkt wird dann nach dem Mercuriacetatverfahren gereinigt. Der Schmelzpunkt der Elaidinsäure ist etwa 43—44°.

Das gleiche Verfahren eignet sich auch zur Elaidinierung von anderen Ölsäuren und von Erucasäure (vgl. S. 354).

f) Isoölsäuren.

Zur Abscheidung der bei der Hydrierung entstandenen Isoölsäuren empfiehlt sich ihre vorherige Abtrennung nach dem Bleisalzverfahren nach S. 202. Die erhaltene Fraktion kann dann ähnlich wie bei der Darstellung der Vaccensäure (vgl. oben) weiter behandelt werden. Über die Trennung der einzelnen Isoölsäuren sind besondere Verfahren bisher nicht bekannt.

4. Ungesättigte Säuren von der Formel $C_{20}H_{38}O_2$,

nämlich Gadoleinsäure $= \Delta^{9:10}$-Eicosensäure, $CH_3 \cdot (CH_2)_9 \cdot CH:CH \cdot (CH_2)_7 \cdot COOH$ und $\Delta^{11:12}$-Eicosensäure kommen nach BULL (1906) im Dorschleberöl und nach M. TAKARO[3], Y. TOYAMA und T. TSUCHIYA[4] sowie TOYAMA und T. ISHIKAWA[5] in anderen Seetierölen (Heringsöl, Sei- und Buckelwalöl) u. a. vor.

[1] S. H. BERTRAM: Bereiding en Onderzoek von Oliezuur. Diss. Delft 1928; Z. 1928, **55**, 179.   [2] TOMOW: Diss. München 1914.
[3] M. TAKARO: Journ. Soc. chem. Ind. Japan 1933, **36**, 1317.
[4] Y. TOYAMA u. T. TSUCHIYA: Journ. Soc. chem. Ind. Japan 1934, **37** B, 14, 17.
[5] T. YOYAMA u. T. ISHIKAWA: Journ. Soc. chem. Ind. Japan 1934, **37** B, 534, 536.

5. Erucasäure und Brassidinsäure.

a) Die Erucasäure, $\Delta^{13:14}$-Dokosensäure, $C_{22}H_{42}O_2 = CH_3 \cdot (CH_2)_7 \cdot CH:CH$ $\cdot (CH_2)_{11} \cdot COOH$, findet sich in den Cruciferenölen, so in dem von Raps-, Senf-, Leindottersamen zu etwa 40—50% (vgl. S. 496). Ihre Darstellung daraus, z. B. aus Rüböl, beruht darauf, daß sie in Alkohol schwerer löslich ist als die sie begleitenden ungesättigten Säuren und mit Blei ein schwerlösliches Salz bildet (vgl. S. 209). Wie bei der Ölsäure besteht auch bei der Erucasäure die Schwierig-keit der Abtrennung der gesättigten Fettsäuren, die Rüböl, wenn auch nur in geringer Menge, enthält.

Aus diesem Grunde führt die Darstellung aus Rüböl, etwa durch wiederholte Lösung der Fettsäuren in der dreifachen Menge 95%igem Alkohol und Ausscheidung durch Ab-kühlung der Lösung auf 0° nach Reimer und Will[1] ebensowenig zu reiner Erucasäure wie eine Anwendung der Bleisalz-Alkoholmethode nach S. 210.

Eine Verbesserung des Krystallisationsverfahrens geben D. Holde und C. Wilke[2] an, die die zunächst durch Krystallisation aus Alkohol bei — 17° erhaltene rohe Säure bei — 5° und bei 0° umkrystallisieren, dann in das Lithiumsalz überführen und dieses frak-tioniert krystallisieren. Vgl. S. 213.

K. Täufel u. Cl. Bauschinger[3] fanden, daß durch fraktionierte Fällung mit Bleiacetat in Alkohol die gesättigten Säuren sich in den ersten Anteilen befinden, während die letzten Anteile fast reine Erucasäure darstellen.

Das sicherste Mittel zur Entfernung der Palmitinsäure bildet auch hier wie bei der Ölsäure (S. 350) entweder die fraktionierte Destillation der Ester oder die Quecksilberacetatmethode von Bertram[4], dem es so gelang, den Gehalt eines Erucasäurepräparates an gesättigten Fettsäuren von 5 auf 0,8% zu vermindern. Die Arbeitsweise ist analog der bei Ölsäure (S. 351).

Über die Eigenschaften der Erucasäure vgl. Bd. I, S. 278.

b) Die Darstellung der Brassidinsäure erfolgt analog der der Elaidinsäure (S. 207) durch Behandlung von reiner Erucasäure mit Stickoxyd und Stickstoffdioxyd. Die reine Brassidinsäure krystallisiert gut. Über ihre weiteren Eigenschaften vgl. Bd. I, S. 278.

6. Sonstige hochmolekulare Säuren der Ölsäurereihe.

Als Bestandteil vieler Fischöle wurde Cetoleinsäure, $\Delta^{11:12}$-Dokosensäure $= CH_3$ $\cdot (CH_2)_9 \cdot CH:CH \cdot (CH_2)_9 \cdot COOH$, gefunden (Y. Toyama[5]), die mit Erucasäure isomer ist.

Selacholeinsäure, $\Delta^{15:16}$-Tetrakosensäure, $C_{24}H_{46}O_2 = CH_3 \cdot (CH_2)_7 \cdot CH:CH \cdot (CH_2)_{13}$ $\cdot COOH$, wurde von M. Tsujimoto[6] entdeckt. Sie ist charakteristisch für das Öl der Elas-mobranchi, während sie in dem Öl der Teleostei und marinen Säugetiere nicht gefunden wurde. Die Nervonsäure von E. Klenk[7] aus Hirncerebrosiden scheint mit Selacholein-säure identisch zu sein.

Ximensäure. Aus den geschälten Samenkernen von Ximenia americana Linn., einem in Indien wachsenden Strauch, isolierten S. V. Puntambekar und S. Krishna[8] ein Öl, das in den Fettsäuren neben 15,2% Cerotinsäure 14,6% der ungesättigten Säure $C_{26}H_{50}O_2$ enthielt, die durch Oxydation mit Permanganat (S. 215) in Dioxycerotinsäure $C_{26}H_{52}O_4$ (Schmelzpunkt 118—119°) und durch Hydrierung in Cerotinsäure $C_{26}H_{52}O_2$ überging. Die Ximensäure stellt hiernach das höchste bekannte, natürlich vorkommende Glied der Ölsäurereihe dar.

---

[1] Reimer u. Will: Ber. Deutsch. Chem. Ges. 1886, **19**, 3320.

[2] D. Holde u. C. Wilke: Zeitschr. angew. Chem. 1922, **35**, 105, 186, 289.

[3] K. Täufel u. Cl. Bauschinger: Zeitschr. angew. Chem. 1928, **41**, 157.

[4] S. H. Bertram: Vgl. S. 350.

[5] Y. Toyama: U. 1927, **34**, 19; C. 1927, I, 3201; Journ. chem. Soc. Japan 1927, **30**, 154; C. 1927, II, 2744.

[6] M. Tsujimoto: Zeitschr. Deutsch. Öl- u. Fettind. 1926, **46**, 385; Journ. Soc. chem. Ind. Japan (Suppl.) 1927, **30**, 229; C. 1926, II, 1156; 1928, I, 1385.

[7] E. Klenk: Zeitschr. physiol. Chem. 1927, **166**, 268, 287; C. 1927, II, 585.

[8] S. V. Puntambekar u. S. Krishna: Journ. Ind. chem. Soc. 1937, 14, 268; C. 1928, II, 1335.

D. Ungesättigte Fettsäuren der Linolsäurereihe
$(C_nH_{2n-4}O_2)$.

Für die Darstellung der Säuren dieser Reihe gilt sinngemäß das Gleiche wie für die der Ölsäure (vgl. S. 350). Analytisch kennzeichnend für die Glieder dieser Reihe ist die Leichtlöslichkeit der Bleisalze in Äther, Benzol und Alkohol, die Fähigkeit der Säuren 4 Atome Halogen zu addieren und die Schwerlöslichkeit der Tetrabromide in Petroläther.

1. Linolsäure. Von Säuren dieser Reihe sind bisher nur solche von der Formel $C_{18}H_{32}O_2$ aufgefunden worden, von denen nur die Leinölsäure oder Linolsäure, $\varDelta^{9:10,\ 12:13}$-Octadecadiensäure Bedeutung hat. Diese von F. Sacc[1] entdeckte Säure ist ein ständiger Begleiter der Ölsäure, wenn auch in stark variierender Menge. Erhebliche Anteile an Linolsäure enthalten die halbtrocknenden und trocknenden Öle, z. B. Maisöl, Baumwollsamenöl, Sesamöl, Mohnöl, Hanföl, Leinöl, sie kommt aber auch, allerdings in meist geringeren Mengen, in tierischen halbfesten und festen Fetten (Pferdefett, Schweinefett, Hasenfett usw.) vor.

Da sich die Linolsäure sehr leicht von der Luft oxydiert, muß bei ihrer Darstellung ebenso wie bei der Ölsäure (S. 335) die Luft möglichst ferngehalten werden. Man wählt zu ihrer Darstellung zweckmäßig solche halbtrocknenden Öle, welche, wie Mohnöl, Baumwollsamenöl oder Maisöl, neben der Linolsäure keine oder doch keine größeren Mengen Linolensäure enthalten und verfährt nach einem der folgenden Verfahren.

a) **Älteres Verfahren.** Man verseift das Öl (Mohnöl), löst die Seife in Wasser und fällt die Fettsäuren mit Chlorbariumlösung. Die Bariumseifen werden auf einer Nutsche abfiltriert, scharf abgesaugt und nach kurzem Trocknen im Kohlensäurestrome bei mäßiger Temperatur — die Seifen dürfen dabei nicht schmelzen — zieht man das Bariumlinolat mit Äther aus, und nach dem Abdestillieren des größten Teiles des Äthers krystallisiert man es mehrmals aus Äther um. Das so gereinigte Bariumsalz schüttelt man mit Äther und Salzsäure und destilliert nach hinreichendem Auswaschen der ätherischen Linolsäurelösung mit Wasser den Äther ab. Die so gewonnene Säure löst man in absolutem Alkohol und führt sie mittels trockenen Chlorwasserstoffes in den Äthylester über. Man zieht den Ester mit Petroläther aus, wäscht die Petrolätherlösung wiederholt mit Wasser, trocknet mit wasserfreiem Natriumsulfat, destilliert den Petroläther ab und fraktioniert den Äthylester bei einem Druck von 180 mm. Den bei 270—275⁰ übergehenden Linolsäureäthylester verseift man mit alkoholischer Kalilauge, scheidet aus der mit dem gleichen Volumen Wasser versetzten Seifenlösung die Linolsäure mit verdünnter Schwefelsäure ab und zieht sie mit Petroläther aus.

J. B. Brown und G. G. Stoner[2] gewinnen nach Abtrennung der gesättigten Säuren bei — 20⁰ durch fraktionierte Krystallisation der ungesättigten Säuren oder ihrer Methylester bei — 40⁰ bis — 70⁰ Linolsäure von 93% Reinheit in guter Ausbeute. Fraktionierte Krystallisation der Lithiumseifen aus n-Butylalkohol oder der Kaliseifen aus absolutem Äthylalkohol bei — 20⁰ lieferte in ebenfalls genügender Ausbeute ein Produkt von 82 bzw. 74% Reinheit.

b) **Bromverfahren.** Eine Verbesserung des zuerst von A. Rollet[3] angegebenen Verfahrens stammt von Gattermann-Wieland[4], dem im wesentlichen folgende Vorschrift von K. Täufel und A. Seuss[5] folgt:

Das anzuwendende Mohnöl wird in der üblichen Weise verseift. Die zersetzte Seifenlösung wird mit Petroläther ausgeschüttelt und die ätherische Lösung über Natriumsulfat getrocknet. Auf 100 g Mohnöl verwendet man etwa 200 ccm Petroläther. Die Bromierung erfolgt durch tropfenweise Zugabe einer auf —15⁰ abgekühlten Lösung von 40 ccm Brom in 200 ccm Petroläther zu der ebenfalls

---

[1] F. Sacc: Ann. Chem. 1844, **51**, 213.
[2] J. B. Brown u. G. G. Stoner: Journ. Amer. Chem. Soc. 1937, **59**, 3; Z. 1938, **76**, 386.
[3] A. Rollet: Zeitschr. physiol. Chem. 1909, **62**, 410.
[4] Gattermann-Wieland: Die Praxis des organischen Chemikers, 21. Aufl. 1928.
[5] K. Täufel u. A. Seuss: U. 1934, **41**, 107.

auf —15⁰ abgekühlten Lösung der Mohnölfettsäuren in Petroläther. Dabei soll die Temperatur nicht über —5⁰ steigen; Turbinieren ist zweckmäßig. Der Niederschlag vom „Tetrabromid" wird durch Abgießen der gelbgefärbten Mutterlauge und zweimaliges Dekantieren mit gekühltem, frischem Petroläther vorgereinigt und darauf abgesaugt. Weitere Reinigung kann durch Aufkochen mit Petroläther erzielt werden.

Zwecks Entbromung werden 25 g des Tetrabromids, in 250 ccm Äthylalkohol suspendiert, dazu werden unter gelindem Erhitzen auf dem Wasserbad und unter Umschütteln 50 g Zinkstaub geschüttet. Wenn die Reaktion zu heftig wird, kühlt man in Eiswasser. Man erhitzt dann noch 1 Stunde am Rückflußkühler, saugt vom restlichen Zinkstaub ab, der mit Alkohol nachgewaschen wird, verdampft die Hauptmenge des Alkohols auf dem Wasserbad und trägt die erkaltete Lösung in 200 ccm 20%iger Schwefelsäure ein, die sich in einem Scheidetrichter befindet. Dann wird ausgeäthert und die ätherische Lösung zur Verseifung des bei der Entbromung gebildeten Esters mit einer Lösung von 5 g Ätzkali in 25 ccm Methylalkohol gekocht. Nach Abdampfen des Lösungsmittels wird der alkalisch reagierende Rückstand wieder mit 20%iger Schwefelsäure versetzt und ausgeäthert. Die getrocknete ätherische Lösung hinterläßt nach Abdampfen des Äthers die farblose Linolsäure. Deren letzte Reinigung geschieht durch Destillation im Hochvakuum unter Einleiten von inertem Gas. Die Säure geht bei 2 mm zwischen 194 und 195⁰ über. Die Destillationszeit ist möglichst kurz zu bemessen.

Die so erhaltene Linolsäure ist, obwohl aus α-Linolsäuretetrabromid dargestellt, wieder ein Gemisch von α- und β-Linolsäure.

Über aus α-Linolsäuretetrabromiden regenerierte Linolsäure vgl. auch D. M. Birosel [1].

W. Kimura [2] verwendet zur Entbromung von Fettsäurebromiden Zink und 5 N.-schwefelsauren Methylalkohol, wobei Zink mit 20%, Schwefelsäure mit 10% Überschuß zur Anwendung kommen.

Über Eigenschaften der Linolsäure vgl. Bd. I, S. 279.

2. Elaidinierte Linolsäure stellte J. P. K. van der Steur [3] durch Elaidinierung aus Linolsäure dar: 18 g Linolsäure wurden im gleichen Volumen Aceton gelöst und das Gemisch auf 0⁰ gekühlt. Darin wurden nitrose Dämpfe geleitet. Dieses Gemisch blieb noch einige Stunden bei 0⁰, dann die Nacht über bei Zimmertemperatur stehen, wurde am folgenden Tage mit Wasser verdünnt, mit Petroläther ausgeschüttelt, die Lösung wiederholt mit Wasser gewaschen, wobei sich eine kleine Schicht von Nitroverbindungen abschied, die abgelassen wurde. Schließlich wurde die Lösung in Petroläther mit Norit gekocht, filtriert und dann abdestilliert. Die Linolsäure wurde wieder in einem gleichen Volumen Aceton aufgenommen und in einem weiten Reagensglase in einem Dewar-Gefäß mit Alkohol und festem Kohlendioxyd auf — 20⁰ abgekühlt. Die elaidinierte Linolsäure krystallisierte aus und wurde auf einem mit kaltem Aceton gekühlten Büchner-Trichter abfiltriert. Nach sechsmaligem Umkrystallisieren zeigte die Säure folgende Kennzahlen: Schmelzpunkt 28,0⁰, Erstarrungspunkt 27,8⁰, Molekulargewicht durch Titration 280,0, Gewichtsverhältnis bei 40⁰ 0,8842, n_D^{40} 1,4600, $n_C^{69,9}$ 1,4474, $n_D^{70,05}$ 1,4502, $n_F^{70,05}$ 1,4569, Molekularrefraktion

$$\frac{n^2-1}{n^2+2} \cdot \frac{M}{\alpha} = 86{,}8,$$ berechnet 85,9. Durch Bromieren in Petroläther entstand ein Bromadditionsprodukt mit dem Schmelzpunkt 74,5⁰ und dem Molekulargewicht 584.

E. Fettsäuren der Linolensäurereihe ($C_nH_{2n-6}O_2$).

Von dieser Reihe sind abgesehen von der Hiragonsäure $C_{16}H_{26}O_2$, die nach Y. Toyama und T. Tsuchiya [4] im japanischen Sardinenöl vorkommen soll, nur Säuren von der Zusammensetzung $C_{18}H_{30}O_2$ bekannt.

[1] D. M. Birosel: Journ. Amer. Chem. Soc. 1937, 59, 689; C. 1938, I, 4249.
[2] W. Kimura: U. 1935, 42, 78; Z. 1937, 74, 332.
[3] J. P. K. van der Steur: Jodgleichgewichtskonstanten von Fetten und Fettsäuren. Besondere Schrift. Vgl. Z. 1931, 61, 446.
[4] Y. Toyama u. T. Tsuchiya: Bull. chem. Soc. Japan 1929, 4, 83; C. 1929, II, 439.

Von diesen ist die in Samenfetten häufigste die Linolensäure. Von weiteren Isomeren bildet die Elaeostearinsäure den Hauptbestandteil des Tungöles.

1. Linolensäure, $\Delta^{9:10,\ 12:13,\ 15:16}$-Octadecatriensäure $= CH_3 \cdot CH_2 \cdot CH : CH \cdot CH_2 \cdot CH : CH \cdot CH_2 \cdot CH : CH \cdot (CH_2)_7 \cdot COOH$, ist im Leinöl zu 25—40%, weiter in Perillaöl, Hanföl, Kiefernsamenöl, Walnußöl und anderen Ölen enthalten.

Die Linolensäure scheint von K. HAZURA[1] als besondere Säure entdeckt zu sein.

Die Darstellung der Linolensäure beruht auf Abscheidung als Hexabromid und dessen Entbromung. Hierbei entstehen neben α-Linolensäure stets auch gewisse Mengen β-Linolensäure.

Darstellung der Linolensäure nach E. ERDMANN und F. BEDFORD[2]:
Leinöl wird mit alkoholischer Kalilauge verseift; die Fettsäuren werden mit Salzsäure abgeschieden, ausgewaschen, auf 0° abgekühlt und durch Filtration durch Flanell von der Hauptmenge der gesättigten Fettsäuren befreit. Die so gewonnenen ungesättigten flüssigen Fettsäuren werden im hohen Vakuum (weniger als 0,002 mm; Steighöhe der Dämpfe etwa 130 mm) bei 188° abdestilliert. 50 g der so erhaltenen Fettsäuren werden in einem Kolben von 500 ccm Inhalt in 75 ccm Eisessig gelöst, in einer Kältemischung abgekühlt und in kleinen Mengen mit Brom versetzt — Verbrauch etwa 22 ccm —, bis eine bleibende Rotfärbung eintritt; man läßt dabei die Temperatur nicht über 10° steigen. Nach 12stündigem Stehen wird der von ausgeschiedenen Krystallen breiförmige Inhalt mit 100 ccm kaltem Äther durchgeschüttelt und dann durch Flanell filtriert. Ist das Öl abgetropft, so wird der Inhalt des Filters leicht gepreßt und auf Ton gestrichen. Nach 3—4tägigem Verweilen auf dem porösen Tonteller verliert die Masse ihre ursprüngliche Klebrigkeit; sie wird wiederholt mit 60° warmem Essigäther gewaschen, bis sie schneeweiß ist und den Schmelzpunkt 179° zeigt. In einem Gemisch der rohen Leinölsäuren wurden nach diesem Verfahren 41,6% Hexabromstearinsäure, entsprechend 15,3% α-Linolensäure gefunden. Zur Darstellung der letzteren werden 50 g fein gepulvertes Hexabromid mit 600 ccm 95%igem Alkohol und 100 g geraspeltem Zink 3 Stunden am Rückflußkühler gekocht, wobei sich ein Teil der Linolensäure verestert und der Rest in das Zinksalz übergeht. Die Lösung wird vom Zink abgegossen und mit Wasser gefällt. Das ausgefällte Gemenge von Ester und Zinksalz wird zur Zersetzung des letzteren mit warmer Schwefelsäure durchgeschüttelt, das abgeschiedene Öl wird von der sauren Flüssigkeit getrennt und mit alkoholischer Kalilauge verseift. Die Kaliseife zerlegt man durch verdünnte Schwefelsäure, nimmt die Linolensäure nach Abtrennung im Scheidetrichter mit Äther auf und trocknet die ätherische Lösung mit wasserfreiem Natriumsulfat. Nach dem Abdestillieren des Äthers wird das zurückbleibende Öl im hohen Vakuum destilliert. Bei 0,001—0,002 mm Druck und 75 mm Steighöhe der Dämpfe geht die α-Linolensäure zwischen 157—158° über.

Über die Eigenschaften der Linolensäure vgl. Bd. I, S. 279, über ihre Konstitution auch Y. INOUE und B. SUZUKI[3].

2. Elaeostearinsäure, $\Delta^{9:10,\ 11:12,\ 13:14}$-Octadecatriensäure, $CH_3 \cdot (CH_2)_3 \cdot CH : CH \cdot CH : CH \cdot CH : CH \cdot (CH_2)_7 \cdot COOH$, ist zu 80% in den Fettsäuren des Tungöles (vgl. S. 504) enthalten. C. L. SCHUMANN[4] stellt sie daraus wie folgt dar:

50 g Holzöl werden in üblicher Weise verseift und die Gesamt-Fettsäuren abgeschieden. Diese werden in 400 ccm absolutem Alkohol gelöst und die Lösung auf 0° abgekühlt. Dann gibt man bis zur beginnenden Trübung langsam Eiswasser (140—150 ccm) hinzu, bringt die Trübung durch Erwärmen auf 5° wieder in Lösung und läßt 24 Stunden im Eisschrank

---

[1] K. HAZURA: Monatsh. Chem. 1887, 8, 158, 268.

[2] E. ERDMANN u. F. BEDFORD: Ber. Deutsch. Chem. Ges. 1909, 42, 1324.

[3] Y. INOUE u. B. SUZUKI: Proceed. Imp. Acad. Tokyo 1931, 7, 375; C. 1932, I, 2307.

[4] C. L. SCHUMANN: Journ. Ind. engin. Chem. 1916, 8, 5; C. 1916, I, 642.

stehen. Hierbei fällt die Elaeostearinsäure in rhombischen Tafeln aus, die im Eistrichter abfiltriert werden.

Über die Eigenschaften der Elaeostearinsäure vgl. Bd. I, S. 280.

Das charakteristische Kennzeichen der Elaeostearinsäure sind ihre drei konjugierten Doppelbindungen, die am zuverlässigsten mit Hilfe der Dienzahl (S. 124) nachgewiesen werden.

Über eine andere Berechnungsweise der Elaeostearinsäure nämlich, aus der Differenz der Brom- und Jodzahl vgl. H. Toms[1].

3. Licansäure (Couepinsäure) wurde von F. Wilborn[2] im Coufloröl, dem Samenfett der Rosacee Couepia grandiflora Benth entdeckt und später von J. van Loon und A. Steger[3], die sie für ein geometrisches Isomeres der Elaeostearinsäure hielten, im Néouöl von Parinarium macrophyllum aufgefunden. W. B. Brown und E. H. Farmer[4] erhielten die Fettsäure aus Oiticicaöl von Licania Rigida Benth und zeigten, daß es sich um die ungesättigte Ketosäure $C_{18}H_{28}O_3 = CH_3 \cdot (CH_2)_3 \cdot (CH:CH)_3 \cdot (CH_2)_4 \cdot CO \cdot (CH_2)_2 \cdot COOH$ mit dem Schmelzpunkt 74—75° handelt. Charakteristisch für Sicansäure ist ihre Carbonylzahl. Vgl. S. 134. Durch Bestrahlung des Öles, besonders mit Ultraviolettlicht in Gegenwart von Jod und Schwefel bildet sich Isolicansäure vom Schmelzpunkt 99,5°.

Im Oiticicaöl bilden die Licansäureglyceride 81,7% der gesamten Glyceride (R. S. McKinney und G. S. Jamieson[5]); daneben ist auch nach R. S. Morrell und W. R. Davis[6] Elaeostearinsäure (mindestens 4,7% der Gesamtfettsäure) vorhanden.

M. Tsujimoto und H. Koyanagi[7] fanden im Samenfett von Parinarium laurinum (Rosacee) eine Octadecatriensäure, die aber von E. H. Farmer und E. Sunderland[8] als Tetraensäure $CH_3 \cdot CH_2 \cdot (CH:CH)_4 \cdot (CH_2)_7 \cdot COOH$ erkannt wurde. Vgl. auch H. P. Kaufmann, J. Baltes und S. Funke[9].

Beide Säuren werden nach besonderer Vorschrift (J. van Loon und A. Steger[10]) durch Krystallisation aus Petroläther dargestellt.

F. Hochungesättigte Säuren der Reihe C_nH_{2n-8} (u. $2n-10$)O_2.

Die Säuren dieser Reihen addieren 8 bzw. 10 Atome Halogen und oxydieren sich sehr leicht an der Luft. Es sind fast ausschließlich Säuren der C_{20}-, C_{22}- und C_{24}-Reihe.

Erstmalig wurde eine solche hochungesättigte Säure von M. Tsujimoto[11] dargestellt und als Clupanodonsäure $C_{22}H_{34}O_2$ bezeichnet. Später fand man in Fischölen eine ganze Reihe hochungesättigter Säuren, auch der Formel $C_nH_{2n-12}O_2$ (Dokosahexaensäure $C_{22}H_{32}O_2$ in Dorschleber- und Sardinenöl, vgl. E. H. Farmer und F. A. van den Heuvel[12]), einige, z. B. die Arachidonsäure $C_{20}H_{32}O_2$ auch im Fett von Landtieren und Vögeln. S. Ueno und S. Takase[13] erhielten aus Thunfischöl eine Säure von der Formel $C_{24}H_{38}O_2$.

Als Beispiel der Darstellung dieser Säuren sei die von Clupanodonsäure beschrieben. Die I. D. Riedel AG.[14] stellte diese Säure aus einem japanischen Sardinentran wie folgt dar:

Zu der Lösung der durch Verseifung und Abscheidung mit Säure gewonnenen Fettsäuren in der 3—4fachen Menge Petroläther wurde unter sehr gutem

[1] H. Toms: Analyst 1928, **53**, 69; C. 1928, I, 1820.

[2] F. Wilborn: Chem.-Ztg. 1931, **55**, 434.

[3] J. van Loon u. A. Steger: Rec. Trav. chim. Pays-Bas 1931, **50**, 936; 1932, **51**, 345.

[4] W. Brown u. E. H. Farmer: Biochem. Journ. 1935, **29**, 631; Journ. Chem. Soc. London 1935, 1662.

[5] R. S. McKinney u. G. S. Jamieson: Oil and Soap 1936, **13**, Nr. 1, 10; C. 1936, I, 3768.

[6] R. S. Morrell u. W. R. Davis: Journ. Oil Colour Chemists Assoc. 1936, **19**, 264, 359; C. 1936, II, 3960; 1937, I, 2468.

[7] M. Tsujimoto u. H. Koyanagi: Journ. Soc. chem. Ind. Japan (Suppl.) 1933, **36** B, 110, 673; C. 1933, I, 3514; 1934, I, 1578.

[8] E. H. Farmer u. E. Sunderland: Journ. Chem. Soc. London 1935, 759; C. 1935, II, 1629.   [9] H. P. Kaufmann, J. Baltes u. S. Funke: U. 1938, **45**, 302.

[10] J. van Loon u. A. Steger: Rec. Trav. chim. Pays-Bas 1934, **53**, 197.

[11] M. Tsujimoto: Journ. Coll. Eng. Tokyo 1906, **4**, Nr. 1; Analyst 1906, **31**, 335; Journ. Soc. chem. Ind. Japan 1920, **23**, 272.

[12] E. H. Farmer u. F. A. van den Heuvel: Journ. Chem. Soc. London 1938, 427; C. 1938, II, 1511.

[13] S. Ueno u. S. Takase: Bull. chem. Soc. Japan 1937, **12**, 453; C. 1938, I, 2812.

[14] Riedels Ber. 1914, **23**; Z. 1917, **33**, 248.

Rühren und ausgiebiger Kühlung eine Lösung von einem Volumen Brom in 2 Volumen Petroläther zutropfen gelassen, bis die Bromfarbe innerhalb weniger Minuten nicht mehr verschwand (auf 1 g Fettsäure 1,4 g Brom). Die Ausbeute an hellem, gut absaugbarem Pulver betrug 140—150% der Tranfettsäuren. Zur Abspaltung des Broms wurde das Bromid in etwa der zwei- bis dreifachen Menge 96%igen Alkohols[1] suspendiert und unter schwachem Erwärmen und gutem Rühren anteilsweise Zinkstaub eingetragen. Man saugt vom Unlöslichen (überschüssiger Zinkstaub und etwas Zinkbromid) ab und destilliert aus dem das Zinksalz der Clupanodonsäure und Zinkbromid enthaltenden Filtrate die Hauptmenge des Alkohols im schwachen Vakuum ab; der Rückstand wird in verdünnte Salzsäure gegossen und die ausgeschiedene Fettsäure durch wiederholtes Ausschütteln mit Äther ausgezogen. Nach dem Abdestillieren des Äthers bleibt die Clupanodonsäure als gelbes Öl von fischähnlichem Geruch zurück. Die Jodzahl der Säure betrug 365—370 (Theorie 368 bzw. 384,3). Das Bromid der Clupanodonsäure schwärzt sich bei 200⁰ und zersetzt sich vor dem Schmelzpunkt.

Vgl. auch Bd. I, S. 280.

G. Ungesättigte Oxysäuren $C_nH_{2n-2}O_3$.

Die Säuren dieser Reihe sind hydroxylierte Fettsäuren, gekennzeichnet durch eine Doppelbindung und eine OH-Gruppe; sie addieren 2 Atome Halogen und lagern zwei OH-Gruppen an. Da sie ein asymmetrisches Kohlenstoffatom enthalten, sind sie optisch aktiv. Der Hauptvertreter dieser Gruppe ist die Ricinolsäure des Ricinusöles, aus der durch Salpetrige Säure die der Elaidinsäure (vgl. S. 353) entsprechende stereoisomere Ricinelaidinsäure entsteht. Außerdem gehören zu dieser Gruppe die isomeren Isoricinolsäure und Ricinsäure.

Die Darstellung der von L. SAALMÜLLER[2] entdeckten Ricinolsäure, $C_{18}H_{34}O_3$ $= CH_3 \cdot (CH_2)_5 \cdot CH(OH) \cdot CH_2 \cdot CH:CH \cdot (CH_2)_7 \cdot COOH$, geschieht nach dem folgenden Verfahren:

a) Man verseift Ricinusöl mit Alkalilauge und fällt die Lösung fraktioniert mit Calciumchlorid. Die ersten Fraktionen des Calciumsalzes, etwa $1/_3$ der ganzen Fällung entsprechend, werden beseitigt und die mittleren Fraktionen, etwa $1/_2$ der ganzen Fällung entsprechend, werden zweimal aus Alkohol umkrystallisiert und die Ricinolsäure daraus durch Salzsäure abgeschieden.

b) Man stellt nach S. 200 die Bleiseifen und aus diesen die in Äther bzw. Benzol löslichen Fettsäuren dar. Diese werden in Ammoniak gelöst und durch Bariumchlorid gefällt und das gewonnene Bariumricinoleat aus Alkohol umkrystallisiert. Aus dem so gewonnenen reinen Bariumsalz wird die Ricinolsäure durch Salzsäure abgeschieden.

Zur Darstellung der Ricinelaidinsäure erwärmt man die rohe Ricinolsäure aus 500 g Ricinusöl mit 200 ccm 50%iger Salpetersäure auf 50—60⁰, setzt allmählich eine Lösung von 15 g Kaliumnitrit in 200 ccm Wasser zu, erwärmt 10 Minuten unter Umschütteln auf dem Wasserbade und kühlt darauf rasch in Eis ab. Die so gewonnene Säure wird aus Petroläther umkrystallisiert. Aus Alkohol krystallisiert sie in Nadeln, die bei 53⁰ schmelzen und $[\alpha]_D^{20} = + 6,67⁰$ zeigen. Sie ist leicht löslich in Alkohol und schwer löslich in kaltem Petroläther.

Über die Eigenschaften der außer in Ricinusöl auch im Öl vom Elfenbeinholzbaum Agonandra brasiliensis (L. GURGEL und T. F. DE AMORIM[3]) sowie im Öl von Wrightia annamensis (MARGAILLAN[4]) aufgefundenen Ricinolsäure vgl. auch Bd. I, S. 283 und E. ANDRÉ und CH. VERNIER[5].

---

[1] TSUJIMOTO verwendete bei der Reduktion des Bromids alkoholische Salzsäure; bei Anwendung solcher ist nach der J. D. Riedel. A.-G. die Ausbeute weniger gut als in neutraler Lösung.   [2] L. SAALMÜLLER: Ann. Chem. 1848, **64**, 108.

[3] L. GURGEL u. T. F. DE AMORIM: Mem. Inst. Chim., Rio de Janeiro 1929, **2**, 31.

[4] MARGAILLAN: Compt. rend. Paris 1931, **192**, 373.

[5] E. ANDRÉ u. CH. VERNIER: Ann. official. Nat. Comburt. liquides 1932, **6**, 1101; C. 1932, II, 1094.

H. Fettsäuren der Chaulmugrasäurereihe $C_nH_{2n-4}O_2$.

Über Konstitution und Eigenschaften dieser Säuren vgl. Bd. I, S. 281.

Für die Darstellung der beiden Hauptvertreter, nämlich der **Chaulmugrasäure** $C_{18}H_{32}O_2$ und der **Hydnocarpussäure** $C_{16}H_{28}O_2$, werden folgende Verfahren angegeben:

1. Chaulmugrasäure nach F. B. Power und F. H. Gornall [1]. 7250 g Fettsäuren aus dem Fett von Taractogenus Kurzii wurden in 20 Liter heißem 94%igen Alkohol gelöst; daraus schieden sich nach dem Erkalten 2300 g krystallinische Fettsäuren ab, die zunächst aus 90%igem Alkohol und dann aus Petroläther umkrystallisiert wurden. Der Schmelzpunkt der so gewonnenen Krystalle betrug 68°; er blieb beim Umkrystallisieren aus anderen Lösungsmitteln unverändert. Unter vermindertem Druck frisch destilliert und wiederum aus Alkohol krystallisiert, zeigten sie den Schmelzpunkt 68,5°. Diese Fettsäure stellt die Chaulmugrasäure dar.

2. Hydnocarpussäure nach F. B. Power und M. Barrowcliff [2]. Aus 1000 g Fett von Hydnocarpus Wightiana wurden die Fettsäuren (Schmelzpunkt 41—44°) dargestellt und aus Alkohol fraktioniert krystallisiert. Die erste Krystallisation (200 g) schmolz bei 46—48°. Bei weiterem Umkrystallisieren aus Alkohol und Äthylacetat wurden glänzende Blättchen erhalten mit dem konstanten Schmelzpunkt 67—68°; sie bestanden aus Chaulmugrasäure. Aus Mutterlauge der ersten Krystallfraktion wurden durch allmähliche Konzentration weitere Krystallisationen abgeschieden, die bei 48—50° schmolzen; sie bestanden aus einer molekularen Mischung von Chaulmugra- und Hydnocarpussäure. 250 g des Gemisches dieser beiden Säuren wurden in 1 Liter Alkohol gelöst und mit 25 g Bariumacetat, in möglichst wenig Wasser gelöst, versetzt. Die ausfallende klebrige Masse wurde durch Erhitzen der Flüssigkeit gelöst; beim Erkalten schied sie sich in krystalliner Form wieder ab. Diese Fällung mit Bariumacetat wurde noch dreimal in gleicher Weise wiederholt und darauf aus der Mutterlauge der Alkohol entfernt. Aus den vier Fällungen und dem Rückstand der Mutterlauge wurden die Säuren durch Salzsäure abgeschieden, in Äther gelöst, die Lösung mit Wasser gewaschen, darauf getrocknet, der Äther entfernt und die Rückstände aus Alkohol krystallisiert.

Die Schmelzpunkte der so gewonnenen Fettsäuren betrugen:

Fraktion Nr.	1	2	3	4	5
Schmelzpunkt	53—55°	60—62°	46—47°	53—55°	56—58°

Die Fraktionen Nr. 4 und 5, vereinigt aus Alkohol umkrystallisiert, ergaben eine in glänzenden Blättchen krystallisierende Fettsäure vom Schmelzpunkt 59—60°, der sich auch beim weiteren Krystallisieren aus Alkohol und Äthylacetat nicht änderte und die reine Hydnocarpussäure darstellt (Jodzahl 100,2; Theorie 100,7).

III. Alkohole und Kohlenwasserstoffe.

A. Alkohole.

Von den Alkoholen der Fette ist der dreiwertige Alkohol **Glycerin** der bei weitem wichtigste; er findet sich in allen echten natürlichen Fetten und Ölen (Glyceriden), und zwar liefern diese bei der Verseifung etwa 10—14% (vgl. S. 232). Glycerin bildet sich ferner bei der normalen alkoholischen Vergärung der Kohlenhydrate in Mengen von etwa 3—14% des entstehenden Alkohols. In größeren Mengen bildet sich Glycerin bei der Vergärung der Kohlenhydrate mit Hefe, aus dem sich zunächst bildenden Methylglyoxal, wenn man den sich als Zwischenprodukt bildenden Acetaldehyd durch „Abfangen" mit Sulfiten an der Wasserstoffaufnahme verhindert (C. Neuberg).

Neben dem Glycerin finden sich in allen tierischen und pflanzlichen Fetten geringe Mengen aromatischer einwertiger Alkohole (**Sterine**), und zwar in den Fetten und Ölen des Tierreiches **Cholesterin** und in denen des Pflanzenreiches **Phytosterine** (Sitosterin, Stigmasterin usw.). Ferner kommen in den **Wachsen** und auch in den wachsähnlichen Bestandteilen einiger Fette und Öle, namentlich gewisser Seetieröle auch Alkohole der Äthanreihe ($C_nH_{2n+2}O$) vor, so z. B. Cetylalkohol ($C_{16}H_{34}O$) und Octodecylalkohol ($C_{18}H_{38}O$) im Walratöl, Carnaubylalkohol im Wollwachs, Cerylalkohol ($C_{26}H_{54}O$) im Wollwachs,

---

[1] F. B. Power u. F. H. Gornall: Journ. chem. Soc. London 1904, 85, 838; 1907, 91, 557.
[2] F. B. Power u. M. Barrowcliff: Journ. chem. Soc. London 1905, 87, 887.

Carnaubawachs, chinesischen Wachs Myricylalkohol ($C_{20}H_{63}O$) im Bienenwachs (vgl. S. 761).

Neuerdings werden höhermolekulare Fettalkohole durch katalytische Hydrierung bei hoher Temperatur und hohem Druck aus Neutralfetten in technischem Maßstabe gewonnen. Vgl. W. SCHRAUTH[1], ferner R. ODA[2]. Über die analytischen Eigenschaften dieser Alkohole vgl. S. 269 und 365.

Zur Darstellung der wichtigsten dieser Alkohole dienen folgende Verfahren:

1. Glycerin. $C_3H_8O_3 = CH_2(OH) \cdot CH(OH) \cdot CH_2(OH)$.

Glycerin wird in der Technik in ausgedehntestem Maße als Nebenprodukt bei der Seifen- und Stearinsäurefabrikation gewonnen. In der Seifenindustrie erfolgt die Verseifung mit Natron- oder Kalilauge, auch durch enzymatische Spaltung unter Verwendung von Ricinussamen und durch Kochen mit Wasser unter Zusatz von Säuren und Beschleunigern wie TWITCHELL-Reagens (Benzolsulfostearinsäure) u. a., die gleichzeitig auch emulgierend wirken, während bei der Stearinesäurefabrikation die Fette unter Zusatz von etwas Calcium- oder Magnesiumoxyd unter Druck oder mit Schwefelsäure nicht über 120^0 verseift werden. In allen Fällen gewinnt man das Glycerin aus den wäßrigen Laugen durch Destillation mit überhitztem Wasserdampf oder im Vakuum.

Das reinste Glycerin liefert die Verseifung der Fette mit Wasserdampf. Man nennt im Handel aus der Seifenunterlauge gewonnenes Glycerin Laugenglycerin, das direkt durch Fettverseifung mit Schwefelsäure erhaltene Destillationsglycerin und das aus der Stearinfabrikation gewonnene Saponifikationsglycerin.

Zur Darstellung von Glycerin im Laboratorium kann das Verfahren von A. A. SHUKOFF und P. J. SCHESTAKOFF[3] dienen, das wie folgt ausgeführt wird: Eine größere Menge Fett, je nach der darzustellenden Menge Glycerin, wird mit alkoholischer Kalilauge verseift, die Seife nach dem Verdunsten des Alkohols in heißem Wasser gelöst, mit Schwefelsäure in nicht zu großem Überschuß zerlegt und die wäßrige Glycerinlösung in bekannter Weise von den Fettsäuren getrennt. Die Glycerinlösung wird mit Kaliumcarbonat schwach alkalisch gemacht und auf dem Wasserbad bei nicht über 80^0 bis zur Sirupdicke bzw. bei Gegenwart von viel Salzen bis zur breiigen Konsistenz eingedampft. Der Rückstand wird zur Erlangung einer fast trockenen pulverförmigen Masse mit dem $2^1/_2$fachen der angewendeten Fettmenge geglühtem und gepulvertem Natriumsulfat vermischt und das so erhaltene Pulver in einem Extraktionsapparat mit Glasschliffen[4] 4 Stunden lang mit über frisch geglühtem Kaliumcarbonat getrocknetem und frisch destilliertem Aceton ausgezogen. Dann wird das Aceton aus der Glycerinlösung abdestilliert. Hierbei sich etwa auf dem Rückstand zeigende Fetttröpfchen werden mit leicht siedendem Petroläther entfernt und das Glycerin bei $75—80^0$ getrocknet.

Über die Eigenschaften des Glycerins vgl. Bd. I, S. 285.

2. Sterine.

Über das Vorkommen dieser aromatischen Alkohole und ihre Konstitution vgl. Bd. I, S. 287 sowie diesen Band S. 739. Man gewinnt sie aus tierischen Fetten und Ölen (Zoosterine) und aus Pflanzenfetten und Ölen (Phytosterine) entweder durch Krystallisation des „Unverseifbaren" aus

---

[1] W. SCHRAUTH: Zeitschr. angew. Chem. 1931, **38**, 179; 1933, **46**, 459; U. 1936, **71**, 99, 498.

[2] R. ODA: Journ. Soc. chem. Ind. Japan (Suppl.) 1932, **35** B, 349; Z. 1937, **73**, 209.

[3] A. A. SHUKOFF u. P. J. SCHESTAKOFF: Zeitschr. angew. Chem. 1905, 291. Vgl. S. 237.

[4] Aceton greift Kautschuk- und Korkstopfen stark an.

Alkohol (S. 253) oder durch Fällung mit Digitonin (ebendort). Wegen des sehr hohen Preises des Digitonins kommt aber letzteres Verfahren nur zur Darstellung kleiner Mengen, wenn auch aus cholesterinarmen Rohstoffen, in Frage.

a) Cholesterin. Als Ausgangsstoff für die Darstellung des Cholesterins dienen am besten die daran verhältnismäßig reichen Leberöle (Lebertran) und Eieröl. Einfacher ist jedoch die Darstellung aus den sich aus der Galle ausscheidenden Gallensteinen, die im wesentlichen aus Cholesterin bestehen; man zieht diese mit Benzol aus und krystallisiert den Rückstand dieses Auszuges aus Alkohol um.

Über die Eigenschaften des Cholesterins vgl. S. 249, über seine Farbreaktionen ebendort. Über den Schmelzpunkt der Ester des Cholesterins liegen folgende Angaben vor, denen hier auch die Werte für die Phytosterinester beigefügt sind.

Tabelle 6.

	Cholesterin 0	Phytosterine 0	Sitosterin 0	Stigmasterin 0	Brassicasterin 0
Alkohole[1]	148,4—150,8	138,0—143,8	137,5	170,0	148
Ameisensäureester[1] .	96,8	105,5—114,3	—	—	—
Essigsäureester[1] . . .	114,8	125,6—137,0	127,0	141,0	158
Propionsäureester[1] .	96,8	106,0—117,3	108,5	122,0	132
Buttersäureester[1] . .	96,8	86,5— 90,6	—	—	—
Stearinsäureester . .	65	—	—	—	—
Benzoesäureester[1] . .	148,4	145,3—148,4	145,5	160,0	167
Phthalsäureester . .	182,5	—	—	—	—

Über die Löslichkeit von Cholesterin in Äthyl- und Methylalkohol vgl. L. Erlandsen[2], in Lösungsmittelgemischen wie Alkohol-Wasser, Dioxan-Wasser, Dioxan-Alkohol, Benzol-Alkohol, Benzol-Hexan, Hexan-Alkohol, Hexan-Dioxan vgl. J. Weichherz und H. Marschik[3]. Ziemlich schwer löslich ist das Cholesterin in Hexan bzw. in Petroläther und Benzin. Vgl. auch J. Grossfeld und K. Höll (S. 243).

b) Sog. Isocholesterin findet sich neben Cholesterin im Wollfett (vgl. S. 763) (Wollwachs); es ist mit Cholesterin isomer, besteht aber nach A. Windaus und R. Tschesche[4] aus den beiden Sterinen Lanosterin und Agnosterin (6—8%), die sich nach R. E. Marker und E. L. Wittle[5] durch Anzahl und Lage der Doppelbindungen unterscheiden. E. Schulze[6] stellte Isocholesterin aus Wollfett in folgender Weise dar: Das Fett wird zur Entfernung des freien Cholesterins zunächst mit kaltem Alkohol ausgezogen; der Rückstand wird mit alkoholischer Kalilauge verseift, der Alkohol verdunstet und die Seife mit Äther ausgezogen. Der Rückstand des Ätherauszuges wird durch Erhitzen mit der vierfachen Menge Benzoesäure auf 200⁰ erhitzt, und die so gebildeten Benzoesäureester werden zwecks Entfernung der Benzoesäure mit Kaliumcarbonatlösung gewaschen. Der Rückstand wird mit Äther aufgenommen, der Äther verdunstet, dessen Rückstand mit kleinen Mengen Alkohol ausgekocht und darauf aus Äther umkrystallisiert. Von den sich dabei bildenden Tafeln von Cholesterinestern werden die Nadeln des Isocholesterinesters durch Abschlämmen getrennt und aus ihnen wird durch Verseifung das Isocholesterin gewonnen. Über die Eigenschaften des Isocholesterins vgl. Bd. I, S. 290.

---

[1] Die Schmelzpunkte dieser Alkohole und Ester des Cholesterins und der Phytosterine sind die von A. Bömer (Z. 1901, **4**, 1070) gefundenen korrigierten Werte. Die bei den Phytosterinestern angegebenen Zahlen beziehen sich auf Phytosterine verschiedener Öle; die höchsten Werte beziehen sich auf Sterine aus Rüböl.

[2] L. Erlandsen: Biochem. Zeitschr. 1926, **174**, 53.

[3] J. Weichherz u. H. Marschik: Biochem. Zeitschr. 1932, **249**, 312; C. 1932, II, 2059.

[4] A. Windaus u. R. Tschesche: Zeitschr. physiol. Chem. 1930, **190**, 51; C. 1930, II, 2656.

[5] R. E. Marker u. E. L. Wittle: Journ. Amer. Chem. Soc. 1937, **59**, 2289; C. 1939, I, 428.

[6] E. Schulze: Journ. prakt. Chem. 1872, **7** (2), 163; Ber. Deutsch. Chem. Ges. 1898, **31**, 1200.

c) Phytosterine. Als Ausgangsstoffe für die Darstellung der Phytosterine
können nur die pflanzlichen Fette und Öle dienen, deren Gehalt daran aber
nur etwa 0,04 (Mowrahfett) bis 0,5% (Sesamöl) beträgt. Im Erbsen- und
Calabarbohnenfett finden sich zwar größere Mengen, im Erbsenfett 5%, aber
bei dem geringen Fettgehalte der Erbsen sind unverhältnismäßig große Mengen
von Erbsen zu verarbeiten, wenn man daraus größere Mengen von Phytosterinen darstellen will. Ähnliches gilt von Getreideölen (vgl. S. 463). Man
wählt als Ausgangsstoffe von den bekannteren Ölen am zweckmäßigsten Leinöl
(mit etwa 0,4%), Rüböl (0,4%) oder Sesamöl (0,5%[1]) und gewinnt aus ihnen
die Phytosterine in derselben Weise wie das Cholesterin aus Tierfetten entweder
durch Krystallisation des „Unverseifbaren" aus Alkohol (S. 253) oder durch
Fällung mit Digitonin (S. 253). Die so gewonnenen Phytosterine sind aber bei
verschiedenen Fetten und Ölen nicht einheitlich, sondern Gemische sich analytisch ähnlich verhaltender Alkohole, von denen bisher

Sitosterin ($C_{27}H_{46}O$),

Stigmasterin ($C_{29}H_{48}O$ oder $C_3OH_{50}O + H_2O$),

Brassicasterin ($C_{28}H_{46}O$) und

Ergosterin ($C_{27}H_{42}O$)

als reine einheitliche Körper von A. WINDAUS nachgewiesen sind (vgl. Bd. I,
S. 291 und diesen Band S. 739).

Von diesen Alkoholen sind bisher zuverlässig nachgewiesen:
Sitosterin in Weizenöl, Gersten- und Malzfett, Baumwollsamenöl, Leinöl, Lorbeerfett.
Sitosterin und Stigmasterin in Calabarbohnenfett, Kakaofett, Cocosfett.
Sitosterin (?) und Brassicasterin in Rüböl.
Ergosterin im Hefefett.

Die Darstellung und Trennung der Phytosterine erfolgt nach WINDAUS
mit Hilfe der Bromide der Acetate, von denen die Acetattetrabromide in Äther-
Eisessig unlöslich sind, während sich die Acetatdibromide darin leicht lösen.

α) Trennung von Sitosterin und Stigmasterin nach A. WINDAUS und A. HAUTH[2].
Das aus dem Fett der Calabarbohnen (Physostigma venenata) gewonnene Rohphytosterin[3] wurde in der üblichen Weise mit Essigsäureanhydrid acetyliert. 20 g des getrockneten
Acetats wurden in 200 ccm Äther gelöst und mit 250 ccm Brom-Eisessiggemisch (5 g Brom
in 100 ccm Eisessig) versetzt. Hierbei fielen kleine Krystalle von Stigmasterinacetattetra-
bromid ($C_{30}H_{47}Br_4 \cdot C_2H_3O_2$) aus, die nach zweistündigem Stehen abfiltriert wurden, während
Sitosterinacetatdibromid ($C_{27}H_{45}Br_2 \cdot C_2H_3O_2$) in Lösung blieb. Die ausgeschiedenen Krystalle wurden durch Umkrystallisieren aus heißem Benzol mit Alkoholzusatz gereinigt und
fielen dabei in Blättchen aus, die sehr wenig in Methylalkohol, Äthylalkohol und Eisessig,
schwer in Aceton und Äther, dagegen leicht in Chloroform löslich waren. Beim Erhitzen
im Schmelzröhrchen zersetzten sie sich bei 211—212° unter Braunfärbung. Zwecks Herausnahme des Broms und Rückbildung der ursprünglich vorhandenen Doppelbindung wurde
das Tetrabromid zum ungesättigten Acetat reduziert; zu dem Zwecke wurden 5 g Tetrabromid mit 5 g Zinkstaub und 200 ccm Eisessig 3 Stunden unter Rückfluß gekocht und
die heiße Lösung nach dem Filtrieren vorsichtig mit Wasser bis zur Trübung versetzt. Die
ausgeschiedenen Krystalle wurden abfiltriert und durch Umkrystallisieren gereinigt. Das
so gewonnene Stigmasterinacetat wurde mit alkoholischer Kalilauge verseift; das Stigmasterin wurde nach Zusatz von Wasser mit Äther ausgeschüttelt und durch Umkrystallisieren
aus Alkohol gereinigt.

Zur Darstellung des Sitosterins[4] wurde die Mutterlauge von der Bromierung
der Acetate mit dem gelösten Sitosterinacetatdibromid in kleinen Anteilen mit 200 g
4%igem Natriumamalgam versetzt und darauf nach dem Entfernen des Quecksilbers und

---

[1] Das neben Phytosterin im Sesamöl vorkommende Sesamin stört bei der Abscheidung
des Phytosterins mittels Digitonins nicht; bei der Darstellung durch Krystallisation des
„Unverseifbaren" aus Alkohol kann man das Sesamin infolge seiner Schwerlöslichkeit
in Äther leicht vom Phytosterin trennen. (Vgl. A. BÖMER: Z. 1899, **2**, 705.)

[2] A. WINDAUS u. A. HAUTH: Ber. Deutsch. Chem. Ges. 1906, **39**, 4378.

[3] Das untersuchte, von der Chemischen Fabrik von E. Merck in Darmstadt gelieferte
„Phytosterin" aus Calabarbohnen enthielt nach der Untersuchung von A. WINDAUS und
A. HAUTH etwa 80% Sitosterin und 20% Stigmasterin.

[4] Ber. Deutsch. Chem. Ges. 1907, **40**, 3681.

dem Abdestillieren des Äthers noch mit 10 g Zinkstaub und Eisessig 2 Stunden am Rückflußkühler gekocht. Nach dem Abfiltrieren des Zinkstaubs wurde das Acetat durch Zusatz von Wasser ausgefällt und durch vierstündiges Kochen mit 200 ccm 10%iger alkoholischer Kalilauge verseift. Beim Abkühlen der Lösung und vorsichtigem Zusatz von Wasser fielen glänzende Krystallblättchen aus; Ausbeute 12 g. Nach wiederholtem Umkrystallisieren aus Alkohol schmolzen die Krystalle bei 136—137°; sie erwiesen sich als mit dem Sitosterin aus Weizenkeimlingen identisch.

β) Darstellung von Brassicasterin aus Rüböl nach A. Windaus und A. Welsch[1]. Sie erfolgte nach dem gleichen Verfahren wie bei den Calabarbohnen-Phytosterinen: 50 g Rohphytosterin aus Rüböl wurden in der üblichen Weise acetyliert, das Acetat wurde in 440 ccm Äther gelöst und mit einer Lösung von 33 g Brom in 600 ccm Eisessig versetzt. Die sich nach einiger Zeit abscheidenden glänzenden Krystalle wurden nach etwa 1 Stunde abgesaugt, getrocknet und aus Chloroform-Alkohol wiederholt umkrystallisiert, wobei sie gut ausgebildete rhombische Tafeln lieferten, die in Methylalkohol, Äthylalkohol und Eisessig sehr wenig, in Aceton und Äther etwas besser und in Chloroform sehr leicht löslich waren. Sie zersetzten sich beim Erhitzen im Schmelzröhrchen bei 209° unter Braunfärbung; Ausbeute 9 g. 10 g dieses Tetrabromids wurden mit 10 g Zinkstaub und 400 ccm Eisessig 2 Stunden unter Rückfluß gekocht; die farblose Lösung wurde heiß filtriert und mit Wasser bis zur Trübung versetzt. Die sich ausscheidenden Krystalle wurden abfiltriert und wiederholt aus Alkohol umkrystallisiert. Sie bildeten sehr dünne sechsseitige Blättchen, die scharf bei 157—158° schmolzen und sich in ihren Löslichkeitsverhältnissen dem Stigmasterinacetat sehr ähnlich verhielten. Zur Darstellung des freien Alkohols wurden 5 g reines Acetat mit 300 ccm 95%igem Alkohol und 25 ccm 50%iger Kalilauge 2 Stunden am Rückflußkühler gekocht. Die auf Wasserzusatz abgeschiedenen Krystalle wurden wiederholt aus Alkohol umkrystallisiert. Das in hexagonalen Blättchen krystallisierende Brassicasterin schmolz scharf bei 148°, zeigte die Farbenreaktionen der Sterine und gab mit Digitonin ein unlösliches Additionsprodukt. Das aus dem Filtrate des Brassicasterinacetattetrabromids in der gleichen Weise wie unter α dargestellte sitosterinartige Phytosterin zeigte mit der Formel $C_{27}H_{46}O$ vereinbare Zusammensetzung, wich aber in seinen Eigenschaften (Schmelzpunkt des Alkohols 142°, des Acetats 134°, des Propionats 116°, des Cinnamats 151°; $(\alpha)_D^{20} = -34°\,20'$ in Äther), von denen des Sitosterins ab, während der Schmelzpunkt des Benzoats (143°) mit dem des Sitosterins übereinstimmte.

A. Bömer und W. Frickenschmidt[2] erhielten nach vorstehendem Verfahren aus Rüböl nur sehr wenig Brassicasterin, dagegen größere Mengen Sitosterin.

Über die Darstellung der Sterine aus Kakaokeimfett vgl. S. 442.

γ) Darstellung von Sterinestern. K. Täufel und G. Gamperl[3] beobachteten bei längere Zeit (2 Jahre) aufbewahrten Fetten aus Gerste krystallisierte Ausscheidungen, die sich als Sterinester, und zwar im wesentlichen als Sitosterinpalmitat erwiesen. Das daraus dargestellte Sitosterin enthielt noch ungefähr 4,4% Dihydrositosterin.

Die Reinigung der Ausscheidung aus dem Fett erfolgte nach Abfiltrieren durch Umfällen aus einem Gemisch von 96%igem Alkohol und Petroläther (Siedepunkt 52—56°) im Verhältnis 2:1 und wiederholtes Umkrystallisieren aus Chloroform unter Zusatz von wasserhaltigem Alkohol. Die erhaltenen rein weißen Krystalle vom Schmelzpunkt 88,5° (nicht korrigiert) wurden verseift, wobei sich Palmitinsäure abschied, und das Sterin in das Acetat übergeführt, das bei 126,5° (nicht korrigiert) schmolz, während der Schmelzpunkt des Sterins selbst bei 137,2—137,4° lag. Die Abtrennung des Dihydrosterins geschah nach R. Schönheimer[4] durch Fällung der bromiertn Sterine mit Digitonin.

Bömer und Frickenschmidt[2] haben versucht, aus Sesamöl, Lebertran und Rüböl Sterinester darzustellen. Wegen der vorhandenen kleinen Mengen gelang die Abscheidung jedoch erst nach Hydrierung der Fette, und zwar nach Abscheidung der schwerlöslichen Glyceride durch fraktionierte Krystallisation aus Aceton. Erhalten wurden folgende Stearinsäuresterinester:

α) Phytosterinstearat aus hydriertem Sesamöl, Schmelzpunkt 94,0°.

β) Cholesterinstearat aus hydriertem Lebertran, Schmelzpunkt 94,3°.

γ) Phytosterinstearat aus hydriertem Rüböl, Schmelzpunkt 90,2°.

[1] A. Windaus u. A. Welsch: Ber. Deutsch. Chem. Ges. 1909, **42**, 612.
[2] A. Bömer u. W. Frickenschmidt: Diss. Frickenschmidt, Münster i. W. 1934.
[3] K. Täufel u. G. Gamperl: Biochem. Zeitschr. 1931, **235**, 353.
[4] R. Schönheimer: Zeitschr. physiol. Chem. 1930, **192**, 77; C. 1930, II, 3804.

Hiernach sind die Sterine in den natürlichen Ölen anscheinend auch an ungesättigte Fettsäuren gebunden, die durch Hydrierung in Stearinsäure übergeführt werden.

3. Wachsalkohole.

In den Wachsen und den wachsähnlichen Bestandteilen einiger Fette kommen Alkohole der Äthanreihe ($C_nH_{2n+2}O$) vor, deren Darstellungsverfahren für die wichtigsten Vertreter hier beschrieben seien.

Weitere Alkohole der Reihen $C_nH_{2n}O$, $C_nH_{2n-6}O$ und $C_nH_{2n}O_2$, die ebenfalls in einigen Wachsen vorkommen sollen, sind noch nicht hinreichend einwandfrei festgestellt und untersucht worden.

Die Alkohole $C_nH_{2n+2}O$ bilden weiße krystallisierbare Körper, die ohne Zersetzung schmelzen und durch Alkalien und verdünnte Säuren nicht angegriffen werden. Beim Kochen mit alkoholischer Kalilauge werden sie gelöst, scheiden sich aber bei dem Zusatz von Wasser unverändert aus und werden daher bei der Analyse der Fette als „Unverseifbares" gefunden (vgl. S. 238). Durch Erhitzen mit Essigsäureanhydrid werden sie in die Essigsäureester verwandelt (vgl. S. 128). Durch Erhitzen mit Natronkalk gehen sie unter Wasserstoffentwicklung in die entsprechenden Säuren über:

$$C_{15}H_{31} \cdot CH_2 \cdot OH + NaOH = C_{15}H_{31} \cdot COONa + 2\,H_2.$$
Cetylalkohol   Natriumpalmitat

Diese Reaktion kann zur quantitativen Bestimmung dieser Alkohole und zu ihrer Trennung von den Kohlenwasserstoffen dienen. Vgl. S. 269. Die wichtigsten hierhergehörigen Alkohole sind:

Cetylalkohol ($C_{16}H_{34}O$) kommt als Palmitat im Walrat und ferner in der Talgdrüse der Gänse und Enten vor.

Cerylalkohol ($C_{26}H_{54}O$) als Cerotat im Wollwachs und Insektenwachs (von Coccus ceriferus), als Palmitat und Cerotat im Opiumwachs, frei im Wollwachs, Bienenwachs, Flachswachs und Carnaubawachs (Ausscheidung der Blätter von Corypha cerifera).

Myricylalkohol, auch Melissylalkohol genannt ($C_{30}H_{62}O$), frei sowie hauptsächlich als Palmitat, im Bienenwachs, ferner als Cerotat im Carnaubawachs.

Die Darstellung dieser Alkohole kann nach folgendem Verfahren erfolgen:

a) Cetylalkohol und Octodecylalkohol. Man kocht 1000 g Walrat mit 200 g Kaliumhydroxyd und 500 g Alkohol 48 Stunden lang am Rückflußkühler und gießt die heiße Seifenlösung in eine warme Calciumchloridlösung. Den abfiltrierten Niederschlag wäscht man mit Wasser aus, trocknet ihn bei 50⁰ und kocht ihn mit Alkohol aus. Der Alkohol der alkoholischen Auszüge wird verdunstet; die rückständigen Alkohole werden wiederholt mit Wasser ausgekocht, in Äther gelöst und mit Tierkohle digeriert. Um den Cetylalkohol von dem beigemischten Octodecylalkohol zu trennen, führt man sie durch Sättigen der Eisessiglösung mit Salzsäure unter Erwärmen oder durch Erwärmen mit Essigsäureanhydrid in die Acetate über und fraktioniert diese im Vakuum[1]. Aus den so gereinigten Acetaten werden durch Verseifung die Alkohole zurückgewonnen.

Cetylalkohol krystallisiert aus Alkohol in Blättchen von der Dichte D_4^{60} 0,8105 vom Schmelzpunkt 49,5⁰ und dem Siedepunkte 344⁰ bei 760 mm, 189,5⁰ bei 15 mm und 119⁰ bei 0 mm Druck. In Benzol und Äther ist er leicht löslich. — Das Acetat ist in Alkohol schwer löslich und krystallisiert in Nadeln vom Schmelzpunkt 22—23⁰ und dem Siedepunkt 199,5—200,5 bei 15 mm Druck. — Cetylalkohol liefert beim Erhitzen mit Kalikalk auf 275—280⁰ sowie bei der Oxydation mit Chromsäure in Eisessig Palmitinsäure. Vgl. auch Bd. I, S. 294.

---

[1] Vgl. KRAFFT: Ber. Dtsch. Chem. Ges. 1884, **17**, 1628.

Octodecylalkohol krystallisiert aus Alkohol in großen silberglänzenden Blättchen von der Dichte D_4^{59} 0,8124, vom Schmelzpunkt 59⁰ und dem Siedepunkt 210,5⁰ bei 15 mm Druck. — Das Acetat schmilzt bei 31⁰ und siedet unter 15 mm Druck bei 222—223⁰. Vgl. auch Bd. I, S. 294.

b) Cerylalkohol. Insektenwachs (Chinesisches Wachs) wird mit alkoholischer Kalilauge verseift und die Seife mit Bariumchlorid gefällt. Der Niederschlag wird abfiltriert, mit Wasser gewaschen und zur Gewinnung des Cerylalkohols mit Alkohol ausgezogen.

Cerylalkohol krystallisiert aus Alkohol in Nadeln vom Schmelzpunkt 79⁰; er kann nicht unzersetzt destilliert werden. Beim Erhitzen mit Natron- oder Kalikalk entsteht Cerotinsäure. — Das Acetat schmilzt bei 65⁰. Vgl. auch Bd. I, S. 294.

c) Myricylalkohol. Der in Alkohol unlösliche Teil des Bienenwachses besteht aus Myricylpalmitat, aus dem man den Myricylalkohol in gleicher Weise wie den Cerylalkohol durch Ausziehen des mit Bariumchlorid in der Alkaliseifenlösung entstehenden Niederschlages gewinnt.

Myricylalkohol krystallisiert aus Alkohol, Benzol und Petroläther in Blättchen vom Schmelzpunkt 88⁰, aus Äther in kleinen seidenglänzenden Nadeln; in kaltem Alkohol ist er fast unlöslich. Beim Erhitzen mit Natron- oder Kalikalk liefert er Melissinsäure ($C_{30}H_{60}O_2$) unter Wasserstoffentwicklung. — Myricylacetat schmilzt bei 70⁰. Vgl. auch Bd. I, S. 294.

4. Ungesättigte Fettalkohole.

Der zuerst von M. S. Tsujimoto[1] und Y. Toyama[2] in Seetierölen nachgewiesene Olein-alkohol $C_{18}H_{36}O$ kann auch durch Reduktion von Äthyloleat mit Natrium nach L. Bouveault und G. Blanc[3] oder in sehr guter Ausbeute durch Hochdruckhydrierung (vgl. S. 612) von Ölsäure erhalten werden. Über seine Eigenschaften vgl. Bd. I, S. 295.

Über die von Tsujimoto und Toyama[4] in Seetierölen aufgefundenen Alkohole Chimyl-, Batyl- und Selachylalkohol vgl. Bd. I, S. 296 und die Originalstellen.

B. Kohlenwasserstoffe.

Zur Darstellung der Kohlenwasserstoffe geht man im allgemeinen von dem Unverseifbaren aus, das man dann nach S. 271 weiter verarbeitet. Zur Trennung der einzelnen Kohlenwasserstoffe dient insbesondere die fraktionierte Destillation im Vakuum.

Zur **Abscheidung des Squalens** (vgl. Bd. I, S. 321) ist seine Überführung in in Äther oder Aceton schwerlösliche Hexahydrohalogenide von Vorteil (M. Tsujimoto[5]).

Zur Darstellung des **Hexahydrochlorids** $C_{30}H_{50} \cdot 6\,HCl$ (Sinterpunkt 112⁰, Schmelzpunkt 125⁰, Cl 33,82%) löst man 1 Gewichtsteil des Unverseifbaren in etwa 5 Raumteilen Äther oder Aceton und leitet unter Kühlung mit Eis Chlorwasserstoffgas ein. Die ausfallenden weiß-seidenglänzenden Krystalle werden abfiltriert, mit Äther gewaschen und aus Aceton umkrystallisiert. Die Fällung ist nicht quantitativ.

Bei Anwendung von Bromwasserstoff erhält man das **Hexahydrobromid** in erhöhter Ausbeute.

K. Täufel, H. Thaler und H. Schreyegg[6] schieden Squalen auch durch Einleiten von Chlorwasserstoff, direkt in die gekühlte ätherische Lösung von Hefefett aus.

Darstellung von Carotin. Nach T. A. Buckley[7] kann das Carotin z. B. aus Palmöl durch aktivierte Bleicherde abgeschieden werden. Das von der

---

[1] M. Tsujimoto: Journ. Soc. chem. Ind. Japan 1921, **24**, 275; U. 1925, **32**, 127.

[2] Y. Toyama: U. 1942, **31**, 13; Z. 1925, **49**, 150.

[3] L. Bouveault u. G. Blanc: Bull. Soc. chim. France 1904, **31**, 1210. — Vgl. L. Willstätter u. E. Mayer: Ber. Deutsch. chem. Ges. 1908, **41**, 1478.

[4] M. Tsujimoto u. Y. Toyama: U. 1922, **29**, 27. — Y. Toyama: U. 1922, **29**, 237; 1934, **31**, 61. — Vgl. auch die zusammenfassende Übersicht von M. Tsujimoto: Journ. Soc. chem. Ind. 1932, **51** T, 317.

[5] M. Tsujimoto: Journ. Soc. chem. Ind. Japan 1906, **9**, 953; 1917, **20**, 953, 1069; 1918, **21**, 1015.

[6] K. Täufel, H. Thaler u. H. Schreyegg: U. 1936, **43**, 26. Vgl. Z. 1936, **72**, 394.

[7] T. A. Buckley: Malagan agricult. Journ. 1938, **26**, 258; C. 1938, II, 2202.

Erde mit aufgenommene Öl wird durch Petroläther herausgelöst und aus dem Rückstand dann das Carotin mit Aceton ausgezogen. Die Behandlungen des Öles mit Bleicherde müssen unter 100° im Vakuum erfolgen.

IV. Glyceride.

Seitdem CHEVREUL[1] im Anfange des vorigen Jahrhunderts durch seine klassischen Untersuchungen über die tierischen Fette nachgewiesen hatte, daß diese aus den neutralen Glycerinestern der Fettsäuren bestehen, und M. BERTHELOT[2] um die Mitte des vorigen Jahrhunderts nicht nur die neutralen Glycerinester, die Triglyceride, sondern auch Mono- und Diglyceride synthetisch darzustellen gelehrt hatte, wurde allgemein angenommen, daß die tierischen und pflanzlichen Fette aus den einfachen Triglyceriden der Fettsäuren, vorwiegend aus Tristearin, Tripalmitin, Triolein, Trilinolein beständen, die in den verschiedenen Fetten in wechselnden Mengen vorhanden seien und neben denen in diesem und jenem Fette sich noch andere analog zusammengesetzte einfache Triglyceride, wie Tributyrin, Tricapronin, Tricaprylin, Tricaprinin usw. vorfänden. Wenn man neue Fette und Öle auf ihre Zusammensetzung untersuchte, so beschränkte man sich im allgemeinen darauf, die Natur der darin vorhandenen Fettsäuren festzustellen, und man nahm dann an, daß diese in der Form der einfachen Triglyceride vorlägen.

Die Vermutung, daß auch gemischte Glyceride in den natürlichen Fetten vorkämen, wurde zuerst von BELL[3] sowie von BLYTH und ROBERTSON[4] ausgesprochen, die ein Vorkommen von Oleopalmitobutyrin im Butterfett annahmen, jedoch anscheinend ohne daß es ihnen gelungen ist, dieses Glycerid aus dem Butterfett rein darzustellen. Erst als HEISE[5] im Jahre 1896 in dem Mkanifett, dem Samenfette von Stearodendron Stuhlmanni ENGL und 1 Jahr später in der Kokumbutter, dem Samenfette von Garcinia indica CHOISY, ein Oleodistearin nachgewiesen hatte, hat die Darstellung der in den Fetten natürlich vorkommenden Glyceride wieder ein größeres Interesse gewonnen und ist bei den verschiedensten Fetten und Ölen ausgeführt worden.

Für die Darstellung reiner Glyceride aus den natürlichen Fetten und Ölen kommen vorwiegend zwei Verfahren in Betracht, die Krystallisation aus geeigneten Lösungsmitteln und die Destillation im Vakuum. Das letztere Verfahren ist zwar von F. KRAFFT[6] mit Erfolg zur Darstellung von Trilaurin aus Lorbeeröl und von Trimyristin aus Muskatbutter angewendet worden. Allein es scheint bei den Glyceriden der Fettsäuren mit 14 Kohlenstoffatomen seine Grenze erreicht zu haben, wenigstens gelang es KRAFFT nicht, aus Japantalg das Tripalmitin nach diesem Verfahren zu gewinnen. Anderseits findet das Verfahren der Krystallisation der Fette aus Lösungsmitteln seine Grenze bei den Fetten bzw. Anteilen derselben, die sich aus Lösungen nicht mehr krystallinisch abscheiden. Dahin gehört die überwiegende Anzahl Öle aus Pflanzen und Seetieren.

Um auch aus diesen krystallisierte Glyceride zu erhalten, hat man versucht, die natürlichen flüssigen Glyceride durch chemische Mittel in Glyceride von höherem Schmelzpunkt und geringerer Löslichkeit umzuwandeln. Mittel dazu

<hr>

[1] M. E. CHEVREUL: Recherches chimiques sur les corps gras d'origine animal. Paris: F. G. Levrault 1815—1923. Neudruck 1889.

[2] M. BERTHELOT: Chimie organique fondée sur la syntèse, Bd. 2, S. 69—70. Paris: Mallet-Bacheler 1860.

[3] J. BELL: Analyse und Verfälschung der Nahrungsmittel, Bd. 2. Deutsch von RASENACK. Berlin 1885.   [4] BLYTH u. ROBERTSON: Chem.-Ztg. 1889, **13**, 128.

[5] HEISE: Arb. kaiserl. Gesundh.-Amt 1896, **12**, 540; 1897, **13**, 302.

[6] F. KRAFFT: Ber. Deutsch. Chem. Ges. 1903, **36**, 4343.

sind die **Elaidinierung**, die aber nur bei Glyceriden aus Fettsäuren mit nur einer Doppelbindung Erfolg verspricht und bisher nur wenig durchforscht ist, die **vollständige Hydrierung**, bei der die ungesättigten Fettsäuren bzw. Glyceride in die gesättigten übergehen, und die **Bromierung**, bei der feste Bromadditionsprodukte entstehen.

Alle diese Methoden führen nicht zu einer quantitativen Auftrennung von Glyceridgemischen. Um bessere quantitative Einblicke zu erhalten, haben T. P. Hilditch und C. H. Lea im Jahre 1927 die Oxydation des Fettes mit trockenem Kaliumpermanganat eingeführt und gleichzeitig den Begriff der „völlig gesättigten Glyceride" neben den ein-, zwei- und dreifach ungesättigten geschaffen, wobei sie unter völlig- oder vollgesättigten Glyceriden solche verstehen, bei denen alle Alkoholgruppen des Glycerins mit gesättigten Fettsäuren verestert sind, während bei den ein-, zwei- und dreifach ungesättigten je ein, zwei bzw. drei ungesättigte Fettsäuren im Glyceridmolekül verestert sind[1]. Diese Methode von Hilditch und Lea ermöglicht zwar auch keine quantitative Auftrennung von Glyceriden, sondern nur eine Abtrennung der völlig gesättigten Gruppe, während die ungesättigten Fettsäurereste in mit einer Säuregruppe gebunden bleibende Azelainsäure übergehen, so daß saure Mono-, Di- und Triazelaoglyceride entstehen. Diese Methode hat sich aber als außerordentlich fruchtbar zur Erforschung natürlicher und gehärteter Fette besonders zum Zwecke der Klassifizierung erwiesen. Die Auftrennung der erhaltenen völlig gesättigten Glyceride erfolgt dann wieder durch Krystallisation aus Lösungen.

A. Darstellung der Glyceride durch Krystallisation.
1. Ältere Verfahren.

Die beiden beim Krystallisieren aus Lösungsmitteln hauptsächlich in Frage kommenden Ausführungsweisen sind das einfache Umkrystallisieren und die fraktionierte Krystallisation bzw. eine Verbindung beider Krystallisationsarten. **Zur Darstellung der schwerlöslichsten Glyceride** der Fette und Öle ist man in der Regel so vorgegangen, daß man die Fette und Öle aus geeigneten Lösungsmitteln bei verschiedenen Temperaturen so oft umkrystallisierte, bis der Schmelzpunkt der Krystalle konstant blieb[2]. **Zur Darstellung der weiteren Glyceride** verfuhr man meistens so, daß man die Fette zunächst durch fraktionierte Krystallisation in drei oder vier Fraktionen teilte und die mittleren Fraktionen dann mehrmals umkrystallisierte, bis ihr Schmelzpunkt während zwei oder drei aufeinanderfolgender Umkrystallisierungen konstant blieb; dann wurden meist Verseifungszahl und Jodzahl bestimmt, sowie qualitativ auf die eine oder andere Fettsäure geprüft. Stimmten Verseifungs- und Jodzahl mehr oder minder mit den für ein bestimmtes gemischtes Glycerid der in Frage kommenden Fettsäuren theoretisch erforderten Zahlen überein, so nahm man das Vorliegen des betreffenden gemischten Glycerids an. Vielfach ist aber

---

[1] Dieser Begriff „völlig gesättigte Glyceride" darf also nicht mit dem früher im anderen Sinne öfters gebrauchten Begriff „gesättigte Glyceride" verwechselt werden, der lediglich aussagen will, daß die Menge der in einem Fett enthaltenen gesättigten Fettsäuren in einer entsprechenden Menge Glycerid gedacht ist, unabhängig von der Art der Bindung in ungemischten oder gemischten Glyceriden.

[2] Die Konstanz der Schmelzpunkte nach 2—3maliger Umkrystallisation bietet bei Fettuntersuchungen, falls Gemische ähnlich zusammengesetzter Glyceride von nicht sehr verschiedenem Schmelzpunkte vorliegen, keine Gewähr für die Reinheit der konstant schmelzenden Glyceride. Bömer (Z. 1907, 14, 104) fand z. B. bei dreimaligem Umkrystallisieren von Glyceriden aus Hammeltalg die Schmelzpunkte 62,0, 62,0 und 62,2; trotzdem war die Substanz nicht rein, sondern zeigte bei weiterem 12maligem Umkrystallisieren schließlich den Schmelzpunkt 70°.

hiermit ein sicherer Beweis für die Reinheit eines Glycerids nicht erbracht, zumal wenn für die Bestimmung der Verseifungszahlen nur geringe Substanzmengen angewendet wurden[1].

Die Bestimmung der Verseifungszahl ist die wichtigste Bestimmung für die Erkennung der Natur der Glyceride, da die Elementaranalyse bei dem hohen Molekulargewicht und den geringen Unterschieden im Gehalt mancher ähnlich zusammengesetzten Glyceride an Kohlenstoff und Wasserstoff vielfach keine sicheren Schlüsse auf die Zusammensetzung der Glyceride ermöglicht[2]. — Dabei sind aber die Unterschiede in den Verseifungszahlen ähnlich zusammengesetzter Glyceride auch nur sehr gering, so daß z. B. einem Tristearin bereits 15% Palmitodistearin beigemischt sein können, wenn seine Verseifungszahl nur um eine Einheit höher liegt, als dem theoretischen Werte 189,1 für Tristearin entspricht. Auch die Abweichungen im Schmelzpunkte sind bei einer derartigen Beimischung nicht groß, sie dürften etwa 10—15° betragen.

2. Darstellung reiner Glyceride durch fraktionierte Lösung nach A. Bömer.

Da die unter 1. beschriebenen Verfahren keine sichere Gewähr für die Reinheit der dargestellten Glyceride geben, hat Bömer[3] ein Verfahren ausgearbeitet, das zwar in der Ausführung sehr mühsam ist, dafür aber zu hinreichend reinen Körpern führt.

Das Verfahren setzt voraus, daß Löslichkeit und Schmelzpunkt der einzelnen Glyceride des Fettes parallel laufen, daß also der Schmelzpunkt um so höher ist, je schwerlöslicher die Glyceride sind.

Diese Voraussetzung trifft für die einfachen Glyceride der gesättigten Fettsäuren zu; ebenso für die einfachen Glyceride der Reihen $C_nH_{2n}O_2$, $C_nH_{2n-2}O_2$, $C_nH_{2n-4}O_2$ und $C_nH_{2n-6}O_2$ mit gleicher Kohlenstoffatomzahl; dagegen trifft sie z. B. nicht zu für die einfachen und gemischten Glyceride der Palmitin- und Stearinsäure, wie nachfolgende Zusammenstellung zeigt:

Tabelle 7.

Angabe	Tristearin	β-Palmito-distearin[4]	Tripalmitin	α-Palmito-distearin	Stearo-dipalmitin
Schmelzpunkt	73,0°	68,5°	65,1°	63,3°	57,5°
100 ccm Äther von 15° lösen mg	20,5 mg	66,2 mg	500 (?) mg	238,6 mg	1384,7 mg

Hier fällt also das Tripalmitin hinsichtlich seiner Löslichkeit aus der Reihe; wie sich daher die fraktionierte Lösung von Gemischen dieser fünf Glyceride gestalten würde, muß einstweilen unentschieden bleiben.

Das Verfahren ist inzwischen bei verschiedenen tierischen und pflanzlichen Fetten angewendet worden[5] und hat sich bewährt.

[1] Die Bestimmung der Verseifungszahl kann nur dann brauchbare und zuverlässige Werte liefern, wenn sie mit hinreichend großen Substanzmengen — mindestens 1—1,5 g, noch besser 2—2,59 — ausgeführt wird; wenn man, wie dies bei der Darstellung einiger gemischten Glyceride, z. B. von W. Hansen (Arch. Hygiene 1902, 42, 1) geschehen ist, mit Substanzmengen von 0,15—0,30 g arbeitet, so können die Ergebnisse unmöglich zuverlässig werden, da Titrationsfehler von 0,1 ccm $^1/_2$ N.-Lauge dann schon Differenzen von 10—20 Einheiten in den Verseifungszahlen zur Folge haben (vgl. S. 69).

[2] Der Gehalt an Kohlenstoff, Wasserstoff und Sauerstoff beträgt z. B. für Tripalmitin, Tristearin und die gemischten Glyceride der Palmitin- und Stearinsäure:

Tabelle 8.

Glycerid	Molekular-gewicht	Kohlenstoff %	Wasserstoff %	Sauerstoff %
Tripalmitin ($C_{51}H_{98}O_6$)	806,8	75,86	12,24	11,90
Stearodipalmitin ($C_{53}H_{102}O_6$)	834,8	76,17	12,31	11,52
Palmitodistearin ($C_{55}H_{106}O_6$)	862,9	76,47	12,38	11,15
Tristearin ($C_{57}H_{106}O_6$)	890,9	76,78	12,45	10,77

[3] A. Bömer: Z. 1907, 14, 90; 1909, 17, 353.   [4] Vgl. Anm. 8, S. 564.
[5] Vgl. Z. 1913, 25, 321, 354; 26, 559; 1914, 27, 153; 1920, 40, 97; 1922, 43, 101; 1924, 47, 61; 1929, 57, 113; 1936, 72, 1; 1938, 75, 1.

a) Darstellung der Glyceride gesättigter Fettsäuren.

Das Verfahren wurde zuerst bei Hammeltalg [1] angewendet; es sei daher im nachstehenden für dieses Fett beschrieben:

Man löst 1—2 kg Fett je nach seinem Gehalt an festen Fettsäuren in der doppelten oder dreifachen Menge Äther, Benzol, Chloroform oder ähnlicher Fettlösungsmittel scheidet aus dieser Lösung durch **fraktionierte Krystallisation** bei nach und nach erniedrigter Krystallisationstemperatur oder durch Verminderung des Lösungsvermögens des angewendeten Lösungsmittels durch Zusatz von Alkohol drei oder vier Fraktionen aus, die man jedesmal mittels eines hinreichend großen Trichters mit eingeschliffener WITT-Saugplatte abfiltriert und aus denen man schließlich unter Aufdrücken eines Uhrglases die Mutterlauge so stark wie möglich absaugt. Jede der Krystallfraktionen teilt man in ähnlicher Weise durch abermalige fraktionierte Krystallisation wieder in drei oder vier Unterfraktionen und vereinigt darauf die etwa innerhalb 5°, z. B. zwischen 45—49,9°, 50—54,9° usw. schmelzenden Unterfraktionen wiederum miteinander.

Beabsichtigt man lediglich die Glyceride der gesättigten Fettsäuren aus einem Fette darzustellen, so löst man die so erhaltenen Fraktionen in Chloroform und behandelt sie nunmehr wie bei der Bestimmung der Jodzahl mit WIJS-Jodmonochlorid-Eisessiglösung, um die ölsäurehaltigen Glyceride in die entsprechenden Chlorjodidverbindungen [2] überzuführen. Ist dies geschehen, so kann man auch weiter genau wie bei der Bestimmung der Jodzahl verfahren, d. h. nach Zusatz von Jodkaliumlösung mit Thiosulfatlösung den Jodüberschuß entfernen, die Chloroformlösung in einem Scheidetrichter von der wäßrigen Lösung trennen und das Chloroform abdestillieren.

Zweckmäßiger ist es jedoch, aus der Chloroformlösung die Glyceride durch hinreichenden Alkoholzusatz auszuscheiden oder die Jodmonochlorid-Eisessiglösung nach hinreichend langem Stehen direkt mit einem genügenden Überschuß von Eisessig oder Alkohol zu versetzen, die sich infolgedessen ausscheidenden festen Glyceride mittels WITT-Saugplatte von der Jodlösung zu trennen und sie mehrmals mit Eisessig oder Alkohol auszuwaschen.

α) **Darstellung des schwerlöslichsten Glycerids.** Nachdem dies geschehen ist, beginnt man mit der „fraktionierten Lösung", die darin besteht, daß man die Substanz so oft — je nach der Substanzmenge von etwa 10—30mal — umkrystallisiert, bis eine Ausscheidung von Krystallen aus der Lösung überhaupt nicht mehr erfolgt. Zu dem Zwecke erwärmt man die Glyceride in einem Becherglase mit einer so geringen Menge des Lösungsmittels auf dem Wasserbade, daß sich bei dieser Temperatur die ganze Krystallmasse zwar löst, beim

---

[1] Vgl. Z. 1907, **14**, 90, 1909, **17**, 353.

[2] Dieses von H. KREIS und A. HAFNER (Z. 1901, **7**, 655) für die Reindarstellung der Glyceride der gesättigten Fettsäuren vorgeschlagene Jodieren der ölsäurehaltigen Glyceride erscheint sehr zweckmäßig, weil man auf diese Weise jederzeit mit Hilfe der Kupferoxydreaktion sehr schnell und mit den geringsten Substanzmengen feststellen kann, ob ein Körper frei von Ölsäure bzw. Chlorjodstearinsäure ist. Man umgeht auf diese Weise die sonst zu diesem Nachweise erforderlichen Jodzahlbestimmungen, die nicht nur weit zeitraubender, sondern auch mit beträchtlichem Substanzverbrauch verbunden sind, wenn man sich nicht der neueren Mikroverfahren (vgl. S. 104, 108 u. 110) bedienen will.

Auch scheint es nach einigen Versuchen, daß die jodierten ölsäurehaltigen Glyceride in den Fettlösungsmitteln leichtlöslicher sind als die nichtjodierten, so daß auf diese Weise auch die Trennung der ölsäurehaltigen Glyceride von den Glyceriden der gesättigten Fettsäuren erleichtert wird.

Die Kupferoxydreaktion auf Halogene wird in der Weise ausgeführt, daß man eine geringe Menge des Glycerids mit einer etwa gleich großen Menge Kupferoxyd mittels eines ausgeglühten, noch warmen dicken Platindrahtes vermischt und darauf den Draht mit der anhaftenden Substanz in den äußersten Rand einer nicht leuchtenden Bunsenflamme bringt. Bei Gegenwart der geringsten Halogenmengen färbt sich die Flamme blaugrün bis grün.

Was die Empfindlichkeit der Halogenreaktion mit Kupferoxyd betrifft, so haben bereits KREIS und HAFNER durch eine besondere Halogenbestimmung in einem Glycerid, das die Reaktion nach mehrmaligem Umkrystallisieren nicht mehr gab, nachgewiesen, daß auch tatsächlich kein Halogen mehr vorhanden war.

Abkühlen aber bis auf einen geringen Teil wieder ausscheidet. Die warme Lösung wird hierbei längere Zeit mindestens etwa 2 Stunden, unter häufigem Umrühren bei einer bestimmten Temperatur gehalten, und darauf werden die auskrystallisierten Glyceride mittels einer WITT-Saugplatte unter Verwendung eines Papierfilters zur möglichst vollkommenen Trennung von der Mutterlauge stark abgesaugt, jedoch nicht ausgewaschen.

Von der Mutterlauge werden einige Kubikzentimeter auf einem Uhrglase bei Zimmertemperatur verdunsten gelassen und von der übrigen Mutterlauge das Lösungsmittel durch Destillation im Wasserbade entfernt. Die auf dem Filter befindlichen Krystalle werden in der vorher beschriebenen Weise von neuem umkrystallisiert und dieses Umkrystallisieren so oft wiederholt, bis die ganze Substanz aufgeteilt ist.

Um nun sofort einen Anhaltspunkt über die Natur der jedesmal in Lösung gegangenen Glyceride und der ausgeschiedenen Krystalle zu erhalten, werden sogleich nach jeder Krystallisation die Schmelzpunkte[1] sowohl der ausgeschiedenen Krystalle (K[2]), als auch der beim Verdunsten der Mutterlauge auf dem Uhrglase zurückgebliebenen Glyceride (M) bestimmt, nachdem diese zuvor nochmals in einigen Tropfen Benzol gelöst[3] und langsam aus diesem auskrystallisiert sind. Von den ausgeschiedenen Krystallen K entnimmt man die Probe für die Schmelzpunktbestimmung zweckmäßig der für die nachfolgende Krystallisation hergestellten warmen ätherischen Lösung[4], läßt diese ebenso wie die Mutterlauge auf einem Uhrglase verdunsten, löst den Rückstand, nachdem er lufttrocken ist, in einigen Tropfen Benzol auf, läßt dieses ebenso wie bei den Mutterlaugen M verdunsten und bestimmt von dem Rückstande den Schmelzpunkt.

Sobald bei dem wiederholten Umkrystallisieren die ausgeschiedenen Krystalle die gleichen Schmelzpunkte zeigen wie die in der Mutterlauge gelösten Glyceride, kann man annehmen, daß in den Krystallen ein einheitliches Glycerid vorliegt, man wird sich aber auch dann noch zweckmäßig durch weitere fraktionierte Lösung bis zur vollständigen Aufteilung der Substanz vergewissern, daß diese Übereinstimmung zwischen den ausgeschiedenen Krystallen und den in den Mutterlaugen gelösten Krystallen bis zum Schlusse bestehen bleibt.

Auf diese Weise gelingt es leicht, das schwerlöslichste Glycerid der Fette und Öle rein darzustellen, falls es nicht in zu geringer Menge in dem Fette vorhanden ist. Trifft letzteres zu, so beobachtet man bis zur vollständigen Aufteilung der Substanz stets ansteigende Schmelzpunkte und gleichzeitig liegen dann bei den letzten Krystallisationen die Schmelzpunkte der Mutterlaugen wesentlich tiefer als die der zugehörigen Krystalle.

β) **Darstellung weiterer Glyceride.** Zur Darstellung weiterer Glyceride der gesättigten Fettsäuren verfährt man dann wie folgt: Aus den einzelnen Mutterlaugen werden nach Maßgabe der Schmelzpunkte der in ihnen gelösten

---

[1] Über die Ausführung der Schmelzpunktbestimmungen vgl. S. 12.

[2] Für die Krystalle genügt es vielfach, namentlich im Anfange, ihre Schmelzpunkte nur bei jeder vierten oder fünften Krystallisation zu bestimmen, gegen den Schluß der fraktionierten Lösung geschieht dies jedoch zweckmäßig bei jeder Krystallisation.

[3] Die nochmalige Lösung in Benzol ist deshalb zu empfehlen, weil es scheint, daß infolge der durch das schnelle Verdunsten der ätherischen Lösung verursachten starken Abkühlung unter Umständen geringe Mengen der labilen Modifikation (vgl. Z. 1907, 14, 96 und S. 15) entstehen, wodurch der Schmelzpunkt herabgedrückt wird.

[4] Es ist nicht zweckmäßig, die ausgeschiedenen Krystalle K selbst zur Schmelzpunktbestimmung zu verwenden, erstens, weil man von diesen unter Umständen keine gute Durchschnittsprobe erhält, und zweitens, weil es zweckmäßiger ist, für den Vergleich der Schmelzpunkte der Krystalle (K) und der Glyceride der Mutterlauge (M) beide in einem unter vollkommen gleichen Bedingungen krystallisierten Zustande zu untersuchen.

Glyceride in der Weise neue Gruppen gebildet, daß man die in ihren Schmelzpunkten nahe zusammenliegenden Glyceride vereinigt und diese neuen Gruppen wiederholt der fraktionierten Lösung unterwirft.

Das erste Mal vereinigt man alle Mutterlaugen, deren Glyceride etwa innerhalb zweier Grade übereinstimmende Schmelzpunkte zeigen, z. B. die Glyceride, welche bei 57,0—58,9⁰, 59,0—60,9⁰ usw. schmelzen; das zweite Mal vereinigt man nur die Mutterlaugen, deren Glyceride innerhalb eines Grades übereinstimmende Schmelzpunkte aufweisen, also z. B. die Glyceride, die bei 57,0—57,9⁰, 58,0—58,9⁰ usw. schmelzen; und bei der dritten und nötigenfalls auch noch bei einer vierten fraktionierten Lösung vereinigt man am besten nur die Mutterlaugen, deren Glyceride innerhalb eines halben Grades, also z. B. 57,0—57,4⁰, 57,5—57,9⁰, 58,0—58,4⁰ usw., übereinstimmende Schmelzpunkte zeigen.

Bei allen diesen Schmelzpunktsbestimmungen werden sowohl die Schmelzpunkte der aus Lösung krystallisierten als auch die der aus Schmelzfluß wieder erstarrten Glyceride bestimmt. Für die Wiedervereinigung der einzelnen Mutterlaugenfraktionen nach ihren Schmelzpunkten kommen jedoch nur die Schmelzpunkte der aus Lösung krystallisierten

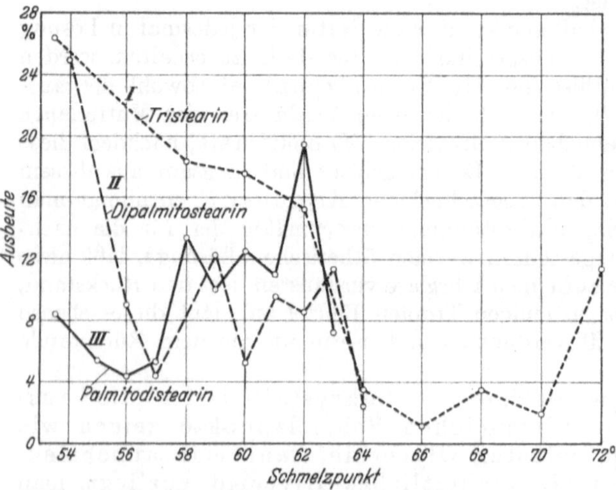

Abb. 5. Graphische Darstellung der Gewichte der Einzelfraktionen des Hammeltalges nach dreimaliger fraktionierter Lösung der schwerlöslichsten Glyceride.

Glyceride in Betracht, da die Schmelzpunkte der aus Schmelzfluß wieder erstarrten Glyceride hierzu nicht geeignet sind[1].

Wenn man in der vorstehend beschriebenen Weise durch fraktionierte Lösung die Substanz in eine große Zahl von Einzelfraktionen aufteilt, kommt man schließlich zu einer Trennung der einzelnen Glyceride, und dann werden diejenigen Einzelfraktionen, die aus einem einheitlichen Glycerid bestehen, durch ihre größere Menge hervortreten, wie dies aus nachstehender graphischer Darstellung für die Glyceride des Hammeltalges nach dreimaliger fraktionierter Lösung hervorgeht.

Einen weiteren Anhaltspunkt dafür, ob ein reines Glycerid vorliegt, findet man ferner in dem Verhältnis, welches zwischen den Schmelzpunkten der aus Lösung krystallisierten und der aus Schmelzfluß erstarrten Substanz besteht[2].

Bei reinen Glyceriden der gesättigten Fettsäuren fallen diese beiden Schmelzpunkte vollständig oder doch sehr nahe zusammen[3], wenn man dafür Sorge trägt, daß die beim schnellen Abkühlen aus Schmelzfluß entstehende labile Form wieder vollständig in die stabile übergeführt ist. Dies kann in der Weise geschehen,

---

[1] Vgl. Z. 1907, 14, 100.   [2] Vgl. Z. 1907, 14, 98.

[3] Bei nicht einheitlichen Glyceriden gesättigter Fettsäuren zeigen sich zwischen den beiden Schmelzpunkten häufig Unterschiede bis zu 3—4%; bei den mit ölsäurehaltigen Glyceriden verunreinigten Glyceriden gesättigter Fettsäuren scheint das nicht der Fall zu sein.

daß man die Substanz zunächst nur etwa 5⁰ über den „Umwandlungspunkt" erwärmt und dann die Temperatur innerhalb 5—10 Minuten wieder bis ungefähr auf den Umwandlungspunkt sinken läßt[1].

Nach den vorstehenden Ausführungen kann man daher eine Substanz als ein reines Glycerid gesättigter Fettsäuren ansehen, wenn

1. die Substanz keine Halogenreaktion mit Kupferoxyd mehr gibt;

2. die Schmelzpunkte der aus (Benzol-) Lösung krystallisierten und der auf Schmelzfluß erstarrten Substanz vollkommen oder doch sehr nahe zusammenfallen.

Treffen diese beiden Bedingungen zu, so krystallisiert man die Substanz noch ein- oder zweimal aus Benzol durch Zusatz einer hinreichenden Menge Alkohol um, damit die Verunreinigungen beseitigt werden, die durch das Eindunsten der bei der fraktionierten Lösung verwendeten Mengen Äther hineingelangt sind.

Von den so gereinigten Glyceriden bestimmt man nunmehr den endgültigen Schmelzpunkt, der meist noch etwas gestiegen ist, und sucht darauf durch Bestimmung der Verseifungszahl, des Schmelzpunktes der Fettsäuren und durch nähere Untersuchung dieser die Natur des betreffenden Glycerids festzustellen.

γ) **Darstellung von Glyceriden mit niederen Fettsäuren.** Die Darstellung von Glyceriden, welche niedere gesättigte Fettsäuren (Butter-, Capron-, Capryl- und Caprinsäure) oder auch Laurin- und Myristinsäure enthalten, erfolgt nach dem unter α und β beschriebenen Verfahren. Da diese Glyceride um so leichter löslich sind, je niedriger molekular die vorhandenen Fettsäuren sind, so wird man sich als Krystallisationsmittel meist des Acetons[2] oder eines Gemisches von Äther und Alkohol bedienen und die Krystallisationen im Eisschrank oder in einer Kältemischung vornehmen. Unter Umständen kann die Krystallisation mit einer vorhergehenden fraktionierenden Destillation im Vakuum (vgl. S. 374) verbunden werden.

b) Darstellung von Glyceriden mit ungesättigten Fettsäuren.

Die Darstellung von Glyceriden mit ungesättigten Fettsäuren kann in gleicher Weise wie die der gesättigten Fettsäuren durch fraktionierte Lösung erfolgen, nur bietet die Darstellung bei ersteren Glyceriden dadurch größere Schwierigkeiten, daß sie, namentlich solche mit zwei Molekeln ungesättigter Fettsäuren, in den üblichen Fettlösungsmitteln zu leicht löslich sind, einen sehr niedrigen Schmelzpunkt besitzen und sich an der Luft mehr oder weniger leicht oxydieren. Es müssen daher bei der Darstellung dieser Glyceride durch fraktionierte Lösung in der unter a) beschriebenen Arbeitsweise einige Abänderungen vorgenommen werden, von denen die wichtigsten folgende sind:

α) **Krystallisationsmittel.** Während man bei den höher schmelzenden Glyceriden der gesättigten Fettsäuren vorwiegend Äther und Benzol bei Zimmertemperatur anwendet, bedient man sich bei den Glyceriden mit einer und insbesondere bei den mit zwei Molekeln ungesättigter Fettsäuren des Acetons[2] oder eines Gemisches von Äther und Alkohol als Krystallisationsmittel; ferner muß man auch bei deren Anwendung bei tieferen Temperaturen (Kühlschrank; Kältemischung) arbeiten, um gut krystallisierte Glyceride abzuscheiden.

---

[1] Diese Art der Behandlung scheint nicht bei allen Glyceriden zur Umwandlung der labilen Modifikation in die stabile zu genügen. Beim Palmitodistearin bedarf es z. B. zur vollständigen Umwandlung eines längeren Erhitzens der labilen Form auf 52—57⁰.

[2] Es empfiehlt sich, das zu den Krystallisationen zu verwendende Aceton unmittelbar vor der Verwendung durch Destillation über gebrannten Kalk von Wasser und Säuren zu befreien.

Bei der Anwendung von Aceton als Krystallisationsmittel tritt namentlich bei konzentrierten Lösungen ölsäurereicher Glyceride bei tiefen Temperaturen häufig keine Abscheidung von Krystallen ein, sondern die Lösung trübt sich durch Abscheidung feiner Tröpfchen, die allmählich zu einer Teilung der Flüssigkeit in zwei übereinanderliegende klare Flüssigkeitsschichten führt. Um diese Schichtenbildung zu verhindern, vermehrt man entweder die Acetonmenge oder man gibt so lange geringe Äthermengen hinzu, bis eine Abscheidung von Tröpfchen nicht mehr erfolgt. Auf diese Weise tritt dann beim weiteren Abkühlen vielfach noch eine Ausscheidung von Glyceridkrystallen ein, die im Eistrichter abfiltriert werden können.

Nach C. Amberger und A. Wiesehahn[1] tritt aber auch bei der Bildung von zwei Schichten der Acetonlösung eine Trennung der Glyceride ein, und zwar in der Weise, daß die stärker ungesättigten Glyceride sich in der oberen Schicht anreichern. Setzt man dieses „Umlösen" mit Aceton fort, so erreicht man schließlich einen Punkt, bei dem die Glyceride beider Schichten eine gleiche Jodzahl aufweisen, so daß man annehmen kann, daß ein einheitliches Glycerid vorliegt.

Führen diese Verfahren der fraktionierten Lösung nicht zum Ziele, so kann man die flüssigen Glyceride bis zur Jodzahl 0 hydrieren (härten[2]) und dann aus den nach l getrennten festen Glyceriden unter Berücksichtigung der Menge und Art der vor dem Hydrieren vorhandenen festen Fettsäuren Rückschlüsse auf die im Ausgangsfette vorhandenen flüssigen Glyceride ziehen.

β) **Schmelzpunktbestimmung.** Diese wird, namentlich bei den Glyceriden, mit zwei Molekeln ungesättigter Fettsäuren, infolge der tieferen Schmelztemperaturen meist nicht mit der gleichen Genauigkeit ausgeführt werden können wie bei den höher schmelzenden Glyceriden. Vielfach ist es dabei sehr schwierig, die Glyceride in einem zur Schmelzpunktbestimmung geeigneten Zustande zu gewinnen, so daß man den Schmelzpunkt der aus Schmelzfluß erstarrten Substanz bestimmen muß, der für die Unterscheidung der einzelnen Fraktionen weniger geeignet ist als der der aus Lösung krystallisierten Glyceride.

γ) **Sonstige Maßnahmen.** Infolge des Gehaltes an ungesättigten Fettsäuren oxydieren sich diese Glyceride bei dem häufigen Umkrystallisieren und Umlösen mehr oder weniger leicht. Es empfiehlt sich daher, die Darstellung der Glyceride zu beschleunigen und sie vor Licht- und Luftzutritt möglichst zu schützen. Aber auch dann wird mit einer teilweisen Oxydation, die sich namentlich in einer Erniedrigung der Jodzahl unter den theoretischen Wert zu erkennen gibt, bei der Darstellung zu rechnen sein.

B. Darstellung von Glyceriden durch Destillation im Vakuum.

Wie schon oben (S. 367) hervorgehoben wurde, hat F. Krafft[3] zur Darstellung von Glyceriden aus Fetten die fraktionierte Destillation im Vakuum des Kathodenlichtes[4] verwendet und dabei Trilaurin aus Lorbeeröl und Trimyristin aus Muskatbutter erhalten; dagegen gelang es ihm auf diese Weise nicht, Tripalmitin aus Japantalg zu gewinnen.

Die Destillation im Vakuum des Kathodenlichtes ist daher vorzüglich geeignet, um zunächst die flüchtigen von den nichtflüchtigen Glyceriden zu trennen; dagegen eignet sie sich zur weitesten Trennung verwickelter Gemische flüchtiger Glyceride nicht so gut wie die fraktionierte Lösung durch Krystalli-

---

[1] C. Amberger u. A. Wiesehahn: Z. 1923, **46**, 276; nach diesen kann man die abgeschiedenen Glyceride statt durch Filtration im Eistrichter auch durch Zentrifugieren von der Flüssigkeit trennen.   [2] Vgl. S. 375.

[3] F. Krafft: Ber. Deutsch. Chem. Ges. 1903, **36**, 4343.

[4] Über die Ausführung der Destillation vgl. die Arbeiten von F. Krafft in Ber. Deutsch. Chem. Ges. 1895, **28**, 2583; 1896, **29**, 1316, 2240; 1899, **32**, 1623.

sation, weil sie verhältnismäßig große Substanzmengen erfordert, während die fraktionierte Lösung mit weit geringeren Substanzmengen durchführbar ist.

A. Bömer und J. Baumann [1] haben sich der Destillation im Vakuum des Kathodenlichtes, das sie mittels einer Quecksilberluftpumpe von Krafft erzeugten, bedient, um die leichter flüchtigen Glyceride der niederen Fettsäuren des Cocosfettes von den schwerer flüchtigen Glyceriden zu trennen. Bei Anwendung von je etwa 70—80 g Cocosfett konnten bei Destillationstemperaturen von 250—285⁰ in 1—1¹/₂ Stunden rund 70—93% des Cocosfettes abdestilliert werden; diese bestanden vorwiegend aus Caprylo-lauro-myristin (Schmelzpunkt 15⁰), Myristo-dilaurin (Schmelzpunkt 33⁰) und geringen Mengen Laurodimyristin (Schmelzpunkt 38,1⁰), während im Destillationsrückstande außer den ölsäurehaltigen Glyceriden Palmito-dimyristin (Schmelzpunkt 45,1⁰) und Stearodipalmitin zurückgeblieben waren.

Dagegen gelang es nicht, aus Palmkernfett und Butterfett auf die gleiche Weise flüchtige Glyceride abzudestillieren; vielmehr trat Zersetzung der Fette unter starker Acroleinbildung ein. Es muß daher angenommen werden, daß in diesen beiden Fetten die flüchtigen niederen Fettsäuren in der Form von gemischtsäuerigen, palmitin- oder ölsäurehaltigen Glyceriden vorliegen.

Babassufett wurde von Bömer und H. Hüttig [2] im Vakuum des Kathodenlichtes destilliert. Dabei gingen aber entgegen der Angabe von Krafft nicht nur Glyceride von Fettsäuren mit bis zu 14 Kohlenstoffatomen, sondern auch ölsäurehaltige Glyceride über. Im Destillat wurden die gesättigten Glyceride Myristodilaurin (Schmelzpunkt 34,9⁰) in größerer, Laurodimyristin (Schmelzpunkt 36,1⁰) in beträchtlicher, Palmitodimyristin (Schmelzpunkt 45,7⁰) in geringer Menge nachgewiesen. Der Destillationsrückstand enthielt im leichtestlöslichen Anteil Glyceride der Ölsäure, Stearin-, Myristin-, Laurin- und Caprylsäure sowie als schwerstlösliches Glycerid Stearodipalmitin (Schmelzpunkt 55,9⁰) in sehr geringer Menge.

C. Hydrierung von Fetten und Ölen zwecks Nachweis und Darstellung von Glyceriden.

1. Grundlagen.

Bei Fetten und Ölen sowie bei durch Krystallisieren gewonnenen öligen Fraktionen (Mutterlaugen) führt die Hydrierung — und zwar am besten die vollständige Hydrierung — zu Verbindungen, die sich leichter abscheiden und kennzeichnen lassen, wenn auch nicht in ihrer ursprünglichen ungesättigten Form. Denn beim Hydrieren werden die ungesättigten Fettsäuren der Glyceride durch Anlagerung von 2 bzw. 4, 6, 8 usw. Wasserstoffatomen in die entsprechenden gesättigten Fettsäuren mit gleicher Kohlenstoffatomzahl übergeführt und dadurch neue, höher schmelzende und schwerer lösliche Glyceride gebildet, die sich durch Krystallisation aus Äther, Benzol und sonstigen Fettlösungsmitteln leichter trennen und rein darstellen lassen als die entsprechenden Glyceride ungesättigter Fettsäuren. Aus der Art der so darstellbaren hydrierten Glyceride können dann Schlüsse auf die Natur der ursprünglich vorhandenen Fettsäuren und Glyceride gezogen werden.

Bei der Hydrierung werden z. B. sowohl Ölsäure als auch Linolsäure und Linolensäure zu Stearinsäure reduziert und dementsprechend gehen nicht nur die einfachen Glyceride Triolein, Trilinolein, und Trilinolenin, sondern auch Oleodistearin, Dioleostearin, Linoleodistearin usw., überhaupt alle gemischten Glyceride, welche Stearinsäure, Ölsäure, Linolsäure und Linolensäure in irgendeiner Kombination enthalten, und zwar sowohl die α- als auch die β-Verbindungen, in Tristearin über. Anderseits liefern z. B. die Glyceride Palmito-diolein, -dilinolein, -dilinolenin, ferner Palmito-oleo-linolein usw. bei der Hydrierung

[1] A. Bömer u. J. Baumann: Z. 1920, 40, 97.   [2] A. Bömer u. H. Hüttig: Z. 1938, 75, 1.

zwar sämtlich ein Palmito-distearin, aber dieses ist entweder ein α- oder ein β-Palmito-distearin, je nachdem sich die Palmitinsäure in dem Ausgangsfett in α- oder β-Stellung befunden hat.

Auf diese Weise hat C. Amberger[1] aus dem aus vollständig hydriertem Rüböl erhaltenen Stearodibehenin auf eine im ursprünglichen Öl enthaltene entsprechende Menge Oleodierucin geschlossen. Amberger und J. Bauch[2] haben die Methode ferner zur Untersuchung von Kakaofett, A. Bömer und H. Engel[3] zur Untersuchung von Chaulmugraöl verwendet. T. P. Hilditch und E. C. Jones[4] haben aus dem Tristearingehalt des hydrierten Oliven-, Baumwollsaat-, Leinöles u. a. den Gehalt an voll ungesättigten Glyceriden mit gesättigten und ungesättigten C_{18}-Lösungen berechnet. Vgl. auch Bd. I, S. 306. Dabei kann man nach Hilditch und Jones aus der Verseifungszahl des schwerstlöslichen Anteiles auf den Gehalt des hydrierten Öles an Tristearin schließen.

2. Ausführung der Hydrierung.

Während man sich beim Hydrieren (Härten) der Fette in der Technik (vgl. S. 615) vorwiegend des metallischen Nickels als Katalysator bedient, kommt für die Hydrierung bei analytischen und präparativen Arbeiten im Laboratorium auch das kolloide Palladium oder Platin zur Verwendung.

Über die Unterschiede in der Wirkung beider vgl. S. 615.

Bei allen diesen Hydrierungen kommt es vor allem darauf an, daß das Öl mit dem Wasserstoffgas und einem wirksamen Katalysator bei zweckmäßiger Temperatur in möglichst innige Berührung kommt. Der Katalysator wird daher am besten in einem auf Kieselgur feinverteiltem Zustande angewendet und das Wasserstoffgas wird am zweckmäßigsten in einem kräftigem Strome durch das erhitzte Öl geleitet und bewirkt damit auch eine gute Durchmischung, so daß eine besondere Rührvorrichtung nicht erforderlich ist.

Zur Herstellung eines wirksamen Palladiumkatalysators versetzt J. Grossfeld 1 g Palladiumchlorür in etwa 200 ccm Wasser mit 60 g reinster Kieselgur und reduziert nach Zusatz überschüssiger Natronlauge durch Zusatz von Formalin und Erwärmen. Den Niederschlag saugt man ab, wäscht anfangs mit 10%iger Natriumchloridlösung, dann mit reinem Wasser aus, bis das Filtrat durch kolloidgelöstes Palladium sich dunkel färbt. Darauf trocknet man bei mäßiger Wärme am besten im Vakuum. Auf analoge Weise erhält man auch einen Platinkieselgurkatalysator.

C. Mannich[5] stellt einen Palladium-Kohlekatalysator in der Weise her, daß er feingepulverte gereinigte Tierkohle in Wasser suspendiert, Palladiumchlorürlösung hinzugibt und darauf durch die Flüssigkeit Wasserstoff hindurchleitet. Die palladiumhaltige Tierkohle wird abgesaugt, ausgewaschen und getrocknet.

Den Nickelkatalysator stellt man entweder in dem zu hydrierenden Öle selbst her, indem man Nickelformiat oder Nickelcarbonat hinzugibt und diese bei 220—250⁰ im Wasserstoffstrome reduziert, oder man stellt ihn außerhalb des zu hydrierenden Öles dar und verfährt dabei nach A. Windaus[6] in folgender Weise: Man löst 30 g reines Nickelnitrat und 6 g Traubenzucker in wenig Wasser und läßt diese Mischung langsam in einen zur Rotglut erhitzten großen Quarztiegel tropfen. Das so bereitete sehr voluminöse Nickeloxyd reduziert man im Wasserstoffstrome bei 290⁰ und vermischt es unter vollständigem Ausschluß der Luft sofort mit dem zu hydrierenden Öl. Geeignete Nickelkatalysatoren sind ferner im Handel erhältlich.

Über die technische Herstellung von Nickelkatalysatoren sowie deren längere Aufbewahrung vgl. L. Ubbelohde und Th. Svanoe[7] und S. 616.

3. Hydrierapparate.

Für die Ausführung der Hydrierung für wissenschaftliche Zwecke können die verschiedensten Vorrichtungen dienen, sofern sie eine dauernde innige Mischung von Öl, Katalysator und Wasserstoffgas ermöglichen. Als Wasser-

[1] C. Amberger: Z. 1920, 40, 192.   [2] C. Amberger u. J. Bauch: Z. 1924, 48, 371.
[3] A. Bömer u. H. Engel: Z. 1929, 57, 113.
[4] T. P. Hilditch u. E. C. Jones: Journ. Soc. chem. Ind. 1934, 53 T, 13; Z. 1937, 73, 570.
[5] C. Mannich: Arch. Pharm. 253, 181.
[6] A. Windaus: Ber. Deutsch. Chem. Ges. 1916, 49, 1729.
[7] L. Ubbelohde u. Th. Svanoe: Zeitschr. angew. Chem. 1919, I, 257.

stoffgas eignet sich besonders elektrolytisch hergestellter komprimierter Wasserstoff, der in Stahlbomben geliefert wird. Vielfach wird nach W. NORMANN ein Rührbecher verwendet, der $^1/_2$ Liter Inhalt besitzt und für die Härtung von etwa bis 400 g Öl verwendbar ist. NORMANN[1] empfiehlt als noch einfacher einen **Bodenrohrkolben** von neben-

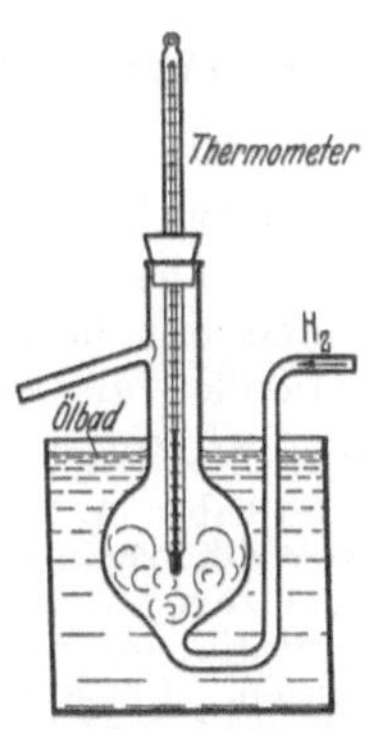

Abb. 6. Bodenrohr-kolben zur Fetthydrie-rung nach NORMANN.

stehend abgebildeter Form, durch dessen Bodenrohr der Wasserstoff eingeführt wird und dadurch die innige Mischung des Kolbeninhaltes herbeiführt. Auch ein Rundkolben mit weitem kurzem Halse, durch dessen Verschlußstopfen ein Thermometer sowie das bis nahe auf den Boden reichende Gaszuleitungsrohr sowie das Gasableitungsrohr hindurchgeführt werden, ist verwendbar. Den Kolbeninhalt erhitzt man im Ölbade auf die Hydrierungstemperatur, z. B. mit Nickelkatalysator auf 170—190° und leitet so lange einen kräftigen Wasserstoffstrom durch das Öl, bis die ungesättigten Fettsäuren vollständig hydriert sind. Das Ende der Hydrierung erkennt man daran, daß bei von Zeit zu Zeit herausgenommenen Fetttropfen der Schmelzpunkt nicht mehr steigt, oder die Refraktion nicht mehr schwächer wird. Die Schnelligkeit der Hydrierung hängt sowohl ab von dem Gehalt des Öles an ungesättigten Fettsäuren als auch von der Menge und Wirksamkeit des Katalysators und des durchgeleiteten Wasserstoffgases im Verhältnis zum Öl; immerhin nimmt die Hydrierung aber mehrere Stunden in Anspruch.

Für eine schnellere **Hydrierung unter Druck** empfiehlt C. AMBERGER[2] einen Rührautoklaven von C. PAAL[3] gemäß nebenstehender Abbildung, der 2 Liter Nutzraum faßt und bei 6 Atmosphären Wasserstoffdruck betrieben wird.

Ein starker, mit Druckmesser und Thermometer versehener Autoklav aus Bronze hängt in einem aus gleichem Metall gefertigten Kessel für die Heizflüssigkeit, der durch einen Bunsenbrenner angeheizt werden kann. Im Deckel des Autoklaven ist ein durch Elektromotor betriebenes Rührwerk eingebaut, den eigentlichen Rührer bildet ein gläsernes Schaufelrad, dessen Umdrehungszahl etwa 100 in der Minute beträgt. Die Welle des Rührwerkes wird von außen her durch eine Stopfbüchse eingeführt, welche, um ein Undichtwerden infolge der Hitze zu vermeiden, durch einen darübergelegten Mantel mit durchfließendem Leitungswasser gekühlt wird.

Der Apparat wird derartig beschickt, daß das Öl in ein Batterieglas vom lichten Durchmesser des Druckgefäßes gegeben und darin mit dem Katalysator vermischt wird. Es ist wichtig, daß das Öl nicht in Berührung mit dem antikatalytisch wirkenden Metall des Autoklaven gebracht wird. Nach Einsetzen des Schaufelrades wird der Autoklav geschlossen,

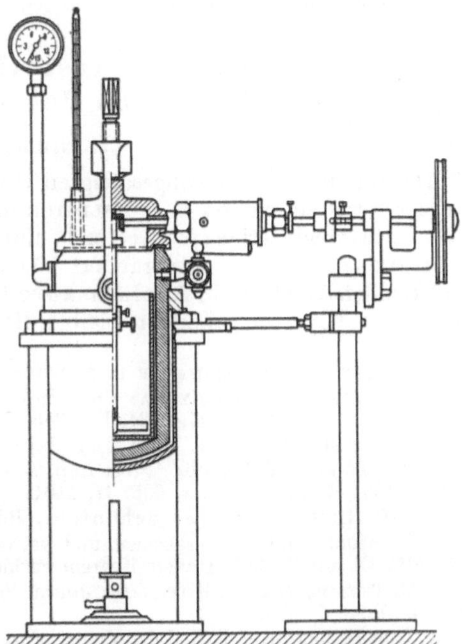

Abb. 7. Hydrierautoklav von PAAL.

evakuiert, zweimal mit zwei Atmosphären Wasserstoff, der einer Bombe entnommen wurde, ausgespült und sodann auf den gewünschten Druck aufgefüllt. Danach werden das

---

[1] W. NORMANN: Privatmitteilung. [2] C. AMBERGER: Privatmitteilung.
[3] C. PAAL: Ber. Deutsch. Chem. Ges. 1908, 91, 2282.

Rührwerk, die Kühlung der Stopfbüchse und die Heizung des Wasserbades in Gang gesetzt. Durch die Temperaturzunahme steigt zunächst das Volumen des Wasserstoffs. Durch die nun eintretende Absorption sinkt das Volumen nunmehr und das Sinken wird am Manometer beobachtet.

D. Bromierung von Fetten und Ölen zwecks Nachweis und Darstellung von Glyceriden.

Die fraktionierte Krystallisation der durch Bromieren in Petroläther erhaltenen Bromadditionsprodukte hat sich besonders bei Glyceriden mit hochungesättigten Fettsäuren, so von Leinöl, Sojabohnenöl und Seetierölen als wertvolles Mittel zur Trennung und Erkennung der verschiedenen Glyceride erwiesen.

So haben A. Eibner, L. Widenmeyer und E. Schild[1] aus Leinöl die Bromide von Linoleodilinolenin und Oleodilinolenin isoliert, B. Suzuki und Y. Yokoyama[2] Dilinoleolinolenin, zwei verschiedene Linoleodilinolenine, Dilinoleoolein, Oleolinoleostearin und Oleolinoleostearin; im Sojabohnenöl fanden sie Anzeichen für das Vorhandensein von Dilinoleolinolenin, Linoleodilinolenin, Oleodilinolenin, Linoleodiolein und Oleolinoleostearin. K. Hashi[3] fand in Leinöl außerdem Dipalmitoolein und Oleodilinolein.

In Anwendung des Verfahrens auf Seetieröle, wie Walöl, Dorschleberöl, Herings-, Sardinen-, Lachs-, Haifischleber-, Sandaal- und Klippfischöl, erhielten Suzuki und Y. Masuda[4] eine verwickelte Mischung verschiedener (zehn und mehr) Bromderivate, unter denen einfache Glyceride nicht aufzufinden waren.

Eine Zusammenstellung der bisher aus den genannten Ölen als krystallinische Bromadditionsprodukte isolierten Glyceride gibt T. P. Hilditch[5].

Über Nachweis von Cetylclupadonat aus Karasumiöl[6] durch Bromierung vgl. M. Tsujimoto und H. Koyanagi[7].

E. Bestimmung und Darstellung der vollgesättigten Glyceride durch Permanganatoxydation.

1. Grundlagen.

Die Darstellung der vollgesättigten Glyceride aus natürlichen Fetten beruht auf der Feststellung von T. P. Hilditch und C. H. Lea[8], daß bei der Oxydation der Fettsäureglyceride in Aceton[9] unter geeigneten Bedingungen die gesättigten Glyceride unverändert bleiben, während die Ölsäure-, Linolsäure- und Linolensäurereste in Azelainsäure übergehen, von der die eine Carboxylgruppe an Glycerin gebunden bleibt, die andere aber frei wird.

[1] A. Eibner, L. Widenmayer u. E. Schild: U. 1927, 34, 312; C. 1928, I, 2873.

[2] B. Suzuki u. Y. Yokoyama: Proc. Imp. Acad. Tokyo 1927, 3, 526; 1929, 5, 265; 1931, 7, 230; C. 1928, I, 605; 1931, II, 2345.

[3] K. Hashi: Journ. Soc. chem. Ind. Japan 1927, 30, 849, 856; 1928, 31, 117.

[4] B. Suzuki u. Y. Masuda: Proc. Imp. Acad. Tokyo 1927, 3, 531; 1928, 4, 165; 1929, 5, 265; 1931, 7, 9; C. 1928, I, 605; II, 1401.

[5] T. P. Hilditch: Hefter-Schönfeld, Bd. I, S. 198.

[6] Karasumi sind die gesalzenen und getrockneten Rogen von Mugil japonicus, die 25—30% Öl mit 38,65% Unverseifbarem enthielten.

[7] M. Tsujimoto u. H. Koyanagi: Journ. Soc. chem. Ind. Japan (Suppl.) 1937, 40 B, 403; C. 1938, I, 3988.

[8] T. P. Hilditch u. C. H. Lea: Journ. Soc. chem. London 1927, 3106. Vgl. Hefter-Schönfeld: Chemie und Technologie der Fette und Fettprodukte, 2. Aufl., Bd. I, S. 202.

[9] J. K. Chowdhury u. S. M. Das-Gupta (Journ. Ind. chem. Soc. 1931, 8, 423; C. 1931, II, 3683) haben gefunden, daß durch festes Kaliumpermanganat auch Aceton selbst leicht oxydiert wird, während Pyridin selbst bei 85—100° beständig bleibt und nur Spuren Kohlendioxyd bildet. Chowdbury und Das-Gupta messen das bei bestimmter Temperatur gebildete Kohlendioxyd und verwenden diese Methode zur Unterscheidung von Ölen verschiedenen Trocknungsgrades und zur Bestimmung des Sättigungsgrades.

Wenn in den vorhandenen Triglyceriden der gesättigte Rest durch S, der ungesättigte durch U ausgedrückt wird, sind folgende Triglyceridtypen zu unterscheiden:

$$GS_3 \qquad GS_2U \qquad GSU_2 \qquad GU_3.$$

Nach der Oxydation werden diese 4 Typen entsprechend der Anzahl ungesättigter Reste

$$0 \qquad 1 \qquad 2 \qquad 3$$

freie Carboxylgruppen enthalten.

Da die Alkalisalze der Azelainsäureglyceride starke Emulgierungsmittel sind, bereitet die Abtrennung der vollgesättigten Glyceride erhebliche Schwierigkeiten, besonders bei den Monoazelaoderivaten, die sich zudem in Äther ebenso leicht wie in Wasser lösen. Immerhin gelingt aber die quantitative Trennung.

Wenn nun die Zusammensetzung der Fettsäuren im ursprünglichen Fett und im vollgesättigten Teile bekannt ist, lassen sich die Mengen der gesättigten Säuren, die in Form der gemischtsäurigen Glyceride vorliegen, berechnen und damit das Verbindungsverhältnis:

$$\text{Verbindungsverhältnis} = \frac{\text{Mol. gesättigte Fettsäuren}}{\text{Mol. ungesättigte Fettsäuren}}$$

in den gemischtsäurigen Glyceriden ermitteln. Auf Grund dieses Verbindungsverhältnisses findet man dann im gemischtsäurigen Fettanteil den Gehalt an je 2 der Gruppen GS_2U, GSU_2 und GU_3, wenn eine dieser 3 Gruppen fehlt. Einfacher wäre diese Berechnung, wenn sich eine der 3 Gruppen direkt bestimmen ließe, was aber wegen der leichten Hydrolysierbarkeit der Di- und Triazelaoderivate (HILDITCH u. SALETORE [1]) bisher nicht gelungen ist. Nur die Monazelaoglyceride lassen sich unter günstigen Bedingungen (wenn das Fett mindestens 60% Monoglyceride enthält) durch Lösen in Äther größerenteils abscheiden.

HILDITCH und LEA fanden für Pflanzenfette eine ausgesprochene Neigung zur gleichmäßigen Verteilung der ungesättigten Fettsäuren, also eine Beschränkung des Vorkommens einsäuriger, ja selbst gemischtsäuriger gesättigter Glyceride, während die Fette der Landtiere (Talg) viel reicher an gesättigten Glyceriden sind.

Später haben G. COLLIN und T. P. HILDITCH [2] gezeigt, daß zwischen dem Aufbau der pflanzlichen Samenfette, den Tier- und Milchfetten und einigen Fetten aus dem Fruchtfleisch (Pericarp) größere Unterschiede bestehen. In den Samenfetten überwiegt eine gleichmäßige Verteilung der Glyceridmoleküle, so daß in Fetten, die nur Öl-, Palmitin- und Stearinsäure in annähernd äquimolekularem Verhältnis enthalten, große Mengen Oleopalmitostearin vorliegen. Solange die Menge der gesättigten Säuren im Gesamtfett unter 60% der Gesamtsäuren bleibt, ist der Anteil an voll gesättigten Glyceriden sehr niedrig [3]; wird diese Menge von 60% überschritten, so enthält das Fett so viel gesättigte Glyceride, daß in dem restlichen gesättigt-ungesättigten Anteil wieder etwa 60 Mol.-% gesättigte Säuren enthalten sind. HILDITCH drückt dies durch folgende Regel aus:

Die gesättigten und ungesättigten Fettsäuren sind mehr oder weniger gleichmäßig auf die Glyceride der Fette aus Pflanzensamen verteilt mit der Tendenz, Gemische von mehrsäurigen Glyceriden zu bilden, in welchen (falls man mit

---

[1] T. P. HILDITCH u. S. A. SALETORE: Journ. Soc. chem. Ind. 1933, 52 T, 101.

[2] G. COLLIN u. T. P. HILDITCH: Biochem. Journ. 1929, **23**, 1273.

[3] Ausnahmen von diesem Satz bilden die Fette von Myristica malabarica und Laurus nobilis, was vielleicht mit dem Harzgehalt der Samen oder mit periodischer Entstehung der verschiedenen Fettsäuren zusammenhängt.

R und r die stärker und schwächer vertretenen Acylgruppen bezeichnet) auf 3—4 Glyceridmoleküle R_2r nur ein Molekül Rr_2 entfällt.

Eine ganz andere Struktur zeigen Butterfette, Körperfette von Schweinen und anderen Tieren und einige pflanzliche Fruchtfleischfette, bei denen der molare Gehalt an gesättigten Glyceriden regelmäßig mit dem Verhältnis gesättigte/ungesättigte Säuren im Gesamtfett ansteigt. Das Fett enthält also weit mehr gesättigte Glyceride als ein Samenfett mit gleichem Gehalt an gesättigten und ungesättigten Säuren. Die Verbindungsverhältnisse sind hier niedriger als bei Samenfetten und nicht konstant, sondern steigen mit den Verbindungsverhältnissen der Säuren im Gesamtfett an.

Für verschiedene Speisefette hat Hilditch folgende Werte ermittelt:

Tabelle 9. Gehalt von Speisefetten an vollgesättigten Glyceriden.

Fett	Gesättigte Säuren im Gesamtfett		Vollgesättigte Triglyceride	Verbindungsverhältnisse	
	Gewichts-%	Mol.-%	Mol.-%	im Gesamtfett	im nicht vollgesättigten Fettanteil
Samenfette:					
Cocosfett (2 Proben) . . .	90,2—91,7	92,9—93,9	84—86	13,1—15,5	1,3—1,4
Muskatbutter	88,2	90,2	73	9,2	1,6
Palmkernfett	80,1	85,3	66	5,8	1,3—1,4
Kakaobutter	58,8	59,8	2,5	1,5	1,4
Sheabutter	44,8	45,1	2,5	0,8	0,8
Baumwollöl	25,1	27,3	< 1	0,3	(0,3)
Erdnußöl	15,1	15,5	< 1	0,2	(0,2)
Fruchtfleischfette:					
Palmöl (4 Proben). . . .	41,6—48,4	46,6—50,9	7,4—10,3	0,78—1,04	0,65—0,83
Stillingiatalg (2 Proben) . .	65,5—70,4	68,4—72,5	23,9—28,4	2,16—2,64	1,41—1,60
Olivenöl	12,7	13,8	2,0	0,16	0,14
Tierfette:					
Rindertalg (4 Proben) . . .	47,8—60,6	50,0—61,9	13,9—25,8	1,00—1,62	0,72—0,94
Oleomargarin (3 Proben) . .	46,7—48,2	48,2—50,0	8,5—9,8	0,93—1,00	0,76—0,83
Hammeltalg	59,7	61,0	26,6	1,56	0,90
Schweinefett, Netzfett (3 Proben) .	45,5—53,5	46,9—55,1	11,4—17,7	0,89—1,23	0,64—0,83
„ Rückenfett, Schweinefett, Rückenfett, äußere Schicht	40,8	42,9	6,7	0,75	0,63
Schweinefett, Rückenfett, innere Schicht	32,0	33,9	2,2	0,51	0,48
Kaninchenfett	31,9	33,5	7	0,5	(0,4)
Milchfette:					
Kuhbutterfett (8 Proben) .	55,0—65,9	61,9—72,4	27,2—41,3	1,62—2,62	0,92—1,11
Büffelbutterfett (indisches) .	64,2	70,1	34,7	2,3	1,2

2. Ausführung der Bestimmung[1].

In eine schwach siedende Lösung von 1 Teil Fett in 10 Teilen Aceton werden anteilsweise 4 Teile Kaliumpermanganatpulver eingetragen und nach jeder

---

[1] Vgl. G. Collin u. T. P. Hilditch: Journ. Soc. chem. Ind. 1928, **47 T**, 261. — T. P. Hilditch u. E. E. Jones: Analyst 1929, **54**, 75. — C. H. Lea: Journ. Soc. chem. Ind. 1929, **48 T**, 41. — G. Collin, T. P. Hilditch u. C. H. Lea: Journ. Soc. chem. Ind. 1929, **48 T**, 46. — T. P. Hilditch u. J. J. Sleightholme: Biochem. Journ. 1931, **25**, 1168. — T. P. Hilditch u. S. A. Saletore: Journ. Soc. chem. Ind. 1933, **52 T**, 101.

Zugabe heftig durchgeschüttelt. Nach Zusatz des gesamten Permanganats wird noch einige Zeit gekocht und das Aceton durch Destillation und Erhitzen des Rückstandes auf 90—100⁰ im Vakuum verjagt. Der Rückstand wird mit festem Natriumbisulfit und Wasser vermischt, erwärmt und durch allmähliche Zugabe von verdünnter Schwefliger Säure unter Schütteln entfärbt; die abgekühlte Lösung wird dann mit Äther ausgeschüttelt. G. Schuster[1] trennt die Kaliumsalze der gebildeten Azelainsäureglyceride durch Filtration von den unveränderten gesättigten Glyceriden ab. S. A. Saletore[2] trennt die neutralen und sauren Oxydationsprodukte durch wiederholtes Ausschütteln der ätherischen Lösung mit einer 10%igen Kaliumdicarbonatlösung, wobei das Dicarbonat die einbasischen Säuren, das Triazelain und die Hauptmenge der diazelaomonogesättigten Glyceride aufnimmt, aber die Monoazelaoglyceride in der Ätherlösung fast restlos zurückläßt. Durch wiederholtes abwechselndes Auswaschen der Ätherlösung mit 10%iger Kaliumcarbonatlösung und Wasser, wobei stärkere Emulsionsbildung zu vermeiden ist, wird die ätherische Flüssigkeit vom Rest der sauren Oxydationsprodukte befreit. Die alkalischen und wäßrigen Waschflüssigkeiten werden ihrerseits mit Äther ausgeschüttelt, um die durch Emulgierung mitgerissenen vollgesättigten Glyceridanteile zurückzugewinnen.

Bei Gegenwart größerer Mengen Monazelaoglyceride kann man einen Teil davon isolieren, indem man die mit Dicarbonat ausgewaschene warme ätherische Lösung mit einer kleinen Menge einer heißgesättigten Natrium- oder Kaliumcarbonatlösung durchschüttelt und nach raschem Abziehen der wäßrigen Schicht die klare Ätherlösung einige Stunden bei 0⁰ stehenläßt. Dann scheidet sich ein Niederschlag, bestehend aus den Alkalisalzen der Monazelaoglyceride aus, der nach Filtration durch Auswaschen mit kaltem wasserfreiem Äther gereinigt wird. Aus dem Alkalisalz gewinnt man das freie Glycerid durch Ansäuern und Krystallisation aus Aceton bei 0⁰. Aus der ätherischen Mutterlauge entfernt man die restlichen Monazelaoglyceride durch Auswaschen mit Kaliumcarbonat und anschließend mit Wasser.

Nach J. Bougault und G. Schuster[3] lassen sich Monoazelaoglyceride unter Abspaltung von Azelainsäure zu den entsprechenden Diglyceriden partiell verseifen und können so zur Darstellung dieser Diglyceride dienen.

Die gesamten Ätherauszüge enthalten jetzt die rohen vollgesättigten Glyceride, die nach Verjagen des Lösungsmittels getrocknet werden. Daneben enthalten sie immer noch eine kleine Menge saurer Oxydationsprodukte. Hatte das Fett eine Jodzahl über 40—50, so ist bisweilen die Oxydation der ungesättigten Glyceride unvollständig geblieben, was an der Jodzahl der vollgesättigten Glyceride erkannt wird. Liegt diese über 2, so empfiehlt sich eine nochmalige Oxydation.

Ist die Ausbeute an rohen vollgesättigten Glyceriden nur gering (5—20 g), so ermittelt man ihre Verunreinigungen durch Bestimmung des Unverseifbaren und der höheren, in siedendem Wasser unlöslichen Fettsäuren (vgl. S. 144). Bei größerer Ausbeute an gesättigten Rohglyceriden werden diese durch Auswaschen mit siedendem kaliumcarbonathaltigem Wasser bis zur bleibend alkalischen Reaktion gegen Phenolphthalein weiter gereinigt. Die wäßrige, etwas emulgiertes neutrales Glycerid enthaltende, Schicht wird abgehebert und das Neutralfett mit Wasser bis zur neutralen Reaktion derselben ausgekocht. Man erhält so 80—90% der vollgesättigten Glyceride mit sehr geringer Säurezahl, den Rest aus dem Ätherauszug der alkalischen und wäßrigen Wasch-

<hr>

[1] G. Schuster: Journ. Pharm. Chim. 1932 [8] **16** (124), 421; C. 1933, I, 1702.
[2] S. A. Saletore: Diss. Liverpool 1932.
[3] J. Bougault u. G. Schuster: Bull. Soc. chim. France 1934, 1, 1416; C. 1935, II, 1988.

flüssigkeiten, aber dann mit einer gewissen Säurezahl. Aus den mit Äther behandelten wäßrig-alkalischen Waschflüssigkeiten setzt man die sauren Oxydationsprodukte in Freiheit und bestimmt ihre Säurezahl, die dann als Korrektur für die sauren Verunreinigungen in dem mit Äther ausgezogenen Teil der Reaktionsprodukte dient. Auf diese Weise kann der Gehalt des ursprünglichen Fettes an voll gesättigten Glyceriden mit einer Genauigkeit von mehr als 1% bestimmt werden.

Beispiel. Die Oxydation von Butterfett an 6 Anteilen von je 100 g ergab 33,6% rohe neutrale Produkte. Nach Kochen derselben mit verdünnter Kaliumcarbonatlösung wurden erhalten:

a) 163,8 g völlig neutrales Fett mit dem Verseifungsäquivalent 229,3 (Säurezahl 0,4)

b) 22,9 g mit Äther ausgezogenes Fett mit dem Verseifungsäquivalent 234,1 (Säurezahl 6,4);

c) 12,5 g saures Material mit dem Verseifungsäquivalent 167,9 (Säurezahl 211,2).

In der Voraussetzung, daß der saure Bestandteil von b die gleiche Säurezahl hat wie c berechnet sich für das ursprüngliche Fett

$$\text{Vollgesättigte Glyceride} = \frac{33,6}{163,8 + 22,9 + 12,5}\left(163,8 + \frac{22,9\,(211,2 - 6,4)}{211,2}\right) = 31,4\% \ .$$

Vorkommen, Gewinnung und Eigenschaften der Speisefette.

Von

Professor DR. A. BÖMER †-Münster i. W.

und

Professor DR. J. GROSSFELD-Berlin.

Mit 46 Abbildungen.

Die zur menschlichen Ernährung dienenden natürlichen Speisefette entstammen sowohl dem Pflanzen- als auch dem Tierreich. In den Pflanzen entsteht das Fett, wie man annimmt, aus den Kohlenhydraten, während das Fett im Tier außer direkt aus Kohlenhydraten auch aus dem Fett und dem Protein in der Nahrung umgesetzt sein kann (vgl. Bd. I, S. 254, 258). Nach GRÜN und HALDEN waren bis zum Jahre 1929 1400 verschiedene Fette bekannt.

A. Bedeutung der Speisefette für die Ernährung.

Die Speisefette bilden einen Hauptpfeiler der menschlichen Ernährung. Wegen ihres hohen Nährwertes sind sie als energieliefernder Bestandteil unserer Nahrung unentbehrlich. Sie verringern das Volumen der Nahrung und tragen wesentlich zur Schmackhaftigkeit der Speisen bei. Diesem Werte der Speisefette für die Ernährung entspricht ihre Bedeutung im Welthandel.

1. Welthandel.

So betrug die Weltausfuhr[1] an verschiedenen Fetten und Ölfrüchten in je 1000 Tonnen:

Tabelle 1a.

Art der Fette oder Ölfrüchte	1929	1931	1933	1935
Schweineschmalz, Gänseschmalz und ähnliche Fette	434	330	320	146
Rohtalg und Feintalg	191	172	180	237
Fette, Öl und Tran von Seetieren	205	115	179	209
Olivenöl	190	218	207	204
Palmöl	238	257	339	414
Kakaobutter	19	18	18	26
Gehärtete Öle	157	140	141	167
Margarine und ähnliche Speisefette	87	88	23	15
Erdnüsse	1548	1617	1442	1281
Kopra	1030	884	1136	1071
Palmkerne	457	445	453	566
Sojabohnen	2751	2640	2577	1906
Leinsaat	2042	2219	1860	2047
Baumwollsaat	701	534	554	812

[1] Nach Statistisches Jahrbuch für das Deutsche Reich 1937.

Nach einer Berechnung von J. Brech[1] entfielen von der Weltproduktion an Pflanzenöl auf die einzelnen Kontinente:

Das Land mit der größten Pflanzenölerzeugung sind die Vereinigten Staaten von Nordamerika. In Europa wird das meiste Pflanzenöl in Deutschland, Frankreich, Großbritannien, Italien, Holland und Rußland gewonnen. Dazu kommen Spanien und Portugal mit ihrer fast ausschließlichen Olivenölerzeugung.

Tabelle 1 b.

Jahr	Europa	Asien	Amerika	Afrika	Australien	Nicht näher bezeichnete Länder
1926	45,3	23,6	22,4	8,5	1,2	0,3
1927	48,6	24,3	18,4	8,0	0,1	0,6

Ein bedeutender Teil der gesamten Öle und Fette dient allerdings nicht als Speisefett, sondern für technische Zwecke, so namentlich zur Seifenherstellung.

2. Deutschland

führte im Jahre 1936 an Ölfrüchten zur Ernährung in je 1000 dz ein:

Tabelle 2.

Insgesamt	14292,3	Niederländisch-Indien	622,3
Davon aus:		Philippinen	428,9
China	4866,2	Rumänien	297,2
Britisch-Westafrika	3318,1	M. v. d. Besitzung in Südsee	171,9
Britisch-Indien	2212,7	Portugiesisch-Ostafrika	165,2
Belgisch-Kongo	801,3	Britisch-Ostafrika	78,7
Britisch-Malaya	745,8	Liberia	70,5

Der Verbrauch je Kopf der Bevölkerung betrug in Kilogramm:

Tabelle 3.

Fettart	1913	1930	1932	1934	1936
Schweinefett (Speck, Flomen, Darmfett)	8,1	8,1	8,5	8,3	8,1
Butter	6,4[2]	8,1	7,5	7,8	8,5
Margarine	2,7	6,7	7,8	5,8	6,3
Kunstspeisefett	0,1	0,3	0,3	0,2	0,2
Unvermischte Pflanzenfette	0,4	1,1	1,2	0,7	2,5
Speiseöl	2,0	2,0	2,0	2,1	2,5

U. Tornau[3] berechnet den Tagesverbrauch an Fett in Kilogramm:

Tabelle 4.

Je Kopf		Je Vollperson	
1913	1935/36	1913	1935/36
56,1 g	69,3 g	70,1 g	83,0 g

Hiernach berechnet sich ein Jahresverbrauch je Vollperson von 30,3 kg. Die Erzeugung der deutschen Ölmühlen betrug für das Jahr 1935:

---

[1] J. Brech: In Hefter-Schönfeld, Bd. I, S. 854.
[2] Durchschnitt 1909—1913.
[3] U. Tornau: Beih. Zeitschr. Ernährung 1938, Heft 4, 23.

Tabelle 5.

Art der Rohstoffe	Gewonnenes Rohöl in 1000 t	Durchschnittliche Ölausbeute aus den Rohstoffen %
Palmkerne . . .	112,9	47,0
Sojabohnen . . .	86,8	16,4
Erdnüsse	78,4	42,7
Leinsaat	75,6	32,6
Kopra	61,0	62,6
Raps und Rübsen	28,4	38,1
Sonstige	8,8	—
Insgesamt	551,9	—

An raffinierten Ölen und Fetten war die Erzeugung im Jahre 1935 in 1000 Tonnen:

Tabelle 6.

Sojaöl	88,0	Walöl	17,0	Gehärteter Waltran	357,7
Palmkernfett	63,5	Schweineschmalz	1,9	Gehärtetes Erdnußöl	33,9
Cocosfett	54,2	Sonstige tierische		Gehärtetes Sojaöl	1,6
Erdnußöl	51,0	Fette	4,2	Andere gehärtete	
Andere pflanzliche				Pflanzenöle	3,2
Fette	31,0				

1936/1937[1] wurden in deutschen Ölmühlen und Ölveredelungsbetrieben nach vorläufigen Angaben gewonnen (Angaben in Doppelzentnern):

Tabelle 7.

Erdnußöl roh, rein und gehärtet	Cocosöl roh und rein	Palmkern- und Palmöl rein	Tran gehärtet	Sojaöl rein und gehärtet	Raps- und Rüböl	Sonstige Pflanzenöle, auch Mischöle roh und rein
1 208 756	1 207 652	1 085 116	1 019 104	628 835	340 250	120 760

Von anderen Fettherstellern als von Ölmühlen und Ölveredelungsbetrieben wurden gewonnen:

Tabelle 8.

Margarine	Kunstspeisefett	Speiseöl und Pflanzenfette	Gehärteter Tran
4 075 102	128 854	282 723	344

3. Sonstige Länder.

Für sonstige Länder werden unter anderem noch folgende Angaben[2] gemacht:

a) Frankreich. Frankreich hat eine umfangreiche Ölmühlenindustrie mit vielen Hunderten von Kleinbetrieben, meist an den Seehafenplätzen mit Marseille im Vordergrund. Es deckt in seinen afrikanischen und ostasiatischen Kolonien einen größeren Teil seines Bedarfs an Ölsaaten, von denen Erdnüsse in steigendem Umfange in Westafrika erzeugt und in Frankreich verarbeitet werden. Die Erzeugnisse der französischen Ölmühlenindustrie kommen fast nur dem Bedarf des eigenen Landes zugute.

b) Großbritannien. Großbritannien erzeugt jährlich weniger als $^2/_3$ der von Deutschland erzeugten Ölmengen, an erster Stelle Baumwollöl; es führt jährlich 500—600000 t Baumwollsaat ein, 50% der verarbeiteten Ölsaaten aus englischen Dominions und Kolonien. Von Ölsaaten, ölhaltigen Nüssen und Kernen, liefert das britische Imperium mehr als die Hälfte der Weltvorräte.

Die Gesamteinfuhr an Ölen, Fetten und Ölsaaten, ausgedrückt in Öläquivalenten, betrug im Jahre

$$1932 \quad \dots \dots \dots \dots \quad 727\,804 \text{ t}$$
$$1933 \quad \dots \dots \dots \dots \quad 718\,131 \text{ t}$$

---

[1] Nach Statistisches Jahrbuch für das Deutsche Reich 1937.
[2] Vgl. J. BRECH: In HEFTER-SCHÖNFELD: Chemie und Gewinnung der Fette, Bd. I, S.854.

Davon wurden 1932 95798 t, 1933 84457 t ausgeführt. Der Einfuhrüberschuß an Butter, Schweinefett und Margarine war 1932 526924 t, 1933 579643 t, der gesamte Einfuhrüberschuß an pflanzlichen und tierischen Fetten 1932 1158930 t, 1933 1217320 t.

c) Dänemark. Die dänische Ölindustrie ist für die Rohstoffversorgung fast ausschließlich auf die Einfuhr angewiesen. Sie arbeitet aber andererseits wieder zum größeren Teile für den Export, und die Exportquote der dänischen Ölmühlenindustrie betrug rund 60%. Um wettbewerbsfähig zu bleiben, ist die dänische Ölmühlenindustrie mehr als eine andere auf Einkauf billiger Ölrohstoffe angewiesen.

Im Jahre 1933 hat Dänemark folgende Öl- und Fettmengen erzeugt und ausgeführt (s. Tabelle 9).

Tabelle 9.

Gegenstand	In 1000 t	
	Erzeugung	Ausfuhr
Cocos und Palmkernöl	54,7	25,8
Erdnuß-, Sesam- und Sojaöl . . .	55,3	27,4
Sonnenblumen- und Baumwollsaatöl	4,5	1,6
Leinsaat- und andere Öle	7,3	6,6
Tierische Fette und Fettsäuren . .	36,8	24,4

d) Holland. Holland besitzt eine Pflanzenölindustrie, die in hohem Maße auch für die Ausfuhr von Fertigwaren arbeitet. Es führte an Ölen und Fetten ein und aus (in 1000 t):

Tabelle 10.

Art der Öle oder Fette	Einfuhr		Ausfuhr	
	1932	1933	1932	1933
Leinöl	—	—	57,2	49,3
Cocosfett	5,8	5,2	31,7	24,0
Erdnußöl	0,8	0,3	14,9	18,9
Sojabohnenöl	25,8	17,0	14,4	11,9
Palmkernöl	—	—	10,3	9,8
Pflanzenöle und Pflanzenfette insgesamt	47,9	36,4	149,0	130,3
Talg	12,3	10,1	6,0	4,6
Schmalz	1,1	0,8	16,8	11,5
Oleomargarin	2,4	1,3	—	—
Tran	32,2	109,0	24,4	41,0
Tierische Fette, insgesamt	48,0	121,2	47,2	57,1
Öl in Form von Ölsaaten	229,3	178,2	4,5	3,6
Insgesamt	325,2	335,8	200,7	191,0

Holland ist der Sitz des Unilever Konzerns.

Von der holländischen Margarineerzeugung wurden im Jahre 1930 von 127000 t 70000 t im Inland verbraucht und 57000 t ausgeführt, 1934 sanken diese Zahlen auf 63000 bzw. 55500 bzw. 7500.

e) Schweden. Die schwedische Ölmühlenindustrie deckt nur einen Teil des Fettbedarfes des eigenen Landes. Schweden führte 1932: 63700 t Öl, zum großen Teil in Form von fertig gepreßtem Pflanzenöl ein und nur 2600 t aus. Für 1933 betrug der Öleinfuhrüberschuß 60700 t.

f) Norwegen hat eine ähnliche Pflanzenölbilanz wie Schweden, aber einen kleineren Verbraucherkreis. Da es aber das größte Erzeugungsland der Welt für Seetieröle ist, kommt es dadurch zu einem Ölausfuhrüberschuß. Für 1932 und 1933 waren die Ein- und Ausfuhrmengen in Tonnen:

Tabelle 11.

Art der Öle oder Fette	Einfuhr		Ausfuhr	
	1932	1933	1932	1933
Pflanzenöle und Fette	13874	11690	2134	2340
Desgleichen in Form von Ölsaaten . . .	29693	30977	—	—
Tierische Fette	21427	14171	98435	59803
Davon Tran	18269	11570	90060	59420
Insgesamt	64994	56838	100569	62143
Öl- und Ausfuhrüberschuß			35575	5305

g) Polen. Polen besitzt eine nicht unbedeutende Ölmühlenindustrie, die hauptsächlich Raps und Rübsen aus eigener Erzeugung verarbeitet. Dieselbe reicht aber nicht aus, den Ölbedarf des Landes zu decken. Das Land hat einen steigenden Einfuhrbedarf an Ölsaaten, den es vorwiegend aus Rußland und den südosteuropäischen Staaten deckt.

h) Südosteuropa. α) Von diesen Ländern hat Rumänien die größte Bedeutung als Ölsaatenerzeuger. Es liefert in erster Linie Rapssaat und Sonnenblumensamen, dann aber auch Leinsaat, Hanfsaat und Senfsaat.

β) In Bulgarien sind Bestrebungen im Gange, den Ausfall des Getreideexportes durch vermehrten Ölsaatenanbau wett zu machen. Geerntet werden namentlich Erdnüsse (1934 815 t) und Sonnenblumensamen.

γ) Ungarn, dessen Klima für den Ölsamenanbau weniger geeignet ist als die südlicheren Länder, ist trotzdem bemüht, seine Ausfuhr an Ölsaat zu steigern; diese betrug 1933 26 600 t.

δ) In Jugoslawien treten die neuerzeugten Ölsaaten mit der Schweinehaltung und den Olivenkulturen in Wettbewerb. Die Ölmühlenindustrie des Landes vermag rund 25 000 bis 30 000 t Ölsaaten im Jahr zu verarbeiten, von denen das Land rund 7000 t hervorbringt.

i) Tschechoslowakei. Der Bedarf an pflanzlichen Ölen betrug für das Jahr 1933 77 000 t, von denen die eigene Ölmühlenindustrie 52 000 t erzeugte. Ölsaaten werden im Lande nur in verschwindend geringer Menge angebaut. Die Hauptmenge wurde von Übersee oder auch aus den Donauländern und aus Rußland eingeführt.

j) Rußland. Im Jahre 1934 waren 137 Ölfabriken mit einer Leistungsfähigkeit von 470 000 t Öl vorhanden. Die Pflanzenölerzeugung des Landes betrug 485 500 t. An der Spitze stand Sonnenblumenöl mit über 380 000 t, darauf folgten Lein-, Hanf- und Baumwollöl. Die Erträge je Hektar sind dauernd zurückgegangen.

k) Vereinigte Staaten von Amerika. Die Ölmühlenindustrie der Vereinigten Staaten entspricht an Bedeutung dem gewaltigen Wirtschaftsgebiet dieser Länder. Sie unterscheidet sich aber insofern von der der bedeutenderen europäischen Länder, als in Amerika die Ölrohstoffe in sehr großem Umfang im Lande selbst erzeugt werden. Die Ölmühlen liegen daher vielfach nicht in der Nähe der Einfuhrhäfen, sondern in den Erzeugungsgebieten. So beschäftigen sich in den Südstaaten viele kleinere Betriebe mit der Gewinnung von Baumwollöl. Größere Ölmühlen richten sich aber in der Lage auch dort nach den Bedürfnissen der Rohstoffzufuhr und des Verbrauches; sie befinden sich daher in den großen Seehafenstädten. Diese Entwicklung wird durch die wachsende Einfuhr von Ölrohstoffen infolge der zunehmenden Industrialisierung der Vereinigten Staaten begünstigt. So betrug für 1933/34:

Tabelle 12.

Versorgung mit Pflanzenöl		Gesamtversorgung	
Herkunft	Mill. lbs.	Art der Fette	Mill. lbs.
Einheimische Ölsaaten	1670	Pflanzliche Öle	3310
Eingeführte Ölsaaten	750	Tierische Fette	2110
Einfuhr von Öl	890	Öl und Fett insgesamt . . .	5420

In den vorhergehenden Jahren waren die Versorgungsmengen von ähnlicher Größenordnung.

l) Argentinien. Argentinien gehört zu den größten Ölsaatenerzeugern der Welt und spielt daher namentlich für die Belieferung der europäischen und nordamerikanischen Ölmühlen mit Rohstoffen eine bedeutende Rolle. 1933 wurden so 1,4 Millionen Tonnen Ölsaaten ausgeführt. Neuerdings ist der Staat aber bemüht, auch eine eigene Ölmühlenindustrie im Lande aufzubauen, die ihren Hauptsitz in Buenos Aires hat. Da für einen Teil der Bevölkerung Olivenöl ein unentbehrliches Speiseöl ist, das im Lande nur in verschwindend geringer Menge erzeugt wird, werden davon beträchtliche Mengen eingeführt.

m) Japan. Mandschukuo. Der Einfuhrüberschuß Japans an Öl betrug im Jahre 1933 90 100 t, die Gesamteinfuhr 115 600 t. Ausgeführt werden in erster Linie Wal- und Fischöle, so 15 400 t im Jahre 1933.

Mandschukuo wies für 1933 eine Ausfuhr an Sojabohnen von 2 208 500, an Erdnüssen von 127 600 engl. tons auf, ferner an Sojaöl 62 900, an Erdnußöl 17 000 engl. tons.

B. Systematik der Speisefette.

Sowohl die einzelnen Pflanzen- als auch die Tierfette sind, trotzdem sie aus einem verwickelten Gemisch verschiedenartiger Glyceride neben kleinen Mengen von anderen Begleitstoffen bestehen, dennoch durch eine gewisse gruppenmäßige Gleichheit in ihren Eigenschaften in der Art ihrer Bestandteile, in gewissen Kennzahlen ausgezeichnet. Hierdurch ist es möglich, eine Systematik der Fette aufzubauen, die zwar immer eine künstliche bleiben und je nach den Gesichtspunkten, unter denen man die Einordnung vornehmen wird, verschieden sein, aber für praktische Zwecke im allgemeinen ausreichen wird.

Zunächst unterscheidet man die beiden großen Klassen

I. Pflanzliche Fette, gekennzeichnet durch einen Gehalt an Phytosterinen,

II. Tierische Fette, gekennzeichnet durch einen Gehalt an Zoosterinen, insbesondere an Cholesterin.

Dieser von E. Salkowski[1] zuerst an einigen Fetten entdeckte, jedoch erst von A. Bömer[2] klar herausgestellte Unterschied betrifft zwar nur eine ganz geringe Beimischung der Fette, ist aber, wie zuerst Bömer[2] nachgewiesen hat, ohne Ausnahmen gültig. Weiter sind aber auch die allgemeinen Eigenschaften der gebräuchlichen pflanzlichen und tierischen Speisefette sinnfällig so verschieden, daß sich diese Einteilung rechtfertigt.

Für die weitere Einteilung stehen uns so scharfe Unterscheidungsmittel wie für die beiden Hauptklassen der Fette nicht zur Verfügung.

Die alte Einteilung der Pflanzenfette, die auch heute noch viel gebraucht wird, ist folgende:

1. Nichttrocknende Öle mit hohem Gehalt an Ölsäure, Jodzahl etwa 75—100.

2. Schwach- oder halbtrocknende Öle mit niedrigerem Gehalt an Linolsäure, Jodzahl etwa 100—150.

3. Trocknende Öle mit höherem Gehalt an Linol- und Linolensäure, Jodzahl etwa 150—190.

4. Feste pflanzliche Fette mit niedriger Jodzahl.

Dieser Einteilung der Pflanzenfette entspricht die der tierischen Fette in:

1. Flüssige Öle, unter denen die Seetieröle den Hauptteil ausmachen.

2. Feste Fette mit hohem Gehalt an Stearin- und Palmitinsäure.

3. Butterfette von Wiederkäuern und einigen anderen Tieren mit Gehalt an niederen Fettsäuren.

Es liegt auf der Hand, daß man mit einer solchen Einteilung wohl die Hauptvertreter der einzelnen Klassen kennzeichnen, aber keine scharfen Grenzen festlegen kann.

Von ganz anderer Grundlage geht Jumelle[3] für die Einteilung der Fette aus, nämlich nach ihrer botanischen oder zoologischen Herkunft. Fette gleicher Herkunft sind ja vielfach durch große Ähnlichkeit ausgezeichnet, wenn auch klimatische und ökologische Faktoren bei Pflanzenfetten, Fütterungseinflüsse bei Tierfetten die Eigenschaften merklich verändern können. Diese Klassifikation nach Herkunft bringt aber in manchen Fällen Fette ganz verschiedener Art in ein und dieselbe Gruppe, die offenbar nach ihren Eigenschaften nicht zusammengehören. Um diese Schwierigkeit zu umgehen, hat W. Halden[4] diese Systematik insofern wieder verändert, als er zunächst wieder in trocknende, nichttrocknende und feste Fette als Hauptklassen unterschied und dann nach dem botanischen oder zoologischen System einteilte.

In der Wirklichkeit richtet sich die Zusammensetzung der Fette nur teilweise nach der Stellung der Rohstoffe im botanischen oder zoologischen System. Es scheint daher praktisch zweckmäßiger, nach wie vor von der Zusammensetzung der Fette auszugehen und der Vorschlag von T. P. Hilditch[5], die Systematik der Fette auf einen Hauptbestandteil derselben, nämlich auf die darin enthaltenen Fettsäuren aufzubauen, dürfte zur Zeit der beste

---

[1] E. Salkowski: Zeitschr. analyt. Chem. 1887, **26**, 557. (Vgl. S. 251.)

[2] A. Bömer: Z. 1898, 1, 81. (Vgl. S. 251.)

[3] H. Jumelle: Les huiles végétales. Paris 1921.

[4] W. Halden: U. 1929, **36**, 109. — Vgl. A. Grün u. W. Halden: Analyse der Fette und Wachse, Bd. II. Berlin.   [5] T. P. Hilditch: Hefter-Schönfeld, Bd. I, S. 9.

Ausweg aus den bestehenden Schwierigkeiten sein. Dabei läßt sich die Einteilung nach GRÜN und HALDEN günstig verwerten, weil die meisten der nach HILDITCH entstehenden Gruppen auch mit bestimmten Gruppen nach GRÜN und HALDEN übereinstimmen.

Abgesehen von dieser weiteren Gliederung erscheint es aber doch zweckmäßig, die erste Einteilung in die beiden großen Herkunftsklassen: Pflanzenfette, Tierfette auf alle Fälle beizubehalten. Diesen Naturfetten gesellt sich in der heutigen Zeit eine Gruppe von künstlich veränderten Fetten, bei die durch chemische Umwandlung natürlicher Pflanzen- oder Tierfette, insbesondere durch den Hydrierungsvorgang gebildet werden, die sog. gehärteten Öle, weiter durch künstliche Veresterung von Fettsäuren gebildete Produkte und schließlich durch Paraffinoxydation entstehende Fettsäuren, die zwar bisher für Ernährungszwecke nicht in Frage kommen, mit deren gelegentlichem Auftreten in Speisefetten in Zukunft aber zu rechnen ist. Diese Fettarten lassen sich auch unter dem Begriff Kunstfette zusammenfassen.

Schließlich gehören zu diesen künstlich veränderten Fetten auch die durch reine Mischung verschiedener Fette erhaltenen Kunstspeisefette, Speiseölmischungen und die butterähnliche Zubereitung aus Fettmischungen, die Margarine.

Erster Abschnitt.

Pflanzenfette und Pflanzenöle.

A. Vorkommen und Gewinnung.

Fette und Öle sind im Pflanzenreich außerordentlich weit verbreitet. Als Reservestoff finden wir sie in vielen Samen und bei einigen Früchten (Olive, Ölpalme, Stillingia) auch im Fruchtfleisch in so starker Anhäufung, daß sich eine technische Fettgewinnung daraus lohnt und in größerem Maßstab ausgeführt wird.

Die wichtigsten Ölsamen sind bereits in diesem Handbuch Bd. I, S. 261 erwähnt. Weitere Einzelheiten werden bei den einzelnen Fett- und Ölarten gebracht werden. Zur Übersicht sei an dieser Stelle zunächst kurz der mittlere Fettgehalt der wichtigsten Ölsamen und Ölfrüchte wiedergegeben.

Bei diesen Zahlen ist mit Schwankungen von etwa ± 5% zu rechnen, ohne daß sie als wesentliche Abweichung vom Normalwert angesehen wird.

Tabelle 13. Mittlerer Ölgehalt einiger Ölsamen (Samenkerne, lufttrocken).

Aprikosenkerne (Prunus armeniaca L.)	51	Kapoksamen, Kerne	40
Babassunuß (Attalea funifera)	67	Kakao (Theobroma Cacao L.)	50
Baumwollsamen (Gossypium herbaceum)	23	Kopra, vgl. Cocosnuß.	
Bucheckern (Fagus silvatica L.)	27	Kirschkern (Prunus cerasus L.)	39
„ Kerne	32	Kürbissamen (Cucurbita Pepo L.)	37
Candlenuß (Aleurites triloba FORST)	62	„ Kerne	47
Cocosnuß (Cocos nucifera L.)	67	Leinsamen (Linum usitatissimum L.)	37
Cohunenuß (Palmenart)	70	Leindotter (Camelina sativa L.)	30
Erdnuß (Arachis hypogaea L.)	45	Mandel (Prunus amygdalus L.)	48
Hanfsaat (Cannabis sativa L.)	32	Mohn (Papaver somniferum L.)	47
Haselnuß (Corylus Avellana L.)	55	Palmkerne (Elais guiniensis L.)	50
Hikorynuß (Canya alba), Kerne	65	Paranuß (Bertholletia excelsa HUMB.)	68
Kapoksamen (Eriodendron anfractuosum[1])	23	Pekanuß (Carya olivaeformis)	70
		Pfirsichkern (Persica vulgaris MILL.)	46
		Pflaumenkern (Prunus domestica L.)	37

[1] Und Bombax malabaricum.

Tabelle 13. (Fortsetzung.)

Raps (Brassica Napus L.) 43	Sojabohne (Soja hispida Mönch). . . 18
Rübsen (Brassica Rapa oleifera) . . . 34	Sonnenblumensamen (Helianthus annuus
Ricinus (Ricinus communis L.). . . . 51	L.) 30
Senf, schwarzer (Sinapis nigra L.) . . 27	Sonnenblumensamen, Kerne 45
„ weißer (Sinapis alba L.) 30	Stillingiakerne (Stillingia sebifera) . . 60
Sesam (Sesamum indicum L.) 55	Traubenkerne (Vitis vinifera L.) . . . 12
Sheanuß (Bassia Parkii) 51	Walnußkerne (Juglans regia L.) . . . 59

Die durchschnittliche technische Ausbeute an Öl liegt um einige Prozent niedriger, entsprechend den in den Rückständen verbleibenden Ölresten und den allgemeinen Verlusten. So hat man in deutschen Ölfabriken im Durchschnitt erhalten:

Tabelle 14.

Ölsaat	Ölausbeute %	Ölkuchen u. Rückstände %	Verlust %
Erdnüsse	42,7	56,2	1,1
Kopra	62,6	36,2	1,2
Leinsaat	32,6	66,2	1,2
Mohnsaat . . .	36,9	58,5	4,6
Palmkerne . . .	47,0	52,2	0,8
Raps und Rübsen	38,1	56,4	5,5
Senfsaat	21,7	74,4	3,9
Sesam	48,4	49,0	2,6
Sojabohnen . . .	16,4	81,9	1,4

Der mittlere Fettgehalt von ölführendem Fruchtfleisch kann etwa wie folgt angesetzt werden:

Olive (Olea europaea L.) 25
    (in der Trockenmasse 57)%
Ölpalme . . . . 60 %

Die technische Gewinnung pflanzlicher Fette geschieht entweder durch Auspressen oder durch Extraktion mit einem Fettlösungsmittel. Dabei wird das ältere Verfahren des Auspressens, das auf einfache Weise in der ersten Pressung (bei kalter Pressung) ein sehr feines Speiseöl liefern kann, aber nur in begrenzter Ausbeute, weil die Preßrückstände, die Ölkuchen, immer einen wesentlichen Teil des Fettes zurückhalten, mit der Vervollkommnung der Extraktionsapparate immer mehr durch die Extraktion verdrängt.

Vorreinigung der Rohstoffe. Die Ölsaaten bedürfen vor der Verarbeitung nach dem Preß- oder Extraktionsverfahren einer sorgfältigen Vorbehandlung, bestehend in einer Reinigung von Staub und Fremdstoffen. Da unzerkleinerte Ölsaaten an sich durch Lagerfähigkeit ausgezeichnet sind, kann die Verarbeitung gleichmäßig auf das ganze Jahr verteilt werden. Dagegen müssen die wasserreichen Oliven gleich nach der Ernte verarbeitet werden, weil sie sonst in Fäulnis übergehen und dann ein stark im Werte vermindertes Öl liefern. Noch ausgeprägter tritt diese Schwierigkeit bei der Gewinnung des Palmöles wegen des heißen Klimas des Gewinnungsortes in den Tropen hervor. Erst die letzte Zeit hat hierfür eine Lösung gebracht (vgl. S. 415).

Der Verlauf der Ölsaatvorbehandlung in einem großen Ölwerk ist etwa folgender:

Zur Beförderung der ankommenden Saaten in die Speicher und von dort in die Verarbeitungsstätten dienen Transportmittel verschiedener Art, wie Förderschnecken, Becherwerke, Transportbänder und Saugluftförderer. In den Saatspeichern tritt bei richtiger Lagerung ein allmähliches Austrocknen und verbunden damit ein Rückgang der schädlichen Zellatmung ein, was zur Haltbarkeit beiträgt. Grundbedingung für eine zweckmäßige Lagerung sind daher Trockenheit, niedrige Lagerungstemperatur und wenn möglich Luftabschluß. An Speicherarten unterscheidet man Bodenspeicher und Zellenspeicher (Silos).

Schon vor der Lagerung und nochmals vor der Verarbeitung wird die Saat mittels besonderer Reinigungsanlagen (Schüttelsiebe, Rotationssiebe, Aspirateure, Trieure) von fremden Beimischungen, Stengeln, Blättern, Fruchtschalen, Kernen, Fremdsaaten, Steinen, Sand, Holzstücken, Stroh, Fäden, Glas,

Kleidungs-, Sackfetzen, Staub usw. befreit. Besonders wichtig ist auch die Abscheidung von Metall- und besonders von Eisenteilen (Nägeln, Hufeisenstücken, Bruchstücken von Transporteinrichtungen, Messern), die zur Beschädigung der Mahlvorrichtungen führen würden. Die Entfernung dieser Eisenteile besorgen besondere Elektromagnete.

Gewisse Ölsaaten bedürfen noch vor der weiteren Verarbeitung der Schälung in besonderen Schälmaschinen. Diese vorherige Entfernung der Schalen kann bei einigen Ölsamen, so bei Erdnuß, die Güte des Öles verbessern, weil dadurch die in den roten Hüllen vorhandenen Bitter- und Farbstoffe von der Berührung mit dem Öl ferngehalten werden. In anderen Fällen, so bei Baumwollsamen, begünstigen aber die Schalen mechanisch die Pressung.

Die in besonderen Saattrocknern auf den richtigen Trockenheitsgrad gebrachten

Abb. 1. Zweipaarwalzenstuhl (Harburger Eisen- und Bronzewerke A.G., Harburg-Wilhelmsburg).

Rohstoffe bedürfen vor der eigentlichen Ölgewinnung einer Zerkleinerung zur Öffnung der ölhaltigen Zellen. Die Zerkleinerungsapparate hierzu müssen aber so arbeiten, daß ein vorzeitiges Ausfließen des Öles nicht eintritt. In Gebrauch hierfür sind Walzwerke, insbesondere Walzwerke mit paarweise angeordneten Walzen, Mehrwalzenstühle, Kollergänge und Schlagmühlen, von denen die Perplex-Mühle und die ähnlich wirkende Excelsior-Mühle verbreitet sind. Bei der Simplex-Perplex-Mühle (Abb. 2) sind die Mahlelemente von einem Siebkranz umgeben, der das Mahlgut so lange zurückhält, bis die am Umfange der Schlagscheibe sitzenden Rosträumer das Mahl-

Abb. 2. Simplex-Perplex-Mühle (Alpine-A.-G., Augsburg).

produkt auf die zum Verlassen der Sieblöcher notwendige Feinheit bringen. Für manche Ölsaaten ist die in den Walzenstühlen erfolgende Pressung von günstigem Einfluß auf die Ölabgabe, in anderen Fällen kann dadurch auch ein Verschmieren der Walzen eintreten.

Über die Untersuchung der Ölrohstoffe vgl. A. GRÜN[1].

---

[1] A. GRÜN: Analyse der Fette und Wachse, Bd. I, S. 3/4.

I. Ölgewinnung durch Auspressen.

1. Vorwärmen der Saat.

Das Ölpressen beginnt mit dem Vorwärmen der Saat unter gleichzeitiger Einstellung auf einen bestimmten Feuchtigkeitsgrad. Das Erwärmen bewirkt ein Dünnflüssigwerden des Öles, so daß es aus den Zellen leichter ausfließt und weniger Staubteilchen mitnimmt. Es wirkt aber in Verbindung mit einem richtigen Feuchtigkeitsgehalt, auch auf den Zustand der übrigen Zellinhaltsstoffe, so koagulierend auf das Protein im Sinne einer Erleichterung der Ölabgabe. Ohne Vorwärmen gelingt es kaum, den Ölgehalt der Preßrückstände unter 20% zu bringen. Der Nachteil der Saatwärmung, daß dabei Farb- und Geschmacksstoffe in das Öl übergehen, wird durch die spätere Raffination wieder beseitigt. Nur in besonderen Fällen wird zur Erzielung eines besonders feinen Öles zunächst kalt gepreßt. Die Wasseraufnahme der Ölsaat darf bei dem Vorwärmen eine gewisse Höhe, etwa bis zum Wassergehalt von 14—18%, nicht übersteigen, weil dann die Ölabsonderung aufhört.

In der Regel wird die Saat in dampfbeheizten Wärmpfannen vorgewärmt, von denen es verschiedenerlei Konstruktionen, auch Doppel-, Dreifach- und Mehrfachwärmer (Etagenwärmer) gibt. Rührwerke sorgen für eine Bewegung der Saat in der Wärmpfanne.

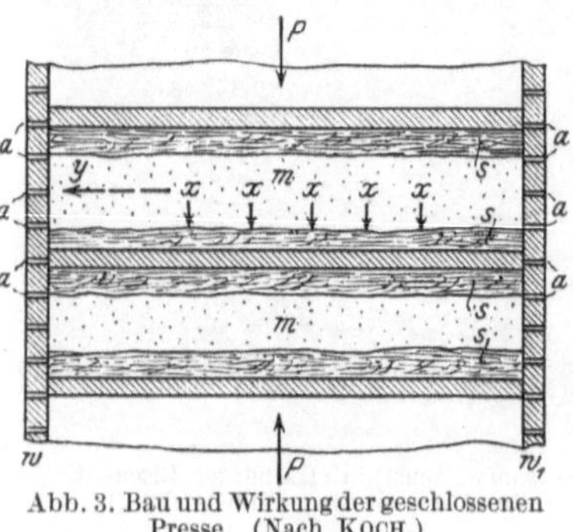

Abb. 3. Bau und Wirkung der geschlossenen Presse. (Nach Koch.)

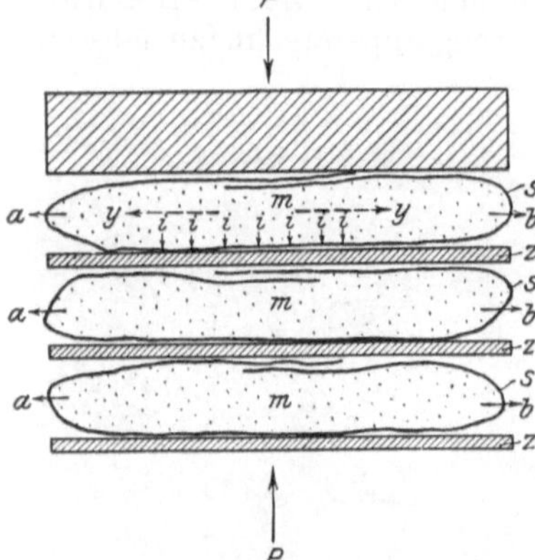

Abb. 4. Bau und Wirkung der offenen Presse. (Nach Koch.)

2. Ausführung des Pressens.

Eine Ölpresse soll so gebaut sein, daß sie bei Beginn des Preßvorganges schnell unter Druck geht, dann aber im Druck nur langsam anwächst und schließlich darin bei langsamem Kleinerwerden des Preßraumes konstant bleibt, damit das Öl Zeit hat zum Abfließen. Die Ölausbeute ist eine Funktion des Druckes, aber auch der Druckdauer. Diesen Anforderungen entsprechen am besten die mit einem Druck von etwa 350 atü arbeitenden hydraulischen Pressen[1], von denen man geschlossene und offene Pressen unterscheidet, je nachdem das Preßgut in einem geschlossenen Behälter oder mit seitlich freiem Abfluß durch das Filtertuch gepreßt wird. Von den geschlossenen Pressen kennt man wieder Kastenpressen, bei denen sich das Preßgut in einem siebartigen Behälter, umschlossen von einem Gußeisenkasten, befindet, Seiherpressen, bei denen

---

[1] Die früher übliche Keil- oder Rammpresse, bei der der Preßdruck durch Eintreiben keilförmiger Holz- oder Eisenstücke in einem eng umgrenzten Preßraum erzeugt wurde, sind veraltet. Wegen des beim Eintreiben des Keiles üblichen Schlagens wurde die Ölgewinnung nach diesem Verfahren auch „Ölschlagen" genannt. Über die Entwicklung der Speiseölgewinnung aus der Hausmüllerei zur Lohnmüllerei vgl. Th. Benecke: Kurze Entwicklungsgeschichte der deutschen Ölmüllerei unter besonderer Berücksichtigung der Harburger Ölfabriken. Hamburg 1921. Ferner A. Meyer u. H. Schmalfuss: U. 1938, 45, 445.

dieser siebartige Behälter aus der Presse herausgezogen werden kann und
Trogpressen, bei denen der Preßbehälter in eine Anzahl niedriger Preßseiher
unterteilt und der Boden meist durchlöchert ist. In der offenen Packpresse
wird das Preßgut nur in Einschlagtücher eingeschlagen; bei der anglo-
amerikanischen Etagenpresse ist das Saatmehlpaket an zwei Seiten
offen, ebenso bei den amerikanischen Schachtelpressen.

Bei allen diesen Pressen wird der hydraulische Druck durch Pumpen erzeugt,
die durch Rohrleitungen mit der Presse in Verbindung stehen; bei größeren
Anlagen befindet sich ein Druckflüssigkeitsansammler (Akku-
mulator) zwischen Pumpe und Presse. Jede hydraulische
Presse besitzt folgende Hauptteile (vgl. Abb. 5): Preßzylinder
(*C*), Preßkolben (*K*), Kolbendichtung (*L*), Preßtisch (*T*), Ober-
holm (*O*), Kopfstück (*H*) und die Säulen (*S*).

Mit Seiherpressen, von denen Abb. 6 eine sog. Drehpresse
mit zwei äußeren Standpressen und eine mittleren Füll- und
Ausstoßpresse zeigt, kommt man auf einen Ölgehalt von
4% herunter. Mit geringerem Druck arbeiten die offenen
Pressen, bei denen das Öl leichter seinen Weg aus dem
Inneren des Kuchens findet, sich aber in dessen Randpartien
wieder anreichert, so daß diese nach Abschneiden oft einer
abermaligen Pressung unterworfen werden müssen. Eine viel
gebräuchliche Etagenpresse zeigt Abb. 7.

Vor- und Nachpressung. Da sich eine gute Entölung der Saat erst nach weitgehender Zerkleinerung erreichen läßt, diese aber bei der noch ihr volles Öl enthaltenden Saat schwieriger ist, pflegt man den Preßvorgang
in zwei Stufen, die Vor- und Nachpressung, zu zerlegen.
Hierzu wird das Gut zunächst vorzerkleinert und vorgepreßt
(Vorschlagöle). Der dabei anfallende ölärmere Rückstand
wird nach Zerbrechen auf sog. Kuchenbrechern und nochmaligem weitergehendem Zerkleinern abermals ausgepreßt
(Nachschlagöle). Um diese Doppelarbeit zu umgehen, wurden
intermittierend arbeitende Pressen gebaut, die das Saatgut
teilweise entölen, ohne daß der Preßrückstand in Kuchenform anfällt.

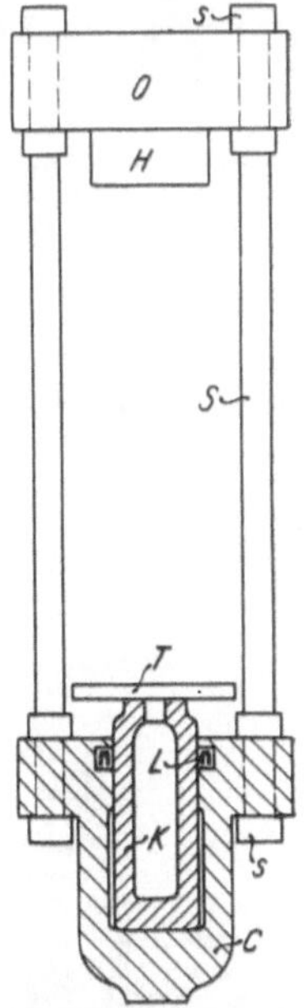

Abb. 5. Bau der hy-
draulischen Presse.
(Nach Koch.)

Wesentlich besser und kontinuierlich arbeiten für diesen Zweck die
Schneckenpressen, die nach Art des Fleischwolfes gebaut sind. In einen
Preßraum, der zylindrisch oder stufenförmig verengt sein kann, wird das Saatgut durch eine Schraubspindel hineingedrückt. Das dabei austretende Öl geht
durch Löcher oder Schlitze in die Wandung des Preßraumes. Der Druck läßt
sich durch Verkleinerung des Querschnittes der Austrittsöffnung am Auslauf-
ende oder durch Verminderung der Steigung der Preßschnecke erhöhen. Durch
die starke Umwälzung der Saat in der Presse ist die Entölung ausgezeichnet
und noch durch die Wandreibung am Preßseiher erhöht. Sehr groß ist aber
auch der Kraftbedarf dieser Pressenart, besonders dann, wenn eine hohe Entölung erreicht werden soll, bei verhältnismäßig geringer Mengenleistung. Aus
diesem Grunde dienen Schneckenpressen in erster Linie zur Vorentölung.
Schneckenpressen eignen sich für ölreichere und ölärmere Ölsaaten. Mit einer
leistungsfähigen Schneckenpresse lassen sich 50 t Ölsaat in 24 Stunden soweit
vorentölen, daß der Ölgehalt der Rückstände noch 25—35% beträgt.

II. Fettgewinnung durch Extraktion mit Lösungsmitteln.

Die Ölgewinnung durch Extraktion mit Lösungsmitteln hat den Vorteil,
daß die Ölsaaten dadurch praktisch vollständig entfettet werden können, während

die Ölpressung nur zu Preßkuchen mit noch etwa 5—10% oder mehr Ölgehalt führt.

Das Extraktionsverfahren geht auf ein Patent des Franzosen Deiss aus dem Jahre 1856 zurück, konnte sich aber zunächst wegen der Verwendung ungeeigneter Lösungsmittel, der ungünstigen Beschaffenheit des erhaltenen Öles

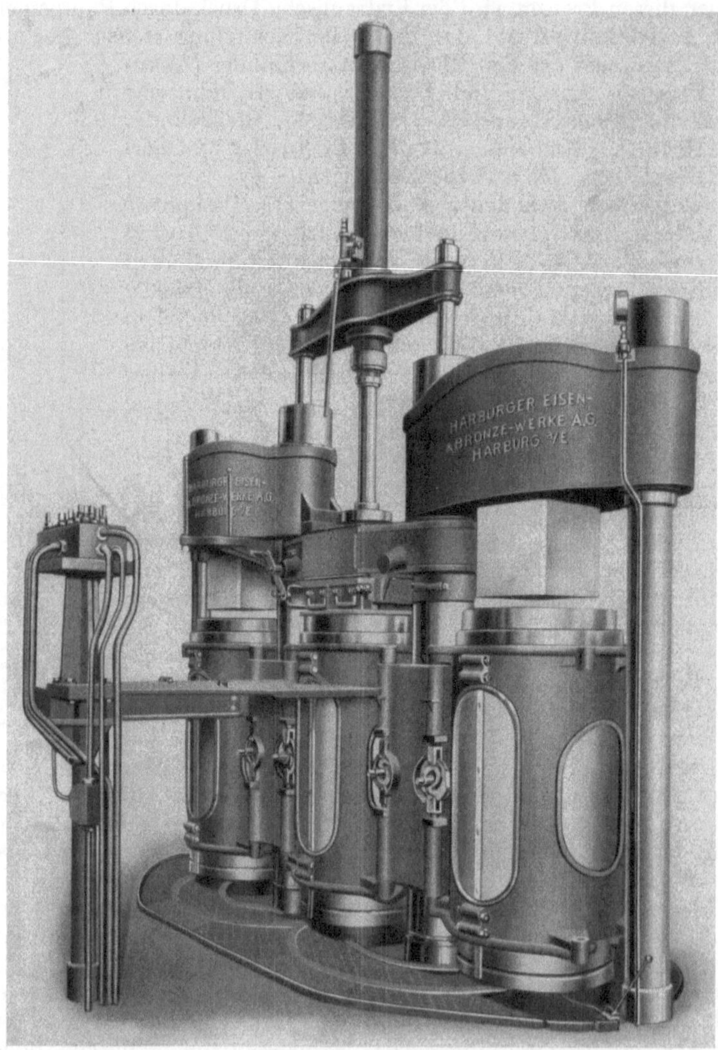

Abb. 6. Drehpressenbatterie mit einer Füll- und Ausstoßpresse und zwei Standpressen. (Nach F. E. H. Koch.)

und der Vorurteile gegen die Verwendung der Extraktionsrückstände als Futtermittel nicht durchsetzen. Heute, vor allem in der Nachkriegszeit, hat sich die Ölextraktion immer mehr eingebürgert und vielfach bereits das Preßverfahren verdrängt. Das Extraktionsverfahren ist dem Preßverfahren namentlich dann überlegen, wenn fettärmere Rohstoffe verarbeitet werden sollen. So wird die technische Ölgewinnung aus Sojabohnen praktisch ausschließlich durch Extraktion vorgenommen. Nach M. Singer[1] rechnet man sogar damit, daß das Extraktionsverfahren auch für fettreichere Saaten — wenn auch bei Einschaltung einer Vorpressung — in Zukunft die ausschließliche Ölgewinnungsweise werden wird.

Allerdings kommt für Öle, die unmittelbar — ohne Raffination — als Speiseöle verwendet werden sollen, das Extraktionsverfahren, das störende Verunreinigungen verschiedener Art mit auszieht, nicht in Frage. So wird Olivenöl für Speisezwecke immer kalt gepreßt (vgl. S. 418), Schmalz und Premier jus bei niederer Temperatur ausgeschmolzen und nur die Entölung der Rückstände dabei wird durch Extraktion ausgeführt. Für sehr ölreiche Rohstoffe eignet sich das Ausziehen mit Lösungsmitteln deshalb weniger gut, weil dann zur erschöpfenden Entölung unverhältnismäßig große Mengen Lösungsmittel verbraucht werden. Man gewinnt auch bei diesen durch kalte Pressung zunächst ein hochwertiges unmittelbar genußfähiges Speiseöl und unterwirft darauf die Preßrückstände der Extraktion.

Abb. 7. Etagenpresse für 20 Kuchen, mit feststehender Ölfangschale. (Harburger Eisen- und Bronzewerke A.G., Harburg/Elbe.)

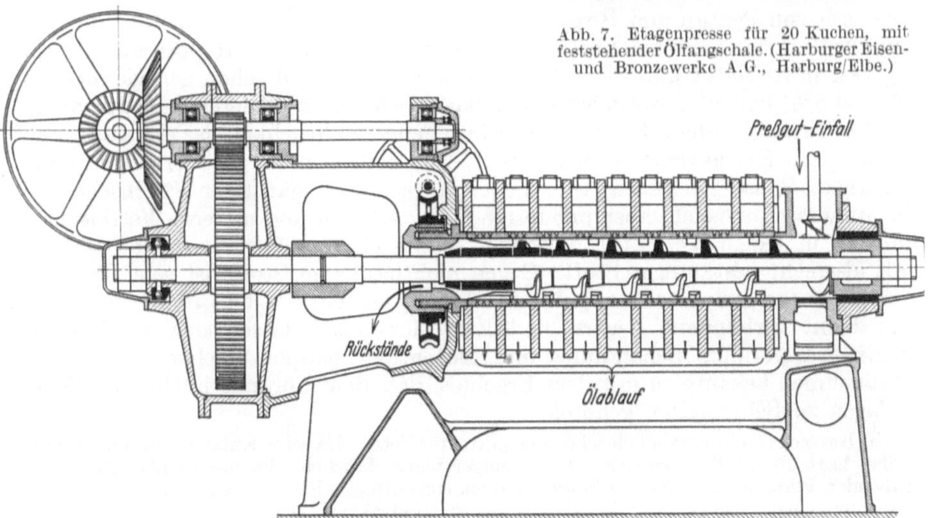

Abb. 8. Schnitt durch eine Schneckenpresse (Bauart Sohler) mit Stopfschnecke. (Friedr. Krupp-Gruson werk A.G., Magdeburg-Buckau.)

Der Artcharakter der verschiedenen Öle geht bei der Extraktion mehr oder weniger verloren. Dies ist jedoch bei den meisten Speiseölen ohne Bedeutung oder gar erstrebt, wenn der Verbraucher bei ihnen einen neutralen

---

[1] M. Singer: Seifensieder-Ztg. 1937, **64**, 863; C. 1938, I. 3715.

Geschmack wünscht und wenn Öle ohne Eigengeschmack für die Margarine-industrie (vgl. S. 635) gewonnen werden sollen. Alle Extraktionsöle müssen durch Raffination (vgl. S. 402) erst verbrauchsfähig gemacht werden, das ist aber auch bei allen durch heiße Pressung oder aus beschädigter Saat gewonnenen Ölen der Fall.

Für die Wirtschaftlichkeit der Ölextraktion ist die Verwertbarkeit der nur noch etwa 1% Öl enthaltenden Extraktionsrückstände als Futtermittel wichtig. Hierbei hat die, wenn auch erst langsam durchgedrungene Erkenntnis günstig gewirkt, daß die starke Entölung keine Minderwertigkeit bedeutet, sondern sogar von Vorteil ist, weil die entölten Rückstände besser haltbar bleiben als die ölhaltigen und keine geruchliche oder geschmackliche Verschlechterung von Körper- und Milchfett der damit gefütterten Tiere verursachen, wie es früher bei manchen Ölkuchen der Fall war.

Von pflanzlichen Ölsaaten werden neben Sojabohnen in großen Mengen Palmkerne, in geringem Maßstabe Baumwoll-, Lein-, Rübsaat und Kopra mit Lösungsmitteln entfettet. Von tierischen Stoffen werden vor allem Fische und Fischabfälle zur Gewinnung von Fischtran (vgl. S. 591) und Fischmehl als Futtermittel, ferner Knochen zur Verarbeitung auf Knochenfett extrahiert. Weiter ist die Extraktion von großer Bedeutung bei der Wiedergewinnung des aufgenommenen Öles aus den bei der Raffinierung der fetten Öle anfallenden Bleicherden (vgl. S. 408).

1. Extraktionsmittel.

a) Als Extraktionsmittel wird in erster Linie Benzin mit den Siedegrenzen 68—98⁰ und der Dichte 0,680—0,720 benutzt. Es soll möglichst frei von aromatischen oder ungesättigten Verbindungen (Crackbenzin) sein. Nur für die Extraktion von Knochen wird auch über 100⁰ siedendes Benzin verwendet, um die Verdampfung des Wassers aus dem Rohstoff zu erleichtern, während für Laboratoriumszwecke vorzugsweise „Petroläther" ein bis 60 oder 80⁰ siedendes Gemisch von Pentan und Hexan in Gebrauch ist (vgl. S. 330). Das technische zur Ölextraktion verwendete Benzin besteht vorwiegend aus Heptan und Octan.

Benzin ist selbst unter 0⁰ sehr leicht entzündlich und schon geringe Mengen (2,5—4,8%) Benzindampf geben mit Luft gemischt ein explodierendes Gasgemisch.

Der Grund, weshalb Benzin trotz seiner Feuergefährlichkeit das am häufigsten verwendete Extraktionsmittel darstellt, liegt außer in seinem verhältnismäßig niedrigen Preise in seinen verschiedenen technisch günstigen Eigenschaften. Es ist wasserunlöslich, aber mit fetten Ölen, Alkohol und anderen Fettlösungs-mitteln in jedem Verhältnis mischbar, greift eiserne Apparate nicht an und gilt als recht beständiger Stoff. Gegen nichtfettartige Stoffe ist sein Lösungs-vermögen am geringsten von allen Fettlösungsmitteln. Seine Brennbarkeit und die damit verbundene Feuers- und Explosionsgefahr lassen sich durch sach-gemäße Lagerung, Behandlung und Beachtung baupolizeilicher Sicherheits-maßnahmen bekämpfen mit dem Ergebnis, daß Benzinbrände in Ölextraktions-anlagen zu Seltenheiten gehören.

b) Benzol ist ein vorzügliches Lösungsmittel für Fette. Da seine Entzündungstemperatur höher liegt als die des Benzins, ist es weniger feuergefährlich. Es brennt aber mit stark rußender Flamme und seine Dämpfe wirken eingeatmet giftig (betäubend). Im ganzen genommen hat es gegenüber Benzin bei der Fettextraktion keine Vorteile.

c) Schwefelkohlenstoff (CS_2) ist das gefährlichste aller Extraktionsmittel, wird aber in Italien und Spanien noch zur Herstellung von Sulfurolivenöl aus den Olivenpreßrückständen verwendet. Dieses Extraktionsmittel löst außer Fetten und Ölen auch Wachse, Harze, ätherische Öle, Kohlenwasserstoffe, Kautschuk, Phosphor, Brom, Jod usw. Seine Dämpfe sind sehr gesundheits-schädlich und entzünden sich schon an über 150⁰ warmen Metallen und explo-dieren leicht in Mischung mit Luft.

Tabelle 15. Übersicht über Eigenschaften von Fettextraktionsmitteln.

Bezeichnung (Formel)	Dichte	Siede-punkt 760 mm Celsius-grade	Erstar-rungs-punkt Celsius-grade	100 ccm Wasser lösen	Verdamp-fungswärme für 1 Liter Calorien	Bemerkungen
Aceton $(CH_3—CO—CH_3)$	D_4^{15} 0,7973	56,3	— 94,6	beliebige Mengen	100	leicht brennbar
Äthyläther $(C_2H_5—O—C_2H_5)$	D_4^{15} 0,7194	34,6	— 129	bei 20^0 $= 0,822$ g	61	sehr feuergefähr-lich, Explosions-gefahr durch Äthylperoxyd
Äthylalkohol (C_2H_5OH)	D_4^{15} 0,7937 D_4^{20} 0,7895	78,4	— 112 (Schmelz-punkt)	beliebige Mengen	171	brennbar
Benzin (vgl. Pentan, Hexan), Heptan und Octan						
Benzol (C_6H_6)	D_4^{20} 0,8736	80,2	0	0,08 g	83	leicht entzünd-lich, aber weni-ger leicht als Benzin
Chloroform $(CHCl_3)$	D^{20} 1,4890	61,2	— 70	0,15 ccm	91	schwer brennbar
Dichloräthan $(CH_2Cl \cdot CH_2Cl)$	D_4^{20} 1,2521	83,5	— 42,0	0,869 g		schwer brennbar
n-Heptan (C_7H_{16})	$D^{20,5}$ 0,6840	98	—	—	51	leicht entzündlich
n-Hexan (C_6H_{14})	D_4^{20} 0,6603	69	— 93,5	—	52	desgl.
Methylenchlorid (CH_2Cl_2)	D_4^{20} 1,3361	41,6	— 96,7	2,00 g		schwer brennbar
n-Octan (C_8H_{18})	$D_4^{17,75}$ 0,7043	126	— 98,2	—	50	leicht brennbar
n-Pentan (C_5H_{12})	D^{25} 0,6250	36,3	— 147,5	—	54	sehr leicht entzündlich
Petroläther vgl. Pentan und Hexan						
Schwefelkohlen-stoff (CS_2)	1,27	46,2	— 116	0,179 g (20^0)	107	sehr leicht ent-zündlich, sehr feuergefährlich
Tetrachlorkohlen-stoff (CCl_4)	D_4^{20} 1,5947	76,7	— 23	0,08 g (20^0)	70	schwer brennbar
Trichloräthylen $(CHCl : CCl_2)$	1,47	88	— 84,6	0,08 g	85	schwer brennbar

d) Der ebenfalls sehr feuer- und explosionsgefährliche Äthyläther hat wegen seines hohen Preises nur Bedeutung für die analytische Untersuchung der Fette und ist auch wegen seines niedrigen Siedepunktes für die technische Entölung ungeeignet. Bei ana-lytischen Arbeiten ist Äthyläther das allgemeine „Fettlösungsmittel". Er löst außer Fetten und Ölen, ätherischen Ölen, Wachsen, Harzen, Kohlenwasserstoffen auch Alkaloide, Chlorophyll und andere organische Körper. Zur Extraktion möglichst reiner Fette ist er daher auch hier wenig geeignet. Wegen seines niedrigen Siedepunktes ist er besonders feuergefährlich. Dazu kommt, daß älterer Äthyläther mitunter Äthylperoxyd enthält, das sich in Extraktionsrückständen anhäuft und hier beim Erhitzen Explosionen hervor-rufen kann.

e) Von besonderer Eigenart sind Aceton und Äthylalkohol. Beide sind wasserlöslich und können zur Entwässerung des Rohstoffes benutzt werden. Dabei nehmen sie — im wasserhaltigen Zustande — nur wenig Neutralöl, aber freie Fettsäuren, organische Säuren, Farbstoffe und andere Nichtfette auf, so daß eine nachfolgende Extraktion mit Benzin dann zu einem besonders reinen und hellen Öl führt. Einer ausgedehnten Verwendung des Acetons steht aber sein hoher Preis entgegen. Bei Alkohol steigt das Lösungsvermögen für Fett bei höherer Temperatur bedeutend. Wenn man also bei 120^0 mit wasserfreiem Alkohol nachextrahiert, geht das Öl in Lösung. Nach Abkühlen aber bilden sich dann im Auszuge zwei Schichten, eine untere, die aus dem reinen Öl von sehr guter Qualität und wenig Alkohol besteht und eine obere, welche die gesamten Verunreinigungen wie Farbstoffe, Harze, Stickstoffverbindungen, Phosphatide, Kohlenhydrate und Wasser gelöst enthält.

f) Eine weitere Gruppe von Extraktionsmitteln bilden die gechlorten Kohlenwasserstoffe, die den Vorzug der Nichtbrennbarkeit, aber den Nachteil einer hohen Dichte haben und neben Fetten auch viele nichtfettartige Begleitstoffe in höherem Maße als Benzin in Lösung bringen. Aus diesem Grunde ist es ihnen bisher nicht gelungen, das Benzin in dem zunächst erwarteten Maße zu verdrängen. Einige dieser Chlorkohlenwasserstoffe zeigen zudem den Nachteil, daß sie beim Erhitzen oder in Gegenwart von Wasser leicht Chlorwasserstoff abspalten, der die Apparate aus Eisen, Kupfer oder Aluminium angreift. Dahin gehört Tetrachlorkohlenstoff, der allerdings Blei, Zinn und Nickel nicht merklich zerstört und gegen wäßrige Alkalilösungen sowie gegen Schwefelsäure beständig ist. Ein sehr gutes Fettlösungsmittel ist Chloroform; seiner technischen Verwendung steht aber sein hoher Preis entgegen. Eingeatmet wirkt es betäubend. Vielfach gebräuchlich ist Trichloräthylen, C_2HCl_3, das ein Arbeiten in eisernen Apparaten erlaubt, wenn die Temperatur 128^0 nicht übersteigt. Es dient in erster Linie zur Extraktion von Fischen und auch von Olivenpreßrückständen, wo es den Schwefelkohlenstoff teilweise verdrängt hat. Mit diesem „Tri" erhaltene Öle sind weniger rein als mit Benzin ausgezogene. So soll es auch fettlösliche Vitamine in höherem Maße herauslösen und dadurch die Extraktionsrückstände für Futterzwecke stärker entwerten.

In neuerer Zeit wird Methylenchlorid CH_2Cl_2 als Extraktionsmittel empfohlen. Es hat aber für technische Zwecke den Nachteil eines zu niedrigen Siedepunktes (42^0). Vielleicht könnte aber dieser Umstand Veranlassung sein, seine Eignung für analytische Fettextraktionen an Stelle von Äther zu prüfen. A. Tschernuchin[1] empfiehlt Dichloräthan $C_2H_4Cl_2$, das in seiner technischen Form zwischen 77,0—99,5^0 siedet.

Weitere Vorschläge, zur Ölextraktion Mischungen verschiedener Fettlösungsmittel oder verflüssigte Gase (Schwefeldioxyd, Butan, Propan, Methyl-, Äthylchlorid u. a.) zu verwenden, haben keine praktische Bedeutung erlangt.

Vorteilhaft ist bei den meisten Rohstoffen vor der Extraktion mit Benzin eine Trocknung. Diese kann auf verschiedene Weise durch Abschleudern, Abpressen, Erhitzen, Abdestillieren des Wassers mit den Dämpfen des Lösungsmittels (azeotropische Wirkung) schließlich durch Behandeln mit Alkohol oder Aceton (vgl. S. 397) erfolgen.

2. Ausführung der Extraktion.

Eine Extraktionsanlage enthält als wichtige Teile den Extraktor E, in welchem die Entölung vor sich geht, die Destillierblase D, in welche die Öllösung, auch Miscella genannt, geleitet und in der sie durch Erhitzen in Öl und Extraktionsmitteldämpfe zerlegt wird, den Kondensator K und einen Extraktionsmitteltank L. Die Verbindung und Zusammenarbeit dieser Teile miteinander zeigt die nebenstehende Abb. 9.

Ähnlich wie bei der Gewinnung von Zuckersaft aus Zuckerrüben (vgl. Bd. V, S. 392) arbeitet man bei der Saatextraktion nach dem Diffusions- oder Anreicherungsverfahren, indem man das Lösungsmittel durch mehrere hintereinander geschaltete oder untereinander stehende Extraktoren fließen läßt. Auch kontinuierliche Verfahren, bei denen Gut und Extraktionsmittel dauernd im Gegenstrom zueinander bewegt werden, hat man ersonnen. Die Extraktionstemperatur wird bei Ölsaaten gewöhnlich bei 50—60^0 gehalten, bei Knochenextraktionen vorzugsweise höher beim Siedepunkt des Lösungsmittels. Entölt

---

[1] A. Tschernuchin: Oel-Fett-Ind. 1937, **13**, Nr. 3, 7 (russ.); **C.** 1938, I, 769.

wird in der Praxis bis auf etwa 1% Ölrest. Eine stärkere Entölung würde nicht nur unwirtschaftlich sein, sondern auch das Öl unnötig mit störenden Fremdstoffen beladen.

Die in der Technik verwendeten Extraktoren besitzen gewöhnlich die Form eines stehenden Zylinders, deren Bau aus der nebenstehenden Schnittzeichnung hervorgeht. Das eingefüllte Gut liegt auf einem Siebboden und wird von oben her durch das Lösungsmittel durchflossen. Die Extraktoren haben meist 5—6 cbm Inhalt. Eine Batterie von 6—8 derselben faßt 150—200 t Saat, wobei das Füllen und Entleeren des Extraktors ungefähr je

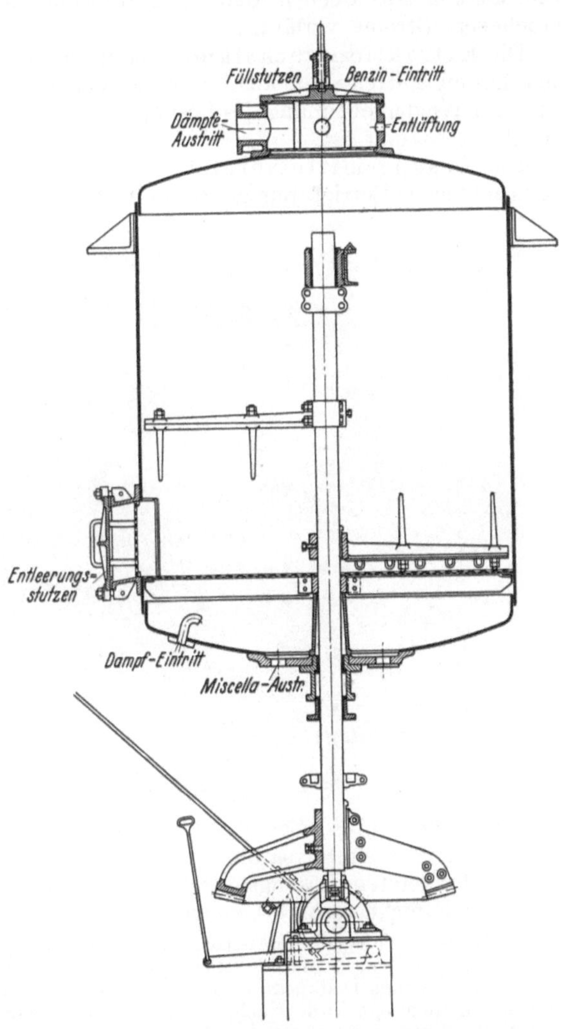

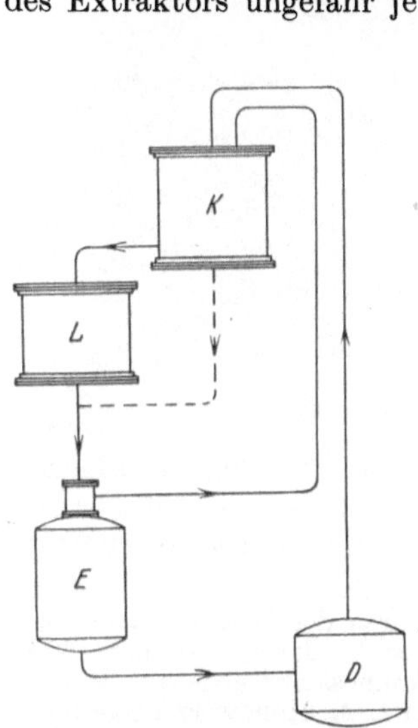

Abb. 9. Schema einer Extraktions-anlage. (Nach A. van der Werth.)

Abb. 10. Batterieextraktor (Schnitt). (Bauart Harburger Eisen- und Bronzewerke.)

30 Minuten, das Ausdämpfen zur Entfernung der Lösungsmittelreste 20 Minuten, das Durchpumpen und Ablassen des Lösungsmittels 2 Stunden erfordert. Vgl. Abb. 10.

Rotierende Apparate (Abb. 11, S. 400) bieten den Vorteil einer innigen Vermischung von Gut mit Lösungsmittel und ermöglichen eine vorherige Trocknung in demselben Behälter. Bei diesen Apparaten ist der Lösungsmittelverbrauch höher als bei den ruhenden.

Die aus dem Extraktionsgut gewonnene Miscella durchläuft vor Eintritt in die Destillierblase Filtervorrichtungen in Form von Filterpressen und wird dann in Destillierblasen vom Lösungsmittel befreit. Häufig wirken hierbei kontinuierliche Destillatoren als Vorverdampfer für das Lösungsmittel, während die Schlußbehandlung in geschlossenen Blasen erfolgt. Abb. 12, S. 401 zeigt den

Schnitt einer Destillierkolonne, in welcher nicht nur die Hauptmenge des Lösungsmittels abgetrieben, sondern auch das Öl vollständig fertiggestellt wird. Die Miscella tritt oben in den Apparat, während das Öl ihn unter in ununterbrochenem Strome verläßt.

Die Extraktionsrückstände bedürfen einer vollständigen Befreiung von den Lösungsmittelresten nicht nur zur Verwendung als Futtermittel, sondern auch zur Wiedergewinnung des Lösungsmittels. Diese erfolgt durch Ausdämpfen mit Wasserdampf.

Die Lösungsmittelverluste beim Extraktionsverfahren sind bei ordnungsmäßigem Betrieb nur gering und bewegen sich etwa zwischen 0,5—2,0%

Abb. 11. Rotierender Extraktor. (Nach A. van der Werth.)

des Extraktionsgutes. Bei Ölsaaten übersteigen sie selten 1%, eher bei Bleicherden, Ölhärtungskatalysatoren usw. Besondere Sorgfalt erfordert das Austreiben der letzten Lösungsmittelreste aus dem Öl, das z. B. 1% Benzinrest am Geruch nicht mehr erkennen läßt.

Biologische Fettabscheidung. Ein neuartiges Verfahren der Fettgewinnung aus Ölfrüchten wird von J. W. Beckman[1] beschrieben. Es besteht darin, daß mit einer Kultur von Bacillus Delbrücki die Proteine des Samens zu Aminosäuren abgebaut werden und das Öl freigelegt wird. Nachprüfung des Verfahrens von L. M. Horowitz-Wlassowa und N. W. Nowotelnow[2] ergaben bei Walnußkernen eine Ölausbeute von 79, bei Cedernüssen von 65,5—78,2%, bei Kopra geht die Ausbeute sogar bis zu 88,2%. Bei vielen anderen Samen waren die Fettausbeuten aber unbefriedigend. Dazu wiesen die Öle eine beträchtliche Oxydation und eine erhöhte Säurezahl auf. Eine praktische Auswertung kommt daher für dieses Verfahren auf seiner jetzigen Stufe noch nicht in Frage.

III. Die Reinigung (Raffination) der Fette.

Die rohen, durch Abpressen erhaltenen Fette bedürfen meistens, die durch Extraktion erhaltenen Rohfette immer einer Reinigung, bevor sie als Nahrungsmittel verwendet werden können. Nur bei einigen aus frischen Ölfrüchten oder Ölsamen durch kalte Pressung erhaltenen Pflanzenfetten, z. B.

---

[1] J. W. Beckman: Ind. engin. Chem. 1930, **22**, 117; C. 1930, II, 3873.
[2] L. M. Horowitz-Wlassowa u. N. W. Nowotelnow: Allg. Öl- u. Fett-Ztg. 1935, **32**, 315; Z. 1937, **74**, 236.

bei Olivenöl, beschränkt man sich auf eine Entfernung der ungelösten Trübstoffe durch Absitzenlassen oder Filtration (vgl. S. 402). Feste Landtierfette wie Schweineschmalz und Talg werden durch Auswahl der Rohstoffe und Anwendung geeigneter Verfahren meistens direkt im genußfähigen Zustande gewonnen.

Mit dieser Reinigung der Rohfette, insbesondere mit der Entsäuerung mit Alkali und der Bleichung ist aber auch eine Entfernung wertvoller, wenn auch nur in kleiner Menge vorhandener Fettnebenbestandteile verbunden. So werden durch die üblichen, im nachstehenden beschriebenen Behandlungen mit den Schleimstoffen auch die Phosphatide, mit den Farbstoffen auch die Vitamine A, D und E, schließlich eine Anzahl von natürlichen Antioxydantien (vgl. S. 292) mehr oder weniger entfernt. J. W. Hassler und R. A. Hagberg[1], fanden indes, daß mit Adsorptionsmitteln gebleichte Öle nicht immer unbeständiger sind als ungebleichte. An Lecithin enthalten nach G. Wolff und H. Guellerin[2] trocknende und halbtrocknende Öle mehr als Fette mit niederer

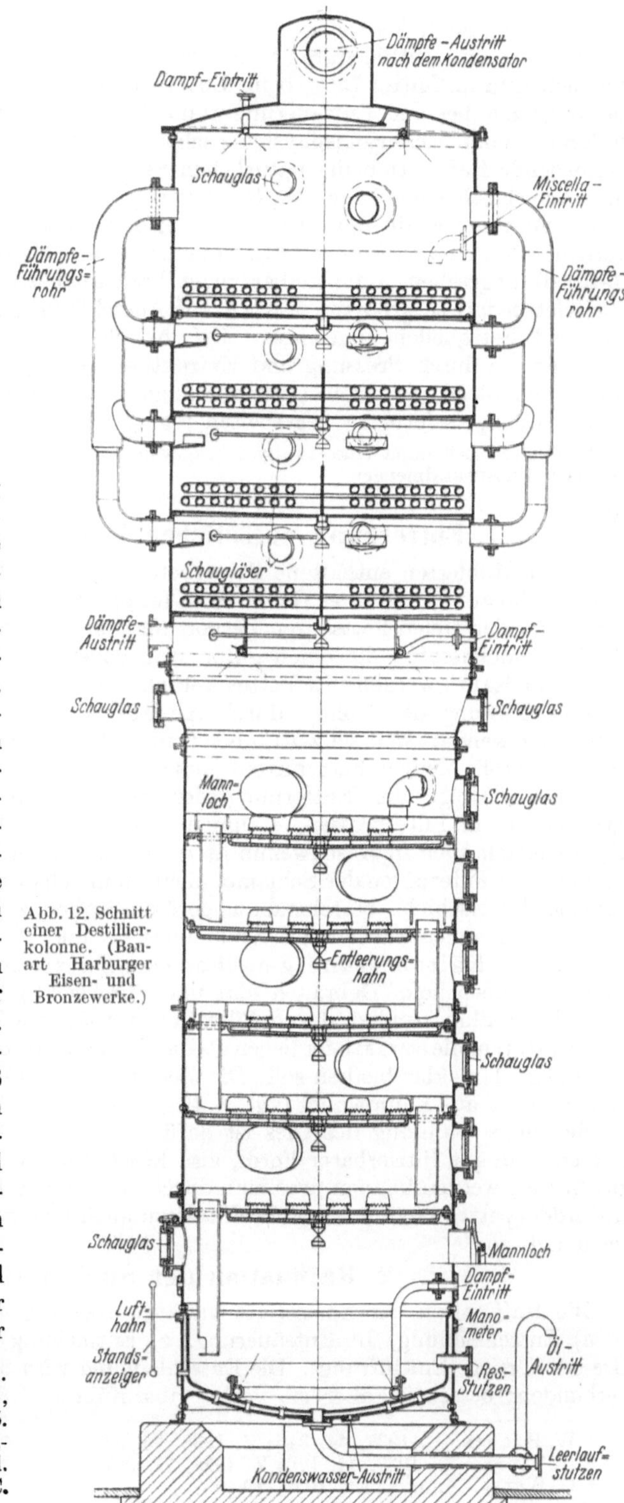

Abb. 12. Schnitt einer Destillierkolonne. (Bauart Harburger Eisen- und Bronzewerke.)

---

[1] J. W. Hassler u. R. A. Hagberg: Oil and Soap 1938, 15, 115; C. 1938, II, 2365.

[2] G. Wolff u. H. Guellerin: Congr. Chim. ind. Paris 1937, 17, II, 919; C. 1938, II, 2366.

Jodzahl und durch Kaltpressung abgeschiedene mehr als durch Heißpressung. Die Verluste an Lecithin waren beim Bleichen mit Bleicherden sehr schwankend und betrugen im Mittel 75%, beim Entsäuern im Mittel 50%. Vom Unverseifbaren gingen bei der Entsäuerung rund 10%, bei der Bleichung rund 12% verloren. Vom ernährungsphysiologischen Standpunkt aus stellt die übliche weitgehende Raffination der natürlichen Fette daher keine Veredlung, sondern eine Verschlechterung dar (W. Halden[1]). Da aber anderseits die Rohöle und Rohfette, wie sie mit unseren heutigen technischen Verfahren gewonnen werden, von geringen Anteilen (Öle erster Pressung aus besonders hochwertigem Material) abgesehen, unmittelbar nicht brauchbar sind und anderseits unser Speisefettbedarf so groß ist, daß wir auf Ausschöpfung aller vorhandenen Vorräte und Fettquellen angewiesen sind, besteht keine andere Möglichkeit als weiterhin die durch Pressung und Extraktion anfallenden Rohöle durch Raffination und Bleichung, wenn auch mit möglichster Schonung der Vitamine, auf genießbare Speisefette zu verarbeiten (vgl. auch K. Täufel[2]).

G. Wolff[3] behandelt eine etwaige Rückgewinnung der bei der Ölraffination verlorengehenden Phosphatidmengen.

1. Entfernung unlöslicher Verunreinigungen.

In den Rohfetten enthaltene Schwebeteilchen, vor allem mitgerissene Saatteilchen, die auf Grund ihres Gehaltes an fettspaltenden Enzymen eine Zunahme der Menge der freien Fettsäuren hervorrufen, müssen restlos entfernt werden, ebenso Schleimstoffe, die einen guten Nährboden für Kleinwesen bilden und damit ein Ranzigwerden des Fettes veranlassen können.

Eine Klärung der Rohöle durch Absetzenlassen wird heute nur noch selten angewendet, weil sie zeitraubend und schwierig ist, und der entstehende Schlamm große Mengen Fett mitreißt und schwer aufzuarbeiten ist. In modernen Ölfabriken erfolgt die Entfernung der Schwebestoffe ausschließlich durch Filtration in Filterpressen, Rahmenpressen, Saugzellenfiltern oder neuerdings vielfach auch in Anschwemmfiltern, bei denen zur Vermeidung einer Verstopfung der Filterporen der Schlamm nicht unmittelbar durch ein Tuch, sondern auf einer Filterschicht, bestehend aus porösen Stoffen, z. B. Kieselgur (Filtercel), die das Zusammendrücken des Schlammes verhindert, filtriert wird.

Auch das Kältebeständigmachen oder Entstearinieren von Tafelölen, damit dieselben beim Gebrauch klar und durchsichtig bleiben, gehört hierhin. Diese Behandlung erfolgt durch Filtration des längere Zeit gekühlten Öles bei Temperaturen, die etwas tiefer liegen als die Temperatur, bei der das Öl noch kältebeständig, d. h. klar bleiben soll. Die Methode ist gebräuchlich zur Herstellung von Winteröl aus Baumwollöl (vgl. S. 457), aber auch für viele andere Tafelöle.

Bei dieser Kühlung des Öles ist dafür zu sorgen, daß die schwerlöslichen Glyceride in gut filtrierbarer Form, also krystallinisch, sich abscheiden und so gut filtriert werden können, was man durch allmähliche Krystallisation erreicht. Außerdem setzt man zur besseren Filtration auch hier poröse Stoffe, wie Filtercel u. dgl. zu.

2. Raffination der Speisefette.

Die Raffination der Speisefette verläuft über folgende Stufen:

a) Entschleimung, b) Entsäuerung, c) Entfärbung, d) Geruchlosmachung (Desodorierung, Entduftung). Die Entschleimung wird oft mit der Entsäuerung verbunden; besser ist aber sie vorher auszuführen.

[1] W. Halden: U. 1937, 44, 346; Z. 1938, 75, 265.
[2] K. Täufel: U. 1937, 44, 179; Z. 1938, 75, 267.
[3] G. Wolff: Ann. Falsif. 1936, 29, 537.

a) Entschleimung.

Die Entschleimung bezweckt die Entfernung von Harz- und Schleimkörpern, Proteinen und Phosphatiden aus den Rohfetten.

Die bekannteste Methode zur Entfernung des Schleimes, unabhängig von der eigentlichen Raffination, besteht in der Behandlung mit kleinen Mengen Schwefelsäure. Die Wirkung beruht darauf, daß unter geeigneten Bedingungen die störenden Stoffe ausgeschieden und verkohlt werden. Arbeitet man aber bei zu hoher Temperatur, oder mit zu starker Säure oder zu lange, so besteht die Gefahr, daß auch ein Teil des Öles unter Bildung von Sulfosäuren von der Schwefelsäure angegriffen wird und eine nicht wieder zu beseitigende Rotfärbung annimmt. Aus diesem Grunde verwendet man auch nicht konzentrierte Schwefelsäure, sondern eine Säure von höchstens 66° Bé, also von einer Konzentration von nicht über 97%. Man läßt diese in Menge von 0,5—1,5% des Öles in einem mit Blei ausgekleideten Behälter in dünnem Strahl und unter starkem Rühren langsam zufließen, wobei die Temperatur nicht über 30° steigen soll. Dabei schlägt die Farbe um, so z. B. von rohem Rüböl alsbald nach grünlichgelb, dann bilden sich im Öl kleine schwarze Punkte, die sich zu schwarzen Flocken verdichten. Nach beendigter Einwirkung setzt man zur Verdünnung der Säure 1—2% heißes Wasser zu, um weitere Einwirkung der Schwefelsäure zu verhindern. Man läßt absitzen und wäscht das Öl anschließend mit heißem Wasser aus.

Andere Entschleimungsverfahren bestehen in Erhitzen des Öles auf 240—280°, das man auch als „Brechen" der Öle bezeichnet, in Hydratation unter Behandeln des Öles mit heißem Wasser oder Wasserdampf unter Zusatz von Kochsalz, wobei die Proteine und Phosphatide quellen und unter Mitreißen anderer Stoffe zu Boden sinken, durch Verrühren mit festen Adsorbentien wie Kieselgur, Bleicherde, Aktivkohle, durch physikalische Mittel wie Ultrafiltration, durch Kollodiummembrane, mit hochgespanntem elektrischem Strom oder durch besondere Reagenzien wie Alaun, Tannin, Salzsäure, auch in Verbindung mit Calciumchlorid und verschiedenen Salzen.

Durch Entfernung der Fremdstoffe bei der Entschleimung wird die Haltbarkeit des Öles erhöht und die Säurezunahme verringert. Sie erleichtert die weitere Reinigung der Fette und setzt die dabei entstehenden Verluste herab. Trotz dieser Vorteile wird die Vorentschleimung aber noch verhältnismäßig selten angewendet, sondern in der Regel mit der nachfolgend beschriebenen Entsäuerung verbunden.

Zerlegung in einen stärker bzw. schwächer trocknenden Anteil, vor allem, um für technische Zwecke die Trockenfähigkeit zu erhöhen, wurde bei einigen Ölen, so mit Soja-, Lein- und Perillaöl versucht (T. YAMADA[1]).

b) Entsäuerung der Rohfette.

Für die Entsäuerung oder Neutralisation der Rohfette sind fünf verschiedene Methoden gebräuchlich, nämlich:

Neutralisation mit wäßriger Natronlauge,
Abdestillieren der fettfreien Fettsäuren mit Wasserdampf,
Veresterung der freien Fettsäuren mit Glycerin,
Entfernung der Fettsäuren mit Lösungsmitteln, die wenig Neutralöl aufnehmen,
Neutralisation mit Soda, Kalk oder mit organischen Basen.

Von diesen Verfahren ist die Neutralisation mit wäßriger Natronlauge das am häufigsten angewendete, weil Natronlauge gleichzeitig die Rohöle weitgehend entfärbt.

---

[1] T. YAMADA: Journ. Soc. chem. Ind. Japan (Suppl.) 1934, **37** B, 190, 350; **C. 1935**, I, 3359, 3360.

α) **Entsäuerung mit Natronlauge.** Man unterscheidet auch hier zwei verschiedene Verfahren, nämlich Entsäuern mit starker Natronlauge von etwa 15—30⁰ Bé und mit verdünnten Laugen von etwa 4—6⁰ Bé.

Bei dem Entsäuern mit starker Natronlauge mischt man diese mit dem etwa 50—70⁰ warmem Öl durch Zufließenlassen unter vorsichtigem Rühren. Temperatur, Menge und Konzentration der Lauge sind sehr verschieden und

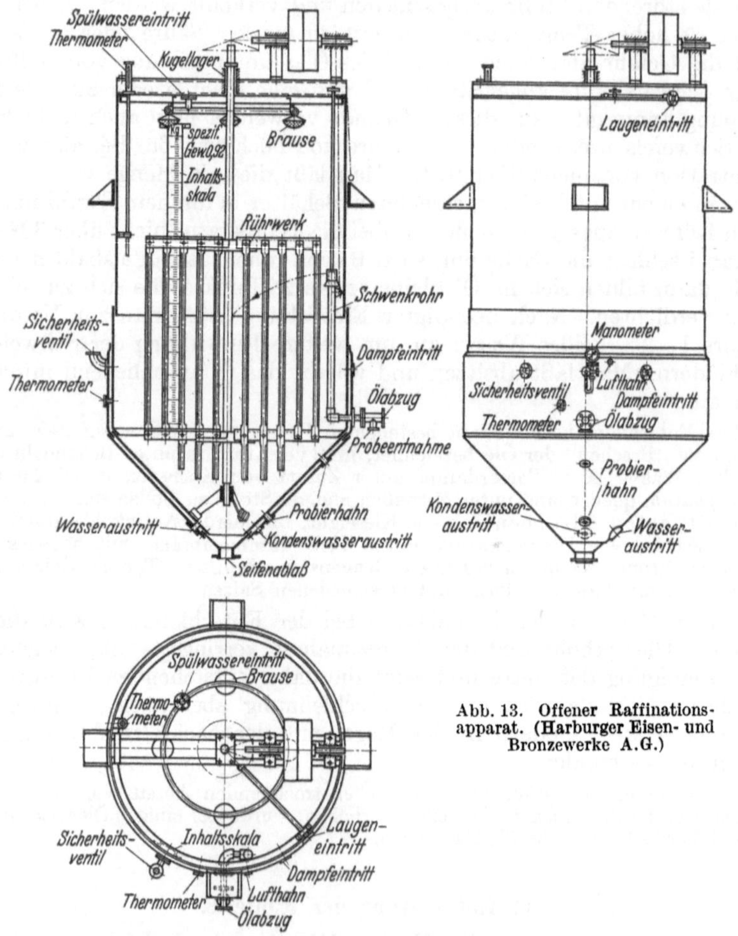

Abb. 13. Offener Raffinationsapparat. (Harburger Eisen- und Bronzewerke A.G.)

richten sich nach Art des Öles und seinem Gehalt an freien Fettsäuren. Charakteristisch für dieses Verfahren ist, daß die entstehende Seife sich als zusammenhängende, zähflüssige dunkle Masse ausscheidet, die als Seifenfluß, Seifenstock („Soapstock") bezeichnet wird. Die Menge des Laugenüberschusses wird vorher im Laboratoriumsversuch ermittelt. Die Arbeitstemperatur wird so gewählt, daß sich der Seifenstock als homogene Masse leicht vom Öl abscheidet. Die Menge des Laugenüberschusses ist davon abhängig, wie weit ein Öl entsäuert werden soll. So erfordert eine Entsäuerung auf etwa 0,05% freie Fettsäur> weit mehr Natronlauge zur Neutralisation als auf 0,1—0,2% Fettsäuren. Durch Titration einer herausgenommenen Ölprobe vor Beendigung des ganzen Laugenzusatzes prüft man von Fall zu Fall, wie weit die Entsäuerung vorgeschritten ist. Nach Zusatz der Lauge läßt man noch eine gewisse Meng> Wasser oder Kochsalzlösung über das Öl fließen, um im Öl gelöste ode schwimmende Seife auszuwaschen. Dann bleibt das Gemisch einige Zeit stehen, und man läßt den Seifenfluß ab.

Da außer der Seife noch bedeutende Mengen Neutralfett mitgerissen werden, ist der Seifenfluß ein Gemisch von Seife, Neutralöl und unverseifbaren Stoffen wie Farbstoffen, Schleimstoffen, Harzseifen, Wasser, Glycerin und Elektrolyten. Der Seifenfluß wird meistens zur Seifenfabrikation verwendet. Zu diesem Zweck wird er vorher mit verdünnter Schwefelsäure behandelt und das sich abscheidende Gemisch von Fett und Fettsäuren der Seifenfabrik zugeführt.

Die Entsäuerung mit verdünnter Natronlauge von etwa 5⁰ Bé hat sich für nur schwach saure Öle bewährt, nachdem man zur Vermeidung der leicht entstehenden Emulsionen besondere Verfahren gefunden hat. Ein Vorteil ist, daß hierbei der lästige Seifenstock nicht entsteht, sondern dafür die Fettsäuren in eine wäßrige Schicht als leicht bewegliche Seifenlösung gehen. Diese Behandlung kann große Schwierigkeiten durch starke Emulsionswirkung bieten, wenn das Öl vor Zusatz der Lauge noch Schleimstoffe enthält.

Bei der praktischen Ausführung des Verfahrens wird das Öl auf etwa 95⁰ unter Rühren erwärmt, dann durch eine geeignete Brausevorrichtung die etwas heißere (98—100⁰) Natronlauge über das Öl gespritzt, wobei sie in Form feiner Tropfen die ganze Oberfläche des Öles gleichmäßig berieseln soll. Sie ist deswegen etwas heißer als das Öl, damit keine zu Emulsionen führenden Strömungen im Flüssigkeitsgemisch entstehen. Nach beendigter Neutralisierung wird das Öl mit heißem Wasser oder schwacher Salzlösung abgebraust und dann etwa ³/₄—1 Stunde absitzen gelassen.

Die entstehende Seifenlösung wird abgezogen. Zur Gewinnung der Fettsäuren zerlegt man sie wieder mit Schwefelsäure, was sich hier wegen der stärkeren Verdünnung viel leichter ausführen läßt als beim Aufspalten des Seifenstocks.

Das mit Natronlauge entsäuerte Öl enthält noch kleine Mengen (bis zu 0,2%) gelöste Seife, die mit Wasser ausgewaschen werden müssen. Man nimmt diese Auswaschung solange bei 80—85⁰ vor, bis das abfließende Wasser nicht mehr alkalisch reagiert. Das noch im Öl zurückbleibende Wasser wird dann unter Rühren im Vakuum bei etwa 90—95⁰ entfernt.

β) **Abdestillieren der Fettsäuren mit Wasserdampf.** Die Entsäuerung mit starker Natronlauge führt namentlich bei Fetten mit starkem Gehalt an freien Säuren zu beträchtlichen Fettverlusten, weil sich dann große Teile des Fettes im Seifenstock mit abscheiden. Bei der Entsäuerung durch Destillation dagegen spielt die Menge der freien Fettsäuren im Rohöl keine störende Rolle, weshalb dieses Verfahren besonders für stärker saure Rohöle geeignet ist. Es ist aber erst technisch brauchbar geworden durch Einführung der kontinuierlichen Arbeitsweise oder Konstruktion von unter höchstem Vakuum arbeitenden Destillationsapparaten.

Bei der Entsäuerung nach E. Wecker[1] werden die Rohfette in einem langen, niedrigen, durch Querwände eingeteilten Destillierapparat kontinuierlich behandelt. Das Gefäß wird auf etwa 250⁰ erwärmt und steht unter einem Restdruck von etwa 20 mm Quecksilber. In das Öl wird überhitzter Wasserdampf eingeleitet und gleichzeitig werden darin durch Düsen Wassertropfen vernebelt. Dadurch wird die Destillationsgeschwindigkeit der Fettsäuren gesteigert und die Destillationstemperatur erniedrigt. Die Fettsäuredämpfe werden vom Wasserdampfnebel mitgerissen und anschließend kondensiert. Wichtig ist dabei, daß das Öl zur Vermeidung von Zersetzungen nur wenige Minuten im Reaktionsgefäß verbleibt; noch etwa 5—10% der freien Fettsäuren bleiben im Raffinat zurück. Diese letzten Reste pflegt man dann durch weitere Behandlung mit

---

[1] E. Wecker: DRP. 397332.

Natronlauge wie unter α) zu entfernen, weil gewisse Verunreinigungen, wie die Farbstoffe, so am wirtschaftlichsten beseitigt werden. Der Verbrauch an Lauge ist hier aber durch die Vorbehandlung mit Dampf im Vakuum bedeutend geringer, als wenn man das unbehandelte Rohöl mit Natronlauge behandelt.

Ähnlich wie das Verfahren von Wecker arbeitet das von Lever Brothers Ltd. Es bedient sich eines langen, zwecks Verlängerung des Weges der Rohöle in mehrere Abteilungen geteilten, durch Querwände getrennten Destillationsapparates, in dem die Fettsäuren mit gesättigtem Dampf (Naßdampf) bei etwa 270° und 25 mm Quecksilber-Restdruck abgetrieben werden.

Bei dem Verfahren von H. Heller[1] wird das säurehaltige Rohöl im Gegenstrom der Wirkung von überhitztem Wasserdampf ausgesetzt; dabei werden die Fettsäuren kontinuierlich kondensiert und das Raffinat zu- und abgeleitet. Bei diesem Verfahren kann die Destillationstemperatur der Fettsäuren dadurch herabgesetzt werden, daß den Rohfetten mit höher molekularen Glyceriden (C_{18}- usw.) eine gewisse Menge Cocosfett zugesetzt wird. Es tritt dann eine Umesterung der freien Fettsäuren mit den Glyceriden des Cocosfettes ein und die so frei werdenden Cocosfettsäuren werden leichter abdestilliert, als die vorhandenen höheren Fettsäuren. Die Entsäuerung bei diesem Verfahren kann sehr weit (bis 0,1%) getrieben werden, so daß dann eine anschließende Behandlung mit Natronlauge nicht mehr notwendig ist.

In dem so behandelten Fett oder Öl wird man dann gewisse Mengen Cocosfettsäuren finden, so daß es sich nicht mehr um ein reines Naturfett oder Naturöl, sondern um ein künstlich verändertes Fett bzw. Öl handelt.

Bei der Entsäuerungsmethode der Lurgi-Gesellschaft für Wärmetechnik erfolgt die Destillation der Fettsäuren in dem sehr hohen Vakuum von etwa 5 mm Quecksilber. Hierdurch wird erreicht, daß die Reaktionstemperatur noch wesentlich niedriger gewählt werden kann, nämlich zu etwa 200 bis 210°, wobei eine Gefahr der Zersetzung des Öles nicht mehr besteht.

Mit Hilfe dieser Destillationsentsäuerung ist es möglich, auch äußerst saure Öle leicht zu entsäuern und dann weiter zu raffinieren. So lassen sich noch Sulfurolivenöle mit hohem Säuregrad in gut schmeckende Öle, dunkle saure Trane nach Abdestillieren der Säuren in Hartfette umwandeln und so Rohfette verarbeiten, die bisher für eine Raffination mit Lauge ungeeignet waren.

γ) **Veresterung mit Glycerin.** Auch dieses Verfahren ist bei Fetten mit geringem Fettsäuregehalt nicht lohnend, sondern in erster Linie für stark saure Fette wie z. B. für Sulfurolivenöle oder für reine Fettsäuren geeignet. Die regenerierten Fette, die ihrer Natur nach Kunstfette darstellen, sind im allgemeinen um so reiner, je schneller die Veresterung verläuft. Die Temperatur dabei wird zwischen 160 und 250° gehalten. Die Veresterung wird durch Katalysatoren beschleunigt. Hierfür eignen sich vor allem Metalle wie Zink, Zinn u. a. Die Veresterung erfolgt im Vakuum, indem man Fettsäuren bzw. säurehaltiges Fett und Glycerin im Nebel- oder Dampfform aufeinander einwirken läßt. Die Veresterung verläuft so rasch und vollständig. Auch kontinuierliche Verfahren zur Veresterung mit Glycerin sind in Gebrauch.

δ) **Neutralisation durch Herauslösen der Fettsäuren mit Lösungsmitteln.** Das Verfahren beruht darauf, daß gewisse Lösungsmittel, z. B. 90%iger Alkohol Neutralfette nur wenig, dagegen Fettsäuren leicht lösen. Eine große Anzahl Versuche zur technischen Auswertung dieser Erscheinung hat jedoch bisher nicht zu einem Erfolg geführt, einmal deshalb, weil die Löslichkeit des Neutralöles in Alkohol durch Gegenwart von freien Fettsäuren sehr stark erhöht wird, dann weil die Entfärbungskraft des Äthylalkohols bei diesem Verfahren wesentlich geringer ist als die von Natronlauge bei der Alkalientsäuerung.

---

[1] P. Heller: Span. P. 123318; Ital. P. 310533.

Nach E. Schlenker[1] bewahrt ein Gemisch von Alkohol und Glycerin auch für Fettsäuren aus stark sauren Ölen ein spezifisches Lösungsvermögen und liefert Raffinationsfettsäuren mit mindestens 80% freien Fettsäuren.

ε) Neutralisation mit Soda, Kalk und organischen Basen. Auch diese Entsäuerungsverfahren leiden an dem Nachteil, daß die Entfärbung wesentlich geringer ist als bei der Behandlung mit Natronlauge. Natriumcarbonat neutralisiert zwar die Fettsäuren, wirkt aber bei Temperaturen bis 65° so, daß sich die Soda nur zur Hälfte umsetzt, indem die andere Hälfte in Natriumbicarbonat umgewandelt wird. Bei höheren Temperaturen entsteht freies Kohlendioxyd, welches ein starkes Schäumen des Öles verursacht. — Cocos- und Palmkernfett werden bisweilen mit Calciumhydroxyd neutralisiert, wobei eine recht beachtliche Bleichwirkung eintreten soll. Entsäuerung mit Ammoniak liefert nach J. Leimdörfer[2] bei Ölen mit niedrigem Säuregehalt befriedigende Ergebnisse.

Von organischen Basen wurde neuerdings Aminoäthylalkohol (Äthanolamin, Colamin) vorgeschlagen, ohne daß sich dieses bisher in größerem Maße eingeführt hat. Nach Versuchen von A. Rooseboom[3] ist bei Rohfetten mit bis zu 10% freien Fettsäuren Äthanolamin zur Entsäuerung geeignet. Die bei der Behandlung entstehenden beiden Phasen werden durch Zentrifugieren getrennt, worauf die Lösungsmittelphase auch die Verunreinigungen des Fettes enthält. Wenn die Temperatur unter 60° bleibt, findet eine merkliche Zersetzung des Fettes nicht statt. Das Öl nimmt etwa 0,1—0,4% Äthanolamin auf, das durch Wasser bei 80° und Zentrifugieren ausgewaschen wird.

Über neuzeitliche Ölentsäuerung vgl. auch K. Schneider[4].

3. Entfärbung der Fette.

Starke Färbung ist charakteristisch für Samen- und Fruchtfleischfette, mit erhöhter Jodzahl (über 20), während Cocosfett von Natur fast farblos ist. Beim Auskrystallisieren der höher schmelzenden Fettanteile bleibt der Farbstoff in flüssigen Teilen.

Durch die Vorbehandlung der Fette, die Entschleimung S. 403 und die Raffination mit Natronlauge S. 404 tritt bereits eine beträchtliche Entfärbung der Rohfette ein. Wenn diese für besondere Zwecke, z. B. für die Verwendung des Öles oder Fettes bei der Margarineherstellung weiter getrieben werden soll, sind besondere weitere Maßnahmen notwendig. Bei manchen Ölen ist auch beim Verbraucher eine zu starke Entfärbung nicht erwünscht. So wird Olivenöl erster Pressung in grünlichgelb gefärbtem Zustande höher bewertet als hellfarbige raffinierte Olivenöle, weil ersteres geschmacklich den helleren Sorten überlegen ist. Zur Entfärbung der Fette verwendet man Methoden von zweierlei Art:

1. Adsorption der Farbstoffe an Stoffe mit großer Oberflächenwirkung (Adsorptionsmittel), Bleicherden und Entfärbungskohlen.

2. Entfärbung durch chemische Angriffe, nämlich durch Zerstörung der Farbstoffe durch Oxydation oder Überführung in farblose Verbindungen.

a) Entfärbung mit Hilfe von Adsorptionsmitteln.

Hierzu dienen die Bleicherden und aktiven Kohlen. Die Bleicherden und in höherem Maße die aktiven Kohlen, halten an ihren Oberflächen auch die im Fett gelösten Kolloide (Schleimstoffe usw.) fest.

Die Bleicherden wurden gegen Ende des vorigen Jahrhunderts in England (Surrey, Kent, Bedfordshire) und in Amerika (Arkansas, Florida, Virginia) aufgefunden. Es sind die englische Fullererde und die amerikanische Floridaerde (Floridin). Neuerdings sind

---

[1] E. Schlenker: Allg. Öl- u. Fett-Ztg. 1932, **29**, 343; C. 1932, II, 1250.
[2] J. Leimdörfer: Seifensieder-Ztg. 1933, **60**, 15; C. 1933, I, 3380.
[3] A. Rooseboom: Congr. int. techn. chim. Ind. agric. Scheveningen C. R. 1937, **5** II, 384.
[4] K. Schneider: Allg. Öl- u. Fett-Ztg. 1937, **34**, 252.

auch in anderen Ländern wie in Böhmen, Rumänien, Japan, Rußland, mächtige Lager derartiger Tone entdeckt worden. Diese natürlichen Tone mit Bleichwirkung nennt man allgemein Bleicherden. Zum Unterschied von diesen Naturbleicherden gibt es auch Tone, welche an sich wenig aktiv sind, aber nach Auskochen mit Mineralsäuren größeres Bleichvermögen zeigen. Es sind die besonders in Deutschland hergestellten aktivierten Bleicherden, auch Edelerden genannt. Die Bleicherden sind Silicate von wechselnder Zusammensetzung, die als Hauptbestandteil Aluminiumsilicat enthalten. Nach P. F. Kerr [1] ist der wesentliche Bestandteil der Bleicherden Montmorillonit, wie auch von U. Hofmann, K. Endell und D. Wilm [2] bestätigt worden ist.

Je nach der Beschaffenheit und Farbe des Fettes werden zur Entfärbung verschiedene Mengen, etwa um 2% des Fettes zur Bleichung benötigt.

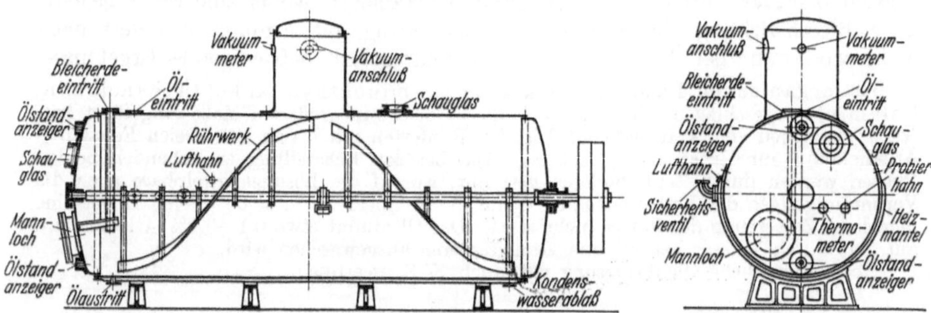

Abb. 14. Liegender Bleichapparat. (Harburger Eisen- und Bronzewerke A.G.)

Naturbleicherden und auf völlige Neutralität ausgewachsene aktivierte Bleicherden ändern praktisch die Kennzahlen der Öle bei der Entfärbung nicht. Die aktivierten Erden enthalten aber häufig noch geringe Mengen schwer beseitigbarer Mineralsäuren, die den Fetten einen dumpfen Geruch (Erdgeruch) erteilen, der sich allerdings bei der Desodorierung leicht beseitigen läßt. Bekannte Marken von aktivierten Bleicherden sind Alsil, Clarit, Frankonit, Isarit, Montana, Terrana, Tonsil (vgl. auch B. H. Thurman [3]).

Als vorzügliche Entfärbungsmittel haben sich die Aktivkohlen namentlich im Gemisch mit Bleicherden bewährt. Sie besitzen nicht nur für gewisse Fette eine starke Entfärbungskraft sondern außerdem die Fähigkeit, störende Geschmacksstoffe zu adsorbieren. So tritt der erwähnte dumpfe Geruch mit gewissen Bleicherden bei gleichzeitiger Verwendung von aktiver Kohle nicht auf. Merkwürdigerweise zeigen die gleichen Kohlen, die beim Cocosfett und Palmkernfett stark entfärben, bei anderen Fettarten oft keine wesentlich stärkere Wirkung als die Bleicherden.

Für die Ausführung des Bleichungsvorganges mit Bleicherden und Kohlen unterscheidet man allgemein das Einrührverfahren von der Schichtenfiltration. Beim Einrührverfahren wird das flüssige Fett bei etwa 70—90° mit dem Entfärbungsmittel 20—40 Minuten unter Luftabschluß verrührt und dann durch Filtration abgetrennt. Die Schichtenfiltration wird bisher bei Fetten kaum angewandt, obwohl sie verschiedene Vorteile besitzt. Sie besteht darin, daß man die warme Flüssigkeit durch etwa 7—10 mm dicke Schichten des Entfärbungsmittels so lange fließen läßt, als noch eine ausreichende Entfärbung stattfindet.

Die nach Abpressen des Öles verbleibenden Bleichrückstände enthalten durchschnittlich noch etwa 35% aufgesogenes Fett, also so viel wie manche Ölsaaten, das am besten

[1] P. F. Kerr: Amer. Mineralogist 1932, 17, 192.
[2] U. Hofmann, K. Endell u. D. Wilm: Angew. Chem. 1934, 47, 539.
[3] B. H. Thurman: Ind. Chem. 1932, 24, 1187; C. 1933, I, 1043.

durch Extraktion mit Lösungsmitteln (vgl. S. 303) wiedergewonnen wird. Diese Extraktion der sehr dicht aufliegenden Bleicherden erfordert besondere Maßnahmen und erfolgt am besten in mit Rührwerk versehenen oder besser noch in rotierenden Extraktionsapparaten; hierdurch wird ihr Fettgehalt auf etwa 2—3% herabgesetzt. Eine stärkere Entölung wird im allgemeinen wegen des dann erfolgenden Mitlösens der Farbstoffe nicht durchgeführt. Die so entölten Rückstände werden als Abfallstoff beseitigt. Eine Regenerierung ist nicht lohnend.

b) Chemische Bleichmethoden.

Die chemischen Bleichverfahren werden durch Einführung der Adsorptionsbleichmittel immer mehr zurückgedrängt. Immerhin sind sie heute noch in Anwendung beim Bleichen vom Palmöl, Fettsäuren, Knochenfett und technischen Fetten. Rohes Palmöl (vgl. S. 413) wurde noch bis vor kurzem überwiegend durch Einblasen von Luft gebleicht; es wird jetzt aber immer mehr mit säurehaltiger Bleicherde entfärbt. Ein chemischer Bleichvorgang ist auch die schon S. 403 besprochene Entschleimung der Fette mit Schwefelsäure. Ein Nachteil der chemischen Bleichmittel durch Oxydation ist die Tatsache, daß ihre Wirkung auch auf das Fett übergreifen kann und dieses dem Verderben zugänglich macht. Zudem sind die für die chemische Bleichung in Frage kommenden Chemikalien durchweg teurer als die Bleicherden.

Als billigstes Bleichmittel kommt zunächst die Oxydation mit Luft in Frage, die zum Bleichen des Palmöles und auch des Talges verschiedentlich verwendet worden ist. Erfolgt diese Luftbehandlung bei Gegenwart von Licht, so tritt zwar eine starke Bleichwirkung ein, gleichzeitig aber bilden sich Peroxyde, die eine Oxydationsranzigkeit des Fettes veranlassen können (vgl. S. 284). Von sonstigen Bleichmitteln für Fette sind vorgeschlagen Ozon, Wasserstoffperoxyd, Benzoylperoxyd (Lucidol), Natriumsuperoxyd, Natriumperborat, Kaliumdichromat, Natriumdichromat, Permanganat und Chlorbleichmittel. Als reduzierendes Bleichmittel ist Hydrosulfit (Blankit) und Natriumdisulfit im Gebrauch. Ersteres wird in alkalischer Lösung dem mit Natronlauge neutralisierten Öl zugesetzt, letzteres zusammen mit Schwefelsäure in Anwendung gebracht. Die Sulfitbleiche hat noch den Nachteil, daß die Öle unter dem Einfluß des Luftsauerstoffs leicht wieder nachdunkeln.

Über Verlauf und Messung der Bleichwirkung vgl. auch H. PICK und R. KRAUS[1].

4. Geruchlosmachung (Desodorierung).

Die in Fetten enthaltenen Geruchsstoffe sind entweder natürlicher Art und bedingen dann ihren arteigenen oft angenehmen Geruch, oder es sind durch Zersetzung der Fette gebildete oder aus Verunreinigungen der Rohfette bestehende Stoffe.

Von den natürlichen Geruchsstoffen von Ölen hat H. MARCELET[2] aus Olivenöl und Erdnußöl eine Reihe von ungesättigten Kohlenwasserstoffen in dem mit überhitztem Wasserdampf bei größerer Luftverdünnung abgetriebenen Destillat isoliert (vgl. S. 420 und 487).

Bei den Cruciferenölen wird durch Schwefelverbindungen (Senföle) ein eigenartig widriger Geruch erzeugt, bei dem aber vielleicht auch noch andere Verbindungen mitwirken.

Von den durch Zersetzung der Fette gebildeten Riechstoffen besitzen die niederen Fettsäuren, insbesondere Buttersäure, Capronsäure, Caprylsäure und Caprinsäure einen widerlichen Schweißgeruch, ferner bedingen die hochungesättigten Fettsäuren der Seetieröle (Clupanodonsäure u. a.) den Trangeruch (vgl. S. 581). Weiter gehören zu den Geruchsstoffen der Rohfette durch Oxydation gebildete Ketone und Aldehyde (vgl. S. 284f.), sowie Zersetzungsprodukte von Proteinen. Die Desodorierung gelingt nur, indem man die Fette im Vakuum einer Dampfdestillation unterwirft. Sie wird ganz allgemein im hohen Vakuum unter Durchleiten von überhitztem Wasserdampf vorgenommen. Der Dampf

---

[1] H. PICK u. R. KRAUS: Kolloidchem. Beih. 1932, **35**, 211; C. 1932, II, 793.
[2] H. MARCELET: Compt. rend. 1936, **202**, 867.

wird unter einem Druck von etwa 2 Atmosphären in den Apparat eingeleitet, trifft hier das erhitzte Öl, dehnt sich dadurch sehr stark aus und beschleunigt so die Verflüchtigung der Riechstoffe. Der verwendete Apparat besteht aus einem zylindrischen Behälter, in den das zu behandelnde Öl mittels Vakuum eingesogen wird. Der Behälter besitzt oben ein Prallblech zum Abfangen der Ölspritzer. Am Boden befindet sich die Verteilungsvorrichtung für den eingeleiteten überhitzten Dampf, die so eingerichtet sein muß, daß eine sehr

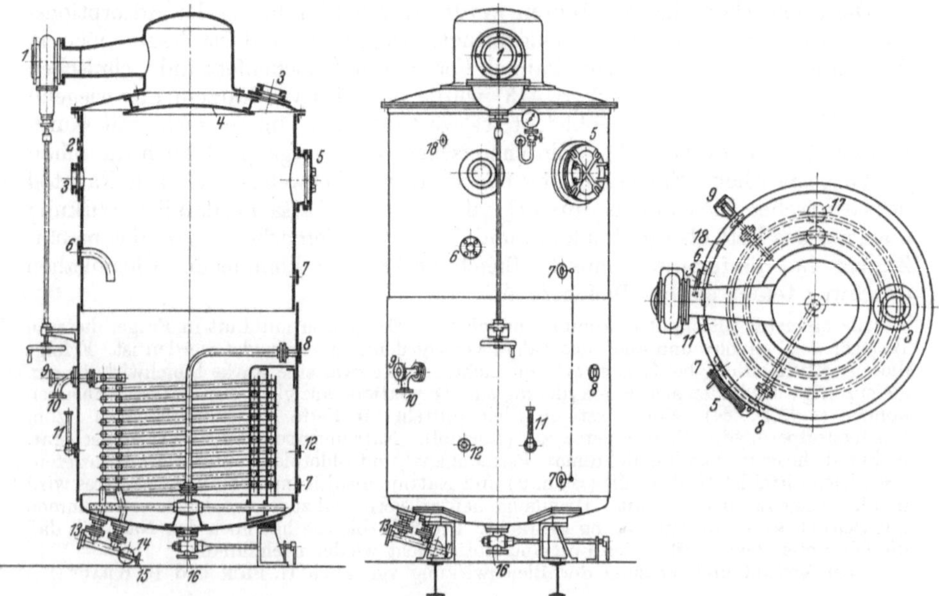

Abb. 15a—c. Desodorierapparat. (Harburger Eisen- und Bronzewerke A.G.) *1* Brüdenaustritt, *2* Manometer, *3* Schauglas, *4* Prellhaube, *5* Mannloch, *6* Öleintritt, *7* Ölstandsanzeiger, *8* Eintritt des überhitzten Dampfes, *9* Heizdampfeintritt, *10* Kühlwasserüberlauf, *11* Thermometer, *12* Probehahn, *13* Kühlwassereintritt, *14* Entleerung, *15* Kondenswasserablaß, *16* Ölablaß, *17* Schlangenaustritte, *18* Belüftungshahn.

innige Vermischung des Dampfes mit dem Öl eintritt. Die Heizung des Öles kann durch Heizschlangen erfolgen, die auch zur Kühlung des Öles nach beendeter Desodorierung mit kaltem Wasser verwendet werden. Verschiedene Bauarten des Apparates unterscheiden sich im wesentlichen nur durch Ausgestaltung der Dampfverteilung im Innern.

Nach Anheizen des Dampfüberhitzers wird das Öl aus dem Bleichölbehälter eingezogen, dann mit der Heizschlange auf eine Temperatur von etwa 80—90° gebracht. Nun leitet man einen schwachen Dampfstrom durch den evakuierten Apparat, um durch die Wärmeabgabe und Rührwirkung des Dampfes das Anheizen des Öles zu beschleunigen. Die Temperatur des Dampfes wird zunächst auf etwa 200—220° eingestellt. Sojabohnenöl wird vor Zuleitung des überhitzten Dampfes bei einer Temperatur von etwas über 100° zunächst mit einem Luftstrom behandelt, bis in der Abluft riechende Stoffe nicht mehr wahrgenommen werden. Dann erst beginnt man mit der Durchleitung des überhitzten Dampfes. Nun werden Geschwindigkeit der Dampfzuleitung und dessen Temperatur weiter gesteigert. Bei einer Öltemperatur von etwa 150° wird das Öl dann so lange mit einem kräftigen Strom des überhitzten Dampfes behandelt, bis eine Probe geruch- und geschmacklos geworden ist. Nur Salatöle werden nicht so weit desodoriert, weil etwas von dem spezifischen Eigengeruch zurückbleiben soll. Der eingeleitete Dampf ist gewöhnlich auf 240—280° erhitzt

Die Desodorierung wird meistens bei einer Öltemperatur von 160—180⁰ beendet; bei zu hohen Dämpftemperaturen kann eine Geschmacksverschlechterung eintreten. Die Desodorierung verläuft um so leichter, und bei um so niedrigerer Temperatur, je höher das Vakuum gehalten wird. Gewöhnlich dauert der ganze Vorgang etwa 4—6 Stunden. Bei Hartfetten muß das Dämpfen bei etwas niedrigerer Temperatur aufhören, und die Dampftemperatur darf 260⁰ nicht übersteigen, weil das Hartfett sonst einen nicht mehr zu beseitigenden gummiartigen Geschmack annimmt. Nach beendigter Desodorierung wird in die Heizschlangen Kühlwasser geleitet, um das Öl wieder auf etwa 90⁰ vorzukühlen. Hierbei läßt man weiter Dampf einfließen, damit keine üblen Geruchsstoffe aus der Brüdenleitung in das Öl zurückfluten, stellt dann ab und läßt das Öl aus dem Dämpfer in den Kühler ablaufen, wo es unter Vakuum je nach Ölart auf etwa 25—30⁰ abgekühlt wird. Das Öl wird dann durch Kammerpressen blank filtriert (Polieren des Öles), was um so besser gelingt, je kälter das Öl ist. Für die Endfiltration von Ölen mit Gehalt an festen Bestandteilen empfiehlt sich eine Nachfiltration mit kleinen Mengen eines Filtrationshilfsmittels wie Hyflocel u. dgl.

Eine kontinuierliche Desodorierung von Speiseölen in einem besonderen Apparat beschreiben D. K. DEAN und E. H. CHAPIN[1].

B. Eigenschaften und Zusammensetzung einzelner Pflanzenfette und Pflanzenöle.

Die Unterscheidung in bei gewöhnlicher Temperatur feste Pflanzenfette und flüssige Pflanzenöle ist recht unscharf. Nicht nur gibt es Pflanzenfette von halbfester, butterartiger oder schmalzartiger Konsistenz, sondern für manche ist auch die gleichzeitige Benennung als Fett und als Öl in Gebrauch.

Tabelle 16. Einteilung der Speisefette nach HILDITCH.

Hauptfettsäuren (Fettsäureanteile über 10%)	Konsistenz und Sättigungsgrad	Pflanzenfamilien	Beispiele
Palmitin-, Öl-, Linolsäure	Nichttrocknende oder halbtrocknende Öle	Malvaceae, Bombaceae, Gramineae u. a.	Baumwollöl, Kapoköl, Maisöl
Palmitin-, Öl-, Stearin- (Linol-) Säure	Feste Fette oder nichttrocknende Öle	Guttiferae, Sapotaceae u. a.	Kakaobutter, Sheabutter, Borneotalg
Öl-, Linol-, Palmitin-, Arachin-, Lignocerinsäure	Nicht-, halb- oder ganztrocknende Öle, feste Fette oder nichttrocknende Öle	Leguminosae Sapindaceae	Erdnußöl, Sojaöl Rambutantalg Kusumöl
Wenig Öl- und Palmitin-, viel Laurin- und/oder Myristinsäure	Feste Fette	Palmae Myristicaceae Lauraceae Andere Familien	Cocosfett, Palmkernfett Muskatbutter Lorbeerkernöl Dikanußfett
Öl-, Linol- und Linolensäure (wenig Palmitinsäure)	Trocknende Öle Trocknende, halbtrocknende oder nichttrocknende Öle	Coniferae Viele Baumfamilien Viele Kräuterfamilien	— Walnußöl Hanföl, Leinöl, Sesamöl, Sonnenblumenöl, Mandelöl
Öl-, Linol-, Petroselinsäure (wenig Palmitinsäure)	Nicht oder halbtrocknende Öle	Umbelliferae	Petersiliensamenöl
Öl-, Linol-, Erucasäure wenig Palmitinsäure)	Nicht- oder halbtrocknende Öle	Cruciferae	Rapsöl, Senföl

[1] D. K. DEAN u. E. H. CHAPIN: Oil and Soap 1938, 15, 200.

Anhaltspunkte für eine scharfe Unterscheidung bieten diese dem Gebrauch entsprungenen Bewertungen nicht. Hierfür eignet sich besser die Herkunft und Zusammensetzung.

So können wir die Pflanzenfette zunächst je nach Art des Rohstoffes in **Fruchtfleischfette** und **Samenfette** unterscheiden. Die Fruchtfleischfette umfassen nur wenige Arten Speiseöle, wie Palmöl und Olivenöl, ferner den festen Stillingiatalg. Die meisten Pflanzenfette sind Samenfette, für die T. P. Hilditch[1] vorstehende Einteilung angegeben hat (s. Tabelle 16, S. 411).

Außer diesen genannten Fetten liefern Pflanzensamen noch folgende für Speisezwecke ungeeignete Fette und Öle:

Tabelle 17.

Hauptfettsäuren	Konsistenz und Sättigungsgrad	Pflanzenfamilien	Beispiele
Chaulmugra-, Hydnocarpussäure (wenig Öl- und Palmitinsäure)	Feste Fette, nicht- oder halbtrocknende Öle	Flacourtiaceae	Chaulmugraöl
Elaeostearinsäure (wenig Öl- und Palmitinsäure)	Trocknende Öle	Euphorbiaceae (Aleurites Fordii)	Chinesisches Holzöl
Ricinolsäure (wenig Ölsäure)	Nichttrocknende Öle	Euphorbiaceae (Ricinus communis) u. a.	Ricinusöl

Verteilung der gesättigten und ungesättigten Fettsäuren in Pflanzenfettglyceriden nach T. P. Hilditch[2].

Samenfette, die mehr als 60% der Gesamtfettsäuren im gesättigten Zustand enthalten, zeigen die Tendenz der gesättigten Fettsäuren in den Glyceridmolekülen, sich mit den ungesättigten Säuren derart zu Glyceridmolekülen zu vereinigen, daß zwischen den beiden Säuregruppen ein Verbindungsverhältnis (vgl. S. 379) von etwa 1,4—1,5 entsteht. Auch wenn die gesättigten Säuren mehr als 60% der Gesamtfettsäuren ausmachen, bleibt das Verbindungsverhältnis im nicht ganz gesättigten Glyceridanteil bestehen. Am deutlichsten tritt diese Tendenz zur „gleichmäßigen Verteilung" der Fettsäuren in Fetten mit etwa 60% gesättigten und 40% ungesättigten Fettsäuren (Ölsäure) hervor; diese bestehen in der Hauptsache aus monooleo-di-gesättigten Glyceriden.

Von dieser Regel wurden bisher nur wenige Ausnahmen beobachtet.

Fruchtfleischfette verhalten sich insofern abweichend als sie (verhältnismäßig) wesentlich größere Mengen vollständig gesättigte Glyceride enthalten, wenn deren Menge auch absolut genommen klein bleibt, und zwar in der Hauptsache Tripalmitin. Es scheint aber, daß die mehrsäurigen, palmito-ungesättigten Glyceride auch hier nach dem Grundsatz der gleichmäßigen Verteilung aufgebaut sind.

I. Fruchtfleischfette.

Die Gruppe der Fruchtfleischfette umfaßt nur wenige Arten, weil die meisten pflanzlichen Fette und Öle aus Pflanzensamen gewonnen werden.

Als talgartiges festes Fruchtfleischfett ist der Stillingiatalg anzusehen. In neuerer Zeit kommt dem Fruchtfleischfett der Ölpalme, dem Palmöl, infolge der verbesserten Gewinnungsverfahren eine steigende Bedeutung als

---

[1] T. P. Hilditch: Vgl. Hefter-Schönfeld: Fette und Fettprodukte, Bd. I, S. 10.
[2] T. P. Hilditch: Vgl. Hefter-Schönfeld: Fette und Fettprodukte, 2. Aufl., Bd. I, S. 210.

Speisefett zu, während es früher fast ausschließlich in die Seifenherstellung gewandert ist. Von erster Bedeutung ist aber das Fruchtfleischfett der Olive, das in größter Menge als Speiseöl verwendete Olivenöl. Es ist zugleich das wegen seines Wohlgeschmackes am meisten geschätzte Speiseöl.

1. Stillingiatalg. Chinesischer Talg.

Der Stillingiatalg stammt vom Samen des chinesischen Talgbaumes Stillingia sebifera und wird vielfach auch als chinesischer Talg bezeichnet. Der Haupthandelsplatz dafür ist Hankow.

Der Talg (pi-ieou) befindet sich in Menge von etwa 22% des Samens auf der schwarzen Samenschale aufgelagert. Vielfach wird jedoch der ganze Samen verpreßt, wodurch sich dann auch das stark trocknende Kernöl (Stillingiaöl) dem Talg beimischt. Das Gemisch (mou-ieou) führt ebenfalls die Bezeichnung Stillingiatalg und die Ausbeute beträgt dann etwa 30—32%. Die meisten Handelssorten stellen diese Mischung dar, während die besseren Marken (Ma Cheng und Bi Chew) nur wenig zur Ausfuhr gelangten.

Der Stillingiatalg dient in China und Europa vor allem als Rohstoff zur Kerzenherstellung, weiter für die Herstellung von Seifen. Einer Verwendung des an sich geschmacklosen Stillingiasalzes zu Speisezwecken steht nach SPRINKMEYER und DIEDRICHS[1] entgegen, daß die Einfuhr des Rohfettes statt der Saat keine Reinheit gewährleistet.

SPRINKMEYER und DIEDRICHS[1] fanden im rohen Stillingiafett gallertartige Ausscheidungen, die sie für Oxydationsprodukte des stark trocknenden Stillingiaöles halten. Die BELLIER-Reaktion (vgl. S. 427) war bei allen Proben negativ.

Die allgemeine Zusammensetzung des Stillingiatalges ist im Mittel: Fettsäuren 95,0, Glycerinrest (C_3H_2) 4,6, entsprechend Glycerin $C_3H_5(OH)_3$ 11,1, Unverseifbares 0,4%.

Die Fettsäuren bestehen zum größten Teil aus Palmitinsäure. T. P. HILDITCH und J. PRIESTMAN[2] haben durch Esterfraktionierung folgende Fettsäurenzusammensetzung ermittelt:

Kennzahlen von Stillingiatalg (der Fettsäuren). Dichte D^{15} 0,904—0,917, Schmelzpunkt 43—47° (53—57°), Erstarrungspunkt 27—37°, n_D^{40} 1,4546—1,4574; VZ. 200 bis 207, JZ. 19—30.

Tabelle 18.

Bezeichnung	Myristinsäure %	Palmitinsäure %	Stearinsäure %	Ölsäure %
Stillingiatalg	5,8	69,6	3,1	20,7
Chinesischer Pflanzentalg	3,6	57,6	1,8	34,5
„ „	3,7	66,3	1,2	26,9

Von den Überzügen der Fruchtbeere von amerikanischen Myricaarten (M. cerifera und M. carolinensis) stammendes Myricafett oder Myricawachs wird ebenfalls zur Kerzenherstellung verwendet.

2. Palmöl.

Palmöl ist das Fruchtfleischfett der Ölpalme, Elaeis guineensis, die besonders an der Westküste Afrikas und in Mittelamerika gedeiht. Es gilt als geschätztes in sehr großen Mengen verarbeitetes Rohmaterial für die Kerzen- und Seifenherstellung, ist aber in seinen besseren Sorten auch als Speisefett geeignet.

Die Gewinnung des Palmöles wurde früher vielfach und auch heute noch den Eingeborenen überlassen, die die reifen Früchte zu Haufen zusammengelegt

---

[1] H. SPRINKMEYER u. A. DIEDRICHS: Z. 1912, **23**, 588.
[2] T. P. HILDITCH u. J. PRIESTMAN: Journ. Soc. chem. Ind. 1930, **49** T, 397. — Sch.-H., Bd. I, S. 71.

Tabelle 19.

Gegenstand		Myristinsäure %	Palmitinsäure %	Stearinsäure %	Ölsäure %	Linolsäure %	Untersucht von
	Palmöle:						
	Sierra Leone, Freetown	2,0	35,9	6,1	48,0	8,0	
	„ „ Sherbro .	1,6	35,0	5,3	50,1	8,0	H. K. Dean u.
	Liberia, Grand Bassa .	2,0	33,5	6,4	50,5	7,6	T. P. Hilditch[1]
	„ Cape Palmas .	1,6	32,3	5,5	52,4	8,2	
	Elfenbeinküste, Grand Drewin	2,3	34,3	5,6	49,5	8,3	T. P. Hilditch u. E. E. Jones[2]
Einheimisches Palmöl von	Desgl.	2,2	35,3	5,2	52,3	5,0	Dieselben[3]
	Goldküste, Takoradi .	1,9	40,8	4,9	43,3	9,1	H. K. Dean u.
	Nigeria Lagos	1,2	39,6	5,8	42,4	11,0	T. P. Hilditch[1]
	„ „	2,7	42,5	3,4	40,9	10,5	
	„ Benin	4,5	37,5	4,2	47,3	6,5	
	„ Bonny Old Calabar	4,1	40,1	4,4	41,5	9,9	T. P. Hilditch u. E. E. Jones[3]
	Niger	5,9	39,3	2,2	42,7	9,9	
	Kamerun	1,0	38,9	5,9	43,9	10,3	T. B. Hilditch u. E. E. Jones[2]
	Belgisch-Kongo	0,5	41,0	5,2	47,6	5,6	G.S.Jamieson u. R.S.McKinney[4]
Palmöle von Kulturpflanzungen	„ „	1,2	43,0	4,4	40,2	11,2	T. P. Hilditch
	Malaia	2,5	40,8	3,6	45,2	7,9	u. E. E. Jones[2]
	Sumatra	0,6	43,8	2,9	43,1	9,5	G.S.Jamieson u. S. J. Gertler[5]
	„	2,5	41,8	4,2	42,1	9,4	H. K. Dean u. T. P. Hilditch[1]
Sumatra-Palmöl, roh		—	42,9	4,7	39,8	11,3	A. Steger u.
„ „ gebleicht		—	43,1	4,2	38,2	11,4	J. van Loon[6]
Palmöl, raffiniert[7]		1,2	42,4	3,6	43,4	7,8	T.P.Hilditch u. H. Jasperson[8]

einen Monat lang der freiwilligen Gärung überließen. Dann wurden die so behandelten Früchte in Eisenkesseln gekocht, in Holzmörsern zerdrückt und auf diese Weise das Fleisch von den Kernen getrennt, die ihrerseits wieder als Rohstoff für das Palmkernfett (vgl. S. 432) dienen. Beim nochmaligen Kochen des Fleischbreies sammelt sich das Öl an der Oberfläche und wird dann mit Holzlöffeln abgeschöpft. An anderen Orten werden die Früchte schwach geröstet, die Kerne durch Abdrücken mit den Händen entfernt und dann das Fruchtfleisch in Beuteln abgepreßt. — Es ist nicht zu verwundern, daß besonders bei der ersten Methode infolge von Fermentationsvorgängen ein großer Teil

---

[1] H. K. Dean u. T. P. Hilditch: Journ. Soc. chem. Ind. 1933, 52 T, 165; Sch.-H., Bd. I, S. 71.

[2] T. P. Hilditch u. E. E. Jones: Journ. Soc. chem. Ind. 1930, 49 T, 363; Sch.-H., Bd. I, S. 71.

[3] T. P. Hilditch u. E. E. Jones: Journ. Soc. chem. Ind. 1931, 50 T, 171; Sch.-H., Bd. I, S. 71.

[4] G. S. Jamieson u. R. S. McKinney: Journ. Oil Fat Ind. 1929, 6 (6), 15; Sch.-H. I, 71.

[5] Vgl. Jamieson: Vegetable Fats and Oils. New York 1932.

[6] A. Steger u. J. van Loon: Rec. Trav. chim. Pays-Bas 1935, 54, 284; C. 1935, I, 3218.

[7] Außerdem Hexadecensäure 1,22%.

[8] T. P. Hilditch u. H. Jasperson: Journ. Soc. chem. Ind. 1938, 57, 84.

des Öles hydrolysiert und sein Gehalt an freien Fettsäuren beträchtlich wird. — Neuerdings trennt man daher durch verbesserte technische Einrichtungen, so durch besondere Schälmaschinen, Fruchtfleisch und Kerne und verarbeitet das erhaltene Fruchtfleisch direkt auf Öl weiter.

Entsprechend seiner Gewinnungsart kommt Palmöl in verschiedener Güte als organgegelbes bis braunrotes Fett von butterartiger Konsistenz in den Handel. Den Gehalt an freien Fettsäuren·in der Handelsware findet man sehr verschieden etwa zwischen 10—90%. Als bestes Palmöl gilt Lagosöl, eine andere wichtige Handelssorte ist Kongoöl von etwas härterer Beschaffenheit.

Über den Schmelzvorgang beim Palmöl vgl. S. 24.

Nach T. P. Hilditch u. E. E. Jones[1] besteht der größte Teil des Palmöles aus gemischten Glyceriden, vorwiegend Oleodipalmitin und Dioleopalmitin. A. Heiduschka und A. Endler[2] schieden durch fraktionierte Krystallisation auch Tripalmitin und Triolein ab.

Allgemeine Zusammensetzung des Palmöles. Fettsäuren 5,1, Glycerinrest (C_3H_2) 4,6, entsprechend Glycerin $C_3H_5(OH)_3$ 11,1, Unverseifbares 0,3%.

Über die Zusammensetzung der Fettsäuren gibt Tabelle 19 Auskunft.

Kennzahlen von Palmöl (der Fettsäuren). Dichte D^{15} 0,920—0,947 meist 0,920—0,924, D^{100} 0,859, Schmelzpunkt. 27—30 (44—50), Erstarrungspunkt 31—41 (35—48), n_D^{40} 1,4531—1,4559, n_D^{60} 1,4482—1,4510 (1,4441—1,4448). Kritische Lösungstemperatur in Eisessig 83—86°; VZ 196—210; JZ 51—57. Thermozahl nach Tortelli 31—38.

Die färbende Substanz des Palmöles ließ sich nach A. Heiduschka und A. Endler[3] mit Petroläther ausziehen und hatte dann die Jodzahl 200,0. K. Kobayashi, K. Yamamoto und J. Abe[4] haben als Bestandteil des Palmöles Carotin nachgewiesen. J. P. Spruyt und W. F. Donath[5] fanden für 1 g Palmöl 130—336 γ Carotin. Wegen dieses hohen Carotingehaltes ist Palmöl zur „A-Vitaminisierung" von Margarine vorgeschlagen worden (vgl. S. 432).

Für seine Verwendung in der Seifenindustrie oder auch als Speisefett wird Palmöl vorher gebleicht, was durch Durchblasen von Luft bei 110—115°, also durch Oxydation erfolgt. Nach O. Eckart[6] eignet sich zum Bleichen ein Zusatz von 4% Bleicherde (Tonsil AC); dabei darf, wenn das Öl zu Speisezwecken dienen soll, die Temperatur 90—95°, 20 Minuten lang, nicht übersteigen. Nach F. Guichard und C. Aubert[7] ist gereinigtes Palmöl haltbarer als rohes und als Speiseöl, auch zur Herstellung von Fischkonserven geeignet. Die Bleichung verläuft um so leichter, je niedriger der Gehalt des Öles an freien Fettsäuren ist.

Durch die Bleichung wird das vorhandene Carotin zerstört und somit der Vitamin-A-Wert des Palmöles vernichtet.

Auch andere Ölpalmenvarietäten liefern Palmöl von ähnlicher Zusammensetzung. So fand J. Pieraerts[8] für aus Barumbu im Belgischen Kongo stammende Proben:

Tabelle 20.

Öl von	Erstarrungs-punkt	Brechungs-index	Versei-fungszahl	Jodzahl	Säurezahl	Ölsäure %
Elaeis Var. Ekali Mohei .	40,8	1,4482	206,3	50,2	169,4	84,7
Var. Kokoto Elume . . .	40,6	1,4482	205,6	52,8	167,0	83,7

[1] T. P. Hilditch u. E. E. Jones: Journ. Soc. chem. Ind. 1930, 49 T, 363, 369; C. 1930, II, 3213; Journ. Soc. chem. Ind. 1931, 50 T, 171; C. 1931, II, 928.

[2] A. Heiduschka u. A. Endler: Pharm. Zentralh. 1932, 73, 481.

[3] A. Heiduschka u. A. Endler: Pharm. Zentralh. 1932, 73, 481.

[4] K. Kobayashi, K. Yamamoto u. J. Abe: Journ. Soc. chem. Ind., Japan, Suppl. 1936, 34, 434 B; 1932, 35, 35 B; C. 1932, I, 3452.

[5] J. P. Spruyt u. W. F. Donath: Geneesk. Tijdschr. Nederl.-Ind. 1938, 78, 31.

[6] O. Eckart: Chem.-Ztg. 1936, 60, 275.

[7] F. Guichard u. C. Aubert: Bull. Mat. grasses 1931, 15, 370; Z. 1937, 73, 288.

[8] J. Pieraerts: Bull. Sciences Pharmacol. 1919, 26, 110; C. 1919, III, 276.

Das Öl von der Nolipalme Columbiens, Elaeis melanococca, auch brasilianisches Palmöl oder Cayauéöl genannt, ist im Fruchtfleisch der Palmfrucht zu etwa 29% enthalten. Das stark orangegelbe Öl ist dünnflüssiger als westafrikanisches Palmöl, scheidet aber beim Stehen reichliche Mengen „Stearin" ab.

Kennzahlen von Cayauéöl (der Fettsäuren). Dichte bzw. Gewichtsverhältnis: D_{15}^{100} um 0,864, D^{15} um 0,923, Schmelzpunkt 22—32°, Erstarrungspunkt 21—30° (33,6°), n_D^{40} 1,4583—1,4604. Verseifungszahl 197—199, Jodzahl 78—89, Unverseifbares 0,7%.

E. R. Bolton und D. G. Hewer[1] fanden für Fruchtfleisch von Acrocomia sclerocarpa: Erstarrungspunkt 29,4, Verseifungszahl 189,8, Brechungsindex bei 40° 1,45275, Jodzahl 77,2, Freie Fettsäuren 55,8%.

Ein giftiges Öl ist nach F. W. Freise[2] im Fruchtfleisch einer kleinfruchtigen Cocos-nußart bis zu 14,5% enthalten, während das Kernöl der gleichen Frucht die Eigenschaften von gewöhnlichem Cocosfett hat. Die Stammpflanze ist mit Toxophoenix aculatissima Schott, Ayry, verwandt. Das Öl roch nach frischem Heu, hatte die Verseifungszahl 198, Jodzahl 55 und den Erstarrungspunkt 16,5°.

3. Olivenöl.

Das Olivenöl (Baumöl) wird aus dem Fruchtfleisch des Olivenbaumes (Ölbaumes), Olea oleaster L., kultiviert als Olea Europaea culta L., gewonnen.

Der Olivenbaum wurde bereits in der vorgeschichtlichen Zeit in Ägypten angebaut. Das Olivenöl war im Altertum eines der bedeutendsten Handels-produkte. In Attika galt der Ölbaum als der geheiligte Baum der Athene. Von den Griechen gelangte die Kultur des Olivenbaumes zu den Römern und führte zu ausgedehnten Olivenanpflanzungen über das ganze Mittelmeer. Heute wird die Olive im ganzen Mittelmeergebiet außer in Ägypten, dann aber auch in Abarten (z. B. Olea americana) in Kalifornien, Mexiko, Chile und Australien zur Ölgewinnung gezogen. Unkultiviert wächst die Olive üppig in Tunis, Algier und Marokko. Nach P. Rivals und L. Margaillan[3] schätzt man die Welt-erzeugung an Olivenöl auf 800000—1000000 t, wovon auf Spanien allein 450000, auf Italien 200000 t entfallen.

Nach Angaben[4] für die Jahre 1930, 1932 und 1935 betrug für Mittelmeer-länder die Gewinnung von Olivenöl in je 1000 t:

Tabelle 21.

Jahr	Italien	Spanien	Griechen-land	Portugal	Tunesien	Algerien	Frankreich	Syrien und Libanon
1930	125	115	97	18	20	14	5	10
1932	210	349	134	39	55	14	9	5
1935	211	237	88	53	60	13	8	13

Sehr geschätzt sind die südfranzösischen Öle unter dem Namen Provencer-öl, Aixeröl, Nizzaöl. Für den Weltmarkt an Olivenöl bedeutend sind außerdem Toscana (Lucca), Ligurien (Genua), Apulien (Molfetta und Bari), Spanien, Portugal, Griechenland und Dalmatien.

Ein ausgewachsener Olivenbaum bringt im Durchschnitt etwa 60—65 kg Früchte, von denen 1 dz etwa 14—16 Liter Öl liefert, abhängig von Umgebungs-temperatur und Feuchtigkeit. Je trockener und wärmer das Klima, um so höher wird der Ölertrag.

---

[1] E. R. Bolton u. D. G. Hewer: Analyst 1916, **42**, 35; C. 1917, I, 1107.
[2] F. W. Freise: Seifensiederztg. 1932, **59**, 216; C. 1932, II, 1387.
[3] P. Rivals u. L. Margaillan: Matières Grasses. Paris 1934. — Vgl. J. Bonnet: L'Olivier et les produits des l'Olivier. Paris 1924.
[4] Statistisches Jahrbuch für das Deutsche Reich 1937.

a) Gewinnung des Olivenöles [1].

Je nach der Olivenart, dem Reifezustande der Früchte, der Art der Ernte (gepflückt, geschlagen, geschüttelt) der Art und Dauer der Aufbewahrung der Früchte und der Art ihrer Verarbeitung unterscheidet man verschiedene Sorten von Olivenöl. Die besten Sorten, nämlich die unter besonderer Sorgfalt durch schwache kalte Pressung gewonnenen Öle, werden als Jungfernöle (huile vierge, huile superfine) bezeichnet.

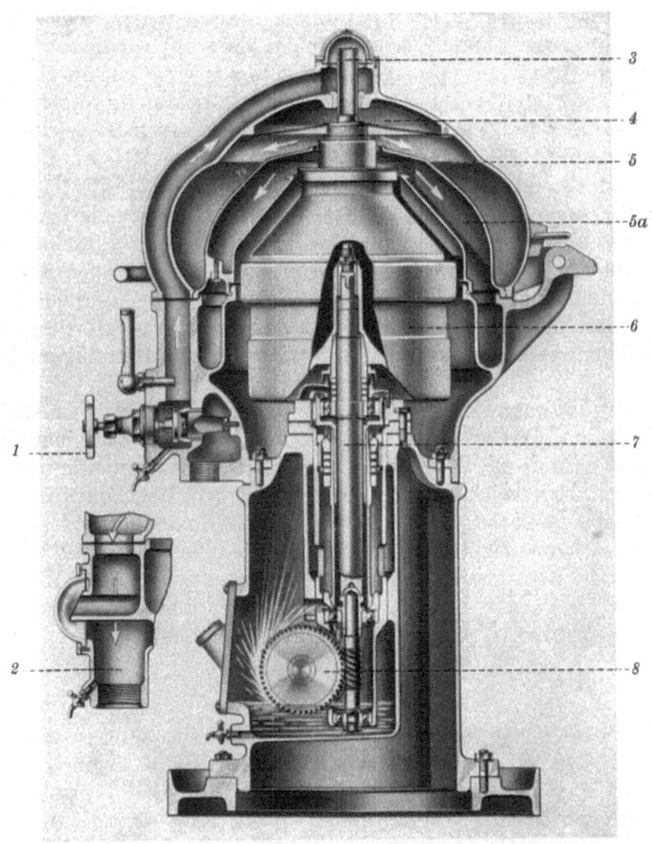

Abb. 16. Querschnitt einer hochtourigen Schleuder von Krupp. *1* Einlaßventil; *2* Öl- bzw. Wasserabfluß; *3* Zufluß; *4* Überlauf; *5* und *5a* Fangschalen; *6* Trommel; *7* Trommelspindel; *8* Antrieb.

Die Olive ist eine Steinfrucht im Gewichte zwischen 1—6 g, bestehend aus dem Fruchtfleisch und dem Stein, der etwa 15—30% des Gewichtes ausmacht. Der Stein enthält wieder einen Kern im Gewichte von 10—12% desselben, mit einem Ölgehalt, der rund 1—2% der gesamten Ölmenge in der Frucht entspricht.

Der Gehalt der Olive an Öl schwankt sehr stark zwischen 10—50, meist aber zwischen 15—25%. In der Provence rechnet man für 1 ha Olivenpflanzung mit 1000—1200 kg Früchten.

Der Reifezustand ist von Bedeutung, weil unreife Früchte ein Öl von scharfem oder bitterem Geschmack in schlechter Ausbeute, überreife ein ranziges

[1] Vgl. F. KESTNER: Über die Beurteilung des Frischezustandes des Olivenöles. Diss. Dorpat 1927.

Öl liefern. Am besten wird die Olive kurz vor der Reife geerntet, die in die Zeit vom Oktober bis März/April fällt. Die besten Früchte werden im November und Dezember erhalten. In Italien (Kalabrien und Sizilien) werden die Früchte für die feinsten Öle oder die Tafeloliven mit der Hand gepflückt (brucatura, raccolta a mano) oder auf unter dem Baum ausgebreitete Tücher geschüttelt (scotitura), abgeklopft (bacchiatura, abbachiatura) oder auch vom Boden aufgelesen (raccattatura, raccolta a terra). Die abgeklopften oder abgeschüttelten Oliven werden zusammengeharkt und in den Ölmühlen zunächst von den Verunreinigungen) Blättern, Erde usw.) gereinigt. Nach Auslesen der unreifen oder überreifen Früchte folgt eine Waschung in besonderen Apparaten.

Die Art der Ölgewinnung aus den Oliven ist in den einzelnen Ländern etwas verschieden, stimmt aber darin überein, daß man für die besten Sorten Öl die Früchte in der Kelter nur schwach preßt, für die zweite Sorte einen stärkeren Druck anwendet und dabei durch Zusatz von warmem Wasser die beginnende Gärung unterstützt und schließlich die Trester besonders entölt.

Vor dem Pressen werden die Früchte, um ein Mitzerkleinern der Kerne zu vermeiden, zwischen nicht bis zum Boden reichenden Mühlsteinen (Kollergängen) zermahlen. Dann wird der Brei in 20—25 übereinander gepackten, beiderseits offenen Körben (Fiscoli), in hölzernen oder eisernen Pressen abgepreßt. Größere Fabriken pflegen auch die Früchte auf Horden oder in besonderen Trockenapparaten zu trocknen und dann unter mäßigem Druck auszupressen.

Zur Klärung läßt man die durch Pressen erhaltenen, mit Fruchtwasser und Fruchtfleischresten durchsetzten Öle mehrere Tage bis zu einem Monat bei 15—18⁰ lagern, damit die Verunreinigungen sich absetzen können. Sehr beschleunigt wird diese Klärung durch Anwendung von hochtourigem Schleudern an Stelle des Absitzenlassens. Bei einer solchen Schleuder mit 6—8000 Umdrehungen entstehen Zentrifugalkräfte, die 8000mal größer sind als die Schwerkraft. Der Bau einer derartigen Schleuder zeigt Abb. 16, S. 417 von F. Deitmers[1].

Auch Filtration durch Baumwolle ist gebräuchlich.

b) Olivenölsorten.

Das freiwillig ausfließende oder durch schwache Pressung in einer Ausbeute von etwa 12% erhaltene Öl kommt als Jungfernöl (Olio virgine, huile vierge), in den Handel. Man unterscheidet auch Jungfernöle als die durch Selbstdruck der Oliven ausfließenden Öle von den beim Angehen der Presse und bei mäßigem Druck ausfließendem „Primissima-" und „Primaölen". Die zweite Pressung liefert ein Öl mit geringerem Aroma (Olio mangiabile). Aus den Rückständen (Bagasse) wird durch Extraktion mit Schwefelkohlenstoff ein Öl (Sulfuröl, Baumöl) gewonnen, das meist für technische Zwecke verwendet wird und einer besonderen Reinigung bedarf. F. Wittka[2] schlägt für diese Öle die Benennung Sanzaöle vor. Neuerdings scheint Trichloräthylen den Schwefelkohlenstoff wegen seiner Feuergefährlichkeit bei der Gewinnung von Extraktionsolivenöl mehr und mehr zu verdrängen. — Besonders stark zersetzt sind sog. Höllenöle, welche aus den mit heißem Wasser angerührten Preßrückständen bei längerer Aufbewahrung in Zisternen sich an der Oberfläche ansammeln. Tournantöle sind durch zu langes Lagern der Oliven entstandene oder durch Oxydationsvorgänge veränderte Öle, die ebenso wie die Höllenöle zu Türkischrotöl verarbeitet werden. Nachmühlenöl wird durch Zermahlen der Preßrückstände,

---

[1] F. Deitmers: U. 1938, **45**, 514.
[2] F. Wittka: Allg. Öl- u. Fett-Ind. 1932, **29**, 207; C. 1932, VI, 1094.

Aufschlämmen mit Wasser und abermalige Pressung der an die Oberfläche
gestiegenen Teile gewonnen. Sind diese Rückstände noch frisch, so erhält man
noch ein minderwertiges Speiseöl, sonst ein nur für technische Zwecke geeignetes
Öl (Lavatöl, Lampantöl, Huile de ressence).

c) Äußere Beschaffenheit.

Das Olivenöl des Handels ist von grünlichgelber, in manchen Sorten auch
von strohgelber bis goldgelber Farbe, die durch Einwirkung des Sonnenlichtes
allmählich gebleicht wird, fast geruchlos, aber von eigentümlichem, schwach
süßlichem Geschmack, der besonders beim Jungfernöl ausgeprägt ist, sich jedoch
mit dem Alter des Öles verändert.

Das Olivenöl ist dickflüssiger als die meisten anderen Speiseöle; beim Abkühlen beginnt es schon bei 4—5° zu gerinnen und nimmt bei 2° butterartige
Konsistenz an.

Olivenöl gehört zu den nichttrocknenden Ölen.

d) Zusammensetzung von Olivenöl.

α) **Allgemeine mittlere Zusammensetzung.** Fettsäuren 94,6, Glycerinrest,
(C_3H_2) 4,4, entsprechend Glycerin $C_3H_5(OH)_3$ 10,6, Unverseifbares 1,0%.

β) Die **Zusammensetzung der Fettsäuren** des Olivenöles zeigen folgende
Analysen:

Tabelle 22.

Olivenöl, Herkunft	Myristin-säure %	Palmitin-säure %	Stearin-säure %	Ölsäure %	Linol-säure %	Untersucht von
Kalifornisches Olivenöl	—	7,0	2,3	85,8	4,7	G. S. JAMIESON u. W. F. BAUGHMAN [1]
Italienisches Olivenöl	—	9,4	2,0	84,5	4,0	dieselben [2]
Tunesisches Olivenöl	0,1	14,7	2,4	70,3	12,2	dieselben [3]
Spanisches Olivenöl	0,2	9,5	1,4	81,6	7,0	dieselben [4]
Italienisches Olivenöl (Toskana)	1,1	9,7	1,0	79,8	7,5	T. P. HILDITCH u. E. C. JONES [5]
Palästina-Olivenöl [6]	—	10,7	3,6	76,4	9,2	T. P. HILDITCH u. H. M. THOMPSON [7]

Neben Stearinsäure wurden von Y. VOLMAR und B. HANSEN [8] 0,19—0,23% des
Öles an Arachinsäure gefunden. VIZERN und GUILLOT [9] fanden als Bestandteil
des Olivenfruchtfleisches (nicht des Preßöles) eine Fettsäure vom Schmelzpunkt
80,5° und dem Molekulargewicht 445 vermutlich $C_{30}H_{60}O_2$.

[1] G. S. JAMIESON u. W. F. BAUGHMAN: Journ. Oil Fat Ind. 1925, **2**, 40. — HEFTER-SCHÖNFELD, Bd. I, S. 71.

[2] G. S. JAMIESON u. W. F. BAUGHMAN: Journ. Oil Fat Ind. 1925, **2**, 110. — HEFTER-SCHÖNFELD, Bd. I, S. 71.

[3] G. S. JAMIESON u. W. F. BAUGHMAN: Journ. Oil Fat Ind. 1927, **4**, 63. — HEFTER-SCHÖNFELD, Bd. I, S. 71.

[4] G. S. JAMIESON u. W. F. BAUGHMAN: Journ. Oil Fat Ind. 1927 **4** (12), 426. — HEFTER-SCHÖNFELD, Bd. I, S. 71.

[5] T. P. HILDITCH u. E. C. JONES: Journ. chem. Soc. London 1932, 805. — HEFTER-SCHÖNFELD, Bd. I, S. 71.

[6] Außerdem Arachinsäure 0, 1, Hexadecensäure unter 1%.

[7] T. P. HILDITCH u. H. M. THOMPSON: Journ. Soc. chem. Ind. 1938, **56**, 434; C. 1938, II, 3030.

[8] Y. VOLMAR u. B. HANSEN: Compt. rend. Acad. Sciences Paris 1935, **201**, 968; C. 1938, **75**, 389.

[9] VIZERN u. GUILLOT: Chim. et Ind. 1930, **23**, 460; C. 1930, II, 2458.

Über die Glyceride des Olivenöles vgl. T. B. Hilditch und H. M. Thompson [1].

γ) Unverseifbares. Oleasten. G. Sani [2] isolierte aus Olivenöl zusammen mit dem Phytosterin nach Bömer (vgl. S. 246) einen Kohlenwasserstoff als ölige, bernsteingelbe, etwas zähe Substanz von der Dichte $D^{17,5}$ 0,8934 der Formel $C_{21}H_{36}$ und dem Molekulargewicht 288.

H. Marcelet [3] schied aus dem aus Olivenöl mit überhitztem Dampf bei größerer Luftverdünnung abgetriebenen Destillat in sehr geringer Menge die gesättigten **Kohlenwasserstoffe** Oleatetracosan $C_{24}H_{50}$, Oleahexacosan $C_{26}H_{54}$ und die **ungesättigten** Oleatridecen $C_{13}H_{24}$ (Siedepunkt bei 5 mm 83—85°), Oleahexadecen $C_{16}H_{30}$ (133°), Oleanonadecen $C_{19}H_{36}$ (155°), Oleatricosen $C_{23}H_{42}$ (205—210°), Oleaoctacosen $C_{28}H_{50}$ und Oleahexatriaconten $C_{36}H_{68}$ ab. Diese im Olivenöl in Menge von 0,07 g für 1 kg enthaltenen ungesättigten Kohlenwasserstoffe riechen und schmecken in konzentrierter Form widerlich, ekelerregend, die gesättigten waren krystallinisch und geruchlos.

T. Thorbjarnarson und J. C. Drummond [4] haben als charakteristischen Bestandteil des Olivenöles **Squalen** $C_{30}H_{50}$ aufgefunden. J. Grossfeld und H. Timm [5] erhielten nach der S. 429 beschriebenen Methode durch Jodzahlbestimmung in der kohlenwasserstoffhaltigen Fraktion des Unverseifbaren an „Rohsqualen" für 4 frische Olivenöle 0,41—0,54, für 2 alte Olivenöle dagegen nur 0,07 und für andere Öle 0,02—0,10%. Letztere Ergebnisse sind durch andere Bestandteile des Unverseifbaren bedingt.

Umstritten ist das Vorkommen von **Vitaminen** im Olivenöl. F. S. Gérona [6] weist auf einen Gehalt von Vitamin B hin, während nach J. Savare [7] in Tunisolivenölen die wasserlöslichen Vitamine B und C gänzlich fehlten, ebenso das Vitamin D. Dagegen zeigte er die Anwesenheit von kleinen Mengen Vitamin A oder Carotin und zwar am meisten in Öl dritter Pressung („Masri"-Öl), das zu technischen Zwecken verwendet wird. Über Stabilität und Rückgang des Carotin- bzw. Vitamin A-Gehaltes in Olivenöl vgl. R. G. Turner [8].

δ) Kennzahlen von Olivenöl (der Fettsäuren). Dichte D^{15} 0,906—0,910, Erstarrungspunkt (Trübung) zwischen $+4$ und $-6°$, n_D^{15} 1,4698—1,4716, n_D^{25} 1,4654—1,4687, n_D^{40} 1,4605—1,4635.

1 Liter absoluter Alkohol löst bei 13—15° 14,8 g neutrales Olivenöl, bei Gegenwart von Fettsäuren bedeutend mehr. Kritische Lösungstemperatur in Alkohol ($D^{15,5} = 0,8195$): 123°.

Verseifungszahl 185—196, meist 191—195, Jodzahl 80—85, bei tunesischen und dalmatinischen Ölen oft über 90 [9], Rhodanzahl 71—75, Thermozahl nach Maumené 35—45, nach Tortelli 41—48.

E. Mathiesen [10] fand für 142 Olivenöle des Handels der Ernte 1935/1936:

[1] T. P. Hilditch u. H. M. Thompson: Journ. Soc. chem. Ind. 1937, **56**, 434.
[2] G. Sani: Atti Accad. naz. Lincei, Rend. 1930, **12**, 238; C. 1931, I, 1297.
[3] H. Marcelet: Compt. rend. Paris 1936, **202**, 867.
[4] T. Thorbjarnarson u. J. C. Drummond: Analyst 1935, **60**, 23; C. 1935, II, 300.
[5] J. Grossfeld u. H. Timm: Z. 1939, **77**, 249.
[6] F. S. Gérona: Bull. Matières grasses 1934, 18, 281; C. 1935, I, 920.
[7] J. Savare: Bull. Sci. pharmacol. 1934, **41**, 272; Z. 1937, 573.
[8] R. G. Turner: Journ. Biol. Chem. 1934, **105**, 443; C. 1935, I, 742.
[9] Das sog. marokkanische „Olivenöl", welches eine auffallend hohe Jodzahl hat, stammt nach E. A. Sasserath nicht vom Ölbaum (Olea europaea L.), sondern von dem Arganbaume (Arganum sideroxylon); es wird daher mit Unrecht als Olivenöl bezeichnet. Vgl. Z. 1910, **20**, 749.
[10] E. Mathiesen: Tidskr. Hermetikind. 1937, **23**, 48; Z. 1937, 74, 349.

Tabelle 23.

Herkunft	Zahl der Proben	Dichte	Brechungsindex bei 25°	Freie Säure	Jodzahl
Spanien.	110	0,9157—0,9177	1,4668—1,4679	bis zu 1,7%	79,1—86,6
Frankreich (Mittel- werte)	4	0,9176	1,4670	normale Menge	82,8
Tunis	28	0,9171—0,9181	1,4670—1,4678	normale Menge	81,7—86,7

Fluorescenzuntersuchungen enthüllten nur einen Fall von Verschnitt mit raffiniertem Öl. Extraktionsöle wurden nicht nachgewiesen. Die Haltbarkeit aller Öle war gut.

Für 15 raffinierte Olivenöle zweiter Pressung, italienischer Herkunft, fand G. Marogna[1] folgende Kennzahlen:

Dichte bei 15° . . . . . 0,9154—0,9195
Lichtbrechung n_D^{25} bei 25° 1,4672—1,4685
Säuregehalt (als Ölsäure). 0,30 —0,56%
Verseifungszahl . . . . . 183—188

Jodzahl. . . . . 77,8 —84,5
Thermozahl . . . . 45,0 —59,5
Unverseifbares. . . . . . 0,68— 1,80%

Palästina-Oliven der Ernten 1933—1936 enthielten nach G. W. Baker und M. Puffeles[2] 34,7—40,8, in der Trockensubstanz 59,4—65,6% Öl von der Verseifungszahl 183,7 bis 193,5, der Jodzahl 81,0—84,0 und $n_D^{25} = 1,4670$—1,4680.

e) Überwachung des Verkehrs mit Olivenöl.

α) **Verdorbenheit.** Olivenöl besitzt bei Lichtabschluß gute Haltbarkeit, verdirbt aber schnell bei Lichteinwirkung. Über die Prüfung auf Zersetzung

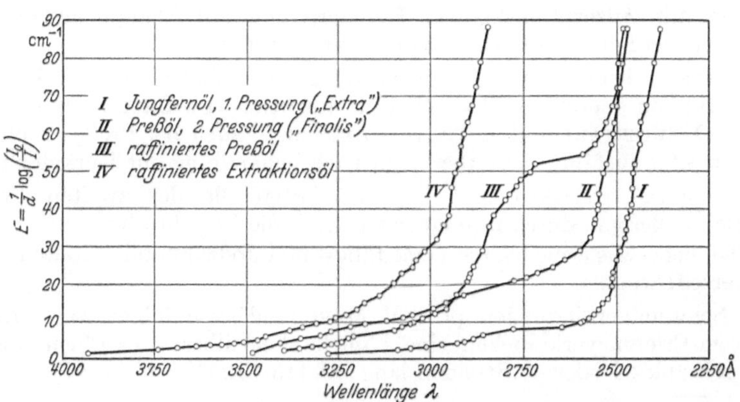

Abb. 17. Lichtabsorption von Olivenölen im Ultraviolett nach Lunde, Kringstad und Weedon.

vgl. S. 299. In einer eingehenden Untersuchung über die Beurteilung des Frischezustandes von Olivenöl empfiehlt F. Kestner[3] die für saure Öle abgeänderte Diphenyl-Carbazidreaktion von Stamm (vgl. S. 309). Weiter prüft man auf Säurezahl (S. 60) und Epihydrinaldehyd nach S. 303 und stellt vor allem den Sinnenbefund fest. Der Säuregehalt soll 2% (Säurezahl 4, Säuregrad 7) nicht überschreiten.

---

[1] G. Marogna: R. Staz. Chimico-Agraria sperim. Roma, Publicazione Nr. 277.
[2] G. W. Baker u. M. Puffeles: Analyst 1937, 62, 604; Z. 1938, 75, 389.
[3] F. Kestner: Über die Beurteilung des Frischezustandes des Olivenöles. Diss. Dorpat 1927.

β) **Unterscheidung von Olivenölsorten.** Im ultravioletten Licht geben nach
Frehse[1] natürliche Öle orangerote Fluorescenz, die durch Zusatz von 5—15%
raffinierter Öle in Grün übergeht. Auch G. Lunde, H. Kringstad und H. W.
Weedon[2] fanden für reine gepreßte Olivenöle eine ganz andere Luminescenz
im ultravioletten Licht als für die blau fluorescierenden raffinierten (gepreßten
und extrahierten) Öle. Wie Abb. 17 erkennen läßt, ist die Absorption im Ultraviolett charakteristisch und zur Qualitätsbestimmung sehr geeignet. Die Messung
erfolgt mit Hilfe des Stufenphotometers und geeigneter Filter. Nach Lunde
und F. Stiebel[3] ließen sich so noch 10% raffinierte Sulfuröle und 30% raffinierte
Preßöle im Jungfernöl quantitativ bestimmen, außerdem raffinierte Sulfuröle
neben raffinierten Preßölen erkennen.

Auch T. T. Cocking und S. K. Crews[4] bestätigen die Brauchbarkeit der
Fluorescenzprobe; sie fanden im Handel auch Öle mit tiefpurpurner oder
schokoladebrauner Luminescenz. Jungfernöl leuchtete nach Behandlung mit
Kohle nur noch äußerst schwach, dagegen Erdnuß-, Sesam- und Teesamenöl
dann blau. (Vgl. auch M. Gisondi[5].)

Der zur Erkennung der Beimischung raffinierter Öle herangezogene Gehalt
an Antioxygen, gemessen an der sog. Induktionszeit, während der eine ver-
dünnte Methylenblaulösung in Öl unter der Einwirkung des Lichtes verfärbt
wird, variiert nach B. B. Cunningham und L. G. Saywell[6] weitgehend nach
Art und Gewinnung des Öles. Diese bestimmen als Induktionszeit die 25%ige
Ausbleichung der Farblösung von 1 ccm 0,025%iger aldehydfreier, alkoholischer
Methylenblaulösung auf 10 ccm Öl gegen eine Vergleichslösung von 0,75 ccm
Farbstofflösung in 10 ccm Öl bei Bestrahlung mit einer 100-Watt-Lampe bei 70⁰.
Für kalifornische, italienische und französische Jungfernöle wurden so Induk-
tionszeiten von 4—29 Minuten bei 70⁰ gemessen. Durch Entsäuerung mit Lauge,
Entfärben mit Adsorptionskohlen, Desodorierung mit Dampf und Waschen
mit Wasser werden sie durchschnittlich auf $^1/_3$ verringert.

F. Wittka[7] benutzt zur Unterscheidung der minderwertigen Sulfuröle
(Sanzaöle) von gepreßten Olivenölen die Reaktion von Bellier (vgl. S. 427),
die nach D. Setzetaki und E. Emmanouel[8] zwar auch bei Preßölen bisweilen
schwach positiv ausfällt, nicht aber mehr nach Behandlung mit Tierkohle bei 60⁰.

G. Marogna[9] charakterisiert die raffinierten Öle der zweiten Pressung
(Sanzaöle), außerdem durch ihre höhere Dichte, die Lichtbrechung $n_D^{25} = 1,4678$
bis 1,4685, bei etwas erniedrigter Verseifungs- und Jodzahl und erhöhtem Gehalt
an Unverseifbarem.

Auf Schwefelverbindungen prüft R. Marcille[10] wie folgt: Man bringt in
ein 60-ccm-Erlenmeyerkölbchen eine Lamelle Feinsilber 0,6 × 12 cm und hält
im Heizschrank 24 oder 48 Stunden lang bei 115—120⁰.

[1] Frehse: Ann. Falsif. 1925, 18, 204; C. 1925, II, 992. — Vgl. auch Band u. Courtois:
Ann. Falsif. 1927, 20, 574; Z. 1932, 64, 325.
[2] G. Lunde, H. Kringstad u. H. W. Weedon: Angew. Chem. 1933, 46, 796. — Vgl.
auch G. Lunde, E. Mathiesen u. E. Mikkelsen: Tidskr. Hermetik 1934, 19, 375; C. 1934,
II, 2309.
[3] G. Lunde u. F. Stiebel: Arhandl. Norske Vidensk Akad. Oslo 1933, Nr. 3; C. 1935,
I, 3615.
[4] T. T. Cocking u. S. K. Crews: Quart. Journ. Pharmac. 1934, 7, 531; Z. 1937, 74, 522.
[5] M. Gisondi: Sul Comportamento degli Olî alla Cuce di wood. R. Staz. Chimico-Agraria
sperim. Roma, Publicazione 276, Ser. II, Bd. XIII.
[6] B. B. Cunningham u. L. G. Saywell: Food. Res. 1936, 1, 457; Z. 1937, 74, 237.
[7] F. Wittka: Allg. Öl- u. Fett-Ztg. 1932, 29, 207; C. 1932, II, 1094.
[8] D. Setzetaki u. E. Emmanouel: Praktika 1929, 4, 344; C. 1931, II, 343.
[9] G. Marogna: Staz. Chim. Agrar. sperim. Roma, Pubbl. 1931, 277; C. 1922, I, 1591.
[10] R. Marcille: Ann. Falsif. 1930, 23, 527; C. 1931, I, 1539.

Bräunung oder Schwärzung des Silbers (das durch einfaches Erhitzen wieder gereinigt werden kann) zeigt Schwefel an. Von Sulfuröl waren in Olivenöl noch 5% nachzuweisen. Eine Probe Rüböl verhielt sich wie Olivenöl mit 10% Sulfuröl, sonstige Öle negativ. Minderwertige Olivenöle aus fauligem Fruchtfleisch enthalten bisweilen Schwefelwasserstoff, der positive Reaktion bewirkt. Sulfate sind ohne Einfluß.

Häufig tritt nach I. G. MEGALOOIKONOMON [1] bei Olivenölen eine schwach positive BELLIER-Reaktion ein, besonders bei durch Extraktion der Früchte gewonnenen Ölen. Diese schwache Reaktion läßt sich durch einstündiges Erhitzen der Öle auf 100° bereits merklich abschwächen und durch Zusatz von 3% Bleicherde und gleichzeitiges Erhitzen auf 80° fast immer vollständig zum Verschwinden bringen, mit Sicherheit bei gleichzeitiger Anwendung von Tierkohle.

Über Erkennung von Jungfernolivenöl neben raffinierten und anderen Pflanzenölen auf Grund des Capillaritätsindex vgl. H. MARCELET [2].

γ) Nachweis von Fremdölen. Allgemeine Prüfungen. Als hauptsächlichste Verfälschungsmittel des Olivenöles kommen Pflanzensamenöle, so namentlich Erdnußöl, Sesamöl, Sojabohnenöl, Baumwollöl, Teeöl, Rüböl, seltener trocknende Öle wie Mohnöl und Leinöl in Frage. Vereinzelt ist ein Zusatz von Mineralöl, auch ein mit Grünspan gefärbtes Olivenöl als sog. Malagaöl beobachtet worden. Die meisten zur Verfälschung dienenden Öle weisen eine erhöhte Refraktion und Jodzahl auf. Eine Überschreitung der S. 420 angegebenen Grenzzahlen nach oben hin kann also den Verdacht eines Fremdölzusatzes begründen. Doch scheinen vereinzelt Ausnahmen vorzukommen. So hat ARCHBUTT in reinen Ölen ausnahmsweise Jodzahlen bis 94,7 gefunden.

Als weitere Vorprüfung empfiehlt sich die BELLIER-Reaktion (vgl. S. 427), die bei gepreßtem Olivenöl in der Regel (vgl. oben, S. 422) negativ ausfällt.

Die Salpetersäurereaktion nach HAUCHECORNE (vgl. S. 461), indem gleiche Raummengen (1 ccm) Öl und Salpetersäure von der Dichte 1,4 1 Minute lang durchgeschüttelt und dann 15 Minuten lang beobachtet werden. Olivenöl bleibt dabei fast unverändert.

Elaidinreaktion. Diese früher sehr geschätzte Prüfung (vgl. S. 207), wird jetzt weniger angewendet, weil als Verfälschungsmittel für Olivenöl heute weniger trocknende Öle als Erdnußöl, Baumwollöl, Teeöl und Sesamöl in Frage kommen, die ebenfalls die Elaidinreaktion geben.

Jodzahl des Unverseifbaren. Die Speisefette und Speiseöle lassen sich nach E. R. BOLTON und K. A. WILLIAMS [3] auf Grund der nach v. HÜBL (vgl. S. 100) oder ROSENMUND-KUHNHENN (vgl. S. 104) (nicht nach WIJS!) ermittelten Jodzahl des Unverseifbaren in 4 Gruppen einteilen:

Tabelle 24.

Gruppe	Jodzahl des Unverseifbaren	Fette
I	64—70	Alle tierischen Fette, dann Cocos-, Palmkern- und Babassufett
II	90—96	Fischöle mit weniger als 2% Unverseifbarem, sowie Kakaofett
III	117—124	Mandel-, Erdnuß-, Dhupa-, Lein-, Weinbeer-, Mais-, Palm-, Raps-, Sesam-, Sonnenblumen-, Teesamen-, Tung-, mit Alkali raffiniertes, mit Fullererde gebleichtes Baumwollsaat- und Sojaöl
IV	197—206	Olivenöl

[1] I. G. MEGALOOIKONOMON: Praktika 1929, **4**, 117; **Z.** 1937, **73**, 93.
[2] H. MARCELET: Compt. rend. Acad. Sciences Paris 1934, **198**, 2073; **C.** 1935, **I**, 3360.
[3] E. R. BOLTON u. K. A. WILLIAMS: Analyst 1930, **55**, 5.

Eine zu niedrige Jodzahl des Unverseifbaren bei Olivenöl kann also Zusatz von Fremdöl anzeigen.

G. Loew[1] hat aber bei Lampantölen und raffinierten Olivenölen verschiedener Herkunft Jodzahlen des Unverseifbaren zwischen 125—168, bei Erdnuß-, Mais-, Traubenkern-, Rüb-, Sonnenblumen- und Sesamölen zwischen 96—130, B. Ricca und R. Lamonica[2] haben bei kalabrischen Olivenölen 60—134 gefunden, so daß die Methode in der vorliegenden Form noch unzuverlässig erscheint.

Die Ursache der erhöhten Jodzahl des Unverseifbaren ist offenbar das Squalen (vgl. S. 272), auf das J. Grossfeld und H. Timm[3], wie folgt prüfen:

Bestimmung des Rohsqualens. 5 g Speiseöl werden in einer 100-ccm-Stehflasche aus Jenaer Glas von S. 241 abgebildeter Form mit 3 ccm 47%iger Kalilauge (D. 1,5) und 20 ccm 95%igem Alkohol 15 Minuten lang am Rückfluß-kühler verseift. Nach Erkalten auf Zimmertemperatur gibt man zu der Seifen-lösung genau 50 ccm Benzin mit dem Siedepunkt 60—70° (Schering-Kahl-baum 0568), verschließt mit einem Korken oder Gummistopfen und schwenkt einige Male zur Mischung um, wodurch eine klare Lösung entsteht. Nun ver-setzt man unter Abnehmen des Stopfens mit 20 ccm Wasser, verschließt wieder und schwenkt etwa 20—30mal um, wodurch Schichtentrennung eintritt. Ein starkes Schütteln ist unnötig. Man läßt zur Klärung der Fettlösung ruhig über Nacht stehen und entnimmt dann durch Druckpipettierung 25 ccm Fett-lösung, gibt diese in ein 100-ccm-Erlenmeyerkölbchen, destilliert ab und wägt den Rückstand nach einstündiger Trocknung bei 105°. Der Abdampf-rückstand, × 35,2, liefert die entsprechende Menge Kohlenwasserstoffe[4] in Prozenten des Öles.

Nun löst man den Rückstand[5] in 2,5 ccm absolutem Alkohol bei etwa 50° im Wasserbade unter Umschwenken. Eine dabei nach dem Erkalten etwa auf-tretende Opalescenz ist zu vernachlässigen, jedoch dürfen keine Tröpfchen mehr vorhanden sein. Zur Lösung läßt man aus einer Pipette 5,0 ccm der fünftel-normalen alkoholischen Jodlösung nach Margosches zufließen und vermischt durch kurzes Schütteln. Darauf werden sofort 50 ccm Wasser zugesetzt, durch Umschwenken mit der Jodlösung vermischt und 3 Minuten einwirken gelassen. Alsdann wird mit $^1/_{10}$ N.-Thiosulfatlösung titriert. Das Ergebnis zieht man von dem eines Leerversuches ab und erhält als Differenz den Jod-verbrauch der Kohlenwasserstoffe. Durch Mahlnehmung desselben mit dem Faktor 0,120 findet man die entsprechende Menge Squalen in Prozent der Substanz.

Grossfeld und Timm fanden so an verschiedenen Ölen (s. Tabelle 25).

d) **Einzelne Fremdöle. 1. Erdnußöl.** Dieses am häufigsten benutzte Verfälschungsmittel des Olivenöles zeigt nur geringe Abweichungen der all-gemeinen Kennzahlen. Es ist besonders durch seinen beträchtlichen Gehalt an Arachinsäure und Lignocerinsäure gekennzeichnet, worauf sich sein Nachweis auf Grund der Schwerlöslichkeit der Fettsäuren nach Franz-Adler-Luers-Benz (vgl. S. 490) sowie der Kaliumsalze nach S. 491 stützt. Der natürliche Gehalt des Olivenöles an Arachinsäure (S. 419) ist so gering, daß er bei dieser Prüfung nicht stört.

---

[1] G. Loew: Olii minerali, Olii Grassi, Colori-Vernici 1931, **11**, Nr. 3, 9; C. 1931, II, 929.

[2] B. Ricca u. R. Lamonica: Olii minerali, Olii Grassi, Colori, Vernici 1932, **12**, 73; Z. 1937, **73**, 573.

[3] J. Grossfeld u. H. Timm: Z. 1938.

[4] Einschließlich Resten von Sterinen, vgl. S. 243.

[5] Bei einem größeren Rückstand als 30 mg ist die Jodzahlbestimmung mit entsprechend größeren Reagenzienmengen auszuführen, wobei man auf je 25 mg Rückstand 2,5 ccm Alkohol und 5 ccm Jodlösung sowie später 50 ccm Wasser rechnet.

Tabelle 25.

Nr.	Bezeichnung des Öles	Abdampfrückstand von 25 ccm Fettlösung g	Entsprechend Kohlenwasserstoffe %	Jodverbrauch nach MARGOSCHES im Rückstand $^1/_{10}$ N.-Lösung ccm	Entsprechend Squalen %
1	Olivenöl	0,0269	0,95	4,45	0,54
2	„	0,0280	0,99	4,15	0,50
3	„	0,0231	0,81	4,50	0,54
4	„	0,0179	0,63	3,40	0,41
5	„ alt, ranzig . . .	0,0113	0,40	0,60	0,07
6	„	0,0222	0,78	0,60	0,07
7	Rüböl.	0,0137	0,48	0,45	0,05
8	„	0,0091	0,32	0,40	0,05
9	Erdnußöl	0,0094	0,33	0,65	0,07
10	„	0,0092	0,32	0,50	0,06
11	„ sehr alt	0,0112	0,39	0,50	0,06
12	„ „ „	0,0127	0,45	0,40	0,05
13	Sesamöl, alt	0,0246	0,87	0,80	0,10
14	Leinöl	0,0120	0,45	0,70	0,08
15	Aprikosenöl, alt	0,0071	0,25	0,15	0,02
16	Speiseöl	0,0039	0,13	0,50	0,06
17	Lebertran	0,0085	0,30	0,45	0,05

Sojabohnenöl gibt sich an der erhöhten Jodzahl und Lichtbrechung zu erkennen. Das Öl selbst gibt bei der Elaidinreaktion (S. 207) keine feste Masse. Bei der Prüfung nach BLAREZ (vgl. S. 491) entstehen Ausscheidungen, die etwa 10% Erdnußöl entsprechen. Charakteristisch ist sein Verhalten bei der BELLIER-Reaktion. Nach dem Abblassen der ersten Violettfärbung stellt sich eine beständige dunkle Rotfärbung ein, ähnlich wie bei einigen Seetierölen (H. KREIS und O. WOLF[1]). Ein Zusatz von 10% Sojaöl zu Olivenöl läßt sich so noch erkennen (I. G. MEGALOIKONOMON[2]).

2. Rüböl und Rapsöl. Die Erniedrigung der Verseifungszahl durch Rübölzusatz macht sich bei Olivenöl erst bei großen Zusätzen bemerkbar. Nach R. MILLER und C. W. BALLARD[3] zeigt ein Gemisch von 75 Teilen Olivenöl und 25 Teilen Rüböl annähernd die Konstanten des reinen Olivenöles. MILLER und BALLARD empfehlen zum Nachweis die VALENTA-Zahl (vgl. S. 49).

Zuverlässiger ist es, den Rübölnachweis auf Grund des Gehaltes an Erucasäure nach S. 209f. zu führen.

Weiter empfiehlt sich die Reaktion nach BELLIER (vgl. S. 427), mit der Rüböl eine indigoblaue, blauviolette oder grünblauviolette Färbung liefert.

3. Sesamöl. Mit Sesamöl versetztes Olivenöl gibt die BAUDOUIN-Furfurolreaktion (S. 477) und die SOLTSIEN-Zinnchlorürreaktion (S. 478). Aber auch manche reinen Olivenöle geben bei der BAUDOUIN-Reaktion schwache Färbungen. In solchen Fällen empfiehlt sich nach MILLIAU die Ausführung der Prüfung an den bei 105° getrockneten (nicht mit Wasser gewaschenen) Fettsäuren, nach TORTELLI und RUGGERI an den flüssigen Fettsäuren. Nach E. J. BETTER und J. SZIMKIN[4] zeigt die BAUDOUIN-Probe nur dann Sesamöl in Olivenöl an, wenn die Rotfärbung der Säureschicht längere Zeit bestehen bleibt und auch nicht verschwindet, wenn man sofort nach Auftreten der Rotfärbung einige Tropfen destilliertes Wasser zugibt. So können Jungfernöle vom Typ Canossa zunächst

---

[1] H. KREIS u. O. WOLF: Mitt. Lebensmittelunters. Hygiene 1927, **18**, 245.

[2] I. G. MEGALOIKONOMON: Praktika 1929, **4**, 117; Z. 1937, **73**, 93.

[3] R. MILLER u. C. W. BALLARD: Journ. Amer. pharm. Assoc. 1932, **21**, 349; C. 1932, II, 3321.

[4] E. J. BETTER u. J. SZIMKIN: U. 1934, **41**, 72; Z. 1937, **73**, 481.

Sesamöl vortäuschen; verdünnt man aber sofort mit Wasser, so geht diese Rotfärbung meistens in Grün über. Vgl. auch G. Vanni[1] sowie C. C. Buzi und L. Sommaini[2], die an süditalienischen Ölen eine positive Reaktion bei der Probe von Villavecchia und Fabris (S. 477) fanden. Buzi und Sommaini empfehlen Zusatz von 2 ccm Ammoniak oder besser noch von 2 ccm Wasser zur abgesetzten Reaktionsflüssigkeit. Bei reinen Olivenölen verschwindet dann beim Umschütteln die Reaktionsfarbe vollständig. P. Deltour[3] beobachtete auch bei portugiesischen Olivenölen eine schwache Rotfärbung mit Furfurol-salzsäure, entsprechend einer Färbung, die höchstens ein 5% Sesamöl enthaltendes Olivenöl gibt, oder einer Mischung von 40 ccm Wasser, 1 ccm 0,1 N.-Salzsäure und 2 Tropfen einer Methylorangelösung 1:1000.

4. **Baumwollöl** (Cottonöl). Dieses Öl wird mit der Halphen-Probe (vgl. S. 458) nachgewiesen. Da es möglich ist, durch geeignete Behandlung den diese Reaktion verursachenden Stoff zu entfernen, kann aber so unter Umständen ein Baumwollölzusatz dem Nachweise entgehen. Bei Verdacht auf Baumwollöl prüft man dann weiter mit der Salpetersäurereaktion (S. 423).

Zu beachten ist, daß die Halphen-Reaktion nicht nur für Baumwollöl, sondern auch für andere Öle der Malvaceen, Tiliaceen und Bombaceen positiv ausfällt.

5. Über Erkennung von Teesaatöl vgl. S. 474.

6. **Mohnöl, Hanföl, Leinöl** und sonstige trocknende Öle erkennt man wie Sojaöl (vgl. S. 423) durch die beträchtliche Erhöhung der Lichtbrechung und der Jodzahl, wenn die Prüfung auf Erdnußöl, Rüböl, Sesamöl und Baumwollöl negativ ausgefallen ist. Auch die Hexabromidprobe kann herangezogen werden.

7. **Fischöle.** Gewöhnliche Fischöle geben sich durch starke Erhöhung der Lichtbrechung oder der Jodzahl zu erkennen, ferner bei der Prüfung nach Tortelli und Jaffe nach S. 581.

Eine besondere Reaktion zum Nachweis von Fischölen in pflanzlichen Ölen haben O. Eisenschime und H. N. Copthorne[4] beschrieben.

Für den Nachweis **partiell hydrierter Seetieröle** dürfte sich die Prüfung auf Isolsäure empfehlen.

8. **Mineralöl.** Zur Prüfung eignet sich besonders die S. 241 beschriebene Vorschrift.

9. Für einen etwaigen Nachweis von **Kupfer** in grüngefärbten Ölen oder anderen Metallen empfiehlt sich eine abgewogene Menge Öl in dem dreifachen Volumen Äther zu lösen und dann diese Lösung im Scheidetrichter mit wenig verdünnter Salpetersäure auszuschütteln, den Auszug in einer Platinschale zur Trockne zu verdampfen, zu veraschen und dann den Glührückstand nach Bd. II, S. 141 weiter zu untersuchen.

Zur Erkennung künstlicher Grünfärbung mit **Handelschlorophyll**, das aus Kupfer oder Zinkkomplexen des Phäophytins besteht, verwendet E. F. H. Türk[5] die Fluorescenzspektren und ihre Veränderung nach Zugabe von Nitrobenzol.

II. Samenfette.

Die Samenfette werden aus dem Fettgewebe der Pflanzensamen erhalten. Im Falle Fruchtfleisch und Samen bei einer Pflanze gleichzeitig fettführend

[1] G. Vanni: Olii minerali, Olii Grassi, Colori, Vernici 1932, **12**, 60; C. 1932, II, 2124.

[2] C. C. Buzi u. L. Sommaini: Olii minerali, Olii grassi, Colori, Vernici 1932, **12**, 77; C. 1932, II, 3498.

[3] P. Deltour: Journ. Pharmac. Belg. 1934, **16**, 893; Z. 1937, **74**, 522.

[4] O. Eisenschime u. H. N. Copthorne: Journ. Ind. engin. Chem. 1910, **2**, 43; Z. 1912, **23**, 33.

[5] E. F. H. Türk: Anales Asoc. quim. Argentina 1937, **25**, 132; C. 1938, II, 3032.

sind, unterscheiden sich oft Fruchtfleischfett und Samenfett wesentlich in ihrer Zusammensetzung. Insbesondere ist dies bei den Fetten der Palmen und Lauraceen der Fall.

Die Pflanzensamen bilden die reichhaltigste und ergiebigste Quelle für die Gewinnung von Speisefetten und Speiseölen.

Wir können die Pflanzenfette je nach äußerer Beschaffenheit und Art der in ihnen enthaltenen charakteristischen Fettsäuren einteilen in

1. Feste und halbfeste Samenfette.
a) Laurinsäurereiche und myristinsäurereiche Fette.
b) Palmitin- und stearinsäurereiche Fette.
2. Pflanzensamenöle.
a) Palmitinsäurereiche Öle wie Baumwollsaatöl, Kapoköl und Maisöl.
b) Palmitinsäurearme, öl- und linolsäurereiche Öle wie Mandelöl, Sesamöl, Sonnenblumenöl, Walnußöl, Hanföl, Leinöl.
c) Leguminosenöle wie Erdnuß- und Sojabohnenöl.
d) Cruciferenöle wie Rüböl und Senföl.
e) Umbelliferenöle.
f) Für Speisezwecke von Natur aus ungeeignete Pflanzenöle mit besonderen physiologischen Wirkungen.

Zur Unterscheidung der Samenöle von den Fruchtfleischölen dient die Reaktion von BELLIER[1], die wie folgt ausgeführt wird:

5 ccm klares Öl werden mit 5 ccm farbloser Salpetersäure von der Dichte 1,4 und 5 ccm einer kalt (bei 8—10°) gesättigten Lösung von Resorcin in Benzol in einer dickwandigen, mit Glasstopfen verschließbaren Probierröhre 5 Sekunden lang tüchtig durchgeschüttelt. Bei Gegenwart eines Samenöles tritt sofort oder spätestens innerhalb 5 Sekunden eine Färbung auf, die beim Absetzen in die benzolische Schicht übergeht.

Die meisten Samenöle färben sich rot- bis blauviolett, die Säureschicht gelb. Sesamöl liefert eine blauschwarze oder violette Färbung und die Säureschicht wird grün. (Vgl. A. OLIG und E. BRUST[2]).

A. Laurinsäure- und myristinsäurereiche Samenfette.

Hierhin gehören zunächst die für die Herstellung von Speisefetten und als Bestandteil von Margarine und Kunstspeisefett außerordentlich wichtigen laurinsäurereichen Samenfette der Palmen, unter denen Cocosfett, Palmkernfett und Babassufett in besonders großen Mengen verbraucht werden.

Ärmer an Laurinsäure, aber dafür reicher an Myristinsäure sind Muskatnußbutter und das Fett von Otobanuß und Dikanuß.

α) Allgemeine mittlere Zusammensetzung.

Tabelle 26.

Fett	Fett-säuren %	Glycerin-rest C_3H_2 %	Entsprechend Glycerin $C_3H_5(OH)_3$ %	Unverseif-bares %
Cocosfett	93,9	5,8	14,1	0,3
Palmkernfett. . .	94,1	5,5	13,4	0,4
Babassufett . . .	94,0	5,7	13,7	0,3
Cohunefett . . .	94,0	5,7	13,9	0,3
Muskatbutter . .	87,5	4,0	9,6	8,5
Otobanußbutter .	75,5	4,1	10,0	20,4
Dikanußfett . . .	93,4	5,6	13,5	1,0

β) Zusammensetzung der Fettsäuren. Der Gehalt an ungesättigten Fettsäuren ist bei diesen Fettarten verhältnismäßig gering.

Folgende Tabelle zeigt die prozentuale Verteilung der Fettsäuren in den vorgenannten Fetten.

---

[1] J. BELLIER: Ann. Chim. analyt. appl. 1899, 4, 217.
[2] A. OLIG u. E. BRUST: Z. 1909, 17, 561.

Tabelle 27.

Nähere Bezeichnung Pflanzenart	Caprylsäure %	Caprinsäure %	Laurinsäure %	Myristinsäure %	Palmitinsäure %	Stearinsäure %	Ölsäure %	Linolsäure %	Untersucht von
Cocosnuß Cocos nucifera (Mittel von 4 Proben)	8,5	6,2	47,2	18,0	8,3	2,5	6,3	1,7	E. F. Armstrong, J. Allan, C. W. Moore[1], E. R. Taylor u. H. T. Clarke[2], G. Collin u. T. P. Hilditch[3], R. Child u. G. Collin[4]
Palmkerne, Elaeis guineensis (Mittel von 2 Proben)	2,8	5,0	49,4	14,5	8,1	1,9	17,2	0,8	E. F. Armstrong, J. Allan u. C. W. Moore[5], G. Collin u. T. P. Hilditch[6]
Babassukerne, Attalea funifera, syn. Orbingia speciosa	6,5	2,7	45,8	19,9	6,9	—	18,1	—	A. Heiduschka u. R. Agsten[7]
Cohunekerne, Attalea cohune	7,5	6,6	46,4	16,1	9,3	3,3	9,9	0,9	T. P. Hilditch u. N. L. Vidyarthi[8]
Ouricury-Palmkernöl von Syagrus coronata[9]	9,1	7,6	42,7	8,4	7,2	2,2	12,2	2,0	R. S. McKinney u. G. S. Jamieson[10]
Muskatnuß, Myristica fragrans syn. officinalis	—	—	1,5	76,6	10,1	—	10,5	1,3	G. Collin u. T. P. Hilditch[11]
Otobanuß, Virola (Myristica) otoba	—	—	20,8	73,4	0,3	—	5,5	—	W. F. Baughman, G. S. Jamieson u. D. H. Brauns[12]
Dikanuß, Irvingia Barteri	—	—	38,8	50,6	—	—	10,6	—	G. Collin u. T. P. Hilditch[13]
Dikanuß, Irvingia gabonensis	—	—	19,5	70,5	—	—	10,0	—	J. Pieraerts[14]

Über den Fettsäuregehalt weiterer Glieder der Palmae (Acrocomia Sclerocarpa Mart. = Gru-Gru-Palme, Manicaria Saccifera Gaertn., Astrocaryum Tucuma Mart., Maximiliana Caribaea Griseb., Attalea Excelsa Mart. = Pallia-Palme) vgl. G. Collin[15].

Cocosfett, Babassufett und Cohunefett enthalten außerdem geringe Mengen Capronsäure. So fanden Taylor und Clarke in Cocosfett 0,5% dieser Säure. J. Grossfeld und F. Battay[16] haben gezeigt, daß die Buttersäurezahl (S. 85)

---

[1] E. F. Armstrong, J. Allan u. C. W. Moore: Journ. Soc. chem. Ind. 1925, **44** T, 61.
[2] E. R. Taylor u. H. T. Clarke: Journ. Amer. Chem. Soc. 1927, **49**, 2829.
[3] G. Collin u. T. P. Hilditch: Journ. Soc. chem. Ind. 1928, **47**, 261.
[4] R. Child u. G. Collin: Hefter-Schönfeld, Bd. I, S. 85.
[5] E. F. Armstrong, J. Allan u. C. W. Moore: Journ. Soc. chem. Ind. 1925, **44** T, 143.
[6] Vgl. Anm. 3.
[7] A. Heiduschka u. R. Agsten: Journ. prakt. Chem. 1930, II, **126**, 53.
[8] T. P. Hilditch u. N. L. Vidyarthi: Journ. Soc. chem. Ind. 1928, **47** T, 53.
[9] Außerdem: Capronsäure 1,7, Arachinsäure 0,1%.
[10] R. S. McKinney u. G. S. Jamieson: Oil and Soap 1938, **15**, 172; C. 1939, I, 282.
[11] G. Collin u. T. P. Hilditch: Biochem. Journ. 1928, **23**, 1273; Journ. Soc. chem. Ind. 1930, **49** T, 141.
[12] W. F. Baughman, G. S. Jamieson u. D. H. Brauns: Journ. Amer. Chem. Soc. 1921, **43**, 199.
[13] G. Collin u. T. P. Hilditch: Biochem. Journ. 1929, **23**, 1273; Journ. Soc. chem. Ind. 1930, **49** T, 138.
[14] J. Pieraerts: Bull. agricult. Congo Belge 1922, **13**, 68.
[15] G. Collin: Biochem. Journ. 1933, **27**, 1366; C. 1934, II, 2769.
[16] J. Grossfeld u. F. Battay: Z. 1931, **62**, 122.

von 0,9 bei Cocosfett durch diesen Capronsäuregehalt bedingt ist; sie fanden im Cocosfett 0,61% davon[1].

1. Cocosfett.

Cocosfett (Cocosöl, Cocosnußöl, Cocosbutter) ist das aus dem Kernfleisch (Kopra mit 60—70% Fett) der Frucht der Cocospalme (Cocos nucifera oder C. butyracea), die etwa 30—47% Faserschicht, 11—20% Steinschale, 18—28% Kernfleisch und Samenschale und etwa 45% Cocosmilch enthält, durch Pressung gewonnene und gereinigte Fett. Extraktion wird selten angewendet, weil die Pressung leicht gelingt und auch die Preßkuchen als Futter für Milchvieh geschätzt sind.

a) Gewinnung.

Die Cocospalme braucht zum Gedeihen außer äquatorialem Klima Seewind und Salz. Man findet sie daher besonders in tropischen Küstenstrichen, so in Ostindien, auf Ceylon, den Sundainseln, Karolinen, Philippinen, Marianen, auf Madagaskar und Sansibar, sowie in der Abart Cocos butyracea in Brasilien. Als beste Handelsware gilt das Cocosöl von Malabar, als mittlere das von Ceylon und als minderwertigste Kopraöl von Singapore.

Unter dem Namen „Pflanzenbutter" oder Palmin und sonstigen verschiedenen Phantasienamen (Palmona, Kunnol, Lauraol, Gloriol, Molleol, Ceres, Vegetaline u. a.) werden jetzt vielfach Speisefette in den Verkehr gebracht, die vorwiegend aus Cocosfett, zuweilen auch aus Palmkernfett und anderen Pflanzenfetten, auch in Mischung mit Cocosfett, hergestellt werden.

Bei uns wird das Cocosfett fast ausschließlich aus der in großen Mengen eingeführten Kopra gewonnen. Der Welthandel mit Kopra kommt in den Tabellen 28 und 29 für 1936[2] zum Ausdruck (Angaben in 1000 t):

Die Cocosfetterzeugung in verschiedenen Jahren in Deutschland zeigt folgende Zusammenstellung:

Tabelle 28.

Ausfuhr		Einfuhr	
Niederländisch Indien	507	Deutsches Reich .	211
Philippinen	291	Vereinigte Staaten	165
Britisch Malaya . . .	200	Großbritannien. .	125
Neu Guinea	68	Britisch Malaya .	122
Ceylon	53	Frankreich. . . .	114

Tabelle 29.

Gegenstand	1913	1925	1927	1929	1932	1933
Verarbeitete Kopra (t) . .	196000	172000	187000	244000	131000	121000
Gewonnenes Cocosfett (t) .	124000	109000	118000	154000	83000	76000

Da die Kopra in den Ursprungsländern bei der Gewinnung und Trocknung an der Sonne, die neuerdings auch — zum Vorteile der Ware — durch Heißluft oder Dampfheizung ausgeführt wird, oft Verunreinigungen ausgesetzt ist, kann das durch Pressen bei 70—80° gewonnene Rohfett nicht unmittelbar als Speisefett verwendet werden, sondern bedarf einer Raffination durch Neutralisieren, Bleichen und Desodorisieren. Diese Behandlung erfordert viel Sorgfalt und

---

[1] Eine Buttersäurezahl von 0,7 entsprechend, weil die Ausbeute an Capronsäure bei der Buttersäurezahlbestimmung in Cocosfett nach den gleichen Bearbeitern etwa 26% beträgt.

[2] Nach Statistisches Jahrbuch für das Deutsche Reich 1937.

Sachkunde, um ein brauchbares, haltbares Erzeugnis zu erhalten. Vgl. auch R. L. Datta[1].

Das 35⁰ warme flüssige Cocosfett wird nach Verlassen der Raffinationsanlage in Behältern mit Kühlvorrichtung bis zum beginnenden Erstarren (25—26⁰) gekühlt und dann geformt. Eine beliebte Form ist die von $^1/_4$ oder $^1/_2$ kg schweren Tafeln. Zur Herstellung gehen die mit dem Fett beschickten Weißblechschalen auf einem Transportband durch einen Kühlraum, wobei das Fett völlig zu Tafeln erstarrt. Diese werden durch Ausschlagen oder Ausdrücken von den Formen getrennt und sofort in Pergamentpapier verpackt.

Das so erhaltene Speisecocosfett bildet eine schneeweiße oder leicht gelbliche Masse, der bisweilen noch ähnlich wie bei Zucker (vgl. Bd. V, S. 398) eine geringe Menge blauer Farbstoff zugemischt wird, um den Eindruck einer rein weißen Farbe hervorzurufen. Zur Erhöhung des Schmelzpunktes wird bisweilen hydriertes Cocosfett verwandt oder zugesetzt.

Das Cocosfett besitzt einen eigenartigen Geruch und Geschmack, der allerdings bei der feinsten Ware nur wenig hervortritt, bei minderwertiger unangenehm kratzend wird.

Um Cocosfett streichfähig zu machen, wird es in Knetmaschinen bearbeitet.

b) Verwendung des Cocosfettes.

Cocosfett wird namentlich zum Kochen, Braten und Backen im Haushalt verwendet. Dann bildet es einen wichtigen Bestandteil von sog. Pflanzenmargarine sowie in wechselnder Menge der gewöhnlichen Margarine, wenn auch seine Bedeutung für die Margarineherstellung durch Einführung ähnlicher Fette (Palmkernfett, Babassufett) und vor allem durch Verwendung von gehärteten Ölen nicht mehr die frühere Bedeutung hat.

Der Schmelzpunkt von Cocosfett liegt zwischen 23—28⁰, meist unter 26⁰. Um ein höher schmelzendes Fett zu erhalten, bringt man das geschmolzene Fett bei etwa 23⁰ in Krystallisationswannen während 28 Stunden und mehr langsam zur teilweisen Krystallisation und erhält so einen festeren Anteil mit dem Schmelzpunkt 29—30⁰, das Cocosstearin, in einer Ausbeute von etwa 45% und einen flüssigen Anteil (Cocosolein), der in der Margarineherstellung Verwendung findet. Das Cocosstearin hält in Papierpackung der Sommerwärme besser stand. Auch wird es bisweilen als Kakaobutterersatz und zur Streckung oder Verfälschung von Kakaobutter benutzt.

Eigenartig ist die erhebliche Schmelzwärme des Cocosfettes, die zur Erzeugung eines kühlenden Geschmackes, z. B. bei sog. Eiswaffeln, ausgenutzt wird. Sie beruht auf dem verhältnismäßig niederen Molekulargewicht der Cocosfettglyceride. Über den Schmelzverlauf vgl. auch S. 24.

c) Zusammensetzung.

Die Glyceride des Cocosfettes bestehen nach A. Bömer und J. Baumann[2] zu 50—60% aus Caprylolauromyristin (Schmelzpunkt 15⁰) und 15—20% Myristodilaurin (Schmelzpunkt 33,8⁰) neben geringen Mengen eines Laurodimyristins (Schmelzpunkt 38,1⁰). Nur in geringer Menge waren Palmitodimyristin und noch weniger Stearodipalmitin als schwerlöslichste Glyceride vorhanden.

Kennzahlen von Cocosfett (der Fettsäuren). Dichte bzw. Gewichtsverhältnis D_4^{15} 0,919—0,937 meist 0,924—0,925, D_{100}^{100} 0,903—0,904, Schmelzpunkt 20—28⁰ (24—27⁰), nach Polenske 24—27⁰, Erstarrungspunkt 14—25⁰

---

[1] R. L. Datta: Trop. Agriculturist 1932, 78, 345; C. 1932, II, 2758.
[2] A. Bömer u. J. Baumann: Z. 1920, 40, 97.

(16—25⁰), nach Polenske 19—23⁰, n_D^{40} 1,447—1,4497, Differenzzahl nach Polenske 4,8—6,0.

1 Teil Cocosfett löst sich in 2 Teilen 90%igem Alkohol bei 60⁰. Kritische Lösungstemperatur in Alkohol ($D^{15,5} = 0,8195$) 71—74⁰, in Eisessig 40—75⁰.

Verseifungszahl 246—268, raffiniert 254—262, Jodzahl 8—10, Rhodan-Zahl um 7, Thermozahl 36,0, Reichert-Meissl-Zahl 4—7, Polenske-Zahl 8,5 bis 11, Caprylsäurezahl 17—22, A-Zahl 16—17, B-Zahl 1,8—1,9, Gesamtzahl der niederen Fettsäuren 37—39, Restzahl 36—38, Laurinsäurezahl 111—140, Kirschner-Zahl um 1, Buttersäurezahl um 0,9.

Eine abweichende Zusammenstellung besitzen die Testafette der Cocospalme und anderer Palmen; sie sind durch höheren Ölsäuregehalt gekennzeichnet. J. Allan und C. W. Moore[1] geben für dieses Fett im Vergleich zu Endospermfett nach Untersuchung von 42 Proben nebenstehende Kennzahlen an:

Tabelle 30.

Gegenstand	Fettgehalt des Fettgewebes bei 4% Wassergehalt %	Verseifungszahl	Jodzahl
Testafett	22,2—58,6	221—241	21,5—59,7
Endospermfett . .	57,2—75,0	255,5—262,5	5,7—9,3

Das Verhältnis der Testateile zu den Endospermteilen lag zwischen 1:9 bis 1:29. Für andere Palmenarten fanden Allan und Moore:

Tabelle 31.

Palmenart	Verhältnis von Testa zu Endosperm	Fettgehalt der Testa %	Fettgehalt des Endosperms	Im Fette aus der Testa		Im Fette aus dem Endosperm	
				VZ	JZ	VZ	JZ
Palmkerne	1 : 5,666	30	56	234	29,6	244	12,5
„	1 : 4,882	33	56	230	28,0	245	12,3
Babassukerne . . .	1 : 5,250	49	65,6	233	22,8	258	10,2
Ouricurykerne (Attalea maripa) . . .	1 : 4,000	56	70	241	30,4	262	10,5
Brasilnüsse	1 : 7,333	41,5	67	194	104,8	193	114,3

d) Überwachung des Verkehrs mit Cocosfett.

α) **Verdorbenheit.** Besonders im nicht ganz reinen Zustand verdirbt Cocosfett leicht; es nimmt leicht ranzigen Geruch und Geschmack an und wird dann ungenießbar. Das gleiche ist bei Lichteinwirkung der Fall (Parfümranzigkeit, vgl. S. 287).

β) **Bezeichnung.** Ungefärbte, harte, nicht streichfähige Erzeugnisse mit und ohne Zusatz von anderen Pflanzenfetten müssen eine Bezeichnung, z. B. Cocosfett, Cocosbutter führen, welche die Herkunft wiedergibt. Die oben hierfür angeführten Phantasienamen (Ceres, Vegetaline, Kunol usw.) sind nicht ausreichend; höchstens die Bezeichnung Palmin kann als ausreichend angesehen werden.

Streichfähig gemachte Cocosfette, d. h. Gemische von Cocosfett und anderen Fetten, werden gesetzlich in ungefärbtem Zustande als Kunstspeisefette, im gefärbten Zustande als Margarine angesehen und unterliegen den gesetzlichen Bestimmungen wie diese.

γ) **Verfälschungen** von Cocosfett kommen selten vor. C. J. Blok[2] weist fremde Öle wie Erdnußöl und Kapoköl nach, indem er 1 ccm Cocosfett in 2 ccm Petroläther löst und

---

[1] J. Allan u. C. W. Moore: Journ. Soc. chem. Ind. 1925, 44 T, 61, 63; C. 1925, II, 105. — Vgl. auch W. D. Richardson: Chem. Zentralbl. 1911, II, 893.
[2] C. J. Blok: Pharm. Tijdschr. Nederlandsch Indie 1927, 4, 242.

2 Tropfen konzentrierte Schwefelsäure zufügt. Reines Cocosfett bleibt hierbei fast farblos, während bei Gegenwart fremder Öle (über 15%) Braunfärbung auftritt. Der genauere Nachweis erfolgt dann durch die besonderen Prüfungen (vgl. bei den einzelnen Ölen).

Über den Nachweis von Palmkernfett vgl. S. 433.

2. Palmkernfett.

Palmkernfett (Palmkernöl) ist das aus den Fruchtkernen der Ölpalme (Elaeis guineensis oder E. melanococca durch Auspressung oder seltener durch Ausziehung mit Lösungsmitteln gewonnene und gereinigte Fett.

Das Palmkernfett ist von dem S. 413 behandelten Fruchtfleischfett der Ölpalme wesentlich verschieden.

a) Gewinnung.

Das Verhältnis zwischen Fruchtfleisch, Steinschale und Kern in der Palmfrucht ist sehr verschieden, bei der gewöhnlichen Palme etwa 38:48:14, bei der Lisombe-Palme 70:20:10. Die von der Schale befreiten Kerne machen etwa 9—25% der Palmfrucht aus und enthalten 43—52% Fett. Auch der Ölgehalt variiert stark, beim Fleisch zwischen 45—60, in den Kernen 43—52%. Bei den Entkernungsmaschinen von F. Haake werden die Samen durch Zentrifugalkraft gegen harte Flächen geschleudert, wodurch die Schalen zerbrechen. Kerne und Schalen werden dann in einer Salzlösung von 20° Bé getrennt. Die an der Oberfläche schwimmenden Kerne werden getrocknet und nach Europa verfrachtet. Hier werden sie zerkleinert und in Kasten- oder Seiherpressen heiß gepreßt oder extrahiert.

Die so verarbeiteten Mengen Palmkerne sind sehr beträchtlich. Sie betragen z. B. in Deutschland in verschiedenen Jahren in Tonnen:

Tabelle 32.

Gegenstand	1913	1925	1927	1929	1932	1933
Palmkerne	236000	225000	274000	304000	308000	248000
Palmkernfett	109000	104000	118000	154000	83000	76000

Palmkernfett wird hauptsächlich auf Seife verarbeitet, ein Teil aber auch ähnlich wie Cocosfett (S. 429) zu einem Speisefett veredelt.

Auch aus Palmkernfett gewinnt man durch Pressung des teilweise erstarrten Fettes Palmkernstearin und Palmkernolein.

Palmkernfett ist ein weißes oder gelbliches festes Fett, das durch mechanische Bearbeitung streichbar gemacht werden kann. Es ist fast geruch- und geschmacklos.

Vom Cocosfett unterscheidet es sich durch geringeren Gehalt an niederen Fettsäuren, insbesondere an Capryl- und Caprinsäure und etwas höheren Gehalt an Ölsäure.

b) Zusammensetzung.

Kennzahlen von Palmkernfett (der Fettsäuren): Dichte D^{15} 0,924 bis 0,934, D^{40} 0,911, Schmelzpunkt 25—30° (25—28°), Erstarrungspunkt 19—24° (20—25°), dgl. raffiniert 20—23° (21—23°) n_D^{40} 1,4495—1,4517, kritische Lösungstemperatur in Eisessig 32—48°.

Verseifungszahl 240—257, dgl. raffiniert 242—252, Jodzahl 12—16, Rhodanzahl um 13, Thermozahl 23,4, Reichert-Meissl-Zahl 4—7, Polenske-Zahl

8,5—11, A-Zahl 10—17, B-Zahl 1,8—1,9, KIRSCHNER-Zahl um 1, Caprylsäurezahl 8—12, Laurinsäurezahl 115—135, Buttersäurezahl um 0,5.

A. BÖMER und K. SCHNEIDER[1] prüften Palmkernfett mit negativem Ergebnis auf Capronsäure. Die Glyceride bestanden zum weitaus größten Teile aus einem Caprylomyristoolein (Schmelzpunkt 13,9°) und einem Myristodilaurin (Schmelzpunkt 33,4°). Daneben ist in geringen Mengen ein Laurodimyristin (Schmelzpunkt 40,0°) vorhanden. Die beiden schwerlöslichsten Glyceride des Palmkernfettes Palmitodimyristin (Schmelzpunkt 45,2°) und Myristodipalmitin (Schmelzpunkt 51,4°) liegen nur in sehr geringer Menge vor.

c) Überwachung des Verkehrs.

Diese erfolgt ähnlich wie bei Cocosfett. Zur Unterscheidung von Cocosfett ist zunächst die Verschiedenheit der Kennzahlen geeignet. Nach J. R. N. VAN KREGTEN[2] ist diese Unterscheidung auch dann noch möglich, wenn die Öle gehärtet sind, weil dadurch Verseifungszahl, REICHERT-MEISSL-Zahl und POLENSKE-Zahl unverändert bleiben. Bei der Bestimmung der POLENSKE-Zahl bestehen die unlöslichen flüchtigen Fettsäuren beim Cocosöl aus mehr oder weniger klaren Öltropfen, beim Palmkernöl aber aus einer festen weißen Masse. Weiter unterscheiden sich die flüchtigen Fettsäuren in ihrem Molekulargewicht. In Gemischen von Palmkernfett und Cocosfett sind aber beide Bestandteile schwieriger zu erkennen. Erst ein Gehalt von 20% Cocosöl in Palmkernfett oder von 40—50% Palmkernöl in Cocosöl sind so nachweisbar.

Eine Berechnungsformel für die Summe von Palmkernfett + Cocosfett in Speisefetten aus der Laurinsäurezahl hat J. GROSSFELD[3] vorgeschlagen:

Die Laurinsäurezahl erhält man, wie S. 161 gezeigt wurde, aus Verseifungszahl V, Buttersäurezahl B und Restzahl R sowie der Konstante $V_K = 197$ nach der Formel

$$L = 3,3\,(V - 0,8\,B - 0,6\,R - 197).$$

Daraus

$$\text{Cocosfett} + \text{Palmkernfett} = 0,79\,(L - 0,6\,B).$$

Bei Abwesenheit von Butterfett wird B vernachlässigbar klein und damit

$$L = 3,3\,(V - 0,6\,R - 197)$$

$$\text{Cocosfett} + \text{Palmkernfett} = 0,79\,L = 2,6\,(V - 0,6\,R - 197).$$

Berechnet man nun außerdem den Gehalt an Cocosfett auf Grund der Gesamtzahl der niederen Fettsäuren G

$$\text{Cocosfett} = 2,6\,G,$$

so wird das Ergebnis bei reinem Cocosfett nahezu mit der Summe (Cocosfett + Palmkernfett) übereinstimmen, bei Vorliegen von Palmkernfett aber niedriger sein. Weil die Gesamtzahl der niederen Fettsäuren bei Palmkernfett nur etwa 17 beträgt statt 38 bei Cocosfett, wird man bei reinem Palmkernfett nur rund 45% des Ergebnisses mit der Laurinsäurezahl finden und bei Mischungen zwischen 45—100%. Hieraus lassen sich dann Schlüsse auf die ungefähre Menge der beiden Fettarten ziehen.

Nach A. BÖMER und K. SCHNEIDER[4] sind schließlich durch die Feststellung des Caprylomyristooleins mit der Verseifungszahl 243,0 im Palmkernfett im Gegensatz zu dem bei fast gleicher Temperatur schmelzenden Caprylolauromyristin mit der Verseifungszahl 275,7 im Cocosfett infolge der großen Differenz der Verseifungszahlen dieser beiden Glyceride und des Vorkommens von Ölsäure in dem Glycerid des Palmkernfettes die Grundlagen für einen Nachweis von Palmkern- in Cocosfett und umgekehrt gegeben.

[1] K. SCHNEIDER: Diss. Münster 1923. — A. BÖMER u. K. SCHNEIDER: Z. 1924, 47, 61.
[2] J. R. N. VAN KREGTEN: Chem. Weekbl. 1915, 12, 788; Z. 1920, 39, 59.
[3] J. GROSSFELD: Z. 1928, 55, 529; 1932, 64, 433.
[4] K. SCHNEIDER: Diss. Münster i. W. 1923.

Ouricury-Palmkernöl wird aus den Kernen der brasilianischen Palme Syagrus (bzw. Cocos) coronata gewonnen. Nach R. S. McKinney und G. S. Jamieson[1] wiegen die Früchte rund 6,5 g, die Kerne rund 0,8 g mit dem Fettgehalt 69,7% bei 2,4% Wasser. Das durch Pressen gewonnene, schwach gelbliche Öl hatte einen niedrigeren Erstarrungspunkt als andere Palmkernöle.

Kennzahlen. Dichte D^{25} 0,9192, $n_{\prime\prime}^{25}$ 1,4543, Verseifungszahl um 257, Jodzahl (Hanuš) um 15, Rhodanzahl um 13, Reichert-Meissl-Zahl um 6, Polenske-Zahl um 18, Unverseifbares 0,3%.

Vgl. auch S. 435.

3. Babassufett.

Dieses dem Cocosfett sehr ähnliche Fett stammt aus den Samen der Babassupalme, einer in Süd- und Mittelamerika heimischen Ölpalme Attalea funifera, syn. Orbignya speciosa oder O. martiana Barb. Rodr. (vgl. S. 666). In Brasilien ist der Bestand an wildwachsenden Babassupalmen noch so groß, daß eine Erschöpfung vorläufig nicht zu befürchten ist und eine besondere Kultur des wertvollen Baumes bisher noch nicht aufgenommen wurde.

Die Palme trägt zweimal im Jahre auf Blütenständen zu 200—600 Stück sitzende Früchte in Form von Nüssen, deren jede etwa 140—250 g wiegt. Die Nuß besteht aus einer äußeren, 2—3 mm dicken Faserschicht, anschließend einer weißen mehlartigen eßbaren Schicht und der Nuß, die von einer steinharten Schale umschlossen wird und bis zu 4 zu $^2/_3$ aus Fett bestehende Samenkerne, im Gewichte von 9% der Nuß enthält.

a) Gewinnung.

Die Babassukerne werden in Ölmühlen aufgeschlagen, das Fett durch Pressung gewonnen und wie Cocos- und Palmkernfett gereinigt. Das Fett wird ähnlich wie Cocosfett als Speisefett, und zwar in großen Mengen zur Margarineherstellung verwendet.

b) Zusammensetzung.

α) Wie die Fettsäurenzusammensetzung (S. 428) erkennen läßt, zeigt Babassufett große Ähnlichkeit mit Palmkernfett. Von Cocosfett unterscheidet es sich durch höheren Gehalt an Ölsäure, was in seiner erhöhten Jodzahl zum Ausdruck kommt und durch noch geringeren Gehalt an Capronsäure.

β) **Kennzahlen des Babassufettes (der Fettsäuren).** Dichte D^{100} 0,867, Schmelzpunkt 22—26⁰ (25—26⁰), Erstarrungspunkt 21—24⁰ (23—24⁰) n_D^{40} 1,4494—1,4503.

Verseifungszahl 241—253, Jodzahl 10—17, Reichert-Meissl-Zahl 5—7, Polenske-Zahl 10—13, Rhodanzahl um 15, Caprylsäurezahl um 17, Laurinsäurezahl um 105.

γ) An reinen Glyceriden wiesen Bömer und Hüttig[2] durch Destillation im Vakuum des Kathodenlichtes im Babassufett in größerer Menge Myristodilaurin vom Schmelzpunkt 34,9⁰, eine nicht ganz unbeträchtliche Menge Laurodimyristin vom Schmelzpunkt 36,1⁰ und geringe Mengen eines Palmitodimyristins vom Schmelzpunkt 45,7⁰ nach. Das schwerstlösliche Glycerid des Destillationsrückstandes bildete Stearodipalmitin vom Schmelzpunkt 55,9⁰, das aber nur in sehr geringer Menge vorhanden war.

4. Die Cohunepalme (Attalea cohune)

bildet in Britisch-Honduras große Wälder. Das aus den Früchten gewonnene Öl gilt als besser als Cocosöl.

---

[1] R. S. McKinney u. G. S. Jamieson: Oil and Soap 1938, 15, 172; C. 1939, I, 282.
[2] A. Bömer u. H. Hüttig: Z. 1938, 75, 1.

5. Makayaöl oder Mocayabutter

wird von Cocos sclerocarpa, Muritifett von den Kernen von Acrocomia vinifera, Maripa-
fett von anderen Attalea-Arten erhalten, Tangkallakfett aus den Samen von Lepidadenia
Wightiana.

6. Parapalmöl oder Pinotöl

aus dem Palmkern von Euterpe oleacea ist ein in Brasilien und Guyana gebräuchliches
Speiseöl.

7. Weitere Samenfette von Palmen

sind nach einer Zusammenstellung von HILDITCH:

Tabelle 33.

Art des Fettes bzw. Palmenart	Verseifungszahl	Jodzahl
Cokeritkerne von Maximiliana regia	240—253	7—16
Curu-Palmkerne von Attalea spectabilis	259,5	8,9
Licurykerne oder Ouricouri von Attalea maripa	259,5	9,7
Aouara, Tucumkerne, Astrocaryum aculeatum, vulgare	240—249	10—14
Corozo- (Mamarron-) Palmkerne von Scheelea insignis, regia	251	10
Piririmakerne von Cocos Syagrus	252	12—13
Awarrakerne von Astrocaryum Jauari	242	13—15
Paramacakerne von Astrocaryum Paramaca	257	14
„ „ Astrocaryum segregatum	238	17
Karnaubakerne von Copernicia cerifera	221	23
Paraguay-Palmkerne von Acrocomia Totai	240—247	24—28
Bonneti-Palmkerne von Butea bonneti	260	24
Coyol, Muriti-Palmkerne von Acrocomia (Mauritia) vinifera	246	25
Cayaul, Noli-Palmkerne von Elaeis melanococca	234	27—28

Vgl. auch E. R. BOLTON und D. G. HEWER[1] über brasilianische Ölsaaten, ferner
G. T. BRAY und F. L. ELLIOTT[2] über Ölsaaten von amerikanischen Palmen.

8. Muskatbutter.

Von Myristica-Arten wird das Fett des Samens von Myristica officinalis als Muskatbutter, meist durch Pressen, gewonnen. Es riecht aromatisch und wird als Heilmittel
benutzt. M. argentea liefert das Papuamuskatfett, M. Otoba das Otobafett, Virola
sebifera und V. venezuelensis das Virolafett. Ukuhubafett stammt von Myristica
Bicuhyba, Mangalorebutter von M. canaria. Alle diese Fette besitzen aromatischen
Geruch und dienen ähnlichen Zwecken.

9. Lorbeerfett.

Bei der Lorbeerfrucht zeigt das Kernfett eine ähnliche Zusammensetzung wie das Fruchtfleischfett. Vgl. G. COLLIN[3]. Von Lauraceen stammt auch das Kusufett, nämlich von
Cinnamomum camphora und das Mahubafett von Acrodiclidium mahuba. Das Fett
der Lauracea Lindera obtusifolia (Tohakuöl) enthält als eigenartige Säure die Linderasäure, eine ungesättigte $\Delta^{4,5}$-Säure (Y. TOYAMA[4]).

Sehr reich an Laurinsäure (Trilaurin) ist nach B. G. LUNDE und T. P. HILDITCH[5]
das Samenfett der Lauracee Neolitsea involucrata. Es enthielt (gegenüber dem Fruchtfleischfett) in den Fettsäuren an Caprinsäure 3 (—), Laurinsäure 86 (10), Myristinsäure 4 (—),
Palmitinsäure — (28), Stearinsäure — (3), Ölsäure 4 (44), Hexadecensäure — (5) %. — Die
Kerne enthielten 66% Fett mit der Verseifungszahl 251,3, der Jodzahl 22,5 und dem Gehalt
an Unverseifbarem von 2,1% (Jodzahl desselben 176). Der Fruchtmantel enthielt 27% Fett
mit der Verseifungszahl 202,2, der Jodzahl 69,0 und dem Gehalt an Unverseifbarem von
4,3% (Jodzahl desselben 111,4).

---

[1] E. R. BOLTON u. D. G. HEWER: Analyst 1916, 42, 35; C. 1917, I, 1107.
[2] G. T. BRAY u. F. L. ELLIOTT: Analyst 1916, 41, 298; C. 1917, I, 112.
[3] G. COLLIN: Biochem. Journ. 1931, 25, 95; C. 1932, II, 940.
[4] Y. TOYAMA: Journ. Soc. chem. Ind. Japan, Suppl. 1937, 40 B, 285; C. 1938, I, 2647.
[5] B. G. LUNDE u. T. P. HILDITCH: Journ. chem. Soc. 1938, 1610.

Fett der Lauracee Cinnamomum japonicum kommt nach T. Kariyone und H. Iwao[1] als Kakaobutterersatz in Frage. Es zeigte folgende Kennzahlen des mit 10%iger Natronlauge gereinigten Fettes: Schmelzpunkt 32—34°, Erstarrungspunkt 30,9°, Verseifungszahl 273,2, Jodzahl 3,3.

10. Dikafett.

Das Dikafett wird aus den Samen des Mangobaumes, Irvingia gabonensis Baill. und Irv. Barteri (Westafrika) gewonnen, die in Form und Farbe mit einer sehr großen Mandel Ähnlichkeit besitzen (Cl. Grimme[2]).

Das Fett ist im frischen Zustande rein weiß von angenehmem Geruch und Geschmack, hart und brüchig, ähnlich der Kakaobutter. Es wird außer zur Herstellung von Kerzen und Seifen auch als Speisefett und Kakaobutterersatz verwendet.

Mit dem Reagens von Bellier (S. 427) entsteht nach H. Sprinkmeyer und A. Diedrichs[3] eine braune Färbung.

11. Malukangbutter.

das Samenfett von Polygala butyracea, einer Flacourtiacea ist durch hohen Gehalt an flüchtigen wasserlöslichen Fettsäuern (Reichert-Meissl-Zahl 45,55 nach H. Sprinkmeyer und A. Diedrichs[4]) ausgezeichnet. Von gelblicher weißer Farbe besitzt es unauffälligen Geruch und Geschmack.

12. Ulmensamenöl,

Ulmensamen von Ulmus campestris, U. effusa, U. scabra, U. pedunculata, U. americana, enthalten bis zu etwa 30% eines gelblichgrünen, wohlschmeckenden Fettes von angenehmem Geruch, das in seinen Fettsäuren etwa zur Hälfte aus Caprinsäure besteht (vgl. S. 343). Es dient daher als vorteilhafter Ausgangsstoff zur Darstellung dieser Fettsäure. Früher wurde in Ulmensamenöl ein hoher Gehalt an Unverseifbarem beobachtet, der aber von einem Wachsgehalt der Samenhülsen herrührte und durch Enthülsung der Samen vor der Extraktion beseitigt wird.

Kennzahlen von Ulmensamenöl (der Fettsäuren). Dichte D^{15} 0,937, D^{20} 0,927, Schmelzpunkt 4,5—5,7, Erstarrungspunkt 0—3,5° (14°), n_D^{20} 1,4554, n_D^{25} 1,4540, n_D^{40} 1,4482 bis 1,4495.

Verseifungszahl 273—280, Jodzahl 16—32, Reichert-Meissl-Zahl 2—6, Polenske-Zahl 33—42.

Unverseifbares 1,0—1,4%.

B. Palmitin- und stearinsäurereiche Samenfette.

Kennzeichnend für diese Gruppe von festen Fetten ist der höhere Gehalt an Stearinsäure, der aber je nach Pflanzenart beträchtlich zwischen 10—50% schwanken kann. Es gibt nur einige tropische Pflanzen, die Samenfette mit so hohem Stearinsäuregehalt erzeugen. Sonst ist die Stearinsäure im Pflanzenbereich nicht häufiger als Arachinsäure, jedenfalls viel seltener als Laurin-, Eruca- oder Petroselinsäure (T. P. Hilditch).

Die Fette dieser Gruppe sind teilweise von erheblicher Bedeutung für die Technik und Speisefettindustrie, so z. B. Kakaobutter, Borneotalg, Malabartalg, Allanblackiafett, Sheabutter, Illipefett und Mowrahbutter.

Tabelle 34.

Fett	Fett-säuren %	Glycerin-rest C_3H_2 %	Entsprechend Glycerin $C_3H_5(OH)_3$ %	Unverseif-bares %
Kakaobutter . .	95,3	4,4	10,6	0,3
Borneotalg. . . .	95,0	4,4	10,6	0,6
Sheabutter . . .	89,7	4,3	10,5	6,0
Illipefett	93,8	4,3	10,4	1,9
Mowrahbutter . .	93,7	4,3	10,5	2,0

Von der mittleren allgemeinen Zusammensetzung dieser Fette gibt die Übersicht ein Bild:

[1] T. Kariyone u. H. Iwao: Journ. pharmac. Soc. Japan 1938, 58, 35; C. 1938, II, 3760.
[2] Cl. Grimme: U. 1910, 17, 236.
[3] H. Sprinkmeyer u. A. Diedrichs: Z. 1912, 23, 593.
[4] H. Sprinhmeyer u. A. Diedrichs: Z. 1912, 23, 594.

Die Verteilung der Fettsäuren in einigen stearinsäurereichen Fetten wurde wie folgt gefunden:

Tabelle 35.

Bezeichnung und Herkunft	Zusammensetzung der Fettsäuren						Untersucht von
	Myristinsäure %	Palmitinsäure %	Stearinsäure %	Arachinsäure %	Ölsäure %	Linolsäure %	
Meliaceae:							
Margosasaat von Azadirachta indica	2,6	14,1	24,0	0,8	58,5	—	A. C. Roy u. S. Dutt[1]
Sterculiaceae:							
Kakaobutter von Theobroma cacao	—	24,4	34,5	—	39,1	2,0	C. H. Lea[2]
Desgl. (Mittelwerte)	—	25,1	33,3	—	33,9	3,1	J. Grossfeld[3]
Akkra-Kakaofett	—	61,1		—	35,8	3,2	
Arriba-Kakaofett	—	65,3		—	30,8	4,0	
Caracas-Kakaofett	—	63,2		—	34,2	2,7	K. H. Bauer u.
Java-Kakaofett	—	61,0		—	36,1	3,0	L. Seber[4]
Maracaibo-Kakaofett	—	62,8		—	34,0	3,3	
Thomé-Kakaofett	—	59,7		—	37,1	3,3	
Sterculia-Kernfett von Sterculia foetida	—	10,7	40,3	2,1	43,6	3,3	T. P. Hilditch u. W. J. Stainsby[5]
Guttiferae:							
Bouandja von Allanblackia floribunda	—	—	52—56	—	48—44	—	J. Pieraerts u. L. Adriaens[6]
Mkanyi von Allanblackia Stuhlmannii	—	3,1	52,6	—	44,1	0,2	T. P. Hilditch u. S. A. Saletore[7]
Kanyabutter von Pentadesma butyracea	—	5,4	46,1	—	48,5	—	T. P. Hilditch u. S. A. Saletore[8]
Gamalfett von Garcinia Morella	0,3	7,2	42,5	0,3	43,6	6,1	D. R. Dhingra, G. L. Seth u. P. C. Speers[9]
Dipterocarpaceae:							
Borneotalg von Shorea aptera	1,5	21,5	39,0	—	38,0	—	T. P. Hilditch u. J. Priestman[10]
Dhupa-, Malabartalg von Vateria indica	—	10,2	38,9	3,1	47,8	—	T. P. Hilditch, E. E. Jones u. S. A. Saletore[11]
Sapotaceae:							
Fulwabutter Madhuca (Bassia) butyracea	bis 1 (?)	5,9	3,4	—	34,0	3,6	W. J. Bushell u. T. P. Hilditch[12]
Sheabutter von Butyrospermum Parkii	0,4	8,5	35,9	—	49,9	5,3	T. P. Hilditch u. S. A. Saletore[7]
Sheabutter	—	5,7	41,0	—	49,0	4,3	T. G. Green u. T. P. Hilditch[13]
Sapoteöl von Calocarpum mammosum	—	10,0	22,3	—	54,3	13,4	G. S. Jamieson u. R. S. McKinney[14]
Njatuotalg von Palaquium oblongifolium	0,2	5,9	54,0	—	39,0	—	T. P. Hilditch u. W. J. Stainsby[5]
Mowrahbutter von Madhuca (Bassia) latifolia	1,0	16,0	25,1	3,3	(45,2[15])	9,4	D. R. Dhingra, G. L. Seth u. P. C. Speers[9]
Mowrahfett von Madhuca (Bassia) latifolia	—	23,7	19,3	—	43,3	13,7	T. P. Hilditch u. M. B. Ichaporia[16]

[1] A. C. Roy u. S. Dutt: Journ. Soc. chem. Ind. 1929, 48 T, 333.
[2] C. H. Lea: Journ. Soc. chem. Ind. 1929, **49** T, 41.
[3] J. Grossfeld: Kazett 1930, **19**, 273.

1. Kakaobutter.

Als wesentlicher Bestandteil des Kakaokernes und damit aller Schokoladen und Schokoladenzubereitungen gehört das Kakaofett zu den wichtigsten und wertvollsten Speisefetten. Es besitzt besondere, von keinem anderen Fett erreichte Vorzüge für seinen Verwendungszweck.

Unter Kakaobutter versteht man das durch Abpressen aus Kakaokernen, die 51—58, im Mittel etwa 57% der Trockenmasse an Fett enthalten, erhaltene Fett:

„Kakaobutter ist das aus Kakaokernen, Kakaobruch, auch unter Mitverwendung von höchstens 2 Hundertteilen Kakaogrus oder aus Kakaomasse oder aufgeschlossener Kakaomasse durch Abpressen, mit oder ohne Filtration ohne chemische Behandlung gewonnene Fett mit einem die Zahl 8 im Höchstfalle nicht übersteigenden Säuregrad". (Kakaoverordnung.)

Über die Gewinnung der Kakaobutter vgl. Bd. VI, S. 201.

a) Eigenschaften.

Im erstarrten Zustande ist die Kakaobutter ebenso wie auch das durch Extraktion gewonnene Kakaofett von ziemlich heller reingelber Farbe, im flüssigen Zustande ist der Farbton meistens noch etwas heller als der einer Kaliumdichromatlösung 2:1000. Übermäßiges Rösten und hoher Schalengehalt des Preßgutes bewirkten Dunkelfärbung der Kakaobutter. Der Geschmack ist angenehm, mild und aromatisch, nicht talgig. Im Munde schmilzt sie unter geringer Wärmebindung. Der Geruch ist eigenartig aromatisch. Das sehr ausgiebige Aroma ist nur durch Einwirkungen abzutrennen, die ihre wertvollen Eigenschaften zerstören.

Bei Zimmertemperatur (20⁰) ist die Kakaobutter von fester und spröder Konsistenz. Sie zerspringt leicht in Stücke und liefert beim Zerreiben bei 15—18⁰ keine schmierige Masse, sondern ein etwas zusammenbackendes Pulver (H. Fincke). Beim Erwärmen über 20⁰ wird Kakaobutter zunächst nur ganz allmählich und erst bei und über 30⁰ in vermehrtem Maße weicher. Bei 32 bis 33⁰ bildet sie ein flüssiges Fett mit noch ungeschmolzenen Fettanteilen (Fließpunkt) und etwa bei 33—35⁰ eine klare Schmelze (Klarpunkt). Vgl. S. 11.

Klar geschmolzene Kakaobutter kann auf 25⁰ und bisweilen noch tiefer gekühlt werden, bevor sie zu erstarren beginnt. Beim Rühren erwärmt sie sich dann wieder auf etwa 28⁰ und erkaltet bei weiterer Abkühlung.

Die in der Kakaobutter enthaltenen Glyceride können einheitliche Mischkrystalle bilden. Diese bestehen in zwei Zustandsformen, einer unbeständigen mit niedrigem und einer beständigen mit höherem Schmelzpunkt[17]. Letztere entsteht

---

[4] K. H. Bauer u. L. Seber: U. 1938, **45**, 293; Kazett 1938, **27**, 428. — Aus den Kotyledonen mit Petroläther ausgezogene Fette.

[5] T. P. Hilditch u. W. J. Stainsby: Journ. Soc. chem. Ind. 1934, **53** T, 197.

[6] J. Pieraerts u. L. Adriaens: Mat. Grasses 1929, **21**, 8510, 8539.

[7] T. P. Hilditch u. S. A. Saletore: Journ. Soc. chem. Ind. 1931, **50** T, 468.

[8] T. P. Hilditch u. S. A. Salatore: Journ. Soc. chem. Ind. 1931, **50** T, 9.

[9] D. R. Dhingra, G. L. Seth u. P. C. Speers: Journ. Soc. chem. Ind. 1933, **52** T, 116; Z. 1937, **53**, 574.

[10] T. P. Hilditch: u. J. Priestman: Journ. Soc. chem. Ind. 1930, **49** T, 197.

[11] T. P. Hilditch, E. E. Jones u. S. A. Saletore: Journ. Soc. chem. Ind. 1931, **50** T, 468.

[12] W. J. Bushell u. T. P. Hilditch: Journ. Soc. chem. Ind. 1938, **57**, 48; C. 1938, II, 621.

[13] T. G. Green u. T. P. Hilditch: Journ. Soc. chem. Ind. 1938, **57**, 49; C. 1938, II, 621.

[14] G. S. Jamieson u. R. S. McKinney: Journ. Oil Fat Ind. 1931, 8 (7), 255.

[15] Der in der Quelle angegebene Wert 25,2 scheint ein Druckfehler zu sein.

[16] T. P. Hilditch u. M. B. Ichaporia: Journ. Soc. chem. Ind. 1938, **57**, 44; C. 1938, II, 620.

[17] Vgl. H. Fincke: Zeitschr. angew. Chem. 1925, **38**, 572.

aus der ersteren durch Zusammenziehung und ist die übliche Form der Kakaobutter. Sind Spuren dieser normal erstarrten Zustandsart bereits vorhanden,
so tritt sofort diese Art der Erstarrung ein. Erstarrt die Kakaobutter zunächst
in der unbeständigen Form und geht dann in die beständigere über, so findet
innerhalb der Masse eine Umformung statt, die sich an blumenkohlartigen Aus-
buchtungen an der Oberfläche zu erkennen gibt.

Nach W. REINDERS, CH. L. DOPPLER und E. L. OBERG[1] läßt sich die Umwandlung der Kakaobutterglyceride verfolgen, wenn man einen Tropfen geschmolzene Kakaobutter auf einem Objektträger erstarren läßt. Dann bildet
sich zuerst eine homogene mikrokrystallinische Masse, in welcher, auch im
polarisierten Licht, keine besonderen Formen beobachtet werden können. In
dieser metastabilen β-Form des Fettes entstehen Kerne der anderen Krystallform (α), welche allmählich unter Volumverringerung bis zum völligen Verschwinden der β-Form auswachsen. Durch dilatometrische Prüfungen fanden
sie, daß der Schmelzbereich der β-Form sich von 17—24⁰ erstreckt, während die
α-Form zwischen 25 und 30⁰ flüssig wird. Die Bildung von α-Kernen ist unterhalb 0⁰ (wahrscheinlich bei etwa — 5⁰) am größten. Die Übergangsgeschwindig-
keit aus der β- in die α-Form hat bei 21⁰ ein Maximum.

Der niedrige Schmelzpunkt der Kakaobutter trotz erheblicher Härte des
Fettes bei gewöhnlicher Temperatur ist für den Genußwert der Kakaoerzeugnisse
wesentlich.

Im ultravioletten Licht zeigt Kakaobutter im festen oder flüssigen Zustande
eine gelbliche Fluorescenz, während Extraktionsbutter in der Regel stark blau
leuchtet.

b) Zusammensetzung.

In Kakaobutter fanden nach älteren Methoden J. GROSSFELD[2] 0,30—0,35,
im Mittel 0,32% (Äthermethode). K. H. BAUER und L. SEBER[3] 0,20—0,34,
im Mittel 0,29 (Petroläthermethode) Unverseifbares. Neuere Versuche von
GROSSFELD[4] nach der S. 421 beschriebenen Methode haben aber gezeigt, daß
der wirkliche Gehalt an Unverseifbarem höher ist und etwa 0,4—0,6% beträgt,
und daß Kohlenwasserstoffe darin nicht in nachweisbarer Menge enthalten sind
(vgl. auch S. 443). H. FINCKE[5] fand in Kakaobutter bis zu 0,01, P. NIEMEYER[6]
bis zu 0,025% Asche.

An Glyceriden haben K. AMBERGER und J. BAUCH[7] im Kakaofett durch
fraktionierte Krystallisation nachgewiesen: α-Palmito-α-β-diolein 54,7, Oleo-
β-palmitostearin 20,3, Oleo-α-β-distearin 24,9, β-Palmito-α-α-distearin 0,03,
Tristearin 0,02%.

C. H. LEA[8] erhielt durch Permanganatoxydation in Aceton 2,5% völlig
gesättigte Glyceride, wahrscheinlich Dipalmitostearin, und berechnete, daß
der Gehalt der Kakaobutter an Glyceriden mit einem Ölsäurerest und zwei
Resten gesättigter Säuren (rund 10% Oleodistearin, rund 55% Oleopalmitostearin) zwischen 73 und 85% liegen muß. Der Gehalt an Glyceriden mit zwei
Ölsäure- neben einem gesättigten Säurerest (wohl Stearinsäure) dürfte 16%,
derjenige an Triolein (?) 4% betragen. Oleopalmitostearin ist nach LEA

[1] W. REINDERS, CH. L. DOPPLER u. E. L. OBERG: Rec. Trav. chim. Pays-Bas 1932, 51,
917; Z. 1938, 76, 88.
[2] J. GROSSFELD: Kazett 1930, 19, 273.
[3] K. H. BAUER u. L. SEBER: U. 1938, 45, 293.
[4] J. GROSSFELD: Z. 1938, 76, 513.
[5] H. FINCKE: Z. 1926, 52, 363.
[6] P. NIEMEYER: Nach FINCKE: Handbuch der Kakaoerzeugnisse, S. 346.
[7] K. AMBERGER u. J. BAUCH: Z. 1924, 48, 371.
[8] C. H. LEA: Journ. Soc. chem. Ind. 1929, 28 T, 41; C. 1929, I, 2000.

der kennzeichnende Hauptbestandteil der Kakaobutter. G. Schuster[1] fand an β-Oleo-α-palmito-α-stearin 36,2% neben 28,4% β-Oleo-α-α-Dipalmitin, 15% α-α-Dioleo-β-palmitin, 9,8% α-α-Dioleo-β-stearin und 1,47% Triolein.

c) Kennzahlen von Kakaobutter (der Fettsäuren[2]).

Dichte D^{15} 0,976—0,977. Dichte des geschmolzenen oder gelösten Fettes bei 15° 0,912, 20° 0,909, 35° 0,899, 50° 0,890, 60° 0,884, 70° 0,877, 80° 0,871, 90° 0,865, 100° 0,858. Fließschmelzpunkt 31,8—33,5 (49—51), Klarschmelzpunkt 32,8—35,0 (51,5—53,5), Differenz vom Klarschmelzpunkt und Fließschmelzpunkt des Fettes höchstens 1,5°, Erstarrungspunkt 30,0—31,5 (45—51) n_D^{40} 1,4566—1,4580, Zähigkeit bei 40° 46—49, Schmelzpunktdifferenz von Fettsäuren minus Fett: Fließschmelzpunkt +16 bis +19, Klarschmelzpunkt +16,5 bis +20. Lichtbrechung n_D^{40} 1,456—1,458.

Verseifungszahl 193—195, Jodzahl 33—38 (35—40), Rhodanzahl 32—35. Differenz: Jodzahl — Rhodanzahl 2—4, Crismer-Zahl 126°, Valenta-Zahl 105°. Differenz: Klarschmelzpunkt der Fettsäuren minus Jodzahl derselben +14 bis +19, Reichert-Meissl-Zahl 0,1—0,5, Polenske-Zahl 0,5—1,0, A-Zahl 0,06 bis 0,12, B-Zahl 0,3—0,6, Buttersäurezahl 0, Gesamtzahl der niederen Fettsäuren 0, Restzahl 0, Caprylsäurezahl 0, Isoölsäure (scheinbare) 0,3%.

Der Säuregrad der Kakaobutter des Handels liegt meist zwischen 1,6—6,0. Kakaobutter neigt sehr wenig zu hydrolytischer Zersetzung.

Von Farbreaktionen tritt bei Kakaofett die nach Halphen (S. 458) nicht, die nach Kreis (S. 475), Bellier (S. 427), Baudouin (S. 477) und Soltsien (S. 478) meist nicht ein.

Trotz ihres hohen Gehaltes an Stearinsäure und Palmitinsäure ist Kakaobutter ein gut verdauliches Fett. Ihre Ausnutzbarkeit gibt Zuntz[3] zu 95,2% an. Während Versuche von R. O. Neumann[4] ergaben, daß durch reichlichen Kakaopulvergenuß die Ausnutzung des Nahrungsfettes von 94,9 auf 92,7% herabging, stieg sie bei Versuchen von V. Gerlach[5] von 95,9 auf 96,4%, bei täglicher Zuführung von 25 g Kakaopulver. Weitere Versuche von C. F. Langworthy und A. D. Holmes[6] ergaben 94,9% Ausnutzung.

d) Überwachung des Verkehrs mit Kakaobutter.

Da echte Kakaobutter gegenüber anderen Speisefetten um ein vielfaches höher im Preise steht, ist sie durch Verfälschungen in hohem Maße bedroht.

Nach Fincke kommen in erster Linie folgende Fälschungsmittel in Frage:

Preßbutter aus beschädigten Kakaobohnen.

Extraktionsfett aus beschädigten Kakaobohnen.

Preßbutter aus fettreichen Kakaoabfällen.

Extraktionsfett aus Kakaoabfällen.

Landtierfette (Talg, Oleomargarin).

Feste Pflanzenfette:

a) Cocosfettgruppe (Cocos- und Palmkernfett und Cocosfettstearine).

b) Pflanzentalggruppe (Illipefett und andere tropische Pflanzenfette).

Pflanzenöle (Sesamöl, Erdnußöl u. a.).

Gehärtete Fette und Öle.

---

[1] G. Schuster: Sur l'oxydation de quelques corps gras par le Permanganate de Potassium. Paris 1932. Libraire générale de droit u. de jurisprudence.

[2] Vgl. auch H. Fincke: Bull. offic. internat. Fabricants Chocolat Cacao 1932, 2, 327; Z. 1937, 73, 574.

[3] Zuntz: Vgl. Bd. VI, S. 182.   [4] R. O. Neumann: Z. 1906, 12, 109.

[5] V. Gerlach: Berl. klin. Wschr. 1907, Nr. 17.

[6] C. F. Langworthy u. A. D. Holmes: U. S. Dep. Agric. Bull., Febr. 1917, Nr. 505.

a) Gehärtete Seetieröle (Trane).
b) Gehärtete Fette der Cocosfettgruppe.
c) Gehärtete Pflanzenöle (Erdnußöle u. a.).
Mineralfette und -öle.
Wachse (Bienenwachs und Pflanzenwachse).

α) Fälschungsmittel.

Beim Nachweis der Fälschungsmittel ist zu unterscheiden, ob es sich bei der Probe um Kakaobutter als solche oder um Fett aus Zubereitungen wie Schokolade oder Überzugsmassen handelt. Im letzteren Falle ist mit dem Vorliegen erlaubter Fettbeimischungen aus den Zutaten, so von Milchfett, Hasel-, Walnuß- und Mandelöl, Kaffeefett u. a. zu rechnen. Hierdurch wird die Prüfung verwickelter, ohne daß aber auch dann der Nachweis vieler Fremdfette, wie von Cocosfett, gehärteten Fetten u. a. verhindert wird.

β) Allgemeine Vorprüfung.

Durch die allgemeine Sinnenprüfung (Geschmack, Geruch, Aussehen), Bestimmung des Fließ- und Klarschmelzpunktes, der Härte, des Verhaltens im Ultraviolettlicht, Löslichkeit in Äther und Sprödigkeit läßt sich oft schon ein Verdacht auf unzulässige Behandlungen oder Zumischungen begründen.

Ein Härtebestimmungsapparat wurde von H. FINCKE[1] angegeben. Das Wesen desselben besteht darin, daß ein durch Gewichte beschwerbarer Druckkörper mit einer Anzahl von Stiften, die alle einen Querschnitt von 1,00 qmm, aber verschiedene Länge besitzen, in das zu prüfende Fett eingepreßt wird. Die Länge der Stifte ist so abgestuft, daß jeder Stift gegenüber dem nächstlängeren einen Längenunterschied von 0,5 oder 1,0 mm aufweist. — Der Apparat hat aber bisher anscheinend weder Anklang noch weitere Beachtung gefunden.

Sprödigkeit bei Wärmegraden unter 20⁰. Zur Prüfung hierauf empfiehlt sich die Reibeprobe nach FINCKE: Kleine Stückchen des Fettes werden bei etwa 15—18⁰ Raumwärme in einer kleinen Porzellanreibschale zerdrückt und leicht gerieben. Kakaobutter wird dabei nicht schmierig, sondern bleibt körnig, während Kakaoabfallfett und verfälschte Kakaobutter sich häufig dadurch kennzeichnen, daß sie auch ohne starken Druck knetbar werden und durch Reiben mit der Reibkeule nicht mehr in körnige Form zu bringen sind. Aus Schokolade ausgezogenes Fett muß völlig und gut erstarrt sein, ehe man es so prüft. Als Extraktionsmittel ist dabei Petroläther, nicht Äther zu verwenden.

γ) Prüfung auf einzelne Zusätze und Behandlungen.

Herstellung von Kakaobutter durch Auspressen beschädigter oder verdorbener Kakaobohnen kommt im Geruch oder Geschmack, gegebenenfalls auch in einem zu hohen Säuregrad zum Ausdruck (vgl. S. 438); ähnlich kann sich Verarbeitung fettreicher Kakaoabfälle zu erkennen geben; das daraus erpreßte Fett besitzt neben weniger gutem Geruch und Geschmack eine dunklere Farbe als normale Kakaopreßbutter. Abgesehen vom Säuregrad ist aber der chemische Nachweis dieser Verfälschung ziemlich aussichtslos, wenn nicht zur Herstellung schalen- oder keimreiche Abfälle gedient haben.

1. *Extraktions-Kakaofett.*

Als Rohstoff für die Gewinnung von Kakaofett durch Extraktion dienen in der Hauptsache Kakaoabfälle oder nicht einwandfrei gereinigte Kakaokerne, im besten Falle beschädigte Kakaobohnen. Schalen von ungerösteten Kakao-

---

[1] H. FINCKE: Die Kakaobutter und ihre Verfälschungen. Stuttgart 1929.

bohnen enthalten nach Fincke[1] im Mittel 2,12%, Kakaokeime 3,53% Fett in der Trockenmasse. Das Fett hat eine andere Zusammensetzung als das Fett des Kakaokernes. Von K. H. Bauer und L. Seber[2] wurden größere Mengen Kakaokeime und Kakaoschalen durch mechanisches Auslesen gereinigt und dann auf Fettgehalt und Fettzusammensetzung geprüft. Hierbei wurden im Vergleich zu Kakaobutter folgende Unterschiede gefunden:

Tabelle 36.

Angabe	Keimöl	Schalenfett	Kakaobutter
Fettgehalt des Rohstoffes in % .	3,7 (3,2—4,5)	1,9—2,5	—
Konsistenz	flüssig	schmalzartig bis fest	fest, spröde
Farbe	tiefgelb bis orangegelb	tiefgelb bis leuchtendgelb	gelblichweiß
Lichtbrechung n_D^{40}	1,4667—1,4697	1,4619—1,4667	
Freie Fettsäuren in %	12 (11,3—15,2)	17 (6,9—23,7)	rd. 1
Unverseifbares in %	12,3 (7,9—15,6)	9,8 (7,4—14,5)	rd. 0,3 (0,20—0,34)
In Petroläther unlösliche Oxysäuren in %	1,5 (0,9—2,5)	0,4 (0,1—1,2)	0,005 (0,003—0,008)
Ölsäure in %	28,2	35,8	34,7
Linolsäure in %	29,0	10,4	3,3
Gesättigte Fettsäuren in % . . .	42,8	53,8	62,0

In einer eingehenderen Untersuchung des Unverseifbaren des Kakaokeimöles, das eine gelbe Masse mit der Jodzahl 90,3—95,6 (Bestimmung nach Kaufmann) bildete, erhielten K. H. Bauer und L. Seber[3] durch Zerlegung mit Petroläther einen festen und einen flüssigen Anteil, von denen letzterer chromatographisch an Aluminiumoxyd weiter zerlegt wurde. Auf diese Weise gewannen Bauer und Seber:

1. Ein in Büscheln krystallisierendes Phytosterin, das große Ähnlichkeit mit α-Tritisterin besaß, aber sich davon in Schmelzpunkt und Farbreaktion unterschied. Die neue Verbindung, α-Theosterin benannt, ist ein einwertiger Alkohol von der Zusammensetzung $C_{30}H_{50}O$, glänzende Blättchen aus Methyl- oder Äthylalkohol, Schmelzpunkt 113 bis 115°, des Digitonids 222—224° (Zers.).

2. Verschiedene Kohlenwasserstoffe, unter diesen n-Nonakosan (Schmelzpunkt 65,5—63,7°) und ein Gemisch höhermolekularer Terpenkohlenwasserstoffe von der ungefähren Zusammensetzung $(C_7H_{12})_3$, mit folgenden Kennzahlen:

Siedepunkt für 760 mm . . . . 335°
Jodzahl nach Kaufmann. 34,3
n^{20} 1,4912

3. Aus den festen Anteilen des Unverseifbaren: Stigmasterin (Schmelzpunkt 169—170°) und Sitosterin (Schmelzpunkt 135,8—136,8°).

Schalenfett aus gerösteten und ungerösteten Bohnen zeigte keinen wesentlichen Unterschied. Dagegen kann nach H. Fincke[1] unter gewissen Umständen je nach Art der Röstung auch Bohnenfett in die Schalen gelangen.

Hiernach unterscheiden sich Keimöl und Schalenfett wesentlich von der Kakaobutter, namentlich durch den hohen Gehalt an freien Fettsäuren, an Unverseifbarem und an Linolsäure.

Auch in Extraktionskakaofetten kommen die Kennzeichen des Schalenfettes zum Vorschein. So fanden Bauer und Seber[4] in 5 Proben derartiger Fette, die auch durch die weiche Konsistenz auffielen:

---

[1] H. Fincke: U. 1938, 45, 345.   [2] K. H. Bauer u. L. Seber: U. 1938, 45, 293.
[3] K. H. Bauer u. L. Seber: Ber. Deutsch. Chem. Ges. 1938, 71, 2223; C. 1938, II, 3879.
[4] K. H. Bauer u. L. Seber: U. 1938, 45, 342.

Tabelle 37.

Im Fett		In den Fettsäuren	
Lichtbrechung bei 40°	1,4600—1,4609	Jodzahl	42,5—45,5
Unverseifbares	1,3—2,0%	Rhodanzahl	37,8—41,3
Säurezahl	0,8—5,5	Ölsäure	36,8—41,8%
Verseifungszahl	188,1—192,8	Linolsäure	3,0—5,6%
Jodzahl	42,1—44,6	Gesättigte Fettsäuren	54,2—58,1%
In Petroläther unlösliche Fettsäuren	0,004—0,338%		

Die Höhe des Unverseifbaren bei diesen Fetten entspricht einem Gehalt an Schalenfett von etwa 10—17%.

Nach J. GROSSFELD[1] sind Extraktionskakaofette, soweit dieselben aus schalen- und keimhaltigen Kakaoabfällen gewonnen sind, durch ihren Gehalt an Kohlenwasserstoffen scharf gegenüber reiner Kakaobutter gekennzeichnet. So enthielten bei Untersuchung nach dem S. 241 beschriebenen Verfahren:

Tabelle 38.

Art des Fettes	Kohlen-wasserstoffe %	Sterine %	Gesamt-Unverseifbares %
Kakaobutter, 6 Proben	0 —0,09	0,33—0,58	0,42—0,60
Extraktionskakaofett aus dem Handel, 9 Proben	0,54—0,90	1,23—1,87	1,88—2,77
Kakaoschalenfett, aus technischen Kakaoschalen	1,81	5,72	7,53

Während für die Herstellung von Kakaobutter schon aus Gründen der Verwertbarkeit der Preßrückstände nur einwandfrei gereinigte Kakaokerne geeignet sind, ermöglicht das Extraktionsverfahren Verarbeitung der genannten Abfälle, deren Extraktionsrückstände sich nicht mehr zur Verarbeitung auf Speisekakao eignen, also praktisch fast wertlos sind. Die Extraktionsbutter wird dann weiter zur Entfernung der schlecht riechenden Stoffe aus den Abfällen einem Raffinationsverfahren unterworfen und dadurch die Minderwertigkeit der verwendeten Rohstoffe verdeckt. Diese Behandlung beseitigt gleichzeitig auch das Kakaoaroma und liefert ein praktisch geruchloses Fett. Bei Verwendung nicht ganz reiner Lösungsmittel können Reste davon im Fett zurückbleiben. Aus diesen Gründen erscheint das Verbot der Benennung von Extraktionskakaofett als Kakaobutter gerechtfertigt.

Bei der Raffination von Abfallkakaofetten geht nach BAUER und SEBER ein erheblicher Teil des Unverseifbaren in den Seifenstock, und die petrolätherunlöslichen Oxysäuren werden dabei restlos entfernt. Da auch die Linolsäure und ein Teil der gesättigten Säuren sich im Seifenstock anreichern, kommt es im Raffinationsfett zu einem Ansteigen des Ölsäuregehaltes.

a) Allgemeine Prüfungen. FINCKE stützt den Nachweis des Kakaoextraktionsfettes auf folgende Kennzeichen:

α) Die sowohl im festen als auch im flüssigen Zustande zu beobachtende dunklere Färbung.

β) Die weiche Beschaffenheit bei der Reibeprobe (vgl. S. 441).

γ) Den Gehalt an unverseifbaren Stoffen, welcher sich sowohl in der Menge des Unverseifbaren[2] (vgl. oben) als auch durch Erhöhung des Klarschmelzpunktes (vgl. S. 11) sowie auch durch die unvollständige Löslichkeit

---

[1] J. GROSSFELD: Z. 1938, **76**, 513; Kazett 1938, **27**, 619, 638; 1939, **28**, 19.

[2] Das Unverseifbare ist hier mit Äther auszuziehen, nicht mit Petroläther, vgl. S. 239.

in Petroläther äußern kann. Bauer und Seber sehen in der Erhöhung der Menge des Unverseifbaren die einzige sichere Unterscheidung des Extraktionsfettes von Kakaofett.

Zur einfachen Vorprüfung auf Kohlenwasserstoffe hat Grossfeld den nach Verfahren A S. 241 erhaltenen Wägungsrückstand in Milligrammen als Kennzahl auf Extraktionskakaofett vorgeschlagen. Diese Kennzahl betrug für die obigen Proben:

$$\begin{array}{ll} \text{Kakaobutter} & 4{,}1\!-\!5{,}8 \\ \text{Extraktionskakaofett} & 26{,}6\!-\!39{,}7 \\ \text{Kakaoschalenfett} & 93{,}8 \end{array}$$

Da die Ergebnisse durch Bestandteile von Kakaoschalen und Kakaokeimen bedingt sind, kann auf diese Weise natürlich aus reinem Kakaokern mit Lösungsmitteln ausgezogenes Fett von Kakaobutter nicht unterschieden werden.

Zur weiteren Bestätigung des Befundes empfiehlt sich dann die genaue Ermittelung des Gehaltes an Kohlenwasserstoffen und Sterinen nach S. 243.

δ) Eine geringe Erhöhung von Refraktometerzahl und Jodzahl; vgl. hierzu W. Schmandt[1], der mit dem Eintauchrefraktometer nach Zeiß bei 90° im Natriumlicht bei reiner Kakaobutter konstant $83{,}7 \pm 0{,}1$ Skalenteile ablas, bei nur 2% Fremdfett aber schon Abweichungen erhielt. Auch die Verseifungszahl wird empfindlich durch gewisse Fremdfette beeinflußt (J. Grossfeld[2]). Diese Abweichungen von der normalen Verseifungszahl (193—195) können zur Erkennung insbesondere von Extraktionsfett, Erdnußhartfett, wenn nach unten, von Cocosfett und Palmkernfett, wenn sie nach oben hin gerichtet sind, benutzt werden. Bei reiner Kakaobutter bildet sie ein bequemes Mittel, den Palmitinsäuregehalt des Fettes zu finden. (Vgl. S. 187.)

Bei den früheren Versuchen wurde die letztere Berechnung auf Grund des damals nach älteren Methoden gefundenen Gehaltes an Unverseifbarem von im Mittel 0,324% ausgeführt. Da sich neuerdings nach S. 443 gezeigt hat, daß der Gehalt an Unverseifbarem in Kakaobutter höher liegt und etwa 0,53% beträgt, bedarf die frühere, für die Palmitinsäureberechnung angegebene Formel einer Nachprüfung. Der gefundenen Erhöhung des Unverseifbaren um im Mittel 0,21% würden $0{,}21 \cdot 9{,}142 = 1{,}9\%$ mehr Palmitinsäure entsprechen. Die so korrigierte Formel lautet dann

$$P = 4{,}837\ V - 912{,}3.$$

Die Abweichung gegenüber der früheren Formel fällt aber noch in die Fehlergrenze.

ε) Die auffallend starke Fluorescenz im Ultraviolettlicht. Nach W. F. Field[3] spricht Ausbleiben der Luminescenz fast sicher gegen Extraktionsbutter und für Preßbutter aus sehr schwach gerösteten Bohnen. Starke Fluorescenz zeigt Extraktionsfett oder Spuren von Mineralöl an. Eine geringe Fluorescenz läßt keine bestimmten weiteren Schlüsse zu. Ein ähnliches Ergebnis erhielt auch W. Schmandt[1]. Dazu kommt der Geruchs- und Geschmacksprüfung große Bedeutung zu. Auch eine Prüfung auf künstliche Färbung nach S. 43 und nach Bd. II, S. 1189 ist angezeigt.

Hierbei ist zu beachten, daß ein Zutreffen der genannten Prüfungsausfälle außer auf Extraktionskakaofett auch auf die weiter unten genannten Verfälschungen und andere Zusätze hindeuten kann, deren An- oder Abwesenheit daher besonders festzustellen ist.

b) Besondere Reaktionen auf Extraktions-Kakaofett. α) Farbreaktion nach Fincke. Etwa 5 ccm des geschmolzenen klar filtrierten (!) Fettes werden im Reagensglas mit etwa 1 ccm einer Mischung aus 2 Teilen Salzsäure (D. 1,19) und 1 Teil Salpetersäure (D. 1,145) geschüttelt und einige Minuten stehengelassen. Nach dieser Zeit erwärmt man etwa 5 Minuten im Wasserbad auf 50—70° unter mehrfachem Umschütteln und setzt dann, falls nur eine schwache Färbung

---

[1] W. Schmandt: Zeitschr. angew. Chem. 1929, **42**, 1039.
[2] J. Grossfeld: Z. 1930, **60**, 70.   [3] W. F. Field: Analyst 1930, **55**, 744.

auftritt, noch 1 ccm der Säuremischung zu. — Bei dieser Prüfung wird die Farbe reiner Kakaobutter und anscheinend auch die Farbe der in zusammengesetzten Schokoladen vorkommenden Fettmischungen nicht verändert. Extrahierte Kakaoabfallbutter dagegen färbt sich bei der Prüfung mehr oder weniger stark rotbraun, während sich die Farbe der Säure nicht wesentlich ändert. Die Reaktion verschwindet nach einiger Zeit wieder. Die Reaktion beruht vermutlich auf Stoffen, die aus den Schalen stammen. Negativer Ausfall ist noch nicht beweisend für Abwesenheit von Extraktionsbutter.

β) **Farbreaktion von** AUFRECHT[1]. 2 g Kakaobutter in 5 ccm Chloroform werden mit 5 ccm Salzsäure (D. 1,192) vorsichtig gemischt. Bei Anwesenheit von Extraktionsfett färbt sich die untere Schicht hell-, dann nach 1 Minute dunkelgrün. Werden nun 2 Tropfen Salpetersäure (D. 1,42) zugefügt und 2 Minuten auf 50⁰ erwärmt, so tritt Rotbraunfärbung ein, die nach 5 Minuten in Braunviolett umschlägt. Reine Kakaobutter bleibt unverändert, ebenso solche mit Zusätzen von festen oder gehärteten Fetten. — Noch schärfer war die Probe, wenn zu obiger Lösung statt Salzsäure 5 Tropfen konzentrierte Schwefelsäure (D. 1,84) gegeben wurden. Hierdurch entstand tiefes Violett und nach 2 Minuten langem Erwärmen auf 50⁰ ein Umschlag nach Braunviolett. Die Reaktion versagte, wenn das extrahierte Kakaofett doppelt filtriert wurde. Reine Kakaobutter blieb hierbei in der Kälte unverändert, bei 50⁰ färbte sie sich gelb mit einem Stich nach Violett. (Vgl. hierzu H. FINCKE[2].)

Nach W. SCHMANDT[3] färben sich Gemische mit Kakaoabfallfett charakteristisch beim Erwärmen mit Eisessig, Kakaopreßbutter dagegen nicht. Der Versuch wird zweckmäßig in Verbindung mit der Bestimmung der kritischen Lösungstemperatur (vgl. S. 48) nach näherer Vorschrift (vgl. Original) ausgeführt.

Nach K. H. BAUER und L. SEBER[4] eignen sich diese Farbreaktionen nur als Vorprobe; teils waren sie unzuverlässig, teils fielen sie dann erst positiv aus, wenn das Unverseifbare auf 0,6—0,7% (nach der älteren Methode) angestiegen war.

γ) **Prüfung auf Kohlenwasserstoffe.** Vgl. oben S. 444.

δ) **Petrolätherunlöslicher Bestandteil.** FINCKE hat in Extraktionskakaofett geringe Mengen, etwa 0,1—0,3% eines in Petroläther unlöslichen Stoffes gefunden, der in Kakaobutter fehlt. Zum Nachweis läßt man 100 oder 200 g des völlig klar filtrierten Fettes gelöst in der doppelten Menge Petroläther mehrere Tage bei nicht zu niedriger Temperatur (um Auskrystallisation von Glyceriden zu verhindern) stehen. Den etwa entstandenen Niederschlag filtriert man ab, wäscht ihn mit Petroläther fettfrei, krystallisiert ihn aus heißem Alkohol um und bestimmt seinen Schmelzpunkt, der zwischen 112 bis 116⁰ liegt. — Bei der Probe ist zu beachten, daß dieser Stoff auch bei der Herstellung des Extraktionsfettes unschwer durch Behandeln mit Benzin und Absetzenlassen entfernt werden kann.

ε) A. CASTIGLIONI[5] gibt nach der Reaktion von MOLIN (1904) auf Antipyrin zu 0,5 g Kakaobutter 2 ccm 95%igen Alkohol und 3 ccm konzentrierte Salzsäure sowie einige Krystalle Antipyrin, bringt zum Kochen und läßt erkalten. Dabei erstarrt das Fett über einer Flüssigkeit, die sich bei Vorliegen von Extraktionsfett allmählich rosa färbt. Cocosfett und Palmkernöl liefern die Reaktion nicht. — Auch die Reaktion von MORAWSKY (vgl. S. 785) eignet sich nach CASTIGLIONI zur Unterscheidung: 0,5 g Fett werden mit 3 ccm Essigsäureanhydrid erhitzt, nach Erkalten durch ein trockenes Filter filtriert und zu einem Teil des Filtrates 1 Tropfen Schwefelsäure von der Dichte 1,53

---

[1] AUFRECHT: Chem.-Ztg. 1929, **53**, 318.   [2] H. FINCKE: Chem.-Ztg. 1929, **53**, 461.
[3] W. SCHMANDT: Zeitschr. angew. Chem. 1929, **42**, 1039.
[4] K. H. BAUER u. L. SEBER: U. 1938, **45**, 342.
[5] A. CASTIGLIONI: Ann. Falsif. 1935, **28**, 24; Z. 1938, **75**, 389.

gegeben: Extraktionsfett liefert vorübergehende Violettfärbung und dann leichte Grünfärbung, Preßbutter sofort Grünfärbung. Diese Probe dürfte auf dem erhöhten Gehalt des Extraktionsfettes an Sterinen beruhen.

ζ) Ein besonderes Verfahren zum Nachweise von Extraktionsfett und anderen fremden Fetten, beruhend auf **fraktionierter Destillation der Äthylester der Fettsäuren**, hat B. Paschke[1] angegeben. Paschke verwendet ferner ebenfalls die Erhöhung des Unverseifbaren und die dadurch bedingte Senkung der Verseifungszahl zum Nachweis.

η) Die Behandlungsverfahren, denen der Kakao von der Ernte bis zur Verwendung unterworfen ist, ebenso das Auspressen und Erstarren der erhaltenen Kakaobutter ziehen tiefgreifende Änderungen in ihrer Natur nach sich, die in **Schmelz- und Erstarrungskurven**, Ausdehnungskurven und Trübungs- und Erstarrungszeitzahlen zum Ausdruck kommen. Für diese Feststellungen sind besondere Apparate und Einrichtungen erforderlich. Es gelingt damit Extraktions- und Kakaobutter voneinander zu unterscheiden. M. Pichard[2] bestimmt dabei drei Kurven, nämlich die der Vollbutter und der beiden nach Seigerung entstehenden Anteile. Auf die Einzelheiten der Methode sei hier verwiesen.

ϑ) H. P. Kaufmann[3] empfiehlt die Anwendung des Interferometers zum Nachweis von Extraktionsfett.

2. Tier- und fremde Pflanzenfette.

Das Vorhandensein dieser Fette kann sich bei der **Konsistenz und Reibe**probe (S. 441) zu erkennen geben.

a) Tierische Fette wie Rinds- und Hammeltalg enthalten ferner Myristinsäure, deren Bleisalz in Alkohol bedeutend leichter löslich ist als das der Palmitinsäure. Bestimmt man daher einerseits die „festen" Fettsäuren nach der Bleisalzmethode (S. 202), anderseits die „höheren gesättigten" Fettsäuren nach der Kaliumpermanganatmethode (S. 162), so findet man bei Gegenwart von Talg eine bedeutend größere Differenz als bei reiner Kakaobutter.

B. Paschke[4] gibt zum Nachweis der genannten Fremdfette Verfahren an, die auf fraktionierter Destillation der Äthylester beruhen.

Eine besonders feine Unterscheidung des Kakaofettes von anderen Fetten, insbesondere auch von Rindsfett, ermöglicht die **Darstellung der Konsistenzlinien** nach J. Straub und R. N. M. A. Malotaux[5] (vgl. S. 20), die wie Abb. 18 zeigt, wesentlich verschieden verlaufen. Während Kakaofett bei 20° noch fast zu 100% aus festen Krystallen besteht, ist es bei 34° schon ganz geschmolzen. Dagegen enthält Rindstalg bei 20° bereits 60% flüssige Anteile und erst bei 48° ist alles gelöst. Die Ausbuchtung in der Kurve bei rund 27° zeigt an, daß hier eines der anwesenden festen Glyceride gerade ganz in der Schmelze gelöst ist.

b) Besondere Prüfungen auf Talg in Kakaobutter sind folgende: α) Björklund **Ätherprobe**[6]. 3 g Kakaofett werden mit 6 g Äther in einem mit Korkstopfen verschlossenen Reagensglase bei 18° behandelt. Falls **Wachs** vorhanden ist, entsteht eine trübe Flüssigkeit, welche sich beim Erwärmen nicht verändert.

---

[1] B. Paschke: Z. 1930, **60**, 327; 1932, **64**, 561; 1934, **67**, 79; 1934, **68**, 311.
[2] M. Pichard: Bull. office internat. Chocolat. 1937, **7**, 333; Z. 1938, **76**, 88.
[3] H. P. Kaufmann: U. 1931, **38**, 265.
[4] B. Paschke: Z. 1938, **75**, 316, 318.
[5] J. Straub u. R. N. M. A. Malotaux: Rec. Trav. chim. Pays-Bas 1933, **52**, 275; 1938, **57**, 789.
[6] Björklund: Zeitschr. analyt. Chem. 1864, **3**, 233.

Bleibt die Lösung klar, so bringt man das Röhrchen in Wasser von 0^0 und beobachtet, nach welcher Zeit die Flüssigkeit anfängt sich zu trüben oder weiße Flocken abzusetzen, und ferner, bei welcher Temperatur sie danach wieder klar wird. Wenn schon vor 7 Minuten (GH. GHIMICESCU und G. KOTSIS[1]) Trübung eintritt, so ist die Kakaobutter nicht rein. Reines Kakaofett wird erst nach 7—15 Minuten trübe und bei 19—20^0 wieder klar, während Zusätze von 5, 10, 15 und 20% Rindertalg schon einen Beginn der Trübung nach 8, 7, 5 und 4 Minuten bewirken. Die gleichen Lösungen werden erst beim Erwärmen auf 22—29^0 wieder klar.

β) FILSINGERs Probe[2]. 2 g Kakaofett werden in einem eingeteilten Gläschen geschmolzen und mit 6 ccm einer Mischung aus 4 Teilen Äther (D. 0,725) und 1 Teil Alkohol von der Dichte 0,810 geschüttelt. Reines Kakaofett liefert so eine klar bleibende Lösung.

Beide vorstehenden Proben haben nach J. LEWKOWITSCH[3] nur einen orientierenden Wert. P. BOHRISCH und F. KÜRSCHNER[4] beurteilen besonders die Probe von BJÖRKLUND günstig.

D. ALBERS[5] prüft auf Entmischungstemperatur von 1 Teil Fett mit 4 Teilen Anilin. Da diese vom Säuregrad abhängig ist, muß für dessen Zunahme um je 1^0 die Entmischungstemperatur um 0,18 herabgesetzt werden. Die so korrigierte Temperatur soll mindestens 42^0 betragen. Nach G. ISSOGLIO[6] löst sich 1 g Kakaobutter vollständig in 10 ccm einer Mischung von 15 g frisch destilliertem Anilin, 55 g frisch destilliertem Aceton und 35 ccm 95%igem Alkohol beim Erwärmen. Unlösliches zeigt Fremdfette an. Aus der Lösung scheidet sich die Kakaobutter als ein noch nach 12 Stunden nicht erstarrendes Öl ab, während krystallinische Abscheidungen hierbei Fremdfette anzeigen.

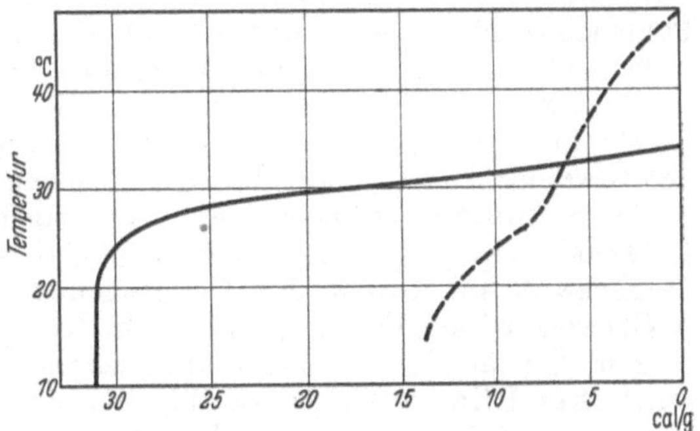

Abb. 18. Konsistenzlinien von Kakaofett und Rindertalg (gestrichelt). (Nach STRAUB und MALOTAUX.)

Eine weitere wertvolle Kennzahl bildet eine Differenzzahl des Schmelzpunktes der Fettsäuren und der schwerlöslichen Glyceride, ähnlich der Differenzzahl nach BÖMER (vgl. S. 563): Man schmilzt 4 g Kakaobutter in einem 18 cm langen und 2,5 cm weiten Reagensglase mit 8 g Äther bei gelinder Wärme und läßt in Eiswasser krystallisieren. Nach $^1/_2$ Stunde werden die Krystalle abgesaugt und deren Schmelzpunkt (S_x) bestimmt. Aus dem so erhaltenen Glyceridanteil werden durch Verseifen mit 20 ccm 4%iger alkoholischer Kalilauge, Zersetzen der Seife mit Schwefelsäure in üblicher Weise die Fettsäuren gewonnen und nach 12stündigem Stehen deren Schmelzpunkt (S_a) bestimmt. Bei reiner Kakaobutter ist S_a stets größer als S_x und $S_a - S_x > \dfrac{S_x}{3}$.

In zweifelhaften Fällen wird die Krystallisation aus Äther mehrmals wiederholt.

S. A. ASHMORE[7] ermittelt in einem besonderen Apparat die Krystallisationstemperatur der Kakaobutter an dem Auftreten des TYNDALL-Effektes durch einen seitlich einfallenden Lichtkegel. Kakaobutter zeigte dabei die Krystallisationstemperatur zwischen $20,0$—$20,8^0$, Borneotalg $31,2^0$, Kakaobutter mit 20%, Borneotalg $21,8$—$22,0^0$.

[1] GH. GHIMICESCU u. G. KOTSIS: Ann. Jassy. Sect. I 1938, 24, 91.
[2] FILSINGER: Pharm. Zentralh. 1878, 19, 452; Zeitschr. analyt. Chem. 1880, 19, 247.
[3] J. LEWKOWITSCH: Journ. Soc. chem. 1899, 18, 556.
[4] P. BOHRISCH u. F. KÜRSCHNER: Pharm. Zentralh. 1914, 55, 190.
[5] D. ALBERS: Chem. Weekbl. 1928, 25, 235.
[6] G. ISSOGLIO: Ind. chimica 1929, 4, 195, 278.
[7] S. A. ASHMORE: Analyst 1934, 59, 515.

c) Butterfett ändert die Eigenschaften des Kakaofettes wesentlich. Es ist an der Buttersäurezahl (S. 85) zu erkennen und zu bestimmen.

Für den Erstarrungspunkt (Übergangspunkt) von Kakaofett-Butterfettmischungen, bezogen auf den Butterfettgehalt geben D. W. Horn und M. A. Wilson[1] für Butterfettgehalte bis zu 70% die folgende Funktion an:

$$y = - 0{,}165\, x + 29{,}2.$$

d) Pflanzliche Kakaobutterersatzfette erwecken bei der Reibeprobe nach Fincke (vgl. S. 441) durch Schmierigwerden den Verdacht eines Fremdfettzusatzes, außer raffiniertem Illipefett, das sich ähnlich wie Kakaofett verhielt (vgl. unten).

Cocosfett und andere Fette dieser Gruppe (vgl. S. 427) sind unschwer an den abweichenden Kennzahlen zu erkennen. Insbesondere werden schon durch geringe Zusätze an Cocosfett, auch in gehärteter Form die Verseifungszahl, Polenske-Zahl, Caprylsäurezahl und Gesamtzahl der niederen Fettsäuren bedeutend erhöht, die Lichtbrechung und Jodzahl dagegen erniedrigt. Auch ein Nachweis von Laurinsäure nach S. 160 zeigt Fette dieser Gruppe an.

Die Berechnung der Höhe des Cocosfettzusatzes erfolgt am einfachsten aus der Gesamtzahl (vgl. S. 79) durch Malnehmen mit dem Faktor 2,6.

Th. Sundberg[2] berechnet den Cocosfettgehalt aus Reichert-Meissl- und Polenske-Zahl. G. van Beneden[3] gibt ein besonderes Verfahren zum Cocosfettnachweis auf Grund der Untersuchung der nichtflüchtigen Säuren an, J. Grossfeld[4] aus der Laurinsäurezahl (vgl. S. 161, auch S. 433).

Für die in der Fettsäurenzusammensetzung der Kakaobutter ähnlichen Pflanzenfette wie Illipefett (vgl. S. 452), Borneotalg (vgl. S. 453), Karitefett oder Sheabutter (vgl. S. 450) hat Fincke folgende Eigenschaften und Kennzahlen ermittelt (s. Tabelle 39).

Hiernach ist bei Sheafett und Bankafett besonders der hohe Gehalt an Unverseifbarem sehr auffällig, aber auch die anderen Kennzahlen wie die erhöhten Refraktometerzahlen und die abweichenden Verseifungszahlen bieten neben der Reibeprobe Anhaltspunkte für den Nachweis der Zusätze. Nur das raffinierte Illipefett verhält sich dem Kakaofett sehr ähnlich.

Echte Illipebutter stammt von Bassia longifolia[5] (vgl. S. 452). Doch wird als sog. „Illipebutter" vielfach Borneotalg (vgl. S. 453) gehandelt. A. W. Knapp, J. E. Moss und A. Melley[6] geben als besondere Kennzeichen des Borneotalges den erhöhten Titer der Fettsäuren von 54—55 (Kakaofett nicht über 50), die sehr beständige Grünfärbung im Ultraviolettlicht und andere Kennzeichen an.

Colombier und Chaize[7] haben zum Nachweis von Illipe- und Bankafett das Verfahren von Halphen zur Bildung von in Petroläther unlöslichen Bromphytosterinen wie folgt abgeändert: 1,5 g Fett werden in 3 ccm Tetrachlorkohlenstoff gelöst und tropfenweise mit einer Lösung gleicher Teile Brom und Tetrachlorkohlenstoff bis eben zum Eintritt der Gelbfärbung versetzt, wobei ein Überschuß an Brom zu vermeiden ist. Darauf schüttelt man um, filtriert — nötigenfalls unter Verwendung von Talk oder Kieselgur — in ein Reagensglas und überschichtet vorsichtig mit der gleichen Menge Petroläther. Noch 5% Illipe- oder Bankafett geben sich durch eine weiße schleimige Trübung des Petroläthers zu erkennen. Noch empfindlicher (bis auf 2% jener Fette) wird der Nachweis, wenn man 5 g Fett wie üblich mit 25 ccm alkoholischer Kalilauge verseift, den Alkohol auf dem Wasserbade vertreibt, die Masse trocknet, mit 10 ccm Tetrachlorkohlenstoff verreibt und filtriert. Mit dem auf

---

[1] D. W. Horn u. M. A. Wilson: Amer. Journ. Pharmac. 1934, **106**, 59; C. 1934, II, 357.

[2] Th. Sundberg: Svensk. Kem. Tidskr. 1928, **40**, 9?; C. 1928, I, 1726.

[3] G. van Beneden: Journ. Pharmac. Belg. 1934, **16**, 1.

[4] J. Grossfeld: Kazett 1929, **18**, 664.

[5] Dieses Fett hat aber einen wesentlich niedrigeren Schmelzpunkt als Kakaobutter (vgl. S. 440 bzw. 452).

[6] A. W. Knapp, J. E. Moss u. A. Melley: Analyst 1927, **52**, 452.

[7] Colombier u. Chaize: Ann. Falsif. 1928, **21**, 91; Z. 1934, **67**, 463.

Tabelle 39.

| Kennzahl | Illipe-Rohfett | Raffiniertes Illipefett | Raffinierte Karitebutter | Englisches | | Französisches Pflanzenfett „Banka" | |
				Shea- (Illipe-) Fett	Sheafett	unbehandelt	mit Petroläther gereinigt
Äußere Beschaffenheit	Talgartig graugrünes Fett	Hartes hellgrünliches Fett	Talgartiges grauweißliches Fett	Ziemlich hartes weißliches Fett	Körnig weiches bräunlichweißes Fett	Talgartig grauweißliches Fett	Talgartiges grauweißliches Fett
Reibeprobe . . .	schmierend	fast wie Kakaobutter	schmierend	schmierend	schmierend	schmierend	schmierend
Refraktometerzahl bei 40°	—	48,4	57,2	55,3	56,0	56,0	55,5
Schmelzpunkt des Fettes:							
Fließpunkt . .	55,8	34,0	33,0	36,5—38,0 (unscharf)	34,8	34,5—34,9	34,6
Klarpunkt . .	56,2	35,2	34,6	54,8—55,0	über 52 unscharf	51,4—51,8	35,7
Säuregrad	125	1,0	3,2	1,0	0,6	2,0	3,0
Verseifungszahl. .	203,2	194,1	180,5	193,1	185,6	183,3	186,1
Jodzahl	32,0	38,2	53,2	36,2	52,9	50,0	45,6
Schmelzpunkt der Rohfettsäuren:							
Fließpunkt . .	55,7	54,0	54,3	51,5	51,8	54,5	53,6—54,0
Klarpunkt . .	57,5	56,0	55,5	54,8	56,3	56,0	56,4—56,5
Schmelzpunkt der Reinfettsäuren:							
Fließpunkt . .	—	—	—	—	—	55,0—55,3	54,4—54,6
Klarpunkt . .	—	—	—	—	—	56,8—57,0	57,1—57,2
Unverseifbares . .	—	—	—	10,7	—	6,4	5,3

2 ccm eingeengten Filtrat stellt man dann die Reaktion nach HALPHEN in der wie oben abgeänderten Form an.

e) Gehärtete Öle. Gehärtete Öle von Kakaobutterkonsistenz enthalten im Gegensatz zur Kakaobutter Tristearin und Isoölsäure, die sich bei der Untersuchung deutlich zu erkennen geben, letztere aber nur, wenn es sich um nicht vollständig gehärtete Öle handelt (H. P. KAUFMANN und M. KELLER[1]). Derartige Hartfette müssen dann an ihren sonstigen Eigenschaften erkannt werden, z. B. vollständig gehärtetes Cocosfett nach S. 448.

Der Gehalt an Tristearin, das man auch durch Krystallisation abscheiden kann, äußert sich in einer Erhöhung des Klarschmelzpunktes und einer Vergrößerung der Differenz zwischen Fließ- und Klarschmelzpunkt. Ferner ist bei gehärteten Ölen das Verhältnis des Schmelzpunktes der Fette zum Schmelzpunkte der Fettsäuren sehr von dem bei Kakaobutter verschieden, ebenso das Verhältnis der Höhe der Jodzahl zum Schmelzpunkt der Fettsäuren; auch stehen der Schmelzpunkt des Fettes und die Härte desselben bei den hydrierten Ölen in ganz anderem Verhältnis zueinander als bei Kakaobutter. H. FINCKE[2], der zuerst auf diese Beziehungen hingewiesen hat, gibt für Kakaobutter und Erdnußhartfett folgende Zahlenunterschiede an (s. Tabelle 40, S. 450).

Oft ist in diesen Kakaoersatzfetten auch künstlicher Farbstoff nach S. 43 nachweisbar.

---

[1] H. P. KAUFMANN u. M. KELLER: U. 1930, **37**, 142.
[2] H. FINCKE: Kazett 1928, **17**, Nr. 3 u. 4; Kakaobutter 1929.

Tabelle 40.

Prüfung und Kennzahl		Kakao-butter	Gehärtete Erdnußöle	Kakaobutter mit 20% gehärtetem Erdnußöl
Reibeprobe		normal	stark schmierend	zu weich
Säuregrad		3,1	0,15—0,20	—
Refraktometerzahl bei 40°		46,9	49,7—51,8	48,0
Schmelzpunkt des Fettes	Fließpunkt	32,3	32,4—40,8	31,8—32,4
	Klarpunkt	33,1	34,7—43,0	36,5—36,9
Erstarrungspunkt des Fettes		—	27,6—32,5	—
Verseifungszahl		194	188,7—191,7	
Jodzahl des Fettes		35,9	59,0—69,9	41,7
Unverseifbares in %		0,32	0,41—0,91	—
Schmelzpunkt der Rohfettsäuren	Fließpunkt	50,0	31,0—38,0	48,1
	Klarpunkt	52,3	34,8—39,0	50,3
Differenz: Schmelzpunkt der Fettsäuren minus Schmelzpunkt des Fettes beim	Fließpunkt	+ 17,7	— 3,5 bis — 0,4	+ 16,0
	Klarpunkt	+ 19,2	— 4,5 bis + 0,1	+ 13,6
Differenz: Klarschmelzpunkt der Fettsäuren minus Jodzahl der Fettsäuren		+ 15,0	— 22,8 bis — 37,0	+ 6,9

Die Prüfung auf Isoölsäuren erfolgt nach S. 204. Bei zweimaliger Krystallisation der Bleisalze erhält man bei reiner Kakaobutter nur etwa 0,3% scheinbare Isoölsäure.

f) Wachs. Bereits ein geringer Bienenwachsgehalt gibt sich nach Fincke durch eine beträchtliche Erhöhung des Klarschmelzpunktes (bei 2% auf 43°) zu erkennen. Die Verseifungszahl wird entsprechend erniedrigt. Weiter werden natürlich die Menge des Unverseifbaren und seine Eigenschaften beeinflußt. Eine Unterscheidung des Wachsgehaltes von einem Zusatz an Sheafett und anderen Pflanzentalgen kann über den Schmelzpunkt der Reinfettsäuren (ohne Unverseifbares) erfolgen, der bei Wachszusatz nicht wesentlich verändert wird.

Nach P. Bohrisch und F. Kürschner[1] läßt sich Wachs auch durch Lösen des Fettes in der doppelten Menge Benzin bis herab zu 2% an der entstehenden Trübung nachweisen, wie von Fincke bestätigt wird. Fincke fand aber, daß auch Illipe- und ähnliche Fette sich auf Grund ihres Gehaltes an Pflanzenwachs in konzentrierter Mischung ebenso verhalten. Ebenso kann auch extrahiertes Kakaofett nach S. 445 petrolätherunlösliche Stoffe enthalten.

g) Mineralölzusatz senkt die Verseifungszahl und erhöht die Menge des Unverseifbaren. Die sichere Erkennung und Bestimmung erfolgt nach S. 241 f.

Buch-Literatur über Kakaobutter.

H. Fincke: Die Kakaobutter und ihre Verfälschungen. Stuttgart 1929.

2. Sheabutter (Karitefett).

Die Sheabutter stammt aus den Samen des Sheabaumes Bassia (Butyrospermum) Parkii, die im lufttrockenen Zustande etwa 45% Fett enthalten. Sie kann nach entsprechender Reinigung als Speisefett verwendet werden (A. M. Sigg[2]).

Das Rohfett zeigt nach H. Sprinkmeyer und A. Diedrichs[3] eine mehr oder minder braune Färbung und einen eigentümlichen, beim Schmelzen deutlich hervortretenden Geruch. Die Konsistenz der rohen und der raffinierten Sheabutter ist butterartig, jedoch eigentümlich zähe.

---

[1] P. Bohrisch u. F. Kürschner: Pharm. Zentralh. 1914, **55**, 191.
[2] A. M. Sigg: Seifensieder-Ztg. 1910, **37**, 354, 379.
[3] H. Sprinkmeyer u. A. Diedrichs: Z. 1912, **23**, 584.

Kennzahlen der Sheabutter (der Fettsäuren). Dichte D^{15} 0,9168, D^{100} 0,858—0,868, Schmelzpunkt 23—24° (51—57°), nach POLENSKE im raffinierten Fett 43,4—45,2, Erstarrungspunkt 17—27 (47—54), nach POLENSKE im raffinierten Fett 21,0—25,2, n_D^{40} 1,4629—1,4679 $[\alpha]_D + 3$ bis $+ 3,2°$. Verseifungszahl 178—192 (190—200), Jodzahl 48—66 (53—64), Rhodanzahl um 48, REICHERT-MEISSL-Zahl 1,1—3,8, POLENSKE-Zahl um 0,6.

Die beträchtlichen Schwankungen der Kennzahlen dürften in der Hauptsache durch den verschiedenen Gehalt der Proben an dem Unverseifbaren bzw. durch die Vorbehandlung des Fettes bedingt sein.

Über die Zusammensetzung der Fettsäuren der Sheabutter vgl. S. 437, ferner J. BOUGAULT und G. SCHUSTER[1], S. J. HOPKINS und F. G. YOUNG[2]; T. G. GREEN und T. P. HILDITCH[3] fanden in einer Probe Sheafett die Fettsäuren von 1,4% Zimtsäure begleitet.

BERG und ANGERHAUSEN[4] haben für das Unverseifbare folgende Kennzahlen ermittelt:

Tabelle 41.

Kennzahl	Gereinigtes Sheafett	Rohes Sheafett	Mit Äther aus-gezogenes Sheafett
Spezifische Drehung des Fettes	$+ 3,0°$	$+ 3,05°$	$+ 3,2°$
Des Unverseifbaren:			
Alkoholunlöslicher Teil	2,55	2,19	0,95%
Phytosteringehalt . . . . :	0,09	0,12	0,12%
Schmelzpunkt	152—153°, Beginn des Sinterns 148°		
„ des Acetates	169°, Beginn des Sinterns 165°		
Alkohollöslicher, sterinfreier Anteil . . .	3,87	4,09	4,80%
Spezifische Drehung	$+ 38,7°$	$+ 38,5°$	$+ 39,5°$
Berechnete Refraktion bei 40°	150	—	—
Jodzahl	66,6	—	—
Der Fettsäuren ohne Unverseifbares:			
Refraktion bei 40°	36	37,1	37,7
Spezifische Drehung	0°	0°	0°

Die rohen Fettsäuren des gereinigten Sheafettes mit Unverseifbaren ergaben: Refraktion bei 40° 43, Spezifische Drehung $+ 2,28°$, Jodzahl 57,7, Verseifungszahl 189,4.

Das Unverseifbare des Sheafettes enthält nach HOPKINS und YOUNG[5] größere Mengen eines ungesättigten Kohlenwasserstoffes $C_{32}H_{56}$ vom Schmelzpunkt 64°, den sie mit KOBAYASHI[6] Illipen genannt haben, außerdem Harze und einen guttaähnlichen Stoff. Nach K. H. BAUER und G. UMBACH[7] ist der Kohlenwasserstoff des Unverseifbaren der Sheabutter ein Kautschukkohlenwasserstoff, vielleicht Karitekautschuk, den sie mit Kariten bezeichnen und für identisch mit Illipen ansehen. Sie erhielten ihn aus dem beim Verseifen der Sheabutter mit alkoholischer Kalilauge an der Kolbenwand anhaftendem Teil des Unverseifbaren durch Herauslösen mit Chloroform. Er bildet nach Umlösen aus Äther und Auskochen mit Propylalkohol ein weißes Pulver vom Schmelzpunkt 63° und entspricht der Formel $(C_3H_8)_n$, wobei n sich nach der Molekulargewichtsbestimmung nach RAST in Campher zu 20—21 ergab.

Auch J. M. HEILBRON, G. L. MOFFET und F. S. SPRING[8] erhielten durch alkalische Hydrolyse mit alkoholischer Kalilauge ein kautschukähnliches Material, aus dem sie das Illipen von HOPKINS und YOUNG (vgl. oben!) bzw. KOBAYASHI[6] isolierten und darin

[1] J. BOUGAULT u. G. SCHUSTER: Compt. rend. Acad. Sciences 1931, **193**, 362.
[2] S. J. HOPKINS u. F. G. YOUNG: Journ. Soc. chem. Ind. 1931, 50 T, 389; C. 1932, I, 2401.
[3] T. G. GREEN u. T. P. HILDITCH: Journ. Soc. chem. Ind. 1938, **57**, 49; C. 1938, II, 621.
[4] P. BERG u. J. ANGERHAUSEN: Z. 1914, **27**, 723; **28**, 73.
[5] S. J. HOPKINS u. F. G. YOUNG: Journ. Soc. chem. Ind. 1931, 50 T, 389; C. 1932, I, 2401.
[6] K. KOBAYASHI: Journ. chem. Ind. Japan 1922, **25**.
[7] K. H. BAUER u. G. UMBACH: Ber. Deutsch. Chem. Ges. 1932, **65**, 859; C. 1932, I, 3360.
[8] J. M. HEILBRON, G. L. MOFFET u. F. S. SPRING: Journ. chem. Soc. Lond. 1934, 1583; C. 1935, I, 171.

den Schmelzpunkt 63—64⁰ fanden. Acetylierung des Unverseifbaren lieferte β-Amyrin-acetat vom Schmelzpunkt 235—236⁰, aus dem β-Amyrin (Schmelzpunkt 193—194⁰) er-halten wurde. In der Mutterlauge fand sich ein Acetat $C_{33}H_{52}O_2$ (oder $C_{31}H_{50}O_2$), das aus Alkohol Nadeln vom Schmelzpunkt 141⁰, $[\alpha]_D = +22,4⁰$ (in Chloroform) lieferte. Benzoy-lierung des Unverseifbaren ergab geringe Mengen β-Amyrinbenzoat und Lupeolbenzoat, daraus Lupeol $C_{30}H_{50}O$, Schmelzpunkt 210—211⁰, $[\alpha]_D = +26,4⁰$.

3. Mowrahbutter. Illipebutter.

Mowrahbutter wird aus den Samen von Madhuca (Bassia) latifolia gewonnen, die nach H. Sprinkmeyer und A. Diedrichs[1] etwa 70% Samen-kern mit im Mittel 45% Fett enthalten. Das daraus durch Pressen erhaltene goldgelbe Rohfett riecht säuerlich und schmeckt bitter. Es liefert eine blau-violette Bellier-Reaktion. Durch Raffination gewinnt man ein schweine-schmalzähnliches gelblichweißes Fett von neutralem Geruch und angenehm nuß-artigem Geschmack, das nun eine negative Bellier-Reaktion zeigt.

Illipebutter (Illipetalg) stammt von Madhuca (Bassia) longifolia (Illipe longifolia oder Illipe malabarica), deren Kern 55—57% eines hellgelben, manch-mal etwas bitteren Fettes von kakaoähnlichem Geruch enthält.

Weiterhin wird von Bassia butyracea, dem indischen Butterbaum, ein Fett von schmalzartiger Konsistenz, grünlichgelber Farbe, aromatischem Geruch und nicht bitterem Geschmack der Fulwatalg, gewonnen. Ein weiteres hierhin gehöriges Fett ist das gelbe Katio- oder Kachiauöl von einer Bassiaart, mit süßem Geschmack und angenehmem Geruch.

Die bei diesen Fetten gefundenen wichtigsten Kennzahlen sind folgende: Kennzahlen der Mowrahbutter von Madhuca (Bassia) latifolia (der Fettsäuren). Dichte D^{15} 0,919—0,924, D^{100} 0,860—0,869, Schmelz-punkt 23ʹ—31⁰ (39—55⁰), Erstarrungspunkt 18—25⁰ (38—53⁰) n_D^{40} 1,4580 bis 1,4610, $[\alpha]_D + 1,12⁰$.

Verseifungszahl 187—196 (188—192), Jodzahl 50—68, meist 58—63 (47 bis 59), Rhodanzahl um 48, Reichert-Meissl-Zahl 0,2—1,7, Polenske-Zahl 0,4 bis 0,9, Unverseifbares 2,1%.

Kennzahlen des Illipefettes, von Madhuca (Bassia) longifolia (Fettsäuren). Dichte D^{15} 0,9166, D^{100} 0,855—0,863, Schmelzpunkt nach Polenske, Rohfett: 25—29 (39—46), raffiniertes Fett 26—29, Erstarrungs-punkt 17—22 (36—42), n_D^{40} 1,459—1,462, kritische Lösungstemperatur in Eis-essig 64,5⁰. Verseifungszahl 185—195 (192,1), Jodzahl 50—64 (52—56), Reichert-Meissl-Zahl 1,4—3,6, Polenske-Zahl 0,6, Unverseifbares 1,4—2,3%.

Kennzahlen des Fulwatalges von Madhuca (Bassia) butyracea (der Fettsäuren). D^{15} 0,9245, D^{100} 0,855—0,866, Schmelzpunkt 39—51 (58,4), Erstarrungspunkt 27⁰ (48—55⁰), n_D^{40} 1,4552—1,4581.

Verseifungszahl 170—200 (195,9), Jodzahl 38—43 (38,4), Unverseifbares 0,5—5,3 (A. Diedrichs[2]).

Die Jodzahl des Unverseifbaren von Mowrahfett wurde zu 58—66, die des Fettes von Bassia butyracea zu 77,2 (Kesava Menon) gefunden. Die Bellier-Reaktion ist im gereinigten Mowrahfett negativ.

G. Schuster[3] untersuchte Illipebutter durch Oxydation mit Kalium-permanganat nach Hilditch (vgl. S. 378). Auf die Einzelheiten der Unter-suchung sei hier verwiesen.

Für das Unverseifbare von gereinigtem Mowrahfett fanden Berg und Angerhausen:

---

[1] H. Sprinkmeyer u. A. Diedrichs: Z. 1914, 27, 135.
[2] A. Diedrichs: Z. 1914, 27, 135.
[3] G. Schuster: Journ. Pharmac. Chim. 1932 (8), 16 (124), 421; C. 1933, I, 1702.

Tabelle 42.

Angabe Menge in %	Alkoholunlöslicher Anteil		Sterinfreier alkohollöslicher Anteil	
	I	II	I	II
Spezifische Drehung	$0,31 + 1,05$	$0,27 + 1,12$	$1,30 + 33,0$	$1,73 + 35,0$
Phytosteringehalt in % . . .	0,05	0,04	—	—
Schmelzpunkt	153^0		Refraktion bei 40^0 (berechnet)	
„ des Acetates .	$173—175^0$		Jodzahl 68,3	

4. Borneotalg (Enkabangtalg, Tenkawang).

Borneotalg ist dem Stillingiatalg (vgl. S. 413) im äußeren Aussehen ähnlich, wird aber von verschiedenen Pflanzen gewonnen, die zu den Dipterocarpaceen (Shorea seminis DE VR., Sh. compressa BURCK, Sh. Martiniana SCHEFF., Sh. pinanga SCHEFF.) gehören (P. A. ROWAAN[1]). Der Enkabangtalg stammt ebenfalls von einer solchen, von Shorea Gysbertiana. Der Talg, der verschiedentlich als Kakaobutterersatzfett empfohlen worden ist (vgl. S. 448), ist von harter Konsistenz und gelbgrüner Farbe, die bei offener Lagerung an der Oberfläche ausbleicht. Der Geschmack ist nach H. SPRINKMEYER und A. DIEDRICHS[2] bei raffiniertem Fett neutral, bei Rohfett kratzend. Gegenüber Kakaobutter ist bei Tenkawang der Erstarrungspunkt der Fettsäuren erhöht (51—55 gegen 48—50⁰), die Jodzahl niedriger und der Schmelzpunkt des Fettes etwas höher (P. A. ROWAAN[3]).

Im Handel wird Borneotalg auch irrtümlich als „Illipefett" (vgl. S. 448 u. 452) bezeichnet.

Von den Eingeborenen auf Borneo höher geschätzt ist das feste Teglamfett, das eine gelbgrüne, nach dem Schmelzen gelbe Farbe und einen süßen butterähnlichen Geschmack besitzt.

Kennzahlen von Borneotalg (der Fettsäuren). Dichte D^{99} 0,851 bis 0,857, Schmelzpunkt 28—37⁰ (52—57⁰), Erstarrungspunkt 22—30⁰ (48—54⁰), n_D^{40} 1,4559—1,4573.

Verseifungszahl 190—197, Jodzahl 27—34, POLENSKE-Zahl 0,4—0,5.

5. Allanblackiafett.

Dieses Fett wird von den Eingeborenen als Speisefett verwendet. Es eignet sich nach J. PIERAERTS und S. VLASSOW[4] vorzüglich dazu und kann nach ihnen durch Krystallisation aus Aceton leicht in Oleodistearin übergeführt werden, das dann an Stelle von Oleomargarin bei der Margarineherstellung Verwendung finden soll.

Nach M. KRAUSE und DISSELHORST[5] stammt das Fett aus den Samen von Allanblackia Stuhlmannii. Die Früchte dieser Pflanze sind von Kürbisform und erreichen eine Länge von 22 cm, eine Breite von 15 cm. Sie bergen etwa 30 Stück fettreiche Samen von Größe und Form unserer Kastanien. Die Kerne enthalten etwa 54—55% Fett.

Die Kennzahlen dieses Fettes wurden von den Genannten wie folgt gefunden:

Dichte bei 17,5⁰ 0,8754   Verseifungszahl . . . . . 188—189
Schmelzpunkt . . . . 43—45⁰   Jodzahl . . . . 37— 38

6. Adjabfett. Njavebutter.

Adjabfett wird aus den Samenkernen von Mimusops djave gewonnen, die im Kern etwa 60% Fett enthalten.

---

[1] P. A. ROWAAN: De Indische Mercuur 1937, **60**, 416.

[2] H. SPRINKMEYER u. A. DIEDRICHS: Z. 1912, **23**, 589.

[3] P. A. ROWAAN: Ber. Afdeel. Handelsmuseum Kon. Vereenig. Kolon. Inst. 1938, Nr. 113.

[4] J. PIERAERTS u. S. VLASSOW: Matières grasses — Pétrole Dérivés 1931, **23**, 9086; C. 1931, II, 2297.

[5] M. KRAUSE u. DISSELHORST: Tropenpflanzer 1909, **13**, 281.

Das neutralisierte Samenfett war nach H. Sprinkmeyer und A. Diedrichs[1] von ziemlich weicher schmalzähnlicher Konsistenz, im festen Zustande von gelblichweißer, im geschmolzenen von gelblichbrauner Farbe. Das frischgepreßte Fett war von schwach bitterem Geschmack, nach vorsichtiger Waschung mit heißem Wasser dagegen fast geschmacklos.

Nach Krause und Disselhorst[2] ist Adjabfett zur Herstellung von Speisefett geeignet. Kennzahlen von Adjabfett (der Fettsäuren). Dichte, D^{15} 0,913—0,917, D^{40} 0,898—0,899, D^{100} 0,860, Schmelzpunkt 32—45° (43—53°), Erstarrungspunkt 28—39° (39—47°), n_D^{40} 1,4601—1,4609.

Verseifungszahl 180—190 (190—210), Jodzahl 56—65, Thermozahl 55. Unverseifbares 2,2—6,2%.

Sprinkmeyer und Diedrichs erhielten folgende Kennzahlen:

Tabelle 43.

Angaben	Schmelz-punkt °	Er-starrungs-punkt nach Polenske °	Refrakto-meterzahl bei 40°	Ver-seifungs-zahl	Jod-zahl	Säure-zahl	Un-verseif-bares %	Schmelz-punkt der Fett-säuren
Rohfett, warm gepreßt	42,5	39,3	52,4	182,9	59,0	72,4	7,40	49,0
Ätherextrakt	49,8	45,0	48,6	187,7	58,0	130,0	—	—
Neutralfett, selbst neu-tralisiert	26,3	20,2	58,5	179,8	57,6	0,3	5,55	50,8

C. Palmitinsäurereichere Samenöle.

Die meist halbtrocknenden Öle sind durch einen hohen, durchweg über 10% liegenden Palmitinsäuregehalt gekennzeichnet. Unter ihnen ist Baumwollöl von größter Bedeutung als Speiseöl. Weiter gehört hierhin das Kapoköl, Baobaböl, Hibucusöle, das Öl der Pistacie und der Paranuß. Es sind Vertreter der Malvaceen, Bombaceen, Anacardiaceen und Lecythidaceen. Hilditch rechnet ferner das Öl der Jutesamen aus der Familie der Tiliaceen in diese Gruppe.

Auch die halbtrocknenden Getreideöle aus den Samen der Gramineen enthalten im Anteil der gesättigten Säuren hauptsächlich Palmitinsäure, so das besonders in Amerika in weitem Umfange verwendete Maisöl. Das Öl der anderen Getreidearten, namentlich von Weizen, Roggen, Reis, Gerste und Hafer ist in diesen Cerealien zwar nur in sehr geringer Menge enthalten, trotzdem aber von Bedeutung, weil der Verzehr an Brot, Back- und Teigwaren ein überaus großer ist und auch weil das Getreidefett bei einigen Untersuchungsverfahren eine Rolle spielt.

Tabelle 44. Allgemeine mittlere Zusammensetzung.

Art des Öles	Fett-säuren %	Glycerin-rest C_3H_5 %	Ent-sprechend Glycerin $C_3H_5(OH)_3$ %	Unver-seif-bares %
Malvaceae:				
Baumwollöl	94,4	4,4	10,7	1,2
Gombo-Saatöl . . .	95,2	4,4	10,7	0,4
Bombaceae:				
Kapoköl	94,6	4,4	10,6	1,0
Anacardiaceen:				
Acajouöl	94,2	4,3	10,5	1,5
Lecythidaceen:				
Paranußöl	95,0	4,4	10,6	0,6
Gramineae:				
Maisöl	93,9	4,3	10,4	1,8
Haferöl	94,3	4,3	10,5	1,4
Rubiaceae:				
Kaffeebohnenöl . . .	85,8	3,9	9,4	10,3

[1] A. Sprinkmeyer u. A. Diedrichs: Z. 1912, 23, 586.
[2] M. Krause u. Disselhorst: Tropenpflanzer 1909, 13, 281; Z. 1910, 19, 225.

Von den vorgenannten Ölen unterscheiden sich die Getreideöle ihrer botanischen Herkunft nach. Sie sind nämlich (außer beim Hafer) in der Hauptsache nicht im Endosperm, sondern im Keim der Samen enthalten und heißen daher auch Getreidekeimöle. Ein kleiner Teil des Öles befindet sich aber auch hier im Endosperm. Dieser Teil ist dann etwas mehr gesättigt als der im Keim.

Tabelle 45a. Zusammensetzung der Fettsäuren.

Nähere Angaben Pflanzenart	Zusammensetzung der Fettsäuren						Untersucht von
	Myristinsäure %	Palmitinsäure %	Stearinsäure %	Arachinsäure %	Ölsäure %	Linolsäure %	
Malvaceae:							
Baumwollsaat, Gossypium arboreum	3,3	19,9	1,3	0,6	29,6	45,3	T. P. Hilditch u. E. C. Jones [1]
Baumwollsaat, Gossypium herbaceum usw.	2,0	19,6	2,7	0,7	24,6	50,4	T. P. Hilditch u. A. J. Rhead [2]
Baumwollsaat, Gossypium barbadense	0,3	20,2	2,0	0,6	35,2	41,7	G. S. Jamieson u. W. F. Baughman [3]
Baumwollsaat, Gossypium hirsutum	0,5	21,9	1,9	0,1	30,7	44,9	Dieselben [4]
Desgl.	—	23,4	—	—	23,0	53,6	E. F. Armstrong u. J. Allan [5]
Baumwollöl, raffiniert [6]	2,1	21,5	2,9	—	31,9	40,1	T. P. Hilditch u. H. Jasperson [7]
Gombo-Saat, Hibiscus esculentus	—	26,9	2,7	0,1	43,7	26,6	G. S. Jamieson u. W. F. Baughman [8]
Bombaceae:							
Kapoksaat, Eriodendron anfractuosum	0,5	16,1	2,3	0,8	50,6	29,7	A. O. Cruz u. A. P. West [9]
Baobaböl von Adansonia Grandidiari [10]	7,6	32,5	—	—	36,5	8,7	V. Thomas u. F. Boiry [10]
Anacardiaceae:							
Pistaciennüsse, Pistacia vera	0,6	8,2	1,6	—	69,6	20,0	D. R. Dhingra u. T. P. Hilditch [11]
Acajousamen, Anacardium occidentale	—	6,4	11,3	—	74,1	7,7	C. K. Patel, J. J. Sudborough u. H. E. Watson [12]
Lecythidaceae:							
Paranüsse, Bertholletia excelsa, B. nobilis	1,9	14,3	2,7	—	58,3	22,8	H. A. Schuette, R. W. Thomas u. M. V. Dutley [13]
Desgl.	0,6	15,4	6,2	—	48,0	29,8	H. A. Schuette u. W. W. F. Erz [14]

[1] T. P. Hilditch u. E. C. Jones: Journ. Chem. Soc. London 1932, 805.
[2] T. P. Hilditch u. A. J. Rhead: Journ. Soc. chem. Ind. 1932, **51** T, 198.
[3] G. S. Jamieson u. W. F. Baughman: Journ. Amer. Chem. Soc. 1920, **42**, 1197.
[4] G. S. Jamieson u. W. F. Baughman: Journ. Oil Fat Ind. 1927, 4, 131.
[5] E. F. Armstrong u. J. Allan: Journ. Soc. chem. Ind. 1924, **43** T, 216.
[6] Außerdem Tetradecensäure 0,50, Hexadecensäure 0,39%.
[7] T. P. Hilditch u. H. Jasperson: Journ. Soc. chem. Ind. 1938, **57**, 84; C. 1938, II, 3030.
[8] G. S. Jamieson u. W. F. Baughman: Journ. Amer. Chem. Soc. 1920, **42**, 166.
[9] A. O. Cruz u. A. P. West: Philippine Journ. Science 1931, **46**, 131.
[10] V. Thomas u. F. Boiry: Bull. Soc. chim. France 1913, **13**, (4), 827; Z. 1913, **26**, 473.
[11] D. R. Dhingra u. T. P. Hilditch: Journ. Soc. chem. Ind. 1931, **50** T, 9.
[12] C. K. Patel, J. J. Sudborough u. H. E. Watson: Journ. Indian Inst. Science 1923, 6, 111.
[13] H. A. Schuette, R. W. Thomas u. M. V. Dutley: Journ. Amer. Chem. Soc. 1930, 52, 4114.
[14] H. A. Schuette u. W. W. Erz: Journ. Amer. Chem. Soc. 1931, **53**, 2756.

Tabelle 45b (Fortsetzung).

Nähere Angaben Pflanzenart	Zusammensetzung der Fettsäuren								Untersucht von
	Myristinsäure %	Palmitinsäure %	Stearinsäure %	Arachinsäure %	Lignocerinsäure %	Ölsäure %	Linolsäure %	Linolensäure %	
Gramineae:									
Mais, Zea Mays, Keim	—	7,8	3,5	0,4	0,2	46,3	41,8	—	W. F. Baughman u. G. S. Jamieson [1]
Weizen, Triticum vulgare, Keim	—	12,8	1,0	—	0,3	30,0	44,1	10,8	Dieselben [2]
Roggen, Secale cereale, Saat	—	21,4	—	—		17,7	60,9	—	J. W. Croxford [3]
„ „ „ Keim	2,5	8,8	0,2	—	—	34,8	48,1	5,4	R. W. Stout u. H. A. Schuette [4]
Reis, Oryza sativa, Mehl	0,3	13,2	1,9	0,6	0,5	44,1	39,4	—	G. S. Jamieson [5]
„ „ „ Kleie	0,1	18,0	2,8	0,5	1,0	48,2	29,4	—	A. O. Cruz, A. P. West u. V. B. Aragon [6]
„ „ „ „	0,2	17,3	1,8	0,7	0,7	45,6	27,4	—	A. O. Cruz, A. P. West u. N. B. Mendiola [7]
Gerste, Hordeum vulgare, Samen	—	9,2	3,2	—	—	32,9	54,2	0,5	K. Täufel u. M. Rusch [8]
Gerste, Hordeum vulgare, Keim (Malz)	—	10,3	6,4	—	—	20,5	61,8	1,0	
Hafer, Avena sativa, Keim	—	10,4	—	—	—	58,5	31,1	—	K. Amberger u. E. W. Will [9]
Hirse, Panicum miliaceum, Saat	—	12,0	—	—	—	27,0	52,9	8,1	A. Steger u. J. van Loon [10]
Desgl., 3 Proben	—	13,0 bis 14,0	—	—	—	17,4 bis 22,7	64,2 bis 67,8	—	W. E. Smith u. E. K. Waller [11]

Die Öle der Gossypiumarten zeigen eine ziemlich konstante Zusammensetzung. Kapok- und Paranußöl scheinen weniger Palmitin- und Linolsäure, dafür etwas mehr Ölsäure zu enthalten. Bei dem Öl der Pistaciennüsse und Acajousamen tritt diese Verschiebung noch mehr hervor.

Von weiteren Ölen kann man außer den Cerealienölen zu dieser Gruppe wegen ihres höheren Palmitinsäuregehaltes, z. B. das Öl der Kaffeebohne, ferner der Paranuß, der Pistacie, des Kürbis, der Erdmandel, der Papaya u. a. rechnen.

1. Baumwollöl (Cottonöl, Baumwollsaatöl).

Baumwollöl ist das aus den Samen verschiedener Arten der Baumwollstaude meist durch Pressung gewonnene und gereinigte Öl. Folgende Baumwollarten liefern im Samen Baumwollöl:

---

[1] W. F. Baughman u. W. S. Jamieson: Journ. Amer. Chem. Soc. 1921, **43**, 2696.
[2] W. F. Baughman u. W. S. Jamieson: Oil and Soap 1932, **9**, 136.
[3] J. W. Croxford: Analyst 1930, **55**, 735.
[4] R. W. Stout u. H. A. Schuette: Journ. Amer. Chem. Soc. 1932, **54**, 3298.
[5] G. S. Jamieson: Journ. Oil Fat Ind. 1926, **3**, 256.
[6] A. O. Cruz, A. P. West u. V. B. Aragon: Philippine Journ. Science 1932, 48, 5.
[7] A. O. Cruz, A. P. West u. N. B. Mendiola: Philippine Journ. Science 1932, 47, 784: C. 1932, II, 1094.
[8] K. Täufel u. M. Rusch: **Z.** 1929, **57**, 422.
[9] K. Amberger u. E. W. Will: **Z.** 1927, **54**. 417.
[10] A. Steger u. J. van Loon: Rec. Trav. chim. Pays-Bas 1934, **53**, 41.
[11] W. E. Smith u. E. K. Waller: Analyst 1933, 58, 319.

Tabelle 46.

Gossypiumart	Handelsbezeichnung	Anbauländer
G. barbadense . . .	Sea Island Baumwolle	Westindien, Nordamerika, Brasilien, Peru, Afrika
G. hirsutum	Upland Baumwolle	Westindien, Amerika
G. peruvianum . . .	Nierenbaumwolle	Südamerika
G. herbaceum . . .	indische Baumwolle	Ostindien, Kleinasien, Ägypten, Nordamerika
G. arboreum	—	Abessinien, Nilgegend, Indien

In den Vereinigten Staaten wird meist G. herbaceum angebaut. Ägyptische Saat enthält etwa 22, amerikanische 23, Levantinische 18—19, ostindische 20—21% Öl.

Der Ernteertrag an Baumwollsamen wird vom Internationalen Landwirtschaftsinstitut in Rom[1] für 1935 zu 119,6 Millionen Doppelzentnern angegeben. Davon entfallen auf:

Tabelle 47.

Vereinigte Staaten	42,8 Mill. dz	Peru.	1,5 Mill. dz
Britisch Indien	25,1 „ „	Uganda	1,4 „ „
China.	11,5 „ „	Türkei.	1,0 „ „
Rußland	11,3 „ „	Mexiko.	1,0 „ „
Brasilien	8,7 „ „	Chosen (Korea)	0,9 „ „
Ägypten.	7,8 „ „	Sudan (Engl. Ägypten) . . .	0,9 „ „
Argentinien	2,0 „ „	Belgisch Kongo.	0,6 „ „

In Deutschland ist die Gewinnung von Baumwollsamenöl sehr zurückgegangen. Sie betrug 1913 38000, 1925 nur noch 8000, 1929 1000 t, in den folgenden Jahren noch weniger und ist heute fast bedeutungslos geworden.

a) Gewinnung.

Zur Ölgewinnung wird der Samen geschält oder ungeschält gepreßt. Vorher geht eine Entfaserung auf „Lintern" (einer Anordnung von kreisförmigen Sägeblättern auf einer rotierenden Welle) und eine Entschälung durch rotierende Stahlmesser die „Hullermaschinen".

Das von der Presse ablaufende Rohöl ist dunkelorange bis rotbraun gefärbt; es hat einen eigentümlichen Geruch und enthält neben Harz und Schleimstoffen stets etwas Wasser und Proteinstoffe. Die durch einen harzartigen Stoff bedingte rotbraune Farbe stammt nach M. K. THORNTON[2] vorwiegend aus den Bestandteilen des Samens, nicht aus der Schale. Die Farbe wird durch Luftoxydation und Erwärmen verstärkt. Besonders dunkel fallen Öle aus feuchter Saat aus. Das Rohöl findet als solches keinerlei Verwendung. Es wird stets mit Alkalilauge raffiniert und liefert dann in der Regel ein hellgelbes Öl. Dunklere Sorten bleicht man mit Bleicherden.

Da das Öl verhältnismäßig leicht „Stearin" abscheidet und fest wird, entfernt man vielfach durch Ausfrieren (Demargarinieren vgl. S. 402) einen Teil dieses Stearins und erhält so Baumwollstearin (Cottonstearin) und das sog. „Winteröl" im Gegensatz zu dem nicht demargarinierten sog. „Sommeröl". Je nach dem höheren oder niedrigeren Gehalt an Baumwollstearin schwankt die Zusammensetzung der Handelsöle.

b) Kennzahlen von Baumwollöl (der Fettsäuren).

Dichte D^{15} 0,912—0,922, D^{100} 0,864—0,870, Schmelzpunkt (34—36°), Erstarrungspunkt − 6 bis + 4° (28—40°, meist 32—38°, bei Winteröl 28—29°)

---

[1] Nach Statistisches Jahrbuch für das Deutsche Reich 1937.
[2] M. K. THORNTON jr.: Oil and Soap 1934, 11, 209; C. 1935, I, 3614.

n_D^{15} 1,4737—1,4757, n_D^{20} 1,4768—1,4722, n_D^{25} 1,4708—1,4719, n_D^{40} 1,4630—1,4638, 100 g Alkohol lösen 3,62 g neutrales Öl, Crismer-Zahl um 116°, kritische Lösungstemperatur in Eisessig 90—110°, Verseifungszahl 191—199, Rohöl meist 194 bis 196, Jodzahl 100—121, Rohöl meist 103—111, „Winteröl" 110—116, Rhodanzahl um 61, Thermozahl nach Maumené 66—90, reines Öl 75,5, Bromthermozahl um 19,4, Unverseifbares 0,7—1,6%.

Baumwollstearin (der Fettsäuren). Dichte bzw. Gewichtsverhältnis D_{15}^{15} 0,9188—0,9230, $D_{15\,5}^{99}$ 0,8684, Schmelzpunkt 20—40° (27—30°), Erstarrungspunkt 16—32° (21—23°), Verseifungszahl 194—195, Jodzahl 88—104.

Die Sterine des Baumwollöles enthalten nach E. S. Wallis und P. N. Chakravorty [1] als Hauptbestandteil β-Sitosterin, kein γ-Sitosterin, Stigmasterin und α-Sitosterin. Gesättigtes Sterin (Stigmastanol) war in Menge von weniger als 1% vorhanden. Hiernach ist Baumwollöl eine gute Quelle zur Gewinnung von β-Sitosterin.

c) Farbreaktionen zum Nachweise von Baumwollöl.

Das Baumwollsamenöl ist durch eine Reihe von Farbreaktionen gekennzeichnet, von denen die Halphen-Reaktion als die zuverlässigste anzusehen ist.

Nach S. Iwanow [2] ist die Halphen-Reaktion eine allgemeine Reaktion für Öle der Familien Malvaceae, Tiliaceae und Bombaceae. Doch scheint sie nicht bei allen Samenölen aus diesen Pflanzenfamilien einzutreten. Bei Kapok- und Baobaböl fällt sie bedeutend stärker aus als bei Baumwollöl (vgl. S. 461).

α) Halphen-Reaktion [3]. Der Träger dieser Reaktion ist trotz mehrerer darüber angestellten Untersuchungen [4] noch nicht sicher nachgewiesen. B. Kühn und F. Bengen [5], die auch über die einschlägige Literatur eingehend berichten, halten ihn für eine an Glycerin gebundene ungesättigte saure Verbindung, und zwar entweder für einen Äthylenabkömmling mit nicht normaler Kohlenstoffkette oder für ein Acetylenderivat. L. Rosenthaler [6] hält diese Annahme für nicht zutreffend.

Die Halphen-Reaktion wird nach der Anlage d zu den Ausführungsbestimmungen D vom 22. Februar 1908 zum Fleischbeschaugesetz vom 3. Juni 1900, wie folgt, ausgeführt:

„5 ccm Fett werden mit der gleichen Raummenge Amylalkohol und 5 ccm einer 1%igen Lösung von Schwefel in Schwefelkohlenstoff in einem weiten, mit Korkverschluß und weitem Steigrohre versehenen Reagensglas etwa $^1/_4$ Stunde lang im siedenden Wasserbad erhitzt. Tritt eine Färbung nicht ein, so setzt man nochmals 5 ccm der Schwefellösung zu und erhitzt von neuem $^1/_4$ Stunde lang." Bei Gegenwart von Baumwollsamenöl tritt eine deutliche Rotfärbung der Flüssigkeit ein.

Die Halphen-Reaktion hat im Laufe der Jahre zahlreiche Nachprüfungen erfahren, die durchweg ihre Brauchbarkeit — unter den später anzuführenden Beschränkungen — bestätigen, aber mancherlei Abänderungsvorschläge veranlaßt haben.

K. Fischer und H. Peyau [7], ferner B. Kühn und F. Bengen [8] haben auf den Einfluß der Apparatur für den Ausfall der Reaktion hingewiesen, soweit sie auf das Entweichen des Schwefelkohlenstoffes von Einfluß ist. Mit der Dauer des Entweichens des Schwefelkohlenstoffes verzögert sich der Eintritt der Reaktion und wenn infolge Anwendung eines

[1] E. S. Wallis u. P. N. Chakravorty: Journ. org. Chemistry 1937, **2**, 335; C. 1938, II, 2758.
[2] S. Iwanow: Ber. Deutsch. botan. Ges. 1927, **45**, 588; C. 1928, I, 2140.
[3] Journ. Pharmac. Chim. 1897, **6**, (6), 390. — Vgl. auch Z. 1900, **3**, 773.
[4] Vgl. z. B. P. N. Raikow u. Tscherweniwanow: Chem.-Ztg. 1899, **23**, 1025; 1900, **24**, 562. — G. Halphen: Z. 1906, 11, 30. — H. Serger: Chem.-Ztg. 1911, **35**, 610.
[5] B. Kühn u. F. Bengen: Z. 1910, **20**, 453.
[6] L. Rosenthaler: Z. 1910, **20**, 453.
[7] K. Fischer u. H. Peyau: Z. 1905, **9**, 81. — [8] B. Kühn u. F. Bengen: Z. 1906, **12**, 145.

Rückflußkühlers der Schwefelkohlenstoff überhaupt nicht entweichen kann, ergeben selbst Ölgemische mit 4% Baumwollsaatmehl bei halbstündigem Erhitzen im kochenden Wasserbade überhaupt keine Reaktion, wahrscheinlich, weil dann die nach HALPHEN für den Eintritt der Reaktion erforderliche Temperatur von 100—105° nicht erreicht wird. Anderseits darf aber der Schwefelkohlenstoff, der zum Eintritt der Reaktion erforderlich ist, auch nicht ganz fehlen.

Nach Versuchen von A. STEINMANN[1], B. SJOLLEMA und J. E. TULLEKEN[2], E. RUPP[3] sowie von H. WAGNER und J. CLEMENT[4] empfiehlt es sich, die Reaktion unter Druck auszuführen. STEINMANN empfiehlt dafür das Arbeiten in einem zugeschmolzenen Rohre, während SJOLLEMA und TULLEKEN sowie RUPP die Reaktion in festverschlossenen Glasstöpselflaschen von 50 ccm Inhalt ausführen und WAGNER und CLEMENT besondere Fläschchen[5] von 11½ cm Länge, 2 cm lichter Weite, 2—3 mm Wandstärke empfehlen, welche durch einen Porzellankopf mit Gummiplatte verschlossen werden, der durch einen Bügel mit Schraube fest angedrückt wird. Die geschlossenen Gefäße werden 15—30 Minuten im siedenden Wasserbade erhitzt, wodurch die günstigste Reaktionstemperatur von 100 bis 105° erreicht wird. Die roten Farbentöne haben beim Erhitzen unter Druck einen Stich ins Bläuliche, während sie beim Erhitzen im offenen Reagensrohr einen gelblichen Stich haben. Am Lichte dunkeln die Farbentöne etwas nach.

Ferner sind verschiedene Vorschläge über die Abänderung der Reagenzien gemacht worden.

P. SOLTSIEN[6] fand, daß die Reaktion auch ohne Amylalkohol eintritt, wenn man die Erhitzungsdauer verdreifacht, ferner daß der Amylalkohol durch Äthylalkohol ersetzt werden kann, daß aber die Anwendung von Schwefelkohlenstoff notwendig ist; Schwefel allein genügt nicht. — L. ROSENTHALER[7] hat eine Reihe von Körpern auf ihre Reaktionsfähigkeit bei der HALPHEN-Reaktion geprüft, wobei er nach dem Vorschlage von RUPP mit Druckfläschchen arbeitete. Er erhielt positive, wenn auch nicht immer gleich starke Reaktionen, wenn er den Amylalkohol ersetzte durch Methyl-, Äthyl-, Propyl- und Isobutylalkohol, durch Amylenhydrat, Benzylalkohol, Santalol und Allylalkohol, Äthylenglykol, Glycerin, Acetessigester (alkoholhaltig), Aceton, Methyläthylketon; dagegen reagierten nicht: Phytosterin, Hypnon, Aldehyde (Formaldehyd, Benzaldehyd, Paraldehyd), Acetessigester (alkoholfrei), Benzol, Phenol, Nitrobenzol, Anilin und Eisessig. Die Versuche, den Schwefel oder den Schwefelkohlenstoff durch andere schwefelhaltige Körper (Senföl, Thialdin, Kaliumxanthogenat, Disulfone) zu ersetzen, waren ohne Erfolg.

E. GASTALDI[8] dagegen hat gefunden, daß der Träger der Reaktion nicht der Amylalkohol, sondern seine Verunreinigungen sind. Als farbstoffbildend können nach ihm wirken Pyridin, Chinolin, Anilin, Kalilauge, Natronlauge und Ammoniak. Die Reaktion wird nach GASTALDI am einfachsten, wie folgt, ausgeführt: 5 ccm des zu prüfenden Öles werden mit 1 Tropfen Pyridin und 4 ccm Schwefelkohlenstoff, der 1% Schwefel gelöst enthält, im Wasserbade bis zu ½ Stunde erwärmt.

Über die Empfindlichkeit und Zuverlässigkeit der HALPHEN-Reaktion liegen folgende Beobachtungen vor:

1. Außer dem großen Einflusse, den die Art der Ausführung der Reaktion auf deren Stärke ausübt, zeigen nach K. FISCHER und H. PEYAU[9] sowie H. WAGNER und J. CLEMENT[10] auch die verschiedenen Öle des Handels bei derselben Ausführung der Reaktion verschieden starke Färbungen. Auf diese beiden Umstände ist jedenfalls die Verschiedenheit in den Angaben über die Empfindlichkeit der Reaktion zurückzuführen. Nach R. D. OILAR[11] sollen in farblosem Schweineschmalz noch 0,0625% Baumwollsamenöl nachweisbar sein; nach J. WAUTERS[12] und P. SOLTSIEN[13] liegt die Empfindlichkeitsgrenze bei 0,25%,

[1] A. STEINMANN: Schweizer. Wochenschr. Chem. u. Pharm. 1901, **39**, 560; Z. 1902, **5**, 1138.
[2] B. SJOLLEMA u. J. E. TULLEKEN: Z. 1902, **5**, 914.
[3] E. RUPP: Z. 1907, **13**, 74. — [4] H. WAGNER u. J. CLEMENT: Z. 1908, **16**, 145.
[5] Diese Druckfläschchen fertigt die Firma C. Gerhardt in Bonn an; sie können zu 10 Stück in ein Gestell gebracht und so in das Wasserbad eingetaucht werden.
[6] P. SOLTSIEN: Zeitschr. öffentl. Chem. 1901, **7**, 25; Z. 1901, **4**, 753; vgl. ferner 1899, **2**, 725; 1907, **13**, 47. — [7] L. ROSENTHALER: Z. 1910, **20**, 453.
[8] E. GASTALDI: Giorn. Farmac. Chim. 1912, **61**, 289; C. 1912, II, 758.
[9] K. FISCHER u. H. PEYAU: Z. 1905, **9**, 81. — [10] H. WAGNER u. J. CLEMENT: Z. 1908, **16**, 145.
[11] R. D. OILAR: Amer. Chem. Journ. 1900, **24**, 355; Z. 1901, **4**, 753.
[12] J. WAUTERS: Bull. Assoc. Belge Chim. 1899, **13**, 404; Z. 1900, **3**, 439.
[13] P. SOLTSIEN: Zeitschr. öffentl. Chem. 1899, **5**, 106, 135; 1901, **7**, 140.

nach P. N. Raikow und Tscherweniwanow [1] bei 0,5%, nach K. Fischer und H. Peyau [2] sowie nach H. Wagner und J. Clement [3] bei der amtlichen Vorschrift bei 1%. Eine colorimetrische Bestimmung, wie sie C. Strzyzowski [4], R. D. Oilar [5] und J. Wauters [6] vorgeschlagen haben, erscheint nicht angängig.

2. Die Zuverlässigkeit der Halphen-Reaktion erleidet aber eine wesentliche Einbuße dadurch, daß die Empfindlichkeit der Reaktion nach K. Fischer und H. Peyau [7] sowie H. Sprinkmeyer [8] mit dem Alter der Öle bedeutend abnimmt. — H. Wagner und J. Clement [9] konnten dagegen einen solch starken Einfluß des Alters der Öle nicht beobachten — und daß ferner nach den Untersuchungen von Soltsien [10], Holde und Pelgry [11], C. Strzyzowski [12], P. N. Raikow [13], Utz [14], K. Fischer und H. Peyau [15] der die Halphen-Reaktion verursachende Körper durch Behandeln mit Schwefliger Säure und rauchender Salzsäure, durch Erhitzen der Fette und Öle auf höhere Temperaturen (150—200⁰) mehr oder weniger geschwächt und z. B. durch sechsstündiges Erhitzen vollständig zerstört wird, wobei allerdings auch das Öl so verändert wird, daß es zu Speisezwecken nicht mehr verwendbar ist. Nach Th. Stathopoulos [16] geht das Nachlassen der Halphen-Reaktion unter Einfluß von Licht und Sauerstoff allmählich vonstatten; sie erlischt, wenn ein starker Zerfall der Glyceride eingetreten ist. Geblasene und gekochte Öle geben nach D. Harris [17] die Reaktion nicht mehr.

3. Endlich sei auch an dieser Stelle noch darauf hingewiesen, daß der die Halphen-Reaktion verursachende Körper beim Füttern von Baumwollsamenrückständen sowohl in das Butterfett als auch in das Körperfett der Schweine und Rinder übergehen kann, so daß also bei diesen Fetten eine positive Halphen-Reaktion auftreten kann, ohne daß die betreffenden Fette eine Beimischung von Baumwollsamenöl enthalten.

β) **Becchi-Reaktion.** Diese Reaktion wurde vor dem Bekanntwerden der Halphen-Reaktion in erster Linie in zum Nachweise von Baumwollsamenöl verwendet; sie wird nach den Vorschriften der von der italienischen Regierung zur Prüfung der Reaktion eingesetzten Kommission [18], wie folgt, ausgeführt:

10 ccm Öl werden mit 1 ccm Silbernitratlösung (1 g Silbernitrat in 200 ccm 98%igem Alkohol + 40 ccm Äther + 0,1 g Salpetersäure) gemischt, hierauf werden 10 ccm Rüböllösung (15 ccm Kolzaöl in 100 ccm Amylalkohol) hinzugefügt. Nach starkem Umschütteln wird die Mischung in 2 Teile geteilt, von denen der eine ¼ Stunde lang in kochendem Wasser erhitzt wird, während der andere in der Kälte stehenbleibt. Die erhitzte Probe wird bei Gegenwart von Baumwollsamenöl braun. Rübölmischung und Silbernitratlösung müssen vor jedem Versuch für sich, d. h. ohne Zusatz des zu untersuchenden Öles, geprüft werden.

---

[1] P. N. Raikow u. Tscherweniwanow: Chem.-Ztg. 1899, **23**, 1025.
[2] K. Fischer u. H. Peyau: Z. 1905, **9**, 85.
[3] H. Wagner u. J. Clement: Z. 1908, **6**, 145.
[4] C. Strzyzowski: Pharm. Post 1899, **23**, 736; Z. 1900, **3**, 439.
[5] R. D. Oilar: Amer. Chem. Soc. 1900, **24**, 355; Z. 1901, **4**, 753.
[6] J. Wauters: Bull. Assoc. Belge Chim. 1899, **13**, 404; Z. 1900, **3**, 439.
[7] K. Fischer u. H. Peyau: Z. 1905, **9**, 85.
[8] H. Sprinkmeyer: Z. 1908, **15**, 19.
[9] H. Wagner u. J. Clement: Z. 1908, **16**, 145.
[10] P. Soltsien: Zeitschr. öffentl. Chem. 1899, **5**, 106, 135; Z. 1901, **7**, 140.
[11] Holde u. Pelgry: U. 1899, **6**, 90.
[12] C. Strzyzowski: Pharm. Post 1899, **23**, 736; Z. 1900, **3**, 439.
[13] P. N. Raikow: Chem.-Ztg. 1900, **24**, 562, 583.
[14] Utz: U. 1902, **9**, 125. — [15] K. Fischer u. H. Peyau: Z. 1905, **9**, 1.
[16] Th. Stathopoulos: Praktika 1930, **6**, 173; C. 1932, I, 1591.
[17] D. Harris: Chemist-Analyst 1932, **21**, Nr. 2, 15; Z. 1937, **73**, 288.
[18] Vgl. G. de Negri u. G. Fabris: Die Öle, bearbeitet von D. Holde in Zeitschr. analyt. Chem. 1894, **33**, 547—572.

E. Milliau[1] empfiehlt für die Ausführung der Silbernitratprobe die Verwendung der Fettsäuren statt der Öle selbst: 5 ccm Fettsäuren werden in 15 ccm 90%igen Alkohol gelöst und mit 2 ccm 3%iger wäßriger Silbernitratlösung 1—3 Minuten zum Kochen erhitzt. Bei Gegenwart von Baumwollsamenöl tritt Dunkelfärbung ein und die Fettsäuren steigen, durch metallisches Silber dunkel gefärbt, an die Oberfläche. Es sollen sich auf diese Weise z. B. 5% Baumwollsamenöl in Olivenöl nachweisen lassen. Tortelli und Ruggeri empfehlen die Verwendung der flüssigen (ungesättigten) Fettsäuren zur Anstellung der Silbernitratreaktion.

γ) Hauchecorne-Reaktion mit Salpetersäure nach J. Lewkowitsch[2] gibt die Mehrzahl der Baumwollsamenöle — auch solche, bei denen durch Erhitzen[3] der die Halphensche Reaktion verursachende Körper zerstört ist — eine positive Reaktion mit Salpetersäure. Die Reaktion wird nach Lewkowitsch am besten in folgender Weise ausgeführt: Einige Kubikzentimeter Öl werden mit dem gleichen Volumen Salpetersäure von der Dichte 1,375 durchgeschüttelt und darauf einige Zeit — bis 24 Stunden — stehengelassen. Die meisten Baumwollöle nehmen dabei eine kaffeebraune Färbung an.

2. Kapoköl.

Kapoköl ist ein dem Baumwollöl sehr ähnliches Öl. Es stammt von dem in Indien und Südamerika heimischen Kapokbaum. Nach H. Sprinkmeyer und A. Diedrichs[4] unterscheidet man zwei Arten von Kapok, nämlich Kapok im engeren Sinne von dem Gemeinen Wollbaum Eriodendron anfractuosum D. C. (Ceiba pentandra), einem 12—20 m hohen Baum, und vom Malabarischen Wollbaum, Bombax malabaricum, var. Bombax malabaricum D. C., der, in Ostindien heimisch, bis zu 30 m hoch wird. Im Handel werden beide Arten Kapok wenig oder gar nicht unterschieden.

a) Die Gewinnung des Kapoköles verläuft einfacher und leichter als bei Baumwollöl, weil die den Samen umgebenden Fasern durch Walzen, Siebe und Exhaustoren leicht entfernbar sind. Das zu etwa 25% in den Samen vorhandene Öl ist auch als Speiseöl verwendbar.

Aus den Samen von Eriodendron erhielten Sprinkmeyer und Diedrichs durch Extraktion ein goldgelbes, durch Pressung ein tiefdunkelrotes, aus Bombaxsaat in beiden Fällen ein goldgelbes Öl. Beim Bombaxöl waren Jodzahl des Öles und der Fettsäuren niedriger, Schmelz- und Erstarrungspunkt höher als beim Eriodendronöl.

b) Kennzahlen des Öles (der Fettsäuren) von Eriodendron anfractuosum. Dichte D^{15} 0,917—0,937, meist 0,922—0,925, Schmelzpunkt 26,2 bis 31,6° (32—36°), Erstarrungspunkt (27—32°) n_D^{20} 1,4685—1,4710, n_D^{25} 1,4678 bis 1,4710, n_D^{40} 1,4605—1,4657, Crismer-Zahl um 101°.

Verseifungszahl 189—197, Jodzahl 85—98.

Von Bombax malabaricum. Dichte D^{15} 0,9199—0,9291, n_D^{40} 1,4601—1,4640. Verseifungszahl 190—197, Jodzahl 73—78.

c) Von **Farbreaktionen** war nach Sprinkmeyer und Diedrichs die Bellier-Reaktion bei beiden Ölen negativ, die nach Halphen vielfach stärker als bei Baumwollsamenöl. Nach Versuchen von H. P. Trevithick und W. H. Dickhart[5] wird die Reaktion von Kapoköl erst mit der zehnfachen Menge Cottonöl

[1] E. Milliau: Compt. rend. 1888, **106**, 550. — Vgl. L. Ubbelohde: Chemie, Analyse, Gewinnung der Öle, Fette und Wachse, Bd. 1, S. 282. Leipzig: S. Hirzel 1908. — Andere Ausführungsweisen der Milliauschen Probe sind in den Spezialwerken von Lewkowitsch (Bd. 2, S. 109) und Benedikt-Ulzer (5. Aufl., S. 732) angegeben.

[2] J. Lewkowitsch: Chemische Technologie und Analyse der Öle, Fette und Wachse, Bd. 2, S. 107. Braunschweig: Fr. Vieweg & Sohn 1905.

[3] Nach Soltsien gibt nicht nur erhitztes Baumwollsamenöl diese Reaktion, sondern überhaupt alle auf höhere Temperaturen erhitzten Öle geben sie.

[4] H. Sprinkmeyer u. A. Diedrichs: Z. 1913, **26**, 86.

[5] H. P. Trevithick u. W. H. Dickhart: Oil Fat Ind. 1931, 8, 303; C. 1931, II, 2397.

erreicht. Bei der Probe von Bechi in der Ausführung von Milliau (vgl. S. 460) erhielten sie bereits mit 1% Kapoköl in Mischung mit anderen Ölen deutliche Braunfärbung, mit 0,1% noch eben erkennbare, während 5% Cottonölfettsäuren selbst nach $^1/_2$ Stunde noch nicht reagierten. Beim Bleichen mit Blankit wurde aber die Stärke der Reaktion bedeutend vermindert.

3. Baobabbaumöl.

Für das Fett (Fettsäuren) der Samen des Baobabbaumes sowie des Affenbrotbaumes wurden folgende Kennzahlen gefunden:

Baobabbaum = Adansonia Grandidieri. Dichte D^{15} 0,9178, Schmelzpunkt 24—25° (51—55°), Erstarrungspunkt 11—13° (43—44°) n_D^{40} 1,4584.

Verseifungszahl 190—196, Jodzahl 55—66.

Affenbrotbaum = Adansonia digitata. Dichte D^{15} 0,914, Schmelzpunkt (35—39°), Erstarrungspunkt — 3 bis + 3° (32—34°), Verseifungszahl 190—192, Jodzahl 76—78.

4. Paranußöl.

Das im Ursprungslande als Speiseöl verwendete Öl zeigt folgende Kennzahlen (der Fettsäuren): Dichte D^{15} 0,9161—0,9174, D^{25} 0,912, Schmelzpunkt (28—30°), Erstarrungspunkt 0—4° (31 bis 32,3°), n_D^{20} 1,4678, n_D^{25} 1,4643, Verseifungszahl 193—202, Jodzahl 94—106, Thermozahl nach Maumené 50—52.

Nach E. Bureš[1] enthält Paranußöl 0,04—0,08% Phytosterin. (Vgl. auch H. A. Schuette, R. W. Thomas und M. Duthey[2].) Diese ermittelten an Fettsäuren berechnet als Glyceride:

Tabelle 48.

Myristin	Palmitin	Stearin	Olein	Linolein
1,79%	13,55%	2,58%	55,64%	21,65%

5. Pistacienöl.

H. Gruber[3] erhielt aus dem Samen von Pistacia vera L. mit Petroläther 48% Öl mit folgenden Kennzahlen: Dichte D^{15} 0,917, Verseifungszahl 194,5, Jodzahl 92,3, Unverseifbares 0,35%. Höhere Fettsäuren als Stearinsäure waren nicht vorhanden.

6. Catappaöl (Talisayöl, indisches Mandelöl).

Das Öl wird aus den Kernen von Terminalia catappa gewonnen, die davon 52% enthalten. In dem hellgelben, sehr angenehm wie Mandelöl schmeckenden Öl wurden folgende Kennzahlen gefunden:

Kennzahlen von Catappaöl (der Fettsäuren). Dichte D^{15} 0,920, D^{30} 0,905, Schmelzpunkt 3,5° (48°), Erstarrungspunkt — (42°), n_D^{30} 1,464.

Verseifungszahl 193, Unverseifbares 0,54%.

A. O. Cruz und A. P. West[4] geben für die Zusammensetzung der Glyceride an:

Tabelle 49.

Myristinsäure	Palmitinsäure	Stearinsäure	Arachinsäure	Ölsäure	Linolsäure %
1,0%	28,5%	4,0%	0,8%	40,9%	22,9%

7. Kürbiskernöl.

Kürbiskernöl ist das aus den Samen des gemeinen Kürbisses (Cucurbita pepo L. mit rund 40% Fett) gewonnene Öl. Die Samen werden unenthülst

[1] E. Bureš: Chim. et Ind. 1933, 29, Sonder-Nr. 6, 1056; Z. 1937, 74, 521.

[2] H. A. Schuette, R. W. Thomas u. M. Duthey: Journ. Amer. Chem. Soc. 1930, 52, 1414; C. 1930, II, 3662.

[3] H. Gruber: Wiss. Mitt. österr. Heilmittelstelle Nr. 14, 1938; C. 1938, II, 214.

[4] A. O. Cruz u. A. P. West: Philippine Journ. Science 1932, 48, 13; C. 1932, II, 794.

und entschält verwendet; der Entschälung geht gewöhnlich eine Röstung der Samen vorher. Kaltgepreßtes Öl ist mehr oder weniger grün gefärbt und als Speiseöl verwendbar; heißgepreßtes Öl aus gerösteter Saat muß erst mit Natronlauge raffiniert werden, wird aber auch als Speiseöl, vorwiegend in Steiermark, Ungarn und Rußland, verwendet. Vgl. auch S. 46.

Kürbiskernöl ist schwer bleichbar.

Kennzahlen des Kürbiskernöles (der Fettsäuren). Dichte D^{15} 0,918 bis 0,927, Schmelzpunkt (26—31°), Erstarrungspunkt — 15 bis — 16° (24—38°), $n_D^{20} = 1,4714$—1,4740, n_D^{40} 1,4668—1,4685. Kritische Lösungstemperatur in Eisessig um 108°.

Verseifungszahl 188—197, Jodzahl 119—134. Unverseifbares rund 1%.

An Fettsäuren enthält Kürbiskernöl im Fettsäurenanteil etwa: Palmitinsäure 13, Stearinsäure 6, Ölsäure 37, Linolsäure 44%.

Ähnliche Öle wie Kürbiskernöl werden vom Schwammkürbis Luffa aegyptica (Ostindien), von Melonen, Wassermelonen (Frankreich, Ungarn, Rußland) und von Gurken gewonnen.

8. Maisöl (Kukuruzöl).

Maisöl ist das aus den bei der Stärkefabrikation entfernten Samenkeimen des Maises (Zea Mays L.) gewonnene und gereinigte Öl.

a) Gewinnung. Die Maiskeime, die im reinen Zustande 33—36%, im technisch gewonnenen Zustande 15—20% Fett enthalten, werden entweder gepreßt oder mit Fettlösungsmitteln ausgezogen. Nach R. HEUBLUM[1] werden die Keime auf Walzenstühlen zerkleinert, und zwar für eine folgende Pressung auf Glattwalzen, für eine Extraktion auf Riffelwalzen. Durch Zusatz von rund 10% Maishülsen wird das Gut für einen besseren Ölaustritt aufgelockert. Dann erfolgt vor der Pressung in Pressen mit Drainageplatten ein Wasserzusatz von 20—25% des Saatgewichtes. Bei Keimen mit 20% Ölgehalt ist die Ölausbeute 13,5—15,0%. Zur Extraktion dient 70—80° warmes Benzin während 4 bis $4^1/_2$ Stunden. Auf diese Weise wird ein rötliches Öl erhalten, während das durch Pressung gewonnene goldgelb ist. Das Rohöl neigt zu schneller Zersetzung und muß sofort raffiniert werden, wozu mit Natronlauge behandelt wird.

b) Eigenschaften. Das raffinierte Maisöl ist hellgoldgelb von eigenartigem, an frisches Mehl erinnerndem Geruch. Es bildet ein gutes Speiseöl, das auch zur Margarineherstellung verwendet wird.

Technische Vorteile bietet die Maisölextraktion aus Maisschlempe (C. S. BORUFF und D. MILLER[2]). Das erhaltene Öl ist aber von dunkler Farbe, aufdringlichem Geruch und enthält ungefähr 8% freie Fettsäuren.

c) Kennzahlen von Maisöl (der Fettsäuren). Dichte D^{15} 0,919 bis 0,927, Schmelzpunkt — 9° (16—23°), Erstarrungspunkt —10 bis — 15° (13 bis 19°), n_D^{15} 1,4756—1,4770, n_D^{25} 1,4723—1,4743. Verseifungszahl 188—193, Jodzahl 111—131, meist 117—123, Rhodanzahl 74—78, Thermozahl 75—89.

Unverseifbares 1,3—2,5%, etwa zur Hälfte aus Sterinen bestehend. Vgl. auch S. 454.

Über Kennzahlen von Ölen aus verschiedenen rumänischen Maissorten vgl. H. SLUŞANSCHI[3].

9. Sonstige Getreideöle.

Aus sonstigen Getreidearten wird in größerer Menge kein Speiseöl gewonnen. Trotzdem sind diese Öle als Bestandteile unserer wichtigsten Lebensmittel, namentlich der Backwaren, von Bedeutung, für die Untersuchung auch deswegen,

---

[1] R. HEUBLUM: Seifensieder-Ztg. 1934, 61, 638; C. 1934, II, 3453.
[2] C. S. BORUFF u. D. MILLER: Oil and Soap 1937, 14, 312; C. 1938, I, 2265.
[3] H. SLUŞANSCHI: An. Inst. Cercetări agronom. României 1937, 9 (8), 243; C. 1938, II, 3342.

weil sie die Beschaffenheit und Zusammensetzung von Fettzutaten darin beeinflussen und verändern können.

a) Weizenöl (vgl. auch Bd. V, S. 18) ist zum größten Teil im Keimling, ein Teil aber auch in den Aleuronzellen enthalten. Das ganze Korn enthält 1—1,8, Weizenkleie 5—6, der Keim 10—18, das Endosperm 0,8—1,6% Öl.

Kennzahlen des Keimöles (der Fettsäuren). Dichte D^{15} 0,9236 bis 0,9365, Erstarrungspunkt bei 15° dickflüssig, bei 0° halbfest (29,7), n_D^{20} 1,4833, n_D^{25} 1,4767, n_D^{40} 1,4745. Verseifungszahl 182—191, Jodzahl 101—128. Unverseifbares 2—5%.

Kennzahlen des Mehlöles (der Fettsäuren). n_D^{25} 1,4851, Verseifungszahl 166—183, Jodzahl 96—113. Unverseifbares 2,5%.

G. Balboni[1] stellte aus Weizenkeimen durch Ausziehen mit Alkohol im Dunkeln während 15—30 Tagen, Aufnehmen des Auszuges mit Äther und Ausfällen der Phosphatide durch Aceton 8,15—8,35%, ferner auch durch Ausziehen des verbliebenen Keimrückstandes mit Äther Weizenkeimöle dar, die folgende Kennzahlen aufwiesen:

Tabelle 50.

Kennzahl	Öl aus dem alkoholischen Auszug	Öl aus den Rückständen mit Äther
Aussehen	Halbfestes, gelbbraunes Öl vom Schmelzpunkt 32°	gelbbraunes Öl, klarer als voriges
Verseifungszahl	190—191	186—187
Jodzahl	101—105	114—115
Unverseifbares in %	2,8—5,4	4,8—5,2
Feste Fettsäuren, Menge in % . .	40	30
Desgl., Zusammensetzung	fast ausschließlich Stearinsäure	Stearinsäure und etwas Palmitinsäure

Die mit dem Aceton ausgefällten Phosphatide bestanden zu 64,55% aus Kephalin, zu 12,69% aus Lecithin.

Das Unverseifbare des Weizenkeimöles besteht zu fast zwei Drittel aus Sterinen. B. Sullivan und C. H. Bailey[2] fanden 70% Steringemisch und als Rest wahrscheinlich Polyenkohlenwasserstoffe und Alkohole. J. Grossfeld[3] erhielt aus einem aus technischen Weizenkeimen mit Äther ausgezogenen Öl nach dem S. 241 beschriebenen Verfahren an Gesamtunverseifbarem 5,19%, davon Kohlenwasserstoffe 0,33%.

P. Karrer, H. Salomon und H. Fritsche[4] erhielten aus Weizenkeimlingsöl neben α- und β-Tritisterinen einen aliphatischen ungesättigten Alkohol Triticol mit gut krystallisierendem, bei 74° schmelzendem Allophanat, dessen Formel zu $C_{22}H_{42}O_3N_2$ oder $C_{21}H_{40}O_3N_2$ ermittelt wurde.

Über die Zusammensetzung der Sterine des Weizenöles vgl. S. 363, ferner M. T. Ellis[5], R. J. Anderson und M. G. Moore[6], Anderson, R. L. Shriner und G. O. Burr[7], R. J. Anderson, F. P. Nabenhauer und Shriner[8] sowie A. Ichiba[9].

[1] G. Balboni: Ann. Chim. appl. 1936, **26**, 49; C. 1936, I, 4832.
[2] B. Sullivan u. C. H. Bailey: Journ. Amer. Chem. Soc. 1936, **58**, 383.
[3] J. Grossfeld: Privatmitteilung.
[4] P. Karrer, H. Salomon u. H. Fritsche: Helvet. chim. Acta 1937, **20**, 1422; Z. 1938, **76**, 268.
[5] M. T. Ellis: Biochem. Journ. 1918, **12**, 160; C. 1918, II, 960.
[6] R. J. Anderson u. M. G. Moore: New York State Agric. Exper. Stat. 1923, **95**, 3; C. 1924, II, 2666.
[7] R. J. Anderson, R. L. Shriner u. G. O. Burr: Journ. Amer. Chem. Soc. 1926, 48, 2987; C. 1927, I, 617.
[8] R. J. Anderson, F. P. Nabenhauer u. R. L. Shriner: Journ. Biol. Chem. 1927, 71, 389; C. 1927, II, 838.
[9] A. Ichiba: Scient. Papers Inst. physic. chem. Res. 1935, **28**, 112; Z. 1938, **76**, 61.

Über Isolierung der Tocopherole aus den unverseifbaren Anteilen des Weizenkeimlingsöles und ihre Beziehungen zum Vitamin E vgl. P. KARRER und H. SALOMON[1], ferner S. 752.

Nach H. SCHMALFUSS[2] befindet sich auch in Deutschland Weizenkeimöl von hervorragendem Eigenduft im Handel, das neben Vitamin A reichlich den Fruchtbarkeitsstoff E enthalten soll. Sein hoher Preis verhindert aber die allgemeine Verwendung dieses Öles.

Beim Aufbewahren an der Luft in dünner Schicht, z. B. im Mehl, unterliegt Weizenöl (wie auch Roggenöl) schnelle Oxydation, was in einem starken Ansteigen der flüchtigen Säuren zum Ausdruck kommt. So fanden S. C. L. GERRITZEN und M. KAUFFMAN[3] ein Ansteigen der REICHERT-MEISSL-Zahl von 0,6 auf 16, der KIRSCHNER-Zahl von 0,2 auf 12. In Backwaren aus älterem Mehl kann so unter Umständen bei der Fettuntersuchung ein gewisser Butterfettgehalt vorgetäuscht werden.

B. SULLIVAN und M. HOWE[4] erhielten aus Weizenmehl mit Alkoholäther 1,81, mit Petroläther 1,38% Fett, das folgende Kennzahlen aufwies: Dichte D^{26} 0,9542, $n_{//}^{20}$ 1,4824, Säurezahl 21,6, Verseifungszahl 177,8, Esterzahl 156,2, Acetylzahl 47,7, REICHERT-MEISSL-Zahl 7,9, POLENSKE-Zahl 1,1, HEHNER-Zahl 87,0, Unverseifbares 5,48%, davon nur etwa die Hälfte mit Digitonin fällbar. Gesättigte Fettsäuren nach TWITCHELL 15,60%, davon 85% Palmitinsäure. In den gesamten Fettsäuren betragen: Jodzahl 125,0, Rhodanzahl 84,4.

Die erhöhte REICHERT-MEISSL-Zahl dieses Fettes zeigt an, daß bereits ein Teil der ungesättigten Fettsäuren durch Luftoxydation zerstört ist.

Weizenkeimöl enthält nach SULLIVAN und BAILEY[5] an gesättigten Fettsäuren neben Palmitinsäure und Stearinsäure auch kleine Mengen Lignocerinsäure.

G. GAEDKE und C. BENNHOLD-THOMSEN[6] stellten in Weizenkeimlingsöl einen in größeren Mengen für Säuglinge schlecht verträglichen Bestandteil unbekannter Art fest, was E. CASERIO[7] aber auf Zersetzung des Öles oder Reste von Giftpflanzen zurückführt; CASERIO beobachtete nur günstige Wirkungen.

b) Roggenöl. Roggenöl enthielt nach A. W. STOUT und H. A. SCHUETTE[8] im Keim etwa 11% petrolätherlösliches Öl von goldbrauner Farbe, das bei — 60° noch nicht erstarrte. Es gab die Antimontrichloridreaktion auf Vitamin A. Die Dichte bei 20° betrug 0,9929, Verseifungszahl 176,8, Jodzahl 139,9, REICHERT-MEISSL-Zahl 0,05, Unverseifbares 3,05%. Das Öl enthielt 1,33% Lecithin. Vgl. Bd. V, S. 22.

J. W. CROXFORD[9] erhielt aus vier Proben Roggenkeimen dunkelgrüne bis gelbbraune, bei 15° halbfeste Öle mit folgenden Kennzahlen: Dichte D^{15} 0,9274—0,9413, Verseifungszahl 173—187, Jodzahl 110,7—129,9, Unverseifbares 8,2—11,2%.

Die Fettsäuren schmolzen bei 23—37° und bestanden aus Linolsäure 50,9 bis 69,2, Ölsäure 10,4—27,0, festen Säuren 16,3—27,0%.

W. HUMNICKI[10] hat aus Roggenkeimen 9,02% Öl von der Dichte 0,9327, Verseifungszahl 182, Jodzahl 109, Lecithingehalt 4,05%, Schmelzpunkt der Fettsäuren 28°, erhalten.

c) Haferöl. Hafer enthält nach Schälung etwa 5% Öl, das sich hier über das ganze Korn verteilt.

An Kennzahlen wurden für Haferöl (Fettsäuren) gefunden: Dichte, D^{15} 0,910 bis 0,924, Schmelzpunkt 8—20° (27,0—27,5°), Erstarrungspunkt 3°, 11_D^{40} 1,4701, Verseifungszahl 180—195, Jodzahl 105—114, REICHERT-MEISSL-Zahl 0,6—0,7.

Unverseifbares 1,3—2,6%, Lecithin rund 1%. Vgl. Bd. V, S. 24.

Über Haferöl vgl. auch E. Takahashi, Th. Tase und Y. Saeki[1].

d) Gerstenöl. Gerste enthält um 2% Fett, mit etwa 4—6% Unverseifbarem, das bei der Keimung stark bis auf 26% (K. Täufel und M. Rusch[2]) in Malzkeimen bis zu 33% (M. Wallerstein[3]) des Fettes zunimmt.

Kennzahlen des Gerstenfettes (der Fettsäuren). Dichte[4] D^{15} 0,9547 (Täufel und Rusch[2]), Verseifungszahl 181—185, Jodzahl 105—115, Reichert-Meissl-Zahl 0,03. Vgl. Bd. V, S. 23.

e) Reisöl. Reis enthält 8—15% Öl, das hauptsächlich in der Schale und im Keim (bis 35% Öl) seinen Sitz hat. Entschälter Reis enthält noch ungefähr 3% Öl. Wird Reisöl aus den Schalen und Keimen gewonnen, so ist es meistens durch Lipase weitgehend gespalten.

In Reisöl (in den Fettsäuren) wurden 3,0—5,3% Unverseifbares und folgende Kennzahlen gefunden:

Dichte D^{15} 0,912—0,927, Schmelzpunkt—(31—36⁰), Erstarrungspunkt — 5 bis —10⁰ (28—29⁰), n_D^{25} 1,469—1,471, kritische Lösungstemperatur in Eisessig 88⁰.

Verseifungszahl 183—192. Jodzahl 100—115, Maumené-Zahl 66,7.

Tabelle 51.

Angabe	Hambas	Ramai
Ölgehalt	18%	—
Dichte D^{30}	0,9073	0,9059
Lichtbrechung n_D^{30}	1,4667	1,4662
Verseifungszahl	188,1	185,9
Jodzahl	99,5	99,3
Unverseifbares	3,98%	4,02%
Gesättigte Fettsäuren	19,72%	20,71%
Ungesättigte Fettsäuren	70,17%	—
Glyceride der Ölsäure	45,6%	45,3%
„ „ Linolsäure	27,7%	27,6%
„ „ Myristinsäure	0,2%	0,10%
„ „ Palmitinsäure	17,3%	16,9%
„ „ Stearinsäure	1,8%	2,6%
„ „ Arachinsäure	0,7%	0,5%
„ „ Lignocerinsäure	0,7%	4,0%

R. Kimm[5] stellte in Reiskeimölfettsäuren 25% gesättigte Fettsäuren, bestehend aus Palmitin-, Arachin-, Behen- und Cerotinsäure, neben etwas Myristin- und Stearinsäure, und 75% ungesättigte Fettsäuren, bestehend fast ausschließlich aus Öl- und Linolsäure fest.

A. O. Cruz[6] und Mitarbeiter erhielten für zwei Reisvarietäten (s. Tabelle 51).

Unverseifbares. Nach Kimm enthielt Reiskeimöl 5,28% Unverseifbares, das durch Behandlung mit Aceton und Alkohol in einen weißen amorphen Körper und einen braunen Sirup getrennt wurde. Im amorphen Körper fand sich etwas Ergosterin, etwas Melissylalkohol, Dihydrositosterin, Stigmasterin, γ-Sitosterin (Schmelzpunkt 148⁰, $[\alpha]_D^{21} = -42,3^0$), ferner ein neues Sterin $C_{27}H_{46}O$, Satisterin genannt, das durch fraktionierte Krystallisation aus den Mutterlaugen der vorhergenannten Stoffe aus Hexan isoliert wurde; es schmolz bei 156⁰ und zeigte die Drehung $[\alpha]_D^{23} = -14,485^0$, Schmelzpunkt des Acetates 111⁰. Das α-Sitosterin des Reiskeimöles ist wahrscheinlich noch ein Gemisch. — Der flüssige Anteil des Unverseifbaren enthielt β-Tritisterin, β-Amyrin, α- und β-Tocopherol und sehr geringe Mengen eines Kohlenwasserstoffes $C_{15}H_{16}$ mit dem Schmelzpunkt des Pikrates 123—124⁰. — Das Reiskeimwachs ist nach Kimm hauptsächlich Cerotinsäuremelissylester $C_{56}H_{112}O_2$, Schmelzpunkt 82⁰.

Aus Reisschalen gewann C. Antoniani[7] 13% Rohöl, von dem 5,7% unverseifbar waren. Die Hälfte des Unverseifbaren bildeten Sterine und zwar 40% freie und 60% gebundene. Daneben wurde Myricylalkohol abgeschieden.

[1] E. Takahashi, Th. Tase u. Y. Saeki: Bull. agr. chem. Soc. Japan 1935, 11, 44; C. 1936, I, 1741. — [2] K. Täufel u. M. Rusch: Z. 1929, 57, 422.

[3] M. Wallerstein: Forschungsber. Lebensmittel 1896, 3, 372.

[4] Für das flüssige Öl gibt Cl. Grimme (Seifensieder-Ztg. 1918, 45, 596f.; 1919, 46, 3f.; C. 1919, II, 773) für D_{15}^{15} 0,9188 an.

[5] R. Kimm: Scient. Papers Inst. physic. chem. Res. 1938, 34, 637; C. 1938, II, 3256.

[6] A. O. Cruz, A. P. West u. N. B. Mendiola: Philippine Journ. Science 1932, 47, 487; C. 1932, II, 1094. — Cruz, West u. V. B. Aragon: Philippine Journ. Science 1932, 48, 5; C. 1932, II, 794.

[7] C. Antoniani: Atti Accad. Lincei (Roma) Rend. 1932, VI, 16, 510; C. 1933, I, 2957.

f) Hirseöl. Hirsekörner verschiedener Hirsearten (Panicum miliaceum, P. Italicum, P. colonum, P. germanicum) enthalten etwa 3—5% Öl von ähnlicher Beschaffenheit wie bei anderen Gramineenölen.

Kennzahlen von Hirseöl (der Fettsäuren). Dichte D^{15} 0,925—0,933, Schmelzpunkt — (16—27°), Erstarrungspunkt —6 bis —12° (19—20°), n_D^{25} 1,472, n_D^{30} 1,467.

Verseifungszahl 170—194, Jodzahl 120—136.

Vgl. auch H. Ito[1].

g) Mohrhirseöl (Kaoliangöl). Die Samen der Körnerhirse (Andropogon Sorghum) enthalten etwa 2—3% Öl, das hauptsächlich in der Kleie und im Keim seinen Sitz hat.

Kennzahlen von Mohrhirsenöl (der Fettsäuren). Dichte D^{15} 0,910 bis 0,928, Schmelzpunkt 39—44 (35—44), Erstarrungspunkt 8—10° (30°). n_D^{40} 1,470—1,471.

Verseifungszahl 172—186, Jodzahl 99—116.

Unverseifbares 1,7—8,0%.

T. Inaba und K. Kitagawa[2] unterschieden Körnerhirsenöl aus Keimen und Kleie wie folgt:

Tabelle 52.

Öl aus	Beschaffenheit	n_D^{30}	Verseifungs-zahl	Jodzahl	Unverseifbares %
Keimen	flüssig mit charakteristischem Geruch	1,4604	185,9	115,4	2,82
Kleie	halbfest	1,4570	185,8	110,8	8,04

10. Kaffeebohnenöl[3].

In rohen Kaffeebohnen sind etwa 15% Öl enthalten, das bei der Bereitung des Kaffeegetränkes in den Kaffeesatz geht. Verschiedentlich ist vorgeschlagen worden, das Öl aus dem Kaffeesatz zu gewinnen.

Da die Kaffeebohne außerdem ein Wachs enthält, mischt sich dieses dem Kaffeeöl je nach Gewinnungsart in mehr oder weniger großer Menge bei, so daß die Menge des Unverseifbaren dadurch auf 2—21% ansteigt. So erhielten K. H. Bauer und R. Neu[4] durch Ausziehen von Kaffeebohnen mit Petroläther ein Öl mit 2,75—2,88, mit Äther mit 6,55—9,64% Unverseifbarem. Die erheblichen Schwankungen in den Kennzahlen des Kaffeebohnenöles dürften größtenteils durch die Art der Gewinnung des Fettes bzw. durch die Mengenschwankungen des zugemischten Wachses bedingt sein.

Kennzahlen des Kaffeebohnenöles (der Fettsäuren). Dichte D^{15} 0,950—0,952, Schmelzpunkt 8—9° (37—41°), Erstarrungspunkt 3—11° (34 bis 36°), n_D^{25} 1,4678—1,4778, Verseifungszahl 149—195, Jodzahl 76—93, Reichert-Meissl-Zahl 0,3—1,7, Thermozahl 53—55. Jodzahl 76—101.

Bauer und Neu[4] fanden bei einer Verseifungszahl von 175,6—178,5, einer Jodzahl 90,5—93,4 an gesättigten Säuren 40,88—44,62, Ölsäure 28,47—31,40, Linolsäure 25,44—27,73%, mittleres Molekulargewicht der Fettsäuren 226,5 bis 277,8.

Ein aus Kaffeesatz gewonnenes Öl zeigte nach einer Angabe[5]: Dichte bei 15° 0,9439, Verseifungszahl 175, Jodzahl 55,0.

---

[1] H. Ito: Res. Bull. Gifu Imp. Coll. Agric. 1934, Nr. 31; C. 1935, I, 1912.

[2] T. Inaba u. K. Kitagawa: Journ. Soc. chem. Ind. Japan 1934, **37** B, 434; C. 1935, I, 3068.

[3] Vgl. auch Bd. VI, S. 8.   [4] K. H. Bauer u. R. Neu: U. 1938, **45**, 229.

[5] Seifensieder-Ztg. 1938, **65**, 178; C. 1938, II, 450.

Die Angaben für den Gehalt an Unverseifbaren schwanken je nach Gewinnungsart und Abscheidung des Kaffeewachses zwischen 2—28%.

H. A. Schuette, M. A. Cowley und Ch. Y. Chang[1] fanden in mit Petroläther erhaltenen Kaffeebohnenöl an Unverseifbarem 12,63% mit der Jodzahl 153,8, an Fettsäuren:

Gesättigte Fettsäuren:		Ungesättigte Fettsäuren:	
Gesamtmenge	33,6%	Gesamtmenge	38,0%
Myristinsäure	2,2%	Ölsäure	12,4%
Palmitinsäure	20,2%	Linolsäure	25,7%
Stearinsäure	9,1%		
Arachinsäure	2,1%		

Nach A. Heiduschka und R. Kuhn[2] enthielt ein Kaffeebohnenöl neben 1,96% Unverseifbarem die Fettsäuren:

Caprinsäure	0,3%	Ölsäure	20,2%
Palmitinsäure	23,6%	Linolsäure	37,6%
Stearinsäure	1,1%	Linolensäure	0 %
Carnaubasäure	14,3%		

H. Wagner[3] ermittelte im petrolätherlöslichen Fett aus nach dem Kaffee-Hag-Verfahren gewonnenen Wachsabfall:

Feste Fettsäuren	40,5%	Arachinsäure	wahrscheinlich vorhanden
Flüssige Fettsäuren	50,7%	Carnaubasäure	10,0%
Caprinsäure	nicht nachgewiesen	Ölsäure	26,8%
Palmitinsäure	größere Menge	Linolsäure	23,6%
Stearinsäure	nicht nachgewiesen		

Vgl. ferner Meyer und Eckert[4].

K. H. Slotta und K. Neisser[5] identifizierten das Phytosterin des Kaffees als γ-Sitosterin mit dem Schmelzpunkt 134—135°; seine Menge betrug 0,01% des Kaffees. Daneben befindet sich als krystallisierbarer, aber leicht veränderlicher, von R. O. Bengis und R. J. Anderson[6] aufgefundener Stoff von unbekannter Konstitution das Kahweol mit dem Schmelzpunkt 143—143,5°. Schließlich gewannen Slotta und Neisser aus Roh- und Röstkaffee als Hauptbestandteil des Unverseifbaren (0,3—0,4% des Kaffees) Cafesterol $C_{20}H_{28}O_3$ mit $[\alpha]_D = -137,9$ (in Chloroform), einen den Sexualhormonen nahestehenden Körper, und vier weitere krystallisierbare Stoffe.

Durch den Röstvorgang und Lagern des gerösteten Kaffees werden die Kennzahlen seines Fettes nur unwesentlich beeinflußt, wie folgende Befunde von Bengis und Anderson[7] zeigen:

Tabelle 53.

Kaffeefett aus	$[\alpha]_D$	Verseifungs-zahl	Jodzahl	Reichert-Wollny-Zahl	Un-verseifbares %
Grüne Bohnen	— 17,01°	179,3	97,8	0,56	9,0
Frisch geröstete Bohnen	—	172,1	96,1	0,86	10,2
Geröstete, dann 16 Monate gelagerte Bohnen	— 17,82°	171,9	95,7	1,97	9,7

11. Erdmandelöl.

Das Erdmandelgras (Cyperus esculentus L.), auch Cypergras genannt, ist eine der wenigen Pflanzen, die Fette in den unterirdischen Organen speichern.

---

[1] H. A. Schuette, M. A. Cowley u. Ch. Y. Chang: Journ. Amer. Chem. Soc. 1934. 56, 2085; C. 1934, II, 4034.

[2] A. Heiduschka u. R. Kuhn: Journ. prakt. Chem. 1934, 139, 269; C. 1934, I, 2512.

[3] H. Wagner: Z. 1939, 77, 225.

[4] Meyer u. Eckert: Sitzgsber. Akad. Wiss. Wien., Math.-naturwiss. Kl. 1910.

[5] K. H. Slotta u. K. Neisser: Ber. Deutsch. Chem. Ges. 1938, 71, 1991.

[6] R. O. Bengis u. R. J. Anderson: Journ. Biol. Chem. 1932, 97, 99; C. 1932, II, 2834.

[7] R. O. Bengis u. R. J. Anderson: Journ. Biol. Chem. 1934, 105, 139; C. 1934, II, 454.

Das Cypergras, das aus Nordafrika stammt und heute besonders in den Mittelmeerländern angebaut wird, trägt an den Ausläufern haselnußgroße Knöllchen, die neben 20—28% Öl noch reichliche Mengen Stärke, Zucker und Protein enthalten. Der Anbau der Pflanze zur Ölgewinnung wurde auch für Deutschland empfohlen.

Das **Erdmandelöl**, auch Chufaöl genannt, ist von goldgelber bis brauner Farbe und angenehm nußartigem Geschmack.

Nach F. Josephs[1] ist die Fettsäurenzusammensetzung des Erdmandelöles folgende:

Das Öl, das ferner nach Josephs etwa 0,6% Unverseifbares enthält, ist also dem Olivenöl sehr ähnlich und ein gutes Speiseöl.

Gesättigte Fettsäuren	Ölsäure	Linolsäure
17,3%	67,6%	15,2%

Kennzahlen von Erdmandelöl (der Fettsäuren). Dichte D^{15} 0,923, Erstarrungspunkt unter 3^0 n_D^{20} 1,4680, n_D^{25} 1,4650; Verseifungszahl 190,4, Jodzahl 88,4, Rhodanzahl 74,6.

12. Sonstige Öle.

a) **Papayaöl.** Mit Petroläther bei Zimmertemperatur ausgezogenes Öl der Papayafrucht (Melonenbaum) von Carica papaya nach H. W. von Loesecke und A. J. Nolte[2] war von bräunlicher Farbe und kresseähnlichem Geruch und Geschmack. Es hatte die Kennzahlen: Dichte D^{20} 0,9074, n_D^{20} 1,4666, Säurezahl 3,05, Verseifungszahl 189,5, Jodzahl (Hanuš) 72,6, Unverseifbares 1,32%, Reichert-Meissl-Zahl 1,05. Die Glyceride bestanden aus denen von Palmitinsäure 11,94, Stearinsäure 5,49, Arachinsäure 0,32, Ölsäure 79,94, Linolsäure 2,22%. Linolensäure fehlte. — Nach früheren Angaben enthalten wurde die Verseifungszahl zu 185—188, die Jodzahl zu 51 gefunden.

b) Über **Eichelöl** als Speiseöl vgl. F. Wittka[3]. Es hatte die Kennzahlen: Verseifungszahl 193,2, Jodzahl 97,2, Rhodanzahl 73,8, Titer 29,9, Hexabromidzahl 0.

D. Palmitinsäurearme, öl- und linolsäurehaltige Samenöle.

In diese Klasse gehört eine große Anzahl von trocknenden, halbtrocknenden, aber auch von nichttrocknenden Speiseölen aus verschiedenen Pflanzenfamilien, sowohl aus Erzeugungsgebieten mit wärmeren wie auch mit kälterem Klima.

Die allgemeine mittlere Zusammensetzung dieser Öle ist, wie die Zusammenstellung andeutet, fast die gleiche (s. Tabelle 54).

Dagegen zeigt die Zusammensetzung der Fettsäuren beträchtliche Unterschiede.

Die folgende Tabelle enthält die Fettsäurenzusammensetzung dieser

Tabelle 54.

Art des Öles	Fett-säuren %	Glycerin-rest C_3H_2 %	Entsprechend Glycerin $C_3H_5(OH)_3$ %	Unver-seifbares %
Haselnußöl . . .	95,0	4,4	10,6	0,6
Bucheckernöl . .	94,8	4,4	10,6	0,8
Mandelöl	95,2	4,4	10,6	0,4
Aprikosenkernöl .	94,4	4,4	10,6	1,2
Sesamöl	94,9	4,3	10,5	0,8
Sonnenblumenöl .	94,7	4,3	10,4	1,0
Safloröl	94,6	4,3	10,5	1,1
Traubenkernöl . .	94,7	4,3	10,4	1,0
Mohnöl	95,0	4,4	10,6	0,6
Walnußöl	95,3	4,4	10,6	0,3
Fichtensamenöl .	94,7	4,3	10,5	1,0
Hanföl	94,9	4,3	10,5	0,8
Leinöl	94,7	4,3	10,4	1,0
Perillaöl	95,3	4,4	10,5	0,3

[1] F. Josephs: U. 1938, **45**, 292. — Vgl. auch G. Sessous u. F. Rogaller: Forschungsdienst, Sonderheft 1938, **8**, 300; C. 1938, II, 4331.

[2] H. W. von Loesecke u. A. J. Nolte: Journ. Amer. Chem. Soc. 1937, **59**, 2565; C. 1939, I, 282.

[3] F. Wittka: U. 1937, **44**, 464; C. 1938, II, 1335.

Öle, nach Pflanzenfamilien geordnet. Die Öle enthalten als Hauptfettsäuren, Ölsäure und Linolsäure und kleine Mengen gesättigter Säuren, davon zum größeren Teil Palmitinsäure. Myristinsäure, Arachinsäure und Lignocerinsäure sind, wenn überhaupt, nur in sehr kleinen Mengen vorhanden, Stearinsäure ebenfalls nur in kleinen Mengen.

Tabelle 55.

Herkunft und Pflanzenart	Zusammensetzung der Fettsäuren						Untersucht von
	Palmitin-säure %	Stearin-säure %	Ölsäure %	Linol-säure %	Linolen-säure %	Sonstige Säuren %	
Betulaceae:							
Haselnuß, Corrylus avellana	3,2	1,7	91,9	3,0	—	Myristinsäure 0,2	H. A. Schuette u C. Y. Chang [1]
Oleaceae:							
Olivenkerne, Olea europaea, sativa	etwa 6	etwa 4	etwa 83	etwa 7	—	—	O. Klein [2]
Theaceae:							
Teesamen, Thea sinensis	7,6	0,8	83,3	7,4	—	Arachinsäure 0,6	H. N. Griffiths, T. P. Hilditch u. E. C. Jones [3]
Rosaceae:							
Mandel, Prunus amygdalus	3,1		77,0	19,9	—	—	A. Heiduschka u C. Wiesemann [4]
Aprikosenkerne, kalifornische, Prunus armeniaca	2,6	1,2	64,6	31,8	—	Lignocerinsäure Spur	G. S. Jamieson u. R. S. McKinney [5]
Kirschkerne, Prunus cerasus	4,3	2,9	49,5	42,3	—	Myristinsäure 0,2 Arachinsäure 0,8	G. S. Jamieson u S. J. Gertler [6]
Quittensamen, Cydonia vulgaris	9,1		45,1	31,6	4,2	—	A. Steger u. J. van Loon [7]
Fagaceae:							
Bucheckern, Fagus silvatica	5,2	3,7	81,0	9,7	0,4	—	A. Heiduschka u P. Roser [8]
„ „ „	11,5		48,4	33,2	2,8	—	E. Delvaux [9]
Pedaliaceae:							
Sesamsaat, Sesamum indicum	7,8	4,7	49,4	37,7	—	Arachinsäure 0,4	G. S. Jamieson u W. F. Baughman [10]
Compositae:							
Sonnenblumen-saat Helianthus annuus — Amerikanisch	3,5	2,9	34,1	58,5	—	Arachinsäure 0,6 Lignocerinsäure 0,4	W. F. Baughman u. G. S. Jamieson [11]
Sonnenblumen-saat Helianthus annuus — Kongo	3,7	1,6	42,0	52,0	—	Arachinsäure 0,7	J. Pieraerts [12]

[1] H. A. Schuette u. C. Y. Chang: Journ. Amer. Chem. Soc. 1933, **55**, 3333; C. 1934, I, 1129.

[2] O. Klein: Zeitschr. angew. Chem. 1898, **12**, 847. — Vgl. auch S. 418.

[3] H. N. Griffiths, T. P. Hilditch u. E. C. Jones: Journ. Soc. chem. Ind. 1934, **53** T, 13, 75.

[4] A. Heiduschka u. C. Wiesemann: Journ. prakt. Chem. 1930 (2), **124**, 240.

[5] G. S. Jamieson u. R. S. McKinney: Oil and Soap 1933, **10**, 147.

[6] G. S. Jamieson u. S. J. Gertler: Journ. Oil Fat. Ind. 1930 (11), **7**, 371.

[7] A. Steger u. J. van Loon: Rec. Trav. chim. Pays-Bas 1934, **53**, 24.

[8] A. Heiduschka u. P. Roser: Journ. prakt. Chem. 1922 (2), **104**, 137.

[9] E. Delvaux: U. 1936, **43**, 183.

[10] G. S. Jamieson u. W. F. Baughman: Journ. Amer. Chem. Soc. 1924, **46**, 775.

[11] W. F. Baughman u. G. S. Jamieson: Joun. Amer. Chem. Soc. 1922, **44**, 2952.

[12] J. Pieraerts: Mat. grasses 1925, **17**, 7280, 7340.

Tabelle 55. (Fortsetzung.)

Herkunft und Pflanzenart	Zusammensetzung der Fettsäuren						Untersucht von
	Palmitin-säure %	Stearin-säure %	Ölsäure %	Linol-säure %	Linolen-säure %	Sonstige Säuren %	
Saflorsaat, Carthamus tinctorius	4,2	1,6	26,3	67,4	0,1	Arachinsäure 0,4	G. S. JAMIESON u. S. J. GERTLER [1]
Vitaceae:							
Traubenkerne, Vitis vinifera	5,5	2,4	36,8	55,3	—	—	F. RABAK [2]
„ „ „	6,5	2,3	32,6	46,0	0,1	Oxysäure 12,5%	C. OTIN u. M. DIMA [3]
Papaveraceae:							
Mohnsaat, Papaver somniferum	4,8	2,9	30,1	62,2	—	—	A. EIBNER u. B. WIBELITZ [4]
Juglandaceae:							
Walnuß, Juglans regia	4,6	0,9	17,8	73,4	3,3	—	G. S. JAMIESON u. S. J. GERTLER [5]
	9,4		17,6	62,7	10,0	—	IVANOV u. E. E. BERDICHEVSKI [6]
Hickorynuß, Hicoria pecan	3,3	1,9	78,7	16,1	—	—	G. S. JAMIESON u. S. J. GERTLER [7]
Coniferae:							
Fichtensamen, Pinus picea	0,7	—	42,4	49,3	7,6	—	O. VON FRIEDRICHS [8]
Kiefernsamen, Pinus sylvestris	4,3	3,1	9,5	57,9	25,4	—	A. EIBNER u. F. REITTER [9]
Piniensamen, Pinus pinea	5,4	0,6	48	—	—	—	H. MATTHES u. W. ROSSIÉ [10]
Nußpinie, Pinus monophylla	2,9	0,4	58,5	32,5	—	Myristinsäure 5,4	A. H. GILL [11]
Moraceae:							
Hanfsamen, Cannabis sativa	10,1		12,6	53,0	24,3	—	H. P. KAUFMANN u. S. JUSCHKEWITSCH [12]
Linaceae:							
Leinsaat, Linum usitatissimum — Kalkutta	8,9		18,8	23,2	49,1	—	A. EIBNER u. F. BROSEL [13]
Holländisch	8,7		4,8	62,3	24,2	—	A. EIBNER u. K. SCHMIDINGER [14]
La Plata	10,8		12,4	26,6	50,2	—	P. J. GAY [15]
	10,3		9,1	36,4	44,2	—	
	10,7		6,3	39,3	43,7	—	

[1] G. S. JAMIESON u. S. J. GERTLER: Journ. Oil Fat Ind. 1929 (4), **6**, 11.
[2] F. RABAK: Ind. engin. Chem. 1921, **13**, 919.
[3] C. OTIN u. M. DIMA: Allg. Öl- u. Fett-Ztg. 1934, **31**, 107.
[4] A. EIBNER u. B. WIBELITZ: U. 1924, **31**, 109, 121.
[5] G. S. JAMIESON u. S. J. GERTLER: Journ. Oil Fat Ind. 1929 (10), **6**, 23.
[6] IVANOV u. E. E. BERDICHEVSKI: Zeitschr. zentr.-biochem. Forsch. Natr.-Genußm. Russ. 1933, **3**, 246.
[7] O. S. JAMIESON u. S. J. GERTLER: Journ. Oil Fat Ind. 1929, (10), **6**, 23.
[8] O. VON FRIEDRICHS: Svensk. Farm. Tidskr. 1919, **23**, 445, 461, 500.
[9] A. EIBNER u. F. REITTER: U. 1926, **33**, 114, 125.
[10] H. MATTHES u. W. ROSSIÉ: Arch. Pharm. 1918, **256**, 289.
[11] A. H. GILL: Oil and Soap 1933, **10**, 7.
[12] H. P. KAUFMANN u. J. JUSCHKEWITSCH: Zeitschr. angew. Chem. 1930, **43**, 90.
[13] A. EIBNER u. F. BROSEL: U. 1928, **35**, 157.
[14] A. EIBNER u. K. SCHMIDINGER: U. 1923, **30**, 293.
[15] P. J. GAY: Journ. Soc. chem. Ind. 1932, **51** T, 126.

Tabelle 55 (Fortsetzung.)

Herkunft und Pflanzenart	Zusammenstellung der Fettsäuren						Untersucht von
	Palmitinsäure %	Stearinsäure %	Ölsäure %	Linolsäure %	Linolensäure %	Sonstige Säuren %	
Leinsaat,	6,7	3,0	2,3	69,6	18,4	—	N. E. COCCHINARAS [1]
Linum	9,0		8,0	46,7	36,3	—	} H. P. KAUFMANN u.
usitatissimum	11,3		12,5	34,1	42,1	—	M. KELLER [2]
	5,4	3,5	9,6	42,6	38,1	—	H. N. GRIFFITHS, T. P. HILDITCH u. E. C. JONES [3]
Labiatae:							
Perillasaat	6,7		10,7	33,6	49,0	—	} H. P. KAUFMANN [4]
Perilla ocimoides	7,6		3,9	44,3	44,2	—	
Chiasaat, Salvia hispanica	5,3	2,9	0,8	48,6	42,2	—	W. F. BAUGHMAN u. G. S. JAMIESON [5]

1. Haselnußöl.

Das aus den Samen der Haselnuß gepreßte Öl besitzt den spezifischen angenehmen Geruch und Geschmack der Haselnußkerne und ist ein geschätztes Speiseöl, das besonders als Salatöl gesucht ist. Da es in der getrockneten Haselnuß leicht ranzig wird, pflegt man den Haselnußkernen für die Herstellung von Haselnußschokolade einen Teil des Öles (aus den äußeren Schichten) zu entziehen, um die Haltbarkeit des Produktes zu erhöhen (J. PRITZKER und R. JUNGKUNZ [6]). An sich gehört Haselnußöl wegen seines geringen Gehaltes an stark ungesättigten Fettsäuren zu den haltbareren Ölen. Sein Fettsäureanteil besteht zum weitaus größten Teil aus Ölsäure (vgl. S. 470), zu deren Darstellung es sich vorzüglich eignet (S. H. BERTRAM [7]).

Dieser hohe Ölsäuregehalt bewirkt aber auch, daß die Prüfung auf Isoölsäure nach TWITCHELL (S. 201) hier unbrauchbar ist, da bei diesem Verfahren ein Teil der Ölsäure aus dem Haselnußöl in den Bleiniederschlag geht.

Haselnußöl ist ein hellgelbes, klares, geruchloses Öl, das im Äußeren große Ähnlichkeit mit Mandelöl zeigt. Der Ölgehalt der Kerne beträgt etwa 60—65%.

Kennzahlen des Haselnußöles (der Fettsäuren). Dichte, D_4^{15} 0,913 bis 0,923, D^{20} 0,913, Schmelzpunkt (22—25°), Erstarrungspunkt —17 bis —20° (15—20°), n_D^{20} 1,4698, n_D^{40} 1,4612—1,4628. Verseifungszahl 187—192, Jodzahl 84—90, Rhodanzahl um 79, Thermozahl nach MAUMENÉ 35—38. Unverseifbares 0,5—0,7%.

BELLIER-Reaktion schwach blaßviolett, Salpetersäurereaktion orangebräunlich. Vgl. auch PRITZKER und JUNGKUNZ [6].

2. Bucheckernöl (Buchenkernöl, Buchelnußöl, Buchelöl).

Bucheckernöl ist das aus dem Samen der Rotbuche (Fagus silvatica L.) gewonnene Öl. Die frisch gesammelten Bucheckern werden getrocknet und

---

[1] N. E. COCCHINARAS: Analyst 1932, 57, 233.
[2] H. P. KAUFMANN u. M. KELLER: Zeitschr. angew. Chem. 1929, 42, 76.
[3] H. N. GRIFFITHS, T. P. HILDITCH u. E. C. JONES: Journ. Soc. chem. Ind. 1934, 53 T, 13, 75.
[4] H. P. KAUFMANN: Allg. Öl- u. Fett-Ztg. 1930, 27, 39.
[5] W. F. BAUGHMAN u. G. S. JAMIESON: Journ. Oil Fat Ind. 1929 (9), 6, 15.
[6] J. PRITZKER u. R. JUNGKUNZ: Z. 1921, 42, 232.
[7] S. H. BERTRAM: Öle, Fette, Wachse, 1936, Nr. 14, 2; Z. 1937, I, 1589.

sowohl unentschält als auch entschält gepreßt, und zwar erstere nur warm, letztere kalt und warm. Nicht entschälte Früchte enthalten 23—33, entschälte 42—48% Öl. Die kalt gepreßten entschälten Bucheckern liefern das beste Speiseöl. Es hat eine hellgelbe Farbe, einen angenehmen Geschmack und ist sehr haltbar.

Kennzahlen des Bucheckernöles (der Fettsäuren). Dichte D^{15} 0,9090—0,9237, Schmelzpunkt — (23—24°), Erstarrungspunkt —17,0 bis —17,5° (17°) n_D^{15} 1,4729—1,4752, n_D^{25} um 1,4689.

Verseifungszahl 188—196, Jodzahl 101—111, Thermozahl nach MAUMENÉ 63—65.

Reaktion nach BELLIER: Violett, nach 1—2 Minuten braun.

Vgl. auch I. CUCULESCU [1].

3. Olivenkernöl.

Dieses Öl wird durch kalte oder warme Pressung der gereinigten Olivenkerne hergestellt. Es zeigt kalt gepreßt eine gelbe, warm gepreßt eine grüne Farbe und milden süßlichen Geschmack, dem der Olivengeschmack des Fleisches fehlt. Olivenkernöl findet sich oft in kleinen Mengen dem durch starke Mahlung und Pressung erhaltenen Olivenfruchtfleischöl beigemischt (vgl. S. 418). Die Kennzahlen beider Öle sind nur wenig voneinander verschieden.

J. D. KANDILIS und N. S. KARNIS [2] fanden (s. Tabelle 56).

Über Harzsäuren in Olivenkernöl vgl. CH. KATRAKIS und J. G. MEGALOIKONOMON [3].

Tabelle 56. Kennzahlen von Olivenkernölen.

Kennzahlen	103 Olivenkernöle mit Schwefelkohlenstoff selbst ausgezogen	12 technische Olivenkernöle
Dichte bei 20° . . .	0,9187—0,9338	0,9094—0,9211
n_D^{25}	1,4636—1,4747	1,4661—1,4732
Verseifungszahl . . .	179,3—197,8	187,9—196,3
Jodzahl	68,5—85,6	74,1—81,2
Säurezahl	69,3—221,3	123,8—238,4
Unverseifbares . . .	1,75—4,81%	—

4. Teesamenöle, Tsubakiöl und Sasanquaöl.

Das japanische Teesamenöl, Tsubakiöl genannt, stammt meistens aus den Samen des japanischen Teestrauches Thea japonica Nois, der bei uns auch als Tierpflanze (Camellia japonica L.) gehalten wird (H. P. KAUFMANN und J. BALTES [4]). Von einer anderen Theacee stammt das Sasanquaöl, nämlich von Thea sasanqua Nois, während der gewöhnliche Teestrauch Thea sinensis im Samen nur wenig Öl enthält und als Ölpflanze keine Bedeutung hat.

Der Same des Tsubakibaumes ist nach M. TSUJIMOTO [5] von halbkugelförmiger Gestalt mit harter glänzender, dunkelbrauner Schale, 2—2,5 cm lang und wiegt 1—3 g. Der Kern ist hellgelb und enthält lufttrocken etwa 65% Öl. — Die Samen von Thea sasanqua sind dagegen kleiner als die des Tsubaki. Die Schale ist dunkelbraun. Der hellgelbe Kern enthält lufttrocken etwa 60% Öl, das durch Trocknen, Zermahlen, Dämpfen und anschließendes Auspressen gewonnen wird.

Das Tsubakiöl ist ein in Japan hochgeschätztes, wohlschmeckendes Speiseöl, das öfters verfälscht wird. Da es selbst weit unter 0° noch nicht erstarrt, und nicht zum Ranzigwerden neigt, wird es auch als feines Schmieröl, ferner als Haaröl verwendet.

[1] I. CUCULESCU: Bulet. Fac. Ştiinţe Cernăuţi 1928, **2**, 84; C. 1931, I, 1693.
[2] J. D. KANDILIS u. N. S. KARNIS: Praktika 1933, **4**, 273; C. 1933, I, 153.
[3] CH. G. KATRAKIS u. J. G. MEGALOIKONOMON: Praktika 1931, **3**, 760; C. 1931, I, 3528.
[4] H. P. KAUFMANN u. J. BALTES: U. 1938, **45**, 152.
[5] M. TSUJIMOTO: Journ. Coll. Engin., Tokyo 1908, **4**, 75; Z. 1909, **17**, 142.

Das Sasanquaöl gleicht in vielen Eigenschaften dem Tsubakiöl, enthält aber mehr feste und ungesättigtere Fettsäuren.

In ihren Eigenschaften erinnern die genannten Öle in mancher Hinsicht an Olivenöl. Beliebte Verfälschungsmittel sind Rüböl, Erdnußöl u. a. Nach Kaufmann und Baltes[1] ist Tsubakiöl das ölsäurereichste Pflanzenöl. Der Gehalt an Hexadecensäure ist wie bei Olivenöl sehr gering, unter 1% der Fettsäuren (T. P. Hilditch und H. M. Thompson[2]).

Kennzahlen des Tsubakiöles (der Fettsäuren). Dichte D^{15} 0,9150 bis 0,9168, Schmelzpunkt — (21—28°), Erstarrungspunkt — 15 bis — 21°, n_D^{20} 1,4679—1,4692, n_D^{25} 1,4675, n_D^{40} 1,4620, Verseifungszahl 188—197, Jodzahl 78—82, Rhodanzahl um 77, Unverseifbares 0,2%. Vgl. auch A. Heiduschka und Ch. Shu-Sheng[3]. Über die Glyceride des Teesamenöles vgl. T. P. Hilditch und H. M. Thompson[4].

Kennzahlen des Sasanquaöles (der Fettsäuren). Dichte D^{15} 0,9154 bis 0,9179, Schmelzpunkt — (28°), Erstarrungspunkt — 9°, n_D^{20} 1,4691, n_D^{25} 1,4681, Verseifungszahl 190—194, Jodzahl 81—83.

Zur Unterscheidung des Teesaatöles von Olivenöl erhitzt J. Cofman-Nicoresti[5] 10 ccm des Öles mit 10 ccm einer Mischung gleicher Volumina konzentrierter Schwefelsäure, konzentrierter Salpetersäure und Wasser unter öfterem Umschütteln 20 Minuten in siedendem Wasserbad. Hierbei tritt mit Teesamenöl eine Schwärzung ein, die noch in Mischungen mit anderen Ölen, die nur 20% Teesamenöl enthalten, erkennbar ist.

5. Mandelöl und Aprikosenkernöl.

a) Gewinnung und Verwendung. Mandelöl wird aus süßen oder bitteren Mandeln, die nach H. Fincke[6] etwa 58—65 im lufttrockenen, 61—67, im Mittel 64% Öl im trockenen schalenfreien Kern enthalten, durch Auspressen gewonnen. Die süßen Mandeln (Prunus amygdalus var. dulcis) werden zwischen erwärmten Platten, die Bittermandeln (Prunus amygdalus var. amara), um nicht das für die Aufarbeitung der Preßrückstände nötige Emulsin zu zerstören, kalt (unter 30°) ausgepreßt. Das fette Öl beider Mandelsorten ist von gleicher Beschaffenheit.

Mandelöl wird vornehmlich zu pharmazeutischen Zubereitungen verwendet. Bei der Lebensmitteluntersuchung bildet es als Bestandteil vieler Mandelzubereitungen, wie Marzipan und Makronen, die Grundlage der Reinheitsprüfung.

Das wichtigste Ersatz- bzw. Verfälschungsmittel des Mandelöles bildet das ihm sehr ähnliche Aprikosenkernöl von Prunus armeniaca. Nicht nur wird dieses Öl vielfach mit Mandelöl vermischt oder auch irreführend als Mandelöl in den Verkehr gebracht, sondern auch die Aprikosenkerne selbst dienen nach Entbitterung durch Auslaugen mit Wasser als wichtigstes Ersatzmittel für Mandeln in mandelähnlichen Zubereitungen (Persipan). Vgl. Bd. V, S. 460. Der Gehalt der Aprikosenkerne an Öl ist von ähnlicher Höhe wie der von Mandeln.

Mandelöl bildet ein blaßgelbes bis tiefgelbes Öl von angenehmem Geruch und Geschmack. Aprikosenkernöl ist gleich nach dem Pressen fast farblos, dunkelt dann aber nach.

[1] H. P. Kaufmann u. J. Baltes: U. 1938, **45**, 152.
[2] T. P. Hilditch u. H. M. Thompson: Journ. Soc. chem. Ind. 1938, **56**, 434; C. 1938, II, 3030.
[3] A. Heiduschka u. Ch. Shu-Sheng: Arch. Pharm. 1931, **269**, 456; C. 1931, II, 3413.
[4] T. P. Hilditch u. H. M. Thompson: Journ. Soc. chem. Ind. 1937, **56**, 434.
[5] J. Cofman-Nicoresti: Pharmazeut. Journ. 1920, **104**, 139; C. 1920, II, 611.
[6] H. Fincke: Z. 1926, **52**, 432.

b) Kennzahlen. Kennzahlen des Mandelöles (der Fettsäuren). Dichte D^{15} 0,913—0,919, Schmelzpunkt — (12—15°), Erstarrungspunkt — 10 bis — 21° (9,5—11,8°), n_D^{20} 1,4702—1,4715, n_D^{25} 1,4685—1,4693, n_D^{40} 1,4612—1,4702, kritische Lösungstemperatur in Eisessig 100—110°.

Verseifungszahl 189—196, Jodzahl 91—102, Rhodanzahl 77—82, MAUMENÉ-Zahl 51—54, Bromthermozahl 17—21.

Unverseifbares 0,3—1,0%. Vgl. auch J. PRITZKER und R. JUNGKUNZ[1], A. HEIDUSCHKA und C. WIESEMANN[2].

Kennzahlen des Aprikosenkernöles (der Fettsäuren). Dichte D^{15} 0,914—0,920, Schmelzpunkt — 22 bis — 24° (2—15°), Erstarrungspunkt — 4 bis — 22°, meist — 20° (0—6°), n_D^{25} 1,4691—1,4725, n_D^{40} 1,4633—1,4646, kritische Lösungstemperatur in Eisessig 92—114°.

Verseifungszahl 188—197, Jodzahl 95—109, Rhodanzahl 80—83.

Unverseifbares 0,4—1,3%.

Vgl. auch J. PRITZKER und R. JUNGKUNZ[1], A. HEIDUSCHKA und C. WIESEMANN[2].

Nach J. HADÁČEK und F. FINK[3] bestand das Unverseifbare (0,5%) des Aprikosenkernöles zu 90% aus einem Phytosterin vom Schmelzpunkt 134—135° (des Acetates 120°).

c) Farbreaktionen. Mandelöl und Aprikosenkernöl unterscheiden sich durch eine Anzahl von Farbreaktionen, so nach BELLIER (S. 425), wobei Mandelöl ungefärbt bleibt, Aprikosenöl starke Violettfärbung liefert, durch Schütteln mit Salpetersäure der Dichte 1,4 (S. 423), die mit Mandelöl keine, mit Aprikosenkernöl orangerote Färbung ergibt (Reaktion von HAUCHECORNE[4]).

Weitere Reaktionen. Reaktion nach BIEBER[5]: 5 Raumteile Öl werden mit 1 Raumteil eines frisch bereiteten Gemisches gleicher Gewichtsteile Schwefelsäure, rauchender Salpetersäure und Wasser durchgeschüttelt. Mandelöl bleibt unverändert. Aprikosenkernöl wird pfirsichblütenrot.

Reaktion nach KREIS[6]. Gleiche Raummengen Öl, frisch bereitete 0,1%ige ätherische Phloroglucinlösung und Salpetersäure von der Dichte 1,4 werden durch Schütteln gemischt. Bei Aprikosenkernöl tritt eine deutliche kirschrote Färbung ein.

Pfirsichkernöl verhält sich bei diesen Farbreaktionen im Gegensatz zu Aprikosenkernöl nach PRITZKER und JUNGKUNZ wie Mandelöl. Auch seine Kennzahlen stimmen mit denen des Mandelöles überein. Im Handel wird aber oft Aprikosenkernöl irrtümlich als Pfirsichkernöl bezeichnet.

Von den genannten Farbreaktionen ist die von KREIS die empfindlichste. Mit ihr lassen sich nach PRITZKER und JUNGKUNZ noch 5% Aprikosenkernöl nachweisen, während die Reaktion von BIEBER nach KREIS sowie PRITZKER und JUNGKUNZ der Salpetersäurereaktion an Wert nachsteht. Vgl. auch Bd. V, S. 473.

H. MOHLER und H. BENZ[7] haben die Salpetersäurereaktion von HAUCHECORNE verschärft und weisen so ebenfalls noch 5% Aprikosenkernöl nach.

In ein 15 mm weites Reagensrohr gibt man 4 Tropfen Öl zu 4 Tropfen Chloroform, schüttelt durch und läßt in Zeitabständen von etwa 10 Sekunden 2 Tropfen rauchende Salpetersäure an der Reagenswand entlang zufließen, wobei man nach jedem Tropfen umschüttelt. Aprikosenkernöl färbt sich sofort tief blutrot,

---

[1] J. PRITZKER u. R. JUNGKUNZ: Z. 1927, **54**, 233.

[2] A. HEIDUSCHKA u. C. WIESEMANN: Journ. prakt. Chem. 1930 (2), **124**, 240; C. 1930, I, 3841. — [3] J. HADÁČEK u. F. FINK: Čas. lék. česk. 1935, **15**, 206; Z. 1938, **75**, 199.

[4] HAUCHECORNE: Zeitschr. analyt. Chem. 864, **3**, 521.

[5] BIEBER: Zeitschr. analyt. Chem. 1878, **74**, 264.

[6] H. KREIS: Chem.-Ztg. 1902, **26**, 897.

[7] H. MOHLER u. H. BENZ: Zeitschr. analyt. Chem. 1933, **94**, 184; Z. 1937, **73**, 287.

nach einiger Zeit in Braunrot umschlagend, bei 5% noch leuchtendrot, Mandelöl hellrotbraun. Beobachtet wird nach 15 Minuten.

J. Lehtovaara[1] empfiehlt diese Ausführungsweise nach Mohler und Benz als die sicherste Reaktion zur Prüfung von Mandel- und Aprikosenöl, daneben die Reaktionen nach Bellier und Kreis.

Zum Nachweis von Erdnußöl eignet sich die Prüfung nach S. 490.

N. Evers[2] hat dafür eine abgeänderte Vorschrift angegeben, mit der sich noch Zusätze von 5% Erdnußöl mit Sicherheit in Mandelöl nachweisen lassen, wenn die Abkühlung statt auf 9° bei Olivenöl auf 4° bei Mandelöl fortgesetzt wird. Die Arbeitsvorschrift ist folgende:

1 ccm des zu prüfenden Öles wird mit 5 ccm einer 1,5 N.-alkoholischen Kalilauge durch 5 Minuten langes Erhitzen auf dem Wasserbade verseift, wobei Alkoholverluste zu vermeiden sind. Hierauf werden 50 ccm 70%iger Alkohol und 0,8 ccm Salzsäure (1,16) zugefügt. Die Lösung wird zur Beseitigung von etwa gebildetem Niederschlag erhitzt und dann mit Wasser unter ständigem Umrühren mit dem Thermometer so abgekühlt, daß die Temperatur ungefähr um 1° in der Minute fällt.

Auf Verfälschungen mit weiteren Pflanzenölen prüft man nach den bei diesen angegebenen Methoden.

6. Sonstige Obstsamenöle.

Tabelle 57. Kennzahlen verschiedener Obstsamenöle.

Bezeichnung	Ölgehalt der trockenen Samen (Kerne) %	Dichte bei 15°	n_D^{25}	Verseifungszahl	Jodzahl	Unverseifbares
Quittensamenöl .	rd. 15	0,9220[3]	1,4729	194,2[3]	113—122	—
Birnensamenöl . .	12—15 (20—22)	0,9168	1,4727	197,5	121—127	0,5
Apfelsamenöl . .	15 (20—23)	—	1,4727	189,5	119,8	1,2
Kirschkernöl . .	7 (30—39)	0,920—0,927	1,4753 bis 1,4769	190—198	110—116	0,5—0,9
Pflaumenkernöl .	4—6 (40—50)	0,915—0,920	1,4679 bis 1,4702	188—199	91—104	—
Apfelsinenkernöl .	33—37 (54—57)	0,920—0,925	1,4697	193—197	97—105	—
Citronenkernöl . .	30—35 (bis 54)	0,920—0,922	1,4717	188—198	103—110	0,4—0,8
Pampelmussamenöl	—	0,921	—	195	103	0,5

Eine eingehende Untersuchung von zwei Quittensamenölen führten neuerdings J. Pritzker und R. Jungkunz[4] aus, die darin die Verseifungszahlen 186,3 bzw. 185,2 und einen Gehalt an Unverseifbarem (nach Spitz und Hönig) von 1,64 bei dem einen, von 0,96% bei dem anderen fanden. Über weitere Kennzahlen vgl. im Original.

G. S. Jamieson und W. F. Baughman[5] ermittelten im Öl von Pampelmussamen 26,6—27,6% gesättigte Fettsäuren und die Zusammensetzung, ausgedrückt als Glyceride, der Palmitinsäure 20,1, der Stearinsäure 7,6, der Lignocerinsäure 0,1, der Ölsäure 20,5, der Linolsäure 51,0%.

Hiernach gehört dieses Obstsamenöl zu den palmitinsäurereichen Ölen der vorigen Klasse, was dann wahrscheinlich auch für die verwandten Öle aus Apfelsinen- und Citronenkernen zutrifft.

In amerikanischem Kirschkernöl stellten Jamieson und S. J. Gertler[6] 7,7% gesättigte und 87% ungesättigte Fettsäuren fest. Erstere bestanden aus Palmitin- und

[1] J. Lehtovaara: Diss. Tartu 1937.
[2] N. Evers: Analyst 1937, **62**, 96; Z. 1937, **74**, 523.
[3] Nach A. Steger u. J. van Loon: Rec. Trav. chim. Pays-Bas 1937, **53**, 24.
[4] J. Pritzker u. R. Jungkunz: Z. 1938, **76**, 40.
[5] G. S. Jamieson u. W. F. Baughman: Oil Fat Ind. 1930, **7**, 181; C. 1930, II, 492.
[6] G. S. Jamiseon u. S. J. Gertler: Oil Fat Ind. 1930, **7**, 371; C. 1930, II, 3662.

Stearin- neben kleinen Mengen Arachin- und Myristinsäure, letztere aus 53,88% Ölsäure und 46,12% Linolsäure.

Feigensamen enthielten nach A. PAIZI[1] 23,5% Öl mit folgenden Kennzahlen: Dichte D^{15} 0,929, Erstarrungspunkt — 16° (der Fettsäuren + 14°), n_{D}^{25} 1,4795, Verseifungszahl 219, Jodzahl 147.

7. Sesamöl.

Sesamöl ist das durch Pressen der schwarzen und weißen Samen von Sesamum indicum und S. orientale (mit 50—55% Fett) gewonnene Fett. Es ist hellgelb, ohne besonderen Geruch und hat einen milden Geschmack. Aus dem Grunde bildet es ein beliebtes Tafel- oder Salatöl.

a) Gewinnung und Zusammensetzung. Die deutschen Ölmühlen gewinnen heute nur einen Bruchteil der in früheren Jahren erzeugten Menge Sesamöl. So betrugen die Erzeugungsziffern für Sesamöl

Tabelle 58.

Angabe	1913	1925	1927	1929	1932	1933
Tausend t	55	10	2	7	3	3

Dieser Rückgang beruht zum Teil darauf, daß der früher vorgeschriebene Sesamölzusatz zu Margarine durch Kartoffelmehlzusatz ersetzt worden ist.

Das Sesamöl besteht aus den Glyceriden der Palmitinsäure, Stearinsäure, Ölsäure sowie Linolsäure und enthält in dem Unverseifbaren (0,95—1,32%) außer Phytosterin zwei wohl gekennzeichnete Körper, von denen der eine, das Sesamin, schön krystallisierende, bei 123° schmelzende Nadeln bildet und die verhältnismäßig hohe Rechtsdrehung des Öles verursacht, während der zweite ein Öl ist, dem H. KREIS[2], es für einen phenolartigen Körper haltend, den Namen Sesamol gab. Sesamol ist ein Oxyhydrochinonmethyläther, der mit Furfurol bei Gegenwart von Salzsäure infolge von Kondensation einen roten, für Sesamöl kennzeichnenden Farbstoff gibt. Über Sesamolin vgl. S. 39.

b) Kennzahlen von Sesamöl (der Fettsäuren). Dichte D^{15} 0,920—0,923, Schmelzpunkt — (24—32), Erstarrungspunkt — 3 bis — 6° (20—24°), n_{D}^{20} 1,4731—1,4760, n_{D}^{25} 1,4699—1,4718, n_{D}^{40} 1,4647—1,4670, $[\alpha]_D$ + 0,8 bis + 1,6°, CRISMER-Zahl 120—121°, Kritische Lösungstemperatur in Eisessig 87—107°.

Verseifungszahl 187—195, Jodzahl 103—112, Rhodanzahl 75—78, Thermozahl 63—68.

c) Farbreaktionen zum Nachweis von Sesamöl[3]. Von den verschiedenen Farbreaktionen des Sesamöles sind die beiden nächstgenannten die empfindlichsten.

α) **Sesamolreaktion mit Furfurol und Salzsäure nach BAUDOUIN[4]** in der Verbesserung von V. VILLAVECCHIA und G. FABRIS[5]. Hiervon gibt es zwei Ausführungsformen, bei denen als Reagens eine farblose Lösung von 2 g Furfurol in 100 ccm Alkohol verwendet wird.

1. In einem zylindrischen Scheidetrichter gibt man zu 0,1 ccm Furfurollösung 10 ccm Öl, dann 10 ccm Salzsäure von der Dichte 1,19, schüttelt

---

[1] A. PAIZI: Praktika 1934, 9, 164; C. 1935, I, 1314.

[2] H. KREIS: Chem.-Ztg. 1903, 27, 1030.

[3] Eine ausführliche Besprechung der Farbreaktionen des Sesamöles haben F. UTZ (Pharm. Ztg. 1900, 45, 490) sowie H. SPRINKMEYER und H. WAGNER (Z. 1905, 10, 347) veröffentlicht.

[4] Vgl. auch W. KERP: Z. 1899, 2, 173. — H. BREMER: Z. 1899, 2, 787. — M. SIEGFELD: Z. 1898, 1, 563. — F. UTZ: Z. 1906, 11, 466. — P. SOLTSIEN: Z. 1906, 12, 483.

[5] V. VILLAVECCHIA u. G. FABRIS: Zeitschr. angew. Chem. 1893, 505.

das Ganze $^1/_2$ Minute lang und überläßt die Mischung sich selbst. Bei Gegenwart von Sesamöl ist die am Boden sich abscheidende Salzsäure deutlich carmoisinrot; im anderen Falle bleibt sie farblos oder nimmt eine schmutziggelbe Farbe an.

2. Oder man verwendet nur 1 ccm konzentrierte Salzsäure und setzt nach dem Schütteln mit 0,1 ccm Furfurollösung 10 ccm Chloroform hinzu; alsdann ist bei Gegenwart von Sesamöl, die sich an der Oberfläche abscheidende Salzsäure carmoisinrot gefärbt.

Über die Vorschrift in der Verordnung des Bundesrats vom 27. August 1897 und der amtlichen „Anweisung" vom 1. April 1898 zum Gesetz, betr. den Verkehr mit Butter usw., vom 15. Juni 1897 bzw. in den Ausführungsbestimmungen D vom 22. Februar 1908 zum Fleischbeschaugesetz vom 3. Juni 1900 vgl. S. 538 und 644.

Über die Verschärfung der Baudouin-Reaktion zum Nachweis von Sesamöl in Butter vgl. S. 539. Mit dem Einfluß der Ranzigkeit auf die Baudouin-Reaktion haben sich A. Laufs und J. Huismann[1] sowie H. Kreis[2] beschäftigt, ohne jedoch zu übereinstimmenden Ergebnissen gekommen zu sein.

Über das Eintreten einer schwachen positiven Reaktion nach Villavecchia und Fabris bei gewissen Olivenölen vgl. S. 425. Zu beachten ist auch, daß in Fabriken, die Sesamöl und andere Öle in den gleichen Maschinen und Preßtüchern verarbeiten, die anderen Öle leicht etwas Sesamöl aufnehmen und dann eine positive Reaktion geben können.

β) Reaktion mit Zinnchlorür (Bettendorfs Reagens) nach Soltsien[3]. Zu 2—3 Volumenteilen des zu untersuchenden Öles (oder geschmolzenen Fettes) wird 1 Volumen mit Salzsäure versetzter Zinnchlorürlösung (Bettendorf-Reagens) gesetzt und das Öl so lange kräftig damit geschüttelt, bis eine Emulsion entstanden ist; darauf setzt man das Reagensglas in ein heißes Wasserbad. Die sich dann schnell absetzende Zinnchlorürlösung hat bei Gegenwart von Sesamöl eine hellhimbeerrote bis dunkelweinrote Färbung. Bei einem sehr geringen Gehalte an Sesamöl kann nach wiederholtem Schütteln die anfängliche Färbung wieder verblassen.

A. G. Dimitrios[4] schlägt für Olivenöl folgende Ausführungsform vor:

Eine Mischung von 20 ccm Olivenöl und 10 ccm Petroläther wird im Scheidetrichter mit 30 ccm Salzsäure (Dichte 1,152) 5 Minuten geschüttelt. Nach Trennung der Schichten wird die Säure abgelassen und die ätherische Lösung nochmals die gleiche Zeit mit 30 ccm Salzsäure geschüttelt. Nach nochmaliger Abtrennung der Säure führt man die Soltsien-Reaktion mit einer kleinen Menge des Petrolätheranteiles in üblicher Weise durch.

Reine griechische Olivenöle zeigten so eine negative Reaktion, während sie bei der Ausführung der Reaktion in der üblichen Form unter Umständen positive Befunde lieferten.

Zur Herstellung von Bettendorfs-Reagens werden 5 Teile krystallisiertes Zinnchlorür mit 1 Teil Salzsäure zu einem Brei angerührt und letzterer vollständig mit trockenem Chlorwasserstoff gesättigt. Die so erhaltene Lösung wird nach dem Absetzen durch Asbest filtriert. Man bewahrt sie am besten in kleinen, mit Glasstopfen verschlossenen, möglichst gefüllten Flaschen auf.

γ) Reaktion mit Wasserstoffsuperoxyd-Schwefelsäure nach H. Kreis[5]. In einem Reagensglase schüttelt man 5 ccm Sesamöl, 5 ccm kon-

[1] A. Laufs u. J. Huismann: Chem.-Ztg. 1907, 31, 1023.
[2] H. Kreis: Chem.-Ztg. 1908, 32, 87.
[3] Soltsien: Zeitschr. öffentl. Chem. 1897, 3, 63.
[4] A. G. Dimitrios: Praktika 1930, 5, 179; Z. 1937, 73, 287.
[5] H. Kreis: Chem.-Ztg. 1903, 27, 1030.

zentrierter Schwefelsäure (75 Gew.-%ig) und 0,3 ccm Wasserstoffperoxyd (2 bis
3%ig). Nach kurzer Zeit tritt eine intensiv olivgrüne Färbung ein, und beim
Verdünnen mit Wasser wird die Säure hellgelb mit grüner Fluorescenz. Die
Reaktion tritt noch in Gemischen mit 5% Sesamöl deutlich ein. Olivenöl,
Baumwollsamenöl, Erdnußöl, Mohnöl, Mandelöl, Pfirsichöl, Leinöl und Ricinusöl
geben mit dem Reagens keine irgendwie bemerkenswerten Färbungen.

d) Darstellung des Sesamins und seine Farbreaktionen (vgl. S. 268). Nach
J. Böeseken und W. D. Cohen[1] kommt dem Sesamin die Formel $C_{20}H_{18}O_6$
und folgende Struktur zu:

Sesamin

Aus Alkohol umkrystallisiert, bildet es zunächst eigelbliche, dann weiße Nadeln
vom Schmelzpunkt 122°, mit der Drehung in Chloroform: $[\alpha]_D = + 68,6°$.

e) Als Verfälschungsmittel von Sesamöl wurden andere Samenöle beobachtet,
die man nach den bei diesen angegebenen Farbreaktionen erkennt. Erdnußöl
wird nach G. Benz[2] am besten mittels der Methode von Franz-Adler-Lüers
(S. 490) nachgewiesen.

8. Sonnenblumenöl (Sonnenblumensamenöl).

Sonnenblumenöl ist das aus den geschälten Samen der Sonnenblume (Helianthus annuus L.) (mit 25—35% Fett) gewonnene Öl.

Die Samen, die rund 55% Kerne und 45% Schalen enthalten, werden erst
durch Sieben gereinigt, dann enthülst und gepreßt. Nur die erste kalte Pressung
liefert ein gutes und beliebtes Speiseöl. Die Sonnenblume wird besonders in
Ungarn, Bulgarien, Rumänien, Rußland, Indien und China angebaut. Das kalt
gepreßte Sonnenblumenöl ist von hellgelber Farbe, angenehmem Geruch und
mildem Geschmack. Es gehört wie das Mohnöl zu den trocknenden Ölen.
Das warm gepreßte Öl ist nach Raffination ebenfalls als Speisefett geeignet.

Kennzahlen von Sonnenblumenölen (der Fettsäuren). Dichte D^{15}
0,919—0,926, Schmelzpunkt — (21—24°), Erstarrungspunkt —16 bis —18°
(17—20°), n_D^{20} 1,4736—1,4762, n_D^{25} um 1,4737, n_D^{40} 1,4675—1,4691.

Verseifungszahl 186—194, Jodzahl 127—136, Rhodanzahl 79—83, Thermozahl nach Maumené 67—90.

Mit zunehmender Reifung zeigte Sonnenblumenöl nach K. H. Bauer[3] eine
beträchtliche Abnahme der gesättigten Fettsäuren (von 15,14 auf 6,83) und
auch der Linolsäure (von 74,7 auf 65,02%), dagegen eine beträchtliche Zunahme
des Ölsäuregehaltes (von 9,89 auf 28,0%). Bauer schließt daraus mit der zunehmenden Reife auf eine Dehydrierung der zuerst gebildeten gesättigten Säuren
unter gleichzeitiger Hydrierung der Linolsäure zu Ölsäure.

Über die Natur der Niederschläge, die beim Ausfrierenlassen von Sonnenblumenöl
bei — 25° ausfallen, vgl. A. Sinowjew und I. Gurewitsch[4].

[1] J. Böeseken u. W. D. Cohen: Biochem. Zeitschr. 1928, **201**, 454; C. 1929, I, 1572. —
W. D. Cohen: Rec. Trav. chim. Pays-Bas 1938, **57**, 653.
[2] G. Benz: Z. 1932, **64**, 486.
[3] K. H. Bauer: U. 1934, **41**, 1.
[4] A. Sinowjew u. I. Gurewitsch: Oel-Fett-Ind. (russ.) 1934, **10**, Nr. 7, 25; C. 1935,
I, 328.

9. Nigeröl (Ramtillenöl).

Nigeröl stammt aus den Samen einer Composite, nämlich des Ginglikrautes (Nigerpflanze, Ramtille, Anthemis mysorensis, Guizotia oleifera oder G. abyssinica), das in Abessinien, Deutsch Togo und an der Koromandelküste in großen Mengen wächst. Die Früchte werden im Ursprungslande als Speise verzehrt oder durch Auskochen auf Öl verarbeitet. In Europa gewinnt man das Öl durch kalte und warme Pressung. Es ist von heller Farbe und nußartigem, aromatischem Geschmack.

Kennzahlen von Nigeröl (der Fettsäuren). Dichte D^{15}, 0,923—0,926, Schmelzpunkt —7 bis —15° (28—34°), Erstarrungspunkt —8 bis —15° (28 bis 30°), n_D^{25} um 1,4731, n_D^{40} 1,466—1,468.

Verseifungszahl 189—198, Jodzahl 126—139, Thermozahl nach Jean 81—82, nach Tortelli 91—97.

Unverseifbares 0,3—0,6%.

Die Fettsäuren des Nigeröl bestanden nach D. L. Sahasrabuddhe und N. P. Kale[1] aus

Tabelle 59.

Laurin- + Myristinsäure	Palmitinsäure	Stearinsäure	Arachin- + Lignocerinsäure	Ölsäure	Linolsäure
3,35%	8,41%	4,89%	0,48%	31,06%	54,34%

10. Leinöl.

Die Leinpflanze (Linum usitatissimum L.) wächst in ganz Europa, Asien, Nord- und Südamerika, in Europa besonders in Rußland, in den baltischen Ländern und in den Gegenden am Asowschen Meer. Man unterscheidet beim Leinanbau eine Züchtung auf Faser und auf Ölsaat.

a) Gewinnung. Bei der Fasergewinnung wird der Lein vor der Vollreife gemäht und liefert dann als Samen den Schlaglein. Zur Ölgewinnung eignet sich am besten der vollreife Samen, auch Saatlein genannt. Von den Leinarten liefert der Spring- oder Klanglein (L. usitatissimum humile) die höchste Ölausbeute. Die Leinsaat des Handels, besonders die Asow-, die indische und die La Platasaat ist oft durch fremde Ölsaaten und andere Stoffe verunreinigt, die baltische ist am reinsten.

Der Ernteertrag an Leinsamen gibt das „Internationale Landwirtschaftsinstitut" in Rom für 1935 in Millionen Doppelzentnern wie folgt an:

Argentinien	14,25	Vereinigte Staaten	3,69	Canada	0,49
Rußland	7,40	Uruguay	0,76	Litauen	0,38
Britisch Indien	4,26	Polen	0,71	Lettland	0,21

Welternte 25,8 Millionen Doppelzentner.

Deutschland erntete an Leinsamen im Jahre 1933: 3168, 1934: 6334, 1935: 16623, 1936: 32424 t. Es verarbeitete aber einen vielfachen Betrag, davon aus eingeführter Saat, so in den Jahren:

Tabelle 60.

Gegenstand	1913	1925	1927	1929	1932	1933
Leinsaat, verarbeitet (t) .	563000	251000	399000	314000	445000	357000
Leinöl, gewonnen (t) . . .	180000	80000	127000	100000	142000	114000

---

[1] D. L. Sahasrabuddhe u. N. P. Kale: Journ. Univ. Bombay 1932, II, **1** 27; C. 1933, I, 2482.

Von diesen großen Mengen Leinsaat, die etwa 38—44% Öl enthält, wird nur eine sehr kleine Menge durch kalte Pressung auf Speiseleinöl verarbeitet, meist nur in kleinen Betrieben, so in Deutschland besonders in Schlesien und in Ostpreußen. Im Großbetrieb wird das Leinöl ausschließlich aus der gewärmten Saat gepreßt und dient dann für technische Zwecke, insbesondere in der Anstrichtechnik.

Speiseleinöl ist von dunkelgoldgelber Farbe und gilt als leicht verdaulich (J. TER HORST[1]). Sein Geschmack ist milde, nur leicht bitterlich.

b) Kennzahlen von Leinöl (der Fettsäuren). Dichte D_D^{15} 0,929—0,937. n_D^{15} 1,4807—1,4872, n_D^{25} 1,4782—1,4820, n_D^{40} 1,4725—1,4751, Schmelzpunkt — 16 bis — 20° (15—24°), Erstarrungspunkt — 18 bis — 27° (12—21°).

Verseifungszahl 187—195, Jodzahl 169—196, Rhodanzahl 110—119, Hexabromidzahl 36—45 (50—59), Thermozahl 29—33, Unverseifbares 0,5—1,5%.

Nach L. ZELENY und D. A. COLEMAN[2] besteht bei frischen Leinölen folgende Beziehung zwischen Jodzahl (nach WIJS) und Lichtbrechung:

$$\text{Jodzahl} = 8584{,}97 \cdot n_D^{25} - 12513{,}83.$$

Der Korrelationskoeffizient betrug

$$r = + \, 0{,}9965.$$

Der Fehler der Jodzahlberechnung nach der vorgenannten Formel war bei 96 Proben im Mittel $\pm$ 0,6 Einheiten, höchstens 1,8.

F. H. LEHRBERG und W. F. GEDDES[3] fanden für den Brechungsindex bei 25° und die Jodzahl den Korrelationsfaktor $r = + \, 0{,}980$ sowie die Regressionsgleichung

$$\text{Jodzahl} = 266{,}18 - 1{,}7980 \cdot n_D^{25},$$

behaftet mit dem mittleren Fehler von + 2,08 Einheiten.

Für diese Prüfung eignet sich aber nur aus frischer Leinsaat ausgepreßtes Öl.

Die Kennzahlen des Leinöles, besonders der Sättigungsgrad unterliegen klimatischen Einflüssen. So fand S. IWANOW[4]:

Feldversuche von K. SCHMALFUSS[5] ergaben, daß trockener und warmer Standort die Jodzahl des Leinöles zum Teil stark herabdrückt. Im Gefäßversuch lieferten Pflanzen mit geringerer Wassergabe, entsprechend ökologisch etwa einem wärmeren Standort, eine niedrigere Jodzahl gegenüber den Pflanzen mit hoher Wassergabe. Bei der

Tabelle 61.

Leinöl aus	Jodzahl	Rhodanzahl
Nolinsk, 51,8° nördl. Breite	185,1	99,0
Liebefeld, 550 m ü. d. Meere	188,4	104,5
Davos	189,6	104,3

Düngung bewirkten Kalium und Chlor, die den Wassergehalt der Pflanzen begünstigen, eine höhere Jodzahl als Calcium und Sulfat, die umgekehrt wirken. Bei kühlerem und feuchterem Klima bestehen zwischen verschiedener Düngung und ungedüngt keine Unterschiede in der Jodzahl, wohl aber in wärmerer und trockener Lage; hier ergaben die ungedüngten Parzellen die höchsten Jodzahlen. Jede Düngung, die den Ernteertrag erhöht, beeinflußt den Wasserhaushalt ungünstig; die Pflanze erwärmt sich infolge eingeschränkter Transpiration stärker, die Jodzahl sinkt.

ST. BAZAREWSKI und W. ZARNOWSKI[6] fanden bei mit Äther ausgezogenem Leinöl die niedrigste, bei kalt gepreßtem die höchste Jodzahl. Ferner war die Jodzahl um so höher, je länger die Reifungsperiode dauerte. Dabei scheinen aber auch Vererbungseinflüsse mitzuspielen. Sie fanden Jodzahlen zwischen 177,7—190,8.

Über das spektroskopische Verhalten von Leinöl vgl. TH. MOORE[7]. Über das Verhalten des Leinöles beim Trocknen sei auf die einschlägige Literatur verwiesen. Ein durch Oxydation verändertes Leinöl ist als Speiseöl nicht mehr verwendbar.

[1] J. TER HORST: Olien, Vetten en Oliezaden 1922, 6, 341.
[2] L. ZELENY u. D. A. COLEMAN: Oil and Soap 1936, 13, 253.
[3] F. H. LEHRBERG u. W. F. GEDDES: Canad. Journ. Res. 1937, 15 C, 349.
[4] S. IWANOW: Allg. Öl- u. Fett-Ztg. 1932, 29, 149; Z. 1937, 73, 483.
[5] K. SCHMALFUSS: U. 1937, 44, 31.
[6] ST. BAZAREWSKI u. W. ZARNOWSKI: Roczniki Nauk Rolniczych I Leśnych 1932, 27, 315; C. 1932, II, 3030.
[7] TH. MOORE: Biochem. Journ. 1937, 31, 138; Z. 1937, 74, 348.

c) Verfälschungen des an sich billigen Leinöles sind selten. Allenfalls kommen dafür Mineralöl oder Rüböl in Frage, auf die nach S. 241 bzw. 209 zu prüfen ist. Fischöle weist E. Perčs[1] mittels der Lithiumseife der Clupanodonsäure nach. Aber auch die anderen Prüfungen auf Fischöle nach S. 581 kommen dafür in Frage.

11. Perillaöl.

Perillaöl ist das Samenöl von Perilla ocymoides, einer in Japan, China und Indien wild wachsenden Labiate, deren Anbau auch für Europa empfohlen worden ist. Das Öl soll als Ersatz für Leinöl zu Anstrichzwecken dienen, wozu es sich besonders nach Verschneiden mit Leinöl (auch Soja- oder Safloröl) eignet (J. van Loon[2]).

Das Öl ist von gelber Farbe und erinnert im Geruch und Geschmack an Leinöl. Am Himalaya soll es als Speiseöl verwendet werden.

Perillaöl ist noch stärker ungesättigt als Leinöl. **Kennzahlen von Perillaöl (der Fettsäuren):** Dichte D^{15} 0,927—0,933, n_D^{15} 1,4825—1,4850, n_D^{20} 1,4810—1,4830, n_D^{40} 1,4730 bis 1,4760. Verseifungszahl 187—197, Jodzahl 196—206, Thermozahl nach Maumené 124—127 (130), Hexabromidzahl — (51—64), Unverseifbares 0,4—1,5%.

12. Safloröl.

wird aus den Früchten von Carthamus tinctorius (falscher Safran, wilder Safran, Bürstenkraut), die 30—32% Öl enthalten, gewonnen. Der Samen enthält 49—54% Öl. Es dient in der Hauptsache zu technischen Zwecken. So läßt es sich nach J. van Loon[3] ausgezeichnet zu Standöl verkochen und liefert einen glänzenden, wenn auch nicht so harten Anstrichfilm wie Leinöl.

Kennzahlen von Safloröl (der Fettsäuren). Dichte D^{15} 0,922—0,927, Schmelzpunkt — 5° (16—17°), Erstarrungspunkt — 13 bis — 20° (11—16°), n_D^{20} 1,4731—1,4754. Verseifungszahl 186—193, Jodzahl 140—150, Rhodanzahl 79—85, Unverseifbares 0,5—0,9%.

Nach J. Schlenderowitsch[4] ist Safloröl für Speisezwecke gut geeignet. Es ließ sich mit Bleicherde bleichen, wobei die Jodzahl von 139,7 auf 141—148 stieg. Nach Härtung bildete das Öl einen guten Rohstoff für die Margarineherstellung.

Nach H. P. Kaufmann und H. Fiedler[5] zeigt das Safloröl eine goldgelbe Farbe, einen eigentümlichen Geruch und etwas scharfen, anhaltenden Geschmack und ähnelt in seinen Eigenschaften sehr dem Sonnenblumenöl. Aus den Kennzahlen berechnet sich folgende Zusammensetzung der Fettsäuren: Glyceride der gesättigten Säuren 7,9, der Ölsäure 16,6, der Linolsäure 69,8, der Linolensäure 5,7%.

13. Valerianellaöl.

Das Öl der Samen von Valerianella olitoria Poll. zeigt nach A. Steger und J. van Loon[6] eine ähnliche Zusammensetzung wie Mohn-, Saflor-, Sonnenblumen- und Sojaöl. Es eignet sich außer für die Farben- und Firnisindustrie auch als Speisefett.

14. Traubenkernöl.

Die Gewinnung von Traubenkernöl (Vitis vinifera) durch Auspressung von Traubenkernen war schon im Mittelalter bekannt. Da aber Traubenkerne verhältnismäßig wenig, nur um etwa 10% Öl enthalten, ist die Ölgewinnung daraus nur zu Zeiten eines Ölmangels von wirtschaftlicher Bedeutung.

K. Täufel, F. Fischler und A. Jordan[7] erhielten aus lufttrockenen Kernen der Malagarebe mit Äther 10,08, der Rieslingrebe 9,8% Öl, mit Trichloräthylen 10,15 bzw. 9,93%. Die Ausbeute durch Pressen beträgt nur etwa 5%. H. P. Kaufmann[8] fand in 10 Proben deutschen Traubenkernen der Ernte 1937

---

[1] E. Perčs: Ber. ung. pharmaz. Ges. 1938, **14**, 183; C. 1938, II, 1337.
[2] J. van Loon: Verfkroniek 1936, **9**, 64.
[3] J. van Loon: Verfkroniek 1937, **10**, 80.
[4] J. Schlenderowitsch: Oel-Fett-Ind. 1932, Nr. 9, 44; C. 1933, I, 2190.
[5] H. P. Kaufmann u. H. Fiedler: U. 1937, **44**, 420; Z. 1938, **76**, 89.
[6] A. Steger u. J. van Loon: Journ. Soc. chem. Ind. 1937, **56** T, 298; Z. 1938, **75**, 390.
[7] K. Täufel, F. Fischler u. A. Jordan: Allg. Öl- u. Fett-Ztg. 1931, **28**, 119.
[8] H. P. Kaufmann: U. 1938, **45**, 288.

8,9—10,3% Öl. Griechische Traubenkerne lieferten nach J. D. KANDILIS[1] 9,4—18,1, im Mittel 13,2% Öl.

Aus frischen Traubenkernen gewonnenes Öl hat äußerlich eine gewisse Ähnlichkeit mit Olivenöl. Es wird aber schnell ranzig und ist dann als Speiseöl nicht mehr brauchbar. Doch läßt sich auch aus angeschimmelten Traubenkernen noch genußfähiges Speiseöl mit niedriger Säurezahl gewinnen (KAUFMANN[2]).

Kennzahlen von Traubenkernöl (der Fettsäuren). Dichte D^{15} 0,919 bis 0,936, Schmelzpunkt — (23—28,5°), Erstarrungspunkt — 10 bis — 24° (18—21°), n_D^{25} 1,4713—1,4759, n_D^{40} 1,4610—1,4708. Kritische Lösungstemperatur in Eisessig um 83° (CRISMER-Zahl 75°), Verseifungszahl 181—206, Jodzahl 121 bis 157, meist 130—140, Rhodanzahl 72—77, Thermozahl nach MAUMENÉ 52—83, Hydroxylzahl 3,4—93, Hexabromidzahl 0, Unverseifbares 0,3—1,6%. Erucasäure nicht vorhanden.

Über das Sterin des Traubenkernöles vgl. C. ANTONIANI und F. ZANELLI[3]. Es besteht hauptsächlich aus Sitosterin, das von kleinen Mengen eines rechtsdrehenden Sterins, vielleicht auch von Dihydrositosterin und kleinen Mengen einer nicht sterinartigen ungesättigten Substanz begleitet ist.

15. Sonstige Beerensamenöle.

Diese zeigen meist eine ähnliche Zusammensetzung wie Traubenkernöl, wie folgende Übersicht andeutet.

Tabelle 62.

Art der Samen	Ölgehalt der trockenen Samen %	Dichte D^{15}	n_D	Verseifungszahl	Jodzahl	Unverseifbares %
Himbeeren . .	22—25	0,931	(1,4760) (28°)	192—193	154—175	1,9
Brombeeren .	—	0,925	—	190	148	0,8
Johannisbeeren	23	0,923—0,929	(1,4742—1,4770) (20°)	187—195	160—176	1,8—2,3
Stachelbeeren .	18,3	0,922	—	188	171	1,4
Maulbeeren . .	33	0,923—0,925	1,4735—1,4739 (25°)	190—192	140—144	—
Hagebutten .	8—10	0,928	1,4775 (25°)	189—192	152—169	1,9—2,6
Erdbeeren . .	19—21	0,934—0,939	1,4790 (25°)	194	180	—
Tomaten . . .	25	0,919—0,924	1,4715—1,4728 (25°)	183—196	107—125	2,6
Tabaksamen .	30—39	0,922—0,925	1,4739—1,4770 (25°)	189—198	136—147	3,0

Über Himbeerkernöl vgl. auch J. PRITZKER und R. JUNGKUNZ[4], über Tabaksamenöl W. L. ROBERTS und H. A. SCHUETTE[5], L. F. SALISBURY[6], über Tomatenkernöl Y. MAYOR[7], über Bananenöl A. R. MOSS[8].

Die Weinraute (Ruta graveolens L.) wurde von K. TÄUFEL und H. THALER[9] geprüft. Das in Menge von 37% vorhandene Öl war von angenehm nußartigem Geschmack und hatte bei einer Verseifungszahl von 194 eine Jodzahl 189, bei 0,9% Unverseifbarem.

Die Verseifungszahl von Paprikaöl ermittelte P. VASS[10] durch Leitfähigkeitstitration (vgl. S. 68) für Samenöl zu 185,5—186,1, für Pericarpöl zu 190,0—193,6.

[1] J. D. KANDILIS: Praktika 1933, 8, 35; C. 1934, I, 969.
[2] H. P. KAUFMANN: U. 1938, 45, 288.
[3] C. ANTONIANI u. F. ZANELLI: Atti R. Accad. Lincei (Roma) Rend. 1932 [6], 15, 284.
[4] J. PRITZKER u. R. JUNGKUNZ: Mitt. Lebensmittelunters. Hygiene 1930, 21, 53.
[5] W. L. ROBERTS u. H. A. SCHUETTE: Journ. Amer. Chem. Soc. 1934, 56, 207; C. 1934, I, 2056.
[6] L. F. SALISBURY: Journ. Biol. Chem. 1937, 117, 21.
[7] Y. MAYOR: Rev. Produits chim. Actual sci., réun. 1937, 40, 577; C. 1938, I, 4395.
[8] A. R. MOSS: Analyst 1937, 62, 32.
[9] K. TÄUFEL u. H. THALER: U. 1934, 41, 198.
[10] P. VASS: Kisérletügyi Közlemények 1937, 40, 229; C. 1938, II, 3627.

16. Mohnöl.

Mohnöl ist das aus den Samen des Mohnes (Papaver somniferum L. mit 47—51% Fett) gewonnene Öl. Der Mohnsamen muß durch Bürstmaschinen vor der Pressung sorgfältig gereinigt und tunlichst frisch verwendet werden, weil er beim Lagern leicht schimmelig wird und ein ranziges Öl liefert. Die Ölgewinnung aus Mohn begann etwa bei Beginn des 18. Jahrhunderts.

Das durch die erste kalte Pressung aus guter und gut gereinigter Mohnsaat erhaltene Öl bildet ein beliebtes Speiseöl; das durch die heiße Nachpressung erhaltene „rote Mohnöl" ist als Speiseöl nicht geeignet.

Der Mohnsamen wird auch als solcher verzehrt und zum Bestreuen von Gebäck und Kuchenwaren benutzt. Hierdurch können dann gewisse Mengen Mohnöl aus den Samen in die Backware übergehen.

Das Mohnöl ist farblos oder schwach goldgelb gefärbt, fast geruchlos und von angenehmem Geschmack. Es zählt zu den trocknenden Ölen.

Kennzahlen von Mohnöl (der Fettsäuren). Dichte D^{15} 0,923 bis 0,926, Schmelzpunkt 2° (20—21°), Erstarrungspunkt —15 bis — 20° (15—17°), n_D^{15} 1,4771—1,4780, n_D^{25} 1,4729—1,4751, Verseifungszahl 189—194, Jodzahl 131 bis 143, Rhodanzahl 76—79, Thermozahl nach Maumené 85—89.

Der Samen des Klatschmohn (Papaver rhoeas) enthält etwa 35—40% Öl, das nach W. Awe zu etwa 22% daraus gewonnen werden kann. Es ist in Aussehen und Kennzahlen dem gewöhnlichen Mohnöl ähnlich. Seine Jodzahl wurde sehr hoch, nämlich zu 176 gefunden.

17. Walnußöl.

ist das aus den Samen der Walnuß (Juglans regia L.) gewonnene Speiseöl. Seine Gewinnung hat nicht mehr die Bedeutung, die sie früher, besonders in der Schweiz und in Frankreich hatte, weil die Walnüsse meist als solche auf den Markt gelangen. Bisweilen wird es aber noch in kleinen Mengen im Haushalt mit einfachen Mitteln gepreßt und liefert dann bei kalter Pressung ein gutes Speiseöl. Die Nüsse müssen vor der Pressung 2—3 Monate gelagert haben; sie enthalten frisch rund 48%, lufttrocken 58% Öl im Kern.

Das kaltgepreßte Öl ist fast farblos, hat einen angenehmen Geruch und nußartigen Geschmack. Es gehört zu den trocknenden Ölen.

Kennzahlen von Walnußöl (der Fettsäuren). Dichte D^{15} 0,924—0,926, Schmelzpunkt — (16—20°), Erstarrungspunkt — 28 bis — 29° (13—16°), n_D^{25} um 1,4740, n_D^{40} 1,4690—1,4710.

Verseifungszahl 188—194, Jodzahl 143—162, Rhodanzahl um 92, Thermozahl nach Maumené 96—110, Unverseifbares 0,2—0,4%.

Amerikanisches Nußöl (von Juglans nigra) zeigt eine ähnliche Zusammensetzung wie gewöhnliches Walnußöl.

18. Hickorynußöl (Pekannußöl).

Die Nüsse von Hickoria pecan (Carya alba, C. amara, C. olivaeformis, Juglandaceae) enthalten 60—70% eines sehr milden und angenehm schmeckenden, schwach trocknenden Speiseöles. Die Bezeichnung Pekannuß kommt eigentlich nur dem Samen von Carya olivaeformis zu, wird aber auch für die übrigen Arten der Gattung gebraucht. Carya alba liefert die „weißen Hickorynüsse". Sog. „Illinoisnüsse" stammen von einer Art Carya illinoiensis. Alle diese Arten enthalten ein Öl von sehr ähnlicher Zusammensetzung.

Kennzahlen von Hickorynußöl (der Fettsäuren). Dichte D^{15} 0,917, D^{25} 0,911, n_D^{20} 1,470, n_D^{25} 1,469, Verseifungszahl 189—198, Jodzahl 97—107, Unverseifbares 0,4%.

Die Fettsäurenzusammensetzung entsprach nach G. S. Jamieson und S. J. Gertler[2] Glyceriden der

---

[1] W. Awe: Naturwiss. 1937, 366; Z. 1938, 75, 390.
[2] G. S. Jamieson u. S. J. Gertler: Oil Fat Ind. 1929, 6, Nr. 10, 23; C. 1930, I, 769.

Tabelle 63.

Myristinsäure	Palmitinsäure	Stearinsäure	Arachinsäure	Ölsäure	Linolsäure
Spuren	3,3%	1,9%	0,1%	77,8%	15,8%

19. Hanföl.

Hanföl ist das aus den Samen der Hanfpflanze (Cannabis sativa L.) gewonnene Öl. Die Hanfpflanze kommt wild und kultiviert in Europa, besonders in Rußland, in Indien, China und Amerika vor. Man gewinnt aus ihr neben dem Öl die Hanffaser und aus dem indischen Hanf ein harzartiges Berauschungsmittel, Canabinol, den Haschisch. Dieser Stoff findet sich bei anderen Hanfarten nicht oder nur in unbedeutender Menge.

Vielleicht hängt es mit einem Gehalt an Spuren von Canabinol zusammen, daß Hanföl in Rußland „berauschendes Öl" genannt wird (H. P. KAUFMANN und S. JUSCHKEWITSCH[1]).

Für das Jahr 1935 wird vom „Internationalen Landwirtschaftsinstitut" in Rom die Welternte an Hanfsamen zu 2,87 Millionen Doppelzentnern angegeben, von denen auf Rußland 2,30 Millionen, auf Polen 204000, auf Deutschland nur 19540, für 1936 34490 dz entfallen. KAUFMANN und JUSCHKEWITSCH schätzen die russische Ernte an Hanfsamen auf 15,9% der gesamten Ölsaaten.

Hanfsamen wird auch an sich als Nahrungsmittel (in Brandenburg, der Lausitz und Rußland), ferner als Vogelfutter verwendet.

Zur Ölgewinnung zerkleinert man in Rußland den Hanfsamen, der bei der besseren Qualität über 30—35% Öl enthält, erhitzt ihn und preßt ihn dann kalt aus, wobei man hellgrünes, dünnflüssiges Öl erhält, das außer als Speiseöl auch als Seifenöl, Brennöl und Leinölersatz in Gebrauch ist.

Kennzahlen von Hanföl (der Fettsäuren). Dichte D^{15} 0,924—0,932, Schmelzpunkt — (17—21⁰) Erstarrungspunkt — 27,5⁰ (14—17⁰), n_D^{25} 1,4767, n_D^{40} 1,4698—1,4736. Verseifungszahl 190—194, Jodzahl 140—172, Rhodanzahl um 102, Hexabromidzahl um 21, Thermozahl nach MAUMENÉ 95—99, Unverseifbares 0,5—1,0%.

20. Kautschukbaumsamenöl (Paragummibaumöl, Heveasamenöl).

Die Samen von Hevea brasiliensis (Euphorbiaceae) enthalten lufttrocken 23—32, im Kern 51—54 % Öl, das bei Gewinnung aus frischen Kernen von mildem nußähnlichem Geschmack ist, aus verdorbenen Kernen aber kratzend und bitter schmeckt. Das Öl ist trocknend, aber nicht so stark wie Leinöl.

Kennzahlen von Kautschukbaumsamenöl (der Fettsäuren). Dichte D^{15} 0,922 bis 0,932, D^{25} 0,916, Erstarrungspunkt 2⁰ (15—33⁰), n_D^{20} 1,474—1,476, n_D^{25} 1,473, n_D^{30} 1,470, n_D^{40} 1,466—1,468.

Verseifungszahl 186—198, Jodzahl 121—144, Rhodanzahl um 89, Hexabromidzahl um 15,7, Unverseifbares 0,7—1,8%.

An Fettsäuren erhielt Y. IWAMOTO[2] 17,81% feste und 79,99% flüssige bei 2% Arbeitsverlust. G. S. JAMIESON und W. F. BAUGHMAN[3] ermittelten, berechnet als Glyceride:

Tabelle 64.

Palmitinsäure	Stearinsäure	Arachinsäure	Ölsäure	Linolsäure	Linolensäure
7,3%	9,1%	0,3%	28,5%	32,9%	20,5%

[1] H. P. KAUFMANN u. S. JUSCHKEWITSCH: Zeitschr. angew. Chem. 1930, 43, 90.
[2] Y. IWAMOTO: Journ. Soc. chem. Ind. Japan (Suppl.) 1930, 33 B, 409; C. 1931, I, 1623.
[3] G. S. JAMIESON u. W. F. BAUGHMAN: Oil Fat Ind. 1930, 7, 419; C. 1931, I, 1037.

21. Fichtensamen- und andere Coniferenöle.

Fichtensamenöl wird durch kalte Pressung aus den Samen der Fichte oder Rottanne (Picea excelsa) durch kalte Pressung gewonnen. Die Samen enthalten etwa 33% Rohfett. Die im Herbste gesammelten Fichtenzapfen werden in Speichern und dann in geheizten Räumen so lange getrocknet, bis die Samen herausfallen.

Das Öl besitzt einen etwas harten, an Fichtennadeln erinnernden Geruch und Geschmack, der bei den besten Sorten auch fehlen kann. Trotzdem ist es als Speiseöl verwendbar.

Kennzahlen von Fichtensamenölen (der Fettsäuren). Dichte D^{15} 0,927—0,930, Erstarrungspunkt — 26 bis — 27°, n_D^{25} 1,4773—1,4783, n_D^{40} um 1,4718, Verseifungszahl 191 bis 193, Jodzahl 150—170, Rhodanzahl um 85, Hexabromidzahl 14—17, Thermozahl nach Maumené 98—99.

Von ähnlicher Beschaffenheit wie Fichtensamenöl ist das bei kalter Pressung ebenfalls als Speiseöl brauchbare Kiefernsamenöl von Pinus silvestris.

Über Ölsamen einheimischer Coniferen vgl. auch: Zeitschr. angew. Chem. 1917, 30 I, 221; Z. 1918, 35, 209. — J. Prescher: Pharm. Zentralh. 1917, 58, 533; Z. 1918, 36, 209. — Th. Paul: Naturwiss. Zeitschr. Forst- u. Landwirtschaft 1916. — O. von Friedrichs: Svensk. Farm. Tidskr. 1919, Nr. 25/26; C. 1920, I, 293.

Nach M. Tsujimoto[1] sowie S. Ueno und Y. Ota[2] ist auch das japanische Kayaöl aus den Samen der Conifere Torreya nucifera (Taxaceae) ein gut genießbares Öl von süßlichem Geschmack. Die Samen enthalten im Kern 51—52% Öl, das für Speisezwecke kalt gepreßt wird. Heißgepreßte Handelsöle weisen einen harzartigen Geruch und widerlichen Geschmack auf.

Das aus dem Samen Cephalotaxis drupacea Sieb. u. Zucc. (Taxaceae) gewonnene ähnliche Inucayaöl ist wegen seines harzigen Geruches für Speisezwecke unbrauchbar.

Kennzahlen von Kayaöl. Dichte D^{15} 0,922—0,924, n_D^{20} 1,477. Verseifungszahl 188, Jodzahl 132—142. Kennzahlen von Inukayaöl. Dichte D^{15} 0,925, n_D^{20} 1,476. Verseifungszahl 189, Jodzahl 130.

E. Leguminosenöle.

Die Leguminosenöle sind durch einen Gehalt an Arachinsäure und Lignocerinsäure neben Ölsäure ausgezeichnet. Der Lignocerinsäuregehalt erreicht beim Öl des Korallenbaumes 25% der Fettsäuren; bei Erdnußöl liegt der Gehalt an Arachinsäure und Lignocerinsäure etwa zwischen 5—7% und sinkt bei Sojaöl unter 1%. Dafür enthält Sojaöl deutliche Mengen Linolensäure.

Von Leguminosenölen haben Erdnußöl und Sojaöl heute größte Bedeutung als Speiseöl. Während aber Erdnußöl schon seit langem als vorzügliches Speiseöl in großen Mengen auf den Markt kommt, hat die Gewinnung von Sojaöl für Speise- und andere Zwecke erst in den letzten Jahren ihren heutigen Umfang erreicht.

Das Öl des Korallenbaumes bildet einen geeigneten Rohstoff zur Darstellung von Lignocerinsäure.

Die mittlere allgemeine Zusammensetzung von Erdnußöl und Sojaöl ist folgende:

Tabelle 65.

Art des Öles	Fettsäuren %	Glycerinrest C_3H_2 %	Entsprechend Glycerin $C_3H_5(OH)_3$ %	Unverseifbares %
Erdnußöl . . .	95,0	4,3	10,5	0,7
Sojabohnenöl .	94,7	4,3	10,5	1,0

Die Zusammensetzung der Fettsäuren der genannten Öle wurde wie folgt ermittelt:

---

[1] M. Tsujimoto: Journ. Coll. Engin. Tokyo 1908, 4, 75; Z. 1909, 17, 143.
[2] S. Ueno u. Y. Ota: Journ. Soc. chem. Ind. Japan 1937, 40 B, 291; Z. 1938, 76, 89.

Tabelle 66.

Art der Ölpflanze	Zusammensetzung der Fettsäuren								Untersucht von
	Myristinsäure %	Palmitinsäure %	Stearinsäure %	Arachinsäure %	Lignocerinsäure %	Ölsäure %	Linolsäure %	Linolensäure %	
Erdnuß, Arachis hypogaea									
Virginia	—	6,3	4,9	5,9		61,1	21,8	—	G. S. Jamieson, W. F. Baughman u. D. H. Brauns[1]
Spanien	—	8,3	6,3	7,1		53,4	24,9	—	
Senegal	—	7,3	2,6	5,2		65,7	19,2	—	E.F.Armstrong u. J.Allan[2]
Westafrika	—	6,0	3,0	6,5		71,5	13,0	—	T. P. Hilditch u. N. L. Vidyarthi[3]
Desgl.	—	8,2	3,4	6,1		60,4	21,9	—	H. N. Griffiths, T. P. Hilditch u. E. C. Jones[4]
Philippinen	—	8,6	3,6	5,9		54,5	27,4	—	A. O. Cruz u. A. P. West[5]
Erdnußöl	—	4,0	4,5	2,3	1,9	79,9	7,4	—	A.Heiduschka u. S.Felser[6]
Sojaöl, raffiniert	1,1	8,3	3,7	0,2		22,6	25,3	2,2	T. P. Hilditch u. H. Jasperson[7]
Sojabohne, Soja hispida	—	6,8	4,4	0,7	0,1	33,7	52,0	2,3	W. F. Baughman u. G. S. Jamieson[8]
	0,6	7,0	5,5	0,3	—	26,1	54,7	5,8	H. N. Griffiths, T. P. Hilditch u. E. C. Jones[9]
	—	9,0	3,9	0,6	—	30,6	53,8	2,1	A. O. Cruz u. A. P. West[10]
Korallenbaumsamen, Adenanthera pavonina	0,4	9,0	1,1	—	25,5	49,3	14,7	—	S. M. Mudbidri, P. R. Ayyar u. H. E. Watson[11]

E. Jantzen und C. Tiedkce[12] erhielten aus Erdnußöl durch fraktionierte Destillation der Fettsäurenmethylester neben Arachinsäure vom Schmelzpunkt 74,8—75,1 und Lignocerinsäure (n-Tetracosansäure) vom Schmelzpunkt 84,2° auch Behensäure vom Schmelzpunkt 79,9°. H. E. Longenecker[13] hat durch diese fraktionierte Destillation kleine Mengen Hexadecensäure darin nachgewiesen, Hilditch und Jasperson in den Fettsäuren, davon 1,60% neben 0,53% Tetradecensäure.

1. Erdnußöl.

Erdnußöl (Arachis-, Madras-, Erdeichel-, Aschantinus- oder Katjanöl[14]) ist das aus den Samen der Erdnuß (Arachis hypogaea L.) nach Entfernung der

[1] G. S. Jamieson, W. F. Baughman u. D. H. Brauns: Journ. Amer. Chem. Soc. 1921, **43**, 1372.

[2] E. F. Armstrong u. J. Allan: Journ. Soc. chem. Ind. 1924, **43** T, 216.

[3] T. P. Hilditch u. N. L. Vidyarthi: Journ. Soc. chem. Ind. 1927, **46** T, 172.

[4] H. N. Griffiths, T. P. Hilditch u. E. C. Jones: Journ. Soc. chem. Ind. 1934, **53** T, 13, 75.

[5] A. O. Cruz u. A. P. West: Philippine Journ. Science 1931, **46**, 199.

[6] A. Heiduschka u. S. Felser: Z. 1922, **43**, 381.

[7] T. P. Hilditch u. H. Jasperson: Journ. Soc. chem. Ind. 1938, 57, 84; C. 1938, II, 3031.

[8] W. F. Baughman u. G. S. Jamieson: Journ. Amer. Chem. Soc. 1922, 44, 2947.

[9] H. N. Griffiths, T. P. Hilditch u. E. C. Jones: Journ. Soc. chem. Ind. 1934, **53** T, 13, 75.

[10] A. O. Cruz u. A. P. West: Philippine Journ. Science 1932, 48, 77.

[11] S. M. Mudbidri, P. R. Ayyar u. H. E. Watson: Journ. Indian Inst. Science 1928, 11 A, 173.

[12] E. Jantzen u. C. Tiedcke: Journ. prkat. Chem. 1930 (2), **127**, 277; C. 1930, II, 3738.

[13] H. E. Longenecker: Journ. Soc. chem. Ind. 1937, **56** T, 199; Z. 1938, **75**, 357.

[14] Vgl. auch Bd. V, S. 38.

Samenhaut und der Keime gewonnene Öl. Die **Erdnuß** wird in sehr großen Mengen in Indien, Westafrika, Nord- und Südamerika, auch in Südeuropa zum Zwecke der Ölgewinnung angebaut. Von der Ernte wird der größte Teil nach Europa verschifft und hier auf Öl verarbeitet.

So betrug für Erdnüsse für das Jahr 1936 in je 1000 t (s. Tabelle 67).

Den Aufschwung der Erdnußölgewinnung in Deutschland bis um das Jahr 1930 mit folgender Abnahme zeigen folgende Zahlen:

Tabelle 67.

Ausfuhr aus		Einfuhr nach	
Britisch Indien . . .	601	Frankreich . . .	792
Französisch Westafrika	490	Deutsches Reich .	314
Nigeria	222	Großbritannien .	188
Mandschukuo	97	Niederlande . . .	118
China	75		
Gambia	50		

Tabelle 68.

Gegenstand	1913	1925	1927	1929	1930	1932	1933
Erdnüsse, verarbeitet . . .	98	324	422	644	644	242	315
Erdnußöl, gewonnen . . .	41	136	178	271	269	103	131

a) Gewinnung. Die Erdnüsse reifen unter der Erde in holzigen Hülsen, die vor der Verfrachtung vielfach entfernt werden. Die ganze Frucht besteht etwa aus 75% Samen und 25% Hülsen. Bei der Verarbeitung werden die Hülsen durch Riffelwalzen oder Messer enthülst, die den Kern in zwei Hälften zerlegen und dabei auch das rote Samenhäutchen ablösen. Bei einem anderen Verfahren erreicht man dies durch zwei gegeneinander gelagerte Gummiwalzen. Die Häutchen werden dann durch Ventilatoren abgesaugt und die zurückbleibenden Kerne nach Mahlen in hydraulischen Pressen 2—3mal abgepreßt. Durch die erste kalte Pressung erhält man ein beinahe farbloses Erdnußöl von mildem Geschmack, durch die zweite warme Pressung ein gelbliches, aber noch brauchbares Speiseöl. Die dritte Pressung liefert ein fettsäurereiches, nur zur Seifenherstellung brauchbares Öl.

Bei längerem Stehen in der Kälte setzen Erdnußöle reichliche Mengen fester Teilchen ab.

b) Zusammensetzung. α) **Kennzahlen von Erdnußöl (der Fettsäuren).** Dichte D^{15} 0,915—0,920, Schmelzpunkt — (27—35°), Erstarrungspunkt 0 bis 3° (22—30°), n_D^{20} 1,4680—1,4720, n_D^{25} 1,4676—1,4707, n_D^{40} 1,4624—1,4623. Crismer-Zahl um 123, kritische Lösungstemperatur in Eisessig 87—112°. Verseifungszahl 188—194, Jodzahl 83—103, meist 89—98, Rhodanzahl 68—73, Thermozahl nach Maumené 46—75, Unverseifbares 0,3—1,0%.

β) **Fettsäuren.** N. Dubljanskaja[1] beobachtete, daß mit abnehmendem Reifegrad der Samen, der Gehalt des Erdnußöles an gesättigten Fettsäuren zunimmt, der an Ölsäure abnimmt. S. H. Bertram[2] hat bei Erdnußölen verschiedener Herkunft eine gradlinige Beziehung zwischen Jodzahl (J) und Gehalt an gesättigten Fettsäuren gefunden, gemäß der Gleichung:

$$\text{Gesättigte Fettsäuren} = 37,25 - 0,20\,J\,\%.$$

Das Verhältnis zwischen den gesättigten Fettsäuren und dem Gehalt an Arachinsäure und Lignocerinsäure darin scheint nach Versuchen von Heiduschka und Felser[3] ziemlich konstant zu sein, wie folgende Übersicht zeigt.

---

[1] N. Dubljanskaja: Oel-Fett-Ind. (russ.) 1931, Nr. 11 (76), 55; C. 1932, I, 3240.
[2] S. H. Bertram: Bereiding en Onderzoek van Oliezuur. Diss. Delft 1928.
[3] A. Heiduschka u. S. Felser: Z. 1922, **43**, 381.

J. Grossfeld[1] verwendet diese Verhältniszahlen zur angenäherten Bestimmung der Lignocerinsäure L in der schwerstlöslichen Fraktion der Bleisalze der Fettsäuren von Erdnußöl. Er stellt für den ermittelten Kaliumperchloratwert (k = % $KClO_4$ der fettsauren Kaliumsalze) folgende Gleichungen auf:

Tabelle 69.

Art des Öles	In % der gesättigten Fettsäuren			
	Palmitinsäure %	Stearinsäure %	Arachinsäure %	Lignocerinsäure %
Spanisches Erdnußöl.	38,0	28,7	18,7	14,6
Virginia-Erdnußöl . .	36,6	28,5	19,4	15,5
Erdnußöl	31,8	35,2	18,1	14,3
Mittel	35,5	30,8	18,7	14,8

$$L = 16,63 \ (39,54 - k) \quad \text{oder} \qquad\qquad\qquad \text{I}$$
$$L = 6,81 \ (42,98 - k) \ . \qquad\qquad\qquad\qquad \text{II}$$

Liegt der Wert k unter 37,16 (Stearinsäure + Arachinsäure + Linocerinsäure), so gilt Gleichung I, liegt er über 37,16. (Arachinsäure + Lignocerinsäure), so gilt Gleichung II. Aus dem so gefundenen Lignocerinsäuregehalt wird dann der zugehörige Arachinsäuregehalt mit dem Faktor $\frac{18,7}{14,8} = 1,26$ berechnet (vgl. auch S. 173).

Das Verfahren ist auch für Mischungen von Erdnußöl oder gehärtetem Erdnußöl mit Fetten anwendbar, sofern diese Stearinsäure als höchstmolekulare gesättigte Fettsäure enthalten.

In sehr geringen Mengen kommen im Erdnußöl auch noch weitere gesättigte höhermolekulare Fettsäuren vor. So geben D. Holde, W. Bleyberg und J. Rabinowitsch[2] an, aus Erdnußöl neben Behensäure eine Säure $C_{21}H_{42}O_2$ und eine höhermolekulare Säure $C_{25}H_{50}O_2$ (Schmelzpunkt 78,0—78,8°) erhalten zu haben. Dazu stellten sie noch höhermolekulare Fettsäuren fest. F. A. Taylor[3] konnte in Erdnußöl Tetracosansäure Schmelzpunkt 84—85°, keine Lignocerinsäure nachweisen.

γ) **Kohlenwasserstoffe in Erdnußöl.** H. Marcelet[4] fand in dem mit überhitztem Dampf bei größerer Luftverdünnung abgetriebenen Destillat in Menge von 18 mg für 1 kg Öl die beiden ungesättigten Kohlenwasserstoffe **Hypogaeen** und **Arachiden**. Beide Kohlenwasserstoffe besaßen in konzentrierter Form einen ungemein widerlichen Geschmack. In der im Öl vorliegenden Verdünnung sind sie wahrscheinlich noch von Einfluß auf den Geruch und Geschmack des Speiseöles. Die Kennzahlen dieser eigenartigen Stoffe, die bei der Raffination aus dem Rohöl entfernt werden, waren:

Tabelle 70.

Hypogaeen $C_{15}H_{30}$				Arachiden $C_{19}H_{38}$			
Siedepunkt 3 mm	Dichte bei 15°	n_D^{15}	Jodzahl (Hanuš)	Siedepunkt 3 mm	Dichte bei 15°	n_D^{15}	Jodzahl (Hanuš)
120—125°	0,8200	1,4656	121	180—185°	0,8550	1,4761	78

c) Verfahren zum Nachweis von Erdnußöl. Zuverlässige für Erdnußöl spezifische **Farbreaktionen** zu seinem Nachweis sind nicht bekannt. — Alle sonstigen Verfahren zum Nachweis des Erdnußöles beruhen auf dem zuerst

[1] J. Grossfeld: Z. 1929, 58, 209.
[2] D. Holde, W. Bleyberg u. J. Rabinowitsch: Ber. Deutsch. Chem. Ges. 1929, 62, 177; C. 1929, I, 1675.
[3] F. A. Taylor: Journ. Biol. Chem. 1931, 91, 541; C. 1932, I, 155.
[4] H. Marcelet: Compt. rend. 1936, 202, 867; C. 1936, II, 2631. Vgl. auch Journ. Pharm. Chim. 1936 [8] 24 (128), 213; C. 1937, I, 228.

von A. Rénard[1] vorgeschlagenen Nachweis der Lignocerinsäure und Arachinsäure, die gegenüber den in den meisten anderen Ölen vorkommenden gesättigten Fettsäuren durch ihre Schwerlöslichkeit und ihren höheren Schmelzpunkt sowie die geringere Löslichkeit ihrer Kalium- und Bleisalze gekennzeichnet sind. — Es ist aber zu berücksichtigen, daß sich auch Arachinsäure bzw. Behensäure beim Hydrieren von Seetierölen und von Rüböl bilden und daß daher ein Gehalt an gehärtetem Seetieröl oder Rüböl die Anwesenheit von Erdnußöl in gehärteten Ölen vortäuschen kann. Vgl. Normann und Hugel[2].

α) Schwerlöslichkeit der Fettsäuren in verdünntem Alkohol. Das zuerst von Bellier[3] angegebene Verfahren wurde von F. Franz und L. Adler[4], H. Luers[5] und G. Benz[6] verbessert[7]. Schon Bellier hat aus der Trübungstemperatur (Bellier-Zahl) auf den Prozentgehalt an Erdnußöl in einer Ölmischung geschlossen. Doch zeigen seine Zahlen gewisse — anscheinend durch die veränderten Versuchsbedingungen verursachte — Unterschiede gegenüber den nachstehenden von uns[8] ermittelten.

Ausführung der Prüfung. 1 ccm des zu prüfenden Öles (oder 0,92 g desselben) wird im 100-ccm-Erlenmeyerkolben mit 5 ccm einer 8%igen alkoholischen Kalilauge (10 ccm Kalilauge der Dichte 1,5 mit 90%igem Alkohol auf 100 ccm aufgefüllt) 5 Minuten am Rückflußkühler verseift. Man kühlt ab, gibt 1,5 ccm einer verdünnnten Essigsäure (1 + 2), genau 3 Tropfen konzentrierter Essigsäure und 50 ccm 70%igen Alkohol hinzu und schüttelt gut durch. Im Falle eine Trübung auftritt, erwärmt man, bis dieselbe in Lösung gegangen ist, stellt ein Thermometer hinein und läßt nach öfterem Umschütteln bei Raumtemperatur (20°) langsam erkalten. Dabei beobachtet man, bei welcher Temperatur Trübung auftritt. Aus dieser Trübungstemperatur berechnet sich der ungefähre Erdnußölgehalt wie folgt:

Trübungstemperatur (°)	40	38	36	34	32	30	28	26	24	22	20	18	16
Gehalt an Erdnußöl (%) . . .	100	80	65	50	41	33	27	20	18	14	10	8	5

Der Versuch kann durch Lösen unter Erwärmen und Abkühlenlassen öfters wiederholt werden.

Reine Olivenöle zeigten nach Adler Trübungstemperaturen zwischen 11,8 bis 14,3°. — Bei Sesamöl empfiehlt Benz nicht unter 18° zu kühlen, sowie die Krystalle der Fettsäuren optisch und durch Schmelzpunktbestimmung zu prüfen. Einige andere Öle (z. B. Sesamöl und Baumwollsaatöl) können, wenn sie in größerer Menge vorhanden sind, die Trübungstemperatur etwas erhöhen. Rüböl stört bei der Probe nicht. Bei Mandelöl kann bis auf 4° gekühlt werden. Vgl. S. 476.

Im Falle gleichzeitig Mineralöl vorhanden ist oder auch bei manchen reinen Erdnußölen selbst, ist die Lösung bereits in der Wärme getrübt. Man fügt dann bei etwa 60° eine Messerspitze voll Kieselgur hinzu, schüttelt, filtriert schnell im Kapseltrichter und prüft das Filtrat wie oben. Ebenso verfährt man, wenn die Lösung noch durch krystallinische Ausscheidungen getrübt ist und beim Erwärmen auf 60° nicht klar wird.

[1] A. Rénard: Zeitschr. analyt. Chem. 1873, 12, 231.
[2] W. Normann u. E. Hugel: Chem.-Ztg. 1913, 37, 815.
[3] Bellier: Nach Schweizerisches Lebensmittelbuch, 4. Aufl., S. 85.
[4] F. Franz u. L. Adler: Z. 1912, 23, 676.
[5] H. Luers: Z. 1912, 24, 683.
[6] G. Benz: Z. 1932, 64, 486.
[7] Eine weitere etwas abgeänderte Vorschrift hat N. Evers (Analyst 1937, 62, 96; Z. 1937, 74, 523) angegeben.
[8] J. Grossfeld: Privatmitteilung.

β) Schwerlöslichkeit der Kaliumsalze. Nach BLAREZ[1] wird 1 ccm Öl in einem Reagensrohr mit 15 ccm alkoholischer Kalilauge (5 g KOH in 100 ccm Alkohol von 90 Vol.-%) am Rückflußkühler 15 Minuten lang im Sieden erhalten. Hierauf stellt man das verschlossene Reagensrohr 24 Stunden lang in Wasser von 12—15⁰. Bei Gegenwart von mindestens 10% Erdnußöl bildet sich ein Niederschlag von arachinsaurem und lignocerinsaurem Kalium, während Olivenöl nicht die geringste Ausscheidung gibt. Sesamöl und Baumwollsamenöl können geringe Mengen von Arachisöl vortäuschen. Es empfiehlt sich gleichzeitig, Versuche mit Olivenöl und Mischungen, welche 10% Erdnußöl enthalten, anzustellen.

G. AURISICCHIO[2] schlägt zur Beschleunigung dieses Verfahrens vor, die Kaliumsalze durch Abschleudern von dem flüssigen Anteil abzutrennen, aus dem Niederschlag die Fettsäuren durch Mineralsäure frei zu machen und durch Schmelzpunkt und mikroskopische Prüfung zu identifizieren.

P. BOHRISCH[3] empfiehlt folgende Ausführungsform: 10 ccm Öl werden mit 125 ccm alkoholischer $^1/_2$ N.-Kalilauge verseift und die Seifenlösung 4—5 Stunden bei Zimmertemperatur stehengelassen. Ist die Flüssigkeit nach dieser Zeit völlig klar geblieben, so sind größere Mengen Erdnußöl (über 10%) sowie Sesamöl und Baumwollsamenöl (über 20%) nicht vorhanden. Ist die Flüssigkeit trübe geworden oder hat sich ein Niederschlag gebildet, so kann man auf die Gegenwart von Erdnuß-, Sesam- oder Baumwollsamenöl schließen. Man erwärmt nun die Flüssigkeit bis zur Lösung der Ausscheidung (im anderen Falle sofort) und neutralisiert möglichst genau mit konzentrierter Salzsäure, stellt 10 Minuten lang in Wasser von 15⁰ und filtriert dann durch ein Filter von 12 cm Durchmesser. Hinterbleibt auf dem Filter nur ein kleiner weißer Rückstand, so ist die Anwesenheit größerer Mengen Erdnußöl (15—20%) sowie Baumwollsamenöl (40—50%) ausgeschlossen. Ist das Filter dagegen mit einem groben Krystallbrei zu $^1/_3$ oder mehr gefüllt, so liegt eines dieser beiden Öle vor. Vor dem Filtrat werden nun 10—20 ccm in ein Reagensglas gebracht und dieses in Wasser von 9—10⁰ gestellt. Entsteht nach $^1/_2$ Stunde keine Trübung oder kein Niederschlag, so ist das Öl frei von Erdnußöl sowie von erheblichen Mengen Sesamöl und Baumwollsamenöl (10% und darüber). Hat sich eine Trübung oder ein Niederschlag gebildet, so läßt man den Rest des Filtrates über Nacht im Eisschrank stehen, löst den entstandenen Niederschlag in 10 ccm 90%igem Alkohol, erwärmt die alkoholische Lösung einige Minuten auf dem Wasserbad und läßt dann 1 Stunde bei Zimmertemperatur stehen. Hat sich nach dieser Zeit kein flockiger Niederschlag gebildet, so ist Erdnußöl nicht vorhanden. Ist dagegen eine flockige Ausscheidung entstanden, so kann bei Abwesenheit von Sesamöl mit Sicherheit auf Erdnußöl geschlossen werden. Auf diese Weise sind noch 5% Erdnußöl nachweisbar. Doch empfiehlt BOHRISCH in diesem Falle die Isolierung der Arachinsäure und Bestimmung ihres Schmelzpunktes.

D. HOLDE[4] arbeitet wie folgt: 0,6—0,7 ccm Öl werden in einem Reagensrohr mit aufgesetztem Kühler mit 5 ccm alkoholischer Kalilauge (3,3 g Kaliumhydroxyd in 100 ccm 90%igem Alkohol) 2 Minuten gekocht. Bei Gegenwart von viel Erdnußöl wird die Seifenlösung bei 19—20⁰ breiig bis gallertig fest. Zusätze von 10—15% Erdnußöl verraten sich in Olivenöl und Mohnöl nach viertelstündigem Stehen bei 19—20⁰, in Ricinusöl bei 0⁰ durch flockige Niederschläge in den alkoholischen Seifenlösungen. — Auch Sesamöl und Baumwollsamenöl bedingen wegen ihres hohen Gehaltes an gesättigten Fettsäuren bei 20⁰ starke flockige Ausscheidungen; Rüböl gibt eine fast feste Masse. Beim Eintreten einer Abscheidung ist der Nachweis der Arachin- bzw. Lignocerinsäure erforderlich, während beim Ausbleiben eines Niederschlages im allgemeinen eine weitere Prüfung auf Erdnußöl überflüssig ist.

Ein weiteres auf der Schwerlöslichkeit der Kaliumsalze der Arachinsäure und Lignocerinsäure beruhendes Verfahren haben DE NEGRI und FABRIS[5] beschrieben. Vgl. auch die ausführliche Besprechung der älteren Verfahren von P. BOHRISCH[6].

Um im Zweifelsfalle zu entscheiden, ob eine Abscheidung tatsächlich Arachinsäure bzw. Lignocerinsäure enthält, bestimmt man den Schmelzpunkt der

---

[1] BLAREZ: Rep. Pharm. 1887 9, (3), 446; Pharm. Zentralh. 1898, 39, 32; Schweizer Lebensmittelbuch, 3. Aufl., S. 49.

[2] G. AURISICCHIO: Olii Minerali, Olii Grassi, Colori, Vernici 1931, 11, 27; Z. 1937, 73, 94.

[3] P. BOHRISCH: Pharm. Zentralh. 1910, 51, 454.

[4] D. HOLDE: Untersuchung der Schmiermittel. Berlin 1897.

[5] DE NEGRI u. FABRIS: Zeitschr. analyt. Chem. 1894, 33, 552.

[6] P. BOHRISCH: Pharm. Zentralh. 1910, 51, 454.

Fettsäuren und sofern genügende Substanzmengen vorhanden sind, ihre Säurezahl. Diese Kennzahlen betragen:

Tabelle 71.

Kennzahl	Palmitin-säure	Stearin-säure	Arachin-säure	Behen-säure	Lignocerin-säure
Schmelzpunkt . . .	62,6⁰	70⁰	77⁰	83⁰	80,5⁰
Säurezahl	219,1	197,5	179,8	164,9	152,6

Über Abscheidung und Bestimmung der Lignocerinsäure und Arachinsäure vgl. S. 196 u. 347.

γ) Von Farbreaktionen auf Erdnußöl kommt zur Prüfung von Olivenöl besonders die von Bellier (S. 427) in Betracht. Sie kann aber bei geringen Erdnußölzusätzen negativ, außerdem auch bei reinen Olivenölen bisweilen positiv ausfallen (vgl. S. 425).

d) Überwachung des Verkehrs mit Erdnußöl. Als Verfälschungsmittel für Erdnußöl kommen vorwiegend Sesamöl, Baumwollsamenöl, Mohnöl, Rüböl und neuerdings Sojabohnenöl in Frage. Ihr Nachweis erfolgt im allgemeinen auf Grund der anderen Kennzahlen oder nach den bei diesen Ölen beschriebenen Farbreaktionen.

Bei der Prüfung auf Sesamöl ist zu berücksichtigen, daß in Fabriken, die Erdnußöl und Sesamöl mit denselben Maschinen und Preßtüchern herstellen, bei Erdnußölen häufiger die sehr empfindliche Baudouin-Reaktion auf Sesamöl auftritt, während die Soltsien-Zinnchlorürreaktion in solchen Fällen, wenn es sich um in ordnungsmäßigen Betrieben gewonnene Öle handelt, nicht einzutreten pflegt. — H. Kreis[1] empfiehlt für solche Fälle die von ihm angegebene Reaktion mit Wasserstoffsuperoxyd-Schwefelsäure, die bei Gegenwart von weniger als 5% Sesamöl nicht mehr deutlich eintritt. Am sichersten aber ist der Nachweis des Sesamins mittels mikroskopischer Untersuchung und der von A. Bömer[2] angegebenen Farbenreaktion mit Essigsäureanhydrid und konzentrierter Schwefelsäure (vgl. S. 268), die nicht eintritt, wenn das Erdnußöl nur Spuren von Sesamöl enthält.

Bei den großen Schwankungen der Kennzahlen der Erdnußöle je nach Herkunft kann nach S. H. Bertram[3] z. B. afrikanisches Erdnußöl mit 20—25% Sojabohnenöl verschnitten sein, ohne die Jodzahl des Erdnußöles von Mandschukuo zu überschreiten. Der Nachweis auf Grund der Hexabromidzahl versagt, weil nach Bertram auch Erdnußöle Hexabromidzahlen zwischen 0,2—0,6 liefern. Sofern es sich um rohes Sojabohnenöl handelt, empfiehlt Bertram die Probe auf Carotin (S. 46), das in Erdnußöl nicht vorkommt.

2. Sojabohnenöl (Chinesisches Bohnenöl[4]).

Das Sojabohnenöl ist seit etwa 30 Jahren (seit dem russisch-japanischen Krieg) zu einem der wertvollsten und wichtigsten Speiseöle geworden, das in großen Mengen in den asiatischen Ländern, aber auch in Europa und Amerika verbraucht wird. Sehr große Mengen Sojabohnen zur Ölgewinnung werden in der Mandschurei geerntet.

Da die Sojabohne (Soja hispida L.) gegenüber anderen Ölsamen verhältnismäßig wenig, nur etwa 16%, Öl enthält, ist zur Ölgewinnung gerade bei diesem Rohstoff das Extraktionsverfahren der Pressung überlegen.

---

[1] H. Kreis: Chem.-Ztg. 1903, **27**, 1030. [2] A. Bömer: Z. 1899, **2**, 705.

[3] S. H. Bertram: Öle, Fette, Wachse, Seife, Kosmetik 1937, Nr. 8, 1.

[4] Mit Sojaöl nicht zu verwechseln ist sog. Soyöl, das bei der Soybrauerei abfällt und aus Äthylestern verschiedener Fettsäuren besteht. — Vgl. T. Takei: Journ. Soc. chem. Ind. Japan (Suppl.) **37**, 356 B; C. 1935, I, 2619.

Nach der Raffination wandert das so gewonnene Sojaöl in großen Mengen in die Margarinefabriken, ein kleiner Teil dient zur Herstellung feiner Speiseöle.

Schließlich eignet sich das Sojaöl zur Herstellung von Seifen und auch zur Streckung und als Ersatz von Leinöl zur Ölfarbenherstellung, wobei man seine Trocknungsfähigkeit durch fraktionierte Zerlegung mit Aceton oder Alkoholäther bei — 20° in einem mehr oder weniger gesättigten Anteil noch erhöhen kann (T. YAMADA[1]).

Nach K. H. WOERTGE[2] führte Deutschland im Jahre 1935 allein aus Mandschukuo 494257 t Sojabohnen ein.

Im Jahre 1936 betrug nach Angaben im Statistischen Jahrbuch 1937 für das Deutsche Reich die Ausfuhr von Sojabohnen in je 1000 t aus: Mandschukuo 1968, Chosen (Korea) 1663, die Einfuhr (in 1000 t):

Tabelle 72.

Deutsches Reich	Dänemark	Japan	Schweden	Niederlande	Großbritannien
484	244	221	136	96	83

Die Entwicklung der Sojabohnenölerzeugung in Deutschland in den früheren Jahren erhellt aus folgenden Erzeugungsangaben:

Tabelle 73.

Gegenstand	1913	1925	1927	1929	1932	1933
Sojabohnen, verarbeitet (t)	126000	336000	576000	1024000	1187000	1171000
Sojaölgewinnung (t) . . .	20000	53000	91000	182000	188000	185000

Außer dem Öl finden die anderen Bestandteile der Sojabohne ausgedehnte Verwendung als Nahrungsmittel (vgl. Bd. V, S. 37) und Futtermittel. Die Sojabohne liefert die proteinreichsten Extraktionsrückstände von allen Ölsaaten.

Je nach den Witterungsverhältnissen entstehen Sojabohnen mit hohem Ölgehalt oder hohem Proteingehalt. Bei später Aussaat oder kaltem Klima sinkt der Ölgehalt und steigt der Proteingehalt. So erhielt N. J. VILJOEN[3] in Südafrika je nach Wachstumsbedingungen Ölgehalte zwischen 12,3—21,3, Proteingehalte zwischen 32,6—51,5%.

Neuerdings ist auch versucht worden, in Deutschland Sojabohnen anzubauen; da aber die Sojabohne, wie sie in Ostasien gebaut wird, eine verhältnismäßig lange Vegetationszeit benötigt, kann das Problem erst nach Züchtung von unserem Klima angepaßten Sorten als gelöst gelten. H. HELLER[4] berichtet über Untersuchungen von deutschen Sojabohnenarten. Er fand in diesen einen niedrigen Ölgehalt von 9,77—12,95% neben 35—43,31% Protein.

Die Raffinierung des rohen Sojaöles läuft über die Stufen: Neutralisierung, Waschung, Bleichung, Ausfrieren fester Teile und Desodorierung (vgl. S. 409). Das erhaltene Produkt hat milden Geschmack, niedrigen Säuregehalt und ist nahezu wasserhell. Ein dunkler Typ Sojaöl des Handels wird benutzt, um Oleomargarin butterähnliche Farbe zu verleihen. Große Mengen Sojaöl dienen als Salatöl, Backöl oder auch in Mischung mit anderen Ölen als Backzutat. Raffiniertes Sojaöl ist gegen Oxydationsranzigkeit viel beständiger als andere Pflanzenöle trotz seines hohen Gehaltes an ungesättigten Fettsäuren, es muß daher einen der Raffination widerstehenden natürlichen Hemmungsstoff enthalten.

---

[1] T. YAMADA: Journ. Soc. chem. Ind. Japan (Suppl.) 1934, 37, 190 B; C. 1935, I, 3359.
[2] K. H. WOERTGE: Öle, Fette, Wachse, Seife, Kosmetik 1938, 1.
[3] N. J. VILJOEN: Union South Africa, Dep. Agric. Forestry, Bull. Nr. 169, 1937; C. 1938, II.
[4] H. HELLER: U. 1934, 41, 86; Z. 1937, 73, 483.

Im Sojaöl entwickelt sich bei längerer Lagerung allmählich ein Bei geschmack, der aber von der üblichen Ranzigkeit verschieden ist (M. M Durhee[1]).

Für technische Zwecke unterscheidet man ein „nichtbrechendes" Sojaöl das beim Erhitzen auf 600° F (= 315° C) keinen oder nur einen geringen Niedei schlag bildet und zu einem blaßgelben Öl ausbleicht, von einem „brechenden" das bei dieser Temperatur eine dunkle Farbe annimmt und einen dunklen Niederschlag abscheidet. Nach R. L. Smith und H. R. Kraybill[2] ist dies Eigenschaft des Öles stark von der Temperatur der Pressung abhängig, und die kritische Preßtemperatur, oberhalb welcher ein Öl sich in ein „brechendes" verwandelt, liegt bei 65°.

a) Zusammensetzung. Kennzahlen des Sojabohnenöles (der Fett säuren). Dichte D^{15} 0,921—0,933, meist 0,923—0,926, Schmelzpunkt — 7 bi — 8° (20—29°), Erstarrungspunkt — 8 bis — 18° (14—25°), n_D^{15} 1,4720—1,4800 n_D^{25} 1,4720—1,4750, n_D^{40} 1,4670—1,4686.

Verseifungszahl 188—195 (190—198), Jodzahl 103—139, meist 124—133 Hexabromidzahl nach Carrière 0,3—1,1 (nach Eibner 3—8), Rhodanzahl 78 bi 82, Thermozahl 59—88. Unverseifbares 0,5—1,5.

Daß Sojabohnenöl Vitamin E enthält, zeigten U. Suzuki, W. Nakahara und Y. Sahashi an Tierversuchen mit Ratten.

Über die Fettsäurenzusammensetzung der Sojabohnenphosphatide vgl T. P. Hilditch und W. H. Pedelty[4].

b) Verfahren zum Nachweis von Sojabohnenöl. α) Sojabohnenöl gibt be der Elaidinreaktion (S. 207) keine feste Masse. Seine Jodzahl und Licht brechung liegen bedeutend höher als bei vielen anderen Speiseölen.

β) Bei der Bellier-Reaktion (vgl. S. 427) zeigt es, auch in Mischung mi Olivenöl bis zu 20% herab, ein charakteristisches Verhalten. Nach dem ersten Abblassen der zuerst eintretenden Violettfärbung stellt sich eine beständig dunkle Rotfärbung ein, ähnlich wie bei einigen Seetierölen (H. Kreis und O. Wolf[5]).

γ) Bei der Prüfung nach Blarez (S. 491) entstehen Ausscheidungen, die etwa 10% Erdnußöl entsprechen. Bei der Prüfung auf Arachinsäure nach Kreis (S. 196) fanden Kreis und Wolf als höchste Schmelzpunkte der Fett säuren 68—70°.

δ) Farbreaktionen des Sojabohnenöles. H. Jesser und E. Thomae haben für Sojabohnenöl folgende Farbreaktionen angegeben:

1. 1 ccm des zu prüfenden Öles wird mit 1,5 ccm 30%iger Antimontrichlorid lösung in Chloroform oder Benzol versetzt.

2. 1,5 ccm des zu prüfenden Öles werden mit 1 ccm Arsentrichlorid versetzt

3. 0,1 ccm des zu prüfenden Öles wird mit 2 ccm einer Mischung Essigsäure anhydrid und Chloroform (1:1) versetzt; dann werden 0,05 ccm konzentrierte Schwefelsäure zugefügt.

Nach dem Umschütteln treten teils sofort, teils allmählich Färbungen auf die teils rascher, teils langsamer in andere Farben übergehen. Man beobachtet $^1/_4$ Stunde lang nach Zugabe des Reagens. Mit Sojabohnenöl wurden folgende Färbungen beobachtet:

[1] M. M. Durhee: Ind. Engin. 1936, **28**, 898.
[2] R. L. Smith u. A. R. Kraybill: Ind. engin. Chem. 1933, **25**, 334; C. 1933, II, 953
[3] U. Suzuki, W. Nakahara u. Y. Sahashi: Scient. Papers Inst. physic. chem. Res 1934, **23**, 270; C. 1934, II, 87.
[4] T. P. Hilditch u. W. H. Pedelty: Biochem. Journ. 1937, **31**, 1964; C. 1938, I, 4551
[5] H. Kreis u. O. Wolf: Mitt. Lebensmittelunters. Hygiene 1927, **18**, 245.
[6] H. Jesser u. E. Thomae: Zeitschr. angew. Chem. 1936, **49**, 846.

Tabelle 74.

Öl	Antimontrichlorid		Arsentrichlorid	Essigsäureanhydrid
	in Benzol	in Chloroform		
Sojaöl, roh	tiefbraun/ schwarzbraun	tiefbraun/ schwarzbraun	rosa/grün/ schwarz	blau/schmutzig/ tiefgrünblau
„ raffiniert .	desgl.	desgl.	rotbraun/ schwarz	tiefbraun/schmutzig tiefbraun

Die vor dem Schrägstrich angegebene Farbe tritt zuerst auf und geht dann in die nach dem Schrägstrich angegebene Farbe über.

Andere Öle[1] lieferten folgende Farbtöne:

Tabelle 75.

Öl von	Antimontrichlorid		Arsentrichlorid	Essigsäureanhydrid
	in Benzol	in Chloroform		
Mohn, roh	farblos/hellgelb	rosa/leicht-violett	hellgelb/rosa/ braun	lichtgelb/gras-grün
„ raffiniert . .	hellgelb/hell-braun	hellbraun/ braunschwarz	rotbraun/tief-braun	desgl.
Sesam	hellbraun/ braun	desgl.	gelbbraun/rot/ braun	kurz-braun/ tiefgrün
Erdnuß, nat. . . .	desgl.	hellbraun/ braun	rotbraun/ violett	kurz-braun/rot-braun/grün
Haselnuß, nat. . .	gelb/blau/blau-grün	hellbraun/lila	rosa/grün/ braun (fluoresc.)	gelb/lichtgrün
Mandel, nat. . . .	blau/farblos/ blau	lila	hellgelb	leichtblau/grün
Tabaksaat, rein . .	hellgelb/gelb	goldgelb	rotbraun/ violett	braun/blau/grün
Aprikosen, nat. . .	goldgelb/hell-braun	rot/violett/rot-braun	tiefgelb/rot/rot-braun	braun/wald-meistergrün
Bucheckern	tiefbraun/ schwarzbraun	tiefrot/schwarz-braun	braunrot/rot-braun	tiefbraunrot
Oliven	hellgelb/hell-braun	braun/schwarz-braun	gelb/grünlich-braun	leichtblau/grün
Sonnenblume, nat.	gelb/violett/ blau	hellrot/violett	gelb/leicht rot-braun	kurz-braun/blau/ grünblau
Rüböl	waldmeistergrün	grün	grün	hellgrün

Als Ursache dieser Farbreaktionen nehmen Jesser und Thomae Bestandteile des Unverseifbaren an.

3. Sonstige Leguminosenöle.

H. A. Schuette, H. A. Vogel und C. H. Wartinbee[2] stellten in Luzernesamen (Alfalfasamen) 8,6% Öl mit folgenden Kennzahlen fest: Dichte D^{25} 0,9224, n_D^{20} 1,4797, Titertest 19,7, Verseifungszahl 185,2, Jodzahl (Hanuš) 167,8, Hehner-Zahl 92,8. — Gesättigte Fettsäuren 7,1, ungesättigte Fettsäuren 89,8, Unverseifbares 3,15%.

Über den Fettgehalt und das Öl sonstiger einheimischer Leguminosensamen vgl. Bd. V, so der Bohne S. 41, der Erbse S. 42, der Linse S. 42, der Lupine S. 43.

---

[1] Auszug, weitere Angaben im Original.
[2] H. A. Schuette, H. A. Vogel u. C. H. Wartinbee: Oil and Soap 1938, **15**, 35.

Tabelle 76.

Art des Öles	Fett-säuren %	Glycerin-rest C_3H_2 %	Entsprechend Glycerin $C_3H_5(OH)_3$ %	Un-verseif-bares %
Rüböl	95,0	4,0	9,6	1,0
Raukenöl	95,0	3,9	9,4	1,1
Schwarzsenföl . .	95,0	4,0	9,6	1,0
Weißsenföl. . . .	95,1	3,9	9,5	1,0
Hederichöl . . .	94,7	4,0	9,6	1,3
Leindotteröl . . .	94,4	4,2	10,2	1,2

F. Cruciferenöle.

Die halbtrocknenden Samenöle der Cruciferen sind durch hohe Gehalte (meist 40—50 %) an Erucasäure $C_{22}H_{42}O_2$ gekennzeichnet. Daneben enthalten sie Ölsäure, Linolsäure und kleine Mengen Linolensäure. Die allgemeine mittlere Zusammensetzung von Cruciferenölen wurde wie folgt gefunden (s. Tabelle 76).

Tabelle 77. Fettsäurenzusammensetzung der Cruciferenöle.

Art und Teil der Ölpflanze	Palmitin-säure %	Behen-säure %	Ligno-cerinsäure %	Ölsäure %	Linol-säure %	Linolen-säure %	Eruca-säure %	Sonstige Säuren %	Untersucht von
Weißsenfsamen, Brassica (Sinapis) alba	2,0	—	1.0	28,0	14,5	1,0	52,5	Arachin-säure 1	T. P. Hilditch, T. Riley u. N.L.Vidyarthi[1]
Rapssamen (Kolza) Brassica (Sinapis) campestris — Indisch	1,0	0,5	2,4	20,2	14,5	2,1	57,2	Myristin-säure 1,5 Stearin-säure 1,6	J. J. Sudborough, H. E. Watson, P. R. Ayyar u. N. R. Damle[2]
Rapssamen (Kolza) Brassica (Sinapis) campestris — Englisch	0,8	—	1,0	32,0	15,0	1,0	50,0	—	T. P. Hilditch, T. Riley u. N.L.Vidyarthi[1]
Rapssamen (Kolza) Brassica (Sinapis) campestris — Deutsch	2,0	—	—	39,3	11,0	3,7	45,2	—	K. Täufel u. C. Bauschinger[3]
Ravisonsaat, Brassica (Sinapis) campestris	2,0	0,5	2,0	20,5	25,5	2,0	47,5	—	T. P. Hilditch, T. Riley u. N.L.Vidyarthi[1]
Indische Senfsamen, Brassica (Sinapis) juncea	—	3,8	1,1	32,3	18,1	2,7	41,5	Myristin-säure 0,5	J. J. Sudborough, H. E. Watson, P. R. Ayyar u. V. M. Mascarenhas[4]
Schwarzer Senf, Brassica (Sinapis) nigra	2,0	—	2,0	24,5	19,5	2,0	50,0	—	T. P. Hilditch, T. Riley u. N.L.Vidyarthi[1]
Jamba- (Raukensenf-) Samen, Eruca sativa	—	4,5	1,8	28,7	12,4	2,1	46,3	Stearin-säure 4,2	J. J. Sudborough, H. E. Watson, P. R. Ayyar u. T. J. Mirchondani[5]

Über die Fettsäuren der Phosphatide am Rapssamen vgl. T. P. Hilditch und W. H. Pedelty[6].

---

[1] T. P. Hilditch, T. Riley u. N. L. Vidyarthi: Journ. Soc. chem. Ind. 1927, 46 T, 457.

[2] J. J. Sudborough, H. E. Watson, P. R. Ayyar u. N. R. Damle: Journ. Indian Inst. Science 1926, 9 A, 26.

[3] K. Täufel u. C. Bauschinger: Z. 1928, 56, 253.

[4] J. J. Sudborough, H. E. Watson, P. R. Ayyar u. V. M. Mascarenhas: Journ. Ind. Inst. Science 1926, 9 A, 43.

[5] J. J. Sudborough, H. E. Watson, P. R. Ayyar u. T. J. Mirchandani: Journ. Indian Inst. Science 1926, 9 A, 52.

[6] T. P. Hilditch u. W. H. Pedelty: Biochem. Journ. 1937, 31, 1964; C. 1938, I, 4551.

Von den Cruciferenölen haben Rüböl, Senföl und Raukenöl (Jambaöl) größere, einige andere geringere Bedeutung. Alle diese Öle werden in der Hauptsache für technische Zwecke verwendet. Nur ein kleiner Teil dient nach Raffination zu Speisezwecken. Auch gehärtetes Rüböl kommt als Speisefett in den Handel.

1. Rüböl (Rapsöl, Kolzaöl, Kohlsaatöl).

Rüböl ist das aus den Samen verschiedener Varietäten von Brassica campestris mit 40—50% Ölgehalt gewonnene und gereinigte (raffinierte) Öl.

a) Gewinnung. Das in üblicher Weise durch Pressen gewonnene Öl wird meist durch konzentrierte Schwefelsäure raffiniert (S. 403). Hierbei verschwindet der eigenartige Geruch des Rüböles praktisch völlig. In Westfalen und Niedersachsen wird auch nicht raffiniertes Rüböl noch als Bratöl, insbesondere zur Herstellung von Kartoffelpuffern oder von Ölkrapfen verwendet, dann aber vorher durch Erhitzen mit einer Brotkruste teilweise desodorisiert. Vorzuziehen für diese Verwendung ist kaltgepreßtes Rüböl.

Raffiniertes Rüböl ist nach R. DIETERLE[1] ein gutes Speiseöl und wird gewöhnlich aus einer Mischung von Vorschlagöl und Nachschlagöl hergestellt. Die Bleichung und Entduftung gehen ohne Schwierigkeit vor sich. Zu empfehlen ist nach DIETERLE die Bleichung mit 3—5% hochaktiver deutscher Bleicherde.

Die Rapspflanze ist in früheren Jahren auch in Deutschland in großen Mengen als Ölpflanze angebaut worden. Infolge ihrer vorzüglichen Eignung für das in Deutschland herrschende Klima ist sie der wichtigste einheimische Rohstoff zur Gewinnung von Pflanzenöl. Der in den vorhergehenden Jahren infolge der übermäßigen Einfuhr ausländischer Ölfrüchte und Öle immer weiter zurückgegangene Rapsanbau ist in den letzten Jahren durch die Maßnahmen des Reichsnährstandes wieder merklich gestiegen. So betrug der Ernteertrag[2] für Raps und Rübsen in Deutschland in Tonnen:

Jahr 1929   1930   1931   1932   1933   1934   1935   1936
Raps- und Rübsamen . 21543   17405   12785   7414   6702   42096   80901   100218

Insgesamt (einschließlich der eingeführten Mengen) wurden in Deutschland in den zurückliegenden Jahren an Raps und Rübsen verarbeitet und an Raps- und Rüböl gewonnen:

Tabelle 78. Rübölgewinnung in Deutschland.

Gegenstand	1913	1925	1927	1929	1932	1933
Raps und Rübsen (t) . .	187000	56000	30000	25000	17000	24000
Raps- und Rüböl (t) . .	71000	22000	11000	10000	8000	9000

b) Zusammensetzung. Kennzahlen von Rüböl (der Fettsäuren). Dichte D^{15} 0,910—0,922, Schmelzpunkt — (11—22°), Erstarrungspunkt — 4 bis —12° (6—19°), n_D^{20} 1,4634—1,4739, n_D^{25} 1,4700—1,4736, n_D^{40} 1,4649—1,4654, CRISMER-Zahl 132—135.

Verseifungszahl 167—181, meist 172—175 (173—185), Jodzahl 94—106, Rhodanzahl um 78, Hexabromidzahl 2—3. Thermozahl nach MAUMENÉ 49—64°.

Unverseifbares 0,5—1,5%.

Heißgepreßte Rüböle enthalten oft Schwefelverbindungen, die aber bei der folgenden Raffination entfernt werden.

---

[1] R. DIETERLE: Seifensieder-Ztg. 1934, **61**, 637; C. 1934, II, 3330.
[2] Nach Statistisches Jahrbuch für das Deutsche Reich 1937.

Glyceride des Rüböles. C. Amberger[1] hat aus hydriertem Rüböl erhebliche Mengen Stearodibehenin als schwerlöslichsten Anteil erhalten und schließt, da dieses bei der Härtung aus Oleodierucin entstanden sein muß, daß letzteres Glycerid ein wesentlicher Bestandteil des Rüböles ist.

c) Nachweis von Rüböl (Cruciferenölen). Charakteristisch für Rüböl und andere Cruciferenöle ist der hohe Gehalt an Erucasäure $C_{22}H_{42}O_2$ (Molekulargewicht 338, Schmelzpunkt 33—34⁰), der zunächst in der Erniedrigung der Verseifungszahl zum Ausdruck kommt. Der Gehalt an Erucasäure bildet auch die Grundlage folgender Verfahren zum Nachweis der Cruciferenöle:

α) Verfahren von D. Holde und J. Marcusson[1]. Das Verfahren beruht auf der Abscheidung der Erucasäure und deren Kennzeichnung durch ihren verhältnismäßig hohen Schmelzpunkt, ihr hohes Molekulargewicht und ihre Jodzahl. Über die Ausführung dieses Verfahrens vgl. S. 213. Nach diesem Verfahren konnten Holde und Marcusson 20% Rüböl im Leinöl nachweisen.

β) Verfahren von H. Kreis und E. Roth[2]. Das Verfahren beruht auf der fraktionierten Fällung der Fettsäuren mit Bleiacetat. Über seine Ausführung vgl. S. 210.

Als Fraktionsschmelzpunkte wurden auf diese Weise bei verschiedenen Ölen folgende gefunden:

Tabelle 79.

Olivenöl (14 Proben)	Rüböl (2 Proben)	Leinöl	Sesam- öl	Erd- nußöl	Baumwoll- samenöl	Seetieröl
50,5—54,5⁰	29—30⁰	51—52⁰	52,5⁰	56,8⁰	58,4⁰	51—52⁰

Durch die Erniedrigung des Fraktionsschmelzpunktes lassen sich Zusätze von Rüböl im Olivenöl nachweisen; je 50% Rüböl im Olivenöl erniedrigen den Fraktionsschmelzpunkt des Olivenöles um je 1⁰; z. B. fanden Kreis und Roth für Mischungen eines Olivenöles mit dem Fraktionsschmelzpunkte 51,5⁰ und eines Rüböles mit einem solchen von 30⁰ folgende Fraktionsschmelzpunkte: Olivenöl mit 10% Rüböl 49,0⁰, bei 20% 47,0⁰, bei 30% 45,0⁰, bei 40% 42,0⁰ und bei 50% 41,5⁰.

Zur Verschärfung des Rübölnachweises verfahren Kreis und Roth folgendermaßen:

Die durch Fällung mit 1,5 g Bleiacetat erhaltenen Fettsäuren werden in 100 ccm Alkohol gelöst, siedend mit einer heißen Lösung von 1 g Bleiacetat in 50 ccm Alkohol versetzt und über Nacht stehengelassen. Das Filtrat von der ausgeschiedenen Bleiseife wird durch Abdampfen vom Alkohol befreit und der Rückstand durch Kochen mit 5%iger Salzsäure zersetzt. Die so aus Olivenöl erhaltenen Fettsäuren schmelzen bei etwa 47⁰, während die Fettsäuren aus Gemischen mit 5—20%igem Rüböl bei gewöhnlicher Temperatur mehr oder weniger weich sind, jedenfalls aber weit unter 47⁰ schmelzen. Rüböl ergibt, nach diesem Verfahren behandelt, Fettsäuren, die bei 24—25⁰ schmelzen. Auf diese Weise können auch geringe Beimengungen von Rüböl in Olivenöl mit Sicherheit erkannt werden, und man wird bei Verdacht auf Rüböl immer in dieser Weise vorgehen müssen, wenn der erste Fraktionsschmelzpunkt nicht wesentlich unter 50⁰ liegt.

Das Verfahren dürfte demnach zum Nachweis des Rüböles im Olivenöl in allen Fällen genügend empfindlich sein; eine genaue Bestimmung des Gehaltes an Rüböl ist naturgemäß nur möglich, wenn der Fraktionsschmelzpunkt des zugrunde liegenden Olivenöles bekannt ist. Da dies aber nur ausnahmsweise

---

[1] D. Holde u. J. Marcusson: Zeitschr. angew. Chem. 1910, **23**, 1260; Z. 1911, **21**, 435.
[2] H. Kreis u. E. Roth: **Z.** 1913, **26**, 38.

der Fall ist, muß man sich mit einer annähernden Schätzung begnügen, nämlich eines mittleren Fraktionsschmelzpunktes für Olivenöl von 51⁰ und für Rüböl von 30⁰.

γ) Über Rübölnachweis durch Oxydation der Erucasäure zu Dioxybehensäure nach KAUFMANN und FIEDLER vgl. S. 213.

δ) Über die angenäherte Bestimmung des Gehaltes an Rüböl auf Grund der Erucasäurezahl vgl. S. 212.

d) Überwachung des Verkehrs mit Rüböl. Zur Unterscheidung von rohem und technisch raffiniertem Rüböl löst A. ROSA[1] 1 Teil Öl in 4 Teilen Trichloräthylen. Bei rohem Öl zeigen sich dann nach mehrstündigem Stehen an der Oberfläche Trübungen, während raffinierte Öle klar bleiben. Kocht man ferner Rüböl mit destilliertem Wasser und füllt darauf das Gemisch bei 80⁰ in einen Scheidetrichter, so setzt sich die wäßrige Schicht bei rohem Rüböl trübe, bei raffiniertem dagegen klar ab. Das Rohöl trennt sich in zwei Schichten, in eine untere gelbe, flockige und eine obere hellbraune Schicht. Auch bei der Sinnenprüfung ist rohes Rüböl von raffiniertem unschwer zu unterscheiden.

Als Verfälschungen des Rüböles kommen vorwiegend Zusätze von trocknenden Ölen (Leinöl, Mohnöl) oder von Fischölen in Frage, die an der Erhöhung der Jodzahl, Fischöle auch nach TORTELLI und JAFFE (S. 581) erkannt werden. Zusatz von Harzöl verrät sich durch seine starke Rechtsdrehung. Ein Gehalt an Paraffinöl wird nach S. 241 gefunden.

Eine Mikroschnellmethode zum Nachweis von Leinöl und Seetieröl in Cruciferenöl (Senfsamenöl) gibt S. NEOGI[2] an, die wie folgt ausgeführt wird:

1 Tropfen Öl (0,04—0,06 g) wird auf einem Objektträger (fettfrei) in einer gleichmäßigen Schicht aufgetragen, indem man die kurze Seitenkante eines zweiten Objektträgers in einem Winkel von 30⁰ langsam über die ganze Länge des ersten Objektträgers zieht. Dieser wird 20—25 Minuten einer Bromatmosphäre ausgesetzt und kurz gelüftet, um den Bromüberschuß zu entfernen. Nach Feststellung des physikalischen Aussehens der Schicht wird diese mit einer Mischung gleicher Teile Äther und Petroläther durchgerührt; ein weißer, käsiger Niederschlag deutet auf Leinöl oder Seetieröl. Aus der Stärke des Niederschlages kann man auf die Menge des vorhandenen Zusatzes schließen. Bei 10 Proben Senfsamenöl wurden keine Niederschläge erhalten; ebenso verlief die Probe negativ bei Baumwoll-, Arachis-, Kapok- und Mowrahöl, während sich bei Leinöl, gekochtem Leinöl und Fischöl reichlich Niederschläge bildeten. Mischungen von Leinöl mit 5—50% Senfsamenöl gaben Niederschläge, deren Menge annähernd der vorhandenen Menge Leinöl proportional ist. Bei einer Mischung von 90% Baumwollöl mit 10% Leinöl verlief die Reaktion positiv, mit 2% Leinöl negativ.

2. Sonstige Cruciferenöle.

Von sonstigen Cruciferenölen werden Senföl, Raukenöl, Leindotteröl und Hederichöl gewonnen und bisweilen zum Verschneiden von Rüböl verwendet. Wegen ihrer ähnlichen Kennzahlen läßt sich dieser Zusatz nur schwer nachweisen.

a) Senföl wird aus dem Samen des Schwarzen Senf (Brassica nigra oder Sinapis nigra) mit 30—35, und Weißen Senf (Brassica alba oder Sinapis alba) mit etwa gleichem Ölgehalt gewonnen. Schwarzsenföl ist von dunkelgelber Farbe und mildem, etwas an das ätherische Senföl erinnerndem, Weißsenföl von gelber Farbe und brennendem Geschmack. Beide Öle werden meist zu Schmier- und Seifenzwecken verwendet.

Kennzahlen von Schwarzsenföl (der Fettsäuren). Dichte D^{15} 0,912 bis 0,922, Schmelzpunkt —(16—18⁰), Erstarrungspunkt —11 bis —18⁰ (13 bis 17⁰), n_D^{20} um 1,4739, n_D^{25} um 1,4719, n_D^{40} um 1,4655.

---

[1] A. ROSA: Seifen-Fachbl. 1930, **2**, 285; **Z.** 1937, **74**, 350.
[2] S. NEOGI: Analyst. 1935, **60**, 91; **Z.** 1937, **74**, 350.

Verseifungszahl 174—175 (177—187), Jodzahl 96—107, Hexabromide 1,24%, Thermozahl nach Maumené 42—44°.

Kennzahlen von Weißsenföl (der Fettsäuren). Dichte D^{15} 0,911 bis 0,915, Schmelzpunkt — (12—16°), Erstarrungspunkt — 8 bis — 16° (9—17°), n_D^{20} um 1,4704, n_D^{25} um 1,4709, n_D^{40} um 1,4649.

Verseifungszahl 170—178 (181—185), Jodzahl 92—109, Hexabromide 1,3 bis 1,5%, Thermozahl nach Maumené 44—50.

b) Raukenöl (Jambaöl) wird aus den Samen der Ölrauke (Eruca sativa) gewonnen. Die Pflanze wird in den Mittelmeerländern außer zur Verwendung als Gemüse und Salat auch als Viehfutter, in Indien und Rußland aber auch zur Ölgewinnung angebaut.

Der Ölgehalt der Raukensamen beträgt etwa 26—33%. Das nicht trocknende Öl besitzt ungereinigt einen scharfen, brennenden Geruch und Geschmack, der durch Dampfdestillation verschwindet; durch Raffination bildet es ein brauchbares Speiseöl. Über weitere Einzelheiten der Rauke und des Öles vgl. H. P. Kaufmann und H. Fiedler[1].

Kennzahlen von Raukenöl (der Fettsäuren). Dichte D^{15} 0,912 bis 0,917, Schmelzpunkt — (12—21), Erstarrungspunkt — 8 bis —12° (8—16°), n_D^{25} 1,4705—1,4710, Verseifungszahl 169—176 (181—183), Jodzahl 95—108, Thermozahl 51—53, Unverseifbares 0,8—1,5%.

c) Leindotteröl (Deutsches Sesamöl, Rüllöl, Saatdotteröl, Rapsdotteröl, Dotteröl) wird aus den Samen von Leindotter (Camelina sativa), die 30—35% Öl enthalten, gewonnen. Die als Unkraut wachsende Pflanze wird in Rußland, aber auch in Deutschland, Belgien, Holland und auf dem Balkan zur Ölgewinnung angebaut. Die Samen liefern bei kalter Pressung ein Speiseöl.

Leindotteröl ist durch eine hohe Jodzahl ausgezeichnet und wird als Zusatz zu Leinöl auch für Anstrichzwecke verwendet.

Kennzahlen von Leindotteröl (der Fettsäuren). Dichte D^{15} 0,919—0,926, Schmelzpunkt — (18—20°), Erstarrungspunkt —15 bis — 18° (13—16°), n_D^{20} um 1,4761, n_D^{25} um 1,4698, Verseifungszahl 185—188, Jodzahl 133—153, Thermozahl nach Maumené 82—117.

d) Hederichöl wird aus dem Samen des Hederichs (Ackerrettich, Wilder Raps, Raphanus, Raphanistrum) mit 21—26% Fett als rübölähnliches Öl gepreßt, das als minderwertig gilt und meist als Seifenöl verwendet wird.

Kennzahlen von Hederichöl (der Fettsäuren). Dichte D^{15} 0,916—0,918, Schmelzpunkt — (14—16°), Erstarrungspunkt —12 bis — 14° (11—12°), n_D^{20} um 1,4722, Verseifungszahl 174—177, Jodzahl um 105.

e) Kressensamenöl wird in Indien und Persien als Speiseöl verwendet. Über seine Kennzahlen und die weiterer Cruciferenöle vgl. J. J. A. Wijs[2] und Cl. Grimme[3].

G. Samenöle der Umbelliferen.

Aus Umbelliferen wird technisch kein Öl gewonnen. Da aber Umbelliferensamen als Gewürze vielen Lebensmitteln zugesetzt werden, kann die Kenntnis der Ölzusammensetzung von Bedeutung werden.

Die Samenöle der Umbelliferen sind durch ihren Gehalt an einer eigenartigen Fettsäure der Petroselinsäure (vgl. S. 352) gekennzeichnet, die außerdem nur noch im Samenöl der Araliaceen (Efeu) und von Picrasma gefunden wurde.

Die allgemeine mittlere Zusammensetzung einer Anzahl Umbelliferenöle und von Efeuöl ist folgende:

---

[1] H. P. Kaufmann u. H. Fiedler: U. 1938, **45**, 299.
[2] J. J. A. Wijs: Z. 1903, **6**, 492.
[3] Cl. Grimme: Pharm. Zentralh. 1912, **53**, 733; Z. 1913, **25**, 176.

Tabelle 80.

Samenöl von	Fett-säuren %	Glycerin-rest C_3H_2 %	Ent-sprechend Glycerin $C_3H_5(OH)_2$ %	Unver-seifbares[1] %
Koriander	93,4	4,3	10,4	2,3
Sellerie	95,2	4,0	9,7	0,8
Petersilie	93,8	4,0	9,7	2,2
Kümmel	93,2	4,1	10,0	2,7
Anis	94,8	4,2	10,2	1,0
Fenchel	92,2	4,1	10,0	3,7
Dill	94,6	4,3	10,3	1,1
Efeu	95,3	4,3	10,4	0,3

Die Fettsäurenzusammensetzung von Umbelliferenölen und Efeuöl zeigt folgende Tabelle:

Tabelle 81.

Samenöl von	Palmitin-säure %	Ölsäure %	Linol-säure %	Petroselin-säure %	Untersucht von
Gartenkerbel, Anthriscus cerefolium	5,0	0,5	53,5	41,0	
Sellerie, Apium graveolens	3,0	26,0	20,0	51,0	
Kümmel, Carum carvi	3,0	40,0	31,0	26,0	B. C. Christian u.
Koriander, Coriandrum sativum	8,0	32,0	7,0	53,0	T. P. Hilditch[2]
Möhren, Daucus carota	4,0	14,0	24,0	58,0	
Fenchel, Foeniculum officinale	4,0	22,0	14,0	60,0	
Pastinake, Pastinaca sativa	1,0	32,0	21,0	46,0	
Waldangelika, Angelica silvestris	4,0	44,0	33,0	19,0	T. P. Hilditch u.
Bärenklau, Heracleum sphondylium	4,0	52,0	25,0	19,0	E. E. Jones[3]
Petersilie, Petroselinum sativum	3,0	15,0	6,0	76,0	Dieselben[4]
„ „ „	4,0	12,0	14,0	70,0	J. van Loon[5]
Efeu, Hedera helix	5,0	20,0	13,0	62,0	A. Steger u. J. van Loon[6]

An Kennzahlen von fetten Umbelliferenölen hat Cl. Grimme[7] gefunden:

Tabelle 82.

Samenöl von	Spez. Gewicht bei 15°	Erstar-rungs-punkt °	Brechungs-index bei 35°	Ver-seifungs-zahl	Jod-zahl (Wijs)	Un-verseif-bares %	Der Fettsäuren Schmelz-punkt °	Der Fettsäuren Erstarrungs-punkt °
Carum carvi	0,9268	— 7	1,4710	178,3	128,5	2,74	— 7	—8 bis —10
Petroselinum sativum	0,9243	— 14	1,4778	176,5	109,5	2,18	—7 bis —8	— 10
Apium graveolens . .	0,9236	— 12	1,4783	178,1	94,8	0,79	— 2	—4 bis —5
Pimpinella anisum. .	0,9232	— 3	1,4738	178,4	108,6	0,96	2—3	0
Foeniculum officinale	0,9304	— 2	1,4795	181,2	99,0	3,68	1—2	0
Anethum graveolens .	0,9282	— 2	1,4795	176,0	119,6	1,14	5	1—2
Daucus carota . . .	0,9296	— 6	1,4723	179,4	105,1	1,53	—1 bis —2	— 5
Cuminum cyminum .	0,9256	— 8	1,4720	179,3	91,8	2,06	— 1	— 4
Anthriscus cerefolium	0,9265	— 9	1,4672	183,1	110,2	1,45	4—6	2
Ptychotis Ajowan . .	0,9281	— 4	1,4704	182,0	99,6	2,26	3—4	1
Coriandrum sativum .	0,9267	— 2	1,4710	176,8	108,8	1,14	4—5	3

[1] Vgl. auch unten, Tabelle 82.
[2] B. C. Christian u. T. P. Hilditch: Biochem. Journ. 1929, 23, 327.
[3] T. P. Hilditch u. E. E. Jones: Biochem. Journ. 1928, 22, 326.
[4] T. P. Hilditch u. E. E. Jones: Journ. Soc. chem. Ind. 1927, 46 T, 174.
[5] J. van Loon: Rec. Trav. chim. Pays-Bas 1927, 46, 492.
[6] A. Steger u. J. van Loon: Rec. Trav. chim. Pays-Bas 1928, 47, 471.
[7] Cl. Grimme: Z. 1903, 6, 492.

H. Sonstige genießbare Pflanzenfette.
1. Hefefette.

Hefefett wurde von K. Täufel, H. Thaler und H. Schreyegg[1] aus Cerolin, einem aus Brauereihefe mit Alkohol gewonnenem käuflichen Präparat durch Umlösen mit Äther erhalten. Es bildete eine dunkelbraune weichsalbenförmige Masse, die sich durch Behandlung mit Bleicherden nicht aufhellen ließ.

In dem Hefefett wurden folgende Bestandteile ermittelt:

Tabelle 83.

Mit Wasserdampf flüchtige Säuren	Palmitinsäure	Stearinsäure	Ölsäure	Linolsäure	Unverseifbares	Glycerin $(C_3H_8O_3)$
5,2%	9,5%	5,9%	47,6%	2,9%	19,6%	5,3%

Von dem Unverseifbaren entfielen auf Sterine (Ergosterin, Kryptosterin) 3,3, Squalen 16,3%.

Das Hefefett ist hiernach durch einen Gehalt an niederen Fettsäuren und durch das in größeren Mengen in Leberölen gewisser Haifischarten (vgl. S. 597) vorkommende, auch in Olivenöl (vgl. S. 420) nachgewiesene (T. Thorbjarnarson und J. C. Drummond[2]) Squalen gekennzeichnet. Der Gehalt an niederen Fettsäuren kommt in einer erhöhten Reichert-Meissl- und Polenske-Zahl, der Squalengehalt in einer Erhöhung der Jodzahl zum Ausdruck. Zu beachten ist aber auch die hohe Säurezahl der Probe:

Tabelle 84.

Reichert-Meissl-Zahl	Polenske-Zahl	Verseifungszahl	Jodzahl	Säurezahl
7,4	3,4	156,6	130,4	108,4

Entgegen früheren Ansichten ist nach W. Halden, F. Bilger und R. Kunze[3] die Fettbildung in Hefezellen keine Degenerationserscheinung, sondern eine besondere Art des Stoffwechsels, die hauptsächlich bei Unterdrückung der Gärung und Sprossung eintritt. Bei Versuchen von Lindner mit Endomyces vernalis im Institut für Gärungsgewerbe in Berlin[4] erwies sich Vorhandensein von Zucker als eine der Grundbedingungen für die Fettsynthese in der Zelle. Besonders junge Sproßkolonien setzten am üppigsten Fett an, während nicht mehr sprossende fettarm blieben. Der Endomycespilz wächst bei 15—20° als gekröseartige fettige Haut auf der Oberfläche des Nährbodens. Da er dazu eine ruhige unbewegte Oberfläche benötigt, ist eine Züchtung in durchlüfteten Bottichen nicht möglich. Die Fettausbeute aus dem verbrauchten Zucker beträgt 30—35%.

Der Umstand, daß Endomyces vernalis wie auch andere Fettpilze zum Wachstum einer großen Oberfläche bedarf, führte zu großen Schwierigkeiten bei Versuchen zur Nutzbarmachung des Fettpilzes und verhinderte bisher eine großtechnische Fettgewinnung daraus.

---

[1] K. Täufel, H. Thaler u. H. Schreyegg: Z. 1936, 72, 394; vgl. auch U. 1936, 43, 26.
[2] T. Thorbjarnarson u. J. C. Drummond: Analyst 1935, 60, 23.
[3] W. Halden, F. Bilger u. R. Kunze: Naturwiss. 1933, 21, 660; C. 1934, I, 559.
[4] Vgl. H. Fink, H. Haehn u. W. Hoerburger: Chem.-Ztg. 1937, 61, 689, 723, 744; Z. 1938, 76, 86. Vgl. auch Zeitschr. Spiritusind. 1938, 13, 16, 35, 46.

2. Pilzfett.

Pilzfett läßt sich nach H. FINK, G. HAESELER und M. SCHMIDT[1] aber in großem Maßstabe durch Züchtung von Oospora lactis (Oidium lactis) erzeugen. Bei diesem Verfahren ist die Ausbeute an Trockensubstanz und Fett je Quadratmeter Oberflächenzüchtung größer als bei anderen bekannten Fettbildnern. Als Nährlösung ist Molke, als zusätzliche Stickstoffquelle neben Harnstoff Ammonsulfat verwendbar. Die großen Kosten einer Oberflächenzüchtung ermöglichen aber auch bei Oidium noch nicht die wirtschaftliche Auswertung des Verfahrens zur Fettgewinnung. Das anfallende Fett zeigte folgende Kennzahlen (s. Tabelle 85).

H. P. KAUFMANN und O. SCHMIDT[2] fanden in dem Fett von Oidium lactis: Verseifungszahl 191,7, Säurezahl 11,2, der Fettsäuren: Neutralisationszahl 195,6, Jodzahl 63,1, Rhodanzahl 51,6.

Tabelle 85.

Verseifungszahl	Jodzahl	Säurezahl	Unverseifbares
193,8—198,0	46,8—72,3	4,5—6,1	1%

Unverseifbares 1,25, Gesättigte Säuren 42,8, Ölsäure 41,2, Linolsäure 11,8, Linolensäure 0,12, Oxysäuren 3,7%.

Schimmelpilzfett. In einem Fett von Citromyces spec., das mit technischem Benzin aus dem bei der Herstellung von Citronensäure anfallenden Schimmelrasen gewonnen war, fanden K. TÄUFEL, H. THALER und H. SCHREYEGG[3] folgende Kennzahlen:

Tabelle 86.

Gesamtfettsäure	Verseifungszahl	Jodzahl nach HANUŠ	Säurezahl	REICHERT-MEISSL-Zahl	POLENSKE-Zahl	Unverseifbares	Glycerin
84,4%	170,0	125,8	72,4	0,8	0,8	9,9%	5,0%

Das Fett war jedoch entsprechend dem hohen Gehalt an Unverseifbarem noch mit Mineralöl aus dem Benzin verunreinigt.

Die Zusammensetzung der Fettsäuren war folgende: Palmitinsäure 6,9, Stearinsäure 11,8, Ölsäure 40,7, Linolsäure 40,7%.

Die niederen Fettsäuren fehlten also, woraus TÄUFEL, THALER und SCHREYEGG schließen, daß die durch Schimmelpilze verursachte Bildung von Methylketonen (vgl. S. 298, aus Fettsäuren von mittlerer Molekülgröße ein pathologischer Vorgang ist.

E. RUPPOL[4] zog die Pilzsubstanz von Aspergillus citromyces mit Äther aus und erhielt ein braunes öliges, bei 0° krystallisierendes Fett mit folgenden Kennzahlen:

Tabelle 87.

Spez. Gewicht bei 18°	Lichtbrechung bei 25°	REICHERT-MEISSL-Zahl	POLENSKE-Zahl	Jodzahl	Acetylzahl
0,9398	1,4771	2,9	0,5	91	40,2

Unverseifbares 10,7%, davon mit Digitonin fällbar 2,65%. An Fettsäuren wurden Capron-, Palmitin-, Stearin- und Cerolinsäure festgestellt. Aus dem Unverseifbaren wurde durch nacheinanderfolgende Krystallisation aus Aceton, Petroläther und Alkohol ein bei 104—105,5° schmelzender schwerlöslicher Stoff (Pilzcerebrin?) und aus der Mutterlauge Cerylalkohol gewonnen. Die Sterine schienen im wesentlichen aus Ergosterin zu bestehen.

Über Zusammensetzung eines Fettes von Aspergillus niger vgl. K. BERNHAUER und G. POSSELT[5].

[1] H. FINK, G. HAESELER u. M. SCHMIDT: Wochenschr. Brauerei 1937, 89, 100; Z. 1938, 75, 470.
[2] H. P. KAUFMANN u. O. SCHMIDT: Vorratspflege u. Lebensmittelforschung 1938, 1, 166.
[3] K. TÄUFEL, H. THALER u. H. SCHREYEGG: U. 1937, 44, 34; Z. 1937, 74, 240.
[4] E. RUPPOL: Journ. Pharmac. Belg. 1937, 19, 63; Z. 1937, 79, 208.
[5] K. BERNHAUER u. G. POSSELT: Biochem. Zeitschr. 1937, 294, 215.

3. Fett von Meeresalgen.

Für das Fett einiger Braunen Meeresalgen fand R. Russell-Wells[1]:

Tabelle 88.

Meeresalge	Gehalt an Fett		Fett-säuren %	Unver-seifbares %	In den Fettsäuren		
	Petroläther-auszug %	Fett %			Jodzahl	Flüssige Fettsäuren	Feste Fettsäuren
Pelvetia libera . . .	8,0	6,2	72,5	7,6	107	78,7	11,5
P. aniculata.	4,9	3,6	69,9	10,8	124	—	—
Fucus vesiculosus . .	2,6	1,9	71,6	16,9	108	—	—
Laminaria digitata .	0,3	0,16	49,9	25,9	110	72,2	17,1

Über die Zusammensetzung des Unverseifbaren der Algenfette vgl. K. Shirahama[2].

J. Für Speisezwecke ungeeignete Öle und Fette.

Einige Pflanzenfette üben auf den menschlichen Organismus besondere physiologische Wirkungen aus und sind daher als Speisefette ungeeignet. Hierin gehören insbesondere das Chinesische Holzöl, Ricinusöl und Chaulmugraöl. Da diese Öle in großen Mengen für technische und arzneiliche Zwecke gewonnen werden, besteht die Gefahr, daß sie auch in fetthaltigen Lebensmittelzubereitungen gelangen und hier Schaden anrichten können. Die wirksamen Bestandteile bestehen in den arteigenen charakteristischen Fettsäuren dieser Öle und lassen sich daher durch etwaige Reinigungsverfahren aus dem Öl nicht entfernen.

1. Chinesisches Holzöl und ähnliche Öle.

Das Holzöl, auch Tungöl oder Elaeococcaöl genannt, wird aus den Samen des Ölfirnisbaumes Aleurites Fordii (Chinesisches Holzöl) oder Aleurites cordata, syn. vernicia und verrucosa (Japanisches Holzöl) gewonnen. Ein Öl von nahezu gleicher Zusammensetzung liefert Aleurites montana, während das Öl von Aleurites trisperma (S. 505) sich von den vorgenannten Ölen durch einen nur etwa halb so großen, das Öl von Aleurites moluccana (S. 505) durch einen sehr geringen (2%) Elaeostearinsäuregehalt unterscheidet (E. D. G. Frahm und D. R. Koolhaas[3]). A. trisperma enthält dafür auch Linolsäure und A. moluccana Linolsäure und Linolensäure. Alle diese Pflanzen gehören zur Familie der Euphorbiaceae.

Die Früchte des Ölfirnisbaumes enthalten je 3—5 ungenießbare Samen, deren Kerne nach Entfernung der harten Schale 48—50% Holzöl liefern. In China werden die Holznüsse geröstet, wodurch die Schalen aufspringen, dann zu Mehl vermahlen und in einer Keilpresse gepreßt. Das Öl wird mit Wasser aufgekocht und dann als „weißes Tungöl" abgepreßt. Ein durch Pressen von heißem Mehl gewonnenes schwarzes Tungöl wird nicht ausgeführt.

Das Öl, das Brechreiz erregen und schon äußerlich auf der Haut schwer heilende Eiterungen hervorrufen soll, wird als stark trocknendes Öl, ähnlich wie Leinöl für technische Zwecke, in großen Mengen verbraucht. Aus ihm wird in China die Chinesische Tusche hergestellt.

---

[1] B. Russell-Wells: Nature (Lond.) 1932, **129**, 654; C. 1932, II, 722.
[2] K. Shirahama: Bull. Agr. chem. Soc. Japan 1935, 11, 155; 1937, **13**, 72; 1938, 14, 24, **33**, 68; C. 1936, I, 2866; 1938, I, 337, II, 3826.
[3] E. D. G. Frahm u. D. R. Koolhaas: Chem. Weekbl. 1938, **35**, 643.

W. ARNOLD[1] beobachtete im Sommer 1919 in München im Verkehr ein als Speiseöl bezeichnetes Öl, das sich als Tungöl erwies.

Die Fettsäurenzusammensetzung von Chinesischem Holzöl fanden A. STEGER und J. VAN LOON[2] wie folgt:

Kennzahlen von Holzöl (der Fettsäuren). Dichte D^{15} 0,932—0,944, Schmelzpunkt — (30—49°), Erstarrungspunkt —17 bis — 21° (31—37°), n_D^{20} 1,5180—1,5200, n_D^{25} 1,5160—1,5240.

Tabelle 89.

Palmitin-säure	Stearin-säure	Ölsäure	Elaeostearin-säure
4,1%	1,3%	14,9%	79,7%

Verseifungszahl 188—197 (190—203), Jodzahl 147—242 (160—180, wahre Jodzahl über 232), Rhodanzahl 78—87, Bromthermozahl 21—26. Unverseifbares 0,4—1,0.

Der Geruch des Öles, namentlich des nicht mehr ganz frischen, wird als unangenehm, bald an Lardöl oder Rauchfleisch, bald an gewisse Baumwanzen erinnernd, bezeichnet. Weiterhin sind für Tungöl charakteristisch: Die um ein mehrfaches größere Viscosität, die Dickflüssigkeit und die hohe Dichte, die nur noch von Ricinusöl übertroffen wird. Die Refraktion ist so hoch, daß sie im Fettrefraktometer erst indirekt nach Verdünnung mit anderem Fett, z. B. mit Cocosfett bestimmt werden kann.

Verhalten beim Erhitzen. Wird das Öl rasch auf etwa 250—260° erhitzt, so bilden sich über 230° zunächst Dämpfe, bis in der Nähe von 250—260° das Öl unter Aufschäumen, wahrscheinlich unter Polymerisation (Sinken der Jodzahl von 163 auf 107,7, Steigen der Verseifungszahl von 193 auf 205,2) zu einer gelatinösen, bernsteingelben Masse erstarrt. Auch durch Zusatz von Chloroformjodlösung läßt sich leicht eine steife Gelatinierung des Öles erzielen.

Die Fettsäuren des Tungöles sind zum größten Teil fest und krystallinisch, nehmen jedoch außerordentlich rasch Sauerstoff aus der Luft auf. Die Hauptmenge der Bleiseife ist ätherunlöslich. Über die Konstitution der Elaeostearinsäure vgl. S. 357 und Bd. I, S. 280.

Auch durch Lichteinwirkung werden Tungöle fest, auch bei Abschluß von Luft.

Über Beziehungen zwischen den Kennzahlen von Holzöl vgl. E. D. G. FRAHM[3].

Auch das Öl von Aleurites moluccana, die walnußartige Kerne mit rund 60% Öl liefert, das Bankulnußöl, Candlenußöl oder Lackbaumöl ist wegen seiner abführenden Wirkung ungenießbar und wird beim Firniskochen oder zur Seifenherstellung verwendet. Das Öl von Aleurites trisperma (triloba) führt die Bezeichnung Kekunaöl.

Oiticicaöl. Dieses Öl wird aus den Samen von Licania rigida[4] (Rosaceae) (vgl. S. 358) erhalten. Das dem Tungöl im Geruch und in vielen chemisch-physikalischen Eigenschaften sehr ähnliche Öl gewinnt in der Farben- und Lackindustrie steigende Anwendung[5].

Wenn das Öl etwa eine Woche steht, nimmt es schmalzartige Konsistenz und ein weißes krystallinisches Aussehen an, wird aber beim Erwärmen wieder flüssig, um nach einigen Tagen wieder zu krystallisieren. Polimerisado-Oiticicaöl ist ein auf besondere Weise wärmebehandeltes Öl, das flüssig bleibt.

An Kennzahlen für Oiticicaöl erhielten E. R. BOLTON und C. REVIS[6]:

Tabelle 90.

Dichte bei 15,5°	Schmelzpunkt		Verseifungszahl	Jodzahl	Unverseifbares
	Anfang	Ende			
0,9684	21,5°	65,09°	188,6	179,5	0,96%

[1] W. ARNOLD: Z. 1920, **39**, 30.
[2] A. STEGER u. J. VAN LOON: Journ. Soc. chem. Ind. 1928, **47** T, 363. — J. VAN LOON: Farben-Ztg. 1930, **35**, 1767.
[3] E. D. G. FRAHM: Rec. Trav. chim. Pays-Bas 1938, **57**, 79.
[4] Nach STEGER und VAN LOON von Couepia grandiflora.
[5] Vgl. Öle, Fette, Wachse, Seife, Kosmetik 1937, Nr. 4.
[6] E. R. BOLTON u. C. REVIS: Analyst 1919, **43**, 251; C. 1919, I, 1037.

Bei 250—300⁰ polymerisiert das Öl zu einer steifen, klaren Gallerte.

J. VAN LOON und A. STEGER[1] fanden in den Nüssen von Licania (Couepia grandiflora) 41,3% Fett mit folgenden Kennzahlen:

Tabelle 91.

Dichte bei 80⁰	Lichtbrechung bei		Klarschmelz-punkt	Verseifungs-zahl	Wahre Jodzahl
	21⁰ (unterkühlt)	70⁰			
0,9440	1,5184	1,5002	51⁰	188,3	231

Das Öl enthielt 11,42% höhere gesättigte Fettsäuren, bestehend aus 35% Stearin- und 65% Palmitinsäure.

Die Preßrückstände der Couepianuß sind nach STEGER und VAN LOON[2] giftig. Die Giftigkeit des Öles selbst ist noch zweifelhaft.

W. B. BROWN und E. H. FARMER[3] stellten aus schmalzartigem Oiticicaöl die ungesättigte Ketosäure Licansäure $C_{18}H_{28}O_3$ in 33% Ausbeute dar. Das flüssige Öl lieferte 2% der stereoisomeren Isolicansäure. (Vgl. auch S. 358.)

Auch das S. 358 bereits erwähnte Néouöl, auch „Akarittom" genannt (M. TSUJIMOTO und H. KOYANAGI[4]), von Parinarium macrophyllum enthält nach STEGER und VAN LOON[5] rund 30% Licansäure. TSUJIMOTO und KOYANAGI fanden für das Öl folgende Kennzahlen:

Tabelle 92.

Schmelzpunkt	Dichte bei 50⁰	Brechungsindex bei 50⁰	Verseifungszahl	Jodzahl (WIJS)	Unverseifbares
49—50⁰	0,9379	1,5610	186,8	214,1	1,15%

Ein Öl, das sowohl Elaeostearinsäure als auch Licansäure in bedeutender Menge enthält, ist nach SETGER und VAN LOON[6] Po-Yaköl von Parinarium sherbroense (Rosaceae). Es wird auf der Sherbroinsel (Sierra Leone) aus den Nüssen dieser Pflanze gewonnen.

Durch einen Gehalt an scharf und widerlich schmeckendem Unverseifbaren ist Öl der indischen Pinie, Iatropha curcas L. (Euphorbiaceae) gekennzeichnet. Es hatte nach M.-TH. FRANCOIS und S. DROIT[7] die Kennzahlen:

Tabelle 93.

Dichte bei 15⁰	Lichtbrechung bei 15⁰	Verseifungs-zahl	Jodzahl	Viscosität	
				η_{35}	η_{100}
0,9159—0,9189	1,4720—1,4733	176—180	97—98	0,277—0,360	0,0568—0,0675

Tulucunafett von Carapa procera und Pongamöl (Korungöl, Kagoöl) von Pongamia glabra (Ostindien) sind bitterschmeckende, zum Brennen und für Heilzwecke dienende Öle.

2. Ricinusöl.

Ricinusöl, auch Christpalmöl und Castoröl genannt, wird aus den Samen des gemeinen Wunderbaumes Ricinus communis (Euphorbiaceae), die 45—55% Öl enthalten, durch Auspressen bei 80⁰, eine geringere Sorte auch durch Extraktion mit Lösungsmitteln gewonnen. Die Ricinusstaude wird besonders in Südfrankreich, Italien, Ostindien, Java und Amerika gezogen.

---

[1] J. VAN LOON u. A. STEGER: U. 1930, 37, 337; C. 1931, I, 1194.

[2] A. STEGER u. J. VAN LOON: Rec. Trav. chim. Pays-Bas. 1931, 50, 936; 1932, 51, 345; C. 1931, II, 1844; 1932, I, 2453. — Vgl. E. ROSSMANN: Rec. Trav. chim. Pays-Bas 1932, 51, 248; C. 1932, I, 2453.

[3] W. B. BROWN u. E. H. FARMER: Biochem. Journ. 1935, 29, 631; C. 1935, I, 3491.

[4] M. TSUJIMOTO u. H. KOYANAGI: Journ. Soc. chem. ind. Japan (Suppl.) 1933, 36, 110 B; C. 1933, I, 3514.

[5] A. STEGER u. J. VAN LOON: Rec. Trav. chim. Pays-Bas 1934, 53, 197; C. 1934, II, 158.

[6] A. STEGER u. J. VAN LOON: Rec. Trav. chim. Pays-Bas 1938, 57, 620.

[7] M.-TH. FRANCOIS u. S. DROIT: Bull. Soc. chim. France 1933, 53 (4), 728; C. 1933, II, 3708.

Ricinusöl ist ein fadenziehendes, nichttrocknendes Öl von mildem Geschmack, aber etwas kratzendem Nachgeschmack, das sich bei 0^0 trübt und bei -18^0 butterartig erstarrt. Es wird in der Seifenherstellung, in der Kosmetik, in der Medizin als Abführmittel, als Brennöl, Schmieröl und nach Verseifung als Ölbeize verwendet.

Kennzahlen von Ricinusöl (der Fettsäuren). Dichte D^{15} 0,949—0,972, Schmelzpunkt — (13^0), Erstarrungspunkt —10 bis —18^0 (3^0), n_D^{20} 1,4770—1,4790, n_D^{40} 1,4705—1,4720 $(\alpha)_D$ + 7,5 bis + $9{,}7^0$, Verseifungszahl 176—187 (189 bis 191), Acetylzahl 146—154 (153—156), Jodzahl 81—90, Rhodanzahl 82, Thermozahl nach MAUMENÉ 46—53. Unverseifbares 0,3—0,6%.

Die Fettsäuren des Ricinusöles bestehen nach P. PANJUTIN und M. RAPOPORT[1] zu 87,8 % aus Ricinolsäure (einschließlich 1,1 % Dioxystearinsäure) (vgl. S. 359) neben 7,2 Ölsäure, 3,6% Linolsäure und nur 0,3% Stearinsäure.

Crotonöl. Das von einer weiteren Euphorbiacee, nämlich von Croton tiglium, dem Purgierbaum, stammende Crotonöl ist von gelber Farbe und brennendem Geschmack. Es enthält neben anderen Fettsäuren Tiglinsäure und ein Harz von der Zusammensetzung $C_{13}H_{18}O_4$. Das Öl wird nur als purgierendes Mittel verwendet und wirkt in größeren Mengen giftig und entzündungserregend.

3. Chaulmugraöl.

Als Stammpflanzen für Chaulmugra-, Hydnocarpus-, Maratti-, Lukrabo-, Cardamonöl und ähnliche Öle sind verschiedene Arten der Gattung Hydnocarpus aus der Familie der Flacourtiaceen anzusehen. Diese Samenöle werden als Heilmittel gegen Lepra verwendet und sind durch einen hohen Gehalt an der cyclischen stark rechtsdrehenden Chaulmugrasäure $C_{18}H_{32}O_2$ und Hydnocarpussäure $C_{16}H_{28}O_2$ (vgl. S. 360) gekennzeichnet (vgl. F. B. POWER und F. H. GORNALL[2], F. B. POWER und M. BARROWCLIFF[3] und K. LENDERICH und E. KOCH[4]).

H. C. DE SOUZA ARAUJO[5] bespricht die Kultur der indischen Chaulmugra in Brasilien. Er unterscheidet 40 Spezies aus der Familie der Hydnocarpaceae und Oncoba. Von Hydnocarpus sind besonders die drei Arten Asteriastigma, Hydnocarpus und Taraktogenos von Bedeutung, von diesen besonders Taraktogenos Kurzii und Hydnocarpus Wightiana.

Diese Fette sind im Jahre 1910 die Ursache einer Massenvergiftung geworden. Ohne daß man ihre giftige Wirkung kannte, hatte eine Margarinefabrik die Fette als Rohstoffe zu Margarinesorten wie „Backa" „Frischer Mohr" und „Luisa" verarbeitet und in den Verkehr gebracht.

Glyceride. Nach Untersuchungen von A. BÖMER und H. ENGEL[6] enthielt Chaulmugraöl etwa 79% Chaulmugro-dihydnocarpin und 13% Hydnocarpo-dichaulmugrin als Glyceride neben Tripalmitin oder Stearodipalmitin als schwerlöslichstem Glycerid in sehr geringen Mengen.

Kennzahlen von Chaulmugraöl (der Fettsäuren). Dichte D^{15} um 0,957, D^{25} um 0,952, D^{30} 0,946—0,951, D^{40} 0,940—0,942, Schmelzpunkt, gepreßt 22—26, extrahiert 33—39^0 (44—48^0), Erstarrungspunkt, gepreßt 9—14^0, extrahiert 18 bis 20^0 (21—42^0), n_D^{25} um 1,4795, n_D^{40} 1,4751—1,4771, $[\alpha]_D^{15}$ + 51,3 bis + 56,0, $[\alpha]_D^{30}$ + 43,5 bis + $51{,}2^0$ + (43,0 bis + 58,0).

Verseifungszahl 197—215, Jodzahl 95—105. Unverseifbares um 0,3%.

[1] P. PANJUTIN u. M. RAPOPORT: U. 1930, **37**, 130.
[2] F. B. POWER u. F. H. GORNALL: Journ. Chem. Soc. London 1904, **85**, 838.
[3] F. B. POWER u. M. BARROWCLIFF: Journ. chem. Soc. London 1905, **87**, 884.
[4] L. KENDERICH u. E. KOCH: Z. 1911, **22**, 441.
[5] H. C. DE SOUZA ARAUJO:: Mem. Inst. Oswaldo Cruz 1937, **32**, 29; C. 1938, I, 1491.
[6] A. BÖMER u. H. ENGEL: Z. 1929, **57**, 113.

Kennzahlen von Hydnocarpusöl (der Fettsäuren). Dichte D^{20} 0,955 bis 0,960, D^{25} um 0,958, D^{30} um 0,947, Schmelzpunkt, gepreßt 25—25, extrahiert 28 — 32° (41—44°), Erstarrungspunkt 11—18° (40—42°), n_D^{25} 1,4775—1,4791, n_D^{40} 1,4717—1,4789, $[\alpha]_D$ + 54 bis + 64,5° (+ 54 bis + 60,4°).

Verseifungszahl 197—208 (206—214), Jodzahl 92—103, Unverseifbares 0,4 bis 1,0%.

Über weitere Untersuchungen über Chaulmugraöl vgl. H. J. Cole und H. Cardoso[1]. Dieselben[2] berichten ferner über die Zusammensetzung der Chaulmugraöle: Sapucainhaöl von Carpotroche brasiliensis und Gorliöl von Oncoba echinata.

Über die Pharmakologie von Salzen und Fettsäuren des Chaulmugraöles vgl. auch B. B. Dikshit[3].

Buch-Literatur.

H. Schlossberger: Chaulmoograöl, Geschichte, Herkunft, Zusammensetzung, Pharmakologie, Chemotherapie. Berlin 1938.

Zweiter Abschnitt.

Tierfette und Tieröle.

A. Vorkommen und Gewinnung von Tierfetten.

Als Rohstoffe für die Gewinnung von Tierfetten dienen zu Speisezwecken die fettführenden Gewebe einer Anzahl von Haustieren, insbesondere von Schweinen, Rindern, Schafen, dann aber in kleinerem Maßstabe auch von Gänsen und anderen Tieren. Große Mengen unseres wertvollsten Speisefettes, der Butter, liefert weiter die Milch unserer Haustiere, insbesondere die Kuhmilch. Schließlich hat in den letzten Jahren die Gewinnung von Speisefetten aus Seetieren, insbesondere von Walöl großen Aufschwung genommen.

Während aber bei der Fettgewinnung aus Pflanzen die Fettabscheidung durch Auspressen als einfachstes Verfahren gilt, tritt dafür bei Tierfetten ein Ausschmelzen, meist durch Wasserdampf oder heißes Wasser ein.

Aber auch Extraktionsmethoden haben in der Technik der Tierfettgewinnung verschiedentlich Eingang gefunden.

Die Fettgewinnung aus Butter, die Darstellung aus Butterschmalz, ist ein Ausschmelzvorgang, der aber das Verbuttern aus Rahm und dessen Gewinnung aus Milch von Kühen, Ziegen oder Schafen voraussetzt. Hierdurch und durch die wesentlich andere Fettzusammensetzung erscheint die Behandlung des Butterfettes in einem besonderen Abschnitt gerechtfertigt.

I. Fettgewinnung aus Milch.

Die Gewinnung von Butterfett setzt die Gewinnung von Butter aus Rahm voraus. Diese wurden in Bd. II, S. 238 ausführlich behandelt. Erst die aus der neben 80—85% Fett und 15—20% fettfreie Bestandteile (Buttermilch) enthaltenden Butter durch Ausschmelzen erhaltene Schmelzbutter oder das Butterschmalz können als eigentliches Butterfett bezeichnet werden. Auch ihre Gewinnung ist bereits in Bd. III, S. 268 beschrieben.

---

[1] H. J. Cole u. H. T. Cardoso: Int. Journ. Leprosy 1936, **4**, 455; C. 1937, I, 3515; II, 4211; Journ. Amer. Chem. Soc. 1937, **59**, 963; C. 1937, **5**, 277; 1938, I, 1369.

[2] H. J. Cole u. H. T. Cardoso: Journ. Amer. Chem. Soc. 1938, **60**, 614, 617; C. 1938, II, 793, 794.

[3] B. B. Dikshit: Indian Journ. med. Res. 1932, **19**, 775; C. 1932, I, 2349.

II. Fettgewinnung aus Landtieren.

Die Gewinnung der Haustierfette für den eigenen Gebrauch wird vielfach noch im Haushalt, besonders im ländlichen Haushalt vorgenommen. In zunehmendem **Maße** befassen sich aber kleinere, mittlere und Großbetriebe mit der Fettgewinnung durch Ausschmelzen. In Deutschland haben die meisten größeren Schlachthöfe besondere Schmalzsiedereien oder Talgschmelzen angegliedert.

Im Jahre 1933 betrug die Erzeugung der deutschen Talgschmelzen[1] in je 1000 t:

Tabelle 94.

Erzeugnis	Menge	Erzeugnis	Menge
Technischer Rindertalg	8941	Speise-Schweineschmalz	955
Premier jus	6940	Technisches Schweineschmalz . .	916
Speiserindertalg	3662	Gemischtes Backfett	150
Oleomargarin	621	Wurstfett	122
Secunda jus	490	Technisches Mischfett	1439
Preßtalg	307	Reine Mischungen aus Rinder- und	
Hammeltalg	277	Schweinefett	87

Die deutsche Einfuhr an Schmalz und Talg war für das Jahr 1936 insgesamt 319700 dz, davon aus Dänemark 100800, Ungarn 63000, Argentinien 35700, Jugoslavien 34700, Vereinigte Staaten 21300, Brasilien 23100 dz.

Einen besonders großartigen Ausbau hat die Talg- und Schweinefettgewinnung in der amerikanischen Fleischindustrie mit dem Hauptsitz in Chicago erhalten. In diesem Lande wurden im Jahre 1933/34 an Schmalz 1760, an Rohtalg 700 Millionen lbs. erzeugt.

Die Verarbeitung des Speckes und der fettführenden Teile von Seetieren auf Öl durch Ausschmelzen unterscheidet sich nicht wesentlich von der Gewinnung von Schmalz und Talg von Landtieren. Die bei der Seetierölverarbeitung angewendeten Verfahren und Apparate sind aus der Technik der Fettgewinnung aus Landtieren übernommen, wenn auch in Anlage und Ausführung ihrem neuen Zweck angepaßt.

Bei der Fettgewinnung aus tierischen Rohstoffen sind folgende Stufen zu unterscheiden:

1. Gewinnung und Aufbewahrung der Rohstoffe. 2. Zerkleinerung der Rohstoffe. 3. Fettgewinnung durch Ausschmelzen.

Für eine Fettgewinnung aus ganzen Fettschweinen sind besondere Verfahren entwickelt worden.

1. Gewinnung und Aufbewahrung der Rohstoffe.

Das nach dem Schlachten des Tieres abgetrennte Fettgewebe unterliegt raschem Verderben, wenn es nicht sofort weiter verarbeitet wird. Das Fettgewebe des Rindes nimmt bald einen widerlichen, eigenartigen Geruch an, ebenso Schweinespeck, etwas weniger leicht Schaftalg; diese sinnfälligen Veränderungen lassen sich aus dem Speisefett nur schwer und unvollkommen wieder beseitigen.

Man pflegt bei kurzer Aufbewahrung die rohen Fettgewebe nach dem Ausschlachten mit kaltem Wasser ununterbrochen zu berieseln, wodurch nicht nur eine Abkühlung, sondern auch eine gewisse mechanische Reinigung von Blutresten hervorgebracht wird. Für eine längere Lagerung ist schnelles Abkühlen

---

[1] Statistisches Jahrbuch für das Deutsche Reich 1937.

des Fettgewebes nach dem Schlachten und gute Abtrocknung erforderlich, die man auf Hürden in einem kalten Luftstrom erreicht. Ganz wesentlich verlängert wird die Haltbarkeit der Fettgewebe durch Anwendung künstlicher Kälte, die noch den Vorteil bietet, daß die gekühlten Fleischfasern sich leichter zerkleinern lassen und daß die dabei zusammenschrumpfenden Fettzellen bei der nachfolgenden Fettgewinnung das Fett leichter abgeben. So wird in Amerika das Rohfett für die Neutralschmalzherstellung über Nacht zwischen $+ 1$ und $- 4^0$ aufbewahrt, Rindsfettgewebe 8 Stunden bei $+ 3^0$. In Deutschland bedingt das Ansammeln der Rohstoffe auf den Fleischgroßmärkten der Städte zwecks nachheriger

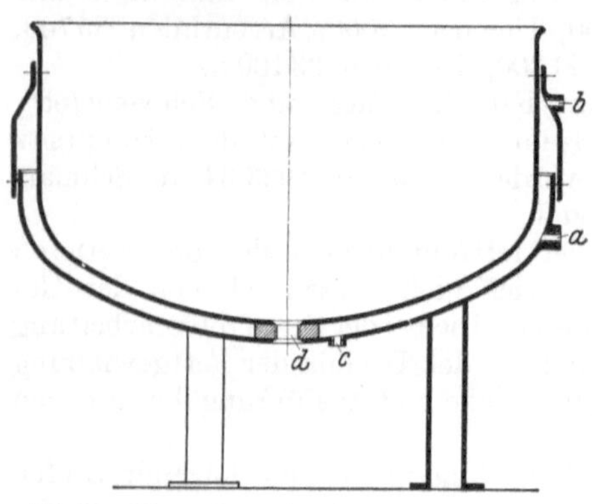

Abb. 19. Fettzerkleinerungsmaschine. (Schmidt-Ilmenau.)

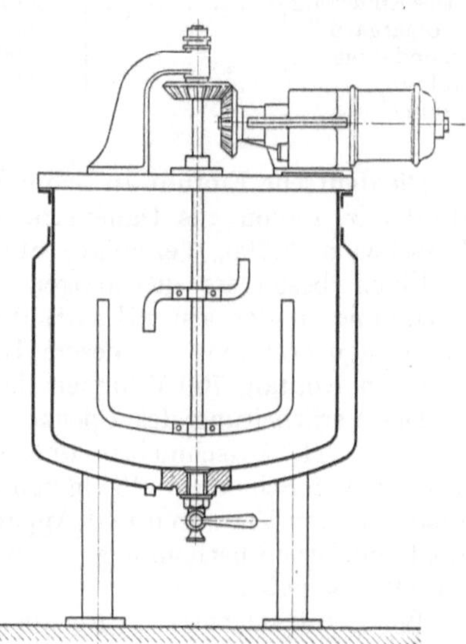

Abb. 20. Offenes Doppelwand-Schmelzgefäß mit Dampfbeheizung. (Nach Hefter-Schönfeld.)

Abb. 21. Offenes, doppelwandiges Schmelzgefäß mit Rührwerk. (Nach Hefter-Schönfeld.)

Verarbeitung auf Fett, daß die Ware häufig erst nach monatelanger Lagerung in den Verarbeitungsbetrieb gelangen kann. Um diese Zeitspanne zu überwinden, werden die Rohfette zunächst auf die übliche Kühlhaustemperatur gekühlt und dann bei -10 bis -12^0 eingefroren.

Bevor nun die Fettgewebe zur Verarbeitung gelangen, bedürfen sie im allgemeinen einer mechanischen Vorreinigung und Aussortierung. Hierzu werden Sehnen und Fleischteile durch Ausschneiden entfernt, Blut- und Schmutzreste ausgewaschen. Besonders die sog. Ausschnitte, die noch mit Blut und anderen Körperflüssigkeiten durchsetzt sind, bedürfen dieser Behandlung, nicht die sog. Vorfette, die größeren fleischfreien Talgstücke. Schließlich muß noch das beim Waschen haften bleibende Waschwasser (Tropfwasser) auf Brettern mit Tropflöchern oder Drahtnetzen wieder entfernt werden.

2. Zerkleinerung der Rohstoffe.

Wenn auch die Zellwände der Fettzellen beim Erhitzen im allgemeinen zerreißen, so ist doch erfahrungsgemäß die Fettausbeute um so höher, je weiter die Zerkleinerung des Fettgewebes getrieben wird.

Bei Rückenfett von Schweinen wird zunächst in besonderen Maschinen die Haut abgeschält, dann werden die Speckseiten in Streifen zerlegt, was vielfach noch mit der Hand erfolgt und nun durch eine Fettschneidevorrichtung mit rotierenden Messern zerkleinert.

3. Fettgewinnung durch Ausschmelzen.

Die Fettabscheidung durch Ausschmelzen kommt dadurch zustande, daß das in den Zellmembranen eingeschlossene Fett sich beim Schmelzen ausdehnt und die Zellwand zerreißt, soweit die Zellen nicht bereits bei der Zerkleinerung aufgeschnitten sind. Man unterscheidet eine Trockenschmelze, bei der das Fett nicht mit Wasser oder Dampf in Berührung kommt, von der Naßschmelze in Mischung mit Wasser oder Dampf.

Zur Trockenschmelze in ihrer ältesten Form, die auch heute noch in den Haushaltungen üblich ist, wird der in kleine Würfel zerschnittene Rohstoff in einem Kessel über leichtem Feuer erhitzt. Das freiwerdende Fett wird abgeschöpft, die zurückbleibenden Grieben werden mit einem Löffel abgepreßt und das erhaltene Fett in einem Tontopf gesammelt und aufbewahrt. — Bei diesem Verfahren bietet Gasfeuerung den Vorteil einer leichteren Wärmeregulierung und damit der Vermeidung eines Anbrennens.

Das Ausschmelzen mittels Dampfes erfolgt in Kesseln mit Dampfmantel, von denen sowohl offene als auch geschlossene Systeme gebräuchlich sind. Die offenen Kessel werden mit und auch ohne Rührwerk ausgeführt. In Amerika bevorzugt man offene, stehende, zylindrische, mit Dampf von 6 atü in Boden und Mantel beheizte Kessel mit Rührwerk, so zur Herstellung von Kesselschmalz (kettle (rendered lard) sowie von Neutralschmalz neutral lard). Letzteres, das hauptsächlich zur Weiterverarbeitung in der Margarineindustrie Verwendung findet, wird bei nur etwa 50⁰ (Rückenfett 55⁰) in 1¹/₂ Stunden aus-

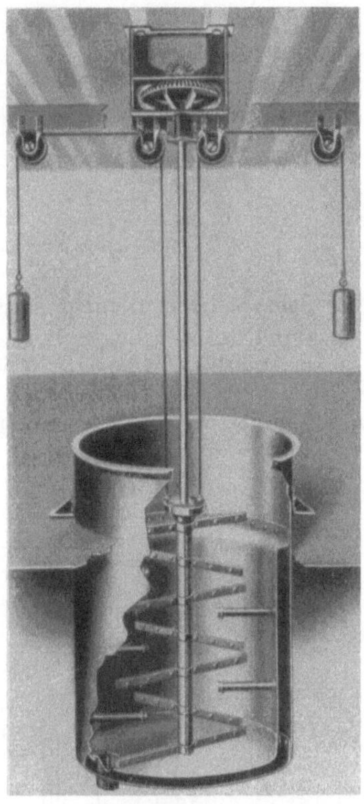

Abb. 22. Amerikanischer Dampfschmelz-kessel. (Allbright Nell Co., Chicago.)

geschmolzen und ist dann nach einer Absetzzeit von 20—30 Minuten fertig zum Abziehen oder zum Filtrieren. Die Ausbeute beträgt aber nur 80% bei Bauchfett, 70—75% bei Rückenfett, während sie bei Kesselschmalz auf 80 bis 92% ansteigen kann. — Geschlossene Schmelzkessel führen sich neuerdings mehr und mehr ein. In Deutschland werden dieselben von Rud. A. Hartmann AG. in Berlin-Rudow gebaut. — Zur Beheizung mit Dampf gebaute Apparate sind auch für Heißwasserheizung geeignet, mit der sich auch höhere Temperaturen als 100⁰ erzielen lassen, wenn Kesselwasser unter Druck als Wärmeträger benutzt wird, dessen Fortbewegung zu den Heizkörpern eine Kreiselpumpe besorgt.

Die Naßschmelze liefert ein Schmalz bzw. Fett von ganz anderem Geschmack als in der Trockenschmelze gewonnenes Fett. Bei der Naßschmelze mit Dampf kommt der fetthaltige Rohstoff mit dem Dampf in direkte Berührung.

Dadurch tritt nicht nur eine Sprengung der Zellwände, sondern auch eine Verdrängung des Fettinhaltes der Zellen durch Dampf oder Wasser ein. Bei längerer Einwirkung bringen gespannte Dämpfe (nicht Dampf von Atmosphärendruck) sogar die Zellwände des Fettgewebes in Lösung, so daß die Zerkleinerung

Abb. 23. Geschlossener Schmelzkessel. (Rud. A. Hartmann AG. in Berlin-Rudow.)

vor dem Schmelzen nicht so weitgehend zu sein braucht wie beim Trockenverfahren.

In Amerika dient das Naßschmelzverfahren zur Herstellung von Dampfschmalz (prime steam lard). Auch zur Herstellung von technischem Talg aus Abfällen der Speisetalgherstellung ist das Aufschmelzen mit direktem Dampf viel in Gebrauch.

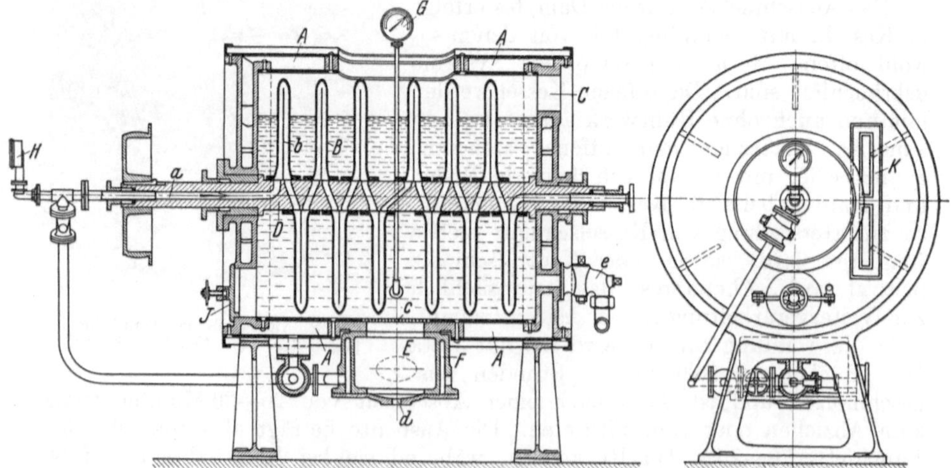

Abb. 24. Liegender Feintalgschmelzapparat mit beheiztem Rührwerk. (Venuleth und Ellenberger, Darmstadt.)

Die Naßschmelze auf Wasser hat den Vorteil, daß dabei das Fett nur wenige Grade über dem Schmelzpunkt des Fettes gehalten wird, wodurch zwar nur eine geringe Ausbeute, aber ein geschmacklich weniger verändertes Fett erhalten wird. Die Schmelze mit Wasser, die insbesondere zur Gewinnung von Feintalg dient, erfordert besondere Sorgfalt bei der Handhabung.

Die Herstellung von Feintalg (Premier jus) geht wie folgt vor sich: In einem Bottich aus geruch- und geschmacklosem Holz oder aus verzinntem

Eisenblech mit oder ohne Rührwerk bringt man etwa handhoch Wasser und erwärmt dieses mit Dampf auf 50⁰. Dazu kommen einige Kilogramm schon ausgeschmolzener Speisetalg und dann unter langsamem Rühren nach und nach das zerkleinerte Rohfett. Dabei darf die Temperatur weder zu hoch steigen, was zur Entstehung eines talgigen Beigeschmacks in dem aus dem Talg gepreßten Oleomargarin führen würde, noch zu tief sinken, weil sich dann schwer verarbeitbare Klumpen bilden. Ähnlich führt zu heftiges Rühren des Fettes zu Griebengeschmack, zu langsames wieder zu Klumpenbildung. Die Rührbewegung soll mehr kreisend als aufwirbelnd sein. In Talgschmelzen viel gebräuchlicher sind ovale hölzerne Bottiche mit doppeltem Rührwerk.

Das nach den vorstehenden Verfahren erhaltene Rohfett wird anschließend der Klärung unterworfen. Zu diesem Zwecke läßt man es in geschmolzener Form bei gleichmäßiger Temperatur zwischen 45 bis 60⁰ mehrere Stunden stehen, wodurch die schwereren Verunreinigungen zu Boden sinken, die leichteren sich als Schaum an der Oberfläche ansammeln. Als Klärmittel fügt man Salzwasser von Schmelzkesseltemperatur bei. Das Klärwasser läuft in eine Klärgrube, in welcher wieder Grieben und Fetteile abgetrennt werden. In der Schweinefettherstellung wird Neutralschmalz nach Passieren eines feinen Messingsiebes

Abb. 25. Schmelzgefäß aus Holz mit doppeltem Rührwerk. (R. Heicke, Berlin-Hohenschönhausen.)

zur Abtrennung der Grieben in einem Klärkessel etwa 2 Stunden auf 44⁰ gehalten.

Zur Entfettung der bei der Fettgewinnung abfallenden Grieben werden hydraulische oder auch kontinuierlich arbeitende Griebenpressen verwendet.

Als Kühleinrichtungen für das erhaltene warme Fett werden besondere Kühltrommeln benutzt.

Die Einrichtung einer Talgschmelze zeigt Abb. 26, S. 514 nach HEFTER-SCHÖNFELD [1]. Der Rohtalg wird aus dem Annahmeraum im Erdgeschoß mit Hilfe eines Aufzuges in den Lagerraum befördert, wo auch das ungeeignete Material ausgesondert und in der getrennten technischen Abteilung (rechts) weiter verarbeitet wird. Unter dem Lagerraum befindet sich der Talgschmelzraum, von dem aus das ausgelassene Fett in die Klärkessel im ersten Stock läuft, hier zum Premier jus wird, das dann im Keller in die Aufnahmegefäße abgefüllt wird. Unter dem Klärraum befindet sich die Einrichtung zur Herstellung von Oleomargarin und Preßtalg. Weitere Einzelheiten gehen aus der Abb. 26 hervor.

Abb. 27 S. 515 zeigt eine Schmalzsiederei nach HEFTER-SCHÖNFELD [1]. Das Rohfett geht hier erst durch eine Zerkleinerungsmaschine *b* im ersten Stock und gelangt dann in den Schmelzkessel. Das ausgeschmolzene Fett wird in den Vorklärkessel *h* abgelassen, fließt in den Fettkühl- und Rührapparat *k*, der durch die Decke des Kellergeschosses hindurchreicht. Die Rückstände werden durch ein Abfallrohr der im Kellergeschoß aufgestellten Griebenpresse *l* zugeführt.

Die Fettverarbeitung, insbesondere die Talgschmelze, ist mit der Entstehung von übelriechenden Gerüchen verbunden, deren Beseitigung besondere Maßnahmen erfordert. Für diesen Zweck eingebaute Dunstvernichtungseinrichtungen arbeiten so, daß sie die in den entweichenden Gasen enthaltenen kondensierbaren Bestandteile verflüssigen und den Rest entweder in hohe Luftschichten abführen oder unter einer Feuerung verbrennen.

---

[1] G. HEFTER u. H. SCHÖNFELD: Chemie und Technologie der Fette und Fettprodukte, Bd. I, S. 814.

4. Fettgewinnung aus ganzen Tieren.

Zu einer möglichst vollständigen Gewinnung des Fettes von geschlachteten Fettschweinen sind, namentlich in Deutschland in den letzten Jahren, besondere Arbeitsweisen eingeführt worden, bei denen nicht allein das eigentliche Fettgewebe, sondern auch die sonstigen fettführenden Fleischteile zur Fettgewinnung ausgenutzt werden. Man erreicht dies nach folgenden Verfahren:

a) Extraktion mit Lösungsmitteln. Auf diese Weise wurde nach K. Braun [1] im Jahre 1934 in etwa 20 Fabriken „Neutralfett" aus Schweinen gewonnen,

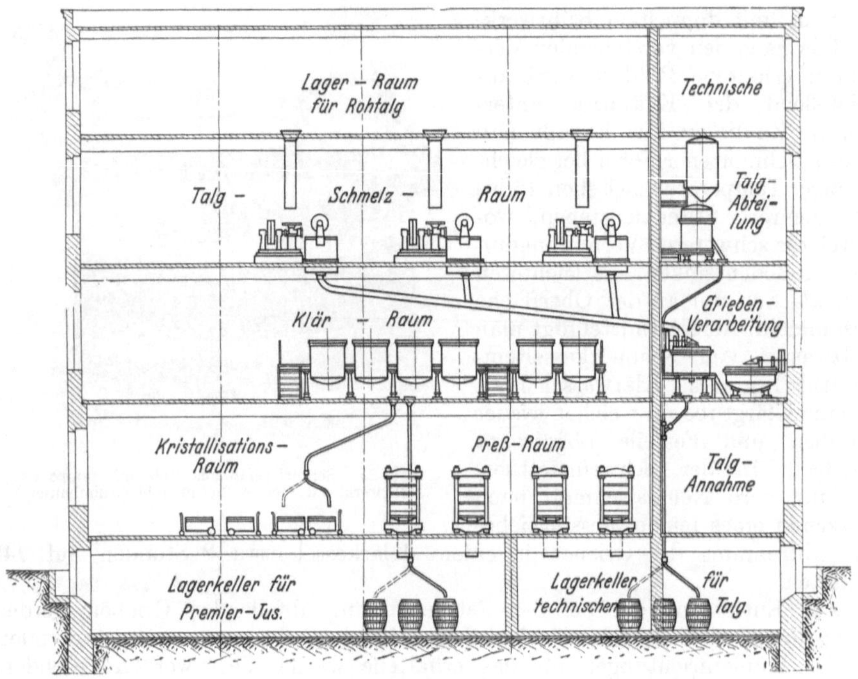

Abb. 26. Anordnung einer Talgschmelze. (Nach Hefter-Schönfeld.)

das aber dann ausschließlich zur Margarinefabrikation verwendet werden durfte. Denn das so erhaltene Rohfett wurde wie sonstige Extraktionsfette (vgl. S. 403) mit Alkali entsäuert, desodoriert und mit Bleicherde gebleicht. Es entsprach infolgedessen nicht mehr einem handelsfähigen Schweineschmalz, bei dem diese Behandlungen unzulässig sind (vgl. S. 571). Fettschweine liefern so etwa 50% des Schlachtgewichtes an Neutralfett.

b) Wilcken-Verfahren. Nach diesem Verfahren lassen sich frisch geschlachtete Schweine innerhalb 2 Stunden auf Neutralschmalz verarbeiten.

Der Arbeitsgang ist nach W. Ziegelmayer [2] folgender: Nach Heraustrennung der Schinken- und Karbonadenstücke wird das Rohmaterial unzerkleinert in Massen von je 1500 kg für jede Charge in den Extraktor eingefüllt und mit gespanntem Wasserdampf unter dauernd umwälzender Bewegung in eine breiige Masse verwandelt, die nach Abkühlung auf 80° in einem Zwischengefäß

[1] K. Braun: Zeitschr. Fleisch-, Milchhyg. 1934, 44, 422.
[2] W. Ziegelmayer: Zeitschr. Fleisch-, Milchhyg. 1935, 45, 203.

in eine horizontal gelagerte, mit einer aus einem Schälrohr und einem Messer
bestehenden Schälvorrichtung versehene Mantelzentrifuge geleitet, die
die Masse in Fett- und Fleischsubstanz trennt. Das Schälrohr schält das in
der Zentrifuge nach innen getriebene Fett aus. Dieses stellt hochwertigstes

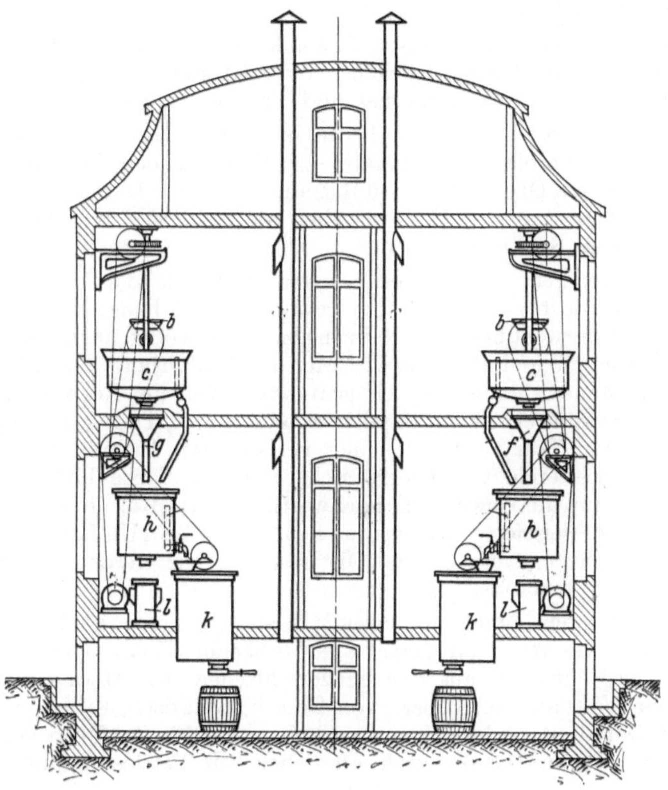

Abb. 27. Anordnung einer Schmalzsiederei. (Nach HEFTER-SCHÖNFELD.)

Markenschmalz oder strichfestes Neutrallard dar. Aus dem Fleischrückstand
wird durch nochmalige Aufschließung eine weitere Menge Fett und schließlich
ein Fleischmehl gewonnen.

Die Fettgewinnungsanlage nach WILCKEN läßt sich leicht neben der Schlacht-
anlage aufbauen, so daß sich die Verarbeitung auf Fett unmittelbar an die
Schlachtung anschließen kann.

Aus genußuntauglichem Fleisch und Tierkadavern wird durch besondere
Verfahren, bestehend in einer Aufschließung zur Sprengung der Zellgewebe unter Freigabe
von Fett und Eigenwasser und anschließende Trocknung Tiermehl gewonnen, das als Futtermittel Verwendung findet. Das hierbei durch Abschmelzen oder auch durch Extraktion
mit Lösungsmitteln anfallende Fett dient ausschließlich zu technischen Zwecken, insbesondere zur Seifen-, Kerzen- und Schmiermittelherstellung.

III. Fettgewinnung von Seetierölen.

Die früher — mit Ausnahme geringer Mengen Lebertran zu Heilzwecken —
nur zu technischen Zwecken dienenden Seetieröle oder Trane werden heute
in großen Mengen, namentlich in der Margarine, der Versorgung unseres Volkes
mit Speisefetten nutzbar gemacht. In erster Linie sind es die Körperöle

der Seesäugetiere, namentlich der Wale, die so verwertet werden. Weitere Bestrebungen gehen aber auch dahin, die beträchtlichen Fettmengen der kleineren Seesäugetiere, so der Robben, sowie der Fische in Speisefette umzuwandeln.

Die Verwertung der Seetieröle zu Speisezwecken hängt von 2 wichtigen Bedingungen ab, nämlich:

1. Einwandfreie Gewinnung unter Ausschließung von Zersetzungsvorgängen.

2. Beseitigung des den natürlichen Seetierölen anhaftenden oder sich beim Aufbewahren bildenden Trangeruches und Trangeschmackes.

Beide Bedingungen lassen sich heute in weitem Maße erfüllen. Die Verarbeitung der Seetieröle, insbesondere der Wale in den Walfangmutterschiffen, liefert ein Öl von früher unbekannter Güte. Durch Anwendung der modernen Hydrierungsverfahren gehen die Seetieröle in wohlschmeckende und bekömmliche Speisefette über.

Noch vor wenigen Jahrzehnten wurden Seetieröle oder Trane aus mehr oder weniger verdorbenen Rohstoffen gewonnen und bildeten in dieser Form nur beschränkt verwendbare, zu Nahrungszwecken völlig ungeeignete Öle von widerlichem Geruch und Geschmack. Mit der Einführung der Ölhärtung hat sich dieser Zustand aber wesentlich geändert. Weil als Rohstoff für die Ölhärtung nur einwandfreier, nicht oxydierter oder saurer, Tran geeignet ist, mußte die alte Form der Trangewinnung einer verbesserten Technik weichen. Diese einwandfreien Seetieröle von heller, nicht rötlicher Farbe bilden vorzügliche Rohmaterialien für die Gewinnung hochwertiger Hartfette, nicht nur für Seifen, sondern auch für Speisefette, und werden heute in großem Umfange zu Margarine und Kunstspeisefetten verarbeitet. Die besten Trane werden aus der Speckschicht der Tiere gewonnen.

Nach der Art der Tiere unterscheidet man Öle aus meerbewohnenden Säugetieren, wie Walöl (Waltran) und Robbenöl (Robbentran) und Fischöle, die wieder entweder aus den ganzen Fischen, wie Heringen, Menhaden und Sardinen, oder aus den Lebern von Dorsch, Kohlfisch, Eishai und Heilbutt als Fischleberöl oder schließlich aus Fischen und Fischabfällen verschiedener Art als Extraktionstrane durch Ausziehen mit Fettlösungsmitteln erzeugt werden.

1. Walöle[1] und Robbenöle.

Die Gewinnung des Walöles hat sich aus der primitiven Art des Ausschmelzens in Kesseln über direktem Feuer zu einer modernen, fein ausgebauten Industrie entwickelt, die nicht nur das Fett, sondern auch alle weiteren wertvolleren Teile des erlegten Tieres zu verwerten sucht.

Tabelle 95.

Angabe	Gewinnung von Walöl (in 1000 t)						
	1929/30	1930/31	1931/32	1932/33	1933/34	1934/35	1935/36
Gesamtertrag	474	624	155	440	436	455	486
Davon Südliches Eismeer und Westaustralien	431	611	137	416	406	416	433
Walfänger norwegischer Nationalität .	304	392	5	223	212	210	197
„ britischer Nationalität . . .	145	192	136	200	202	217	210
„ sonstiger Nationalität . . .	25	40	14	17	22	28	80

---

[1] Vgl. auch W. Ludorff: Wal, Fang und Ausbeutung für die deutsche Volksernährung und Volkswirtschaft. Leipzig 1938.

Die Walölerzeugung der Welt[1] ist von beachtlicher Höhe. Im Jahre 1926 betrug sie 200000 t, stieg 1930/31 auf 624000 t, wurde dann wegen der drohenden Ausrottung der Wale auf 150000 t vermindert und stieg in den folgenden Jahren wieder an, wie Tabelle 95 zeigt.

Deutschland führte 1936 1183100 dz Walöl ein, davon aus Norwegen 1155800 dz.

Der widerlich ekelerregende Geruch von Waltran und anderen Seetierölen, wie sie nach früheren Verfahren gewonnen wurden, ist allein durch Zersetzungsvorgänge im Fettgewebe bedingt gewesen, weil es früher nicht möglich war, die erlegten Tiere hinreichend schnell zu verarbeiten. Erst durch den Bau schwimmender Walkochereien lassen sich diese Zersetzungen durch sofortige Aufarbeitung der Wale an der Fangstelle verhüten und so große Mengen an Fett für die menschliche Ernährung gewinnen. Diese großen Walfangmutterschiffe bilden neuzeitliche Fabrikanlagen mit Einrichtungen nicht nur, um in der eigentlichen Kochereianlage Walöl zu erzeugen, sondern darüber hinaus noch das Walfleisch zu konservieren, zu pökeln, als Gefrierfleisch zu bearbeiten und weiter noch Fleischextrakt und Futtermittel aus den Überresten zu gewinnen (W. Scholz[2]).

Abb. 28. Harpunenkanone der Walfangschiffe. (Nach D. K. Tressler.)

Der Gewinnung von einwandfreien Seetierölen ist die niedrige Lufttemperatur an der arktischen oder antarktischen Fangstelle von Vorteil.

Eine Walfangflotte besteht aus einem Kochereischiff mit einer Ladungskapazität von 6000—24000 t und 3—8 Fangschiffen (Walbooten), die bei einer Länge von 40—50 m vorne mit einer Harpunenkanone ausgerüstet sind. Die heute verwendeten Harpunen, die mittels Leine mit dem Mutterschiff verbunden bleiben, tragen Sprengladungen, die 3 Sekunden nach Eindringen in das Tier zur Explosion kommen[3].

Da die Schußweite einer solchen Harpunenkanone nur gering ist, fährt das Boot auf mindestens 40 m an den Wal heran. Sobald dieser zum Atemholen auftaucht, fällt der Schuß. Das geschossene Tier flieht mit höchster Geschwindigkeit und zieht die lange Leine aus dem Schiff heraus. Sobald Zug auf die Harpune kommt, öffnen sich ihre Klauen und verankern sich im Körper des Wales, der dann, wenn er gut getroffen ist, meist schnell verendet. Der tote Wal wird mit einer großen Walwinde herangezogen. Dann wird ihm eine lange Rohrlanze in den Körper gesteckt, die unten kleine Löcher hat, durch welche man mittels einer Luftdruckpumpe so lange Luft in den Wal pumpt, bis er schwimmt. — Aus Gründen des Tierschutzes erstrebt man neuerdings eine noch schnellere Tötung der Tiere auf elektrischem Wege. — Die getöteten Tiere werden später mit Hilfe der Leine längsseits des Fangschiffes nach dem

---

[1] Statistisches Jahrbuch für das Deutsche Reich 1937.
[2] W. Scholz: U. 1938, 45, 36. — [3] Vgl. C. Kirchheiss: U. 1938, 45, 29.

Kochereischiff geschleppt. Hier wird der Wal durch geeignete Hebevorrichtungen (neuerdings durch Heckaufschleppbahnen) an Deck gebracht, bei den neuesten Schiffen an dem Schwanzende vertäut und direkt auf das „Speckdeck" gezogen.

Die Verarbeitung beginnt sofort mit dem Abnehmen der meist 5—20 cm dicken Speckschicht, die von den Flensern in der Längsrichtung vom Tier abgezogen und in Streifen von 50—75 cm Breite zerschnitten wird. Hierzu dienen große, krumme mit Holzschaft versehene sog. Flensmesser. Der entspeckte Wal wird dann weiter an das Fleischdeck gezogen, wo die weitere Aufteilung des Tieres, Abschneiden des etwa 10 t schweren Schwanzstückes, des Kopfes, der mehrere Tonnen schweren fettreichen Zunge, Herausnehmen der Eingeweide, Abfleischen und Zersägen des Knochengerüstes mit besonderen Sägen folgen.

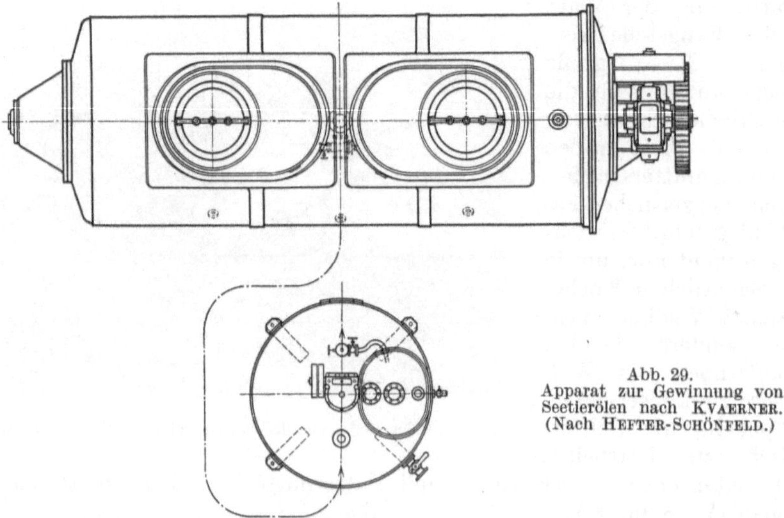

Abb. 29.
Apparat zur Gewinnung von Seetierölen nach KVAERNER. (Nach HEFTER-SCHÖNFELD.)

Am fettreichsten (60—70 %) ist die Speckschicht der Wale, die aber daneben noch etwa 12—16 % Bindegewebe enthält und erst nach zehnstündigem Kochen, schneller bei einem Überdruck von 3—4 Atmosphären zerfällt. L. FAUTH[1] will aus diesem Bindegewebe einen Faserstoff gewinnen. Besonders für die fettreiche, aber stärker von Sehnen und Fleischfasern durchsetzte Lunge ist zur Fettabscheidung gespannter Wasserdampf in Druckkesseln erforderlich. Weitere Fettmengen sind im Fleisch und Knochengerüst enthalten. Der Fettgehalt der Tiere ist je nach Ernährungszustand, Geschlecht und Alter sehr verschieden. Trächtige Wale sind sehr fett, milchgebende Muttertiere meist abgemagert. Im Durchschnitt liefert ein Blauwal etwa 100 Faß oder 17 t Tran, davon die Hälfte aus dem Speck. Die maximale Tagesleistung des Walfangmutterschiffes „Unitas" beträgt nach ULRICHS[2] 25 Wale im Gewicht von 2500 t, die an Walöl 625 t liefern.

Für die Aufarbeitung des Speckes ist das früher übliche Ausschmelzen mit offenem Dampf während 10—12 Stunden, das in einer Ausbeute von 80—85 % der vorhandenen Fettmenge einen hellen, säurearmen Tran lieferte, heute nicht mehr gebräuchlich. An seine Stelle ist die Aufschließung in Hochdruckdämpfern (Digestoren) getreten, wie sie auch bei der Kadaververwertung (vgl. S. 515) Verwendung finden. Mit diesen gelingt dann auch die Fleisch- und Knochenverarbeitung. In Gebrauch sind stehende Preß- oder Druckkocher

---

[1] L. FAUTH: U. 1938, 45, 58.   [2] ULRICHS: U. 1938, 45, 45.

und liegende, innen mit Siebtrommel ausgestattete, rotierende, meist kontinuierlich arbeitende Apparate. Die stehenden Digestoren arbeiten mit einem Betriebsdruck von 4—6 Atmosphären, wobei die Kochung je nach Art des Rohmaterials 2—16 Stunden dauert. Das sich abscheidende, weniger helle Öl als bei der offenen Kochung wird von Zeit zu Zeit abgezogen.

Auf dem Walfangmutterschiff „Walter Rau", das Einrichtungen um etwa 19000 t selbst erzeugtes Walöl in großen Ladetanks unterzubringen besitzt, beträgt das Fassungsvermögen eines Speckkochers nach Scholz[1] 28 cbm. An Bord vorhanden sind 8 Speck- und Fleischkocher und 7 Knochenkocher. Die Leistung eines Speckkochers umfaßt etwa 20 Füllungen in 24 Stunden mit

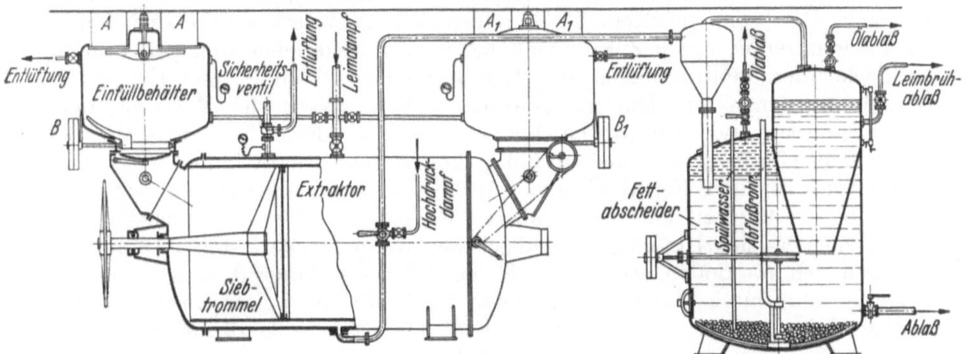

Abb. 30. Kontinuierlicher Walkochapparat. (Nach Sommermeyer.)

einem jeweiligen Füllgewicht von 7 t. Die Füllung eines Knochenkochers verlangt eine Kochzeit von 3—4 Stunden. Eine Beschickung beträgt je 15 t. Erhitzt werden Knochen- und Speckkocher mit Frischdampf von 4 atü. Das entstehende Wasserrückständegemisch wird in den Fettabscheidern in Öl, Wasser und Rückstände zerlegt. Bei liegenden rotierenden Apparaten ist der Extraktor mit einer Siebtrommel und einem Rührwerk ausgerüstet, welches das Gut umwälzt, zerkleinert und dadurch die Kochzeit stark abkürzt.

Bei den Kochern nach dem Patent Sommermeyer[2] wird ein schnelleres Aufschließen dadurch erreicht, daß man ständig die bereits aufgeschlossene Schicht von den darunter liegenden entfernt und damit dem Dampf den Zutritt zu dem noch nicht aufgeschlossenen Teil erleichtert. Die Arbeitsweise ist folgende:

A, A_1 sind die Einfüllschleusen, deren große Einfüllöffnungen mit dem oberen Schiffsdeck in Verbindung stehen. Mittels eines kurzen Anschlußstückes B, B_1 stehen die zum Einschleusen des Materials in die Kocher dienenden Gefäße mit dem Innenraum der im Extraktor umlaufenden grob perforierten Siebtrommel in Verbindung. Die Siebtrommel ist an beiden Stirnenden offen und wird von zwei kräftigen Armkreuzen und mit diesen stark verbundenen Wellenstumpfen getragen. Die Trommel wird durch ein großes Kettenrad angetrieben. In ihrem Innern befinden sich Umwälzschaufeln und am äußeren Umfange schneckenförmig gewundene Transportflügel. Am Extraktormantel sind Einlaßöffnungen für den Dampf und eine Austrittsöffnung für die Aufschließprodukte angebracht. Diese Öffnung steht durch ein Rohr mit einer in den Fettabscheider mündenden Zyklone in Verbindung.

Der Fettabscheider ist ein zylindrisches Gefäß von großem Inhalt und im Innern mit einem kräftigen Rührer versehen. Auf seinem oberen Boden trägt er eine Aufnahmehaube mit Wasserstand und Fettablaß. Ein ebensolcher

[1] W. Scholz: U. 1938, 45, 36.   [2] A. Sommermeyer: U. 1938, 25, 42.

Fettablaß befindet sich auf der höchsten Stelle des oberen Bodens und daneben der Graxenablaß mit dem Spülwasserrohr.

Die Arbeitsweise der Apparate ist folgende:

Das abgeflenste Material, Speck und Fleisch, wird in großen Stücken vom Flensdeck aus in die Einfüllschleusen geworfen und sobald eine gefüllt ist, werden die oberen Deckel geschlossen und Dampf zum Vorwärmen auf das Material geleitet. Wenn der Druck in der Einfüllschleuse sich dem Extraktor angeglichen hat, öffnet sich die Ausfallklappe selbsttätig; nun wird das Rührwerk in der Schleuse in Gang gesetzt und dadurch der Inhalt in die Siebtrommel des Extraktors entleert. In der Siebtrommel des Extraktors ist das Material dauernd von strömendem Wasserdampf von 3 atü umgeben und wird in dauernder Bewegung gehalten. Dabei reiben sich die Materialstücke aneinander, die äußeren verlieren den Zusammenhang, werden abgerieben und fallen durch die Löcher der Siebtrommel in den Raum zwischen Trommel und Extraktormantel, zusammen mit dem frei gewordenen Eigenwasser des Materials, dem Kondenswasser und dem ausgeschmolzenen Fett. Eine Transportschnecke fördert das Gemisch zur Ausfallöffnung im Extraktormantel und durch den Dampfdruck in den Fettabscheider. In diesem sammelt sich das Fett als leichtester Bestandteil unter dem oberen Boden, wird hier im Schauglas des Fettabscheiders sichtbar und kann abgelassen werden. Die festen Bestandteile sammeln sich am Boden, wo sie durch das Rührwerk dauernd in der Schwebe gehalten und durch die sie umgebende heiße Brühe weiter aufgeschlossen werden, dabei steigt das frei werdende Fett durch die heiße Brühe nach oben. Die Aufschließung geht bei diesem Verfahren so schnell vonstatten, daß das gewonnene Fett durch die Behandlung mit dem gespannten Wasserdampf keinerlei Veränderungen erleidet. Es ist fast wasserhell, ohne jeglichen Geruch und enthält nur Spuren von freien Fettsäuren. In den Graxen und in der Brühe bleiben nur Bruchteile von Prozenten an Fett zurück. Durch Anwendung hochtouriger Schleudern kann dieser Trennungsvorgang stark beschleunigt werden (vgl. S. 417).

Von der gleichen Firma werden auch sog. Knochenkocher hergestellt, die zur Aufnahme großer Knochenstücke geeignet sind.

Beim Robbenfang in den arktischen und antarktischen Gewässern werden die auf das Eis gehenden Tiere mit kleinen Motorschiffen aufgesucht und dann erschossen oder mit Knüppeln erschlagen. Erbeutet werden bei Nowaja Semlja, Murmansk, Grönland und Neufundland die Grönlandrobbe und teilweise auch die Klappenrobbe, in den südlichen Gewässern bei Süd-Georgien und Kerguelen hauptsächlich die bei der Paarungszeit an Land gehenden See-Elephanten, von denen ein Tier etwa 80 kg Öl liefern soll.

Für die Verarbeitung wird von den erlegten Robben das Fell mit dem Speck abgezogen und dann der Speck vom Fell abgeschabt. Der Speck wird nun zunächst in Lagerbehältern gesammelt und erst nach Rückkehr des Schiffes in einer Landanlage ausgeschmolzen. Das sehr lose Fettgewebe enthält etwa 80% Fett.

Robbentrane sind von heller Farbe und für die Fetthärtung verwendbar. Wegen der Lagerung des Speckes steigt der Gehalt an freier Säure aber oft auf 8—10%.

2. Fischöle und Fischleberöle.

Herings-, Menhaden- und Sardinenöle werden aus den ganzen Fischen, hauptsächlich durch Auskochen und Abpressen vom Rückstand, teilweise auch durch Extraktion mit Lösungsmitteln gewonnen. Da das Fischfleisch beim Kochen vollständig zerfällt, ist Anwendung gespannter Wasserdämpfe überflüssig. Weil aber die Fische leicht in Verwesung übergehen, muß die Verarbeitung so schnell wie möglich erfolgen. Je länger die Lagerung nach dem Fange, um so schlechter ist die Tranqualität. Eine gewisse Konservierung erreicht man durch Zusatz von 5% Salz. Neuerdings werden auch Frischfische unmittelbar nach dem Fange schon auf hoher See auf Fischöl verarbeitet.

So ist nach einer Pressenachricht vom 4. Mai 1938[1] der Dampfer „Kehdingen" der Nordsee-Deutsche Hochseefischerei AG. mit einer Fabrikanlage zur Verarbeitung von täglich 600 Zentnern Frischfischen ausgerüstet. Die Fische werden an Deck in einen Trichter geworfen, in einer Trommel zerkleinert und gekocht. Dann werden durch Pressen Öl und Wasser ausgeschieden und ähnlich wie beim Walfang getrennt. — Die aus den Fischen abgetrennten Lebern werden in besonderen Kochern auf Leberöl verarbeitet.

An Ölpressen haben sich besonders kontinuierlich arbeitende Schraubenpressen bewährt, die in 24 Stunden etwa 100 t verarbeiten. Die Ölrückstände werden zu dem als Futtermittel begehrten Fischmehl verarbeitet.

Ganz frische Heringe geben helle Öle mit etwa 2% Fettsäuregehalt. Meist sind Heringsöle aber gelbbraun und enthalten 3—6% Fettsäuren. Die meisten Fischölsorten sind an sich zur Härtung geeignet.

Fischleberöle werden in erster Linie von den zu den Gadusarten gehörigen Fischen, Dorsch, Schellfisch und Kohlfisch gewonnen, sog. „Medizinaltran" vom Hochseedorsch, der zu bestimmten Jahreszeiten die Küstengegenden aufsucht und dann gefangen wird. Die Lebern, die in der Laichzeit am fettesten sind, enthalten meistens 30—60% Fett; dessen therapeutischer Wert besteht in seinem Gehalt an Vitamin A und Vitamin D, der allerdings in weiten Grenzen schwanken kann.

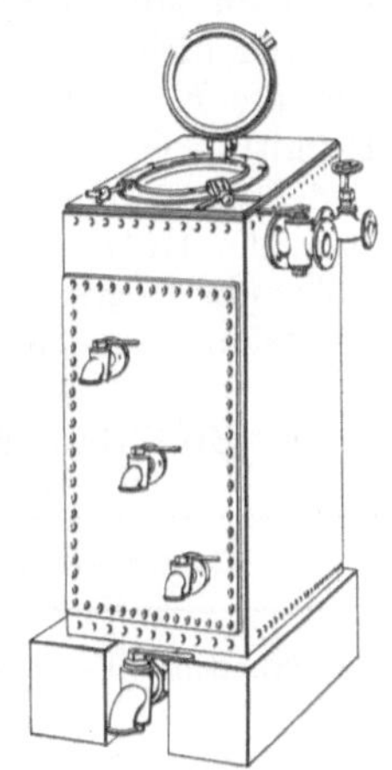

Abb. 31. Kochkessel für Dampfmedizinaltran. Ausführung Schlotterhose & Co. (Nach HEFTER-SCHÖNFELD.)

Die Gewinnung dieses Medizinaltrans geschieht nach dem vor etwa 70 Jahren eingeführten Verfahren des Norwegers P. MÖLLER wie folgt:

Die Lebern werden aus den frischen Fischen herausgenommen, von der Gallenblase und anderen Verunreinigungen befreit, sorgfältig gewaschen und in Holzbottichen oder verzinnten Eisenkesseln $\frac{1}{2}$ Stunde mit offenem Dampf gekocht. Nach dem Absitzenlassen wird das Öl abgezogen, weiter geklärt und in Fässer gefüllt.

Meist sind es Kleinbetriebe entlang der norwegischen Küste, die so Dampflebertran gewinnen. Aber auch größere Anlagen dafür werden gebaut. Je nach Güte des Erzeugnisses unterscheidet man Dampfmedizinaltran, Blanktran, braunblanken Tran und Preßtran.

Der rohe Dampfmedizinaltran wird vor dem Verkauf stets durch künstliches Abkühlen und Rühren mit anschließendem Auspressen bei 0° durch eine Filterpresse entsteariniert. Blanktran und braunblanker Tran werden als Veterinärtrane verwendet. Brauntran wird aus Leberrückständen mit direktem Feuer ausgeschmolzen und riecht daher sehr brenzlich. Er dient wie der Preßtran, das aus den Rückständen gepreßte Öl, für technische Zwecke.

Für Medizinaltran bestehen in Norwegen besondere gesetzliche Vorschriften. Vgl. HEFTER-SCHÖNFELD, 2. Aufl., Bd. I, S. 852.

Extraktionsöle. Durch Extraktion werden große Mengen Fischöle aus Fischen und Fischabfällen gewonnen. Diese Öle sind oft dunkel und minderwertig, weil sie aus weniger oder mehr verfaulten Rohstoffen stammen und weil die zur Extraktion erforderliche Vortrocknung der Öle das Fett oxydiert. Der Hauptzweck der Entölung von Fischabfällen ist nicht die Gewinnung von Tran, sondern die Herstellung von entöltem Fischmehl als Futtermittel.

---

[1] Vgl. Völkischer Beobachter Nr. 124, S. 10.

B. Eigenschaften und Zusammensetzung
einzelner Tierfette.

Ebenso wie bei den Pflanzenfetten können wir bei den Tierfetten je nach der Art und Verteilung der Fettsäuren darin verschiedene große Klassen unterscheiden.

So sind die Milchfette der Wiederkäuer und einiger Einhufer (Esel, Pferd) durch einen erheblichen Gehalt an Buttersäure und Capronsäure gekennzeichnet, die bei den Körperfetten der gleichen Tiere vollständig fehlen, während die Milchfette einiger anderer Säuger (Mensch, Hund, Schwein) diese Fettsäuren nicht oder nur in untergeordneter Menge enthalten.

Für die Körperfette unserer Landtiere ist meist ein beträchtlicher Gehalt an Palmitin-, Öl- und Stearinsäure kennzeichnend, während die der Seetiere entweder stark ungesättigte Öle oder Öle mit hohem Gehalt an unverseifbaren Stoffen, die Delphine auch mit Gehalt an Isovaleriansäure enthalten.

Folgende Übersicht von T. P. Hilditch gibt uns ein Bild der Verteilung der Fettsäuren in Tierfetten:

Tabelle 96. Einteilung der Tierfette auf Grund des Gehaltes an Hauptbestandteilen der Fettsäuren.

Hauptfettsäuren [1]	Vorkommen der Fette	Beispiele	Äußere Beschaffenheit
Nur Palmitin-, Öl-, Linolsäure	Körperfette von Vögeln und Nagetieren	Hühner, Gänse, Kaninchen, Ratten	Feste Fette, nichttrocknende oder halbtrocknende Öle
Palmitin-, Stearin-, Öl-(Linol-)Säure	Körperfette von Schwein, Schaf, Rind	Schmalz, Rindertalg, Hammeltalg	Feste Fette
Palmitin-, Öl-(Linol-)Säure mit Butter-, Capron-, Capryl-, Caprin-, Laurin-, Myristin- und Stearinsäure	Milchfette von Wiederkäuern und Einhufern	Kuhbutter	Feste Fette
Palmitin-, Öl-, Linolsäure mit Palmitolein-, Gadolein-, Cetoleinsäure mit: I. hochungesättigten C_{20}-, C_{22}-Säuren	Seetieröle, Fischöle (Teleostomi)	Wal, Seehund, Dorsch, Hering	Stark ungesättigte Öle
II. Selacholeinsäure	Haifischöle (Elasmobranchii)	Hai, Hundshai	Ungesättigte Öle
III. Myristolein-, Myristin-, Laurinsäure	Physeteriden-Trane	Pottwal	Nichttrocknende Öle
IV. hochungesättigten C_{20}-, C_{22}- und Isovaleriansäure	Delphiniden-Trane	Meerschwein, Delphine	Stark ungesättigte Öle

Die drei Klassen der tierischen Fette, die Seetieröle, die Reservefette und die Milchfette von Landtieren unterscheiden sich nach Hilditch auch in ihrer Glyceridstruktur.

Die Seetieröle bestehen wahrscheinlich überwiegend aus dreisäurigen Glyceriden und dürften einsäurige Glyceride kaum enthalten. Ihre Untersuchung ist durch die hohe Zahl der Fettsäurekomponenten erschwert.

Die Reservefette der Landtiere zeigen eine einfachere Glyceridstruktur; in ihnen sind nur Palmitin-, Stearin-, Öl und Linolsäure neben kleineren Mengen Myristinsäure und Palmitölsäure enthalten. Die Milchfette der Wiederkäuer

---

[1] Unter Hauptfettsäuren sind Fettsäureanteile über 10% verstanden.

sind wieder durch ihren Gehalt an niederen Fettsäuren verwickelter zusammengesetzt.

Wie bereits S. 380 erwähnt, ist der Anteil an gesättigten Glyceriden in den Reservefetten, z. B. im Talg weit größer, als der gleichmäßigen Verteilung bei Samenfett entsprechen würde. Im wesentlichen ist dies durch einen höheren Gehalt an Stearinsäure und entsprechend geringeren Ölsäuregehalt bedingt.

Trägt man die Molarprozente der völlig gesättigten Glyceride als Ordinaten, die der gesättigten Säuren in den Gesamtfettsäuren der höher schmelzenden

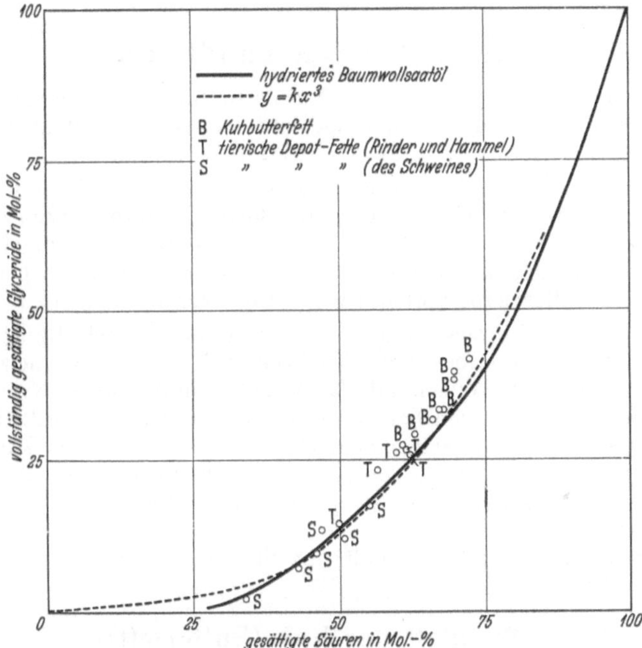

Abb. 32. Beziehung zwischen den vollgesättigten Glyceriden und den gesättigten Gesamtsäuren von Schweinefett, Talg und Kuhbutterfett. (Nach T. P. HILDITCH.)

tierischen Fette als Abszissen ab, so erhält man eine relativ regelmäßig verlaufende Kurve, welche nach R. BHATTACHARYA und T. P. HILDITCH[1] ziemlich ähnlich, aber nicht identisch mit einer Kurve ist, die der Voraussetzung entspricht, daß der Gehalt an vollgesättigten Glyceriden wie die dritte Potenz der Molarkonzentration der gesättigten Säuren in den Gesamtsäuren variiert. Durch Abtragung der entsprechenden Werte von niedrig schmelzendem Schweinefett erhält man eine Verlängerung der Kurve, weil in Schweinefetten mit weniger als 30% gesättigten Säuren vollgesättigte Glyceride fehlen.

Die Form der Kurve gleicht der einer fortschreitenden Hydrierung eines „gleichmäßig verteilten" Gemisches von aus etwa 30 Mol. Palmitin- und 70 Mol. Ölsäure aufgebauten Fettglyceriden, wie sie von T. P. HILDITCH und E. C. JONES[2] aus der Untersuchung von partiell hydrierten Baumwollölen abgeleitet wurde.

Hiernach lassen sich die Reservefette von Rind und Schwein, möglicherweise auch die Milchfette, mit Fetten vergleichen, welche durch fortschreitende

---

[1] R. BHATTACHARYA u. T. P. HILDITCH: Proc. Roy. Soc. London A 1930, **129**, 473.
[2] T. P. HILDITCH u. E. C. JONES: Journ. chem. Soc. London 1932, 814.

Hydrierung eines Gemisches von „gleichmäßig verteilten", vorwiegend aus Palmitin-, Öl- und Linolsäure bestehenden Glyceriden entstanden sind.

Eine weitere Eigenart der genannten tierischen Fette ist, daß der Palmitinsäuregehalt der Gesamtsäuren fast ohne Ausnahme zwischen 23—30% liegt, während die vollständig gesättigten Fettanteile in der Regel 55—60 Mol.-% Palmitinsäure enthalten.

Einen anderen Typ scheinen die Fette von Kaninchen, Ratten und bestimmten Vögeln darzustellen, die bis zu 5% gesättigte, vorwiegend aus Tripalmitin bestehende Glyceride bei einem Gesamtgehalt von 23—25% Palmitinsäure und relativ wenig Stearinsäure enthalten.

I. Milchfette von Landtieren.

Von den Milchfetten kommen als Nutzfette für den Menschen fast ausschließlich die der Wiederkäuer in Frage, unter diesen in weit überwiegendem Maße das Milchfett des Rindes, das Fett der Kuhbutter.

Diese Milchfette unterscheiden sich von den Körperfetten der betreffenden Tiere durch einen zusätzlichen Gehalt an Butter-, Capron-, Capryl-, Caprin- und Laurinsäure, die in der Milchdrüse in das vom Blute her zugeführte Fett eingelagert werden. Hilditch[1] nimmt an, daß es sich hierbei um Umwandlung der im Blut des Milchtieres vorhandenen Oleoglyceride handelt.

Der physiologische Zweck dieser Fettumwandlung durch Einlagerung der niederen Fettsäuren ist unbekannt. Vielleicht soll sie den Schmelzpunkt des Körperfettes soweit herabsetzen, daß das Milchfett in der Milch in der flüssigen Zustand übergeht und so von dem Jungen leichter verdaut wird. K. Täufel und W. Preiss[2] führten derartige Schmelzpunktserniedrigungen künstlich mit Hilfe von Umesterungen, z. B. von Rindsfett mit Buttersäure durch, dessen Schmelzpunkt dabei durch Aufnahme von 7% Buttersäure von 44° auf 37° gesenkt wurde.

Das Fett der Frauenmilch enthält nur Spuren niederer Fettsäuren.

1. Milchfett der Kuh (Butterfett).

a) Allgemeine Zusammensetzung.

Die allgemeine mittlere Zusammensetzung des Kuhmilchfettes ist etwa: Fettsäuren 94,1, Glycerinrest C_3H_2 5,1, entsprechend Glycerin $C_3H_5(OH)_3$ 12,4, Unverseifbares 0,4%.

b) Die Fettsäurenzusammensetzung

von Kuhmilchfett wurde wie folgt ermittelt (s. Tabelle 97).

Eine Zerlegung von Butterfett, das die Verseifungszahl 226,2 und die Jodzahl 37,5 (Wijs) aufwies, haben Hilditch und H. E. Longenecker[3] mittels eines isolierten und elektrisch beheizten Kolonnenapparates der Esterfraktionierung unterworfen und dadurch Fraktionen erhalten, die besonders reich an ungesättigten niedrigmolekularen Estern waren. Das Gesamtergebnis war folgendes (s. Tabelle 98).

---

[1] T. P. Hilditch: Congr. int. techn. chim. Ind. agric. Schéveningue. C. R. 1937, 5, II, 367.

[2] K. Täufel u. W. Preiss: Z. 1929, 58, 425.

[3] T. P. Hilditch u. H. E. Longenecker: Journ. Biol. Chem. 1938, 122, 497; Z. 1938, 76, 187.

Tabelle 97.

Nähere Angaben	Zusammensetzung der Fettsäuren											Untersucht von
	Butter-säure %	Capron-säure %	Capryl-säure %	Caprin-säure %	Laurin-säure[1] %	Myristin-säure %	Palmitin-säure %	Stearin-säure %	Arachin-säure %	Ölsäure %	Linol-säure %	
Molkereibutter	4,7	1,5	1,1	1,2	3,8	21,4	16,2	1,1	—	45,5		Ch. Crowther u. A. Hynd[2]
Erste Striche	4,5	2,1	1,2	1,6	5,4	11,0	18,5	6,3	—	49,2		
Letzte Striche	4,5	1,7	1,5	1,1	7,1	21,0	13,2	3,6	—	46,2		
Durchschnitt	4,6	1,7	1,3	1,3	5,4	17,7	16,0	3,7	—	47,9		
3 Butterproben aus dem Handel von Neuseeland	3,1 bis 3,4	1,7 bis 1,9	0,8 bis 0,9	1,9 bis 2,3	3,1 bis 4,3	9,7 bis 10,8	27,6 bis 28,4	8,5 bis 12,2	0,5 bis 1,0	33,1 bis 36,4	3,7 bis 5,4	T. P. Hilditch u. E. E. Jones[3]
Weidebutter von Neuseeland Frühjahr 1928	3,5	1,7	1,3	3,1	4,1	11,1	27,3	11,5	0,6	31,1	4,5	T. P. Hilditch J. J. Sleight-holme[4]
Weidebutter, Berkshire, Herbst 1928	3,1	1,7	1,6	2,1	3,4	6,9	29,0	7,6	0,9	40,1	3,6	
Desgl., Sommer 1929	3,3	1,3	1,2	2,2	4,0	10,4	26,1	6,5	—	41,9	4,1	
Butter nach Stallfutter, Winter 1932	3,9	1,5	0,7	1,9	3,7	8,4	22,0	15,0	0,7	38,5	3,7	H. K. Dean u. T. P. Hilditch[5]
Butter nach Stall- und Weidefutter	3,3	1,7	0,7	1,8	2,3	8,8	21,8	12,7	0,4	40,7	5,8	
Weidebutter, Frühjahr 1932	3,1	1,7	0,7	1,8	3,2	7,1	22,8	12,5	0,7	41,3	5,1	
Indisches Ghee	2,6	1,9	1,4	3,6	5,7	10,6	29,1	6,7	—	34,0	4,4	R. Bhatta-charya u. T. P. Hilditch[6]
„ „	3,3	2,1	1,0	2,3	3,7	5,8	30,0	11,2	—	35,5	5,1	
„ „	4,0	2,0	1,0	2,0	4,0	9,5	31,5	12,0	—	29,5	4,4	N. N. Godbole u. Sadgopal[7]

Tabelle 98.

Gesättigte Fettsäuren	Prozent		Ungesättigte Fettsäuren	Prozent	
	Gew.	Mol.		Gew.	Mol.
Buttersäure	3,0	8,1	9.10-Decensäure	0,3	0,4
Capronsäure	1,4	2,8	9.10-Dodecensäure	0,4	0,9
Caprylsäure	1,5	2,5	9.10-Tetradecensäure	1,6	1,7
Caprinsäure	2,7	3,7	9.10-Hexadecensäure	4,0	3,7
Laurinsäure	3,7	4,4	Öl- (= Octadecen-)Säure	29,6	24,8
Myristinsäure	12,1	12,5	9.10.—12.13-Octadecadiensäure .	3,6	2,9
Palmitinsäure	25,3	23,2	Arachidonsäure	0,3	0,2
Stearinsäure	9,2	7,6			
Arachinsäure	1,3	1,0			

An 32 Butterproben des Handels stellten J. Grossfeld und F. Battay nach dem S. 151 beschriebenen Verfahren folgende mittleren Gehalte an Butter[8] säure und Capronsäure fest:

[1] Die Laurinsäure ist nach Hilditch (Analyst 1937, **62**, 250) bisher noch nicht mit völliger Sicherheit nachgewiesen.

[2] Ch. Crowther u. A. Hynd: Biochem. Journ. 1917, **11**, 139; Z. 1922, **44**, 253.

[3] T. P. Hilditch u. E. E. Jones: Analyst 1929, **54**, 75.

[4] T. P. Hilditch: u. J. J. Sleightholme: Biochem. Journ. 1930, **24**, 1098.

[5] H. K. Dean u. T. P. Hilditch: Biochem. Journ. 1933, **27**, 889.

[6] R. Bhattacharya u. T. P. Hilditch: Analyst 1931, **56**, 161.

[7] N. N. Godbole u. Sadgopal: Z. 1936, **72**, 40.

[8] J. Grossfeld u. F. Battay: Z. 1931, **62**, 99.

Buttersäure . . . . **3,73** (3,11—4,21)%
Capronsäure . . . . **1,72** (1,19—2,16)%

St. Reynaert[1] verfolgte den Gehalt von Butterfettproben an Buttersäure und Capronsäure nach dem gleichen Verfahren[2] für belgische Butter in den verschiedenen Monaten des Jahres und erhielt folgende Werte:

Tabelle 99.

Monat	Zahl der Proben	Buttersäure		Capronsäure		Buttersäurezahl	
		Mittel %	Schwankungen %	Mittel %	Schwankungen %	Mittel %	Schwankungen %
April 1937 . . .	17	**3,75**	2,50—3,99	**1,55**	0,87—2,04	**20,2**	18,8—21,6
Mai 1937	6	**3,63**	3,54—3,72	**1,34**	0,74—1,67	**19,0**	18,5—19,7
Juni 1937	12	**3,68**	3,54—3,72	**1,67**	1,42—1,93	**19,7**	18,7—20,9
Juli 1937	6	**3,58**	3,45—3,78	**1,34**	0,98—1,62	**18,8**	18,2—19,4
August 1937 . .	12	**3,43**	3,32—3,60	**1,52**	1,26—2,00	**18,4**	17,6—18,8
September 1937 .	6	**3,57**	3,45—3,67	**1,39**	1,23—1,62	**18,8**	18,2—19,4
Oktober 1937 . .	6	**3,64**	3,45—3,75	**1,52**	1,27—1,68	**19,3**	18,6—20,0
November 1937 .	6	**3,69**	3,28—3,87	**1,55**	1,45—1,86	**19,7**	17,6—20,3
Dezember 1937 .	6	**3,63**	3,38—3,87	**1,51**	1,37—1,66	**19,2**	17,8—20,3
Januar 1938 . .	5	**3,86**	3,80—3,87	**1,43**	1,32—1,49	**20,2**	20,0—20,3
Februar 1938 . .	5	**3,75**	3,50—3,87	**1,41**	1,05—1,63	**19,8**	18,8—20,3
März 1938 . . .	6	**4,05**	3,80—4,36	**1,60**	1,40—1,80	**21,4**	20,0—22,8
Gesamtergebnis .	93	**3,69**	2,50—4,36	**1,49**	0,74—2,04	**19,5**	17,6—22,8

Hiernach war der Einfluß der Jahreszeit auf den Buttersäuregehalt verhältnismäßig gering. Für die Mittelwerte von Buttersäuregehalt und Buttersäurezahl scheint ein leichtes Minimum im August, ein flaches Maximum im März aufzutreten.

Nach Dean und Hilditch steigt im Frühjahr, wenn das Vieh von der Winterfütterung auf die Weide zurückkehrt, der Gehalt an Öl- und Linolsäure schnell an (vgl. Tabelle 97, S. 525), wobei gleichzeitig der Gehalt an Butter- und Stearinsäure abnimmt. Ein Altern des Milchtieres kommt in einer langsam fortschreitenden Zunahme des Gehaltes an ungesättigten Fettsäuren, meistens auf Kosten der Palmitinsäure, zum Vorschein.

Sonstige Fettsäuren im Milchfett. A. Grün und Th. Wirth[3] isolierten aus 550 kg Butter 40 g (= 0,007%) ϑ, ι-Decensäure (Decylensäure). A. W. Bosworth und J. B. Brown[4] schlossen aus der Jodzahlkurve von 37 Fettsäurenmethylesterfraktionen aus 11,7 kg Butterfett auf Vorkommen von Decensäure ($C_{10}H_{18}O_2$) und Tetradecensäure ($C_{14}H_{26}O_2$) und isolierten erstere nach dem Bromesterverfahren von Grün und Wirth, letztere über die Löslichkeit der Bleisalze in Äther. Aus den Jodzahlen der Fraktionen berechneten sie die Menge beider Säuren zu 0,18 bzw. 0,87%. T. P. Hilditch und H. Paul[5] leiten aus dem Ergebnis der Methylesterfraktionierung der Fettsäuren auch das Vorliegen von 4—5% Hexadecensäure ab (vgl. auch Tabelle 98, S. 525). Dagegen kommen niedere ungesättigte Säuren als Decensäure im Butterfett nicht vor. Die Stellung der Doppelbindung, bezogen auf die Carboxylgruppe, ist bei allen ungesättigten Butterfettsäuren die gleiche. Hieraus folgern Hilditch und Paul die Hypothese, daß die niederen gesättigten Glyceride aus vorgebildeten Oleo-

---

[1] St. Reynaert: Agricultura 1938, **41**, 106.
[2] Unter Aussalzung mit Natriumsulfat bei der Abscheidung der höheren Fettsäuren bei der Buttersäurezahlbestimmung.
[3] A. Grün u. Th. Wirth: Ber. Deutsch. Chem. Ges. 1922, **55**, 2197; C. 1922, III, 822.
[4] A. W. Bosworth u. J. B. Brown: Journ. Biol. Chem. 1933, **103**, 115; C. 1934, I, 3142.
[5] T. P. Hilditch u. H. Paul: Biochem. Journ. 1936, **30**, 1905. — Vgl. T. P. Hilditch: Analyst 1937, **62**, 250.

glyceriden entstehen und daß diese niederen ungesättigten Komponenten vielleicht
Abbauprodukte von Oleoglyceriden darstellen, die einer völligen Absättigung
zu niederen gesättigten Gruppen entgangen sind.

Störungen in diese Umwandlung können durch Zuführung anderer, leichter
oxydier- oder reduzierbarer Verbindungen, so durch Fütterung von Kühen
mit Lebertran hervorgerufen werden. Dabei vermindern die hochungesättigten
C_{20}- und C_{22}-Säuren nicht nur die Milchfettproduktion, sondern verändern auch
die Zusammensetzung des Milchfettes, dessen Gehalt an Buttersäure, Capronsäure und Stearinsäure dann nach HILDITCH[1] selbst bis auf die Hälfte sinken kann.
Merkwürdigerweise haben aber andere Öle wie Leinöl und Rüböl nicht diesen Einfluß; diese führen nur zu einer Erhöhung des Ölsäuregehaltes auf Kosten des Gehaltes an Palmitin-, Myristin- und Stearinsäure. Sehr geringe Mengen von Erucasäure erscheinen dabei im Milchfett, nicht aber die Linolensäure des Leinöles.

Von höheren Fettsäuren ist im Butterfett von A. W. BOSWORTH und E. W.
SISSON[2] Arachidonsäure $C_{20}H_{32}O_2$ nachgewiesen worden. Dagegen bestehen
die vielfach als 0,5—0,7% Arachinsäure angesehenen gesättigten Säuren zum
Großteil aus Cerotinsäure $C_{26}H_{25}O_2$ neben sehr kleinen Mengen von Arachin-,
Behen- und Lignocerinsäure (G. H. HELZ und A. W. BOSWORTH[3]). Ihre Her-
kunft ist vielleicht das im Futter verzehrte Pflanzenwachs.

**Butterfettzusammensetzung und Empfindlichkeit gegen Oxy-
dation.** Nach V. C. STEBNITZ und H. H. SOMMER[4] steht die Stabilität des
Butterfettes gegen Oxydation in umgekehrtem Verhältnis zur Ungesättigtheit
des Fettes. So ist Butterfett von Kühen nach Grasfütterung weniger gesättigt
und daher empfindlicher bei der Lagerung. Der Gehalt an Linolsäure beherrscht
mehr als Ölsäure die Stabilität. In Gras scheinen Schutzstoffe vorhanden zu
sein, die bei der Fütterung in das Milchfett übergehen und Entwicklung eines
Oxydationsgeschmackes darin zu verhindern. Keine Beziehung bestand aber
zwischen dem Carotingehalt des Fettes und seiner Beständigkeit gegen Oxydation.

An Jod fand H. A. A. AITKEN[5] in Butterfett 18—74 γ für 1 kg.

c) Glyceride des Kuhmilchfettes.

Nach Untersuchungen von C. AMBERGER[6] an natürlichem und hydriertem
Butterfett enthält dieses an Glyceriden:

Tabelle 100.

Angabe	Tri-stearin	Palmitodi-stearin	Stearo-dipalmitin	Triolein
Schmelzpunkt . .	70,1⁰	62,9⁰	58,0⁰	ölig
Menge.	0,01	0,06—0,09	—	2,40%

Indirekt, durch Untersuchung des hydrierten Fettes wurden Butyrodiolein,
Butyropalmitoolein und Oleodipalmitin nachgewiesen.

Nach der Methode von HILDITCH (S. 378) fand G. SCHUSTER[7] folgende Glycerid-
zusammensetzung:

Vollständig gesättigte Glyceride: Dipalmitomyristin 11,2%
   Flüssige . . . . 20,3%   Distearomyristin 3,9%
   Feste . . . . 15,2%   Distearoolein 3,1%
Monooleodigesättigte Glyceride . . 61,4%   Laurobutyroolein 37,0%

---

[1] T. P. HILDITCH: Analyst 1937, **62**, 250; Z. 1938, **75**, 73.
[2] A. W. BOSWORTH u. E. W. SISSON: Journ. Biol. Chem. 1934, **107**, 489; C. 1937, **74**, 222.
[3] G. H. HELZ u. A. W. BOSWORTH: Journ. Biol. Chem. 1936, **116**, 203.
[4] V. C. STEBNITZ u. H. H. SOMMER: Oil and Soap 1937, **14**, 228; Journ. Dairy Sci. 1937, **20**, 181.
[5] H. A. A. AITKEN: Journ. Amer. Chem. Soc. 1932, **54**, 3268; C. 1932, II, 2388.
[6] C. AMBERGER: Z. 1913, **26**, 65; 1918, **35**, 3131.
[7] G. SCHUSTER: Sur l'oxydation de quelques Corps gras par le Permanganate de Potassium. Paris 1932.

d) Kennzahlen des Kuhmilchfettes (der Fettsäuren).

Dichte bzw. Gewichtsverhältnis D^{15} 0,935—0,943, $D^{37,8}_{37,8}$, 0,910—0,913, D^{100} 0,864—0,869, Schmelzpunkt 28—38° (38—45°), nach Polenske 30—41°, Erstarrungspunkt 15—25° (33—38°), nach Polenske 19—26°, Differenzzahl nach Polenske 11,8—15,8, n_D^{25} 1,4590—1,4620, n_D^{40} 1,4520—1,4567.

Kritische Lösungstemperatur in Eisessig 61—68°. Verseifungszahl 218—235, meist um 226, Jodzahl 21—36, meist um 30, Rhodanzahl um 22, Thermozahl 6,6—9,5.

Reichert-Meissl-Zahl 21—36, meist um 27, Polenske-Zahl 1,3—3,5, A-Zahl 2—10, B-Zahl 20—32, Buttersäurezahl 16—24, Mittel 20, Juckenack-Differenzzahl — 4 bis + 5. Kirschner-Zahl 20—26, Mittel 23,5, Gesamtzahl der niederen Fettsäuren, Mittelwert 35, Restzahl, Mittelwert 15, Caprylsäurezahl 4—6, Laurinsäurezahl 5—18. Differenz nach Grossfeld (VZ — 1,5 Buttersäurezahl) 193—207.

Die Härte der Butter bzw. des Butterfettes steht in enger Beziehung zur Jodzahl. S. T. Coulter und O. J. Hill[1] fanden dafür den Korrelationsfaktor + 0,922 ± 0,007. Nach J. Lyons[2] spielt auch die Höhe des Stearinsäuregehaltes bei der Butterhärte mit.

Kuhmilchfett enthält im Unverseifbaren keine oder höchstens Spuren von Kohlenwasserstoffen. J. Grossfeld[3] fand in vier Proben Molkereibutterfett nach dem S. 241 beschriebenen Verfahren im Mittel: Gesamtunverseifbares 0,55 (0,47 bis 0,65), davon Kohlenwasserstoffe 0,02 (0—0,04)%.

e) Einflüsse auf die Eigenschaften des Butterfettes.

α) Von großem Einfluß auf die Eigenschaften der Butter ist die Art der Fütterung der Milchkühe. Grünfutter (besonders sonniges Gebirgsgras, Grünklee, Spörgel) haben eine angenehm schmeckende, gelbe Butter (sog. Maibutter), Trockenfütterung eine weiße Farbe (Strohbutter) zur Folge.

Zwar geht kein Futterfett als solches in die Milch bzw. Butter über; aber bei einseitiger und langer Verfütterung eines fett- bzw. ölreichen Futtermittels nimmt das Milch- bzw. Butterfett nach und nach die Eigenschaften des Futterfettes bzw. -öles an.

Beim Verfüttern von viel Stroh, von Erbsen-, Wickenschrot, von Rübenblättern bzw. -köpfen, von Trockenschnitzeln, Baumwollsaat-, Cocosnuß- und Palmkernkuchen bzw. -mehl werden Milchfett und Butter hart und krümelig; beim Verfüttern von Haferschrot, Weizenkleie, Mais, Reismehl und Rapskuchen dagegen weich. Eine zu weiche Beschaffenheit der Butter läßt sich durch Zufüttern von Cocosnuß- und Palmkernkuchen, eine zu harte Butter durch Zufüttern von Rapskuchen oder Mais verbessern bzw. beseitigen.

Durch zu üppig gewachsenes Grünfutter (nach Stickstoffdüngung) kann die Butter leicht eine weiche, ja ölige Beschaffenheit, durch starke Rübenfütterung einen Rübengeschmack annehmen.

A. J. Swaving[4] schließt aus eingehenden Versuchen, daß später Weidegang im wesentlichen infolge der dürftigen Fütterung die Reichert-Meissl-Zahl erniedrigt, die Crismer-Zahl erhöht. Frühzeitige Aufstallung erhält die Reichert-Meissl-Zahl auf beträchtlicher Höhe, während die Crismer-Zahl die von Crismer aufgestellte Grenze von 57° nicht übersteigt. Futterwechsel macht sich fast sofort und sehr stark in der Butterfettzusammensetzung geltend; die Reichert-Meissl-Zahl fällt, die Lichtbrechung und Crismer-Zahl steigen.

---

[1] S. T. Coulter u. O. J. Hill: Journ. Dairy Sci. 1934, 17, 543; C. 1934, II, 2764.
[2] J. Lyons: Econ. Proc. Roy. Dublin Soc. 1936, 3, 19.
[3] J. Grossfeld: Privatmitteilung.   [4] A. J. Swaving: Z. 1901, 4, 577.

Weitere Versuche von Swaving[1] zeigten, daß Futterrüben und Silagefutter aus Gras und Luzerne die Reichert-Meissl-Zahl erhöhen, während Heu und Leinkuchen sie erniedrigten. Gerstenmehl war ohne Einfluß, ebenso Beifütterung von Zucker. Nach mehrere Jahre laufenden Beobachtungen von A. E. Sandelin[2] wirkt A. I. V.-Grünfutter (Silofutter) nicht schädigend auf die Qualität der Butter. Die Konsistenz wurde verbessert, Sprödigkeit und Grießigkeit blieben auch während der größten Kälteperioden aus, dazu schien der Geschmack etwas voller zu sein. Die Haltbarkeit der Butter war durch das Futter nicht vermindert.

Über die Zusammensetzung des Butterfettes von 5 Kühen verschiedenen Alters unter dem Einfluß wechselnder Fütterung unter verschiedenen Lactationsverhältnissen vgl. J. Klein und A. Kirsten[3].

A. Zeitschek[4] erhielt bei Fütterung von viel Futterfett mit hoher Jodzahl im Milchfett ein Ansteigen der Jodzahl, verbunden mit einer Abnahme der Verseifungs- und Reichert-Meissl-Zahl. Rübenfütterung erhöhte den Gehalt an flüchtigen Fettsäuren, ebenso Kartoffeln. Gegen Ende der Lactation fielen Verseifungs- und Reichert-Meissl-Zahl, während Jodzahl, Refraktion und Schmelzpunkt stiegen. Nach einem Futterwechsel erreichten Verseifungs- und Jodzahl eher ihren endgültigen Wert als die Reichert-Meissl-Zahl.

Über die Milchleistung und die Kennzahlen des Milchfettes einer Kuh nach Fütterung unter häufigem Futterwechsel vgl. S. Paraschtschuk[5], über die Beziehungen zwischen Kohlenhydratgehalt des Futters und Höhe der Fettkennzahlen C. Amberger[6].

Fütterung von Rübenblättern und Rübenköpfen bewirkt nach M. Siegfeld[7] Erhöhung der Reichert-Meissl- und vor allem der Polenske-Zahl. Umgekehrt ist die Jodzahl bei allen Rübenbutterfetten sehr niedrig.

Ausschließliche Verfütterung von Zuckerrüben ohne Stroh, Heu und sonstige Stoffe lieferte nach J. Boes und H. Weyland[8] ungewöhnlich harte Butter:

Tabelle 101.

Schmelzpunkt	Erstarrungspunkt	Refraktometerzahl bis 25°	Reichert-Meissl-Zahl	Polenske-Zahl	Verseifungszahl	Jodzahl
33°	23°	51	28,16	6,2	234,5	24,2

Den Einfluß einiger Kraftfuttermittel auf Butterfettkennzahlen zeigen Versuche von E. Ramm, C. Momsen und Th. Schumacher[9]:

Tabelle 102.

Futtermittel	Schmelzpunkt °	Erstarrungspunkt °	Refraktometerzahl bis 25°	Reichert-Meissl-Zahl	Verseifungszahl	Jodzahl
Erdnußmehl	32,5	20,8	51,6	26,3	228,7	36,5
Palmkernkuchen	31,0	22,4	48,7	26,0	238,6	27,5
Palmkernschrot	32,5	22,3	48,9	24,9	236,9	27,7
Leinmehl	31,0	20,9	52,7	29,2	222,1	47,2
Ricinusmehl	32,5	23,1	52,3	27,1	231,4	47,1
Erdnußmehl	28,5	18,6	51,0	29,3	225,8	37,8

[1] A. J. Swaving: Z. 1906, 11, 505.
[2] A. E. Sandelin: Milchw. Zentralbl. 1936, 65, 147; Z. 1938, 76, 405.
[3] J. Klein u. A. Kirsten: Z. 1903, 6, 145.
[4] A. Zeitschek: Landw. Vers.-Stationen 1911, 74, 262.
[5] S. Paraschtschuk: Ber. Milchw. Untersuchungslaboratorium zu Jaroslaw (Rußland); Milchw. Zentralbl. 1909, 5, 228.
[6] C. Amberger: Milchw. Zentralbl. 1908, 4, 29.
[7] M. Siegfeld: Z. 1907, 13, 513.
[8] J. Boes u. H. Weyland: Z. 1915, 29, 473.
[9] E. Ramm, C. Momsen u. Th. Schumacher: Milch-Ztg. 1900, 29, 291, 300, 340, 353.

Der Einfluß von Cocoskuchenfütterung auf die Zusammensetzung des Butterfettes wurde von M. Siegfeld[1] und H. Lührig[2] eingehend geprüft. Sie äußert sich in einer Zunahme der mittleren Fettsäuren, die vor allem in einer deutlichen Erhöhung der Polenske-Zahl und in einem Sinken des mittleren Molekulargewichtes der nichtflüchtigen Fettsäuren zum Ausdruck kommt. Die Abweichung ist so erheblich, daß dadurch Cocosfett in Butter vorgetäuscht werden kann.

An neun Versuchsanstalten ausgeführte vergleichende Fütterung mit fettarmem Roggenfuttermehl und fettreichem Reisfuttermehl zeigten nach O. Kellner[3], daß durch letzteres die Reichert-Meissl- und Verseifungszahl durchweg gesenkt, die Jodzahl und Refraktion dagegen erhöht wurden. Gleichzeitig wurde der Geschmack der Butter ölig und die Konsistenz weich und schmierig.

Wirkung der Fütterung pflanzlicher Öle auf das Butterfett. Erdnußöl führte nach M. C. Dutta und Mitarbeitern[4] zu einer etwas harten Butter von Talgkonsistenz, aber gutem Geschmack und Nußaroma. Sesamöl wirkte ähnlich. T. S. Sutton und Mitarbeiter[5] fanden nach Verfütterung von täglich 1 lb. Maisöl keine Ertragsverminderung, aber ein Ansteigen der Jodzahl von 37,1 auf 55,8, ein Fallen der Verseifungszahl von 225,2 auf 210,9, der Reichert-Meissl-Zahl von 23,2 auf 14,0.

Über weitere Fütterungseinflüsse vgl. auch O. J. Hill und L. S. Palmer[6].

β) Im Verlaufe der Lactation ist nach Versuchen der Kgl. Domäne Kleinhof Tapiau[7] an 4 Kühen die Reichert-Meissl-Zahl im Anfange am höchsten, am Ende (im Herbst) am niedrigsten; Polenske-Zahl und Verseifungszahl verhalten sich umgekehrt.

γ) Der flüssige und der feste Anteil eines halbgeschmolzenen Butterfettes unterschieden sich außer wie zu erwarten im Schmelzpunkt, Jodzahl und Refraktometerzahl nach G. Fendler, L. Frank und W. Stüber[8] auch in der Reichert-Meissl-Zahl, wenn auch nur wenig:

Tabelle 102.

Anteil	Schmelzpunkt °	Erstarrungspunkt °	Refraktometerzahl	Reichert-Meissl-Zahl	Verseifungszahl	Jodzahl	Säuregrade
Flüssiger	14,3	4,2	45,3	31,0	227,4	50,0	7,3
Fester	32,5	24,2	43,3	26,6	223,2	36,7	5,5

Eine Erhöhung der Reichert-Meissl-Zahl im flüssigen Anteil fand auch Röhrig.

δ) Einfluß des Säuregrades auf die Kennzahlen von Milchfett. Mit zunehmendem Säuregrad können die Kennzahlen für niedere Fettsäuren bei Milchfetten beträchtlich sinken, so z. B. bei aus Käse dargestellten Fetten. Nach vorläufigen Versuchen von A. Schloemer[9] beginnt die Abnahme der Buttersäurezahl und Gesamtzahl etwa bei dem Säuregrad 20 merklich zu werden,

<hr>

[1] M. Siegfeld: Milchw. Zentralbl. 1906, 2, 289.
[2] H. Lührig: Z. 1906, 11, 11.
[3] O. Kellner: Ber. Deutsch. Landwirtschaftsrates an das Reichsamt des Innern. Berlin 1907.
[4] M. C. Dutta, J. S. Frincisco, S. Kamal, J. K. Macjijani u. R. Soundararajan: Agric. Live-Stock India 1937, 7, 503.
[5] T. S. Sutton, J. B. Brown u. E. W. Johnston: Journ. Dairy Sciourn. 1932, 15, 209.
[6] O. J. Hill u. L. S. Palmer: J. Dairy Sci. 1938, 21, 529.
[7] Milchw. Zentralbl. 1913, 42, 257, 289, 321, 449, 481, 513.
[8] G. Fendler, L. Frank u. W. Stüber: Z. 1910, 19, 371.
[9] A. Schloemer: Privatmitteilung. Vgl. Z. 1939, 78.

um bei Säuregraden über 100 auf die Hälfte des Wertes von normalen Fetten und weiter zu sinken. Anscheinend handelt es sich dabei um Abspaltung der niederen Fettsäuren und deren Entfernung aus dem Fett durch Verflüchtigung, Salzbildung mit den im Käse vorhandenen Basen oder Verbrauch durch die Käseflora.

ε) Kennzahlen einer 18 Jahre alten Butterprobe teilt E. G. Clayton[1] mit, Änderung der Kennzahlen nach 107tägiger Belichtung an der Luft (A. Nestreljaew[2]). Über den Einfluß von Frischhaltungsmitteln auf Refraktometerzahl, Reichert-Meissl-Zahl und Verseifungszahl berichten K. Fischer und O. Gruenert[3].

ζ) Über anomale Butter mit sehr niedrigen Verseifungszahlen, nämlich von 205,5 bis 312,0, Reichert-Meissl-Zahlen 15,4—19,3 vgl. K. Fischer[4], über Einfluß der Maul- und Klauenseuche auf die Kennzahlen Ch. Brioux[5] sowie H. Imbert, L. Durand und H. Germain[6].

f) Streuungen der Kennzahlen.

Über das Ausmaß der Streuungen der neueren, für die Kennzeichnung des Butterfettes viel schärferen Kennzahlen als die früheren, liegen erst wenige Beobachtungen vor.

R. Vivario und E. Philippol[7] erhielten nach vergleichenden Versuchen an monatlich gewonnenen Butterproben von 118 Einzelkühen 6 verschiedener Wirtschaften während eines Jahres an Gesamtschwankungen:

Tabelle 104.

Xylolzahl nach van Raalte (vgl. S. 85)	15,8—24,5
Buttersäurezahl nach Kuhlmann und Grossfeld (S. 85) . . .	15,6—26,8
A-Zahl nach Bertram, Bos und Verhagen (S. 90)	2,9— 9,2
B-Zahl nach Bertram, Bos und Verhagen (S. 90)	20,4—31,3
Differenz nach Juckenack ($RMZ\ VZ + 200$)	— 9,7 bis + 1,8
Differenz nach Grossfeld ($VZ — 1,5$ Buttersäure-Z) . . .	193,6—206,5

E. Schweizer und J. Grossfeld[8] verglichen 37 Butterfettproben des Handels hinsichtlich Refraktometerzahl bei 40⁰, Verseifungszahl, Reichert-Meissl-Zahl und Buttersäurezahl (BuZ) und fanden im Mittel:

Tabelle 105.

Refraktometerzahl	Reichert-Meissl-Zahl (RMZ)	Buttersäurezahl (BuZ)	Verseifungszahl (VZ)	Quotient BuZ/RMZ	Juckenack-Differenz ($RMZ — VZ + 200$[9])	Grossfeld-Differenz ($VZ — 1,5\ BuZ$)
42,6	28,7	20,5	228,4	0,713	+ 0,3	197,7

Die Konstanz von Reichert-Meissl-Zahl und Buttersäurezahl erwiesen sich als nahezu die gleiche (mittlere Abweichungen vom Mittelwert etwa 7%). Der Umrechnungsfaktor für Buttersäurezahl aus der Reichert-Meissl-Zahl schwankte zwischen 0,684—0,743, die Grossfeld-Differenz zwischen 193,6 bis 199,9, die von Juckenack zwischen — 3,0 und + 4,6.

---

[1] E. G. Clayton: Analyst **23**, 26.
[2] A. Nestreljaew: Milchw. Zentralbl. 1910, **6**, 4; Z. 1911, **21**, 431.
[3] K. Fischer u. O. Gruenert: Z. 1911, **22**, 553.
[4] K. Fischer: Z. 1905, **10**, 335.
[5] Ch. Brioux: Ann. Falsif. 1912, **5**, 449; Z. 1913, **26**, 211.
[6] H. Imbert, L. Durand u. H. Germain: Ann. Falsif. 1912, **5**, 176; Z. 1913, **26**, 211.
[7] R. Vivario u. E. Philippol: Journ. Pharmac. Belg. 1930, **12**, 405, 451.
[8] E. Schweizer u. J. Grossfeld: Z. 1930, **59**, 494.
[9] Im Original mit umgekehrten Vorzeichen nach der Formel ($VZ — RMZ — 200$) berechnet.

Die mittlere Höhe und das Ausmaß der Streuungen von Buttersäurezahl, Gesamtzahl der niederen Fettsäuren und Restzahl zeigt eine umfangreiche Untersuchung von Grossfeld, Schweizer und H. Damm[1] von insgesamt 245 Molkereibutterproben verschiedener Länder, die auf der Leistungsschau des Milchwirtschaftlichen Weltkongresses in Berlin im Jahre 1937 zur Schau gestellt waren. So wurden für verschiedene Länder folgende Mittelwerte gefunden (s. Tabelle 106).

Die — nur geringen — Variationen bei diesen Mittelwertszahlen sind möglicherweise auf Fütterungs- und Klimaverhältnisse zurückzuführen.

Tabelle 106.

Land	Zahl der untersuchten Proben	Mittelwert von		
		Buttersäurezahl	Gesamtzahl	Restzahl
Amerika	33	19,8	35,3	15,5
Australien	4	20,3	33,9	13,6
Belgien	14	20,1	34,5	14,4
Dänemark	11	20,3	34,7	14,4
Estland	19	19,5	33,9	14,4
Finnland	16	20,2	34,8	14,6
Frankreich	17	20,3	33,9	13,6
Litauen	6	20,5	34,9	14,4
Niederlande . . .	20	20,9	36,3	15,4
Norwegen	19	20,6	36,1	15,5
Österreich	20	20,3	34,5	14,2
Polen	16	19,2	32,2	13,0
Schweden	9	21,0	35,5	14,5
Südwestafrika . .	10	20,2	32,9	12,7
Tschechoslowakei .	20	19,8	34,7	14,9
Ungarn	5	18,5	34,4	15,9

Für alle 245 Einzelproben wurden als Gesamtmittel und Schwankungsbreite erhalten:

Tabelle 107.

Angabe	Buttersäurezahl	Gesamtzahl	Restzahl
Gesamtmittel . .	**20,0**	**34,8**	**14,8**
Schwankungen . .	16,6—22,7	25,2—42,8	10,1—20,5

Diese Mittelwerte wurden zur Grundlage der S. 90 wiedergegebenen Berechnungen genommen.

S. Schmidt-Nielsen und A. Astad[2] verglichen bei 67 norwegischen Butterproben die A-Zahl und B-Zahl mit Refraktometerzahl, Reichert-Meissl-Zahl, Verseifungszahl und Jodzahl mit folgendem Ergebnis:

Tabelle 108.

Kennzahl	Sommerbutter		Winterbutter	
	Mittelwert	Schwankungen	Mittelwert	Schwankungen
A-Zahl	6,1	3,8—8,7	7,7	6,1—9,8
B-Zahl	31,7	28,8—33,7	32,9	29,8—36,6
Refraktometerzahl bei 40°	42,8	41,3—44,0	40,9	39,9—42,3
Reichert-Meissl-Zahl	26,2	22,4—30,4	29,0	27,3—30,6
Verseifungszahl	224,9	218,2—231,3	232,9	225,4—237,0
Jodzahl	40,6	34,7—46,1	32,3	28,1—40,1

Mit dem schnellen Fallen der Verseifungszahl beim Übergang von der Stall- zur Weidefütterung nehmen gleichzeitig A-, B-, Reichert-Meissl- und Polenske-Zahl ab. Die Differenz zwischen Reichert-Meissl- und B-Zahl war bei den Winterproben durchschnittlich bedeutend höher als bei den Sommerproben. Die B-Zahl ist von der Jahreszeit am wenigsten beeinflußt und daher als Grundlage zum Nachweis von Margarine am geeignetsten.

Zwischen Verseifungszahl und A-Zahl bestand ein linearer Zusammenhang.

Hohe Differenzzahlen nach Juckenack (4,9—7,6, im Mittel 5,9) waren regelmäßig von hohen Polenske-Zahlen begleitet.

---

[1] J. Grossfeld, E. Schweizer u. H. Damm: Z. 1938, **76**, 123.
[2] S. Schmidt-Nielsen u. A. Astad: Det Kgl. Norske Videnskabers Selskabs Skrifter 1936, Nr. 7, 3.

2. Andere Milchfette.

Die mittlere allgemeine Zusammensetzung anderer Milchfette weicht von der des Butterfettes nicht wesentlich ab.

Frauenmilchfett enthält etwas weniger Glycerin als Ziegen- und Schafmilchfett.

Tabelle 109.

Milchfett von	Fett-säuren %	Glycerin-rest C_3H_2 %	Entsprechend Glycerin $C_3H_5(OH)_3$ %	Unver-seifbares %
Ziege	94,3	5,2	12,7	0,5
Schaf	94,3	5,2	12,6	0,5
Frau	94,9	4,7	11,3	0,4

Tabelle 110. Fettsäurenzusammensetzung.

Nähere Angaben	Zusammensetzung der Fettsäuren											Untersucht von
	Butter-säure %	Capron-säure %	Capryl-säure %	Caprin-säure %	Laurin-säure %	Myristin-säure %	Palmitin-säure %	Stearin-säure %	Arachin-säure %	Öl-säure %	Linol-säure %	
a) Ziegenmilch-fett												
Milchfett indischer Ziegen	3,0	2,3	3,9	8,6	4,6	11,5	24,7	9,3	0,1	30,5	1,5	D. R. Dhingra [1]
Ziegenmilchfett	2,1	1,9	2,7	7,9	3,5	10,2	28,7	8,1	0,4	31,2	—	R. W. Riemenschneider u. N. R. Ellis [2]
b) Schafmilchfett												
Schafmilchfett	7,0	1,3	4,5	5,1	5,0	14,6	14,2	4,7	—	43,3		Ch. Crowther u. A. Hynd [3]
Milchfett indischer Schafe	3,3	2,8	3,8	7,8	5,4	12,9	23,5	6,9	1,9	28,3	4,1	D. R. Dhingra [4]
c) Büffelmilchfett	4,1	1,4	0,9	1,7	2,8	10,1	31,1	11,2	0,9	33,2	2,6	R. Bhattacharya u. T. P. Hilditch [5]
d) Kamelmilchfett	2,1	0,9	0,6	1,4	4,6	7,3	29,2	11,1	—	38,8	3,8	D. R. Dhingra [6]

Die Menge der vollgesättigten Glyceride in den Versuchen von Dhingra betrug für Ziegenmilchfett 36,3, für Schafmilchfett 33,7 %.

a) Milchfett der Ziege.

Außer den in der vorstehenden Tabelle angegebenen Fettsäuren fanden Riemenschneider und Ellis im Ziegenmilchfett Decensäure 0,2, Tetradecensäure 0,4, Hexadecensäure (Palmitölsäure) 2,1, Arachidonsäure 0,7 %.

In der Fettsäurenverteilung unterscheidet sich das Milchfett der Ziege vom Kuhmilchfett durch niedrigen Gehalt an Buttersäure und bedeutend höheren Gehalt an Capryl- und Caprinsäure. Dies kommt auch in den Kennzahlen zum Ausdruck, allerdings weniger in der Reichert-Meissl-Zahl, in der sich diese Unterschiede größtenteils ausgleichen als besonders in der stark erhöhten Polenske-Zahl.

[1] D. R. Dhingra: Biochem. Journ. 1933, 27, 851; C. 1934, I, 1575.
[2] R. W. Riemenschneider u. N. R. Ellis: Journ. biol. Chem. 1936, 113, 219.
[3] Ch. Crowther u. A. Hynd: Analyst 1929, 54, 75.
[4] D. R. Dhingra: Biochem. Journ. 1933, 28, 73.
[5] R. Bhattacharya u. T. P. Hilditch: Analyst 1931, 56, 161.
[6] D. R. Dhingra: Biochem. Journ. 1933, 28, 73.

Kennzahlen von Ziegenmilchfetten. Dichte bzw. Gewichtsverhältnis D^{15} 0,9303, D^{38}_{38} 0,9169—0,9346, Schmelzpunkt 27—39, Erstarrungspunkt 24—31, n^{40}_D 1,4541—1,4569. Verseifungszahl 221—243, Jodzahl 39, Reichert-Meissl-Zahl 20—29, Polenske-Zahl 3,2—9,8, Kirschner-Zahl 17—19, Colostralfett: Verseifungszahl 212—222, Jodzahl 35—40, Reichert-Meissl-Zahl 20—25, Polenske-Zahl 4,7—6,2.

Nach neueren Versuchen fand R. C. López[1] für Ziegenbutterfett:

Tabelle 111.

Schmelz-punkt	Erstarrungs-punkt	n^{40}_D	Reichert-Meissl-Zahl	Polenske-Zahl	Butter-säurezahl	Capryl-säurezahl	Ver-seifungszahl	Jodzahl
34,2⁰	20,1⁰	1,4536	24,2	7,1	16,0	17,7	239,9	26,2

Hiernach scheint besonders auch die hohe Caprylsäurezahl für Ziegenmilchfett kennzeichnend zu sein.

Untersuchung von drei Proben von aus Ziegenmilch abgeschiedenem Fett durch J. Grossfeld[2] ergaben als Mittelwert für:

Tabelle 112.

Buttersäurezahl	Gesamtzahl der niederen Fettsäuren	Restzahl	Isoölsäure
15,1 (14,2—15,8)	44,9 (41,5—46,7)	29,8 (27,3—31,4)	0,7% (0,5—0,8%)

Über Beziehungen zwischen Nahrungsfett, Körperfett und Milchfett der Ziege vgl. A. Einecke[3].

b) Milchfett des Schafes.

Das Milchfett des Schafes ist ebenso wie das der Ziege durch einen erhöhten Gehalt an Capryl- und Caprinsäure ausgezeichnet, was in der erhöhten Polenske-Zahl zum Ausdruck kommt. Daneben ist aber auch die Reichert-Meissl-Zahl höher als bei Ziegenmilchfett.

Kennzahlen von Schafmilchfett. Dichte D^{100} 0,8690—0,8695, Schmelzpunkt 29—30⁰, Erstarrungspunkt 12⁰, n^{40}_D 1,4542—1,4559, Crismer-Zahl 47—60. Valenta-Zahl 22. Verseifungszahl 216—243, Jodzahl 29—39, Reichert-Meissl-Zahl 23—33, Polenske-Zahl 4—7.

O. Laxa[4] stellte im Colostralfett des Schafes die Reichert-Meissl-Zahl 20,0, im Milchfett zu verschiedenen Jahreszeiten 24,1—30,8, die Polenske-Zahl 2,0 bzw. 4,1—6,6 fest.

A. Schloemer[5] erhielt an neueren Kennzahlen für ein Schafmilchfett: Buttersäurezahl 18,3, Gesamtzahl der niederen Fettsäuren 41,0, Restzahl 22,7, Isoölsäure 1,7%, Luminescenz im Ultraviolettlicht blau.

Die Kennzahlen von Schafmilchfett haben als Bestandteil von echtem französischem Roquefortkäse besondere Bedeutung für die Untersuchung. Schloemer erhielt für derartige durch Abschmelzen oder Ausziehen gewonnene Roquefort-Käsefette folgende Mittelwerte und Schwankungen: Buttersäurezahl 19,2 (17,5—20,6), Gesamtzahl der niederen Fettsäuren 44,0 (37,5—48,0), Restzahl 24,8 (20,0—29,1), n^{40}_D 1,4547 (1,4538—1,4562), Säuregrad[6] 19,8 (7,4 bis 32,8). Hiernach ist gegenüber Kuhmilchfett (S. 381) die stark erhöhte Restzahl besonders charakteristisch.

---

[1] R. C. López: Anales Soc. Espanola Fisica Quim. 1934, **32**, 105; C. 1934, I, 2989.
[2] J. Grossfeld: Originalmitteilung.
[3] A. Einecke: Mitt. landw. Inst. Kgl. Univ. Breslau 1903, **2**, 559.
[4] O. Laxa: Rev. gén. Lait 1919, Nr. 13—17.
[5] A. Schloemer: Privatmitteilung.   [6] Vgl. S. 530 unter δ.

Woitcre Angaben über Kennzahlen von Schafmilch- und Schafkäsefett werden unter anderen von R. K. Dons[1], Martin[2], I. D. Garald, A. Minsky, J. H. Baker und V. Pascale[3], E. Darmois[4] und G. Génin[5] angegeben.

c) Milchfett vom Büffel.

Kennzahlen. Dichte D^{99} 0,8622—0,8623, Schmelzpunkt 31—38°, Erstarrungspunkt 24—29°, n_D^{40} 1,4534—1,4558, kritische Lösungstemperatur in Eisessig nach Valenta 23,5—24,5.

Verseifungszahl 220—235, Jodzahl 29—46, Reichert-Meissl-Zahl 26—40, Polenske-Zahl 1,6—2,4.

Unter Samna oder Ghee versteht man das ausgelassene Butterschmalz.

d) Milchfett vom Renntier.

Kennzahlen. Dichte D^{15} 0,9419, D^{100} 0,8640, Schmelzpunkt 37—42°, Erstarrungspunkt 34—39°, Verseifungszahl 219—226, Jodzahl 23—25, Reichert-Meissl-Zahl 31—35, Polenske-Zahl 1,1.

e) Sonstige Milchfette.

α) Das Fett aus Frauenmilch enthält nur sehr geringe Mengen niederer Fettsäuren. So fand J. Grossfeld[6] in Fett aus einer Mischung vieler Frauenmilchproben (s. Tabelle 113).

Tabelle 113.

Butter-säurezahl	Gesamtzahl der niederen Fettsäuren	Restzahl
0,4	2,0	1,6

Wahrscheinlich enthält Frauenmilchfett nur Spuren von Capronsäure und keine Buttersäure, aber deutlich nachweisbare Mengen Fettsäuren der Capryl- und Caprinsäurefraktion. Sein Gehalt an Unverseifbarem wurde zu 0,3—0,4% gefunden. Weitere Kennzahlen: Dichte D^{100} 0,870, Schmelzpunkt 30—32° (der Fettsäuren 37—39°), Erstarrungspunkt 22,5°, n_D^{40} 1,4569—1,4585; Verseifungszahl 205—210, Jodzahl 35—47, Reichert-Meissl-Zahl 1,4—3,4, Polenske-Zahl 1,5—2,2. Colostralfett zeigte: n_D^{60} 1,4642—1,4690, Jodzahl 60.

β) Milchfett des Kamels. J. Vamvakas[7] stellte im Fett der Kamelbutter fest: Schmelzpunkt des Fettes 38°, der Fettsäuren 47°, flüchtige Fettsäuren 8,6%, Verseifungszahl 208,0, Jodzahl 55,1.

D. R. Dhingra[8] erhielt:

Tabelle 114.

n_D^{40}	Reichert-Meissl-Zahl	Kirschner-Zahl	Polenske-Zahl	Verseifungszahl	Jodzahl	Erstarrungspunkt
1,4555	16,4	14,3	1,6	216,6	40,8	34,5°

Diese Zahlen stehen hinsichtlich der niederen Fettsäuren im Widerspruch mit einem Befund von O. Laxa[9] an drei Proben Fett von Kamelmilch aus Palästina, der folgende Kennzahlen fand:

Kennzahlen des Fettes (der Fettsäuren). Schmelzpunkt 34—42° (38—40°), Erstarrungspunkt 22—31° (37—38°), n_D^{40} 1,4573—1,4604. Verseifungszahl 194—199, Jodzahl 42—44, Reichert-Meissl-Zahl 1,3—1,8, Polenske-Zahl 0,5—1,6.

[1] R. K Dons: Z. 1908, **15**, 72.
[2] Martin: Ann. Falsif. 1913, **6**, 666; Z. 1916, **31**, 395.
[3] I. D. Garald, A. Minsky, J. H. Baker u. V. Pascale: Ind. engin. Chem. 1937, **29**, 1167.
[4] E. Darmois: Bull. Assoc. Chimists 1937, **54**, 935; C. 1938, I, 4733.
[5] G. Génin: Le Lait 1938, **18**, 372.
[6] J. Grossfeld: Z. 1935, **70**, 468.
[7] J. Vamvakas: Ann. Chim. analyt. 1905, **10**, 350.
[8] D. R. Dhingra: Biochem. Journ. 1933, **28**, 73.
[9] O. Laxa: Ann. Falsif. 1934, **27**, 282; Z. 1938, **75**, 495.

γ) Eine Probe Hundemilchfett ergab nach Grossfeld[1]:

Tabelle 115.

Butter- säurezahl	Gesamtzahl der niederen Fettsäuren	Restzahl
1,5	3,5	2,0

Ferner an (scheinbarer) Isoölsäure 0,6%.

δ) Über Walmilchfett vgl. S. 590.

3. Untersuchung und Überwachung des Verkehrs mit Butterfett.

Über die Probeentnahme und allgemeine Untersuchung der Butter vgl. Bd. III, S. 294.

a) Untersuchung auf Reinheit.

Um eine Butter auf Reinheit des Fettes zu prüfen, wird sie bei 50—60⁰ geschmolzen und ein Teil des sich abscheidenden Fettes durch ein trockenes Filter filtriert. Bei diesem Ausschmelzen liefert Naturbutter ein klares überstehendes Fett, während Margarine, aufgefrischte Butter und sonstige Fettmischungen zunächst trübe bleiben. Das so gewonnene Butterfett dient dann zur Prüfung auf fremde Fette. Vor der Entnahme der Proben zu den verschiedenen Bestimmungen ist das Butterfett jedesmal wieder bei möglichst niederer Temperatur zu schmelzen und gut durchzumischen.

Zur Untersuchung des Butterfettes ist eine große Zahl von Untersuchungsverfahren vorgeschlagen worden, die im Ergebnis meist zu bestimmten Kennzahlen führen. Ein großer Teil dieser Kennzahlen ist heute veraltet. Dahin gehören auch die früher außerordentlich viel verwendeten Kennzahlen Reichert-Meissl- und die Polenske-Zahl (vgl. S. 80). Durch den Umstand, daß bei diesen beiden Kennzahlen bei Gegenwart der geschmolzenen nichtflüchtigen Fettsäuren mit Wasser destilliert wird, ist eine hinreichend scharfe Trennung der Fettsäurenfraktionen, die für Butterfette und ihre Verfälschungsmittel (Cocosfett) charakteristisch sind, ausgeschlossen. An ihre Stelle sind die neueren Kennzahlen, insbesondere die A-Zahl und B-Zahl nach Bertram (vgl. S. 90) und die Buttersäure-, Gesamt- und Restzahl nach Grossfeld (vgl. S. 79, 85, 90) getreten. Letztere haben den besonderen Vorzug, sehr leicht und einfach ausführbar zu sein.

1. **Vorprüfungen.** Andere der älteren Kennzahlen für Butterfett haben ihre Brauchbarkeit bewahrt. Dahin gehört die Feststellung der Lichtbrechung mit dem Butterrefraktometer (vgl. S. 29), die wegen ihrer schnellen Ausführbarkeit als Vorprobe viel verwendet wird; dabei ist jedoch zu beachten, daß durch Mischung gewisser Fette ähnliche Lichtbrechungswerte wie bei reiner Butter erhalten werden können (vgl. S. 30). Eine weitere Vorprüfung ist die Beobachtung im Polarisationsmikroskop, die aber bei der Butter selbst vor dem Ausschmelzen vorzunehmen ist. Hierbei zwischen den gekreuzten Nicols sich zeigende krystallinische Fetteile zeigen Fremdfett oder auch geschmolzen gewesenes Butterfett an. Ferner zeigt reines (Kuh-) Butterfett im filtrierten Ultraviolettlicht gelbe Luminescenz (H. P. Stadler[2]), wogegen die meisten anderen Fette, auch Margarine, bläulich leuchten. Noch 20% Fremdfett, auch Pferdefett, sind so nachweisbar (E. Novacek und J. Hökl[3]) vgl. auch G. D. Ippolito[4].

---

[1] J. Grossfeld: Originalmitteilung.
[2] H. P. Stadler: Z. 1928, **55**, 404.
[3] E. Novacek u. J. Hökl: Zeitschr. Fleisch-, Milchhyg. 1931, **42**, 47.
[4] G. D. Ippolito: Ann. R. Staz. speriment. agraria Modena **2**, 287; C. 1932, II, 3640.

Bei Verdacht auf bestimmte Pflanzenöle empfiehlt sich Ausführung der Farbreaktionen, so nach Baudouin auf Sesamöl (vgl. S. 477), nach Halphen auf Baumwollsaat- oder Kapoköl (vgl. S. 458), nach Bellier (vgl. S. 427) u. a. Wird hierbei ein positiver Ausfall erhalten, so ist jedoch der Befund stets durch weitere Untersuchung zu erhärten; so kann der die Halphen-Reaktion verursachende Stoff beim Füttern von Baumwollsaatrückständen in das Milchfett übergehen und nicht vorhandenes Baumwollsamenöl vortäuschen.

Über ein thermometrisches Verfahren zur Untersuchung von Butter, beruhend auf Feststellung des Trübungspunktes von Butterfettsäuren in einer Alkohol-Isoamylalkohol-Essigsäure-Wassermischung zur Reinheitsprüfung von Butterfett vgl. E. Zunini[1].

2. Buttersäurezahl. Zur eingehenderen Prüfung ermittelt man nach S. 87 die Buttersäurezahl. Liegt diese bei Abwesenheit weiterer Verdachtsmomente bei 18 oder darüber, so kann im allgemeinen auf reines Butterfett geschlossen werden.

Vereinfachung. Wenn eine größere Reihe von Butterfettproben geprüft werden soll, unter denen sich voraussichtlich nur einige wenige verdächtige befinden, empfiehlt sich nach J. Grossfeld[2] eine Vereinfachung der Prüfung gemäß folgender Vorschrift, bei der die zeitraubende Einwägung des Fettes und die Berechnung der Buttersäurezahl selbst umgangen wird:

Von der geschmolzenen Fettprobe werden aus einer kurzen 1-ccm-Stabpipette je 0,6 ccm in ein 50-ccm-Stehkölbchen getropft, 5 ccm alkoholische Kalilauge[3] zugegeben und auf einer Heizplatte aus Eisen, Aluminium oder Asbest so lange in leichtem Sieden gehalten, bis das Fett gelöst ist. Für jede Fettprobe verwendet man eine besondere Pipette. Nun gibt man in analoger Arbeitsweise wie bei der Bestimmung der Halbmikrobuttersäurezahl (S. 87) aus einer 10-ccm-Stabpipette mit 1-ccm-Teilung und nicht zu engem Auslauf zu jeder Probe 1 ccm Glycerin und kocht die Seifenlösung bis zum eintretenden Schäumen. Man beseitigt dann die Alkoholreste durch etwa 10 bis 15 Minuten lange Trocknung des liegenden Kölbchens bei 100°, löst die noch heiße Seife in 15 ccm gesättigter Kaliumsulfatlösung und fügt nacheinander unter Umschütteln 0,5 ccm verdünnte Schwefelsäure $(1 + 3)$, 1 ccm Cocosseifenlösung und eine Messerspitze voll gereinigte Kieselgur hinzu. Dann filtriert man durch ein Faltenfilter von 10 cm Durchmesser in ein Beckel-Röhrchen bis zur Marke 12,5 ccm, führt das Filtrat unter Nachspülen mit 5 ccm Wasser in ein 100-ccm-Stehkölbchen über und destilliert 11 ccm ab, die man mit 0,01 N.-Lauge gegen Phenolphthalein titriert. Von dem Laugenverbrauch zieht man den Betrag eines Blindversuches[4] mit 0,6 ccm Kakaofett ab.

Liegt nun der Titrationswert über 12 (entsprechend einer Buttersäurezahl von 17[5]), so kann man in der Regel annehmen, daß es sich um Butterfett handelt. Liegt der Titrationswert unter 12, so berechnet sich der vorläufige (ungefähre) Butterfettgehalt des Fettes durch Mahlnehmen des Titrationswertes mit 7.

Im Falle einer Beanstandung empfiehlt es sich natürlich, nun die genaue Buttersäurezahl zu ermitteln. Wenn dann der fünffache Wert dieser Zahl der Größenordnung nach mit dem Ergebnis des ersten Versuches übereinstimmt, so hat man darin eine Bestätigung, die einen besonderen Doppelversuch zwecks Kontrolle unnötig macht.

---

[1] E. Zunini: Ann. Chim. appl. 1933, **23**, 557; Z. 1937, **73**, 480.
[2] J. Grossfeld: Z. 1935, **70**, 459.　　[3] Vgl. S. 3, Anm. 87.
[4] Oder eines Blindversuches allein mit den Reagenzien, ohne Fett, dann aber erhöht um 0,3. Vgl. S. 88, Anm. 1.
[5] Bei Fett aus Zubereitungen, z. B. aus Backwaren, empfiehlt sich die Grenze noch niedriger bei 11 anzusetzen, weil hier auch noch der natürliche Fettgehalt des Mehles und einiger Backzutaten erniedrigend auf den Butterfettgehalt des Gesamtfettes wirkt.

3. Cocosfett. Liegt die Buttersäurezahl unter 17, so besteht Verdacht auf Zumischung eines fremden Fettes. In diesem Falle führt man die Bestimmung der Gesamtzahl der niederen Fettsäuren (S. 79) aus. Aus Buttersäurezahl und Gesamtzahl berechnet man die Differenz als Restzahl und kann nun nach S. 90 auf etwaigen Gehalt an Cocosfett schließen. Wegen der Möglichkeit von Fütterungseinflüssen sind aber hierbei etwaige kleine scheinbare Cocosfettgehalte noch nicht zu beanstanden, nämlich dann nicht, wenn das Verhältnis Restzahl : Buttersäurezahl noch unter 1,2 liegt (J. Grossfeld[1]). E. Tchetcheroff[2] prüft die mit Magnesiumsulfat abgeschiedenen Fettsäuren qualitativ nach Grossfeld (S. 160) auf Laurinsäure. Die Probe fällt dann bei reinem Butterfett negativ aus.

Eine künstliche Erhöhung der Reichert-Meissl- oder Buttersäurezahl durch Zusatz von Tributyrin weist R. Maina[3] durch Ausziehen des Fettes mit 70%igem Alkohol nach, worauf er dann das ursprüngliche Fett und den Auszug vergleichend untersucht. — Noch leichter ist zugesetztes Triacetin zu erkennen, das sich schon mit Wasser ausziehen läßt. G. de Vito[4] gibt dafür eine Vorschrift an.

Zur Ergänzung der Prüfung auf Cocosfett empfiehlt sich die Bestimmung der Verseifungszahl (vgl. S. 63) und der Berechnung der Laurinsäurezahl nach S. 161. Besonders Palmkernfett kann auf diese Weise leichter erkannt werden. Doch sind Schlüsse aus kleineren Abweichungen hier mit Vorsicht zu ziehen, weil noch nicht feststeht, in welchem Maße Fütterungseinflüsse die Laurinsäurezahl verändern können. Wahrscheinlich sind die Einflüsse hierauf größer als auf die Restzahl. Als sicherstes Mittel zum Nachweise von Pflanzenfett ist die Phytosterinacetatprobe von Bömer (S. 255) anzusehen.

Zahlreiche andere Vorschläge zum Cocosfettnachweis hat J. König[5] zusammengestellt. Alle diese stehen an Einfachheit und Beweiskraft dem vorstehenden Verfahren nach.

4. Gehärtete Öle. Zur Prüfung darauf ermittelt man den Gehalt an Isoölsäure. Isoölsäurewerte über 2% weisen auf gehärtete Öle hin, gleichzeitiges Vorliegen von Cocosfett und Isoölsäure über 2% sind in der Regel durch Margarinezusatz bedingt. Bei Zusatz von gehärteten Ölen mit niedrigem Isoölsäuregehalt kann das Speisefett auch unter 1,5% Isoölsäure enthalten. Zum endgültigen Nachweis von Pflanzenfetten empfiehlt sich dann die Phytosterinacetatprobe nach Bömer, z. B. nach der Ausführungsvorschrift von H. Hawley[6] (S. 258). Auf etwaiges Vorliegen gehärteter Fischöle wird nach Tortelli-Jaffe (S. 581) geprüft.

5. Sesamöl. Diese Prüfung wird nach den Ausführungsbestimmungen D vom 22. Februar 1908 zum Fleischbeschaugesetz vom 3. Juni 1900 in folgender Weise ausgeführt:

„α) Wenn keine Farbstoffe vorhanden sind, die sich mit Salzsäure rot färben[7], so werden 5 ccm geschmolzenes Fett in 5 ccm Petroleumäther gelöst und mit 0,1 ccm einer alkoholischen Furfurollösung (1 Raumteil farbloses Furfurol in 100 Raumteilen absolutem Alkohol gelöst) und mit 10 ccm Salzsäure vom Spezifischen Gewicht 1,19 mindestens $^1/_2$ Minute lang kräftig geschüttelt. Bei Anwesenheit von Sesamöl zeigt die am Boden sich abscheidende Salzsäure eine nicht alsbald verschwindende deutliche Rotfärbung.

---

[1] J. Grossfeld: Z. 1938, **76**, 340.

[2] E. Tchetcheroff: Matières Grasses-Pétrole Dérivés 1937, **29**, 61, 87.

[3] R. Maina: Ind. chimica 1933, 8, 298; C. 1933, II, 633.

[4] G. de Vito: Olii mineral, Olii Grassi, Colori, Vernici 1933, **13**, 57; Z. 1937, **74**, 232.

[5] J. König: Chemie der menschlichen Nahrungs- und Genußmittel, Bd. III, 2, S. 372.

[6] H. Hawley: Analyst 1933, **58**, 529.

[7] Zum Nachweise dieser Farbstoffe werden 2—3 g Butterfett in 5 ccm Äther gelöst und die Lösung in einem Probierröhrchen mit 5 ccm konzentrierter Salzsäure von der Dichte 1,19 kräftig durchgeschüttelt. Bei Gegenwart gewisser Azofarbstoffe färbt sich die unten sich absetzende Salzsäureschicht deutlich rot.

β) Wenn Farbstoffe vorhanden sind, die durch Salzsäure rot gefärbt werden, so werden 5 ccm geschmolzenes Fett in 10 ccm Petroleumäther gelöst und 2,5 ccm stark rauchender Zinnchlorürlösung zugesetzt. Die Mischung wird kräftig durchgeschüttelt, so daß alles gleichmäßig gemischt ist (aber nicht länger) und die Mischung nun in Wasser von 40⁰ getaucht. Nach Abscheidung der Zinnchlorürlösung taucht man die Mischung in Wasser von 80⁰, so daß dieses nur die Zinnchlorürlösung erwärmt und ein Sieden des Petroleumäthers verhindert wird. Bei Gegenwart von Sesamöl zeigt die Zinnchlorürlösung nach 3 Minuten langem Erwärmen eine deutlich bleibende Rotfärbung.

Die Zinnchlorürlösung ist aus 5 Gewichtsteilen krystallisiertem Zinnchlorür, die mit 1 Gewichtsteil Salzsäure anzurühren und vollständig mit trockenem Chlorwasserstoff zu sättigen sind, herzustellen, nach dem Absitzen durch Asbest zu filtrieren und in kleinen, mit Glasstopfen verschlossenen, möglichst angefüllten Flaschen aufzubewahren.‘‘

Eine Verschärfung des Nachweises von Sesamöl in Butter bis herab zu 0,1% (= 1% Margarine) haben H. B. Sprinkmeyer und H. Wagner[1] beschrieben, das wie folgt ausgeführt wird.

50—100 g Butterfett werden in einem Schütteltrichter mit 20—30 ccm Eisessig kräftig durchgeschüttelt. Man verwendet das Fett am besten bei einer Temperatur von etwa 60⁰. Die Eisessiglösung setzt sich bald ab und wird in ein Porzellanschälchen abgelassen. Das Ausschütteln wird mit der gleichen Menge Eisessig wiederholt. Man vereinigt die beiden Lösungen und dampft den Eisessig auf dem Wasserbade ab. Durch den Eisessig wird sowohl der die Boudouin-Reaktion bedingende Körper, als auch etwa vorhandener Farbstoff dem Fette entzogen. Der Eisessigrückstand wird mit 5 ccm gesättigter Bariumhydroxydlösung versetzt, nach Zusatz von 10 ccm Alkohol verseift und die Seife auf dem Wasserbade getrocknet. Der Trockenrückstand wird in einer Porzellanschale fein zerrieben und mit Petroläther mehrmals ausgezogen, wodurch der die Reaktion bedingende Körper in Lösung geht, während der Farbstoff der Butter in der Bariumseife zurückbleibt. Die vereinigten und durch ein Barytfilter filtrierten Petrolätherauszüge werden bis auf 1—2 ccm in einer Porzellanschale eingeengt. Das eingeengte farblose Petrolätherfiltrat gibt man in ein enges Probierröhrchen, nachdem man den Schalenrand einige Male mit wenigen Tropfen Petroläther nachgespült hat. Sodann fügt man 1 ccm Salzsäure (Dichte 1,19) und 2 Tropfen einer 1%igen alkoholischen Furfurollösung hinzu und schüttelt kräftig durch. Auftretende Rotfärbung zeigt das Vorhandensein von Sesamöl und somit auch von Margarine in Butter an.

R. Lucentini[2] beschreibt ein einfacheres Anreicherungsverfahren zur Prüfung auf Sesamöl mit Alkohol und kann so noch unter 0,5% Sesamöl deutlich nachweisen.

R. Rupol[3] verschärft die Probe auf Sesamöl durch Verseifung des Butterfettes, Ausschüttelung der Seife mit Äther und Prüfung des in Petroläther aufgenommenen Rückstandes mit Furfurol und Salzsäure. So ließen sich noch 2% Margarine sicher nachweisen.

6. Baumwollsamenöl. Hierzu dient die Halphen-Reaktion (vgl. S. 458).

7. Erdnußöl. Hierzu prüft man bei positivem Ausfall der Bellier-Reaktion und Abwesenheit sonstige Pflanzenfette auf höher molekulare Fettsäuren nach S. 170. Ihre Menge in Naturbutterfett (vgl. S. 525) ist so gering, daß dadurch bei dieser Prüfung keine Störung eintritt.

8. Tierische Körperfette. Der sichere Nachweis tierischer Körperfette wie Schweinefett, Rinds- und Hammeltalg, Oleomargarin ist schwierig, wenn ihr Zusatz so klein ist, daß dadurch die Kennzahlen, insbesondere die Buttersäurezahl

---

[1] H. Sprinkmeyer u. H. Wagner: Z. 1905, **10**, 347.
[2] R. Lucentini: Ind. Olii minerali Grassi 1930, **10**, 156; C. 1931, I, 2282.
[3] R. Rupol: Journ. Pharmac. Belg. 1932, **14**, 457.

nicht wesentlich herabgedrückt werden, oder wenn es sich um Butterfett mit hohem Gehalt an Buttersäure handelt.

a) **Schweinefett.** Für diesen Nachweis kommen zwei Verfahren in Frage:

α) E. Polenske hat zu diesem Zwecke sein „Differenzzahl“-Verfahren vorgeschlagen; über dessen Ausführung vgl. unten S. 562. Polenske fand für Butterfett folgende Zahlen:

Schmelzpunkt . . . . 34,5—35,5⁰
Erstarrungspunkt . . . . 21,2—22,7⁰
Differenzzahl . . . . 11,8—14,3

Die geringste in Butterfett nachweisbare Schweinefettmenge ist nach Polenske abhängig von der Beschaffenheit des Schweinefettes und der Höhe der Differenzzahl des damit versetzten Butterfettes. Da bei der starken Schwankung der letzteren Zahl zuweilen selbst Buttergemische mit 25% Schweinefett nicht nachweisbar sein würden, empfiehlt Polenske, um das Verfahren empfindlicher zu machen, Gemische von 75% des Butterfettes mit 25% Rindstalg herzustellen, weil bei derartigen Gemischen die Differenzzahlen in wesentlich engeren Grenzen, nämlich zwischen 14,0—14,7% schwanken; infolgedessen lassen sich nach Polenske noch Schweinefettzusätze von 20% in den meisten Fällen durch Differenzzahlen von über 15⁰ nachweisen. Bei einem Butterfette mit dem Schmelzpunkte 34,5⁰, dem Erstarrungspunkte 22,0⁰ (bei einer Temperatur des Kühlbades von 16⁰) und der Differenzzahl 12,5 stiegen durch die Beimischung von 25% Rindstalg die betreffenden Zahlen auf 41,3, 27,1 und 14,2⁰, und in diesem Gemische ließen sich Zusätze von 20% amerikanischem Schweinefett und 15% Liesenfett durch die Differenzzahlen 15,1 nachweisen.

Nach Polenske ist Butter als mit Schweinefett — oder anderen Fetten, welche eine höhere Differenzzahl als Butterfett haben — versetzt anzusehen, wenn bei dem aus 75 Teilen Butterfett und 25 Teilen Rindstalg hergestellten Gemische eine höhere Differenzzahl als 15 bei dem ursprünglichen Butterfette dagegen eine niedrigere Differenzzahl als in dem Talggemisch erhalten wird. Der zu der Mischung zu verwendende Rindstalg soll möglichst einen Schmelzpunkt von 49,0—49,7⁰ und eine Differenzzahl von 14,4—14,6 haben, jedoch kann auch, wenngleich mit geringerem Erfolge, ein Talg oder ein Gemisch mehrerer Talge mit der Differenzzahl von 14,2 verwendet werden. Derartiger harter Rindstalg ist, im Eisschranke aufbewahrt, nach Polenske sehr lange Zeit haltbar.

K. Fischer und K. Alpers[1], M. Fritzsche[2] sowie L. Laband[3] haben das Polenskesche Verfahren nachgeprüft. Fischer und Alpers fanden bei reiner Butter Differenzzahlen, die zum Teil weit außerhalb der von Polenske angegebenen Grenzen lagen, nämlich bei den reinen Butterfetten zwischen 12,93 und 16,41 und bei den Butterfett-Talggemischen zwischen 13,93 und 15,63 schwankten. Fritzsche fand bei 126 Proben reiner holländischer Butterfette Schwankungen der Differenzzahlen von 11,15 (Dezember-Butter) bis 16,45 (Mai-Butter).

β) *„Schmelzpunktdifferenz“-Verfahren nach* A. Bömer *und* R. Limprich. Über die Grundlagen dieses Verfahrens und seine Ausführung vgl. unten S. 564. Da das Butterfett die gleichen Glyceride gesättigter Fettsäuren (Stearodipalmitin, Palmitodistearin und zum Teil auch Tristearin) enthält wie Rinds- und Hammeltalg und das Palmitodistearin in diesen drei Fetten die gleiche aber von der des Palmitodistearins aus Schweinefett verschiedene Struktur besitzt, so läßt sich das Schmelzpunktsdifferenzverfahren, das in erster Linie zum Nachweise von Talg in Schweinefett bestimmt ist, auch zum

<hr>

[1] K. Fischer u. K. Alpers: **Z.** 1909, **17**, 181.
[2] M. Fritzsche: **Z.** 1909, **17**, 532.   [3] L. Laband: **Z.** 1909, **18**, 289.

Nachweise von Schweinefett in Butterfett anwenden. A. BÖMER und R. LEY[1] haben darüber einige Versuche angestellt, bei denen sie zur Abscheidung der schwerstlöslichen gesättigten Glyceride folgendermaßen verfuhren:

50 g Butterfett wurden zunächst aus 100 ccm wasserfreiem Aceton und darauf so oft aus 100 ccm Äther umkrystallisiert, bis nur noch so viel Glyceride ausfielen, wie zur Bestimmung des Schmelzpunktes der Glyceride und zur Darstellung und Schmelzpunktsbestimmung der Fettsäuren erforderlich waren; dies war nach 4 bzw. 5 Krystallisationen der Fall. Die so gewonnenen Glyceride zeigten folgende Schmelzpunktsdifferenzen:

Tabelle 116.

Fette	Glycerid-schmelzpunkt (S_g)		Fettsäuren-schmelzpunkt (S_g)		Schmelzpunkt diff. d		$S_g + 2\,d$	
	I	II	I	II	I	II	I	II
Butterfette (2 Proben)	60,6	60,6	60,1	60,2	0,5	0,4	61,6	61,4
Dieselben mit ∫10% Schweinefett	62,3	62,2	60,0	60,0	2,3	2,2	66,9	66,6
Zusatz von ⌊20% „	63,4	63,4	60,4	60,4	3,0	3,0	69,4	69,4
Schweinefett (zahlreiche Proben)	61—65		54,0—60,4		4,6—8,0		73,0—78,1	
Rinds- und Hammeltalg (8 Proben)	61—65		59,2—63,4		0,5—2,0		62,8—67,3	

Wurden 100 g Butterfett angewendet und die Art und Menge der Lösungsmittel (Aceton und Äther) so gewählt, daß 7—12 Krystallisationen erreicht werden konnten, so wurden folgende Werte erhalten:

Tabelle 117.

Butterfette	61,7—62,4	61,4—62,1	—0,2 bis 0,8	61,3—63,9
Dieselben mit ∫10% Schweinefett	62,3—64,3	60,4—61,5	1,9—3,2	66,1—70,0
Zusatz von ⌊20% „	64,2—65,5	61,2—63,4	2,1—3,4	69,6—71,4

Diese Untersuchungsergebnisse lassen voraussehen, daß es nach diesem Verfahren gelingt, Zusätze von Schweinefett zu Butterfett sicher nachzuweisen, doch haben BÖMER und LEY noch davon abgesehen, schon jetzt Grenzzahlen für verfälschte Butterfette aufzustellen, bevor eine größere Zahl von reinen Butterfetten nach diesem Verfahren untersucht ist.

Das Verfahren kann natürlich bei Butter ebenso wie bei Schweinefett mit der Phytosterinacetatprobe zum Nachweise von Pflanzenfetten (S. 255) verbunden werden.

b) Talg. Größere Zusätze (über 12%) von Talg (oder gehärteten Ölen) im Butterfett weist K. AMBERGER[2] durch ihren Gehalt an in Äther schwerlöslichen Glyceriden wie folgt nach:

Von dem klar geschmolzenen 40—50° warmem Fett werden 31 g in einen warmen 100-ccm-Rundkolben abgewogen. Dieser wird mit Äther bis zur Marke aufgefüllt und unter Nachfüllen mit Äther bis zur Marke in einem geräumigen Wasserbade bei 15° unter kräftigem Umschütteln eingestellt und gut verkorkt. Nach Verlauf einer Stunde wird das Kölbchen nochmals kräftig umgeschüttelt und sofort wieder in das Wasserbad gestellt. Nach Ablauf einer zweiten Stunde wird der Kolben aus dem Wasserbade genommen und wieder kräftig umgeschüttelt. Hat sich kein oder nicht nennenswerter Niederschlag gebildet, so enthält das betreffende Fett entweder überhaupt keinen Talgzusatz oder jedenfalls unter 12%.

---

[1] A. BÖMER u. R. LEY: Z. 1914, 27, 165.   [2] K. AMBERGER: Z. 1916, 31, 297.

Entsteht dagegen ein Niederschlag, so wird dieser auf einer weitlochigen mit Filtrierpapier bedeckten Filterplatte von 4—5 cm Durchmesser unter sofortiger Anwendung einer Wasserstrahlpumpe von der Ätherlösung kräftig und rasch innerhalb 1—2 Minuten abgesogen. Die geringen, im Kolben zurückbleibenden Teile des Niederschlages werden mit 3—4 ccm Äther, der 20 Vol.-% Alkohol enthält, auf die Filterplatte gebracht und abgesogen. Die Glyceride lassen sich dann mittels eines Spatels leicht vom Filter ablösen und nach Trocknen auf einem Uhrglase wägen.

Man kann auch den Niederschlag nach dem S. 241 angegebenen Verfahren in 50 ccm Petroläther lösen und wie bei der Fettbestimmung 25 ccm in eingewogenes Kölbchen abpipettieren, abdestillieren und den Rückstand nach Trocknen wägen und aus dem Ergebnis unter Einsetzung der Fettdichte 0,91 den Fettgehalt nach Bd. II, S. 829 berechnen oder aus der Tabelle II (Anhang) ablesen.

Talgzusätze von 15% an werden durch Glyceridabscheidungen in einer Menge von 0,65—1,40 g angezeigt. Verschieden hohe Talgzusätze lieferten mit einem Butterfett, das an sich keine Abscheidung gab, folgende Mengen davon:

Butterfett mit	. . . . .	5%	10%	15%	20%	30%	40%	50% Talg
Glyceridabscheidung	. . .	0,08	0,35	0,95	1,55	2,55	3,60	4,60 g

Auf ähnlicher Grundlage beruht das Verfahren von Ph. Sanyal[1]: 1 g geschmolzenes Fett wird in 3 ccm neutralisiertem und mittels Calciumchlorid getrocknetem Essigester gelöst, 4 ccm 93%iger Alkohol von 30° zugesetzt und das Gemisch 30 Minuten im Wasserbad von 30° gelassen. Butterfett von Kuh oder Büffel bleibt dabei klar, während 5% Körperfett oder 12% gehärtetes Öl Niederschlag lieferten. — Nach Fütterung der Tiere mit Baumwollsaatöl entstand ein leichter Niederschlag, nicht mehr, wenn dann 4 ccm Essigester und 3 ccm 93%iger Alkohol bei sonst gleicher Arbeitsweise wie vorhin verwendet wurden. Die Menge des Niederschlages kann durch Abschleudern und Wägung oder Messung bestimmt werden. Etwaige Fütterung mit Baumwollsaatmehl erkennt Sanyal an der Orange- oder Rotfärbung bei der Halphen-Probe.

Für eine Unterscheidung eines Zusatzes von gehärteten Ölen von einem Talgzusatz durch Isoölsäurebestimmung vgl. S. 204.

9. Milchfett von anderen Tieren. Ziegenmilchfett allein oder in größerer Menge mit Kuhmilchfett vermischt ist an der Änderung der Kennzahlen zu erkennen. Nach S. 533 sind vor allem die Polenske-Zahl, die Caprylsäurezahl und die Restzahl bei Ziegenmilchfett bedeutend erhöht, die Buttersäurezahl etwas gesenkt. Ziegenmilchfett kann gewissermaßen einen Zusatz von Cocosfett vortäuschen.

Schaffett besitzt nach S. 534 ebenfalls einen erhöhten Gehalt an Capryl- und Caprinsäure, der in den vorgenannten Kennzahlen zum Ausdruck kommt, hat aber eine etwa gleich hohe Reichert-Meissl-Zahl wie Kuhmilchfett.

Verfälschungen von Frauenmilch durch Kuhmilch, Ziegenmilch oder Schafmilch lassen sich sehr scharf an der erhöhten Buttersäurezahl des Milchfettes nachweisen (J. Grossfeld[2], C. Griebel[3]).

10. Fremde Farbstoffe. Diese sind bereits in Bd. III, S. 301 behandelt worden.

b) Bestimmung des Milch- bzw. Butterfettgehaltes in Speisefetten.

Zur Beurteilung von Speisefettmischungen erhebt sich sehr oft die Frage nach dem Gehalt an Butterfett bzw. Milchfett. Die einfachste Prüfung darauf

---

[1] Ph. Sanyal: Memoirs Dpt. Agricult. India 1929, **10**, 143.
[2] J. Grossfeld: Z. 1935, **70**, 468.
[3] C. Griebel: Z. 1936, **72**, 46.

ist die Bestimmung der Buttersäurezahl (S. 85). Diese ergibt, mit 5 multipliziert, den wahrscheinlichen Butterfettgehalt.

Bei Gegenwart von Cocosfett, weniger von Palmkernfett, findet man so etwas zu hohe Ergebnisse, die sich aber leicht nach S. 90 korrigieren lassen. Die Abweichung ist zudem so gering, daß sie in das natürliche Streuungsgebiet für die Buttersäurezahl des Butterfettes fällt, außer bei sehr hohen (über 50%) Cocosfettgehalten neben wenig Milchfett.

Auch aus der REICHERT-MEISSL-Zahl in Verbindung mit der POLENSKE-Zahl, aus der A- und B-Zahl, aus der KIRSCHNER-Zahl u. a. läßt sich die Menge des vorhandenen Milchfettes ermitteln. Diese Methoden sind aber umständlicher und bieten keine Vorteile gegenüber der erstgenannten.

c) Prüfung von Butter auf Verdorbenheit.

Diese Prüfung ist die gleiche wie bei den anderen Speisefetten. Der Säuregrad feiner Tafelbutter hält sich unter 5 und soll 8 nicht überschreiten. Als das brauchbarste Verfahren zum Nachweise der Verdorbenheit gilt neben den chemischen Prüfungen auch heute noch die Geschmacks- und Geruchsprobe. Doch ist dabei wieder besondere Vorsicht zu empfehlen, weil der Geschmack gerade hinsichtlich der Beurteilung der Butter sehr verschieden ist. Vielfach kann auch eine nach der Geschmacks- und Geruchsprobe zum direkten Genuß nicht mehr brauchbare Butter noch zu Kochzwecken Verwendung finden. Über weitere Verdorbenheitsprüfungen vgl. S. 299.

Als verdorben ist Butterfett anzusehen, wenn es in dem Maße ranzig, sauer-ranzig, faulig, sauer-faulig, talgig, ölig, dumpfig (mulstrig, grabelnd), schimmlig, kratzend, bitter oder sonst ekelerregend riecht oder schmeckt, oder auf andere Weise so tiefgreifend verändert oder sonst so stark verunreinigt ist, daß es für den bestimmungsgemäßen Verbrauch nicht geeignet ist.

Vgl. auch Bd. III, S. 303.

Eine eingehende Untersuchung über das Ranzigwerden von Butterfett stammt von N. N. GODBOLE und SADGOPAL[1], die sich auch auf die Zusammensetzung des Fettes und seine Kennzahlen bezieht.

Über die Peroxydbildung im Butterfett vgl. W. RITTER und THS. NUSSBAUMER[2]. über den Nachweis von Indol als Zersetzungsprodukt in Butter J. O. CLARKE und Mitarbeiter[3],

Wiederaufgefrischtes Butterfett. Der Nachweis einer Wiederauffrischung von Butterfett ist um so schwerer zu führen, je weniger zersetzt das Ausgangsmaterial gewesen ist. Meist stammt das Fett aus altschmeckender oder ranziger Butter. Anhaltspunkte bieten die Prüfung im Polarisationsmikroskop, Nachweis von Alkalien oder Erdalkalien nach S. 557, Verdorbenheitsreaktionen des Fettes, Geruch und Geschmack. Vgl. auch A. BÖMER[4] und Bd. III, S. 303.

II. Körperfette von Landtieren.

Von den Körperfetten der Landtiere werden in größter Menge die stearinsäurereichen Fette des Rindes, des Hammels sowie des Schweines als Speisefette benutzt. Die Körperfette von Vögeln, Nagetieren und anderen Kleintieren

---

[1] N. N. GODBOLE: Current Science 1936, 4, 578. — N. N. GODBOLE u. SADGOPAL: Z. 1936, 72, 35.

[2] W. RITTER u. THS. NUSSBAUMER: Schweizer. Milchztg. 1938, 64, 59 (vgl. S. 302).

[3] J. O. CLARKE, J. H. CANNON, E. W. COULTER, M. S. GOODMAN, W. S. GREENE, K. L. MILSTEAD, R. L. VANDACEER u. J. D. WILDMAN: Journ. Assoc. off. agric. Chemists 1937, 20, 475.

[4] A. BÖMER: Z. 1908, 16, 27.

Tabelle 118.

Fettart	Fett-säuren %	Glycerin-rest (C_3H_2) %	Entsprechend Glycerin $C_3H_5(OH)_3$ %	Un-verseif-bares %
Rindertalg . .	95,5	4,4	10,6	0,1[1]
Hammeltalg .	95,4	4,4	10,6	0,2
Schweinefett .	95,3	4,5	10,7	0,2
Pferdefett . .	95,2	4,4	10,7	0,4
Ziegentalg . .	95,4	4,4	10,7	0,2
Renntierfett .	95,1	4,5	10,8	0,4

werden im allgemeinen nur in Einzelhaushaltungen als solche abgetrennt und gebraucht. Nur Gänsefett (Gänseschmalz) findet sich bisweilen in kleineren Mengen im Handel.

Die mittlere allgemeine Zusammensetzung von stearinsäurereichen Landtierfetten wurde wie nebenstehend gefunden (s. Tabelle 118).

Tabelle 119. Zusammensetzung der Fettsäuren.

Fettart	Myristin-säure %	Palmitin-säure %	Stearin-säure %	Ölsäure %	Linol-säure %	Sonstige Säuren %	Untersucht von
Rindertalg, 3 Proben verschiedener Herkunft	2,0 bis 2,5	25,0 bis 32,5	14,5 bis 22,5	47,5 bis 49,0	3,0 bis 5,0	—	E. F. Armstrong u. J. Allan[2]
Rindertalg, 4 Proben	4,5 bis 6,3	24,0 bis 30,6	14,1 bis 28,6	38,9 bis 49,6	1,1 bis 3,0	Arachin-säure 0,1	A. Banks u. T. P. Hilditch[3]
Nierenfett von 3 Rindern	—	26,5 bis 31,0	20,1 bis 25,4	38,0 bis 40,4	—		T. P. Hilditch u. H. E. Longenecker[4]
Ochsendepotfett[5]	2,7	30,4	23,7	38,6	2,0	—[5]	T. P. Hilditch u. S. Paul[6]
Hammeltalg, 2 Proben	1—2	21—25	23—30	43—47	3—5	—	E. F. Armstrong u. J. Allan[7]
Hammeltalg, 1 Probe	4	25	31	36	4	—	G. Collin, T. P. Hilditch u. C. H. Lea[8]
Ziegentalg[9]	2,1	25,4	28,1	38,3	—	—[9]	D. R. Dhingra u. D. N. Sharma[10]
Schweinerückenfett, 6 Proben	1,4 bis 4,7	24,3 bis 29,6	9,0 bis 13,9	47,2 bis 53,3	7,7 bis 13,0	—	A. Banks u. T. P. Hilditch[11]
Schweinenetzfett, 3 Proben	1,7 bis 3,6	25,0 bis 30,8	17,9 bis 21,4	41,3 bis 44,9	3,6 bis 10,3	—	
Schweine-Gesamtfett, 6 Proben	0,7 bis 1,8	25,2 bis 27,9	8,5 bis 12,7	54,4 bis 60,5	0,8 bis 7,0	—	N. R. Ellis u. Mitarbeiter[12]
Renntierfett (Glyceride von:)	6,7	35,0	20,5	—	—	Arachin-säure 0,7	W. F. Baughman, J. S. Jamieson u. R. S. McKinney[13]

<hr>

[1] Vgl. S. 547.

[2] E. F. Armstrong u. J. Allan: Journ. Soc. chem. Ind. 1924, **43** T, 216.

[3] A. Banks u. T. P. Hilditch: Biochem. Journ. 1931, **25**, 1168.

[4] T. P. Hilditch u. H. E. Longenecker: Biochem. Journ. 1937, **31**, 1805; C. 1938, II, 979.

[5] Außerdem Laurinsäure 0,5, Tetradecensäure 0,4, Hexadecensäure 1,7%.

[6] T. P. Hilditch u. S. Paul: Biochem. Journ. 1938, **32**, 1775.

[7] E. F. Armstrong u. Allan: Vgl. Anm. 2.

[8] G. Collin, T. P. Hilditch u. C. H. Lea: Journ. Soc. chem. Ind. 1929, **48** T, 46.

[9] Außerdem Laurinsäure 3,5 und Arachinsäure 3,4%.

[10] D. R. Dhingra u. D. N. Sharma: Journ. Soc. chem. Ind. 1938, **57**, 369.

[11] A. Banks u. T. P. Hilditch: Biochem. Journ. 1931, **25**, 1954.

[12] N. R. Ellis u. J. H. Zellner: Journ. biol. Chem. 1930, **89**, 185. — Ellis u. H. S. Isbell: Journ. Biol. Chem. 1926, **69**, 239.

[13] W. F. Baughman, S. J. S. Jamieson u. R. S. McKinney: Oil Fat Ind. 1929, **6** (8), 11.

Die Zusammensetzung dieser Fette, insbesondere des Fettsäurenanteiles, wechselt je nach den Körperteilen, aus denen sie gewonnen sind.

So fanden A. HEIDUSCHKA und W. BÖHME[1] für Rinder- und Schweinefett an festen Fettsäuren nach der Bleisalzmethode und unter diesen an Stearinsäure:

Tabelle 120.

Rinderfett von	Gemisch fester Fettsäuren %	Stearinsäure %	Palmitinsäure (Restbetrag) %	Schweinefett von	Gemisch fester Fettsäuren %	Stearinsäure %	Palmitinsäure (Restbetrag) %
Brust . . .	41,0	7,5	33,5	Brust . . .	32,5	12,0	20,5
Rücken . .	40,0	11,0	29,0	Bauch . .	38,0	13,5	24,5
Niere . . .	54,0	27,0	27,0	Niere . . .	53,0	30,0	23,0

Von analytischer Bedeutung ist der deutliche Myristinsäuregehalt dieser Fette, der sie z. B. von Kakaofett deutlich unterscheidet, das als niedrigstmolekulare Fettsäure Palmitinsäure enthält. Durch fraktionierte Destillation der Äthyl- oder Methylester der Fettsäuren lassen sich myristinsäurereichere Anteile abscheiden und zur Erkennung dieser Tierfette auswerten (I. PELTZER[2]).

Über eine Farbreaktion auf Tierfette vgl. S. 583.

1. Speisetalge.

a) Begriff und einzelne Arten.

α) **Rindstalg.** Von Rindstalg (Rindertalg, Rindsfett) unterscheidet man den Feintalg (Premier jus) aus frischen, fettreichen, ausgewählt guten Teilen geschlachteter Rinder, der bei nicht zu hoher Temperatur ausgeschmolzen und gereinigt wird, von dem gewöhnlichen Speisetalg, zu dem auch weniger ausgesuchte Teile verwendet werden. Zur Talggewinnung dienen insbesondere das Gekröse- (Micker-) Fett, Netzfett, Nierenfett, Herzfett, Mittelfellfett, Sackfett (Hodensackfett von Ochsen) und Eingeweidefett (Magen-, Darm-, Lungenfett).

Rindstalg ist fast weiß, grauweiß, schwach gelblich, bei bestimmter Fütterung (Weidemast) auch stark gelb von aufgenommenem Carotin, von dem z. B. L. ZECHMEISTER und P. TUZSON[3] 0,01% fanden, von schwachem, eigenartigem Geruch und Geschmack und fester Konsistenz, er schmilzt bei 37—38°; das Sackfett ist das weichste, das Eingeweidefett das härteste Fett. Rindertalg enthält nur Spuren von Wasser (unter 0,5%).

Feintalg (Premier jus) ist der aus frischen, ausgewählt guten Teilen bei nicht zu hoher Temperatur ausgeschmolzene und sorgfältig gereinigte Rinder- (oder Hammel-)Talg.

Aus dem Feintalg wird das für die Margarine- (Kunstbutter-) Bereitung wichtige Oleomargarin dadurch gewonnen, daß derselbe bei niedriger Temperatur geschmolzen, in längliche Kästen von verzinntem Eisenblech abgelassen und 24—48 Stunden in einem Raume belassen wird, der dauernd auf etwa 26—27° erwärmt ist. Während dieser Zeit krystallisieren die schwer schmelzbaren Teile, das Stearin usw. zum Teil aus, während der leicht schmelzbare Teil flüssig bleibt; die halbflüssige Masse wird zwischen Leinentüchern ausgepreßt, die ausgepreßte flüssige Masse als Oleomargarin, der Preßrückstand als Preßtalg oder Preßlinge in den Handel gebracht.

[1] A. HEIDUSCHKA u. W. BÖHME: Z. 1939, **77**, 33.
[2] I. PELTZER: Privatmitteilung vom 23. Juni 1934.
[3] L. ZECHMEISTER u. P. TUZSON: Hoppe-Seylers Zeitschr. 1934, **225**, 189; Z. 1937, **73**, 572.

Man gewinnt aus dem Talg etwa 50—60% Oleomargarin mit dem Schmelzpunkt 20—25° und 50—40% Stearin (Preßtalg) vom Schmelzpunkt 40—50°.

Oleomargarin ist somit der aus gereinigtem Rindstalg (Feintalg) (oder Hammelfeintalg) durch Auspressen bei mäßiger Temperatur gewonnene niedriger schmelzende Anteil des Talges. Oleomargarin ist ein lichtgelbes, mehr oder weniger körniges, geruchloses Fett von mildem Geschmack, das auf der Zunge sofort schmilzt. Seine Zusammensetzung hängt wesentlich von der Pressungstemperatur ab; je niedriger diese ist, desto niedriger sind Schmelz- und Erstarrungspunkt. Oleomargarin findet entweder unmittelbar zu Speisezwecken, so in Bäckereien, Verwendung oder wird zu Margarine und Kunstspeisefett verarbeitet.

Preßtalg (Rinderstearin) ist der bei der Gewinnung des Oleomargarins als Preßrückstand verbleibende höher schmelzende Anteil des Rinder- bzw. Hammeltalges; er zeigt in der Regel einen Erstarrungspunkt über 50°. Preßtalg dient ebenfalls zur Herstellung von Margarine und Kunstspeisefett.

Rindstalg enthielt nach A. Banks und T. P. Hilditch[1] 13,6—25,6% voll gesättigte Glyceride, Oleomargarin nach den gleichen Forschern[2] noch 8,1—9,5% davon. Hilditch und S. Paul[3] fanden in Ochsendepotfett an Oleopalmitostearin 32, Palmitodiolein 23, Oleodipalmitin 15, Stearodiolein 11% und kleine Mengen Tripalmitin und Tristaerin, kein Triolein. Als schwerstlöslichstes Glycerid isolierte A. Bömer[4] aus Rindstalg Tristearin, aber nur in einer Ausbeute von 1,5%, aus Preßtalg 4—5%. Vgl. auch J. Dekker[5]. Qualitativ scheinen Rindstalg oder Hammeltalg (vgl. S. 547) nach den Untersuchungen von W. Hansen[6], H. Kreis und A. Hafner[7] sowie Bömer[8] in der Glyceridstruktur von gleicher Zusammensetzung zu sein.

Über die Kennzahlen von Rindsfett vgl. S. 547. Rindstalg enthält wie Hammeltalg als eigenartige Fettsäure die der Ölsäure isomere Vaccensäure (vgl. S. 352).

Kalbsfett zeichnet sich gegenüber Rindsfett durch weichere Beschaffenheit, durch einen niedrigeren Schmelzpunkt (Klarschmelzpunkt), meist unter 42°, aus.

Knochenfett. Von den Knochenfetten wird das in den Röhrenknochen vorhandene Markfett, welches 48—98% des Knochenmarkes ausmacht, meistens für sich genossen und im allgemeinen sehr geschätzt.

Aus frischen, geschroteten oder gemahlenen Knochen kann durch einfaches Auskochen oder durch Erhitzen mit Wasser im Autoklaven bei einem Überdruck von 0,5—2,8 Atm. (130°) ein leicht gelbliches Speiseknochenfett von angenehmem Geruch und Geschmack erhalten werden. Es enthält in der Regel 1,0—1,5% Wasser und als Verunreinigung auch Kalkseifen und Leim.

Die Zusammensetzung ist der von Rindertalg ähnlich.

Neuerdings werden auch bedeutende Mengen Knochenfett nach dem Extraktionsverfahren (S. 396) gewonnen, das dann zum größten Teil zur Seifenherstellung verwendet wird.

Man unterscheidet ferner Knochenöl und Knochenfett.

Knochenöl. Die frischen Knochen (Röhrenknochen) werden durch Kreissägen zerkleinert und in Kesseln mit Wasser mehrere Stunden ausgekocht, indem das Wasser mittels Dampfschlangen erhitzt wird. Das nach ruhigem

[1] A. Banks u. T. P. Hilditch: Biochem. Journ. 1931, 25, 1168.
[2] A. Banks u. T. P. Hilditch: Journ. Soc. chem. Ind. 1932, 51 T, 111.
[3] T. P. Hilditch u. S. Paul: Biochem. Journ. 1938, 32, 1775.
[4] A. Bömer: Z. 1907, 14, 90; 1909, 17, 353.
[5] J. Dekker: Pharm. Weekbl. 1922, 59, 305.
[6] W. Hansen: Arch. Hygiene 1902, 42, 1.
[7] H. Kreis u. A. Hafner: Z. 1904, 7, 641.
[8] A. Bömer: Z. 1907, 14, 90; 1909, 17, 353.

Stehen sich an der Oberfläche ansammelnde Öl wird abgeschöpft und durch
Zusatz von Kochsalz und schließlich durch Erwärmen von Wasser und Schmutz
(Leim) befreit. Man kann das Knochenöl in ähnlicher Weise wie Oleomargarin
aus Talg oder wie Schmalzöl aus festem Knochenfett durch Schmelzen und
langsame Krystallisation gewinnen.

Das Knochenöl dient vorwiegend zum Einfetten feiner Maschinen.

Aus den Klauen der Wiederkäuer und Huftiere wird in derselben Weise
durch Wasser oder auch durch Sonnenwärme das Klauenöl erhalten, welches
wegen seiner guten Haltbarkeit und Schmierfähigkeit ein für feinere Maschinen
(Uhren) geschätztes Schmieröl ist.

Kennzahlen von Rindertalg (der Fettsäuren). Dichte D^{15} 0,936 bis
0,952, D^{100} 0,859—0,861, Schmelzpunkt 40—50° (41—47°), nach POLENSKE
43—51°, Erstarrungspunkt 30—38° (38—47°), nach POLENSKE 28—35°, Differenzzahl nach POLENSKE 12,8—14,6, n_D^{40} 1,4545—1,4587, n_D^{60} 1,4510—1,4539,
kritische Lösungstemperatur in Eisessig 95—98°. In 1 Liter absolutem Alkohol
lösen sich bei 0° 2,5 g, bei 10° 6,1 g der Fettsäuren.

Verseifungszahl 193—200, Jodzahl 32—47, Rhodanzahl 38—40, Thermozahl
35—43, Bromthermozahl 6,1—7,2, Caprylsäurezahl um 0,7. Gehalt und Zusammensetzung des Unverseifbaren fand J. GROSSFELD[1] an 7 Proben Rinderfett:
Gesamt-Unverseifbares 0,13 (0,09—0,16), davon Kohlenwasserstoffe 0,06 (0,04
bis 0,10)%.

Kennzahlen von Oleomargarin (der Fettsäuren). Dichte D^{15} 0,923
bis 0,929, D^{100} 0,859—0,862, Schmelzpunkt nach POLENSKE 28—40° (42—45°),
Erstarrungspunkt nach POLENSKE 17—27° (41—43°), Differenzzahl nach
POLENSKE 11,2—15,5, n_D^{40} 1,4577—1,4590, kritische Lösungstemperatur in
Eisessig um 96°.

Verseifungszahl 193—198, Jodzahl 40—53, Thermozahl 29—33.

Kennzahlen von Preßtalg (der Fettsäuren). Dichte D^{15} 0,936 bis
0,951, Schmelzpunkt 50—56 (49—53), Erstarrungspunkt 35—50 (42—52),
Differenzzahl nach POLENSKE 12,5—12,7, n_D^{40} 1,4570, kritische Lösungstemperatur in Eisessig um 114°.

Verseifungszahl 195—201, Jodzahl 14—25.

Kennzahlen von Rinderknochenfett (der Fettsäuren). Dichte bzw.
Gewichtsverhältnis D_{50}^{50} 0,9009—0,9034, $D^{15,5}$ 0,913—0,915, Schmelzpunkt 44
bis 45 (42—44), Erstarrungspunkt 32—34 (38—39), n_D^{40} 1,4593—1,4597, n_D^{50}
1,4553—1,4557.

Verseifungszahl 190—196, Jodzahl 49—53.

Kennzahlen von Rinderknochenöl (der Fettsäuren). Gewichtsverhältnis D_{50}^{50} 0,9050—0,9066, Schmelzpunkt — (13—34°), Erstarrungspunkt
— (6,5—8,5°), n_D^{40} 1,4614—1,4626, Verseifungszahl 187—196, Jodzahl 67—80.

β) **Hammeltalg (Hammelfett, Schaffett, Schöpsentalg)** ist das aus fettreichen
Teilen von Schafen ausgeschmolzene Fett. Zu seiner Herstellung verwendet
man hauptsächlich das Gekrösefett, Netzfett, Nierenfett, Herzfett, Mittelfellfett, seltener andere Körperteile. Hammeltalg ist dem Rindstalg ähnlich, aber
heller gefärbt, fast weiß und im allgemeinen etwas härter und brüchig. Im
frischen Zustande ist er fast geruchlos.

Bei der Schaffettgewinnung kommt es bei unreiner Arbeit vor, daß beim
Ausschneiden des Rohfettes aus den Eingeweiden etwas Darminhalt in das
Fett gelangt, wodurch dieses eine grünliche Färbung (Chlorophyll) an-
nimmt. Diese Verfärbung kann nach F. E. CHAPMAN[2] durch Behandeln des

---

[1] J. GROSSFELD: Privatmitteilung.
[2] F. E. CHAPMAN: Chem. Engin. Mining. Rev. 1931, **23**, 355.

geschmolzenen Talges mit 5—10% Fullererde wieder beseitigt werden. Vgl. auch G. A. Lawrenze[1].

Die besseren Sorten Hammelfett bilden ein gutes Speisefett, minderwertige zeigen einen eigenartigen Beigeruch.

Hammel-Feintalg, Hammel-Oleomargarin und Hammel-Preßtalg sind von Schafen nach Art des Feintalges, Oleomargarins und Preßtalges gewonnene Fette.

Von den Glyceriden des Hammeltalges sind nach G. Collin, T. P. Hilditch und C. H. Lea[2] 26% völlig gesättigte. W. Hansen[3], H. Kreis und A. Hafner[4] sowie A. Bömer[5] fanden in Hammeltalg wie in Rindstalg verschiedene gemischte Triglyceride. Bömer isolierte aus Hammeltalg als schwerstlösliche Glyceride 3% Tristearin und je etwa 4—5% α-Palmitodistearin (Schmelzpunkt 57,5°) und Stearodipalmitin (Schmelzpunkt 63,3°).

Kennzahlen von Hammeltalg (der Fettsäuren). Dichte D^{15} 0,936 bis 0,960, D^{100} 0,857—0,859, Schmelzpunkt 44—55° (41—57°), Erstarrungspunkt 32—45° (39—52°), Differenzzahl nach Polenske 13—17, n_D^{40} 1,4550—1,4583, in 1 Liter absolutem Alkohol lösen sich bei 0° 2,5 g, bei 10° 5 g Hammeltalgfettsäuren.

Verseifungszahl 192—198 (195—210), Jodzahl 31—47, Rhodanzahl 30—34, Bromthermozahl 7,6—8,9.

Hammeltalg enthält als eigenartige Fettsäure die der Ölsäure isomere Vaccensäure (vgl. S. 352).

Fettschwanzschaffett. In Kleinasien und Persien wird das Schwanzfett des Fettschwanzschafes oder Fettsteißschafes (Ovis platyura aegyptica) in großem Umfange zum Fetten der Speisen benutzt und tritt dort nicht selten auch als Ersatzmittel für Butterfett in Erscheinung. Das kennzeichnende Merkmal dieser Schafrasse ist der dicke, breite, bis an die Spitze von Fett umgebene Schwanz, der etwa 20 kg dieses Fettes liefert.

Nach J. Grossfeld[6] unterscheidet sich Schafschwanzfett von gewöhnlichem Schaffett vor allem durch die weichere Konsistenz.

Eine aus Persien stammende Probe des Fettes zeigte folgende Kennzahlen: Schmelzpunkt 41,7, Verseifungszahl 198,8, Jodzahl 53,0 Rhodanzahl 47,7, Gesamtzahl 2,0, Buttersäurezahl 0,4, Restzahl 1,6.

Bestandteile: Gesamtfettsäuren 95,4, Unverseifbares 0,105, Ölsäure 47,1, Linolsäure 5,8, Isoölsäure 2,5%.

γ) **Sonstige talgartige Fette.** Ziegentalg ist von graugelber Farbe und besitzt große Ähnlichkeit mit Hammeltalg, an den er auch im Geruch und Geschmack erinnert. Bisweilen kann er aber sog. „Bocksgeruch" aufweisen. Über die Zusammensetzung vgl. J. Pritzker und R. Jungkunz[7], ferner S. 544. An Isoölsäure erhielten Pritzker und Jungkunz 1,1—2,8%. An Glyceriden in einem Ziegentalg stellten D. R. Dhingra und D. N. Sharma[8] Tristearin 1—2, Arachidodistearin und Diarachidostearin 3, Tripalmitin 6—8, Distearopalmitin 7—8, Dipalmitostearin 1—2 fest, daneben 8—10% eines Glyceridgemisches aus Glyceriden der Myristin-, Palmitin- und Stearinsäure.

Rehtalg unterscheidet sich nach Pritzker und Jungkunz[9] fast nicht von anderen Talgen. An Isoölsäure fanden Pritzker und Jungkunz 2,8—4,6%.

[1] G. A. Lawrenze: New Zealand Journ. Sci. Technol. 1931, **13**, 18; **C.** 1932, I, 3240.
[2] G. Collin, T. P. Hilditch u. C. H. Lea: Journ. Soc. chem. Ind. 1929, **48** T, 46.
[3] W. Hansen: Arch. Hygiene 1902, **42**, 1.   [4] H. Kreis u. A. Hafner: **Z.** 1904, **7**, 641.
[5] A. Bömer: **Z.** 1907, **14**, 90; 1909, **17**, 353.   [6] J. Grossfeld: **Z.** 1937.
[7] J. Pritzker u. R. Jungkunz: Pharmac. Acta Helvet. 1932, **7**, 48.
[8] D. R. Dhingra u. D. N. Sharma: Journ. Soc. chem. Ind. 1938, **57**, 369.
[9] J. Pritzker u. R. Jungkunz: Pharmac. Acta Helvet. 1932, **7**, 172.

Auch das Fett des Renntieres ähnelt nach W. F. Baughman, G. S. Jamieson und R. S. McKinney [1] dem Rindertalg.

b) Überwachung des Verkehrs mit Talg.

α) An **Verfälschungen** von Rinds- und Hammeltalg sind beobachtet worden: Cocosfett, Palmkernfett, Baumwollstearin, Paraffin und Wollfett. Diese Zusätze sind aber heute ebenso wie Zusatz von Wasser oder Fettsäuren oder Seife zur Heraufsetzung des Schmelzpunktes selten.

Dagegen verdienen Prüfungen auf Zusätze von gehärteten Seetier- oder Pflanzenölen, von Knochenfett und Verarbeitung verdorbener Talge oder Knochenfette zu Speisetalg besondere Aufmerksamkeit. Auch die Verarbeitung der Fette von kranken Tieren zu Speisefetten fällt hierunter.

β) **Untersuchungsverfahren.** Die Untersuchungsverfahren für Rinds- und Hammeltalg sind im allgemeinen dieselben wie für Butterfett (S. 536) und Schweineschmalz (S. 555), die in sinngemäßer Weise anzuwenden sind. Die Reaktion von Welmans (S. 761) und Bellier (S. 427) zum Nachweis von Pflanzenfetten versagt aber bei Talg, weil auch reine pflanzenfettfreie Talge mitunter eine positive Reaktion geben. Nach Fütterung von Baumwollsamenrückständen kann in den Körperfetten eine positive Halphen-Reaktion auftreten, ohne daß fremdes Fett zugesetzt worden ist.

Der Nachweis von **Wollfett** beruht auf dessen hohem Gehalt an Unverseifbarem, besonders an Cholesterin und sog. Isocholesterin, die auf Grund der geringeren Petrolätherlöslichkeit wieder vom **Paraffin** unterschieden werden können, wenn man nach S. 246 verfährt. — Über Zusammensetzung von Wollfett vgl. auch S. 763 und A. Heiduschka und E. Nier [2].

Das Verfahren von Polenske für den Nachweis geringer Mengen Wasser in Schweineschmalz ist auf Talge nicht anwendbar. Hier empfiehlt sich zweckmäßig die Wasserbestimmung nach dem Destillationsverfahren. Vgl. Bd. II, S. 533.

Für die zolltechnische Unterscheidung des Talges, der schmalzartigen Fette und des Stearins dient die Feststellung des Erstarrungspunktes nach Finkener (S. 27). Liegt der ermittelte Erstarrungspunkt unter 30, so sind die Fette als schmalzartige Fette, liegt er zwischen 30 und 45, so sind sie als Talge, liegt er über 45^0, so sind sie als „Kerzenstoffe" zu behandeln.

Bei bestehenden Zweifeln oder Meinungsverschiedenheiten wird die Jodzahl ermittelt [3]. Findet man diese zwischen 30 und 42, so ist das Fett als Talg anzusprechen, sonst als Schmalz bzw. Kerzenstoffe.

Wenn die vorbezeichneten Untersuchungsverfahren noch keine endgültige Entscheidung zulassen, oder wenn es sich um Unterscheidung des Stearins von sog. Preßtalg handelt, der nicht mehr als 5% freie Fettsäure enthält und in der Regel einen Erstarrungspunkt über 50^0 zeigt, so ist der **Fettsäuregehalt** in einer Durchschnittsprobe durch Titration zu ermitteln. Wird dabei ein Gehalt von mehr als 30, in Proben von Preßtalg von mehr als 5% freier Fettsäure ermittelt, so ist die betreffende Ware als Kerzenstoff anzusehen.

Über die wichtigsten Kennzahlen von Rinds-, Hammel- und Preßtalg sowie Oleomargarin wurde S. 547 berichtet. Diese Fette enthalten keine niederen Fettsäuren. Infolgedessen sind die Kennzahlen dafür, insbesondere die Buttersäurezahl und Gesamtzahl 0. Durch Zersetzungsvorgänge entstehen aber allmählich niedere Fettsäuren.

---

[1] W. F. Baughman, G. S. Jamieson u. R. S. McKinney: Oil Fat Ind. 1929, **6**, Nr. 8, 11; C. 1929, II, 1869.

[2] A. Heiduschka u. E. Nier: Z. 1938, **76**, 568.

[3] Hierfür ist zur Zeit (1939) in Deutschland noch die Vorschrift nach v. Hübl vorgeschrieben. Vgl. S. 99.

Der Gehalt an Isoölsäure, nach dem S. 204 beschriebenen Verfahren ermittelt, übersteigt nach bisherigen Beobachtungen nicht 2%. Ein wesentlich höherer Wert deutet also auf gehärtete Öle hin. Über den Nachweis gehärteter Öle vgl. bei Schweinefett S. 570. Eine ungewöhnlich hohe Jodzahl kann außer durch Pflanzenfette durch Zusatz von Pferdefett bedingt sein. Über dessen Nachweis vgl. S. 576.

Bei Hammeltalg erhielten S. C. L. Gerritzen und M. Kaufman [1] nach dem Twitchell-Verfahren als Jodzahl der festen Fettsäuren von 70 Proben unter 6,1, bei 30 Proben zwischen 6,1 und 12,4, bei Rindsfett nicht über 6.

Bei der Ähnlichkeit in der Zusammensetzung von Rinds- und Hammeltalg ist ihre Unterscheidung auf Grund der chemischen Analyse in der Regel nicht möglich.

Für den Nachweis der Verdorbenheit und die Prüfung auf Behandlung mit Alkalien oder Erdalkalien sind die Verfahren für Schweinefett in sinngemäßer Anwendung maßgebend.

Kalbsfett wird öfters durch eine Mischung von Rinderfett (Talg) mit Schweinefett nachgemacht.

Zum Nachweise bringt A. Miermeister [2] auf Grund von Versuchen von R. Kanitz [3] 10 ccm der $^1/_2$ Stunde bei 80° gehaltenen filtrierten Probe in einem Meßzylinder in einem Brutschrank von 37° und beobachtet den Zeitpunkt der eintretenden Trübung. Bei reinem Kalbsfett bleibt die Probe 2 Stunden klar, während bei Gegenwart von Talg schon nach $^1/_2$ Stunde Ausscheidungen eintreten.

Über die beim Erstarren von Fettsäuren aus Rinderfett gebildeten Krystallbilder vgl. auch M. Okrasinski [4].

γ) Gesetzliche Bestimmungen. Bei der Beurteilung von Rinds- und Hammeltalg kommen außer dem Lebensmittelgesetz das Gesetz betr. die Schlachtvieh- und Fleischbeschau vom 3. Juni 1900, und in gewissen Fällen auch das Gesetz betr. den Verkehr mit Butter, Käse, Schmalz und deren Ersatzmitteln, vom 15. Juni 1897, in Betracht. Vgl. S. 858. Im einzelnen ist folgendes zu beachten:

1. Da Rinds- und Hammeltalg, Oleomargarin, Preßtalg usw. unter die Bestimmungen des Fleischbeschaugesetzes fallen, ist es auf Grund der Verordnung über unzulässige Zusätze und Behandlungsverfahren vom 30. Oktober 1934 (9. Mai 1935 und 7. November 1935) (vgl. Bd. III, S. 969) verboten:

a) die in Bd. III, S. 301 aufgeführten Frischhaltungsmittel (Borsäure, Formaldehyd usw.) zuzusetzen und Neutralisationsmittel (S. 557) anzuwenden;

b) sie zu färben; hiervon ist jedoch ausgenommen die Gelbfärbung der der Milchbutter oder dem Butterschmalz ähnlichen Zubereitungen (vgl. unter 3.).

2. Durch die Ausführungsbestimmungen D zum genannten Gesetze sind besondere Bestimmungen für die Beurteilung der in das Zollinland eingehenden Talgfette festgelegt (vgl. S. 573).

3. Werden Talge, Oleomargarin und diese enthaltende Fettgemische in einer der Milchbutter oder dem Butterschmalz ähnlichen Zubereitung in den Handel gebracht, so dürfen sie gelb gefärbt werden; sie müssen aber dann als Margarine bezeichnet werden und den vorgeschriebenen Gehalt an Sesamöl oder Kartoffelstärke haben (vgl. S. 654).

4. Im übrigen sind hinsichtlich der Vermischung des Talges, Oleomargarins usw. mit minderwertigen Fetten, Wasser (höchstens 0,5% zulässig) u. dgl., des Verkaufs von verdorbenen Fetten usw. die Beurteilungsgrundsätze für Schweinefett (vgl. S. 555) in sinngemäßer Anwendung zutreffend.

---

[1] S. C. L. Gerritzen u. M. Kaufman: Chem. Weekbl. 1927, **24**, 554.
[2] A. Miermeistre: Privatmitteilung.   [3] R. Ranitz: Privatmitteilung.
[4] M. Okrasinski: Wiadomości farmac. 1934, **61**, 697; C. 1935, I, 1952.

Über weitere Bestimmungen vgl. HOLTHÖFER, so über Darmabputzfett S. 859, Knochenfett S. 860.

2. Schweinefett. Schweineschmalz.

Unter Schweineschmalz — in Norddeutschland auch einfach Schmalz genannt — versteht man in der Regel bei uns vorwiegend nur das aus dem Bauchwandfett (Liesen, Flomen, Lünte, Schmer, Wammenfett) ausgeschmolzene Fett, im weiteren Sinne als Schweinefett auch das aus Rückenspeck und dem Fettgewebe von anderen Körperteilen ausgeschmolzene Fett.

Der Verbrauch an Schweinefett in Deutschland ist sehr groß. Es ist neben Butter und Margarine das wichtigste Speisefett. Folgende Tabelle des Statistischen Reichsamtes[1] zeigt die Entwicklung des Schweinefettverbrauches in Deutschland.

Tabelle 121. Schweinefettverbrauch in Deutschland.

Berechnung des Verbrauchs an Schweinefett roh	Inlandsschlachtungen				Einfuhrüberschuß von Fett[5]	Verbrauch		
	Anfall von Fleisch und Fett[2]	Durchschnittsschlachtgewicht je Schwein	Fettanteil am Schlachtgewicht[4]	Fettanfall		insgesamt	je Kopf	je Vollperson
	1000 t	kg	%	1000 t	1000 t	kg	kg	kg
1904	1783,0	85	20,27	361,4	111,6	473,0	8,0	9,7
1905	1655,9	85	20,27	335,7	145,6	481,3	8,0	9,7
1906	1638,7	85	20,27	332,1	155,8	487,9	8,0	9,7
1907	1896,4	85	20,27	384,4	124,7	509,1	8,2	10,0
1908	1919,0	85	20,27	389,0	128,9	517,9	8,2	10,0
1909	1839,7	85	20,27	372,9	111,7	484,6	7,6	9,3
1910	1904,3	85	20,27	386,0	69,7	455,7	7,1	8,6
1911	2098,0	85	20,27	425,3	114,4	539,7	8,3	10,0
1912	2039,2	85	20,27	413,3	127,1	540,4	8,2	9,9
1913	2035,3	86	20,39	415,0	128,3	543,3	8,1	9,8
1924	1363,8	90	20,88	284,8	183,9	468,7	7,5	8,8
1925	1540,9	91	21,00	323,6	129,0	452,6	7,3	8,9
1926	1602,8	92	21,12	338,5	139,2	477,7	7,6	8,9
1927	1941,4	90	20,88	405,4	119,6	525,0	8,3	9,7
1928	2091,9	88	20,64	431,8	107,4	539,2	8,5	9,9
1929	1935,8	90	20,88	404,2	120,8	525,0	8,2	9,6
1930	1998,4	91	21,00	419,7	104,0	523,7	8,1	9,5
1931	2118,9	86	20,39	432,0	113,9	545,9	8,4	9,8
1932	1971,8	86	20,39	402,1	148,8	550,9	8,5	9,9
1933	2022,4[3]	91	21,00	424,7	101,4	526,1	8,1	9,4
1934	2222,2[3]	95	21,49	477,6	64,5	542,1	8,3	9,6
1935	2119,0	96	21,62	458,1	46,9	505,0	7,6	8,8
1936	2288,5	99	21,98	503,0	45,8	548,8	8,1	9,4

a) Begriffe und Arten.

Je nach der Bereitungsweise, Güte und Herkunft unterscheidet man: Rohschmalz, Dampfschmalz, Neutralschmalz, raffiniertes Schweineschmalz, deutsches Schweineschmalz, amerikanisches Schweineschmalz usw.

Bratenschmalz ist das durch Erhitzen von Schweineschmalz unter Zusetzung von Gewürzen, Zwiebeln, Äpfeln u. dgl. gewonnene Erzeugnis.

Schmalzöl (Specköl) ist das aus Schweineschmalz bei niedriger Temperatur (10—15°) durch Pressung gewonnene Öl. Der dabei verbleibende Preßrückstand

---

[1] Nach U. TORNAU: Beih. zur Zeitschr. „Die Ernährung" 1938, Heft 4, S. 20.
[2] Nach den amtlichen Berechnungen.
[3] Ohne die zu Neutrallard verarbeiteten Schweine.
[4] Einschließlich 2% Darmfett.   [5] Auf Rohfett umgerechnet.

heißt **Schmalzstearin** (Solarstearin). Das Schmalzöl dient als Schmieröl oder zu Beleuchtungs- und auch Speisezwecken.

Raffiniertes Schmalz (Refined lard) ist ein Gemisch von vorstehendem Schmalzstearin mit Dampfschmalz, bis die gewünschte Steifigkeit erreicht ist.

Ein Schweinefett geringerer Güte ist das durch Ausschmelzen der an den Därmen des Schweines hängenden Fettmassen gewonnene **Darmfett**.

Wurstschmalz ist ein größtenteils aus Schweinefett bestehendes Mischfett, das beim Sieden der Würste abgeschöpft wird; es ist von grauer bis graugrüner Farbe und wenig haltbar.

Über die Gewinnung des Schweineschmalzes vgl. auch S. 509f. In Amerika wird die Schmalzgewinnung ausschließlich in großen Schlächtereien und Fleischwarenfabriken (packing houses) ausgeführt und werden dabei folgende Sorten unterschieden:

a) **Neutral-Lard (Neutralschmalz)** als feinste Sorte, gewonnen aus dem Netz- und Gekrösefett des Schweines (leaf lard), indem das Fettgewebe unmittelbar nach dem Schlachten des Tieres gewaschen, in Eiswasser gelegt, dann mit Hilfe einer Maschine in kleine Stücke zerschnitten und gerade wie Talg „Premier jus“ bei 40—50⁰ ausgeschmolzen wird; der nicht ausgeschmolzene Teil des Fettgewebes wird geringeren Sorten Schmalz zugesetzt. Zur Entfernung des anhaftenden Geruches wird dasselbe nach dem Ausschmelzen 48 Stunden in kaltes Wasser und dann noch 48—72 Stunden in eine auf nahezu 0⁰ abgekühlte Salzlake gelegt, oder man wäscht das Schmalz mit Wasser unter Zusatz von etwas Natriumcarbonat, Chlornatrium oder einer verdünnten Säure. Das Neutral-Lard verdankt seinen Namen dem geringen, nur 0,25% betragenden Säuregehalt und wird fast ausschließlich zur Darstellung der feinsten Margarinesorten benutzt.

b) **Leaf-Lard (Liesenschmalz);** dasselbe wird durch Ausschmelzen der ganzen Liesen mittels Dampfes unter Druck hergestellt; der erste ausschmelzende Teil wird auch als Neutral-Lard in den Handel gebracht; der letzte, weniger gute Anteil zu den minderwertigen Sorten verwendet.

c) **Choice Kettle-rendered-Lard** oder **Choice-Lard (ausgewähltes Schmalz)**, gewonnen aus den nicht zur Darstellung von „Neutral-Lard“ verarbeiteten Liesen und aus Rückenspeck, welche, nachdem von letzterem die Schwarte entfernt ist, beide zusammen nach Zerreißen in Stücke in doppelwandigen, offenen Kesseln oder auch durch Dampf unter Druck ausgeschmolzen werden.

d) **Prime Steam-Lard (bestes Dampfschmalz).** Zu diesem am meisten hergestellten Schmalz sollen sämtliche Fetteile des Schweines in dem Verhältnisse verwendet werden, in welchem sie sich beim Schwein finden; Liesen und Rückenspeck sind aber häufig davon ausgeschlossen.

e) **Butchers-Lard (Schlächterschmalz);** es wird über freiem Feuer ausgeschmolzen, wird aber aus Amerika nicht ausgeführt.

f) **Offgrade-Lard**, aus gesalzenem Speck ausgeschmolzen, ist die minderwertigste Sorte.

Außer diesen für Speisezwecke dienenden Schmalzsorten werden von gefallenen Schweinen, aus Abfällen der Fleischwarenfabriken noch mehrere Sorten Schweinefett gewonnen, die aber nur für technische Zwecke verwendet werden sollen. Bisweilen sind aber derartige minderwertige Schweinefette nach Raffinierung, Bleichung und Desodorierung unzulässigerweise unter der Bezeichnung „White Grease“ als Speisefett in den Verkehr gelangt.

Nach P. A. Meerburg[1] wurde „White Grease“ vor allem aus Rüsseln von Schweinen gewonnen, dann angeblich aus politischen und agrarischen Ursachen als „ungenießbar“

---

[1] P. A. Meerburg: Chem. Weekbl. 1925, **22**, 582; **Z.** 1928, **55**, 381.

gekennzeichnet und in dieser Form ausgeführt. In Holland kam dieses Fett in etwas ranzigem Zustande an und wurde dann der Raffination unterworfen. Diese Verarbeitung geschah in der Folgezeit unter staatlicher Aufsicht. G. Wolff[1] hat die Zulassung der Raffination von Schweineschmalz für Speisezwecke befürwortet, wenn alle Schmalzsorten mit über 50% freien Fettsäuren ausgeschlossen wurden, ferner auch einen Zusatz von Schmalzstearin zur Erhöhung des Schmelzpunktes.

b) Zusammensetzung.

Schweinefett ist von weißer Farbe, weich, streichbar von schwach eigenartigem Geruch. Sein Gefüge ist in der Regel körnig, wenn es aber unter Umrühren erstarrt ist, besitzt es gelegentlich eine salbenartige Beschaffenheit. Schmalz ist im allgemeinen sehr haltbar, wenn nicht zurückgebliebene Gewebeteile oder Wasser seine Zersetzung beschleunigen. Neutral-Lard gilt als weniger haltbare Sorte.

C. H. Lea[2] hat im Fettgewebe und Muskel des Schweines ein Enzymsystem (Lipoxydase) gefunden, das Oxydation und Entwicklung von Ranzigkeit im Fett beschleunigt. Mit Preßsaft aus Schweinemuskel versetzte Fette zeigten 6—7mal höhere Peroxydzahlen als die Vergleichsproben. Die Wirkung dieses Enzyms wird weiter durch Zusatz von Kochsalz gesteigert und ist der Hauptfaktor für die Oxydation des Fettes von Speck. Da die Lipoxydase durch Hitze (30 Minuten bei 60°) größtenteils inaktiviert wird, ist die geringere Haltbarkeit des bei niedriger Temperatur hergestellten Neutral-Lards vielleicht auf dieses Enzym zurückzuführen. Anscheinend ist dieses Enzym — ein Oberflächenenzym — von Natur aus dazu berufen, das Fett im Organismus abzubauen.

Aus dem Fettgewebe des Hundes gewannen G. Quagliariello und G. Scoz[3] Lipaseextrakte. Der Lipasegehalt des Fettgewebes war etwa $^1/_{100}$ des im Pankreas vorhandenen, etwa gleich groß mit jenem des Magens aber 25mal höher als in der Leber. Niedere und höhere Triglyceride werden gleich stark hydrolysiert am stärksten bei $p_H = 8,0$.

Zusätze von Cerealienmehl, insbesondere von Hafermehl wirken nach S. Musher[4] stark verzögernd auf das Ranzigwerden von Schweineschmalz und anderen Fetten.

Schweineschmalz kann infolge ungewöhnlicher Fütterung (Fische bzw. fettreiche tranige Fischmehle, Spülicht) oder medikamentöser Behandlung, auch infolge bestimmter Krankheiten der Schweine einen ungewöhnlichen Geruch und Geschmack annehmen; auch kann das Fett von Ebern einen widerlichen Geruch und Geschmack besitzen.

An vollgesättigten Glyceriden erhielten A. Banks und T. P. Hilditch[5] vom Schwein aus Netzfett 11,2—17,4, aus Rückenfett, innere Schicht 6,6, äußere Schicht 2,1%. Nach A. Bömer[6] bestehen die schwerstlöslichen Glyceride des Schweinefettes aus β-Palmitodistearin (Schmelzpunkt 68,5°) und β-Stearodipalmitin (Schmelzpunkt 58,2°), von denen er 3 bzw. 2% isoliert hat. Die Gehalte an ungesättigten Glyceriden geben C. Amberger und A. Wiesehahn[7] an α-Oleodistearin (Schmelzpunkt 42°) zu 2, β-Oleopalmitostearin (Schmelzpunkt 40,7°) zu 11 und an α-Palmitodiolein zu 82% an.

Kennzahlen von Schweinefett (der Fettsäuren). Dichte D^{15} 0,914 bis 0,922, Schmelzpunkt 34—48° (35—47°), nach Polenske 41—51°, Erstarrungspunkt 26—32° (34—42°), nach Polenske 22—31°, Differenzzahl 18—22°, n_D^{40} 1,4577—1,4609.

[1] G. Wolff: Chim. et Ind. 1932, 27, 576; Z. 1937, 73, 286.
[2] C. H. Lea: Journ. Soc. chem. Ind. 1937, 56 T, 376.
[3] G. Quagliariello u. G. Scoz: Arch. Sciences biol. 1932, 17, 513; Z. 1938, 76, 57.
[4] S. Musher: Food Ind. 1935, 7, 167; C. 1935, II, 455.
[5] A. Banks u. T. P. Hilditch: Biochem. Journ. 1932, 26, 298.
[6] A. Bömer: Z. 1913, 25, 321.
[7] C. Amberger u. A. Wiesehahn: Z. 1932, 46, 476.

Verseifungszahl 193—200, Jodzahl 46—66, Rhodanzahl 46—52, Thermozahl nach Maumené 24—42, Tortelli 30—40, Bromthermozahl 10,4—11,0, Caprylsäurezahl 0—0,4.

Unverseifbares 0,14—0,35%.

Bei Anwendung der S. 241 beschriebenen Methode auf 4 Proben Schweinefett aus dem Kleinhandel wurden von J. Grossfeld[1] an Kohlenwasserstoffen 0,03—0,09, im Mittel 0,07, an Sterinen 0,08—0,16, im Mittel 0,10 und an Gesamtunverseifbarem 0,15—0,19, im Mittel 0,17% gefunden.

Kennzahlen von Schmalzöl (der Fettsäuren). Dichte D^{15} 0,914 bis 0,918, n_D^{40} 1,4531—1,4607, Verseifungszahl 190—196, Jodzahl 67—82, Thermozahl 45—47.

Kennzahlen von Schmalzstearin (der Fettsäuren). Dichte D^{100} 0,8575—0,8588, n_D^{40} 1,4576—1,4585.

Kennzahlen von Schweineknochenfett. Dichte D^{100} 0,8611, n_D^{40} 1,4610, Verseifungszahl 196, Jodzahl 64, Unverseifbares 0,34—0,35%.

Schweinefett enthält in den Speckschichten des Tieres von innen nach außen steigende Mengen ungesättigter Fettsäuren. Dazu ist aber die Art des Futterfettes von großem Einfluß auf das angesetzte Körperfett. R. Bhattacharya und T. P. Hilditch[2] fanden bei Fütterung von Erdnußöl eine so hohe Tendenz zur Speicherung von ungesättigten Fettsäuren und von Linolsäure, daß dadurch die Unterschiede der einzelnen Schichten vermindert wurden. Nach J. E. Borman[3] reagierte auf Rapsöl am stärksten die Jodzahl des Rückenspeckes und des Nierenfettes, am geringsten die Jodzahl des Muskel- und des Herzfettes. Die Jodzahlzunahme betrug im Rücken- und Bauchfett gegen 10%. Fischmehlnahrung kann durch Aufnahme von ungesättigten Fettsäuren daraus zu ungewöhnlich weichem Schweinefett führen. Das gleiche gilt von reichlicher Verfütterung von noch ölhaltigen Ölsamen.

H. K. Dean und T. P. Hilditch[4] zerlegten das Rückenfett einer Sau in 5 Schichten und bestimmten die Zusammensetzung der gemischten Fettsäureglyceride in den einzelnen Schichten. Hierbei zeigte sich, daß die Zusammensetzung der 3 inneren Schichten praktisch gleich war, während die äußeren Schichten etwas ärmer an Palmitinsäure waren und über 4% weniger Stearinsäure enthielten. Sie waren dafür aber entsprechend reicher an Ölsäure. Die Zusammensetzung der Fettsäureglyceride der 4. Schicht bildete den Übergang von den inneren zu den äußeren Schichten. Diese Untersuchungen bestätigen den Befund früherer Forscher, daß eine unmittelbare Beziehung zwischen dem Anwachsen des Gehaltes an gesättigten Fettsäuren und dem Ansteigen der Körpertemperatur besteht. Gleichzeitig konnte aber festgestellt werden, daß der größte Teil des Rückenfettes offenbar ganz gleichmäßig zusammengesetzt war und einheitliche gemischte Glyceride enthielt. Das Schwein, von dem das Fett stammte, war mit Maismehl und Molken gefüttert worden. Das Depotfett war charakterisiert durch einen Gehalt von 15% Linolsäure und 1—2% hochungesättigter Säuren der Reihen C_{20} und C_{22}. Dieses kann aber weniger auf die Art des Futters zurückgeführt werden, sondern muß vielmehr als charakteristisch für das Fett von Schweinen beträchtlichen Alters angesehen werden. — Die Annahme, wonach warmblütige Tiere und Pflanzen tropischen Ursprungs mehr feste gesättigte Fettsäuren bilden sollen als kaltblütige Tiere oder Pflanzen kalter Zonen (vgl. Bd. I, S. 256), scheint nach Dean und Hilditch nur beschränkte Gültigkeit zu haben.

---

[1] J. Grossfeld: Privatmitteilung.

[2] R. Bhattacharya u. T. P. Hilditch: Biochem. Journ. 1933, **25**, 1954; C. 1933, II, 1199.

[3] J. E. Borman: Roczniki Nauk Rolnoczych I Lésnych 1933, **30**, 117; C. 1934, I, 1732.

[4] H. K. Dean u. T. P. Hilditch: Biochem. Journ. 1933, **27**, 1950; Z. 1937, **74**, 236.

c) Untersuchung und Überwachung des Verkehrs mit Schweinefett und Schweineschmalz.

Als Verfälschungen und Nachahmungen von Schweineschmalz kommen hauptsächlich in Betracht:

1. Zusatz von anderen tierischen Fetten, insbesondere Talg (Preßtalg, Rindertalg oder Hammeltalg);

2. Zusatz von Pflanzenfetten oder -ölen, vornehmlich Baumwollöl und -stearin, ferner Cocosfett, Palmkernfett, Erdnußöl, Sesamöl usw.;

3. Zusatz von gehärteten Ölen oder Hydrierung von zu weichem Schmalz.

4. Zusatz von Wasser oder Belassung von zuviel Wasser im Schweineschmalz;

5. Zusatz von Neutralisations- und Frischhaltungsmitteln (oder Farbstoffen);

6. Zusatz von anderen Fremdstoffen; zuweilen soll auch Schweinefett mit Alkalien teilweise verseift worden sein, um größere Mengen Wasser zu binden.

Auch können von Tieren, die mit Krankheiten behaftet sind, **gesundheitsschädliche Keime** in das Schweineschmalz gelangen, weil die Krankheitserreger durch das Ausschmelzen des Fettes nur dann vernichtet werden, wenn es entweder in offenen Kesseln verflüssigt oder in Dampfapparaten vor dem Ablassen nachweislich auf mindestens 100⁰ erwärmt worden ist.

Bei der Untersuchung von Schweineschmalz kommen im allgemeinen folgende Prüfungen in Frage:

1. Prüfung auf zu hohen Wassergehalt.

2. Prüfung auf Neutralisations- und Frischhaltungsmittel.

3. Prüfung auf fremde tierische und pflanzliche Fette.

4. Prüfung auf unverseifbare Stoffe.

5. Prüfung auf Verdorbenheit.

Probenahme. Bei der Probenahme finden die bei Butter Bd. III, S. 294 aufgeführten Gesichtspunkte sinngemäße Anwendung. Über die bei der Untersuchung der in das Zollinland eingehenden Fette vgl. S. 573.

α) Untersuchungsverfahren.

1. Wasser. Reines Schmalz enthält nur Spuren Wasser; ein größerer Wassergehalt gibt sich durch das trübe Aussehen des geschmolzenen Fettes zu erkennen; wenn das bei 70⁰ geschmolzene Fett **trübe** erscheint, so enthält es 0,3% und mehr Wasser oder sonstige Verunreinigungen.

a) Nach der Anlage 2 zu dem Preußischen Ministerialerlaß vom 24. Juni 1903[1] zum „Fleischbeschau-Gesetz" soll der Nachweis geringer Mengen von Wasser im Schweineschmalz nach folgendem Verfahren von E. POLENSKE[2] erfolgen:

„Man bringt in ein starkwandiges Probierröhrchen aus farblosem Glase von 9 cm Länge und 18 ccm Rauminhalt etwa 10 g der vorher gut durchgemischten Schmalzprobe und verschließt es mit einem durchlochten Gummistopfen, in dessen Öffnung ein bis 100⁰ reichendes Thermometer so weit eingeschoben wird, bis sich dessen Quecksilberbehälter in der Mitte der Fettschicht befindet. Darauf wird das Probierröhrchen in einer Flamme allmählich erwärmt, bis das Fett die Temperatur von 70⁰ angenommen hat. Stellt das geschmolzene Schweineschmalz bei dieser Temperatur eine vollkommen klare Flüssigkeit dar, dann enthält es weniger als 0,3% Wasser, und es bedarf keiner weiteren Untersuchung. Ist das Fett dagegen bei 70⁰ trübe geschmolzen oder sind in demselben Wassertröpfchen sichtbar, dann wird das Probierröhrchen in einer Flamme allmählich auf 95⁰ erwärmt und bei dieser Temperatur 2 Minuten lang kräftig durchgeschüttelt. In der Mehrzahl der Fälle wird das Fett dann zu einer völlig

---

[1] Gesetze und Verordnungen, betr. Nahrungs- u. Genußmittel 1909, **1**, 384—387.

[2] E. POLENSKE: Arb. kaiserl. Gesundh.-Amt 1907, **25**, 505.

klaren Flüssigkeit geschmolzen sein. Alsdann läßt man das Fett unter mäßigem Schütteln in der Luft abkühlen und stellt diejenige Temperatur fest, bei der eine deutlich sichtbare Trübung des Schmalzes eintritt. Das Erwärmen auf 95°, das Schütteln und Abkühlenlassen wird 2—3mal oder so oft wiederholt, bis sich die Trübungstemperatur des Fettes nicht mehr erhöht. Beträgt die konstante Trübungstemperatur des Schweineschmalzes mehr als 75°, dann enthält es mehr als 0,3% Wasser und ist als mit Wasser verfälscht zu betrachten [1].

Ist das Schweineschmalz bei 95° nicht zu einer klaren Flüssigkeit geschmolzen, dann enthält es entweder mehr als 0,45% Wasser oder andere unlösliche Stoffe, wie Gewebsteile oder chemische Stoffe (Fullererde) und ist als verfälscht zu betrachten[1]."

Nach POLENSKE kann man den Wassergehalt des Schweinefettes — falls es nicht andere trübende Stoffe enthält — nach den Trübungstemperaturen innerhalb der Gehalte von 0,15—0,45% in kurzer Zeit genau feststellen, er fand für die verschiedenen Wassergehalte folgende Trübungstemperaturen:

Trübungstemperatur . .	40,5°	53,0°	64,5°	75,2°	85,0°	90,8°	95,5°
Wassergehalt	0,15	0,20	0,25	0,30	0,35	0,40	0,45%

Bei höheren Wassergehalten als 0,3 bzw. 0,5% und falls sonstige trübende Bestandteile vorhanden sind, bestimmt man den Wassergehalt nach dem unter b) oder c) angegebene Verfahren.

K. FISCHER und W. SCHELLENS [2] bestätigen die Brauchbarkeit des POLENSKE-Verfahrens; dagegen ist es bei Talg — für den POLENSKE es auch nicht vorgeschlagen hat — nicht brauchbar.

Bei einem Wassergehalt über 0,5% ergibt 1 g Schweineschmalz, in 5 ccm Benzol bei 20° gelöst, eine trübe Lösung (F. GRAF [3]).

b) Die gewichtsanalytische Bestimmung des Wassergehaltes erfolgt ähnlich wie bei Butter. Vgl. Bd. III, S. 296 oder Margarine (diesen Bd., S. 643) nach folgender Vorschrift [4]:

„5 g Fett werden in einer zweckmäßig mit grob gepulvertem, ausgeglühtem Bimsstein beschickten flachen Nickel- oder Platinschale möglichst gleichförmig verteilt und abgewogen. Die Schale wird in einem Trockenschrank auf 105° erwärmt. Nach einer halben Stunde wird das Gewicht festgestellt, ebenso nach je weiteren 10 Minuten, bis keine Gewichtsabnahme mehr zu bemerken ist; zu langes Trocknen ist zu vermeiden, da alsdann durch Oxydation des Fettes das Gewicht wieder zunimmt."

c) Besonders brauchbar zur Wasserbestimmung in Schmalz und anderen Fetten sind die Destillationsmethoden (vgl. Bd. II, S. 553), weil bei diesen die große Einwaage ein genaues Ergebnis verbürgt.

2. Asche. 10 g Schweineschmalz werden geschmolzen und durch ein getrocknetes, dichtes Filter von bekanntem geringem Aschengehalte filtriert. Man entfernt die größte Menge des Fettes von dem Filter durch Waschen mit entwässertem Äther, verascht alsdann das Filter und wägt die Asche.

3. Fett. Man erhält den Fettgehalt des Schweineschmalzes, indem man den Gehalt an Wasser und Asche von der Gesamtmenge abzieht.

Falls größere Mengen nicht schmelzbarer Bestandteile vorhanden sind, so sind diese wie die nicht fetten Bestandteile der Butter zu bestimmen und in Abzug zu bringen. Vgl. Bd. III, S. 297. Auch die direkte Bestimmung, am einfachsten mit Benzin [5], ist zu empfehlen.

---

[1] Vgl. hierzu aber die spätere Erhöhung der Wassergehaltsgrenze auf 0,5% nach S. 571.
[2] K. FISCHER u. W. SCHELLENS: Z. 1908, **16**, 161.
[3] F. GRAF: Sci. pharmaceutica 1935, **6**, 1935; Z. 1938, **76**, 88.
[4] Preuß. Ministerialerlaß vom 8. November 1914; Gesetze u. Verordnungen (Beilage zur Z.) 1915, **7**, 5. — [5] Vgl. J. GROSSFELD: Z. 1936, **72**, 418.

Fremde nichtfettartige Bestandteile (Fleischfasern usw.) geben sich, ebenso wie ein Gehalt an größeren Mengen Wasser, durch Trübungen des geschmolzenen Schweineschmalzes zu erkennen. Ihre Menge kann ohne Schwierigkeit durch Filtration des Fettes, durch gewogene Papierfilter und Auswaschen des Filters mit Äther, ähnlich wie bei Butter, bestimmt und ihre Natur durch mikroskopische Untersuchung des Rückständes erkannt werden. Die etwa vorhandenen mineralischen Beimengungen können ihrer Menge nach durch Veraschung des Fettes bzw. der in Äther unlöslichen Bestandteile leicht bestimmt und ihre Art durch qualitative Untersuchung der Asche festgestellt werden.

4. Neutralisations- und Frischhaltungsmittel. Der Nachweis und die Bestimmung von Frischhaltungsmitteln im Schweineschmalz, die im allgemeinen nur selten bei diesem angewendet werden, erfolgt nach der Anlage d der Ausführungsbestimmungen D vom 22. Februar 1908 zum Fleischbeschaugesetz vom 3. Juni 1900. Vgl. Bd. II S. 1130 und Bd. III, S. 744f.

Dagegen empfiehlt sich zum Nachweise der häufiger verwendeten Neutralisationsmittel (Alkali- und Erdalkalihydroxyde und -carbonate) das folgende Verfahren[1].

Anweisung für den Nachweis von Alkali- und Erdalkalihydroxyden und -carbonaten in tierischen Fetten.

a) Vorprüfung. Prüfung auf Alkali- und Erdalkalihydroxyde und -carbonate. Ein mit Glasstopfen verschließbares Reagensglas aus Jenaer Geräteglas (neue Reagensgläser sind vor dem Gebrauch mit Wasser auszukochen) wird mit 2 ccm destilliertem Wasser, 1 Tropfen einer 0,1%igen wäßrigen Lösung von p-Nitrophenol und 10 ccm des zu prüfenden geschmolzenen Fettes beschickt und kräftig geschüttelt. Darauf wird das Reagensglas bis zur Trennung der Schichten in siedendes Wasser gestellt. Eine Gelbfärbung der wäßrigen Schicht ist als positive Reaktion anzusehen.

b) Hauptprüfung. Nachweis von Alkali- und Erdalkalihydroxyden und -carbonaten.

α) 50 g geschmolzenes Fett werden mit der gleichen Menge destilliertem Wasser in einem mit Kühlrohr versehenen Kolben von etwa 500 ccm Inhalt (Kolben und Kühlrohr aus Jenaer Geräteglas) vermischt. In das Gemisch wird $^1/_2$ Stunde lang unter Zwischenschaltung einer Glasflasche aus destilliertem Wasser erzeugter Wasserdampf durch ein Rohr aus Jenaer Geräteglas eingeleitet. Die Verbindungsschläuche sind vorher längere Zeit mittels Durchleitens von Wasserdampf zu reinigen. Nach dem Erkalten wird der wäßrige Auszug durch ein möglichst aschefreies Filter filtriert.

β) Das zurückbleibende Fett sowie das unter α) benutzte Filter werden gemeinsam nach Zusatz von 5 ccm 25%iger Salzsäure und 25 ccm destilliertem Wasser in gleicher Weise, wie unter α) angegeben, behandelt. Das Filtrat bringt man in einen Schütteltrichter, fügt etwa 3 g Kaliumchlorid hinzu und schüttelt mit etwa 10 ccm Petroläther einige Minuten lang aus. Nach dem Abscheiden der wäßrigen Flüssigkeit filtriert man diese durch ein angefeuchtetes, möglichst aschefreies Filter. Nötigenfalls wird das anfangs trübe ablaufende Filtrat so lange zurückgegossen, bis es klar abläuft.

Das klare Filtrat von α) wird auf 5 ccm eingedampft und nach dem Erkalten mit verdünnter Salzsäure angesäuert. Bei Gegenwart von Alkaliseife scheidet sich Fettsäure aus, die mit Äther auszuziehen und als solche zu kennzeichnen

---

[1] Rundschreiben des Reichsministers des Innern vom 21. Juni 1933. — Vgl. W. Otte, E. Kröger u. W. Lühr (**Z.** 1932, **64**, 118), die statt des früher verwendeten Indicators die Verwendung von p-Nitrophenol, daneben Methylrot und Azolithmin empfohlen haben.

ist. In diesem Falle ist das Fett als mit Alkalihydroxyden oder -carbonaten behandelt anzusehen. Entsteht jedoch beim Ansäuern eine in Äther schwer lösliche oder gelblichweiße Abscheidung, so ist diese gegebenenfalls nach der beim Nachweis von Thiosulfaten angegebenen Vorschrift (vgl. Bd. III, S. 747) auf Schwefel weiter zu prüfen.

Das klare Filtrat von β) wird in einer Platinschale auf etwa 50 ccm eingedampft und dann in einem Gefäß aus Jenaer Geräteglas durch Kochen mit überschüssiger Ammoniakflüssigkeit und etwa 10 ccm Ammoniumcarbonatlösung auf alkalische Erden geprüft. Tritt eine deutliche Fällung von Calciumcarbonat ein, so ist das Fett als mit Calciumhydroxyd oder -carbonat behandelt anzusehen.

Tritt keine deutliche Fällung ein, dann ist die filtrierte Flüssigkeit in einer Platinschale auf etwa 25 ccm einzudampfen, gegebenenfalls zu filtrieren und durch Zusatz von etwa 10 ccm Ammoniakflüssigkeit und etwa 1 ccm Natriumphosphatlösung auf Magnesium zu prüfen. Entsteht hierbei innerhalb 12 Stunden eine deutliche krystallinische Ausscheidung von Magnesiumammoniumphosphat, so ist das Fett als mit Magnesiumhydroxyd oder -carbonat behandelt anzusehen.

Zur Prüfung der Reagenzien und Geräte auf Reinheit ist ein blinder Versuch ohne Fett in genau gleicher Weise auszuführen.

Die Erkennung von White Grease (vgl. S. 552) beruht außer auf dem vorstehenden Nachweis von Alkali- oder Erdalkalihydroxyden- oder -carbonaten, der indes in vielen Fällen versagen kann, auf Ermittlung des Gehaltes an Unverseifbarem und der starken Luminescenz von White Grease im filtrierten Ultraviolettlicht.

So fanden E. Feder und L. Rath[1] in verdächtigen, unter der Ultralampe stark leuchtenden Proben im Vergleich zu normalem Schmalz und White Grease selbst folgende Mengen Unverseifbares und Paraffin:

Tabelle 122.

Angabe	Verdächtiges Schmalz	Reines Schweineschmalz	White Grease %
Unverseifbares % .	0,30—0,48	0,17	0,78
Paraffin %	0,045—0,048	0,006	0,42

Diese Paraffinbestimmung führen Feder und Rath nach den Entwürfen zu Festsetzungen über Lebensmittel (Heft 2, S. 41, vgl. S. 248) aus, wobei zweckmäßig vorher ein Leerversuch mit den Reagenzien ihre völlig Paraf-

finfreiheit zu bestätigen hat. — Als einfachere Vorprüfung auf Paraffin könnte das S. 241 beschriebene Verfahren Verwendung finden.

Die Beobachtungen über das Verhalten der Schmalze im ultravioletten Licht werden von F. Weiss[2] auf Grund eingehender Versuche bestätigt. E. Nováček und J. Hökl[3] weisen so noch Zusätze von 20% White Grease nach. Doch ist bei der Auswertung der Luminescenz allein Vorsicht geboten, da diese nach A. van Druten[4] auch bei reinem Schmalz, wenn auch schwächer, vorkommt.

Zum Nachweise von Seifen, insbesondere von Kalkseifen, wird nach den Deutschen Einheitsmethoden der Wizöff auch empfohlen, das Fett mit in einer Mischung von Benzol-Alkohol (9:1) zu behandeln und die filtrierte Lösung zu veraschen, worauf ein Rückstand von Metalloxyden Seifen anzeigt. Vgl. auch C. Griebel[5].

5. Fremde Fette. Zu diesem Nachweis darf nur ein bei 50—60° vollkommen klares Fett verwendet werden. Schmilzt das zu untersuchende Schweinefett trübe, so muß es bei etwa 50—60° durch ein Papierfilter filtriert werden.

---

[1] E. Feder u. L. Rath: Z. 1927, **54**, 321.   [2] F. Weiss: Z. 1928, **56**, 341.
[3] J. Hökl: Zeitschr. Fleisch-, Milchhyg. 1932, **42**, 47.
[4] A. van Druten: Z. 1929, **57**, 60.   [5] C. Griebel: Z. 1931, **62**, 523.

Im allgemeinen empfiehlt sich für die Untersuchung eines Schweineschmalzes auf fremde Fette folgender Untersuchungsgang:

a) Man bestimmt von dem zu untersuchenden Schweineschmalz die Refraktometerzahl (S. 30) und die Gesamtzahl der niederen Fettsäuren (S. 79), nötigenfalls auch die Verseifungszahl (S. 65) und die Jodzahl (S. 99) und führt ferner auch die HALPHEN-Reaktion auf Baumwollsamenöl (S. 458), die BAUDOUIN- oder SOLTSIEN-Reaktion auf Sesamöl (S. 477) und die BELLIER-Reaktion auf Pflanzenöle (S. 427) sowie die von TORTELLI und JAFFE auf Seetieröle (S. 581) aus. Ist alsdann

α) die Refraktometerzahl verhältnismäßig hoch und tritt eine der Farbenreaktionen positiv auf oder ist die Refraktometerzahl niedrig und die Gesamtzahl hoch, oder endlich treten bei normalen Refraktometer- und Gesamtzahlen eine oder mehrere der Farbreaktionen positiv ein, so prüft man mittels der Phytosterin- und Phytosterinacetatprobe auf einen Zusatz von Pflanzenfetten aller Art sowie auf gehärtete Öle nach S. 204.

β) die Gesamtzahl 0, sind dagegen die Refraktometerzahl und die Jodzahl sehr niedrig, oder ist das Schmalz sehr hart, so führt man die Methode von BÖMER und LIMPRICH (S. 564) zum Nachweise von Talg aus.

Die Refraktometerzahl liegt bei reinen Schweinefetten in der Regel zwischen 47—52 bei 40°, entsprechend dem Brechungsindex 1,457—1,461. Noch engere Grenzen für die Refraktion von Schweineschmalz aus einer bestimmten Gegend (Magdeburg) fand K. BRAUNSDORF[1], entsprechend auch nur geringe Schwankungen der Jodzahl. Zu beachten ist, daß die Kennzahlen von Schweinefett, insbesondere die Jodzahl und die Refraktion durch die Art der Fütterung beeinflußt werden.

Im allgemeinen liegen von Schweineschmalz die Schmelzpunkte zwischen 36—42°, die Jodzahlen zwischen 46—66° (Anforderungen des Arzneibuches).

b) Die Wulstprobe. Allgemein bekannt sind die Unterschiede, welche die Oberfläche von erstarrtem Schweineschmalz einerseits und Rinds- und Hammeltalg sowie Gemische von diesen mit Schweineschmalz und Ölen (Kunstspeisefetten) anderseits aufweisen, wenn sie in größeren Mengen in Kübeln und Schüsseln erstarren. A. LANGFURTH[2] hat dieses Verhalten zum Nachweise von Verfälschungen des Schweineschmalzes zu verwerten gesucht. Nach ihm erstarren Kunstspeisefette (Gemische von „Rindsstearin" mit Ölen) zu einer grobkrystallinen Masse, die eine mehr oder weniger glatte Oberfläche darstellt, während reines Schweinefett eine feinkrystalline Struktur mit einer matten, gefalteten Oberfläche zeigt. — P. SOLTSIEN[3], E. DIETERICH[4] sowie B. KOHLMANN[5] haben sich ebenfalls mit diesen Erscheinungen beschäftigt. SOLTSIEN schlägt vor, die Probe in der Weise auszuführen, daß man das Fett bei gelinder Wärme schmilzt und in halbkugeligen Gefäßen schnell erstarren läßt. Schweinefette, welche nicht zu weich sind, zeigen hierbei teils radiale Wulstbildung mit ziemlich plötzlicher Kontraktion zu einer Vertiefung in der Mitte, oder sie weisen auch einen gefalteten wulstigen Ring an der Wandung des Gefäßes auf. Demgegenüber weisen Talge glatte bis spiegelnde Oberflächen auf. Nach SOLTSIEN kann man mittels der Wulstprobe auch Schweinefette in Talgen erkennen. In jedem Falle ist der Befund aber dann durch die wesentlich zuverlässigere Differenzzahlmethode von BÖMER (S. 564) zu bestätigen.

c) Pflanzenfette und -öle. α) Nachweis von Pflanzenfetten und -ölen im allgemeinen.

---

[1] K. BRAUNSDORF: Z. 1933, **65**, 580. — [2] A. LANGFURTH: Chem.-Ztg. 1888, **12**, 1660.

[3] P. SOLTSIEN: Pharm. Ztg. 1894, **39**, 350; 1896, **41**, Nr. 33. Ferner U. 1908, **15**, 103.

[4] E. DIETERICH: Helfenberger Annalen 1897, 138.

[5] B. KOHLMANN: Zeitschr. öffentl. Chem. 1898, **4**, 108.

Phytosterin- und Phytosterinacetatprobe. Der Nachweis von Pflanzenfetten und -ölen im Schweinefett erfolgt am zuverlässigsten durch die Phytosterin- und Phytosterinacetatprobe; über die Ausführung dieser Prüfungen vgl. S. 253 und 255.

Zusatz von Pflanzenfetten ist als bestimmt erwiesen anzusehen, wenn die Phytosterinacetatprobe positiv ausfällt, d. h. wenn der korrigierte Schmelzpunkt der letzten Krystallisation 117° oder darüber beträgt. Die Probe ist bei Gegenwart von Cocosfett nicht unbedingt sicher, weil Cocosfett nur sehr geringe Mengen Phytosterin enthält. Cocosfett kann aber leicht nach d, unten, erkannt werden.

Als Farbreaktion empfiehlt sich besonders die von Bellier (S. 427), die allerdings auch durch Beimischungen von Oleomargarin und Talg schwach positiv (rot) ausfallen kann.

In der amtlichen Anweisung vom 1. April 1898 zum Gesetz, betreffend den Verkehr mit Butter usw. vom 15. Juni 1897 wird auch die Reaktion von Welmans[1] auf Pflanzenöle vorgeschrieben, die wie folgt ausgeführt wird:

„1 g des geschmolzenen, klar filtrierten Schmalzes löst man in einem dickwandigen, mit Stöpsel verschließbaren Probierröhrchen in 5 ccm Chloroform, setzt 2 ccm einer frisch bereiteten Lösung von Phosphormolybdänsäure oder phosphormolybdänsaurem Natrium und einige Tropfen Salpetersäure zu und schüttelt so kräftig wie möglich. Bei Abwesenheit von fetten Ölen bleibt das Gemisch gelb, bei deren Anwesenheit jedoch tritt eine Reduktion ein: Die Mischung nimmt eine grünliche, bei bedeutenden Zusätzen eine smaragdgrüne Färbung an. Durch Vergleich mit reinem Schmalz läßt sich der Unterschied zwischen Gelb und Grün leichter beobachten. Läßt man einige Minuten stehen, so scheidet sich die Flüssigkeit in zwei Schichten; die untere (Chloroform) erscheint wasserhell, während die obere grün gefärbt ist. Man vermeide niedere Temperaturen, damit sich das Fett nicht in festem Zustand wieder abscheidet. Macht man die saure Mischung mit Ammoniak alkalisch, so geht die grüne Farbe in Blau über, dessen Intensität der vorherigen Grünfärbung entspricht. Ein nur schwach blauer Schimmer ist unberücksichtigt zu lassen."

H. Serger[2] hat statt des Welmansschen ein anderes zusammengesetztes Molybdänreagens zum Nachweise von Pflanzenölen empfohlen. Es wird in der Weise hergestellt, daß man kurz vor der Untersuchung des Fettes in einem Zylinder mit Glasstopfen 10 ccm konzentrierter Schwefelsäure einfüllt, dann 0,1 g feingepulvertes Natriummolybdat hinzugibt und 2 Minuten tüchtig schüttelt. Nach 5 Minuten ist das Reagens verwendbar, dagegen ist es länger als $^1/_2$—1 Stunde nach der Herstellung nicht mehr zuverlässig. Zur Ausführung der Reaktion werden 5 g Fett oder Öl in einem starkwandigen, mit Glasstopfen verschließbaren graduierten Reagensglase in 10 ccm Äther durch Schwenken gelöst. Darauf wird die ätherische Lösung mit 1 ccm des Reagenzes vorsichtig durch Schräghalten des Rohres unterschichtet, worauf man ganz kurz, aber kräftig durchschüttelt. Bei Gegenwart von Pflanzenölen zeigt die untere Schicht eine nach 15 Minuten zu beurteilende grüne bis blaue Färbung. Die Empfindlichkeit liegt bei etwa 2%.

Die Welmans-Reaktion steht der von Bellier (S. 427) an Zuverlässigkeit nach. Für Talg und Oleomargarin ist sie nicht verwendbar.

d) Cocos-, Palmkern- und ähnliche Fette. Bei Gegenwart dieser Fette zeigt die Gesamtzahl der niederen Fettsäuren (S. 79), die bei frischem Schweinefett 0 beträgt, einen deutlichen Anstieg. Da dieser Anstieg aber bei Palmkernfett geringer ist als bei Cocosfett, empfiehlt sich eine Ergänzung des Befundes durch Bestimmung der Verseifungszahl, die bei reinem Schweinefett im Mittel 197 beträgt, und Berechnung der Laurinsäurezahl und damit des Gehaltes an Cocosfett und Palmkernfett.

Zu beachten ist, daß stark ranziges Schweineschmalz ebenfalls eine erhöhte Gesamtzahl und erhöhte andere Kennzahlen auf Verdorbenheit aufweist, es kann dann aber nach den S. 299 beschriebenen Verdorbenheitsreaktionen erkannt werden. Bei Gegenwart von Butterfett kann die Gesamtzahl auch dadurch bedingt sein. In diesem Falle bestimmt man außerdem die Buttersäurezahl und berechnet den Butter- und Cocosfettgehalt nach S. 90.

---

[1] Welmans: Pharm. Ztg. 1891, **36**, 798; 1892, **37**, 7; Zeitschr. öffentl. Chem. 1900, **6**, 127.
[2] H. Serger: Chem.-Ztg. 1911, **35**, 581. — Vgl. Utz: U. 1912, **19**, 72.

e) **Baumwollöl, Sesamöl und Erdnußöl.** Baumwollsamenöl und -stearin enthaltendes Schweinefett gibt die HALPHEN-Reaktion (S. 458) auf Baumwollsamenöl, und Sesamöl enthaltendes die BAUDOUIN- und SOLTSIEN-Reaktion (vgl. S. 477) auf Sesamöl. Erdnußöl erkennt man an dem Gehalt an Arachinsäure und Lignocerinsäure (vgl. S. 169).

f) **Rinds- und Hammeltalg.**
α) **Krystallisationsversuch.** Wie zuerst M. C. HUSSON[1] angegeben hat, erhält man bei der Krystallisation von Schweinefett und Rindsfett aus einem Gemisch von Glycerin, Alkohol und Äther verschieden geformte Krystalle, bei Rindsfett Nadeln, die von einem Punkte aus nach allen Richtungen gehen, bei Schweinefett polyedrische Schüppchen. Das Verfahren ist von vielen Untersuchern nachgeprüft worden, vgl. O. METZGER, H. JESSER und K. HEPP[2] sowie H. KREIS und A. HAFNER[3]. Es beruht auf der

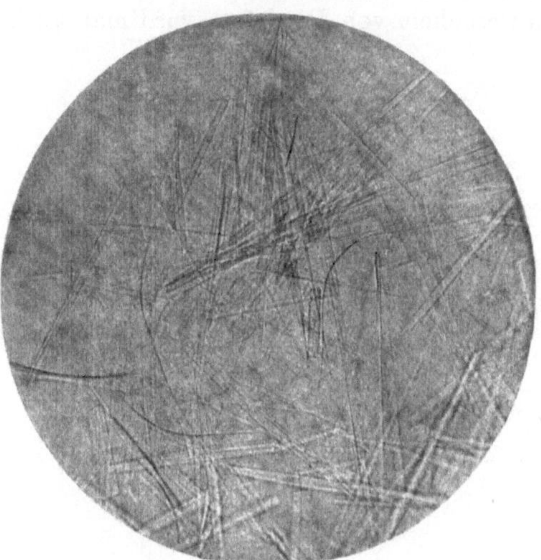

Abb. 33. Palmitodistearin aus Schweinefett.

Verschiedenheit der schwerstlöslichen Glyceride in beiden Fetten. Obwohl nach O. HEHNER und C. A. MITCHELL[4] sowie nach A. GOSKE[5] die Ausbildung der Krystalle je nach Härte des Fettes etwas verschieden ist, ist das Krystallisationsverfahren die geeignetste Vorprobe für den Nachweis von Talg.

Eine geeignete Vorschrift für die Probe hat GOSKE[6] angegeben, die nach dem Schweizer Lebensmittelbuch[7] wie folgt abgeändert wurde:

2 g geschmolzenes Fett werden im 50-ccm-Erlenmeyerkölbchen in 20 ccm Äther gelöst und mindestens 12 Stunden bei niederer Temperatur stehengelassen. Wenn sich Krystalle abgeschieden haben, wird der Äther abgegossen und der Rückstand unter Öl bei etwa 30facher Vergrößerung untersucht.

Abb. 34. Palmitodistearin aus Hammeltalg.

Rinds- und Hammelfett krystallisieren stets in zu Büscheln angeordneten, spitzen, meist gebogenen Nadeln (Pferdeschweifform) (Abb. 34), Schweinefett

---

[1] M. C. HUSSON: Journ. Pharm. Chim. 1878 **27** (4), 100.
[2] O. METZGER, H. JESSER u. K. HEPP: Pharm. Zentralh. 1912, **53**, 99.
[3] H. KREIS u. A. HAFNER: Z. 1904, **7**, 641.
[4] O. HEHNER u. C. A. MITCHELL: Journ. Amer. Chem. Soc. 1897, **19**, 32.
[5] A. GOSKE: Chem.-Ztg. 1895, **19**, 1034. [6] A. GOSKE: Chem.-Ztg. 1892, **16**, 1560 u. 1597.
[7] Schweizerisches Lebensmittelbuch, 4. Aufl., S. 81. Bern 1937.

wird in der Regel in Tafeln mit schief abgeschnittenen Enden (Abb. 33) erhalten. Es ist aber zu beachten, daß auch reines Schweinefett in nadelähnlichen Krystallen erscheinen kann. Es empfiehlt sich deshalb, in zweifelhaften Fällen die Krystallisation mit 0,5 und 1 g Fett in 20 ccm Äther zu wiederholen. Bei Anwesenheit von Rindsfett wird man auch mit 0,5 g noch eine Krystallisation erhalten, während reines Schweinefett in diesen Mengen in der Regel nicht mehr krystallisiert.

Weitere Abbildungen der Krystalle findet man bei Kreis und Hafner. Vgl. auch H. Dunlop[1].

β) Differenzzahlverfahren nach E. Polenske[2]. Das Verfahren beruht auf der von E. Polenske gemachten Beobachtung, daß die Temperaturdifferenz zwischen den Schmelzpunkten und den Erstarrungs- (oder richtiger Trübungs-) Punkten bei Schweinefett und Talg verschieden groß ist. Die Differenz beträgt beim Schweinefett 19—21⁰, bei Talg dagegen nur 12,8—15⁰. Mit dem Verfahren lassen sich etwa 15% Talg in Schweinefett nachweisen.

A. Bömer und R. Limprich[3] haben das Polenske - Verfahren theoretisch begründet, indem sie nachwiesen, daß es auf der Verschiedenheit der Glyceride des Schweinefettes und der Talge beruht, und

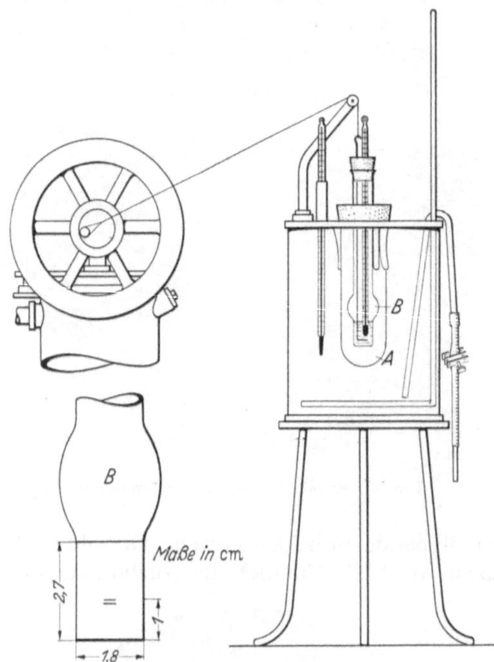

Abb. 35. Apparat zur Bestimmung des Erstarrungspunktes. (Nach Polenske.)

zwar im wesentlichen auf dem verschiedenen Verhalten des β-Palmitodistearins des Schweinefettes mit der Differenzzahl 18,4 und des α-Palmitodistearins der Talge mit der Differenzzahl 11,8.

Um brauchbare Ergebnisse zu erhalten, ist es notwendig, die Bestimmung des Schmelz- und Erstarrungspunktes genau in folgender Weise auszuführen:

Vorbereitung der Fettproben. Das Fett muß vollkommen klar und wasserfrei sein; dies erreicht man dadurch, daß 20—25 ccm des filtrierten klaren Fettes in einem Reagensglase ¹/₂ Stunde lang in einem Glycerinbade auf 102—106⁰ erhitzt werden und daß während dieser Zeit durch das Fett ein langsamer, sorgfältig getrockneter Kohlensäurestrom geleitet wird.

Bestimmung des Schmelzpunktes. Die zu verwendenden U-förmigen Capillaren sollen einen Durchmesser von 1,4—1,5 mm haben; sie werden aus einem leichtschmelzenden Glasrohr von etwa 1 mm Wandstärke und 1,2 cm lichter Weite durch Ausziehen hergestellt. Bei der Füllung der Capillaren wird der eine Schenkel so tief in das geschmolzene Fett eingetaucht, bis die eingedrungene Fettsäule etwa 2 cm lang ist; sie wird durch Eintauchen der Capillare in Wasser von 80⁰ in beide Schenkel gleichmäßig verteilt und darauf sofort in Eiswasser zum Erstarren gebracht. Von jeder Fettprobe werden 4—6 derartig beschickte Capillaren in einer kleinen Blechbüchse 22—24 Stunden lang unmittelbar auf Eis gelegt; erst dann ist der Schmelzpunkt zu bestimmen. Zu jeder Bestimmung können gleichzeitig zwei äußerlich sorgfältig gereinigte Capillaren verwendet werden; sie werden an einem in Fünftelgrade geteilten Anschütz-Thermometer (Gradeinteilung + 10 bis + 80⁰) zugleich

[1] H. Dunlop: Journ. Soc. chem. Ind. 1906, 25, Nr. 10.
[2] E. Polenske: Arb. kaiserl. Gesundh.-Amt 1907, 26, 444; 1908, 29, 272; Z. 1907, 14 758—762; 1909, 17, 281.
[3] A. Bömer u. R. Limprich: Z. 1913, 26, 559.

mit einer Kontrollcapillare mit hellfarbigem klarem Öl befestigt. Als Wärmebad dient ein 350 ccm fassendes Becherglas mit einer Mischung von 200 ccm Glycerin und 100 ccm Wasser, die eine Anfangstemperatur von 20^0 haben soll; die Quecksilberkugel soll sich in der Mitte der vollkommen klaren Flüssigkeit befinden und diese unter beständiger Benutzung eines Glasrührers allmählich in der Weise erwärmt werden, daß die Temperatur anfangs etwa 2^0 in der Minute, von etwa 5^0 unter dem Schmelzpunkte an, aber nur etwa $^3/_4{}^0$ in der Minute steigt. Die Beobachtung des Schmelzpunktes soll bei hellem Tageslicht vor einem Fenster im durchfallenden Lichte und gegen einen etwa 15 cm hinter dem Becherglase angebrachten dunklen Hintergrund erfolgen. Als Schmelzpunkt ist derjenige Temperaturgrad zu bezeichnen, bei dem die letzte opalisierende Trübung der ganzen Fettsäule eben verschwindet und das Fett die Klarheit des Öles in der Kontrollcapillare angenommen hat. Zuweilen sind die beiden Enden der Fettsäulchen (bis zu etwa 1 mm Länge), die mit der Luft in Berührung gestanden haben, infolge Oxydation schwerer schmelzbar als die übrige Fettschicht; in solchen Fällen ist nur der Schmelzpunkt der letzteren maßgebend. Auch wenn in beiden Capillaren der Schmelzpunkt der gleiche ist, muß man den Versuch dennoch wiederholen und ist die sich aus 6 Bestimmungen, die nicht mehr als $0,3^0$ voneinander abweichen dürfen, ergebende Mittelzahl als maßgebender Schmelzpunkt anzusehen; sind die Abweichungen größer, so sind neue Capillaren herzustellen und die Bestimmungen zu wiederholen.

Bestimmung des Erstarrungspunktes. Der verwendete Apparat[1] (Abb. 35) gleicht in seiner Anordnung dem BECKMANN-Apparat zur Bestimmung der Gefrierpunktserniedrigung. Das Kühlgefäß A füllt man bis fast zum Rande mit klarem Wasser von derjenigen Temperatur, die für die betreffenden Untersuchungen vorgeschrieben ist, nämlich beim Nachweise von Talg in Schweineschmalz 18^0, beim Nachweise von Schweineschmalz in Gänseschmalz und Butter 16^0[2]. Der Gang des Luftmotors[3] ist so einzustellen, daß der Rührer in dem Erstarrungsgefäß 180—200mal in der Minute gehoben wird. Darauf wird das Erstarrungsgefäß bis zu der 2,7 cm über dem Boden befindlichen Strichmarke mit dem etwa 15^0 über den Schmelzpunkt erwärmten Fett[4] angefüllt; alsdann wird der Kork mit Thermometer und Rührer eingesetzt und das Erstarrungsgefäß in der Weise in dem mit einem abgerundeten Boden versehenen Luftmantel[5] befestigt, daß, wenn sich der Quecksilberbehälter des Thermometers zwischen den 1 cm oberhalb des Bodens des Erstarrungsgefäßes befindlichen beiden geschwärzten waagerechten Parallelstrichen und der 2,7 cm vom Boden desselben Gefäßes angebrachten Einfüllmarke befindet, der Teilstrich + 50^0 des Thermometers noch unterhalb des Korkes sichtbar ist und nicht über den Wasserspiegel des Kühlgefäßes hinausreicht. Ist dies geschehen, so wird der aus einem 2 mm starken Nickeldrahte bestehende Rührer in Bewegung gesetzt. Dieser ist durch einen starken Zwirnfaden so mit dem Motorrade verbunden, daß er bei jeder Umdrehung um etwa 2 cm gehoben wird; er darf weder den Boden des Erstarrungsgefäßes berühren, noch sich so weit der Oberfläche des Fettes nähern, daß beim Rühren Luftblasen in das Fett gelangen. Die Bestimmung ist bei Tageslicht auszuführen, und zwar durch Beobachtung bei durchfallendem Licht und gegen einen weißen Hintergrund, der durch ein an der Außenwand des Kühlgefäßes befestigtes Stück weißen Papiers von der Größe eines Kartenblattes gebildet wird. Wenn sich die Temperatur des Fettes dem Erstarrungspunkte nähert, macht sich zuerst eine schwache Opalescenz des Fettes bemerkbar, die sich bei Talg sehr schnell, dagegen bei Schweineschmalz weniger schnell und bei Gänsefett und Butter noch langsamer bis zu dem Trübungspunkte, der als Erstarrungspunkt gilt, verstärkt. Als Erstarrungspunkt des Fettes ist demnach die Temperatur zu bezeichnen, bei der die Trübung des Fettes so weit vorgeschritten ist, daß die beiden Parallelstriche an der Hinterwand des Erstarrungsgefäßes nicht mehr als getrennt sich unterscheiden lassen, sondern verschwommen zusammenhängend erscheinen. Wenn bei der Wiederholung des Versuches, bei der das Fett wieder etwa 14^0 über seinen Schmelzpunkt erwärmt und vollständig geschmolzen sein muß, beide Ergebnisse nicht um mehr als $0,2^0$ voneinander abweichen, so ist das Mittel aus beiden Bestimmungen zu ziehen, im anderen Falle ist dieses von 3—4 Bestimmungen zu nehmen.

---

[1] Der Apparat nebst Zubehör wird von der Firma Paul Altmann in Berlin NW, Luisenstr. 47, geliefert.

[2] K. FISCHER und K. ALPERS (Z. 1909, **17**, 181) empfehlen die Temperatur 16^0 der Kühlflüssigkeit auch für die Untersuchung von Oleomargarin.

[3] Zu beziehen von Louis Heinrici in Zwickau.

[4] Das Fett muß durch halbstündiges Erwärmen in einem Glycerinbade auf 102—103^0 unter Durchleiten eines trockenen Kohlensäurestromes vollkommen wasserfrei gemacht sein, da wasserhaltige Fette eine wesentlich höhere Trübungstemperatur zeigen.

[5] Um die sich im Luftmantel oft ansammelnde störende Feuchtigkeit zu beseitigen, gibt man 1 ccm konzentrierte Schwefelsäure hinein.

Schwankungen der Differenzzahl bei verschiedenen Fetten. E. Polenske, ferner K. Fischer und K. Alpers[1], O. Mezger, H. Jesser und K. Hepp[2], L. Laband[3] sowie A. Bömer und R. Limprich[4] fanden für reine Fette folgende Zahlen:

Tabelle 123.

Art des Fettes	Schmelzpunkt °	Erstarrungspunkt (bei 18°) °	Differenzzahl
Schweineschmalz	42,2—50,6	22,8—31,3	18,2—21,7
Rindstalg	41,2—52,3	28,4—38,6	12,8—14,9
Hammeltalg	47,8—54,9	23,8—38,0	13,0—16,9
Premier jus	46,5—49,7	32,0—35,2	14,4—14,6
Kalbsfett	40,0—44,0	27,0—30,0	12,3—14,2
Oleomargarin	30,2—39,8	19,0—26,3	11,2—15,5
Preßtalg	54,2—56,0	41,5—43,5	12,5—12,7
Butterfett	34,5—35,5	21,2—22,7	11,8—14,5
Pferdefett	33,0—35,3	18,0—19,0	15,0—16,3
Gänsefett	32,2—38,3	17,5—22,0 (bei 16°)	14,0—16,7
Cocosfett	24,5—26,0	19,0—22,5	4,8—6,0°
Sheabutter	45,0	25,0	20,0°
Borneotalg	48,5	40,0	8,5°

K. Fischer und K. Alpers[5] haben bei selbst ausgelassenem Schweinespeckfett die Differenzzahl 21,78 gefunden; sie halten das Verfahren für den Nachweis gröberer Verfälschungen von Schweinefett mit Talg für geeignet, nicht dagegen für den Nachweis von Schweinefett in Butter; zu dem gleichen Ergebnisse gelangte L. Laband[3]. A. Bömer und R. Limprich[4] fanden bei Schweinefettgemischen mit 10% Talg Differenzzahlen von 18,6—20,1, und bei solchen mit 20% Talg Differenzzahlen von 17,4—19,0; diese Zusatzmengen waren also noch nicht nachweisbar.

γ) Verfahren von A. Bömer und R. Limprich[6]. Das Verfahren beruht auf der Verschiedenheit der Glyceride der gesättigten Fettsäuren im Schweinefett einerseits und im Rinds- und Hammeltalg anderseits. Diese Glyceride bestehen bei Rinds- und Hammeltalg aus Tristearin, α-Palmitodistearin[8] und einem Stearodipalmitin, beim Schweinefett dagegen aus β-Palmitodistearin[8] und einem Stearodipalmitin. Die Schmelzpunkte dieser Glyceride und der aus ihnen erhaltenen Fettsäuren sind nach Bömer[7] folgende:

---

[1] K. Fischer u. K. Alpers: **Z.** 1909, **17**, 181.
[2] O. Mezger, H. Jesser u. K. Hepp: Pharm. Zentralh. 1912, **53**, 99.
[3] L. Laband: **Z.** 1909, **18**, 289.
[4] A. Bömer u. L. Limprich: **Z.** 1913, **25**, 367.
[5] K. Fischer u. Alpers: **Z.** 1909, **17**, 181.
[6] A. Bömer u. R. Limprich: **Z.** 1913, **26**, 559.
[7] A. Bömer: **Z.** 1907, **14**, 90; 1909, **17**, 353; 1913, **25**, 321.
[8] Die ursprüngliche Annahme von Bömer, daß das Palmitodistearin des Rinds- und Hammeltalges die β- und das des Schweinefettes die α-Verbindung sei, gründete sich auf die synthetische Darstellung des β-Glycerids nach dem Verfahren von Guth, welche ein Glycerid von ähnlichen Eigenschaften, insbesondere mit gleichem Schmelzpunkt lieferte, wie ihn das Palmitodistearin aus Rinds- und Hammeltalg besitzt. Nachdem durch Untersuchungen von C. Amberger und A. Wiesehahn (**Z.** 1923, **46**, 291), welche die Synthese des Palmitodistearins nach dem neuen verfeinerten Verfahren von E. Fischer (Ber. Deutsch. Chem. Ges. 1920, **53**, 1589) ausführten, nachgewiesen ist, daß das höher schmelzende Glycerid die β-Verbindung ist und die gegenteilige Beobachtung bei dem nach Guth dargestellten Palmitodistearin nach E. Fischer auf die bei diesem Verfahren eintretende Umesterung der Glyceride zurückzuführen ist, besteht die Wahrscheinlichkeit, daß entgegen der ursprünglichen Annahme von Bömer das Palmitodistearin des Rinds- und Hammeltalges die α-Verbindung und das des Schweinefettes die β-Verbindung ist. Dies ändert jedoch nichts an der Grundlage und Brauchbarkeit des Verfahrens.

Tabelle 124.

Bezeichnung der Glyceride		Schmelzpunkt der Glyceride (korr.) (S_y)	Schmelzpunkt der Fettsäuren daraus (korr.) (S_g)	Schmelzpunkts-differenz $(d = S_g — S_g)$
		0	0	0
Glyceride des Schweinefettes	β-Palmitodistearin . . .	68,5	63,3	5,2
	Stearodipalmitin	58,2	55,2	3,0
Glyceride der Talge	Tristearin	73,0	70,5	2,5
	α-Palmitodistearin . . .	63,3	63,2	0,1
	Stearodipalmitin	57,5	55,7	1,8

Wie diese Zusammenstellung zeigt, weisen die Schmelzpunkte der Glyceride aus Schweinefett einerseits und den Talgen anderseits sowie die der aus ihnen dargestellten Fettsäuren wesentliche Verschiedenheiten auf. Namentlich ist die Differenz zwischen den Schmelzpunkten des α- und β-Palmitodistearins und der aus beiden dargestellten Fettsäurengemische sehr groß; sie beträgt beim Palmitodistearin aus Schweinefett 5,2° und beim Palmitodistearin aus den Talgen nur 0,1°. Auf dieser Verschiedenheit beruht das Verfahren zum Nachweise von Rinds- und Hammeltalg in Schweinefett[1]. Man stellt durch Umkrystallisieren aus Äther oder einem anderen geeigneten Fettlösungsmittel die unlöslichsten Glyceride dar, bestimmt deren Schmelzpunkt und vergleicht ihn mit dem Schmelzpunkt der aus denselben Glyceriden abgeschiedenen Fettsäuren; die Differenz dieser beiden Schmelzpunkte ist bei Schweinefetten wesentlich größer als bei Rinds- und Hammeltalgen.

Die Ausführung des Verfahrens[2], mit dem sich noch 5—10% Talg in Schweinefett erkennen lassen, ist folgende:

I. Darstellung der Glyceride. 50 g des geschmolzenen und klar [1³] filtrierten Fettes werden in einem Becherglase von etwa 150 ccm Inhalt in 50 ccm Äther gelöst, und die Lösung, mit einem Uhrglase bedeckt, bei etwa 15° unter häufigem Umrühren der Krystallisation überlassen. Nach etwa einer Stunde wird der ausgeschiedene Krystallbrei mittels eines Trichters mit eingeschliffener WITT-Saugplatte und angepaßtem Papierfilter an der Saugpumpe abfiltriert, scharf abgesaugt und der Krystallbrei durch Aufpressen eines Uhrglases möglichst von der Mutterlauge befreit. Die Krystallmasse wird darauf wieder in dem vorher verwendeten Becherglase in 50 ccm Äther gelöst und in gleicher Weise der Krystallisation überlassen. Nach einer Stunde wird genau wie das erste Mal filtriert und der Krystallbrei wiederum möglichst von der Mutterlauge befreit [2]. Bei reinen Schweinefetten erhält man auf diese Weise meistens Glyceride, die bei 63—64° schmelzen, während bei talghaltigen Schweinefetten in der Regel Glyceride mit niedrigeren Schmelzpunkten erhalten werden.

Liegt jedoch der Schmelzpunkt unter 61°, so krystallisiert man, ehe zur Darstellung der Fettsäuren geschritten wird, zunächst nochmals bzw. so lange in derselben Weise aus Äther um, bis ein über 61° liegender Glyceridschmelzpunkt erhalten wird. In der Regel genügt aber ein zweimaliges Umkrystallisieren.

---

[1] Bei höheren Gehalten des Schweinefettes an Talg kann man diesen auch durch Darstellung des Tristearins der Talge nachweisen. — Vgl. Z. 1913, **26**, 566 und unten S. 569.

[2] Das Verfahren ist durch den preußischen Ministerialerlaß vom 6. Dezember 1915 (Gesetze und Verordnungen, betr. Nahrungs- und Genußmittel, Beilage zur Z. 1916, **8**, 26) für die Auslandsfleischbeschau amtlich vorgeschrieben. Da nur der Wortlaut der amtlichen Vorschrift von der Beschreibung des Verfahrens von A. BÖMER etwas abweicht, ist nur die letztere hier aufgeführt.

[3] Die Zahlen in den eckigen Klammern beziehen sich auf die nachfolgenden Erläuterungen (S. 568) zu dem Verfahren.

Liegen sehr oleinreiche, weiche Fette zur Untersuchung vor, die unter obigen Krystallisationsbedingungen keine oder nur eine geringe Ausscheidung von Krystallen liefern, so läßt man entweder noch $^1/_2$—1 Stunde bei niedrigerer Temperatur (etwa 5—10⁰) zur Krystallisation stehen oder man verwendet von vornherein statt des Äthers ein Gemisch von 3—4 Teilen Äther und 1 Teil Alkohol oder noch besser möglichst wasserfreies Aceton als Lösungs- und Krystallisationsmittel für das Fett. Falls man eines der beiden letzteren Krystallisationsmittel angewendet hat, wird stets eine zweite Krystallisation, und zwar am besten aus Äther vorgenommen, um die oleinhaltigen Glyceride sicher zu entfernen.

II. **Darstellung der Fettsäuren.** Aus einem kleinen Teile der nach I gewonnenen Glyceride werden die Fettsäuren dargestellt. Es kommt hierbei besonders darauf an, daß der Teil der Glyceride, welcher zur Abscheidung der Fettsäuren verwendet wird, vollkommen gleich zusammengesetzt ist, wie der Teil der Glyceride, welcher selbst auf seinen Schmelzpunkt untersucht werden soll. Man verreibt daher etwa 0,1—0,2 g der nach I gewonnenen Glyceride zunächst in einem kleinen Mörser zu einem vollkommen gleichmäßigen Pulver und verseift etwa die Hälfte davon in einem bedeckten kleinen Bechergläschen mit 10 ccm farbloser alkoholischer, etwa $^1/_2$ N.-Kalilauge 5—10 Minuten lang auf einer Asbestplatte unter lebhaftem Sieden. Darauf führt man die Seifenlösung mit etwa 100 ccm Wasser in einen Scheidetrichter über, zersetzt darin die wäßrige Seifenlösung, die vollkommen klar sein muß, mit etwa 2—3 ccm 25%iger Salzsäure und schüttelt mit etwa 25 ccm Äther aus. Nach vollkommener Trennung der Schichten läßt man die wäßrige Lösung ab, wäscht die Ätherlösung zweimal mit etwa 25 ccm Wasser und filtriert sie durch ein trockenes Papierfilterchen in eine kleine Glasschale oder ein kleines Becherglas. Darauf verdunstet man den Äther auf dem Wasserbade und trocknet die Fettsäuren etwa $^1/_2$—1 Stunde im Wasserdampftrockenschrank oder im Lufttrockenschrank bei etwa 100⁰. Die nach dem Abkühlen erstarrten Fettsäuren [3] zerdrückt man in dem Schälchen mit einem kleinen Pistill oder im Bechergläschen mit einem Messer oder Spatel zu einem feinen gleichmäßigen Pulver.

III. **Bestimmung der Schmelzpunkte.** Um zuverlässige Ergebnisse zu erhalten, ist es unbedingt erforderlich, daß die Bestimmung des Schmelzpunktes der Glyceride und der zugehörigen Fettsäuren [3] unter vollkommen gleichen Bedingungen erfolgt; dies erreicht man am besten dadurch, daß man die Schmelzpunktbestimmung beider Substanzen gleichzeitig ausführt. Man kann sich hierfür zweckmäßig der von Bömer[1] vorgeschlagenen Einrichtung bedienen. Man bringt dabei die Glyceride und die zugehörigen Fettsäuren, in zwei U-förmige Schmelzröhrchen von gleicher — $^3/_4$ mm — lichter Weite und gleicher Wandstärke, indem man die Substanz mittels eines Platindrahtes von entsprechender Stärke durch die trichterförmige Erweiterung des einen Schenkels des Schmelzröhrchens einführt und etwa $^1/_2$—1 cm von der unteren Biegung zu einem festen Säulchen von etwa 2—3 mm Länge zusammenschiebt. Die in dieser Weise beschickten beiden Schmelzröhrchen werden mit ihrem anderen Schenkel mittels eines schmalen, aus dünnem Gummischlauch geschnittenen Ringes rechts und links des Thermometers so befestigt, daß die Substanz sich in beiden Röhrchen neben der Mitte des Quecksilberkörpers des Thermometers befindet. Durch ständiges Umrühren des Wärmebades mit dem beweglich aufgehängten Thermometer wird für eine gleichmäßige Erwärmung Sorge getragen und dabei die Erwärmung so geregelt, daß von etwa 50⁰ an die Temperatur nur etwa $1^1/_2$—2⁰ in der Minute steigt. Als Schmelzpunkte sind diejenigen Temperaturen

---

[1] Bömer: Vgl. S. 14.

anzusehen, bei welchen die Fettsäulchen vollkommen [4] klar geworden sind. Es empfiehlt sich, unter allen Umständen die Schmelzpunktsbestimmungen mit neuen Substanzmengen in derselben Weise zu wiederholen [5]. Das Mittel zweier gut übereinstimmenden [6] Bestimmungen ist der Beurteilung der Fette zugrunde zu legen.

IV. Beurteilung der Ergebnisse. Für die Beurteilung der Reinheit eines Schweinefettes eignen sich in erster Linie die nach I dargestellten Glyceride mit den Schmelzpunkten von 61—65°.

Ein Schweinefett ist als mit Talg (Rindstalg, Hammeltalg, Preßtalg) — oder anderen Fetten [7], welche ähnliche Schmelzpunktsdifferenzen wie die Talge aufweisen — vermischt zu bezeichnen, wenn die Schmelzpunktsdifferenz (d) zwischen dem Schmelzpunkte des Glycerids (S_g) und dem der daraus dargestellten Fettsäuren (S_f) unterhalb folgender Grenzwerte liegt.

Tabelle 125. Korrigierte Schmelzpunkte.

Glyceridschmelzpunkt (S_g)	Schmelzpunktsdifferenz (d)	Glyceridschmelzpunkt (S_g)	Schmelzpunktsdifferenz (d)	Glyceridschmelzpunkt (S_g)	Schmelzpunktsdifferenz (d)	Glyceridschmelzpunkt (S_g)	Schmelzpunktsdifferenz (d)
61,0	5,0	62,0	4,5	63,0	4,0	64,0	3,5
61,1	4,95	62,1	4,45	63,1	3,95	64,1	3,45
61,2	4,9	62,2	4,4	63,2	3,9	64,2	3,4
61,3	4,85	62,3	4,35	63,3	3,85	64,3	3,35
61,4	4,8	62,4	4,3	63,4	3,8	64,4	3,3
61,5	4,75	62,5	4,25	63,5	3,75	64,5	3,25
61,6	4,7	62,6	4,2	63,6	3,7	64,6	3,2
61,7	4,65	62,7	4,15	63,7	3,65	64,7	3,15
61,8	4,6	62,8	4,1	63,8	3,6	64,8	3,1
61,9	4,55	62,9	4,05	63,9	3,55	64,9	3,05
						65,0	3,0

Da diese Zahlenreihen arithmetische Progressionen darstellen, von denen die eine (S_g) steigt und die andere (d) fällt und außerdem die Differenz zweier aufeinanderfolgenden Glieder bei d nur halb so groß ist als bei Sg, so erhält man für die Summe $S_g + 2\,d$ von je zwei zusammengehörigen Werten S_g und d stets den gleichen Wert, und zwar im vorliegenden Falle den Wert 71.

Da sich die zusammengehörigen Zahlen der vorstehenden Tabelle nur schwierig dem Gedächtnis einprägen, so ist es bei der praktischen Anwendung des Verfahrens im Laboratorium am zweckmäßigsten, den Wert $S_g + 2\,d$ zu berechnen — wobei d einschließlich Vorzeichen in Rechnung zu setzen ist — und nach diesem zu beurteilen, ob ein reines Schweinefett vorliegt oder nicht. Dagegen empfiehlt es sich, in den Untersuchungsberichten den Schmelzpunkt des Glycerids und der Fettsäuren, sowie die Schmelzpunktsdifferenz selbst anzugeben.

Für die bei 61—65° schmelzenden Glyceride aus reinen und mit Rinds-, Hammel- und Preßtalg vermischten Schweinefetten verschiedener Art wurden z. B. folgende Werte für $S_g + 2\,d$ gefunden:

Tabelle 126. $S_g + 2\,d$ bei Fetten.

Fett	$S_g + 2\,d$	Fett	$S_g + 2\,d$ 10%	$S_g + 2\,d$ 20%
Schweinefett (16 Proben)	73,4—78,1	Schweinefette mit Zusatz von { Rindstalg .	67,7—75,4	65,3—73,9
Rindstalg (2 Proben) . .	62,8—67,0	Hammeltalg	67,9—70,1	64,0—66,0
Hammeltalg (1 Probe) .	63,9—66,0	Preßtalg . .	64,4—66,0	63,9—66,2
Preßtalg (1 Probe) . . .	65,6—67,0			

Liegt der Wert für $S_g + 2\,d$ nur wenig über oder unter 71, so empfiehlt es sich, den Rest der Glyceride nochmals [8] aus Äther umzukrystallisieren und die so erhaltenen Glyceride in derselben Weise wie vorher durch Darstellung der Fettsäuren und Bestimmung der Schmelzpunkte zu untersuchen; wird jetzt der Wert $S_g + 2\,d$ unter 71 gefunden, so ist ein Zusatz von Talg oder einem ähnlich verhaltenden Fett als erwiesen anzusehen.

M. Vitoux und M. C. F. Muttelet[1] haben als Grenzwert (in der vorstehenden Ausdrucksweise) für französische Schweinefette $S_g + d = 68$ vorgeschlagen, in dem Sinne, daß ein kleinerer Wert als 68 Verfälschung anzeige. A. Bömer und B. Hagemann[2] weisen jedoch darauf hin, daß hierdurch die Urteilssicherheit durch Aufgabe eines wegen natürlicher Schwankungen erforderlichen Sicherheitsabstandes gegenüber dem Grenzwert $S_g + 2\,d = 71$ beeinträchtigt wird.

Für die Beurteilung der Reinheit eines Schweinefettes am geeignetsten sind Glyceride vom Schmelzpunkt $61—65^0$ (korr.). Bei zwischen 60 und 61^0 schmelzenden Glyceriden ist ein Talggehalt als erwiesen anzusehen, wenn die Schmelzpunktsdifferenz unter 5 und bei über $65—68,5^0$ schmelzenden Glyceriden, wenn sie unter 3 liegt [9].

V. Verbindung des Verfahrens mit der Phytosterinacetatprobe. In dem Filtrate von der ersten Glyceridkrystallisation ist außer dem größten Teil der oleinhaltigen Glyceride auch fast die Gesamtmenge der Sterine (Cholesterin und Phytosterine) vorhanden, man kann es daher — allein oder auch zusammen mit dem zweiten Filtrate — zur Untersuchung auf Pflanzenfette mittels der Phytosterinacetatprobe verwenden. Zu dem Zwecke destilliert man den Äther oder das sonst verwendete Krystallisationsmittel ab, verseift den Rückstand und verfährt weiter nach der bei der Phytosterinacetatprobe maßgebenden Vorschrift. Auf diese Weise sind für die Prüfung des Schweinefettes auf Pflanzenfette und auf Talg im ganzen nur 50 g Substanz erforderlich.

Hat die Untersuchung nach IV für $S_g + 2\,d$ einen Wert unter 71 ergeben, so kann dieser Befund außer durch die Gegenwart von Talg (Rinds- und Hammeltalg bzw. Preßtalg) auch durch eine solche von gehärteten Ölen (Pflanzenölen und Seetierölen[3]) bedingt sein; es ist daher in diesem Falle stets die Phytosterinacetatprobe mit dem neuen Verfahren zu verbinden, um auf diese Weise ein möglichst zuverlässiges Urteil über die Art des in dem Schweinefett vorhandenen Fremdfettes zu gewinnen.

Erläuterung zu vorstehendem Verfahren.

1. Die Fette müssen vollkommen klar in dem Lösungsmittel (Äther, Aceton usw.) löslich sein, weil sich andernfalls selbst geringe Trübungen in den ausgeschiedenen Glyceriden konzentrieren und daher unter Umständen die genaue Bestimmung des Schmelzpunktes der Glyceride stören. Vgl. auch unter 4.

2. Falls nach der ersten Krystallisation der Krystallbrei nicht schmierig, sondern trocken und körnig ist, bedarf es der zweiten Krystallisation nicht, sondern es genügt zur Befreiung der Krystalle von der anhaftenden oleinhaltigen Mutterlauge, wenn man die auf dem Filter befindlichen Glyceride in das Becherglas zurückbringt, 50 ccm Äther hinzugibt, die Glyceride mit einem Glasstabe in dem Äther gut verteilt, etwa 5—10 Minuten unter öfterem Umrühren stehen läßt und alsdann die Glyceride in derselben Weise wie nach der ersten Krystallisation abfiltriert und möglichst von der Mutterlauge befreit.

3. Die Bestimmung der Schmelzpunkte erfolgt zweckmäßig unmittelbar nach der Trocknung der Fettsäuren. Falls dies nicht möglich ist, müssen die Fettsäuren in einem ammoniakfreien Raume — am besten im Exsiccator über Schwefelsäure — aufbewahrt werden, da andernfalls infolge Bildung von Ammoniakseifen ihr Schmelzpunkt außerordentlich stark erhöht werden kann.

---

[1] M. Vitoux u. M. C. F. Muttelet: Ann. Falsif. Fraudes 1920, 13, 593; 1921, 14, 86.

[2] A. Bömer u. B. Hagemann: U. 1938, 45, 473.

[3] Möglicherweise verhalten sich ähnlich wie die Rinds- und Hammeltalge sowie die gehärteten Öle auch noch andere feste Pflanzenfette, z. B. Mowrahbutter usw., die bisher noch nicht geprüft worden sind, vielleicht auch durch Hydrierung gehärtetes Schweinefett.

4. Auch die nach dem Schmelzen der Hauptmenge der Fettsäuren etwa noch vorhandenen mehr oder minder schwachen wolkigen Trübungen der im übrigen geschmolzenen Glyceride und Fettsäuren müssen vollkommen verschwunden sein. Dagegen hüte man sich, die in dem geschmolzenen Fett und den Fettsäuren unter Umständen vorhandenen zahlreichen kleinsten Luftbläschen als Trübungen anzusehen.

5. Zu den Bestimmungen der Glyceridschmelzpunkte dürfen nur aus Lösung krystallisierte Glyceride verwendet werden; es ist unter keinen Umständen zulässig, bereits geschmolzen gewesene und aus dem Schmelzfluß wieder erstarrte Glyceride nochmals zu den Schmelzpunktsbestimmungen zu verwenden.

6. Die Übereinstimmung beider Bestimmungen ist eine hinreichende, wenn die Schmelzpunkte bei den Glyceriden und Fettsäuren je nicht mehr als 0,2⁰ und die Schmelzpunktsdifferenzen zwischen den jedesmal gleichzeitig ausgeführten Bestimmungen nicht mehr als 0,1⁰ voneinander abweichen; bei größeren Abweichungen ist eine dritte gleichzeitige Bestimmung der Schmelzpunkte von Glycerid und Fettsäuren auszuführen.

7. Solche Fette, welche ähnliche Schmelzpunktsdifferenzen aufweisen wie die Talge, sind z. B. die gehärteten Öle (Pflanzenöle und Trane).

8. Bei den immerhin verhältnismäßig geringen Unterschieden in den Schmelzpunktsdifferenzen bei reinen und mit Talg vermischten Schweinefetten empfiehlt es sich, wenn möglich stets noch eine weitere Krystallisation vorzunehmen und auch die hierbei erhaltenen Glyceride auf ihre Schmelzpunktsdifferenz zu untersuchen.

9. Oberhalb 68,5⁰ schmelzende Glyceride sind im Schweinefett nicht vorhanden. Wird daher bei häufigerem Umkrystallisieren ein Glyceridschmelzpunkt über 69,5⁰ oder ein Schmelzpunkt der Fettsäuren über 64,5⁰ gefunden, so beweisen derartige Werte, unabhängig von der Höhe der Schmelzpunktsdifferenz, die Gegenwart von Talgen. In beiden Fällen ist hier ein Sicherheitsabstand, und zwar in der Höhe von 1,0 bzw. 1,3⁰ von den beobachteten höchsten Werten für α-Palmitodistearin und dessen Fettsäuren gewählt worden.

Von F. J. Muschter und R. Smit[1] wurde angegeben, daß Gegenwart von freier Stearin- oder Palmitinsäure auch bei gefälschten Proben den Wert für $S_g + 2\,d$ über 71 erhöhen und dadurch eine Fälschung verdecken kann. Diese empfehlen daher die Probe ausschließlich am neutralisierten Fett mit weniger als 0,3% freier Säure vorzunehmen.

Nach eingehenden Versuchen von A. Bömer und B. Hagemann[2] aber mit Mischungen von Schweinefett und Schweinefett-Rinderfettmischungen, denen 20% Fettsäuren aus gehärtetem Erdnußöl oder 5% Fettsäuren aus Schweinefett zugesetzt waren, waren die Glyceride nach der dritten Krystallisation an sich säurefrei und ein Talgzusatz von 10% und darüber einwandfrei nachweisbar. Als Anhalt für die Freiheit der Glyceride von Fettsäuren erwies sich ein Schmelzpunkt der Glyceride von 62⁰.

H. Jesser[3] stellte fest, daß sog. Mickerfett sich bei der Probe genau wie Schweinefett verhält und keinen Talg vortäuscht. G. Wolff[4] hält die Schmelzpunktsdifferenz bzw. die Zahl 71 für $S_g + 2\,d$ nur dann für zuverlässig, wenn die aus Äther krystallisierten Glyceride den Schmelzpunkt 61⁰ haben; beim Schmelzpunkt 63⁰ genügt nach Wolff die Zahl 71 nicht zum Nachweise einer Verfälschung und muß für französische Verhältnisse 72 betragen.

Über den Nachweis von Pferdefett vgl. S. 576.

g) Nachweis von Paraffin und Mineralöl. Für den Nachweis kleiner und größerer Mengen Paraffin eignet sich besonders das S. 241 beschriebene Verfahren.

Für kleine Mengen, die zur Erschwerung der Ausführung der Phytosterinacetatprobe zugesetzt wurden, hat auch E. Polenske[5] ein Verfahren vorgeschlagen, das für diesen Zweck nach Einführung der Digitoninabscheidung der Sterine keine Bedeutung mehr hat (vgl. S. 256).

Bei der Prüfung auf Paraffinöl ist zu beachten, daß auch Fettalkohole und natürlich vorkommende Kohlenwasserstoffe (Squalen u. a.) aus den Ölen von Seetieren (vgl. S. 596) Paraffinöl vortäuschen können. Ihre Erkennung erfolgt

[1] F. J. Muschter u. R. Smit: Chem. Weekbl. 1926, 23, 284.
[2] A. Bömer u. B. Hagemann: U. 1938, 45, 473.
[3] H. Jesser: Zeitschr. angew. Chem. 1926, 39, 1551.
[4] G. Wolff: Chim. et Ind. 1932, 27, Sondernummer 3, 576; Z. 1937, 73, 286.
[5] E. Polenske: Arb. kaiserl. Gesundh.-Amt 1905, 22, 576; Z. 1905, 10, 559.

durch Prüfung auf Seetierfett nach Tortelli und Jaffe (S. 581) und bei gehärteten Ölen durch Nachweis der Isoölsäure nach S. 204. Squalen ist außerdem als stark ungesättigter Stoff durch die hohe Jodzahl 272 gekennzeichnet (vgl. auch S. 424).

h) Nachweis gehärteter Öle. Bei der selektiven Hydrierung von Pflanzen- und Seetierölen bleiben in den Erzeugnissen von der Konsistenz des Schweineschmalzes beträchtliche Mengen ungesättigter Säuren, insbesondere Elaidinsäuren (Isoölsäuren) zurück, die einerseits die Lichtbrechung erhöhen, anderseits durch Prüfung auf Isoölsäure nach S. 204 nachgewiesen werden.

Zu beachten ist, daß nach Fütterung mit isoölsäurehaltigen Fetten (Margarine, gehärteten Ölen) Isoölsäure als Bestandteil des Körperfettes abgelagert wird (A. D. Barbour[1]). Bei der üblichen Schweinemästung dürfte dieser Fall aber nur selten vorliegen.

Gehärtete Seetieröle werden dann weiter mittels der Reaktion von Tortelli und Jaffe (S. 581) erkannt.

Nach P. Buttenberg und J. Angerhausen[2] bietet zur Unterscheidung der gehärteten Seetieröle von tierischen schmalz- und talgartigen Fetten die Verseifungszahl (meist 190,9—194,1, Mittel 192,5; bei Körperfetten von Haustieren meist 194,4—198,5, Mittel 196,9) gewisse Anhaltspunkte. Doch kommen viele Ausnahmen dieser Regel vor (vgl. z. B. S. 589). Kennzeichnende Unterschiede zeigen deren Gehalte an Unverseifbarem und seine Zusammensetzung (vgl. S. 627).

Weitere Anhaltspunkte bietet der Nachweis höherer oder niederer Säurefraktionen nach S. 627.

Über den Nachweis gehärteter Öle auf Grund des Schmelzpunktes der Fettsäuren in Beziehung zur Jodzahl vgl. P. Schestakoff und P. Kuptschinsky[3].

Hydriertes Schweinefett. Auch Schweinefett selbst wird bisweilen, um seine Konsistenz zu verbessern, der Hydrierung unterworfen. Es verhält sich dann bei der Untersuchung wie ein gehärtetes Öl, indem es einen Isoölsäuregehalt aufweisen und bei der Probe von Bömer (S. 564) einen Talgzusatz vortäuschen kann. — Hydriertes Schweinefett ist aber kein Naturfett mehr, sondern stofflich verändert und wie andere gehärtete Öle zu beurteilen.

Über die Anwendung der Rhodanzahl bei der Prüfung des Hydrierungsverlaufes von Schweinefett vgl. L. Zeleny und C. H. Bailey[4].

β) Beurteilung des Schweineschmalzes.

Für die Beurteilung des Schweineschmalzes sind außer dem Nahrungsmittelgesetz folgende gesetzlichen Bestimmungen maßgebend:

a) Das Gesetz betr. den Verkehr mit Butter, Käse, Schmalz und deren Ersatzmitteln vom 15. Juni 1897. Nach dem § 1 dieses Gesetzes sind alle dem Schweineschmalz ähnlichen Zubereitungen, deren Fettgehalt nicht ausschließlich aus Schweinefett besteht, als Kunstspeisefett zu bezeichnen. Ausgenommen hiervon sind unverfälschte Fette bestimmter Tier- und Pflanzenarten, welche unter den ihrem Ursprung entsprechenden Bezeichnungen in den Verkehr gebracht werden.

b) Das Gesetz betr. die Schlachtvieh- und Fleischbeschau vom 3. Juni 1900. Schweinefett und Kunstspeisefett fallen unter den Begriff „Fleisch" dieses Gesetzes (vgl. S. 858). Es gelten daher für beide α) das Verbot des Zusatzes der oben (Bd. III, S. 301) aufgeführten Frischhaltungsmittel und der künstlichen Färbung und β) die Ausführungsbestimmungen D zu diesem Gesetz

---

[1] A. D. Barbour: Journ. Biol. Chem. 1933, 101, 63; Z. 1938, 76, 267.

[2] P. Buttenberg u. J. Angerhausen: Z. 1919, 38, 199.

[3] P. Schestakoff u. P. Kuptschinsky: Zeitschr. Deutsch. Öl-Fettind. 1922, 42, 741, 757, 774. — Vgl. J. Grossfeld: Anleitung zur Untersuchung der Lebensmittel, S. 207.

[4] L. Zeleny u. C. H. Bailey: Ind. Chem. 1932, 24, 109; Z. 1937, 73, 572.

hinsichtlich der Behandlung des in das Zollinland eingehenden Schweinefettes und Kunstspeisefettes (vgl. oben S. 573).

Im einzelnen gilt für die Beurteilung folgendes:

1. Gehalt an Wasser und nichtfettartigen Stoffen, Frischhaltungs- und Neutralisationsmitteln.

a) Wassergehalt. Reines Schweineschmalz enthält nur Spuren von Wasser, fremden organischen Stoffen (Fleischfasern usw.) und Mineralstoffen (Kochsalz usw.); größere Mengen davon enthaltende Schweineschmalze sind als verfälscht zu beanstanden. Ein erhöhter Wassergehalt setzt auch die Haltbarkeit des Schmalzes herab.

Nach dem preußischen Ministerialerlaß vom 24. Juni 1909[1] zum „Fleischbeschaugesetz" ist Schweineschmalz mit einem 0,3% übersteigenden Wassergehalt als verfälscht anzusehen und bei der Einfuhr zurückzuweisen. In weiteren Erlassen vom 8. November 1914[2] und vom 20. Juli 1923[3] ist diese Grenze auf 0,5% Wassergehalt erhöht worden.

b) Schweinefette, welche die **Frischhaltungsmittel** Borsäure, Formaldehyd usw. (vgl. Bd. III, S. 301) enthalten, sind auf Grund der Verordnung über unzulässige Zusätze und Behandlungsverfahren bei Fleisch und dessen Zubereitungen vom 30. Oktober 1934 (9. Mai 1935 und 7. November 1935) (vgl. Bd. III, S. 969) zu beanstanden. Im allgemeinen kommt aber ein Zusatz von Frischhaltungsmitteln bei Schweineschmalz nur selten in Frage.

c) Schweinefette, welche **Neutralisationsmittel** (Alkali- und Erdalkalihydroxyde und -carbonate enthalten, sind ebenfalls auf Grund der vorhin genannten Verordnung zu beanstanden. Mit Hilfe dieser Stoffe aufgefrischte Schweinefette (White grease), in denen diese Stoffe sich in Form von Seifen finden, sind als verdorben zu beanstanden. Vgl. auch Runderlaß des Ministers des Innern vom 26. April 1933 betr. Einfuhr von Schmalz aus Holland und Dänemark[4].

Über Einfuhr von „Purelard" vgl. HOLTHÖFER, S. 859. Über Herstellung und Verwendung von inländischem „neutralem" Schweineschmalz für Margarine vgl. S. 514.

d) Das **Färben** Schweinefett enthaltender Fettgemische — ausgenommen Margarine — ist auf Grund der §§ 1 und 21 des „Fleischbeschaugesetzes" vom 3. Juni 1900 und der unter b) genannten Verordnung verboten. Beim Schweinefett selbst wie bei weißen Kunstspeisefetten kommt natürlich ein Färben kaum in Frage.

2. Verdorbenheit.

Der Säuregrad des Schweineschmalzes schwankt im allgemeinen zwischen 0,5—1,5⁰. Ein hoher Gehalt an freier Säure und ebenso der positive Ausfall der Verdorbenheitsreaktion nach H. KREIS (vgl. S. 303) weisen im allgemeinen auf Verdorbenheit des Schweineschmalzes hin, die jedoch durch die Sinnenprüfung bestätigt werden muß.

Als verdorben ist auf Grund der Sinnenprüfung Schweineschmalz anzusehen, welches durch Kleinwesen oder auf andere Weise so tiefgreifend verändert oder sonst so stark verunreinigt ist, daß es für den bestimmungsgemäßen Gebrauch nicht geeignet ist, insbesondere solches Schweineschmalz, welches in diesem Grade ranzig, sauer-ranzig, faulig, sauer-faulig, dumpfig, schimmlig, kratzend, bitter oder sonst ekelerregend riecht oder schmeckt.

---

[1] Gesetze u. Verordnungen (Beilage zur **Z.**) 1909, **1**, 384.
[2] Gesetze u. Verordnungen (Beilage zur **Z.**) 1915, **7**, 5.
[3] Gesetze u. Verordnungen (Beilage zur **Z.**) 1923, **15**, 113.
[4] Gesetze u. Verordnungen (Beilage zur **Z.**) 1936, **28**, 111.

3. Zusatz von fremden Fetten und Ölen.

Der Zusatz fremder Fette zum Schweinefett ist als Verfälschung zu beanstanden. Alle dem Schweineschmalz ähnlichen Zubereitungen, deren Fett nicht ausschließlich aus Schweinefett besteht, müssen nach dem Gesetz betr. den Verkehr mit Butter usw. vom 15. Juni 1897 als „Kunstspeisefette" bezeichnet werden. Ausgenommen hiervon sind unverfälschte Fette bestimmter Tier- und Pflanzenarten, die unter einer ihrem Ursprung entsprechenden Bezeichnung in den Verkehr gebracht werden.

Über die nach dem „Margarinegesetz" für Kunstspeisefette geltender Bestimmungen bezüglich Gefäße und Umhüllungen vgl. S. 867.

Für die Einfuhr von Schweinefett und tierischem Fett enthaltendem Kunstspeisefett gelten dieselben Bestimmungen wie für Margarine (vgl. S. 573).

Für den Nachweis fremder Fette ist folgendes zu bemerken:

a) Ein **Zusatz von Pflanzenfetten** ist als bestimmt erwiesen anzusehen, wenn die Phytosterinacetatprobe positiv ausfällt, d. h. wenn der korrigierte Schmelzpunkt der letzten Krystallisation 117° oder darüber beträgt. Ist jedoch nach S. 560 Cocosfett (Palmkernfett) nachgewiesen, so ist auch bei einem korrigierten Schmelzpunkt des Phytosterinacetats von 116—117° Gegenwart von Pflanzenfett (Cocos- oder Palmkernfett) hierdurch bestätigt.

Ebenso wie die natürlichen Pflanzenfette und -öle sind auch die gehärteten Pflanzenfette und Öle im Schweineschmalz mittels der Phytosterinacetatprobe nachweisbar, vorausgesetzt, daß die Hydrierung nicht bei zu hoher Temperatur erfolgt ist (vgl. dazu oben S. 266). Falls durch die Phytosterinacetatprobe pflanzliche Fette oder Öle nachgewiesen sind, können durch die für die einzelnen Öle kennzeichnenden Farbreaktionen unter Umständen Anhaltspunkte dafür gewonnen werden, welches Pflanzenöl mit mehr oder weniger Wahrscheinlichkeit zugesetzt worden ist. Ebenso läßt der Nachweis größerer Mengen Arachinsäure auf einen Zusatz von Erdnußöl und der von Erucasäure auf einen Zusatz von Cruciferenöl[1] schließen.

Die Farbreaktionen auf das neben Cocosfett vorwiegend zur Verfälschung von Schweineschmalz dienende Baumwollsamenöl (Bechi, Halphen usw.) haben nur einen bedingten Wert; einmal, weil der diese Reaktionen verursachende Körper durch die Fütterung der Tiere mit Baumwollsamenmehl in das Körperfett übergehen kann, so daß also auch reine Schweinefette, wenn die Schweine mit Baumwollsaatmehl gefüttert sind, die betreffenden Reaktionen zeigen können; sodann, weil durch entsprechende Behandlung des Baumwollsamenöles diesem die Reaktionsfähigkeit auf die betreffenden Reagenzien genommen werden kann. Anderseits sind namentlich die Bechi- und Welmans-Reaktion noch in der Richtung unsicher, als sie auch durch nachträglich in das Fett hineingekommene Stoffe (Zwiebeln usw.) verursacht werden können. Aus allen diesen Gründen kommt den hier in Frage kommenden Reaktionen auf Baumwollsamenöl (Bechi, Halphen, Gantter, Welmans) keine entscheidende Bedeutung zu. Sie sind dagegen sehr geeignete Vorproben, und in dieser Hinsicht hat auch die Welmans- und besonders die Bellier-Reaktion bei Schweinefett einige Bedeutung.

b) Zum **Nachweis von Rinds- und Hammeltalg** kann die Krystallisationsprobe (S. 561) nur als Vorprobe gelten. Der sichere Nachweis wird erst durch die Verfahren von Polenske (S. 562) und Bömer und Limprich (S. 564) geführt, von denen letzteres empfindlicher ist als ersteres.

---

[1] Sofern im besonderen Falle Fütterungseinflüsse durch Fütterung der Schweine mit gehärteten Ölen auszuschließen sind. Ob und in welchem Maße ferner erucasäurehaltige Fette im Schweinefutter den scheinbaren Isoölsäuregehalt des Körperfettes beeinflussen können, bedarf noch der Prüfung.

c) Gehärtete Öle werden an dem nach S. 204 ermittelten Isoölsäuregehalt erkannt. Wird dieser wesentlich über 0,5%[1] gefunden, so sind gehärtete Öle oder Talg (mit bis zu 2% Isoölsäure) vorhanden. Die **Phytosterinacetat-probe** (S. 258) in Verbindung mit geeigneten Farbreaktionen nach S. 472, 581 u. a. entscheidet dann, ob es sich um Pflanzen- oder Tieröle handelt.

Zu beachten ist, daß auch gehärtete Öle mit niedrigem Isoölsäuregehalt im Verkehr sind, bei denen die Prüfung auf Isoölsäure versagen kann. In besonderen Verdachtsfällen empfiehlt sich dann neben der Prüfung auf Phytosterin die nach TORTELLI und JAFFE auf Seetieröle.

Auch die Schmelzpunktdifferenz nach BÖMER und LIMPRICH (S. 564) kann hier entscheiden, ob reines Schweinefett vorliegt oder nicht.

γ) Untersuchung der in das Zollinland eingehenden Fette.

Die amtliche Anweisung für die chemische Untersuchung von Fleisch und Fetten, Anlage d zu den Ausführungsbestimmungen D vom 22. Februar 1908[2] zum Gesetz, betr. die Schlacht- und Fleischbeschau vom 3. Juni 1900, enthält in ihrem zweiten Abschnitt („Untersuchung von zubereiteten Fetten") über die Untersuchung und gesundheitspolizeiliche Behandlung des in das Zollinland eingehenden Fleisches — zu dem auch **Schweineschmalz, Talg, Oleomargarin, Kunstspeisefett** und **Margarine** gehören — folgende Vorschriften über die bei der Auslandsfleischbeschau auszuführenden Bestimmungen:

Untersuchung von zubereiteten Fetten.

(Vgl. § 15 und 16 der Ausführungsbestimmung D.)

Proben, bei denen ein bestimmter Verdacht vorliegt, sind zunächst auf den Verdachtsgrund zu untersuchen.

Sobald sich bei der Untersuchung eines Fettes herausstellt, daß dasselbe nach Maßgabe der im folgenden unter I angegebenen Prüfungen einer der im § 15, Abs. 3 unter a bis d der Ausführungsbestimmungen D ausgeführten Bestimmungen nicht entspricht, so ist von einer weiteren Untersuchung des Fettes abzusehen.

Eine jede Durchschnittsprobe ist vor der Vornahme der einzelnen Prüfungen gut durchzumischen und für sich zu untersuchen.

I. Allgemeine Gesichtspunkte.

1. **Bei der Prüfung, ob äußerlich am Fette wahrnehmbare Merkmale auf eine Verfälschung oder Nachahmung oder sonst auf eine vorschriftswidrige Beschaffenheit hinweisen, ist auf Farbe, Konsistenz, Geruch und Geschmack zu achten.** Dabei sind die folgenden Gesichtspunkte zu berücksichtigen.

Bei der Beurteilung der **Farbe** ist darauf zu achten, ob das Fett eine ihm nicht eigentümliche Färbung oder eine Verfärbung aufweist oder fremde Beimischungen enthält.

Bei der Prüfung des **Geruches** ist auf ranzigen, sauer-ranzigen, fauligen, sauer-fauligen, talgigen, öligen, dumpfigen (mulstrigen, grabelnden) schimmligen Geruch zu achten. Die Fette sind hierzu vorher zu schmelzen.

Bei der Prüfung des **Geschmackes** ist festzustellen, ob ein bitterer oder ein allgemein ekelerregender Geschmack vorliegt. Auch ist darauf zu achten, ob fremde Beimengungen durch den Geschmack erkannt werden können.

Ist ein **ranziger Geruch oder Geschmack** festgestellt, so ist die Bestimmung des Säuregrades gemäß III unter h dieses Abschnittes auszuführen.

2. **Margarineproben** sind auf die Anwesenheit des vom Bundesrat in Ausführung des Gesetzes vom 15. Juni 1897, betr. den Verkehr mit Butter, Käse, Schmalz und deren Ersatzmitteln (RGBl. 1897, S. 591), vorgeschriebenen Erkennungsmittel (Sesamöl[3]) zu prüfen. Die Ausführung der Untersuchung geschieht gemäß III unter d, γ dieses Abschnittes.

3. Bei **Schweineschmalz** ist die **refraktometrische Prüfung** mit einem ZEISS-WOLLNYschen Refraktometer unter Verwendung des gewöhnlichen Thermometers auszuführen. Die Ausführung der refraktometrischen Prüfung geschieht gemäß III unter a dieses Abschnittes.

---

[1] Vgl. Anm. 1, S. 572.

[2] Zentralbl. für das Deutsche Reich 1908, **36**, 59—103; **Z.** 1908, **15**, 547.

[3] Bzw. Kartoffelstärke gemäß Bekanntmachung vom 1. Juli 1915 (RGBl. 1915, I, 413; Gesetze u. Verordnungen 1915, **7**, 347), vgl. S. 654.

4. Soweit nicht auf Grund der Untersuchungen nach 1—3 eine Beanstandung erfolgt, ist in Ausführung des § 15, Abs. 3 unter b der Ausführungsbestimmungen D zu prüfen:
a) ob das Fett anderweitig verfälscht oder verdorben ist;
b) ob es unter das Verbot des § 3 des Gesetzes vom 15. Juni 1897 (RGBl. S. 475) fällt;
c) ob es einen der im § 5 Nr. 3 der Ausführungsbestimmungen D verbotenen Stoffe enthält.

Die Untersuchungen unter a und b sind nach den nachstehend unter III aufgestellten Bestimmungen auszuführen. In den Fällen des § 12, Abs. 4 der Ausführungsbestimmungen D hat sich jedoch die Ausdehnung der Untersuchung zunächst nur auf dasjenige Bestimmungsverfahren zu beschränken, welches zu der Beanstandung geführt hat; soweit sich hiernach ein Verdacht nicht ergibt, bedarf es einer weiteren Untersuchung über die Stichprobenuntersuchung hinaus nicht.

Liegt ein bestimmter Verdacht vor, daß Fette, welche unter einer für Pflanzenfette üblichen Bezeichnung oder als Butter, Butterschmalz u. dgl. eingeführt werden, unter das Gesetz, betr. die Schlachtvieh- und Fleischbeschau vom 3. Juni 1900 fallen, so sind diese Fette einer Untersuchung gemäß III zu unterziehen.

Die Untersuchung unter c geschieht nach der nachstehend unter II gegebenen Anweisung.

Die Anzahl der zu untersuchenden Proben für die vorstehend angeführten Prüfungen richtet sich nach dem letzten Absatze des § 15 der Ausführungsbestimmungen D.

II. Untersuchung der Fette auf die im § 5 Nr. 3 der Ausführungsbestimmungen D verbotenen Zusätze.

Sofern nicht ein besonderer Verdachtsgrund vorliegt (zweiter Abschnitt, Abs. 1), ist in allen Fällen auf die nachstehend unter 1 angeführten Stoffe zu untersuchen. Verläuft diese Untersuchung ergebnislos, so ist mindestens noch auf einen der übrigen Stoffe zu prüfen, wobei je nach der Lage des Falles tunlichst auf einen Wechsel bei der Auswahl der Stoffe, auf die geprüft werden soll, auch bei den aus einer Sendung entnommenen Stichproben zu achten ist.

1. Nachweis von Borsäure und deren Salzen. — Vgl. Bd. III, S. 744.

2. Nachweis von Formaldehyd und solchen Stoffen, die bei ihrer Verwendung Formaldehyd abgeben — Vgl. Bd. III, S. 754.

3. Nachweis von Alkali- und Erdalkalihydroxyden und -carbonaten. — Vgl. S. 557 unter 4.

4. Nachweis von Schwefliger Säure und deren Salzen und von unterschwefligsauren Salzen. — Vgl. Bd. III, S. 747.

5. Nachweis von Fluorwasserstoff und dessen Salzen. — Vgl. Bd. III, S. 746.

6. Nachweis von Salicylsäure und deren Verbindungen. — Vgl. Bd. III, S. 753.

7. Nachweis von fremden Farbstoffen. — Vgl. Bd. III, S. 301.

III. Untersuchung der Fette auf ihre Abstammung und Unverfälschtheit bzw. darauf, ob sie den Anforderungen des Reichsgesetzes vom 15. Juni 1897 entsprechen.

Zu diesem Zwecke sind, soweit nicht nachstehend Abweichungen angegeben sind, die Verfahren der „Anweisung zur chemischen Untersuchung von Fetten und Käsen" anzuwenden, welche auf Grund des § 12, Ziffer 2 des Gesetzes vom 15. Juni 1897 durch Bekanntmachung des Reichskanzlers vom 1. April 1898 (Zentralbl. für das Deutsche Reich 1898, S. 201—216) erlassen wurde.

Bei allen tierischen Fetten, ausgenommen Margarine und Kunstspeisefett (z. B. bei Schmalz, Talg und Oleomargarin), ist in allen Fällen außer der Bestimmung des Brechungsvermögens (a) die Prüfung auf Pflanzenöle nach den nachstehenden Vorschriften unter d, α oder β und e auszuführen, bei Schmalz auch die Prüfung nach c; dagegen hat die Prüfung unter g nur in dem dort angegebenen Umfange, die Bestimmung der Verseifungszahl (f) bei mindestens je einer Probe einer Sendung und die Bestimmung der Jodzahl (b), abgesehen von besonderen Verdachtsfällen, nur dann zu erfolgen, wenn bei 40° die Refraktometerzahl:
a) von Schmalz außerhalb der Grenzen 48,5—51,5,
b) von Talg außerhalb der Grenzen 45,0—48,5,
c) von Oleomargarin außerhalb der Grenzen 46—50 liegt.

Bei der Untersuchung von Margarine und von Kunstspeisefetten sind die Bestimmung des Brechungsvermögens (a), der Jodzahl (b) und die Prüfung auf Pflanzenöle (c, d, e und g), unbeschadet der Bestimmung im zweiten Abschnitt unter I 2 zu unterlassen[1]; die Bestimmung der Verseifungszahl (f) hat bei mindestens je einer Probe einer Sendung stattzufinden.

---

[1] Die beiden Worte „zu unterlassen" fehlen in der Veröffentlichung im Zentralblatt für das Deutsche Reich; sie sind nach den „Veröffentl. kaiserl. Gesundh.-Amt" 1908, **32**, **433** hier hinzugesetzt.

Tabelle 127. Übersicht über die bei der chemischen Untersuchung der Fette auszuführenden Prüfungen.

<table>
<tr>
<th colspan="2">Art der Prüfung</th>
<th>Schweineschmalz</th>
<th>Talg</th>
<th>Oleomargarin¹</th>
<th>Kunstspeisefett</th>
<th>Margarine</th>
</tr>
<tr>
<td rowspan="1">Vorprüfung</td>
<td>Auszuführen bei allen von einer Sendung gemäß § 15 (5) der Ausführungsbestimmungen D entnommenen Stichproben</td>
<td colspan="5">a) Prüfung, ob die Packstücke den Angaben in den Begleitpapieren entsprechen und gemäß den für den Inlandverkehr bestehenden Vorschriften bezeichnet sind („Margarine"). „Kunstspeisefett" [Ausführungsbestimmungen D, § 15 (2) a und Anlage c C]
b) Prüfung auf äußere Beschaffenheit: Farbe, Konsistenz, Geruch und nötigenfalls Geschmack, auf Vorhandensein von Schimmelpilzen und Bakterienkolonien, sowie auf sonstige Anzeichen von Verdorbensein [Ausführungsbestimmungen D, § 15 (2) b und Anlage c C]</td>
</tr>
<tr>
<td rowspan="8">Hauptprüfung</td>
<td rowspan="2">Auszuführen bei allen gemäß § 15 (5) der Ausführungsbestimmungen D entnommenen Stichproben</td>
<td colspan="5">a) Prüfung, ob äußerlich am Fette wahrnehmbare Merkmale auf eine Verfälschung oder Nachmachung oder sonst auf eine vorschriftswidrige Beschaffenheit hinweisen [Ausführungsbestimmungen D § 15 (3) a und Anlage d, zweiter Abschnitt I 1]</td>
</tr>
<tr>
<td>b) Bestimmung des Brechungsvermögens [Ausführungsbestimmungen D, § 15 (3) d]</td>
<td>—</td>
<td>—</td>
<td>—</td>
<td>Prüfung auf den vorgeschriebenen Gehalt an Sesamöl [Ausführungsbestimmungen D, § 15 (3) c]</td>
</tr>
<tr>
<td rowspan="5">Auszuführen bei den gemäß § 15 (6) der Ausführungsbestimmungen D entnommenen Stichproben</td>
<td colspan="2">a) Bestimmungen des Brechungsvermögens (Anlage d, zweiter Abschnitt III)</td>
<td>—</td>
<td></td>
<td></td>
</tr>
<tr>
<td colspan="5">b) Prüfung auf Borsäure (Anlage d, zweiter Abschnitt II)</td>
</tr>
<tr>
<td colspan="5">c) Sofern die Prüfung auf Borsäure ergebnislos verläuft, Prüfung auf einen weiteren verbotenen Stoff je nach Lage des Falles (Anlage d, zweiter Abschnitt II)</td>
</tr>
<tr>
<td colspan="3">d) Prüfungen auf Pflanzenöle (Anlage d, zweiter Abschnitt III)</td>
<td>—</td>
<td>—</td>
</tr>
<tr>
<td>Prüfung nach BELLIER. Prüfung auf Sesamöl, Prüfung auf Baumwollsamenöl</td>
<td>Prüfung auf Sesamöl, Prüfung auf Baumwollsamenöl</td>
<td></td>
<td></td>
<td></td>
</tr>
<tr>
<td rowspan="2">Auszuführen bei Verdachtsgründen</td>
<td colspan="3">a) Bestimmung der Jodzahl, wenn die Refraktometerzahlen bei 40° außerhalb der Grenzen liegen (Anlage d, zweiter Abschnitt III):</td>
<td>—</td>
<td>—</td>
</tr>
<tr>
<td>48,5—51,5</td>
<td>oberhalb 45²</td>
<td>46—50</td>
<td></td>
<td></td>
</tr>
<tr>
<td colspan="6">b) Bestimmung des Säuregrades (Anlage d, zweiter Abschnitt III)</td>
</tr>
<tr>
<td rowspan="2">Auszuführen bei einer beschränkteren Anzahl von Proben</td>
<td colspan="3">a) Phytosterinacetatprobe, wenn die Bestimmung des Brechungsvermögens, die Bestimmung der Jodzahl und die Prüfungen auf Pflanzenöle darauf hinweisen, daß eine Verfälschung mit Pflanzenölen stattgefunden hat, sowie bei mindestens einer von 25 der gemäß § 15 (6) entnommenen Stichproben (Anlage d, zweiter Abschnitt III)</td>
<td>—</td>
<td>—</td>
</tr>
<tr>
<td colspan="5">b) Bestimmung der Verseifungszahl in mindestens je einer Probe einer Sendung (Anlage d, zweiter Abschnitt III)</td>
</tr>
</table>

¹ Sonstige tierische Fette sind wie Talg und Oleomargarin zu untersuchen.
² Vgl. Runderlaß des Preuß. Ministeriums für Landwirtschaft vom 10. April 1913 (Ministerialbl. des Preuß. Ministeriums für Landwirtschaft 1913, S. 151).

Sofern der Verdacht vorliegt, daß tierische Fette unter einer für Pflanzenfette üblichen Bezeichnung oder als Butter, Butterschmalz u. dgl. eingeführt werden, sind je nach Lage des Falles die in Betracht kommenden Verfahren der obengenannten „Anweisung zur chemischen Untersuchung von Fetten und Käsen" anzuwenden.

Läßt bei Fetten aller Art die Geruchs- und Geschmacksprobe auf eine ranzige, sauer-ranzige oder sauer-faulige Beschaffenheit des Fettes schließen, so ist die Bestimmung des Säuregrades (h) auszuführen.

Die vorstehend besonders genannten Prüfungen sind nach folgenden Verfahren auszuführen:

a) Bestimmung des Brechungsvermögens. — Vgl. S. 30.

b) Bestimmung der Jodzahl nach v. Hübl. — Vgl. S. 100.

c) Nachweis von Pflanzenölen in Schmalz nach Bellier. — Vgl. S. 427.

d) Nachweis von Sesamöl. — Vgl. S. 538 u. 644.

e) Nachweis von Baumwollsamenöl. — Vgl. S. 458.

f) Bestimmung der Verseifungszahl (der Köttstorfer-Zahl). — Vgl. S. 65.

g) Prüfung auf das Vorhandensein von Phytosterin. — Vgl. S. 255.

h) Bestimmung der freien Fettsäuren (des Säuregrades). — Vgl. S. 61.

Der vorstehend in ihren Bestimmungen über die auszuführenden Untersuchungen wiedergegebenen Anlage d zu den Ausführungen D zum Gesetz, betr. die Schlachtvieh- und Fleischbeschau, ist die vorstehende Übersicht über die auszuführenden Untersuchungen beigegeben (s. Tabelle 127, S. 575).

3. Pferdefett.

Das Körperfett vom Pferd ist von noch weicherer Konsistenz als Schweineschmalz und bei 20° größtenteils geschmolzen, bei niedriger Temperatur salbenartig. Sein Geruch ist nach Pritzker und Jungkunz[1] gänsefettähnlich, sein Geschmack an Rüböl erinnernd, während seine Farbe je nach der Körperstelle, aus der es stammt, goldgelb bis braungelb variiert.

Der verhältnismäßig hohe Gehalt des Körperfettes an Unverseifbarem von 0,31—0,50% unterscheidet es vom Pferdekammfett, das nach Pritzker und Jungkunz nur 0,13—0,19% davon enthält. Der Gehalt an scheinbarer Isoölsäure betrug nur 0,17—0,23%.

Über die beim Erstarren von Pferdefettsäuren gebildeten Krystallbilder M. Okrasinski[2].

Pferdefett enthält 1—2% Linolensäure. B. Paschke[3] benutzt diesen Bestandteil zur Unterscheidung des Pferdefettes von anderen tierischen Speisefetten durch Bestimmung des Hexabromidgehaltes nach E. Rossmann[4] (vgl. S. 219), wobei er wie folgt verfährt:

10 g Fett werden mit 100 ccm 0,5 N.-alkoholischer Kalilauge auf dem Wasserbade unter Rückfluß ½ Stunde gekocht, wodurch das Fett quantitativ verseift wird. Hierauf werden auf dem Drahtnetz am absteigenden Kühler etwa 80 ccm Alkohol abdestilliert. Der Rückstand wird mit 250 ccm destilliertem Wasser verdünnt und noch warm im Scheidetrichter mit etwa 15 ccm 5 N.-Schwefelsäure, 250 ccm gesättigter Kochsalzlösung und 50 ccm Äther versetzt. Nach dem Durchschütteln wartet man etwa 10 Minuten, läßt dann die wäßrige Flüssigkeit ab und wäscht die ätherische Lösung dreimal mit je 15 ccm gesättigter Kochsalzlösung. Nach Filtration durch ein Faltenfilter ist sie für die Bromierung gebrauchsfertig.

Mit einer Pipette werden nun 5 ccm dieser Lösung in ein 50-ccm-Erlenmeyerkölbchen abgemessen, verkorkt und mit 5 ccm ebenfalls in einem solchen Kölbchen befindlichen reinem Äther in einer Eiskochsalzmischung von mindestens —15° gekühlt. Dann gibt man aus einer Bürette zu den gekühlten 5 ccm Äther unter Umschütteln 0,45 ccm Brom. Die nochmals gekühlte Bromätherlösung

---

[1] J. Pritzker u. R. Jungkunz: Pharm. Acta Helvet. 1931, 6, 201; Z. 1932, 63, 30.

[2] M. Okrasinski: Wiadomosci farmac. 1934, 61, 697; C. 1935, I, 1952.

[3] B. Paschke: Z. 1938, 76, 476.

[4] E. Rossmann: U. 1936, 43, 224.

wird jetzt zu der ätherischen Fettsäurelösung innerhalb von 1—2 Minuten in etwa 5—6 Anteilen gegeben. Die Temperatur darf dabei 0° nicht übersteigen. Anschließend läßt man noch etwa 10 Minuten in der Eiskochsalzlösung und hierauf 15—18 Stunden bei 5—10° stehen.

Nun wird durch ein gewogenes Allihnröhrchen filtriert und der Niederschlag zweimal mit je 3 ccm auf —10° abgekühltem Äther ausgewaschen, wobei von Wichtigkeit ist, daß der Niederschlag bis zum Schluß ständig bedeckt ist. Ein öfteres Auswaschen ist nicht zu empfehlen, da sonst zuviel Hexabromid in Lösung geht. Der Niederschlag wird jetzt bei 100° im Trockenschrank getrocknet und nach dem Erkalten nochmals bei Zimmertemperatur zur Entfernung der letzten Reste Fettsäuren mit 5 ccm Äther ausgewaschen. — Das Trocknen vor dem nochmaligen Auswaschen erfolgt, da bei 100° getrocknetes Hexabromid schwerer in Äther löslich ist als frisch gefälltes. — Nach weiterem einstündigem Trocknen bei 100° und halbstündigem Abkühlen wird gewogen. Eine Bestimmung des genauen Gehaltes der Ätherlösung an Fettsäuren erübrigt sich, da bei den hier in Frage kommenden geringen Mengen von Hexabromid es praktisch belanglos ist, ob dieselben auf 0,9 oder 1 g bezogen werden.

Aus anderen tierischen Fetten erhält man nach der gleichen Methode nur Hexabromidmengen unter 5 mg aus 1 g Fett, bei Pferdefett um 40 mg. Noch 30% Pferdefett lassen sich nach PASCHKE so mit Sicherheit nachweisen wie folgende Übersicht zeigt:

Tabelle 128.

Art des Fettes oder der Fettmischung	Gefundenes Hexabromid mg/g
Pferdefett	41,2
Schweinefett	2,8
Rinderfett	3,0
Hammelfett	3,3
Schweinefett + 30% Pferdefett	8,2
„ mit Zusatz von 0,25 g Palmitinsäure	10,3
Rinderfett + 30% Pferdefett	10,8
Hammelfett + 30% Pferdefett	11,0
Schweinefett + 40% Pferdefett	10,2
„ mit Zusatz von 0,25 g Palmitinsäure	12,8
Rinderfett + 40% Pferdefett	15,1
Hammelfett + 40% Pferdefett	16,5

Nach L. ZECHMEISTER und P. TUZSON[1] enthielt Pferdefett 0,0006% Polyene, und zwar fast ausschließlich β- neben etwas α-Carotin.

Kennzahlen von Pferdefett (der Fettsäuren). Dichte bzw. Gewichtsverhältnis D^{15} 0,911—0,932, D^{100}_{100} 0,798—0,799, Schmelzpunkt 29—43 (36—42), Erstarrungspunkt 22—37 (25—38), n^{40}_D 1,4604—1,4647, kritische Lösungstemperatur nach VALENTA 48—80.

Verseifungszahl 195—200, Jodzahl 71—87, Thermozahl 46—55.

Unverseifbares 0,3—0,5%. Vgl. auch J. PRITZKER und R. JUNGKUNZ[2].

4. Hundefett

spielt nur in der Volksmedizin eine Rolle. Seine Beschaffenheit und Zusammensetzung ist der von Schweinefett ähnlich. Es kann aber davon nach PRITZKER und JUNGKUNZ[3]

---

[1] L. ZECHMEISTER u. P. TUZSON: Hoppe-Seylers Zeitschr. 1934, **225**, 189; Z. 1937, **73**, 572.
[2] J. PRITZKER u. R. JUNGKUNZ: Z. 1932, **63**, 30.
[3] PRITZKER u. JUNGKUNZ: Pharm. Acta Helvet. 1931, **6**, 55.

durch die Schmelzpunktsdifferenz der schwerstlöslichen Glyceride nach Bömer (vgl. S. 564) unterschieden werden.

Kennzahlen von Hundefett (der Fettsäuren). Dichte D^{15} 0,915—0,922, Schmelzpunkt 37—40⁰ (32—43⁰), Erstarrungspunkt 20—25⁰ (34—36⁰), n_D^{40} 1,4586—1,4600, Verseifungszahl 193—197, Jodzahl 58—83.

Über die Fette von Silberfuchs, Rotfuchs, Nutria und Nerz vgl. R. Neseni[1], über Nerzfett auch G. Lode[2].

Tabelle 129.

Fettart	Fett-säuren %	Glycerin-rest C_3H_2 %	Entsprechend Glycerin $C_3H_5(OH)_3$ %	Un-verseif-bares %
Gänsefett	95,2	4,4	10,7	0,4
Hühnerfett . . .	95,5	4,4	10,7	0,1
Eieröl vom Huhn	90,6	4,3	10,3	5,1

5. Fette von Vögeln und Kleintieren.

Als mittlere allgemeine Zusammensetzung einiger dieser stearinsäurearmen Fette wurde wie nebenstehend gefunden:

Tabelle 130. Zusammensetzung der Fettsäuren.

Fettart	Myristin-säure %	Palmitin-säure %	Stearin-säure %	Hexadecen-säure %	Ölsäure %	Linolsäure %	Sonstige Säuren %	Untersucht von
Hühnerfett	19,3 bis 18,4	7,5 bis 8,9	—	54,8 bis 55,4	17,8 bis 17,9	—		J. Grossfeld[3]
Hühnerfett, Light Sussex Brut	0,6 bis 1,2	24,0 bis 25,4	4,1 bis 4,2	6,7 bis 7,3	42,5 bis 43,0	18,4 bis 20,8[4]	—	T. P. Hilditch, E. C. Jones u. A. J. Rhead[5]
Gänsefett	21,0		10,6	—	49,1	19,3	—	J. Grossfeld[6]
Eieröl vom Huhn	2,1	29,3	9,3	12,3	34,6	10,1	Arachin-säure 0,07	F. Trost u. P. Dovo[7]
Desgl. Glycerid-fettsäuren	0,7	25,2	7,5	3,3	52,4	8,6	Clupano-donsäure 2,3	R. W. Riemen-schneider, N. R. Ellis u. H. W. Titus[8]
Desgl. Phosphatid-fettsäuren	0	31,8	4,1	0	42,6	8,2	13,3	R. W. Riemen-schneider, N. R. Ellis u. H. W. Titus[8]
Kaninchenfett (Nierenfett)	4,5	23	4	—	56,5	3	Linol-säure 9	W. F. Baughman, G. S. Jamieson u. R. S. McKinney[9]
Rattenfett	4,5 bis 5,0	23 bis 28	2 bis 3	—	51 bis 59	2 bis 4	—	A. Banks, T. P. Hilditch u. E. C. Jones[10]
Rattenfett (im heißen und kalten Aceton löslicher Anteil)	6,8	20,3	4,2	5,8	52,9	6,0	—	H. E. Longenecker u. T. P. Hilditch[11]

[1] R. Neseni: Deutsch. tierärztl. Wochenschr. 1935, **43**, 241.
[2] G. Lode: U. 1935, **42**, 205.   [3] J. Grossfeld: **Z.** 1931, **62**, 553.
[4] Einschließlich 0,7—1,3% hochungesättigte C_{20}- und C_{22}-Säuren.
[5] T. P. Hilditch, E. C. Jones u. A. J. Rhead: Biochem. Journ. 1934, **28**, 786.
[6] J. Grossfeld: Vgl. **Z.** 1931, **62**, 553.
[7] F. Trost u. B. Dovo: Ann. Chim. appl. 1937, **27**, 233; **Z.** 1938, **75**, 493.
[8] R. W. Riemenschneider, N. R. Ellis u. H. W. Titus: Journ. Biol. Chem. 1938, **126**, 255.
[9] W. F. Baughman, G. S. Jamieson u. R. S. McKinney: Journ. Oil Fat Ind. 1929, **6**, (8) 11.   [10] A. Banks, T. P. Hilditch u. E. C. Jones: Biochem. Journ. 1933, **27**, 1375.
[11] H. E. Longenecker u. T. P. Hilditch: Biochem. Journ. 1938, **42**, 784. — Weitere Angaben: Caprinsäure 0,4, Laurinsäure 0,5, Arachinsäure 1,0, Tetraedcensäure 1,5, Arachidonsäure 0,6%.

a) Hühnerfett.

Beim Huhn und anderen Vögeln ist das Körperfett vom Fett des Eidotters zu unterscheiden. Hühnerfett schlechthin ist das Körperfett,
während die Handelsbezeichnung des Dotterfettes Eieröl ist.

Hühnerfett ist ein bei 20° halbweiches, flüssig-griesiges, meist stark gelb,
bisweilen aber auch weiß gefärbtes Fett von angenehmem Geruch und Geschmack. Der Farbstoff des Hühnerfettes steht dem des Eidotters sehr
nahe und wird wie dieser durch Salpetrige Säure, ferner aber auch durch Licht,
insbesondere durch Ultraviolettlicht leicht gebleicht (J. Grossfeld[1]). Aus 1 kg
ausgeschmolzenem Hühnerfett isolierten L. Zechmeister und P. Tuzson[2] 5 mg
Lipochrom, das frei von Polyenkohlenwasserstoffen war, aus 2 kg Fett 4 mg
analysenreines Xanthophyll (Lutein), also 40% des Gesamtpigmentes. Im
Gegensatz zu Pferd und Rind werden also vom Huhn die sauerstoffhaltigen
Polyene bevorzugt. Vgl. auch L. S. Palmer und H. L. Kempster[3].

An scheinbarer Isoölsäure fanden Pritzker und Jungkunz im Hühnerfett
nur 0,11 bis 0,24%, also innerhalb der Fehlergrenze liegende Menge. Hühnerfett enthält somit keine Elaidinsäuren.

Eieröl[4] bildet ein durch den Luteingehalt goldgelb bis dunkelgelb gefärbtes
Öl von mildem Geschmack, das beim Stehen an der Luft durch Ausbleichung
heller wird. Je nach der Art seiner Gewinnung enthält es noch wechselnde
Mengen Phosphatide, deren Fettsäurenbestandteil sich nach vorstehender
Tabelle von den Fettsäuren der Glyceride des Eieröles unterscheidet. Die
Gewinnung des Eieröles aus dem Eidotter von Hühnereiern, der frisch
über 30, getrocknet über 60% Fett enthält, erfolgt durch Auspressen oder
Extraktion mit Benzin. Im ersteren Falle wird nach Steudel[5] das frische
Eigelb, wie es z. B. bei der Albuminherstellung abfällt, durch Erhitzen in eine
bröcklige Masse verwandelt, zwischen Platten abgepreßt und dann warm
filtriert. Es dient weniger als Speiseöl als zu technischen Zwecken. Von Hühnerfett unterscheidet es sich hauptsächlich durch den hohen Gehalt an Cholesterin,
der auch im wesentlichen den Gehalt von etwa 5% an Unverseifbarem bedingt.

Kennzahlen von Hühnerfett (der Fettsäuren). Dichte D^{15} 0,913 bis
0,923, Schmelzpunkt 23—40° (27—40°), Erstarrungspunkt 21—27° (32—34°),
n_D^{40} 1,4593—1,4620.

Verseifungszahl 193—196, Jodzahl 58—77, Rhodanzahl 62—63.

Kennzahlen von Hühnereieröl (der Fettsäuren). Dichte D^{15} 0,9144,
D^{20} 0,9156, D^{100} 0,880, Schmelzpunkt 22—25° (35—39°), Erstarrungspunkt
8—10° (über 34°), n_D^{25} 1,4675—1,4735, n_D^{40} 1,4593—1,4687, Verseifungszahl 184
bis 198, meist um 190, Jodzahl 64—82, meist über 70. Buttersäurezahl 0, Gesamtzahl der niederen Fettsäuren 0, Isoölsäure (scheinbare) 1,3%. Vgl. auch
J. Pritzker und R. Jungkunz[6] und J. Grossfeld[1].

E. M. Cruikshank[7] beobachtete sehr starke Beeinflussung des Dotterfettes
und Körperfettes beim Huhn durch die Art des Futterfettes. Namentlich
die Jodzahl wurde durch stark ungesättigte Fettsäuren in Futterfett bedeutend
erhöht.

---

[1] J. Grossfeld: Vgl. Z. 1931, 62, 553. — Handbuch der Eierkunde, S. 141.

[2] L. Zechmeister u. P. Tuzson: Hoppe-Seylers Z. 1934, 225, 189.

[3] L. S. Palmer u. H. L. Kempster: Journ. biol. Chem. 1915, 23, 261; 1916, 27, 27;
1919, 39, 299, 313, 331.

[4] Über weitere Angaben vgl. J. Grossfeld: Handbuch der Eierkunde, S. 137.

[5] Steudel: Vgl. C. Winter: Zeitschr. Fleisch-, Milchhyg. 1930, 40, 520.

[6] J. Pritzker u. R. Jungkunz: Mitt. Lebensmittelunters. Hygiene 1932, 23, 139.

[7] E. M. Cruikshank: Biochem. Journ. 1934, 28, 786.

Ein Zusatz von Schweinefett zu Hühnerfett ist nach Pritzker und Jungkunz auf Grund der Differenzzahl nach Bömer (S. 564) nicht nachweisbar.

b) Gänsefett (Gänseschmalz, Gansschmalz).

„Gänseschmalz" ist das aus Eingeweide- und Brustfett der Gänse (Anser domesticus L.) in vielen Haushaltungen gewonnene Fett, das wegen seines angenehmen Geschmackes als Speisefett geschätzt und auch vielfach im Handel verbreitet ist. Es ist durchscheinend, weiß bis blaßgelb und von körniger Konsistenz. Wegen seines niedrigen Schmelzpunktes erhält es für seine Verwendung als Streichfett im Haushalte vielfach einen Zusatz von Schweinefett. Dieser Zusatz läßt sich schwer nachweisen und muß für Handelsfett deklariert werden.

Gänsefett besitzt bei kürzerem Genuß einen angenehmen, charakteristischen Geruch und Geschmack; bei längerem Genuß entwickelt er bei manchen Menschen eine Abneigung.

Im Handel befindet sich auch aromatisiertes Gänsefett, das schwach gesalzen und über zerschnittenen Äpfeln, Zwiebeln und Thymian- und Majoranblättern geröstet wird.

Ein Verfälschungs- oder Unterschiebungsmittel für Gänsefett ist auch Entenfett; beide unterscheiden sich kaum in ihren Kennzahlen.

C. Amberger und K. Bromig[1] ermittelten aus Gänsefett ein schwerstlösliches Glycerid vom Schmelzpunkt 63^0, das sie als β-Stearodipalmitin ansahen, ferner α-Stearodipalmitin (Schmelzpunkt 57^0), Oleodipalmitin (Schmelzpunkt $33,5^0$) und stellten etwa 60—65% Triolein fest. A. Bömer und H. Merten[2] erhielten dagegen als schwerstlösliches Glycerid in sehr geringen Mengen β-Palmitodistearin vom Schmelzpunkt $63,5^0$, 3—4% Stearodipalmitin vom Schmelzpunkt $57,6^0$, 5% Stearodiolein, etwa 30% Dioleopalmitin und etwa 45% Triolein. Wahrscheinlich liegen auch noch Oleostearopalmitin und Oleodipalmitin vor.

Kennzahlen von Gänsefett (der Fettsäuren). Dichte D^{15} 0,921 bis 0,929, Schmelzpunkt 25—37^0, meist 32—34^0 (34—41^0), nach Polenske 32—38^0, Erstarrungspunkt 16—22^0, meist 18—20^0 (31—32^0), nach Polenske 17—22^0, Differenzzahl nach Polenske 14—17^0.

Verseifungszahl 191—198, Jodzahl 59—81, meist 66—73.

Über das Eieröl der Gans vgl. J. S. Hepburn und A. B. Katz[3].

Die **Untersuchungsverfahren** des Gänsefettes sind dieselben wie für Schweinefette. Ein Nachweis geringer Zusätze von Schweinefett zum Gänsefett ist nach den bis jetzt bekannten Untersuchungsverfahren nicht mit Sicherheit zu erbringen. Nach Vorversuchen von A. Bömer und H. Merten[4] lassen sich anscheinend Zusätze von 20—30% Schweinefett durch die Schmelzpunkte der schwerstlöslichen Glyceride nachweisen.

Das von E. Polenske für diesen Zweck vorgeschlagene, auf der Differenz der Schmelz- und Trübungspunkte beruhende Verfahren (vgl. S. 562) ist bis jetzt bei Gänsefett noch nicht nachgeprüft worden. Polenske bezeichnet 17 als oberste zulässige Differenzzahl für Gänsefett; er glaubt Zusätze von 20% Schweinefett nach diesem Verfahren nachweisen zu können.

Das Gänsefett fällt unter die Bestimmungen des Gesetzes, betr. die Schlachtvieh- und Fleischbeschau vom 3. Juni 1900; es ist daher der

[1] C. Amberger u. K. Bromig: Z. 1921, **42**, 193.
[2] A. Bömer u. H. Merten: Z. 1922, **43**, 101.
[3] J. S. Hepburn u. A. B. Katz: Journ. Franklin Inst. 1927, **203**, 835.
[4] A. Bömer u. H. Merten: Z. 1914, **27**, 171.

Zusatz der Frischhaltungsmittel (Borsäure, Formaldehyd usw.) und ein solcher von Farbstoffen — sofern sie beim Gänsefett überhaupt Anwendung finden sollten — verboten.

Im übrigen sind hinsichtlich der Beurteilung des Gänsefettes die für Schweinefett maßgebenden Grundsätze in sinngemäßer Weise zugrunde zu legen. Ein Zusatz von Schweinefett zum Gänsefett, sofern er nicht hinreichend deklariert wird, ist als eine Verfälschung des Gänsefettes anzusehen.

c) Wildtierfette.

Über Wildtierfette, insbesondere Igelfett und Iltisfett vgl. A. PAWLETTA[1], über das Fett der weißen Maus J. PRITZKER und R. JUNGKUNZ[2].

III. Seetieröle.

Seetieröle sind aus Seetieren, insbesondere aus Walen, Seerobben und Fischen gewonnene Öle, die namentlich in ihren minderwertigen Gütestufen auch Trane genannt werden.

Seetieröle sind zwar als solche genießbar, sie werden aber zur Beseitigung des ihnen anhaftenden oder sich beim Aufbewahren ausbildenden eigentümlichen Geruchs und Geschmacks, des sog. Trangeruchs und Trangeschmacks und zur Erhöhung der Haltbarkeit der Hydrierung (vgl. S. 607) unterworfen, wobei Speisefette verschiedener Härtestufen von verschiedenem Schmelzpunkt entstehen.

Je nachdem die Seetieröle aus dem Körperfett oder aus der Leber gewonnen werden, unterscheidet man Körperöle und Leberöle. Einige dieser Körperöle, so die vom Pottwal, und Leberöle, so die von vielen Haifischen, enthalten große Mengen unverseifbarer Stoffe und werden daher für die menschliche Ernährung nicht verwendet.

1. Allgemeine Zusammensetzung.

a) Verfahren zum Nachweise der Seetieröle.

Wie fast alle wasserbewohnenden Tiere enthalten die genannten Seetiere im Körper- und Leberöl eigenartige, stark ungesättigte Fettsäuren, die den Trangeruch bedingen, sie können an diesen Fettsäuren erkannt werden. Insbesondere hat sich für diesen Zweck die Octobromidprobe (S. 222) bewährt. Da aber die Seetieröle fast nur im gehärteten Zustande zum Verbrauch gelangen und beim Hydrierungsvorgang die stark ungesättigten Fettsäuren verschwinden, müssen zur Erkennung gehärteter Seetieröle andere Eigenschaften herangezogen werden. Hierfür eignen sich:

1. Die **Zusammensetzung der Fettsäuren**, insbesondere der Gehalt an höher- und niedermolekularen Fettsäuren (vgl. S. 627) sowie an Isoölsäuren (vgl. S. 610).

2. **Gehalt an Unverseifbarem.** Der verhältnismäßig hohe Gehalt der Seetierfette gegenüber Landtierfetten an Unverseifbarem (vgl. S. 627).

3. **Farbreaktionen.** Von Farbreaktionen auf Seetieröle und gehärteten Fetten daraus werden folgende empfohlen:

α) Prüfung nach M. TORTELLI und E. JAFFE[3]. In einem graduierten Schüttelzylinder mit Fuß von 15 mm Durchmesser und 15 ccm Inhalt mischt man 1 ccm des zu prüfenden trockenen[4] Fettes, 6 ccm Chloroform und 1 ccm Eisessig, bis eine homogene Mischung vorliegt, fügt 40 Tropfen 10%ige Bromlösung

---

[1] A. PAWLETTA: Pharm. Zentralh. 1932, **73**, 417.
[2] J. PRITZKER u. R. JUNGKUNZ: Pharm. Acta Helvet. 1937, **12**, 97.
[3] M. TORTELLI u. E. JAFFE: Chem.-Ztg. 1915, **39**, 14.
[4] Durch Gegenwart von Wasser wird die Reaktion verhindert.

in Chloroform hinzu, mischt einen Augenblick gut durch und stellt das Glas auf ein Blatt weißes Papier. Liegt ein Seetieröl vor, so geht das Fett innerhalb einer Minute durch einen rosigen Schein in eine grüne Färbung über, die nach und nach klarer und stärker wird und länger als 1 Stunde schön grün bleibt. Je reiner das Öl, um so schneller und deutlicher tritt die Reaktion ein. Die Färbung ist verschieden je nach Art des Seetieröles und schwankt von Grün in Gelblich bis Grün in Bläulich. Tierische oder pflanzliche Öle liefern nur hell- bis dunkelgelbe Farbtöne.

Durch den Hydrierungsvorgang wird die Reaktion nicht abgeschwächt, sondern verstärkt. Zur Prüfung gehärteter Öle gibt man in ein graduiertes Glas mit Fuß und Glasstöpsel von 30 mm Durchmesser und 25 ccm Inhalt 5 ccm geschmolzenes Fett, 10 ccm Chloroform und 1 ccm Eisessig, schüttelt gut durch, gibt 2,5 ccm 10%ige Bromlösung in Chloroform zu und schüttelt nochmals einen Augenblick. Man erhält sofort eine vorübergehende gelbrosa Färbung, die innerhalb einer Minute bereits hellgrün, alsdann schnell starkgrün (smaragdgrün) wird und so länger als 1 Stunde verbleibt. — Pflanzenöle bleiben einige Zeit unverändert, werden dann leicht gelblich und nach mehreren Stunden dunkelgelb bis braun. Öle von Landtieren werden schnell gelblich oder leicht bräunlich und ergeben — in einzelnen Fällen — einen vorübergehenden, leichten grünen Reflex, der aber wohl von der smaragdgrünen Farbe der hydrierten Öle zu unterscheiden ist. Noch etwa 5% hydrierte Seetieröle lassen sich in anderen Fetten erkennen.

Zur Vorreinigung dunkler Trane für die Prüfung empfehlen Tortelli und Jaffe folgende Behandlung: Man läßt 100 ccm Tran mit 1 ccm konzentrierter Schwefelsäure 5 bis 6 Stunden unter zeitweiligem Schütteln stehen, filtriert durch eine dünne Schicht Fuller-erde, entsäuert dreimal mit kochendem Wasser und filtriert durch ein trockenes Filter bei 100°. Darauf mischt man mit 5 ccm 30%iger Natronlauge, erhitzt $^1/_4$ Stunde auf dem Wasserbade unter öfterem Umschütteln, versetzt mit 50—60 ccm konzentrierter Kochsalz-lösung, erwärmt abermals $^1/_4$ Stunde, gießt das Öl ab, wäscht mit wenig warmem Wasser zweimal und entwässert bei 100°.

R. Wait[1] prüfte eine große Anzahl Pflanzenöle und Fette von Landtieren nach Tortelli und Jaffe und erhielt stets eine negative Reaktion. Dagegen lieferte frisches Walöl eine violette oder blaue Färbung, erst nach längerer Aufbewahrung eine grüne, Haiöl eine rote, Delphinöl eine grüne, Robben-öl eine grüngraue, Dorschleberöl eine grüne. Mit der Reaktion ließen sich noch 25% Walöl, 3% Haiöl, 10% Delphinöl und 45% Robbenöl nachweisen. Mit der Alterung der Trane verschwand die Reaktion. — Die Empfindlich-keit der Probe ließ sich erheblich steigern, wenn man den Eisessig durch Ameisensäure ersetzte; dazu schüttelt Wait starke Ameisensäure mit Chloroform aus und verwendet diesen Auszug zur Ausführung der Reaktion.

Die Rotfärbung wie bei Haiöl liefert nach Wait auch Menschenfett.

E. P. Häussler und E. Brauchli[2] haben nachgewiesen, daß die Grünfärbung nach Tortelli und Jaffe auf einem Gehalt der Seetieröle an unverändertem oder verändertem Ergosterin beruht und für Ergosterin spezifisch ist.

β) Zur Verschärfung der Prüfung nach Tortelli und Jaffe haben M. N. Ghose und H. K. Pal[3] folgende Abänderungen empfohlen:

1. 3 g des zu prüfenden Fettes werden in 6 ccm einer Mischung von Chloro-form und Eisessig (1:1) gelöst und dazu in einem Reagensrohr tropfenweise aus einer Bürette Brom gegeben, bis eine sehr schwache Rosafärbung (gegen weißes Papier am besten zu sehen) erscheint; in der Regel genügen 2 oder 3 Tropfen. Das Reagensröhrchen wird dann beiseitegestellt, worauf innerhalb 10 Minuten eine sehr charakteristische rotviolette Farbe erscheint. — Mit

[1] R. Wait: Pharm. Zentralh. 1937, 78, 469.
[2] E. P. Häussler u. E. Brauchli: Helv. chim. Acta 1929, 12, 187; Z. 1933, 66, 383.
[3] M. N. Ghose u. H. K. Pal: Analyst 1935, 60, 240.

anderen Ölen und Talg tritt die Rosafärbung nicht auf, sondern die Farbe geht dann nach Zusatz einiger weiterer Tropfen Brom von Grün nach Braun über.

2. 2,5 ccm Fett werden wie bei α) in Chloroform-Eisessig gelöst, 1 ccm 10%iger Lösung von Brom in Chloroform zugegeben und stehengelassen. Mit gehärtetem Seetier- oder Fischfett geht die Rosafärbung in einigen Minuten in Tiefpurpur über und hält sich lange Zeit. Gehärtete Pflanzenfette bleiben unverändert oder nehmen grüne oder grünlichgelbe Farbe an. Noch 5% Seetierfett sind so nachweisbar.

γ) Nach E. J. BETTER und J. SZIMKIN [1] lassen sich in Seetieröllösungen mit Hilfe der HANUŠ-Lösung (S. 103) unter gleichzeitiger Verwendung der Brom-Chloroformmischung nach TORTELLI und JAFFE tiefgrüne Färbungen erzeugen, die andere Öle nicht liefern.

3 ccm Öl (bei dunklen Ölen 0,7 ccm) werden in 3 ccm Eisessig und 4 ccm, gegebenenfalls mehr, Chloroform klar gelöst. Nach Zusatz von 20 Tropfen 10%iger Brom-Chloroformlösung werden sofort 10 Tropfen HANUŠ-Lösung zugefügt und durchgeschüttelt. Kommt die tiefgrüne Färbung nicht in kurzer Zeit, so gibt man noch 20 Tropfen Brom-Chloroformlösung zu. 5—10% Seetieröl können so nachgewiesen werden.

δ) Eine weitere Verschärfung der Reaktion erhält S. H. BERTRAM [2] durch Zugabe von Furfurol. Die Reaktion wird dann aber so empfindlich, daß sie auch bei tranfreiem Rindsfett und Butter immer auftritt.

Ausführung. Etwa 2,5 g zu prüfendes Fett werden in 10 ccm 5% Furfurol enthaltendem Chloroform gelöst und hierzu 1 ccm 10%ige Bromlösung in Chloroform gegeben. Nach Durchschütteln tritt bei Anwesenheit von Seetier-ölen eine grüne Farbe nach höchstens 2 Minuten auf.

BERTRAM beobachtete, daß die Reaktion nach TORTELLI und JAFFE auch bei Weglassung des Eisessigs eintritt. Durch Ersatz des Chloroforms durch Perchloräthylen und Methylenchlorid wurde sie bedeutend stärker. Vgl. auch unter ε.

δ) Reaktion von G. PANOPOULOS [3] zum Nachweise gehärteter Fischöle in butterfreien Fetten:

Zu 10 Tropfen des zu prüfenden Öles gibt man 2 ccm Chloroform und nach erfolgter Lösung des Fettes 10 Tropfen des Reagenzes von PRICE und CARR (30% Antimontrichlorid in Chloroform). Bei Anwesenheit gehärteter Fischöle erhält man nach sechsstündigem Stehenlassen des verschlossenen Reagensglases eine rotviolette Färbung.

ε) Reaktion nach S. H. BERTRAM [4]. 1 ccm Fett wird in einem Reagensrohr mit rund 3 g krystallisierter Trichloressigsäure gemischt und 5 Minuten lang in einem Ölbade von 60° erhitzt. Nach Herausnahme des Röhrchens aus dem Bade werden 10 ccm Chloroform zugefügt. Eine violette Farbe zeigt Anwesenheit tierischer Fette außer Schweinefett an. Bei Pflanzenfett tritt die Farbe nicht ein.

Eine stark violette Farbe geben Walöl, Robbenöl, Heringöl, Pilchardöl, Haifischöl, Kabeljauöl, Fett aus Eiotter, und zwar die Seetieröle in ungehärtetem und mehr oder weniger gehärtetem Zustande gleich gut.

Weniger stark, aber doch immer noch ganz deutlich (Farbstärke gleich oder weniger als die von 10% gehärtetes Seetieröl enthaltenden Gemischen hervorgerufene Färbung), ist die Reaktion bei Rindsfett, Premier jus, Oleomargarin, Butterfett, Rahmfett, Spermöl, Schafsfett, Pferdefett, nicht bei Schweinefett.

Die durch die Reaktion hervorgerufene violette Farbe bleibt am besten ohne Verblassen bestehen, wenn die zu untersuchenden Fette frisch sind und keine Peroxyde enthalten.

---

[1] E. J. BETTER u. J. ZZIMKIN: U. 1934, 41, 225; Z. 1937, 74, 241.
[2] S. H. BERTRAM: Öle, Fette, Wachse, Seife, Kosmetik 1937, 13.
[3] G. PANOPOULOS: Praktika 1932, 7, 325; Z. 1938, 75, 392.
[4] S. H. BERTRAM: Öle, Fette, Wachse, Seife, Kosmetik 1937, 13.

Für unreine, dunkle oder künstlich gefärbte Fette empfiehlt sich vor Anstellung der Reaktion eine Reinigung wie folgt:

Etwa 25 ccm geschmolzenes Fett oder Öl werden mit etwa 50 ccm Petroläther (Siedepunkt 40—60°) gemischt. Zu dieser Lösung werden etwa 1 g Entfärbungskohle und etwa 4 g aktive Bleicherde gegeben und die Mischung einige Minuten unter Rückfluß gekocht. Nach dieser Zeit wird filtriert und vom Filtrat der Petroläther abdestilliert.

Für künstlich gefärbte Fette und Öle ist diese Vorbehandlung unbedingt notwendig, da sonst säureempfindliche Farbstoffe eine violette Farbe bei der Reaktion zeigen könnten. Diese Farbstoffe werden durch die beschriebene Reinigung entfernt.

Gehärtete Seetieröle lassen sich, da andere tierische Fette eine Farbstärke unter 10% der des gehärteten Seetieröles geben, auch annähernd quantitativ abschätzen.

Anwesenheit von Sesamöl kann bei der Probe Grünfärbung liefern.

Der Träger der Reaktion ist nicht bekannt. Reines Ergosterin in Paraffinöl oder Erdnußöl gab die Reaktion nicht. Ergosterin selbst lieferte Grünfärbung mit starker Fluorescenz, reines Cholesterin und Phytosterin keine Färbung.

4. Zur Prüfung auf ungehärtetes Seetieröl empfiehlt W. Schaefer[1] ferner neben der Octobromidprobe (S. 222) folgende Reaktion: 0,3—0,4 zu prüfendes Öl werden in 5 ccm Chloroform oder Tetrachlorkohlenstoff gelöst, bis zur Absättigung der ungesättigten Bindungen mit Brom behandelt, erhitzt und stehengelassen. Bei Gegenwart von 5% Seetieröl und darüber tritt Trübung ein. Sonst bleibt die Lösung klar.

5. Bestimmung der Jodzahl. Als bestes Verfahren hierfür hat sich, insbesondere auch für Seetieröle, nach A. Vossgård und E. Björsvik[2] das von Wijs (vgl. S. 102) bewährt. Diese haben neuerdings gefunden, daß eine Abänderung des Lösungsmittelverhältnisses in der Reaktionsmischung, die nach Wijs aus 25 ccm Eisessig (72%) und 10 ccm Tetrachlorkohlenstoff (28%) besteht, zu 45 Vol.-% Eisessig und 55 Vol.-% Tetrachlorkohlenstoff die Vorteile 1. des minimalen Einflusses des Reagensüberschusses auf das Ergebnis, 2. der Abkürzung der Einwirkungsdauer auf 30 Minuten und schließlich 3. die Möglichkeit bietet, das zu prüfende Fett direkt in der Reaktionsmischung zu lösen. Hieraus ergibt sich folgende, für Fette allgemein verwendbare

Arbeitsvorschrift. Entsprechend der zu erwartenden Jodzahl des Fettes wird eine Menge eingewogen, die einem Halogenüberschuß zwischen 65—400% entspricht. Zu dieser Fettmenge setzt man 25 ccm einer 0,2 N.-Jodmonochloridlösung in einer Mischung von 45 Vol.-% Eisessig und 55 Vol.-% Tetrachlorkohlenstoff zu. Nach einer Einwirkungsdauer von 30 Minuten bei einer Temperatur von etwa + 20° setzt man 10 ccm einer 10%igen Kaliumjodidlösung zu und titriert den Überschuß wie gewöhnlich mit 0,1 N.-Natriumthiosulfatlösung zurück.

b) Einteilung der Seetieröle nach ihrer Zusammensetzung.

Wie S. 522 dargelegt wurde, teilen wir die Seetieröle nach ihrer Zusammensetzung in folgende Klassen:

a) Öle mit hochungesättigten C_{20}- und C_{22}-Säuren. Öle von Bartenwalen (Balaeniden), Seerobben und Knochenfischen.

b) Öle mit Gehalt an Selacholeinsäure. Fischöle der Knorpelfische.

c) Öle mit Gehalt an Tetradecen, Myristin- und Laurinsäure. Öle der Spermwale.

d) Öle mit hochungesättigten C_{20}- und C_{22}-Säuren und Isovaleriansäure. Öle von Delphiniden.

---

[1] W. Schaefer: Seifensieder-Ztg. 1927, **54**, 798; C. 1928, I, 605.
[2] A. Vossgård u. E. Björsvik: Z. analyt. Chem. 1939, **115** 204.

2. Öle der Balaeniden und Knochenfische.

Tabelle 131. Allgemeine mittlere Zusammensetzung.

Fettart	Fett-säuren %	Glycerin-rest (C_3H_2) %	Entsprechend Glycerin %	Unver-seifbares %	Fettart	Fett-säuren %	Glycerin-rest (C_3H_2) %	Entsprechend Glycerin %	Unver-seifbares %
Körperöle:					Sardinenöl . .	94,5	4,3	10,4	1,2
lauwalöl[1] . .	94,8	4,5	10,8	0,7	Menhadenöl . .	94,6	4,3	10,5	1,1
innwalöl[1] . .	94,5	4,4	10,5	1,1	Forellenöl. . .	94,9	4,3	10,3	0,8
uckelwalöl[1] .	94,6	4,5	10,9	0,9	Karpfenöl[2] . .	94,4	4,5	10,8	1,1
eiwalöl[1] . . .	94,9	4,3	10,4	0,8	Schleienöl[2] . .	94,6	4,4	10,6	1,0
obbenöle . .	95,3	4,3	10,4	0,4	Leberöle:				
eringsöl . .	94,3	4,2	10,2	1,5	Dorschleberöl .	94,6	4,3	10,5	1,1
prottenöl . .	94,2	4,4	10,6	1,4	Seileberöl . .	94,9	4,2	10,2	0,9

Tabelle 132. Zusammensetzung der Fettsäuren.

Körperöle[4] von	Zusammensetzung der Fettsäuren								Untersucht von
	Gesättigte			Ungesättigte[3]					
	C_{14} %	C_{16} %	C_{18} %	C_{14} %	C_{16} %	C_{18} %	C_{20} %	C_{22} %	
rktische Wale . . .	4	10,5	3,5	—	18 (2,5)	33 (3)	20 (7)	11 (8)	A. Armstrong u. J. Allan[5]
eufundlandwale . . .	7,5	10	3	1,5	18 (2)	44 (2,2)	—	16 (8)	
ntarktische Wale . .	8	12	2	1,5	15 (2)	43 (2,3)	8 (7,5)	10,5 (9)	
leischöl eines fetten Wales	7,6	19,6	—	1,4	11,4	39,1 (3)	14,7 (6,8)	6,0 (8,5)	J. Tveraaen[6]
l aus dem inneren Speck eines mageren Wales	7,5	22,2	—	1,0	11,8	44,4 (2)	8,4 (4,3)	8,2 (4,6)	
ardinenöl von Sardinops caerulea[7] . . .	5,1	14,4	3,2	0,1	11,7	17,7	17,9	13,8	H. N. Brocklesby u. K. F. Harding[8]
ardinen, japanische .	6	10	2	—	13 (2)	24 (2)	26 (5)	19 (5)	E. F. Armstrong u. J. Allan[9]
enhaden	6	16	1,5	—	15,5 (2)	30 (4)	19 (10)	12 (10)	
protten	6,0	18,7	0,9	0,1	16,2 (2)	29,0 (3)	18,2 (5,5)	10,9 (7)	
arpfen	3,7	14,6	1,9	1,0	17,8	45,8 (3)	15,2 (7)	—	
lußbarsch	3,5	12,5	2,0	1,1	19,3	40,6 (3)	13,8 (7)	7,2 (9)	J. A. Lovern[10]
elchen	2,9	14,3	1,9	1,5	19,8	40,0 (3)	13,5 (7,4)	6,1 (9)	
echt	4,7	13,2	0,5	0,8	20,8	38,4 (3)	15,3 (7,5)	6,3 (7,5)	
orsch:									
Neufundland	6	8,5	0,5	Spur	20 (2)	29 (3)	26 (6)	10 (7)	K. D. Guha, T. P. Hilditch u. J. A. Lovern[11]
Schottisch	3,5	10	—	0,5	15,5 (2)	25 (3)	31,5 (6)	14 (7)	
Norwegisch	5	6,5	Spur	0,5	16 (2)	31 (3)	30,5 (5)	10,5 (?)	
öhler	6,5	12,5	0,3	Spur	12 (2)	30 (3)	25,5 (5)	13 (7)	
lauhecht	6	12,5	0,3	Spur	14,5 (2)	22,5 (3)	30,5 (4,5)	14 (6)	
eng	5	13	1	Spur	13 (2)	32,5 (3)	24 (6)	11,5 (7)	
chellfisch	4,3	14,1	0,3	0,5	12,4 (2)	30,5 (2,6)	29,3 (6)	8,6 (7,3)	J. A. Lovern[10]
eilbutt	3,9	15,1	0,5	—	18,7 (2)	34,4 (2)	13,8 (5,5)	13,6 (7,6)	
eeteufel.	4,9	9,6	1,3	0,4	12,1	30,9 (3,5)	24,9 (6)	15,9 (8,6)	

[1] Vgl. H. Lene: U. 1938, **45**, 52.
[2] Vgl. J. Hadaček: Časopis Československého Lékárnictra 1937, **17**, 268; C. 1938, I, 2092.
[3] Die in Klammern stehenden Zahlen deuten die zur Absättigung eines Fettsäuremoleküls erforderliche Anzahl Wasserstoffatome an (Hilditch).
[4] Über Walölfettsäuren vgl. auch K. Giese: Beitrag zur Analyse der Waltranfettsäuren. Diss. Danzig 1938.
[5] E. F. Armstrong u. J. Allan: Journ. Soc. chem. Ind. 1924, **43** T, 216.
[6] J. Tveraaen: Hvalvådets Skrifter 1935, Nr. 11, 5. [7] Außerdem C_{24} 15,2%.
[8] H. N. Brocklesby u. K. F. Harding: Journ. Fisheries Res. Board Canada 1938, **4**, 55; C. 1938, II, 2669. [9] E. F. Armstrong u. J. Allan: Vgl. Anm. 5.
[10] J. A. Lovern: Biochem. Journ. 1932, **26**, 1978; C. 1933, II, 2158.
[11] K. D. Guha, T. P. Hilditch u. J. A. Lovern: Biochem. Journ. 1930, **24**, 266.

J. Lund[1] bestimmte die Menge der festen Fettsäuren in Walölen nach Twitchell in der Abänderung nach Cocks, Christian und Harding (vgl. S.202) und in diesen festen Fettsäuren den gesättigten Anteil. Die Ergebnisse waren:

Tabelle 133. Feste Fettsäuren in Walölen.

Walart	Specköl		Knochenöl		Fleischöl	
	Feste Fettsäuren %	Gesättigte Fettsäuren %	Feste Fettsäuren %	Gesättigte Fettsäuren %	Feste Fettsäuren %	Gesättigte Fettsäuren %
Blauwal	23,8—26,8	18,0—19,6	26,7—28,3	21,6—23,9	26,7—27,7	21,6—22,6
Finnwal	20,4—22,9	16,1—19,3	25,6—27,4	20,4—22,3	24,7—26,9	19,5—22,0

Bei diesen Ergebnissen ist zu beachten, daß bei der Bleisalztrennung wesentliche Mengen Myristinsäure verlorengehen. Die wirklichen Gehalte an gesättigten Fettsäuren dürften entsprechend den oben angegebenen Werten von Tveraaen etwa zwischen 26—30% betragen. Diese Befunde von Lund zeigen aber, daß die Gehalte der Walöle an diesen Fettsäuren nur verhältnismäßig geringen Schwankungen unterliegen.

Diese Seetieröle sind also durch einen Gehalt an Myristin- und Palmitinsäure als gesättigte, an Palmitöl-, Öl-, Linol- und ungesättigten Fettsäuren mit 20 und 22 Kohlenstoffatomen gekennzeichnet.

Die Körperöle der Bartenwale sind denen der Fische sehr ähnlich. Sie enthalten aber mehr Öl- und Linol-, dafür weniger C_{20}- bis C_{22}-Säuren. Auch die Fette der Phociden scheinen dem Walöl ähnlich zu sein.

Die Körperöle der Süßwasserfische enthalten gegenüber dem der Seefische weniger C_{20}- und besonders C_{22}-Säuren, dafür mehr Öl- und Linolsäure (bis zu 40%) und mehr Palmitin- und Palmitölsäure.

Die Leberöle sind in der Fettsäurenzusammensetzung den Körperölen ähnlich.

a) Öle von Bartenwalen.

Die Öle der Bartenwale, schlechthin Walöle genannt, bilden seit wenigen Jahren, nachdem die fortschreitende Technik erreicht hat, die Öle in sauberem unzersetzten, zur Härtung geeigneten und dann als Speisefett verwendbaren Zustande zu gewinnen, einen außerordentlich wichtigen Bestandteil unserer einheimischen Fettversorgung.

Die bedeutendsten Fanggebiete für Wale liegen im südlichen Eismeer. Den Hauptgegenstand des antarktischen Walfanges bilden Blau-, Finn- und Buckelwale, besonders die beiden ersteren. Der Seiwal ist nach N. Peters[2] im hohen Süden ein unregelmäßiger Gast, während die früher häufigen Glattwale (vgl. S. 590) heute ziemlich ausgerottet sind. Als wichtige Fanggebiete nennt Peters das Weddelmeer, das Bouvetgebiet, das Kerguelengebiet und das Roßmeergebiet mit folgenden Ausbeutezahlen an Walen im Jahre 1934/35 für norwegische und englische Kochereien[3] (s. Tabelle 134).

Tabelle 134.

Art der Wale	Weddelmeergebiet	Bouvetgebiet	Kerguelengebiet	Rossmeergebiet
Blauwale	1230	8270	5358	54
Finnwale	1288	8014	1336	10
Buckel-, Pott- und andere Wale . .	168	808	1499	5

[1] J. Lund: U. 1938, 45, 292.
[2] N. Peters: U. 1938, 45, 19.
[3] Nach Hjort u. Jahn: Internationale Statistik des Walfanges.

Die Hauptnahrung der größeren Walarten bildet das Walkrebschen Euphausia superba DANA, das Abb. 36 in natürlicher Größe wiedergibt.

Die Größe und Gestalt verschiedener Wale im Vergleich zueinander geht aus Abb. 37, S. 588 hervor.

Über die Zahnwale vgl. S. 598.

1. Blauwal. Balaenoptera musculus L. Engl.: Blue Whale. Norw.: Blaahval.

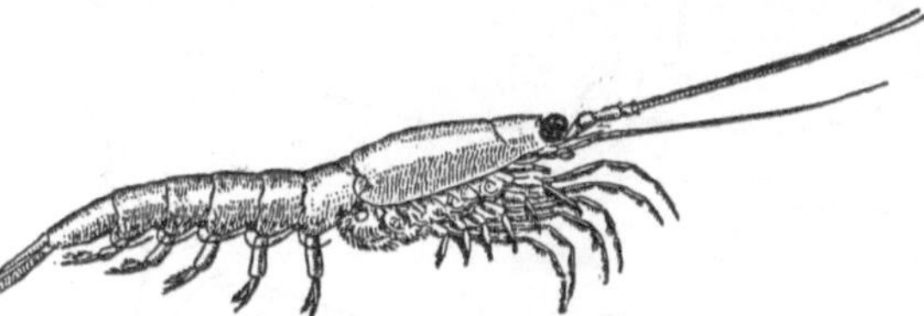

Abb. 36. Walkrebschen (Euphausia superba DANA). (Natürl. Größe). (Nach DIEHL.)

Der Blauwal ist das größte Säugetier und das größte Meerestier, das die höchste Ausbeute an Öl und anderen Erzeugnissen liefert. Der Fang von Blauwalen ist aber heute zugunsten des Finnwales zurückgegangen. Die Größe (Länge) des Blauwales ist im Mittel 24 m, erreicht aber ausnahmsweise 30 m. Je nach der Länge beträgt das Gewicht eines Tieres:

Länge (m)	18	20	22	24	26	28
Gewicht (t)	35	48	65	85	105	130

Das Gewicht der einzelnen Körperteile beträgt nach PETERS etwa:

Charakteristisch für den Blauwal ist neben der ziemlich kleinen, nur etwa 25—35 cm hohen Rückenflosse die tief blaugraue Farbe der Rücken- und Bauchseiten des Körpers.

Auf größere Entfernungen, sichtbar ist der „Blas", der sich in kalter Luft scharf abhebende Atemhauch. Die Tiere bleiben in der Regel 5 bis 10 Minuten unter Wasser, um dann in kurzen Abständen mehrere Male an der Oberfläche zu erscheinen, um zu blasen.

Der Blauwal liebt die Nähe des Eises.

Über die Kennzahlen des Blauwalöles s. Tabelle 136 und 137.

Die Säurezahlen lagen nach

Tabelle 135.

Körperteil	Gewicht		Ölausbeute in t
	t	%	
Speck	25,7	21,0	13,6
Fleisch	56,4	46,3	6,9
Knochen	22,3	18,3	7,2
Zunge	3,2	2,6	—
Lungen	1,2	1,1	—
Herz	0,6	0,5	—
Niere	0,5	0,4	—
Magen	0,4	0,3	—
Leber	0,9	0,8	—
Übrige Eingeweide .	1,6	1,3	—
Barten	1,2	0,9	—
Blut, ungefähr . .	8,0	6,6	—
Gesamt	122,0	100,0	27,7

LEUE zwischen 0,3—0,9, während Säurezahlen bis zu 60 von Waltranen aus früheren Jahren keine Seltenheit waren. S. UENO und M. IWAI[1] fanden an

17 Proben Blauwalöl die Säurezahlen zwischen 0,14—0,82, die Verseifungszahlen 193—201. Die heutigen Blauwalöle zeigen nur einen mild tranigen Geruch (LEUE), auch noch nach der Verschiffung bei der Ankunft in Deutschland.

SCHMIDT-NIELSEN, N. A. SØRENSEN und B. TRUMPY[2] berichten über ein durch Lipochrome

Tabelle 136.

Physikalische Kennzahlen von Blauwalöl.

Nähere Angaben	Dichte bei 50°	Lichtbrechung n_D^{50}	Untersucht von
Specköl . . .	0,9004	1,4633	S. SCHMIDT-NIELSEN u. A. FLOOD[3]
Knochenöl . .	0,9003	1,4623	
Fleischöl . . .	0,8988	1,4615	
Zungenöl . . .	0,9016	1,4613	

[1] S. UENO u. M. IWAI: Journ. Soc. chem. Ind. Japan 1938, **41 B**, 297.
[2] S. SCHMIDT-NIELSEN, N. A. SØRENSEN u. B. TRUMPY: Kong. Norske Selsk. Forhandl. 1932, **5**, 114, 118.
[3] S. SCHMIDT-NIELSEN u. A. FLOOD: Kong. Norske Selsk. Forhandl. 1933, **6**, 115.

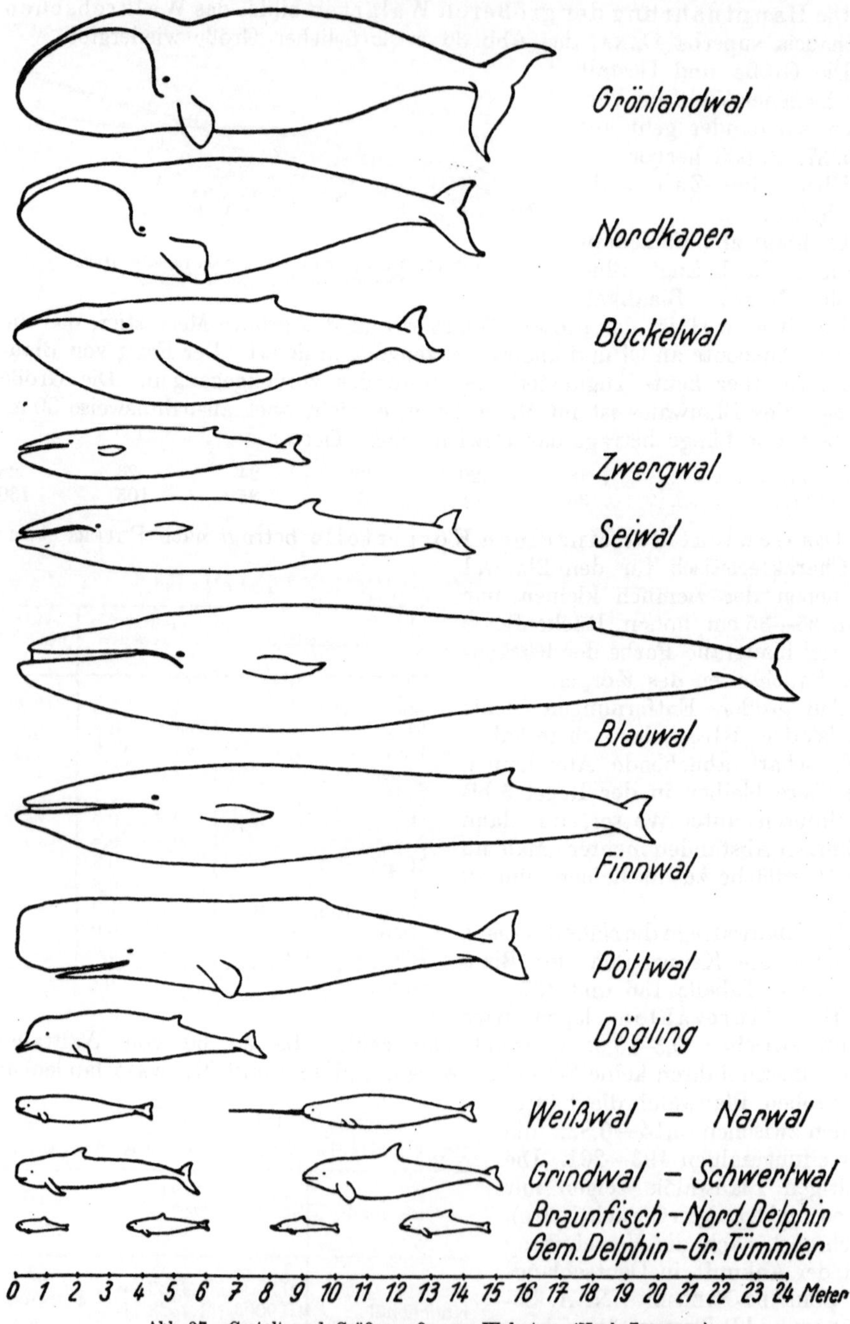

Abb. 37. Gestalt und Größenmaße von Walarten. (Nach Ludorff).

schwach rotgefärbtes Walöl, eine Erscheinung, die sie auch beim Leberöl des Sensenfisches fanden. Im übrigen gewinnt man heute Öle, insbesondere Specköle, deren Farbdichte bei 40 mm Schichtdicke nur vier Gelbgrade nach Lovibond beträgt.

D. Schwabe-Hansen[1] fand an verschiedenen Schichten des Walspeckes, daß vom Fleisch aus die Jodzahl und Rhodanzahl zunächst sinkt, um dann in Richtung der Haut wieder zu steigen.

2. Finnwal. Balaenoptera physalus L. Engl.: Fin Whale. Norw.: Finhval.

Dieser heute am häufigsten gefangene Wal der Antarktis lebt gerne in Trupps zu dreien und mehreren. Er wird vom Blauwal unterschieden an der weit aus dem Wasser tretenden 50—70 cm hohen sichelförmigen Rückenflosse. Die Länge der Finnwale beträgt etwa 21 m. Wie beim Blauwal sind die Weibchen im Mittel 1 m länger als die Männchen. In der Statistik rechnet man wertmäßig etwa 2 Finnwale auf einen Blauwal.

Die Kennzahlen von Finnwalöl sind ganz ähnliche wie die der Blauwalöle:

Nach Y. Toyama und K. Uozaki[4] wiesen aus dem Speck gewonnene Finnwalöle folgende Mittelwerte (Schwankungen) von Kennzahlen auf: Dichte bei 15° 0,9206 (0,9137—0,9236), n_D^{15} 1,4745 (1,4705—1,4769), Säurezahl 0,74 (0,44—1,43), Verseifungszahl 193,4 (190,3—196,5), Jodzahl (Wijs) 138,5 (107,4—155,8), Unverseifbares 0,75 (0,32—1,98)%, ätherunlösliche Bromide 33,4 (18,1—43,5%).

Charakteristische Unterschiede zwischen Ölen von männlichen und weiblichen Tieren oder eine Beziehung zur Körpergröße wurde nicht gefunden.

Die Säurezahl fand Leue beim Fleischöl zu 3,6, bei den anderen Ölen zwischen 0,3—1,0. Der Geruch war leicht fischig.

Tabelle 137. Chemische Kennzahlen von Blauwalöl.

Nähere Angaben	Verseifungszahl	Jodzahl	Rhodanzahl	Jodzahl minus Rhodanzahl	Untersucht von
Rückenspecköl	196,6	137,4	86,8	50,6	H. Leue[2]
Bauchspecköl .	199,0	113,5	69,6	43,9	
Zungenöl . . .	200,6	133,4	89,1	44,3	
Knochenöl . .	197,9	109,9	92,2	17,7	
Fleischöl . . .	195,9	116,6	78,2	38,4	
Gesamtöl . . .	195,1	114,9	75,8	39,1	
Specköl . . .	197,0	131,2	—	—	S. Schmidt-Nielsen u. A. Flood[3]
Knochenöl . .	197,5	119,3	—	—	
Fleischöl . . .	196,5	114,0	—	—	
Zungenöl . . .	197,5	126,7	—	—	

Tabelle 138. Physikalische Kennzahlen von Finnwalöl.

Nähere Angaben	Dichte bei 50°	Lichtbrechung n_D^{50}	Untersucht von
Rückenspecköl . .	0,8969	1,4627	S. Schmidt-Nielsen u. A. Flood[3]
Knochenöl . . .	0,9001	1,4630	
Rippenöl	0,8992	1,4644	
Zungenöl	0,9029	1,4639	

Tabelle 139. Chemische Kennzahlen von Finnwalöl.

Nähere Angaben	Verseifungszahl	Jodzahl	Rhodanzahl	Jodzahl minus Rhodanzahl	Untersucht von
Rückenspecköl	193,8	115,1	79,1	36,0	H. Leue[2]
Knochenöl . .	194,2	125,3	73,0	52,3	
Fleischöl . . .	191,7	137,0	74,2	62,8	
Magenöl . . .	192,0	156,9	81,9	75,0	
Rückenspecköl	188,5	121,9	—	—	S. Schmidt-Nielsen u. A. Flood[3]
Knochenöl . .	194,4	126,2	—	—	
Rippenöl . . .	188,0	135,6	—	—	
Zungenöl . . .	196,0	133,0	—	—	

3. Buckelwal. Megaptera boops Bonn. Engl.: Humpback. Norw.: Knölhval. Der Buckelwal ist ein verhältnismäßig kurzer und dicker Furchenwal mit sehr langen Brust- und Schwanzflossen. Die Durchschnittslänge der erlegten

---

[1] D. Schwabe-Hansen: Tidsskr. Bergves. 1938, 18, 10; C. 1938, I, 3715.
[2] H. Leue: U. 1938, 45, 52.
[3] S. Schmidt-Nielsen u. A. Flood: Kong. Norsk. Vidensk. Selsk. Forhandl. 1933, 6, 115.
[4] Y. Toyama u. K. Uozaki: Journ. Soc. chem. Ind. Japan (Suppl.) 1937, 40 B, 398; C. 1938, II, 214.

Tiere betrug 12,2 m bei den Männchen, 12,9 m bei den Weibchen. Am Kopf trägt der Buckelwal zahlreiche halbkugelförmige Knollen, die 1—3 Sinneshaare tragen. Fast immer sind Buckelwale stark mit Hautschmarotzern, mit flächen- und tonnenförmigen großen Seepocken besetzt. Der Buckelwal ist sehr fett und kann ein Gewicht von 40—50 t erreichen. Seine Speckschicht ist dicker als bei Blau- und Finnwalen. An der Körperseite, in der Nähe der Rippenflosse, gewöhnlich 12—16 cm stark. Die Ölausbeute beträgt durchschnittlich 6—7 t. In der Statistik rechnet man auf einen Blauwal $2^1/_2$ Buckelwale. Der Bestand an Buckelwalen ist heute stark verringert.

Schmidt-Nielsen erhielt für Rückenspeck-, Bauchspeck- und Knochenöl von Buckelwal die Kennzahlen: Dichte bei 50° 0,8974—0,9137, n_D^{50} 1,4614 bis 1,4651, Verseifungszahl 183,0—190,5, Jodzahl 101,0—137,3.

Leue fand für Rückenspecköl: Verseifungszahl 197,6, Jodzahl 135,9, Rhodanzahl 76,2, Jodzahl — Rhodanzahl 59,7. Ein gleichfalls untersuchtes Darmöl zeigte ähnliche Kennzahlen, hatte aber einen etwas unangenehmen Geruch.

Y. Toyama und K. Uozaki[1] fanden in Buckelwalspecköl im Mittel (Schwankungen): Dichte bei 15° 0,9197 (0,9154—0,9234), n_D^{15} 1,4748 (1,4728—1,4772), Säurezahl 0,81 (0,36—1,46), Verseifungszahl 190,1 (183,5—193,9), Jodzahl 135,2 (120,3—159,4), Unverseifbares 0,64 (0,31—1,09)%, ätherunlösliche Bromide 29,6 (18,1—41,4)%.

S. Ueno und M. Iwai[2] erhielten für acht Proben Öle aus verschiedenen Teilen des Buckelwales: Säurezahl 0,31—0,68, Verseifungszahl 195,2—198,3, Jodzahl 122,6—148,9, n_D^{40} 1,4650—1,4700, Unverseifbares 0,68—1,32%.

4. Seiwal. Balaenoptera borealis Less. Von dieser kleineren Walart entsprechen in der Statistik etwa 6 einem Blauwal. Der Seiwal liefert die besten Barten und das beste Fleisch.

Im Seiwalöl fand Leue bei einer Säurezahl von 0,3: Verseifungszahl 190,5, Jodzahl 142,6, Rhodanzahl 77,4, Jodzahl — Rhodanzahl 65,2.

Y. Toyama und K. Uozaki[1] fanden für unmittelbar aus dem Speck gewonnene Specköle vom Seiwal im Mittel (Schwankungen): Dichte bei 15° 0,9195 (0,9150—0,9232), n_D^{15} 1,4755—1,4785, Säurezahl 0,87 (0,23—3,31), Verseifungszahl 187,1 (181,5—193,1), Jodzahl (Wijs) 140,1 (119,6—161,5), Unverseifbares 0,97 (0,56—2,70)%, ätherunlösliche Bromide 36,6 (22,3—50,6).

Blauwal, Finnwal, Buckelwal und Seiwal gehören zur Gruppe der Furchenwale. Ein weiterer Vertreter dieser Gruppe ist der Zwergwal.

Von den im nördlichen Eismeer lebenden Glattwalen sind die Bestände heute so decimiert, daß sich ein regelmäßiger Fang nicht mehr lohnt. Von diesen war der im allgemeinen gesellig lebende Grönlandwal mit einer Länge von bis zu 15 m die Beute des Walfanges im 17. und 18. Jahrhundert. Der etwas kleinere Nordkaper, der Gegenstand des Baskischen Walfanges im 10. Jahrhundert war, liebt das wärmere nordatlantische Wasser des Golfstromes.

5. Walmilch enthielt nach Schmidt-Nielsen und F. Frog[3] an Fett:

Tabelle 140.

Angabe	Antarktischer Blauwal	Norwegischer Finnwal		Norwegischer Seiwal	
Jahr	1929	1919	1921	1919	1922
Fett	39,0%	35,0%	32,2%	34,4%	22,0%

[1] Y. Toyama u. K. Uozaki: Journ. Soc. chem. Ind. Japan (Suppl.) 1937, 40 B, 398; C. 1938, II, 214.
[2] S. Ueno u. M. Iwai: Journ. Soc. chem. Ind. Japan 1938, 41 B, 297.
[3] S. Schmidt-Nielsen u. F. Frog: King. Norske Vidensk. Selsk. 1933, 6, 127—129.

Milchfett vom Finnwal (1921) zeigte die Verseifungszahl 188,9, die Jodzahl 138,7 und enthielt nur Spuren von flüchtigen Fettsäuren (REICHERT-MEISSL-Zahl 0,42, POLENSKE-Zahl 0,53). Das Unverseifbare betrug 0,54 %, der Brechungsindex bei 40° 1,4759. Die Zusammensetzung der Methylester war folgende:

Tabelle 141.

C_{12}	C_{14}	C_{16}	C_{18}	$C_{20} + C_{22}$	Rückstand	Verlust
0,23%	5,55%	21,91%	32,33%	38,63%	10,30%	1,10%

b) Robbenöle.

Diese sind für die Fetthärtung an sich geeignet. Eine Verarbeitung auf Speisefette ist ebenso wie bei Walöl möglich, wenn durch geeignete Fang- und Verarbeitungsmaßnahmen die Gewinnung eines einwandfreien Rohöles gewährleistet ist.

Das Fett des Seehundes (Phoca vitulina) und des Seelöwen (Otavia byronia BLAIM) ist sehr geschätzt. Auch das Walroß (Odobenus rosmarus L.) dient zur Gewinnung von Robbenöl.

Die Kennzahlen der Robbenöle sind ähnliche wie die der Walöle.

Seehundöl soll nach S. N. MATZKO und D. A. VIDAL [1] frei von Vitamin D sein.

c) Körperöle von Fischen.

gewinnt man als Körperöle in großen Mengen von Heringen, Sardinen, Menhaden und anderen Seefischen. Bei diesen Ölen handelt es sich aber meist um durch Zersetzungen veränderte Produkte, die daher als Speisefette nicht mehr in Frage kommen, zum Teil auch um Öle, die aus Fischabfällen gewonnen sind. Nach A. BANKS [2] scheint Heringsfleisch durch eine darin enthaltene Oxydase die Oxydation von Heringsöl zu beschleunigen.

Durch Verarbeitung ganz frischer Fische sofort nach dem Fange ist es möglich, auch daraus für die Ernährung brauchbare Öle zu gewinnen (vgl. S. 521).

Über Fischöle der pazifischen Küste Kanadas vgl. H. N. BROCKLESBY [3]. Kennzahlen einiger Fischöle von Knochenfischen:

Tabelle 142. Kennzahlen einiger Fischöle von Knochenfischen.

Bezeichnung des Öles	Zoologischer Name des Fisches	Dichte bis 15°	Brechungsindex bei 40°	Verseifungszahl	Jodzahl
Heringsöl	Clupea Harengus	0,917—0,930	1,470—1,475	183—190	123—146
Japan. Sardinenöl (Japantran) . . .	Clupanodon melanostica	0,926—0,938	1,463—1,474	187—190	180—190
Malabar-Sardinenöl.	Clupea longiceps	0,932—0,933	1,473—1,474	192—197	154—173
Andere Sardinenöle	Clupea Sardinus	0,927—0,932	1,474—1,475	186—193	161—193
Menhadenöl	Alosa Menhaden	0,928—0,930	1,473—1,474	190—195	160—180

Über die ungesättigten Säuren aus japanischem Sardinenöl vgl. M. TAKANO [4]. An Farbstoffen hat B. E. BAILEY [5] in Sardinenölen Carotin, Xanthophyll und Fucoxanthin nachgewiesen.

S. UENO und Mitarbeiter [6] beschreiben die Verwendung von Fischölen als Rohmaterial für die Seifenherstellung, besonders nach Hydrierung.

[1] S. N. MATZKO u. D. A. VIDAL: Z. 1932, 63, 495.
[2] A. BANKS: Journ. Soc. chem. Ind. 1937, 56 T, 13; Z. 1937, 74, 241.
[3] H. N. BROCKLESBY: Proceed. fiftsh. Pacific Science Congress 1934, 5, 3637.
[4] M. TAKANO: Journ. Soc. chem. Ind. Japan (Suppl.) 1933, 36, 549, 550; C. 1934, I, 2513.
[5] B. E. BAILEY: Journ. Fisheries Res. Board Canada 1938, 4, 55; C. 1938, II, 2669.
[6] S. UENO, Z. OKAMURA u. N. KUZEI: Journ. Soc. chem. Ind. Japan (Suppl.) 1933, 36 B, 313. — S. UENO, G. INAGAKI u. K. KOIZUMI: Journ. Soc. chem. Ind. Japan (Suppl.) 1933, 36 B, 322. — S. UENO, G. INAGAKI u. K. KOIZUMI: Journ. Soc. chem. Ind. Japan (Suppl.) 1933, 36 B, 396. Vgl. C. 1934, I, 1258.

In den fettreichen Fischen selbst und in den Fischkonserven werden auch der menschlichen Ernährung große Mengen Fischöle zugeführt. Bei Sardinenkonserven sind die Kennzahlen des Sardinenöles von Bedeutung für die Feststellung von Art und Menge eines Pflanzenölzusatzes. R. Marcille[1] erhielt für vier Proben von reinen Sardinenölen aus Fischkonserven:

Aus Bromderivatzahl und Jodzahl läßt sich der Gehalt an Fischölen berechnen.

Tabelle 143.

Kennzahl	Körperöle der Sardinen	Öle der Abfälle von Sardinen
Lichtbrechung n_D^{25} .	1,4805—1,4826	1,4806—1,4826
Bromderivatzahl[2] .	71—85	71—84,4
Jodzahl	175—185	177

Nach Versuchen von G. Lunde und E. Mathiesen[3] schwankte bei 23 Brislingen der Fettgehalt zwischen 5,5—19,3%; weiter betrugen für das Öl (s. Tabelle 144).

Tabelle 144.

Kennzahl oder Bestandteil	Von 13 frischen Brislingen	Von 13 geräucherten Brislingen	Von Heringen
Polybromide der Fettsäuren . .	24,0—33,6%	20,3—35,9%	—
Jodzahl (v. Hübl-Waller) . .	136,2—154,6	133,5—153,8	132,5—134,8
Lichtbrechung n_D^{25}	1,4734—1,4764	1,4743—1,4769	1,4760—1,4796

Bei Einsetzung eines mittleren Wertes für n_D^{25} bei Olivenöl zu 1,4673, Brislingsfett zu 1,4753 lassen sich Olivenölmenge und Fettgehalt der Rohware dann nach der Mischungsregel berechnen.

Für Heringsfett gilt nach J. A. Lovern[4] ein anormal hoher Gehalt an Säuren der Reihe C_{22}, an ungewöhnlichen gesättigten Säuren der Reihen C_{20} und C_{22} als charakteristisches Merkmal für das Fett bestimmter Arten. Der Sättigungsgrad der Fettsäuren schwankt beträchtlich. Der Hering sucht sein Depotfett mit gesättigten Fettsäuren der Reihen C_{20} und C_{22} auszubilden und führt dazu durch die Nahrung aufgenommene ungesättigte Säuren dieser Reihen in gesättigtere über. Diese Umwandlung findet vorwiegend im Juni statt, wenn mit der Nahrung große Mengen hochungesättigter Fettsäuren aufgenommen werden. Einem vorübergehenden Ansteigen der ungesättigten Säuren begegnet der Fisch durch schnelle Umwandlung in gesättigtere. Bei hungernden Heringen werden die ungesättigten Bestandteile des Depotfettes zuerst angegriffen. Das Fett unreifer Heringe enthält mehr ungesättigte Fettsäuren als das geschlechtsreifer Tiere aus dem gleichen Fange.

Da diese Fischöle im unzersetzten Zustande keine niederen Fettsäuren enthalten, eignet sich zur Erkennung von Milchfett darin, z. B. zur Prüfung von Sahneheringen auf Sahnezusatz vor allem die Halbmikrobuttersäurezahl nach S. 87. Eine nähere Vorschrift gibt P. Biegler[5].

Kennzahlen von Karpfen- und Schleienöl sind nach J. Hadáček[6] folgende:

Tabelle 145.

Öl von	Erstarrungspunkt	Verseifungszahl	Jodzahl	Neutralisationszahl der Fettsäuren
Karpfen . . .	— 6°	198,0	114,7	200,1
Schleien . . .	— 8°	193,4	113,6	200,3

Nach weiteren Versuchen von Hadáček[7] zeigten die flüssigen Fettsäuren des Karpfenöles das mittlere Molekulargewicht 299,8, des Schleienöles

[1] R. Marcille: Ann. Falsif. 1933, 26, 398; C. 1933, II, 3065.
[2] Vgl. S. 218.   [3] G. Lunde u. E. Mathiesen: Z. 1933, 66, 435.
[4] J. A. Lovern: Biochem. Journ. 1938, 32, 676.
[5] P. Biegler: Fischwaren u. Feinkostind. 1937, 9, 93.
[6] J. Hadáček: Časopis Československého Lékárnictra 1937, 17, 268; C. 1938, I, 2093.
[7] J. Hadáček: Časopis Československého Lékárnictra 1938, 18, 21; C. 1938, II, 979.

292,6. Karpfenöl enthielt kleine Mengen Myristinsäure, Palmitinsäure und Stearinsäure, ferner Ölsäure, Linolsäure und Säuren mit 4—5 Doppelbindungen. — Aus Schleienöl wurden isoliert: Palmitinsäure und Stearinsäure, Ölsäure, Linolsäure und Säuren mit 4 und 5 Doppelbindungen.

d) Leberöle (Lebertrane) von Knochenfischen.

Manche in der Körpersubstanz fettarme Fischarten speichern in ihrer Leber neben anderen Stoffen so bedeutende Mengen Öl, daß dieses mit Vorteil daraus gewonnen werden kann. Diese Leberöle sind zum großen Teil außerordentlich reich an den fettlöslichen Vitaminen A und D und dienen daher als ausgezeichnetes Mittel zur Zuführung dieser Vitamine und zu ihrer Reindarstellung. Ferner stellt man aus diesen Leberölen Vitaminpräparate her, um Speisefette wie Margarine künstlich mit diesen Vitaminen anzureichern.

1. **Gewinnung.** Der Lebertran wurde früher dadurch gewonnen, daß man die Leber faulen und das Fett freiwillig austreten ließ oder auch auspreßte (brauner Lebertran). Jetzt werden die Lebern frisch mit Wasser ausgekocht oder auch durch Einleiten von Wasserdampf entfettet, wobei man für besonders gute Sorten eine Kohlensäureatmosphäre statt Luft — die leicht eine Oxydation bewirkt — anwendet (blanker, heller Lebertran). Den in der Wärme erhaltenen Lebertran läßt man nötigenfalls ausfrieren, um etwa mitgelöste feste Fettsäuren abzuscheiden.

Zur handelsmäßigen Gewinnung von Öl dienen namentlich die Lebern von Dorsch oder Kabeljau (Gadus morrhua L., Gadus callarias L. u. a.), Schellfisch (Gadus aeglefinus L.) und Seifisch (Pollak, Köhler, Kohlfisch). Das Leberöl vom Dorsch ist das am häufigsten verwendete.

2. Die **Kennzahlen** dieser Fischleberöle sind nicht wesentlich verschieden von denen der Fischkörperfette.

Tabelle 146.

Leberöl von	D^{15}	Brechungsindex n_D^{25}	Verseifungs- zahl	Jodzahl	Polybromide der Fettsäuren %
Dorsch	0,921—0,927	1,470—1,473 (40°)	179—197	160—175	35—47
Schellfisch . .	0,928—0,933	1,479—1,481	189—193	171—188	—
Seifisch. . . .	0,924—0,926	1,477	177—193	162—178	51—64

Das Unverseifbare von Dorschleberölen bewegt sich nach C. C. Harris[1] zwischen 0,5—1,5 am häufigsten zwischen 1,0—1,1%. Dieser bestimmte das Unverseifbare nach der 1933 angenommenen Methode (vgl. S. 604) an 150 Proben aus Fängen 1935—1937 in Hull. Die Einzelangaben ergeben als Verteilungskennwerte:

Tabelle 147.

Summen-%-Grenzwert g	1	5	25	50	75	95	99
Reihe I, Unverseifbares (%)	0,57	0,75	0,99	1,09	1,19	1,36	1,50
Reihe II, Unverseifbares (%)	0,53	0,66	0,92	1,06	1,29	1,56	1,65

Größere Mengen von Unverseifbarem deuten auf Zusätze von sonstigen Fischleberölen (Haifischleberöl) vgl. S. 595, Pottwalöl vgl. S. 598 oder auf Verfälschungen mit Mineralöl oder dgl. hin. Über das Vorkommen derartiger

---

[1] C. C. Harris: Chemistry and Industry 1938, **57**, 508.

Verfälschungen vgl. R. H. Common[1]. Von nicht fettartigen Stoffen sind in normalem Medizinallebertran an Stickstoff höchstens 1, an Phosphor 0,1 bzw. an Lipoiden 1—2 mg-% enthalten (S. Schmidt-Nielsen und J. Stene[2]). Höhere Werte deuten auf durch Autolyse und Fäulnis aus Dorschlebern gewonnenen Tran hin.

Lebertran enthält Jod. A. D. Holmes und R. E. Remington[3] stellten in amerikanischem Lebertran für 1 g 3,6—14,9, im Mittel 8,4 ± 0,5 γ Jod fest. Etwa 10 ccm Tran decken den Jodbedarf eines Erwachsenen.

Über Sardinenleberöl von Sardinia melanostica vgl. Y. Toyama[4]. Über Kennzahlen von Heilbuttleberölen auch N. Evers, A. G. Jones und W. Smith[5], ferner R. T. M. Haines und J. C. Drummond[6].

3. Vitamingehalt. Als wertvollster und wichtigster Bestandteil des Lebertrans ist sein Vitamingehalt anzusehen, insbesondere sein Gehalt an Vitamin A und D. Nur in Fischleberölen liegen diese Vitamine zur Anwendung und Gewinnung in ausreichender Menge vor; Lebern von Warmblütern eignen sich dafür nicht (S. Schmidt-Nielsen, A. Flood und J. Stene[7]). Wegen der Möglichkeit, das Vitamin D heute aus Ergosterin durch Ultraviolettbestrahlung künstlich zu erzeugen und weil dieses künstliche Vitamin D von gleich günstiger Wirkung ist wie das aus Lebertran (O. Dalmer, F. von Werder und Th. Moll[8]), liegt der Wert von Fischleberölen vorwiegend in ihrem Vitamin A-Gehalt. Dieses Vitamin, für das J. S. Heilbron, A. E. Gillam und R. A. Morton[9] zwei verschiedene Substanzen annehmen, bedingt nach J. R. Edisbury, R. A. Morton und J. A. Lovern[10] den Hauptteil der Lichtabsorption des Lebertrans im Ultraviolett. — Über Giftwirkung hoher Dosen von Lebertranen und Schutzwirkung dagegen durch Hefe vgl. M. Yosida[11].

Nach K. H. Coward[12] bewegten sich die Vitamin A-Werte von Lebertranen zwischen 1500—31000, die D-Werte zwischen 40—290 Einheiten. Die Blauwerte standen in einem gewissen, aber unregelmäßigen Zusammenhang mit dem Vitamin A-Gehalt. Hierbei ist zu beachten, daß Dorschlebertran einen Stoff (ein blaßgelbes Öl von der Formel $C_{21}H_{36}O_3$) enthält, der die Antimontrichloridreaktion hemmt (A. Emmerie[13]). G. E. Éwe[14] ermittelte für 23 Proben Lofotenlebertrane an Vitamin A 800—1200, an Vitamin D 108—271 (U.S.P.-) Einheiten. Nach K. Kawai[15] ist der japanische Dorschlebertran von Gadus macrocephalus und Theragra chalcogramma (Pallas) an Vitamin A reicher als amerikanischer und europäischer. Auch kurz nach dem Laichen ist nach Kawai[16] der Vitamin A-Gehalt erhöht.

---

[1] R. H. Common: Analyst 1937, **62**, 784.

[2] S. Schmidt-Nielsen u. J. Stene: Kong. Norske Vidensk. Selsk. Forhandl. 1931, **4**, 47; C. 1932, I, 3126.

[3] A. D. Holmes u. R. E. Remington: Amer. Journ. Dis. Childr. 1935, **49**, 94; C. 1935, I, 2913.

[4] Y. Toyama: Journ. Soc. chem. Ind. Japan (Suppl.) 1937, **40** B, 402; C. 1938, I, 4124.

[5] N. Evers, A. G. Jones u. W. Smith: Analyst 1936, **61**, 7; C. 1936, I, 3936.

[6] R. T. M. Haines u. J. C. Drummond: Analyst 1936, **61**, 2; C. 1936, I, 2936.

[7] S. Schmidt-Nielsen, A. Flood u. J. Stene: Kong. Norske Vidensk. Selsk. Forhandl. 1934, **7**, 81; C. 1935, I, 2620.

[8] O. Dalmer, F. von Werder u. Th. Moll: Hoppe-Seylers Zeitschr. 1934, **224**, 86; Z. 1934, **73**, 484.

[9] J. S. Heilbron, A. E. Gillam u. R. A. Morton: Biochem. Journ. 1931, **25**, 1352; C. 1931, II, 3113.

[10] J. R. Edisbury, R. A. Morton u. J. A. Lovern: Biochem. Journ. 1933, **27**, 1451; C. 1934, II, 2770.

[11] M. Yosida: Journ. a. Bull. agricult. chem. Soc. Japan 1937, **13**, 120; Z. 1937, **74**, 242.

[12] K. H. Coward: Pharm. Journ. a. Pharmacist 1932, **129**, 4; Z. 1937, **73**, 290.

[13] A. Emmerie: Nature (London) 1931, **131**, 364; C. 1933, I, 2968.

[14] G. E. Éwe: Journ. Amer. pharmac. Assoc. 1932, **21**, 1145; C. 1933, I, 802.

[15] K. Kawai: Journ. pharm. Soc. Japan 1932, **52**, 95; C. 1934, I, 630.

[16] K. Kawai: Journ. pharm. Soc. Japan 1933, **53**, 183; C. 1934, I, 1579.

Noch weit höhere Gehalte an Vitamin A als Dorschleberöl enthält Heilbuttleberöl (Hippoglossus vulgaris Flem.). In 30 Proben davon fanden je Gramm A. D. Emmet und Mitarbeiter[1] 37500—62500, in Mittel 49584 Einheiten, 75 bis 125mal mehr als in Dorschleberöl. An einem Vitaminkonzentrat aus Heilbuttleberöl wiesen P. Karrer, R. Morf und K. Schöpp[2] die nahe Verwandtschaft des Vitamin A mit dem Carotin nach. Die Schwankungen des Vitamin A-Gehaltes sind aber bei diesem Leberöl beträchtliche, sie bewegen sich nach J. A. Lovern und Mitarbeitern[3] zwischen 0,17—10%, wobei die besten Öle von Heilbutt zu erwarten sind, der in den nördlichen Gewässern im Frühjahr und Frühsommer gefangen wird. Ältere Tiere lieferten nach Lovern und J. G. Sharp[4] das wirksame Öl. Ch. E. Bills, O. N. Massengale und M. Imboden[5] stellten in Heilbuttleberöl an Vitamin D (1200 Einheiten je Gramm) fest.

Über die Schwankungen im Vitamingehalt der Heilbuttleberöle vgl. auch R. T. M. Haines und J. C. Drummond[6].

Weitere Vitamin A-reiche Leberöle sind die von Thunfisch (Thunnus thynnus), bei dem Schmidt-Nielsen und Mitarbeiter[7] ähnlich hohe Werte wie bei Heilbuttleberöl und 50000—100000, Bills und Mitarbeiter[8] 40000 Einheiten Vitamin D fanden, ferner von Neuseeländischen Fischölen nach F. A. Denz und F. B. Shorland[9] das von Polyprion oxygeneios. Über die Fettsäurenzusammensetzung des Thunleberöls vgl. T. Tomiyama[10].

Pilchardöl scheint ähnliche Mengen Vitamin A zu enthalten wie Dorschleberöl (H. S. Gutheridge[11]). Über Lachsleber- und Lachsrogenöl vgl. F. Ch. Lee und Ch. D. Tolle[12].

4. Anwendung. Da der natürliche Lebertran, auch in den besten Sorten einen Trangeschmack besitzt, pflegt man ihn mit entrahmter Milch oder Eidotter unter Zusatz von Zucker und Aromazusätzen zu emulgieren (Lebertranemulsion). Auch in Gelatinekapseln eingeschlossener Lebertran ist in Gebrauch.

3. Öle der Knorpelfische.

Zu den Knorpelfischen oder Elasmobranchiern gehören die Haie (Selachii), von denen man nach W. Schnakenbeck[13] rund 170 Arten unterscheidet, und die Rochen. Charakteristisch für diese Tiere ist ein mehr oder weniger knorpeliges

---

[1] A. D. Emmet, O. D. Bird, C. Nielsen u. H. J. Cannon: Ind. Chem. 1932, **24**, 1073; C. 1932, II, 2759.

[2] P. Karrer, R. Morf u. K. Schöpp: Helvet. chim. Acta 1931, **14**, 1036; Z. 1937, **73**, 290.

[3] J. A. Lovern, J. R. Edisburg u. R. A. Morton: Biochem. Journ. 1933, **27**, 1461; C. 1937 1, 1070.

[4] J. A. Lovern u. J. G. Sharp: Biochem. Journ. 1933, **27**, 1470; C. 1934, I, 1070.

[5] Ch. E. Bills, O. N. Massengale u. M. Imboden: Science (N. Y.) 1934, 80, 596; C. 1935, I, 1263.

[6] R. T. M. Haines u. J. C. Drummond: J. Chem. Soc. Ind. 1934, **53** T. 81; Z. 1938, **75**, 391.

[7] S. Schmidt-Nielsen u. S. Schmidt-Nielsen: Kongr. Norske Vidensk. Forhandl. 1934, **6**, 218; C. 1934, I, 3940. — S. Schmidt-Nielsen u. A. Flood: Kong. Norske Vidensk. Selsk. Forhandl. 1933, 6, 115; C. 1934, I, 1130. — S. Schmidt-Nielsen, A. Flood u. J. Stene: Kong. Norske Vidensk. Selsk. Forhandl. 1933, **6**, 146; C. 1934, II, 1865. — S. Schmidt-Nielsen, A. Flood u. J. Stene: Kongr. Norske Vidensk. Selsk. Forhandl. 1934, 7, 70; C. 1935, I, 2619.

[8] Ch. E. Bills, O. N. Massengale u. M. Imboden: Vgl. Anm. 5.

[9] F. A. Denz u. F. B. Shorland: New Zealand Journ. Sci. Technol. 1934, **15**, 327; C. 1934, II, 682.

[10] T. Tomiyama: Bull. agricult. chem. Soc. Japan 1933, **9**, 141; C. 1934, II, 2309.

[11] H. S. Gutheridge: Sci. Agricult. 1933, **13**, 374; C. 1933, I, 3592.

[12] F. Ch. Lee u. Ch. D. Tolle: Ind. Chem. 1934, **26**, 446; C. 1934, II, 2620.

[13] W. Schnakenbeck: U. 1938, **45**, 450.

Skelet. Ferner ist bei den Haifischen im Gegensatz zu den Knochenfischen die Haut dicht mit kleinen Hautzähnen, bestehend aus einer Basalplatte mit daraufsitzenden kleinen Zähnen, den sog. Plakoidschuppen besetzt. Über die Biologie der Haifische ist noch verhältnismäßig wenig bekannt.

Der Gebrauchswert von Haifischfleisch[1] ist je nach Art sehr verschieden. Das Fleisch des bis zu 5 m langen und 400 kg schweren Grauhais (Hexanchus griseus) ist genießbar, aber nicht hochwertig. Das Fleisch vom 1—2 m langen Hundshai (Galeus galeus), der mit dem 3—4 m langen Blauhai (Carcharias glaucus), auch „Menschenhai" genannt, einem gierigen Räuber der tropischen und subtropischen Meere, und mit dem Hammerhai nahe verwandt ist, besitzt einen unangenehmen Geschmack. Dagegen ist das Fleisch des bis zu 3 m langen Heringshai (Isurus cornubicus) sehr zart und wohlschmeckend und als „Fischkarbonade" oder „Fischkotelett" sehr begehrt. Das Fleisch von Fuchshai (Alopias vulpes) ist wieder geringwertig. Die größten Haiarten, der Walhai (Rhinodon typicus) und der Riesenhai (Cetorhinus maximus), der bis zu 10 m lang wird, sind keine Raubfische, sondern Planktonfresser. Verwertet wird besonders von letzterem die bis zu 700—800 kg schwere Leber. Von den Katzenhaien (Scyllidae) kennt man mehrere Arten mit eßbarem, aber nicht besonders wohlschmeckendem Fleisch. Aus dem bis zu 1 m langen Dornhai (Squalus acanthias) werden durch Räuchern oder Marinieren sog. „Seeaal", aus den Bauchlappen sog. „Schillerlocken" gewonnen. Der in nordischen Gewässern lebende bis zu 5 m lange Eishai (Somniosus microcephalus) besitzt ein grobes und zähes Fleisch. — Ein besonderes Kennzeichen von Haifischfleisch ist der ziemlich hohe Gehalt an Harnstoff, der beim Aufbewahren sich zersetzt und einen Ammoniakgeruch erzeugt.

Im Gegensatz zur Verwertung des Haifischfleisches ist die Gewinnung von Haifischleberöl aus den Lebern der Fische allgemein üblich. Der Ölgehalt der Lebern ist zwar erheblichen Schwankungen je nach Jahreszeit, Ernährung und Fortpflanzung unterworfen, erreicht aber beträchtliche Werte, so nach den norwegischen Forschern Schmidt-Nielsen sowie Flood und Stene u. a. beim Hundshai 36, Heringshai 73, Fuchshai 19, Riesenhai 79, Fleckhai 52, Dornhai 62, Schwarzen Dornhai 89 und Eishai 33%.

Tabelle 148. Gehalte von Haifischleberölen an Unverseifbarem und Squalen

Nähere Bezeichnung Leberöl von	Unver- seifbares %	Squalen %	Nähere Bezeichnung Leberöl von	Unver- seifbares %	Squalen %
Rothai, Centrophorus sp.	85,5 bis 90,2	80 bis 85	Dalatias licha	48,5	30
Pristiurus pilosus . . .	85,5	etwa 80	Centroscymnus Owstonii	46,3	24,3
Centrophorus granulosus	83 bis 84	vor- handen	Zameus squamulosus . .	43,6 bis 43,7	19,5 bis 27,6
Deania eglantina	72,9	58,3	Cirrhigalus barbifer. . .	28,8	geringe Mengen
Centrophorus acus . . .	62,9	über 40	Etmopterus frontimacu- latus	24,1	unter 10
Scymnus licha	57 bis 62	vor- handen	Etmopterus lucifer . . .	23,2	geringe Mengen
Centrophorus atromargi- natus	58,3	—	Eishai	13,2 bis 21,8	0
Kuro-zamé (Schwarzhai)	57,2	43	Squalus wakiyae . . .	12—17	0
Centroscyllium Ritteri .	39,6 bis 56,1	13,5	Hexanchus corinus . . .	12,6 bis 15,2	0
Chlamydoselachus angui- neus	37,5 bis 51,7	etwa 7	Heptranchias deani. . .	9,8 bis 12,7	0
Lepidorhinus kimbei . .	51,3	etwa 30,3	Galeocerdo tigrinus. . .	11,5	0
Riesenhai, Centorhinus maximus	41,9 bis 55,5	20 bis 26	Prionace glaucus . . .	8,3	0
			Triakis scyllium	6,1	0
			Carcharhinus japonicus .	5,0	0
			Katzenhai	3,9	0

Die Leberöle der Knorpelfische zeigen in ihrer Zusammensetzung außerordentlich große Verschiedenheit. Während Rochen- und Fuchshaileberöle in

---

[1] Vgl. auch Bd. III, S. 829.

der Zusammensetzung nahezu mit Dorschleberölen (S. 593) übereinstimmen, sind die Leberöle der Squaliden besonders gekennzeichnet a) durch stark schwankende, hohe, bis zu 90% gehende Gehalte an Unverseifbarem, b) durch einen Gehalt an Selacholeinsäure. Eine weitere Gruppe von Haifischen (Mejiro-Zame-Art) enthält nach M. Tsujimoto[1] auffallend viel (51,9%) gesättigte Fettsäuren, vorwiegend Palmitinsäure, als ungesättigte vorwiegend Öl- und Hypogaeasäure, bei nur 1,53% Unverseifbarem.

Für einige Leberöle der Squalidae entsprach der Gehalt an Unverseifbarem[2], das mehr oder weniger aus mit den Fettsäuren veresterten Alkoholen bestand, vorstehenden Werten (s. Tabelle 596).

Hiernach scheint in Haifischleberölen Squalen in erheblichen Mengen nur dann vorzukommen, wenn die Menge des Unverseifbaren etwa 20% übersteigt. Neben Squalen kommen in Haileberölen auch noch andere Kohlenwasserstoffe wie Pristan (Isooctadecan), $C_{18}H_{38}$, und Zamen ($C_{18}H_{36}$) (M. Tsujimoto[3]) vor. Vgl. auch S. 271. Bei den erstgenannten Ölen handelt es sich nach Tsujimoto eigentlich nicht mehr um Fette, sondern um Kohlenwasserstoffe, die mehr oder weniger große Mengen fettes Öl gelöst enthalten. Die Alkoholanteile des Unverseifbaren bestehen aus Chimyl-, Batyl- und Selachylalkohol neben Cholesterin.

Die Verteilung der Fettsäuren in einigen Haifischleberölen war folgende:

Tabelle 149. Fettsäuren von Haifischleberölen.

Leberöl von	Zusammensetzung der Fettsäuren										Untersucht von
	Gesättigte				Ungesättigte[4]						
	Myristinsäure %	Palmitinsäure %	Stearinsäure %	Arachinsäure %	C_{14} %	C_{16} %	C_{18} %	C_{20} %	C_{22} %	C_{24} %	
Scymnus licha	1	14,5	3,5	1	0,5	4 (2,0)	29 (2,0)	10,5 (2,0)	26 (2,1)	10 (2,0)	T. P. Hilditch u. A. Houlbrooke[5]
Centrophorus	1	13	2,5	—	Spur	3,5 (2,0)	35,5 (2,1)	16,5 (2,2)	16 (2,3)	12 (2,0)	
Squalus acanthias (Dornhai)	6	10,5	3	—	—	9 (2,0)	24,5 (2,3)	29 (3,3)	12 (4,0)	6 (2,0)	K. D. Guha, T. P. Hilditch u. J. A. Lovern[6]

Bemerkenswert ist der verhältnismäßig hohe Gehalt dieser Öle an Palmitin- und Palmitölsäure.

Die Kennzahlen der Haifischleberöle variieren naturgemäß stark nach dem Gehalte an Unverseifbarem und dessen Zusammensetzung. Für einige Öle wurden z. B. gefunden (s. Tabelle 150, S. 598).

Über weitere Kennzahlen von Ölen von Squaliden, Rochen und Chimären vgl. auch bei S. Schmidt-Nielsen und A. Flood[7].

[1] M. Tsujimoto: U. 1932, 39, 50; C. 1932, II, 635.
[2] Nach Untersuchungen von Tsujimoto: Vgl. auch Journ. Soc. chem. Ind. 1932, 51, 317.
[3] M. Tsujimoto: Bull. chem. Soc. Japan 1935, 10, 149; Z. 1937, 64, 424.
[4] Über die Bedeutung der eingeklammerten Zahlen vgl. Anm. 3, S. 585.
[5] T. P. Hilditch u. A. Houlbrooke: Analyst 1928, 53, 246.
[6] K. D. Guha, T. P. Hilditch u. J. A. Lovern: Biochem. Journ. 1930, 24, 266.
[7] S. Schmidt-Nielsen u. A. Flood: Kong. Norske Vidensk. Selsk. Forhandl. 1933, 6, 158, 162; C. 1934, I, 3939.

Tabelle 150. Kennzahlen von Haifischleberölen.

| Nähere Angaben

Leberöl von | Gehalt an | | Dichte bei 15° | Brechungsindex bei 20° | Ver-seifungs-zahl | Jodzahl | In Äther un-lösliche Poly-bromide der Fettsäuren % |
	Unverseif-barem %	Squalen %					
Rothai, Centrophoris spec.	85,5—90,2	80—85	0,864—0,877	1,480—1,493	23—84	204—345	16,6
Riesenhai, Cetorhinus maximus ; . . .	41,9—55,5	20—26	0,884—0,918	1,477—1,484	86—146	161—249	3,1
Krähenhai, Etmopte-rus fronti macula-tus Pietschmann .	24,1	10	0,908	1,475	146	116	20,3
Eishai, Somniosus mi-crocephalus Bloch	13,2—21,8	0	0,909—0,919	1,474	146—164	107—132	13,6
Hundshai, Dornhai Squalus acanthias Sägefisch	8,4—12,3	—	0,904—0,910	1,476	156—188	110—146	19,3—24,9
Pristiophorus japoni-cus Günther . .	4,1	0	0,929	1,481	182,2	170,5	51,5
Heringshai, Lamna cornubica	1,6—3,6	0	0,928—0,930	1,482—1,483	177—188	152—181	56,8—64,0
Blauhai, Isuropsis glauca Müller .	1,7	0	0,918	1,474	180	109	25,7
Fuchshai, Alopias vulpes Gmelin . .	2,0	0	0,926	1,479	184	139	—
Tigerhai, Halaelurus torozame Tanaka	0,9	0	0,931	1,485	183	198	—

M. Tsujimoto [1] teilt die Haileberöle je nach der Dichte in zwei Klassen:

Tabelle 151.

| Kennzahl | Haileberöle von | |
	niedriger Dichte	hoher Dichte
Dichte D^{15}	0,8638—0,8979	0,9009—0,9351
Verseifungszahl . .	23,0—130,1	131,7—194,4
Jodzahl	122,2—344,6	75,2—205,6
Lichtbrechung n_D^{20} .	1,4716—1,4930	1,4680—1,4853
Unverseifbares . .	35,8—90,2%	0,7—28,8%

Während die Öle mit hohem Gehalt an Unverseifbarem aus diesem Grunde auch nach Hydrierung für die menschliche Ernährung an sich ungeeignet sind, entsprechen die Leberöle mit dem niedrigsten Gehalt an Unverseifbarem in ihren Kennzahlen nahezu den Wal-ölen und dürften vielleicht wie diese verwertbar sein.

Wie C. F. Asenjo [2] am Leberöl von Carcharrhinus sp. (Weißhai) nachwies, enthalten Haileberöle bedeutende Mengen an Vitamin A.

4. Öle der Spermwale oder Zahnwale (Physeteridae).

Das Körperfett dieser Wale, unter denen der Pottwal oder Spermwal und der Dögling oder Entenwal Bedeutung für die Trangewinnung haben, enthält ebenfalls große Mengen Unverseifbares, in der Hauptsache Wachs-alkohole. Der gesättigte Cetylalkohol (vgl. S. 365) wird dabei von unge-sättigten Alkoholen begleitet, deren Hauptbestandteile nach Y. Toyama und G. Akiyama [3] Catadonylalkohol $C_{20}H_{34}O$ und ein Alkohol $C_{22}H_{36}O$ (Clupanodyl-alkohol?) sind. So wurden gefunden für (s. Tabelle S. 599):

[1] M. Tsujimoto: Journ. Soc. chem. Ind. 1932, 51 T, 317.
[2] C. F. Asenjo: Science New York (N. S.) 1933, 78, 479; C. 1934, I, 562.
[3] Y. Toyama u. G. Akiyama: Bull. Chem. Soc. Japan 1936, 11, 29; Z. 1938, 76, 569.

Das Leberöl des Pottwals ist nach M. Tsujimoto und K. Kimura[1] ähnlich dem Dorschleberöl zusammengesetzt.

Außer der allgemeinen Zusammensetzung weichen die Körperfette der Physeteriden auch in der Zusammensetzung der

Tabelle 152.

Bestandteil	Pottwal-kopföl %	Körperöl %	Döglingsöl %
Gesamtfettsäuren .	60—65	60	61—65
Unverseifbares . .	35—44	40	35—39
Glycerin	1,4—2,5	1,3	1,7—2,6

Fettsäuren ab, die im ungesättigten Teil zum weitaus größten Teil nur Fettsäuren mit einer Doppelbindung enthalten. Dazu enthalten die Kopföle noch Caprin- und Laurinsäure und ungesättigte Säuren der C_{12} bis C_{22}-Gruppe, so nach T. P. Hilditch und J. A. Lovern[2]:

Tabelle 153. Zusammensetzung der Fettsäuren von Spermwalöl.

Nähere Angaben	Caprin-säure %	Laurin-säure %	Myri-stin-säure %	Palmi-tin-säure %	Stearin-säure %	Ungesättigte Säuren der Gruppe[3]					
						C_{12} %	C_{14} %	C_{16} %	C_{18} %	C_{20} %	C_{22} %
Kopföl . .	3,5	16	14	8	2	4 (2)	14 (2)	15 (2)	17 (2)	6,5 (2)	—
Specköl . .	—	1	5	6,5	—	—	4 (2)	26,5 (2)	37 (2)	19 (2)	1 (4)

Y. Toyama und T. Tsuchiya[4] erhielten auch Decensäure aus Spermkopföl.

Der Pottwal (Physeter macrocephalus L. Engl.: Sperm Whale. Norw.: Kaskelot, Sperm) ist der größte Zahnwal, der vorwiegend in den tropischen und subtropischen Zonen der ganzen Welt verbreitet ist. In den Eismeeren tritt er nur im Sommer in geringer Zahl auf. Im südlichen Eismeer sind fast ausschließlich die großen Männchen beobachtet worden, während die Weibchen in den wärmeren Gegenden zurückbleiben. Die Länge der im hohen Süden gefangenen Männchen beträgt meistens 15—18 m. Die Weibchen sind bei diesem Tier kleiner und erreichen nur eine Länge von 11—12,5 m. Der Pottwal ernährt sich ganz vorwiegend von Tintenfischen, wobei er bis zu 1000 m tief hinabsteigt. Der Pottwal hat eine verhältnismäßig dicke Speckschicht, die mindestens 15—19 cm stark ist. Die Ölausbeute beträgt im Durchschnitt 10 t. Das Öl wird von dem Öl der Furchenwale getrennt gewonnen. Es enthält Walrat (Spermaceti) von angenehmem aromatischem Geruch. Besonders reich daran ist das in den großen Höhlungen des Kopfes befindliche flüssige, glasklare und an der Luft erstarrende Pottwalkopföl.

Im Darm alter Pottwale findet sich gelegentlich eine talgartige feste Masse, das Ambra.

Im südlichen Hochseewalfang war die Ausbeute an Pottwalen früher sehr gering und ist erst in den letzten Jahren auf etwa 500 Stück gestiegen. Der Pottwal hat einen sehr festen Speck und läßt sich daher schwerer verarbeiten.

Der Entenwal (Dögling) Hyperoodon rostratus Müller kommt in den nördlichen Meeren vor und wird ebenfalls zur Gewinnung von Walrat gejagt. Er ist bedeutend kleiner als der Pottwal und liefert etwa 1000 kg Öl (vgl. S. 588). Vom Walrat durch Abkühlen befreites Döglingsöl wird sehr schwer ranzig. Erfolgt diese Behandlung nicht, so nimmt es eine immer mehr nach rot gehende Farbe und einen widerlichen Geruch an.

Zu den Zahnwalen gehört auch der Schwertwal, ein Fresser warmblütiger Tiere, der bisweilen kleine Bartenwale und erlegte Wale angreift. Seine Benennung rührt von seiner hohen Rückenflosse her.

---

[1] M. Tsujimoto u. K. Kimura: U. 1928, 35, 317.
[2] T. P. Hilditch u. J. A. Lovern: Journ. Soc. chem. Ind. 1928, 47 T, 105.
[3] Über die Bedeutung der eingeklammerten Zahlen vgl. Anm. 3, S. 585.
[4] Y. Toyama u. T. Tsuchiya: Bull. Chem. Soc. Japan 1936, 11, 26; Z. 1938, 76, 569.

Tabelle 154. Kennzahlen von Physeteridenölen.

Nähere Angaben	Dichte bei 15°	Brechungsindex	Verseifungszahl	Jodzahl	In den Fettsäuren Polybromide %
Pottwalkopföl	0,874—0,889	1,459—1,463 (25°)	120—150	71—93	1,4
Pottwal, Gewebeöl . .	(D_4^{30} 0,873)	1,462 (30°)	112—163	82—123	5,6
Döglingsöl	0,875	1,463 (25°)	114—136	79—89	0,0—5,3

Über Destillation von Kopföl und Specköl vom Pottwal und weitere Angaben über Zusammensetzung vgl. M. Tsujimoto und H. Koyanagi[1], ferner H. Leue[2].

Nach Fütterungsversuchen von Y. Sahashi[3] erzeugte Spermwalöl Seborrhöe, nicht die reinen Wachsbestandteile des Spermwalöles. Die Erscheinung blieb auch aus, wenn gleichzeitig etwas Linolsäure und Trockenhefe gegeben wurde. Fettalkohole, namentlich ungesättigte, wirkten toxisch, erzeugten aber keine Seborrhöe. Über das Auftreten und den Sekretionsmechanismus von Cetylalkohol im tierischen Organismus vgl. auch R. Schoenheimer und G. Hilgetag[4].

Über die Ausnutzung von Pottwalfett, insbesondere durch Anwendung der Hydrierung vgl. A. A. Bay und T. P. Jegupow[5].

5. Delphinöle.

Delphine (Delphinidae), die in zahlreichen Arten alle Meere bevölkern, sind Seesäugetiere mit dunklem, grobfaserigem, aber genießbarem Fleisch. Eine gewisse Bedeutung hat jedoch heute nur noch das Körperöl der Tiere, so namentlich vom Braunfisch (Phocaena communis Less.) und vom Meerschwein (Delphinus phocaena L.).

Die Öle der Delphiniden sind durch wechselnden Gehalt an niederen Fettsäuren, insbesondere an der in anderen Fetten bisher nicht aufgefundenen Isovaleriansäure ausgezeichnet.

Der Gehalt an Unverseifbarem variiert etwa zwischen 2—20%.

Die Zusammensetzung der Fettsäuren fand J. A. Lovern[6] beim Meerschwein (Delphinus phocaena L.) wie folgt:

Tabelle 155. Fettsäuren des Meerschweinöles.

Fett aus	Isovaleriansäure %	Laurinsäure %	Myristinsäure %	Palmitinsäure %	Stearinsäure %	Ungesättigte Säuren der Gruppe[7]					
						C_{12} %	C_{14} %	C_{16} %	C_{18} %	C_{20} %	C_{22} %
Körperöl . .	13,6	3,5	12,1	4,7	—	Spur	4,7 (2)	27,2 (2)	16,7 (2,8)	10,5 (4,8)	7,0 (4,9)
Kopföl . . .	20,8	4,1	15,8	7,5	0,2	—	4,6 (2)	20,8 (2)	15,2 (2,6)	9,4 (4,5)	1,6 (4,7)
Kinnbackenöl	25,3	4,6	28,3	4,1	—	Spur	3,2 (2)	20,3 (2)	9,3 (2,6)	4,9 (4,9)	—

[1] M. Tsujimoto u. H. Koyanagi: Journ. Soc. chem. Ind. Japan (Suppl.) 1937, **40** B, 191, 135; C. 1938, I, 1694, 2093.
[2] H. Leue: U. 1938, **45**, 52.
[3] Y. Sahashi: Bull. agricult. chem. Soc. Japan 1933, **9**, 60; C. 1934, I, 1130.
[4] R. Schoenheimer u. G. Hilgetag: Journ. biol. Chem. 1934, **105**, 73; C. 1934, II, 797.
[5] A. A. Bay u. T. P. Jegupow: Union Inst. sci. Res. Facts W. N. I. I. G. Probl. Hydrogenat. fatty Oils (russ.) 1937, 146; C. 1938, II, 3626.
[6] J. A. Lovern: Biochem. Journ. 1934, **28**, 394.
[7] Über die Bedeutung der eingeklammerten Zahlen vgl. Anm. 3, S. 585.

Nach H. MARCELET[1] enthält das Öl des Delphins im Körper 14, im Kopf 8, in der Nase 19, in den Kinnbacken 26% Isovaleriansäure.

Dieser Gehalt an Isovaleriansäure kommt in den Fettkennzahlen für die flüchtigen Fettsäuren zum Ausdruck. So wurden gefunden:

Tabelle 156. Kennzahlen von Delphinölen.

Öl von	Dichte bei 15°	Brechungs-index	Ver-seifungs-zahl	Jodzahl	REICHERT-MEISSL-Zahl	Un-verseif-bares %
Braunfisch, Phocaena communis	0,932	1,468 (25°)	224,8	111,2	42,1	—
Meerschwein, Delphinus phocaena, Körper . .	0,925—0,936	1,463 (25°)	216—222	119—132	11—12	—
Meerschwein, Delphinus phocaena, Kinnbacken	0,925	—	253—273	21—50	48—66	—
Delphine, Körper . . .	0,926—0,928	1,468—1,472 (25°)	197—288	83—127	5,6	—
„ Kopf	0,932	1,479 (17°)	212	133	39,1	1,8
„ Nase.	0,930	1,464 (17°)	259	56	111,3	6,1
„ Kinnbacke . .	0,920	1,454 (17°)	267—290	17—33	66—145	16,3

Das Leberöl enthält keine niederen Fettsäuren und nähert sich in seiner Zusammensetzung wieder mehr dem Dorschleberöl.

Der Gehalt der Delphinöle an flüchtigen wasserlöslichen Fettsäuren kann analytisch in Fettmischungen von Bedeutung werden, weil dadurch Buttersäure bzw. Butterfett vorgetäuscht werden können, wenn nur auf Grund der Kennzahlen untersucht wird. — Als Unterscheidungsmerkmale können unter anderem der eigenartige Geruch der Isovaleriansäure gegenüber Buttersäure und ihr höheres Molekulargewicht dienen.

Ein Nachweis von durch Hydrierung gehärteten Delphinölen muß sich auch auf deren Gehalt an Isoölsäure nach S. 204 stützen.

6. Sonstige Seetieröle.

Über das Öl von Edelkrebs, amerikanischem Flußkrebs, Wollhandkrabbe, Nordsee- und Ostseegarnele vgl. H. MIELLER[2], über westafrikanisches Schildkrötenöl vgl. W. LEE[3], das Öl der grünen Schildkröte M. TSUJIMOTO[4]. Über die gefundenen Kennzahlen vgl. Tabelle I (Anhang).

7. Überwachung des Verkehrs mit Seetierölen für Speisezwecke.

Um für Speisezwecke vor oder nach Hydrierung verwendbar zu sein, müssen Seetieröle folgenden Grundbedingungen genügen:

1. Die Öle müssen ihrer Natur nach unschädlich und verdaulich sein. Hiermit hängt zusammen, daß nur Öle aus an sich genießbaren Seetieren zu Speisezwecken verwendet werden dürfen. Öle mit hohem Gehalt an Unverseifbarem sind auch nach Hydrierung als Speisefett ungeeignet. Als Grenze kann hier etwa ein Gehalt von 1,5% Unverseifbarem gelten.

2. Die Öle dürfen, auch vor ihrer Veredlung, durch Raffination oder Hydrierung keine Anzeichen von Verdorbenheit aufweisen.

[1] H. MARCELET: Chim. et Ind. 1927, 17, 463.
[2] H. MIELLER: U. 1934, 41, 221; C. 1935, I, 1573.
[3] W. LEE: Analyst 1935, 60, 650.
[4] M. TSUJIMOTO: Journ. Soc. chem. Ind. Japan (Suppl.) 1937, 40 B, 184; C. 1937, II, 3833.

a) Walöle.

Vor der Aufnahme der Gewinnung hochwertiger Walöle in den modernen Walfangmutterschiffen unterschied man nach J. Lund[1] 4 Sorten Walöle mit folgenden Eigenschaften und Kennzahlen:

Tabelle 157.

Eigenschaft der Kennzahl	Nr. 0	Nr. I	Nr. II	Nr. III	Nr. IV
Farbe	hellgelb	hellgelb	gelbrot	rotbraun	braun bis schwarz
Geruch	schwacher Fischgeruch	schwacher Fischgeruch	schwach faul	Fischgeruch und stark faul	stark faul und widerlich
Freie Säure als Ölsäure in % . . .	bis 2	bis 5	5—10	10—20	über 20
Spez. Gewicht bei 15,5⁰	0,922—0,923	0,919—0,923	0,917—0,924	0,908—0,925	—
Verseifungszahl . .	193—194	184—194	193—194	192—197	
Jodzahl	110—114	110—127	110—121	112—122	—
Brechungsindex n_D^{40}	1,465	1,464—1,466	1,464—1,466	1,464—1,466	—
Unverseifbares in %	0,4—1,4	0,5—1,5	bis 2	bis 2	—

Die britische Standardspezifizierung für Walöl sieht 3 Grade von Walöl vor, die sich besonders durch ihre Säurezahlen und die Farbe unterscheiden:

1. Beschreibung. Das britische Standardwalöl ist ein Produkt, das aus verschiedenen Teilen des Wales erhalten wird (ausgenommen Walratöl vom Pottwal). Es soll frei sein von der Beimengung anderer Öle und Fette und von Verunreinigungen mit Mineralölen.

2. Feuchtigkeit. Das Öl soll nicht mehr als 0,40% flüchtige Stoffe enthalten, bestimmt nach der S. 603 beschriebenen Methode.

3. Schmutz (nichtfette Verunreinigungen). Das Öl soll nicht mehr als 0,10% Schmutz enthalten.

4. Farbe[2]. Wenn das vollkommen klare, filtrierte Öl in einer „1-Zoll-Zelle" mit den Farbgläsern des Lovibond-Tintometers bei einer Temperatur von 25 bis 30⁰ C verglichen wird, darf die rote Komponente der Vergleichsgläser nicht die nachstehenden Werte überschreiten:

$$\begin{aligned}
&\text{Für Öl Grad 1} \ldots \ldots \ldots \quad 2 \text{ Einheiten} \\
&\quad\text{,, \quad ,, \quad ,, } 2 \ldots \ldots \ldots \quad 6 \quad \text{,,} \\
&\quad\text{,, \quad ,, \quad ,, } 3 \ldots \ldots \ldots \quad 12 \quad \text{,,}
\end{aligned}$$

Bemerkung. Es ist geboten, bei der Vorbereitung des Öles für die obengenannte Bestimmung und beim Vergleich der Farbe die Temperatur nie über 30⁰ steigen zu lassen oder sie nur gerade soviel darüber zu erhöhen, als zum vollständigen Schmelzen absolut notwendig ist. Das für den Farbenvergleich benutzte Öl darf nach dem Gebrauch nicht in die gleiche Flasche zurückgefüllt werden.

5. Verseifungszahl. Die Verseifungszahl des Öles darf nicht niedriger als 185, noch höher als 205 sein.

6. Säuregrad. Das Öl soll frei von Mineralsäuren und Beimengungen von organischen Säuren sein. Sein Säuregrad soll nicht die folgenden Grenzen überschreiten:

$$\begin{aligned}
&\text{Für Öl Grad 1} \ldots \ldots \ldots \ldots \quad 2 \\
&\quad\text{,, \quad ,, \quad ,, } 2 \ldots \ldots \ldots \ldots \quad 6 \\
&\quad\text{,, \quad ,, \quad ,, } 3 \ldots \ldots \ldots \ldots \quad 15
\end{aligned}\right\} \begin{aligned} &\text{Prozente freie Fettsäuren,} \\ &\text{berechnet als Ölsäure} \end{aligned}$$

---

[1] J. Lund: Seifensieder-Ztg. 1914, **41**, 414.

[2] In Anbetracht der Aufnahme der „1-Zoll-Zelle" in anderen britischen Normen für Öle wurde beschlossen, sie in diesem Spezifizierungsentwurf genau zu beschreiben und für die wünschenswerte Lieferung der 40-mm-Zelle, deren Verwendung, wie die Kommission weis, einen beträchtlichen Umfang angenommen hat, zu Kommentaren aufzufordern.

7. **Unverseifbares.** Das Öl soll nicht mehr als 2,0% Unverseifbares enthalten.

Für die Prüfung werden folgende Methoden vorgeschrieben:

1. Probenahme und Größe der Probe. Musterproben, jede nicht weniger als 400 Milliliter (annähernd $3^1/_4$ Pinten) betragend, sollen, wenn irgend möglich, dreifach von den ursprünglichen Behältern oder von der Ladung genommen und in reinen, trockenen, luftdichten, nicht absorbierenden Behältern verpackt werden[1], die von den Proben nicht angegriffen werden. Jeder so gefüllte Behälter soll eine Marke tragen, auf der alle Einzelheiten sowie das Datum der Probenahme verzeichnet sind.

2. Methode zur Bestimmung der Feuchtigkeit. Die für die Bestimmung verwendete Apparatur besteht im wesentlichen aus einem Trockenrohr (s. Abb. 38), in dem das zu trocknende Öl über locker geschichteter langfaseriger Asbestwolle sich verteilt. Das Rohr wird mittels Luftbad bei der gewünschten Temperatur erhalten, während die Trocknung mittels eines Stromes trockenen Wasserstoffs oder eines anderen neutralen Gases durchgeführt wird.

Das Gas wird, bevor es aufwärts durch die Asbestwolle steigt, durch Calciumchlorid und dann durch Bimsstein, der mit Schwefelsäure getränkt ist, getrocknet.

Die Bestimmung wird in der folgenden Weise ausgeführt: Nachdem man das Rohr mit einer lockeren Schicht langfaserigen Asbests, der vorher befeuchtet und luftgetrocknet wurde, beschickt hat, wird es in ein Luftbad gestellt und die

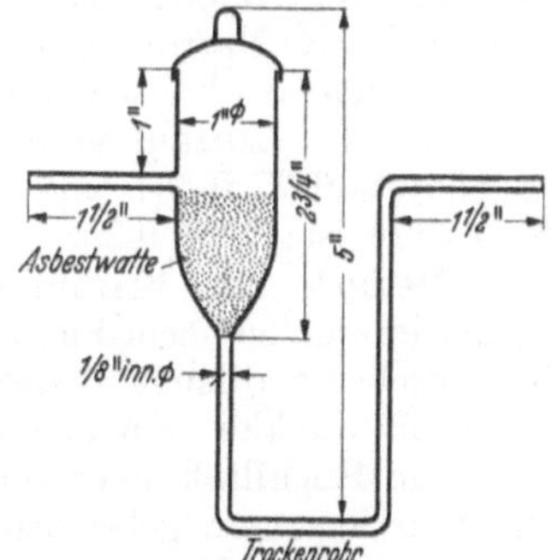

Abb. 38. Trockenrohr zur Wasserbestimmung in Walöl.

Temperatur bei ungefähr 50° C konstant gehalten. Der trockene neutrale Gasstrom wird bis zur Gewichtskonstanz hindurchgeschickt. Hierauf wird das neutrale Gas durch einen trockenen Luftstrom ersetzt. Die Verbindungsröhrchen werden mit Gummistöpseln verschlossen, bevor man wägt. In die so getrocknete und gewogene Röhre wägt man 3—5 g Öl ein und verteilt es über der Asbestwatte. Hierauf wird unter Hindurchleiten des neutralen Gasstromes bei 50° C bis zur Gewichtskonstanz getrocknet. Vor dem Wägen wird das neutrale Gas im Rohr durch einen trockenen Luftstrom vertrieben. In den meisten Fällen wird das Trocknen nach ungefähr einer Stunde beendet sein. Man berechnet den Prozentgehalt der Feuchtigkeit, indem man den Gewichtsverlust durch das Gewicht des verwendeten Öles dividiert und mit 100 multipliziert.

3. Methode zur Bestimmung des Schmutzes (nichtfette Verunreinigungen). Eine Menge von 20—50 g Öl wird bei einer Temperatur unter 60° durch ein getrocknetes, gewogenes Filterpapier filtriert. Das Filterpapier, das die Verunreinigungen enthält, wird mit Leichtpetroleum (Siedepunkt 40—60° C) in einem kontinuierlichen Extraktionsapparat extrahiert. Nach der vollständigen Extraktion wird das Filterpapier samt Inhalt in einem Trockenschrank bei 98 bis 100° C bis zur Gewichtskonstanz getrocknet. Der Prozentgehalt des Schutzes wird durch Division des Gewichtes des Papiers und der Verunreinigungen, minus dem Gewicht des Filtrierpapiers, durch das Gewicht des verwandten Öles und Multiplikation mit 100 berechnet.

4. Methode zur Bestimmung der Verseifungszahl. In eine Flasche werden ungefähr 2 g Öl genau eingewogen und $^1/_2$ Stunde unter dem Rückflußkühler mit 25 ccm einer annähernd $^1/_2$ N. alkoholischen Kalilauge gekocht. Der Überschuß des Alkalis wird, während die Lösung noch heiß ist, mit $^1/_2$ N.-Salzsäure

---

[1] Glas- oder Metallbehälter sind bevorzugt.

unter Verwendung von 0,5 ccm einer 1,0%igen alkoholischen Lösung von Phenolphthalein als Indicator zurücktitriert.

Unter denselben Bedingungen mit der gleichen Menge Kalilauge wird zur gleichen Zeit ein Blindversuch gemacht.

Wenn X = Anzahl Kubikzentimeter $^1/_2$ N. verbrauchte Säure für den Blindversuch und Y = Anzahl Kubikzentimeter $^1/_2$ N. verbrauchte Säure für den Hauptversuch und W = Gewicht in Gramm des verwandten Öles, dann ist die Verseifungszahl:

$$\frac{(X - Y) \cdot 28{,}05}{W}\ .$$

5. Methode zur Bestimmung der Säurezahl. 10 g Öl werden in 25 ccm neutralisiertem Benzin gelöst und langsam, unter konstantem Schütteln, 50 ccm neutralisierter Alkohol zur Lösung hinzugefügt. Die so erhaltene Mischung wird mit $^1/_{10}$ N. Natron- oder Kalilauge titriert, unter Verwendung von 0,5 ccm einer 1%igen alkoholischen Lösung von Phenolphthalein als Indicator.

Wenn X = Anzahl verbrauchter Kubikzentimeter $^1/_{10}$ N.-Lauge, dann ist die Säurezahl $X \cdot 0{,}561$ und der Prozentgehalt an freien Fettsäuren berechnet als Ölsäure ist: $X = 0{,}282$.

6. Methode zur Bestimmung des Unverseifbaren[1]. Genau 2,0—2,5 g Öl werden in eine 250-ccm-Flasche eingewogen und 25 ccm einer annähernd $^1/_2$ N. alkoholischen Kalilauge — sie soll nicht schwächer sein — zugegeben. Die Lauge darf nicht dunkler sein als blaßstrohgelb. Der Kolben mit dem Inhalt wird mit einem Rückflußkühler verbunden und 1 Stunde auf kochendem Wasserbad erhitzt, indem man gelegentlich energisch zum Zwecke der vollständigen Verseifung umschwenkt. Hierauf wird der Kolben vom Wasserbad entfernt, der Kühler abgenommen und der Kolbeninhalt in einen Scheidetrichter von 250 ccm Rauminhalt gefüllt, indem man mit 50 ccm Wasser auswäscht. Der Kolben wird mit 50 ccm Äthyläther (Dichte 0,720—0,724) ausgespült und der Äther in den Scheidetrichter gebracht. Der Scheidetrichter wird, während der Inhalt noch etwas warm ist, kräftig geschüttelt und stehengelassen, bis die beiden Flüssigkeitsschichten sich getrennt und geklärt haben. Die wäßrige alkoholische Schicht wird in den Kolben, der zur Verseifung gedient hat, abgezogen und die ätherische Schicht in einen zweiten 250-ccm-Scheidetrichter gebracht, der 20 ccm Wasser enthält. Die wäßrig-alkoholische Seifenlösung wird zweimal, jedesmal mit 50 ccm Äther in der gleichen Weise ausgezogen und die drei Extraktionen in dem zweiten Scheidetrichter werden vereint. Wenn die Auszüge feste, suspendierte Teilchen enthalten, werden sie durch ein kleines, trockenes, fettfreies Filter in einen zweiten Scheidetrichter filtriert und das Filter hierauf mit Äther ausgewaschen.

Die Auszüge werden in dem zweiten Trichter vorsichtig, unter Vermeidung von starkem Schütteln, mit 20 ccm Wasser umgeschwenkt. Nach dem Absitzenlassen wird das Waschwasser abgezogen.

Die ätherische Lösung wird zweimal mit 20 ccm Wasser gewaschen, indem man jedesmal kräftig schüttelt. Dann wird hintereinander mit 20 ccm $^1/_2$ N. wäßriger Kalilauge, 20 ccm Wasser, 20 ccm $^1/_2$ N. wäßriger Kalilauge, 20 ccm Wasser, 20 ccm $^1/_2$ N. wäßriger Kalilauge und schließlich noch zweimal mit 20 ccm Wasser gewaschen. Das Waschen mit Wasser wird fortgesetzt, bis das Waschwasser bei Zugabe von Phenolphthaleinlösung nicht mehr rot wird.

Die ätherische Lösung wird in einen gewogenen Kolben gebracht und auf ein kleines Volumen eingedampft. Man fügt 2—3 ccm Aceton hinzu und entfernt

---

[1] Diese Methode ist von der Unterkommission für Bestimmung des Unverseifbaren in Ölen und Fetten der Gesellschaft öffentlicher Analytiker ausgearbeitet und von der Versammlung der Gesellschaft öffentlicher Analytiker angenommen (Analyst 1933, **58**, 203—211).

das Lösungsmittel vollständig aus dem Kolben mittels eines schwachen Luftstromes. Der Kolben wird dabei, fast ganz in einem kochenden Wasserbad eingetaucht, schräg eingespannt und geschüttelt. Hierauf wird der Kolben samt Inhalt bei einer Temperatur, die 80° C nicht überschreitet, bis zur Gewichtskonstanz gewogen.

Man löst den Inhalt in 10 ccm frisch destilliertem und neutralisiertem 95%igem Alkohol und titriert mit $^1/_{10}$ N. alkoholischer Natronlauge unter Verwendung von Phenolphthalein als Indicator.

Wenn der durch diese Titration erhaltene Wert nicht 0,1 ccm überschreitet, berechnet sich der Anteil des Unverseifbaren im Öl aus dem Gewicht des erhaltenen Rückstandes durch Division desselben durch das Gewicht des verwendeten Öles und Multiplikation mit 100. Wenn aber die Titration mehr als 0,1 ccm ergibt, muß der Versuch verworfen und die Bestimmung von neuem durchgeführt werden.

Die heutigen Anforderungen insbesondere an zu Speisezwecken bestimmte Öle gehen über die früheren Anforderungen weit hinaus. In technisch gut ausgerüsteten und umsichtig geleiteten Walfangexpeditionen läßt sich Walöl in bisher nicht gehandelter Güte erzeugen. So sind Specköle mit einem Säuregehalt unter 0,2% durchaus möglich (A. Schwieger[1]). Vgl. auch S. 587.

Über den Stand der Walölnormung vgl. auch H. P. Kaufmann[2].

Zumischung von Spermwalöl und anderen Seetierölen mit höheren Gehalten an Fettalkoholen und Kohlenwasserstoffen sind als Verfälschung anzusehen, die sich aber ebenso wie eine Verfälschung mit Mineralöl leicht durch Bestimmung des Unverseifbaren, letztere besonders nach S. 241, erkennen lassen. Eine Verunreinigung von Walöl mit Heizöl auf dem Transport in Tankdampfern ist nach E. R. Bolton und K. A. Williams[3] möglich. Durch Untersuchung des Unverseifbaren mit Essigsäureanhydrid (vgl. S. 269) nach näher angegebener Vorschrift oder durch Anwendung der Chromatographie lassen sich aber noch 0,003% Heizöl feststellen.

Auch Pflanzenöle kommen heute als Verfälschungsmittel hochwertiger Walöle in Frage, sind aber dann mit Sicherheit durch die Phytosterinacetatprobe nachzuweisen.

b) Leberöle.

Wegen des hohen Preises von echtem Lebertran kommen häufig Verfälschungen mit minderwertigen anderen Leberölen, Fischtranen oder auch Lein-, Baumwoll-, Rapsöl u. a. vor.

Der Nachweis dieser Verfälschungen dürfte in vielen Fällen, selbst durch Ermittlung der sämtlichen Fettkonstanten kaum zu erbringen sein.

Da der wichtigste Wertbestandteil des Lebertrans sein Vitamingehalt ist, wird in erster Linie darauf, und zwar auf Vitamin A geprüft. Vgl. Bd. II, S. 1484.

Statt der Antimontrichloridreaktion von Carr und Price (Bd. III, S. 1502) empfiehlt R. T. A. Mees[4] 0,5 ccm Lebertran mit 5 ccm 10%iger Lösung von Antimontrichlorid in Benzol (statt in Chloroform) zu mischen, wodurch eine noch nach 2 Stunden ablesbare Grünfärbung entsteht. Allerdings ist diese Probe weniger empfindlich als die von Carr und Price.

F. Zippel[5] fand, daß zu Lebertran zugefügte aktive Bleicherde (Tonsil) sich tiefblau färbte und als blauer Niederschlag zu Boden sank. Er fügt für

[1] A. Schwieger: U. 1938, 45, 64.
[2] H. P. Kaufmann: U. 1937, 44, 196; Z. 1938, 76, 188.
[3] E. R. Bolton u. K. A. Williams: Analyst 1938, 63, 84; C. 1938, I, 4734.
[4] R. T. A. Mees: Chem. Weekbl. 1931, 28, 694.
[5] F. Zippel: Pharm. Ztg. 1937, 82, 112; Z. 1937, 73, 484.

eine quantitative Bestimmung zu einer Lösung von 5 g Lebertran in 20—30 g Benzin oder Benzol eine gewisse, abgewogene Menge Bleicherde zu, schüttelt kräftig durch und prüft die überstehende Flüssigkeit mit einem weiteren Zusatz von Bleicherde auf Blaufärbung, bis keine Färbung mehr oder nur eine geringe schmutzig rosa Färbung auftritt. Verbrauchen z. B. 5 g Standardlebertran mit 600 Einheiten 1 g Bleicherde, 5 g des untersuchten Trans nur 0,7 g Bleicherde, so berechnen sich für diesen 420 Einheiten nach der Gleichung $600:1 = x:0,7$.

Zur Bestimmung des Leberölgehaltes in einer Lebertranemulsion vgl. Scheunemann[1] und L. Rosenthaler[2], die dazu das Fettbestimmungsverfahren von Gerber (Bd. III, S. 129) empfehlen.

Zur Bestimmung von Aldehyden in Fischölen als Kennzeichen der Verdorbenheit destilliert K. P. Petrow[3] in einem Kolben mit senkrecht aufgesetztem Kühler 2—8 g des zu untersuchenden Öles nach Zusatz von 150 ccm frischdestilliertem Wasser und einigen Stückchen geglühtem Bimsstein ab. 50 ccm des Destillates werden nach v. Fellenberg (S. 302) colorimetrisch geprüft und mit einer Skala von jodometrisch titrierten Formaldehydlösungen verglichen. Die „Aldehydzahl" wird nach folgender Formel berechnet: $50 \cdot c \cdot 100/a \cdot b$, wobei $c = g\, J_2$ oder Vergleichslösung; $a =$ Gramm Fett; $b =$ Kubikzentimeter Destillat ist. Das Verfahren wurde an verschieden gelagerten Tranen geprüft. Es zeigte sich, daß die Aldehydbildung in Fetten hauptsächlich durch Einwirkung der Luft bedingt wird (vgl. auch S. 283).

Über die Oxydation von Lebertran und eine Schnellmethode zur Bestimmung der Wirkung von Antioxydationsmitteln vgl. M. Mottier[4].

Dritter Abschnitt.

Künstlich veränderte Fette.

Außer den Speisefetten, die uns die Natur in den vielen Arten Pflanzenfetten und Pflanzenölen sowie in den Tierfetten darbietet, dienen seit einigen Jahren künstlich hergestellte Fette, genauer gesagt aus natürlichen Ölen stofflich umgewandelte Fette und Erzeugnisse daraus dem Menschen zur Nahrung. Es sind zunächst die durch Behandlung mit Wasserstoff in Gegenwart von Nickel gehärteten oder hydrierten Pflanzen- und Tieröle.

Eine weitere Gruppe solcher künstlich hergestellter Fette bilden die aus freien Fettsäuren durch Wiederveresterung erhaltenen Erzeugnisse, die in der Zeit größter Fettknappheit, in den letzten Jahren des Weltkrieges, als Zusatz zur Margarine verwendet und verzehrt worden sind.

Dazu kommen heute als dritte Gruppe die durch Oxydation von Kohlenwasserstoffen entstehenden Fettsäuren, die zwar zunächst nur zur Seifenherstellung in Frage kommen; aus ihnen lassen sich aber durch Veresterung mit Glycerin fettähnliche Glyceride herstellen, die in Zukunft möglicherweise als Ersatz- oder Verfälschungsmittel von Speisefetten auftauchen können. Der Wert dieser Fettsäuren aus Paraffin besteht, volkswirtschaftlich gesehen, darin, daß sie Fette für die menschliche Ernährung frei machen können, die sonst für technische Zwecke, insbesondere zur Herstellung von Seife, benötigt würden. So werden nach A. Imhausen[5] in Deutschland von 2 Millionen Tonnen Fett rund 400000 t, also ein Fünftel, im technischen Sektor verbraucht.

---

[1] Scheunemann: Pharm. Ztg. 1932, **77**, 66; C. 1932, I, 3474.
[2] L. Rosenthaler: Pharm. Ztg. 1932, **77**, 93, 227; C. 1932, I, 3474.
[3] K. P. Petrow: Oel-Fett-Ind. 1932, Nr. 12, 49; C. 1933, II, 1942.
[4] M. Mottier: Arch. Sciences physiques nat., Genève 1934 (5), **16** (139), 139; C. 1935, I, 2280. [5] A. Imhausen: Chem.-Ztg. 1938, **62**, 213.

Von den erstgenannten gehärteten Ölen werden heute allgemein bedeutende Mengen zur Herstellung von Margarine und Kunstspeisefetten verwendet, und bei uns findet sich heute kaum eine Margarinesorte im Handel, die nicht zum großen Teil aus gehärteten Ölen pflanzlicher oder tierischer Herkunft besteht.

Margarine und Kunstspeisefette sind daher heute in noch ausgesprochenerem Maße als früher Kunstfettzubereitungen, die natürliche Fette bzw. Fettzubereitungen, nämlich die Butter und das Schweineschmalz ersetzen sollen. In ähnlicher Weise sind vielerlei Ölmischungen, die als Tafelöl oder Mischöl in Gebrauch sind, dazu bestimmt, natürliche reine Pflanzenöle wie Olivenöl als Speiseöl zu ersetzen. Für diese Ölmischungen bestehen heute in Deutschland noch keine Sondervorschriften, wie es bei Margarine und Kunstspeisefett der Fall ist.

I. Gehärtete Öle[1].

Die Ölhärtung ist eine technische Errungenschaft der letzten Jahrzehnte. Infolge des großen Bedarfs der fettverarbeitenden Industrien um die Jahrhundertwende entstand bald ein Mangel an festen Fetten gegenüber einem Übermaß an flüssigen Ölen, wie es die Natur besonders in den Pflanzenölen darbot. Verschiedenen Versuchen, durch chemische Behandlung die Öle in feste Fette überzuführen, war erst ein Erfolg beschieden, als man zur katalytischen Anlagerung von Wasserstoff in Gegenwart von fein verteilten Metallen, insbesondere von Nickel, überging.

Nachdem P. Sabatier[2] und Mitarbeiter in den Jahren 1897—1905 festgestellt hatten, daß man viele ungesättigte Verbindungen in Dampfform, so auch Ölsäure (Sabatier und Senderens[3]) in die gesättigten, also Ölsäure in Stearinsäure, überführen könne, war der Befund von W. Normann[4] im Jahre 1901, daß man Öle auch im flüssigen Zustande in Gegenwart fein verteilter Metalle hydrieren kann, für die weitere Entwicklung der Fetthärtungstechnik von ausschlaggebender Bedeutung. Im Jahre 1906 wurde die erste Großversuchsanlage durch Jos. Crosfield & Sons in Warrington in England in Betrieb genommen, 1907 wurde erstmalig Walöl hydriert und 1909 begann die Anwendung von gehärtetem Öl in der Speisefettindustrie, nämlich zur Margarineherstellung, 1910 durch Crosfield die von gehärtetem Walöl für Speisezwecke. Darauf folgten 1911 Großversuche des holländischen Jurgenskonzerns zur Verwendung von gehärtetem Walöl für Margarine. In neuester Zeit bietet gerade die Härtung von Walöl die Möglichkeit, unser Volk mit großen Mengen von hochwertigen Speisefetten zu versorgen.

1. Verlauf der Ölhärtung.
a) Verhalten der Glyceride und Fettsäuren.

Die Ölhärtung bezweckt dem zu behandelnden Öle oder Fette eine größere Härte, einen höheren Schmelzpunkt zu geben. In der ersten Zeit nahm man an, daß diese Härtung ausschließlich durch Absättigung der ungesättigten Bindungen mit Wasserstoff, also z. B. durch Überführung der Oleoglyceride in Stearoglyceride erfolge, gemäß dem Schema:

$$-CH:CH + H_2 = -CH \cdot CH_2-.$$

---

[1] Vgl. auch dieses Handbuch, Bd. I, S. 335.
[2] P. Sabatier: La catalyse en chimie organique. 1920.
[3] P. Sabatier u. J. B. Senderens: Ann. chim. phys. 1905, 4 (8), 319; Ber. Deutsch. Chem. Ges. 1911, 44, 1984.
[4] W. Normann: U. 1938, 45, 73.

Neben dieser Absättigung verlaufen aber Umsetzungen, die ebenfalls den Schmelzpunkt erhöhen und andere, heute in erster Linie erstrebte, Änderungen hervorrufen, nämlich sterische Umlagerungen in den Fettsäuren, begleitet von Verschiebungen der Doppelbindungen. Diese Änderungen treten in einer teilweisen Elaidinierung der zurückbleibenden ungesättigten Fettsäuren, insbesondere der Ölsäure, in der Entstehung von „Isoölsäuren", in Erscheinung.

Wie dieser Hydrierungsvorgang durch das Zusammenwirken von ungesättigter Bindung, Wasserstoff und Katalysatoroberfläche im einzelnen zustande kommt, steht noch nicht mit Sicherheit fest. Aus den verschiedenen, nachstehend beschriebenen Begleiterscheinungen hat man geschlossen, daß Doppelbindung und Katalysator vorübergehend in sehr enge Verbindung treten müssen. Nach E. F. Armstrong und T. P. Hilditch[1] sowie nach E. B. Maxted[2] werden dabei die ungesättigte Verbindung und der Wasserstoff zu einem unbeständigen Komplex assoziiert, etwa nach dem Schema:

$$-CH:CH- + Ni + H_2 \xrightarrow[\text{schnell}]{} (-CH:CH-,\ Ni \cdot H_2)$$

$$\xrightarrow[\text{langsam}]{} (-CH_2 \cdot CH_2-,\ Ni) \xrightarrow{\text{schnell}} Ni + -CH_2 \cdot CH_2-$$

Bei diesen Umsetzungen ist die Konzentration der reagierenden Massen im Vergleich zur Gesamtkonzentration der Komponenten dauernd äußerst klein.

Energieumsetzung. Nach C. F. Holmboe[3] verläuft die katalytische Hydrierung von Walöl monomolekular. Die Wärmeentwicklung im Großversuch betrug 0,945 Calorien für die Änderung der Jodzahl um eine Einheit, wenn ein gut gereinigtes Walöl verwendet wurde. Gehärtete Öle haben höhere Spezifische Wärmen als die ungehärteten.

J. Seto und M. Ozaki[4] verfolgten den Einfluß von elektrischer Hochspannungsentladung auf die kontaktkatalytische Reaktion. Sie fanden nur eine Förderung der Katalyse, keinen Einfluß auf die Reaktion als solche.

α) **Absättigung der ungesättigten Bindungen.** Im allgemeinen ist bei der Herstellung von Speisefetten durch Hydrierung eine Bildung von Glyceriden mit nur einer Doppelbindung erwünscht, nicht aber von Stearinsäureglyceriden (vgl. S. 636). Man erstrebt daher eine möglichste Absättigung der mehrfachen Doppelbindungen im Fettsäuremolekül unter Schonung der einfachen Doppelbindung. Durch bestimmte Maßnahmen, wie Art des Katalysators, Temperatur und Druck ist man imstande, diesen Verlauf zu begünstigen. Man spricht dann von einer selektiven Hydrierung.

H. I. Waterman[5] und Mitarbeiter haben für die Hydrierung von Linolsäure zu Ölsäure die Bezeichnung homogene Härtung, für die direkte Überführung der Linolsäure in Stearinsäure unter Überschlagung der Ölsäure heterogene Härtung vorgeschlagen. Sie stellten fest, daß namentlich niedrige Temperatur (Verwendung von Edelmetallkatalysatoren) die heterogene, hohe Temperatur die homogene Härtung begünstigen. Dagegen spielt die Reaktion

$$\text{Linolsäure} + \text{Stearinsäure} = 2\ \text{Ölsäuren}$$

praktisch keine Rolle.

[1] E. F. Armstrong u. T. P. Hilditch: Proceed. Roy. Soc., London A 1919, **96**, 137.

[2] E. B. Maxted: Journ. chem. Soc. London 1921, 119, 225; 1936, 635.

[3] C. F. Holmboe: Ber. Deutsch. Chem. Ges. 1938, **71**, 532; C. 1938, I, 4123.

[4] J. Seto u. M. Ozaki: Journ. Soc. chem. Ind. Japan (Suppl.) 1937, **40** B, 418; C. 1938, I, 3987.

[5] H. I. Waterman u. J. A. van Dijk: Rec. Trav. chim. Pays-Bas 1931, **50**, 679. — H. I. Waterman, M. J. van Tussenbrock u. J. A. van Dijk: Rec. Trav. chim. Pays-Bas 1931, **50**, 793. — H. I. Waterman, J. A. van Dijk u. C. van Vlodrop: Rec. Trav. chim. Pays-Bas 1932, **51**, 653. — H. I. Waterman u. C. van Vlodrop: Rec. Trav. chim. Pays-Bas 1933, **52**, 9; 1937, **56**, 521.

W. Normann[1] erreicht die selektive Härtung durch Anwendung von abgestumpften Katalysatoren, die z. B. vorher zur Härtung schwerer hydrierbarer Fette gedient haben oder durch vorsichtige Vergiftung mit Kohlenoxyd.

E. J. Etinburg und B. J. Sterlin[2] stellten an Baumwollsamenöl und Sonnenblumenöl fest, daß die Hydrierung um so selektiver wird, je weniger Katalysator dabei zur Anwendung kommt.

Diesen technischen Bestrebungen kommt die Neigung der Linoleoglyceride in Oleoglyceride überzugehen, entgegen. Die Selektivität ist hier noch viel ausgeprägter als bei den Fettsäuren.

H. K. Moore, G. A. Richter und W. B. van Arsdel[3], C. W. Moore und T. P. Hilditch[4] geben an, daß Linoleoglyceride zunächst weitgehend in Oleoglyceride umgewandelt werden, bevor die Reduktion der Oleoverbindungen zur Stearinsäurestufe in merklichem Maße beginnt. Bei Walöl und Menhadenöl werden nach A. S. Richardson, C. A. Knuth und C. H. Milligan[5] die Ester der hochungesättigten Säuren, der C_{20}- und C_{22}-Reihe zunächst zur Diäthylenstufe hydriert. Nach D. R. Dhingra, T. P. Hilditch und A. J. Read[6], ferner nach A. S. Richardson, C. A. Knuth und H. C. Milligan ist die Hydrierungsgeschwindigkeit der Ölsäureester bei etwa 170—180⁰ am größten; sie nimmt dagegen für die Linolsäureester nach Armstrong und Hilditch[7] noch bis mindestens 250⁰ schnell und gleichmäßig zu. Andererseits betrug nach V. T. Athavale und S. K. K. Jatkar[8] bei der Hydrierung von Baumwoll- und Olivenöl durch Nickelcarbonat-Kieselgurkatalysator das Maximum der Hydrierungsgeschwindigkeit für Olein 150⁰, für Linolein 125⁰. Eine in der Nähe der Carboxylgruppe stehende Doppelbindung $(\varDelta^{15:16})$ wird nach Armstrong und Hilditch schneller abgesättigt als eine weiter entfernte $(\varDelta^{9:10})$. Aus Linolensäure entstehen mehr $\varDelta^{9:10}$-Isomere als $\varDelta^{12:13}$-Oleate, am wenigsten $\varDelta^{15:16}$-Isomere. Ein umgekehrtes Ergebnis erhielt allerdings H. van der Veen[9], so daß vielleicht die besonderen Versuchsbedingungen hierauf von großem Einfluß sind. Auch bei Versuchen von K. H. Bauer und F. Ermann[10] wurde die $\varDelta^{9:10}$- und $\varDelta^{15:16}$-Doppelbindung der Linolsäure schneller hydriert als die $\varDelta^{12:13}$-Bindung. Die Selektivität war wieder um so geringer, je niedriger die Hydrierungstemperatur lag.

Viel schneller noch als Linolsäure wird Linolensäure hydriert, selbst nach dem Berieslungsverfahren von Lush (S. 614), wie N. E. Cocchinaras[11] an Leinöl feststellte.

Bei Glyceriden mit mehreren ungesättigten Säuren besteht ferner nach Hilditch und E. C. Jones[12] die Neigung, zuerst nur eine Säure abzusättigen. So wird nach dem Rührverfahren (S. 614) Triolein zunächst weitgehend in Dioleostearine umgewandelt, bevor diese in Monooleostearine übergehen, erst zuletzt tritt Tristearin auf. Bei der Hydrierung von Olivenöl und Baumwollsaatöl geht nach Hilditch und W. J. Stainsby[13], von Schweinefett

---

[1] W. Normann: U. 1931, 38, 289; Z. 1937, 73, 276.

[2] E. J. Etinburg u. B. J. Sterlin: Union Inst. sci. Res. Facts W. N. I. I. G. Probl. Hydrogenat. fatty Oils (russ.) 1937, 20; C. 1938, II, 2576.

[3] H. K. Moore, G. A. Richter u. W. B. van Arsdel: Ind. engin. Chem. 1917, 9, 451.

[4] C. W. Moore u. T. P. Hilditch: Journ. Soc. chem. Ind. 1923, 42, T 15.

[5] A. S. Richardson, C. A. Knuth u. C. H. Milligan: Ind. engin. Chem. 1924, 16, 579; 1925, 17, 80.

[6] D. R. Dhingra, T. P. Hilditch u. A. J. Read: Journ. Soc. chem. Ind. 1932, 51 T, 195.

[7] E. F. Armstrong u. T. P. Hilditch: Proceed. Roy. Soc., London A 1919, 96, 140.

[8] V. T. Athavale u. S. K. K. Jatkar: Journ. Ind. Inst. Science 1938, 21 A, 285.

[9] H. van der Veen: U. 1930, 37, 241. [10] K. H. Bauer u. F. Ermann: U. 1930, 37, 241.

[11] N. E. Cocchinaras: Journ. Soc. chem. Ind. 1932, 51, 403; C. 1933, I, 2886.

[12] T. P. Hilditch u. E. C. Jones: Journ. chem. Soc. London 1932, 805.

[13] T. P. Hilditch u. W. J. Stainsby: Biochem. Journ. 1935, 29, 90.

nach W. J. Bushell und Hilditch[1], die gesamte im Fett vorhandene Palmitinsäure zunächst in vollgesättigte Palmitostearine über; also werden die die Palmitogruppe enthaltenden Monooleoglyceride bei der Absättigung bevorzugt. Die Oleogruppe an der α- und β-Stelle wird etwa gleich schnell abgesättigt. Nach Hilditch und H. Paul[2] enthalten auf die Jodzahl 50 gehärteten Öle (Baumwollsaatöl, Olivenöl, Walöl) meistens $20 \pm 5\%$ gesättigte Glyceride und ein auf die Jodzahl 50—70 gehärtetes Walöl ebenso viel vollgesättigte Glyceride wie Schweinefett oder Rinderfett von den gleichen Jodzahlen.

D. A. Harper[3] definiert die Hydriergeschwindigkeit als die in der Zeiteinheit reduzierte Säuremenge (als Glycerid). Bei Vergleich auf äquivalenter Grundlage drückt er sie aus als Grammoleküle reduzierte Säure für 100 Moleküle der betreffenden Säure in Einheiten der Jodzahlabnahme.

Beispiel. Ein hydriertes Dorschleberöl habe ergeben:

Tabelle 158.

Zeitpunkt	Jodzahl	Mol. Ölsäure	Mol. Stearinsäure
Vor Behandlung	63,0	16,1	11,1
Nach Behandlung	35,8	10,6	16,6
	— 27,2	— 5,5	+ 5,5

Die Ölsäure sank also von 16,1 auf 10,6; das arithmetische Mittel davon ist 13,4. Hiernach ist die

$$\text{Geschwindigkeit} = \frac{5,5}{27,2} \cdot \frac{100}{\text{Menge reagierender Säure}} = 5,5 \cdot \frac{100}{27,2} \cdot 13,4 = 1,50 \,.$$

Bei Walöl und Dorschleberölen werden nach Harper die hochungesättigten Acylradikale reduziert, noch ehe größere Mengen von gesättigten Fettsäuren entstanden sind. Ebenso wurden bei Ölen mit hauptsächlich C_{18}-Säuren die Linolsäuregruppen selektiv zu Oleoradikalen reduziert. — Bei den C_{20}- und C_{22}-Säuren war die Bevorzugung der Diäthylensäuren gegenüber den Monoäthylensäuren weniger ausgeprägt als bei der C_{18}-Reihe. Die Reduktion der Octadecen- zu Stearoglyceriden scheint am langsamsten zu verlaufen, schneller bei den höher- und niedrigermolekularen Glyceriden.

β) **Umlagerungen in den Fettsäuremolekülen.** Die Entstehung von sog. Isoölsäuren, nämlich von Isomeren der Ölsäure, durch die Fetthydrierung hat sich zuerst bei der Herstellung von Seifen aus gehärteten Ölen bemerkbar gemacht, als man feststellte, daß Seifen aus gehärtetem Waltran ein geringeres Schaumvermögen hatten als Seifen aus Talg vom gleichen Schmelzpunkt. Derartige Isoölsäuren können durch Absättigung der Doppelbindung an bestimmter Stelle, so aus Linolsäure 12:13-Ölsäure, oder durch Verschiebungen der Doppelbindungen entstehen. Die Hauptmenge Isoölsäure bildet sich aber durch Elaidinierung der Ölsäure unter dem Einfluße des Katalysators.

H. I. Waterman und C. van Vlodrop[4] haben gefunden, daß die Isomerisierung, wie sie bei der Hydrierung beobachtet wird, auch beim Erhitzen der Ester mit den Katalysatoren in Abwesenheit von Wasserstoff eintritt. Der Vorgang ist daher unabhängig von der Hydrierung. Die Genannten führten die Umlagerung bei Äthyloleat mit einem Nickelkieselgurkatalysator bei 290°

[1] W. J. Bushell u. T. P. Hilditch: J. chem. Soc. London, 1937, 1467; C. 1938, I, 2809.
[2] T. P. Hilditch u. H. Paul: Journ. Soc. chem. Ind. 1935, 54 T, 336.
[3] D. A. Harper: Journ. Soc. chem. Ind. 1937, 56 T, 308; Z. 1938, 76, 88.
[4] H. I. Waterman u. C. van Vlodrop: Rec. Trav. chim. Pays-Bas 1938, 57, 629.

aus und verfolgten das Geschehen an Hand der Jodgleichgewichtskonstante (vgl. S. 116) der Ölsäure aus dem Ester:

Tabelle 159.

Untersuchter Stoff	Jodzahl nach WIJS	Jodgleichgewichtskonstante bei 0° in Tetrachlorkohlenstoff
Ölsäure aus Äthyloleat	85	82
Fettsäuren aus dem Produkt nach 2 Stunden langem Erhitzen auf 290°	86	71,5
Fettsäuren aus dem Produkt nach 2 Stunden langem Erhitzen mit 10% Kieselgur allein	84	70
Fettsäuren aus dem Produkt nach 2 Stunden langem Erhitzen mit 10% Nickel auf Kieselgur auf 290°	84	15

K. H. BAUER und M. KRALLIS[1] hatten dagegen nur einen geringen Einfluß des Nickels auf die Wanderung der Doppelbindung in der Ölsäure, auch auf die Menge der gebildeten festen Fettsäuren beobachtet. Kupfer setzte die Bildung von festen Fettsäuren stark herab. Diese Elaidinsäurebildung aus Ölsäure strebt hier wie bei der sonstigen Elaidinierung, z. B. mit Selen (S. H. BERTRAM[2]), einem Gleichgewicht von 15 : 10 zu (C. W. MOORE[3]), dessen Konstanz aber in der Praxis nicht immer sehr ausgeprägt ist (T. P. HILDITCH und E. C. JONES[4]). BAUER und KRALLIS[5] fanden die Verschiebung der Doppelbindungen am deutlichsten bei höheren Hydrierungstemperaturen, ebenso A. STEGER und H. W. SCHEFFERS[6], die an Versuchen mit Olivenöl bei 80—240° mit einem Nickelkieselgurkatalysator bei einer Jodzahl 50—60 den größten Gehalt an Isoölsäure fanden. Vgl. auch B. TÜTÜNNIKOW und R. CHOLODOWSKOJA[7]. Erhöhung der Katalysatormenge begünstigte bei 120° die Isoölsäurebildung nur wenig, mehr bei 180°. Palladiumkatalysatoren erzeugten mehr Isoölsäure als Nickelkatalysatoren. Beim Rührverfahren werden verhältnismäßig größere Mengen Ölsäure elaidiniert als beim BOLTON-LUSH-Verfahren (vgl. S. 614). Bildung von Isoölsäure und Selektivität gehen hiernach parallel.

Die Mengen an Isoölsäuren, die in einem selektiv gehärteten Fett enthalten sind, erreichen beträchtliche Werte. Nach A. SINOWJEW und N. KUROTSCHKINA[8] stieg der Gehalt daran bei einer Härtung von Sonnenblumenöl wie folgt:

Temperatur	140°	180°	220°
Isoölsäure	21,8%	31,2%	27—30%

Die Menge entsprach etwa der Hälfte der in Öl enthaltenen Linolsäure. Auch R. GUTMAN[9] stellte fest, daß die Menge der Isoölsäuren mit Erhöhung von Temperatur und Dauer der Hydrierung zunahm. Bei Versuchen von R. KOYAMA[10] an Sardinenöl, das bei relativ niedrigem Wasserstoffdruck (1,6 bis 6,5 Atm., 110—180°) in Gegenwart von Nickelkatalysator hydriert wurde, fiel die Jodzahl nach 4—5$\frac{1}{2}$ Stunden sehr stark ab, der Anfall an Isoölsäure stieg nach

[1] K. H. BAUER u. M. KRALLIS: U. 1943, 41, 194; Z. 1937, 74, 331.
[2] S. H. BERTRAM: Chem. Weekbl. 1936, 33, 3, 637. Vgl. S. 207.
[3] C. W. MOORE: Journ. Soc. chem. Ind. 1919, 38 T, 320.
[4] T. P. HILDITCH u. E. C. JONES: Journ. Soc. chem. Ind. 1932, 51, T 202; C. 1932, II, 2758.
[5] K. H. BAUER u. M. KRALLIS: U. 1931, 38, 201.
[6] A. STEGER u. H. W. SCHEFFERS: U. 1931, 38, 45, 61.
[7] B. TÜTÜNNIKOW u. R. CHOLODOWSKOJA: Oel-Fett-Ind. 1929, Nr. 5 (46), 53; C. 1929, II, 2277.
[8] A. SINOWJEW u. N. KUROTSCHKINA: Oel-Fett-Ind. 1935, 11, 308; Z. 1938, 75, 197.
[9] R. GUTMAN: Oel-Fett-Ind. 1931, Nr. 8/9, 32; C. 1933, I, 3379.
[10] R. KOYAMA: Journ. Soc. chem. Ind. Japan 1937, 40 B, 29; Z. 1938, 75, 392.

$3^{1}/_{2}$ Stunden an, erreichte nach $4^{1}/_{2}$ Stunden ein Maximum und fiel dann langsam wieder ab.

Bei der **Hydrierung von Erucasäure** entstehen nach Y. Toyama[1] außer Brassidinsäure ebenfalls isomere Erucasäuren, bei denen die Doppelbindung verschoben ist, so die $\Delta^{12:13}$-, $\Delta^{14:15}$- und $\Delta^{15:16}$-, möglicherweise auch $\Delta^{16:17}$-Erucasäure.

Energieumsatz. Unter der Voraussetzung, daß die Hydrierung in Gegenwart von Katalysatoren ein reversibler Vorgang mit positiver Wärmetönung ist, daß in ihrem Verlauf Verbindungen mit mehreren Doppelbindungen, sofern diese in demselben Fettsäureradikal anwesend oder über die Fettsäureradikale eines Polyglycerids verteilt sind, stufenweise hydriert werden, und zwar in dem Sinne, daß Gleichgewichtsbeziehungen zwischen den verschiedenen Hydrierstufen bestehen, und endlich daß der Katalysator aus dem heterogenen mehrphasigen System Wasserstoff-Öl-Katalysator eine homogene Reaktionsphase zu bilden vermag, auf die er den Wasserstoffdruck der Gasphase in bestimmter Weise überträgt, lassen sich nach F. Bloemen[2] folgende Erscheinungen erklären:

1. Zunehmende Selektivität bei Temperaturerhöhung.
2. Abnahme bei Druckerhöhung.
3. Ansteigen der Hydrierungsgeschwindigkeit bis zu einer bestimmten Temperatur, dann Abnahme.
4. Zunehmende Bildung von Isoölsäuren bei steigender Temperatur, abnehmende bei Druckerhöhung.

Neben diesen genannten Vorgängen verlaufen bei der Hydrierung bei höherer Temperatur noch weitere, die sich nach A. Kailan und H. Ch. Hardt[3] in einem etwas erhöhten Verbrauch an Wasserstoff äußern. Bei hoher Temperatur (über 200°) und sehr hohem Wasserstoffdruck (150—200 Atm.) kommt es zu einer **Umwandlung der Carboxyl- in die Hydroxylgruppe der Fettsäuren, also zur Entstehung von Fettalkoholen.** Diese Umsetzung wird bereits technisch im großen ausgeführt, ist aber für die Speisefettgewinnung und -verarbeitung noch ohne Bedeutung.

Konjugierte Hydrierung. Unter konjugierter Hydrierung versteht W. M. Pusanow[4] die Ausführung der Hydrierung ohne gasförmigen Wasserstoff, dafür in Gegenwart eines wasserstoffabgebenden Begleitstoffs, z. B. von Äthylalkohol, der dadurch zu Acetaldehyd oxydiert wird.

Zum Beispiel wurden 150 g Seetieröl mit 20 g Äthylalkohol und 1% Nickelformiat 15 Minuten lang bei 256—262° unter 26—30 Atm. behandelt. Dabei verschwand der Trangeruch und die Jodzahl fiel um 45,8—81,5 Einheiten.

Auch hierbei entstanden Isoölsäuren, und zwar am meisten mit Trägerkatalysatoren. Nickelkatalysatoren führten durch Zersetzung von Acetaldehyd zu hohem Restdruck (16 Atm.). Mit Nickelkupferkatalysatoren war der Restdruck bedeutend geringer (5,2 Atm.), der Gehalt an Isoölsäuren (4,8—6,4%) sowie an gesättigten Säuren (7,8—8,3 gegen 13,1% bei Nickel) war niedriger, die Härtung also selektiver.

b) Verhalten der Begleitstoffe.

Die in den natürlichen Speiseölen enthaltenen **fettlöslichen Vitamine** werden bei der üblichen technischen Fetthärtung zerstört, wie Versuche von J. C. Drummond[5], S. S. Zilva[6], Z. Nakamiya und Kawakami[7] und T. C. Drum-

---

[1] Y. Toyama: Journ. Soc. chem. Ind. Japan (Suppl.) 1937, 40 B, 283; C. 1938, I, 2648.
[2] F. Bloemen: U. 1934, 41, 95; Z. 1937, 74, 237.
[3] K. Kailan u. H. Ch. Hardt: Monatsh. Chem. 1931, 58, 307; C. 1932, I, 6.
[4] W. M. Pusanow: Chimitscheskij Schurnal Ser. B., Schurnal prikladnoj chimij 1938, 11, Ausg. 4, 670, 688; Seifensieder-Ztg. 1938, 65, 903.
[5] J. C. Drummond: Biochem. Journ. 1919, 13, 81.
[6] S. S. Zilva: Biochem. Journ. 1924, 18, 881.
[7] Z. Nakamiya u. Kawakami: Scient. Papers Inst. physic. chem. Res. 1927, 7, 121; 1934, 24, 509.

MOND und HILDITCH[1] gezeigt haben. Wenn auch an sich unter gewissen Bedingungen, so durch Hydrierung bei niedriger Temperatur, eine teilweise Erhaltung des Vitamingehaltes möglich ist (H. E. DUBIN und C. FUNK[2], J. A. VAN DIJK, R. T. A. MEES und H. I. WATERMAN[3], S. UENO[4] und Mitarbeiter), so ist doch diese Möglichkeit nicht auswertbar, weil dadurch die erwünschte Selektivität leidet.

Die übrigen Bestandteile des Unverseifbaren, so die Träger der Farbreaktionen einiger Pflanzenöle, werden, wie A. BÖMER[5], H. KREIS und E. ROTH[6] u. a. gefunden haben, in verschiedener Weise beeinflußt:

Die BELLIER-Reaktion (S. 427) tritt bei gehärteten Sesamöl, Erdnußöl und Baumwollsamenöl noch ein, wenn auch in anderen Tönungen als in unveränderten Ölen; bei gehärtetem Seetieröl färbten sich Säure und Öl orangegelb. Der die HALPHEN-Reaktion (S. 458) in Baumwollsamenöl bedingende Körper wird zerstört, dagegen nach PRALL die HAUCHECORNE-Reaktion (S. 461) nicht beeinflußt. Die BECHI-Reaktion (S. 460) hält sich nach NORMANN und HUGEL[7] länger als die von HALPHEN. Die Reaktionen auf Sesamöl nach BAUDOUIN (S. 477) und SOLTSIEN (S. 478) bleiben erhalten; die Abscheidung des Sesamins nach BÖMER (S. 268) gelingt auch bei gehärtetem Sesamöl ohne Schwierigkeit. Die Reaktion von TORTELLI und JAFFE (S. 581) auf Seetieröle bleibt auch bei gehärteten Ölen positiv. Die Erhaltung der Sterine, als Grundlage für den Nachweis von Pflanzenölen, richtet sich nach dem Härtungsgrade und der bei der Härtung angewendeten Temperatur. Vgl. auch S. 266.

2. Technik der Ölhärtung.

Die Technik der Ölhärtung[8] für Speisezwecke verfolgt in der Hauptsache folgende 3 Ziele:

1. Umwandlung flüssiger Öle in halbfeste oder feste Fette, genauer ausgedrückt: Erhöhung des Schmelz- und Erstarrungspunktes natürlicher Öle und Fette.

2. Beseitigung störender Geschmacksstoffe bei gewissen natürlichen Ölen, insbesondere bei Seetierölen.

3. Erhöhung der Haltbarkeit der Fette.

Die zuerst geforderte Schmelzpunktserhöhung muß dabei in der Richtung gesteuert werden, daß ein in seinen äußeren Eigenschaften für den Verwendungszweck geeignetes Erzeugnis entsteht. Die Beseitigung der störenden Geschmacksstoffe durch Absättigung der stark ungesättigten Fettsäuren bei Seetierölen geht Hand in Hand mit der Erhöhung der Haltbarkeit. Ebenso trägt auch eine möglichst weitgehende Elaidinierung zur Haltbarkeit bei.

a) Apparatur.

Bei der Ölhärtung im Großbetriebe kommt es darauf an, die drei am Härtungsvorgang beteiligten Stoffe, nämlich das flüssige Öl, den festen Katalysator und den gasförmigen Wasserstoff bei günstigster Temperatur und günstigstem Druck in innigster Berührung miteinander zu bringen. Man hat diese Aufgabe in der Hauptsache nach drei Systemen zu lösen versucht:

---

[1] J. C. DRUMMOND u. T. P. HILDITCH: The relative values of cod liver oils from various sources. London 1930. [2] H. E. DUBIN u. C. FUNK: Journ. metabol. Res. 1923, 4, 461.

[3] J. A. VAN DIJK, MEES u. H. J. WATERMAN: Koninkl. Akad. Wetensch. Amsterdam, wisk. natk. Afd. 1931, 34, 1206; Z. 1937, 73, 52.

[4] UENO: Journ. Soc. chem. Ind. Japan (Suppl.) 1927, 30 B, 105; 1928, 31 B, 92; 1930 33, B 61; 1931, 34 B, 132.

[5] A. BÖMER: Z. 1912, 24, 104. [6] H. KREIS u. E. ROTH: Z. 1913, 25, 81.

[7] NORMANN u. HUGEL: Chem.-Ztg. 1913, 37, 815.

[8] Vgl. auch W. NORMANN: U. 1937, 44, 330; Z. 1938, 76, 561.

α) **Rührverfahren nach W. Normann.** Dieses älteste und zugleich einfachste Verfahren wird so ausgeführt, daß in einem Kessel durch das Gemisch von Öl und pulverförmigem Katalysator unter starkem Rühren Wasserstoff in feine Verteilung getrieben wird. Der Wasserstoff tritt aus einer Düse im tiefsten Teil des Kessels ein. Der nicht zur Reaktion gekommene Wasserstoff kann gegebenenfalls nach Reinigung immer von neuem wieder durchgeführt werden. Die Hydrierkessel sind, um einen weiten Durchlaufweg der Wasserstoffbläschen durch das Öl zu sichern, von hoher Form.

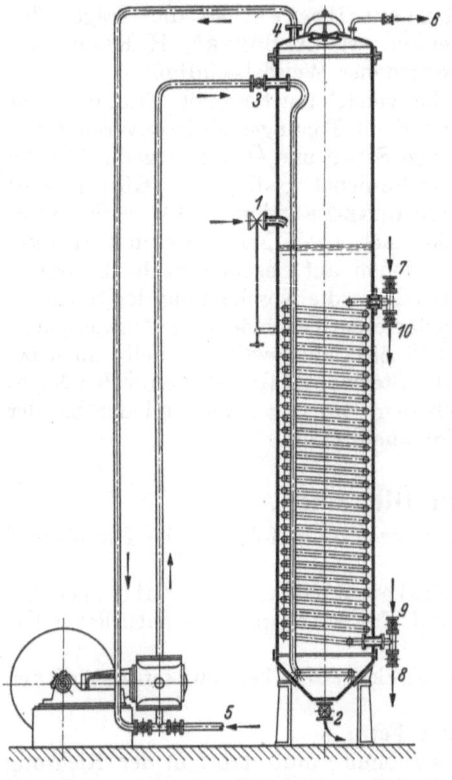

Dieses Verfahren ist bei den meisten Fetthärtungsanlagen in Gebrauch und arbeitet dann unter einem Druck von 2—3 Atm. Die angewendete Temperatur richtet sich nach der Art des Katalysators.

β) **Verfahren von Testrup und Wilbuschewitsch.** Bei diesem Verfahren wird in einem doppelwandigen Autoklaven in einer Wasserstoffatmosphäre gewöhnlich unter einem Druck von 6—7 Atm. das zu härtende Öl, mit dem Katalysator innig gemischt, einem Wasserstoffstrome entgegengeführt, indem das Öl in einem kontinuierlichen Strome von oben herabrieselt, während der Wasserstoff von unten her in den Autoklaven geführt wird. Nach Verlauf von $^1/_2$—1 Stunde — je nach der gewünschten Härte des Öles — ist die Härtung beendet, worauf das gehärtete Öl durch Filterpressen von dem Katalysator befreit und durch Behandlung mit Wasserdampf im Vakuum desodoriert wird.

Nach diesem Verfahren arbeiteten nach Bömer die Bremen-Besigheimer Ölfabriken. Es hat nach Hugel den Nachteil einer vorzeitigen Katalysatorvergiftung, weil aus dem geschlossenen System die gas- und dampfförmigen, bei der Fetthärtung entstehenden Nebenprodukte nicht entfernbar sind. Auch ist der Verschleiß der Pumpen für den Ölumlauf wegen der Schleifwirkung der als Katalysatorträger dienenden Kieselgur sehr stark.

γ) **Berieselungsverfahren nach Bolton-Lush**[1]. Bei diesem Verfahren läßt man das Öl in einer Wasserstoffatmosphäre als ganz dünnen Film über Nickelwolle rieseln, die erst oberflächlich durch anodische Oxydation oxydiert und dann durch Wasserstoff reduziert wurde. Derartige Oxydhäutchen lassen sich in einer Dicke von 0,0003—0,00003 mm in solcher Festigkeit erzeugen, daß sie bei der Reduktion in Wasserstoff fest haften bleiben. Wenn bei der Härtung die Wirkung der Oberfläche sich vermindert hat, wird das Nickel erneut wieder anodisch oxydiert und dann reduziert. Eine ausführliche Beschreibung des

Abb. 39. Härtungsapparat von Normann (neues System). (Nach Hugel.)

1 Öleingang, *2* Hartfettauslauf, *3* Wasserstoffeingang, *4* Wasserstoffausgang, *5* Frischwasserstoff, *6* Entlüftung, *7* Dampfeingang, *8* Dampfaustritt, *9* Kühlwassereintritt, *10* Kühlwasseraustritt.

---

[1] Vgl. E. J. Lush: Journ. Soc. chem. Ind. 1923, **42** T, 219; C. 1923, IV, 677.

Verfahrens mit Zeichnung einer Anlage gibt L. H. Manderstam[1]. Vgl. auch T. P. Hilditch und A. J. Rhead[2] und V. T. Athavale und S. K. K. Jatkar[3].

Dem großen technischen Vorzug des Berieselungsverfahrens kontinuierlich zu arbeiten, steht für die Speiseölhärtung der Nachteil gegenüber, daß es viel weniger selektiv arbeitet als das Vorfahren von Normann. Immerhin ist es nach Manderstam möglich, auch nach Bolton-Lush Fette mit einem beliebigen Gehalt an Isoölsäure zwischen 10—40% zu erzeugen.

b) Katalysator.

Als Katalysatormetall diente in der technischen Fetthärtung bisher fast ausschließlich Nickel. Neuerdings empfohlene Mischkatalysatoren oder „aktivierte" Katalysatoren kamen erst vereinzelt zur Anwendung.

So prüften S. Ueno und Z. Okamura[4] für die Härtung von Sojaöl bei 180⁰ und normalem Druck aus Nickel mit Zusatz von Kobalt, Eisen und Mangan bestehende Katalysatoren. Als besonders wirksam erwiesen sich bei 245—275⁰ reduzierte Mischkatalysatoren, die 75% Ni enthielten. Mischkatalysatoren mit 75% Cu zeigten ihre größte Wirkung nach Reduktion bei 175—195⁰. Am wirksamsten erwies sich ein Katalysator, der 75% Nickel, 20% Kupfer und 5% Mangan oder Eisen enthielt Katalysatoren mit einem überwiegenden Gehalt an Ni konnten durch Eisen aktiviert werden, während Kobalt ohne Wirkung blieb. Das Umgekehrte war der Fall bei Katalysatoren mit überwiegendem Gehalt an Kupfer. Diese konnten durch Kobalt, weniger durch Eisen oder Mangan aktiviert werden.

Nach weiteren Versuchen von Ueno, G. Inagaki und H. Kisaki[5] war ein aus gleichen Teilen Nickel und Kupfer bestehender Katalysator noch aktiver als der mit 25% Nickel.

Kupfernickelkatalysatoren mit einem günstigsten Verhältnis von Kupfer:Nickel sollen nach G. Klein, N. Kaminski, M. Litwinow und N. Fedorowitsch[6] ein heller gefärbtes Hartfett liefern als Nickel allein. R. Koyama[7] erhielt bei dem Verhältnis Kupfer : Nickel = 70 : 30 die beste Wirkung. Bei Versuchen von H. P. Kaufmann und H. Perdun[8] erwies sich Kupfer als guter Aktivator, besonders bei einem Gehalt von 50%, 0,04% Nickel in Gegenwart von 0,05% Kupfer vermochte die vierfache Menge Kupfer zu ersetzen. W. Normann[9] stellte dagegen keine wesentlichen Vorteile der Kupfer-Nickelkatalysatoren fest. Kupfer wirkte lediglich als guter „Träger" des Nickels. Der Härtungsgeruch war zwar anfangs merklich schwächer, verstärkte sich aber beim Stehen des Hartfettes an der Luft erheblich.

Edelmetalle (Palladium, Platin) bewirken bereits in sehr kleinen Spuren und bei niedriger Temperatur die Härtung, sind aber wegen ihrer Kostspieligkeit technisch ungeeignet.

Die Katalysatorwirkung erfordert eine große Oberfläche. Die größte Oberfläche würde ein kolloides Sol darstellen, das aber gegen äußere Einflüsse zu empfindlich ist. H. I. Waterman und C. van Vlodrop[10] berichten über Hydrierungsversuche mit einem aus Nickelcarbonyl erhaltenen kolloidem Nickel, das zur Härtung bei 60⁰ unter Atmosphärendruck geeignet war. Als vorteilhaft hat sich in der Technik Niederschlagung des Nickels auf poröse Träger, insbesondere Kieselgur und aktive Kohle erwiesen. Auch Fullererde, Kieselgel oder Bimsstein sind für diesen Zweck verwendet worden.

---

[1] L. H. Manderstam: U. 1938, **45**, 251.

[2] T. P. Hilditch u. A. J. Rhead: Journ. Soc. chem. Ind. 1932, **51** T, 198; C. 1932, II, 2758.

[3] V. T. Athavale u. S. K. K. Jatkar: Journ. Indian Inst. Sci., Ser. A 1937, **20**, 95; C. 1938, I, 3987.

[4] S. Ueno u. Z. Okamura: Journ. Soc. chem. Ind. Japan (Suppl.) 1931, **34** B, 349; Z. 1937, **73**, 276.

[5] S. Ueno, G. Inagaki u. H. Kisaki: Journ. Soc. chem. Ind. Japan 1938, **41** B, 298.

[6] G. Klein, N. Kaminski, M. Litwinow u. N. Fedorowitsch: Oel-Fett-Ind. 1937, **13**, Nr. 4, 31; C. 1938, I, 3132.

[7] R. Koyama: Journ. Soc. chem. Ind., Japan 1937, **40** B, 25; Z. 1938, **75**, 391.

[8] H. P. Kaufmann u. H. Perdun: U. 1938, **45**, 223.   [9] W. Normann: U. 1938, **45**, 664.

[10] H. I. Waterman u. C. van Vlodrop: Rec. trav. chim. Pays-Bas 1937, **56**, 521; Z. 1938, **76**, 563.

Zur Herstellung eines Nickelkatalysators schlägt man z. B. auf Kieselgur basisches Nickelcarbonat nieder, wäscht den Niederschlag gründlich mit Wasser aus und reduziert ihn mit Wasserstoff bei 500°.

Nach E. J. Etinburg[1] entsteht bei der Fällung von Nickelsulfatlösungen mit Natriumcarbonat hauptsächlich basisches Salz von der Zusammensetzung $(NiOH)_2CO_3$; dieses zerfällt schon bei 180—250° schnell unter Bildung leicht reduzierbarer Oxyde, welche sehr aktive Katalysatoren liefern.

Aus Nickelborat werden geeignete Katalysatoren durch Reduktion bei 420 bis 430° erhalten (L. Ubbelohde und H. Schönfeld[2]).

Ein anderes Verfahren der Katalysatorherstellung besteht in der Reduktion einer Suspension von Nickelsalzen mit Wasserstoff in dem zu hydrierenden Fett. Hierzu wird gewöhnlich Nickelformiat verwendet und die Reduktion bei 230—250° nach W. Normann[3], besser bei 260° vorgenommen.

Die Hydriergeschwindigkeit ist proportional der Katalysatormenge. Die Rührgeschwindigkeit ist dabei insofern wichtig, als sie ein Absetzen und damit ein Ausscheiden des Katalysators aus der Reaktionsmischung verhindern soll.

Katalysatorvergiftung. Die starke Inanspruchnahme der Katalysatoroberfläche läßt schon die Möglichkeit einer Katalysatorvergiftung, eines Unwirksamwerdens, vermuten. Man unterscheidet irreversible Katalysatorgifte, die sich fest mit der Katalysatoroberfläche verbinden, wie Schwefelwasserstoff und Säuren und reversible, deren Entfernung aus dem System die Aktivität wieder herstellt, wie Kohlenoxyd. Bisweilen ist auch eine teilweise reversible Vergiftung des Katalysators, eine Abstumpfung desselben erwünscht, um eine möglichst selektive Hydrierung zu erreichen, so z. B. bei der Herstellung von Weichfetten. Die Katalysatorgifte beim Hydrierungsvorgang stammen aus Verunreinigungen des zugeführten Wasserstoffs oder aus dem zu verarbeitenden Fett. Der Wasserstoff wird meist aus Wassergas gewonnen und enthält dann Spuren von Schwefelverbindungen, die man durch Überleiten von Eisenhydroxyd und anschließend über Kalk oder durch Berieseln in Türmen mit verdünnter Alkalilauge entfernt.

Im Wasserstoff enthaltenes Kohlenoxyd bildet mit Nickel Nickelcarbonyl, auch noch bei 180—200° (W. Normann[4]), läßt sich aber in der Technik schwer vollständig aus dem zu verwendenden Wasserstoff entfernen. Beträgt die Kohlenoxydmenge darin unter 0,3%, so wird aus Gründen der Kostenersparnis häufig auf die Entfernung verzichtet.

Auch das zu härtende Rohöl bedarf einer Vorbehandlung zur Entfernung von Katalysatorgiften wie organischen Phosphor- und Schwefelverbindungen, oxydierten Fettstoffen, Schleim- und Proteinstoffen, Wasser und freien Fettsäuren; letztere würden sich zuerst mit Wasserstoff sättigen und dadurch den Hydrierungsverlauf des Fettes verzögern. Außerdem greifen sie die Wandungen des Härtekessels stark an. Die Vorreinigung der Fette wird am besten durch Laugeraffination und Nachbehandlung mit Bleicherde ausgeführt.

E. Botkowskaja und L. Nikolajewa[5] fanden in einigen Rohölen folgende Phosphor-[6] und Stickstoffgehalte[7] (Tab. 160):

[1] E. J. Etinburg: Union Inst. sci. Res. Facts W. N. I. I. G. Probl. Hydrogenat. fatty Oils 1937, 1; C. 1938, II, 2526.

[2] L. Ubbelohde u. H. Schönfeld: Allg. Öl- u. Fett-Ztg. 1930, 27, 425; C. 1931, I, 1692.

[3] W. Normann: U. 1938, 45, 664.

[4] W. Normann: U. 1932, 39, 126; C. 1932, II, 2389.

[5] Botkowskaja u. L. Nikolajewa: Oel-Fett-Ind. (russ.) 1935, 11, 579; C. 1936, I, 4831. — Vgl. auch Botkowskaja: Union Inst. sci. Res. Facts W. N. I. I. G. Probl. Hydrogenat. fatty Oils (russ.) 1937, 35; C. 1938, II, 2526.

[6] Vgl. auch S. 315.   [7] Vgl. auch S. 318.

Die Höhe des Phosphor- und Stickstoffgehaltes erwies sich indes nicht als maßgebend für die Hydrierfähigkeit. Durch
Raffination mit überschüssiger Lauge
wurde aus Pflanzenölen der Phosphor- und
Stickstoffgehalt zu 50%, aus Seetierölen
vollständig entfernt. Bei Senf- und Rüböl
reichte die Alkaliraffination für Härtungszwecke aus, nicht bei Leinöl und
extrahiertem Sojaöl. Durch größeren
Alkaliüberschuß wurde die Entfernung
der Phosphorverbindungen vollständiger.
Doch ließen sich Öle mit 0,06% P_2O_5
schon sehr gut härten. Auswaschen und

Tabelle 160.

Rohöl	Phosphor (als P_2O_5) %	Stickstoff %
Leinöl	0,072	0,042
Senföl	0,074	0,033
Rüböl	0,049—0,087	0,026
Sojaöl (gepreßt) . .	0,057	0,014
„ (extrahiert) .	0,087	0,018
Delphintran	0,064	0,509
Robbentran	0,009	0,140

Bleichen des neutralisierten Öles hatte keinen Einfluß auf den Phosphor- und Stickstoffgehalt. Nach B. N. TJUTJUNNIKOW und L. KARAKUSAKI [1] häuft sich bei der Ölhärtung
auf dem Katalysator eine bedeutende Menge phosphorhaltiger Stoffe an, die bei Rüb-
und Leinöl aus Phosphatiden bestehen, und erschweren so die Härtung.

Besonders schädlich bei der Hydrierung scheinen etwa vorhandene Peroxyde zu sein.

c) Härtungstemperatur.

Der Vorgang der Härtung ist nicht an eine bestimmte Temperatur gebunden,
wohl aber seine Geschwindigkeit. Nicht nur mit Edelmetallkatalysatoren,
sondern auch mit fein verteiltem Nickel lassen sich Öle unter geeigneten Bedingungen schon bei Zimmertemperatur hydrieren, allerdings sehr langsam bei
gewöhnlichem Druck, schneller durch Erhöhung des Wasserstoffdruckes. Auch
Lösen in einem geeigneten Fettlösungsmittel wirkt nach NORMANN [2] beschleunigend. H. I. WATERMAN [3] gelang es, Leinöl bei 45° bei einem Wasserstoffdruck von 150—200 Atm. mit einem Nickelkieselgurkatalysator durchzuhärten,
ebenso NORMANN [4]. E. B. MAXTED [5] erhielt an Olivenöl, wenn er die Härtungsgeschwindigkeit bei 80° = 1 setzte, für

Temperatur . . . . . . 80° 100° 120° 140° 160° 180° 200° 225° 250°
Geschwindigkeit 1,0 7,8 17,5 28,5 34,0 35,0 32,0 21,0 8,5

Ähnlich fanden auch UBBELOHDE und SVANÖE [6] die günstigste Temperatur
bei 170—180°. Doch gilt dies nur für Absättigung einfacher Doppelbindungen.
So beobachtete HILDITCH bei Leinöl und Fischölen das Temperaturoptimum
viel höher, bei letzteren noch über 250°.

Die Hydrierung ungesättigter Öle verläuft unter Wärmeabgabe. H. P. KAUF
MANN [7] hat für die Abnahme einer Jodzahleinheit eine Temperaturerhöhung
um 1,6—1,7° gefunden (vgl. auch oben S. 608).

d) Wasserstoffdruck.

Steigender Druck hat steigende Löslichkeit des Wasserstoffes im Öl und damit
Erhöhung der Hydriergeschwindigkeit zur Folge. Diese Zunahme der Hydriergeschwindigkeit ist proportional dem Druck (ARMSTRONG und HILDITCH [8],
UBBELOHDE und SVANÖE [6], THOMAS [9]). UENO und UEDA [10] hydrierten unter

---

[1] B. N. TJUTJUNNIKOW u. L. KARAKUSAKI: Oel-Fett-Ind. (russ.) 1936, **10**, 495; Z.
1938, **76**, 563.
[2] W. NORMANN: Zeitschr. angew. Chem. 1931, **44**, 289.
[3] H. I. WATERMAN: Rec. Trav. chim. Pays-Bas 1931, **50**, 279.
[4] W. NORMANN: U. 1931, **38**, 289; Z. 1937, **73**, 276.
[5] E. B. MAXTED: Jorun. Soc. chem. Ind. 1921, **40** T, 170.
[6] L. UBBELOHDE u. SVANÖE: Zeitschr. angew. Chem. 1919, **32**, 257.
[7] H. P. KAUFMANN: Studien auf dem Fettgebiete. Berlin 1935.
[8] E. F. ARMSTONG u. T. P. HILDITCH: Proceed. Roy. Soc. London A 1921, **100**, 240.
[9] THOMAS: Journ. Soc. chem. Ind. 1920, **39** T, 10.
[10] S. UENO u. S. UEDA: Journ. Soc. chem. Ind. Japan (Suppl.) 1931, **34** B, 351.

gleichen Bedingungen Sardinenöl bei 50 Atm. zur Jodzahl 8,8, bei 10 Atm. zur Jodzahl 78,9.

Herabsetzung des Wasserstoffdruckes führt zur Erhöhung der Selektivität. Für Herstellung von Weichfett (S. 635) geht man daher bis auf einen Wasserstoffüberdruck von 0,5—0,1 Atm. herab.

e) Hartfettgeruch.

Besonders bei Hydrierigung stark ungesättigter Öle, so vor allem bei Seetierölen, tritt ein eigenartiger, durch flüchtige Stoffe bedingter Geruch, der „Hartfettgeruch" auf, der bei der nachfolgenden Desodorierung der Hartfette wieder beseitigt werden muß. Je sorgfältiger ein Öl, z. B. Walöl, vor der Härtung raffiniert und von Oxydationsprodukten befreit wurde, um so geringer ist das Auftreten des Härtungsgeruches (W. Normann[1]). Die Geruchsstoffe scheinen also aus den normalen Ölbestandteilen nicht zu entstehen. Nach S. Ueno und R. Yamasaki[2] sind die Ursache dieses Geruches Aldehyde der C_{10}-, C_{11}-, C_{12}- und C_{16}-Reihe. Aus 500 kg gehärteten Fischölen erhielten sie 1 kg = 0,2% mit Wasserdampf flüchtige Stoffe. Darin waren 136 g Unverseifbares von üblem Geruch enthalten, das aber wieder zu 90% aus geruchlosen Kohlenwasserstoffen bestand. Die übelriechenden Aldehyde betrugen nur 7,3 g, also 0,0015% des Hartfettes. Noch kleinere Mengen höherer Alkohole (3,3 g) besaßen nur schwach unangenehmen Geruch. Aus dem verseifbaren Teil des Destillates wurden 600 g geruchlose höhere Fettsäuren (C_{14}—C_{18}, Spuren von C_{22}) und 100 g niedere Säuren mit 4, 5, 6 und 7 C-Atomen im Verhältnis 3:1:1:5 erhalten. Diese waren vermutlich durch Zersetzung der hoch ungesättigten Fettsäuren entstanden.

Die vollständige Entfernung des Hartfettgeruches aus den gehärteten Ölen wird nach den S. 409 beschriebenen Desodorierungsverfahren vorgenommen und bereitet nicht selten Schwierigkeiten.

f) Endbehandlung.

Da beim Härtungsvorgang freie Fettsäuren entstehen (bei pflanzlichen Fetten 0,1—0,3, bei Tierölen 0,5 bis über 1%) bedürfen die Hartfette noch einer Entsäuerung mit ganz schwacher (bis zu 2° Bé) Lauge.

Zur Entfernung von Nickelspuren wird das Hartfett dann nach der Neutralisation mit Wein- oder Citronensäure (200 g auf 1000 kg Fett) behandelt, wobei auch eine Verbesserung von Farbe und Geschmack eintritt. Dann wird das Fett mit 0,25—0,50% Bleicherde gebleicht, vorteilhaft unter Zusatz von 0,1—0,2% Bleichkohle (R. Dieterle[3]).

3. Einzelne Hartfette.

Die einzelnen Hartfette des Handels unterscheiden sich nicht so sehr nach der Art der verwendeten Rohöle als nach dem Hydrierungsverlauf.

Die Technik der Fetthärtung bezweckt im allgemeinen nicht eine vollständige Beseitigung der Doppelbindungen in den Glyceriden. Dadurch würden nämlich aus den meisten Ölen Fette entstehen, die für die Verwendung als Speisefett wegen ihres hohen Schmelzpunktes ungeeignet sind. Nur zur Herstellung von Stearin, z. B. zur Kerzenherstellung werden Fette, im besonderen auch Palmöl

---

[1] W. Normann: U. 1938, **45**, 73.

[2] S. Ueno: Journ. Soc. chem. Ind. Japan (Suppl.) 1930, **33** B, 264, 454; 1931, **34** B, 35. — S. Ueno u. R. Yamasaki: Journ. Soc. chem. Ind. Japan (Suppl.) 1932, **35** B, 492. — Vgl. auch Y. Toyama u. T. Tsuchiya: Journ. Soc. chem. Ind. Japan (Suppl.) 1929, **32** B, 374.

[3] R. Dietele: Seifensieder-Ztg. 1938, **65**, 148.

und Rindstalg soweit gehärtet, vgl. F. WITTKA[1]. So liegt der Schmelzpunkt vollhydrierter Fette etwa wie folgt:

Der Grad, bis zu dem man die Härtung treibt, ist je nach Verwendungszweck verschieden; im Handel befinden sich Produkte vom Schmelzpunkt 28—50°.

Tabelle 161.

Cocos- und Palmkern- fett	Walöl	Baumwoll- saatöl	Olivenöl Erdnußöl	Soja- bohnenöl Leinöl
43—45°	52—56°	62—63°	68—69°	69—71°

Die Umwandlung der Öle durch die Härtung, soweit sie an den allgemeinen Kennzahlen verfolgt werden kann, zeigen folgende Befunde von A. BÖMER[2], die sich noch auf gehärtete Öle aus der ersten Zeit des Aufblühens der technischen Fetthärtung beziehen. Und zwar waren die untersuchten Hartfette in den Bremen-Besigheimer Ölwerken nach dem Verfahren von WILBUSCHEWITSCH gehärtet worden.

Tabelle 162. Kennzahlen von Hartfetten nach BÖMER.

Nr.	Bezeichnung der Öle bzw. Fette	Aussehen (Farbe und Konsistenz)	Schmelz- punkt °C	Erstar- rungs- punkt °C	Diffe- renz- zahl	Re- frakto- meter- grade bei 40°	Säure- zahl (mg KOH für 1 g Fett)	Versei- fungs- zahl	Jod- zahl
			nach POLENSKE bestimmt						
1	Gambia- Erdnußöl { Rohöl gehärtet	gelb, flüssig	—	—	—	56,8	1,1	191,1	84,4
2		weiß, talgartig	51,2	36,5	14,7	50,1	1,0	188,7	47,4
3	Gambia- Erdnußöl gehärtet { weich mittel hart	weiß, schmalz- artig	44,2	30,2	14,0	52,3	1,3	188,3	56,5
4			46,1	32,1	14,0	50,5	0,9	188,4	54,1
5		weiß, talgartig	53,5	38,8	14,7	49,0	1,2	189,0	42,2
6	Erdnußöl, gehärtet	weiß, schmalzartig	43,7	27,7	14,0	51,7	2,3	191,6	61,1
7	Sesamöl, gehärtet	„ „	47,8	33,4	14,4	51,5	0,5	190,6	54,9
8	Sesamöl, technisches	weiß, talgartig	62,1	45,3	16,8	(38,4[3])	4,7	188,9	25,4
9	Baumwollsaatöl	hellgelb, schmalzartig	38,5	25,4	13,1	53,8	0,6	195,7	69,7
10	Cocosfett { natürlich gehärtet	weiß, weich	25,6	20,4	5,2	37,4	0,3	255,6	11,8
11		weiß, schmalzartig	44,5	27,7	16,8	35,9	0,4	254,1	1,0
12	Waltran, gehärtet	weiß, talgartig	45,1	33,9	11,2	49,1	1,2	192,3	45,2
13	Waltran, technisch	hellgelb, talgartig	45,4	33,7	11,7	49,1	1,1	193,0	46,8

In den Kennzahlen treten hiernach und nach weiteren Beobachtungen folgende Änderungen ein:

1. Die Dichte des ungeschmolzenen Fettes wird erhöht; doch ist dies nicht durch die Anlagerung von Wasserstoff, sondern durch die Entstehung fester Glyceride, also durch den Erstarrungsvorgang bedingt; die Dichte des flüssigen Fettes wird durch die Wasserstoffanlagerung vermindert.

2. Schmelz- und Erstarrungspunkt werden stark erhöht.

3. Die Lichtbrechung (Refraktion) wird stark erniedrigt.

4. Die Löslichkeit in den üblichen Fettlösungsmitteln wird stark erniedrigt.

5. Säurezahl, Verseifungszahl, REICHERT-MEISSL- und POLENSKE-Zahl werden nicht wesentlich verändert.

6. Die Jodzahl wird stark erniedrigt.

Über die äußeren Eigenschaften und die analytischen Konstanten ist nach BÖMER noch folgendes zu bemerken:

1. Die weichen und mittelharten gehärteten Öle zeigten in Farbe, Konsistenz und zum Teil auch in Geruch und Geschmack eine mehr oder minder große Ähnlichkeit mit dem Schweineschmalz und die stärker gehärteten mit dem Rinds- oder Hammeltalg, so daß man sie von diesen tierischen Fetten äußerlich nicht unterscheiden konnte; es glichen z. B. die obigen mittelharten Erdnußöle so vollkommen dem Neutrallard und die

---

[1] F. WITTKA: Allg. Öl- u. Fett-Ztg. 1932, **29**, 323; C. 1932, II, 1095.
[2] A. BÖMER: Z. 1912, **24**, 104.   [3] Infolge des hohen Schmelzpunktes bei 50° bestimmt.

gehärteten Waltrane derartig dem Hammeltalge, daß sie nach Aussehen, Konsistenz, Geruch und Geschmack von diesen Fetten nicht zu unterscheiden waren.

2. Auch die üblichen analytischen Kennzahlen sind denen des Schweinefettes und Hammeltalges so ähnlich, daß man z. B. die gehärteten Erdnußöle Nr. 3, 4, 6 und das gehärtete Sesamöl Nr. 7 nach ihren analytischen Kennzahlen nicht von Schweinefett und die Waltrane Nr. 12 und 13 nicht vom Hammel- und Rindstalge unterscheiden kann. Bei letzteren stimmen sogar auch die Differenzzahlen nach Polenske überein, während diese Zahlen bei den gehärteten Erdnuß- und Sesamölen wesentlich niedriger sind als beim Schweinefett.

Mannich und Thiele[1] berichten über die Kennzahlen von bei 100° mit Palladium vollständig gehärteten Fetten und Ölen vor und nach der Hydrierung.

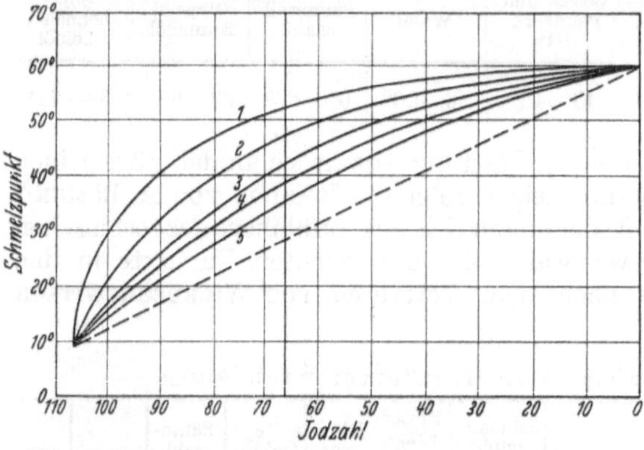

Abb. 40. Schmelzpunkte von bei verschiedenen Temperaturen auf die gleiche Jodzahl gehärtetem Baumwollöl. (Nach Hugel.)

Die fortgeschrittene Hydrierungstechnik hat aber inzwischen zu den für die Margarineherstellung wesentlich verbesserten Hartfetten geführt, nämlich zu Fetten, die sich durch geringeren Gehalt an gesättigten, höheren Gehalt an einfach ungesättigten, Isoölsäure- und gemischten Glyceriden und in Verbindung damit durch gleichmäßige Konsistenz, besseres Wasserbindungsvermögen und größere Haltbarkeit auszeichnen.

Je nach der Selektivität der Hydrierung kann bei gleichem Schmelzpunkt die Jodzahl sehr verschieden sein, ebenso bei gleicher Jodzahl der Schmelzpunkt. So erhielt Williams[2] für bei 130° (1), 150° (2), 160° (3), 175° (4), 180° (5) gehärtetem Baumwollsamenöl nebenstehende Schmelzkurven Abb. 40.

Besonders die bei etwas höherer Temperatur nach dem Nickelformiatverfahren gehärteten Öle sind durch einen niedrigeren Gehalt an gesättigten Fettsäuren und ein höheres Wasserbindungsvermögen ausgezeichnet als die nach dem Nickel-Kieselgurverfahren erhaltenen und daher für die Margarineherstellung geeigneter.

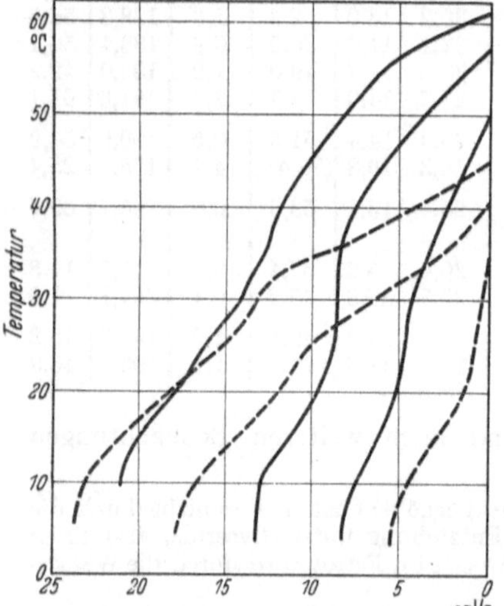

Abb. 41. Konsistenzlinien von Fettproben, die nacheinander einer Fetthärtung entnommen sind. (Nach Straub und Malotaux.)

Ein viel gesättigte Glyceride neben ungesättigten enthaltendes Fett neigt zur Krystallisation und macht Margarine grießig oder sandig, ganz abgesehen davon, daß bei nicht selektiver Härtung stärker ungesättigte Fettsäuren zurückbleiben und die Haltbarkeit, selbst den Geschmack (Trangeschmack) verschlechtern können.

---

[1] Mannich u. Thiele: Ber. Deutsch. Pharm. Ges. 1916, **26**, 36.
[2] Williams: Journ. Soc. chem. Ind. 1927, **46** T, 448.

Der Einfluß verschiedener Härtungsverfahren auf das Gefüge und die Konsistenz des Fettes kommt auch in den Konsistenzlinien des schmelzenden Fettes nach J. STRAUB und R. N. M. A. MALOTAUX[1] (vgl. S. 20) anschaulich zum Ausdruck.

In der Abb. 41 sind Konsistenzlinien von Fettproben wiedergegeben, die nacheinander bei einem Fetthärtungsversuch mit Sojaöl entnommen wurden. Die durchgezogenen Linien entsprechen einem weniger selektiv gehärteten Fett, bei dem größere Mengen Stearinsäure entstanden sind, die gestrichelten einem Hartfett mit höherem Gehalt an Elaidinsäure, wie es für Margarinefett günstiger ist. Besonders bei letzteren Fetten erkennt man, wie bei der Härtung der Prozentgehalt an fester Substanz sich stark vermehrt, dabei aber der Endschmelzpunkt nur langsam ansteigt.

Eine besondere Art hydrierter Öle bilden die Weichfette mit einem Schmelzpunkt von etwa 30—32°. Gerade bei diesen Fetten wird durch erhöhte Härtungstemperatur von 215—220°, Verwendung von gebrauchtem, teilweise abgenutzten Katalysator und Herabsetzung des Wasserstoffdruckes ein möglichst selektiver Verlauf der Hydrierung erstrebt.

Als Wertbestandteil dieser Fette sind Oleo-isooleo-stearoglyceride erwünscht, wenn auch technisch ein solcher Idealfall, also eine völlige Ausschaltung der Entstehung gesättigter Glyceride neben völliger Absättigung der mehrfach ungesättigten Bindungen zur Zeit noch nicht erreichbar ist. Ein Kennzeichen derartiger Weichfette ist die geringe Differenz zwischen Schmelz- und Erstarrungspunkt, die bis auf 4° sinken, während sie z. B. bei nach den älteren Verfahren oder dem nicht selektiv wirkenden BOLTON-LUSH-Verfahren erhaltenen Hartfetten bis zu 17° betragen kann (vgl. Tabelle S. 619).

Nach Art des verwendeten Rohöles unterscheidet man als wichtigste Hartfettsorten:

a) Gehärtete Seetieröle.

Seetieröle sind heute der wichtigste Rohstoff für die einheimische Hartfettherstellung für Speisezwecke, insbesondere für Margarine. Die Hauptmenge für diesen Zweck wird von Walölen gestellt. Sie sind je nach Schmelzpunkt unter verschiedenen Bezeichnungen, wie Talgol, Talgit, Candelit und Margarit, im Handel. Die früher von BÖMER gestellte Forderung, daß gehärtete Öle für Speisezwecke aus Rohstoffen hergestellt sein müssen, die an sich zur menschlichen Ernährung geeignet, also nicht verdorben sind, wie es bei dem früher im Handel befindlichen Waltran meistens der Fall war, läßt sich heute durch Verwendung der hochwertigen Walöle des Handels (vgl. S. 586) verwirklichen, die zudem den Vorteil einer viel leichteren Hydrierbarkeit aufweisen.

Sog. „Tranweichfett" aus Seetierölen wird in großen Mengen bei der Margarineherstellung verwendet. Vgl. auch W. NORMANN[2]. Nach P. PELSHENKE und A. ZEISSET[3] eignen sich gehärtete Walfette gut als Backfette. Tranweichfett hat einen Schmelzpunkt von 32—34°, ein „Tranhartfett" schmilzt zwischen 38—42°. Dagegen werden noch höher schmelzende Produkte wie Candelite (48—52°) für die Kerzenherstellung verbraucht.

Gehärtetes Walöl enthält nach Untersuchungen von A. BÖMER und G. GREITEMANN[4] an gesättigten Fettsäuren außer den schon im ungehärteten Walöl vorkommenden (Myristin-, Palmitin- und Stearinsäure) Arachinsäure und Behensäure vom Schmelzpunkt 79,5°. An Glyceriden fanden BÖMER und GREITE-

---

[1] J. STRAUB u. R. N. M. A. MALOTAUX: Rec. Trav. chim. Pays-Bas 1938, **57**, 789.

[2] W. NORMANN: U. 1938, **45**, 75.

[3] P. PELSHENKE u. A. ZEISSET: Backeignungsprüfung einiger Pflanzenfette und -öle und gehärteter Waltrane. Berlin. [4] G. GREITEMANN: Diss. Münster 1920.

Mann: Myristopalmitoarachin (Schmelzpunkt 49,5⁰), Distearoarachin (Schmelzpunkt 62,3⁰), ferner ein Glycerid vom Schmelzpunkt 65,0⁰ (Stearoarachobehen
oder Palmitodibehen). Festgestellt und isoliert wurden außerdem ein Triglycerid
mit 52 Kohlenstoffatomen in den Fettsäureradikalen vom Schmelzpunkt 53,9⁰
und ein zweites mit 54 Kohlenstoffatomen vom Schmelzpunkt 57,3⁰. Die
höchstmolekulare Säure dieser Glyceride war die Behensäure. — Die in anderen
gehärteten Fetten hauptsächlich sich findenden Glyceride Tripalmitin, Dipalmitostearin und Tristearin konnten im gehärteten Walöl nicht nachgewiesen
werden. — Ein großer Teil des Unverseifbaren des gehärteten Walöles hatte
ungefähr dieselben Löslichkeitsverhältnisse, wie das gefundene Distearoarachin
und schmolz bei 60⁰.

T. P. Hilditch und J. T. Terleski[1] hydrierten ein Walöl von der Jodzahl
109,3 und der Verseifungszahl 195,8 nach den Nickel-Kieselgurverfahren (S. 614)
und erhielten ein Produkt, das bei gleicher Jodzahl in der Fettsäurenzusammensetzung der vollgesättigten Glyceride denen des Talges sehr nahestand, während
die flüssigen Bestandteile infolge der Gegenwart von ungesättigten C_{20}- und
C_{22}-Säuren und einfach ungesättigten Isoölsäuren von denen des Talges ganz
verschieden waren.

Über den Verlauf der Hydrierung von Walöl vgl. auch F. Verspohl[2]. Die Zusammensetzung von hydriertem Dorschleberöl geben D. A. Harper und T. P. Hilditch[3] an.

b) Gehärtete Pflanzenöle.

α) Erdnußöl. In den verflossenen Jahren sind zur Herstellung von Hartfett
überaus große Mengen Erdnußöl verwendet worden, zu gewissen Zeiten auch
bedeutend größere Mengen als von Seetierölen. Dies hing außer mit einem
starken Preisrückgang dieses Öles, seiner leichten Härtbarkeit und den vorzüglichen Eigenschaften des gehärteten Produktes zusammen. Bestimmte Margarinesorten des Handels bestanden bis zu 80% aus Erdnußfett. Das Haupt-
erzeugnis Erdnußweichfett mit dem Schmelzpunkt 32—33⁰ ist von schmalzartiger Konsistenz, völlig geruch- und geschmacklos und ein vorzüglicher Ersatz
für Schweineschmalz.

R. Viollier und E. Iselin[4] zeigen an einem Großversuch der selektiven
Hydrierung von Erdnußöl, wie erst nach mehrstündiger Hydrierung, nachdem
sich große Mengen Elaidinsäuren gebildet haben, die Ölsäure und ihre Isomeren
in stärkerem Maße abgesättigt werden.

F. Hallermann[5] hat im gehärteten Erdnußöl die beiden Glyceride

Stearo-diisoolein, Schmelzpunkt 28,5⁰,
Isooleo-distearin, Schmelzpunkt 44,3⁰

nachgewiesen und als höchstschmelzenden Anteil Aracho-distearin angenommen, das aber wegen zu geringer Substanzmenge nicht rein zu erhalten
war. Triisoolein war wahrscheinlich nicht vorhanden, Tristearin nicht
nachweisbar.

Bei der Fraktionierung der Glyceride trat in fast allen Fraktionen Isoölsäure auf, wobei
sich aber das Verhältnis Ölsäure : Isoölsäure : Stearinsäure änderte. Mit steigendem Schmelzpunkt trat die Isoölsäure mehr und mehr an die Stelle der Ölsäure, die bald ganz verschwand.

[1] T. P. Hilditch u. J. T. Terleski: Journ. Soc. chem. Ind. 1937, 56 T, 315; C. 1938, I,
2277. [2] F. Verspohl: U. 1938, 45, 354.
[3] D. A. Harper u. T. P. Hilditch: Journ. Soc. chem. Ind. 1937, 56 T, 322; C. 1938,
I, 2277. — Vgl. auch D. A. Harper, T. P. Hilditch u. J. T. Terleski: Journ. Soc. chem.
Ind. 1937, 56 T, 310; C. 1938, I, 2276.
[4] R. Viollier u. E. Iselin: Mitt. Lebensmittelunters. Hygiene 1938, 29, 1.
[5] F. Hallermann: Diss. Münster i. W. 1935.

Das schwer trennbare Gemisch der verschiedenen Glyceride der Ölsäure, Isoölsäure und der gesättigten Säuren entspricht dem durch allmähliches Erweichen gekennzeichneten Charakter des Erdnußhartfettes (vgl. S. 635).

T. P. Hilditch, M. B. Ischaporia und H. Jasperson[1] fanden in partiell hydriertem Erdnuß- und Sesamöl folgende Fettsäurenzusammensetzung:

Tabelle 163.

Öl aus	Palmitin-säure %	Stearin-säure %	Arachin-säure %	Behen-säure %	Lignocerin-säure %	Öl-säure %	Linol-säure %	Unverseifbares im Öl %
Erdnuß . . .	8,3	3,1	2,4	3,1	1,1	56,0	26,0	0,41
Sesam . . .	9,1	4,3	0,8	—	—	45,4	40,4	1,19

β) **Baumwollöl** spielt nach Härtung in Amerika als Ersatz von Schmalz und bei der Margarineherstellung eine große Rolle. Sog. „Crisco" ist ein schmalzähnliches Hartfett vom Schmelzpunkt 35—36°. Es dient zur Herstellung von Keks und Biskuits, welche im Gegensatz von mit Butter hergestellten äußerst schwer ranzig werden.

γ) **Rüböl** ist leicht zu härten und liefert dann ein leicht raffinierbares Hartfett. Bei der großen Bedeutung des Rapsanbaues für die heimische Fetterzeugung ist mit einer Zunahme der Herstellung von gehärtetem Rüböl für Speisezwecke zu rechnen.

δ) **Sojabohnenöl** ist schwerer härtbar als Erdnußöl, liefert aber ein gutes, auch in der Margarineindustrie brauchbares Hartfett.

ε) **Sonnenblumenöl** läßt sich leicht härten und bildet dann ein gutes Speisefett von weißer Farbe. Zur Zeit werden in Rußland große Mengen Sonnenblumenöl hydriert.

ζ) **Cocosöl** läßt sich leicht bis zum Schmelzpunkt 35—36° härten und eignet sich dann für die Margarinefabrikation und auch als Kunstspeisefett. Sehr viel gehärtetes Cocosfett wird in dieser Form in Brasilien verbraucht.

η) **Palmöl** verliert seine Gelbfärbung (vgl. S. 415) schon bei ganz schwacher Härtung. Hydriertes Palmöl wird aber bisher wenig hergestellt, was mit dem hohen Säuregehalt der Palmöle des Handels (S. 415) zusammenhängt.

ϑ) **Sesamöl** bildet bei der Härtung aromatische Geruchsstoffe. Merkwürdigerweise ist die Baudouin-Reaktion (S. 477) im gehärteten Sesamöl noch stärker als im flüssigen Öl. Über die Fettsäurenzusammensetzung vgl. oben, Tab. 163.

ι) **Leinöl** hat als Speisefett nur geringe Bedeutung. Es erfordert zur Herstellung große Mengen Wasserstoff und läßt sich nur schwer auf Weichfett verarbeiten. Große Mengen Leinöl werden für die Stearinindustrie gehärtet, wo der hohe Schmelzpunkt des zum weitaus größten Teil aus Tristearin bestehenden vollständig durchgehärteten Leinöles erwünscht ist.

κ) **Gehärtetes Ricinusöl.** Dieses Erzeugnis kommt für Speisezwecke nicht in Frage, kann aber von technischer Bedeutung werden.

A. Bömer und Fr. Brehm[2] untersuchten ein auf die Jodzahl 3,0 und den Schmelzpunkt 62,0—66,5° gehärtetes Öl mit folgendem Ergebnis: Die Fettsäuren bestanden aus Stearinsäure und Oxystearinsäure, beide aus der Ricinolsäure entstanden. Bei niedriger Hydrierungstemperatur wird, wie auch T. Jurgens und W. Meigen[3] festgestellt hatten, die Doppelbindung schneller abgesättigt, als die Hydroxylgruppe reduziert wird. Als Glyceride wurden gefunden:

---

[1] T. P. Hilditch, M. P. Ichaporia u. H. Jasperson: Journ. Soc. chem. Id. 1938, 57 T, 363.

[2] A. Bömer u. F. Brehm: Z. 1936, 72, 1.

[3] T. Jurgens u. W. Meigen: Chem. Weekbl. 1916, 13, 954; C. 1916, II, 703.

a) Trioxystearin vom (korr.) Schmelzpunkt 89,4°, als schwerlöslichstes, etwa 5%.
b) Stearodioxystearin vom (korr.) Schmelzpunkt 74,9°, etwa 10%.
c) Distearooxystearin vom (korr.) Schmelzpunkt 69,5°, die Hauptmenge der Glyceride des gehärteten Ricinusöles bildend.

c) Gehärtete Landtierfette.

Talg wird für die Kerzenfabrikation gehärtet, als Speisefett kommt dieser gehärtete Talg nicht in Frage.

Schweinefett wird zur Verbesserung seiner Konsistenz bisweilen schwach gehärtet (vgl. S. 570). Es verliert dadurch seine Eigenschaft als natürliches Fett und wird zu einem künstlich veränderten Produkt, zum Kunstspeisefett.

4. Speisewert gehärteter Öle.

Versuche von K. B. Lehmann[1] sowie von H. Thoms und Fr. Müller[2] haben gezeigt, daß der Härtungsvorgang die Eignung der Öle zur Ernährung nicht beeinträchtigt, wenn dadurch der Schmelzpunkt nicht über 37° gesteigert wird.

Nach Untersuchungen von E. Rost[3] zeigen gehärtetes Baumwollsamen-, Erdnuß-, Lein- und Sesamöl in ihrem Verhalten zum Organismus keinen Unterschied gegenüber den Fetten im nicht gehärteten Zustand. Die in normalen Hartfetten des Handels noch vorkommenden Spuren Nickel sind als unbedenklich anzusehen. Ähnliches gilt von geringen Spuren von Arsen, wie sie in technischen Hartfetten gefunden werden (vgl. S. 324). Die Ausnutzung von gehärtetem Waltran vom Schmelzpunkt 42,5—44,8° war die gleiche wie von Schweinefett, er war küchentechnisch brauchbar und bekömmlich (E. Rost, G. Sonntag und A. Weitzel[4]).

S. Ueno und Mitarbeiter[5] fanden an Tierversuchen (Mäusen) bei den gehärteten Ölen öfters höheren Nährwert als bei den ungehärteten. Sie prüften außer Lebertran, Sojaöl, Erdnuß- und Baumwollöl auch Sardinen-, Herings-, Finnfisch- und Chrysalidenöl[6]. Nur Cocosfett lieferte nach Härtung eine geringere Gewichtszunahme[7].

C. Massatsch und H. Steudel[8] haben in dreitägigen Versuchsperioden an einem 51jährigen Manne die Ausnutzung eines gehärteten Pflanzenfettes mit der von bestem amerikanischem Schweineschmalz verglichen und eine gleiche Ausnutzung gefunden.

Bei der Spaltung durch Pankreaslipase ist nach Versuchen von F. Tofte[9] an Walölen und Sojaölen die Spaltungsgeschwindigkeit um so niedriger, je höher der Härtungsgrad eines Öles ist. Mit steigender Versuchstemperatur nimmt aber der Unterschied der Spaltungsgeschwindigkeit zweier Öle mit verschiedenem Härtegrad ab. Die Jodzahl hat für die Spaltungsgeschwindigkeit eines Fettstoffes keine direkte Bedeutung und eine indirekte nur insofern, als der Gehalt an ungesättigten fetten Säuren den Schmelzpunkt beeinflußt. Walöl und Sojaöl von ungefähr gleichem Schmelzpunkt werden durch Pankreaslipase mit gleicher Geschwindigkeit gespalten.

---

[1] K. B. Lehmann: Chem.-Ztg. 1914, 38, 798.
[2] H. Thoms u. Fr. Müller: Arb. Reichsgesundh.-Amt 1919, 51, 521.
[3] E. Rost: Arb. Reichsgesundh.-Amt 1920, 52, 184; C. 1921, II, 78.
[4] E. Rost, G. Sonntag u. A. Weitzel: Arch. Hygiene 1937, 118, 139.
[5] S. Ueno, M. Yamashita, Y. Ota u. Z. Okamura: Journ. Soc. chem. Ind. Japan 1927, 30, 378; C. 1927, II, 1365.
[6] Ueno, Yomashita u. Ota: Journ. Soc. chem. Ind. Japan 1928, 31, 92; C. 1928, II, 165.
[7] Ueno, Ota, S. Yokoyama u. K. Koizumi: Journ. Soc. chem. Ind. Japan 1931, 34 B, 132; C. 1931, II, 868.
[8] C. Massatsch u. H. Steudel: Deutsch. med. Wochenschr. 1935 II, 1918; Z. 1938, 75,197.   [9] F. Tofte: Biochem. Zeitschr. 1934, 272, 308; Z. 1937, 74, 423.

5. Untersuchung der gehärteten Öle.

Die Untersuchung gehärteter Öle für Speisezwecke erfolgt im allgemeinen nach den gleichen Methoden wie für andere Speiseöle und Speisefette. Von besonderer Bedeutung sind hierbei neben der Sinnenprüfung auf Aussehen, Geruch, Geschmack und Farbe, Schmelz- und Erstarrungspunkt sowie Jodzahl und Brechungsindex. Über dessen Beziehung zur Jodzahl bei gehärteten Ölen vgl. Y. MARUTA und K. TERUYAMA[1].

Dazu ist aber noch folgendes zu beachten:

a) Allgemeine Kennzeichen gehärteter Öle.

Die Erkennung von gehärteten Ölen an sich und in Mischung mit anderen Fetten stützt sich am besten auf den Nachweis der Isoölsäuren nach S. 204. Werden hierbei durch zweimalige Krystallisation der Bleisalze mehr als 2% Isoölsäuren nachgewiesen, so liegt ein gehärtetes Öl oder eine Mischung desselben mit anderen Ölen vor[2]. Anderseits läßt sich aus der Höhe des Gehaltes an Isoölsäure nur ungefähr auf den Gehalt an Hartfett schließen, weil dessen Isoölsäuregehalt je nach den Härtungsbedingungen variieren kann. Nur wenn das zugemischte Hartfett ebenfalls zur Untersuchung vorliegt, lassen sich aus den Isoölsäurewerten quantitative Schlüsse ziehen. Eine weitere, bisher noch wenig ausgebaute Prüfungsmöglichkeit bietet die Feststellung der Jodadditionskonstante. Vgl. S. 116.

Weniger geeignet ist der Nachweis von Nickel, weil einerseits Speisehartfette nach Hydrierung entnickelt werden (vgl. S. 618), anderseits auch andere Speisefette bisweilen Spuren von Nickel enthalten können. Über die Methoden zum Nachweis von Nickel vgl. S. 321.

b) Prüfung auf Selektivität der Härtung.

Im allgemeinen sind gehärtete Öle für die Verwendung als Speisefett um so wertvoller, je selektiver die Hydrierung verlaufen ist. Zur Erkennung dieser Selektivität steht eine Reihe von Prüfungsmethoden zur Verfügung.

α) **Menge und Art der Fettsäuren.** Ein einfaches Maß für die Menge der vorhandenen ungesättigten Fettsäuren liefert die Rhodanzahl nach KAUFMANN (S. 113), die daher auch vorzugsweise neben dem Schmelzpunkt als Betriebskontrolle für das Fortschreiten der Hydrierung verwendet wird. Die Menge der gesättigten Fettsäuren ergibt sich dann indirekt nach Abzug der ungesättigten Säuren von 100 %. Anderseits kann sie nach S. 164 auch direkt bestimmt werden. Da die selektive Härtung nach S. 608 eine möglichst völlige Umwandlung der stärker ungesättigten Säuren in Ölsäure anstrebt, was in einem Zusammenfallen von Rhodanzahl und Jodzahl zum Ausdruck kommt, kann weiter bei gleichem Schmelzpunkt des Fettes die Differenz zwischen diesen beiden Kennzahlen ein Maß für die Selektivität bilden.

β) Ein weiteres Kennzeichen selektiver Härtung bildet die Höhe des **Gehaltes an Isoölsäure,** der nach A. SINOWJEW und N. KUROTSCHKIRA[3] der Rhodanzahl parallel geht.

γ) **Schmelzausdehnung (Dilatation) nach W. NORMANN[4].** Die Volumzunahme eines Hartfettes beim Übergang in den flüssigen Zustand ist um so größer, je mehr feste Glyceride es enthält, also je weniger selektiv es gehärtet ist.

---

[1] Y. MARUTA u. K. TERUYAMA: Journ. Soc. chem. Ind. Japan (Suppl.) 1937, **40 B,** 299; C. 1938, I, 2648.

[2] Cruciferenöle können wegen ihres Erucasäuregehaltes Isoölsäure vortäuschen. — Bei manchen Speisefetten so bei Schweinefett, Kakaofett u. a. kann bereits bei mehr als 0,5% Isoölsäure auf Fremdfettzusatz geschlossen werden.

[3] A. SINOWJEW u. N. KUROTSCHKIRA: Oel-Fett-Ind. 1935, **11,** 308; Z. 1938, **75,** 197.

[4] W. NORMANN: U. 1931, **38,** 17, 22.

Man bestimmt das Volumen einer bestimmten Gewichtsmenge des Fettes bei einer Temperatur, bei der es noch fest ist, und dann bei einer Temperatur, bei der es völlig geschmolzen ist. Durch eine dritte Ablesung, bei einer um 20⁰ höheren Temperatur, bestimmt man die Ausdehnung des flüssigen Fettes durch die Wärme. Hat man daraus die Ausdehnung des flüssigen Fettes für 1⁰ Temperaturzunahme ermittelt, so läßt sich durch Subtraktion von dem bei der Schmelzausdehnung erhaltenen Wert die lediglich durch das Schmelzen eingetretene Ausdehnung des Fettes bestimmen, die einen Maßstab für den Gehalt des Fettes an festen Bestandteilen ist.

Man nimmt bei dieser Methode stillschweigend an, daß alle festen Fette Tristearin, Oleostearin usw. die gleiche Schmelzausdehnung haben. Da ferner die Ausdehnung durch Wärme für alle Fette nahezu gleich ist, kann man in der Praxis auf die dritte Ablesung verzichten.

Über das Verhalten der Glyceride dabei und das verwendete Dilatometer vgl. S. 19.

δ) **Stearinzahl nach F. Hugel** [1]. 5 g Fett werden in einem 150-ccm-Becherglase mit 100 ccm Aceton auf der elektrischen Heizplatte schnell zum Sieden erhitzt. Das Becherglas ist dabei mit einem Uhrglas bedeckt, so daß nur wenig Aceton dabei verlorengeht. Man läßt einen Augenblick abkühlen und bringt dann das Becherglas in ein größeres Wasserbad von 20⁰. Nach einer Stunde saugt man den auskrystallisierten Niederschlag durch einen mitsamt einem Wägegläschen gewogenen Filtertiegel und wäscht mit 50 ccm Aceton von 20⁰ nach. Man bringt den Tiegel dann in das Wägegläschen und trocknet im Trockenschrank, bis der Acetongeruch verschwunden ist. Weil hierbei der Tiegelinhalt schmilzt, muß der Tiegel stets in ein mitgewogenes Glas gesetzt werden. Nach dem Erkalten wird gewogen und auf Prozent der Einwaage umgerechnet. Das Ergebnis ist die Stearinzahl.

Diese Stearinzahl betrug z. B. bei unter verschiedenen Bedingungen gehärteten Fetten:

Tabelle 164. Stearinzahl nach Hugel.

Hartfett	Leinöl		Rüböl		Sojaöl	
Schmelzpunkt	40,5⁰	40,0⁰	35,0⁰	35,0⁰	40,0⁰	39,5⁰
Stearinzahl . .	59,6	22,8	23,2	2,4	40,6	32,4

Diese Probe ist analog der Methode zum Nachweise von in Äther schwerlöslichen Glyceriden in Butterfett nach K. Amberger (S. 541), die vielleicht auch hier Verwendung finden kann.

ε) **Weitere Anhaltspunkte** für die Selektivität bietet die Differenz zwischen Schmelz- und Erstarrungspunkt (vgl. S. 621), die um so kleiner wird, je selektiver ein Fett hydriert ist und bei sehr selektiv gehärteten Ölen bis auf 4⁰ sinkt, ferner der Verlauf der Schmelzkurve nach S. 20f. (Vgl. auch S. 620.)

c) Erkennung der verwendeten Rohöle.

α) Eine Unterscheidung von **Hartfetten aus pflanzlichen oder tierischen Ölen** auf Grund der Phytosterinacetatprobe ist dann erschwert, wenn die Härtung bei Temperaturen über 170⁰ vorgenommen wird, wie es heute meistens der Fall ist. Bei dieser Behandlung erleiden die Phytosterine eine Veränderung, die ihren Nachweis erschwert oder unmöglich machen kann.

β) Über die **Erhaltung der Farbreaktionen** vgl. S. 613.

---

[1] F. Hugel: Schönfeld-Hefter: Chemie und Technologie der Fette und Fettprodukte, Bd. II, S. 165.

γ) **Zum Nachweise von gehärteten Seetierölen** dient in erster Linie die Reaktion von Tortelli und Jaffe mit ihren verschiedenen Abänderungen.

Nach P. Buttenberg und J. Angerhausen[1] können gehärtete Trane von Talg und Preßtalg auch durch die Menge und die Eigenschaften des „Unverseifbaren" (S. 238) unterschieden werden. Sie fanden folgende Werte:

Tabelle 165. Unverseifbares gehärteter Trane.

Art der Fette	Gesamt-Unver-seifbares %	Sterine (Cholesterin) %	Sterinfreies Unver-seifbares %	Spezifische Drehung des sterinfreien Unverseifbaren
Gehärtete a) für Speisezwecke. . . .	0,86—0,93	0,04—0,06	0,72—0,82	+ 1,3 —2,2°
Trane b) für technische Zwecke .	0,84—1,30	0,06—0,10	0,72—1,12	+ 1,6 —1,9°
Talg	0,23—0,28	0,10	0,12—0,19	0
Preßtalg	0,12	0,03	0,06	0

Hiernach unterscheiden sich gehärtete Trane und Talge wesentlich durch ihren Gehalt an sterinfreiem Unverseifbarem und dessen Spezifische Drehung.

A. Grün[2] hat ein Verfahren zum Nachweise von Seetierölen neben gehärtetem Erdnuß- und Rüböl beschrieben, das darauf beruht, daß gehärtete Seetieröle jeder Konsistenz in erheblichen Mengen sowohl Säuren von höherem Molekulargewicht als Stearinsäure (Behensäure) als auch solche von niedrigerem Molekulargewicht als Palmitinsäure enthalten; in den einzelnen Pflanzenölen und deren Härtungserzeugnissen außer von Rüböl kommen dagegen beide Gruppen nur in untergeordneten Mengen vor. Anderseits unterscheiden sich die hydrierten Trane vom hydrierten Rüböl durch ihren Gehalt an Fettsäuren mit niedrigerem Molekulargewicht als Palmitinsäure.

Zur Ausführung des Versuches werden etwa 100 g Fett nach S. 180 mit Methylalkohol umgeestert und die Ester im Vakuum von 3—4 mm destilliert. Vom Destillat wird das zuerst übergehende Viertel für sich aufgefangen, dann die Hälfte, während das letzte Viertel zurückbleibt. Das erste Viertel wird nun nochmals destilliert und wieder das erste Viertel davon (also das erste Sechszehntel der Gesamtmenge) abgetrennt. Nun werden diese Fraktion und das bei der ersten Destillation nicht übergegangene letzte Viertel verseift und die Neutralisationszahl der abgeschiedenen Fettsäuren bestimmt. Ist gehärtetes Seetieröl vorhanden, so liegt die Neutralisationszahl der Fettsäuren der ersten Fraktion über der der Palmitinsäure (219,1). Die Neutralisationszahl der Fettsäuren aus dem Rückstande liegt bei Gegenwart von gehärtetem Seetieröl unter der der Stearinsäure (197,5); der Schmelzpunkt der Fettsäuren wird meist oberhalb dem der Stearinsäure (70°) gefunden werden; er kann aber auch infolge Bildung niedriger schmelzender eutektischer Gemische zwischen Stearinsäure, Arachinsäure und Behensäure unter dem der Stearinsäure liegen.

Für die doppelt abdestillierte Fraktion wurden z. B. folgende Werte gefunden:

Tabelle 166.

Gegenstand und Behandlung	Heringstran	Robbentran	Waltran
Angewendete Menge Methylester	100 g	70 g	100 g
Davon zweimal destilliert	6 g	5 g	10 g
Neutralisation der Fettsäuren in der letzten Fraktion	237,1	236,3	238,4
Neutralisation der Fettsäuren in der schwerstlöslichen Fraktion	169,1	168,6	169,1

---

[1] P. Buttenberg u. J. Angerhausen: **Z.** 1919, **38**, 199.
[2] A. Grün: **U.** 1919, **26**, 101; **Z.** 1921, **42**, 58.

Rüböl enthält nach diesem Verfahren keine Säurefraktion mit einer höheren Neutralisationszahl als 200. — Zu beachten ist aber, daß Talg und Schweinefett ebenfalls Myristinsäure enthalten (vgl. S. 544), wenn auch bedeutend kleinere Mengen als manche gehärteten Seetieröle.

Höher molekulare Fettsäuren kommen in beträchtlichen Mengen außer in gehärtetem Rüböl auch in gehärtetem Erdnußöl (S. 622) vor.

δ) **Erkennung von Erdnußhartfett.** Ein von H. Kreis und E. Roth[1] angegebenes Verfahren beruht auf dem Nachweis von Lignocerin- und Arachinsäure durch fraktionierte Fällung der Bleisalze und Bestimmung des Schmelzpunktes der schwerstlöslichen Fettsäuren nach Krystallisation aus Alkohol. Eine Verschärfung dieses Verfahrens wurde von J. Grossfeld[2] angegeben (vgl. S. 169). Beide Verfahren sind aber nicht spezifisch für Erdnußhartfett, sondern gelten allgemein für Fette mit Gehalten an höher molekularen Fettsäuren, also auch für Hartfette aus Rüböl und Seetierölen.

ε) **Erkennung von Rübölhartfett.** Bei reinem Rübölhartfett ist die Verseifungszahl ähnlich wie beim natürlichen Rüböl sehr niedrig. Da bei der Hydrierung aus Erucasäure Behensäure $C_{22}H_{42}O_2$ entsteht, die nach Bömer und Greitemann[3] den Schmelzpunkt $79,5^0$ besitzt, kann der Nachweis dieser Säure zur Erkennung von Rübölhartfett verwendet werden, wenn Erdnußhartfett oder gehärtete Seetieröle nicht vorliegen. Auch eine Prüfung auf Erucasäure nach S. 213 ist zu empfehlen.

ζ) **Sesamölhartfett** ist nach S. 623 an den Farbreaktionen für Sesamöl zu erkennen.

η) **Gehärtetes Cocos- und Palmkernfett** besitzen praktisch die gleiche Gesamtzahl und Verseifungszahl der niederen Fettsäuren wie die ungehärteten Fette, von denen sie sich durch die gesenkte Jodzahl unterscheiden. Isoölsäure ist bei völliger Aushärtung nicht mehr nachweisbar.

6. Überwachung des Verkehrs mit gehärteten Ölen.

Gehärtete Öle zu Speisezwecken müssen in Aussehen, Geruch und Geschmack den an Speisefette zu stellenden Anforderungen entsprechen. Ein abweichender Geruch oder Geschmack (Härtungsgeschmack) darf nicht mehr vorhanden sein.

Gehärtete Öle mit einem Schmelzpunkt über 37^0 sind zur menschlichen Ernährung ungeeignet, da sie nach Thoms und Müller ein Gefühl der Völle im Magen erzeugen und schwer verdaulich sind.

Der Nickelgehalt von Hartfetten darf geringe, technisch unvermeidbare Spuren nicht übersteigen. K. B. Lehmann[4] fand in Hartfetten Nickelgehalte bis höchstens 6 mg in 1 kg Fett, die er für unbedenklich hält. Das gleiche gilt von sehr geringen, etwa aus dem verwendeten Wasserstoff stammenden Arsenmengen, wie sie G. Riess[5] zu 0,04—0,15 mg für 1 kg Fett fand.

Neuartige, durch Hydrierung hergestellte Fette und sonstige Erzeugnisse müssen vor ihrer Verwendung durch eingehende Tierversuche auf Unschädlichkeit geprüft sein, bevor sie zur menschlichen Ernährung zugelassen werden können. Insbesondere dürfen auch die Rohfette vor der Hydrierung nicht ekelerregend, verdorben oder gesundheitsschädlich sein.

---

[1] H. Kreis u. E. Roth: Z. 1913, **25**, 80.
[2] J. Grossfeld: Z. 1929, **58**, 209.
[3] G. Greitemann: Diss. Münster 1920.
[4] K. B. Lehmann: Chem.-Ztg. 1914, **38**, 798.
[5] G. Riess: Arb. Reichsgesundh.-Amt 1919, **51**, 521.

7. Hydrierung von Fetten und Ölen zu analytischen und präparativen Zwecken.

Die Hydrierung kann auch mit großem Vorteil zu analytischen und präparativen Arbeiten im Laboratorium, insbesondere zum Nachweise und zur Darstellung sowie Konstitutionsermittlung von gemischten Glyceriden in Fetten und Ölen verwendet werden (vgl. S. 375).

II. Sonstige Kunstfette und Ersatzfette für Speisefette.

In Zeiten großer Fettnot, wie in den letzten Jahren des Weltkrieges, ist zuerst versucht worden, auf künstlichem Wege vollwertige Ersatzstoffe für Speisefette zu gewinnen. Diese Kunsterzeugnisse sind aber in der Folgezeit, sobald die natürlichen Fettquellen wieder ausreichender flossen, von den natürlichen Fetten bis auf sehr kleine Anteile wieder verdrängt worden. Von diesen Versuchen seien folgende genannt:

1. Veresterung von Fettsäuren.

Bei der Raffination von Speisefetten und bei der Glyceringewinnung aus Fetten, wie sie im Kriege und auch später für die Sprengstoffdarstellung vorgenommen wurde und auch heute noch ausgeführt wird, fallen große Mengen Fettsäuren ab, die in der Seifenindustrie eine nur minderwertige Verwendung finden. Versuche, diese Fettsäuren wieder zu verestern, führten zu Produkten, die in kleinen Anteilen der Margarine beigemischt wurden. So wurden in den Jahren 1917 und 1918 auf Veranlassung von H. H. Franck[1] größere Mengen Fettsäureglykolester hergestellt und in Mengen von 2—10% der Margarine zugesetzt.

Diese Glykolester höherer Fettsäuren stellen ziemlich dickflüssige Öle oder harte Fette dar, die im Geruch, Geschmack und Aussehen von den entsprechenden Glycerinestern nicht zu unterscheiden sind.

Ebenfalls auf Vorschlag von Franck wurden während des Krieges erhebliche Mengen Fettsäuren mit Äthylalkohol verestert und als Speiseöl verwendet. Diese Esteröle sind wesentlich dünnflüssiger als die entsprechenden Glykolester, ihre Wasserbindefähigkeit geringer und daher ihre Verarbeitung in der Margarineindustrie schwieriger. Auch nahm die Margarine leicht einen unangenehmen Estergeschmack an.

E. Rost, G. Sonntag und A. Weitzel[2] haben mit Äthyl- und Glykolestern von Stearin-, Palmitin- und Ölsäure Stoffwechselversuche an Hunden ausgeführt und gefunden, daß ein Zusatz von 10—20% Äthylestern zu Margarine als für die menschliche Ernährung zulässige Grenze anzusehen ist. Alkohol konnte im Darminhalt nicht nachgewiesen werden. Orientierende Versuche mit dem Glykolester der Fettsäuren aus gehärtetem Walöl ergaben seine wahrscheinliche Eignung als teilweisen Ersatz des Glycerylesters. S. Lepkovsky, R. A. Ouer und H. E. Evans[3] fanden an synthetischem Schmalz, hergestellt aus Schmalzfettsäuren durch Veresterung mit Glycerin, bei Ratten den gleichen Nährwert wie beim Ausgangsmaterial. Bei mit Äthylen- und Diäthylenglykolestern gefütterten Tieren wurden aber schwere Nierenschädigungen beobachtet.

---

[1] H. H. Franck: Münch. med. Wochenschr. 1917, **64**, 9; 1918, **65**, 182. — H. Franck: Die Verwertung von synthetischen Fettsäureestern. Braunschweig 1921.

[2] E. Rost, G. Sonntag u. A. Weitzel: Arch. Hyg. Bakteriol. 1937, **118**, 139.

[3] S. Lepkovsky, R. A. Ouer u. H. E. Evans: Journ. biol. Chem. 1935, 108, 431; C. 1935, I, 2393.

Schließlich ist die Rückgewinnung von eigentlichen Glyceriden aus den bei der Raffination der Fette anfallenden Fettsäuren mit Glycerin nicht ohne Bedeutung.

Eine Grundbedingung für die Herstellung synthetischer Speiseöle durch Veresterung ist nach H. Franzen[1], daß Rohstoffe von genügender Reinheit zur Verfügung stehen. Als Reinigungsverfahren für die Fettsäuren eignet sich dabei im allgemeinen nur die Destillation, sofern sie von Destillatgeruch und Zersetzungsprodukten freie Fettsäuren liefert.

Nach diesem Verfahren, in erster Linie nach dem Wecker-Verfahren (vgl. S. 405), sind nach Franzen Anlagen mit einer täglichen Gesamterzeugung von 50 t Speiseöl seit Jahren in Betrieb.

Die Wirtschaftlichkeit der Veresterung ist von der Preisspanne zwischen Rohfettsäure bzw. Destillatfettsäure und Rohöl abhängig. Ein Vorzug des Verfahrens ist aber, daß es Speiseölraffinerien die Möglichkeit gibt, fast ohne Abfall zu arbeiten.

Nicht allein zur Verwertung abfallender Fettsäuren, sondern auch zur Verbesserung von Fetten, namentlich auch zur Umwandlung von an sich zur Ernährung wenig geeigneten Fetten in Speisefette bedient man sich der künstlichen Umesterung. So ahmt man den natürlichen Vorgang der Entstehung des Milchfettes dadurch nach, daß man durch teilweise Umesterung Fettsäuren in die natürlichen Glyceride einführt, die ihren Schmelzpunkt herabsetzen. Man erhält z. B. aus Preßtalg und hochgehärteten Ölen durch Einführung von Buttersäure Kunstfette von wesentlich erniedrigtem Schmelzpunkt.

So erhitzt W. Normann[2] z. B. 1000 Teile Rindertalg mit 75 Teilen Buttersäure unter Luftabschluß, bis die Temperatur von 163⁰ auf 240⁰ gestiegen ist, gibt die berechnete Menge Glycerin zu und verestert wie üblich bis zur fast völligen Neutralität. Das so erhaltene Erzeugnis enthält 5,7% Buttersäure in mehrsäurigen Glyceriden.

Ein anderes, der G. Schicht A.-G. und A. Grün[3] patentiertes Verfahren ist dadurch gekennzeichnet, daß Neutralfette durch Umesterung mit Glycerin teilweise in Mono- und Diglyceride übergeführt und diese Mono- und Diglyceride dann mit freien Fettsäuren in mehrsäurige Glyceride verestert werden.

K. Täufel und W. Preiss[4] haben durch Umesterung von Rindsfett vom Schmelzpunkt 44⁰ mit 7% Buttersäure ein Kunstfett vom Schmelzpunkt 37⁰ durch Umesterung von Hartfett „Candelite extra" vom Schmelzpunkt 51,5⁰ mit 10% Buttersäure ein Produkt mit dem Schmelzpunkt 42,5⁰ erhalten. Beide Erzeugnisse erwiesen sich als Speisefette brauchbar.

Da aber heute eher ein Mangel an hochschmelzenden als an weicheren Fetten besteht, der durch die Fetthärtung ausgeglichen werden soll und durch die Einlagerung von Buttersäure, von der Senkung des Schmelzpunktes abgesehen, keine Verbesserung des Wertes der Fette als Speisefette eintritt, besteht kein ersichtlicher Grund, derartige buttersäurehaltige Kunstfette zu erzeugen, zumal beim Kuhbutterfett selbst der Buttersäuregehalt durchaus nicht als Wertmaßstab für die Fettgüte dienen kann, so nützlich er in analytischer Hinsicht zur Erkennung des Butterfettes ist.

Für technische Zwecke, nämlich zur Firnisherstellung und zur Gewinnung eines neuen Emulgierungsmittels an Stelle von sulfonierten Ölen hat R. Odda[5] eine Reihe von Umesterungsversuchen mit Alkoholen, Äthylenglykol u. a. ausgeführt, worauf hier verwiesen sei.

[1] H. Franzen: Zeitschr. angew. Chem. 1933, 46, 410.
[2] W. Normann: DRP. 407180.
[3] G. Schicht A.-G. u. A. Grün: DRP. 402121.
[4] K. Täufel u. W. Preiss: Z. 1929, 58, 425.
[5] R. Odda: Journ. Soc. chem. Ind. Japan (Suppl.) 1932, 35 B, 375; 36 B, 113, 292, 331, 434, 376, 496; C. 1933, I, 2481, 3816; 1934, I, 630, 1577, 1578.

2. Fettsäuren und Fettsäureanhydride.

Reine höhere Fettsäuren sind praktisch geschmacklos. Bei den Versuchen von ROST, SONNTAG und WEITZEL (vgl. S. 624) verhielten sich technische Stearinsäure (Mischung von Stearin-, Palmitin- und Isoölsäure) sowie Fettsäure-Fettmischungen mit 25% Fettsäuren aus gehärtetem Waltran ähnlich wie größere Mengen Äthylester. So erwies sich ein Zusatz von 10—20% Ölsäure enthaltender Stearinsäure zu Margarine als hygienisch unbedenklich. Nur bei den reinen gesättigten Fettsäuren ist die Ausnutzbarkeit wegen ihres hohen Schmelzpunktes eine ungünstige. Die genannte günstigere Verwertung der technischen Stearinsäure beruht auf ihrem Gehalt an Ölsäure. Auch nach den S. 629 genannten Versuchen von LEPKOVSKY, OUER und EVANS waren die freien Fettsäuren aus Schmalz bei 25% der Nahrung mit und ohne Glycerinzusatz gute Energiequellen; erst bei 60% wurde das Wachstum beeinträchtigt.

Durch Vereinigung von je 2 Molekülen unter Austritt von Wasser bilden Fettsäuren Fettsäureanhydride, die in ihren Eigenschaften, Geschmack, Geruch und Konsistenz den natürlichen Fetten außerordentlich ähnlich sind und die gleiche Verdaulichkeit besitzen. Der Schmelzpunkt liegt im allgemeinen etwas höher als der der Glyceride. Die Fettsäureanhydride werden hergestellt durch Einwirkung wasserentziehender Mittel auf die Fettsäuren, insbesondere von Phosgen und Essigsäureanhydrid. Die Kosten sind aber noch sehr hohe und die Haltbarkeit der Anhydride ist gering, weil sich die letzten Reste der freien Fettsäuren nur schwer entfernen lassen. Da die Fettsäuren selbst sich ebenso verwenden lassen wie die Anhydride, hat deren Herstellung auch praktisch keine Bedeutung.

3. Fettsäuren durch Paraffinoxydation.

Die Gewinnung von Fettsäuren durch Oxydation von Paraffin, namentlich mit Luft bei Gegenwart von Katalysatoren ist oft versucht worden. Als erster hat HOFSTAEDTER (um 1850) gezeigt, daß man aus Paraffin durch Oxydation (mit Salpetersäure) Fettsäuren gewinnen kann. Die Paraffinoxydation führt zu ziemlich beträchtlichen Fettsäureausbeuten. So erhielt W. WARLAMOW[1] bei 160° in Gegenwart von Mangan unter normalem Druck 53—58% Fettsäuren. Nach H. J. HENK[2] setzt die Reaktion bei Einblasen von Luft bei 110 bis 113° ein. Man erhält so als Reaktionsprodukt z. B. 40% wasserunlösliche und 20% wasserunlösliche Fettsäuren neben 40% unverseifbaren Stoffen. In den modernen Einrichtungen zur Fettsäurenherstellung aus Paraffin arbeitet man nach G. WIETZEL[3] bei 80—170°. Die Fettsäuren sind dunkel gefärbt, halbfest, nach Reinigung von angenehmem cocosartigem Geruch.

Von großem Einfluß auf den Verlauf der Oxydation, vor allem auf die Art der Oxydationsprodukte ist neben der Temperatur die Wahl des Katalysators.

Bei der Einwirkung der Luft entstehen zunächst Peroxyde, die dann im weiteren Verlauf zu den entsprechenden Fettsäuren zerfallen oder in Alkohole, Ester und Aldehyde übergehen. Von letzteren wurden verschiedene Glieder isoliert, die aber wie auch die Alkohole bei der weiteren Oxydation ebenfalls zu Fettsäuren werden. Die Fettsäuren sind nach WIETZEL hauptsächlich gradkettig. Die Oxydation macht indes auch bei den Fettsäuren nicht halt, sondern bildet daraus die sehr unerwünschten Oxysäuren, Lactone (s. S. 227), Estolide (s. S. 228), selbst Keto- und Dicarbonsäuren. Aufgabe der Reaktionsführung ist es, diese Weiteroxydation möglichst zu verhindern, wozu man sich

---

[1] W. WARLAMOW: Oel-Fett-Ind. 1931, Nr. 2/3, 38; Z. 1937, **74**, 324.
[2] H. J. HENK: Seifensieder-Ztg. 1937, **64**, 1001.
[3] G. WIETZEL: Zeitschr. angew. Chem. 1938, **51**, 531.

verschiedener, geheimgehaltener Wege und Mittel bedient. In gewissen Mengen dennoch gebildete Oxysäuren lassen sich durch wasserentziehende Mittel in ungesättigte Säuren umwandeln oder durch fraktionierte Destillation aus dem Reaktionsgemisch entfernen.

Ein hervorragend geeignetes Ausgangsmaterial für die Fettsäurengewinnung durch Oxydation bilden die bei der Benzinsynthese aus Kohlenoxyd nach Fischer-Tropsch anfallenden höheren Kohlenwasserstoffe (A. Imhausen[1]).

E. Jantzen, W. Rheinheimer und W. Asche[2] trennten ein aus nach dem Fischer-Tropsch-Verfahren gewonnenem Paraffingatsch durch Oxydation in Anwesenheit von Wasser dargestelltes Fettsäurengemisch, das von hellgelber Farbe und fast indifferentem Geruch war, in Form der Methylester mit Hilfe hochwirksamer Destilliersäulen (vgl. S. 182) und stellten so in zwei Versuchen folgende Zusammensetzung fest:

Tabelle 167.

Art der Säuren	Formel	Versuch I		Versuch II	
		Gewichts-%	Mol.-%	Gewichts-%	Mol.-%
Niedere Säuren bis $C_7H_{14}O_2$	—	7,4	—	—	—
Caprylsäure	$C_8H_{16}O_2$	4,3	8,1	0,2	0,4
Nonylsäure	$C_9H_{18}O_2$	5,7	9,9	1,6	2,5
Caprinsäure	$C_{10}H_{20}O_2$	7,4	11,9	4,1	6,0
Undecansäure	$C_{11}H_{22}O_2$	6,2	9,3	8,0	10,7
Laurinsäure	$C_{12}H_{24}O_2$	7,7	10,7	11,9	15,0
Tridecansäure	$C_{13}H_{26}O_2$	8,3	10,9	13,5	15,9
Myristinsäure	$C_{14}H_{28}O_2$	8,8	10,7	14,3	16,0
Pentadecansäure	$C_{15}H_{30}O_2$	9,0	10,5	14,8	15,6
Palmitinsäure	$C_{16}H_{32}O_2$	6,7	7,4	10,2	10,9
Heptadecansäure	$C_{17}H_{34}O_2$	6,3	6,6	7,5	7,0
Stearinsäure	$C_{18}H_{36}O_2$	(4,3[3])	(4,2[3])	} 13,2	—
Säuren über $C_{18}H_{36}O_2$	—	(18,2[3])	—		

Oxysäuren und ihre Veresterungsprodukte enthielt das Gemisch I nur mäßige Mengen.

An Kennzahlen wurden für Gemisch II ermittelt: Erstarrungspunkt nach Finkener 26,2°, Verseifungszahl 247,25, Säurezahl 244,2, Jodzahl (Kaufmann) 4,86, Hydroxylzahl 3,7.

Petrolätherunlösliche Oxysäuren waren nicht nachweisbar. Unverseifbares 0,29%.

Die Fettsäurengemische sind nach diesem Ergebnis gekennzeichnet durch einen Gehalt an Caprinsäure, Undecansäure, Laurinsäure, Tridecansäure, Myristinsäure und Pentadecansäure, während der Gehalt an Caprylsäure und Nonylsäure anscheinend stärker variiert. Durch den verhältnismäßig niedrigeren Gehalt an Laurinsäure von 7,7—11,9% unterscheidet es sich wesentlich von den Fettsäuren aus Cocos-, Palmkern- und Babassufett, die nach S. 428 zu 40—50% aus Laurinsäure bestehen. Besonders charakteristisch ist aber der Gehalt des künstlichen Fettsäurengemisches an unpaarigen Fettsäuren, die nach Abtrennung durch die fraktionierte Destillation sich nach S. 178 durch ihre Kennzahlen und durch ihre Übergangspunkte (vgl. S. 15) von den gradzahligen unterscheiden.

Diese neuartigen Fettsäuren kommen für die menschliche Ernährung als Speisefett noch nicht in Frage; doch haben vorläufige Versuche am Tier

---

[1] A. Imhausen: Chem.-Ztg. 1938, 62, 213.

[2] E. Jantzen, W. Rheinheimer u. W. Asche: U. 1938, 45, 388, 613.

[3] Die Angaben für Stearinsäure sind etwas zu niedrig und die für die höheren Säuren etwas zu hoch, weil der Zwischenlauf bis zur Säure $C_{19}H_{38}O_2$ nicht voll ausdestilliert wurde.

und Menschen keine gesundheitlichen Schäden ergeben (G. WIETZEL[1]). Die Erzeugnisse werden aber in großem Maßstabe als Rohstoffe zu Seifen benutzt.

Soweit bekannt, sind über diese im vorstehenden behandelten Erzeugnisse obrigkeitliche Anordnungen oder Gerichtsentscheidungen noch nicht bekanntgeworden.

III. Margarine (Kunstbutter).

Margarine im Sinne des Gesetzes, betr. den Verkehr mit Butter usw. vom 15. Juni 1897 sind diejenigen der Milchbutter oder dem Butterschmalz ähnlichen Zubereitungen, deren Fettgehalt nicht ausschließlich der Milch entstammt.

Margarine ist nach Urteilen des Reichsgerichtes vom 3. Juni 1899 und 25. November 1909 jede Fettzubereitung, welche Eigenschaften besitzt, zufolge derer sie im allgemeinen Verkehr mit Milchbutter oder Butterschmalz verwechselt werden kann. Geruch und Geschmack brauchen hierbei nicht berücksichtigt zu werden.

Der Erfinder der Margarine, der Franzose MÉGE-MOURIÈS, ist zur Auffindung eines Ersatzfettes für Butterfett von der Ähnlichkeit zwischen Oleomargarin und Milchfett ausgegangen. Diese Ähnlichkeit beschränkt sich aber auf die Farbe, den Schmelzpunkt und das äußere Gefüge. In der chemischen Zusammensetzung sind die Fette wesentlich verschieden.

Die Bezeichnung „Margarine" fußt noch auf der — in der Folgezeit als irrig erkannten — Annahme, daß die flüssige Fraktion des Rinderfettes, das Oleomargarin, ein Glycerid der „Margarinsäure" sei. Das Wort „Margarine" stammt von CHEVREUIL, dessen Schüler MÉGE-MOURIÈS war. CHEVREUIL hat 1813 eine von ihm erstmals dargestellte fettartige Substanz als Margarine und die daraus erhaltene Fettsäure als „Margarinsäure" bezeichnet.

Im Jahre 1872 wurde der Verkauf des Butterersatzes in Paris amtlich zugelassen; er durfte aber nicht als „Butter" in den Verkehr gebracht werden. Die erste Margarinefabrik wurde in Poisy in Frankreich eingerichtet. Im Jahre 1873 entstand die erste österreichische Margarinefabrik. In Deutschland scheinen um das Jahr 1876 die ersten Margarinefabriken ihren Betrieb aufgenommen zu haben. 1885 arbeiteten bereits 45 Fabriken. In Holland hat die Firma Anton Jurgens in Oss schon im Jahre 1871 das Verfahren von MÉGE-MOURIÈS erworben.

Der Umfang der heutigen Herstellung von Margarine in verschiedenen Ländern erhellt aus folgenden Zahlen (Angaben in je 1000 t [2]):

Tabelle 168.

Jahr	Deutsches Reich	Vereinigte Staaten	Niederlande	Dänemark	Großbritannien	Norwegen	Schweden
1932	500	98	68	73	175	48	49
1935	405	160	60	78	178	52	56

Auf den Kopf der Bevölkerung umgerechnet betrug der Margarineverbrauch im Jahre 1932 für

Tabelle 169.

Dänemark	Norwegen	Schweden	Deutschland	Holland
20,5 kg	17,0 kg	8,1 kg	7,8 kg	6,8 kg

Für England werden für 1930 5,3, für die Vereinigten Staaten für 1929 1,3 kg auf den Kopf der Bevölkerung angegeben.

---

[1] G. WIETZEL: Zeitschr. angew. Chem. 1938, **51**, 531.
[2] Nach Statistisches Jahrbuch für das Deutsche Reich 1937.

Ein Bild von dem Umfange der Margarine- und Speisefettindustrie in Deutschland für das Jahr 1935 gibt folgende Übersicht[1]:

Tabelle 170.

Verbrauchte Rohstoffe	1000 t	Erzeugnisse	1000 t
Harttran	213,1	Margarine	395,9
Palmkernfett	56,6	Schmelzmargarine	8,9
Cocosfett	44,6	Kunstspeisefette und vermischte	
Sojaöl	27,6	Speisefette	15,6
Pflanzliche Hartfette	20,1		
Erdnußöl	13,2	Unvermischte Speisefette:	
Andere Pflanzenfette und Öle	7,7	Cocosfett	24,8
Premier jus	3,3	Palmkernfett	6,2
Schweineschmalz	2,1	Gehärtetes Erdnußöl	2,4
Oleomargarin	0,4	Rinderfett	3,3
Andere tierische Fette	3,1	Andere Speisefette	3,8
Insgesamt	392,0	Insgesamt	461,0

A. Herstellung der Margarine.

Der große Aufschwung, den die Margarineindustrie in den verflossenen Jahrzehnten genommen hat, war durch den überaus großen Bedarf an einem butterähnlichen Speisefett durch die steigende Industrialisierung der Kulturländer bedingt. Die Beliebtheit der Butter als Speisefett beruht darauf, daß sie von allen Fetten am schmackhaftesten und bekömmlichsten ist. Zum großen Teil hängt das damit zusammen, daß sie eine Emulsion darstellt. Reine 100%ige Fette werden im allgemeinen weniger gern verzehrt. Auch der beste Ersatzstoff der Butter mußte daher eine ihr ähnliche Emulsion von ähnlichem Geschmack sein. Dieser Buttergeschmack wird in der Margarine durch Emulgieren von an sich geschmacklosen Fettmischungen mit durch Bakterientätigkeit gesäuerter und aromatisierter Magermilch erreicht.

Die praktische Herstellung der Margarine erfolgt auch heute noch im wesentlichen nach dem von Mouriès erfundenen und ausgearbeiteten Verfahren. Nur ist die Fettzusammensetzung, wie vorstehende Tabelle erkennen läßt, heute eine ganz andere als früher.

Die Eigenschaften der Margarine hängen in der Hauptsache von folgenden 3 Faktoren ab:

1. Art und Beschaffenheit der verwendeten Rohstoffe, insbesondere der Fette.

2. Ausführung der Emulgierung.

3. Behandlung der Milch.

1. Rohstoffe.

Die erste Margarine wurde nur aus Oleomargarin und Milch (30 kg Oleomargarin, 25 Liter Kuhmilch, 25 Liter Wasser und 100 g zerkleinerte Milchdrüse[2]) durch Verarbeiten in einem Butterfaß, durch Salzen, Färben usw. hergestellt. Später ging man zum Volltalg (Premier jus, Oleostock) über und verwendete auch Schweinefett (Neutral lard). Um den hohen Schmelzpunkt des Talges herabzusetzen, war ein gewisser Zusatz eines Pflanzenfettes nötig, den man in der Folgezeit immer mehr erhöhte. In den Jahren vor dem Weltkrieg war fast die Hälfte der Margarine aus Pflanzenfetten, insbesondere aus Cocos-, Palmkernfett und Pflanzenölen hergestellt. Dazu kamen in den

---

[1] Nach Statistisches Jahrbuch für das Deutsche Reich 1937.
[2] Der Zusatz von Milchdrüsenauszug wurde später von Mége-Mouriès als überflüssig erkannt.

letzten Jahren als außerordentlich wertvoller Ersatz für tierische Fette die
gehärteten Öle hinzu, heute auch in größtem Umfange aus Seetierölen, vor allem
aus Walöl stammend. Um das Jahr 1928 bestand die Deutsche Margarine
zu etwa 22% aus tierischen Fetten, von denen 16% gehärtetes Seetieröl waren und
zu 78% aus Pflanzenfetten. Während Cocosfett bezüglich Haltbarkeit und Wasserbindungsfähigkeit dem tierischen Fette nachsteht, sind Hartfette in dieser
Hinsicht den tierischen Fetten mindestens gleich, wenn sie diese geschmacklich
auch nicht erreichen. In vielen Margarinesorten liegt ein Pflanzenöl mit seinen
Hydrierungsprodukten gemischt vor (Erdnußöl mit gehärtetem Erdnußöl,
Sonnenblumenöl mit Sonnenblumenhartfett usw.).

Heute finden als Fettmasse für Margarine vorwiegend folgende Fette
Verwendung:

a) Gehärtete Öle.

Von diesen bilden für die deutsche Margarineherstellung zur Zeit gehärtete
Seetieröle nicht nur in dieser Gruppe, sondern allgemein den wichtigsten Fett-
rohstoff für Margarine. Insbesondere sind es die zu „Weichfetten" gehärteten
Walöle, die sich vorzüglich für diesen Zweck eignen. Nach WEGENER[1] ist
Walöl in Mengen von 20—25% in den Sommermonaten ein unentbehrlicher
Haltbarmachungszusatz zu Margarine. Selbst aus gehärtetem Walöl allein
läßt sich eine gute Margarine herstellen. Neben Walhartfett dient auch Robben-
hartfett in kleinerer Menge zur Margarineherstellung.

Über Verwendung von gehärtetem Walöl in der Margarineindustrie vgl. auch
W. NORMANN[2].

In anderen Ländern mit größerer Pflanzenölversorgung bilden gehärtete
Pflanzenöle einen wichtigen Bestandteil der Margarine. Aber auch zur einheimischen Margarine werden Pflanzenhartfette in einem Umfange verarbeitet,
der noch mehr als doppelt so hoch ist wie die Verarbeitung von Fetten von
Landtieren. Namentlich Erdnuß-, Baumwollsamen- und Sojahart- und -weich-
fette sind gute Rohstoffe für Margarine, wozu neuerdings auch größere Mengen
Rübölhartfett kommen. Vor Einführung des Walhartfettes in dem heutigen Umfange bestanden manche Margarinesorten des Handels zum größten Teil aus Erdnußhartfett. Die Bevorzugung von Erdnuß- und neuerdings von Sojaöl ist zum
Teil auch indirekt dadurch begründet, daß die Landwirtschaft die Ölrückstände
aus diesen Samen wegen ihres hohen Proteingehaltes sehr günstig verwerten kann.

b) Pflanzliche Fette und Öle.

Fast ausschließlich aus Cocosfett, Palmkernfett und Sesamöl wurde
früher sog. Pflanzenmargarine gewonnen. Dazu ist später das dem Cocosfett
ähnliche Babassufett als Rohstoff gekommen. Cocosfett, Palmkernfett und
Babassufett sind hart und spröde. Daraus hergestellte Margarine ist daher
weniger plastisch und streichfähig, namentlich wenn diese Fette, wie es früher
nicht selten war, 50—70% der Margarinefettmischung ausmachten. Diese Fette
zeigen den weiteren Nachteil, daß sie sehr schroff schmelzen, was besonders
bei Sommermargarine gefährlich werden kann. Bei der heutigen Margarine
geht der Gehalt an diesen Fetten selten über 20% der Fettmischung hinaus.

Ein guter und besonders in Amerika viel verwendeter Margarinerohstoff ist
Baumwollsamenölstearin (Cottonstearin). Als Weichmachungsmittel für
Mischungen von härteren Fetten benutzt man flüssige Pflanzenöle, namentlich Erdnußöl, Sonnenblumenöl, seltener Rüböl und Maisöl. Palmöl wäre ein
guter Rohstoff für Margarine, wurde aber bisher meist in einem unbrauchbaren
Zustand gewonnen (vgl. S. 413). Bei einwandfreier Gewinnung, wie sie in
modernen Fabriken an den Gewinnungsstätten vorgesehen ist, kann Palmöl

---

[1] WEGENER: U. 1938, 45, 17.   [2] W. NORMANN: U. 1938, 45, 73.

ein wichtiger und reichlich fließender Rohstoff für die Margarineherstellung werden, wertvoll dadurch, daß es sehr reich an Carotin (Provitamin A) ist. Die früher gebräuchliche Verwendung von Pflanzentalgen (Mowrahfett vgl. S. 452) zu Margarine ist heute bei uns sehr selten geworden.

Durch die Verwendung der Fette von Hydnocarpusarten („Cardamon"- oder „Maratti"fett genannt) zur Herstellung von Margarine seitens einer Altonaer Fabrik sind im Jahre 1910 zahlreiche Vergiftungen (Erbrechen usw.) hervorgerufen worden, die im wesentlichen auf die in diesen Fetten vorhandene Chaulmugrasäure zurückzuführen war[1].

c) Tierische Fette.

Die tierischen, früher die Grundlage der Margarine bildenden Fette spielen darin nur noch eine untergeordnete Rolle. Talg (Feintalg, Premier jus) wird heute noch in der Hauptsache für Bäckereimargarine verarbeitet, weil für die dort verwendete Ziehmargarine ein besonders hoher Plastizitätsgrad verlangt wird. Die Verarbeitung von Oleomargarin zu Margarine ist fast bedeutungslos geworden. Diese Rohstoffe müssen, wenn sie noch verwendet werden, natürlich frei von jedem Talggeschmack sein. Preßtalg wurde früher in geringen Mengen zur Erhöhung des Schmelzpunktes der Sommermargarine zugesetzt. Heute dienen dem gleichen Zwecke geeignete Hartfette. Nur für Ziehmargarine wird auch heute noch Preßtalg verwendet.

Schweinefett wird vor allem in den Vereinigten Staaten auf Margarine verarbeitet und ist dort wegen seiner die Geschmeidigkeit erhöhenden Wirkung und wegen seines relativ niedrigen Schmelzpunktes ein sehr gesuchter Rohstoff für hochwertige Sorten. Geeignet sind aber nur die besten Sorten wie „Pure lard" und „Neutral lard" und in geringerem Maße „choice kettle rendered lard" (vgl. S. 552). Über die Verwendung von Neutralschmalz zur Margarineherstellung in Deutschland vgl. auch S. 655.

In anderen Ländern ist die Fettzusammensetzung der Margarine je nach den verfügbaren Rohfettmengen verschieden. Immer mehr findet man aber eine Zurückdrängung der Fette von Landtieren und eine Zunahme der Verwendung gehärteter Fette. So gibt L. Erlandsen[2] für die in Norwegen zu Margarine verarbeiteten Fettmengen folgende Zahlen an:

Tabelle 171.

Fettanteil	1930	1936
Cocosfett in %	50,1	50,8
Gehärtetes Fett in % (überwiegend geh. Walöl)	18,6	31,1
Pflanzliche Öle in %	24,4	17,1
Oleomargarin, Premier jus u. dgl. in %	6,9	1,0

Für Fettgemische zur Margarineherstellung ist nach J. Straub und R. N. M. A. Malotaux[3] zu fordern, daß sie bei Körpertemperatur ganz geschmolzen, anderseits bei 10—20° noch ziemlich fest sind. Der Verlauf der idealen Konsistenzlinie (vgl. S. 637) im Vergleich mit der einer guten Handelsprobe von Margarine zeigt, daß es der heutigen Margarineindustrie gelingt, durch richtige Mischung der Fette einen Margarinerohstoff herzustellen, der der idealen Konsistenzkurve ziemlich nahekommt.

---

[1] Vgl. H. Thoms u. Fr. Müller: Z. 1911, 22, 226.
[2] L. Erlandsen: Allg. Öl- u. Fett-Ztg. 1938, 35, 237.
[3] J. Straub u. R. N. M. A. Malotaux: Rec. Trav. chim. Pays-Bas 1938, 57, 789.

Im allgemeinen hat jede Margarinefabrik ihre besonderen Vorschriften für die Herstellung ihrer Marken, die meist streng geheimgehalten werden. Um der Margarine die der Butter eigene Eigenschaft des Bräunens und Schäumens beim Braten zu verleihen, werden verschiedene Zusätze verwendet nämlich:

d) Eigelb und Phosphatide.

Die Wirkung des Eigelbs beruht ausschließlich auf dem Lecithin- bzw. Phosphatidgehalt. Es wurde zuerst (1896) von BERNEGAN[1] vorgeschlagen. Die Begleitstoffe des Lecithins haben oft zum Verderben der Margarine beigetragen.

Lecithinpräparate wurden zunächst aus Eigelb gewonnen (Ovomargarin, Heliocithin, Vitamargarin), heute fast ausschließlich aus Sojabohnen. Doch liefern auch andere Ölsamen, so nach H. SCHMALFUSS und O. BENECKE[2] Rapssaat ein brauchbares Lecithin.

Das Bräunen der Margarine setzt voraus, daß eine Erhitzung der Fettemulsion über 100⁰ möglich ist, ohne daß eingeschlossene größere Wassertröpfchen durch Berührung mit der Heizfläche in der Pfanne plötzlich verdampfen und die Masse herausschleudern. Man nennt diese Erscheinung Spratzen der Margarine. Bei Zugabe von nur 0,6% Eigelb verhält sich die Emulsion ebenso wie Naturbutter. Außerdem erhöht Eigelb die Wasserbindungsfähigkeit des Fettes. Da es aber noch etwa 0,4% Cholesterin enthält, das als hydrophober Stoff der Emulgierung entgegenwirkt, wenn auch in nebensächlichem Maße, ist auch aus diesem Grund die Verwendung von Phosphatiden vorzuziehen.

Über die Prüfung auf Wasserverteilung in Margarine vgl. S. 653.

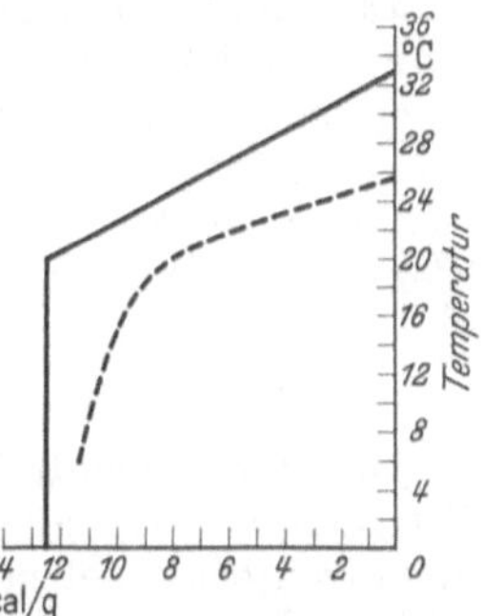

Abb. 42. Ideale Konsistenzlinie von Fettgemischen für Wintermargarinherstellung (ausgezogen) und Linie einer guten Handelsprobe (gestrichelt). (Nach STRAUB und MALOTAUX.)

e) Emulsionsöle.

Um Fett und Wasser in der Kunstbutter besonders innig zu emulgieren, setzt man in Mengen bis zu etwa 1% Sonderöle zu, die durch Oxydierung von Sojabohnenöl und anderen Pflanzenölen erhalten werden. Vgl. E. V. SCHOU[3] und K. H. HANSEN[4], ferner H. SCHMALFUSS und H. WERNER[5].

f) Aromastoffe.

Zur Verstärkung des Butteraromas ist der Zusatz von künstlichen Aromatisierungsmitteln vielfach üblich. Namentlich dienen hierzu Destillate von aromabildenden, Diacetyl enthaltenden Milchsäurekulturen oder auch Lösungen von synthetischem Diacetyl. Vgl. Bd. III, S. 266. Daneben sind auch noch andere Aromastoffe für das Butteraroma gebräuchlich.

Geringe Zusätze von Tributyrin liefert nach D. W. STENART[6] zwar angenehmes Butteraroma, rufen aber gleichzeitig einen bitteren Geschmack hervor. Ebenso verhält sich Glykoldibutyrin.

g) Vitaminisierung von Margarine.

A. SCHEUNERT[7] fand in zwei ausländischen Margarinesorten, die geruchlose Lebertrankonzentrate enthielten, etwa gleichen Vitamin A-Gehalt wie in guter Butter. Gewöhnliche Margarine ist im allgemeinen vitamin-A-frei.

---

[1] BERNEGAN: DRP. 97057.
[2] H. SCHMALFUSS u. O. BENECKE: Margarine-Ind. 1935, 28, 211.
[3] E. V. SCHOU: DRP. 418171 und 438424. [4] K. H. HANSEN: DRP. 396426.
[5] H. SCHMALFUSS u. H. WERNER: Z. 1932, 64, 362.
[6] D. W. STENART: Analyst 1935, 60, 172; Z. 1938, 76, 186.
[7] A. SCHEUNERT: Ernährung 1937, 2, 49; Z. 1938, 76, 186.

2. Ausführung der Emulgierung.

Ebenso wie Butter ist Margarine eine Emulsion vom Typus Wasser in Öl (W/O). Die Emulgierung, auch Verkirnung genannt, wird bei 30—40⁰ ausgeführt. Dann wird die entstandene Emulsion auf 24⁰ abgekühlt und darauf durch plötzliche scharfe Abkühlung auf Eiswassertemperatur zum Erstarren gebracht.

Die Emulsionsbildung und -erhaltung ist von der Anwesenheit von Schutzkolloiden abhängig. Als solche wirken zunächst die Kolloide der Milch wie Calciumcaseinat, Albumine und Globuline. Dann aber auch die zugefügten Bräunungsmittel Eigelb und Phosphatide, die das Spratzen der Margarine verhindern sollen.

Das größte Emulgierungsvermögen besitzt aber das genannte Emulsionsöl (Schou-Öl, Paalsgaard-Emulsionsöl). Bei sog. Wassermargarine, die ohne Milch hergestellt wird, wird die Emulsion oft ausschließlich durch derartige Emulsionsöle geschützt. Keine Emulsionswirkung hat Stärkesirup, der der Margarine vielfach zugesetzt wird. Durch seinen Zuckergehalt fördert er aber die Bräunung (Caramelisierung) beim Braten.

3. Behandlung der Milch.

Die Margarinefabrikation beginnt mit der Vorbereitung der Milch, die dem Fettgemisch nicht allein Aroma und Buttergeschmack verleihen, sondern auch die Eigenschaft geben soll, beim Braten einen feinen, griesigen Bodensatz zu bilden; ferner trägt sie durch ihren Milchzuckergehalt zum Bräunen und Schäumen beim Braten bei. Die Milch wird meist in frischem flüssigem Zustande verwendet. Verwendung von Molken hat sich nicht bewährt. Vollmilch ist heute ganz durch Magermilch ersetzt. Die zu verwendende Milch wird vorher sorgfältig auf Säuregrad und Keimgehalt untersucht und dann durch Pasteurisierung entkeimt.

Hierauf folgt die Säuerung der Milch mit Säureweckerkulturen ganz analog wie bei der Herstellung von Molkereibutter. Vgl. Bd. III, S. 240. Durch die Säuerung, die bei der Margarineherstellung in Wannen mit einem Inhalt von 250—3000 Litern ausgeführt wird, wird das Casein ausgeflockt. Diese Ausflockung kann zur Bildung von sog. „Caseinnestern", d. h. von Klumpen von Casein innerhalb der Fettmasse führen, die dann in der Margarine in Form von schwammigen durch Butterfarbe gelb gefärbter Stippchen erscheinen und einen Nährboden für Bakterien und Schimmelpilze bilden. Diese Caseinflockung ist also für die Haltbarkeit der Margarine von großer Gefahr. Man arbeitet bei der Milchsäuerung daher durch Niedrighaltung der Temperatur und langsames Reifenlassen auf eine möglichst fein disperse Flockung hin. Ein gewisser Säuregrad von 20 SH ist aber für die Haltbarkeit der Margarine wichtig.

4. Fabrikationsgang.

Die zu verwendenden Fette und Öle werden sofort nach der Desodorierung in Schmelzkesseln mit Warmwassermantel bei möglichst niedriger Temperatur geschmolzen und gemischt. Der Schmelzpunkt des Gemisches beträgt je nach der Jahreszeit etwa 28—32⁰, nur für Ziehmargarine 35—40⁰. Die Zusammenstellung des Fettgemisches ist sehr verschieden. Die Mischung kann aus einem Fett mit einem Öl, aber auch aus einer großen Reihe (6—8) verschiedener Fette bestehen. Zum erheblichen Teil richtet sich die Zusammensetzung auch nach der Verfügbarkeit und dem Preis der Fette auf dem Speisefettmarkt.

Zum Emulgieren des Fettgemisches dienen die Kirnmaschinen.

Es sind doppelwandige, gut verzinnte Eisenkessel von 750—300 Liter Inhalt, die durch Rührvorrichtungen innig durchgemischt werden können. Der Mantelraum läßt sich durch Dampf oder Wasserzuleitung anwärmen oder abkühlen. Für die Kirnung läßt man zunächst mit laufendem Rührwerk die Milch und das Fettgemisch einfließen und gibt die Zutaten wie Eigelb, Stärkesirup, Kartoffelmehl, bei Ziehmargarine auch Treibmittel wie Matagen, hinzu und beobachtet den Kirnvorgang durch Schaugläser. Das Fett kommt durch die Kühlung des Kühlmantels bald zum Erstarren, worauf seine Temperatur durch

Abb. 43. Kirnmaschine (Bergedorfer Eisenwerk A.G.).

die dabei frei werdende Wärme wieder steigt. Das Ende des Kirnens erkennt man an dem Aussehen der Emulsion, die dann etwa einem dicken Rahm oder einer dünnen Mayonnaise gleicht. Die Ablauftemperaturen bewegen sich zwischen 25—35⁰, bei Ziehmargarine zwischen 45—50⁰. Die ausfließende Emulsion wird nun zwecks plötzlicher scharfer Abkühlung entweder mit großen Mengen Eiswasser abgebraust (nasses Verfahren), oder in dünner Schicht auf die Oberfläche tief gekühlter Drehtrommeln ausgebreitet (Trockenverfahren). Letzteres Verfahren, das sich immer mehr einführt, hat außer verschiedenen wirtschaftlichen Vorteilen den Vorzug, daß es eine Infektionsgefahr besser vermeidet und die Einstellung des Wassers auf die gesetzliche Grenze erleichtert. Die Kühltrommeln werden durch Sole- oder Innenverdampfung gekühlt.

Die so entstehende Margarine bildet nun eine lose, körnige und spröde Masse. Erst durch Knet- und Mischapparate erhält sie die Geschmeidigkeit der Butter, wobei auch das überschüssige Wasser ausgepreßt wird. Vorher wird sie aber noch etwa 12—24 Stunden bei 8—10⁰ gereift. Diese „Reifung" besteht im wesentlichen in einem Temperaturausgleich. Zum Kneten dienen glatte Steinwalzenpaare, hölzerne Preßschnecken und Knetteller. Zu starkes und zu langes Kneten wirkt ungünstig auf die Margarine wegen der dabei eintretenden Erwärmung. Nach dieser Behandlung geht die Margarine zwecks Konsistenzausgleich durch einen Tellerkneter und wird schließlich in Mischmaschinen zur

Einstellung des gesetzlich vorgeschriebenen Höchstwassergehaltes bearbeitet. Hier wird auch das Konservierungsmittel zugesetzt. Dann gelangt die fertige Margarine in die Form- und Verpackungsmaschine.

Als Konservierungsmittel sind in Deutschland außer Kochsalz $2^0/_{00}$ Natriumbenzoat oder Benzoesäure zugelassen, die beide der fertigen Margarine zugesetzt werden, ersteres als wäßrige Lösung, die Benzoesäure als sehr feines Pulver. Die Zulassung von Nipagin und Nipasol in Mengen von 80 mg-% zu Margarine ist in Aussicht genommen. Natriumbenzoat wirkt nur dann konservierend, wenn die Benzoesäure durch gesäuerte Milch freigemacht werden kann. Für Wassermargarine ist daher nur freie Benzoesäure geeignet.

Auf die vorgeschlagene Verwendung von Pepsinpräparaten (Nigiton[1]), die die Kleinwesen in saurem Medium verdauen sollen, sei hingewiesen. Nach C. Massatsch und Pollatschek[2] und Grimmer[3] werden hierbei die Milchsäurebakterien geschont und Colibakterien am empfindlichsten gehemmt.

Für Kochsalz stellten K. Fischer und O. Gruenert[4] nur schwach konservierende Fähigkeit fest. H. und H. Schmalfuss[5] haben den Einfluß von Milch und Salz auf das Verderben von Margarine eingehend untersucht und folgendes festgestellt:

Milch (ohne Salz) schadete der Haltbarkeit bei weitem am meisten, und zwar nach Zusammensetzung, Duftgeschmack und Genußfähigkeit. Weniger schadete Salz, an sich am wenigsten die Beschaffenheit der Fette, die bei dem Versuch nicht einmal von erster Güte waren. Milch ohne Salz machte die Margarine ferner seifig, freialdehydig und stark ketonig. Salz machte die Margarine peroxydig und stark freialdehydig. Entgegen der bisherigen Meinung ist also Salz als Haltbarmachungsmittel für Milchmargarine wenig geeignet.

Nach diesen Befunden wird namentlich in den heißen Monaten Margarine, die reichlich Cocos- und Palmkernfett enthält, haltbarer sein, wenn sie ohne Milch und ohne Salz bereitet ist.

Die wichtigste Maßnahme zur Verhinderung des Verderbens der Margarine besteht in sorgfältiger Kontrolle der Rohstoffe und Zutaten, strengster Sauberhaltung des Betriebes und sachgemäßer Verkirnung, bei der besonders der Wasser-in-Öl-Typus anzustreben ist, bei dem die Verbreitung der Infektion durch das Fehlen einer zusammenhängenden wäßrigen Schicht verhindert wird. Vgl. auch V. Mareš[6]. Die gesetzlich zugelassenen Konservierungsmittel für Margarine wirken nur dann zuverlässig, wenn die vorgenannten Schutzmaßnahmen erfüllt sind.

Farbstoffe. Allgemein üblich ist eine Gelbfärbung der Margarine. Der zu verwendende Farbstoff wird dazu vorher klar in Öl gelöst und dann dem Fettgemisch zugegeben. Verwendet werden neben Orlean Anilinfarben, deren Leukobasen zur Erzielung der Fettlöslichkeit an eine Fettsäure, vorwiegend Stearinsäure gekuppelt sind. Fertige Präparate dürfen nicht in Mineralöl gelöst sein, weil dessen Zusatz zu Margarine unzulässig ist (M. Fritzsche[7]).

Neuerdings ausgearbeitete kontinuierliche Verfahren zur Margarineherstellung zeichnen sich durch äußerst sauberes Arbeiten, geringen Raumbedarf und Ersparung an Arbeitskräften aus, haben aber das beschriebene diskontinuierliche Mischverfahren nicht verdrängen können, weil es übersichtlicher und zuverlässiger arbeitet.

---

[1] DRP. 502290. Dieses Handbuch Bd. I, S. 1137.
[2] C. Massatsch u. Pollatschek: Margarine-Ind. 1931, **24**, 773.
[3] Grimmer: Margarine-Ind. 1931, **24**, 164.
[4] K. Fischer u. O. Gruenert: Z. 1911, **22**, 577.
[5] H. u. H. Schmalfuss: U. 1938, **45**, 479.
[6] V. Mareš: U. 1934, 41, 115; Z. 1938, **76**, 186.
[7] M. Fritzsche: Z. 1909, **17**, 528.

5. Schmelzmargarine.

Wie bei der Butter eine Schmelzbutter, kennt man bei der Margarine eine Schmelzmargarine. Da sich bei der Schmelzmargarine geringe Fehler des Rohfettes durch Aromatisierung leichter verdecken lassen, wird sie bisweilen aus nicht vollwertigen Rohstoffen oder aus im Geschmack nicht ganz einwandfreier Margarine hergestellt, die natürlich nicht verdorben sein darf. Zur Herstellung unmittelbar aus den Rohstoffen werden die Fette mit gesäuerter Milch bei höherer Temperatur verkirnt, die Emulsion dann bei etwa 70⁰ durchgeführt, darauf die wäßrige Phase 12 Stunden absetzen gelassen, die Fettschicht auf 45⁰ gekühlt und erkalten gelassen. Zur Erzielung einer glatten Ware muß das Gemisch mechanisch durchgearbeitet werden. Für eine grießige körnige Ware läßt man die Schmelzmargarine in den Versandgefäßen einige Zeit in auf etwa 12⁰ temperierten Räumen stehen.

Für mit Milch gekirnte Schmelzmargarine verwendet man mit Vorliebe an tierischen Fetten und Hartfett reiche Gemische und große Mengen (40%) gesäuerte Milch, weil deren Aroma zum größten Teil in der wäßrigen Phase zurückbleibt. Schmelzmargarine enthält etwa 1% Wasser, sie wird auch wohl ohne Milch durch Verrühren mit Diacetyl und anderen aromatisierenden Zusätzen und Butterfarbe hergestellt. Schmelzmargarine wird nur in kleinem Umfange erzeugt und hauptsächlich in Bäckereien verwendet.

6. Sana.

Sana ist eine Margarine, welche, um eine von Krankheitskeimen freie oder hieran arme Masse zu erhalten, anstatt mit Kuhmilch oder deren Erzeugnissen mit Mandelmilch zubereitet ist.

Süße Mandeln werden nach dem Patent von LIEBREICH und MICHAELIS mit sterilem Wasser so lange gewaschen, bis letzteres klar abläuft, darauf in gekochtes und auf 75⁰ wieder abgekühltes Wasser gebracht, wodurch die Haut abgelöst wird. Nach Trennung der Samen von den Schalen und kurzer nochmaliger Waschung der ersteren mit sterilem Wasser gelangen die Samen auf ein Metallsieb und von hier aus auf einen Walzenstuhl mit Porzellanwalzen, um zu einem Brei verarbeitet zu werden. Der ausgepreßte Brei liefert die Mandelmilch, die in einer Kirne nach und nach mit einem Gemisch von 70 Teilen niedrig schmelzendem (vorher auf 75⁰ erwärmtem) Oleomargarin, 15 Teilen Neutrallard und 15 Teilen Sesamöl versetzt und bei 35⁰ mit demselben verarbeitet wird. Die Emulsion geht bei dieser Temperatur innerhalb einer Stunde vor sich. Die erstarrte Emulsion bleibt 12 Stunden bei 18,7⁰ stehen, kommt dann auf die Knetmaschine, woselbst sie gleichzeitig gesalzen wird. Nach abermaligem sechsstündigem Stehen wird nochmals durchgeknetet und hierbei 2% einer konzentrierten Mandelmilch nebst etwas Eigelb zugesetzt. Nach nochmaliger gründlicher Durchknetung ist die Sana für den Gebrauch fertig.

Die Sana pflegt, wenn die verwendeten Fette und Öle rein waren, nur wenige Keime — es wurden 40000—200000 Keime in 1 g gefunden — zu enthalten. Jedoch sind auch Fälle beobachtet, wo Sana der Träger ansteckender Krankheiten war.

Die Verdaulichkeit des Fettes wird von H. LÜHRIG zu 97,5%, also hoch, angegeben.

7. Margarineersatz.

Die größte Menge Margarine wird als Brotaufstrich ähnlich wie Butter und in geringerem Maße Schweineschmalz und Gänseschmalz verwendet. Nach F. LEHMANN[1] wird etwa ein Drittel des ganzen zur menschlichen Ernährung nötigen Fettes in Form von Brotaufstrich verbraucht. Zur Einsparung von Fett stellte LEHMANN Versuche an mit neuen Aufstricharten mit 50% Fett, nämlich mit 1. Brotaufstrich aus Pflanzenmasse und 2. Brotaufstrich aus Schweinefleisch. Zu ersterem wurden fettreiche Nüsse zusammen mit Erbsmehl und Margarine verwendet, zum zweiten der ganze genießbare Anteil eines Schweines. Ein Brotaufstrich aus 2 Teilen Erbsmehl, 5 Teilen Margarine, 4 Teile Soja enthielt z. B.

Tabelle 172.

Eiweiß %	Fett %	Kohlenhydrate %	Calorien rein
12,0	42,9	23,2	547

[1] F. LEHMANN: Forschungsdienst 1937, **3**, 333; Z. 1938, **75**, 302.

Der Brotaufstrich aus Schweinefleisch wurde durch Zerkleinern des ganzen Schweines mit Ausnahme der Innereien hergestellt. Das so zerkleinerte Gemisch enthielt

Tabelle 173.

Reines Fleisch %	Fett %	Asche %
41,8	40,3	0,37

Diese Mischung wurde nach Zusatz von Salz, Pfeffer, Thymian und Zwiebeln in Dosen verpackt, in welchen der Brotaufstrich 1 Jahr haltbar ist, während beim Abfüllen in Cellophanschläuche das Material nur eine Haltbarkeit von 2—3 Wochen aufwies. Schweine von einem Lebendgewicht von 118 kg zeigten ein Reingewicht von 111,3 kg, was wiederum einer Ausbeute an Aufstrichmasse von 92,1 kg entsprach. Die Zusammensetzung eines solchen Brotaufstriches war:

Tabelle 174.

Fett %	Asche %	Reines Fleisch %
49,5	0,5	50,0

B. Zusammensetzung der Margarine.

Die chemische Zusammensetzung der Margarine ist im allgemeinen der der Butter ähnlich, die Margarine ist meistens gesalzen. Das Fett der Margarine unterscheidet sich von dem Butterfett in chemischer Hinsicht wesentlich dadurch, daß ihm der hohe Gehalt des Butterfettes an Buttersäure und anderen niederen Fettsäuren fehlt.

Butter unterscheidet sich von Margarine aber auch durch ihren Gehalt an fettlöslichem Vitamin A und D, während zur Margarine in der Regel praktisch vitaminfreie Rohstoffe verwendet werden. Man hat versucht, diesen Mangel durch Zusatz von Vitaminpräparaten aus dem Unverseifbaren von Seetierleberölen auszugleichen, was besonders bei vitaminarmer Volksernährung von Bedeutung werden kann. So ist es in England üblich, Margarine auf einen bestimmten Vitamingehalt einzustellen (vgl. S. 637).

Die Veränderungen, welche Margarine und Schmelzmargarine durch mangelhafte Zubereitung, Aufbewahrung u. dgl. erleiden können, sind denen der Butter und des Butterschmalzes ähnlich, doch beobachtet man bei alter Margarine seltener ein Ranzigwerden als ein sog. Fleckigwerden durch Schimmelpilze. Vgl. dieses Handbuch, Bd. III, S. 474 und diesen Bd., S. 296.

Im allgemeinen pflegt die Margarine weniger Bakterienkeime zu enthalten als Butter, indes können nicht nur aus der verwendeten Milch, sondern auch aus dem Talg bzw. Schmalz pathogene Keime in die Margarine übergehen, auch werden Fälle mitgeteilt, wo durch Margarine ansteckende Krankheiten verbreitet sein sollen. Margarine aus verdorbenem oder infiziertem Rohfett bedeutet jedenfalls eine große Gefahr für die Volksgesundheit (L. Hugounenq[1]).

C. Untersuchung.

Für die Probenahme von Margarine sind im wesentlichen die gleichen Gesichtspunkte maßgebend, wie für die Entnahme von Butterproben (vgl. Bd. III, S. 294). Besonderes Augenmerk ist jedoch bei der Entnahme von Margarine auch auf die Verpackung, Aufschrift der Gefäße usw. zu richten, um zu beurteilen, ob die hierauf bezüglichen gesetzlichen Bestimmungen erfüllt sind (vgl. unten S. 861 f.).

Bei den Untersuchungen verwendet man die natürliche, nicht ausgeschmolzene Margarine, bei der Untersuchung der Fettbestandteile dagegen das bei möglichst niedriger Temperatur geschmolzene und klar filtrierte Margarinefett.

---

[1] L. Hugounenq: Ann. Hyg. publ. ind. sociale 1934, 333; C. 1935, I, 3218.

Die Untersuchungsverfahren für Margarine sind im allgemeinen ebenfalls dieselben wie für Butter (vgl. Bd. III, S. 294); sie sind meist durch die amtliche „Anweisung" vom 1. April 1898 zum Gesetz betr. den Verkehr mit Butter usw. vom 15. April 1897, sowie durch die Anlage d zu den Ausführungsbestimmungen D vom 22. Februar 1908 zum Fleischbeschaugesetz vom 3. Juni 1900 vorgeschrieben (vgl. S. 859). Außerdem sind noch die unter 1—3 folgenden Prüfungen vorgeschrieben.

Über die Untersuchung der in das Zollinland eingehenden Margarine vgl. S. 573.

1. Wasserbestimmung.

Für die Wasserbestimmung hat der Preußische Minister für Landwirtschaft unter dem 20. Juli 1923 folgende Anweisung erlassen[1]:

Anweisung zur Bestimmung des Wassergehaltes in Margarine.

„Zur Vorprüfung können die sog. Schnellverfahren dienen, bei denen eine gewogene Margarinemenge der zuvor sorgfältig durchgemischten Probe in einem Metallbecher über freier Flamme erhitzt und dann unmittelbar zurückgewogen wird. Bei besonders eingerichteten Waagen kann der Wassergehalt der Margarine unmittelbar abgelesen werden.

Liegt der hierbei gefundene Wassergehalt erheblich unter der zulässigen Grenze, so ist die genaue Bestimmung des Wassergehaltes im allgemeinen entbehrlich; andernfalls wird der Wassergehalt, wie folgt, bestimmt:

5—10 g Margarine werden in einer — zweckmäßig mit grobkörnigem, ausgeglühtem Quarzpulver oder mittels Salzsäure gereinigtem ausgeglühtem Seesand beschickten — flachen Schale möglichst gleichförmig verteilt und abgewogen. Die Schale wird in einem Trockenschrank auf 105° erwärmt. Nach einer halben Stunde wird das Gewicht festgestellt, ebenso nach je weiteren 10 Minuten, bis keine Gewichtsabnahme mehr zu bemerken ist; zu langes Trocknen ist zu vermeiden, da alsdann infolge von Oxydation des Fettes das Gewicht wieder zunimmt."

2. Stärkebestimmung.

Für die Untersuchung der Margarine auf den vorgeschriebenen bzw. an Stelle von Sesamöl einstweilen zur Kennzeichnung zugelassenen Gehalt an Kartoffelstärkemehl (vgl. S. 654) ist in einem Preußischen Ministerialerlaß vom 18. September 1915 folgendes, im Kaiserlichen Gesundheitsamte ausgearbeitetes Verfahren[2] vorgeschrieben.

„a) Prüfung von Margarine und Butter auf die Anwesenheit von Kartoffelstärkemehl. In einem weiten Probierglas werden etwa 10 g Margarine oder Butter geschmolzen, mit 10 ccm Wasser aufgekocht und etwa 1 Minute im Kochen gehalten. Nach dem völligen Erkalten werden in die wäßrige Schicht — zweckmäßig durch ein in diese vorher eingeführtes Glasrohr — einige Tropfen einer Jodjodkaliumlösung gegeben.

Bei Anwesenheit von Stärkemehl nimmt die wäßrige Schicht eine blauschwarze Färbung an, aus der sich ein blauschwarzer Niederschlag absetzt, der auch dann noch deutlich auftritt, wenn verfälschte Butter vorliegt, die nur wenige Prozent Margarine mit dem vorgeschriebenen Stärkemehlgehalt enthält."

b) Untersuchung von Margarine auf den vorgeschriebenen Gehalt an Kartoffelstärkemehl. „Ist in einer Margarine nach dem unter a) beschriebenen Verfahren Stärkemehl nachgewiesen, so wird zur Feststellung, ob die vorgeschriebene Menge Kartoffelstärkemehl verwendet worden ist, folgendermaßen verfahren:

20 g einer Durchschnittsprobe der Margarine werden in einem Zentrifugenrohr bei etwa 70° geschmolzen. Man fügt[3] 10—15 ccm Äther hinzu, bringt das Fett durch Umschütteln zur Lösung und trennt durch kurzes Zentrifugieren

---

[1] Gesetze u. Verordnungen, betr. Nahrungs- u. Genußmittel 1923, **15**, 114.
[2] Verfügung des Ministers des Innern vom 18. September 1915. [3] Nach Erkalten!

die Fettlösung von den übrigen Bestandteilen. Nach vorsichtigem Abgießen der Fettlösung behandelt man den Rückstand nochmals in derselben Weise mit Äther, darauf einmal mit etwa 20 ccm Alkohol. Nach dem Abgießen des Alkohols gibt man zu dem Rückstand 15 ccm alkoholische Kalilauge (80 g Kaliumhydroxyd in 1 Liter Alkohol von 90 Vol.-% gelöst) und kocht am Rückflußrohr im Wasserbade unter zeitweiligem Umschütteln etwa $^1/_2$ Stunde lang. Nach dem Erkalten wird zentrifugiert, die alkoholische Kalilauge vorsichtig von dem Rückstande abgegossen, letzterer mit 15 ccm Alkohol von 90 Vol.-% umgeschüttelt und nochmals zentrifugiert. Nach dem Abgießen des Alkohols wird der Rückstand mit 10 ccm Alkohol von 50 Vol.-% aufgenommen und das Gemisch mit etwa 3 Tropfen konzentrierter Salzsäure angesäuert. Die zurückbleibende Stärke sammelt man in einem gewogenen Filtertiegel, wäscht mit 50%igem Alkohol, darauf mit absolutem Alkohol und schließlich mit Äther, trocknet zunächst bei etwa 40°, dann bei 100° bis zum gleichbleibenden Gewicht und wägt.

Liegt das gefundene Gewicht der getrockneten Stärke zwischen 25 und 65 mg, so ist anzunehmen, daß die Margarine den vorgeschriebenen Gehalt von 0,2—0,3% Kartoffelstärkemehl besitzt. Auf den wechselnden Wassergehalt des im Handel befindlichen Kartoffelstärkemehls und auf die Fehlerquellen des Untersuchungsverfahrens ist dabei Rücksicht genommen."

3. Schätzung des Sesamölgehaltes der Margarine.

Dafür gilt folgende Vorschrift:

„Bei der Untersuchung von Margarine auf den vorgeschriebenen Gehalt an Sesamöl werden, wenn keine Farbstoffe vorhanden sind, die sich mit Salzsäure rot färben, 0,5 ccm des geschmolzenen, klar filtrierten Fettes in 9,5 ccm Petroleumäther gelöst und die Lösung nach dem unter 5α (S. 538) angegebenen Verfahren geprüft.

Wenn Farbstoffe vorhanden sind, die durch Salzsäure rot gefärbt werden, so löst man 1 ccm des geschmolzenen, klar filtrierten Margarinefettes in 19 ccm Petroleumäther und schüttelt diese Lösung in einem kleinen zylindrischen Scheidetrichter mit 5 ccm Salzsäure vom Spezifischen Gewicht 1,124 etwa $^1/_2$ Minute lang. Die unten sich ansammelnde rot gefärbte Salzsäureschicht läßt man abfließen und wiederholt dieses Verfahren, bis die Salzsäure nicht mehr rot gefärbt wird. Alsdann läßt man die Salzsäure abfließen und prüft 10 ccm der so behandelten Petroleumätherlösung nach dem unter 5α (S. 538) angegebenen Verfahren.

Hat die Margarine den vorgeschriebenen Gehalt an Sesamöl von der durch die Bekanntmachung vom 4. Juli 1897 — Reichs-Gesetzbl. S. 591 — vorgeschriebenen Beschaffenheit, so muß in jedem Falle die Sesamölreaktion noch deutlich eintreten."

Fr. Bolm[1] fand, daß bei Verwendung einer Sorte Petroläther des Handels die Reaktion nach Baudouin versagte. Bolm zieht daher die Reaktion nach Soltsien (S. 478) in folgender Form vor:

0,5 ccm Fett werden in 5 ccm Petroläther gelöst und mit 1 ccm Zinnchlorürlösung geschüttelt. Hält man dann in siedendes Wasser, so tritt beim Wegsieden des Petroläthers meist die Rotfärbung ein, sonst nach Einstellen des Reagensglases in siedendes Wasser nach einiger Zeit.

4. Nachweis von Eigelb nach G. Fendler[2].

300 g Margarine werden in einem Becherglase in ein großes Wasserbad von 50° gehängt und 2—3 Stunden darin belassen. Man gießt alsdann in einen

---

[1] Fr. Bolm: Z. 1931, 62, 353.   [2] G. Fendler: Z. 1903, 6, 977.

angewärmten Schütteltrichter, schüttelt mit 150 ccm 2%iger Chlornatriumlösung durch und hängt den Schütteltrichter noch etwa 2 Stunden zum Absetzen in das Wasserbad von 50⁰. Die wäßrige Flüssigkeit wird alsdann abgelassen, gut abgekühlt, um suspendiertes Fett zum Erstarren zu bringen, und so oft durch ein angefeuchtetes Filter filtriert, bis das Filtrat klar oder nahezu klar abläuft. In den meisten Fällen erhält man so ohne allzu große Mühe eine klare Flüssigkeit, während manchmal allerdings das Filtrieren sich zu einer sehr langwierigen Arbeit gestaltet. Für die Vorprüfungen mit rauchender Salzsäure sowie mittels Nachweises des Eigelbfarbstoffes ist jedoch eine völlig klare Lösung auch nicht erforderlich. Fallen diese beiden Vorprüfungen negativ aus, so kann man, da alsdann die Abwesenheit von Eigelb erwiesen ist, auf ein vollkommen klares Filtrat verzichten, welches jedoch bei positivem Ausfall der Vorprüfungen für die entscheidende Prüfung mittels Dialyse erforderlich ist.

Zur Vorprüfung mit konzentrierter Salzsäure wird ein Teil der chlornatriumhaltigen Margarineausschüttlung mit dem gleichen Volumen konzentrierter Salzsäure vermischt. Die zunächst klar bleibende Lösung wird bei 1 Minute langem Kochen, wahrscheinlich unter Abscheidung von Zersetzungsprodukten des Lecithins, trübe und in kurzer Zeit setzt sich die Trübung in charakteristischer Weise an der Oberfläche der Flüssigkeit ab, einen weißen Ring an der Wandung des Reagensglases bildend. Eine Eiweißlösung liefert dagegen, in gleicher Weise behandelt, eine klare Flüssigkeit ohne Abscheidung.

Zur Prüfung auf Eigelbfarbstoff werden 10 ccm der Margarineausschüttlung mit 1 ccm 1%iger Schwefelsäure in einem Reagensglase kurze Zeit zum Sieden erhitzt, abgekühlt und mit 2 ccm Äther einige Minuten kräftig durchgeschüttelt. Bei ruhigem Stehen setzt sich der Äther dann meist klar ab. Emulsionen werden nötigenfalls durch einige Tropfen Alkohol zerstört. Ist die Ätherschicht gelblich oder gelb gefärbt, was man am besten im auffallenden Lichte beobachtet, so kann Eigelb zugegen sein, anderenfalls ist das Vorhandensein genuinen Eigelbs ausgeschlossen. Dieser Nachweis ist sehr scharf und überzeugend; er tritt auch bei mit wasserlöslichen Farbstoffen gefärbten Margarinen ein, so daß der positive Ausfall nicht ohne weiteres auf die Anwesenheit von Eigelb zu schließen gestattet.

Prüfung auf Vitellin mittels Dialyse. 50 ccm der vollkommen klaren Margarineausschüttlung werden in einen gut ausgewaschenen, noch feuchten Dialysierschlauch gefüllt und dieser in ein großes Gefäß mit Wasser gehängt und 5—6 Stunden dialysiert. Ist die Flüssigkeit alsdann deutlich trübe und wird sie auf Zusatz von Chlornatrium wieder klar, so ist die Anwesenheit von Eigelb in der Margarine erwiesen. (Eieralbumin, Casein und Pflanzenalbumin besitzen diese dem Vitellin eigentümliche Löslichkeit in Chlornatriumlösung nicht.)

Eine Prüfung auf Eigelb auf Grund der Bestimmung der Lecithinphosphorsäure ist wegen der in Frage kommenden sehr geringen Eigelbmengen und weil auch die zur Margarineherstellung verwendete Milch Lecithin enthält, unzuverlässig. Zudem können so die heute meistens zugesetzten Mengen Pflanzenphosphatide nicht vorhandene Eigelbmengen vortäuschen. Über den Nachweis dieser Pflanzenphosphatide in Margarine sind noch keine besonderen Verfahren bekanntgeworden.

5. Nachweis und Bestimmung von Zucker.

Der qualitative Nachweis von zum Zwecke des Bräunens der Margarine zugesetztem Zucker (Saccharose) neben dem Milchzucker kann in der beim Schmelzen der Margarine sich abscheidenden wäßrigen Flüssigkeit nach Bd. II,

S. 851 durch Prüfung auf — gegebenenfalls nach Inversion entstehende — Fructose erfolgen. Auch die Bestimmung der Saccharose stützt sich am besten auf Bestimmung der daraus durch Inversion freiwerdenden Fructose nach Bd. II, S. 892 oder auch der Saccharose direkt nach Bd. II, S. 884.

Häufiger als Saccharose wird der Margarine Stärkesirup als Bräunungsmittel zugesetzt. Zum Nachweis und zur Bestimmung prüft man nach Bd. II, S. 902 auf Glucose oder S. 908 auf Dextrin.

6. Nachweis und Bestimmung einzelner Bestandteile des Margarinefettes.

Entsprechend der Mannigfaltigkeit der zur Herstellung von Margarine dienenden Fette und Öle kann das Margarinefett eine sehr verschiedene Zusammensetzung aufweisen. Dennoch lassen sich die Hauptgruppen der im Margarinefett enthaltenen Fette mit einiger Sicherheit erkennen und häufig auch der Menge nach ungefähr bestimmen.

a) Das zur Schätzung des vorhandenen **Sesamöles** dienende Verfahren wurde S. 644 beschrieben.

b) Butterfett bzw. Milchfett. Der Nachweis und gleichzeitig die Bestimmung des Butterfettes beruht auf Bestimmung der Buttersäurezahl nach S. 85. Liegt der Gehalt des Margarinefettes an Fetten der Cocosfettgruppe niedrig (unter 20%), wie es heute meistens der Fall ist, so ergibt die gefundene Buttersäurezahl, ×5, den Butterfettgehalt des Fettes. Bei höheren Cocosfettgehalten verfährt man nach S. 90. Selbst zu reinem Cocosfett zugemischte kleine Butterfettmengen lassen sich auf diese Weise mit großer Genauigkeit feststellen. So betrug bei Butterfettzusätzen zu Cocosfett zwischen 0,8—11,3% die Abweichung der gefundenen von der berechneten Menge Butterfett nach Versuchen von J. Grossfeld[1] nur 0—0,6, im Mittel ±0,3% des Fettes.

Enthält die zu prüfende Margarine freie Benzoesäure oder Borsäure, die ebenfalls mit Wasserdämpfen flüchtig sind und Buttersäure vortäuschen können, so empfiehlt es sich, die Margarine vorher bei niedriger Temperatur zu schmelzen und mit etwas Natriumbicarbonat zu verrühren, absitzen zu lassen und dann das Fett durch ein trockenes Filter zu filtrieren.

Bei Gegenwart von nicht mehr als 10% Butterfett in der Fettmischung ist die Butterfettbestimmung bis auf einige Zehntel Prozent genau; bei höheren Gehalten an Butterfett ist jedoch wegen des schwankenden Gehaltes des Butterfettes an Buttersäure der gefundene Butterfettgehalt ungenauer (vgl. S. 531). — Auch auf Grund der B-Zahl (S. 90) in Verbindung mit der A-Zahl (ebendort) läßt sich der Butterfettgehalt zuverlässig ermitteln (vgl. unter e). Über eine mögliche Vortäuschung von Butterfett durch Delphinöl vgl. S. 600; auch buttersäurehaltige Kunstfette (vgl. S. 630) können Butterfett vortäuschen, sind aber bisher als Margarinebestandteil noch nicht beobachtet worden.

c) Tierische Fette, insbesondere Schweinefett in Pflanzenmargarine können in vielen Fällen nach Bömer und Limprich (S. 564) erkannt werden. Bei anderen tierischen Fetten fällt die Farbreaktion von Bertram (S. 583) positiv aus.

Auf gehärtete Seetieröle prüft man nach Tortelli und Jaffé nach S. 581.

d) Gehärtete Öle allgemein werden an dem erhöhten Gehalt der Margarine an Isoölsäure (S. 204) nachgewiesen. Ihre quantitative Bestimmung ist ohne Kenntnis der verwendeten Rohstoffe nicht möglich. Aus dem gefundenen Isoölsäuregehalt lassen sich nur ungefähre Schlüsse auf die vorhandene Hartfettmenge ziehen. — Zu beachten ist, daß etwa zugesetztes Rüböl und Cruci-

---

[1] J. Grossfeld: Z. 1936, **72**, 434.

ferenöle auf Grund ihres Erucasäuregehaltes Hartfett vortäuschen können. Andererseits können gehärtete Öle bisweilen so niedrigen Isoölsäuregehalt aufweisen, daß ihre Erkennung daran schwierig wird.

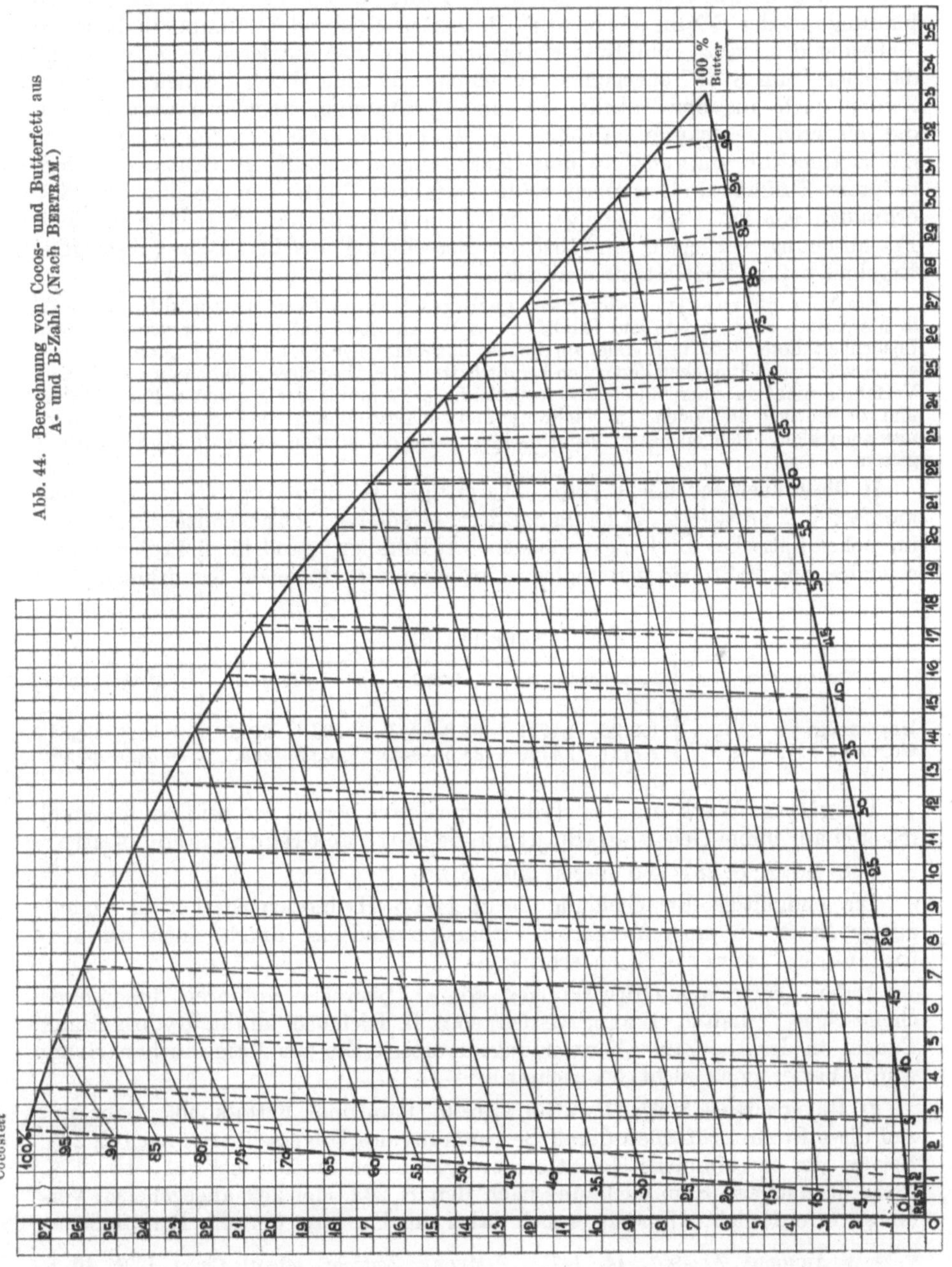

Abb. 44. Berechnung von Cocos- und Butterfett aus A- und B-Zahl. (Nach BERTRAM.)

e) Cocosfett, Palmkernfett und Babassufett. Die Erkennung und Bestimmung kann auf Grund der Gesamtzahl der niederen Fettsäuren (S. 79), gegebenenfalls in Verbindung mit der Buttersäurezahl bzw. Restzahl (bei

Gegenwart von Milchfett) und der Verseifungszahl (bei Gegenwart von Palmkern- und Babassufett) nach S. 90 und 161 vorgenommen werden.

Ein gutes Mittel zur Bestimmung des Cocosfettgehaltes von Fettmischungen, z. B. von Margarinefett ist ferner die A-Zahl (S. 90), gegebenenfalls in Verbindung mit der B-Zahl (ebendort). Bertram, Bos und Verhagen haben zur Ablesung des Cocos- und Butterfettgehaltes aus der mittleren A- und B-Zahl das Diagramm S. 647 angegeben. Die entsprechenden Werte können in runden Zahlen auch aus den Tabellen IX und X (Anhang) abgelesen werden. Da die niederen Fettsäuren, welche die A- und B-Zahlen bedingen, nämlich die Buttersäure, Capronsäure und Caprylsäure auch auf die Gesamtzahl von größtem Einfluß sind, ergeben beide Verfahren Werte von gleicher Größenordnung. Nur im Falle außergewöhnlich hohe Caprinsäuregehalte in einer Fettmischung vorliegen, sind bei der Berechnung aus der A-Zahl niedrigere Ergebnisse für Cocosfett zu erwarten.

Ein Anreicherungsverfahren von geringen Mengen Cocosfett und Butterfett in Margarine, Schweinefett und Rindsfett hat W. Arnold [1] auf Grund der verschiedenen Löslichkeit dieser Fette in Alkohol angegeben, nachdem sich Mecke [2] und F. Morrschöck [3] schon vorher mit ähnlichen Versuchen befaßt hatten. Da aber diese ziemlich umständlichen Verfahren nicht zu einer hinreichend vollständigen Trennung der genannten Fette führen und die heutigen Methoden zum Nachweise und zur Bestimmung von Cocosfett und Butterfett auch kleine Mengen davon nachzuweisen gestatten, können sie heute als entbehrlich gelten.

f) Gesundheitsschädliche Fette. Die giftigen Hydnocarpusfette („Cardamonfett", „Marattifett", „Chaulmugrafett") sind chemisch gekennzeichnet durch ihr hohes optisches Drehungsvermögen. A. Reinsch [4] fand für 5 Proben ungereinigtes und 2 Proben gereinigtes „Cardamonfett" folgende Kennzahlen:

Tabelle 175.

Cardamonfett	Refraktion bei 40°	Jodzahl	Verseifungszahl	Spezifische Drehung
Ungereinigt	1,4725—1,4731	93,0—94,7	203,1—205,3	+ 58,8—64,5°
Gereinigt	1,4721—1,4730	88,5—94,0	203,5—208,1	+ 54,0—58,0°

Die giftige Wirkung des Hydnocarpusfettes beruht wie bei Chaulmugraöl (S. 507) auf ihrem Gehalt an Chaulmugrasäure und Hydnocarpussäure [5].

Vgl. Bd. I, S. 281 und diesen Bd., S. 507.

Die endgültige Entscheidung darüber, ob Hydnocarpusfett oder andere giftige Stoffe in einer Margarine vorhanden sind, ist durch einen physiologischen Tierversuch zu erbringen.

Andere Fette mit Giftwirkungen können bisweilen an ihrem besonderen chemischen Verhalten erkannt werden, so z. B. Ricinusöl an der Hydroxylzahl, Tungöl an der Dienzahl. Verwendung derartiger Öle zur Margarineherstellung wurde bisher noch nicht beobachtet.

g) Unverseifbare Stoffe (Paraffin, Ceresin, Paraffinöl, Fettalkohole, Squalen). Auf diese Stoffe prüft man durch Bestimmung des Unverseifbaren nach S. 239. Beträgt der so gefundene Gehalt an unverseifbaren Stoffen mehr als etwa 1%, so ist ihre nähere Kennzeichnung nach den S. 243 oder 269 angegebenen Verfahren erforderlich. Handelt es sich dabei um Paraffin, Ceresin, Paraffinöl, so

---

[1] W. Arnold: Z. 1907, **14**, 147.   [2] Mecke: Zeitschr. öffentl. Chem. 1904, **10**, 8.
[3] F. Morrschöck: Z. 1904, **7**, 586.
[4] A. Reinsch: Chem.-Ztg. 1911, **35**, 77. — Vgl. auch F. Litterscheid: Chem.-Ztg. 1911, **35**, 9.
[5] Vgl. H. Thoms u. Fr. Müller: Z. 1911, **22**, 226.

gelingt die quantitative Bestimmung im Fett am einfachsten nach S. 241. Squalen ist durch die hohe Jodzahl und die Fähigkeit, Chlorwasserstoff anzulagern, gekennzeichnet (vgl. S. 271).

Fettalkohole können außer durch direkten Zusatz auch aus gewissen ungenießbaren Seetierölen (Pottwalöl, Döglingsöl, vgl. S. 598) stammen, ebenso Squalen aus Haileberölen (vgl. S. 595).

7. Frischhaltungsmittel.

Der Nachweis und die Bestimmung von Frischhaltungsmitteln in Margarine wird nach den gleichen Methoden wie bei Butter vorgenommen. Vgl. Bd. III, S. 301. Besonders ist auf die häufig verwendeten Frischhaltungsmittel Borsäure und Benzoesäure zu achten.

Neutralisationsmittel für Fette sind in Margarine wegen ihrer leicht sauren Reaktion im allgemeinen nicht mehr nachweisbar.

8. Verdorbenheit.

Zur Prüfung hierauf sind die für Butter (vgl. S. 543 und Bd. III, S. 303) angegebenen Gesichtspunkte maßgebend.

Vorwiegend erfolgt das Verderben von Margarine nach V. Mareš[1] durch Ranzigwerden infolge Wirkung von Kleinwesen, wobei die wäßrige Phase den Nährboden bildet. Durch Erzeugung einer stabilen Margarineemulsion vom Typ Wasser-in-Fett kann genügend passive Abwehr gegen Zersetzung erreicht werden; schlecht gekirnte Margarine ist dagegen besonders raschem Verderben unterworfen. Erst in zweiter Linie ist die Zusammensetzung des Fettansatzes bei Margarine von Einfluß auf die Haltbarkeit.

Häufig ist bei alter Margarine ein Fleckigwerden, d. h. Bildung von Pilzkolonien (vgl. S. 296f.).

9. Emulsionsöl.

Emulsionsöle werden der Margarine nur in kleinen Mengen, selten über 1% hinaus, zugesetzt und lassen sich dann nach H. Schmalfuss und H. Werner[2] mit Hilfe der Kennzahlen nicht mehr nachweisen. Auch der spektroskopische Nachweis ist unsicher und umständlich. Die Präparate enthalten aber in Petroläther unlösliche Oxysäuren, auf deren Nachweis Schmalfuss und Werner folgende Methoden aufbauen:

a) **Nachweis von Emulsionsöl.** 1 g des Fettes schüttelt man mit 15 ccm Petroläther vom Siedepunkt 30—50⁰ in einem Gläschen mit eingeschliffenem Stopfen. Ist Emulsionsöl vorhanden, so trübt sich die Flüssigkeit weißlich. Dann setzt sich eine feste weißliche, bei größeren Gehalten eine gelbe bis bräunliche Masse zu Boden.

b) **Bestimmung von Emulsionsöl.** Je nach dem zu erwartenden Gehalt verwendet man bei reinem Emulsionsöl 2—4 g, bei 10% davon 10 g, bei 1% 25—30 g. — Arbeitsvorschrift: In einem Jodzahlkolben von 300 ccm Rauminhalt wägt man die angegebene Menge des Fettes ein und schüttelt im verschlossenen Kolben kräftig mit 200—250 ccm Petroläther vom Siedepunkt 30—50⁰. Löst sich kein Fett mehr, so läßt man über Nacht ruhig stehen. Dann haftet das Unlösliche meist so fest an der Glaswand, daß der Petroläther ohne besondere Vorsicht abgegossen werden kann. Man spült den Kolben noch viermal mit Petroläther kurz nach, um die letzten löslichen Anteile zu entfernen. Der Kolben wird mit der Öffnung nach unten aufgehängt. Man leitet so lange bei Zimmerwärme Stickstoff hinein, bis sich das Gewicht nicht mehr verringert.

---

[1] V. Mareš: U. 1934, 41, 115.
[2] H. Schmalfuss u. H. Werner: Z. 1932, 64, 362.

$$\text{Unlösliches in } \% = \frac{\text{Gewicht des Ungelösten} \cdot 100}{\text{Einwaage}}.$$

Den zugehörigen Wert an Sonderöl entnimmt man aus Abb. 45.

Emulsionsöle enthalten auch beträchtliche Mengen niedere Fettsäuren, was ebenso wie der Gehalt an Oxysäuren in den Kennzahlen dieser Öle zum Ausdruck kommt. So fanden SCHMALFUSS und WERNER:

Lichtbrechung n_D^{40} 1,467, Verseifungszahl 205, REICHERT-MEISSL-Zahl 7,5, POLENSKE-Zahl 8,7, Jodzahl nach HANUŠ 51, Hydroxylzahl nach ELSBACH[1] 24,0, Acetylzahl nach ELSBACH[1], Säurezahl 3,0.

10. Aromastoffe.

Die Prüfung geschieht wie bei Butter. Vgl. Bd. III, S. 303. Zum Nachweise von Diacetyl empfehlen VIZERN und GUILLOT[2] folgendes Verfahren:

50 g Fett werden im 250-ccm-Rundkolben mit 20 ccm Alkohol (95%ig) versetzt, umgeschüttelt und bei 115—120° unter Verwendung eines Chlor-calciumbades möglichst schnell destilliert, bis 20 ccm übergegangen sind. Das Destillat wird unter Nachspülen mit 5 ccm Wasser in eine Porzellanschale mit rundem Boden gegossen, mit 1 ccm 10%iger Hydroxylamin-chlorhydratlösung und 1,7 ccm $^1/_1$ N.-Natronlauge versetzt und 1 Minute lang umgerührt. Hierzu werden 1 ccm 1%iger Nickelsulfatlösung und unter Rühren tropfen-weise 0,6 ccm $^1/_1$ N.-Essigsäure gegeben. Nach Ver-dampfen des Alkohols auf siedendem Wasserbad ent-steht in den restlichen 2—3 ccm Flüssigkeit an der Wandung der Schale die charakteristische rote Zone von Nickel-dimethylglyoxim. Nach dem Verfahren sind noch 0,02 g Diacetyl in 1 kg Fett nachweisbar.

H. SCHMALFUSS und H. RETHORN[3] haben zur Aus-schaltung aller Fehlermöglichkeiten eine Versuchs-anordnung zusammengestellt, die aber in der Be-handlung besondere Übung erfordert.

Für praktische Zwecke empfehlen SCHMALFUSS und H. WERNER[4] folgendes einfache Verfahren:

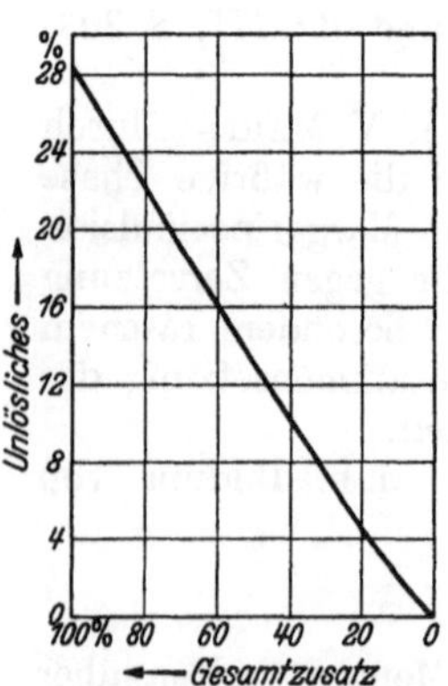

Abb. 45. Eichbild zur Ab-lesung des Sonderölgehaltes. (Nach SCHMALFUSS und WERNER.)

a) Grundgedanke. Das Gerät ist so klein und die Versuchsdauer so kurz zu bemessen, daß keine nachweisbaren Mengen Diacetyl aus Methyl-acetyl-carbinol und Luftsauerstoff entstehen können.

Hat man die Erfassungsgrenze für Diacetyl unter den gewählten Bedingungen bestimmt, so stellt man mit der kleinsten Einwaage, die noch den Nachweis des Diacetyls erlaubt, zugleich den Gehalt an Diacetyl fest.

b) Geräte und Stoffe. 1 Erlenmeyerkolben von 150 ccm Inhalt nebst grauem Kaut-schukstopfen mit Ableitrohr von 0,6 cm lichter Weite, dessen aufsteigender Schenkel 5 cm, dessen absteigender 35 cm lang ist. Beide Enden des Rohres sind abgeschrägt (s. Abb. 651).

1 Überziehkühler von 20 cm Kühllänge und 1,2 cm lichter Weite, mit 2 Schläuchen; 1 Ständer mit Klammer für den Kühler; 1 Dreifuß mit Drahtnetz; 1 Bunsenbrenner; eisen-freie Siedesteine von 0,4 cm Durchmesser aus feinporigen Tonscherben; 60 farblose Prüf-gläser von 10 cm Länge und 1,4 cm lichter Weite; 1 Halteklammer für Prüfgläser; 1 Stand-flasche mit 1000 ccm gesättigter Kochsalzlösung, nebst Meßrohr für 10 ccm; 1 Stand-flasche mit 1000 ccm 50%iger Eisen(3)-chlorid-Lösung, nebst Meßrohr für 10 ccm; 1 Stand-flasche mit 100 ccm einer 22,5%igen Hydroxylamin-hydro-chlorid-Lösung (aus reinster

[1] E. B. ELSBACH: U. 1923, 30, 235.
[2] VIZERN u. GUILLOT: Ann. Falsif. Fraudes 1932, 25, 459; Z. 1937, 73, 481.
[3] H. SCHMALFUSS u. H. RETHORN: Z. 1935, 70, 233.
[4] H. SCHMALFUSS u. H. WERNER: U. 1937, 44, 509.

Handelsware [1]), nebst Meßrohr mit einer Marke bei 0,05 ccm; 1 Standflasche mit 100 ccm einer 1,25%igen Nickelsulfatlösung (NiSO$_4$ · 7 H$_2$O), nebst Meßrohr mit einer Marke bei 0,05 ccm; 1 Standflasche mit 200 ccm einer 20%igen Ammoniaklösung, nebst Meßrohr mit einer Marke bei 0,10 ccm; 10 g Diacetyl [2]; 10 g Methyl-acetyl-carbinol.

c) Reinigung. Die Prüfgläser spült man am bequemsten mit heißer 10%iger Schwefelsäure und anschließend mit Wasser. Das Überleitrohr reinigt man, sobald es ungleichmäßig benetzt wird, mit frischer Bichromatschwefelsäure.

d) Blindversuch. Man füllt in ein Prüfrohr 0,70 ccm Wasser (Vergleichsrohr 1), in ein zweites Prüfrohr 0,15 ccm Wasser (Vergleichsrohr 2) und verschließt die Rohre luftdicht. In ein drittes Prüfrohr bringt man je 0,05 ccm Hydroxylamin-hydrochlorid- und Nickelsulfatlösung sowie 0,10 ccm [3] Ammoniaklösung.

Man gibt in den Erlenmeyerkolben ein Siedesteinchen und 10 ccm Kochsalzlösung. Den Kolben verbindet man durch den Kautschukstopfen mit dem Ableitrohr nebst Kühler, treibt auf dem Drahtnetz bei mäßig großer Flamme 0,5 ccm über und fängt das Destillat in dem beschickten dritten Prüfrohr über einer Schale auf. Hierbei dient Vergleichsrohr 1 als Maß für die aufzufangende Flüssigkeitsmenge.

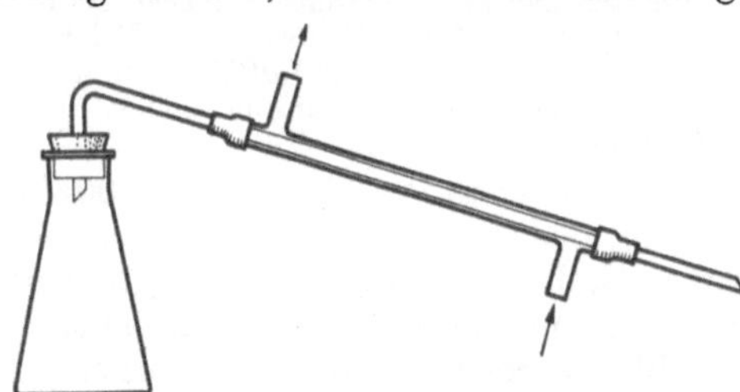

Abb. 46. Vorrichtung zur Diacetylbestimmung. (Nach SCHMALFUSS und WERNER.) Arbeiten bei Gegenwart von Luftsauerstoff, Maßstab 1:4,5.

Nach gutem Umschütteln muß ein Tröpfchen der Mischung gegen Lackmuspapier stark basisch sein; sonst setzt man so oft 0,10 ccm Ammoniaklösung zu, bis das der Fall ist. Nun verdampft man aus dem Prüfrohr in 6 cm hoher, eben entleuchteter Bunsenflamme schüttelnd 0,55 ccm. Hierbei dient Vergleichsrohr 2 als Maß für die zurückzubehaltende Flüssigkeitsmenge. Dann kühlt man sofort schüttelnd $^1/_2$ Minute lang unter kräftigem Wasserstrahl. Setzt man das abgetrocknete Rohr bei gedämpftem Tageslicht auf weißes, gut beleuchtetes Filterpapier, so muß die Lösung farblos bis schwach violett erscheinen.

Vor dem nächsten Versuch trocknet man das Ende des Ableitrohrs mit Filterpapier.

e) Nachweis des Diacetyls. Der Versuch wird genau so ausgeführt wie der Blindversuch, nur werden nach der Kochsalzlösung noch 50 g der zu prüfenden Margarine, Butter oder dgl. zugesetzt; von Butterduftmischungen entsprechend weniger Kubikzentimeter. Ist Diacetyl zugegen, so zeigt die Endlösung im Vergleich zum Blindversuch einen deutlichen rein roten Schimmer oder rote Krystalle, die über der Flüssigkeit am Glase haften können. Fehlt Diacetyl, so ist die Endlösung farblos bis schwach violett oder grünlich.

Gegenversuch. Trat beim Nachweis kein Rot auf, so verknetet man 0,10 ccm einer 2%igen wäßrigen Diacetyllösung mit 50 g der Margarine, Butter oder dgl. und wiederholt mit 1 g davon (entsprechend 0,00004 g Diacetyl) den Hauptversuch. Jetzt muß die Endlösung rot werden.

f) Nachweis des Methyl-acetyl-carbinols. Der Nachweis wird genau so ausgeführt und beurteilt wie der Nachweis des Diacetyls, nur wird statt der Kochsalzlösung eine 50%ige Eisen(3)-chlorid-Lösung verwendet.

Gegenversuch. Der Gegenversuch wird genau so ausgeführt wie beim Nachweis des Diacetyls, nur wird statt mit Diacetyl mit 0,20 ccm einer 1%igen Methyl-acetyl-carbinol-

---

[1] Selbst reinstes Hydroxylaminhydrochlorid des Handels ist keineswegs 100%ig. Deshalb wurde die Lösung so stark gewählt.

[2] Brauchbar ist z. B. Diacetyl „Ifah", Hamburg 21.

[3] Auch hier würden 0,05 ccm der 20%igen Ammoniaklösung genügen. Doch kann bei alten Fetten viel Säure mit übergehen. Deshalb wurde die doppelte Menge genommen. Die Empfindlichkeit des Nachweises leidet hierdurch nicht.

Lösung verknetet. Diese Lösung stellt man sich am einfachsten aus dem Dimeren des Methyl-acetyl-carbinols (F.. 85,5⁰) her, indem man 0,02 g mit 2 ccm Glycerin im geschlossenen Röhrchen bei einer Badwärme von 120⁰ löst.

g) Bestimmung des Diacetyls. α) Erfassungsgrenze. Als Erfassungsgrenze gilt die Menge Diacetyl, die, im Zweifelsfalle bei dreifacher Wiederholung jeweils, im Vergleich zum Blindversuch gerade noch eine rötliche Endlösung ergibt. Die Erfassungsgrenze ist keine ganz feststehende Größe, weil verschiedene Untersucher für rot verschieden empfindlich sind, die Rotempfindlichkeit mit der Übung wachsen kann und schließlich, weil Begleitstoffe die Grenze etwas verschieben können.

Zum Beispiel war die Grenze für Diacetyl in Wasser oder in Paraffinöl stets 0,000012 g, in frischer einwandfreier Wasser- oder Milchmargarine ebenfalls 0,000012 g, in schwach ranziger Wassermargarine 0,000016 g, in äußerst ranziger Wassermargarine 0,000024 g. Das ist aber für die Bestimmung belanglos, da jeweils auf die Erfassungsgrenze eines Eichversuchs bezogen wird.

β) Eichversuch. Von einer 0,004%igen Lösung von Diacetyl in einem Gemisch, das dem zu untersuchenden im übrigen möglichst ähnlich ist, prüft man aufsteigend, z. B. 0,25 ccm (g), 0,30 ccm (g), 0,35 ccm (g) usw., bis die Endlösung im Zweifelsfall bei dreifacher Wiederholung jeweils, im Vergleich zum Blindversuch gerade noch rötlich ist.

γ) Bestimmung. Man bestimmt entsprechend dem Eichversuch die kleinste Menge Margarine, Butter oder dgl., die gerade noch eine rötliche Endlösung ergibt.

$$\% \text{ Diacetyl} = \frac{\text{Erfassungsgrenze} \cdot 100}{\text{Einwaage}} \, .$$

h) Bestimmung des Methyl-acetyl-carbinols. Verwendet man für die Bestimmung statt Natriumchloridlösung eine Eisen(3)-chlorid-Lösung, so sind bei Abwesenheit von Diacetyl Erfassungsgrenze und Eichversuch zahlenmäßig dieselben wie beim Diacetyl. Die Bestimmung verläuft entsprechend der des Diacetyls. Ist Diacetyl zugegen, so findet man die Summe von Diacetyl und Methyl-acetyl-carbinol, berechnet als Diacetyl. Von ihr zieht man den Diacetylwert ab, um den Methyl-acetyl-carbinol-Wert, berechnet als Diacetyl, zu erhalten.

$$\% \text{ Methyl-acetyl-carbinol} = \frac{\text{Erfassungsgrenze} \cdot 100}{\text{Einwaage}} - \% \text{ Diacetyl} \, .$$

11. Prüfung auf Eignung im Gebrauch.

Zur Feststellung des sog. Spratzens von Margarine wurden verschiedene Verfahren vorgeschlagen, so die Menge des verspratzten Fettes im Bilde festzuhalten (Z. Kahane[1]) oder zur Wägung zu bringen (H. Steudel[2], R. Rosenbusch und G. Reverey[3]). Ein Schnellverfahren, bei dem die Spratzer in Maschendraht aus Messing aufgefangen werden und dann das Gewicht des verspratzten Mischtropfens ermittelt wird, beschreiben H. Schmalfuss und O. Benecke[4]. Da es auf genaue Einhaltung der Einzelheiten des Versuches ankommt, sei für die Ausführung der Prüfung auf die Originalarbeit verwiesen.

Die Konsistenz von Margarine wird vielfach durch Befühlen mit einem Finger subjektiv geschätzt. Ein objektives Verfahren mit einer Fallkugel hat T. Lexon[5], mit einer Fallvorrichtung B. Platon[6] angegeben.

---

[1] Z. Kahane: Deutsch. Margarine-Zeitschr. 1929, **18**, 10.

[2] H. Steudel: Margarine-Ind. 1926, **19**, 215.

[3] R. Rosenbusch u. G. Reverey: Margarine-Ind. 1927, **20**, 197.

[4] H. Schmalfuss u. O. Benecke: Margarine-Ind. 1935, **28**, 211.

[5] T. Lexon: Schmelzpunkte von Fettgemischen sowie Konsistenzbestimmungen bei Fett und Margarine (norwegisch). Bergen 1933.

[6] Nach L. Erlandsen: Allg. Öl- u. Fett-Ztg. 1938, **35**, 237.

12. Prüfung auf den Verteilungsgrad des Wassers.

Die Feststellung der Größe der Wassertröpfchen in Margarine[1] nach
Söncke-Knudsen und A. Sörensen[2] beruht darauf, daß die kleinen im Fett
verteilten Wassertröpfchen ein Stück Filtrierpapier, das gegen eine frische
Schnittfläche der Margarine gepreßt wird, nicht befeuchten, während die
größeren Tropfen einen feuchten Fleck erzeugen, der um so größer wird, je größer
das Tröpfchen ist. Der Fleck wird sichtbar und haltbar, wenn man Filtrierpapier
anwendet, das mit einem geeigneten Farbstoff (Bromphenolblau) präpariert ist.
Um einen zahlenmäßigen Ausdruck zu erhalten, wird der gesamte Flächeninhalt
der Flecken auf einem bestimmten Raum, z. B. 20 qcm des Papiers, gemessen
und in Prozenten der ausgemessenen Papierfläche angegeben.

Herstellung des Indicatorpapieres. Filtrierpapier „Nr. 602 Extrahart" von
Schleicher & Schüll wird in eine Lösung aus 100 ccm 95%igem Alkohol, 1 ccm N.-Salz-
säure und 0,25 g Bromphenolblau getaucht und durch Aufhängen an der Luft getrocknet.
Durch den Säurezusatz nimmt das Papier gerade eine gelbe Farbe an. — Es ist vor Luft
und Licht geschützt aufzubewahren, weil die Farbe sonst bläulich und damit das Ergebnis
der Prüfung weniger deutlich wird.

Ausführung des Versuches. Mit einem Messer oder einem straff gespannten Metalldraht wird eine frische Schnittfläche in der Margarine erzeugt
und auf diese ein Stück Indicatorpapier von etwa 30 qcm gelegt. Das Papier
wird fest gegen die Margarine gedrückt, ohne daß es sich jedoch nach der Berührung verschiebt. Nach einer halben Minute wird das Papier abgenommen und
möglicherweise anhaftende Margarine abgeschabt. Die größeren Flüssigkeits-
tropfen in der Schnittfläche haben dann blaue Flecken auf dem Papier hervorgebracht, deren Flächeninhalt mit Hilfe einer in Quadratmillimeter eingeteilten
Glasplatte gemessen und in Prozenten der ausgemessenen Papierfläche angegeben wird. — In vielen Fällen genügt aber auch schon der bloße Augenschein
zur Beurteilung.

D. Überwachung des Verkehrs mit Margarine.

Als Verfälschungen der Margarine kommen hauptsächlich in Betracht:

1. Absichtliche Erhöhungen des Wassergehaltes der Margarine über die
gesetzlich zugelassene Grenze hinaus.

2. Verwendung verdorbener oder für den menschlichen Genuß schädlicher
oder untauglicher Fette.

3. Zusatz von anderen Frischhaltungsmitteln als Kochsalz;

4. Zusatz von fremden Stoffen, z. B. unverseifbaren Fetten und Ölen (Paraffin,
Ceresin usw.).

Neben Verfälschungen ist auf Verdorbenheit von Margarine besonders
zu achten.

Für die Beurteilung von Margarine sind in erster Linie die im Abschnitt S. 861 f. von Holthöfer zusammengestellten gesetzlichen Bestimmungen über den Verkehr mit Margarine maßgebend; im übrigen gelten
die Anhaltspunkte über die Beurteilung von Butter (Bd. III, S. 299) sinngemäß
auch für Margarine. Danach gilt für die Beurteilung von Margarine folgendes:

1. Gehalt an Wasser und Fett. Nach der Bekanntmachung vom 28. April 1921
darf Margarine, die in 100 Gewichtsteilen weniger als 80 Gewichtsteile Fett
oder in ungesalzenem Zustande mehr als 18 Gewichtsteile Wasser, in gesalzenem

---

[1] Das Verfahren ist für Prüfung von Butter ausgearbeitet, aber ntaurgemäß ebenso
für Margarine geeignet.

[2] Söncke-Knudsen u. A. Sörensen: U. 1938, 45, 669.

Zustand mehr als 16 Gewichtsteile Wasser enthält, gewerbsmäßig nicht feilgehalten oder verkauft werden.

Nach den Beschlüssen des Vereins Deutscher Nahrungsmittelchemiker[1] ist eine Margarine als gesalzen anzusehen, wenn sie mehr als 0,2% Chlornatrium (aus dem Chlor berechnet) enthält.

2. Zusätze von chemischen Frischhaltungsmitteln. Auf Grund des § 21 des Fleischbeschaugesetzes und der Verordnung über unzulässige Zusätze und Behandlungsverfahren bei Fleisch und dessen Zubereitungen (vgl. S. 571) dürfen bei der gewerbsmäßigen Zubereitung von Margarine **Borsäure** und deren Verbindungen, **Formaldehyd** und solche Stoffe, die bei ihrer Verwendung Formaldehyd abgeben, **Schweflige Säure** und deren Salze sowie **unterschwefligsaure Salze**, **Fluorwasserstoff** und dessen Verbindungen, **Salicylsäure** und deren Verbindungen, **chlorsaure Salze**, ferner **Alkali- und Erdalkalihydroxyde** und **-carbonate** und solche Stoffe enthaltende Zubereitungen nicht angewendet werden.

Hierzu ist zu bemerken, daß die Verwendung der in dem Beschluß des Bundesrates nicht besonders aufgeführten Mittel hierdurch nicht etwa stillschweigend erlaubt ist; vielmehr bleibt hinsichtlich der Beurteilung etwa sonst vorhandener Frischhaltungsmittel das Nahrungsmittelgesetz vom 14. Mai 1879 immer noch maßgebend. Der Zusatz von **Benzoesäure** bzw. **Natriumbenzoat**, das zur Zeit in ausgedehntem Maße zur Konservierung von Margarine Verwendung findet, stellt nach Urteilen des Oberlandesgerichts Dresden vom 8. Februar 1911[2] und des Landgerichts Köln[3] vom 19. Januar 1903 keine Verfälschung der Margarine dar.

3. Verdorbenheit. Für die Beurteilung der Verdorbenheit von Margarine gelten die gleichen Gesichtspunkte wie für Butter (Bd. III, S. 303); über die Zurückweisung von verdorbener Margarine bei der Auslandsfleischbeschau vgl. S. 573.

4. Die Gelbfärbung der Margarine mit unschädlichen Farbstoffen ist nach der Verordnung über unzulässige Zusätze und Behandlungsverfahren bei Fleisch und dessen Zubereitungen ausdrücklich erlaubt.

5. Erkennungsmittel. Nach den Bundesratsverordnungen vom 4. Juli 1897 (S. 868) bzw. 1. Juli 1915 (S. 874) muß zur Erleichterung der Erkennbarkeit der Margarine das Margarinefett vor der Fabrikation einen Gehalt von 10% **Sesamöl** bestimmter Beschaffenheit (S. 868) erhalten. Weiter darf statt des Sesamöles als Erkennungsmittel **Kartoffelstärkemehl** verwendet werden; in diesem Falle müssen in der fertigen Margarine mindestens 0,2% und dürfen höchstens 0,3% Kartoffelstärkemehl in gleichmäßiger Verteilung enthalten sein.

6. Gehalt an Milchfett. Nach § 3 des Margarinegesetzes vom 15. Juni 1897 (S. 871) ist die Vermischung von Butter oder Butterschmalz mit Margarine oder anderen Speisefetten zum Zwecke des Handels mit diesen Mischungen verboten. Unter diese Bestimmung fällt auch die Verwendung von Milch oder Rahm, sofern mehr als 100 Gewichtsteile Milch oder eine dementsprechende Menge Rahm auf 100 Gewichtsteile der nicht der Milch entstammenden Fette in Anwendung kommen.

Mit letzterer Bestimmung ist **keine** scharfe Grenze für den zulässigen Milchfettgehalt der Margarine gezogen und es wird daher bei den verhältnismäßig weiten Grenzen, in denen der Fettgehalt natürlicher Milch schwanken kann, noch ein Milchfettgehalt von etwa 3—6% als den gesetzlichen Bestimmungen entsprechend angesehen werden müssen.

---

[1] **Z.** 1924, **48**, 59; 1925, **50**, 69.
[2] Gesetze u. Verordnungen, betr. Nahrungs- u. Genußmittel 1912, **4**, 70.
[3] Auszüge aus gerichtl. Entscheidungen 1908, **7**, 23.

7. Ein Gehalt des Margarinefettes an **unverseifbaren Stoffen** über 1% ist zu beanstanden, besonders wenn es sich um Paraffin oder Ceresin handelt. Ein Gehalt an Fettalkoholen kann außer auf (seltenen) Zusatz von Wachsen auf Verarbeitung von nicht zu Speisezwecken geeigneten Seetierölen hinweisen, ebenso ein Gehalt an Squalen oder dessen Hydrierungsprodukten.

8. Verwendung von verdorbenen Fetten und sonstigen zur menschlichen Ernährung ungeeigneten Fetten und anderen Rohstoffen ist natürlich zu beanstanden. Diese Art von Verfälschungen kann im allgemeinen nicht durch chemische Untersuchungen, sondern nur durch eine Nachschau in den Margarinefabriken selbst verhütet werden. Insbesondere dürfen nicht verwendet werden:

1. Milch von Tieren, die mit Rinderpest, Milzbrand, Rauschbrand, Wild- und Rinderseuche, Tollwut oder Blutvergiftung behaftet sind oder die an Eutertuberkulose leiden oder bei denen das Vorhandensein von Eutertuberkulose als in hohem Grade wahrscheinlich anzusehen ist;

2. Fett, zu dessen Herstellung Teile von gefallenen Tieren oder bei der Fleischbeschau als untauglich beanstandete Teile geschlachteter Tiere verwendet worden sind;

3. Fett, zu dessen Herstellung bei der Fleischbeschau als bedingt tauglich beanstandete tierische Teile verwendet worden sind, es sei denn, daß diese nach Maßgabe der Vorschriften des Fleischbeschaugesetzes zum Genusse für Menschen brauchbar gemacht worden sind;

4. solche Arten von Fetten und Ölen, deren Unschädlichkeit für den Menschen nicht feststeht.

Über die Herstellung von inländischem neutralem Schweineschmalz zur Margarineherstellung vgl. die Richtlinien des Reichsministers für Ernährung und Landwirtschaft vom 10. Oktober 1933 [1].

9. Gesetzliche Vorschriften über Herstellungsräume, Lagerräume, Verpackung, Umhüllungen usw. s. S. 861—880.

IV. Kunstspeisefett.
1. Begriff.

Kunstspeisefette im Sinne des Gesetzes vom 15. Juni 1897 sind diejenigen dem Schweineschmalz ähnlichen Zubereitungen, deren Fettgehalt nicht ausschließlich aus Schweinefett besteht. Ausgenommen sind unverfälschte Fette bestimmter Tier- oder Pflanzenarten, welche unter den ihrem Ursprung entsprechenden Bezeichnungen in den Verkehr gebracht werden.

Über den Begriff „ähnliche" (vgl. S. 633 bei Margarine). Zubereitung ist nach dem Urteil des Reichsgerichts vom 3. Juni 1899 jede menschliche Tätigkeit, durch welche ein Naturerzeugnis zur wirtschaftlichen Verwendung erst geeignet gemacht oder ihm eine Verwendungsfähigkeit verschafft wird, die ihm als Rohstoff nicht zukommt. Raffinieren, Pressen und die Anwendung bestimmter Temperaturen beim Erkalten sind Zubereitungen.

Jede dem Schweineschmalz ähnliche Fettmischung ist als Kunstspeisefett anzusehen, und muß jedes zum Mischen verwendete einzelne Fett unverfälscht, im Sinne des § 4 LMG. (vgl. HOLTHÖFER, S. 866, Anm. 14) sein. Die Mischung muß wie Schweineschmalz weiß sein.

Mischungen aus nur Schweineschmalz und Rindertalg sind dagegen keine Kunstspeisefette, sofern die Bestandteile der Mischung angegeben sind.

Gehärtete Öle, z. B. Erdnußweichfett (vgl. S. 622), sofern sie im unvermischten Zustande in den Verkehr gelangen, sind zum Teil Schweineschmalz nicht nur im Aussehen (Farbe, Gefüge) vollständig gleich, sondern ihm auch

---

[1] Reichsgesundh.-Bl. 1933, 8, 890; Gesetze u. Verordnungen (Beilage zur Z.) 1934, **26,** 15. — Vgl. auch S. 514.

in Geruch und Geschmack mehr oder weniger ähnlich. Solche Fette sind daher zweifellos als „dem Schweineschmalz ähnliche Zubereitungen" im Sinne des § 1, Abs. 4 des „Margarinegesetzes" vom 15. Juni 1897 anzusehen. Auf sie konnte beim Erlaß des Margarinegesetzes natürlich keine Rücksicht genommen werden, weil sie damals überhaupt noch nicht bekannt waren. — Inwieweit sie rechtlich unter die Ausnahmevorschriften des § 1, Abs. 4, Satz 2 des Margarinegesetzes fallen können, ist bei Holthöfer, S. 866—867, erörtert.

2. Verwendung und Zusammensetzung.

a) Verwendung. Kunstspeisefette sollen das Schweineschmalz in seiner Eigenschaft, Gebäck, insbesondere Kuchengebäck, weich und mürbe zu machen, ferner zum Braten, Backen und als Fettbelag für Brot ersetzen.

Hauptsächlich werden sie zum Braten und Backen benutzt. Das Mürbewerden von Gebäck durch Fettstoffe ist dadurch bedingt, daß sich beim Backvorgang einzelne Gebäckteilchen mit Fett durchsetzen und, wie man annimmt, die Quellung des Klebers hemmen. Der Teig bzw. das Gebäck wird dadurch „kurz", weshalb diese Backfette in Amerika auch „Shortenings", d. h. Kurzmachungsmittel, genannt werden. Nach Versuchen von J. Grossfeld und H. Damm[1] ist ein größerer Zusatz an Fett neben Zucker wichtig, um einem Gebäck im Geschmack Kuchencharakter zu verleihen. Eine Zugabe von 50 g Fett (Butterfett) auf 1 kg Mehl bewirkt Kuchencharakter, wenn ebenfalls 100 g Zucker zugegeben werden. Dagegen entstehen durch alleinige Zugabe von 50—150 g Zucker zwar süß, aber nicht kuchenartig, schmeckende Backwaren. Nur bei sehr hohem Zuckergehalt wie bei Honigkuchen ist ein Fettzusatz zur Erzielung des Kuchencharakters nicht erforderlich. Bei der Eignung von Fetten als Backzusatz spielt die Plastizität des Fettes eine große Rolle, Schweinefett scheint in dieser Hinsicht den Kunstprodukten überlegen zu sein. Die Plastizität soll durch Erhöhung des Glyceringehaltes im Molekül gesteigert werden können, also durch Zusatz von Mono- und Diglyceriden.

Der Fettverbrauch für Kuchengebäck ist sehr bedeutend. Nach einer Schätzung von W. Hofmann[2] verarbeiten in Deutschland über 100000 Bäckereien in Feingebäcken jährlich 200000 t Fett, entsprechend 16% des gesamten jährlichen Fettbedarfs.

F. Wittka[3] stellt an Backfette folgende Anforderungen:

1. Backfette dürfen nicht schnell ranzig werden.

2. Backfette dürfen keinen fettigen Geschmack oder ein fettig-schmieriges Gefühl hinterlassen. Talg und hochgehärtete Fette scheiden daher aus. Das fettige Gefühl kann anderseits auch durch die Struktur des Gebäckes hervorgerufen sein.

3. Die Konsistenz muß so sein, daß sie im Teig gut verteilbar sind und beim Kauen nicht hervortreten. Sie dürfen aber auch nicht so weich sein, daß sie aus dem Gebäck ausfließen.

4. Backfette müssen gut emulgierbar sein, um eine Luftaufnahme beim Verrühren des Teiges zu ermöglichen. Butter und Margarine sind in dieser Hinsicht am geeignetsten. Die Reaktion ist dabei wichtig, wobei p_H am besten bei 6 liegt.

5. Die Fette müssen das Gebäck mürbe machen.

6. Das Gebäckvolumen soll bei Gebrauch der Fette erhöht sein und ein Zusammenfallen nach dem Abbacken nicht eintreten.

---

[1] J. Grossfeld u. H. Damm: Z. 1938, 75, 137.
[2] W. Hofmann: Angew. Chem. 1938, 51, 721.
[3] F. Wittka: Seifensieder-Ztg. 1938, 65, 650.

7. Backfette sollen möglichst das Altbackenwerden des Gebäckes verzögern.

A. W. Harvey[1] untersuchte den Einfluß von handelsüblichen gehärteten Pflanzfetten, Schmalz und im Laboratorium hergestellten Fettmischungen auf die Beschaffenheit von Mürbegebäcken. Schmalz und gehärtetes Pflanzenfett gaben im Durchschnitt gleiche Werte, jedoch zeigten die verschiedenen Schmalzsorten beträchtliche Unterschiede. Die im Versuch gefundenen Werte stimmten auch mit den subjektiven Beobachtungen beim Essen nicht immer überein.

P. Pelshenke und A. Zeisset[2] prüften 1%ige Zusätze von Schweineschmalz, Erdnußfett, Cocosfett, Palmkernfett, Walfetten mit verschiedenen Schmelzpunkten, Erdnußöl, Rüböl und Sojaöl auf Eignung als Backfett. Sämtliche Fette verfeinerten die Porung, tierische stärker als pflanzliche. Innerhalb einer Reihe gehärteter Fette stieg die Volumenerhöhung mit dem Schmelzpunkt an. Die Gärzeit wurde verkürzt.

Weiter ist die Haltbarkeit des Fettes im fertigen Gebäck für seine Eignung zu Dauerbackwaren ausschlaggebend. Nach Versuchen von O. Crane und Th. E. Hollingshead[3] erwies sich in dieser Hinsicht vollgehärtetes Baumwollsaatöl als am haltbarsten. Hydriertes Sojabohnenöl hielt sich gut, war aber ziemlich lichtempfindlich. Oleomargarin ertrug bei der unten beschriebenen Prüfung 16—25 Tage Wärmeeinwirkung, Licht aber nur 1—5 Tage. Schweinefett wurde am Licht nicht talgig, war aber sehr wärmeempfindlich.

Wichtig ist auch, daß die Backfette sich gut emulgieren lassen, was durch geeignete Zusätze wie Eier, Lecithin, Milch verbessert werden kann. Über das Emulsionsvermögen einzelner Fette vgl. G. Meszaros[4]. Er fand sie dem Gehalt an ungesättigten Glyceriden parallel gehend. Durch geeignete Wahl von Backfetten ist nach W. Hofmann[5] auch eine Fetteinsparung bei Fettgebäcken möglich.

R. Porter, H. Michaelis und F. G. Shay[6] halten ein Backfett für um so wertvoller, je höher die Temperatur des beginnenden Rauchens ist („smoking point"). Er fand sie bei verschiedenen Fetten zwischen 150—230°. Für frisches Schmalz liegt dieser Rauchpunkt nach Blunt und Feeny[7] zwischen 219—233°. Beim Backen selbst wird aber die Fettzersetzung noch durch Wasserdampf begünstigt.

Über fetthaltige Zubereitungen in Bäckereien vgl. Holthöfer, S. 884.

b) Beschaffenheit und Zusammensetzung. Die ersten Ersatzstoffe für Schweineschmalz kamen als „compound lard" aus Amerika. Es waren Mischungen von Baumwollsamenöl mit Preßtalg oder Baumwollsamenstearin (vgl. S. 457). Heute dienen zur Kunstspeisefettherstellung im allgemeinen die gleichen Rohstoffe wie zur Margarine. Von besonderem Wert sind die selektiv gehärteten Öle, weil sie nur geringe Mengen hochschmelzender vollgesättigter Glyceride enthalten und viel haltbarer sind als tierische Fette und Cocosfett. In Deutschland kommen als Rohstoffe neben Hartfetten noch hauptsächlich Sojaöl und Erdnußöl in Frage, auch ein Zusatz von Schweinefett, um die Streichbarkeit zu erhöhen.

---

[1] A. W. Harvey: Ind. engin. Chem. 1937, 29, 1155; Z. 1938, 76, 567.

[2] P. Pelshenke u. A. Zeisset: Mehl u. Brot 1937, Nr. 1, 1—3; Z. 1938, 76, 307.

[3] O. Crane u. Th. E. Hollingshead: Oil and Soap 1938, 15, 43; C. 1938, II, 211.

[4] G. Meszaros: Z. 1935, 69, 318.

[5] W. Hofmann: Die Fetteinsparung bei Fettgebäcken. Ein Beitrag zum Vierjahresplan. Berlin: Reichsinnungsverband des Bäckerhandwerks.

[6] Porter, H. Michaelis u. F. G. Shay: Ind. eng. Chem. 1932, 24, 811.

[7] Blunt u. Feeny: Journ. Home Econ. 1915, 7, 535.

Ziehfette als Ersatz für Ziehmargarine zur Herstellung von Blätterteig werden aus höher schmelzenden Hartfetten gewonnen, denen man oft schon in der Kirne Triebmittel zusetzt. Ziehfette sind ebenfalls Kunstspeisefette. Werden aber Kunstspeisefette gelb gefärbt, um sie der Schmelzbutter ähnlich zu machen, so gelten sie als Margarine.

Die Kunstspeisefette befinden sich in körniger oder glatter, geschmeidiger Form im Handel. Erstere werden durch langsames, letztere durch schnelleres Erstarren auf Kühlwalzen mit anschließender mechanischer Bearbeitung durch Rührvorrichtungen und Glattwalzen erhalten.

Die Kunstspeisefette sind im Geschmack an sich neutral, werden aber für Brotaufstrich vielfach mit Zwiebeln bei 120° geröstet oder mit Schmalz gemischt, das einen starken Griebengeschmack hat.

Ein bei manchen Backfetten störendes Schäumen, z. B. bei der Herstellung von „Pommes frites" oder in der Pfannkuchenbäckerei, ist nach W. Ritter[1] auf einen Gehalt des Fettes an Phosphatiden zurückzuführen. Ritter gibt zu deren Entfernung Verfahren an.

Zur Herstellung von Kunstspeisefetten dienen die gleichen Vorrichtungen wie in der Margarinefabrik.

Zur Aufbewahrung von Kunstspeisefetten und anderen Speisefetten ist poröses Verpackungsmaterial zu vermeiden, weil dadurch das Ranzigwerden begünstigt wird. Nach W. Rabak[2] sind zur Verpackung am geeignetsten mit festem Lack überzogene Kartons.

Trennfette. Um ein Aneinanderkleben von Brot und anderen Backwaren beim Backen zu verhüten, ferner zum Ausschmieren von Backformen verwendet man sog. Trennfette. Hierzu eignen sich die meisten Speiseöle, ferner auch Schmelzmargarine und Schmelzbutter. Nicht zulässig sind dagegen Mineralöle, abgesehen von beschränkten Ausnahmen (vgl. hierzu Holthöfer, S. 885). Da sich gezeigt hat, daß Emulsionen die gleiche Wirkung besitzen wie die Öle selbst, sind verschiedene derartiger Zubereitungen mit Fettgehalten zwischen 20—30% in Gebrauch gekommen[3], die den Vorteil einer Fettersparung bieten. Für die Herstellung dieser Emulsionen vom Typ Wasser-in-Öl wird als Emulgator Paalsgaard-Emulsionsöl (vgl. S. 637) in Menge von 10%, für Emulsionen Öl-in-Wasser Tylose bis zu 5 und Wachsarten verwendet. Konserviert sind diese Stoffe mit Nipagin, Natriumbenzoat u. a.

Sog. Backwachse, die ähnlichen Zwecken dienen, bestehen aus Mischungen von Pflanzenöl (Erdnußöl) und Bienenwachs. Auch Zubereitungen aus Fettalkoholen (vgl. S. 269) wurden schon als Trennöle für Gebäck in den Handel gebracht.

3. Untersuchung und Überwachung des Verkehrs.

Im allgemeinen findet hier das bei Margarine (S. 653) Ausgeführte sinngemäße Anwendung.

Über Untersuchung von ins Zollinland eingeführtem Kunstspeisefett vgl. S. 573.

Zur Prüfung von Kunstspeisefetten auf Haltbarkeit im Gebäck bereiten O. Crane und Th. E. Hollingshead[4] einen Teig aus 60 g Mehl, 0,5 g Hefe und 25 ccm Wasser, den sie 19 Stunden bei 30° halten. Darauf setzt man

[1] W. Ritter: Mitt. Lebensmittelunters. Hygiene 1938, **29**, 253.
[2] W. Rabak: Oil Fat Ind. 1931, 8, 373; C. 1931, II, 3562.
[3] Vgl. Seifensieder-Ztg. 1937, **64**, 971.
[4] O. Crane u. Th. E. Hollingshead: Oil and Soap 1938, **15**, 43; C. 1938, II, 211.

40 g Mehl, 11 g Fett, 0,5 g Natriumbicarbonat, 1 g Salz und 6 ccm Wasser hinzu, hält 5 Stunden bei 30° und backt 9 Minuten bei 250°, indem man dafür sorgt, daß das Gebäck nicht mit Metall in Berührung kommt. Nach Stehen über Nacht erhitzt man noch 7 Minuten auf 150° auf der Glasplatte und kühlt 3 Stunden aus. Hierauf hält man das Gebäck verschlossen bei 63° (145° F.) bis zum Auftreten der Ranzigkeit. Die Geschwindigkeit, mit der die ersten Zersetzungserscheinungen eintreten, bildet dann ein Maß für die Haltbarkeit. — Am Licht entwickelt sich zunächst ein unangenehmer Geruch, der als „talgig" bezeichnet wird, bevor die eigentliche Ranzigkeit einsetzt.

V. Speiseöle.
1. Begriffe und Zusammensetzung.

Speiseöle sind alle bei Raumtemperatur flüssigen Fette, sofern sie sich zur Ernährung eignen. Mit Ausnahme des vereinzelt verwendeten Schmalzöles (lard oil) sind alle Speiseöle pflanzlicher Herkunft. Man unterscheidet Tafelöle oder Salatöle, Konservenöle und Koch-, Brat- und Backöle.

Soweit unvermischte natürliche Pflanzenöle als Speiseöl in den Verkehr gelangen, wurden sie im Abschnitt Pflanzenöle, S. 411 behandelt. Vielfach werden aber auch Pflanzenöle verschiedener Art zur Erzielung einer gleichmäßigen Beschaffenheit miteinander vermischt und bilden dann Kunsterzeugnisse, die etwa den Kunstspeisefetten in flüssiger Form entsprechen. Da es sich aber nicht um „schweineschmalzähnliche" Zubereitungen handelt, gelten für diese Öle nicht die S. 655 genannten Sonderbestimmungen. Auch eine Herstellung von Speiseölen aus künstlich veränderten Produkten wie aus teilweise hydrierten Seetierölen oder aus Esterölen ist möglich, wenn sie auch in bedeutendem Maße bisher noch kaum ausgeführt worden ist.

Unzulässig ist Verwendung von Paraffinöl (Mineralöl) oder anderen Stoffen von Nichtfettcharakter, so von Fettalkoholen zur Speiseölbereitung.

Speiseöle gelten im allgemeinen als um so feiner, je heller sie sind. Meist sind sie von blaßgelber bis gelber, einige auch von grünstichiger Farbe wie Olivenöl. Rohe Öle werden auch in gelbbrauner, dunkelroter oder grünlichbrauner Farbe gehandelt.

Das älteste Speiseöl ist Olivenöl, in den besten Sorten von rein gelber, in den geringeren von mehr grünlicher Farbe. Die wichtigsten nur aus einem Pflanzenöl hergestellten Öle sind Olivenöl, Erdnußöl, Sojabohnenöl, Baumwollöl, Sesamöl, Sonnenblumenöl, Rüböl, Kürbiskernöl, auch Leinöl, Mohnöl, Maisöl, ferner Haselnuß-, Hanf- und Bucheckernöl.

Speiseöle besitzen einen angenehmen, oft artspezifischen Geruch und sollen auch nach der Raffination diesen Geruch noch erkennen lassen. Daher wird die Raffination unter milderen Bedingungen durchgeführt als bei Ölen für die Margarineherstellung.

Koch- und Bratöle werden hauptsächlich in Mittelmeergegenden, besonders in Spanien und Südfrankreich verbraucht, meist Olivenöle und Erdnußöl. Die Öle dürfen beim Braten nicht zu stark schäumen. Backöle dienen zum Bestreichen der Backformen oder auch der Backwaren selbst. Trocknende Öle sind dafür ungeeignet.

In der Konservierungsindustrie dienen Öle zum Einlegen von Fischen und zur Herstellung von Mayonnaise.

Geringe Mengen Speiseöle werden auch in der Reisschälerei und in Kaffeeröstereien zur Erzeugung glänzender Oberflächen verwendet.

Über japanische Speiseöle vgl. S. Ueno und Y. Ota[1].

---

[1] S. Ueno u. Y. Ota: Journ. Soc. chem. Ind. Japan 1937, **40** B, 291; Z. 1938, **76**, 89.

2. Überwachung des Verkehrs mit Speiseölen.

a) Sind Speiseöle nach der Pflanze bezeichnet, aus der sie gewonnen wurden, z. B. als Olivenöl, Erdnußöl, Sesamöl, so dürfen sie nur aus dem betreffenden Öl ohne Zumischung eines anderen bestehen. Zur Prüfung darauf verwendet man die bei den einzelnen Ölen angegebenen Methoden. Kommen dagegen Speiseöle unter allgemeiner Bezeichnung wie Speiseöl, Tafelöl, Mischöl, Backöl in den Verkehr, so kann es sich um beliebige Mischungen von unverdorbenen genießbaren Ölen handeln. Zusätze von Mineralöl (Paraffinöl) oder sonstigen unverseifbaren Stoffen sind aber auch in diesen Mischölen zu beanstanden.

Wäßrige Lösungen von Schleimstoffen, wie sie an Stelle von Salatöl in Zeiten von Ölmangel in den Verkehr gelangt sind, sind nicht geeignet, Salatöl als Öl zu ersetzen und dürfen daher nicht als Salatölersatz bezeichnet werden.

b) Speiseöle dürfen im Geruch und Geschmack keinerlei Anzeichen von Verdorbenheit oder Fremdgeschmack aufweisen. Ihr Säuregrad soll 8 nicht überschreiten.

c) Salat- und Konservenöle müssen ein völlig klares Aussehen („Spiegel") besitzen und kältebeständig, also bei niedriger Temperatur entsteariniert sein. In der Regel sollen sie bei 5⁰ noch klar bleiben.

VI. Mayonnaise[1].

Mayonnaise ist eine dicke Emulsion aus Speiseölen unter Zusatz von Salz und Gewürzessig und Eidotter als Emulsionsmittel. Mitverwendung von Milch- oder Fischeiweiß bei der Herstellung wird nicht beanstandet. Man erhält die Mayonnaise durch Einlaufenlassen von Öl in eine Mischung von Eidotter und Essig, auch unter Zusatz von Fleischbrühe, unter kräftigem Schlagen und Rühren. Die Mayonnaise dient ihrerseits wieder zur Anrichtung verschiedener Salate wie Fleischsalat, Heringssalat und Kartoffelsalat.

Remoulade ist eine nur mit Kräutern versetzte Mayonnaise mit mindestens 50% Fettgehalt.

Nach A. M. Field, B. H. Alexander und E. B. Sylvanus[2] wirkt in Ölwasseremulsionen auch ein Zusatz von Sojabohnenbrei stabilisierend, mehr durch seinen Protein- als durch den Lecithingehalt. Eine Mayonnaise, die an Stelle von Eigelb Sojamehl enthielt, war bei tiefer Temperatur haltbarer als Ei-Mayonnaise; sie zeigte jedoch große Empfindlichkeit gegen Zusatz von Gewürzen und insbesondere von Salz.

Zur Fettbestimmung in Mayonnaise empfiehlt H. Jesser[3] das Verfahren von Grossfeld mit Trichloräthylen nach Bd. II, S. 829. Auch bei der Fettbestimmung in Milch gebräuchliche Verfahren (vgl. Bd. III, S. 128) sind geeignet.

Buch-Literatur über Fette und Öle.

I. Allgemeine Untersuchung und Darstellung der Speisefette.

Benedikt-Ulzer: Analyse der Fette und Wachsarten, 5. Aufl. Berlin 1908. — A. Bömer: Allgemeine Methoden der Darstellung und Untersuchung der Fette. (E. Abderhalden: Handbuch der biologischen Arbeitsmethoden, Abt. I, 6.) Berlin 1925. — Codex Alimentarius Austriacus, Bd. III. Wien 1917. — Deutsches Arzneibuch, 6. Ausgabe. Berlin 1926. — Einheitliche Untersuchungsmethoden für die Fett- und Wachsindustrie, 2. Aufl. Stuttgart 1930. — J. Grossfeld: Anleitung zur Untersuchung der Lebensmittel. Berlin 1927. —

---

[1] Vgl. auch Holthöfer.

[2] A. M. Field, B. H. Alexander u. E. B. Sylvanus: Science (N. Y.) 1933, I, 91; Z. 1938, 76, 186.

[3] H. Jesser: Deutsch. Nahrungsm.-Rundschau 1934, 41; Z. 1937, 73, 481.

A. Grün: Analyse der Fette und Wachse sowie der Erzeugnisse der Fettindustrie. I. Band: A. Grün: Methoden. Berlin 1925. II. Band: W. Halden: Systematik. Analysenergebnisse. Bibliographie der natürlichen Fette und Wachse. Berlin 1929. — H. P. Kaufmann: Studien auf dem Fettgebiete. Berlin 1935. — Kaiserl. Gesundheitsamt: Entwürfe zu Festsetzungen über Lebensmittel. Heft 2: Speisefette und Speiseöle. Berlin 1912. — J. Lewkowitsch: Laboratoriumsbuch für die Fett- und Ölindustrie. — J. Marcusson: Laboratoriumsbuch für die Industrie der Öle und Fette. Halle 1911. — Metodi unitari d'analisi per le industrie Olearia, Stearica e Saponaria (L'Industria degli Olii e dei Grassi). Mailand 1924. — Richter, Damm u. v. Lilienfeld: Bakteriologische Untersuchungen in der Margarinefabrik. Heft V der Interessengemeinschaft der freien deutschen Öl- und Margarine-Industrie (Margoel). Hamburg 1934. — Schweizerisches Lebensmittelbuch, 4. Aufl. Bern 1937.

II. Technologie der Speisefette.

A. Allgemeine Technologie.

K. H. Bauer: Chemische Technologie der Fette und Öle. Berlin 1928. (Pareys Bücherei für chemische Technologie, Bd. 1.) — E. Böhm: Die Fabrikation der Fettsäuren. Stuttgart 1932. (Monographien aus dem Gebiete der Fett-Chemie, Bd. XIII.) — Bolton: Oils, fats and fatty foods. London 1928. — G. Bornemann: Die fetten Öle des Pflanzen- und Tierreichs. Weimar 1889. — P. Buttenberg: Speisefette und Speiseöle. (E. Abderhalden: Handbuch der biologischen Arbeitsmethoden, Abt. IV, Teil 8, Heft 1.) Berlin 1922. — J. Davidsohn: Die Bleichung der Öle, Fette, Wachse und Seifen. Berlin 1931. — J. Davidsohn u. K. Rietz: Fettberichte 1927—1930. Stuttgart 1932. — J. Davidsohn u. H. Stadlinger: Hilfsbuch für das Gebiet der Fette und Fettprodukte. Leipzig 1930. — A. Eisenstein: Speisefette und Speiseöle. In F. Ullmanns Enzyklopädie der technischen Chemie. Berlin u. Wien 1921. — G. D. Elsdon: Edible oils and fats. London 1926. — S. Fachini: L'industria delle materie grasse. Mailand 1909. — W. Fahrion: Fette, Wachse, Glycerin, Kerzen, Seifen. Muspratts Chemie, Erg.-Bd. I, 1. — J. Fritsch: Les huiles industrielles et leurs dérivés. Paris 1920. — Fryer u. Weston: Technical Hand-Book of Oils, fats and waxes. Cambridge 1917—1918. — W. Glikin: Chemie der Fette, Lipoide und Wachsarten. Berlin 1912. — G. Hefter: Technologie der Fette und Öle. Berlin 1908. — G. Hefter u. H. Schönfeld: Chemie und Technologie der Fette und Fettprodukte, Bd. I: Chemie und Gewinnung der Fette. Wien 1936. Bd. II: Verarbeitung und Anwendung der Fette. Wien 1937. — Hilditch: The Industrial Chemistry of the fats and waxes. London 1928. — D. Holde: Kohlenwasserstofföle und Fette, 6. Aufl. Berlin 1924. — Ad. Jolles: Chemie der Fette, 2. Aufl. Straßburg 1912. — H. P. Kaufmann: Fette und Wachse. In G. Kleins Handbuch der Pflanzenanalyse. Wien 1932. — O. Lange: Chemisch-Technische Vorschriften, Bd. III: Harze, Öle und Fette. Leipzig 1923. — J. B. Leathes u. H. S. Raper: The fats, 2. Aufl. 1925. — H. H. Lemmél: Gewinnung, Veredlung und Verarbeitung der Öle und Fette. Berlin 1932. — Lewkowitsch-Warburton: Chemical Technology and Analysis of oils, fats and waxes, 6. Aufl. (Herausgeber: W. H. Warburton.) London 1921—1923. — K. Löffl: Chemische Technologie der Fette und Öle. Braunschweig 1926. — C. Lüdecke: Die Wachse und Wachskörper. Stuttgart 1926. — E. Mayerhofer u. C. Pirquet: Lexikon der Ernährungskunde. Wien 1923. — Myddleton u. Barry: Fats natural and synthetic. London 1924. — F. Pax u. W. Arndt: Die Rohstoffe des Tierreichs. Berlin 1930. — P. Pollatschek: Raffination der Öle und Fette. Stuttgart 1927. — P. Rivals u. L. Margaillan: Matières Grasses et Industries dérivées. Cires. Paris 1934. — C. Schädler: Technologie der Fette und Öle des Pflanzen- und Tierreiches, 3. Aufl. Berlin 1892. — H. Schönfeld: Neuere Verfahren zur Raffination von Ölen und Fetten. Berlin 1931. — O. Steiner: Industrie der Fette und Seifen. Dresden 1925. — C. Stiepel: Chemische Technologie der Öle, Fette, Wachse usw. Leipzig 1911. — J. Swoboda: Technologie der technischen Öle und Fette. Stuttgart 1931. — L. Ubbelohde u. L. Goldschmidt: Handbuch der Chemie und Technologie der Fette und Öle, 2. Aufl. Leipzig 1926—1932. — F. Ulzer u. J. Klimont: Allgemeine und physiologische Chemie der Fette. Berlin 1906.

B. Pflanzenfette.

Chalmers: The production and Treatment of vegetable Oils. London 1920. — K. H. Bauer: Die trocknenden Öle. Stuttgart 1928. (Monographien aus dem Gebiete der Fettchemie, Bd. XI.) — Eibner: Über fette Öle, Leinölersatzmittel und Ölfarben. München 1922. — W. Fahrion: Die Chemie der trocknenden Öle. Berlin 1911. — H. Fincke: Die Kakaobutter und ihre Verfälschungen. Stuttgart 1929. — J. Fritsch: Fabrication et raffinage des huiles végétales, 3. Ed. Paris 1922. — P. Haas u. T. G. Hill: An introduction to the chemistry of plant products, 2. Aufl. London 1929. — S. Iwanow: Die Lehre von den Pflanzenölen. Moskau 1924. — G. S. Jamieson: Vegetable Fats and Oils. New York 1932. — H. Jumelle: Les huiles végétales. Paris 1921.

C. Tierische Fette.

L. E. Andès: Animalische Fette und Öle. Wien u. Leipzig 1924. — P. Chabre: Les huiles de foie de morue. Paris 1936. — J. Fritsch: Fabrication et raffinage des huiles et graisses d'origine animale, 2. Ed. Paris 1927. — C. H. Hudtwalcker: Walfang. Hamburg-Oslo 1937. — W. Ludorff: Wal, Fang und Ausbeutung für die deutsche Volksernährung. Leipzig 1938.

D. Margarine und künstlich veränderte Fette.

Carleton-Ellis: The hydrogenation of oils, 2. Aufl. London 1920. — W. Clayton: Margarine (engl.). London 1920. Theorie der Emulsionen und der Emulgierung. Deutsche Ausgabe, Berlin 1924. — H. H. Franck: Die Verwertung von synthetischen Fettsäureestern als Kunstspeisefette. Braunschweig 1921. — J. Fritsch: Fabrication de la Margarine et des graisses alimentaires. Paris 1925. — J. Klimont: Die neueren synthetischen Verfahren der Fettindustrie. Leipzig 1916. — V. Lang: Die Fabrikation der Kunstbutter (Margarine), Kunstspeisefette und Pflanzenbutter, 5. Aufl. Wien u. Leipzig 1923. — O. Lange: Technik der Emulsionen. Berlin: Julius Springer 1929. — G. Lebbin: Margarine. Herstellung, Eigenschaften, Verkehr. Leipzig 1926. — P. Pollatschek: Die Fabrikation der Margarine. Stuttgart: Wissenschaftliche Verlagsgesellschaft 1923. — H. Schönfeld: Die Hydrierung der Fette. Berlin 1932. — Wegener: Nationale Fettwirtschaft. Teil I: Margarine und Öle. Kempten im Allgäu 1933. Teil II: Butter und Käse, 1934. — A. Weis: Margarine. In Muspratts Chemie, Erg.-Bd. IV, 2.

Mikroskopische Untersuchung
der ölliefernden Samen und Früchte.

Von

Professor **DR. C. GRIEBEL**-Berlin.

Mit 111 Abbildungen.

Die größere Anzahl der ölreichen Samen und Früchte dient nicht dem unmittelbaren Genuß, sondern ganz überwiegend oder ausschließlich der Gewinnung von Öl durch Pressung oder Extraktion. Die hierbei anfallenden Rückstände (Preßkuchen oder Extraktionsschrot) sind in mikroskopischer Hinsicht hier gleichwohl von Interesse, weil sie ihres Eiweißreichtums wegen als wertvolle Futtermittel in den Verkehr kommen, die einerseits der Verfälschung unterliegen, andererseits auch selbst gelegentlich als Fälschungsmittel für Gewürze und ähnliche vegetabilische Stoffe Verwendung finden. Bei einer Anzahl von Ölsamen tritt die Ölgewinnung gegenüber der Verwendung zum unmittelbaren Genuß mehr in den Hintergrund oder fällt praktisch auch ganz weg. Hierher gehören die gewöhnlich als Schalenobst bezeichneten Nüsse und Mandeln, die zugleich in der Feinbäckerei und Konditorei ausgedehnte Verwendung finden und dort auch durch Samen von ähnlichen Eigenschaften ersetzt werden.

Obwohl man bei der mikroskopischen Untersuchung von Preßkuchen überwiegend Flächenbilder der einzelnen Gewebe zu Gesicht bekommt, ist für das Verständnis der histologischen Verhältnisse gleichwohl die genaue Kenntnis der Lage der einzelnen Gewebeschichten zueinander unerläßlich. Die bei histologischen Untersuchungen üblichen Querschnittsbilder können daher auch hier keineswegs entbehrt werden. Bei einigen Samen sind die Querschnittbilder für die Diagnose sogar besonders wertvoll.

Das für die Untersuchung zu wählende Verfahren richtet sich stets nach der Beschaffenheit des betreffenden Materials, die sich zumeist aus der informatorischen Prüfung ergibt. Hat man z. B. ein lediglich Extraktionsschrot enthaltendes Objekt vor sich, so erübrigt sich die Anwendung von Fettlösungsmitteln, weil das Fett in diesem Falle bereits bis auf Spuren entfernt ist. Preßrückstände (Ölkuchen) enthalten dagegen oft noch wesentliche Mengen Öl und müssen daher zunächst einer Behandlung mit Äther oder anderen Fettlösungsmitteln unterzogen werden. Die weitere Aufhellung erfolgt dann am besten durch Erwärmen mit konzentrierter Chloralhydratlösung. Bei zu starker Dunkelfärbung der Objekte muß man zuvor eine Bleichung vornehmen, die am besten in der üblichen Weise mit JAVELLEscher Lauge (vgl. Bd. II, 1, S. 512) erfolgt.

TH. DIETRICH und A. HEBEBRAND wenden statt der in ihrer Wirksamkeit nicht immer zuverlässigen JAVELLEschen Lauge 7 %ige Sodalösung an, in die sie 10—15 Minuten Chlor einleiten, mit der Vorsicht, daß die Flüssigkeit stets alkalisch bleibt. Das Chlor wirkt hierbei auf das in der Sodalösung verteilte Pulver sehr kräftig ein, so daß nur die Absonderung und Auswaschung des Pulvers mit Wasser notwendig ist. H. HUSS hat für die Anwendung von Chlor einen einfachen und brauchbaren Apparat (Abb. 1) beschrieben, in dem das Chlor durch Zersetzung von Chlorkalkwürfeln mit Salzsäure entwickelt wird. Durch den unter dem Chlorkalkbehälter angebrachten Hahn kann die zurückgedrängte Säure von dem Chlorkalkraum vollständig getrennt werden, wodurch eine weitere Chlorentwicklung unmöglich wird.

Bei der Futtermitteluntersuchung erfolgt die Vorbereitung für die mikroskopische Prüfung nach entsprechender Entfettung oft auch durch Säure-Lauge-Behandlung nach Art der Rohfaserbestimmung. Zu berücksichtigen ist, daß hierbei fast alle Zellinhaltsstoffe entfernt werden.

Größere Samenteilchen werden bei der Vorbereitung für die Untersuchung ausgelesen, da sie für die Herstellung von Querschnitten sehr wichtig sind. Um von unverletzten Cruciferensamen brauchbare Schnitte zu bekommen, drückt man sie zur Fixierung am besten in erweichtes Paraffin ein.

Nur wenige Ölsamen enthalten im ausgereiften Zustand wesentliche Mengen Stärke, nämlich Erdnuß, Anakardiensamen, Zirbelnuß. In beschränkter Menge kommt Stärke außerdem bei Haselnuß, Pineolen, Sapucajanuß und bei bestimmten Sorten der im Bd. V unter Leguminosen behandelten Sojabohne, mitunter auch bei Bucheckern vor.

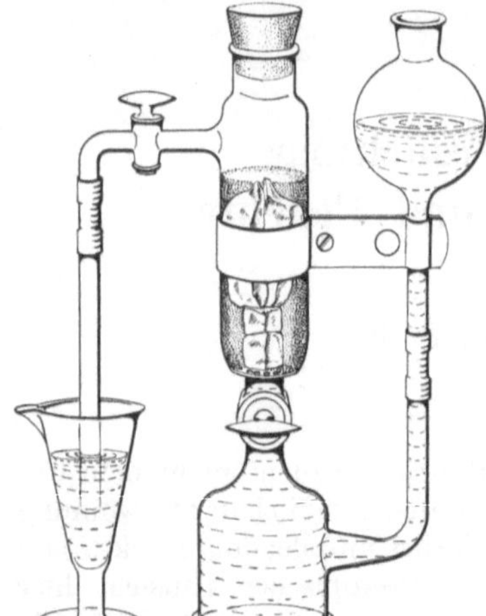

Abb. 1. Chlorentwicklungsapparat.
(Nach H. Huss.)

I. Ölfrüchte und -Samen, die ganz überwiegend oder ausschließlich der Ölgewinnung dienen.

1. Olive. Die Oliven sind die Früchte des im Mittelmeergebiete beheimateten Ölbaumes (Olea europaea L. — Oleaceae). Sie werden für Genußzwecke mit Alkalicarbonat entbittert und finden dann im konservierten Zustand, und zwar noch unreif (grün) in Salzwasser eingemacht, oder reif, meist getrocknet, als Nachspeise Verwendung. Die weitaus größte Menge der Früchte dient aber der Gewinnung des im Fruchtfleisch enthaltenen Öles (vgl. S. 461 b). Die Preßrückstände finden als Tierfutter Verwendung und sind vielfach auch zur Verfälschung von Gewürzen gebraucht worden (vgl. Bd. VI, S. 422).

Die Olive ist eine 2—3 cm lange Steinfrucht, im reifen Zustande dunkel purpurn bis schwarzblau. Der schlanke, braune Steinkern (Endokarp) umschließt einen kleinen, ölreichen Samen.

Die Epidermis der Fruchtwand setzt sich aus polyedrischen, derbwandigen Zellen zusammen, die gleich dem darunter liegenden Parenchym im reifen Zustande dunklen, körnigen Inhalt führen, der mit konzentrierter Schwefelsäure intensiv rot wird. Das sehr ölreiche Mesokarp besteht aus dünnwandigen Zellen, zwischen die eigenartige, stark verzweigte und verdickte Steinzellen von sehr unregelmäßiger Gestalt (sog. Idioblasten) eingestreut sind (Abb. 2).

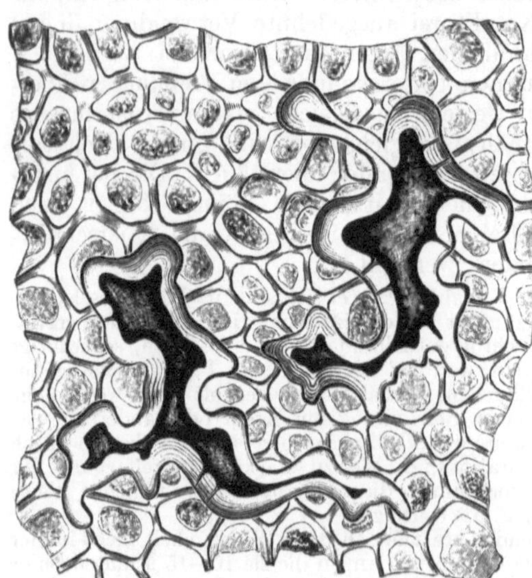

Abb. 2. Olive, Fruchtoberhaut von innen, mit zwei Idioblasten des Fruchtfleisches. (J. Moeller.)

Über die Erkennung der gemahlenen Oliventrester vgl. Bd. VI, S. 422.

2. Palmenfrüchte (Cocosnuß, Palmnuß). a) Cocosnuß. Die Frucht der Cocospalme (Cocos nucifera L.), die Cocosnuß, enthält in einer bis 6 mm dicken Steinschale, dem Endokarp (Abb. 3) einen 10—12 cm großen Samen, der im zerschnittenen Zustand als Kopra in den Handel kommt. Aus der zerkleinerten Kopra wird das Cocosfett (vgl. S. 429) gewonnen; die Preßrückstände finden als Tierfutter Verwendung und haben gelegentlich als Fälschungsmittel für Gewürze gedient (vgl. Bd. VI, S. 425). Geschnitzelte oder geraspelte Cocoskerne finden in der Bäckerei und Konditorei Verwendung (Cocosmakronen u. dgl.).

Der Same ist von einer dünnen, braunen Schale bedeckt, die einerseits dem Endokarp, andererseits dem Samenkern angewachsen und reichlich von verzweigten Leitbündeln durchzogen ist. Das fast kugelige Endosperm bildet einen 1—2 cm dicken, weißen Hohlkörper von etwa mandelartiger, aber mehr faseriger Konsistenz, der bei unreifen Früchten eine während des Reifeprozesses allmählich verschwindende milchige Flüssigkeit (Co-

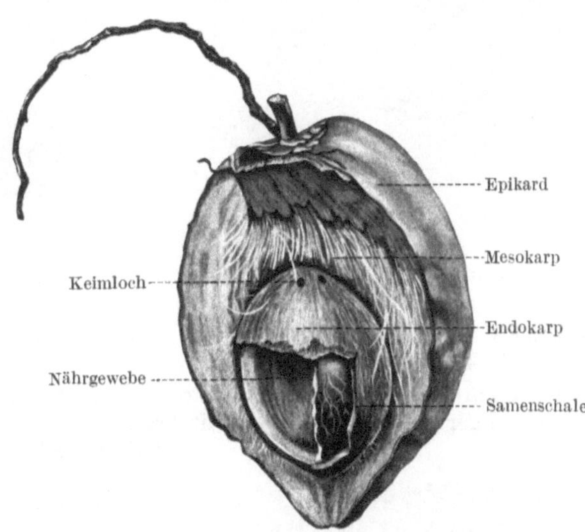

Abb. 3. Aufgebrochene Cocosnuß. (A. L. Winton.)

cosmilch) enthält. Der Keimling ist, wie bei allen Palmen, nur sehr klein.

Über die Zellelemente der harten Steinschale vgl. Bd. VI, S. 422.

Der auf dem Kern befindliche Teil der Samenschale (Abb. 4 A) zeigt außen Gruppen von wenig verdickten Steinzellen und gleichmäßig braun gefärbte, dünnwandige, gestreckte Zellen. Weiter nach innen werden die braunwandigen Zellen isodiametrisch. Zwischen ihnen finden sich Leitbündel mit engen Spiralgefäßen. Die Endospermzellen (B) sind in den äußeren Schichten fast isodiametrisch (etwa $50\,\mu$), weiter nach innen zu dagegen stark radial gestreckt bis $300\,\mu$ lang. Ihre Wände sind etwa $3\,\mu$ dick und zeigen nur vereinzelte breite, bei der Untersuchung in Lauge deutlicher erkennbare Tüpfel.

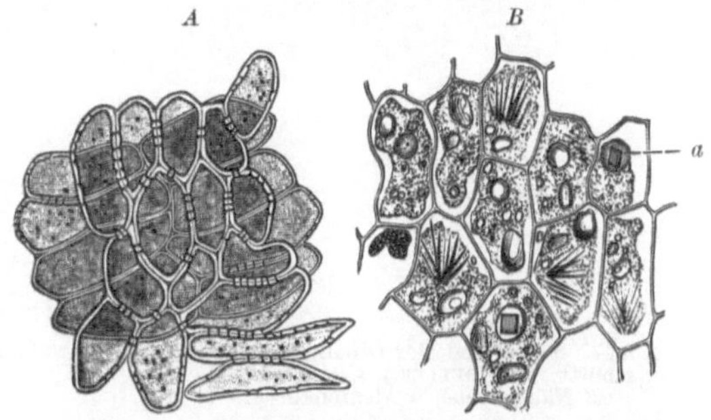

Abb. 4. Samengewebe der Cocosnuß. (J. Moeller.) A Schalenparenchym, B Nährgewebe mit Fett und Aleuron a.

Im fettreichen Zellinhalt finden sich große Aleuronkörner mit je einem bis $25\,\mu$ messenden Krystalloid.

Über die Erkennung gemahlener Cocosnußpreßkuchen vgl. auch Bd. VI, S. 425.

b) Palmkern. Die Steinfrüchte der im tropischen Afrika heimischen Ölpalme (Elaeis guineensis L.), die sog. Palmnüsse (Abb. 5), sind eiförmig, durch gegenseitigen Druck etwas abgeflacht, durchschnittlich 2,5 cm lang. Sie sind durch zähfaseriges, ölhaltiges Fruchtfleisch ausgezeichnet, das einen schwärzlichen, unregelmäßig dreikantigen Steinkern umgibt. Das schwarze, harte Endokarp umschließt einen bis 2,5 cm langen, unregelmäßig eirunden Samen (Abb. 6). Während man unter „Palmöl" das aus dem Fruchtfleisch gewonnene Öl (vgl. S. 413) versteht, bezeichnet man das Samenfett als „Palmkernöl" (vgl. S. 432). Die aus den Samen erhaltenen Preßrückstände sind ein

Abb. 5. Früchte der Ölpalme, natürliche Größe. (Phot. C. GRIEBEL.)

Abb. 6. Samen der Ölpalme, natürliche Größe. (Phot. C. GRIEBEL.)

wertvolles Futtermittel und dienen gelegentlich zur Gewürzfälschung (vgl. Bd. VI, S. 424).

Die Samenschale (Abb. 7 *s*) wird aus mehreren sich kreuzenden Schichten dünnwandiger gestreckter Zellen mit braunem Inhalt gebildet. Der Außenseite haften noch Steinzellen des Endokarps an.

Der Samenkern, der praktisch nur aus Endosperm besteht, zeigt etwas

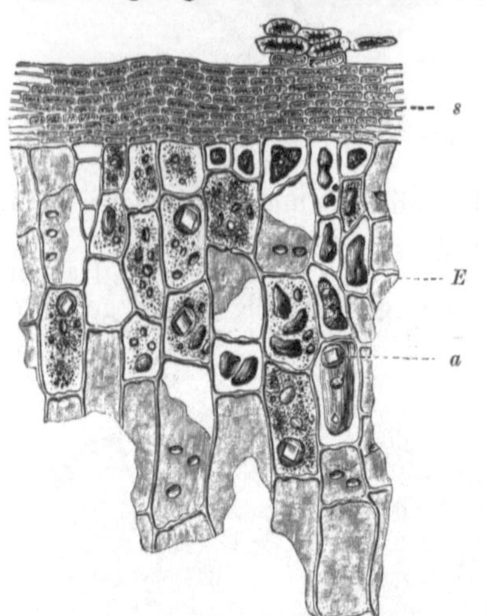

Abb. 7. Samenrand der Ölpalme im Querschnitt. (J. MOELLER.) *s* Samenschale, *E* Nährgewebe, *a* Aleuronkörner.

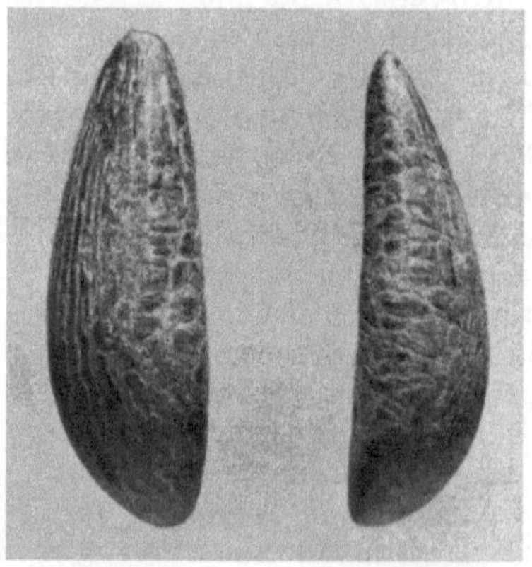

Abb. 8. Babassukerne (Orbignya Martiana), natürliche Größe. (Phot. C. GRIEBEL.)

dickwandigere und deutlicher getüpfelte Zellen (Abb. 7 *E*) als bei der Cocosnuß, bei der knotige Wandverdickungen an Schnitten kaum erkennbar sind.

Über die Erkennung der Preßrückstände vgl. Bd. VI, S. 424).

c) Von sonstigen Palmensamen, die zuweilen zur Einfuhr gelangen und zur Gewinnung von Fett dienen, seien noch die aus Brasilien kommenden Babassukerne erwähnt (Abb. 8), als deren Stammpflanze Orbignya Martiana Barb. Rodr. gilt. Die Endospermzellen sind in den äußeren Schichten nur wenig getüpfelt, in den inneren Schichten weist die Zellwand dagegen große runde oder ovale Poren auf (Abb. 9). Die Aleuronkörner sind klein. Über Babassufett vgl. S. 434.

3. Raps, Rübsen und andere Cruciferensamen. Von den Cruciferen sind es besonders die Raps- und Rübsen-Varietäten, die zwecks Ölgewinnung angebaut werden (vgl. S. 497). In geringem Umfang gilt dies auch für Leindotter (vgl. S. 500), und schließlich werden auch bestimmte Senfsorten zuweilen zur Gewinnung von fettem Öl herangezogen (vgl. S. 499). Die Senfarten wurden bereits in Bd. VI behandelt (s. unter Gewürze, S. 504f.), wo auch der allgemeine Bau der Cruciferensamen eingehend beschrieben ist.

a) Raps. Raps oder Kolza (Brassica napus L.) wird in fast allen europäischen Ländern in verschiedenen Varietäten angebaut. Die 1,5 bis 2,5 mm großen Samen (Abb. 10) sind kugelig, dunkelbraun, matt, bei Lupenvergrößerung fein punktiert, aber nicht deutlich genetzt.

Die zusammengefallenen Außenschichten bilden eine Membran von undeutlicher Struktur und ohne Schleimbildung. Die Becherzellen

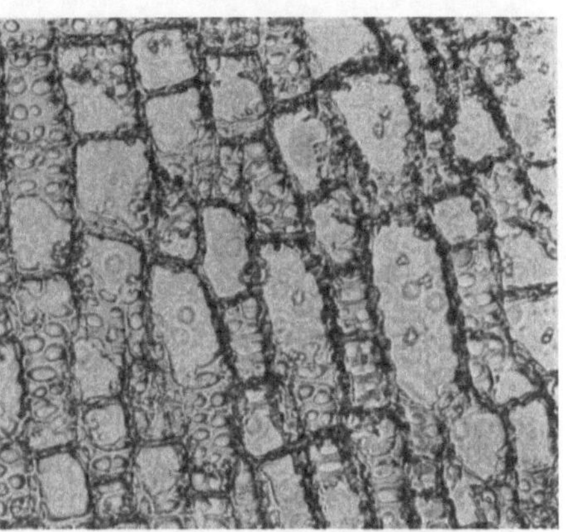

Abb. 9. Babassukern, Querschnitt durch das innere Endosperm. Vergr. 1 : 110. (Phot. C. GRIEBEL.)

(Sklereiden) mit rotbrauner Membran sind etwa gleich hoch (25—30 μ), 8—20 μ breit. Die Verdickungen reichen bis zur oberen Zellwand. Ihr Lumen ist etwa so breit wie die Dicke der umgebenden Wände (Abb. 11). Die inneren Schichten der Schale (Pigmentschicht, Aleuronschicht, hyaline Schicht) zeigen nichts Bemerkenswertes. Das gleiche gilt für das Gewebe des öl- und aleuronreichen Keimlings.

Bei der Untersuchung der Ölkuchen fallen neben den massenhaft vorhandenen Trümmern des Keimlingsgewebes, das bei Laugezusatz eine gelbe Färbung annimmt, die dunkelbraunen Bruchstücke der Samenschale (Abb. 11) auf.

Abb. 10. Rapssamen (Brassica napus L.). Vergr. 1 : 9. (Phot. C. GRIEBEL.)

b) Indischer Raps (Abb. 12). Der indische Raps (Brassica napus L. var. dichotoma PRAIN) ist eine in Indien viel angebaute Varietät des gewöhnlichen Rapses, deren Samen sich in morphologischer und anatomischer Hinsicht von unserem Raps nicht unterscheiden, wenn man von der etwas gröberen Punktierung der Samenschale absieht. Nach GASSNER enthält die Handelsware als Leitelemente die Samen von Eleusine (vgl. Bd. V), von Sarson (s. u.) und von indischem Braunsenf (s. Bd. VI, S. 508).

c) Sarson. Der indische Sarson oder Indian Kolza (Brassica napus L. var. glauca [ROXB.] O. E. SCHULZ = Brassica campestris var. Sarson PRAIN)

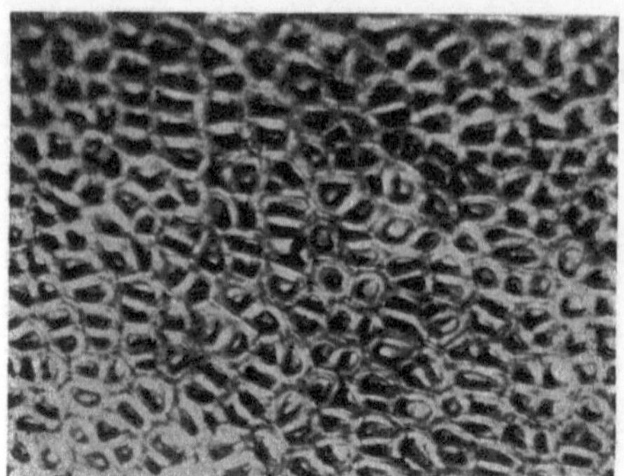

Abb. 11. Schale des Raps in der Flächenansicht. Vergr. 1 : 200. (Phot. C. Griebel.)

Abb. 12. Indischer Raps (Brassica napus var. dichotoma Prain). Vergr. 1 : 9. (Phot. C. Griebel.)

ist von den vorstehenden Arten makroskopisch und mikroskopisch unterscheidbar. Die etwas eckig erscheinenden Samen (Abb. 13) sind hellgelb, etwa 2 mm groß, fast glatt, bei Lupenvergrößerung meist fein punktiert. Neben den hellen Samen kommen in geringer, seltener in größerer Menge, auch braune Samen vor.

An Querschnitten erkennt man, daß die äußeren Schichten der Samenschale zusammengedrückt sind. Die Sklereiden sind farblos, gleich hoch — daher keine Maschenzeichnung —, stark verdickt. Auch die sog. Pigmentschicht ist farblos, die Aleuronschicht zuweilen doppelt. Flächenpräparate zeigen die farblosen, stark verdickten, bis 20 μ breiten Sklereiden, außerdem die Aleuronschicht, dagegen keine deutlichen Epidermiszellen (Unterschied vom weißen Senf, vgl. Bd. VI, S. 510).

Die braunen Körner des Sarson sind vom gewöhnlichen Raps nur durch die englumigen Sklereiden zu unterscheiden.

d) Rübsen. Die Samen des Rübsen (Brassica Rapa L.) (Abb. 14) sind etwas kleiner (etwa 1,5 mm) als die Rapssamen. Bei Lupenvergrößerung ist eine sehr feine, nicht

Abb. 13. Sarson (Brassica napus var. glauca). Vergr. 1 : 9. (Phot. C. Griebel.)

bei allen Körnern gleich ausgeprägte Felderung zu erkennen. Diese kommt dadurch zustande, daß in der Sklereidenschicht niedrigere Zellen mit wenig höheren abwechseln. Die anatomischen Verhältnisse sind im übrigen die gleichen wie bei Raps, jedoch zeigen die Sklereiden (Becherzellen) beim Rübsen

ein engeres, mehr kreisförmiges Lumen, das in der Regel kleiner ist als die Dicke der Zellwände (Abb. 15). An Flächenpräparaten der Sklereidenschicht ist eine Maschenzeichnung angedeutet.

e) **Leindotter.** Der Leindotter (Camelina sativa L.) ist ein häufiges Ackerunkraut. Seine Samen kommen daher als Verunreinigung in Lein und Raps vor. Er wird aber in verschiedenen Ländern in geringem Umfang auch als Ölsaat angebaut. Die länglichen Samen (Abb. 16) sind gelbbraun, 1,5 mm lang, feinkörnig, nicht genetzt. Das Würzelchen tritt als Längsrippe deutlich hervor.

Abb. 14. Rübsen (Brassica Rapa L.). Vergr. 1 : 9.
(Phot. C. GRIEBEL.)

Die **Oberhautzellen** (Abb. 17) sind 50—80 μ groß und durch eine axiale Schleimsäule ausgezeichnet, deren Durchmesser etwa $^1/_3$ der Zellbreite beträgt. An Flächenpräparaten (Abb. 18) erscheint die Schleimsäule als Ring mit hellerem

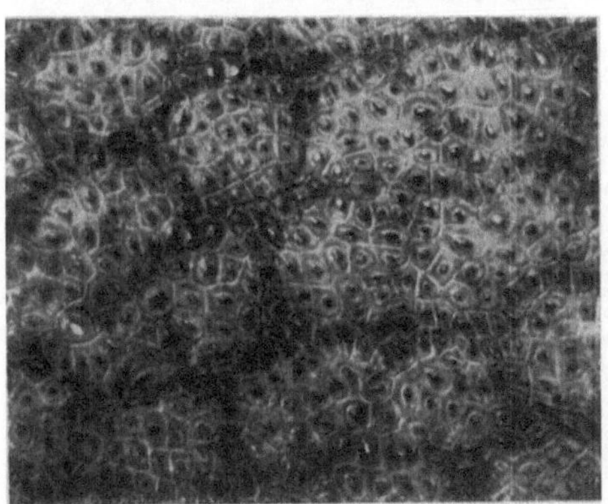

Abb. 15. Rübsen (Brassica Rapa L.), Samenschale in der Flächenansicht. Vergr. 1 : 200. (Phot. C. GRIEBEL.)

Abb. 16. Leindottersamen (Camelina sativa). Vergr. 1 : 5. (Phot. C. GRIEBEL.)

oder dunklerem Zentrum. Die durch die Oberhaut gut sichtbaren Sklereiden sind sehr niedrig, aber breit (45—90 μ). Die übrigen Gewebe zeigen keine charakteristischen Merkmale. An den großen, flachen Sklereiden und den darüber liegenden Epidermiszellen ist Leindotter in Ölkuchen leicht zu erkennen.

Von Cruciferen, die als **Unkräuter** in Ölsaaten vorkommen, sind Raphanus raphanistrum, Thlaspi und Lepidium zu nennen.

f) **Hederich.** Die Frucht des Hederichs (Raphanus raphanistrum L.) ist eine Gliederschote, die in jedem Teilstück einen braunen, etwa 2,5—3 mm großen Samen enthält. Da Hederich ein sehr verbreitetes Ackerunkraut ist, finden sich Teile der Samen und der Fruchtwand nicht selten in Leinkuchen, auch in Getreidekleien. Nach König kommen auch mitunter nur aus Hederichsamen und Ackersenf (vgl. Bd. VI, S. 509) bestehende Ölkuchen in den Handel.

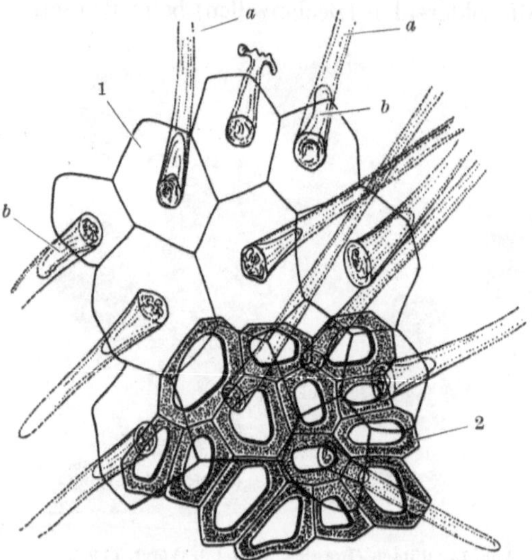

Abb. 17. Samenschale des Leindotters in der Fläche.
1 Epidermis, *a* die schlauchförmige Quellung des Schleimes,
b die kegelförmige Innenmembran der Zellen zeigend,
2 Sklereidenschicht. Vergr. 1 : 200. (Nach C. Böhmer.)

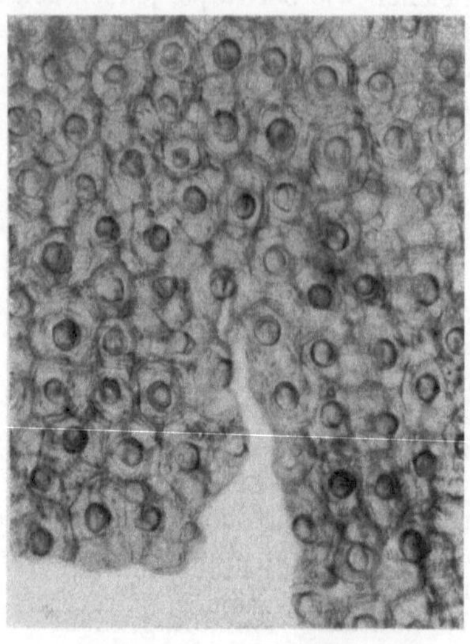

Abb. 18. Samenschale des Leindotters in der
Flächenansicht (Glycerinpräparat).
Vergr. 1 : 110. (Phot. C. Griebel.)

Die Epidermis der Fruchtwand trägt kleine Spaltöffnungen, die von 3 ungleich großen Zellen umgeben sind. Die Faserzellen des Mesokarps sind verdickt und getüpfelt, nach verschiedenen Richtungen hin orientiert. Sie gehen allmählich in wenig verdickte parenchymatische Zellen über. Die Samen (Abb. 19) sind sehr fein genetzt. Ihre Schale enthält eine hellbraune Sklereidenschicht aus kleinen Zellen mit darüber liegendem dunklem Schattennetz.

g) **Pfennigkraut.** Die Samen des **Pfennigkrautes** (Thlaspi arvense L.), die namentlich im Lein und Raps als Verunreinigung vorkommen, sind etwa mohnkorngroß, länglich, eigenartig gerippt (Abb. 20). Die Sklereiden der Samenschale sind sehr

Abb. 19. Hederichsamen (Raphanus raphanistrum L.).
Vergr. 1 : 9. (Phot. C. Griebel.)

stark verdickt und ungleich hoch. Charakteristisch ist, daß die höheren Sklereiden, die wegen ihrer Höhe in der Flächenansicht zugleich dunkler erscheinen, reihenweise angeordnet sind. Auf diese Weise kommt in mikroskopischen Flächenbildern (Abb. 21) eine parallele Streifung zustande, wobei die schmalen, dunklen Streifen den an der Samenschale hervortretenden erhabenen Leisten entsprechen.

h) **Kresse.** In den Ölsaaten kommen die Samen verschiedener Kressearten vor, wie Lepidium sativum L. und L. campestre Br. Die Samen der Gartenkresse (Lepidium sativum) sind 2—3 mm groß, braun, etwas abgeflacht und der Länge nach gefurcht (Abb. 22). Die stark quellbaren Epidermiszellen der Samenschale sind in der Flächenansicht regelmäßig polygonal, im Querschnitt leicht gestreckt. An Flächen- und Querschnitten erkennt man ein unregelmäßig gefaltetes oder zackiges Schleimzentrum (Abb. 23). Meist tritt der konzentrisch geschichtete Schleim nicht aus (Greger). Die unter der Epidermis liegende Sklereidenschicht ist braun, die Zellen (c) sind dickwandig, aber ziemlich weitlumig.

Die schwarzbraunen, bis 2 mm langen Samen der Feldkresse (Lepidum campestre Br.) sind ähnlich gebaut wie die der Gartenkresse, doch ist der Schleim in den Epidermiszellen um ein schmal kegelförmiges, oft knopfig endigendes Säulchen konzentrisch geschichtet. Die

Abb. 20. Samen des Pfennigkrautes (Thlaspi arvense L.). Vergr. 1 : 10. (Phot. C. Griebel.)

Sklereiden sind englumig, palisadenartig gestreckt, das Lumen von braunem Farbstoff erfüllt.

i) **Hirtentäschel.** Die Samen von Capsella bursa pastoris L. finden sich häufig in Lein- und Rapskuchen. Sie gleichen in Form und Farbe den

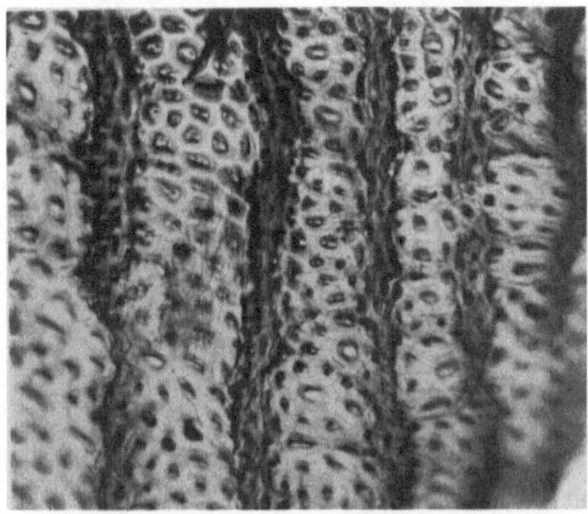

Abb. 21. Thlaspi arvense L., Samenschale in der Flächenansicht. Vergr. 1 : 110. (Phot. C. Griebel.)

Abb. 22. Samen der Gartenkresse (Lepidium sativum). Vergr. 1 : 5. (Phot. C. Griebel.)

Leindottersamen, sind aber nur halb so groß. Auch im Bau sind sie diesen sehr ähnlich. Die zentrale Schleimsäule quillt jedoch selten aus den gallertig aufquellenden Oberhautzellen heraus. Die Sklereiden sind durchschnittlich 30 μ, höchstens 60 μ breit.

4. Leinsamen. Die Leinsamen (Linum usitatissimum L. — Linaceae) dienen hauptsächlich zur Herstellung von Öl (vgl. S. 480). Die Preßrückstände stellen ein wertvolles Futtermittel dar. Gemahlene Leinsamen, zum Teil angeblich

„bestrahlt", haben neuerdings auch häufiger zur Herstellung von diätetischen Mitteln Verwendung gefunden. Gemahlene Leinsamenpreßkuchen — die Rückstände der Ölgewinnung — werden häufig für pharmazeutische Zwecke gebraucht und sind außerdem ein bekanntes Verfälschungsmittel für bestimmte Gewürze, wie Pfeffer (vgl. Bd. VI, S. 425); unzerkleinerte Leinsamen finden sich in Teegemengen verschiedener Art.

Die Leinsamen (Abb. 24) sind länglich eiförmig, seitlich flachgedrückt, auf

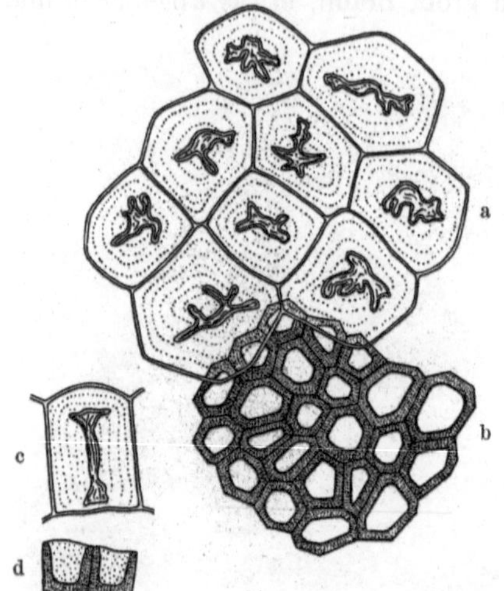

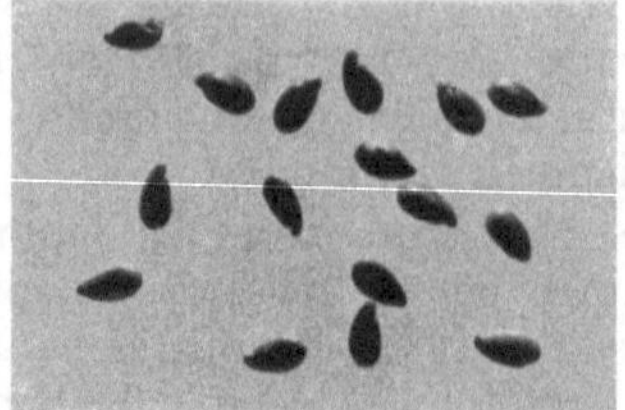

Abb. 23.   Abb. 24.

Abb. 23 a—d. Kressesamen. Epidermis: a in der Fläche, c im Querschnitt; Sklereiden: b Flächenansicht, d im Querschnitt. Vergr. 1 : 200. (G. Gassner.)

Abb. 24. Leinsamen, natürliche Größe. (Phot. C. Griebel.)

der Oberfläche glänzend braun, etwa 4—5 mm lang. Unter der Lupe erscheinen sie undeutlich punktiert. Ein Querschnitt durch den mittleren Teil zeigt das

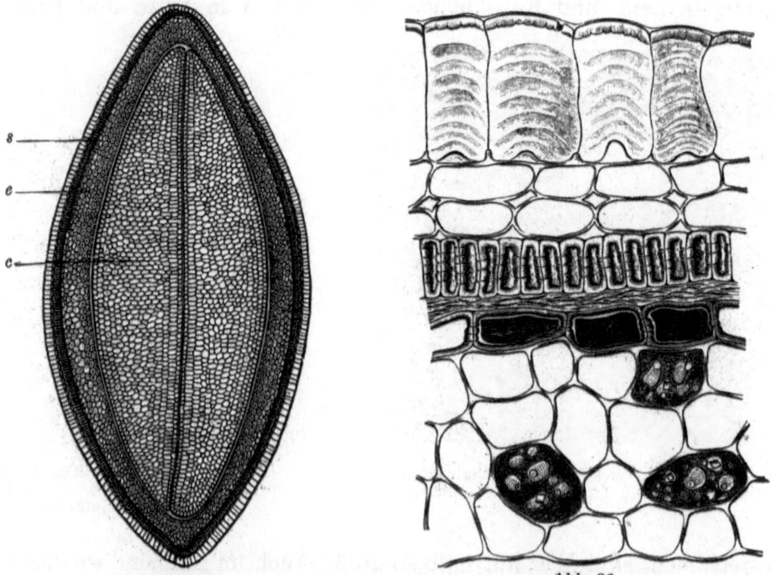

Abb. 25.   Abb. 26.

Abb. 25. Leinsamen im Querschnitt: c Keimblätter, e Endosperm, s Samenschale. Vergr. 1 : 15. (J. Moeller.)

Abb. 26. Leinsamenschale im Querschnitt. (J. Moeller.)

in Abb. 25 wiedergegebene Lupenbild. Man erkennt in der Mitte die großen Keimblätter, die von einem schmaleren Endosperm umschlossen sind. Bei stärkerer Vergrößerung läßt ein Querschnitt durch die Schalenpartie (Abb. 26) folgende anatomische Beschaffenheit erkennen (vgl. auch die Flächenbilder in Abb. 27).

Die Oberhaut der Samenschale besteht aus farblosen, in der Flächenansicht polygonalen Zellen, die bei Wasserzutritt (Alkohol- oder Glycerinpräparat) stark aufquellen, wobei die Cuticula gesprengt wird. Darunter liegt ein 1—2reihiges Parenchym aus rundlichen, in der Flächenansicht oft ringförmigen Zellen (Ringzellenschicht), die häufig größere Intercellularen aufweisen. Hierauf folgt eine Längsfaserschicht, die an Querschnitten als einfache Lage palisadenartiger, stark verdickter und dicht getüpfelter gelber Zellen erscheint. Diese Fasern werden rechtwinklig gekreuzt von sehr zartwandigen Querzellen, die oft nur als Querstreifung der Faserschicht erkennbar sind. Sehr charakteristisch ist die als letzte folgende Pigmentschicht. Sie besitzt in der Flächenansicht annähernd quadratische oder polygonale, sehr fein getüpfelte Zellen

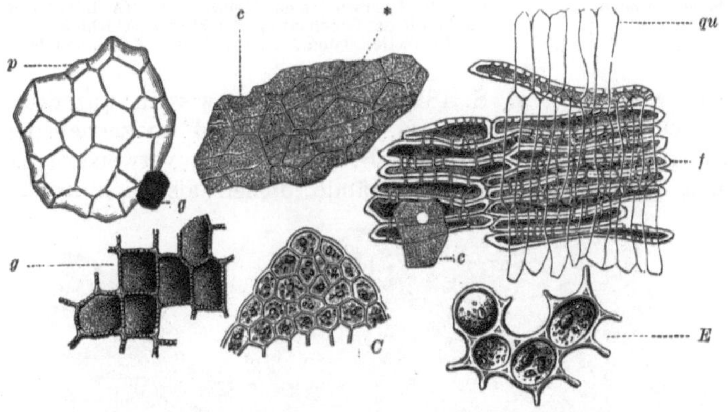

Abb. 27. Gewebe des Leinsamens in der Flächenansicht. (J. MOELLER.) *p* Oberhaut, *c* Cuticula mit Rissen *,
E Parenchym, *f* Faserschicht, *qu* Querzellen, *g* Pigmentschicht, *C* Keimblatt.

mit weißer, bei starker Vergrößerung fein sägeartig erscheinender Wand. Die dunkelbraunen Inhaltskörper dieser Zellen fallen leicht in Tafelform heraus; sie sind in Lauge unlöslich und werden durch Eisensalze blau gefärbt.

Das Endosperm ist eine mehrreihige, farblose, mit der Samenschale verwachsene Schicht, deren Zellen dickwandiger sind als die des Keimlings. Beide enthalten Fett und neben vielen kleinen auch bis 20 μ große Aleuronkörner. Stärke fehlt.

Bei der Untersuchung von Leinmehlpreßkuchen ist zu berücksichtigen, daß die Leinsaat zuweilen nicht unwesentliche Mengen natürlicher Verunreinigungen enthält, wie Brassica-, Sinapsis-, Polygonum-Arten, Leindotter, Spörgel, Kornrade, Wegerich, Labkraut, Melde, Wolfsmilch, von Gräsern namentlich Lolium und Setaria. Auf Loliumarten wurde es wiederholt zurückgeführt, daß das aus der Saat gewonnene Leinöl gesundheitsschädliche Eigenschaften hatte.

Im gemahlenen Leinsamen (Abb. 27) und im gemahlenen Preßkuchen, der als „Leinmehl" auch zu Heilzwecken Verwendung findet, sind das auffallendste mikroskopische Merkmal die Pigmentschicht (*g*) und die aus den Zellen herausgefallenen Pigmenttäfelchen. Nach der Entfettung und Aufhellung mit Lauge oder Chloralhydrat sind aber auch die anderen Schichten der Schale zu erkennen, insbesondere die Faserzellen (*f*), zum Teil mit den darunter liegenden Querzellen (*qu*) sowie den darüber liegenden Ringzellen (*E*). Auch Teile der Schleimepidermis (*p*) werden angetroffen. Der größte Teil besteht aus den eiweißreichen und stets noch Fett enthaltenden Zellen des Keimlings (C) und Endosperms.

5. Mohn. Der aus dem Orient stammende **Mohn** (Papaver somniferum L. — Papaveraceae) wird in verschiedenen Kulturformen angebaut, die weiße, gelbliche, braune, graublaue oder schwarze Samen liefern. Die Mohnsamen dienen nicht

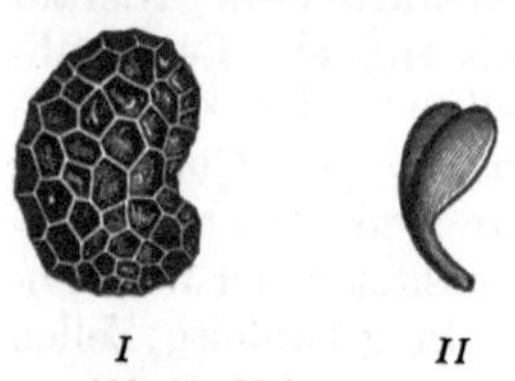

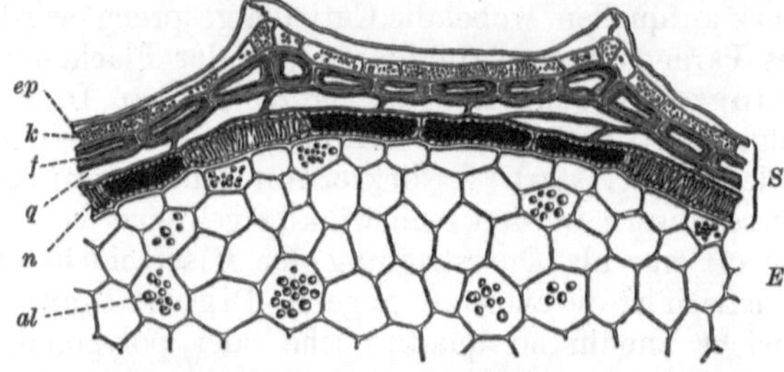

Abb. 28. Mohnsamen.
(A. L. Winton.)
I Lupenbild, *II* Keimling.

Abb. 29. Querschnitt des Mohnsamens. (A. L. Winton.) *S* Samenschale mit der Oberhaut *ep*, der Krystallschicht *k*, der Faserschicht *f*, den Querzellen *q* und den Netzzellen *n*. *E* Nährgewebe mit Aleuron *al*.

nur der Ölgewinnung (vgl. S. 484), sondern sie werden unzerkleinert oder zerrieben auch zur Herstellung von Backwaren und im zerriebenen Zustand zur Bereitung bestimmter Speisen (z. B. Mohnspielen) verwendet. Die bei der Ölgewinnung hinterbleibenden Rückstände dienen als Viehfutter, auch als

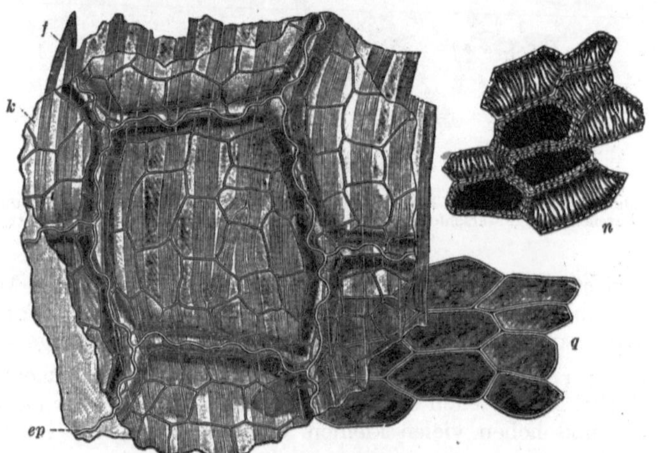

Abb. 30. Schalengewebe des Mohnsamens in der Flächenansicht. (A. L. Winton.)
ep Oberhaut, *k* Krystallschicht, *f* Faserschicht, *q* Querzellen, *n* Netzzellen.

Fälschungsmittel für Gewürze. Die Oberfläche der nierenförmigen bis 1,4 mm großen Samen (Abb. 28) erscheint bei Lupenvergrößerung durch vorspringende Leisten schön gefeldert.

An der **Samenschale** unterscheidet man 5 Schichten, die an Querschnitten nicht leicht erkennbar sind, zum Teil besser an Flächenpräparaten. An der charakteristischen Felderung sind mehrere Zellschichten beteiligt. Die Oberhautzellen (Abb. 29 u. 30) sind sehr groß, aber zusammengefallen und entsprechen in ihren etwas welligen Umrissen im wesentlichen den Maschen der Samenoberfläche. Die zweite Zellage wird als **Krystallschicht** (*k*) bezeichnet, weil ihre kleinen polygonalen Zellen Krystallsand enthalten. Hierauf folgt eine **Faserschicht** (*f*), deren Elemente durch Verdickung an bestimmten Stellen die Felderung hauptsächlich verursachen. Gekreuzt werden die Fasern von darunter liegenden braunen, zugespitzten **Querzellen** (*q*). In der gleichen

Richtung wie die Querzellen verlaufen die zu unterst folgenden Netzzellen (n), die bei den dunkelsamigen Sorten einen dunkelbraunen, in Alkali unlöslichen Farbstoff enthalten.

Die Zellen des aus Endosperm und Keimling bestehenden Samenkernes sind dünnwandig und enthalten neben fettem Öl Aleuronkörner.

Mohnkuchenmehl aus dunkelfarbigen Samen ist besonders durch die pigmentierten Netzzellen gekennzeichnet, während im Mehl aus hellen Samen das Maschennetz deutlicher hervortritt. Bei der Untersuchung des Mohnes muß besonders auf Bilsenkrautsamen geachtet werden, denn mit Bilsenkrautsamen verunreinigter, dunkelfarbiger, aus Rußland eingeführter Mohn[1], der zu Speisen verwendet worden war, hat wiederholt erhebliche Erkrankungen verursacht. Es handelte sich hierbei um die Samen einer einjährigen Form von Hyoscyamus niger.

Die Bilsenkrautsamen[2] sind gelbbraun, etwas größer als Mohn und daher im unzer-

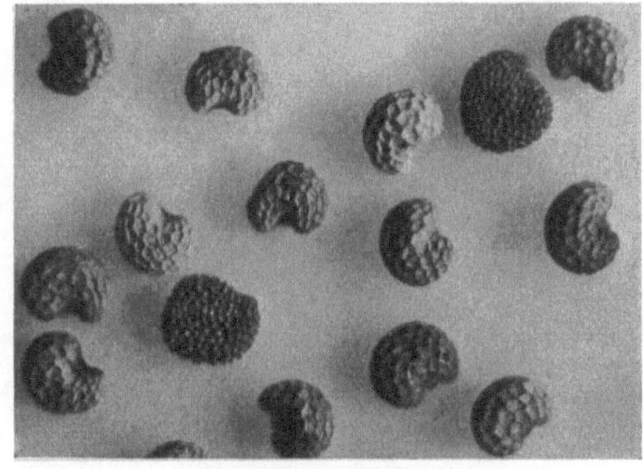

Abb. 31. Mohn mit Bilsenkrautsamen. Vergr. 1:12. (Phot. C. GRIEBEL.)

kleinerten Zustand bei Lupenbetrachtung ziemlich leicht aufzufinden. Im blauen Mohn fallen sie schon durch die abweichende Färbung auf. Sie sind nicht wie die Mohnsamen von einem erhabenen Leistennetz bedeckt, sondern ihre Oberfläche zeigt dicht stehende, grubige Vertiefungen (Abb. 31). Bei der mikroskopischen Untersuchung zerkleinerter Samen fallen die derbwandigen Epidermiszellen der Samenschale mit wellig gebogenen Seitenwänden auf (Abb. 32), die von den Zellelementen des Mohnes ganz verschieden sind.

Als Getreideunkräuter (vgl. Bd. V) kommen von Mohnarten Papaver rhoeas, P. dubium und P. argemone in Betracht.

6. Sesam. Seiner ölreichen Samen wegen wird der Sesam (Sesamum indicum L. — Pedaliaceae) in allen wärmeren Ländern angebaut (vgl. S. 477). Die im Umriß etwa birnförmigen, flachen, an den Seiten undeutlich gerippten Samen (Abb. 33) sind

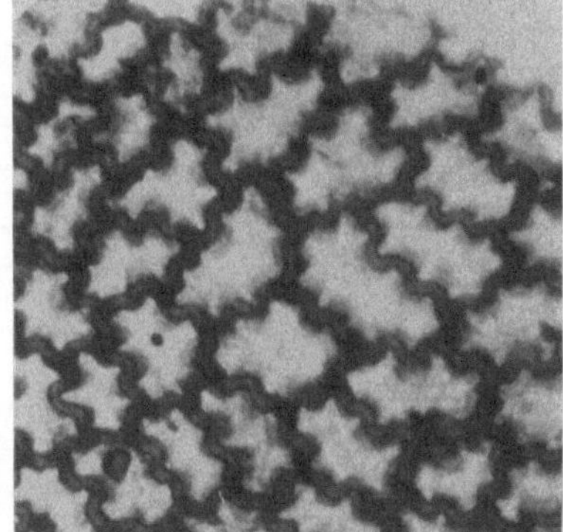

Abb. 32. Oberhaut des Bilsenkrautsamens in der Flächenansicht. Vergr. 1:140. (Phot. C. GRIEBEL.)

von heller, brauner bis schwarzer Farbe, 2—3 mm lang. Das Endosperm umschließt die stark entwickelten Keimblätter.

Die Oberhaut der Samenschale (Abb. 34 u. 35 ep) zeigt an Querschnitten nach der Behandlung mit Lauge eine palisadenartige Anordnung der dünnwandigen Zellen, die an der Außenseite je einen Calciumoxalatsphäriten enthalten.

---

[1] Vgl. A. v. DEGEN: Z. 1910, **19**, 705. — GRIEBEL u. JACOBSEN: Z. 1913, **25**, 552. — M. JOACHIMOWITZ: Z. 1919, **37**, 183.

[2] Vgl. GRIEBEL u. JACOBSEN: Z. 1913, **25**, 552.

Nur an den Rippen sind die Zellen leer. In der Flächenansicht (Abb. 35) erscheinen die Krystallzellen etwa isodiametrisch polygonal, die der Rippen gestreckt. Unter der Oberhaut liegen zwei dünne, meist nur undeutlich erkenn-

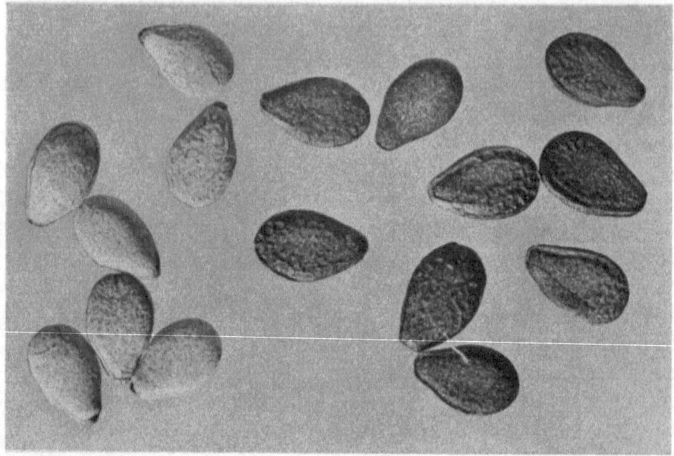

Abb. 33. Helle und schwarze Samen von Sesamum indicum L., 5fach vergrößert. (Phot. C. Griebel.)

bare Zellschichten (*p* und *m*), von denen die innere gelblich gefärbt ist. Das mit der Samenschale verwachsene Endosperm (*E*) ist 2—5 Zellreihen stark, von denen nur die äußere Lage etwas verdickte Außenwände aufweist. Der Inhalt besteht aus fettem Öl und 2—6 μ großen Aleuronkörnern. Der Keimling führt die gleichen Inhaltsstoffe, doch werden hier die Aleuronkörner bis 10 μ groß. Sie enthalten ein Krystalloid oder ein Globoid.

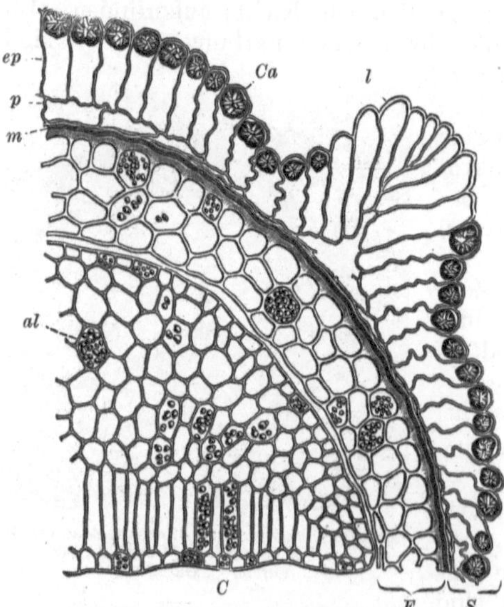

Abb. 34. Sesam im Querschnitt. (A. L. Winton.)
S Samenschale mit Calciumoxalatsphäriten *Ca*, *E* Nährgewebe, *C* Keimling. Die Erklärung der anderen Buchstaben siehe im Text.

Im Sesamkuchen, der ein beliebtes Futtermittel darstellt, fallen unterm Mikroskop die Oberhautzellen der Samenschale mit ihren runden Oxalatmassen auf, die bei dunklen Sorten außerdem noch Pigment enthalten. Der afrikanische oder wilde Sesam (Sesamum radiatum Schum. und Thom.) hat ziemlich dickwandige Epidermiszellen; die Krystallmassen liegen hier an der inneren Seite. Nach Barnstein wird Sesamkuchen zuweilen durch Mohnsamenrückstände verfälscht. Preßrückstände von Sesamum radiatum wurden als Verfälschungsmittel von Leinkuchenmehl beobachtet.

7. Baumwollsamen. Nach Entfernung der Samenhaare (Baumwolle) wird aus den geschälten oder ungeschälten Samen von Gossypium herbaceum L. und anderen Arten (Malvaceae) Öl gewonnen (vgl. S. 456). Die gemahlenen

Preßkuchen sind ein wertvolles Futtermittel und werden auch als Fälschungsmittel verwendet. Die von den Haaren befreiten dunkelbraunen Samen (Abb. 36) sind 6—12 mm lang, leicht kantig und zugespitzt.

Die etwa 0,3 mm dicke, leicht ablösbare Schale umschließt einen großen, von einem dünnen Häutchen (Perisperm und Endosperm) umgebenen Keimling, der hauptsächlich aus den eingerollten Keimblättern besteht. Auf Durchschnitten erkennt man unter der Lupe eine schwarzbraune Punktierung, die von Sekreträumen herrührt.

Mikroskopie (Abb. 37 u. 38): Die Oberhaut der Samenschale (*ep*) wird von palisadenartig gereihten, derbwandigen Zellen mit dunkelbraunem Inhalt

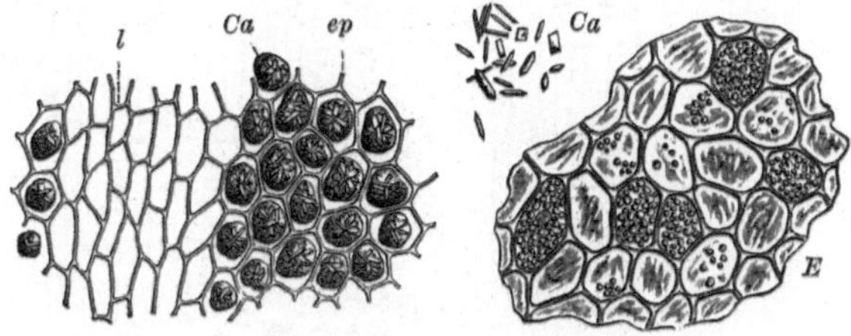

Abb. 35. Sesamgewebe in der Flächenansicht. (A. L. WINTON.)
Ca Calciumoxalatsphärite.

gebildet. In der Flächenansicht erkennt man, daß sie unregelmäßig geformt und um die Haare rosettenartig angeordnet sind. Die Haarreste (*h* und *tr*) zeigen die nur für Baumwolle charakteristische gedrehte Form. Die unter der Epidermis liegende braune Haut (*br*) und farblose Parenchymschicht (*w*), von denen die letztere zuweilen Oxalatkrystalle enthält, ist wenig charakteristisch. Etwa die Hälfte der Schalendicke wird von der Palisadenschicht (*pal*) eingenommen. Die etwa 150 μ hohen und 8—20 μ breiten Zellen haben im äußeren Drittel farblose, innen gelblichbraune Wände. Der äußere Teil zeigt ein enges, nach unten verbreitertes Lumen mit brauner Inhaltsmasse, woduch der Eindruck erweckt wird, als ob die Palisadenschicht aus zwei Zellagen bestände. Den inneren Abschluß der Samenschale bildet eine braune Haut aus Parenchymgewebe (*a, b, c*), das im mittleren Teil als Schwammparenchym entwickelt ist. Nucellarrest (Perisperm) und Endosperm

Abb. 36. Baumwollsamen, links noch durch Wollhaare zusammengehalten, natürliche Größe.
(Phot. C. GRIEBEL.)

bestehen beide aus einer Zellage und bilden ein dünnes, mit den Keimblättern verwachsenes Häutchen. Die Wände der Perispermzellen (*N*) zeigen in der Flächenansicht zackenartige Leisten. Das Gewebe der Keimblätter enthält Fett und Aleuron (*al*), auch einzelne Oxalatdrusen (*k*). Außerdem finden sich zahlreiche rundliche Sekretbehälter (*S*) mit schwärzlichem Inhalt, der sich in konzentrierter Schwefelsäure mit blutroter Farbe löst.

Bei der Untersuchung der gemahlenen Ölkuchen aus ungeschält gepreßten Samen treten hauptsächlich die Schalenteilchen hervor, nämlich Epidermiszellen, zum Teil mit Ansatzstellen von Haaren und die Palisaden. Weiter finden sich die Zellen des Nucellarrestes und Sekretbehälter mit dunklem Inhalt. Amerikanische Baumwollsamenkuchen werden mit Schalen verfälscht, auch Reisschalen (Bd. V), Kapoksamenmehl (vgl. dieses) und Sonnenblumensaatmehl (S. 685) sind darin schon beobachtet worden.

8. Kapoksamen. Die Kapseln des Kapok- oder Baumwollbaumes (Ceiba pentandra [L.] GÄRTN. = Eriodendron anfractuosum D. C. — Bombaceae)

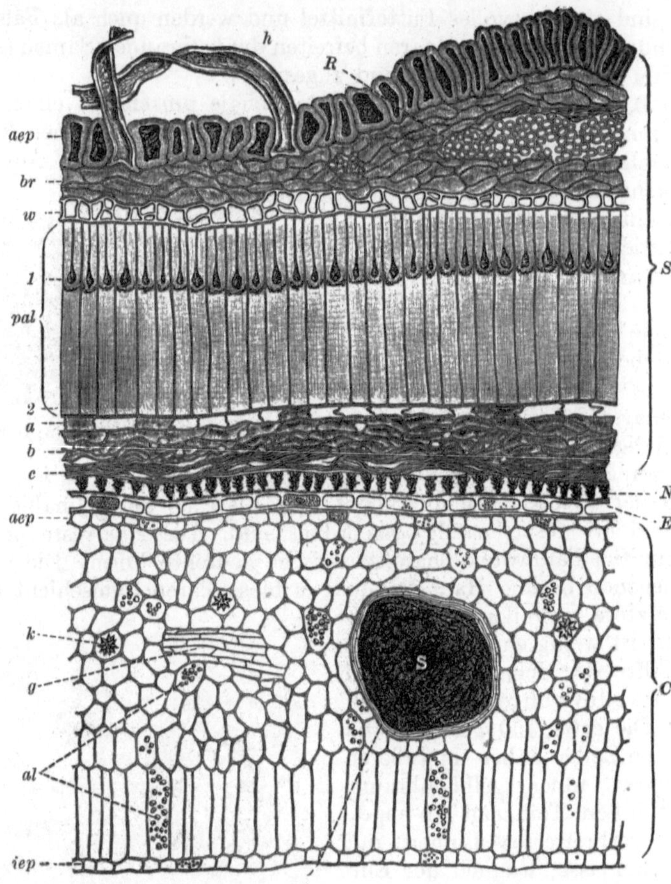

Abb. 37. Querschnitt des Baumwollsamens. (A. L. Winton.) *S* Samenschale, *N* Perisperm, *E* Endosperm, *C* Keimblatt. Die Erklärung der anderen Buchstaben siehe im Text.

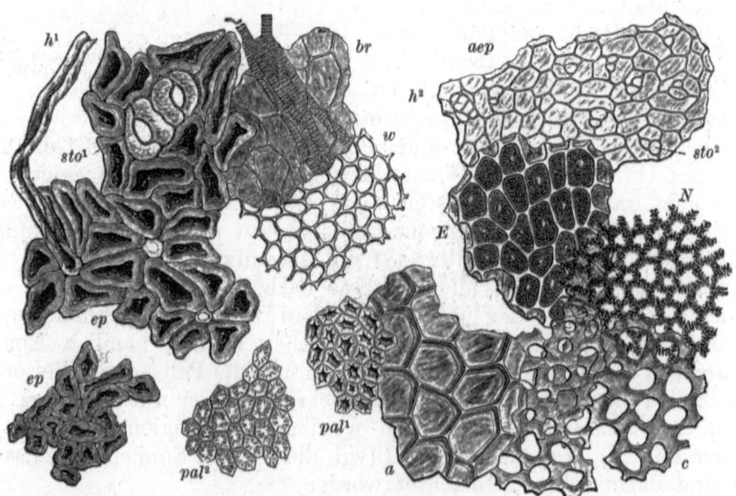

Abb. 38. Gewebe des Baumwollsamens in der Flächenansicht. (A. L. Winton.) Die Buchstaben haben dieselbe Bedeutung wie in Abb. 37.

enthalten neben weichen, der Fruchtwand aufliegenden Haaren, die als Polster-
material Verwendung finden, etwa erbsengroße Samen (Abb. 39), die gegessen
werden und zur Ölgewinnung dienen (vgl. S. 461), Die Samenschale ist ähnlich
gebaut wie bei der Baumwolle. Wesentlich verschieden ist die Oberhaut
(Abb. 40), die beim Kapok mehrschich-
tig und dünnwandig ist und außerdem
keine Wollhaare aufweist. Das unter
dem Oberhautgewebe liegende Hypoderm enthält Oxalatdrusen und zeigt
nach GASSNER in der innersten Zellage

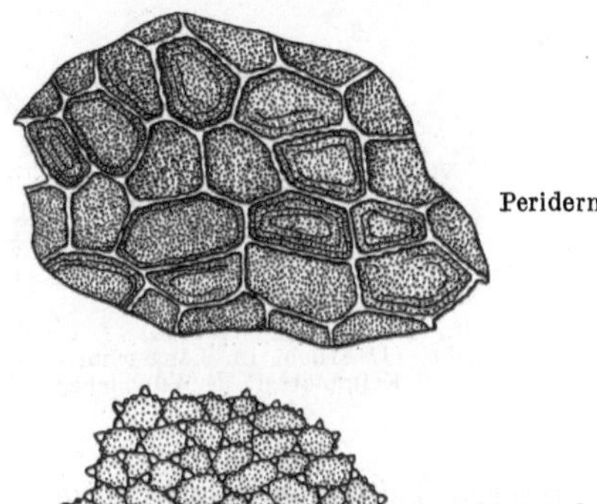

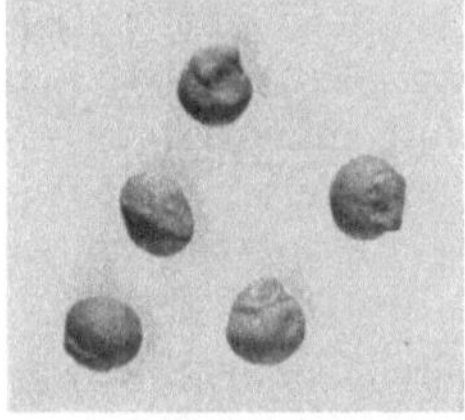

Abb. 39.

Abb. 40.

Abb. 39. Kapoksamen, natürliche Größe. (Phot. C. GRIEBEL.)

Abb. 40. Außenschichten (oben) und innere Hypodermschicht (unten) des Kapoksamens in der Flächenansicht.
Vergr. 1 : 200. (Aus G. GASSNER: Mikroskopische Untersuchung pflanzlicher Nahrungs- und Genußmittel.)

kollenchymatische Wandverdickungen (Abb. 40). Den Keimblättern fehlen
außerdem Sekreträume. Durch diese drei Merkmale lassen sich Kapokpreß-
kuchen von Baumwollsamenkuchen gut unterscheiden.

9. Hanf. Die „Hanfsamen" des Handels sind die Früchte (Abb. 41) von
Cannabis sativa L. (Urticaceae). Es sind bis 4 mm große, rundliche, etwas

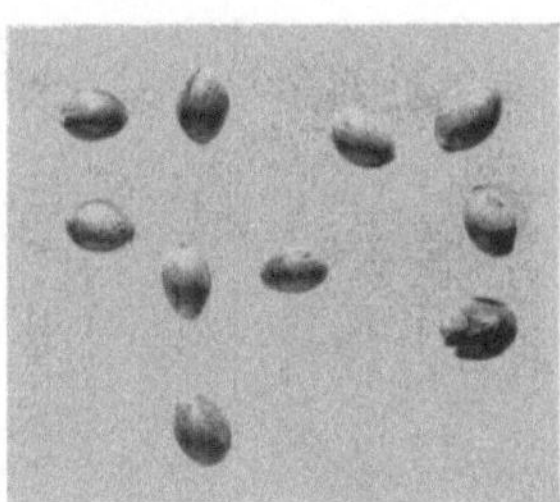

Abb. 41. Hanffrüchte, natürliche
Größe. (Phot. C. GRIEBEL.)

Abb. 42. Hanffrüchte. Vergr. 1 : 5.
(Phot. C. GRIEBEL.)

abgeflachte Nüßchen mit grünlichgrauer, hellgeaderter Oberfläche (Abb. 42),
die mitunter noch in dem hüllenartigen Deckblatt stecken (Abb. 43 *I*). Beim
Zerbrechen der spröden Schale wird der grünliche Samen sichtbar, der am
Längsschnitt einen dicken, in spärliches Endosperm eingebetteten Keimling
zeigt.

Die Fruchthülle hat den gleichen Bau wie die Blätter des Hanfes. Die aus
kleinen polygonalen Zellen gebildete Epidermis trägt zweierlei Haarformen,
nämlich Drüsenzotten und Cystolithenhaare (Abb. 44). Der Bau der Fruchtschale ist aus Abb. 45 ersichtlich. Die zugehörigen Flächenansichten sind in
Abb. 46 u. 47 wiedergegeben. Die Oberhautzellen (*ep*) sind stark verdickt,

getüpfelt, in der Flächenansicht wellig buchtig. Die darunter liegende farblose Schicht (*hy*) ist als Schwammparenchym ausgebildet und wird von Leitbündeln, die als Aderung erscheinen, durchzogen. Es folgt dann eine Lage brauner, erst beim Erwärmen mit Lauge deutlich werdender Zellen (*br*), deren Wände in das Lumen vorspringende Leisten erkennen lassen und weiter eine Reihe sehr kleiner, farbloser, poröser Zellen (*w*). Den inneren Abschluß der Fruchtwand bildet eine Palisadenschicht (*pal*) aus eigenartigen, bis 100 μ hohen Zellen mit mächtig verdickten, fein getüpfelten Seitenwänden und

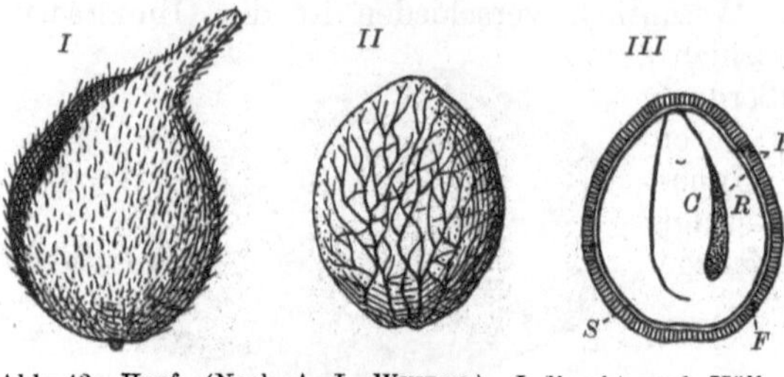

Abb. 43. Hanf. (Nach A. L. Winton.) *I* Frucht und Hülle, *II* nackte Frucht, *III* Frucht im Längsschnitt, *S* Samenschale, *E* Nährgewebe, *C* Keimblätter, *R* Würzelchen, *F* Frucht- und Samenschale.

im unteren Teil trichterartig erweitertem Lumen; die poröse Innenwand ist nur schwach verdickt.

Die Samenschale, die zum Teil der Fruchtschale noch anhängt, besteht aus mehreren, meist stark kollabierten Parenchymschichten, die zuweilen aber

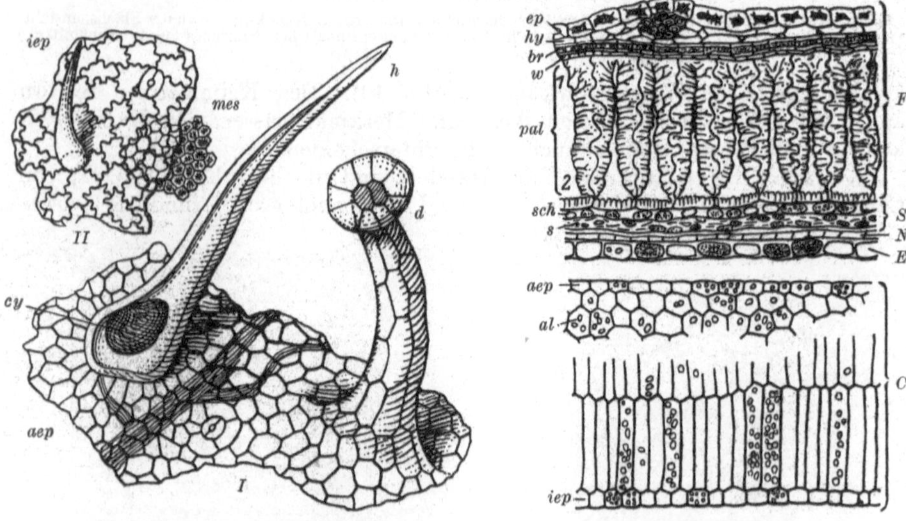

Abb. 44. Hüllblattgewebe des Hanfes.
(Nach A. L. Winton.) *I* Oberseite mit der Epidermis *aep*, einer Drüsenzotte *d* und einem Cystolithenhaar *h*. *II* Unterseite mit der Epidermis *iep* und dem Chlorophyllgewebe *mes*.

Abb. 45. Hanf im Querschnitt.
(Nach A. L. Winton.) *F* Fruchtschale, *S* Samenschale, *N* Perisperm, *E* Endosperm, *C* Keimblatt. Die übrigen Buchstaben siehe im Text.

eine äußere Schicht schlauchförmiger Zellen (*sch*) und ein Schwammparenchym (*S*) erkennen lassen. Perisperm (*N*) und Endosperm (*E*) bilden zusammen nur ein dünnes Häutchen, dessen innere Lage eine Aleuronschicht ist. Die Zellen des Keimlings enthalten fettes Öl und bis 8 μ große, rundliche Aleuronkörner, die ein Krystalloid und ein Globoid enthalten. Abb. 46 zeigt die äußere und Abb. 47 die innere Flächenansicht der Hanfschale.

Im Hanfkuchenmehl, das als Futtermittel dient, fallen hauptsächlich die welligen, porösen Oberhautzellen und die Palisaden der Fruchtschale auf.

Gemahlene Hanffrüchte wurden z. B. auch in einem diätetischen Mittel mit Heilmittelcharakter aufgefunden.

10. Perilla. Die zu den Labiaten gehörige Perilla ocimoides L. und P. nankinensis[1] wird in Ostasien angebaut und liefert ein dem Leinöl ähnliches Öl (vgl. S. 482). Die Preßrückstände, die zuweilen bei uns in den Handel gelangen, sind im Aussehen wie im Geruch den Leinkuchen ähnlich.

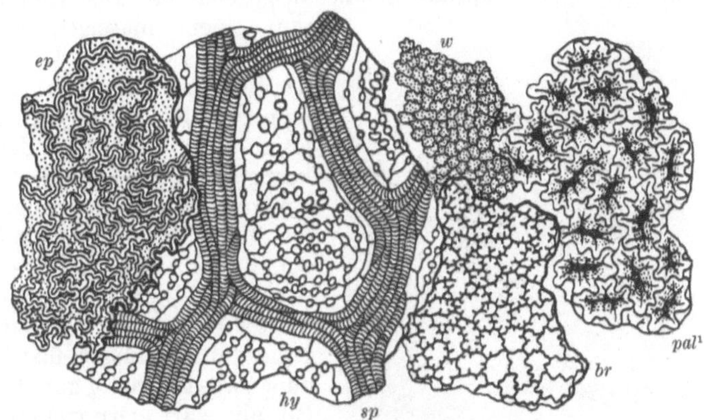

Abb. 46. Gewebe der äußeren Hanfschale in der Flächenansicht. (Nach A. L. WINTON.) Die Buchstaben haben dieselbe Bedeutung wie in Abb. 45.

Die Frucht von Perilla ocimoides ist ein rundliches, bis 2,5 mm langes Nüßchen, dessen graues Perikarp ein braunes Adernetz erkennen läßt (Abb. 48). Die Fruchtwandepidermis zeigt wellige, papillöse mit Cuticularstreifung versehene Zellen. Auf das Parenchym, das die Leitbündel enthält, folgt eine Hartschicht aus einer Lage kubischer, sehr dickwandiger, stark getüpfelter Sklereiden. Die innere Oberhaut der Fruchtwand setzt sich aus kurzen Sklerenchymfasern zusammen.

Besonders charakteristisch ist die äußerste Schicht der dünnen, farblosen Samenhaut. Sie besteht aus 40—100 μ großen, flachen, netzartig verdickten Zellen (Abb. 49), die nur in der Gegend des Nabels lückenlos aneinander schließen. Das Keimlingsgewebe weist keine besonderen Merkmale auf.

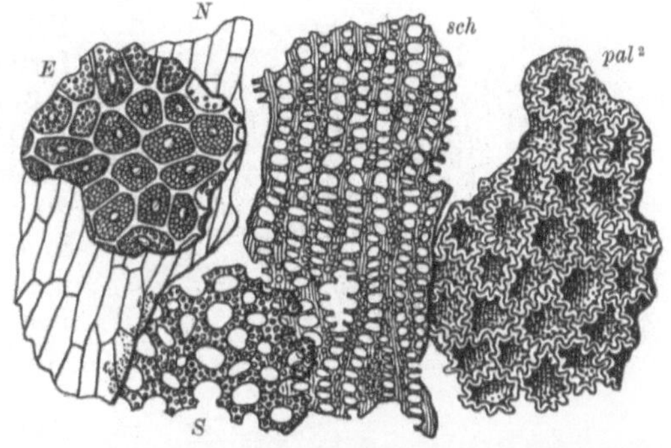

Abb. 47. Gewebe der inneren Hanfschale in der Flächenansicht. (Nach A. L. WINTON.) Die Buchstaben haben dieselbe Bedeutung wie in Abb. 45.

Perilla nankinensis hat kleinere Nüßchen (etwa 1,5 mm), die mehr kugelig und hellgraubraun sind. Im Bau sind sie der vorstehenden so ähnlich, daß sie sich im Mehl kaum nachweisen lassen.

Im Perillakuchenmehl, das von BARNSTEIN als Verfälschungsmittel von Leinmehl beobachtet wurde, fallen hauptsächlich die Hartschichten der Fruchtwand (Abb. 50) mit den reich getüpfelten Steinzellen und den darunter liegenden Fasern sowie die Netzzellen der Samenhaut auf.

11. Euphorbiaceensamen. a) **Ricinus.** Die Samen von Ricinus communis L. liefern ein für Heil-, technische und kosmetische Zwecke verwendetes Öl (vgl.

---

[1] Vgl. BREDEMANN: Landw. Vers.-Stationen 1912, **78**, 349.

S. 506). Die Ölkuchen sind, wenn sie nicht eine besondere Behandlung (starke Erhitzung) erfahren haben, als Tierfutter nicht brauchbar, weil sie das zu den Toxalbuminen gehörige, sehr giftige Ricin enthalten, das nicht in das Öl übergeht. Der mikroskopische Nachweis in Futtermitteln ist daher von besonderer Bedeutung.

Die 8—22 mm großen, ovalen, etwas flach gedrückten Samen (Abb. 51) sind durch eine bunt gescheckte, spröde Schale ausgezeichnet. Der Keimling wird von einem massigen Endosperm eingeschlossen. An Querschnitten der Samenschale (Abb. 52) erkennt man eine Epidermis (*ep*) aus farblosen oder dunklen Zellen mit unregelmäßig wulstig verdickter Außenwand. Diese Zellen sind in der Flächenansicht (Abb. 53) polygonal und von netzig-grubigem Aussehen. Darunter liegt ein kollabiertes Parenchym (*s*), auf das eine Lage dünnwandiger, fast kubischer oder palisadenartig gereihter Zellen (*p*) mit zart gerunzelten Wänden folgt, die etwa 20 μ hoch, 12—20 μ breit sind und dunkle Massen von Calciumcarbonat enthalten. Die vierte bis 200 μ dicke Schicht (*P*)

Abb. 48. Früchte von Perilla ocimoides L., 5fach vergrößert. (Phot. C. GRIEBEL.)

wird von dickwandigen, undeutlich getüpfelten, meist gekrümmten Palisaden von bräunlicher Farbe gebildet. In der Flächenansicht erscheinen sie polygonal, 8—15 μ breit. Der innerste Teil der Samenschale umgibt den Kern als eine farblose Haut aus kollabiertem, von Gefäßbündeln durchzogenem Parenchym.

Die dünnwandigen Endospermzellen enthalten neben Öl reichlich bis 20 μ große Aleuronkörner (Abb. 54), in denen ein großes Krystalloid und mehrere Globoide erkennbar sind. Kennzeichnend für Ricinuspreßrückstände sind die Epidermis und die meist gekrümmten Palisaden der Samenschale (Abb. 55), sowie die großen, in Öl, Glycerin oder Jodtinktur gut erkennbaren Aleuronkörner. Infolge des Calciumcarbonatgehaltes entwickeln die Schalenteilchen in Chloralhydratlösung zahlreiche Glasbläschen (BARNSTEIN).

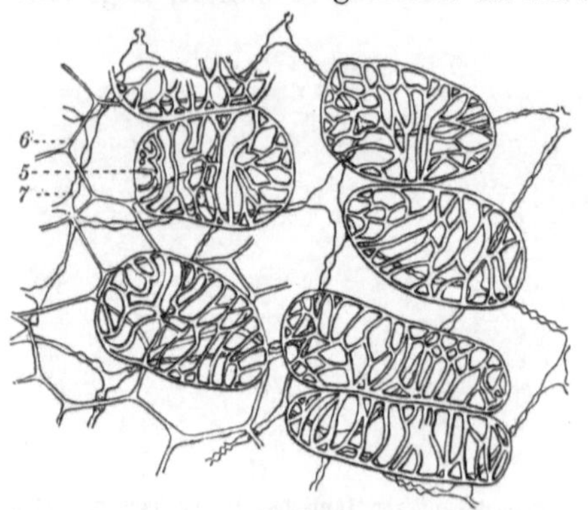

Abb. 49. Samenhaut der Perilla in der Flächenansicht. Vergr. 1 : 300. (BREDEMANN.)

b) Kandelnuß. Kerzen-, Kandel- oder Candlenuß heißt der Same von Aleurites triloba FORST., einer in tropischen und subtropischen Gebieten kultivierten, baumartigen Euphorbiacee. Die fast walnußgroßen Samen (Abb. 56) haben eine grob runzelige, auf der Oberfläche oft grauweiße, 2—5 mm dicke Schale. In anatomischer Hinsicht sind sie den Ricinussamen sehr ähnlich. Der Handelsware fehlen aber die äußeren Schichten. Die Außenseite wird daher von dünnwandigen, palisadenartigen Zellen gebildet (Abb. 57), die von körnigen Calciumcarbonatmassen erfüllt sind, so daß ihr zelliger Bau erst nach Zusatz von Salzsäure sichtbar wird. Die darunter liegenden dickwandigen, sehr langen, schmalen, hellbraunen Palisaden, die das Hauptgewebe der Schale darstellen, sind viel höher (1,5—2,5 mm) als bei Ricinus. Die inneren Schichten der Schale bestehen aus zart netzförmig verdickten Zellen, die Oxalat-

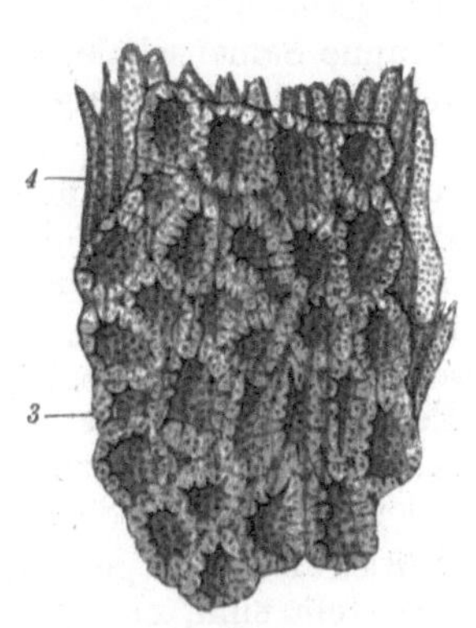

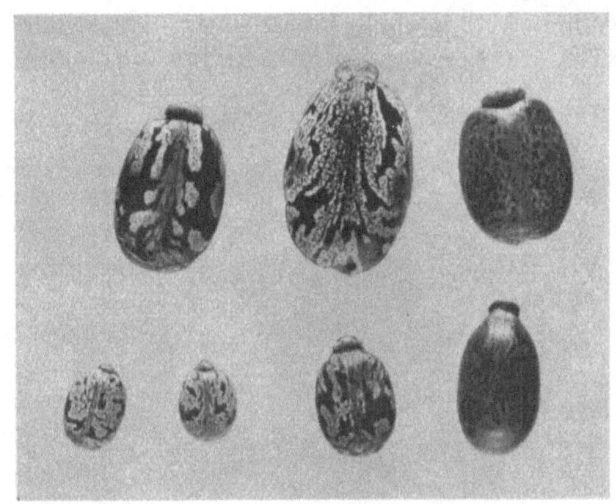

Abb. 50.   Abb. 51.

Abb. 50. Perilla ocimoides L. Hartschicht (*3*) mit der unter ihr liegenden sklerenchymatischen inneren Epidermis des Perikarps (*4*). Vergr. 1 : 310. (G. BREDEMANN.)

Abb. 51. Samen verschiedener Kulturformen von Ricinus communis, natürliche Größe. (Phot. C. GRIEBEL.)

sphärite und vereinzelt größere Einzelkrystalle enthalten. Die im Endosperm enthaltenen Aleuronkörner sind denen von Ricinus ähnlich, bis 30 μ groß.

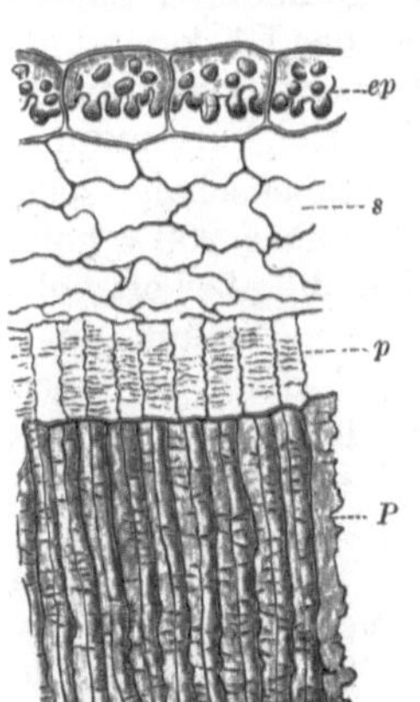

Da die Kandelnußpreßrückstände aus geschälten Samen hergestellt werden, enthalten sie nur geringe Reste der Steinschale, die an den großen Palisaden und der Carbonatkruste erkannt werden.

12. Bucheckern. Die Früchte der Buche (Fagus silvatica L. — Fagaceae), die Bucheckern, liefern ein

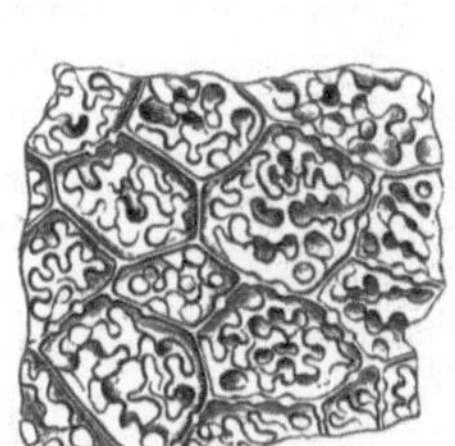

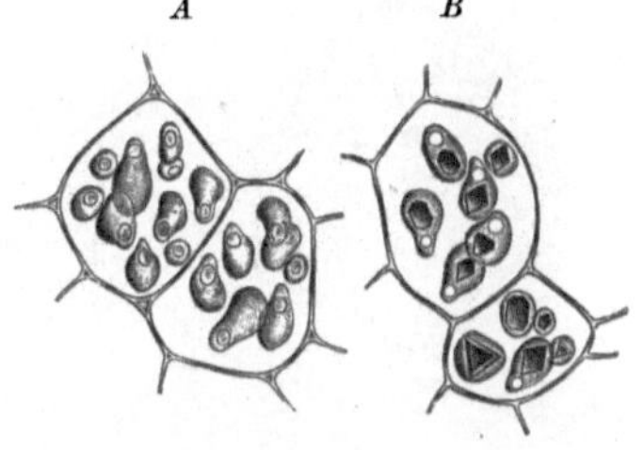

Abb. 52.   Abb. 53.   Abb. 54.

Abb. 52. Schale des Ricinussamens im Querschnitt. (J. MOELLER.) *ep* Oberhaut, *s* Schwammparenchym, *p* zarte Palisaden, *P* braune, dicke Palisaden.

Abb. 53. Oberhaut des Ricinussamens in der Flächenansicht. (J. MOELLER.)

Abb. 54. Aleuronkörner von Ricinus. *A* in Öl, *B* in Jodtinktur. (J. MOELLER.)

sehr wohlschmeckendes Speiseöl (vgl. S. 472). Die Preßrückstände sind zwar für Einhufer schädlich (Cholingehalt), für Rinder, Schafe und Schweine aber unschädlich.

Die dreikantigen, am Scheitel geflügelten und feinbehaarten, nüßchenartigen Früchte (Abb. 58) enthalten einen von einer papierdünnen Schale bedeckten ölreichen, fast stärkefreien Samen.

Die Oberhaut der Fruchtwand setzt sich aus polygonalen, mäßig verdickten Zellen zusammen, die namentlich in der Nähe des Scheitels einzellige, meist verdickte Haare mit gelbbraunem Inhalt tragen. Unter der Epidermis liegt eine Platte aus 5—10 Lagen kleiner, rundlicher, stark verdickter Steinzellen mit braunem Inhalt. In dem hierauf folgenden braunen Parenchym aus dickwandigen, gestreckten Zellen verlaufen die Leitbündel, deren Fasergruppen eine innere Sklerenchymplatte mit Krystallkammerzellen bilden. Die innere Oberhaut trägt lange, dünnwandige, oft gedrehte Haare (Abb. 59).

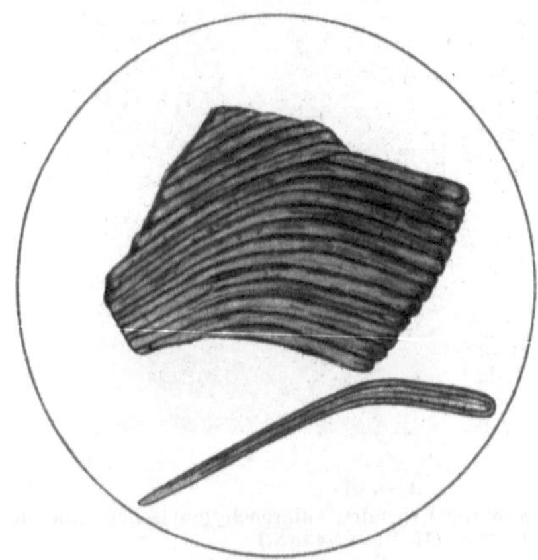

Abb. 55. Ricinus. Palisaden der Samenschale.
(F. Barnstein.)

Die dünne, braune Samenschale, der nicht selten Haare der inneren Fruchtwandoberhaut anhaften, besteht aus einer großzelligen Epidermis (bis 50 μ) und mehreren Parenchymschichten ohne besondere Merkmale. Der Endospermrest bildet eine einfache Aleuronschicht, die mit der Samenschale verwachsen ist. Die dünnwandigen Zellen des Keimlings enthalten fettes Öl, Aleuronkörner mit Oxalatdrusen und zuweilen kleinkörnige Stärke.

Wenn die Preßkuchen aus geschälten Früchten hergestellt sind, enthalten sie nur geringe Mengen Schalenteilchen, die hauptsächlich durch die Epidermis mit den Haaren gekennzeichnet sind.

13. Kürbissamen. Die von verschiedenen Kürbisarten (Cucurbita) gewonnenen, bis 2,5 cm langen, flach eiförmigen, in der Regel wulstig gerandeten Samen (Abb. 60) werden auf Öl verarbeitet (vgl. S. 462), während der Rückstand als Tierfutter Verwendung findet und gelegentlich auch als Gewürzfälschungsmittel gedient hat. Kürbissamen finden auch als Volksheilmittel Verwendung.

Abb. 56. Kandelnuß (Aleurites triloba), links durchschnitten, natürliche Größe. (Phot. C. Griebel.)

Die Samenschale zeigt außen bis über 200 μ hohe Palisaden, die aber oft vollständig verschleimt sind, so daß sich dann nur noch einzelne ihrer Verdickungsleisten als fadenförmige Reste vorfinden. Es folgt dann eine aus mehreren Lagen schwach verdickter, dicht getüpfelter Zellen bestehende sklerotische Schicht, deren innerste Lage im Querschnitt fast quadratisch, in der Flächenansicht wellig-buchtig erscheint (Abb. 61 *Sc*). Unter der sklerotischen Schicht folgt ein Sternparenchym aus schlauchförmigen, dicht netzartig getüpfelten Zellen (*S*) und dann dünnwandiges Parenchym aus zusammengedrückten Zellen. Als Rest des Nährgewebes findet sich eine hyaline Membran und eine einfache kleinzellige Aleuronschicht. Das zartzellige Gewebe des Keimlings enthält Fett und kleine Aleuronkörner, aber gewöhnlich keine Stärke.

Die gemahlenen Kürbiskuchen (Abb. 61) sind durch die welligbuchtigen Sklereiden und das netzförmig getüpfelte Sternparenchym gut gekennzeichnet, sofern sie von Kulturformen mit zäher Samenschale herrühren. Neuerdings werden allerdings auch Kürbissorten gezogen, deren Kerne nur von einem dünnen Häutchen bedeckt sind, so daß die sklerotische Schicht vollständig fehlt.

14. Kompositenfrüchte. Die ölliefernden Kompositenfrüchte (Sonnenblume, Saflor, Madia und Guizotia) sind einsamige Nüßchen. Sie werden gewöhnlich als „Samen" bezeichnet. Ihre Schale besteht aus der verwachsenen Frucht- und Samenhaut. Sehr charakteristisch sind die in der Fruchtschale vorhandenen dicht gedrängten Faserbündel, deren Außenseite mit einer zwischen den Zellen befindlichen Schicht einer schwarzen, durch Bleichmittel nicht zu verändernden kohlenstoffreichen Masse (Phytomelan) bedeckt ist.

Abb. 58. Bucheckern, natürliche Größe. (Phot. C. GRIEBEL.)

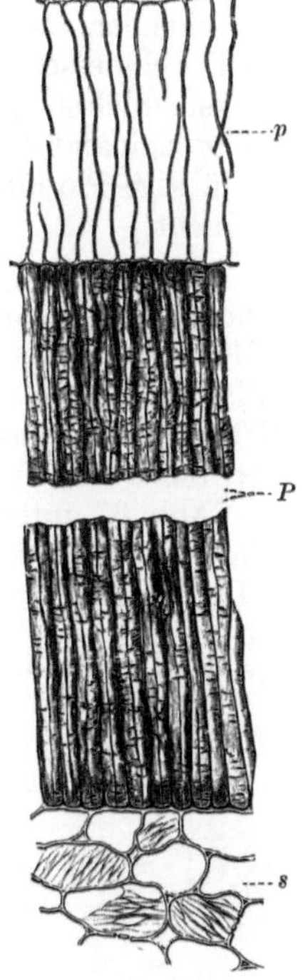

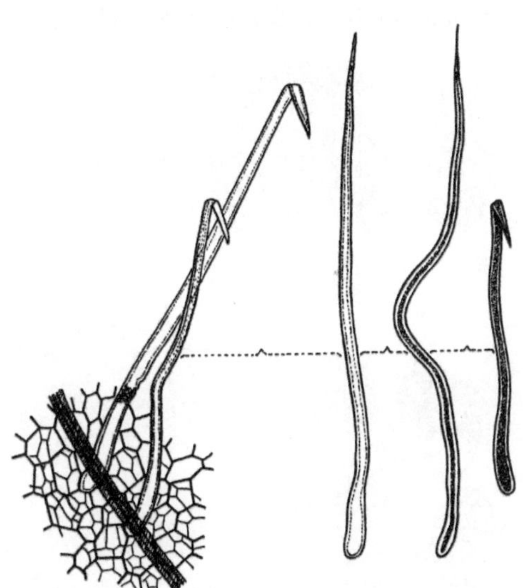

Abb. 57. Abb. 59.

Abb. 57. Schale der Kerzen- oder Kandelnuß im Querschnitt. (J. MOELLER.) *p* zarte Palisaden, deren kreidiger Inhalt durch Salzsäure entfernt wurde; *P* braune, dicke Palisaden; *s* Schwammparenchym.

Abb. 59. Fagus silvatica. Haare der inneren Oberhaut der Fruchtwand. (Nach PFISTER.)

Die Isolierung des Phytomelans gelingt durch eintägiges Liegenlassen in WIESNERs Chromschwefelsäuregemisch[1], das alle anderen Pflanzenstoffe zerstört, während die netzartig durchbrochene Phytomelanschicht unverletzt zurückbleibt.

Das spärliche Nährgewebe ist mit der Samenschale verwachsen. Das Gewebe des Keimlings enthält Fett und Eiweiß, dagegen keine Stärke.

Die Preßrückstände der Kompositenfrüchte dienen als Futtermittel und haben auch schon als Gewürzfälschungsmittel Verwendung gefunden. An ihren Schalenfragmenten sind diese Ölkuchen leicht zu erkennen.

a) Sonnenblume. Die Früchte, die in fast schwarzen, grauen, gestreiften und weißen Varietäten vorkommen (Abb. 62), sind länglich abgeflacht, leicht

---

[1] Eine konzentrierte wässerige Lösung von Kaliumdichromat wird mit überschüssiger Schwefelsäure versetzt und soviel Wasser hinzugefügt, als erforderlich ist, um die sich ausscheidende Chromsäure in Lösung zu halten.

kantig, selten über 12 mm lang. Ihre spröde Schale trennt sich leicht vom Samenkern.

Die Oberhautzellen der Fruchtschale (Abb. 63 u. 64) sind meist gestreckt und getüpfelt. Charakteristisch sind die entfernt stehenden, bis 0,5 mm langen,

am Grunde bis 25 μ breiten Zwillingshaare (h), die in der Regel fast der ganzen Länge nach verwachsen sind. Das Hypoderm (Abb. 63 K) besteht aus mehreren Lagen fein poröser, nach Art eines Korkgewebes angeordneter Zellen. Zwischen dem Hypoderm und der darauf folgenden Faserschicht findet sich bei den grau- und schwarzfrüchtigen Varietäten eine Phytomelanschicht (Abb. 65). Die aus 10 und mehr Zellagen bestehenden Faserbündel (Abb. 63 u. 66), die im Durchmesser bis 600 μ messen, sind durch markstrahlähnliche Reihen dünnwandiger Zellen (m) voneinander getrennt.

Abb. 60. Kürbissamen, natürliche Größe. (Phot. C. Griebel.)

Das innerhalb der Faserbündel liegende dünnwandige, lückige Parenchym (p) bildet eine weiße, zusammengedrückte, papierartige Schicht.

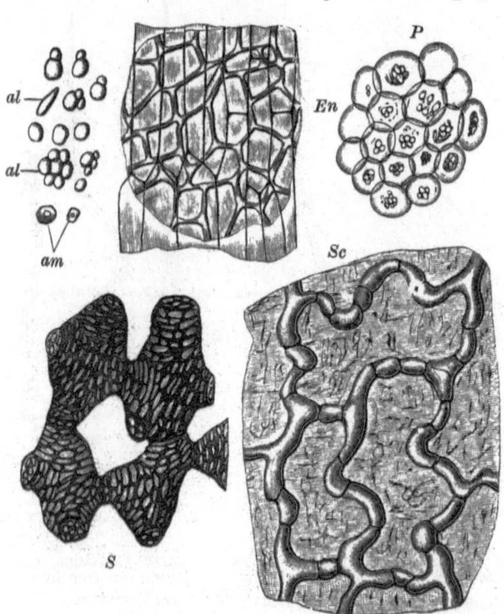

Die Samenschale, die mit dem Endosperm zusammen eine zarte Membran bildet, läßt in der Flächenansicht die aus rundlichen Zellen zusammengesetzte äußere Oberhaut erkennen (Abb. 67 unten), unter der ein Schwammparenchym liegt. Die innere Oberhaut ist mit dem aus 1—2 Reihen Aleuronzellen bestehenden

Abb. 61.

Abb. 62.

Abb. 61. Kürbiskernkuchen. (T. F. Hanausek.) al Aleuronkörner, am Stärke, En Gewebestück aus dem Endosperm, P Parenchym, S netzförmig verdicktes Schwammparenchym der Samenschale, Sc Sklereiden der Samenschale.

Abb. 62. Sonnenblumenfrüchte in natürlicher Größe. (Phot. C. Griebel.)

Endosperm verwachsen. Die Kotyledonen zeigen ein mehrreihiges Palisadenparenchym (Abb. 68), dessen Zellen neben Fett Aleuronkörner (3—12 μ) enthalten.

Da die Früchte vor der Pressung zumeist geschält werden, enthalten die Ölkuchen oft nur spärlich die für die Identifizierung erforderlichen Schalenteilchen, die bei hellschaligen Sorten durch die Zwillingshaare, das Hypoderm und die breiten Fasern gekennzeichnet sind, wozu bei den dunkelfrüchtigen noch die Phytomelanschicht kommt.

b) **Saflor.** Aus den „Curdee" oder „Saflorsaat" genannten Früchten des **Färbersaflors** (Carthamus tinctorius L.), die den Sonnenblumenkernen entfernt ähnlich sind (Abb. 69), wird in verschiedenen wärmeren Ländern Öl gepreßt (vgl. S. 482). Die Preßrückstände kommen auch bei uns zuweilen als „indische Sonnenblumenkuchen" in den Handel.

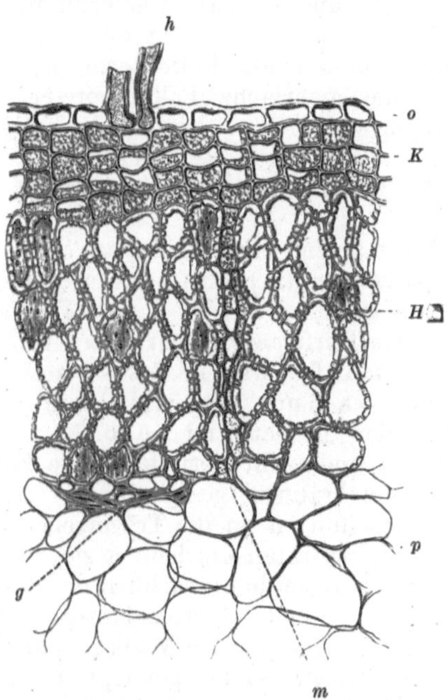

Abb. 63. Fruchtschale der Sonnenblume (hellfrüchtige Varietät) im Querschnitt. (J. MOELLER.) *o* Oberhaut mit den Haaren *h*, *K* Hypoderm, *H* Faserschicht mit dem Zwischenparenchym *m*, *p* Parenchym mit dem Leitbündel *g*.

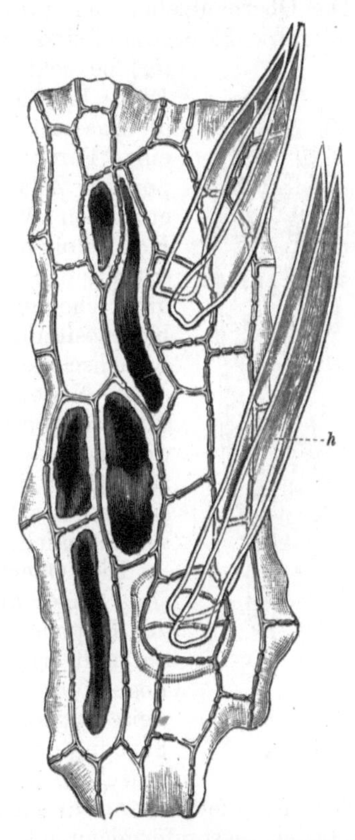

Abb. 64. Fruchtoberhaut der Sonnenblume (dunkelfrüchtige Form) mit den Haaren *h*, die Zellen zum Teil mit dunkel gefärbtem Inhalt. (J. MOELLER.)

Der Bau der Frucht- und Samenschale ist aus Abb. 70 ersichtlich.

Zum Unterschied von der Sonnenblume trägt die Fruchtepidermis **keine** Haare. Sie ist, wie auch die übrigen Schichten des Perikarps, sklerenchymatisch ausgebildet. Die Phytomelanschicht ist daher **beiderseits** von Sklerenchym begrenzt, wodurch sich die Saflorfrüchte von Sonnenblume, Madia und Nigersamen unterscheiden.

An der mit der Fruchtwand verwachsenen Samenschale ist das **Schwammparenchym** bemerkenswert, dessen Zellen unregelmäßige Tüpfelfelder aufweisen (GASSNER).

c) **Madia.** Die **Ölmadie** (Madia sativa L.) wird in Amerika, seltener in Europa, als Ölsaat gebaut. Die gerippten, 4—8 mm langen, 2 mm dicken, am Scheitel zugespitzten Früchte (Abb. 71)

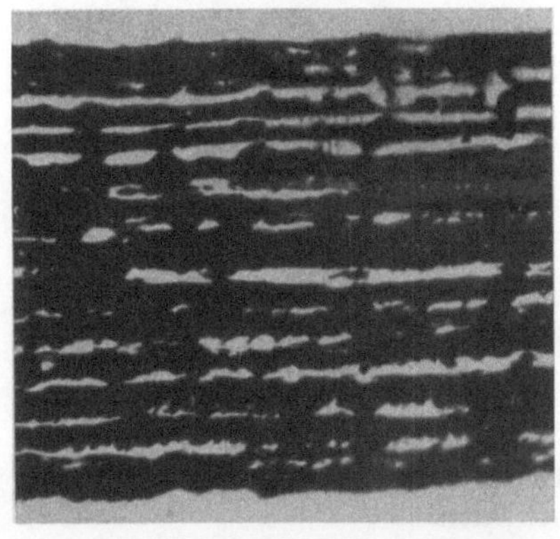

Abb. 65. Phytomelanschicht aus der Fruchtschale der Sonnenblume isoliert. 1 : 220. (Phot. C. GRIEBEL.)

sind meist hellfarbig, mitunter aber fast schwarz. Der Bau der Frucht- und Samenschale ist aus Abb. 72 u. 73 ersichtlich.

Die Oberhautzellen der Fruchtschale (*ep*) sind farblos, gestreckt und getüpfelt. Die Faserbündel sind an der Außenseite von einer Phytomelanschicht

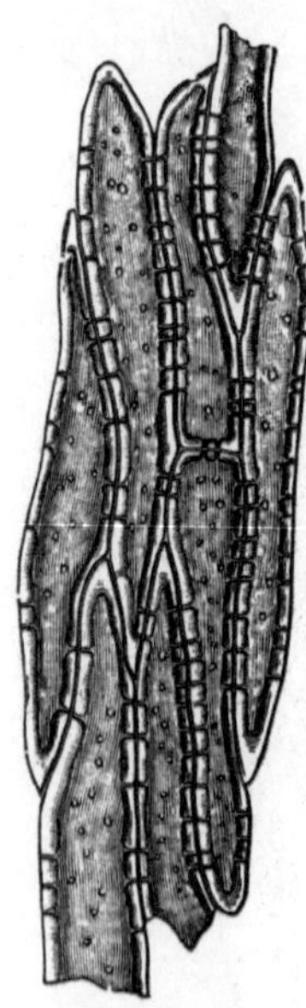

(*br*) bedeckt. Die Länge der Fasern beträgt bis 1 mm, die Dicke bis 15 μ; keilförmige Parenchymgruppen (*m*) trennen die Faserbündel voneinander. Die Samenschale besteht aus einer Parenchymschicht (*S*) und eigenartig geformten, fein porösen Zellen (*sc*). Mit ihr verwachsen ist das aus einer einfachen Aleuronschicht bestehende Endosperm (*E*). Die Kotyledonen besitzen eine mehrfache Palisadenreihe. Sie enthalten Fett und Aleuron (2—6 μ). Die Madiakuchen unterscheiden sich von den übrigen Preßrückständen aus Kompositenfrüchten durch die fein getüpfelten Zellen der Samenschale.

d) Nigersaat. „Nigersamen" oder „Nigersaat" sind die Früchte von Guizotia abyssinica (L.) Cass., die in Ostafrika und Indien als Ölpflanze angebaut wird (vgl. S. 480). Die Preßrückstände liefern ein gutes Tierfutter. Die Früchte (Abb. 74) sind stets schwarz, den Madiafrüchten in Gestalt und Bau sehr ähnlich, aber nur etwa 5 mm lang und 1 mm breit.

Die Oberhautzellen der Fruchtwand (Abb. 75 u. 76) sind länger als bei Madia und nicht getüpfelt. Die Zellen des Hypoderms (*hy*) weisen braunen, geschrumpften Inhalt auf und erinnern an Querschnitten an die Trägerzellen von Leguminosen: an Flächenpräparaten erscheinen sie reihenweise angeordnet. Sie verursachen hauptsächlich die dunkle Färbung der Früchte. Die von einer Phytomelanschicht (*br*) bedeckten Faserbündel sind kleiner als bei Madia. Charakteristisch ist die Samenschale, deren Außenseite wellig gebuchtete Zellen mit feinen, leistenförmigen oder netzigen Verdickungen (Abb. 76 *S*) aufweist.

Abb. 66. Fasern aus der Sonnenblumenschale (Abb. 63, *H*). (J. Moeller.)

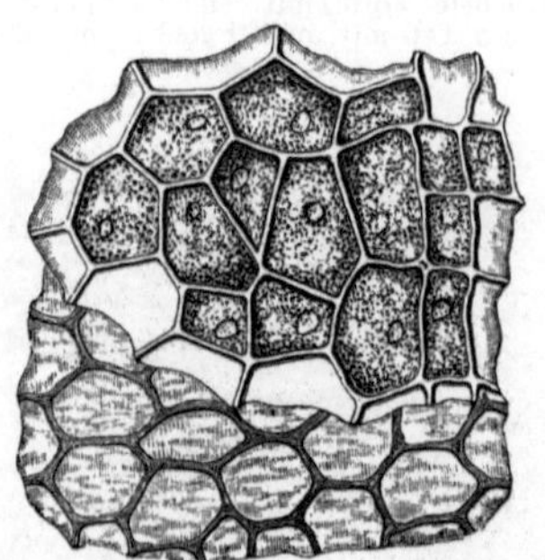

Abb. 67. Samenhaut (unten) und Nährgewebe (oben) der Sonnenblume. (J. Moeller.)

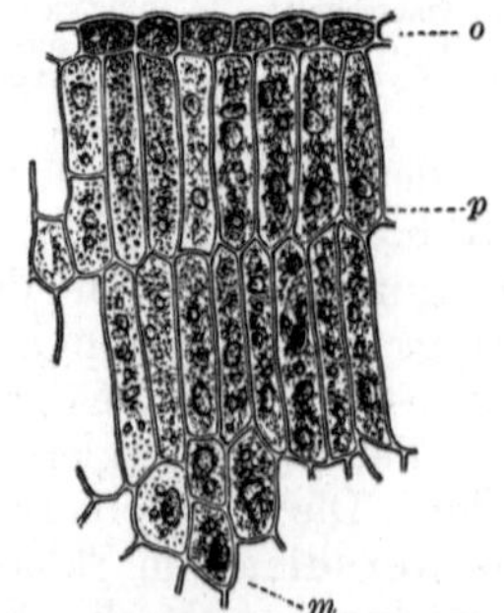

Abb. 68. Keimblattgewebe der Sonnenblume. (J. Moeller.) *o* Epidermis, *p* Palisaden, *m* Mittelschicht.

Endosperm und Keimlingsgewebe ist von dem der Madia nicht zu unterscheiden.

15. Sapotaceensamen. Preßrückstände von Sheanuß, Illipe- und Mowrahsamen. Die von verschiedenen Sapotaceensamen stammenden Fette (Sheabutter, Illipe- und Mowrahbutter, Bassiaöl, vgl. S. 450 u. 452) dienen zur Bereitung von Pflanzenbutter, Seife u. dgl. Die Preßrückstände dieser Samen haben als Futtermittel Verwendung gefunden (Sheanuß-, Bassia-, Illipe-, Mowrahmehl)[1]. Besonders die Illipcrückstände müssen jedoch zuvor einer besonderen Behandlung (Erhitzung) unterzogen werden, da sie sonst giftig wirken (Saponin).

a) Die Samen der Sheanuß oder Schinuß (Butyrospermum PARKII KOTSCHY.) ähneln denen der Roßkastanie. In den Handel gelangt nur der von der Schale befreite braune Keimling (Abb. 77), der zwei große, verwachsene Kotyledonen aufweist, auf deren Außenseite noch Reste der inneren Samenschale mit Gefäßbündeln aufliegen.

Das Gewebe der Kotyledonen setzt sich aus rundlich-polyedrischen, stark porösen Zellen zusammen, die von Fett, Aleuron und zum Teil von Gerbstoffkörpern erfüllt sind. Außerdem finden sich — namentlich in der Randzone — in kurzen Reihen übereinanderstehende

Abb. 69.   Abb. 70.

Abb. 69. Saflorfrüchte, natürliche Größe. (Phot. C. GRIEBEL.)

Abb. 70. Querschnitt durch Fruchtwand und Samenschale der Saflorfrucht. Vergr. 1:200. (Aus G. GASSNER: Mikroskopische Untersuchung pflanzlicher Nahrungs- und Genußmittel.)

kugelige bis elliptische, etwas größere Sekretzellen, die kautschukartigen Inhalt führen. Die Gerbstoffzellen sind ebenfalls in Reihen angeordnet.

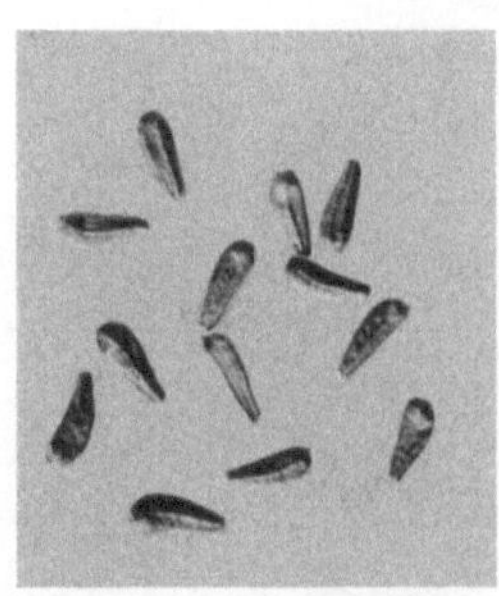

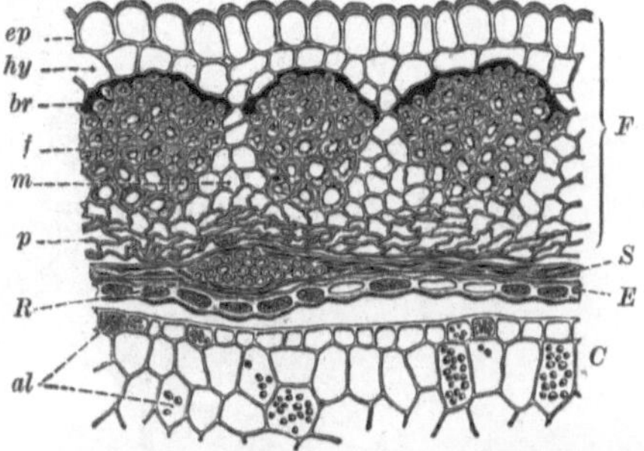

Abb. 71. Früchte der Ölmadie, natürliche Größe. (Phot. C. GRIEBEL.)

Abb. 72. Querschnitt der Madiafrucht. (A. L. WINTON.) F Fruchtschale, S Samenschale, E Nährgewebe, C Keimblatt, R Leitbündel. Die Bedeutung der übrigen Buchstaben siehe im Text.

---

[1] Vgl. HONCAMP, REICH u. ZIMMERMANN: Über Perillakuchen und Mowrahmehl. Landw. Vers.-Stationen 1912, 78, 329. — LUCKS: Butyrospermum PARKII, Illipe latifolia und I. malabrorum. Ein Beitrag zur Unterscheidung der Preßrückstände dieser Samen. Landw. Vers.-Stationen 1917, 90, 240.

Die entfetteten Preßrückstände, das **Sheanußmehl**, ist von brauner Farbe und läßt neben den dünnwandigen Kotyledonarzellen, die von Gerbstoffzellen

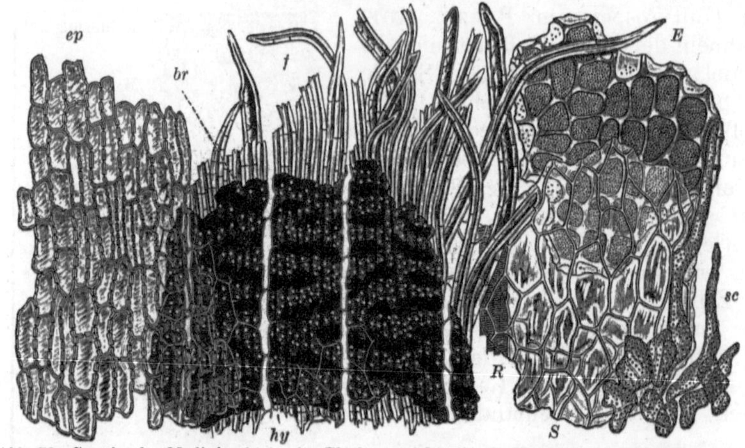

Abb. 73. Gewebe der Madiafrucht in der Flächenansicht. (A. L. Winton.) *sc* getüpfelte Zellen der Samenschale. Die übrigen Buchstaben haben dieselbe Bedeutung wie in Abb. 72.

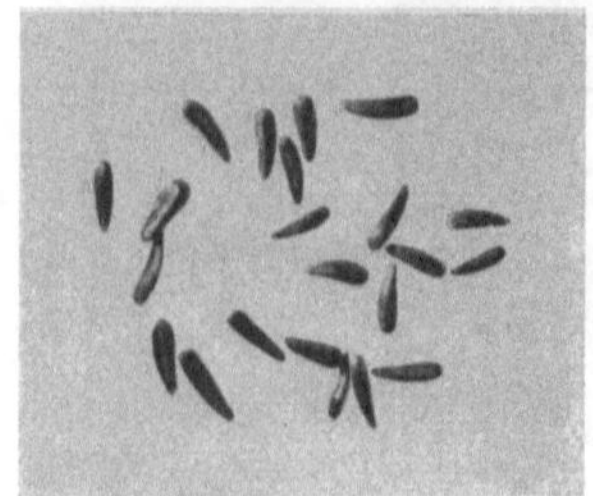

Abb. 74. Nigersaat, natürliche Größe. (Phot. C. Griebel.)

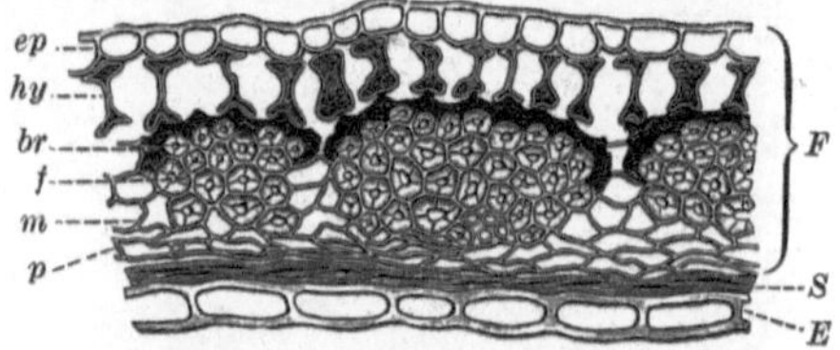

Abb. 75. Querschnitt des „Nigersamens". (A. L. Winton.) *F* Fruchtschale mit der Oberhaut *ep*, dem Hypoderm *hy*, der Phytomelanschicht *br*, den Faserbündeln *f*, dem Zwischenparenchym *m*, dem kollabierten Parenchym *p*, *S* Samenschale, *E* Nährgewebe.

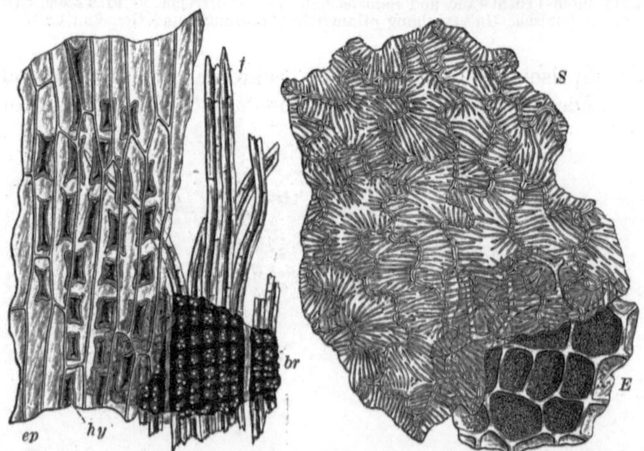

Abb. 76. Gewebe des „Nigersamens" in der Flächenansicht. (A. L. Winton.) Die Buchstaben haben dieselbe Bedeutung wie in Abb. 75.

mit Einschlußkörpern durchsetzt sind, in geringer Menge zumeist auch Teilchen der Samenschale erkennen (Abb. 78), insbesondere Steinzellen und die der inneren Samenhaut entstammenden Gefäßbündel. Mit Eisenchlorid färben

Abb. 77. Keimlinge der Sheanuß, natürliche Größe.
(Phot. C. GRIEBEL.)

Abb. 79. Samen von Illipe latifolia ENGL., natürliche
Größe. (Phot. C. GRIEBEL.)

Abb. 80. Kotyledonen von Illipe latifolia, natürliche Größe.
(Nach HONCAMP.)

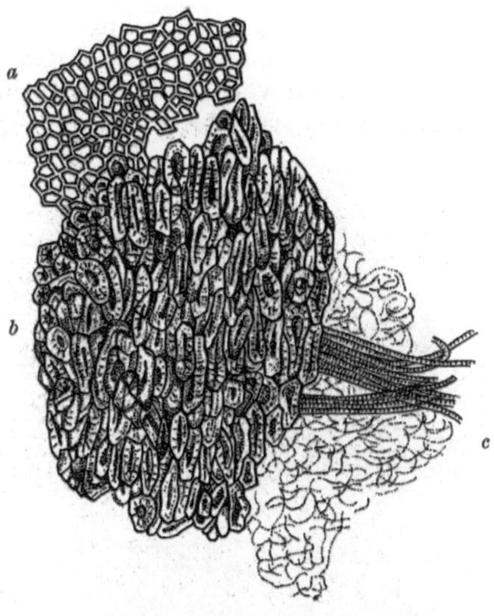

Abb. 78. Butyrospermum Parkii. (Nach A.
SCHOLL.) Samenschale im aufgeschlossenen
Schinußmehl, a Epidermis, b Steinzellen, c innere
Samenhaut mit Gefäßbündeln. Vergr. 1:100.

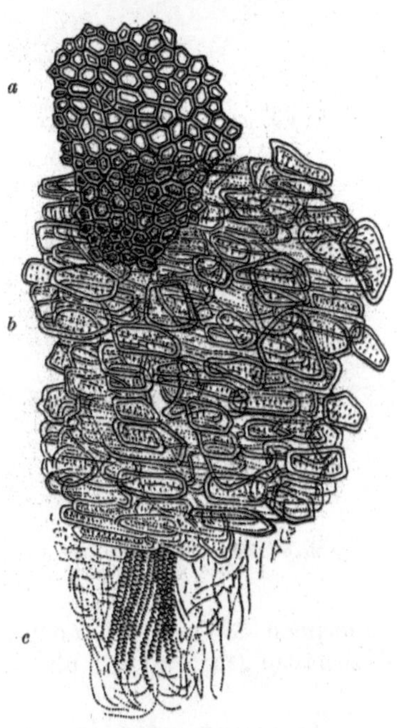

Abb. 81. Illipe latifolia. (Nach A.
SCHOLL.) Samenschale im aufgeschlossenen Mehl in der Flächenansicht,
a Epidermis, b Steinzellen, c innere
Samenhaut. Vergr. 1:100.

sich die Gerbstoff enthaltenden Einschlußkörper
schwarzblau, mit Vanillinsalzsäure rot.

b) Die Illipe- oder Mowrah-Nüsse stammen
von mehreren Illipearten. Abb. 79 zeigt die Samen,
Abb. 80 die Kotyledonen von Illipe latifolia ENGL.
(= Bassia latifolia ROXB.). Die Farbe der als
Mowrahsaat aus Indien in den Handel gelangenden,
zumeist in die beiden Kotyledonen zerfallenen Keimlinge ist rotbraun. Ihre
Länge beträgt nach HONCAMP 1,8—3,3, ihre Breite 1,2—1,4 cm.

Sämtliche Gewebe der Illipesamen sind denen von Butyrospermum ähnlich.
Die Steinzellen der Samenschale sind weniger stark sklerosiert (Abb. 81), die

Kotyledonarzellen durchschnittlich etwas kleiner, ihre Poren größer, aber weniger zahlreich und meist in Gruppen angeordnet; die Sekretzellen sind in geringerer Zahl vorhanden und in ihrer Größe nur wenig von den Zellen des Grundgewebes verschieden. Abb. 82 zeigt einen Querschnitt durch den äußeren Teil eines Keimblattes. Die Reaktion der gerbstofffreien Zelleinschlüsse gegen Eisenchlorid und Vanillinsalzsäure ist die gleiche wie bei der Sheanuß.

Die Preßrückstände der Samen von Illipe latifolia Engl. (Bassia latifolia Roxb.) scheinen den Hauptbestandteil des Illipe- oder Mowrahmehles auszumachen. Die in anatomischer Hinsicht sehr ähnliche Illipe malabrorum König (= Bassia longifolia L.) tritt daneben in den Hintergrund. Das Mowrahmehl zeigt die fein porösen Zellen des Grundgewebes und die von braunen Einschlußkörpern fast ausgefüllten Gerbstoffzellen.

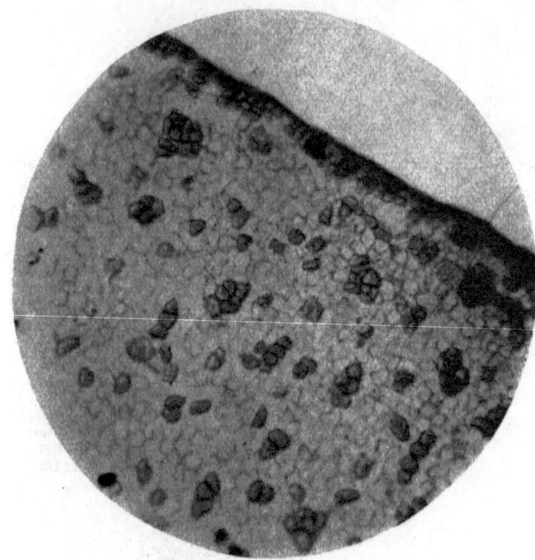

Abb. 82. Illipe latifolia. Querschnitt durch den äußeren Teil eines Keimblattes. Vergr. 1 : 50. (Nach Honcamp.)

c) Über Djave-Nüsse, die Früchte von Mimusops djave, haben H. Wagner und H. Oestermann [1] berichtet.

16. Sojabohne (Abb. 83). Über die mikroskopische Beschaffenheit vgl. Bd. V. Bemerkt sei, daß die neuerdings in den Handel gelangenden Sojamehle, die zur Herstellung von diätetischen Mitteln, Backwaren, Pasten u. dgl. Verwendung finden, zumeist aus sehr gut geschälten Samen hergestellt sind, so daß man die charakteristischen Schalenbestandteile oft überhaupt nicht auffindet. Da auch die Aleuronkörner durch die Art der Behandlung oft degeneriert und zu amorphen Massen zusammengeballt sind, ist die Erkennung des Mehles in Zubereitungen zuweilen nicht leicht.

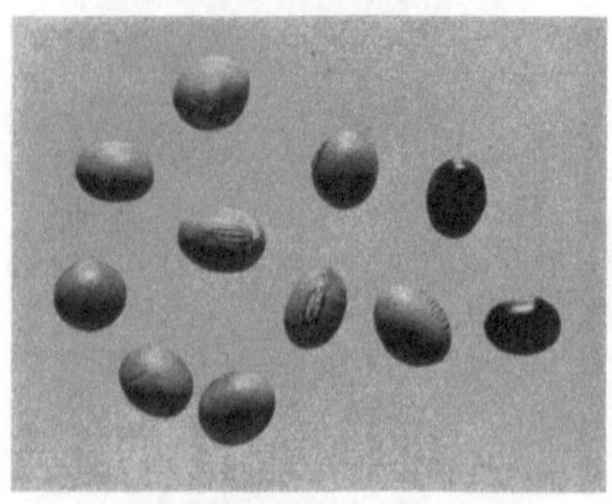

Abb. 83. Sojabohne, natürliche Größe. (Phot. C. Griebel.)

II. Ölsamen, die in erheblicher oder ganz überwiegender Menge, zum Teil in Form von Zubereitungen, dem unmittelbaren Genuß dienen.

17. Mandel und mandelähnliche Samen. a) **Mandel.** Der in Vorder- und Zentralasien heimische Mandelbaum (Prunus Amygdalus Stockes — Rosaceae) wird in verschiedenen Spielarten kultiviert, von denen vor allem die beiden

---

[1] H. Wagner u. H. Oestermann: Z. 1912, **24**, 327.

physiologischen Varietäten — var. amara mit bitteren und var. dulcis mit süßen Samen — zu nennen sind. Die Samen finden geschnitzelt und zerrieben in der Konditorei Verwendung. Die Rückstände der Ölpressung heißen im gemahlenen Zustande „Mandelkleie", die zur Herstellung kosmetischer Präparate dient.

Die Mandel hat Steinfrüchte, deren dünnes, zähes Fruchtfleisch sich bei der Reife vom Steinkern leicht ablöst. Die Steinschale (Endokarp), die bei einigen Kulturformen dünn und leicht zerbrechlich ist (Krach- oder Knackmandeln), hat im gemahlenen Zustand gelegentlich als Gewürzfälschungsmittel gedient (vgl. Bd. VI, S. 422).

Die Samen (Abb. 84) sind im Umriß spitzeiförmig, etwas flach gedrückt. Die nach dem Überbrühen mit heißem Wasser leicht abziehbare braune Samenschale ist außen schilferig, innen von einem farblosen Häutchen, dem Rest des Nährgewebes, ausgekleidet. Der Keimling besteht hauptsächlich aus den beiden großen Kotyledonen, an deren Spitze das Würzelchen erkennbar ist.

Die Oberhaut der Samenschale zeigt Gruppen sehr charakteristischer, etwa tonnenförmiger, verholzter Zellen, die an der Innenwand und den Seitenwänden getüpfelt sind (Abb. 85 *I*

Abb. 84. Samen der Mandel, natürliche Größe. (Phot. C. GRIEBEL.)

u. 86 *a*). Da sie sich sehr leicht ablösen, verursachen sie die schilferige Beschaffenheit der Schale. Zwischen ihnen finden sich unverholzte, dünnwandige Zellen eingeschaltet. In dem unter der Epidermis liegenden Gewebe aus braunen, zum Teil zusammengefallenen Zellen verlaufen die Leitbündel mit dünnen Spiralgefäßen. Im häutigen Nährgewebe (*ep* und *E*) ist eine einreihige Aleuronschicht erkennbar.

Das Gewebe des Samenkerns (Abb. 86 *Ca* und *C*) besteht aus zartwandigen fett- und aleuronreichen Zellen. Stärke fehlt. An entfetteten Schnitten erkennt man kleinere (3—5 μ) und größere Aleuronkörner (10—15 μ), von denen namentlich die letzteren je eine winzig kleine, rosettenförmige Calciumoxalatdruse mit dunklem Kern enthalten, was im Chloralhydratpräparat am besten wahrnehmbar ist.

Der Nachweis der gemahlenen Ölkuchen, die als „Mandelkleie" in der Kosmetik viel gebraucht werden, ist durch die eigenartigen, etwa tonnenförmigen Epidermiszellen der Samenschale ziemlich leicht möglich, wozu dann noch die bis 15 μ großen Aleuronkörner in den Zellen des Keimblattgewebes kommen, die in der Regel winzige rosettenförmige Oxalatdrusen enthalten.

Da das aus Mandeln bereitete Marzipan aus geschälten Samen hergestellt wird, fehlt jedes charakteristische mikroskopische Merkmal, weil die winzigen in den größeren Aleuronkörnern vorhandenen Oxalatrosetten mit dunklem Kern — sie können nach GASSNER bei manchen Mandelsorten zudem fast vollständig fehlen — auch in den Samen anderer Prunusarten (Aprikose, Pfirsich, Pflaume) vorkommen können.

Mandelersatz. Als Ersatzmittel für Mandeln kommen neben den Kernen der schon erwähnten Prunusarten (Aprikose, Pfirsich und Pflaume) auch die später beschriebenen, gewöhnlich als Kernel oder Cashewkerne bezeichneten Ancardiensamen, weiter die Erdnuß-, Walnuß- und Haselnußkerne sowie Pineolen und Zirbelnüsse in Betracht.

Von der Mandel unterscheiden sich die Kerne der übrigen Prunusarten äußerlich durch die Form und geringere Größe.

b) **Die Aprikosenkerne** (Abb. 87), die regelmäßig zur Bereitung von Persipan dienen, sind oft herzförmig, mehr oder weniger abgeflacht, ziemlich glatt. Die Steinzellen der Samenschale (Abb. 85 *III*) sind auch an der stark verdickten Außenseite getüpfelt.

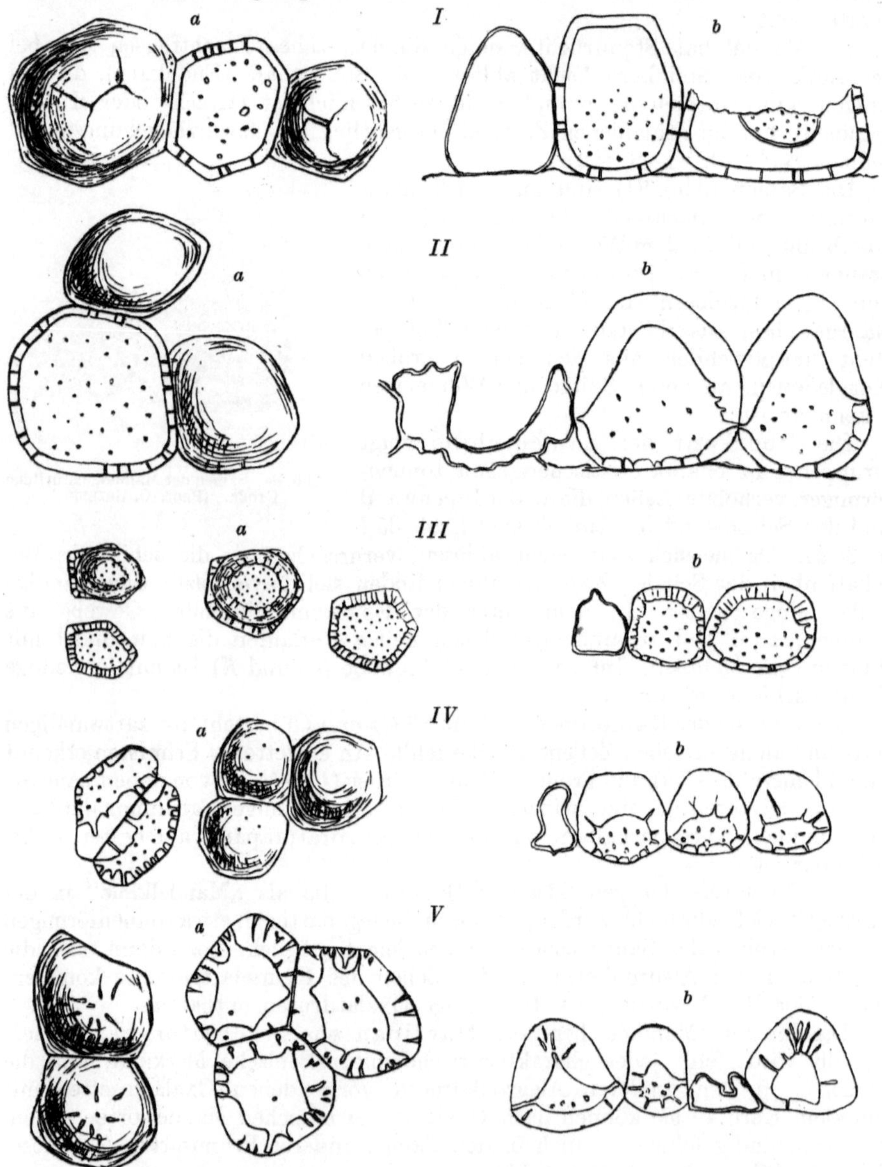

Abb. 85. Testaepidermiszellen der Mandel und mandelähnlicher Samen. (E. Hannig.)
I Mandel, *II* Pfirsich, *III* Aprikose, *IV* Reineclaude, *V* Zwetsche, *a* Flächenansicht bei hoher (schattiert) und bei tiefer Einstellung, *b* Querschnitt. Vergr. 1 : 300.

c) **Pfirsichkerne** (Abb. 88) sind viel flacher als die Mandeln (nur etwa 2 mm dick), scharfrandig, im Umriß breit-eiförmig bis herzförmig. Die Steinzellen der Samenschalenepidermis (Abb. 85 *II*) sind nach außen verschmälert, ihre Außenwand ist stark verdickt, nicht getüpfelt.

d) **Pflaumenkerne** sind etwa eiförmig, meist dickbauchig und an den Kanten gerundet, die Steinzellen der Testaepidermis an der Außenwand besonders stark verdickt und zumeist getüpfelt (Abb. 85 *IV* und *V*).

Für die Unterscheidung der Samen auf Grund der Steinzellen der Schale gibt G. GASSNER folgende Tabelle:

Samen	Steinzellen im Querschnittsbild der Samenschale	Steinzellen in Flächenansichten der Samenschale	Verhalten der Steinzellen im polarisierten Licht
Mandelsamen	Groß, rundlich, polygonal, gleichmäßig dünnwandig, untere Hälfte stark getüpfelt, oberer Teil ungetüpfelt und oft verletzt	Groß, rundlich, polygonal, dünnwandig, mit stark getüpfelter Grundplatte. Oberer Teil oft verletzt	Nicht oder kaum aufleuchtend
Pfirsichsamen	Groß, oval bis kegelförmig, im unteren Teil dünnwandiger als im oberen, Tüpfelung nur im unteren Teil und spärlich	Mittelgroß, polygonal, Tüpfelung mäßig stark	Nicht aufleuchtend
Aprikosensamen	Klein, fast kugelig, allseitig gleichmäßig stark verdickt und getüpfelt	Klein, polygonal, stark getüpfelt	Stark aufleuchtend
Pflaumensamen	Mittelgroß, kegelförmig, dickwandig, der äußere Teil kappenförmig verstärkt, Tüpfelung mäßig, aber allseitig, Tüpfel sich nach außen oft verzweigend oder trichterförmig	Mittelgroß, polygonal, derbwandig, gleichmäßig getüpfelt, Tüpfel nach außen oft trichterförmig verbreitert	Sehr stark aufleuchtend

Beim Vorhandensein größerer Schalenteilchen läßt sich auch die Beschaffenheit der Nervenendigungen zur Unterscheidung heranziehen, die nur bei der **Aprikose** baumartig verzweigt, bei den übrigen Arten aber meist einfach sind.

Da das Gewebe der Kotyledonen, wie bereits erwähnt wurde, bei der Mandel und den mandelähnlichen Prunussamen keine wahrnehmbare Verschiedenheit zeigt, ist beim **Fehlen von Schalenteilchen** in marzipanähnlichen Zubereitungen eine Unterscheidung auf mikroskopischem Wege praktisch nicht möglich.

18. Erdnuß. Die Früchte der in wärmeren Gegenden vielfach angebauten **Erdnuß** (Arachis hypogaea L. — Leguminosae) kommen bei uns in erheblichen Mengen zur Einfuhr. Die in erster Linie zur Ölgewinnung (vgl. S. 488) dienenden Samen (Abb. 89) werden in geröstetem Zustand sowohl unmittelbar genossen wie auch in der Konditorei verwendet. Die in der Mitte oder an zwei Stellen eingeschnürten Hülsen sind netzig runzelig, ziemlich spröde und enthalten 1—3 eirunde bis längliche, auf einer Seite abgerundete oder abgestutze Samen mit brauner, sich leicht ablösender Schale.

An der **Fruchtwand** ist besonders die aus gekreuzten Fasern bestehende Hartschicht bemerkenswert, deren Elemente sich am besten an Macerationspräparaten studieren lassen (Abb. 90). Man erkennt dann an manchen Faserreihen sägezahnartige Fortsätze, zwischen denen die gekreuzten Fasern der angrenzenden Schicht liegen. Die Enden der Fasern sind zum Teil gegabelt oder mannigfach verzweigt, doch variieren die in der Hartschicht liegenden Faserzellen in Form, Größe und Verdickung recht erheblich.

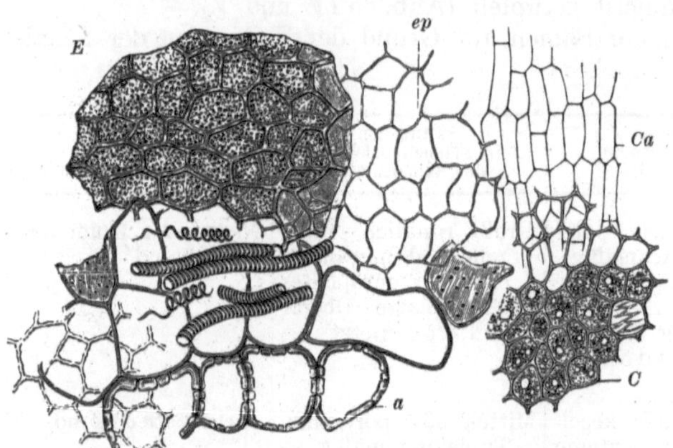

Abb. 86. Gewebe der Mandel in der Flächenansicht. (J. MOELLER.)
a Tonnenzellen, *ep* innere Oberhaut der Schale, *E* Aleuronschicht,
C Kotyledonarparenchym, *Ca* Oberhaut der Kotyledonen.

Das Rippennetz der Fruchtwand wird vorwiegend aus T- und L-förmigen Fasern gebildet. Im übrigen ist das Gewebe schwammig, doch sind die weiter nach innen liegenden Zellen dickwandig und porös (vgl. Abb. 90 im unteren Teil rechts).

Die Samenschale zeigt einen vom Leguminosentypus abweichenden Bau (Abb. 91 *S*). Charakteristisch sind die Epidermiszellen, deren Außen- und Seitenwände durch zapfenartig in das Zellinnere vorspringende Leisten verdickt sind (Abb. 91 u. 92 *aep*), was in der Flächenansicht ein sehr kennzeichnendes

Abb. 87. *a* Kalifornische, *b* Levantiner, *c* chinesische, *d* indische Aprikosenkerne, natürliche Größe.
(Phot. C. GRIEBEL.)

Bild liefert (vgl. auch Bd. VI, S. 425), indem das Lumen der Zellen etwa sägezahnartig umsäumt erscheint. Unter der Epidermis folgt dünnwandiges Parenchym (*p* 1), das nach innen in vielgestaltiges Schwammgewebe übergeht (*p* 2 und *p* 3).

Der Samenkern besteht im wesentlichen aus den fleischigen Keimblättern, deren großzelliges Parenchym neben Öl kleine Aleuronkörner (etwa 5 μ) und außerdem rundliche Stärkekörner (5—15 μ) enthält (Abb. 91 *st* u. 93 *I*). Nach Beseitigung des Fettes durch Äther und des übrigen Zellinhaltes durch Lauge zeigen die Zellwände knotige Verdickungen, in der Flächenansicht runde bis elliptische Poren.

Abb. 88. Pfirsichkerne, natürliche Größe. (Phot. C. GRIEBEL.)

Abb. 89. Frucht und Samen der Erdnuß, natürliche Größe. (Phot. C. GRIEBEL.)

Gemahlene Erdnußhülsen haben wiederholt zur Verfälschung von Futtermitteln gedient. Sie sind an den vielgestaltigen Fasern erkennbar. Die

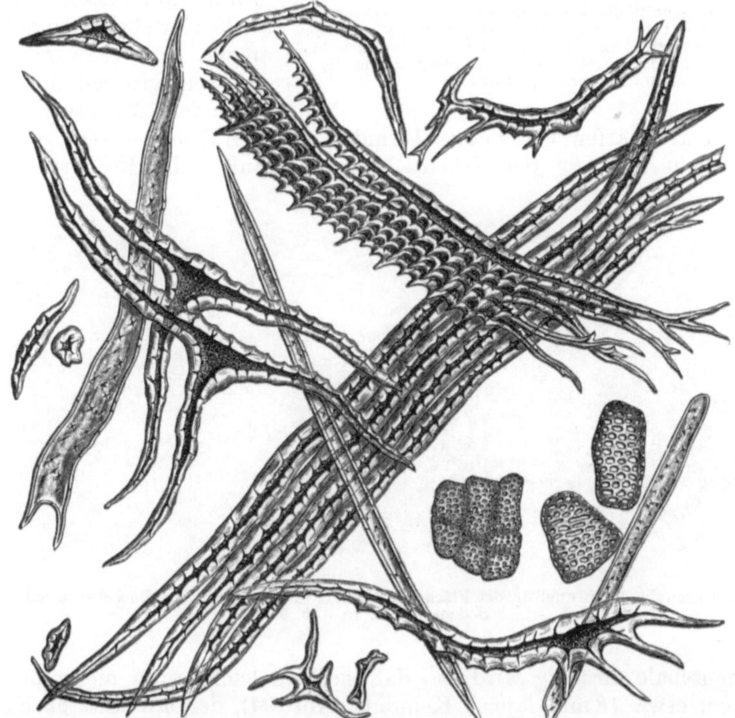

Abb. 90. Durch Maceration isolierte Elemente der Erdnußschale. (A. L. WINTON.)

Erdnußpreßrückstände, die ein wertvolles Futtermittel darstellen und gelegentlich zur Verfälschung von Gewürzen verwendet wurden (vgl. Bd. VI, S. 425), enthalten Hülsenteilchen überhaupt nicht oder nur in geringer Menge.

Sie sind durch die eigentümlichen Testaepidermiszellen in Verbindung mit dem stärkeführenden Gewebe der Keimblätter gekennzeichnet.

19. Anacardiensamen. Die gewöhnlich unter der Bezeichnung Kernel, Cashewkerne oder Acajoukerne in den Handel gelangenden, größtenteils von der Schale befreiten Samen von Anacardium occidentale L. (Anacardiaceae) finden in der Konditorei als Nuß- und Mandelersatz (Mandelnuß, indische Mandeln) Verwendung.

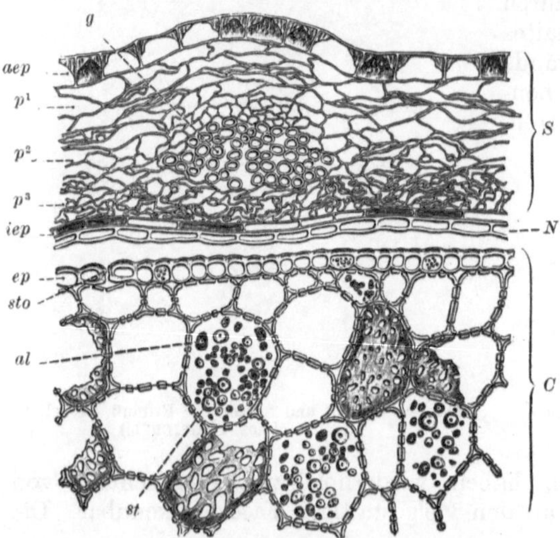

Abb. 91. Querschnitt des Erdnußsamens. (A. L. Winton.)
S Samenschale mit der beiderseitigen Oberhaut *aep* und *iep*, dem Parenchym *p¹, p², p³* und dem Leitbündel *g*. N Nährgewebe, C Keimblatt mit der Oberhaut *ep*, einer Spaltöffnung *sto*, Aleuronkörnern *al*, Stärke *st*.

Die nierenförmigen Steinfrüchte (Abb. 94) des in Brasilien heimischen Kaschu- oder Acajoubaumes, der wegen der roten, saftigen, birnförmigen Fruchtstiele in den Tropen als Obstbaum kultiviert wird, sind unter der Bezeichnung „Westindische Elefantenläuse" bekannt. Bei der Gewinnung der Samen muß die Fruchtschale restlos beseitigt werden, weil sich in ihrer Mittelschicht zahlreiche Gewebslücken mit einem an der Luft schwarz werdenden, sehr giftigen und blasenziehenden Milchsaft (Cardol) von brennend scharfem Geschmack befinden. Zu dem Zweck erfolgt gewöhnlich eine schwache Röstung der Früchte, wodurch außer der Fruchtwand auch

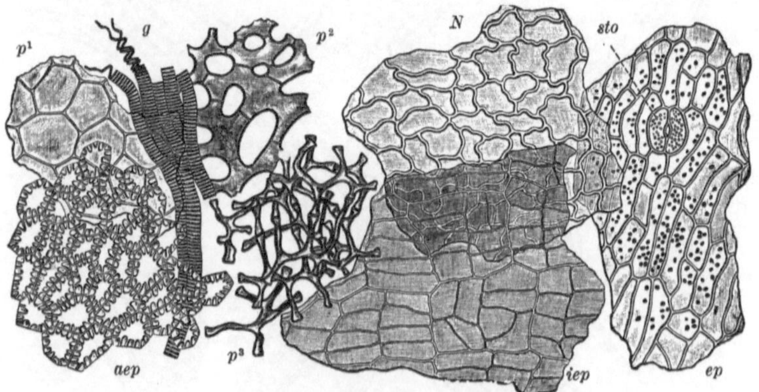

Abb. 92. Samengewebe der Erdnuß in der Flächenansicht. (A. L. Winton.) Die Buchstaben haben dieselbe Bedeutung wie in Abb. 91.

die Samenschale brüchig wird, so daß sie sich leicht vom nierenförmig gekrümmten, etwa 18 mm langen Keimling (Abb. 94), der am unteren Ende oft noch das Würzelchen trägt, ablöst. Die gelegentlich noch vorhandenen Reste der Samenschale sind diagnostisch ohne Bedeutung, weil das braune, dünnwandige, größtenteils zusammengepreßte Parenchym der Testa keine besonderen Merkmale aufweist.

Das Gewebe der dicken Keimblätter besteht aus zartwandigen, porenlosen Zellen, die neben Fett und kleinen Aleuronkörnern (etwa 5 μ) reichlich kleinkörnige Stärke enthalten (Abb. 93 *III*). Nur die Oberhaut ist stärkefrei.

Im zerkleinerten Zustand unterscheiden sich die Cashewkerne durch ihren Stärkegehalt ohne weiteres von Mandeln und Walnüssen, die stärkefrei sind. Von der Erdnuß (s. diese) sind sie durch die kleinen, unverdickten Zellen, den reichlichen Stärkegehalt und die geringere Größe der Stärkekörner verschieden,

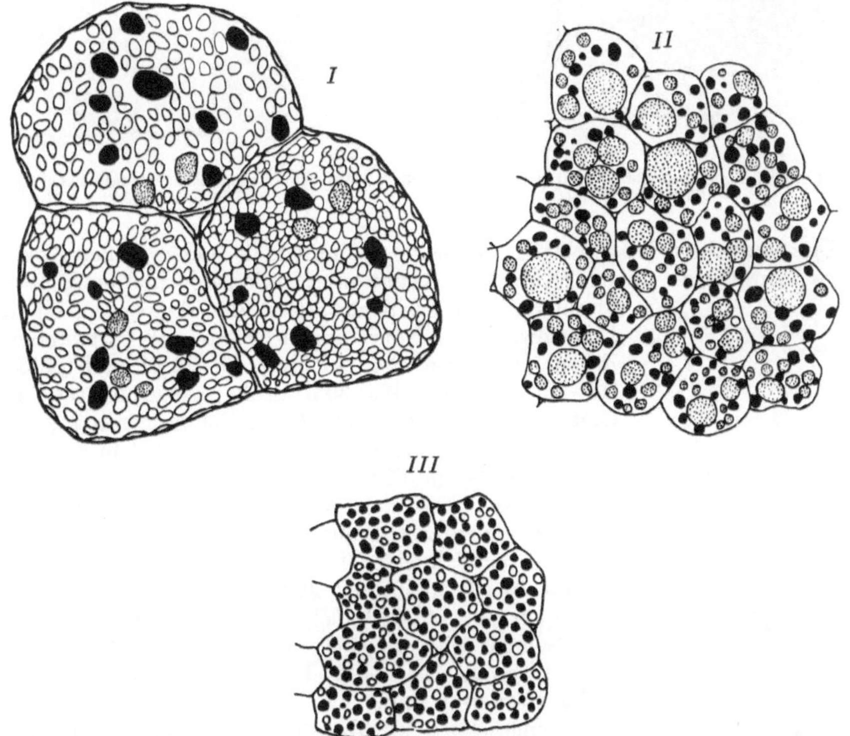

Abb. 93. Keimblattgewebe der Erdnuß (*I*), einer stärkereichen Haselnuß (*II*) und des Cashewkernes (*III*) nach Entfettung und Behandlung mit Jod; Stärkekörner schwarz, Aleuronkörner hell gezeichnet. Vergr. 1 : 300. (C. GRIEBEL.)

von den stärkehaltigen Haselnußteilchen durch die viel kleineren Aleuronkörner und den größeren Stärkereichtum.

20. Haselnuß. Die Früchte der bei uns wild wachsenden und in vielen Formen kultivierten Corylus avellana L. und anderer Corylusarten (Betulaceae) sind echte Nüsse, weil die gesamte Fruchtwand als Steinschale ausgebildet ist und nicht nur der innere Teil wie bei der Walnuß. Sie enthalten in der Regel nur einen Samen (Abb. 95) mit schülferiger, brauner Schale.

Die **Oberhaut** der **Fruchtwand** (also der Steinschale) trägt kurze, stark verdickte Haare (Abb. 96). Die Steinzellen sind in den äußeren Lagen kleinzellig und mehr rundlich, mit braunem Inhalt versehen, nach der Mitte zu größer und mehr polyedrisch, im inneren Teil oft tangential gestreckt. Die innersten Teile der Fruchtwand werden von einem größtenteils zerfallenen Parenchym gebildet, dessen braune Zellen eigenartig gefaltet sind (Abb. 97). Teile hiervon haften auch der Samenschale an und verursachen ihre schülferige Beschaffenheit.

Die Samenschale besteht aus braunem, dünnwandigen Parenchym, das in den inneren Lagen zusammengedrückt ist. Zwischen dem lockeren Parenchym und den zusammengefallenen Schichten verlaufen die meist stark entwickelten Leitbündel, die bis 25 μ weite Spiralgefäße, vereinzelt auch Netzgefäße enthalten.

Abb. 94. Anakardiensame, rechts Keimling, natürliche Größe.
(Phot. C. Griebel.)

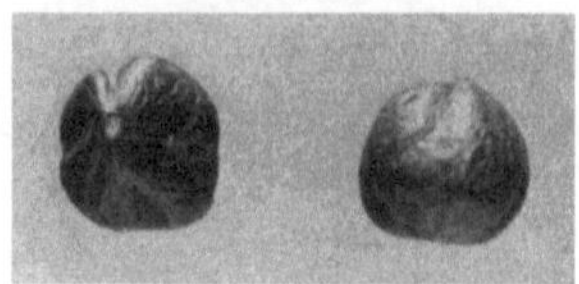

Abb. 95. Haselnußsamen, natürliche Größe.
(Phot. C. Griebel.)

Der Samenkern besteht der Hauptsache nach aus den beiden großen Kotyledonen. An Querschnitten (Abb. 98) erkennt man außen den aus einer 1- bis 2reihigen Aleuronschicht bestehenden Endospermrest (*al*). Das Gewebe der Kotyledonen besteht aus zartwandigen Zellen, die neben Fett kleinere (5—10 μ) und größere (15—25, zuweilen bis 30 μ große) Aleuronkörner mit Globoiden enthalten, von denen die größeren meist je eine kleine Oxalatdruse aufweisen, die nach dem Entfetten des Materials im Chloralhydratpräparat sichtbar wird (Abb. 98 *cot*). Die meisten Haselnußsamen sind stärkefrei oder sie enthalten nur spärlich kleinkörnige Stärke. Ein Teil der Samen — in der Handelsware bis 10% — enthält aber beträchtliche Mengen runder, bis 7 μ großer Stärkekörner[1] (Abb. 93 *II*), die aber in den betreffenden Samen sehr ungleichmäßig verteilt sein können, so daß große Teile der Kotyledonen gleichwohl oft völlig stärkefrei sind.

Kleingeschnittene Haselnußkerne dienen zur Herstellung verschiedener Konditoreiwaren. Man prüft die isolierten Teilchen zunächst auf Stärke, indem man sie 5—10 Minuten in überschüssige Jodjodkalilösung bringt. Teilchen, die sich hierbei schwärzlich färben, können besonders von Erdnuß, Haselnuß oder Kernel herrühren. Die Verschiedenheit dieser Samen ist aus Abb. 93 ersichtlich.

Die Erdnuß (*I*) hat große Zellen, deren derbe Wände von großen, rundlichen Poren durchsetzt sind. Während die Stärkekörner bis 15 μ messen, sind die zahlreichen Aleuronkörner nur etwa 5 μ groß. Nur vereinzelte erreichen die Größe der Stärkekörner.

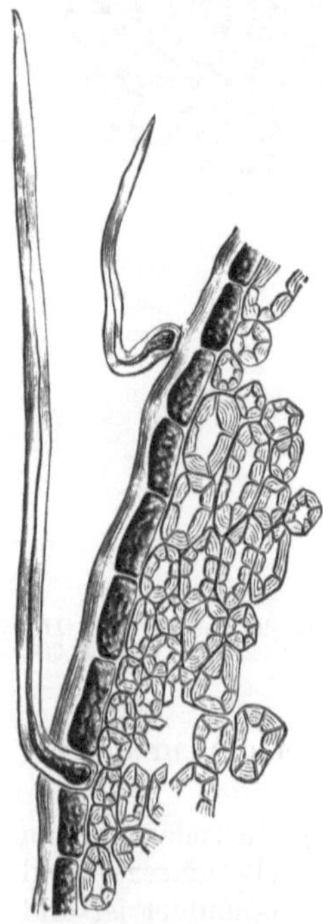

Abb. 96. Steinschale der Haselnuß im Querschnitt.
(Nach Malfatti.)

Die Haselnuß (*II*) hat kleinere, zartwandige Zellen, die nur selten schwach porös sind, was erst nach Methylenblaufärbung erkennbar wird. Die Größe der Stärkekörner überschreitet selten 7 μ, während die Aleuronkörner zum Teil 25 μ und darüber messen. Die größeren enthalten eine kleine Oxalatdruse, selten einen Einzelkrystall. Haselnußteilchen sind oft noch von der Schale

---

[1] Vgl. C. Griebel: **Z.** 1927, **54**, 477.

bedeckt. Querschnitte zeigen dann nach der Entfettung und Einwirkung von Chloralhydrat das in Abb. 98 wiedergegebene Bild.

Bei Kernel (*III*) ist der Stärkegehalt so groß, daß sich die Teilchen mit Jod tief blauschwarz färben; das Zellgewebe ist sehr zart. Die Größe der Stärkekörner beträgt etwa $5\,\mu$ (bis $7\,\mu$), des gleichen die der Aleuronkörner, die kein Oxalat enthalten.

Haselnußpreßkuchen dienen als Futtermittel und sind, wie auch gemahlene Haselnußschalen, als Fälschungsmittel von Gewürzen — die letzteren auch in Kakao — beobachtet worden. Für die Erkennung der Schalen sind die Oberhautteilchen mit den dickwandigen Haaren, die zum Teil von dunklem Inhalt erfüllten Steinzellen und die eigenartig gefalteten Parenchymzellen der inneren Fruchtwandschichten wichtig.

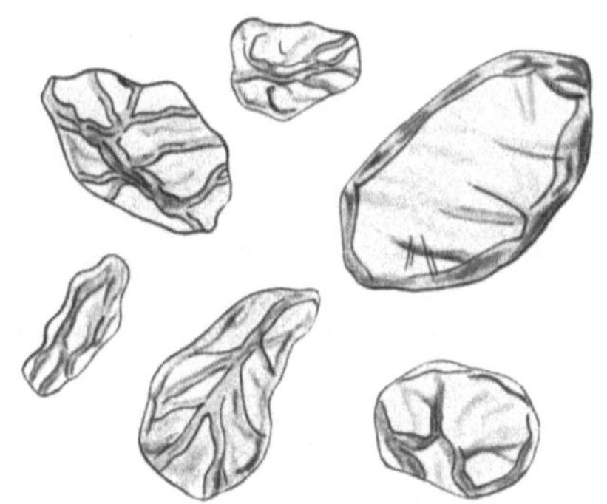

Abb. 97.
Abb. 98. 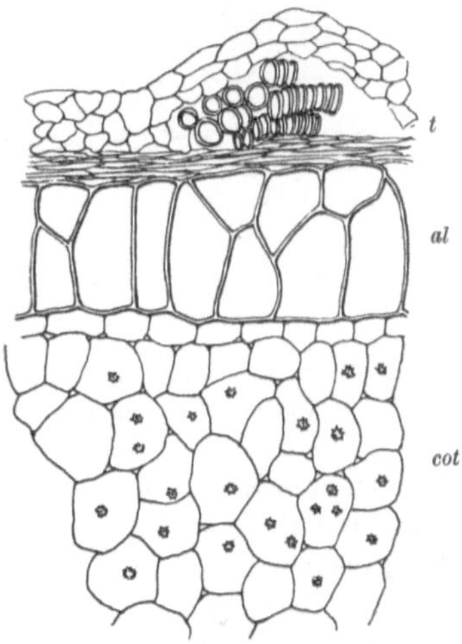

Abb. 97. Zellen aus den inneren Fruchtwandschichten der Haselnuß. Vergr. 1 : 200. (Aus G. Gassner: Mikroskopische Untersuchung pflanzlicher Nahrungs- und Genußmittel.)

Abb. 98. Querschnitt durch die Randpartie des Haselnußsamens nach Einwirkung von Chloralhydrat. (C. Griebel.) *t* Samenschale mit Gefäßbündel, *al* Aleuronschicht, *cot* Kotyledonargewebe mit kleinen Oxalatdrusen. Vergr. 1 : 240.

21. Walnuß. Die Frucht des Walnußbaumes (Juglans regia L. — Juglandaceae) ist eine Steinfrucht. Die „Walnuß" ist der aus dem grünen Fruchtfleisch herausgelöste Steinkern, der aus dem harten Endokarp (der Steinschale) und dem Samen besteht. Die zweiklappige Steinschale ist im oberen Teil zweifächerig, im unteren vierfächerig. Gemahlene Walnußschalen sind zuweilen als Gewürzfälschungsmittel beobachtet worden. Über ihre Erkennung vgl. Bd. VI, S. 421.

Die den Keimling bedeckende gelbliche bis bräunliche häutige und leicht abziehbare Samenschale zeigt dünnwandige, in der Fläche polygonale Epidermiszellen, die eisenbläuenden Gerbstoff enthalten. Zwischen ihnen finden sich nicht sehr zahlreiche, breite Spaltöffnungen (Abb. 99). Der hauptsächlich aus den Kotyledonen bestehende Keimling setzt sich aus zartzelligem Parenchym zusammen, das neben Fett Aleuronkörner enthält, von denen einzelne bis $10\,\mu$ groß werden. Stärke fehlt oder ist nur in sehr geringen Mengen vorhanden.

Walnußkerne dienen grob oder fein zerkleinert zur Herstellung verschiedener Süßwaren (Krokant, Nugat usw.). Man erkennt sie an den bräunlichen Samenhautteilchen mit großen Spaltöffnungen.

In Nordamerika kommen auch die Früchte verschiedener anderer Juglans-Arten auf den Markt (J. nigra L., J. cinerea L.), desgleichen verschiedene Carya-Arten, wie Carya alba Nutt., die Hickorynuß mit 6 deutlichen Rippen und

Carya olivaeformis Nuth., die Pecannuß (Abb. 100)[1] mit vierkantiger, auch am Grunde zweifächeriger Schale, von denen die letztere in geringen Mengen zeitweilig auch zu uns gelangt. Sie enthält meist wesentliche Mengen kleinkörniger Stärke, doch ist der Stärkegehalt nicht in allen Kernen und nicht einmal in allen Teilen ein und desselben Keimlings annähernd gleich groß.

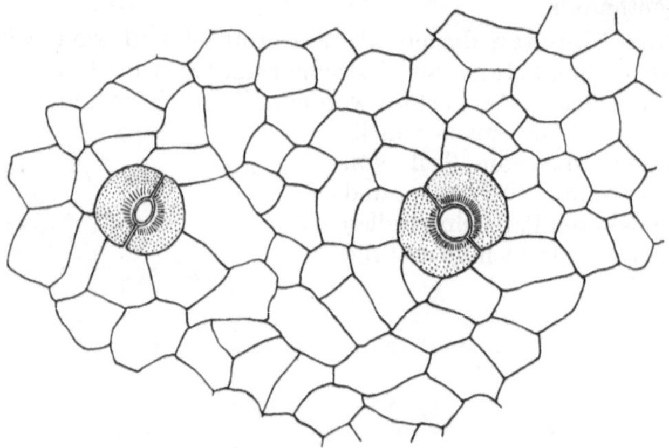

Abb. 99. Epidermis der Samenschale der Walnuß. 1 : 240. (C. Griebel.)

Juglans cinerea L., die graue Walnuß oder Butternuß (Abb. 101), wird bei uns in Parks u. dgl. angepflanzt.

22. Pineolen. Aus der Familie der Coniferen liefern zwei Pinus-Arten fettreiche, eßbare Samen[2]. Die Samenkerne der nur im südlichen Teil Europas vorkommenden Pinie (Pinus pinea L.) kommen als Pineolen, Piniennüßchen, Pigneoli in den Handel.

a

Abb. 100. Pecannuß. a aufgebrochen, natürliche Größe.
(Phot. C. Griebel.)

Abb. 101. Butternuß (Juglans cinerea), natürliche Größe.
(Phot. C. Griebel.)

Die Piniensamen (Abb. 102a) sind etwa 2 cm lang, an beiden Seiten gerundet, matt rotbraun. Nach der Entfernung der harten Schale kommt der von einem braunen Häutchen bedeckte spindel- oder walzenförmige, 12—15 mm lange Kern (b) zum Vorschein, der im geschälten Zustand (c) weiß oder nach längerer Lagerung gelblich aussieht — die Handelsware ist stets von dem

---

[1] Vgl. C. Griebel: Z. 1928, **55**, 237.
[2] Vgl. C. Griebel: Z. 1928, **55**, 238.

braunen Häutchen befreit — und mandelartig schmeckt. Der Kern besteht aus einem 1—1,5 mm dicken Nährgewebe, das den keulenförmigen Keimling mit gewöhnlich 12 fadenförmigen Keimblättern umschließt.

Das Gewebe setzt sich aus dünnwandigen Zellen zusammen, die neben Fett rundliche, meist 3—5 μ, vereinzelt auch 10—12 μ große Aleuronkörner enthalten. Nur in den innersten, selten auch in den äußersten Zellreihen des Nährgewebes (Abb. 103b) finden sich zahlreiche kleine Stärkekörner.

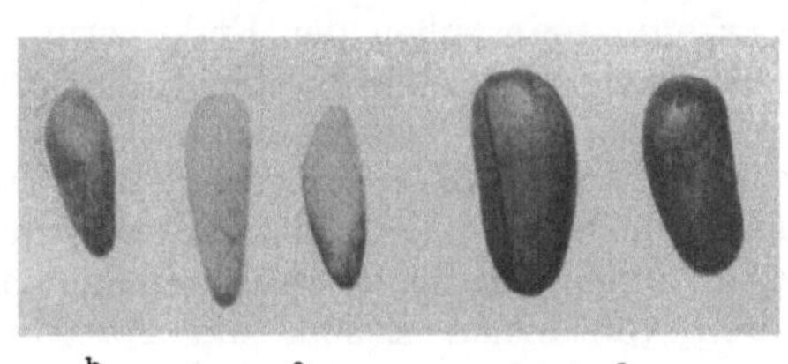

Abb. 102. Piniennuß. a reife Samen; b Samenkern von der holzigen Schale befreit; c Kerne nach Entfernung der dünnen Samenhaut; natürliche Größe.
(Phot. C. GRIEBEL.)

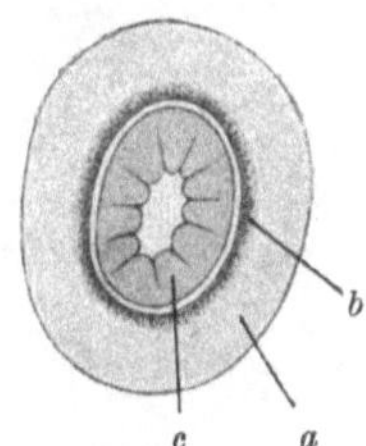

Abb. 103. Piniensamenkern im Querschnitt. a Nährgewebe; b stärkereiche Zone des Nährgewebes nach Jodeinwirkung; c Kotyledonen. Vergr. 1 : 8. (C. GRIEBEL.)

23. Zirbelnüsse. Den Piniennüßchen ähnlich sind die Zirbelnüsse (Abb. 104), die Samen der Arve oder Zirbelkiefer (Pinus cembra L.), deren Kerne in manchen Gegenden gegessen werden. Sie finden, wie die Pineolen, gelegentlich auch als Mandelersatz Verwendung.

Die Samen sind etwa 1 cm lang, eilänglich, stumpf, dreikantig. Der von der holzigen Schale und der dünnen, braunen Samenhaut befreite Kern (b) besteht größtenteils aus Nährgewebe, in das der Keimling, der 8—12 kurze, zusammengeneigte Keimblätter aufweist, eingebettet ist.

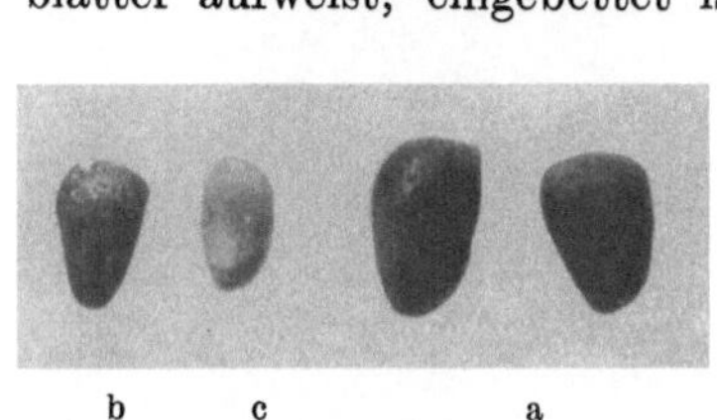

Abb. 104. Abb. 105.

Abb. 104. Zirbelnuß. a reife Samen; b Samenkern von der holzigen Schale befreit; c Kern nach Entfernung der dünnen Samenhaut, natürliche Größe. (Phot. C. GRIEBEL.)

Abb. 105. Paranuß, rechts Samenkern, natürliche Größe. (Phot. C. GRIEBEL.)

Oft ist der Keimling auch ganz verkümmert. Die zartwandigen Zellen des Nährgewebes sind durchweg sehr stärkereich. Entfettete Schnitte oder Bruchstücke des Kernes färben sich daher mit Jodjodkalium blauschwarz. Die Stärkekörner sind gewöhnlich nicht über 5 μ groß. Etwa ebenso groß sind die Aleuronkörner, die zum Teil Krystalloide enthalten; nur einzelne Stärkekörner erreichen bis 12 μ Durchmesser.

24. Paranuß. Paranüsse oder Brasilnüsse sind die etwa 4 cm langen Samen der im tropischen Südamerika heimischen Bertholletia excelsa H. B. (Lecythidaceae). Da sie in großer Zahl (15—23) in einer kugeligen, holzigen Frucht dicht aneinander gedrängt liegen, sind sie dreikantig abgeflacht (Abb. 105). Die graubraune, harte Samenschale ist quer gerunzelt. Der mandelartige Samenkern (Abb. 105, rechts) besteht aus dem ungegliederten Keimling, dem beim Herausnehmen oft noch die inneren Schichten der Samenschale aufliegen.

Die harte Samenschale besitzt außen eine 0,5—1 mm dicke Palisadenschicht aus etwa 50 μ breiten, sehr stark verdickten, farblosen Zellen, an die sich kleinzelliges, braunes Parenchym anschließt.

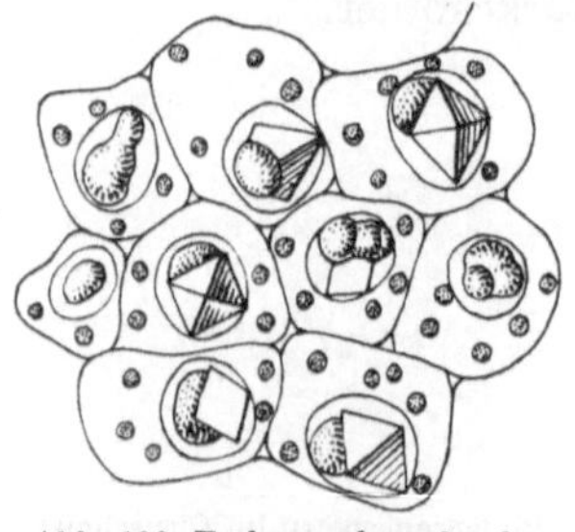

Abb. 106. Embryonalgewebe der Paranuß (entfettet). Vergr. 1 : 240. (C. GRIEBEL.)

An Querschnitten durch die Randzone des Keimlings erkennt man außen den Endospermrest als eine meist zweireihige Aleuronschicht aus derbwandigen Zellen, von denen einzelne braune, gerbstoffreiche Einschlußkörper enthalten. Das Embryonalgewebe besteht aus zartwandigen, rundlichen, weiter innen häufig gestreckten und mit ovalen Poren versehenen Zellen, die Fett und Aleuron, dagegen keine Stärke enthalten. An entfetteten Schnitten beobachtet man in Jodtinktur oder nach längerer Einwirkung von Glycerin fast in jedem der bis 30 μ großen Aleuronkörner ein großes Krystalloid, daneben rundliche oder unregelmäßig höckerige Globoide (Abb. 106). In einer durch eine Schicht sehr kleinzelligen Gewebes abgegrenzten schmalen Randzone enthalten die Aleuronkörner meist nur Globoide.

a   a   b

Abb. 107. Sapucajanuß. a Nuß; b Kern, natürliche Größe. (Phot. C. GRIEBEL.)

Die zerkleinerten Kerne der Paranuß werden zuweilen in der Zuckerbäckerei benutzt. Das gleiche gilt von der der Paranuß verwandten und ihr ähnlichen Sapucajanuß[1] (Abb. 107), die von südamerikanischen Lecythis-Arten stammt. Bei dieser enthalten die zartwandigen Zellen des Embryonalgewebes neben kleinen und mittelgroßen, auch sehr große Aleuronkörner (bis 35 μ), nur spärlich kleinkörnige Stärke. Die größeren Aleuronkörner enthalten reichlich Krystalloide, doch werden diese durch wässerige und selbst alkoholische Lösungen sehr schnell zerstört. Um sie sichtbar zu machen, muß man die entfetteten Schnitte zunächst 24 Stunden durch 2%ige alkoholische Quecksilberchlorid-

---

[1] Vgl. C. GRIEBEL: Z. 1928, **55**, 236.

lösung fixieren und dann nach dem Auswaschen mit Alkohol Jodtinktur hinzugeben. Die Krystalloide sind erheblich kleiner, aber viel zahlreicher als bei der Paranuß.

25. Butternuß[1]. Die Steinfrüchte verschiedener im tropischen Südamerika heimischen Caryocar-Arten (Caryocaraceae) enthalten große, wohlschmeckende Samenkerne, die als Butternüsse (Pekeanüsse, Suwarinüsse) bezeichnet werden. Die Steinfrüchte von Caryocar nuciferum — wegen ihrer an eine Handtasche erinnernden Form (Abb. 108) auch Taschennuß genannt — kommen bei uns gelegentlich in geringen Mengen zum Verkauf („Indische Paranuß").

Die sehr harte, zum Teil über 1 cm dicke Steinschale wird aus zwei verschiedenen Schichten gebildet, und zwar ragt die innere mit zahlreichen, etwa keulenförmigen, dunkelrotbraunen Fortsätzen in die äußere Schicht hinein.

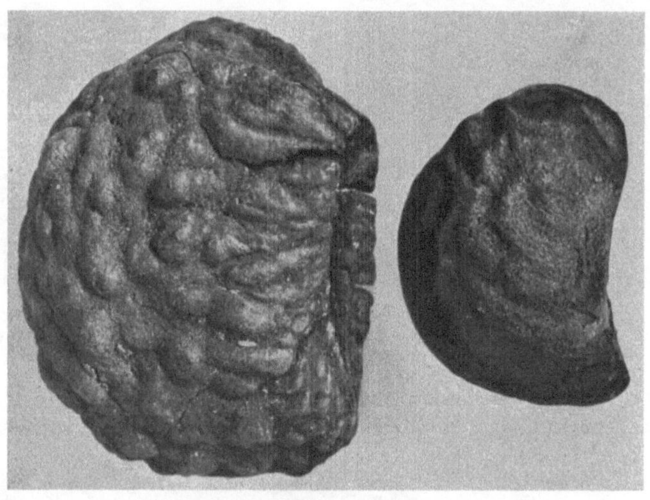

a   b

Abb. 108. Butternuß (Caryocar nuciferum); a Stein, b Same, natürliche Größe. (Phot. ILSE GRIEBEL.)

Das Gewebe des Keimlings — Nährgewebe ist nicht vorhanden — ist dadurch ausgezeichnet, daß der größte Teil der Zellen einen fast das ganze Lumen ausfüllenden Fettklumpen von schön radialstrahliger Struktur enthält, was im Glycerinpräparat (Abb. 109) besonders schön sichtbar ist.

26. Pistacie. Die in den Mittelmeerländern kultivierte Pistacie (Pistacia vera L. — Anacardiaceae) hat trockene Steinfrüchte, deren Samen (Abb. 110) als grüne Mandeln oder Pistazien in den Handel kommen. Sie sind bis 2 cm lang, im Querschnitt etwa gerundet-dreikantig, auf der gewölbten Rückenfläche gekielt und dunkelcarminrot, auf der stark gefurchten Bauchseite hellbraun bis grünlich.

Die Samenschale ist auf der gewölbten Rückenseite viel stärker ausgebildet. Ihre Epidermis zeigt in der Fläche (Abb. 111a) polygonale, fein getüpfelte Zellen (30—$60\,\mu$) mit braunen Inhaltsstoffen. Darunter liegt ein zartzelliges, von Leitbündeln durchzogenes Parenchym, das einen wasserlöslichen, roten, mit Alkalien grün werdenden Farbstoff enthält. Die inneren Schichten sind kollabiert und mit einer 1—2 reihigen Aleuronschicht verwachsen. Auf der Bauchseite ist die Samenschale sehr dünn und besteht fast nur aus äußerer und innerer

---

[1] Vgl. C. GRIEBEL: **Z.** 1929, **57**, 466.

Epidermis. Die innere Epidermis (Abb. 111 b) ist hier aus 7—15 μ großen, polyedrischen, fein getüpfelten Zellen gebildet.

Der Keimling hat zwei große Kotyledonen, deren zartzelliges Gewebe (Abb. 111 c) neben Fett vorwiegend kleine (3—5 μ), vereinzelt größere (8—12 μ) Aleuronkörner enthält, zuweilen auch spärlich kleinkörnige Stärke.

Pistazien sind äußerlich an ihrer grünen Farbe kenntlich. Sie finden in der Wurstfabrikation Verwendung, hauptsächlich aber in

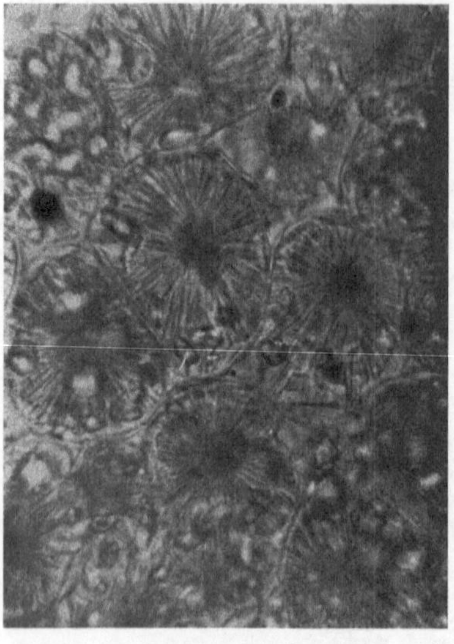

Abb. 109. Butternuß. Gewebe des Keimlings (Glycerin-präparat). Vergr. 1 : 350. (Phot. C. Griebel.)

Abb. 110. Pistazien, natürliche Größe. (Phot. C. Griebel.)

der Konditorei. Hierbei werden sie mitunter durch künstlich gefärbte Mandeln ersetzt. Man erkennt das Mandelgewebe an den winzigen, rosettenförmigen

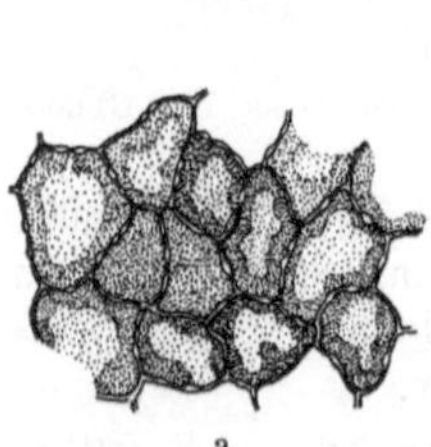
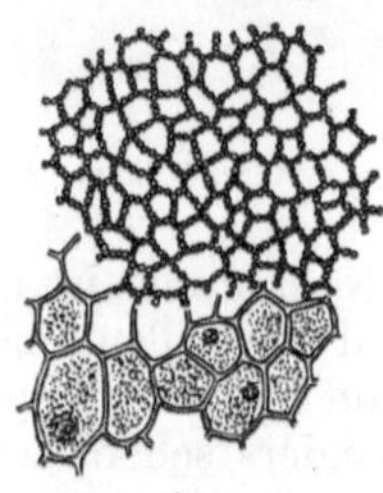
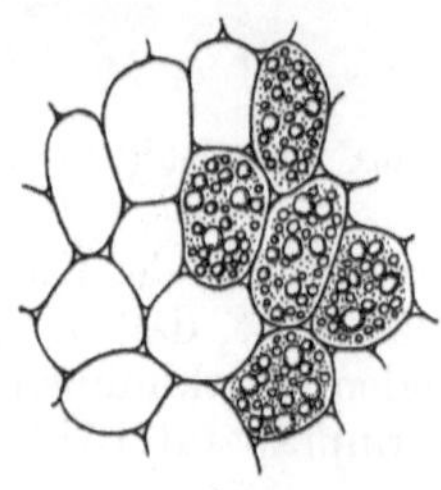

Abb. 111. Pistacia vera L. a äußere Epidermis der Samenschale; b innere Samenschalenelemente der Nabelseite, c Kotyledonarzellen mit Aleuron. Vergr. 1 : 200. (Aus G. Gassner: Mikroskopische Untersuchung pflanzlicher Nahrungs- und Genußmittel.)

Oxalatdrusen mit dunklem Kern (Chloralhydratpräparat), die in den Pistazien nicht vorkommen.

27. Kakao. Vgl. Bd. VI, S. 239.

Analytischer Schlüssel zur Bestimmung kleinerer Teilchen der als Lebensmittel Verwendung findenden fettreichen Samen:

I. Das Gewebe enthält keine Stärke oder nur in wenigen Zellreihen wesentliche Mengen (Pineolen).

  a) Neben kleinen Aleuronkörnern sind große vorhanden (bis 30 μ und darüber).

    α) Meist mit großen Krystalloiden.

      * Zellen in radialer Richtung gestreckt, sehr derbwandig, zum Teil mit breiten, nicht leicht sichtbaren Poren: Kokosnuß.

      ** Zellen rundlich, wenig gestreckt, ohne Poren oder mit rundlichen Poren: Paranuß.

β) Aleuronkörner nur mit Globoiden.
Die größeren enthalten je eine kleine Oxalatdruse: Haselnuß.
b) Größere Aleuronkörner nur bis 15 μ.
Sie enthalten Krystalloide, zum Teil kleine, rosettenförmige Oxalatdrusen: Mandel, Pfirsichkern, Aprikosenkern.
c) Aleuronkörner 2—5 μ, einzelne bis 10 (12) μ.
α) Schalenbestandteile vorhanden.
Samenschale mit dünnwandigen, polygonalen Epidermiszellen und großen Spaltöffnungen; Aleuron zum Teil mit Krystalloiden: Walnuß.
β) Schalenbestandteile fehlen.
* Aleuron zum Teil mit Kristalloiden: Pineolen.
** Aleuron ohne Krystalloide, Gewebeteilchen grünlich: Pistazie.
II. Das Gewebe enthält Stärke.
a) Stärkekörner bis 12 μ, einzelne bis 15 μ.
Aleuronkörner meist 5 μ, nur einzelne erreichen die Größe der Stärkekörner; Zellwand sehr derb, meist von großen, runden Poren durchsetzt: Erdnuß.
b) Stärkekörner nicht über 7 μ.
α) Neben kleinen sind große Aleuronkörner (bis 30 μ) vorhanden.
* Aleuronkörner mit Globoiden, die großen enthalten je eine Oxalatdruse: Haselnuß.
** Aleuron mit Globoiden und vielen Krystalloiden, ohne Oxalat: Sapucajanuß.
β) Aleuronkörner 2—5 μ (bei der Zirbelnuß einzelne bis 10 μ).
* Schalenbestandteile vorhanden.
Samenschale mit dünnwandigen, polygonalen Epidermiszellen und großen Spaltöffnungen: Pecannuß.
** Schalenbestandteile fehlen; Gewebe durchweg sehr stärkereich.
o Aleuron- und Stärkekörner etwa gleich groß (bis gegen 5 μ): Anacardiensamen.
oo Einzelne Aleuronkörner größer (bis 10 μ): Zirbelnuß.

Falls die zur Untersuchung vorliegenden Teilchen aus Backwaren u. dgl. groß genug sind, klemmt man sie zwischen Hollundermark und fertigt dünne Schnitte an, die nach der Entfettung zunächst mit alkoholischer Sublimatlösung (2%) fixiert werden, um eine Veränderung der Aleuronkörner während der Untersuchung im Wasserpräparat zu vermeiden. In Samenkernen, die durch Wässern entbittert wurden (z. B. Aprikosenkerne), ist oft schon eine erhebliche Veränderung der Aleuronkörner eingetreten, so daß sich ihre ursprüngliche Beschaffenheit nicht mehr feststellen läßt.

Buch-Literatur.

BARNSTEIN: Anleitung zur mikroskopischen Prüfung der Kraftfuttermittel. Berlin 1920. — G. GASSNER: Mikroskopische Untersuchung pflanzlicher Nahrungs- uud Genußmittel, 1931. — MOELLER-GRIEBEL: Mikroskopie der Nahrungs- und Genußmittel aus dem Pflanzenreiche, 3. Aufl. Berlin 1928.

Lipoide.
(Lipo-Vitamine.)

Von

Dozent **Dr. Wilhelm Halden**-Graz.

Mit 3 Abbildungen.

Die Lipoide haben eine weit über das Gebiet der Fettforschung hinausreichende Bedeutung erlangt und es erscheint daher angebracht, vor der Besprechung der einzelnen Gruppen zur Einführung eine allgemeine Übersicht voranzuschicken.

1. Das lebende Protoplasma besitzt zwei von einander grundsätzlich verschiedene Anteile, den wasserlöslichen und den lipoidlöslichen, neben unlöslichen Stoffen und Strukturelementen.

2. Im wasserlöslichen Anteil bestimmen Säuren, Basen und Salze die Reaktion des Milieus und regeln die Wasserstoff-Ionenkonzentration (das p_H) durch entsprechende „Pufferung".

3. In der Lipoidphase des Protoplasmas können wir das Gegenstück zum wasserlöslichen Anteil erblicken. Auch hier, d. h. in dem von Fetten, Ölen und Lipoiden gebildeten Medium sorgt eine Vielzahl verschiedenster Stoffe von besonderer Reaktionsfähigkeit für die Aufrechterhaltung des Gleichgewichtes und eines bestimmten Oxydationspotentials.

4. Sämtliche natürlichen Fette zeigen ungesättigten Charakter (die Jodzahlen liegen meist über 10 bis gegen 360), und auch die meisten lipoiden Stoffe, wie die natürlichen Phosphatide, Sterine, Lipochrome und Lipo-Vitamine sind ungesättigt und unterscheiden sich dadurch wesentlich von den beiden anderen großen, physiologisch wichtigen Gruppen der Kohlenhydrate und Eiweißkörper, bei denen ungesättigte Bestandteile kaum anzutreffen sind.

5. Öle und Fette sind als natürliche Lösungsmittel für Lipoide und Lipo-Vitamine anzusehen, und so sind die natürlichen Lipoidgemische funktionelle Einheiten, deren Bestandteile in geregeltem Zusammenwirken mit die Grundlagen für einen normalen Ablauf der Lebensvorgänge bilden. Damit ist auch der wirksamste Schutz gegen Veränderungen durch äußere Faktoren, wie Licht und Luft gewährleistet.

6. Die Schutzwirkung der einzelnen Lipoidstoffe wird dadurch noch wesentlich erhöht, daß jeweils nicht nur ein einziger Vertreter der betreffenden Gruppe vorhanden ist, sondern meist eine ganze Reihe von Verbindungen (Isomere, Homologe, Derivate) des gleichen Typus — etwa nach Art von Isotopen — einen vielseitigen Mechanismus von Sicherheitsvorkehrungen bildet, wie dies für Phosphatide, Sterine, Steroide, Carotinoide sowie die Lipo-Vitamine D und E experimentell erwiesen ist.

7. Die oligo-dynamisch wirksamen Bestandteile der wäßrigen und der lipoidlöslichen Phase sind als lebenswichtige Schutzmaßnahmen Beispiele für das aus neuzeitlichen biochemischen Erkenntnissen ableitbare „Biologische Grundgesetz der weitestgehenden Sicherung alles Lebendigen". Hiernach kann die

lebende Substanz ihren Bestand durch eine Vielzahl von feinst abgestuften, aufeinander abgestimmten, verschieden empfindlichen Stoffgruppen erhalten, wobei das Prinzip gegenseitiger Förderung oder Hemmung schützend wirkt und den Ablauf der Lebensvorgänge nach Maßgabe des jeweiligen Bedarfes beschleunigt oder verzögert[1].

Als Folgerungen dieser Gesetzmäßigkeit ergeben sich alle jene Erscheinungen, die man bisher meist unter dem Begriff der Anpassung oder Ökonomie zusammenfaßte. Die als „Anpassung“ bezeichnete, veränderliche Reaktionsfähigkeit lebender Organismen oder ihrer Teile ist ohne weiteres aus den zahlreichen Sicherungsvorkehrungen zu erklären, die sich aus dem geregelten Zusammenwirken im obigen Sinne ergeben. Ebenso folgt daraus der gesteigerte Bedarf lebender Organismen an dynamisch wirksamen Stoffen, wie Lipoiden und Vitaminen, bei jeder erhöhten Inanspruchnahme (körperliche und geistige Anstrengungen, Wachstum, Schwangerschaft, Lactation, Krankheit). Hiermit steht auch im Zusammenhang, daß diejenigen Teile tierischer und pflanzlicher Organismen, die für den Fortbestand des Lebens und die Fortpflanzung am wichtigsten sind, über den höchsten Gehalt an Wirkstoffen verfügen müssen. So kommen Lipoide am reichlichsten im Gehirn, in den Nerven, in der Leber, in anderen drüsigen Organen und Eiern vor, bei pflanzlichen Lebewesen in Samen, Keimen und Früchten.

Die natürlichen Lebensmittel enthalten im Rohzustande auch stets neben den eigentlichen Nähr-

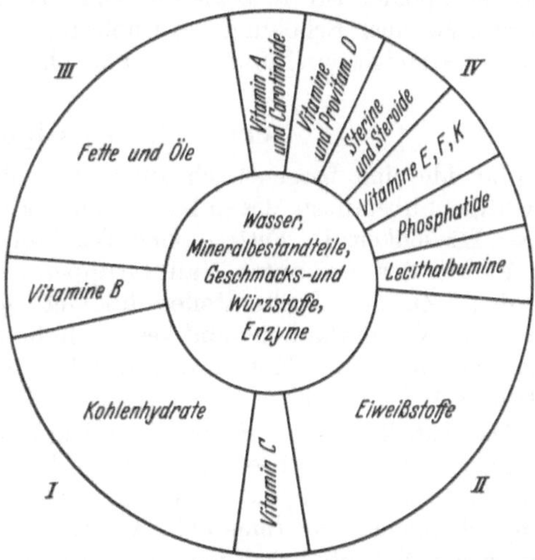

Abb. 1. Schema einer biologisch vollwertigen Nahrung.

stoffen (Calorienträger) die zu ihrer bestmöglichen Verwertung oder zu ihrem Schutz erforderlichen Wirkstoffe. Wichtige Beispiele sind die Öle und Fette mit ihrem Gehalt an Lipoiden, das Getreidekorn, bei dem neben einem reichlichen Gehalt an Kohlenhydrat auch die zu seiner Verwertung nötigen Vitamine der B-Gruppe zugegen sind, oder die Sojabohne, in der neben einem hohen Eiweißgehalt auch reichliche Mengen der „eiweißsparenden“ Phosphatide vorkommen. Ein Fall besonderer Art ist die Hefezelle, die ja in ihrem eigenen Stoffwechsel alle lebensnotwendigen Vorgänge durchführt und daher als „Mikrokosmos“ sämtliche Stoffe zur Sicherung ihres Bestandes enthalten muß. In dieser Beziehung ist die Hefezelle ein Sinnbild biologischer Ganzheit und damit auch einer vollwertigen Nahrung, bei der die Nähr- und Wirkstoffe ein bioharmonisches Gleichgewicht bilden.

Ein übersichtliches **Schema einer biologisch vollwertigen Nahrung**[2] ist in der Abb. 1 dargestellt.

Hierbei nehmen Kohlenhydrate (*I*), Eiweißstoffe (*II*) und Fette (*III*) größere Sektoren ein, während für die Wirkstoffe kleinere Spalten gewählt wurden, die freilich im Verhältnis zu den Hauptbestandteilen aus Gründen der deutlichen

---

[1] W. Halden: Referat über die „Bedeutung der Lipoide und Vitamine für Fettforschung und Vierjahresplan“ bei der 2. Hauptversammlung der Deutschen Gesellschaft für Fettforschung, Hamburg, 27. September 1938. Vgl. U. 1938, **45**, 531; 1939, im Druck.

[2] Vgl. U. 1938, **45**, 211. 1939, im Druck.

Veranschaulichung vergrößert dargestellt werden müssen. Die Gesamtheit der Lipoide bildet die Gruppe *IV*. Zwischen Kohlenhydraten und Fetten ergibt sich ein Zusammenhang durch die Vitamine der B-Gruppe, die bei der Umwandlung von Kohlenhydrat in Fett im lebenden Organismus als Katalysatoren wirken. Vitamin A ist an der Steuerung des Fett- und Lipoidstoffwechsels beteiligt; für die Verwertung der Fette im Organismus ist Vitamin A ebenso wichtig wie die Gegenwart von Fett für die Resorption des Epithel-Schutzvitamins A und seiner Provitamine, der Carotine.

Den engen biologischen Zusammenhang zwischen Fetten, Lipoiden und Lipo-Vitaminen zeigt außer ihrem gemeinsamen Vorkommen auch noch die Tatsache, daß im lebenden Organismus Veränderungen der Konzentration eines lipoiden Bestandteiles stets von Verschiebungen in der Konzentration anderer lipoider Stoffe begleitet sind. So führt z. B. die Verabreichung von Carotin zu einer Erhöhung des Cholesteringehaltes der Organe, ebenso wie dies bei der gesteigerten Zufuhr von Phosphatiden beobachtet wurde.

Definition des Lipoidbegriffes[1].

Lipoide sind biogenetisch zueinander in naher Beziehung stehende, nicht flüchtige Substanzen des pflanzlichen oder tierischen Organismus, die wegen ihrer Löslichkeit in Fetten oder Wachsen, sowie in Fettlösungsmitteln fast immer mit den genannten Hauptgruppen in Mischung vorkommen oder isoliert werden. Zu den Bestandteilen lipoider Stoffgemische gehören Glyceridfette und -öle, Wachsalkohole und -ester, höhere Fettsäuren, Phosphatide, höhere Glycerinäther und Kohlenwasserstoffe, Sterine, Steroide, Lipochrome und fettlösliche Vitamine.

Die Tabelle 1 gibt einen Überblick über die chemischen Zusammenhänge zwischen Fetten, Wachsen und anderen Lipoiden. Um die Beziehungen zwischen den Bestandteilen lipoider Stoffgemische besser zu veranschaulichen, waren Wiederholungen unvermeidlich, wie z. B. bei der Gruppe der Sterine, die entweder als Nebenbestandteile der Fette oder als Hauptbestandteile mancher Wachse auftreten; ferner auch bei manchen Carotinoiden, die teils als Kohlenwasserstoffe, teils als Alkohole oder Ester („Farbige Wachsester") vorkommen. Auf beiden Seiten der schematischen Übersicht sind die Alkohole und ihre Abkömmlinge symmetrisch angeordnet, während in der Mitte den Fettsäuren, die eine Schlüsselstellung beim Aufbau der Fette, Wachse und Phosphatide einnehmen, die Kohlenwasserstoffe folgen.

Der hoch-ungesättigte Kohlenwasserstoff Squalen $C_{30}H_{50}$ bildet bei manchen Haifisch-Leberölen den Hauptbestandteil, indem sein Gehalt neben geringen Mengen von Triglyceriden, Cholesterin, fettlöslichen Vitaminen usw. bis über 80% betragen kann (vgl. S. 596). Solche Leberöle sind also keine eigentlichen Fette, denn der Anteil an Fettsäure-Estern kann bei ihnen bis auf 10% herabsinken; zu den Wachsen sind sie auch nicht zu zählen, da sie ja keine verseifbaren Wachsester enthalten; vom Standpunkte der Systematik gehören sie also weder zu den Fetten noch zu den Wachsen, sondern sie sind Kohlenwasserstofföle, in denen sich Fette gelöst befinden, somit Lipoidgemische besonderer Art. Diejenigen ihrer Komponenten, die bei den Fetten zu den Hauptbestandteilen zählen, sind hier Nebenbestandteile und umgekehrt. Der Gruppe der Haifisch- und Rochen-Leberöle gebührt demnach aus mehreren Gründen eine zentrale Stellung im System der Lipoide. Die Mittelstellung zwischen Fetten

---

[1] W. Halden: U. 1933, **40**, 189; Protoplasma 1933, **20**, 211. — Vgl. B. Bleyer: Knoll's Mitt.f.Ärzte, Jubiläumsausg. 1886—1936, S. 265. — Siehe auch B. Flaschenträger: Lehrbuch der physiologischen Chemie. Berlin: Julius Springer (im Druck).

und Wachsen ergibt sich bei manchen dieser Öle auch noch aus ihrem Gehalt an Verbindungen von eigenartiger Struktur, die bisher sonst nirgends aufgefunden wurden und die man im Schema entweder zum Glycerin (nach links)

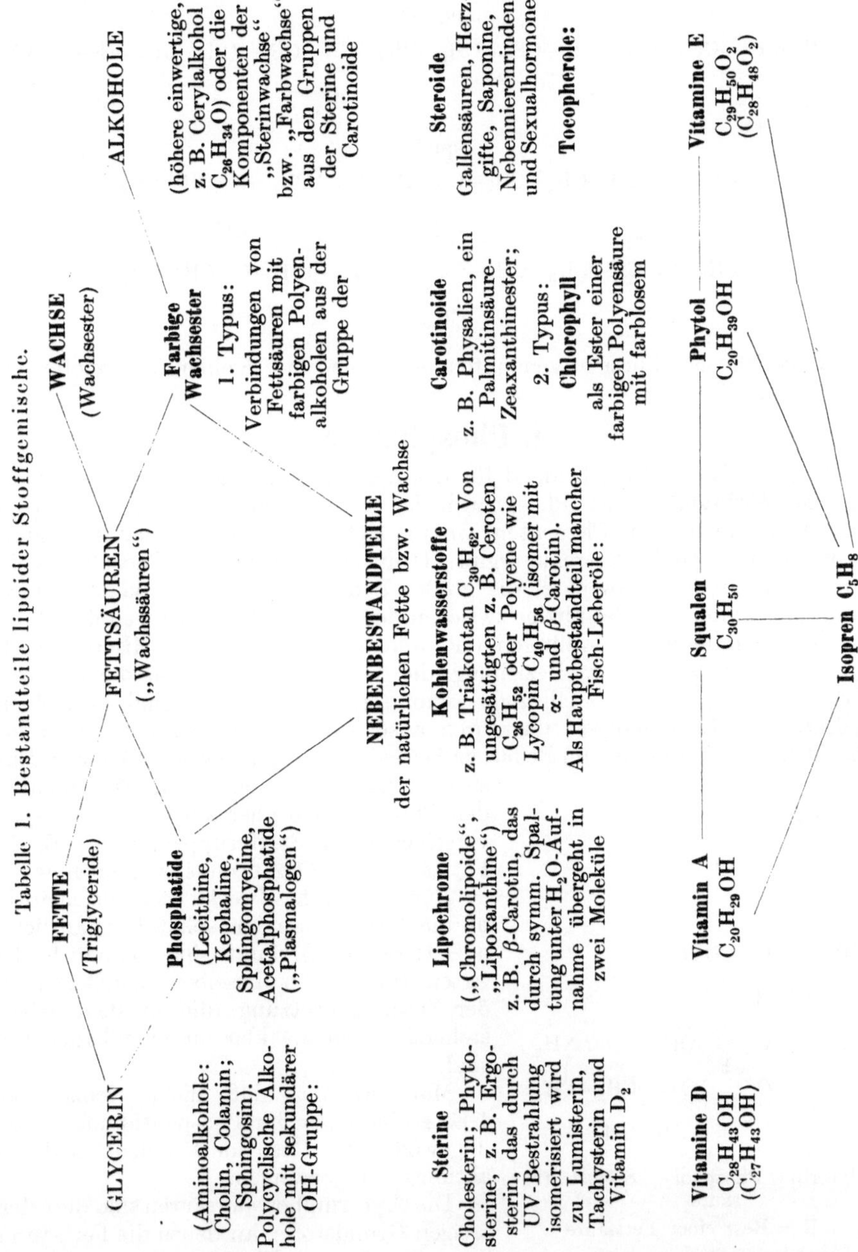

Tabelle 1. Bestandteile lipoider Stoffgemische.

FETTE (Triglyceride) — GLYCERIN — **FETTSÄUREN** ("Wachssäuren") — **WACHSE** (Wachsester) — ALKOHOLE

Phosphatide — **Farbige Wachsester**

GLYCERIN — (Aminoalkohole: Cholin, Colamin; Sphingosin). Polycyclische Alkohole mit sekundärer OH-Gruppe:

Phosphatide (Lecithine, Kephaline, Sphingomyeline, Acetalphosphatide ("Plasmalogen"))

Farbige Wachsester 1. Typus: Verbindungen von Fettsäuren mit farbigen Polyenalkoholen aus der Gruppe der

ALKOHOLE (höhere einwertige, z. B. Cerylalkohol $C_{26}H_{34}O$) oder die Komponenten der "Sterinwachse" bzw. "Farbwachse" aus den Gruppen der Sterine und Carotinoide

NEBENBESTANDTEILE der natürlichen Fette bzw. Wachse

Sterine Cholesterin; Phytosterine, z. B. Ergosterin, das durch UV-Bestrahlung isomerisiert wird zu Lumisterin, Tachysterin und Vitamin D_2

Lipochrome ("Chromolipoide", "Lipoxanthine") z. B. β-Carotin, das durch symm. Spaltung unter H_2O-Aufnahme übergeht in zwei Moleküle

Kohlenwasserstoffe z. B. Triakontan $C_{30}H_{62}$. Von ungesättigten z. B. Ceroten $C_{26}H_{52}$ oder Polyene wie Lycopin $C_{40}H_{56}$ (isomer mit α- und β-Carotin). Als Hauptbestandteil mancher Fisch-Leberöle:

Carotinoide z. B. Physalien, ein Palmitinsäure-Zeaxanthinester; 2. Typus: **Chlorophyll** als Ester einer farbigen Polyensäure mit farblosem

Steroide Gallensäuren, Herzgifte, Saponine, Nebennierenrinden- und Sexualhormone.

Tocopherole:

Vitamine D $C_{28}H_{43}OH$ ($C_{27}H_{43}OH$) — **Vitamin A** $C_{20}H_{29}OH$ — **Squalen** $C_{30}H_{50}$ — **Phytol** $C_{20}H_{39}OH$ — **Vitamine E** $C_{29}H_{50}O_2$ ($C_{28}H_{48}O_2$)

Isopren C_5H_8

oder zu den Alkoholen (auf der rechten Seite) setzen könnte, nämlich β-Glycerinäthern des Cetyl-, Oleyl- und Octadecylalkohols oder "Chimyl-", "Selachyl-" und "Batylalkohol". Schließlich rechtfertigt der hohe Squalengehalt die besondere Stellung dieser lipoiden Systeme; denn auch konstitutiv kommt Squalen mit seinen 6 teilweise hydrierten Isoprenresten zwischen das gesättigtere Phytol (mit 4 Isoprenbausteinen) und das stärker ungesättigte Lycopin (mit 8 Isoprenelementen) zu stehen. Die chemischen Zusammenhänge zwischen Phytol und Squalen zeigen die folgenden Formeln:

Phytol:

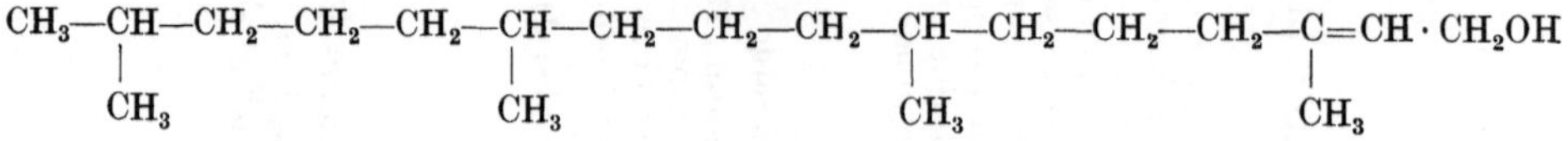

$$\mathrm{CH_3\!-\!CH\!-\!CH_2\!-\!CH_2\!-\!CH_2\!-\!CH\!-\!CH_2\!-\!CH_2\!-\!CH_2\!-\!CH\!-\!CH_2\!-\!CH_2\!-\!CH_2\!-\!C\!=\!CH\cdot CH_2OH}$$

mit CH$_3$-Gruppen an den Positionen wie abgebildet (CH$_3$ unter dem 2., 6., 10. und 14. Kohlenstoff).

Squalen:

$$\mathrm{CH_3\!-\!C\!=\!CH\!-\!CH_2\!-\!CH_2\!-\!C\!=\!CH\!-\!CH_2\!-\!CH_2\!-\!C\!=\!CH\!-\!CH_2}$$
$$\mathrm{CH_3\!-\!C\!=\!CH\!-\!CH_2\!-\!CH_2\!-\!C\!=\!CH\!-\!CH_2\!-\!CH_2\!-\!C\!=\!CH\!-\!CH_2}$$

(jeweils mit CH$_3$-Seitengruppen an den C=CH-Atomen).

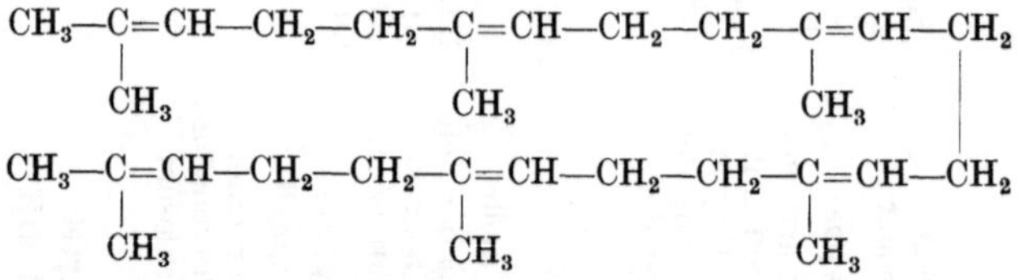

Bezüglich der übrigen genannten Alkohole und Kohlenwasserstoffe vgl. Bd. I, S. 293 f., 320 f.

I. Phosphatide.

Allgemeines. Entscheidend für das besondere Verhalten und die physiologische Wirksamkeit der Phosphatide ist ihre Zusammensetzung aus hydrotropen und lipotropen Elementen, woraus sich ihre Fähigkeit zur Ausbildung wäßriger und lipoider Systeme ergibt. Dadurch gewinnen die Phosphatide für den gesamten Zellstoffwechsel die größte Bedeutung, denn sie können durch Emulsionsbildung als Vermittler zwischen den beiden Hauptgruppen der Protoplasmabestandteile, der wäßrigen und lipoiden Phase wirken. Hiermit steht auch die wichtige Rolle in Beziehung, die den Phosphatiden für die Regelung der Durchlässigkeit der Zellwände zukommt. Insbesondere sind es Kohlenhydrate und Eiweißkörper, die durch adsorptive Bindungen von den Phosphatiden festgehalten und im Bedarfsfalle wieder abgestoßen werden können. Eine einzigartige Zusammensetzung ermöglicht es den Phosphatiden aber auch, den Transport verschiedenster Stoffgruppen, wie z. B. der Fettsäuren im Organismus, vorzunehmen.

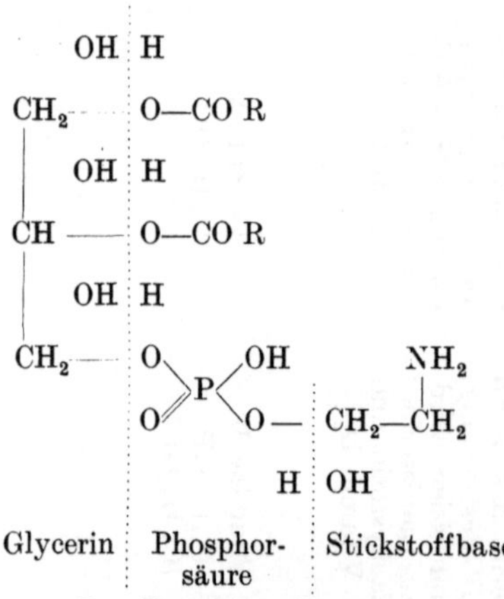

Für praktische Zwecke ist es gleichgültig, ob die verwendeten Phosphatide pflanzlicher oder tierischer Herkunft sind, denn in beiden Arten finden sich dieselben Grundelemente der Zusammensetzung, die in dem nebenstehenden Schema klar auseinandergehalten sind.

Man erkennt, daß nicht weniger als 4 Esterbindungen im Phosphatidmolekül die ungewöhnliche Reaktionsfähigkeit und Reaktionsbreite bedingen.

Die Glycerinphosphorsäuren sind die esterartigen Grundstoffe, an denen die Fettsäuren bzw. die Stickstoffbasen wieder esterartig angelagert sind, wodurch sie im besondere Falle den verschiedensten biologischen Zwecken zugeführt werden können. Hieraus ergibt sich aber auch die hohe Empfindlichkeit der Phosphatide gegenüber äußeren Einwirkungen, wie

Veränderungen des p_H oder des Wassergehaltes, der Temperatur und des kolloiden Zustandes. Dieser wird wesentlich durch Begleitstoffe beeinflußt, mit denen die Phosphatide Adsorptionsverbindungen eingehen (vgl. Kapitel „Lipoproteide").

1. Esterphosphatide.

a) Einteilung.

Die lipoiden Ester der Phosphorsäure werden in zwei Hauptgruppen von einfachen Phosphatiden eingeteilt, Glycerophosphatide und Sphingomyeline.

a) **Glycerophosphatide** sind mehrsäurige Triglyceride, in denen ein organisches Acyl durch den Phosphorsäurerest (I) oder den Amino-Alkylphosphorsäurerest (II) vertreten ist.

I. Die einfachen Diglyceridphosphorsäuren bezeichnet man als **Phosphatidsäuren.**

II. Die Aminoalkoholester der Phosphatidsäuren sind die **Lecithine** (Cholinester) oder **Kephaline** (Colaminester).

b) **Sphingomyeline** sind Ester der Phosphorsäure mit Cholin einerseits und einem Acylsphingosin andererseits. Das Acylsphingosin der Sphingomyeline ist ein Sphingosinderivat, in dem die Aminogruppe mit einer hochmolekularen Fettsäure verbunden ist. Schematisch drückt sich dies folgendermaßen aus:

$$CH_3—(CH_2)_{12}—CH{=}CH—CH—CH—CH_2$$

Unsicher ist noch die Haftstelle der Cholinphosphorsäuregruppe.

Die Sphingomyeline können nach einem anderen Einteilungsgrundsatz als **Diaminophosphatide** bezeichnet werden. Hierdurch unterscheiden sie sich von den Glycerophosphatiden, die als Monoaminophosphatide nur **eine** N-haltige Gruppe im Molekül enthalten, und den stickstofffreien Phosphatidsäuren. So kommen wir zur Besprechung der für die Praxis wichtigsten P-haltigen Lipoide:

I. Phosphatidsäuren. Wenn der Phosphorsäurerest mit zwei gleichen organischen Acylen verbunden ist, so handelt es sich um zweisäurige Triglyceride, von denen nur zwei Isomere möglich sind:

$$\begin{array}{ll} \alpha\text{-Form} & \beta\text{-Form} \\ CH_2—OCOR' & CH_2—OCOR' \\ CH—OCOR' & CH—OPO(OH)_2 \\ CH_2—OPO(OH)_2 & CH_2—OCOR' \end{array}$$

Ist dagegen der Phosphorsäurerest mit zwei verschiedenen organischen Acylen verbunden, so liegen dreisäurige Triglyceride vor, bei denen drei Stellungsisomere auftreten können, nämlich zwei mit dem Phosphorsäurerest in α-Stellung und ein Isomeres mit diesem Rest in β-Stellung:

$$\begin{array}{lll} CH_2—OCOR' & CH_2—OCOR'' & CH_2—OCOR' \\ CH—OCOR'' & CH—OCOR' & CH—OPO(OH)_2 \\ CH_2—OPO(OH)_2 & CH_2—OPO(OH)_2 & CH_2—OCOR'' \end{array}$$

II. Lecithine und Kephaline. Die Zahl der möglichen Isomeren entspricht derjenigen der analog gebauten Phosphatidsäuren. Sind im Molekül zwei

gleiche Fettsäurereste zugegen, so kann es zwei Stellungsisomere geben, bei
verschiedenen organischen Acylen sind drei Isomere möglich:

1. **Lecithine (Cholinester von Diglyceridphosphorsäuren)**

α-Form

$$CH_2\text{---}OCOR'$$
$$CH\text{---}OCOR'$$
$$CH_2\text{---}OPO\!<\!\!\begin{array}{l}O\text{---}CH_2\text{---}CH_2\\ O\text{------}N(CH_3)_3\end{array}$$

β-Form

$$CH_2\text{---}OCOR'$$
$$CH\text{---}OPO\!<\!\!\begin{array}{l}O\text{---}CH_2\text{---}CH_2\\ O\text{------}N(CH_3)_3\end{array}$$
$$CH_2\text{---}OCOR'$$

oder

α-Form

$$CH_2\text{---}OCOR'$$
$$CH\text{---}OCOR''$$
$$CH_2\text{---}OPO\!<\!\!\begin{array}{l}O\text{---}C_2H_4\\ O\text{---}N(CH_3)_3\end{array}$$

$$CH_2\text{---}OCOR''$$
$$CH\text{---}OCOR'$$
$$CH_2\text{---}OPO\!<\!\!\begin{array}{l}O\text{---}C_2H_4\\ O\text{---}N(CH_3)_3\end{array}$$

β-Form

$$CH_2\text{---}OCOR'$$
$$CH\text{---}OPO\!<\!\!\begin{array}{l}O\text{---}C_2H_4\\ O\text{---}N(CH_3)_3\end{array}$$
$$CH_2\text{---}OCOR''$$

2. **Kephaline (Colaminester von Diglyceridphosphorsäuren)**

α-Form

$$CH_2\text{---}OCOR'$$
$$CH\text{---}OCOR'$$
$$CH_2\text{---}OPO\!<\!\!\begin{array}{l}O\text{---}CH_2\text{---}CH_2\\ OH \qquad NH_2\end{array}$$

β-Form

$$CH_2\text{---}OCOR'$$
$$CH\text{---}OPO\!<\!\!\begin{array}{l}O\text{---}CH_2\text{---}CH_2\\ OH \qquad NH_2\end{array}$$
$$CH_2\text{---}OCOR'$$

oder

$$CH_2\text{---}OCOR'$$
$$CH\text{---}OCOR''$$
$$CH_2\text{---}OPO\!<\!\!\begin{array}{l}O\text{---}C_2H_4\\ OH \quad NH_2\end{array}$$

$$CH_2\text{---}OCOR''$$
$$CH\text{---}OCOR'$$
$$CH_2\text{---}OPO\!<\!\!\begin{array}{l}O\text{---}C_2H_4\\ OH \quad NH_2\end{array}$$

$$CH_2\text{---}OCOR'$$
$$CH\text{---}OPO\!<\!\!\begin{array}{l}O\text{---}C_2H_4\\ OH \quad NH_2\end{array}$$
$$CH_2\text{---}OCOR''$$

III. Lysolecithine und Lysokephaline. Zwischenprodukte bei der Entstehung
oder Spaltung von Lecithinen und Kephalinen sind die sog. Lysolecithine (vgl.
S. 729) als Derivate der Monoglyceridphosphorsäure. Da es sich um Verbindungen mit zwei verschiedenen Säuren im Diglyceridmolekül handelt, ist die
Zahl der möglichen Stellungsisomeren drei.

Acetalphosphatide. Im Gegensatz zu den bisher bekannten „Esterphosphatiden" enthalten die neu entdeckten[1] „Acetalphosphatide" keine esterartig gebundenen Fettsäuren, sondern an ihrer Stelle die den Fettsäuren entsprechenden Aldehyde in acetalartiger Bindung.

b) „Anhydro"- und „Hydrat"-Formeln.

Die verschiedene Auffassung über die Zahlenwerte der Molekulargewichte
von Phosphatiden hängt zum Teil damit zusammen, daß manche Bearbeiter
die wasserhaltige Verbindung, andere wieder die wasserfreie Form (Endosalz)
der Berechnung zugrunde legen. Nach den Ausführungen von A. Grün[2] sind
die Lecithine, Lysolecithine und Sphingomyeline als Anhydroverbindungen

[1] R. Feulgen u. Mitarbeiter: Vgl. Kongreßbericht II des XVI. Internat. Physiologen-
kongreß in Zürich 1938, S. 105f.
[2] A. Grün: In Chemie und Technologie der Fette und Fettprodukte von Hefter-
Schönfeld, Bd. I, S. 456. Wien: Julius Springer 1936.

aufzufassen, d. h. innere Salze von Phosphorsäure-Cholinestern. Die Anhydro-
formel wurde für Lysolecithin von DELEZENNE und FOURNEAU[1] bewiesen, für
synthetisches Lecithin von GRÜN und LIMPÄCHER[2]. Für die wasserfreie Salz-
form der aus Naturprodukten gewonnenen Verbindungen spricht die Tatsache,
daß sie im reinen Zustand neutral reagieren, zum mindesten nach vollständigem
Trocknen. Es ist ja auch nicht anzunehmen, daß die stark basische Hydroxylgruppe des Cholins und das saure Wasserstoffatom der Phosphorsäuregruppe
frei nebeneinander bestehen. Daher wurde auch von A. GRÜN vorgeschlagen[3],
„die immer noch verwendete Hydratformel abzulehnen". In der Monographie
von THIERFELDER und KLENK[4] finden sich Zahlenangaben über die prozen-
tische Zusammensetzung von Phosphatiden, die auch von anderen Autoren
übernommen wurden. Hierbei sind der Berechnung von Lecithinen und Sphingo-
myelinen die Hydratformeln, den Kephalinen die Anhydroformeln zugrunde
gelegt. In der folgenden Tabelle sind für die Kephaline beide Formen, für die
Cholinphosphatide nur die Anhydroformen und die sich daraus ergebenden
Zahlenwerte in Betracht gezogen.

c) Molekulargewichte und Kennzahlen einiger Phosphatide.

Tabelle 2.

1. Cholinphosphatide (Lecithin und Sphingomyeline).

Name	Molekular-gewicht Anhydroform	P	N	Fettsäure in %	Jodzahl
Palmito-oleo-lecithin	759,7	4,08	1,84	70,48	33,4
Palmito-arachidono-lecithin . . .	781,7	3,97	1,79	71,72	129,9
Stearo-oleo-lecithin	787,7	3,94	1,77	71,91	32,2
Distearo-lecithin (synth.)	789,7	3,93	1,77	71,96	0
Stearo-arachidono-lecithin	809,7	3,83	1,73	72,68	125,4
Stearo-sphingomyelin	730,7	4,25	3,83	38,83	0
Nervono-sphingomyelin	812,8	3,82	3,45	45,08	0
Lignocero-sphingomyelin	814,8	3,81	3,43	45,18	0

2. Colaminphosphatide (Kephaline).

Name	Molekular-gewicht	P	N	Fettsäure in %	Jodzahl
a) Hydratform.					
Distearo-kephalin	765,6	4,05	1,83	74,2	0
Stearo-linolo-kephalin	761,7	4,07	1,84	74,17	66,6
Stearo-arachidono-kephalin . . .	785,7	3,95	1,79	74,94	129,2
b) Anhydroform					
Distearo-kephalin	747,6	4,15	1,87	76,0	0
Stearo-linolo-kephalin	743,7	4,17	1,88	75,9	68,25
Stearo-arachidono-kephalin . . .	767,7	4,04	1,83	76,7	132,24

Über die Verseifungszahl von Lecithin vgl. S. 75.

d) Richtlinien für die Darstellung.

α) Vorbereitung. Sorgfältige Trocknung des Ausgangsmaterials, aber nicht
durch Eintrocknenlassen an der Luft[5]. So verlieren Produkte, die längere Zeit

[1] DELEZENNE u. FOURNEAU: Bull. Soc. chim. France (4) 1914, 15, 421.
[2] GRÜN u. LIMPÄCHER: Chem.-Ztg. 1923, 47, 786; Ber. Deutsch. Chem. Ges. 1926, 59,
1350. [3] HEFTER u. SCHÖNFELD, Bd. I, S. 460.
[4] THIERFELDER u. KLENK: Die Chemie der Cerebroside und Phosphatide, S. 80, 100, 128.
Berlin: Julius Springer 1930.
[5] Über einen Trockner für empfindliche Stoffe vgl. E. JANTZEN und H. SCHMALFUSS,
Chem. Fabrik 1934, 7, 112.

an der Luft lagen, wie z. B. Heu, einen Großteil ihres Phosphatidgehaltes. Die Entwässerung erfolgt am besten mittels Aceton oder Aceton-Äthergemisch, wodurch auch gleichzeitig eine Befreiung von den Fettstoffen möglich ist.

Für die weitere Verarbeitung müssen wasserfreie Lösungsmittel verwendet werden, bei Äther ist besonders darauf zu achten, daß er völlig trocken und frei von Peroxyden ist. Höhere Temperaturen sind zu vermeiden, ebenso Zutritt von Licht (braune Gefäße!) und Luft (Durchleiten von Stickstoff oder Kohlendioxyd). Die Lösungsmittel sind vor der Verwendung mit einem inerten Gas zu sättigen. Das Einengen oder Eindampfen der Extrakte hat bei vermindertem Druck, bei Abwesenheit von Sauerstoff und Temperaturen unter 35^0 zu geschehen.

β) **Reinigung.** Bei pflanzlichen Produkten, deren Phosphatidfraktionen fast immer mit größeren Mengen von Kohlenhydratstoffen verunreinigt sind, ist unter allen Umständen zur Entfernung dieser adsorptiv gebundenen Beimengungen eine Behandlung mit lauwarmem Wasser (dem zur Verhinderung von Emulsionsbildung etwas Kochsalz zugefügt werden kann) vorzunehmen, und zwar in den sirupösen Rückständen der Alkohol- bzw. Ätherextraktion vor der Ausfällung der Rohphosphatide durch Aceton. Die in Äther aufgenommenen, von Kohlenhydraten befreiten Phosphatide werden unter Eiskühlung zwecks Ausfällung bzw. Umfällung mit eisgekühltem Aceton behandelt. Um die Fällung der Rohphosphatide vollständig zu gestalten, kann man die Äther-Acetonlösung im Vakuum eindampfen und den Eindampfrückstand in einen Überschuß von Aceton (etwa 100 ccm auf 4 ccm Phosphatidsirup) eingießen, in dem eine geringe Menge Calciumchlorid oder Magnesiumchlorid gelöst ist.

Die Zersetzlichkeit von Phosphatidpräparaten hängt außer von der Art des Phosphatides auch von seiner Vorbehandlung ab. Die Aufbewahrung muß jedenfalls über Phosphorpentoxyd in dunklen Gefäßen stattfinden.

γ) **Löslichkeitsbeeinflussung.** Bei der Reindarstellung von Phosphatiden durch Fällung mit Aceton ist zu berücksichtigen, daß nur die aus unveränderten frischen Ausgangsmaterialien gewonnenen Rohphosphatidextrakte mit Aceton schwerlösliche Additionsprodukte geben; sämtliche Spaltprodukte der Phosphatide sind dagegen in Aceton leicht löslich. Ferner wird die Löslichkeit weitgehend durch andere Stoffe (z. B. Sterine und Fette) beeinflußt, die in der betreffenden Lösung mit enthalten sind. Cholesterin kann durch öfteres Umfällen und wiederholtes Auskneten mit Aceton entfernt werden. In ätherischen Phosphatidlösungen befinden sich neben Fetten und Lipochromen (Carotinoide, Chlorophyll) die Phosphatide im ursprünglichen, aber auch in chemisch verändertem Zustand.

Aceton nimmt hauptsächlich Phosphatidspaltungsprodukte auf, während Methylacetat einen Großteil des aufgespaltenen, sowie Anteile des unversehrten Phosphatids löst[1].

δ) **Zur Abtrennung fetter Begleitstoffe** von den Phosphatiden eignet sich am besten Methylalkohol[2]; dies ergibt sich auch aus der Tabelle der Löslichkeiten (vgl. folgende Tabelle 3).

ε) **Bei der Reindarstellung von Phosphatiden** ist während der ganzen Folge von Teilmaßnahmen auf weitestgehende Schonung des Materials Rücksicht zu nehmen. Bei Nichtbeachtung der außerordentlichen Zersetzlichkeit der Phosphatide gelangen in die einzelnen Fraktionen bei der Aufarbeitung die verschiedensten Abbauprodukte, deren spätere Entfernung kaum mehr gelingt, wodurch sich verunreinigte Endprodukte ergeben, deren Zahlenwerte schwankend

---

[1] B. BLEYER u. W. DIEMAIR: Biochem. Zeitschr. 1931, **235**, 243 (insbesondere S. 256f.).
[2] W. DIEMAIR, B. BLEYER u. M. OTT: Biochem. Zeitschr. 1934, **272**, 119.

und daher für quantitative Bestimmungen und Berechnungen ungeeignet sind. Hierauf beruht auch zum großen Teil die Unsicherheit der bisherigen Phosphatidanalysen.

Tabelle 3.

Löslichkeiten von Phosphatiden und Fett in verschiedenen Lösungsmitteln.

Lösungsmittel	Kephalin	Lecithin	Sphingomyelin	Fett
Methylalkohol . .	kalt schwer löslich	löslich	leicht löslich	schwer löslich
Äthylalkohol . .	kalt schwer löslich, in der Hitze etwas leichter löslich	löslich	kalt schwer löslich	bedingt löslich
Benzol	löslich	löslich	löslich	leicht löslich
Alkohol zu Benzol = 1 : 4 . . .	leicht löslich	leicht löslich	löslich	leicht löslich
Alkohol : Amylalkohol = 4 : 1 . .	schwer löslich	schwer löslich	schwer löslich	löslich
Äther	in trockenem wasserfreiem Äther unlöslich, in Äther mit 1% Wasser löslich	löslich	schwer löslich	leicht löslich
Aceton[1]	schwer löslich	schwer löslich	sehr schwer löslich	löslich
Aceton : Äther = 1 : 1	schwer löslich	schwer löslich	schwer löslich	löslich
Petroläther . . .	löslich	löslich	schwer löslich	löslich
Chloroform . . .	löslich	löslich	leicht löslich	leicht löslich
Essigester	heiß löslich	schwer löslich	—	leicht löslich
Tetrachlorkohlenstoff	schwer löslich	schwer löslich	schwer löslich	löslich
Schwefelkohlenstoff	löslich	löslich	—	leicht löslich
Methylacetat . .	bedingt löslich	bedingt löslich	bedingt löslich	bedingt löslich
Trichloräthylen .	schwer löslich	schwer löslich	schwer löslich	löslich
Pyridin	schwer löslich	löslich	schwer löslich	—

e) Fettsäuren.

Für viele tierische Organphosphatide gilt, daß in ihnen der Anteil an festen und flüssigen Säuren innerhalb enger Grenzen schwankt[2]. Bei der Phosphatidsynthese in der Darmschleimhaut nehmen die hochungesättigten Säuren eine bevorzugte Stellung ein[3]; dies dürfte mit ihrer besonderen Reaktionsfähigkeit zusammenhängen.

Zur Trennung der festen und flüssigen Fettsäuren erfolgt die Aufspaltung des Phosphatides mit 10%iger Salzsäure (250 ccm für 15 g Phosphatid[4]), Filtration der salzsauren Lösung über Asbest und Ausschüttelung mit peroxydfreiem Äther. Dann engt man die ätherische Lösung unter vermindertem Druck im Kohlensäurestrom ein, trocknet über Natriumsulfat und behandelt die erhaltenen Fettsäuren nach der Bleisalzmethode von J. TWITCHELL[5] (vgl. S. 201). Das Gemisch der rohen flüssigen Fettsäuren wird durch mehrmalige Vakuumdestillation gereinigt.

---

[1] Aceton wirkt am besten unter Zusatz von Magnesiumchlorid, als Fällungsmittel für Phosphatide; vgl. B. BLEYER u. W. DIEMAIR: Biochem. Zeitschr. 1931, **235**, 243.

[2] R. G. SINCLAIR: Journ. Biol. Chem. 1935, **111**, 261.

[3] R. G. SINCLAIR: Journ. Biol. Chem. 1935, **111**, 275. — R. G. SINCLAIR u. C. SMITH: Journ. Biol. Chem. 1937, **121**, 361.

[4] W. DIEMAIR u. B. BLEYER: Biochem. Zeitschr. 1935, **275**, 244.

[5] J. TWITCHELL: Siehe BERL-LUNGE: Chemisch-technische Untersuchungsmethoden, 8. Aufl., Bd. IV, S. 462. Berlin: Julius Springer 1933.

Die festen Fettsäuren werden über die Blei- oder Bariumsalze gereinigt, in manchen Fällen hat sich auch die Destillation im Hochvakuum unter Kohlensäure bewährt [1].

f) Glycerinphosphorsäuren.

Zur Beurteilung der Einheitlichkeit von Lecithin- und Kephalinpräparaten kann die quantitative Bestimmung der Glycerinphosphorsäuren dienen. Diese treten in zwei isomeren Formen auf, und zwar als

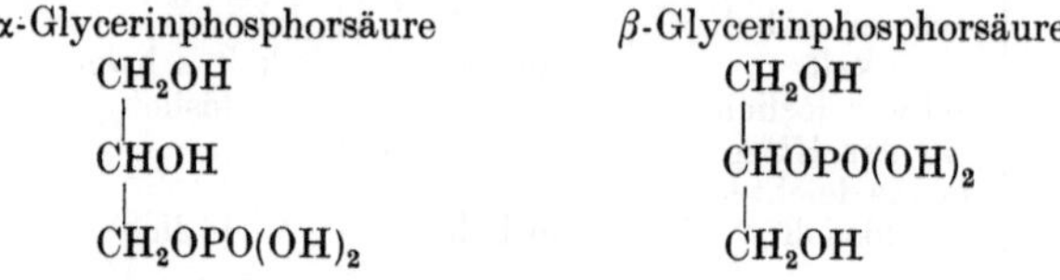

Nur die α-Verbindung ist optisch aktiv [2]. Das Na-Salz der α-Verbindung krystallisiert nicht, sondern nur das Natriumsalz der β-Verbindung [3]. Eine analytisch brauchbare Trennung der beiden Isomeren wird über die Bariumsalze vorgenommen: Mit Bariumnitrat liefert nämlich die β-Glycerinphosphorsäure ein sehr schwer lösliches, gut krystallisierendes Doppelsalz, zum Unterschied von der α-Modifikation [4]. 100 Teile Wasser von 18° nehmen von der β-Molekularverbindung $2\,C_3H_7O_6PBa \cdot 1\,Ba(NO_3)_2$ nur 0,8 Teile auf. Zur quantitativen Bestimmung verseift man die Lecithinprobe mit wäßrigem Bariumhydroxyd, schlägt das überschüssige Barythydrat mit Kohlendioxyd nieder und fällt aus dem konzentrierten Filtrat die Bariumsalze der Glycerinphosphorsäure mit Alkohol. Da sich in der wäßrigen Lösung stets ein Gleichgewicht zwischen dem Barium- und dem Cholinsalz der Glycerinphosphorsäure einstellt, muß die Alkoholfällung in Gegenwart von überschüssigem Barythydrat erfolgen, wodurch das Gleichgewicht zugunsten der Bariumverbindung verschoben wird. Praktisch verfährt man so, daß die Alkoholfällung öfters wiederholt wird; das Filtrat von der Barytfällung wird eingeengt und daraus das rohe glycerinphosphorsaure Barium mit Alkohol gefällt. Um aus den alkoholischen Filtraten, die noch viel Glycerinphosphorsäure als Cholinsalz enthalten, das Bariumsalz zu gewinnen, verdampft man zur Trockene und versetzt den Rückstand mit alkoholischer Bariumhydroxydlösung, wobei Bariumglycerophosphat ungelöst bleibt. Das abfiltrierte Salz befreit man von kleinen Mengen anhaftendem Bariumhydroxyd, indem man in die wäßrige Lösung Kohlendioxyd einleitet, das ausgeschiedene Bariumcarbonat filtriert und aus dem Filtrat das Salz wieder mit Alkohol ausfällt.

Fällung der β-Glycerinphosphorsäure als schwerlösliches Bariumdoppelsalz: 1 g rohes Barium-glycerophosphat wird in 10 ccm Wasser gelöst, mit 0,8 g Bariumnitrat in 10 ccm Wasser versetzt, nach 12 Stunden der Niederschlag abgesaugt, mit 4 ccm eiskaltem Wasser, dann mit Alkohol und Äther nachgewaschen, getrocknet und gewogen. Die freie Glycerin-β-phosphorsäure kann aus dem Doppelsalz durch Schwefelsäure abgetrennt und in das einfache, nunmehr einheitliche Bariumsalz

$$CH_2OH \cdot CH \cdot CH_2OH$$
$$|$$
$$OPO_3Ba$$

zurückgeführt werden.

---

[1] W. DIEMAIR, B. BLEYER u. M. OTT: Biochem. Zeitschr. 1934, **272**, 126.
[2] R. WILLSTAETTER u. C. LUEDECKE: Ber. Deutsch. Chem. Ges. 1904, **37**, 3753.
[3] O. BAILLY: Ann. chim. (9) 1916, **6**, 96, 234.
[4] P. KARRER u. Mitarbeiter: Helv. chim. Acta 1926, **9**, 3; 1927, **10**, 87.

Man hat beobachtet, daß unter schonenden Bedingungen keine Umlagerung der α-Glycerinphosphorsäure in die isomere β-Modifikation erfolgt. Bei der Prüfung verschiedener natürlicher Phosphatide ergab sich, daß tierische Phosphatide meist durch ein Überwiegen der β-Form gekennzeichnet sind[1], während bei pflanzlichen Phosphatiden die α-Verbindung vorherrscht; vgl. Gersten- bzw. Weizenphosphatide, S. 728.

g) Stickstoffbasen.

Die Phosphatide werden mit 10%iger Salzsäure (250 ccm für 15 g Phosphatid) aufgespalten und die Stickstoffbasen in der nach der Abscheidung der Fettsäuren (vgl. S. 717) anfallenden wäßrigen Lösung bestimmt. Zunächst entfernt man den Äther durch Behandeln auf dem Wasserbad, neutralisiert mit Soda, engt schonend ein und verdünnt je nach Bedarf in einem Meßkolben. Der Gesamtstickstoff wird nach KJELDAHL in 100 ccm der Lösung ermittelt.

Cholin bestimmt man nach W. ROMAN[2]. Das Prinzip dieser Methode beruht darauf, daß Cholin mit Jod als Perjodid gefällt und der Jodüberschuß mit Natriumthiosulfat zurückgemessen wird. 1 ccm $^1/_{10}$ N.-Thiosulfatlösung = 1,335 mg Cholin. Die nach der Hydrolyse der Phosphatide erhaltene neutralisierte und eingeengte Lösung wird auf 50 ccm aufgefüllt und in drei Parallelproben zu 2—5 ccm der Cholingehalt ermittelt. Nähere Angaben s. Bd. III, S. 626. Ausführungsform nach E. F. NOTTBOHM und F. MAYER vgl. ebenda, S. 1033f. und diesen Bd., S. 318.

Zur Ergänzung sei folgendes angeführt: Während sich reines, trockenes Cholin schon bei 40°, selbst im Vakuum zersetzt, werden Lösungen von Cholin oder Cholinchlorid durch Temperaturen bis zu 70° nicht verändert. Beim Eindampfen von Cholinlösungen entstehen Verluste, die von der Konzentration abhängen. Sind die Cholinmengen sehr gering, so können die Verluste bis zu 100% betragen. Bei größeren Cholinmengen (über 0,3 mg) erreichen die Verluste höchstens 10%, beim Eindampfen im Vakuum sind sie noch geringer. Nach ROMAN lassen sich Cholinmengen von 5 γ bis zu 5 mg unter Beachtung der entsprechenden Vorsichtsmaßnahmen mit hoher Genauigkeit erfassen.

Colorimetrische Cholinbestimmung mittels der Reineckate[3]. Das Verfahren beruht auf der von KAPFHAMMER und BISCHOFF[4] angegebenen Fällung von Cholin (Acetylcholin) als Reineckat[5], das in Eiswasser und in absolutem Alkohol unlöslich, in Aceton dagegen mit roter Farbe leicht löslich ist. Nach BEATTIE wird die Acetonlösung mit einer Standardlösung von Cholin-Reineckat bekannten Gehaltes colorimetriert, wobei sich Cholinmengen von 0,3 mg in 0,003%iger Lösung mit einer Fehlergrenze von $\pm$ 3% bestimmen lassen. Bei der Untersuchung gibt man zu 1 ccm einer Cholin-Chloridlösung, die 0,2—2 mg Cholinsalz in 1 ccm enthält, 1 ccm einer frisch bereiteten, gesättigten Lösung von Ammonium-Reineckat. Das schwerlösliche Cholin-Reineckat fällt innerhalb von 10 Minuten quantitativ aus. Nach vollständiger Fällung wird durch einen kleinen Asbestfiltertiegel abgesaugt, mit 2 ccm Eiswasser und zweimal mit je 2 ccm absolutem Alkohol gewaschen, bis das Filtrat nicht mehr rot abläuft. Die Saugflasche wird nun ausgeleert und unter den Trichter ein Reagensglas zur Aufnahme der Acetonlösung gestellt. Vor dem Absaugen gießt man 1 ccm

---

[1] Bei der chemischen Hydrolyse des Eigelblecithins erhält man etwa 80% β-Glycerinphosphorsäure. P. KARRER: Zit. S. 718. [2] W. ROMAN: Biochem. Zeitschr. 1930, **219**, 218. [3] F. J. R. BEATTIE: Biochem. Journ. 1936, **30**, 1554. [4] J. KAPFHAMMER u. C. BISCHOFF: Zeitschr. physiol. Chem. 1930, **191**, 179. Siehe auch C. BISCHOFF, W. GRAB u. J. KAPFHAMMER: Zeitschr. physiol. Chem. 1932, **207**, 57. [5] Über Reineckate siehe H. CARLSOHN: Zeitschr. angew. Chem. 1936, **49**, 763. — C. MAHR: Zeitschr. analyt. Chem. 1936, **104**, 241. Als Reineckate bezeichnet man Salze der sog. Reinecke-Säure = Tetrarhodanatodiamminchromisäure.

Aceton auf den Niederschlag, der sich rasch auflöst. Hierauf saugt man schnell ab und wäscht mit kleinen Acetonmengen nach. Die Lösung wird quantitativ in einen graduierten Meßzylinder mit 0,05-ccm-Teilung unter Nachspülen mit Aceton übergeführt. Man ließt genau ab und vergleicht im Colorimeter mit der Standardlösung, die 0,78 mg Cholin-Reineckat in 1 ccm Aceton oder Methylrot gleicher Färbung enthält. (Herstellung vgl. weiter unten.) Der Standard entspricht 0,26 mg Cholinchlorid bzw. 0,42 mg Acetylcholinbromid in 1 ccm. Beträgt die gesamte Cholinmenge nur etwa 0,2—0,3 mg, so wird bei einem Volumen der Acetonlösung von 1—2 ccm die Bestimmung im Mikrocolorimeter durchgeführt. Die künstliche Rotlösung wird hergestellt durch Auflösen von 0,0134 g Methylrot in 5 ccm $^1/_5$ N.-Natronlauge und Auffüllen auf 500 ccm. Man verwendet 4 ccm dieser Lösung, versetzt mit 10 ccm $^1/_{100}$ N.-Schwefelsäure und füllt auf 100 ccm auf.

Der Nachweis von freiem Cholin erfolgt durch Versetzen der benzolischen Lösung mit einer alkoholisch-ätherischen Lösung von Platinchlorwasserstoffsäure; hierbei fällt Cholin als Doppelsalz aus, während reines Lecithin keine Fällung gibt.

Colamin. Nachweis und Bestimmung werden nach D. D. van Slyke[1] vorgenommen. Ergibt die Prüfung nach diesem Verfahren, dessen Ausführungsform in Bd. II, S. 621 genau beschrieben ist, die Abwesenheit von Colamin, so ist auch kein Kephalin zugegen. Zur Identifizierung von Colamin kann das Goldchloriddoppelsalz dienen[2]. Zur Prüfung auf Abwesenheit von Lecithin bestimmt man in einem aliquoten Teil der Lösung den Stickstoff nach Kjeldahl[3]. Die nach beiden Verfahren erhaltenen Stickstoffwerte müssen übereinstimmen, wenn kein Lecithin vorhanden ist.

Trennung von Lecithin und Kephalin. Die Cadmiumverbindungen dieser beiden Phosphatidarten unterscheiden sich durch ihre verschiedene Löslichkeit, und zwar sind die Kephalinverbindungen leichter löslich.

Hierauf beruht folgendes Verfahren[4]:

„Zu den in 95% Alkohol gelösten Phosphatiden wird so viel einer methylalkoholischen Cadmiumchloridlösung zugeführt, bis keine Fällung mehr entsteht. Zur Reinigung wird die Fällung in Äther suspendiert und zentrifugiert und diese Operation so lange (8—10 mal) wiederholt, bis das Zentrifugat reinweiß erscheint. In diesem Zustand enthält es nur noch eine kleine Menge von Kephalin. Nun wird die Cadmiumchloridverbindung in Chloroform suspendiert und die Suspension so lange bei Zimmertemperatur geschüttelt, bis sich eine schwach opalescierende Lösung gebildet hat. 100 g Cadmiumchloridverbindung lösen sich in 400 ccm Chloroform. Zur Chloroformlösung wird eine kalte Lösung von 25% Ammoniak in absolutem Methylalkohol zugegeben, bis sich der dabei auftretende Niederschlag nicht mehr vergrößert. Ein großer Überschuß von Ammoniak soll vermieden werden. Der Niederschlag wird durch Zentrifugieren von Chloroform abgetrennt, mit Chloroform extrahiert und die Lösung nochmals mit methylalkoholischem Ammoniak behandelt.

Die vereinigten Chloroform-Methylalkohollösungen werden im Vakuum (10—15 mm) bei einer Badtemperatur von 35° konzentriert. Der Rückstand wird in reinem absolutem Äther gelöst und der Äther im Vakuum verdampft. Diese Operation wird dreimal wiederholt. Der zuletzt verbleibende Rückstand wird mit 99%igem Alkohol behandelt. Sind noch größere Mengen von Kephalin vorhanden, so bleibt dieses ungelöst. Die alkoholische Lösung wird, wie oben angegeben, nochmals mit Cadmiumchloridlösung versetzt und die Lecithine in gleicher Weise regeneriert.

Der cadmiumfreie Rückstand wird in der eben erforderlichen Menge Äther gelöst und die ätherische Lösung mit Aceton versetzt. 500 ccm Aceton genügen für den aus 100 g Cadmiumchloridverbindung erhaltenen Rückstand.

---

[1] D. D. van Slyke: Ber. Deutsch. Chem. Ges. 1910, **43**, 3170; 1911, **44**, 1684.

[2] Vgl. H. Thierfelder u. E. Klenk: Die Chemie der Cerebroside und Phosphatide. Berlin: Julius Springer 1930.   [3] Vgl. Bd. II, S. 575.

[4] P. A. Levene u. J. P. Rolf: Journ. Biol. Chem. 1927, **73**, 587. — E. H. Winterstein u. A. Winterstein: Phosphatide. In Handbuch der Pflanzenanalyse von G. Klein, Bd. II, S. 698f. Wien: Julius Springer 1932.

Das auf diese Weise gewonnene Lecithin enthält in der Regel etwas mehr (bis zu 2%) Stickstoff als berechnet. Der Mehrgehalt rührt von etwas anhaftendem Ammoniak her. Zur Entfernung desselben löst man in 50 ccm Äther, setzt ebenso viel 10%ige Essigsäure zu und schüttelt 1 Stunde auf der Maschine. Die dabei entstehende dicke Emulsion wird in 500 ccm Aceton aufgenommen, die obenauf befindliche Flüssigkeit dekantiert und der Rückstand mit trockenem Aceton durchgeknetet. Das Waschaceton wird mit dem Dekantat vereinigt und im Vakuum eingedampft. Der dabei verbleibende Rückstand wird in Äther aufgenommen und das darin enthaltene Lecithin mit Aceton gefällt. Die auf diese Weise gewonnenen Präparate sind völlig frei von Kephalin (kein Aminostickstoff) und geben mit Ausnahme von etwas zu hohen Stickstoffwerten richtige Analysenzahlen."

Liegen reine, säurefreie Präparate vor, so kann eine Unterscheidung von Lecithin und Kephalin auch durch Titration mit ätherisch-alkoholischer oder benzolisch-alkoholischer Kalilauge gegen Phenolphthalein erfolgen, wobei Lecithin als Endosalz neutral reagiert, Kephalin dagegen als einbasische Säure[1].

Über das Verfahren von W. LINTZEL und S. FOMIN[2] zur quantitativen Bestimmung von Cholin neben Colamin durch Oxydation mit Permanganatlösung vgl. Bd. III, S. 626. Die Methode eignet sich in der Ausführungsform von W. LINTZEL und G. MONASTERIO[3] besonders zur Bestimmung in kleinen Blutmengen (unter 10 ccm).

h) Auswertung von Analysenergebnissen.

Aus der **Zusammensetzung** der Phosphatide ergibt sich, daß die Beziehung Phosphor : Stickstoff bei den natürlichen Phosphatiden durch einfache ganzzahlige Verhältnisse gekennzeichnet ist. Für die Monoaminophosphatide gilt $P : N = 1 : 1$; für Diaminophosphatide ist $P : N = 1 : 2$. Abweichungen können aus verschiedenen Gründen vorkommen, z. B. deutet ein Mehrgehalt an P (als dem einfachen Verhältnis entspricht) auf die Gegenwart von organischen P-Verbindungen, die nicht Lipoide sind. Mehrgehalt an N deutet auf Verunreinigung durch Eiweiß (oft aus „Lipoproteiden" stammend). Mindergehalt von „Phosphatid"präparaten an den beiden charakteristischen Elementen P und N ist ein Zeichen von Beimengungen, von denen besonders Fette oder Kohlenhydrate durch mangelhafte Reinigung während des Aufarbeitungsvorganges häufig sind.

Bei normal zusammengesetzten Lecithinpräparaten muß die Berechnung des Phosphatidgehaltes aus den P- oder Cholinwerten zum gleichen Ergebnis führen[4].

Die Zahlenangaben betreffend Molekulargewicht, Phosphorgehalt und Umrechnungsfaktor schwanken innerhalb weiter Grenzen[5].

In der Praxis wird vielfach das Durchschnittsmolekulargewicht 787 oder 788 verwendet, das ungefähr dem Molekulargewicht eines aus gleichen Teilen Dioleo-, Distearo- und Dipalmitolecithin zusammengesetzten Phosphatides entspricht. Nun ist aber die Zusammensetzung der natürlichen Phosphatide eine viel mannigfaltigere.

Fettsäuren natürlicher Phosphatide. Außer Stearin-, Palmitin- und Ölsäure wurden in den meisten Produkten auch Linol- und Linolensäure gefunden. Der Gehalt an diesen ungesättigten Säuren, zu denen in manchen Fällen noch stärker ungesättigte kommen, ist es ja, der die leichte Oxydierbarkeit der natürlichen Phosphatide bedingt. Die synthetischen Phosphatide, in denen sich keine höher ungesättigten Fettsäuren im Molekül befinden, zeigen hauptsächlich aus diesem Grund ein von dem der natürlichen Produkte verschiedenes

---

[1] A. GRÜN u. R. LIMPÄCHER: Ber. Deutsch. Chem. Ges. 1927, **60**, 151.

[2] W. LINTZEL u. S. FOMIN: Biochem. Zeitschr. 1931, **238**, 438, 452.

[3] W. LINTZEL u. G. MONASTERIO: Biochem. Zeitschr. 1931, **241**, 273.

[4] Vgl. F. E. NOTTBOHM u. F. MAYER: Chem.-Ztg. 1932, **56**, 881.

[5] Das im Handbuch der Öle und Fette von L. UBBELOHDE und H. HELLER (2. Aufl., 1929, S. 253) angegebene Mol.-Gewicht von 880 ist selbtsverständlich auf einen Druckfehler zurückzuführen. Vgl. H. SCHMALFUSS: U. 1937, **44**, 61.

Verhalten. In bezug auf das Molekulargewicht ergeben sich jedoch keine nennenswerten Unterschiede. Während das Durchschnittsmolekulargewicht für die 3 Säuren (Stearin-, Palmitin-, Ölsäure) 257 beträgt, ist es für die 5 Fettsäuren (wie oben + Linol- und Linolensäure) 259.

Mittlere Molekulargewichte von Phosphatiden. Nimmt man an, daß ein natürliches Phosphatid aus gleichen Teilen von Lecithin und Kephalin besteht, von denen jede Komponente ihrerseits wieder alle 5 oben genannten Fettsäuren enthält, so gelangt man zu einem mittleren Molekulargewicht von etwa 768. In dem Bereich zwischen diesem und dem für die einfachere Zusammensetzung angenommenen Molekulargewicht von 788 liegen die Werte vieler natürlicher Phosphatide, denen Phosphorgehalte zwischen 3,9 und 4,1% (Mittelwert = 4%) entsprechen. Aber auch mit dieser Feststellung ist die gesamte Frage noch nicht geklärt. Es gibt ja Phosphatidsäuren, Verbindungen von Phosphorsäure mit Diglyceriden, in denen die N-haltige Komponente fehlt. Diese Produkte können sowohl im natürlichen Material zugegen sein, als auch erst während der Isolierung der Phosphatide entstehen. Solche Verbindungen sind nicht nur bei pflanzlichen, sondern auch bei tierischen Phosphatiden beobachtet worden. Ihr P-Gehalt liegt etwa um 0,7% höher als derjenige der Phosphatide und beträgt demnach 4,6—4,8% P.

Die Umrechnung der analytisch ermittelten P-Werte auf den Phosphatidgehalt sollte nur bei reinen oder zumindest genau gekennzeichneten Verbindungen erfolgen, während man sich bei Phosphatidgemischen mit der Angabe der Phosphorwerte begnügen sollte. Zur Bewertung als physiologisch wirksames Agens kommt ja ohnedies nur der organisch gebundene, im Phosphatid eingebaute Phosphor in Betracht.

Benennung. Im Einklang mit der wissenschaftlichen Einteilung des Gesamtgebietes, wie sie aus der Darstellung zu Beginn dieses Kapitels hervorgeht, gilt die Bezeichnung Lecithin nur für die Mono-amino-phosphatide mit Cholin als basischer Komponente.

Für Handelsprodukte wird wohl auch weiterhin der Name „Lecithin" Verwendung finden, wenn auch die Präparate neben dem Cholin-mono-amino-phosphatid das entsprechende ätherlösliche Colaminderivat enthalten.

Zur Kennzeichnung des aus Phosphatiden stammenden Phosphors sollte der Ausdruck „Lecithin-Phosphor" bzw. „Lecithin-Phosphorsäure" nur dann gebraucht werden, wenn es sich um reine, eindeutig als Cholin-mono-amino-phosphatide erkannte Verbindungen handelt; andernfalls ist nur die Bezeichnung Phosphatid-Phosphor bzw. Phosphatid-Phosphorsäure berechtigt.

Allgemeines über Phosphatide vgl. Bd. I, S. 252, 317. Zur Analyse siehe Bd. III, S. 144, 305 (Buttermilch), 583, 599 f., 620, 625 (Eier). Gewinnung, Zusammensetzung, Untersuchung, Beurteilung von Handels-„Lecithinen", ebenda S. 1026f. Über Verfahren zur Bestimmung der Phosphorsäure vgl. Bd. II, S. 1257f. bzw. 600 (Mikromethoden).

2. Acetalphosphatide („Plasmalogen").

Analytisch bisher noch nicht in Betracht gezogen wurden die erst kürzlich entdeckten Acetalphosphatide (s. oben „Einteilung"), die in der Phosphatidfraktion von Organlipoiden aufgefunden und als Plasmalogen[1] bezeichnet wurden. Da sich Plasmalogen gegenüber Alkalien als sehr widerstandsfähig erwies, konnte es durch Verseifen von den Esterphosphatiden getrennt werden. Hierbei wurde zunächst eine Säure („Plasmalogensäure") erhalten, die auf Kosten des Plasmalogens entsteht und somit ein sekundäres Spaltprodukt des Plasmalogens ist. Ihre Isolierung erfolgte als Lithiumsalz, dessen Anion

---

[1] R. Feulgen u. Mitarbeiter: Zit. S. 714.

aus Glycerin, Phosphorsäure und „Plasmal“ (einem Gemisch von Aldehyden, die den bekannten höheren Fettsäuren entsprechen) besteht. Das Vorliegen einer Acetalbindung erklärt die Widerstandsfähigkeit des Plasmalogens gegenüber Alkalien, seine Empfindlichkeit gegenüber Säure sowie die leichte Spaltbarkeit durch Schwermetallsalze (Quecksilberchlorid). Das Plasmalogen enthält als esterartig gebundenen Basenanteil Colamin. Der Gehalt natürlicher Phosphatide an Acetalphosphatid unterliegt starken Schwankungen und beträgt bei Muskel- und Gehirnphosphatiden etwa 20—25%, bei Leberphosphatiden etwa 0,1% und bei Eierphosphatiden nur 0,01%.

Die Synthese von Acetalphosphatiden wurde von TH. BERSIN unter Mitarbeit von G. WILLFANG und H. NAFZIGER begonnen[1]. Möglicherweise bilden die acetalartig zusammengesetzten Phosphatide Zwischenprodukte beim Aufbau der Fettsäuren durch Aldolkondensation.

3. Phosphatide in tierischen Produkten.
a) Physiologie.

Im Zusammenhang mit neueren Arbeiten[2] über die Aufnahme von Fetten bzw. Fettsäuren durch die Darmwand wurden die Phosphatide mit Sicherheit als Zwischenstufen bei diesen Resorptionsvorgängen erkannt[3]. Überdies dienen manche Phosphatide aber auch als Transportmittel für die Herbeischaffung der Fettsäuren aus dem Blut in die einzelnen Gewebe[4]. Wahrscheinlich nehmen an diesen Vorgängen nur Lecithine und Kephaline teil, dagegen nicht die Sphingomyeline, die zu etwa 40—70% im Blutplasma gefunden wurden[5]. Diesen Beobachtungen zufolge befinden sich die Phosphatide im tierischen Organismus in dauerndem Umbau, woraus sich auch zum Teil die Schwierigkeiten erklären, die einer genauen analytischen Erfassung der Phosphatide entgegenstehen. Von Interesse ist auch die enge Beziehung zwischen Phosphatid und Cholesterin im Blutplasma, erkennbar an der parallelen Zu- oder Abnahme dieser beiden lipoiden Bestandteile unter bestimmten physiologischen Bedingungen[6].

Vorbemerkungen über die Extraktion und quantitative Bestimmung. Verwendet man Alkohol-Äther zur Extraktion, so können auch P-Verbindungen vom Äther aufgenommen werden, die wasserlöslich und keine Phosphatide sind. Andererseits werden die ätherunlöslichen Phosphatide, wie Sphingomyelin, nicht mitgelöst. Für tierische Produkte genügt oft die Behandlung mit heißem Alkohol, wobei jedoch die gleichzeitige Extraktion von Nichtlipoid-P-Verbindungen verhindert werden muß. Bei Serum und Plasma finden sich keine nennenswerten Mengen an organischen Phosphorverbindungen (Nichtlipoiden). Dagegen ist bei den Blutkörperchen und den meisten Geweben der Anteil an organischen P-Verbindungen erheblich, während nur geringe Mengen ätherunlöslicher Phosphatide vorhanden sind[7].

b) Phosphatide der Leber.

Die Leberfette enthalten Glyceride, freie Fettsäuren und Phosphatide, neben geringen Mengen von Cholesterin, seinen Estern und anderen Lipoiden.

---

[1] Kongreßber. II des XVI. Internat. Physiologenkongresses in Zürich 1938, S. 106.

[2] F. VERZÁR u. L. JEKER: Arch. ges. Physiol. 1936, **237**, 1, 14.

[3] R. G. SINCLAIR: Journ. Biol. Chem. 1929, **82**, 117; 1936, **115**, 211. — C. ARTOM u. G. PERETTI: Arch. intern. Physiol. 1935, **42**, 61. — F. VERZÁR u. E. J. McDOUGALL: Absorption from the Intestine. London: Longmans, Green and Co. 1936.

[4] R. G. SINCLAIR: Journ. Biol. Chem. 1936, **115**, 211.

[5] S. J. THANNHAUSER u. P. SETZ: Journ. Biol. Chem. 1936, **116**, 533.

[6] A. CHANUTIN u. S. LUDWIG: Journ. Biol. Chem. 1936, **115**, 1. — E. B. MAN u. E. F. GILDEA: Journ. clin. Investigation 1936, **15**, 203.

[7] G. FAWAZ, H. LIEB u. M. K. ZACHERL: Biochem. Zeitschr. 1937, **293**, 121.

Von Fettsäuren sind in tierischen Phosphatiden hauptsächlich enthalten: Laurin-, Myristin-, Palmitin-, Stearinsäure; ferner ungesättigte Säuren mit 14, 16, 18, 20 oder 22 Kohlenstoffatomen. Dazu kommen die C_{24}-Säuren der Cerebroside. Die Phosphatide der Säugetierleber sind reicher an Stearinsäure und hochungesättigten Säuren mit 20 und 22 Kohlenstoffatomen als die entsprechenden Leberfette. In den Leberphosphatiden der Kaltblüter ist dagegen der Gehalt an Stearinsäure gering. Bei den poikilothermen (wechselwarmen) Wirbeltieren, insbesondere Fischen und Amphibien, findet man eine weitgehende Übereinstimmung der Phosphatid-Fettsäuren mit denen des Depotfettes. Dies ist wieder ein Hinweis auf die Bildung der Depotfette auf dem Umweg über die Phosphatide (Abspaltung der Phosphorsäure und ihr Ersatz durch einen Fettsäurerest, also Umesterung[1]).

Zur Vorbereitung für die Untersuchung werden die frischen Lebern zerkleinert, sorgfältig getrocknet und erschöpfend extrahiert. Die Abtrennung eines Großteils des Fettes erfolgt mittels Aceton, dem man etwas Calciumchlorid- oder Magnesiumchloridlösung zusetzt, wodurch auch die sog. acetonlöslichen Phosphatide ausgefällt werden. Das Gemisch der Rohphosphatide enthält nun noch Reste von Neutralfett, Cholesterin, Nichtlipoid-Phosphor sowie stickstoffhaltige Verbindungen, deren Entfernung schwierig ist. Bei der Fällung der Rohphosphatide aus ätherischer Lösung mittels Aceton wirkt außerdem störend, daß Glyceride mit zwei und drei gesättigten Fettsäuren (z. B. Oleopalmitostearin bzw. Palmitodistearine) wie sie in tierischen Fetten häufig vorkommen, in Aceton nur wenig löslich sind, daher mitgefällt werden. Um diese Fehlerquelle zu vermeiden, kann nach dem Vorschlage von T. P. HILDITCH und F. B. SHORLAND[2] eine „Zwischenfraktion" eingeschaltet werden, wonach sich der Analysengang folgendermaßen darstellt:

Herauslösung des Leberfettes (Rindslebern) durch Extraktion mit der vierfachen Menge siedenden Acetons während 15 Minuten, Kaltstellen im Eisschrank über Nacht. Abdekantieren der klaren überstehenden Flüssigkeit vom ungelösten „Phosphatid". Viermalige Wiederholung der Extraktion („Glyceridfraktion").

Die harte, von einer krystallinen Schicht bedeckte Masse wird mit kaltem Aceton gewaschen, der krystallinische Anteil gesondert mit Aceton geschüttelt und diese Suspension („Phosphatid-Glyceridgemisch") aufbewahrt. Man wiederholt diesen Vorgang bis zur vollständigen Abtrennung der Krystallmasse vom Phosphatid, wäscht dieses noch 2—3mal wie oben, dekantiert die überstehende Flüssigkeit ab und vereinigt die ungelöst gebliebenen Fraktionen. Aus dem acetonlöslichen Anteil werden die letzten Phosphatidreste durch eine Lösung von wasserfreiem Calciumchlorid in Methylalkohol ausgefällt[3]. Den Niederschlag gibt man zu dem „Phosphatid - Glyceridgemisch", wäscht mehrere Male mit der neunfachen Menge eisgekühlten Acetons und erhält so die Leberphosphatide frei von Fetten.

Tabelle 4. Beispiele für die Zusammensetzung der Fettsäuren von Phosphatiden[4].

| Organ | Feste Säuren | | Flüssige (ungesättigte) Säuren | | | |
	Palmitinsäure %	Stearinsäure %	C_{16} %	C_{18} %	C_{20} %	C_{22} %
Gehirn	8	21	2	40	9	20
Rindsleber . . .	12,5	27	5	27	18	10,5
Rinderherzmuskel	14	21	5	45	14	1

---

[1] E. KLENK: Fortschritte der physiologischen Chemie 1929—1934, S. 66. Berlin: Verlag Chemie. (Sonderdruck aus Angew. Chem. 1934.) Dort auch reichhaltige Zusammenstellung des neueren Schrifttums.

[2] T. P. HILDITCH u. F. B. SHORLAND: Biochem. Journ. 1937, **31**, 1499.

[3] Vgl. W. R. BLOOR u. R. H. SNIDER: Journ. Biol. Chem. 1930, **87**, 399.

[4] Nach E. KLENK: Angew. Chem. 1934, **47**, 273.

c) Gehirnphosphatide.

Schwierig ist die einwandfreie Herauslösung der Phosphatide aus der Hirn-masse infolge ihres Reichtums an organischen P-Verbindungen und an äther-unlöslichen Phosphatiden. Ebenso wie beim Muskelgewebe handelt es sich darum, eine Trennung der wasser- und säurelöslichen P-Verbindungen (Kreatin-Phosphorsäure, Adenyl-Pyrophosphorsäure, Hexosemonophosphorsäure[1]) von den Phosphatiden und den P-haltigen Nucleoproteiden vorzunehmen. Bei der Behandlung mit 5—10%iger Trichloressigsäure bleiben die letzteren mit den Eiweißstoffen im Rückstand, während die übrigen organischen P-Verbindungen neben anorganischem Phosphat in Lösung gehen. Hierauf beruht die Bestimmung der Phosphatide im Trichloressigsäurerückstand nach B. NORBERG und T. TEO-RELL[2].

Eine brauchbare Vorschrift für die Phosphatidbestimmung im Hirn stammt von G. FA-WAZ, H. LIEB und M. K. ZACHERL[3]. Eine Probe des möglichst frischen, feinst zerriebenen Materials (1—2 g) wird in einer Porzellanschale bis auf 1 mg genau abgewogen, mit kleinen Anteilen von 5%iger Trichloressigsäure und einer gewogenen Menge gereinigten Quarzsandes (1 g) verrieben und quantitativ in ein Zentrifugenglas übergeführt. Hierfür verwendet man etwa 15 ccm Trichloressigsäure. Nach dem Zentrifugieren wird die Flüssigkeit abgegossen, der Rückstand mit frischer Trichloressigsäure (14 ccm) aufgerührt und wieder scharf zentri-fugiert. Zwecks völliger Entfernung des Nichtlipoidphosphors wiederholt man den Vorgang noch zweimal.

Der Niederschlag (mit Sand) wird mittels Alkohol in ein 50-ccm-Meßkölbchen gebracht, aber höchstens auf 40 ccm aufgefüllt. Dann kocht man etwa 6 Min. unter dauerndem Schütteln auf dem Wasserbad, füllt mit siedendem Alkohol zur Marke auf, schüttelt vorsichtig, erhitzt nochmals etwa 1 Minute und filtriert heiß durch einen Warmwassertrichter. Eine auf den Trichter gesetzte Schale mit kaltem Wasser verhindert das Verdampfen des Alkohols. Bei kalter Filtration kann es zu einer Trübung des anfangs klaren Filtrates kommen.

Für die P-Bestimmung wird ein aliquoter Teil des zum Sieden erhitzten Filtrates in einer auf gleiche Temperatur erwärmten Pipette abgemessen. Man kann auch das auf Zimmertemperatur abgekühlte Filtrat verwenden, einen Teil der umgeschüttelten, trüben Lösung abmessen und eine Korrektur wegen der Volumänderung einführen. Nach dem Verdampfen des Alkohols wird der Rückstand mit konzentrierter Schwefelsäure und Sal-petersäure verascht, worauf der Phosphatidphosphor gravimetrisch oder maßanalytisch bestimmt wird.

Aus neueren Arbeiten von R. FEULGEN geht hervor, daß in Muskel- und Gehirnphosphatiden 20—25% Acetalphosphatide („Plasmalogen") enthalten sind (s. S. 723).

d) Phosphatide in Eiern.

Physiologie. Im Hühnerei dienen die Phosphatide als Energiequellen und zur Lieferung von Phosphor für den Knochenbau[4] des Kükens.

Das Verhältnis von Lecithin zu Kephalin im Eidotter bleibt konstant (3:1), obwohl während der Bebrütung etwa 62% der Gesamtphosphatide völlig umge-wandelt werden (von dieser Menge sind etwa 19% im Embryo nachweisbar[4]). Hinweise auf physiologisch-chemische Vorgänge bei der Entstehung des Eies vgl. Bd. III, S. 583f. (J. GROSSFELD[5]).

Aus der Tabelle 5 ist der Gehalt von Eidotter und Eiklar an Gesamt-phosphorsäure bzw. Phosphatid-P_2O_5 zu entnehmen. Die nächste Tabelle 6 enthält Zahlenangaben über den Phosphatidgehalt in Hühnereigelb bei fri-scher bzw. trockener Ware, nebst Durchschnittswerten des Lecithin- bzw. Kephalinanteils.

---

[1] M. BUELL, M. STRAUSS u. E. ANDROS: Journ. biol. Chem. 1933, **98**, 645.
[2] B. NORBERG u. T. TEORELL: Biochem. Zeitschr. 1933, **264**, 310.
[3] G. FAWAZ, H. LIEB u. M. K. ZACHERL: Biochem. Zeitschr. 1937, **293**, 121.
[4] O. E. KUGLER: Amer. Journ. Physiol. 1936, **115**, 287.
[5] Vgl. Handbuch der Eierkunde von J. GROSSFELD. Berlin: Julius Springer 1938.

Tabelle 5. Gehalt an Phosphorsäure (Durchschnittswerte[1]).

Eibestandteil	Gesamtphosphorsäure in %		Phosphatid-P_2O_5 in %	
	feucht	trocken	feucht	trocken
Eidotter . .	1,42	2,78	1,01	1,98
Eiklar . . .	0,036	0,28	—	—

Tabelle 6. Phosphatide im Hühnereigelb[2].

	Gesamtphosphatide in %	Lecithin in % (Mittelwert)	Kephalin in % (Mittelwert)
Frischei . .	8,53—10,9 (9,6)	6,85	2,74
Trockenei .	17,8—22,8 (20)	14,3	5,7

Sauerstoffaufnahmevermögen. Eierlecithin nimmt bei $p_H = 3,5$ innerhalb 6 Stunden bis zu 76% der theoretischen Menge an Sauerstoff in Gegenwart von Glutathion auf[3]. Die Sauerstoffaufnahme durch die aus dem Eilecithin bei der Verseifung erhaltenen Fettsäuren erfolgt unter sonst gleichen Bedingungen viel langsamer. Handelslecithin, das infolge seiner Wirkung als „Antioxydans" vielfach in der Nahrungsmittelindustrie verwendet wird, verdankt diese Schutzwirkung angeblich seinem Kephalingehalt[4].

Bestimmung des Phosphatidgehaltes im Eigelb. Allgemeine Angaben über Phosphatide und andere Lipoide des Eigelbs finden sich in Bd. III, S. 599 und 620f. Auf Grund der Feststellung, daß im Eidotter das Verhältnis des Lecithinanteils zum Kephalinanteil rund 3 : 1 ist, ergibt sich als Umrechnungsfaktor von P_2O_5 auf Gesamtphosphatid die Zahl 10,7 (Umrechnungsfaktor von P_2O_5 auf Palmito-oleo-lecithin Hydratformeln: 10,95 bzw. auf Palmito-oleokephalin 10,1, Anhydroform 10,70 bzw. 9,85).

Von F. E. NOTTBOHM und F. MAYER[5] stammen Untersuchungen über den „Cholinfaktor von Eigelb und die Phosphatidlecithinzahl des Eierlecithins". Vgl. Bd. III, S. 601 bzw. 1029 und 1033 (Cholinbestimmung).

Phosphatidbestimmung in Eiern und Eierteigwaren. Verschiedentlich hat man in mit Eiern zubereiteten Teigwaren eine Abnahme der alkohollöslichen Phosphorsäure beim Lagern beobachtet. Die Ursache dieser Erscheinung ist der sog. „Lecithinrückgang", der, sofern eine hydrolytische Zersetzung den Umständen nach auszuschließen ist, zum Teil auf eine Änderung des kolloiden Zustandes infolge Wasserverlust (Entquellung), andernteils auf adsorptive Bindungen der Phosphatide an die Kohlenhydrate oder das Eiweiß der Teigware zurückzuführen ist. Zur Wiederherstellung des ursprünglichen Zustandes wurde ein Durchfeuchten des Gutes mit kleinen Wasserzusätzen vorgenommen und bei der darauf folgenden Extraktion tatsächlich ein höherer P-Gehalt festgestellt[6]. Diese Ergebnisse sind jedoch auf die Bildung wasserlöslicher Phosphorverbindungen zurückzuführen, woraus sich die Unbrauchbarkeit dieses Verfahrens für analytische Zwecke ergibt[7].

Nach W. DIEMAIR[8] wird zur Bestimmung des Eigehaltes in Teigwaren in zweifelhaften Fällen vergleichsweise eine Cholesterinbestimmung vorgenommen und von dem gefundenen Cholesteringehalt auf den Eigehalt geschlossen. Cholesterin verändert sich auch beim längeren Lagern der Eierteigwaren nicht.

Vorschriften für die Lecithinbestimmung, insbesondere zur Beurteilung eihaltiger Erzeugnisse siehe J. TILLMANS, H. RIFFART und A. KÜHN[9]: Bestimmung

---

[1] Nach Angaben von J. GROSSFELD und G. WALTER: Z. 1934, **67**, 510.

[2] Vgl. F. E. NOTTBOHM u. F. MAYER: Z. 1933, **66**, 585.

[3] H. TAIT u. E. J. KING: Biochem. Journ. 1936, **30**, 285.

[4] H. S. OLCOTT u. H. A. MATTILL: Oil and Soap 1936, **13**, 98.

[5] F. E. NOTTBOHM u. F. MAYER: Chem.-Ztg. 1932, **56**, 881; Z. 1933, **65**, 55; insbesondere Z. 1933, **66**, 585.

[6] B. ALBERTI: Chem.-Ztg. 1933, **57**, 454. — F. E. NOTTBOHM u. F. MAYER: Z. 1934, **67**, 375.   [7] Vgl. W. DIEMAIR, F. MAYR u. K. TÄUFEL: Z. 1935, **69**, 1.

[8] Nach freundlicher Privatmitteilung vom 9. Oktober 1938.

[9] J. TILLMANS, H. RIFFART u. A. KÜHN: Z. 1930, **60**, 361, 374.

der Lecithinphosphorsäure als Strychninmolybdänphosphat. Zur Cholesterinbestimmung vgl. ebenda S. 365 (Bestimmung auf jodometrischem Wege in Eiern, Teigwaren, Fetten), sowie H. RIFFART und H. KELLER[1]: Colorimetrische Bestimmung mit dem Stufenphotometer von ZEISS in Eiern, Mehl und Teigwaren; titrimetrische Bestimmung des Cholesterins siehe ebenda S. 116. Eine zusammenfassende Darstellung dieser Methoden findet sich in Bd. V, S. 282 bis 292 (1938). Über Bestimmung der Lecithin- (alkohollöslichen) Phosphorsäure in Backwaren, namentlich in Zwiebäcken, zwecks Ermittlung eines Eierzusatzes vgl. J. GROSSFELD[2].

4. Pflanzliche Ausgangsstoffe.

Die Herauslösung der Zellinhaltsstoffe ist bei pflanzlichen Produkten wegen ihrer weitaus stärkeren Zellwände schwieriger und daher lassen sich die für tierische Ausgangsmaterialien geltenden Extraktionsvorschriften nicht allgemein anwenden.

Phosphatide der Gerste, des Weizens und des Hafers. Nach den umfangreichen Untersuchungen von W. DIEMAIR und B. BLEYER[3] über die Phosphatide der Cerealienfrüchte geschieht die Aufarbeitung in folgender Weise:

Größere Mengen des grob gemahlenen Materials werden einen Tag lang bei 30—35⁰ vorgetrocknet und dann 2—3 Tage mit einem Gemisch von Aceton-Äther (4 : 1) unter ständigem Rühren von Fett befreit, wozu etwa 7—8 Liter Lösungsmittel für 5 kg Mehl erforderlich sind. Hierauf wird scharf abgesaugt, wiederholt mit Aceton nachgewaschen, mehrere Stunden getrocknet und mit einem Alkohol-Benzolgemisch (1 : 4) unter ständigem Rühren 8 Stunden lang extrahiert. An diese Behandlung schließt sich eine ebensolche zweite an. Versuche mit verschiedenen Lösungsmitteln ergaben, daß kohlenhydratfreie Phosphatide nur unter den angegebenen Extraktionsbedingungen erhalten werden. Für 1 kg entfettetes Material sind etwa 4 Liter Lösungsmittel nötig; durch Behandlung bei mäßig erhöhter Temperatur (z. B. 35⁰ auf dem Wasserbad unter Rückfluß) verringert sich die Extraktionsdauer auf 6 Stunden. Die phosphatidhaltige Lösung wird dann im Vakuum unter Stickstoff bei 25—30⁰ eingeengt, das hierbei entstandene Produkt zwecks Entfernung der Kohlenhydrate in viel lauwarmes Wasser eingetragen und die entstandene Emulsion wiederholt mit Äther ausgeschüttelt. Die mit Natriumsulfat getrocknete ätherische Lösung filtriert man, dampft den Äther im Stickstoffstrom ab und nimmt den Rückstand wieder mit trockenem, peroxydfreiem Äther auf.

Ausfällung der Rohphosphatide. Die ätherische Lösung wird nun unter Eiskühlung mit etwa dem 3—4fachen Volumen eisgekühlten Acetons tropfenweise unter Umrühren versetzt, wodurch die Rohphosphatide meist in Form eines dickflockigen, nahezu farblosen Niederschlages ausfallen. Diese Fällung soll 2—3mal wiederholt werden. Bei Gegenwart größerer Mengen fettiger Verunreinigungen fällt das Rohphosphatid anfangs nicht in farblosen Flocken aus, sondern in Form eines dicken sämigen Öles. In diesem Falle muß die phosphatidhaltige Lösung nochmals schonend im Vakuum eingeengt und hierauf vorsichtig tropfenweise mit eisgekühltem Aceton gefällt werden. Die so erhaltenen Rohphosphatide bilden eine gelbbraun gefärbte Masse von fettartigem Aussehen.

Darstellung der Reinphosphatide. Das „Rohphosphatid" wird zur Befreiung von fettigen Beimengungen öfters mit Aceton bei etwa 30⁰ auf dem Wasserbad durchgeknetet. Dann löst man in wenig peroxydfreiem Äther, fällt mit

[1] H. RIFFART u. H. KELLER: Z. 1934, 68, 113.   [2] J. GROSSFELD: Z. 1933, 65, 323.
[3] W. DIEMAIR u. B. BLEYER: Biochem. Zeitschr. 1935, 275, 242. — W. DIEMAIR, B. BLEYER u. W. SCHMIDT: Biochem. Zeitschr. 1937, 294, 353.

eisgekühltem Aceton und wiederholt diese Umfällung 4—5mal. Das so gereinigte Phosphatid wäscht man auf einer Porzellannutsche mehrere Male mit Aceton und trocknet über Phosphorpentoxyd im dunklen Vakuumexsiccator. Bei dieser Behandlung erhält man aus Gerste und Weizen fast farblose, leicht verreibbare Reinphosphatide, die allmählich hellgelbe Farbe annehmen. Phosphatide aus Hafer sind infolge Verunreinigung durch Chlorophyll olivgrün gefärbt, können aber auch durch mehrmalige Verteilung in lauwarmem Wasser und darauffolgendes Herauslösen mit Äther in fast farblosem Zustand gewonnen werden.

Tabelle 7. Ausbeute an Reinphosphatiden aus Gerste, Weizen, Hafer[1].

Getreideart	Ausgangsmaterial in kg	Reinphosphatid in g	Ausbeute in %
Gerste . . .	18	28,0	0,16
Weizen . . .	17	20,5	0,12
Hafer . . .	19	26,6	0,14

Aus den Zahlen der Tabelle 7 ergibt sich die bemerkenswerte Tatsache, daß durch sorgfältige präparative Aufarbeitung mehr Phosphatide erhalten wurden als frühere Autoren (mit Ausnahme von F. NOTTBOHM und E. MAYER[2], die im Weizengrieß bis zu 1,8%, im Weizenkeimling bis zu 1,35% kohlenhydratfreie Phosphatide fanden) durch Ermittlung des P-Gehaltes und dessen rechnerische Auswertung angegeben haben.

Die Reinphosphatide der Cerealienfrüchte lösen sich in den gewöhnlichen organischen Solventien und sind unlöslich in Aceton und Methylacetat. In den gereinigten Präparaten waren Kohlenhydrate nicht nachweisbar. Das Verhältnis P : N stellte sich bei den einzelnen Phosphatidtypen wie folgt dar:

Tabelle 8.

Verhältnis	Gerste	Weizen	Hafer
P : N	1 : 1,01	1 : 1,03	1 : 1,14* 1 : 1,02

* (Chlorophyll ?)

Die Ergebnisse der Untersuchungen von DIEMAIR und BLEYER beweisen, daß die erhaltenen Zahlenwerte nicht einer Verunreinigung durch Kohlenhydrate zuzuschreiben sind, überdies erfuhren auch die niedrigen P-Werte keine Veränderung durch Emulgierung des Phosphatides in Wasser und darauf folgende Elution mit Äther.

Tabelle 9. Zusammensetzung der Phosphatide aus Gerste, Weizen und Hafer[3].

Bestandteile	Gerstenphosphatid %	Weizenphosphatid %	Haferphosphatid %
α-Lecithin	74,0	55,9	33,2
β-Lecithin	20,4	41,7	66,2
Glycerinphosphorsäure	6,3	10,1	11,1
davon:			
α-Glycerinphosphorsäure berechnet	70,1	60,4	31,3
β-Glycerinphosphorsäure gefunden	29,9	39,6	68,7
Gesamtfettsäuren	69,1	62,4	62,5
davon:			
feste Fettsäuren	14,8	16,5	12,2
flüssige Fettsäuren	84,6	73,4	86,1
Von den flüssigen Fettsäuren:			
Linolsäure	54,8	95—98	86—87
Ölsäure	27—28	—	11—12
Cholin	12,8—13,9	9,6—10,2	8,5—11,4

---

[1] Nach W. DIEMAIR, B. BLEYER und W. SCHMIDT: a. a. O.
[2] F. E. NOTTBOHM u. F. MAYER: Z. 1934, **67**, 369.
[3] Nach W. DIEMAIR, B. BLEYER u. W. SCHMIDT: Biochem. Zeitschr. 1937, **294**, 353

Nach H. Channon und C. M. Forster[1] sind in Weizenkeimen neben Lecithin und Kephalin auch Phosphatidsäuren auffindbar, wodurch sich zum Teil die großen Schwankungen erklären, die bei der Bestimmung der Gesamt-„Phosphatide" in pflanzlichen Produkten auftreten. Diese Tatsache dürfte ziemlich allgemein gelten, da ja die Phosphatidsäuren (neben Acetalphosphatiden) als Zwischenglieder der biologischen Phosphatidsynthese angesehen werden müssen.

Die gefundenen Verhältnisse von P : N (1 : 1) sowie die Feststellung des basischen Anteils kennzeichnen die untersuchten Getreidephosphatide als Mono-amino-phosphatide vom Cholin-Lecithintypus. Im Gersten- und Weizenphosphatid überwiegt die α-Form, im Haferphosphatid die β-Form des Lecithins. Die Fettsäuren des Gerstenphosphatides sind neben Palmitin-, Stearin- und Linolsäure geringere Mengen von Ölsäure. Bei Weizen und Hafer wurde außer den genannten auch Laurin- und Myristinsäure festgestellt.

5. Enzymatische Phosphatidspaltung.

Als Phosphatasen bezeichnet man ganz allgemein jene Enzyme, die aus organischen Verbindungen esterartig gebundene Phosphorsäure abspalten. Für die Phosphatide von Bedeutung sind die Phospho-monoesterasen, die z. B. auf Glyceromonophosphorsäure wirken und die Phospho-di-esterasen, die Diglycerylphosphorsäure-Ester spalten.

Als Lecithinasen (Kephalinasen) werden jene Phosphomonoesterasen und -diesterasen bezeichnet, die (nach vorangegangener Lecithasenwirkung) eine Abspaltung von Phosphorsäure aus Lecithin, Kephalin, synthetischen Lecithinen usw. bewirken.

Die Lecithasen A und B bewirken die Abspaltung der Fettsäurereste[2], und zwar wird zunächst durch die Lecithase A eine ungesättigte Fettsäure abgespalten, wodurch die hämolytisch wirksamen Lysolecithine („Lysocithine") entstehen, dann erst kommt es durch die Wirkung der Lecithase B zur Abtrennung der zweiten Fettsäure aus dem Lecithinmolekül.

Das verbleibende Cholinglycerophosphat wird durch „Cholinphosphatase" und weiter nach Abspaltung des Cholins durch Phosphatasen in die Endprodukte Glycerin und Phosphorsäure übergeführt.

Lecithase A konnte aus Schlangen- (Kobra-) Gift, aus Bienen- und Wespenstacheln sowie aus Pankreas gewonnen und von den übrigen Enzymen getrennt werden, die das von der Lecithase gebildete „Lysocithin" zerstören[3]. Es ergab sich[4], daß Lecithase A außerdem in zahlreichen tierischen Geweben (Herz, Hirn, Hypophyse, Leber, Milz, Muskeln, Nebennieren, Nieren, Prostata, Thymus) vorkommt und mit der Zeit das ganze Lecithin in Trockenpulvern aus solchen Organen, die zu organotherapeutischen Präparaten verwendet werden, in Lysocithin verwandelt. Das p_H-Optimum der Lecithase A liegt im Bereich von 6,5—7,5.

Lecithase B hat ein Wirkungsoptimum bei $p_H = 3{,}5$; sie wurde in höheren Pilzen, im Blutserum und in verschiedenen tierischen Organen gefunden[5]. Nach S. Belfanti, A. Contardi und A. Ercoli ist Lecithase B imstande, sowohl das Lysocithin wie auch direkt Lecithin zu verseifen, wobei aus letzterem beide Fettsäuren abgespalten werden[6]. In ähnlicher Weise wie die Wirkung

[1] H. Channon u. C. M. Forster: Biochem. Journ. 1934, 28, 853. — Vgl. W. Diemair u. B. Bleyer: Biochem. Zeitschr. 1935, 275, 242.
[2] A. Contardi u. A. Ercoli: Biochem. Zeitschr. 1933, 261, 275.
[3] S. Belfanti u. C. Arnaudi: Bull. Soc. Intern. Microb. 1932, 4, 399.
[4] M. Francioli: Fermentforschung 1934, 14, 241.
[5] M. Francioli: Fermentforschung 1934, 14, 493.
[6] Erg. Enzymforschung Bd. V, S. 213. 1936.

der fettspaltenden Fermente (Lipasen) wird auch diejenige der Lecithase B durch Kalksalze aktiviert.

Schema der Lecithinspaltung[1].

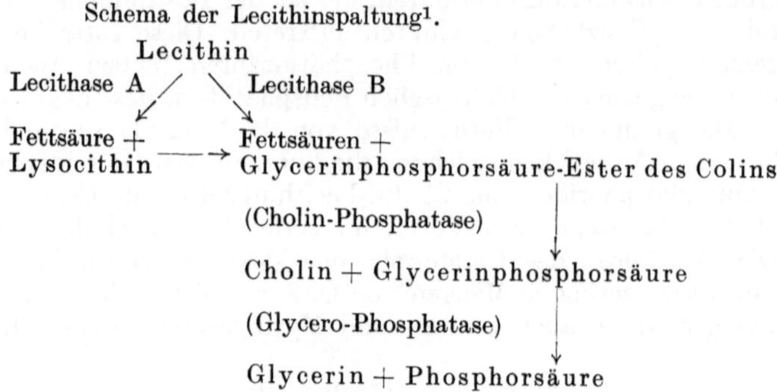

6. „Lipoproteide".

Als Übergangsglieder von den Lipoiden zu den Eiweißstoffen sind die „Lipoproteine" oder Lecithalbumine anzusehen, Anlagerungsverbindungen von Lecithinen, Kephalinen oder anderen Phosphatiden an Eiweiß. Durch diese Verbindungstypen ist ein Heranbringen von Eiweiß in die Lipoidphase ermöglicht, wie überhaupt die Phosphatide den stofflichen Übergang von der wasserlöslichen zur fettlöslichen Phase und umgekehrt vermitteln.

Die Schwierigkeit der vollständigen Extraktion von Lipoiden aus Geweben hängt zum Teil mit der Bindung dieser Stoffe an Eiweiß zusammen. So kann Lecithin aus seiner Verankerung an Proteine („Lecithalbumine[2]") nur nach vorangegangener Spaltung dieser Eiweißbindung (z. B. durch Alkoholfällung) herausgelöst werden. Diese Bindung ist bei den stark ungesättigten Phosphatiden von Fischrogen vollständiger als bei Eidotterphosphatiden (J. GROSSFELD[3]); sie scheint daher mit dem Sättigungsgrade der Phosphatidfettsäuren in Beziehung zu stehen.

Hinweise darauf, wie sehr der Kolloidzustand und damit die Extrahierbarkeit durch Alkohol von der Vorbehandlung des Materials abhängt, bringen die Versuche von W. DIEMAIR[4] über die Adsorption von Lecithin an Stärke (Weizenstärke, Dextrin).

Tabelle 10.

	Temperatur		
	20°	40°	90°
Alkohollöslicher P in % eingewogenem Lecithin . .	54—89	20—35	4—18

Während eine Lecithin-Wasseremulsion nach einstündiger Trocknung auf siedendem Wasserbad praktisch vollständig alkohollöslich bleibt, wird ein Gemenge von Lecithin und Stärke nach kurzer Quellung in Wasser und anschließender Trocknung nahezu alkoholunlöslich. Bei gleichzeitig anwesendem Fett tritt keine Verminderung der Löslichkeit ein, da durch das Fett die Bildung adsorptiver Bindungen weitgehend verzögert wird.

[1] Nach S. BELFANTI, A. CONTARDI u. A. ERCOLI: Erg. Enzymforschung Bd. V, S. 232. 1936.
[2] S. P. L. SOERENSEN: Kolloid-Zeitschr. 1930, 53. — M. A. MACHEBOEUF: Recherches sur les lipoides, les stérols et les protéides du serum. Thèse de Paris 1928. — G. SANDOR: Le problème des protéides. Paris 1934. — Untersuchung über künstliche Lipoproteide und Lipoide von Serumproteinen von ST. v. PRZYLECKI und Mitarbeiter: Biochem. Zeitschr. 1935, 282, 362; 1936, 288, 29, 39, 303; 1937, 291, 21.
[3] J. GROSSFELD: Vgl. DRP. 357081; C. 1922, IV, 814.
[4] W. DIEMAIR, F. MAYR u. K. TÄUFEL: Z. 1935, 69, 1.

II. Vitamine und Provitamine A.

Vitamin A. Das wichtigste Ergebnis der Vitamin A-Forschung aus jüngster Zeit ist die Synthese dieses Stoffes durch RICHARD KUHN[1].

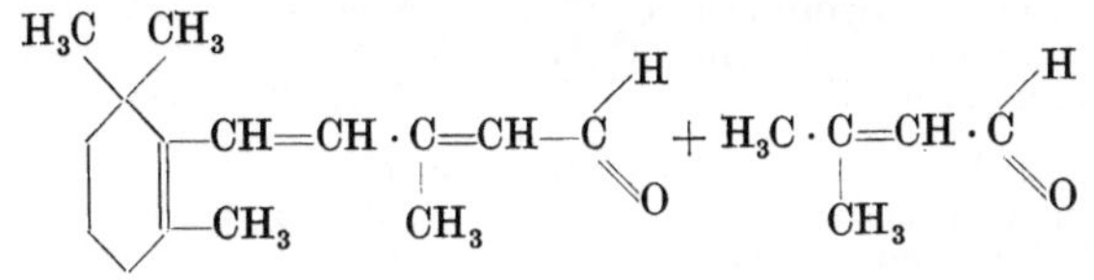

$$
\begin{array}{c}
\mathrm{H_3C} \quad \mathrm{CH_3} \\
\diagdown\diagup \\
\text{—CH=CH} \cdot \text{C=CH—C} \overset{\displaystyle\nearrow\mathrm{H}}{\underset{\displaystyle\searrow\mathrm{O}}{\;}} \; + \; \mathrm{H_3C} \cdot \text{C=CH} \cdot \text{C} \overset{\displaystyle\nearrow\mathrm{H}}{\underset{\displaystyle\searrow\mathrm{O}}{\;}} \\
\quad\;\; | \qquad\quad | \qquad\qquad\qquad\qquad | \\
\mathrm{CH_3} \qquad \mathrm{CH_3} \qquad\qquad\qquad\quad \mathrm{CH_3}
\end{array}
$$

β-Ionyliden-acetaldehyd $+$ β-Methyl-crotonaldehyd in Gegenwart von Piperidin:

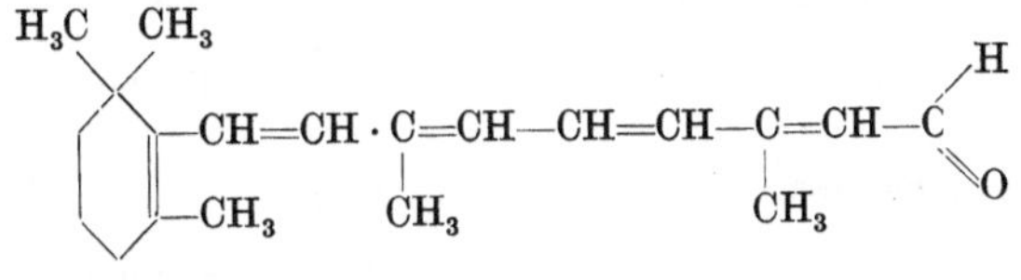

$$
\begin{array}{c}
\mathrm{H_3C} \quad \mathrm{CH_3} \\
\diagdown\diagup \\
\text{—CH=CH} \cdot \text{C=CH—CH=CH—C=CH—C} \overset{\displaystyle\nearrow\mathrm{H}}{\underset{\displaystyle\searrow\mathrm{O}}{\;}} \\
\quad\;\; | \qquad\quad | \qquad\qquad\qquad | \\
\mathrm{CH_3} \qquad \mathrm{CH_3} \qquad\qquad\quad \mathrm{CH_3}
\end{array}
$$

Reduktion mit Aluminiumisopropylat:

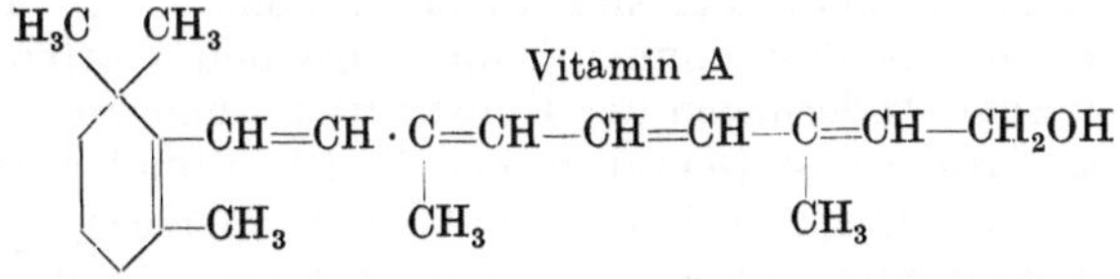

$$
\begin{array}{c}
\mathrm{H_3C} \quad \mathrm{CH_3} \qquad\qquad \text{Vitamin A}\\
\diagdown\diagup \\
\text{—CH=CH} \cdot \text{C=CH—CH=CH—C=CH—CH}_2\mathrm{OH} \\
\quad\;\; | \qquad\quad | \qquad\qquad\qquad | \\
\mathrm{CH_3} \qquad \mathrm{CH_3} \qquad\qquad\quad \mathrm{CH_3}
\end{array}
$$

1. Eigenschaften. Vitamin A krystallisiert aus methylalkoholischer Lösung bei der Temperatur des Kohlensäureschnees in hellgelben Nadeln vom Schmelzpunkt 7,5—8⁰ (Reindarstellung aus den Leberölen der Makrele sowie des *Stereolepis ishinagi*[2]). Der Extinktionskoeffizient (Quarzspektrograph) beträgt für 1 cm und eine 1%ige Lösung 2100, äquivalent einer molekularen Extinktion von 60 000. Während 3 Stunden nach der für die Bestimmung erforderlichen Verdünnung der 2,5%igen Methanollösung mit 95%igem Methylalkohol einheitliche Ablesungen erfolgen, ist nach längeren Wartezeiten eine beträchtliche Abnahme des Extinktionskoeffizienten festzustellen[3], wobei der ursprüngliche Wert von 328 mμ eine Änderung auf 360 mμ erfahren kann. Bei allen spektrographischen A-Bestimmungen muß diese Fehlerquelle beachtet werden. Das reine krystallisierte Vitamin A zeigt im Wachstumsversuch an der Ratte den Durchschnittswert von 3 Millionen internationalen Einheiten für 1 g. Über die Eigenschaften des Vitamin A und seiner Provitamine gibt die Tabelle 11 einen zusammenfassenden Überblick.

2. Vorkommen. Vitamin A kommt als solches nur im menschlichen und tierischen Organismus vor. Seine Vorstufen (siehe oben) werden in der Leber in das eigentliche Vitamin umgewandelt und diese aktivierende Umformung findet z. B. beim β-Carotin unter symmetrischer Aufspaltung des Moleküls und Aufnahme von Wasser statt. Als Fundstätten der Provitamine A sind in pflanzlichen Produkten hauptsächlich die grünen Blätter und manche gelbe oder gelbrot gefärbte Früchte und Wurzeln zu erwähnen, vor allem Karotten, Tomaten, Aprikosen. Bei den grünen Pflanzenteilen ist die gelbrote Farbe des Carotins durch Blattgrün verdeckt. Pflanzliche Öle enthalten wechselnde Mengen

---

[1] R. KUHN u. C. MORRIS: Ber. Deutsch. chem. Ges. 1937, **70**, 853.
[2] H. N. HOLMES u. R. E. CORBET: Journ. Amer. Chem. Soc. 1937, **59**, 2042.
[3] H. H. DARBY: Siehe HOLMES und CORBET, a. a. O.

Tabelle 11. Vitamin A und natürliche Provitamine A[1].

Name	Vorkommen [2]	Formel	Abs.-Banden	Optische Aktivität ^{0}	Schmelzpunkt ^{0}
Vitamin A α-Carotin .	In tierischen Organismen Neben β-Carotin, besonders im roten Palmöl	$C_{20}H_{30}O$ $C_{40}H_{56}$	328 mμ [3] in CS$_2$: 511, 478, 446 mμ	$\pm$ 0 $[\alpha]$ Cd $=$ $+$ 380	7,5—8 187
β-Carotin .	Karotte, Beerenfrüchte, Paprika und andere chlorophyllführende Pflanzenteile	$C_{40}H_{56}$	in CS$_2$ [4]: 520, 484, 452 mμ Benzin: 485, 452, 424 mμ	$\pm$ 0	184
γ-Carotin .	Früchte von Gonocaryum, 0,1% im Handelscarotin	$C_{40}H_{56}$	in CS$_2$: 533, 496, 463 mμ Benzin: 495, 462, 431 mμ	$\pm$ 0	178
Kryptoxanthin . .	Physalisarten, Mais, Carica papaya, Paprika	$C_{40}H_{56}O$	in CS$_2$: 520, 484, 452 mμ Benzin: 485, 452, 424 mμ	$\pm$ 0	169

von Carotin, wodurch ihre gelbe Färbung zustande kommt. RICHARD KUHN[5] kennzeichnet die Frage der Provitamine A mit folgenden Worten:

„Es gibt also gewisse Änderungen der Konstitution ohne Verlust der Wirksamkeit, wovon die Natur selbst Gebrauch macht. Die auffallendste Änderung dieser Art ist beim gelben Mais, den Orangen und Mandarinen festgestellt worden, die starke Wachstumswirkung ausüben, aber nur sehr wenig Carotine enthalten. Hier ist die Vorstufe des A-Vitamins kein Kohlenwasserstoff, sondern ein dem β-Carotin sehr nahe verwandter Alkohol, das Kryptoxanthin, $C_{40}H_{55}OH$.“

In tierischen Organen finden sich wechselnde Mengen von Carotin und Vitamin A. Die Gesamtmenge A-wirksamer Stoffe im tierischen Körper ist von der Zufuhr durch die Nahrung abhängig, der Anteil an den beiden Komponenten, nämlich Vitamin bzw. Provitamin wird von dem Grade der Umwandlung beeinflußt.

3. Bedarf. Der Tagesbedarf des Menschen beträgt etwa 1 mg Vitamin A oder die fünffache Menge an β-Carotin. Von den beiden anderen Provitaminen, nämlich α- und γ-Carotin gelten rund 10 mg als Tagesdosis. Diese Mengen sind jedoch nur als Durchschnittswerte für den gesunden Organismus in normalen Zeiten zu betrachten. Bei erhöhter Inanspruchnahme des Körpers (Leistungssteigerungen jeder Art, Schwangerschaft, Lactation, Infektionen sowie Krankheiten des Verdauungstraktes, Stoffwechselstörungen) werden von sämtlichen Vitaminen, daher auch vom Vitamin A, größere Mengen als die genannten benötigt.

4. Einheiten. Im allgemeinen wird die biologische Standardisierung von Vitaminpräparaten dem Tagesbedarf der betreffenden Versuchstiere angepaßt.

---

[1] Über Carotinoide siehe Bd. I, S. 569f. (FR. MAYER).

[2] Ausführliche Angaben über Eigenschaften, Vorkommen, Bedarf, Physiologie vgl. Bd. I, S. 777f. (A. SCHEUNERT). — Wichtige Beiträge zur Erkenntnis der biologischen Funktion von Vitamin A erbrachte A. PILLAT: E. Mercks Jahresber. 1936, S. 34 („Vitamin A-Mangel als ektodermale Allgemeinerkrankung“); siehe auch W. STEPP, J. KUEHNAU und H. SCHROEDER: Die Vitamine und ihre klinische Anwendung. Stuttgart: Ferdinand Enke.

[3] Zur Berechnung der Vitamin A-Menge in 1 g Substanz aus der Absorptionsintensität muß der gefundene Absorptionskoeffizient $E_{1\,cm}^{1\%}$ 328 mμ mit dem Faktor 1600 multipliziert werden.   [4] In Chloroform: $E_{1\,cm}^{1\%}$ bei 463 mμ $=$ 1900.

[5] RICHARD KUHN: Wirkstoffe in der belebten Natur, Vortrag, gehalten bei der 94. Versammlung der Gesellschaft Deutscher Naturforscher und Ärzte in Dresden, September 1936. Naturwiss. 1937, **25**, Heft 15, 225.

Die Tagesdosis an Vitamin A liegt für die wachsende Ratte zwischen 0,5 und
1 γ. Als internationale Einheit (I.E.) für die Vitamin A-Wirkung wird die
Wirkung von 0,6 γ an β-Carotin angenommen.

Tabelle 12. Vitamin A bzw. Carotin in verschiedenen Nahrungsmitteln[1].

Nahrungsmittel	Carotin in γ für 100 g	COWARD-I.E.	SCHEUNERT-I.E.	SHERMAN-Einheiten[2]
Ananas	—	—	—	250
Äpfel	—	—	—	80
Apfelsinen	360	300	50	67
Aprikosen	470	—	—	5400
Bananen	250	80	—	275
Bete (Rote Rübe)	200	50	—	75
Bleichzichorie	130	—	—	—
Bohnen, Schnitt-	170	—	—	—
Bohnen, Schnitt-, gesalzene	170	—	—	—
Bohnen, Brech-	220	600	—	—
Bohnen, Brech-, gesalzene	180	—	—	—
Bohnen, braune	20	—	—	—
Butter (Sommer-)	1650[3]	20000	8500[4]	3500
Butter (Winter-)	650[3]	800	3500	1200
Ei	500	3000	—	1000
Endivie	1160	—	—	—
Endivie, gesalzene	1160	—	—	—
Erbsen (grüne)	170	700	2500—4000	1250
Erbsen (Pfahl-)	430	—	—	—
Erbsen mit Schoten	430	—	—	—
Erdbeeren	60	—	—	—
Fischrogen	—	—	300—600	—
Fleisch, mageres	—	—	25	75
Karotten (Winter-)	6600	1900	2000—4000	5000
Karotten (Sommer-)	9100	—	—	3000
Kartoffeln	Spur	—	bis 50	40
Käse	370—750	—	2500—5000[4]	80—3500
Kirschen	300	—	—	20—800
Kochsalat	2000	—	10000—30000	25000
Kohl, Blumen-	10	—	sehr wenig[4]	50
Kohl, Weiß-	10	—	sehr wenig[4]	50
Kohl, Savoyer-	30	—	—	—
Kohl, Grün-	5500	900?	sehr wenig[4]	2000*
Kohlrabi	—	—	sehr wenig[4]	—
Kohl, Rot-	10	—	—	—
Kopfsalat	1430	—	—	4000
Leber (Rinder-)	bis 30000	—	250—7000	—
Leber (Kalbs-)	—	—	—	7300
Mandarinen	360	—	—	—
Milch (Sommer-)	57[3]	700	1300[4]	250
Milch (Winter-)	22[3]	140	350[4]	80
Muscheln	—	—	300—600	—
Pfirsiche (gelb)	—	—	—	1000
Pflaumen, getrocknete	250	—	—	2500
Rosenkohl	650	—	—	300
Rübenstielchen	2060	—	—	—
Sellerieknollen	10	—	—	—
Spinat	4390	13000	12000—30000[4]	25000
Tomaten	300	3000	2500	1500
Weizenkeime	—	650	500	—

* Chinesischer Kohl.

[1] Nach L. K. WOLFF: Zeitschr. Vitaminforsch. 1938, 7, 238.
[2] SHERMAN-Einheit = ± 1,4 I.E., also 1 I.E. = ± 0,7 SH.-Einheit.
[3] = Vitamin A als Carotin.
[4] Nach neueren Arbeiten von A. SCHEUNERT: Forschungsdienst 1937, 3, 523.

Als alte biologische Vitamin A- oder Ratteneinheit (R.E.) gilt diejenige kleinste Tagesdosis, die bei wenigstens 60% der Vitamin A-frei ernährten Ratten eine wöchentliche Gewichtszunahme von durchschnittlich mindestens 3 g bewirkt und den Ausbruch der charakteristischen Augenerscheinungen (Augendarre oder Xerophthalmie) verhütet, was der Wirkung von 1,2—2,4 γ an β-Carotin entspricht (Schutzdosis) [1].
3 internationale Einheiten = 1 alte biologische Einheit.

Das standardisierte Vitamin A-Präparat „Vogan“ (ölige Lösung eines hochaktiven Vitamin A-Konzentrates [2]) enthält auf 1 ccm 40 000 alte biologische = 120 000 auf biologischem Wege bestimmte internationale Einheiten.

5. Bestimmung. Grundlage für die Ermittlung des wahren Vitamingehaltes ist stets die biologische Prüfung, also im Falle des Vitamin A der Rattenwachstumstest. In vielen Fällen können aber auch brauchbare Ergebnisse mit den physikalischen und chemischen Methoden erhalten werden, wobei die in Betracht kommenden Fehlerquellen berücksichtigt werden müssen. Die spektrographische Methode bedient sich der Messung der Absorptionsintensität bei 328 mμ, die eine 1%ige Lösung des Testmaterials in einer Schichtdicke von 1 cm aufweist; der Extinktionskoeffizient E ist definiert als log I_0/I, wobei I_0 die Intensität des eintretenden und I diejenige des durchgelassenen Lichtes bedeutet. Dieses Verfahren eignet sich nur für die Bestimmungen von Produkten mit hohen Vitamin A-Konzentrationen, da bei niedrigem Vitamin A-Gehalt der Einfluß störender Stoffe zu sehr ins Gewicht fällt, worauf neuerdings wieder von Gulbrand Lunde, V. Aschehoug und H. Kringstad [3] hingewiesen wurde. Um störende Substanzen möglichst auszuschalten, verwendet man den unverseifbaren Anteil der Öle. Die spektroskopische Auswertung von Vitamin A kann aber auch durch Messung der Absorptionsintensität der blauen Antimontrichloridlösung erfolgen, die bei der Reaktion nach Carr-Price erhalten wird. Diese zeigt charakteristische Absorptionsbanden bei 620—608 mμ (und 574—570 mμ), die verschieden sind von denen des β-Carotins und anderer Carotinoide. Daher kann dieses spektroskopische Verfahren zur quantitativen Bestimmung von Vitamin A neben Carotin verwendet werden. Die Intensitäten der Ultraviolettabsorption bei 328 mμ sind den Farbtiefen der Antimontrichloridreaktion direkt proportional. Nähere Einzelheiten über die Ausführung sind aus Spezialwerken zu entnehmen, kurze Hinweise finden sich Bd. II, S. 1502f. [4].

a) Fehlerquellen der Vitamin A-Bestimmung durch Ultraviolettspektrographie. 1. Vitamin A wird zum Teil durch die Ultraviolettstrahlung zerstört, die von der sehr empfindlichen Substanz absorbiert wird, und zwar beträgt die Zerstörung etwa 20% in 10 Minuten. Durch eine besondere Technik kann diese Fehlerquelle weitgehend ausgeschaltet werden [5].

2. Eine teilweise Zerstörung von Vitamin A kann auch durch das Lösungsmittel erfolgen, in dem das zu bestimmende Produkt aufgenommen wurde; sehr ungünstig ist Chloroform, am geeignetsten Hexan und Äthylalkohol.

3. Die größten Fehler bei der Vitamin A-Bestimmung im Lebertran ergeben sich durch störende Stoffe mit einer Eigenabsorption im Bereich von 3600 bis 2800 Å; die Messung der Absorption bei 328 mμ entspricht dann nicht dem Gehalt an reinem Vitamin A. Der Anteil, der durch die Absorption fremder Substanzen bedingt ist, kann auch nicht annähernd festgestellt werden, da er zu starken

---

[1] Nähere Angaben vgl. Bd. II, S. 1484f. und 1543f. (A. Scheunert und M. Schieblich).
[2] Cocosnußöl oder Baumwollsamenöl sind am geeignetsten. — Vgl. E. M. Hume u. H. Chick: Med. Res. Council, Rep. on Biolog. Standards IV.
[3] Gulbrand Lunde, V. Aschehoug u. H. Kringstad: Journ. Ind. engin. Chem. 1937, 29, 1171.
[4] Über ein neues photoelektrisches Verfahren vgl. R. L. McFarlan, J. Reddie u. E. C. Merrill: Journ. Ind. engin. Chem. Analyt. Edit. 1937, 9, 324.
[5] A. Chevallier: Zeitschr. Vitaminforsch. 1938, 7, 10.

Schwankungen unterliegt. Es handelt sich dabei nicht um Fettsäuren oder
Sterine (deren Absorption fast gleichbleibend ist), sondern um die Umwandlungsprodukte des Vitamin A, die eine starke Absorption im gleichen Spektralbereich
zeigen. Diese Umwandlungsprodukte stammen teils aus den Leberzellen, andernteils bilden sie sich während des Herstellungsvorganges und der Lagerung des
Seetieröles; schließlich entstehen sie auch durch Zerstörung des A-Vitamins
während der Absorptionsmessung.

Noch mehrere Stoffe mit Vitamin A-Wirksamkeit sind aufgefunden
worden, deren nähere Kennzeichnung noch aussteht. Die Existenz solcher
Verbindungen ist hauptsächlich durch das Auftreten von Absorptionsbanden
festgestellt worden, die sich von denjenigen des Vitamin A ($C_{20}H_{30}O$) unterscheiden.

Die Frage, ob es mehrere Vitamine A gibt, brachte schon K. C. D. HICK-
MAN[1] einer Lösung näher, indem er durch „Molekulardestillation" (vgl. unten)
den Verlauf der Destillations-
kurven von Fischleberölen mit
dem Quarzspektrograph und dem
HILGERschen „Vitameter" untersuchte. Bei Verwendung von
geringwertigen Tranen[2] oder solchen, die einer stärkeren Erhitzung ausgesetzt waren[3], stör-
ten Substanzen mit einer Eigenabsorption bei 328 mµ, die zum
Teil durch Zerstörung von Vitamin A entstanden waren (vgl.
oben A. CHEVALLIER).

Mit einem hochwertigen norwegischen Dorschleberöl, das von
Stearin und Cholesterin durch

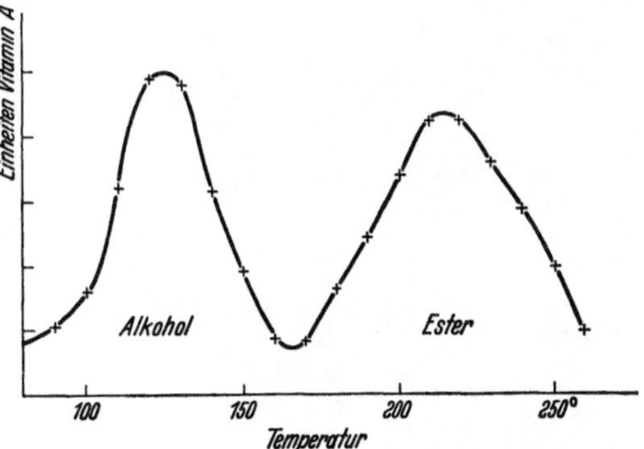

Abb. 2. Molekulardestillation von teilweise verseiftem Lebertran.
(Nach HICKMAN.)

Ausfrieren befreit war, wurde eine Destillationskurve (Abb. 2) erhalten, die zeigt,
daß Vitamin A und seine Ester bei weit voneinander getrennten Temperatur-
bereichen übergehen. Offenbar findet sich in dem untersuchten Lebertran nur
ein Alkohol $C_{20}H_{30}O$ mit dem optischen Schwerpunkt von 328 mµ (Siedebereich
zwischen 90 und 150°), daneben dürften mehrere Ester[4] von Vitamin A mit Fettsäuren (Siedebereich zwischen 180 und 260°) bestehen. So konnte A. O. TISCHER[5]
nachweisen, daß rund 3% des im Dorschleberöl vorhandenen Vitamins A mit
Palmitinsäure verestert sind. Freies Vitamin A ist weniger beständig gegenüber Erhitzen und Sauerstoff als das veresterte. Die biologische Wirksamkeit
von Esterkonzentraten bleibt über 1 Jahr unverändert, während Konzentrate
von freiem Vitamin A zunächst nur langsam, dann aber — parallel mit der Zunahme der Ranzigkeit des Leberöles — rasch ihre Aktivität einbüßen.

b) KURZWEG- (Molekular-) Destillation. Durch die von C. R. BURCH[6]
entwickelte Methode der „molekularen Destillation" lassen sich viele Stoffe

[1] K. C. D. HICKMAN: Journ. Ind. engin. Chem. 1937, **29**, 1107.
[2] R. A. MORTON: Absorption Spectra of Vitamins and Hormones, S. 23. London:
A. Hilger 1934.
[3] I. M. HEILBRON, R. N. HESLOP, R. A. MORTON, E. T. WEBSTER, J. L. REA u. J. C.
DRUMMOND: Biochem. Journ. 1932, **26**, 1182.
[4] K. KAWAKAMI: Scient. Papers Inst. physic. chem. Res. Tokyo 1935, **26**, 77. — S. HA-
MANO: Scient. Papers Inst. physic. chem. Res. Tokyo 1935, **26**, 87.
[5] Vgl. K. C. D. HICKMAN: Journ. Ind. engin. Chem. 1937, **29**, 968, 1107.
[6] Vgl. D. H. KILLEFFER: Journ. Ind. enging. Chem. 1937, **29**, 966.

bei verhältnismäßig niederen Temperaturen verdampfen, während sie unter anderen Bedingungen überhaupt nicht oder nur unter Zersetzung destilliert werden können. Zu diesen Stoffen gehören Öle und Fette, Sterine, sowie die Vitamine A, D und E. So läßt sich Vitamin A aus Fischleberölen abtrennen, ohne daß vorher Verseifung und Extraktion vorgenommen werden müssen. Bei einer Temperatur von 120° geht das freie Vitamin A, bei Temperaturen zwischen 160 und 260° gehen Ester des Vitamin A über, während geruchloses Öl zurückbleibt. Im Heilbuttleberöl fand K. C. D. Hickman[1] bei der Destillation sowohl unverestertes als auch esterifiziertes Vitamin A. In Deutschland hat sich das Jenaer Glaswerk Schott und Gen. große Verdienste um die Entwicklung einer für die Molekulardestillation geeigneten Laboratoriumsapparatur (vgl. Abb. 3) erworben[2]. Die schonende Fraktionierung hitzeempfindlicher Stoffe wird bei dem neuen Verfahren dadurch ermöglicht, daß die Kondensation schon erfolgt, bevor eine Reaktion zwischen den verdampften Molekülen eintreten kann. Der Abstand von Heiz- und Kühlfläche der unter Hochvakuum betriebenen Apparate ist von der Größenordnung der mittleren freien Weglänge der Moleküle. Die Kurzweg-Destillation läßt sich kontinuierlich durchführen, wenn Heiz- und Kühlfläche in Form zweier konzentrischer Rohre vorliegen und die zu destillierende Flüssigkeit als dünner Film über die Heizrohrfläche fließt; dann erfahren alle Teile des Destillates während derselben Zeit dieselbe Wärmebehandlung und es werden alle chemischen Umsetzungen vermieden, die bei längerem Sieden in einem Kolben auftreten können. Auf die Möglichkeit der Verwendung dieses Verfahrens zur Fraktionierung von Glyceriden wurde von H. P. Kaufmann bei der II. Hauptversammlung der Deutschen Gesellschaft für Fettforschung in Hamburg hingewiesen[4]).

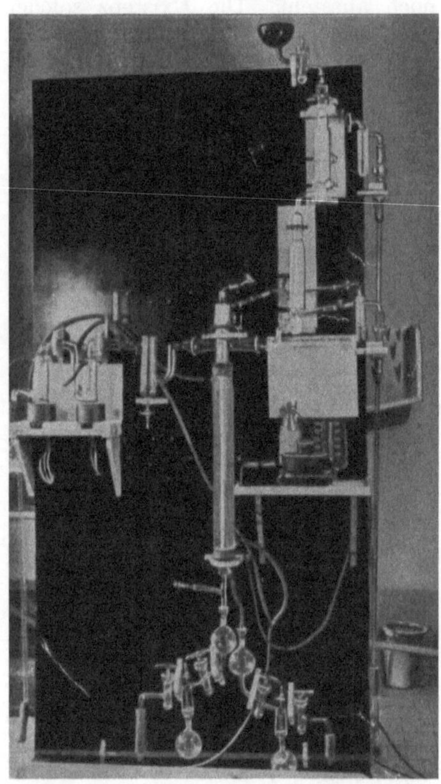

Abb. 3. Kurzweg- („Molekular"-) Destillation[3].

    c) Colorimetrisches Verfahren. Die Antimontrichloridreaktion nach Carr-Price bietet ein für viele Zwecke ausreichend genaues Mittel, um bei sorgfältiger Arbeitsweise Vitamin A mit weitgehender Annäherung quantitativ zu bestimmen. Wichtigste Voraussetzung ist die Entfernung störender Stoffe vor der Messung, insbesondere empfiehlt sich

---

[1] K. C. D. Hickman: Vgl. Anm. 5, S. 735. Siehe auch N. D. Embree: Journ. Ind. engin. Chem. 1937, **29**, 975.

[2] Eine ausführliche Beschreibung enthalten die Mitteilungen über Molekulardestillation der genannten Gesellschaft. Siehe auch E. W. Fawcett: Kolloid-Zeitschr. 1938 (Berichte über den „Schott-Kurs").

[3] Für die Überlassung des Druckstockes danken wir der Firma Schott und Gen.

[4] Vgl. U. 1938, **45**, 564.

die Zerlegung der Vitamin A Carotinoidgemische mittels der chromatographischen Adsorptionsmethode. Für die Prüfung selbst kommt das Stufenphotometer von ZEISS-PULFRICH immer mehr in Verwendung; es hat vor dem LOVIBOND-Tintometer den Vorteil einer gleichmäßigeren Verteilung der Meßgenauigkeit über einen größeren Konzentrationsbereich.

Das PULFRICH-Photometer, bei dem nur die Einstellung auf gleiche Helligkeit nötig ist, ermöglicht es auch eher, die Ablesung wenige Sekunden nach der Mischung der Lösung durchzuführen. Aus der Gegenüberstellung der mit dem LOVIBOND-Tintometer und dem Stufenphotometer gewonnenen Kurven können die international eingeführten LOVIBOND-Einheiten mit den nach ZEISS-PULFRICH erhaltenen verglichen werden.

Tabelle 13.

LOVIBOND-Einheiten .	11	10	9	8	7	6,5 Blau [1]
PULFRICH-Einheiten .	11	16	20,5	25	29,4	31,5

Für das PULFRICH-Photometer gilt ebenso wie für das LOVIBOND-Tintometer eine Fehlerbreite von etwa $\pm 5\%$. Die Ablesungen werden zweckmäßig zwischen 14—35% Durchlässigkeit vorgenommen, da die Rotfarbe über 35% etwas zu leuchtend, unter 14% aber zu dunkel ist [2]. Für die Bestimmung von Vitamin A im Dorschlebertran sollte die Untersuchung nicht mit dem Tran selbst, sondern mit dem daraus isolierten Unverseifbaren erfolgen, da sonst die Erreichung des maximalen Blauwertes durch Hemmungsstoffe, vermutlich fettsäureartiger Natur, behindert ist [3]. Bei frischem Tran beträgt das Verhältnis der Farbstärke von Lebertran zu Unverseifbarem 1 : 2, bei gealtertem Material kann eine noch größere Abweichung (z. B. 1 : 3) auftreten. Bei der vergleichenden Untersuchung von 32 Proben Dorschlebertran mit dem HILGER-Vitameter bzw. der Antimontrichloridreaktion ergaben sich großenteils übereinstimmende Werte. Das Verhältnis der Blauwerte zu den Extinktionskoeffizienten („E-Werte") betrug für die Mehrzahl der Proben zwischen 9 : 1 und 11 : 1. Das Verhältnis der Fettsäuren zum Unverseifbaren hat keinen Einfluß auf die Blauwerte und E-Werte. Es besteht auch keine Beziehung zwischen der Vitamin A-Wirksamkeit und dem Gehalt an freien Fettsäuren bzw. dem Unverseifbaren in Leberölen [4].

d) **Trennungen von Carotinoiden**, z. B. Polyenkohlenwasserstoffen und Estern von den carotinoiden Alkoholen lassen sich durch die „Entmischungsprobe" herbeiführen. Beim Schütteln der petrolätherischen Lösung der Carotinoide mit 85%igem Methanol werden die Kohlenwasserstoffe und die Ester von der oberen Schicht („epiphasisch") aufgenommen, dagegen wandern die Polyenalkohole und Säuren in die polare Methanolschicht („hypophasisch"). Carotinoide Farbwachse, wie z. B. Physalien (Palmitinsäureester des Zeaxanthins) oder Helenien (Xanthophylldipalmitat) zeigen vor der Verseifung epiphasisches Verhalten, nach der Verseifung gehen jedoch die Bestandteile (Säure bzw. Polyenalkohol) in die untere Schicht. Die Trennung verwickelter Farbstoffgemische kann nur mittels der chromatographischen Adsorptionsanalyse vorgenommen werden.

Carotinbestimmung. Oft wird neben Carotin auch Chlorophyll bestimmt werden müssen, daher extrahiert man die Pflanzensubstanz mit Aceton und ermittelt den Chlorophyllwert im ZEISS-PULFRICH-Photometer. Dann löst man Carotin und andere Carotinoide mittels Benzin — möglichst sogleich nach der Extraktion und sorgfältiger Entfernung der letzten Acetonanteile — und verfährt nach R. KUHN und H. BROCKMANN [5] in der Ausführungsform von C. PFAFF und G. PFUETZER [6].

---

[1] 6,5 Einheiten „Blau" bedeutet, daß 0,2 ccm einer 20%igen Lösung des Tranes (unverseifbarer Anteil) mit 2 ccm des Reagens eine Blaufärbung geben, die 6,5 LOVIBOND-Einheiten entspricht. [2] K. RITSERT: Mercks Jahresber. 1935, 19.

[3] COWARD, DYER, MORTON u. GADDUM: Journ. Biochem. 1931, **25**, 1119.

[4] A. D. HOLMES, F. TRIPP u. G. H. SATTERFIELD: Journ. Ind. engin. Chem. Analyt. Edit. 1937, **9**, 456.

[5] R. KUHN u. H. BROCKMANN: Zeitschr. physiol. Chem. 1932, **206**, 41.

[6] C. PFAFF u. G. PFUETZER: Angew. Chem. 1937, **50**, 179. — C. PFAFF: Forschungsdienst 1937, **4**, 182.

Auf diese Weise wurde von den letztgenannten Autoren der Carotingehalt von Feldfrüchten und Gemüsen und seine Beeinflussung durch verschiedene Düngung bestimmt. Es ergaben sich Steigerungen von 100% und darüber bei Verabfolgung hoher Stickstoffgaben. Durch starke Magnesiumdüngung erhöhten sich die Carotin- und Chlorophyllwerte; meist bestand ein enger Zusammenhang zwischen diesen Zahlen, das Verhältnis von Carotin zu Chlorophyll war fast konstant 3 : 1. Auch M. OTT[1] kommt zu dem Ergebnis, daß reichliche Ernährung eine Qualitätssteigerung der Pflanzen, besonders hinsichtlich ihres Vitamingehaltes bewirkt.

e) Qualitativer Nachweis von Carotin in Ölen und Fetten (vgl. S. 46).

f) Trennung von Rohcarotin und Lycopin. Zur schnellen Bestimmung von Carotin neben Lycopin wird das Rohprodukt in Petrolätherlösung durch eine Magnesiumoxydschicht chromatographiert (Abtrennung von Lycopin) und durch Oxydation mit Kaliumbichromat in salzsaurer Lösung bestimmt; gleichzeitig wird ein blinder Oxydationsversuch durchgeführt.

Zur Trennung und Bestimmung von Carotinoiden (Provitamine A) schlägt L. ZECH-MEISTER[2] folgende Arbeitsweise vor: „Das pflanzliche oder tierische Ausgangsmaterial wird entsprechend fein verteilt, entwässert und mit Äther erschöpft. Man verseift den Auszug durch Stehenlassen über 30% methylalkoholischem Kali während 24 Stunden, gibt viel Wasser zu, zapft die Unterschicht ab, wiederholt wenn nötig die alkalische Behandlung und wäscht den Äther schließlich alkalifrei. Handelt es sich um ein Fett, so kann dasselbe in der Maschine zerhackt und direkt in methanolische Kalilauge eingelegt werden, worauf man das verseifte Material mit Wasser versetzt und die gebildete Oberschicht gründlich auswäscht.

Der ätherische Extrakt wird (nach dem Trocknen mit Natriumsulfat) völlig verdampft und sein in leichtem Benzin aufgenommener Trockenrückstand dreimal mit je 1 Volumen 85%igem Methylalkohol ausgeschüttelt. Man wäscht die abgehobene Oberschicht mit Wasser methanolfrei und gießt sie (nach dem Trocknen) auf eine Calcium-hydroxyd- oder Aluminiumoxydsäule. Beim reichlichen Nachspülen mit Benzin bilden sich die folgenden Farbschichten aus: Oben: Kryptoxanthin, Lycopin (wird verworfen), γ-Carotin, β-Carotin; unten: α-Carotin.

Nach dem Zerschneiden der Kolonne werden die einzelnen Säulenteile zerdrückt und in methanolhaltiges Benzin geworfen. Die Elution erfolgt sehr rasch; man saugt ab, wäscht nach, entfernt den Methanolgehalt mit Wasser und colorimetriert die getrocknete Farbstofflösung nach der bekannten Mikromethode von KUHN und BROCKMANN.

Oft ist das Verteilen zwischen Benzin und 85%igem Methylalkohol vor der Chromatographie entbehrlich. In diesem Falle zeigt das Chromatogramm ein verwickelteres Bild, indem die Polyenalkohole und -ketone die obersten Säulenteile besetzen. Beim Aufgießen von Benzin hat man es jedoch meist in der Hand, die beiden Farbstoffklassen räumlich so weit zu trennen, daß die als Provitamin unwirksamen Vertreter mit dem Messer leicht entfernt werden können. Zu beachten ist die Mittelstellung des Kryptoxanthins.

Wie bei allen chromatographischen Versuchen, ist auch hier die einwandfreie Identifizierung der individuellen Farbstoffschichten von ausschlaggebender Bedeutung. Hat man ein öfters zu verarbeitendes Rohmaterial in dieser Hinsicht einmal gründlich untersucht, z. B. die Farbstoffe in krystallinischer Form isoliert, so wird man bei allen weiteren Ansätzen über das Wesen der pigmenthaltigen Scheiben zuverlässig orientiert sein.

Ist dies nicht der Fall, so gibt die spektroskopische Messung gute, aber nicht endgültige Anhaltspunkte. Es ist wohl am einfachsten, die optischen Schwerpunkte in der bereits zur Verfügung stehenden Benzinendlösung zu ermitteln. Ein besonders schönes Hilfsmittel bietet die sog. Mischchromatographie: Man löst in der individuellen Polyenlösung jenes Carotinoid auf, mit welchem die Identifizierung vorgenommen werden soll und chromatographiert. Einheitlichkeit der Farbschicht bedeutet Identität, Zweiteilung Verschiedenheit. Dieses Verfahren ist der Bestimmung des Mischschmelzpunktes an die Seite zu stellen und erfordert in günstigen Fällen kaum mehr Substanz als jene altbewährte Identitätsprobe. Die Kontrolle versagt allerdings, wenn das Kryptoxanthin von seinem physiologisch unwirksamen Isomeren Rubixanthin $C_{40}H_{56}O$ (KUHN und GRUNDMANN) unterschieden werden soll, doch kommt das erwähnte Polyen nur selten vor."

---

[1] M. OTT: Forschungsdienst 1937, **4**, 13.

[2] L. ZECHMEISTER: Berichte über Vitamine. 5. Congrès internat. techn. et chim. des industries agricoles, Scheveningen 1937, Kongreßbericht S. 20f. — Vgl. L. ZECHMEISTER: Carotinoide, Berlin 1934. — L. ZECHMEISTER u. L. VON CHOLNOKY: Die chromatographische Adsorptionsmethode. Wien: Julius Springer 1937.

III. Sterine [1].

(Steroide.)

Die Sterine und eine Reihe anderer physiologisch hochaktiver Stoffe (,,Steroide") leiten sich von dem gleichen viergliedrigen Ring-Kohlenwasserstoff Cyclopentano-perhydro-phenanthren ab. Die chemischen Zusammenhänge dieser Substanzen sind aus der folgenden Gegenüberstellung zu erkennen:

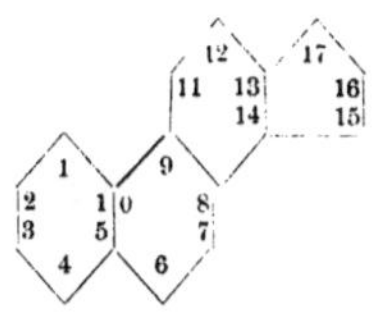

Cyclopentano-perhydro-phenanthren

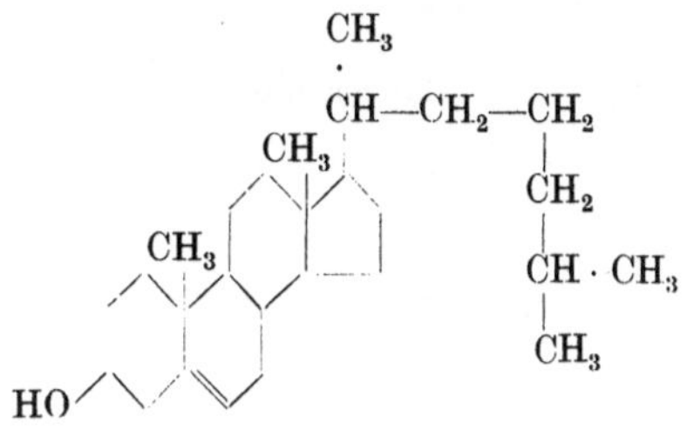

Cholesterin

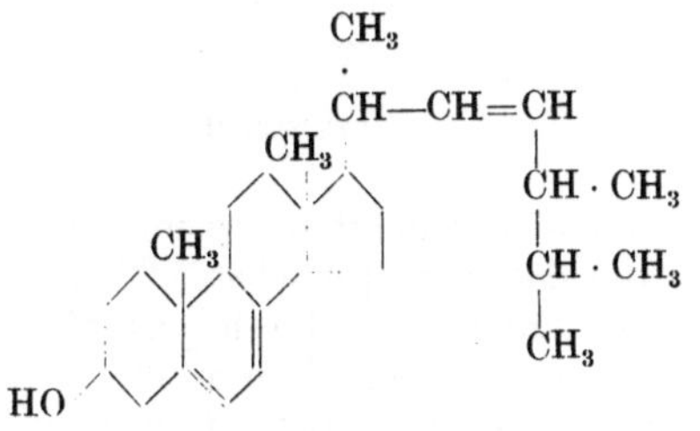

Ergosterin

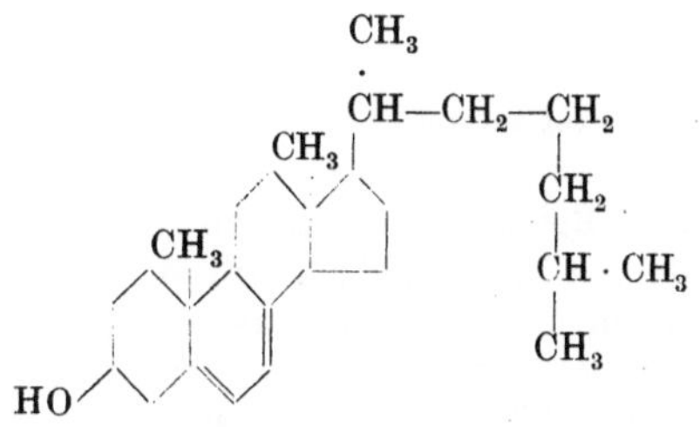

7-Dehydro-Cholesterin

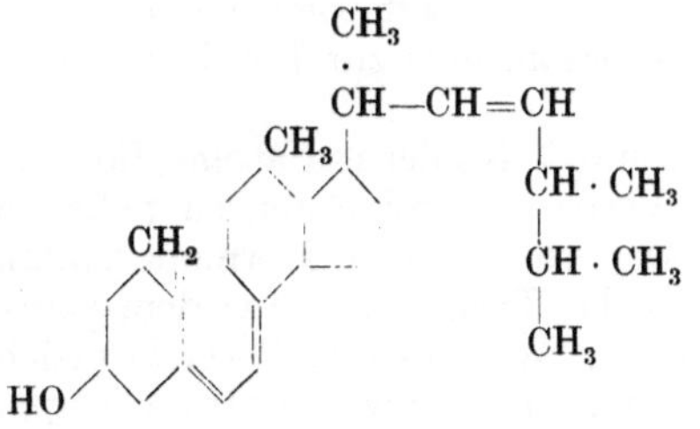

Vitamin D_2

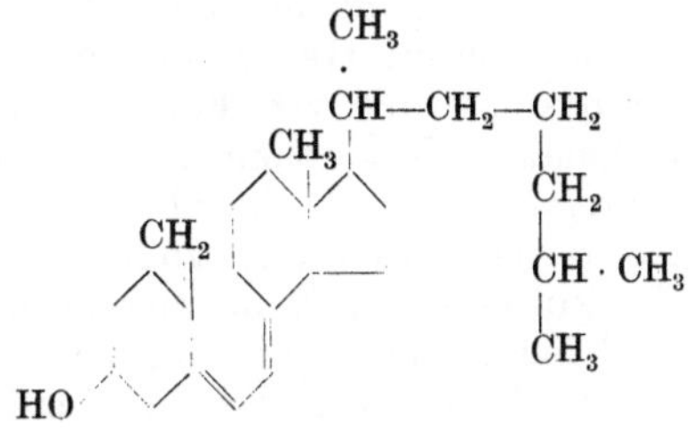

Vitamin D_3

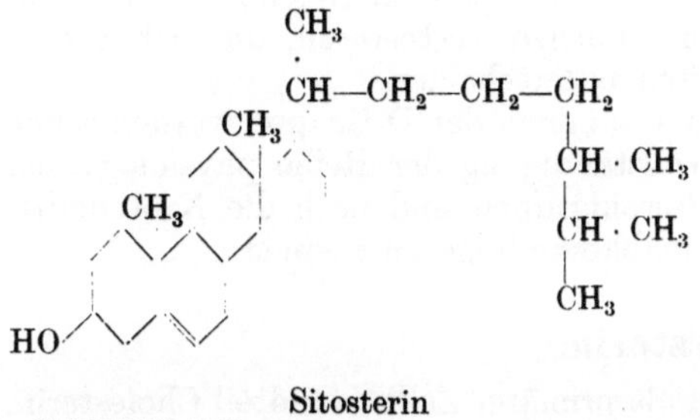

Sitosterin

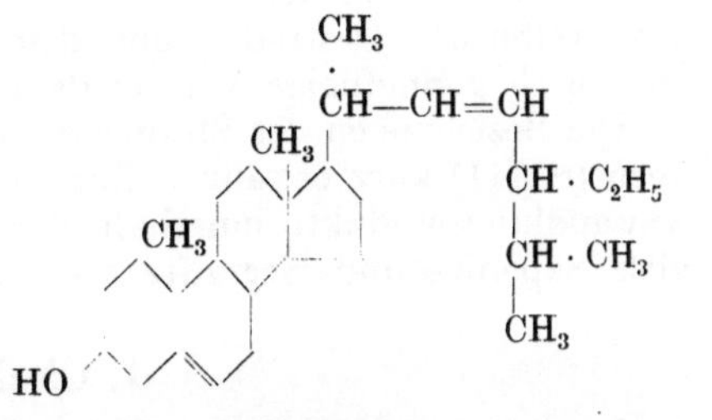

Stigmasterin

---

[1] Eine zusammenfassende Darstellung des Gebietes findet sich in der Monographie: Über Sterine, Gallensäuren und verwandte Naturstoffe" von H. LETTRÉ und H. H. INHOFFEN, mit einem Geleitwort von A. WINDAUS. Sammlung chemischer und chemisch-technischer Vorträge, herausgeg. von R. PUMMERER, Neue Folge, Heft 29. Stuttgart: Ferdinand Enke 1936.

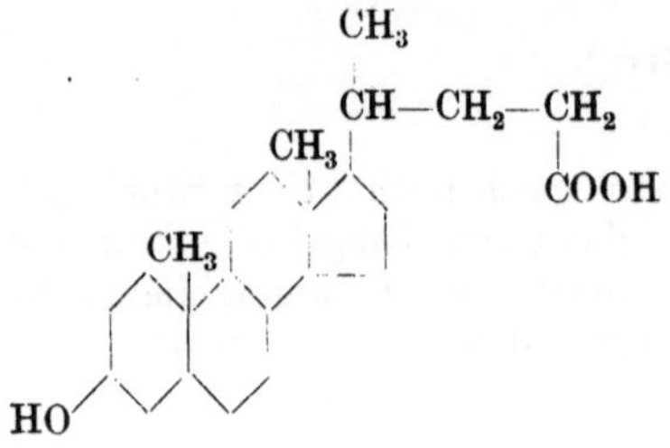

CH₃

CH—CH₂—CH₂

CH₃

COOH

CH₃

CH₃

HO

Typus einer Gallensäure

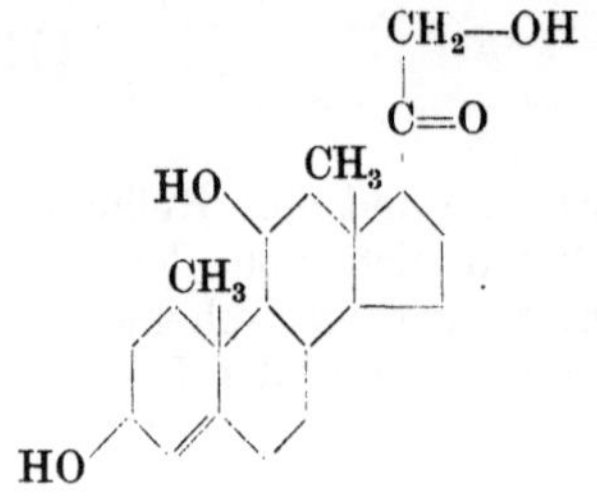

CH₂—OH

C=O

HO CH₃

CH₃

HO

Corticosteron

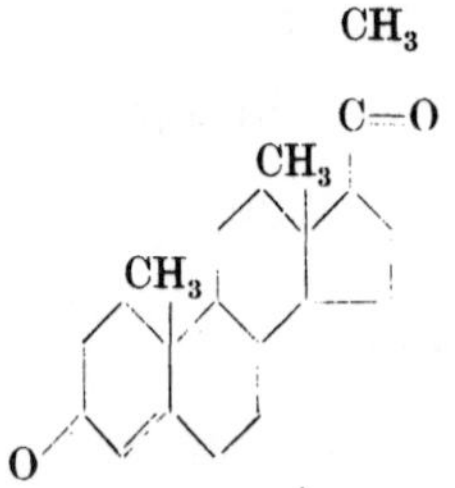

CH₃

C=O

CH₃

CH₃

O

Progesteron

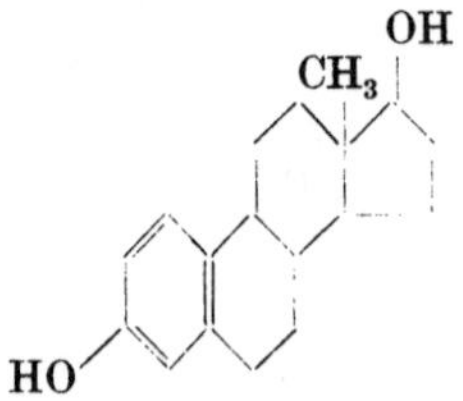

OH

CH₃

HO

Oestradiol

OH

CH₃

CH₃

O

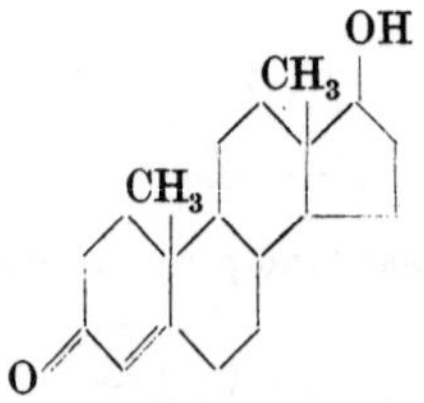

Testosteron

Am Beispiel der Sterine und der von ihnen abgeleiteten sterinähnlichen Stoffe, der „Steroide“, läßt sich besonders klar das Prinzip höchster Ökonomie erkennen, das die Natur bei diesen Wirkstoffen anwendet: Durch geringfügige chemische Veränderungen des Grundskelets werden hier Verbindungen von verschiedenster Wirkung geschaffen, von denen im folgenden (bzw. in der obigen Formelzusammenstellung) nur einige kurz erwähnt werden können.

Durch Verkürzung der Seitenkette um 3 Kohlenstoffatome entstehen aus dem Cholesterin die Gallensäuren, die im Organismus zur Emulgierung und Resorptionsförderung von Fetten dienen.

Nochmalige Verkürzung der Seitenkette um 3 Kohlenstoffatome führt zur sog. „Pregnangruppe“, die als wichtigste Vertreter zwei chemisch nahe verwandte, physiologisch aber völlig voneinander verschiedene Hormone umfaßt, das Corticosteron der Nebennierenrinde und das Progesteron aus dem Corpus luteum (Gelbkörper) der weiblichen Keimdrüse. Wie aus den Formeln ersichtlich, unterscheiden sich diese Verbindungen nur durch zwei Hydroxylgruppen voneinander.

Völliger Verlust der Seitenkette führt zu den polaren Sexualhormonen, dem weiblichen Oestradiol und dem männlichen Testosteron, die sich wieder nur durch geringfügige Verschiedenheiten unterscheiden.

Die Beziehungen der Sterine zu den Vitaminen der D-Gruppe wurden schon oben (S. 711) kurz erwähnt. Zur Vervollständigung der Reihe physiologischer Abwandlungsprodukte innerhalb der Steroidgruppe sind noch die Krötengifte, viele Saponine und Herzgifte als Sterinabkömmlinge zu nennen.

1. Cholesterin.

In allen tierischen Zellen findet sich als primärer Zellbestandteil Cholesterin, neben dem in manchen Fällen sein Hydrierungsprodukt Cholestanol als Begleiter des Organ-Cholesterins[1] gefunden wurde. Nach den Untersuchungen

[1] R. Schoenheimer, H. v. Behring, R. Hummel u. L. Schindel: Zeitschr. physiol. Chem. 1930, 192, 73. — I. H. Page u. E. Mueller: Zeitschr. physiol. Chem. 1932, 204, 13.

von A. WINDAUS ist das sog. Iso-Cholesterin aus dem Wollfett der Schafe kein echtes Sterin und auch die im älteren Schrifttum öfters genannten Verbindungen „Oxy-Cholesterin" und „Meta-Cholesterin" sind keine einheitlichen Substanzen bzw. keine primären Inhaltsstoffe tierischer Zellen[1] (vgl. auch S. 362).

Im lebenden Organismus findet sich Cholesterin teils in freier Form, teils als Ester gebunden. Im Gehirn ist nur freies Cholesterin zugegen, während im Blut, in der Haut, in der Nebenniere und in anderen Organen neben dem freien Cholesterin auch seine Ester mit Ölsäure und anderen Fettsäuren vorkommen (vgl. auch S. 364).

In der folgenden Tabelle 14 sind die Cholesteringehalte verschiedener Organe zusammengestellt. Hierbei ist zu berücksichtigen, daß die Zahlenwerte weitgehenden Schwankungen unterworfen sind und hauptsächlich vom Fettgehalt der betreffenden Organe abhängen. Während in einer normalen Niere 0,1% freies Cholesterin und 0,03% Cholesterinester enthalten sind, wurden in einer stark verfetteten Niere 0,74% Cholesterin und 1,05% Cholesterinester gefunden (WINDAUS).

Tabelle 14[2].

Hirn, weiße Substanz	2,5	Menschengalle (feucht)	0,06—0,16
„ Rinde	1,15	Sperma des Rheinlachses	2,2
Kleinhirn	1,3	Thymus (Kalb), trocken	0,53
Brücke und verlängertes Mark	4,0	Schilddrüse (Hammel), trocken	0,17
Nervus ischiadicus	5,6	Lunge (Kalb), trocken	1,1
Nervengewebe	1,1	Leber (Schwein), trocken	0,54
Kaninchen, Gesamttier (feucht)	0,117	Pankreas (Kalb), trocken	4,3
Hühnchen, Gesamttier (feucht)	0,527	Milz (Kalb), trocken	2,0
Niere (feucht)	0,24	Nebenniere (Hammel), trocken	0,67
Muskel (trocken)	0,23	Prostata (Stier), trocken	0,59
Retina des Ochsen (feucht)	0,65	Ovarium (Kuh), trocken	0,43
Frisches Fleisch (feucht)	0,076	Leber (Maus)	0,52—0,67

a) Nachweis. a) Farbreaktionen (vgl. S. 249).

Zur mikroskopischen Prüfung von Cholesterinkrystallen empfiehlt sich folgende Prüfung: Man fügt zu krystallisiertem Cholesterin auf dem Objektträger etwa 80%ige Schwefelsäure, dann färben sich die Krystalle zunächst carminrot, später violett. Wird dazu etwas Jodtinktur gesetzt, so zeigen die Krystalle nacheinander Färbungen in violett, blau, grün und rot.

Zu beachten ist bei allen Farbreaktionen, die durch Zusatz von konzentrierter Schwefelsäure hervorgerufen werden, daß bei Gegenwart von Bestandteilen in der Probe, die durch konzentrierte Schwefelsäure braun oder schwarz gefärbt werden, die eigentliche Farbreaktion gestört oder ganz verdeckt wird. Außerdem sind die genannten Farbreaktionen nicht für Cholesterin spezifisch, da auch andere Sterine und deren Derivate sowie viele andere hochmolekulare ungesättigte Alkohole, manche Harzsäuren und einige Terpene die Reaktionen liefern.

Liegen genügende Mengen des zu untersuchenden Materials vor, so wird eine Reindarstellung des Cholesterins und die Kennzeichnung durch die physikalischen Konstanten vorgenommen[3]. Zum Nachweis verwendet man folgendes Verfahren: Man löst die cholesterinhaltige Probe in möglichst wenig Äther und versetzt mit einer Brom-Eisessigmischung (5 g Brom in 100 g Eisessig) bis zur bleibenden Braunfärbung, worauf sich Cholesterindibromid in langen Nadeln vom Schmelzpunkt 122—125° ausscheidet[4]. Mit Lithiumchlorid in Pyridin

---

[1] G. BISCHOFF: Zeitschr. exper. Med. 1930, **70**, 83. — A. WINDAUS: Zeitschr. physiol. Chem. 1920, **109**, 183; 1921, **115**, 258.
[2] Nach H. LETTRÉ u. H. H. INHOFFEN: a. a. O.   [3] Vgl. Bd. I, S. 288f.
[4] A. WINDAUS: Chem.-Ztg. 1906, **30**, 1011; Ber. Dtsch. chem. Ges. 1906, **39**, 518; Zeitschr. physiol. Chem. 1921, **115**, 258. Vgl. S. 260.

entsteht eine krystallisierte, schwer lösliche Anlagerungsverbindung vom Schmelzpunkt 140°.

β) Fällung mit Digitonin (vgl. S. 253).

b) Die Bestimmung der Sterine wird am besten mittels des gravimetrischen Verfahrens der Digitonidfällung durchgeführt (vgl. S. 253). Für den Fall der Bestimmung des Ergosterins findet sich eine genaue Arbeitsvorschrift auf S. 743. Aus dem Gewichte des Digitonids berechnet man den Steringehalt durch Multiplikation mit dem Faktor 0,243.

α) Colorimetrische Verfahren. Cholesterin wird mit Digitonin gefällt, das Digitonid mit warmem Eisessig gespalten, das Digitonin mit Äther ausgefällt und Cholesterin in Chloroform aufgenommen. Die colorimetrische Bestimmung erfolgt in bekannter Weise nach LIEBERMANN-BURCHARD[1] (vgl. S. 249). Liegt das Cholesterin in gebundener Form vor, so ergibt die direkte Bestimmung mittels der genannten Reaktion Werte, die bis zu 25% zu hoch sind; daher Verseifung, Fällung mit Digitonin und weitere Behandlung wie oben[2]. Untere Erfassungsgrenze 0,5 mg.

β) Titrimetrisches Verfahren. Das durch Lösungsmittel extrahierte, nötigenfalls verseifte Cholesterin wird als Digitonid gefällt, der Zuckerrest des gereinigten Digitonides hydrolysiert und jodometrisch bestimmt[3].

γ) Bestimmung der Jodzahl. Die Jodzahlbestimmungsmethode von H. P. KAUFMANN (bromometrisches Verfahren, vgl. S. 108) liefert, auf Cholesterin angewandt, nur bei kürzerer Reaktionsdauer ($^1/_2$—$1^1/_2$ Stunden) konstante Werte. Bei längerer Dauer der Einwirkung (über 2 Stunden) treten Substitutionsreaktionen auf, wie aus der folgenden Tabelle hervorgeht[4].

Tabelle 15.
Theoretische Jodzahl von Cholesterin: 65,7. Werte nach H. P. KAUFMANN.

Stunden	$^1/_2$	1	$1^1/_2$	2	4	$6^1/_2$	10	15
Jodzahl gefunden	67	67,1	67,8	69,3	72,7	77	79,7	87,3

2. Ergosterin.

a) Nachweis durch Farbreaktionen. Ergosterin und die anderen Sterine der Pilze unterscheiden sich vom Cholesterin und den eigentlichen Phytosterinen der höheren Pflanzen durch die sog. umgekehrte

SALKOWSKISche Probe. Versetzt man die Chloroformlösung eines Pilzsterins mit konzentrierter Schwefelsäure, so färbt sich die Säure tiefrot, während die Chloroformschicht farblos bleibt.

TORTELLI-JAFFE-Reaktion[5]. Die ergosterinhaltige Probe wird in 10 ccm Chloroform gelöst und mit 1 ccm Eisessig und 2,5 ccm einer 10%igen Lösung von Brom in Chloroform versetzt. Die nach einigem Schütteln auftretende Grünfärbung gestattet etwa 1 mg Ergosterin neben 1 g Cholesterin oder Phytosterin nachzuweisen[6]. Die Reaktion tritt aber auch bei Seetierölen und den daraus durch Hydrierung gewonnenen Fetten auf (vgl. S. 581), ist sonach für

---

[1] Über die Bestimmung des Cholesterins im Blutserum vgl. W. KREBS: Klinische Colorimetrie mit dem PULFRICH-Photometer. Verlag: Carl Zeiß, Jena.

[2] M. YASUDA: Journ. Biochem. 1936, **24**, 429, 443. Vgl. W. M. SPERRY: Journ. Biol. Chem. 1937, **118**, 377. Siehe auch R. M. SMITH u. A. MARBLE: Journ. Biol. Chem. 1937, **117**, 673.

[3] F. RAPPAPORT u. R. KLAPHOLZ: Biochem. Zeitschr. 1933, **258**, 467; Z. 1936, **72**, 101. Vgl. auch E. C. H. J. NOYONS: Acta brevia neerland. Physiol. Pharmacol. Microbiol. 1937, **7**, 15 u. S. 266.   [4] W. TRAPPE: Biochem. Zeitschr. 1937, **296**, 174.

[5] M. TORTELLI u. E. JAFFE: Chem.-Ztg. 1915, **39**, 14.

[6] E. P. HÄUSSLER u. E. BRAUCHLI: Helv. chim. Acta 1929, **12**, 187.

Ergosterin nicht spezifisch. Dies wurde auch durch die Versuche von H. WIE-
LAND [1] bewiesen, der eine positive TORTELLI-JAFFE-Reaktion mit anderen
Sterinen der Hefe (z. B. Neosterin, Faecosterin, Ascosterin usw.) feststellte.

Reaktion nach ROSENHEIM-PAGE [2]. Eine Lösung von Ergosterin in Chloroform bzw. Dichloräthylen wird mit einer Lösung von 9 Teilen Trichloressigsäure und 1 Teil Wasser versetzt. Zunächst erfolgt Rotfärbung, die nach einiger
Zeit in Hellblau übergeht. Der Vorschlag von I. H. PAGE [3], diese Reaktion für
quantitative Bestimmungen zu verwenden, kann nicht empfohlen werden, da
die Farbintensität der Reaktion je nach der Art der Vorbehandlung der Probe
verschieden ist [4].

Auch die LIEBERMANN-BURCHARDsche Reaktion (vgl. S. 249), die für Zwecke
der quantitativen Bestimmung verwendet wurde [5], liefert hier keine einwandfreien Ergebnisse [4].

b) Ergosterinbestimmung in der Hefe. Nach den bisherigen Erfahrungen
über die Bestimmung des Ergosterins in Hefen vermag nur die absorptionsphotometrische Messung einwandfreie Ergebnisse in bezug auf den tatsächlichen Ergosteringehalt von Hefe-Steringemischen zu geben.

Der Komplex Ergosterin-Digitonid verhält sich bei der Ultraviolettabsorp-
tionsmessung in gleicher Weise wie das reine Ergosterin [6]. Da durch Digitonidfällung der Sterine eine weitgehende Trennung von Ballaststoffen erzielt wird,
kann die spektrographische Messung ohne weitere komplizierte Reinigungsverfahren durchgeführt werden.

Zur Ermittlung des Steringehaltes in der Hefe verfährt man praktisch in folgender Weise:
Die frisch abgenommenen feuchten Hefeproben werden in kleinen dünnwandigen Porzellan-
reibschalen mit einem Gewichtsteil Natriumsulfat (siccum) vermengt und so lange über einem
schwach siedenden Wasserbad unter Rühren behandelt, bis sich der gesamte Schaleninhalt
verflüssigt hat. Während der darauffolgenden Abkühlung und Erstarrung der hefehaltigen
Krystallmasse wird mittels eines Pistills zerrieben und dadurch ein trockenes homogenes
Pulver erzielt. Die Probe bleibt zwecks vollständiger Entwässerung 6—12 Stunden im
Vakuumexsiccator und wird vor der Verseifung nochmals zerrieben. Die hierbei verwendete
Hefemenge richtet sich nach dem Gesamtsteringehalt, der, bezogen auf Trockenhefe, rund
5—10 mg betragen soll. Gleichzeitig bestimmt man den Wassergehalt jeder Probe durch
Mikrotrockenbestimmung [7]. Getrocknete Hefen werden unter Zufügen von einem Gewichts-
teil Seesand und einem Teil Natriumsulfat (siccum) möglichst fein zerrieben und die Proben
bis zur Verseifung im Vakuumexsiccator belassen. Hefedauerpräparate erhält man durch
dünnschichtiges Aufstreichen von Feuchthefe auf Glasschalen und darauf folgendes scharfes
Trocknen im Vakuumexsiccator.

Nach quantitativer Einbringung in den Verseifungskolben wird mit 25 ccm 5%iger
alkoholischer Kalilauge während 30 Minuten unter ständigem Umschütteln des Kolbeninhaltes am Wasserbade behandelt. Die mit Wasser auf das vierfache Volumen verdünnte
Lösung schüttelt man fünfmal mit Petroläther (Fraktion unter 45°) aus. Für die erste Ausschüttlung werden 175 ccm, für die darauf folgenden 50 ccm des Extraktionsmittels verwendet. Allenfalls auftretende Emulsionen werden nach der ersten Ausschüttlung durch
Zufügen von 1—2 g Kochsalz zerstört. Man wäscht den Petrolätherextrakt dreimal mit
Wasser, trocknet mit Natriumsulfat und dampft das Lösungsmittel bei 80—90° ab. Die
letzten Petrolätherreste werden durch Abblasen im CO_2-Strom entfernt.

Die Extraktion der Gesamtsterine aus dem alkoholischen Verseifungsgemisch erfolgt
am besten mit niedrig siedendem Petroläther, wobei eine bessere Trennung der Schichten
erzielt wird; bei Anwendung von Äther als Extraktionsmittel und nachfolgendem dreimaligem
Waschen des Sterinextraktes mit Wasser werden in der Regel keine vollkommen reinen
Sterindigitonidprodukte erhalten.

---

[1] H. WIELAND u. M. ASANO: Liebigs Ann. 1929, **473**, 312. — H. WIELAND u. G. A. C.
GOUGH: Liebigs Ann. 1930, **482**, 39, 49.   [2] O. ROSENHEIM: Biochem. Journ. 1929, **23**, 47.
  [3] I. H. PAGE: Biochem. Zeitschr. 1930, **220**, 420.
  [4] F. BILGER, W. HALDEN u. M. K. ZACHERL: Mikrochemie 1934, **15**, 119.
  [5] A. HEIDUSCHKA u. H. LINDNER: Zeitschr. physiol. Chem. 1929, **181**, 15.
  [6] M. CASTILLE u. E. RUPPOL: Bull. Acad. Roy. Méd. Belg., Sitzungsber. vom 28. Januar
1933, S. 48—60.
  [7] F. BILGER, W. HALDEN u. M. K. ZACHERL: Mikrochemie 1934, **15**, 132.

Der vom Petroläther befreite Rückstand wird in 5—10 ccm absolutem Alkohol, entsprechend etwa 5—10 mg Gesamtsterin, aufgenommen und mit der gleichen Menge einer 1%igen Digitoninlösung (in absolutem Alkohol) versetzt. Durch Zusatz von Wasser, dessen Menge (1—2 ccm) dem zehnten Teil des Gesamtvolumens entspricht, erfolgt die Fällung der Sterindigitonide, die nach 24stündigem Stehen in einem Glasfrittenfilter Nr. 1 G 3/7 (Schott und Gen., Jena) gesammelt werden. Der Niederschlag wird mittels einer CAMINADE-schen Lösung (73 Teile Aceton, 18 Teile Wasser und 9 Teile absoluter Alkohol) gewaschen und im Vakuumexsiccator über Chlorcalcium bis zur Gewichtskonstanz getrocknet. Die auf diesem Wege erhaltenen Sterindigitonide werden in 25 ccm absolutem Alkohol aufgenommen und zur Ermittlung des prozentualen Ergosterinanteils spektrographisch untersucht.

Die absorptionsphotometrische Bestimmung wird am besten photographisch mit Vergleichsspektren und rotierendem Sektor durchgeführt[1]. Digitonin, dessen Grenzabsorption erst bei $\nu' = 3900$ mm^{-1} merklich zu werden beginnt, besitzt im Gebiete der beiden hohen Maxima von Ergosterin bei $\nu' = 3550$ und 3690 mm^{-1} keine nennenswerte Absorption. Da sich eine Kurve von reinem Ergosterindigitonid, das nach oben angeführter Fällung erhalten wird, im Gebiet der beiden Maxima vollkommen mit der reinen Ergosterinkurve deckt, ist die Gewähr für eine richtige Konzentrationsbestimmung durch Messung der Höhe dieser Maxima gegeben. Zweckmäßig bestimmt man den spezifischen Extinktionskoeffizienten k im ersten Bandenmaximum bei $\nu' = 3550$ mm^{-1}, dessen maximaler molarer Extinktionskoeffizient für reines Ergosterin bzw. Ergosterindigitonid $\varepsilon = 10250$ bzw. $\log \varepsilon = 4,01$ beträgt.

Nach der LAMBERTschen Formel ergibt sich der spezifische Extinktionskoeffizient k aus der gemessenen Extinktion E und der Schichtdicke d zu:

$$k = \frac{E}{d},$$

nach der LAMBERT-BEERschen Formel der spezifische molekulare Extinktionskoeffizient ε zu:

$$\varepsilon = \frac{E}{c \cdot d}.$$

Die molekulare Konzentration c ergibt sich aus beiden Formeln zu

$$c = \frac{k}{\varepsilon}.$$

Die Fehlergrenze beträgt entsprechend der Genauigkeit der Extinktionsmessung ± 2 bis $\pm 5\%$. Aus der so erhaltenen Konzentration c (Mole im Liter) von Ergosterin läßt sich bei Kenntnis der Sterindigitonid-Einwaage (meist von der Größenordnung von 1 g im Liter) der Prozentgehalt Ergosterin in den Sterindigitoniden und weiterhin bei Kenntnis des Gehaltes der getrockneten Hefe an mit Digitonin fällbaren Sterinen der Prozentgehalt an Ergosterin der Trockenhefe errechnen. Die Haltbarkeit der untersuchten Lösungen bei Aufbewahrung im Dunkeln ist sehr gut, eine Kontrollösung von Ergosterindigitonid zeigte für den maximalen Extinktionskoeffizienten nach 4 Monaten den gleichen Wert[2].

c) **Quantitative Beziehungen bei der biologischen Ergosterinbildung.** Durch die Wahl geeigneter Bedingungen kann die Fett- und Lipoidbildung in Hefezellen zur Hauptreaktion gestaltet werden. Hierdurch sind auch die Grundlagen für eine quantitative Beurteilung dieses Vorganges geschaffen, bei dem die Steigerung des Gesamtfettgehaltes im Maximum den etwa 20fachen Wert, die Erhöhung des Steringehaltes den rund 60fachen Betrag der ursprünglichen Lipoidwerte erreicht. Derartige Anreicherungen erzielt man mit wäßrigen

---

[1] Vgl. M. PESTEMER u. E. MAYER-PITSCH: Monatsh. Chem. 1937, **70**, 261. Siehe auch M. PESTEMER u. G. SCHMIDT: Monatsh. Chem. 1936, **69**, 399 bzw. Sitzungsber. Akad. Wiss. Wien (IIb) 1936, **145**, 1069.

[2] F. BILGER, W. HALDEN, E. MAYER-PITSCH u. M. PESTEMER: Monatsh. Chem. 1937, **70**, 262.

Suspensionen untergäriger Brauereihefe, die auf porösen Unterlagen durch Entwässerung auf den optimalen Feuchtigkeitsgehalt gebracht und mit Luft-Alkoholgemischen behandelt werden[1]. Durch den Wasserentzug erfolgt unter den angegebenen Bedingungen die Auslösung und Steuerung des Vorganges der Lipoidbildung, bei dem das Stickstoffgleichgewicht in den Hefezellen keine Störung erfährt, wenn der Wassergehalt der Kulturen nicht unter 73% absinkt[2]. Aus diesen Versuchen geht hervor, daß Äthylalkohol als Baustein für die biologische Synthese der Hefelipoide anzusehen ist und daß gültige Beziehungen zwischen der Trockengewichts- und der Lipoidzunahme sowie zwischen Gesamtlipoid- und Sterinanreicherung bestehen. Im Laufe des Anreicherungsvorganges verringert sich der prozentuale Anteil des Ergosterins im Gesamtsteringemisch; lipoidreiche Hefen enthalten im Maximum 4—5% Ergosterin[3].

Von besonderem Interesse ist die Feststellung, daß im Unverseifbaren des Hefefettes (19,6%) neben 3,3% Gesamtsterinen eine erhebliche Menge (16,3%) des Kohlenwasserstoffes Squalen gefunden wurde[4].

3. Provitamine und Vitamine D.

Aus Gründen der Übersichtlichkeit sollen die wichtigsten Eigenschaften der bisher beschriebenen Provitamine und Vitamine der D-Gruppe tabellarisch angeordnet werden.

Tabelle 16.

Angabe	Ergosterin[5]	7-Dehydro-Cholesterin[6]
Formel	$C_{28}H_{44}O$	$C_{27}H_{44}O$
Schmelzpunkt	163°. Aus Alkohol mit 1 Mol. Krystallwasser, aus wasserfreien Lösungsmitteln ohne Krystallwasser	142—143°
Acetatschmelzpunkt	173°	130°
Optische Drehung	$[\alpha]_D = -132°$ in Chloroform	Stark linksdrehend
Absorptionsspektrum	charakteristische Banden bei bei 260, 269, 281, 293 mμ	Entsprechend demjenigen des Ergosterins
Farbreaktionen	Nachweis und Bestimmung s. S. 742	—
U.V.-Bestrahlung	Photochemische Reihe der Bestrahlungsprodukte: Lumisterin ↓ Tachysterin ↓ Vitamin D_2 ↙ ↓ ↘ Suprasterin I / Suprasterin II ↓ Toxisterin	Bestrahlungsprodukt: Vitamin D_3. Dieses wurde aus Thunfischleberöl[7], aus Heilbuttleberöl[8] sowie aus Bluefin Thune-Leberöl[9] gewonnen (Als Vitamin D_1 bezeichnet man ein Gemisch gleicher Teile von Lumisterin und Vitamin D_2)

[1] W. HALDEN, F. BILGER u. R. KUNZE: Naturwiss. 1933, 21, 660. — W. HALDEN: Zeitschr. physiol. Chem. 1934, 225, 249. — W. HALDEN: U. 1935, 42, 29.

[2] M. SOBOTKA, W. HALDEN u. F. BILGER: Zeitschr. physiol. Chem. 1935, 234, 1.

[3] F. BILGER, W. HALDEN, E. MAYER-PITSCH u. M. PESTEMER: a. a. O.

[4] K. TÄUFEL, H. THALER, H. SCHREYEGG: Z. 1936, 72, 394; U. 1936, 43, 26.

[5] Ausführliche Angaben siehe bei H. LETTRÉ u. H. H. INHOFFEN: Über Sterine, Gallensäuren usw. Stuttgart 1936.

[6] A. WINDAUS, H. LETTRÉ u. F. SCHENCK: Liebigs Ann. 1935, 520, 98.

[7] H. BROCKMANN: Zeitschr. physiol. Chem. 1936, 241, 104.

[8] H. BROCKMANN: Zeitschr. physiol. Chem. 1936, 245, 96.

[9] H. BROCKMANN u. A. BUSSE: Zeitschr. physiol. Chem. 1937, 249, 176.

Tabelle 17.

Angabe	Vitamin D_2 aus Ergosterin[1] (Calciferol)	Vitamin D_3 aus 7-Dehydro-Cholesterin[2]
Formel	$C_{28}H_{44}O$	$C_{27}H_{44}O$
Löslichkeit	Äther, Chloroform, Essigester und Benzol lösen leicht, ebenso Petroläther und Alkohol, etwas schwerer Methanol. 1 Teil Vitamin D ist bei $+7^0$ in 14 Teilen Aceton löslich	
Schmelzpunkt.	$115—117^0$	$82—84^0$
Optische Drehung . . .	$[\alpha]_D^{20}$ in Alkohol: $+103^0$; in Benzin: $+35,3^0$	$[\alpha]_D^{20} = +83,3^0$
Absorptionsmaximum . .	Bei 265 mμ	Bei 265 mμ
Wirksamkeit	Antirachitische Grenzdosis an der Ratte: 0,03 γ; 1 mg D_2 = 40000 I.E.	Entsprechend D_2 sind 0,025 D_3 = 1 I.E. (Rattenversuch.) An Kücken zeigt D_3 stärkere Wirkung
Giftgrenzwert	An der Maus: 60—100 γ	Verträgliche Grenzdosis an der Maus entsprechend derjenigen von D_2

Vitamin D wird von Digitonin nicht gefällt. Zur Abscheidung des Vitamins aus dem rohen Bestrahlungsprodukt eignet sich der 3,5-Dinitrobenzoesäureester, dargestellt durch Umsetzung des Vitamins mit Dinitrobenzoylchlorid in Pyridin; hierbei gibt Vitamin D_2 dunkelgelbe Prismen vom Schmelzpunkt $148—149^0$ aus Aceton oder Chloroformalkohol[3].

Im tierischen Organismus können beide Arten von Provitaminen zugegen sein, und zwar Ergosterin aus der pflanzlichen Nahrung, die übrigen Provitamine durch Synthese im Tierkörper oder durch Abbau körpereigener Cholesterine. Der geringe Gehalt an antirachitischem Vitamin in der Kuhmilch kann dadurch erhöht werden, daß man der Kuh bestrahltes Futter (Hefe) verabreicht oder dadurch, daß man die Milch selbst bestrahlt. Im ersten Falle wird durch Zufuhr von antirachitischem Pflanzenvitamin der Gehalt der Milch an D_2 erhöht, im zweiten Falle steigert man den Gehalt der Milch an antirachitischem Tiervitamin D_3. Ähnlich kann man den Vitamin D-Gehalt von Eiern künstlich erhöhen.

a) Künstlich dargestellte Provitamine D.

Tabelle 18.

22-Dihydro-Ergosterin[4]	7-Dehydro-Sitosterin[5]	7-Dehydro-Stigmasterin[6]
$C_{28}H_{46}O$	$C_{29}H_{48}O$	$C_{29}H_{46}O$
Schmelzpunkt $152—153^0$	Schmelzpunkt $144—145^0$	Schmelzpunkt 154^0
$[\alpha]_D^{19} = -109^0$ (in Chloroform)	Optische Drehung: $[\alpha]_D^{21} = -116^0$ (in Chloroform)	$[\alpha]_D^{20} = -113,5^0$ (in Benzol)
Absorptionsspektrum 250—310 mμ	Absorptionsspektrum 250—310 mμ	Absorptionsspektrum fast gleich demjenigen des Ergosterins

[1] A. WINDAUS, LINSERT, LÜTTRINGHAUS u. WEIDLICH: Liebigs Ann. 1932, **492**, 226.

[2] A. WINDAUS, H. LETTRÉ u. F. SCHENCK: Liebigs Ann. 1935, **520**, 98. — A. WINDAUS, F. SCHENCK u. F. v. WERDER: Zeitschr. physiol. Chem. 1936, **241**, 100. — F. SCHENCK: Naturwiss. 1937, **25**, 159.

[3] A. WINDAUS, LINSERT, LÜTTRINGHAUS u. WEIDLICH: Liebigs Ann. 1932, **492**, 226.

[4] A. WINDAUS u. R. LANGER: Liebigs Ann. 1933, **508**, 105.

[5] W. WUNDERLICH: Zeitschr. physiol. Chem. 1936, **241**, 116.

[6] O. LINSERT: Zeitschr. physiol. Chem. 1936, **241**, 125.

Tabelle 18 (Fortsetzung).

22-Dihydro-Ergosterin[1]	7-Dehydro-Sitosterin[2]	7-Dehydro-Stigmasterin[3]
Farbreaktionen entsprechend denen des Ergosterins	Ausgangsprodukt für die Darstellung: ein aus Sojaöl gewonnenes, vom Stigmasterin befreites, wiederholt umkrystallisiertes Phytosterin, Schmelzpunkt 132°	Farbreaktionen: Erhitzen mit Chloralhydrat gibt Blaufärbung. Die Chloroformlösung gibt mit Antimontrichlorid Rotfärbung, die nach einigem Stehen in Blau übergeht
Bestrahlungsprodukt[4] Vitamin D_4 Schmelzpunkt 107—108° $[\alpha]_D^{18} = + 89{,}3°$ (in Aceton) Abs.-Maximum bei 265 mμ 1 mg Vitamin D_4 (Ratte): 20—30000 I.E.[4] antirachitische Grenzdosis (Kücken): etwa 1 γ	Rohbestrahlungsprodukt zeigt beim Schutzversuch an rachitischen Ratten ein Vierzigstel der Wirksamkeit eines in gleicher Weise bestrahlten Ergosterins	Das Bestrahlungsprodukt ist antirachitisch nur schwach oder gar nicht wirksam

Tabelle 19. Beispiele für Provitamin D-Gehalte einiger tierischer Organe[5].

Rinderhirn	0,016%	Rehhaut	0,16%
Kalbslunge	0,025%	Kuhhaut	0,18%
Kalbsherz	0,032%	Kalbshaut	0,68%
Rehhirn	0,033%	Mäusehaut	0,87%
Kuhmilz	0,045%	Wildschweinhaut	1,6 %
Kalbsbries	0,07 %	Rattenhaut	1,5 bzw. 2,4 %
Kuhplacenta	0,18 %	Schweinehaut	
Rinderpankreas	0,18 %	(„Schwarte")	2,9; 4,6; 5,03; 5,9 %

Das in der Schweineschwarte vorhandene Provitamin wurde nach den Angaben von A. WINDAUS und O. STANGE[6] durch Adsorption und nachfolgende fraktionierte Elution isoliert und als 7-Dehydro-cholesterin gekennzeichnet (3,5-Dinitrobenzoat, Schmelzpunkt 214°; Acetatschmelzpunkt 130°).

Der höchste Gehalt an Provitamin findet sich beim tierischen Organismus in der Haut, wo durch Sonnenbestrahlung die Aktivierung zum antirachitischen Vitamin erfolgt[7]. An Hühner verfüttertes Ergosterin wird in kleinen Mengen resorbiert und in den Eiern wieder ausgeschieden[8].

b) Vitamin D.

α) **Isolierung von antirachitischen Vitaminen aus Naturstoffen, wie Thunfisch-, Heilbutt-, Bluefin-Thune-Leberölen[9].** Die Vitamin D-haltigen Fraktionen werden zunächst einer Entmischung mit einem wasserlöslichen und einem wasserunlöslichen Solvens unterworfen. Dann erfolgt die chromatographische Adsorption[10] in einem wasserunlöslichen Lösungsmittel wie Benzin, Benzol,

---

[1] Siehe Anm. 4, S. 746. [2] Siehe Anm. 5, S. 746. [3] Siehe Anm. 6, S. 746.

[4] A. WINDAUS u. G. TRAUTMANN: Zeitschr. physiol. Chem. 1937, **247**, 185.

[5] Durch Messung der Ultraviolettabsorption bestimmt von A. WINDAUS und F. BOCK: Zeitschr. physiol. Chem. 1937, **245**, 168.

[6] A. WINDAUS u. O. STANGE: Über das Provitamin des Eiersterins. Zeitschr. physiol. Chem. 1936, **244**, 218.

[7] R. SCHOENHEYDER u. H. DAM: Zeitschr. physiol. Chem. 1932, **211**, 241. — W. MENSCHICK u. I. H. PAGE: Zeitschr. physiol. Chem. 1932, **211**, 246.

[8] A. WINDAUS u. O. STANGE: Zeitschr. physiol. Chem. 1936, **244**, 218.

[9] H. BROCKMANN: Zeitschr. physiol. Chem. 1936, **241**, 104. DRP. 659882 vom 31. Mai 1936, ausg. 17. Mai 1938 (übertragen an I. G. Farbenindustrie A.-G.). — H. BROCKMANN u. A. BUSSE: Zeitschr. physiol. Chem. 1937, **249**, 176.

[10] Vgl. L. ZECHMEISTER u. L. v. CHOLNOKY: Die chromatographische Adsorptionsmethode, 2. Aufl. Wien: Julius Springer 1938.

Schwefelkohlenstoff oder dgl. Zur Erkennung der D-haltigen Schicht nimmt man die Adsorption in Gegenwart eines Farbstoffes vor, dessen Adsorptionseigenschaften mit denjenigen des Vitamins übereinstimmen, z. B. mit Sudan III. Das Herauslösen aus der Adsorptionssäule geschieht mit wasserlöslichen organischen Lösungsmitteln, z. B. Methanol, Äthanol, allenfalls in Mischung mit wasserunlöslichen Solventien. Schließlich wird das vom Farbstoff befreite Vitamin D mit 3,5-Dinitrobenzoylchlorid verestert, erneut chromatographiert und eluiert. Etwa vorhandenes Cholesterin wird durch Fällung mit Digitonin oder Ausfrieren entfernt. Die Verseifung erfolgt mit alkoholischer Kalilauge, worauf das freigelegte Vitamin mit Äther oder Petroläther ausgezogen wird. Sein Absorptionsspektrum ist gleich demjenigen des durch Bestrahlung von Ergosterin hergestellten Vitamin D_2. Im Rattenschutzversuch sind 0,05 γ, im Hühnchentest 0,2 γ antirachitisch voll wirksam. Zur quantitativen Bestimmung sind außer den schon in Bd. II, S. 1505 und 1547 ausführlich beschriebenen biologischen Verfahren kürzlich die beiden folgenden colorimetrischen Methoden vorgeschlagen worden.

β) **Nachweis und chemische Bestimmung von Vitamin D**[1]. H. BROCKMANN und YUN HWANG CHEN[2] benutzen eine Farbreaktion[3], die von Vitamin D_2, D_3 und Tachysterin gegeben wird und bei Abwesenheit von Alkohol mit Antimontrichlorid in Chloroform eine scharfe Absorptionsbande bei 500 mμ zeigt. Vitamin A stört nur, wenn seine Konzentration 6mal höher ist als die des Vitamin D; Cholesterylen bedingt erst in Mengen, die 12mal höher sind als die Vitamin D-Konzentration merkliche Störungen. Einen noch geringeren Einfluß haben Cholesterin, Sitosterin, Ergosterin, 7-Dehydro-Cholesterin, Lumisterin, Suprasterin I und II, sowie Iso-Pyrovitamin, die alle erst bei 40- bis 400fachen Mengen, verglichen mit denjenigen des Vitamin D, stören.

1. Reaktionen von Sterinen und Sterinderivaten mit Antimontrichlorid. Man verwendet kalt gesättigte Lösungen von Antimontrichlorid in trockenem, alkoholfreiem Chloroform. Die Lösungen, die überschüssiges Antimontrichlorid enthalten, sind bei völligem Ausschluß von Feuchtigkeit und Alkohol längere Zeit verwendbar. Zur Ausführung der Reaktion werden 0,2 ccm der zu prüfenden Lösung mit 4 ccm Antimontrichloridlösung versetzt. In der folgenden Tabelle sind die im Verlauf von 10—15 Minuten auftretenden Farben und Absorptionsbanden vermerkt. Die Messung der Schwerpunkte

Tabelle 20. Zur Vitamin D-Bestimmung nach H. BROCKMANN[4].

Name	Farbe der Reaktionslösung	Lage der Absorptionsbande mμ	Stört in der n-fachen Menge $n =$	Bemerkungen
Cholesterin	gelb	500	80	Lösung zuerst farblos, später rotviolett; Banden bei 550, 500 mμ
Sitosterin	„	500	80	Lösung später violett
Ergosterin	rot[5]	550	85	Nach kurzer Zeit erscheint 2. Bande bei 500 mμ
7-Dehydro-cholesterin	„	550	50	
Lumisterin	„	495	30	
Suprasterin I	gelb	Endabsorption	40	
Suprasterin II . . .	,,	„	200	
„Isopyrovitamin“ . .	„	„	400	

---

[1] Zur biologischen Vitamin D-Bestimmung vgl. Bd. II, S. 1505f. u. 1547.
[2] H. BROCKMANN u. YUN HWANG CHEN: Zeitschr. physiol. Chem. 1936, **241**, 129.
[3] Vgl. Vitamin A, Reaktion von CARR-PRICE. [4] Nach H. BROCKMANN: a. a. O., S. 133.
[5] Bei Gegenwart von kleinen Alkoholmengen ist die Lösung blauviolett.

erfolgte mit einem Spektroskop mit Glasprisma. Die Zahlenangaben in der 4. Spalte geben den auf Vitamin D_2 bezogenen Überschuß an, in welchem die betreffende Substanz die quantitative Bestimmung von Vitamin D stört.

H. Brockmann gibt folgende Vorschrift:

„Eichung des Colorimeters. Man stellt eine Reihe von Vitaminlösungen her, die in 0,2 ccm Mengen von 0,02—0,4 mg krystallisiertem Vitamin D_2 enthalten. Zu 0,2 ccm jeder Lösung werden 4 ccm einer kalt gesättigten Lösung von Antimontrichlorid in reinstem Chloroform gesetzt. Nachdem die Reaktionslösung in den Keil des Colorimeters gefüllt ist, wird genau 10 Minuten nach Zusatz des Antimontrichlorids die Schichtdicke so eingestellt, daß die Bande eben zu erkennen ist. Die Einstellung wird, wie schon erwähnt, genauer durch Benutzung eines Vergleichsspektrums und Abblendung des Spektrums bis auf schmale Teile zu beiden Seiten der Bande. Bei der Eichung und den Messungen muß die Spaltöffnung selbstverständlich konstant gehalten werden. Als Vitaminkonzentration haben wir in der Eichkurve die Menge D-Vitamin aufgetragen, die in der gesamten Reaktionslösung vorhanden ist. Die Zeit von 10 Minuten muß eingehalten werden, weil erst dann die Bande ihre größte Extinktion zeigt und nach längerer Zeit die Banden der Begleitstoffe so stark werden können, daß die Bestimmung gestört wird.

Bestimmung von Vitamin D. Eine Menge Substanz, die zwischen 0,04 und 0,4 mg Vitamin enthalten soll, wird auf der Mikrowaage abgewogen (feste Substanzen in, Öle an einem Schmelzpunktsröhrchen), in 0,2 ccm Chloroform gelöst und mit 4 ccm Reagenslösung versetzt. Nachdem die Reaktionslösung in den Colorimeterkeil eingefüllt worden ist, erfolgt die Einstellung der Schichtdicke so, wie es bei der Eichung beschrieben ist. Gleichzeitig wird kontrolliert, ob die Bande bei 500 mµ liegt. Aus der abgelesenen Schichtdicke wird an Hand der Eichkurve die Menge des Vitamins in der gesamten Reaktionslösung ermittelt und daraus der Vitamingehalt der Einwaage berechnet. Die zu prüfende Substanz muß absolut frei von Alkohol sein.“

Über die Anwendbarkeit dieser Reaktion äußern sich E. H. Reerink und J. van Niekerk [1] folgendermaßen:

„Die Grenze der Empfindlichkeit liegt bei 0,02 mg, das ist 800 I.E.; diese Menge muß in 0,2 ccm Chloroform aufgelöst werden, so daß die untere Grenze der Wirksamkeit eines Präparates, das gemessen werden muß, bei 4000 I.E. je Gramm liegt. Sterine stören bei einer 50—80fachen Menge, so daß wohl in den meisten Fällen, in welchen es sich um natürliche Vitamin D enthaltende Substanzen handelt, der Bestimmung mindestens eine Verseifung und Entfernung der Sterine aus dem Unverseifbaren vorangehen muß.

Dann stört jedoch noch das Vitamin A, und zwar nach Brockmanns Angabe berechnet, eine Menge von 150 I.E. Vitamin A auf eine Menge von 800 I.E. Vitamin D. Daher muß der Bestimmung in diesen Fällen auch noch eine Entfernung des Vitamin A vorangehen. Dies kann man mit der sog. chromatographischen Adsorptionsmethode erreichen, wenn man über hinlängliche Mengen verfügt, die dabei unvermeidlichen Vitamin D-Verluste auf relativ kleine Mengen beschränken zu können. Es scheint uns sehr fraglich, ob sich dies z. B. bei Routinebestimmungen von Lebertran leicht erreichen lassen wird.

Bei der Untersuchung von Präparaten von künstlichem Vitamin D wird diese Störung durch Vitamin A im allgemeinen nicht eintreten und sind die Bedingungen mithin günstiger; jedoch hat man dort die Schwierigkeit zu berücksichtigen, daß eines der Nebenprodukte, nämlich das Tachysterin, genau dieselbe Reaktion ergibt. Eine Bestimmung des Vitamins D ergibt dann also immer die Summe von Vitamin und Tachysterin und da das Verhältnis dieser Stoffe stark von dem Bestrahlungsverfahren abhängt, ergibt auch in diesen Fällen die Bestimmung nach Brockmann keine eindeutigen Resultate.“

---

[1] E. H. Reerink u. J. van Niekerk: Bericht der Konferenz für Lebensmittelchemie, abgehalten von der Niederländischen chemischen Gesellschaft und der Niederländischen Gesellschaft für Pharmazie in Amsterdam am 22. April 1938 unter dem Vorsitz von Prof. Dr. B. C. P. Jansen: Zeitschr. Vitaminforsch. 1938, 7, 269.

L. W. WOLFF hat die quantitative Bestimmung mittels des Stufenphotometers (ZEISS) oder spektrophotographisch vorgenommen und darüber wie folgt berichtet [1]:

„Die SbCl$_3$-Lösung muß 24 Stunden nach der Herstellung stehen: sie ist nur etwa 1 Woche haltbar. (Für die CARR- und PRICEsche Reaktion für Vitamin A sind alle diese Vorsichtsmaßnahmen nicht nötig.) Es wird im Stufenphotometer mit Filter S 50 gemessen; man mißt, bis eine Maximumfarbe eingetreten ist, was meistens in 10—15 Minuten nach der Mischung geschieht (man fügt 0,25 ccm Lösung und 5 ccm Reagens zusammen). Die Reaktion wird auf den unverseifbaren Teil ausgeführt; die zu untersuchende Lösung muß wenigstens rund 20 γ Calciferol (= 800 I.E.) für 1 ccm enthalten.

Man kann die Absorption auch spektrophotographisch bei 500 mμ messen; wir fanden für Calciferol eine $E_{1\,\mathrm{cm}}^{1\%}$-Absorption von 31,4; in dem Stufenphotometer mit Filter S 50 einen Faktor 30,1.

Nachstehend folgen einige Werte, die wir von Präparaten erhielten, die auch mittels des Tierversuchs untersucht wurden:

Tabelle 21.

Bestrahltes Ergosterin	Tierversuch	BROCKMANN-Versuch	Verhältnis
D 34	66 000	79 000	1,18
D 37	60 000	55 700	0,93
D 38	37 000	49 000	1,32
D 39	42 000	59 000	1,41
D 40	52 000	56 000	1,07
D 41	72 000	62 000	0,86
D 44	45 000	61 000	1,35
D 45	45 000	61 800	1,35
D 46	60 000	77 400	1,29
Durchschnittlich			1,19

Immer wurde eine gleichzeitige Kontrolle mit reinem Calciferol vorgenommen. In der letzten Zeit hat EMMERIE versucht, in Präparaten, die sowohl Vitamin A als D enthalten, die Reaktion nach Trennung von Vitamin A und D auszuführen.

Die Trennung von Vitamin A und Vitamin D$_2$ wurde mit Montanaerde ausgeführt. Diese reagiert mit Vitamin A unter Blaufärbung der Erde (z. B. in Petroläther und Benzollösung); bei hinreichender Hinzufügung der Erde ergibt die restierende Lösung keine CARR- und PRICE-Reaktion für Vitamin A mehr. Es zeigte sich, daß reines Calziferol in Petroläther auch adsorbiert wird, jedoch nicht oder wenig in Benzol. Die Trennung wird in der Weise ausgeführt, daß das Präparat, das Vitamin A und D$_2$ enthält, verseift und die unverseifbare Fraktion in reinem Benzol aufgelöst und durch eine TSWETT-Säule von Montanaerde filtriert, mit Benzol nachgewaschen, im Vakuum eingedampft und in reinem Chloroform aufgenommen und schließlich mit der BROCKMANNschen Reaktion bestimmt wird.

Es ist sehr wichtig, die Erde vorher quantitativ mit Lösungen von reinem Calciferol zu prüfen, weil die Adsorption von dem Feuchtigkeitsgrad der Erde abhängt; dieselbe Montanaerde reagiert nach 5 Stunden Erhitzung auf 120° auch mit Vitamin D$_2$ mit einer orangegelben Farbe. Mit Präparaten, welche etwa 50000 I.E. Vitamin D$_2$ auf 1 ccm enthalten, wird das Vitamin D$_2$ nach Filtration durch eine Säule von Montanaerde nahezu quantitativ zurückgefunden.‘‘

2. Farbreaktion mit Aluminiumchlorid und Pyrogallol [2]. Liegt Vitamin D in reinem Zustand oder in gelöster Form (absoluter Alkohol, Benzol, Petroläther, Chloroform) vor, so kann die Reaktion ohne weitere Vorbereitung ausgeführt werden. Ist dagegen das Vitamin in Öl oder Fett gelöst, so muß eine Verseifung und eine Abtrennung der unverseifbaren Bestandteile mittels Petroläther vorangehen. Aus den mit wasserfreiem Natriumsulfat sorgfältig

[1] L. W. WOLFF: Zeitschr. Vitaminforsch. 1938, **7**, 277. Vgl. A. EMMERIE u. M. VAN EEKELEN: Acta Brevia Neerland. 1936, VI, No. 9/10.

[2] W. HALDEN u. H. TZONI: Nature 1936, **137**, 209. — W. HALDEN: Naturwiss. 1936, **24**, 296. — H. TZONI: Biochem. Zeitschr. 1936, **287**, 18.

getrockneten Petrolätherauszügen wird das Lösungsmittel bei vermindertem Druck unter Durchleiten von Kohlendioxyd abdestilliert. Der Rückstand wird im Vakuum über Schwefelsäure getrocknet und für die Bestimmung in absolutem Alkohol, Benzol, Chloroform oder Petroläther gelöst. Ungeeignet als Lösungsmittel sind Aceton, Acetaldehyd, Methylalkohol, Trichloräthylen. Geringe Beimengungen von Sterinen stören die Reaktion nicht. Größere Mengen werden mit 1%iger Digitoninlösung gefällt, die Sterindigitonide abfiltriert und mit Caminadelösung (vgl. bei Ergosterin S. 744) gewaschen. Das Filtrat versetzt man mit dem gleichen Volumen einer 10%igen Kochsalzlösung und schüttelt das Vitamin D mit Petroläther aus. Auch andere reaktionsfähige Stoffe, wie Carotinoide und Vitamin A müssen vor der Bestimmung quantitativ entfernt werden.

Ausführung. Die Vitamin D-haltige Lösung wird im trockenen Reagensrohr mit 5—10 Tropfen einer 0,1%igen Lösung von Pyrogallol in absolutem Alkohol versetzt und im schwach siedenden Wasserbad (Becherglas) bis auf ein Volumen von wenigen Zehnteln Kubikzentimeter eingeengt; dann fügt man 2—4 Tropfen einer frisch bereiteten, 10%igen Lösung von wasserfreiem Aluminiumchlorid („zur Synthese", E. MERCK) in absolutem Alkohol hinzu und erhitzt im siedenden Wasserbad, worauf nach wenigen Sekunden eine tief violette Färbung auftritt, die nach etwa 4 Minuten ihre höchste Intensität erreicht. Zur colorimetrischen Bestimmung wird in absolutem Alkohol aufgenommen. Cholesterin, Ergosterin, Lumisterin geben unter den genannten Bedingungen keine Färbung; Suprasterin II zeigt die Reaktion bedeutend schwächer als Vitamin D.

γ) **Einheiten der Vitamin D-Wirkung.** Eine internationale Vitamin D-Einheit ist die D-Wirksamkeit von 1 mg der internationalen Standardlösung, in ihrer antirachitischen Wirkung entsprechend 0,025 γ krystallisiertem Vitamin D. Somit ist 1 mg krystallisiertes D gleich 40000 I.E. (vgl. Bd. II, S. 1547).

Über Vorkommen, Bedarf, Physiologie des Vitamin D vgl. Bd. I, S. 820f. (A. SCHEUNERT).

Tabelle 22.

Vitamin D-Gehalt in Naturprodukten.

Gegenstand	Internationale Einheiten in 1 g
Heilbuttleberöl.	2000—4000
Dorschleberöl	60—300
Lachs.	2—8
Eidotter.	1,5—5
Butter	0,2—4
Käse	0,3
Rindsleber.	0,5
Schafsleber	0,2
Hühnerleber.	0,6
Sahne.	0,5
Milch	0—0,1 (im Mittel 0,02)
Muscheln, Austern	0,05
Speisepilze (nach A. SCHEUNERT):	
Lorchel.	1,25
Steinpilz, Pfifferling	0,8
Agaricus (Psalliota) campestris,	
im Freien gewachsen	0,6
im Dunkeln gewachsen	0,2
Luzernenklee, in der Sonne getrocknet	0,3

4. Sterine des Weizenkeimöles.

Aus dem Unverseifbaren des Weizenkeimöles wurde kürzlich eine Reihe bisher unbekannter, schön krystallisierender, sterinähnlicher Verbindungen („Tritisterine") isoliert, deren Menge etwa 0,0004% des Weizenkeimextraktes beträgt[1]. Die Farbreaktionen der Tritisterine sind von denen der übrigen Sterine verschieden, so zeigt α-Tritisterin (Schmelzpunkt 114—115°) „in Chloroformlösung mit einigen Tropfen Essigsäureanhydrid und einem Tropfen Schwefelsäure

---

[1] P. KARRER und Mitarbeiter: Helv. chim. Acta 1937, **20**, 424.

versetzt, eine rasch von Gelb in Blutrot und dann mehr in Bräunlich übergehende Färbung. β-Tritisterin erzeugt mit dem Reagens eine gelbe Lösung, die nicht rot, sondern nach einiger Zeit schmutzig braun wird". (Vgl. LIEBERMANNsche Reaktion, S. 249.) Bei der SALKOWSKISCHEN Reaktion (Chloroformlösung mit Schwefelsäure von der Dichte 1,76) tritt beim Schütteln zunächst kaum eine Färbung ein, erst später färben sich beide Schichten schwach gelb, nach einigen Stunden wird die Schwefelsäureschicht rubinrot, die Chloroformschicht dagegen undurchsichtig mit einem violetten Schimmer.

IV. Vitamine E.

Durch die jüngsten Ergebnisse auf dem Gebiete der Vitamin E-Forschung ist eine enge Beziehung dieser Wirkstoffe zu dem aus Isoprenelementen aufgebauten Phytol sichergestellt. Damit ist ein weiteres Beispiel für das von A. BUTENANDT[1] aufgezeigte „Ökonomieprinzip" in der Natur gefunden. Hiernach „können Stoffe mit den unterschiedlichsten physiologischen Aufgaben chemisch miteinander auf das nächste verwandt sein", wie wir es oben bei der großen Gruppe der Steroide gesehen haben.

Als Vitamin E-wirksame Stoffe wurden die sog. Tocopherole erkannt[2], die sich durch Einleiten von Cyansäure (Cyanursäure) in die Lösung des Unverseifbaren von Weizenkeimöl und anderen lipoidhaltigen Naturprodukten als gut krystallisierende Allophanate abscheiden lassen.

Mit Hilfe dieses Verfahrens konnten drei verschiedene E-Vitamine als α-Tocopherol, β-Tocopherol und γ-Tocopherol gekennzeichnet werden[3]. Gemische dieser Stoffe finden sich vor allem in den Keimlingsölen der Getreidearten[4] und im Unverseifbaren verschiedener pflanzlicher und tierischer Organe.

Das in früheren Arbeiten als selbständiges chemisches Individuum angenommene Cumo- (Neo-) Tocopherol[5] hat sich als identisch mit β-Tocopherol erwiesen[6]. Beim Erhitzen auf 350° liefert α-Tocopherol als Spaltprodukt Durohydrochinon[7]; aus β-Tocopherol entsteht unter denselben Bedingungen Pseudocumolhydrochinon[8].

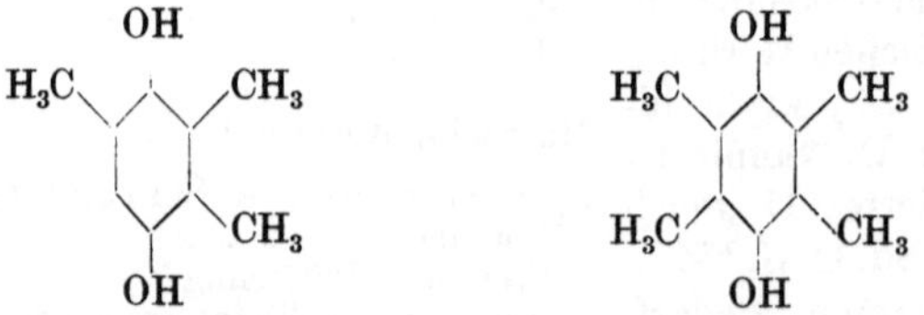

Pseudocumol-hydrochinon

Duro-hydrochinon

[1] A. BUTENANDT: Angew. Chem. 1938, **51**, 617.

[2] H. M. EVANS, O. M. EMERSON u. G. A. EMERSON: Journ. Biol. Chem. 1936, **113**, 319.

[3] O. H. EMERSON, G. A. EMERSON, A. MOHAMMAD u. H. M. EVANS: Journ. Biol. Chem. 1937, **122**, 97.

[4] A. R. TODD, F. BERGEL, H. WALDMANN u. T. S. WORK: Nature 1937, **140**, 361. — Biochem. Journ. 1937, **31**, 2257. — J. C. DRUMMOND u. A. A. HOOVER: Biochem. Journ. 1937, **31**, 1852. — W. JOHN: Zeitschr. physiol. Chem. 1937, **250**, 11.

[5] P. KARRER, H. SALOMON u. H. FRITZSCHE: Helv. chim. Acta 1937, **20**, 1422.

[6] W. JOHN: Zeitschr. physiol. Chem. 1938, **252**, 201. — P. KARRER und Mitarbeiter: Helv. chim. Acta 1938, **21**, 309. — O. H. EMERSON: Journ. Amer. Chem. Soc. 1938, **60**, 1741.

[7] E. FERNHOLZ: Journ. Amer. Chem. Soc. 1937, **59**, 1154.

[8] W. JOHN: Zeitschr. physiol. Chem. 1937, **250**, 11. Siehe auch W. JOHN, E. DIETZEL u. PH. GUENTHER: Zeitschr. physiol. Chem. 1938, **252**, 208. Ferner zur Konstitution von α-Tocopherol W. JOHN: Zeitschr. physiol. Chem. 1938, **252**, 222.

Nach neuesten Untersuchungen[1] besitzt das α-Tocopherol die Konstitution eines substituierten 2, 5, 7, 8-Tetramethyl-6-oxychromans:

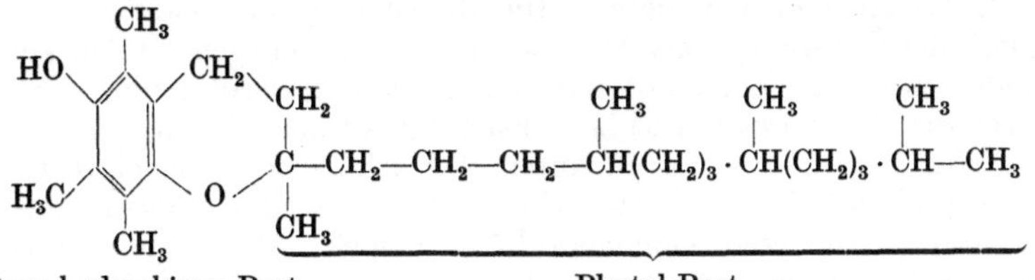

$$\text{HO} \quad \overset{\text{CH}_3}{\underset{\text{H}_3\text{C}}{\bigcirc}} \quad \overset{\text{CH}_2}{\text{CH}_2} \quad \overset{\text{CH}_3}{\text{C}} - \text{CH}_2 - \text{CH}_2 - \text{CH}_2 - \overset{\text{CH}_3}{\text{CH}(\text{CH}_2)_3} \cdot \overset{\text{CH}_3}{\text{CH}(\text{CH}_2)_3} \cdot \overset{\text{CH}_3}{\text{CH}} - \text{CH}_3$$

Duro-hydrochinon-Rest   Phytol-Rest

Vitamin E (α-Tocopherol) $C_{29}H_{50}O_2$

β-Tocopherol (und γ-Tocopherol?) sind nächstniedere Homologe[2] mit der Summenformel $C_{28}H_{48}O_2$. Es gelingt auch durch Kondensation von Trimethylhydrochinon mit Phytylbromid eine Verbindung synthetisch zu erhalten, die im Absorptionsspektrum und im starken Reduktionsvermögen gegen neutrale Silbernitratlösung mit α-Tocopherol übereinstimmt[3]. Über andere synthetisch gewonnene Stoffe mit Vitamin E-Wirksamkeit berichten W. JOHN und PH. GUENTHER[4] und kommen hierbei zu dem Ergebnis, ,,daß die Zahl der als Antisterilitätsfaktoren möglichen Stoffe außerordentlich groß sein wird oder mit anderen Worten, daß die Spezifität des Vitamin E erstaunlich gering ist''.

Tabelle 23. Einige Eigenschaften von Tocopherolen.

Angabe	α-	β-	γ-
Summenformel	$C_{29}H_{50}O_2$	$C_{28}H_{48}O_2$	$C_{28}H_{48}O_2$
Schmelzpunkt des Allophanats	159—160⁰ (synthetisch: 172⁰)	146—147⁰	135—136⁰
Optische Drehung des Allophanats		$[\alpha]_D^{25} = + 5{,}7^0$ $[\alpha]_D^{18} = + 6{,}7^0$ (in Chloroform)	
U.V.-Absorption: Minimum		248—265 mμ	
Maximum	290—300 mμ	275—289 mμ	
Geringste wirksame Tagesdosis (Ratte)	3 mg (synthetisch: 6 mg)	8 mg	3 mg

Tocopherole sind kräftige Inhibitole (Antioxydantien[5], vgl. S. 292), aber meist nur im freien Zustand; einfache Ester der Tocopherole zeigen wohl Vitamin E-Wirksamkeit, aber keine antioxygene Wirkung. Die Allophanate dagegen haben Inhibitoleigenschaften, die denen der freien Tocopherole nur wenig nachstehen[6]. Diese Wirkungen beruhen auf dem Reduktionsvermögen der Tocopherole, die neutrale Silbernitratlösung in der Kälte nach kurzem Stehen, in der Hitze sofort reduzieren.

Die Reduktion von Goldchloridlösungen durch Tocopherole wurde zur Grundlage einer elektrometrischen Titrationsmethode gewählt[7], bei

[1] P. KARRER und Mitarbeiter: Helv. chim. Acta 1938, 21, 309, 520, 820. — E. FERNHOLZ: Journ. Amer. Chem. Soc. 1938, 60, 700. — W. JOHN, E. DIETZEL, PH. GUENTHER u. W. EMTE: Naturwiss. 1938, 26, 366.   [2] O. H. EMERSON: Journ. Amer. Chem. Soc. 1938, 60, 1741.

[3] P. KARRER, H. FRITZSCHE, B. H. RINGIER u. H. SALOMON: Helv. chim. Acta 1938, 21, 520, 820. Siehe auch BERGEL, JACOB, TODD u. WORK: Nature 1938, 141, 646.

[4] W. JOHN u. PH. GUENTHER: Zeitschr. physiol. Chem. 1938, 254, 51.

[5] H. S. OLCOTT u. H. A. MATTILL: Journ. Amer. Chem. Soc. 1936, 58, 1627.

[6] H. S. OLCOTT u. O. H. EMERSON: Journ. Amer. Chem. Soc. 1937, 59, 1008.

[7] P. KARRER, R. ESCHER, H. FRITZSCHE, H. KELLER, B. H. RINGIER u. H. SALOMON: Helv. chim. Acta 1938, 21, 939, 1161.

der 3 Mole Tocopherol 2 Molen Goldchlorid entsprechen. Hierbei sind jedoch Carotin und andere Carotinoide auszuschließen, die unter gleichen Bedingungen ebenfalls Goldsalzlösung reduzieren. Im allgemeinen sind zwar im unverseifbaren Anteil der Öle weniger als 0,001% Carotinoide zugegen, so daß kein meßbarer Fehler entsteht. Bei Kopfsalat muß aber der Carotinoidgehalt im Unverseifbaren des Öles (etwa 0,3%) berücksichtigt werden. Die potentiometrische Titration wird im unverseifbaren Anteil der äther- oder petrolätherlöslichen Extrakte aus pflanzlichen oder tierischen Ausgangsstoffen vorgenommen. Die Tocopherolester reduzieren Goldchloridlösung nicht, demnach müssen beim Vorliegen von Estern die Titrationswerte verschieden ausfallen, je nachdem ob die Bestimmung im ursprünglichen Öl oder im Unverseifbaren durchgeführt wird. In der folgenden Tabelle 24 sind die Ergebnisse von Tocopherolbestimmungen in verschiedenen natürlichen Produkten zusammengestellt[1].

Tabelle 24. Tocopherolgehalte.

	Ursprüngliches Material (Öl) %	Unverseifbares %
Weizenkeime	0,03	—
Weizenkeimöl. . . .	0,52	13,4 (nach Abtrennung eines Teiles der Sterine)
Maiskeime	0,016	—
Maiskeimöl	—	10,2 (nach Abtrennung eines Teiles der Sterine)
Kopfsalat, getrocknet	0,055	4,3[2]
Leinöl	0,023	2,34
Olivenöl	0,008	0,94
Sesamöl	0,005	0,63
Cocosöl.	0,003	0,55

Für den biologischen Vergleich von Vitamin E-haltigen Präparaten wird die sog. relative Wirksamkeit angegeben, die man erhält, wenn man 100 durch die tägliche prophylaktische Dosis (ausgedrückt in Grammen) dividiert, die das Auftreten von Sterilität verhindert. Diese Zahl ergibt also die in 100 g eines Vitamin E-haltigen Materials enthaltenen „täglichen" Schutzeinheiten.

In der folgenden Tabelle 25 sind die auf Grund biologischer Prüfungen erhaltenen Vitamin E-Werte zusammengestellt.

Tabelle 25. Vitamin E-Gehalte, biologisch geprüft.

Relative Wirksamkeit	Samenöle (Cerealien)	Gemüse, Obst	Tierische Organe	Verschiedenes
1330	Weizenkeimöl, Baumwollsamenöl			
400	Weizenkeime (getrocknet)	Gemüse (getrocknet)		
160				Alfalfaheu (Luzernenklee)
100		Erdnuß (roh)		
25—100			Placenta, Hypophysenvorderlappen	
50		Brunnenkresse		
40		Gemüse (grün), Salat (grün)		
25		Erbsen		
20			Muskulatur (Rind), Pankreas, Milz	Schweinefett Eidotter
10			Leber (Rind)	
3		Bananen		
0—20				Hefe

---

[1] Nach P. KARRER u. H. KELLER: Helv. chim. Acta 1938, **21**, 1163.
[2] Nach Abtrennung der Hauptmenge der Sterine und Berücksichtigung des „Carotinoidfehlers" von 0,3%.

Ausführliche Angaben über Vorkommen, Physiologie und biologische Prüfung des Vitamin E vgl. Bd. I, S. 855f. und Bd. II, S. 1515f. bzw. 1548 (A. SCHEUNERT und M. SCHIEBLICH). — CHR. BOMSKOW: Methodik der Vitaminforschung. Leipzig: Georg Thieme 1935. Siehe auch W. KRAFT: LL-Schriftenreihe 2. Dresden: Müllersche Verlagshandlung 1937.

F. VERZAR: Zeitschr. Vitaminforsch. 1932, 1, 116. — L. SCHIOPPA: Zeitschr. Vitaminforsch. 1935, 4, 81, 162, 167; 1936, 5, 22, 241. Methodisches zur Isolierung der Tocopherole siehe: Die chromatographische Adsorptionsmethode von L. ZECHMEISTER und L. v. CHOLNOKY, 2. Aufl. Wien: Julius Springer 1938.

V. Lipovitamine und Provitamine im Unverseifbaren der natürlichen Fette.

Tabelle 26.

Vitamin A	Provitamin A (Carotin)	Vitamin D	Provitamin D	Vitamin E
		(*** reichlich; *mäßiger Gehalt)		

Vorkommen:

Vitamin A	Provitamin A (Carotin)	Vitamin D	Provitamin D	Vitamin E
…ur in tierischem …tt, z. B. Milch- …d Butterfett, vor-…egend in Leber-…en von Seefischen: …orsch, Makrele, …unfisch, Heilbutt …a. In anderen …erfetten nach …ßgabe des Fut-ers. Eieröl: **	In pflanzlichen und tierischen Fetten (im Milchfett aus Nahrungscarotin). Reichster Carotingehalt: rotes Palmöl; wechselnd in Erdnuß-, Cocosnuß-, Sojabohnenöl, Oliven-, Mais-, Leinsamenöl; Baumwollsamen- und Kakaofett (?)	Milch bestrahlt: *** pasteurisiert: * Rahm und Butter: * bis ** Wechselnder Gehalt in manchen Pflanzenölen, z. B. Maisöl, Erdnuß-, Cocosnuß-, Olivenöl Reichlich in Leberölen (wie A)	Milch, roh: * bis ** desgl. „ Eieröl: **	Milch, roh: * bestrahlt: — Rahm und Butter: * Erdnußöl, Cocosnuß-, Oliven-, Sojabohnenöl, Leinsamen-, Mais- und Palmöl: * Keimöle der Getreidearten: ***

Eigenschaften. Verhalten beim Erhitzen:

Vitamin A	Provitamin A (Carotin)	Vitamin D	Provitamin D	Vitamin E
…i Abwesenheit von Luft (Sauerstoff) …itgehend beständig; 4stündiges Erhitzen …f 120° schädigt A-Wirkung von Butter-…t bei Abwesenheit von Sauerstoff nicht …rklich; dagegen wird beim Erhitzen auf …—100° bei gleichzeitiger Durchlüftung …ch 4 Stunden ein erheblicher Teil, nach …Stunden der gesamte Vitamin A-Gehalt …nichtet. Auf 200° erhitzter Lebertran …gt nach 2 Stunden Wirkungsminderung, …ch 4 Stunden weitgehende Zerstörung, …300° rasche Zerstörung. Vitamin A in …zer Lösung ist sterilisierbar, wird bei …mperaturen über 100° sehr rasch zer-…rt, daher unzersetzt nur im Hoch-…kuum unter 0,001 mm destillierbar	Unter Luftabschluß bis 115° beständig; beim Erhitzen auf 180° nach 4 Stunden zerstört, auf 200° rasch zerstört	Längeres Erhitzen auf höhere Temperatur führt zu Zersetzung. Im Hochvakuum bei etwa 250° unzersetzt destillierbar Empfindlichkeit gegen O_2 weit geringer als die von Vitamin A. So bleibt die antirachitische Wirksamkeit von Lebertran beim 12stündigen Erhitzen auf 100° bei gleichzeitiger Durchlüftung zum Teil erhalten Beim Trocknen an der Luft rasche Wirkungsabnahme		In kaltgepreßtem Weizenkeimöl wenig empfindlich gegen O_2. Erhitzen bis 250° schadet nicht. Im Hochvakuum unzersetzt destillierbar. Zerstörung erfolgt durch Stoffe, die beim Ranzigwerden der Fette entstehen. Reines Vitamin E wird durch Oxydationsmittel rasch zerstört

In der Praxis des Haushaltes entsteht keine erhebliche Einbuße der Vitaminwirksamkeit der fettlöslichen Faktoren beim Ausschmelzen, Bräunen, Braten und Backen. Beim Erhitzen von geschmolzener Butter in offener Pfanne auf 160—200° während $^1/_2$ Stunde erfolgt eine Wertverminderung, aber keine Vernichtung des Vitamin A-Gehaltes (A. SCHEUNERT). Überhaupt sind ganz allgemein die Vitamine im Verbande der natürlichen Lebensmittel weniger empfindlich gegen äußere Einflüsse als im reinen Zustand.

VI. Wirkung verschiedener äußerer Einflüsse auf fettlösliche Vitamine.

Tabelle 27.

	Vitamin A	Vitamin D	Vitamin E
Verhalten gegenüber Alkalien	Beständig	Weitgehend beständig	Beständig
„ „ Säuren	(Sehr) empfindlich		
„ gegen Bestrahlung	Empfindlich	Empfindlich	Empfindlich
„ „ Adsorbentien	Carotinoide (Vita-	Adsorption erfolgt mit Aluminium-	
Über das Verhalten von Fettfarb-	min A) werden ad-	oxyd oder Aluminiumhydroxyd	
stoffen gegenüber Aluminium-	sorbiert von: MgO,	Infolge ihrer hohen Adsorptionsaffini-	
oxyd und Clarit vgl. H. THALER:	$CaCO_3$, $Ca(OH)_2$,	tät dürften die fettlöslichen Vitamine	
U., 1937, 44, 41.	Aluminiumoxyd	von allen in der Technik verwendeten	
	(Fasertonerde),	Adsorptionsmitteln zurückgehalten	
	Talkum	werden. Siehe auch H. SCHMALFUSS:	
		U. 1937, 44, 292.	

Neuere Arbeiten über die Praxis der fettlöslichen Vitamine:

A. SCHEUNERT, M. SCHIEBLICH u. J. RESCHKE: Über den Vitamin D-Gehalt einiger eßbarer Pilze. Zeitschr. physiol. Chem. 1935, 235, 91. — Vitamin A-Gehalt von Mehl und Brot. Biochem. Zeitschr. 1937, 290, 400. — A. SCHEUNERT: Vitamingehalt der Seefische. Deutsch. Fischerei-Rundschau 1937, Heft 15. — Vitamin A-Gehalt der Süßlupine. Tierernährung 1937, 9, 242—245. — Volksernährungsfragen der Gegenwart und ihre experimentelle Beantwortung. Forschungsdienst 1937, 3, 519—530. — Wichtige Vitaminträger der täglichen Kost. Med. Klinik 1938, Nr. 2, S. 5. — Strukturwandlung der deutschen Volksernährung und Vitaminversorgung. Vorratspflege u. Lebensmittelforsch. 1938, 1, 129—134. — K. H. WAGNER u. L. SEBER: Über den Vitamin A-Gehalt des Keimöles aus den Samen von Theobroma cacao LINN. Tierernährung 1938, 10, 261—264. — F. KROKER: Der Einfluß des Kochens, der Hitzekonservierung und der Trocknung auf den Vitamingehalt von Obst und Gemüse. Forschungsdienst 1938, 6; Vitamin A: S. 107—108; Vitamin D: S. 109; Vitamin E: S. 110.

VII. Vitamin K.

α) **Kennzeichnung der K-Avitaminose.** Bei Sterinbilanzversuchen an jungen Hühnern wurde erstmalig von H. DAM im Jahre 1928 das Auftreten von Blutungen und Verzögerungen der Blutgerinnung beobachtet, die durch Zufuhr bestimmter Nahrungsmittel geheilt werden konnten. Die Blutungen treten am häufigsten unter der Haut, am Hals und an den Flügeln oder intramuskulär an den Beinen auf. Im weiteren Verlauf zeigen sich auch Blutaustritte (Hämorrhagien) im Muskelmagen. Die K-Avitaminose wurde vor allem bei manchen Geflügelarten (vorwiegend Hühner, Enten, Gänse) beobachtet. Sie entwickelt sich bei K-Mangelkost nach 10—30 Tagen. Nach H. DAM besteht eine solche Nahrung z. B. aus folgenden Bestandteilen:

Zu einem solchen Gemisch werden noch etwa 2% Dorschlebertran hinzugefügt. Der Faktor C ist unnötig, da Zufütterung von Ascorbinsäure unwirksam bleibt.

Schweineleber, mit Äther extrahiert	15%
Getrocknete Hefe	12%
Rohrzucker	71%
Salzgemisch	2%
	100%

Zur Heilung der nach längerer Verabreichung von K-Mangelkost auftretenden Krankheitserscheinungen erwiesen sich verschiedene Gemüsearten, Getreide und insbesondere Schweineleber als geeignet. Zur Prüfung der Wirksamkeiten verschiedener K-haltiger Produkte dient die von F. SCHOENHEYDER[1] ausgearbeitete

Kurative Bestimmungsmethode. Man bestimmt diejenige Menge, die für 1 g Körpergewicht an drei aufeinanderfolgenden Tagen verabreicht werden

---

[1] H. DAM u. F. SCHOENHEYDER: Biochem. Journ. 1936, 30, 890, 897. — H. DAM u. L. LEWIS: Biochem. Journ. 1937, 31, 17. — H. DAM u. J. GLAVIND: Biochem. Journ. 1938, 32, 1018. Siehe auch H. DAM: Angew. Chem. 1937, 50, 807.

muß, um das Gerinnungsvermögen des Blutes eines K-avitaminotischen Hühnchens wieder auf den Normalwert zu bringen („Heiltest"). Diese Menge dient gleichzeitig als **Einheit** der Vitamin K-Wirkung. Die Bestimmung kann jedoch auch nach dem präventiven Verfahren erfolgen („Schutzversuch"), wobei jene Menge auf 100 g Nahrung ermittelt wird, die ausreicht, um die Krankheit (Blutungsneigung) zu unterdrücken[1].

β) **Vorkommen.** In der Tabelle sind die nach der kurativen Methode bestimmten K-Einheiten in verschiedenen natürlichen Produkten vermerkt.

Tabelle 28[2].

Trockensubstanz	K-Einheiten für 1 g	Trockensubstanz	K-Einheiten für 1 g
I. Pflanzliche Rohstoffe, grüne Blätter von:		**Einfluß der Keimung bei Erbsen:**	
Kastanie	800	Vor der Aussaat	14
Spinat	550		
Blumenkohl	400	**Nach 16 Tagen, im Licht gewachsen:**	
Kohlarten	400		
Nesselarten	400	Pflanze samt Wurzel	300
Alfalfa (Luzernenklee)	200—400	Samenanteil	35
Grasarten	200		
Tanne	200	**Nach 16 Tagen, im Dunkeln gewachsen:**	
Rottanne	120		
Etiolierte Blätter von:		Pflanze samt Wurzel	70
Kohl (innere)	100	Samenanteil	25
Erbsen (mit Stiel, im Dunkeln gewachsen)	70	**Wurzel- und Knollengewächse:**	
Blüten von:		Karotten	10
		Kartoffeln	unter 10
Blumenkohl	70		
Sonnenblume	20	**Niedere Pflanzen:**	
Früchte von:		Seetangarten	130—170
Tomaten, unreif, grün	100	Moose	etwa 50
„ reif, rot	50	Flechten	„ 30
Hagebutten	40	Pilze	„ 10
Erdbeeren, reif	15		
Samen von:		**II. Tierische Produkte[3]:**	
Hanf	40	Fett aus Schweineleber	400
Sojabohne	25	Schweineleber	50—100
Erbse	14	Käse (alt)	50
Sonnenblume	10	Fleisch- oder Fischmehl	3
Weizen (Kleie)	10	Hühnerleber	3
Hafer	unter 10	Ganzes Huhn, normal ernährt	8
Mais	„ 5	Hühnereier, nach reichlicher	
Weizen (Korn oder Keim)	„ 5	Fütterung von Luzernenklee	10

Bei der Prüfung auf K-Wirksamkeit muß beachtet werden, daß sich die betreffenden Produkte nicht im Fäulniszustand befinden, da Vitamin K durch Mikroorganismen (Fäulnisbakterien) gebildet werden kann; daher findet es sich auch in Exkrementen von Säugern und Vögeln[4].

γ) **Vitamin-K-Standard**[5]. Ausgewähltes Spinattrockenpulver in Tablettenform (0,25 g), Aufbewahrung in vollgefüllten Behältern bei + 3°. Dieses Präparat enthält 500 Vitamin K-Einheiten je Gramm. Auch durch Zufuhr großer Mengen des

---

[1] H. Dam: Angew. Chem. 1937, **50**, 807.
[2] H. Dam u. J. Glavind: Biochem. Journ. 1938, **32**, 485.
[3] H. Dam: Ber. 5. Congrès internat. techn. et chim. Industries agric. Schéveningue 1937, S. 7f. Siehe auch H. Dam: Biochem. Journ. 1937, **31**, 17, 22 (Bibliographie).
[4] H. J. Almquist: Journ. Biol. Chem. 1936, **114**, 241; C. 1936, II, 2562. Journ. Biol. Chem. 1936, **115**, 589; C. 1936, II, 3560. Journ. Biol. Chem. 1937, **120**, 635; C. 1937, II, 4062 (Reinigung des Vitamin K). [5] H. Dam u. J. Glavind: Biochem. Journ. 1938, **32**, 1018.

Standardpräparates gelingt es nicht, eine übernormale Koagulierbarkeit des Blutplasmas zu bewirken. Bei normalen Tieren (Hühnern) beträgt die Gerinnungszeit des Blutes 1—5 Minuten, bei K-avitaminotischen bis zu mehreren Stunden.

d) **Eigenschaften des Vitamin K.** Löslich in Fetten und Fettlösungsmitteln (durch Extraktion mit Petroläther wurden z. B. aus Luzernenklee Konzentrate mit 25000—50000 K-Einheiten in 1 g Trockensubstanz gewonnen). Vitamin K ist weitgehend hitzebeständig, stark empfindlich gegenüber heißer Lauge[1], adsorbierbar durch Calciumcarbonat oder Rohrzucker (Aluminiumoxyd ist nicht verwendbar, da anscheinend Zerstörung erfolgt). Durch Elution aus Adsorbaten an Calciumcarbonat kann eine Anreicherung des K-Präparates auf 600000 bis 1 Million Einheiten in 1 g Substanz erzielt werden[2]. Die Wirkung des Vitamin K steht im Zusammenhang mit der Bildung bzw. Aufrechterhaltung des Prothrombins im Blutplasma, ohne selbst als Prothrombin zu wirken.

Bis vor kurzem waren Vitamin K-Mangelerscheinungen nur an Vögeln bekannt. Kürzlich wurde an drei Stellen unabhängig voneinander gefunden, daß auch am Menschen, und zwar bei Okklusionsikterus, ein Vitamin K-Mangel auftritt, der durch Verabreichung vitamin-K-haltiger Präparate behoben werden kann. Für die verminderte Gerinnungsfähigkeit bei Hämophilie und Thrombopenie ist indessen kein Vitamin K-Mangel verantwortlich[3].

VIII. Vitamin F.

EVANS und BURR[4] fanden, daß Ratten bei einer bestimmten Diät, welche sämtliche bisher bekannten Vitamine enthielt, aber fettfrei war, an einer typischen Mangelkrankheit erkrankten. Diese avitaminotischen Erscheinungen sind schlagartig durch gewisse ungesättigte Fettsäuren zu beheben. Durch weitere Untersuchungen[5] wurde dann bewiesen, daß gewisse stereoisomere Formen der Leinölfettsäuren, die anscheinend vom tierischen Organismus nicht synthetisiert werden können und unter anderem im Weizenkeimöl vorkommen, einen neuen Nahrungsfaktor F darstellen. Bei Mangel an diesem Vitamin kommt es bei den Versuchstieren (Ratten) zu einer allgemeinen Dermatitis, deren Frühsymptome starke Schuppenbildung und pathologische Veränderungen der Haarwurzel sind; bei ausgesprochener Avitaminose kommt es sogar zu nekrotischen Prozessen. Die Haut normal ernährter Ratten enthält Vitamin F, während die Haut der im Vitamin F-Mangelzustand befindlichen Tiere keine schützende oder heilende Wirkung gegen die F-Avitaminose zeigt.

Bestimmung des Wirkungswertes. Zur Austestierung eines Vitamin-F-haltigen Präparates werden weiße Ratten auf die entsprechende Mangeldiät gesetzt. Ein Teil der Tiere bleibt unbehandelt und zeigt nach 30 Tagen die Erscheinungen der F-Avitaminose, die besonders deutlich am Schwanz der Ratten (Schachtelhalmstruktur) zu beobachten sind. Ein anderer Teil der Versuchstiere erhält sofort nach Einsetzen der Mangelkost das quantitativ auf Vitamin F zu prüfende Präparat im Verlauf von 10 Tagen in genauer Dosierung auf den Schwanz gestrichen. Die geringste zur Prophylaxe ausreichende Menge wird dann auf die bekannte SHEPHERD-LINN-Einheit umgerechnet, indem 1000 durch die Anzahl der Milligramme dieser Dosis geteilt wird (Wirkung des Präparates auf 1 g berechnet[6]).

---

[1] H. J. ALMQUIST: Journ. Biol. Chem. 1937, **117**, 517.

[2] H. DAM u. F. SCHOENHEYDER: Biochem. Journ. 1936, **30**, 897.

[3] Vgl. H. DAM: Angew. Chem. 1938, **51**, 741.

[4] EVANS u. BURR: Proceed. Soc. exper. Biol. a. Med. 1927, **24**, 740; 1928, **25**, 41. Siehe auch BURR u. BURR: Journ. Biol. Chem. 1929, **82**, 245.

[5] EVANS, LEPKOWSKY u. MURPHY: Journ. Biol. Chem. 1934, **106**, 431.

[6] Vgl. F. GRANDEL: Vortrag „Über die Wirkung und Eigenschaften von Vitamin F" bei der 2. Hauptversammlung der Deutschen Gesellschaft für Fettforschung in Hamburg, 27. September 1938. U. 1938, **45**, 531.

Wachse, Harze, ätherische Öle und Fruchtäther.

Von

Dr. R. Grau-Bielefeld.

Mit 8 Abbildungen.

Wachse.

A. Einleitung.

Die Wachse entstammen zum größten Teil dem Pflanzen- und dem Tierreich und sind Ester einbasischer, hochmolekularer Fettsäuren mit ein- oder zweiwertigen hochmolekularen Alkoholen, den sog. Wachsalkoholen. Außerdem enthalten die Wachse noch freie Fettsäuren, freie Wachsalkohole und hochmolekulare Kohlenwasserstoffe. Liegen Ester ungesättigter Fettsäuren mit niedrig schmelzenden Alkoholen vor, so spricht man von flüssigen Wachsen (Spermacetiöl u. a.). Feste Wachse hingegen sind als Ester gesättigter Säuren mit hochschmelzenden Alkoholen anzusehen.

Die Wachse sind glycerinfrei, geben daher beim Erhitzen keinen Acroleingeruch und werden nicht ranzig; sie ähneln in manchen Beziehungen (Löslichkeit usw.) den Fetten. Die schwere Zersetzlichkeit der Wachse hat zur Folge, daß die chemischen Kennzahlen oft unsicher und schwankend sind, während die Bestimmung physikalischer Kennzahlen größere Sicherheit bietet. So schlägt L. Ivanovsky[1] zur Bewertung und Reinheitsprüfung die Bestimmung der Viscosität vor; die Werte hierfür liegen für die verschiedenen Wachse weit auseinander. Auch die Fluorescenzanalyse wird herangezogen (J. A. Radley)[2].

Den Wachsen zuzusprechen sind einige mineralische Erzeugnisse, wie das Montanwachs, das Erdwachs und die daraus hergestellten Stoffe Paraffin und Ceresin.

Das Anwendungsgebiet der Wachse und ihrer Ersatzmittel ist außerordentlich vielseitig und wird auch bei den einzelnen Wachsen noch besprochen werden. Erwähnt sei an dieser Stelle ihre Verwendung für Wachsblumen, Früchte, Wachsfiguren und für die Herstellung geeigneter Einwickelpapiere für Lebensmittel.

B. Untersuchungsverfahren.

I. Physikalische Verfahren.

Im allgemeinen gelten die bei den Fetten bzw. Harzen und ätherischen Ölen angegebenen Verfahren. Nur in einigen Fällen sind besondere Methoden anzuwenden.

---

[1] L. Ivanovsky: Seifensieder-Ztg. 1935, **62**, 475; C. 1935, II, 1278.
[2] J. A. Radley: Analyst 1932, **57**, 626.

So ist die Bestimmung des Schmelzpunktes bei gewissen Spezialwachsen nach dem üblichen Verfahren deswegen schwierig, weil sie weit unterhalb ihres Schmelzpunktes durchsichtig und gelatinös werden.

Hier führt ein von C. S. Glickman[1] angegebenes „Schwimmverfahren" besser zum Ziel: Ein mit einer Bohrung versehener Glasstab wird mit dem geschmolzenen Wachs gefüllt und zunächst der Abkühlung überlassen. Hierauf wird der Schmelzpunkt in der Weise bestimmt, daß man die Temperatur um 3° in der Minute ansteigen läßt. Der Erweichungspunkt ist erreicht, wenn das Wachs durchsichtig wird, der Schmelzpunkt, wenn das Wachs in der Röhre hochzusteigen beginnt.

Bei Erdwachs und Ceresin gilt als Schmelzpunkt diejenige Temperatur, bei der der Wachsüberzug einer Thermometerkugel schmilzt und abtropft, als Erstarrungspunkt die Temperatur, bei welcher ein flüssiger Wachstropfen beim Drehen des Thermometers fest wird und an der Drehung teilnimmt.

Die Refraktion wird nach C. G. Katrakis und J. G. Magaloikonomos[2] nicht mit den Wachsen als solchen bestimmt, sondern man ermittelt nach geeigneter Behandlung den sog. Anilinpunkt:

Eine gemessene Menge flüssigen, filtrierten Wachses wird mit 15%iger Natronlauge bei 60° neutralisiert und mit der gleichen Menge Kahlbaumschen Normalbenzins gemischt. Zu 5 ccm dieser Mischung gibt man 5 ccm Anilin und bestimmt hiervon die Refraktion bei 40°.

II. Chemische Verfahren.

Auch hier gelten im allgemeinen die gleichen Verfahren, wie sie bei den Fetten, bzw. Harzen und ätherischen Ölen angegeben sind (vgl. S. 770 u. 808). Es ist jedoch zu beachten, daß die schwere Zersetzlichkeit der Wachse sich besonders bei der Bestimmung der chemischen Kennzahlen bemerkbar macht.

So verläuft die Verseifung nach dem üblichen Verfahren mit alkoholischer Lauge schwierig und nur langsam. Vgl. S. 72.

Auch bei der Bestimmung der Hydroxylzahl ist die schwere Zersetzlichkeit der Wachse zu berücksichtigen. W. L. Roberts und H. A. Schuette[3] verwenden bei einer Hydroxylzahl von 0—50 1,5 g Acetanhydrid auf 5,0 g Substanz, bei einer Hydroxylzahl von 50—100 1,5 g auf 2,5 g Substanz und bei einer Hydroxylzahl von 100—200 2,0 g ($\pm$ 0,01 g) auf 2,5 g Substanz. In ein Glasrohr, 10 $\times$ 300 mm, gibt man das Acetanhydrid, wägt genau, fügt die Substanz hinzu und wägt wieder. Darauf wird das Rohr zugeschmolzen, 10 Minuten lang auf 120° erwärmt, durchgeschüttelt und dann 2 Stunden lang in horizontaler Lage bei 120° im Ofen belassen (oder 1 Stunde lang bei 130°). Danach wird der Inhalt der Röhre mit 50 ccm Wasser herausgespült, die Lösung auf 200 ccm aufgefüllt, mit 50 ccm 0,5 N-Kalilauge versetzt und unter Rückflußkühlung bis nahe zum Sieden erhitzt. Nach dem Auswaschen der Apparatur wird gegen Phenolphthalein oder Thymolblau titriert.

Bestimmung des Unverseifbaren. Die Bestimmung erfolgt zweckmäßig nach Donath[4] (vgl. S. 247).

Bestimmung der Wachsalkohole. Verfahren von Leys[5]:

Der aus 10 g Wachs abgeschiedene unverseifbare Anteil wird mit 100 ccm Amylalkohol und 100 ccm konzentrierter Salzsäure gekocht, wobei die Alkohole in Lösung gehen und die Kohlenwasserstoffe ungelöst bleiben. Beim Erkalten erstarren die Kohlenwasserstoffe zu einem festen Kuchen, der, getrennt von der Lösung, nochmals mit 22 ccm Amylalkohol und 25 ccm konzentrierter

[1] C. S. Glickman: Ind. engin. Chem., Analyt. Edit. 1932, 4, 304; C. 1933, I, 1045.

[2] C. G. Katrakis u. J. G. Magaloikonomos: Praktika 1930, 5, 311; C. 1932, I, 1459.

[3] W. L. Roberts u. H. A. Schuette: Ind. engin. Chem., Analyt. Edit. 1932, 4, 257; C. 1933, I, 1367. [4] Donath: Dinglers Polytechn. Journ. 208, 305. Vgl. Analyse der Fette und Wachse von A. Grün, Berlin: Julius Springer 1925. [5] Leys: Journ. Pharm. Chim. 1912, 5, 577.

Salzsäure behandelt wird. Die amylalkoholische Lösung wird gewaschen und vom Amylalkohol befreit; der Rückstand in Benzol gelöst, das Benzol abdestilliert und der Rückstand gewogen und getrocknet.

Nach dem Verfahren von HELL[1]-BUISINE[2] in der Abänderung von LEWKOWITSCH[3] werden 2—10 g Wachs in einem Porzellantiegel geschmolzen und unter Rühren mit dergleichen Menge gekörntem Ätzkali versetzt und bis zum Erkalten verrührt. Die erstarrte Schmelze wird im gepulverten Zustand mit Äther oder Petroläther ausgezogen, wobei die Kohlenwasserstoffe in Lösung gehen. — Der ungelöste Anteil besteht aus den Kalisalzen der aus den primären Wachsalkoholen entstandenen Fettsäuren, die durch Säure abgeschieden und nach einem der üblichen Verfahren analysiert werden können.

Bestimmung der festen Kohlenwasserstoffe. Der nach dem Verfahren von LEYS zur Bestimmung der Wachsalkohole (s. oben) in Form eines festen Kuchens ungelöst gebliebene Anteil wird mit Wasser gewaschen, getrocknet und gewogen. Zur Reinheitsprüfung dient die Bestimmung der Acetylzahl, die für reine Kohlenwasserstoffe Null sein muß (vgl. auch S. 272).

C. Die einzelnen Wachse.

Bienenwachs ist ein Ausscheidungserzeugnis der Honigbienen. Ein Teil der Bienennahrung wird im Körper zu Wachs umgewandelt und durch Drüsen in Form kleiner Schuppen ausgeschieden und zum Bau der Waben benutzt.

Gewinnung. Ausschmelzen der vom Honig befreiten Waben ergibt das reinste Wachs, Jungfernwachs. Die älteren leeren Wachswaben werden durch Auskochen mit Wasser oder Wasserdampf von Honigresten befreit und von Verunreinigungen durch Filtrieren gereinigt.

Eigenschaften. Je nach der Gegend, der Pflanzen, dem Alter der Waben und der Sorgfalt bei der Gewinnung ist gewöhnliches Wachs von hellgelber bis braunroter Färbung, meistens bleichbar. Das Wachs wilder Bienen, Wespen, Hummeln ist oft fast schwarz und nicht bleichbar. Reines Wachs ist amorph mit körnigem, großmuscheligem Bruch, von schwach aromatischem Geruch, spröde, aber bei Handwärme knetbar; D 0,959—0,970; Schmelzpunkt 61—63°; n_D^{40} 1,4577 bis 1,4588; n_D^{75} 1,4398—1,4451; SZ 16,8—21,5; VZ 88—107; JZ 3,6—5. Bei Wachsen nicht europäischer Herkunft und bei europäischen Bienenwachsen, die nicht in der üblichen Weise gewonnen werden (z. B. durch Extraktion aus Preßrückständen) liegen jedoch andere Kennzahlen vor. Unverseifbares 50 bis 54%; unlöslich in Wasser und kaltem Alkohol, löslich in heißem Alkohol, in Äther, Benzin, Schwefelkohlenstoff, Tetachlorkohlenstoff, Aceton und in flüchtigen Lösungsmitteln und ätherischen Ölen.

Bestandteile. Palmitinsäureester des Myricylalkohols, freie alkohollösliche Cerotinsäure und 12—17% feste Kohlenwasserstoffe.

Verwendung. In der Kerzenherstellung, besonders für kultische Zwecke.

Gebleichtes Wachs. Um reinweißes Bienenwachs zu erhalten, wird das gewöhnliche, gefärbte Bienenwachs am Sonnenlicht oder schneller durch mechanische Mittel (Bleicherden u. dgl.) oder chemische Stoffe (Chlor, Kaliumchlorat, Kaliumpermanganat, Chromsäure) gebleicht. Durch Sonnenlicht leicht bleichbar sind: deutsches, österreichisches, ungarisches, türkisches, spanisches, französisches und russisches Wachs. Für die chemische Bleiche eignet sich Bienenwachs aus Chile, Brasilien, Cuba u. a. m. Verfälschte Ware läßt sich nicht vollständig bleichen, auch tritt später wieder eine Verfärbung auf.

Eigenschaften. Geruchlos, rein weiß, spröder als gewöhnliches Bienenwachs; D 0,964 bis 0,968; Schmelzpunkt 63—66°; SZ 18,6—22; VZ 90,4—92; JZ 4—6; Unverseifbares 50—54%.

Carnaubawachs findet sich in Form von Wachsstaub auf den Blättern der Fächerpalme, Corypha cerifa.

---

[1] HELL: Ann. Chem. 1884, **223**, 269.   [2] BUISINE: Monit. scient. 1890, 1127.
[3] LEWKOWITSCH: Journ. Soc. chem. Ind. 1892, **11**, 13; 1896, **15**, 14.

Gewinnung. Die abgeschnittenen und getrockneten Blätter werden in Längsrichtung durchgerissen und abgeschabt.

Eigenschaften. Hellgelb bis grau; sehr hart und spröde; D 0,990—0,999; Schmelzpunkt über 83°, ältere Sorten bis 86°; n_D^{40} 1,472; SZ 4—9; VZ 78—86,5; JZ 10,1—13,5; Unverseifbares 54—55%; Verunreinigungen (Sand, Pflanzenteile, Sackfasern usw.) bis zu 8%; Asche bis zu 1,5%; löslich in den Wachslösungsmitteln.

Bestandteile. Cerotinsäuremyricylester, freie Cerotinsäure, Carnaubasäure, freie hochmolekulare Alkohole und ein Kohlenwasserstoff (Schmelzpunkt 60°). Gebleichtes Wachs enthält vom Bleichvorgang her kleine Mengen Paraffin.

Verwendung. Als Härtematerial in der Kerzenfabrikation; für Schuhcreme und Bohnermassen, Wachsseifen, Glanzpolituren.

Erdwachs, auch Ozokerit, Bergwachs, in gereinigtem Zustande Ceresin, wird bergmännisch in Galizien und Rumänien gewonnen.

Eigenschaften. Schmierigweich bis hart, pulverisierbar, hellgelb bis schwarz, Geruch mehr oder weniger petroleumartig; D 0,90—0,97; Schmelzpunkt 60—84°, n_D^{80} 1,441—1,442; leicht löslich in Petroleumdestillaten, Schwefelkohlenstoff, Chloroform, Benzol, Terpentinöl; schwerlöslich in Alkohol und Äther. Mit Fetten, Harz, Paraffin, Mineralölen und Wachsen in jedem Verhältnis mischbar.

Bestandteile. Gemisch aus normalen Paraffinen und Isoparaffinen. Diese bedingen die große Reaktionsfähigkeit, das höhere Lichtbrechungsvermögen und größere Zähigkeit beim Schmelzen gegenüber Paraffin vom gleichen Schmelzpunkt.

Verwendung. Verarbeitung auf Ceresin, Herstellung von Glanzpapier, Wachstuch, Schmier- und Putzkrem, zum Polieren und Imprägnieren von Hölzern.

Ceresin. Durch Behandeln von Erdwachs mit starker Mineralsäure (z. B. Schwefelsäure) oder Entfärbungsmitteln entsteht das wertvolle, amorphe Ceresin, das für manche Zwecke mit Paraffin, Montanwachs, Japanwachs, Carnaubawachs gehärtet wird. D. 0,91—0,95; Schmelzpunkt 55—80° je nach der Sorte. Ceresin findet Verwendung in der Herstellung von Kerzen, Kunstvaseline, Poliermitteln und als Ersatz für wertvolle Wachse.

Montanwachs. Gewinnung. Durch Extraktion aus bitumenreichen Braunkohlen mit Benzol, Benzin oder Toluol-Alkohol.

Eigenschaften. Dunkle Stücke von muscheligem und splitterigem Bruch, hart, klingend; Schmelzpunkt 80—90°; SZ 31; VZ 62; Asche 0,42%; in Benzol leicht löslich.

Bestandteile. Neben Wachs noch 25—50% Harz und huminsäureartige Stoffe.

Verwendung. Zur Herstellung von Schuhcreme, Phonographenwalzen, als Isoliermittel und Ersatz für Carnaubawachs.

Paraffin. Paraffine sind die in Erdöl und trockenen Braunkohlendestillaten enthaltenen festen, normalen Kohlenwasserstoffe. Man unterscheidet Weichparaffine und Hartparaffine.

Eigenschaften. Der Schmelzpunkt schwankt von 28° bis über 70°. Sie sind lichtempfindlich.

Bestandteile. Zum größten Teil normale Kohlenwasserstoffe der Paraffinreihe, geringer Gehalt an verzweigten und cyclischen Kohlenwasserstoffen und ungesättigten Verbindungen.

Verwendung. In der Kerzenfabrikation, zur Herstellung von Zündhölzern, als Appreturmittel in der Textilindustrie und in der Kosmetik.

Schellackwachs ist ein regelmäßiger Begleiter des Schellacks, in welchem es in Mengen von 4—6% vorkommt.

Gewinnung. Durch Auflösen des Schellacks in der Wärme in 90—96%igem Alkohol, worin das Wachs ungelöst bleibt und durch Filtration abgetrennt wird. Auch beim Bleichen des Schellacks scheidet sich das Wachs beim Aufschließen des Rohlacks mit Soda aus.

Eigenschaften. Dunkelbraun, spröde; D 0,971—0,980; Schmelzpunkt 74—78°; SZ 12,5—16; VZ 79—85 (120—126); JZ 8,8 (28—36); Unverseifbares 72—76%.

Bestandteile. Freier Myricylalkohol, Ester dieses Alkohols mit Ölsäure und Palmitinsäure, freie Cerotinsäure, Melissinsäure und teilweise zu veresterndes Unverseifbares.

Walrat. Gewinnung: Bei längerem Stehen des aus dem Tran des Pottwals (vgl. S. 598) gewonnenen Spermacetiöles fällt der feste Walrat aus und wird durch Filtration abgetrennt.

Eigenschaften. Gelblichweiß, perlmutterglänzend, durchscheinend, krystallin, brüchig, spröde; D 0,943—0,960; Schmelzpunkt 43—47°; SZ 2—5,2; VZ 108—134; JZ 4,8—5,4; Unverseifbares 51—53%.

Bestandteile. Palmitinsäurecetylester (Cetin); geringe Mengen anderer Ester und freier Fettsäuren.

Verwendung. In der Kerzenherstellung, für Seifen, Salben, Pomaden, Appreturen, Sprengstoffe.

Wollfett, Wollwachs. Wollwachs ist der neutrale Anteil des Wollfetts.

Gewinnung. Durch Ausziehen der frisch geschorenen Schafwolle mit flüchtigen Lösungsmitteln oder durch Auswaschen der Wolle mit Seifenlösung, Ausfällen dieser mit Schwefelsäure und Auswaschen.

Nachfolgende Entfernung des Fettes nach den verschiedensten, zum Teil patentierten Verfahren wird wegen der geringen Verwendung des reinen Wollfettes wenig ausgeführt.

Eigenschaften. a) Wollfett roh: D 0,937—0,970; Schmelzpunkt 32—38°; SZ 14—15,5; VZ 78—125; JZ 17—26; Unverseifbares 40—50%. b) Wollfett, gereinigt: D 0,970—0,973; Schmelzpunkt 40—42°; SZ 0,5—4,5; VZ 98—127; JZ 10,6—15; Unverseifbares 35—45%. c) Wollwachs: D 0,904 bis 0,919; Schmelzpunkt 48—55°; SZ 18—22; VZ 139—140; JZ 36—56; Unverseifbares 32—42%.

Bestandteile. Ester höherer Fettalkohole (Cholesterin, Isocholesterin) mit zum Teil noch unbekannten höheren Fettsäuren.

Künstliche Wachse. Bei diesen Kunsterzeugnissen lassen sich synthetische Wachse und Kunstwachse unterscheiden.

a) Synthetische Wachse. 1. Erzeugnisse der I.G.-Farbenindustrie: Die E-, O-, OP-, BJ-, S-, N- und CR-Wachse entstehen durch Oxydation und gleichzeitige Veresterung von Paraffin, Ceresin, Ozokerit, Montanwachs, Wollfett, Ölen, Harzen u. a. m.

Eigenschaften und Verwendung. E-, O- und OP-Wachs dienen als Ersatz für Carnaubawachs zur Herstellung von Bohnermassen. Die Wachse sind blaßgelb, hart, spröde.

Tabelle 1.

Sorte	D	Schmelzpunkt	SZ	VZ	JZ	Unverseifbares
E	1,01—1,02	80— 83°	15—30	160—180	0	8—15%
O	1,03—1,04	102—108°	20—35	110—130	0	6—15%

BJ-Wachs ist Ersatz für Bienenwachs.

S-Wachs ist Ersatz für Stearin; CR-Wachs ist braun und hart und dient für Glanzpasten; N-Wachs dient zur Herstellung von Emulsionen.

2. Die Ribeckschen Montanwerke stellen synthetische Wachse her durch Oxydation von Kohlenwasserstoffen und Entfärbung mit Alkalihalogeniden, Alkalioxalaten und Oxalaten der Metalle der 4. und 7. Gruppe des periodischen Systems der Elemente. Diese Wachse dienen als Ersatz für die Kerzen- und Seifenindustrie.

3. Bienenwachsähnliche Erzeugnisse entstehen durch Veresterung der Montansäure mit höheren Alkoholen.

4. **Lanettewachs** wird erhalten durch Hydrolyse und Oxydation von Walrat zu Palmitinsäure und Reduktion der Fettsäuren zu Alkoholen. Man kennt Lanettewachs-extra, -SK und -K. Die Wachse sind unlöslich in Wasser, löslich in Alkohol, leicht löslich in Äther und Benzol und finden Anwendung in der Textil-, Leder- und Seifenindustrie, Kosmetik, Druck- und Färbereitechnik und für pharmazeutische Präparate.

b) Die Kunstwachse entstehen durch Chlorierung von Naphthalin mit nachfolgender Vakuumdestillation und stellen Tri- und Tetrachlornaphthaline dar. Derartige Wachse sind z. B. die Halo- und Nibranwachse der I.G.-Farbenindustrie; ihr Schmelzpunkt liegt höher als der von Natur- und synthetischen Wachsen; auch bei tieferen Temperaturen und in dünnster Schicht bleiben sie geschmeidig. Sie sind unbrennbar; D $15,5 = 1,5$—$1,7$; Schmelzpunkt 65—$130°$; hellgrüngelblich bis braunschwarz; eine Zersetzung durch Abspaltung von Säure findet auch bei 120—$130°$ nicht statt. Ihre Anwendung liegt auf dem Gebiet der Elektrotechnik, der Kabelerzeugung und ähnlichen Industriezweigen. Arbeiten mit gechlorten Naphthalinen scheinen gesundheitlich nicht unbedenklich zu sein[1].

D. Nachweis und Bestimmung der Wachse, einzeln und in Mischung.

Bienenwachs. Zur Reinheitsprüfung dient die Bestimmung der Dichte, des Schmelzpunktes, des Brechungsindex, der Löslichkeit in Chloroform, der Säurezahl und Verseifungszahl, bisweilen auch der Jodzahl. Das Verhältnis Esterzahl: Säurezahl ist nach v. Hübl für rohes Wachs ziemlich konstant = $3,6$—$3,8$, während diese Verhältniszahlen bei gebleichten Wachsen von etwa $3,0$—$4,0$ schwanken. Weitere Prüfungen sind: Bestimmung des Unverseifbaren, der Wachsalkohole und der Kohlenwasserstoffe.

Da die Wabenwände der Bienenstöcke heute meist künstlich aus Ceresingemischen hergestellt werden, ist ganz reines Bienenwachs verhältnismäßig selten.

Fremdzusätze bzw. Verfälschungen: Stearin, Paraffin, Ceresin, Walrat, Talg, Palmöl, Harz, Pech, Schwefel, Stärke, Knochenmehl, Sägemehl, Ocker und andere gepulverte Mineralbestandteile. Grobe Verfälschungen können durch ihre Unlöslichkeit in Chloroform erkannt werden; Schwefel durch den beim Verbrennen auftretenden Geruch nach Schwefeldioxyd; Stärke durch die Blaufärbung des wäßrigen Auszuges mit Jodlösung. Liegt die Verseifungszahl unter 92, ist die Verhältniszahl dagegen unverändert, so ist Paraffin- oder Ceresinzusatz wahrscheinlich. Derselbe Verdacht liegt vor bei erhöhtem Gehalt an Kohlenwasserstoffen (bei reinem Bienenwachs nicht mehr als $14,5\%$), besonders bei gleichzeitiger niedriger Jodzahl. Zur Prüfung dient die Probe nach Weinwurm[2]:

5 g Wachs werden mit 25 ccm alkoholischer Kalilauge verseift, nach dem Vertreiben des Alkohols wird die Seife in 20 ccm warmem Glycerin aufgenommen und die Lösung mit 100 ccm siedendem Wasser verdünnt. Unverfälschtes Bienenwachs ergibt klare oder sehr schwach getrübte Lösungen. Bei Zusatz von 5% Paraffin oder Ceresin tritt starke Trübung, bei 8% Zusatz gar deutliche Fällung auf. Auch bei großen Mengen von Carnaubawachs tritt sehr starke Trübung auf.

Ein anderes Verfahren zum Nachweis von Paraffin und Ceresin beruht auf der Bestimmung des sog. Anilinpunktes (s. S. 760), der für Bienenwachs 62—65, für Paraffin 115—117 beträgt.

Stearinsäure. Erhöhung der Säurezahl ergibt Verdacht auf Zusatz einer fremden Säure. Die Prüfung erfolgt durch Auskochen des Wachses mit der 10fachen Menge an 80-vol.-%igem Alkohol, erkalten lassen auf $20°$ und vermischen des Filtrats mit Wasser. Bei Zusatz von noch 1% Stearinsäure findet Abscheidung von Flocken statt. Trübungen sind unberücksichtigt zu lassen.

Die **Bestimmung des Bienenwachs in Mischungen** geschieht nach Büchner[3]: Man kocht die zu untersuchende Substanz 5 Minuten lang mit der

[1] Chem.-Ztg. 1938, **62**, 53.   [2] Weinwurm: Chem.-Ztg. 1897, **21**, 519.
[3] Büchner: Chem.-Ztg. 1895, **19**, 1422.

5fachen Menge an 80-vol.-%igem Alkohol, läßt 12 Stunden lang bei Zimmertemperatur stehen, ergänzt das ursprüngliche Gewicht durch Zugabe von 80-vol.-%igem Alkohol und titriert 50 ccm des Filtrates mit 0,1 N.-Lauge. Aus der so ermittelten Säurezahl und unter Zugrundelegung einer Säurezahl von 3,8 für reines Bienenwachs läßt sich der Wachsgehalt mit genügender Genauigkeit berechnen.

Harz. Geruch, Geschmack und Klebrigkeit der Probe geben wertvolle Anhaltspunkte. Zur Prüfung dienen die unter „Harze" angegebenen Reaktionen von STORCH-LIEBERMANN, DONATH u. a., und zwar am besten mit dem unverseifbaren Anteil. Die Menge des Harzes kann nach RÖTTGER[1] und BUCHNER[2] angenähert bestimmt werden durch Wägen des Rückstandes von der Alkoholextraktion.

Fette. Liegt die Verhältniszahl über 3,8, so liegt der Verdacht auf Zusatz von anderen Wachsen oder Fetten, z. B. Rindertalg vor. Außerdem fühlt sich eine mit Fett versetzte Probe fettig an, ist weicher, weniger spröde, wird beim Reiben auf Leinwand nicht glänzend und zeigt eine matte Schnittfläche.

Bei einer Glycerinbestimmung zur Erkennung eines Fettzusatzes ist zu beachten, daß überseeische Wachsarten stets geringe Mengen Glycerin enthalten.

Der Nachweis von **Fremdwachsen** gelingt durch Ermittlung der Kennzahlen. So erhöht Carnaubawachs die Dichte und den Schmelzpunkt. Ein Verfahren zum Nachweis und zur Bestimmung von Carnaubawachs, das auf dem krystallographischen Verhalten in n-butylalkoholischer Lösung beruht, gibt L. R. WATSON[3] an. Geringe Zusätze von Carnaubawachs können an der starken Fluorescenzerscheinung der Chloroformlösung noch erkannt werden (J. A. RADLEY[4]).

Über ein Bestimmungsverfahren von sog. raffiniertem, weißem **Montanwachs** siehe Fußnote 5.

Erdwachs, Ceresin. a) **Erdwachs.** Als Bewertungsgrundlage dienen die Ermittlung des Ceresingehaltes und die Bestimmung des Schmelzpunktes, des Erstarrungspunktes, der Konsistenz, des Geruches, der Farbe und der Dichte.

Zur **Ceresinbestimmung** in Erdwachs werden 100 g Wachs in eine mit Glasthermometer tarierte Porzellanschale eingewogen und langsam auf 120° erhitzt; nach Zugabe von 20 Gewichtsprozenten rauchender Schwefelsäure steigert man die Temperatur auf 190°. Ist die Reduktion der Schwefelsäure zu Schwefeldioxyd beendet, was am Geruch erkennbar ist, läßt man etwas erkalten und bestimmt durch Abwägen den durch Verflüchtigung eingetretenen Substanzverlust. Nun trägt man in die Schmelze bei einer Temperatur von 120—130° 10 g = 10% gut getrocknetes schwarzes Entfärbungspulver ein und verrührt 10 Minuten lang, entfernt den Brenner und rührt noch so lange um, bis ein homogener fester Brei entstanden ist. Von dieser Masse zieht man 11 g in einem Soxhlet mit Petroläther aus und kann entweder aus dem Rückstand oder dem Extrakt die Ausbeute an Ceresin bestimmen. Ausbeute × 10 = % Ceresin im Erdwachs.

b) **Ceresin.** Zur Untersuchung des Ceresins bestimmt man die Löslichkeit, die kritische Lösungstemperatur, den Trübungspunkt und den Brechungsindex. Reines Ceresin ist geruchlos.

Verfälschungen sind bekannt mit Paraffin, Kolophonium und Carnaubawachs.

Der Nachweis von **Paraffin** gelingt nach J. MARCUSSON und H. SCHLÜTER[6] mit dem abgeänderten Verfahren von E. GRAEFE[7].

---

[1] RÖTTGER: Chem.-Ztg. 1891, **15**, 45.   [2] BUCHNER Chem.-Ztg. 1893, **17**, 918.
[3] L. R. WATSON: Chemist-Analyst 1931, **20**, 4; C. 1931, I, 2136.
[4] J. A. RADLEY: Analyst 1932, **57**, 626; C. 1933, I, 529.   [5] U. 1930, **37**, 144; C. 1931, I, 2282.
[6] J. MARCUSSON u. H. SCHLÜTER: Chem.-Ztg. 1907, **31**, 348.
[7] E. GRAEFE: Chem.-Ztg. 1906, **30**, 142.

Ein Zusatz von **Kolophonium** erteilt dem Ceresin eine Säurezahl. Jedoch sind Säurezahlen bis 4 wegen eines etwaigen geringen Gehaltes an Schwefelsäure aus dem Herstellungsprozeß unberücksichtigt zu lassen. Kolophonium läßt sich im Alkoholauszug nach Storch-Morawski erkennen.

Ein Zusatz von **Carnaubawachs** erhöht den Schmelzpunkt.

Montanwachs. Zur Bewertung dient die Bestimmung des Schmelzpunktes, der Löslichkeit, der Säurezahl, der Esterzahl, der Asche und des Harzgehaltes.

Der Schmelzpunkt wird nach Krämer-Sarnow bestimmt. Die Löslichkeit wird in Benzol ermittelt, worin sich das Wachs möglichst vollkommen lösen soll. Der Aschengehalt ist in den besten Sorten nicht höher als 5%.

Zur Ermittlung des Harzgehaltes schüttelt man 1 g des fein gepulverten Wachses 2mal mit je 5 ccm Äther aus, filtriert und dampft die Auszüge ein. Je geringer der Harzgehalt, um so besser ist das Wachs.

Paraffin. Zur Prüfung bestimmt man Geruch, Farbe, Lichtbeständigkeit und Schmelzpunkt.

Der Schmelzpunkt ist hier der Haltepunkt des beim Sinken der Temperatur erstarrenden Paraffins, verursacht durch Abgabe der latenten Schmelzwärme. Seine Bestimmung erfolgt nach dem Verfahren von Shukoff (s. „Harze" in diesem Handbuch, S. 769).

An Zusätzen bzw. Verfälschungsmitteln sind bekannt[1]:

Montanwachs, Carnaubawachs, Stearinsäureanilide oder andere Säureamide erkennt man dadurch, daß man von der zu untersuchenden Probe den Schmelzpunkt nach Shukoff ermittelt, sie anschließend über den Schmelzpunkt erwärmt und die warme Masse abpreßt. Die Zusätze bleiben als hochschmelzende Stoffe zurück. Ist der Rückstand stickstoffhaltig, dann liegen Amide oder Anilide vor. Montanwachs oder Carnaubawachs lassen sich durch ihren Schmelzpunkt nach mehrmaligem Umkrystallisieren des Rückstandes nachweisen.

β-Naphthol läßt sich schon am Geruch erkennen und durch Schütteln der geschmolzenen Probe in der Wärme mit Natronlauge, wobei β-Naphthol der wäßrigen Lösung eine blaue Fluorescenz erteilt und, mit Diazobenzolchlorid versetzt, Rotfärbung gibt.

Ceresin läßt sich durch fraktionierte Fällung einer Schwefelkohlenstofflösung der Probe mit Äther-Alkohol entfernen und dann nachweisen.

Alkohol, der als Trübungsmittel zugesetzt wird, wird dadurch ermittelt, daß die Probe beim Erwärmen und Durchpressen von Luft an Gewicht abnimmt.

Fühlt sich die Probe fettig an und gibt sie an Papier Öl ab, so ist ein Zusatz von Paraffinöl wahrscheinlich.

Stearinsäurezusatz läßt sich durch Titration mit alkoholischer Lauge, die 21,2 mg Kaliumhydroxyd im Kubikzentimeter enthält, bestimmen. Bei stearinreichen Paraffinen werden 2 g, sonst 10 g mit 25 ccm Alkohol versetzt und mit der Lauge gegen Phenolphthalein titriert. 1 ccm Lauge entspricht 0,1 g Stearin.

Schellackwachs ist in den meisten Fällen nicht rein, da von der Gewinnung her fremde Wachse (Insektenwachs) oder Pflanzenfette zugesetzt werden, um durch diese Zugaben den Schmelzprozeß zu erleichtern.

An Verfälschungen sind bekannt geworden: Montanwachs, Paraffin, Harz und Rückstände aus der Ceresin-, Carnaubawachs- und Bienenwachsraffination.

Walrat. Da Walrat allein zu spröde ist, werden Bienenwachs, Talg, Stearin, Paraffin und Ceresin zugesetzt. Derartige Zusätze lassen sich durch die Bestimmung der Kennzahlen nachweisen.

Wollfett, Wollwachs. Wichtig ist die Bestimmung der Säurezahl, Verseifungszahl und Jodzahl; für die eingehendere Analyse ermittelt man den verseifbaren und unverseifbaren Anteil, den Gehalt an Cholesterin, an Kohlenwasserstoffen, Glycerin und Chloriden, auch sind Farbreaktionen heranzuziehen.

Die Säurezahl ist nach C. H. Möllering[2] stark vom Licht und Luftzutritt abhängig. — Für die Bestimmung der Verseifungszahl wird 1 g Wachs $^1/_2$ Stunde lang unter schwachem Druck im Pyrexkolben mit 0,5 N.-alkoholischer Lauge verseift (E. E. U. Abraham und W. H. Cockton[3]). — Die Bestimmung der Jodzahl gelingt nach Abraham und Cockton

[1] Chem.-Ztg. 1903, **27**, 240.

[2] C. H. Möllering: Arch. Pharm. u. Ber. Deutsch. pharm. Ges. 1931, **269**, 225; C. 1931, II, 741.

[3] E. E. U. Abraham u. W. H. Cockton: Chemist and Druggist 1931, **114**, 420; C. 1931, II, 3519.

am besten nach dem Verfahren von WINKLER bei Anwendung von 1 g Substanz und 5stündiger Einwirkung der Halogenlösung.

Glycerin wird durch Kochen von 10 g Wollfett mit 50 ccm Wasser und Verdampfen des wäßrigen Filtrates ermittelt (ABRAHAM und COCKTON).

Zur Prüfung auf Chloride wird 1 g Wachs mit 20 ccm 95-vol.-%igem Alkohol gekocht und nach dem Abkühlen filtriert. Das Filtrat darf mit 5 Tropfen einer 1%igen alkoholischen Silbernitratlösung keine stärkere Trübung geben als mit 0,5 ccm 0,02 N.-Salzsäure und 20 ccm Alkohol. — Das in gleicher Weise bereitete wäßrige Filtrat gibt mit Silbernitrat eine größere kalomelartige Fällung, die aber in Benzol oder Äther löslich ist (ABRAHAM und COCKTON).

Zur Abtrennung der Kohlenwasserstoffe wird das Unverseifbare nach R. JUNGKUNZ[1] mit Amylalkohol und konzentrierter Salzsäure zum Sieden erhitzt, wobei die Alkohole in Lösung gehen. Die Kohlenwasserstoffe stellen eine klare, zähflüssige Masse dar, deren Refraktionszahl bei 40° über 105 liegt, die in Acetanhydrid und Alkohol unlöslich, in Chloroform und Äther aber löslich ist.

Zum Nachweis von Zusätzen bzw. Verfälschungen mit Paraffin und Mineralölen werden 0,5 g Wollfett in 40 ccm absolutem Alkohol gelöst. Bei Gegenwart von Mineralöl zeigt die Lösung einen öligen, in Petroläther löslichen Rückstand.

Farbreaktionen. Eine Lösung von Wollfett in Essigsäureanhydrid ergibt nach Zusatz von einem Tropfen konzentrierter Schwefelsäure eine schöne Grünfärbung.

Buch-Literatur.

A. GRÜN: Analyse der Fette und Wachse. Berlin: Julius Springer 1925. — HAGER: Handbuch der Pharmazeutischen Praxis, 3. Aufl. Berlin: Julius Springer 1903. — G. LUNGE: Chemisch-technische Untersuchungsmethoden, 5. Aufl. Berlin: Julius Springer 1905. — F. ULLMANN: Enzyklopädie der technischen Chemie. Berlin u. Wien: Urban & Schwarzenberg 1928/1933.

Harze.

A. Einleitung.

Unter Harze versteht man eine Gruppe von Stoffen, teils natürlichen, teils künstlichen Ursprungs. Die natürlichen Harze sind in der Hauptsache pflanzlicher und zum geringen Teil tierischer Herkunft. Man unterscheidet Balsame oder flüssige Harze mit einem hohen Gehalt und harte Harze mit einem geringen Gehalt an ätherischen Ölen. Alle Übergänge vom amorphen zum krystallinen Zustand sind bekannt. Ihr verwickelter chemischer Bau weist die denkbar größten Unterschiede auf, jedoch zeigen sie in vielem gewisse äußere Ähnlichkeiten.

Die Harze sind in Wasser unlösliche Kolloide, die nicht ranzig werden, vor dem Schmelzen erweichen und mit rußender Flamme brennen. Ihre Lösungen in organischen Lösungsmitteln geben nach dem Verdunsten des Lösungsmittels einen gegen chemische Reagenzien widerstandsfähigen, durchsichtigen Lack.

In den meisten Fällen haben die Harze keinen ausgeprägt scharfen Schmelzpunkt, sondern ein breites Schmelzintervall. Man bestimmt daher nicht den Schmelzpunkt, sondern besser den Erweichungspunkt als den Beginn und gegebenenfalls auch den Tropfpunkt als das Ende des Schmelzvorganges.

Von den optischen Eigenschaften stehen die Brechungsindices in direktem Verhältnis zu den unter gleichen Bedingungen ermittelten Schmelzpunkten, Härten, Dichten und Löslichkeiten. — Alle Naturharze sind optisch aktiv, teils bedingt durch die im Harz vorhandenen ätherischen Öle, teils durch Anteile des eigentlichen Harzes. Mit Alkalilösungen behandelt, verlieren sie ihre optische Aktivität. — Einige Harze zeigen unter der Quarzlampe charakteristische Fluorescenzerscheinungen (Bernstein, Schellack[2]), andere leuchten beim Reiben

---

[1] R. JUNGKUNZ: Seifensieder-Ztg. 1931, **57**, 15, 51, 86, 104, 124; C. 1931, II, 2674.
[2] H. WOLFF u. W. TOELDTE: Farben-Ztg. 1926, **31**, 2503; C. 1926, II, 1790.

in der Reibschale im Dunkeln auf. — Längere Belichtung setzt wahrscheinlich die Löslichkeit herab. Ultraviolette Strahlen wirken auf alle Harze zerstörend.

Gepulverte Harzproben zeigen beim Aufbewahren in nicht ganz gefüllten Behältnissen mit der Länge der Zeit eine Änderung ihrer Kennzahlen: Säurezahl und Jodzahl sinken, Verseifungszahl, Erweichungspunkt und Dichte zeigen eine Zunahme. Daher sollte die Analysenprobe immer frisch zubereitet werden[1]. Nach A. Tschirch ist es zweckmäßig, die Kennzahlen (besonders Verseifungszahl und Säurezahl) vom Reinharz zu bestimmen, da die häufig wechselnden Beimengungen beachtliche Fehler hervorrufen. Für die Analyse empfehlenswert ist die Bestimmung der Säurezahl, Verseifungszahl, Esterzahl und der Löslichkeit.

Bei einer Reihe von Harzen, wie Benzoe, Acaroidharz u. a. m., ist die Esterzahl ein wahres Maß für die als Ester gebundenen Säuren. Anders ist es bei einer Reihe von Harzen, die gleichfalls eine Differenzzahl aufweisen, ohne daß Ester vorhanden sind. So enthalten einige Harze zweibasische Harzsäuren, bei denen in der Kälte nur die primären (sauren) Salze gebildet werden, während in der Wärme auch eine zweite Carboxylgruppe abgesättigt wird. Bei vorhandenen Oxysäuren können in der Wärme die alkoholische oder phenolartige Hydroxylgruppe Alkali binden. Eine Differenzzahl wird auch bei Lactonen, Anhydriden u. dgl. erhalten, die in der Kälte nur unvollkommen, beim Erhitzen mit überschüssigen Alkali aber völlig abgespalten werden. Ob die Differenzzahl eine wahre Esterzahl ist, kann nur durch eine eingehende wissenschaftliche Untersuchung des Harzes entschieden werden.

Gewisse Anhaltspunkte und Winke können außerdem die Methylzahl und die Carbonylzahl geben. So weisen die meisten Harze keine Methylzahl auf, eine Ausnahme machen Benzoe, Drachenblut, Styrax, Guajakharz, Weihrauch, Peru- und Tolubalsam u. a. Die Carbonylzahlen aller Harze liegen zwischen 0,20 und 1,38.

Über Gewinnung und chemische Zusammensetzung siehe Bd. I dieses Handbuches, S. 346.

B. Allgemeine Untersuchungsverfahren.

I. Physikalische Verfahren.

1. Farbe. Die Bestimmung der Farbe erfolgt am besten durch Vergleich mit gefärbten Lösungen oder noch besser mit Farbgläsern.

Die Farbzahl, abgekürzt FZj 10, gibt an, wieviel Milligramm freies Jod in 100 ccm einer wäßrigen Jod-Jodkaliumlösung von gleicher Farbtiefe enthalten sind, wobei das zu untersuchende Muster in einer Schichthöhe von 10 mm gemessen wird. Diese von E. Fonrobert und F. Pallauf[2] eingeführte Farbzahl ist so gewählt, daß ihre praktischen Grenzen bei + 1 und + 1000 liegen. FZj 10 = 1 entspricht wasserhell, über 1000 ist schon sehr dunkel. Sämtliche Werte sind positiv und stellen ganze Zahlen dar; höchstens bei den Zahlen für sehr helle Harze können Zehntel noch deutlich erkennbare Farbunterschiede bedeuten.

Eine andere Vergleichslösung ist eine für die Farbbestimmung der Cumaronharze benutzte Auflösung von 15 g Kaliumdichromat in 1 Liter reiner 50%iger Schwefelsäure. Als Harzlösung wird eine Lösung von 1—1,5 g, auf 0,1 g genau gewogen, in Benzol verwendet, wobei auf 0,1 g Harz 1 ccm Benzol kommt. Es wird nur auf gleiche Helligkeit verglichen.

Statt der Vergleichslösungen werden heute nach solchen Lösungen geeichte Farbgläser benutzt, die in einem Komparator nach Hellige-Stock-Fonrobert[3] auf drehbarer Scheibe angeordnet sind.

---

[1] F. P. Veitsch u. W. F. Sterling: Ind. engin. Chem. 1923, **15**, 576; C. 1923, IV, 367.
[2] E. Fonrobert u. F. Pallauf: Farbe und Lack, S. 231. 1926.
[3] Hersteller F. Hellige u. Co., Freiburg i. Brsg.

2. Dichte. Siehe Bd. II,1 dieses Handbuches, S. 1.

3. Löslichkeit. Für die Bestimmung der Löslichkeit kommen in der Hauptsache die bereits in Bd. II,1, S. 77 beschriebenen Verfahren in Frage.

Bei einigen Harzen hat es sich als zweckmäßig erwiesen, die feingepulverte Probe mit dem Lösungsmittel zu befeuchten und die dann mit Sand verriebene Masse mit dem Rest des Lösungsmittels zu extrahieren. Gegebenenfalls ist dieser Vorgang, befeuchten mit dem Lösungsmittel, verreiben mit Sand und extrahieren, mehrmals zu wiederholen.

Fehlerquellen, wie die Neigung unlöslicher Anteile, kolloid in Lösung zu gehen oder das Festhalten löslicher Bestandteile durch gequollene unlösliche Anteile, sind in der Natur der Harze begründet. Aus demselben Grunde sind die Löslichkeiten Schwankungen unterworfen.

Löst man in wenig Lösungsmittel und verdünnt dann, so erscheint die Löslichkeit anders, als wenn das Harz gleich mit der ganzen Menge Lösungsmittel behandelt wird. Ähnliche Unterschiede ergeben sich bei feingepulvertem und grobstückigem Harz.

4. Schmelzpunkt, Erweichungspunkt, Tropfpunkt, Erstarrungspunkt.

a) Schmelzpunkt. Die Bestimmung erfolgt wie üblich. Vgl. Bd. II,1 dieses Handbuches, S. 88.

b) Erweichungspunkt[1]. Nach KRÄMER-SARNOW. Der Erweichungspunkt ist diejenige Temperatur, bei der eine Harzschicht oder dgl. bestimmter Dimension eine Belastung von 5 g nicht mehr zu tragen vermag, sondern von ihr durchbrochen wird: In ein glatt abgeschnittenes Glasröhrchen von 10 cm Länge und 6—7 mm lichter Weite wird ein gerade passender Glasstab so weit hineingeschoben, daß ein freier Raum von genau 5 mm Länge verbleibt. In diesen gießt man die nebenbei vorsichtig ohne Überhitzung geschmolzene Substanz tropfenweise ein, bis sich eine Kuppe bildet. Diese wird nach dem Erkalten gerade abgeschnitten. Dann wird der Glasstab herausgezogen, das Röhrchen umgekehrt und auf die 5 mm hohe Harzschicht genau 5 g Quecksilber gegossen. Das so beschickte Rohr wird in ein unten geschlossenes weites Rohr gehängt, das sich in einem Becherglas mit Wasser befindet. Daneben kommt das Thermometer, dessen Kugel in Höhe der Harzschicht angebracht wird. Erhitzung des Wassers 1° in der Minute (Abb. 1).

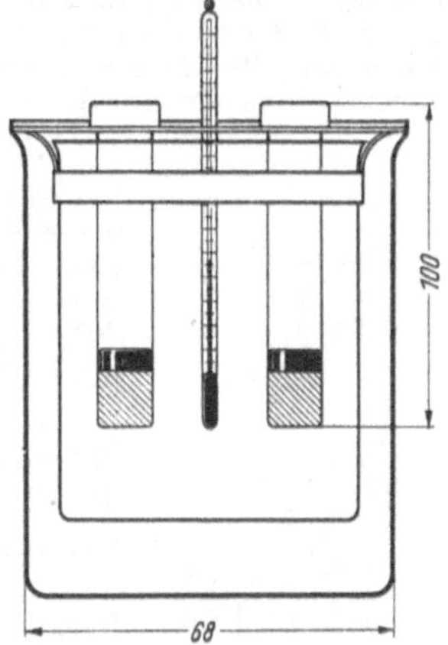

Abb. 1. Apparat nach KRÄMER-SARNOW.

Ein von W. NAGEL[1] angegebenes Verfahren ist dem von KRÄMER-SARNOW ähnlich.

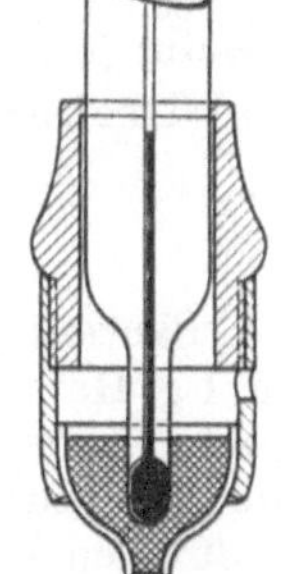

c) Tropfpunkt. Nach UBBELOHDE[2]: Ein kleines Glasgefäß (Abb. 2) wird mit Substanz gefüllt und, solange sie noch weich ist, das Thermometer eingedrückt und mit einer Hülse an dem Gefäß befestigt. Die Hülse hat eine Öffnung, damit die Luft Zutritt zu dem leeren Raum hat. An der engen Öffnung des Gefäßes wird die überstehende Substanz abgeschnitten, das Thermometer mit Hülse usw. in ein Reagensglas gesteckt, dieses in ein Becherglas mit Wasser wie unter b und in gleicher Weise erwärmt. Als Erweichungspunkt, auch Fließpunkt genannt, gilt die Temperatur, bei der die Substanz am unteren Ende eine deutliche Wölbung bildet, als Tropfpunkt die, bei der der erste Tropfen abfällt.

Abb. 2. Apparat nach UBBELOHDE.

d) Erstarrungspunkt. Nach SHUKOFF. In dem Gefäß a (Abb. 3) werden 30—40 g Substanz geschmolzen und das Gefäß in das größere b eingesetzt. Man läßt ruhig abkühlen. Einige Grade über dem in einem Vorversuch annähernd ermittelten Erstarrungspunkt wird der Apparat stark und regelmäßig geschüttelt, bis der Inhalt deutlich trübe und undurchsichtig geworden ist. Nun wird ohne Schütteln beobachtet, bei welchem Punkt das

---

[1] W. NAGEL: Wiss. Veröff. Siemens-Konzern 1925, **4**, 321; C. 1926, II, 113.
[2] UBBELOHDE: Apparatlieferung von Bleckmann u. Burger, Berlin.

Thermometer (in 0,2° geteilt) einige Zeit stehen bleibt oder bis zu welchem Grade es ansteigt (um dann wieder zu fallen). Die Temperatur, bei der der Quecksilberfaden stehen bleibt bzw. die Höchsttemperatur beim Ansteigen ist der Erstarrungspunkt.

Ein in der Praxis gebrauchtes Verfahren zur Bestimmung der Konsistenz weicher, zähflüssiger oder flüssiger Harze ist die sog. Nageltauchprobe. Nötig ist ein 5zölliger Drahtstift (Handelsbezeichnung 2360), Länge 130 mm, Gewicht 23—24 g (bei Schiedsanalysen 23 g). Das Harz wird in ein Gefäß von mindestens 8—10 cm Durchmesser und 15—20 cm Höhe eingefüllt und genau auf 20° eingestellt; der Nagel hat dieselbe Temperatur. Dieser wird senkrecht auf das Harz gestellt, wobei das Umfallen durch eine Drahtschlinge von 10—20 mm Durchmesser als Führung für den Nagel vermieden wird. Gerechnet werden die Anzahl Sekunden bis zum Einsinken des Nagels bis zum Kopf.

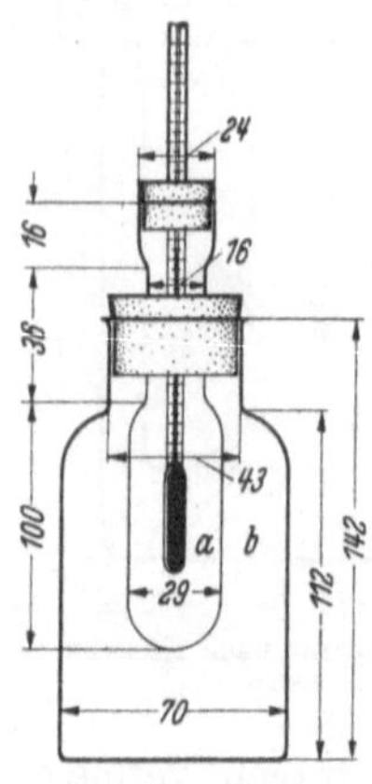

Abb. 3. Apparat nach SHUKOFF.

5. Viscosität. Die Bestimmung erfolgt im Viscosimeter.

Ist die Viscosität groß, so ermittelt man sie durch Beobachtung der Fallzeit einer Stahlkugel von 7 mm Durchmesser (1,47 g) in einem Standglas von 35 mm Durchmesser und 300 mm Höhe. Das Glas wird mit dem Harz gefüllt und durch Einstellen in Wasser auf 20° gebracht. Die Zeit, die die Kugel gebraucht, um bis zum Boden des Gefäßes zu sinken, ist stark abhängig von der Temperatur.

6. Optische Eigenschaften. a) Lichtbrechung. Zur

Messung benutzt man das ABBESCHE Refraktometer oder das ZEISSSCHE Butterrefraktometer bei 18° und unter Anwendung von Natriumlicht.

Während bei ABBE der Meßbereich für n_D von 1,3—1,7 geht, ist die Reichweite beim Butterrefraktometer geringer: $n_D = 1,422$—1,492. Um den Bereich zu vergrößern, kann man nach WOLFF auch so verfahren, daß man die zu untersuchende Substanz mit einer Flüssigkeit von bekannten Brechungsindex mischt, und zwar bei Substanzen mit n_D unter 1,422 zweckmäßig mit Xylol, bei den anderen mit einem passenden Schwerbenzin. Ist der Exponent der Mischung n, der des Zusatzes n_1, der Gehalt der Mischung an zu untersuchender Substanz v Vol.-%, so ist der Exponent des zu untersuchenden Harzes $= 1 + 1/v \cdot [100\,(n-1) - (100-v)\,(n_1-1)]$. Da die genaue Einstellung der Temperatur schwierig ist, wird die Untersuchung in der Nähe der Bezugstemperatur vorgenommen und auf 20° umgerechnet; bei festen Stoffen nimmt man auch 40 bzw. 60°. Korrektur je Grad etwa 0,00036.

b) Drehungsvermögen. Siehe Bd. II,1 dieses Handbuches, S. 360.

II. Chemische Verfahren.

1. Säurezahl. Sie ist die Anzahl Milligramm KOH, welche die freie Säure

von 1 g Harz zu binden vermag. Man unterscheidet die direkte und die indirekte Säurezahl (SZd und SZind), je nachdem die Bestimmung durch unmittelbare oder durch Rücktitration erfolgt. Als Indicator dient Phenolphthalein, bei dunklen Harzen auch Thymolphthalein oder Alkaliblau 6 B. Bei sehr geringen Substanzmengen verwendet man stets Alkaliblau. Titriert wird mit 0,5 N.-Lauge.

Da die Lauge jedoch auch auf leichtverseifbare Ester (z. B. in Balsamen) wirkt, verfährt man nach L. VAN ITALLIE und W. J. VAN EERDE[1] mit der Abänderung von SCHOORL und KUIJLMAN[2] derart, daß man die alkoholische Balsamlösung mit einer bestimmten Menge von 0,1 N.-Boraxlösung schüttelt und nach Zugabe von Kochsalz mit 0,1 N.-Salzsäure gegen Methylrot zurücktitriert.

Bei dunkelgefärbten Harzen arbeitet man am besten nach der ALBERT-Methode in zwei übereinandergeschichteten Medien: Benzin-Alkohol (1:1) und mit Kochsalz gesättigtem Wasser. Der Farbumschlag wird in der wäßrigen Schicht beobachtet.

W. C. SMITH[3] bestimmt die Säurezahl dunkler Harze (z. B. geringwertiger Kolophoniumsorten) durch Messung der Absorptionsbande des Phenolphthaleins; der Endpunkt der Titration ist erreicht, wenn die Absorptionsbande aufzutreten beginnt (Handspektrograph).

[1] L. VAN ITALLIE u. W. J. VAN EERDE: Pharm. Weekbl. 1925, **62**, 510; C. 1925, II, 332.
[2] SCHOORL u. KUIJLMAN: Pharm. Weekbl. 1926, **63**, 1426; Pharm. Zentralh. 1927, **68**, 196.
[3] W. C. SMITH: Ind. engin. Chem., Analyt. Edit. 1934, **6**, 122; C. 1934, II, 1209.

Bei stark gefärbten Harzlösungen empfiehlt L. S. MALOWAN[1] die Anwendung der Ultraviolett-Titration. Gewisse Indicatoren, wie Chinin, Aesculin und Umbelliferon und deren Substitutionsprodukte zeigen im filtrierten UV-Licht gut erkennbare Umschlagspunkte; z. B. Umbelliferon von fluorescierend in nicht fluorescierend.

2. Verseifungszahl. Man unterscheidet die Verseifungszahl auf heißem Wege (VZh, Bestimmung wie üblich) und die kalte Verseifung (VZk), die oft besser ist.

Da die Harzester sich teils leicht, teils schwer oder sehr schwer verseifen lassen, hat im allgemeinen jedes Harz seine besondere Vorschrift für die Bestimmung der Verseifungszahl.

Bei dunkelgefärbten Harzen werden entweder die bei der Säurezahl angegebenen Indicatoren verwendet oder man benutzt Spezialverfahren, wie die von H. SALVATERRA[2].

Die Gesamtverseifungszahl (GVZ) stellt die Anzahl Milligramm KOH dar, welche 1 g Harz, bei der kalten fraktionierten Verseifung mit alkoholischer und wäßriger Kalilauge nacheinander behandelt, insgesamt zu binden vermag.

3. Die Harzzahl (HZ) ist die Anzahl Milligramm KOH, welche 1 g Harz bei der kalten fraktionierten Verseifung mit nur alkoholischer Kalilauge zu binden vermag.

4. Die Gummizahl (GZ) ist die Differenz zwischen Gesamtverseifungszahl und Harzzahl.

5. Die Ester- oder Differenzzahl (EZ oder DZ) ist die Differenz zwischen Verseifungszahl und Säurezahl.

6. Jodzahl (JZ), Bromzahl (BrZ) und Rhodanzahl (RhZ). Die Bestimmung erfolgt nach den bekannten Verfahren. Die Bromzahl ist oft leichter zu bestimmen als die Jodzahl, die aus jener berechnet werden kann.

7. Die Acetylzahl (AZ) ist die Anzahl Milligramm KOH, die zur Bindung der von 1 g Harz bei Acetylierung aufgenommenen Essigsäure nötig ist. Die Bestimmung erfolgt wie üblich.

8. Die Methylzahl (MZ) gibt an, wieviel Milligramm Methyl 1 g Harz beim Kochen mit Jodwasserstoffsäure abspaltet.

9. Die Carbonylzahl (CZ) gibt die Prozente Carbonylsauerstoff der angewendeten Substanz an.

10. Die Bestimmung des **Wassers** erfolgt nach drei verschiedenen Verfahren:

a) Mittels Übertreiben mit Xylol nach MARCUSSON. Vgl. Bd. II/2, S. 554.

b) Nach FAHRION[3] werden in einem Platintiegel oder Porzellantiegel zunächst etwa 5—8 g Öl gegeben, am besten ein nicht trocknendes und selbstverständlich wasserfreies, dann eine gewogene Menge Harz, man erhitzt mit kleiner Flamme vorsichtig durch Fächeln, bis der Inhalt schaumfrei und ruhig fließt. Nach dem Erkalten wird zurückgewogen. Um Spritzen zu vermeiden, wird der Tiegel zunächst oben vorsichtig erhitzt, dann erst unten. Genauigkeit ist technisch ausreichend.

c) Bestimmung im Trockenschrank. Dabei sind Vorsichtsmaßregeln zu beachten: Feines Zerkleinern der Probe und Erwärmen bei einer tieferen Temperatur, bei der das Harz noch nicht schmilzt, da sonst Wasser eingeschlossen wird, das sich nicht mehr entfernen läßt. Die Temperatur wird dann bis dicht unter den Schmelzpunkt des Harzes. jedoch nicht über 105—110° gesteigert. Bei zur Oxydation neigenden Harzen ist Einleiten von Kohlensäure in den Trockenschrank zweckmäßig.

11. Die Bestimmung des Unverseifbaren geschieht nach der bei Fetten bekannten Weise (vgl. S. 239).

M. B. MATLACK und S. PALKIN[4] geben ein einfaches Verfahren an, Gesamtneutrales und Unverseifbares in einem Arbeitsgang zu ermitteln: 10 g in Äther gelöstes Harz werden mit 35 ccm N.-Natronlauge versetzt und in einem mechanischen Perforator 2 Stunden lang mit Äther ausgezogen. Die Ätherlösung wird auf 75 ccm eingedampft, einmal mit 30 ccm 0,5 N.-Natronlauge, einmal mit 30 ccm 0,25 N.-Lauge, schließlich zweimal mit Wasser gewaschen. Die Waschwässer werden wieder, angefangen mit dem ersten alkalischen Waschwasser, mit Äther ausgezogen und dieser Auszug der Hauptmenge zugefügt. Schließlich wird verdampft und im Vakuum bei 70° bis zur Gewichtskonstanz getrocknet. Zur Bestimmung des Unverseifbaren wird das Gesamtneutrale verseift und das Unverseifbare extrahiert.

---

[1] L. S. MALOWAN: Riechstoffindustrie 1935, 10, 199.
[2] H. SALVATERRA: Chem.-Ztg. 1919, 43, 765.   [3] FAHRION: Chem.-Ztg. 1905, 29, 267.
[4] M. B. MATLACK u. S. PALKIN: Journ. Assoc. official. agricult. Chemists 1935, 18, 466; C. 1935, II, 3837.

C. Die einzelnen Harze.

1. Acaroid. Stammpflanzen sind mehrere in Australien vorkommende Arten von Xanthorrhoea, und zwar X. australis, X. hastilis, X. arborea und X. quadrangulata. Es gibt ein rotes und ein gelbes Acaroid. Das rote Harz kommt in Form kleiner Körner oder pulverig vor, erinnert in der Farbe an Drachenblut, hat aber lebhafteren Glanz und orange-farbenen Strich. Der Geruch ist schwach benzoeartig.

Das gelbe Harz zeigt größere, leuchtend gelb bis braungelbe Klumpen mit schwefelgelbem Strich, an Licht und Luft färbt es sich braun oder rot. Der Geruch ist ebenfalls schwach benzoeartig; beim Erwärmen reizen die Dämpfe die Nasenschleimhäute. Das gelbe Harz ist im Preis etwa 6mal so teuer wie das rote.

Acaroid hat keinen scharfen Schmelzpunkt.

Löslichkeit: Gut löslich in geringprozentigem Alkohol und Amylalkohol; wenig löslich in Benzin-Kohlenwasserstoffen, Benzol und seinen Homologen, Schwefelkohlenstoff und Äther. Rotes Harz löst sich in Kali- und Natronlauge mit tiefbrauner, gelbes Harz mit rein brauner Farbe. In Ammoniak sind beide nur wenig löslich.

Kennzahlen:

Tabelle 2.

Acaroid	SZ	VZ	EZ	CZ	MZ
gelb	125—140	200—220	70— 90	0,29—0,46	27,6—29,0
rot	60—100	160—200	75—125	0,84—0,98	61 —71
	meist um	meist um	meist um		
	75	170	100		

Anwendung in der Lack-, Papier- und Lederindustrie.

2. Benzoe. Neben einigen unbedeutenderen Sorten sind Sumatra- und Siambenzoe die wichtigsten Benzoeharze des Handels.

a) Sumatrabenzoe. Stammpflanze ist Styrax Benzoin Dryander. Das Harz stellt eine rubinrote, vielfach glänzende, meist sehr unreine Grundmasse dar, in der mehr oder weniger zahlreich mandelförmige, weiße Stücke eingeschlossen sind.

b) Das am häufigsten benutzte Harz ist Siambenzoe. Stammpflanze ist Styrax tonkinense, auch St. benzoides. Das Harz, ursprünglich weiß und krystallin, später amorph und glasig werdend, besteht aus verschieden großen Körnern oder umfangreichen Platten oder zusammengeklebten Körnern. In der zum Teil schwach durchscheinenden Grundmasse befinden sich rundliche, milchige oder grauweiße Stücke, die sog. Mandeln; diese Sorte heißt Mandel-benzoe. Eine besonders gute Sorte ist Tränenbenzoe, aus weißlichen oder bräunlichen, im Innern weißen, rundlichen „Tränen". Eine andere Art ist die meist unreine gemeine oder Blockbenzoe.

Siambenzoe besitzt einen schwachen, aber feinen vanilleartigen Geruch, schmeckt kratzig bitter und entwickelt beim Erhitzen stechende, sich zu Krystallen verdichtende Dämpfe. Kennzahlen:

Tabelle 3.

Benzoe	SZ	VZk	EZ	Asche	Unlöslich in Alkohol	Verunreinigung
Siam . .	140—170	220—240	50— 75	0,03—1,5%	5%	2%
Sumatra .	100—130	180—230	65—125	2%	13,35 bis 18,35%	14—17%

Siambenzoe besteht aus einem Gemisch von Benzoesäure-Benzoresinolester, wenig Benzoesäure-Siaresinotannolester, Benzoesäure und Vanillin.

Sumatrabenzoe stellt ein Gemisch dar von rund 90% Zimtsäureester des Sumaresinotannols mit wenig Zimtsäureester des Benzoresinols, freier Benzoesäure, Zimtsäure, Zimtsäurezimtester, sehr wenig Benzaldehyd, Vanillin, Zimtsäurephenylpropylester und Spuren von Benzol und Styrol.

Die Benzoe wird in großen Mengen in der Kosmetik verarbeitet. Kleinere Mengen dienen zur Herstellung von Schokoladen- und Konfektlacken. Medizinische Verwendung findet nur die Siambenzoe.

3. Bernstein. Bernstein ist ein fossiles Harz von Pinus succinifera. Er wird in großen Mengen in der sog. blauen Erde an der samländischen Küste, besonders bei Palmnicken, bergmännisch gewonnen. Der in der Ostsee gefundene Bernstein spielt demgegenüber nur eine geringe Rolle.

Die Farbe ist vom hellsten Gelb bis zu Tiefbraun. Er kommt in allen Abstufungen vor: wasserhell, milchig, wolkig bis kreidig. Der Bruch ist muschelig, fettglänzend.

Größere Stücke werden zu Schmuck verarbeitet, die kleineren werden ausgeschmolzen und als **Bernstein-Kolophonium** in der Lackindustrie verwendet.

Das beim Ausschmelzen entstehende Destillat enthält neben der wichtigen Bernsteinsäure das Bernsteinöl, in dem sich Terpene und Sesquiterpene befinden. Das gereinigte, hellfarbige Öl hat folgende Kennzahlen: D_{20} 0,9072; n_D^{20} 1,4893; SZ 20,7—20,8; EZ 21,6; optisch rechtsdrehend[1].

Nicht zum Ausschmelzen geeignete Anteile werden zu **Preßbernstein** (Ambroid) verarbeitet.

Als Bestandteile sind nachgewiesen[2] Succinoabietinsäure $C_{80}H_{120}O_5$, die ein Gemisch von Succoxyabietinsäure $C_{20}H_{30}O_4$ und Succinoabietinolsäure $C_{40}H_{60}O_5$ darstellt, ferner Succinoabietol $C_{20}H_{30}O$, Succinin und Succinoresinol $C_{12}H_{20}O$. Bernstein hat die Härte 1,5—2, auch 2 und 3; Dichte 1,05—1,1; Schmelzpunkt um 370°[3], Erweichungspunkt etwa 175°; SZ 97; VZ 115; optisches Drehungsvermögen $[\alpha]_D^{20}$ (in Äther- oder Dioxanlösung) $+$ 20,5 bis $+$ 29,1°[4].

Bernstein-Kolophonium ist in Terpentinöl, Benzol, Amylacetat u. a. löslich, der ursprüngliche Bernstein ist in diesen Lösungsmitteln nur zur Hälfte bis zu einem Drittel löslich. Bei 2 stündiger Behandlung mit siedenden Lösungsmitteln bleiben ungelöst[5] (siehe Tabelle 4):

Als **Bernsteinersatz** finden Verwendung Phenol-Formaldehyd-Kondensate (Resite), wie Ambrasit, Bakelit, Faturan, Herolit, Kondensit, Juvelit, Leukorit, Resanol; ferner die Harnstoff-Formaldehyd-Kondensate (Ureite), wie z. B. Pollopas. Casein-Kunsthornmassen, die auch für Zigarrenspitzen verwendet werden, zersetzen sich durch den entstehenden Tabakrauch infolge chemischer und thermischer Einwirkung unter Bildung freien Formaldehyds, das dann vom Raucher eingeatmet wird[6].

Tabelle 4.

Lösungsmittel	%	Lösungsmittel	%
Methylalkohol .	88,70	Terpentinöl . .	83,10
Äthylalkohol . .	85,70	Benzaldehyd . .	67,90
Amylalkohol . .	75,80	Anilin	69,30
Äther	81,20	Amylacetat . .	70,00
Chloroform . .	82,70	Tetrachlor-	
Benzol	78,80	kohlenstoff . .	88,50
Aceton	76,70		

4. Dammar. Unter Dammar schlechthin versteht man den Batavia-Dammar; alle anderen Dammarsorten haben besondere Namen. Die zahlreichen als Dammar bezeichneten Harze stammen von Dipterocarpeen, Coniferen, Burseaceen und Guttiferen ab. Die Sorten des Handels werden mit den Buchstaben A bis E bezeichnet.

Die guten Sorten sind klar, durchsichtig, farblos oder ganz schwach gelblich und besitzen eine mehlartig weiß bestäubte Oberfläche; die minderwertigen Stücke sind dunkel oder bräunlich, trübe, durchscheinend.

---

[1] A. KAROLY: Ber. Deutsch. Chem. Ges. 1914, **47**, 1016.

[2] A. TSCHIRCH u. C. DE JONG: Arch. Pharm. 1915, **253**, 290.

[3] Andere fanden als Schmelzpunkt im geschlossenen Rohr 352—358°, im offenen Rohr 355—359°, bei schnellem Temperaturanstieg 377—384°, bei langsamem 365—373°.

[4] C. PLONAIT: U. 1930, **37**, 321; C. 1931, I, 860.

[5] CH. COFFIGNIER: Bull. Soc. chim. France 1909, (4) **5**, 1101; C. 1910, I, 442.

[6] N. TARUGI u. G. CIONI: Boll. chim. farmac. 1919, **58**, 101; C. 1919, IV, 458.

Dammar wird bei Handwärme etwas klebrig, zerfällt beim Kauen und haftet leicht an den Zähnen. Beim Reiben tritt ein starker, angenehm-aromatischer Geruch auf. Der Bruch ist muschelig, glasglänzend; Härte geringer als Gips.

Dammar findet weitgehende Verwendung in der Lackindustrie.

Dichte 1,04—1,12; Erweichungspunkt etwa 75°, Schmelzpunkt je nach der Sorte 87, 90, 110, 125°; SZ unter 30; VZ unter 40; JZ (Kühl) 50—70, (Hübl) 70—75; MZ 0,6; Asche nicht über 0,25%.

Vollständig löslich in Chloroform, Benzol, Schwefelkohlenstoff, Schwefelsäure, Amylalkohol, Amylacetat; teilweise in Alkohol (rund 80%), Äther (rund 98%), Essigäther, Toluol, Aceton, Petroläther.

5. Elemi. Unter Elemi versteht man diejenigen Harze, die Amyrin oder einen verwandten Körper enthalten. Besonders zu erwähnen ist das Manila-Elemi, das von Canarium luzonicum stammt. Es ist terpentinartig, besitzt einen starken, angenehmen Geruch nach Dill, Citronenöl und Terpentin und ist durch einen hohen Gehalt an ätherischem Öl ausgezeichnet. Elemi ist vollständig löslich in Äther, heißem Alkohol, Essigäther, Chloroform, Schwefelkohlenstoff, Benzol, Toluol; teilweise in kaltem Alkohol, Petroläther, Methylalkohol, Tetrachlorkohlenstoff und 80%igem Chloralhydrat. SZ 18—26; VZ 30—40.

Die technische Verwendung ist nur noch gering, außerdem wird es für Heilzwecke benutzt.

6. Guajacharz. Stammpflanze ist ein in Westindien und dem nördlichen Südamerika vorkommender, zur Gattung Zygophyllaceae gehörender Baum. Das Harz hat einen schwachen Geruch nach Benzoe, wird beim Kauen weich und hat einen scharfen, kratzenden Geschmack. Dichte 1,23—1,25; Schmelzpunkt etwa 90°. Löslich in Alkohol, Amylalkohol, Äther, Chloroform, Alkalien; unlöslich in Benzol, Schwefelkohlenstoff. Oxydierende Stoffe färben Guajacharz schön blau, reduzierende entfärben es wieder. Der hierfür verantwortliche Bestandteil ist die Guajaconsäure, $C_{20}H_{24}O_5$, die die Hauptmenge (rd. 70%) des Harzes ausmacht. Guajacharz wird in der Heilkunde benutzt, findet Anwendung für Mund- und Zahnwässer und ist Bestandteil eines Reagenses zum Nachweis einer Milcherhitzung.

7. Gurjunbalsam. Stammpflanze ist Dipterocarpus alatus Roxb. (Ceylon, Malakka, Hinterindien, Java). Gurjunbalsam ist ziemlich trübe, im durchfallenden Licht rotbraun, mit starker, grünlicher Fluorescenz. Der Geschmack ist bitter. Der Gehalt an ätherischem Öl bewegt sich zwischen 45 und 70%. SZd 8; SZind 11, VZk 12; VZh 16; Dichte wegen des unterschiedlichen Gehaltes an ätherischem Öl stark schwankend.

Anwendung wie Kopaivabalsam (s. diesen) und in der Medizin, besonders aber als Verfälschungsmittel für Kopaivabalsam und andere Harze.

8. Kolophonium ist der bei der Wasserdampfdestillation von Terpentin entstehende harzige Destillationsrückstand, der, zunächst krystallin, solange geschmolzen wird, bis er nach dem Erkalten amorph und völlig oder nahezu klar ist.

Kolophonium besteht in der Hauptsache aus Abietinsäure, seltener auch Pimarsäure neben Oxydationsprodukten und unverseifbaren Stoffen. Es kann als glasig erstarrte, mehr oder weniger verunreinigte Abietinsäure aufgefaßt werden[1].

Die verschiedenen Sorten des Handels werden nur durch die Farbe unterschieden und mit Buchstaben bezeichnet.

Amerikanische Sorten: WW (Water White), WG (Window Glas), N, M, K, J. — Französische Sorten: AAAAA, AAAA, AAA, AA, AB, WW und WG.

Die besten Sorten sind frei von Krystallen.

Dichte 1,07—1,09; SZ 140—185; VZ 145—195; EZ 5—95; JZ etwa 100—200, Erweichungspunkt 70—80°, völlig geschmolzen bei 120—130°; Bruch großmuschelig; löslich in fast allen Lösungsmitteln. Je nach fortgeschrittener Oxydation ist ein Teil (1—10%) in Petroläther und Benzin unlöslich, weshalb die Löslichkeit der dunklen Sorte gering ist.

Die Verwendung des Kolophoniums ist sehr vielseitig. Hauptabnehmer ist die Lackindustrie. Daneben wird es benutzt zur Papierleimung, in der Seifen-

---

[1] G. Cohn: Chem.-Ztg. 1916, **40**, 791.

industrie zur Streckung billiger Seifen, in der Kunstharzindustrie zur Herstellung der sog. Albertole, in der Fabrikation von Schuhcreme und Bohnermasse, für Brauglasuren usw.

Da für manche Zwecke Kolophonium zu weich ist, wird es durch Zusammenschmelzen mit Zinkoxyd bzw. Calciumoxyd oder durch Veresterung gehärtet. Die Ester dienen als wertvoller Ersatz für Hartkopale und Bernstein.

Bei der trockenen Destillation entsteht das als Terpentinölersatz dienende und bei 150—175⁰ siedende Pinolin oder die Harzessenz, ferner die Harzöle, wie Blond-, Blau-, Grün- und Rotöl. Die Harzöle dienen zur Herstellung von Druckerschwärze, Brauerpech, Lacken, Firnissen, Wagenschmieren. Der Trockenrückstand wird als Schusterpech benutzt.

9. Kopaivabalsam. Stammpflanze ist die in Südamerika wachsende Leguminose Copaifera. Der Balsam ist je nach dem Gehalt an ätherischem Öl dünnflüssig (Parabalsam) bis dickflüssig (Marakaibobalsam, Maturinbalsam). Er ist von hellgelblicher bis gelber und brauner Farbe, ölig mit meist grünlicher Fluorescenz, von gewürzhaftem, etwas bitterem Geschmack, der lange auf der Zunge haften bleibt. Kennzahlen[1]: SZ 87,6 bzw. 88,9; VZ 94,1 bzw. 108,9; klar löslich in Chloroform, Essigsäure, absolutem Alkohol und Petroläther bis zu gleichen Volumenteilen; optische Drehung nach DAB 6: — 7 bis — 30⁰, nach DIETERICH-STOCK[2]: — 2 bis — 20⁰.

Verwendung als Geigenlacke, für Pauspapier, in der Pharmazie und Kunstmalerei.

10. Kopale. Unter Kopale faßt man eine große Reihe von Harzen verschiedenster Herkunft und Art, teils rezent, teils fossil, zusammen. Äußere Eigenschaften und physikalische Konstanten sind demnach unterschiedlich und können im allgemeinen zur Charakterisierung nicht herangezogen werden. Die Farbe wechselt von hellgelb bis braun; einige Kopale sind glasklar, andere getrübt bis milchig. Schmelzpunkt und Erweichungspunkt schwanken sehr, desgleichen die Löslichkeit in den verschiedensten Lösungsmitteln. Die Dichte liegt nahe bei 1,06, zeigt aber Unterschiede von 1,03—1,07 und wird durch naturbedingte Lufteinschlüsse stark beeinflußt. Nach der Härte lassen sich harte und weiche Kopale unterscheiden. Die härtesten Kopale sind: Sansibar-, Mozambique- und Sierrakopale; als weiche Kopale bezeichnet man Manila-Kopal und die südamerikanischen Kopale. Das optische Drehungsvermögen gestattet eine Unterscheidung zwischen ost- und westafrikanischen Kopalen, die links drehen und den von Dammara-Koniferen stammenden ostindischen und australischen Kopalen, die Rechtsdrehung aufweisen.

Im einzelnen gilt für $[\alpha]_D^{20}$ [3]: (in Dioxanlösung oder in einer Mischung von 1 Teil Benzol, 1 Teil Butanol und 2 Teilen Alkohol):

Tabelle 5.

Kopale	$[\alpha]_D^{20}$	Kopale	$[\alpha]_D^{20}$
Sansibar	— 25 bis — 35⁰	Brasil	+ 11 bis +23⁰
Lindi	— 29⁰	Manila, weich	+ 33 „ + 55⁰
Sierra Leone	— 28 bis — 37⁰	„ hart	+ 31⁰
Kongo	— 24 „ — 35⁰	Niederländ. Indien	+ 32 bis + 37⁰
Angola	— 2 „ + 12⁰	Batjan	+ 36 „ + 39⁰
Benguela	— 3 „ — 21⁰	Kauri	— 1 „ + 23⁰

Das größte Anwendungsgebiet ist die Lackindustrie. Gewisse Kopale werden auch zum Polieren von gebranntem Kaffee benutzt.

a) Ostafrikanische Kopale. 1. Sansibarkopal. Stammpflanze Trachylobium mossambicense (Leguminose), halbfossil. Die Oberfläche ist warzig wie eine Gänsehaut,

---

[1] Von zwei Proben aus Venezuela. E. DEUSSEN: Arch. Pharm. u. Ber. Deutsch. Pharm. Ges. 1932, **270**, 263.   [2] DIETERICH-STOCK: Analyse der Harze, S. 59. Berlin 1930.
[3] C. PLONEIT u. S. LOEBMANN: U. 1930, **37**, 323; C. 1931, I, 860.

daher auch „Gänsehaut-Kopal". Die einzelnen Stücke sind außen opak, innen klar, Farbe blaßgelb bis rötlich. Beim Kauen zerfällt er zu einem nicht klebenden Pulver. Beim Ritzen mit der Nadel splittert er nicht.

2. **Mosambikkopal und Madagaskarkopal** sind weniger hart und zeigen etwas Splitterwirkung beim Anritzen.

b) **Westafrikanische Kopale.** 1. **Sierra-Leonekopal.** Stammpflanze Guibourtia copaifera, rezent-fossil, durchscheinend bis durchsichtig, fast farblos, Bruch glasglänzend.

2. **Kongokopal.** Stammpflanze wahrscheinlich Copaifera Demensii Harms oder C. Guiboutiana. Meist fossil, mit dicker Verwitterungsschicht, hellgelb bis bräunlich, klar oder milchig, Bruch muschelig und glasglänzend. Beim Ausschmelzen wird die Löslichkeit in Benzin größer, die in Alkohol geringer.

c) **Kaurikopal.** Stammpflanze Dammara australis, Agathis australis und Dammara ovata. Herkunft Neuseeland und Neukaledonien. Fossil und halbfossil, hellfarbig bis braun, Bruch muschelig, glas- bis fettglänzend, Oberfläche kreidige, weiche, dicke Verwitterungskruste. Beim Kauen klebt das Pulver an den Zähnen und beim Reiben tritt starker, balsamischer Geruch auf. Kennzahlen: SZ 74—142; VZ 77—120, meist 75—85; Summe aus JZ und VZ 340—370. Die rezenten Kopale zeigen die höchsten Kennzahlen. Asche 2,5—4,5%. In Amylalkohol und Amylacetat fast völlig löslich. Im allgemeinen sinkt die Löslichkeit mit dem Alter der Kopale.

1. **Frisches Harz:** Viscose, bald erstarrende Flüssigkeit.
2. **Buschharz:** Bereits längere Zeit gelagert.
3. **Fossiles Harz:** (range gum, dial gum), wenig unterhalb der Erde.
4. **Sumpfharz:** Aus Torfmooren bis zu 5 m Tiefe.

Bei der Wasserdampfdestillation liefern in Prozenten[1]:

Tabelle 6.

Bestandteile	Frisches Harz	Buschharz	Fossiles Harz	Sumpfharz
Ätherisches Öl	8,4	4,9— 6,8	4,0	0,9
Gummi	1,1	0,3— 0,4	0,2	0,2
Harz	77,6	89,4—92,6	94,1	84,5
Verunreinigungen	3,1	0,8— 1,2	—	10,0
Wasser und Verluste . . .	9,8	1,4— 2,2	1,7	4,4

Das ätherische Öl besteht in der Hauptsache aus d-α-Pinen.

d) **Südamerikanische Kopale. Manilakopal.** Stammpflanze Dammara orientalis. Halbdurchsichtige bis völlig undurchsichtige Klumpen oder Knollen von muscheligem Bruch und kreidiger, weicher Oberfläche. Manilakopal klebt beim Kauen mehr oder weniger an den Zähnen und zeigt beim Reiben balsamischen und eigentümlich säuerlichen Geruch. Die Kennzahlen schwanken sehr, die Löslichkeit verringert sich mit dem Alter. Man unterscheidet den rezenten, weichen Manilakopal von den Philippinen und Sundainseln, völlig löslich in Alkohol, und den fossilen, harten Manilakopal, gelbweiß bis gelbrot, trübe und undurchsichtig.

11. Mastix. Stammpflanze Pistacia lentiscus L. var. Chia DC auf der Insel Chios. Mastix besteht aus rundlichen oder länglichen Körnern von etwa 0,5 cm Durchmesser, ist blaßgelblich, mitunter grünlich mit matter und weißlicher Oberfläche, glasglänzendem, muscheligem Bruch und aromatischem Geruch und Geschmack. Es erleidet beim Kauen einen charakteristischen Zerfall zur breiigen Masse. Vollständig löslich in Äther, Chloroform, Essigäther, Benzol, Xylol, Toluol, 80%igem Chloralhydrat; fast völlig löslich in Petroläther, Aceton, Amylalkohol; teilweise löslich in Terpentinöl, Schwefelkohlenstoff, Methyl- und Äthylalkohol; unlöslich in Wasser. SZ 50—75, VZh 80—100; MZ 2,4; Aschengehalt der besten Sorte: Mastix electa 0,25%, der anderen Sorten: Mastix naturale und pulv. je 0,5%.

Mastix wird verwendet für Kitte und Lacke, für Klebemittel, für Theaterbärte und Verbände (Mastisol), auch zum Polieren von gebranntem Kaffee; im Orient als Kauharz und zur Herstellung von Mastixwein „Raki".

12. Olibanum, Weihrauch. Stammpflanze Boswellia Carterii Birdw. (Somaliland). Das Harz besteht aus kleinen, tränenförmigen, spröden Körnern, ist blaßgelb, matt, außen bestaubt. Nur teilweise löslich in Alkohol, Äther, Chloroform. Weihrauch wird beim Kauen pulverig, erweicht dann und schmeckt etwas bitter und aromatisch. SZd 30—35; VZ 75—85,

---

[1] J. R. Hopkins: Rec. Trav. chim. Pays-Bas 1929, 48, 622.

VZh 140—230; EZ 110—170; Asche nicht mehr als 3%; in Alkohol unlöslicher Anteil höchstens 30%.

Anwendung für kultische Zwecke in der katholischen Kirche. Es ist Bestandteil eines Kesselsteinverhütungs- und Ablösungsmittels („Radikal" von SCHENITZA).

13. Palmendrachenblut. Stammpflanze Calamus Dracu, eine auf den Sundainseln vorkommende Palme. Das Harz kommt in 20 cm langen Stangen von 1,5 cm Durchmesser in den Handel, hat eine tiefrote, zuweilen schwarzrote Färbung, ein Strich mit der Nadel erscheint blutrot. Billigere Harze sind heller, der Strich ist ziegelfarben. Palmendrachenblut ist undurchsichtig, geruch- und geschmacklos. GVZ 86,8—173,2; HZ 79,8—119,0.

Anwendung: Zum Färben von Zahnpulvern und Lacken, als Reagenspapier („Dracorubinpapier") [1].

14. Perubalsam. Stammpflanze Myroxylon balsamum L. (Mittel- und nördliches Südamerika). Der Balsam ist klar, dickflüssig, sirupartig, braunrot, von vanilleartigem Geruch und anfangs mildem, später kratzendem, etwas bitterem Geschmack. Beim Reiben zwischen den Fingern klebt er nicht. Bei der Wasserdampfdestillation geht Cinnamein mit über [2]. Dichte 1,135—1,145 (nach dem Schweizer Arzneibuch V: 1,145—1,167); SZd 60—80; VZ 240—270; EZ 180—200; JZ etwa 75; Harzestergehalt 20—28%; Cinnameingehalt 65—77%. L. ROSENTHALER [3] glaubt in der Bestimmung der Jodzahl der alkoholischen Komponente des Cinnameins eine wichtige Kennzahl gefunden zu haben. Sie beträgt 38—51. MZ 19—23, mit Äthylphthalat gestreckt: 85.

In der Hauptsache findet Perubalsam für medizinische Zwecke Verwendung, auch für Haarwuchsmittel wird er benutzt und dient als Vanilleersatz bei der Herstellung billiger Schokoladesorten.

15. Sandarak. Stammpflanze Callitris quadrivalvis (Cupressinee), Algier, Marokko. Das Harz besteht aus länglichen, bis 0,5 cm dicken Körnern, ist hellgelblich bis zum lichten Braun, bisweilen rotstichig, von weißlicher und matter Oberfläche und schwach muscheligem Bruch. Es zerfällt beim Kauen, haftet nicht an den Zähnen und hat einen bitteren Geschmack. — Schmelzpunkt etwa 145⁰. Fast völlig löslich in Äther, Alkohol, Aceton, Amylalkohol; teilweise in Benzol, Chloroform, Eisessig, Terpentinöl, Methylalkohol; wenig löslich in Tetrachlorkohlenstoff, Benzin und Schwefelkohlenstoff. SZ 130—160; VZ 155—180; DZ 20—35; MZ 0,6. Die Kennzahlen schwanken jedoch sehr und liegen nicht selten außerhalb der genannten Grenzen.

Sandarak wird in der Lackindustrie, für Harzkitte und für provisorische Zahnfüllmassen verwendet.

16. Schellack. Schellack ist das Erzeugnis der tiefrot gefärbten weiblichen Individuen der Stocklaus, Tachardia Lacca, die sich an den Zweigen verschiedener vorderindischer Pflanzen, insbesondere Butea frondosa, Schleichera trijuga, Cajanus indicus u. a. festsaugen und mit einem Harzmantel umgeben.

Tabelle 7.

Zusammensetzung des Stocklacks	mindestens %	höchstens %
Wasser	1,012	6,032
Zucker, Eiweiß, lösliche Salze	1,962	13,987
Gesamtwachs	2,124	8,625
davon in heißem Alkohol löslich . .	0,980	7,532
Farbstoff, in Wasser löslich	0,610	2,891
Gesamtharz	47,48	93,62
davon in Äther löslich	2,02	17,14
Rückstand	2,232	30,240

Das rohe Harz, der Stocklack, enthält neben den natürlichen Verunreinigungen von Pflanzen- und Tierresten einen wasserlöslichen, roten Farbstoff,

---

[1] Hersteller: Chem. Fabrik Helfenberg A. G. vorm Eugen Dieterich, Helfenberg bei Dresden. [2] A. W. SORTELL: Ber. Deutsch. Pharm. Ges. 1914, **24**, 233; C. 1914, I, 2207.

[3] L. ROSENTHALER: Pharm. Ztg. 1928, **73**, 837; C. 1928, II, 1133. — Siehe auch M. M. JANOT: Bull. Sci. pharmacol. 1934, **41** (36), 219; C. 1935, I, 1270.

der durch Waschen des zerkleinerten Stocklacks mit Wasser entfernt wird. Dieses als **Körnerlack** bezeichnete Erzeugnis wird warm durch Baumwollgewebe gepreßt und auf gekühlte Zylinder gestrichen. Das Produkt heißt **Granat-** oder **Knopflack**. Für gewisse Zwecke wird Schellack mit Chlorgas, Natriumhypochlorit oder auch schwefliger Säure **gebleicht**. Wird der Schellack vor der Bleichung von Schellackwachs befreit, so erhält man den **klarlöslichen, gebleichten Schellack**.

Schellack enthält als einzigstes Harz nur aliphatische Verbindungen[1]. Außer der Aleuritinsäure $CH_3(CH_2)_{11}(CHOH)_3 \cdot COOH$ wurde noch die Schellolsäure $C_{15}H_{20}O_6$ isoliert. Das Harz ist nach amerikanischen Forschern[2] als ein Ester-Kondensationsprodukt aufzufassen. Wahrscheinlich liegen verschiedene Estertypen vor, und zwar Lactide, Lactone, Anhydride und andere Ester, wobei die ersten drei genannten Verbindungen der Hydrolyse leichter unterliegen als die anderen. — Das im Schellack vorhandene Wachs besteht nach BENEDIKT und ULZER[3] hauptsächlich aus Ceryl- und Myricylalkohol, teils frei, teils als Ester der Palmitin-, Öl-, Cerotin- und Melissylsäure, die ebenfalls auch frei vorkommen. Nach H. WOLFF[4] enthält das Wachs keinen Cerylalkohol, sondern den Alkohol Tachcardiol $C_{24}H_{50}O$ vom Schmelzpunkt 81/82°.

Die nachstehende Tabelle gibt einige bei Schellack verschiedener Herkunft ermittelte Kennzahlen[5].

Tabelle 8.

Sorte	Feuchtigkeit % (Trocknen bei 100°)	In heißem Alkohol unlöslich %	SZ	VZ	EZ	JZ (HÜBL) nach 18 Stunden
Rohlack aus Schleichera trijuga. .	2,7	0,7	61,1	201,0	139,9	9,6
Desgl. aus Butea frondosa	3,8	0,8	60,8	202,4	141,6	9,3
Gewöhnlicher Lack	3,9	1,1	63,1	201,6	138,5	8,2
Mirzapur Faktorei-Schellack . . .	2,0	0,6	64,4	203,6	139,2	8,6
Lackwachs. . . .	—	—	22,1—24,3	79,2— 85,0	57,1— 60,7	8,8
Lackharz, im Exsiccator getrocknet	—	—	52,1—59,2	193,5—198,4	139,2—141,4	6,8—7,3
Desgl. geschmolzen	—	—	54,9	190,0	135,1	5,7

Die bekanntesten Handelssorten und die an sie zu stellenden Anforderungen sind aus der Tabelle nach BAYLEY PARKER ersichtlich:

Tabelle 9.

Angabe	Reiner Knopflack	Schwarzer Knopflack	Reiner Lemon-Schellack	Reiner Orange-Schellack	Schellacksorte TN-Standard
Äußeres . .	rundl. Stücke, etwa 4—12 cm ⌀; 0,3—1 cm Dicke	wie 1	dünne Blättchen	dünne Blättchen	Blättchen
Farbe . . .	halbdurchsichtig, klar, rot, gelb, braun	dunkelrot bis schwarzbraun halbdurchsichtig	klar hellgelb, durchscheinend	hellorange durchscheinend	dunkelorange, halbdurchscheinend

[1] A. TSCHIRCH: Schweiz. Apoth.-Ztg. 1922, **60**, 609; C. 1923, II, 530.
[2] W. F. WHITMORE, H. WEINBERGER u. W. H. GARDNER: Ind. engin. Chem., Analyt. Edit. 1932, **4**, 48; Ref. Farben-Ztg. 1932, **38**, 456.
[3] H. WOLFF: Chem.-Ztg. 1922, **46**, 265, 291.
[4] H. WOLFF: Farbe und Lack 1926, 245, 258, 269, 282.
[5] P. SINGH: U. 1911, 85; Ref. Pharmaz. Zentralh. 1914, **55**, 770.

Tabelle 9 (Fortsetzung).

	Reiner Knopflack	Schwarzer Knopflack	Reiner Lemon-Schellack	Reiner Orange-Schellack	Schellacksorte TN-Standart
Kolophonium	nicht statthaft	max. 5%	nicht statthaft	nicht statthaft	max. 3%
Asche . . .	max. 0,6%	max. 2%	max. 0,7%	max. 1%	1,5% (einschl. Auripigment)
SZ	max. 66	max. 66	max. 60	max. 60	max. 66
VZ.	max. 225	max. 225	max. 200	max. 200	max. 225
Wachsgehalt, min.	3%	3%	3%	3%	3%
max.	6%	10%	6%	8%	9%

Bei allen Sorten wird verlangt, daß eine Lösung von 160 Gewichtsteilen Schellack in 246 Teilen Alkohol ($D_{15,5}$ = 0,820), bei 15,5° durch 12stündiges Stehen unter häufigem Umschütteln hergestellt, eine durchschnittliche Dichte von 0,925 bei 15,5° habe. Die Lösung soll leicht durch ein 60-Maschendrahtsieb laufen und darf beim Stehen keinen Niederschlag geben oder ungelöste Teilchen enthalten (außer dem suspendierten Wachs, das sich allmählich absetzt).

Bei den besseren Sorten unterscheidet man noch MG-Schellack (medium grades of orange), infolge Auripigmentzusatzes von heller Farbe, und den sehr reinen HG-Schellack (high grades of fine orange), hergestellt aus bestem Schellack mit keinem oder nur sehr geringem Auripigmentzusatz. Kala ist ein aus den Rückständen anderer Schellacksorten hergestelltes minderwertiges Harz und enthält ziemliche Mengen von Kolophonium.

Der Zusatz von Kolophonium erfolgt, um die Strengflüssigkeit beim Schmelzprozeß zu heben, der von Auripigment, um dem Schellack ein besseres Aussehen zu verleihen. Anscheinend tritt auch eine Art von Vulkanisation ein (W. NAGEL und M. KÖRNCHEN[1]).

Der Wassergehalt des Schellacks beträgt rund 3%, der des gebleichten Schellacks bis zu 15 und 20%. Mengen von 30% und mehr sind nicht mehr als handelsüblich anzusehen. Gebleichter Schellack enthält in der Regel etwa 0,8—2,4% Chlor.

Dichte 1,035—1,147; Schmelzpunkt 115—120°, er wird nach jedem Schmelzen höher; bei längerem Erhitzen wird das Harz mehr oder weniger unschmelzbar. — Die Löslichkeit schwankt stark bei den einzelnen Sorten. Sie beträgt in:

Tabelle 10.

Lösungsmittel	Löslichkeit in %	Lösungsmittel	Löslichkeit in %
Alkohol	85—98	Chloroform	bis 15
Äther	10—18	Benzol	10—20
Benzin	2— 6	Terpentinöl	sehr gering
Petroläther	2— 6	Schwefelkohlenstoff . . .	,, ,,

Löslichkeit in Essigäther 52%, wobei das Harz stark quillt; in Chloroform 51%, das Harz wird leimig, setzt sich fest und muß in der Flüssigkeit häufig zerkleinert werden; im Benzol 6%, die Quellung ist gering; in Tetralin 11%, die Quellung ist etwas stärker; in Dekalin 2%, die Quellung ist gering.

Schellack ist in allen Alkalien und alkalisch reagierenden Salzlösungen leicht löslich. Diese Schellacklösungen haben eine charakteristische rotviolette Farbe, die selbst bei den hellsten Sorten ziemlich kräftig ist. Gebleichter Schellack zeigt keine Färbung beim Lösen in Alkalien.

---

[1] W. NAGEL u. M. KÖRNCHEN: Wiss. Veröff. Siemens-Konzern 1927, **6**, 235.

Schellack verliert bei längerem Lagern allmählich seine Alkohollöslichkeit. Diese Alterserscheinung kann durch Umlösen in Essigsäure oder Ameisensäure und Ausfällen mit Säure bzw. Wasser wieder rückgängig gemacht werden[1]. Der gebleichte Schellack wird beim Lagern schneller völlig unlöslich; durch Aufbewahren unter Wasser wird das Unlöslichwerden stark verzögert, aber nicht verhindert. Nicht sorgfältig von Mineralsäure befreiter Schellack wird rascher unlöslich als gut gewaschener.

SZ etwa 40—70, meistens 55—65 (bei völlig kolophoniumfreiem Schellack); VZ 185—215, meistens 195—210 (bei Rubinschellack bis herab zu 175), bei gebleichtem Schellack auch bis etwa 250; EZ 135—190, meistens 150—170; JZ 10—18, bei gebleichtem bis herab zu 4; RhZ 9—20, für gebleichten Schellack 11.

Schellack wird benutzt zur Herstellung von Polituren, Grammophonplatten, Siegellack, Brauglasur. Lösungen in Soda, Borax oder Ammoniak dienen als Hutsteifen in der Filzhutindustrie und als Appreturen von Gummizeug und Leder.

17. Styrax. Stammpflanze Liquidambar orientalis Miller (Kleinasien) und L. styraciflua L. (Amerika). Styrax ist honigweich und balsamartig, von mausgrauer Farbe und eigenartigem, gewürzhaft kratzendem Geschmack. Wasserfreier Styrax ist braun und klar und wird mit der Zeit hart. SZ 50—115; VZ 145—200; Asche nicht mehr als 1,5%; Wasser nicht mehr als 30%.

Styrax wird in der Arznei, Parfümerie und Lackindustrie und als Räuchermittel verwendet.

18. Terpentin. Terpentin ist das durch Anschneiden lebender Bäume oder aus totem Holz von Pinus- und Abiesarten gewonnene Harz.

Stammpflanzen der nordamerikanischen Terpentine: Abies balsamea, Pinus strobus, Pinus resinosa, Pinus toeda; die der französischen, spanischen und portugiesischen Terpentine: Pinus maritama, Picea exelsa, Abies pectinata und Pinus silvestris.

Kienöl oder russisches Terpentin wird durch einfache Verkohlung aus Stockholz, Stubben, Holzspänen und Sägemehl gewonnen. Auch Extraktion mit Lösungsmitteln, wie Benzol, Leichtbenzin und Verseifung sind Gewinnungsarten.

Sulfatterpentin ist das Abfallprodukt bei der Zellstoffgewinnung aus harzreichem Kiefernholz.

Je nach der Stammpflanze unterscheidet man feine und gewöhnliche Terpentine.

Zu den feinen Terpentinen gehört das venetianische oder Lärchenterpentin, das meist klar ist bei Abwesenheit von Abietinsäurekrystallen, blaßgelb bis grünlich, von aromatischem, etwas säuerlichem Geruch und dünnflüssiger als das auch zu den feinen Terpentinen gehörende Straßburger Terpentin.

Eine besondere Art der feinen Sorten ist der Kanadabalsam von Abies balsamea und Pinus Fraseri. Seine Dichte ist höher als die des venetianischen Terpentins (0,865—0,90 und mehr), auch andere physikalische und die chemischen Eigenschaften sind verschieden. Er ist nicht, wie das venetianische Terpentin, in jedem Verhältnis in Eisessig, Aceton, absolutem Alkohol löslich.

Die gewöhnlichen oder gemeinen Terpentine sind dünn- bis dickflüssig und enthalten oft große Mengen krystallinischer Abietinsäure, dafür wenig Terpentinöl, dessen Gehalt bei 15—33%, selten bis zu 10% herunter, liegt. Sie werden oft zur Verfälschung der feinen Terpentine verwendet.

Seltener verfälscht werden die gewöhnlichen Terpentine, jedoch werden Kunstterpentine mitunter als echte Terpentine ausgegeben. Kunstterpentine sind Lösungen von Kolophonium oder Scharrharz in Mineralöl, Schwerbenzin, Kienöl, Harzöl, Pinolin usw. So dient nach Fabris eine Lösung von Kolophonium in Pinolin und Terpentinöl als Verfälschung für Lärchenterpentin.

---

[1] Siehe Eußnote S. 779.

Alle Terpentine sind löslich in Terpentinöl, Äther, Alkohol, Benzin; im geschmolzenen Zustand sind sie mit fetten Ölen und Fetten mischbar, meist tritt beim Erkalten jedoch wieder Entmischung ein. Nebenstehend einige Kennzahlen:

19. Tolubalsam. Stammpflanze ist Myroxylon Balsamum L. Harms var. genuinum BAILLON (nordwestl. Teil Südamerikas). Tolubalsam ist meist fest, fließt aber leicht zusammen und läßt sich in der Kälte gut pulvern. Er ist von braungelber bis rötlichbrauner Farbe, durchsichtig oder durchscheinend (sehr alter Balsam ist krystallinisch) und von angenehmem Vanillegeruch. Erweichungspunkt etwa 30°; Schmelzpunkt 60—65°; SZ 112—168; VZ 154—210; MZ 46—47; Asche höchstens 1%. Löslich in Alkohol, Aceton, Chloroform, Essigäther und Kalilauge. In den anderen Lösungsmitteln ist er mehr oder weniger unlöslich.

Tabelle 11.

Kennzahlen	Gewöhnliches Terpentin	Lärchen-Terpentin
SZ	108—145	65—100
meist . .	110—125	65—75
VZ	105—180	85—130
meist . .	115—130	110—130
EZ	2—60	0—55
meist . .	5—20	35—55

Tolubalsam findet Verwendung in der Parfümerie und zum Überziehen von Pillen (auch Salmiakpastillen).

20. Weihrauch siehe Olibanum.

21. Kunstharze sind aus industriellen Rohstoffen hergestellte harzähnliche Erzeugnisse, die imstande sind, Naturharze zu ersetzen und die, wenn möglich, noch bessere Eigenschaften aufweisen als die Naturharze. Besonders in neuerer Zeit ist der Bedarf an derartigen Ersatzstoffen ein gewaltiger geworden, und die chemische Industrie hat heute Wege gefunden, Kunstharze der verschiedensten Arten zu erzeugen, die die an sie gestellten Anforderungen in hohem Maße erfüllen, ja, in vielem einheitlicher ausfallen als die von Ernte zu Ernte wechselnden Erzeugnisse der Natur. Gesundheitliche Bedenken gegen die Verwendung von Geräten aus Kunstharzen, wie sie von Zeit zu Zeit geäußert werden[1], sind bei sorgfältig hergestellten Erzeugnissen gegenstandslos.

Nach der Theorie von STAUDINGER stellen brauchbare Kunstharze Makromoleküle dar, die aus einer großen Anzahl von Struktureinheiten gebildet sind. Je nach der Länge der Kette werden Hemi- oder Eukolloide unterschieden. Das Ziel der Kunstharzdarstellung ist das Eukolloid. Als Beispiel für hochmolekulare Verbindungen sind die Harze aus mehrwertigen Alkoholen und mehrbasischen Säuren zu nennen, die unter der Bezeichnung Glyptale, Rezyle und Alkydharze bekannt sind.

Je nach der Art der Herstellung der Kunstharze erfolgt die Einteilung in Polymerisations- und in Kondensationsharze.

1. Zu den Polymerisationsharzen gehören: a) Die Cumaronharze, die 1890 von KRÄMER und SPILKER zum ersten Male hergestellt wurden. Ausgangsmaterial ist das sog. Lösungsbenzol II, das zwei polymerisierbare Verbindungen, das Cumaron und das Inden, enthält. Die Polymerisation erfolgt mittels Schwefelsäure oder Aluminiumchlorid bei erhöhter Temperatur. Durch geeignete Änderung der Reaktionstemperatur und der Schwefelsäuremenge und durch entsprechende Reinheit des Ausgangsstoffes lassen sich Harze mit den verschiedensten Eigenschaften erhalten.

Die mittels Aluminiumchlorid hergestellten Harze haben einen höheren Schmelzpunkt (bis zu 160°) als die Harze, bei denen Schwefelsäure verwendet würde (bis zu etwa 60°). Die Cumaronharze sind in den meisten Lösungsmitteln, wie den aromatischen Kohlenwasserstoffen, Chloroform, Tetrachlorkohlenstoff, den Chloräthanen, Chloräthylenen und Aceton löslich; Petroläther löst nur bis zu 10%; Alkohol sehr wenig, Benzin je nach der Art des Lösungsmittels und des Harzes; Gemische aus Alkohol und Benzin, bzw. Petroläther und Alkohol, wenn einer der beiden Anteile zu mindestens 20% anwesend ist, lösen

---

[1] W. MEYER: Pharm. Ztg. 1934, **79**, 1148; C. 1935, I, 2448.

dagegen völlig. SZ 1,1—20,4; VZ 1,2—24,1; JZ 22,9—38,9. Die Cumaronharze sollten nach ihren Ausgangsprodukten weder Säurezahl noch Verseifungszahl besitzen. Da es sich jedoch um technische Stoffe handelt, die fremde Beimengungen enthalten, entstehen bei dem Herstellungsvorgang durch Oxydation und Bildung von Sulfosäuren sauer reagierende Bestandteile. Die Jodzahl wird verständlich durch das Vorhandensein mehr oder minder ungesättigter Kohlenwasserstoffe oder anderer Verbindungen.

Cumaronharze werden in der Lackindustrie noch wenig gebraucht. Sie sollen für diese Zwecke weder freie, noch gebundene, weder wasserlösliche noch -unlösliche Schwefelsäure enthalten, da sie sonst auf Eisen rostbildend wirken. Am meisten werden Cumaronharze für Siegellacke, für Druckfarben, zur Papierleimung, für Kitte und Klebestoffe, z. B. Raupenleim verwendet. In der Sprengstoffindustrie dienen sie als Ersatz für Colophonium.

b) Die **Acrylharze** sind Polymerisationsharze aus Acryl- und Metacrylsäure und deren Abkömmlingen. Es sind harte, schwer verseifbare Harze, unlöslich in Benzin und Mineralölen und beständig gegen viele Chemikalien. In der Technik werden sie als Zwischenschicht für splittersicheres Glas, als elektrisches Isoliermaterial, bei der Herstellung von Kunstleder und für Lacke und Klebemittel verwendet.

c) Die **Vinylharze** oder **Vinylite** entstehen durch Polymerisation von Vinylacetat oder anderer Vinylverbindungen, bilden sich aber auch durch Einwirken dieser Stoffe auf Acetaldehyd oder Formaldehyd. Sie stellen nichtgilbende, wasserhelle Harze dar, lassen sich nicht härten, sind alkali-, wasser- und ölbeständig. In Methyl- und Äthylalkohol, Methyl-, Äthyl-, Butyl- und Amylacetat, Benzol, Toluol, Aceton, Äthylglykol und Chlorkohlenwasserstoffen sind sie löslich, unlöslich in Wasser, Mineralölen, Fetten, Glykol und Glycerin. In der Technik werden sie für Schallplatten, künstliche Gebisse u. dgl. verwendet.

2. Die gebräuchlichsten Kunstharze sind die **Kondensationsharze,** deren Ausgangsstoffe im wesentlichen bestehen aus Phenol, Kresol, Resorcin, Pyrogallol, Naphthol, Harnstoff, Thioharnstoff, ein- und mehrbasischen aliphatischen bzw. aromatischen Carbonsäuren u. a. einerseits; Formaldehyd, Hexamethylentetramin, Acetaldehyd (Paraldehyd), Glyoxal, Furfural, Acrolein, Glycerin, Glykol, Äthylendiglykol, Sorbit usw. andererseits.

a) **Phenol-Formaldehydharze** sind Reaktionsprodukte von Phenolen (Carbolsäure und Reinkresol) mit Aldehyden, insbesondere Formaldehyd; als Kondensationsmittel dienen alkalische Stoffe, wie Ammoniak, Hexamethylentetramin. Bei Anwendung saurer Kondensationsmittel entstehen schmelzbare Kunstharze (Novolacke).

Je nach dem Grad der Kondensation und nach der Menge der beiden miteinander reagierenden Grundstoffe erhält man Harze verschiedenster Eigenschaften. Erzeugnisse aus 2 Molen Phenol (P) und 1 Mol Formaldehyd (F) sind beim Erhitzen flüssig und bleiben flüssig; sie behalten auch nach dem Erkalten unverändert ihre Eigenschaften bei.

Bei Verwendung von 1 Mol P und 1 Mol F werden im Anfangsstadium die **Bakelite A** oder nach Lenbach die **Resole** gebildet. Sie sind bei Zimmertemperatur dünn- oder dickflüssig, salbenartig oder fest, in Äthyl-, Butyl-, Amylalkohol, Glycerin, Äther, Aceton, Phenol und Natronlauge löslich, in Benzol, Benzinkohlenwasserstoffen, Terpentinöl und fetten Ölen unlöslich. Die festen Arten sind ziemlich spröde und schmelzen beim Erwärmen ohne wesentliche Zersetzung. Flüssige A-Harze sind gelbbraun bis dunkelbraun, sirupartig; Dichte 1,14—1,20. Beim Stehen scheiden sie an der Oberfläche Wasser ab. Sie haben einen Gehalt an freiem Phenol und freiem Formaldehyd und sehr geringen Aschengehalt von 0,1% und weniger. Feste A-Harze sind im Aussehen dem Kolophonium ähnlich, ihr Schmelz- und Erweichungspunkt liegen zwischen 50—70° und steigen bei längerem Lagern auf 80—90° an; Dichte 1,18—1,20. — Nach längerem Erhitzen gehen die A-Harze in den B-Zustand über (**Bakelite B** oder **Resitole**). Die B-Harze sind bei allen Temperaturen fest, spröder als die A-Harze, nicht mehr löslich, dafür in Aceton und Phenol quellbar. Beim Erhitzen schmelzen sie nicht, sondern werden plastisch, um beim Erkalten wieder spröde zu werden. — Bei weiterem längerem Erhitzen entstehen dann schließlich die nicht mehr erweichenden und nicht mehr quellfähigen Harze von großer chemischer und mechanischer Widerstandsfähigkeit (**Bakelite C** oder **Resite**, auch **Phenoplaste**). Die C-Harze werden von Aceton, schwachen Säuren und Laugen nicht mehr angegriffen; kochende konzentrierte Schwefelsäure zerstört, kochende verdünnte Schwefelsäure ist unwirksam. Über 300° tritt Zersetzung und Verkohlung ein.

Bei Phenolüberschuß und Anwendung nichtbasischer Kondensationsmittel entstehen den A-Harzen, Resolen ähnliche Harze, die **Novolacke**, die beim Erhitzen nicht in den

B-Zustand übergehen. Sie besitzen gewisse Eigenschaften des Schellacks, haben aber keine Klebefähigkeit für Glimmer.

Der größte Teil der Phenol-Formaldehydharze wird im A-Zustand als Bindemittel verschiedener Kunststoffe (Knöpfe, Schnallen, Schmuck- und Spielgegenstände usw.) verwendet. Die härtbaren Arten dienen zur Herstellung von Lacken und Klebemitteln. Mit Öl modifizierte Phenol-Formaldehydharze sind wetter-, wasser- und schlagfest und werden auch dazu verwendet, um Gewebe gegen Öl, Seife und Wasser unempfindlich zu machen. B-Harze und Novolacke sind Schellackersatzstoffe. Kondensationsharze aus Phenol und Acetaldehyd stellen die sog. Wackerschellacke dar. Kondensationsharze, besonders aber die aus Tanninen und Formaldehyd hergestellten sauren Harze wirken wie Zeolithe; sie können aus harten Wässern Kalk und Magnesium entfernen und durch Kochsalzlösung regeneriert werden[1]. Auf Phenolharzgrundlage beruhen die Konservendosenlacke. — Eine wichtige Kombination von Phenol-Formaldehydharzen mit Kolophonium oder Kolophoniumestern sind die nach dem Erfinder Dr. K. ALBERT benannten Albertole, die sich in ihren Eigenschaften weitgehend den Naturkopalen nähern. Sie sind bernsteingelb, glasig durchsichtig, amorph und von scharfkantigem Bruch. Beim Zerreiben tritt Geruch nach Terpineol auf. Leicht löslich in Chloroform, Benzol, Schwefelkohlenstoff, Essigäther, Terpentinöl, Olivenöl, Leinöl; teilweise löslich in Aceton, Benzin und Essigsäure; schwerlöslich in Methyl-, Äthyl- und Amylalkohol. Kennzahlen[2]: Dichte bei 15^0 1,042, Schmelzpunkt $56—59^0$; $[\alpha]_D + 38,05^0$; SZd 22,72; VZ 67,6; EZ 44,9; Gewichtsverlust bei 100^0 1,03%; Asche 0,05%.

Die Konstitution der Phenol-Formaldehydharze ist das Ziel vieler Arbeiten gewesen. Nach F. POLLAK und F. RIESENFELD[3] wird den Novolacken aus 7 Mol Phenol und 6 Mol Formaldehyd die Formel zugeschrieben

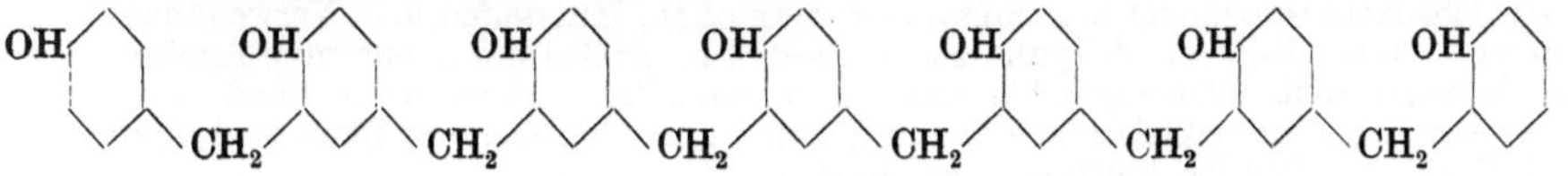

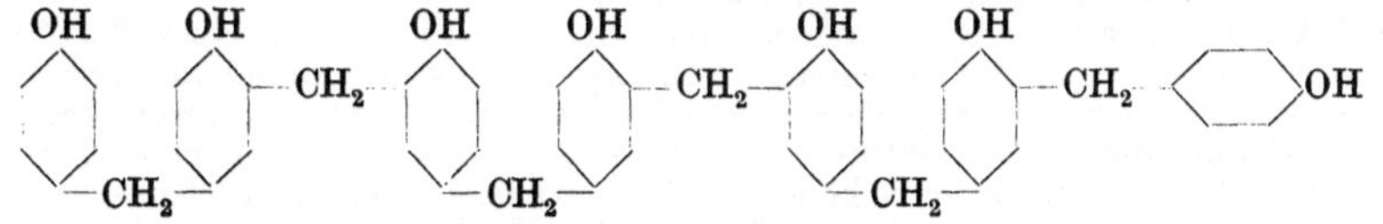

$$C_{48}H_{42}O_7$$

oder

Nach BLUMFELD[4] entstehen die hochmolekularen Harze durch Kondensation zweier langen Ketten von polymeren Oxydiphenylmethanen unter Wasseraustritt:

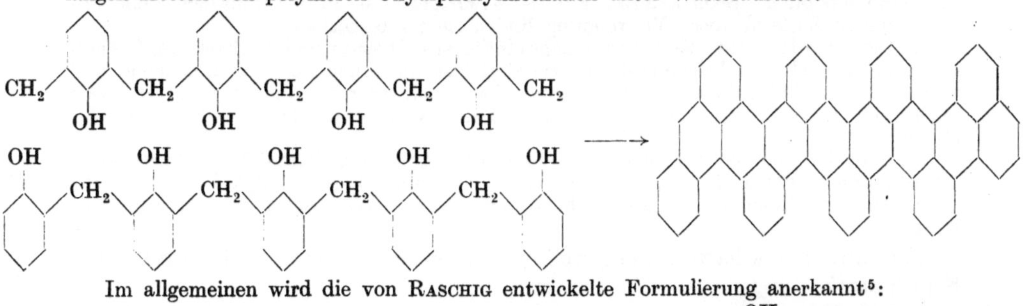

Im allgemeinen wird die von RASCHIG entwickelte Formulierung anerkannt[5]:

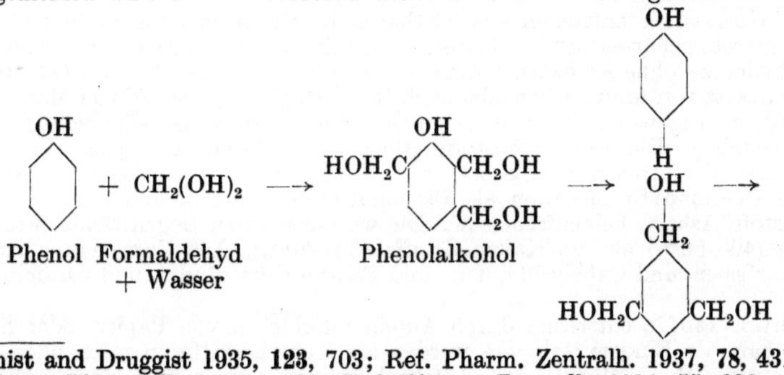

Phenol Formaldehyd + Wasser

Phenolalkohol

[1] Chemist and Druggist 1935, **123**, 703; Ref. Pharm. Zentralh. 1937, 78, 431.
[2] G. MAUE: Pharm. Ztg. 1914, 876; Ref. Pharm. Zentralh. 1914, **55**, 996.
[3] F. POLLAK u. F. RIESENFELD: Zeitschr. angew. Chem. 1930, **43**, 1129.
[4] H. STÄGER: Helv. chim. Acta 1931, **14**, 285. [5] RASCHIG: Chem.-Ztg. 1935, **61**, 415.

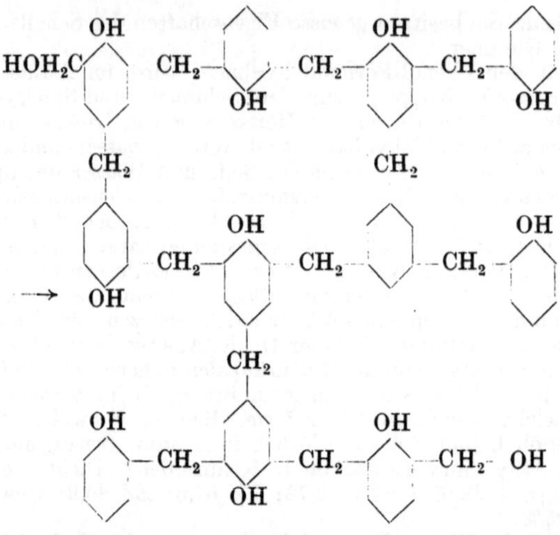

$$\text{HOH}_2\text{C} \overset{\text{OH}}{\diagup} \text{CH}_2 - \underset{\text{OH}}{\diagup} \text{CH}_2 - \overset{\text{OH}}{\diagup} \text{CH}_2 - \underset{\text{OH}}{\diagup}$$

b) **Die Harnstoff-Formaldehydharze** sind toluol- bzw. alkohollöslich. In den Anfangsstadiem der Verharzung bilden sich in Wasser kolloidlösliche Harze, von denen das Schellan als Schellackersatzmittel bei Imprägnierungsstoffen, Hutsteifen usw. Verwendung findet. Die aus Harnstoff-Formaldehydharzen hergestellten Preßstoffe nennt man Aminoplasten; sie kommen weiß, elfenbeinfarbig und in anderen hellen Farben vor und sind lichtecht. Sie werden für Wandbekleidungen benutzt, ferner zum Tränken von Baumwoll- und Seidenstoffen, um die Gewebe knitterfrei zu machen.

c) **Phenol-Acroleinharze.** Die Kondensation von 1 Mol Phenol mit 5 bzw. 2,5 Mol Acrolein bei Anwesenheit von 0,1 Gewichtsteil Kaliumbisulfat oder Kaliumhydroxyd als Kondensationsmittel ergibt besonders helle Harze. Als weitere Kondensationsmittel werden genannt β-Naphthalinsulfosäure, Borsäure, Phosphorsäure. Ersatz von Phenol durch Kresol bzw. Xylenol ergibt Harze mit höherem Schmelzpunkt. Sämtliche Kunstharze auf dieser Basis sind leicht löslich in Aceton, Benzol, Benzol-Alkohol; teilweise löslich in Methyl- und Äthylalkohol und Äther; schwerlöslich in Terpentinöl, Leinöl und aliphatischen Kohlenwasserstoffen. Beim Erhitzen auf 180—190° gehen sie in den unlöslichen und unschmelzbaren Zustand über. Verwendung finden sie als Isolierlacke.

d) **Die Glyptale** sind Kondensationsprodukte aus Glycerin und Phthalsäure, Phthalsäureanhydrid oder Phthalsäureestern. Sie sind fast wasserhell und durchscheinend und verhalten sich beim Erhitzen den Phenol-Formaldehydharzen ähnlich. Die Glyptale bleiben bei höheren Temperaturen biegsam. Daher sind sie die besten Klebemittel für Glimmer.

In diese Gruppe gehören auch Kondensationsprodukte aus Phthalsäure, Maleinsäure, Bernsteinsäure oder anderen mehrbasischen Säuren mit Glycerin, Glykol oder anderen mehrbasischen Alkoholen, die als Phthalatharze, Alkydharze, Ölglyptale viel gebraucht werden.

Die aus **Kunstharzen** hergestellten Gegenstände sind Guß-, Preß- und Schichtstoffe.

a) **Die Gußstoffe** entstehen aus härtbaren Kunstharzen ohne Füllmittel, werden in Formen gegossen, gehärtet und bearbeitet. Sehr reine Phenol-Formaldehyd- und Harnstoff-Formaldehydharze ohne Farbzusatz dienen als Bernsteinersatz. Farbige Gußstoffe bilden sich durch Zusatz von Anilinfarben oder auch Ruß. Durch Zugabe geringer Mengen Lösungsmittel erhält man transparente, von fetten Ölen oder Metallsalzen elfenbein- und knochenartige Erzeugnisse. Die hellen Gußstoffe gilben im Laufe der Zeit nach. Verwendung zu Zigarren- und Zigarettenspitzen, Stock- und Schirmgriffen, Billardkugeln u. dgl.

b) **Die Preßstoffe** enthalten als Bindemittel Kunstharze und als Füllmittel Holzmehl, Zellstoff, Asbest, Leinenfaser usw. Die warmgepreßten Gegenstände enthalten mehr Kunstharz (40—50%) als die Kaltpreßstoffe (20—30%). Die Verwendung ist eine sehr vielseitige: Messer- und Gabelgriffe, Tür- und Fenstergriffe, Radio- und Automobilbestandteile.

c) **Schichtstoffe** entstehen durch Aufeinanderkleben von Papier- oder Stoffbahnen mit Kunstharz als Bindemittel. Sie werden als Kunstharz-Hartpapiere oder -Hartstoffe in der Elektro-, Bau-, Möbel- und Automobilindustrie verwendet, für Büchereinbände, Zahnräder u. dgl.

D. Nachweis und Bestimmung der Harze.

Es soll vorausgeschickt werden, daß es sich bei den Harzen, wie bereits erwähnt, keineswegs um einheitliche, chemisch wohl definierte Stoffe handelt, daß daher ein Analysenurteil nicht gefällt werden kann auf Grund einiger weniger Nachweisreaktionen, Bestimmungsverfahren oder Kennzahlen. Hierzu bedarf es einer eingehenden Prüfung, einer geschickten Auswahl und der Kenntnis über den Beweiswert der Reaktionen.

I. Allgemeine Reaktionen.

1. Reaktion mit Kupferacetat nach HIRSCHSOHN, auch nach UNVERDORBEN-FRANCHIMONT: 1 g gepulvertes Harz wird mit 10 ccm Petroläther einige Minuten lang kräftig geschüttelt. Dann wird der Petroläther abfiltriert und das Filtrat mit der gleichen Menge einer 0,1%igen wäßrigen Kupferacetatlösung geschüttelt. Nach der Trennung in zwei Schichten weist die Petrolätherschicht bei Anwesenheit von Koniferen-Harzsäuren eine blaue bis blaugrüne Färbung auf. Die abgetrennte Petrolätherschicht wird gegen weißes Papier betrachtet.

Sämtliche rezenten Koniferenharze mit Ausnahme des Kanadabalsams zeigen eine positive Reaktion. Ähnlich verhalten sich die Kopaivabalsame, bei denen die Farbe mehr ins Grünlichblaue hineinspielt. Empfindlichkeitsgrenze liegt bei 3% Kolophonium. Mastix zeigt eine negative, Sandarak eine positive Reaktion, was zur Unterscheidung beider Harze dienen kann.

P. N. VAN ECK[1] hat die Probe als Mikroverfahren ausgearbeitet.

Eine der HIRSCHSOHNschen Probe ähnliche beschreibt L. ROSENTHALER[2].

2. Reaktion nach STORCH-MORAWSKI (LIEBERMANNsche Cholesterolreaktion): Diese Reaktion wird in der Praxis sehr häufig ausgeführt und ist vielen Abänderungen unterworfen worden.

0,001—0,003 g Substanz werden in 10 Tropfen Essigsäureanhydrid gelöst und unter Kühlung mit 1—2 Tropfen konzentrierter Schwefelsäure versetzt. Sofort nach dem Zusammengießen zeigt eine tiefviolette Färbung an, daß Kolophonium anwesend ist. Die Farbe geht schnell in Blau und schließlich in Grünbraun über.

A. KRAUS[3] beobachtet sowohl die sofort als auch die nach 2 Minuten auftretende Färbung Der Endzustand der Färbung ist nach etwa 20 Minuten erreicht. Undurchsichtige Lösungen werden mit Benzol oder Benzin verdünnt. Gleichzeitig berücksichtigt KRAUS auch die Löslichkeit der Harze in Essigsäureanhydrid. — H. BRANDEL[4] filtriert zuvor vom in Essigsäureanhydrid ungelösten Anteil und versetzt das Filtrat mit 1 Tropfen Schwefelsäure (1,75). — Z. LEPPERT und Z. MAJEWKA[5] führen die Reaktion auf einer Glasplatte mit untergelegtem Papier aus. Eine kleine Probe des gepulverten Harzes (oder 1 Tropfen Lack bzw. Lackrückstand) wird auf der Glasplatte mit einigen Tropfen eines frisch bereiteten Reagensgemisches, bestehend aus 15—20 Raumteilen Essigsäureanhydrid und 1 Raumteil Schwefelsäure (1,84) versetzt. Weitere Änderungen beschreiben J. J. DEENY[6] und F. MICHEL[7] (vgl. S. 274).

Erwähnt sei noch die Arbeitsweise der Chemischen Versuchsanstalt der Deutschen Reichsbahn:

3 Tropfen der zu untersuchenden Substanz (z. B. Lack) werden kalt in Essigsäureanhydrid gelöst und nach dem Filtrieren mit 2 Tropfen Schwefelsäure (1,5) versetzt. Nur eine sofort auftretende Violettfärbung, die mindestens die Farbtiefe einer 0,001 N.-Permanganatlösung aufweisen und außerdem rasch wieder verschwinden muß unter Hinterlassung schmutzig-brauner oder grünlicher Färbung, ist als positiver Kolophoniumnachweis anzusehen. Später auftretende oder anhaltende Färbungen stellen keinen Beweis für die Anwesenheit von Kolophonium dar. Ist die Färbung schwächer, so liegt Verdacht vor. Empfindlichkeit 2% Kolophonium.

[1] P. N. VAN ECK: Pharm. Weekbl. 1926, **63**, 913; C. 1926, II, 1307.
[2] L. ROSENTHALER: Pharm. Ztg. 1927, **72**, 509.   [3] A. KRAUS: Farben-Ztg. 1932, **38**, 322.
[4] H. BRANDEL: Farbe und Lack 1929, 526, 536, 548.
[5] Z. LEPPERT u. Z. MAJEWKA: Farben-Ztg. 1932, **38**, 154.
[6] J. J. DEENY: Amer. Journ. Pharmac. 1932, **104**, 282; C. 1932, II, 904.
[7] F. MICHEL: Chem.-Ztg. 1930, **54**, 182.

Der Nachteil der Reaktion liegt darin, daß sie nicht spezifisch für Kolophonium ist. Weder eine positive Reaktion ist unbedingt beweisend für die Anwesenheit von Kolophonium, noch ein negativer Ausfall ein Beweis für dessen Abwesenheit. Bei altem, oxydiertem Kolophonium kann die Färbung unter Umständen ausbleiben (E. ELSNER[1]). Auch belichtetes Harz, z. B. die sehr hellen französischen Harze, die dem Sonnenlicht ausgesetzt sind, zeigen nach H. WOLFF[2] keine oder nur sehr schwache positive Reaktion. Bei Gegenwart von Leinöl ist die Reaktion nicht eindeutig (K. BRAUER[3]). Eine positive Reaktion zeigen gewisse Kunstharze (Albertole), ebenso Wollfett auf Grund seines Cholesteringehaltes.

Tabelle 12.

Harz	Reaktion nach Z. LEPPERT und Z. MAJEWKA	Reaktion nach A. KRAUS	Löslichkeit in Essigsäureanhydrid nach A. KRAUS	
			heiß	kalt
Kolophonium	violett-blau-grünlich-braun	dunkelviolett-rot-braun	leicht löslich	klar
Kolophonium mit Kalk gehärtet	desgl.	—	—	—
Venetianisches Terpentin	—	violett-gelb-oliv	leicht löslich	trübe
Kanadabalsam	—	dunkelviolett-blauschwarz-olivgrün	schwer löslich	trübe
Albertol 82 G	—	dunkelviolett-olivgrün	leicht löslich	trübe
„ 111 L	amaranthrot-hell-violett-braunrot-braun	dunkelviolett-olivbraun	schwer löslich	trübe
„ 209 L	hellrot-hellviolett-braunrot, braun	—	—	—

3. Die Phloroglucin-Salzsäurereaktion. Sie beruht auf dem Verhalten des Coniferylalkohols mit Phloroglucin und Salzsäure eine kirschrote Färbung zu geben. Die Reaktion kann sowohl in ätherischer bzw. alkoholischer Lösung als auch mit den festen Harzen durchgeführt werden. Nach F. REINITZER[4] geben eine kräftige Färbung: Siam- und Sumatrabenzoe, Tolu- und Perubalsam, Styrax, Dammar, Manila-Elemi, Acaroid, die Überwallungsharze der Fichte, Schwarzkiefer, Lärche, Kopaivabalsam und Olivenharz. Beim Manila-Elemi ist das Elemicin, ein Allyltrimethoxy-3,4,5-Benzol Träger der Reaktion, bei Dammar gibt nur der alkohollösliche Anteil eine Rotfärbung. Die Ausführung beim festen Harze ist folgende:

Bringt man auf eine frische weiße Bruchstelle von Siambenzoe ein paar Kryställchen Phloroglucin und 1 Tropfen Alkohol oder eine alkoholische Phloroglucinlösung und setzt dann entweder sofort oder nachdem die Hauptmenge an Alkohol verdunstet ist, einen Tropfen konzentrierte Salzsäure hinzu, so tritt sofort eine kräftige, kirschrote Färbung auf.

Auch bei den Balsamen ist die Reaktion unmittelbar auszuführen:

Man verstreicht eine kleine Menge auf einen Objektträger oder in einer Porzellanschale, mischt sie gut mit einer alkoholischen Phloroglucinlösung und setzt mit einem Glasstab die Salzsäure hinzu, die ebenfalls verstrichen wird. Die Färbung ist auch hier sehr kräftig, beim Styrax jedoch mehr orangerot.

Auch Weihrauch, Myrrhe und Mastix geben eine schwache, aber noch deutliche Reaktion. Ammoniakgummiharz, Drachenblut, Gummigut und Galipot geben keine Färbung.

4. Die HALPHENsche Reaktion wird nach E. F. HICKS[5] folgendermaßen ausgeführt: Eine kleine Menge von gepulvertem Harz oder des Harzrückstandes wird in 1—2 ccm

---

[1] E. ELSNER: Farben-Ztg. 1928, **33**, 2547.   [2] H. WOLFF: Farbe und Lack 1926, 605.
[3] K. BRAUER: Farben-Ztg. 1927, **32**, 2943.
[4] F. REINITZER: Zeitschr. analyt. Chem. 1926, **69**, 114.
[5] E. F. HICKS: Journ. Ind. engin. Chem. 1910, **3**, 86; C. 1912, I, 54.

einer Lösung von 1 Teil Phenol und 2 Teilen Tetrachlorkohlenstoff gelöst und in eine Vertiefung einer für Farbreaktionen bestimmten Porzellanplatte gegeben. In eine benachbarte Vertiefung bringt man eine Lösung von 1 Teil Brom in 4 Teilen Tetrachlorkohlenstoff. Die entstehenden Bromdämpfe, die vorteilhaft durch Blasen über die Harzlösung geführt werden, wirken auf die Harzlösung ein. Hierbei entstehen bei einzelnen Harzen sehr charakteristische Färbungen:

Kolophonium: Erst grün, dann schnell blau und violett. Dieses geht nach längerer Zeit in Purpur und schließlich in ein tiefes Indigoblau über.

Dammar: Braun bis lilabraun, allmählich ausgesprochen rötlich braun.

Elemi: Indigoblau, das sich allmählich noch vertieft, mitunter auch in Purpur übergeht.

Kaurikopal: Azurblau, schnell über violett in Purpur übergehend, später dunkel olivgrün.

Manilaharz (alkoholische Lösung): Bräunlichgrün, allmählich violett, schließlich purpur; an den entferntesten Stellen schokoladenbraun.

Mastix: Rötlichbraun, das in nächster Nähe der Bromdämpfe in Carmin übergeht, nebenher auch kaffeebraun.

Sandarak: Ziemlich beständiges Lila, in violett übergehend; an den entferntesten Stellen violettbraun.

Schellack: Keine Färbung.

Sansibarkopal: Allmählich lichtbraun, später bräunlichviolett, schließlich schokoladenbraun mit etwas violett.

5. Phosphormolybdänsäure-Reaktion nach K. BRAUER[1]. Zur Ausführung der Reaktion wird die Substanz mit Äther überschichtet, dazu setzt man einige Tropfen einer frisch bereiteten Phosphormolybdänsäurelösung und beobachtet die auftretende Färbung. Hierbei ist es möglich, Unterschiede bei einzelnen Harzen festzustellen. Setzt man zu der bisherigen Lösung noch Ammoniak, so tritt nach Angabe von BRAUER bei allen Harzen eine schöne Blaufärbung auf. Die Reaktion soll besonders für den Harznachweis in Leinölen geeignet sein; Leinöl allein ergibt nur eine maigrüne Färbung. Auch Kunstharze geben die Reaktion.

Noch unterschiedlicher ist das Verhalten einiger von BRAUER eingeführter Spezialreagenzien: Ammoniummolybdat in konzentrierter Schwefelsäure, Phosphorwolframsäure und diazotierte Sulfanilsäure in alkalischer Lösung. Die beiden letzten Reagenzien sind jedoch nach BRAUER als Gruppenreagenzien nicht so brauchbar wie die Phosphormolybdänsäure.

Die Ammoniummolybdatreaktion wird in der Weise ausgeführt, daß etwa 0,1—0,2 g Ammonmolybdat in 5 ccm konzentrierter Schwefelsäure eingetragen und kräftig geschüttelt werden. Hierzu wird die Harzlösung gefügt und die Farbe vor und nach dem Zusatz von Ammoniak beobachtet.

Tabelle 13.

Harz	Zusatz von Ammoniak	
	ohne	mit
Bernstein,		
geschmolzen	grün	tiefblau
in Chloroform gelöst. .	grün	tiefblau
Kolophonium	grün	tiefblau
Dammar	gelb	blaßblau
Drachenblut	olivgrün	olivgrün
Borneokopal	gelb	himmelblau
Manilakopal	gelb	preußischblau
Sansibarkopal	gelb	blaßblau
Mastix	gelb	hellblau
Schellack	gelb	blaßblau

Tabelle 14.

Harz	Zusatz von Ammoniak	
	vor	nach
Bernstein . . .	hellgrün (maigrün)	farblos
Kolophonium .	preußischblau	erstarrt zu Gallert, gelb
Dammar. . . .	dunkelblau	grünlichgelb (obere Schicht)
Drachenblut . .	dunkelgrün (russ. grün)	rot
Borneokopal . .	blaugrün	farblos
Manilakopal . .	grünblau	schwachgelb
Sansibarkopal .	grüngrau	farblos
Mastix	marineblau	gelb (untere Schicht)
Schellack . . .	hellgrün (jadegrün)	lila

[1] K. BRAUER: Chem.-Ztg. 1926, **50**, 371; Farben-Ztg. 1927, **32**, 2943.

6. Die DONATHsche Reaktion: 1 g des fein gepulverten Harzes wird etwa 1 Minute lang in 5 ccm Salpetersäure (1,32—1,33) gekocht und darauf erkalten lassen. Hiernach wird mit der gleichen Menge Wasser verdünnt und stark mit Ammoniak übersättigt. Die auftretenden Farben werden sofort, nach 1 Stunde und nach 1 Tag beobachtet. — Nach Versuchen von E. STOCK[1] ist die Reaktion bei Kolophonium und dessen Mischungen unsicher, beim Harzesterlack bleibt sie gar völlig aus.

7. Genannt seien noch eine Reihe anderer Farbreaktionen: die SALKOWSKI-HESSEsche Cholesterolreaktion, die MACHsche, die TSCHUGAJEFFsche[2], die PETTENKOFERsche Reaktion, die mit Vanillin-Salzsäure[3], die Capillaranalyse nach E. STOCK[4] und die Tropfencapillaranalyse nach C. A. ROJAHN und Mitarbeitern[5].

8. Ein auf völlig anderer Grundlage beruhender Nachweis von Harzen ist der von H. WOLFF[6]: 3 g Harz werden in 12 ccm Alkohol gelöst. 9 ccm des Filtrats versetzt man mit Wasser bis zum Fällungspunkt. Dieser „Fällungspunkt" ist die 10fache Anzahl Kubikzentimeter Wasser, die nötig sind, um aus einer alkoholischen Lösung das Harz flockig ausscheiden zu lassen. — Bei einem Fällungspunkt unter 15 ist die Anwesenheit von Kopal wahrscheinlich, liegt er unter 5, so ist Kopal sicher zugegen. Ein Punkt über 15 schließt Kopal aus. Die Gegenwart von Kolophonium oder Sandarak gibt sich durch einen Punkt von 15—25 kund; liegt der Punkt über 25, so ist bei Abwesenheit von Acaroid Kolophonium nur in geringer Menge zugegen; bei Anwesenheit von Acaroid dagegen bis zu 50% möglich. Bei einem Punkt über 30 kann auf Acaroid geschlossen werden. Um Acaroid und auch Schellack nachzuweisen, versetzt man das obige alkoholische Filtrat solange mit Wasser, bis 4,5 ccm verbraucht sind, d. h. bis der Fällungspunkt von 45 erreicht ist. Acaroid und Schellack lassen sich jetzt folgendermaßen nachweisen. Man filtriert und teilt das Filtrat in 3 Teile; zum 1. Teil gibt man einige Tropfen Kalilauge, zum 2. Teil 5 ccm einer alkoholischen 3%igen Eisenchloridlösung und zum 3. Teil 10 ccm Wasser und einige Tropfen wäßriger Eisenchloridlösung. Acaroid gibt mit Kalilauge eine gelbrote bis rotbraune Färbung, während die Lösung bei Schellack violett wird; mit alkoholischer Eisenchloridlösung zeigt sich Akaroid durch eine braune bis schwarze Färbung, Schellack durch eine braune bis schwarze Fällung an; mit wäßriger Eisenchloridlösung gibt Anwesenheit von Acaroid einen braunen bis violetten Farbton, bei Schellack eine braune bis schwarze Fällung.

II. Bestimmung der Harze.

Ist der Nachweis von Harzen nach einer der unter I genannten Reaktionen eindeutig gelungen, so ist es mitunter von Wert, auch die Menge der Beimischung in Untersuchungsmaterialien zu bestimmen. Die Verfahren hierfür beruhen jedoch in den meisten Fällen auf Erfahrung, sind an bestimmte Voraussetzungen gebunden und können einen Anspruch auf nur relative Genauigkeit haben, wie sie für den größten Teil der Untersuchungen auch genügt.

1. W. FAHRION[7] empfiehlt zur Harzbestimmung in geblasenen Firnissen das abgeänderte TWITCHELL-Verfahren: Etwa 5 g des metallfreien Firnis werden in 50 ccm Petroläther gelöst und im Scheidetrichter mit 20 ccm 96 vol.-%igem Alkohol versetzt. Nach Zugabe von Phenolphthalein wird unter Umschütteln auf Rot titriert und danach soviel Wasser zugegeben, daß der Alkohol 60 vol.-%ig wird. Nach nochmaligem kräftigem Durchschütteln wird bis zur völligen Klärung der Schichten über Nacht stehengelassen. Hiernach wird die rotgefärbte Seifenlösung in einen zweiten Scheidetrichter übergeführt, mit Wasser auf mindestens 200 ccm verdünnt, mit Salzsäure angesäuert und zweimal mit Petroläther ausgezogen. Die vereinigten Auszüge werden mit absolutem Alkohol und konzentrierter Salzsäure verestert und die entstandenen Ester abgeschieden, wobei es sich empfiehlt, ihre Lösung zur Entfernung von Seifenspuren mit 10 ccm 60 vol.-%igem Alkohol zu waschen und den Waschalkohol mit der Harzseifenlösung zu vereinigen. Die Isolierung der Harzsäuren erfolgt in der vom Alkohol befreiten, mit Salzsäure angesäuerten Lösung durch Ausschütteln mit Äther, abdunsten und wägen des Rückstandes.

Bei dieser Arbeitsweise gehen nicht nur die neutralen Bestandteile des Kolophoniums verloren, sondern auch die in Petroläther unlösliche Oxyabietinsäure. — Befunde unter 1% sind nach W. FAHRION zu vernachlässigen, solche von 1—4% als Kolophonium anzusehen und solche über 4%, entsprechend eines durchschnittlichen Verlustes von 14—15% mit dem Faktor 1,17 zu multiplizieren.

---

[1] E. STOCK: Farben-Ztg. 1931, **36**, 1176; C. 1931, I, 3181.
[2] TSCHUGAJEFF: Chem.-Ztg. 1900, 24, 542. [3] L. ROSENTHALER: Pharm.-Ztg. 1927, 72, 509.
[4] E. STOCK: Farben-Ztg. 1926, **31**, 1903; C. 1926, II, 1206.
[5] C. A. ROJAHN u. Mitarb.: Pharm. Zentralh. 1937, 78, 81.
[6] H. WOLFF: Farben-Ztg. 1916, **21**, 1198.
[7] W. FAHRION: U. 1913, **20**, 150, 177; C. 1913, II, 1171.

2. Eine Schnellbestimmung von Harz in sulfonierten Ölen von W. Riess[1] gibt auch bei Gegenwart von Mineralöl, anorganischen Salzen, Schwefelsäureestern, Glycerin und Seifen zuverlässige Werte: 3 g der zu untersuchenden Substanz werden in einem 100-ccm-Becherglas (hohe Form) dreimal mit wenig Methylalkohol abgedampft. Anschließend wird eine Mischung aus 30 ccm Methylalkohol und 5 ccm konzentrierter Schwefelsäure zugefügt und unter leichtem Umschwenken etwa 5 Minuten lang zu schwachem Sieden erhitzt. Nach raschem Abkühlen wird der Inhalt des Glases mit Äther und einer reichlichen Menge gesättigter Kochsalzlösung in einen Schütteltrichter gespült und dreimal mit je etwa 50 ccm Äther ausgeschüttelt. Die vereinigten Ätherauszüge werden 5—6mal mit gesättigter Kochsalzlösung ausgewaschen, bis die Waschflüssigkeit gegen Lackmuspapier neutral reagiert. Gegebenenfalls kann auch nach der 1. oder 2. Waschung der Inhalt des Schütteltrichters mit 0,5 N.-Lauge gegen Lackmus neutralisiert werden, worauf sich dann noch etwa 2 Waschungen anzuschließen haben. Die Ätherlösung wird mit der gleichen Menge neutralisiertem Alkohol versetzt und die Lösung mit 0,5 N.-Lauge gegen Phenolphthalein titriert. Prozentgehalt an Harzsäuren = (ccm 0,5 N.-Lauge · 17,76/Einwaage)—1,6.

3. Soll der Harzgehalt in Gemischen von Harz und Pech ermittelt werden, so sind nach A. Wogrinz und P. Vari[2] Verseifungszahl und Jodzahl des Gemisches zu bestimmen. Beide Zahlen sind bei Pech sehr niedrig.

4. Nachstehend wird ein für Harzgemische gut bewährtes Analysenschema von Erban, erweitert von Wolff, mitgeteilt:

I. In Alkohol löslich oder fast völlig löslich:

1. Löslich in Benzol: a) Unlöslich in Schwefelkohlenstoff: Benzoe.

b) Löslich in Schwefelkohlenstoff: Kolophonium (VZ 150—190), venetianisches Terpentin (VZ 110—135), gewöhnliches Terpentin, gewisse Elemisorten.

2. Wenig oder nicht löslich in Benzol: a) Löslich in Äther: Sandarak, einige Manilakopale.

b) Wenig löslich in Äther: Schellack (löslich in verdünntem Ammoniak), einige Manilakopale, Acaroide (wenig oder nicht löslich in Ammoniak).

II. Teilweise löslich in Alkohol:

1. Löslich in Benzol: a) Völlig oder fast völlig löslich in Äther:

aa) Wenig löslich in Petroläther: Mastix.

bb) Teilweise bis völlig löslich in Petroläther: gewisse Elemisorten.

b) Teilweise löslich in Äther: Dammar.

2. Teilweise löslich in Benzol: a) Lösung intensiv rot: Drachenblut. b) Lösung intensiv gelb: Gummigutt. c) Kopale: SZ kleiner als 110 (Kauri, Sierra Leone, Angola, geschälter Sansibar). — SZ größer als 110: (Manila, Kongo, Sierra Leone, Angola, Borneo).

III. Fast unlöslich in Alkohol: Bernstein, harte Kopale.

Weitere Vorproben: Verhalten gegen verdünntes Ammoniak. Bei völliger Löslichkeit ausschließlich oder überwiegend Schellack. Bei farbigen Harzen außerdem charakteristischer Farbumschlag der gelben bis rotbraunen Farbe in Rotviolett. Bei gebleichtem Schellack Anstellen der Chlorprobe.

Bestimmung der Säurezahl, Verseifungszahl und Esterzahl (Differenzzahl). Bei Esterzahlen über 100 sind Acaroid, Schellack oder beide zugegen. Bei Esterzahlen unter 100, aber über 50, kann Schellack nicht in überwiegender Menge vorhanden sein, wohl aber Akaroid, Benzoe, Manilakopal. Esterzahlen unter 50 deuten auf Elemi, Kolophonium, Terpentine, Mastix und Sandarak, aber auch Manilakopal. Ist gleichzeitig die Säurezahl wesentlich unter 100, so ist Kolophonium nur in geringen Mengen vorhanden; Nachweis von Kolophonium durch die Reaktion nach Storch-Morawski (S. 785).

Ein Lösungsversuch in Petroläther entscheidet, ob Schellack oder Acaroid vorliegt. Bei völliger Löslichkeit sind beide ausgeschlossen, bei teilweiser möglich.

Der sichere Nachweis der einzelnen Harze:

Acaroid: Wie oben.

Schellack: Der sicherste Nachweis ist der der Aleuritinsäure. Bei Gegenwart von Kopal wird dieser mit Eisessig gefällt und durch Filtration getrennt. — Gebleichter Schellack: Chlorprobe nach Beilstein.

Kolophonium: Im Petrolätherauszug des Gemisches nach Storch-Morawski. Sicherster Nachweis ist der der Abietinsäure aus dem Petrolätherauszug.

Benzoe: Am besten durch den Nachweis der Resinole nach Zinke und Lieb. — Sumatraund Siambenzoe können auch durch Verseifung und Isolierung der Zimt- und Benzoesäure nachgewiesen werden.

Dammar: Erkennbar an der großen Menge der unverseifbaren Stoffe. Nur bei Mastix und Elemi sind ähnlich große Mengen an Unverseifbarem vorhanden. Von Mastix

---

[1] W. Riess: Collegium 1936, 348; C. 1936, II, 1637.
[2] A. Wogrinz u. P. Vari: Chem.-Ztg. 1919, 43, 506.

unterscheidet sich Dammar durch die große Löslichkeit des Dammarharzes in Schwefelkohlenstoff, in dem Mastix nur sehr wenig, Elemi nur teilweise löslich ist.

Elemi: Sicher nachweisbar durch die Isolierung des Amyrins.

Manilakopal: Nachweisbar nach Rebs durch die Unlöslichkeit in Eisessig, in dem aber Sandarak nicht bzw. unvollkommen löslich ist. Indessen ist weder die Fällung allein ein sicherer Nachweis für die Gegenwart, noch die Abwesenheit essigsäureunlöslicher Bestandteile ein einwandfreier Nachweis für die Abwesenheit von Kopal und Sandarak. Bei Gegenwart gewisser Zusammenstellungen von Harzen können auch unlösliche Anteile löslich werden.

Eine andere Trennungsart ist folgende: Bei mehr als 2 Harzen wird die alkoholische Lösung der Harze wie bei der Ermittlung des Fällungspunktes nach Wolff mit Wasser versetzt, und zwar auf je 9 ccm Lösung zunächst mit 1,5 ccm Wasser. Das vom ausfallenden Harz durch Filtration durch Leinwand oder Baumwollgewebe getrennte Filtrat wird mit weiterem 1 ccm (auf je 9 ccm Filtrat) und endlich das davon Filtrierte mit noch 2 ccm Wasser versetzt. Das Filtrat hiervon fällt man mit beliebigem Wasserüberschuß. Man erhält so 4 Fraktionen, die meistens nur je 2 Harze enthalten, deren Trennung einfacher ist. Die ermittelten Werte stellen aber naturgemäß nur Annäherungswerte dar.

Bei Kunstharzgemischen gestaltet sich die Trennung und die Erkennung der einzelnen Harze schwieriger. Ein von T. F. Bradley [1] angegebenes Schema soll hier mitgeteilt werden:

Gegebenenfalls vorheriges Abtrennen des Pigmentes durch Zentrifugieren nach Zugabe von Kieselgur und Herauslösen des Weichmachers mit Petroläther. Mit dem Rückstand werden folgende Prüfungen vorgenommen: Härte, Löslichkeit in verschiedenen Lösungsmitteln, vielleicht auch Viscosität der Lösung von Bedeutung; Dichte über 1,15 deutet Kunstharz an, das aber Kolophonium, Öle oder Fette enthalten kann; Dichten zwischen 1,15 und 1,10 läßt auf Cumaronharze, Schellack oder modifiziertes Kunstharz schließen; eine Dichte unter 1,10 läßt die Anwesenheit von Naturharzen, weichem Cumaronharz oder mit viel Naturharzen verschmolzenem Kunstharz vermuten. Der Brechungsindex der Kunstharze ist, mit Ausnahme der Vinyl- und der Cyclohexanon-Formaldehydharze höher als der der Naturharze. Wichtig ist auch der Brechungsindex des Unverseifbaren. Prüfung auf Chlor, Schwefel, Stickstoff; Verhalten beim Erhitzen im Glasrohr: Sublimieren von Phthalsäureanhydrid, Geruch nach Acrolein, Acetaldehyd und Formaldehyd, Vinylharze verkohlen häufig. Schmelzen mit Natriumhydroxyd. Farbreaktionen und Kennzahlen wie Säurezahl, Verseifungszahl und Jodzahl.

E. Nachweis und Bestimmung der einzelnen Harze.

1. Acaroid. Wichtig ist die Bestimmung des in Alkohol Unlöslichen (nicht über 10%), der anorganischen Bestandteile (nicht über 5%), gegebenenfalls noch der Löslichkeit und der Kennzahlen.

Charakteristisch ist das Verhalten gegen Eisenchlorid. Die alkoholische Harzlösung gibt mit alkoholischer oder wäßriger Eisenchloridlösung eine schwarze bis grünschwarze Färbung. Diese Tannolreaktion gestattet auch den Nachweis von Acaroid in Mischungen. — Sicher ist der Nachweis durch die Abscheidung der Paracumarsäure: Das feingepulverte Harz wird mit Wasser zum Sieden erhitzt, durch einen Heißwassertrichter filtriert und erkalten lassen. Die beim Erkalten entstehenden Abscheidungen werden filtriert, wieder in heißem Wasser gelöst, mit Blutkohle gekocht und filtriert. Die sich im Filtrat ausscheidenden Krystalle werden auf ihren Schmelzpunkt geprüft. Liegt er bei 106°, so ist Paracumarsäure und damit Acaroidharz sicher erwiesen. Liegt der Schmelzpunkt tiefer, so wird solange umkrystallisiert, bis der Schmelzpunkt konstant ist.

2. Benzoe. Von Wert ist die Bestimmung der allerdings recht schwankenden Kennzahlen, die je nach der Herkunft des Harzes verschieden sind, und der Löslichkeit. — Um schnell zu entscheiden, ob die zu untersuchende Probe Benzoe ist, macht man Gebrauch von den verschiedenen Reaktionen der Teleutoresin enthaltenden braunen Randschicht der Harzkörner und dem weißen Kern, der aus Protoresin besteht. Löst man bei einem unverletzten Körnchen die Rindenschicht vorsichtig mit Alkohol ab und gibt zu der abgegossenen alkoholischen Lösung einen Tropfen einer verdünnten Eisenchloridlösung, so tritt Grünfärbung auf. Behandelt man den weißlichen Kern weiter mit Alkohol bis zur Auflösung und fügt einige Tropfen einer ätherischen Phloroglucinlösung

---

[1] T. F. Bradley: Ind. engin. Chem., Analyt. Edit. 1931, **3**, 304; C. 1932, I, 1583.

(1 : 1000) und konzentrierte Salzsäure[1] hinzu, so tritt lebhafte kirschrote Färbung auf. Der Träger dieser Reaktion ist der Coniferylalkohol. (Die gleiche Reaktion zeigen auch Peru- und Tolubalsam.) — Eine ähnliche Reaktion ist die von P. N. VAN ECK[2] angegebene.

L. ROSENTHALER[3] gibt einen mikrochemischen Nachweis an durch Übergießen eines Splitters Harz mit konzentrierter alkoholischer Kalilauge. Dabei wandelt sich der Splitter fast völlig um in Krystallbüschel, die, der Mikrosublimation unterworfen, sich als Benzoesäure nachweisen lassen.

Die Bestimmung der alkohollöslichen Extraktivstoffe erfolgt nach B. V. CHRISTENSEN[4] in 2 g Benzoe mit 95%igem Alkohol unter Zusatz von 0,5 g Natriumhydroxyd im SOXHLET-Apparat durch 5 Stunden lange Extraktion und Zurückwägung der getrockneten Hülse.

Von reinem Siambenzoeharz darf verlangt werden, daß es keine Zimtsäure enthält. Siambenzoe ist also stets auf Zimtsäure zu prüfen, z. B. nach einem Verfahren von T. T. COCKING und J. D. KETTLE[5].

Der Nachweis von Benzoe in Harzgemischen gelingt am sichersten durch den Nachweis der Resinole nach ZINKE und LIEB[6].

Der Nachweis von Kolophonium in Benzoe ist mit der Reaktion nach STORCH-MORAWSKI nicht sicher, auch die Bestimmung der Esterzahl, die durch Kolophonium (auch durch Sandarak und einige Benzoesorten) herabgesetzt wird, ist nicht charakteristisch. Besser geeignet ist die Kupferacetat- und die Ammoniakprobe, welch letztere mit dem Petrolätherauszug angestellt wird. Ein sicherer Nachweis jedoch gelingt nur durch die Darstellung der Abietinsäure nach WOLFF:

Der Petrolätherauszug des zu prüfenden Harzes wird mehrmals mit 3%iger Sodalösung ausgezogen. Nach dem Ansäuern der Sodalösung werden die ausgefällten Harzsäuren filtriert, getrocknet und mit Alkohol ausgezogen. Die alkoholische Lösung wird mit Wasser auf eine Alkoholkonzentration von 65 bis 70 Vol.-% gebracht und 24 Stunden lang stehengelassen. Hiernach wird von einem entstandenen Rückstand abgegossen und der Rückstand aus möglichst wenig heißem Methylalkohol des öfteren umkrystallisiert. Die Krystalle werden auf Abietinsäure untersucht (Schmelzpunkt, Säurezahl, Verseifungszahl, Reaktion nach STORCH-MORAWSKI und Ammoniakprobe).

Reinheits- und Identitätsprüfung auf Siambenzoe nach der Pharmacopoea helvetica V: Schüttelt man einen 1%igen ätherischen Auszug mit 0,1 N.-Natronlauge, trennt die orangegelb gefärbte alkalische Schicht ab und versetzt sie mit verdünnter Salzsäure im Überschuß, so entsteht sofort ein gelblichweißer, flockiger Niederschlag, der abfiltriert und getrocknet wird. Gibt man etwas von diesem Niederschlag auf konzentrierte Schwefelsäure, so färbt sich diese stark kirschrot (Siaresinol). — Beim Erhitzen einer Probe entstehen weiße, stechend riechende Dämpfe von Benzoesäure. — Schüttelt man 50 g gepulvertes Benzoeharz in einem Stöpselglas mit 20 ccm Kaliumpermanganat und läßt stehen, so darf nach einer halben Stunde kein Geruch nach Benzaldehyd hervortreten (zimtsäurehaltige Benzoesorten). — Eine alkoholische Lösung von Benzoe wird, mit Wasser versetzt, milchig-trübe; die Mischung reagiert sauer. — Benzoe muß sich in Äther bis auf einen geringen, braunen, nicht mehr als 2% betragenden Rückstand lösen, der keine oder nur sehr geringe Rinden- und Holzteilchen enthalten darf.

3. Bernstein. Die Untersuchung erstreckt sich insbesondere auf die Löslichkeit, den Schmelzpunkt und die Säurezahl.

Die Unterscheidung des echten Bernsteins von seinen Fälschungs- und Ersatzmitteln (Kolophonium, Kopalen, Kunstharzen) gelingt auf verschiedene Weise:

[1] L. ROSENTHALER: Schweiz. Apoth.-Ztg. 1925, **73**, 279; C. 1925, II, 1231.
[2] P. N. VAN ECK: Pharm. Weekbl. 1925, **62**, 365; C. 1925, II, 76.
[3] L. ROSENTHALER: Pharm. Ztg. 1927, **72**, 509.
[4] B. V. CHRISTENSEN: Journ. Amer. pharmac. Assoc. 1932, **22**, 330. Aus A. TSCHIRCH u. E. STOCK: Die Harze. Berlin: Gebr. Bornträger 1933.
[5] T. T. COCKING u. J. D. KETTLE: Pharm. Journ. 1914, (4) **39**, 125; C. 1914, II, 808.
[6] ZINKE u. LIEB: Monatsh. Chem. 1918, 15.

Die Prüfung auf **Kolophonium** ist wie die beim Kopal angegebene.

Nach J. MARCUSSON und G. WINTERFELD [1] sind aus **Kopal** hergestellte bernsteinähnliche Massen durch die Esterzahl zu erkennen:

3—4 g feingepulvertes Harz werden, um die gesamten freien Säuren in die titrierbare Form überzuführen, mit 200 ccm eines Gemisches von 1 Teil Benzol und 1 Teil Alkohol kurze Zeit am Rückflußkühler gekocht. Nach dem Erkalten wird, ohne zu filtrieren, mit 0,1 N.-Kalilauge gegen Phenolphthalein titriert. Eine Auskochung mit Alkohol allein ist zu zeitraubend.

Einfacher gestaltet sich nach denselben Forschern der Nachweis von Kopal durch Ermittlung des Schwefelgehaltes. Während Bernstein stets Schwefel in Mengen von 0,34—0,42% enthält, erweist sich gehärteter Kopal als schwefelfrei. Die beim Erhitzen von Bernstein sich entwickelnden Dämpfe schwärzen Bleiacetatpapier.

C. PLONEIT [2] gibt an, daß Ersatzmittel aus Kopal beim Ritzen mit der Stahlnadel einen gesplitterten Strich geben, während Bernstein einen glatten Strich zeigt. — Als weiteres Erkennungsmerkmal ist der Unterschied der Löslichkeit in Äther zu nennen: Kopal ist in Äther leicht löslich.

Um in Preßbernstein fremde Zusätze wie Kopale ermitteln zu können, erweist sich die Bestimmung der optischen Drehung als allein wertvoll [3]. Gegenüber Bernstein mit einer Rechtsdrehung von $+ 20$ bis $+ 29^0$ zeigen die harten Kopale (Sansibar-, Kongo-, Sierra Leono-, Kieselkopal) starke Linksdrehung.

Zur Unterscheidung des Bernsteins von den **Phenol-Kunstharzen** eignen sich weder die elektrischen Eigenschaften noch die Ritzprobe, während die Bestimmung der Dichte und des Brechungsindex (bei Vorhandensein einer ebenen Fläche) den Nachweis gestatten. — Eine mikroskopische Untersuchung an Dünnschliffen gibt über das Vorliegen von Ersatzmitteln Aufschluß, läßt sich aber nicht ohne Zerstörung des zu untersuchenden Gegenstandes durchführen. — Nach G. KOSTKA [4] leistet die Analysenquarzlampe „Hanau" wertvolle Dienste. Durch Einschaltung eines Glases besonderer Zusammensetzung werden nur die unsichtbaren Strahlen der Wellenlänge $\lambda = 440$—280 mμ durchgelassen. Die Proben werden vorher mit Alkoholäther von Fingerspuren (Schweiß, Fett) befreit und dann mit einer Metallpinzette angefaßt. In diesem so hergerichteten Ultraviolettdektor zeigt echter Bernstein eine lebhafte gelbgrüne bis weißbläuliche Fluorescenz, die auch bei Preßbernstein, wenn auch schwächer, zu beobachten ist, während Resite keine Fluorescenz zeigen.

In der nachfolgenden Tabelle sind die wesentlichen Unterschiede zwischen echtem Bernstein, Phenol-Formaldehyd-Harzen (Resiten) und Harnstoff-Formaldehyd-Harzen (Ureiten) zusammengestellt:

Tabelle 15.

Eigenschaften	Bernstein	Resite	Ureite
A. Physikalische			
Dichte	1,05—1,096	1,25—1,27	1,44
Härte (nach MOHS) . .	etwa 2—2,5	etwa 2,9	etwa 2,95
Brechungsindex . . .	1,538—1,548	etwa 1,5	1,76 (1,54—1,90)
Dielektrische Eigenschaften	reibungselektrisch	reibungselektrisch	nicht reibungselektrisch

[1] J. MARCUSSON u. G. WINTERFELD: Mitt. kgl. Materialprüfgs-Amt Gr.-Lichterfelde West 1913, **30**, 191; C. 1913, I, 68.
[2] C. PLONEIT: Mitt. Abt. Gesteins- usw. Unters. preuß. geolog. Landesanst. 1926, **2**, 30; Neues Jahrb. Mineral. Geol. Paläont. 1928, I, 112.
[3] U. 1930, **37**, 342; C. 1931, II, 1062. [4] G. KOSTKA: Chem.-Ztg. 1929, **53**, 117, 138.

Tabelle 15. (Fortsetzung.)

Eigenschaften	Bernstein	Resite	Ureite
B. Chemische			
Löslichkeit	teilweise löslich in Alkohol, Äther, Chloroform, Schwefelkohlenstoff, Benzol; Spuren in Benzin	unlöslich in diesen Lösungsmitteln	unlöslich in diesen Lösungsmitteln
Schmelzpunkt	352—384,3⁰	unschmelzbar	Verkohlung
Geruchsprobe beim Erhitzen	aromatisch	stechend nach Formaldehyd	stechend nach Formaldehyd und Harn
Asche	klar: meist $\varnothing$; gewolkt: verschieden	0,08—0,12%	$\varnothing$
Schwefel	vorhanden	$\varnothing$	$\varnothing$
Spezifische Reaktionen	beim Erhitzen Sublimat von Bernsteinsäure	Nachweis von Formaldehyd und Phenol im Wasserdampfdestillat	Nachweis von Formaldehyd und Harnstoff

4. Dammar. Für die Beurteilung wichtig ist die Bestimmung der Säurezahl und Verseifungszahl.

Setzt man zu einer alkoholischen Lösung des Harzes rauchende Salzsäure, so tritt Rotfärbung, mit Vanillin-Salzsäure Violettfärbung ein. — In konzentrierter Schwefelsäure löst sich ein von W. Küster [1] untersuchtes Dammarharz vom Schmelzpunkt 110⁰ mit roter Farbe, die beim Erwärmen dunkler wird mit grüner Fluorescenz. Eine Chloroform-Harzlösung, mit konzentrierter Schwefelsäure unterschichtet, zeigt einen orangeroten Ring, der blutrot wird; nach einigem Stehen ist die Schwefelsäureschicht rot, die Chloroformschicht gelbrot. — Unter der Analysenquarzlampe zeigen verschiedene Sorten bläuliche bis hellblaue Fluorescenz.

Als Verfälschungsmittel kommt hauptsächlich Kolophonium in Betracht. Bei Anwesenheit größerer Mengen Kolophonium tritt eine Erhöhung der Säurezahl und Verseifungszahl ein, die beide bei Dammar sehr niedrig liegen. — Ein annähernd quantitatives Verfahren für die Bestimmung des Kolophoniums ist das von Hirschsohn:

2 g der fein gepulverten Probe werden mit 20 ccm Ammoniak (0,96) gut geschüttelt und nach $^1/_4$—$^1/_2$stündigem Stehen durch ein doppeltes Filter filtriert. Die klare oder höchstens schwach opalescierende Flüssigkeit wird mit verdünnter Essigsäure angesäuert und zeigt bei Gegenwart von Kolophonium Flockenabscheidung. Empfindlichkeit etwa 5%. Durch erschöpfendes Ausziehen auf die angegebene Weise und Sammeln der ausgeschiedenen Fällungen auf gewogene Filter und Trocknen bei niedriger Temperatur (anfangs nicht über 50⁰, dann langsam auf 80⁰) kann die Mindestmenge an Kolophonium festgestellt werden. Kontrolle durch Bestimmung der Verseifungszahl. Ist die Verseifungszahl a, so beträgt der Kolophoniumgehalt etwa $a — 60$.

5. Elemi. Für die Beurteilung ist die Bestimmung der Löslichkeit, Asche, Säurezahl direkt und Verseifungszahl heiß von Wert, daneben einige Spezialreaktionen.

Mit fortschreitendem Alter des Harzes entstehen durch Autoxydation in Petroläther unlösliche Anteile, so daß es manchmal zweckmäßig erscheint, Säurezahl und Verseifungszahl nicht allein vom Harz, sondern nach A. Tschirch auch vom Petrolätherrückstand zu bestimmen.

Elemi gibt, im Wasserbad zu klarer Flüssigkeit geschmolzen, auf Zusatz einiger Tropfen verdünnter Schwefelsäure (1:4) eine schön eosinrote Färbung. — Mit Vanillin-Salzsäure gibt das Harz wie das Destillat eine violette Färbung (L. Rosenthaler [2]). — Die ätherische Lösung gibt auf Zusatz gleicher Teile rauchender Salzsäure eine rote, später braunrote Flüssigkeit (L. Rosenthaler). Verfälschungen werden mit Terpentin oder mit Kolophonium vorgenommen, was sich durch eine Erhöhung der Säurezahl und Verseifungszahl zu erkennen gibt. Weiterhin kann die Wasserdampfdestillation über eine Verfälschung mit Terpentin Aufschluß geben: Reines Elemiharz gibt ein ätherisches Öl vom Siedepunkt 170—180⁰, während Terpentinöl bei 155—165⁰ siedet. — Eine Auflösung des Harzes in

---

[1] W. Küster: Festschrift A. Tschirch 1926, 136; C. 1927, I, 2777.
[2] L. Rosenthaler: Pharm. Ztg. 1927, 72, 509.

absolutem Alkohol im Verhältnis 1 : 10 reagiert bei reinem Elemi neutral, bei Terpentinzusatz sauer. Nach Zugabe von Wasser gibt die Lösung bei Gegenwart von Terpentin harzige, bräunlichgelbe Flocken, während unverfälschtes Elemiharz eine weiße, milchige Trübung zeigt.

Der Nachweis von Elemi im Harzgemischen gelingt durch die Darstellung des Amyrins:

Der durch Ausschütteln mit 2%iger Kalilauge von Harzsäuren befreite Ätherauszug des feingepulverten Harzes wird vom Äther befreit, der Rückstand mehrere Tage in der Kälte mit Alkohol digeriert und der unlösliche Anteil aus Alkohol umkrystallisiert. Amyrin zeigt sich in Nadeln vom Schmelzpunkt etwa 170° und starker Rechtsdrehung.

6. Guajacharz. Die durch Oxydationsmittel hervorgerufene Blaufärbung der alkoholischen Harzlösung kann als Nachweisreaktion Verwendung finden: Die alkoholische Harzlösung gibt mit 1 Tropfen einer Lösung von Kupfersulfat und 5 ccm Wasser und 2 Tropfen 0,1 N.-Ammonrhodanitlösung eine tiefblaue Färbung[1].

Mikrosublimation des Harzes[2] ergibt eine reichliche Menge von stäbchenförmigen Krystallen, die mit Schwefelsäure eine himbeerrote Färbung geben. Auch das Harz selber gibt mit konzentrierter und 80%iger Schwefelsäure ebenfalls Rotfärbung.

Eine Verfälschung mit Kolophonium ist im Petrolätherauszug mit der Kupferacetatprobe zu erkennen.

7. Gurjunbalsam. Charakteristisch für Gurjunbalsam sind einige Farbreaktionen.

1. 1 Teil Balsam und 20 Teile Schwefelkohlenstoff und 0,2 Teile Schwefel-Salpetersäure (1 : 1) geben eine rotviolette Farbe[3].

2. 3—4 Tropfen Balsam in Eisessig gelöst und 1 Tropfen 1%ige Natriumnitritlösung wird mit konzentrierter Schwefelsäure unterschichtet. Es entsteht eine dunkelviolette Färbung.

3. 5 Tropfen Balsam werden in 5 ccm Eisessig gelöst und mit 2 ccm einer Lösung von Zinn-II-chlorid geschüttelt; Auftreten einer blutroten Färbung[4].

Ein sehr guter Nachweis ist die Darstellung des Gurjunketonsemicarbazons nach Deussen und Philipp[5].

8. Kolophonium. Wichtig für die Beurteilung der Kolophoniumsorten ist die Feststellung der Farbe, des Schmelz- und Erweichungspunktes.

Bei den gehärteten Harzen ist die Bestimmung des Schmelz- und Erweichungspunktes, der Säurezahl, der Asche und der Löslichkeit von Bedeutung.

Bei Esterharzen sollte die Säurezahl nicht über 25 sein, eine Zahl unter 15 ist kaum zu erwarten.

a) **Nachweis.** Als Nachweisreaktionen dienen neben der bereits genannten Reaktion mit Kupferacetat und der Storch-Morwaskischen Probe die Ammoniakprobe. Die Petrolätherlösung wird mit 1—2 Tropfen Ammoniak (0,9) geschüttelt. Bei Gegenwart von Kolophonium scheidet sich gallertartiges Ammoniumabietinat aus. Bei größeren Mengen Kolophonium erstarrt die ganze Lösung. Die Reaktion tritt nicht ein bei veresterten und gut gehärteten Harzen.

Die Anwesenheit von Kolophonium ist nur eindeutig bewiesen, wenn alle drei Reaktionen, mindestens jedoch die Ammoniak- und die Storch-Morawskische Probe positiv ausgefallen sind.

Harzöl unterscheidet sich von Harzgeist (Harzessenz) durch die Dichte, die bei Harzgeist nicht über 0,900 liegt, während sie für Harzöl mehr als 0,900 beträgt.

Folgendes Verfahren[6] gestattet einen sehr empfindlichen Nachweis von Terpentin, Kolophonium und Terpinhydrat in Fetten, Seifen, Schmierölen u. dgl. und in Arzneimittelgemischen:

---

[1] A. Mosig: Pharm. Zentralh. 1936, 77, 345.

[2] L. Rosenthaler: Pharm. Ztg. 1927, 72, 509.

[3] Turner: Pharm. Zentralh. 1907, 48, 425.   [4] Utz: Farben-Ztg. 1913, 18, 2531.

[5] Deussen u. Philipp: Chem.-Ztg. 1910, 34, 921.

[6] S. Burkat u. B. Soibelman: Sowjet-Pharmaz. (russ. Ssowjetskaja Pharmazija) 1934, 5, Nr. 10, 31; C. 1935, I, 3445.

6—8 Tropfen einer Mischung aus 15 ccm 95 vol.-% igem Alkohol, 10 Tropfen Eisen-III-Sulfatlösung (D 1,43) und 15 Tropfen konzentrierter Schwefelsäure werden bis zum Auftreten weißer Dämpfe erhitzt. Dem noch heißen Rückstand wird 1 Tropfen oder 1 Körnchen der zu untersuchenden Probe zugegeben. Terpinhydrat und Terpentin geben schön carminrote, Colophonium rosaveil, dann veilgrüne Färbung. Fichtenharz zeigt am Rande carminrote, in der Mitte grüne Farbe.

b) Bestimmung: Für Seifen, Öle und Firnisse gehen H. WOLFF und E. SCHOLZE [1] von der Tatsache aus, daß sich Fettsäuren leichter verestern lassen als Kolophonium bzw. die in diesem vorhandenen Harzsäuren.

1. Schnelltitrimetrisches Verfahren: 2—5 g des Harzfettsäuregemisches werden, je nach der abgewogenen Menge, in 10—20 ccm absolutem Methyl- oder Äthylalkohol gelöst, mit 5—10 ccm einer Lösung von 1 Teil Schwefelsäure in 4 Teilen Methylalkohol versetzt und 2 Minuten lang am Rückfluß gekocht. Die Reaktionsflüssigkeit wird mit der 5—10fachen Menge 7—10%iger Kochsalzlösung versetzt und Fettsäureester nebst Harzsäuren mit Äther oder einem Gemisch aus Äther und etwas Petroläther extrahiert. Die wäßrige Schicht wird abgelassen und noch 1—2mal mit Äther ausgeschüttelt. Die ätherischen Lösungen werden vereinigt, bis zur neutralen Reaktion mit verdünnter Kochsalzlösung gewaschen und nach Zugabe von Alkohol mit 0,5 N.-alkoholischer Kalilauge titriert. Unter der Annahme einer mittleren Säurezahl von 160 für die Harzsäuren und einer Korrektur für unveresterte Fettsäuren ergibt sich als Harzsäuregehalt in Prozenten, wenn m die Menge des abgewogenen Harz-Fettsäuregemisches und a die zum Neutralisieren verbrauchte Anzahl Kubikzentimeter der Kalilauge sind: $(a \cdot 17,76/m) - 1,5$. Die Menge des Kolophoniums wird hieraus annähernd durch Multiplikation mit 1,07 berechnet.

2. Gravimetrisches Verfahren: 2—5 g des Fettsäuregemisches werden zunächst wie nach dem Verfahren 1 behandelt. Nach dem Neutralisieren werden noch 1—2 ccm alkoholische Lauge zugesetzt und die ätherische Lösung mit Wasser mehrmals nachgewaschen. Waschwässer und Seifenlösung werden auf ein kleines Volumen eingeengt, in einen Scheidetrichter übergeführt, angesäuert und nach Zusatz der etwa gleichen Menge gesättigter Kochsalzlösung 2—3mal ausgewaschen. Die ätherische Lösung wird mit etwas geschmolzenem Natriumsulfat getrocknet und der Äther in einem Kölbchen verdampft. Der Abdampfrückstand wird nach dem Erkalten in 10 ccm absolutem Alkohol gelöst, und 5 ccm einer Mischung von 1 Teil Schwefelsäure mit 4 Teilen Alkohol werden hinzugefügt. Das Gemisch läßt man $1^{1}/_{2}$—2 Stunden bei Zimmertemperatur stehen. Die Reaktionsmischung wird nun mit 7—10fachen Mengen 10%iger Kochsalzlösung versetzt, 2—3mal ausgeäthert und die vereinigten Ätherauszüge nach Neutralisation mit alkoholischer Kalilauge mehrfach mit Wasser unter Zusatz einiger Tropfen Kalilauge gewaschen. Den vereinigten alkoholisch-wäßrigen Extrakten wird nach Verjagen des Alkohols, Ansäuern und Kochsalzzusatz durch mehrfaches Ausäthern die Harzsäure entzogen. Die vereinigten Ätherauszüge werden nach zweimaligem Waschen mit verdünnter Kochsalzlösung und Trocknen mit geschmolzenem Natriumsulfat verdampft. Die in Prozenten umgerechnete Menge der so isolierten Harzsäuren kann durch Multiplikation mit dem Faktor 1,07 auf den angenäherten Kolophoniumgehalt umgerechnet werden. Es wird empfohlen, Doppelbestimmungen zu machen.

Für Wachs, Papier und ähnliches schlägt E. DONATH [2] ein besonderes Verfahren vor.

9. Kopaivabalsam. Als wichtigste Bewertungsmerkmale sind zu nennen: Geruch, Löslichkeit, Dichte, Säurezahl direkt, Verseifungszahl kalt und Esterzahl. Die ungleichmäßige Beschaffenheit der Handelsware erschwert die Untersuchung.

Als Verfälschungsmittel sind zu nennen: Gurjunbalsam, fette Öle, Paraffin, Terpentin, Kolophonium und minderwertige Kopaivabalsamsorten, wie der afrikanische oder Illurinbalsam.

Zur Prüfung auf Gurjunbalsam wird besser das abdestillierte Öl als der Balsam selber benutzt, da sonst die Reaktionen unsicher sind. — Verfahren nach DAB. 6:

3 Tropfen Öl werden zu einer Mischung von 1 Tropfen konzentrierter Schwefelsäure und 15 ccm Eisessig gegeben; bei Anwesenheit von Gurjunbalsam tritt rote oder violette Färbung auf. Beobachtungsdauer $^{1}/_{2}$ Stunde. — Verfahren nach TURNER in der Abänderung von DEUSSEN und EGER: Ein Gemisch von 1—2 Tropfen Öl, 3 ccm Eisessig und 1—2 Tropfen einer 1%igen Natriumnitritlösung wird über 2 ccm konzentrierte Schwefelsäure geschichtet. Wird der Eisessig blaurot, so ist Gurjunbalsam zugegen. — Verfahren des nordamerikanischen Arzneibuches X: 4 Tropfen Öl werden zu einem Gemisch von 1 Tropfen Salpetersäure (1,14) und 3 ccm Eisessig gegeben; eine rötliche Zone, beim Umschwenken purpurrote Färbung, zeigt Gurjunbalsam an.

---

[1] H. WOLFF u. E. SCHOLZE: Chem.-Ztg. 1914, **38**, 369, 382, 430.
[2] E. DONATH: Chem.-Ztg. 1930, **54**, 667.

Nach E. Deussen[1] ist das Verfahren nach DAB 6 nicht empfehlenswert; der beste Nachweis ist nach Deussen der nach dem nordamerikanischen Arzneibuch.

Fette Öle lassen sich bei großem Zusatz durch die unvollständige Löslichkeit in 80%iger Chloralhydratlösung erkennen. Ein schmieriger Rückstand beim Erwärmen auf 105° deutet auf Anwesenheit fetter Öle oder von Paraffin.

Terpentin verrät sich durch seinen Geruch beim Erwärmen der Probe. Das abdestillierte ätherische Öl darf nicht weniger als — 2,5° spezifische Drehung aufweisen.

Eine Verfälschung mit Kolophonium wird am besten nach Storch-Morawski in der Abänderung nach Schnellbach[2] nachgewiesen:

0,5 g Balsam läßt man in 5 ccm Petroläther eintropfen. Nach dem Umschütteln werden die abgeschiedenen Flocken mit Petroläther gut ausgewaschen, auf dem Filter in 1 ccm Essigsäureanhydrid gelöst und mit einem sehr kleinen Tropfen konzentrierter Schwefelsäure versetzt.

Ein Zusatz von minderwertigerem afrikanischem Balsam[3] ist durch Zugabe von Ammoniak erkennbar; afrikanischer Balsam gelatiniert sofort mit Ammoniak. Auch das optische Drehungsvermögen läßt sich zum Nachweis der Verfälschung heranziehen.

Aus den Kennzahlen läßt sich ebenfalls eine Reihe von Fälschungsmitteln erkennen:

Maracaibobalsam (Parabalsam):

Tabelle 16.

Auf Zusatz von	Gurjun-balsam	Fetten Ölen, Olivenöl	Terpentinöl	Kolo-phonium	Flüssigem Paraffin	Sassafrasöl	Venetianischem Terpentinöl
Dichte	zu hoch	zu niedrig	zu niedrig	zu hoch	zu niedrig	zu hoch	zu hoch
SZ direkt	zu niedrig	zu niedrig	zu niedrig	zu hoch	zu niedrig (sehr niedrig)	zu niedrig	zu hoch
Esterzahl	zu hoch	zu hoch (sehr hoch)	zu hoch (sehr hoch)	—	zu hoch	—	—
Ver-seifungs-zahl kalt	zu hoch (sehr hoch)	zu hoch	zu niedrig	—	—	zu niedrig	zu hoch

10. Kopale. Beurteilungsgrundlage für reine Kopale bildet die Bestimmung der Härte, des Erweichungspunktes, der Löslichkeit und der Asche, die möglichst niedrig sein soll. Weniger wichtig sind Säurezahl und Verseifungszahl. Gute Kopale sind hart, haben einen hohen Erweichungspunkt und eine geringe Löslichkeit.

Die Bestimmung der Löslichkeit erfolgt nach Simion[4] derart, daß die Probe mit Sand und der Hälfte des zu verwendenden Alkohols geschüttelt wird. Nachdem man den Rest an Alkohol zugesetzt hat, läßt man über Nacht stehen. Ein bestimmter Teil der Lösung wird dann verdampft und der Rückstand gewogen.

Nach einer anderen Vorschrift wird der ungelöst gebliebene, stark gequollene Anteil erneut mit soviel Sand vermischt, daß eine pulverige Masse entsteht, die wiederum mit Alkohol behandelt wird. Ein hierbei verbleibender Kopalrest wäre dann ähnlich zu behandeln.

Der Gehalt an Verunreinigungen wird am besten ermittelt durch Auflösen in Lösungsmittelgemischen, wie Aceton-Chloroform, Aceton-Tetrachlorkohlenstoff, Alkohol-Chloroform, Alkohol-Aceton, Äthylalkohol-Amylalkohol oder Aceton-Amylalkohol.

Die Altersbestimmung der Kopale gelingt nach W. Nagel und M. Körnchen[5] nicht durch Vergleich der Löslichkeiten in Alkohol; gewisse Anhaltspunkte ergeben jedoch Gehalt und Beschaffenheit des im Kopal vorhandenen ätherischen Öles.

[1] E. Deussen: Arch. Pharm. u. Ber. Deutsch. Pharm. Ges. 1932, 270, 263.
[2] Siehe E. Deussen: loc. cit.
[3] Riedels Berichte 1914, Berlin-Britz.   [4] Simion: Chem.-Ztg. 1923, 47, 141.
[5] W. Nagel u. M. Körnchen: Wiss. Veröff. Siemens-Konzern 1934, 13, Nr. 3, 42; C. 1935, I, 486.

Zur Unterscheidung der einzelnen Kopalsorten scheint die optische Drehung geeignet zu sein, wobei man jedoch darauf zu achten hat, daß immer das gleiche Lösungsmittel Verwendung findet.

Nach W. NAGEL und M. KÖRNCHEN[1] gelingt es, Kongokopale von anderen Kopalsorten durch die verschiedene Veresterungsfähigkeit in methylalkoholischer Salzsäure zu unterscheiden. Bezieht man die Befunde auf den in Alkohol löslichen Anteil, so findet man die Veresterungsfähigkeit unabhängig vom Alter der untersuchten Proben.

Da die bekannten Kolophoniumreaktionen bei Kopalen nicht immer eindeutig verlaufen, löst man nach H. WOLFF zur Prüfung auf Kolophonium die Probe in Äther, gießt vom Unlöslichen ab und schüttelt die ätherische Lösung 4—5mal mit 1%iger Ammoncarbonatlösung aus. Die vereinigten Carbonatauszüge werden mit verdünnter Salzsäure angesäuert und mit Äther extrahiert. Der Rückstand wird nun nach STORCH-MORAWSKI auf Kolophonium geprüft. Ist die Reaktion nicht eindeutig, so zieht man die mit Ammoncarbonat extrahierte ätherische Kopallösung 3mal mit 1%iger Sodalösung aus und behandelt weiter wie oben angegeben, Ist auch jetzt die Reaktion nicht deutlich positiv, so ist kein Kolophonium zugegen.

Oder man verseift 5 g der Probe wie üblich, säuert die mit Äther vom Unverseifbaren befreite alkalische Lösung an und äthert sie nach Kochsalzzusatz aus. Nachdem die Ätherlösung mit Wasser mineralsäurefrei gewaschen ist, extrahiert man mit Ammoncarbonatlösung und arbeitet weiter wie oben.

Die Bestimmung der Kolophoniummenge gelingt nach H. WOLFF[2] angenähert.

Nachweis und Bestimmung von Dammarharz nach STEWART bzw. INGLE[3].

11. Mastix. Löst man Mastix in Chloroform und schüttelt mit Schwefelsäure durch, so färbt sich letztere rot. Versetzt man die Chloroformlösung mit gleichviel Essigsäureanhydrid und einigen Tropfen Schwefelsäure, so wird die Flüssigkeit vorübergehend rot, dann rotbraun mit grüner Fluorescenz. Die alkoholische Lösung wird mit Vanillin-Salzsäure sofort violett, auch das Destillat nimmt mit demselben Reagens schwachviolette Färbung an (L. ROSENTHALER.)[4].

Mastix wird gelegentlich mit Sandarak oder auch mit Kolophonium verfälscht. Sandarak gibt sich durch die Schwerlöslichkeit in Benzol zu erkennen; die Gegenwart von Kolophonium hat eine Erhöhung der Säurezahl und Verseifungszahl zur Folge und kann durch die STORCH-MORAWSKIsche und die Kupferacetatprobe erkannt werden.

12. Olibanum, Weihrauch. Zu bestimmen sind Kauprobe, Löslichkeit, Asche, Säurezahl und Verseifungszahl. Verfälschungen sind bekannt mit Kolophonium, Mastix, Dammar und Sandarak.

Kolophonium kann nach STORCH-MORAWSKI wegen der Ähnlichkeit der Reaktion bei Mastix nicht erkannt werden, wohl aber mit der Kupferacetatprobe. — Zusatz von Dammar gibt Herabsetzung der Verseifungszahl heiß und der Esterzahl, die Säurezahl direkt ändert sich nicht. — Zusatz von Sandarak und Fichtenharz erhöht die Säurezahl direkt.

13. Palmendrachenblut. Wichtig ist die Bestimmung der Asche, die nicht mehr als 5% sein darf. Alle Sorten enthalten Eisen, aber keine Zimtsäure. Verfälschungen treten auf mit Eisenoxyd, Bolus, Kolophonium (hierdurch Erhöhung der Harzzahl und der Gesamtverseifungszahl), auch mit Dammar. — Für Palmendrachenblut gilt die Dracoalbanprobe nach K. DIETERICH:

10 g Harz werden warm mit 50 ccm Äther ausgezogen. Die Lösung wird auf 30 ccm eingeengt und mit 50 ccm absolutem Alkohol versetzt, wobei nach 1 Stunde ein weißer, flockiger Niederschlag entstehen muß.

14. Perubalsam. Bei der Untersuchung ist stets eine Reihe von Nachweisreaktionen auszuführen, da die Veränderungen mit dem Alter der Balsame berücksichtigt werden müssen. Stets heranzuziehen sind die Schwefelkohlenstoff- und die Petrolätherprobe und die Bestimmung der Löslichkeit. Nur bedingten Wert besitzen Säurezahl, Verseifungszahl und Esterzahl.

---

[1] W. NAGEL u. M. KÖRNCHEN: U. 1935, 42, 34; C. 1935, I, 3480.
[2] H. WOLFF: Farben-Ztg. 1914, 19, 1018.
[3] Siehe SEELIGMANN-ZIEKE: Handbuch der Lack- und Firnisindustrie, 4. Aufl. Berlin: Union Deutsche Verlagsges. 1930. [4] L. ROSENTHALER: Pharm. Ztg. 1927, 72, 509.

Perubalsam wird oft verfälscht. Als Verfälschungsmittel werden genannt: Ricinusöl und andere fette Öle, Kopaivabalsam, Gurjunbalsam, Tolubalsam, Kanadabalsam, Terpentin, Kolophonium, Benzoe, Styrax, Harzöl und Wasser. Auch Ersatzmittel werden für echt unterschoben: Peruol, Peruscabin (eine Lösung von synthetischem Benzoesäure-benzylester in Ricinusöl), Perugen u. a. Bei den Untersuchungen sollte man stets nebenher einen echten Perubalsam prüfen.

Prüfung nach dem Schweizer Arzneibuch:

Perubalsam darf in dünner Schicht nach 8 Tagen und auch beim Erwärmen nicht fest werden[1].

2 g Balsam lösen sich klar in 1 ccm 90 vol.-%igem Alkohol, auf Zusatz von weiteren 7 ccm Alkohol tritt sofort Trübung ein[1].

1 g Balsam löst sich klar in 5 g einer Lösung von 3 g Chloralhydrat in 2 ccm Wasser. Trübung zeigt Anwesenheit fetter Öle[1] an[2].

Kocht man 1 g Balsam mit 20 ccm Wasser 1 Minute lang und filtriert heiß durch ein benetztes Filter, so müssen sich beim Erkalten nach einiger Zeit Krystalle abscheiden, die mit Permanganat in der Kälte Geruch nach Benzaldehyd zeigen (Zimtsäure)[3].

Die wäßrige Lösung des Balsams muß den typischen Perubalsamgeruch aufweisen.

Schwefelkohlenstoffprobe: 3 g Balsam müssen sich in 1 g Schwefelkohlenstoff klar mischen. Auf Zusatz von 9 g Schwefelkohlenstoff scheidet sich braunes Harz ab, das beim Schütteln an der Gefäßwand kleben bleibt. Die Schwefelkohlenstofflösung ist klar hellgelb bis orangegelb. Der Rückstand muß nach Perubalsam riechen.

Petrolätherprobe. Werden 4 Tropfen Balsam mit 6 ccm Petroläther $\frac{1}{2}$ Minute lang kräftig geschüttelt, so muß Perubalsam als weißlichgelbe oder braungelbe Masse an der Gefäßwand kleben bleiben und darf nicht zu Pulver zerfallen (Ersatzstoff Perugen). Die Petrolätherlösung muß klar und farblos sein und 1 ccm dieser Lösung darf nach dem Schütteln mit dem gleichen Volumen Kupferacetatlösung sich nicht grün oder blau färben (Kolophonium); weitere 3 ccm der Petrolätherlösung dürfen nach dem Verdunsten keine flüssig-öligen Rückstände hinterlassen (Fette, Öle, Terpentin, Styrax, Tolubalsam, Kopaivabalsam, Harzöl).

Wichtig ist die Bestimmung des Cinnameins:

Etwa 1,5 g Balsam (genau gewogen) werden mit 3 g Wasser und 30 g Äther 5 Minuten lang von Zeit zu Zeit geschüttelt. Nach Zugabe von 3 g konzentrierter Natronlauge, erneutem Schütteln von 5 Minuten Dauer werden 1,5 g Tragantpulver zugesetzt, bis zum Verquellen des Tragants geschüttelt und absitzen lassen. 25 ccm der klaren, ätherischen Lösung werden im ERLENMEYER-Kolben vom Äther befreit, der Rückstand $\frac{1}{2}$ Stunde lang bei 103—105° getrocknet und gewogen. Der Cinnameingehalt muß 56—70% betragen; der Rückstand ist gelblich, ölig oder mit Krystallen durchsetzt und riecht aromatisch.

Da auch unechte Balsame durch Zusatz von synthetischem Cinnamein auf den gewünschten Gehalt gebracht werden können, empfiehlt P. BEAUGEARD[4] auch noch die Bestimmung der Säurezahl und Verseifungszahl des Cinnameins.

Zum Nachweis von Kunstbalsam im Perubalsam kann auch die Reaktion nach J. KORK[5] dienen:

Man schüttelt 1 g Balsam mit 10 ccm Petroläther, gießt ab, verdampft den Auszug und läßt vorsichtig 1 Tropfen 65%iger Salpetersäure auf den Rückstand fallen. Es entsteht um den Tropfen ein stark gefärbter Ring, bei unverdächtigem Balsam gelb, bei Mischungen oder Kunstbalsam grün und bisweilen rotbraun.

Einige Tropfen Balsam dürfen mit einigen Kubikzentimetern Natronlauge nach V. WOLLMANN[6] keine kanariengelbe Färbung mit einem Stich ins Grüne geben, was sonst auf ein Kunsterzeugnis aus Acaroidharz deuten würde.

Die im DAB 6 angegebene Eisenchloridreaktion ist für echten Balsam bedeutungslos, weil sie durch besonderen Zusatz bei jedem Kunstbalsam erreichbar ist (V. WOLLMANN[7]).

----

[1] A. TSCHIRCH: Pharmac. Acta Helv. 1928, 3, 85; C. 1928, II, 375.

[2] Diese Reaktion ist nach V. WOLLMANN (Sudetendeutsch. Apoth.-Ztg. 1936, 17, 260; Pharm. Zentralh. 1936, 77, 711) erst brauchbar, wenn mehr als 10% Öl vorliegen. Ricinusöl in Mengen von 10% und wenig weniger kann folgendermaßen nachgewiesen werden (V. WOLLMANN, loc. cit.): Das bei der Bestimmung der Verseifungszahl des Cinnameins erhaltene Reaktionsgemisch dampft man zur Trockne ein und löst den Rückstand in 50 ccm Wasser. Gießt man jetzt einige Kubikzentimeter einer 10%igen Calciumchloridlösung zu, so entsteht bei Gegenwart von Ricinusöl sofort eine milchige Trübung.

[3] K. DIETERICH: (Ber. Deutsch. Pharm. Ges. 1914, 24, 376; C. 1915, I, 46) hat einen Perubalsam untersucht, der keine Zimtsäure, dagegen Vanillin enthielt.

[4] P. BEAUGEARD: Bull. Sci. pharmacol. 1934, 41 (36), 209; C. 1935, I, 1270.

[5] Siehe A. TSCHIRCH u. E. STOCK: Die Harze. Berlin: Gebr. Bornträger 1933.

[6] V. WOLLMANN: loc. cit.   [7] V. WOLLMANN: Pharm. Zentralh. 1936, 77, 450.

Gibt man zur Lösung von 1 Tropfen Balsam in 2 ccm ätherischer Phloroglucinlösung (1 : 1000) 2 ccm rauchende Salzsäure, so färbt sich die Flüssigkeit stark rot. — Beim Behandeln von Perubalsam mit gesättigter alkoholischer Kali- oder Natronlauge bilden sich alsbald Krystalle, die bei der Mikrosublimation Benzoesäure und Zimtsäure geben (L. ROSENTHALER[1]).

15. Sandarak. An Verfälschungen sind bekannt solche mit Dammar und mit Kolophonium. — Dammar in beträchtlichen Mengen erniedrigt die Säurezahl. Der Kolophoniumnachweis gelingt am besten mit dem Petrolätherauszug, wobei neben der STORCH-MORAWSKISchen Reaktion stets die Ammoniakprobe ausgeführt werden sollte. Petrolätherauszüge (von mit Sand verriebenen 5 g Harz) über 15% sind als verdächtig anzusprechen. Ist daneben der Kolophoniumnachweis positiv ausgefallen, dann ist die Verfälschung bewiesen. Zusätze von stark oxydierten Koniferenharzen lassen sich oft nicht nachweisen, es sei denn höchstens im Destillat der trockenen Destillation.

Um Sandarak in Harzgemischen u. dgl. nachzuweisen, befreit man nach J. F. SACHER[2] die zu untersuchende Probe nötigenfalls vom Lösungsmittel und behandelt den festen Rückstand unter Umrühren bei Zimmertemperatur mit Äther. Nach dem Filtrieren und vorsichtigem Einengen auf dem Wasserbade wird die Lösung mit soviel Äther-Schwefelsäure (100 : 133) versetzt, bis die Flüssigkeit eine rotbraune Färbung angenommen hat. Schließlich wird noch das halbe Volumen an Wasser zugegeben. Bei Gegenwart von Sandarak tritt ein sehr charakteristischer Geruch auf. Der Nachweis, der noch bei Zusatz von 1% Sandarak ausführbar ist, gelingt jedoch nur bei dem echten Harz von Callitris quadrivalvis, nicht dagegen bei dem Harz aus C. verrucosa.

16. Schellack. Für die Bewertung wichtig sind Säurezahl, Verseifungszahl, Esterzahl und die Löslichkeit. Nur erhebliche Abweichungen von den Grenzzahlen sind zu beachten, z. B. deuten Säurezahlen unter 35 und über 70 auf Verschnitt, solche über 70 auf Kolophonium oder Manilakopal; Verseifungszahlen unter 180 und über 225 oder Esterzahlen unter 135 oder gar unter 126 sind gleichfalls verdächtig.

Für die schnelle Ermittlung der Löslichkeit werden etwa 3 g der mäßig fein gepulverten Probe mit 10 ccm Alkohol behandelt. Hierbei muß reiner Schellack bei schwachem Erwärmen rasch in Lösung gehen. Die gleiche Menge muß sich in 25 ccm 5%iger Boraxlösung bei mäßiger Wärme lösen, ohne beim Erkalten zu gelatinieren, oder in 50 ccm 5%igem Ammoniak oder in 25 ccm 5%iger Natronlauge. Tritt, abgesehen vom leicht erkennbaren Schellackwachs, unvollständige Lösung ein, so liegt Verdacht auf Verfälschung vor.

Die Bestimmung des in heißem Alkohol unlöslichen Anteils erfolgt durch Extraktion von genau 5 g Schellack im Extraktionsapparat nach der Standardmethode des amerikanischen Bureau of Standards[3].

Zunächst wird die Extraktionshülse 30 Minuten lang mit kochendem Alkohol ausgezogen, im Trockenschrank bei 105° getrocknet und nach dem Abkühlen gewogen. Nun werden genau 5 g Schellack in ein 100-ccm-Becherglas eingewogen und in 75 ccm kochendem Alkohol gelöst, indem man das Becherglas in ein siedendes Wasserbad taucht. Nach vollständiger Lösung wird die Menge in die Extraktionshülse übergeführt, mit heißem Alkohol nachgespült und in einer im Wasserbad erhitzten Filtriervorrichtung filtriert. Anschließend wird die Hülse im Extraktionsapparat genau 1 Stunde lang ausgezogen.

Die Fehlerquellen dieses Verfahrens liegen nach C. C. HARTMAN[4] in der unvollständigen Löslichkeit des Schellackwachses in heißem 95%igem Alkohol, in dem Verlust feiner Teile unlöslicher Substanz und in der Zurückhaltung von etwas Lösungsmittel durch das Filtermaterial. Vorgeschlagen wird als Lösungsmittel n-Butylalkohol und Äthylenglykolmonoäthylester, die sowohl das Harz als auch das Wachs lösen; A. G. STILLWELL[5] verwendet ein unbrennbares Lösungsmittelgemisch von Alkohol und Tetrachlorkohlenstoff (2:1).

Zugelassen ist eine andere Art der Bestimmung, nicht aber für Stocklack, Körnerlack und gebleichtem Schellack:

Von einer 50 g-Probe, die so fein gepulvert ist, daß sie ein 40-Maschensieb passiert, werden genau 2 g in ein kleines Becherglas eingewogen. Dann werden 25 ccm 95 vol.-%iger Alkohol zugegeben und erhitzt. Die Lösung wird durch einen in gewöhnlicher Weise vorbereiteten

[1] L. ROSENTHALER: Pharm. Ztg. 1927, **72**, 509.
[2] J. F. SACHER: Farben-Ztg. 1916, **22**, 188; Zeitschr. angew. Chem. 1917, **30**, II, 117.
[3] Vgl. H. WOLFF: Farbe u. Lack 1926, 245, 258, 269, 282.
[4] C. C. HARTMAN: Bureau Standards Journ. Res. 1931, 7, 1105; C. 1932, II, 626.
[5] A. G. STILLWELL: Ind. engin. Chem.. Analyt. Edit. 1930, **2**, 420; C. 1931, I, 2686.

Gooch-Tiegel filtriert, indem man zunächst siedenden Alkohol durchlaufen läßt, da sonst die Schellacklösung im Tiegel gelatiniert. Man wäscht, ohne den Rückstand trocken werden zu lassen, mit heißem Alkohol nach, bis das Filtrat farblos abläuft und dann noch 5mal, indem man jedesmal den Tiegel mit heißem Alkohol anfüllt. Dann wird der Tiegel an der Seite und am Boden von noch anhaftendem Schellack freigewaschen und bei 105—110° bis zum konstanten Gewicht getrocknet.

Auch Löslichkeitsbestimmungen in Petroläther bzw. Äther, die am besten durch Quellenlassen einer gewogenen Menge Schellack mit den betreffenden Lösungsmitteln, anschließendem Verreiben mit Sand und erschöpfendem Ausziehen erfolgen, können zur Prüfung herangezogen werden. — Ein Petrolätherrückstand über 5% bzw. ein Ätherrückstand über 20% ist verdächtig. Bei Orangen- und Lemonschellack beträgt der Ätherrückstand meistens 12—16%.

Das häufigste Verfälschungsmittel für Schellack ist Kolophonium, das in manchen Schellacksorten bis zu einer Menge von 3% handelsüblich ist. Der Nachweis gelingt am besten nach zwei Verfahren:

1. Reaktion nach Storch-Morawski in Abänderung von Langmuir:

Etwa 1 g Schellack wird mit 15 ccm Essigsäureanhydrid bis zur Lösung erwärmt. Nach dem Erkalten wird filtriert und das Filtrat mit 1—2 Tropfen konzentrierter Schwefelsäure versetzt. Anwesenheit von Kolophonium gibt blaurote bis rotviolette Färbung.

2. Verfahren nach v. Parry [1] in der Abänderung von Wolff:

Eine Messerspitze Schellack wird in 3 ccm Alkohol gelöst. Danach werden 3 ccm kohlenwasserstofffreies Leichtbenzin oder Petroläther zugefügt, gut geschüttelt, das Reagensrohr mit Wasser aufgefüllt und ohne Schütteln 3—4mal umgekehrt. Nach Absitzen und Klären wird die Benzinschicht in ein zweites Reagensglas gegossen, hierzu einige Tropfen einer 3%igen Kupferacetatlösung gefügt und gut umgeschüttelt. Bei Anwesenheit von Kolophonium ist die Benzinschicht schön grün. Beurteilung der Färbung erst nach vollständiger Klärung der Benzinschicht, die durch Zugabe des 3fachen Volumens an Wasser beschleunigt werden kann. Reiner Schellack zeigt kaum eine Färbung, manche Dammar- und Kopalsorten haben ein fahleres Grün. Blindproben von reinem Schellack und bekannten Verschnitten sind erforderlich.

Zur Bestimmung des Kolophoniums bedient man sich am besten der Bestimmung der Jodzahl nach Langmuir oder der Ausschüttelmethode nach Wolff:

1. Bestimmung der Jodzahl nach Langmuir: 0,2 g Schellack werden im Jodzahlkolben mit 20 ccm Eisessig übergossen und durch Eintauchen der geschlossenen Flasche in angewärmtes Wasser bis auf das Wachs völlig gelöst. (Je mehr Kolophonium, um so schneller die Auflösung). Dann werden 10 ccm Chloroform und 20 ccm Wijssche Jodlösung aus einer Pipette zugefügt, der Kolben verschlossen und genau 1 Stunde im Dunkeln stehen gelassen. Größere Kolophoniummengen sind jetzt schon durch eine rötlichbraune Färbung zu erkennen. Danach wird unter Kaliumjodidzugabe wie üblich zurücktitriert. Anstellen eines Blindversuches ist erforderlich. Beträgt die ermittelte Jodzahl der Probe a, so ist der Kolophoniumgehalt der Probe $a — 18/2,1$. (Jodzahl des Schellacks im Mittel 18, die des Kolophoniums im Mittel 228.) Auch Kopale, Sandarak, Acaroid usw. geben sich durch eine erhöhte Jodzahl zu erkennen. Bei den schwankenden Werten der Jodzahlen dieser Harze ist aber eine quantitative Ermittlung derselben über die Jodzahlen nicht möglich.

2. Verfahren nach Wolff: Das Verfahren beruht auf der verschiedenen Löslichkeit von Kolophonium und Schellack in Petroläther.

Genau 3 g der gepulverten Probe werden im Scheidetrichter mit genau 30 ccm eines Gemisches aus 65 ccm Aceton, 20 ccm Alkohol (96 Vol.-%) und 15 ccm Wasser behandelt. Ist sehr viel Kolophonium zugegen, werden 5 ccm Aceton mehr verwendet, dafür fehlen der Mischung 5 ccm Alkohol. Nach erfolgter Lösung bis auf das Schellackwachs werden genau 25 ccm Petroläther vom Siedepunkt 50° zugegeben und gut durchgeschüttelt. Nach dem Absitzen

---

[1] v. Parry: Farben-Ztg. 1920, **15**, 2374.

des Petroläthers, das durch Zugabe von 2—3 Tropfen Wasser beschleunigt werden kann, werden die untere Schicht und das ungelöste Wachs in einem zweiten Scheidetrichter übergeführt und von neuem mit 25 ccm Petroläther gut durchgeschüttelt. Nach Vereinigung beider Petrolätherausschüttelungen werden die Scheidetrichter mit etwa 15 ccm Petroläther nachgewaschen, der Petroläther zum größten Teil abdestilliert und der Rest in einem Schälchen auf dem Wasserbad verdampft. Der Rückstand wird mit 10 ccm einer Mischung von 9 Teilen Petroläther und 1 Teil Äther mittels eines abgeplatteten Glasstabes gut durchgearbeitet, durch ein kleines Filter in ein flaches gewogenes Schälchen abgegossen, ohne daß Ungelöstes auf das Filter gelangt, nochmals mit 10 ccm der Mischung behandelt, filtriert und Schale und Filter 3mal mit je 2 ccm Petroläther nachgespült. Das Lösungsmittel wird abgedampft, der Rückstand bei 105—110⁰ getrocknet und gewogen. Beträgt der Rückstand $x\,g$, so ist der wirkliche Kolophoniumgehalt $(x \cdot 100/3 - 1,0) \cdot f$, wobei f ein Faktor ist, der bei einem Wert der Klammer von 1—10 und 25—30 = 1,25, von 10—15 und 20—25 = 1,30, von 15—20 = 1,35 und über 30 = 1,20 ist. Nach dem Wägen löst man noch in Alkohol (96 Vol.-%); hierbei dürfen keine ungelösten Teile oder nur ganz wenige Flocken übrig bleiben. Ist die Lösung stärker getrübt, so filtriert man, dampft den Alkohol ab, trocknet und wägt. Aus der letzten Wägung $= y\,g$ ergibt sich der Kolophoniumgehalt zu $(100 \cdot y/3 - 0,5) \cdot f$, wobei f der gleiche Faktor ist wie oben. Fehlergrenze 2%.

Beide Verfahren haben sich gut bewährt. Zweckmäßig ist es, beide Methoden auszuführen.

Der nach WOLFF erhaltene Rückstand kann noch durch Reaktionen und Kennzahlen als Kolophonium identifiziert werden.

Bei gebleichtem Schellack sind die Verfahren dieselben, nur muß vorher das Wasser durch Trocknen entfernt werden.

Wasserbestimmung nach WOLFF: Hierbei muß das Schmelzen der Probe vermieden werden. Die Probe wird schnell in bohnengroße Stücke zerschlagen und in einem gut verschlossenem Gefäß gemischt. Ein Teil der so vorbereiteten Probe wird im Mörser schnell gepulvert und 3—5 g davon in eine bereit gehaltene flache, gewogene Schale gegeben, möglichst gleichmäßig verteilt und rasch gewogen. Zunächst wird vorgetrocknet, danach eine Stunde lang, bei 50—60⁰ getrocknet. Hiernach erhöht man die Temperatur um 5⁰ je ½ Stunde, bis schließlich Schmelzen eintritt, keinesfalls aber über 100⁰. Bei dieser Temperatur beläßt man noch ¼ Stunde lang und wägt nach dem Erkalten. Der Gewichtsverlust ist der Wassergehalt.

Das Wasser kann auch nach dem Destillationsverfahren nach MARCUSSON mit Xylol oder durch Lösen der Probe in Alkohol und Verdampfen im Vakuum bei Wasserbadtemperatur erfolgen.

Bestimmung der freien Mineralsäure nach WOLFF. 1—2 g Schellack werden in 30—50 ccm neutralem Alkohol gelöst und vorsichtig unter Umschütteln mit 300—400 ccm Wasser verdünnt. Hierbei darf das Harz nicht sofort klumpig ausfallen, sondern zunächst als diffuse Trübung. Nach Zugabe einiger Tropfen Amidoazobenzol titriert man mit 0,1 oder 0,05 N.-Natronlauge von Rot nach Weingelb. Der Wert wird auf Schwefelsäure berechnet. Danach gibt man Phenolphthalein hinzu und titriert auf Rot. Dieser Wert ist die Säurezahl. Bei normalen, gut gebleichten Schellacken ist die so ermittelte Säurezahl etwa ½—⅓ der eigentlichen in alkoholischer Lösung bestimmten Säurezahl.

Eine zweite Untersuchung, bei der man vor der Titration die wäßrige Lösung 24 Stunden lang stehen läßt, empfiehlt sich deswegen, da es manche gebleichten Schellacke gibt, die zwar keine freie Mineralsäure enthalten, aber bei Berührung mit Wasser solche nach einiger Zeit abspalten.

Die Bestimmung des Wachsgehaltes im Schellack erfolgt nach A. G. STILLWELL[1].

Um in Harzgemischen Schellack nachzuweisen, kann man nach H. WOLFF[2] die Aleuritinsäure isolieren.

---

[1] A. G. STILLWELL: Ind. engin. Chem., Analyt. Edit. 1930, 2, 387; C. 1931, I, 2686.
[2] H. WOLFF: Farbe u. Lacke 1926, 245, 258, 269, 282.

17. Styrax. Für die Beurteilung ist die Bestimmung der Asche, des Wassers (bei Handelsware meistens 40 %), des Alkohollöslichen, auch der Säurezahl, Verseifungszahl und der Löslichkeit von Wert. Die Bestimmung der Zimtsäure erfolgt nach der von T. T. Cocking für Benzoe angegebenen Magnesiamethode.

Wertbestimmung nach dem Schweizer Arzneibuch:

Alle Bestimmungen werden nur mit dem gereinigten, d. h. wasserfreien Harz ausgeführt. Styrax sinkt in Wasser unter. Der in Alkohol unlösliche, bei 103—105° getrocknete Rückstand darf nicht mehr als 0,3 % betragen.

0,1 g Styrax geben bei der Mikrosublimation zahlreiche verwachsene Krystalle, die im polarisierten Licht in allen Farben leuchten und, mit einem Tropfen Permanganat erwärmt, Geruch nach Benzaldehyd zeigen (Zimtsäure).

Unterschichtet man die filtrierte Lösung von 0,5 g Styrax in 5 ccm Äther mit konzentrierter Schwefelsäure, so entsteht ein rotbrauner Ring (Storesinol); die darüber stehende Schicht ist schmutzig blaugrün.

Der beim Ausschütteln von 2 g Styrax mit 40 g Äther zurückbleibende braune Rückstand darf nach dem Waschen mit Äther nicht mehr als 0,2 g wiegen. Die gelblich gefärbte Ätherlösung gibt beim Zugießen von 130 g Petroläther einen gelblichen Niederschlag, der, mit Petroläther nachgewaschen und über Schwefelsäure getrocknet, nicht weniger als 0,04 g und nicht mehr als 0,13 g betragen darf. Der bei 60—70° getrocknete Rückstand der filtrierten Äther-Petrolätherlösung soll nicht weniger als 1,26 g und nicht mehr als 1,60 g betragen.

Verfälschungen können erfolgen durch Zusatz von Mineralstoffen, Ricinusöl und anderen fetten Ölen, Kolophonium, Terpentin und Petroleumrückständen. Zusatz von Kolophonium bzw. Terpentin wird erkannt durch die Kupferacetatmethode.

18. Terpentin. Für die Beurteilung sind wichtig Säurezahl und Verseifungszahl. Die feinen Terpentine werden oft mit gewöhnlichen Terpentinen verfälscht. Werden in den feinen Terpentinen Krystalle der Abietinsäure vorgefunden, so kann mit großer Wahrscheinlichkeit auf Verfälschung geschlossen werden.

Zur Unterscheidung von feinem, gewöhnlichem und Kunstterpentin kann die Hirsch-sohnsche Probe dienen:

Mit der 10 fachen Menge an Ammoniak verteilt sich feiner Terpentin nicht, sondern wird im Wasserbad milchig. Gewöhnlicher Terpentin gibt eine leicht milchige Flüssigkeit, die bald gallertartig wird und sich im Wasserbad klärt. Kunstterpentin verteilt sich mit Ammoniak, wird im Wasserbad zunächst klar, dann wieder trübe (nicht bei allen Kunstterpentinen).

Nach Fabris werden 5 g des zu untersuchenden Balsams in 20 ccm 95 vol.-% igem Alkohol gelöst und mit einigen Tropfen Phenolphthalein versetzt. Man fügt 10 % ige Kalilauge bis zur alkalischen Reaktion hinzu. Lärchenterpentin liefert eine klare, gefälschter 'eine trübe Lösung, aus welcher beim Stehen ölartige Tropfen sich abscheiden.

Das höhere Brechungsvermögen des Kanadabalsams gestattet eine einfache Unterscheidung vom venetianischen Terpentin: Während Kartoffelstärkekörner in venetianischem Terpentin undeutlich bis unsichtbar werden, bleiben sie in Kanadabalsam deutlich erkennbar.

19. Tolubalsam. Wichtig ist die Bestimmung der Asche, der Säurezahl und der Verseifungszahl.

An Verfälschungsmitteln werden angegeben: Kolophonium, Styrax und andere zimtsäurehaltige Harze und Kopaivabalsam.

Kolophonium wird mit der Kupferacetatmethode nachgewiesen:

5 g Balsam werden in 30 ccm Schwefelkohlenstoff auf dem Wasserbad am Rückfluß 5 Minuten lang gekocht und nach dem Erkalten filtriert. Das zur Trockne verdampfte Filtrat wird mit 10 ccm Petroläther durchgeschüttelt. Diese Petrolätherlösung wird mit Kupferacetat versetzt.

Zum Nachweis von zugesetztem Harz in Tolubalsam kann folgende Probe dienen [1]:

0,5 g des gepulverten Balsams werden mit 5 ccm Ammoniak geschüttelt. Die Lösung muß nach 10 Minuten schaumfrei sein und darf nach 24 Stunden keine Gallertbildung zeigen.

Wertbestimmung nach dem Schweizer Arzneibuch:

1 g Balsam muß sich klar oder höchstens mit einem Rückstand von 0,3 g in 25 ccm warmem Alkohol lösen. 5 ccm der kalten, sauer reagierenden Lösung geben mit 3—5 Tropfen Eisenchloridlösung olivgrüne Färbung. 2 ccm der alkoholischen Lösung geben mit einigen Tropfen Phloroglucinlösung und konzentrierter Salzsäure kirschrote Färbung.

---

[1] L. van Itallie u. W. J. van Eerde: Pharm. Weekbl. 1925, **62**, 510; C. 1925, II, 332.

Der Balsam gibt auf Zusatz von Kaliumpermanganat zur wäßrigen Lösung Geruch nach Benzaldehyd (Zimtsäure).

Tolubalsam verhält sich gegenüber gesättigter alkoholischer Kalilauge wie Perubalsam, mit alkoholischer Natronlauge ist aber die Krystallbildung nicht sicher (L. ROSENTHALER [1]).

20. Kunstharze. Für die Beurteilung der Kunstharze kommen in Frage physikalische Bestimmungen (Härte, Farbe, Löslichkeit, Erweichungspunkt, Tropfpunkt usw.) und chemische Verfahren (Wasser, Kennzahlen, fremde Beimischungen usw.). Wichtig ist auch die Bestimmung der Widerstandsfähigkeit gegen physikalische und chemische Einflüsse.

Bei der Prüfung auf Einzelharze oder zur Unterscheidung verschiedener Kunstharzsorten werden nach Bedarf auch Spezialreaktionen herangezogen.

Vor Ausführung der Bestimmungen und Einzelreaktionen ist es vorteilhaft, sich über die Natur der vorliegenden Kunstharzprobe durch Vorproben zu unterrichten. Der Nachweis gelingt oft durch Auffindung von Spuren der Komponenten, aus denen das Kunstharz aufgebaut ist.

a) **Cumaronharze** geben die Reaktion nach STORCH-MORAWSKI, und zwar besonders schön, wenn ein Benzolauszug des Harzes benutzt wird [2].

Zur Unterscheidung, ob ein Cumaronharz oder ein pechartiger Destillationsrückstand (Steinkohlen-, Braunkohlen-, Holzteer- oder Erdölpech) vorliegt, kann nach J. MARCUSSON [3] durch die Löslichkeit in Aceton entschieden werden. Pech ist in Aceton unlöslich. Gegenüber anderen Kunstharzen sind die Cumaronharze in Benzin leicht löslich. Bakelite und Albertole spalten beim Erhitzen mit Natronkalk Phenol ab, Cumaronharze tun dies nicht, sie geben auch bei der Destillation kein Formaldehyd oder Phenol an das Destillat ab. Im Vergleich zu Naturharzen weisen diese höhere Schmelzpunkte und höhere Säurezahlen, Verseifungszahlen und Jodzahlen auf, dazu sind sie stark optisch aktiv.

Zur Unterscheidung der einzelnen Cumaronharze dient die Bestimmung des Erweichungspunktes, der Zähigkeit und der Farbe. Weiterhin ist die Untersuchung auszudehnen auf die Bestimmung der freien Schwefelsäure, Sulfosäure bzw. Äthylschwefelsäure.

b) **Vinylharze** sind in Benzol und Chloroform löslich; durch Kochen mit Alkalilaugen tritt teilweise Zersetzung ein. Die Lösung enthält gegebenenfalls Aldehyd und Fettsäuren bis herab zur Propionsäure [4].

c) **Phenol-Formaldehydharze** entwickeln beim Erhitzen im trockenen Reagensglas gelbbraune, an den kälteren Teilen des Glases sich verdichtende, phenolartig riechende Dämpfe. So geben staubfein verriebene Harze etwa $1/_4$ bis $1/_5$ ihres Eigengewichtes an Phenol ab [5].

Hochkondensierte Harze werden mit stark verdünnter Schwefelsäure destilliert; im Destillat lassen sich dann Formaldehyd und Phenol nachweisen und bestimmen [6].

Werden Phenol-Formaldehydharze längere Zeit mit SCHIFFschem Reagens behandelt, so zeigt Rotfärbung die Anwesenheit von Formaldehyd an.

Phenol kann auch durch Reaktionen mit diazotierten Basen nachgewiesen werden.

d) In **Harnstoff-Aldehydharzen** wird die Harnstoffkomponente durch die Gegenwart von Ammoniak im flüchtigen Teil des Natronlaugedestillates nachgewiesen.

e) In **Phthalaten, Alkydharzen** läßt sich die Phthalsäure nach einem von C. P. A. KAPPELMAIER [7] angegebenen Verfahren bestimmen.

[1] L. ROSENTHALER: loc. cit.
[2] H. WOLFF: Farben-Ztg. 1917, **22**, 917; Zeitschr. angew. Chem. 1917, **30**, II, 400.
[3] J. MARCUSSON: Chem. Ztg. 1919, **43**, 93, 109, 122.
[4] A. BOHANES: Chemické Obzor 1936, **11**, 9. C. 1936, II, 2804.
[5] W. HERZOG: Zeitschr. angew. Chem. 1921, **34**, 97.
[6] G. PETROW u. J. SCHMIDT: Ind. organ. Chem. (russ.) 1936, **2**, 102.; C. 1937, I, 1292.
[7] C. P. A. KAPPELMAIER: Farben-Ztg. 1935, **40**, 1141; C. 1936, I, 1327. — Siehe auch A. RUFF u. M. A. KRYNICKI: Farben-Ztg. 1936, **41**, 111; C. 1937, I, 1031; C. P. A. KAPPELMAIER: Chem. Zentralbl. 1937, I, 1031.

Zur Unterscheidung der nichthärtbaren von den härtbaren Kunstharzen füllt man ein Reagensglas 1—2 cm hoch mit der Substanz und erhitzt 10 Minuten lang in einem Glycerinbad von 150⁰. Nicht härtbare Kunstharze sind in noch heißem Zustande dickflüssig und lassen sich mit einem Glasstab durchrühren und bleiben weiterhin in Alkohol oder in fettem Öl oder Benzol löslich. Härtbare Kunstharze sind hiernach auch in heißem Zustande fest und in Alkohol nicht mehr löslich.

Wasser. Die Bestimmung erfolgt am besten durch Destillation mit Xylol oder ähnlichem.

Fremdbestandteile. Nachweis: Eine 10%ige Harzlösung in Benzol wird mit dem gleichen Volumen konzentrierter Schwefelsäure in der Kälte behandelt; unverfälschte Harze zeigen nur geringe Veränderungen, verfälschte Harze hingegen Abscheidungen, die sich beim Verdünnen der Schwefelsäure mit der doppelten Menge Wasser in Gestalt von dicken Niederschlägen zu erkennen geben. Bestimmung[1]: 10 g Harz werden in 100 ccm Benzin gelöst und 2 Minuten lang mit 100 ccm konzentrierter Schwefelsäure im Scheidetrichter geschüttelt. Nach dem Absitzen wird die Säureschicht nochmals mit 50 ccm Benzin ausgeschüttelt. Der im Vakuum getrocknete Rückstand der vereinigten Benzinauszüge wird gewogen. Cumaronharze sollen in konzentrierter Schwefelsäure nur bis 20% löslich sein.

Freie und gebundene Schwefelsäure. Bestimmung nach H. Wolff[2]:

10—20 g Harz werden in 50 ccm neutralem Benzol oder Xylol gelöst und die Lösung mehrfach mit warmem Wasser geschüttelt (etwa 3mal mit je 20 ccm). Die Auszüge werden vereinigt und filtriert. Darauf wird bei 80⁰ C nach dem Ansäuern mit einigen Tropfen Salzsäure mit Bariumchlorid gefällt. Eine Erhöhung der Temperatur bis zum Sieden ist zu vermeiden, da die Spaltung vorhandener sulfurierter Stoffe das Vorhandensein freier Schwefelsäure vortäuschen kann.

Ist keine freie Schwefelsäure vorhanden, so wird unmittelbar (anderenfalls benutzt man das Filtrat vom Sulfatniederschlag) nach Zusatz von einigen Kubikzentimetern konzentrierter Kalilauge eingedampft, die trockene Masse zum Schmelzen erhitzt und nach dem Abkühlen mit Wasser und Salzsäure aufgenommen. Etwa ausgeschiedenes Bariumsulfat entspricht der Menge der in Wasser übergehenden gebundenen Schwefelsäure.

Ob es sich um Sulfosäuren handelt bzw. um Schwefelsäure enthaltende saure Verbindungen, stellt man durch Titration des wäßrigen Auszuges mit 0,1 N.-Lauge fest. Gegebenenfalls ist die Acidität der freien Schwefelsäure abzuziehen.

Die Gesamtmenge der vorhandenen gebundenen und freien Schwefelsäure stellt man am bequemsten durch Verseifung einer Probe von 15 g mit 2 N.-alkoholischer Kalilauge fest. Nach beendeter Verseifung dampft man zweckmäßig ein, um auch schwerer verseifbare Verbindungen zu zerstören, säuert mit Salzsäure an, füllt ohne Rücksicht auf das Harz auf 200 ccm auf, fügt 10 ccm Wasser hinzu, um das Volumen des Harzes annähernd auszugleichen (ein genauer Ausgleich ist angesichts der kleinen Sulfatmenge überflüssig), filtriert durch ein trockenes Filter und fällt in 100 ccm des Filtrates in üblicher Weise die Schwefelsäure.

Die Prüfung der Widerstandsfähigkeit gegen Feuchtigkeit und Chemikalien wird derart vorgenommen, daß vor und nach der Einwirkung die Oberfläche und das Gewicht der zu untersuchenden Gegenstände geprüft werden. Die Einwirkung bezieht sich auf 24stündiges Liegenlassen in Wasser, 3 Wochen lang in 25%iger Schwefelsäure, auf Einwirken von Ammoniakdämpfen u. dgl.

Die Wärmebeständigkeit gibt Aufschluß darüber, ob sich bei hoher Temperatur Zersetzungserscheinungen, z. B. Säurebildung oder Ausschwitzen von Weichmachern u. dgl. zeigen.

Buch-Literatur.

G. Lunge: Chemisch-technische Untersuchungsverfahren, 5. Aufl. Berlin: Julius Springer 1905. — Seeligmann u. Zieke: Handbuch der Lack- und Firnisindustrie, 4. Aufl. Berlin: Union Deutsche Verlagsges. 1930. — A. Sommerfeld: Plastische Massen. Berlin: Julius Springer 1934. — A. Tschirch u. E. Stock: Die Harze. Berlin: Gebr. Bornträger 1933. — F. Ullmann: Enzyklopädie der technischen Chemie. Wien u. Berlin: Urban & Schwarzenberg 1928/33.

---

[1] Vernici 1935, 11, 31; C. 1935, II, 2135.
[2] H. Wolff: Farben-Ztg. 1917, 22, 917; Zeitschr. angew. Chem. 1917, 30, II, 400.

Ätherische Öle.

A. Einleitung.

Die ätherischen Öle sind verwickelt zusammengesetzte Bestandteile der Pflanze und, wie der Name aussagt, leicht flüchtige, in den meisten Fällen flüssige und aromatisch riechende Stoffe. Einige von ihnen, z. B. Rosenöl, Veilchenwurzelöl sind infolge krystallinischer Ausscheidung fest. Alle Eigenschaften sind nach der äußerst wechselnden Zusammensetzung der ätherischen Öle starken Schwankungen unterworfen. Konsistenz leichtflüssig bis zähflüssig; Farbe wasserhell bis dunkelbraun, auch dunkelblau; Löslichkeit in verdünntem Alkohol sehr leicht löslich bis zur Unlöslichkeit selbst in konzentriertem Alkohol. Die ätherischen Öle verdunsten schon bei gewöhnlicher Temperatur und sind mit Wasserdampf leicht zu destillieren.

Licht und Luft bewirken durch Oxydation oft sehr tiefgehende Veränderungen. Hierauf ist bei der Aufbewahrung — volle, geschlossene Flaschen, kühle Räume — Rücksicht zu nehmen. Besonders terpen- und aldehydhaltige Öle sind dieser wertmindernden Oxydation durch Harz- und Säurebildung unterworfen.

Ihrer aromatischen Eigenschaften wegen werden die ätherischen Öle bei der Herstellung von Lebensmitteln vorzugsweise dort verwendet, wo sie den Lebensmitteln einen bestimmten Geruch und Geschmack verleihen sollen. So bei der Likörbereitung, für die Herstellung von Schokolade, Zuckerwaren, Backwaren usw. Auch ihre bactericiden Eigenschaften werden benutzt; sie dienen in gewissen Fällen als Konservierungsmittel (C. B. COCHRAN und J. W. PERKINS[1]).

Nach J. M. DYSON[2] besteht zwischen dem Geruch und den periodischen Bewegungen der Atome oder Gruppen in den Molekülen des riechenden Stoffes ein Zusammenhang (Ramaneffekt).

B. Allgemeine Untersuchungsverfahren.

Für die Wertbestimmung eines ätherischen Öles und zur Erkennung etwaiger Verfälschungen dienen eine Reihe von Untersuchungsverfahren, von denen besonders die physikalischen Methoden geeignet sind, fremde Zusätze schnell aufzuzeigen.

Bevor man an die nähere Untersuchung eines ätherischen Öles geht, unterwirft man es der Riechprobe, indem man einen Tropfen des zu untersuchenden Öles auf Fließpapier verdunsten läßt und den leichtflüchtigen und den schwerflüchtigen Anteil durch den Geruch erkennen kann. Zum Vergleich wird unverfälschtes Öl auf dieselbe Weise geprüft. Wichtig ist diese Probe besonders für schlecht destillierte oder unsachgemäß aufbewahrte, sonst aber unverfälschte Öle, für die es oft der einzige Nachweis ist.

I. Physikalische Verfahren.

1. Dichte. Siehe auch Bd. II, Teil 1 dieses Handbuches, S. 1f.

Flüssigkeiten werden mittels des Aräometers, des Pyknometers oder der MOHR-WESTPHALschen Waage bei Innehaltung einer bestimmten Temperatur gemessen. Die Änderung der Dichte mit der Temperatur ist nach K. IRK[3]

---

[1] C. B. COCHRAN u. J. W. PERKINS: Journ. Ind. engin. Chem. 1914, **6**, 304, 306; C. 1914, I, 1789.

[2] J. M. DYSON: Perfumery essent. Oil Record 1937, **28**, 13; Ref. Chem.-Ztg. 1937, **61**, 135. Chemisch- Technische Übersicht.   [3] K. IRK: Pharm. Zentralh. 1914, **55**, 831.

für D_4^{15} und D_4^{20} rund 0,0008, für D_{15}^{15} und D_{15}^{20} rund 0,0007 und für D_{20}^{15} und D_{20}^{20} rund 0,0006.

Bei kleiner Substanzmenge kann man nach der Schwebemethode die Dichte feststellen. Das Verfahren ist nicht sehr genau, da völlige Unlöslichkeit der zu untersuchenden Substanz in der Mischung nicht vorhanden sein wird. Hat man z. B. eine Reihe von Mischungen von Alkohol mit Wasser mit je um 0,001 verschiedener Dichte und steigt ein hineingebrachter Öltropfen bei der Mischung $D = 0,930$ an die Oberfläche und sinkt bei 0,929 unter, so ist die Dichte des Öles auf rund 0,9295 anzugeben. Statt fertiger Mischungen ist es besser, zunächst durch Mischen von Alkohol und Wasser eine Mischung herzustellen, in der der Tropfen gerade noch untersinkt, und nun aus einer Bürette kleine Mengen Wasser zuzugeben, umzurühren, bis der Tropfen entweder in der Mischung gerade noch schwebt oder er langsam an die Oberfläche steigt. Nunmehr bestimmt man die Dichte der Mischung.

Bei wasserunlöslichen Stoffen gestattet folgendes Verfahren eine genaue Bestimmung mit dem Pyknometer, indem das Pyknometer mit Wasser bis nahe zur Marke oder zum seitlichen Ansatz gefüllt und gewogen wird. Danach wird mit Öl bis zur Marke nachgefüllt und wieder gewogen. Ist das Wassergewicht bei unvollständiger Füllung w, bei vollständiger Füllung W, das mit Wasser und Öl aufgefüllte Gewicht abzüglich des Leergewichtes des Pyknometers g, so ist die Dichte des Öles $D = (g - w)/(W - w)$. Bei Flüssigkeiten mit größerer Dichte als 1 verfährt man umgekehrt, indem zunächst im leeren Pyknometer die kleine Ölmenge o abgewogen, dann weiter mit Wasser gefüllt und das Gewicht der so erzielten völligen Füllung g festgestellt wird. Ist der Wasserwert des Pyknometers wieder W, so ist die Dichte des Öles $D = o/W - g + o$.

Erst bei höheren Temperaturen flüssige Öle bestimmt man am besten bei 100° im Sprengelschen Pyknometer; vgl. Band II, Teil 1 dieses Handbuches S. 8.

2. Löslichkeit. Siehe auch Bd. II, Teil 1 dieses Handbuches, S. 77f.

Zur Bestimmung der Löslichkeit in Alkohol verfährt man folgendermaßen:

Zu 1 ccm Öl wird unter Umschütteln nach und nach aus einer Bürette soviel Alkohol bestimmter Stärke (in Vol.-%) hinzufließen lassen, bis eben Lösung eintritt. Alsdann wird auf die gewünschte Temperatur eingestellt. Sollte sich hierbei die Lösung trüben, so wird von dem Alkohol noch soviel zugegeben, bis die Mischung wieder klar geworden ist. Dieser Endpunkt ist bei einigen Ölen scharf (Lavendel-, Pfefferminz-, Gewürznelken-, Palmarosa-, Geranium-, Cassia- und Zimtöl), in anderen Fällen weniger scharf (Terpentin-, Eukalyptus-, Anis-, ostind. Sandelholzöl). Bei Citronen- und Apfelsinenschalenöl ist auf diese Weise keine Löslichkeitsbestimmung auszuführen[1].

P. Jeancard und C. Satie[2] fordern, daß für jedes Öl die Löslichkeit in Alkohol von dreierlei Stärke, die um je 5 Vol.-% untereinander verschieden sind, angegeben werden sollte.

H. C. Wood jr.[3] bestimmt die Löslichkeit in verdünntem Alkohol in der Weise, daß eine bestimmte Menge einer 2—10%igen Lösung von ätherischen Öl in 93 vol.-%igem Alkohol gelöst und aus einer Bürette tropfenweise Wasser bis zum Auftreten einer opaleszierenden Trübung zugefügt wird. Prozentgehalt an Öl und Volumenprozent der Endlösung können rechnerisch aus der Gesamtmenge ermittelt werden.

Zur Bestimmung der Löslichkeit in Wasser benutzt G. Blunck[4] ein Schüttelgefäß von 1 Liter Inhalt, das oben und unten eine Verengung aufweist, von einem in 0,1 ccm eingeteilten Rauminhalt von 10 ccm. In dem Gefäß werden 5 ccm Öl mit 100 ccm Wasser 10 Minuten lang geschüttelt; darauf wird mit Wasser aufgefüllt und bis zur Klärung bei der gewünschten Temperatur stehen gelassen. Bei Ölen mit einer Dichte unter 1 ist der nichtgelöste Anteil an der oberen, mit einer Dichte über 1 an der unteren Skala abzulesen.

3. Erstarrungspunkt, Schmelzpunkt, Siedepunkt. Siehe auch Bd. II, Teil 1 dieses Handbuches, S. 88.

a) Erstarrungspunkt. Zunächst wird ein Vorversuch angestellt, indem einige Kubikzentimeter Öl in einem kleinen Gefäß abgekühlt und mit dem Thermometer solange gerührt werden, bis Krystallisation stattfindet. — Für

---

[1] Pharm. Zentralh. 1932, **73**, 52, 98, 181.
[2] P. Jeancard u. C. Satie: Rev. gén. Chim. pure et appl. 1912, **14**, 313; C. 1912, II, 1495.
[3] H. C. Wood jr.: Amer. Perfumer essential Oil Rev. 1921, **16**, 50; C. 1922, II, 271.
[4] G. Blunck: Deutsch. Parfümerieztg. 1918, **4**, 156; C. 1918, II, 998.

den Hauptversuch benutzt man einen Apparat ähnlich dem für die Bestimmung des Erstarrungspunktes für Fette nach POLENSKE (vgl. S. 563). In das innere Rohr gibt man 10 ccm ätherisches Öl, in das äußere Gefäß Wasser oder eine geeignete Kältemischung von einer etwa 5° geringeren Temperatur als sie der Vorversuch anzeigte. Das Öl wird mit einer Spur des erstarrten Öles oder etwas festem Anethol oder Methylnonylketon angeimpft und mit dem Thermometer bis zur beginnenden Krystallisation gerührt. Die höchste Temperatur, bei der das Thermometer längere Zeit konstant bleibt, ist der Erstarrungspunkt.

Für Rosenöl muß ein anderes Verfahren benutzt werden (s. unter Rosenöl).

b) **Schmelzpunkt.** Die Bestimmung eignet sich wegen der Eigenschaft der ätherischen Öle, wechselnde Gemische darzustellen, weniger als Untersuchungsverfahren.

Will man den Schmelzpunkt dennoch bestimmen, so kann man nach den Angaben des englischen Unterausschusses für ätherische Öle[1] verfahren, die das unter a) erstarrte Öl bei langsamem Temperaturanstieg und andauerndem Rühren mit dem Thermometer beobachten. Ist das Öl bis auf einige Krystalle klar geworden, so ist der Schmelzpunkt erreicht. Bei Ölen mit niedrigem Schmelzpunkt muß die Feuchtigkeit ferngehalten werden, da sonst das Klarwerden verhindert wird.

c) **Siedepunkt.** Die Bestimmung erfolgt nach dem üblichen Verfahren unter Verwendung von 50 ccm Öl und Siedesteinchen[2]. Die Destillationsgeschwindigkeit ist so zu regeln, daß 40—60 Tropfen, nach der englischen Vorschrift 50—70 Tropfen je Minute überdestillieren.

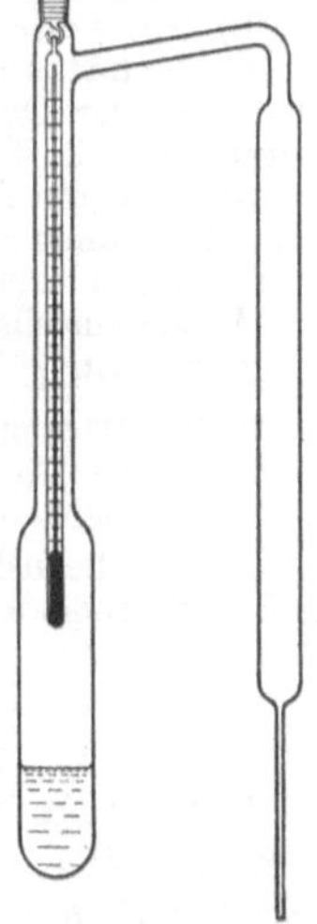

Abb. 4.
Apparat nach
L. W. WINKLER.

Bei leicht zersetzlichen Ölen ist die Destillation bei vermindertem Druck angebracht.

Mitunter ist die **fraktionierte Destillation** für die Untersuchung wertvoller. Hier arbeitet man mit geeigneten Fraktioniervorrichtungen.

L. W. WINKLER[3] beschreibt einen Apparat (s. Abb. 4), bei dem 20 ccm Öl und grobes Bimssteinpulver als Siedesteinchen verwendet werden. Die von ihm angegebenen anfänglichen Siedepunkte sind für eine Reihe von ätherischen Ölen in der Tabelle zusammengestellt:

Tabelle 17.

Öl	Anfänglicher Siedepunkt	Öl	Anfänglicher Siedepunkt
Angelikawurzel	185/187	Lavendel	205/210
Anis	230/232	Muskatöl, Äther	175/185
Apfelsinenschalen	179/181	Nelken	253/255
Baldrian	240/245	Palmarosa	229/231
Bergamott	194/196	Pfefferminz, europ.	210/215
Calmus	275/285	„ japan.	160/170
Coriander	190/200	Rosmarin	178/180
Citronella	219/221	Sandelholz, ostind.	296/298
Citronen	179/181	„ westind.	285/287
Eukalyptus	177/179	Terpentin, rekt. österr.	160/161
Fenchel	221/223	„ „ franzos.	161/162
Geranium	228/230	„ „ käufl.	160/170
Krauseminz	213/218	Thymian	193/196
Kümmel	198/203	Wacholderbeer	175/180
		Zimt, Ceylon	248/250

[1] Analyst 1929, **54**, 335.
[2] W. TREFF (Zeitschr angew. Chem. 1926, **39**, 1306) empfiehlt statt der Siedesteinchen, die als Kontaktmaterial wirken könnten, kleine Stückchen zerbrochener Glassplitter.
[3] L. W. WINKLER: Pharm. Zentralh. 1927, **68**, 433.

L. Rosenthaler[1] gibt für Mikrosublimation und Mikrodestillation einige Fingerzeige.

4. Optische Verfahren. a) Lichtbrechung. Siehe auch Bd. II, Teil 1, S. 261 dieses Handbuches.

Die Änderung des Brechungsindex n_D mit der Temperatur ist nach K. Irk[2] zwischen 10 und 15° und zwischen 15 und 20° 0,00038—0,00052, im Mittel 0,00043; zwischen 20 und 30° 0,00038—0,00052, im Mittel 0,00044; zwischen 10 und 30° im Mittel 0,00044.

b) Optische Drehung. Siehe Bd. II, Teil 1 dieses Handbuches.

c) Verhalten unter der Quarzlampe. Die Fluorescenzerscheinungen, die ätherische Öle unter der Quarzlampe zeigen, lassen nach E. Ekman und A. Samyschlayewa[3] mitunter wertvolle Schlüsse zu.

d) Auch die Absorptionsmessung im ultravioletten Licht[4] und der Raman-effekt[5] können zur Identifizierung und zum Nachweis von Verfälschungen bzw. zur Konstitutionsaufklärung herangezogen werden.

Außerdem sind von den weniger ausgeführten Verfahren zu nennen:

5. Viscosität. (Siehe Bd. II, Teil 1 dieses Handbuches, S. 17).

6. Oberflächenspannung sind nach A. Müller[6] geeignet, bei der Wertbestimmung und besonders der Auffindung für gewöhnlich schwierig zu erkennender Verfälschungen gute Dienste zu leisten.

7. Auch die **dielektrischen Eigenschaften** der ätherischen Öle können nach T. G. Kowalew und W. W. Illarionow[7] und R. Büll und O. Zwecker[8] für die Analyse verwendet werden.

II. Chemische Verfahren.

1. Bestimmung der freien Säure. Sie erfolgt durch Ermittelung der Säure-zahl im allgemeinen dadurch, daß 2 g Öl in 10 ccm neutralem Alkohol gelöst und bei Gegenwart von Phenolphthalein mit 0,1 N.-Kalilauge titriert werden. Die Säurezahl ist in den meisten Fällen sehr klein.

2. Bestimmung der Ester. Die Kenntnis des Estergehaltes wird vermittelt durch die Esterzahl EZ (auch Differenzzahl DZ), die die Differenz aus Verseifungszahl VZ und der Säurezahl SZ darstellt.

Zur Bestimmung der Verseifungszahl benutzt man entweder die für die Säurezahl-bestimmung gebrauchte Lösung und gibt 10 oder 20 ccm 0,5 N.-alkoholische Kalilauge hinzu oder man setzt die Lösung neu an. Bei der üblichen heißen Verseifung (VZ heiß oder VZh) wird auf dem Wasserbade am Rückfluß $^1/_2$—1 Stunde lang gekocht, nach dem Abkühlen mit Wasser verdünnt und mit 0,5 N.-Schwefelsäure gegen Phenolphthalein titriert.

Bei schwer verseifbaren Estern (z. B. Valerianate des Borneols und Menthols) bzw. großen Mengen leicht verseifbarer Ester (z. B. an Terpenalkoholen reichen Ölen, wie Citronell-öle) reichen für die heiße Verseifung die angegebene Dauer und die Laugenmenge nicht aus.

Bei der Verseifung in Glasgefäßen ist darauf zu achten, daß je nach der Art des verwendeten Glases mehr oder weniger Alkali von der Kieselsäure des Glases gebunden wird. Dieser Fehler tritt besonders stark in Erscheinung bei gegen Temperaturunterschiede widerstandsfähigem Glas. Ein weiterer Fehler entsteht nach A. Béhal[9] dadurch, daß die Ester durch die Kalilauge in Gegenwart eines Alkohols unter Bildung einer gewissen Menge an Ester des Alkohols vom niedrigsten Molgewicht zersetzt werden und der Alkohol vom höchsten Molgewicht abgespalten wird. So bilden sich wechselnde Mengen von Äthyl-formiat und Äthylacetat, die, ohne kondensiert zu werden, aus dem Kühler entweichen. A. Béhal glaubt diesen Fehler durch Verwendung von längeren Rohren als Verseifungs-gefäße zu vermeiden. Auch die Gegenwart von Aldehyden und Phenolen führt zu falschen

[1] L. Rosenthaler: Perfumery essent. Oil Record 1930, **21**, Sonder-Nr. 277; C. 1930, II, 3206.   [2] K. Irk: Pharm. Zentralh. 1914, **55**, 789.

[3] E. Ekman u. A. Samyschlayewa: Riechstoffind. 1931, **6**, 140; C. 1931, II, 2671.

[4] Kl. Dijkotra: Pharm. Weekbl. 1936, **73**, 502; C. 1936, II, 2568.

[5] L. M. Labaune: Rev. Marques Parfum. Savonn. 1936, 14, 145; C. 1936, II, 2810.

[6] A. Müller: Chem.-Ztg. 1921, **45**, 759; Riechstoffind. 1930, **5**, 102, 126; C. 1931, I, 3733; Journ. prakt. Chem. [2], 1932, **134**, 158; (N. F.) 1934, **140**, 56; **141**, 167; Helv. chim. Acta 1934, **17**, 1135; C. 1935, I, 488.

[7] T. G. Kowalew u. W. W. Illarionow: Journ. prakt. Chem. (N. F.) 1932, **135**, 305; C. 1933, I, 3134.

[8] R. Büll u. O. Zwecker: Deutsch. Parfümerieztg. 1934, **20**, 357, 371; C. 1935, II, 1269.

[9] A. Béhal: Bull. Soc. chim. France 1914, [2], **15**, 565); C. 1914, II, 439.

Ergebnissen. Phenole lassen sich durch Ausschütteln mit 3—5%iger Natronlauge vor der Verseifung entfernen.

Will man die kalte Verseifung (VZ kalt oder VZk) ausführen, so bestimmt man nach den Angaben von L. W. WINKLER[1] zunächst die Säurezahl durch Auflösen von 2,81 g Öl, auf 0,01 g genau, in einem mit Glasstöpsel versehenen 100-ccm-Meßkolben in 5 ccm n-Propyl-alkohol, gibt noch 0,1—0,2 g Phenolphthalein in den Kolben und titriert mit mit n-Propyl-alkohol bereiteter 0,5 N.-Kalilauge bis zur Rotfärbung. Bei sehr geringem Laugenverbrauch zählt man die verbrauchten Tropfen und multipliziert die um 1 verringerte Tropfenzahl mit 0,15 in der Annahme, daß das Volumen eines Tropfens 0,015 ccm beträgt.

Ohne die Bürette aufzufüllen, gibt man soviel der alkoholischen Lauge in den Kolben, bis genau 20 ccm verbraucht sind. Nach 24 Stunden werden in den Kolben 25 ccm gesättigte Natriumnitritlösung und 0,1 g (nicht weniger) Phenolphthalein gegeben, worauf die Lösung mit 0,5 N.-Salzsäure zurücktitriert wird. Man verfährt dabei derart, daß nach jedem Säurezusatz der verschlossene Kolben nach dem Durchschütteln umgewendet und die Farbe der im Kolbenhals sich ansammelnden wäßrigen Flüssigkeit beobachtet wird. Der Endpunkt der Titration wird bestimmt, wenn die Mischung sich in zwei Phasen getrennt hat. Gleichzeitig wird ein Blindversuch zur Bestimmung des Titers der 0,5 N.-Kalilauge angesetzt.

Aus der Esterzahl läßt sich der Gehalt an Ester bzw. Alkohol nach folgenden Gleichungen berechnen:

$$\% \text{ Ester} = EZ \cdot m/560 \cdot b; \quad \% \text{ Alkohol} = EZ \cdot m_1/560 \cdot b\,[2]$$

Hierbei bedeuten m das Molgewicht des betreffenden Esters, m_1 das des zugehörigen Alkohols und b die Basizität der zugehörigen Säure (bei Essigsäure ist $b = 1$).

Für die in den ätherischen Ölen am häufigsten anzutreffenden Alkohole $C_{10}H_{18}O$ (Geraniol, Linalool, Borneol, Isopulegol), $C_{10}H_{20}O$ (Menthol, Citronellol), $C_{15}H_{24}O$ (Santalol), $C_{15}H_{26}O$ (Cedrol) und deren Essigester lauten die Formeln:

$$C_{10}H_{18}O: \quad \% \text{ Essigester} = EZ \cdot 0,3500; \quad \% \text{ Alkohol} = EZ \cdot 0,2750$$
$$C_{10}H_{20}O: \quad \% \text{ Essigester} = EZ \cdot 0,3536; \quad \% \text{ Alkohol} = EZ \cdot 0,2786$$
$$C_{15}H_{20}O: \quad \% \text{ Essigester} = EZ \cdot 0,4679; \quad \% \text{ Alkohol} = EZ \cdot 0,3929$$
$$C_{15}H_{26}O: \quad \% \text{ Essigester} = EZ \cdot 0,4714; \quad \% \text{ Alkohol} = EZ \cdot 0,3965$$

3. Bestimmung der ungesättigten Verbindungen. Ein Maß für die Menge an ungesättigten Verbindungen in ätherischen Ölen ist die Jodzahl (JZ). Ihre Bestimmung erfolgt wie unter „Fett" S. 94 angegeben. Da Licht, Alkoholgehalt und Temperatur auf die Jodzahl großen Einfluß haben, sind besondere Vorsichtsmaßregeln zu beachten. So ist es empfehlenswert, die Jodlösung im Dunkeln zuzusetzen und 12—24 Stunden lang einwirken zu lassen.

Da die Art der Bindung des Jods unklar ist, bezeichnet R. HUERRE[3] die maximale Menge Jod, die von 100 g in Chloroform gelöster Substanz nach 2stündiger Einwirkungsdauer aus einem großen Überschuß alkoholischer Jodlösung bei gewöhnlicher Temperatur gebunden wird, als Pseudo-Jodzahl, deren Bestimmung folgende ist:

0,20 g Öl werden in 20 ccm Chloroform gelöst und mit 30 ccm 10%iger alkoholischer Jodlösung versetzt. Nach 2stündigem Stehen im Dunkeln wird nach Zugabe von 20 ccm 10%iger Kaliumjodidlösung erst mit N-, zuletzt mit 0,1 N.-Thiosulfatlösung titriert. Ansetzen eines Blindversuches ohne Öl ist erforderlich.

Die „Jodbromzahlen" nach L. W. WINKLER[4] mit Brom, die als Jod berechnet werden (vgl. S. 105), erhöhen sich mit der Einwirkungsdauer. Für gewöhnliche Untersuchungen ist eine Zeit von 10 Minuten ausreichend.

Die Anwendung des rhodanometrischen Verfahrens von H. P. KAUFMANN auf ätherische Öle bzw. ihre Bestandteile siehe H. P. KAUFMANN und H. BARICH[5].

Ein auf anderen Voraussetzungen beruhendes Verfahren gibt K. BODENDORF[6] durch Bestimmung der Sauerstoffzahl an.

---

[1] L. W. WINKLER: Pharm. Zentralh. 1932, **73**, 52, 98, 181.

[2] Obige Gleichungen sind aus folgendem entwickelt: Die Esterzahl ist die Anzahl Milligramm KOH je Gramm Substanz. Die für einen bestimmten Ester mit dem Molgewicht m theoretische „EZ" ist daher $56000/m$ (genauer Molgewicht von KOH in Milligramm); der Prozentgehalt ist daher $EZ \cdot 100/\text{theoret.}$ „EZ" oder $EZ \cdot 100 \cdot m/56000$. R. E. MEYER (Deutsch. Parfümeriegtg. 1933, **19**, 75; C. 1933, II, 460) hat den Faktor $100 \cdot m/56112$ für verschiedene Ester ausgerechnet und die Logarithmen angegeben.

[3] R. HUERRE: Journ. Pharmac. Chim. 1919, (7) **20**, 216, 250, 273; C. 1920, II, 408; Journ. Pharmac. Chim. 1933, (8) **18**, (125) 381; C. 1934, I, 962.

[4] L. W. WINKLER: Pharm. Zentralh. 1924, **65**, 385; 1925, **66**, 17.

[5] H. P. KAUFMANN u. H. BARICH: Arch. Pharm. 1929, **267**, 1, 249.

[6] K. BODENDORF: Arch. Pharm. u. Ber. Deutsch. Pharm. Ges. 1930, **268**, 486.

4. Bestimmung der Alkohole. Zur Bestimmung der in ätherischen Ölen vorkommenden primären, sekundären und tertiären Alkohole bedient man sich der Acetylierung bzw. Formylierung in Verbindung mit der Esterzahl.

Acetylierung. 10 ccm Öl werden mit 10 ccm Essigsäureanhydrid unter Zusatz von etwa 2 g trockenem Natriumacetat und einigen Siedesteinchen in einem mit eingeschliffenem Kühlrohr versehenen Kölbchen (Abb. 5) 1 Stunde lang auf dem Sandbade gekocht. Nach dem Erkalten wird mit etwas Wasser verdünnt und zur Zersetzung des nicht verbrauchten Essigsäureanhydrids unter öfterem Umschütteln $^1/_4$ Stunde lang auf dem Wasserbad erwärmt. Das Öl wird im Scheidetrichter abgeschieden und bis zur neutralen Reaktion mit Kochsalzlösung gewaschen.

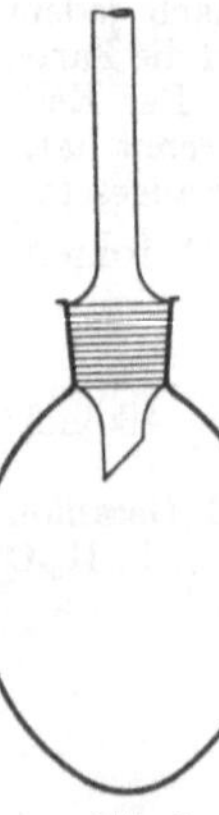

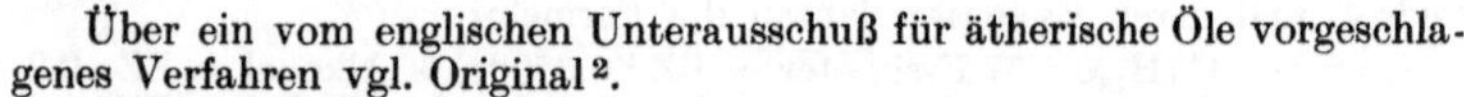

In Verbindung mit der Esterzahl, die von 1,5—2 g des über wasserfreiem Natriumsulfat getrockneten Acetylierungsproduktes bestimmt wird, läßt sich die prozentuale Menge an Alkohol im ursprünglichen Öl nach der Gleichung: $a \cdot m/20\,(s - a \cdot 0{,}021)$[1] berechnen, in der a die verbrauchte Anzahl Kubikzentimeter 0,5 N.-Kalilauge, s die angewandte Menge des acetylierten Öles in Gramm und m das Molgewicht des betreffenden Alkohols (z. B. Borneol, Citronellol, Geraniol, Linalool, Menthol, Santalol und Terpineol) bedeuten.

Über ein vom englischen Unterausschuß für ätherische Öle vorgeschlagenes Verfahren vgl. Original[2].

Höhere Estergehalte der ätherischen Öle machen das Ergebnis nach dem erstbeschriebenen Verfahren fehlerhaft. In solchen Fällen bestimmt man zunächst aus der Differenz der Esterzahlen des ursprünglichen und des acetylierten Öles die Menge an freiem Alkohol und addiert hierzu die Menge an verestertem Alkohol, die sich aus der Esterzahl berechnen läßt. Die Summe ergibt angenähert die prozentuale Menge an Gesamtalkohol.

Abb. 5.
Acetylierungs-
kölbchen.

Die Gegenwart von Aldehyden und Phenolen beeinflussen die Reaktion ungünstig; sind beide in größeren Anteilen vorhanden, so werden sie zweckmäßig vorher entfernt.

VERLEY und BÖLSING[3] nehmen die Acetylierung bei Gegenwart von Pyridin vor (vgl. S. 130); die nicht an Alkohol gebundene Essigsäure wird zurücktitriert. Nach H. W. VAN URK[4] und HUPPMANN[5] eignet sich dieses Verfahren jedoch nicht für Santalol, Menthol, Eugenol und Geraniol, während es R. DELABY und Y. BREUGNOT[6] und R. DELABY und S. SABETAY[7] für bequemer und z. B. für Sandelholzöl auch für zuverlässiger halten; tertiäre Alkohole und Aldehyde werden nur wenig angegriffen.

Ein von S. SABETAY[8] angegebenes Schnellverfahren arbeitet mit einem Katalysator aus Phosphorsäure in Verbindung mit Essigsäureanhydrid.

Der Nachweis von Terpineol neben anderen Alkoholen, wie Geraniol, Borneol, Menthol, Linalool, Citronellol usw. gelingt nach Schimmel u. Co.[9] dadurch, daß die primären und sekundären Alkohole durch Benzylchlorid in Pyridin

---

[1] Genauere Formeln geben J. G. OBERHARD u. N. A. KUBUSSOW (Pharm. Ztg. 1928, **73**, 839 und T. COCKING (Perfumery essent. Oil Record 1918, **9**, 37) an; A. RECLAIRE u. F. ROCHUSSEN: Chem.-Ztg. 1920, **44**, 882. [2] Analyst 1928, **53**, 214.

[3] VERLEY u. BÖLSING: Ber. Deutsch. Chem. Ges. 1901, **34**, 3354.

[4] H. W. VAN URK: Pharm. Weekbl. 1921, **58**, 1265; C. 1921, IV, 1145.

[5] HUPPMANN: Pharm. Ztg. 1931, **76**, 329; C. 1931, II, 3235.

[6] R. DELABY u. Y. BREUGNOT: Bull. Sciences pharmacol. 1935, **42** (37), 589; C. 1936, I, 3541.

[7] R. DELABY u. S. SABETAY: Bull. Soc. chim. France 1935, 2 (5), 1716; C. 1936, I, 4085.

[8] S. SABETAY: Compt. rend. hebd. Séances Acad. Sciences 1934, **199**, 1419; Ref. Riechstoffind. 1935, **10**, 167; Pharm Zentralh. 1937, **78**, 599.

[9] Ber. Schimmel 1923, 1; C. 1924, I, 2213.

zunächst in mit Wasserdampf sehr schwer flüchtige Benzoesäureester übergeführt werden. Im Destillat wird Linalool mit starker Ameisensäure zersetzt,
während Terpineol nicht angegriffen wird.

Um auch die nach dem üblichen Verfahren weniger gut zu bestimmenden
tertiären Alkohole zu erfassen, hat T. ZEREWITINOW[1] ein Verfahren ausgearbeitet, das auf der Reaktion von Oxyverbindungen mit Methylmagnesium-
jodid nach folgender Gleichung beruht: $ROH + CH_3MgJ = CH_4 + ROMgJ$.
Das abgelesene Volumen an entwickeltem Methangas ist ein Maß für den im
ätherischen Öl vorhandenen Alkohol; als Lösungsmittel wird Toluol oder Xylol
benutzt. Die in ätherischen Ölen vorkommenden Ketone stören
die Reaktion nicht, wohl aber freie Säure, für die eine Korrektur
angebracht wird.

Ein anderes Verfahren zur Bestimmung der tertiären Alkohole, besonders des Linalools, ist die Formylierung, die folgendermaßen ausgeführt wird:

10 ccm Öl werden mit 20 ccm starker Ameisensäure (D_{15} 1,226) mindestens 1 Stunde lang im Sandbade erhitzt. Nach dem Erkalten wird
die Mischung mit Wasser verdünnt und bis zur neutralen Reaktion ausgewaschen. Die weitere Bestimmung und die Berechnung wie bei der
Acetylierung, wobei der Faktor 0,021 in der Gleichung (S. 810) durch
0,014 ersetzt wird.

Ein ähnliches Verfahren unter Verwendung von Essigsäure-Ameisen-
säureanhydrid gibt L. S. GLICHITCH[2] an.

Oxydation der Alkohole zu Aldehyden und Nachweis dieser wird von
R. FISCHER und A. MOOR[3] für Menthol, Benzylalkohol, Methylalkohol und
Äthylalkohol beschrieben.

Ein Verfahren, das nur die primären und sekundären Alkohole be-
stimmt und durch die Anwesenheit von tertiären Alkoholen, Aldehyden,
Ketonen, Oxyden, Laktonen, Phenolen, Phenoläther, Ester und Indol nicht
gestört wird, ist eine zuerst von Schimmel u. Co. für Geraniol angegebene
Phthalisierung mit Phthalsäureanhydrid. (Siehe auch RADCLIFFE und
CHADDERTON[4] und L. S. GLICHITCH und Y. R. NAVES[5].

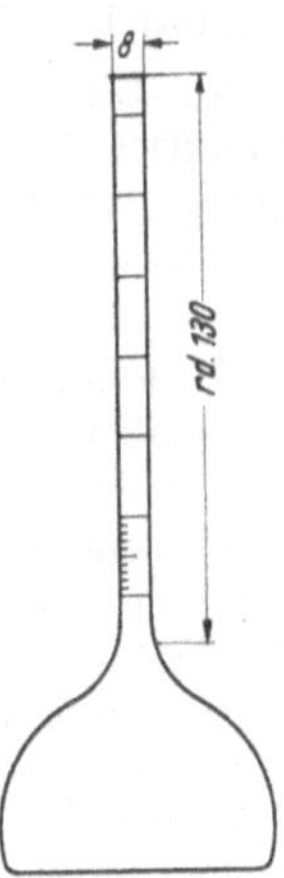

Abb. 6.
Cassiakölbchen.

5. Bestimmung der Aldehyde und Ketone. Ein für alle in ätherischen Ölen vorkommenden Aldehyde und Ketone gültiges Bestimmungsverfahren gibt es nicht.
Einige der in der Praxis bewährten Methoden werden nachstehend mitgeteilt.

a) Das Bisulfitverfahren von Schimmel u. Co.[6] beruht darauf, daß
die Aldehyde mit Bisulfit unter Bildung löslicher sulfonsaurer Verbindungen
reagieren. Zur Bestimmung bedient man sich eines sog. Cassiakölbchens
(Abb. 6) von etwa 100 ccm Inhalt. Der lange Hals faßt etwas über 6 ccm und
ist in 0,1 ccm eingeteilt. Je nach der Höhe des Aldehydgehaltes werden 10 oder
5 ccm des Öles mittels einer Pipette in den Kolben eingeführt, mit dem gleichen
Volumen einer 30%igen, mit Soda neutralisierten Natriumsulfitlösung versetzt[7], umgeschüttelt und der Kolben in ein siedendes Wasserbad gestellt. Ist
die Reaktion eingetreten, so wird nach und nach unter dauerndem Erwärmen
im Wasserbad soviel von der Bisulfitlösung zugegeben, bis alle festen Bestandteile in Lösung gegangen sind und das klare Öl auf der Lösung schwimmt. Ist
der Geruch nach Aldehyd verschwunden, füllt man mit der Bisulfitlösung soweit
auf, bis das Öl in die Skala des Kolbenhalses gelangt ist. Die Menge des nach

[1] T. ZEREWITINOW: Zeitschr. analyt. Chem. 1926, **68**, 321.
[2] L. S. GLICHITCH: Compt. rend. Acad. Sciences 1923, **177**, 268; C. 1923, IV, 611.
[3] R. FISCHER u. A. MOOR: Arch. Pharm. u. Ber. Deutsch. Pharm. Ges. 1934, **272**, 691.
[4] RADCLIFFE u. CHADDERTON: Chem. Zentralbl. 1926, II, 2641.
[5] L. S. GLICHITCH u. Y. R. NAVES: Chim. et Ind. 1933, **29**, Sonder-Nr. bis 1024; C.
1933, II, 3631. [6] Ber. Schimmel, Oktober 1890, 12.
[7] C. T. BENNETT u. F. C. L. BATEMANN (Perfumery essent. Oil Record 1923, 14, 268;
C. 1923, IV, 859) schlagen vor, 5 ccm Öl und 50 ccm 30%iger aus Kaliummetabisulfit frisch
bereiteten Lösung und ein Kölbchen von 150—200 ccm Inhalt zu verwenden.

dem Erkalten abgelesenen, nicht in Lösung gegangenen Öles bildet die Grundlage für die Berechnung des Aldehydgehaltes des Öles in Prozenten. Bei der Umrechnung in Gewichtsprozente sind die Dichten des betreffenden Aldehyds und des Öles zu berücksichtigen.

Verwendung findet das Verfahren zur Bestimmung von Zimtaldehyd und Citral; bei Benzaldehyd, Anisaldehyd und Phenylacetaldehyd wird statt der Bisulfitlösung Wasser zum Nach- und Auffüllen des Kolbens benutzt. Als Reaktionslösung werden 40—50 ccm der Bisulfitlösung verwendet.

b) Ein anderes S u l f i t v e r f a h r e n hat BURGESS[1] angegeben. H. SCHMALFUSS, H. WERNER und R. KAUL[2] beschreiben eine etwas abgeänderte Form desselben, anwendbar bei Ölen, die Carvon, Pulegon, Citral und Zimtaldehyd enthalten.

c) Ein von L. LAUTENSCHLÄGER[3] vorgeschlagenes Verfahren benutzt die Eigenschaft der aromatischen Aldehyde, mit H y d r a z i n unlösliche Verbindungen zu geben; unverbrauchtes Hydrazin wird jodometrisch bestimmt:

Etwa 1 g des zu untersuchenden Aldehyds wird mit einer bestimmten Menge überschüssiger Hydrazinsulfatlösung, deren Gehalt zuvor durch Titration mit Jod bestimmt ist, versetzt. Die Mischung läßt man einige Stunden unter öfterem Umschütteln stehen. Hierauf wird die Lösung vom entstandenen Niederschlag abfiltriert und das Filtrat auf ein bestimmtes Volumen aufgefüllt. Eine abgemessene Menge der wäßrigen Lösung wird mit einer bestimmten Menge überschüssiger Jodlösung versetzt, dann mit Natronlauge alkalisch gemacht, nach der Stickstoffentwicklung bis zur sauren Reaktion mit verdünnter Schwefelsäure angesäuert und das überschüssige Jod mit Thiosulfat zurücktitriert. Aus der Menge der ursprünglich angewendeten Hydrazinsulfatlösung, der zugesetzten Jodlösung und der Anzahl Kubikzentimeter Thiosulfatlösung läßt sich die Aldehydmenge berechnen. Zur Umsetzung eines Mols Hydrazin sind 2 Mole Aldehyd erforderlich; 4 J entsprechen einem Mol Hydrazin, somit 2 Mole Aldehyd 4 Atomen Jod.

Ketone und aliphatische Aldehyde reagieren indessen mit Hydrazin unvollständig, oft überhaupt nicht.

Nachprüfungen[4] ergaben zwar die Brauchbarkeit des Verfahrens, nicht aber die von LAUTENSCHLÄGER angegebene Genauigkeit.

d) Ein in neuerer Zeit von C. T. BENNETT u. a.[5] vorgeschlagenes Verfahren, das H y d r o x y l a m i n als Reagens benutzt, wird für Cassiaöl, Zimtöl, Lemongrasöl, Pomeranzenöl, Bittermandelöl und Kirschlorbeeröl empfohlen. In der von R. C. STILLMAN und R. M. REED vorgeschlagenen Arbeitsweise verfährt man wie folgt:

Z u b e r e i t u n g d e r R e a g e n s l ö s u n g. 40 g reines Hydroxylaminchlorhydrat werden in 80 ccm Wasser gelöst und mit Alkohol zu 800 ccm verdünnt. Hierzu werden unter Umrühren 600 ccm 0,5 N.-alkoholische Kalilauge und 10 ccm Bromphenolblaulösung (0,1 g Tetrabromphenolsulfophthalein mit 3 ccm 0,05 N.-Natronlauge verreiben und mit Wasser zu 25 ccm verdünnen) zugesetzt und das Ganze schnell filtriert.

A u s f ü h r u n g. 2 g Öl werden im SOXHLET-Kolben mit 75 ccm der obigen Hydroxylaminlösung versetzt und 1 Stunde lang auf dem Wasserbad gekocht. Nach dem Abkühlen wird mit 0,5 N.-Salzsäure auf Grüngelb titriert. Ansetzen eines Blindversuches. Die Anzahl Milligramm KOH, die mit derjenigen Hydroxylaminmenge äquivalent ist, die zur Oximierung der Aldehyde oder Ketone in 1 g Öl erforderlich ist, wird als C a r b o n y l z a h l (CZ) bezeichnet.

[1] BURGESS: Analyst 1904, **29**, 78.
[2] H. SCHMALFUSS, H. WERNER u. R. KAUL: Zeitschr. analyt. Chem. 1932, **87**, 161.
[3] L. LAUTENSCHLÄGER: Arch. Pharm. 1918, **256**, 81.
[4] A. RECLAIRE u. F. ROCHUSSEN: Chem.-Ztg. 1920, **44**, 882.
[5] C. T. BENNETT u. M. S. SALOMON: Analyst 1927, **52**, 693. — C. T. BENNETT u. T. T. COCKING: Analyst 1931, **56**, 79.

L. Palfray und S. Tallard[1] weisen darauf hin, daß die im ätherischen Öl enthaltene freie organische Säure die Titrationswerte ungünstig beeinflußt.

Über eine später vom englischen Unterausschuß für ätherische Öle angegebene Vorschrift zur Bestimmung anderer Aldehyde als Citronellal vgl. Original[2]:

e) Zur Identifizierung der Aldehyde und Ketone schlagen J. B. Wilson und G. L. Keenan[3] vor, die mit Semicarbazid gewonnenen Semicarbazone auf Stickstoffgehalt, Schmelzpunkt und Krystallform zu untersuchen.

Herstellung des Reagenses: 11,2 g Semicarbazidchlorhydrat und 12,5 g wasserfreies Natriumacetat werden in 80 ccm heißem Wasser gelöst, in einen 100-ccm-Kolben filtriert und mit dem Waschwasser bis zur Marke aufgefüllt.

Ausführung: 0,5—1 g Aldehyd oder Keton löst man in 5—10 ccm Alkohol, gibt 10 ccm Reagens hinzu und läßt die Mischung bis zur beginnenden Krystallisation stehen. Danach wird mit 25—50 ccm Wasser versetzt und die Mischung über Nacht stehengelassen. Die entstandenen Krystalle werden filtriert und bei 100° getrocknet. Stehen nur kleine Mengen zur Verfügung, dann löst man 0,05—0,2 g Öl in 2 ccm Alkohol, gibt 2 ccm Reagens hinzu, läßt $\frac{1}{2}$ Stunde stehen und läßt 2 ccm Wasser zutropfen. Zeigt eine Trübung der Lösung die beginnende Krystallisation an, läßt man noch mehrere Stunden stehen. Im anderen Falle gibt man noch 25 ccm Wasser zu und läßt zur Krystallisation stehen. Die Krystalle werden filtriert, mit Wasser gewaschen und bei 100° getrocknet. Mit ihnen bestimmt man Schmelzpunkt, Stickstoffgehalt nach Veibel und Molgewicht; letzteres durch Berechnung nach der Gleichung: Molgewicht $= 1400,8/\% \ N_2 + 57,05$. Außerdem wird die Krystallform mikroskopisch festgestellt.

Tabelle 18.

Semicarbazon von	Krystallform	Schmelzpunkt
Acetophenon	dünne, glänzende Blättchen	197
Anisaldehyd	dünne, farblose Blättchen	210
Benzaldehyd	längliche Tafeln	217
Benzyledenaceton	6 seitige Platten	186
Carvon	rautenförmig und unregelmäßig	143
Citral	Krystallplatten	132
Äthylprotocatechualdehyd	fädige, unregelmäßige Massen	175
Heliotropin	dünne, rechteckige Tafeln	234
l-Menthon	unregelmäßige Fragmente	184
p-Methylacetophenon	6 eckige Rauten bis Nadeln	210
Methyl-undecylketon	Nädelchen	123
β-Thujon	unregelmäßige, glänzende Stücke	170
Vanillin	Rauten und Platten	230

f) Weitere Verfahren geben an L. Palfray, S. Sabetay und D. Sontag[4], M. A. Schwartz[5] und R. Fischer und A. Moor[6] (Mikroverfahren).

6. Bestimmung der Phenole.

Von den im Schrifttum angegebenen Verfahren zur Bestimmung der Phenole hat sich in der Praxis nur die zuerst von Gildemeister angeführte Ausschüttelung der Phenole mit wäßriger Lauge bewährt.

Ausführung: In einem Cassiakölbchen von 100—150 ccm Inhalt werden 10 ccm Öl mit soviel 3- oder 5%iger Natronlauge (je nach der Art des Phenoles) versetzt, daß der Kolben zu $\frac{4}{5}$ gefüllt ist, und wiederholt umgeschüttelt. Durch

[1] L. Palfray u. S. Tallard: Compt. rend. hebd. Séances Acad. Sciences 1934, 199, 296; C. 1935, II, 2558. [2] Analyst 1934, 59, 105.
[3] J. B. Wilson u. G. L. Keenan: Journ. Assoc. official agricult. Chemists 1930, 13, 389; C. 1930, II, 3206.
[4] L. Palfray, S. Sabetay u. D. Sontag: Chim. et Ind. 1933, 29, 1037;
[5] M. A. Schwartz: Ann. Chim. appl. 1934, 24, 352; C. 1935, I, 489.
[6] R. Fischer u. A. Moor: Arch. Pharm. u. Ber. Deutsch. Pharm. Ges. 1934, 272, 691.

Nachfüllen mit Lauge wird das jetzt phenolfreie Öl vollständig in den Kolbenhals gedrängt und das Ölvolumen a nach mehreren Stunden abgelesen. Vol.-% Phenole $= (10 - a) \cdot 10$.

Für eugenolhaltige Öle (Nelkenöl, Pimentöl, Bayöl u. a.) wird eine 3%ige, für Thymol und Carvacrol enthaltende Öle (Thymianöl, Zimtblätteröl) eine 5%ige Natronlauge verwendet. Bei letzteren Ölen ist das Ergebnis von der Menge der angewendeten Substanzmenge abhängig[1].

Bei Nelkenöl wird die Mischung gleichzeitig 10 Minuten lang auf dem Wasserbad erwärmt, um vorhandenes Aceteugenol zu verseifen und dadurch mitzubestimmen.

C. T. Bennett und D. C. Garratt[2] behaupten, daß die besten Ergebnisse bei Anwendung von 10 ccm Öl und 100 ccm 5%iger Kalilauge im 150-ccm-Kolben erzielt werden.

Die Verwendung von nur 1 g Öl bei Benutzung eines dem Gerberschen Butyrometer ähnlichen Rohres beschreibt L. Reti[3].

Auf die vom englischen Unterausschuß für ätherische Öle empfohlene Arbeitsvorschrift[4] sei hingewiesen.

Weitere Verfahren sind die von Schryver[5], Verley und Bölsing[6] und Hesse[7].

Zur Identifizierung der abgeschiedenen Phenole werden diese nach Abtrennung des Öles aus ihrer wäßrigen Lösung durch Schwefelsäure abgeschieden und ausgeäthert. Der Rückstand kann dann durch geeignete Reaktion erkannt werden. So empfiehlt R. M. Reed[8] die Überführung in die entsprechende Aryloxyessigsäure und Charakterisierung dieser durch den Schmelzpunkt.

Über die Bestimmung der einzelnen Phenole siehe Abschnitt IV, S. 835.

An dieser Stelle mag die Bestimmung sauerstoffhaltiger Verbindungen (wie z. B. Safrol, Anethol, Eugenol) durch Ermittlung der Wasserstoffzahl nach A. R. Albright[9] erwähnt werden.

7. Bestimmung der Alkylverbindungen. Um die in manchen ätherischen Ölen vorhandenen Alkylverbindungen von Phenolen und Säuren zu bestimmen, ermittelt man die **Methylzahl (MZ)**. Sie gibt an, wieviel Milligramm Methyl beim Kochen von 1 g Substanz mit Jodwasserstoffsäure abgespalten wird. Äthyl, Propyl und Isobutyl werden hierbei als Methyl angegeben.

Nach Benedikt und Grüssner[10] kocht man 0,2—0,3 g des Öles, das frei von Äthylalkohol sein muß, mit 8% Essigsäure enthaltender Jodwasserstoffsäure von der Dichte 1,70 und fängt die entstehenden Dämpfe von Methyljodid in einer alkoholischen Silbernitratlösung auf. Das ausgeschiedene Silberjodid wird gewogen und in Methyl umgerechnet. Mitgerissene Jod- oder Jodwasserstoffdämpfe werden in mit geeigneten Absorptionsmitteln gefüllten Vorlagen aufgefangen.

Statt der gewichtsanalytischen Bestimmung schlägt Gregor[11] ein maßanalytisches Verfahren vor, wonach die Jodmethyldämpfe in mit Salpetersäure angesäuerter 0,1 N.-Silbernitratlösung aufgefangen werden. Die Menge an nicht verbrauchtem Silbernitrat wird nach Volhard mit 0,1 N.-Kaliumrhodanidlösung zurücktitriert.

8. Nachweis und Bestimmung von Chlor. Die Prüfung auf Chlor ist bei der Untersuchung gewisser Öle bzw. Verbindungen, wie Bittermandelöl, Kirschlorbeeröl, Benzylalkohol, Benzaldehyd, Phenylacetaldehyd, Zimtaldehyd usw. von Bedeutung.

Nachweis.

a) Beilsteins Probe: Zündet man eine Probe des Öles auf einem Stück Kupferdrahtnetz an und erhitzt nach dem Verlöschen der Flamme das Drahtnetz in der nichtleuchtenden

[1] W. H. Simmons: Perfumery essent. Oil Record 1921, **12**, 384; C. 1922, II, 272.

[2] C. T. Bennett u. D. C. Garratt: Perfumery essent. Oil Record 1923, **14**, 138; C. 1923, IV, 858.   [3] L. Reti: Annali Chim. appl. 1925, **15**, 317; C. 1926, I, 1310.

[4] Analyst 1928, **53**, 214.   [5] Schryver: Journ. Soc. chem. Ind. 1899, **18**, 553.

[6] Verley u. Bölsing: Ber. Deutsch. chem. Ges. 1901, **34**, 3354.

[7] Hesse: Chem. Zeitschr. 1903, **2**, 434.

[8] R. M. Reed: Perfumery essent. Oil Record 1933, **24**, 190; C. 1933, II, 2469.

[9] A. R. Albright: Journ. amer. chem. Soc. 1914, **36**, 2188; C. 1915, I, 789.

[10] Benedikt u. Grüssner: Chem.-Ztg. 1889, **13**, 872, 1087.

[11] Gregor: Monatsh. Chem. 1898, **19**, 116.

Bunsen-Flamme, so zeigt Grünfärbung der Flamme Halogen an (vgl. auch Bd. II, Teil 2, S. 567 und diesen Band S. 319). Bei Gegenwart von benzoesäure- und camphersäure-haltigen Verbindungen können Fehlschlüsse auftreten.

b) **Kalkprobe.** Das mit der 10fachen Menge an chlorfreiem, gebrannten Marmor innig gemischte Öl wird im Tiegel schwach geglüht, mit Salpetersäure aufgenommen und die filtrierte Lösung mit Silbernitrat geprüft.

c) **Verbrennungsprobe.** Ein halogenfreies Filter von etwa 6 cm Durchmesser wird halbiert und beide Hälften werden gefaltet. Die eine Hälfte wird mit dem Öl getränkt und in eine Porzellanschale gelegt, die andere dient als Fidibus zum Anzünden des Öles. Nach dem Anzünden wird sofort ein innen mit Wasser befeuchtetes großes Becherglas oder ein großer Trichter über die Porzellanschale gestülpt. Nach dem Abbrennen und kurzem Belassen des Becherglases spült man die berußte Innenseite mit 10—15 ccm Wasser aus, filtriert, säuert mit Salpetersäure an und prüft mit Silbernitrat. Verschwindet der Niederschlag oder eine Trübung beim Erhitzen auf 90°, so war kein Halogen, sondern Blausäure zugegen. Das Verfahren ist sehr empfindlich.

Bestimmung.

a) Nach Carius im Verbrennungsrohr.

b) Nach Salamon[1] wird das Öl mit einem Gemisch von Schwefel- und Salpetersäure destilliert. Die Dämpfe werden in Silbernitrat aufgefangen. Das entstandene Silberchlorid wird entweder gewichts- oder maßanalytisch bestimmt.

9. Nachweis und Bestimmung von Verfälschungen.

A. Alkohole. a) **Methylalkohol.** Seine Anwesenheit wird nachgewiesen durch Oxydation zu Formaldehyd, der wieder durch geeignete Farbreaktionen (Schiffsches Reagens) erkannt wird. Vgl. Bd. II, Teil 2, S. 990.

Methylalkohol bzw. Formaldehyd sind jedoch in geringen Mengen nach Y. R. Naves[2] natürliche Bestandteile mancher ätherischer Öle, z. B. entstanden aus Umesterung von Methylestern bei gewöhnlicher Temperatur oder durch Luftoxydation gewisser Bestandteile der Öle. Ein positiver Ausfall der Reaktion auf Methylalkohol ist daher kein eindeutiger Beweis für eine Verfälschung mit Methylalkohol.

b) **Äthylalkohol. Nachweis:** Seine Anwesenheit erniedrigt die Dichte des Öles. Läßt man ätherisches Öl in Wasser fallen, so trüben sich die Tropfen bei Anwesenheit von Äthylalkohol und werden undurchsichtig, während sie unverfälscht klar bleiben.

1 ccm Öl wird im Reagensglas auf 10—15 ccm Wasser gegossen, durch vorsichtiges Umkehren wird gemischt. Nach Trennung der Schichten gibt sich Alkoholgehalt durch eine Trübung der Ölschicht zu erkennen.

Kann in dunkelgefärbten oder trüben Ölen nicht erkannt werden, ob eine Trübung eingetreten ist, so sind 10 ccm Öl und 10 ccm gesättigte Kochsalzlösung in einem kleinen Scheidetrichter mit Glasstopfen kräftig durchzuschütteln und nach dem Absetzen der Schichten zu trennen. Die Kochsalzlösung ist darauf mit 2 ccm 0,1 N.-Jodlösung und 2 ccm Natronlauge (1,3) zu vermischen und mäßig zu erwärmen. Bei Gehalt an Alkohol gibt sich in der so behandelten Kochsalzlösung die Bildung von Jodoform durch den Geruch und bei größeren Mengen durch Abscheidung gelber Krystalle zu erkennen.

L. David[3] schlägt zum Nachweis das Davysche Reagens, eine Lösung von 2 g Molybdän-säure in 100 ccm konzentrierter Schwefelsäure vor:

2 ccm Öl werden mit 3 ccm Wasser gut durchgeschüttelt und das wäßrige Filtrat mit dem Reagens unterschichtet. Noch 0,1 % Alkohol lassen sich durch einen dunkelblauen Ring erkennen. Liefert das ätherische Öl (Zimtöl, Senföl) selbst ähnliche Reaktionen, so erhöht sich die Grenze des Nachweises auf 0,25 bis 1,0 %.

Man isoliert den Alkohol dadurch, daß man das Öl bis zum beginnenden Sieden erhitzt und die zuerst übergehenden Tropfen filtriert und mittels der Jodoformprobe prüft.

[1] Salamon: Perfumery essent. Oil Record 1917, 8, 41. — A. Reclaire u. F. Rochussen: Chem.-Ztg. 1920, 44, 882.
[2] Y. R. Naves: Parfums de France 1935, 13, 60; C. 1935, II, 935.
[3] L. David: Pharm.-Ztg. 1927, 72, 56; C. 1927, I, 2486.

Größere Alkoholzusätze lassen sich durch Ausschütteln mit Wasser, Kochsalzlösung oder Glycerin dem ätherischen Öl entziehen und daraus durch Destillation austreiben.

Bestimmung: Das letztgenannte Verfahren kann durch Anwendung bekannter Mengen und Destillation in ein Pyknometer quantitativ gestaltet werden.

Angenähert quantitativ erfolgt die Ausschüttelung auch, wenn sie in einem Meßzylinder vorgenommen wird. Die Zunahme der Wasserschicht entspricht etwa der Menge an vorhandenem Alkohol.

Auch aus den Dichten des Öles vor und nach dem Ausschütteln (d und D) und dem des Alkohols (s) läßt sich mit Hilfe der Gleichung $(D - d) \cdot 100/(D - s)$ der Prozentgehalt an Alkohol ungefähr genau berechnen.

c) **Benzylalkohol.** Zur Verfälschung von Pfefferminzöl, Nelkenöl und ostindischem Sandelholzöl wird oft Benzylalkohol verwendet, da hierdurch ein höherer Gehalt an Menthol, Eugenol bzw. Santalol vorgetäuscht wird. Zum Nachweis bedient man sich folgender Reaktionen.

1. Verfahren von S. Kroll[1]: Nelkenöl wird mit Wasser in der Wärme digeriert. Im wäßrigen, alkalisch gemachten Filtrat wird der Benzylalkohol nach Oxydation mit Permanganat als Benzaldehyd und Benzoesäure erkannt. Das Verfahren gestattet den Nachweis von noch 10% Alkohol.

2. Verfahren von A. S. Pfau[2]. Die durch Fraktionieren des Öles abgetrennte, Benzylalkohol enthaltende Fraktion wird mit Diäthyloxalat und Pottasche in Dibenzyloxalat übergeführt, das nach dem Umkrystallisieren aus Alkohol durch den Schmelzpunkt erkannt wird. Sind keine anderen Alkohole zugegen, so sind noch 30% Benzylalkohol nachzuweisen.

3. Schimmel u. Co.[3] behandeln die alkalische Ausschüttelung des Öles mit Wasserdampf, das Destillat wird nach der Oxydation mit Permanganat auf Benzaldehyd geprüft (Geruch). Außerdem kann Benzylalkohol in das Acetat übergeführt werden. Verfälschtes Sandelholzöl liefert weit unter 275^0 siedende Anteile, die untersucht werden.

4. H. Calles benutzt die Eigenschaft des Benzylalkohols, mit Bromwasserstoff zu Tränen reizendes Benzylbromid zu bilden, zum Nachweis.

5. Der Nachweis von Benzylalkohol neben Methyl- und Äthylalkohol wird von H. Leonhardt und R. Wasicky[4] beschrieben; das Verfahren beruht auf der Bildung trockener Calciumchloridverbindungen: $CaCl_2 \cdot 3C_6H_5CH_2OH$, $CaCl_2 \cdot 3 C_2H_5OH$, $CaCl_2 \cdot 4 CH_3OH$.

B. Cedernholzöl, Kopaiva- und Gurjunbalsamöl. Ihre Anwesenheit läßt sich durch die abweichenden Kennzahlen, insbesondere aber durch die Löslichkeitsverhältnisse erkennen. Sie sind in 70—90 vol.-%igem oder noch stärkerem Alkohol schwer löslich.

Des weiteren haben die drei genannten Öle ein mehr oder weniger starkes Drehungsvermögen nach links.

Chemisch gelingt der Nachweis indes nur von Cedernholzöl und Kopaivabalsamöl. Hierfür benutzt man die um 260^0 siedende Fraktion des zu untersuchenden Öles. Cedernholzöl wird nachgewiesen durch das Cedren, das durch Oxydation mit Permanganat in Acetonlösung in ein bei 160^0 schmelzendes Glykol, $C_{15}H_{26}O_2$, übergeführt wird.

C. Fette Öle. Bei der Verdunstungsprobe auf Fließpapier zeigt ein zurückgebliebener Fettfleck fette Öle an. Oder man läßt das betreffende Öl in offenem Schälchen auf dem Wasserbad verdunsten. Hierbei geben nur mit fettem Öl verfälschte ätherische Öle, außerdem aber auch unverfälschtes Bergamottöl, Citronenöl, Pomeranzenöl, Anisöl einen Rückstand, mit dem die für fette Öle charakteristischen Nachweisreaktionen ausgeführt werden können. Eine Trennung geschieht auch durch eine Wasserdampfdestillation.

Eine andere Art der Trennung beschreibt J. Zimmermann[5]. Nach Auflösung des Öles in entsprechend verdünntem Alkohol fügt man entweder weitere Mengen Alkohol oder

[1] S. Kroll: Pharm. Ztg. 1931, **76**, 128.
[2] A. S. Pfau: Perfumery essent. Oil Record 1925, **16**, 190; C. 1925, II, 1816.
[3] Ber. Schimmel 1931, 47.
[4] H. Leonhardt u. R. Wasicky: Arch. Pharm. u. Ber. Deutsch. Pharm. Ges. 1932, **270**, 249. [5] J. Zimmermann: Chem. Weekbl. 1930, **27**, 276; C. 1930, II, 1148.

Wasser bis zur beginnenden Trübung hinzu. Durch Abkühlung in einer Kältemischung scheidet sich das fette Öl in Form weißer Flocken ab, die abgesaugt und gereinigt werden.

Der Nachweis des Fettes gelingt durch Prüfung auf Glycerin nach S. 229.

Eine annähernde Bestimmung kann durch die Ermittlung der Verseifungszahlen, am geeignetsten vom Rückstand selbst, durchgeführt werden.

D. Mineralöl, Petroleum u. dgl. Die hier in Frage kommenden Verfälschungsmittel, Mineralöl, Paraffinöl, Petroleum und dessen Fraktionen lassen sich leicht durch ihre Unlöslichkeit in Alkohol erkennen. Daneben haben sie in den meisten Fällen eine geringere Dichte.

Das Abtrennen dieser Fremdzusätze gelingt durch aufeinanderfolgende Behandlung mit 90 vol.-% igem und absolutem Alkohol, wobei die ätherischen Öle herausgelöst werden. Der Rückstand ist gegen Säuren und Alkalien beständig und hat keine Verseifungszahl.

Das ätherische Öl läßt sich auch mit rauchender Salpetersäure oder konzentrierter Schwefelsäure oxydieren und vom unangegriffenen Verfälschungsmittel trennen.

Beide Verfahren können auch quantitativ gestaltet werden.

Ein von J. ZIMMERMANN[1] angegebenes Verfahren behandelt je nach dem Siedepunkt des ätherischen Öles und des Zusatzes entweder das ganze Destillat oder Teilfraktionen mit konzentrierter Schwefelsäure.

E. Ester nichtflüchtiger Säuren. Um den Estergehalt verschiedener ätherischer Öle zu erhöhen, wird eine Reihe organischer Säuren in veresterter oder auch freier Form zugesetzt. In Frage kommen hier Benzoesäure, Salicylsäure, Ölsäure, Diäthylsuccinat, Triäthylcitrat, Glycerinmonoacetat, Äthyltartrat, Terpinylacetat, Phthalsäureester, Zimtsäureester und Benzylalkohol.

Ein Zusatz von Säure ist durch die Erhöhung der Säurezahl zu erkennen. Die Abscheidung erfolgt durch Ausschütteln des betreffenden Öles mit verdünnter Sodalösung. Aus der Sodalösung läßt sich die freie Säure in bekannter Weise isolieren und erkennen.

Bei den Estern verfährt man im allgemeinen derart, daß mittels Destillation des ätherischen Öles die geeignete Fraktion abgefangen und verseift wird. Aus dem Verseifungsprodukt lassen sich nach üblichem Verfahren — Eindampfen, Ansäuern und Abdestillieren der flüchtigen Säuren (Schimmel u. Co.) — die Komponenten in den meisten Fällen nachweisen. A. RECLAIRE[2] unterläßt das Eindampfen und destilliert die flüchtigen Säuren nach Zugabe von Phosphorsäure (nicht Schwefelsäure!) ab. Der nichtflüchtige Anteil enthält die verfälschenden Zusätze, wie z. B. Phthalsäuredimethylester, Weinsäurediäthylester, Bernsteinsäurediäthylester, Citronensäuretriäthylester.

Das anders geartete Verfahren von C. T. BENNETT und D. C. GARRATT[3] beruht auf der Unlöslichkeit der Kaliumsalze gewisser Säuren, wie Phthalsäure, Zimtsäure, Bernsteinsäure, Weinsäure, Citronensäure und Benzoesäure in Alkohol. Die von ihm angegebene Vorschrift lautet:

1 ccm Öl wird mit einer 10% igen Lösung von Kaliumhydroxyd in absolutem Alkohol kurze Zeit in einem Reagensrohr auf dem Wasserbad erhitzt. Entsteht innerhalb einer Stunde kein Niederschlag, so fehlen die oben angegebenen Säuren, während bei deren Gegenwart ein Niederschlag erscheint. Empfindlichkeit bei Anwesenheit von Säure bzw. deren Ester 2,5 bzw. 1%.

Nach Schimmel u. Co.[4] sind beide Verfahren neben der alten Vorschrift anwendbar.

---

[1] J. ZIMMERMANN: Chem. Weekbl. 1934, 31, 132; C. 1934, I, 2837.
[2] A. RECLAIRE: Perfumery essent. Oil Record 1923, 14, 293; C. 1923, IV, 858.
[3] C. T. BENNETT u. D. C. GARRATT: Perfumery essent. Oil Record 1923, 14, 359; C. 1924, I, 1283.   [4] Ber. Schimmel 1924; C. 1924, II, 894.

F. Terpentinöl. Dieses sehr oft als Verfälschungsmittel angewendete Öl wird häufig an seinem eigenartigen Geruch erkannt. In manchen Fällen ist die Veränderung der physikalischen Eigenschaften auch hier brauchbar, besonders wenn das verdächtige Öl wie das Terpentinöl Pinen enthält. Zum Vergleich dienen dann die niedrigsten Fraktionen des verfälschten und eines reinen Öles.

Über den Nachweis und die Bestimmung der Phthalsäure siehe H. Thoms[1], T. Pavolini,[2] Wallbaum und Rosenthal[3] und S. Sabetay[4].

Der genaue Nachweis in pinenfreien Ölen gründet sich auf die Erkennung des Pinens (s. S. 844).

10. Nachweis und Bestimmung von Verunreinigungen. Erwähnung sollen hier nur die Verunreinigungen finden, die bei der Herstellung, beim Lagern usw. aus den verwendeten Apparaten und Gefäßen durch Aufnahme geringer Metallmengen entstehen. Diese aufgenommenen Metallspuren können nach Y. R. Naves[5] katalytisch wirken und zu Kondensations- bzw. Polymerisationsreaktionen Anlaß geben. Ferner können Autoxydationen, photochemische Reaktionen, das Ranzigwerden u. a. m. nicht unerheblich und sehr zum Schaden der Öle beschleunigt werden.

Zum Nachweis und zur Bestimmung von Kupfer, Blei, Zinn, Eisen, Aluminium und Zink können die üblichen Fällungsreaktionen, die colorimetrischen Verfahren usw. Anwendung finden.

C. Die einzelnen Öle[6].

I. Die natürlichen Öle.

Agrumenöle. Agrumenöl ist ein Sammelname für die aus Früchten der kultivierten Citrusarten gewonnenen ätherischen Öle, wie Citronenöl, Orangenöl, bitteres und süßes Pomeranzenöl, Mandarinenöl und Bergamottöl (s. diese).

Angelikawurzelöl. Herstellung. Durch Wasserdampfdestillation aus der Wurzel von Engelwurz, Archangelica officinalis Hoffm. (Umbelliferae) in Ausbeuten von 0,35—1% aus der trockenen, von 0,2—0,4% aus der frischen Wurzel.

Eigenschaften. Das frische Öl ist fast farblos, wird später gelb bis bräunlich, aromatischer, pfefferartiger, an Moschus erinnernder Geruch, würziger Geschmack. D_{15} 0,853—0,918; $[a]_D$ + 16 bis + 41°; n_D^{20} 1,477—1,488; SZ bis 3,8; EZ 12 bis 40; EZ nach Acetylierung 51—75; Jodbromzahl[7] 245—250; löslich in 0,5 bis 6 Teilen 90 vol.-%igem Alkohol.

Bestandteile. d-Phellandren (vielleicht Pinen und Cymol), Ester der Valeriansäure und Oxypentadecylsäure.

Verwendung. Zur Likörbereitung (Chartreuse) und für Zuckerwaren.

Angelikasamenöl und Angelikakrautöl haben sehr ähnliche Eigenschaften.

Anisöl. Herstellung. Durch Wasserdampfdestillation aus den zerkleinerten Samen von Pimpinella Anisum L. (Umbelliferae) in Ausbeuten von 1,5—6%.

Eigenschaften. Farblose, stark lichtbrechende Flüssigkeit von eigenartigem Geruch und stark süßem Geschmack. Schmelzpunkt 15—19° (das Öl

[1] H. Thoms: Apoth.-Ztg. 1925, **40**, 196.
[2] T. Pavolini: Riv. Ital. Essenze Profumi 1932, **14**, 250; C. 1932, II, 2250.
[3] Wallbaum u. Rosenthal: Chem. Zentralbl. 1930, I, 448.
[4] S. Sabetay: Ann. Falsif. 1935, **28**, 100; C. 1935. II, 290.
[5] Y. R. Naves: Parfums de France 1934, **12**, 89; C. 1934, II, 1696.
[6] Um ein langes und oft fruchtloses Suchen zu vermeiden, sind die hier aufgezählten ätherischen Öle in alphabetischer Reihenfolge angeordnet.
[7] L. W. Winkler: Pharm. Zentralh. 1927, **68**, 433.

neigt zu Unterkühlungen); D_{20} 0,980—0,990; $[a]_D$ bis —1°50'; n_D^{20} 1,557—1,559; Acetylzahl 0,3; löslich in 1,5—3 Teilen 90 vol.-%igem Alkohol. Nach H. C. WOOD jr.[1] lösen sich in Alkohol:

Durch Licht und Luft treten Veränderungen ein: das Öl krystallisiert nicht mehr; der Brechungsindex sinkt und die Dichte und Löslichkeit nehmen zu. Nach dem Verdunsten von Anisöl und Sternanisöl hinterbleibt ein geruch- und geschmackloser Rückstand von 9—10% (Oxydationsprodukt).

Tabelle 19.

Alkohol Vol-%	Prozentgehalt an Anisöl	Alkohol Vol.-%	Prozentgehalt an Anisöl
30	0,05	65	0,80
40	0,08	70	1,50
50	0,10	75	4,00
60	0,25	80	7,50

Bestandteile. Hoher Gehalt an Anethol (80—90%), Methylchavicol, Anisketon, Acetaldehyd.

Verwendung. In der Parfümerie, zur Likörbereitung, für Zuckerwaren und Gebäck.

Sternanisöl aus verschiedenen Illiciumarten Ostasiens hat die gleichen Eigenschaften wie Anisöl.

Arnikablütenöl. Herstellung. Durch Wasserdampfdestillation aus den Blüten von Arnica montana L. in Ausbeuten von 0,04—0,07%.

Eigenschaften. Butterähnliche, rötlichgelbe bis braune Masse von starkem, aromatischem Geruch und Geschmack. Schmelzpunkt etwa 20—30°, D_{30} 0,8905 bis 0,9029; SZ 63—127; EZ 23—32; in Alkohol infolge hohen Paraffingehaltes sehr schwer löslich.

Bestandteile. Laurin- und Palmitinsäure, Paraffinkohlenwasserstoffe.

Verwendung. Zur Likörbereitung (Benediktiner).

Baldrianöl. Herstellung. Durch Wasserdampfdestillation aus der Wurzel von Valeriana officinalis L. in Ausbeuten von 0,5—1%.

Eigenschaften. Gelbe, schwach saure Flüssigkeit, die beim Altern braun, dickflüssig stark sauer, unangenehm riechend und leichter löslich wird. D_{15} 0,92—0,96; $[a]_D$ —8 bis —13°; n_D^{20} 1,485; SZ 14—50; EZ 50—100; Jodbromzahl 85—95; löslich in 0,5—1,5 Teilen 90 vol.-%igem Alkohol.

Bestandteile. Baldriansäure, l-Camphen, l-Pinen, ferner die Methyl-, Äthyl-, Butyl- und Pentylester von l-Borneol und wahrscheinlich Terpineol.

Verwendung. In der Medizin, daneben für Zuckerwaren.

Basilicumöl. a) Gewöhnliches Basilicumöl. Herstellung. Durch Wasserdampfdestillation aus dem Kraut von Ocimum Basilicum und anderen Varietäten in Ausbeuten von 0,02—0,14%.

Eigenschaften. Gelbliche Flüssigkeit von estragonartigem Geruch. D_{15} 0,900—0,930; $[\alpha]_D$ —6 bis —22°; n_D^{20} 1,481—1,495; SZ bis 3,5; EZ 1—12; öslich in 1—2 Teilen 80 vol.-%igem Alkohol, teilweise unter Paraffinabscheidung.

Bestandteile. Methylchavicol (55%), Linalool, Cineol.

b) Réunion-Basilicumöl. Herkunft unbekannt.

Eigenschaften. Wie a), jedoch mit campherartigem Nebengeruch. D_{15} 0,945—0,987; $[\alpha]_D$ +0° 22' bis + 12°; n_D^{20} 1,515—1,517; SZ bis 3; EZ 9—22; löslich in 3—7 Teilen 80 vol.-%igem Alkohol, oft schon in 2—3 Teilen; Paraffinabscheidung seltener.

Bestandteile. d-α-Pinen, Cineol, d-Campher, Methylchavicol.

Verwendung. Beide Ölsorten zu Zuckerwaren; die Pflanze als Küchenkraut.

Bergamottöl. Herstellung. Durch Pressung der Fruchtschalen reifer Früchte von Citrus Aurantium L.

---

[1] H. C. WOOD jr.: Amer. Perfumer essentiel Oil Rev. 1921, **16**, 50; C. 1922, II, 271.

Eigenschaften. Braungelbe, oft durch Kupfer grün gefärbte Flüssigkeit von bitterem Geschmack und angenehmem Geruch. D_{15} 0,881 bis 0,886; $[\alpha]_D$ + 8 bis + 22°[1]; n_D^{20} 1,464—1,468; Siedepunkt $_{760}$ etwa 180°; Verdampfungsrückstand 4,4—6,4%; SZ 1—3,5; VZ 100—130; löslich in 1 Teil 90 vol.-%igem Alkohol.

Daneben kommen noch folgende minderwertige Öle vor: 1. mit Wasserdampf aus bereits ausgepreßten Fruchtschalen destilliertes, unangenehm riechendes und 2. mit Petroläther ausgezogenes Öl.

Öl	D_{15}	n_D	Siedepunkt	Estergehalt	Abdampfrückstand
1.	0,8628—0,8679	+ 16 bis + 25° 30′	—	1,30—8%	—
2.[2]	0,864	+ 7° 40′	170°	8,6%	5,34%

Bestandteile. 1-Linalylacetat (30—40 und mehr Prozent), 1-Linalool, Dihydrocuminalkohol, Nerol, Terpineol, Bergapten, 1-α-Pinen, 1-Camphen, Bisabolen.

Verwendung. Hauptsächlich in der Parfümerie, daneben in der Zuckerwarenindustrie und zur Likörbereitung.

Bittermandelöl. Herstellung. Aus den Kernen der bitteren Mandeln, Prunus Amygdalus, meist aus den Kernen der Aprikosen (oft „Pfirsichkerne" genannt), Prunus Armeniaca, in Ausbeuten von 0,5—0,7% bzw. 0,6—1%. Die durch kaltes Pressen vorher vom fetten Öl befreiten gemahlenen Kerne werden mit Wasser angerührt, wobei das Glucosid Amygdalin durch das Ferment Emulsin in Benzaldehyd, Blausäure und d-Glucose gespalten wird. Das durch Destillation entstehende Öl wird durch Schütteln mit Kalkmilch und Eisenvitriol von der Blausäure befreit.

Eigenschaften. a) des blausäurehaltigen Öles: Farblose, gelb werdende, stark lichtbrechende Flüssigkeit; D_{15} 1,045—1,070; $[\alpha]_D$ meist 0°, n_D^{20} 1,532 bis 1,544; löslich in 300 Teilen reinem Wasser, in 1—2 Teilen und mehr 70 vol.-%igem und 2,5 Teilen und mehr 60 vol.-%igem Alkohol. — b) des von Blausäure befreiten Öles: Farblose Flüssigkeit; D_{15} 1,050 bis 1,055; Siedepunkt 179°; n_D^{20} 1,542—1,546; löslich in 1—2 Teilen und mehr 70 vol.-%igem Alkohol. Zur Vermeidung der Oxydation wird das Öl mit 10% Alkohol versetzt.

Bestandteile. Benzaldehyd (Blausäure bis zu 11% im Rohöl und Benzaldehydcyanhydrin, das sich beim Stehen bildet) und eine noch unbekannte Verbindung, die den gegenüber dem künstlichen Benzaldehyd feineren Geruch des natürlichen Öles bedingt.

Verwendung. In der Zuckerwarenindustrie und zur Likörbereitung.

Birkenrindenöl siehe Wintergrünöl.

Bohnenkrautöl. Der charakteristische Bestandteil des als Küchengewürz dienenden Bohnenkrautes, Satureja hortensis L. Das Öl besteht aus Carvacrol, Cymol und einem unbekannten Terpen.

Cardamomenöl. a) Malabar- oder Ceylon-Malabaröl. Herstellung. Durch Wasserdampfdestillation aus den Früchten von Elettaria Cardamomum MATON var. α minor in Ausbeuten von 3,5—7%.

---

[1] Bei sehr großer Hitze während des Reifens ergeben die Früchte ein Öl mit unverhältnismäßig hoher optischer Drehung. A. PAROZZANI: Riv. Ital. Essenze Profumi 1921, **3**, 144; C. 1922, II, 948.

[2] Eine von ROMEO (H. C. HOLTZ: Chem. Weekbl. 1920, **17**, 674; C. 1921, II, 414) untersuchte Probe.

Eigenschaften. Angenehm gewürzhaft riechende Flüssigkeit; D_{15} 0,923 bis 0,944; $[\alpha]_D$ +24 bis +41°; n_D 1,462—1,467; SZ bis 4,0; EZ 94—150; löslich in 2—5 Teilen und mehr 70-vol.-%igem Alkohol.

Bestandteile: Terpinylacetat, d-α-Terpineol, Cineol, Limonen.

Verwendung. In der Zuckerwaren- und Schokoladenindustrie und als Beize für Tabakblätter.

b) Öl aus langem Ceylon-Cardamomen aus den Früchten von Elettaria Cardamomum var. β.

Citronellöl. a) Ceylon-Citronellöl. **Herstellung.** Durch Wasserdampfdestillation aus getrocknetem Citronellgras, Cymbopogon nardus RENDLE, lenabatu (Lana Batu).

Eigenschaften. Gelbe bis braune, manchmal durch Kupfer grün gefärbte Flüssigkeit; D_{15} 0,900—0,920; $[\alpha]_D$ —7 bis —22°; n_D^{20} 1,479—1,494; keine bestimmte VZ; löslich in 1—2 Teilen 80 vol.-%igem Alkohol.

Bestandteile. 10—15% Terpene, Camphen, Dipenten, l-Limonen, Methylheptenon, 6—10% Citronellal (Geruchsträger), l-Borneol, rund 22% Geraniol, Nerol, d-Citronellalacetat, d-Citronellal-n-butyrat, Geraniolacetat, etwa 8% Methyleugenol, Sesquiterpene, 0,2—0,3% Farnesol.

Verwendung. In der Parfümerie, der Zuckerwarenindustrie und zur Likörbereitung.

b) Java-Citronellöl. **Herstellung.** Durch Wasserdampfdestillation aus Cymbopogon, Winterianus Jowitt, Maha Pengiri in Ausbeuten von 0,65—0,7%.

Eigenschaften. Farblose bis blaßgelbe Flüssigkeit von wesentlich feinerem Geruch als Öl a); D_{15} 0,885—0,901; $[\alpha]_D$ —3 bis +1° 47'; n_D^{20} 1,465—1,472; löslich in 1—2 Teilen und mehr 80-vol.-%igem Alkohol.

Bestandteile. Wie Öl a), jedoch mengenmäßig verschieden. Die hochsiedenden Anteile enthalten nach K. E. SPORNITZ[1] Dicitronelloxyd $C_{20}H_{34}O$.

Verwendung. Wie Öl a).

Citronenöl. **Herstellung.** Durch Pressung der Fruchtschalen der Früchte des Citronenbaumes, Citrus medica Limonum in einer Ausbeute von 0,12—0,14%. Das Öl wird durch fraktionierte Destillation mit und ohne Vakuum terpenfrei gemacht. Das Öl muß bei der Aufbewahrung vor Licht und Luft geschützt werden und besitzt nur eine begrenzte Haltbarkeit. Altes Öl riecht unangenehm, terpentinartig, schmeckt kratzend und reagiert stark sauer.

Eigenschaften. Hellgelbe Flüssigkeit von angenehmem Geruch und aromatischem Geschmack mit leicht bitterem Nachgeschmack; D_{15} 0,856—0,861 (terpenfreies Öl 0,893—0,902); $[\alpha]_D$ +57 bis +61° (Temperaturkoeffizient —0,15°)[2]; n_D^{20} 1,474—1,476; Acetylzahl 0,5; Abdampfrückstand 2,1—4%, bei maschinengepreßtem Öl 5—6,6%; löslich in 0,5—1 Teil 95 vol.-%igem Alkohol (terpenfreies Öl löslich in 6 und mehr Teilen 60 vol.-%igem Alkohol).

Bestandteile. α-Pinen, Camphen, β-Pinen, β-Phellandren, γ-Terpinen, d-Limonen (Hauptmenge), Bisabolen, Methylheptenon, Octyl- und Nonylaldehyd, Citronellal, Citral, (Geruchsträger, 3,5—5%, in terpenfreien Ölen 42—65%), α-Terpineol, Linalyl- und Geranylacetat, Citropten $C_{11}H_{10}O_4$.

Verwendung. In der Parfümerie, bei der Likör- und Limonadenherstellung, für Zucker- und Backwaren.

Corianderöl. **Herstellung.** Durch Wasserdampfdestillation aus den gequetschten Früchten von Coriandrum sativum L. in Ausbeuten von 0,8—1,0%.

Eigenschaften. Farblose bis schwach gelbliche Flüssigkeit von charakteristischem Geruch und aromatischem, mildem Geschmack; D_{15} 0,870—0,885;

---

[1] K. E. SPORNITZ: Ber. Deutsch. Chem. Ges. 1914, **47**, 2478.
[2] N. SCHOORL: Pharm. Weekbl. 1927, **64**, 451; C. 1927, II, 1405.

$[\alpha]_D$ +8 bis +13°; n_D^{20} 1,463—1,476; SZ bis 5; EZ 3—21; löslich in 2—3 Teilen 70 vol.-%igem Alkohol.

Bestandteile. 60—70% d-Linalool, d-α-Pinen, i-α-Pinen, β-Pinen, p-Cymol, Dipenten, α- und γ-Terpinen, n-Decylaldehyd, Geraniol und Borneol, sowie deren Essigester.

Verwendung. In der Lebensmittelindustrie für Zuckerwaren, Schokolade, Käse, Likör, Bier und als Gewürz.

Cassiaöl siehe Zimtöl.

Cubebenöl. Herstellung. Durch Wasserdampfdestillation aus den zerkleinerten Beeren von Piper Cubeba L. und einigen Varietäten in Ausbeuten von 10—18%.

Eigenschaften. Dickflüssiges, hell- bis blaugrünes Öl von charakteristischem Geruch und campherartigem, zuletzt kratzendem Geschmack; D_{15} 0,915 bis 0,930; $[\alpha]_D$ —25 bis —43°; n_D^{20} 1,4938—1,4958; Löslichkeit in 90 vol.-%igem Alkohol sehr verschieden.

Bestandteile. Dipenten, Cadinen (Pinen, Camphen).

Verwendung. Für die Likörbereitung, als Gewürz und als Beize für rohe Tabakblätter.

Cuminöl, Römisch-Kümmelöl. Herstellung. Durch Wasserdampfdestillation aus den Früchten des römischen Kümmels Cuminum cyminum L. in Ausbeuten von 2,5—4,5%.

Eigenschaften. Farblose, später gelb werdende Flüssigkeit von charakteristisch unangenehm wanzenartigem Geruch und würzigem Geschmack; D_{15} 0,90—0,93; $[\alpha]_D$ +3° 20′ bis +8°; n_D^{20} 1,494—1,507; löslich in 3—10 Teilen und mehr 80 vol.-%igem Alkohol.

Bestandteile. 35—42% Cuminaldehyd (Cuminol), p-Cymol, d-α-Pinen, i-α-Pinen, β-Pinen.

Verwendung. In der ganzen Frucht bei der Herstellung von Brot, Kuchen, Käse.

Curcumaöl. Der charakteristische Bestandteil der als Gewürz dienenden Wurzel von Curcuma longa. Das Öl besteht neben vorläufig noch unbekannten Bestandteilen aus d-α-Phellandren.

Dillöl. Herstellung. Durch Wasserdampfdestillation aus den zerquetschten Früchten von Dill, Anethum graveolens L. in Ausbeuten von 2,5—4%.

Eigenschaften. Farbloses oder gelbes Öl von kümmelartigem Geruch, jedoch mit dem eigenen Dillaroma und mildem, später brennendem Geschmack; D_{15} 0,895—0,915; $[\alpha]_D$ +70 bis +82°; n_D^{20} 1,484—1,490; löslich in 4—9 und mehr Teilen 80 vol.-%igem Alkohol.

Bestandteile. 40—60% Carvon, d-Limonen, Phellandren, Paraffin, außerdem Isomyristin $C_{11}H_{12}O_3$ und Myristinin[1].

Verwendung. Zur Likörbereitung, auch in der Medizin, als Kraut zum Würzen von Essig u. dgl.

Dostenöl, Origanumöl, Spanisch Hopfenöl. Herstellung. Durch Wasserdampfdestillation aus dem trockenen Kraut von Origanumarten (Kleinasien, Cypern, Sizilien, Griechenland) in Ausbeuten von 1,4—3%. Hauptbestandteil ist Carvacrol, daneben Cymol und Linalool). Verwendung findet das Öl bei Essenzen für Gewürz- und Kräuterweine.

Estragonöl. Herstellung. Durch Wasserdampfdestillation aus dem trockenen Kraut von Artemisia Dracunculus L. in Ausbeuten von 0,25—0,8%.

---

[1] Ber. Schimmel 1927, 25; C. 1927, II, 1518.

Eigenschaften. Farblose bis gelbgrüne Flüssigkeit von anisartigem Geruch und aromatischem Geschmack; D_{15} 0,900—0,945; $[\alpha]_D$ +2 bis +9°; n_D^{20} 1,504—1,514; SZ bis 1; EZ 1—9; löslich in 6—11 und mehr Teilen 80 vol.-%-igem Alkohol. Das Öl ist vor Luftoxydation zu schützen.

Bestandteile. Methylchavicol (Estragol), p-Methoxyzimtaldehyd, vielleicht Ocimen, Phellandren und ein Aldol.

Verwendung. Für die Konserven-, Mostrich- und Kräuteressigbereitung.

Eucalyptusöl. Herstellung. Durch Wasserdampfdestillation aus den fleischigen Blättern von Eucalyptusarten, insbesondere E. globulus, in Ausbeuten je nach der Art von 0,0084—4,215%, E. globulus insbesondere von 0,918%.

Eigenschaften. Öl von E. globulus: Farblose bis hellgelbe Flüssigkeit von erfrischendem Cineolgeruch und gewürzhaft kühlendem Geschmack; D_{15} 0,910—0,930 (Temperaturkoeffizient 0,00075)[1]; $[\alpha]_D$ bis +15°; n_D^{20} 1,460—1,469 (Temperaturkoeffizient 0,00047)[1]; SZ 0,73[2], VZ 2,5[2], Acetylzahl 56,0[2]; löslich in 2—3 und mehr Teilen 70 vol.-% igem Alkohol.

Bestandteile: 60—70% Cineol, d-α-Pinen, Camphen, Valer-, Butyl-, Capronaldehyd, Isoamylalkohol, Pinocarveolacetat, Globulol (Sesquiterpenalkohol $C_{15}H_{26}O$).

Verwendung. Als Hausmittel zum Einreiben, Inhalieren und als Wurmmittel, zur Darstellung des Eucalyptols (Cineols) und in der Parfümerie.

Fenchelöl. Herstellung. Durch Wasserdampfdestillation aus den zerquetschten Früchten vom Fenchel, Foeniculum vulgare in Ausbeuten von 4—6%.

Eigenschaften. Farblose bis schwachgelbe Flüssigkeit mit Fenchelgeruch und bitterem, später süßem Geschmack; D_{15} 0,965—0,977; $[\alpha]_D$ +11 bis +20°; n_D^{20} 1,528 bis 1,538; Erstarrungspunkt +5 bis +10°; löslich in 5—8 Teilen 80 vol.-% igem und 0,5 Teilen 90 vol.-% igem Alkohol.

Bestandteile. 50—60% Anethol, Fenchon, d-Pinen, Camphen, α-Phellandren, Dipenten, Methylchavicol, Anisketon.

Verwendung. In der Medizin, der Parfümerie, zur Herstellung von Zuckerwaren und Likören.

Galgantöl. Herstellung: Aus der zerkleinerten Wurzel von Alpinia officinarum Hance (Zingiberaceae) in Ausbeuten von 0,5—1%. Es dient zur Herstellung von Likören (Boonekamps) und besteht aus Eugenol, Pinen, Cineol, nicht aufgeklärtem $C_{10}H_{16}O$, zwei Sesquiterpenen $C_{51}H_{24}$ und Sesquiterpenhydrat[3].

Gaultheriaöl siehe Wintergrünöl.

Geraniumöl, Pelargoniumöl. Herstellung. Durch Wasserdampdestillation aus den Blättern verschiedener Pelargoniumarten, P. odoratissimum WILLD., P. roseum WILLD., P. capitatum Ait. in Ausbeuten von 0,1—0,2%.

Eigenschaften. Farblose, grünliche oder bräunliche Flüssigkeit von angenehmem Rosengeruch; D_{15} 0,89—0,915; $[\alpha]_D$ —5° 40′ bis —16°; n_D^{25} 1,465 bis 1,469[4]; SZ 14—18[4]; EZ 80—95[4]; löslich in 2—3 Teilen 70 vol.-% igem Alkohol, Paraffinausscheidung bei höherem Alkoholzusatz.

Bestandteile[5]. Pinen, Phellandren, Geraniol (40—60%, je nach Art), Citronellol (15—40%, je nach Art); Linalool, Amylalkohol, Phenyläthylalkohol, Ester der Tiglinsäure (als Geranyltiglinat 23—42%, je nach Art), Buttersäure, Valeriansäure, Essigsäure, l-Menthon, Citral, Stearopten.

Verwendung. In der Parfümerie und zur Herstellung bei Zuckerwaren.

[1] H. G. SMITH: Journ. Soc. chem. Ind. 1918, **37**, 272 T; C. 1919, II, 180.

[2] CH. E. BURKE u. CH. C. SCALIONE: Journ. Ind. engin. Chem. 1915, 7, 206; C. 1915, I, 1263, für ein californisches Öl.

[3] E. FROMM u. H. FLUCK: Ann. Chem. 1914, **405**, 181.

[4] G. PELLINI: Annali Chim. appl. 1923, **13**, 97; C. 1923, IV, 607. (Öle aus P. capitatum Ait der Ernte 1921.)

[5] Nach B. ANGLA (Parfums de France 1933, **11**, 266; C. 1934, I, 3277) treten beim Altern der Öle Abnahme der optischen Drehung und des Estergehaltes, starke Zunahme der freien Säuren und des nichtflüchtigen Rückstandes ein.

Ingweröl. Herstellung. Durch Wasserdampfdestillation der getrockneten Wurzel von Zingiber officinale in Ausbeuten von 2—3%.

Eigenschaften. Grünlichgelbes, etwas dickflüssiges Öl von Ingwergeruch und ohne den scharfen Ingwergeschmack; D_{15} 0,877—0,886; $[\alpha]_D$ —28 bis —50°; n_D^{20} 1,4950; SZ bis 2; EZ 1—15; löslich in etwa 7 Teilen 95 vol.-%igem Alkohol.

Bestandteile. α-Camphen, β-Phellandren, Zingiberen, Citral, Methylheptenon, Nonylaldehyd, Linalool, d-Borneol, Essigsäure und Caprylsäure als Ester, Cineol.

Verwendung. Für die Zuckerwaren- und Likör- (Chartreuse-) -bereitung.

Irisöl siehe Veilchenwurzelöl.

Kalmusöl. Herstellung. Durch Wasserdampfdestillation aus den frischen bzw. trockenen Wurzeln von Acorus Calamus L. in Ausbeuten von 0,8% bzw. 1,5—3,5%.

Eigenschaften. Dickflüssiges, gelbes Öl von campherartigem Geruch und bitter brennendem, gewürzigem Geschmack; D_{15} 0,959—0,970[1]; $[\alpha]_D$ +9 bis +31°; n_D^{20} 1,5028—1,5078; SZ bis 2,5; VZ 6—20; MZ 15,3—16; in jedem Verhältnis in 90 vol.-%igem Alkohol löslich.

Bestandteile. Pinen, Camphen, Kalmuscampher (Calameon), n-Heptylsäure, Palmitinsäure, Eugenol, Asarylaldehyd, Asaron, 2 Kohlenwasserstoffe $C_{15}H_{22}$.

Verwendung. In der Medizin, in der Zuckerwarenindustrie, als Gewürz und zur Likörbereitung.

Kamillenöl. Herstellung. Durch Wasserdampfdestillation aus den Blüten der gemeinen Kamille, Matricaria Chamomilla in Ausbeuten von 0,2—0,38%.

Eigenschaften. Dickflüssiges Öl von dunkelblauer Farbe, durch Licht in Grün, schließlich in Braun übergehend, von charakteristischem Geruch und aromatischem und bitterem Geschmack. Beim Abkühlen scheiden sich Krystalle ab, bei 0° erstarrt das Öl zu einer butterartigen Masse; D_{15} 0,922—0,956; SZ 9—50; EZ 3—33; schwerlöslich in 95 vol.-%igem Alkohol.

Bestandteile. Paraffin (Schmelzpunkt 53/54°), Furfurol, Umbelliferonmethyläther.

Verwendung. In der Medizin und zur Bereitung von Likören.

Knoblauchöl. Herstellung. Durch Destillation des Krautes und der Zwiebel vom Knoblauch, Allium sativum L. in Ausbeuten von 0,005—0,009%.

Eigenschaften. Öl von gelber Farbe und höchst unangenehmem Geruch; D_{15} 1,046—1,057; inaktiv.

Bestandteile. 60% Disulfid $C_6H_{10}S_2$ (Geruchsträger), Allylpropyldisulfid $C_6H_{12}S_2$ und $C_6H_{10}S_3$, jedoch kein Allylsulfid.

Verwendung. Als Wurstaroma.

Krauseminzöl. Herstellung. Durch Wasserdampfdestillation verschiedener Arten krausblättriger Minzen mit Krauseminzgeruch, u. a. Mentha spicata in Ausbeuten von etwa 0,3%[2].

Eigenschaften. a) Amerikanisches, deutsches (englisches und österreichisches) Öl: Farblose bis grüngelbe Flüssigkeit, die beim Stehen dunkler und dicker wird; D_{15} 0,92—0,94; $[\alpha]_D$ —34 bis —52°; n_D^{20} 1,482—1,489; SZ bis 2; EZ 18—36; löslich in 1—1,5 und mehr Teilen 80-vol.-%igem Alkohol.

---

[1] Öl aus im Winter geernteten Wurzeln hat D_{15} 0,9564—0,9580 (Ber. Schimmel 1923, 1; C. 1924, I, 2215.

[2] Nach F. Rabak (Journ. Ind. engin. Chem. 1918, 10, 275; C. 1920, III, 517) liefert die Pflanze die höchste Ausbeute während der Blütezeit. Trocknen verringert die Ausbeute, erhöht jedoch den Alkohol- und Estergehalt. Überfrieren der Pflanze begünstigt die Bildung von den Geruch beeinflussenden Estern und Alkoholen.

Bestandteile. 1. Amerikanisches Öl: Phellandren, l-Limonen, Dihydrocarveolacetat (Geruchsträger), Capronsäure (Caprylsäure) und unbekannte Säure. — 2. Deutsches Öl: Dipenten, Cineol.

b) Russisches Öl: Geruch fade und nur schwach nach Krauseminzen; D_{15} 0,883—0,889; $[\alpha]_D$ —23 bis —26°; SZ etwa 1; EZ 15—25; löslich in 2—3 Teilen 70 vol.-%igem und 1 Teil 80 vol.-%igem Alkohol.

Bestandteile: 50—60% l-Linalool, Cineol, l-Limonen, etwa 5—10% l-Carvon.

Verwendung von a) und b): In der Parfümerie, der Medizin, zur Herstellung von Zuckerwaren, Likören und Kaugummi.

Kümmelöl. Herstellung. Durch Wasserdampfdestillation der zerquetschten Früchte von Carum Carvi L. in Ausbeuten von 4—6,5%.

Eigenschaften. Farblose, später gelb werdende Flüssigkeit von Kümmelgeruch und mildem, gewürzigem Geschmack; D_{15} 0,907—0,918; $[\alpha]_D$ +70 bis +80°; n_D^{20} 1,484—1,488; Siedepunkt 175—230°; löslich in 2—10 Teilen 80- und 90 vol.-%igem Alkohol.

Bestandteile. 50—60% Carvon (Carvol), d-Limonen (Carven), Dihydrocarvon, Dihydrocarveol, Carveol.

Verwendung. Zur Bereitung von Zuckerwaren und Likören bzw. Schnäpsen und zur Darstellung von Carvon.

Lavendelöl. Herstellung. Durch Wasserdampfdestillation der frischen Blüten von Lavandula vera bzw. deren Varianten in Ausbeuten von 0,8—1,7%. Das feinste Öl wird von Pflanzen gewonnen, die in hohen Lagen wachsen.

Eigenschaften. a) Französisches Lavendelöl: Gelbliche bis gelblichgrüne Flüssigkeit mit angenehmem Geruch und stark aromatischem, etwas bitterem Geschmack; D_{15} 0,882—0,896; $[\alpha]_D$ —3 bis —9°; n_D^{20} 1,460—1,464; SZ 0—1,2; EZ 18—38[1]; löslich in 2—3 Teilen 70 vol.-%igem Alkohol, bisweilen mit Opalescenz; Estergehalt 30—50%. — b) Englisches oder Mitcham-Lavendelöl: Es besitzt cineolartigen Nebengeruch; D_{15} 0,881—0,904; $[\alpha]_D$ —1 bis —10°; n_D^{20} 1,465—1,470; löslich in 2—3 Teilen 70 vol.-%igem Alkohol. Estergehalt 5—10%.

Bestandteile. Linalylacetat (30—60%). Buttersäure-, Valeriansäure- und Capronsäurelinalylester, freies Linalool, Geraniol als Ester und frei, Cumarin, l-Pinen, Cineol, Valeraldehyd, Amylalkohol, Äthyl-n-amylketon, d-Borneol, Nerol, Caryophyllen.

Verwendung. In der Parfümerie und zur Herstellung von Zuckerwaren.

Lorbeerblätteröl. Der charakteristische Bestandteil der als Küchengewürz dienenden Blätter von Laurus nobilis L. Bestandteile: l-Pinen, Cineol, Eugenol, l-Linalool, Geraniol, Methyleugenol, Ester von Linalool, Geraniol und Eugenol mit Essigsäure, Valeriansäure und Capronsäure.

Macisöl. Öl aus dem Samenmantel (Macis, Muskatblüte) der Früchte des Muskatbaumes. Identisch mit Muskatnußöl (s. dieses).

Majoranöl. Herstellung. Durch Wasserdampfdestillation aus dem frischen blühenden Kraut von Origanum Majorana L. in Ausbeuten von 0,3—0,4%.

Eigenschaften. Gelbe bis grünlichgelbe Flüssigkeit von angenehmem Geruch nach Cardamomen und Majoran und mildem, würzigem Geschmack; D_{15} 0,894—0,910; $[\alpha]_D$ +12 bis +19°; n_D^{20} 1,473 bis 1,476; löslich in 1—2 Teilen 80-vol.-%igem Alkohol.

Bestandteile. 40% Terpene (Terpinen), d-Terpineol, Terpinenol-4.

Verwendung. Als Wurstgewürz.

Mandarinenöl. Herstellung: Durch Auspressen der Fruchtschalen von Citrus madurensis.

---

[1] Öle aus Sizilien. G. Pellini: Annali Chim. appl. 1923, 13, 97; C. 1923, IV, 607.

Eigenschaften. Angenehm riechende, goldgelbe, fluorescierende Flüssigkeit, kein eigentliches ätherisches Öl; D_{15} 0,854—0,859; $[\alpha]_D$ +65 bis +75°; Siedepunkt der Hauptmenge 175—177°; löslich in 0,5 Teilen 95 vol.-%igem Alkohol.

Bestandteile. Hauptmenge d-Limonen, 1% Methylanthranilsäuremethylester (wichtigster Geruchsträger).

Verwendung. In der Seifenindustrie und zu Fruchtessenzen.

Melissenöl. Das Melissenöl des Handels ist entweder ein über Melissenkraut destilliertes Citronenöl oder Citronellöl bzw. fraktioniertes Citronellöl.

Muskatnußöl. Herstellung. Durch Wasserdampfdestillation der Früchte des Muskatnußbaumes in Ausbeuten von 7—15%.

Eigenschaften. Dünne, farblose Flüssigkeit mit Muskatnußgeruch und würzigem Geschmack; D_{15} 0,865—0,925; $[\alpha]_D$ +8 bis +30°; n_D^{20} 1,479—1,488; löslich in 0,5—3 Teilen 90 vol.-%igem Alkohol. Das Öl hat giftige Eigenschaften.

Bestandteile. α-Pinen, β-Pinen, Camphen, Dipenten, p-Cymol, d-Linalool, Terpineol-4, Borneol, α-Terpineol, Geraniol, Safrol, Myristicin, Eugenol, Isoeugenol, Ameisensäure, Essigsäure, Buttersäure, Caprylsäure, Myristinsäure.

Verwendung. Zu Gewürzessenzen, bei der Herstellung von Schokolade, zum Parfümieren von Zahnpasten, Haarwässern usw.

Nelkenöl. Herstellung. Durch Wasserdampfdestillation der ganzen oder zerkleinerten getrockneten Blütenknospen des Nelkenbaumes, Eugenia caryophyllata Thunb. in Ausbeuten von 16—19%.

Eigenschaften. Fast farblose bis gelbliche, stark lichtbrechende Flüssigkeit von würzigem Geruch und brennendem Geschmack; D_{15} 1,043—1,068; $[\alpha]_D$ bis —1° 35'; n_D^{20} 1,530—1,535; Siedepunkt 250—260°; löslich in 2 Teilen 70 vol.-%igem Alkohol. Nach H. C. Wood jr.[1] lösen sich in Alkohol:

Tabelle 20.

Vol.-% Alkohol	%-Gehalt Nelkenöl	Vol.-% Alkohol	%-Gehalt Nelkenöl
30	0,02	60	2,00
40	0,10	65	10,00
50	0,40	70	21,75

Bestandteile. Eugenol (70—85%, bei ganzen Nelken hoher, bei zerkleinerten geringerer Eugenolgehalt), Aceteugenol, Caryophyllen, Salicylsäuremethylester, Benzoesäuremethylester, Methyl-n-amylcarbinol, Furfuralkohol, Methyl-n-heptylcarbinol, Benzylalkohol, Dimethylfurfurol, Methyl-n-amylketon, Methyl-n-heptylketon, Methylalkohol, Furfurol, Vanillin, α-Methylfurfurol.

Verwendung. In der Parfümerie und Pharmazie, bei der Herstellung von Schokolade, als Gewürz und zur Gewinnung von Eugenol und Vanillin.

Neroliöl, Orangenblütenöl. Herstellung. Aus den frischen Blüten der bitteren Orange, Citrus Bigardia Risso, 1. durch Wasserdampfdestillation in Ausbeuten von 0,086—0,148%, 2. durch Maceration und 3. durch Ausziehen mit flüchtigen Lösungsmitteln in Ausbeuten von etwa 0,08%.

Eigenschaften. Gelbliche, am Licht sich braunrot färbende, schwach fluorescierende Flüssigkeit von aromatischem Geruch und bitterem Geschmack; löslich in 1—2 Teilen 80 vol.-%igem Alkohol, bei Mehrzusatz Paraffinabscheidung.

Tabelle 21.

Gewinnungsart	D_{15}	$[\alpha]_D$	n_D^{20}
Wasserdampfdestillation . .	0,870—0,881	+1° 30' bis +9° 8'	1,468—1,474
Maceration	0,913	—5°	—
Ausziehen	0,889—0,929	—0° 48' bis —4° 6'	—

[1] H. C. Wood jr.: Amer. Perfumer essential Oil Rev. 1921, **16**, 50; C. 1922, II, 271.

Bestandteile. 35% Kohlenwasserstoffe (Pinen, Camphen, Dipenten, Paraffin C_{27}), 30% l-Linalool, 7% l-Linalylacetat, 2% d-Terpineol, 4% Geraniol und Nerol, 4% Geranylacetat und Nerylacetat, 6% d-Nerolidol, 0,6% Anthranilsäuremethylester, unter 0,1% Indol, 11,2% sonstige Bestandteile (Decylaldehyd, Ester der Phenylessigsäure und Benzoesäure, Jasmon, Farnesol).

Verwendung. In der Parfümerie (Kölnisch-Wasser), für Zuckerwaren, Getränke, Sirupe, Essenzen, Tee, Liköre und Rumessenz.

Petersilienkrautöl. Herstellung. Durch Wasserdampfdestillation aus dem frischen Kraut der Petersilie, Petroselinum sativum HOFFM. in Ausbeuten von 0,016—0,3%.

Eigenschaften. Dünnflüssiges Öl von grüngelber Farbe vom Geruch der frischen Petersilie; D_{15} 0,9023—1,0157; $[\alpha]_D$ $+1^0 16'$ bis $+4^0 10'$; n_D^{20} 1,509 bis 1,525; SZ bis 1,0; EZ 5—14; löslich in 95-vol.-%igem Alkohol in jedem Verhältnis.

Verwendung. Als Gewürz und zur Bereitung von Kräuteressig und Suppengewürzen.

Pfefferöl. Herstellung. Durch Wasserdampfdestillation der zerkleinerten Pfefferkörner von Piper nigrum.

Eigenschaften. Farblose bis gelbgrüne Flüssigkeit von Ingwergeruch und mildem, nicht scharfem Geschmack; D_{15} 0,87—0,916; $[\alpha]_D$ -10 bis $+3^0$; n_D^{20} 1,489—1,499; löslich in 10—15 Teilen 90 vol.-%igem Alkohol.

Bestandteile. Phellandren, Dipenten, Caryophyllen (Citral[1], Pinen[1], Xanthoxylin[1]).

Verwendung. Als Gewürz und für Backwaren (Pfeffernüsse).

Pfefferminzöl. Herstellung. Durch Wasserdampfdestillation aus dem trockenen (weniger gut aus dem frischen) Kraut von Mentha piperita und anderen Menthaarten.

Eigenschaften. Alle Sorten mit Ausnahme der japanischen Öle stellen farblose, gelbliche oder grüngelbe Flüssigkeiten dar, von angenehm erfrischendem Geruch und kühlendem, lang anhaltendem Geschmack.

Tabelle 22.

Herkunft	Ausbeute %	D_{15}	$[\alpha]_D$	n_D^{20}	Löslichkeit in × Teilen 70 vol.-%igem Alkohol
Amerikanisches Öl .	0,3—0,4	0,900—0,915	-18 bis -34^0	1,460—1,463	2,5—5[2]
Japanisches Öl[3] . .	1,6—1,83				
a) Normales Öl[4] .		0,901—0,909	$+17$ bis $+28^0$	1,460—1,462	2,5—3
b) Flüssiges Öl .		0,895—0,905	-25 bis -35^0	1,459—1,463	2,5—4
Englisches oder Mitcham-Öl . .	0,1—0,4	0,901—0,912	-21 bis -33^0	1,460—1,463	2—3,5
Französisches Öl .	0,25—0,33	0,910—0,927	-5 bis -35^0	1,462—1,471	1—1,5
Deutsches Öl . . .	—	0,900—0,915	-23 bis -37^0	1,458—1,469	2,5—5

Außer den in der Tabelle genannten Ölen ist noch eine Reihe anderer Öle im Handel. Das sog. „entmentholisierte Pfefferminzöl" darf seines bitteren Geschmackes wegen nicht zur Streckung guter Öle verwendet werden. Nach

---

[1] Parfumerie moderne 1920, 13, 132; C. 1920, III, 597. [2] Zuweilen mit Opalescenz.
[3] Die an sich ölig-breiige Krystallmasse (normales Öl) von etwas bitterem Geschmack wird durch Ausfrieren und Filtrieren in flüssiges Öl und Krystalle (Rohmenthol) getrennt.
[4] Erstarrungspunkt $+17$ bis $+28^0$.

H. Strauss[1] gelingt die Entbitterung, d. h. Entfernung von Pulegon, Menthenon, β, γ-Hexenol, dessen Phenylessigester, α, β-Hexensäure u. a. m. nicht restlos.

Bestandteile. 1. Amerikanisches Öl: Menthol (frei und als Ester), Menthon, Acetaldehyd, Isovaleraldehyd, Essigsäure, Isovaleriansäure, α-Pinen, Phellandren, Cineol, l-Limonen, Menthylisovalerianat, Lacton mit Borneolgeruch $C_{10}H_{16}O$, Cadinen, Amylalkohol, Dimethylsulfid. — 2. Japanisches Öl: Menthol, Menthon, l-Limonen, d-Äthyl-n-amylcarbinol, Neomenthol, Δ^1-Menthenon. — 3. Englisches Öl: Menthol (frei und als Ester), Menthon, Phellandren, vielleicht Pinen, Limonen, Cardinen. — 4. Französisches Öl: Menthol (frei und als Ester), Menthon, Isovaleraldehyd, Isoamylalkohol, l-α-Pinen, Cineol. — 5. Deutsches Öl: Menthol (frei und als Ester), Menthon u. a.

Verwendung. Zur Bereitung von Zuckerwaren, Likör, Backwaren, Essenzen, Kaugummi.

Pimentöl. Der charakteristische Bestandteil des als Gewürz dienenden Pimentes oder Nelkenpfeffers, der Früchte von Pimenta officinalis Lindl. Das Öl besteht aus Eugenol, Eugenolmethyläther, Cineol, l-α-Phellandren, Caryophyllen, Palmitinsäure.

Pomeranzenschalenöl. Herstellung. Durch Auspressen bzw. Ausziehen mit flüchtigen Lösungsmitteln, beim süßen Öl aus den Schalen der Früchte des süßen Orangen- oder Apfelsinenbaumes, Citrus Aurantium L., beim bitteren Öl aus den Schalen der Früchte der bitteren Orange, Citrus Aurantium L. subspec. amara L. Beide Öle sind eigentlich keine ätherischen Öle.

Eigenschaften. Gelbe bis gelbbraune Flüssigkeit von Apfelsinengeruch und mildaromatischem, bzw. bitterem Geschmack.

Tabelle 23.

Eigenschaften	Süßes Öl	Bitteres Öl
D_{15}	0,848—0,853	0,852—0,857
$[\alpha]_D^{20}$	$+95^0\,30'$ bis $+98^0$	$+89$ bis $+94^0$
n_D^{20}	—	1,473—1,475
Löslich in $\times$ Teilen 90 vol.-%igem Alkohol.	nicht klar löslich	7—8 Teilen mit Trübung
Siedepunkt	175—180⁰	—
Verdampfungsrückstand .	—	3—5%

Bestandteile. d-Limonen, n-Decylaldehyd, d-Linalool, n-Nonylalkohol, d-Terpineol, Anthranilsäuremethylester.

Verwendung. Zur Bereitung von Zuckerwaren und Likören.

Rosenöl. Herstellung. Durch Wasserdampfdestillation (bzw. Maceration oder Ausziehen mit flüchtigen Lösungsmitteln, Gewinnung von Rosenkonkret, einer gelblichen, weichen Masse) aus den Blüten von Rosa Damascena Miller in Ausbeuten von 0,033%, beim Ausziehen von 0,17—0,25%

Eigenschaften. 1. Bulgarisches Öl: Hellgelbes bis grünliches Öl mit scharfem Geschmack und starkem, beim Verdünnen sehr angenehmem Rosengeruch; bei 19—23,5⁰ scheiden sich Krystalle (Stearopten) ab. — 2. Deutsches Öl: Grünliche, von Krystallen durchsetzte Masse mit stärkerem Rosengeruch als das bulgarische.

---

[1] H. Strauss: Deutsch. Parfümerieztg. 1930, **16**, 559; C. 1931, II, 3523.

Tabelle 24.

Eigenschaften	Bulgar. Öl	Deutsches Öl
Dichte	$0,856\text{—}0,870 \left(\frac{20^0}{15^0}\right)$	$0,844\text{—}0,855 \left(\frac{30^0}{15^0}\right)$
$[\alpha]_D$	-1 bis -4^0	$+1$ bis -1^0
n_D	$1,452\text{—}1,464 \; (20^0)$	$1,4614 \; (35^0)$
SZ	$0,5\text{—}3$	$3,15^1$
EZ	$7\text{—}16$	$2,9^1$
Erstarrungspunkt	$+18$ bis $+23,5^0$	27 bis 37^0
Löslichkeit in 90 vol.-%igem Alkohol	nicht klar	—

Bestandteile. Geraniol, Nerol, l-Citronellol, Eugenol, Phenyläthylalkohol, Citronellal, Nonylaldehyd, Citral, Stearopten (Mischung von Kohlenwasserstoffen C_nH_{2n}), Farnesol.

Verwendung. Zur Bereitung von Zuckerwaren und Likören, als Teegewürz und in der Konditorei.

Rosmarinöl. Herstellung. Durch Wasserdampfdestillation aus den nach der Blütezeit geernteten getrockneten Blättern und Zweigen des Rosmarinstrauches, Rosmarinus officinalis L. in Ausbeuten von 1,2—2%.

Eigenschaften. Farblose bis schwach grüngelbe Flüssigkeit mit starkem Camphergeruch und bitter-aromatischem, kühlendem Geschmack. Es sind 3 Handelssorten bekannt: 1. das Dalmatiner, 2. das französische und 3. das spanische Rosmarinöl.

Tabelle 25.

Eigenschaften	Dalmatinisches Öl	Französisches Öl	Spanisches Öl
D_{15}	$0,900\text{—}0,912$	$0,900\text{—}0,920$	$0,900\text{—}0,920$
$[\alpha]_D$	$+0^0\,43'$ bis $+5^0\,53'$	bis $+13^0\,10'$	$-5^0\,10'$ bis $+11^0\,30'$
n_D^{20}	$1,466\text{—}1,468$	$1,467\text{—}1,472$	—
SZ	bis $0,7$	bis $1,6$	bis $1,5$
EZ	$5\text{—}20$	$3\text{—}14$	$2,3\text{—}16,7$
Löslichkeit in $\times$ Teilen Alkohol 80 Vol.-%	$1\text{—}8 \; (8\text{—}14^2)$	$1\text{—}8$	$1\text{—}8$
90 Vol.-%	$0,5$	$0,5$	$0,5$

Bestandteile. α-Pinen, Camphen, Cineol, Campher, Borneol (16—18%), Bornylacetat (5—6%).

Verwendung. In der Medizin, zur Bereitung von Zuckerwaren, Rosmarinessig und Likören.

Salbeiöl. Herstellung. Durch Wasserdampfdestillation des Krautes von Salvia officinalis L. in Ausbeuten von 1,3—2,5%.

Eigenschaften. Gelbliche bis grüngelbe Flüssigkeit von Salbeigeruch und an Rainfarn und Campher, auch Rosmarin erinnernd.

Tabelle 26.

Eigenschaften	Dalmatinisches Öl	Spanisches Öl
D_{15}	$0,915\text{—}0,930$	$0,910\text{—}0,933$
$[\alpha]_D$	$+2^0\,5'$ bis $+25^0$	-17 bis $+20^0$
n_D^{20}	$1,458\text{—}1,468$	—
SZ	bis 2	—
EZ	$6\text{—}17$	—
Löslichkeit in $\times$ Teilen 80 vol.-%igem Alkohol	$1\text{—}2$	$0,5\text{—}2$

---

[1] F. ELZE: Chem.-Ztg. 1919, **43**, 747.
[2] M. S. SALAMON: Perfumery essent. Oil Record 1923, **14**, 231; C. 1923, IV, 886.

Bestandteile. Salven, Pinen, Cineol, Thujon (bis 50%), d- und l-Borneol (etwa 8%).

Verwendung. In der Medizin; als Gewürz und zur Bereitung von Zuckerwaren und Kräuterwein.

Selleriesamenöl. Herstellung. Durch Wasserdampfdestillation aus den Samen der Selleriepflanze Apium graveolens L. in Ausbeuten von 2,5—3%.

Eigenschaften. Dünnflüssiges, farbloses Öl von starkem Geruch und Geschmack nach Sellerie; D_{15} 0,866—0,894; $[\alpha]_D$ +60 bis +82°; n_D^{20} 1,478 bis 1,486; SZ bis 4; EZ 16—45; löslich in 6—8 Teilen 90 vol.-%igem Alkohol.

Bestandteile. 60% d-Limonen, 10% d-Selinen (Sesquiterpen), Geruchsträger: 2,5—3% Sedanolid, 0,5% Sedanosäureanhydrid.

Verwendung. Zur Bereitung von Zuckerwaren und Selleriesalz.

Senföl. Der charakteristische Bestandteil der als Gewürz dienenden Samen der Senfpflanze, Brassica nigra KOCH und B. juncea. Das Öl besteht in der Hauptsache aus Allylsenföl, neben Schwefelkohlenstoff und Allylcyanid.

Terpentinöl. Herstellung. Durch Wasserdampfdestillation oder einfache Destillation des Harzbalsames (Terpentins) von Pinus-, seltener Abies-, Picea- oder Larixarten.

Eigenschaften. Farblose, leicht bewegliche Flüssigkeit von eigenartigem Geruch, der je nach der Herkunft etwas verschieden ist. Das Öl ist leicht flüchtig und verharzt sehr leicht. (Nach O. BLUMANN und O. ZEITSCHEL [1] entsteht dabei auch d-Verbenon $C_{10}H_{14}O$.) Beim Altern entstehen aus amerikanischen und russischen Ölen durch Luftoxydation mittels sich hierbei bildender organischer Peroxyde Ameisensäure, Essigsäure und Wasserstoffsuperoxyd [2].

Tabelle 27.

Eigenschaften	Amerikanisches Öl[3]	Französisches Öl	Österreichisches Öl
D_{15}	0,862—0,889 (20°)	0,865—0,875	0,863—0,867
$[\alpha]_D^{20}$	—34,8 bis +29,6° [4]	—29 bis —33°	—36°30′ bis —39°10′
n_D^{20}	1,4684—1,4818	—	1,4691—1,4703
Siedebeginn	154/159°	152/155°	156°
Siedepunkt der Hauptmenge	bis 170°	bis 165°	bis 165°
SZ	0,1—0,3	—	—
VZ	2,4—8,6	—	—
JZ (WIJS)	350—400	—	—

Deutsches Öl hat für D einen Temperaturkoeffizienten von 0,00100 [5] und für n_D^{20} 0,00037 [5] bzw. 0,00047 [6]; $[\alpha]_D^{20}$ ist etwa +20° und der Siedepunkt der nur 60% betragenden Hauptmenge bis 165°.

Bestandteile. α-Pinen, β-Pinen (Dipenten, polymere Terpene, Camphen, bei deutschem Öl auch Caren).

Verwendung. In großen Mengen in der Medizin und sehr vielen Industrien.

Holzterpentinöl. Herstellung. Durch Wasserdampfdestillation aus den Holz- und Wurzelteilen von Pinusarten.

Eigenschaften. D_{20} 0,859—0,915; $[\alpha]_D^{20}$ +16,5 bis +36,14°; n_D^{20} 1,4673—1,4755; Siedebeginn 153/177° (unkorr.); bis 175° 95% übergehend; SZ 0,08—0,31; VZ 1,06—8,75; JZ (WIJS) 300—362.

Bestandteile. l-α-Terpineol, α- und β-Pinen, Camphen, l-Limonen, Dipenten, Cineol, γ-Terpinen, Borneol, Methylchavicol, i-Fenchylalkohol, Campher.

Verwendung. Ersatzmittel für Terpentinöl.

---

[1] O. BLUMANN u. O. ZEITSCHEL: Ber. Deutsch. Chem. Ges. 1913, **46**, 1178.

[2] C. T. KINGZETT u. R. C. WOODCOCK: Journ. Soc. chem. Ind. 1912, **31**, 265; C. 1912, I, 1715.

[3] Angaben in der vom nordamerikanischen Ackerbaudepartement herausgegebenen Schrift.   [4] Meist rechtsdrehend.

[5] H. WOLFF: Farben-Ztg. 1912, **17**, 2692; C. 1912, II, 1363.

[6] G. THOMPSON: Analyst 1922, **47**, 469; C. 1923, II, 531.

Kienöl. Herstellung. Durch trockene Destillation aus den Wurzelstöcken der gemeinen Kiefer, Pinus silvestris L. und anderen Pinusarten mit nachfolgender Reinigung mit Kalkmilch, verdünnter Natronlauge u. a. m.

Eigenschaften. Auch sorgfältig gereinigtes Öl unterscheidet sich wesentlich von Terpentinöl. D_{15} 0,860—0,875; $[\alpha]_D$ + 4 bis + 16°; n_D^{20} 1,469—1,480; Siedepunkt der Hauptmenge 162—170°.

Bestandteile. d-α-Pinen, β-Pinen, d-Sylvestren, Limonen, Cymol, Sesquiterpene (im Rohöl außerdem noch Zersetzungsprodukte des Holzes, des Holzsaftes und vielleicht auch der ätherischen Öle).

Verwendung. Ersatzmittel für Terpentinöl.

Thymianöl. Herstellung. Durch Wasserdampfdestillation aus dem frischen oder trockenen Kraut von Thymus vulgaris L. in Ausbeuten von 0,2—0,9% bzw. 0,4—2,6%.

Eigenschaften. Dunkelrotbraune Flüssigkeit von angenehmem, kräftigem Geruch nach Thymian und beißendem, lange anhaltendem Geschmack.

Tabelle 28.

Eigenschaften	Französisches und deutsches Öl	Spanisches Öl
D_{15}	0,900—0,935	0,930—0,956
$[\alpha]_D$	bis —4°	+ 1,5° bis —3°
n_D^{20}	—	1,504—1,510
Löslichkeit in $\times$ Teilen Alkohol 70 Vol.% . .	—	2—3
80 ,, . .	—	—
90 ,, . .	0,5	—

Bestandteile. Hauptgeruchsträger Thymol und Carvacrol, daneben Cymol, l-Pinen, Borneol, Linalool.

Verwendung. In der Kosmetik, als Küchengewürz und zur Bereitung von Zuckerwaren.

Veilchenwurzelöl. Herstellung. Durch Wasserdampfdestillation aus der zermahlenen und fermentierten Wurzel von Iris germanica, Iris pallida und Iris florentina in Ausbeuten von etwa 0,25%.

Eigenschaften. Gelbliche, durch einen Gehalt von etwa 85% Myristinsäure ziemlich harte Masse von starkem Geruch nach Veilchenwurzel; Schmelzpunkt 40—50°; $[\alpha]_D$ schwach rechts; SZ 204—236 (Myristingehalt); EZ 2—10. — Das von der festen Myristinsäure befreite Öl hat D_{15} 0,93—0,94; $[\alpha]_D$ +14 bis + 30°; n_D^{20} 1,495; SZ 1—8; EZ 20—40; löslich in 1—1,5 und mehr Teilen 80 vol.-% igem Alkohol.

Bestandteile. (Myristinsäure), Iron (Geruchsträger), Myristinsäuremethylester, Ölsäure, Furfurol, Benzaldehyd, n-Decylaldehyd, Nonylaldehyd, Naphthalin.

Verwendung. In der Parfümerie und zur Herstellung von Zuckerwaren und Fruchtessenzen.

Wacholderbeeröl. Herstellung. Durch Wasserdampfdestillation der zerquetschten Beeren des gemeinen Wacholders, Juniperus communis L. in Ausbeuten von 0,5—1,5%.

Eigenschaften. Dünnflüssiges, farbloses bis blaßgrünliches Öl mit balsamischem Terpentinölgeruch und brennendem, bitterem Geschmack; D_{15} 0,865 bis 0,882; $[\alpha]_D$ bis —11°, selten schwach rechts; n_D^{20} 1,479—1,484; SZ bis 3,0; EZ 2—8; löslich in 5—10 Teilen 90 vol.-% igem Alkohol.

Bestandteile. α-Pinen, Camphen, Terpineol, Cadinen und eine Verbindung vom Schmelzpunkt 166°.

Verwendung. Zur Bereitung von Wacholderbeerbranntwein und Likören.

Weinbeeröl, auch Cognacöl, Drusenöl, Weinhefenöl, Weinöl[1]. Träger des spezifischen, dem Wein und dem Kognak (Weinbrand) eigentümlichen Aromas.

Herstellung. Durch Destillation aus der Weinhefe in Ausbeuten von 0,036—0,066%.

Eigenschaften. Das vom Kupfer und den Fettsäuren befreite Öl besitzt einen betäubenden, im unverdünnten Zustande unangenehmen, üblen Geruch; D_{15} 0,872—0,890; $[\alpha]_D$ —0° 3' bis +0° 43'; n_D^{20} 1,427—1,432; SZ 29—100; EZ 140—250; löslich in 1,5—5 Teilen 80 vol.-%igem Alkohol.

Bestandteile. Ester der Laurinsäure und anderer niederer Fettsäuren.

Verwendung. Als Fälschungsmittel und um künstlichem Weinbrand das Aroma des echten zu verleihen.

Wermutöl. Herstellung. Durch Wasserdampfdestillation des trockenen Krautes von Artemisia Absinthium in Ausbeuten bis 0,5%.

Eigenschaften. Dicke, dunkelgrüne bis blaue oder braune Flüssigkeit von wenig angenehmem Geruch und bitterem, kratzendem Geschmack; D_{15} 0,925 bis 0,955; $[\alpha]_D$ meist rechts; löslich in 2—4 Teilen 80 vol.-%igem Alkohol.

Bestandteile. Thujon (Hauptmenge), Thujylalkohol, frei und verestert mit Essigsäure, Isovaleriansäure und Palmitinsäure, Phellandren, Cadinen (Cineol).

Verwendung. Zur Herstellung von Bitterlikören.

Wintergrünöl, Gaultheriaöl. Herstellung. Durch Wasserdampfdestillation aus den frischen Blättern des Wintergrüns, Gaultheria procumbus L. in Ausbeuten von 0,55—0,8%. (Praktisch identisch mit dem Birkenrindenöl von Betula lenta L.)

Eigenschaften. Farblose, gelbe oder rötliche Flüssigkeit mit stark aromatischem Geruch; D_{15} 1,180—1,193; $[\alpha]_D$ —0° 25' bis —1°; n_D^{20} 1,535—1,536; löslich in 6—8 Teilen 70 vol.-%igem Alkohol bei 20°.

Bestandteile. Rund 98—99% Methylsalicylat, Alkohol $C_8H_{16}O$, Ester $C_{14}H_{24}O_2$.

Verwendung. Zur Herstellung von Fruchtessenzen und Rumessenz.

Zimtöl. 1. Ceylon-Zimtöl. Herstellung. Durch Wasserdampfdestillation der abfallenden Rindenspäne und des Bruchs des Ceylon-Zimtstrauches, Cinnamomum Ceylanicum Breyne in Ausbeuten von 0,5—1%.

Eigenschaften. Hellgelbe Flüssigkeit von angenehmem Geruch und würzigem, süßem, brennendem Geschmack, feiner als das chinesische Zimtöl (s. unter 2); D_{15} 1,023—1,040; $[\alpha]_D$ bis —1°; n_D^{20} 1,581—1,591.

Bestandteile. 65—75% Zimtaldehyd, 4—8% Eugenol, Phellandren, l-Pinen, Methyl-n-amylketon, Furfurol, Cymol, Benzaldehyd, Nonylaldehyd, Hydrozimtaldehyd, Cuminaldehyd, Linalool, Linalylisobutyrat, Caryophyllen.

Verwendung. In der Parfümerie, zur Herstellung von Zuckerwaren und Schokoladen und als Beize für Tabakblätter.

2. Chinesisches Zimtöl, Cassiaöl, Zimtblütenöl. Herstellung. Durch Wasserdampfdestillation aus den Blättern, Blattstielen und Zweigen des Cassiastrauches, Cinnamomum Cassia Bl. in Ausbeuten von 0,3—0,4%.

Eigenschaften. Gelbes bis bräunliches, stark lichtbrechendes Öl mit Zimtgeruch und brennendem Geschmack; D_{15} 1,055—1,070; Siedepunkt 240 bis 260°; $[\alpha]_D$ —1 bis +6°; n_D^{20} 1,602—1,606; SZ 6—15 (auch 20); löslich in 1—2 Teilen 80 vol.-%igem Alkohol.

Bestandteile. 75—90% Zimtaldehyd, Essigsäurezimtester, Essigsäurephenylpropylester, Zimtsäure.

---

[1] Vgl. Bd. VII, S. 600.

Verwendung. Wie Ceylon-Zimtöl.

Zwiebelöl. Der charakteristische Bestandteil der als Küchengewürz dienenden Zwiebel, Allium Cepa L. Das Öl besteht aus einem Disulfid $C_6H_{12}S_2$ und anderen schwefelhaltigen Verbindungen. Allylsulfid ist nicht vorhanden.

II. Künstliche Erzeugnisse.
1. Einzelstoffe.

Carvon, cyclisches Keton, $C_{10}H_{14}O$; farblose, nach Kümmel riechende Flüssigkeit vom Siedepunkt 230—231°; D_{15} 0,9645; n_D^{20} 1,4995; $[\alpha]_D$ (l—) —59° 40′; $[\alpha]_D$ (r—) +59° 57′.
Verwendung. In der Likörherstellung.

Citral, acyclisches Aldehyd $C_{10}H_{16}O$, dünnflüssiges, schwach gelbliches, optisch inaktives Öl von starkem Citronengeruch; Siedepunkt 228/229°; D_{15} 0,8972; n_D 1,4931.
Verwendung. Als Ersatz des Citronenöls.

Cumarin, Lacton $C_9H_6O_2$, farblose Krystalle von angenehmem, heuartigem Geruch; Schmelzpunkt 67°; Siedepunkt 290/291°; unzersetzt sublimierbar.
Verwendung. Zur Herstellung von Fruchtessenzen (Waldmeister).

Linalylacetat, $C_{12}H_{20}O_2$, farblose, angenehm nach Bergamottöl riechende Flüssigkeit mit optischer Drehung nach rechts oder links, je nach der Art des als Ausgangsmaterial verwendeten Linalools. Siedepunkt 220° unter Zersetzung; D_{15} 0,913.
Verwendung. Als künstliches Bergamottöl.

Methylsalicylat, $C_8H_8O_3$, farblose, optisch inaktive Flüssigkeit von starkem, eigentümlichem Geruch; Siedepunkt 222/224°; D_{15} 1,185—1,190; Schmelzpunkt —8,3°; n_D^{20} 1,536 bis 1,538; löslich in 6—8 Teilen 70 vol.-%igem Alkohol.
Verwendung. Als künstliches Wintergrünöl.

Vanillin, cyclischer Aldehyd, $C_8H_8O_3$; farblose, prismatische Nadeln; Schmelzpunkt 80/81°.
Verwendung. Bei der Zubereitung von Schokoladen.

Zimtaldehyd, C_9H_8O (künstliches Cassiaöl); gelbe Flüssigkeit; Siedepunkt 252° unter teilweiser Zersetzung; Schmelzpunkt —7,5°; D_{15} 1,054—1,058; optisch inaktiv; n_D^{20} 1,6195.
Verwendung. Als Ersatz für Zimtöl.

2. Gemische.

Bergamottöl, künstlich [1]. 50% Linalylacetat nebst kleinen Zusätzen von Terpenylacetat, Geranylacetat, Citronellylacetat, Citronellylformiat, Linalool (l- und d-), Nerosol, Türkol, Nerol, Octylacetat, Cuminalkoholacetat.

Citronenöl, künstlich [1]. Citral (aus Lemongras), Citronellal, 2% Octyl-, Nonyl- und Decylaldehyd, Laurinaldehyd, Spuren von Geranyl- und Linalylacetat.

Mandarinenöl, künstlich [1]. Portugalterpene, 2% Methylanthranilsäuremethylester, Petitgrainöl, Spuren von Nonyl- und Decylalkohol und echtem Mandarinenöl.

Neroliöl, künstlich [1]. Basis Petitgrainöl verschiedener Herkunft, Linalool, wenig Anthranilsäuremethylester, Linalylpropionat (an Stelle von Linalylacetat), Geranyl- und Citronellylbenzoat, Phenyläthylphenylacetat (der Honigriechstoff).

D. Nachweis und Bestimmung der ätherischen Öle und ihrer Bestandteile.

Die Analyse ätherischer Öle und ihrer Bestandteile, insbesondere die Identifizierung in Gemischen mit anderen Stoffen oder verschiedener ätherischer Öle gehört nicht zu den einfachen Aufgaben der Chemie. Das starke Schwanken der sog. Kennzahlen, die je nach Ort, Zeit und Art der Ernte und sonstiger, zum Teil gänzlich unkontrollierbarer Einflüsse wechselnde Zusammensetzung der einzelnen Öle sind hierfür verantwortlich zu machen. Kommt hinzu, daß die Einzelbestandteile mitunter noch nicht restlos erfaßt bzw. in ihrer Konstitution noch nicht erkannt sind.

Es wäre daher falsch, wollte man ein gültiges Urteil auf nur wenige Kennzahlen oder Reaktionen oder gar nur auf einen einzigen Analysenwert gründen.

---

[1] A. M. Burger: Riechstoffind. u. Kosmetik 1935, 10, 195; C. 1936, I, 2228.

I. Abtrennung der ätherischen Öle
aus dem Untersuchungsmaterial.

In den meisten Fällen werden die reinen Öle oder Gemische aus solchen zur Untersuchung vorliegen. Mitunter ist jedoch aus Untersuchungsmaterial, wie pflanzlichen Stoffen, Auszügen, Erzeugnissen künstlicher oder natürlicher Herkunft eine Abtrennung und nachfolgende Reinigung erforderlich. Hierzu benutzt man die Eigenschaft der ätherischen Öle, mit Wasserdampf überzudestillieren. Die Destillation erfolgt auf bekannte Weise. Die große Flüchtigkeit der ätherischen Öle verlangt besondere Aufmerksamkeit in der Einrichtung der Destillationsapparate. Das Ansammeln von Kondenswasser im Kolben und das

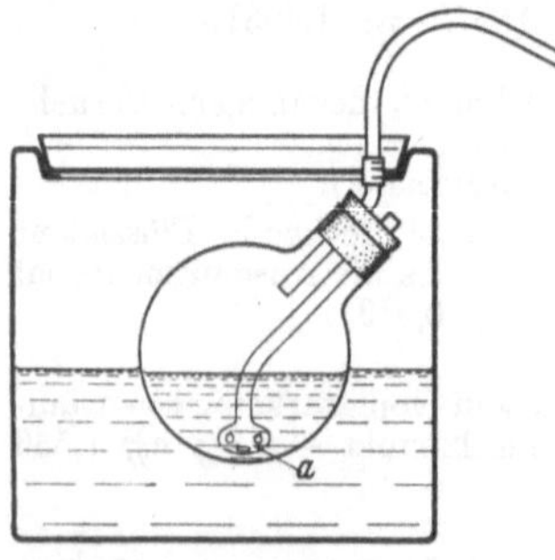

Abb. 7. Destillationsapparat nach E. A. ROFF.

Absetzen der Substanz im Halse des Kolbens wird nach E. A. ROFF[1] dadurch verhindert, daß sich der Kolben in einem Gefäß mit abnehmbarem, doppelt durchbohrtem Deckel befindet. Dabei hat sich für die Schnelligkeit der Destillation ein Dampfeintrittsrohr mit mehreren kleinen Öffnungen (s. Abb. 7 bei a) als praktisch erwiesen. So können 50 ccm Terpentinöl in 6 Minuten mit 65 ccm wäßrigem Destillat und 2 ccm Kondenswasser im Kolben vollständig destilliert werden.

Bei Flüssigkeiten ist mitunter das Aussalzen des ätherischen Öles angebracht mit gesättigter Kochsalzlösung, konzentrierter Calciumchloridlösung oder anderen Salzlösungen und anschließendes Aufnehmen des ausgesalzenen Öles mit Äther, Petroläther, Benzol oder dgl. Man läßt dann das Lösungsmittel bei niedriger Temperatur abdunsten.

II. Nachweis der ätherischen Öle.

Häufig gestattet der Geruch und der Geschmack einer Probe Rückschlüsse auf einzelne bestimmte Öle. Dieses Verfahren leidet jedoch darunter, daß es zu subjektiv und nur für geübte Analytiker ausführbar ist. Es ist daher früh der Wunsch nach objektiven Erkennungsreaktionen laut geworden, von denen die Farbreaktionen einen breiten Raum eingenommen haben. Wenn auch zugegeben werden muß, daß die Beurteilung der Farbtöne und feineren Farbunterschiede gleichfalls an den einzelnen Bearbeiter gebunden ist, so können doch die Farbreaktionen wertvolle Aufschlüsse geben. Ausschlaggebende Bedeutung kommt ihnen allerdings nicht zu.

1. Farbreaktionen. a) Vanillin-Salzsäurereaktion[2]. Als Reagens dient eine stets frisch zu bereitende Lösung von 0,5 g Vanillin in wenig Alkohol, die mit Salzsäure (1,10) auf 100 ccm verdünnt wird. Zu 5 ccm dieses Reagenses fügt man einen Tropfen des zu untersuchenden Öles. Beobachtet werden die Färbungen 1. nach $^1/_4$ stündigem Stehen (vor Licht zu schützen), 2. nach 5 Minuten langem Erwärmen im siedenden Wasserbad und 3. nach dem Ausschütteln mit Chloroform. Vergleiche mit Blindproben sind zweckmäßig oder man zieht die im Original angegebene Zusammenstellung zu Hilfe.

Nach W. ZIMMERMANN[3], der die Vanillin-Salzsäurereaktion durchgeprüft hat, ist sie zur Unterscheidung nahe verwandter Öle gut geeignet und bei der Erkennung kleiner Mengen ätherischer Öle nützlich.

[1] E. A. ROFF: Pharm. Journ. 1921, **107**, 28; C. 1921, IV, 1145.
[2] J. CERDEIRAS: Pharm Zentralh. 1914, **55**, 339;. Vgl. auch H. SZANDER: Süddeutsch. Apoth.-Ztg. 1930, **70**, 465 und L. DAVID: Pharm. Ztg. 1927, **72**, 41, 640.
[3] W. ZIMMERMANN: Pharm. Zentralh. 1932, **73**, 113.

Auch Vanillin-Schwefelsäure gibt brauchbare Farbreaktionen, die O. CARLETTI[1] für die Erkennung von Menthol, Eucalyptol und Thymol angewendet hat.

b) **Farbreaktionen von L. EKKART**[2]. Als Reagenzien dienen 1% ige alkoholische Lösungen der verschiedensten Stoffe, wie Furfurol, Saccharose, Salicylaldehyd, Vanillin, Zimtaldehyd, Piperonal, Thymol, Brenzkatechin, Resorcin, Hydrochinon, Pyrogallol, Phloroglucin, α- und β-Naphthol u. a. Zu je 1 ccm einer Lösung von 3 Tropfen ätherisches Öl in 15 ccm 96 vol.-% igem Alkohol gibt man 3—4 Tropfen der Reagenslösung und nachher sehr vorsichtig 0,5 ccm konzentrierte Schwefelsäure. Beobachtet wird die Farbe der Berührungszone und nach vorsichtigem Schwenken die der oberen Flüssigkeitsschicht.

c) V. E. LEVINE und E. RICHMAN[3] geben Farbenreaktionen von Terpenen mit Antimontrichlorid (30 g in 100 ccm Chloroform) an. Die Reaktion ist am stärksten bei ungesättigten Terpenen und bei Gegenwart von Aldehyd-, Alkohol- und Ketongruppen. Das Terpen wird am besten als 20% ige Lösung oder Mischung in Chloroform verwendet. Zusatz von Essigsäureanhydrid verstärkt die Reaktion.

2. Sonstige Verfahren. a) **Tropfencapillaranalyse nach C. A. ROJAHN und Mitarbeitern**[4]:

1—2 Tropfen einer alkoholischen Lösung der ätherischen Öle werden auf glattgewalztem Fließpapier (Schleicher u. Schüll, Nr. 598) mit einem Tropfen Reagenslösung versetzt, so daß dieser Tropfen bis zur Mitte des Substanztropfens vordringt. Zur Beobachtung gelangen die Trockenbilder und deren Fluorescenzfarben. Als Reagenslösungen dienen Natronlauge (5%), Schwefelsäure (15%), Aluminiumsulfat (5%) und Borax (4%).

b) **Tüpfelanalyse nach R. WASICKY und O. FREHDEN**[5].

III. Bestimmung der ätherischen Öle.

Das am häufigsten angewandte Verfahren ist die Bestimmung mittels der Wasserdampfdestillation, wie sie in Bd. VI dieses Handbuches, S. 332, angegeben ist.

Außer diesem und den anderen dort mitgeteilten Verfahren seien hier noch folgende genannt:

1. Colorimetrische Verfahren. Die Bestimmung in Lösungen erfolgt durch Ausziehen mit Äther, Abhebern und Bestimmung des Gehaltes in der ätherischen Lösung dadurch, daß zu einer bestimmten Menge konzentrierte Schwefelsäure zugegeben wird. Die hierbei auftretende Färbung wird nach 15—45 Minuten mit einer Vergleichslösung bekannten Gehaltes an ätherischem Öl colorimetriert (W. SCHULT[6]).

TH. V. FELLENBERG[7] schüttelt mit Petroläther aus und erhitzt den Auszug mit Schwefelsäure, wobei der Petroläther fortkocht. Die erhaltene braune Färbung wird gegen eine Vergleichslösung colorimetriert.

2. Nephelometrisches Verfahren. Nach A. G. WOODMAN, R. T. GOOKIN und L. J. HEATH[8]. Aus alkoholischen Lösungen bestimmter ätherischer Öle werden diese durch Wasser als weiße Emulsion ausgeschieden. Man vergleicht die von der Emulsion zurückgeworfene Lichtmenge im Nephelometer mit derjenigen Lichtmenge, die von einer Emulsion bekannter Konzentration zurückgeworfen wird.

3. Bestimmung durch Ermittlung der Jodzahl. In alkoholischen Lösungen läßt sich eine Reihe von ätherischen Ölen, wenn andere störende Einflüsse fehlen, also am besten im Destillat, mittels der Jodzahl bestimmen. Dieses Verfahren ist besonders für Liköre ausgearbeitet worden.

IV. Untersuchungen der einzelnen Öle, ihrer Bestandteile und ihrer Verfälschungen.

1. Natürliche Öle.

Anisöl. Wichtig ist die Prüfung des Erstarrungspunktes des im vollkommen flüssigen Zustande gut durchgemischten Öles.

[1] O. CARLETTI: Boll. chim. farmac. 1932, **71**, 139; C. 1932, I, 2871.

[2] L. EKKART: Pharm. Zentralh. 1927, **68**, 577, 593; 1930, **71**, 195.

[3] V. E. LEVINE u. E. RICHMAN: Biochem. Journ. 1933, **27**, 2051; C. 1934, II, 1341.

[4] C. A. ROJAHN u. Mitarb.: Pharm. Zentralh. 1937, **78**, 81.

[5] R. WASICKY u. O. FREHDEN: Microchim. Acta **1**, Heft 1; Ref. Pharm. Zentralh. 1937, **78**, 644.   [6] W. SCHULT: Chem. Weekbl. 1925, **22**, 344; C. 1925, II, 1317.

[7] TH. V. FELLENBERG: Mitt. Lebensmittelunters.Hygiene 1928, **19**, 242; C. 1928, II, 2079.

[8] A. G. WOODMAN, R. T. GOOKIN u. L. J. HEATH: Journ. Ind. engin. Chem. 1916, **8**, 128; C. 1916, II, 164. — Vgl. A. RECLAIRE u. F. ROCHUSSEN: Chem.-Ztg. 1920, **44**, 882.

Bemerkenswert ist für Anisöl, daß die Jodzahl, im Licht vorgenommen, stets höher ist als die im Dunkeln ermittelte. Durch diese Eigenschaft läßt sich Anisöl in Gemischen erkennen[1].

Der wertbestimmende Anteil, das Anethol, kann als Anissäure vom Schmelzpunkt 175⁰ durch Oxydation mit Chromschwefelsäure nachgewiesen werden (L. van Itallie und A. J. Steenhauer[2]). Verfälschungen: Terpentinöl, Cedernholzöl, Kopaiva- und Gurjunbalsamöl, Alkohol, Walrat, fettes Öl, Petroleum lassen sich auffinden durch die veränderten physikalischen Eigenschaften, wie Dichte, optische Drehung, Löslichkeit, Erstarrungspunkt und fraktionierte Destillation.

Zusätze von Fenchelöl sind durch eine Rechtsdrehung im Polarisationsapparat zu erkennen.

Bergamottöl. Verfälschungen. Die Dichte wird durch Zusätze von Terpentinöl[3], Citronenöl, Pomeranzenöl und destilliertem Bergamottöl erniedrigt, durch solche von fettem Öl, Cedernholzöl, Gurjunbalsamöl erhöht. — Das optische Drehungsvermögen und die Löslichkeit sind für die Beurteilung nicht ausschlaggebend.

Der 4,5—6% betragende Abdampfrückstand (5 g Öl bis zur Gewichtskonstanz und zum Verschwinden des Geruches nach Bergamottöl auf dem Wasserbade erhitzen) erhöht sich über 6% bei Zusätzen von fettem Öl und schwerflüchtigen Verfälschungsmitteln (Citronensäuretriäthylester); er wird geringer als 4,0% bei Vorhandensein von Terpentinöl, Pomeranzenöl und destilliertem Bergamottöl.

Ester flüchtiger Säuren. 1. Terpinylacetat läßt sich mittels der Esterzahlen durch Bestimmung der fraktionierten Verseifung nach Schimmel u. Co.[4] nachweisen:

Man bestimmt die Säurezahl mit 4 mal je 2 ccm Öl, gelöst in 5 ccm Alkohol. Danach werden die Verseifungszahlen ermittelt, und zwar derart, daß zwei Versuche mit je 10 ccm 0,5 N.-Kalilauge je 1 Stunde, der dritte Versuch mit 20 ccm Lauge 2 Stunden und der vierte Versuch, nach Verdünnung mit 25 ccm neutralem, 96 vol.-%igem Alkohol, mit 10 ccm Lauge 1 Stunde lang auf dem Wasserbad verseift werden[5]. Beträgt die Differenz der Esterzahlen von Versuch 3 und 4 etwa 3—4, so liegt reines Bergamottöl vor, während Zusätze von Terpinylacetat wegen seiner schlechten Verseifbarkeit je nach der Menge durch größere Differenzen angezeigt werden. Die Esterzahlen der beiden normalen Verseifungen, Versuch 1 und 2, liegen etwa in der Mitte zwischen den Werten aus Versuch 3 und 4. Ein Zusatz von 10% Terpinylacetat gibt eine Differenz von 19.

2. Glycerinacetat wird aus 10 ccm Öl mit 20 ccm 5%igem Alkohol im Scheidetrichter zum größten Teil ausgeschüttelt. 10 ccm der klaren, wäßrigen Schicht werden nach der Neutralisation mit 5 ccm 0,5 N.-Kalilauge verseift. Reines Bergamottöl verbraucht etwa 0,08 ccm, während schon ein Zusatz von 1% Glycerinacetat sich durch einen Mehrverbrauch von 0,50 ccm zu erkennen gibt.

Ein anderes Verfahren haben S. G. Hall und A. J. Harvey[6] angegeben.

Ester nichtflüchtiger Säuren. Siehe S. 817. Die nähere Vorschrift lautet:

Von 1,5—2 g Öl werden in üblicher Weise Säurezahl und Verseifungszahl bestimmt. Der Inhalt der Verseifungskölbchen wird nach Zusatz einiger Tropfen 0,5 N.-Kalilauge zur Trockne eingedampft, der Rückstand in etwa 5 ccm Wasser gelöst und mit 2 ccm verdünnter Schwefelsäure angesäuert. Nun werden mittels Wasserdampfdestillation innerhalb $^1/_2$ Stunde 250 ccm und anschließend nochmals 100 ccm übergetrieben, wobei der Kolbeninhalt auf etwa 10 ccm gehalten wird. Das Destillat wird mit 0,1 N.-Lauge gegen Phenolphthalein titriert. Der Titrationswert ergibt die Säurezahl II. Bei reinem Bergamottöl

---

[1] E. Marcille: Ann. Falsif. 1916, **9**, 6; C. 1916, II, 849.
[2] L. van Itallie u. A. J. Steenhauer: Pharm. Weekbl. 1926, **63**, 4; C. 1926, I, 2408.
[3] Statt Terpentinöl wird nach G. Romeo (Boll. R. Staz. Ind. Essenze Deriv. Agrumi 1929, **4**, 30; C. 1930, I, 298) auch Pinen mit einem Zusatz von Citral u. ähnl., benutzt.
[4] Ber. Schimmel Oktober 1910, 42.
[5] Bei hochprozentigen Ölen werden statt 10 bzw. 20 ccm Lauge 15 bzw. 30 ccm, bei künstlichen Estern 20 bzw. 40 ccm Lauge zur Verseifung genommen.
[6] S. G. Hall u. A. J. Harvey: Journ. Soc. chem. Ind. 1913, **32**, 61; C. 1913, I, 966.

beträgt die Differenz zwischen Verseifungszahl und Säurezahl II etwa 5—10; Überschreitungen dieses Wertes deuten auf Zusätze von Estern schwerflüchtiger Säuren.

Um Citronensäuretriäthylester im besonderen nachzuweisen, wird von dem aus 5 g Öl gewonnenen Abdampfrückstand die Verseifungszahl bestimmt. Hierbei ist bei der Titration nur der erstmalige Indicatorumschlag zu berücksichtigen. Ein Zusatz von 1% Ester erhöht die Verseifungszahl des Abdampfrückstandes reiner Öle von 136—200 um rund 47.

Bittermandelöl. Nachweis und Bestimmung der Blausäure siehe Bd. II, Teil 2, S. 1287 dieses Handbuches.

Verfälschungen. Für den Nachweis fremder Öle werden 5 g Öl mit 45 g Natriumbisulfitlösung gut durchgeschüttelt und die Mischung mit 60 g Wasser versetzt. Nach dem Erwärmen in heißem Wasser muß bei reinem Benzaldehyd klare Auflösung erfolgen. Fremde Öle sammeln sich an der Flüssigkeitsoberfläche an und können weiter untersucht werden. Nitrobenzol (Mirbanöl) wird durch Überführung in Anilin nachgewiesen (s. Bd. II, Teil 2, S. 1319).

Die häufigste Verfälschung ist die mit künstlichem Benzaldehyd, dem von der Darstellung her vielfach chlorhaltige Produkte beigemengt sind. Ein positiver Chlornachweis (vgl. S. 815) ist daher auch ein Nachweis für einen derartigen Zusatz künstlichen Benzaldehyds. (Es gibt jedoch auch chlorfreien künstlichen Benzaldehyd.)

Nachweis von Alkohol vgl. S. 815.

Calmusöl. Verfälschungen. Glycerinacetat (vgl. unter Bergamottöl, S. 836), Terpineol und Campherölfraktionen.

Citronellöl. Die Güte des Citronellöles wird durch die Höhe des Gesamtgeraniolgehaltes bestimmt. Unter Gesamtgeraniol versteht man die Summe sämtlicher acetylierbarer Bestandteile (Geraniol, Nerol, Citronellol, Borneol, ferner andere Alkohole, die entsprechenden Ester und Citronellal). Die Vorschriften der Acetylierung (S. 810) müssen peinlich genau[1] beachtet werden; Dauer der Acetylierung 2 Stunden, die der Verseifung mindestens 1 Stunde[2].

Die Bestimmung der als Geraniol bezeichneten primären Alkohole führt man nach dem auf S. 811 erwähnten Verfahren mit Phthalsäureanhydrid[3] aus.

Zur Bestimmung des Citronellals dient eine Reihe von Verfahren, von denen folgende Erwähnung verdienen:

a) J. Dupont und L. Labaune[4] führen Citronellal mit Hydroxylamin in das Oxim über,

b) C. Kleber[5] arbeitet mit Phenylhydrazin und

c) V. Boulez[6] mit Bisulfitlösung, die mit Sulfit gesättigt ist.

Verfälschungen. Fettes Öl und Petroleum werden dadurch nachgewiesen, daß man die Löslichkeitsprobe — Schimmel-Test[7] — ausführt. Bei 20° soll sich das Öl in 1 bis

---

[1] Hierzu vgl. auch A. W. de Jong u. A. Reclaire: Perfumery essent. Oil Record 1922, **13**, 319; C. 1923, II, 1190; J. Zimmermann: Chem. Weekbl. 1929, **26**, 389; C. 1929, II, 1233; A. Reclaire u. D. B. Spoelstra: Perfumery essent. Oil Record 1927, **18**, 130; C. 1927, II, 1405; J. Dupont u. L. Labaune: Chim. et Ind. 1927, **17**, 905; C. 1927, II, 1519.

[2] Nach einer Angabe von Schimmel u. Co. (Ber. Schimmel 1927, 21; C. 1927, II, 1519) ist eine 2stündige Verseifungsdauer erforderlich.

[3] Vgl. auch A. W. K. de Jong: Koninkl. Akad. van Wetensch. Amsterdam, Wick en Natk. Afd. 1918, **27**, 283; C. 1922, II, 948.

[4] J. Dupont u. L. Labaune: Berichte von Roure-Bertrand Fils, April 1923; Ber. Schimmel 1928, 20; C. 1928, II, 2199; R. E. Meyer: Deutsch. Parfümerieztg. 1928, **14**, 307; C. 1928, II, 1273; Perfumery essent. Oil Record 1928, **19**, 210; C. 1928, II,822 P. A. Rowaan: Chem. Weekbl. 1932, **29**, 603; P. A. Rowaan u. D. R. Koolhaas: Chem. Weekbl. 1935, **32**, 405; C. 1935, II, 2591; A. R. Penfold u. W. G. Arnemann: Perfumery essent Oil Record 1929, **20**, 392; C. 1930, I, 759. — H. J. Watermann u. E. B. Elsbach: Rec. Trav. chim. Pays-Bas 1929, **48**, 1087; C. 1930, I, 561.

[5] C. Kleber: Amer. Perfumer essential Oil Rev. 1912, **6**, 284; Ber. Schimmel, April 1912, 64.

[6] V. Boulez: Bull. Soc. Chim. IV 1912, **11**, 915; Ber. Schimmel, Oktober 1912, 40. — F. D. Dodge: Amer. Perfumer essential Oil Record 1929, **24**, 11; C. 1929, II, 943.

[7] Ber. Schimmel, Oktober 1889, 22; April 1986, 16.

2 Teilen 80 vol.-% igem Alkohol klar lösen und bei weiterem Alkoholzusatz bis zu 10 Teilen höchstens schwach opalisieren. Starkes Schütteln ist zu vermeiden. Beide Zusätze ergeben jedoch trübe Lösungen (s. auch S. 817). — Bei geringen Mengen zugesetzten Petroleums wird der „verschärfte" Schimmel-Test empfohlen, der darin besteht, daß dem Öl 5% Petroleum zugesetzt werden. Reines Öl gibt hierbei mit 1—2 Teilen 80 vol.-% igem Alkohol eine klare Lösung, die bei Zusatz von weiteren 10 Teilen Alkohol höchstens schwache Opalescenz ohne Abscheidung von Öltröpfchen gibt.

Zusatz von Alkohol ist durch Erniedrigung der Dichte und durch Volumenabnahme des mit Wasser geschüttelten Öles erkennbar. Vor der Gesamtgeraniolbestimmung ist er durch öfteres Ausschütteln mit Wasser aus dem Öl zu entfernen. — Nachweis von Alkohol siehe S. 815.

Citronenöl. Die Bestimmung des für den Geruch wichtigsten Bestandteiles, Citral, ist schwierig. Es ist daher nicht verwunderlich, daß eine große Reihe von Verfahren bekannt geworden sind, von denen hier jedoch nur einige aufgeführt werden. 1. Das Verfahren von C. Kleber[1] beruht darauf, daß Phenylhydrazin mit Mineralsäuren in Gegenwart von Äthylorange sich scharf titrieren läßt und daß die Hydrazone einiger Aldehyde und Ketone gegen Äthylorange neutral reagieren.

2 g Öl werden mit 10 ccm einer frisch (!) bereiteten 2% igen alkoholischen Lösung von Phenylhydrazin versetzt und 1 Stunde lang in mit Glasstopfen verschlossener 50-ccm-Flasche stehenlassen. Sodann werden 20 ccm 0,1 N.-Salzsäure zugegeben, leicht umgeschwenkt und nach Zusatz von 10 ccm Benzol kräftig durchgeschüttelt. Nach der Abtrennung der Schichten im Scheidetrichter wird die 30 ccm betragende saure Schicht filtriert; 20 ccm des Filtrates werden in Gegenwart von 10 Tropfen Äthylorangelösung (1:2000) mit 0,1 N.-Kalilauge bis zur deutlichen Gelbfärbung titriert; die verbrauchte Anzahl Kubikzentimeter Lauge werden auf 30 ccm umgerechnet. In gleicher Weise wird ein Blindversuch ohne Öl ausgeführt; 1 ccm 0,1 N.-Kalilauge entspricht 0,0152 g Citral.

2. R. S. Hiltner[2] benutzt die Gelbfärbung von Citral in verdünnten alkoholischen Lösungen mit m-Phenylendiaminchlorhydrat[3]. Bei durch Oxydation veränderten Ölen versagt das Verfahren.

3. Y. R. Naves[4] bestimmt das Citral mit freiem Hydroxylamin. Dieses Verfahren gibt nahezu dieselben Werte wie die Oximierung mit Hydroxylaminchlorhydrat nach A. H. Bennett[5] und Bennett und Salamon[6].

Da Citronenöle durch unsachgemäße Aufbewahrung infolge Oxydation wesentlich an Wert verlieren, können analytische Verfahren zur Erkennung dieses durch Alterung hervorgerufenen Zustandes mitunter von Wert sein.

Schon äußerlich ist die ungünstige Beeinflussung an einer Farbänderung und dem Abscheiden einer dicken, schmierigen, braunen Masse zu erkennen, ferner an der Erhöhung der Dichte, der Löslichkeit in 90 vol.-% igem Alkohol und nach J. Pritzker und R. Jungkunz[7] auch der Refraktionszahl und der Säurezahl; Zahlen über 77 bzw. 3,0 sind für alte, veränderte Öle charakteristisch.

Nach Y. R. Naves[8] soll es mittels der Aldehydbestimmung mit Hydroxylaminchlorahydrat und mit freiem Hydroxylamin und durch Bestimmung der Peroxyde möglich sein, gealterte, ungünstig beeinflußte Öle zu erkennen.

---

[1] C. Kleber: Amer. Perfumer essential Oil Rev. 1912, 6, 284. — Vgl. auch Ber. Schimmel 1912,64.

[2] R. S. Hiltner: Journ. Ind. engin. Chem. 1909, 1, 798; C. 1910, I, 1899.

[3] J. R. Rippetoe u. L. E. Wise: Amer. Journ. Pharmac. 1911, 83, 558; C. 1912, I, 381. — C. E. Parker u. R. S. Hiltner: Journ. Ind. engin. Chem. 1918, 10, 608; C. 1919, II, 180.

[4] Y. R. Naves: Parfums de France 1932, 10, 142; C. 1933, I, 142; vgl. auch Analyst 1930, 55, 109.

[5] A. H. Bennett: Riv. Ital. Essenze Profumi 1921, 3, 27; C. 1922, II, 332.

[6] Bennett u. Salamon: Chem. Zentralbl. 1928, I, 1587.

[7] J. Pritzker u. R. Jungkunz: Pharm. Acta Helv. 1928, 3, 79; C. 1928, II, 193.

[8] Y. R. Naves: Parfums de France 1932, 10, 142, 225; C. 1933, I, 142, 143; Parfums de France 1934, 12, 314; C. 1935, II, 1793.

Zur Bestimmung von Citronenöl in alkoholischen Lösungen bedient man sich nach W. W. Randall[1] der optischen Drehung bei 20° im 200-mm-Rohr; teilt man die gefundenen Kreisgrade durch 1,14, so ergibt sich der Gehalt in Vol.-%.

Soll der Gehalt einer Essenz an Citronenöl gemessen werden, so läßt sich nach L. Wolfrum und J. Pinnow[2] die Ölmenge durch Ausschütteln mit Kochsalzlösung und Ablesen des Ölvolumens bestimmen. Sind nur kleine Ölmengen zugegen, so mißt man die Volumenzunahme des zum Ausschütteln benutzten Petroleums.

Verfälschungen. Nach G. Ajou[3] lassen sich Verfälschungen durch die Bestimmung der kritischen Lösungstemperatur gut nachweisen.

Zusätze von minderwertigen maschinell extrahierten Citronenölen sind nach G. Romeo, N. Galletti und J. Amoroso[4] durch Erniedrigung des Brechungsindex des Abdampfrückstandes zu erkennen.

Eine Unterscheidung zwischen mit der Hand kalt gepreßtem, d. h. echtem Citronenöl (I), minderwertigerem, warm gepreßtem (II) und künstlichem Citronenöl (III) soll nach L. David[5] mit Vanillin-Salzsäure möglich sein. Ein Tropfen Öl wird in einer Porzellanschale mit 5—6 Tropfen Reagens gemischt. I wird hierbei blau, nach kurzem Erwärmen im siedenden Wasserbade dunkelcarminrot, beim Abkühlen schnell grün; II zeigt in derselben Reihenfolge blaß lilarot bis bräunlich — carminrot — dunkelbraun bis braun mit grünlichem Ton und III blaß lilarot, braun mit schmutziggrünem Ton, dann braun — carminrot — braun mit lilarotem Ton.

Terpentinölzusätze lassen sich durch die Prüfung des mit wasserfreiem Natriumsulfat getrockneten Destillates von genau 10% aus 50 bzw. 25 ccm des Öles im Polarisationsapparat bei 20° entdecken. Das Destillat dreht bei unverfälschten Ölen höchstens um 5—6° geringer als das ursprüngliche Öl. Bei Anwesenheit von Terpentinöl ist die Differenz größer.

Terpentinöl als Verfälschungsmittel wird heute ersetzt durch Gemische aus Terpentinöl mit Carven, Pomeranzenölterpenen und destilliertem Citronenöl oder durch Pinen, dem Citral oder dgl. zugegeben ist. Geschickt gemachte Verfälschungen lassen sich oft schwer entdecken. Mitunter kann jedoch, bei genauer Innehaltung der Vorschrift, der Pinennachweis nach Chace[6] oder der Terpennachweis von G. Romeo und U. Giuffre[7] dienen.

Verfälschungen mit Stearin, Mineralöl, Alkohol, fetten Ölen und Glycerinacetat sind nach den üblichen Verfahren nachzuweisen.

Corianderöl. Verfälschungen. Pomeranzenöl- und Terpentinölzusätze können durch Veränderungen der Dichte, der optischen Drehung und durch die Löslichkeitsprobe in 70 vol.-%igem Alkohol erkannt werden.

Eucalyptusöl. Der wertbestimmende Anteil der Eucalyptusöle ist das Cineol. Zu seiner Bestimmung benutzt man im wesentlichen die beiden nachstehenden Verfahren:

1. Die Resorcinmethode nach Schimmel u. Co.[8], die darauf beruht, daß Cineol mit Resorcin eine in überschüssiger konzentrierter Resorcinlösung lösliche Additionsverbindung bildet. Enthält das zu untersuchende Eucalyptusöl nennenswerte Mengen sauerstoffhaltiger Stoffe, so benutzt man statt des Öles die zwischen 170 und 190° übergehende Fraktion, die dem Volumen nach gemessen wird.

2. Das o-Kresol-Verfahren von T. T. Cocking[9].

---

[1] W. W. Randall: Journ. Assoc. official agricult. Chemists 1925, 8, 206; C. 1925, II, 1716.   [2] L. Wolfrum u. J. Pinnow: Z. 1913, 26, 409.

[3] G. Ajou: Giorn Chim. ind. appl. 1922, 4, 8; C. 1922, II, 752.

[4] G. Romeo, N. Galletti u. J. Amoroso: Riv. Ital. Essenze Profumi 1932, 14, 345; C. 1933, I, 1362; vgl. auch Perfumery essential Oil Record 1932, 23, 407; C. 1933, I, 1858.

[5] L. David: Pharm. Ztg. 1927, 72, 640.

[6] Chace: Journ. Amer. Chem. Soc. 1908, 30, 1475.

[7] G. Romeo u. U. Giuffre: Atti Congr. Nat. Chim. pura ed appl. 1923, 322; C. 1924, II, 1641.

[8] Ber. Schimmel, Oktober 1907, 31; April 1908, 44. — Wiegand u. Lehmann: Chem.-Ztg. 1908, 32, 109. — Vgl. auch H. G. A. Harding: Analyst 1914, 39, 475; C. 1915, II, 575.

[9] T. T. Cocking: Pharm. Journ. 1920, 105, 81; C. 1921, II, 182; Perfumery essential Oil Record 1921, 12, 339; C. 1922, II, 272; Pharm. Journ. 1927, 118, 725; C. 1927, II, 1405. — A. Berry: Perfumery essential Oil Record 1929, 20, 159; C. 1929, II, 943.

Die Abänderung von G. Walker[1], das o-Kresol durch α-Naphthol zu ersetzen, wirkt sich nach T. T. Cocking[2] durch gleichzeitig auskrystallisiertes α-Naphthol ungünstig aus.

Verfälschungen. Wegen des niedrigen Preises des Öles sind Verfälschungen selten. Schimmel u. Co.[3] berichten über unzulässige Zusätze von Campheröl und Geraniumöl.

Fenchelöl. Verfälschungen. Entziehung des wertvollen Anethols durch Fraktionierung oder Ausfrieren geben sich durch Veränderung des Erstarrungspunktes zu erkennen. Als niedrigst zulässige Grenze ist $+3^0$ anzusehen. Alter und Art der Aufbewahrung sind bei der Beurteilung zu berücksichtigen.

Alkoholzusatz ist auch beobachtet worden.

Geraniumöl. Verfälschungen. Terpentinöl, Cedernholzöl und Gurjunbalsamöl sind durch ihre Unlöslichkeit in 70 vol.-%igem Alkohol und durch Erniedrigung der Esterzahl zu erkennen.

Zusätze von Estern der Benzoesäure, Oxalsäure und Phthalsäure können nach S. 817 ermittelt werden. Zugesetzte Ester lassen sich auch nach einem von B. Angla[4] angegebenen Verfahren nachweisen. — An weiteren Verfälschungsmitteln sind fette Öle bekannt geworden.

Kamillenöl. Verfälschungen: Cedernholzöl und andere Öle erniedrigen den Erstarrungspunkt. Verfälschte Öle sind bei 0^0 noch dünnflüssig.

Lavendelöl. Wertbestimmend ist der Gehalt an Linalylacetat, der durch Bestimmung der Verseifungszahl ermittelt werden kann. Ein anderes, auf die Bestimmung der Estersäuren (Essigsäure, Propionsäure, Buttersäure) fußendes Verfahren gibt C. Lagneau[5] an.

Verfälschungen. Zum Nachweis wichtig ist die Bestimmung der Dichte, des Drehungsvermögens und der Löslichkeit in 70 vol.-%igem Alkohol.

Terpentinöl erniedrigt die Löslichkeit, Dichte und den Estergehalt; Cedernholzöl erhöht die Dichte, verringert die Löslichkeit und den Estergehalt; Spiköl nur den Estergehalt.

Zugesetzte Ester, wie Terpinyl- und Glycerinacetat, die Äthylester der Bernsteinsäure, Oxalsäure, Weinsäure, Citronensäure sind nach S. 817 nachzuweisen.

Als weitere Fremdzusätze sind bekannt geworden: Harz, span. Salbeiöl, Rosmarinöl, Benzoesäure, Salicylsäure, Phthalsäureester, Petroleum, Laurinsäuremethylester.

Nelkenöl. Über die Bestimmung des wertbestimmenden Anteils, des Eugenols, siehe Bd. VI dieses Handbuches, S. 399f.

Verfälschungen. Die meisten Verfälschungen werden bei der Eugenolbestimmung erkannt.

Neroliöl. Verfälschungen. Zusätze kleiner Mengen von Bergamottöl und Petitgrainöl lassen sich wegen der gleichen Bestandteile nicht nachweisen. Größere Zusätze jedoch bewirken Erhöhung der Dichte und des Estergehaltes, d. h. daß Verseifungszahlen höher als 70 verdächtig sind. Auch die Abscheidung von Paraffin aus Neroliöl im Kältegemisch kann zur Beurteilung mitherangezogen werden. Doch haben auch echte Öle mitunter keine Paraffinausscheidung.

Zum Strecken des echten Öles wird nach A. M. Burger[6] Phenyläthylalkohol verwendet. Zu seinem Nachweis kann man ein von S. Sabetay[7] vorgeschlagenes Verfahren anwenden.

Ein Nachweis als Oxalat ist von L. Palfray, S. Sabetay und D. Sontag[8] beschrieben.

[1] G. Walker: Journ. Soc. chem. Ind. 1923, **42**, T, 497.; C. 1924, I, 2215.

[2] T. T. Cocking: Perfumery essential Oil Record 1924, **15**, 10; C. 1925, I, 2474.

[3] Ber. Schimmel, April 1917; C. 1918, I, 491.

[4] B. Angla: Parfums de France 1933, **11**, 137; C. 1933, II, 3056.

[5] C. Lagneau: Bull. Sciences pharmacol. 1935, **42** (37), 332; C. 1936, I, 2644.

[6] A. M. Burger: Riechstoffind. u. Kosmetik 1935, **10**, 195; C. 1936, I, 2228.

[7] S. Sabetay: Ann. Chim. analyt. appl. 1929, (2) 11, 193; C. 1929, II, 1981; vgl. auch Parfumerie moderne 1931, **25**, 153; C. 1931, I, 3523.

[8] L. Palfray, S. Sabetay u. D. Sontag: Ann. Chim. analyt. appl. 1933, (2), **15**, 338; C. 1933, II, 2565.

Bonis[1] gibt eine Vorschrift an zur Unterscheidung echter Öle von künstlichen, mit Hilfe von mit Methylanthranilat hergestellter Öle.

Pfefferminzöl. Wichtig ist die Feststellung des Mentholgehaltes (frei und verestert). Die Bestimmung erfolgt nach der auf S. 808 gegebenen Vorschrift.

Zur Unterscheidung des japanischen Pfefferminzöles von Ölen anderer Herkunft dienen folgende Farbreaktionen:

1. 5 Tropfen Öl zeigen nach dem Vermischen mit 1 ccm Eisessig nach einigen Stunden und bei Luftzutritt Blaufärbung, die im auffallendem Licht kupferfarbig fluoresciert. Englische Öle zeigen weniger intensive Färbungen, während japanisches Öl farblos bleibt.

2. Beim Erwärmen von 1 ccm Öl mit 0,5 g eines Gemisches von gleichen Teilen Paraformaldehyd und Citronensäure im Wasserbade zeigen japanische Öle keine Verfärbung, während die anderen Öle eine Purpurfärbung aufweisen.

3. Ein anderer Nachweis gründet sich auf den Furfurolgehalt japanischer Öle (D. C. Garratt[2]).

Farbreaktionen des Pfefferminzöles geben L. Rosenthaler[3] und L. Ekkert[3] an.

Über die Bestimmung von Pfefferminzöl in Pfefferminzspiritus berichten H. L. Thompson[4] und C. V. Netz[5].

Verfälschungen. Es sind bekannt geworden: Essigester des Glycerins, Kopaivabalsam, Cedernholzöl, Petroleum, Mineralöl, Campheröl.

Rosenöl. Wichtig ist die Bestimmung des Erstarrungspunktes, des Stearoptengehaltes und dessen Verseifungszahl.

1. Erstarrungspunkt. Etwa 10 ccm Öl werden in ein Reagensrohr von 1,5 cm lichter Weite gebracht und nach Einführung eines Thermometers auf 4—5° über den Übersättigungspunkt erwärmt und gut umgeschüttelt. Darauf wird das Öl sich selbst überlassen. Der Punkt, an dem die ersten Krystalle erscheinen, ist der Erstarrungspunkt, der an derselben Probe nach Wiedererwärmen erneut bestimmt wird.

2. Bestimmung des Stearoptengehaltes. 50 g Öl werden mit 500 g 75 vol.-%igem Alkohol auf 70—80° erwärmt und danach auf 0° abgekühlt. Das sich fast quantitativ ausscheidende Stearopten wird solange erneut mit 200 g 70 vol.-%igem Alkohol behandelt, bis das Stearopten geruchlos geworden ist.

3. Die Verseifungszahl des Stearoptens beträgt etwa 3—7.

Zur Bestimmung von Rosenöl in Rosenwasser gibt L. Rosenthaler[6] eine Arbeitsvorschrift an.

Verfälschungen. Nur ganz grobe Verfälschungen sind an der Änderung der physikalischen und chemischen Kennzahlen zu ermitteln. Zusätze von Palmarosaöl, Geraniumöl, Geraniol und Citronellol sind nicht nachzuweisen. Unterscheiden sich die Eigenschaften der untersuchten Öle nicht wesentlich von den Mittelwerten und ist der Geruch fein und ausgiebig, so ist das Öl als unverfälscht anzusehen.

Ein Zusatz von Walrat gibt sich durch Erhöhung der Verseifungszahl (für Walrat 128—130) zu erkennen. — Guajakholzöl scheidet beim Abkühlen Guajolkrystalle aus, die durch abweichende Krystallform und durch den Schmelzpunkt erkannt werden. — Bei der Untersuchung auf Alkohol ist zu beachten, daß bulgarisches Rosenöl als natürlichen Bestandteil Äthylalkohol enthält. — Gurjunbalsamöl ist daran zu erkennen, daß der abgeschiedene Stearoptenniederschlag optisch stark nach links dreht.

[1] Bonis: Ann. Falsif. 1923, **16**, 260; C. 1924, I, 518.
[2] D. C. Garratt: Analyst 1935, **60**, 369.
[3] Siehe J. M. Korenman: Pharm. Zentralh. 1931, 72, 273.
[4] H. L. Thompson: Amer. Journ. Pharm. 1916, 88, 303; Ref. Zeitschr. analyt. Chem. 1917, **30**, II, 74.
[5] C. V. Netz: Journ. Amer. Pharm. Assoc. 1926, **15**, 278; C. 1926, II, 473.
[6] L. Rosenthaler: Pharm. Acta Helv. 1936, **11**, 183; Pharm. Ztg. 1936, 77, 760.

Rosmarinöl. Reaktionen nach E. PUXEDDU[1].:

1 ccm einer 5%igen Bromlösung in Chloroform wird durch 5 Tropfen Öl entfärbt.
1 ccm 5%ige Jodlösung in Petroläther färbt sich mit 3 Tropfen Öl über rotviolett nach weinrot.

1 ccm alkoholische Salzsäure gibt mit 1 Tropfen Öl eine hellgelbe Färbung.

Verfälschungen. Terpentinöl erniedrigt die Dichte; französisches Terpentinöl im besonderen läßt sich durch Linksdrehung der niedrigst siedenden 10% des Öles nachweisen. Unverfälschte Öle zeigen in der Regel Rechtsdrehung.

Fraktionen des Campheröles lassen sich durch Erhöhung der optischen Drehung und durch Veränderung der Dichte und der Löslichkeit in 80 vol.-%igem Alkohol nachweisen.

Senföl. Über die Bestimmung des Senföles siehe Bd. VI dieses Handbuches, S. 500f.

Die Bestimmung von Schwefelkohlenstoff geschieht nach MACAGNO[2] dadurch, daß die Schwefelkohlenstoffdämpfe mittels Luftstromes aus dem Öl entfernt werden und durch alkoholische Kalilauge in xanthogensaures Kalium übergeführt werden, das als Kupferxanthogenat oder nach L. S. MALOWAN[3] durch Molybdänsäure nachgewiesen werden kann.

Terpentinöl. Für die Beurteilung wichtig ist die Bestimmung der Dichte, der optischen Drehung, der Refraktion, der fraktionierten Destillation und des Abdampfrückstandes.

Zu berücksichtigen ist die Veränderung der Eigenschaften durch das Altern der Öle (Zunahme der Dichte, des Brechungsindex, der Löslichkeit, des Säuregrades, der hochsiedenden Anteile und des Abdampfrückstandes, Abnahme der optischen Drehung).

Die Dichte darf nicht unter 0,860 liegen (Verfälschung mit Petroleumkohlenwasserstoffen).

Erhöhung bzw. Erniedrigung der Refraktion deuten auf Verfälschung mit Kienöl bzw. Petroleumkohlenwasserstoffen. Der Wert der optischen Drehung kann den für reines α-Pinen geltenden Grenzwert von $\pm$ 39° 50′ nicht übersteigen. Erhöhungen dieser Zahl deuten auf Zusatz optisch aktiver Terpene.

Bei der Ausführung der fraktionierten Destillation darf unterhalb 150° kein Destillat übergehen. Der Siedebeginn ist diejenige Temperatur, bei der der erste Tropfen vom Kühler fällt. Bis 170° müssen 90% des Öles destilliert sein. Nach V. KUBELKA und A. SCHNEIDER[4] ist es besser, die ganze Siedekurve des Öles aufzunehmen und sie mit der normaler Öle verschiedener Herkunft zu vergleichen. Durch Zunahme der hochsiedenden Anteile lassen sich Kienöle erkennen.

Die Bestimmung des Abdampfrückstandes durch Verdunstenlassen auf dem Wasserbad ergibt durch Oxydation zu hohe Werte (2,5—3%). Daher bestimmt man nach H. HERZFELD[5] den Abdampfrückstand in der Nähe des Siedepunktes des Öles durch langsames Zutropfenlassen des Öles in eine in ein auf 155° erhitztes Sandbad gestellte Platinschale und anschließende Erhitzung von $^1/_4$ Stunde. Der Rückstand beträgt höchstens 1%. Erhöhung deutet auf hochsiedende Petroleumfraktionen.

Die Prüfung auf Wasser erfolgt mittels des Benzin-Testes: Terpentinöl mit der 2—3fachen Menge Benzin versetzt, darf keine Trübung zeigen.

Als Erkennungsreaktionen dienen Farbreaktionen von L. ROSENTHALER[6], C. T. KINGZETT und H. W. HAKE[7], F. W. IWANOFF[7] und G. DUPONT und M. BARRAND[8].

1. L. ROSENTHALER: 1 Teil alkoholische Terpentinlösung und 2 Teile einer 1%igen Vanillinlösung in konzentrierter Salzsäure geben rosarote, bald verschwindende Färbung, die beim Erhitzen ins Grüne übergeht. Empfindlichkeit in der Kälte 0,14 mg, in der Hitze 0,02 mg.

2. C. T. KINGZETT und H. W. HAKE: 2 ccm Schwefelsäure und 0,5 ccm Terpentinöl und 1 Tropfen gesättigter wäßriger Furfurollösung ergeben zuerst orangerote, dann dunkelrote Färbungen. Empfindlichkeit 1 : 40000.

Auch an dieser Stelle muß gesagt werden, daß Farbreaktionen immer mit Vorsicht zu beurteilen sind. Öle verschiedener Herkunft zeigen auch verschiedenes Verhalten.

Verfälschungen. Petroleum und die sog. Patentterpentinöle[9].

---

[1] E. PUXEDDU: Annali Chim. appl. 1925, **15**, 159; C. 1925, II, 1815.

[2] MACAGNO: Zeitschr. analyt. Chem. 1882, **21**, 133.

[3] L. S. MALOWAN: Seifensiederztg. **57**; Parfümer 1930, 4, 21; C. 1930, I, 1865.

[4] V. KUBELKA u. A. SCHNEIDER: U. 1931, **38**, 29; C. 1931, I, 3299.

[5] H. HERZFELD: U. 1909, 174; Pharm. Zentralh. 1910, **51**, 72.

[6] L. ROSENTHALER: Zeitschr. analyt. Chem. 1905, **44**, 292.

[7] J. M. KORENMAN: Pharm. Zentralh. 1931, **72**, 241.

[8] G. DUPONT u. M. BARRAND: Chim. et Ind. 1928, **19**, Sonder-Nr. 562; C. 1928, II, 2414.

[9] Als Patentterpentinöle sind Petroleumdestillate und Gemische aus solchen oder Campheröl mit Terpentinöl anzusehen.

a) Nachweis. 1. Verhalten im ultravioletten Licht. Nach C. H. Liberalli[1] können Verfälschungen mit Erdölerzeugnissen durch blaue Fluorescenz erkannt werden. Reines Terpentinöl zeigt keine Fluorescenz. Die grünliche Fluorescenz des Harzöles stört den Nachweis nicht.

2. Verfahren von Dunwody[2]: 99%ige Essigsäure gibt mit Terpentinöl im Verhältnis 1 : 1 eine klare Lösung, nicht aber mit Petroleum. Liegen Terpentinöl-Petroleumgemische vor, so sind von 99%iger Essigsäure folgende Mengen erforderlich:

Petroleum	ccm	1	2	3	4	5	7	8
Terpentinöl	„	9	8	7	6	5	3	2
Essigsäure, 99%ige	„	40	60	80	110	150	230	270

3. Verfahren nach Conradson[3]: 50 ccm Öl werden auf dem Wasserbad bis auf 1 bis 2 ccm eingedampft. Der Rückstand aus reinem Terpentinöl löst sich in 5—10 ccm wasserfreiem Eisessig klar auf, bei mehr als 10% Zusatz von Petroleum tritt Trübung und schließlich Trennung in zwei Schichten auf.

4. Früheres Verfahren der preußischen Steuerbehörde. In einem mit Glasstopfen versehenem 50-ccm-Meßzylinder gibt man 10 ccm Öl und 10 ccm Anilin und schüttelt kräftig um. Terpentinöl bleibt nach 5 Minuten einheitlich, Patent-Terpentinöl zeigt zwei Schichten.

5. Bromabsorption. Die Bromzahl echter Terpentinöle beträgt 220—240, seltener 210. Nachstehend wird das in der Anleitung für die Zollabfertigung[4] vorgeschriebene Verfahren angeführt:

Eine Mischung von 50 ccm 98 Gew.-%igem Alkohol mit 5 ccm Salzsäure (1,124) wird in ein 150-ccm-Becherglas gebracht und mit 0,5 ccm des zu untersuchenden Öles, welche mit einer geeichten Pipette abgemessen sind, versetzt. Das Öl wird durch Umrühren mittels eines Glasstäbchens vollkommen gelöst. Alsdann läßt man aus einer Bürette von etwa 30 ccm Inhalt die Bromsalzlösung unter fortwährendem Umrühren der Mischung einfließen. Das durch die Salzsäure der Mischung freigemachte Brom wird anfangs von dem Terpentinöl augenblicklich gebunden; erst nachdem fast $^4/_5$ der im ganzen erforderlichen Bromsalzlösung eingeflossen sind, fängt die Mischung an, sich gelb zu färben. Diese Färbung verschwindet aber, auch wenn sie sattcitronengelb war, schon nach wenigen Sekunden wieder. Wenn das Verschwinden der Bromfärbung etwa $^1/_2$ Minute beansprucht, läßt man nur noch etwa je 0,5 ccm aus der Bürette auf einmal zufließen und beobachtet dabei stets die Zeitdauer bis zur völligen Entfärbung. Hat die Entfärbung 1 Minute und länger gedauert, so ist der Versuch als beendet anzusehen. Bei manchen weniger reinen Terpentinölen und Kienölen tritt eine dauernde Gelbfärbung schon vor Beendigung des Versuches auf. In solchen Fällen prüft man, ob einige Tropfen der Flüssigkeit, die 1 Minute nach dem letzten Zusatz der Bromsalzlösung zu entnehmen sind, in einer verdünnten Jodzinkstärkelösung sofort eine tiefblaue Färbung hervorrufen. Erst wenn dies der Fall ist, ist der Versuch als beendet anzusehen. Sind 25 oder mehr Kubikzentimeter Bromsalzlösung verbraucht, so liegt ein mineralölfreies Terpentinöl vor. Bei einem Verbrauch von weniger als 25 ccm ist dies zweifelhaft. In diesem Falle empfiehlt sich eine quantitative Untersuchung.

Bereitung der Reagenzien. Bromsalzlösung: 13,93 g Kaliumbromat und 50 g Kaliumbromid in destilliertem Wasser zu 1 Liter; Jodzinkstärkelösung: 4—5 g Stärkemehl wird mit wenig Wasser zu einer milchigen Flüssigkeit verrieben, die in kleinen Mengen und unter Umrühren zu einer siedenden Lösung von 20 g Zinkchlorid in 100 ccm Wasser gegeben wird. Unter Ersatz des verdampften Wassers wird so lange gekocht, bis die Stärke möglichst gelöst und die Flüssigkeit fast klar geworden ist. Darauf wird mit Wasser verdünnt, 2 g trockenes Zinkjodid werden zugefügt, es wird mit Wasser auf 1 Liter aufgefüllt und filtriert. Die klare Flüssigkeit ist in verschlossener, im Dunkeln aufbewahrten Flasche haltbar. Vor dem Versuch verdünnt man 1 Raumteil der Lösung mit 10 Raumteilen Wasser und gibt von dieser verdünnten Lösung je 3—4 ccm in einzelne Reagensgläser, in denen die Prüfung auf freies Brom auszuführen ist.

6. Die Erhöhung der Dichte von Terpentinölen nach erfolgter Bromierung kann nach A. Allina und H. Salvaterra[5] zur Entdeckung von Verfälschungen führen.

b) Bestimmung. 1. Salpetersäureverfahren nach Marcusson und Winterfeld[6]: Zur Untersuchung dient das abgebildete Gefäß (Abb. 8). 10 ccm des zu untersuchenden Öles werden in den durch einen eingeschliffenen Hahn verschließbaren, mit einer Capillare versehenen Tropftrichter b gebracht. Der Trichter wird mit dem Schliffstück in das etwa

---

[1] C. H. Liberalli: Revista Soc. brasileira Chim. 1932, 3, 19; C. 1932, II, 3313.

[2] Dunwody: Amer. Journ. Pharm. 1890, 62, 288.

[3] Conradson: Journ. Soc. chem. Ind. 1897, 16, 519; C. 1897, II, 449.

[4] Berlin, 1930.   [5] A. Allina u. H. Salvaterra: Chem.-Ztg. 1920, 44, 673, 697.

[6] Marcusson u. Winterfeld: Chem.-Ztg. 1909, 33, 987.

100 ccm fassende Kölbchen a eingesetzt, in welchem vorher 30 ccm rauchende Salpetersäure auf —10⁰ abgekühlt worden sind. Dann wird der Hahn langsam geöffnet und der Kolben, während das Öl langsam in die Salpetersäure tropft, unausgesetzt stark abgekühlt. Die Ausflußgeschwindigkeit ist so zu regeln, daß nur wenig Gase aus dem seitlichen Ansatzrohr des Kolbens entweichen. Nach beendetem Einlaufen läßt man das Gemisch noch $1/2$ Stunde lang in der Kältemischung stehen und füllt dann nach Entfernen des Tropftrichters auf —10⁰ abgekühlte Salpetersäure durch einen gewöhnlichen Glastrichter so lange ein, bis die unlöslich abgeschiedenen Anteile in das Meßrohr c gedrängt sind, wo ihr Volumen unmittelbar nach Erwärmen auf Zimmertemperatur abgelesen werden kann. Der Kolben a bleibt wähend dieser Zeit in der Kältemischung. Beträgt die obere Schicht über 0,2 ccm, so enthält die Probe Mineralöl und ist als Patentterpentinöl anzusehen. Falls jedoch das untersuchte Öl einen 1,48 übersteigenden Brechungsexponenten bei 17⁰ aufweist, ist es erst dann als mineralölhaltig anzusehen, wenn die obere Schicht über 0,5 ccm beträgt. Die starke Kühlung ist unbedingt innezuhalten, da die überschüssige Salpetersäure nachträglich unter starkem Schäumen auf die Umsetzungsstoffe einwirkt.

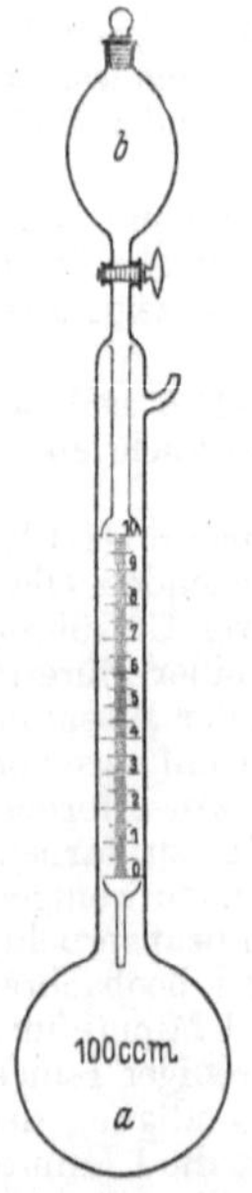

2. Schwefelsäureverfahren. In einem Meßkolben mit engem, mit Teilung versehenen Hals werden 20 ccm 38 N.-Schwefelsäure (100,92%) gegeben und mit Eiswasser gekühlt. Aus einer Pipette läßt man langsam 5 ccm Terpentinöl zufließen und mischt vorsichtig, wobei die Temperatur nicht über 60⁰ steigen darf. Danach wird der Kolben 10 Minuten lang auf 60—65⁰ gehalten unter 6maligem Schütteln je $1/2$ Minute. Nach dem Abkühlen auf Zimmertemperatur wird mit konzentrierter Schwefelsäure aufgefüllt, bis das nicht polymerisierte Öl in den Hals steigt und 12 Stunden lang stehenlassen. Nach dem Absitzen wird das Volumen des abgesetzten Öles abgelesen. Man beobachtet die Viscosität, die hoch sein soll und die Farbe, die hellgelb oder dunkler ist und mißt die Refraktion. Reines amerikanisches Balsamterpentinöl soll höchstens 2%, das sind 0,1 ccm Ungelöstes aufweisen mit einer Refraktion bei 20⁰ von mindestens 1,5.

Weitere Verfahren sind: 1. Das Mercuroacetatverfahren nach Nicolardot und Clement[1];

2. Die Oxydation des Pinens mit Mercuriacetat[2].

3. Bestimmung der Temperaturerhöhung beim Mischen von Terpentinöl mit Schwefelsäure von geeigneter Konzentration nach A. Allina und H. Salvaterra[3] und G. Grimaldi und L. Prussia (Thermozahl[4]).

4. Durch Wasserdampfdestillation des bromierten[5] und des jodierten (H. Salvaterra[6]) Öles.

Harzöl und Harzessenz. Unter Harzöl versteht man die höhersiedenden, unter Harzessenz (Pinolin, Harzgeist, Terpentinessenz, Harzspiritus) die niedrigst siedenden Anteile der Colophoniumdestillate.

Über das Vorhandensein von Harzöl gibt ein Verfahren von Vèzes[7] Auskunft:

250 ccm Öl werden in 5 Fraktionen zu je 50 ccm geteilt. Von den Anteilen 1,3 und 5 (Rückstand) bestimmt man die Brechungsindices n_1, n_3 und n_5; die Differenz n_3-$n_1 = S$ soll bei reinen Ölen zwischen 0,0000 und 0,0010 liegen, während n_5—$n_3 = \Delta$ kleiner als 0,0125 sein soll. Der Prozentsatz an Harzöl und Kolophonium X ist $(\Delta — 0,0032)/0,0037$.

Zum Nachweis der Harzessenz bedient man sich gewisser Farbreaktionen:

1. Reaktion nach Valenta[8]. Die unter 160⁰ übergehenden Anteile geben mit Essigsäureanhydrid und einem Tropfen Schwefelsäure versetzt, bei Anwesenheit von Harzessenz eine intensiv grüne Färbung.

Erwärmt man einen Raumteil der Fraktion mit 1—2 Raumteilen einer 6%igen Lösung von Jod in Chloroform oder Tetrachlorkohlenstoff im Wasserbad, so entsteht eine intensiv grüne bis olivgrüne Färbung.

2. Reaktion nach G. Grimaldi[9]. Von 100 g des zu untersuchenden Öles werden zunächst 5mal je 3 ccm und dann Fraktionen von 5 zu 5⁰ bis 170⁰ abdestilliert. Je 3 ccm

Abb. 8. Apparat nach Marcusson und Winterfeld.

[1] Nicolardot u. Clement: Bull. Soc. chim. IV 1910, **7**, 173.

[2] G. Grimaldi u. L. Prussia: Chem.-Ztg. 1914, **38**, 1001. — H. Salvaterra: Chem.-Ztg. 1921, **45**, 133, 150, 158. [3] A. Allina u. H. Salvaterra: Chem.-Ztg. 1920, **44**, 673, 697.

[4] G. Grimaldi u. L. Prussia: Chem.-Ztg. 1913, **37**, 657, 1123. — Vgl. auch A. Hämmelmann: Chem.-Ztg. 1913, **37**, 1123 und R. Marcille: Ann. Falsif. 1912, **5**, 241; C. 1912, II, 390.

[5] A. Allina u. H. Salvaterra: Chem.-Ztg. 1920, **44**, 673, 697. — Vgl. auch S. Kettle: Chemist-Analyst 1936, **25**, 38; C. 1936, II, 3207.

[6] Siehe Anm. 2.   [7] Vèzes: Bull. Soc. chim. III, 1903, **29**, 896.

[8] Valenta: Chem.-Ztg. 1905, **29**, 807.

[9] G. Grimaldi: Chem.-Ztg. 1907, **31**, 1145; 1910, **34**, 721.

aller Anteile werden ohne Umschwenken mit etwa dem gleichen Volumen konzentrierter Salzsäure und einem Stückchen metallischen Zinns versetzt, 5 Minuten lang im Wasserbad erhitzt, umgeschüttelt und wieder 5 Minuten lang erhitzt. Je nach dem Gehalt an Harzessenz tritt mehr oder weniger schnell eine intensiv smaragdgrüne Färbung auf. Terpentinöl selber, sowie Kienöl, Campheröl, Mineralöl zeigen nur strohgelbe bis bräunliche Farbtöne.

3. Reaktion nach HALPHEN in der Abänderung von G. GRIMALDI: In ein kleines, weißes Porzellanschälchen gibt man einen Tropfen des zu untersuchenden Öles und 2 ccm eines Gemisches aus 1 ccm krystallisiertem, geschmolzenen Phenol und 2 ccm Chloroform. Man läßt nun solange Bromdämpfe über das Gemisch streichen, bis an den Rändern und auf der Oberfläche Gelbfärbung auftritt; bei Gegenwart von Harzessenz schlägt die Gelbfärbung sehr bald in Grün bis Malachitgrün um. Bei geringem Gehalt an Harzessenz benutzt man zweckmäßig die ersten, bis 170⁰ übergehenden Fraktionen.

Kienöl. Die angegebenen Farbreaktionen führen bei Zusatz gut gereinigter Kienöle nicht zum Ziele, hingegen treten sie bei Kienölen aus schlecht raffinierten Ölen stets sehr stark ein.

1. Schwefligsäureprobe nach HERZFELD[1] in der Abänderung von WOLFF[2]. Zu 5 ccm einer frisch bereiteten, gesättigten Lösung von Natriumsulfit kommen 5 ccm der Probe und 0,5 ccm Schwefelsäure (1 + 4). Tritt nach dem Schütteln keine Grünfärbung ein, so gibt man jedesmal 0,5 ccm Säure hinzu, bis Grünfärbung eintritt. Ist bei 3 ccm Säurezusatz noch keine Grünfärbung zu bemerken, so ist Kienöl nicht vorhanden. Bei mehr als 3 ccm tritt auch bei reinen Terpentinölen Grünfärbung auf.

2. Probe von PIEST[3]. 5 ccm der Probe werden mit 5 ccm Essigsäureanhydrid geschüttelt; man setzt zu der Mischung unter Kühlung 10 Tropfen konzentrierte Schwefelsäure zu. Nach dem Abkühlen gibt man noch 5 Tropfen Salzsäure hinzu und schüttelt. Terpentinöl bleibt wasserhell bis nahezu wasserhell, Kienöl zeigt mehr oder weniger tiefe dunkle Färbung, reine Kienöle werden dabei fast schwarz.

3. Berliner-Blau-Reaktion nach WOLFF[4]. Benötigte Reagenzien. Lösung A: 0,5 g Ferricyankalium in 250 ccm Wasser; Lösung B: 3 ccm Eisenchloridlösung DAB. auf 250 ccm mit Wasser verdünnen. Ausführung: 5 Tropfen Öl werden zu einer je 4 ccm Lösung A und B enthaltenden Mischung gegeben und $^1/_4$ Minute lang kräftig geschüttelt. Bei Gegenwart von Holzterpentinöl einschließlich Kienöl entsteht sofort oder spätestens nach 3 Minuten eine blaue Färbung oder Fällung. Spätere Reaktionen sind nicht zu berücksichtigen. Stets ist eine Vergleichsprobe mit reinem Terpentinöl wie auch mit einer Mischung von 10—20% rektifiziertem Kienöl mit 90—80% Balsamterpentinöl anzusetzen.

4. Eine grobe Schätzung der Kienölmenge ist nach WOLFF[5] möglich. 4 ccm Öl und 4 ccm Essigsäureanhydrid werden in einen in 0,1 ccm geteilten Meßzylinder gebracht und durch 5 maliges Umkehren gemischt. Bei reinem Terpentinöl beträgt die Höhe der unteren Schicht 4,6—4,8 ccm, bei Kienölen mindestens 7,2 ccm (mit einer Ausnahme bei 22 geprüften Ölen, bei der nur 6,2 ccm gemessen wurden). Beträgt die untere Schicht 5,8 ccm, kann man auf mindestens 25%, beträgt sie 7,0 ccm oder mehr, auf mindestens 50% Kienölzusatz schätzen.

5. Kaliprobe nach HERZFELD[6] in der Abänderung von WOLFF. Etwa 0,5 ccm Öl werden zusammen mit etwa 1 ccm Kalilauge ($D = 1,3$) im Wasserbad unter häufigem Schütteln 5 Minuten lang erwärmt. Reines Terpentinöl bleibt farblos bis schwach gelblich; Kienöl wird braun, bei größerem Zusatz von Kienöl scheidet sich an der Trennungsfläche dunkles Harz ab, was auch bei kleineren Mengen unreiner Kienöle eintritt.

Verschiedene Kohlenwasserstoffe, wie Benzol und dessen Homologe, Solventnaphtha, Schwerbenzol, Ceresin, Gasolin. Als Vorproben werden empfohlen[7]:

Bildung eines Fettfleckes auf weißem Schreibpapier, der im Gegensatz zu der Hauptmenge des Öles nur langsam oder gar nicht verdunstet.

Der beim Schütteln in einem reinen, trockenen Glas entstehende Schaum verschwindet bei reinem Terpentinöl sofort, während er bei alten oder verfälschten Ölen 5 Sekunden oder länger bestehen bleibt.

Beim Verdunsten auf einem Uhrglas zeigt der Verdunstungsrückstand bei reinem Terpentinöl regelmäßige Formen, bei alten und verfälschten Ölen löst er sich in einzelne Tropfen auf oder zieht sich zur Mitte zusammen.

---

[1] HERZFELD: Amer. Journ. Pharm. 1920, **92**, 931; C. 1921, II, 655.
[2] WOLFF: Pharm. Ztg. 1913, **58**, 288; C. 1913, I, 1792.
[3] PIEST: Chem.-Ztg. 1912, **36**, 198.
[4] Vgl. auch K. HÖLL: Deutsch. Apoth.-Ztg. 1935, **50**, 748; C. 1935, II, 1216.
[5] WOLFF: Farben-Ztg. **17**, Nr. 32.
[6] HERZFELD: Zeitschr. öffentl. Chem. 1904, **10**, 382; C. 1904, II, 1770.
[7] Amer. Journ. Pharmac. 1920, **92**, 931; C. 1921, II, 655.

Eine gute Vorprobe ist die Dracorubinprobe nach K. Dietrich:

Dracorubin, das an benzolfreies Benzin keine Spur von Farbstoff abgeben darf, dient zum Auffärben von Reagenspapierstreifen, die in mit Terpentinöl bis zum Rand gefüllte Weithalsgläser aus farblosem Glas dergestalt eingehängt werden, daß die Streifen vollständig bedeckt sind und etwas Flüssigkeit übersteht. Man verschließt und läßt 24 Stunden lang stehen. Man betrachtet die Art der Färbung der Flüssigkeit in der ersten Viertelstunde, schüttelt dann gut um, nimmt nach zeitweiligem Umschütteln nach Ablauf von 24 Stunden die Papierstreifen heraus, trocknet sie an der Luft und stellt die Farbe der Flüssigkeit fest. Das Umschütteln ist notwendig, um gleichmäßige Färbung der Flüssigkeit zu erzielen.

Zum Nachweis kann das auf S. 843 beschriebene Salpetersäureverfahren nach Marcusson[1] angewendet werden.

Nach V. E. Grotlisch und W. C. Smith[2] und S. Kettle[3] wird durch Einleiten von Salzsäuregas in mit einer Kältemischung gekühlten 100 ccm Terpentinöl das abgeschiedene Pinenchlorhydrat abfiltriert und das Filtrat bei 10 mm Druck bis zur Abscheidung von Krystallen destilliert. Das Destillat, in dem die Kohlenwasserstoffe vorhanden sind, wird in kleinen Anteilen zu 100 ccm 4% freies Schwefeltrioxyd enthaltende Schwefelsäure unter Wasserkühlung zugegeben, 20 Minuten lang auf 70° erwärmt, mit Wasser verdünnt und schließlich der Wasserdampfdestillation unterworfen. Reines Terpentinöl liefert etwa 0,5 ccm eines gelben Öles vom Brechungsindex 1,500; Steinkohlenteeröle drücken den Wert herunter. Geht kein Öl mehr über, so wird das Gemisch unmittelbar destilliert. Das zwischen 115 und 170° übergehende Volumen, mit 2,2 multipliziert, ergibt den ungefähren Prozentgehalt der Probe an Teerölen.

Thymianöl. Von großer Wichtigkeit ist die Bestimmung der beiden wertbestimmenden Phenole Thymol und Carvacrol.

Verfahren nach Kremers und Schreiner[4]: Von dem zu untersuchenden Öle werden 5 ccm abgewogen, mit etwa dem gleichen Volumen Petroläther verdünnt und mit 5%iger Natronlauge solange kräftig durchgeschüttelt, bis keine Verminderung des Ölvolumens mehr eintritt. Die alkalischen Ausschüttelungen werden mit 5%iger Natronlauge auf 100 bzw. 200 ccm aufgefüllt. Zu 10 ccm dieser Lösung wird in einem 500-ccm-Meßkolben 0,1 N.-Jodlösung in geringem Überschuß zugefügt, wobei das Thymol als dunkelbraun gefärbte Jodverbindung ausfällt. — Carvacroljodid würde sich unter diesen Bedingungen milchig ausscheiden. Daher wird die Mischung nach der Jodzugabe kräftig geschüttelt und filtriert. — War die Jodmenge nicht ausreichend, so würden einige Tropfen der Flüssigkeit nach Zugabe von wenig Salzsäure milchig trübe werden. Zeigt sich hingegen die braune Jodfarbe, so wird mit verdünnter Salzsäure angesäuert und mit Wasser auf 500 ccm aufgefüllt. In 100 ccm der vom Niederschlag filtrierten Lösung wird das überschüssige Jod mit 0,1 N.-Thiosulfatlösung zurücktitriert. 1 ccm 0,1 N.-Jodlösung entspricht 0,0037528 g Thymol (Carvacrol).

H. Mastbaum[5] wägt das aus der alkalischen Lösung durch Ansäuern abgeschiedene und gereinigte Thymol.

Auf Grund der verschiedenen Erstarrungspunkte wechselnder Gemische von Thymol und Carvacrol bestimmen C. E. Sage und W. G. Dalton[6] die beiden Phenole.

Weitere Verfahren werden angegeben von G. W. Pucher und L. A. Burd[7] (colorimetrische Bestimmung) und C. V. Bordeianu[8] (maßanalytische Bestimmung mit Quecksilberacetat und Ammoniumrhodanit).

Verfälschungen. Zusatz von Terpentinöl verringert die Dichte, die Löslichkeit in Alkohol und den Phenolgehalt.

Veilchenwurzelöl. Die Bestimmung des Ketons Iron, des Geruchsträgers, kann nach einer von L. S. Glichitch und Y. R. Naves[9] angegebenen Vorschrift erfolgen, die darauf beruht, daß die freie und veresterte Myristinsäure als Lithiumsalz in ätherischer Lösung gefällt und abgetrennt wird. Im Filtrat ist das Iron vorhanden und wird durch Abdampfen des Äthers gewonnen und gewogen.

Verfälschungen. Cedernholzöl und Gurjunbalsam lassen sich leicht nachweisen.

[1] Marcusson: Chem.-Ztg. 1912, **36**, 421.

[2] V. E. Grotlisch u. W. C. Smith: Journ. Ind. engin. Chem. 1921, **13**, 791; C. 1921, IV, 1144.   [3] S. Kettle: Chemist-Analyst 1936, **25**, 38; C. 1936, II, 3207.

[4] Kremers u. Schreiner: Pharm. Review 1896, **14**, 221.

[5] H. Mastbaum: Chem.-Ztg. 1921, **45**, 18; Anales Soc. Espanola Fisica Quim. 1922, **20**, 501; C. 1923, IV, 859.

[6] C. E. Sage u. W. G. Dalton: Perfumery essent. Oil Record 1924, **15**, 345; C. 1925, I, 172.

[7] G. W. Pucher u. L. A. Burd: Proc. Soc. exper. Biol. Med. 1924, **21**, 565; Ber. ges. Physiol. 1925, **32**, 184; C. 1926, I, 2222.

[8] C. V. Bordeianu: Zeitschr. analyt. Chem. 1933, **91**, 421; C. 1933, I, 2436.

[9] L. S. Glichitch u. Y. R. Naves: Parfums de France 1931, **9**, 371; C. 1931, I, 3122.

Zimtöl. Verfälschungen. Die sehr häufig vorgenommenen Zusätze vom billigeren Zimtblätteröl lassen sich durch Erhöhung der Dichte, des Eugenolgehaltes und Erniedrigung des Zimtaldehydgehaltes erkennen. Beträgt die Menge des Zimtaldehyds (Bestimmung s. Bd. II, Teil 2, S. 1054 und Bd. VI, S. 350 dieses Handbuches) weniger als 65%, so ist das Öl verdächtig. In solchen Fällen bestimmt man in dem vom Aldehyd befreiten Öl noch das Eugenol (s. Bd. VI, S. 399).

Verfälschungen mit Cassiaöl sind erkennbar an der höheren Dichte und am höheren Gehalt an Zimtaldehyd. Beträgt dieser mehr als 76%, so ist ein solches Öl verdächtig.

Kleine Alkoholmengen können nach Schimmel u. Co.[1] durch die Bestimmung des Flammpunktes des über Natriumsulfat getrockneten Öles nachgewiesen werden.

Zusätze von Benzoesäure- und Phthalsäureestern sind von J. CALLAWAY jr. und T. N. BENNETT [2] beobachtet worden.

Um die Gegenwart von Paraffin festzustellen, bestimmen SALAMON und SEABER nach Entfernung des Aldehyds den Brechungsindex des nichtaldehydischen Anteils. Bei einem Wert von mehr als 1,5300 ist die Anwesenheit von Paraffin wahrscheinlich.

2. Künstliche Erzeugnisse.

Carvon. Carvon hat gegenüber Kümmelöl eine höhere Dichte (nicht unter 0,960) und leichtere Löslichkeit in Alkohol (löslich in 2 Teilen 70 vol.-%igem Alkohol.

Citral. Siehe unter Citronenöl.

Es unterscheidet sich vom Lemongrasöl durch sein Verhalten gegen Natriumbisulfitlösung: Werden 5 ccm Öl allmählich mit 45 ccm einer frisch bereiteten Natriumbisulfitlösung (30 g auf 100 ccm) versetzt und gleichzeitig auf dem Wasserbade bis zum jedesmaligen Verschwinden der zunächst festen Abscheidung unter Umschütteln erwärmt, so muß schließlich das Öl völlig von der Bisulfitlösung aufgenommen werden.

Cumarin. Zur Prüfung auf Reinheit dient der Schmelzpunkt. Verfälschungen mit Acetanilid sind nicht selten.

Methylsalicylat. ALBRIGHT [3] beschreibt eine optische Methode zur Prüfung des Methylsalicylates auf Verunreinigungen. Er behandelt den Ester mit Benzoylchlorid und krystallisiert die entstandene feste Benzoylverbindung aus Alkohol um. Die Kryställchen werden unter dem Mikroskop in einer Flüssigkeit, die den Brechungsindex des Benzoylmethylsalicylates (1,658) besitzt, betrachtet; die Krystalle des Benzoylmethylsalicylates werden dann unsichtbar, während die Benzoylverbindungen von Fremdstoffen, wie von Benzophenol und p-Oxybenzoesäuremethylester sichtbar werden.

Vanilin und Zimtaldehyd. Siehe Bd. II, Teil 2 dieses Handbuches, S. 1050 und 1054.

Unterscheidungsmöglichkeiten zwischen natürlichen und künstlichen ätherischen Ölen und deren Erzeugnissen werden von G. MEZZADROLI und E. VARETOU [4] angegeben.

Buch-Literatur.

E. GILDEMEISTER: Die ätherischen Öle. Leipzig: L. Staakmann 1910—1916. — E. JACOBSEN: Handbuch für die Getränke-Industrie, Getränke-Fabriken usw. Berlin: Paul Parey 1925. — G. LUNGE: Chemisch-technische Untersuchungsmethoden, 5. Aufl. Berlin: Julius Springer 1905. — F. ULLMANN: Enzyklopädie der technischen Chemie. Wien u. Berlin: Urban & Schwarzenberg 1928/33.

Fruchtäther.

Fruchtäther sind Lösungen empirisch hergestellter Estergemische, die für sich rein oder in Gegenwart ätherischer Öle das Aroma der natürlichen Früchte weitgehend wiedergeben. Sie enthalten als hauptsächlichste Bestandteile sog.

---

[1] Schimmel u. Co.: Deutsche Parfümerieztg. 1928, **14**, 405; C. 1928, II, 2079.

[2] J. CALLAWAY jr. u. T. N. BENNETT: Journ. Assoc. official agricult. Chemists 1931, **14**, 571; C. 1932, II, 2250.   [3] ALBRIGHT: Journ. Soc. chem. Ind. 1917, **36**, 567.

[4] G. MEZZADROLI u. E. VARETOU: Riv. Ital. Essenze Profumi 1931, **13**, 331; C. 1931, I, 1013.

Grundäther, die Äthyl- und Amylester der Ameisensäure, Essigsäure, Buttersäure, Baldriansäure, Capronsäure, Caprylsäure und Caprinsäure darstellen
neben Methyl- und Äthylestern der Sebacinsäure, Benzoesäure und Salicylsäure.

Im Handel sind sie in mehr oder weniger verstärkter Form anzutreffen
unter Bezeichnungen wie: einfach, konzentriert, höchstkonzentriert (englisch)
oder einfach, zweifach und vierfach.

Ihre Darstellung ist außerordentlich unterschiedlich. Es muß jedoch darauf
geachtet werden, daß die Erzeugnisse kein stechendes Aroma abgeben und ihr
Geruch harmonisch und abgerundet ist. Daher werden die Mischungen meistens
einer nochmaligen Destillation unter Zusatz von gebrannter Magnesia oder
Magnesiumcarbonat unterworfen, wobei Überhitzungen zu vermeiden sind. Die
mittlere Fraktion findet alsdann als Fruchtäther Verwendung. Erst bei längerer
Lagerung bildet sich der harmonische Geruch aus.

Die Fruchtäther gelangen in alkoholischer Lösung in den Handel. Um ein
zu schnelles Verdunsten zu unterbinden, werden der Lösung sog. Fixateure
zugesetzt, Stoffe, die das Aroma festhalten. Außerdem enthält die Handelsware noch geringe Mengen von Chloroform, Acetaldehyd, Salpeteräther, Glycerin,
Fuselöl, die teils zur Geruchsverstärkung, teils zur Fixierung dienen. Um
weiterhin den Fruchtgeschmack deutlich in Erscheinung treten zu lassen, werden
kalt gesättigte, 50 vol.-%ige alkoholische Lösungen von Citronensäure, Weinsäure, auch von Bernsteinsäure, Oxalsäure, bei billigeren Erzeugnissen Phosphorsäure zugesetzt.

Häufig wird der künstliche Äther mit frischen Früchten bzw. deren Teilen
in innige Berührung gebracht.

Die künstlichen Aromastoffe spielen eine große Rolle bei der Herstellung
von Zuckerwaren, insbesondere der Hartzuckerwaren, von Speiseeis, Backwaren, Puddingpulvern, Fruchtsäften, Fruchtessenzen, Brauselimonaden, Limo-
nadensirupen, Likören usw.

Bereitung und Zusammensetzung von künstlichen Fruchtäthern:

Ananasäther. Man vermischt 30 g Butteräther [1], 130 g baldriansaures Amyl, 840 g
Alkohol (90⁰ Tr.) oder 50 g buttersaures Äthyl, 100 g buttersaures Amyl, 10 g essigsaures
Amyl, 1 g Citronenöl, 2 g Orangenöl, 30 g Glycerin, 1000 ccm Alkohol (90⁰ Tr.) und rekti-
fiziert über etwas gebrannter Magnesia.

Apfelsinenäther. Er besteht aus Essigäther, Ananasäther und Apfelsinenessenz.

Apfeläther. Man destilliert 100 g baldriansaures Amyl, 50 g essigsaures Äthyl, 50 g
Salpeteräther, 7,5 g Acetaldehyd, 792,5 g Alkohol (90⁰ Tr.) oder 100 g baldriansaures Amyl,
10 g essigsaures Äthyl, 10 g Salpeteräther, 20 g Acetaldehyd, 10 g Chloroform, 40 g Glycerin,
10 ccm alkoholische Oxalsäurelösung, 100 ccm Alkohol (90⁰ Tr.). Die mittlere Fraktion
läßt man 48 Stunden lang über frischen Apfelschalen stehen und rektifiziert nochmals.

Aprikosenäther. Buttersaures Äthyl, baldriansaures Äthyl, Amylalkohol, Persikoöl,
Chloroform.

Bananenäther. 50 g buttersaures Äthyl, 100 g buttersaures Amyl, 10 g Chloroform,
10 g Acetaldehyd, 30 g Glycerin, 1000 ccm Alkohol (90⁰ Tr.) werden unter Zusatz von
wenig gebrannter Magnesia rektifiziert.

Birnenäther. Die Mischung von 100 g essigsaurem Amyl, 50 g essigsaurem Äthyl, 100 g
Glycerin, 1000 ccm Alkohol (90⁰ Tr.) oder 200 g essigsaurem Amyl, 50 g essigsaurem Äthyl,
100 g Salpeteräther, 650 g Alkohol (90⁰ Tr.) wird über Magnesia destilliert und die mittlere
Fraktion nochmals über frischen Birnenschalen rektifiziert.

Citronenäther. Essigsaures Äthyl, Weinsäure, Citronenöl, Aldehyd, Salpeteräther,
Chloroform.

Erdbeeräther. 50 g buttersaures Äthyl, 20 g buttersaures Amyl, 50 g essigsaures Äthyl,
30 g essigsaures Amyl, 10 g ameisensaures Äthyl, 10 g salicylsaures Methyl, 10 g Salpeteräther, 20 g Glycerin, 1000 ccm Alkohol (90⁰ Tr.). — Statt essigsaurem Äthyl kann auch

---

[1] Butteräther ist ein Gemisch von n-Buttersäureäthylester mit anderen, ähnlich
riechenden und schmeckenden Estern. Er dient auch zur Herstellung von künstlichem Rum.

10 g benzoesaures Äthyl genommen werden. Oder: 9 g ameisensaures Amyl, 18 g baldriansaures Amyl, 9 g buttersaures Amyl, 27 g essigsaures Amyl, 13 g essigsaures Äthyl, 9 g Veilchenessenz, 915 g Alkohol (90⁰ Tr.) werden über Magnesia destilliert, das Destillat gibt man über frische Erdbeeren und rektifiziert.

Getreideäther. Essigsaures Äthyl, benzoesaures Äthyl, önanthylsaures Äthyl, Aldehyd, Weinsäure, Bernsteinsäure, Benzoesäure.

Himbeeräther. Man vermischt 50 g essigsaures Äthyl, 10 g buttersaures Äthyl 10 g essigsaures Amyl, 10 g buttersaures Amyl, 10 g baldriansaures Äthyl, 10 g Önanthäther, 10 g benzoesaures Äthyl, 10 g salicylsaures Methyl, 10 g sebacinsaures Äthyl, 10 g Acetaldehyd, 10 g Salpeteräther, 40 g Glycerin, 50 g alkoholische Lösung von Weinsäure, 10 ccm alkoholische Lösung von Bernsteinsäure, 1000 ccm Alkohol (90⁰ Tr.). — An Stelle von baldriansaurem Äthyl und sebacinsaurem Äthyl können 10 g ameisensaures Äthyl treten. Das Ganze wird über Magnesia rektifiziert. Das Destillat läßt man 24 Stunden lang über frischen Himbeeren stehen und rektifiziert ein zweites Mal.

Nach einer anderen Vorschrift werden 8 g Essigäther, 60 g Birnenäther, 16 g Chloroform, 600 g Himbeerspiritus, 100 g Veilchenblütenessenz, 2 Tropfen Citronenöl, 2 Tropfen Portugalöl, 6 Tropfen Rosenöl, 216 g Alkohol (90⁰ Tr.) vermischt und vorsichtig bei gelinder Hitze abdestilliert.

• **Johannisbeeräther.** 50 g essigsaures Äthyl, 10 g benzoesaures Äthyl, 10 g Önanthäther, 10 g Acetaldehyd, 10 ccm alkoholische Lösung von Benzoesäure, 10 ccm alkoholische Lösung von Bernsteinsäure, 50 ccm alkoholische Lösung von Weinsäure, 1000 ccm Alkohol (90⁰ Tr.) oder 10 g ameisensaures Äthyl, 50 g essigsaures Äthyl, 10 g buttersaures Äthyl, 10 g essigsaures Amyl, 10 g Önanthäther, 10 g benzoesaures Äthyl, 10 g Acetaldehyd, 50 ccm einer alkoholischen Lösung von Weinsäure, 1000 ccm Alkohol (90⁰ Tr.) werden destilliert und die mittlere Fraktion nach 24 stündigem Stehen über frischen Johannisbeeren rektifiziert.

Oder man rektifiziert 50 g essigsaures Äthyl, 10 g benzoesaures Äthyl, 10 g Önanthäther, 10 g Acetaldehyd, 10 ccm alkoholische Lösung von Benzoesäure, 10 g Essigsäure, 100 g Himbeeressenz, 1000 ccm Alkohol (90⁰ Tr.).

Kirschenäther. Essigsaures Äthyl, benzoesaures Äthyl, essigsaures Amyl, Bittermandelöl oder essigsaures Äthyl, benzoesaures Äthyl, Persikoöl, Benzoesäure.

Kornäther. Amylalkohol, essigsaures Äthyl, Weinspritessenz, Anisöl, Korianderöl.

Melonenäther. Ameisensaures Äthyl, buttersaures Äthyl, baldriansaures Äthyl, sebacylsaures Äthyl, Aldehyd.

Mirabellenäther. 10 g ameisensaures Äthyl, 50 g essigsaures Äthyl, 20 g buttersaures Äthyl, 50 g Acetaldehyd, 20 g Persikoöl, 1000 ccm Alkohol (90⁰ Tr.) werden vereinigt und über Magnesia rektifiziert.

Önanthäther (künstliches Weinöl). Dieser Äther ist kein Önanthsäureäthylester, sondern ein Gemisch von Äthyl- und Amylestern der Buttersäure, Caprinsäure und Caprylsäure und Laurinsäure. Vgl. Bd- VII, S. 600.

Orangenäther. Essigsaures Äthyl, amaisensaures Äthyl, buttersaures Äthyl, benzoesaures Äthyl, salicylsaures Methyl, essigsaures Amyl, Aldehyd, Chloroform, Orangenblütenöl.

Pelargonäther. Der Äther ist eine Lösung von Nonylsäureäthylester in absolutem Alkohol meist unter Zusatz von noch anderen Essenzen und dient zur Herstellung von Quittenessenz, Kognakessenz u. a.

Pfirsichäther. Zur Darstellung werden 20 g essigsaures Äthyl, 100 g buttersaures Amyl, 100 g baldriansaures Amyl, 10 g Bittermandelöl, 770 g Alkohol (90 Tr.) oder 50 g essigsaures Äthyl, 50 g buttersaures Äthyl, 50 g baldriansaures Äthyl, 20 g Amylalkohol, 50 g Persikoöl, 20 g Acetaldehyd, 30 g Glycerin, 1000 ccm Alkohol oder 50 g ameisensaures Äthyl, 50 g essigsaures Äthyl, 50 g buttersaures Äthyl, 50 g baldriansaures Äthyl, 10 g sebacinsaures Äthyl, 20 g Amylalkohol, 20 g Persikoöl, 20 g Acetaldehyd, 50 g Glycerin, 1000 ccm Alkohol oder 50 g ameisensaures Äthyl, 50 g essigsaures Äthyl, 50 g buttersaures Äthyl, 50 g baldriansaures Äthyl, 50 g Önanthäther, 10 g sebacinsaures Äthyl, 20 g Wintergrünöl, 20 g Acetaldehyd, 50 g Glycerin, 1000 ccm Alkohol vermischt und vorsichtig rektifiziert.

Pflaumenäther. Ameisensaures Äthyl, buttersaures Äthyl, essigsaures Äthyl, Aldehyd, Persikoöl.

Quittenäther. Man destilliert 100 g Pelargonäther, 400 g Quittenschalenessenz, 20 g Chloroform, 20 g Acetaldehyd und 400 g Alkohol.

Rettigäther. 10 kg Gartenrettig werden samt der Schale in dünne Scheiben zerschnitten; dann fügt man 500 g Kochsalz hinzu und läßt das Ganze 24 Stunden lang im bedeckten Gefäß stehen. Danach übergießt man mit 10 kg 50 % igem Alkohol und destilliert nach

24 Stunden ab, solange noch eine alkoholische Flüssigkeit übergeht. Das Destillat wird rektifiziert, hierauf mit einer Mischung aus 1 Liter 90grädigem Alkohol und 500 g konzentrierter Schwefelsäure versetzt und langsam destilliert. Zuletzt vermischt man mit 10 g Senföl und 200 g essigsaurem Äthyl und rektifiziert über Magnesia.

Rumäther. Rumessenz, Rumäther (aus Johannisbrotvergärung), Essigäther, Zuckeräther, Vanilleessenz, Rosinenessenz.

Traubenäther. Ameisensaures Äthyl, önanthsaures Äthyl, salicylsaures Methyl, Aldehyd, Chloroform, Weinsäure, Weinbeeröl.

Walnußäther. Ameisenäther, Butteräther, Baldrianäther, Essigäther, Äthylformiat, Äthylbutyrat, Äthylvalerianat und als Fixage Bittermandelöl, Macisöl, Ceylonzimtöl, Nelkenöl.

Weichseläther. Essigsaures Äthyl, benzoesaures Äthyl, Persikoöl, Oxalsäure, Benzoesäure oder essigsaures Äthyl, benzoesaures Äthyl, Persikoöl, Zimtöl, Nelkenöl.

Zwetschgenäther. Fruchtauszug, Zimt, Nelken, Kardamomen, Vanille oder essigsaures Äthyl, benzoesaures Äthyl, önanthylsaures Äthyl, Amylalkohol, essigsaures Amyl, buttersaures Äthyl, Persikoöl, Zimtöl, Nelkenöl, Kardamomenessenz, Vanilleessenz.

Über die zahlenmäßige Zusammensetzung einiger Fruchtäther gibt folgende Übersicht schnellen Aufschluß:

Tabelle 29.

Künstliche Fruchtäther	Fuselöl	Aldehyd	Amylessigester	$C_5H_3COOC_5H_{11}$	$C_4H_9COOC_5H_{11}$	Chloroform	$CH_3COOC_2H_5$	$C_6H_5COOC_2H_5$	$C_3H_7COOC_2H_5$	$HCOOC_2H_5$	$NO_2OC_2H_5$	Önanthäther	$C_4H_9COOC_2H_5$	Glycerin	Citronenöl	Orangenöl	Wintergrünöl	Persikoessenz	Alkoholische Lösung von Benzoesäure	Alkoholische Lösung von Oxalsäure	Alkoholische Lösung von Bernsteinsäure	Alkoholische Lösung von Weinsäure
Ananas		10		100		10			50					30								
Apfel		20			100	10	10				10			40						100		10
Aprikosen	20			10		10			100				50	40				10				10
Bananen		10		100		10			50					30								
Birnen			100				50							100								
Brombeeren							100	50									20	20	10			
Citronen		20				10	100				10			50	100						10	100
Erdbeeren			30	20				10	50	10	10			20		10						
Himbeeren		10	10	10			50		10	10	10	10		40		10					10	50
Kirschen							50	50						30			10	10				
Melonen		20							40	10			50	30								
Orangen		20	10			20	50	10	10	10				100	100	10						100
Pfirsich	20	20					50		50	50			50	30				50				
Pflaumen		50					50		20	10				80				40				
Stachelbeeren		10					50	10				10							10		10	50
Trauben		20				20			20			100		100		10					30	50

Die zur Herstellung der Gemische benötigten Ester sind im einzelnen folgende:

Ameisensäureäthylester, $HCOOC_2H_5$. Darstellung. Stärkemehl, Braunstein und Schwefelsäure und Alkohol sind die Ausgangsstoffe. Dabei verwandelt der aus Braunstein und Schwefelsäure entstehende Sauerstoff das Stärkemehl in Ameisensäure, Wasser und Kohlensäure. Danach wird destilliert und die mittlere Fraktion nochmals über Magnesia destilliert.

Eigenschaften. Wasserhell, mit starkem Arrakgeruch. D 0,912; Siedepunkt 54°; löslich in 10 Teilen Wasser; die Lösung wird aber bald sauer; mit Alkohol in allen Verhältnissen mischbar.

Die Lösung des Esters gibt mit einigen Tropfen ammoniakalischer Silberlösung beim Erwärmen einen glänzenden Silberspiegel.

Andere Herstellungsvorschriften: Aus Glycerin, Oxalsäure und Alkohol. Hierbei spaltet sich die Oxalsäure in Gegenwart von Glycerin in Ameisensäure und Kohlensäure. Ferner aus ameisensaurem Natrium, Schwefelsäure und Alkohol.

Ameisensäuremethylester, $HCOOCH_3$. Der Ester wird durch Erhitzen von Methylsulfonsäure und ameisensaurem Natrium hergestellt. Er ist wasserhell; Siedepunkt 36°;

leichter als Wasser; leicht löslich in Alkohol; Geruch wie Äthylester; D 0,998. Er absorbiert trockenes Chlor, besonders unter dem Einfluß des Sonnenlichtes; dabei entsteht Salzsäure.

Baldriansäureäthylester (Valeriansäureäthylester), $C_4H_9COOC_2H_5$. Er entsteht aus Valeriansäure, konzentrierter Schwefelsäure und Alkohol. Aus dem Reaktionsgemisch wird Wasser abgeschieden; der Ester wird mit Soda gewaschen und mit Calciumchlorid entsäuert. Danach wird nochmals destilliert. Der Ester ist farblos, ölartig, von durchdringendem Obst- und Baldriangeruch; D_{13} 0,894; leicht löslich in Alkohol, Äther und ätherischen Ölen; in Wasser unlöslich.

Baldriansäuremethylester (Valeriansäuremethylester), $C_4H_9COOCH_3$. Herstellung aus Baldriansäure, konzentrierter Schwefelsäure und Methylalkohol. Er ist farblos; D_0 0,90152; Siedepunkt $_{760}$ 116°.

Benzoesäureäthylester, Benzoeäther, $C_6H_5COOC_2H_5$. Herstellung aus Benzoesäure, Äthylalkohol und Salzsäure. Der Ester ist ein farbloses Öl mit aromatischem Geruch, stark lichtbrechend, D 1,054; Siedepunkt 209°; leicht löslich in Alkohol, Äther; schwer löslich in kaltem Wasser.

Benzoesäuremethylester, $C_6H_5COOCH_3$. Farblos, ölartig, angenehm balsamisch; Siedepunkt 198°; löslich in Alkohol und Äther; unlöslich in Wasser.

Bernsteinsäureäthylester, $C_4H_2O_4(C_2H_5)_2$. Farblos, von schwachem Geruch und brennendem, zugleich säuerlichem Geschmack; D 1,036; Siedepunkt 214°.

Buttersäureäthylester, $C_3H_7COOC_2H_5$. Herstellungsverfahren: 1. Aus Buttersäure, Alkohol, konzentrierter Schwefelsäure. — 2. Durch Verseifung von ranziger Butter und Alkohol und konzentrierter Schwefelsäure. — 3. Aus dem Johannisbrotvergärungsprodukt, Schlämmkreide, Alkohol und konzentrierter Schwefelsäure. — 4. Blutfibrin, Stärke, Weinsäure, Wasser und Milch werden vergoren, dann mit Kreide filtriert und mit Soda versetzt. Das Natriumsalz der Buttersäure wird mit Schwefelsäure zersetzt. Aus der entstehenden Buttersäure, Alkohol und konzentrierter Schwefelsäure bildet sich der Ester. — Wasserhell, sehr beweglich, stark riechend; D 0,902; Siedepunkt 119°.

Essigsäureäthylester, $CH_3COOC_2H_5$. Farblos, dünnflüssig, leicht beweglich und entzündbar, angenehm riechend und brennend schmeckend; D 0,9238; Siedepunkt 72,7°; löslich in 7—8 Teilen Wasser.

Reinheitsprüfung: Wichtig ist Bestimmung der Dichte und Löslichkeit in Wasser. Die wäßrige Lösung muß neutral reagieren.

Essigsäureamylester, $CH_3COOC_5H_{11}$. Darstellung aus Amylalkohol aus Fuselöl. Farblos, von angenehmem Geruch; D 0,8963; Siedepunkt 148°.

Essigsäuremethylester, CH_3COOCH_3. Der Ester kommt in rohem Holzgeist vor und wird hieraus durch Behandlung mit feingepulvertem Calciumhydroxyd gewonnen. Brenzligriechende Stoffe werden entfernt. Die durch Alaun entfärbte Flüssigkeit wird durch Kohle filtriert und mit Calciumchlorid entwässert. Herstellung auch aus Methylalkohol, Essigsäure und konzentrierter Schwefelsäure. Der Ester ist dünnflüssig, farblos, ätherisch riechend und von brennendem Geschmack; D_0 0,9562; bei —34° noch flüssig; Siedepunkt 55°; in Wasser, Äthylalkohol und Äther in jedem Verhältnis löslich.

Fumarsäureäthylester. Herstellung aus Äpfelsäure oder Fumarsäure, Äthylalkohol und konzentrierter Schwefelsäure. Der Ester ist schwerer als Wasser und etwas darin löslich.

Önanthsäureäther. Er bildet sich im Wein und geht bei der Destillation von Weinbrand als ölartige Flüssigkeit über, die mit Önanthsäurehydrat vermischt ist. Zur Reinigung von der freien Säure wird die ölartige Flüssigkeit mit einer Auflösung von Soda bis zum Sieden erhitzt, wobei sich der reine Ester auf der Oberfläche der Flüssigkeit abscheidet. Man hebert den Ester ab und rektifiziert ihn.

Farblos, dünnflüssig, starker, in der Nähe betäubender Geruch nach Wein und scharfer, unangenehmer Geschmack. In Äther, Alkohol leicht löslich. D 0,862, Siedepunkt 225—230°.

Der Ester findet sich ebenfalls in der Schale der Quitte, im Fuselöl des Getreidebranntweins und in der Weinhefe. Größere Mengen gewinnt man durch Destillation aus frischer Weinhefe.

Salicylsäuremethylester, $C_6H_4(OH)COOCH_3$. Der Ester findet sich im Wintergrünöl und wird aus Salicylsäure, Methylalkohol und konzentrierter Schwefelsäure künstlich hergestellt. Farblos, starker, angenehmer Geruch; D_{10} 1,18; D_0 1,197; Siedepunkt 224°; in Wasser wenig, in Alkohol und Äther leicht löslich. Mit Eisen-III-Salzen färbt sich die wäßrige Lösung violett.

Salpetersäureäther, $NO_2OC_2H_5$. Durch Destillation aus salpetersaurem Harnstoff, Alkohol und Salpetersäure gewonnen. Farblos; D 1,132; Siedepunkt 87°; verbrennt mit leuchtender Flamme.

Valeriansäureamylester, $C_4H_9COOC_5H_{11}$. Herstellung aus Kaliumdichromat, Wasser, konzentrierter Schwefelsäure und Amylalkohol. Siedepunkt 196°; unangenehm riechend; beim Verdünnen mit Alkohol riecht der Ester angenehm apfelartig.

Nach einem Patent[1] werden auch **Ester der Decahydronaphthylessigsäure** als Geschmackstoffe verwendet; die Säure selbst ist ein farbloses Öl vom Molgewicht 196; Siedepunkt $_{38}$ 195—198°; Gefrierpunkt etwa —11°; D_4^{20} 0,9861.

Tabelle 30.

Ester	Siedepunkt	bei mm Hg	Dichte$_4^{20}$
Methyl- . .	103	2	0,958
Äthyl- . . .	112	4	0,948
n-Propyl- .	167	18	0,947
i-Propyl- . .	165	18	0,943
Allyl- . . .	122	3	0,954

Ferner sind als Ester angegeben: Tertiärbutyl-, i-Amyl-, Nonyl-, Cyclohexyl-, Benzyl-, Phenyläthyl- und Crotonester.

An weiteren Fruchtäthern sind zu nennen:

Tabelle 31.

Ester	Eigenschaften
Heptylacetat	Champignonaroma
Linalylcaprylat	Orangenblütenaroma
Linalylcapronat	Lavendelaroma
Dimethylacetophenon	Mimosenaroma
Tolylbutyrolacton	Cocosnußaroma
p-Tolylhexanon	aromatisch

Sachgemäß hergestellte Fruchtäther dürfen beim Verdünnen mit Wasser nichts abscheiden.

Die Ester selber sind meist neutral, flüchtig, flüssig oder leicht schmelzbar, in Wasser meist unlöslich oder schwerlöslich, in Alkohol und Äther dagegen leicht löslich.

Über die Analyse von Fruchtäthergemischen, Fruchtessenzen ist nur sehr wenig bekannt. Angaben finden sich von M. Miller in einer schwer zugänglichen Zeitschrift[2] und von J. B. Wilson und G. L. Keenan[3] (Identifizierung des „Pfirsichaldehyd" genannten γ-Undecalactons).

Buch-Literatur.

E. Jacobsen: Handbuch für die Getränke-Industrie, Getränke-Fabriken usw. Berlin: Paul Parey 1925. — F. Ullmann: Enzyklopädie der technischen Chemie. Wien u. Berlin: Urban & Schwarzenberg 1928/33. — A. Wagner: Aromastoffe. Technische Fortschrittsberichte Bd. XXX. Dresden u. Leipzig: Theodor Steinkopff 1933.

[1] A.P. 2010692; Chem. Zentralbl. 1936. I, 1979.

[2] M. Miller: Russ. Dtsch. Nachr. Wiss. Techn. (russ. Russko-Germanski Westnik Nanki i Techniki) 1931, Nr. 9, 40—48; C. 1932, I, 1172.

[3] J. B. Wilson u. G. L. Keenan: Journ. Assoc. official agricult. Chemists 1933, **16**, 420, 581; C. 1933, II, 2905 und 1934, I, 2206; vgl. auch Chem. Zentralbl. 1930, II, 3206 und 1933, I, 517.

Deutsche Gesetzgebung über Fetterzeugnisse.

(Nach dem Stande vom 1. Januar 1939.)

Von

Oberlandesgerichtspräsident i. R. DR. JUR. HUGO HOLTHÖFER-Berlin.

Das in dem Lande Österreich vorläufig noch von der Reichsgesetzgebung in Geltung belassene bisherige Recht ist, zusammengestellt von Oberregierungsrat Professor Dr. BAMES, der „Deutschen Gesetzgebung" als Anhang (S. 888) angegliedert. Über das in den sudetendeutschen Gebieten geltende Recht kann zur Zeit noch nichts Maßgebliches gesagt werden.

Literatur und Abkürzungen.

AG.	Amtsgericht.
Amtl. Begr. oder Begr. .	Amtliche Begründung des jeweils in Frage kommenden Gesetzes.
Bay.Ob.LG.	Bayrisches Oberstes Landesgericht.
Deutsche Justiz	Deutsche Justiz, amtliches Blatt der deutschen Rechtspflege, herausgegeben vom Reichsminister der Justiz (Jahr und Seite). Berlin: R. v. Deckers Verlag G. Schenk.
Deutsche Lebensmittel-(bis 1935 Nahrungsmittel-) Rundschau . .	Zeitschrift des Bundes Deutscher Lebensmittel-Fabrikanten und -Händler und der Wirtschaftsgruppe Lebensmittelindustrie (Jahrgang und Seite). Stuttgart: Wissenschaftl. Verlagsgesellschaft m. b. H.
Entw.	Entwurf.
FLEISCHMANN	FLEISCHMANN, Margarinegesetz. Breslau 1898.
Goltd. Arch.	Goltdammers Archiv für Strafrecht (Band und Seite).
Handbuch.	Das vorliegende Handbuch (Band und Seite).
Höchstr.(ichterliche) Rechtspr.	Höchstrichterliche Rechtsprechung, vereinigte Entscheidungssammlung (Jahrgang und Nummer des Urteils).
HOLTHÖFER-JUCKENACK .	Lebensmittelgesetz; erläutert von Dr. H. HOLTHÖFER und Dr. A. JUCKENACK, 2. Aufl. Berlin: Carl Heymann 1933.
HOLTHÖFER-JUCKENACK, Erg. 1936	Ergänzungsband zu dem vorigen Buch, 1936.
JFG. Erg.	Ergänzungen zum Jahrbuch für Entscheidungen in Angelegenheiten der Freiwilligen Gerichtsbarkeit, für Entscheidungen des KG. und (seit 1932) des OLG. München in Kosten-, Straf- usw. Sachen (Band und Seite).
KG.	Kammergericht in Berlin.
LG.	Landgericht.
LMG.	Lebensmittelgesetz in der Fassung vom 17. Januar 1936. — „LMG. frühere Fassung" dasselbe in der Fassung vom 5. Juli 1927/31. Juli 1930.
MiBl.iV.	Ministerialblatt des Reichs- und Preußischen Ministeriums des Innern. Berlin: Carl Heymann.
MODEST	Dr. WERNER MODEST: Das Recht der Öl- und Fettwirtschaft. Berlin: Paul Parey 1938.
RdErl.	Runderlaß.
RErnMin.	Reichsminister für Ernährung und Landwirtschaft.

RGSt.	Entscheidungen des Reichsgerichts in Strafsachen (Band und Seite), herausgegeben von Mitgliedern des Reichsgerichts und der Reichsanwaltschaft. Leipzig: jetzt Walter de Gruyter & Co.
RGBl.	Reichsgesetzblatt; RGBl. I = Reichsgesetzblatt Teil I, RGBl. II = Reichsgesetzblatt Teil II.
RGesundh.Bl.	Reichsgesundheitsblatt (Jahr und Seitenzahl), herausgegeben vom Reichsgesundheitsamt.
RMinBl.	Reichsministerialblatt.
RMdI.	Reichs- (und Preußischer) Minister des Innern.
RNVBl.	Verkündungsblatt des Reichsnährstandes.
RZBl.	Reichszollblatt.
Stenglein	M. Stengleins Kommentar zu den strafrechtlichen Nebengesetzen des Deutschen Reichs, 5. Aufl. Berlin: Liebmann 1928 bis 1931.
Stenglein Erg. 1933 . .	Ergänzungsband 1933 zum vorstehenden Werk.
StGB.	Reichsstrafgesetzbuch von 1871 in seiner heute geltenden Fassung.
StPO.	Strafprozeßordnung von 1877 in ihrer heute geltenden Fassung.
Urt.	Urteil.
VO.	Verordnung.
Volkswohlfahrt	Amtsblatt (und Halbmonatsschrift) des (früheren) Preuß. Ministeriums für Volkswohlfahrt (Jahrgang und Seite).
Wegener	Ministerialrat Dr. Wegener: Nationale Fettwirtschaft, Teil V (Fünf Jahre Fettplan — Einheitliche Marktordnung). Kempten (Allgäu): Verlag der Deutschen Molkerei-Zeitung 1938.
Z.	Zeitschrift für Untersuchung der Lebensmittel, herausgegeben im Verlag von Julius Springer in Berlin, angeführt nach Jahr, **Jahrgang** und Seitenzahl.
Z. Beil.	Beilage „Gesetze und Verordnungen sowie Gerichtsentscheidungen" zu der vorstehenden Zeitschrift, angeführt nach Jahr, **Jahrgängen** der Beilage und Seitenzahl.

I. Allgemeines.

A. Überblick über den behandelten Rechtsstoff.

1. Fette und Öle werden zu den verschiedensten Zwecken und unter den verschiedensten Umständen gewonnen, hergestellt, vertrieben und verwendet. Demgemäß sind sie unter den verschiedensten Gesichtspunkten Gegenstand gesetzlicher Regelungen geworden. Nur soweit Fette und Öle als Lebensmittel im Sinne des § 1 LMG. in Betracht kommen, wird der einschlägige Rechtsstoff in der vorliegenden Arbeit dargestellt. Auf die Bewirtschaftung der Lebensmittelfette, das ihre Erzeugung, Verarbeitung und Verteilung regelnde Recht, die hierzu geschaffenen Einrichtungen und ihre Maßnahmen kann nur eingegangen werden, insofern sie im Sinne des Lebensmittelgesetzes rechtliche Bedeutung haben (s. hierzu nachstehend unter B).

2. Nur bruchstückweise finden sich im geltenden Recht für Fette und Öle Sondervorschriften, die das Grundsatzrecht des allgemeinen LMG. rechtssatzmäßig durch Begriffsbestimmungen, Beschaffenheits-, Herstellungs-, Verpackungs-, Bezeichnungs- oder Überwachungsvorschriften ergänzen. Soweit solche vorhanden sind, sind sie in Abschnitt II der vorliegenden Arbeit abgedruckt oder erwähnt. Im übrigen gelten die von der Rechtsprechung und Rechtswissenschaft entwickelten grundsätzlichen Vorschriften des LMG., insbesondere seiner §§ 3 und 4. Vgl. z. B. über im Sinne des § 4 LMG. verdorbenes Fett das in Anm. 12 zu § 1 des Margarinegesetzes Ausgeführte. Soweit Rechtssatzvorschriften fehlen, gilt im Bereich des § 4 LMG. als Generalnorm für die Sollbeschaffenheit eines Lebensmittels das, was der Verbraucher von einem unter einer bestimmten Bezeichnung dargebotenen Lebensmittel erwartet. Inwieweit Vereinbarungen von Verbänden von Lebensmittelerzeugern und -händlern,

Normativbestimmungen der zuständigen Reichsnährstandszusammenschlüsse, Leitsätze von Wirtschaftsgruppen, Handels- oder Handwerksbrauch (vgl. S. 856 unter 3) die Abnehmererwartung maßgebend bestimmen können, ist bei HOLTHÖFER-JUCKENACK, § 4 Anm. 3—6 (S. 82—86) erörtert. Ferner sei verwiesen auf meinen Aufsatz „Verbrauchererwartung als Maßstab im Lebensmittelrecht" in Lebensmittelrundschau 1937, S. 76, und auf meine Darlegungen in Bd. V des Handbuchs, S. 859 und 860. Im Hinblick auf die enge Verflechtung der Vorschriften des LMG. mit denen des Gesetzes gegen den unlauteren Wettbewerb (vgl. HOLTHÖFER-JUCKENACK Erg. 1936, S. 63 letzter Absatz) sei aus einem Urt. des RG. vom 24. August 1938 (JW. S. 2978), folgendes mitgeteilt:

„Können die Leiter der Wirtschaftsgruppen für ihre Mitglieder aus Rücksicht auf die gesamte Wirtschaft bindende Anordnungen erlassen, so kann daran auch die Würdigung einer Zuwiderhandlung vom Standpunkt der Grundsätze des lauteren Wettbewerbs nicht vorübergehen. Denn ganz abgesehen von der Befugnis der Leiter der Wirtschaftsgruppen, ihren Anordnungen durch Ordnungsstrafen Beachtung zu sichern (§ 17 der 1. VO. zur Durchführung des Wirtschaftsaufbaugesetzes vom 27. November 1934 — RGBl. I S. 1194), ist es selbstverständliche, in § 16 Abs. 3 der genannten VO. noch ausdrücklich ausgesprochene Pflicht der Mitglieder einer Wirtschaftsgruppe, den Anordnungen ihres Leiters zu folgen. Jedenfalls kann kein Mitglied einer Wirtschaftsgruppe, ohne gegen die Grundsätze des lauteren Wettbewerbs zu verstoßen, solchen Anordnungen wissentlich zuwiderhandeln, um sich dadurch im Wettbewerb mit anderen Mitgliedern ... einen wirtschaftlichen Vorsprung zu verschaffen unter Ausnutzung des pflichtmäßigen Verhaltens der Mitbewerber zum eigenen Vorteil."

Vgl. hierzu S. 887 unter b Abs. 2.

B. Fettwirtschaftliche Gesetze, Einrichtungen und deren Anordnungen von lebensmittelrechtlicher Tragweite.

1. Das seit 1933 mit Nachdruck verfolgte Bestreben der deutschen Fettwirtschaft geht dahin, die Fettversorgung im deutschen Raum aus eigener Scholle sicherzustellen, um alsdann, unabhängig von den Notwendigkeiten des Inlandbedarfs, die Einfuhr von Fetten und Fettrohstoffen so gestalten zu können, wie sie unter den Gesichtspunkten der allgemeinen Politik jeweils handelspolitisch erwünscht ist.

Die auf dieses Ziel gerichteten Maßnahmen der Gesetzgebung, Verwaltung und verbrauchlenkenden Propaganda können hier unerörtert bleiben, soweit sie lediglich unmittelbar oder mittelbar die Vermehrung oder Verbesserung der inländischen Fetterzeugung betreffen, den Fettverbrauch einschränken oder in bestimmte Bahnen lenken, ohne zugleich lebensmittelrechtliche Regelungen für Fette im Sinne des vorstehend unter A ausgeführten zu enthalten oder rechtlich zu ermöglichen.

2. Als Schutz der landwirtschaftlichen Fetterzeugung von Butter und Schweineschmalz gegenüber dem Preisdruck der mit erheblich billigeren Auslandsrohstoffen herstellbaren Industrieerzeugnisse Margarine und Kunstspeisefett wirkte in gewissem Grade bereits das Margarinegesetz (S. 861). Durchgreifender nach dieser Richtung hin sind die gesetzgeberischen Maßnahmen, die im Jahre 1933 eingeleitet und später ausgestaltet worden sind, nämlich die **Fettsteuer** auf Margarine, Kunstspeisefett und ihre wichtigsten Rohstoffe in Verbindung mit der **Kontingentierung der Margarineherstellung.** Hand in Hand damit gehen Maßnahmen zur Fettverbilligung für die minderbemittelten Volkskreise und zur gleichmäßigen Verteilung der wichtigsten Speisefette auf die Verbraucherschaft überhaupt (Bezugsscheinregelung!).

Lebensmittelrechtlich beachtlich aus dieser Gesetzgebung ist die derzeitige Sortenregelung für Margarine (vgl. S. 871 und 881) und mehr oder weniger auch die Begriffsabgrenzung des Kunstspeisefetts in der Fettsteuer-VO. (S. 888 und S. 867 Anm. 15.)

3. Sämtliche an der Erzeugung, Verarbeitung und Verteilung von Speisefetten beteiligten Betriebe sind jetzt durch die VO. über den **Zusammenschluß der deutschen Milch- und Fettwirtschaft** vom 29. Juli 1938 (RGBl. I S. 957) zu Milch- und Fettwirtschaftsverbänden unter der Hauptvereinigung der deutschen Milch- und Fettwirtschaft innerhalb des Reichsnährstandes zusammengeschlossen. § 1 der VO. führt die Betriebe die zu den Zusammenschlüssen gehören, einzeln auf.

Nach § 3 haben die Zusammenschlüsse *„die Aufgabe, auf dem Gebiete der Milch- und Fettwirtschaft die Marktordnung durchzuführen und alle Maßnahmen zu treffen, die der Versorgung der Verbraucher dienen; dabei haben sie dafür zu sorgen, daß ein volkswirtschaftlicher Ausgleich zwischen den einzelnen Betrieben, Gruppen von Betrieben und Wirtschaftsgebieten herbeigeführt wird.*

Der Hauptvereinigung obliegt die Aufgabe, die zur einheitlichen Gestaltung der Marktordnung erforderlichen Anordnungen und Richtlinien zu erlassen.“

§ 4 lautet (auszugsweise): *„(1) Zur Erfüllung ihrer im § 3 genannten Aufgaben können die Zusammenschlüsse unter Berücksichtigung der Belange der Gesamtwirtschaft und des Gemeinwohls insbesondere*

1. die Erzeugung, die Erfassung, den Absatz, die Ablieferung, die Be- und Verarbeitung und die Verteilung von Erzeugnissen der im § 1 Abs. 2 unter C Nrn. 1 und 2 genannten Art regeln,

2. Forschungsaufgaben fördern,

3. Maßnahmen zur Förderung der Wirtschaftlichkeit der Betriebe und zur Ordnung des Wettbewerbs treffen,

4. Vorschriften über Verpackung, Kennzeichnung und Güteanforderungen erlassen,

5. bis 8. ......

9. volkswirtschaftlich gerechtfertigte Preise und Preisspannen vorschreiben,
10. und 11. ......

12. gegen Mitglieder, die gegen Bestimmungen der Satzungen oder gegen Anordnungen der Zusammenschlüsse verstoßen, Ordnungsstrafen bis zu hunderttausend Reichsmark im Einzelfall festsetzen.

(2) Anordnungen nach Abs. 1 Nrn. 9, 10 und 11 bedürfen der Zustimmung des Reichsministers für Ernährung und Landwirtschaft.“

Damit werden den Zusammenschlüssen als Selbstverwaltungsangelegenheit auch Aufgaben zugewiesen, die bisher durch obrigkeitliche Rechtsetzung und Verwaltungsmaßnahmen erfüllt wurden. Sie können insbesondere auch Normativanordnungen über Bezeichnung, Beschaffenheit usw. der ihrer marktordnenden Bewirtschaftung unterstellten Fetterzeugnisse erlassen. Diese sind als (autonomes) Selbstverwaltungsrecht des Zusammenschlusses zwar nur für seine Mitglieder verbindlich und nur ihnen gegenüber mit Hilfe von Ordnungsstrafen und unter den Voraussetzungen des § 8 der VO. sogar polizeilichen Zwanges durchsetzbar. Da aber alle Erzeuger, Hersteller und Verteiler als Mitglieder der Zusammenschlüsse ihren Anordnungen zu folgen verpflichtet sind, kann der Verbraucher füglich, soweit Anordnungen des Zusammenschlusses bestehen, keine von ihnen abweichende Ware erwarten.

Zuwiderhandlungen gegen Anordnungen der Zusammenschlüsse über die Festsetzung von Preisen oder Preisspannen sind in § 10 der VO. mit krimineller Strafe (Gefängnis und — oder — Geldstrafe bis zu 100000 RM) bedroht.

Eine größere Anzahl von Vorschriften des bisher geltenden Rechts ist in § 12 Abs. 1 der VO. aufgehoben (Beispiele: § 3 Anm. 3 des Margarinegesetzes).

Es handelt sich dabei um Vorschriften, die durch die wirtschaftliche Entwicklung auf dem Gebiet der Fettversorgung überholt oder dadurch überflüssig geworden sind, daß sie obrigkeitliche Rechtsregelungen (Ermächtigungen u. dgl.) enthalten, deren Gegenstand durch die Zusammenschluß-VO. vom 29. Juli 1938 Selbstverwaltungsangelegenheit der Zusammenschlüsse geworden ist. Die auf Grund der aufgehobenen Vorschriften ergangenen Anordnungen gelten nunmehr als auf Grund der Zusammenschluß-VO. erlassen und bleiben bis zu ihrer Aufhebung durch die zuständigen Stellen bestehen.

Die bisherigen Zusammenschlüsse der deutschen Milchwirtschaft sowie die Wirtschaftliche Vereinigung der Margarine- und Kunstspeisefettindustrie sind in dem neuen Zusammenschluß aufgegangen, ihre Rechte und Pflichten (nach § 12 der VO.) auf ihn übergegangen.

4. Daneben hat die **Reichsstelle für Milcherzeugnisse, Fette und Öle,** auch in Ansehung der Inlandserzeugung, nach wie vor wichtige Aufgaben der öffentlichen Fettbewirtschaftung zu erfüllen, namentlich in ihrer Eigenschaft als „Überwachungsstelle" gemäß der VO. über den Warenverkehr vom 4. September 1934 (RGBl. I S. 816) in der Fassung der Ergänzungs-VO. vom 28. Juni 1937 (RGBl. I S. 761).

Die Reichsstelle ist eine rechtsfähige, den Weisungen des RErnMin. unterstehende Einrichtung des Reichs. Sie ist errichtet durch die VO. vom 4. April 1933 (RGBl. I S. 166) als Reichsstelle für Fette und Öle; ihre heutige Benennung verdankt sie dem § 1 Abs. 1 der VO. vom 21. Dezember 1933 (RGBl. I S. 1109). Als Überwachungsstelle ist sie bestimmt durch die VO. über die Errichtung von Überwachungsstellen vom 4. September 1934 (Reichsanzeiger Nr. 209 vom 7. September 1934).

Durch die Reichsstelle wird die Einfuhr der zu ihrer Zuständigkeit gehörenden Erzeugnisse in den freien Inlandverkehr durchgeschleust, der dabei nach Möglichkeit nach Menge und Preis (Erhebung der sog. „Unterschiedsbeträge") vor den Schwankungen des Weltmarktes sichergestellt wird. Zugleich regelt die Reichsstelle als Überwachungsstelle die Bezahlung der Auslandsware, da die Ausstellung der Devisenbescheinigungen durch ihre Hand geht.

In Ansehung der inländischen Erzeugung übt die Reichsstelle unter anderem im Zusammenhang mit der Ausstellung der Übernahmescheine einen regelnden Einfluß auf die Preisgestaltung der Rohstoffe für Margarine und überwacht die Einhaltung der Mengenkontingente und die Verarbeitungsvorschriften durch die einzelnen Betriebe.

Außerdem betätigt sich die Reichsstelle in nicht geringem Umfang selbst kaufmännisch, dort nämlich, wo mit zentralem Einkauf und zentraler Verteilung nach den jeweiligen Zeitumständen der deutschen Fettwirtschaft am besten gedient wird. Vgl. hierzu WEGENER, S. 36, wo unter anderem mitgeteilt wird, daß die Schmalz- und Speckeinfuhr zur Zeit vollkommen in der Hand der Reichsstelle liege und das gesamte Walöl zentral von ihr gekauft und an die Härtungsbetriebe abgegeben werde. Auch geht WEGENER näher ein auf die „innerwirtschaftliche Aufgabe" der Reichsstelle, im Zusammenwirken mit den Zusammenschlüssen des Reichsnährstandes durch Vorratswirtschaft, Einlagerungen, usw. die zeitlichen und örtlichen Schwankungen der Erzeugung und des Bedarfs auszugleichen.

Damit die Reichsstelle ihren vielfältigen Aufgaben im Bereich der Fettbewirtschaftung sachgemäß nachkommen kann, legt § 10 der VO. über den Warenverkehr vom 4. September 1934 (RGBl. I S. 816) allen in Frage kommenden Betrieben eine weitgehende Pflicht zur Auskunfterteilung auf, die erheblich über diejenige hinausgeht, die gegenüber den Überwachungsorganen der Polizei in § 9 des Margarinegesetzes geregelt ist. Denn die Reichsstelle ist eine auskunftsberechtigte Stelle im Sinne der VO. über Auskunftpflicht vom 13. Juli 1923 (RGBl. I S. 723).

Im Rahmen ihrer Befugnisse als Überwachungsstelle hat die Reichsstelle eine Reihe von Anordnungen erlassen, die der Einschränkung und Lenkung des Fettverbrauchs dienen. Die Bestrafung von Zuwiderhandlungen gegen solche Anordnungen mit krimineller Strafe ist vorgesehen in § 12 Abs. 1 Nr. 2 der VO. über den Warenverkehr vom 4. September 1934 in der Fassung vom 28. Juni 1937 (RGBl. I 1934 S. 816 bzw. 1937 S. 761).

Die wichtigeren Anordnungen bringt Modest (S. 107—116) im Wortlaut; darunter auch diejenige über Trennemulsionen, die nachstehend auf S. 885 abgedruckt ist, und diejenigen über das Erfordernis einer Genehmigung zur Herstellung von Mayonnaise, die unten S. 888 erwähnt sind.

Daß die vorbezeichneten Aufgaben obrigkeitlich von einer Reichsstelle und nicht, wie die Inlandsmarktordnung, von einem sich selbst verwaltenden Zusammenschluß betreut werden, erklärt sich leicht daraus, daß im Geschäftsbereich der Reichsstelle die Handelspolitik und damit zwangsläufig mehr oder weniger auch die große Politik mit ins Spiel kommen.

II. Sonderrecht
für Fette, Öle und fetthaltige Erzeugnisse.
A. Tierische Fette.

1. Die Rechtssatzvorschriften über **Butter,** insbesondere die Butter-VO. vom 20. Februar 1934 (RGBl. I S. 117) in der Fassung der Änderungs-VO. vom 15. Dezember 1934 (RGBl. I S. 1264), sind mitgeteilt in Bd. III S. 546f. des Handbuchs, weil Butter zu den dort behandelten „Tierischen Lebensmitteln" gehört.

Zu der Butter-VO. ist seit Erscheinen jenes Bandes die VO. zur Ergänzung des § 10 der Butter-VO. vom 31. August 1938 (RGBl. I S. 1070) ergangen. Sie hebt den Ausformzwang beim Vorrätighalten inländischer Markenbutter im Kleinhandel auf und gibt der Hauptvereinigung der deutschen Milchwirtschaft Ermächtigung zur anderweitigen Bestimmung der Gewichte und Maße bei in Stücken vertriebener inländischer Markenbutter.

Das Beimengen von Salz und Farbstoffen (Butterfarbölen) durch Groß- und Kleinverteiler bei molkereimäßig hergestellter Butter verbietet § 6 der Anordnung Nr. 28 der Hauptvereinigung der Milchwirtschaft über Belieferung der Verbraucher mit ausgeformter einwandfreier Butter vom 14. September 1938 (RNVBl. S. 465 — auch RGesundh.Bl. S. 794).

2. Die **aus warmblütigen Tieren hergestellten Fette** gelten nach § 4 des Fleischbeschaugesetzes als Fleisch im Sinne dieses Gesetzes. Daher ist insoweit der einschlägige Rechtsstoff gleichfalls in Bd. III S. 926f. des Handbuchs in dem Abschnitt „Deutsche Gesetzgebung über Fleisch und Fleischerzeugnisse" zu finden.

a) Das dort unter Berücksichtigung des Änderungsgesetzes vom 13. Dezember 1935 (RGBl. I S. 1447) abgedruckte und erläuterte **Reichsgesetz, betr. die Schlachtvieh- und Fleischbeschau,** vom 3. Juni 1900 (RGBl. S. 547) ist seitdem weiter geändert durch das „Zweite Gesetz zur Änderung des Fleischbeschaugesetzes" vom 15. April 1937 (RGBl. I S. 453). Dieses Gesetz vom 15. April 1937 regelt unter anderem reichsgesetzlich die bisher den Landesregierungen vorbehaltene Handhabung der Trichinenschau. Über die sonstigen Neuerungen, die das Gesetz bringt, unterrichtet die im Reichsanzeiger 1937 Nr. 97 vom

29. April 1937 veröffentlichte Amtl. Begr. des Gesetzes; lebensmittelrechtlich bedeutsame Sondervorschriften für Tierfette enthält das Änderungsgesetz nicht.

b) Weiterhin sind in Bd. III des Handbuchs S. 977—992 im Wortlaut abgedruckt die **Ausführungsbestimmungen D zum Fleischbeschaugesetz** über „Untersuchung und gesundheitspolizeiliche Behandlung des in das Zollinland eingehenden Fleisches" nebst ihrer **„Anlage c** (Anweisung für die **Probeentnahme zur chemischen Untersuchung** für Fleisch einschließlich Fett sowie für die Vorprüfung zubereiteter Fette usw.)". Die wichtige **Anlage d** zu den vorerwähnten Ausführungsbestimmungen D zum Fleischbeschaugesetz enthält eine Anweisung für die **chemische Untersuchung von Fleisch und Fetten.** Sie ist in Bd. III nicht abgedruckt. Ihr einschlägiger Inhalt ist im vorliegenden Band in der Arbeit von BÖMER und GROSSFELD über „Allgemeine Untersuchungsmethoden für Speisefette" mitgeteilt. Auch der Ministerialerlaß, der bei eingeführtem Schweineschmalz den Wassergehalt auf 0,3 v. H. begrenzt, ist dort angeführt. (Praktisch geduldet werden 0,5%.)

c) Auch auf tierische Fette bezieht sich die zu § 21 des Fleischbeschaugesetzes ergangene und in Bd. III S. 969 hinter § 21 in ihrer jetzt noch geltenden Fassung abgedruckte **Verordnung über unzulässige Zusätze und Behandlungsverfahren bei Fleisch und dessen Zubereitungen** vom 30. Oktober 1934 (RGBl. I S. 1089) in der Fassung vom 9. Mai 1935 (RGBl. I S. 593) und vom 7. November 1935 (RGBl. I S. 1291).

Auf Grund des § 1 Abs. 3 dieser VO. hat sich der RMdI. durch RdErl. vom 6. April 1936 (MiBl.iV. S. 508)

„bis auf weiteres damit einverstanden erklärt, daß die Einfuhr von Purelard (einem lediglich geläuterten — gefilterten — und mit Bleicherde behandelten Schweinefett) aus den Vereinigten Staaten von Nordamerika zugelassen wird, sofern diese Sendungen im übrigen hinsichtlich ihrer Beschaffenheit bei der Untersuchung durch die Auslandsfleischbeschaustellen keinen Grund zu Beanstandungen geben."

d) Nach § 3 der VO. des RMdI. vom 23. November 1936 über die Einfuhr von Fleischwaren (RGBl. I S. 950), die auf Grund des § 14 Abs. 1 und des § 25a des Fleischbeschaugesetzes ergangen ist,

„unterliegt zubereitetes Fett, das aus dem Ausland im Personenverkehr oder nachweislich als Geschenk im Post- oder Frachtverkehr zum eigenen Verbrauch eingeführt wird und dessen Gesamtgewicht 5 kg nicht übersteigt, keiner amtlichen Untersuchung."

e) Die **Überwachung der Unbrauchbarmachung zu technischen Zwecken in das Zollinland eingeführter Fette und Talge für den menschlichen Genuß** regelt ein RdErl. des RMdI. vom 28. Februar 1936 (MiBl.iV. S. 311), weil unter dieser Voraussetzung derartige Fette gemäß § 29 der Ausführungsbestimmungen D zum Fleischbeschaugesetz ohne vorherige Untersuchung eingeführt werden können.

3. Über die **Verwendung von Darmabputzfett** für den menschlichen Genuß bestimmt der RdErl. des RMdI. vom 20. Juni 1936 (MiBl.iV. S. 881):

„(1) Als Darmabputzfett (-talg) wird derjenige Teil des Fettes bezeichnet, der nach Entfernung des Gekrösfettes vom Darm besonders bei gut genährten Tieren der Darmwand noch aufgelagert ist oder ihr anhängt und durch „Abputzen" des Darmes gewonnen wird. Wird dieses Fett alsbald nach der Ausschlachtung sauber entfernt und pfleglich behandelt, so ist es wie das übrige Gekrösfett zum menschlichen Genuß geeignet. Ist dieses Fett aber verunreinigt oder erst später gewonnen, wie es in den Darmschleimereien und den Darmaufbereitungsbetrieben die Regel ist, so ist es, besonders wenn es sich um vorbehandelte, z. B. gesalzene oder schon längere Zeit gelagerte Därme handelt, nur zur technischen Verwertung, nicht aber zur Herstellung von Speisefett oder Wurst geeignet.

(2) Ich ersuche, diesen Verhältnissen bei der lebensmittelpolizeilichen Überwachung der Fleischereien, Darmaufbereitungsbetriebe und Talgschmelzen besondere Aufmerksamkeit zuzuwenden."

Dieser RdErl. ist durch den RdErl. des RMdI. vom 16. Mai 1938 (MiBl.iV. S. 891), der „eine pflegliche und möglichst vollständige Gewinnung des Darmfettes zur menschlichen, Ernährung" empfiehlt, in Erinnerung gebracht.

4. Verordnung des RMdI. und des RErMin. **über Knochenfett. Vom 8. Juli 1936 (RGBl. I S. 565).**

Auf Grund des § 5 Nrn. 4, 5 des Lebensmittelgesetzes vom 5. Juni 1927 (Reichsgesetzbl. I S. 134) in der Fassung vom 17. Januar 1936 (Reichsgesetzbl. I S. 17) wird verordnet:

§ 1. (1) Zur Ernährung bestimmtes Knochenfett darf nur aus solchen Knochen hergestellt werden, die ausschließlich im Betriebe des Herstellers angefallen, frisch und unverdorben sind.

(2) Räume, Einrichtungen und Geräte, in denen Knochenfett für die Ernährung hergestellt wird, dürfen für die Gewinnung von technischen Fetten nicht verwendet werden.

§ 2. (1) Die Packungen, Behältnisse oder Umhüllungen, in denen zur Ernährung bestimmtes Knochenfett, auch in Mischungen mit anderem Fett, verkauft, feilgehalten oder an den Verbraucher abgegeben wird, müssen eine deutliche Aufschrift tragen, welche die Herkunft des Fettes aus Knochen erkennbar macht; daneben kann die Tierart angegeben sowie auf die Vermischung mit Fett anderer Art hingewiesen werden.

(2) Fett aus Pferdeknochen darf im gewerblichen Verkehr nicht mit Fett aus Knochen anderer Tiere vermischt werden.

§ 3. Diese Verordnung tritt am 1. August 1936 in Kraft.

Anmerkung zu der VO. über Knochenfett. Eingehende Vorschriften „über die Knochensammlung, den Knochenhandel und die Knochenverarbeitung" enthält die im Wortlaut bei Modest S. 127 abgedruckte Allgemeine Anordnung des Reichsbeauftragten „für Chemie", „für industrielle Fettversorgung" und „für Waren verschiedener Art" vom 13. August 1937 (Reichsanzeiger Nr. 185 vom 13. August 1937).

Zuwiderhandlungen gegen diese Anordnung werden laut ihrem § 12 nach den §§ 10, 12—15 der VO. über den Warenverkehr vom 4. September 1934 (RGBl. I S. 816) in der Fassung der VO. vom 28. Juni 1937 (RGBl. I S. 761) bestraft. Denn auf Grund dieser VO. in Verbindung mit der VO. über die Errichtung von Überwachungsstellen vom 4. September 1934 (s. S. 857) ist die Anordnung erlassen.

5. Schmalzbezeichnungen. In Ermangelung allgemeinverbindlicher Rechtssatzvorschriften über Bezeichnungen und Beschaffenheit der hauptsächlich im Handel auftretenden Schmalzsorten seien nachstehend auf Grund ihrer Mitteilung in der „Fleischwarenindustrie" 1934, S. 135 die **Begriffsabgrenzungen** mitgeteilt, welche die **Industrie- und Handelskammer Berlin** im Jahre 1930 vorgenommen und später neu verlautbart hat. Sie können im Bereich des § 4 LMG. als die Abnehmererwartung bestimmender Verkehrsbrauch von Bedeutung werden und sind in diesem Sinne z. B. vom LG. Frankfurt a. O. 20. September 1937 (in Z. Beil. 1938, 30, 59) gewürdigt worden. Sie lauten:

„1. Steamlard ist vorwiegend in Amerika aus Schweinefett durch Ausschmelzen mittels Dampfes gewonnenes Rohschmalz.

2. Purelard ist aus Rohschmalz durch Raffinieren und Bleichen hergestelltes Schmalz.

3. Bratenschmalz ist Schmalz aus Steamlard oder Rohschmalz allein oder aus Steamlard mit Rohschmalz gemischt in Verbindung mit anderem Schweinefett inländischer oder ausländischer Herkunft mit oder ohne Gewürzzusatz.

4. Griebenschmalz ist Schweineschmalz mit Zusatz von Grieben aus frischem Rückenspeck oder Flomen mit und ohne Gewürz.

5. Schweineschmalz mit Griebengeschmack ist Griebenschmalz, aus welchem die Grieben entfernt sind.

6. Flomenschmalz, auch Liesenschmalz genannt, ist ein aus Flomen hergestelltes Schmalz.

7. Wurstfett ist beim Wurstkochen gewonnenes Fett; es enthält auch andere Fette als Schweineschmalz, wie Rinder- und Hammelfett, sowie Wasser. Es darf nur unter der Deklaration „Wurstfett" verkauft werden. Ein Zusatz von Wurstfett zu den unter 1—6 genannten Schmalzsorten ist unzulässig."

6. Die deutsche Gesetzgbung zur Regelung des **Walfangs** verfolgt gemäß dem in London am 8. Juni 1937 unterzeichneten, im RGBl. 1937, II, S. 539 veröffentlichten Abkommen den Zweck „die Wirtschaftlichkeit des Walfangs zu sichern und zu diesem Zwecke den Walbestand zu erhalten."

Weder das im Verfolg dieses Abkommens erlassene Gesetz zur Regelung des Walfangs vom 6. Oktober 1937 (RGBl. I S. 1097) noch die zu seiner Ausführung und Ergänzung ergangenen Verordnungen vom 6. Oktober 1937 (RGBl. I S. 1099) und vom 6. Oktober 1937 (RGBl. I S. 1099) und vom 17. September 1938 (RGBl. I S. 1185) enthalten lebensmittelrechtlich erwähnenswerte Vorschriften über Walöl und Walfett.

B. Pflanzenfette.

Über **Kakaobutter** enthält § 2 Abs. 1 der VO. über Kakao und Kakaoerzeugnisse vom 15. Juli 1933 (RGBl. I S. 504) folgende gesetzliche Begriffsbestimmung:

„Kakaobutter ist das aus Kakaokernen, Kakaobruch, auch unter Mitverwendung von höchstens 2 Hundertteilen Kakaogrus, oder aus Kakaomasse oder aufgeschlossener Kakaomasse durch Abpressen, mit oder ohne Filtration, ohne chemische Behandlung gewonnene Fett mit einem die Zahl 8 im Höchstfalle nicht übersteigenden Säuregrad."

Die amtliche Begründung zu dieser Begriffsbestimmung lautet:

„Die Mitverwendung von Kakaogrus ist auch bei der Gewinnung von Kakaobutter zulässig; sein Anteil ist ebenfalls auf 2 Hundertteile begrenzt. Unter Kakaobutter ist lediglich das aus den angegebenen Rohstoffen durch Abpressen gewonnene Kakaofett zu verstehen. Durch Lösungsmittel gewonnenes Kakaofett darf nicht als Kakaobutter bezeichnet und auch nicht bei der Herstellung von Kakaoerzeugnissen verwendet werden (vgl. § 6 Nr. 4, 24). Denn das extrahierte Kakaofett ist gegenüber der Kakaopreßbutter zur Herstellung von Kakaoerzeugnissen wegen des Mangels an natürlichem Kakaoaroma und wegen seiner von der Kakaopreßbutter abweichenden physikalischen Eigenschaften als minderwertig zu bezeichnen. Die abgepreßte Kakaobutter darf lediglich einer Filtration, nicht aber einer chemischen Behandlung, z. B. Raffination, unterworfen werden. Der Säuregrad der Kakaobutter soll im allgemeinen die Zahl 6 nicht übersteigen, darf aber im Höchstfalle die Zahl 8 erreichen, ohne daß die betreffende Kakaobutter deshalb als verdorben anzusehen ist (vgl. § 5 Nr. 4)."

Näheres über den besonderen Wert der Kakaobutter für mannigfache Verwendungszwecke findet sich in den „Allgemeinen Untersuchungsmethoden für Speisefette" von BÖMER und GROSSFELD im vorliegenden Bande.

Sonstige sonderrechtliche Vorschriften lebensmittelrechtlicher Art über Pflanzenfette sind nicht anzuführen. Indessen sei auf § 1 Abs. 4 Satz 2 des Margarinegesetzes nebst den zugehörigen Erläuterungen und auf § 1 der Fettsteuer-VO. (S. 865 und 888) verwiesen.

Die Anordnungen der Hauptvereinigung der deutschen Weinbauwirtschaft über die Erfassung von Traubentrestern zur Gewinnung von Traubenkernöl vom 16. September 1937 (RNVBl. S. 447) und vom 15. August 1938 (RNVBl. S. 540) sind lebensmittelrechtlich ohne Bedeutung.

C. Margarine und Kunstspeisefett.

1. Das Margarinegesetz

[nebst Ausführungs- und Ergänzungsvorschriften mit erläuternden Anmerkungen].

a) Vorbemerkung. Das sog. Margarinegesetz wurde unterm 19. Juni 1897 im RGBl. 1897 S. 475 als Ersatz für das Gesetz, betreffend den Verkehr mit

Ersatzmitteln für Butter, vom 12. Juni 1887 (RGBl. S. 375) verkündet unter der Überschrift: „Gesetz, betreffend den Verkehr mit Butter, Käse, Schmalz und deren Ersatzmitteln."

Die Zweite VO. des Reichspräsidenten „zur Förderung der Verwendung inländischer tierischer Fette und inländischer Futtermittel" vom 23. März 1933 (RGBl. I S. 143) bestimmt in ihrem Artikel 5 unter der Überschrift: „Verbot der Herstellung von Margarinekäse":

§ 1. In § 36 Abs. 2 des Milchgesetzes vom 31. Juli 1930 (RGBl. I S. 421) werden die Worte „und Margarinekäse" gestrichen. Die Vorschriften des Gesetzes betr. den Verkehr mit Butter, Käse, Schmalz und deren Ersatzmitteln, vom 15. Juni 1897 (RGBl. I S. 475) finden keine Anwendung mehr auf Margarinekäse.

§ 2. Die Vorschrift des § 1 tritt am 1. Juni 1933 in Kraft."

§ 36 Abs. 1 des Milchgesetzes verbietet grundsätzlich das Nachmachen von Milch und Milcherzeugnissen zur Verwendung als Lebensmittel sowie den Vertrieb solcher nachgemachter Lebensmittel. § 36 Abs. 2 nahm die Herstellung von Margarine und Margarinekäse von dem Nachmachungsverbot aus. Die Ausnahme gilt jetzt nicht mehr für Margarinekäse.

Bei dem nachfolgenden Abdruck des Margarinegesetzes sind die nach der vorerwähnten VO. des Reichspräsidenten nicht mehr anwendbaren Vorschriften über Margarinekäse durch Einklammerung und Kleindruck gekennzeichnet.

Die ursprüngliche Fassung des Margarinegesetzes in § 15 Abs. 1 ist durch § 19 des LMG. in der Fassung vom 5. Juli 1927 (RGBl. I S. 134) geändert worden.

Schließlich waren die Strafbestimmungen des Margarinegesetzes, wie die Strafvorschriften des Reichsrechts überhaupt, in Einklang zu bringen mit der VO. über Vermögensstrafen und Bußen vom 6. Februar 1924 (RGBl. I S. 44) — abgedruckt bei Holthöfer-Juckenack, 1. Aufl., S. 222 — und der zweiten VO. zur Durchführung des Münzgesetzes vom 12. Dezember 1924 (RGBl. I S. 775) — abgedruckt ebenda S. 225.

Unter Berücksichtigung der vorerwähnten Änderungen lautet das

b) Gesetz, betreffend den Verkehr mit Butter, [Käse,] Schmalz und deren Ersatzmitteln vom 15. Juni 1897 (RGBl. I S. 475) [in seiner heute geltenden Fassung]:

§ 1. Die Geschäftsräume und sonstigen Verkaufsstellen, einschließlich der Marktstände[1], in denen Margarine, [Margarinekäse] oder Kunstspeisefett gewerbsmäßig[5] verkauft[2] oder feilgehalten[3] wird, müssen an in die Augen fallender Stelle die deutliche, nicht verwischbare Inschrift[4] „Verkauf von Margarine", [„Verkauf von Margarinekäse",] „Verkauf von Kunstspeisefett" tragen.

Margarine im Sinne dieses Gesetzes[6] sind diejenigen, der Milchbutter oder dem Butterschmalz[7] ähnlichen[8] Zubereitungen[6], deren Fettgehalt[9] nicht ausschließlich der Milch entstammt[10].

[Margarinekäse im Sinne dieses Gesetzes sind diejenigen käseartigen Zubereitungen, deren Fettgehalt nicht ausschließlich der Milch entstammt.][11]

Kunstspeisefett im Sinne dieses Gesetzes[12] sind diejenigen, dem Schweineschmalz ähnlichen Zubereitungen, deren Fettgehalt nicht ausschließlich aus Schweinefett besteht. Ausgenommen[13] sind unverfälschte[14] Fette bestimmter Tier- oder Pflanzenarten, welche unter den ihrem Ursprung entsprechenden Bezeichnungen in den Verkehr gebracht werden[15, 16].

Anmerkungen zu § 1. [1] Also alle Stellen, in denen ständig oder vorübergehend, in umschlossenen Räumen oder im Freien gewerbsmäßig (Anm. 5) verkauft oder feilgehalten (Anm. 2 und 3) wird. Für Räume, in denen Margarine oder Kunstspeisefett hergestellt wird, gilt die Vorschrift nur, wenn sie zugleich dem Verkauf oder Feilhalten dienen.

Soweit Margarine oder Kunstspeisefett nicht als solche vertrieben werden, sondern nur — wie in Gasthäusern, Pensionen, Kantinen, Konditoreien, Bäckereien — bei der Herstellung oder Zubereitung der dort abgegebenen Lebensmittel verwendet oder als nicht besonders berechnete Zukost (z. B. zur Selbstbestreichung des Frühstücksbrotes) verabfolgt werden (vgl. OLG. Celle 4. Juli 1912 in Z. Beil. 1915, 7, 314), findet § 1 des Margarinegesetzes keine Anwendung. Das ergibt sich zweifelsfrei aus der bei FLEISCHMANN S. 16 Anm. 1 letzter Absatz dargelegten Entstehungsgeschichte der Vorschrift. Siehe aber § 4 Anm. 2. § 4 erstreckt sich auch auf Stellen, wo aufbewahrt oder verpackt wird.

Indessen muß auf Grund der nachstehend S. 881 abgedruckten VO. über den Verkehr mit Erzeugnissen der Margarinefabriken und Ölmühlen vom 13. April 1933 in der dort vorgeschriebenen Weise kundgemacht werden, wenn in Gastwirtschaften, Schankwirtschaften oder Speisewirtschaften oder wenn im Kleinhandel von Bäckern, Konditoren oder Verkäufern von frischen Back- und Konditorwaren Lebensmittel verkauft oder feilgehalten werden, die unter Verwendung von Margarine oder Kunstspeisefett hergestellt oder zubereitet sind.

[2] Verkaufen bedeutet hier wie im LMG. und anderen ähnlichen Gesetzen (z. B. im Weingesetz, im Fleischbeschaugesetz, im Süßstoffgesetz) nicht nur, wie im Bürgerl. Gesetzbuch, den obligatorischen Verpflichtungsvertrag zur entgeltlichen Verschaffung einer Sache, sondern diesen Vertrag und seine Abwicklung, insbesondere die Übertragung der tatsächlichen Verfügungsgewalt auf den Käufer. Beide Akten fallen im Ladenverkehr in der Regel zusammen und werden vom Sprachgebrauch des täglichen Lebens unter der Bezeichnung „Kauf" und „Verkauf" zusammengefaßt (vgl. RGSt. **23**, 242; **36**, 424; **39**, 66; **42**, 180; **54**, 168; **63**, 164). Siehe auch § 2 Anm. 9.

[3] Feilhalten bedeutet ein Bereithalten zum Verkauf für das große Publikum oder bestimmte, nicht individuell abgegrenzte Teile desselben, z. B. Fachkreise, Grossisten. Im Gegensatz zum bloßen Vorrätighalten muß die Verkaufsabsicht dabei irgendwie erkennbar gemacht sein, wozu genügt Vorhandensein in einen dem Publikum zugänglichen Ladenraum, Ausstellung im Ladenfenster, Aufnahme in aushängende Preistafeln oder ausliegende Preisverzeichnisse. Vgl. RGSt. **14**, 428/436; **25**, 241; **40**, 150.

[4] a) Die Vorschrift bezweckt (vgl. Anm. 5), unter allen Umständen dem Publikum Klarheit darüber zu verschaffen, was ihm angeboten wird. Daher die Häufung der Erfordernisse a) in die Augen fallend, b) deutlich, c) nicht verwischbar.

b) Ersatzwörter, z. B. „Pflanzenbutter", genügen dem Gesetz nicht. So RG. 26. November 1915 (**Z.** Beil. 1916, **8**, 163).

c) Zusätze sind zulässig, wenn sie den besonderen unter a dargelegten Zweck nicht beeinträchtigen und fernerhin nicht dem in § 4 Nr. 3 LMG. aufgestellten allgemeinen Verbot irreführender Bezeichnung, Aufmachung usw. zuwiderlaufen. Siehe auch die Anmerkung zu § 5 und Anm. 4 zu § 3.

Das AG. Hamburg — 14 St 969/29 — hat in seinem in Margarineindustrie 1931, S. 266 abgedruckten Urt. vom 29. März 1930 die Bezeichnung „Eigelb-Margarine" für eine unter Zusatz von Heliocitin hergestellte Margarine für zulässig erklärt, weil das Publikum bei einer solchen Bezeichnung nur Eigelbzusatz in irgendeiner Form erwarte. Heliocitin ist ein Präparat, das etwa $^1/_3$ der Stickstoffmenge des natürlichen Eigelbs entspricht.

[5] Nicht überall in der Gesetzessprache bedeutet das Umstandswort „**gewerbsmäßig**" ein und dasselbe. Vielfach schwankt seine Tragweite sogar innerhalb eines und desselben Gesetzes (vgl. z. B. § 3 Anm. 3). Was jeweils unter „gewerbsmäßig" zu verstehen ist, ist aus Zusammenhang, Sinn und Zweck der betreffenden Gesetzesvorschrift zu entnehmen. Vgl. hierzu RGSt. **66**, 293—296; **36**, 427; **61**, 47 (hier unter Abgrenzung von „geschäftsmäßig").

Gewerbsmäßig im Sinne der §§ 1 und 2 des Margarinegesetzes ist auch Verkauf und Feilhalten in Verkaufsstellen von Konsumgenossenschaften oder durch Reisende. Denn im Bereich der §§ 1 und 2 des Margarinegesetzes kommt es dem Gesetzgeber nicht, wie in §§ 260, 285, 294, 302e und 302d des Strafgesetzbuchs, auf eine persönliche Eigenschaft des Inverkehrbringenden oder die wirtschaftliche Einträglichkeit des Inverkehrbringens für eine Person oder Personengemeinschaft an, sondern die Verbote und Gebote richten sich gegen jeden, der in einer Art verkauft oder feilhält, welche die äußeren Merkmale des gewerblichen Verkehrs aufweist. Nur diese Auslegung des Begriffes „gewerbsmäßig" wird dem Sinn und Zweck der Vorschriften des Margarinegesetzes gerecht. Und auf den Zweck der jeweiligen Vorschrift, welche den Begriff „gewerbsmäßig" verwendet, kommt es nach der Rechtsprechung des Reichsgerichts an. Vgl. hierzu RGSt. **66**, 296; **52**, 172 und namentlich **58**, 363; ferner meine Aufsätze „Gewerbsmäßig im Margarinegesetz" in **Z.** Beil. 1933, **25**, 1 und „Gewerbsmäßig im Lebensmittelrecht" in „Deutsche Justiz" 1935, 958 sowie im RGesundh.Bl. 1935, S. 633 und die Anmerkung 2 zu § 32 des Weingesetzes in Bd. VII des vorliegenden Handbuchs, S. 527.

Das Margarinegesetz verfolgt den Zweck, „Täuschungen des Publikums zu verhüten und im allgemeinen Verkehr" (Gegensatz: Die Herstellung und Verwendung im Haushalt) „die Gefahr einer Verwechslung ordnungsmäßiger Erzeugnisse der Milchwirtschaft mit solchen, die als Ersatzmittel dafür dienen können, auszuschließen". (So RGSt. **41**, 33.) „Allein dieses Motiv hat den Gesetzgeber bestimmt, Normen zu geben, welche derartige Täuschungen im voraus und ganz allgemein unmöglich machen sollen." ... „Die einschlagenden Vorschriften sind polizeilicher Natur" (RGSt. **19**, 155).

Ist das aber die Natur und der Zweck der in §§ 1 und 2 des Margarinegesetzes gegebenen Vorschriften, so wird man folgerichtig ihre Anwendbarkeit nicht davon abhängig machen dürfen, ob nach der etwa im Statut getroffenen Festlegung aller Geschäftsgewinn den Mitgliedern nach Maßgabe ihrer Käufe oder nach Maßgabe ihrer Geschäftsguthaben gutzuschreiben ist (wie es für § 2 Abs. 4 des Margarinegesetzes, OLG. Düsseldorf 3. Dezember 1930 — S. 532/30 —, abgedruckt in Margarineindustrie 1931, S. 117, und AG. Hannover 8. April 1930 mit Billigung des OLG. Celle, abgedruckt ebenda 1930, S. 195, tun). Es kommt vielmehr allein darauf an, ob nach der im gewerblichen Verkehr üblichen Art — gewerbeartig — gegen Entgelt abgegeben und angeboten, d. i. „verkauft und feilgeboten" wird. Da dies bei Konsumgenossenschaften der Fall ist, so handeln auch sie gewerbsmäßig im Sinne der §§ 1 und 2 des Margarinegesetzes. Zu diesem Ergebnis kommt in seiner Anm. II 1 zu § 1 des Margarinegesetzes ohne nähere Begründung unter kurzem Hinweis auf RGSt. 58, 363 auch Stenglein, S. 788.

In gleichen Gedankengängen bewegt sich OLG. Hamburg 31. Oktober 1929 — R II 262/29 — in Höchstrichterl. Rechtspr. 1930, Nr. 688.

Nach den vorstehenden Darlegungen lassen diejenigen Gerichtsentscheidungen zu § 2 Abs. 4 des Margarinegesetzes den Zweckgedanken des Margarinegesetzes außer acht, die beim Verkäufer (KG. 5. März 1928 in Z. Beil. 1929, 21, 96 und in Höchstrichterl. Rechtspr. 1928, Nr. 1865 — unter Bezugnahme auf einen meines Erachtens nicht gleichliegenden Fall in RGSt. 53, 59—) oder Reisenden (OLG. Dresden 2. Juli 1929 in Höchstrichterl. Rechtspr. 1929, Nr. 1891) oder Leiter einer Warenvermittlungsstelle (OLG. Naumburg 27. März 1929 in Höchstrichterl. Rechtspr. 1929, Nr. 1550) es darauf abstellen, ob die betreffenden Personen durch Tantiemen oder Provisionen oder Gewinnanteile an dem durch sie bewirkten Umsatz beteiligt sind. Sie glauben nämlich verlangen zu müssen, daß die im Sinne des § 2 Abs. 4 Margarinegesetzes Verkaufenden und Feilbietenden ein eigenes wirtschaftliches Interesse an der Margarineverteilung haben müßten, damit man sie wegen „gewerbsmäßigen" Handelns als Täter zur Verantwortung ziehen könne. Bloße Beihilfe zu fremdem gewerbsmäßigen Handeln in ihrem Sinne — also etwa zu der Tätigkeit des am Ertrag des Geschäftes interessierten Geschäftsherrn — wäre nämlich nicht strafbar, da nach § 18 in Verbindung mit § 2 Abs. 4 des Margarinegesetzes nur Übertretung in Frage kommt.

[6] Entscheidend für die Behandlung eines Lebensmittels als Margarine im Sinne des Margarinegesetzes sind die im folgenden Absatz und unter Anm. 8 und 9 erörterten Begriffsmerkmale:

Es muß sich um eine zum menschlichen Genuß bestimmte (§ 13) Zubereitung handeln. Nach dem Sprachgebrauch des Lebens, von dem in einem für den allgemeinen Verkehr bestimmten Gesetz wohl ausgegangen werden muß, ist unter Zubereitung ein Erzeugnis zu verstehen, das sein stoffliches Gepräge vorwiegend einer durch menschliche Willkür bestimmten Auswahl, Vermischung und Verarbeitung von Rohstoffen verdankt — im Gegensatz zu Butter und Butterschmalz. Ihre stoffliche Eigenart beruht im wesentlichen auf den natürlichen Gegebenheiten des naturgespendeten Rohstoffs Kuhmilch, bei dessen Gestaltung zu Butter und Butterschmalz der menschlichen Tätigkeit nur eine untergeordnete Rolle mit begrenztem Spielraum verbleibt.

[7] Eine formulierte Begriffsbestimmung für Butter enthalten weder das Milchgesetz, noch § 2 der ersten Ausführungs-VO. zum Milchgesetz, wo Butter lediglich als von den Regelungen dieser VO. ausgeschlossenes „Milcherzeugnis" genannt wird (vgl. Bd. III, S. 493 des Handbuchs), noch schließlich die Butter-VO. vom 20. Februar 1934 (ebenda S. 546).

Das Reichsgericht verlangt im Urt. vom 28. Oktober 1889 (RGSt. 20, 14) von Butter wie von Butterschmalz (das, je nach dem Sprachgebrauch der Gegend, auch als Kuhschmalz, Rindschmalz oder Schmalz schlechthin bezeichnet werde), daß ihr Fettgehalt ausschließlich der Milch entstamme; Butterschmalz bedeute nach Sinn und Zweck der Margarinegesetzgebung nichts anderes als „gereinigte Butter". Über den Fettgehalt von Butter siehe unter § 11 des Margarinegesetzes.

[8] Diese Zubereitung muß der Butter oder dem Butterschmalz ähnlich sein, d. h. (nach RGSt. 41, 33) „Eigenschaften besitzen, zufolge deren im allgemeinen Verkehr eine Verwechslung mit Butter oder Butterschmalz möglich ist. Ob diese Voraussetzungen gegeben sind, ist im Einzelfall eine Frage tatsächlicher Art". Wenn Aussehen (namentlich Farbe), Geruch, Geschmack, Gefüge (Härtegrad, Streichbarkeit) in ihrem Zusammenwirken auf die Sinne des Durchschnittsverbrauchers dahin führen, daß er das Erzeugnis mit Butter verwechseln könnte, dann ist das Begriffsmerkmal der Butterähnlichkeit gegeben. Vgl. hierzu RGSt. 42, 45, wo die dem Entw. des Margarinegesetzes beigegebenen „Technischen Erläuterungen" herangezogen werden; ferner aus der neueren Zeit die Zusammenstellung der Eigenschaften, nach deren größerem oder geringerem Vorhandensein in § 1 der Butter-VO. vom 20. Februar 1934 (RGBl. I S. 117) die Beurteilung von Butter geregelt ist. In einem Rundschreiben des Reichskanzlers vom 5. August 1908 (Veröff. des Reichsgesundh.Amts 1908, S. 751) wird die Frage erörtert, unter welchen Umständen gelbgefärbte

Pflanzenbutter der Milchbutter oder dem Butterschmalz ähnlich ist. Die Ähnlichkeit wird auch für den Fall bejaht, daß, bei Verwechselbarkeit im übrigen, bezüglich des Geruchs und Geschmacks merkliche Verschiedenheit vorliegt.

Die Eigenschaften der als Ersatz für Butter hergestellten Margarine denen der Butter möglichst weitgehend anzunähern, ist das an und für sich durchaus berechtigte Bestreben der Margarineindustrie (vgl. RGSt. **19**, 153).

[9] Margarine muß schließlich einen **Fettgehalt** haben. Dieser braucht zu keinem Teile und darf nicht ausschließlich der (Kuh-) Milch entstammen. Denn im letzteren Falle wäre ja Margarine als Fetterzeugnis der Butter nicht nur ähnlich, sondern wesensgleich.

In § 3 ist zwar für Margarine nur ein Höchstgehalt von der Milch entstammendem Fett zugelassen; seine Überschreitung ist auch strafbar; sie nimmt aber, sofern der Fettgehalt nur nicht ausschließlich der Milch entstammt, dem Erzeugnis nicht die Eigenschaft von Margarine. Der rechtlichen Behandlung eines Fetterzeugnisses als Margarine nach den Vorschriften des Margarinegesetzes steht auch nicht entgegen, wenn — den Vorschriften des § 2 der Bekanntmachung über fetthaltige Zubereitungen (abgedruckt unten S. 883) zuwider — sein Fettgehalt 80% nicht erreicht oder sein Wassergehalt 18% übersteigt.

[10] Außer den vorerwähnten (Anm. 6, 8, 9) bestehen keine Rechtssatzvorschriften über die stoffliche Beschaffenheit von Margarine. Auch die Vierte VO. über gewerbsmäßige Herstellung von Erzeugnissen der Margarinefabriken vom 23. Oktober 1934 (s. unten S. 880) enthält sich derartiger Regelungen. Sie beschränkt sich auf unterschiedliche Preisregelungen für die drei in ihr festgelegten Margarinesorten Konsumware, Mittelsorte, Spitzensorte. Sie bevorzugt dabei durch Gestattung von Preiszuschlägen Margarine mit Wassergehalt von nicht mehr als 1% (Schmelzmargarine) und von nicht mehr als 8% (Ziehmargarine), stuft aber sonst die vorbezeichneten drei Sorten nicht durch unterschiedliche Beschaffenheitsvorschriften gegeneinander ab. Nach den allgemeinen Gesichtspunkten, die im Bereich des § 4 des LMG. durch die Rechtswissenschaft und Rechtsprechung entwickelt sind, wird die Verbraucherschaft jedenfalls unter der Bezeichnung „Spitzenmargarine" ein Erzeugnis erwarten, das sich vor den anderen Sorten durch Verwendung von im Verkehr höher bewerteten Rohstoffen, durch besondere Sorgfalt bei der Herstellung oder sonstige Vorzüge nachweisbar auszeichnet. Siehe ferner § 3 Anm. 4 Abs. 3.

Andere Bezeichnungen neben denjenigen, welche die VO. vom 23. Oktober 1934 gebraucht, sind nicht unzulässig. Vgl. vorstehende Anm. 4c.

[11] Die Vorschriften über Margarinekäse gelten nicht mehr. Siehe oben S. 862.

[12] In dem älteren Margarinegesetz von 1887 befanden sich noch keine Vorschriften über **Kunstspeisefette.** Als Kunstspeisefette, auf welche die Vorschriften des Margarinegesetzes Anwendung finden wollen, sind nach § 1 Abs. 4 Satz 1 dieses Gesetzes anzusehen: Zubereitungen, deren Fettgehalt nicht — wie Schweineschmalz — ausschließlich aus Schweinefett besteht, die aber vom Durchschnittsverbraucher wegen ihrer sinnfälligen Beschaffenheit mit Schweineschmalz verwechselbar und ihm in diesem Sinne (vgl. oben Anm. 8) ähnlich sind.

Seit Aufhebung des Zwanges zur Verwendung von neutralem Schweineschmalz (nachstehend S. 871 § 3 Anm. 4) sind besondere Rechtssatzvorschriften über die stoffliche Beschaffenheit von Kunstspeisefett nicht mehr anzuführen. Es gelten insoweit die allgemeinen Vorschriften des LMG.

So würde z. B. die Verwendung von Abdeckereifetten — auch und gerade, wenn der Verbraucher nichts davon weiß — ein Kunstspeisefett zum verdorbenen Lebensmittel im Sinne des § 4 LMG. machen. Vgl. hierzu RGSt. **69**, 283 in Verbindung mit HOLT-HÖFER-JUCKENACK Erg. 1936, S. 48; ferner RGSt. **23**, 409 (besonders S. 413) sowie meine Ausführungen in Bd. III, S. 937 des Handbuchs und in Z. Beil. 1935, **27**, 65.

Auch für die Beurteilung, ob ein Kunstspeisefett nicht verfälscht im Sinne des § 4 LMG. ist, ist in Ermangelung ausdrücklicher Rechtssatzvorschriften als Normalware ein Kunstspeisefett anzusehen, wie es der Verbraucher nach redlichem Handelsbrauch erwartet. Seine Erwartung würde jedenfalls, schon im Hinblick auf § 1 der Bekanntmachung über fetthaltige Zubereitungen (S. 883), getäuscht und er würde eine nachgemachte oder verfälschte Ware erhalten, wenn ihm statt einer Zubereitung aus beliebigen Fetten, die Schweineschmalz ersetzen soll, eine Zubereitung geliefert würde, deren Fettgehalt — abgesehen von verkehrsüblichen Zusätzen — mehr oder weniger durch Stoffe ersetzt würde, die kein Fett sind.

[13] Die Ausnahmevorschrift des **Satz 2 des Abs. 4** gilt nach ihrer Stellung im Gesamtgefüge der Absatzeinteilung des § 1 nur gegenüber dem Satz 1 des Abs. 4 (Kunstspeisefett), nicht auch gegenüber dem Abs. 2 (Milchbutter und Milchbutterschmalz). Vgl. hierzu RGSt. **42**, 45. Auch der Erlaß Preußischer Minister vom 25. November 1927 (**Z.** Beil. 1929, **21**, 99) über dem Butterschmalz ähnliches Oleomargarin geht von der in den vorigen Sätzen vertretenen Rechtsauffassung aus, weist aber gleichwohl

„unter Vorbehalt einer endgültigen Regelung der Frage durch eine demnächst zu erwartende Revision des Margarinegesetzes" die zuständigen Beaufsichtigungsorgane an, *„die Vorschriften*

des Margarinegesetzes nicht anzuwenden auf reines und unverfälschtes, dem Butterschmalz ähnliches Oleomargarin, auch dann, wenn Phantasienamen Verwendung finden, jedoch im übrigen eindeutig der Ursprung des Fettes als Rinderfett oder Oleomargarin angegeben ist."

Die Ausnahmevorschrift des § 1 Abs. 4 Satz 2 trägt dem Sprachgebrauch des Lebens Rechnung, der einwandfreie Fette bestimmter Tier- oder Pflanzenarten nicht als „Kunstspeisefette" zu bezeichnen pflegt, sondern als das, was sie ihrem Wesen nach sind, z. B. als „Rinderfett", „Rindertalg", „Cocosfett" od. dgl. Dadurch wird nicht nur einer Verwechslung mit Schweineschmalz entgegengewirkt, wie durch die farblosere Bezeichnung Kunstspeisefett, sondern darüber hinaus positiv kundgemacht, welche Art Fett das Nichtschweineschmalz ist.

[11] Unverfälscht ist hier gleichbedeutend mit „nicht verfälscht" im Sinne des § 4 LMG.; das geht nach RGSt. **46**, 157 und RGSt. **50**, 216 klar aus der (dort erörterten) Amtl. Begr. zu § 1 Margarinegesetz hervor. Die Gleichsetzung von unverfälscht mit „rein" im Sinne von „unverändert" oder „unvermischt" würde ein vom Gesetzgeber nicht gewolltes Erfordernis in das Gesetz hineintragen. Denn die wenigsten Fette sind als Rohfette, wie sie vom Tier kommen, oder wie sie die Natur in der Pflanze spendet, im Bereich der menschlichen Ernährung verwendbar. Sie bedürfen hierzu mehr oder weniger einer Bearbeitung, z. B. Rinderfett zum mindesten des „Auslassens". Nur soweit diese Bearbeitung ein verschlechterndes Verfälschen im Sinne des § 4 LMG. (vgl. Holthöfer-Juckenack S. 81 Anm. 2b zu § 4) bewirkt, geht dadurch die Vergünstigung des § 1 Abs. 4 Satz 2 Margarinegesetz verloren. „Eine Veränderung der echten Sache ist nur dann eine Verfälschung, wenn sie zugleich eine Verschlechterung in sich schließt." So Stenglein, Anm. 5d zu § 4 LMG. (auf S. 725); ferner RGSt. **14**, 29 sowie RG. Urt. 20. Mai 1889 zu § 10 des Nahrungsmittelgesetzes von 1879 in Veröff. des Reichsgesundh.Amts 1890, S. 162.

Werden z. B. einem als „Rinderbratenfett" oder „Rinderbackfett" bezeichneten Fett die hierfür weniger geeigneten Bestandteile des Rohfetts (Stearin) entzogen und das Fett hierdurch für seinen Gebrauchszweck verbessert, so bedeutet das ebensowenig eine die Vergünstigung des § 1 Abs. 4 Satz 2 ausschließende Verfälschung, wie etwa Kirschen, die entsteint, Birnen, die geschält als Einmachfrüchte vertrieben werden, wegen dieser zweckdienlichen Befreiung von weniger wertvollen Bestandteilen zu verfälschten Lebensmitteln werden.

RGSt. **46**, 157 hat mit eingehender Begründung Gänseschmalz als nicht verfälscht im Sinne des § 4 Nr. 2 LMG. und demgemäß als unverfälscht im Sinne des § 1 Abs. 4 Satz 2 des Margarinegesetzes beurteilt, das zur Verwendung als Brotaufstrich unter dem mancherorts herkömmlichen Zusatz gewürzhafter Stoffe ausgelassen war und dem durch Zusatz einer geringen Menge Schweineschmalz die zum Aufstreichen erforderliche Konsistenz gegeben war. Dabei wird allerdings hervorgehoben, daß im Regelfall das Fett einer bestimmten Tier- oder Planzenart durch den Zusatz eines Fremdfettes verfälscht werde.

Würde freilich eine Ware als „reines" Gänseschmalz bezeichnet, dann wäre der Zusatz eines Fremdfettes zu Gänsefett für eine so bezeichnete Ware unzweifelhaft eine Verfälschung. Man darf eben nie vergessen, daß im Bereich des § 4 LMG., soweit Sonderrecht keine allgemeinverbindlichen Begriffs-, Beschaffenheits- und Bezeichnungsvorschriften enthält, die Erwartung der Verbraucherschaft die Generalnorm ist, an der zu beurteilen ist, ob im Einzelfall ein Lebensmittel nach den Richtungen hin von ihr abweicht, die nach der feststehenden Gesetzesauslegung eine „Verfälschung" bedeuten (vgl. Abs. 1). Für die Verbrauchererwartung ist nun aber die Art der Bezeichnung der Ware in Verbindung mit der Verkehrsauffassung von bestimmender Bedeutung.

Im Ergebnis nicht mit Unrecht hat deshalb OLG. Düsseldorf 21. Dezember 1927 (in **Z.** Beil. 1928, **20**, 65) die Ausnahmevorschrift des § 1 Abs. 4 Satz 2 für unanwendbar erachtet auf ein als „Erdnußschmalz" bezeichnetes Erdnußöl, das durch ein Härtungsverfahren in ein Fett von schmalzartiger Konsistenz umgewandelt war. In der Begründung der Vorinstanz wird u. a. ausgeführt, daß Erdnußöl durch die Behandlung mit Wasserstoff auf chemischem Wege in eine neue Substanz umgewandelt werde, die kein Erdnußfett mehr sei. Dieser Teil der Begründung stellt jedoch nicht die herrschende Meinung dar. Vgl. z. B. OLG. Hamm 30. November 1927 (in **Z.** Beil. 1928, **20**, 130), wo einem derart behandelten, aber wahrheitsgemäß als „reines gehärtetes Erdnußöl" bezeichneten Erzeugnis die rechtliche Beurteilung nach § 1 Abs. 4 Satz 2 zuerkannt wird. Vor allem aber ist in der letzterwähnten Richtung beachtlich der auf Grund eines Rundschreibens des RMdI. vom 26. März 1928 ergangene

Gemeinschaftliche Erlaß der zuständigen Preußischen Minister vom 2. Mai 1928. („Volkswohlfahrt" 1929, S. 509).

„In letzter Zeit sind Zweifel darüber entstanden, ob gehärtete Speiseöle (gehärtetes Erdnußöl und gehärtetes Baumwollsamenöl, gehärteter Tran u. dgl.), sofern sie dem Schweineschmalz ähnlich sind, als Kunstspeisefett im Sinne des § 1 Abs. 4 Satz 1 des Margarinegesetzes vom 15. Juni 1897 (RGBl. S. 475), anzusehen sind, oder ob sie unter die dort im Satz 2 vorgesehene Ausnahme fallen. Diese Fette waren beim Erlaß des Margarinegesetzes

noch nicht bekannt. Die gehärteten Öle, die durch Anlagerung von Wasserstoff an die in dem Öl enthaltenen ungesättigten flüssigen Fettsäureglyceride entstehen und je nach dem Grade der Wasserstoffanlagerung in halbfeste, schmalzähnliche bis feste, talgähnliche Fette übergeführt werden können, sind erst einige Jahre vor dem Kriege in der Speisefettindustrie zur Herstellung von Kunstspeisefetten oder Margarine eingeführt worden. Neuerdings kommen sie aber offenbar auch als solche oder in Mischungen mit anderen pflanzlichen oder tierischen Fetten, meist wohl unter Phantasienamen, im Kleinhandel zum Verkauf.*

Die Absicht des Gesetzgebers ging dahin, den Verbraucher vor Täuschungen und die Hersteller und Verkäufer anderer Fette als Kunstspeisefette vor unlauterem Wettbewerb zu schützen (vgl. Begründung zum Margarinegesetz, Reichstagsdrucksache Nr. 72, S. 12, 9. Legislaturperiode, IV. Session 1895/96). Mit Rücksicht hierauf und vorbehaltlich der endgültigen Regelung der vorliegenden Frage durch die in Aussicht genommene Abänderung des Margarinegesetzes halte ich es im Einvernehmen mit dem Reichsgesundheitsamt für unbedenklich, von der Behandlung der dem Schweineschmalz ähnlichen, gehärteten Speiseöle als Kunstspeisefett dann abzusehen, wenn sie eindeutig und einwandfrei ihrem Ursprung und ihrer chemischen Behandlung gemäß als gehärtete Fette, z. B. als gehärtetes Erdnußöl, gehärtetes Baumwollsamenöl, gehärteter Tran usw., bezeichnet werden. Gegen den Gebrauch von Phantasienamen daneben würde nichts einzuwenden sein, sofern die angeführte wesentliche Bezeichnung hinter dem Phantasienamen an Deutlichkeit nicht zurücksteht und im übrigen das Wort ,,Schmalz" in jeder From vermieden wird. Bezeichnungen wie ,,Erdnußfett", ,,Garantiert reines Erdnußfett", ,,Erdnußschmalz", würden nicht als ausreichende Bezeichnungen von Fetten der genannten Art anerkannt werden können.

Die für die reinen unvermischten gehärteten Speiseöle als zulässig erachtete Befreiung von der Kennzeichnung als Kunstspeisefett wird folgerichtig auch auf dem Schweineschmalz ähnliche Mischungen solcher Fette, auch mit anderen tierischen oder pflanzlichen Fetten, Anwendung finden müssen, vorausgesetzt, daß sie ihrer Zusammensetzung nach einwandfrei bezeichnet werden. Auch derartige Mischungen würden somit unter den erwähnten Voraussetzungen bis auf weiteres nicht als Kunstspeisefett zu behandeln sein. Ich verweise hierzu auf den im Reichsgesundheitsblatt von 1926 S. 848 veröffentlichten Aufsatz: ,,Zum Begriff der ,,unverfälschten Fette" im Sinne des Margarinegesetzes" von Dr. RIESS, Regierungsrat und Mitglied des Reichsgesundheitsamtes. Dieser Aufsatz ist auch in der Sammlung ,,Gesetze und Verordnungen sowie Gerichtsentscheidungen betr. Lebensmittel", Beilage zur Zeitschrift für Untersuchung der Lebensmittel 1926, Jahrgang 18, S. 69" abgedruckt.

Zur Herbeiführung einer einheitlichen Beurteilung schmalzähnlicher gehärteter Speiseöle, auch in Mischungen, und zur Vermeidung nicht hinreichend begründeter Beanstandungen, ersuche ich, in der Annahme des dortigen Einverständnisses, ergebenst, die mit der Überwachung des Lebensmittelverkehrs betrauten Behörden und Sachverständigen anzuweisen, bei der Beurteilung schmalzähnlicher, gehärteter Speiseöle entsprechend den vorstehenden Richtlinien zu verfahren."

Wie der vorletzte Absatz des vorerwähnten Ministererlasses billigt auch RGSt. **46**, 154 und **50**, 216 unverfälschten, ihrem mehrfachen Ursprung nach unmißverständlich bezeichneten Mischungen verschiedener Pflanzenfette (aus ,,Cocosnußfett und Sesamöl") oder Tierfette (,,Schweinefett mit Kalbsfett") die Befreiung von der Bezeichnung als Kunstspeisefett zu.

[15] Eigene Wege geht in Ansehung der Mischungen verschiedener Tier- und Pflanzenfette § 1 der Durchführungsbestimmungen zur **Fettsteuer VO.** (abgedruckt S. 888). Er will solche **als** fettsteuerpflichtige ,,Kunstspeisefette" behandelt wissen, abgesehen von Mischungen, die ausschließlich aus Rinder- und Schweinefett bestehen und diesen Bestandteilen entsprechend bezeichnet sind (vgl. S. 884 unter c).

Neben Kunstspeisefetten unterwirft § 1 der Fettsteuer-VO. (abgedruckt S. 888) Speiseöl, auch gehärtet, Pflanzenfette — mit Ausnahme der Kakaobutter — und gehärteten Tran der Fettsteuerpflicht.

Im übrigen aber übernimmt § 1 der Fettsteuer-VO. den Kunstspeisefettbegriff des Margarinegesetzes und damit wohl auch die Ausnahmen des § 1 Abs. 4 Satz 2 Margarinegesetz für ihrem Ursprung gemäß bezeichnete Fette einer bestimmten Tierart (z. B. Rindertalg, Hammeltalg), wenn sie ,,unverfälscht" in dem (vorstehend erörterten) Sinne des Margarinegesetzes sind.

[16] **Strafbestimmung** zu § 1: § 18.

§ 2[1]*. Die Gefäße*[3] *und äußeren Umhüllungen*[2]*, in welchen*[1] *Margarine [Margarinekäse] oder Kunstspeisefett gewerbsmäßig*[8] *verkauft oder feilgehalten wird, müssen an in die Augen fallenden Stellen die deutliche, nicht verwischbare*

---

* Bis hierher würde der Satz nach den heutigen Erkenntnissen etwa zu lauten haben: ,,Die gehärteten Öle, die durch Einwirkung von Wasserstoff bei Gegenwart von Katalysatoren (Nickel) auf die im Öl enthaltenen Glyceride ungesättigter Fettsäuren entstehen und je nach dem Grade der Einwirkung in halbfeste ..."

Inschrift „Margarine", [„Margarinekäse",] „Kunstspeisefett" tragen. Die Gefäße[3] müssen außerdem mit einem stets sichtbaren, bandförmigen Streifen von roter Farbe versehen sein, welcher bei Gefäßen bis zu 35 Zentimeter Höhe mindestens 2 Zentimeter, bei höheren Gefäßen mindestens 5 Zentimeter breit sein muß.

Wird Margarine [Margarinekäse] oder Kunstspeisefett in ganzen Gebinden[2] oder Kisten[2] gewerbsmäßig[8] verkauft oder feilgehalten, so hat die Inschrift außerdem den Namen oder die Firma des Fabrikanten[5], sowie die von dem Fabrikanten zur Kennzeichnung der Beschaffenheit seiner Erzeugnisse angewendeten Zeichen (Fabrikmarke) zu enthalten.

Im gewerbsmäßigen[8] Einzelverkaufe müssen Margarine [Margarinekäse] und Kunstspeisefett an den Käufer in einer Umhüllung abgegeben[6] werden, auf welcher die Inschrift[11] „Margarine", [„Margarinekäse",] „Kunstspeisefett" mit dem Namen oder der Firma des Verkäufers angebracht ist.

Wird[7] Margarine [oder Margarinekäse] in regelmäßig geformten Stücken gewerbsmäßig[8] verkauft[9] oder feilgehalten, so müssen dieselben von Würfelform[10] sein, auch muß denselben die Inschrift „Margarine" [Margarinekäse"] eingepreßt sein.

Reichsrechtliche Vorschriften zu § 2.

a) Nrn. 3—9 der Bekanntmachung, betr. **Bestimmungen zur Ausführung des Gesetzes über den Verkehr mit Butter, [Käse,] Schmalz und deren Ersatzmitteln.** *Vom 4. Juli 1897 (RGBl. S. 591) in der Fassung der Bekanntmachung vom 23. Oktober 1912 (RGBl. S. 526), durch die der Nr. 9 der jetzige Absatz 2 hinzugefügt wurde.*

Zur Ausführung der Vorschriften in § 2 und § 6 Abs. 1 des Gesetzes, betreffend den Verkehr mit Butter, Käse, Schmalz und deren Ersatzmitteln, vom 15. Juni 1897 (RGBl. S. 475) hat der Bundesrat in Gemäßheit der § 12 Nr. 1 und § 6 Abs. 2 dieses Gesetzes die nachstehenden Bestimmungen beschlossen:

1. Um die Erkennbarkeit von Margarine [und Margarinekäse,] welche zu Handelszwecken bestimmt sind, zu erleichtern (§ 6 des Gesetzes, betreffend den Verkehr mit Butter, [Käse] Schmalz und deren Ersatzmitteln, vom 15. Juni 1897), ist den bei der Fabrikation zur Verwendung kommenden Fetten und Ölen Sesamöl zuzusetzen. In 100 Gewichtsteilen der angewandten Fette und Öle muß die Zusatzmenge bei Margarine mindestens 10 Gewichtsteile, bei Margarinekäse mindestens 5 Gewichtsteile Sesamöl betragen.*

Der Zusatz des Sesamöls hat bei dem Vermischen der Fette vor der weiteren Fabrikation zu erfolgen.

2. Das nach Nr. 1 zuzusetzende Sesamöl muß folgende Reaktion zeigen:

Wird ein Gemisch von 0,5 Raumteilen Sesamöl und 99,5 Raumteilen Baumwollsamenöl oder Erdnußöl mit 100 Raumteilen rauchender Salzsäure vom spezifischen Gewicht 1,19 und einigen Tropfen einer 2%igen alkoholischen Lösung von Furfurol geschüttelt, so muß die unter der Ölschicht sich absetzende Salzsäure eine deutliche Rotfärbung annehmen.

Das zu dieser Reaktion dienende Furfurol muß farblos sein.

3. Für die vorgeschriebene Bezeichnung der Gefäße und äußeren Umhüllungen, in welchen Margarine [Margarinekäse] oder Kunstspeisefett gewerbsmäßig verkauft oder feilgehalten wird (§ 2 Abs. 1 des Gesetzes), sind die anliegenden Muster mit der Maßgabe zum Vorbilde zu nehmen, daß die Länge der die Inschrift umgebenden Einrahmung nicht mehr als das Siebenfache der Höhe, sowie nicht weniger als 30 Zentimeter und nicht mehr als 50 Zentimeter betragen darf. Bei runden oder länglich runden Gefäßen, deren Deckel einen größten Durchmesser von weniger als 35 Zentimeter hat, darf die Länge der die Inschrift umgebenden Einrahmung bis auf 15 Zentimeter ermäßigt werden.

4. Der bandförmige Streifen von roter Farbe in einer Breite von mindestens 2 Zentimeter bei Gefäßen bis zu 35 Zentimeter Höhe und in einer Breite von mindestens 5 Zentimeter bei Gefäßen von größerer Höhe (§ 2 Abs. 1 des Gesetzes) ist parallel zur unteren Randfläche und mindestens 3 Zentimeter von dem oberen Rande entfernt anzubringen. Der Streifen muß sich oberhalb der unter Nr. 3 bezeichneten Inschrift befinden und ohne Unterbrechung um das ganze Gefäß gezogen sein. Derselbe darf die Inschrift und deren Umrahmung nicht berühren und auf den das Gefäß umgebenden Reifen oder Leisten nicht angebracht sein[4].

5. Der Name oder die Firma des Fabrikanten, sowie die Fabrikmarke (§ 2 Abs. 2 des Gesetzes) sind unmittelbar über, unter oder neben der in Nr. 3 bezeichneten Inschrift anzubringen, ohne das sie den in Nr. 4 erwähnten roten Streifen berühren.

6. Die Anbringung der Inschriften und der Fabrikmarke (Nr. 3 und 5) erfolgt durch Einbrennen oder Aufmalen. Werden die Inschriften aufgemalt, so sind sie auf weißem oder

---

* Durch die auf S. 874 abgedruckte Bekanntmachung vom 1. Juli 1915 (RGBl. S. 413) sind an Stelle von Sesamöl 2—3°/$_{00}$ Kartoffelstärkemehl zugelassen worden.

hellgelbem Untergrunde mit schwarzer Farbe herzustellen. Die Anbringung des roten Streifens (Nr. 4) geschieht durch Aufmalen. Bis zum 1. Januar 1898 ist es gestattet, die Inschrift [„Margarinekäse"] „Kunstspeisefett", die Fabrikmarke und den roten Streifen auch mittels Aufklebens von Zetteln oder Bändern anzubringen.

7. Die Inschriften und die Fabrikmarke (Nr. 3 und 5) sind auf den Seitenwänden des Gefäßes an mindestens zwei sich gegenüberliegenden Stellen, falls das Gefäß einen Deckel hat, auch auf der oberen Seite des letzteren, bei Fässern auch auf beiden Böden anzubringen.

8. Für die Bezeichnung der würfelförmigen Stücke (§ 2 Abs. 4) des Gesetzes sind ebenfalls die anliegenden Muster zum Vorbilde zu nehmen. Es findet jedoch eine Beschränkung hinsichtlich der Größe (Länge und Höhe) der Einrahmung nicht statt. Auch darf das Wort „Margarine" in zwei [das Wort „Margarinekäse" in drei] untereinander zu setzende, durch Bindestriche zu verbindende Teile getrennt werden.

9. Auf die beim Einzelverkaufe von Margarine [Margarinekäse] und Kunstspeisefett verwendeten Umhüllungen (§ 2 Abs. 3 des Gesetzes) findet die Bestimmung unter Nr. 3 Satz 1 mit der Maßgabe Anwendung, daß die Länge der die Inschrift umgebenden Einrahmung nicht weniger als 15 Zentimeter betragen darf. Der Name oder die Firma des Verkäufers ist unmittelbar über, unter oder neben der Inschrift anzubringen.

Werden für würfelförmige Stücke Umhüllungen aus festem Stoffe[7] (Pappe od. dgl.) verwendet, so ist die Inschrift in einer gegenüber dem übrigen Aufdruck deutlich hervortretenden Weise auf den zur Öffnung bestimmten, mindestens aber auf zwei Seiten anzubringen; die Länge der Einrahmung darf nicht weniger als 4 Zentimeter betragen. Der Name oder die Firma des Verkäufers braucht nur auf einer Seite angebracht zu werden.

MARGARINE

KUNST-SPEISEFETT

b) Bekanntmachung über den Verkehr mit Margarine. *Vom 9. September 1915 (RGBl. S. 555.)*

Der Bundesrat hat auf Grund des § 3 des Gesetzes über die Ermächtigung des Bundesrats zu wirtschaftlichen Maßnahmen usw. vom 4. August 1914 (RGBl. S. 327) folgende Verordnung erlassen:

§ 1. Die Inschrift auf Gebinden oder Kisten, in denen Margarine [Margarinekäse] oder Kunstspeisefett gewerbsmäßig verkauft oder feilgehalten wird (§ 2 Abs. 1, 2 des Gesetzes, betreffend den Verkehr mit Butter [Käse,] Schmalz und deren Ersatzmitteln, vom 15. Juni 1897 — RGBl. S. 475), kann bei ausländischen Erzeugnissen an Stelle des Namens oder der Firma sowie der Zeichen (Fabrikmarke) des Fabrikanten den Namen und den Wohnort oder die Firma und den Sitz des Verkäufers, der die Ware eingeführt hat, enthalten.

§ 2. Diese Verordnung tritt mit dem Tage der Verkündung in Kraft. Der Reichskanzler bestimmt den Zeitpunkt des Außerkrafttretens.

Anmerkungen zu § 2 Margarinegesetz und den vorstehenden abgedruckten Bekanntmachungen zu § 2. [1] § 2 regelt die Kenntlichmachung von Margarine und Kunstspeisefett auf der Ware selbst und ihren Behältnissen oder Umhüllungen. Ergänzende Vorschriften enthalten die vorstehend unter a und b abgedruckten reichsrechtlichen Vorschriften. Gegenstände, die der nicht weiter verkaufende Käufer zum Einpacken der Ware mitbringt, werden durch § 2 nicht getroffen.

[2] **Abs. 1 Satz 1** gilt im Großhandel wie im Einzelverkauf für Gefäße und Umhüllungen, **Abs. 1 Satz 2** gilt nur für Gefäße.

Beim Verkauf in ganzen Gebinden oder Kisten gilt daneben **Abs. 2.** Nach KG. 2. Mai 1911 (in Veröff. des Reichsgesundh.Amts Beil. A, Bd. XI, S. 37) sind Gebinde dasselbe wie Gefäße, d. h. faßartige, aus festem, widerstandsfähigem Stoff (Holz, Metall) hergestellte Behältnisse.

Beim Einzelverkauf gilt neben Abs. 1 Satz 1 der **Abs. 3,** soweit nicht Abs. 3 durch **Abs. 4** im Einzelfall ausgeschlossen wird (vgl. Anm. 7).

Von diesem Verhältnis der einzelnen Teile des § 2 geht ein Schreiben des RMdI. vom 13. Juni 1923 aus (mitgeteilt in Z. Beil. 1923, 15, 115), wo auf eine Anfrage aus Industriekreisen der Standpunkt vertreten wird, daß § 2 **Abs. 3** sich nicht auf die äußere Verpackung beziehe, in denen Margarine in Postpaketen zur Versendung gelange.

[3] Gefäß ist nach STENGLEIN § 2 Anm. 3 (S. 790) „jedes Behältnis, das, ohne bloße Umhüllung zu sein, für sich allein oder in Verbindung mit anderen Vorrichtungen die Ware zur Aufbewahrung in sich faßt und nach außen hin abschließt, und zwar gleichviel, in welcher Weise das geschieht; insbesondere auch dann, wenn die Ware mit dem Behältnis

nicht in unmittelbare Berührung kommt und von ihm nicht ständig und auch nicht nach allen Seiten hin abgeschlossen wird, oder wenn sie nicht sowohl in das Behältnis gefüllt oder sonstwie hineingebracht, als vielmehr erst von ihm umgeben wird, also z. B. auch eine „Glocke" (OLG. Dresden 26. Februar 1913 in Sächsische Annalen **35**, 24). Dagegen sind bloße Unterlagen weder Gefäß noch Umhüllung (OLG. Hamm 7. April 1914 in Veröff. des Reichsgesundh.Amts Beil. A, Bd. X, S. 31)."

⁴ *Durch Rd.Erl. des Volkswohlfahrtsministers vom 5. November 1926 (Z. Beil. 1926, 18, 146) und 17. Dezember 1931 („Volkswohlfahrt" 1932, S. 15 und Z. Beil. 1932, 24, 16) sind die Überwachungsorgane angewiesen, Beanstandungen zu unterlassen, wenn bei nur 7¹/₂ cm hohen Kisten mit ¹/₂ Pfd.-Packungen oder auf Margarinekübeln von ¹/₂ Pfd. Inhalt die vorgeschriebenen Inschriften und übrigen Kennzeichnungen den roten Streifen berühren oder auf ihn aufgedruckt werden.*

Diese Anweisung bindet die Gerichte nicht. Stenglein (Anm. 3 zu § 1 auf S. 790) verweist auf eine ältere Entscheidung des Bay.Ob.LG. vom 4. August 1914, nach der Gefäße oder Umhüllungen vom Verkehr ausgeschlossen sind, wenn ihr geringes Format die Erfüllung der reichsrechtlichen Vorschriften unmöglich macht.

⁵ Bei Auslandsware können diese Angaben gemäß der vor den Anmerkungen zu § 2 abgedruckten Bekanntmachung vom 9. September 1915 ersetzt werden.

⁶ „Abgeben" will an dieser Stelle (nach KG. 19. Dezember 1929 in JFG. Erg. **10**, 254) nichts anderes besagen, als daß der gesamte Einzelverkauf, mit der sich aus Abs. 4 ergebenden Beschränkung auf nicht regelmäßig geformte Stücke, den Formvorschriften des Abs. 3 hat unterworfen werden sollen (vgl. § 1 Anm. 2).

⁷ Über das Verhältnis des § 2 Abs. 4 zu Abs. 3 führt das KG. im Urt. vom 19. Dezember 1929 (abgedruckt in JFG. Erg. **10**, 254; in JW. 1930, S. 1232 und in Z. Beil. 1932, **24**, 33) unter anderem folgendes aus:

Bei regelmäßig geformten Stücken soll der Schutz des kaufenden Publikums durch den Würfelformzwang in Verbindung mit dem Einpreßzwang (Abs. 4) gewährleistet werden. Aus dem Verhältnis, in dem die Vorschriften der Abs. 3 und 4 zueinander stehen, folgt weiter, daß das Gesetz die in Abs. 3 vorgeschriebene Inschrift „Margarine" mit dem Namen oder der Firma des Verkäufers auf der Umhüllung bei regelmäßig geformten Stücken nur dann als überflüssig ansieht, wenn sowohl die Würfelform als die eingepreßte Inschrift „Margarine" auf den Stücken selbst vorhanden ist und (gemäß Abs. 1) die Aufschrift auf der Umhüllung die Ware als „Margarine" kennzeichnet.

Wenn nicht in fester Umhüllung, sondern etwa in solcher aus Pergamentpapier u. dgl. als Einpackmaterial geliefert wird, dann jedenfalls sind die Vorschriften des § 9 Abs. 2 der Bekanntmachung vom 4. Juli 1897 in der Fassung vom 23. Oktober 1912 (s. oben S. 869) nicht anwendbar.

Diese vom KG. im Urt. vom 12. April 1935 (in JFG. Erg. **14**, 254) wiederholte und von ihm in ständiger Rechtsprechung vertretene Auslegung ist die in der höchstrichterl. Rechtspr. herrschende. Vgl. z. B. OLG. Dresden 19. Februar 1934 in JW. 1934, S. 1294. Auch Stenglein (Anm. 6 zu § 2 auf S. 790) bekennt sich zu ihr. Abseits steht OLG. Hamm 25. Mai 1927 (Höchstrichterl. Rechtspr. 1928, Nr. 699) insofern, als es die Anwendung des Abs. 3 neben Abs. 4 verlangt, wenn Margarinestücke, die den Vorschriften des Abs. 4 entsprechend geformt und mit Einpressung versehen sind, in einer Umhüllung irgendwelcher Art geliefert werden.

Auch ein Erlaß des Preuß. Ministers für Volkswohlfahrt vom 16. März 1922 (in Z. Beil. 1922, **14**, 62) will die Vorschrift des § 9 Abs. 2 der Bekanntmachung vom 4. Juli 1897 in der Fassung vom 23. Oktober 1912 (S. 869) sinngemäß auf Umhüllungen aus Pergamentpapier und ähnliche nicht aus festem Stoff bestehende Umhüllungen angewendet wissen.

Der Anwendung dieses Erlasses spricht indessen das KG. die rechtsverbindliche Kraft ab. OLG. Stettin 9. März 1929 (in Z. Beil. 1929, **21**, 96) und OLG. Hamburg 7. September 1925 (in Z. Beil. 1925, **17**, 132) bestreiten sogar die Rechtsgültigkeit des § 9 Abs. 2 der vorerwähnten Bekanntmachung, weil die Reichsregierung nur das Recht habe, nähere Bestimmungen zur Ausführung zu erlassen, nicht aber Erschwerungen gegenüber dem maßgebenden Gesetz hinzuzufügen.

⁸ Über „gewerbsmäßig" im Sinne des § 2 vgl. § 1 Anm. 5.

⁹ Da der Ausdruck „Verkaufen" im Sinne der Lebensmittelgesetzgebung auch die mit der tatsächlichen Übergabe des Verkaufsgegenstandes zusammenhängenden Betätigungen mit umfaßt (§ 1 Anm. 2), so ist auch dann Würfelform und Einpressung geboten, wenn der Ware erst beim Ausstechen aus dem Faß bei der Übergabe an den Käufer eine regelmäßige Form gegeben wird.

Von den zahlreichen höchstrichterlichen Urteilen, die in diesem Sinne ergangen und bei Stenglein, Erg. 1933 S. 328 zu § 2 Anm. 6 angeführt sind, finden sich z. B. OLG. Köln 7. Juni 1929 auch in Z. Beil. 1932, **24**, 33 und KG. 5. März 1928 auch in Z. Beil. 1929, **21**, 94.

[10] Mathematische Genauigkeit der Würfelform wird nicht verlangt. Ist aber die Würfelform oder die Einpressung nicht mehr deutlich erkennbar vorhanden, dann findet Abs. 3 uneingeschränkt Anwendung.

§ 3[1, 4, 5]**.** *Die Vermischung von Butter oder Butterschmalz mit Margarine oder anderen Speisefetten zum Zwecke des Handels*[2] *mit diesen Mischungen ist verboten.*

Unter diese Bestimmung fällt auch die Verwendung von Milch oder Rahm bei der gewerbsmäßigen Herstellung[3] *von Margarine, sofern mehr als 100 Gewichtsteile Milch oder eine dementsprechende Menge Rahm auf 100 Gewichtsteile der nicht der Milch entstammenden Fette in Anwendung kommen.*

Anmerkungen zu § 3. [1] Grund des Verbots ist, den Täuschungsmöglichkeiten in Handel und Verkehr an ihrer Wurzel entgegenzutreten.

[2] Dem Verbraucher (Hausfrau, Speisewirt, Konditor, Bäcker) ist die Herstellung der Mischungen nicht verboten.

[3] Gewerbsmäßig im Sinne dieser Vorschrift (vgl. § 1 Anm. 5) handelt, „ohne daß es auf die Absicht der Wiederholung ankäme, derjenige, der das Herstellen innerhalb seines gewerblichen Betriebs und zu gewerblichen Zwecken vornimmt (RGSt. **36**, 427)“. So STENGLEIN S. 791 (Anm. 2 zu § 3) und S. 777 (Anm. 2a zu § 4).

[4] Reichsrechtlich verboten sind Hinweise auf Milch, Butter, andere Milcherzeugnisse usw. im Verkehr mit Margarine und Kunstspeisefett durch § 9 der S. 881 abgedruckten VO. vom 23. September 1932 (RGBl. I S. 575). Hierdurch sind frühere Gerichtsentscheidungen überholt, die unter gewissen Voraussetzungen (wie OLG. Kiel 31. März 1928 in Z. Beil. 1928, **21**, 125) die Bezeichnung „Frischmilchmargarine“ oder (wie OLG. Königsberg 29. August 1930 in JW. 1931, S. 1987) das Bild einer Kuh und den Aufdruck „aus frischer Milch hergestellt“ neben den im Margarinegesetz vorgeschriebenen Bezeichnungen für zulässig erklärten.

Außer Kraft gesetzt durch § 12 Abs. 1 Nr. 1 der VO. vom 29. Juli 1938 sind diejenigen Paragraphen der VO. des Reichspräsidenten vom 23. Dezember 1932 (RGBl. I S. 575), durch welche die Reichsregierung ermächtigt war, Verwendung von Butter, Schmalz oder Erzeugnissen hieraus, bei der Herstellung von Margarine anzuordnen. Entgegenstehende Vorschriften des Margarinegesetzes sollten gegebenenfalls (nach § 4 der VO.) nicht anwendbar sein; diese nicht anwendbaren Vorschriften sollten von der Reichsregierung bekannt gemacht werden. Ein derartiger Fall ist jedoch nicht eingetreten, da die Verwendung von Butter zu Margarine nie angeordnet worden ist.

Angeordnet war auf Grund der §§ 5 und 6 der dritten VO. über gewerbsmäßige Herstellung von Erzeugnissen der Margarinefabriken und Ölmühlen vom 23. September 1933 (RGBl. I S. 662) zeitweilig die — im Margarinegesetz nicht verbotene — Verwendung wechselnder Hundertsätze inländischen neutralen Schweineschmalzes bei der Herstellung von Margarine und Kunstspeisefett. In der letzten Zeit sind keine Hundertsätze mehr festgesetzt worden, und durch § 12 Abs. 1 Nr. 4 der VO. vom 29. Juli 1938 (RGBl. I S. 575) über den Zusammenschluß der deutschen Milch- und Fettwirtschaft sind die §§ 5, 6 der VO. vom 23. September 1933 überhaupt außer Kraft gesetzt worden. Derartige Herstellungsvorschriften gehören jetzt zur Zuständigkeit der Zusammenschlüsse (s. S. 856 § 4 Abs. 1 Nr. 1 und 4). Siehe weiter S. 882 unter d.

[5] **Strafvorschriften.** § 18; bei hinzukommender Täuschungsabsicht § 14. Im Gegensatz zu STENGLEIN (§ 20 Anm. 1 — S. 799) lehnt KG. 24. September 1928 (4 S 160/28 — in Z. Beil. 1929, **21**, 173) die Möglichkeit von Tateinheit zwischen §§ 3, 14 Nr. 1 und 2 Margarinegesetz und § 4 Nr. 1 und 2, § 12 LMG. ab, weil das Margarinegesetz als Sondergesetz allein anwendbar sei; dagegen wird auch vom KG. Tateinheit von §§ 3, 14 Nr. 1 und 2 Margarinegesetz mit § 263 StGBl. (Betrug) für möglich erklärt.

§ 4. In Räumen[3]*, woselbst Butter oder Butterschmalz gewerbsmäßig*[1] *hergestellt, aufbewahrt, verpackt oder feilgehalten wird, ist die Herstellung, Aufbewahrung*[2]*, Verpackung oder das Feilhalten von Margarine oder Kunstspeisefett verboten*[6]*.*
[Ebenso ist in Räumen, woselbst Käse gewerbsmäßig hergestellt, aufbewahrt, verpackt oder feilgehalten wird die Herstellung, Aufbewahrung, Verpackung oder das Feilhalten von Margarinekäse untersagt.]

In Orten, welche nach dem endgültigen Ergebnisse der letztmaligen Volkszählung weniger als 5000 Einwohner hatten, findet die Bestimmung des vorstehenden Absatzes auf den Kleinhandel und das Aufbewahren der für den Kleinhandel erforderlichen Bedarfsmengen in öffentlichen Verkaufsstätten, sowie auf das Verpacken der daselbst im Kleinhandel zum Verkaufe gelangenden Waren keine Anwendung. Jedoch müssen Margarine [Margarinekäse] und Kunstspeisefett innerhalb der Verkaufsräume in besonderen Vorratsgefäßen und an besonderen Lager-

stellen, welche von den zur Aufbewahrung von Butter, Butterschmalz [und Käse] dienenden Lagerstellen getrennt sind, aufbewahrt werden.

Für Orte, deren Einwohnerzahl erst nach dem endgültigen Ergebnis einer späteren Volkszählung die angegebene Grenze überschreitet, wird der Zeitpunkt, von welchem ab die Vorschrift des zweiten Absatzes nicht mehr Anwendung findet, durch die nach Anordnung der Landeszentralbehörde zuständigen Verwaltungsstellen bestimmt. Mit Genehmigung der Landeszentralbehörde können diese Verwaltungsstellen bestimmen, daß die Vorschrift des zweiten Absatzes von einem bestimmten Zeitpunkt ab ausnahmsweise in einzelnen Orten mit weniger als 5000 Einwohnern nicht Anwendung findet, sofern der unmittelbare räumliche Zusammenhang mit einer Ortschaft von mehr als 5000 Einwohnern ein Bedürfnis hierfür begründet.

Die auf Grund des dritten Absatzes ergehenden Bestimmungen sind mindestens sechs Monate vor dem Eintritte des darin bezeichneten Zeitpunktes öffentlich bekannt zu machen[4].

Ergänzungsvorschriften zu § 4. *a) Die Bundesrats-VO. vom 16. Juli 1916 (RGBl. S. 751) bestimmt auf Grund des Gesetzes über die Ermächtigung des Bundesrats zu wirtschaftlichen Maßnahmen usw. vom 4. August 1914 (RGBl. S. 327):*

§ 1. Die Landeszentralbehörden können Ausnahmen von den Vorschriften des § 4 des Gesetzes, betreffend den Verkehr mit Butter, Käse, Schmalz und deren Ersatzmitteln, vom 15. Juni 1897 (RGBl. S. 475) zulassen.

§ 2. Diese Verordnung tritt mit dem Tage der Verkündung in Kraft. Der Reichskanzler bestimmt den Tag des Außerkrafttretens.

b) Dementsprechend ist für Preußen folgender Erlaß des Ministers für Volkswohlfahrt vom 22. Oktober 1926 (in „Volkswohlfahrt" S. 1033; Z. Beil. 1926, 18, 145) an die Oberpräsidenten[5] *ergangen. [Sachlich gleichartige Anordnungen sind wohl auch für andere Länder des damaligen Reichsgebietes erlassen worden.]*

„Da in nächster Zeit mit einer Aufhebung der Bundesratsverordnung vom 16. Juli 1916 nicht gerechnet werden kann und da einheitliche Maßnahmen zweckmäßig erscheinen, ersuchen wir ergebenst, auf Grund von § 1 der Bekanntmachung über den Verkehr mit Butter, Käse, Schmalz und deren Ersatzmitteln vom 16. Juli 1916 (RGBl. S. 751) folgende Ausnahmen von den Vorschriften des § 4 des Gesetzes, betreffend den Verkehr usw. vom 15. Juni 1897 (RGBl. S. 475) zuzulassen, sofern eine entsprechende Maßnahme bisher dort nocht nicht getroffen worden sein sollte:

In Räumen, in denen Butter feilgehalten wird, ist das Feilhalten von Margarine oder Kunstspeisefett gestattet, wenn diese Fettarten räumlich derart getrennt aufgestellt werden, daß eine Verwechslung ausgeschlossen ist. Über oder an den feilgehaltenen Vorräten sind an auffallenden Stellen deutlich lesbare Schilder mit der Aufschrift „Verkauf von Butter", „Verkauf von Margarine", „Verkauf von Kunstspeisefett" anzubringen."

c) Von den deutschen Bundesregierungen sind im Jahre 1898 vereinbart und im Anschluß daran in den einzelnen Ländern bekanntgemacht worden — für Preußen durch Ministerialerlaß vom 24. März 1898 (Nr. 8 der Beilage zur Zeitschrift für Medizinalbeamte S. 45), für Bayern durch Ministerialerlaß vom 15. März 1898 (Ministerial-Amtsblatt des Innern S. 171):

„Grundsätze, betreffend die Trennung der Geschäftsräume für Butter und Butterschmalz sowie für Margarine und Kunstspeisefett (§ 4 des Gesetzes vom 15. Juni 1897 — RGBl. S. 475):

Die Verkaufsstätten für Butter oder Butterschmalz einerseits und für Margarine oder Kunstspeisefett andererseits müssen, falls diese Waren nebeneinander in einem Geschäftsbetriebe feilgehalten werden, derart getrennt sein, daß ein unauffälliges Hinüber- und Herüberschaffen der Waren während des Geschäftsbetriebes verhindert und insbesondere die Möglichkeit, an Stelle von Butter oder Butterschmalz unbemerkt Margarine oder Kunstspeisefett dem kaufenden Publikum zu verabreichen, tunlichst ausgeschlossen wird. Die Entscheidung darüber, in welcher Weise diesen Anforderungen entsprochen wird, kann nur unter Berücksichtigung der besonderen Verhältnisse jedes Einzelfalles und namentlich der Beschaffenheit der dabei in Betracht kommenden Räume erfolgen. Doch werden im allgemeinen folgende Grundsätze zur Richtschnur dienen können:

1. Es ist nicht erforderlich, daß die Räume je einen besonderen Zugang für das Publikum besitzen. Es ist vielmehr zulässig, daß ein gemeinschaftlicher Eingang für die verschiedenen Räume besteht.

2. Wenn auch die Scheidewände nicht aus feuerfestem Material hergestellt zu sein brauchen, so müssen sie immerhin einen so dichten Abschluß bilden, daß jeder unmittelbare Zusammenhang der Räume, soweit er nicht durch Durchgangsöffnungen hergestellt ist, ausgeschlossen wird. Als ausreichend sind beispielsweise zu betrachten abschließende Wände aus Brettern, Glas,

Zement- oder Gipsplatten. Dagegen können Lattenverschläge, Vorhänge, weitmaschige Gitter-
wände, verstellbare Abschlußvorrichtungen nicht als genügend betrachtet werden. Bei offenen
Verkaufsständen auf Märkten können jedoch auch Einrichtungen der letzteren Art geduldet
werden. Die Scheidewände müssen in der Regel vom Fußboden bis zur Decke reichen und den
Raum auch in seiner ganzen Breite oder Tiefe abschließen.

3. Die Verbindung zwischen den abgetrennten Räumen darf mittels einer oder mehrerer
Durchgangsöffnungen hergestellt sein. Derartige Öffnungen sind in der Regel mit Türverschluß
zu versehen.

Die vorstehenden Grundsätze finden sinngemäße Anwendung auf die Räume zur Auf-
bewahrung und Verpackung der bezeichneten Waren.

Nach den gleichen Gesichtspunkten ist die Trennung der Geschäftsräume für Käse und
Margarinekäse zu beurteilen.“

Anmerkungen zu § 4. [1] Wegen gewerbsmäßiger Herstellung, Aufbewahrung, Verpackung gilt das in § 3 Anm. 3 Ausgeführte, wegen gewerbsmäßigen Feilhaltens vgl. die
Ausführungen in Anm. 5 zu § 1.

[2] Als Aufbewahrung in demselben Raum ist die Beförderung in demselben Wagen
nicht anzusehen (OLG. Hamburg 12. Juli 1900 in Goltd. Arch. 48, 159). Das KG. hat ein
Aufbewahren und damit die Anwendbarkeit des § 4 angenommen in einem Falle, wo
Margarine und Butter auf verschiedenen Tellern bis zur portionsweisen Formung und
Abgabe an die Gäste des zugehörigen Kaffeegartens standen, denen dort Kaffeeportionen
mit Brot und lediglich geformter Butter abgegeben wurden. (Urt. vom 19. Mai 1933 in JW.
1933, S. 2230).

[3] Vorratsschränke sind Lagerstellen, aber keine Räume (vgl. Goltd. Arch. 49, 153).

[4] Wegen der Art der Bekanntmachung vgl. STENGLEIN S. 791 (Anm. 4 zu § 4) in Verbindung mit dem dort angeführten Urt. des Reichsgerichts in RGSt. 56, 337.

[5] Das Urt. des KG. vom 19. Mai 1933 (vgl. oben Anm. 2) äußert Bedenken, ohne
an dieser Stelle entscheidend dazu Stellung zu nehmen, gegen die Rechtsgültigkeit dieses
Ministerialerlasses, der erst nach dem Kriege auf Grund der (gemäß dem Gesetz vom
4. August 1914 erlassenen) Bundesrats-VO. vom 16. Juli 1916 — abgedruckt hinter § 4
unter a — erlassen worden ist. Das KG. begnügt sich mit einem Hinweis auf JFG. Erg.
6, 368, OVG. Entsch. Bd. 79, S. 335 (vom 26. Februar 1925) und Bd. 81, S. 368 (vom
23. September 1926). Um was es in diesen Entscheidungen geht, ergibt sich aus der Überschrift in OVG. Entsch. Bd. 79, S. 335, in der es heißt:

„Seit Ratifikation des Friedensvertrages von Versailles (11. Januar 1920) können
auf Grund der Ermächtigung in § 3 des Reichsgesetzes über die Ermächtigung des Bundesrats zu wirtschaftlichen Maßnahmen vom 4. August 1914 (RGBl. S. 327) und der hierauf
beruhenden späteren Verordnungen neue oder ergänzende Rechtsvorschriften nicht
mehr erlassen werden.“

[6] **Strafvorschrift:** § 18.

§ 5. *In öffentlichen Angeboten sowie in Schlußscheinen, Rechnungen, Fracht-*
briefen, Konnossementen, Lagerscheinen, Ladescheinen und sonstigen im Handels-
verkehr üblichen Schriftstücken, welche sich auf die Lieferung von Margarine
[Margarinekäse] oder Kunstspeisefett beziehen, müssen die diesem Gesetz entsprechen-
den Warenbezeichnungen angewendet werden.

Anmerkung zu § 5. Neben den im Margarinegesetz und den sonst (vgl. § 1 Anm. 4)
vorgeschriebenen Bezeichnungen sind Phantasienamen, Hinweise auf Beschaffenheit,
Herkunft aus einer bestimmten Gegend oder einem bestimmten Betrieb zulässig, soweit
solche nicht (wie Hinweise auf Butter, Milch usw. durch die auf S. 881 abgedruckte Vorschrift) ausdrücklich verboten sind.

Auch sind bei der Wahl von Bezeichnungen, Angaben und Aufmachungen die allgemeinen
Verbote zu berücksichtigen, die in dem Gesetz gegen den unlauteren Wettbewerb und
im Warenzeichengesetz (Neufassung vom 5. Mai 1936 im RGBl. II S. 134) enthalten und
durch eine reichhaltige Rechtsprechung entwickelt sind. Die Grundgedanken dieser sog.
gewerblichen Schutzgesetze sind weitgehend wesensgleich denen des in erster Linie
den Verbraucherschutz bezweckenden Vorschriften des § 4 Nr. 3 LMG., die selbstverständlich auch im Verkehr mit den Lebensmitteln Margarine und Kunstspeisefett
anwendbar sind. Vgl. hierzu HOLTHÖFER-JUCKENACK, Erg. 1936, S. 63 „zu S. 115 Anm. 17b“.

Hiernach können auch wahre und klare Bezeichnungen sowie an und für sich rechtlich
unbedenkliche Ausstattungen im Einzelfall dadurch unzulässig werden, daß sie fremde
Warenzeichen oder den sonst vom Recht geschützten gewerblichen Besitzstand eines anderen
(vgl. z. B. §§ 15, 24, 25, 30 des Warenzeichengesetzes) beeinträchtigen.

Schließlich müssen Bezeichnungen, Angaben und sonstige Werbemaßnahmen sich im
Rahmen dessen halten, was nach den Verlautbarungen des Werberats der deutschen
Wirtschaft von einem ehrbaren und anständigen Gewerbetreibenden verlangt wird.

Wie seine gestaltend auf einen **lauteren** Wettbewerb hinwirkenden Maßnahmen im Bereich des LMG. zu werten sind, ist bei Holthöfer-Juckenack, Erg. 1936, S. 53—55 nachzulesen.

§ 6. *Margarine* [und *Margarinekäse*] *welche zu Handelszwecken bestimmt sind, müssen einen die allgemeine Erkennbarkeit der Ware mittels chemischer Untersuchung erleichternden, Beschaffenheit und Farbe derselben nicht schädigenden Zusatz enthalten.*

Die näheren Bestimmungen hierüber werden von der Reichsregierung erlassen und im Reichsgesetzblatte veröffentlicht[1, 2].

Reichsrechtliche Ausführungsbestimmungen zu § 6. *a) Nr. 1 und Nr. 2 der Bundesratsbekanntmachung vom 4. Juli 1897 (RGBl. S. 591), abgedruckt hinter § 2 (S. 868).*

b) Bekanntmachung, betreffend Bestimmungen zur Ausführung des Gesetzes über den Verkehr mit Butter, Köse, Schmalz und deren Ersatzmitteln. Vom 1. Juli 1915 (RGBl. S. 413).

Auf Grund des § 6 Abs. 2 des Gesetzes, betreffend den Verkehr mit Butter, Käse, Schmalz und deren Ersatzmitteln, vom 15. Juni 1897 (RGBl. S. 475) hat der Bundesrat die nachstehenden Bestimmungen beschlossen:

§ 1. Bis auf weiteres kann als Erkennungsmittel für Margarine (§ 6 Abs. 1 des Gesetzes, betreffend den Verkehr mit Butter, Käse, Schmalz und deren Ersatzmitteln, vom 15. Juni 1897) an Stelle von Sesamöl Kartoffelstärkemehl verwendet werden. In 1000 Gewichtsteilen der fertigen Margarine müssen mindestens zwei und dürfen höchstens drei Gewichtsteile Kartoffelstärkemehl in gleichmäßiger Verteilung enthalten sein.

§ 2. Diese Bestimmungen treten mit dem Tage der Verkündung in Kraft.

Anmerkungen zu § 6. [1] Derartige Bestimmungen sind, wie die in § 21 Abs. 2 Fleischbeschaugesetz vorgesehenen so anzusehen, als ob sie im Gesetz selbst enthalten wären. Ihre Nichtkenntnis kann nicht als außerstrafrechtlicher Irrtum im Sinne des § 59 StGB. zugute gehalten werden (vgl. Stenglein § 6 Anm. 3 auf S. 793 in Verbindung mit RGSt. **41, 33**).

[2] **Strafvorschriften:** Für vorsätzliche Zuwiderhandlungen und den wissentlichen Vertrieb verbotswidriger Ware § 14 Nr. 3. Fahrlässiges Herstellen entgegen § 6 ist strafbar nach § 18; keine Strafbestimmung besteht für fahrlässigen Vertrieb von Ware ohne den vorgeschriebenen Zusatz (vgl. Stenglein § 6 Anm. 3 auf S. 793 in Verbindung mit § 14 Anm. III 2 auf S. 796).

§ 7. *Wer*[3] *Margarine* [*Margarinekäse*] *oder Kunstspeisefett gewerbsmäßig*[1] *herstellen*[2] *will, hat davon der nach den landesrechtlichen Bestimmungen zuständigen Behörde Anzeige zu erstatten, hierbei auch die für die Herstellung, Aufbewahrung, Verpackung und Feilhaltung der Waren dauernd bestimmten Räumen zu bezeichnen und die etwa bestellten Betriebsleiter und Aufsichtspersonen namhaft zu machen*[4].

Für bereits bestehende Betriebe ist eine entsprechende Anzeige binnen zwei Monaten nach Inkrafttreten dieses Gesetzes zu erstatten.

Veränderungen bezüglich der der Anzeigepflicht unterliegenden Räume und Personen sind nach Maßgabe der Bestimmung des Absatzes 1 der zuständigen Behörde binnen drei Tagen anzuzeigen.

Anmerkungen zu § 7. [1] Im Sinne von § 3 Anm. 3.

[2] Die Vorschrift gilt nicht für bloße Vertriebsgeschäfte.

[3] Die Anzeigepflicht trifft nach Stenglein § 7 Anm. 2 auf S. 793 die Person des Unternehmers. Sie ist („wer ... will") spätestens gleichzeitig mit dem Beginn der Herstellungstätigkeit zu erfüllen. Sonstige Anzeigepflichten, etwa nach der Gewerbeordnung oder Reichsnährstandsanordnungen u. dgl., sind unabhängig von der in § 7 Margarinegesetz vorgeschriebenen Anzeige zu erfüllen.

[4] **Strafvorschrift,** die auch fahrlässiges Handeln trifft, in § 17.

§ 8. *Die Beamten der Polizei*[1] *und die von der Polizeibehörde beauftragten Sachverständigen sind befugt, in die Räume, in denen Butter*[2], *Margarine* [*Margarinekäse*] *oder Kunstspeisefett gewerbsmäßig hergestellt*[3] *wird*[4], *jederzeit*[1], *in die Räume, in denen Butter, Margarine* [*Margarinekäse*] *oder Kunstspeisefett aufbewahrt, feilgehalten oder verpackt wird*[4], *während der Geschäftszeit einzutreten*[5] *und daselbst Revisionen vorzunehmen*[5], *auch nach ihrer Auswahl Proben zum Zwecke der Untersuchung gegen Empfangsbescheinigung zu entnehmen*[5]. *Auf Verlangen*[1] *ist ein Teil der Probe amtlich verschlossen oder versiegelt zurückzulassen und für die entnommene Probe eine angemessene Entschädigung zu leisten.*

Anmerkungen zu § 8. [1] § 8 Margarinegesetz gibt nach folgenden Richtungen weitergehende Nachschaubefugnisse als § 6 LMG. heutiger (= § 7 der ursprünglichen) Fassung, auf dessen Erläuterung in den Kommentaren und in Bd. I S. 1304 des vorliegenden Handbuchs verwiesen sei:

a) Nach § 8 Margarinegesetz dürfen nicht nur ausnahmsweise, bei Gefahr im Verzug, sondern auch im Regelfalle **beliebige Beamte der Polizei** verwendet werden.

b) In den Räumen, die gewerbsmäßiger **Herstellung** dienen, kann **jederzeit**, auch außerhalb der Arbeits- oder Geschäftszeit, nachts und an Sonn- und Feiertagen, Nachschau gehalten werden.

c) Eine **Gegenprobe** braucht nur auf besonderes Verlangen zurückgelassen zu werden.

Aber das Margaringesetz (§§ 8, 9) gibt ebensowenig wie das LMG. (§§ 6, 8) ein Recht zur Einsicht in Bücher und sonstiges Schriftgut, das den kaufmännischen Teil des Betriebes betrifft. Vgl. aber oben S. 857 letzter Abs.

Wo umgekehrt die in § 6 LMG. gegebenen Nachschaubefugnisse über die durch § 8 Margarinegesetz gegebenen hinausgehen, z. B. (§ 6 Abs. 3) auch Beförderungsgeräte der behördlichen Besichtigung unterwerfen und Probeentnahmen an öffentlichen Orten gestatten, sind sie selbstverständlich auch gegenüber den mit Margarine und Kunstspeisefett befaßten Betrieben zulässig (§ 20 Margarinegesetz); insoweit allerdings nur unter den Voraussetzungen und mit den Beschränkungen des § 6 LMG.

[2] Im Gegensatz zu § 7 erstreckt sich § 8 auch auf **Butter.** Auch Molkereien, Sennereien können hiernach zu den Räumen gehören, die der hier geregelten Nachschau unterliegen.

[3] Da § 6 LMG. Genossenschaftsbetriebe ebenso wie gewerbsmäßige Betriebe der Nachschau im Rahmen dieses § 6 LMG. unterwirft, ist es ohne nennenswerte praktische Bedeutung, ob ihre der **Herstellung** dienenden Räume auch nach Sinn und Zweck des § 8 Margarinegesetz als der **gewerbsmäßigen** Herstellung dienend anzusehen sind (vgl. § 1 Anm. 5). Für Aufbewahrungs-, Feilhalte-, Verpackungsräume stellt § 8 Margarinegesetz das Erfordernis „**gewerbsmäßig**" überhaupt nicht auf.

[4] Gleichviel, ob die Räume nach § 7 angemeldet sind, ob sie regelmäßig oder nur ausnahmsweise zu diesem Zweck benutzt werden.

[5] **Strafvorschrift:** § 16 Nr. 1.

§ 9. *Die Unternehmer von Betrieben*[1], *in denen Margarine, Margarinekäse oder Kunstspeisefett gewerbsmäßig hergestellt wird, sowie die von ihnen bestellten Betriebsleiter und Aufsichtspersonen sind verpflichtet*[3, 7], *der Polizeibehörde oder deren Beauftragten*[2] *auf Erfordern Auskunft*[4] *über das Verfahren bei Herstellung der Erzeugnisse, über den Umfang des Betriebes und über die zur Verarbeitung gelangenden Rohstoffe, insbesondere auch über deren Menge und Herkunft zu erteilen*[5, 6].

Anmerkungen zu § 9. [1] Im wesentlichen gleichbedeutend mit „Inhaber" im Sinne des § 8 LMG. heutiger Fassung (= § 9 der ursprünglichen Fassung), wozu sich Erläuterungen in Bd. I, S. 1310 des Handbuchs befinden.

[2] Auch wenn die Beauftragten nicht beamtete Sachverständige sind (§ 8).

[3] Da es sich im Bereich des § 9 Margarinegesetz um Betriebe handelt, die in aller Regel zugleich auch unter § 8 LMG. fallen, so trifft die nach § 9 Margarinegesetz und zugleich nach § 8 LMG. verpflichteten Personen auch die in § 8 LMG. näher geregelte allgemeine Pflicht, die Nachschauorgane bei Ausübung einer sachgemäßen Nachschau zu unterstützen.

[4] Darüber hinaus stellt § 9 Margarinegesetz eine durch Aufzählung ihrer Gegenstände sachlich begrenzte **Auskunftpflicht** auf.

„**Umfang des Betriebs**": ist räumlich und sachlich (Produktionsmenge) zu verstehen. Auch gehört hierzu die Klarstellung, ob vorhandene Vorräte zum Betrieb gehören oder nur für einen dritten dort verwahrt werden (RGSt. **57,** 284).

„**Zur Verarbeitung gelangend**" sind die im Betrieb überhaupt und die gerade bei der Nachschau verarbeiteten Stoffe. Die Frage, ob Belege verlangt werden können, bejaht STENGLEIN § 9 Anm. 7, „soweit sich der Inhalt der Unterlagen (Rechnungen, Frachtbriefe) auf den Gegenstand der Auskunftspflicht beschränkt, also nicht den rein kaufmännischen Teil des Betriebs betrifft". Er begründet seine Stellungnahme damit, daß die Behörde ein Recht auf eine **wahre** Auskunft habe, an deren Richtigkeit sie glauben könne.

[5] **Frist und Form** (Schriftlichkeit, Mündlichkeit?) der Auskunft sind im Gesetz nicht vorgeschrieben; sie werden durch die Lage des Einzelfalles unter verständiger Würdigung der behördlichen Interessen und derjenigen des Betriebsinhabers zu bestimmen sein.

[6] Ein **Auskunftsverweigerungsrecht**, wie am Schluß des § 23 des Weingesetzes, ist hier nicht vorgesehen. Außerhalb des Strafprozesses besteht also im Falle des § 9 Margarinegesetz auch dann kein Recht zur Verweigerung der Auskunft, wenn sich der Verpflichtete durch wahrheitsgemäße Auskunft einer strafbaren Handlung bezichtigen würde. Vgl. hierzu RGSt. **60,** 290, wo dies mit eingehender Begründung für § 1 der VO.

über Auskunftspflicht vom 13. Juli 1923 (RGBl. I S. 723) dargelegt ist; ferner meinen Aufsatz in Deutsche Lebensmittel-Rundschau 1939 S. 1.

[7] **Strafvorschriften:** § 16 Nr. 2 (Nichterteilen der Auskunft kann auch, z. B. durch Fristversäumnis, „fahrlässig" erfolgen) und § 17 Nr. 2.

§ 10[1, 2]. *Die Beauftragten der Polizeibehörde sind, vorbehaltlich der dienstlichen Berichterstattung und der Anzeige von Gesetzwidrigkeiten, verpflichtet, über die Tatsachen und Einrichtungen, welche durch die Überwachung und Kontrolle der Betriebe zu ihrer Kenntnis kommen, Verschwiegenheit zu beobachten und sich der Mitteilung und Nachahmung der von den Betriebsunternehmungen geheim gehaltenen, zu ihrer Kenntnis gelangten Betriebseinrichtungen und Betriebsweisen, solange als diese Betriebsgeheimnisse sind, zu enthalten.*

Die Beauftragten der Polizeibehörde sind hierauf zu beeidigen.

Anmerkungen zu § 10. [1] Der § 10 Margarinegesetz hat dem heutigen § 9 (= § 10 der ursprünglichen Fassung) LMG. als Vorbild gedient, der als das spätere Gesetz in einigen Punkten den Sinn des § 10 Margarinegesetz in verbesserter Fassung wiedergibt.

Deshalb kann hier auf die Erläuterungen der Kommentare zu § 9 LMG. verwiesen werden. Holthöfer-Juckenack S. 174f. und Holthöfer in Bd. I, S. 1311 des vorliegenden Handbuchs behandeln ausführlich auch das Verhältnis der Vorschriften des § 9 LMG. (und damit auch des § 10 Margarinegesetz) zu den Pflichten, im Zivilprozeß und im Strafprozeß Gutachten zu erstatten und Zeugnis abzulegen.

[2] **Strafvorschriften:** § 15. Durch das LMG. vom 5. Juli 1927 ist § 15 Margarinegesetz dem § 17 LMG. heutiger (= § 18 damaliger) Fassung im Strafmaß angeglichen worden. Nach Stenglein (§ 15 Anm. 6 auf S. 797) ist strafbar vorsätzliches wie fahrlässiges Handeln.

§ 11. *Die Reichsregierung ist ermächtigt, das gewerbsmäßige Verkaufen und Feilhalten von Butter[1], deren Fettgehalt nicht eine bestimmte Grenze erreicht oder deren Wasser- oder Salzgehalt eine bestimmte Grenze überschreitet, zu verbieten[2, 3].*

Zu § 11 ist vom Bundesrat verordnet *laut Bekanntmachung des Reichskanzlers vom 1. März 1902 (RGBl. S. 64):*

„Butter, welche in 100 Gewichtsteilen weniger als 80 Gewichtsteile Fett oder in ungesalzenem Zustande mehr als 18 Gewichtsteile, in gesalzenem Zustande mehr als 16 Gewichtsteile Wasser enthält, darf vom 1. Juli 1902 ab gewerbsmäßig nicht verkauft oder feilgehalten werden."

Anmerkungen zu § 11. [1] Für **Margarine** befindet sich eine entsprechende Vorschrift in § 2 der Bekanntmachung über fetthaltige Zubereitungen (S. 883).

[2] Butter, die den Erfordernissen der unter 1 erwähnten Bekanntmachung nicht entspricht, darf überhaupt nicht — auch nicht unter entsprechender Kenntlichmachung ihrer abweichenden Beschaffenheit — feilgehalten oder verkauft werden (KG. 15. August 1929 — 4 S 111/29 — in Z. Beil. 1929, **21**, 161). Ihre Herstellung ist ebenso wenig verboten wie ihre Verwendung im eigenen Haushalt.

[3] Die **Strafbestimmung** enthält § 18. Auch fahrlässige Begehung ist strafbar.

Fahrlässig handelt der Großhändler (Bay.Ob.LG. 14. Juli 1927 — Rev.-Reg. II Nr. 232/27 — in Z. Beil. 1928, **20**, 43 —) wie der Klein- und Kleinsthändler (KG. 15. August 1929 — 4 S 111/29 — in Z. Beil. 1929, **21**, 161 und KG. 17. Januar 1929 — 4 S 216/28 — in Z. Beil. 1929, **21**, 163), der die Butter nicht vor dem Weitervertrieb untersucht oder die Untersuchung leichtfertig vornimmt. Er darf, wenn ihm durch das Aussehen, durch Schnitt- und Druckproben der Verdacht der gesetzwidrigen Beschaffenheit auftaucht oder bestätigt wird, auch weitläufigere Untersuchungsmethoden (Butterwaage, Schmelzprobe, chemische Untersuchung) nicht scheuen. Die Untersuchungspflicht erhöht sich, wenn von neuen oder nach den bisherigen Erfahrungen unzuverlässigen Lieferanten bezogen wird.

Wenn der Händler es an Unterweisung seiner ihn im Geschäft vertretenden Hausgenossen fehlen läßt, so bedeutet diese Unterlassung eine Fahrlässigkeit des Händlers. So KG. in dem vorangeführten Urt. vom 15. August 1929.

§ 12. *Die Reichsregierung ist ermächtigt,*

1. nähere, im Reichsgesetzblatte zu veröffentlichende Bestimmungen zur Ausführung der Vorschriften des § 2 zu erlassen[1, 4],

2. Grundsätze aufzustellen, nach welchen die zur Durchführung dieses Gesetzes, sowie des Gesetzes vom 14. Mai 1879[3], betreffend den Verkehr mit Nahrungsmitteln, Genußmitteln und Gebrauchsgegenständen (RGBl. S. 145), erforderlichen Untersuchungen von Fetten und Käsen vorzunehmen sind[2].

[1] Abgedruckt oben S. 808 hinter § 2.
[2] Ergangen ist die Bekanntmachung vom 1. April 1898 (Zentralbl. S. 201, 271). Ihr Inhalt ist in der Arbeit von GROSSFELD im vorliegenden Band zu finden.
[3] Jetzt LMG. vom 5. Juli 1927 in der Fassung vom 17. Januar 1936 (RGBl. I S. 17).
[4] **Strafbestimmung** in § 18.

§ 13. *Die Vorschriften dieses Gesetzes finden auf solche Erzeugnisse der im § 1 bezeichneten Art, welche zum Genusse für Menschen nicht bestimmt sind, keine Anwendung.*

§ 14. *Mit Gefängnis bis zu sechs Monaten und mit Geldstrafe[1] oder mit einer dieser Strafen wird bestraft:*

1. wer zum Zwecke der Täuschung im Handel und Verkehr eine der nach § 3 unzulässigen Mischungen herstellt;

2. wer in Ausübung eines Gewerbes[2] wissentlich solche Mischungen verkauft, feilhält oder sonst in Verkehr bringt;

3. wer Margarine [oder Margarinekäse] ohne den nach § 6 erforderlichen Zusatz vorsätzlich herstellt oder wissentlich verkauft, feilhält oder sonst in Verkehr bringt.

Im Wiederholungsfalle[2] tritt Gefängnisstrafe bis zu sechs Monaten ein, neben welcher auf Geldstrafe[1] erkannt werden kann; diese Bestimmung findet nicht Anwendung, wenn seit dem Zeitpunkt, in welchem die für die frühere Zuwiderhandlung erkannte Strafe verbüßt oder erlassen ist, drei Jahre verflossen sind.

Anmerkungen zu §§ 14—19. 1. Auf die in den §§ 14—19 enthaltenen Strafvorschriften ist jeweils in den Anmerkungen zu den einzelnen Vorschriften verwiesen, die von Strafbestimmungen betroffen werden. Außer den im Strafgesetzbuch allgemein neben der Strafe zugelassenen Urteilsmaßnahmen, wie Einziehung gemäß §§ 40, 42 StGB. und Untersagung der Ausübung eines Berufs, Gewerbes oder Gewerbezweigs gemäß § 421 StGB., enthält das Margarinegesetz besondere Vorschriften über Einziehung (§ 19), über Urteilsbekanntmachung und Zuweisung von Geldstrafen an das öffentliche Untersuchungswesen (§ 20 Satz 2). Einzelheiten hierüber enthält mein Aufsatz „Urteilsmaßnahmen neben der Strafe im Lebensmittelgesetz" in „Deutsche Lebensmittel-Rundschau", 1937, S. 141.
2. Ein kurzer Abriß der strafrechtlichen Grundbegriffe und der für das ganze Gebiet des Strafrechts wichtigen allgemeinen Vorschriften findet sich bei HOLTHÖFER-JUCKENACK in den Vorbemerkungen zu §§ 12—18 LMG. (S. 181f.) sowie ebenda Erg. 1936, S. 80f. Dort sind unter anderem erörtert: Verbrechen, Vergehen, Übertretungen nebst den Vorschriften, die unter bestimmten Voraussetzungen bei Vergehen und Übertretungen Abstandnahme von strafrechtlicher Verfolgung ermöglichen, Vorsatz, Fahrlässigkeit, Rechtsirrtum, fortgesetzte Handlung, die sog. Idealkonkurrenz, die Beteiligung mehrerer Personen an einer Straftat (Mittäterschaft, Mehrtäterschaft, Anstiftung, mittelbare Täterschaft, Beihilfe), Ersatzfreiheitsstrafen für nicht beitreibbare Geldstrafen, Versuch, Verjährung, Strafregister.
Anmerkungen zu § 14. [1] Die in § 14 mit Strafe bedrohten Handlungen sind Vergehen. Der Versuch ist nicht strafbar.
Die Geldstrafe kann betragen 3—10000 RM, bei Handeln aus Gewinnsucht bis zu 100000 RM (§ 27a StGB.); wenn das Entgelt für die Tat oder der Gewinn aus der Tat dem Täter mehr eingebracht hat, dürfen die Höchstmaße von 10000 und 100000 RM überschritten werden (§ 27c StGB.).
[2] Nichtgewerbetreibende können wegen Beihilfe strafbar sein (RG. 30. Januar 1906 in Goldt. Arch. **53**, 168).
[3] Unter Wiederholung will STENGLEIN (Anm. 4 zu § 14 auf S. 797) unter Bezugnahme auf RGSt. **32**, 349 verstanden wissen: die Begehung einer nach derselben Nummer des § 14 Abs. 1 strafbaren Tat, wegen der bereits eine Strafe rechtskräftig erkannt, wenn auch noch nicht verbüßt oder erlassen ist.

§ 15. *Mit Geldstrafe[2] oder mit Gefängnis bis zu einem Jahre wird bestraft[1], wer als Beauftragter der Polizeibehörde unbefugt Betriebsgeheimnisse, welche kraft seines Auftrags zu seiner Kenntnis gekommen sind, offenbart, oder geheimgehaltene Betriebseinrichtungen oder Betriebsweisen, von denen er kraft seines Auftrags Kenntnis erlangt hat, nachahmt, solange dieselben noch Betriebsgeheimnisse sind.*

Die Verfolgung tritt nur auf Antrag des[3] Betriebsunternehmers ein.

Anmerkungen zu § 15. [1] Die Straftat ist ein Vergehen, dessen Versuch nicht strafbar ist. Vgl. § 10 Anm. 1 und 2.

[2] Da es sich um ein Vergehen handelt, gilt für die Höhe der Geldstrafe das in Anm. 1 zu § 14 Ausgeführte.

[3] Für den **Strafantrag** gelten die allgemeinen Vorschriften der §§ 61 f. des StGB. und des § 158 Abs. 2 der Strafprozeßordnung. Er muß vom Verletzten binnen 3 Monaten seit dem Tage gestellt werden, an dem er von der strafbaren Handlung und der Person des Täters Kenntnis erlangt hat.

Die Strafverfolgung selbst verjährt in 5 Jahren (§ 70 Abs. 2 StGB.); wenn sie durch die Presse begangen ist, in 1 Jahre.

§ 16. *Mit Geldstrafe bis zu einhundertfünfzig Reichsmark oder mit Haft[2] wird bestraft[1]:*

1. wer den Vorschriften des § 8 zuwider den Eintritt in die Räume, die Entnahme einer Probe oder die Revision verweigert[3];

2. wer die in Gemäßheit des § 9 von ihm erforderte Auskunft nicht erteilt[4] oder bei der Auskunfterteilung wissentlich unwahre Angaben macht.

Anmerkungen zu § 16. [1] Die Straftat ist Übertretung. Versuch und Beihilfe sind deshalb nicht strafbar.

[2] Bis zu 6 Wochen.

[3] Im Sinn des Wortes „verweigern" liegt, daß diese Tat nicht fahrlässig begangen werden kann.

[4] Hier ist auch fahrlässige Begehung der Übertretung möglich. Vgl. § 9 Anm. 7 und ferner § 17 Abs. 2.

§ 17. *Mit Geldstrafe bis zu einhundertfünfzig Reichsmark oder mit Haft bis zu vier Wochen wird bestraft[1]:*

1. wer den Vorschriften des § 7 zuwiderhandelt;

2. wer bei der nach § 9 von ihm erforderten Auskunfterteilung aus Fahrlässigkeit unwahre Angaben macht.

Anmerkungen zu § 17. [1] Das in Anm. 1 zu § 16 Gesagte gilt auch hier.

[2] Vgl. § 7 Anm. 4.

§ 18. *Außer den Fällen der §§ 14 bis 17 werden Zuwiderhandlungen[2] gegen die Vorschriften dieses Gesetzes sowie gegen die in Gemäßheit der §§ 11 und 12 Ziffer 1 ergehenden Bestimmungen des Bundesrats oder der Reichsregierung mit Geldstrafe bis zu einhundertfünfzig Reichsmark oder mit Haft bestraft[1].*

Im Wiederholungsfall[3] ist auf Geldstrafe[4] oder auf Haft[5] oder auf Gefängnis bis zu drei Monaten zu erkennen. Diese Bestimmung findet keine Anwendung, wenn seit dem Zeitpunkt, in welchem die für die frühere Zuwiderhandlung erkannte Strafe verbüßt oder erlassen ist, drei Jahre verflossen sind.

Anmerkungen zu § 18. [1] Abs. 1 ist Übertretung, für welche das in § 16 Anm. 1 und 2 Gesagte gilt.

[2] Vorsätzlich und fahrlässig begangene (KG. 13. Dezember 1928 in **Z.** Beil. 1932, **24**, 81).

[2] Das in Anm. 3 zu § 14 Gesagte gilt auch hier.

[3] Die Wiederholungstat behandelt § 18 Abs. 2 als Vergehen. Wegen des Höchstmaßes der Geldstrafe siehe § 14 Anm. 1.

[5] Bis zu 6 Wochen (§ 18 StGB.).

§ 19. *In den Fällen der §§ 14 und 18 kann[2] neben der Strafe[3] auf Einziehung[1] der verbotswidrig hergestellten, verkauften, feilgehaltenen oder sonst in Verkehr gebrachten Gegenstände[4, 5] erkannt werden, ohne Unterschied, ob sie dem Verurteilten gehören oder nicht.*

Ist die Verfolgung oder Verurteilung einer bestimmten Person nicht ausführbar[6], so kann[7] auf die Einziehung selbständig[8] erkannt werden.

Anmerkungen zu § 19. [1] Im allgemeinen kann wegen der Einziehung, die in § 13 LMG. (= § 14 der ursprünglichen Fassung im LMG. vom 5. Juli 1927) gleichartig wie hier geregelt ist, auf die ausführlichen Erläuterungen in Bd. I S. 1316 zu § 14 LMG. verwiesen werden. Noch eingehender sind die im Bereich dieses Paragraphen auftretenden Einzelfragen behandelt bei Holthöfer-Juckenack S. 217—226 und ebenda Erg. 1936 S. 86—89. Da die Justizhoheit mittlerweile auf das Reich übergegangen ist, gehen mit der Rechtskraft der die Einziehung aussprechenden Entscheidung die eingezogenen Gegenstände in das Eigentum des Reichs (Justizverwaltung) über. Über die Vollstreckung der Einziehung und die Verwertung der Einziehungsgegenstände enthält die „Strafvollstreckungsordnung" Vorschriften. Sie findet sich in der Allg. Verf. des Reichsjustizministers vom 7. Dezember 1935 („Deutsche Justiz" — Amtl. Blatt der Deutschen Rechtspflege — 1935 Nr. 50 S. 1800). Die einschlägigen Vorschriften der Strafvollstreckungsordnung sind bei HOLTHÖFER-JUCKENACK Erg. 1936 S. 86 erwähnt. Über die „Mitwirkung der Gerichtsvollzieher im Einziehungsverfahren" verhält sich die Allg. Verf. des Reichsjustizministers vom 23. November 1937 (Deutsche Justiz S. 1830).

Durch den § 19 Margarinegesetz werden die §§ 40, 42 StGB. (abgedruckt bei HOLTHÖFER-JUCKENACK Erg. 1936, S. 110) auch für den Bereich des Margarinegesetzes keineswegs ausgeschaltet, wie im einzelnen in den vorerwähnten Erläuterungen zu den Einziehungsparagraphen des LMG. nachzulesen ist.

[2] „Kann" — nicht „muß".

[3] Gleichwohl ist aber die Einziehung nicht „Nebenstrafe" im strengen Sinne dieses Wortes (Vgl. meinen Aufsatz in der „Lebensmittel-Rundschau", auf den in Anm. 1 zu §§ 14—19 auf S. 877 hingewiesen ist.) Sie hat vielmehr den Charakter einer „rechtspolizeilichen Sicherungsmaßnahme" (RGSt. 67, 215 unter Auseinandersetzung mit den Gegenmeinungen und Darlegung der rechtlichen Folgerungen dieses Standpunktes.) Eine der wichtigsten Folgerungen ist die Zulässigkeit der Einziehung auch dann, wenn im Falle der Tateinheit gemäß § 73 StGB. die Strafe aus einem mitverletzten, härteren Gesetz, das die Einziehung nicht vorsieht (z. B. dem Betrugsparagraphen 263 StGB.), entnommen werden muß.

[4] Verpackungsmaterial wird jedenfalls dann miteinzuziehen sein, wenn sich gerade aus seiner gesetzwidrigen Beschaffenheit — z. B. im Falle von §§ 2, 18 Margarinegesetz — die Strafbarkeit ergibt.

[5] Die Einziehung erstreckt sich, gerade wenn man sie nicht als Strafe, sondern als polizeiliche Sicherungsmaßnahme beurteilt, nicht auch auf den Erlös des der Einziehung unterliegenden Gegenstandes (RGSt. 66, 85 unter Auseinandersetzung mit entgegengesetzten Urteilen des RG. aus früherer Zeit).

[6] a) Aus tatsächlichen Gründen (z. B. Abwesenheit, Unbekanntsein oder Tod des Täters — RGSt. 53, 181) oder aus rechtlichen Gründen (z. B. Verjährung — RGSt. 30, 194; Amnestie oder Einzelgnadenerweis, die den Einziehungsanspruch nicht mitergreifen — RGSt. 56, 106; jugendliches Alter — RGSt. 61, 266; Überschreitung der Notwehr — § 53 Abs. 3 StGB.).

b) Immer aber bleibt die unerläßliche Voraussetzung, daß eine Person vorsätzlich oder fahrlässig den Tatbestand einer nach § 14 oder 18 Margarinegesetz strafbaren Handlung erfüllt hat.

Das gleiche gilt nach § 42 StGB., wenn die Einziehung nach § 40 daselbst (Anm. 1 oben) erfolgen soll.

[7] Stellt die Staatsanwaltschaft, was in ihrem Ermessen liegt (RGSt. 32, 55), den Antrag, so muß das Gericht ihm stattgeben, wenn die sachlichen Voraussetzungen (Anm. 6 b) vorliegen.

[8] „Selbständig", d. h. ohne daß zugleich in demselben Urt. auf Strafe erkannt wird. Nicht immer ist dazu auch ein selbständiges Verfahren (das objektive Strafverfahren der §§ 430—433 StPO.) erforderlich. Vgl. hierzu HOLTHÖFER-JUCKENACK § 14 LMG. Anm. 7 auf S. 224.

§ 20. *Die Vorschriften des Gesetzes, betreffend den Verkehr mit Nahrungsmitteln, Genußmitteln und Gebrauchsgegenständen, vom 14. Mai 1879 (RGBl. S. 145)[1] bleiben unberührt[2]. Die Vorschriften in den §§ 16[3], 17[4] desselben finden auch bei Zuwiderhandlungen gegen die Vorschriften des gegenwärtigen Gesetzes mit der Maßgabe Anwendung, daß in den Fällen des § 14 die öffentliche Bekanntmachung der Verurteilung angeordnet werden muß[5].*

Anmerkungen zu § 20. [1] Was in § 20 vom alten Nahrungsmittelgesetz von 1879 gesagt ist, soll nach § 24 Abs. 3 LMG. in der Fassung vom 5. Juli 1927 für dieses LMG. und folgerichtig auch für die jetzige Fassung des LMG. vom 17. Januar 1936 gelten.

[2] Das Margarinegesetz will also nicht als Sondergesetz das LMG. im ganzen ersetzen und schlechthin von der Anwendung auf Tatbestände ausschließen, welche nach dem Margarinegesetz strafbar sind. Es ist vielmehr möglich und wird häufig vorkommen, daß eine und diselbe Handlung zugleich gegen das eine und das andere Gesetz verstößt („Idealkonkurrenz"); die Strafe ist alsdann nach der Regel des § 73 StGB. denjenigen Gesetz zu entnehmen, das im Einzelfall die härtere Bestrafung ermöglicht. Über einen Fall, wo eine Vorschrift des Margarinegesetzes als das LMG. ausschließendes Sondergesetz betrachtet worden ist, (sog. „Gesetzeskonkurrenz") vgl. § 3 Anm. 5. Näheres hierzu in meinem Aufsatz, auf den in den Anmerkungen zu §§ 14—19 unter 1 auf S. 877 verwiesen ist.

[3] Den Rechtsstoff des § 16 Nahrungsmittelgesetzes von 1879 (öffentliche Urteilsbekanntmachung und Kostentragung für Entnahme und Untersuchung von Proben) behandelt das LMG. in der Fassung vom 17. Januar 1936 in seinen §§ 15 und 18. Sie lauten:

„§ 15. In den Fällen der §§ 11, 12 kann neben der Strafe angeordnet werden, daß die Verurteilung auf Kosten des Schuldigen öffentlich bekannt zu machen ist. Auf Antrag des freigesprochenen Angeklagten kann das Gericht anordnen, daß der Freispruch öffentlich bekanntzumachen ist; die Staatskasse trägt in diesem Falle die Kosten, soweit sie nicht dem Anzeigenden auferlegt worden sind (§ 469 der StPO.).

In der Anordnung ist die Art der Bekanntmachung zu bestimmen; sie kann auch durch Anschlag an oder in den Geschäftsräumen des Verurteilten oder Freigesprochenen erfolgen.

§ 18. Wenn im Verfolg der behördlichen Untersuchung von Lebensmitteln oder von Bedarfsgegenständen eine rechtskräftige strafrechtliche Verurteilung eintritt, fallen dem Verurteilten die der Behörde durch die Beschaffung und Untersuchung der Proben erwachsenen Kosten zur Last. Sie sind zugleich mit den Kosten des gerichtlichen Verfahrens festzusetzen und einzuziehen.“

§ 15 dieser heutigen Fassung ist wortgleich dem § 16 des LMG. vom 5. Juli 1927, der in Bd. I, S. 1320 des vorliegenden Handbuchs erläutert ist.

§ 18 der heutigen Fassung ist wortgleich dem § 20 des LMG. vom 5. Juli 1927, der in Bd. I, S. 1322 erläutert ist.

[4] § 17 des Nahrungsmittelgesetzes von 1879 ist ersetzt durch § 19 des LMG. in der Fassung vom 17. Januar 1936, welcher lautet:

„§ 19. Die auf Grund dieses Gesetzes auferlegten Geldstrafen sind nach näherer Anordnung der obersten Landesbehörden als Beihilfen für die Unterhaltung der öffentlichen Anstalten zur Untersuchung von Lebensmitteln zu verwenden.“

Die Fassung des heutigen § 19 LMG. ist gleichlautend mit derjenigen, die § 51 des Milchgesetzes vom 31. Juli 1930 (RGBl. I S. 421) dem § 21 des LMG. vom 5. Juli 1927 gegeben hat. Sie ist erläutert in Bd. I S. 1322 des vorliegenden Handbuchs.

Zur Durchführung des Paragraphen ist ergangen die für das Reichsgebiet (vorläufig aber noch nicht für das Land Österreich und die sudetendeutschen Gebiete) geltende Gemeinschaftliche Verfügung des Reichsjustizministers und des RMdI. vom 20. Juni 1935 („Deutsche Justiz" S. 197), die im Wortlaut abgedruckt ist bei HOLTHÖFER-JUCKENACK Erg. 1936, S. 93.

[5] Hier muß die öffentliche Bekanntmachung erfolgen, die sonst nach § 15 LMG. ins Ermessen des Richters gestellt ist.

§ 21. *Die Bestimmungen des § 4 treten mit dem 1. April 1898 in Kraft.*

Im übrigen tritt dieses Gesetz am 1. Oktober 1897 in Kraft. Mit diesem Zeitpunkte tritt das Gesetz, betreffend den Verkehr mit Ersatzmitteln für Butter, vom 12. Juli 1887 (RGBl. S. 375) außer Kraft.

2. Weitere Vorschriften des Reichsrechts über Margarine, Kunstspeisefett (und gewisse andere Fetterzeugnisse).

a) *Die Vierte Verordnung des RErnMin. über die gewerbsmäßige Herstellung von Erzeugnissen der Margarinefabriken und Ölmühlen. Vom 23. Oktober 1934 (RGBl. I S. 1066).*

Auf Grund des Artikels 1 der Verordnung des Reichspräsidenten zur Förderung der Verwendung inländischer tierischer Fette und inländischer Futtermittel vom 23. Dezember 1932 (RGBl. I S. 575)/23. März 1933 (RGBl. I S. 143) und des § 4 der VO. über den Zusammenschluß der Margarine- und Kunstspeisefettindustrie vom 23. Juli 1934 (RGBl. I S. 720) wird verordnet:

§ 1. *(1) Von der Dritten Verordnung über gewerbsmäßige Herstellung von Erzeugnissen der Margarinefabriken und Ölmühlen vom 23. September 1933 (RGBl. I S. 662) treten die §§ 1 bis 4 mit Ablauf des 31. Oktober 1934 außer Kraft, soweit sich aus den Absätzen 2 und 3 nichts anderes ergibt.*

(2) Abs. 2 ist aufgehoben durch § 12 Abs. 1 Nr. 5 der neuen Zusammenschluß-VO. vom 29. Juli 1938 (vgl. S. 856).

(3) Abs. 3 enthält überholte Übergangsbestimmungen über „Haushaltmargarine".

§ 2. Im Sinne dieser Verordnung ist

a) Konsumware, diejenige Margarinesorte, für die ein Festpreis von 0,56 RM,

b) Mittelsorte, diejenige Margarinesorte, für die ein Höchstpreis von 0,86 RM,

c) Spitzensorte, diejenige Margarinesorte, für die ein Höchstpreis von 0,97 RM je ¹/₂ kg einschließlich der Fettsteuer und aller sonstigen Zuschläge frei Vertriebsstätte des Einzelhändlers auf Grund der Verordnung über den Zusammenschluß der Margarine- und Kunstspeisefettindustrie festgesetzt ist.

§ 3. Für den Absatz der im § 2 genannten Margarinesorten im Kleinhandel werden die Handelsspannen je ¹/₂ kg so festgesetzt, daß sich folgende Kleinhandelspreise je ¹/₂ kg ergeben:

a) für Konsumware ein Festpreis von 0,63 RM,

b) für Mittelsorte ein Höchstpreis von 0,98 RM,

c) für Spitzensorte ein Höchstpreis von 1,10 RM.

§ 4. (1) Für Margarine mit einem Wassergehalt von nicht mehr als 1 v. H. (Schmelzmargarine) darf den in §§ 2, 3 genannten Preisen ein Betrag bis zu 0,05 RM zugeschlagen werden.

(2) Für Margarine mit einem Wassergehalt von nicht mehr als 8 v. H. (Ziehmargarine) darf den in §§ 2, 3 genannten Preisen bei Mittelsorte und Spitzensorte ein Betrag bis zu 0,03 RM zugeschlagen werden.

§ 5. Die Abgabe von Konsumware darf nicht von der Bedingung abhängig gemacht werden, andere Sorten Margarine oder andere Waren abzunehmen.

§ 6. Wer vorsätzlich oder fahrlässig der Vorschrift im § 5 oder einer auf Grund der Verordnung über den Zusammenschluß der Margarine- und Kunstspeisefettindustrie ergangenen Anordnung über Festsetzung von Preisen oder Handelsspannen zuwiderhandelt, wird gemäß § 7 der genannten Verordnung mit Geldstrafe bis zu 100 000 RM bestraft.

§ 7. Die §§ 2 bis 6 dieser Verordnung treten am 1. November 1934 in Kraft.

b) Für den Verkehr mit Margarine und Kunstspeisefett ist noch in Kraft aus der

VO. des Reichspräsidenten zur Förderung der Verwendung inländischer tierischer Fette und inländischer Futtermittel vom 23. Dezember 1932 (RGBl. I S. 575):

§ 9. (1) Es ist verboten, im Verkehr mit Margarine und Kunstspeisefett durch Umhüllungen, Bezettelungen, öffentliche Bekanntmachungen oder Mitteilungen, die für einen größeren Kreis von Personen bestimmt sind, in Wort oder Bild auf Milch, Butter, andere Milcherzeugnisse oder Schweineschmalz oder auf deren Gewinnung hinzuweisen.

(2) Wer vorsätzlich dem Verbote des Absatz 1 zuwiderhandelt, wird mit Gefängnis bis zu sechs Monaten und mit Geldstrafe oder mit einer dieser Strafen bestraft. Ist die Zuwiderhandlung fahrlässig begangen, so tritt Geldstrafe bis zu 150 RM oder Haft ein.

(3) Die Vorschriften in Abs. 1, 2 treten am 1. April 1933 in Kraft.

Die übrigen Vorschriften der VO. vom 23. Dezember 1932 sind mit dem 1. Oktober 1938 außer Kraft getreten (vgl. § 3 Margarinegesetz Anm. 4 auf S. 871).

c) Die Kundmachung der Verwendung bestimmter Fettarten und Fettzubereitungen im Kleinhandel ist vorgeschrieben in der

VO. des RErnMin. und des RMdI. vom 13. April 1933 (RGBl. I S. 201) in Verbindung mit der Verordnung vom 1. Mai 1933 (RGBl. I S 259).

Die seit dem 15. Mai 1933 in Kraft befindlichen §§ 1, 3 dieser VO. (ihr § 2 ist nicht in Kraft getreten) lauten:

§ 1. (1) Werden in Gastwirtschaften, Schankwirtschaften oder Speisewirtschaften oder im Kleinhandel von Bäckern, Konditoren oder Verkäufern von frischen Back- und Konditorwaren Lebensmittel feilgehalten oder verkauft, die unter Verwendung von Margarine, Kunstspeisefett, gehärteten Speiseölen, Pflanzenfetten (Kocosnußfett u. ä.) oder gehärtetem Tran hergestellt oder zubereitet werden, so ist durch besonderen Aushang darauf hinzuweisen, welche der genannten Öle oder Fette verwendet werden. Der Aushang ist in genügender Zahl und so anzubringen, daß er für den Verbraucher deutlich sichtbar ist; auf ihm ist der Hinweis in deutscher Sprache und in leicht lesbarer schwarzer Schrift auf weißem Grund anzubringen. Gleiche Hinweise sind in deutscher Sprache und an einer in die Augen fallenden Stelle in deutlich sichbarer, leicht lesbarer Schrift auf den Speisekarten, Preisschildern und Preisverzeichnissen zu machen.

(2) Die Vorschriften des Abs. 1 finden auf Dauerwaren keine Anwendung.

§ 3. Wer einer Vorschrift der §§ 1, 2 vorsätzlich oder fahrlässig zuwiderhandelt, wird mit Geldstrafe bis zu zehntausend Reichsmark bestraft.

d) Die Richtlinien des RErnMin. betreffend die Herstellung von inländischem neutralem Schweineschmalz vom 10. Oktober 1933 (abgedruckt in **Z.** Beil. 1934, **26,** 15 und RGesundhBl. 1933 S. 890) haben durch die Aufhebung des Verwendungszwanges von neutralem Schweineschmalz (vgl. oben S. 871 § 3 Anm. 4 Abs. 3) bei der Herstellung von Margarine und Kunstspeisefett an Bedeutung verloren. Wenn man die Richtlinien als „Anordnungen auf Grund der (aufgehobenen) §§ 5, 6 der Dritten VO. vom 23. September 1933" ansieht, dann gelten sie gemäß § 12 Abs. 4 der VO. vom 29. Juli 1938 (RGBl. I S. 575) vorerst noch weiter, solange sie nicht von den jetzt zuständigen Stellen aufgehoben oder geändert werden.

Die „Richtlinien" enthalten Vorschriften über die Rohstoffe für die Herstellung von neutralem Schweineschmalz, beschränken die Verwendung des neutralen Schweineschmalzes auf die Herstellung von Margarine und Kunstspeisefett und geben eingehende Überwachungsvorschriften.

D. Sonstige Erzeugnisse mit Fettgehalt.

1. Bekanntmachung über fetthaltige Zubereitungen,

welche Butter und Schweineschmalz zu ersetzen bestimmt sind, ausgenommen Margarine und Kunstspeisefett. **Vom 26. Juni 1916 (RGBl. S. 589).** (In ihrer heute gültigen Fassung nebst Ergänzungsvorschriften, Vorbemerkung und Anmerkungen.)

a) Vorbemerkung. Das Margarinegesetz verfolgt den Zweck, im allgemeinen Verkehr die Gefahr einer Verwechslung des Naturfettes Butter mit Margarine und des Naturfettes Schweineschmalz mit Kunstspeisefett auszuschließen. Den Verbraucher davor zu schützen, daß ihm unter dem Anschein einer fetthaltigen Zubereitung von dem hohen Fettgehalt der Margarine oder des Kunstspeisefettes im Sinne des Margarinegesetzes (vgl. § 2 der vorliegenden Bekanntmachung und § 1 Anm. 12 des Margarinegesetzes auf S. 865) eine Zubereitung angeboten wird, die mehr oder weniger statt Fett andere Stoffe (Beispiele in § 1 Abs. 2) enthalten, ist der Zweck der in der Bekanntmachung über fetthaltige Zubereitungen vom 26. Juni 1916. Hierüber sagt der in der Reichstagsdrucksache Nr. 403, 13. Legislaturperiode, II. Session 1914/1916 enthaltene Nachtrag zu der Denkschrift des Stellvertreters des Reichskanzlers über wirtschaftliche Maßnahmen aus Anlaß des Krieges auf S. 72:

„Das Gebiet der Speisefette bot ein besonders ergiebiges Feld für viele mehr oder weniger sachkundige Personen, durch die Bereitung sogenannter Surrogate für Butter oder Schweineschmalz ungerechtfertigte Gewinne auf Kosten der verbrauchenden Bevölkerung zu erzielen. Amtliche Untersuchungen haben nicht nur die völlige Wertlosigkeit, sondern sogar die wirtschaftliche Schädlichkeit der vielen neuen Erzeugnisse dieser Art erwiesen. Sie bestehen in der Hauptsache aus Stärkekleister, Gelatine und viel Wasser mit geringem Fettzusatz, sind nur kurze Zeit haltbar und als Bratfett ungeeignet. Durch geschickte Reklame sind sogar Behörden getäuscht und dazu veranlaßt worden, mit derartigen Mitteln die im gemeinnützigen Interesse gesammelten Fettvorräte zu strecken. Die an sich nur geringen Mengen an Speisefett, die im Lande zur Verfügung stehen, werden für Bratzwecke, also für die wichtigste Verwendung, durch solche Streckung unbrauchbar gemacht, und da die Erzeugnisse sehr schnell der Zersetzung durch Kleinlebewesen aller Art anheimfallen, gehen beträchtliche Fettmengen für die menschliche Ernährung und selbst für technische Verwertung verloren. Hier tritt also, ganz abgesehen von gesundheitlichen Gefahren, eine Vergeudung wertvoller Güter ein, die in der Kriegszeit verhindert werden muß. Die Herstellung der als Ersatzmittel auftretenden fetthaltigen Zubereitungen, die in Wahrheit ungeeignet sind, Butter oder Schweineschmalz zu ersetzen, ist daher durch die auf Grund des sogenannten Ermächtigungsgesetzes ergangene

Bekanntmachung über fetthaltige Zubereitungen vom 26. Juni 1916 (RGBl. S. 589) verboten worden; alle diese fragwürdigen Erzeugnisse sind vom Verkehr ausgeschlossen.

Der Reichskanzler ist, schon um die Verwertung wirklich wertvoller Methoden, die etwa noch ausgemittelt werden, zu ermöglichen, ermächtigt, Ausnahmen zuzulassen.“

b) Bekanntmachung über fetthaltige Zubereitungen. Vom 26. Juni 1916 (RGBl. S. 589). In der Fassung der Bekanntmachung von 28. April 1921 (RGBl. S. 501).

Der Bundesrat hat auf Grund des § 3 des Gesetzes über die Ermächtigung des Bundesrats zu wirtschaftlichen Maßnahmen usw. vom 4. August 1914 (RGBl. S. 327) folgende Verordnung erlassen:

§ 1. Fetthaltige[2] Zubereitungen[1], welche Butter oder Schweineschmalz zu ersetzen bestimmt[7] sind, ausgenommen Margarine[3] und Kunstspeisefett[4], dürfen[8] gewerbsmäßig[9] nicht hergestellt, feilgehalten[5], verkauft[5] oder sonst in den Verkehr gebracht[6] werden.

Dies gilt insbesondere für Erzeugnisse, die außer Butter, Margarine oder einem Speisefett oder Speiseöl auch Milch (irgendeiner Art), Wasser, Quark, Stärke, Mehl, mehlartige Stoffe, Kartoffel oder Gelatine enthalten.

Der Reichsminister für Ernährung und Landwirtschaft kann Ausnahmen zulassen.

§ 2. Margarine, die in 100 Gewichtsteilen weniger als 80 Gewichtsteile Fett oder in ungesalzenem Zustand mehr als 18 Gewichtsteile Wasser, in gesalzenem Zustand mehr als 16 Gewichtsteile Wasser enthält, darf gewerbsmäßig[10] nicht[11] feilgehalten oder verkauft werden.

§ 3. Mit Gefängnis bis zu sechs Monaten und mit Geldstrafe[12] oder mit einer dieser Strafen wird bestraft:

1. wer der Vorschrift des § 1 zuwider fetthaltige Zubereitungen herstellt, feilhält, verkauft oder sonst in den Verkehr bringt;

2. wer der Vorschrift des § 2 zuwider Margarine feilhält oder verkauft.

Neben der Strafe kann auf Einziehung[13] der Gegenstände erkannt werden, auf die sich die strafbare Handlung bezieht, ohne Unterschied, ob sie dem Verurteilten gehören oder nicht.

Wird auf Strafe erkannt, so kann angeordnet werden, daß die Verurteilung auf Kosten des Schuldigen öffentlich bekanntgemacht[14] wird. Die Art der Bekanntmachung[14] wird im Urteil bestimmt.

§ 4. Die Vorschriften des § 2 und des § 3 Nr. 2 treten mit dem 15. Juli 1916, die des § 3 Nr. 1 mit dem 3. Juli 1916, im übrigen tritt diese Verordnung mit dem Tage der Verkündung in Kraft. Der Reichsminister für Ernährung und Landwirtschaft bestimmt den Zeitpunkt des Außerkrafttretens.

c) Verordnung über fetthaltige Zubereitungen. Vom 22. Mai 1933 (RGBl. I S. 288).

Auf Grund des § 1 Abs. 3 der Bekanntmachung über fetthaltige Zubereitungen vom 26. Juni 1916 (RGBl. S. 589) in der Fassung vom 28. April 1921 (RGBl. S. 501) wird folgendes verordnet[15]:

Die Vorschrift des § 1 Abs. 1 der genannten Bekanntmachung findet auf fetthaltige Zubereitungen, die ausschließlich aus Rinder- und Schweinefett bestehen und diesen Bestandteilen entsprechend bezeichnet werden, keine Anwendung.

d) RdErl. des RMd I betreffend fetthaltige Zubereitungen. Vom 26. Oktober 1935 (MiBl.iV. S. 1341).

Unter Berücksichtigung des RdErl. des RMdI. vom 26. Januar 1938 (MiBl.iV. S. 209)[16].

(1) In Bäckereien und Konditoreien ist es vielfach üblich, sogenannte Backvormischungen herzustellen, die je nach der beabsichtigten Verwendung neben Fetten verschiedener Art mindestens 10 v. H. Zucker[16] und nach Bedarf auch Backzutaten enthalten. Diese Zubereitungen werden nur kurze Zeit vorrätig gehalten, um im eigenen Betriebe zur Herstellung bestimmter Arten von Gebäck verwendet zu werden. Es sind Zweifel aufgetreten, ob dieses betriebstechnisch zweckmäßige Verfahren unter das Verbot des § 1 der VO. über fetthaltige Zubereitungen vom 26. Juni 1916 (RGBl. S. 589) in Verbindung mit der VO. vom 22. Mai 1933 (RGBl. I S. 288) fällt, wonach fetthaltige Zubereitungen, die Butter oder Schweineschmalz zu ersetzen bestimmt sind, ausgenommen Margarine, Kunstspeisefett und Mischungen aus Rinder- und Schweinefett, gewerbsmäßig nicht hergestellt, feilgehalten, verkauft oder sonst in den Verkehr gebracht werden dürfen. Da es sich in diesen Fällen nicht um die Herstellung einer selbständigen Handelsware, sondern nur um die Anfertigung eines Zwischenerzeugnisses handelt, das in einem einheitlichen Arbeitsgang in demselben Betriebe weiter verarbeitet wird, halte ich es für unbedenklich, daß dieses Verfahren nicht beanstandet wird, sofern es sich nur um einen Vorrat für höchstens eine Woche handelt und die Backvormischung nicht an andere abgegeben oder sonst in den Verkehr gebracht wird. Als Kunstspeisefett oder als Schmelzmargarine sind Vormischungen der angegebenen Zusammensetzung deshalb nicht anzusehen, weil sie keine dem Schweineschmalz oder dem Butterschmalz ähnlichen Zubereitungen darstellen.

(2) Ich bitte, die mit der Überwachung des Lebensmittelverkehrs betrauten Behörden und Anstalten entsprechend zu verständigen.

Anmerkungen zu den vorstehenden Verlautbarungen (b, c, d) über fetthaltige Zubereitungen. [1] Über den Begriff Zubereitung siehe § 1 Anm. 6 des Margarinegesetzes.

[2] Gänzlich fettlose Zubereitungen fallen nicht unter § 1; sie sind nach den Grundsatzregelungen des § 4 LMG. zu beurteilen.

[3] Siehe § 1 Anm. 10 des Margarinegesetzes.

[4] Siehe § 1 Anm. 12 des Margarinegesetzes.

[5] Über Feilhalten und Verkaufen siehe § 1 Anm. 2 und 3 des Margarinegesetzes.

[6] Über Inverkehrbringen siehe Bd. I, S. 1293 Anm. 16 des Handbuchs, ferner meinen Aufsatz: „Wer bringt in den Verkehr?" in Deutsche Lebensmittel-Rundschau 1937, Nr. 15, S. 178f.

[7] Die S. 885 mitgeteilte Anordnung über Trennöle geht offenbar davon aus, daß die dort vorgeschriebenen Trennölemulsionen nicht die Bestimmung haben, Butter oder Schweineschmalz zu ersetzen.

[8] Soweit sie als selbständige Handelsware auftreten. Vgl. hierzu den vorstehend unter d) abgedruckten RdErl. über Backvormischungen als Zwischenerzeugnisse innerhalb des eigenen Betriebes.

[9] Vgl. hierzu Anm. 8 und ferner § 3 des Margarinegesetzes Anm. 2 und 3.

[10] Dem Sinn und Zweck der Vorschrift dürfte es entsprechen, „gewerbsmäßig" in diesem Zusammenhang entsprechend den Ausführungen in Anm. 5 zu § 1 Margarinegesetz zu verstehen.

[11] Auch nicht unter entsprechender Kenntlichmachung. Strafvorschrift in § 3.

[12] Das in Anm. 1 zu § 14 Margarinegesetz auf S. 877 Gesagte gilt auch hier.

[13] Vgl. die Erläuterungen zu § 19 des Margarinegesetzes auf S. 878.

[14] Vgl. hierzu die Erläuterungen zu § 16 LMG. in Bd. I, S. 1320 des vorliegenden Handbuchs und Holthöfer-Juckenack S. 232—239, sowie ebenda Erg. 1936, S. 91 „zu S. 238".

[15] Eine amtl. Begr. zu dieser VO. ist nicht bekannt geworden. Was sie besagt, wäre ohnehin Rechtens im Hinblick auf die auf S. 867 in Anm. 14 am Schluß zu § 1 Abs. 4 Satz 2 des Margarinegesetzes mitgeteilte Rechtsprechung des Reichsgericht. Anscheinend hat die S. 867 in Anm. 15 zu § 1 Margarinegesetz erörterte Abweichung der Durchführungsbestimmungen zur Fettsteuer-VO. von dieser höchstrichterlichen Auslegung des § 1 Abs. 4 Satz 2 Margarinegesetz Anlaß zu der VO. vom 22. Mai 1933 gegeben.

[16] Im RdErl. vom 26. Oktober 1935 waren mindestens 20% Zucker verlangt. Die einzige Änderung, die der RdErl. vom 26. Januar 1938 gebracht hat, war die Herabsetzung des Mindestzuckergehaltes von 20% auf 10%.

2. Die VO. gegen die Verwendung von Mineralölen im Lebensmittelverkehr. Vom 22. Januar 1938 (RGBl. I S. 45.)

Auf Grund des § 5 Nr. 3, 5 und des § 20 des Lebensmittelgesetzes in der Fassung vom 17. Januar 1936 (RGBl. I S. 17) wird verordnet:

§ 1. Mit Mineralöl oder mineralölhaltigen Stoffen behandelte Lebensmittel sind als verfälscht anzusehen und auch unter Kenntlichmachung vom Verkehr ausgeschlossen.

§ 2. Mineralöle und mineralölhaltige Stoffe dürfen für die Verwendung bei der Herstellung von Lebensmitteln nicht hergestellt, angeboten, feilgehalten, verkauft oder sonst in den Verkehr gebracht werden.

§ 3. Diese Verordnung tritt am 1. Februar 1938 in Kraft.

Die vorstehende VO. enthält allgemeines Reichsrecht, das vom RMdI. und RErnMin. auf Grund der Ermächtigungen des LMG. verordnet ist. Auf einem Teilgebiet hat der RMdI. bis auf weiteres durch eine Ausnahmegestattung gemäß § 20 Abs. 2 Nr. 3 LMG., also gleichfalls mit Rechtssatzwirkung, dieses Reichsrecht durchbrochen.

Der dahingehende RdErl. des RMdI. vom 13. September 1938 (MiBl.iV. S. 1571) bestimmt:
„Auf Grund des § 20 Abs. 2 Nr. 3 des Lebensmittelgesetzes in der Fassung vom 17. Januar 1936 (RGBl. I S. 17) bestimme ich, daß abweichend von den Vorschriften der VO. gegen die Verwendung von Mineralölen im Lebensmittelverkehr vom 22. Januar 1938 (RGBl. I S. 45) bis auf weiteres reines Paraffinöl (Paraffinum liquidum), das den Anforderungen des Deutschen Arzneibuches, 6. Ausg. entspricht, als Trennmittel bei der Herstellung von Dauerbackwaren und Bonbons sowie bei der Behandlung von getrockneten Weinbeeren, insbesondere Rosinen, Sultaninen und Korinthen, verwendet werden darf, unter der Bedingung, daß nur unerhebliche Mengen in das fertige Erzeugnis gelangen."

Bereits im Urt. vom 26. Februar 1929 (RGSt. 63, 61 und Z. Beil. 1936, 28, 64) hat das Reichsgericht in einem Falle, in dem Paraffinum liquidum statt des üblichen Haselnußöls zu Schokoladeüberzugsmasse für Pralinen verwendet war, unter den Gesichtspunkten des § 4 LMG. ausführlich erörtert, daß die Verbraucherschaft der Verwendung von Mineralöl zur Herstellung von Lebensmitteln ablehnend gegenüber stehe. Die wichtigsten Sätze dieses Urteils, das in Ermangelung ausdrücklicher Rechtssatzvorschriften die Verbrauchererwartung als die beherrschende Generalnorm im Bereich des § 4 LMG. herausstellt, sind bei HOLTHÖFER-JUCKENACK S. 88 (Anm. 6a zu § 4 LMG.) im Wortlaut abgedruckt.

3. Trennölemulsionen.

Die Reichsstelle für Milcherzeugnisse, Öle und Fette als Überwachungsstelle (vgl. S. 857) hat zum Zweck der Fettersparnis folgende (bereits S. 884, Anm. 7 rechtlich gewürdigte) Anordnung Nr. 7, betreffend Verwendung von Trennölen im Brot- und Backgewerbe, vom 17. Februar 1937 mit Wirkung ab 1. Juli 1937 erlassen und im Reichsanzeiger Nr. 39 vom 17. Februar 1937 veröffentlicht:

„Auf Grund der Verordnung über den Warenverkehr vom 4. September 1934 (RGBl. I S. 816) in Verbindung mit der Verordnung über die Errichtung von Überwachungsstellen vom 4. September 1934 (Deutscher Reichsanzeiger Nr. 209 vom 7. September 1934) wird folgendes angeordnet:

§ 1. Pflanzliche und tierische Öle und Fette aller Art dürfen im Brot- und Backgewerbe als Trennmittel und zum Einfetten von Backblechen nur in Form einer Emulsion verwendet werden, deren Öl- und Fettgehalt 35 Gewichtshundertteile nicht übersteigt.

§ 2. (1) Alle Betriebe, die gewerbsmäßig im Haupt- oder Nebenbetrieb pflanzliche oder tierische Öle und Fette zur Herstellung von Trennemulsionen (§ 1)

für das Brot- oder Backgewerbe verwenden, bedürfen der ausdrücklichen Verarbeitungsgenehmigung der Reichsstelle für Milcherzeugnisse, Öle und Fette als Überwachungsstelle, Berlin SW 68, Lindenstr. 28.

(2) In dem Antrag auf Erteilung der Verarbeitungsgenehmigung ist die Zusammensetzung des Erzeugnisses genau anzugeben.

(3) Die Genehmigung kann an Auflagen geknüpft und von Bedingungen abhängig gemacht werden.

§ 3 (enthält Buchführungs- und Auskunftvorschriften).

§ 4. *Vorsätzliche oder fahrlässige Zuwiderhandlungen gegen diese Anordnung, ebenso auch vorsätzliche oder fahrlässige Zuwiderhandlungen gegen eine Auflage oder Bedingung der Verarbeitungsgenehmigung gemäß § 2 dieser Anordnung fallen unter die Strafvorschriften der §§ 10, 12—15 der Verordnung über den Warenverkehr vom 4. September 1934.*

§ 5 regelt das Inkrafttreten."

4. Fettglasuren.

An Stelle von Schokoladeüberzugsmasse werden im Bäcker- und Konditorgewerbe vielfach schokoladebraune Glasurmassen verwendet, die entweder aus Mischungen von Kakaopulver, Zucker und Fremdfetten, meist Erdnußhartfett oder Cocosfett, bestehen oder aus Kakaopulver und gekochtem Zucker zusammengesetzt sind (Wasserglasur, Fondantmasse). Solche „zum Überziehen von Backwaren oder Konditoreierzeugnissen dienende Zubereitungen, die nach ihren sinnlich wahrnehmbaren Eigenschaften, insbesondere Aussehen, Geruch, Geschmack, mit Schokoladeüberzugsmasse verwechselbar sind, aber infolge der Mitverwendung von Fremdfetten den Begriffsbestimmungen des § 3 Abs. 11, 12 der Kakao-VO. nicht entsprechen", sind nach § 8 Abs. 1 der Kakao-VO. vom 15. Juli 1933 (RGBl. I S. 504) „als nachgemachte Schokoladeüberzugsmassen anzusehen; sie sind dann vom Verkehr ausgeschlossen, wenn sie nicht je nach der Art der verwendeten Fremdfette als „Erdnußfettglasur", „Cocosfettglasur" usw. kenntlich gemacht sind".

§ 8 Abs. 2 daselbst bestimmt weiter:

„Backwaren und Konditoreierzeugnisse, die mit solchen Zubereitungen überzogen sind, sind als nachgemacht oder verfälscht anzusehen und dann vom Verkehr ausgeschlossen, wenn sie nicht als „mit Erdnußfettglasur hergestellt", „mit Cocosfettglasur hergestellt" usw. kenntlich gemacht sind."

Hierzu bemerkt der RMdI. in seinem RdErl. vom 18. März 1935 (MiBl. i V. S. 409):

„Bei dem gegenwärtigen Mangel an Erdnuß- und Cocosfett werden neuerdings auch gehärteter Waltran sowie Mischungen verschiedener Fette verwendet. Ich will keine Bedenken dagegen erheben, daß in solchen Fällen die Glasur als „Kunstspeisefettglasur" und die damit hergestellten Erzeugnisse als „mit Kunstspeisefettglasur hergestellt" kenntlich gemacht werden." Es folgen dann Einzelheiten, wie diese Kenntlichmachung im Kleinverkauf in der erforderlichen zweifelsfreien Weise erfolgen kann.

Nach einem Bescheid des RMdI. vom 19. April 1938 auf eine Anfrage der Fachgruppe Süßwarenindustrie (mitgeteilt im RGesundh.Bl. 1938, S. 419) „sind unter Backwaren im Sinne des § 8 Abs. 1 und 2 der Kakao-VO. nicht nur Frischgebäck (Torten und tortenähnliche Gebäcke, Mohrenköpfe u. dgl.), sondern auch Dauerbackwaren (wie z. B. Erzeugnisse der Keks-, Zwieback-, Makronen-, Lebkuchen-, Waffel- usw. Herstellung) zu verstehen.

Auch das OLG. Hamm hat im Urt. vom 9. Oktober 1937 (Z. Beil. 1938, **30**, 110) mit ausführlicher Begründung entschieden, daß auch „Hartgebäck (Dauerbackware)" unter die Vorschriften des § 8 der Kakao-VO. fällt.

Die praktische Bedeutung der Vorschriften des § 8 der Kakao-VO. für Dauerbackwaren ist zur Zeit dadurch herabgemindert, daß durch die Anordnung Nr. 66 des Vorsitzenden der Wirtschaftlichen Vereinigung der Süßwarenindustrie vom 20. Juli 1938 (RNVBl. S. 328) die Verarbeitung von Fettglasurmasse jeder Art mit Einschluß von Kakaofettglasurmassen für Dauerbackwaren mit sofortiger Wirkung verboten worden ist.

5. Mayonnaise.

a) Der zur Zeit noch maßgebende RdErl. des RMdI. über den Fettgehalt von Mayonnaise vom 13. Dezember 1935 (MiBl.iV. S. 1497) lautet:

„(1) Nachdem durch RdErl. vom 7. Oktober 1935 — IV B 9063/4237 (MiBl.iV. S. 1213) der Fettgehalt der Mayonnaise vorübergehend bereits auf mindestens 60 Hundertteile, der Fettgehalt der sogenannten Marinaden-Mayonnaise auf mindestens 45 Hundertteile festgesetzt worden ist, will ich mit Rücksicht auf die Wirtschaftslage keine Bedenken dagegen geltend machen, daß vorübergehend der Fettgehalt der Mayonnaise bis auf 50 Hundertteile, der Fettgehalt der sogenannten Marinaden-Mayonnaise bis auf 40 Hundertteile herabgesetzt wird, sowie daß für die Marinaden-Mayonnaise an Stelle des als Streckungsmittel zugelassenen Mehlzusatzes 4 Hundertteile Gelatine verwendet werden. Von einer Kenntlichmachung dieser Zusätze in den angegebenen Höchstmengen kann abgesehen werden.

(2) Ich ersuche, die mit der Überwachung des Lebensmittelverkehrs betrauten Behörden und Anstalten entsprechend anzuweisen."

Über den in dem vorstehenden RdErl. vom 13. Dezember 1935 erwähnten Mehlzusatz bestimmt der dort angeführte

RdErl. des RMdI. vom 7. Oktober 1935 (MiBl.iV. S. 1214) (im Anschluß an seine Regelungen über den Fettgehalt):

„Weiter erkläre ich mich damit einverstanden, daß der als Streckungsmittel vorübergehend zugelassene Mehlzusatz von 5 auf 7 Hundertteile erhöht wird. Eine Kenntlichmachung des Mehlzusatzes ist nicht erforderlich. Mayonnaise, die nach den erleichterten Bedingungen hergestellt ist, darf aber nicht als „Ia", „Prima Mayonnaise", „Feinkostmayonnaise" oder ähnlich bezeichnet werden."

b) Auf Grund eingehender Verhandlungen mit allen beteiligten Reichsbehörden und Organisationen, die im einzelnen in der nachbezeichneten Verlautbarung aufgeführt werden, hat die **Fachgruppe Fleischwarenindustrie** der Wirtschaftsgruppe Lebensmittelindustrie in Nr. 27 der Fleischwaren-Industrie vom 5. Juli 1938 dem RMdI. vorher vorgelegte und von ihm unbeanstandet mit Erlaß vom 28. Juni 1938 zurückgeleitete **„Leitsätze für die Beurteilung von Fleischsalat, Heringssalat, Mayonnaise und Tunken"** bekanntgegeben. Auch im RGesundh.Bl. 1938, S. 599 sind sie abgedruckt.

Die Leitsätze können nach der Art ihres Zustandekommens als die Verbraucherwartung bestimmende Normen im Sinne des § 4 LMG. (vgl. Bd. V, S. 859, 860 des Handbuchs und HOLTHÖFER-JUCKENACK S. 83) betrachtet werden. Unter III und IV dieser Leitsätze nebst ihren Anmerkungen 3—6, die einen Bestandteil dieser Leitsätze bilden, ist folgendes bestimmt:

„III. Mayonnaise. 1. Mayonnaise ist eine Zubereitung aus Eigelb und Speiseöl, der Salz und Gewürzessig zugesetzt sind[3].

[3] Remoulade ist eine nur mit Kräutern versetzte Mayonnaise mit mindestens 50 Hundertteilen Fettgehalt.

Die Mitverwendung von Milcheiweiß oder von Fischeiweiß neben Eigelb, auch ohne Kenntlichmachung wird nicht beanstandet.

2. Der Fettgehalt[4] beträgt in der

a) als „Mayonnaise" bezeichneten Zubereitung mindestens 50 Hundertteile,

b) als „Ia", „prima", „feinste" usw. bezeichneten Mayonnaise mindestens 83 Hundertteile. Diese Mayonnaise darf keine Verdickungsmittel enthalten.

c) als „Salat-Mayonnaise" oder „Marinaden-Mayonnaise" bezeichneten Zubereitung mindestens 40 Hundertteile.

[4] Ursprünglich waren in den „Leitsätzen" für den Fettgehalt der Mayonnaise mindestens 83 Hundertteile und der Marinaden-Mayonnaise oder Salat-Mayonnaise mindestens 65 Hundertteile festgelegt worden. Dieser Mindesfettgehalt ist infolge der Speiseölkontingentierung herabgesetzt worden, und zwar zuletzt durch RdErl. des RMdI. vom 13. Dezember 1935 auf 50 bzw. 40 Hundertteile.

3. Als Verdickungsmittel dürfen nur die jeweils zugelassenen[5] Stoffe verwendet werden; andere Verdickungsmittel wie Tragant, Agar-Agar, Fruchtmehle sind unzulässig.

[5] Durch RdErl. des RMdI. vom 7. Oktober 1935 und 13. Dezember 1935 sind als Verdickungsmittel nur zugelassen: 7 Hundertteile Mehl (Weizenmehl, Weizenpuder), Kartoffelmehl oder 4 Hundertteile Gelatine (diese nur für Marinadenmayonnaise).

IV. Tunken. Tunken[6] sowie Erzeugnisse mit Tunken dürfen nur in den Verkehr gebracht werden, wenn sie deutlich als solche kenntlich gemacht worden sind und das Wort „Mayonnaise" auch in Wortzusammensetzungen bei der Bezeichnung und Anpreisung keine Verwendung findet.

Krabbensalat mit Tunke darf auch als „Krabbensalat" bezeichnet werden.

Für Fleischsalat und ähnliche Zubereitungen dürfen Tunken nicht verwendet werden.

[6] Die Bezeichnung „Krem" bei Tunken im Sinne der vorstehenden Ausführungen ist unzulässig."

Vorschriften über Verarbeitungsgenehmigung und Buchführung für die Hersteller von Mayonnaise finden sich in Anordnungen der Reichsstelle für Milcherzeugnisse, Öle und Fette als Überwachungsstelle vom 9. Juni 1937 in der Fassung der Änderungsanordnung vom 23. Juni 1937 (Reichsanzeiger Nr. 129 vom 9. Juni 1937 bzw. Nr. 142 vom 24. Juni 1937) und vom 15. Dezember 1936 (Reichsanzeiger Nr. 293 vom 15. Dezember 1936) in der Fassung vom 9. Juni 1937 (Reichsanzeiger Nr. 129 vom 9. Juni 1937).

Als Mayonnaise im Sinne dieser Anordnungen gelten auch verdünnte Mayonnaise sowie alle Arten von Aufgußtunken, in denen Öle oder Fett und Eigelb enthalten sind. Ausgenommen von der Verarbeitungsgenehmigung sind Betriebe, die seit Januar 1935 in keinem Monat mehr als 50 kg Öle und Fette zu den in Frage kommenden Erzeugnissen verarbeitet haben.

E. Aus dem Fettsteuerrecht.

1. VO. über die Erhebung einer Ausgleichsabgabe auf Fette (FettStVO.). Vom 13. April 1933 (RGBl. I S. 206) in der vom Reichsminister der Finanzen bekanntgegebenen Neufassung vom 23. November 1934 (RZBl. S. 675).

Auf Grund des Artikels 4 der Zweiten Verordnung des Reichspräsidenten zur Förderung der Verwendung inländischer tierischer Fette und inländischer Futtermittel vom 23. März 1933 (RGBl. I S. 132) wird verordnet:

Gegenstand der Steuer.

§ 1. (1) Fette, die zum Verbrauch im Inland bestimmt sind, unterliegen einer Ausgleichsabgabe (Fettsteuer).

(2) Fette im Sinne dieser Verordnung sind: Margarine, Kunstspeisefett im Sinne des Gesetzes, betreffend den Verkehr mit Butter, Käse, Schmalz und deren Ersatzmitteln, vom 15. Juni 1897 (RGBl. S. 475), Speiseöl, auch gehärtet, Pflanzenfette — mit Ausnahme der Kakaobutter — und gehärteter Tran.

§§ 2—14 sind hier nicht mitabgedruckt.

2. VO. zur Durchführung der VO. über die Erhebung einer Ausgleichsabgabe auf Fette. Vom 24. April 1933 (RZBl. S. 234) in der durch den Reichsminister der Finanzen bekanntgegebenen Neufassung vom 23. November 1934 (RZBl. S. 676) sowie in der Fassung der Sechsten Änderungsverordnung vom 24. Oktober 1935 (RZBl. S. 448).

Auf Grund von §§ 3, 6, 10 und 13 der VO. über die Erhebung einer Ausgleichsabgabe auf Fette vom 13. April 1933 (RGBl. I S. 206) wird folgendes bestimmt:

I. Durchführungsbestimmungen (FettStDB.). Zu § 1 der Hauptverordnung. Gegenstand der Steuer.

§ 1. (1) Margarine sind diejenigen der Milchbutter oder dem Butterschmalz ähnlichen Zubereitungen, deren Fettgehalt nicht ausschließlich der Milch entstammt.

(2) Kunstspeisefette sind diejenigen dem Schweineschmalz ähnlichen Zubereitungen, deren Fettgehalt nicht ausschließlich aus Schweinefett besteht. Als Kunstspeisefette kommen hauptsächlich in Betracht Mischungen von Schweinefett mit Talg, Mischungen von Schweinefett mit pflanzlichen Ölen, Mischungen von Schweineschmalz mit Talg und pflanzlichen Fetten sowie Mischungen von Talg und pflanzlichen Ölen. Nicht Kunstspeisefette sind fetthaltige Zubereitungen, die ausschließlich aus Rinder- und Schweinefett bestehen und diesen Bestandteilen entsprechend bezeichnet werden

(3) Als Speiseöl gilt jedes pflanzliche Öl, es sei denn, daß es nach seiner Beschaffenheit zu Speisezwecken nicht verwendet werden kann.

§§ 2—46 sind hier nicht mitabgedruckt.

Anhang.

Österreichische Gesetze.

Zusammengestellt von

Oberregierungsrat Professor Dr. E. Bames-Berlin.

In Österreich besteht seit dem 25. Oktober 1901 (RGBl. Nr. 26 vom Jahre 1902) das Gesetz, betreffend den Verkehr mit Butter, Käse, Butterschmalz, Schweineschmalz und deren Ersatzmitteln, das weitgehend dem deutschen Margarinegesetz entspricht.

Margarine ist das der Butter ähnliche, nicht ausschließlich aus Milch hergestellte Fett. Oleomargarin ist das Fetterzeugnis, das aus Rohtalg durch Ausscheiden der festen Stearinanteile gewonnen wird. Kunstspeisefett ist wie im deutschen Gesetz das dem Schweineschmalz ähnliche aber nicht ausschließlich aus Schweineschmalz bestehende Fett. Unverfälschte Fette bestimmter Tier- und Pflanzenarten gelten nicht als Kunstspeisefette. Die Bezeichnungen im Verkehr müssen lauten: „Margarine, Oleomargarin, Kunstspeisefett." Mischungen dieser Fette mit Butter, Butterschmalz oder anderen Speisefetten sind verboten. Milch und Rahm dürfen bei der gewerbsmäßigen Herstellung bis zu 100 Gewichtsteilen Milch oder der entsprechenden Menge Rahm auf 100 Gewichtsteile der anderen, nicht der Milch entstammenden Fette verwendet werden. Der Milchfettgehalt der Margarine darf 4%, der Höchstwassergehalt 18%, der Kochsalzgehalt höchstens 5% betragen. Der Wassergehalt von Margarineschmalz darf 0,5% nicht überschreiten. Eine Färbung mit unschädlichen Farbstoffen ist erlaubt, jedoch nicht für Oleomargarin, das zur Weiterverarbeitung bestimmt ist. Die sog. latente Färbung, Zusatz von Sesamöl, das einen leichten Nachweis der Margarine ermöglicht, gilt ebenfalls in Österreich. Die Herstellung von Margarine, Oleomargarin, Margarineschmalz, Margarinekäse oder Kunstspeisefett ist anmeldepflichtig. Die Überwachung der Betriebe ist ähnlich geregelt wie in Deutschland; auch getrennte Räume für Herstellung, Aufbewahrung und Feilhalten von Butter und Margarine oder Kunstspeisefett sind gefordert. Der Hausierhandel mit diesen Erzeugnissen ist verboten. Die Kenntlichmachung in Geschäftsräumen, Marktständen durch Inschriften und Anschläge, Angabe der Herstellerfirma, Kennzeichnung in Geschäftspapieren sowie von Behältnissen (Kübeln, Fässern usw.) durch rote Streifen entspricht ungefähr den Vorschriften des Deutschen Reiches. Die Durchführungsverordnung zum Gesetz, vom 1. Februar 1902 (RGBl. Nr. 27) enthält die übrigen an die deutschen Bestimmungen sich anlehnenden Vorschriften, wie Sesamölreaktionen, Verpackung, Lagerung, Würfelform, Bezeichnung, Buchstabengröße. Die Verordnung des Handelsministeriums im Einvernehmen mit den Ministern des Innern, der Justiz und des Ackerbaues vom 5. Juni 1902 (RGBl. Nr. 119) verlangt unter anderem die Anbringung einer behördlich registrierten Plombe.

Speiseöle. Bestimmungen über Speiseöle enthält die Ministerialverordnung vom 30. Januar 1908 (RGBl. Nr. 28). Nur reines unvermischtes Olivenöl darf als „Olivenöl, Aixeröl, Provenceröl, Jungfernöl, Nizzaöl, Speiseöl Type Aixer, à la Aixer, Fasson Aixer, Fasson Nizza, Fasson Lucca" verkauft werden. Andere Öle oder Mischungen solcher mit Olivenöl sind als Speiseöle zu bezeichnen. Im übrigen kommt der § 7 des Lebensmittelgesetzes in Betracht, der die Verwendung irreführender Bezeichnungen verbietet.

Gesetze. Gesetz vom 25. Oktober 1901[1] (RGBl. Nr. 26 von 1902), betreffend den Verkehr mit Butter, Käse, Butterschmalz, Schweineschmalz und deren Ersatzmitteln (Margarinegesetz). Ministerialverordnung vom 1. Februar 1902 (RGBl. Nr. 27), betreffend Durchführung des vorgenannten Gesetzes. Ministerialverordnung vom 5. Juni 1902 (RGBl. Nr. 119), betreffend behördliche Registrierung von Plomben im Sinne des § 9 Abs. 2 des Margarinegesetzes. Ministerialverordnung vom 6. April 1915 (RGBl. Nr. 95), betreffend den Zusatz zu Margarine.

---

[1] Veröff. Reichsgesundh.-Amt 1902, 506.

Ausländische Gesetze über Fetterzeugnisse.

Zusammengestellt von

Oberregierungsrat Professor **Dr. E. Bames**-Berlin.

Belgien.

Margarine und zubereitete Fette sind im Gesetz über den Handel
mit Butter, Margarine, zubereiteten Fetten und anderen genießbaren Fettstoffen
vom 8. Juli 1935[1] (Moniteur Belge Nr. 212 vom 31. Juli 1935, 4806) behandelt.

Danach ist Margarine jeder Stoff oder jede Zubereitung, die zur Ernährung
geeignet ist und hinsichtlich der äußeren Merkmale Ähnlichkeit mit Butter
aufweist. „Zubereitetes Fett" umfaßt Gemenge von Fettstoffen oder Gemenge von Fettstoffen mit anderen festen Stoffen als Kochsalz oder mit flüssigen
Stoffen. Für beide Erzeugnisse ist der Zusatz von Erkennungsstoffen erforderlich,
die durch Kgl. Verordnung bestimmt werden. Einfuhr von Erzeugnissen, Herstellung, Verkauf, Vorrätighalten ist verboten, wenn sie nicht mit Erkennungsstoffen vermengt sind, nicht mit einwandfreien (den Bestimmungen der Verordnung entsprechenden) Fetten hergestellt sind, ausländische Fettstoffe enthalten, die nicht den vorgeschriebenen Bestimmungen entsprechen, mehr als 10 %
Milchfett oder Farbstoffe enthalten, die durch Salzsäurelösung ausgeschieden
werden können. Geschäfte, in denen Margarine oder zubereitete Fette feilgehalten oder verkauft werden, Lieferwagen, auch Privatwagen, müssen eine
auf den Straßen gut sichtbare Inschrift „Margarine" oder „Graisse préparée"
(zubereitetes Fett) tragen (Buchstabengröße mindestens 20 cm Höhe). Die
Größe der Inschrift „Margarine" muß 40 cm, die Inschrift „Graisse préparée"
60 cm lang sein. Die Verkaufsform beider Erzeugnisse ist der Würfel. Die einzelnen Würfel müssen ein Reingewicht von 250 g, 500 g, 1 kg oder 2 kg haben.
Behältnisse und Umhüllungen müssen besondere durch Kgl. Verordnung zu
bestimmende Form und Aufschrift haben. Bezeichnungen, die in irgendeiner
Weise auf Butter, Rahm, Milch, Melange (Gemenge) hindeuten, sind verboten.
Sofern die Erzeugnisse gesalzen sind, müssen sie als „salé" (gesalzen) bezeichnet
sein. Auf Geschäftspapieren (Rechnungen, Frachtbriefen usw.) müssen die
Worte „Margarine" oder „Graisse préparée" angebracht sein. Für die Ausfuhr
ist eine besondere Kgl. VO. maßgebend (s. unten). Butter und Margarine oder
zubereitete Fette sollen in getrennten Räumen feilgehalten und verkauft werden.
Margarine und zubereitetes Fett ist auf den Packungen mit dem Namen und
Anschrift des Verkäufers zu versehen. Sind getrennte Räume nicht vorhanden,
so muß Butter und Margarine oder zubereitetes Fett mindestens durch einen
Abstand von 1 m getrennt sein. Gleichzeitige Beförderung von Butter und
Margarine oder zubereiteten Fetten ist den Butterverkäufern untersagt. In
Räumen, in denen Butter hergestellt wird, darf Margarine oder zubereitetes
Fett nicht hergestellt oder vorrätig gehalten werden. Margarine muß 82 % Fett
enthalten. (Wenn höchstens 15 % andere Stoffe als Fett und Kochsalz ent-
halten und die Erzeugnisse als gesalzen bezeichnet sind, so gilt diese Bestimmung

---

[1] Deutsches Handelsarchiv 1935, 2972; Reichsgesundh.-Bl. 1935, 955.

nicht). Schädliche Stoffe dürfen in Margarine und zubereitetem Fett nicht enthalten sein. Zulässig sind 0,5 g Citrate oder Citronensäure auf 1 kg des Erzeugnisses. Aus Butter durch Reinigungs- oder Klärungsverfahren hergestellte Stoffe sind unzulässig, ebenso ausländische Rohstoffe, die nicht den gesetzlichen Anforderungen entsprechen oder die Erkennungsstoffe nicht enthalten. Die mit der Überwachung beauftragten Beamten können jederzeit die Herstellungsräume sowie die Verkaufsräume, während sie geöffnet sind, besichtigen und sich alle Handelspapiere vorlegen lassen sowie Proben entnehmen.

Kgl. VO. über den Handel mit Butter, Margarine, zubereiteten Fetten und anderen genießbaren Fettstoffen (Beschaffenheitsvorschriften): „Ausführungsbestimmungen zum Gesetz vom 8. Juli 1935[1]. Vom 27. Januar 1936[2] (Moniteur Belge Nr. 33 vom 2. Februar 1936, 556).

In Räumen, in denen genießbare Fettstoffe vorhanden sind, feilgehalten oder hergestellt werden, dürfen ungenießbare, unvergällte Fettstoffe nicht vorhanden sein. Zum Verkauf bestimmte Margarine und zubereitete Fette müssen auf 1000 Teile Fett oder Öl mindestens 50 Teile Sesamöl und mindestens 2 Teile vorher mit Öl verrührtem Kartoffelmehl (von höchstens 15% Wassergehalt) enthalten. Sesamöl ist vor dem Kirnen, Kartoffelmehl in der Buttermaschine zuzusetzen. Die Zusatzstoffe sind in Behältern aufzubewahren und mit den Aufschriften „huile de sésame pour mélanger" (Sesamöl zum Vermengen) und „fecule" (Kartoffelmehl) zu versehen. Auch ohne Kirnen hergestellte, zubereitete Fette müssen die Zusätze enthalten. Das Sesamöl und Kartoffelmehl muß besonderen Vorschriften genügen, die den chemischen Nachweis erleichtern. Ein den Aufsichtsbeamten vorzulegendes Prüfungsbuch muß Angaben über die Mengen der hergestellten Margarine und zubereiteten Fette sowie über die Zeit der Herstellung enthalten. Apparate und Behälter, die das Erzeugnis während der Herstellung oder Zubereitung enthalten, müssen eine Tafel mit der Aufschrift tragen „Exportation obligée". Die Behälter, in denen die Erzeugnisse verpackt sind, müssen die Aufschriften „Margarine" oder „Graisse préparée" (zubereitetes Fett) tragen, ferner die Angaben „Exportation obligée" und Firma des Herstellers. Die Angaben sind in leicht leserlicher Schrift mit mindestens 2 cm hohen Buchstaben anzubringen. Verpackte Erzeugnisse sind in besondere Lager zu bringen, deren Eingangstür mit 2 Schlössern versehen ist. Den Schlüssel eines Schlosses verwahrt der Hersteller, den des anderen der Akzisebeamte. Die Ware aus dem Lager darf nur zur sofortigen Ausfuhr verwendet werden. Menge, Anzahl der Packstücke und Ausfuhrland sind im Lagerbuch zu verzeichnen. An den entnommenen Packstücken wird von der Akziseverwaltung eine Plombe angebracht. Ausfuhr oder Rückführung ins Lager muß innerhalb von 50 Tagen erfolgen. Behälter und Umschließungen bis 5 kg müssen mit 5—10 cm breitem roten Streifen versehen sein und auf hellem Grunde mit schwarzer oder dunkelblauer Schrift die Bezeichnung „Margarine" oder „Graisse préparée", gegebenenfalls „salée" tragen (Buchstabenhöhe mindestens 2 cm). Die Aufschrift „Margarine" soll mindestens 10 cm lang, die Aufschrift „Graisse préparée" mindestens 15 cm lang sein. Sie soll auf Behältern eingebrannt oder mit Tusche oder Ölfarbe aufgemalt sein. Anhängeetiketten aus Weißblech an Körben müssen mit Eisendraht befestigt werden. Auf kleineren Behältern mit weniger als 5 kg Inhalt sind die Aufschriften 4 cm bzw. 6 cm lang mit Buchstaben von mindestens 2 cm Größe anzubringen. Andere Fette sind wahrheitsgemäß zu kennzeichnen. Aufschriften müssen in der Größe den vorgenannten Bestimmungen entsprechen. Verboten sind bei der Herstellung giftige Stoffe, als schädlich erklärte Stoffe, Stoffe, denen

---

[1] Reichsgesundh.-Bl. 1935, 955.
[2] Deutsches Handelsarchiv 1936, 926; Reichsgesundh.-Bl. 1936, 460.

fäulniswidrige Mittel zugesetzt sind, Zusatz von Glycerin, Stoffe, die Kohlen-
wasserstoffverbindungen enthalten, von Schimmel befallene Rohstoffe, andere
mineralische Stoffe als Wasser und Salz.

Angaben anderer Länder oder Orte als den Herstellungs-, Herkunftsländern
oder -orten sowie unrechtmäßige, irreführende usw. Angaben sind verboten.
Hersteller und Verkäufer sind anzugeben, es genügt auch die Handelsmarke.
Es folgen Strafbestimmungen. Frühere Vorschriften werden aufgehoben.

Vgl. auch Kgl. Verordnung über den Handel mit Butter, Rahm, Milch,
Käse: Beschaffenheitsvorschriften. Vom 13. August 1938 (Moniteur Belge 1938,
5135; Deutsches Handelsarchiv 1938, 3575; Reichsgesundh.-Bl. 1938, 987.)
Die mit den oben angegebenen Namen bezeichneten Erzeugnisse, auch mit
ähnlichen Bezeichnungen (Wortverbindungen) in den Verkehr gebrachte Erzeugnisse, dürfen Margarine oder zubereitete Fette nicht enthalten. In Gast-
stätten ist bei den Speisen auf Ankündigungen (Speisekarten) auf die Verwendung von Butter, Margarine usw. hinzuweisen.

Dänemark.

Die gesetzlichen Vorschriften über Margarine sind enthalten in dem Gesetz
Nr. 95 über die Herstellung und den Vertrieb von Margarine vom 1. April 1925[1],
das mehrere Veränderungen erfahren hat, so die Ergänzung vom 31. März
1930[2] und die Ergänzung vom 20. Mai 1933[3], die allerdings nur bis Ende 1934
Geltung hatte. Zu dem Gesetze sind Bekanntmachungen des Landwirtschaftsministeriums ergangen, die als Ausführungsbestimmungen zum Gesetz dienen.
Die erste Bekanntmachung vom 30. Mai 1925[4] wurde ergänzt durch die Bekanntmachung vom 20. September 1926[5]; vom 19. Juli 1930[6] und vom 17. Oktober 1932[7]. Vgl. dazu das Gesetz, betreffend Ergänzung des Gesetzes, betreffend
den Handel mit Butter, ausländischen landwirtschaftlichen Erzeugnissen usw.
vom 12. April 1911[8], vom 10. April 1926[9], nach welchem Fettemulsionen in
Meiereibetrieben oder in Räumen, die mit diesen in Verbindung stehen, nicht
hergestellt werden dürfen. Ausnahmebestimmungen kann der Landwirtschaftsminister treffen.

Margarine ist das butterähnliche, nicht lediglich aus Butterfett bestehende
Erzeugnis. Der Butterfettgehalt darf 3%, der Wassergehalt 16% ausmachen,
der Fettgehalt ist mindestens 80%. Wachs, Paraffin und Vaseline dürfen nicht
in Margarine vorhanden sein. Konservierungsmittel — außer Kochsalz — und
Teerfarbstoffe sind unzulässig. Für Margarine im Gewicht über 5 kg sind
tonnenförmige, ovale Behälter vorgeschrieben, die in schwarzer Schrift — auch
eingebrannter Schrift — die Bezeichnung „Margarine" sowie Namen und Wohnort des Herstellers angeben. Für kleinere Packungen ist die Würfelform vorgesehen. Soweit Margarine in Umhüllungen aus Papier, Pappe, Blech usw.
in Frage kommen, ist die Bekanntmachung vom 20. September 1926 (s. oben)
maßgeblich. Als Erkennungsmittel müssen 10% Sesamöl zugesetzt sein. Ausländische Margarine muß außerdem als „Udenlansk" bezeichnet werden. Die
Bekanntmachung des Landwirtschaftsministers vom 19. Juli 1930 (s. oben)
behandelt die Ein- und Ausfuhrbestimmungen, auch sind Vorschriften, betreffend Herstellung, Vertrieb und Kenntlichmachung von Fettemulsionen und
Margarinefett gegeben, die insbesondere die genaue Bezeichnung regeln. Jede

---

[1] Veröff. Reichsgesundh.-Amt 1925, 800.   [2] Reichsgesundh.-Bl. 1930, 720.
[3] Deutsches Handelsarchiv 1933, 1777; Reichsgesundh.-Bl. 1933, 876.
[4] Veröff. Reichsgesundh.-Amt 1925, 818. Aufgehoben (s. unten).
[5] Reichsgesundh.-Bl. 1927, 186; Deutsches Handelsarchiv 1926, 2337.
[6] Reichsgesundh.-Bl. 1930, 847.   [7] Reichsgesundh.-Bl. 1933, 389.
[8] Veröff. kaiserl. Gesundh.-Amt 1925, 751.   [9] Reichsgesundh.-Bl. 1930, 719.

Verwechslungsmöglichkeit mit Milch-, Rahm- oder Meiereierzeugnissen, die in der Bezeichnung zum Ausdruck kommen könnte, ist verboten. Die Bekanntmachung vom 17. Oktober 1932 behandelt den Vitamingehalt der Margarine sowie die Vorschriften, die erfüllt sein müssen, wenn auf einen Vitamingehalt in Margarine hingewiesen wird. Besondere Überwachungsstellen (Staatskontrollen med Smør og Aeg-Butter und Eier) haben den Vitamingehalt auf Kosten der Hersteller nachzuprüfen. Die Bekanntmachung wird ergänzt durch das Gesetz, betreffend Ergänzung des Gesetzes vom 1. April 1925[1] über Herstellung und Vertrieb von Margarine. Vom 7. Mai 1937 (Lovtidenden A. Nr. 19, 805[2]).

In Dänemark hergestellte und eingeführte sowie zum Verkauf kommende Margarine muß den vom Min. f. Landwirtschaft und Fischerei mit dem Gesundheitsamt etwa beschlossenen Bedingungen betreffs Vitaminwirkung entsprechen. Dieser kann bestimmte Vitaminpräparate als Zusatz zu Margarine vorschreiben. Die Kontrolle auf Vitaminwirkung ist von den Herstellern oder Einführern zu bezahlen. Auch für Fettemulsionen kann eine Vitaminwirkung gefordert und bestimmt werden. Herstellung, Einfuhr, Ausfuhr, Verkauf, Verteilung von Stoffen, die nicht Margarine sind, jedoch bestimmt oder geeignet sind, Butter, Margarine, Schweinefett oder Talg zu ersetzen, sind vom Minister für Landwirtschaft und Fischerei zu genehmigen. Wer Margarine ohne die Bezeichnung Margarine oder Butter, die anderes Fett als Milchfett enthält, feilbietet oder verkauft, wird mit Gefängnis bestraft. Übertretungen werden mit Geldstrafen geahndet.

Das Gesetz, betreffend Ergänzung des Gesetzes über Herstellung, Kennzeichnung und Vertrieb von Margarine und Fettemulsionen vom 31. März 1930[3] (Lovtidenden A Nr. 16 vom 11. April 1930, 638) enthält folgende Bestimmungen über Fettemulsionen: Fettemulsionen jeder Art zur menschlichen Ernährung oder zu Fütterungszwecken fallen unter die Bestimmungen des Margarinegesetzes. Sie dürfen nicht als Milch, Rahm oder als Meiereierzeugnisse ausgegeben oder verkauft werden. Bezeichnungen beim Feilbieten, beim Vertrieb, bei Abgabe und Ankündigung werden vom Landwirtschaftsminister festgesetzt.

Fettemulsionenmischungen aus Flüssigkeit und Fettstoff (Öle, Fettstoffgemenge) — mit pulverförmigen Stoffen (Kakaopulver) gemischt oder nichtgemischt, eingedampfte oder eingetrocknete Fettemulsionen mit oder ohne andere Stoffe gemischt, Fettstoffe, die beim Mischen mit Flüssigkeiten Fettemulsionen ergeben, Ersatzstoffe für Sahneneis und diesem ähnliche Erzeugnisse, die nicht aus Milchfett bestehen, gelten als Fettemulsionen. Wer solche Fettemulsionen herstellt oder verkauft oder einführt, hat dafür zu sorgen, daß sie in bestimmten Behältern in den Verkehr kommen; Eimer müssen zylindrische Form (Trommelform) haben, Flaschen müssen von vorgeschriebener ovaler Form sein. Werden runde Flaschen verwendet, so müssen sie aus stark gelbbraunem Glas bestehen. Dosen müssen zylindrische Form haben. Für die Bezeichnung und Beschriftung der einzelnen Behälter sind ganz ausführliche Bestimmungen gegeben. Die Bezeichnungen dürfen nicht mit Meiereierzeugnissen verwechselbar sein, auch bildliche Angaben, die eine Verwechslung möglich machen, dürfen nicht angebracht werden.

Die Fettemulsionen dürfen höchstens 10% Butterfett enthalten und mit Milch, Rahm, Sahneneis nicht gemischt werden. Sie dürfen Vaselin, Ceresin und ähnliche Stoffe nicht enthalten, die Färbung mit Teerfarbstoffen ist erlaubt, andere Konservierungsmittel als Kochsalz sind verboten. Es folgen Vorschriften

---

[1] Veröff. kaiserl. Gesundh.-Amt 1925, 800.   [2] Reichsgesundh.-Bl. 1937, 565.
[3] Deutsches Handelsarchiv 1930, 1982; Reichsgesundh.-Bl. 1930, 720.

für die chemische Untersuchung, für die Beschaffenheit der Verkaufsräume, Lagerräume usw., über Buchführung, Anmeldung, Überwachung. Die Bekanntmachung vom 30. Mai 1925[1] wird aufgehoben.

England.

In § 6 des Gesetzes, betreffend Verfälschung der Lebensmittel und Arzneimittel vom 3. August 1928[2] sind die Vorschriften über den Handel mit Margarine, Margarinekäse und milchvermischter Butter enthalten. Nur unter diesen Bezeichnungen dürfen solche Erzeugnisse in den Verkehr gebracht werden. Für milchvermischte Butter kann der Minister für Landwirtschaft und Fischerei andere Bezeichnungen zulassen. Margarine darf nicht mehr als 10% Milchfett enthalten. Hersteller und Händler haben darauf zu achten, daß auf offenen und verschlossenen Margarinepackungen oben, unten oder an den Seiten die dauerhafte Bezeichnung „Margarine" in Buchstabengröße von mindestens $^3/_4$ Quadratzoll angebracht ist. Etiketten oder Anhängezettel dürfen nicht verwendet werden. Im Kleinhandel ist die Angabe „Margarine" in $1^1/_2$ Quadratzoll großen Buchstaben anzubringen. Auf Papierumhüllungen ist auf der äußersten Umhüllung in Buchstabengröße von $^1/_2$ Zoll die Aufschrift „Margarine" anzubringen, andere Angaben, ausgenommen das Gewicht, sind unzulässig. Auf allen Behältnissen, Anpreisungen, Geschäftspapieren darf nur die Bezeichnung „Margarine" verwendet werden, sofern nicht der Minister für Landwirtschaft und Fischerei andere Bezeichnungen ausdrücklich genehmigt hat.

Vgl. auch die Verordnung des Gesundheitsministers, betreffend Verkehr und Einfuhr von Nahrungsmitteln, denen Erhaltungsmittel oder Farbstoffe zugesetzt sind (Abänderung der Vorschriften vom 4. August 1925[3]). Vom 10. Dezember 1926[4]. Butter und Margarine Act 1907[5]. Desgleichen vom 25. Juni 1927[6]. Ohne besondere Bedeutung.

Frankreich.

Das Gesetz, betreffend Änderung der Art. 2, 3 des Gesetzes vom 16. April 1897[7], 23. Juli 1907[8], betreffend die Bekämpfung von Betrügereien im Handel mit Butter und bei der Herstellung von Margarine. Vom 28. Februar 1931[9] (Journ. offic. Nr. 52 vom 2. und 3. März 1931, 2482) hat am 30. Dezember 1931[10] (Journ. offic. I, 1932, 115) eine weitere Änderung erfahren.

Alle Nahrungsstoffe, ausgenommen Butter, die wie Butter aussehen und für den gleichen Zweck wie dieses Erzeugnis zubereitet sind, ohne Rücksicht auf Ursprung, Herkunft und Zusammensetzung, dürfen nur als „Margarine" bezeichnet werden. Diesen Erzeugnissen ist ein Unterscheidungsstoff zuzusetzen (durch Verwaltungsvorschrift festgesetzt). Margarine darf höchstens 10% Butterfett[11] enthalten. Farbstoffe[12] dürfen nur in Ausfuhrware und für die französischen Kolonien bestimmter Margarine vorhanden sein. Die nach Frankreich einzuführende Margarine muß den französischen Vorschriften entsprechen. Das Ursprungsland muß deutlich angegeben sein. In Räumen, in denen Butter

---

[1] Veröff. kaiserl. Gesundh.-Amt 1925, 818.
[2] Vgl. Bd. I, S. 1333; Reichsgesundh.-Bl. 1932, 327.
[3] Veröff. Reichsgesundh.-Amt 1925, 968.
[4] Reichsgesundh.-Bl. 1927, 454; Deutsches Handelsarchiv 1927, 593.
[5] Veröff. kaiserl. Gesundh.-Amt 1908, 48.   [6] Deutsches Handelsarchiv 1928, 1231.
[7] Veröff. kaiserl. Gesundh.-Amt 1897, 522.   [8] Veröff. kaiserl. Gesundh.-Amt 1907, 948.
[9] Deutsches Handelsarchiv 1931, 1845; Reichsgesundh.-Bl. 1931, 658.
[10] Deutsches Handelsarchiv 1933, 1784; Reichsgesundh.-Bl. 1933, 840.
[11] Vgl. Gesetz vom 16. April 1897 (Anm. 1).
[12] Dekret vom 15. April 1912; Veröff. kaiserl. Gesundh.-Amt 1912, 878.

hergestellt, zubereitet, gehandelt wird, darf Margarine und Oleomargarin nicht aufbewahrt oder verkauft werden. Im Kleinhandel wird Margarine in Würfeln von höchstens 500 g in Originalpackung verkauft; auf mindestens 4 Seiten muß „Margarine", Name und Anschrift des Herstellers und mindestens auf einer Seite die Zusammensetzung des Erzeugnisses angegeben sein. Butter und Margarine sind im Laden getrennt zu halten. An Verkaufsstellen ist ein Schild anzubringen, auf dem in Buchstaben von 10 cm Höhe und 1 cm Dicke das Wort „Margarine" stehen muß. Die Herstellung von Margarine ist anmeldepflichtig. Auf 1 kg der Fertigware sind 2 g Reis- oder Kartoffelstärke zuzusetzen. Versand von Margarine unterliegt der Buchführungspflicht. In kleinen Geschäften dürfen Mischmaschinen, Kneteinrichtungen nicht vorhanden sein. Ausländische Margarine muß die Bezeichnung „importé" tragen.

Ein Erlaß an die Zolldirektoren, betreffend Befreiung der als „Premier jus" bezeichneten Fette von der Fleischbeschau, vom 19. April 1929[1] bestimmt, daß Fette, die für die Margarineherstellung verwendet werden sollen und die als „Premier jus" bezeichnet sind, bei der Einfuhr von der Fleischbeschau befreit sind, wenn für sie ein Gesundheitszeugnis (certificat de salubrité) und ein Begleitschein (aquit-à-caution) für Fette, die zu Industriezwecken bestimmt sind, nachgewiesen werden kann.

Italien.

Das Margarinegesetz vom 19. Juli 1894 ist durch das Gesetz vom 19. Mai 1930[2], betreffend Maßnahmen gegen Verfälschung von Butterersatzmitteln, aufgehoben. Dieses Gesetz verlangt von Margarine einen Mindestfettgehalt von 84%, einen Sesamölzusatz von mindestens 5%. Farbstoffe, Fremdstoffe und Konservierungsmittel, ausgenommen Kochsalz oder borsaures Natrium (borato di Sodio) in einer 2:1000 nicht übersteigenden Menge sind verboten. Aufbewahrung, Lagerung von Margarine ohne Sesamöl ist nicht gestattet. Eine besondere Verordnung zur Ausführung dieser Vorschriften soll noch ergehen.

Die Kgl. Verordnung mit Gesetzeskraft, betreffend Bestimmungen über Herstellung und Vertrieb von Speiseölen, vom 30. Dezember 1929[3] (Gazz. Uffic. 1930, 358) bestimmt, daß andere Pflanzenöle als Olivenöl nur nach schriftlicher Anzeige an die Gemeindevorsteher und an das Ministerium für Landwirtschaft hergestellt werden dürfen. Name, Staatsangehörigkeit, Ort der Herstellung, Niederlage der Öle sowie Name der Pflanzen, aus denen das Öl gewonnen ist, sind anzugeben. Pflanzenöle, die aus anderen Pflanzen als Sesam gewonnen sind, müssen 5% Sesamöl enthalten. Färbung der Öle sowie Zusatz von Fremdstoffen ist verboten, desgleichen die Mischung von Olivenöl, mit anderen Pflanzenölen. Pflanzenöle zu Speisezwecken, ausgenommen Olivenöl müssen unter der Bezeichnung „Samenöl" (olio di seme) verkauft werden, diese Bezeichnung ist auch auf Geschäftspapieren im Groß- und Kleinhandel zu verwenden.

Das Gesetz, betreffend Bestimmungen über die Herstellung und den Vertrieb von Speiseölen, vom 16. März 1931[4] (Gazz. Uffic. 1931, 1892), wird soweit es sich um den Zusatz von 5% Sesamöl zu der Mischung von Olivenöl aus Olivenpreßrückständen handelt, durch die Verordnung vom 5. Dezember 1935[5] (Gazz. Uffic. 1936, 178) aufgehoben.

Vgl. auch Verordnung vom 15. Oktober 1925[6].

---

[1] Deutsches Handelsarchiv 1930, 589; Reichsgesundh.-Bl. 1930, 205.
[2] Reichsgesundh.-Bl. 1930, 815; Deutsches Handelsarchiv 1930, 2317.
[3] Reichsgesundh.-Bl. 1930, 464; Deutsches Handelsarchiv 1930, 1118.
[4] Reichsgesundh.-Bl. 1931, 638; Deutsches Handelsarchiv 1931, 1655.
[5] Reichsgesundh.-Bl. 1936, 324; Deutsches Handelsarchiv 1936, 639.
[6] Reichsgesundh.-Bl. 1926, 914.

Kgl. Verordnung, betreffend Standardisierung von Olivenöl. Vom 27. September 1936[1] (Gazz. Uffic. 1936, 3383).

Speiseolivenöle dürfen nicht mehr als 4% Säure (Ölsäure) enthalten, dürfen nicht unangenehm, ranzig, faulig, rauchig, muffig riechen oder schmecken. Unterschieden wird:

1. „Extrafeines Jungfernöl", nur gereinigtes, filtriertes und geklärtes Öl, ohne chemische Behandlung gewonnen und mit einem Säuregehalt von höchstens 1,2%.

2. Reines Olivenöl, wie das vorhergehende nur mit einem Säuregehalt von höchstens 2,5%.

3. Olivenöl, wie zuvor, aber mit einem Säuregehalt von höchstens 4%.

4. Gereinigtes Olivenöl A, Erzeugnis aus Lampat oder Lavatölen, durch chemische Behandlung genießbar gemacht. Spuren der chemischen Behandlung dürfen nicht vorhanden sein.

5. Gereinigtes Olivenöl B, mit Lösungsmitteln aus Preßrückständen gewonnenes Öl, durch chemische Behandlung genießbar gemacht. Spuren der Lösungsmittel oder der chemischen Behandlung dürfen nicht vorhanden sein.

Die Bezeichnung: „Feines Olivenöl" darf auch verwendet werden für eine Mischung aus extrafeinem Jungfernöl und gereinigtem Olivenöl A, wenn der Säuregehalt 2,5% Säure nicht übersteigt. Als „Olivenöl" darf eine Mischung von „feinem Olivenöl" und „gereinigtem Olivenöl B" in den Verkehr kommen, wenn der Säuregehalt 4% Säure nicht übersteigt. „Lampatöle" sind mechanisch gewonnene, nicht chemisch behandelte, nicht unangenehm, ranzig, faulig usw. riechende oder schmeckende Öle mit höchstens 4% Säure. Lavatöle sind aus Preßrückständen beim Aufschlämmen gewonnene Öle. Auch mit Lösungsmitteln aus Preßrückständen gewonnene Öle. Für die letzten genannten 3 Sorten dürfen auch die Bezeichnungen „gereinigtes Olivenöl A oder B" zuerkannt werden.

Auf Etiketten und Geschäftspapieren müssen die in der Verordnung vorgeschriebenen Bezeichnungen verwendet werden. Das Gesetz vom 16. März 1931[2] wird aufgehoben.

Jugoslawien.

Margarine sind alle zur menschlichen Ernährung bestimmten Fettsorten, die in ihrer Zusammensetzung, ihrem Aussehen und ihrer Farbe nach der Butter ähnlich und nicht ausschließlich aus Milch bereitet sind. Zur Herstellung von Margarine dürfen nur einwandfreie Rohstoffe verwendet werden. Zu hoher Säuregrad oder ranzige, schimmlige oder sonst verdorbene Margarine darf nicht in den Verkehr gebracht werden. Kochsalzgehalt ist zu kennzeichnen, Zusatz von Konservierungsmitteln und anderen chemischen Stoffen (besonders Riechstoffen) ist unzulässig, dagegen ist das Färben mit unschädlichen Farbstoffen zulässig. Zur leichten Erkennbarkeit sind 5% Sesamöl zuzusetzen. Verkauf und Einfuhr von Margarine ist nur in Würfelform zulässig, eine Seite muß 1 dm lang sein. Das Umhüllungspapier muß weiß sein und auf jeder Oberfläche des Würfels in schwarzer oder dunkelblauer Farbe die Bezeichnung „Margarine" tragen. Neben dieser Bezeichnung können mit kleiner Schrift Phantasiebezeichnungen angebracht sein, die aber nicht aus den Worten Zucker, Schmelzbutter, Skorup, Sahne, Kajmak, Tafelbutter zusammengestellt sein dürfen. Margarineverkaufsstellen müssen kenntlich gemacht sein, Butter und Margarine darf nicht in gleichen Räumen feilgehalten werden. Hausierhandel mit Margarine ist verboten. Ein besonderer Artikel trifft die Margarinefabriken.

---

[1] Deutsches Handelsarchiv 1937, 986; Reichsgesundh.-Bl. 1937, 417.
[2] Reichsgesundh.-Bl. 1931, 638.

Andere Fette, die nicht Butter oder Margarine sind, müssen, wenn sie aus einer Sorte bestehen, als das bezeichnet werden, was sie sind (also z. B. Talg, Cocosfett usw.). Phantasiebezeichnungen dürfen in kleinerer Schrift angebracht werden. Cocosfett ist in weißes Papier einzuwickeln, das an sichtbarer Stelle die Bezeichnung „Cocosfett" in schwarzen oder dunkelblauen Buchstaben tragen muß. Fettgemische sind als „Fett zur Speisenzubereitung" zu bezeichnen. Die Bezeichnungen dürfen nicht aus Wortzusammensetzungen mit Butter, Skorup, Sahne, Kajmak, Tafelbutter bestehen. Fett zur Speisenzubereitung darf mit unschädlichen Farbstoffen gefärbt werden. Auch diese Fette müssen mit 5% Sesamöl versetzt sein. Konservierungsmittel, chemische Stoffe und Riechstoffe sind verboten, Kochsalz darf zugesetzt sein. Gefäße, Kisten, Bottiche usw. sind mit roter Aufschrift aus mindestens 40 mm großen Buchstaben als „Fett zur Speisenzubereitung" zu kennzeichnen. Verunreinigte, ranzige, schimmelige und sonstige verdorbene Fette sind vom Verkehr ausgeschlossen. Fett mit zu hohem Säuregrad darf nicht verkauft werden.

Gehärtete Öle müssen als „hydrierte Fette" bezeichnet werden. Einheitliche Fette dürfen die Bezeichnung des Rohstoffs tragen, also z. B. „hydriertes Sesamöl" usw. Mischungen solcher Fette sind ebenfalls als „Fette zur Speisenzubereitung" zu bezeichnen. Farbe, Geruch, Aussehen müssen normal sein, der Säuregrad darf 2% nicht übersteigen.

Öle zum menschlichen Genuß müssen, wenn sie aus einer Sorte Öl bestehen, wahrheitsgemäß bezeichnet sein, also Olivenöl, Sesamöl, Kürbisöl usw. Mischungen sind als „Öl zur Speisenzubereitung" zu bezeichnen. Mit anderen Ölen vermischtes Olivenöl darf nicht als „Olivenöl" bezeichnet werden. Die Bezeichnung muß aus Buchstaben von mindestens 20 mm Höhe bestehen. Es ist verboten, ranzige oder im Geschmack beeinträchtigtes Öl (zu hoher Säuregrad) oder verdorbene Öle in den Verkehr zu bringen. Der Hausierhandel mit Ölen ist verboten.

Erlaß des Ministers für Sozialpolitik und Volksgesundheit, betreffend Beschaffenheitsvorschriften für Nahrungs-, Genußmittel und Gegenstände des allgemeinen Bedarfs (Ausführungsbestimmungen zum Lebensmittelgesetz). Vom 3. Juni 1930[1].

Niederlande.

Gesetzliche Vorschriften über Öle und Fette sind enthalten in der Kgl. Verordnung, betreffend Ausführungsbestimmungen zu Art. 14 und 15 des Warengesetzes über Margarine. Vom 16. Oktober 1925[2] (Staatsblad Nr. 417). Diese Verordnung wurde wiederholt geändert, so am 21. November 1931[3] (Staatsblad Nr. 446) und am 7. Juli 1932[4] (Staatsblad Nr. 327). Vgl. auch die Verordnung vom 19. Oktober 1925[5] (Staatsblad Nr. 421), mit Ausführungsbestimmungen vom 6. November, 9. November und 27. November 1925[6]; Verfügung des Min. für Landwirtschaft, Gewerbe und Handel, betreffend Verwendung von Milch bei der Herstellung von Margarine, vom 30. Juli 1920[7]; Gesetz, betreffend die Herstellung und den Vertrieb von Gemengen von Butter mit anderen Fetten, vom 7. Juni 1919[8]; Kennzeichnung des für die Ausfuhr bestimmten Fettes, vom 16. Oktober 1929[9].

Margarine ist das butterähnliche Fett, dessen Fettgehalt nicht der Milch entstammt. Sie muß mindestens 80% Fett, höchstens 16% Wasser enthalten.

---

[1] Reichsgesundh.-Bl. 1932, 531.   [2] Reichsgesundh.-Bl. 1926, 223.
[3] Reichsgesundh.-Bl. 1932, 597; Deutsches Handelsarchiv 1932, 1434.
[4] Reichsgesundh.-Bl. 1933, 231.   [5] Reichsgesundh.-Bl. 1926, 283.
[6] Reichsgesundh.-Bl. 1926, 284, 285.   [7] Veröff. Reichsgesundh.-Amt 1920, 904.
[8] Veröff. Reichsgesundh.-Amt 1919, 518.
[9] Reichsgesundh.-Bl. 1930, 602; Deutsches Handelsarchiv 1930, 1356.

Außer Kochsalz und Benzoesäure oder benzoesaurem Natrium dürfen Konservierungsmittel nicht verwendet werden, Margarine darf weder ranzig, schimmelig, verdorben sein, noch einen abweichenden Geruch oder Geschmack aufweisen. Die Verwendung von Milch, auch von abgerahmter Milch, ist verboten. Dagegen ist neben Margarine eine butterhaltige Margarine unter der Bezeichnung „Melange" zugelassen, die in Verpackung an die Verbraucher abgegeben werden muß. Diese Melange muß so viel Butterfett enthalten, daß in 5 g des geschmolzenen und filtrierten Margarinefettes eine neue Kirschner-Zahl von mindestens 3% nachzuweisen ist. Es folgen Untersuchungsmethoden.

Für Margarinekäse vgl. Kgl. Verordnung, betreffend Bezeichnungs- und Beschaffenheitsvorschriften für Kunstkäse-Margarinekäse vom 7. Juli 1932[1].

Als Öle für Speisezwecke dürfen nur unvermischte Öle unter den ihnen zukommenden Bezeichnungen in den Verkehr kommen. Behandelte Öle sind als „gehärtet" oder „hart" oder als „weich" zu bezeichnen, je nachdem der Schmelzpunkt höher oder niedriger ist als der des ursprünglichen Öles oder Fettes. Öle und Fette sind mit den ihnen zukommenden Namen als ...öl oder ...fett wahrheitsgemäß zu bezeichnen (z. B. Olivenöl). Täuschung durch Wort oder Bild ist verboten. Rüböl kann aus Rübsen oder aus Raps gewonnen sein, auch Öl aus Saatmischung von Brassica und Sinapisarten (indischer Raps und Rübsen) kann so bezeichnet werden. Salatöl (Speiseöl) kann auch Öl sein, das nicht aus Salatsaat hergestellt worden ist. Es folgen verschiedene Bezeichnungen für Fette, die nicht hierhergehören (Blattschmalz, Schmalz, Rindertalg, Schafstalg, Kakaobutter). Butteröl ist ausschließlich kaltgeschlagenes oder gut raffiniertes Rüböl. Wasserfreie Öle, ausgenommen die bei 15° festen, dürfen höchstens 0,5% Wasser enthalten. Schädliche Bestandteile, Fremdfette, Mineralöle dürfen nicht vorhanden sein. Bei tierischen Fetten, die bei 15° fest sind, dürfen Spuren Kochsalz und Farbstoffe enthalten sein, bei gehärteten Fetten und Ölen sind aber Farbstoffe unzulässig. Öle müssen einen Säuregrad unter 8 aufweisen, in Farbe, Geruch und Geschmack normal und nach dem Erwärmen klar sein. Nur starke Reaktionen nach Baudouin oder Halphen sind als Verfälschungen mit Sesamöl, Baumwollsamenöl oder Kapoköl anzusehen. Öle müssen stets deutlich gekennzeichnet sein (Buchstabengröße auf Lagergefäßen 2 cm hoch, 2 mm dick).

Ausfuhrware unterliegt nicht diesen Bestimmungen. Es folgen Untersuchungsmethoden.

Kgl. Verordnung, betreffend Ausführungsbestimmungen zu Art. 14 und 15 des Warengesetzes, über Öle und Fette, vom 24. September 1926[2] (Staatsblad Nr. 339).

Norwegen.

Gesetz zur Änderung des Gesetzes über Margarine, Margarinekäse, Kunstschmalz und Fettemulsionen vom 24. Juni 1931[3]. Vom 25. Juni 1935[4] (Lovtidende Nr. 25 vom 2. Juli 1935, 712).

Herstellung der genannten Erzeugnisse ist mindestens 2 Monate vor der Betriebseröffnung meldepflichtig und die Genehmigung von einer vorherigen Besichtigung der Räume und Einrichtung durch besondere Überwachungsbeamte abhängig zu machen. Die Erzeugung muß in reinlicher Weise und gesundheitlich einwandfrei vor sich gehen.

Das Rundschreiben des Landwirtschaftsdepartements an die Margarine- und Kunstspeisefettfabriken, betreffend Begriffsbestimmungen zum Gesetz über Margarine, Margarinekäse, Kunstschmalz und Fettemulsionen vom 24. Juni

---

[1] Reichsgesundh.-Bl. 1933, 231.   [2] Reichsgesundh.-Bl. 1927, 390.
[3] Reichsgesundh.-Bl. 1932, 52.
[4] Deutsches Handelsarchiv 1937, 1889; Reichsgesundh.-Bl. 1937, 597.

1931. Vom 25. Februar 1936[1] (Norsk Lovtidende Nr. 9 vom 4. März 1936, 186) bestimmt:

Margarine ist jedes butterähnliche Fabrikat jedes Ursprungs, jeder Mischung oder Zusammensetzung, dessen Gehalt an Fettstoffen nicht von der Milch herrührt und dessen Wassergehalt zwischen 0,5 und 16% liegt; Fettgehalt muß 80% betragen.

Kunstschmalz ist jedes schmalzähnliche Erzeugnis, dessen Gehalt an Fettstoffen nicht aus Schweinefett besteht und dessen Wassergehalt 0,5% nicht übersteigt.

Fettemulsion ist jedes Milch- oder sahneähnliche Erzeugnis, dessen Gehalt an Fettstoffen nicht von der Milch herrührt. Emulsionen dürfen nicht unter 50% Wasser enthalten.

Butter- und sahneähnliche Erzeugnisse, die einen Wassergehalt zwischen 16 und 50% enthalten, sind als ungesetzlich anzusehen.

Ausländische Erzeugnisse sind als „Utenlansk" zu kennzeichnen. Für Herstellung, Lagerung und Verpackung von Margarine sind getrennte Räume vorgeschrieben. Neben der Bezeichnung „Margarine" muß der Name und Wohnort des Herstellers angegeben sein. Worte, die auf Milch, Butter, Rahm, Meierei usw. hinweisen (auch in fremder Sprache), auch täuschende Abbildungen, sind verboten.

Schweden.

Kgl. Verordnung, betreffend die Überwachung der Herstellung von Margarine, Margarinekäse, Fettemulsion und Kunstschmalz sowie des Handels mit diesen Erzeugnissen. Vom 30. Juni 1932[2] (Svensk Författningssamling vom 14. Juli 1932, 725).

Margarine ist jede butterähnliche Ware von beliebiger Herkunft, Mischung oder Zusammensetzung, soweit darin Fett enthalten ist, das nicht aus Milch gewonnen ist. Fettemulsion ist sahnen- oder milchähnliche Ware, die Fett enthält, das nicht aus Milch gewonnen ist. Kunstschmalz ist jedes künstliche hergestellte Fett, das zum menschlichen Genuß bestimmt, in Farbe und Konsistenz schmalzähnlich, und das anderes Fett als Schweineschmalz enthält. Von Tieren oder Pflanzen entnommenes, ungemischtes, ungefärbtes und nicht zur Schmalzkonsistenz verarbeitetes Fett, das unter einer Bezeichnung zum Verkauf angeboten wird, die seinen Ursprung deutlich angibt, ist nicht als Kunstschmalz anzusehen. Herstellungsbetriebe sind anzumelden. Über die Herstellung und den Verkauf sind Bücher zu führen. In dem Fertigerzeugnis muß Kartoffelstärke zu $^1/_5$, höchstens $^1/_{10}$% beigemischt sein, Margarinekäse oder Fettemulsion müssen mindestens 5% Sesamöl enthalten (5% der verwendeten Fette oder Pflanzenöle). Margarine mit weniger als 82% Fettgehalt oder mehr als 16% Wasser ist verboten. Die Behälter müssen am Boden und Deckel und parallel mit dem Boden an 4 Stellen in gleichem Abstand eingebrannt oder mit dauerhafter Schrift die Bezeichnung „Margarin", „Margarine", bei Kunstschmalz „Konsister" tragen, bei Behältern über 5 kg oder mehr mit Buchstaben von 3 cm Höhe, bei 1—5 kg 1 cm, bei geringerem Gewicht mindestens $^1/_2$ cm Höhe, daneben ist der Name und Wohnort des Herstellers anzugeben. Holzbehälter müssen viereckig oder oval (1 : $1^1/_2$) sein. Bei kostenfreier Abgabe von Margarine sind nur Angaben darüber, welches Erzeugnis vorliegt, erforderlich. Margarinekäse muß mit dunkelrotem Farbstoff (Orleans) überzogen sein. Fettemulsionen dürfen nur in Umhüllungen (Gefäße mit Deckel aus verzinntem Eisenblech, Flaschen usw.) in den Verkehr kommen. Die Bezeichnung „Fettemulsion" ist in gleicher Größe wie oben angegeben auf der Packung anzubringen.

---

[1] Deutsches Handelsarchiv 1937, 1894; Reichsgesundh.-Bl. 1937, 597.
[2] Deutsches Handelsarchiv 1932, 2518; Reichsgesundh.-Bl. 1933, 49.

Auch Fettemulsion muß mit Angabe des Herstellers versehen sein und Sesamöl enthalten.

Es folgen Paragraphen über Ein- und Ausfuhr. Bei Ein- und Ausfuhr ist die Angabe des Herstellers nicht notwendig. Für die Bezeichnung der Ware sind genaue Vorschriften gegeben. Ausländische Ware ist als „Utländsk", Kunstschmalz als „Utlandskt" zu bezeichnen.

Im Kleinhandel dürfen Bezeichnungen, die eine Verwechslung mit Butter, Sahne, Milch, Meierei, Kuhstall, Kuh, Rittergut usw. möglich machen könnten, nicht verwendet werden.

Kgl. Verordnung vom 30. Juni 1932[1] bestimmt, daß Margarine mindestens 0,2% Kartoffelstärke enthalten und daß das Sesamöl den Vorschriften der Landwirtschaftsdirektion entsprechen muß.

Schweiz.

Margarine und Speiseöle werden im Schweizer Lebensmittelgesetz in den Art. 99—118 behandelt. Als Margarine sind anzusehen alle wasserhaltigen Speisefettmischungen, die der Butter in Farbe und Konsistenz ähnlich sind und deren Fettgehalt nicht ausschließlich der Milch entstammt. Aus pflanzlichen Rohstoffen hergestellte Margarine kann als „Pflanzenmargarine" bezeichnet werden. Alle verwendeten Rohstoffe müssen hygienisch einwandfrei sein. Für den Fettgehalt sind 84% vorgeschrieben, der Säuregrad ist auf 5, der Salzgehalt für ungesalzene auf 0,1, für gesalzene Margarine auf 2% festgesetzt. Zusatz von Pflanzenlecithin und Gelbfärbung sind gestattet. Verunreinigungen durch Gewebsteile, Behandlung mit Chemikalien (Soda usw.) sind verboten. Mischung von Margarine mit Butter oder Rahm unter Hinweis auf diese Stoffe ist verboten. Sind Bezeichnungen wie Süßfett usw. verwendet, so muß mindestens 10% Butter enthalten sein. Auf Packungen und in Geschäftspapieren darf der Buttergehalt (von 5 zu 5% abgestuft) angegeben sein, aber nicht durch größere oder auffälligere Schrift hervorgehoben werden. Auf die Verwendung von Nüssen oder deren Öl darf nur hingewiesen werden, wenn Walnüsse oder Haselnüsse verwendet worden sind. Margarine muß in Würfelform in den Verkehr kommen, auf der Ware selbst und auf der Verpackung (erste Umhüllung) ist die deutliche Aufschrift „Margarine" in vorgeschriebener Buchstabengröße (bis 5 kg Gewicht 1 cm, bei größeren Stücken 2 cm groß) anzubringen. Weiter ist darauf die Firma oder behördlich bekannte Marke des Herstellers oder Verkäufers anzugeben. Ungeformte Margarine ist durch deutliche, unverwischbare Aufschrift auf Behältern oder Umhüllungen kenntlich zu machen. Auch Firma oder Fabrikmarke sind in der oben angegebenen Buchstabengröße anzubringen. Etwa verwendete Phantasienamen dürfen verwendet werden, aber nicht Wortverbindungen mit Butter oder Rahm sein, auch nicht an diese anklingen, wie z. B. Butterine, Butyrol. Die Herstellung von Margarine ist anzeigepflichtig. Für Butter und Margarine sind getrennte Räume für Herstellung, Lagerung und Verkauf vorgeschrieben. Besondere Revisionen, bei denen ein Herstellungsbuch vorzulegen ist, das über die hergestellte Menge Aufschluß geben muß, sind vorgeschrieben. Der Bundesratsbeschluß vom 28. Mai 1935[2] verlangt als Erkennungsmittel 2 g Reis- oder Kartoffelstärke auf 1 kg Margarine.

Andere Fette (Cocosnußfett usw.) müssen wahrheitsgemäß bezeichnet sein und dürfen keine Fremdstoffe enthalten (gilt auch für die nicht in diesem Band behandelten Schweine- und Rinderfette). Speisefettmischungen, die geschmolzener Butter oder dem Schweineschmalz ähnlich sind, müssen als „Kochfett"

---

[1] Reichsgesundh.-Bl. 1933, 751; Deutsches Handelsarchiv 1933, 2033.
[2] Reichsgesundh.-Bl. 1936, 285.

oder „Speisefett“ bezeichnet werden. Unvermischte gehärtete Fette sind nach
dem Ausgangsstoff zu bezeichnen (z. B. Erdnußfett). Gemische mit gehärteten
Fetten müssen gleichfalls als „Kochfett“ oder „Speisefett“ bezeichnet werden.
Das über Phantasienamen bei Margarine Gesagte gilt auch hier, ebenso muß,
wenn die Bezeichnung Süßfett verwendet wird, ein Mindestgehalt von 10%
Butterfett enthalten sein. Der Säuregrad für Koch- und Speisefett darf 5,
für Palmkern- und Cocosnußfett 2 nicht überschreiten. Reste von Katalysatoren
dürfen in gehärteten Fetten nicht nachweisbar sein.

Speiseöle sind nach dem verwendeten Rohstoff wahrheitsgemäß zu bezeichnen (Oliven-, Arachis-, Nuß-, Sesamöl) und dürfen fremde Öle nicht enthalten. Gemische sind als Speiseöle zu bezeichnen. Der Säuregrad von Ölen
darf 10 nicht überschreiten. Verunreinigungen (Gewebeteile) und Trübungen
(Wasser) sind unzulässig. Auf Gefäßen muß die Bezeichnung leicht erkennbar
und deutlich angegeben sein.

Art. 118 enthält Bestimmungen über Mayonnaise.

Spanien.

Die früher ergangenen Verordnungen über Margarine werden aufgehoben
durch die Verordnung des Landwirtschaftsministeriums, betreffend Ver-
kehrsbestimmungen für Butter, Margarine und sonstige Fette. Vom
23. Februar 1934[1] (Gaceta de Madrid Nr. 56 vom 25. Februar 1934, 1477).

Butter „manteca“ oder „mantequilla“ muß ausschließlich aus Kuhmilch
hergestellt sein. Wird Milch anderer Tiere verwendet, so ist deutliche Kennzeichnung erforderlich, z. B. Ziegenbutter „manteca de cabra“, Schafbutter
„Manteca de oveja“. Ebenso sind Fette zu bezeichnen, z. B. Schweinefett
„grasas de cerdo“ usw. Margarine ist jedes fetthaltige, zur menschlichen Ernährung bestimmte Erzeugnis, das nicht ausschließlich aus einem der vorgenannten Stoffe besteht und das Aussehen von Butter hat, gleichgültig nach
welchem Verfahren es aus Talgen, Fetten, tierischen oder pflanzlichen Ölen
allein oder durch Vermischen gewonnen ist. Auf Umhüllungen, Behältern und
sonstigen Verpackungen muß leicht erkennbar mit Buchstaben von 5 mm
Mindesthöhe und 1 mm Breite die Aufschrift „Margarine“ angebracht sein.
Färbung der Margarine sowie die Vermischung von Butter mit Margarine oder
anderen fetthaltigen Stoffen ist verboten. Besondere Vorschriften betreffen
die Einfuhr, Herstellung, Versendung, Lagerhaltung, Beförderung und den
Verkauf von Margarine. In allen Fällen muß ein Erkennungsmittel zugesetzt
sein, und zwar 2 Teile Stärkemehl auf 1000 Teile. Eine Beifügung von Stärke
in Häfen oder an den Grenzen zur fertigen Margarine ist nicht zulässig. Margarine und Butter sind in getrennten Lagerräumen aufzubewahren, auch für den
Verkauf sind getrennte Räume vorgeschrieben. Es folgen Vorschriften für den
Einzelhandel. Die Originalpackung darf nicht geändert oder entfernt werden.
Ist Margarine nicht zum unmittelbaren Verkauf bestimmt, so kann sie in Gefäßen von bestimmter Form versandt werden. Auf Boden, Deckel oder mindestens an einer Seitenwand ist in unzerstörbarer Farbe oder auf andere Weise
(Einpressen) in Buchstaben von mindestens 15 mm Höhe das Wort „Margarine“
sowie Name und Anschrift des Herstellers anzubringen. Bei ausländischer
Ware ist auf den Hüllen der würfelförmigen Stücke an Stelle des Hersteller-
namens das Wort „importada“ sowie das Ursprungsland in viereckiger oder
rechteckiger Umrahmung, ferner Name und Anschrift des Einfuhrhändlers neben
der Bezeichnung „Margarine“ anzugeben. Außerdem muß die prozentuale
Zusammensetzung, wie sie für das Inland vorgeschrieben ist, angegeben werden.

---

[1] Deutsches Handelsarchiv 1934, 3579; Reichsgesundh.-Bl. 1934, 1065.

Über Einfuhr und Herstellung sind von den tierärztlichen Inspektionen Listen zu führen, auch Proben zur Untersuchung zu entnehmen. Neue Margarinefabriken dürfen nicht errichtet werden, auch soll die Jahreserzeugung nicht erhöht werden. In Orten mit mehr als 10000 Einwohnern darf Butter und Margarine nicht im gleichen Geschäft vertrieben werden. Auf allen Geschäftspapieren ist Margarine als solche zu bezeichnen. Besondere Vorschriften über Überwachung und Strafbestimmungen folgen.

Als Öl[1] (aceite) für Speisezwecke darf nur Olivenöl verkauft werden, dessen Säuregehalt 5% (als Ölsäure berechnet) nicht übersteigt. Verschiedene Sorten von Olivenöl dürfen gemischt werden, eine Reinigung durch Klärung oder Filtration ist gestattet. Als Jodzahl ist 76—90, als Brechungszahl 1,4650—1,4697 vorgeschrieben. Nach der Kgl. VO. betreffend den Handel und Verkehr mit Oliventresteröl, vom 10. Januar 1930[2] darf unter der Bezeichnung „Oliventresteröl für gewerbliche Zwecke" dieses Erzeugnis nur für den inneren Markt in Verkehr gebracht werden. Mischung von Oliventresteröl mit Olivenöl ist verboten.

Vereinigte Staaten von Amerika.

Ein besonderes Margarinegesetz (Oleomargarine Act) vom 2. August 1886 in Verbindung mit dem Gesetz vom 9. Mai 1902, mit Änderung vom 1. Oktober 1918 regelt den Verkehr mit Margarine. Es werden die fetthaltigen Zubereitungen aufgezählt, die unter den Begriff Margarine (Oleomargarine) fallen. Herstellung und Verkauf von Margarine unterliegen einer bestimmten Steuer. Künstliche Färbung der Margarine wird besonders besteuert. Färbung im Haushalt oder in staatlich beaufsichtigten Anstalten unterliegt keiner Besteuerung. Die Packungen müssen gekennzeichnet sein. Margarinefabriken können, während sie im Betriebe sind, von Aufsichtsbeamten besichtigt werden. Sesamöl oder Kartoffelstärke oder andere Erkennungsstoffe sind nicht vorgeschrieben, auch braucht die Margarine nicht in bestimmter Form (Würfel für Kleinpackung) in den Verkehr zu kommen. Die Aufsichtsbeamten haben die Rohstoffe für die Herstellung auf ihre gesundheitliche Eignung zu kontrollieren.

Für eine Anzahl ätherischer Öle sowie für pflanzliche Speiseöle und -fette geben die Ausführungsverordnungen zum Lebensmittelgesetz[3] Begriffsbestimmungen, ohne jedoch bestimmte Forderungen an die Erzeugnisse zu stellen.

Anhang.

Ausführliche Vorschriften über Margarine und andere Speisefette sowie Margarinekäse sind in **Finnland** ergangen. Vgl. Gesetz, betreffend Änderung der Bestimmungen über Herstellung und Vertrieb von Margarine und anderen Speisefetten sowie von Margarinekäse, vom 13. Juni 1930[4] nebst Ausführungsbestimmungen des Staatsrats vom 16. Juni 1930[5]. Durch diese Gesetzesvorschriften wird das Gesetz vom 6. Februar 1930[6] geändert. Die Vorschriften sind denen des deutschen Margarinegesetzes ähnlich.

Auch **Portugal** hat eine Verordnung, betreffend Vorschriften für den Handel mit Margarine vom 2. März 1926[7], auf die aber nicht weiter eingegangen werden soll.

---

[1] Veröff. Reichsgesundh.-Amt 1925, 502.
[2] Deutsches Handelsarchiv 1930, 981; Reichsgesundh.-Bl. 1930, 377.
[3] Reichsgesundh.-Bl. 1929, 158, 425, 444; 1932, 888.
[4] Reichsgesundh.-Bl. 1930, 939; Deutsches Handelsarchiv 1930, 2285.
[5] Reichsgesundh.-Bl. 1930, 940. [6] Reichsgesundh.-Bl. 1929, 643.
[7] Deutsches Handelsarchiv 1926, 866; Reichsgesundh.-Bl. 1926, 585.

Tabellen.

Tabelle I. Allgemeine Kennzahlen von Fetten, Ölen und Wachsen[1].

Nr.	Bezeichnung des Fettes oder Öles	Erstarrungspunkt Celsiusgrade	Lichtbrechung		Beobachtungstemperatur Grade	Verseifungszahl	Jodzahl	Unverseifbares %
			Brechungsindex	Refraktometerzahl (Butterrefraktometer)				
1	Aalöl	—	1,471	68,3	20	193—201	107—123	0,8
2	Acajouöl	—	1,462—1,462	54—56	40	187—200	77—89	0,4
3	Ackersenföl	— 13 bis — 15	1,474	73	20	181—183	119—121	1,1
4	Acrocomiafett	19—25	1,450—1,452	37—40	40	143—255	16—26	0,4—0,5
5	Adansonia Grandidieri	11—33	1,452—1,458	40—49	40	190—196	36—66	—
6	Adjabfett	28—39	1,460—1,461	51—52	40	180—190	56—65	2,2—6,2
7	Affenbrotbaumöl	— 3 bis + 3	—	—	—	190—192	76—78	—
8	Afzeliafett	—	1,475	74	40	183—185	142—144	—
9	Ajowanöl	— 4	1,470	67	35	182	100	2,3
10	Aleurites cordata	unter — 17	1,498—1,509		25	185—197	149—176	0,4—0,6
11	Aleurites fordii, s. Holzöl							
12	Aleurites moluccana	— 15 bis — 18	1,475—1,478		25	190—196	136—165	0,3—0,9
13	Aleurites montana, s. Holzöl							
14	Aleurites trisperma	—	1,487—1,497		25	191—200	111—166	0,5
15	Algenfett (Meeresalgen)	—	—	—	—	—	107—124	7—26
16	Allanblackiafett	—	1,450	37	50	188—201	32—42	9—11
17	Andirobaöl, s. Carapafette							
18	Anissamenöl	— 3	1,474	72	35	178	109	1,0
19	Apfelsamenöl	—	1,473	71	25	190	120	1,2
20	Apfelsinenkernöl	—	1,470	66	25	193—197	97—105	—
21	Aprikosenkernöl	— 4 bis — 21	1,469—1,473	65—70	25	188—197	96—109	0,4—1,3
22	Arganöl	—	1,472	70	15	190—192	92—101	
23	Argemoneöl	—	1,466	63	40	187—191	119—123	1,1
24	Babassufett	21—24	1,449—1,450	36—37	40	241—253	10—17	0,3
25	Bärenfett, s. Braunbären- und Eisbärenfett							
26	Balanitesöle (Kernöle)	— 4 bis + 5	1,463—1,464	56—57	40	190—199	92—121	0,6—0,9
27	Baobaböl	11—13	1,458	49	40	190—196	55—66	
28	Bassia butyracea, s. Fulwabutter							
29	Bassia latifolia, s. Mowrahbutter							
30	Bassia malabarica, s. Illipefett							
31	Baumwollsamenöl	— 6 bis — 14	1,471—1,472	68—69	25	191—199	100—121	0,7—1,6
32	Baumwollstearin	16—32	1,461—1,464	53—57	40	194—195	88—104	0,3

33	Belighosamenöl, s. Javaolivenöl							
34	Bienenwachs	(Schmp. 61—63)	1,457—1,459	46—50	40	88—107	3,6—5,0	54—54
35	Birnensamenöl	—	1,473	71	25	198	121—127	0,5
36	Blauhaileberöl	—	1,474	73	20	180	109	1,7
37	Blauwalöl		1,461—1,463	53—56	50	195—201	109—138	0,5—1,1
38	Bohnenöl, Phaseolusarten	—12 bis 0	1,464—1,479	57—81	45	187—190	99—142	1,0—5,9
39	Bohnenöl von Vicia Faba	—11	1,476	75	30	185	100	1,9
40	Bombaxöl	—	1,468—1,470	63—66	25	190—197	73—78	1,0
41	Borneotalg	22—30	1,456—1,457	45—47	40	190—197	27—34	0,6
42	Braunbärenfett	bei 0° salbenartig	1,455—1,461	43—53	40	191—201	80—108	—
43	Braunfischöl		1,468	61	25	225	111	—
44	Brombeersamenöl	—	—	—	—	190	148	0,8
45	Brunnenkressenöl	—5 bis —6	1,470	67	20	171	99	1,1
46	Bucheckernöl	—17 bis —18	1,473—1,475	71—75	15	188—196	101—111	0,8
47	Buckelwalöl	—	1,473—1,477	71—78	15	183—198	101—160	0,3—1,3
48	Büffelmilchfett	24—29	1,453—1,456	41—45	40	220—225	29—46	
49	Butterfett (Kuh)	15—25	1,452—1,457	39—46	40	218—235	21—36	0,4
50	Calumpangsamenöl, s. Javaolivenöl							
51	Canariumöl, s. Javamandelöl							
52	Candlenußöl	—15 bis —18	1,476	76	25	192—195	163—165	—
53	Carapafette	8—32	1,456—1,462	45—55	40	196—202	57—84	0,4—3,8
54	Cardamonöl, s. Hydnocarpusfett							
55	Carnaubawachs	83—86	1,472	70	40	78—86	10—14	54—55
56	Cashew-Kernöl, s. Acajouöl							
57	Catappaöl	—	1,464	58	30	193	75—82	0,6
58	Cay-Cayfett	3,1	—	—	—	235—237	3—7	—
59	Cayauéöl, Fruchtfleisch	22—30	1,458—1,460	48—52	40	197—199	78—88	0,7—0,8
60	„ Kern	27—28	1,453—1,453	40—43	40	220—234	28	0,7—0,8
61	Ceresin	(Schmp. 61—84)	1,431—1,437	11—19	90	0	0—0,6	100
62	Chaulmugraöl	9—20	1,475—1,477	75—78	40	197—215	95—105	0,3
63	Chinesischer Talg	27—37	1,455—1,457	43—47	40	200—207	19—30	0,4
64	Chrysalidenfett	0	1,470—1,476	67—76	20	190—194	116—132	1,6—4,9
65	Citronenkernöl	—	1,472	69	25	188—198	103—110	0,4—0,8
66	Cochinchinawachs, s. Cay-Cayfett							
67	Cocosfett	14—25	1,448—1,450	33—36	40	246—268	8—10	0,3
68	Cohune-Fruchtfleischöl	—	—	—	—	197—203	65—75	1

[1] Die Tabelle enthält die meistens ermittelten allgemeinen Kennzahlen zur ersten Orientierung. Bezüglich der nur für einzelne Fettklassen wie Milchfett, Cocosfett u. a. geltenden Sonderkennzahlen wird auf die einzelnen Fette im Textteil verwiesen, ebenso bezüglich der verhältnismäßig weniger oft ermittelten allgemeinen Kennzahlen. — In die Tabelle wurden auch einige seltenere und im Textteil nicht behandelte Fette aufgenommen.

Tabelle I (Fortsetzung).

Nr.	Bezeichnung des Fettes oder Öles	Erstarrungspunkt Celsiusgrade	Lichtbrechung		Beobachtungstemperatur Grade	Verseifungszahl	Jodzahl	Unverseifbares %
			Brechungsindex	Refraktometerzahl (Butterrefraktometer)				
69	Cohune-Kernöl	15—16	1,449—1,450	35—36	40	252—257	11—14	0,2—0,3
70	Colzaöl, s. Kolzaöl							
71	Condoribaumfett, s. Korallenbaumöl							
72	Cornus sanguinea, Beerenfett	— 12 bis — 15	1,467—1,468	62—63	25	192—193	100—101	0,7
73	Cottonöl	— 6 bis + 4	1,471—1,472	67—69	25	191—199	100—121	0,7—1,6
74	Cottonstearin	16—32	1,461—1,464	53—57	40	194—195	88—10	0,3
75	Couepiaöl	—	1,518	—	21	189	(180—188)	1,0
76	Crotonöl	— 7 bis — 16	1,470—1,473	66—71	40	193—215	102—109	—
77	Curcasöl, s. Jatraphaöl							
78	Curuafett	23	1,447—1,449	32—35	40	256—260	3—9	0,4—1,1
79	Cypergrasöl	unter 3	1,465	59	25	190	88	0,6
80	Dachsfett	17—19	—	—	—	193	71	
81	Damhirschfett	39—48	1,455—1,458	44—45	40	196	20—27	—
82	Delphinöl	—	1,468—1,472	63—70	25	197—288	83—127	2—20
83	Dikafett (Mangifera gabonensis)	34—40	1,449—1,450	35—51	40	240—250	2—10	0,7—1,4
84	Dillsamenöl	— 2	1,480	82	35	176	230	1,1
85	Djavenuß (Adjabfett)	28—39	1,460—1,461	51—52	40	180—190	56—57	2,2—6,2
86	Döglingsöl	—	1,463	53	25	114—136	79—89	35—39
87	Dombaöl	3—5	1,474—1,476	72—76	40	194—200	90—96	0,3—0,4
88	Dornhaileberöl, s. Hundshaileberöl							
89	Dorschleberöl	—	1,470—1,473	66—71	40	179—194	160—170	0,5—1,5
90	Dotteröl (Leindotter)	— 15 bis — 18	1,470	66	25	185—188	133—153	1,2
91	Dumoributter	36	1,461	52	30	188—192	49—57	—
92	Edelhirschfett, s. Hirschtalg							
93	Edelkrebsfett	—	1,4863	94	25	218	198	12,3
94	Edelmarderfett	24—27	—	—	—	204	70	—
95	Edeltannensamenöl	— 15 bis — 16	1,4879	79	35	190—192	118—121	3,4
96	Efeusamenöl	14	1,467	62	40	181	102	6,6
97	Eichelöl	— 10	—	—	—	193—199	97—101	
98	Eieröl (Huhn)	8—10	1,459—1,469	50—64	40	184—198	64—82	5,1
99	Eisbärenfett	25	1,462	54	40	188	147	—
100	Eishaileberöl	—	1,474	73	20	149	107	13—22

101	Elchfett	37—38	—	—	—	195	35	—
102	Elephantenfett	36	1,457	47	40	—	—	—
103	Emufett	—	1,470	66	20	195	96	0,2
104	Enkabangtalg	23—30	1,456—1,457	45—47	40	190—197	27—34	0,6
105	Entenwalöl	—	1,463	56	25	114—136	79—89	35—39
106	Erbsenöl	2	1,463	55	40	184	112	1,4
107	Erdbeersamenöl	—	1,479	81	25	194	180	—
108	Erdmandelöl (Cyperus)	unter 3	1,465	59	25	190	88	0,6
109	Erdnußöl	0 bis —3	1,468—1,471	62—68	25	188—194	83—103	0,3—1,0
110	Eriodendronöl	—	1,468—1,471	63—68	25	189—197	85—98	1,0
111	Eschensamenöl	—	—	—	—	162—169	141	5,5—9,8
112	Essangöl	—22	1,507	—	17,5	184—192	146—149	—
113	Feigensamenöl	—16	1,480	83	25	219	147	—
114	Feldhasenfett, s. Hasenfett							
115	Fenchelsamenöl	—2	1,480	82	35	181	99	3,7
116	Fettschwanzschaffett	—	—	—	—	199	53	0,1
117	Fichtensamenöl	—26 bis —27	1,477—1,478	78—80	25	191—193	150—170	1,0
118	Finnwalöl	—	1,470—1,477	67—78	15	188—197	107—157	0,3—2,0
119	Fischöle, s. die einzelnen							
120	Flundernöl	—	1,475	74	20	185	119	—
121	Flußkrebs, amerikanischer	—	1,4849	92	25	204	98	14,0
122	Forellenöl	—	1,483	88	20	189	155	0,8
123	Frauenmilchfett	22,5	1,456—1,459	46—49	40	205—209	36—47	0,3—0,4
124	Fuchsfett, s. Silberfuchs- und Rotfuchsfett							
125	Fuchshaileberöl	—	1,479	81	20	184	140	2,0
126	Fulwabutter	27	1,455—1,458	44—48	40	170—200	38—43	0,4—5,3
127	Funtumiaöl von Kickxia	—	1,476—1,477	76—78	25	179—185	130—138	—
128	Gänsefett	16—22	1,459—1,460	50—52	40	191—198	59—81	0,4
129	Garnelenfett, s. Nordsee- und Ostsee-garnelenfett							
130	Gartenkressenöl	—6 bis —16	1,472	69	20	178—187	108—134	1,2
131	Gemsenfett	42—43	—	—	—	204	25	—
132	Gerstenöl	—	—	—	—	181—185	105—115	—
133	Gingliöl	—9 bis —15	1,473	71	25	189—198	126—134	—
134	Ginstersamenöl	—	1,474	74	25	199	134	—
135	Goabutter, s. Kokumfett							
136	Gorlisamenöl	—	1,474	73	31	192	96—100	1,3—1,6
137	Gurkensamenöl	—	—	—	—	195—197	117—119	0,3
138	Gynocardiaöl	20	1,478	79	25	197	153	—
139	Haferöl	3	1,470	67	40	180—195	105—114	1,3—2,6
140	Hagebuttenöl	—	1,478	79	25	189—162	152—169	1,9—2,5

Tabelle I (Fortsetzung).

Nr.	Bezeichnung des Fettes oder Öles	Erstarrungspunkt Celsiusgrade	Lichtbrechung		Beobach-tungs-temperatur Grade	Verseifungszahl	Jodzahl	Unverseifbares %
			Brechungsindex	Refraktometerzahl (Butter-refraktometer)				
141	Haileberöle	—	1,468—1,493	63—107	20	23—194	75—345	0,7—90,2
142	Hammeltalg	32—45	1,455—1,458	43—49	40	192—198	31—47	0,2
143	Hammerhaileberöl	—	1,485	92	20	174—180	155—200	1,7
144	Hanföl	— 27	1,470—1,474	66—72	40	190—194	140—172	0,5—1,0
145	Harzöle	—	1,535—1,549	—	18		40—50	100
146	Haselnußöl	— 17 bis — 20	1,461—1,463	53—55	40	187—192	84—90	0,5—0,7
147	Hasenfett	17—30	1,459—1,462	49—54	40	198—206	81—120	—
148	Hederichöl	— 12 bis — 14	1,472	70	20	174—177	105	1,3
149	Hefefett	—	—	—	—	157	130	20
150	Heidelbeersamenöl	—	1,478	80	25	190	167	—
151	Heilbuttleberöl	—	1,478	79	20	166—175	160—163	10—12
152	Heringshaileberöl	—	1,482—1,483	81—88	20	177—188	180—182	1,6—3,6
153	Heringsöl	—	1,470—1,475	66—74	40	183—190	123—146	—
154	Heveasamenöl, s. Parakautschuksamenöl							
155	Hickorynußöl	—	1,469	32	25	190	100	0,4
156	Himbeersamenöl	—	1,476	76	20	192—193	154—175	1,9
157	Hirseöl von Panicum	—	1,467	—	30	171	121	—
158	Hirschtalg	39—48	1,456	45	40	196—204	19—26	—
159	Holzöl, Tungöl (vgl. Aleuritesarten) . .	— 17 bis — 21	1,516—1,524	—	25	188—197	(147—242)	0,4—1,0
160	Holunderbeeröl (Samenöl)	— 13	1,480—1,485	82—98	20	187—198	161—177	0,6—1,1
161	„ (Fruchtfleischöl) . . .	— 4 bis — 8	1,472—1,477	69—79	20	196—209	81—99	—
162	Hühnerfett	21—27	1,459—1,462	50—54	40	193—196	58—77	0,1
163	Hundefett	26—40	1,459—1,460	49—51	40	193—197	58—83	—
164	Hundshaileberöl	—	1,475—1,477	74—79	20	156—188	110—146	4—13
165	Hydnocarpusöl	11—18	1,472—1,479	69—81	40	197—208	92—103	0,4—1,0
166	Igelfett	—	1,463—1,467	56—62	40	195—199	89—99	—
167	Illipefett	17—22	1,459—1,462	49—54	40	185—195	50—64	1,9
168	Iltisfett	24—25	1,460—1,462	51—54	40	195—199	60—66	—
169	Ingaöl, vgl. Pithecolobium dulce							
170	Inucayaöl	unter — 15	1,476	76	20	189	130	—
171	Irvingiabutter, s. Cay-Cayfett							
172	Jambaöl	— 8 bis — 12	1,470—1,471	67—68	25	169—176	95—108	0,8—1,5

173	Japantalg, Rhusarten	45—51	1,457—1,459	47—50	40	207—238	4—15	1,1—1,6
174	Japantran	—	1,463—1,474	55—73	40	187—190	180—190	—
175	Jatrophaöl	—	1,472—1,473	69—72	15	176—180	97—98	—
176	Javamandelöl	15—20	1,459—1,460	49—51	40	191—195	64—66	0,4
177	Javaolivenöl	— 6	1,458—1,465	48—59	40	187—194	56—87	3,7—5,6
178	Johannesiaöl	— 21 bis — 27	1,475	74	20	189—190	98	1,2
179	Johannisbeersamenöl	—	1,474—1,477	73—78	20	187—195	160—176	1,8—2,3
180	Jutesamenöl.	— 20	1,462	53	30	185	103	2,3
181	Kaffeebohnenöl	3—11	1,468—1,478	63—79	25	149—195	76—98	2,0—12,6
182	Kakaobutter	20—32	1,456—1,458	46—48	40	193—195	33—38	0,3
183	Kanariensaatöl	—	1,472	69	25	183—184	113—116	1,4—1,5
184	Kaninchenfett (Haus-)	22—24	1,461—1,462	53—54	40	202	67—70	—
185	Kaninchen, wildes, s. Wildkaninchenfett							
186	Kanyabutter	20—39	1,456—1,487	45—49	40	192—197	42—46	0,8—0,9
187	Kaoliangöl, s. Mohrhirsenöl							
188	Kapkastanienöl	—	1,465	59	40	193	109	0,5
189	Kapoköl	—	1,468—1,471	63—68	25	189—197	73—98	1,0
190	Karitefett	17—27	1,463—1,468	55—63	40	178—192	48—66	5,3
191	Karpfenöl	— 6 bis + 9	1,462—1,479	54—63	40	183—202	76—117	—
192	Katioöl	36—37	1,462	53	40	190	63	0,4
193	Katzenhaileberöl	—	1,478	80	20	179	139	3,9
194	Kayaöl	—	1,477	78	20	188	132—143	—
195	Kekunaöl, s. Aleurites triloba							
196	Kerbelsamenöl	— 9	1,467	62	35	183	110	1,5
197	Kiefernsamenöl	— 27 bis — 30	1,478	80	25	194	184	1,2
198	Kirschkernöl	—	1,474—1,477	73—78	25	190—198	110—116	0,5—0,9
199	Knochenfett (Rind)	32—34	1,459—1,460	50—51	40	190—196	49—53	—
200	Knochenfett (Schwein)	—	1,461	53	40	196	64	0,3
201	Kobibutter, s. Carapafette							
202	Körnerhirsenöl, s. Mohrhirsenöl							
203	Kohlsaatöl	— 4 bis — 12	1,470—1,476	66—72	25	167—181	94—106	0,5—1,5
204	Kokumfett (Garcinia)	27—38	1,456—1,458	46—47	40	186—192	33—35	—
205	Kolophonium	—	—	—	—	145—195	100—200	2—15
206	Kolzaöl	— 4 bis — 12	1,470—1,474	66—72	25	167—181	94—106	0,5—1,5
207	Korallenbaumöl	21—22	1,466	60	40	185	64	—
208	Korianderöl	— 2	1,471	68	35	177	109	1,1
209	Krebsfett, s. Edelkrebsfett und Flußkrebsöl							
210	Kümmelsamenöl	— 7	1,471	68	35	178	129	2,7
211	Kürbiskernöl	— 15 bis — 16	1,471—1,474	69—73	20	188—197	119—134	1,0
212	Kuhmilchfett	15—25	1,452—1,457	39—46	40	218—235	21—36	0,4
213	Kukuruzöl (Maisöl)	— 9	1,472—1,474	70—73	25	188—193	111—131	1,3—2,5

Tabelle I (Fortsetzung).

| Nr. | Bezeichnung des Fettes oder Öles | Erstarrungspunkt Celsiusgrade | Lichtbrechung | | | Verseifungs-zahl | Jodzahl | Unverseif-bares % |
			Brechungsindex	Refraktometer-zahl (Butter-refraktometer)	Beobach-tungs-tempera-tur Grade			
214	Kunstspeisefett, je nach Zusammen-setzung schwankend							
215	Kusumöl, s. Makassaröl							
216	Lachsöl	— 3 bis — 11	1,471—1,473	68—72	40	182—194	142—165	bis 4,4
217	Lattichsamenöl	unter 0	1,468—1,469	64—65	40	189—195	120—137	1,5
218	Lebertran (Dorsch-)	—	1,470—1,473	66—71	40	179—194	160—170	0,5—1,5
219	Leindotteröl	— 15 bis — 18	1,470	66	25	185—188	133—153	1,2
220	Leinöl	— 18 bis — 27	1,478—1,482	80—87	25	190—195	169—196	0,5—1,5
221	Lengfischleberöl	—	1,478—1,480	80—82	25	183—188	132—152	1,0—2,2
222	Lentiscusöl	bei 25—30° trüb	1,470	66	14	182—189	83—93	0,8
223	Likurinußfett	16—17	—	—	—	232—257	8—11	—
224	Lindensamenöl	unter — 21,5	1,703	71	25	181—195	123—126	—
225	Loganbeerenöl	—	1,481	85	15,5	180	158	—
226	Lorbeerfett	23—25	1,464	72	40	197—216	65—97	1
227	Luchsfett	—	1,472	70	20	190	111	—
228	Luffaöle	—	1,466	60	40	187—205	105—108	0,8—1,5
229	Lupinenöl (Lupinus albus)	— 9 bis — 19	1,474	73	20	193	62	1
230	Mabula-Pansaöl, s. Owalaöl							
231	Mafuratalg	25—35	1,458	47	40	200—201	44—56	1,2
232	Maikäferöl	—	1,468	63	20	158	74	—
233	Maisöl	— 9	1,472—1,474	70—73	25	188—193	111—131	1,3—2,5
234	Makassaröl	10—20	1,460	51	40	221—227	47—55	3,1
235	Makrelenöl	—	1,472—1,473	69—71	30	182—205	115—137	—
236	Malabartalg	31	1,454—1,458	42—48	40	188—192	30—40	—
237	Malukangbutter	33	1,455	44	40	251—253	49—52	—
238	Mandelöl	— 10 bis — 21	1,468—1,469	64—66	25	189—196	91—102	0,3—1,0
239	Manduroöl, s. Balanitesöl							
240	Mangiferaöl, s. Dikafett							
241	Manihotöl	+ 4	1,466—1,468	61—63	40	187—194	117—144	0,9
242	Mankettinußöl	— 8 bis — 10	1,480—1,481	82—84	40	193—195	128—135	0,9
243	Marattifett, s. Hydnocarpusöl							
244	Maripafett	24—25	—	—	—	259—271	9—18	

245	Marderfett, s. Edelmarderfett							
246	Margarinefett, je nach Zusammensetzung schwankend							
247	Margosafett	9	1,461—1,462	52—54	40	197	70—74	1,2—7,7
248	Maulbeersamenöl	—	1,473—1,474	72—73	25	190—192	140—144	—
249	Meeresalgenfette	—	—	—	—	—	107—124	7—26
250	Meerschweinöl	—	1,463	56	25	216—222	119—132	—
251	Melonensamenöl	5,0	1,465	59	40	190—193	101—133	1,1
252	Menhadenöl	—	1,473—1,474	71—73	40	190—195	160—180	—
253	Menschenfett	12—15	1,459—1,461	49—53	40	192—200	59—73	0,3—0,4
254	Mineralöle	—	1,490—1,507	35—38	18	0	6—11	100
255	Mkanyi-Fett, s. Allanblackiafett							
256	Mkongaöl, s. Balanitesöl							
257	Möhrensamenöl	— 6	1,472	70	35	179	105	1,5
258	Mohnöl	— 15 bis — 20	1,472—1,475	71—75	25	189—194	131—143	0,6
259	Mohrhirsenöl	8—10	1,460	52	63	172—186	99—116	2,8
260	Mowrahbutter	18—25	1,458—1,461	48—53	40	187—196	50—68	2,0
261	Murmeltierfett	—	1,465—1,466	59—60	40	195—199	106—112	—
262	Muscatbutter	39—42	1,466—1,471	61—67	40	173—169	31—59	2
263	Néouöl	—	1,561	—	50	187	(214)	1,2
264	Nerzfett	20—26	1,458—1,461	48—52	40	187—202	55—74	0,3—0,6
265	Neunaugenöl	—	1,476—1,478	76—79	20	187—193	153—156	0,7—1,1
266	Niamfett	16 (teilweise)	—	—	—	190—196	68—79	1,4—1,5
267	Nigeröl	— 9 bis — 15	1,473	71	25	189—198	126—139	0,3—0,6
268	Nimöl, s. Margosafett							
269	Njavebutter, s. Djavebutter							
270	Nolipalmöl, vgl. Cayauéöl	21—30	1,458—1,460	48—52	40	197—199	78—89	0,7
271	Nordseegarnelenfett	—	1,498	—	25	180	106	13,6
272	Nußöl, s. Walnußöl und Haselnußöl							
273	Nutriafett	16	1,466	60	40	197	90	—
274	Obaöl, s. Dikafett							
275	Oidiumfett	—	—	—	—	191—198	46—73	1,0—1,3
276	Oiticicaöl		1,518	—	21	189	(180—188)	1,0
277	Oleomargarin	17—27 (nach POLENSKE)	1,458—1,459	47—50	40	193—198	40—53	—
278	Olivenkernöl	—	1,464—1,475	56—74	25	179—198	68—86	1,7—4,8
279	Olivenöl	—	1,465—1,469	59—64	25	185—196	80—85	1,0
280	Oosporafett, s. Oidiumfett							
281	Orangensamenöl, s. Apfelsinensamenöl							
282	Ostseegarnelenfett	—	1,492	—	25	178	108	15,2
283	Otobabutter	—	1,471	68	40	165—199	20—54	20,4

Tabelle I (Fortsetzung).

Nr.	Bezeichnung des Fettes oder Öles	Erstarrungspunkt Celsiusgrade	Lichtbrechung Brechungsindex	Lichtbrechung Refraktometerzahl (Butterrefraktometer)	Beobachtungstemperatur Grade	Verseifungszahl	Jodzahl	Unverseifbares %
284	Owalaöl	8—23	1,463—1,465	56—59	40	181—186	86—101	0,2—3,2
285	Pachirakernöl	17—20	1,465—1,466	59—60	20	203	55—59	1,3
286	Palmkernfett	19—24	1,449—1,452	36—39	40	240—257	12—16	0,4
287	Palmöl, Palmfett	31—41	1,453—1,456	41—50	40	196—210	51—57	0,3
288	Pampelmussamenöle	—	—	—	—	195	103	0,5
289	Pangibaumöl, s. Pitjungöl							
290	Paprikasamenöl	—9	1,489—1,490	99—101	15	184—190	112—134	—
291	Paradiesnußöl	4	1,467	61—62	15	174	72	
292	Parakautschuksamenöl		1,473—1,476	72—76	20	189—192	135—139	1,6
293	Paranußöl	0 bis —4	1,464	58	25	193—202	94—106	0,6
294	Paraffin	(Schmp. 38—56)	1,423—1,428	1,5—6,9	90	0	2—3	100
295	Pecanöl, s. Hickorynußöl							
296	Pentadesmafette, s. Kanyabutter							
297	Perillaöl	—	1,481—1,483	85—88	20	187—197	196—206	0,5—0,5
298	Petersiliensamenöl	—14	1,478	79	25	177	110	2,2
299	Pfeffersamenöl	12	1,4735	72	16	185	129	2,7
300	Pferdefett	22—37	1,460—1,465	67—74	40	195—204	71—87	0,4—0,7
301	Pferdemilchfett, s. Stutenmilchfett							
302	Pfirsichkernöl	—20 bis —23	1,463—1,465	56—58	40	189—196	93—110	—
303	Pflaumenkernöl	—	1,468—1,470	63—67	25	188—199	91—104	—
304	Phulwabutter, s. Fulwabutter							
305	Picramniafett	36—37	1,461	52	50	193	57	1
306	Pilinußöl	14	1,462—1,463	54—55	30	197	56—57	0,2
307	Pimentöl	—	1,475	74	20	171	134	—
308	Pimpernußöl	—	1,472	69	25	190	108	—
309	Piniennußöl (Pinusmonophylla)	—15	1,454	43	40	189—193	101	—
310	Pinienöl, indisches (Jatropha)	—	1,472—1,473	69—72	15	176—180	97—98	—
311	Piniensamenöl (P. pinea)	—21 bis —27	1,467—1,469	63—64	40	192—193	121—125	1,6
312	Pistacienöl	—5 bis —11	1,467	62	25	191—195	86—93	0,4
313	Pithecolobium dulce, Samenöl	15	1,464—1,467	57—62	40	206	57	1,2
314	Pitjungöl	7—8	1,472	70	30	188—190	109—113	1,5
315	Plukenetiaöl	—21 bis —27	1,481	84,2	25	190—192	195—204	0,2

316	Pongamöl	0	1,472—1,477	70—78	40	178—183	89—94	4,9—9,2
317	Pottwalöl	—	1,459—1,463	50—56	25	120—150	71—93	35—44
318	Preßtalg	35—50	1,457	47	40	195—201	14—25	—
319	Preißelbeersamenöl	—	1,480	83	25	190	169	—
320	Quappenöl	—	1,469	65	40	188	133	—
321	Quittensamenöl	—	1,461—1,467	52—60	40	185—195	113—122	0,9—1,7
322	Rambutantalg	38—39	—	—	—	194	39	—
323	Ramtillenöl	— 9 bis — 15	1,473	71	25	189—198	126—134	—
324	Rapsöl	— 4 bis — 12	1,470—1,474	66—72	25	167—181	94—106	0,5—1,5
325	Raukenöl	— 8 bis — 12	1,470—1,471	67—68	25	169—176	95—108	0,8—1,5
326	Ravisonöl	— 8	1,473	72	25	184—179	101—122	1,4—1,8
327	Rehfett	39—41	1,456	45	40	199	32	—
328	Reisöl	— 5 bis — 10	1,469—1,471	65—69	25	183—192	99—115	4,0—5,3
329	Renntierfett	46	—	—	—	194—199	31—36	—
330	Renntiermilchfett	34—39	—	—	—	219—226	23—25	—
331	Rettichöl	— 10 bis — 14	1,471—1,473	68—70	20	173—182	99—113	0,9—1,0
332	Rhusfett, s. Japantalg							
333	Ricinusöl	— 10 bis — 18	1,477—1,479	78—81	20	176—187	81—90	0,3—0,6
334	Riesenhaileberöl	—	1,477—1,484	78—89	20	86—146	161—192	42—56
335	Rindstalg	30—38	1,454—1,459	43—49	40	193—200	32—47	0,3
336	Robbenöl	—	1,474—1,476	73—76	25	188—196	122—163	0,2—1,5
337	Roggenöl	—	—	—	—	173—180	109—140	3,1—11,2
338	Rotfuchsfett	20—26	1,464—1,466	58—60	40	192	95—98	—
339	Rothaileberöl	—	1,490—1,493	über 101	20	23—54	260—345	35—90
340	Rüböl	— 4 bis — 12	1,470—1,474	66—72	25	167—181	94—106	0,5—1,5
341	Rüllöl	— 15 bis — 18	1,470	66	25	185—188	133—153	1,2
342	Saatdotteröl, s. Leindotteröl							
343	Safloröl	— 13 bis — 20	1,473—1,475	71—75	20	190—193	140—147	0,8—0,9
344	Sägefischleberöl	—	1,481	84	20	182	171	4,1
345	Sapindus trifoliatus, Öl.	—	1,465—1,469	58—65	40	192	66	1,1
346	Sapucajaöl, s. Paradiesnußöl							
347	Sardinenöle	—	1,474—1,475	73—75	40	186—196	161—193	—
348	Sareptasenföl	— 11 bis — 12	1,472—1,474	70—73	20	172—180	101—110	1,2—1,4
349	Sasanquaöl	— 9	1,469	65	20	190—194	81—83	—
350	Sawarrifett	23—29	1,457	46	40	197—200	42—50	—
351	Schaffett	32—45	1,455—1,458	43—49	40	192—198	31—47	0,2
352	Schafmilchfett	12	1,454—1,456	42—45	40	216—243	29—39	0,5
353	Schellackwachs	(Schmp. 74—78)	—	—	—	79—85	8,8	72—76
354	Schellfischleberöl	—	1,479—1,481	81—84	15	186—193	171—188	0,6—2,4
355	Schildkrötenfett	22,5	1,460	51	40	206—209	64—65	0,5—0,6
356	Schimmelpilzfett	—	—	—	—	170	126	0,9

Tabelle I (Fortsetzung).

Nr.	Bezeichnung des Fettes oder Öles	Erstarrungspunkt Celsiusgrade	Lichtbrechung		Beobachtungstemperatur Grade	Verseifungszahl	Jodzahl	Unverseifbares %
			Brechungsindex	Refraktometerzahl (Butterrefraktometer)				
357	Schleienöl	— 8	—	—	—	193	114	—
358	Schmalz (Schweine-)	26—30	1,458—1,461	47—52	40	193—200	46—66	0,1—0,4
359	Schmalzöl	—	1,453—1,461	41—52	40	190—196	67—82	—
360	Schöpsentalg (Schaftalg)	32—45	1,455—1,458	43—49	40	192—198	31—47	0,2
361	Schollenöl	—	—	—	—	197—201	106—108	—
362	Schwammkürbisöl, s. Luffaöl							
363	Schwarzsenföl	— 11 bis — 18	1,472	70	25	174—175	96—107	über 1
364	Schweinefett	26—30	1,458—1,461	47—52	40	193—200	46—66	0,1—0,4
365	See-Elefantenöl	—	—	—	—	189—190	124—131	—
366	Seehundsöle	—	1,473—1,481	71—85	25	185—196	122—163	0,2—1,5
367	Seelöwenöl	—	1,478	80	20	190	156	—
368	Seidenspinneröl, s. Chrysalidenöl							
369	Seileberöl	—	1,477	77	20	177—193	162—178	0,7—1,1
370	Seiwalöl	—	1,473—1,479	71—80	15	182—193	119—162	0,6—2,7
371	Selleriesamenöl	— 12	1,478	80	25	178	95	0,8
372	Senföl, s. Schwarzsenföl und Weißsenföl							
373	Sesamöl	— 3 bis — 6	1,470—1,472	66—69	25	187—195	103—112	0,8
374	Sheabutter	17—27	1,463—1,468	55—63	40	178—192	48—66	5,3
375	Silberfuchsfett	20—25	1,458—1,461	48—53	40	143(?)—200	54—63	—
376	Sojabohnenöl	— 8 bis — 18	1,472—1,475	69—74	25	188—195	103—139	0,5—1,5
377	Sonnenblumenöl	— 16 bis — 18	1,474—1,476	72—76	20	186—194	127—136	1,0
378	Sorghofett, s. Mohrhirsenöl							
379	Spargelsamenöl	—	1,475	74	25	193—194	137—140	—
380	Spermwalöl	—	1,459—1,463	50—56	25	120—150	71—93	35—44
381	Sprottenöl	—	1,476	76	25	194—195	122—142	1,4
382	Stachelbeersamenöl	—	—	—	—	188	171	1,4
383	Sterculiaöl, s. Javaolivenöl							
384	Stillingiaöl	—	1,481	85	50	203—210	145—167	—
385	Stillingiatalg	27—37	1,455—1,457	43—47	40	200—207	19—30	0,4
386	Stinkbaumöl, s. Javaolivenöl							
387	Stutenmilchfett	5—6	—	—	—	228	—	—

388	Tabaksamenöl	—	1,474—1,477	72—78	25	189—198	136—147	3,0
389	Talg, s. Rindstalg und Hammeltalg							
390	Talgsamenöl, s. Stillingiaöl							
391	Teesamenöl	— 9 bis — 11	1,468—1,469	63—65	20	188—197	78—83	0,2
392	Teglamfett (Isoptera)	—	1,456	45	40	192	32	0,5
393	Tenkawangfett	22—30	1,456—1,457	45—47	40	190—197	27—34	0,6
394	Thespesia, populnea	—	1,470	73	40	201—204	72	—
395	Thunfischöl	—	1,484	90	20	185	199	—
396	Tigerhaileberöl.	—	1,485	91	20	183	198	0,9
397	Tomatensamenöl	—	1,474—1,477	72—78	25	189—198	136—147	3,0
398	Traubenkernöl	— 10 bis — 24	1,471—1,476	68—76	25	181—206	121—157	0,3—1,6
399	Tsubakiöl	— 15 bis — 21	1,468—1,469	63—65	20	188—197	78—82	0,2
400	Tulucunafett	32	1,459—1,463	50—55	40	194—201	56—76	1—2
401	Tungöl (Holzöl)	— 17 bis — 21	1,516—1,524	—	25	188—197	(147—242)	0,4—1,0
402	Ukuhubafett	32—34	1,460—1,462	51—54	40	219—224	9—36	0,1—3,9
403	Ulmensamenöl	0—2	1,448—1,450	34—36	40	274—280	18—32	1,0—1,4
404	Urukurinußfett, s. Likurinußfett							
405	Vielfraßfett	22—24	1,446—1,457	31—46	45	193—194	50—55	—
406	Vogelbeersamenöl	—	1,475	75	15	208	129	—
407	Walöle, s. die einzelnen							
408	Walnußöl	— 28 bis — 29	1,469—1,471	65—68	40	188—194	143—162	0,2—0,4
409	Walrat	(Schmp. 43—47)	—	—	—	108—134	4,8—5,4	51—53
410	Wassermelonenöl.	— 5 bis — 12	1,473	71	25	190—198	117—125	0,3—1,1
411	Weißfischöl	—	1,476	77	25	202	127	—
412	Weißlupinenöl, s. Lupinenöl							
413	Weißsenföl	— 8 bis — 16	1,471	68	25	170—178	92—109	1 und darüber
414	Weizenkeimöl	—	1,477	77	25	182—191	115—128	2—5
415	Weizenmehlöl	—	1,485	92	25	166—183	96—113	2,5
416	Wildkaninchenfett	17—22	—	—	—	198—201	96—103	—
417	Wildschweinfett	22—31	1,460—1,461	51—52	40	195	77	—
418	Winterkressenöl	— 5 bis — 7	1,475	74	20	180	137	1
419	Wollhandkrabbenfett	—	1,477	78	25	212	106	5,9
420	Wollschweißfett	30—40	1,478—1,482	80—87	40	77—130	15—29	38—44
421	Zachunöl, s. Balanitesöle							
422	Ziegenmilchfett	24—31	1,454—1,457	42—46	40	211—243	21—39	0,5
423	Ziegentalg.	35	1,457	47	40	—	33	—
424	Zirbelkieferöl	— 20	1,476	75	25	194	173	1,6

Tabelle II. Tabelle zur Berechnung des Fettgehaltes in Prozenten bei Anwendung von 10 g Einwaage und 100 ccm Fettlösungsmittel[1] aus dem Abdampfrückstande von 25 ccm Fettlösung.

Der Tabelle ist die Fettdichte 0,92 zugrunde gelegt. Verbesserungswerte für andere Fettdichten (0,90—0,94) ergeben sich aus der Nebentafel an der rechten Seite.

Abdampf-rückstand von 25 ccm Fettlösung g	Fettgehalt in Prozenten										Bei den Fettdichten				
	0,000	0,001	0,002	0,003	0,004	0,005	0,006	0,007	0,008	0,009	0,90	09,1	0,92	0,93	0,94
											hinzuzuzählen			abzuziehen	
0,00	0,00	0,04	0,08	0,12	0,16	0,20	0,24	0,28	0,32	0,36	0,00	0,00	0	0,00	0,00
0,01	0,40	0,44	0,48	0,52	0,56	0,60	0,64	0,68	0,72	0,76	0,00	0,00	0	0,00	0,00
0,02	0,80	0,84	0,88	0,92	0,96	1,00	1,04	1,08	1,12	1,16	0,00	0,00	0	0,00	0,00
0,03	1,21	1,25	1,29	1,33	1,37	1,41	1,45	1,49	1,53	1,57	0,00	0,00	0	0,00	0,00
0,04	1,61	1,65	1,69	1,73	1,77	1,81	1,85	1,89	1,93	1,97	0,00	0,00	0	0,00	0,00
0,05	2,01	2,05	2,09	2,13	2,17	2,21	2,25	2,29	2,33	2,37	0,00	0,00	0	0,00	0,00
0,06	2,41	2,45	2,49	2,53	2,57	2,61	2,65	2,69	2,73	2,77	0,00	0,00	0	0,00	0,00
0,07	2,81	2,85	2,89	2,93	2,97	3,01	3,06	3,10	3,14	3,18	0,00	0,00	0	0,00	0,00
0,08	3,22	3,26	3,30	3,34	3,38	3,42	3,46	3,50	3,54	3,58	0,00	0,00	0	0,00	0,00
0,09	3,62	3,66	3,70	3,74	3,78	3,82	3,86	3,90	3,94	3,98	0,00	0,00	0	0,00	0,00
0,10	4,02	4,06	4,10	4,14	4,18	4,22	4,26	4,30	4,34	4,38	0,00	0,00	0	0,00	0,00
0,11	4,42	4,47	4,51	4,55	4,59	4,63	4,67	4,71	4,75	4,79	0,00	0,00	0	0,00	0,00
0,12	4,83	4,87	4,91	4,95	4,99	5,03	5,07	5,11	5,15	5,19	0,00	0,00	0	0,00	0,00
0,13	5,23	5,27	5,31	5,35	5,39	5,43	5,47	5,51	5,55	5,59	0,00	0,00	0	0,00	0,00
0,14	5,63	5,68	5,72	5,76	5,80	5,84	5,88	5,92	5,96	6,00	0,00	0,00	0	0,00	0,00
0,15	6,04	6,09	6,13	6,17	6,21	6,25	6,29	6,33	6,37	6,41	0,00	0,00	0	0,00	0,00
0,16	6,45	6,49	6,53	6,57	6,61	6,65	6,69	6,73	6,77	6,81	0,00	0,00	0	0,00	0,00
0,17	6,85	6,89	6,93	6,97	7,01	7,05	7,09	7,13	7,17	7,21	0,00	0,00	0	0,00	0,00
0,18	7,26	7,30	7,34	7,38	7,42	7,46	7,50	7,54	7,58	7,62	0,00	0,00	0	0,00	0,00
0,19	7,66	7,70	7,74	7,78	7,82	7,87	7,91	7,95	7,99	8,03	0,00	0,00	0	0,00	0,00
0,20	8,07	8,11	8,15	8,19	8,23	8,28	8,32	8,36	8,40	8,44	0,00	0,00	0	0,00	0,00
0,21	8,48	8,52	8,56	8,60	8,64	8,68	8,73	8,76	8,81	8,85	0,00	0,00	0	0,00	0,00
0,22	8,89	8,93	8,97	9,01	9,05	9,09	9,13	9,18	9,22	9,26	0,00	0,00	0	0,00	0,00
0,23	9,30	9,34	9,38	9,42	9,46	9,50	9,55	9,59	9,63	9,67	0,00	0,00	0	0,00	0,00
0,24	9,71	9,75	9,79	9,83	9,87	9,91	9,95	9,99	10,04	10,08	0,00	0,00	0	0,00	0,00
0,25	10,12	10,16	10,20	10,24	10,28	10,32	10,36	10,40	10,44	10,48	0,00	0,00	0	0,00	0,00
0,26	10,52	10,57	10,61	10,65	10,69	10,73	10,77	10,81	10,85	10,89	0,00	0,00	0	0,00	0,00
0,27	10,93	10,97	11,02	11,06	11,10	11,14	11,18	11,22	11,26	11,30	0,00	0,00	0	0,00	0,00
0,28	11,34	11,38	11,42	11,47	11,51	11,55	11,59	11,63	11,67	11,71	0,00	0,00	0	0,00	0,00
0,29	11,75	11,79	11,83	11,87	11,92	11,96	12,00	12,04	12,08	12,12	0,00	0,00	0	0,00	0,00
0,30	12,16	12,20	12,24	12,28	12,32	12,37	12,41	12,45	12,49	12,53	0,00	0,00	0	0,00	0,00
0,31	12,57	12,61	12,66	12,70	12,74	12,78	12,82	12,86	12,90	12,94	0,00	0,00	0	0,00	0,00
0,32	12,98	13,03	13,07	13,11	13,15	13,19	13,23	13,27	13,31	13,35	0,00	0,00	0	0,00	0,00
0,33	13,40	13,44	13,48	13,52	13,56	13,60	13,64	13,68	13,73	13,77	0,00	0,00	0	0,00	0,00
0,34	13,81	13,85	13,89	13,93	13,97	14,01	14,06	14,10	14,14	14,18	0,00	0,00	0	0,00	0,00
0,35	14,22	14,26	14,30	14,34	14,39	14,43	14,47	14,51	14,55	14,59	0,00	0,00	0	0,00	0,00
0,36	14,63	14,67	14,72	14,76	14,80	14,84	14,88	14,92	14,96	15,00	0,01	0,00	0	0,00	0,01
0,37	15,05	15,09	15,13	15,17	15,21	15,25	15,29	15,33	15,37	15,41	0,01	0,00	0	0,00	0,01
0,38	15,46	15,50	15,54	15,58	15,62	15,66	15,70	15,74	15,79	15,83	0,01	0,00	0	0,00	0,01
0,39	15,87	15,91	15,95	15,99	16,03	16,07	16,12	16,16	16,20	16,24	0,01	0,00	0	0,00	0,01

[1] Oder 5 g Einwaage und 50 ccm Fettlösungsmittel.

Tabelle II (Fortsetzung).

Ab-dampf-rück-stand von 25 ccm Fett-lösung g	Fettgehalt in Prozenten										Bei den Fettdichten				
	0,000	0,001	0,002	0,003	0,004	0,005	0,006	0,007	0,008	0,009	0,90	0,91	0,92	0,93	0,94
											hinzuzu-zählen			abzuziehen	
0,40	16,28	16,32	16,36	16,41	16,45	16,49	16,53	16,57	16,62	16,66	0,01	0,00	0	0,00	0,01
0,41	16,70	16,74	16,78	16,82	16,86	16,91	16,95	16,99	17,03	17,07	0,01	0,00	0	0,00	0,01
0,42	17,11	17,15	17,20	17,24	17,28	17,32	17,36	17,41	17,45	17,49	0,01	0,00	0	0,00	0,01
0,43	17,53	17,57	17,61	17,65	17,70	17,74	17,78	17,82	17,86	17,91	0,01	0,00	0	0,00	0,01
0,44	17,95	17,99	18,03	18,07	18,11	18,15	18,20	18,24	18,28	18,32	0,01	0,00	0	0,00	0,01
0,45	18,36	18,40	18,44	18,49	18,53	18,57	18,61	18,65	18,70	18,74	0,01	0,00	0	0,00	0,01
0,46	18,78	18,82	18,86	18,90	18,94	18,99	19,03	19,07	19,11	19,15	0,01	0,00	0	0,00	0,01
0,47	19,19	19,23	19,28	19,32	19,36	19,40	19,44	19,49	19,53	19,57	0,01	0,00	0	0,00	0,01
0,48	19,61	19,65	19,69	19,73	19,78	19,82	19,86	19,90	19,94	19,99	0,01	0,00	0	0,00	0,01
0,49	20,03	20,07	20,11	20,15	20,19	20,24	20,28	20,32	20,36	20,40	0,01	0,00	0	0,00	0,01
0,50	20,45	20,49	20,53	20,57	20,61	20,66	20,70	20,74	20,78	20,82	0,01	0,01	0	0,01	0,01
0,51	20,86	20,91	20,95	20,99	21,03	21,08	21,12	21,16	21,20	21,24	0,01	0,01	0	0,01	0,01
0,52	21,28	21,33	21,37	21,41	21,45	21,50	21,54	21,58	21,62	21,66	0,01	0,01	0	0,01	0,01
0,53	21,70	21,75	21,79	21,83	21,87	21,92	21,96	22,00	22,04	22,08	0,01	0,01	0	0,01	0,01
0,54	22,12	22,17	22,21	22,25	22,29	22,34	22,38	22,42	22,46	22,50	0,01	0,01	0	0,01	0,01
0,55	22,54	22,59	22,63	22,67	22,71	22,76	22,80	22,84	22,88	22,92	0,01	0,01	0	0,01	0,01
0,56	22,96	23,01	23,05	23,09	23,13	23,18	23,22	23,26	23,30	23,34	0,01	0,01	0	0,01	0,01
0,57	23,38	23,43	23,47	23,51	23,55	23,60	23,64	23,68	23,72	23,76	0,01	0,01	0	0,01	0,01
0,58	23,80	23,85	23,89	23,93	23,97	24,02	24,06	24,10	24,14	24,18	0,01	0,01	0	0,01	0,01
0,59	24,22	24,27	24,31	24,35	24,39	24,44	24,48	24,52	24,56	24,60	0,01	0,01	0	0,01	0,01
0,60	24,64	24,69	24,73	24,77	24,81	24,86	24,90	24,94	24,98	25,02	0,01	0,01	0	0,01	0,01
0,61	25,07	25,11	25,15	25,19	25,24	25,28	25,32	25,36	25,41	25,45	0,02	0,01	0	0,01	0,01
0,62	25,49	25,53	25,58	25,62	25,66	25,70	25,75	25,79	25,83	25,87	0,02	0,01	0	0,01	0,02
0,63	25,91	25,96	26,00	26,04	26,08	26,13	26,17	26,21	26,25	26,30	0,02	0,01	0	0,01	0,02
0,64	26,34	26,38	26,42	26,47	26,51	26,55	26,59	26,64	26,68	26,72	0,02	0,01	0	0,01	0,02
0,65	26,76	26,81	26,85	26,89	26,93	26,97	27,02	27,06	27,10	27,14	0,02	0,01	0	0,01	0,02
0,66	27,18	27,23	27,27	27,31	27,36	27,40	27,44	27,48	27,53	27,57	0,02	0,01	0	0,01	0,02
0,67	27,61	27,65	27,70	27,74	27,78	27,82	27,87	27,91	27,95	27,99	0,02	0,01	0	0,01	0,02
0,68	28,03	28,08	28,12	28,16	28,20	28,25	28,29	28,33	28,37	28,42	0,02	0,01	0	0,01	0,02
0,69	28,46	28,50	28,54	28,58	28,63	28,67	28,71	28,75	28,80	28,84	0,02	0,01	0	0,01	0,02
0,70	28,88	28,92	28,97	29,01	29,05	29,09	29,14	29,18	29,22	29,27	0,02	0,01	0	0,01	0,02
0,71	29,31	29,34	29,39	29,44	29,48	29,52	29,56	29,61	29,65	29,69	0,02	0,01	0	0,01	0,02
0,72	29,73	29,78	29,82	29,86	29,91	29,95	29,99	30,03	30,08	30,12	0,02	0,01	0	0,01	0,02
0,73	30,16	30,21	30,25	30,29	30,33	30,38	30,42	30,46	30,50	30,55	0,02	0,01	0	0,01	0,02
0,74	30,59	30,63	30,68	30,72	30,76	30,80	30,85	30,89	30,93	30,97	0,02	0,01	0	0,01	0,02
0,75	31,01	31,06	31,10	31,15	31,19	31,23	31,27	31,32	31,36	31,40	0,02	0,01	0	0,01	0,02
0,76	31,45	31,49	31,53	31,57	31,62	31,66	31,70	31,74	31,79	31,83	0,02	0,01	0	0,01	0,02
0,77	31,87	31,91	31,96	32,00	32,04	32,09	32,13	32,17	32,21	32,26	0,02	0,01	0	0,01	0,02
0,78	32,30	32,34	32,39	32,43	32,47	32,51	32,56	32,60	32,64	32,69	0,03	0,01	0	0,01	0,02
0,79	32,73	32,77	32,81	32,86	32,90	32,94	32,98	33,03	33,07	33,11	0,03	0,01	0	0,01	0,02
0,80	33,15	33,20	33,24	33,28	33,32	33,37	33,41	33,45	33,50	33,54	0,03	0,01	0	0,01	0,03
0,81	33,58	33,63	33,67	33,71	33,75	33,80	33,84	33,88	33,93	33,97	0,03	0,01	0	0,01	0,03
0,82	34,01	34,06	34,10	34,14	34,19	34,23	34,27	34,31	34,36	34,40	0,03	0,01	0	0,01	0,03
0,83	34,45	34,49	34,53	34,57	34,62	34,66	34,70	34,74	34,79	34,83	0,03	0,01	0	0,01	0,03
0,84	34,88	34,92	34,96	35,00	35,05	35,09	35,13	35,18	35,22	35,26	0,03	0,01	0	0,01	0,03
0,85	35,31	35,35	35,39	35,43	35,48	35,52	35,56	35,61	35,65	35,69	0,03	0,01	0	0,01	0,03

Tabelle II (Fortsetzung).

Abdampf- rückstand von 25 ccm Fett- lösung g	Fettgehalt in Prozenten										Bei den Fettdichten				
	0,000	0,001	0,002	0,003	0,004	0,005	0,006	0,007	0,008	0,009	0,90	0,91	0,92	0,93	0,94
											hinzuzuzählen			abzuziehen	
0,86	35,74	35,78	35,82	35,87	35,91	35,95	36,00	36,04	36,08	36,13	0,03	0,02	0	0,02	0,03
0,87	36,17	36,21	36,25	36,30	36,34	36,38	36,43	36,47	36,51	36,56	0,03	0,02	0	0,02	0,03
0,88	36,60	36,64	36,69	36,73	36,77	36,82	36,86	36,90	36,95	36,99	0,03	0,02	0	0,02	0,03
0,89	37,04	37,08	37,12	37,16	37,21	37,25	37,29	37,34	37,38	37,42	0,03	0,02	0	0,02	0,03
0,90	37,47	37,51	37,55	37,60	37,64	37,68	37,73	37,77	37,81	37,86	0,03	0,02	0	0,02	0,03
0,91	37,90	37,94	37,99	38,03	38,08	38,12	38,16	38,20	38,25	38,29	0,04	0,02	0	0,02	0,03
0,92	38,34	38,38	38,42	38,46	38,51	38,55	38,59	38,64	38,68	38,72	0,04	0,02	0	0,02	0,03
0,93	38,77	38,81	38,86	38,90	38,94	38,99	39,03	39,07	39,12	39,16	0,04	0,02	0	0,02	0,04
0,94	39,20	39,25	39,29	39,33	39,38	39,42	39,46	39,51	39,55	39,59	0,04	0,02	0	0,02	0,04
0,95	39,64	39,68	39,72	39,77	39,81	39,85	39,90	39,94	39,98	40,03	0,04	0,02	0	0,02	0,04
0,96	40,08	40,12	40,16	40,20	40,25	40,29	40,33	40,38	40,42	40,47	0,04	0,02	0	0,02	0,04
0,97	40,51	40,55	40,60	40,64	40,68	40,73	40,77	40,81	40,86	40,90	0,04	0,02	0	0,02	0,04
0,98	40,95	40,99	41,03	41,08	41,12	41,16	41,21	41,25	41,29	41,34	0,04	0,02	0	0,02	0,04
0,99	41,39	41,43	41,47	41,51	41,56	41,60	41,64	41,69	41,73	41,78	0,04	0,02	0	0,02	0,04
1,00	41,82	41,86	41,91	41,95	41,99	42,04	42,08	42,12	42,17	42,21	0,04	0,02	0	0,02	0,04
1,01	42,26	42,30	42,34	42,39	42,34	42,47	42,52	42,56	42,61	42,65	0,04	0,02	0	0,02	0,04
1,02	42,70	42,74	42,78	42,82	42,87	42,91	42,96	43,00	43,04	43,09	0,04	0,02	0	0,02	0,04
1,03	43,14	43,17	43,22	43,26	43,31	43,35	43,39	43,44	43,48	43,53	0,05	0,02	0	0,02	0,04
1,04	43,57	43,61	43,66	43,70	43,75	43,79	43,83	43,88	43,92	43,97	0,05	0,02	0	0,02	0,04
1,05	44,01	44,05	44,10	44,14	44,19	44,22	44,27	44,32	44,36	44,41	0,05	0,02	0	0,02	0,05
1,06	44,45	44,49	44,54	44,58	44,62	44,67	44,71	44,76	44,80	44,84	0,05	0,02	0	0,02	0,05
1,07	44,89	44,93	44,98	45,02	45,06	45,11	45,15	45,20	45,24	45,28	0,05	0,02	0	0,02	0,05
1,08	45,33	45,37	45,42	45,46	45,51	45,55	45,59	45,64	45,68	45,73	0,05	0,02	0	0,02	0,05
1,09	45,77	45,81	45,86	45,90	45,95	45,99	46,03	46,08	46,12	46,17	0,05	0,03	0	0,02	0,05
1,10	46,21	46,25	46,30	46,34	46,39	46,43	46,47	46,52	46,56	46,61	0,05	0,03	0	0,03	0,05
1,11	46,65	46,70	46,74	46,78	46,83	46,87	46,92	46,96	47,00	47,05	0,05	0,03	0	0,03	0,05
1,12	47,09	47,14	47,18	47,23	47,27	47,31	47,36	47,40	47,45	47,49	0,05	0,03	0	0,03	0,05
1,13	47,54	47,58	47,62	47,67	47,71	47,76	47,80	47,85	47,89	47,93	0,05	0,03	0	0,03	0,05
1,14	47,98	48,02	48,07	48,11	48,16	48,20	48,24	48,29	48,33	48,38	0,06	0,03	0	0,03	0,05
1,15	48,42	48,47	48,51	48,55	48,60	48,64	48,69	48,73	48,78	48,82	0,06	0,03	0	0,03	0,05
1,16	48,87	48,91	48,95	49,00	49,04	49,09	49,13	49,18	49,22	49,26	0,06	0,03	0	0,03	0,06
1,17	49,31	49,35	49,40	49,44	49,49	49,53	49,58	49,62	49,66	49,71	0,06	0,03	0	0,03	0,06
1,18	49,75	49,80	49,84	49,89	49,93	49,98	50,02	50,06	50,11	50,15	0,06	0,03	0	0,03	0,06
1,19	50,20	50,24	50,29	50,33	50,38	50,42	50,46	50,51	50,55	50,60	0,06	0,03	0	0,03	0,06
1,20	50,64	50,69	50,73	50,78	50,82	50,86	50,91	50,95	51,00	51,04	0,06	0,03	0	0,03	0,06
1,21	51,09	51,13	51,18	51,22	51,27	51,31	51,36	51,40	51,44	51,49	0,06	0,03	0	0,03	0,06
1,22	51,54	51,58	51,62	51,67	51,71	51,76	51,80	51,85	51,89	51,93	0,06	0,03	0	0,03	0,06
1,23	51,98	52,02	52,07	52,11	52,16	52,20	52,25	52,29	52,34	52,38	0,07	0,03	0	0,03	0,06
1,24	52,43	52,47	52,52	52,56	52,60	52,65	52,69	52,74	52,78	52,83	0,07	0,03	0	0,03	0,06
1,25	52,88	52,92	52,96	53,01	53,05	53,10	53,14	53,19	53,23	53,28	0,07	0,03	0	0,03	0,06
1,26	53,32	53,37	53,41	53,46	53,50	53,55	53,59	53,63	53,68	53,72	0,07	0,03	0	0,03	0,07
1,27	53,77	53,81	53,86	53,90	53,95	53,99	54,04	54,08	54,13	54,17	0,07	0,03	0	0,03	0,07
1,28	54,22	54,26	54,31	54,35	54,40	54,44	54,49	54,53	54,58	54,62	0,07	0,04	0	0,03	0,07
1,29	54,66	54,71	54,76	54,80	54,85	54,89	54,94	54,98	55,03	55,07	0,07	0,04	0	0,04	0,07
1,30	55,12	55,16	55,21	55,26	55,30	55,34	55,39	55,43	55,48	55,52	0,07	0,04	0	0,04	0,07
1,31	55,57	55,61	55,65	55,70	55,74	55,79	55,83	55,88	55,92	55,97	0,07	0,04	0	0,04	0,07

Tabelle II (Fortsetzung).

Ab-dampf-rück-stand von 25 ccm Fett-lösung g	Fettgehalt in Prozenten										Bei den Fettdichten				
	0,000	0,001	0,002	0,003	0,004	0,005	0,006	0,007	0,008	0,009	0,90	0,91	0,92	0,93	0,94
											hinzuzu-zählen			abzuziehen	
1,32	56,02	56,06	56,10	56,15	56,19	56,24	56,28	56,33	56,37	56,42	0,08	0,04	0	0,04	0,07
1,33	56,47	56,51	56,56	56,60	56,65	56,69	56,74	56,78	56,83	56,87	0,08	0,04	0	0,04	0,07
1,34	56,92	56,96	57,01	57,05	57,10	57,14	57,19	57,23	57,28	57,32	0,08	0,04	0	0,04	0,07
1,35	57,37	57,41	57,46	57,50	57,55	57,59	57,64	57,68	57,73	57,77	0,08	0,04	0	0,04	0,08
1,36	57,82	57,86	57,91	57,95	58,00	58,04	58,09	58,14	58,18	58,23	0,08	0,04	0	0,04	0,08
1,37	58,27	58,32	58,36	58,41	58,45	58,50	58,54	58,59	58,63	58,68	0,08	0,04	0	0,04	0,08
1,38	58,73	58,77	58,81	58,86	58,90	58,95	58,99	59,04	59,09	59,13	0,08	0,04	0	0,04	0,08
1,39	59,18	59,22	59,27	59,31	59,36	59,40	59,45	59,49	59,54	59,58	0,09	0,04	0	0,04	0,08
1,40	59,63	59,67	59,72	59,76	59,81	59,86	59,90	59,95	59,99	60,04	0,09	0,04	0	0,04	0,08
1,41	60,09	60,13	60,17	60,22	60,26	60,31	60,36	60,40	60,45	60,49	0,09	0,04	0	0,04	0,08
1,42	60,54	60,58	60,63	60,67	60,72	60,76	60,81	60,86	60,90	60,95	0,09	0,04	0	0,04	0,08
1,43	61,00	61,04	61,08	61,13	61,17	61,22	61,26	61,31	61,36	61,40	0,09	0,04	0	0,04	0,09
1,44	61,45	61,49	61,54	61,58	61,63	61,67	61,72	61,77	61,81	61,86	0,09	0,05	0	0,04	0,09
1,45	61,91	61,95	61,99	62,04	62,08	62,13	62,18	62,22	62,27	62,31	0,09	0,05	0	0,04	0,09
1,46	62,36	62,40	62,45	62,50	62,54	62,59	62,63	62,68	62,72	62,77	0,09	0,05	0	0,05	0,09
1,47	62,82	62,86	62,91	62,95	63,00	63,04	63,09	63,13	63,18	63,23	0,09	0,05	0	0,05	0,09
1,48	63,28	63,32	63,36	63,41	63,45	63,50	63,55	63,59	63,64	63,68	0,10	0,05	0	0,05	0,09
1,49	63,74	63,77	63,82	63,87	63,91	63,96	64,00	64,05	64,09	64,14	0,10	0,05	0	0,05	0,09
1,50	64,19	64,23	64,28	64,32	64,37	64,41	64,46	64,51	64,55	64,60	0,10	0,05	0	0,05	0,10
1,51	64,65	64,69	64,74	64,78	64,83	64,87	64,92	64,96	65,01	65,06	0,10	0,05	0	0,05	0,10
1,52	65,11	65,15	65,19	65,24	65,29	65,33	65,38	65,42	65,47	65,52	0,10	0,05	0	0,05	0,10
1,53	65,57	65,61	65,65	65,70	65,74	65,79	65,84	65,88	65,93	65,97	0,10	0,05	0	0,05	0,10
1,54	66,02	66,07	66,12	66,16	66,20	66,25	66,30	66,34	66,39	66,43	0,11	0,05	0	0,05	0,10
1,55	66,48	66,53	66,57	66,62	66,66	66,71	66,76	66,80	66,85	66,89	0,11	0,05	0	0,05	0,10
1,56	66,94	66,99	67,03	67,08	67,12	67,17	67,22	67,26	67,31	67,35	0,11	0,05	0	0,05	0,10
1,57	67,40	67,45	67,49	67,54	67,58	67,63	67,68	67,72	67,77	67,81	0,11	0,05	0	0,05	0,11
1,58	67,86	67,91	67,95	68,00	68,05	68,09	68,14	68,18	68,23	68,28	0,11	0,06	0	0,05	0,11
1,59	68,33	68,37	68,42	68,46	68,51	68,55	68,60	68,65	68,69	68,74	0,11	0,06	0	0,06	0,11
1,60	68,78	68,83	68,88	68,92	68,97	69,02	69,06	69,11	69,15	69,20	0,11	0,06	0	0,06	0,11
1,61	69,25	69,29	69,34	69,39	69,43	69,48	69,52	69,57	69,62	69,66	0,12	0,06	0	0,06	0,11
1,62	69,71	69,76	69,80	69,85	69,90	69,94	69,99	70,03	70,08	70,13	0,12	0,06	0	0,06	0,11
1,63	70,18	70,22	70,27	70,31	70,36	70,40	70,45	70,50	70,54	70,59	0,12	0,06	0	0,06	0,11
1,64	70,64	70,68	70,73	70,78	70,82	70,87	70,92	70,96	71,01	71,05	0,12	0,06	0	0,06	0,12
1,65	71,10	71,15	71,19	71,24	71,29	71,33	71,38	71,42	71,47	71,52	0,12	0,06	0	0,06	0,12
1,66	71,57	71,61	71,66	71,70	71,75	71,80	71,84	71,89	71,94	71,98	0,12	0,06	0	0,06	0,12
1,67	72,03	72,08	72,12	72,17	72,22	72,26	72,31	72,36	72,40	72,45	0,13	0,06	0	0,06	0,12
1,68	72,50	72,54	72,59	72,63	72,68	72,73	72,77	72,82	72,87	72,91	0,13	0,06	0	0,06	0,12
1,69	72,96	73,00	73,05	73,10	73,15	73,19	73,24	73,29	73,33	73,38	0,13	0,06	0	0,06	0,12
1,70	73,43	73,47	73,52	73,57	73,61	73,66	73,71	73,75	73,80	73,85	0,13	0,06	0	0,06	0,12
1,71	73,89	73,94	73,99	74,03	73,08	74,13	74,17	74,22	74,27	74,31	0,13	0,07	0	0,06	0,13
1,72	74,36	74,41	74,45	74,50	74,55	74,59	74,64	74,69	74,74	74,78	0,13	0,07	0	0,06	0,13
1,73	74,83	74,87	74,92	74,97	75,02	75,06	75,11	75,16	75,20	75,25	0,14	0,07	0	0,07	0,13
1,74	75,30	75,35	75,39	75,44	75,48	75,53	75,58	75,62	75,67	75,72	0,14	0,07	0	0,07	0,13
1,75	75,76	75,81	75,86	75,90	75,95	76,00	76,05	76,09	76,14	76,19	0,14	0,07	0	0,07	0,13
1,76	76,23	76,28	76,33	76,37	76,42	76,47	76,51	76,56	76,61	76,66	0,14	0,07	0	0,07	0,13
1,77	76,70	76,75	76,80	76,84	76,89	76,94	76,98	77,03	77,08	77,12	0,14	0,07	0	0,07	0,14
1,78	77,17	77,22	77,27	77,31	77,36	77,41	77,45	77,50	77,55	77,60	0,14	0,07	0	0,07	0,14
1,79	77,64	77,69	77,74	77,78	77,83	77,88	77,92	77,97	78,01	78,07	0,15	0,07	0	0,07	0,14

Tabelle II (Fortsetzung).

Abdampfrückstand von 25 ccm Fettlösung g	Fettgehalt in Prozenten										Bei den Fettdichten				
	0,000	0,001	0,002	0,003	0,004	0,005	0,006	0,007	0,008	0,009	*0,90*	*0,91*	*0,92*	*0,93*	*0,94*
											hinzuzuzählen			abzuziehen	
1,80	78,11	78,16	78,21	78,25	78,30	78,35	78,40	78,44	78,49	78,54	0,15	0,07	0	0,07	0,14
1,81	78,58	78,63	78,68	78,72	78,77	78,82	78,87	78,91	78,96	79,01	0,15	0,07	0	0,07	0,14
1,82	79,06	79,10	79,15	79,20	79,24	79,29	79,34	79,38	79,43	79,48	0,15	0,07	0	0,07	0,14
1,83	79,53	79,57	79,62	79,67	79,71	79,76	79,81	79,86	79,90	79,95	0,15	0,08	0	0,07	0,15
1,84	80,00	80,05	80,09	80,14	80,19	80,23	80,28	80,33	80,38	80,42	0,15	0,08	0	0,07	0,15
1,85	80,47	80,52	80,56	80,61	80,66	80,71	80,75	80,80	80,85	80,90	0,16	0,08	0	0,08	0,15
1,86	80,95	80,99	81,04	81,08	81,13	81,18	81,23	81,27	81,32	81,37	0,16	0,08	0	0,08	0,15
1,87	81,42	81,46	81,51	81,56	81,61	81,65	81,70	81,75	81,79	81,84	0,16	0,08	0	0,08	0,15
1,88	81,89	81,94	81,98	82,03	82,08	82,13	82,17	82,22	82,27	82,32	0,16	0,08	0	0,08	0,15
1,89	82,37	82,41	82,46	82,51	82,55	82,61	82,65	82,70	82,74	82,79	0,16	0,08	0	0,08	0,16
1,90	82,84	82,89	82,94	82,98	83,03	83,08	83,13	83,18	83,22	83,27	0,17	0,08	0	0,08	0,16
1,91	83,32	83,37	83,41	83,46	83,51	83,56	83,60	83,65	83,70	83,75	0,17	0,08	0	0,08	0,16
1,92	83,80	83,84	83,89	83,94	83,99	84,03	84,08	84,13	84,18	84,22	0,17	0,08	0	0,08	0,16
1,93	84,27	84,32	84,37	84,41	84,46	84,51	84,56	84,60	84,65	84,70	0,17	0,09	0	0,08	0,16
1,94	84,75	84,80	84,84	84,89	84,94	84,99	85,03	85,08	85,13	85,18	0,17	0,09	0	0,08	0,17
1,95	85,23	85,27	85,32	85,37	85,42	85,47	85,51	85,56	85,61	85,66	0,18	0,09	0	0,08	0,17
1,96	85,71	85,75	85,80	85,85	85,89	85,94	85,99	86,04	86,09	86,13	0,18	0,09	0	0,09	0,17
1,97	86,19	86,23	86,28	86,33	86,37	86,42	86,47	86,52	86,57	86,61	0,18	0,09	0	0,09	0,17
1,98	86,66	86,71	86,76	86,80	86,85	86,90	86,95	87,00	87,04	87,09	0,18	0,09	0	0,09	0,17
1,99	87,14	87,19	87,24	87,28	87,33	87,38	87,43	87,48	87,52	87,57	0,19	0,09	0	0,09	0,18
2,00	87,62	87,67	87,72	87,76	87,81	87,86	87,91	87,95	88,00	88,05	0,19	0,09	0	0,09	0,18
2,01	88,10	88,15	88,20	88,24	88,29	88,34	88,38	88,44	88,48	88,53	0,19	0,09	0	0,09	0,18
2,02	88,58	88,63	88,68	88,72	88,77	88,82	88,87	88,92	88,96	89,01	0,19	0,09	0	0,09	0,18
2,03	89,06	89,11	89,16	89,20	89,25	89,30	89,35	89,40	89,44	89,49	0,19	0,10	0	0,09	0,19
2,04	89,54	89,59	89,64	89,69	89,73	89,78	89,83	89,88	89,93	89,97	0,19	0,10	0	0,09	0,19
2,05	90,02	90,07	90,12	90,17	90,22	90,26	90,31	90,36	90,41	90,46	0,19	0,10	0	0,09	0,19
2,06	90,51	90,55	90,60	90,65	90,70	90,75	90,80	90,84	90,89	90,94	0,20	0,10	0	0,10	0,19
2,07	90,99	91,04	91,09	91,13	91,18	91,23	91,28	91,33	91,38	91,42	0,20	0,10	0	0,10	0,19
2,08	91,47	91,52	91,57	91,62	91,67	91,71	91,76	91,81	91,86	91,91	0,20	0,10	0	0,10	0,19
2,09	91,96	92,00	92,05	92,10	92,15	92,20	92,25	92,29	92,34	92,39	0,20	0,10	0	0,10	0,19
2,10	92,44	92,49	92,54	92,59	92,63	92,68	92,73	92,78	92,83	92,88	0,21	0,10	0	0,10	0,20
2,11	92,93	92,97	93,02	93,07	93,12	93,17	93,22	93,25	93,31	93,36	0,21	0,10	0	0,10	0,20
2,12	93,41	93,46	93,51	93,55	93,60	93,65	93,70	93,75	93,80	93,85	0,21	0,10	0	0,10	0,20
2,13	93,90	93,94	93,99	94,04	94,09	94,14	94,19	94,24	94,28	94,33	0,21	0,11	0	0,10	0,20
2,14	94,38	94,43	94,48	94,53	94,58	94,63	94,67	94,72	94,77	94,82	0,21	0,11	0	0,11	0,21
2,15	94,87	94,92	94,97	95,01	95,06	95,11	95,16	95,21	95,26	95,31	0,22	0,11	0	0,11	0,21
2,16	95,36	95,40	95,45	95,50	95,55	95,60	95,65	95,70	95,75	95,79	0,22	0,11	0	0,11	0,21
2,17	95,84	95,89	95,94	95,99	96,04	96,09	96,14	96,18	96,23	96,28	0,22	0,11	0	0,11	0,22
2,18	96,33	96,38	96,43	96,48	96,53	96,57	96,62	96,67	96,72	96,77	0,22	0,11	0	0,11	0,22
2,19	96,82	96,87	96,92	96,96	97,01	97,06	97,11	97,16	97,21	97,26	0,23	0,11	0	0,11	0,22
2,20	97,31	97,36	97,40	97,45	97,50	97,55	97,60	97,65	97,70	97,75	0,23	0,11	0	0,11	0,22
2,21	97,80	97,84	97,89	97,94	97,99	98,04	98,09	98,14	98,19	98,24	0,23	0,11	0	0,11	0,22
2,22	98,29	98,34	98,38	98,43	98,48	98,53	98,58	98,63	98,68	98,73	0,23	0,12	0	0,11	0,22
2,23	98,78	98,83	98,88	98,92	98,97	99,02	99,07	99,12	99,17	99,22	0,24	0,12	0	0,11	0,23
2,24	99,27	99,32	99,37	99,42	99,46	99,51	99,56	99,61	99,66	99,71	0,24	0,12	0	0,12	0,23
2,25	99,76	99,81	99,86	99,91	99,96	—	—	—	—	—	0,24	0,12	0	0,12	0,23

Tabelle III. Umrechnung der Butterrefraktometerzahlen in Brechungsindices[1].

Skalenteile	,0	,1	,2	,3	,4	,5	,6	,7	,8	,9
					Brechungsindices					
— 4	1,41875	1,4187	1,4186	1,4185	1,4184	1,4183	1,41825	1,4182	1,4181	1,4180
— 3	1,4196	1,4195	1,4194	1,4193	1,41925	1,4192	1,4191	1,4190	1,4189	1,4188
— 2	1,4204	1,4203	1,4202	1,4201	1,42005	1,4200	1,4199	1,4198	1,4197	1,41965
— 1	1,4212	1,4211	1,4210	1,42095	1,4209	1,4208	1,4207	1,4206	1,42055	1,4205
— 0	1,4220	1,4219	1,4218	1,42175	1,4217	1,4216	1,4215	1,42145	1,4214	1,4213
+ 0	1,4220	1,4221	1,4222	1,42225	1,4223	1,4224	1,4225	1,4226	1,42265	1,4227
1	1,4228	1,4229	1,4230	1,42305	1,4231	1,4232	1,4233	1,4234	1,42345	1,4235
2	1,4236	1,4237	1,4238	1,42385	1,4239	1,4240	1,4241	1,4242	1,4243	1,42435
3	1,4244	1,4245	1,4246	1,4247	1,42475	1,4248	1,4249	1,4250	1,4251	1,42515
4	1,4252	1,4253	1,4254	1,4255	1,42555	1,4256	1,4257	1,4258	1,4259	1,42595
5	1,4260	1,4261	1,4262	1,42625	1,4263	1,4264	1,4265	1,4266	1,42665	1,4267
6	1,4268	1,4269	1,4270	1,42705	1,4271	1,4272	1,4273	1,42735	1,4274	1,4275
7	1,4276	1,4277	1,4278	1,42785	1,4279	1,4280	1,4281	1,4282	1,42825	1,4283
8	1,4284	1,4285	1,4286	1,42865	1,4287	1,4288	1,4289	1,4290	1,42905	1,4291
9	1,4292	1,4293	1,4294	1,42945	1,4295	1,4296	1,4297	1,42975	1,4298	1,4299
10	1,4300	1,4301	1,43015	1,4302	1,4303	1,4304	1,4305	1,4306	1,43065	1,4307
11	1,4308	1,4309	1,43095	1,4310	1,4311	1,4312	1,4313	1,43135	1,4314	1,4315
12	1,43155	1,4316	1,4317	1,4318	1,4319	1,4320	1,43205	1,4321	1,4322	1,4323
13	1,43235	1,4324	1,4325	1,4326	1,43265	1,4327	1,4328	1,4329	1,4330	1,43305
14	1,4331	1,4332	1,4333	1,43335	1,4334	1,4335	1,4336	1,4337	1,43375	1,4338
15	1,4339	1,4340	1,43405	1,4341	1,4342	1,4343	1,4344	1,43445	1,4345	1,4346
16	1,43465	1,4347	1,4348	1,4349	1,4350	1,43505	1,4351	1,4352	1,4353	1,43535
17	1,4354	1,4355	1,4356	1,43565	1,4357	1,4358	1,4359	1,43595	1,4360	1,4361
18	1,4362	1,43625	1,4363	1,4364	1,4365	1,4366	1,43665	1,4367	1,4368	1,4369
19	1,43695	1,4370	1,4371	1,4372	1,43725	1,4373	1,4374	1,4375	1,4376	1,43765
20	1,4377	1,4378	1,43785	1,4379	1,4380	1,4381	1,4382	1,43825	1,4383	1,4384
21	1,43845	1,4385	1,4386	1,4387	1,4388	1,43885	1,4389	1,4390	1,4391	1,43915
22	1,4392	1,4393	1,4394	1,43945	1,4395	1,4396	1,4397	1,4398	1,43985	1,4399
23	1,4400	1,44005	1,4401	1,4402	1,4403	1,4404	1,44045	1,4405	1,4406	1,4407
24	1,44075	1,4408	1,4409	1,4410	1,44105	1,4411	1,4412	1,4413	1,4414	1,44145
25	1,4415	1,4416	1,4417	1,44175	1,4418	1,4419	1,4420	1,44205	1,4421	1,4422
26	1,44225	1,4423	1,4424	1,4425	1,44255	1,4426	1,4427	1,4428	1,44285	1,4429
27	1,4430	1,4431	1,44315	1,4432	1,4433	1,4434	1,44345	1,4435	1,4436	1,4437
28	1,44375	1,4438	1,4439	1,4440	1,44405	1,4441	1,4442	1,4443	1,44435	1,4444
29	1,4445	1,44455	1,4446	1,4447	1,4448	1,44485	1,4449	1,4450	1,44505	1,4451
30	1,4452	1,4453	1,44535	1,4454	1,4455	1,44555	1,4456	1,4457	1,4458	1,4459
31	1,44595	1,4460	1,4461	1,44615	1,4462	1,4463	1,4464	1,44645	1,4465	1,4466
32	1,44665	1,4467	1,4468	1,4469	1,44695	1,4470	1,4471	1,44715	1,4472	1,4473
33	1,4474	1,44745	1,4475	1,4476	1,44765	1,4477	1,4478	1,4479	1,44795	1,4480
34	1,4481	1,44815	1,4482	1,4483	1,4484	1,44845	1,4485	1,4486	1,44865	1,4487
35	1,4488	1,4489	1,44895	1,4490	1,4491	1,44915	1,4492	1,4493	1,4494	1,44945
36	1,4495	1,4496	1,44955	1,4497	1,4498	1,4499	1,44995	1,4500	1,4501	1,45015
37	1,4502	1,4503	1,4504	1,45045	1,4505	1,4506	1,45065	1,4507	1,4508	1,4509
38	1,45095	1,4510	1,4511	1,4512	1,45125	1,4513	1,4514	1,4515	1,45155	1,4516
39	1,4517	1,45175	1,4518	1,4519	1,45195	1,4520	1,4521	1,4522	1,45225	1,4523
40	1,4524	1,4525	1,45255	1,4526	1,4527	1,45275	1,4528	1,4529	1,45295	1,4530
41	1,4531	1,4532	1,45325	1,4533	1,4534	1,4535	1,45355	1,4536	1,4537	1,45375
42	1,4538	1,4539	1,45395	1,4540	1,4541	1,4542	1,45425	1,4543	1,4544	1,45445
43	1,4545	1,4546	1,45465	1,4547	1,4548	1,45485	1,4549	1,4550	1,45505	1,4551
44	1,4552	1,45525	1,4553	1,4554	1,4555	1,45555	1,4556	1,4557	1,45575	1,4558
45	1,4559	1,45595	1,4560	1,4561	1,45615	1,4562	1,4563	1,4564	1,45645	1,4565
46	1,4566	1,45665	1,4567	1,4568	1,4569	1,45695	1,4570	1,4571	1,45715	1,4572
47	1,4573	1,45735	1,4574	1,4575	1,45755	1,4576	1,4577	1,4578	1,45785	1,4579
48	1,4580	1,45805	1,4581	1,4582	1,45825	1,4583	1,4584	1,45845	1,4585	1,4586
49	1,45865	1,4587	1,4588	1,45885	1,4589	1,4590	1,45905	1,4591	1,4592	1,45925

[1] Umgerechnet aus der dem Refraktometer beigegebenen, weniger übersichtlichen Tabelle.

Tabelle III (Fortsetzung).

Skalen-teile	,0	,1	,2	,3	,4	,5	,6	,7	,8	,9
50	1,4593	1,4594	1,4594$_5$	1,4595	1,4596	1,4597	1,4597$_5$	1,4598	1,4599	1,4599$_5$
51	1,4600	1,4601	1,4601$_5$	1,4602	1,4603	1,4603$_5$	1,4604	1,4605	1,4605$_5$	1,4606
52	1,4607	1,4607$_5$	1,4608	1,4609	1,4609$_5$	1,4610	1,4610$_5$	1,4611	1,4612	1,4612$_5$
53	1,4613	1,4614	1,4614$_5$	1,4615	1,4616	1,4616$_5$	1,4617	1,4618	1,4618$_5$	1,4619
54	1,4620	1,4620$_5$	1,4621	1,4622	1,4622$_5$	1,4623	1,4624	1,4624$_5$	1,4625	1,4625$_5$
55	1,4626	1,4627	1,4627$_5$	1,4628	1,4629	1,4629$_5$	1,4630	1,4631	1,4631$_5$	1,4632
56	1,4633	1,4633$_5$	1,4634	1,4635	1,4635$_5$	1,4636	1,4637	1,4637$_5$	1,4638	1,4639
57	1,4639$_5$	1,4640	1,4640$_5$	1,4641	1,4642	1,4642$_5$	1,4643	1,4644	1,4644$_5$	1,4645
58	1,4646	1,4646$_5$	1,4647	1,4648	1,4648$_5$	1,4649	1,4650	1,4650$_5$	1,4651	1,4652
59	1,4652$_5$	1,4653	1,4654	1,4654$_5$	1,4655	1,4656	1,4656$_5$	1,4657	1,4658	1,4658$_5$
60	1,4659	1,4659$_5$	1,4660	1,4661	1,4661$_5$	1,4662	1,4663	1,4663$_5$	1,4664	1,4665
61	1,4665$_5$	1,4666	1,4667	1,4667$_5$	1,4668	1,4669	1,4669$_5$	1,4670	1,4671	1,4671$_5$
62	1,4672	1,4672$_5$	1,4673	1,4674	1,4674$_5$	1,4675	1,4676	1,4676$_5$	1,4677	1,4678
63	1,4678$_5$	1,4679	1,4680	1,4680$_5$	1,4681	1,4682	1,4682$_5$	1,4683	1,4684	1,4684$_5$
64	1,4685	1,4685$_5$	1,4686	1,4687	1,4687$_5$	1,4688	1,4688$_5$	1,4689	1,4690	1,4690$_5$
65	1,4691	1,4692	1,4692$_5$	1,4693	1,4694	1,4694$_5$	1,4695	1,4696	1,4696$_5$	1,4697
66	1,4697$_5$	1,4698	1,4699	1,4699$_5$	1,4700	1,4701	1,4701$_5$	1,4702	1,4703	1,4703$_5$
67	1,4704	1,4704$_5$	1,4705	1,4706	1,4706$_5$	1,4707	1,4707$_5$	1,4708	1,4709	1,4709$_5$
68	1,4710	1,4711	1,4711$_5$	1,4712	1,4713	1,4713$_5$	1,4714	1,4715	1,4715$_5$	1,4716
69	1,4716$_5$	1,4717	1,4718	1,4718$_5$	1,4719	1,4720	1,4720$_5$	1,4721	1,4721$_5$	1,4722
70	1,4723	1,4723$_5$	1,4724	1,4725	1,4725$_5$	1,4726	1,4726$_5$	1,4727	1,4728	1,4728$_5$
71	1,4729	1,4730	1,4730$_5$	1,4731	1,4732	1,4732$_5$	1,4733	1,4733$_5$	1,4734	1,4735
72	1,4735$_5$	1,4736	1,4737	1,4737$_5$	1,4738	1,4739	1,4739$_5$	1,4740	1,4740$_5$	1,4741
73	1,4742	1,4742$_5$	1,4743	1,4744	1,4744$_5$	1,4745	1,4745$_5$	1,4746	1,4747	1,4747$_5$
74	1,4748	1,4749	1,4749$_5$	1,4750	1,4750$_5$	1,4751	1,4752	1,4752$_5$	1,4753	1,4753$_5$
75	1,4754	1,4755	1,4755$_5$	1,4756	1,4756$_5$	1,4757	1,4758	1,4758$_5$	1,4759	1,4759$_5$
76	1,4760	1,4761	1,4761$_5$	1,4762	1,4762$_5$	1,4763	1,4763$_5$	1,4764	1,4765	1,4765$_5$
77	1,4766	1,4766$_5$	1,4767	1,4768	1,4768$_5$	1,4769	1,4769$_5$	1,4770	1,4770$_5$	1,4771
78	1,4771$_5$	1,4772	1,4773	1,4773$_5$	1,4774	1,4774$_5$	1,4775	1,4776	1,4776$_5$	1,4777
79	1,4777$_5$	1,4778	1,4779	1,4779$_5$	1,4780	1,4780$_5$	1,4781	1,4781$_5$	1,4782	1,4782$_5$
80	1,4783	1,4784	1,4784$_5$	1,4785	1,4785$_5$	1,4786	1,4787	1,4787$_5$	1,4788	1,4788$_5$
81	1,4789	1,4789$_5$	1,4790	1,4791	1,4791$_5$	1,4792	1,4792$_5$	1,4793	1,4793$_5$	1,4794
82	1,4795	1,4795$_5$	1,4796	1,4796$_5$	1,4797	1,4798	1,4798$_5$	1,4799	1,4799$_5$	1,4800
83	1,4800	1,4801	1,4802	1,4802$_5$	1,4803	1,4803$_5$	1,4804	1,4804$_5$	1,4805	1,4806
84	1,4806$_5$	1,4807	1,4807$_5$	1,4808	1,4808$_5$	1,4809	1,4810	1,4810$_5$	1,4811	1,4811$_5$
85	1,4812	1,4812$_5$	1,4813	1,4814	1,4814$_5$	1,4815	1,4815$_5$	1,4816	1,4816$_5$	1,4817
86	1,4818	1,4818$_5$	1,4819	1,4819$_5$	1,4820	1,4820$_5$	1,4821	1,4822	1,4822$_5$	1,4823
87	1,4823$_5$	1,4824	1,4824$_5$	1,4825	1,4825$_5$	1,4826	1,4827	1,4827$_5$	1,4828	1,4828$_5$
88	1,4829	1,4829$_5$	1,4830	1,4831	1,4831$_5$	1,4832	1,4832$_5$	1,4833	1,4833$_5$	1,4834
89	1,4834$_5$	1,4835	1,4836	1,4836$_5$	1,4837	1,4837$_5$	1,4838	1,4838$_5$	1,4839	1,4839$_5$
90	1,4840	1,4840$_5$	1,4841	1,4842	1,4842$_5$	1,4843	1,4843$_5$	1,4844	1,4844$_5$	1,4845
91	1,4845$_5$	1,4846	1,4847	1,4847$_5$	1,4848	1,4848$_5$	1,4849	1,4849$_5$	1,4850	1,4850$_5$
92	1,4851	1,4852	1,4852$_5$	1,4853	1,4853$_5$	1,4854	1,4854$_5$	1,4855	1,4855$_5$	1,4856
93	1,4857	1,4857$_5$	1,4858	1,4858$_5$	1,4859	1,4859$_5$	1,4860	1,4860$_5$	1,4861	1,4861$_5$
94	1,4862	1,4863	1,4863$_5$	1,4864$_5$	1,4865	1,4865$_5$	1,4866	1,4866$_5$	1,4866$_5$	1,4857
95	1,4868	1,4868$_5$	1,4869	1,4869$_5$	1,4870	1,4870$_5$	1,4871	1,4871$_5$	1,4872	1,4872$_5$
96	1,4873	1,4874	1,4874$_5$	1,4875	1,4875$_5$	1,4876	1,4876$_5$	1,4877	1,4877$_5$	1,4878
97	1,4879	1,4879$_5$	1,4880	1,4880$_5$	1,4881	1,4881$_5$	1,4882	1,4882$_5$	1,4883	1,4883$_5$
98	1,4884	1,4885	1,4885$_5$	1,4886	1,4886$_5$	1,4887	1,4887$_5$	1,4888	1,4888$_5$	1,4889
99	1,4889$_5$	1,4890	1,4891	1,4891$_5$	1,4892	1,4892$_5$	1,4893	1,4893$_5$	1,4894	1,4894$_5$
100	1,4895	1,4895$_5$	1,4896	1,4897	1,4897$_5$	1,4898	1,4898$_5$	1,4899	1,4899$_5$	1,4900
101	1,4900	1,4901	1,4901$_5$	1,4902	1,4903	1,4903$_5$	1,4904	1,4904$_5$	1,4905	1,4905$_5$
102	1,4906	1,4906$_5$	1,4907	1,4907$_5$	1,4908	1,4908$_5$	1,4909	1,4910	1,4910$_5$	1,4911
103	1,4911$_5$	1,4912	1,4912$_5$	1,4913	1,4913$_5$	1,4914	1,4915	1,4915$_5$	1,4916	1,4916$_5$
104	1,4917	1,4917$_5$	1,4918	1,4918$_5$	1,4919	1,4919$_5$	1,4920	1,4920$_5$	1,4921	1,4921$_5$

Tabelle IV. Berechnung der Verseifungszahl von Fetten.

Fettmenge 2000—2100 mg

Titration mit $^1/_2$ N.-Salzsäure (vgl. S. 68).

lz-ıre l m	Abgewogene Fettmenge in mg										Zwischenwerte für Fettmenge in mg								
	2000	2010	2020	2030	2040	2050	2060	2070	2080	2090	1	2	3	4	5	6	7	8	9
											abzuziehen								
,0	168,3	167,5	166,7	165,8	165,0	164,2	163,4	162,6	161,9	161,1	0,1	0,2	0,2	0,3	0,4	0,5	0,6	0,6	0,7
1	169,7	168,9	168,0	167,2	166,4	165,6	164,8	164,0	163,2	162,4	0,1	0,2	0,2	0,3	0,4	0,5	0,6	0,6	0,7
2	171,1	170,3	169,4	168,6	167,8	167,0	166,2	165,4	164,6	163,8	0,1	0,2	0,2	0,3	0,4	0,5	0,6	0,6	0,7
3	172,5	171,7	170,8	170,7	169,2	168,3	167,5	166,7	165,9	165,1	0,1	0,2	0,2	0,3	0,4	0,5	0,6	0,7	0,7
4	173,9	173,1	172,2	171,4	170,5	169,7	168,9	168,1	167,3	166,4	0,1	0,2	0,2	0,3	0,4	0,5	0,6	0,7	0,7
5	175,3	174,5	173,6	172,8	171,9	171,1	170,2	169,4	168,6	167,8	0,1	0,2	0,3	0,3	0,4	0,5	0,6	0,7	0,7
6	176,7	175,9	175,0	174,1	173,3	172,4	171,6	170,8	170,0	169,1	0,1	0,2	0,3	0,3	0,4	0,5	0,6	0,7	0,8
7	178,1	177,3	176,4	175,5	174,7	173,8	173,0	172,1	171,3	170,5	0,1	0,2	0,3	0,3	0,4	0,5	0,6	0,7	0,8
8	179,6	178,7	177,8	176,9	176,0	175,2	174,3	173,5	172,7	171,8	0,1	0,2	0,3	0,4	0,4	0,5	0,6	0,7	0,8
9	181,0	180,1	179,2	178,3	177,4	176,5	175,7	174,8	174,0	173,2	0,1	0,2	0,3	0,4	0,4	0,5	0,6	0,7	0,8
,0	182,4	181,4	180,5	179,7	178,8	177,9	177,0	176,2	175,3	174,5	0,1	0,2	0,3	0,4	0,4	0,5	0,6	0,7	0,8
1	183,8	182,8	181,9	181,0	180,2	179,3	178,4	177,5	176,7	175,8	0,1	0,2	0,3	0,4	0,4	0,5	0,6	0,7	0,8
2	185,2	184,2	183,3	182,4	181,5	180,6	179,8	178,9	178,0	177,2	0,1	0,2	0,3	0,4	0,4	0,5	0,6	0,7	0,8
3	186,6	185,6	184,7	183,8	182,9	182,0	181,1	180,3	179,4	178,5	0,1	0,2	0,3	0,4	0,5	0,5	0,6	0,7	0,8
4	188,0	187,0	186,1	185,2	184,3	183,4	182,5	181,6	180,7	179,9	0,1	0,2	0,3	0,4	0,5	0,5	0,6	0,7	0,8
5	189,4	188,4	187,5	186,6	185,7	184,8	183,9	183,0	182,1	181,2	0,1	0,2	0,3	0,4	0,5	0,5	0,6	0,7	0,8
6	190,8	189,8	188,9	188,0	187,0	186,1	185,2	184,3	183,4	182,6	0,1	0,2	0,3	0,4	0,5	0,5	0,6	0,7	0,8
7	192,2	191,2	190,3	189,3	188,4	187,5	186,6	185,7	184,8	183,9	0,1	0,2	0,3	0,4	0,5	0,6	0,6	0,7	0,8
8	193,6	192,6	191,7	190,7	189,8	188,9	187,9	187,0	186,1	185,2	0,1	0,2	0,3	0,4	0,5	0,6	0,7	0,7	0,8
9	195,0	194,0	193,0	192,1	191,2	190,2	189,3	188,4	187,5	186,6	0,1	0,2	0,3	0,4	0,5	0,6	0,7	0,7	0,8
0	196,4	195,4	194,4	193,5	192,5	191,6	190,7	189,7	188,8	187,9	0,1	0,2	0,3	0,4	0,5	0,6	0,7	0,8	0,8
1	197,8	196,8	195,8	194,9	193,9	193,0	192,0	191,1	190,2	189,3	0,1	0,2	0,3	0,4	0,5	0,6	0,7	0,8	0,9
2	199,2	198,2	197,2	196,2	195,3	194,3	193,4	192,5	191,5	190,6	0,1	0,2	0,3	0,4	0,5	0,6	0,7	0,8	0,9
3	200,6	199,6	198,6	197,6	196,7	195,7	194,8	193,8	192,9	192,0	0,1	0,2	0,3	0,4	0,5	0,6	0,7	0,8	0,9
4	202,0	201,0	200,0	199,0	198,0	197,1	196,1	195,2	194,2	193,3	0,1	0,2	0,3	0,4	0,5	0,6	0,7	0,8	0,9
5	203,4	202,4	201,4	200,4	199,4	198,4	197,5	196,5	195,6	194,6	0,1	0,2	0,3	0,4	0,5	0,6	0,7	0,8	0,9
6	204,8	203,8	202,8	201,8	200,8	199,8	198,8	197,9	196,9	196,0	0,1	0,2	0,3	0,4	0,5	0,6	0,7	0,8	0,9
7	206,2	205,2	204,2	203,2	202,2	201,2	200,2	199,2	198,3	197,3	0,1	0,2	0,3	0,4	0,5	0,6	0,7	0,8	0,9
8	207,6	206,6	205,5	204,5	203,5	202,5	201,6	200,6	199,6	198,7	0,1	0,2	0,3	0,4	0,5	0,6	0,7	0,8	0,9
9	209,0	208,0	206,9	205,9	204,9	203,9	202,9	201,9	201,0	200,0	0,1	0,2	0,3	0,4	0,5	0,6	0,7	0,8	0,9
0	210,4	209,4	208,3	207,3	206,3	205,3	204,3	203,3	202,3	201,4	0,1	0,2	0,3	0,4	0,5	0,6	0,7	0,8	0,9
1	211,8	210,8	209,7	208,7	207,7	206,6	205,7	204,7	203,7	202,7	0,1	0,2	0,3	0,4	0,5	0,6	0,7	0,8	0,9
2	213,2	212,2	211,1	210,1	209,0	208,0	207,0	206,0	205,0	204,0	0,1	0,2	0,3	0,4	0,5	0,6	0,7	0,8	0,9
3	214,6	213,6	212,5	211,4	210,4	209,4	208,4	207,4	206,4	205,4	0,1	0,2	0,3	0,4	0,5	0,6	0,7	0,8	0,9
4	216,0	215,0	213,9	212,8	211,8	210,8	209,7	208,7	207,7	206,7	0,1	0,2	0,3	0,4	0,5	0,6	0,7	0,8	0,9
5	217,4	216,3	215,3	214,2	213,2	212,1	211,1	210,1	209,1	208,1	0,1	0,2	0,3	0,4	0,5	0,6	0,7	0,8	0,9
6	218,8	217,7	216,7	215,6	214,5	213,5	212,5	211,4	210,4	209,4	0,1	0,2	0,3	0,4	0,5	0,6	0,7	0,8	0,9
7	220,2	219,1	218,0	217,0	215,9	214,9	213,8	212,8	211,8	210,7	0,1	0,2	0,3	0,4	0,5	0,6	0,7	0,8	0,9
8	221,6	220,5	219,4	218,4	217,3	216,2	215,2	214,1	213,1	212,0	0,1	0,2	0,3	0,4	0,5	0,6	0,7	0,9	1,0
9	223,0	221,9	220,8	219,7	218,7	217,6	216,5	215,5	214,5	213,4	0,1	0,2	0,3	0,4	0,5	0,6	0,7	0,9	1,0
0	224,4	223,3	222,2	221,1	220,0	219,0	217,9	216,9	215,8	214,8	0,1	0,2	0,3	0,4	0,5	0,6	0,7	0,9	1,0
1	225,8	224,7	223,6	222,5	221,4	220,3	219,3	218,2	217,2	216,1	0,1	0,2	0,3	0,4	0,5	0,6	0,8	0,9	1,0
2	227,2	226,1	225,0	223,9	222,8	221,7	220,6	219,6	218,5	217,5	0,1	0,2	0,3	0,4	0,5	0,6	0,8	0,9	1,0
3	228,6	227,5	226,4	225,3	224,2	223,1	222,0	220,9	219,9	218,8	0,1	0,2	0,3	0,4	0,5	0,7	0,8	0,9	1,0
4	230,1	228,9	227,8	226,6	225,5	224,4	223,4	222,3	221,2	220,1	0,1	0,2	0,3	0,4	0,6	0,7	0,8	0,9	1,0
5	231,5	230,3	229,2	228,0	226,9	225,8	224,7	223,6	222,6	221,5	0,1	0,2	0,3	0,4	0,6	0,7	0,8	0,9	1,0
6	232,9	231,7	230,5	229,4	228,3	227,2	226,1	225,0	223,9	222,8	0,1	0,2	0,3	0,5	0,6	0,7	0,8	0,9	1,0
7	234,3	233,1	231,9	230,8	229,7	228,5	227,4	226,3	225,3	224,2	0,1	0,2	0,3	0,5	0,6	0,7	0,8	0,9	1,0
8	235,7	234,5	233,3	232,2	231,0	229,9	228,8	227,7	226,6	225,5	0,1	0,2	0,3	0,5	0,6	0,7	0,8	0,9	1,0
9	237,1	235,9	234,7	233,6	232,4	231,2	230,2	229,0	228,0	226,9	0,1	0,2	0,3	0,5	0,6	0,7	0,8	0,9	1,0

Tabelle IV (Fortsetzung).

Salz-säure in ccm	Abgewogene Fettmenge in mg										Zwischenwerte für Fettmenge in mg							
	2000	2010	2020	2030	2040	2050	2060	2070	2080	2090	1	2	3	4	5	6	7	8
											abzuziehen							
17,0	238,5	237,3	236,1	234,9	233,8	232,7	231,5	230,4	229,3	228,2	0,1	0,2	0,3	0,5	0,6	0,7	0,8	0,9
1	239,9	238,7	237,5	236,3	235,2	234,0	232,9	231,8	230,6	229,5	0,1	0,2	0,3	0,5	0,6	0,7	0,8	0,9
2	241,3	240,1	238,9	237,7	236,5	235,4	234,2	233,1	232,0	230,9	0,1	0,2	0,3	0,5	0,6	0,7	0,8	0,9
3	242,7	241,5	240,3	239,1	237,9	236,8	235,6	234,5	233,3	232,2	0,1	0,2	0,3	0,5	0,6	0,7	0,8	0,9
4	244,1	242,9	241,7	240,5	239,3	238,1	237,0	235,8	234,7	233,6	0,1	0,2	0,3	0,5	0,6	0,7	0,8	0,9
5	245,5	244,3	243,1	241,9	240,7	239,5	238,3	237,2	236,0	234,9	0,1	0,2	0,4	0,5	0,6	0,7	0,8	0,9
6	246,9	245,7	244,4	243,2	242,0	240,9	239,7	238,5	237,4	236,3	0,1	0,2	0,4	0,5	0,6	0,7	0,8	0,9
7	248,3	247,1	245,8	244,6	243,4	242,2	241,1	239,9	238,7	237,6	0,1	0,2	0,4	0,5	0,6	0,7	0,8	1,0
8	249,7	248,4	247,2	246,0	244,8	243,6	242,4	241,2	240,1	238,9	0,1	0,2	0,4	0,5	0,6	0,7	0,8	1,0
9	251,1	249,8	248,6	247,4	246,2	245,0	243,8	242,6	241,4	240,3	0,1	0,2	0,4	0,5	0,6	0,7	0,8	1,0
18,0	252,5	251,2	250,0	248,8	247,5	246,3	245,1	244,0	242,8	241,6	0,1	0,2	0,4	0,5	0,6	0,7	0,8	1,0
1	253,9	252,6	251,4	250,1	248,9	247,7	246,5	245,3	244,1	243,0	0,1	0,2	0,4	0,5	0,6	0,7	0,8	1,0
2	255,3	254,0	252,8	251,5	250,3	249,1	247,9	246,7	245,5	244,3	0,1	0,2	0,4	0,5	0,6	0,7	0,8	1,0
3	256,7	255,4	254,2	252,9	251,7	250,4	249,2	248,0	246,8	245,7	0,1	0,2	0,4	0,5	0,6	0,7	0,8	1,0
4	258,1	256,8	255,5	254,3	253,1	251,8	250,6	249,4	248,2	247,0	0,1	0,2	0,4	0,5	0,6	0,7	0,8	1,0
5	259,5	258,2	256,9	255,7	254,4	253,2	252,0	250,7	249,5	248,3	0,1	0,2	0,4	0,5	0,6	0,7	0,9	1,0
6	260,9	259,6	258,3	257,1	255,8	254,5	253,3	252,1	250,9	249,7	0,1	0,2	0,4	0,5	0,6	0,7	0,9	1,0
7	262,3	261,0	259,7	258,4	257,2	255,9	254,7	253,4	252,2	251,0	0,1	0,2	0,4	0,5	0,6	0,8	0,9	1,0
8	263,7	262,4	261,1	259,8	258,6	257,3	256,0	254,8	253,6	252,4	0,1	0,3	0,4	0,5	0,6	0,8	0,9	1,0
9	265,1	263,8	262,5	261,2	259,9	258,7	257,4	256,4	254,9	253,7	0,1	0,3	0,4	0,5	0,6	0,8	0,9	1,0
19,0	266,5	265,2	263,9	262,6	261,3	260,0	258,8	257,5	256,3	255,0	0,1	0,3	0,4	0,5	0,6	0,8	0,9	1,0
1	267,9	266,6	265,3	264,0	262,7	261,4	260,1	258,9	257,6	256,4	0,1	0,3	0,4	0,5	0,6	0,8	0,9	1,0
2	269,3	268,0	266,7	265,3	264,1	262,8	261,5	260,2	259,0	257,7	0,1	0,3	0,4	0,5	0,6	0,8	0,9	1,0
3	270,7	269,4	268,1	266,7	265,4	264,1	262,8	261,6	260,3	259,1	0,1	0,3	0,4	0,5	0,6	0,8	0,9	1,0
4	272,1	270,8	269,4	268,1	266,8	265,5	264,2	262,9	261,7	260,4	0,1	0,3	0,4	0,5	0,6	0,8	0,9	1,0
5	273,5	272,2	270,8	269,5	268,2	266,9	265,6	264,3	263,0	261,8	0,1	0,3	0,4	0,5	0,7	0,8	0,9	1,0
6	274,9	273,6	272,2	270,9	269,6	268,2	266,9	265,6	264,4	263,1	0,1	0,3	0,4	0,5	0,7	0,8	0,9	1,0
7	276,3	275,0	273,6	272,3	270,9	269,6	268,3	267,0	265,7	264,4	0,1	0,3	0,4	0,5	0,7	0,8	0,9	1,1
8	277,7	276,4	275,0	273,6	272,3	271,0	269,7	268,4	267,1	265,8	0,1	0,3	0,4	0,5	0,7	0,8	0,9	1,1
9	279,1	277,8	276,4	275,0	273,7	272,3	271,0	269,7	268,4	267,1	0,1	0,3	0,4	0,5	0,7	0,8	0,9	1,1

Zwischenwerte für Salzsäure (zu addieren)

	2000	2010	2020	2030	2040	2050	2060	2070	2080	2090
0,01	0,1	0,1	0,1	0,1	0,1	0,1	0,1	0,1	0,1	0,1
0,02	0,3	0,3	0,3	0,3	0,3	0,3	0,3	0,3	0,3	0,3
0,03	0,4	0,4	0,4	0,4	0,4	0,4	0,4	0,4	0,4	0,4
0,04	0,6	0,6	0,6	0,6	0,6	0,5	0,5	0,5	0,5	0,5
0,05	0,7	0,7	0,7	0,7	0,7	0,7	0,7	0,7	0,7	0,7
0,06	0,8	0,8	0,8	0,8	0,8	0,8	0,8	0,8	0,8	0,8
0,07	1,0	1,0	1,0	1,0	1,0	1,0	1,0	0,9	0,9	0,9
0,08	1,1	1,1	1,1	1,1	1,1	1,1	1,1	1,1	1,1	1,1
0,09	1,3	1,3	1,3	1,2	1,2	1,2	1,2	1,2	1,2	1,2

Beispiel:

Abgewogene Fettmenge . . . . . . 2027 mg
Salzsäureverbrauch . . . . 14,03 ccm $^1/_2$ N.

Tabelle für 2020 mg, 14,00 ccm . . 194,4
Seitentafel für 7 mg . . . . − 0,7
Untere Tafel für 0,03 ccm . . . . + 0,4

Verseifungszahl **194,1**

Tabelle V. Berechnung des Glyceringehaltes von Triglyceriden aus der Verseifungszahl.

Ver-seifungszahl	Glycerinrest C_3H_2 %	Glycerin $C_3H_5(OH)_3$ %	Ver-seifungszahl	Glycerinrest C_3H_2 %	Glycerin $C_3H_5(OH)_3$ %
170	3,84	9,30	221	4,99	12,09
171	3,86	9,35	222	5,01	12,14
172	3,89	9,41	223	5,04	12,20
173	3,91	9,46	224	5,06	12,25
174	3,93	9,52	225	5,08	12,31
175	3,95	9,57	226	5,11	12,36
176	3,98	9,63	227	5,13	12,41
177	4,00	9,68	228	5,15	12,47
178	4,02	9,73	229	5,17	12,52
179	4,04	9,79	230	5,20	12,58
180	4,07	9,84	231	5,22	12,63
181	4,09	9,90	232	5,24	12,69
182	4,11	9,95	233	5,26	12,74
183	4,13	10,01	234	5,29	12,80
184	4,16	10,06	235	5,31	12,85
185	4,18	10,12	236	5,33	12,91
186	4,20	10,17	237	5,35	12,96
187	4,22	10,23	238	5,38	13,02
188	4,25	10,28	239	5,40	13,07
189	4,27	10,34	240	5,42	13,13
190	4,29	10,39	241	5,44	13,18
191	4,31	10,45	242	5,47	13,23
192	4,34	10,50	243	5,49	13,29
193	4,36	10,56	244	5,51	13,34
194	4,38	10,61	245	5,53	13,40
195	4,41	10,66	246	5,56	13,45
196	4,43	10,72	247	5,58	13,51
197	4,45	10,77	248	5,60	13,56
198	4,47	10,83	249	5,63	13,62
199	4,50	10,88	250	5,65	13,67
200	4,52	10,94	251	5,67	13,73
201	4,54	10,99	252	5,69	13,78
202	4,56	11,05	253	5,72	13,84
203	4,59	11,10	254	5,74	13,89
204	4,61	11,16	255	5,76	13,95
205	4,63	11,21	256	5,78	14,00
206	4,65	11,27	257	5,81	14,06
207	4,68	11,32	258	5,83	14,11
208	4,70	11,38	259	5,85	14,16
209	4,72	11,43	260	5,87	14,22
210	4,74	11,48	261	5,90	14,27
211	4,77	11,54	262	5,92	14,33
212	4,79	11,59	263	5,94	14,38
213	4,81	11,65	264	5,96	14,44
214	4,83	11,70	265	5,98	14,49
215	4,86	11,76	266	6,01	14,55
216	4,88	11,81	267	6,03	14,60
217	4,90	11,87	268	6,05	14,66
218	4,92	11,92	269	6,08	14,71
219	4,95	11,98			
220	4,97	12,03	1 =	0,023	0,055

Tabelle VI. Berechnung von Buttersäurezahl, Gesamtzahl und Isoölsäure aus dem Titrationswert.

Fetteinwaage 500 mg. T = Titrationswert bei Buttersäure- und Gesamtzahl, abzüglich Blindversuch in 0,01 N.-Natronlauge; bei Isoölsäure Blindversuch abzüglich Hauptversuch in 0,1 N.-Thiosulfatlösung.

T ccm	Butter-säure-zahl	Ge-samt-zahl	Isoöl-säure %	T ccm	Butter-säure-zahl	Ge-samt-zahl	Isoöl-säure %	T ccm	Butter-säure-zahl	Ge-samt-zahl	Isoöl-säure %	T ccm	Ge-samt-zahl	T ccm	Ge-samt-zahl
0,0	0,0	0,0	0,0	6,0	8,4	9,1	16,9	12,0	16,8	18,2	33,9	18,0	27,4	24,0	36,5
0,1	0,1	0,2	0,3	6,1	8,5	9,3	17,2	12,1	16,9	18,4	34,2	18,1	27,5	24,1	36,6
0,2	0,3	0,3	0,6	6,2	8,7	9,4	17,5	12,2	17,1	18,5	34,5	18,2	27,7	24,2	36,8
0,3	0,4	0,5	0,8	6,3	8,8	9,6	17,8	12,3	17,2	18,7	34,7	18,3	27,8	24,3	36,9
0,4	0,5	0,6	1,1	6,4	9,0	9,7	18,1	12,4	17,4	18,8	35,0	18,4	28,0	24,4	37,1
0,5	0,7	0,8	1,4	6,5	9,1	9,9	18,4	12,5	17,5	19,0	35,3	18,5	28,1	24,5	37,2
0,6	0,8	0,9	1,7	6,6	9,2	10,0	18,6	12,6	17,6	19,2	35,6	18,6	28,3	24,6	37,4
0,7	1,0	1,1	2,0	6,7	9,4	10,2	18,9	12,7	17,8	19,3	35,9	18,7	28,4	24,7	37,5
0,8	1,1	1,2	2,3	6,8	9,5	10,3	19,2	12,8	17,9	19,5	36,1	18,8	28,6	24,8	37,7
0,9	1,3	1,4	2,5	6,9	9,7	10,5	19,5	12,9	18,1	19,6	36,4	18,9	28,7	24,9	37,8
1,0	1,4	1,5	2,8	7,0	9,8	10,6	19,8	13,0	18,2	19,8	36,7	19,0	28,9	25,0	38,0
1,1	1,5	1,7	3,1	7,1	9,9	10,8	20,1	13,1	18,3	19,9	37,0	19,1	29,0	25,1	38,2
1,2	1,7	1,8	3,4	7,2	10,1	10,9	20,3	13,2	18,5	20,1	37,3	19,2	29,2	25,2	38,3
1,3	1,8	2,0	3,7	7,3	10,2	11,1	20,6	13,3	18,6	20,2	37,6	19,3	29,3	25,3	38,5
1,4	2,0	2,1	4,0	7,4	10,4	11,2	20,9	13,4	18,8	20,4	37,8	19,4	29,5	25,4	38,6
1,5	2,1	2,3	4,2	7,5	10,5	11,4	21,2	13,5	18,9	20,5	38,1	19,5	29,6	25,5	38,8
1,6	2,2	2,4	4,5	7,6	10,6	11,6	21,5	13,6	19,0	20,7	38,4	19,6	29,8	25,6	38,9
1,7	2,4	2,6	4,8	7,7	10,8	11,7	21,7	13,7	19,2	20,8	38,7	19,7	29,9	25,7	39,1
1,8	2,5	2,7	5,1	7,8	10,9	11,9	22,0	13,8	19,3	21,0	39,0	19,8	30,1	25,8	39,2
1,9	2,7	2,9	5,4	7,9	11,1	12,0	22,3	13,9	19,5	21,1	39,3	19,9	30,2	25,9	39,4
2,0	2,8	3,0	5,6	8,0	11,2	12,2	22,6	14,0	19,6	21,3	39,5	20,0	30,4	26,0	39,5
2,1	2,9	3,2	5,9	8,1	11,3	12,3	22,9	14,1	19,7	21,4	39,8	20,1	30,6	26,1	39,7
2,2	3,1	3,3	6,2	8,2	11,5	12,5	23,2	14,2	19,9	21,6	40,1	20,2	30,7	26,2	39,8
2,3	3,2	3,5	6,5	8,3	11,6	12,6	23,4	14,3	20,0	21,7	40,4	20,3	30,9	26,3	40,0
2,4	3,4	3,6	6,8	8,4	11,8	12,8	23,7	14,4	20,2	21,9	40,7	20,4	31,0	26,4	40,1
2,5	3,5	3,8	7,1	8,5	11,9	12,9	24,0	14,5	20,3	22,0	40,9	20,5	31,2	26,5	40,3
2,6	3,6	4,0	7,3	8,6	12,0	13,1	24,3	14,6	20,4	22,2	41,2	20,6	31,3	26,6	40,4
2,7	3,8	4,1	7,6	8,7	12,2	13,2	24,6	14,7	20,6	22,3	41,5	20,7	31,5	26,7	40,6
2,8	3,9	4,3	7,9	8,8	12,3	13,4	24,9	14,8	20,7	22,5	41,8	20,8	31,6	26,8	40,7
2,9	4,1	4,4	8,2	8,9	12,5	13,5	25,1	14,9	20,9	22,6	42,1	20,9	31,8	26,9	40,9
3,0	4,2	4,6	8,5	9,0	12,6	13,7	25,4	15,0	21,0	22,8	42,4	21,0	31,9	27,0	41,0
3,1	4,3	4,7	8,8	9,1	12,7	13,8	25,7	15,1	21,1	23,0	42,6	21,1	32,1	27,1	41,2
3,2	4,5	4,9	9,0	9,2	12,9	14,0	26,1	15,2	21,3	23,1	42,9	21,2	32,2	27,2	41,3
3,3	4,6	5,0	9,3	9,3	13,0	14,1	26,3	15,3	21,4	23,3	43,2	21,3	32,4	27,3	41,5
3,4	4,8	5,2	9,6	9,4	13,2	14,3	26,5	15,4	21,6	23,4	43,5	21,4	32,5	27,4	41,6
3,5	4,9	5,3	9,9	9,5	13,3	14,4	26,8	15,5	21,7	23,6	43,8	21,5	32,7	27,5	41,8
3,6	5,0	5,5	10,2	9,6	13,4	14,6	27,1	15,6	21,8	23,7	44,1	21,6	32,8	27,6	42,0
3,7	5,2	5,6	10,4	9,7	13,6	14,7	27,4	15,7	22,0	23,9	44,3	21,7	33,0	27,7	42,1
3,8	5,3	5,8	10,7	9,8	13,7	14,9	27,7	15,8	22,1	24,0	44,6	21,8	33,1	27,8	42,3
3,9	5,5	5,9	11,0	9,9	13,9	15,0	27,9	15,9	22,3	24,2	44,9	21,9	33,3	27,9	42,4
4,0	5,6	6,1	11,3	10,0	14,0	15,2	28,2	16,0	22,4	24,3	45,2	22,0	33,4	28,0	42,6
4,1	5,7	6,2	11,6	10,1	14,1	15,4	28,5	16,1	22,5	24,5	45,5	22,1	33,6	28,1	42,7
4,2	5,9	6,4	11,9	10,2	14,3	15,5	28,8	16,2	22,7	24,6	45,8	22,2	33,7	28,2	42,9
4,3	6,0	6,5	12,1	10,3	14,4	15,7	29,1	16,3	22,8	24,8	46,0	22,3	33,9	28,3	43,0
4,4	6,2	6,7	12,4	10,4	14,6	15,8	29,4	16,4	23,0	24,9	46,3	22,4	34,0	28,4	43,2
4,5	6,3	6,8	12,7	10,5	14,7	16,0	29,7	16,5	23,1	25,1	46,6	22,5	34,2	28,5	43,3
4,6	6,4	7,0	13,0	10,6	14,8	16,1	29,9	16,6	23,2	25,2	46,9	22,6	34,4	28,6	43,5
4,7	6,6	7,1	13,3	10,7	15,0	16,3	30,2	16,7	23,4	24,4	47,2	22,7	34,5	28,7	43,6
4,8	6,7	7,3	13,6	10,8	15,1	16,4	30,5	16,8	23,5	25,5	47,4	22,8	34,7	28,8	43,8
4,9	6,9	7,5	13,8	10,9	15,3	16,6	30,8	16,9	23,7	25,7	47,7	22,9	34,8	28,9	43,9
5,0	7,0	7,6	14,1	11,0	15,4	16,7	31,1	17,0	23,8	25,8	48,0	23,0	35,0	29,0	44,1
5,1	7,1	7,8	14,4	11,1	15,5	16,9	31,3	17,1	23,9	26,0	48,3	23,1	35,1	29,1	44,2
5,2	7,3	7,9	14,7	11,2	15,7	17,0	31,6	17,2	24,1	26,1	48,6	23,2	35,3	29,2	44,4
5,3	7,4	8,1	15,0	11,3	15,8	17,2	31,9	17,3	24,2	26,3	48,9	23,3	35,4	29,3	44,5
5,4	7,6	8,2	15,2	11,4	16,0	17,3	32,2	17,4	24,4	26,5	49,1	23,4	35,6	29,4	44,7
5,5	7,7	8,4	15,5	11,5	16,1	17,5	32,5	17,5	24,5	26,6	49,4	23,5	35,7	29,5	44,8
5,6	7,8	8,5	15,8	11,6	16,2	17,6	32,8	17,6	24,6	26,8	49,7	23,6	35,9	29,6	45,0
5,7	8,0	8,7	16,1	11,7	16,4	17,8	33,0	17,7	24,8	26,9	50,0	23,7	36,0	29,7	45,1
5,8	8,1	8,8	16,4	11,8	16,5	17,9	33,3	17,8	24,9	27,1	50,3	23,8	36,2	29,8	45,3
5,9	8,3	9,0	16,7	11,9	16,7	18,1	33,6	17,9	25,1	27,2	50,5	23,9	36,3	29,9	45,5

Korrekturabzüge für höhere Einwaagen als 500 mg.

Kennzahl	Einwaage in mg									
	505	510	515	520	525	530	535	540	545	550
	Abzuziehende Korrektur:									
5,0	0,0	0,1	0,1	0,2	0,3	0,3	0,3	0,4	0,4	0,5
10,0	0,1	0,2	0,3	0,4	0,5	0,6	0,7	0,8	0,9	1,0
15,0	0,1	0,3	0,4	0,6	0,7	0,9	1,0	1,2	1,3	1,5
20,0	0,2	0,4	0,6	0,8	1,0	1,2	1,4	1,6	1,8	2,0
25,0	0,2	0,5	0,7	1,0	1,2	1,5	1,7	2,0	2,2	2,5
30,0	0,3	0,6	0,9	1,2	1,5	1,8	2,1	2,4	2,7	3,0
35,0	0,3	0,7	1,0	1,4	1,7	2,1	2,4	2,8	3,1	3,5
40,0	0,4	0,8	1,2	1,6	2,0	2,4	2,8	3,2	3,6	4,0
45,0	0,4	0,9	1,3	1,8	2,2	2,7	3,1	3,6	4,0	4,5
50,0	0,5	1,0	1,5	2,0	2,5	3,0	3,5	4,0	4,5	5,0

Berechnungsbeispiel für ein Speisefett.

Kennzahl	Einwaage	Durch Versuch erhalten			Kennzahl unkorrigiert	Korrektur-abzug (inter-poliert)	Kennzahl korrigiert
		Titriert im		T			
	mg	Hauptversuch ccm	Leerversuch ccm	ccm	für 500 mg		
Buttersäurezahl . .	515	8,4	0,8	7,6	10,6	0,3	**10,3**
Gesamtzahl . . .	530	18,0	0,5	17,5	26,6	1,6	**25,0**
Isoölsäure	535	40,1	46,0	5,9	16,7%	1,1%	**15,6%**

Der Buttersäurezahl 10,3 (abgerundet 10) und der Gesamtzahl 25,1 entspricht die Restzahl = 25,0 — 10,3 = 14,7, abgerundet 15.

Nach Tabelle VIII B (S. 931) für Buttersäurezahl 10, Restzahl 15:

Butterfett = 49,1%, abgerundet 49%

Cocosfett = 20,7%, abgerundet 21%.

Der Isoölsäuregehalt überschreitet erheblich 2,0, so daß das Speisefett außerdem noch gehärtetes Öl enthält.

Tabelle VII. Berechnung des Buttersäure- und Capronsäuregehaltes von Butterfett aus dem Titrationswert und der Titrationsabnahme beim Ausschütteln des Destillates mit Petroläther (vgl. S. 151).

Titrationswert von 50 ccm Destillat in 0,02 N.-Säure ccm	Titrationsabnahme (A) in %												
	11,0	11,5	12,0	12,5	13,0	13,5	14,0	14,5	15,0	15,5	16,0	16,5	17,0
T	Buttersäure bzw. Capronsäure in %												
25,0	2,98	2,96	2,93	2,91	2,88	2,86	2,84	2,81	2,79	2,76	2,74	2,71	2,69
	0,90	0,99	1,09	1,18	1,27	1,37	1,46	1,55	1,64	1,73	1,82	1,91	2,01
25,5	3,04	3,02	2,99	2,97	2,94	2,92	2,90	2,87	2,85	2,82	2,80	2,77	2,75
	0,90	1,00	1,10	1,19	1,29	1,39	1,48	1,57	1,66	1,75	1,84	1,94	2,04
26,0	3,10	3,08	3,05	3,03	3,00	2,98	2,96	2,93	2,91	2,88	2,86	2,83	2,80
	0,91	1,01	1,11	1,21	1,30	1,40	1,50	1,59	1,68	1,78	1,87	1,96	2,07
26,5	3,17	3,14	3,12	3,09	3,06	3,04	3,02	2,99	2,96	2,94	2,91	2,88	2,86
	0,92	1,02	1,13	1,22	1,32	1,42	1,51	1,61	1,71	1,80	1,89	1,99	2,09
27,0	3,23	3,20	3,18	3,15	3,12	3,10	3,08	3,05	3,02	3,00	2,97	2,94	2,92
	0,93	1,03	1,14	1,24	1,33	1,44	1,53	1,63	1,73	1,82	1,92	2,02	2,12
27,5	3,29	3,26	3,24	3,21	3,18	3,16	3,14	3,11	3,08	3,05	3,03	3,00	2,97
	0,94	1,04	1,15	1,25	1,35	1,46	1,55	1,65	1,75	1,84	1,94	2,04	2,15
28,0	3,35	3,33	3,30	3,28	3,25	3,22	3,20	3,16	3,14	3,11	3,09	3,06	3,03
	0,95	1,06	1,16	1,26	1,37	1,47	1,57	1,67	1,77	1,87	1,97	2,07	2,18
28,5	3,41	3,39	3,36	3,34	3,31	3,28	3,25	3,22	3,20	3,17	3,15	3,12	3,09
	0,96	1,07	1,17	1,28	1,38	1,49	1,59	1,69	1,79	1,89	1,99	2,10	2,21
29,0	3,47	3,45	3,43	3,40	3,37	3,34	3,31	3,28	3,25	3,23	3,20	3,17	3,15
	0,97	1,08	1,19	1,29	1,40	1,51	1,60	1,71	1,81	1,91	2,02	2,13	2,23
29,5	3,54	3,51	3,49	3,46	3,43	3,40	3,37	3,34	3,31	3,29	3,26	3,23	3,20
	0,98	1,09	1,20	1,31	1,41	1,52	1,62	1,73	1,84	1,94	2,04	2,15	2,26

Tabelle VII (Fortsetzung).

Titrationswert von 50 ccm Destillat in 0,02 N.-Säure ccm	Titrationsabnahme (A) in %												
	11,0	11,5	12,0	12,5	13,0	13,5	14,0	14,5	15,0	15,5	16,0	16,5	17,0
T	Buttersäure und Capronsäure in %												
30,0	3,60	3,57	3,55	3,52	3,49	3,46	3,43	3,40	3,37	3,35	3,32	3,29	3,26
	0,99	1,10	1,21	1,32	1,43	1,54	1,64	1,75	1,86	1,96	2,07	2,18	2,29
30,5	3,66	3,63	3,61	3,58	3,55	3,52	3,49	3,46	3,43	3,41	3,38	3,35	3,32
	1,00	1,11	1,22	1,33	1,44	1,55	1,66	1,77	1,88	1,98	2,09	2,20	2,31
31,0	3,73	3,70	3,67	3,64	3,61	3,58	3,55	3,52	3,49	3,47	3,44	3,40	3,37
	1,00	1,11	1,23	1,34	1,45	1,57	1,67	1,78	1,90	2,00	2,11	2,23	2,34
31,5	3,79	3,76	3,74	3,70	3,67	3,64	3,61	3,58	3,55	3,52	3,49	3,46	3,43
	1,01	1,12	1,24	1,35	1,46	1,58	1,69	1,80	1,91	2,02	2,13	2,25	2,36
32,0	3,85	3,82	3,80	3,76	3,73	3,70	3,67	3,64	3,61	3,58	3,55	3,52	3,49
	1,01	1,13	1,25	1,36	1,47	1,59	1,70	1,82	1,93	2,04	2,15	2,27	2,39
32,5	3,92	3,88	3,86	3,83	3,80	3,77	3,73	3,70	3,67	3,64	3,61	3,58	3,55
	1,02	1,13	1,25	1,37	1,49	1,61	1,72	1,84	1,95	2,06	2,18	2,30	2,41
33,0	3,98	3,95	3,92	3,89	3,86	3,83	3,79	3,76	3,73	3,70	3,67	3,63	3,60
	1,03	1,14	1,26	1,38	1,50	1,62	1,73	1,85	1,97	2,08	2,20	2,32	2,43
33,5	4,04	4,01	3,98	3,95	3,92	3,89	3,85	3,82	3,79	3,76	3,73	3,69	3,66
	1,03	1,15	1,27	1,39	1,51	1,63	1,75	1,87	1,99	2,10	2,22	2,34	2,46
34,0	4,10	4,07	4,05	4,01	3,98	3,95	3,91	3,88	3,85	3,81	3,78	3,75	3,77
	1,04	1,16	1,28	1,40	1,52	1,64	1,76	1,88	2,00	2,12	2,24	2,36	2,48
34,5	4,17	4,14	4,11	4,07	4,04	4,01	3,97	3,94	3,91	3,87	3,84	3,80	3,77
	1,04	1,16	1,29	1,41	1,53	1,66	1,78	1,90	2,02	2,14	2,26	2,39	2,50
35,0	4,23	4,20	4,17	4,13	4,10	4,07	4,03	4,00	3,97	3,93	3,90	3,86	3,83
	1,05	1,17	1,30	1,42	1,54	1,67	1,79	1,92	2,04	2,16	2,28	2,41	2,53
35,5	4,29	4,26	4,23	4,19	4,16	4,13	4,09	4,06	4,03	3,99	3,96	3,92	3,89
	1,05	1,17	1,30	1,42	1,55	1,68	1,80	1,93	2,05	2,17	2,30	2,43	2,55
36,0	4,36	4,33	4,30	4,26	4,22	4,19	4,15	4,12	4,09	4,05	4,02	3,98	3,95
	1,05	1,18	1,31	1,43	1,56	1,69	1,81	1,94	2,07	2,19	2,32	2,45	2,57
36,5	4,42	4,39	4,36	4,32	4,28	4,25	4,21	4,18	4,15	4,11	4,08	4,04	4,01
	1,06	1,18	1,31	1,44	1,57	1,70	1,82	1,96	2,08	2,21	2,34	2,47	2,59
37,0	4,49	4,46	4,42	4,38	4,35	4,32	4,28	4,25	4,22	4,18	4,14	4,10	4,07
	1,06	1,19	1,32	1,45	1,57	1,71	1,83	1,97	2,10	2,23	2,35	2,48	2,62
37,5	4,55	4,52	4,48	4,44	4,41	4,38	4,34	4,31	4,28	4,24	4,20	4,16	4,13
	1,06	1,19	1,33	1,45	1,58	1,72	1,85	1,98	2,11	2,25	2,37	2,50	2,64
38,0	4,61	4,58	4,55	4,51	4,47	4,44	4,40	4,37	4,34	4,30	4,26	4,22	4,19
	1,07	1,20	1,33	1,46	1,59	1,73	1,86	2,00	2,13	2,26	2,39	2,52	2,66
38,5	4,68	4,65	4,61	4,57	4,54	4,50	4,46	4,43	4,40	4,36	4,32	4,28	4,25
	1,07	1,20	1,34	1,47	1,60	1,74	1,87	2,01	2,14	2,28	2,41	3,54	2,68
39,0	4,74	4,71	4,67	4,63	4,60	4,56	4,52	4,49	4,46	4,42	4,38	4,34	4,31
	1,07	1,21	1,35	1,48	1,61	1,75	1,88	2,02	2,16	2,29	2,43	2,56	2,70
39,5	4,81	4,78	4,73	4,70	4,66	4,62	4,58	4,55	4,52	4,48	4,44	4,40	4,37
	1,08	1,21	1,35	1,49	1,62	1,76	1,89	2,03	2,17	2,31	2,45	2,58	2,72
40,0	4,87	4,84	4,80	4,76	4,72	4,68	4,64	4,61	4,58	4,54	4,50	4,46	4,43
	1,08	1,22	1,36	1,49	1,63	1,77	1,90	2,05	2,19	2,33	2,47	2,60	2,74
40,5	4,93	4,90	4,86	4,82	4,78	4,74	4,70	4,67	4,64	4,60	4,56	4,52	4,49
	1,08	1,22	1,36	1,50	1,64	1,78	1,91	2,06	2,20	2,34	2,48	2,62	2,76
41,0	5,00	4,96	4,92	4,89	4,85	4,81	4,77	4,74	4,70	4,66	4,62	4,58	4,54
	1,09	1,23	1,37	1,51	1,65	1,79	1,93	2,08	2,22	2,36	2,50	2,64	2,78

Interpolationstafeln (mittlere Werte).

A	Buttersäure (%)	Capronsäure (%)	T	Buttersäure (%)	Capronsäure (%)
0,1	− 0,01	+ 0,02	0,1	+ 0,01	+ 0,00
0,2	− 0,01	+ 0,05	0,2	+ 0,02	+ 0,01
0,3	− 0,02	+ 0,07	0,3	+ 0,04	+ 0,01
0,4	− 0,02	+ 0,08	0,4	+ 0,05	+ 0,01

Tabelle VIII A. Berechnung des Gehaltes an Butterfett und Cocosfett auf Grund der mittleren Zusammensetzung. Für Buttersäurezahlen 0—10.

Restzahl	Fett	Buttersäurezahl										
		0	1	2	3	4	5	6	7	8	9	10
		%	%	%	%	%	%	%	%	%	%	%
0	Butterfett	0	5,0	10,0	15,0	20,0	25,0	30,0	35,0	40,0	45,0	50,0
	Cocosfett	0	0	0	0	0	0	0	0	0	0	0
1	Butterfett	0	5,0	10,0	15,0	20,0	25,0	30,0	35,0	40,0	45,0	50,0
	Cocosfett	2,8	0,7	0	0	0	0	0	0	0	0	0
2	Butterfett	0	4,9	9,9	15,0	20,0	25,0	30,0	35,0	40,0	45,0	50,0
	Cocosfett	5,5	3,4	1,4	0	0	0	0	0	0	0	0
3	Butterfett	0	4,7	9,8	14,9	20,0	25,0	30,0	35,0	40,0	45,0	50,0
	Cocosfett	8,3	6,2	4,1	2,1	0	0	0	0	0	0	0
4	Butterfett	0	4,6	9,7	14,8	19,9	25,0	30,0	35,0	40,0	45,0	50,0
	Cocosfett	11,0	9,0	6,9	4,8	2,8	0,7	0	0	0	0	0
5	Butterfett	0	4,5	9,6	14,7	19,8	24,9	29,9	35,0	40,0	45,0	50,0
	Cocosfett	13,8	11,7	9,7	7,6	5,5	3,5	1,4	0	0	0	0
6	Butterfett	0	4,4	9,5	14,6	19,6	24,7	29,8	34,9	40,0	45,0	50,0
	Cocosfett	16,6	14,5	12,4	10,4	8,3	6,2	4,1	2,1	0	0	0
7	Butterfett	0	4,3	9,3	14,4	19,5	24,6	29,7	34,8	39,9	45,0	50,0
	Cocosfett	19,3	17,3	15,2	13,1	11,0	9,0	6,9	4,8	2,8	0,7	0
8	Butterfett	0	4,1	9,2	14,3	19,4	24,5	29,6	34,7	39,8	44,9	49,9
	Cocosfett	22,1	20,0	17,9	15,9	13,8	11,7	9,7	7,6	5,5	3,5	1,4
9	Butterfett	0	4,0	9,1	14,2	19,3	24,4	29,5	34,6	39,6	44,7	49,8
	Cocosfett	24,8	22,8	20,7	18,6	16,6	14,5	12,4	10,4	8,3	6,2	4,1
10	Butterfett	0	3,9	9,0	14,1	19,2	24,3	29,3	34,4	39,5	46,6	49,7
	Cocosfett	27,6	25,5	23,5	21,4	19,3	17,3	15,2	13,1	11,0	9,0	6,9
11	Butterfett	0	3,8	8,9	14,0	19,0	24,1	29,2	34,3	39,4	44,5	49,6
	Cocosfett	30,4	28,3	26,2	24,2	22,1	20,2	17,9	15,9	13,8	11,7	9,7
12	Butterfett	0	3,7	8,7	13,8	18,9	24,0	29,1	34,2	39,3	44,4	49,5
	Cocosfett	33,1	31,1	29,0	26,9	24,8	22,8	20,7	18,6	16,6	14,5	12,4
13	Butterfett	0	3,5	8,6	13,7	18,8	23,9	29,0	34,1	39,2	44,3	49,3
	Cocosfett	35,9	33,8	31,7	29,7	27,6	25,5	23,5	21,4	19,3	17,3	15,2
14	Butterfett	0	3,4	8,5	13,6	18,7	23,8	28,9	34,0	39,0	44,1	49,2
	Cocosfett	38,6	36,6	34,5	32,4	30,4	28,3	26,2	24,2	22,1	20,0	17,9
15	Butterfett	0	3,2	8,4	13,5	18,6	23,7	28,7	33,8	38,9	44,0	49,1
	Cocosfett	41,4	39,3	37,3	35,2	33,1	31,1	29,0	26,9	24,8	22,8	20,7
16	Butterfett	0	3,2	8,4	13,4	18,4	23,5	28,6	33,7	38,8	43,9	49,0
	Cocosfett	44,2	42,1	40,0	38,0	35,9	33,8	31,7	29,7	27,6	25,5	23,5
17	Butterfett	0	3,1	8,1	13,2	18,3	23,4	28,5	33,6	38,7	43,8	48,9
	Cocosfett	46,9	44,9	42,8	40,7	38,6	36,6	34,5	32,4	30,4	28,3	26,2
18	Butterfett	0	2,9	8,0	13,1	18,2	23,3	28,4	33,5	38,6	43,7	48,7
	Cocosfett	49,7	47,6	45,6	43,5	41,1	39,3	37,3	35,2	33,1	31,1	29,0
19	Butterfett	0	2,8	7,9	13,0	18,1	23,2	28,3	33,4	38,4	43,5	48,6
	Cocosfett	52,4	50,4	48,3	46,2	44,2	42,1	40,0	38,0	35,9	33,8	31,7
20	Butterfett	0	2,7	7,8	12,9	18,0	23,1	28,1	33,3	38,3	43,4	48,5
	Cocosfett	55,2	53,1	51,1	49,0	46,9	44,9	42,8	40,7	38,6	36,6	34,5
21	Butterfett	0	2,6	7,7	12,8	17,8	22,9	28,9	33,1	38,2	43,3	48,4
	Cocosfett	58,0	55,9	53,8	51,8	49,7	47,6	45,6	43,5	41,1	39,3	37,3
22	Butterfett	0	2,5	7,5	12,6	17,7	22,8	27,9	33,0	38,1	43,2	48,3
	Cocosfett	60,7	58,7	56,6	54,5	52,4	50,4	48,3	46,2	44,2	42,1	40,0
23	Butterfett	0	2,3	7,4	12,5	17,6	22,7	27,8	32,9	38,0	43,1	48,1
	Cocosfett	63,5	61,4	59,4	57,3	55,2	53,1	51,1	49,0	46,9	44,9	42,3
24	Butterfett	0	2,2	7,3	12,4	17,5	22,6	27,7	32,8	37,8	42,9	48,0
	Cocosfett	66,2	64,2	62,1	60,0	58,5	55,9	53,8	51,8	49,7	47,6	45,5

Tabelle VIII A (Fortsetzung.)

Restzahl	Fett	Buttersäurezahl										
		0	1	2	3	4	5	6	7	8	9	10
		%	%	%	%	%	%	%	%	%	%	%
25	Butterfett	0	2,1	7,2	12,3	17,4	22,5	27,5	32,6	37,7	42,8	47,9
	Cocosfett	69,0	66,9	64,9	62,8	60,7	58,7	56,6	54,5	52,4	50,4	48,3
26	Butterfett	0	2,0	7,1	12,2	17,2	22,3	27,4	32,5	37,6	42,7	47,8
	Cocosfett	71,8	69,7	67,6	65,6	63,5	61,4	59,4	57,3	55,2	53,1	51,1
27	Butterfett	0	1,9	6,9	12,0	17,1	22,2	27,3	32,4	37,5	42,6	47,7
	Cocosfett	74,5	72,5	70,4	68,3	66,2	64,2	62,1	60,0	58,0	55,9	53,8
28	Butterfett	0	1,7	6,8	11,9	17,0	22,1	27,2	32,3	37,4	42,5	47,6
	Cocosfett	77,3	75,2	73,2	71,1	69,0	66,9	64,9	62,8	60,7	58,7	56,6
29	Butterfett	0	1,6	6,7	11,8	16,9	22,0	27,1	32,2	37,2	42,3	47,4
	Cocosfett	80,0	78,0	75,9	73,8	71,8	69,7	67,6	65,6	63,5	61,4	59,3
30	Butterfett	0	1,5	6,6	11,7	16,8	21,9	26,9	32,0	37,1	42,2	47,3
	Cocosfett	82,8	80,7	78,7	76,6	74,5	72,5	70,4	68,3	66,2	64,2	62,1
31	Butterfett	0	1,4	6,5	11,6	16,6	21,7	26,8	31,9	37,0	42,1	47,2
	Cocosfett	85,6	83,5	81,4	79,4	77,3	75,2	73,2	71,1	69,0	66,9	64,9
32	Butterfett	0	1,3	6,3	11,4	16,5	21,6	26,7	31,8	36,9	42,0	47,1
	Cocosfett	88,3	86,3	84,2	82,1	80,0	78,0	75,9	73,8	71,8	69,7	67,6
33	Butterfett	0	1,1	6,2	11,3	16,4	21,5	26,6	31,7	36,8	41,9	46,9
	Cocosfett	91,1	89,0	87,0	84,9	82,8	80,7	78,7	76,6	74,5	72,5	70,4
34	Butterfett	0	1,0	6,1	11,2	16,3	21,4	26,5	31,6	36,6	41,7	46,8
	Cocosfett	93,8	91,8	89,7	87,6	85,6	83,5	81,4	79,4	77,3	75,2	73,1
35	Butterfett	0	0,9	6,0	11,1	16,2	21,3	26,3	31,4	36,5	41,6	46,7
	Cocosfett	96,6	94,5	92,5	90,4	88,3	86,3	84,2	82,1	80,0	78,0	75,9
36	Butterfett	0	0,8	5,9	11,0	16,0	21,1	26,2	31,3	36,4	41,5	46,6
	Cocosfett	99,4	97,3	95,2	93,2	91,1	89,0	87,0	84,9	82,8	80,7	78,7
37	Butterfett	0	0,7	5,7	10,8	15,9	21,0	26,1	31,2	36,3	41,4	46,5
	Cocosfett	(100)	100,0	98,0	95,9	93,8	91,8	89,7	87,6	85,6	83,5	81,4

Interpolationstafel.

Restzahl	Fett	Buttersäurezahl									
		0,0	0,1	0,2	0,3	0,4	0,5	0,6	0,7	0,8	0,9
		%	%	%	%	%	%	%	%	%	%
0,0	Butterfett	+ 0,0	+ 0,5	+ 1,0	+ 1,5	+ 2,0	+ 2,5	+ 3,0	+ 3,6	+ 4,1	+ 4,6
	Cocosfett	+ 0,2	− 0,2	− 0,4	− 0,6	− 0,8	− 1,0	− 1,2	− 1,4	− 1,6	− 1,9
0,1	Butterfett	0,0	+ 0,5	+ 1,0	+ 1,5	+ 2,0	+ 2,5	+ 3,0	+ 3,5	+ 4,1	+ 4,6
	Cocosfett	+ 0,3	+ 0,1	− 0,1	− 0,3	− 0,5	− 0,7	− 0,9	− 1,1	− 1,3	− 1,6
0,2	Butterfett	0,0	+ 0,5	+ 1,0	+ 1,5	+ 2,0	+ 2,5	+ 3,0	+ 3,5	+ 4,0	+ 4,6
	Cocosfett	+ 0,6	+ 0,4	+ 0,1	− 0,1	− 0,3	− 0,5	− 0,7	− 0,9	− 1,1	− 1,3
0,3	Butterfett	0,0	+ 0,5	+ 1,0	+ 1,5	+ 2,0	+ 2,5	+ 3,0	+ 3,5	+ 4,0	+ 4,5
	Cocosfett	+ 0,8	+ 0,6	+ 0,4	+ 0,2	0,0	− 0,2	− 0,4	− 0,6	− 0,8	− 1,0
0,4	Butterfett	0,0	+ 0,5	+ 1,0	+ 1,5	+ 2,0	+ 2,5	+ 3,0	+ 3,5	+ 4,0	+ 4,5
	Cocosfett	+ 1,1	+ 0,9	+ 0,7	+ 0,5	+ 0,3	0,0	− 0,2	− 0,4	− 0,6	− 0,7
0,5	Butterfett	+ 0,1	+ 0,5	+ 1,0	+ 1,4	+ 2,0	+ 2,5	+ 3,0	+ 3,5	+ 4,0	+ 4,5
	Cocosfett	− 1,4	+ 1,2	+ 1,0	+ 0,8	+ 0,6	+ 0,3	+ 0,1	− 0,1	− 0,3	− 0,5
0,6	Butterfett	− 0,1	+ 0,4	+ 0,9	+ 1,4	+ 2,0	+ 2,5	+ 3,0	+ 3,5	+ 4,0	+ 4,5
	Cocosfett	+ 1,8	+ 1,4	+ 1,2	+ 1,0	+ 0,8	+ 0,6	+ 0,4	+ 0,2	0,0	− 0,2
0,7	Butterfett	− 0,1	+ 0,4	+ 0,9	+ 1,4	+ 1,9	+ 2,5	+ 3,0	+ 3,5	+ 4,0	+ 4,5
	Cocosfett	+ 1,9	+ 1,7	+ 1,5	+ 1,3	+ 1,1	+ 0,9	+ 0,7	+ 0,5	+ 0,3	+ 0,1
0,8	Butterfett	− 0,1	+ 0,4	+ 0,9	+ 1,4	+ 1,9	+ 2,4	+ 3,0	+ 3,5	+ 4,0	+ 4,5
	Cocosfett	+ 2,2	+ 2,0	+ 1,8	+ 1,6	+ 1,4	+ 1,2	+ 1,0	+ 0,8	+ 0,6	+ 0,4
0,9	Butterfett	− 0,1	+ 0,4	+ 0,9	+ 1,4	+ 1,9	+ 2,4	+ 2,9	+ 3,5	+ 4,0	+ 4,5
	Cocosfett	+ 2,5	+ 2,3	+ 2,1	+ 1,9	+ 1,7	+ 1,4	+ 1,2	+ 1,0	+ 0,8	+ 0,6

Tabelle VIII B. Berechnung des Gehaltes an Butterfett und Cocosfett auf Grund der mittleren Zusammensetzung. Für Buttersäurezahlen 10—20.

Restzahl	Fett	Buttersäurezahl										
		10	11	12	13	14	15	16	17	18	19	20
		%	%	%	%	%	%	%	%	%	%	%
5	Butterfett	50,0	55,0	60,0	65,0	70,0	75,0	80,0	85,0	90,0	95,0	100
	Cocosfett	0	0	0	0	0	0	0	0	0	0	0
6	Butterfett	50,0	55,0	60,0	65,0	70,0	75,0	80,0	85,0	90,0	95,0	100
	Cocosfett	0	0	0	0	0	0	0	0	0	0	0
7	Butterfett	50,0	55,0	60,0	65,0	70,0	75,0	80,0	85,0	90,0	95,0	100
	Cocosfett	0	0	0	0	0	0	0	0	0	0	0
8	Butterfett	49,9	55,0	60,0	65,0	70,0	75,0	80,0	85,0	90,0	95,0	100
	Cocosfett	1,4	0	0	0	0	0	0	0	0	0	0
9	Butterfett	49,8	54,9	60,0	65,0	70,0	75,0	80,0	85,0	90,0	95,0	100
	Cocosfett	4,1	2,1	0	0	0	0	0	0	0	0	0
10	Butterfett	49,7	54,8	59,9	65,1	70,0	75,0	80,0	85,0	90,0	95,0	100
	Cocosfett	6,9	4,8	2,8	0,7	0	0	0	0	0	0	0
11	Butterfett	49,6	54,7	59,8	64,9	69,9	75,0	80,0	85,0	90,0	95,0	100
	Cocosfett	9,7	7,6	5,5	3,5	1,4	0	0	0	0	0	0
12	Butterfett	49,5	54,6	59,6	64,7	69,8	74,9	80,0	85,0	90,0	95,0	100
	Cocosfett	12,4	10,4	8,3	6,2	4,1	2,1	0	0	0	0	0
13	Butterfett	49,3	54,4	59,5	64,6	69,7	74,8	79,9	85,0	90,0	95,0	100
	Cocosfett	15,2	13,1	11,0	9,0	6,9	4,8	2,8	0,7	0	0	0
14	Butterfett	49,2	54,3	59,4	64,5	69,6	74,7	79,8	84,9	90,0	95,0	100
	Cocosfett	17,9	15,9	13,8	11,7	9,7	7,6	5,5	3,5	1,4	0	0
15	Butterfett	49,1	54,2	59,3	64,4	69,5	74,6	79,6	84,7	89,8	94,9	100
	Cocosfett	20,7	18,6	16,6	14,5	12,4	10,4	8,3	6,2	4,1	2,1	0
16	Butterfett	49,0	54,1	59,2	64,3	69,3	74,4	79,5	84,6	89,7	94,8	99,9
	Cocosfett	23,5	21,4	19,3	17,3	15,2	13,1	11,0	9,0	6,9	4,8	2,8
17	Butterfett	48,9	54,0	59,0	64,1	69,2	74,3	79,4	84,5	89,6	94,7	99,7
	Cocosfett	26,2	24,2	22,1	20,0	17,9	15,9	13,8	11,2	9,7	7,6	5,5
18	Butterfett	48,7	53,8	58,9	64,0	69,1	74,2	79,3	84,4	89,5	94,6	99,6
	Cocosfett	29,0	26,9	24,8	22,8	20,7	18,6	16,6	14,5	12,4	10,4	8,3
19	Butterfett	48,6	53,7	58,8	63,9	69,0	74,1	79,2	84,3	89,3	94,4	99,5
	Cocosfett	31,7	29,7	27,6	25,5	23,5	21,4	19,3	17,3	15,2	13,1	11,0
20	Butterfett	48,5	53,6	58,7	63,8	68,9	74,0	79,0	84,1	89,2	94,3	99,4
	Cocosfett	34,5	32,4	30,4	28,3	26,2	24,2	22,1	20,0	17,9	15,9	13,8
21	Butterfett	48,4	53,5	58,6	63,7	68,7	73,8	78,9	84,0	89,1	94,2	99,3
	Cocosfett	37,3	35,2	33,1	31,1	29,0	26,9	24,8	22,8	20,7	18,6	16,6
22	Butterfett	48,3	53,4	58,4	63,5	68,6	73,7	78,8	83,9	89,0	94,1	99,1
	Cocosfett	40,0	38,0	35,0	33,8	31,7	29,7	27,6	25,5	23,5	21,4	19,3
23	Butterfett	48,1	53,2	58,3	63,4	68,5	73,6	78,7	83,8	88,9	94,0	99,0
	Cocosfett	42,3	40,7	38,6	36,6	34,5	32,4	30,4	28,3	26,2	24,2	22,1
24	Butterfett	48,0	53,1	58,2	63,3	68,4	73,5	78,6	83,7	88,7	93,8	98,9
	Cocosfett	45,5	43,5	41,4	39,3	37,3	35,2	33,1	31,1	29,0	26,9	24,8
25	Butterfett	47,9	53,0	58,1	63,2	68,3	73,4	78,4	88,5	88,6	93,7	98,8
	Cocosfett	48,3	46,2	44,2	42,1	40,0	38,0	35,9	33,8	31,7	29,7	27,6
26	Butterfett	47,8	52,9	58,0	63,1	68,1	73,2	78,3	83,4	88,5	93,6	98,7
	Cocosfett	51,1	49,0	46,9	44,9	42,8	40,7	38,6	36,6	34,5	32,4	30,4
27	Butterfett	47,7	52,8	57,8	62,9	68,0	73,1	78,2	83,3	88,4	93,5	98,6
	Cocosfett	53,8	51,8	49,7	47,6	45,6	43,5	41,4	39,3	37,3	35,2	33,1
28	Butterfett	47,6	52,6	57,7	62,8	67,9	73,0	78,1	83,2	88,3	93,4	98,4
	Cocosfett	56,6	54,4	52,4	50,4	48,3	46,2	44,2	42,1	40,0	38,0	35,9

Tabelle IX. Berechnung des Cocosfettgehaltes aus A-Zahl und B-Zahl[1]
(vgl. S. 648).

A-Zahlen = Unlösliche Silbersalze der niederen Fettsäuren

B-Zahlen →	0	2	4	6	8	10	12	14	16	18	20	22	24	26	28	30	32
Entsprechend Buttersäurezahlen →	0	1	2	4	5	6	7	8	10	11	12	13	14	16	17	18	19
Cocosfettgehalt in Prozenten des Fettes:																	
0,0	0	0	0														
1,0	2	1	1	0	0	0	0	0	0	0	0	0	0	0	0	0	0
2,0	5	4	3	2	1	0	0	0	0	0	0	0	0	0	0	0	0
3,0	9	8	7	6	4	3	2	1	0	0	0	0	0	0	0	0	0
4,0	13	11	10	9	8	6	5	4	3	2	0	0	0	0	0	0	0
5,0	16	15	13	12	11	10	9	7	6	5	4	2	1	0	0	0	0
6,0	20	18	17	16	15	13	12	11	10	8	7	5	4	3	2	0	0
7,0	24	22	21	20	18	17	16	14	13	11	10	9	8	6	5	3	2
8,0	27	26	24	23	21	20	19	17	16	14	13	12	10	9	7	6	—
9,0	31	29	28	26	25	24	22	21	19	18	16	15	13	12	10	9	—
10,0	35	33	32	30	29	27	25	24	22	21	19	18	16	15	13	—	—
11,0	38	37	35	34	32	30	29	27	26	24	23	21	20	18	16	—	—
12,0	42	40	38	37	35	33	32	30	29	27	25	24	22	20	—	—	—
13,0	46	44	42	41	39	37	36	34	32	31	29	27	26	24	—	—	—
14,0	49	47	45	43	42	40	48	37	35	33	31	30	28	—	—	—	—
15,0	53	51	49	47	46	44	42	40	38	37	35	33	31	—	—	—	—
16,0	57	56	54	52	50	48	46	44	42	41	39	37	—	—	—	—	—
17,0	61	59	47	55	53	51	49	47	45	43	41	—	—	—	—	—	—
18,0	64	62	60	58	56	55	53	51	49	47	45	—	—	—	—	—	—
19,0	67	65	62	62	60	58	56	54	53	50	—	—	—	—	—	—	—
20,0	71	69	67	65	63	61	59	58	56	54	—	—	—	—	—	—	—
21,0	75	72	71	69	67	65	63	61	59	—	—	—	—	—	—	—	—
22,0	79	77	75	73	71	69	66	64	—	—	—	—	—	—	—	—	—
23,0	82	80	78	76	73	71	69	—	—	—	—	—	—	—	—	—	—
24,0	86	84	82	80	78	76	—	—	—	—	—	—	—	—	—	—	—
25,0	90	88	85	83	81	—	—	—	—	—	—	—	—	—	—	—	—
26,0	93	91	89	87	—	—	—	—	—	—	—	—	—	—	—	—	—
27,0	97	95	94	—	—	—	—	—	—	—	—	—	—	—	—	—	—
27,7	—	100	—	—	—	—	—	—	—	—	—	—	—	—	—	—	—

[1] Berechnung von GROSSFELD nach Angaben von BERTRAM, BOS und VERHAGEN; vgl. Z. 1925, **50**, 342.

Tabelle X. Berechnung des Milchfettgehaltes aus B-Zahl und A-Zahl[1]
(vgl. S. 648).

B-Zahlen = Lösliche Silbersalze der niederen Fettsäuren

Milchfettgehalt in Prozent des Fettes:

A-Zahlen →	0	2	4	6	8	10	12	14	16	18	20	22	24	26
Entsprechend Gesamtzahlen →	0	3	5	8	10	13	15	18	20	23	25	28	30	33
0,0	0	0												
1,0	1	1	0	0	0	0	0	0	0	0	0	0	0	0
2,0	4	3	3	3	2	2	1	1	1	0	0	0	0	0
3,0	6	5	5	5	5	5	4	4	4	3	3	2	2	1
4,0	9	8	8	8	8	7	7	7	7	6	6	6	5	5
5,0	11	11	11	11	11	10	10	10	10	9	9	9	9	9
6,0	14	14	13	13	13	13	13	12	12	12	12	12	11	11
7,0	17	16	16	16	16	15	15	15	15	14	14	14	14	13
8,0	19	19	19	18	18	18	18	18	17	17	17	17	16	—
9,0	22	22	21	21	21	21	20	20	20	20	20	19	19	—
10,0	24	24	24	24	24	23	23	23	23	23	23	22	22	—
11,0	26	26	26	26	26	26	25	25	25	25	25	25	25	—
12,0	30	30	29	29	29	29	29	29	28	28	28	28	—	—
13,0	33	32	32	32	32	31	31	31	31	31	30	30	—	—
14,0	36	35	35	35	35	35	34	34	34	34	33	33	—	—
15,0	39	38	38	38	38	38	37	37	37	37	36	36	—	—
16,0	42	41	41	41	41	41	40	40	40	40	39	—	—	—
17,0	44	44	44	44	44	43	43	43	43	43	43	—	—	—
18,0	47	47	47	47	47	47	47	46	46	46	46	—	—	—
19,0	50	50	50	50	50	50	50	50	50	50	—	—	—	—
20,0	54	54	54	54	53	53	53	53	53	53	—	—	—	—
21,0	57	57	57	57	57	56	56	56	56	—	—	—	—	—
22,0	60	60	60	60	60	60	60	60	60	—	—	—	—	—
23,0	64	64	64	64	64	64	64	64	64	—	—	—	—	—
24,0	67	67	67	68	68	68	68	68	—	—	—	—	—	—
25,0	70	71	71	71	71	71	72	72	—	—	—	—	—	—
26,0	74	74	74	74	75	75	75	—	—	—	—	—	—	—
27,0	77	77	78	78	79	79	79	—	—	—	—	—	—	—
28,0	81	81	81	81	82	82	—	—	—	—	—	—	—	—
29,0	84	84	85	85	85	85	—	—	—	—	—	—	—	—
30,0	88	88	88	88	88	—	—	—	—	—	—	—	—	—
31,0	91	91	91	91	91	—	—	—	—	—	—	—	—	—
32,3	96	95	95	95	—	—	—	—	—	—	—	—	—	—
30,0	99	99	99	99	—	—	—	—	—	—	—	—	—	—
33,4				100										

[1] Berechnung von GROSSFELD nach Angaben von BERTRAM, BOS und VERHAGEN; vgl. Z. 1925, 50, 342.

Sachverzeichnis.